# 주기율표

주요 내용

원자 번호 → 6, 기호 → C, 이름 → Carbon, 평균 원자 질량 → 12.01 (원소)

주족 | 전이 금속 | 주족

| 주기 | 1A<br>1 | 2A<br>2 | 3B<br>3 | 4B<br>4 | 5B<br>5 | 6B<br>6 | 7B<br>7 | 8B<br>8 | 8B<br>9 | 8B<br>10 | 1B<br>11 | 2B<br>12 | 3A<br>13 | 4A<br>14 | 5A<br>15 | 6A<br>16 | 7A<br>17 | 8A<br>18 |
|---|---|---|---|---|---|---|---|---|---|---|---|---|---|---|---|---|---|---|
| 1 | 1<br>H<br>Hydrogen<br>1.008 | | | | | | | | | | | | | | | | | 2<br>He<br>Helium<br>4.003 |
| 2 | 3<br>Li<br>Lithium<br>6.941 | 4<br>Be<br>Beryllium<br>9.012 | | | | | | | | | | | 5<br>B<br>Boron<br>10.81 | 6<br>C<br>Carbon<br>12.01 | 7<br>N<br>Nitrogen<br>14.01 | 8<br>O<br>Oxygen<br>16.00 | 9<br>F<br>Fluorine<br>19.00 | 10<br>Ne<br>Neon<br>20.18 |
| 3 | 11<br>Na<br>Sodium<br>22.99 | 12<br>Mg<br>Magnesium<br>24.31 | | | | | | | | | | | 13<br>Al<br>Aluminum<br>26.98 | 14<br>Si<br>Silicon<br>28.09 | 15<br>P<br>Phosphorus<br>30.97 | 16<br>S<br>Sulfur<br>32.07 | 17<br>Cl<br>Chlorine<br>35.45 | 18<br>Ar<br>Argon<br>39.95 |
| 4 | 19<br>K<br>Potassium<br>39.10 | 20<br>Ca<br>Calcium<br>40.08 | 21<br>Sc<br>Scandium<br>44.96 | 22<br>Ti<br>Titanium<br>47.87 | 23<br>V<br>Vanadium<br>50.94 | 24<br>Cr<br>Chromium<br>52.00 | 25<br>Mn<br>Manganese<br>54.94 | 26<br>Fe<br>Iron<br>55.85 | 27<br>Co<br>Cobalt<br>58.93 | 28<br>Ni<br>Nickel<br>58.69 | 29<br>Cu<br>Copper<br>63.55 | 30<br>Zn<br>Zinc<br>65.41 | 31<br>Ga<br>Gallium<br>69.72 | 32<br>Ge<br>Germanium<br>72.64 | 33<br>As<br>Arsenic<br>74.92 | 34<br>Se<br>Selenium<br>78.96 | 35<br>Br<br>Bromine<br>79.90 | 36<br>Kr<br>Krypton<br>83.80 |
| 5 | 37<br>Rb<br>Rubidium<br>85.47 | 38<br>Sr<br>Strontium<br>87.62 | 39<br>Y<br>Yttrium<br>88.91 | 40<br>Zr<br>Zirconium<br>91.22 | 41<br>Nb<br>Niobium<br>92.91 | 42<br>Mo<br>Molybdenum<br>95.94 | 43<br>Tc<br>Technetium<br>(98) | 44<br>Ru<br>Ruthenium<br>101.1 | 45<br>Rh<br>Rhodium<br>102.9 | 46<br>Pd<br>Palladium<br>106.4 | 47<br>Ag<br>Silver<br>107.9 | 48<br>Cd<br>Cadmium<br>112.4 | 49<br>In<br>Indium<br>114.8 | 50<br>Sn<br>Tin<br>118.7 | 51<br>Sb<br>Antimony<br>121.8 | 52<br>Te<br>Tellurium<br>127.6 | 53<br>I<br>Iodine<br>126.9 | 54<br>Xe<br>Xenon<br>131.3 |
| 6 | 55<br>Cs<br>Cesium<br>132.9 | 56<br>Ba<br>Barium<br>137.3 | 71<br>Lu<br>Lutetium<br>175.0 | 72<br>Hf<br>Hafnium<br>178.5 | 73<br>Ta<br>Tantalum<br>180.9 | 74<br>W<br>Tungsten<br>183.8 | 75<br>Re<br>Rhenium<br>186.2 | 76<br>Os<br>Osmium<br>190.2 | 77<br>Ir<br>Iridium<br>192.2 | 78<br>Pt<br>Platinum<br>195.1 | 79<br>Au<br>Gold<br>197.0 | 80<br>Hg<br>Mercury<br>200.6 | 81<br>Tl<br>Thallium<br>204.4 | 82<br>Pb<br>Lead<br>207.2 | 83<br>Bi<br>Bismuth<br>209.0 | 84<br>Po<br>Polonium<br>(209) | 85<br>At<br>Astatine<br>(210) | 86<br>Rn<br>Radon<br>(222) |
| 7 | 87<br>Fr<br>Francium<br>(223) | 88<br>Ra<br>Radium<br>(226) | 103<br>Lr<br>Lawrencium<br>(262) | 104<br>Rf<br>Rutherfordium<br>(267) | 105<br>Db<br>Dubnium<br>(268) | 106<br>Sg<br>Seaborgium<br>(271) | 107<br>Bh<br>Bohrium<br>(272) | 108<br>Hs<br>Hassium<br>(270) | 109<br>Mt<br>Meitnerium<br>(276) | 110<br>Ds<br>Darmstadtium<br>(281) | 111<br>Rg<br>Roentgenium<br>(280) | 112<br>Cn<br>Copernicium<br>(285) | 113<br>Uut<br>Ununtrium<br>(284) | 114<br>Fl<br>Flerovium<br>(289) | 115<br>Uup<br>Ununpentium<br>(288) | 116<br>Lv<br>Livermorium<br>(293) | 117<br>Uus<br>Ununseptium<br>(293) | 118<br>Uuo<br>Ununoctium<br>(294) |

| | | | | | | | | | | | | | | | |
|---|---|---|---|---|---|---|---|---|---|---|---|---|---|---|---|
| 란타넘 계열 6 | 57<br>La<br>Lanthanum<br>138.9 | 58<br>Ce<br>Cerium<br>140.1 | 59<br>Pr<br>Praseodymium<br>140.9 | 60<br>Nd<br>Neodymium<br>144.2 | 61<br>Pm<br>Promethium<br>(145) | 62<br>Sm<br>Samarium<br>150.4 | 63<br>Eu<br>Europium<br>152.0 | 64<br>Gd<br>Gadolinium<br>157.3 | 65<br>Tb<br>Terbium<br>158.9 | 66<br>Dy<br>Dysprosium<br>162.5 | 67<br>Ho<br>Holmium<br>164.9 | 68<br>Er<br>Erbium<br>167.3 | 69<br>Tm<br>Thulium<br>168.9 | 70<br>Yb<br>Ytterbium<br>173.0 | 6 |
| 악티늄 계열 7 | 89<br>Ac<br>Actinium<br>(227) | 90<br>Th<br>Thorium<br>232.0 | 91<br>Pa<br>Protactinium<br>231.0 | 92<br>U<br>Uranium<br>238.0 | 93<br>Np<br>Neptunium<br>(237) | 94<br>Pu<br>Plutonium<br>(244) | 95<br>Am<br>Americium<br>(243) | 96<br>Cm<br>Curium<br>(247) | 97<br>Bk<br>Berkelium<br>(247) | 98<br>Cf<br>Californium<br>(251) | 99<br>Es<br>Einsteinium<br>(252) | 100<br>Fm<br>Fermium<br>(257) | 101<br>Md<br>Mendelevium<br>(258) | 102<br>No<br>Nobelium<br>(259) | 7 |

금속

비금속

준금속

이 책을 인쇄할 당시, 원자 번호 113, 115, 117 및 118에 해당하는 원소들의 이름은 국제순수・응용화학연합(IUPAC)에서 아직 공식적으로 승인을 받지 못했다.

## List of the Elements with Their Symbols and Atomic Masses*

| Element | Symbol | Atomic Number | Atomic Mass† |
|---|---|---|---|
| Actinium | Ac | 89 | (227) |
| Aluminum | Al | 13 | 26.9815386 |
| Americium | Am | 95 | (243) |
| Antimony | Sb | 51 | 121.760 |
| Argon | Ar | 18 | 39.948 |
| Arsenic | As | 33 | 74.92160 |
| Astatine | At | 85 | (210) |
| Barium | Ba | 56 | 137.327 |
| Berkelium | Bk | 97 | (247) |
| Beryllium | Be | 4 | 9.012182 |
| Bismuth | Bi | 83 | 208.98040 |
| Bohrium | Bh | 107 | (272) |
| Boron | B | 5 | 10.811 |
| Bromine | Br | 35 | 79.904 |
| Cadmium | Cd | 48 | 112.411 |
| Calcium | Ca | 20 | 40.078 |
| Californium | Cf | 98 | (251) |
| Carbon | C | 6 | 12.0107 |
| Cerium | Ce | 58 | 140.116 |
| Cesium | Cs | 55 | 132.9054519 |
| Chlorine | Cl | 17 | 35.453 |
| Chromium | Cr | 24 | 51.9961 |
| Cobalt | Co | 27 | 58.933195 |
| Copernicium | Cn | 112 | (285) |
| Copper | Cu | 29 | 63.546 |
| Curium | Cm | 96 | (247) |
| Darmstadtium | Ds | 110 | (281) |
| Dubnium | Db | 105 | (268) |
| Dysprosium | Dy | 66 | 162.500 |
| Einsteinium | Es | 99 | (252) |
| Erbium | Er | 68 | 167.259 |
| Europium | Eu | 63 | 151.964 |
| Fermium | Fm | 100 | (257) |
| Flerovium | Fl | 114 | (289) |
| Fluorine | F | 9 | 18.9984032 |
| Francium | Fr | 87 | (223) |
| Gadolinium | Gd | 64 | 157.25 |
| Gallium | Ga | 31 | 69.723 |
| Germanium | Ge | 32 | 72.64 |
| Gold | Au | 79 | 196.966569 |
| Hafnium | Hf | 72 | 178.49 |
| Hassium | Hs | 108 | (270) |
| Helium | He | 2 | 4.002602 |
| Holmium | Ho | 67 | 164.93032 |
| Hydrogen | H | 1 | 1.00794 |
| Indium | In | 49 | 114.818 |
| Iodine | I | 53 | 126.90447 |
| Iridium | Ir | 77 | 192.217 |
| Iron | Fe | 26 | 55.845 |
| Krypton | Kr | 36 | 83.798 |
| Lanthanum | La | 57 | 138.90547 |
| Lawrencium | Lr | 103 | (262) |
| Lead | Pb | 82 | 207.2 |
| Lithium | Li | 3 | 6.941 |
| Livermorium | Lv | 116 | (293) |
| Lutetium | Lu | 71 | 174.967 |
| Magnesium | Mg | 12 | 24.3050 |
| Manganese | Mn | 25 | 54.938045 |
| Meitnerium | Mt | 109 | (276) |
| Mendelevium | Md | 101 | (258) |
| Mercury | Hg | 80 | 200.59 |
| Molybdenum | Mo | 42 | 95.94 |
| Neodymium | Nd | 60 | 144.242 |
| Neon | Ne | 10 | 20.1797 |
| Neptunium | Np | 93 | (237) |
| Nickel | Ni | 28 | 58.6934 |
| Niobium | Nb | 41 | 92.90638 |
| Nitrogen | N | 7 | 14.0067 |
| Nobelium | No | 102 | (259) |
| Osmium | Os | 76 | 190.23 |
| Oxygen | O | 8 | 15.9994 |
| Palladium | Pd | 46 | 106.42 |
| Phosphorus | P | 15 | 30.973762 |
| Platinum | Pt | 78 | 195.084 |
| Plutonium | Pu | 94 | (244) |
| Polonium | Po | 84 | (209) |
| Potassium | K | 19 | 39.0983 |
| Praseodymium | Pr | 59 | 140.90765 |
| Promethium | Pm | 61 | (145) |
| Protactinium | Pa | 91 | 231.03588 |
| Radium | Ra | 88 | (226) |
| Radon | Rn | 86 | (222) |
| Rhenium | Re | 75 | 186.207 |
| Rhodium | Rh | 45 | 102.90550 |
| Roentgenium | Rg | 111 | (280) |
| Rubidium | Rb | 37 | 85.4678 |
| Ruthenium | Ru | 44 | 101.07 |
| Rutherfordium | Rf | 104 | (267) |
| Samarium | Sm | 62 | 150.36 |
| Scandium | Sc | 21 | 44.955912 |
| Seaborgium | Sg | 106 | (271) |
| Selenium | Se | 34 | 78.96 |
| Silicon | Si | 14 | 28.0855 |
| Silver | Ag | 47 | 107.8682 |
| Sodium | Na | 11 | 22.98976928 |
| Strontium | Sr | 38 | 87.62 |
| Sulfur | S | 16 | 32.065 |
| Tantalum | Ta | 73 | 180.94788 |
| Technetium | Tc | 43 | (98) |
| Tellurium | Te | 52 | 127.60 |
| Terbium | Tb | 65 | 158.92535 |
| Thallium | Tl | 81 | 204.3833 |
| Thorium | Th | 90 | 232.03806 |
| Thulium | Tm | 69 | 168.93421 |
| Tin | Sn | 50 | 118.710 |
| Titanium | Ti | 22 | 47.867 |
| Tungsten | W | 74 | 183.84 |
| Uranium | U | 92 | 238.02891 |
| Vanadium | V | 23 | 50.9415 |
| Xenon | Xe | 54 | 131.293 |
| Ytterbium | Yb | 70 | 173.04 |
| Yttrium | Y | 39 | 88.90585 |
| Zinc | Zn | 30 | 65.409 |
| Zirconium | Zr | 40 | 91.224 |

*These atomic masses show as many significant figures as are known for each element. The atomic masses in the periodic table are shown to four significant figures, which is sufficient for solving the problems in this book.

†Approximate values of atomic masses for radioactive elements are given in parentheses.

Chemistry - **Atoms First**

Burdge / Overby

# 일반화학 3판

## 원자부터 시작하기

Julia Burdge · Jason Overby 지음
이경림 외 옮김

Mc Graw Hill Education

청문각

# Chemistry: Atoms First, 3rd Edition



1 2 3 4 5 6 7 8 9 10 CMG 20 18

Original: Chemistry: Atoms First, 3rd Edition © 2017
By Julia Burdge, Jason Overby
ISBN 978-1-25-963813-8

This authorized Korean translation edition is jointly published by McGraw-Hill Education Korea, Ltd. and Cheong Moon Gak. This edition is authorized for sale in the Republic of Korea.

This book is exclusively distributed by Cheong Moon Gak.

**When ordering this title, please use ISBN 978-89-3631-808-6**

**Printed in Korea**

# 저자에 관하여

**Julia Burdge**는 아이다호(Idaho)주 모스코(Moscow)에 있는 아이다호 대학(University of Idaho)에서 박사 학위(1994년)를 받았다. 연구와 졸업 논문은 공기 중 미량의 황화합물의 분석을 위한 기기 개발과 검출 한계 근처의 자료에 대한 통계적 평가에 중점을 두었다.

1994년에 오하이오(Ohio)주 아크론(Akron)에 있는 아크론 대학(University of Akron)에서 조교수 겸 입문 화학 프로그램의 책임자로 경력을 시작했다. 2000년에 교육, 봉사 및 화학 교육 연구에 대한 업적으로 정년을 보장 받고 부교수가 되었다. 일반화학 프로그램을 지도하고 대학원들의 조교 활동을 관리 감독하는 것 외에도, 미래 교수 개발 프로그램의 수립을 돕고 대학원생들과 박사 후 연구원들의 멘토 역할을 수행했다. 최근 가족과 가까이 있기 위해서 다시 북서쪽으로 이주하여 아이다호주 보이시(Boise)에 살고 있다. 현재 아이다호 대학 화학과에서 부교수로 겸임교수직을 맡고 있으며 웨스턴 아이다호 대학(College of Western Idaho)에서 일반화학을 가르치고 있다.

여가 시간에는 승마를 하거나 세 자녀와 함께 소중한 시간을 보내고, 파트너이자 가장 친한 친구인 Erik Nelson과 집에서 조용히 지내는 것을 즐긴다.

**Jason Overby**는 마틴(Martin)에 있는 테네시 대학(University of Tennessee)에서 화학과 정치학에서 학사 학위를 받았다. 박사 학위(1997년)는 주족과 전이 금속 메탈로센 및 관련 화합물에 대한 연구로 반더빌트 대학(University of Vanderbilt)에서 받았다. 이후 다트머스 대학(Dartmouth College)에서 전이 금속과 유기 금속 화학에 대하여 박사 후 연구를 수행하였다.

1999년에 찰스턴 대학(College of Charleston)에서 조교수로 경력을 시작하였고, 현재는 부교수로 일반화학 및 무기화학을 가르치고 있다. 적응형 학습에 특별히 중점을 두어 기술적 도구를 강의실로 통합하는 데 관심을 두고 있다. 더불어 무기 및 유기 합성 화학뿐 아니라 전산 유기 금속 화학에 관한 연구를 학부생들과 수행하고 있다.

여가 시간에는 보트 타기, 운동, 요리를 즐긴다. 또한 미국 수영협회의 국가 인증 관계자이기도 하다. 사우스 캐롤라이나(South Carolina)에서 아내 Robin과 두 딸들, Emma와 Sarah와 함께 살고 있다.

# 역자 머리말

교재로서 균형과 조화를 모두 갖춘 책을 찾기란 쉽지 않다. 일반화학의 경우, 이공계 학생들이 배워야 할 기본적 화학 지식이 골고루 있고, 그 내용이 너무 쉽지도 너무 어렵지도 않아야 하며, 실생활과 조화를 이룰 수 있는 내용을 담고 있는 책을 만드는 것이 쉽지 않기 때문이다. 교재는 가르치는 사람의 입장과 함께 특히 배우는 사람의 입장을 모두 고려해서 세심하게 만들어져야 한다. 이 책은 오랜 기간 화학 교육에 힘써 온 Burdge 교수와 Overby 교수의 <Chemistry−Atoms First> 세 번째 판을 번역한 것이다. 책을 읽어 보면 교수와 학생의 입장에서 균형과 조화를 이루려고 노력한 흔적들을 쉽게 찾을 수 있다. 이것이 이 책을 번역하게 된 이유이기도 하다.

이 책은 화학의 기본 개념뿐 아니라 관련된 분야도 함께 소개하고 있다. 제목(부제: 원자부터 시작하기)에서 알 수 있듯이 원자의 구체적인 개념 지식부터 시작하여 원자의 전자 구조, 원소의 주기적 경향, 이온 결합 및 공유 결합 화합물, 분자의 구조와 결합 이론, 화학 반응, 열역학, 기체, 액체, 고체, 용액, 평형, 산과 염기, 전기 화학, 반응 속도론, 유기 화학에 이르기까지 화학의 다양한 분야를 담고 있다. 또한 다양한 학습 도구를 이용하여 학생들의 학습 능력을 증진시키고자 했다. 본문에 실린 문제들에서는 '전략, 계획 및 풀이'와 같은 단계별 문제 해결의 중요성을 강조하였고, 문제에서 간과될 수 있는 관련된 정보는 '생각해 보기'를 통해서 다시 한번 부각시켰다. 매 절과 매 장이 끝날 때마다 복습과 평가를 통해 개념 이해를 확인하고 주요 내용을 다시 복습할 수 있게 하였다. 군데군데 참조를 넣어 학생들이 가질 수 있는 의문점에 대한 힌트와 제안을 제공하여 개념 이해를 도왔고, '생각 밖 상식'을 통해 관련된 주제에 대한 심층 고찰을 하게 했다. 또한 독창적인 시각적 기법을 이용하여 학생들의 이해력 향상을 도왔다. 교육 현장에서의 오랜 경험을 바탕으로 저자들이 세심하게 책의 내용을 추리고 다듬고 구성했다는 것을 책을 읽어 보면 누구나 알 수 있다. 이러한 면에서 이 책은 화학을 가르치는 교수의 입장에서도 좋은 책이지만 화학을 처음 배우는 이공계 학생들에게도 훌륭한 학습서가 될 것으로 생각된다.

이 책의 번역은 최대한 우리말 용어를 살리면서 진행되었다. 우리말 용어와 화합물 명명은 대한화학회에서 발행한 화학 술어집과 그 밖에 화합물 명명 편수자료를 따랐다. 처음 나오는 사람 이름, 화합물 이름, 지역 이름 등은 혼란을 피하기 위해 괄호 안에 영어명을 추가하였다. 저자의 의도를 최대한 전달하기 위해 직역을 원칙으로 번역하였으나 그 표현이 어색한 경우에만 이해를 돕기 위해 쉽게 풀어 번역하였다. 이 책의 번역과 감수에는 현재 교직에 몸담고 계신 다섯 분의 교수님들(김민경, 박경호, 설지웅, 이칠원, 이경림)이 참여하셨다. 교재로서의 완성도를 높이기 위해 여러 번의 교정과 감수를 거쳤다. 그럼에도 불구하고 오역이 있을 수 있고 어법상 어색함이 있을 것으로 생각된다. 이러한 부분은 앞으로 꾸준히 수정 보완할 것을 약속한다. 독자 여러분의 관심과 의견이 책의 부족한 부분을 더 채울 수 있으니 아낌없는 의견을 구한다.

이 책을 통해 학생들이 화학과 좀 더 친해져 즐겁게 화학을 학습하고 전공을 이해하는 밑거름을 다지기 바란다. 그것은 우리 역자들의 궁극적 바람이기도 하다. 마지막으로 이 책의 출판을 위해 애써 주신 교수님들과 청문각 관계자 분들의 노고에 감사드린다.

2018년 12월

역자 대표 이경림

# 차례



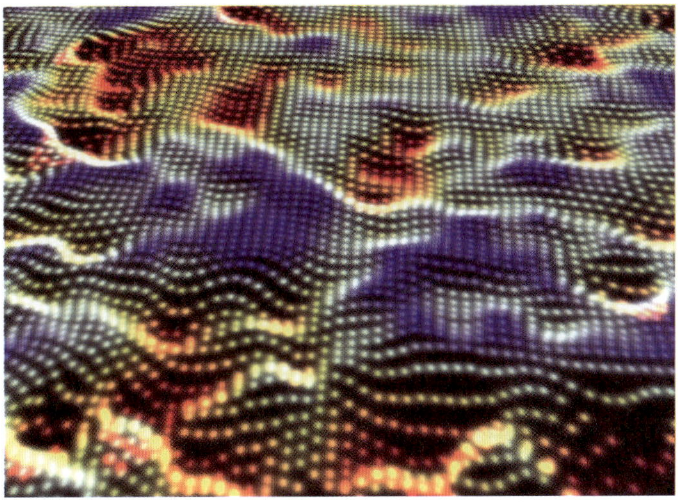

# 2 원자와 주기율표 60

Atoms, Molecules, and Ions



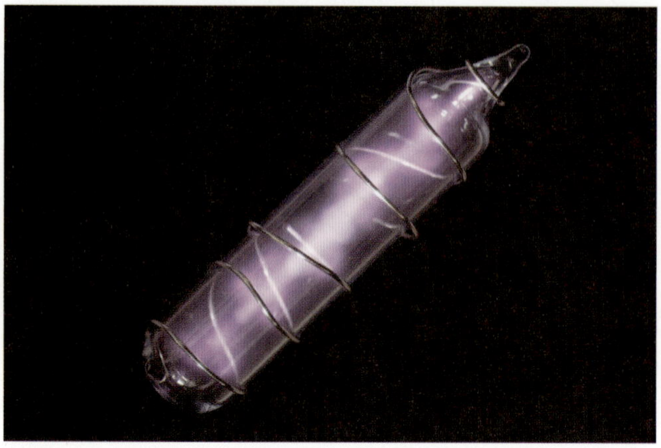

# 3 양자 이론과 원자의 전자 구조 90

Quantum Theory and the Electronic Structure of Atoms

# 4 원소의 주기적 경향 148
## Periodic Trends of the Elements

# 5 이온 결합 화합물과 공유 결합 화합물 184

## Ionic and Covalent Compounds



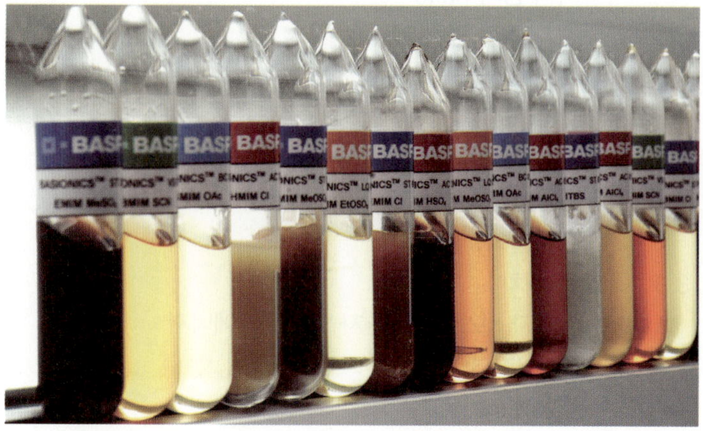


# 6 분자의 표현 234

## Representing Molecules

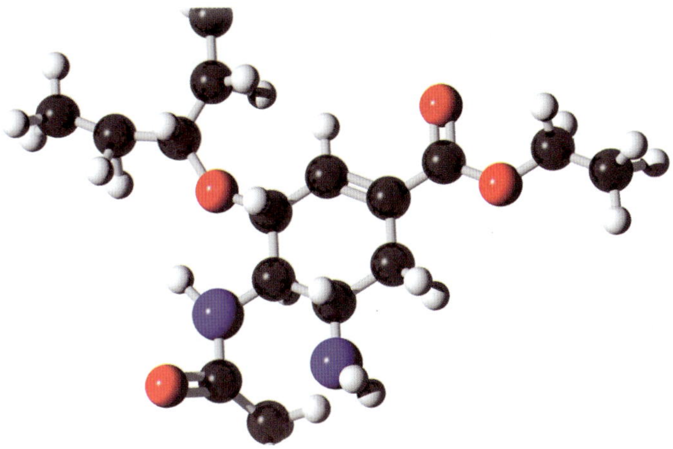

# 9 수용액에서 화학 반응 376

Chemical Reactions in Aqueous Solutions



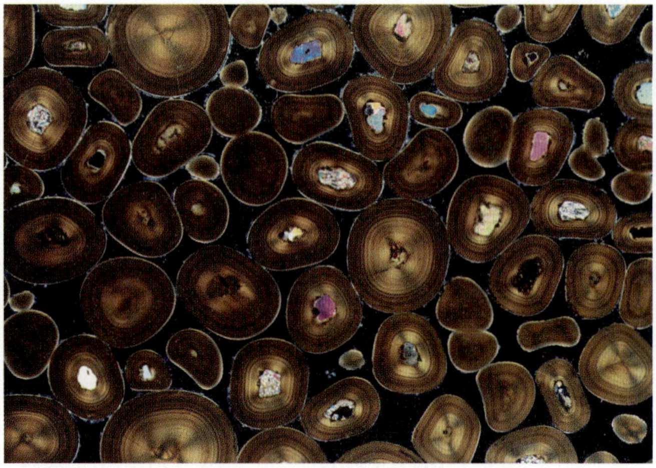

# 10 화학 반응에서 에너지 변화 440

Energy Changes in Chemical Reactions

# 11 기체 492

Gases

# 12 액체와 고체 548

## Liquids and Solids

# 13 용액의 물리적 성질 590

## Physical Properties of Solutions

# 14 엔트로피와 자유 에너지 632

Entropy and Free Energy



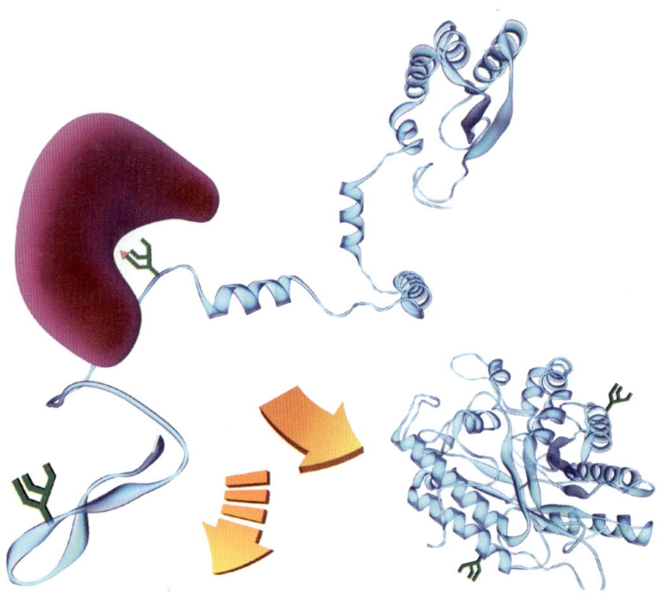

# 15 화학 평형 668

Chemical Equilibrium

# 16 산, 염기 및 염 726

Acids, Bases, and Salts

# 17 산–염기 평형과 용해도 평형 788

## Acid-Base Equilibria and Solubility Equilibria

# 18 전기 화학 842

Electrochemistry

# 19 화학 반응 속도론 890

Chemical Kinetics



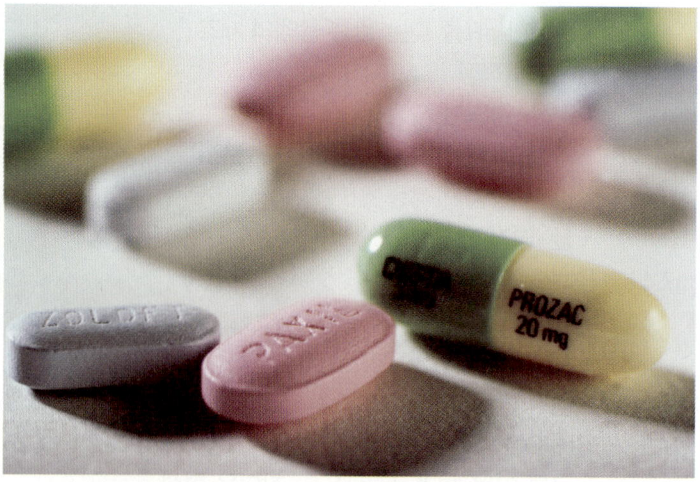

# 20 유기 화학 952
Organic Chemistry

# 책 소개

Burdge와 Overby의 〈일반화학-원자부터 시작하기(Chemistry-Atoms First)〉 3판은 1, 2판의 혁신적인 성공을 기반으로 발전을 이어가고 있다. 이 책은 지속적으로 교수와 학생에게 효과적이며 학생 중심의 교육적 특성을 보완하기 위해 구체적으로 개선되었다.

이번 개정판은 진정으로 학생 중심이 되도록 했다. 예를 들어, 학생들이 어려움을 겪고 있는 특정 주제에 대해 개념을 명확히 하거나 그림과 같은 시각적 설명을 제공하고 있다.

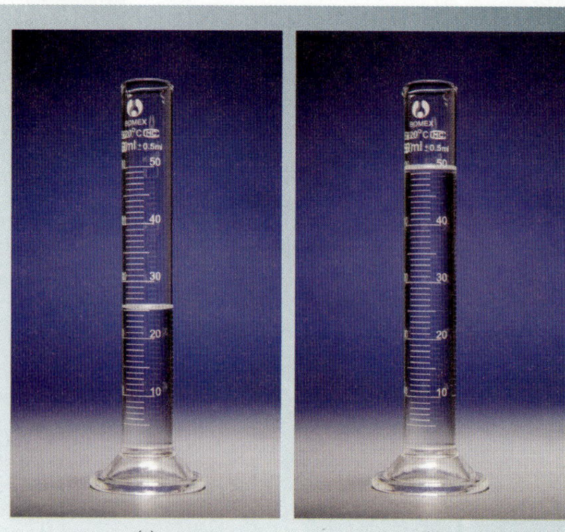

(a) (b)

| | (a) | (b) | |
|---|---|---|---|
| 질량 | 25.0 g | 50.0 g | 크기 성질: 측정값은 물의 양에 따라 변한다. |
| 부피 | 25.0 mL | 50.0 mL | |
| 밀도 | 1.00 g/mL | 1.00 g/mL | 세기 성질: 측정값은 물의 양에 따라 변하지 않는다. |
| 끓는점 | 100.0°C | 100.0°C | |
| 어는점 | 0.00°C | 0.00°C | |

**그림 1.12** 물의 몇 가지 크기 성질(질량과 부피)과 세기 성질(밀도, 끓는점 및 어는점). 크기 성질의 측정된 값은 물의 양에 의존한다. 세기 성질의 측정된 값은 물의 양과 무관하다.

또한 많은 학생들이 내용면에서 어려움을 겪고 있는 부분들에 대해 추가 학습 자료에 전략적인 접근 방법을 제공하고 있다. 저자들은 어려운 내용들을 파악하여 학생들이 그 내용과 관련된 다양한 학습 자료를 사용할 수 있게 하였다.

## 최신 교육법

'절 복습' 문제를 객관식으로 변경하였다. 이 문제들을 통해 각 절의 내용을 제대로 습득했는지 스스로 평가한다. 학생들은 이러한 문제들을 풀어봄으로써 다음 절을 학습하는 데 필요한 기술을 숙달했는지 여부를 확인할 수 있다. 대부분의 학생들은 객관식 문제를 더 편하게 생각하기 때문이다. 또한, 각 장 끝에 있는 다수의 문제가 수정 및 보강되어 새로운 문제들로 내용을 복습할 수 있게 되었다.

## '주요 내용'의 재배치

'주요 내용'은 해당 장의 특정 문제 해결 기술을 검토하는 부분이다. 이는 뒤에 나올 장을 성공적으로 이해하는 데 필수적인 내용이다. '주요 내용'은 학생들이 추후 장의 맥락에서 이전 장의 특정 내용을 쉽게 연마할 수 있도록 고안되었다. '주요 내용 문제'에 대한 답은 이 책 뒷부분의 해답에 나와 있다.

## 새로운 내용

**1장** — 이 책의 특징인 '원자부터 시작하기'를 위해 물질의 분류와 특성을 이 장의 마지막에 배치했다. 처음에는 측정 및 단위에 대한 모든 수치가 함께 소개된다. 따라서 1장(물질)에서 2장(원자)으로의 전환이 좀 더 원활하게 이루어진다. 특히 지수 값을 가지는 단위에 관한 차원 분석의 범위를 넓히고, 세기 성질과 크기 성질을 보여 주는 새로운 그림을 추가했다.

**3장** — 양자 이론과 원자의 전자 구조에 대한 내용을 실은 이 장은 에너지와 에너지 변화의 도입, 불확실성 원리에 대한 논의, 전자 배치에 대한 조사를 명확히 하기 위해 새로운 소개와 이미지를 추가했다.

**6장** — 다중 결합, 형식 전하 그리고 공명의 소개를 포함하여 분자 표현에 관한 여러 주제에 대한 논의를 보완했다. 추가로 루이스(Lewis) 구조를 만드는 단계를 재정렬하고 루이스 구조를 그리는 방법을 보여 주는 예제 6.4를 재작업했다.

**12장** — 결정 고체에서 구의 쌓임에 대한 새로운 소개가 포함되면서 고체 상태 구조에서 입방 쌓임의 기원을 이해하는 것이 더 쉬워졌다. 상변화에 관한 추가 내용도 절에 포함되었다.

**13장** — 용액의 물리적 성질을 다룬 이 장에서 13.2절(분자 관점으로 본 용해 과정)과 13.3절(농도 단위)을 새로 기술했다. 틴들(Tyndall) 효과(그림 13.13)를 설명하는 사진과 13.3절의 종합문제에 계산 문제도 추가했다.

**15장** — 평형에 대한 소개에서 중요 그림 중 일부를 변경했다. 시각적 표현을 향상시켜 학생들과의 공감의 폭을 넓혔다. 또한 르샤틀리에(Le Châtelier)의 원리에 대한 소개뿐만 아니라 평형 상수 및 반응 지수에 대한 소개도 보완했다.

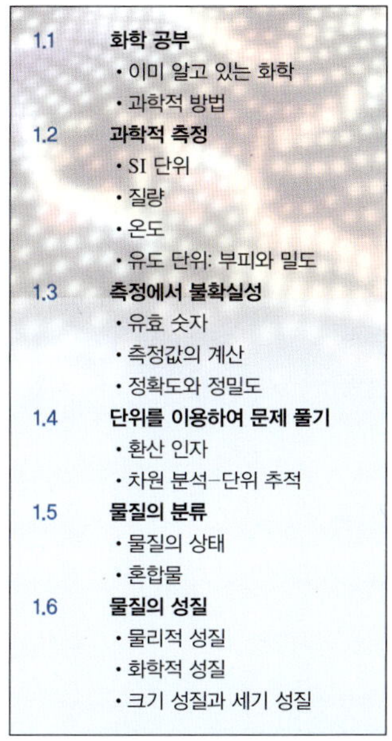


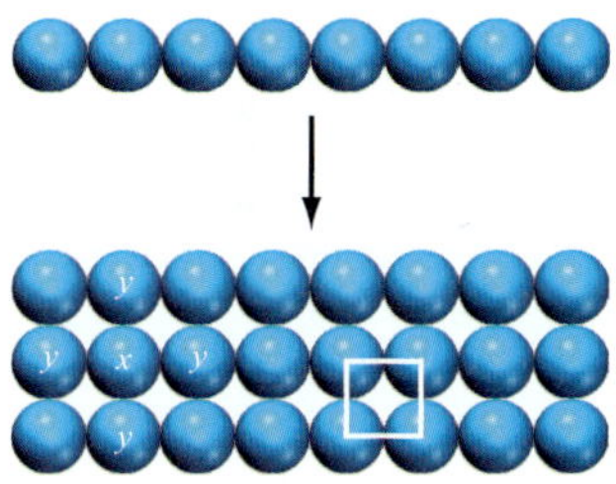

정사각 쌓임

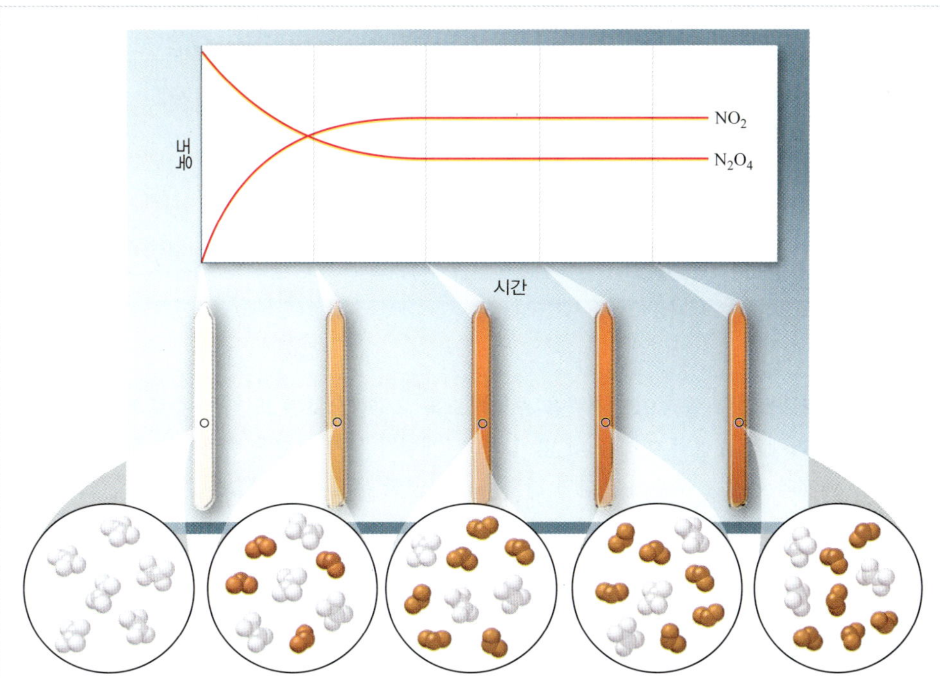


**그림 15.1** 무색의 $N_2O_4$로부터 갈색의 $NO_2$를 생성하는 반응. 반응 초기에는 용기 내에 $N_2O_4$만 있기 때문에 정반응만 진행된다.($N_2O_4$의 분해는 $NO_2$를 만든다.) $NO_2$가 생성됨에 따라 역반응도 진행된다.($NO_2$의 재결합은 $N_2O_4$를 만든다.) 반응 초반에는 갈색이 점점 진해지다가, 평형을 이루게 되면 색 변화는 멈추게 된다.

## 〈일반화학: 원자부터 시작하기〉에서 사용되는 학습 시스템

**문제 해결 능력의 구축.** 이 책은 화학 학습에서 중요한 요소로서 문제 해결의 중요성을 강조한다. 이 책의 기본 방향은 1장에서부터 책 전체의 문제 해결을 위한 일관된 접근법을 조성한다. 각 **예제**는 일관되게 네 단계로 나뉜다. **전략**(strategy)은 문제 해결을 위한 기본적인 뼈대를 제공한다. **계획**(setup)은 문제를 해결하는 데 필요한 정보를 수집한다. **풀이**(solution)는 단계와 계산을 통해 진행된다. **생각해 보기**(Think about it)는 답의 타당성 또는 문제와 관련성이 있는 정보를 생각해 볼 수 있게 한다.

**예제**에서 이 문제 해결 방법을 통해 공부한 후에는 학생들이 풀어야 하는 유제가 두 개 있다.

### 예제 3.3

네오디뮴(neodymium)으로 도핑된 이트륨(yttrium)–알루미늄(aluminium)–석류석(garnet)(Nd:YAG) 레이저는 피부에 생긴 갈색 반점을 치료하는 데 사용되는 레이저 종류의 하나이다. 치료에 사용하는 레이저의 파장이 532 nm일 때 진동수를 구하시오.

**전략** 식 3.3($c=\lambda\nu$)을 이용하여 진동수를 구하기 위해서는 파장을 미터 단위로 바꾸어야 한다.

**계획** 식 3.3을 진동수를 구하는 식 $\nu=\frac{c}{\lambda}$으로 다시 정리해야 한다. 광속 $c=3.00\times10^{8}$ m/s를 이용하기 위해서 파장을 미터 단위로 환산하면 $\lambda=532\ \text{nm}\times\frac{1\times10^{-9}\ \text{m}}{1\ \text{nm}}=5.32\times10^{-7}$ m이다.

**풀이**

$$\nu=\frac{3.00\times10^{8}\ \text{m/s}}{5.32\times10^{-7}\ \text{m}}=5.64\times10^{14}\ \text{s}^{-1}$$

**생각해 보기**

단위는 정확하게 환산되어야 한다. 이러한 유형의 문제에서 가장 하기 쉬운 실수는 파장을 미터로 환산하지 않는 것이다.

**유제 ①** 파장이 1.03 cm인 전자기파의 진동수($s^{-1}$)를 구하시오.

**유제 ②** 다음 중 가시광선의 파장/진동수가 가시광선의 색을 가장 바르게 표현한 것을 고르시오.

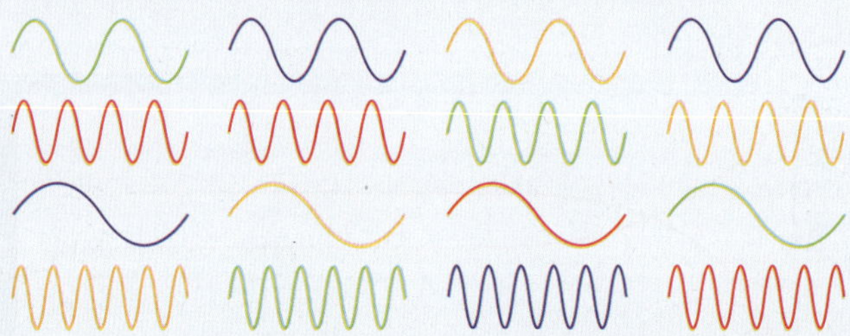

(i) (ii) (iii) (iv)

**유제 ①**은 학생들이 독립적으로 전략을 수립하도록 요구함으로써 또 다른 수준의 문제를 해결한다. **유제 ②**는 학생의 개념적 이해를 더 많이 묻고, 개념과 분자 모형을 이용하는 문제들을 담고 있다. 이 책의 예제와 유제를 꾸준히 푼다면 강력하고 다양한 문제 해결 기술을 개발하는 데 도움이 될 것이다.

**절 복습.** 예제 및 유제가 포함된 책의 모든 부분은 절 복습으로 끝난다. 이 부분을 통해 절에 제시된 개념을 이해하는지 평가해 볼 수 있다.

**주요 내용.** 이 부분은 나중에 나오는 장을 성공적으로 이해하는 데 필요한 특정 기술을 익히고 연마할 수 있도록 돌아와 복습하기 쉽다. 주요 내용 문제에 대한 답은 이 책 뒷부분의 해답에 나와 있다.

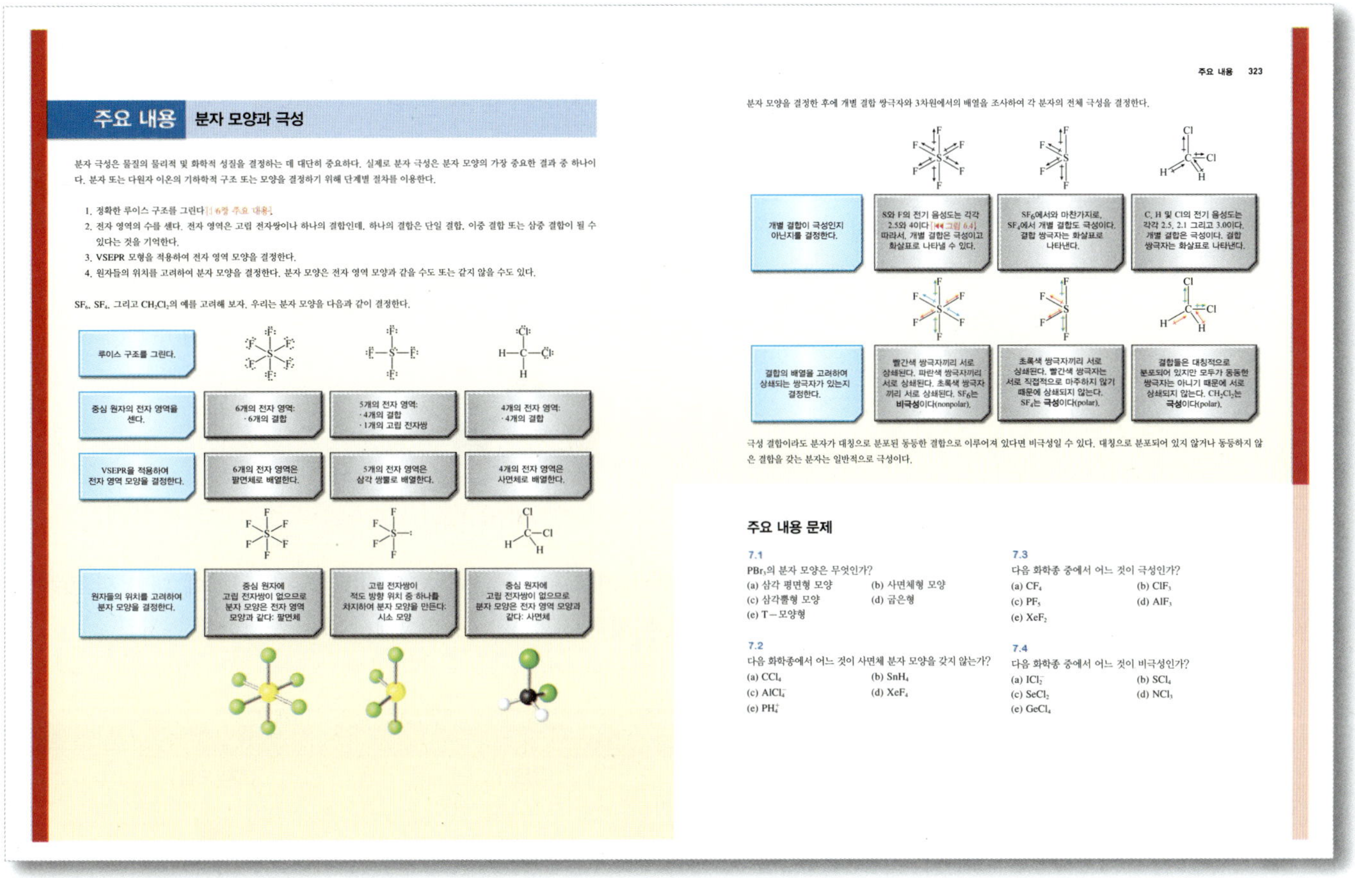


**응용.** 각 장에는 학습을 돕기 위해 고안된 다양한 도구가 있다. **참조**는 학생들에게 도움이 될 만한 힌트와 간단한 제안을 제공한다.

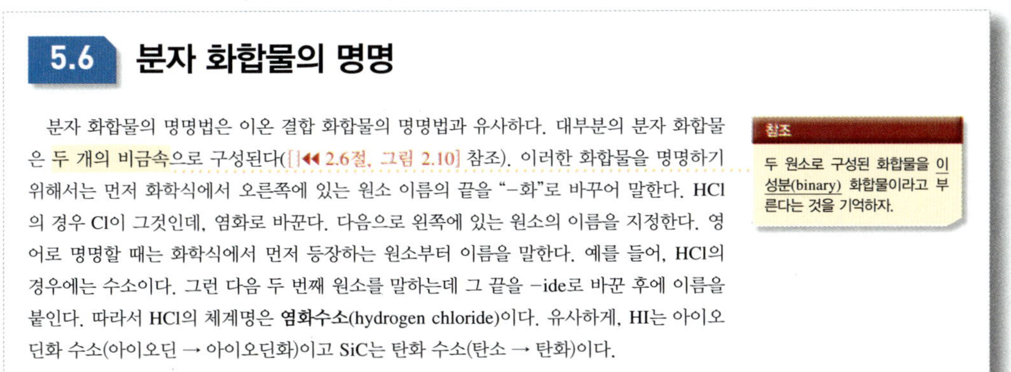


**생각 밖 상식**은 특정 주제에 대해 심층적으로 알아볼 수 있도록 제공되는 응용 부분이다.

## 생각 밖 상식

### 작용기

많은 유기 화합물은 H 원자 중 하나가 **작용기**(functional group)로 알려진 원자의 무리로 치환된 알케인 유도체이다. 작용기는 전형적으로 화학 반응이 일어나는 곳이기 때문에 화합물의 화학적 성질 중 많은 것을 결정한다. 표 5.9는 몇 가지 중요한 작용기의 이름을 나열하고 공–막대 모형을 보이고 있다.

예를 들어, 알코올 음료 속 알코올인 에탄올은 수소 원자 중 하나가 알코올(–OH) 그룹으로 치환된 에테인($C_2H_6$)이다. 그 이름은 두 개의 탄소 원자를 포함하고 있음을 나타내는 에테인의 이름에서 비롯된 것이다.

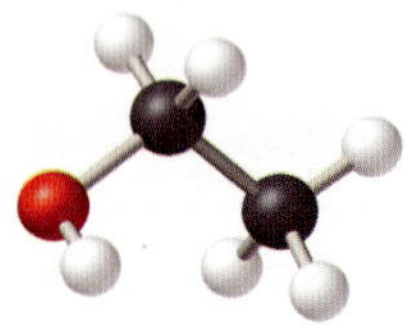

에탄올

에탄올의 분자식을 $C_2H_6O$로 표기할 수도 있지만 $C_2H_5OH$는 분자 구조에 대한 더 많은 정보를 전달한다. 유기 화합물과 몇 가지 작용기는 20장에서 보다 자세하게 논의된다.

**표 5.9 유기 작용기**

| 이름 | 작용기 | 분자 모형 |
|---|---|---|
| 알코올(alcohol) | —OH |  |
| 알데하이드(aldehyde) | —CHO | 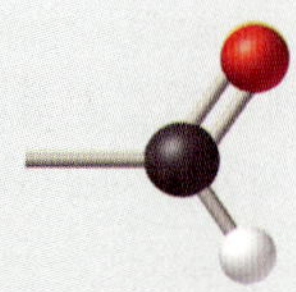 |
| 카복실산(carboxylic acid) | —COOH | 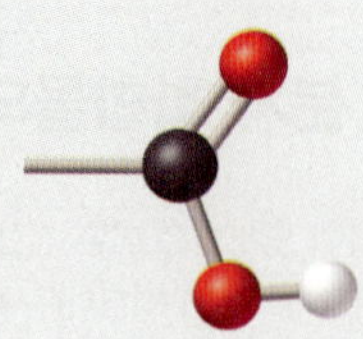 |
| 아민(amine) | $—NH_2$ | 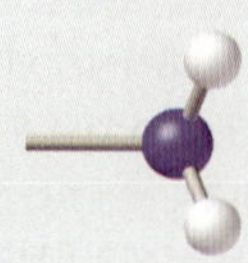 |

**시각화.** 이 책은 독창적이고 전통적인 시각적 기법을 통해 학생들의 이해력 향상을 추구하고 있다. 이 책의 가장 독창적인 부분은 두 쪽으로 구성된 시각화된 화학 그림(Visualizing Chemistry)에 있다. 이 부분은 근본적이고 핵심적으로 중요한 화학 원리를 강조하는 데 필요할 것으로 보인다. 시각적으로 구분하면 공부하는 동안 필요할 때 쉽게 찾고 다시 복습할 수 있다. 각각의 시각화된 화학 그림 부분은 알고 지나가야 하는 내용을 강조하는 "요점 내용" 상자로 마무리된다.

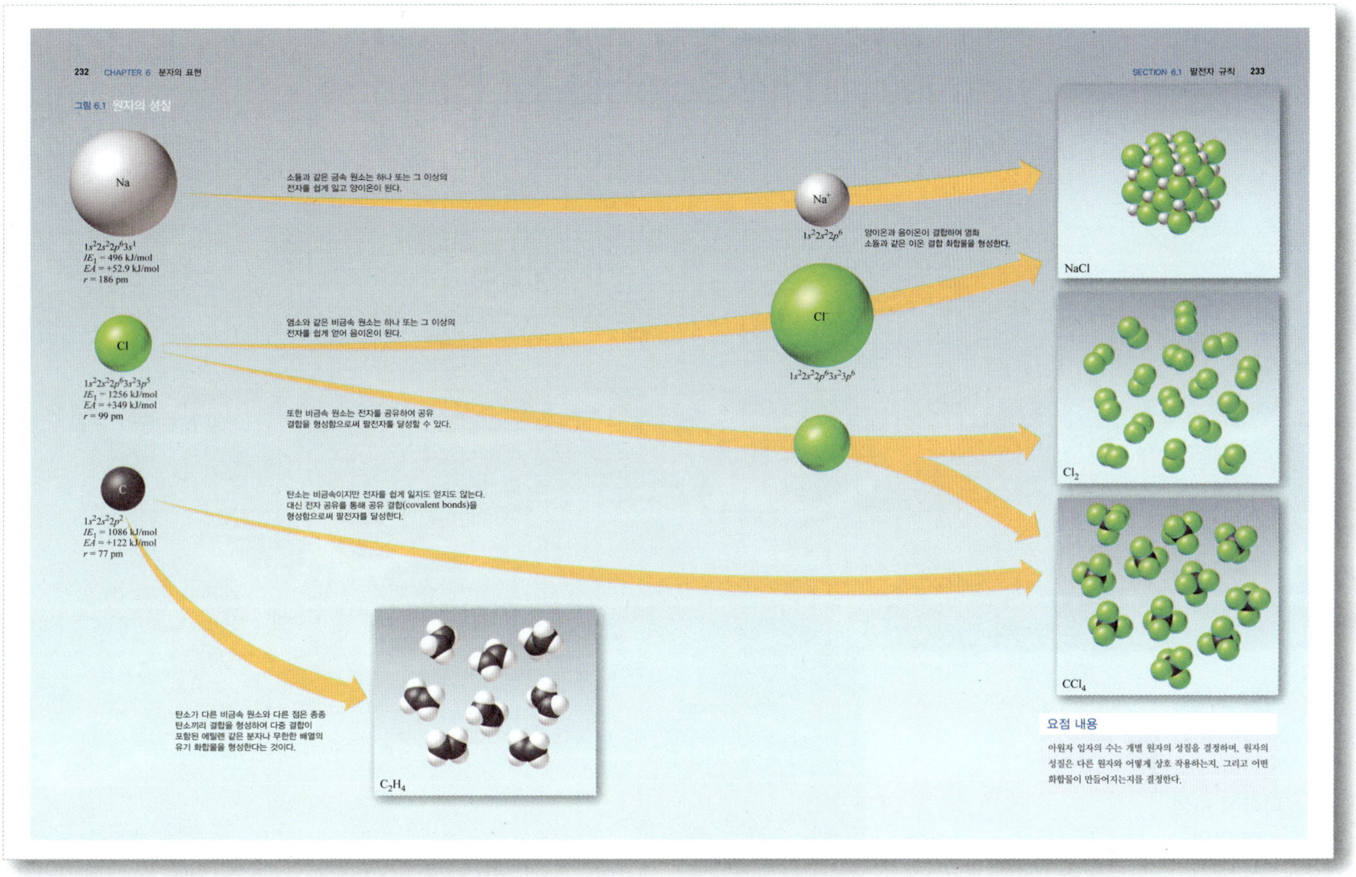


순서도 및 절 복습과 같은 다양한 교재 기반 자료는 현재 개념을 강화하고 책의 다른 부분에서 다루는 개념에 새로운 개념을 연결함으로써 학생의 이해력을 향상시킨다.

우리에게 이 교재는 항상 진행 중인 작업으로 남을 것이다. 의견이나 질문이 있을 시 연락해 주길 바란다.

Julia Burdge
juliaburdge@hotmail.com
Jason Overby
overbyj@cofc.edu

Chapter

1

# 화학: 변화의 과학

## Chemistry: The Science of Change

금, 은 그리고 백금을 포함한 귀금속의 나노 입자와 관련된 상호 작용에 관한 최근의 연구 덕분에 과학자들은 그림에 보이는 국부적 표면 플라즈몬 공명(localized surface plasmon resonance)으로 알려진 것을 설명하고 이용할 수 있게 되었다. 다른 여러 연구들 중에서도, 이 연구는 특정 암에 대한 새로운 치료법인 광열 절제술의 개발을 이끌어 냈다. 특별하게 설계된 금 나노 껍질이 환자에게 주입되어 우선적으로 표적 종양 세포에 부착된다. 근적외선 방사(사람의 눈으로 감지할 수 있는 것보다 약간 더 긴 파장의 빛)를 종양에 겨냥하여 금 나노 껍질이 열을 방출하게 만든다. 이 열은 주변의 건강한 세포를 손상시키지 않으면서 나노 껍질이 붙어 있는 종양 세포를 파괴한다.

## 들어가기 전에

- 기초 대수학
- 과학적 표기법 [|◀◀부록 1]

# 1.1 화학 공부

화학 원리에 대한 지식이 물리학, 생물학, 지질학, 천문학, 해양학, 공학 및 의학을 비롯한 다른 과학에 대한 이해를 돕기 때문에 화학은 종종 **중심 과학**(central science)이라 불린다. **화학**(chemistry)은 **물질**과 물질이 겪게 되는 **변화**(change)에 대한 연구이다. 물질은 우리의 몸, 우리의 소지품, 우리의 물리적 환경, 그리고 사실상 우리의 전 우주를 구성한다. **물질**(matter)이란 질량과 공간을 차지하는 것이다.

## 이미 알고 있는 화학

화학에서 사용되는 용어 몇 가지는 이미 익숙할 것이다. 이 시간이 첫 화학 수업이더라도 **분자**(molecule)에 대해서는 들어봤을 것이고, 그것이 어떤 물질의 작은 조각(볼 수 없을 정도로 너무 작은 조각)이라는 것을 알고 있을 것이다. 또한 분자는 더 작은 물질 조각인 **원자**(atom)로 구성되어 있다는 것도 알고 있을 것이다. **화학식**(chemical formula)이 무엇인지 몰라도 $H_2O$가 물이라는 것은 알 것이다. **화학 반응**(chemical reaction)이라는 말을 써 보거나 최소한 들어는 봤을 것이다. 그리고 그림 1.1과 같은 화학 반응이라는 다양한 일반적 과정이 당연히 친숙할 것이다. 이러한 용어들이 익숙하지 않다고 해서 걱정할 필요는 없다. 이러한 것들에 대해서는 이 책의 초반부에서 잘 정의될 것이다.

그림 1.1의 과정들은 모두 **거시적인**(macroscopic level) 수준에서 관찰할 수 있는 것이다. 즉, 이러한 과정들과 그 결과는 사람의 눈으로 관찰이 가능하다. 화학을 공부하면서, 이러한 동일한 과정들에 대해서 **초미시적**(submicroscopic) 또는 **분자적 수준**(molecular level)에서 시각화하고 이해하는 것을 배울 것이다.

> **참조**
> 거시적은 육안으로 볼 수 있을 만큼 충분히 큰 것을 의미한다.

> **참조**
> 초미시적은 현미경으로도 볼 수 없을 만큼 작은 것을 의미한다. 원자와 분자는 초미시적이다.

## 과학적 방법

화학(그리고 다른 과학)에 대한 이해의 발전은 과학적 실험의 결과이다. 과학자들이 실험에서 모두 동일한 접근 방식을 취하지는 않지만 주어진 분야의 더 큰 지식 체계에 그들의 결과가 추가될 수 있도록 하기 위해서 **과학적 방법**(scientific method)으로 알려진 일련의 지침을 따라야 한다. 그림 1.2의 순서도는 이 방법의 기본적인 과정을 보여 준다. 이 방법은 관찰과 실험을 통한 자료 수집으로 시작된다. 과학자들은 이러한 자료를 연구하고 **패턴**(pattern)이나 **경향**(trend)을 확인하려 노력한다. 그들이 패턴이나 경향을 발견하면, 그 발견을 **법칙**(law), 즉 현상 간의 신뢰할 만한 관계에 대한 간결한 언어적 표현이나 수학적 진술로 요약할 수 있다. 그런 후에, 과학자들은 그들의 관찰에 대한 잠정적인 설명, **가설**

그림 1.1 우리가 흔히 볼 수 있는 많은 과정들이 화학 반응이다. (a) 가스레인지의 불꽃은 천연가스, 주로 메테인의 연소이다. (b) 녹의 생성은 철, 물, 산소가 모두 존재할 때 일어나는 화학 반응이다. (c) 알카셀처(Alka–Seltzer)가 물에 녹을 때 생성되는 기포는 알약에 들어 있는 두 성분 사이의 화학 반응에 의해 생성되는 이산화 탄소이다. (d) 많은 베이킹 제품들은 이산화 탄소를 생성하는 화학 반응의 결과로 "부풀어 오른"다.

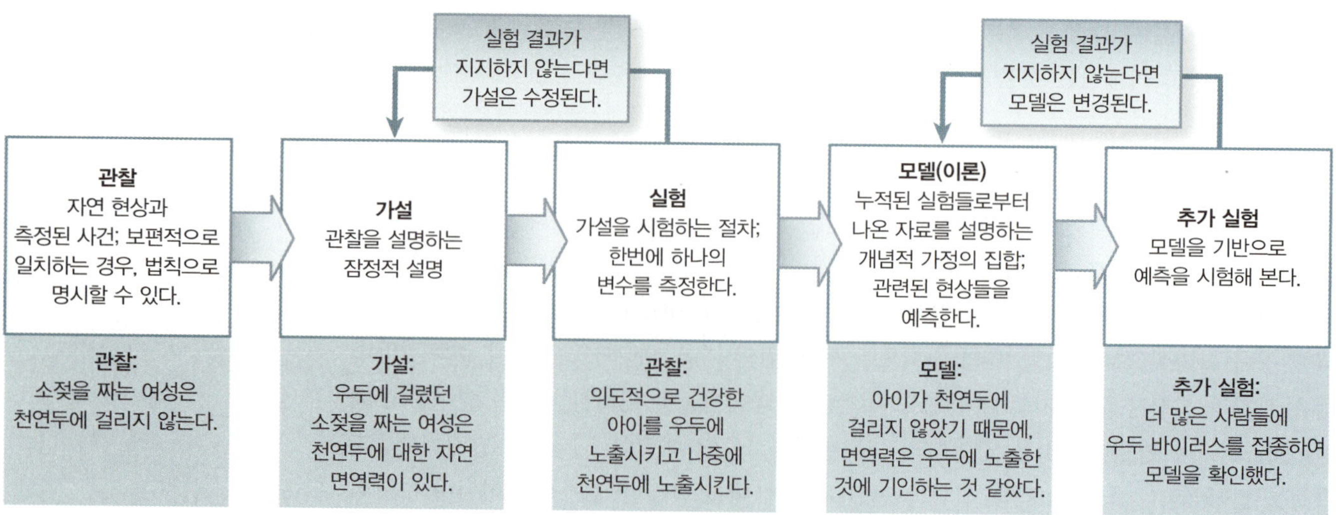


그림 1.2 과학적 방법의 순서도

(hypothesis)을 공식화할 수 있다. 추가적인 실험들을 고안하여 가설을 시험한다. 실험으로 가설이 틀렸다는 것이 밝혀지면 과학자들은 처음으로 다시 돌아가서 자료의 다른 해석을 시도하고 새로운 가설을 세운다. 그리고 나서, 새로운 가설은 실험에 의해 시험될 것이다. 가설이 광범위한 실험으로 검증되면, 그 가설은 이론으로 진화할 수 있다. **이론**(theory)은 실험적 관찰의 내용과 그것을 기반으로 하는 법칙을 설명하는 통일된 원리이다. 이론은 또한 관련 현상을 예측하는 데 사용될 수 있어서 이론은 지속적으로 시험된다. 하나의 이론이 실험으로 입증되지 않는다면 그 이론은 버려지거나 또는 수정되어 실험적 관찰과 일치되도록 해야 한다.

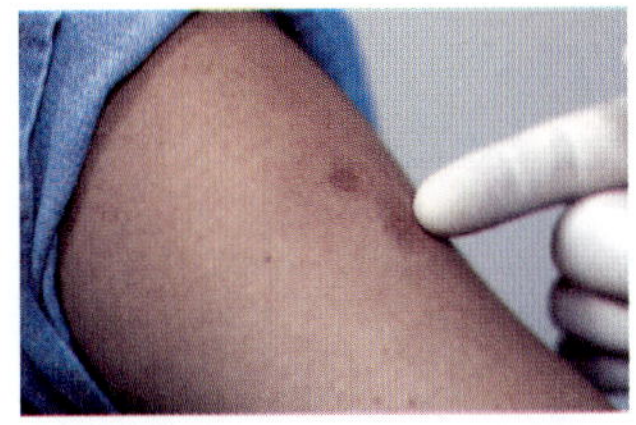

최근까지 거의 대부분의 사람들이 보통 팔 위쪽에 천연두 예방 주사 흉터를 가지고 있었다.

과학적 방법을 이용한 대단한 예 한 가지는 천연두가 어떻게 박멸되었는지에 대한 이야기이다. 18세기 말 영국의 의사 에드워드 제너(Edward Jenner)는 유럽에서 천연두가 발병하는 동안에도 소젖을 짜는 여인들은 좀처럼 그 병에 걸리지 않는 것을 관찰했다. 그는 소와 자주 접촉하는 사람들이 천연두와 비슷하지만 훨씬 덜 해로운 질병인 **우두**(cowpox)에 걸렸을 때, 천연두에 대한 자연 면역이 생긴 것이라고 추론했다. 또한 우두 바이러스에 의도적으로 노출될 경우 동일한 면역이 생길 것으로 예측했다. 1796년 제너는 우두에 감염된 소젖을 짜는 여성의 상처의 고름을 이용하여 8세 소년을 우두 바이러스에 노출시켰다. 6주 후 제너는 소년을 **천연두**(smallpox) 바이러스에 노출시켰고 예측했던 대로 소년은 천연두에 걸리지 않았다. 같은 기술[**소**(cow)를 의미하는 라틴어 **와카**(*vacca*)에서 유래되어 나중에 **백신**(vaccination)이라고 불려짐]을 사용한 후속 실험들로 천연두에 대한 면역이 유도될 수 있음을 확인하였다.

의료 종사자들에 대한 훌륭하게 조정된 국제적 노력 덕분에 전 세계적으로 천연두를 퇴치하는 데 성공하였다. 1980년 세계보건기구는 천연두가 공식적으로 근절되었다고 선언하였다. 20세기의 가장 위대한 의료 발전 중 하나인 무서운 질병에 대한 이 역사적인 승리는 **과학적 방법**(scientific method)의 필수 요소인 제너의 빈틈없는 관찰, 귀납적 추론 및 신중한 실험으로 시작된 것이었다.

**참조**

천연두가 마지막으로 자연 발생한 것은 1977년 소말리아에서였다.

## 1.2 과학적 측정

과학자들은 다양한 도구들을 사용해서 물질의 특성을 측정한다. 미터 자는 길이 측정에, 뷰렛과 피펫, 눈금 실린더 및 부피 플라스크는 부피 측정에(그림 1.3), 저울은 질량 측정에, 온도계는 온도 측정에 사용된다. 측정할 수 있는 성질은 숫자를 사용하여 표현되기 때문에 **정량적**(quantitative) 성질이라고 한다. 숫자로 측정된 양을 표현할 때는 항상 적절한 단위를 포함해야 한다. 그렇지 않으면 측정은 의미가 없어진다. 예를 들어, 수영장의 깊이가 3이라고 말하는 것은 **3피트**(feet, 0.9미터)와 **3미터**(meter, 9피트) 깊이를 구분하기에 충분하지 않다. 단위는 측정값을 올바르게 보고하기 위해 필수적이다.

가장 친숙한 두 가지 단위 체계는 **영국 체계**(English system; 피트, 갤런, 파운드 등)와 **미터법**(metric system; 미터, 리터, 킬로그램 등)일 것이다. 최근 몇 년 동안 미국에서도 미터법 단위 사용이 증가하였지만 영국 단위는 여전히 흔하게 사용되고 있다. 여러 해 동안 과학자들은 측정 단위를 미터 단위로 기록했지만, 1960년 단위에 대한 국제 기관인 도량형

**참조**

미국 측량협회(U.S. Metric Association, USMA)에 따르면, 미국은 미터법 채택과 관련하여 "유일한 중요 보류국"이다. 전통적인 단위를 계속 사용하는 나머지 다른 국가는 미얀마(구 버마)와 라이베리아이다.

총회에서 과학자들이 보편적으로 사용할 수 있는 개정된 미터법을 제안했다. 이 책에서는 미터법과 개정된 미터(SI) 단위 모두를 사용할 것이다.

## SI 단위

개정된 미터법은 **국제 단위계**(International System of Units, 불어 *Système Internationale d'Unités*의 약자로 SI)라고 불린다. 표 1.1은 7개의 SI 기본 단위를 보이고 있다. 다른 모든 측정 단위는 이들 기본 단위로부터 유도될 수 있다. 예를 들어, **부피**(volume)에 해당하는 **SI 단위**(SI unit)는 **길이**(length)에 대한 SI 기본 단위를 세제곱하여 유도된다. 표 1.2에 나열된 접두사는 SI 단위의 십진 분율 및 십진 배수를 나타내는 데 사용된다. 이러한 접두사를 사용하여 과학자들은 특정 용도에 맞춰 단위 크기를 조절할 수 있다. 예를 들어, 미터(m)는 교실의 크기를 설명하는 데 적합하지만 킬로미터(km) 즉, 1000 m는 두 도시 간의 거리를 설명하는 데 더 적합하다. 화학을 공부하면서 자주 접하게 될 단위에는 질량, 온도, 부피 및 밀도에 대한 것들이 포함된다.

## 질량

**질량**(mass)과 **무게**(weight)라는 용어는 종종 같은 의미로 사용되지만, 동일한 의미는 아니다. 엄밀히 말하면, 무게는 중력으로 인해 물체나 표본에 가해지는 힘이다. **질량**(mass)은 물체 또는 표본에서 물질의 양을 측정한 것이다. 중력은 위치에 따라 다르기 때문에(달의

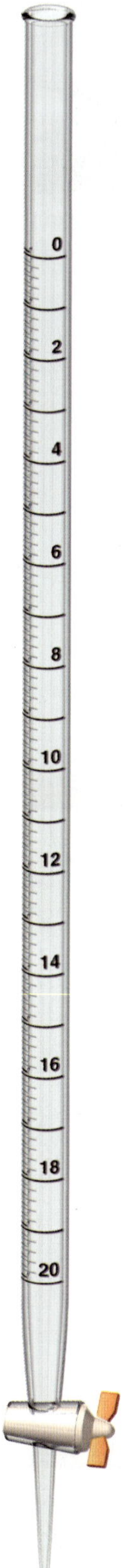


뷰렛
(a)

부피 피펫
(b)

눈금 실린더
(c)

부피 플라스크
(d)

**그림 1.3** (a) 뷰렛은 용기에 첨가된 액체의 부피를 측정하는 데 사용된다. 눈금 읽기는 액체가 첨가되기 전후에 하고, 첨가된 부피는 두 번째 읽은 값에서 첫 번째 읽은 값을 빼서 결정된다. (b) 부피 피펫은 정확한 양의 액체를 전달하는 데 사용된다. (c) 눈금 실린더는 액체의 부피를 측정하는 데 사용된다. 부피 플라스크보다 덜 정확하다. (d) 부피 플라스크를 사용하여 실험실에서 사용하기 위한 정확한 양의 용액을 준비한다.

**표 1.1** 기본 SI 단위

| 기본 양 | 단위 이름 | 기호 |
|---|---|---|
| 길이 | 미터(meter) | m |
| 질량 | 킬로그램(kilogram) | kg |
| 시간 | 초(second) | s |
| 전류 | 암페어(ampere) | A |
| 온도 | 켈빈(kelvin) | K |
| 물질의 양 | 몰(mole) | mol |
| 광도 | 칸델라(candela) | cd |

**표 1.2** SI 단위와 함께 쓰이는 접두사

| 접두사 | 기호 | 의미 | 예 |
|---|---|---|---|
| 테라(tera−) | T | $1\times10^{12}$(1,000,000,000,000) | 1테라그램(Tg)$=1\times10^{12}$ g |
| 기가(giga−) | G | $1\times10^{9}$(1,000,000,000) | 1기가와트(GW)$=1\times10^{9}$ W |
| 메가(mega−) | M | $1\times10^{6}$(1,000,000) | 1메가헤르츠(MHz)$=1\times10^{6}$ Hz |
| 킬로(kilo−) | k | $1\times10^{3}$(1,000) | 1킬로미터(km)$=1\times10^{3}$ m |
| 데시(deci−) | d | $1\times10^{-1}$(0.1) | 1데시리터(dL)$=1\times10^{-1}$ L |
| 센티(centi−) | c | $1\times10^{-2}$(0.01) | 1센티미터(cm)$=1\times10^{-2}$ m |
| 밀리(milli−) | m | $1\times10^{-3}$(0.001) | 1밀리미터(mm)$=1\times10^{-3}$ m |
| 마이크로(micro−) | $\mu$ | $1\times10^{-6}$(0.000001) | 1마이크로리터($\mu$L)$=1\times10^{-6}$ L |
| 나노(nano−) | n | $1\times10^{-9}$(0.000000001) | 1나노초(ns)$=1\times10^{-9}$ s |
| 피코(pico−) | p | $1\times10^{-12}$(0.000000000001) | 1피코그램(pg)$=1\times10^{-12}$ g |

중력은 지구상 중력 1/6 정도이다), 물체의 무게는 측정 지점에 따라 다르다. 물체의 질량은 측정 위치와 상관없이 동일하게 유지된다. SI 기본 단위는 킬로그램(kg)이지만 화학에서는 작은 단위인 그램(g)이 더 편리하므로 더 일반적으로 사용된다.

$$1\text{ kg}=1000\text{ g}=1\times10^{3}\text{ g}$$

때때로 어떤 특정 용도에 대해서 가장 편리하거나 자주 사용되는 단위가 SI 단위가 아닌 경우도 있다. 그러한 예가 원자 질량 단위이다. 이름에서 알 수 있듯이, **원자 질량 단위**(atomic mass unit, amu)는 원자의 질량 그리고 비슷한 크기의 다른 물체를 표현하는 데 사용된다. SI 단위로 amu는 $1.6605378\times10^{-24}$ g 또는 $1.6605378\times10^{-27}$ kg이다. 또 다른 예는 $1\times10^{-10}$ m 길이의 척도인 **옹스트롬**(angstrom, Å)이다.

## 온도

화학에서 사용되는 온도는 두 가지, **섭씨**(Celsius)와 **절대**(absolute) 또는 **켈빈**(Kelvin)이 있다. 이들의 단위는 각각 **섭씨 도**(°C)와 **켈빈**(K)이다. **섭씨**(Celsius)온도[스웨덴의 물리학자 셀시우스(Ander Celsius, 1701~1744)의 이름에서 유래]는 원래 해수면에서의 물의 어는점(0°C)과 끓는점(100°C)을 이용하여 정의되었다. 표 1.1에서와 같이 온도의 기본 SI 단위는 **켈빈**(kelvin)이다. 켈빈은 이론적으로 가능한 최저 온도가 절대 0(absolute zero)으로 알려진 온도인 0 K이기 때문에 **절대**(absolute) 온도 눈금으로도 알려져 있다. 온도 기호(°)는

**참조**

켈빈 눈금에는 음의 온도가 없다.

> **참조**
>
> 켈빈 눈금의 이론적 근거는 기체의 행동과 관련이 있다[◀◀ 11장].

> **참조**
>
> 얼마나 정밀한 값이 요구되는지에 따라 다르지만, 섭씨에서 켈빈으로 전환할 때는 보통 273.15 대신 간단히 273을 더한다.

켈빈 눈금의 온도를 나타내는 데 사용되지 않는다.

섭씨와 켈빈 눈금 단위는 크기에서 동일하므로 섭씨와 켈빈의 한 눈금은 같다. 따라서 물체의 온도가 5°C 상승하면 마찬가지로 5 K 증가한다. 켈빈 눈금의 절대 영도는 섭씨 눈금의 −273.15°C와 같다. 섭씨 온도에서 켈빈 단위로 온도를 변환하기 위해 다음 식을 이용한다.

$$K = {}^{\circ}C + 273.15 \qquad \text{식 1.1}$$

예제 1.1은 두 온도 사이에서의 변환을 보인다.

## 예제 1.1

정상인의 체온은 이른 아침에 약 36°C부터 오후에 약 37°C까지의 영역에 있다. 켈빈 눈금을 이용하여 두 온도와 그 범위를 나타내시오.

**전략** 식 1.1을 사용하여 섭씨에서 켈빈으로 온도를 변환한다. 그런 다음 1°C는 1 K라는 점을 염두에 두고 그 온도 범위를 섭씨에서 켈빈으로 변환한다.

**계획** 식 1.1은 두 온도를 섭씨에서 켈빈으로 변환하도록 이미 설정되어 있다. 식을 더 이상 보완할 필요가 없다. 켈빈의 범위는 섭씨 온도 범위와 같다.

**풀이** 36°C+273=309 K, 37°C+273=310 K, 그리고 1°C의 범위는 1 K의 범위와 같다.

### 생각해 보기

계산이 맞는지 확인하고 섭씨온도에서 켈빈 온도로의 변환이 섭씨에서의 온도 차이를 켈빈에서의 온도 차이로 변환하는 것과는 다르다는 것을 기억한다.

**유제 1** 미국 항공우주국(National Aeronautics and Space Administration, NASA)의 웹사이트에 따르면, 우주의 평균 기온은 2.7 K이다. 이 온도를 섭씨온도로 변환하시오.

**유제 2** 다음 그림에서 섭씨 눈금 1도가 왼쪽에 있는 사각형으로 표시된다면, 오른쪽 직사각형[(i)~(iv)] 중 어느 것이 켈빈 눈금 1을 가장 잘 나타내는가?

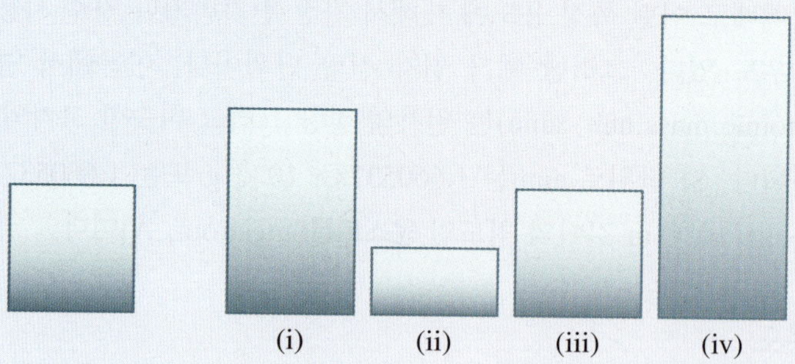


과학 영역 밖에서는 화씨 온도가 미국에서 가장 많이 사용되는 척도이다. 파렌하이트(Daniel Gabriel Fahrenheit, 1686~1736, 독일의 물리학자)의 연구에 앞서, 임의로 정의된 많은 다른 온도 척도들이 있었지만 그 어느 것도 일관성 있는 측정을 제공하지 못했다. 파렌하이트가 어떻게 그의 온도 눈금을 만들었는지에 대한 설명은 출처마다 다르다. 한 설명에서, 1724년 파렌하이트는 당시 인위적으로 도달할 수 있는 가장 낮은 온도[얼음, 물 및

**염화 암모늄**(ammonium chloride)의 혼합물 온도]를 0°로 표시했다. 12도 눈금으로 이뤄진 전통 온도계를 이용하여, 그는 건강한 신체의 온도를 12도라고 표시했다. 이 온도계에서 물의 어는점은 4도에서 발생했다. 해상도를 높이기 위해서 각 온도 눈금을 더 쪼개어 8개의 작은 온도 눈금으로 만들었다. 이러한 과정에 의해 물의 어는점은 32°F가 되었고 정상 체온은 96°F가 되었다. (오늘날, 정상 체온은 96°F보다 다소 높다고 여겨진다.)

화씨 눈금에서 물의 끓는점은 212°이며, 이는 어는점과 끓는점의 사이가 180°(212°F −32°F)라는 것을 의미한다. 이러한 차이는 섭씨에서 물의 어는점과 끓는점 사이의 100보다 훨씬 큰 값이다. 따라서 화씨 눈금에서 1도의 크기는 섭씨 눈금의 100/180 또는 5/9 정도이다. 식 1.2는 화씨와 섭씨의 관계를 나타낸다.

$$\text{화씨온도}(^\circ\text{F}) = \frac{9^\circ\text{F}}{5^\circ\text{C}} \times \text{섭씨온도}(^\circ\text{C}) + 32^\circ\text{F} \qquad \textbf{식 1.2}$$

예제 1.2에서 섭씨를 화씨로 변환하는 연습을 할 수 있다.

## 예제 1.2

39°C 이상의 체온은 고열로 여겨진다. 이 온도를 화씨로 변환하시오.

**전략** 섭씨로 주어진 온도를 화씨로 변환해야 한다.

**계획** 식 1.2를 이용한다.

$$\text{온도}(^\circ\text{F}) = \frac{9^\circ\text{F}}{5^\circ\text{C}} \times \text{온도}(^\circ\text{C}) + 32^\circ\text{F}$$

**풀이**

$$\text{온도}(^\circ\text{F}) = \frac{9^\circ\text{F}}{5^\circ\text{C}} \times (39^\circ\text{C}) + 32^\circ\text{F} = 102^\circ\text{F}$$

### 생각해 보기

화씨로 정상 체온이 대략 99°F라는 것을 고려하면 102°F는 합리적인 답으로 보인다.

**유제 1** 우리 태양계의 행성의 평균 표면 온도는 금성의 867°F에서 해왕성의 −330°F까지이다. 이 온도와 범위를 섭씨로 변환하시오.

**참조**

명왕성의 평균 표면 온도는 −375°F이지만, 명왕성은 더 이상 행성으로 분류되지 않는다.

**유제 2** 다음 그림에서 화씨 눈금으로 1도가 왼쪽에 있는 사각형으로 표시된다면 오른쪽 직사각형[(i)~(iv)] 중 어느 것이 섭씨 1도를 가장 잘 나타내는가? 어느 것이 1도의 켈빈을 가장 잘 나타내는가?

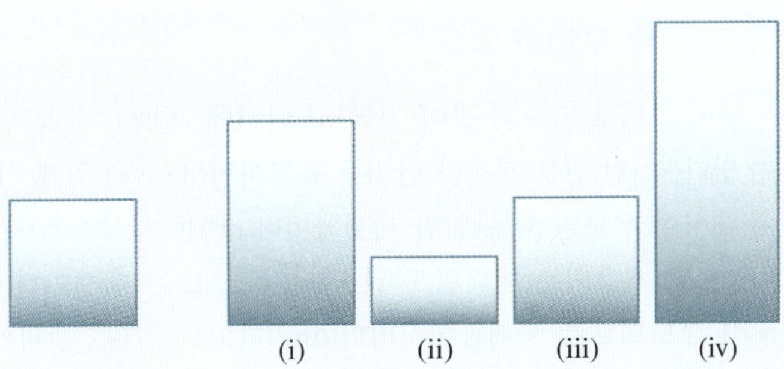

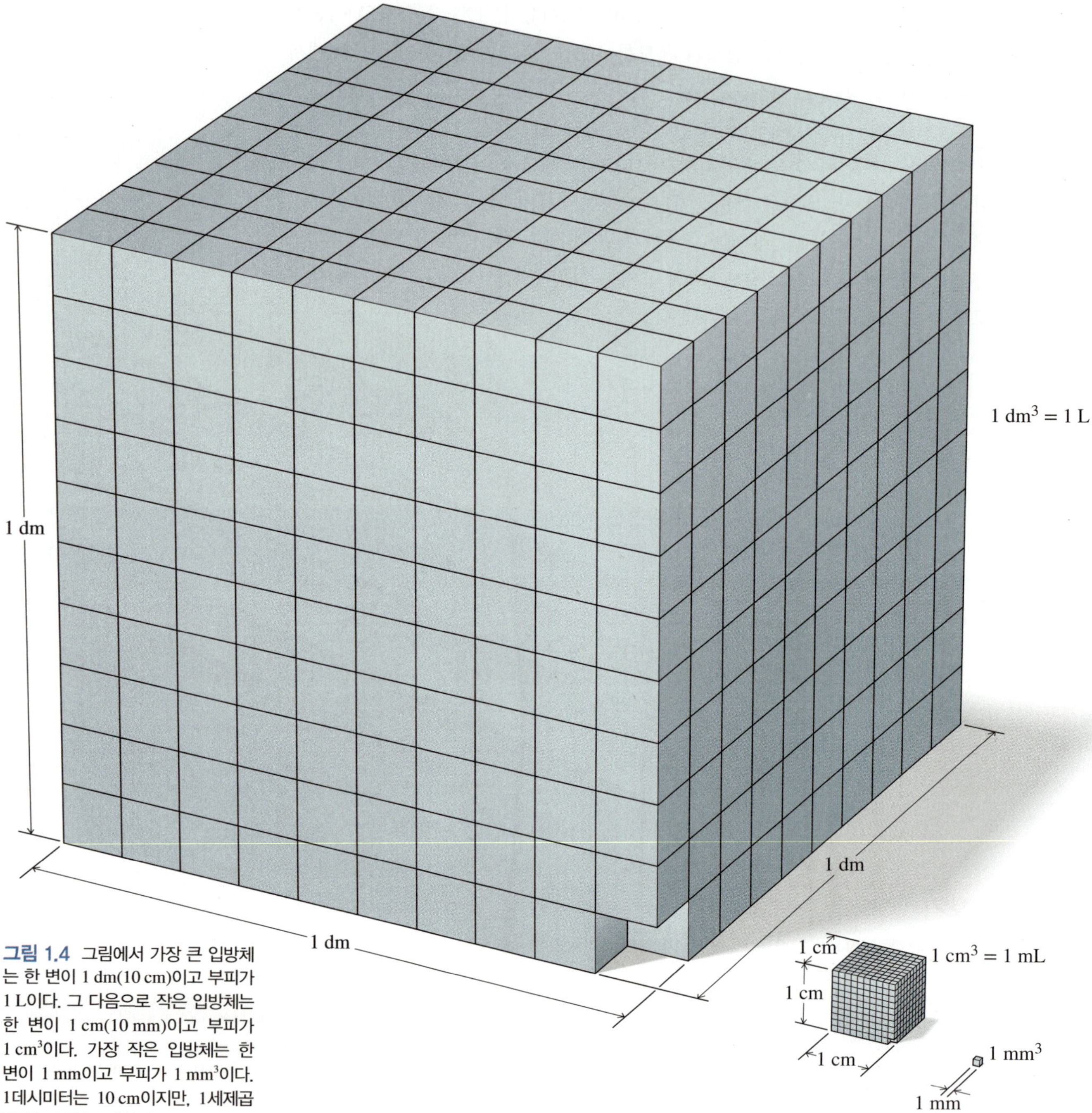


**그림 1.4** 그림에서 가장 큰 입방체는 한 변이 1 dm(10 cm)이고 부피가 1 L이다. 그 다음으로 작은 입방체는 한 변이 1 cm(10 mm)이고 부피가 1 $cm^3$이다. 가장 작은 입방체는 한 변이 1 mm이고 부피가 1 $mm^3$이다. 1데시미터는 10 cm이지만, 1세제곱미터는 1000 $cm^3$이다.

## 유도 단위: 부피와 밀도

부피 그리고 밀도와 같이 기본 SI 단위에 포함되지 않는 단위를 필요로 하는 양들이 많이 있다. 이런 경우 적절한 단위를 **유도하기**(derive) 위해 기본 단위를 결합해야 한다. 부피에 대하여 유도된 SI 단위인 세제곱미터($m^3$)는 일상적으로 사용되기에 너무 크다. 보다 일반적으로 사용되는 미터법 단위 **리터**(liter, L)는 **데시미터**(decimeter, 1/10미터)를 세제곱하여 유도되므로 세제곱데시미터($dm^3$)라고도 한다. 부피에 대해서 일반적으로 사용되는 또 다른 미터법 단위는 **밀리리터**(mililiter, mL)이다. 이 값은 센티미터를 세제곱하여 유도

된다. 밀리리터는 세제곱센티미터($cm^3$)라고도 한다. 그림 1.4는 리터(또는 $dm^3$)와 밀리리터(또는 $cm^3$) 간의 관계를 보여 준다.

**밀도**(density)는 질량 대 부피의 비율이다. 밀도를 보여 주는 친숙한 예는 물과 기름을 섞으려고 할 때이다. 기름은 물과 **섞이지**(mixing) 않고 물보다 **밀도**가 낮기 때문에 물 위에 떠 있다. 즉, 기름과 물이 **동일한 부피**(equal volume)라면, 기름은 물보다 **작은 질량**(smaller mass)을 갖게 된다. 밀도는 다음 식을 이용하여 계산된다.

$$d=\frac{m}{V}$$ **식 1.3**

여기서 $d$, $m$ 및 $V$는 각각 밀도, 질량 및 부피를 나타낸다. 밀도의 SI 유도 단위는 세제곱미터당 킬로그램($kg/m^3$)이다. 이 단위는 대부분의 일반적인 용도에 비해 너무 크다. 따라서 세제곱센티미터당 그램($g/cm^3$), 즉 밀리리터당 그램(g/mL)을 사용하여 대부분의 고체와 액체의 밀도를 나타낸다. 예를 들어, 물은 4°C에서 1.00 $g/cm^3$의 밀도를 가진다. 기체의 밀도는 일반적으로 매우 낮기 때문에, 일반적으로 리터당 그램(g/L) 단위로 표현한다.

$$1\ g/cm^3 = 1\ g/mL = 1000\ kg/m^3$$
$$1\ g/L = 0.001\ g/mL$$

예제 1.3에서는 밀도를 계산하는 방법과 부피 계산에서 밀도를 사용하는 방법을 보인다.

## 예제 1.3

고체 물은 액체 물보다 밀도가 낮기 때문에 얼음 조각은 한 컵의 물 위에 떠 있는다.
(a) 0°C에서 한 변이 2.0 cm이고 질량이 7.36 g인 정육면체 얼음의 밀도를 계산하시오.
(b) 0°C에서 23 g의 얼음이 차지하는 부피를 결정하시오.

**전략** (a) 질량을 부피로 나누어 밀도를 결정하고(식 1.3), (b) 계산된 밀도를 사용하여 주어진 질량이 차지하는 부피를 결정한다.

**계획** (a) 얼음 조각의 질량은 주어졌고 그것으로부터 부피를 계산해야 한다. 얼음 조각의 부피는 $(2.0\ cm)^3$ 또는 8.0 $cm^3$이다.
(b) 부피를 계산하기 위해 식 1.3을 재배열하면 $V=m/d$가 된다.

**풀이**

(a) $d=\frac{7.36\ g}{8.0\ cm^3}=0.92\ g/cm^3$ 또는 0.92 g/mL (b) $V=\frac{23\ g}{0.92\ g/cm^3}=25\ cm^3$ 또는 25 mL

### 생각해 보기

밀도가 1 $g/cm^3$ 미만인 시료의 경우, 세제곱센티미터의 수는 그램 수보다 커야 한다. 이 경우 25($cm^3$)>23(g)이다.

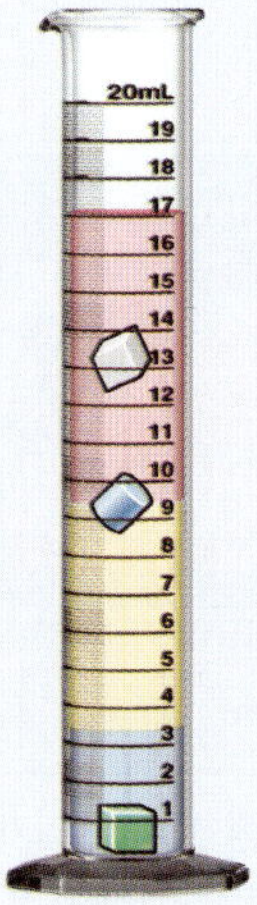


**유제 1** (a) 한 변의 길이가 2.33 cm인 입방체의 질량이 117 g인 고체의 밀도를 계산하시오.
(b) 한 변의 길이가 7.41 cm인 동일한 물질의 질량을 계산하시오.

**유제 2** 오른쪽의 눈금 실린더와 내용물 그림을 이용하여 밀도가 증가하는 순서로 다음을 정렬하시오.
파란색 액체, 분홍색 액체, 노란색 액체, 회색 고체, 파란색 고체, 초록색 고체

## 1.2절 복습

**과학적 측정**

**1.2.1** 지구에서 기록된 가장 추운 온도는 −128.6°F(1983년 7월 21일 남극의 보스토크 기지에서 기록)였다. 이 온도를 섭씨와 켈빈으로 표현하시오.

(a) −89.2°C, −89.2 K (b) −289.1°C, −15.9 K

(c) −89.2°C, 183.9 K (d) −173.9°C, 99.3 K

(e) −7.0°C, 266.2 K

**1.2.2** 34.2 $cm^3$의 부피와 19.6 g의 질량을 가진 물체의 밀도는 얼마인가?

(a) 0.573 $g/cm^3$ (b) 1.74 $g/cm^3$

(c) 670 $g/cm^3$ (d) 53.8 $g/cm^3$

(e) 14.6 $g/cm^3$

**1.2.3** 물 시료를 실온에서부터 끓는점 바로 아래까지 가열한다. 전체적인 온도 변화는 72°C이다. 이 온도 변화를 켈빈으로 표현하시오.

(a) 345 K (b) 72 K

(c) 0 K (d) 201 K

(e) 273 K

**1.2.4** 금의 밀도가 19.3 $g/cm^3$로 주어질 때, 질량이 5.98 g인 금 덩어리의 부피($cm^3$)를 계산하시오.

(a) 3.23 $cm^3$ (b) 5.98 $cm^3$

(c) 115 $cm^3$ (d) 0.310 $cm^3$

(e) 13.3 $cm^3$

**그림 1.5** 우리가 보고하는 메모리 카드의 너비는 측정하는 데 사용된 눈금자에 따라 달라진다.

# 1.3 측정에서 불확실성

과학은 두 가지 유형의 수, 즉 정확수와 부정확수를 사용한다. **정확**(exact)수는 1인치(in)=2.54 cm에서 2.54, 1 kg=1000 g에서 1000, 1다스=12개의 물체에서 12와 같이 정의된 값이 있는 숫자를 포함한다. (각 정의에서 숫자 1도 정확수이다.) 정확수에는 수를 세면서 얻은 숫자도 포함된다. 수를 세는 것 이외에 다른 방법으로 측정된 수는 **부정확**(inexact)수이다.

측정된 수는 사용된 측정 장치, 측정 장치를 사용하는 개인 또는 이들 둘 모두 때문에 부정확해진다. 예를 들어, 잘못된 눈금자는 아무리 주의해서 사용하더라도 오류가 있는 측정 결과가 나온다. 어떤 눈금자는 적절하게 보정되었더라도 필요한 측정을 위한 충분한 해상도를 가지지 못한다. 마지막으로, 계측기가 제대로 보정되었거나 충분한 해상도를 가지고 있느냐에 관계없이 사람들이 측정치를 보고 해석하는 방법에 따라서도 불가피한 차이가 있다.

## 유효 숫자

부정확수는 그 값의 불확실성을 나타내는 방식으로 보고되어야 한다. 이것은 유효 숫자를 사용하여 이뤄진다. **유효 숫자**(significant figure)는 보고된 숫자에서 **의미 있는 숫자**(meaningful digit)이다. 그림 1.5에서 위쪽에 있는 눈금자를 이용하여 메모리 카드의 너비를 측정한다고 생각해 보자. 카드의 너비는 2 cm와 3 cm 사이이다. 너비를 2.5 cm로 기록할 수 있지만, 이 눈금자에는 2~3 cm 사이에 눈금이 없기 때문에 두 번째 자릿수는 **추정된다**(estimating). 우리는 2.5에서 2는 확신하지만, 5에 대해서는 확신하지 못한다. 측정된 숫자의 마지막 자리를 **불확실한 자리**(uncertain digit)라고 하며, 측정된 숫자와 관련된 불확실성은 일반적으로 마지막 자리의 ±1로 간주된다. 따라서 메모리 카드의 너비를 2.5 cm라고 보고할 경우, 너비는 2.5±0.1 cm이고 실제 너비는 2.4 cm만큼 작거나 또는 2.6 cm 정도로 클 수도 있다. 불확실한 숫자를 포함하여 측정값에서 각 자릿수는 유효 숫자이다. 메모리 카드의 보고된 너비 2.5 cm는 **2개**의 유효 숫자를 포함한다.

밀리미터 단위의 눈금자를 사용하면 두 번째 자릿수에 대해서는 확신할 수 있고 세 번째 자릿수를 추정할 수 있다. 이제 아래쪽에 있는 눈금자를 사용하여 메모리 카드의 너비를 측정한다고 생각해 보자. 너비를 2.45 cm로 기록할 수도 있다. 다시, 우리가 읽을 수 있는 것을 넘어선 한 자리를 추정한다. 너비를 2.45 cm로 보고하는 것은 그 너비가 2.45±0.01 cm라는 것을 뜻한다.

> **참조**
> 실제보다 측정된 수에 더 큰 확실성을 부여하지 않는 것이 중요하다. 예를 들어, 그림 1.5의 메모리 카드의 너비를 2.4500 cm로 보고하는 것은 부적절하다. 이는 ±0.0001 cm의 불확실성을 내포하기 때문이다.

모든 수에서 유효 숫자의 수는 다음 지침을 사용하여 결정할 수 있다.

1. 0이 아닌 모든 자릿수는 유효 숫자이다.(112.1은 유효 숫자가 4개이다.)
2. 0이 아닌 자릿수 사이에 있는 0은 유효 숫자이다.(305는 유효 숫자가 3개, 50.08은 유효 숫자가 4개이다.)
3. 첫 번째로 나오는 0이 아닌 자릿수 왼쪽에 있는 0은 유효 숫자가 아니다.(0.0023에는 유효 숫자가 2개, 0.000001에는 유효 숫자가 1개만 있다.)
4. 소수점을 포함하는 수에서 0이 아닌 마지막 자릿수 오른쪽에 있는 0은 유효 숫자이다.(1.200은 유효 숫자가 4개이다).
5. 소수점을 포함하지 않는 숫자에서 0이 아닌 마지막 숫자의 오른쪽에 있는 0은 유효 숫자일 수도 있고 아닐 수도 있다.(100은 유효 숫자가 1, 2 또는 3개일 수 있다—추가 정보 없이는 말할 수 없다.) 그러한 경우 모호함을 피하기 위해 과학적 표기법을 사용하여 숫자를 표현하는 것이 가장 좋다. 의도한 유효 숫자의 수가 1개인 경우, 그 수는 $1\times10^2$으로 쓴다. 만일 의도한 유효 숫자의 수가 2개인 경우, 그 수는 $1.0\times10^2$으로 쓴다. 만일 의도한 유효 숫자의 수가 3개인 경우, 그 수는 $1.00\times10^2$으로 쓴다.

> **참조**
> 부록 1에서 과학적 표기법을 복습한다.

예제 1.4에서 하나의 수에서 유효 숫자의 수를 결정하는 연습을 한다.

## 예제 1.4

다음 각 측정값에서 유효 숫자의 수를 결정하시오.

(a) 443 cm (b) 15.03 g (c) 0.0356 kg

(d) $3.000 \times 10^{-7}$ L (e) 50 mL (f) 0.9550 m

**전략** 0이 아닌 모든 숫자는 유효 숫자이므로 0인 숫자 중에서 어느 것이 유효 숫자인지를 결정하는 것이 목표가 된다.

**계획** 0은 0이 아닌 숫자 사이에 있거나 소수점이 있는 숫자에서 0이 아닌 숫자 다음에 오는 경우 유효 숫자이다. 소수점이 포함되지 않은 숫자에서 0이 아닌 마지막 숫자의 오른쪽에 위치한 0은 유효 숫자일 수도 있고 아닐 수도 있다.

**풀이**

(a) 3 (b) 4 (c) 3

(d) 4 (e) 1 또는 2, 모호한 경우 (f) 4

### 생각해 보기

0을 유효 숫자로 또는 유효 숫자가 아닌 수로 올바르게 식별했는지 확인한다. (b)와 (d)에서 0은 유효 숫자이다. (c)에서 0은 유효 숫자가 아니다. (e)에서는 식별이 불가능하다. (f)에서 2개의 0 중 하나는 유효 숫자이고 나머지는 하나는 유효 숫자가 아니다.

**유제 1** 과학적 표기법을 이용하여 일백만을 (a) 2개의 유효 숫자, (b) 4개의 유효 숫자, (c) 7개의 유효 숫자로 표현하시오. 또 십진법을 이용하여 10분의 1을 (d) 3개의 유효 숫자, (e) 5개의 유효 숫자, (f) 1개의 유효 숫자로 표현하시오.

**유제 2** 각 그림에서 색으로 표시된 물체의 수를 보고하시오. 각 경우의 보고한 수의 유효 숫자 수를 나타내시오.

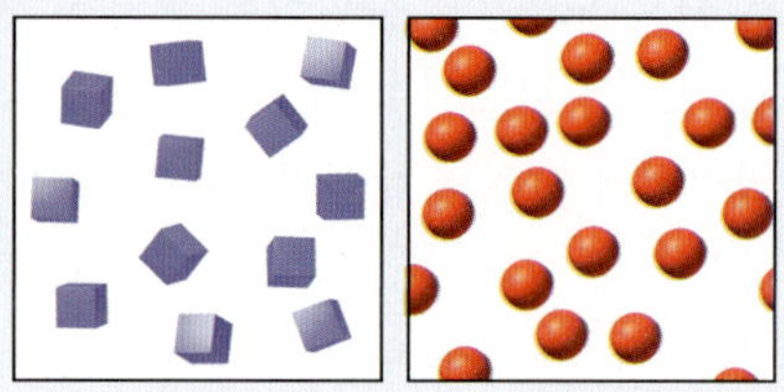

(i) (ii)

## 측정값의 계산

원하는 결과를 계산하기 위해 때때로 하나 이상의 측정값들을 이용해야 하기 때문에, 두 번째 지침은 계산에서 유효 숫자 다루는 방법을 명시한다.

1. 덧셈과 뺄셈에서 답은 소수점 이하의 숫자를 원래 숫자보다 더 많이 가질 수 없다. 예를 들면,

| | | |
|---|---|---|
| 102.50 | ⟵ | 소수점 이하 2 자리 |
| + 0.231 | ⟵ | 소수점 이하 3 자리 |
| 102.731 | ⟵ | 102.73으로 반올림 |

| | | |
|---|---|---|
| 143.29 | ⟵ | 소수점 이하 2 자리 |
| − 20.1 | ⟵ | 소수점 이하 1 자리 |
| 123.19 | ⟵ | 123.2로 반올림 |

반올림 절차는 다음과 같다. 102.13과 54.86 각각을 소수점 오른쪽의 한 자릿수로 반올림하기로 하자. 먼저, 삭제될 숫자를 살펴본다. 102.13과 같이 떨어져 나갈 숫자들의 제일 왼쪽 자리가 5보다 작으면 102.1로 **내림한다**(round down). 즉, 단순히 그 숫

자를 버린다. 54.86과 같이 떨어져 나갈 숫자들의 제일 왼쪽 자리가 5보다 크거나 같다면 54.9로 **올림한다**(round up). 즉, 앞의 숫자에 1을 더한다.

2. 곱셈 및 나눗셈에서 최종 결과의 유효 숫자의 수는 가장 적은 수의 유효 숫자를 가지는 원 숫자에 의해서 결정된다. 다음 예제는 이 규칙에 대해 설명한다.

   $1.4 \times 8.011 = 11.2154$ ⟵ 11로 반올림 (1.4에 의해 **2개**의 유효 숫자로 제한됨)

   $11.57/305.88 = 0.037825290964$ ⟵ 0.03783으로 반올림 (11.57에 의해 **4개**의 유효 숫자로 제한됨)

3. **정확수**(exact number)는 유효 숫자의 수에 제한이 없고 계산 결과의 유효 숫자의 수도 제한하지 않는다. 예를 들어, 1982년 이후에 발행된 페니 동전은 2.5 g의 질량을 가진다. 이러한 페니 3개가 있다면 총 질량은

   $$3 \times 2.5\ \text{g} = 7.5\ \text{g}$$

   이다. 수를 세면서 결정된 3이 **정확**(exact)수이기 때문에 답은 하나의 유효 숫자로 반올림되어서는 안 된다.

4. 여러 단계의 계산에서 각 단계마다 결과를 반올림하면 "반올림 오류"가 발생할 수 있다. 다음 두 단계의 계산을 고려해 보자.

   $$\text{첫 번째 단계: } A \times B = C$$
   $$\text{두 번째 단계: } C \times D = E$$

   $A = 3.66$, $B = 8.45$, 그리고 $D = 2.11$이라고 하자. $E$의 값은 계산의 두 번째 단계에서 사용 전에 $C$를 반올림하는지 여부에 달려 있다.

   | 방법 1 | 방법 2 |
   |---|---|
   | $C = 3.66 \times 8.45 = 30.9$ | $C = 3.66 \times 8.45 = 30.93$ |
   | $E = 30.9 \times 2.11 = 65.2$ | $E = 30.93 \times 2.11 = 65.3$ |

   일반적으로 반올림 오류를 최소화하기 위해서 방법 2에서와 같이 다단계 계산이 끝날 때까지 적어도 하나 이상의 추가 자릿수를 유지하는 것이 가장 좋다.

예제 1.5 및 1.6은 산술 연산에서 유효 숫자가 어떻게 처리되는지를 보여 준다.

## 예제 1.5

다음 산술 연산을 수행하고 그 결과를 적절한 수의 유효 숫자로 보고하시오.

(a) $317.5\ \text{mL} + 0.675\ \text{mL}$
(b) $47.80\ \text{L} - 2.075\ \text{L}$
(c) $13.5\ \text{g} \div 45.18\ \text{L}$
(d) $6.25\ \text{cm} \times 1.175\ \text{cm}$
(e) $5.46 \times 10^2\ \text{g} + 4.991 \times 10^3\ \text{g}$

**전략** 유효 숫자에 대한 규칙을 계산에 적용하고 각 숫자를 적절한 자릿수로 반올림한다.

**계획** (a) 답은 소수점 오른쪽에 가장 작은 자릿수를 갖는 317.5와 일치하도록 소수점 오른쪽에 하나의 자릿수를 가질 것이다.
(b) 답은 47.80과 일치하도록 소수점 오른쪽 두 자리를 포함할 것이다.

(c) 답은 계산에서 유효 숫자가 가장 적은 13.5와 일치하도록 3개의 유효 숫자를 포함할 것이다.

(d) 답은 6.25와 일치하도록 3개의 유효 숫자를 포함할 것이다.

(e) 과학적 표기법으로 표현된 숫자를 추가하려면 먼저 두 숫자를 10의 동일한 거듭 제곱으로 쓴다. 즉, $4.991 \times 10^3 = 49.91 \times 10^2$ 이므로 답은 5.46과 49.91과 일치하도록 소수점 오른쪽에 2자리($10^2$로 곱해질 때)를 포함할 것이다.

**풀이**

(a)
$$\begin{array}{r} 317.5\ \ \ \text{mL} \\ +\ 0.675\ \text{mL} \\ \hline 318.175\ \text{mL} \end{array} \quad \leftarrow 318.2\ \text{mL로 반올림}$$

(b)
$$\begin{array}{r} 47.80\ \ \text{L} \\ -\ 2.075\ \text{L} \\ \hline 45.725\ \text{L} \end{array} \quad \leftarrow 45.73\ \text{L로 반올림}$$

(c) $\dfrac{13.5\text{ g}}{45.18\text{ L}} = 0.298804781\text{ g/L}$ $\leftarrow$ 0.299 g/L로 반올림

(d) $6.25\text{ cm} \times 1.175\text{ cm} = 7.34375\text{ cm}^2$ $\leftarrow$ $7.34\text{ cm}^2$로 반올림

(e)
$$\begin{array}{r} 5.46 \times 10^2\ \text{g} \\ +\ 49.91 \times 10^2\ \text{g} \\ \hline 55.37 \times 10^2\ \text{g} \end{array} = 5.537 \times 10^3\ \text{g}$$

### 생각해 보기

(e)에서 최종 답($5.537 \times 10^3$ g)이 소수점 이하 2자리가 아닌 3자리이기 때문에 덧셈 규칙을 위반한 것처럼 보일 수도 있다. 하지만 이 규칙은 4개의 유효 숫자를 갖는 $55.37 \times 10^2$ g의 답을 얻기 위해 적용되었다. 답을 올바른 과학적 표기법으로 변경해도 유효 숫자의 수가 변경되지는 않지만 소수점 이하의 자릿수는 변경된다.

**유제 1** 다음 산술 연산을 수행하고 그 결과를 적절한 수의 유효 숫자로 보고하시오.

(a) $1.0267\text{ cm} \times 2.508\text{ cm} \times 12.599\text{ cm}$ (b) $15.0\text{ kg} \div 0.036\text{ m}^3$ (c) $1.113 \times 10^{10}\text{ kg} - 1.050 \times 10^9\text{ kg}$

(d) $25.75\text{ mL} + 15.00\text{ mL}$ (e) $46\text{ cm}^3 + 180.5\text{ cm}^3$

**유제 2** 플로리다에 있는 오렌지 상인이 노점에서 오렌지 100개들이 상자들을 판매하고 있다. 상자에는 고객이 구매에 만족할 수 있도록 여분의 오렌지 1~3개가 함께 포장되어 있다. 오렌지 한 개의 평균 무게는 7.2온스이며, 오렌지가 포장된 상자의 평균 무게는 3.2파운드이다. 이 오렌지 100개들이 상자 5개의 총 무게를 결정하시오.

## 예제 1.6

부피 $9.850 \times 10^2\text{ cm}^3$의 비어 있는 용기의 무게를 재니 124.6 g이었다. 용기를 기체로 가득 채우고 다시 무게를 재니 126.5 g이었다. 그 기체의 밀도를 적절한 유효 숫자의 수로 결정하시오.

**전략** 이 문제는 기체의 질량을 결정하기 위한 뺄셈과 밀도를 결정하기 위한 나눗셈의 두 단계 과정이 필요하다. 각 단계에 유효 숫자에 관한 규칙을 적용한다.

**계획** 용기와 기체의 질량에서 용기의 질량을 빼면 결과는 소수점 이하 한 자리만을 가질 수 있다. $126.5\text{ g} - 124.6\text{ g} = 1.9\text{ g}$이고, 따라서 기체의 질량을 용기의 부피로 나누면 결과는 유효 숫자를 2개만 가질 수 있다.

**풀이**

$$\text{기체의 질량} = \begin{array}{r} 126.5\text{ g} \\ -\ 124.6\text{ g} \\ \hline 1.9\text{ g} \end{array} \quad \leftarrow \text{소수점 이하 1 자리(유효 숫자 두 개)}$$

$$\text{밀도} = \frac{1.9\text{ g}}{9.850 \times 10^2\text{ cm}^3} = 0.00193\text{ g/cm}^3 \quad \leftarrow 0.0019\text{ g/cm}^3\text{로 반올림}$$

기체의 밀도는 $1.9 \times 10^{-3}$ g/cm$^3$이다.

### 생각해 보기

이 경우, 우리가 시작한 3개의 숫자는 각각 유효 숫자가 4개씩 있지만 정답에는 유효 숫자가 2개만 있다.

**유제 1** 미지의 부피를 갖는 빈 용기의 무게를 재어 보니 질량이 81.2 g이었다. 용기를 밀도가 1.015 g/cm$^3$인 액체로 가득 채우고 다시 무게를 재니 용기와 액체의 질량은 177.9 g이었다. 용기의 부피를 적절한 유효 숫자의 수로 결정하시오.

**유제 2** 총 질량이 11.63 g인 알루미늄 금속 여러 조각을 물이 들어 있는 눈금 실린더에 떨어뜨려 총 부피를 측정한다. 그림에 금속이 첨가된 전후의 눈금 실린더를 나타내었다. 여기 보이는 정보를 이용하여 알루미늄의 밀도를 결정하시오. 적절한 유효 숫자의 수로 답을 보고하시오.

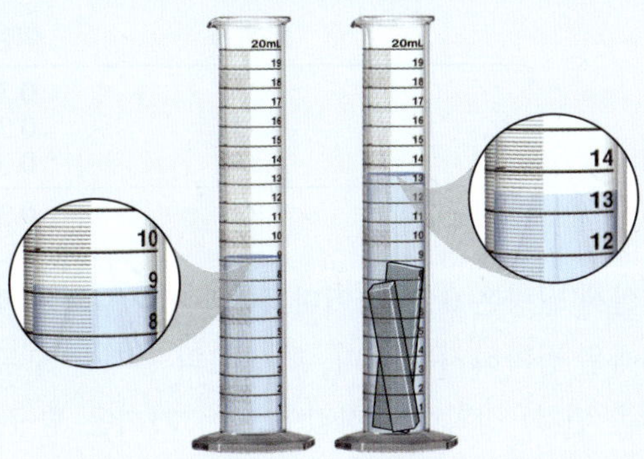


## 정확도와 정밀도

정확도와 정밀도는 측정된 수의 질을 측정하는 두 가지 방법이다. 두 용어의 차이는 모호하지만 중요하다. **정확도**(accuracy)는 측정값이 **참**(true)값과 얼마나 가까운지를 말한다. **정밀도**(precision)는 일련의 반복 측정(동일한 것의 측정)이 서로 얼마나 가까운지를 말한다(그림 1.6).

(a) (b) (c)

**그림 1.6** 종이의 분포가 정확도와 정밀도의 차이를 보여 준다. (a) 좋은 정확도와 좋은 정밀도 (b) 좋지 않은 정확도와 좋은 정밀도 (c) 좋지 않은 정확도와 좋지 않은 정밀도

| | 학생 A | 학생 B | 학생 C |
|---|---|---|---|
| 측정 1 | 0.335 g | 0.357 g | 0.369 g |
| 측정 2 | 0.331 g | 0.375 g | 0.373 g |
| 측정 3 | 0.333 g | 0.338 g | 0.371 g |

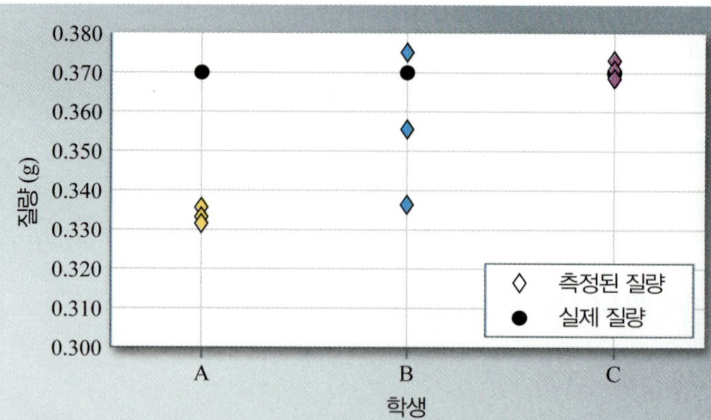


**그림 1.7** 학생들의 자료를 표로 표현하면 정확도와 정밀도의 차이를 알 수 있다. 학생 A의 결과는 정밀하다.(값이 서로 가깝다.) 하지만 평균값이 참값과 멀기 때문에 정확하지 않다. 학생 B의 결과는 정밀하지도 정확하지도 않다. 학생 C의 결과는 모두 정밀하고 정확하다.

3명의 학생들이 아스피린 정제의 질량을 결정하도록 요청받았다고 가정하자. 각 학생은 아스피린 정제의 무게를 3번씩 잰다. 결과(그램 단위)는 여기에 도표로 나타낸다.

| | 학생 A | 학생 B | 학생 C |
|---|---|---|---|
| | 0.335 | 0.357 | 0.369 |
| | 0.331 | 0.375 | 0.373 |
| | 0.333 | 0.338 | 0.371 |
| 평균값 | 0.333 | 0.357 | 0.371 |

정제의 실제 질량은 0.370 g이다. 학생 A의 결과는 학생 B의 결과보다 정밀하지만 그 어느 결과도 매우 정확하지는 않다. 학생 C의 결과는 모두 정밀하고(평균 질량에서 개별 질량의 매우 작은 편차) 정확하다(참값에 매우 가까운 평균값). 그림 1.7은 정제의 실제 질량과 관련하여 세 학생의 결과를 모두 보여 준다. 매우 정밀한 측정이 반드시 **정확한**(accurate) 결과를 보장하지는 않지만 매우 정확한 측정은 일반적으로 정밀하다. 예를 들어, 부적절하게 보정된 자 또는 잘못된 저울이 정확한 값과 크게 다른 정밀한 판독 값을 줄 수 있다.

**참조**

적절히 보정된 측정 장치조차도 다양한 결과를 나타낼 수 있다. 표에 보이는 것과 같이 반복 측정을 사용하여 측정된 수량 값의 변동성을 결정한다.

## 1.3절 복습

### 측정에서 불확실성

**1.3.1** 적절한 유효 숫자의 수로 눈금 실린더에 포함된 물의 양은 얼마인가?[참고: 눈금 실린더 속 물의 양은 메니스커스(meniscus, 위 곡면)의 바닥면에서 읽어야 한다.]

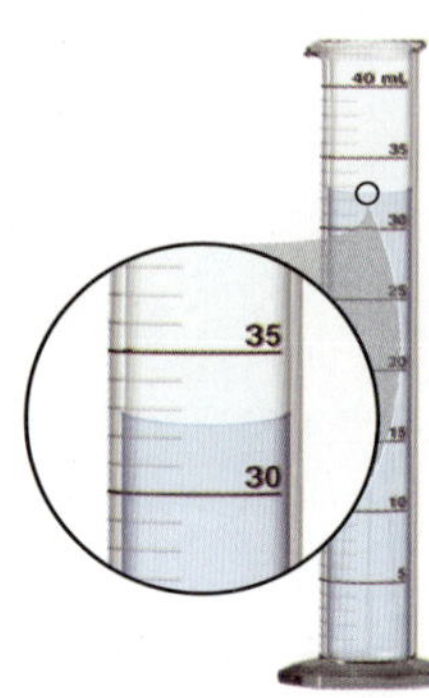


(a) 32.2 mL
(b) 30.25 mL
(c) 32.5 mL
(d) 32.50 mL
(e) 32.500 mL

**1.3.2** $x$에 대한 $y$의 실제 의존도는 검은색 선으로 표시된다. 세 명의 학생이 $x$의 함수로써 $y$를 측정하여 그들의 자료를 그래프에 표시하였다. 어떤 자료 세트(빨간색, 초록색 또는 보라색)가 가장 좋은 정확도를 갖는가? 어떤 것이 가장 좋은 정밀도를 갖는가?

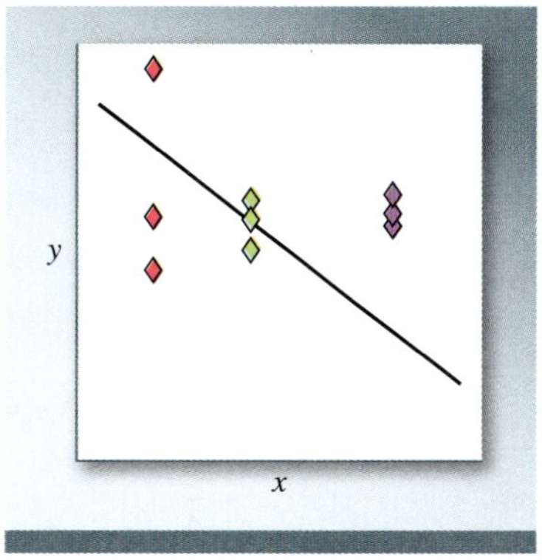


(a) 빨간색, 초록색
(b) 초록색, 초록색
(c) 초록색, 보라색
(d) 보라색, 보라색
(e) 보라색, 초록색

**1.3.3** 다음 각 숫자에서 유효 숫자의 수를 지정하고 다음 계산의 결과를 적절한 유효 숫자의 수로 결정하시오.

$$63.102 \times 10.18 =$$

(a) 642.4 (b) 642.38
(c) 640 (d) 642
(e) 642.378

**1.3.4** 다음 각 숫자에서 유효 숫자의 수를 지정하고 다음 계산의 결과를 적절한 유효 숫자의 수로 결정하시오.

$$3.115 + 0.2281 + 712.5 + 45 =$$

(a) 760.8431 (b) 760.843
(c) 760.84 (d) 760.8
(e) 761

**1.3.5** 다음 계산의 결과는 적절한 유효 숫자의 수로 얼마인가?

$$153.1 \div 5.3 =$$

(a) 28.868 (b) 28.87
(c) 28.9 (d) 29
(e) 30

**1.3.6** 다음 계산의 결과는 적절한 유효 숫자의 수로 얼마인가?

$$(6.266 - 6.261) \div 522.0 =$$

(a) $9.5785 \times 10^{-6}$ (b) $9.579 \times 10^{-6}$
(c) $9.58 \times 10^{-6}$ (d) $9.6 \times 10^{-6}$
(e) $1 \times 10^{-5}$

## 생각 밖 상식

### 화학 수업에서 성공을 위한 요령

화학 수업에서의 성공은 주로 문제 해결 능력에 달려 있다. 이 책 전체에 걸쳐 있는 예제는 문제 해결 기술을 개발하는 데 도움을 주기 위해 고안되었다. 각 예제는 전략, 계획, 풀이 및 생각해 보기의 4단계로 나뉜다.

- **전략:** 문제를 주의 깊게 읽고 무엇을 묻는지 그리고 어떤 정보가 제공되는지 결정한다. 전략 단계는 필요한 기술을 생각하고 문제를 해결하기 위한 계획을 세우는 단계이다. 결과가 어떻게 나올지 생각해 본다. 예를 들어, 물질 시료에 있는 원자의 수를 결정하라는 요청을 받는다면, 답은 정수가 되기를 기대해야 한다. 단위가 결과와 연관되어 있는지 결정한다. 가능하다면, 정확한 결과의 크기를 대략적으로 추정하고 그 추정치를 기록한다.

- **계획:** 다음으로, 문제를 해결하는 데 필요한 정보를 수집한다. 일부 정보는 문제 자체에서 제공될 것이다. 식, 상수 및 표에 있는 자료(원자 질량을 포함하여)와 같은 다른 정보도 이 단계에서 함께 가져와야 한다. 문제를 해결하기 위해 사용할 모든 정보를 적고 표시를 해둔다. 각 정보와 함께 적절한 단위도 기록해야 한다.

- **풀이:** 필요한 식, 상수 및 기타 정보를 이용하여 문제에 대한 답을 계산한다. 각 수와 관련된 단위에 특히 주의를 기울여 계산하는 동안 단위를 추적하고 제거한다. 여러 단계의 계산이 필요한 경우, 중간 결과에 표시를 하고 마지막 계산까지 유효 숫자의 필요한 수로 반올림하지 않는다. 중간 계산에서 최소 하나의 추가 자릿수를 가지고 있는다. 최종 답이 올바른 유효 숫자의 수를 갖는지 확인한다.

- **생각해 보기:** 계산 결과를 생각해 보고 그것이 합당한지 자문해 본다. 결과의 단위와 크기를 전략 단계에서 나온 대략적인 추정치와 비교한다. 결과에 적합한 단위가 없거나 그 크기 또는 부호가 적당하지 않다면 답에 가능한 오류가 있는지 확인한다. 문제 해결의 매우 중요한 부분은 답이 합리적인지 여부를 판단할 수 있는가이다. 잘못된 부호나 잘못된 단위를 찾는 것은 상대적으로 쉽지만, **크기**(magnitude)에 대한 감각도 개발하여 답이 너무 큰지 또는 너무 작은지를 알 수 있어야 한다. 예를 들어, 문제가 용지의 길이를 밀리미터 단위로 결정할 것을 요구하는데 1보다 작은 수로 계산한다면, 이것은 올바른 것이 아님을 알아야 한다. 마지막으로, 각 예제 다음에 2개의 문제가 나온다. 유제 1과 유제 2는 일반적으로 비슷한 기술을 시험하지만 앞의 예제를 해결하는 데 사용된 방법과 약간 다른 접근 방식을 필요로 한다. 이 교재에 있는 예제 및 유제들을 정기적으로 이용하면 효과적인 문제 해결 기술을 개발하는 데 도움이 될 수 있다. 또한 다음 새로운 개념으로 이동할 준비가 되었는지 여부를 평가하는 데 도움을 줄 수 있다. 유제를 푸는 게 어렵다면 예제와 그에 관한 개념을 검토해야 할 것이다.

# 1.4 단위를 이용하여 문제 풀기

화학에서 문제를 바르게 해결하려면 숫자와 단위 모두를 주의 깊게 다룰 필요가 있다. 단위에 주의를 기울이는 것이 이 수업 또는 다른 화학 수업에서도 크게 도움이 될 것이다.

## 환산 인자

**환산 인자**(conversion factor)는 동일한 양이 서로 다른 방법으로 분자와 분모에 표현되는 분수이다. 예를 들어, 정의에 따르면 1 in=2.54 cm이다. 이 등식으로부터 다음과 같은 분율을 써서 환산 인자를 유도할 수 있다.

$$\frac{1\ \text{in}}{2.54\ \text{cm}}$$

분자와 분모가 같은 길이를 표현하기 때문에 이 분수는 1과 같다. 결과적으로 환산 인자를 다음과 같이도 쓸 수 있다.

$$\frac{2.54\ \text{cm}}{1\ \text{in}}$$

또한 이 환산 인자의 두 형태가 모두 1과 같기 때문에, 그 양의 값을 변경하지 않고도 둘 중 어느 한 형태에 어떤 양을 곱할 수 있다. 이것은 주어진 양이 표현되는 단위를 변경하는 데 유용하다. 이 교재 전체에 걸쳐 빈번히 진행될 일이다. 예를 들어, 길이를 인치에서 센티미터로 변환해야 할 경우, 인치의 길이에 **분모**(denominator)의 단위 인치로 환산 인자의 형태를 곱한다.

$$12.00\ \cancel{\text{in}} \times \frac{2.54\ \text{cm}}{1\ \cancel{\text{in}}} = 30.48\ \text{cm}$$

이러한 환산 인자의 형태를 선택하면 단위를 제거할 수 있고 원하는 단위인 cm를 얻을 수 있다. 정의에서 얻은 것과 같이 정확한 숫자는 계산 결과의 유효 숫자의 수를 제한하지 않기 때문에 결과는 4개의 유효 숫자를 포함한다. 따라서 이 계산에서 해답의 유효 숫자의 수는 2.54가 아닌 12.00을 기준으로 한다.

## 차원 분석 – 단위 추적

문제 해결에서 환산 인자를 사용하는 것을 **차원 분석**(dimensional analysis) 또는 **인자 표시 방법**(factor–label method)이라고 한다. 많은 문제들에서 한 개보다 더 많은 환산 인자의 사용을 필요로 한다. 12.00인치를 미터로 변환하는 것은 두 단계로 진행된다. 첫 단계는 이미 설명한 것처럼 인치를 센티미터로 변환하는 것이고, 또 다른 단계는 센티미터를 미터로 변환하는 것이다. 필요로 하는 추가적인 환산 인자는 다음 식으로부터 유도된다.

$$1\ \text{m} = 100\ \text{cm}$$

이것은 다음 중 하나로 표현된다.

$$\frac{100\ \text{cm}}{1\ \text{m}} \quad \text{혹은} \quad \frac{1\ \text{m}}{100\ \text{cm}}$$

미터 단위를 도입하고 센티미터 단위를 제거할 환산 인자(즉, 오른쪽의 환산 인자)를 선택한다. 이런 유형의 문제는 다음과 같은 일련의 단위 환산으로 설정할 수 있으므로 각 단계에서 중간 해답을 계산할 필요가 없다.

$$12.00\ \text{in} \times \frac{2.54\ \text{cm}}{1\ \text{in}} \times \frac{1\ \text{m}}{100\ \text{cm}} = 0.3048\ \text{m}$$

단위와 단위 제거를 주의 깊게 추적하는 것이 계산을 점검하는 데 유용한 도구가 될 수 있다. 만약 환산 인자 중 하나의 **역수**(reciprocal)를 사용했다면 결과의 단위는 미터가 아닌 다른 것이 될 것이다. 예기치 못한 또는 무의미한 단위는 문제 해결 전략의 오류를 나타낼 수 있다.

예제 1.7은 환산 인자 유도 방법과 그것을 사용해서 단위를 환산하는 방법을 보여 준다.

**참조**

실수로 센티미터를 미터로 하는 환산의 역수를 사용했다면, 그 결과는 3048 $cm^2/m$가 되었을 것이다. 이 답은 말이 되지 않는다. 단위는 터무니없고 수치도 합리적이지 않기 때문이다. 우리는 12인치(inch)는 1풋(foot)이고, 1풋은 수천 미터와 같지 않다는 것을 알고 있다.

## 예제 1.7

미국 식품의약품안전청(FDA)은 하루 소듐 섭취량을 2400 mg 이하로 권장한다. 1파운드(lb)=453.6 g이라면 이 질량은 파운드로 얼마인가?

**전략** 이 문제는 두 단계의 차원 분석이 필요하다. 밀리그램을 그램으로 변환한 다음 그램을 파운드로 변환해야 하기 때문이다. 숫자 2400은 4개의 유효 숫자를 가진다고 가정한다.

**계획** 필요한 환산 인자는 1 g=1000 mg 및 1 lb=453.6 g의 식으로부터 유도된다.

$$\frac{1\ \text{g}}{1000\ \text{mg}} \quad \text{또는} \quad \frac{1000\ \text{mg}}{1\ \text{g}} \quad \text{그리고} \quad \frac{1\ \text{lb}}{453.6\ \text{g}} \quad \text{또는} \quad \frac{453.6\ \text{g}}{1\ \text{lb}}$$

각 쌍의 환산 인자로부터 적절하게 단위를 제거할 수 있는 것을 선택한다.

**풀이**

$$2400\ \text{mg} \times \frac{1\ \text{g}}{1000\ \text{mg}} \times \frac{1\ \text{lb}}{453.6\ \text{g}} = 0.005291\ \text{lb}$$

### 생각해 보기

결과의 크기가 합리적이고 단위 제거가 적절하게 이루어졌는지 확인한다. 실수 1000과 453.6을 나누는 것 대신 곱했다면, 그 결과($2400\ \text{mg} \times 1000\ \text{mg/g} \times 453.6\ \text{g/lb} = 1.089 \times 10^9\ \text{mg}^2/\text{lb}$)는 터무니없이 클 것이고 단위는 적절히 제거되지 않았을 것이다.

**참조**

파운드는 밀리그램보다 훨씬 크기 때문에 주어진 질량은 밀리그램보다 훨씬 작은 수의 파운드이다.

**유제 1** 어떤 금 덩어리의 질량은 0.9347온스(oz)이다. 이 질량은 밀리그램으로 얼마인가?

**유제 2** 다음 그림에는 색깔 블록과 회색 막대를 이용하여 만들어진 몇 개의 물체가 있다. 각 물체는 동일한 수의 블록과 막대의 배열로 이루어진 근본적으로 동일한 것이다. 지정된 각 작업에 대해 적당한 환산 인자를 제공하시오.

(a) 물체의 수를 알고 빨간색 블록의 수를 결정하고자 한다.

(b) 노란색 블록의 수를 알고 물체의 수를 결정하고자 한다.

(c) 노란색 블록의 수를 알고 흰색 블록의 수를 결정하고자 한다.

(d) 회색 막대의 수를 알고 노란색 블록의 수를 결정하고자 한다.

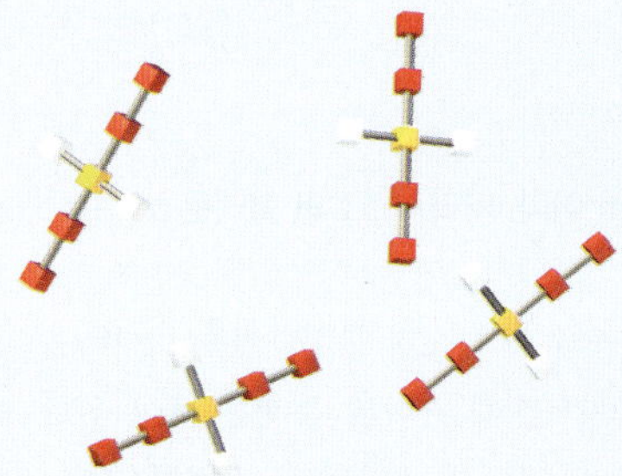

친숙하게 접하는 많은 양들이 특정 거듭 제곱으로 올려진 단위를 필요로 한다. 예를 들어, 면적은 **길이**의 제곱[예: 제곱미터($m^2$) 또는 제곱인치($in^2$)] 단위로 표현될 수 있다. 부피는 때때로 길이의 세제곱[예: 세제곱피트($ft^3$) 또는 세제곱센티미터($cm^3$)] 단위로 표현될 수 있다. 그러나 부피는 리터(L) 또는 밀리리터(mL)로 표현되는 경우가 더 많다. 이러한 것들은 길이의 세제곱의 특정 단위에게 주어지는 일반적인 이름이라는 것을 기억하는 것이 중요하다. 리터는 데시미터(dm)를 세제곱한 것, $1\ L = 1\ dm^3$로 정의된다. 그리고 밀리리터는 센티미터를 세제곱한 것, $1\ mL = 1\ cm^3$로 정의된다(그림 1.4 참조). 단위가 제곱되거나 세제곱되어 차원 분석에 사용될 경우 특별한 주의를 기울여야 한다. 예를 들어, 세제곱미터에서 세제곱센티미터로 변환하려면 다음과 같은 작업이 필요하다.

$$2.75\ m^3 \times \frac{100\ cm}{1\ m} \times \frac{100\ cm}{1\ m} \times \frac{100\ cm}{1\ m} = 2.75 \times 10^6\ cm^3$$

또는

$$2.75\ m^3 \times \left(\frac{100\ cm}{1\ m}\right)^3 = 2.75 \times 10^6\ cm^3$$

환산 인자를 단위 자체와 동일한 거듭 제곱으로 올리지 못하는 것이 흔히 발생하는 오류이고 단위 L 또는 mL가 있을 때 쉽게 발생할 수 있는 오류이다. 왜냐하면 단위에 명시적으로 세제곱을 표시하지 않기 때문이다.

예제 1.8은 차원 분석에서 환산 인자가 제곱되거나 세제곱되는 문제를 처리하는 방법을 보여 준다.

## 예제 1.8

성인의 혈액량은 평균 5.2 L이다. 혈액량은 세제곱미터($m^3$)로 얼마인가?

**전략** 이와 같은 문제를 해결할 수 있는 방법에는 몇 가지가 있다. 한 가지 방법은 리터를 세제곱센티미터로 변환한 다음, 세제곱센티미터를 세제곱미터로 변환하는 것이다.

**계획** $1\ L = 1000\ cm^3$이고 $1\ cm = 1 \times 10^{-2}\ m$이다. 단위가 거듭제곱으로 올라갈 때, 단위가 적절히 제거되도록 해당 환산 인자도 해당 형태로 올려져야 한다.

**풀이**

$$5.2\ \mathrm{L} = \frac{1000\ \mathrm{cm}^3}{1\ \mathrm{L}} \times \left(\frac{1\times10^{-2}\ \mathrm{m}}{1\ \mathrm{cm}}\right)^3 = 5.2\times10^{-3}\ \mathrm{m}^3$$

### 생각해 보기

앞에 나온 환산 인자에 근거하여 $1\ \mathrm{L} = 1\times10^{-3}\ \mathrm{m}^3$이다. 따라서 5 L의 혈액은 $5\times10^{-3}\ \mathrm{m}^3$와 같을 것이고 이것은 계산된 답과 가깝다.

**유제 1** 수은의 밀도는 $13.6\ \mathrm{g/cm}^3$이다. 이 밀도는 파운드당 세제곱피트($\mathrm{lb/ft}^3$)로 얼마인가(1 lb=453.6 g, 1 in=2.54 cm)?

**유제 2** 다음 각 그림[(i) 또는 (ii)]은 입방체 공간 내에 포함된 물체를 보여 준다. 각각의 경우에서, 그림에 있는 정육면체 모서리 길이의 정확히 5배 길이를 갖는 입방체 공간에 담겨 있는 물체의 수를 적절한 유효 숫자의 수로 결정하시오.

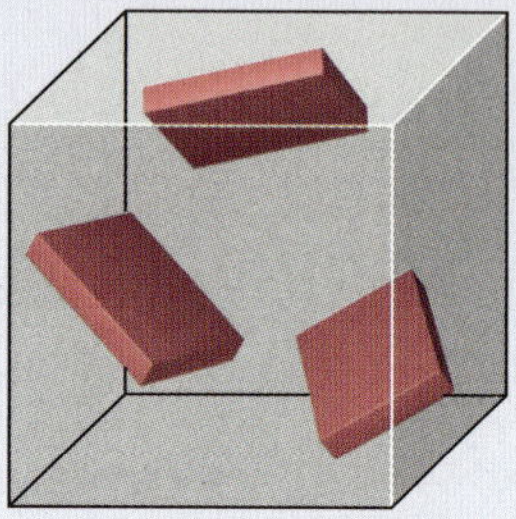

(i)

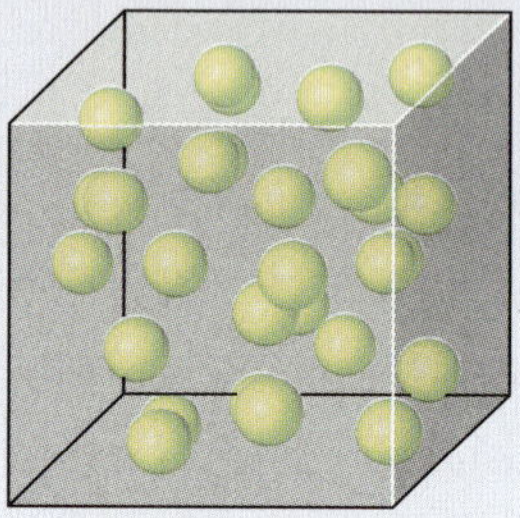

(ii)

## 1.4절 복습

### 단위를 이용하여 문제 풀기

**1.4.1** $43.1\ \mathrm{cm}^3$를 리터로 변환하면 얼마인가?

(a) 43.1 L
(b) 43,100 L
(c) 0.0431 L
(d) 4310 L
(e) 0.043 L

**1.4.2** 밀도가 $3.97\ \mathrm{g/cm}^3$인 물체 5.75 g의 부피는 얼마인가?

(a) $1.45\ \mathrm{cm}^3$
(b) $0.690\ \mathrm{cm}^3$
(c) $22.8\ \mathrm{cm}^3$
(d) $0.0438\ \mathrm{cm}^3$
(e) $5.75\ \mathrm{cm}^3$

**1.4.3** 리튬 금속의 밀도는 $535\ \mathrm{kg/m}^3$이다. 이 밀도는 $\mathrm{g/cm}^3$ 단위로 얼마인가?

(a) $0.000535\ \mathrm{g/cm}^3$
(b) $0.535\ \mathrm{g/cm}^3$
(c) $0.0535\ \mathrm{g/cm}^3$
(d) $0.54\ \mathrm{g/cm}^3$
(e) $53.5\ \mathrm{g/cm}^3$

**1.4.4** 세제곱미터에 몇 개의 세제곱센티미터가 있는가?

(a) 10
(b) 100
(c) 1000
(d) $1\times10^4$
(e) $1\times10^6$

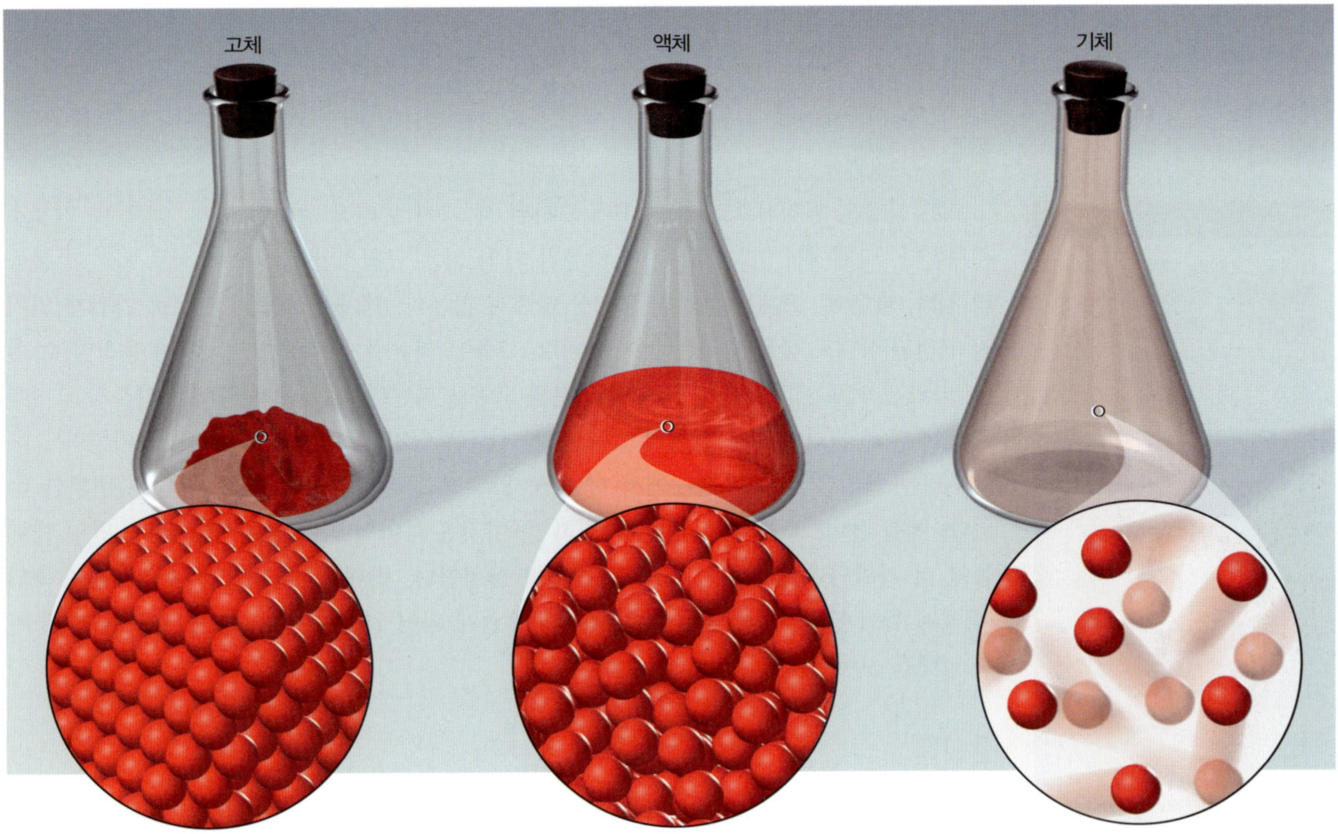


그림 1.8 분자 수준에서 고체, 액체, 기체에 대한 설명

## 1.5 물질의 분류

화학자들은 모든 물질을 **순수한 물질**(pure substance) 또는 물질의 **혼합물**(mixture)로 분류한다. **순수한 물질**(substance)은 특정한 화학적 조성 그리고 색, 물질의 상태(고체, 액체 또는 기체인가?) 및 용해도(물에서 녹는가 또는 그렇지 않는가?)와 같이 뚜렷하고 관찰이 가능한 성질을 지닌 물질의 형태이다. 친숙한 물질의 예와 그 성질 중 일부는 다음과 같다.

- 염(염화 소듐): 백색, 결정성 고체; 물에 녹는다.
- 철: 회색 금속. 공기와 물에 노출되었을 때 녹슨다; 물에 녹지 않는다.
- 수은: 은색 액체; 물에 녹지 않는다.
- 이산화 탄소: 무색 기체; 연소를 돕지 않는다.(화염을 끄는 데 사용될 수 있다.)
- 산소: 무색 기체; 연소를 돕는다.(화재를 촉진시킬 것이다.)

우리는 이 물질들이 서로 다른 성질들을 가지고 있기 때문에 구별된다는 것을 알고 있다. 더구나, 이들이 물질들의 혼합물이라기보다는 순수한 물질이라는 것을 알고 있다. 왜냐하면 이들 중 어느 것도 하나보다 더 많은 물질로 이루어져 있지 않기 때문이다. 즉, 염화 소듐은 염화 소듐만으로 이루어져 있고, 철은 철만으로 이루어져 있다.

**참조**

순수한 물질은 보통 간단히 물질이라고 말한다. 왜냐하면 화학적 맥락의 정의에 따르면 물질은 순수하기 때문이다. 이것은 순수한 물질이든 아니든 일반적인 말로 물질 시료란 뜻으로, 일상적으로 사용하는 "물질(substance)"이라는 단어와 다르다는 것에 유의해야 한다.

대조적으로, 염화 소듐 시료를 한 잔의 물에 녹이면 그 결과는 염화 소듐과 물, 두 물질의 혼합물이 된다. 소금물은 순수한 물질이 아니라 혼합물이다.

## 물질의 상태

**참조**

때때로 고체와 액체는 묶어서 응축상으로, 액체와 기체는 묶어서 유체로 부르기도 한다.

모든 물질은 원칙적으로 그림 1.8에 묘사된 세 가지 물리적 상태인 고체, 액체 및 기체로 존재한다. 고체에서 입자는 운동의 자유가 거의 없는 규칙적인 방식으로 서로 가까이 붙들려 있다. 때문에, 고체는 용기의 모양을 따르지 않는다. 액체에서 입자는 서로 가깝게 있지만 고정된 상태로 붙들려 있는 것이 아니다. 그들은 자유롭게 서로를 지나치며 움직일 수 있다. 따라서 액체는 그것이 담긴 용기 부분의 모양을 따른다. 기체에서 입자는 입자의 크기에 비해 매우 큰 거리로 서로 떨어져 있다. 기체 시료는 담긴 용기의 모양과 부피를 따른다.

우리는 물질을 하나의 상태에서 다른 상태로 그 물질의 본질을 바꾸지 않고 변환할 수 있다. 예를 들어, 고체 물(얼음)을 가열하면, 이것은 녹아서 액체 물이 생성된다. 만일 액체 물이 더 가열되면 증발하여 기체(수증기)를 형성한다. 반대로, 수증기가 냉각되면 응축되어 액체 물이 된다. 액체 물이 더욱 냉각되면 얼게 되어 얼음이 된다. 그림 1.9는 물의 세 가지 상태를 보여 준다.

**그림 1.9** 고체(얼음), 액체 및 기체로서 물(숨쉬는 공기의 대부분을 차지하는 질소와 산소를 보지 못하는 것처럼 우리는 실제로 수증기를 볼 수 없다. 증기나 구름을 볼 때 우리에게 보이는 것은 찬 공기에 의해 응축된 수증기이다.)

## 혼합물

**혼합물**(mixture)은 2개 이상의 물질의 조합이며 그 안에서 각 물질은 그 고유한 본질을 유지한다. 순수한 물질처럼 혼합물은 고체, 액체 또는 기체일 수 있다. 익숙한 예로는 혼합 견과류, 법정 순도(sterling)의 은, 사과 주스, 바닷물 그리고 공기가 있다. 혼합물은 보편적인 일정한 성분을 갖지 않는다. 따라서 다른 장소에서 수집된 공기 시료는 고도, 오염과 그 밖에 다른 요인에서의 차이 때문에 조성이 다를 것이다. 다양한 브랜드의 사과 주스는 서로 다른 종류의 사과를 사용하기 때문에 성분이 다르거나 또는 가공과 포장 등에서 차이가 있을 수 있다.

(a) (b)

**그림 1.10** (a) 불균일 혼합물은 철 가루와 모래를 포함한다. (b) 자석은 혼합물로부터 철 가루를 분리하기 위해 사용된다.

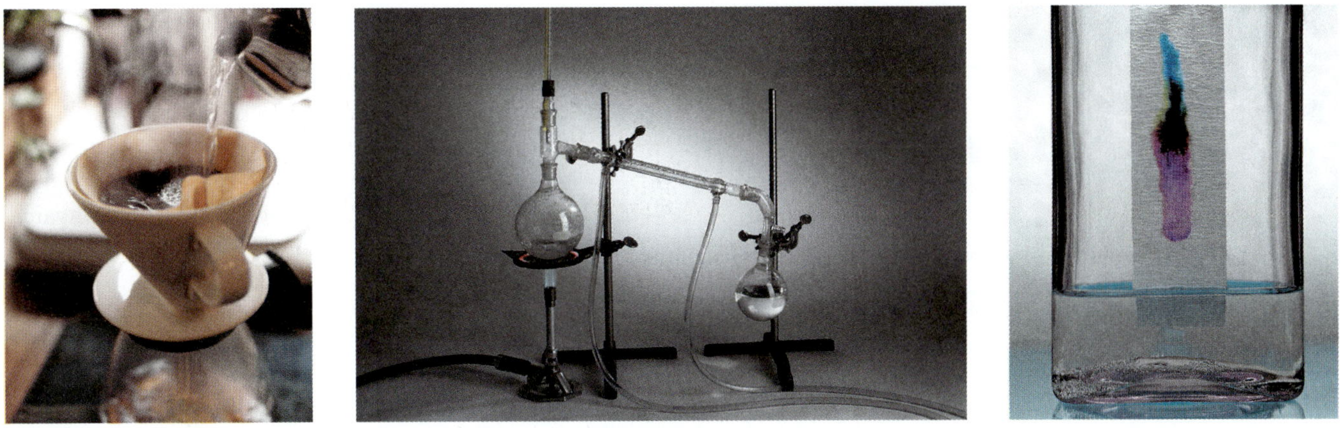

(a) (b) (c)

그림 1.11 (a) 여과는 커피와 커피 가루와 같은 액체와 고체의 불균일 혼합물을 분리하는 데 사용될 수 있다. 필터, 이 경우에 커피 필터는 액체 커피만을 통과시킨다. (b) 증류는 끓는점이 다른 성분들을 분리하는 데 사용될 수 있다. 끓는점이 더 높은 성분들(용해된 고체를 포함하여)을 남긴 채 끓는점이 가장 낮은 성분이 먼저 기화된다. 증기는 응축 및 냉각시켜 회수할 수 있다. (c) 종이 크로마토그래피를 포함한 다양한 크로마토그래피 기술은 혼합물을 분리하기 위해 사용된다. 여기서 보이는 종이 크로마토그래피는 사탕 코팅 염료를 그 구성 성분으로 분리하는 데 사용된다.

혼합물은 **균일**(homogeneous)하거나 **불균일**(heterogeneous)할 수 있다. 염화 소듐을 물에 녹일 때 얻는 혼합물은 조성이 전체적으로 균일하므로 **균일 혼합물**(homogeneous mixture)이다. 우리는 소금물과 같은 균일한 혼합물의 조성을 식별할 수 없다. 조사하려는 소금물 시료는 같은 조성을 가질 것이다. 모래와 철 가루를 섞는다면 모래와 철 가루는 서로 구분되며 식별할 수 있다(그림 1.10). 이런 유형의 혼합물은 조성이 균일하지 않기 때문에 **불균일 혼합물**(heterogeneous mixture)이라고 불린다. 그러한 혼합물의 두 시료는 서로 조성이 서로 다를 가능성이 높다.

**참조**

균일 혼합물은 용액(solution)으로도 알려져 있다[◀◀ 9장].

균일인지 불균일인지에 관계없이 혼합물은 개별 물질의 본질을 변화시키지 않고 포함된 구성 물질로 분리될 수 있다. 그리하여, 설탕물을 증발을 통해 건조시키면 설탕을 설탕물로부터 회수할 수 있다. 고체 설탕은 남아 있을 것이고, 물은 증발된 수증기를 응축해 회수할 수 있다. 모래와 철 혼합물을 분리하기 위해서는 자석을 이용하여 모래로부터 철 가루를 제거할 수 있다. 왜냐하면 모래는 자석에 끌리지 않기 때문이다[그림 1.10(b) 참조]. 분리 후 혼합물은 혼합되기 전과 똑같은 조성과 성질을 가질 것이다.

**참조**

응축은 기체로부터 액체로의 변화를 말한다.

혼합물을 분리하는 데 사용되는 과정을 물리적 과정이라고 한다. **물리적 과정**(physical process)은 물질의 본질을 바꾸지 않는 것이다. 예를 들어, 얼음을 녹이는 것은 물의 상태(고체에서 액체로)를 바꾸지만 그 물질(물)의 본질을 바꾸지는 않는다. 혼합물을 분리하는 데 사용될 수 있는 물리적 과정의 예는 그림 1.11에 나와 있다.

## 1.6 물질의 성질

물질은 성분뿐만 아니라 성질에 의해서도 구별된다. 물질의 성질은 **정량적**(quantitative, 숫자를 사용하여 측정하고 기술하는 것)일 수도 또는 **정성적**(qualitative, 명시적인 측정을 필요로 하지 않고 숫자의 사용 없이 기술하는 것)일 수도 있다. 예를 들어, 물질 시료의 **질**

**량**(mass)은 숫자를 사용하여 측정하고 표현된다. 질량은 **정량적**(quantitative) 성질이다. 물질의 색을 설명할 때는 측정이나 숫자가 필요하지 않다. 색은 **정성적**(qualitative) 성질이다.

## 물리적 성질

색, 녹는점, 끓는점 및 물리적 상태는 모두 물리적 성질이다. **물리적 성질**(physical property)은 물질의 **본질**(identity)을 바꾸지 않고 관찰하고 측정할 수 있는 성질이다. 예를 들어, 얼음 조각을 가열하여 얼음이 물로 변하는 온도를 측정하여 얼음의 녹는점을 결정할 수 있다. 액체 물은 외관상 얼음과 다르지만 조성에서는 다르지 않다. 녹는다는 것은 물질의 상태가 변하지만 물질의 본질은 변하지 않는 **물리적 변화**(physical change)이다. 우리는 물을 얼 때까지 냉각시켜서 원래 얼음을 되찾을 수 있다. 따라서 물질의 어는점은 **물리적**(physical) 성질이다. 이와 유사하게, 기름이 물보다 밀도가 낮다고 말할 때 우리는 밀도의 물리적 성질을 언급하는 것이다.

## 화학적 성질

"철이 물과 공기에 노출되면 녹슨다"는 표현은 철의 **화학적 성질**(chemical property)을 설명한다. 왜냐하면 이러한 성질을 관찰할 때 **화학적 변화**(chemical change) 또는 **화학적 과정**(chemical process)이 일어나야 하기 때문이다. 이 경우에, 화학적 변화는 철의 **부식**(corr-osion) 또는 **산화**(oxidation)이다. 화학적 변화 후에 원래 물질(이 경우에 철 금속)은 더 이상 존재하지 않는다. 남아 있는 것은 다른 물질(이 경우에는 녹)이다. 녹으로부터 철을 회수할 수 있는 **물리적**(physical) 과정은 없다.

우리는 쿠키를 구울 때마다 화학적 변화를 일으킨다. 가열될 때 쿠키 반죽에서 발효제(일반적으로 베이킹 소다)는 기체를 생성하는 화학적 변화를 거친다. 기체는 굽는 과정에서 반죽에 수많은 작은 기포를 만들어 쿠키를 "부풀게" 만든다. 일단 쿠키가 구워지면 쿠키를 냉각시키거나 또는 그 **어떤** 물리적 과정을 통해서도 베이킹 소다를 회수할 수 없다. 쿠키를 먹게 되면, 우리는 소화와 신진대사 동안 일어나는 더 많은 화학적 변화를 시작하는 것이다.

## 크기 성질과 세기 성질

물질의 모든 성질은 **크기**(extensive) 또는 **세기**(intensive) 성질이다. **크기 성질**(extensive property)의 측정값은 물질의 양에 의존한다. 동일한 크기 성질의 값은 함께 더해질 수 있다. 예를 들어, 2개의 구리 동전은 각 동전의 개별 질량의 합인 합쳐진 질량을 가질 것이다. 그리고 2개의 구리 동전에 의한 부피는 각 개별 부피의 합이다. **질량**(mass)과 **부피**(volume)는 모두 **크기**(extensive) 성질이다.

**세기 성질**(intensive property)의 값은 물질의 양에 의존하지 않는다. 구리 동전의 예를 다시 들어 보자. 구리의 밀도는 구리가 얼마나 있는지에 상관없이 같다. 그리고 구리의 녹는점도 마찬가지다. **밀도**(density)와 **녹는점**(melting point)은 **세기**(intensive) 성질이다. 더해질 수 있는 질량과 부피와는 달리, 밀도와 녹는점 그리고 그 밖에 **세기**(intensive) 성질은 더해질 수 없다. 그림 1.12는 물의 크기 성질 및 세기 성질을 보이고 있다.

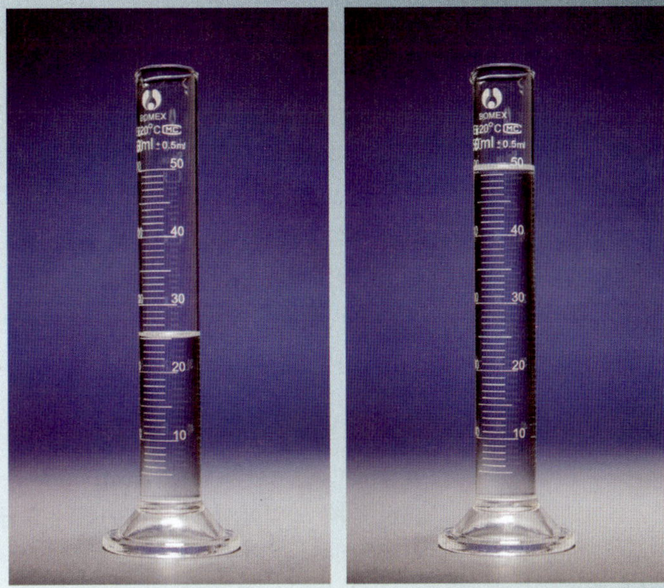

(a) (b)

| | (a) | (b) | |
|---|---|---|---|
| 질량 | 25.0 g | 50.0 g | 크기 성질: 측정값은 물의 양에 따라 변한다. |
| 부피 | 25.0 mL | 50.0 mL | |
| 밀도 | 1.00 g/mL | 1.00 g/mL | 세기 성질: 측정값은 물의 양에 따라 변하지 않는다. |
| 끓는점 | 100.0°C | 100.0°C | |
| 어는점 | 0.00°C | 0.00°C | |

**그림 1.12** 물의 몇 가지 크기 성질(질량과 부피)과 세기 성질(밀도, 끓는점 및 어는점). 크기 성질의 측정된 값은 물의 양에 의존한다. 세기 성질의 측정된 값은 물의 양과 무관하다.

# 단원 정리

### 1.1절

- **화학**(chemistry)은 **물질**(matter)과 물질이 겪는 변화에 대한 연구이다.
- 화학자들은 과학적 방법으로 알려져 있는 일련의 지침과 실습을 이용하여 연구를 수행한다. **과학적 방법**(scientific method)에서 관찰로 **법칙**(law)이 생겨나고, 자료는 **가설**(hypotheses)을 세우고, 가설은 실험을 통해 시험되고 성공적인 가설은 **이론**(theories)을 발생시키는데, 이것은 실험을 통하여 더 시험된다.

### 1.2절

- 과학자들은 **국제 단위계**(International System of Units) 또는 **SI 단위**(SI units)라고 불리는 단위 체계를 사용한다.
- 킬로그램(**질량**, mass)과 **켈빈**(kelvin, 온도)을 비롯하여 7개의 **기본** SI 단위가 있다. 부피와 **밀도**(density)와 같은 양에 대한 SI 단위는 기본 단위로부터 유도된다. **섭씨**(Celsius), **원자 질량 단위**(amu) 및 **옹스트롬**(Å)과 같은 일상적으로 사용되는 몇 가지 단위는 SI 단위가 아니다.

### 1.3절

- 측정 수치는 **부정확**(inexact)하다. 세어서 얻어진 수 또는 정의의 일부인 숫자는 **정확**(exact)수이다.
- **유효 숫자**(significant figure)는 측정된 숫자 또는 측정된 숫자를 이용하여 계산된 숫자의 불확실성을 지정하기 위해서 사용된다. 유효 숫자는 최종 답에 내포된 불확실성이 합리적이 되도록 계산을 통해 수행되어야 한다.
- **정확도**(accuracy)는 측정치가 **참값**(true value)에 얼마나 가까운지를 나타내는 것이다. **정밀도**(precision)는 측정치들이 서로 얼마나 가까운지를 나타낸다.

### 1.4절

- **환산 인자**(conversion factor)는 분자와 분모가 다른 단위로 표현된 동일한 양의 분수이다. 환산 인자를 곱하면 **단위 변환**(unit conversion)이다.
- **차원 분석**(dimensional analysis)은 다단계 문제를 해결하는 데 사용되는 일련의 단위 변환이다.

### 1.5절

- 모든 물질은 **순수한 물질**(substance) 또는 순수한 물질의 혼합물로서 존재한다. **혼합물**(mixture)은 **균일**(homogeneous, 전체 영역에서 균일한)이거나 **불균일**(heterogeneous)일 수 있다. 혼합물은 **물리적 과정**(physical process)에 의해서 분리될 수 있다.

### 1.6절

- 물질은 **정량적**(quantitative, 숫자와 관련 있음) 및 **정성적**(qualitative, 숫자와 관련 없음) 성질에 의해서 식별된다.
- **물리적 성질**(physical properties)은 의문의 대상인 물질의 본질 변화 없이 결정될 수 있는 성질이다. **물리적 변화**(physical change)에서는 관련 물질의 본질이 변화하지 않는다.
- **화학적 성질**(chemical properties)은 **화학적 변화**(chemical change) 또는 **화학적 과정**(chemical process)의 결과로만 결정되는 것이다. 그 과정에서 원래 물질은 다른 물질로 변환된다. 물리적 성질과 화학적 성질은 **크기**(extensive, 물질의 양에 의존함) 성질 또는 **세기**(intensive, 물질의 양과 무관함) 성질일 수 있다.

## 주요 용어

SI 단위(SI units)
가설(hypothesis)
과학적 방법(scientific method)
국제 단위계(International System of Units)
균일 혼합물(homogeneous mixture)
물리적 과정(physical process)
물리적 변화(physical change)
물리적 성질(physical property)
물질(matter)
밀도(density)
법칙(law)
불균일 혼합물(heterogeneous mixture)
섭씨(Celsius)
세기 성질(Intensive property)
순수한 물질(substance)
옹스트롬(Angstrom, Å)
원자 질량 단위(atomic mass unit, amu)
유효 숫자(significant figure)
이론(theory)
정량적(quantitative)
정밀도(precision)
정성적(qualitative)
정확도(accuracy)
질량(mass)
차원 분석(dimensional analysis)
켈빈(kelvin)
크기 성질(extensive property)
혼합물(mixture)
화학(chemistry)
화학적 과정(chemical process)
화학적 변화(chemical change)
화학적 성질(chemical property)
환산 인자(conversion factor)

## 주요 식

| | | |
|---|---|---|
| 1.1 | $K = {}^\circ C + 273.15$ | 켈빈 온도는 섭씨온도에 273.15를 더해서 결정된다. 종종 섭씨온도의 정밀도에 따라 273을 더하기도 한다. |
| 1.2 | 화씨온도($^\circ F$)$= \frac{9^\circ F}{5^\circ C} \times$ 섭씨온도($^\circ C$)$+ 32^\circ F$ | 섭씨온도를 이용하여 화씨온도를 결정할 수 있다. |
| 1.3 | $d = \frac{m}{V}$ | 밀도는 부피에 대한 질량의 비율이다. 액체와 고체의 경우, 밀도는 전형적으로 $g/cm^3$로 표현된다. |

## 주요 내용 차원 분석

화학에서 문제를 해결할 때는 측정값의 수학적 결합과 상수를 필요로 한다. 환산 인자는 하나의 등식으로부터 유도되는 분수 형태(1과 같은 값)이다. 예를 들어, 1인치는 정의에 의하면 2.54센티미터이다.

$$1\ \text{in} = 2.54\ \text{cm}$$

이 등식으로부터 서로 다른 환산 인자 2개를 유도할 수 있다.

$$\frac{1\ \text{in}}{2.54\ \text{cm}} \quad \text{또는} \quad \frac{2.54\ \text{cm}}{1\ \text{in}}$$

우리가 어떤 형태의 분수를 사용하느냐는 우리가 시작할 단위가 무엇인가 그리고 우리가 결과로 기대하는 단위가 무엇인가에 달렸다. 만일 센티미터로 주어진 길이를 인치로 환산한다면, 첫 번째 분수 형태를 곱해야 한다.

$$37.6\ \text{cm} \times \frac{1\ \text{in}}{2.54\ \text{cm}} = 14.8\ \text{in}$$

만일 인치로 주어진 길이를 센티미터로 환산한다면, 두 번째 분수 형태를 곱해야 한다.

$$5.23\ \text{in} \times \frac{2.54\ \text{cm}}{1\ \text{in}} = 13.3\ \text{cm}$$

각 경우에 있어서, 단위는 제거되어 결과적으로 원하는 단위를 갖게 된다.

예를 들어, 면적($cm^2$) 또는 부피($cm^3$)처럼 단위가 거듭제곱의 형태로 표현될 때, 환산 인자도 같은 거듭제곱으로 올려져야 한다. 예를 들어 제곱센티미터로 표현된 면적을 제곱인치로 환산하는 경우, 환산 인자를 제곱해야 한다. 세제곱센티미터로 표현된 부피를 세제곱미터로 환산하는 경우, 환산 인자도 세제곱해야 한다. 다음의 개별 순서도는 면적의 단위 $cm^2$를 $m^2$로 환산하는 방법을 보여 준다.

$$48.5\ \text{cm}^2 = 48.5\ \text{cm} \times \text{cm} \qquad \left(\frac{1\ \text{in}}{2.54\ \text{cm}}\right)^2 = \frac{1\ \text{in}}{2.54\ \text{cm}} \times \frac{1\ \text{in}}{2.54\ \text{cm}}$$

$$48.5\ \text{cm} \times \text{cm} \times \frac{1\ \text{in}}{2.54\ \text{cm}} \times \frac{1\ \text{in}}{2.54\ \text{cm}} = 7.52\ \text{in}^2$$

$$380.75\ \text{cm}^3 = 380.75\ \text{cm} \times \text{cm} \times \text{cm}$$

$$\left(\frac{1\ \text{m}}{100\ \text{cm}}\right)^3 = \frac{1\ \text{m}}{100\ \text{cm}} \times \frac{1\ \text{m}}{100\ \text{cm}} \times \frac{1\ \text{m}}{100\ \text{cm}}$$

$$380.75\ \text{cm} \times \text{cm} \times \text{cm} \times \frac{1\ \text{m}}{100\ \text{cm}} \times \frac{1\ \text{m}}{100\ \text{cm}} \times \frac{1\ \text{m}}{100\ \text{cm}} = 3.8075 \times 10^{-4}\ \text{m}^3$$

환산 인자를 적절한 거듭제곱으로 올리지 못했을 경우 결과로 나오는 단위를 올바르게 제거할 수 없게 된다.

문제에 대한 해답은 때때로 몇 가지 서로 다른 환산을 필요로 하기도 한다. 이것은 결합되어 한 줄로 나타낼 수 있다. 예를 들어, 시간당 7.09마일을 달리는 157파운드의 운동 선수가 뛰는 동안 매분 몸무게 1 kg당 55.8 $\text{cm}^3$의 산소를 소비한다면, 이 운동 선수가 10.5마일을 뛸 때는 몇 리터의 산소를 소비하는지 계산할 수 있다(1 kg＝2.2046 lb, 1 L＝1 $\text{dm}^3$).

$$157\ \text{lb} \times \frac{1\ \text{kg}}{2.2046\ \text{lb}} \times \frac{1\ \text{h}}{7.09\ \text{mi}} \times \frac{55.8\ \text{cm}^3}{\text{kg} \cdot \text{min}} \times \frac{60\ \text{min}}{1\ \text{h}} \times \left(\frac{1\ \text{dm}}{10\ \text{cm}}\right)^3 \times 10.5\ \text{mi} = 353\ \text{dm}^3$$

$$353\ \text{dm}^3 = 353\ \text{L}$$

## 주요 내용 문제

### 1.1

금의 밀도가 19.3 g/$\text{cm}^3$일 때, 5.98 g의 질량을 가지는 금 덩어리의 부피를 계산하시오.

(a) 3.23 $\text{cm}^3$ (b) 5.98 $\text{cm}^3$ (c) 115 $\text{cm}^3$
(d) 0.310 $\text{cm}^3$ (e) 13.3 $\text{cm}^3$

### 1.2

에너지의 SI 단위는 줄(J)이고 이것은 1.00 m/s 속력으로 움직이는 2.00 kg의 질량이 가지는 운동 에너지와 같다. 이 속력을 mph로 환산하시오(1 mi＝1.609 km).

(a) $4.47 \times 10^{-7}$ mph (b) $5.79 \times 10^{6}$ mph
(c) 5.79 mph (d) 0.0373 mph
(e) 2.24 mph

### 1.3

한 변의 길이가 0.750 m이고 질량이 14.56 kg인 정육면체의 밀도를 g/$\text{cm}^3$ 단위로 결정하시오.

(a) 0.0345 g/$\text{cm}^3$ (b) 1.74 g/$\text{cm}^3$ (c) 670 g/$\text{cm}^3$
(d) 53.8 g/$\text{cm}^3$ (e) 14.6 g/$\text{cm}^3$

### 1.4

몸무게가 28 kg인 아이는 8시간 동안 안전 한계 최대 허용 복용량에 따라 최대 23개의 어린이용 아세트아미노펜 정제를 복용할 수 있다. 각 정제가 아세트아미노펜 80 mg의 함량을 가질 때, 체중 1파운드당 하루 최대 허용량을 mg으로 구하시오. (1 lb＝453.6 g)

(a) 80 mg/lb (b) 90 mg/lb (c) 430 mg/lb
(d) 720 mg/lb (e) 3.7 mg/lb

# 종합문제

## 1.1절: 화학 공부

### 개념 문제

1.4 다음 각 문장을 가설, 법칙 또는 이론으로 분류하시오.
(a) 물체에 작용하는 힘은 그 질량과 가속도를 곱한 것과 같다.
(b) 우리가 알고 있는 것처럼 우주는 빅뱅으로 시작됐다.
(c) 다른 행성에 우리보다 더 발전된 많은 문명들이 있다.

## 1.2절: 과학적 측정

### 계산 문제

1.11 브로민은 적갈색 액체이다. 만일 이 물질 586 g이 188 mL를 차지한다면 이것의 밀도(g/mL)를 계산하시오.

1.13 다음 온도를 섭씨온도 또는 화씨온도로 바꾸시오.
(a) 더운 여름날의 온도 95°F
(b) 추운 겨울날의 온도 12°F
(c) 열 103° F
(d) 가마가 작동하는 1852°F
(e) −273.15°C(이론적으로 도달할 수 있는 가장 낮은 온도)

1.15 40°C에서 물의 밀도는 0.992 g/mL이다. 이 온도에서 물 2.50 g의 부피는 얼마인가?

1.17 다음의 온도를 켈빈 온도로 바꾸시오.
(a) 황의 녹는점 113°C
(b) 정상 체온 37°C
(c) 수은의 끓는점 357°C

1.19 20°C에서 18.5 g의 납 조각 시료가 같은 온도의 45.8 g의 납 조각 시료와 섞여 있다. 혼합된 시료의 최종 질량, 온도 및 밀도는 얼마인가?(20°C에서 납의 밀도는 11.35 g/cm$^3$이다. 열이 주위로 손실되지 않는다고 가정한다.)

## 1.3절: 측정에서 불확실성

### 계산 문제

1.25 다음 수를 십진수로 표현하시오.
(a) $1.52 \times 10^{-2}$　(b) $7.78 \times 10^{-8}$
(c) $3.29 \times 10^{-6}$　(d) $8.41 \times 10^{-1}$

1.27 다음의 계산을 과학적 표기법으로 답하시오.
(a) $0.0095 + (8.5 \times 10^{-3})$　(b) 653_$(5.75 \times 10^{-8})$
(c) $850{,}000 - (9.0 \times 10^{5})$　(d) $(3.6 \times 10^{-4}) \times (3.6 \times 10^{6})$

1.29 다음 각 측정에서 유효 숫자의 수를 결정하시오.
(a) 0.006 L　(b) 0.0605 dm　(c) 60.5 mg
(d) 605.5 cm$^2$　(e) $9.60 \times 10^3$ g　(f) 6 kg
(g) 60 m　(h) 1.42 Å

1.31 실험 결과의 계산인 것처럼 다음을 수행하고, 각각의 답을 적절한 유효 숫자의 수와 함께 올바른 단위로 표현하시오.
(a) 7.310 km ÷ 5.70 km
(b) $(3.26 \times 10^{-3}$ mg$) - (7.88 \times 10^{-5}$ mg$)$
(c) $(4.02 \times 10^{6}$ dm$) + (7.74 \times 10^{7}$ dm$)$

1.33 세 명의 견습 목수(X, Y, Z)가 출입구의 너비를 측정하는 일을 할당받는다. 각자 세 번의 측정을 한다. 인치로 측정 결과는 X(31.5, 31.6, 31.4); Y(32.8, 32.3, 32.7); Z(31.9, 32.2, 32.1)이다. 너비의 참값은 32.0인치이다. 각 목수의 측정에 대해서 정밀도와 정확도에 관한 의견을 쓰시오.

1.35 각 온도를 적절한 유효 숫자로 보고하시오.

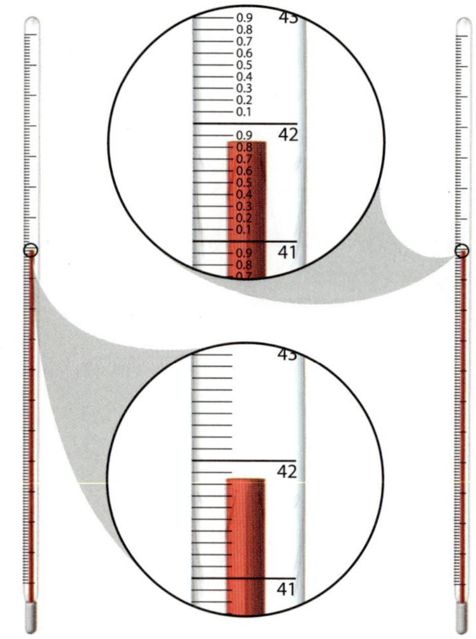


1.37 다음은 어떤 기체의 밀도를 결정한 실험이다. 진공 구의 부피는 135.6 mL이다. 이것의 무게를 재고 기체로 채운 후 다시 무게를 쟀다. 기체의 밀도를 적절한 수의 유효 숫자로 결정하시오.

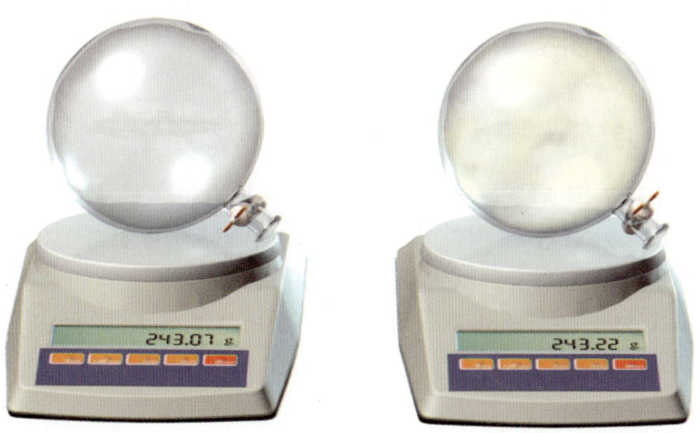

## 1.4절: 단위를 이용하여 문제 풀기

### 계산 문제

1.39 다음의 변환을 수행하시오.

(a) 242 lb를 밀리그램으로

(b) 68.3 $cm^3$를 $m^3$로

(c) 7.2 $m^3$를 리터로

(d) 28.3 $\mu$g을 파운드로

1.41 다음의 변환을 수행하시오. [원자 질량 단위(amu)와 옹스트롬(Å)에 대한 환산 인자는 1.2절에 소개되어 있다.]

(a) $1.1 \times 10^{-22}$ g을 원자 질량 단위로

(b) $1.08 \times 10^{-29}$ kg을 원자 질량 단위로

(c) $8.3 \times 10^{-9}$ m를 옹스트롬으로

(d) 132 pm를 옹스트롬으로

1.43 1태양년(365.24일)은 몇 초인가?

1.45 천천히 조깅하는 사람은 13분에 1마일을 달린다. 그 속력을 다음 단위로 계산하시오(1 mi=1609 m; 1 in=2.54 cm).

(a) in/s

(b) m/min

(c) km/h

1.47 미국의 많은 스쿨존의 제한 속도는 20 mph이다. 이 제한 속도는 시속 몇 킬로미터인가(1 mi=1609 m)?

1.49 인간의 혈중 "정상" 납 함량은 약 0.40 ppm(즉, 혈액 100만 그램당 납 0.40 g)이다. 0.80 ppm은 위험한 것으로 간주된다. 납 함량이 0.62 ppm인 경우, $6.0 \times 10^3$ g의 혈액(성인의 평균 혈액량)에는 몇 그램의 납이 포함되어 있는가?

1.51 다음의 변환을 수행하시오.

(a) 185 nm를 미터로

(b) 45억 년(대략적인 지구의 나이)을 초로(1년은 정확히 365일로 가정)

(c) 71.2 $cm^3$를 $m^3$로

(d) 88.6 $m^3$를 리터로

1.53 특정 조건에서 암모니아 기체의 밀도는 0.625 g/L이다. 이 밀도를 g/$cm^3$로 계산하시오.

## 1.5절: 물질의 분류

### 개념 문제

1.57 다음 각 그림을 고체, 액체, 기체 또는 물질의 혼합물로 분류하시오.

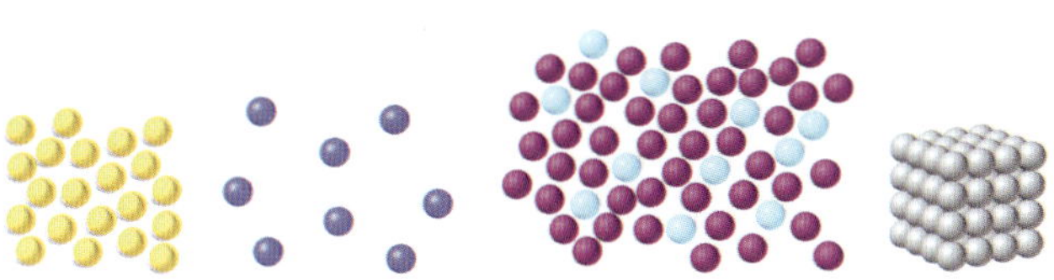

(a) (b) (c) (d)

## 1.6절: 물질의 성질

### 개념 문제

1.63 다음을 정성적 또는 정량적 진술로 분류하고 그 이유를 설명하시오.

(a) 태양은 지구로부터 대략 9,300만 마일 떨어져 있다.

(b) 레오나르도 다빈치는 미켈란젤로보다 더 훌륭한 화가였다.

(c) 얼음은 물보다 밀도가 낮다.

(d) 버터는 마가린보다 맛이 좋다.

(e) 제때의 바느질 한 번이 아홉 바느질을 던다.

1.65 다음 각 항목이 물리적 변화를 설명하는지 또는 화학적 변화를 설명하는지 결정하시오.

(a) 풍선 안의 헬륨 기체는 몇 시간 후에 새어 나오는 경향이 있다.

(b) 손전등은 서서히 어두워지고 마침내 꺼진다.

(c) 냉동 오렌지 주스는 물을 첨가하여 재구성된다.

(d) 식물의 성장은 광합성이라고 불리는 과정에서 태양의 에너지에 의존한다.

(e) 한 스푼의 설탕이 커피 한 잔에 녹는다.

## 추가 문제

1.67 적절한 수의 유효 숫자를 이용하여, 파란색 직사각형의 길이를 보고하시오.

(a) 직사각형 위쪽의 자를 이용하시오.

(b) 직사각형 아래쪽의 자를 이용하시오.

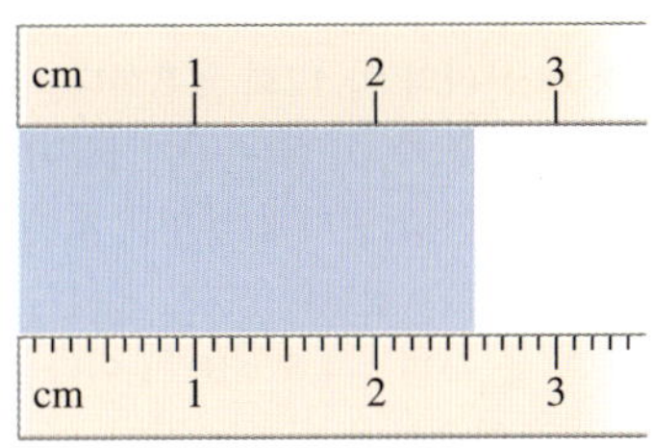


1.69 다음 중 어느 것이 물리적 성질을 설명하고 어느 것이 화학적 성질을 설명하는가?

(a) 철은 녹스는 경향이 있다.

(b) 산업화된 지역의 빗물은 산성인 경향이 있다.

(c) 헤모글로빈 분자는 빨간색이다.

(d) 한 잔의 물을 햇볕에 두면, 그 물은 서서히 없어진다.

(e) 공기 중 이산화 탄소는 광합성 과정에서 식물에 의해 소비된다.

1.71 2004년에 약 950억 파운드의 황산이 미국에서 생산되었다. 이 양을 톤(ton)으로 변환하시오.

1.73 다음 각각의 질량을 계산하시오.

(a) 반지름이 10.0 cm인 금 구(반지름이 $r$인 금 구의 부피 $V=4/3\pi r^3$, 금의 밀도=19.3 g/cm)

(b) 한 변의 길이가 0.040 nm인 백금의 정육면체(밀도 $=21.4\ g/cm^3$)

(c) 에탄올 50.0 mL(밀도=0.798 g/mL)

1.75 다음의 절차를 이용하여 플라스크의 부피를 측정하였다. 말린 플라스크의 무게를 잰 다음 물을 채웠다. 빈 플라스크와 물로 채워진 플라스크의 질량이 각각 56.12 g과 87.39 g이고 물의 밀도가 $0.9976\ g/cm^3$일 때, 플라스크의 부피를 세제곱센티미터로 계산하시오.

1.77 234.0 g의 백금 금속 조각을 187.1 mL의 물이 담겨 있는 눈금 실린더에 넣는다. 물의 부피는 198.0 mL로 읽힌다. 이 자료로부터 백금의 밀도를 계산하시오.

1.79 구리 구의 질량은 $2.17\times10^3$ g이고 부피는 $242.2\ cm^3$이다. 구리의 밀도를 계산하시오.

1.81 가정에서 일반적으로 사용되는 체온계는 ±0.1°F까지 판독할 수 있지만 병원에서 쓰이는 것은 ±0.1°C까지 정확하다. 오차 백분율은 종종 참값과 실험값의 차이에 대한 절댓값을 참값으로 나눈 값으로 표현된다.

$$\text{오차 백분율} = \frac{|\text{참값}-\text{실험값}|}{\text{참값}}\times 100\%$$

수직선은 절댓값을 나타낸다. 섭씨로 사람의 체온을 38.9°C로 측정할 때, 각 온도계에서 예상되는 오차 백분율은 얼마인가?

1.83 에탄올의 녹는점(−117.3°C)과 끓는점(78.3°C)이 각각 0°S 및 100°S인 새로운 온도계가 고안되었다고 가정하자. 여기서 S는 새로운 온도계 척도를 나타낸다. 이 눈금 척도와 섭씨 눈금 척도의 관계에 대한 식을 유도하시오. 25°C에서 이 온도계의 눈금을 읽으시오.

1.85 휴식을 취하는 성인은 분당 약 240 mL의 순수한 산소가 필요하며 매 분마다 약 12회 호흡한다. 들이마신 공기의 부피에 20%의 산소가, 내쉬는 공기에는 16%의 산소가 포함되어 있다면 호흡당 공기의 부피는 얼마인가?(들숨과 날숨의 부피는 같다고 가정한다.)

1.87 바닷물의 총 부피는 $1.5\times10^{21}$ L이다. 바닷물은 3.1%의 염화 소듐을 함유하며 밀도는 1.03 g/mL라고 가정하자. 염화 소듐의 총 질량을 킬로그램 및 톤 단위로 계산하시오. (1 ton=2000 lb; 1 lb=453.6 g)

1.89 "트로이온스"라는 단위는 종종 금 및 백금과 같은 귀금속에 사용된다.(1트로이온스=31.103 g)

(a) 금화의 무게는 2.41트로이온스이다. 이 무게를 그램 단위로 계산하시오.

(b) 1온스보다 트로이온스가 더 무거운가 또는 가벼운가? (1 lb=16 oz, 1 lb=453.6 g)?

1.91 다음 측정에 대한 오차 백분율을 계산하시오.

(a) 알코올(에탄올)의 밀도는 0.802 g/mL(참값=0.798 g/mL)인 것으로 나타났다.

(b) 귀걸이의 금 질량은 0.837 g(참값=0.864 g)으로 분석되었다.

1.93 황동광은 질량 백분율 34.63%의 구리를 함유한다. $5.11\times10^3$ kg의 황동광으로부터 얻을 수 있는 구리는 몇 그램인가?

1.95 자동차 엔진에 있는 1갤런의 휘발유는 온실가스인 이산화 탄소를 평균 9.5 kg 생성한다. 즉, 이것이 지구 대기의 온난화를 촉진시킨다. 미국에 4천만 대의 자동차가 있고 각 자동차가 갤런당 20마일의 평균 소비율로 5000마일의 거리를 주행한다면, 이산화 탄소의 연간 생산량을 킬로그램으로 계산하시오.

1.97 세계의 총 석유 매장량은 $2.0\times10^{22}$ J로 추정된다. 현재의 소비율은 연간 $1.8\times10^{20}$ J(J/yr)이다. 공급이 고갈되려면 얼마나 걸릴까? [줄(joule, J)은 $1\ J=1\ kg\cdot m^2/s^2$의 에너지 단위이다.]

1.99 페로몬은 짝을 유인하기 위해 많은 곤충 종의 암컷에 의해 분비되는 물질이다. 전형적으로 페로몬 $1\times10^{-8}$ g은 반경 0.50마일 내 모든 표적 수컷에게 도달하기에 충분하다. 반지름이 0.50마일이고 높이가 40피트인 원통형 공기 공간에 있는 페로몬의 밀도(리터당 그램)를 계산하시오.(반지름이 $r$이고 높이가 $h$인 실린더의 부피는 $\pi r^2 h$이다).

1.101 눈금 실린더의 40.00 mL 표시까지 미네랄 오일로 채운다. 미네랄 오일 첨가 전후의 실린더의 질량은 각각 124.966 g 및 159.446 g이다. 별도의 실험에서, 18.713 g의 금속 볼 베어링을 실린더에 넣고 실린더를 다시 미네랄 오일로 40.00 mL 표시까지 채운다. 볼 베어링과 미네랄 오일의 혼합 질량은 50.952 g이다. 볼 베어링의 밀도와 반지름을 계산하시오.(반지름이 $r$인 구의 부피는 $4/3\pi r^3$이다.)

1.103 19세기의 한 화학자는 알려지지 않은 물질의 시료를 수집했다. 일반적으로 그것이 순수한 물질인지 아니면 혼합물인지를 증명하는 것 중 어느 것이 더 어렵다고 생각하는가? 설명하시오.

1.105 액체가 주어져 있다. 순수한 물질인지, 균일 혼합물인지를 보여 주는 단계를 간략히 설명하시오.

1.107 250 mL짜리 유리병에 20°C의 물 242 mL를 채우고 뚜껑을 단단히 닫았다. 그런 다음 밤새 실외에 두었는데 평균 온도가 −5°C였다. 무슨 일이 일어날지 예측하시오. 20°C에서의 물의 밀도는 $0.998\ g/cm^3$이고, −5°C에서의 얼음의 밀도는 $0.916\ g/cm^3$이다.

1.109 납 중독은 몸의 거의 모든 시스템에 영향을 미치며 증상이 없어도 발생할 수 있으므로 잠재적으로 진단되지 않을 수도 있다. 납 노출의 주요 원인은 오래된 집에서 악화되고 있는 납 성분 페인트인데, 어린 아이들은 입에 물건을 넣는 경향이 있으므로 특히 노출에 취약하다. 질병통제예방센터(CDC) 지침서에서는 노출을 예방하는 것 말고도 납이 혈액 1데시리터당 10마이크로그램의 납을 초과할 때 공중 보건 조치를 취할 것을 권고한다. 다음과 같은 납 수준이 CDC의 한계 수준을 초과할 것인지 결정하시오.

(a) 혈액 1리터당 $3.0\times10^{-4}$그램

(b) 혈액 1밀리리터당 $2.0 \times 10^{-5}$밀리그램

(c) 1세제곱센티미터당 $6.5 \times 10^{-8}$그램

1.111 2009년 1월 미국 항공우주국(NASA)은 HD 80606b라고 알려진 우리 은하의 한 행성이 6시간 동안 980°F에서 2240°F로 온도 변화를 겪었다고 보고했다.

(a) 이들 온도와 범위를 섭씨온도와 켈빈으로 변환하시오.

(b) 초당 온도 변화율을 화씨, 섭씨 및 켈빈으로 결정하시오.

1.113 (a) 섭씨와 화씨 값이 수치적으로 같은 온도와 (b) 켈빈과 화씨 값이 수치적으로 같은 온도를 결정하시오. (c) 섭씨와 켈빈 값이 수치적으로 같은 온도가 있는가? 설명하시오.

1.115 시도포비어(cidofovir) 약품은 손상된 면역 체계를 가진 환자 눈의 특정 바이러스 감염을 치료하기 위해 FDA(Federal Drug Administration)의 승인을 받았다. 이 약품은 약 375 mg이 물 5 mL에 용해된 상태로 약병에 담겨 판매되고 있다. 제조업체는 이 약을 실온(68~77°F)에서 보관해야 한다고 명시하고 있다. 약병의 내용물을 먼저 식염수로 희석한 다음 권장량인 체중 1킬로그램당 5 mg의 시도포비어를 정맥 내 투여한다.

(a) 시도포비어의 권장 저장 온도 범위를 섭씨온도로 변환하시오.

(b) 시도포비어 약병 1개의 부피가 5.00 mL이고 질량이 5.89 g이라면, 그 약물의 밀도(g/mL)는 적절한 수의 유효 숫자로 얼마인가?

(c) (b)에서 계산한 밀도를 g/L 및 $kg/m^3$로 변환하시오.

(d) 185 lb의 남성에게 몇 그램의 시도포비어가 투여되어야 하는가?

## 유제 해답

**1.1** ❶ −270.5°C **1.2** ❶ 464°C와 −201°C이고, 범위는 665°C이다. **1.3** ❶ (a) 9.25 $g/cm^3$ (b) $3.76 \times 10^3$ g **1.4** ❶ (a) $1.0 \times 10^6$ (b) $1.000 \times 10^6$ (c) $1.000000 \times 10^6$ (d) 0.100 (e) 0.10000 (f) 0.1 **1.5** ❶ (a) 32.44 $cm^3$ (b) $4.2 \times 10^2$ $kg/m^3$ (c) $1.008 \times 10^{10}$ kg (d) 40.75 mL (e) 227 $cm^3$ **1.6** ❶ 95.3 $cm^3$ **1.7** ❶ $2.649 \times 10^4$ mg **1.8** ❶ 849 $lb/ft^3$

## 절 복습

**1.2.1** c **1.2.2** a **1.2.3** b **1.2.4** d **1.3.1** c **1.3.2** c **1.3.3** a **1.3.4** e **1.3.5** d **1.3.6** e **1.4.1** c **1.4.2** a **1.4.3** b **1.4.4** e

**Chapter**
**2**

# 원자와 주기율표
## Atoms and the Periodic Table

헬륨(He)은 독립된 원자 상태로 존재하는 물질(matter) 중에서 아마도 가장 친숙한 물질일 것이다. 헬륨 가스 풍선은 흔하게 볼 수 있다. 헬륨은 우라늄(U)과 토륨(Th) 원소가 방사성 붕괴를 할 때 생성되며 매장된 천연가스에서 뿐만 아니라 그 주변에서도 발견된다. 1925년 미국 정부는 헬륨의 전략적인 가치를 공식적으로 인정하고 선제적으로 헬륨을 비축하기 시작하였다. 헬륨 매장량에 대한 예측은 매우 다양하다. 일부 과학자들은 채굴 가능 기간이 10년도 채 안 남았다고 믿는다. 헬륨의 양이 제한되어 있고 재생이 불가능하기 때문에 수요가 증가함에 따라 화학공학자들의 헬륨 포획과 재활용을 위한 노력이 매우 중요해졌다. 풍선을 채우는 것 이외에도 헬륨은 원자핵 반응기나 초전도체의 냉각제로, 액체 연료 로켓의 압력을 증가시키는 데도 사용되며, 그 이외에도 많은 분야에 주된 화학 물질로 사용된다.

## 들어가기 전에

- 중요한 수치들 [|◀◀1.3절]
- 차원 분석 [|◀◀1.4절]

# 2.1 원자부터 시작하기

화학을 한번도 공부해 보지 않은 사람이라도 원자가 물질을 구성하는 아주 작은 입자라는 것을 알고 있을 것이다. 특히, **원자**(atom)는 물질의 특성을 갖고 있는 가장 작은 입자이다. **원소**(element)는 어떤 방법으로도 둘 이상의 간단한 물질로 쪼갤 수 없는 물질을 말한다. 금, 산소, 그리고 헬륨 등이 친숙한 원소의 예이다. 헬륨을 예로 들어 보면, 풍선에 가득 들어 있는 헬륨을 계속해서 반으로 나누다 보면 결국에는 헬륨 원자 하나만 남게 된다. 이 원자 하나는 더 이상 두 조각의 헬륨으로 나눌 수 없다. 상상이 잘 안된다면 DVD 전집을 생각해 보자. 여러 개의 DVD 모음을 계속해서 나누다 보면 DVD 1개가 남게 되고 1개의 DVD를 나눈 조각은 더 이상 DVD가 아니다. 이와 유사하게 원자(atom)는 헬륨의 가장 작은 입자이다. 만약 어떤 방법을 사용해서든 헬륨 원자를 쪼개었을 때 남는 조각들은 더 이상 헬륨이 아니다. 그림 2.1은 이런 개념을 나타낸다.

> **참조**
>
> 원자들은 거의 상상할 수 없을 정도로 작다. 약 3000만 개의 헬륨 원자들을 한 줄로 쭉 이으면 약 1 mm 길이가 된다.

원자의 개념은 기원전 5세기경 그리스의 철학자 데모크리토스(Democritus)가 처음 제안하였다. 물질이 원자로 구성되어 있다는 생각은 오랜 시간 동안 유지되었지만 최초로 공식

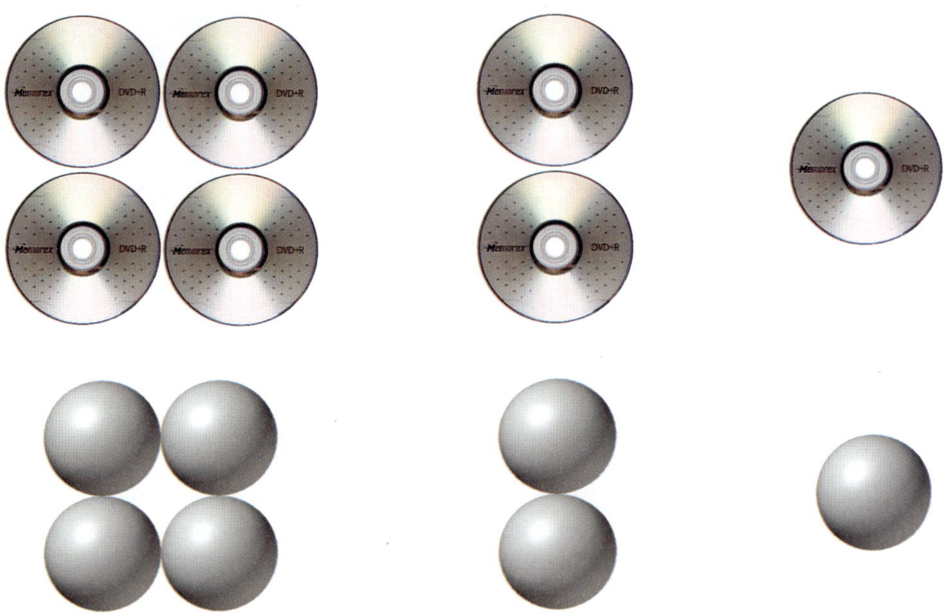

**그림 2.1** (a) 여러 개의 DVD를 계속해서 나누면 한 개의 DVD가 남게 되지만 한 개의 DVD를 나누면 더 이상 DVD가 아니다. (b) 여러 개의 원자들을 나누면 한 개의 원자가 남지만 원자 한 개를 나누었을 때 남는 조각은 더 이상 원자가 아니다.

> **참조**
>
> 돌턴의 원자설은 세 가지 가설로 구성되어 있다. 첫 번째, 모든 물질은 아주 작고 더 이상 나눌 수 없는 입자로 구성되어 있으며, 주어진 원소를 구성하는 모든 입자는 동일하다. 두 번째와 세 번째 가설은 5장과 8장에서 소개될 것이다.

> **참조**
>
> 원자(atom)는 그리스어 *atomos*에서 파생되었고 이 단어는 "자를 수 없는(uncuttable)"이라는 뜻이다.

화한 사람은 영국의 과학자이자 교사였던 존 돌턴(John Dalton)[1]이다. 돌턴은 원자가 모든 물질을 구성하는 아주 작고 더 이상 쪼갤 수 없는(indivisible) 입자라고 하였다. 하지만 우리가 알고 있는 것처럼 원자는 아주 작지만 쪼갤 수 없는 것은 아니다. 사실 원자는 더 작은 **아원자**(subatomic) 입자로 구성되어 있다. 아원자 입자의 본질, 수, 그리고 배열이 원자의 특성을 결정하고 더 나아가 모든 물질의 특성을 결정한다.

이 책의 목표는 원자의 본질이 어떻게 모든 물질의 성질을 만들어 내는지를 이해하는 것이다. 이를 이루기 위해서 우리는 다소 비전통적인 접근을 시도할 것이다. 거시적인 규모의 관찰로 시작하는 대신 이런 현상을 설명할 수 있는 원자적 특성을 이해하기 위해 원자의 구조와 원자를 구성하는 아원자 입자에 대해 조사하는 것부터 출발할 것이다.

## 2.2 아원자 입자와 원자 구조

원자가 더 이상 **쪼개질 수 없다는**(indivisible) 돌턴의 원자설과는 대조적으로 19세기 중반부터 시작된 일련의 연구들은 원자가 더 작은 입자들로 구성되어 있다는 걸 보여 주었다. 이런 연구들이 전자, 양성자 그리고 중성자 등을 발견할 수 있도록 하였고 원자 구조를 이해하는 데 기여하였다.

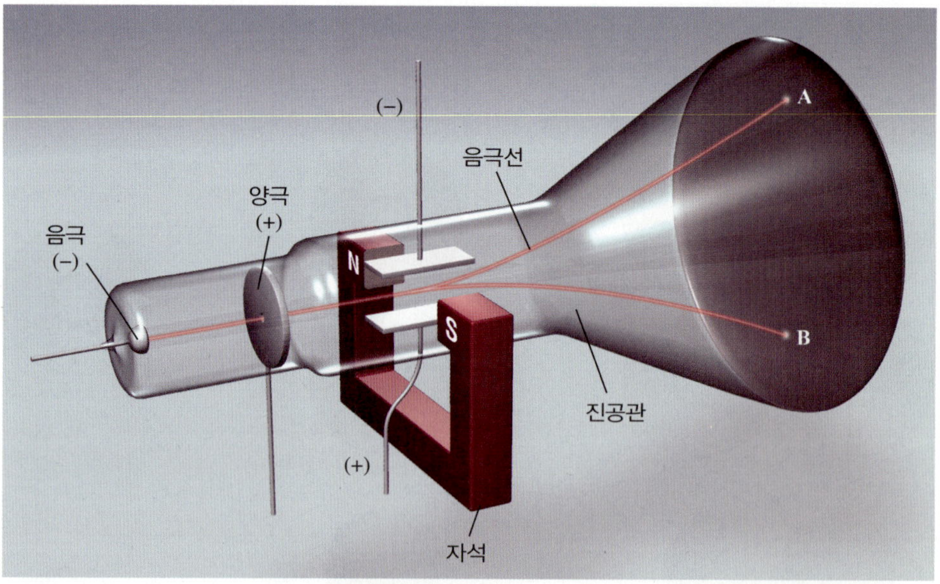


**그림 2.2** 음극선이 진행하는 방향에 수직하게 전기장이 놓여 있고 외부에 자기장이 있는 음극선관. 기호 N과 S는 자기장의 북극과 남극을 나타낸다. 음극선은 자기장이 작용할 경우 A 지점에, 전기장이 작용할 경우 B 지점에 도달할 것이다. (만약 자기장과 전기장이 없거나 아니면 두 개의 효과가 서로 상쇄된다면 음극선은 휘어지지 않고 똑바로 진행하여 원형 스크린의 중앙에 도달할 것이다.)

---

1. 존 돌턴(John Dalton, 1766∼1844): 영국의 화학자, 수학자이자 철학자. 그는 원자설뿐만 아니라 기체의 행동에 관한 몇 가지 법칙을 만들었고 본인이 고통받던 특정한 종류의 색맹에 대해 최초로 자세하게 서술하였다.

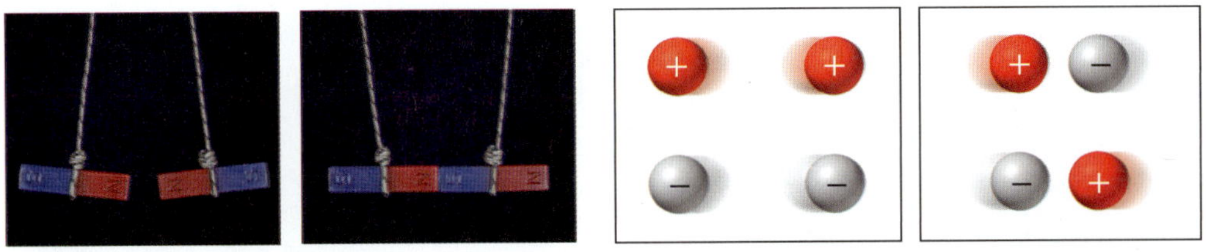

(a) (b)

**그림 2.3** (a) 두 자석의 같은 극끼리 가까이 하면 서로 밀리고 반대 극끼리 가까이 하면 서로 당긴다. (b) 마찬가지로 전하도 양전하끼리 또는 음전하끼리는 서로 밀어내고 반대 전하끼리는 서로 끌어당긴다.

## 전자의 발견

1800년대 후반 많은 과학자들이 에너지의 방출과 전달이 파동의 형태로 나타나는 **복사**(radiation)와 관련된 연구를 수행하였다. 이 현상을 연구하는 데 가장 널리 이용된 장치 중 하나가 **음극선관**(cathode ray tube)이다. 음극선관은 두 개의 금속판이 들어 있으며 거의 진공 상태로 밀폐되어 있는 긴 유리관이다(그림 2.2). 금속판에 고전압 전원을 연결하면 음전하로 대전된 금속판, 즉 **음극**(cathode)에서 **음극선**(cathode ray)이라고 알려진 복사선이 방출된다. 음극선은 양전하로 대전된 금속판인 **양극**(anode)으로 이동하고 구멍을 지나서 유리관의 끝에 도달한다. 비록 음극선 자체는 보이지 않지만 진행 경로는 음극선이 인으로 코팅된 표면에 부딪힐 때 **밝은 빛이 생성되면서**(producing a bright light) 드러난다. 대부분의 음극선 실험 결과는 음극선이 어떤 금속으로 만들어졌는지에 상관 없이 동일하였다. 음극선은 원자보다 더 **기본적인**(fundamental) 구성 요소로, **모든** 물질에서 공통으로 나타난다.

> **참조**
> 음극선관은 초기의 텔레비전과 컴퓨터 모니터에 사용되던 관의 전신이다.

과학자들이 연구 결과를 해석할 때 사용한 사실 중 하나는 **같은** 부호의 전하끼리는 서로 **반발하고**(repel), **반대**(opposite) 부호의 전하끼리는 서로 **잡아당긴다**(attract)는 것이다. 이 사실을 **쿨롱의 법칙**(Coulomb's law)이라고 하며, 이는 어릴 때 가지고 놀던 자석에서 본 현상과 유사하다. 두 자석의 같은 극을 가까이 하면 서로 척력이 작용하여 밀어내고 반대 극을 가까이 하면 서로 인력이 작용하여 끌어당긴다. 그림 2.3은 자석과 두 전하 사이의 인력과 반발력을 요약한 것이다.

> **참조**
> 쿨롱의 법칙은 화학을 이해하는 데 매우 중요하다. 다음 몇 개의 장에서 이 내용에 대해 자세하게 다룰 것이다.

음전하를 띤 음극으로부터 양전하를 띤 양극으로 진행되는 음극선은 전기장이나 자기장에 의해서 휜다(그림 2.4). 음극선은 음전하를 띤 금속판에 의해 밀리고 양전하를 띤 금속

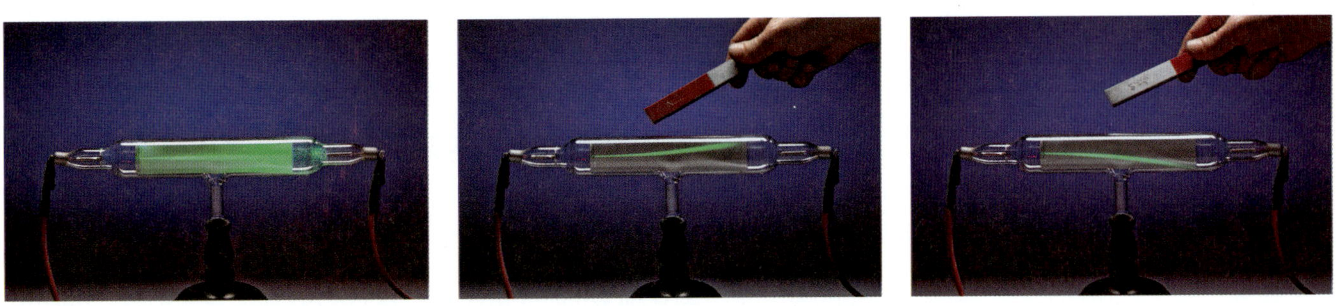

(a) (b) (c)

**그림 2.4** (a) 음극선은 방전관에서 생성된다. 음극선 자체는 보이지 않으나 유리관에 코팅된 형광 물질을 초록색으로 빛나게 한다. (b) 음극선은 자석의 한 극 쪽으로 당겨지고, (c) 다른 극에서는 밀려나간다.

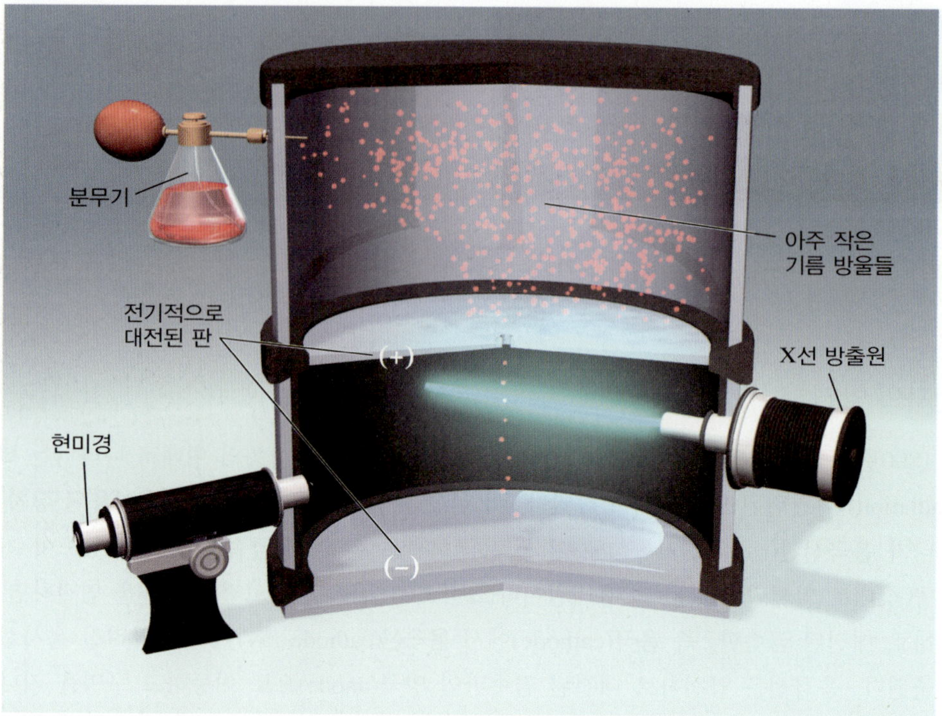


그림 2.5 밀리칸의 기름 방울 실험 모식도

판 쪽으로는 끌어당겨진다. 영국의 물리학자 톰슨(J. J. Thomson, 1856~1940)은 이 현상의 원인을 "음극선"이 실제로는 음전하를 띤 **입자들**(particles)의 흐름이기 때문이라고 제안하였다. 톰슨은 다양한 전기장에서 음극선이 휘는 정도를 측정하는 연속된 실험을 통하여 현재 우리가 **전자**(electron)라고 부르는 아주 작고 음전하를 띠는 입자의 전하 대 질량의 **비**(ratio)를 알아냈다. 전하 대 질량의 비는 $1.76 \times 10^8$ C/g로, 여기서 C는 **쿨롱**(coulomb), 즉 전하량을 나타내는 SI 단위이다.

20세기 초에 미국의 물리학자 밀리칸(R. A. Millikan, 1868~1953)이 작은 기름 방울의 움직임을 연구한 독창적인 실험을 통하여 전자의 전하량을 결정하였다(그림 2.5). 실험은 공기에 있는 입자들로부터 정전기적인 전하를 얻은 기름 방울이 전기장에 분산되도록 설계하였다. 기름 방울이 공기 중에 계속 떠 있게 하기 위해 필요한 전기장의 크기는 기름 방울이 얻은 전하량에 따라 달라졌다. 밀리칸은 모든 기름 방울의 전하량이 항상 $-1.6022 \times 10^{-19}$ C의 정수배라는 것을 알게 되었고, 이 값을 **단일**(single) 전자의 전하량으로 추론하였다. 그 후 밀리칸은 톰슨이 밝혀낸 전하 대 질량의 비율을 이용하여 전자의 **질량**(mass)도 계산하였다.

$$\text{전자의 질량} = \frac{\text{전하}}{\text{전하/질량}} = \frac{-1.6022 \times 10^{-19}\ \text{C}}{-1.76 \times 10^{8}\ \text{C/g}} = 9.10 \times 10^{-28}\ \text{g}$$

## 방사능

독일의 물리학자 빌헬름 뢴트겐(Wilhelm Röntgen, 1845~1923)은 음극선관을 이용하여 다른 연구를 진행하였다. 뢴트겐은 유리나 금속에 도달한 음극선이 또 다른 형태의 선을 방출하는 것을 관찰하고, 이 선을 **X선**(X ray)이라고 불렀다. X선은 물질을 통과할 만큼 충

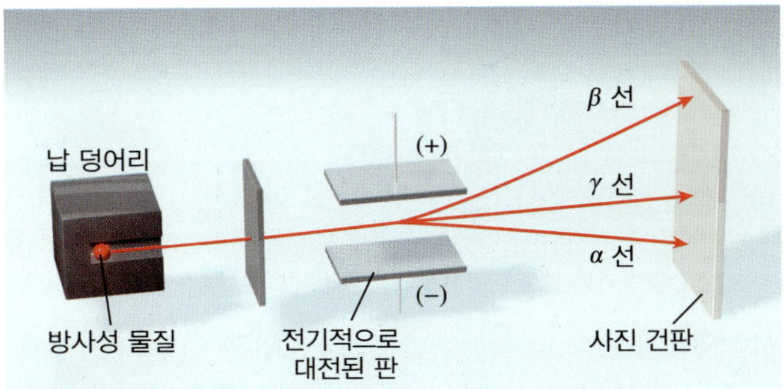


**그림 2.6** 방사성 원소에서 방출되는 세 종류의 방사선. $\beta$ 선이라고 불리는 음으로 대전된 입자(전자)로 구성된 선은 (+) 대전판에 의해 당겨진다. 반대로 $\alpha$ 선이라고 불리는 양으로 대전된 입자들은 (−) 대전판에 의해 끌린다. $\gamma$ 선은 입자도 아니고 전하도 없어서 외부 전기장에 의해 영향을 받지 않는다.

분한 에너지를 가졌고, 다양한 물질들이 불을 끈 상태에서 **형광**(fluoresce)을 내도록 하는 원인이 된다. 음극선과는 다르게 X선은 전기장이나 자기장에 의해 휘지 않으며, 이는 X선이 전하를 띤 입자로 구성된 것이 아니라는 것을 의미한다.

뢴트겐이 X선을 발견한 직후에 형광에 대해 연구하던 프랑스의 물리학자 앙투안 베크렐(Antoine Becquerel, 1852~1908)은 빛에 노출되지 않도록 감싸진 사진 감광판이 우라늄에 의해 검게 변한 것을 발견하였다. 우라늄에서 나오는 복사선도 X선처럼 자기장이나 전기장에 의해 휘지 않았다. 하지만 X선과는 다르게, 이 복사선은 음극선에 노출된 결과로 나오는 것이 아니라 자발적으로 발생하였다. 이렇게 자발적으로 복사선을 방출하는 능력을 **방사능**(radioactivity)이라고 한다. 우라늄과 같은 방사성 물질은 세 종류의 복사선을 내놓는데 그중 두 종류는 그림 2.6에서 볼 수 있듯이 대전판에 의해서 휜다. **알파선**[alpha($\alpha$) ray]은 $\alpha$ **입자**($\alpha$ particle)라고 부르는 양으로 대전된 입자로 구성되므로 (+) 대전판의 반대 방향으로 휘고, **베타선**[beta($\beta$) rays]은 $\beta$ **입자**($\beta$ particle), 즉 **전자**(electron)이므로 (−) 대전판의 반대 방향으로 휜다. 방사선의 세 번째 종류는 높은 에너지의 **감마선**[gamma($\gamma$) ray]이며 X선처럼 전하를 띠지 않으므로 외부의 어떤 자기장이나 전기장에 의해서도 영향을 받지 않는다.

## 양성자와 원자의 핵 모델

1900년대 초반부터 과학자들은 음전하를 띤 전자가 원자의 구성 요소이지만 원자 자체는 중성이라는 것을 알았다. 중성이 되기 위해서는 반드시 양전하를 띤 무엇인가가 원자에 들어 있어야 한다. 톰슨(Thomson)은 원자를 양으로 대전된 구에 음전하를 띤 전자가 마치 건포도 아이스크림에 들어 있는 건포도처럼 박혀 있는 입자라고 제안하였다. 소위 건포도 푸딩 모형(plum−pudding model)이라고 부르는 이 이론은 몇 년 동안 잘 받아들여졌지만 톰슨의 제자 중 뉴질랜드의 물리학자 어니스트 러더퍼드(Ernest Rutherford, 1871~1937)의 연구로 도전에 직면하게 되었다.

러더퍼드와 그의 조수인 한스 가이거(Hans Geiger)와 어니스트 마스던(Ernest Marsden)은 방사성 물질에서 나오는 $\alpha$ 입자를 금이나 다른 금속으로 만든 아주 얇은 박막에 쏘는 연속된 실험을 수행하였다. 그 결과 예상한 대로 대부분의 $\alpha$ 입자는 휘지 않았고, 만약 휜다 해도 아주 작은 각도로 살짝 휜 상태로 박막을 통과하였다. 그러나 모든 경우에 몇몇 $\alpha$

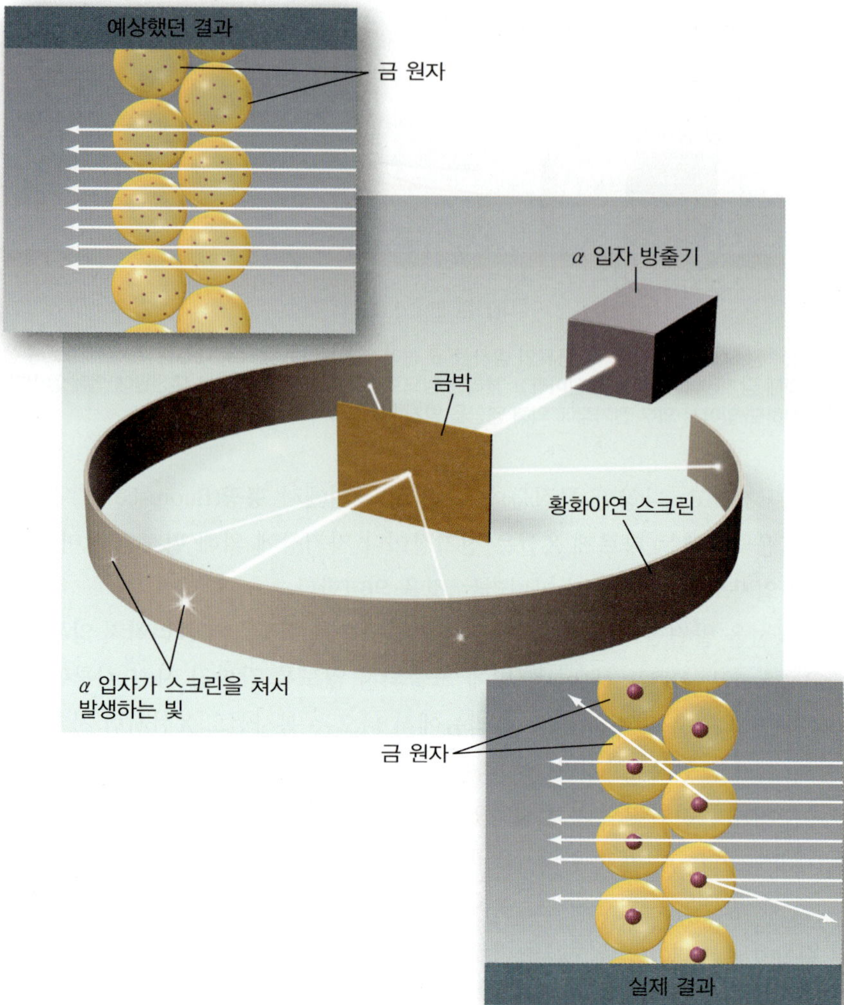


**그림 2.7** 금박에 $\alpha$ 입자를 산란시키는 러더퍼드의 실험 설계. 건포도 푸딩 모형에서는 모든 알파 입자가 휘지 않고 금박을 통과할 것이라 예측되었다. 실제 결과 대부분의 $\alpha$ 입자는 거의 휘지 않고 금박을 통과하였으나 몇몇 입자들은 큰 각도로 휘거나 반사되었다. 원자핵 모형은 러더퍼드의 실험 결과를 잘 설명해 준다.

입자들은 아주 큰 각도로 산란되거나 휘는 현상이 나타났고 심지어는 반사되어 되돌아오는 경우도 있었다. 이것은 보기 드물게 놀라운 발견이었다. 톰슨의 모형에서는 원자의 양전하가 넓게 퍼져 있으므로 상대적으로 질량이 크고 양전하를 띤 알파 입자가 거의 또는 전혀 휘지 않고 박막을 통과하여야만 한다. 이 결과에 대한 러더퍼드의 처음 반응을 그대로 인용하면 다음과 같다. "이 현상은 당신이 15인치 포탄을 한 장의 휴지에 쏘았더니 반사되어 되돌아온 것처럼 믿을 수 없는 일이다." 그림 2.7은 $\alpha$ 입자 산란 실험의 **예상되었던**(expected) 결과와 **실제**(actual) 결과를 나타낸다.

러더퍼드에 의하면 $\alpha$ 입자 산란 실험 결과는 원자의 대부분은 빈 공간이며 이는 대부분의 $\alpha$ 입자가 거의 휘지 않고 금박을 통과하는 것을 설명할 수 있다. 원자의 양전하는 원자 안에 극도로 빽빽하게 집중된 상태로 그가 **원자핵**(nucleus)이라고 부른 **중심부**(core)에 모여 있다고 제안하였다. 산란 실험에서 $\alpha$ 입자가 원자핵에 근접하여 지나갈 경우 강력한 척력에 의하여 큰 각도로 휘고 원자핵에 직접적으로 부딪힐 경우는 반대 방향으로 되튕겨 나온다.

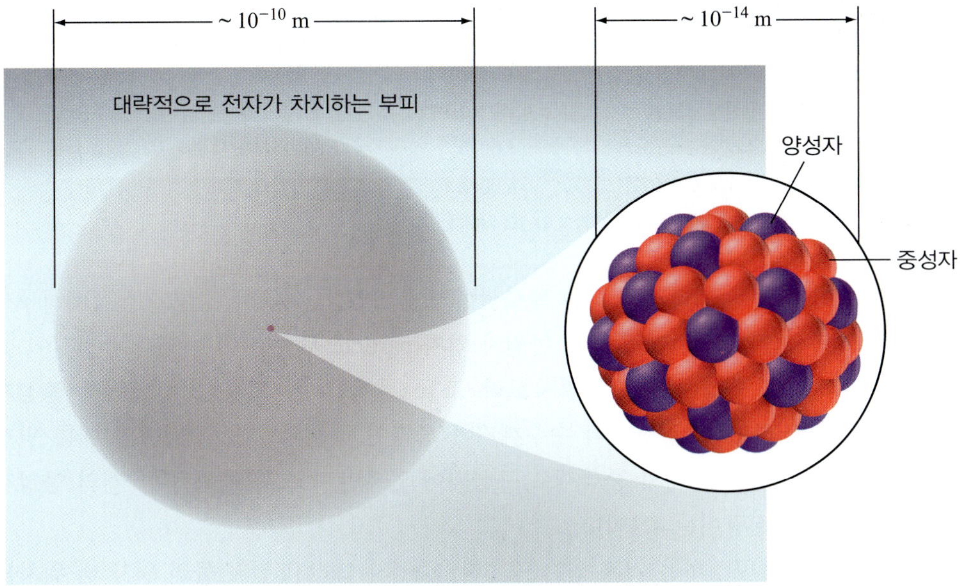


**그림 2.8** 양성자와 중성자는 원자에서 아주 작은 부피만을 차지하는 원자핵에 있다. 전자는 원자핵 주위를 둘러싼 구에 퍼져 있다.

원자핵 속의 양전하를 띤 입자들을 **양성자**(proton)라고 부른다. 별개의 실험을 통해서 양성자의 전하 **크기**(magnitude)는 전자의 크기와 같지만(부호는 반대) 질량은 $1.67262 \times 10^{-24}$ g이라는 것이 밝혀졌다. 물론 이 질량 자체는 매우 작지만 전자 질량과 비교하면 약 2000배 정도이다.

이런 결과에 근거하여 원자에는 원자 질량의 대부분을 차지하지만 부피는 아주 작은 원자핵이 있다는 것이 밝혀졌다. 원자(또는 분자의) 크기는 SI 단위인 **피코미터**(picometer, pm)로 나타낸다.

$$1 \text{ pm} = 1 \times 10^{-12} \text{ m}$$

전형적인 **원자 반지름**(atomic radius)은 대략 100 pm 정도이지만 원자핵의 반지름은 약 $5 \times 10^{-3}$ pm밖에 안 된다. 원자와 원자핵의 크기를 비교해 보려면 원자 한 개를 커다란 돔 경기장이라고 할 때 원자핵은 구슬 하나 정도의 크기라고 생각하면 된다. 양성자는 원자핵 안에만 존재하지만 전자는 원자핵을 **둘러싼**(around) 넓은 영역에 분산되어 있다.

**참조**

원자 반지름에 대한 개념은 유용하지만 원자에 정해진 경계나 표면이 있다고 상상해서는 안 된다. 3장에서도 나오지만 원자의 가장 바깥 부분은 정확하게 결정된 것이 아니라 오히려 "구름처럼" 퍼져 있다.

## 중성자

비록 러더퍼드의 원자핵 모형이 톰슨의 건포도 푸딩 모형보다 많이 발전한 원자 모델이긴 하지만 양성자와 전자만으로는 원자의 질량을 설명할 수 없다. 가장 간단한 원자로 알려진 수소는 양성자가 1개이고 헬륨은 양성자가 2개이므로 헬륨과 수소의 질량비는 2:1이어야 한다. (전자는 양성자에 비해 너무나 가볍기 때문에 원자 질량에 기여하는 정도는 무시될 수 있다.) 하지만 실제 헬륨과 수소의 질량비는 4:1이다. 따라서 러더퍼드와 과학자들은 원자핵에 다른 종류의 아원자 입자가 있을 것이라고 가정하였는데 이에 대한 증거가 1932년 영국의 물리학자 제임스 채드윅(James Chadwick, 1891~1974)에 의해 밝혀졌다. 채드윅이 얇은 베릴륨 박막에 $\alpha$ 입자를 다량으로 충돌시켰을 때 전기장이나 자기장에 의

**표 2.1 아원자 입자의 질량과 전하량**

| 입자 | 질량(g) | 질량(amu) | 전하량(C) | 전하 단위 |
|---|---|---|---|---|
| 전자* | $9.10938 \times 10^{-28}$ | $5.4858 \times 10^{-4}$ | $-1.6022 \times 10^{-19}$ | $-1$ |
| 양성자 | $1.67262 \times 10^{-24}$ | 1.0073 | $+1.6022 \times 10^{-19}$ | $+1$ |
| 중성자 | $1.67493 \times 10^{-24}$ | 1.0086 | 0 | 0 |

*개선된 방법으로 측정한 결과는 밀리칸이 처음 밝힌 값과 약간의 차이가 있다.

해 휘지 않는 아주 높은 에너지를 갖는 복사선이 방출되었다. 나중에 진행된 실험에서 $\gamma$선과 비슷한 그 복사선은 세 번째 종류의 아원자 **입자**(particle)로 이루어져 있다는 사실이 밝혀졌고 전기적으로 중성이면서 양성자보다 조금 무거운 이 입자를 채드윅은 **중성자**(neutron)라고 명명하였다. 질량비의 수수께기가 드디어 해결되었다. 전형적인 헬륨 원자핵은 두 개의 양성자와 두 개의 중성자로 구성되어 있지만 수소 원자핵은 한 개의 양성자만으로 이루어져서 질량비는 4:1이다.

그림 2.8은 원자를 구성하는 기본 입자(양성자, 중성자 그리고 전자)들의 원자 내 위치를 보여 준다. 또 다른 아원자 입자들도 있지만 전자, 양성자, 중성자 이렇게 원자 구성의 근본적인 세 가지 아원자 입자가 화학에서 매우 중요하다. 표 2.1은 이 세 가지 기본 아원자 입자의 질량과 전하량을 나타낸 표이다.

## 2.3 원자 번호, 질량수와 동위 원소

모든 원자는 원자가 갖는 양성자와 중성자의 수로 구별이 가능하다. **원자 번호**(atomic number, $Z$)는 원소의 각 원자가 갖는 양성자의 수이다. 원자가 전기적으로 **중성**(neutral)이라면 양성자의 수와 전자의 수가 같아야 하므로 원자 번호는 또한 원자가 갖는 **전자들**(electrons)의 수를 알려준다. 즉, 원자 번호만 알면 어떤 원소의 원자인지 알 수 있다. 예를 들어, 질소의 원자 번호는 7이므로 질소 원소의 어떤 원자라도 양성자를 7개 갖는다. 다르게 생각하면 7개의 양성자를 갖는 어떤 원자도 모두 질소 원자라고 할 수 있다.

**질량수**(mass number, $A$)는 원자의 핵 속에 존재하는 **핵자**(nucleon)라고 불리는 양성자와 중성자의 수를 더한 값이다. 하나의 양성자만 갖고 중성자는 없는 보통의 수소를 제외한 모든 원자핵은 양성자와 중성자를 모두 갖고 있다. 일반적으로 질량수는 다음과 같다.

$$\text{질량수}(A) = \text{양성자 수}(Z) + \text{중성자 수}$$

중성자의 수는 질량수와 원자 번호의 차이, 즉 $(A-Z)$와 같다. 예를 들어, 플루오린의 질량수가 19이고 원자 번호가 9(원자핵 속에 9개의 양성자가 있다는 걸 나타냄)이므로 플루오린 원자의 중성자 수는 $19-9=10$이다. 원자 번호, 중성자의 수, 그리고 질량수는 양의 정수(자연수)이다.

원소 기호가 X인 원자의 원자 번호와 질량수는 다음과 같이 표기한다.

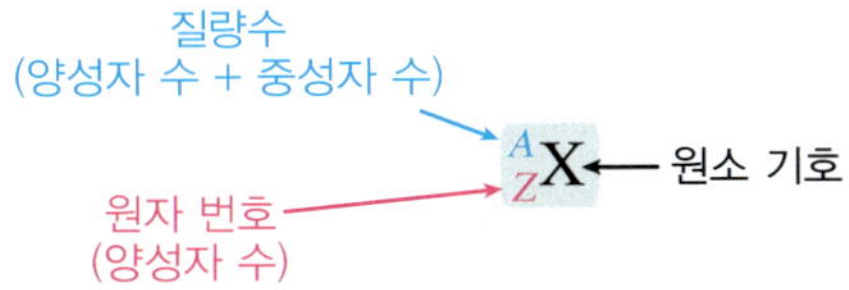


돌턴의 원자설과는 다르게 모든 특정 원소의 모든 원자가 동일한 것은 **아니**라는 사실을 다시 한번 떠올려 보자. 사실 대부분의 원소들은 원자 번호($Z$)는 같지만 질량수($A$)가 다른 **동위 원소들**(isotopes)을 두 개 이상 갖는다. 예를 들어, 수소에는 **수소**(hydrogen) 또는 **프로튬**(protium), **중수소**(deuterium) 그리고 **삼중수소**(tritium) 이렇게 세 개의 동위 원소가 있다. 수소는 원자핵에 양성자 하나만 있고 중성자는 없지만 중수소는 양성자 하나와 중성자 **하나**, 그리고 삼중수소에는 양성자 하나와 중성자 **두 개**가 있다. 세 수소 동위 원소는 다음과 같이 쓴다.

이와 유사하게 질량수 235와 238인 우라늄(Z=92)의 흔한 두 동위 원소는 다음과 같이 나타낸다.

$$^{235}_{92}U \qquad ^{238}_{92}U$$

235−92=143개의 중성자가 원자핵에 들어 있는 첫 번째 동위 원소는 원자로나 원자 폭탄에 사용되지만 146개의 중성자를 갖는 두 번째 동위 원소는 용도가 별로 없다. 동위 원소마다 이름이 다른 수소는 예외적인 경우로, 대부분의 동위 원소는 질량수를 이용해서 구별한다. 우라늄의 두 동위 원소는 우라늄−235(우라늄 "이백삼십오"로 발음한다)와 우라늄−238(우라늄 "이백삼십팔"로 발음한다)이다. 원자 번호는 원소 기호로부터 추론 가능하므로 동위 원소를 나타낼 때에는 아래 첨자로 나타내는 원자 번호는 생략하는 경우가 많다. 즉, 기호 $^{3}H$와 $^{235}U$만 써도 삼중수소와 우라늄−235 동위 원소를 나타내는 데 충분하다.

원소의 화학적 특성은 중성자의 수가 아니라 주로 양성자와 전자의 수에 의해서 결정되므로 같은 원소의 동위 원소는 거의 유사한 화학적 특성을 나타낸다.

예제 2.1은 원자 번호와 질량수를 이용하여 양성자, 중성자 그리고 전자의 수를 계산하는 문제이다.

## 예제 2.1

다음 원소들의 양성자수, 중성자수, 그리고 전자수를 구하시오.

(a) $^{35}_{17}Cl$ (b) $^{37}Cl$ (c) $^{41}K$ (d) 탄소−14

**전략** 위 첨자($A$)는 질량수를, 아래 첨자($Z$)는 원자 번호를 나타낸다. 아래 첨자가 없는 (b), (c), (d)는 원자 번호를 원소 기호나 이름에서 유추할 수 있다. 전자수는 중성 원자에서 양성자수와 동일하다는 사실로부터 찾을 수 있다.

**계획** 양성자수=$Z$, 중성자수=$A-Z$, 그리고 전자수=양성자수(중성 원자)이다. 탄소-14에서 14는 질량수이다.

**풀이**

(a) 원자 번호가 17이므로 양성자는 17개이다. 질량수가 35이므로 중성자수는 $35-17=18$이다. 전자수는 양성자 수와 같으므로 17개이다.

(b) 염소(Cl)이므로 원자 번호는 17이고, 따라서 양성자도 17개이다. 질량수가 37이므로 중성자수는 $37-17=20$이다. 전자수는 양성자수와 동일한 17이다.

(c) 포타슘(K)의 원자 번호는 19이므로 양성자는 19개이다. 질량수가 41이므로 중성자수는 $41-19=22$이다. 전자수는 19이다.

(d) 탄소-14의 표기는 $^{14}C$이고 탄소의 원자 번호는 6이므로 양성자와 전자 모두 6개이다. 중성자는 $14-6=8$개이다.

## 생각해 보기

구한 답의 양성자 수와 중성자수를 합하여 질량수가 되는지 확인해야 한다. (a)는 양성자 17개, 중성자 18개이므로 합하여 질량수 35에 부합한다. (b)는 양성자 17개+중성자 20개=질량수 37이다. (c)는 양성자 19개+중성자 22개=질량수 41이다. (d)는 양성자 6개+중성자 8개=질량수 14로 모두 적합하다.

**유제 1** 다음 각 항의 설명에 맞는 원소 기호를 쓰시오.

(a) 양성자 4개, 전자 4개, 중성자 5개
(b) 양성자 23개, 전자 23개, 중성자 28개
(c) 양성자 54개, 전자 54개, 중성자 70개
(d) 양성자 31개, 전자 31개, 중성자 38개

**유제 2** 다음 그림을 보고 핵자(nucleon)의 수를 이용하여 각 원소의 기호를 쓰시오.

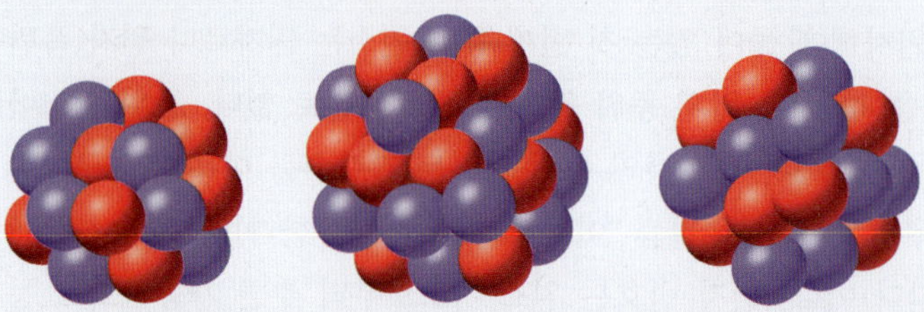

(i) (ii) (iii)

## 2.3절 복습

### 원자 번호, 질량수, 그리고 동위 원소

**2.3.1** $^{60}Ni$ 원자의 중성자 수를 계산하시오.

(a) 60 (b) 30 (c) 28
(d) 32 (e) 29

**2.3.2** 질량수가 114이고 중성자수가 66인 원자가 있다. 다음 중 어떤 동위 원소인지 고르시오.

(a) $^{114}Cd$ (b) $^{114}Dy$ (c) $^{66}Cd$
(d) $^{66}Dy$ (e) $^{180}Ta$

# 2.4 핵 안정도

원자핵은 원자 전체 부피의 아주 작은 부분이지만 양성자와 중성자가 모두 들어 있어서 원자 질량의 대부분을 차지한다. 원자핵의 안정도를 공부할 때 원자핵의 밀도를 아는 것은 입자들이 얼마나 밀접하게 쌓여 있는지 이해하는 데 도움이 된다. 아래의 계산처럼 원자핵의 반지름이 $5 \times 10^{-3}$ pm이고 질량이 $1 \times 10^{-22}$ g인 원자핵을 예로 들어 보자. 이 원자핵은 대략 양성자 30개와 중성자 30개를 갖는다. 밀도는 '질량/부피'이므로 부피를 주어진 반지름을 이용하여 구한다.(구의 부피는 $4/3\pi r^3$이고, 이때 $r$은 구의 반지름이다.) 가장 먼저 할 일은 pm 단위를 cm 단위로 변환하는 것이고, 그 후에 밀도를 g/cm$^3$ 단위로 계산한다.

$$r = (5 \times 10^{-3}\ \text{pm})\left(\frac{1 \times 10^{-12}\ \text{m}}{1\ \text{pm}}\right)\left(\frac{100\ \text{cm}}{1\ \text{m}}\right) = 5 \times 10^{-13}\ \text{cm}$$

$$\text{밀도} = \frac{\text{질량}}{\text{부피}} = \frac{1 \times 10^{-22}\ \text{g}}{\frac{4}{3}\pi r^3} = \frac{1 \times 10^{-22}\ \text{g}}{\frac{4}{3}\pi (5 \times 10^{-13}\ \text{cm})^3}$$

$$= 2 \times 10^{14}\ \text{g/cm}^3$$

이 밀도는 매우 높은 값이다. 원소들 중에서 가장 큰 밀도를 갖는 이리듐(Ir)의 밀도값이 22.6 g/cm$^3$이므로 평균 원자핵의 밀도는 이리듐 밀도의 약 $9 \times 10^{12}$, 즉 9조(trillion)배만큼 크다.

엄청나게 높은 원자핵의 밀도는 입자들을 강하게 당겨주는 힘이 존재한다는 것을 의미한다. **쿨롱의 법칙**(Coulomb's law)으로부터 같은 전하끼리는 반발하고 다른 전하끼리는 끌어당긴다는 것을 알고 있다. 따라서 양성자들끼리는 서로 밀어낸다고 예측할 수 있는데 실제로 원자핵에서는 아주 가깝게 밀착되어 있다. 즉, 원자핵에는 반발력뿐만 아니라 아주 좁은 영역에서 양성자와 양성자, 양성자와 중성자, 그리고 중성자와 중성자 사이에 작용하는 인력이 있다. 모든 원자핵의 안정도는 정전기적 반발력과 좁은 영역의 인력 사이의 차이에 의해 결정된다. 반발력이 인력보다 크면 원자핵은 입자와 복사선을 방출하면서 붕괴되고, 인력이 반발력보다 크면 원자핵은 안정하다.

## 핵 안정도의 패턴

원자핵이 안정한지를 결정하는 주된 요인은 **중성자 대 양성자의 비**(neutron-to-proton ratio, n/p)이다. 원자 번호가 작은($\leq 20$) 안정한 원소의 원자는 n/p 값이 거의 1이다. 원자 번호가 증가하면서 안정한 원자핵들의 중성자 대 양성자 비도 같이 증가한다. 원자 번호가 클수록 편차가 커지는 이유는 양성자 간의 강한 반발력에 대항하여 원자핵을 안정하게 만드는 중성자가 더 많이 필요하기 때문이다. 다음 규칙들은 특정 원자핵이 안정한지를 예측하는 계산에 유용하다.

1. 양성자나 중성자의 수가 2, 8, 20, 50, 82, 126인 원자들은 다른 원자들에 비해 원자핵 안정도가 높다. 예를 들어, 원자 번호가 50인 주석(Sn)은 10개의 안정한 동위 원소를 갖지만 원자 번호 51인 안티모니(Sb)는 오직 2개의 동위 원소만 있다. 숫자 2, 8, 20, 50, 82, 126을 **마법수**(magic number)라고 한다.

**표 2.2** 양성자 수와 중성자 수의 종류에 따른 안정한 동위 원소의 수

| 양성자수 | 중성자수 | 안정한 동위 원소의 수 |
|---|---|---|
| 홀수 | 홀수 | 4 |
| 홀수 | 짝수 | 50 |
| 짝수 | 홀수 | 53 |
| 짝수 | 짝수 | 164 |

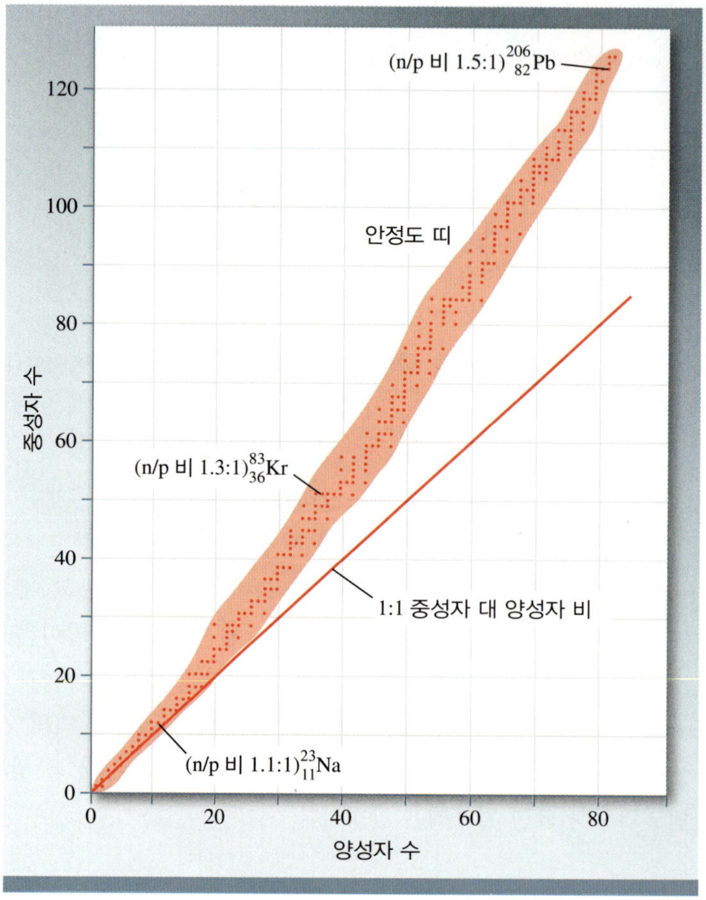


그림 2.9 점으로 나타낸 안정한 동위 원소의 중성자 대 양성자 관계. 직선은 중성자 대 양성자 비가 1인 선이다. 진하게 칠해진 영역이 안정도 띠를 나타낸다. 원자 번호가 증가할수록 양성자 수에 대한 최적 중성자 수도 같이 증가한다.

**참조**

규칙 1에서 언급한 안티모니의 안정한 두 동위 원소 $^{121}_{51}$Sb와 $^{123}_{51}$Sb는 짝수 개의 중성자를 갖는다.

2. 양성자와 중성자의 수가 짝수인 원자핵은 **홀수**(odd number)인 원자핵들보다 훨씬 안정하다(표 2.2).
3. 원자 번호가 82 이상인 원소의 모든 동위 원소들은 방사성 원소이다.
4. 테크네튬(technetium, Tc; $Z=43$)과 프로메튬(promethium, Pm; $Z=61$)의 모든 동위 원소는 방사성이다.

그림 2.9는 다양한 동위 원소의 양성자 수와 중성자 수의 관계를 보여 준다. 안정한 원자핵들은 그래프에서 **안정도 띠**(belt of stability)라고 알려진 영역에 존재한다. 대부분의 방사성 원자핵들은 이 띠의 바깥에 놓여 있다. 안정도 띠의 윗부분에 있는 원자핵들은 양성자의 수가 같다고 할 때 더 높은 중성자 대 양성자 비를 갖는다.

## 2.4절 복습

**핵 안정도**

**2.4.1** 반지름이 $6.05 \times 10^{-3}$ pm이고 질량이 16 amu인 산소-16 원자의 원자핵 밀도를 구하시오.

(a) $1.72 \times 10^{37}$ g/cm$^3$

(b) $2.86 \times 10^{-17}$ g/cm$^3$

(c) $2.86 \times 10^{19}$ g/cm$^3$

(d) $2.86 \times 10^{13}$ g/cm$^3$

(e) $1.05 \times 10^{-11}$ g/cm$^3$

**2.4.2** 다음 동위 원소 중에서 불안정할 것으로 예측되는 것을 고르시오.

(a) $^{46}$Ti (b) $^{72}$Rb

(c) $^{20}$Ne (d) $^{63}$Cu

(e) $^{29}$Si

# 2.5 평균 원자 질량

**원자 질량**(atomic mass)은 원자의 질량을 원자 질량 단위로 나타낸 값이다. 원자 질량 단위는 $1.6605378 \times 10^{-24}$ g과 같다[|◀◀ 1.2절]. 실제로 amu는 탄소-12 원자 질량의 12분의 1이다. 하지만 이 책 앞에 있는 주기율표에서 탄소의 원자 질량을 찾으면 12.00 amu가 아니라 12.01 amu이다. 이 차이는 탄소를 포함해서 자연적으로 존재하는 대부분의 원소들이 하나 이상의 동위 원소를 갖기 때문에 생긴다. 일반적으로 원소의 원자 질량을 결정할 때 자연적으로 존재하는 동위 원소 **혼합물**(mixture)의 **평균 원자 질량**(average atomic mass)을 측정한다. 예를 들어, 자연계에 탄소-12는 98.93%, 탄소-13은 1.07%가 존재하고 탄소-13의 원자 질량은 13.003355 amu이므로 탄소의 평균 원자 질량은 다음과 같이 계산할 수 있다.

> **참조**
>
> 평균 원자 질량은 또한 원자량(atomic weight)이라고 하기도 한다.

$$(0.9893)(12.00000\text{ amu}) + (0.0107)(13.003355\text{ amu}) = 12.01\text{ amu}$$

퍼센트가 포함된 계산을 할 때에는 퍼센트 존재비를 분수 존재비로 바꾸어야 한다. 예를 들어, 98.93%는 98.93/100, 또는 0.9893으로 바꾼다. 탄소-12가 탄소-13보다 자연계에 훨씬 많으므로 평균 원자 질량은 탄소-13보다 탄소-12에 더 가깝다.

탄소의 원자 질량을 12.01 amu라고 할 때 이는 평균값이다. 만약 자연계에 존재하는 탄소의 개별 원자를 조사한다면 원자 질량은 정확하게 12 amu이거나 13.003355 amu 중 하나이고 절대 12.01 amu로 나오지 않는다.

예제 2.2는 산소의 평균 원자 질량을 구하는 방법에 관한 문제이다.

## 예제 2.2

산소는 지각과 인체 모두에 가장 풍부한 원소이다. 산소의 세 동위 원소 $^{16}_{8}O$(99.757%), $^{17}_{8}O$(0.038%), $^{18}_{8}O$(0.205%)의 원자 질량은 순서대로 15.9949, 16.9991, 그리고 17.9992 amu이다. 괄호에 표시된 상대적인 존재비를 이용하여 산소의 평균 원자 질량을 계산하시오.

**전략** 각 동위 원소는 평균 원자 질량에 존재비만큼 기여한다. 각 동위 원소의 질량에 존재비(퍼센트 값을 100으로 나눈 값)를 곱하면 평균 원자 질량을 계산할 때 기여하는 정도를 알 수 있다.

**계획** 각 퍼센트 존재비는 분수 존재비로 변환해야 한다. 이를테면 99.757%는 99.757/100 또는 0.99757, 0.038%는 0.038/100 또는 0.00038, 그리고 0.205%는 0.205/100 또는 0.00205로 변환한다. 이렇게 각 동위 원소의 평균 원자 질량에 대한 기여도를 계산하고 모든 값을 더하면 평균 원자 질량을 구할 수 있다.

**풀이** (0.99757)(15.9949 amu)+(0.00038)(16.9991 amu)+(0.00205)(17.9992)=15.9994 amu

### 생각해 보기

평균 원자 질량은 가장 풍부하게 존재하는 동위 원소(여기서는 산소-16)의 값에 가장 가깝다. 4자리 유효 숫자로 하면, 책 앞쪽의 주기율표에 있는 16.00 amu와 같게 된다.

**유제 1** 질소의 평균 원자 질량은 14.0067이고 질소의 안정한 두 동위 원소 $^{14}N$와 $^{15}N$의 원자 질량은 14.003074002 amu와 15.000108898 amu이다. 주어진 값들을 이용하여 각 질소 동위 원소의 % 존재비를 구하시오.

**유제 2** 다음 그림은 금속구들의 집합이고 각 집합은 둘 이상의 종류가 다른(여기서는 다른 색으로 표시) 금속구로 구성된다. 금속구의 질량이 다음과 같을 때 각 집합에서 금속구 한 개의 평균 질량을 구하시오. 흰색 구=2.3575 g, 검은색 구=3.4778 g, 파란색 구=5.1112 g

(i) (ii) (iii)

## 생각 밖 상식

### 원자 질량 측정

원자 질량과 분자량을 측정하기 위한 가장 직접적으로 정확한 방법은 질량 분석법이다. **질량 분석기**(mass spectrometer) 안에서 기체 상태의 시료는 고에너지 전자들이 흐르는 곳으로 쏘아진다. 전자들과 기체 상태 원자들(또는 분자들)이 충돌하면 원자나 분자에서 전자가 떨어져 나가면서 양전하를 띠는 **이온**(ion)이 생긴다. 이 양이온들(질량이 $m$이고 전하가 $e$인)이 두 개의 반대 전하로 대전된 판 사이를 지나면서 가속되고 자석으로 둘러싸인 영역을 지나면서 휘어진다. 휘는 경로의 반지름은 전하 대 질량비($e/m$)에 의해 결정된다. 작은 $e/m$ 비를 갖는 이온의 경로는 큰 $e/m$ 비를 갖는 이온보다 더 큰 호를 그리므로 같은 전하를 갖더라도 질량이 다른 이온들은 서로 분리된다. 각 이온(그리고 이온을 만든 원래의 원자나 분자)의 질량은 경로가 휘는 정도로 결정할 수 있다. 결국에는 각 이온마다 검출기에 다른 전류를 나타내게 되고 전류의 양은 이온의 수와 정확하게 비례하므로 동위 원소들의 상대적인 존재비를 알 수 있게 된다.

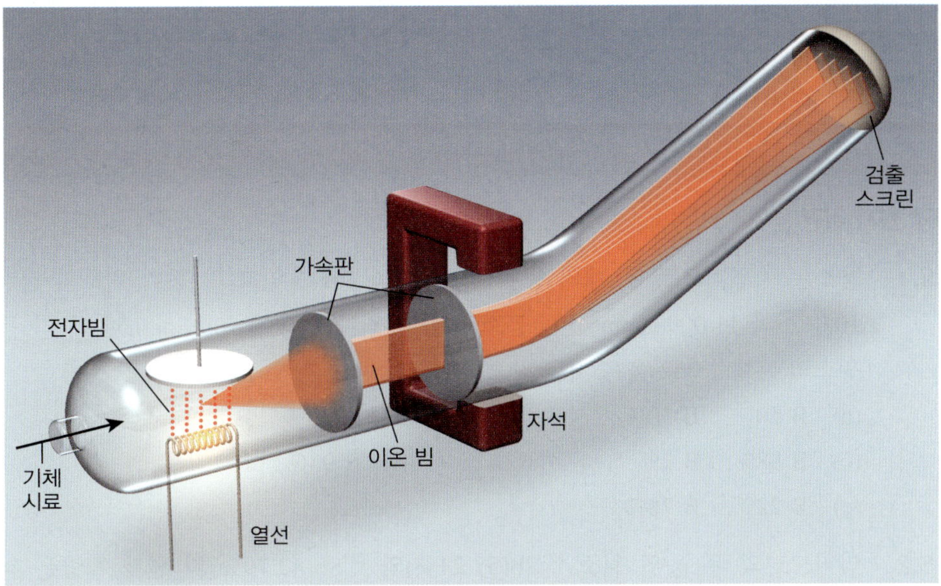


질량 분석기의 모식도

1920년대 영국의 물리학자 애스턴(F. W. Aston)이 발명한 최초의 질량 분석기는 현재의 기준으로 보면 투박하였다. 그럼에도 불구하고 이 기계는 네온-20(자연계 존재량 90.48%)과 네온-22(자연계 존재량 9.25%) 같은 동위 원소의 존재에 대한 명백한 증거를 제시하였다. 좀더 세련되고 정밀한 질량 분석기가 만들어졌을 때 과학자들은 네온의 안정한 세 번째 동위 원소 네온-21(자연계 존재량 0.27%)을 발견하고 매우 놀랐다. 이 예는 화학처럼 정량적인 과학 분야에서 실험의 정확성이 얼마나 중요한지를 보여 준다. 초기 실험들은 자연계에 존재하는 네온-21을 검출하는 데 실패했다. 왜냐하면 10,000개의 네온 원자 중에서 오직 27개만이 네온-21일 정도로 자연계에 존재하는 양이 매우 적었기 때문이다.

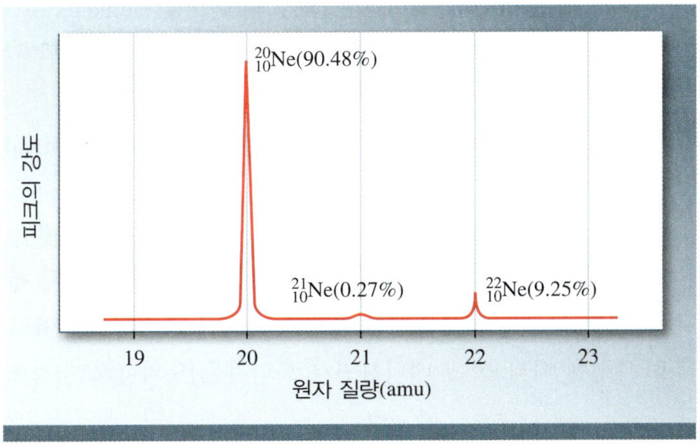


네온의 질량 분석 결과

많은 동위 원소들의 원자 질량은 유효 숫자 5개나 6개로 정확하게 결정된다. 하지만 대부분 평균 원자 질량을 사용할 때는 책 앞의 주기율표에서 볼 수 있듯이 유효 숫자 4개로 사용한다. 앞으로는 더 간략하게 **평균**(average)이라는 단어를 빼고 원소의 원자 질량이라고 할 것이다.

## 2.5절 복습

**평균 원자 질량**

**2.5.1** 붕소는 자연적으로 두 개의 동위 원소 $^{10}B$와 $^{11}B$가 있고 각 동위 원소의 질량은 10.0129와 11.0093 amu이다. 붕소의 평균 원자 질량이 10.81 amu일 때 각 동위 원소의 존재량으로 옳은 것을 찾으시오.

(a) $^{10}B$ 50%, $^{11}B$ 50%
(b) $^{10}B$ 20%, $^{11}B$ 80%
(c) $^{10}B$ 98%, $^{11}B$ 2%
(d) $^{10}B$ 93%, $^{11}B$ 7%
(e) $^{10}B$ 22%, $^{11}B$ 78%

**2.5.2** 안티모니의 두 동위 원소 $^{121}Sb$(57.21%)와 $^{123}Sb$(42.79%)의 원자 질량은 각각 120.904, 122.904 amu이다. Sb의 평균 원자 질량을 찾으시오.

(a) 121.90 amu
(b) 122.05 amu
(c) 121.76 amu
(d) 121.34 amu
(e) 122.18 amu

# 2.6 주기율표

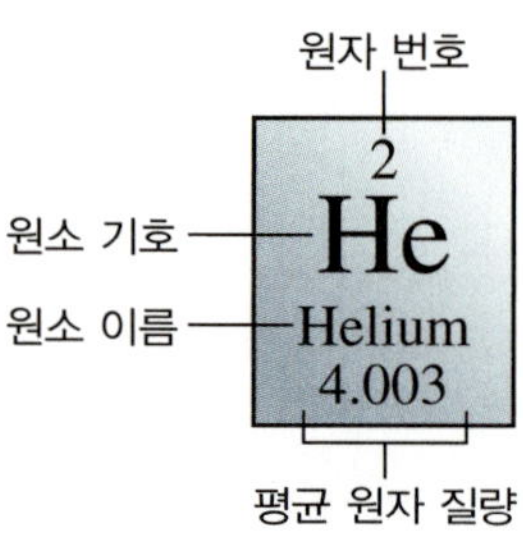


그림 2.10에 있는 **주기율표**(periodic table)는 118종의 **원소들**(elements)로 구성되어 있다. 돌턴의 원자설에 의하면 특정 원소의 원자는 모두 동일하고 한 원소의 원자는 다른 원소의 원자와 다르다. 따라서 돌턴에 의하면 헬륨 원소와 금 원소는 다르므로 두 원소는 다른 종류의 원자들로 구성되고 더 나아가 헬륨 원소는 완전하게 **동일한**(identical) **헬륨 원자들**(helium atoms)로만 구성된다.

현재 알려진 원소들의 절반 이상이 19세기에 발견되었다. 그 시기에 몇몇 원소들은 유사한 물리적, 화학적 성질을 갖는다는 것이 밝혀졌다. 이런 유사성 때문에 화학자들은 알려진 원소들을 "족"이라고 부르는 세로줄에 배열하게 되면서 나중에 주기율표를 발전시키게 되었다. 원소들을 특성에 따라 족에 배치하면서 화학자들은 과학적인 정보들을 체계화할 수 있게 되었다.

주기율표의 각 원소들은 원소의 이름, 한 개 또는 **두** 개의 알파벳으로 된 원소 기호, 정수인 원자 번호, 보통 네 개의 유효 숫자를 갖는 평균 원자 질량이 쓰여 있는 칸에 들어 있다.

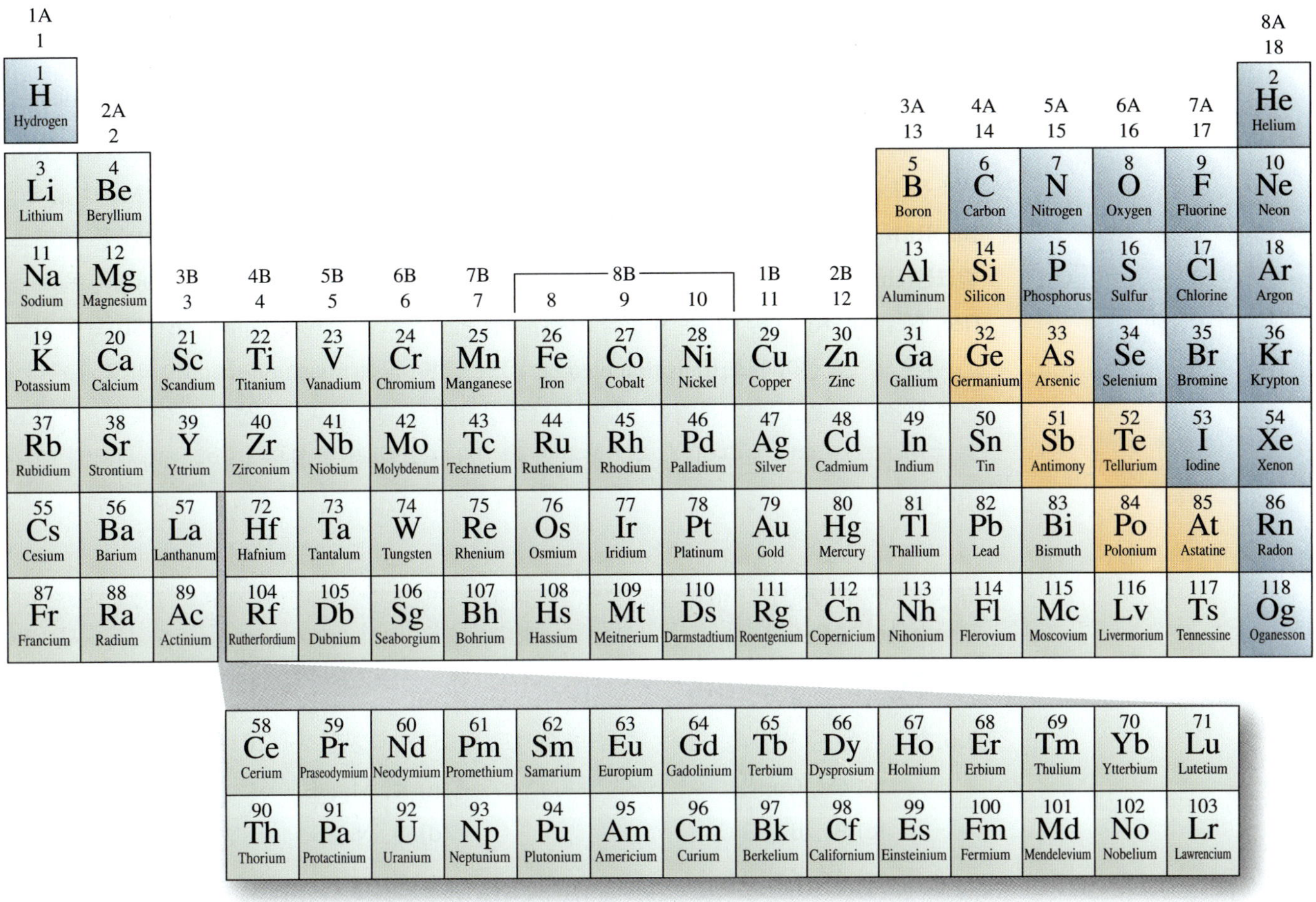


그림 2.10 현대의 주기율표. 원소들은 각 원소 기호 위에 써 있는 원자 번호에 따라 배열된다(2.3절). 수소(H)를 제외한 모든 비금속은 주기율표의 오른쪽에 위치한다. 주기율표가 너무 길어지지 않도록 하기 위해 제일 아래에 금속들이 두 줄로 따로 표시되어 있다. 원래 58번 세륨(Ce)은 57번 란타넘(La) 다음에, 90번 토륨(Th)은 89번 악티늄(Ac) 다음에 나와야 한다. 1~18족으로 표기하는 방법은 국제 순수 · 응용화학연합(International Union of Pure and Applied Chemistry, IUPAC)에서 추천하는 방법이지만 아직 널리 사용되지는 않는다. 이 책에서는 일반적으로 사용되는 1A~8A와 1B~8B를 이용한 족 번호를 사용할 것이다. 그리고 113, 115, 117, 118번 원소의 이름은 IUPAC에서 추천한 이름을 사용할 것이다.

원소들은 **주기**(period)라고 부르는 가로줄에 원자 번호가 커지는 순서로 배열된다. 첫 번째 주기에는 수소(H)와 헬륨(He) 단 두 개의 원소만 있다. 두 번째 주기에는 리튬(Li)부터 네온(Ne)까지, 세 번째 주기에는 소듐(Na)부터 아르곤(Ar)까지 각각 8개의 원소가 있다. 네 번째 주기에는 포타슘(K)부터 크립톤(Kr)까지, 다섯 번째 주기에도 루비듐(Rb)부터 제논(Xe)까지 각 18개의 원소가 들어 있다.

대부분의 원소들은 금속 또는 비금속으로 분류된다. 금속을 비금속과 구분하는 특징 중 하나는 금속의 열과 전기를 전도하는 능력이다. **비금속**(nonmetal)이 열과 전기에 대한 나쁜 전도체인 반면 **금속**(metal)은 열과 전기의 좋은 도체이다. **준금속**(metalloid)은 금속과 비금속의 중간적인 특성을 갖는다. 그림 2.10은 알려진 원소들의 대부분이 금속이고, 17개만이 비금속 그리고 10개보다 적은 준금속이 있다는 걸 보여 준다. 이 책을 포함한 대부분의 문헌에서 B, Si, Ge, As, Sb, Te는 준금속으로 분류하지만 Po와 At에 대해서는 의견이 분분하다. 이 책은 Po와 At를 준금속으로 분류한다.

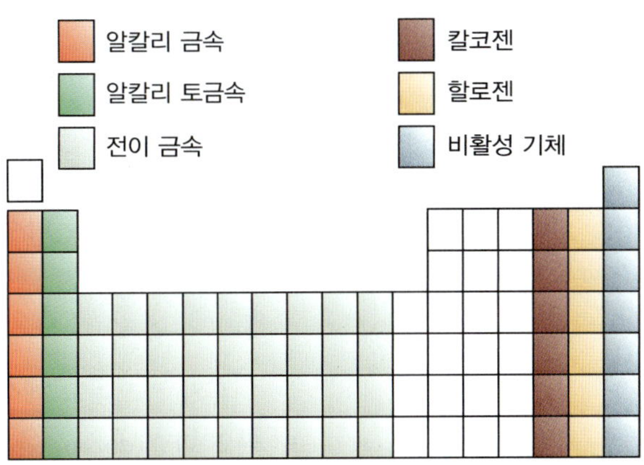

주기율표의 어느 주기에서나 왼쪽에서 오른쪽으로 이동할수록 원소들의 물리적, 화학적 특성들이 금속성에서 비금속성으로 변화한다.

주기율표의 세로줄을 **족**(group)이라고 한다. 같은 족 원소들을 하나로 묶어서 족 번호를 붙여서(1A족, 2A족 등등) 부르기도 하지만 몇몇 족의 원소들은 특별한 이름이 있다. 1A족 원소들(Li, Na, K, Rb, Cs, Fr)은 **알칼리 금속**(alkali metal), 2A족 원소들(Be, Mg, Ca, Sr, Ba, Ra)은 **알칼리 토금속**(alkaline earth metal), 6A족 원소들(O, S, Se, Te, Po)은 때때로 **칼코젠**(chalcogen), 7A족 원소들(F, Cl, Br, I, At)은 **할로젠**(halogen) 그리고 8A족 원소들(He, Ne, Ar, Kr, Xe, Rn)은 **비활성 기체**(noble gas)라고 부른다. 1B족과 3B~8B족 원소들은 총괄적으로 **전이 원소**(transition element) 또는 **전이 금속**(transition metal)이라고 부른다.

주기율표는 원소들의 특징을 체계적으로 정리해서 원소들이 할 행동을 예측할 수 있도록 도와주는 유용한 도구이다. 주기율표와 주기율표의 발전 과정을 4장에서 자세하게 배울 것이다.

### 2.6절 복습

**주기율표**

**2.6.1** 다음 중 비금속, 금속, 준금속 순서로 원소가 나열된 것을 고르시오.

(a) Ca, Cu, Si　　(b) K, Mg, B
(c) Br, Ba, Ge　　(d) O, Na, S
(e) Ag, Cr, As

**2.6.2** 다음 중 염소(Cl)와 성질이 가장 비슷한 원소를 고르시오.

(a) Cu　　(b) F
(c) Na　　(d) Cr
(e) S

## 2.7 몰과 몰질량

원자는 너무나 작아서 육안으로 볼 수 있는 **가장 작은** 물질이라 해도 **수없이 많은**(enormous) 원자들로 구성되어 있다. 화학자들이 시료 안에 들어 있는 원자의 개수를 아는 것은 매우 중요하지만 실험실에서 사용한 시료의 원자수를 일일이 표현하는 것은 쉬운 일이 아니다. 대신 화학자들은 아주 유용한 단위인 **몰**(mole)을 사용한다.

### 몰

혼자 먹으려고 베이글을 산다면 낱개로 사면 되지만 같은 과 친구들 모두가 먹으려고 산다면 다스(dozen) 단위로 사야 한다. 베이글 한 다스에는 12개의 베이글이 들어 있다. 사실 대부분의 물건 한 다스는 12개이다. 연필은 주로 한 통에 12개씩 포장되어 있고 이런 통 12개가 큰 박스에 포장되어 학교 문구점으로 배송되는데, 이런 큰 박스 하나에는 한 그로스(gross), 즉 연필 144개가 들어 있다. 다스나 그로스 모두 물건을 특정한 수만큼 묶어 사용하기 편리한 단위이다.

화학자들도 흔히 육안으로 볼 수 있는 물질 속에 들어 있는 원자의 수를 나타내기 위해서 단위를 사용한다. 원자는 베이글이나 연필보다는 훨씬 작으므로 화학자들이 사용하는 단위가 나타내는 수는 다스나 그로스보다 **훨씬**(significantly) 더 크다. 화학자들이 사용하는 단위는 **몰**(mole)이고 단위로 쓸 때는 mol로 표기하며, 12 g의 탄소-12 안에 들어 있는 원자의 수와 같다고 정의된다. 12 g의 탄소-12 안에 들어 있는 원자의 수를 실험적으로 결정하고 이를 이탈리아 과학자 아메데오 아보가드로(Amedeo Avogadro, 1776~1856)의 이름을 기념하여 **아보가드로 수**(Avogadro's number, $N_A$)라고 부른다. 현재 인정되는 아보가드로 수의 값은 $6.0221418 \times 10^{23}$이지만 일반적으로 $6.022 \times 10^{23}$으로 사용한다. 그러므로 한 다스의 도넛은 12개이고 한 그로스의 연필은 144개인 것처럼 상온 상압에서 헬륨 1몰은 10갤런짜리 어항의 반 정도 되는 부피에 $6.0221418 \times 10^{23}$개의 헬륨 원자가 들어 있다. 그림 2.11은 몇 가지 익숙한 물질들 1몰을 나타내었다. 아보가드로 수는 단위가 없다. 몰과 원자수를 단위 변환할 때 사용하는 **아보가드로 상수**(Avogadro's constant)는 몰의 역수 단위로 나타난다: $6.0221418 \times 10^{23}\ \text{mol}^{-1}$

예제 2.3은 몰수와 원자수를 상호 변환하는 문제이다.

**그림 2.11** 몇 가지 물질 1몰(사진 왼쪽에서 오른쪽으로) 알루미늄, 구리, 물, 소금, 설탕 그리고 (풍선에 든) 헬륨

## 예제 2.3

칼슘은 인체에 존재하는 금속 중 가장 양이 많다. 평균적으로 한 사람당 약 30몰의 칼슘 원자를 갖고 있다.
(a) 30.00몰의 칼슘 원자에 들어 있는 칼슘 원자의 수를 계산하시오.
(b) $1.00 \times 10^{20}$개의 칼슘 원자를 몰수로 바꾸시오.

**전략** 몰수를 원자수로, 원자수를 몰수로 바꾸기 위해 아보가드로 상수를 이용한다.

**계획** 몰수를 알면 아보가드로 상수를 곱해서 원자수를 구하고, 원자수를 알면 아보가드로 상수로 나누어서 몰수를 구한다.

**풀이**

(a) $30.00\ \cancel{\text{mol Ca}} \times \dfrac{6.022 \times 10^{23}\ \text{Ca atoms}}{1\ \cancel{\text{mol Ca}}} = 1.807 \times 10^{25}\ \text{Ca atoms}$

(b) $1.00 \times 10^{20}\ \cancel{\text{Ca atoms}} \times \dfrac{1\ \text{mol Ca}}{6.022 \times 10^{23}\ \cancel{\text{Ca atoms}}} = 1.66 \times 10^{-4}\ \text{mol Ca}$

### 생각해 보기

단위가 적절하게 상쇄되어야 하고 답이 타당해야 한다. 예를 들어, (a)에서는 몰수(30)가 1보다 커서 원자의 수는 아보가드로 수보다 커야 하고 (b)에서는 원자의 수($1 \times 10^{20}$)가 아보가드로 수보다 작아서 1몰보다 작은 답이 나와야 한다.

**유제 1** 다음을 계산하시오.

(a) $1.05 \times 10^{-6}$몰 헬륨 원자의 수

(b) $2.33 \times 10^{21}$개 헬륨 원자의 몰수

**유제 2** 다음 그림은 몇몇 물건의 묶음을 나타낸다. 각 그림 속 물건의 수를 다스(dozen)와 그로스(gross) 단위를 이용하여 나타내시오.(각 답은 유효 숫자 4개로 쓰고 왜 각각의 답이 유효 숫자 4개 이상인지를 설명하시오.)

(i) (ii) (iii)

## 몰질량

베이글과 연필을 세는 데 다스와 그로스가 유용한 단위인 것처럼 몰도 원자의 수를 세는 데 특별하고 편리한 단위이다. 하지만 다스와 그로스는 물건의 수를 **세어서**(counting) 알 수 있는 단위지만 몰은 수를 세어서 알 수 있는 단위가 아니다. 눈으로 볼 수 있는 물질의 원자수는 너무 커서 셀 수가 없다. 대신 거시적인 물질의 원자수는 공구 가게에서 못을 팔 때처럼 질량을 재서 알 수 있다(그림 2.12). 울타리나 집을 짓는 데 필요한 못의 수는 너무 많아서 개수를 **세어서**(counted) 파는 게 아니고 **무게를 달아서**(weighed) 판다. 못 1파운드(lb)에 들어 있는 못의 수는 못의 크기와 종류에 따라 다르다.

예를 들어, 1.5인치 4d 규격 일반용 못을 1000개 사야 한다면 1000개를 세는 게 아니고 대략 3파운드 조금 넘는 양을 사면 된다. 필요한 자료는 그림 2.12의 표에서 찾을 수 있다.

$$1000\ \cancel{\text{4d 일반용 못}} \times \frac{1\ \text{lb}}{316\ \cancel{\text{4d 일반용 못}}} = 3.16\ \text{lb}$$

계산된 양과 **다른** 무게를 쟀다면 같은 환산 인자를 사용하여 못의 개수를 알 수 있다.

$$5.00\ \cancel{\text{lb}} \times \frac{316\ \text{4d 일반용 못}}{1\ \cancel{\text{lb}}} = 1580\ \text{4d 일반용 못}$$

같은 질량이라 하더라도 못의 종류가 다르면 못의 수도 다르다. 예를 들어, 3인치 10d 상자용 못이라면 5.00파운드 안에 들어 있는 못의 수는 다음과 같다.

| 못의 종류 | 크기(in) | 못의 수/lb |
|---|---|---|
| 3d 상자용 | 1.5 | 635 |
| 6d 상자용 | 2 | 236 |
| 10d 상자용 | 3 | 94 |
| 4d 포장용 | 1.5 | 473 |
| 8d 포장용 | 2.5 | 145 |
| 2d 일반용 | 1 | 876 |
| 4d 일반용 | 1.5 | 316 |
| 6d 일반용 | 2 | 181 |
| 8d 일반용 | 2.5 | 106 |

그림 2.12 대용량 못은 파운드 단위로 판다. 1파운드에 들어 있는 못의 수는 못의 크기와 종류에 따라 다르다.

$$5.00\ \cancel{\text{lb}} \times \frac{94\ \text{10d 상자용 못}}{1\ \cancel{\text{lb}}} = 470\ \text{10d 상자용 못}$$

못의 개수는 못의 질량으로 결정되고 같은 질량이라 해도 못의 종류에 따라 개수가 다르다. 마찬가지로 원자의 수도 시료의 **질량을 측정하여**(weighing) 구하고 단위 질량당 원자의 수도 원자의 **종류**(type)에 따라 다르다.

물질의 **몰질량**(molar mass, $\mathscr{M}$)은 그 물질 1몰의 질량이다. 정의에 의해서 탄소-12 1몰의 질량은 정확하게 12 g이다. 탄소-12의 몰질량은 수치적으로 탄소-12의 원자 질량과 같다.

탄소-12 원자 1개의 질량: 정확하게 12 amu

탄소-12 원자 1몰의 질량: 정확하게 12 g

**자연계에 존재하는**(naturally occurring) 탄소의 몰질량은 적은 양이 존재하는 탄소-13 동위 원소까지 포함한 탄소의 **평균**(average) 원자 질량과 같다: 12.01 g. 마찬가지로 헬륨의 평균 원자 질량은 4.003 amu이고 몰질량은 4.003 g이다. 칼슘의 평균 원자 질량은 40.08 amu이고 몰질량은 40.08 g이다. 사실 모든 원소의 몰질량을 **그램**(gram) 단위로 나타내면 **원자 질량 단위**(atomic mass unit)로 나타낸 그 원소의 평균 원자 질량과 같다.

물론 **몰질량**(molar mass)은 어떤 물질 1몰의 질량을 나타내는 용어지만 적당한 질량 단위와 연결하여 1몰당 질량(g/mol)으로 사용하여 많은 계산에서 단위를 상쇄할 때 사용한다.

예제 2.4는 몰질량을 이용하여 질량과 몰수를 환산하는 문제이다.

## 예제 2.4

다음을 계산하시오.

(a) 탄소 25.00 g의 몰수　(b) 헬륨 10.50 g의 몰수　(c) 소듐 15.75 g의 몰수

**전략** 원소의 몰질량은 평균 원자 질량과 동일한 수이다. 각 원소의 몰질량을 이용하여 질량을 몰수로 변환한다.

**계획** (a) 탄소의 몰질량은 12.01 g/mol이다. (b) 헬륨의 몰질량은 4.003 g/mol이다. (c) 소듐의 몰질량은 22.99 g/mol이다.

**풀이**

(a) $25.00\ \cancel{\text{g C}} \times \frac{1\ \text{mol C}}{12.01\ \cancel{\text{g C}}} = 2.082\ \text{mol C}$

(b) $10.50\ \cancel{\text{g He}} \times \frac{1\ \text{mol He}}{4.003\ \cancel{\text{g He}}} = 2.623\ \text{mol He}$

(c) $15.75\ \cancel{\text{g Na}} \times \frac{1\ \text{mol Na}}{22.99\ \cancel{\text{g Na}}} = 0.6851\ \text{mol Na}$

**생각해 보기**

이렇게 몰질량을 환산 인자로 사용하는 단위 상쇄 문제는 항상 재확인해야 한다. 또한 결과가 타당한지도 봐야 한다. 예를 들어, (c)의 경우는 질량이 몰질량보다 작으므로 답의 몰수도 1보다 작아야 한다.

**유제 1** 다음의 질량을 구하시오.

(a) 칼슘 2.75몰　(b) 헬륨 0.075몰　(c) 포타슘 $1.055 \times 10^{-4}$몰

**유제 2** 어떤 빵집의 기본 도넛의 평균 질량은 32.6 g이고 잼이 들어 있는 도넛의 평균 질량은 40.0 g이다.
(a) 기본 도넛 한 다스의 질량과 잼이 든 도넛 한 다스의 질량을 구하시오.
(b) 기본 도넛과 잼이 든 도넛이 1 kg씩 있다면 도넛의 개수는 각각 몇 개인지 구하시오.
(c) 잼이 든 도넛 1 kg의 개수와 같은 수의 기본 도넛의 질량을 구하시오.
(d) 잼이 든 도넛과 그 수의 세 배만큼의 기본 도넛을 합쳤더니 한 다스가 되었다. 도넛의 총 질량을 구하시오.

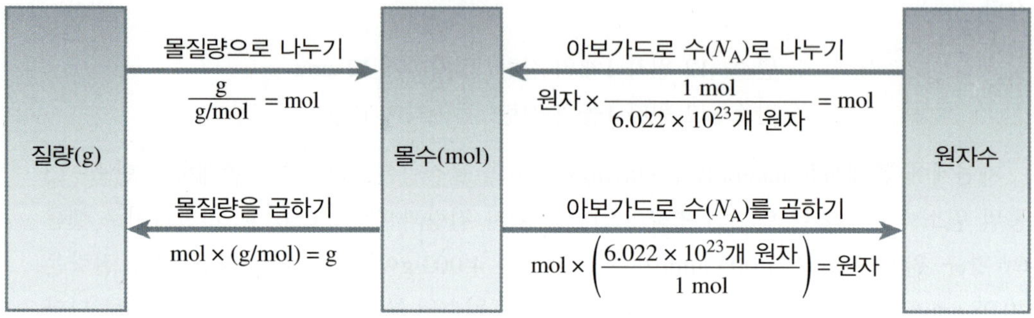


**그림 2.13** 질량, 몰수, 그리고 원자의 개수 사이의 상호 변환

## 원자의 질량, 몰 및 수의 상호 변환

몰질량은 질량($m$)과 몰수($n$)를 상호 변환할 때 쓰이는 인자이고, 아보가드로 수는 몰수($n$)와 원자의 수($N$)를 상호 변환할 때 사용한다. 그림 2.13의 순서도는 이와 같은 상호 변환을 요약하여 보여 준다.

예제 2.5는 이런 상호 변환을 연습하는 문제이다.

## 예제 2.5

다음을 계산하시오.

(a) 탄소 0.515 g에 들어 있는 탄소 원자의 수

(b) 헬륨 원자 $6.89 \times 10^{18}$개의 질량

**전략** 그림 2.13에 나온 상호 변환을 이용한다.

(a) 질량을 몰수를 거쳐 원자의 수로

(b) 원자의 수를 몰수를 거쳐 질량으로

**계획** (a) 탄소의 몰질량은 12.01 g/mol이다.

(b) 헬륨의 몰질량은 4.003 g/mol이다. $N_A = 6.022 \times 10^{23}$

**풀이**

(a) $0.515\ \cancel{g\ C} \times \frac{1\ \cancel{mol\ C}}{12.01\ \cancel{g\ C}} \times \frac{6.022 \times 10^{23}\ C\ atoms}{1\ \cancel{mol\ C}} = 2.58 \times 10^{22}\ C\ atoms$

(b) $6.89 \times 10^{18}\ \cancel{He\ atoms} \times \frac{1\ \cancel{mol\ He}}{6.022 \times 10^{23}\ \cancel{He\ atoms}} \times \frac{4.003\ g\ He}{1\ \cancel{mol\ He}} = 4.58 \times 10^{-5}\ g\ He$

### 생각해 보기

결과에 대한 추정은 흔히 할 수 있는 실수를 막아 준다. 예를 들어, (a)의 질량은 탄소의 몰질량보다 작으므로 원자의 수는 아보가드로 수보다 작을 것이다. 비슷하게 (b)의 원자수도 아보가드로 수보다 작으므로 헬륨의 질량은 헬륨의 몰질량보다 작을 것이다.

**유제 1** (a) 헬륨 81.06 g에 들어 있는 원자의 수와 같은 수의 칼슘 원자의 질량을 구하시오.
(b) $7.095 \times 10^{31}$개의 아르곤 원자 질량과 같은 질량에 들어 있는 금 원자의 수를 구하시오.

**유제 2** 어떤 기념 주화 세트에 1.00온스짜리 은화 두 개와 0.500온스짜리 금화 세 개가 들어 있다. (1파운드 = 16온스)
(a) 기념 주화 세트 49.0파운드에는 몇 개의 금화가 들어 있는지 구하시오.
(b) 기념 주화 세트 63.0파운드에는 몇 개의 은화가 들어 있는지 구하시오.
(c) 금화 93개가 들어 있는 기념 주화 세트 전체의 질량을 파운드로 구하시오.
(d) 금화 9.00파운드가 들어 있는 기념 주화 세트의 총 은화 질량을 구하시오.

## 2.7절 복습

### 몰과 몰질량

**2.7.1** 비소 6.50 g에 들어 있는 비소의 몰수를 구하시오.
(a) 487 mol
(b) $8.68 \times 10^{-2}$ mol
(c) 11.5 mol
(d) $2.05 \times 10^{-3}$ mol
(e) 0.163 mol

**2.7.2** 크립톤 $3.559 \times 10^{-6}$몰에 들어 있는 크립톤 원자의 수를 구하시오.
(a) $1.691 \times 10^{29}$개의 원자
(b) $2.143 \times 10^{17}$개의 원자
(c) $5.912 \times 10^{-30}$개의 원자
(d) $2.143 \times 10^{18}$개의 원자
(e) $4.666 \times 10^{-19}$개의 원자

**2.7.3** 마그네슘 30.1 g에 들어 있는 마그네슘 원자의 수를 구하시오.
(a) $4.41 \times 10^{26}$개의 원자
(b) $1.21 \times 10^{-21}$개의 원자
(c) $2.06 \times 10^{-24}$개의 원자
(d) $7.46 \times 10^{22}$개의 원자
(e) $7.46 \times 10^{23}$개의 원자

**2.7.4** 헬륨 90.15 g에 들어 있는 헬륨 원자의 수와 같은 수의 수은 원자 질량을 구하시오.
(a) 8.91 g
(b) $4.518 \times 10^{3}$ g
(c) 0.112 g
(d) $7.24 \times 10^{4}$ g
(e) 1.80 g

# 단원 정리

## 2.1절

- **원자**(atom)는 모든 물질을 구성하는 작은 입자이다. **원소**(element)는 더 이상 간단한 물질로 쪼개질 수 없는 물질이다.

## 2.2절

- **복사**(radiation)와 **음극선관**(cathode ray tube)을 이용한 연구는 원자가 아원자 입자로 구성되었다는 것을 나타내고, 그중 하나가 **전자**(electron)임을 보여 준다.
- **방사능**(radioactivity)을 이용한 실험은 특정 원자들이 **알파선**($\alpha$ ray), **베타선**($\beta$ ray), **X선**(X ray), 그리고 **감마선**($\gamma$ ray)이라고 불리는 여러 종류의 복사선을 내놓는다는 것을 보여 준다. 알파선은 $\boldsymbol{\alpha}$ **입자**($\alpha$ particle), 베타선은 실제로는 전자인 $\boldsymbol{\beta}$ **입자**($\beta$ particle)로 구성되었지만 X선과 $\gamma$선은 고에너지 복사선이다.
- 원자 질량의 대부분은 아주 작고 밀도가 큰 **원자핵**(nucleus)에 몰려 있다. 원자핵은 양전하를 띠는 입자인 **양성자**(proton)와 전기적으로 중성 입자인 **중성자**(neutron)를 포함한다.

## 2.3절

- **원자 번호**(atomic number, $Z$)는 원자의 원자핵에 있는 양성자의 수이다. 원자 번호로 원자를 식별할 수 있다.
- **질량수**(mass number, $A$)는 원자핵에 있는 양성자와 중성자 수를 합한 것이다. 양성자와 중성자를 **핵자**(nucleon)라고 부른다.
- 원자 번호는 같지만 질량수가 다른 원자를 **동위 원소**(isotope)라고 부른다.

## 2.4절

- 원자 번호가 작은 안정한 원자핵은 중성자 대 양성자의 비가 거의 1에 가깝다. 핵 안정도는 핵자의 수가 짝수를 포함한 "마법수" 같은 특정한 수일 때 더 선호된다.

## 2.5절

- **원자 질량**(atomic mass)은 원자 질량 단위로 나타낸 원자의 질량이다. 주기율표에는 각 원소의 **평균 원자 질량**(average atomic mass)이 나타나 있는데 평균 원자 질량을 때로는 **원자량**(atomic weight)이라고도 부른다.

## 2.6절

- **주기율표**(periodic table)는 원소들을 **주기**(period)와 **족**(group)으로 배열한 표이다. 같은 족 원소들은 유사한 특성을 갖는다.
- **금속**(metal)은 열과 전기의 좋은 도체이고 **비금속**(nonmetal)은 열과 전기를 잘 전도하지 못한다. **준금속**(metalloid)은 금속과 비금속의 중간 성질을 갖는다.
- 몇 개의 족은 특별한 이름을 갖는데 수소를 제외한 1A족 원소는 **알칼리 금속**(alkali metal), 2A족 원소는 **알칼리 토금속**(alkaline earth metal), 6A족 원소는 **칼코젠**(chalcogen), 7A족 원소는 **할로젠**(halogen) 그리고 8A족 원소는 **비활성 기체**(noble gas)라고 불린다. 1B족과 3B~8B족 원소들은 **전이 원소**(transition element) 또는 **전이 금속**(transition metal)이라고 불린다.

## 2.7절

- **몰**(mole)은 원자와 같은 기본 입자 $6.0221418 \times 10^{23}$ [**아보가드로 수**(Avogadro's number, $N_A$)]개를 갖는 물질의 양이다. 아보가드로 상수는 몰과 원자의 수를 상호 변환하는 데 사용된다.
- **몰질량**(molar mass, $\mathscr{M}$)은 어떤 물질 1몰의 질량으로 주로 **그램**(g) 단위로 나타낸다. 원소의 그램 단위 몰질량은 amu로 나타낸 **원자 질량**(atomic mass)과 같은 숫자이다.
- 몰질량과 아보가드로 상수는 **질량**(mass), **몰수**(moles), 그리고 **원자의 수**(number of atom)를 상호 변환하는 데 사용된다.

## 주요 용어

$\alpha$ 입자[alpha($\alpha$) particle]
$\beta$ 입자[beta($\beta$) particle]
X선(X ray)
감마선[gamma($\gamma$) ray]
금속(metal)
동위 원소(isotope)
몰(mole)
몰질량(molar mass, $\mathscr{M}$)
방사능(radioactivity)
베타선[beta($\beta$) ray]
복사(radiation)
비금속(nonmetal)
비활성 기체(noble gas)
아보가드로 수(Avogadro's number, $N_A$)
알칼리 금속(alkali metal)
알칼리 토금속(alkaline earth metal)
알파선[alpha($\alpha$) ray]
양성자(proton)
원소(element)
원자(atom)
원자 번호(atomic number, $Z$)
원자 질량(atomic mass)
원자핵(nucleus)
음극선(cathode ray)
전이 금속(transition metal)
전이 원소(transition element)
전자(electron)
족(group)
주기(period)
주기율표(periodic table)
준금속(metalloid)
중성자(neutron)
질량수(mass number, $A$)
칼코젠(chalcogen)
평균 원자 질량(average atomic mass)
할로젠(halogen)
핵자(nucleon)

## 주요 내용 원자 질량, 몰, 원자수의 상호 변환

질량을 **몰**(mole)이나 **원자**(atom) 수로 바꾸는 과정이 필요한 문제가 많다. 역으로 몰수나 원자의 수를 **질량**(mass)으로 바꿔야 할 때도 있다. 이런 과정에서 필요한 변환 인자가 몰질량(g/mol)과 아보가드로 수 $N_A$(1몰당 원자수)이다. 곱해야 할 때 나누거나 반대로 나눠야 할 때 곱하는 실수를 하기가 쉬운데 단위를 잘 확인한다면 이런 실수를 피할 수 있다. 아래의 예는 각각의 흐름도를 나타낸 것이다.

다음은 질량을 몰로 바꿀 때 가장 흔하게 접하는 유형 중 하나이다.

**헬륨 71.3 g에 들어 있는 헬륨의 몰수는 얼마인가?**

$$\text{질량(g)} \times \frac{1}{\text{몰질량}}\left(\frac{\text{mol}}{\text{g}}\right) = \text{몰수}$$

주기율표에서 찾은 헬륨의 몰질량은 4.003 g/mol이다.

$$71.3\text{ g} \times \left(\frac{1\text{ mol}}{4.003\text{ g}}\right) = 17.8\text{ mol}$$

또한 질량을 원자수로 바꾸는 문제도 자주 접하게 된다.

**헬륨 197 g에 들어 있는 헬륨 원자의 수는 얼마인가?**

$$\text{질량(g)} \times \frac{1}{\text{몰질량}}\left(\frac{\text{mol}}{\text{g}}\right) \times \text{몰수} \times N_A\left(\frac{\text{atoms}}{\text{mol}}\right) = \text{atoms}$$

또 다시 헬륨의 몰질량 4.003 g/amu를 사용해야 하고 덧붙여 아보가드로 상수 $6.0221418 \times 10^{23}$ atoms/mol도 사용해야 한다. (문제가 3개의 유효 숫자를 가지므로 계산할 때 $6.022 \times 10^{23}$ atoms/mol을 사용한다.)

$$197\text{ g} \times \left(\frac{1\text{ mol}}{4.003\text{ g}}\right) = 49.2\text{ mol} \times \left(\frac{6.022 \times 10^{23}\text{ atoms}}{\text{mol}}\right) = 2.96 \times 10^{25}\text{ atoms}$$

**헬륨 원자 8.80×10^27개의 몰수는 얼마인가?**

$$\text{atoms} \times \frac{1}{N_A}\left(\frac{\text{mol}}{\text{atoms}}\right) = \text{몰수}$$

이 문제 또한 유효 숫자가 3개이므로 아보가드로 수로 $6.022 \times 10^{23}$ atoms/mol을 사용한다.

$$8.80 \times 10^{27}\ \text{atoms} \times \frac{1\ \text{mol}}{6.022 \times 10^{23}\ \text{atoms}} = 1.46 \times 10^{4}\ \text{mol}$$

**헬륨 원자 8.80×10^27개의 질량은 얼마인가?**

$$\text{몰수} \times \text{몰질량}\left(\frac{\text{g}}{\text{mol}}\right) = \text{질량(g)}$$

여기서도 헬륨의 몰질량을 사용한다.

$$1.46 \times 10^{4}\ \text{mol} \times \frac{4.003\ \text{g}}{1\ \text{mol}} = 5.85 \times 10^{4}\ \text{g}$$

## 주요 내용 문제

### 2.1

구리 0.189 g을 몰로 바꾸시오.

(a) 12.0 mol (b) 0.19 mol
(c) $2.97 \times 10^{-3}$ mol (d) $1.14 \times 10^{-25}$ mol
(e) $1.14 \times 10^{23}$ mol

### 2.2

아연 545 g에 들어 있는 아연 원자의 수는 얼마인가?

(a) 8.33개의 원자 (b) 8개의 원자
(c) $1.38 \times 10^{-23}$개의 원자 (d) $5.02 \times 10^{24}$개의 원자
(e) $3.28 \times 10^{26}$개의 원자

### 2.3

첫 번째 통에는 소듐 72.09 g과 스트론튬 6.99 g이 들어 있고 두 번째 통에는 47.87 g의 타이타늄이 들어 있다. 첫 번째 통과 두 번째 통의 원자수가 같아지려면 두 번째 통에 몇 g의 칼슘을 더 넣어야 하는지 계산하시오.

(a) 40.08 g (b) 113.6 g (c) 2.834 g
(d) 3.215 g (e) 88.80 g

### 2.4

다음 원자들을 질량이 커지는 순서로 바르게 나열한 것을 찾으시오.

i. Fe 원자 $1.85 \times 10^{24}$개
ii. Ba 원자 $7.68 \times 10^{23}$개
iii. Pd 원자 $9.68 \times 10^{23}$개
iv. Kr 원자 $1.22 \times 10^{24}$개

(a) i < iii < ii < iv (b) ii < i < iv < iii
(c) i < iv < iii < ii (d) iv < iii < i < ii
(e) ii < iv < iii < i

# 종합문제

## 2.2절: 아원자 입자와 원자 구조

### 계산 문제

2.9 한 원자의 반지름은 원자핵 반지름의 대략 10,000배이다. 만약 원자핵의 반지름이 1.0 in(인치)로 팽창되었다면, 원자의 반지름은 몇 마일(mile)이고 몇 미터(meter)인가?(63,360 in=5280 ft=1 mi=1609 m)

## 2.3절: 원자 번호, 질량수와 동위 원소

### 계산 문제

2.15 $^{243}$Pu의 중성자의 수를 계산하시오.

2.17 다음 각 원자의 양성자, 중성자와 전자수를 구하시오.

$^{15}_{7}$N, $^{55}_{25}$Mn, $^{81}_{35}$Br, $^{207}_{82}$Pb, $^{115}_{49}$In, $^{94}_{40}$Zr

2.19 다음 각 동위 원소들의 적절한 원소 기호를 쓰시오.

(a) $Z=75$, $A=187$ (b) $Z=83$, $A=209$

(c) $Z=33$, $A=75$ (d) $Z=93$, $A=236$

2.21 다음 원자들의 질량수를 결정하시오.

(a) 18개의 중성자를 가진 염소 원자

(b) 17개의 중성자를 가진 인 원자

(c) 70개의 중성자를 가진 안티모니 원자

(d) 59개의 중성자를 가진 팔라듐 원자

## 2.4절: 핵 안정도

### 계산 문제

2.27 다음 각 동위 원소 쌍에서 더 불안정한 원소를 예측하시오.

(a) $^{6}_{3}$Li 또는 $^{9}_{3}$Li

(b) $^{23}_{11}$Na 또는 $^{25}_{11}$Na

(c) $^{48}_{20}$Ca 또는 $^{48}_{21}$Sc

2.29 다음 각 동위 원소 쌍에서 방사성 원소로 예상되는 것을 고르시오.

(a) $^{20}_{10}$Ne 또는 $^{17}_{10}$Ne

(b) $^{40}_{20}$Ca 또는 $^{45}_{20}$Ca

(c) $^{95}_{42}$Mo 또는 $^{92}_{43}$Tc

## 2.5절: 평균 원자 질량

### 계산 문제

2.35 $^{20}$Ne(90.48%), $^{21}$Ne(0.27%), 그리고 $^{22}$Ne(9.25%)의 원자 질량이 각각 19.9924356, 20.9938428, 21.9913831 amu이다. 네온의 평균 원자 질량을 계산하시오. 괄호 안 백분율은 동위 원소의 존재비를 나타낸다.

2.37 $^{6}$Li과 $^{7}$Li의 원자 질량은 각각 6.0151 amu와 7.0160 amu이다. Li의 평균 원자 질량이 6.941 amu일 때 자연계에 존재하는 두 동위 원소의 비를 계산하시오.

2.39 자연계에 존재하는 마그네슘에는 3개의 동위 원소가 있다. $^{25}$Mg(10.00% 존재)와 $^{26}$Mg(11.01% 존재)의 원자 질량은 각각 24.9858374와 25.9825937 amu이다. 주어진 Mg의 평균 원자 질량이 24.3050 amu라면 $^{24}$Mg(78.99% 존재)의 원자 질량은 얼마인가?

## 2.6절: 주기율표

### 개념 문제

2.45 금속에서 비금속으로 또는 비금속에서 금속으로 변화되는 성질들에 대하여 설명하시오.

(a) 주기율표 족에서 아래로 갈 때

(b) 주기율표에서 왼쪽에서 오른쪽으로 가로질러 갈 때

2.47 원소 K, F, P, Na, Cl, N 중에서 비슷한 성질을 보일 것으로 예측되는 원소들을 쌍으로 분류하시오.

2.49 주어진 주기율표에 생물학적으로 중요한 다음 원소의 기호를 정확한 위치에 쓰시오.

철(산소 운반을 위한 헤모글로빈에 존재), 아이오딘(갑상선에 존재), 소듐(세포 안과 밖의 체액에 존재), 인(뼈와 치아에 존재), 황(단백질에 존재), 마그네슘(엽록소 II에 존재)

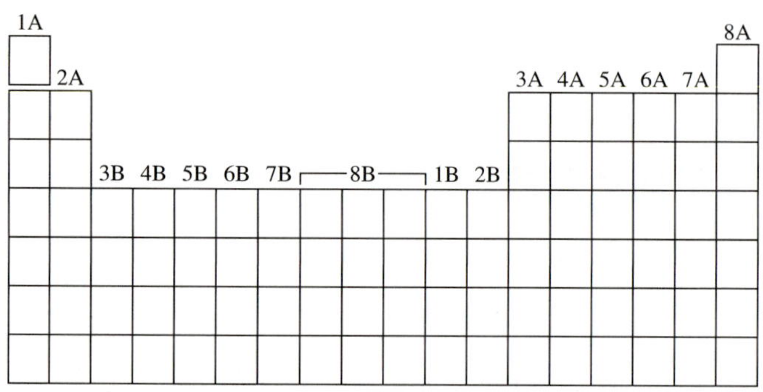


## 2.7절: 몰과 몰질량

### 계산 문제

2.53 사람 머리카락의 지름은 25.4 $\mu$m이다. 지름이 121 pm인 원자를 한 줄로 이어서 머리카락 지름과 같게 하려면 몇 개의 원자가 필요한가?

2.55 니켈 원자 $9.00 \times 10^9$(90억)개는 몇 몰인가?

2.57 26.4몰의 백금(Pt)은 몇 g인가?

2.59 다음 원소의 원자 1개 질량은 몇 g인가?

(a) Sb (b) Pd

2.61 스칸듐(Sc) 4.09 g은 원자 몇 개인가?

2.63 금 원자 173개와 은 원자 $7.5 \times 10^{-22}$몰 중에서 질량이 큰 것을 고르시오.

## 추가 문제

2.65 프란슘(Fr)은 주기율표의 원소들 중에서 자연적으로 발견된 마지막 원소이다. 높은 방사능을 갖기 때문에 지각 전체를 통틀어도 약 30 g 이상은 존재하지 않을 것으로 추정된다. 프란슘의 몰질량을 223 g/mol이라고 가정했을 때 지각에 존재하는 프란슘의 원자수는 몇 개인가?

2.67 어떤 비금속의 동위 원소는 질량수가 131이고 전자 54개를 갖는다. 이 원자의 원소 기호를 쓰시오.

2.69 다음 표의 정보를 이용하여 각 원자의 원소 기호를 쓰시오. 만일 주어진 정보가 부족하다면 정확한 원소 기호를 알기 위해 추가로 필요한 정보가 무엇인지 쓰시오.

| | 원소의 원자 | | | |
|---|---|---|---|---|
| | A | B | C | D |
| 전자의 수 | 10 | | 21 | 50 |
| 양성자의 수 | | 75 | 21 | 50 |
| 중성자의 수 | 12 | 110 | 21 | |

2.71 탄소−12의 원자 질량을 정확하게 12 amu로 정하는 것이 왜 중요한지 서술하시오.

2.73 비활성 기체(8A족 원소들) $^{4}_{2}He$, $^{20}_{10}Ne$, $^{40}_{18}Ar$, $^{84}_{36}Kr$, $^{132}_{54}Xe$에 대하여 다음을 구하고, 이 값들이 원자 번호가 증가함에 따라 어떤 경향을 갖는지 서술하시오.
(a) 각 원자의 원자핵에 존재하는 양성자와 중성자수
(b) 각 원자핵의 중성자 대 양성자 비

2.75 공룡들이 사라진 약 6500만 년 전의 시기는 지질학적으로 K−T 경계층이라고 알려진 얇은 띠 형태의 지층으로 나타낸다. K−T 경계층에는 지각에 거의 없는 원소인 이리듐(iridium)이 비정상적으로 높은 농도로 들어 있기 때문에 지질학자들은 공룡의 멸종이 소행성의 엄청난 충돌 때문이라고 추측한다. 자연적으로 존재하는 이리듐의 두 동위 원소 $^{191}Ir$과 $^{193}Ir$의 원자 질량은 190.960584와 192.962917 amu이고 존재량은 37.3%와 62.7%이다. 이리듐의 평균 원자 질량을 구하고 이 값을 주기율표에 나온 원자 질량과 비교하시오.

2.77 주어진 내용에 맞는 원소를 찾으시오.
(a) 전자가 53개인 할로젠
(b) 양성자가 86개인 방사성 비활성 기체
(c) 34개의 전자를 갖는 6A족 원소
(d) 11개의 전자를 갖는 알칼리 금속
(e) 82개의 전자를 갖는 4A족 원소

2.79 산소와 인처럼 가벼운 원소들의 동위 원소 대부분은 원자핵에 있는 양성자와 중성자 수가 동일하지만 최근의 연구는 중성자가 풍부한 새로운 종류의 동위 원소(중성자 과잉 동위 원소라고 부르는)가 만들어진다는 것을 알았다. 이런 동위 원소들은 중성자의 수가 많아서 핵 안정도를 "중성자 적하선"까지 확대할 수 있다. 또한 중성자 과잉 동위 원소들은 별들의 원자핵 반응에서 대단히 중요한 역할을 한다. 다음 중성자 과잉 동위 원소의 중성자 수를 구하시오.
(a) $^{40}Mg$ (b) $^{44}Si$
(c) $^{48}Ca$ (d) $^{43}Al$

2.81 표의 빈칸을 채우시오.

| 원소 기호 | $^{101}Ru$ | | |
|---|---|---|---|
| 양성자수 | | | 62 |
| 중성자수 | | 108 | 88 |
| 전자수 | | 73 | |

2.83 한 변의 길이가 1.0 cm인 백금(Pt)으로 만들어진 정육면체가 있다.
(a) 정육면체에 들어 있는 백금 원자의 수를 구하시오.
(b) 원자는 구 모양이므로 백금 원자로 정육면체 부피를 완전히 채울 수는 없다. 정육면체 부피의 74%가 백금 원자로 채워졌을 때 백금 원자의 반지름을 pm 단위로 구하시오. 백금의 밀도는 21.45 g/cm$^3$이고 백금 원자 1개의 질량은 $3.240 \times 10^{-22}$ g이다. (반지름이 $r$일 때 구의 부피는 $4/3\pi r^3$이다.)

### 유제 해답

2.1 ① (a) $^{9}_{4}Be$ (b) $^{51}_{23}V$ (c) $^{124}_{54}Xe$ (d) $^{69}_{31}Ga$
2.2 ① $^{14}N$ 99.64%, $^{15}N$ 0.36%
2.3 ① (a) 헬륨 원자 $6.32 \times 10^{17}$개 (b) 헬륨 $3.87 \times 10^{-3}$몰
2.4 ① (a) Ca $1.10 \times 10^{2}$ g (b) He 0.30 g (c) K $4.125 \times 10^{-3}$ g
2.5 ① (a) Ca 811.6 g (b) Au 원자 $1.439 \times 10^{31}$개

### 절 복습

2.3.1 d 2.3.2 a 2.4.1 d 2.4.2 b 2.5.1 b 2.5.2 c
2.6.1 c 2.6.2 b 2.7.1 b 2.7.2 d 2.7.3 e 2.7.4 b

Chapter 3

# 양자 이론과 원자의 전자 구조

## Quantum Theory and the Electronic Structure of Atoms

양자 역학의 가장 기본적인 원리들은 원자들을 시각화하기 매우 어렵게 만들었다. 그러나 과학자들은 원자 안에 존재하는 전자들의 특이한 행동을 이용하여 원자력 현미경(atomic force microscopy, AFM)과 주사터널링 현미경(scanning tunneling microscopy, STM) 같은 원자 현미경을 개발해 원자를 시각화시키는 기술을 발전시켰다. 위에 보이는 이미지는 STM을 이용한 것이다. 이 사진은 1분짜리 스톱 모션 영상을 구성하는 242개 이미지 중 하나로, 각각의 점은 수백만 배로 확대한 산소 원자이다. 원자 단위를 시각화할 수 있는 기술은 과학자들이 화학 현상을 아주 작은 입자 관점에서 연구할 수 있도록 했다.

## 들어가기 전에

- 단위 추적 [◀◀ 1.4절]
- 원자의 핵 모델 [◀◀ 2.2절]

# 3.1 에너지와 에너지 변화

원자의 전자 구조에 대한 내용을 시작하기 전에 에너지에 대해 정의하고 공부하는 과정이 필요하다. **에너지**(energy)는 일을 할 수 있는 능력 또는 열을 전달하는 능력이다.

### 에너지의 형태

모든 에너지는 운동 에너지나 퍼텐셜 에너지의 형태이다. **운동 에너지**(kinetic energy)는 **움직임**(motion)의 결과로 생기는 에너지이고 다음의 식을 이용하여 계산한다.

$$E_k = \frac{1}{2}mu^2 \qquad \text{식 3.1}$$

여기서 $m$은 물체의 질량이고 $u$는 물체의 속력이다. 운동 에너지 중에서 특히 화학자들의 관심을 끄는 한 가지 형태는 원자들이나 분자들의 불규칙적인 움직임과 관련이 있는 **열에너지**(thermal energy)이다. 열에너지의 변화는 온도 변화를 측정하는 것으로 확인할 수 있다.

> **참조**
> 다른 책에서는 속도를 $v$로 나타내기도 한다.

**퍼텐셜 에너지**(potential energy)는 물체가 존재하고 있는 위치 때문에 갖게 되는 에너지이다. 화학자들이 특별하게 관심을 두는 두 종류의 퍼텐셜 에너지는 **화학**(chemical) 에너지와 **정전기적**(electrostatic) 에너지이다. **화학 에너지**(chemical energy)는 화학 물질의 구조적 단위 안에 저장된 퍼텐셜 에너지이다. 시료 물질에 들어 있는 화학 에너지의 양은 그 물질을 구성하는 구조적인 단위를 이루는 원자들이 하고 있는 배열의 종류에 따라 결정된다.

> **참조**
> "구조적인 단위"는 이온(ion) [◀◀ 5.3절]이나 분자(molecule)이다[◀◀ 5.5절].

**정전기적 에너지**(electrostatic energy)는 전하를 띤 입자들의 상호 작용의 결과로 생기는 퍼텐셜 에너지이다. 반대로 하전된 입자들은 서로 **당기고**(attract), 같은 부호를 띤 입자들은 서로 **반발한다**(repel). 정전기적 에너지의 크기는 두 전하($Q_1$과 $Q_2$)의 곱에 비례하고 거리($d$)에 반비례한다.

$$E_{el} \propto \frac{Q_1Q_2}{d} \qquad \text{식 3.2}$$

> **참조**
> 기호 ∝는 "~에 비례한다"라고 읽는다. 식 3.2는 비례 상수 $c$를 사용해 등식으로 쓰기도 한다.
> $$E_{el} = c\frac{Q_1Q_2}{d}$$

만약 $Q_1$과 $Q_2$의 부호가 **반대**(opposite)라면(즉, 하나는 양이고 다른 하나는 음이라면), 그 결과 생기는 $E_{el}$의 값은 **음**(negative)의 부호를 갖게 되고 이것은 **인력**(attraction)을 의미한다. 같은 부호라면(즉, 둘 다 양이거나 둘 다 음이라면), $E_{el}$의 값은 **양**(positive)의 부호를 갖게 되고 이것은 **반발력**(repulsion)을 의미한다.

운동 에너지와 퍼텐셜 에너지는 상호 변환이 가능하다. 예를 들어, 물체를 떨어뜨리면 물체의 퍼텐셜 에너지가 운동 에너지로 전환된다. 에너지는 여러 다양한 형태로 상호 변환이 가능하긴 하지만 우주 전체의 에너지 총량은 변하지 않는다. 즉, 에너지는 생성되거나 소멸되지 않는다. 한 형태의 에너지가 없어지면 동일한 양의 에너지가 다른 형태로 반드시 나타난다. 이 원리를 **에너지 보존 법칙**(law of conservation of energy)이라고 한다.

## 에너지 단위

에너지의 SI 단위는 영국의 물리학자인 제임스 줄(James Joule)[1]의 이름을 따서 **줄**(joule, J)이라고 쓴다. 줄은 아주 작은 양의 에너지로 2 kg의 질량을 가진 물체가 1 m/s로 운동할 때 물체가 갖는 운동 에너지의 양이다.

$$E_k = \frac{1}{2}mu^2 = \frac{1}{2}(2\ \text{kg})(1\ \text{m/s})^2 = 1\ \text{kg}\cdot\text{m}^2/\text{s}^2 = 1\ \text{J}$$

줄은 또한 1뉴턴(N)의 힘으로 1 m를 움직이게 할 수 있는 에너지의 양으로 정의하기도 한다.

$$1\ \text{J} = 1\ \text{N}\cdot\text{m}$$

이때

$$1\ \text{N} = 1\ \text{kg}\cdot\text{m/s}^2$$

줄은 에너지를 나타내기에는 작은 단위이므로 주로 큰 값의 에너지를 나타낼 때에는 킬로줄(kJ)이라는 단위를 사용한다.

$$1\ \text{kJ} = 1000\ \text{J}$$

예제 3.1과 3.2는 운동 에너지를 계산하는 방법과 전하를 띤 입자 사이의 정전기적 에너지를 계산하는 방법을 보여 준다.

### 예제 3.1

속도 125 m/s로 움직이는 헬륨(He) 원자 하나의 운동 에너지를 계산하시오.

**전략** 원자의 운동 에너지를 계산하기 위해 식 3.1$\left(E_k = \frac{1}{2}mu^2\right)$을 사용한다. 단위들이 적절하게 상쇄되어 줄(J) 단위의 $E_k$가 구해지려면 원자의 질량을 반드시 킬로그램(kg) 단위로 표현해야 한다.

**계획** 헬륨 원자 하나의 질량은 4.003 amu이다. amu를 g으로 바꾸는 환산 인자는 $1.661 \times 10^{-24}$ g/1 amu이다[|◀◀ 1.2절]. 그러므로 헬륨 원자 하나의 질량을 kg으로 나타내면 다음과 같다.

$$4.003\ \text{amu} \times \frac{1.661 \times 10^{-24}\ \text{g}}{1\ \text{amu}} \times \frac{1\ \text{kg}}{1 \times 10^3\ \text{g}} = 6.649 \times 10^{-27}\ \text{kg}$$

---

1. 제임스 프레스콧 줄(James Prescott Joule, 1818～1889): 청년기에 존 돌턴(John Dalton)에게 개인 교습을 받았다. 그는 일 에너지와 열에너지의 상호 변환을 가능하게 한 열의 일당량을 결정한 것으로 가장 유명하다.

**풀이**

$$E_k = \frac{1}{2}mu^2$$
$$= \frac{1}{2}(6.649 \times 10^{-27}\ \text{kg})(125\ \text{m/s})^2$$
$$= (5.19 \times 10^{-23}\ \text{kg} \cdot \text{m}^2/\text{s}^2 = 5.19 \times 10^{-23}\ \text{J})$$

**참조**

줄(joule)의 기본 단위는 $\text{kg} \cdot \text{m}^2/\text{s}^2$임을 기억하자.

### 생각해 보기

아무리 빠르게 움직인다고 해도 원자 하나의 에너지는 매우 작을 것이라고 예상할 수 있다.

**유제 1** 0.345 g의 질량을 가진 물체의 $E_k$가 23.5 J일 때 이 물체의 속도(m/s)를 계산하시오.

**유제 2** 어떤 물체의 속도가 두 배로 커지고 질량이 반으로 작아진다면 그 물체의 최종 운동 에너지는 처음 운동 에너지에 얼마를 곱해야 하는지 계산하시오.

## 예제 3.2

서로 반대 전하를 띤 두 입자가 같은 거리만큼 떨어져 있을 때, 전하 +2와 −2를 띤 입자들 간의 정전기적 퍼텐셜 에너지는 전하 +1과 −1을 띤 입자들 사이의 에너지보다 얼마나 큰지 구하시오.

**전략** 두 $E_{\text{el}}$ 값을 비교하기 위해 식 3.2$\left(E_{\text{el}} \propto \dfrac{Q_1Q_2}{d}\right)$를 이용한다.

두 입자 사이의 거리가 같다고 했기 때문에 실제 입자 간의 거리를 몰라도 $E_{\text{el}}$의 비를 구해 문제를 풀 수 있다. 풀이에서 입자 간의 거리와 비례 상수는 약분된다.

**계획**

$$E_{\text{el}(+2,\ -2)} = c\frac{Q_1Q_2}{d},\ Q_1 = +2 \text{ 그리고 } Q_2 = -2$$

$$E_{\text{el}(+1,\ -1)} = c\frac{Q_1Q_2}{d},\ Q_1 = +1 \text{ 그리고 } Q_2 = -1$$

**풀이**

$$\frac{c \times \left(\dfrac{2 \times (-2)}{d}\right)}{c \times \left(\dfrac{1 \times (-1)}{d}\right)} = 4$$

+2와 −2를 띤 입자들 간의 정전기적 퍼텐셜 에너지가 +1과 −1을 띤 입자들 간의 에너지보다 4배 더 크다.

### 생각해 보기

입자의 전하가 각각 두 배가 되면 두 입자 사이의 정전기적 퍼텐셜 에너지는 네 배가 된다.

**유제 1** $+2$와 $-2$ 전하를 가진 두 입자의 정전기적 퍼텐셜 에너지가 $+2$와 $-3$ 전하를 갖고 거리가 1.00 mm 떨어진 두 입자 사이의 정전기적 에너지와 동일할 때 입자 사이의 거리를 구하시오.

**유제 2** 전하가 $+2$와 $-2$이고 거리가 $d$만큼 떨어진 두 입자 사이의 정전기적 퍼텐셜 에너지를 $E$라고 할 때, 각 입자 쌍이 갖는 정전기적 퍼텐셜 에너지의 크기를 $E$로 나타내시오.

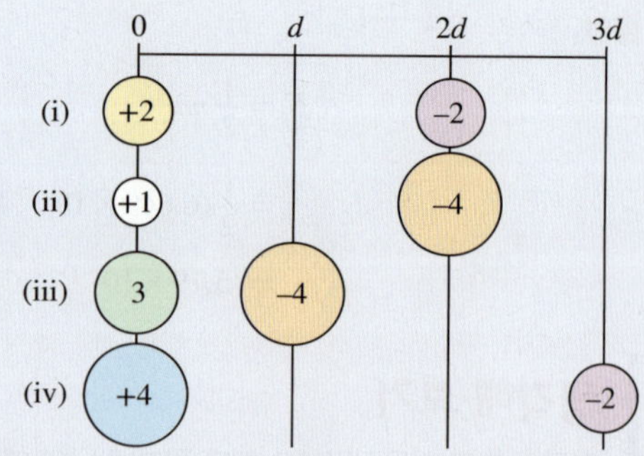


## 3.1절 복습

### 에너지와 에너지 변화

**3.1.1** 질량이 5.0 kg인 물체가 26 m/s의 속도로 움직일 때의 운동 에너지를 계산하시오.

(a) $1.7 \times 10^3$ J
(b) $3.4 \times 10^3$ J
(c) 130 J
(d) 65 J
(e) $13 \times 10^3$ J

**3.1.2** 질량이 2.34 g인 물체의 운동 에너지($E_k$)가 46.2 J일 때 물체의 속도(m/s)를 계산하시오.

(a) 6.28 m/s
(b) $3.95 \times 10^4$ m/s
(c) 0.199 m/s
(d) 199 m/s
(e) 141 m/s

**3.1.3** 다음 입자 쌍들의 정전기적 인력($E_{el}$)이 커지는 순서대로 바르게 나열한 것을 찾으시오.

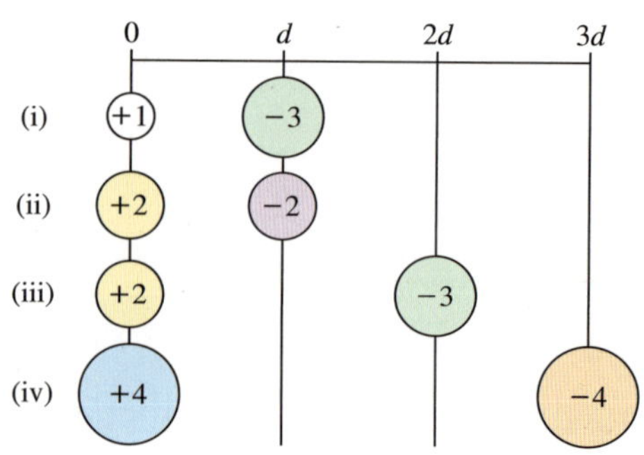


(a) i < ii < iii < iv
(b) iv < iii < ii < i
(c) i = iii < ii < iv
(d) ii < i = iii < iv
(e) iv < i = ii < iii

# 3.2 빛의 성질

**빛**(light)이라는 단어는 일반적으로 우리 눈에 보이는 **가시**(visible)광선을 의미한다. 그러나 가시광선은 **전자기 스펙트럼**(electromagnetic spectrum)을 구성하는 연속된 복사선의 아주 작은 부분이다. 전자기 스펙트럼은 그림 3.1에 나타난 것처럼 가시광선뿐만 아니라 라디오파, 마이크로파, 적외선, 자외선, X선과 감마선 등을 포함한다. 이 중 몇몇 용어는 우리에게 익숙하다. 예를 들면, 자외선 복사는 일광 화상의 원인이 되고, 전자레인지에서 발생하는 마이크로파를 이용해 음식을 데우거나 조리하며, 정기적인 치과 검진이나 특정한 의학적 진단을 위해 X선을 이용하고, 2장에서 배운 것처럼 몇몇 방사성 물질은 감마선을 내놓는다. 비록 이러한 모든 현상은 각각 서로 다르고 가시광선과도 매우 다르게 보이지만 이들 모두는 **파동**(wave)의 형태로 나타나는 에너지의 전달이다.

## 파동의 성질

파동의 근본적인 특성이 그림 3.2에 나타나 있다. 파동은 고유한 파장, 진동수, 진폭을 가진다. **파장**[wavelength, $\lambda$(lambda)]은 파동의 특정 지점과 연속된 파동의 동일 지점(예를 들어, 파동의 마루에서 그 다음 마루, 또는 파동의 골에서 그 다음 골) 사이의 거리이다. **진동수**[frequency, $\nu$(nu)]는 1초 동안 일정한 지점을 지나는 파동의 **수**(number)이고, **진폭**(amplitude)은 파동의 정중선(midline)에서 마루까지의 높이 또는 골까지의 수직 거리이다.

파동의 속도는 파동의 종류와 파동이 진행하는 매질의 유형(예를 들어, 공기, 물, 또는 진공)에 따라 달라진다. 진공에서의 빛의 속도(광속, $c$)는 $2.99792458 \times 10^8$ m/s이다. 속도와 파장, 진동수의 관계를 다음 식에 나타내었다.

**참조**

진공에서의 빛의 속도(광속)는 $2.99792458 \times 10^8$ m/s로 정의된다. 이는 정확수이지만 계산 결과의 유효 숫자 개수에 제한을 주지 않는다. 따라서 대부분의 계산에서 광속($c$)은 유효 숫자가 세 개인 $3.00 \times 10^8$ m/s로 사용한다.

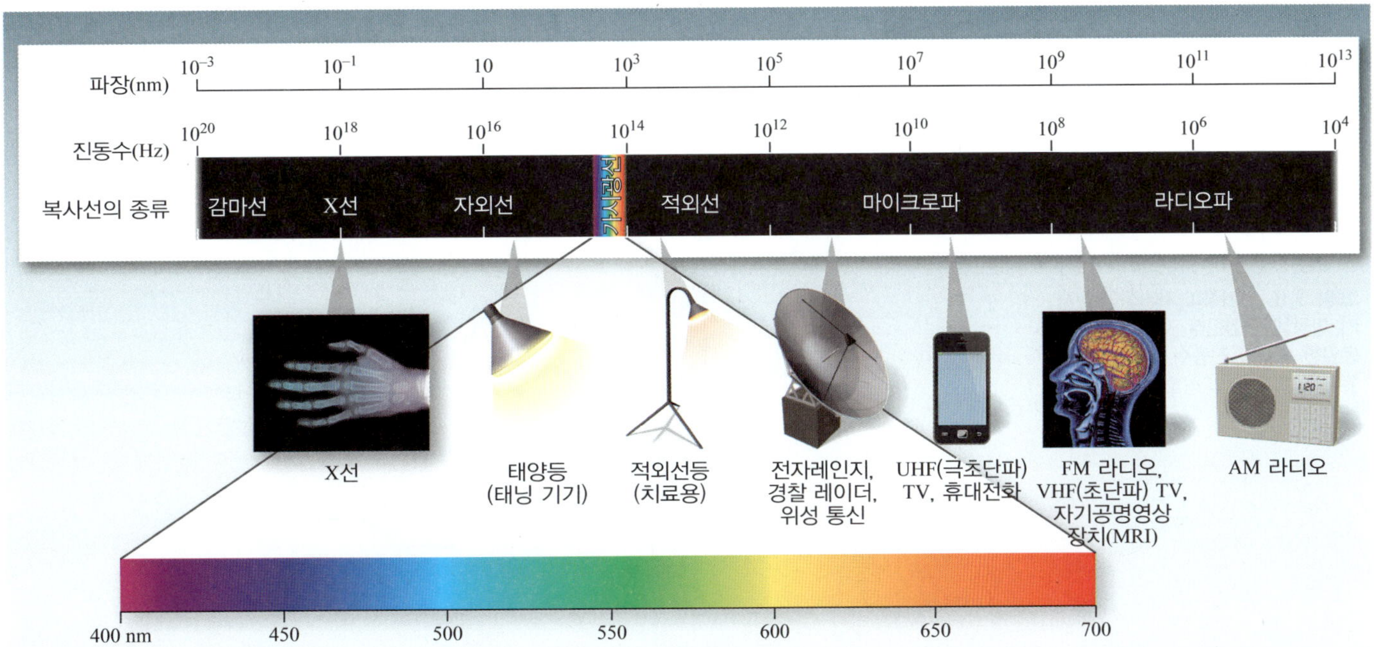


그림 3.1 전자기 스펙트럼. 특정 영역의 파장 또는 진동수로 각각의 복사선을 나타내었다. 가시광선의 영역은 400 nm(보라색)에서 700 nm(빨간색) 사이이다.

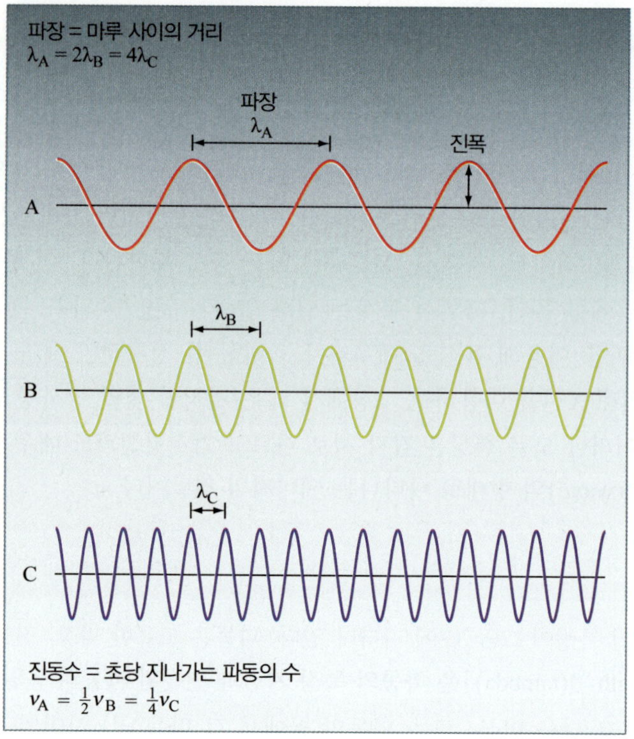


**그림 3.2** 파동의 특징: 파장, 진폭, 그리고 진동수

$$c = \lambda\nu \qquad \text{식 3.3}$$

**참조**

진동수는 특정 지점을 지나는 파동의 수를 초로 나눈 것으로 주로 초의 역수($s^{-1}$) 또는 헤르츠(hertz, Hz)를 단위로 사용한다.

파장($\lambda$)은 미터(m)로, 진동수($\nu$)는 초의 역수($s^{-1}$)로 나타낸다. 이 식에서는 파장을 미터 단위로 표시하는 것이 편하지만 전자기 복사선의 파장을 표현할 때 복사선의 종류에 따라 관례적으로 다른 단위를 사용하기도 한다. 예를 들어, 가시광선은 나노미터[nanometer (nm) 또는 $10^{-9}$ m] 단위를, 마이크로파와 X선은 센티미터[centimeter(cm) 또는 $10^{-2}$ m]와 옹스트롬(Å 또는 $10^{-10}$ m) 단위를 사용한다.

## 전자기파 스펙트럼

1873년 스코틀랜드의 물리학자이자 수학자인 맥스웰(James Clerk Maxwell)[2]이 가시광선은 전자기파들로 구성되어 있다고 제안했다. 맥스웰의 이론에 따르면 **전자기파**

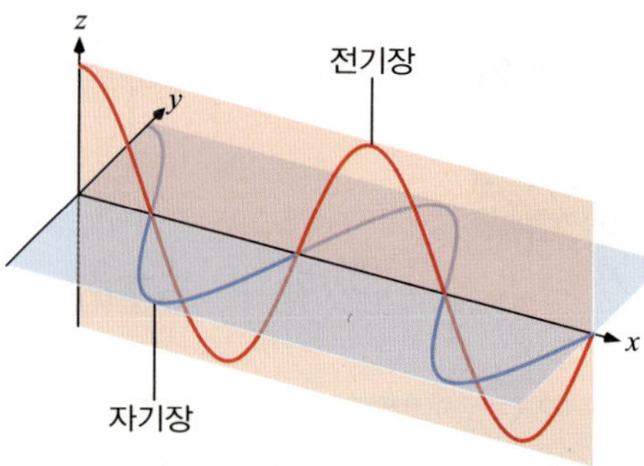


**그림 3.3** 전기장과 자기장이 전자기 파동을 구성한다. 이 두 요소는 동일한 파장과 진동수, 그리고 진폭을 갖지만 두 개의 상호 수직한 평면에서 진동한다.

2. 제임스 클러크 맥스웰(James Clerk Maxwell, 1831~1879): 역사상 가장 영향력 있는 물리학자 중 한 명이다. 전기와 자기, 그리고 빛으로 전자기장을 나타낸 그의 이론은 "물리학에서 두 번째로 위대한 통합"으로 언급된다.

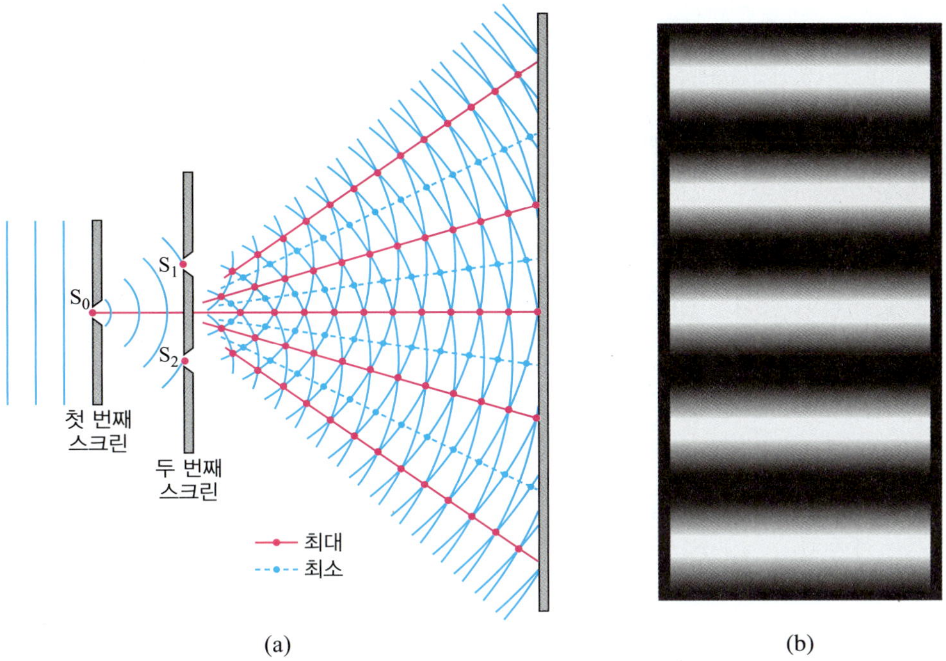


**그림 3.4** 이중 슬릿 실험. (a) 빨간색 선은 보강 간섭의 결과로 생긴 최대 강도의 빛을 나타내고, 파란색 점선은 상쇄 간섭으로 생긴 최소 강도의 빛을 나타낸다. (b) 간섭무늬는 밝은 선과 어두운 선이 번갈아 나타난다.

(electromagnetic wave)는 전기장과 자기장으로 구성되어 있다. 이 두 영역이 같은 파장과 진동수, 그리고 동일한 속도를 갖고 서로 수직인 평면에서 진행한다(그림 3.3). 맥스웰 이론의 중요한 의의는 일반적인 빛의 행동을 수학적으로 기술하는 방법을 제공한 것이다. 특히 맥스웰 모형은 에너지가 어떻게 진동하는 전기장과 자기장으로 구성된 복사선의 형태로 공간을 통해 전파되는지를 정확하게 표현한다.

## 이중 슬릿 실험

**간섭 현상**(interference)은 간단하지만 확실하게 빛의 파동성을 입증한다. 빛이 **슬릿**(slit)이라고 부르는 좁은 틈을 통과해 지나갈 때 반원형의 밝은 선이 나타난다. 그 빛이 이웃한 두 슬릿 사이를 통과하고 나면 그림 3.4에서 볼 수 있는 것처럼 각각의 슬릿을 통과한 두 개의 밝은 선이 나타나는 것이 아니라 **간섭무늬**(interference pattern)라고 알려진 밝은 선과 어두운 선이 교대로 나타난다. 빛이 슬릿을 통과해 다시 합쳐질 때 위상이 **맞게 겹치면**(in phase, 파동의 마루끼리 겹치면) **보강**(constructively) 간섭(밝은 선)이 나타나고, 위상이 **반대로 겹치면**(out of phase, 파동의 마루와 골이 겹치면) **상쇄**(destructively) 간섭(어두운 선)이 나타난다. 보강 간섭과 상쇄 간섭은 파동의 특징이다.

그림 3.1에 나타낸 다양한 전자기 복사선은 서로 다른 파동과 진동수를 갖는다. 가장 긴 파장과 가장 작은 주파수를 갖는 라디오파는 방송국의 큰 안테나에서 방출된다. 보다 짧은 가시광선은 원자나 분자 내의 전자의 움직임에 의해 발생한다. 가장 짧고 가장 높은 진동수를 갖는 감마($\gamma$)선은 핵반응의 결과이다[|◀◀ 2.2절]. 곧 알게 되겠지만 진동수가 높을수록 복사선은 더 높은 에너지를 갖는다. 따라서 자외선, X선, 감마선 등은 높은 에너지 복사선인 반면 적외선, 마이크로파, 라디오파 등은 낮은 에너지 복사선이다.

예제 3.3은 파장과 진동수의 변환에 관한 문제이다.

## 예제 3.3

네오디뮴(neodymium)으로 도핑된 이트륨(yttrium)−알루미늄(aluminium)−석류석(garnet)(Nd:YAG) 레이저는 피부에 생긴 갈색 반점을 치료하는 데 사용되는 레이저 종류의 하나이다. 치료에 사용하는 레이저의 파장이 532 nm일 때 진동수를 구하시오.

**전략** 식 3.3($c=\lambda\nu$)을 이용하여 진동수를 구하기 위해서는 파장을 미터 단위로 바꾸어야 한다.

**계획** 식 3.3을 진동수를 구하는 식 $\nu=\frac{c}{\lambda}$으로 다시 정리해야 한다. 광속 $c=3.00\times10^{8}$ m/s를 이용하기 위해서 파장을 미터 단위로 환산하면 $\lambda=532\text{ nm}\times\frac{1\times10^{-9}\text{ m}}{1\text{ nm}}=5.32\times10^{-7}$ m이다.

**풀이**

$$\nu=\frac{3.00\times10^{8}\text{ m/s}}{5.32\times10^{-7}\text{ m}}=5.64\times10^{14}\text{ s}^{-1}$$

### 생각해 보기

단위는 정확하게 환산되어야 한다. 이러한 유형의 문제에서 가장 하기 쉬운 실수는 파장을 미터로 환산하지 않는 것이다.

**유제 1** 파장이 1.03 cm인 전자기파의 진동수($s^{-1}$)를 구하시오.

**유제 2** 다음 중 가시광선의 파장/진동수가 가시광선의 색을 가장 바르게 표현한 것을 고르시오.

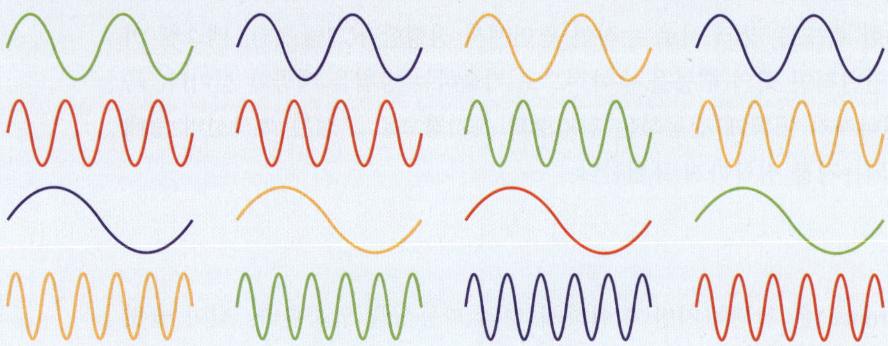

(i) (ii) (iii) (iv)

## 3.2절 복습

### 빛의 성질

**3.2.1** 진동수가 $3.45\times10^{14}\text{ s}^{-1}$인 빛의 파장(nm)을 계산하시오.

(a) $1.15\times10^{-6}$ nm
(b) $1.04\times10^{23}$ nm
(c) $8.70\times10^{2}$ nm
(d) 115 nm
(e) $9.66\times10^{-24}$ nm

**3.2.2** 파장이 126 nm인 빛의 진동수를 계산하시오.

(a) $2.38 \times 10^{15}\ s^{-1}$ (b) $4.20 \times 10^{-16}\ s^{-1}$
(c) $37.8\ s^{-1}$ (d) $2.65 \times 10^{-2}\ s^{-1}$
(e) $3.51 \times 10^{19}\ s^{-1}$

**3.2.3** 그림의 파동들 중에서 가장 큰 진동수를 갖는 파동, 가장 긴 파장을 갖는 파동, 가장 큰 진폭을 갖는 파동의 기호를 순서대로 바르게 나타낸 것을 고르시오.

(a) i, ii, iii (b) i, iii, ii
(c) ii, i, ii (d) ii, i, iii
(e) ii, iii, ii

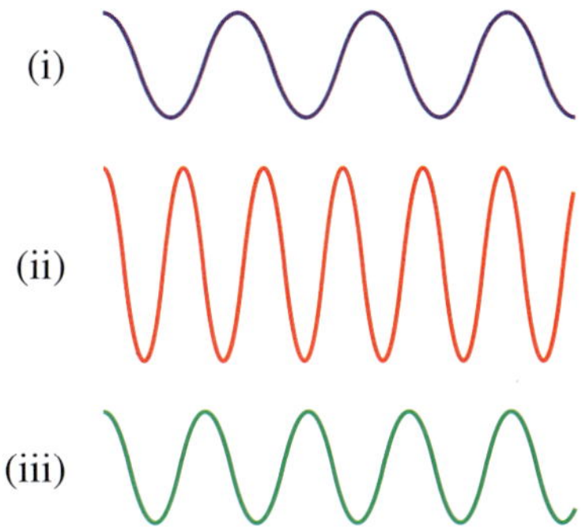


**3.2.4** 유리 같은 투명한 매질에서 진행할 때 빛은 진공에서보다 느려진다. 684 nm의 파장을 가진 붉은빛이 파이렉스 유리를 $2.92 \times 10^{14}\ s^{-1}$의 진동수로 진행하고 있을 때 이 빛의 속도를 계산하시오.

(a) $3.00 \times 10^{8}$ m/s (b) $2.00 \times 10^{8}$ m/s
(c) $2.92 \times 10^{6}$ m/s (d) $4.23 \times 10^{7}$ m/s
(e) $2.23 \times 10^{8}$ m/s

# 3.3 양자 이론

19세기 물리학자들이 원자 구조를 밝히기 위해 했던 시도는 일부만 성공할 수 있었다. 이는 원자 구성 입자의 행동을 이해하는 데 **거시적**(macroscopic)인 물체의 행동에 대한 고전 물리학 법칙을 이용했기 때문이다. 원자 구성 입자의 특성을 큰 입자들과 똑같은 물리학 법칙으로 이해해서는 안 된다는 사실을 인식하기까지 오랜 시간이 걸렸고 이를 받아들이는 데에는 더 오랜 시간이 걸렸다.

## 에너지의 양자화

고체가 가열되면 전자기 복사선을 방출하는데, 이를 **흑체 복사**(blackbody radiation)라고 하며 다양한 범위의 파장을 아우른다. 전기 난로의 붉은빛과 텅스텐 전구의 밝은 백색광도 흑체 복사의 예이다. 19세기 후반에 측정된 결과는 특정 온도에서 물체가 내놓는 에너지 양이 방출되는 복사선의 파장에 의존함을 보여 준다. 이 같은 의존성을 이미 정립되어 있던 파동 이론과 열역학 법칙으로 설명하기는 어려웠다. 짧은 파장과의 연관성을 설명한 이론은 긴 파장과의 연관성을 설명하지 못했고, 긴 파장과의 연관성을 설명한 이론은 짧은 파장과의 연관성을 설명하지 못했다. 어떤 단일 이론도 파장과 에너지 양의 연관성을 설명하는 데 실패하면서 고전 물리학 법칙에 기본적인 무엇인가가 빠져 있는 것은 아닐까 하는 의구심이 생겨났다.

1900년 독일의 물리학자인 막스 플랑크(Max Planck)[3]가 해법을 제시하면서 기존 개념과는 급격하게 달라진 새로운 생각을 바탕으로 한 물리학의 새 시대가 시작되었다. 고전 물리학에서 복사 에너지는 연속적인 것으로 간주되고, 이는 복사 에너지가 어떠한 크기로도 흡수되거나 방출될 수 있다는 것을 의미한다. 흑체 복사 실험 결과를 바탕으로 플랑크는 복사 에너지가 작은 꾸러미나 묶음과 같은 특정한 불연속적인 양으로만 흡수 또는 방출된다고 제안했다. 플랑크는 전자기 복사의 형태로 흡수 또는 방출되는 에너지의 가장 작은 양을 **양자**(quantum)라고 불렀다. 하나의 양자가 갖는 에너지는 식 3.4와 같다.

$$E = h\nu \qquad \text{식 3.4}$$

**참조**

미국 표준기술연구소(The National Institute of Standards and Technology, NIST)는 플랑크 상수 값을 $6.6260693 \times 10^{-34}$ J·s로 정했다. 일반적으로 문제를 풀 때에는 유효 숫자 세 개면 충분하다.

여기서 $h$는 **플랑크 상수**(Planck's constant)이고, $\nu$는 복사선의 **진동수**(frequency)이다. 플랑크 상수의 값은 $6.63 \times 10^{-34}$ J·s이다.

양자론에 따르면 에너지는 언제나 $h\nu$의 정수배로만 방출된다. 플랑크가 그의 이론을 발표할 때, 그는 왜 에너지가 이러한 방식으로 양자화되는지는 설명하지 못했다. 그러나 이 가설을 사용하면 고체가 방출하는 복사선 파장의 전체 영역에 대해 실험 결과를 설명하는 데 어려움이 없었으며, 따라서 실험 결과가 그의 새로운 **양자론**(quantum theory)을 뒷받침했다.

에너지가 **연속적**(continuous)이 아니라 **양자화**(quantized)되어 있다는 생각은 낯설게 느껴질 수 있으나 양자화의 개념은 일상 생활에서도 많이 찾아볼 수 있다. 예를 들어, 계단을 걸어 올라갈 때 각 계단에 설 수는 있지만 계단과 계단 **사이**(between)에는 설 수 없다. 피아노를 칠 때에도 음표에 지정된 건반을 눌러야만 하고 건반 사이를 눌러서는 안 된다. 살아 있는 생명체에서 일어나는 과정도 양자화 개념을 포함한다. 암탉이 낳는 달걀도 양자화되어 있다. (암탉은 오직 정수 개의 달걀을 낳는다.) 비슷한 예로 개나 고양이가 새끼를 낳을 때도 언제나 정수이다. 각 강아지나 새끼 고양이가 양자 하나인 셈이다. 플랑크의 양자론은 물리학의 대변혁을 일으켰다. 뒤따라 나온 여러 연구들은 자연에 대한 인류의 생각을 변화시켰다.

## 광자와 광전 효과

플랑크가 양자론을 발표한 지 5년이 지난 1905년, 알버트 아인슈타인(Albert Einstein)[4]이 양자론을 이용하여 또 다른 이해하기 힘든 물리적 현상이었던 **광전 효과**(photoelectric effect), 즉 금속 표면에 특정한 최소 진동수(**한계 진동수**, threshold frequency) 이상의 빛을 비추면 전자가 튀어나오는 현상을 설명했다(그림 3.5). 방출되는 전자의 **수**(number)는 빛의 강도(밝기)에 비례했으나 전자의 **에너지들**(energies)은 아니었다. 한계 진동수보다 작은 진동수의 빛은 아무리 밝아도 전자의 방출이 없었다.

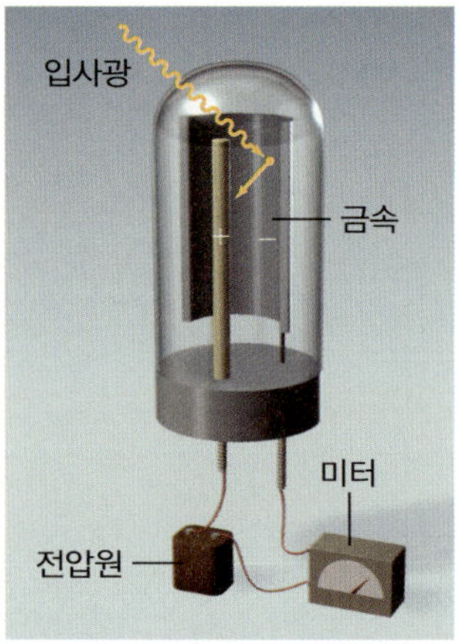


**그림 3.5** 광전 효과 실험 기기. 특정 진동수의 빛이 깨끗한 금속 표면에 조사되면 방출된 전자들이 양의 전극으로 끌려간다. 전자의 흐름은 검출기에 기록된다.

3. 막스 플랑크(Max Karl Ernst Ludwig Planck, 1858~1947): 양자론으로 1918년 노벨 물리학상을 수상했다. 열역학과 물리학의 다른 분야에도 많은 기여를 했다.

4. 알버트 아인슈타인(Albert Einstein, 1879~1955): 독일에서 태어난 미국 물리학자. 세계에서 가장 널리 알려진 두 명의 물리학자 중 한 명이다[다른 한 명은 아이작 뉴턴(Isaac Newton)]. 1905년 그가 스위스 베른에 있는 스위스 특허청의 기술 조교로 있을 때 발표한 세 개의 논문(특수 상대성 원리, 브라운 운동, 그리고 광전 효과)은 물리학의 발전에 엄청난 영향을 주었다. 1921년 광전 효과에 대한 설명으로 노벨 물리학상을 수상했다.

광전 효과는 빛의 에너지가 빛의 강도와 연관된다는 파동 이론으로는 설명이 불가능했다. 그러나 아인슈타인은 빛이 사실은 **입자들**(particles)의 흐름이라고 하는 놀라운 가정을 제안했고, 오늘날 빛의 입자(particle of light)는 **광자**(photon)라고 불린다. 플랑크의 복사선에 대한 양자론을 시작점으로 하여, 아인슈타인은 각 광자는 다음 식으로 나타낸 에너지($E$)를 가진다고 추론했다. 이 식에서 $h$는 플랑크 상수이고 $\nu$는 빛의 진동수이다.

$$E_{광자}=h\nu$$

**참조**

이 식은 단순히 식 3.4의 "양자"를 빛의 광자(photon of light)로 구체화한 것이다.

전자는 인력에 의해 금속에 묶여 있으므로 금속에서 전자를 자유롭게 하려면 충분히 높은 진동수를 가진 빛(충분히 큰 에너지를 가진 빛)이 필요하다. 금속의 표면에 빛을 비추는 것은 금속 원자에 **광자들**(photons)을 쏘는 것으로 생각할 수 있다. 만약 광자의 진동수로 구한 에너지가 금속과 전자 사이를 결합시키는 에너지의 크기($h\nu$)와 같다면 그 빛은 금속과 전자의 결합을 끊을 수 있다. 만약 빛의 진동수가 **더 크다**면 단순히 결합을 끊는 것이 아니라 전자들이 특정 운동 에너지를 가질 수 있게 되고, 이 관계를 다음 식으로 요약할 수 있다.

$$h\nu=\mathrm{KE}+W \qquad \text{식 3.5}$$

여기서 KE는 방출된 전자가 갖는 운동 에너지이고, $W$는 금속과 전자의 결합 에너지이다. 식 3.5를 운동 에너지에 대해 다시 써보면 다음과 같다.

$$\mathrm{KE}=h\nu-W$$

광자의 에너지가 클수록(즉, 진동수가 높을수록), 방출된 전자의 운동 에너지가 커진다는 것을 알 수 있다. 만약 빛의 진동수가 한계 진동수보다 작다면 광자는 금속의 표면을 맞고 튕겨 나가게 되어 전자가 방출되지 않는다. 광자의 진동수가 한계 진동수와 같다면 가장 느슨하게 묶여 있던 전자가 방출되고, 한계 진동수보다 크다면 전자가 방출되기만 하는 것이 아니고 운동 에너지까지 갖게 된다.

## 생각 밖 상식

### 일상에서 일어나는 광전 효과

광전 효과를 접할 수 있는 기회는 매우 많다. 차고 문이 닫힐 때 물체가 감지되면 자동으로 멈추게 하는 장치나 박물관 또는 극도의 보안을 요구하는 환경에 사용하는 움직임 감지 장치 등은 광전 효과를 이용한다. 이런 종류의 장치는 빛의 흐름이 중단되는 경우에 작동한다. 가장 쉬운 예로 빛을 광전자를 방출하는 표면인 **광음극**(photocathode)에 비추면, 광전자는 양극을 강한 전압으로 활성화시켜서 전류를 흐르도록 한다. 빛이 중단되면 광전자의 흐름이 멈추고 전류가 끊어진다. 차고 문 안전 장치의 경우 전류가 끊기면 문의 움직임도 멈춘다. 움직임 감지 장치의 경우 전류가 끊기면 알람이 울리거나 조명이 켜진다.

야간 투시경은 광전 효과를 더 특이하게 이용하는 사례이다. 한번도 야간 투시경을 사용한 적이 없더라도, 뉴스나 〈양들의 침묵(Silence of the Lambs)〉같은 공포 영화에서 야간 투시경으로 볼 때의 이미지를 본 적이 있을 것이다. 일반적으로 우리가 본 야간 투시 이미지는 3세대 야간 투시 장치를 이용한 것이다. 이 장치는 광음극 물질로, 갈륨–비소

(gallium arsenide)를 사용해 전자기 스펙트럼의 **적외선**(infrared) 영역의 광자가 충돌할 때 광전자를 방출한다. (1세대, 2세대 야간 투시 장치는 작은 낮은 단계의 가시광선을 증폭해서 사용하는 다른 종류의 광음극 물질을 사용한다.) 광음극에서 방출된 각각의 광전자는 아주 가느다란 관들이 평행하게 배열되어 있는 미세채널판(microchannel plate, MCP)으로 들어가서 관 내부 표면에서 더 많은 전자들을 방출해 내고 이러한 과정을 **2차 방출**(secondary emission)이라고 한다. 이 과정은 각 광전자에 의해 발생한 전류를 효과적으로 증폭시키고 고전압에 의해 증폭된 전류가 인광체 스크린(phosphorus screen)에 부딪히며 가시광선을 방출해 우리에게 익숙한 초록색 빛의 야간 투시 이미지를 만들어 낸다.

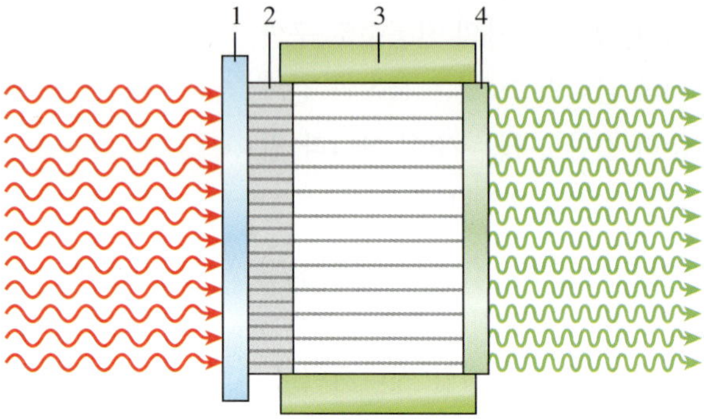


(a)

(b)

(a) 야간 투시경 도식도. 1. 광음극(갈륨-비소) 2. 미세채널판(MCP) 3. 고전압 발생원 4. 인광체 스크린 (b) 초록색의 야간 투시 이미지

한계 진동수보다 크면서 똑같은 진동수를 가졌지만 강도가 다른 두 종류의 빛을 고려해 보자. 강도가 큰 빛은 광자의 수가 많은 빛이다. 따라서 금속의 표면에서 나오는 전자의 수도 작은 강도의 빛보다 많다. 그러므로 강도가 큰 빛은 금속에서 많은 수의 전자를 방출시키고 진동수가 큰 빛은 방출된 전자의 운동 에너지를 크게 한다.

예제 3.4는 주어진 진동수를 이용하여 광자 하나의 에너지를 결정하는 방법과 광전 효과를 통해 방출된 전자의 최대 운동 에너지를 결정하는 방법에 대한 문제이다.

## 예제 3.4

(a) 파장이 $5.00 \times 10^4$ nm(적외선 영역)인 빛의 광자 하나가 가진 에너지(J)를 계산하시오.

(b) 파장이 52 nm(자외선 영역)인 빛의 광자 하나가 가진 에너지(J)를 계산하시오.

(c) (b)의 빛을 결합 에너지가 3.7 eV인 금속에 비추었을 때 방출되는 전자의 운동 에너지를 계산하시오.

**전략** (a)와 (b)에서는 주어진 빛의 파장을 식 3.3($c=\lambda\nu$)을 이용하여 진동수로 바꾸고 난 후, 식 3.4($E=h\nu$)를 이용하여 광자의 에너지를 구해야 한다. (c)에서 방출된 전자의 운동 에너지를 구하기 위해 식 3.5($h\nu=\text{KE}+W$)를 이용해야 한다. 전자 전압으로 주어진 단위를 J로 환산해야만 문제를 풀 수 있다.

**계획** 파장은 nm에서 m로 환산해야 한다.

(a) $5.00 \times 10^4\ \cancel{\text{nm}} \times \dfrac{1 \times 10^{-9}\ \text{m}}{1\ \cancel{\text{nm}}} = 5.00 \times 10^{-5}\ \text{m}$

(b) $52\ \cancel{\text{nm}} \times \dfrac{1 \times 10^{-9}\ \text{m}}{1\ \cancel{\text{nm}}} = 5.2 \times 10^{-8}\ \text{m}$

플랑크 상수 $h$는 $6.63 \times 10^{-34}\ \text{J} \cdot \text{s}$이다.

(c) $W = 3.7\ \cancel{\text{eV}} \times \dfrac{1.602 \times 10^{-19}\ \text{J}}{1\ \cancel{\text{eV}}} = 5.9 \times 10^{-19}\ \text{J}$

**풀이**

(a) $\nu = \dfrac{c}{\lambda} = \dfrac{3.00 \times 10^{8}\ \text{m/s}}{5.00 \times 10^{-5}\ \text{m}} = 6.00 \times 10^{12}\ \text{s}^{-1}$ 그리고

$$E = h\nu = (6.63 \times 10^{-34}\ \text{J} \cdot \text{s})(6.00 \times 10^{12}\ \text{s}^{-1}) = 3.98 \times 10^{-21}\ \text{J}$$

이 값이 파장 $5.00 \times 10^{4}$ nm의 빛의 광자 하나가 갖는 에너지이다.

(b) (a)의 풀이 과정을 이용하여 52 nm 빛의 광자 하나가 갖는 에너지를 구하면 $3.8 \times 10^{-18}$ J이다.

(c) $\text{KE} = h\nu - W = 3.8 \times 10^{-18}\ \text{J} - 5.9 \times 10^{-19}\ \text{J} = 3.2 \times 10^{-18}\ \text{J}$

## 생각해 보기

진동수와 파장은 반비례 관계임을 기억한다(식 3.3). 따라서 파장이 줄어들면, 진동수와 에너지는 커진다. (c)에서 알 수 있듯이 결합 에너지를 빼도 입사된 광자의 에너지에는 큰 변화가 없다. 만약 입사된 광자가 X선 영역의 광자라면 광자의 에너지와 방출된 전자의 운동 에너지 차이는 무시할 만큼 작다.

**유제 1** (a) 광자당 에너지가 $1.89 \times 10^{-20}$ J인 빛의 파장을 nm 단위로 계산하시오.
(b) 파장이 410 nm인 빛의 J당 광자의 수를 구하시오.
(c) (b)의 광자를 충돌시켰을 때 나온 전자의 운동 에너지가 $2.93 \times 10^{-19}$ J이다. 금속의 결합 에너지(eV)를 계산하시오.

**유제 2** 질량이 165 g인 파란색 당구공 하나가 편평한 바닥에 놓여 있다. 빨간색 당구공이 1.20 m/s보다 작은 속도로 파란색 공에 부딪히면 파란색 공은 움직이지 않는다(i). 빨간색 공이 정확하게 1.20 m/s의 속도로 부딪히면, 파란색 공은 움직이기 시작한다(ii). 속도가 1.75 m/s인 빨간색 공이 파란색 공에 부딪힐 경우 파란색 공의 속도를 계산하시오(iii).

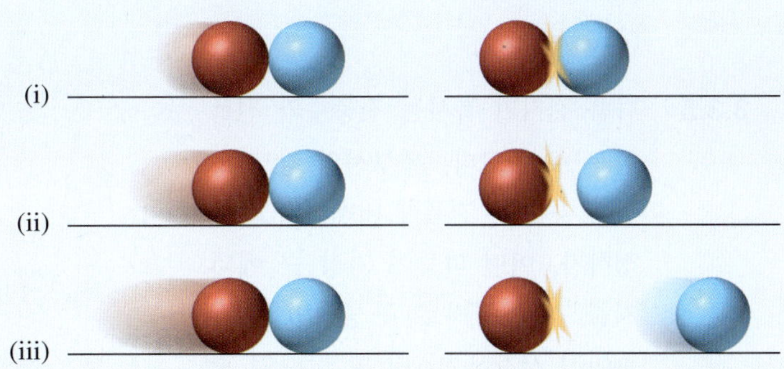


빛에 대한 아인슈타인의 이론은 한편으로는 광전 효과를 설명했으나, 다른 한편으로는 빛의 입자성이 그때까지 알려져 있던 빛의 파동 특성과 일치하지 않아서 과학자들에게 딜레마를 안겨주었다. 딜레마를 해결하는 유일한 길은 빛이 파동의 특성과 입자의 특성 모두를 가지고 있다는 생각을 인정하는 것이었다. 실험에 의하면 빛은 파동이거나 입자의 흐름인 것처럼 행동한다. 이러한 개념은 오랜 기간 동안 물리학자들이 받아들여 왔던 입자와 빛에 대한 생각과 완전히 달랐다. 3.5절에서 입자와 파동의 특성을 모두 갖는 것은 빛뿐만 아니라 전자를 포함한 모든 입자의 성질임을 배울 것이다.

## 3.3절 복습

### 양자 이론

**3.3.1** 파장이 650 nm인 빛의 광자가 가진 에너지를 구하시오.

(a) $1.29 \times 10^{-31}$ J (b) $4.31 \times 10^{-40}$ J
(c) $1.02 \times 10^{-27}$ J (d) $1.44 \times 10^{-48}$ J
(e) $3.06 \times 10^{-19}$ J

**3.3.2** 광자당 에너지가 $1.32 \times 10^{-23}$ J인 빛의 파장(cm)을 구하시오.

(a) $5.02 \times 10^{-9}$ cm (b) $6.64 \times 10^{3}$ cm
(c) $2.92 \times 10^{-63}$ cm (d) 1.51 cm
(e) 66.4 cm

**3.3.3** 문제 3.3.1에 나온 빛(파장이 650 nm)의 광자를 결합 에너지가 1.56 eV인 금속에 비추었을 때 방출되는 전자의 최대 운동 에너지를 구하시오.

(a) $5.61 \times 10^{-20}$ J (b) 684 J
(c) $2.50 \times 10^{-19}$ J (d) $5.56 \times 10^{-19}$ J
(e) $6.50 \times 10^{-7}$ J

**3.3.4** 깨끗한 금속 표면에 세 종류 파장의 빛 $\lambda_1$, $\lambda_2$, $\lambda_3$를 조사했다. 방출된 전자의 운동 에너지는 $\lambda_1$: $2.9 \times 10^{-20}$ J, $\lambda_2$: 거의 0, $\lambda_3$: $4.2 \times 10^{-19}$ J이다. 이 세 종류의 빛을 파장이 길어지는 순서로 바르게 배열한 것을 고르시오.

(a) $\lambda_1 < \lambda_2 < \lambda_3$ (b) $\lambda_2 < \lambda_1 < \lambda_3$
(c) $\lambda_3 < \lambda_2 < \lambda_1$ (d) $\lambda_3 < \lambda_1 < \lambda_2$
(e) $\lambda_2 < \lambda_3 < \lambda_1$

**3.3.5** 다음 전자기 복사는 진동수와 진폭이 서로 다르다. 복사선의 강도(초당 광자수)는 진폭에 비례한다고 가정하자. 어떤 파동이 가장 큰 에너지를 갖는 광자로 구성되었는가? 주어진 시간 동안 더 많은 수의 광자를 전달하는 파동은 어느 것인가? 주어진 시간 동안 전달하는 에너지의 총량이 더 많은 파동은 어느 것인가?

(i)
(ii)

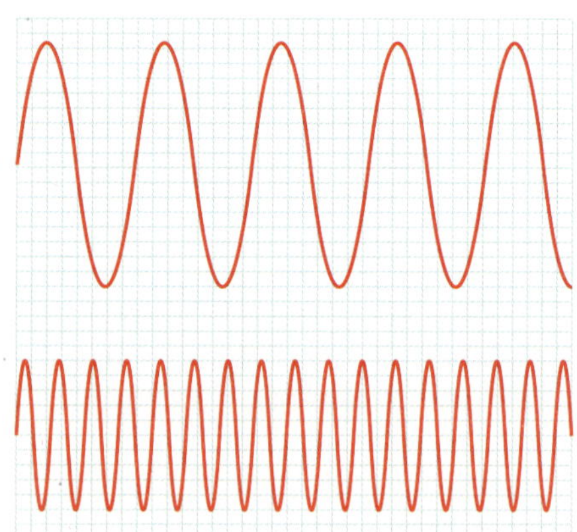

(a) i, i, i (b) i, ii, i
(c) ii, i, ii (d) ii, ii, i
(e) ii, ii, ii

# 3.4 수소 원자의 보어 이론

플랑크의 양자론과 아인슈타인의 아이디어는 광전 효과를 설명하는 것뿐만 아니라 또 다른 19세기 물리학의 미스터리였던 원자의 선 스펙트럼을 해결할 수 있게 했다.

17세기, 뉴턴은 태양빛이 다양한 색의 빛으로 구성되어 있으며 이런 빛들을 다시 합치면 흰색 빛이 된다는 사실을 보였다. 그 이후로 화학자들과 물리학자들은 **방출 스펙트럼**(emission spectrum)의 특징을 연구하기 시작했다. 방출 스펙트럼은 시료 물질에 열에너지나 다른 형태의 에너지(시료 물질이 기체 상태라면 높은 전압으로 방전시킬 때)를 공급할 때 보여진다. 불 속에서 꺼낸 "고온의 붉은색"이거나 "고온의 흰색" 쇠막대는 특유의 빛을 나타낸다. 그 빛은 방출 스펙트럼의 가시광선 부분이다. 동일한 쇠막대에서 방출되는 열은 방출 스펙트럼의 또 다른 부분인 적외선 영역이다. 태양빛과 가열된 고체에서 나오는 방출 스펙트럼의 공통점은 모두 연속적이라는 것이고, 이는 각각의 스펙트럼에 가시광선의 모든 파장이 포함되어 있다는 것이다(그림 3.6).

**참조**

무지개를 본 적이 있다면 이 현상이 익숙할 것이다. 무지개는 태양 방출 스펙트럼의 가시광선 영역이다.

## 원자의 선 스펙트럼

태양이나 고온의 흰색 쇠막대와는 다르게, 기체 상태의 원자가 방출하는 스펙트럼은 빨간색에서 보라색까지의 연속된 파장의 빛을 방출하는 게 아니고 가시광선의 특정한 영역의 밝은 선으로 나타난다. 이러한 **선 스펙트럼**(line spectrum)은 오직 **특정한 파장**(specific wavelength)의 빛만을 방출한다. 그림 3.7은 방출 스펙트럼을 연구하는 데 사용된 방전관의 모식도이다.

모든 원소는 독특한 방출 스펙트럼을 가지므로 지문으로 신원을 확인하는 것처럼 원자 스펙트럼의 특징적인 선들은 원소를 확인하는 화학 분석법에 사용된다. 미지 시료의 방출 스펙트럼 선이 알고 있는 원소의 방출 스펙트럼 선과 일치한다면 동일한 원소라고 확신할 수 있다. 선 스펙트럼을 이용하여 원소의 종류를 확인하는 화학 분석법은 오랜 기간 동안 사용되고 있었으나 선 스펙트럼의 근원에 대해서는 20세기 초까지 알려진 것이 거의 없었

(a)

(b)

**그림 3.6** 흰색 가시광선은 (a) 태양과 (b) 뜨거운 흰색 쇠막대에서 방출된다. 각각의 경우 흰색 빛은 가시광선 영역의 모든 파장의 빛이 조합된 것이다(그림 3.1 참조).

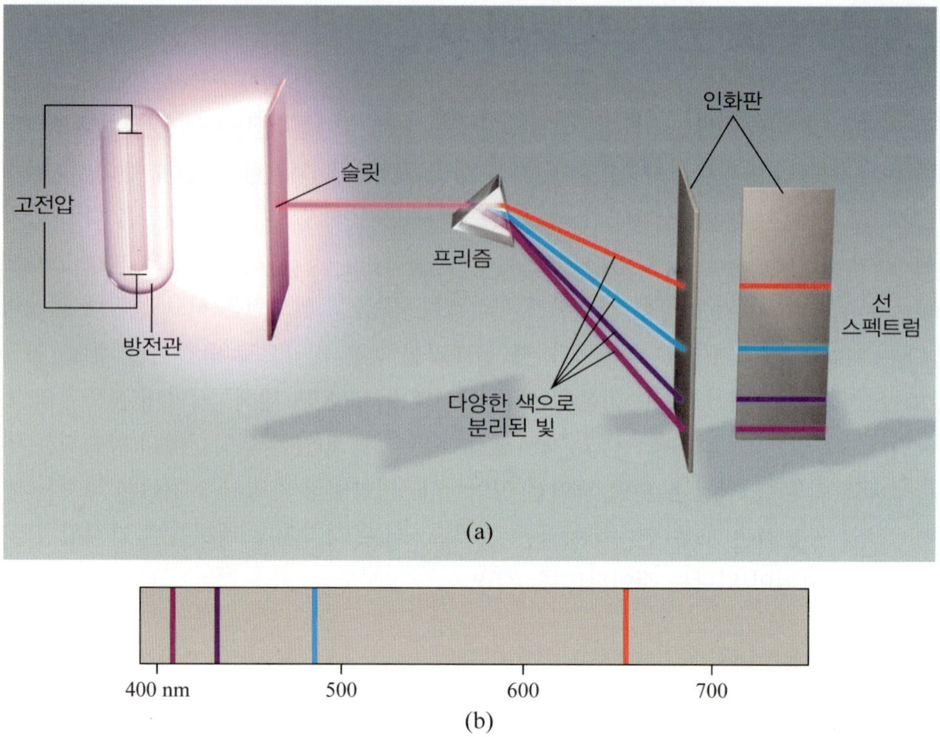


**그림 3.7** (a) 원자와 분자의 선 스펙트럼을 연구하기 위한 실험 장치. 두 개의 전극을 가진 방전관에 기체 시료를 넣는다. 음의 전극에서 양의 전극으로 흐르는 전자들이 기체 입자와 충돌하고 충돌의 결과로 원자(또는 분자)에서 빛이 방출된다. 방출된 빛은 프리즘을 통해 각각의 빛으로 분리된다. (b) 수소의 가시광선 영역 선 스펙트럼

다. 그림 3.8은 몇 가지 원소의 선 스펙트럼을 보여 준다.

1885년 요한 발머(Johann Balmer)[5]가 수소의 방출 선 스펙트럼의 4가지 가시광선 영역 빛의 파장을 계산하는 데 놀랄 만큼 간단한 식을 찾아내었다. 요하네스 뤼드베리(Johannes Rydberg)[6]는 발머의 식을 더 발전시켜 **가시광선**(visible) 영역의 파장뿐만 아니라 수소 선 스펙트럼의 모든 영역의 빛의 파장을 계산할 수 있도록 했다.

$$\frac{1}{\lambda}=R_{\infty}\left(\frac{1}{n_f^2}-\frac{1}{n_i^2}\right) \qquad \text{식 3.6}$$

**참조**

뤼드베리 식은 실험 결과로부터 유도해낸 수학적인 관계식이다. 뤼드베리 식은 양자론보다 몇 십 년 앞선 식으로, 수소 원자 같은 단전자계에 주로 잘 맞는다.

**뤼드베리 식**(Rydberg equation)으로 알려진 식 3.6에서 $\lambda$는 스펙트럼 선의 파장, $R_{\infty}$는 뤼드베리 상수(Rydberg constant, $1.09737316\times10^7\ m^{-1}$), 그리고 $n_f$와 $n_i$는 양의 정수($n_i > n_f$)이다.

## 수소의 선 스펙트럼

플랑크와 아인슈타인의 발견이 얼마 지나지 않은 1913년, 수소 원자의 방출 스펙트럼에 대한 덴마크의 물리학자 닐스 보어(Niels Bohr)[7]의 이론적인 설명이 발표되었다. 보어의

5. 요한 야코프 발머(Johann Jakob Balmer, 1825～1898): 스위스의 수학자. 1859년부터 1898년 사망할 때까지 스위스 바젤의 여자 중등학교에서 수학을 가르쳤다. 물리학자들은 그의 사후에도 오랜 기간 동안 그의 방정식을 이해하지 못했으나 나중에 수소 원자 선 스펙트럼의 가시광선 영역에 그의 이름을 붙였다.

6. 요하네스 뤼드베리(Johannes Robert Rydberg, 1854～1919): 스웨덴의 물리학자이자 수학자. 많은 원자들의 스펙트럼을 분석해 원소들의 주기적인 특성을 이해하는 데 공헌했다. 두 번이나 노벨 물리학상 후보에 올랐으나 수상은 하지 못했다.

7. 닐스 보어(Niels Henrik David Bohr, 1885～1962): 덴마크의 물리학자. 현대 물리학의 창시자 중 한 명이다. 수소 원자의 선 스펙트럼을 설명한 이론으로 1922년 노벨 물리학상을 수상했다.

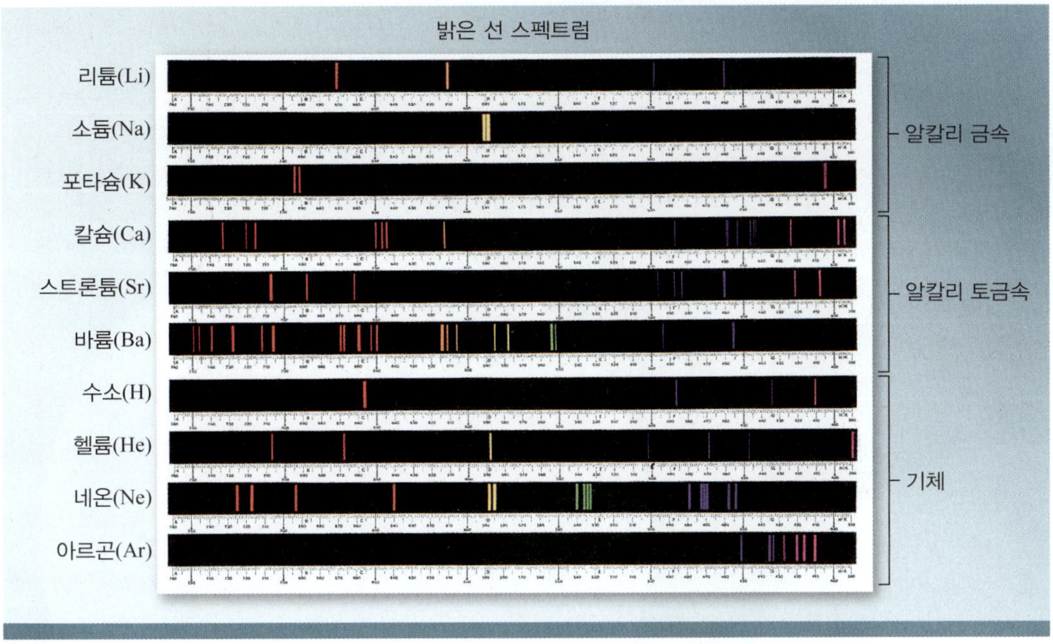


**그림 3.8** 몇몇 원소의 방출 스펙트럼

설명은 복잡하고 모든 세부 사항이 다 옳은 것은 아니라는 것이 지금은 밝혀져 있지만, 여기에서는 관찰된 스펙트럼 선을 설명하고 양자론을 이해하는 데 꼭 필요한 단계를 제공한 중요한 가정과 마지막 결과에만 집중하도록 한다.

보어가 처음으로 이 문제에 접근했을 때 물리학자들은 원자가 전자와 양성자로 구성되어 있다는 사실을 알고 있었다. 그들은 원자를 원자핵 주위에 전자들이 빠른 속도로 원형 궤도를 따라 돌고 있는 독립체로 생각했다. 이는 태양 주위의 행성의 움직임과 유사한 매력적인 설명이었으나 고전 물리학 법칙에 따르면 수소 원자에서 궤도를 도는 전자는 전자기 파동의 형태로 방출되는 에너지에 의해 원자핵 쪽으로 끌려 들어가게 되고 급격하게 나선형 궤도를 그리면서 원자핵으로 끌려간 전자는 양성자와 만나 소멸되어야 한다. 보어는 이러한 현상이 일어나지 않는 이유를 설명하기 위해 전자가 특정한 에너지를 갖는 정해진 궤도에서만 움직인다고 가정했다. 다른 말로 하면 전자의 에너지는 양자화되어 있다. 특정 궤도의 전자는 에너지를 방출하지 않아서 원자핵으로 끌려가지 않는다.

보어는 고에너지 수소에서 방출되는 선은 에너지가 높은 궤도의 전자가 낮은 궤도로 떨어지면서 잃게 되는 양자(광자)의 에너지가 빛의 형태로 나타나는 것이라고 설명했다(그림 3.9). 정전기 인력과 뉴턴의 법칙을 이용해 보어는 수소 원자의 전자가 가지는 에너지에 대한 식을 유도했다(식 3.7).

$$E_n = -2.18 \times 10^{-18}\,\text{J}\left(\frac{1}{n^2}\right) \qquad \text{식 3.7}$$

여기서 $n$은 정수($n=1, 2, 3, \cdots$)이고 음의 부호는 관례적으로 원자핵에서 무한히 떨어진 **자유 전자**(free electron)에 비해 원자 내 전자의 에너지가 더 낮음을 보여 주기 위해 부여된 것이다. 자유 전자의 에너지 값은 임의로 0으로 정하는데 수학적으로 이 값은 식 3.7의 $n$ 값에 무한대($\infty$)를 대입한 값과 같다.

**그림 3.9** 수소의 방출 스펙트럼

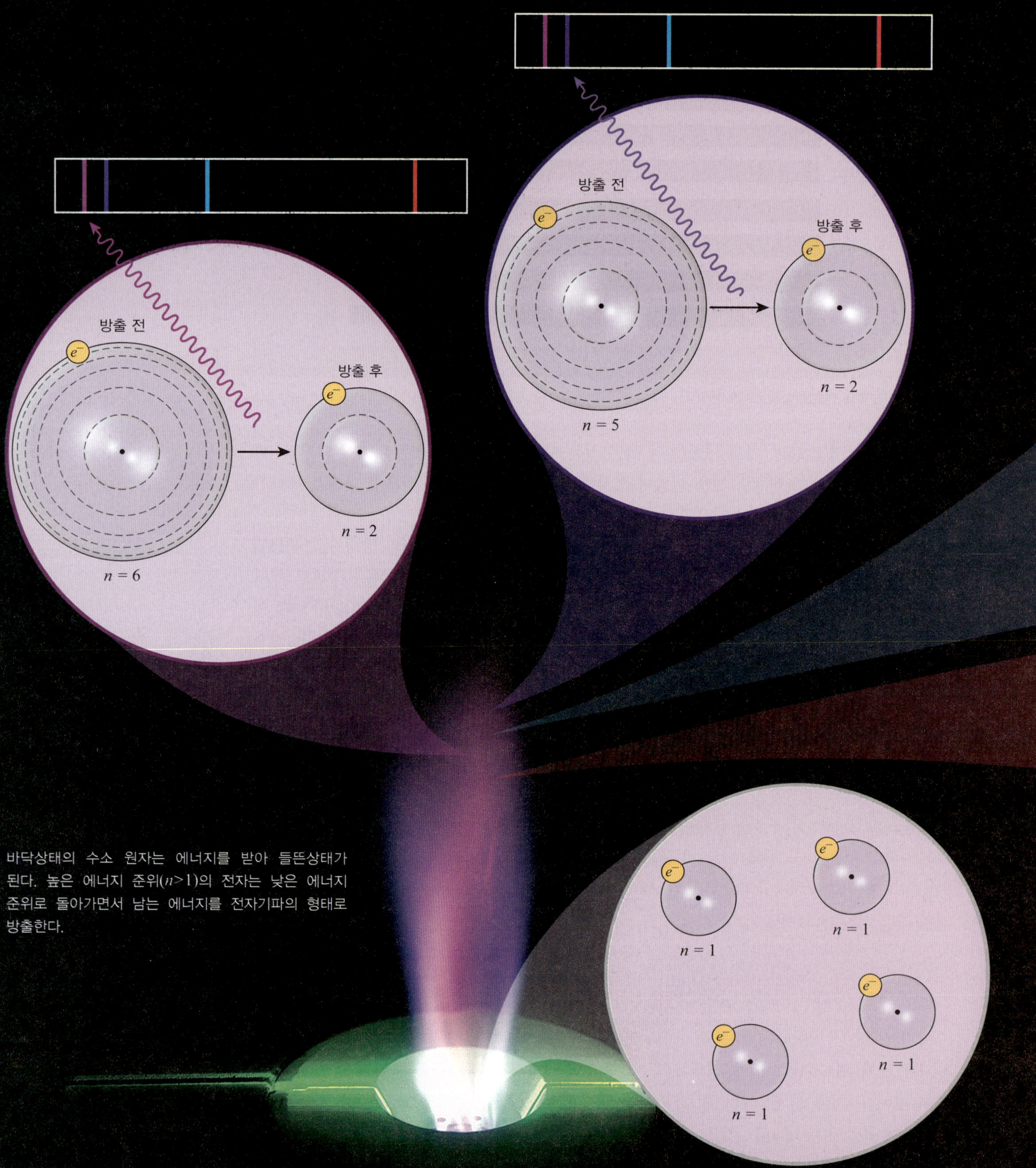


바닥상태의 수소 원자는 에너지를 받아 들뜬상태가 된다. 높은 에너지 준위($n>1$)의 전자는 낮은 에너지 준위로 돌아가면서 남는 에너지를 전자기파의 형태로 방출한다.

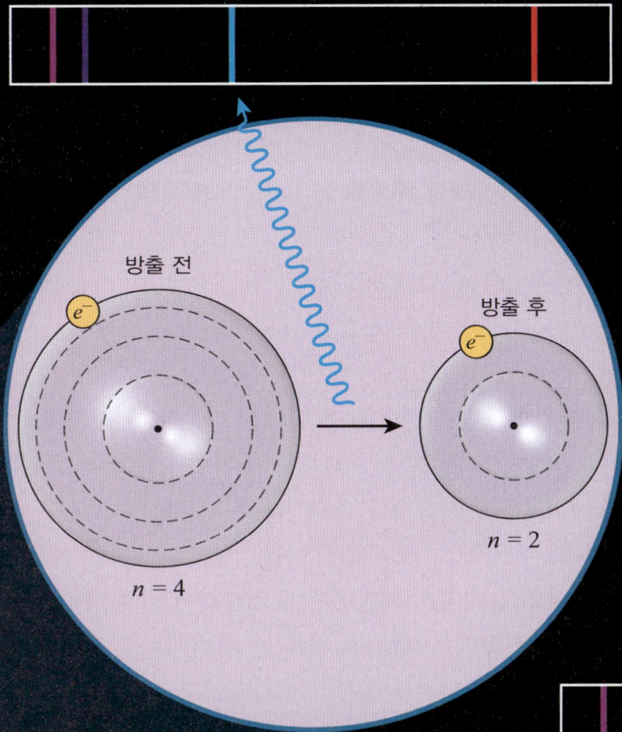


전자 전이는 다음과 같다:

- $n = 3$에서 $n = 2$
- $n = 4$에서 $n = 2$
- $n = 5$에서 $n = 2$
- $n = 6$에서 $n = 2$

수소 원자의 전자는 3, 4, 5, 6 이외의 다른 들뜬상태로도 전이 가능하고 $n$=2 이외의 상태로도 돌아갈 수 있으나, 여기에서는 수소의 방출 스펙트럼 중 가시광선 영역만 보여 준다.

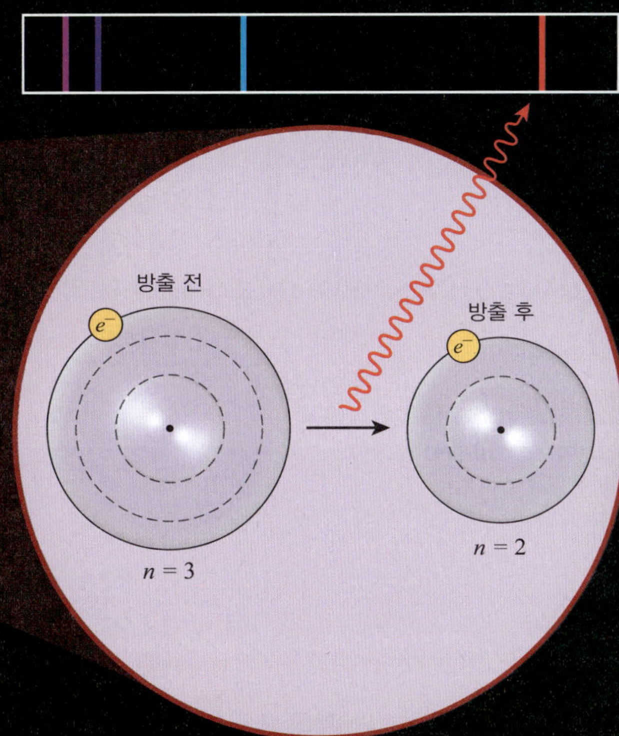


## 요점 내용

수소의 방출 스펙트럼 중 가시광선 영역은 들뜬상태($n$=3, 4, 5, 6)에서 낮은 들뜬상태($n$=2)로의 전자 전이의 결과이다. 초기 상태와 최종 상태의 에너지 차이가 방출되는 빛의 파장을 결정한다.

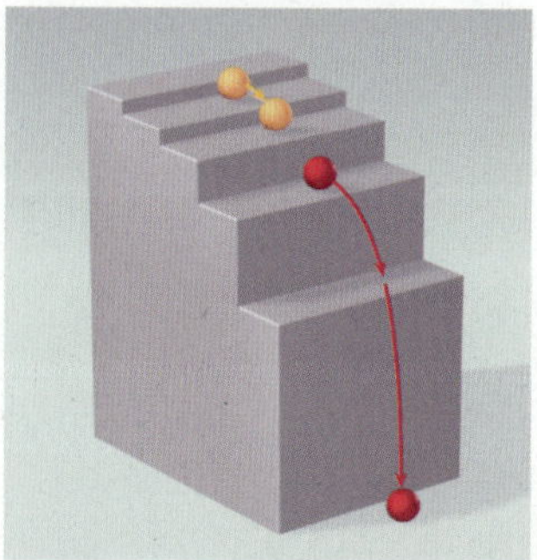

**그림 3.10** 방출 과정의 역학적 추론. 공은 어느 계단에도 놓일 수 있지만 계단 사이에는 놓일 수 없다.

$$E_n = -2.18 \times 10^{-18}\,\text{J}\left(\frac{1}{\infty^2}\right) = 0$$

전자가 원자핵에 가까워질수록($n$ 값이 작아질수록) $E_n$의 절댓값은 커지지만 점점 음의 값으로 커진다. $n=1$에 도달했을 때 음으로 가장 큰 값이며, 이는 에너지가 가장 안정한 상태를 의미한다. 원자의 가장 낮은 에너지 상태를 **바닥상태**(ground state)라고 한다. 전자의 안정성은 $n$값이 증가함에 따라 작아지고 $n>1$ 경우의 에너지를 **들뜬상태**(excited state)라고 한다. 각 들뜬상태의 에너지는 바닥상태일 때보다 크고, 수소 원자의 경우 $n$ 값이 1보다 크면 들뜬상태이다.

보어 모형의 각 전자 궤도의 반지름은 $n^2$ 값에 의존한다. $n$ 값이 1, 2, 3 순서로 커질 때 궤도 반지름은 급격하게 증가한다. 들뜬상태 쪽으로 갈수록 전자가 원자핵에서 더 멀어지게 된다. (원자핵이 잡아당기는 힘이 작아진다.)

**참조**

수소 원자의 전자가 높은 에너지 상태에서 어떤 낮은 에너지 상태로도 움직일 수 있다는 것을 인식하는 것은 매우 중요하다. 전자가 높은 에너지 상태에서 반드시 바닥상태로 움직일 필요는 없다.

보어의 이론은 수소 원자의 선 스펙트럼을 설명할 수 있도록 해준다. 원자가 흡수한 복사 에너지는 전자를 바닥상태($n=1$)에서 들뜬상태($n>1$)로 이동시킨다. 역으로 전자가 높은 에너지의 들뜬상태에서 낮은 에너지의 들뜬상태나 바닥상태로 이동하면서 복사 에너지(광자의 형태로)를 **방출한다**(emitted).

에너지 준위들 사이에서의 전자의 움직임은 계단에서의 테니스 공의 움직임과 유사하다(그림 3.10). 공은 계단의 어느 칸에도 놓일 수 있지만 칸과 칸 사이에는 놓일 수 없다. 낮은 계단에서 높은 계단으로 올라가는 것은 에너지를 흡수하는 과정이고 높은 계단에서 낮은 계단으로 내려가는 것은 에너지를 방출하는 과정이다. 어떤 방향으로의 변화이든지 에너지의 양은 시작 계단과 최종 계단의 거리에 따라 다르다. 유사하게, 보어 원자 모형의 전자가 움직일 때 필요한 에너지 양도 처음 상태와 최종 상태의 에너지 준위 차이에 따라 결정된다.

식 3.7을 수소 원자의 에너지 방출 과정에 적용하기 위해 전자가 처음 위치한 들뜬상태를 $n_i$로 가정하자. 에너지를 방출하면서 전자는 낮은 에너지 상태 $n_f$로 떨어진다.(아래 첨자 i와 f는 **초기**(initial)와 **최종**(final)을 나타낸다.) 낮은 에너지 상태는 바닥상태일 수도 있지만 초기 들뜬상태보다 낮은 어떤 상태여도 된다. 초기 상태와 최종 상태의 에너지 차이는 다음과 같다.

**참조**

기호 Δ는 일반적으로 최종값에서 초기값을 뺀 값을 나타낸다.

$$\Delta E = E_f - E_i$$

식 3.7을 이용하면,

$$E_n = -2.18 \times 10^{-18}\,\text{J}\left(\frac{1}{n_f^2}\right)$$

$$E_n = -2.18 \times 10^{-18}\,\text{J}\left(\frac{1}{n_i^2}\right)$$

따라서

**참조**

$n_i > n_f$일 때 $\Delta E$는 음수이고, 이는 에너지가 방출됨을 의미한다. 반대로 $n_f > n_i$일 때 $\Delta E$는 양수이고, 이는 에너지가 흡수됨을 의미한다.

$$\Delta E = \left(\frac{-2.18 \times 10^{-18}\,\text{J}}{n_f^2}\right) - \left(\frac{-2.18 \times 10^{-18}\,\text{J}}{n_i^2}\right) = -2.18 \times 10^{-18}\,\text{J}\left(\frac{1}{n_f^2} - \frac{1}{n_i^2}\right)$$

이러한 전자 이동이 진동수 $\nu$와 에너지 $h\nu$의 광자 방출의 결과로 나타난다(식 3.8).

**표 3.1** 수소의 방출 스펙트럼 종류

| 구분 | $n_f$ | $n_i$ | 스펙트럼의 영역 |
|---|---|---|---|
| 라이먼(Lyman) | 1 | 2, 3, 4, ⋯ | 자외선 |
| 발머(Balmer) | 2 | 3, 4, 5, ⋯ | 가시광선과 자외선 |
| 파셴(Paschen) | 3 | 4, 5, 6, ⋯ | 적외선 |
| 브라켓(Brackett) | 4 | 5, 6, 7, ⋯ | 적외선 |

$$\Delta E = h\nu = -2.18\times10^{-18}\,\text{J}\left(\frac{1}{n_f^2}-\frac{1}{n_i^2}\right) \quad \text{식 3.8}$$

결과적으로 $n_i > n_f$일 때, 즉 괄호 안이 양수(positive)일 때 $\Delta E$는 음수(negative)가 되어 광자가 방출된다. (에너지를 주위로 잃는다.) 반대로 $n_f > n_i$일 때는 괄호 안이 음수(negative)가 되고 $\Delta E$는 양수(positive)가 되어 광자를 흡수한다. 수소 원자 방출 스펙트럼의 각 선들은 수소 원자의 특정한 전이와 일치한다. 많은 수의 수소 원자를 연구하면 가능한 모든 전이, 즉 모든 스펙트럼 선을 관찰할 수 있다. 스펙트럼 선의 밝기는 동일한 파장을 가진 광자가 얼마나 많이 방출되는지에 따라 결정된다.

방출선의 파장을 구하기 위해 식 3.8에 진동수 $\nu$ 대신 $c/\lambda$를 대입하고 $hc$로 나눈다. 파장과 진동수는 언제나 양의 값이므로 식의 오른쪽 부분의 절댓값만 취한다. (이 경우는 음의 부호를 없애고 계산한다.)

**참조**

$2.18\times10^{-18}\,\text{J}/hc = 1.096\times10^{7}\,\text{m}^{-1}$이고 이 값은 뤼드베리 상수($R_\infty$)와 같으므로, 이 식은 뤼드베리 식(식 3.6)과 같다.

$$\frac{1}{\lambda} = \frac{2.18\times10^{-18}\,\text{J}}{hc}\left(\frac{1}{n_f^2}-\frac{1}{n_i^2}\right) \quad \text{식 3.9}$$

수소 원자의 방출 스펙트럼은 적외선부터 자외선까지 폭넓은 파장 범위를 포함한다. 표 3.1에 각각의 $n_f$ 값에 따른 수소의 방출 스펙트럼 종류를 나타내었다. 각 영역은 발견한 사

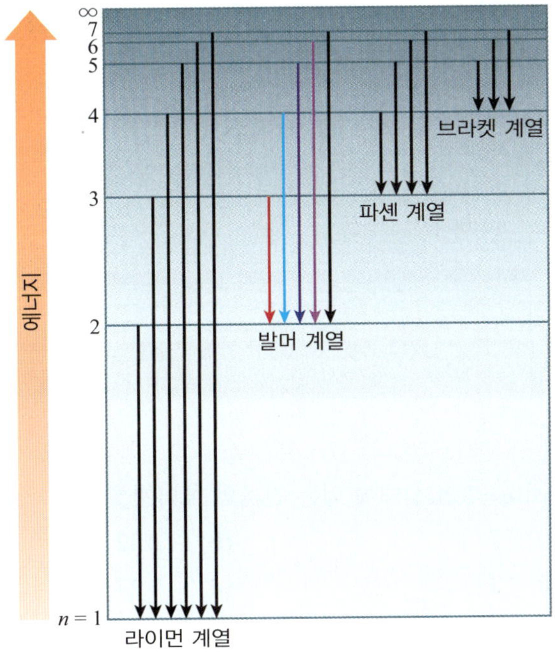


**그림 3.11** 수소 원자의 에너지 준위와 다양한 방출 스펙트럼. 각 스펙트럼은 전자의 최종 위치($n$)가 다르다.

람의 이름을 붙여 명명했다(라이먼, 발머, 파셴, 브라켓). 이 중 가시광선이 포함된 발머 영역이 가장 먼저 연구되었다.

그림 3.11은 각 스펙트럼 선들과 연관된 전자 전이를 나타낸다. 각각의 가로선은 수소 원자의 전자가 가질 수 있는 에너지 준위를 나타내고, 각 준위는 $n$ 값으로 구분했다.

예제 3.5는 식 3.9를 이용하는 방법을 보여 준다.

## 예제 3.5

수소 원자의 전자가 $n=4$에서 $n=2$로 전이할 때 방출되는 광자의 파장(nm)을 계산하시오.

**전략** 식 3.9를 이용하여 $\lambda$를 구한다.

**계획** 문제에 따르면 전자가 $n=4$에서 $n=2$로 전이했고, 이는 $n_i=4$, $n_f=2$로 해석할 수 있다. 필요한 상수는 플랑크 상수 $h=6.63\times10^{-34}$ J·s 와 광속 $c=3.00\times10^8$ m/s이다.

**풀이**

$$\frac{1}{\lambda}=\frac{2.18\times10^{-18}\text{ J}}{hc}\left(\frac{1}{n_f^2}-\frac{1}{n_i^2}\right)$$

$$=\frac{2.18\times10^{-18}\text{ J}}{(6.63\times10^{-34}\text{ J}\cdot\text{s})(3.00\times10^8\text{ m/s})}\left(\frac{1}{2^2}-\frac{1}{4^2}\right)$$

$$=2.055\times10^6\text{ m}^{-1}$$

**참조**
최종 결과를 구할 때 어림에 의한 착오가 생기지 않도록 중간 과정의 답은 적어도 하나의 자릿수를 더 구하는 것을 기억하자[◀◀ 1.5절].

따라서,

$$\lambda=4.87\times10^{-7}\text{ m}=487\text{ nm}$$

### 생각해 보기

그림 3.7의 수소 선 스펙트럼을 다시 보고 문제의 결과가 그 선들 중 하나와 맞는지 확인한다. 방출선이라면 $n_i$ 값은 항상 $n_f$보다 커야만 식 3.9가 양수인 결과를 나타낸다.

**유제 1** 수소 원자의 전자가 바닥상태로 돌아갈 때 파장 93.14 nm의 광자를 방출했다면 초기 상태, 즉 $n_i$ 값은 얼마인가?

**유제 2** 다음 각 쌍의 전자 전이 중에서 더 큰 에너지를 방출하는 쪽을 고르시오.

(a) $n=6$에서 $n=3$　　$n=3$에서 $n=2$

(b) $n=3$에서 $n=1$　　$n=10$에서 $n=2$

(c) $n=2$에서 $n=1$　　$n=99$에서 $n=2$

## 3.4절 복습

### 수소 원자의 보어 이론

**3.4.1** 수소 원자에서 $n=3$인 상태에 있는 전자의 에너지를 계산하시오.

(a) $2.42\times10^{-19}$ J　　(b) $-2.42\times10^{-19}$ J

(c) $7.27\times10^{-19}$ J　　(d) $-7.27\times10^{-19}$ J

(e) $-6.54\times10^{-18}$ J

**3.4.2** 전자가 $n=1$ 준위에서 $n=5$인 준위로 전이할 때 $\Delta E$ 값을 구하시오.

(a) $8.72 \times 10^{-20}$ J (b) $-8.72 \times 10^{-20}$ J
(c) $5.45 \times 10^{-17}$ J (d) $2.09 \times 10^{-18}$ J
(e) $-2.09 \times 10^{-18}$ J

**3.4.3** 수소 원자의 전자가 $n=5$에서 $n=3$으로 전이될 때 방출되는 빛의 파장(m)을 구하시오.

(a) $4.87 \times 10^{-7}$ m (b) $6.84 \times 10^{-7}$ m
(c) $1.28 \times 10^{-6}$ m (d) $3.65 \times 10^{-7}$ m
(e) $1.02 \times 10^{-7}$ m

**3.4.4** 다음 중 수소 원자의 전자가 $n=2$에서 $n=1$로 전이될 때 방출되는 빛의 파장(nm)으로 옳은 것을 구하시오.

(a) 182 nm (b) 91.2 nm
(c) 724 nm (d) 812 nm
(e) 122 nm

# 3.5 물질의 파동성

보어의 이론은 매력적인 수수께끼였다. 수소에 대한 실험 결과에는 적합했지만 물리학자들은 그 이론의 근간을 이해할 수는 없었다. 예를 들면, '왜 전자는 고정된 특정 거리에서 원자핵 주위를 궤도 운동하는가?' 같은 의문이 남아 있었다. 십 년 동안 아무도, 심지어 보어 자신도 논리적으로 설명하지 못했다. 1924년 프랑스의 물리학자인 루이 드 브로이(Louis de Broglie)[8]가 이 수수께끼를 풀 해법을 제시했다. 드 브로이는 만약 에너지(빛)가 어떤 환경에서 입자의 흐름처럼 행동한다면, 전자 같은 입자도 특정 환경에서 파동의 특성을 가진 것처럼 행동할 것이라고 추론했다.

## 드 브로이의 가설

드 브로이는 양자화된 행동으로 나타나는 거시적인 현상에 대한 관찰을 기본으로 그의 혁신적인 이론을 발전시켰다. 예를 들어, 그림 3.12(a)에 나타난 것처럼 기타줄은 이산된(연속적이지 않은) 특정한 진동수만을 가진다. 기타줄을 튕겨서 만드는 파동은 줄을 따라 움직일 수 없는 **정상파**(standing 또는 stationary wave)이다. **마디**(node)라고 부르는 줄의 특정한 점들은 움직이지 않는다; 즉, 파동의 진폭이 **0**(zero)이다. 줄의 각 끝은 마디가 되고 중간에는 하나 이상의 마디가 있다. 진동수가 커질수록 정상파의 파장은 짧아지고, 마디의

8. 루이 드 브로이 공작(Louis Victor Pierre Raymond Duc de Broglie, 1892~1987): 프랑스의 유서 깊은 귀족 가문의 한 사람으로 나중에 공작 작위를 받았다. 박사 학위 논문에서 물질과 복사선은 파동과 입자의 특성 모두를 가진다고 제안했다. 이 업적으로 1929년 노벨 물리학상을 수상했다.

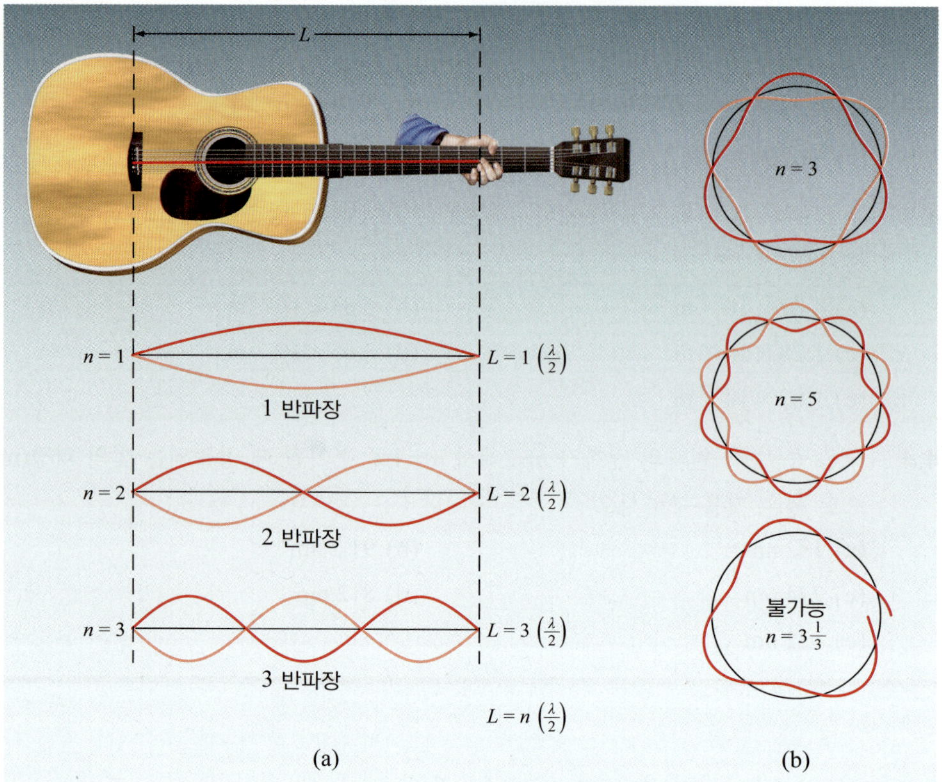


**그림 3.12** (a) 진동하는 기타줄의 정상파. 줄의 길이는 반드시 반파장($\lambda/2$)의 정수배와 같아야 한다. (b) 원형 궤도에서 오직 파장의 정수배만 가능하다. 파장의 분수값은 상쇄 간섭으로 인해 파동이 무효화된다.

수도 많아진다. 드 브로이에 따르면 원자의 전자도 **정상파**(standing wave)처럼 행동하지만 그림 3.12(a)에서 볼 수 있듯이 오직 특정 파장만이 허락된다.

드 브로이는 만약 수소 원자의 전자가 정상파처럼 행동한다면 파장이 궤도의 둘레에 정확하게 맞을 것이라고, 즉 궤도의 원주가 그림 3.12(b)처럼 파장의 정수배일 거라고 주장했다. 그렇지 않다면, 파동은 연속적으로 궤도를 돌 때 스스로의 상쇄 간섭에 의해 빠르게 줄어들어서 진폭이 0이 되어 소멸될 것이다.

식 3.10은 허락된 궤도의 둘레($2\pi r$)와 전자 파동의 파장($\lambda$)의 관계를 나타낸 식이고

$$2\pi r = n\lambda \qquad \text{식 3.10}$$

이 식에서 $r$은 궤도의 반지름, $\lambda$는 전자 파동의 파장, 그리고 $n$은 양의 정수이다(1, 2, 3, ⋯). $n$이 정수이므로 $r$은 $n$이 증가함에 따라 특정한 값(파장의 정수배)만이 가능하다. 그리고 전자의 에너지는 궤도의 크기(또는 반지름)에만 의존하므로 에너지 또한 특정한 값만이 가능하다. 그러므로 수소 원자의 전자가 정상파처럼 행동한다면, 전자가 갖는 에너지는 반드시 양자화되어 있다.

드 브로이의 사고는 파동은 입자처럼 행동하고 입자는 파동의 특성을 나타낸다는 결론에 도달한다. 드 브로이는 입자와 파동의 특성을 다음의 식으로 관계지었다.

$$\lambda = \frac{h}{mu} \qquad \text{식 3.11}$$

이 식에서 $\lambda$, $m$, 그리고 $u$는 움직이는 입자의 파장, 질량 그리고 속도이다. 식 3.11은 움직

이는 입자는 파동처럼 여길 수 있고 파동도 입자의 특성을 나타낸다는 의미이다. 식 3.11의 왼쪽 부분의 파장은 파동의 특성을, 질량을 포함한 오른쪽 부분은 입자의 특성을 대표한다는 것을 꼭 기억하자. 식 3.11을 통해 계산된 파장은 특별히 **드 브로이 파장**(de Broglie wavelength)이라고 한다.

예제 3.6은 드 브로이 이론과 식 3.11을 적용하는 문제이다.

## 예제 3.6

다음 두 경우의 "입자"에 대해 드 브로이 파장을 계산하시오.

(a) 속도 612 m/s로 운동하는 25 g의 총알

(b) 속도 63.0 m/s로 운동하는 전자($m = 9.109 \times 10^{-31}$ kg)

**전략** 식 3.11$\left(\lambda = \dfrac{h}{mu}\right)$을 이용하여 드 브로이 파장을 계산한다. 식 3.11의 질량은 반드시 kg으로 나타내어야 단위가 적절하게 지워진다는 것을 기억한다.

**계획** 플랑크 상수 $h = 6.63 \times 10^{-34}$ J·s이지만 단위를 쉽게 지우기 위해서는 $6.63 \times 10^{-34}$ kg·m²/s를 사용한다.

> **참조**
> $1\ \text{J} = 1\ \text{kg}\cdot\text{m}^2/\text{s}^2$

**풀이**

(a) $25\ \text{g} \times \dfrac{1\ \text{kg}}{1000\ \text{g}} = 0.025\ \text{kg}$

$$\lambda = \frac{h}{mu} = \frac{6.63 \times 10^{-34}\ \text{kg}\cdot\text{m}^2/\text{s}}{(0.025\ \text{kg})(612\ \text{m/s})} = 4.3 \times 10^{-35}\ \text{m}$$

(b) $\lambda = \dfrac{h}{mu} = \dfrac{6.63 \times 10^{-34}\ \text{kg}\cdot\text{m}^2/\text{s}}{(9.109 \times 10^{-31}\ \text{kg})(63.0\ \text{m/s})} = 1.16 \times 10^{-5}\ \text{m}$

### 생각해 보기

만일 이런 문제가 낯설다면 플랑크 상수의 단위를 J·s 대신 kg·m²/s로 바꾸어본다. 이렇게 하면 단위를 지워 나가는 과정에서 질량을 kg 대신 g으로 잘못 쓰는 흔한 실수도 찾기 쉽다. 총알처럼 작다고 해도 거시적인 물체의 파장은 극도로 짧다. 적어도 원자의 구성 입자 정도의 크기가 되어야만 관찰 가능한 파장을 가질 수 있다.

**유제 1** 식 3.11을 이용하여 파장 810 nm인 광자의 운동량(momentum, $p$; 질량과 속도의 곱 $m \times u$로 정의된다)을 계산하시오. 광자의 속도는 광속 $c$를 이용하시오.

> **참조**
> 운동량의 단위는 kg·m/s 또는 N·s이고, N은 뉴턴(newton)으로 힘(force)의 SI 단위이다. 뉴턴은 SI 단위로 $1\ \text{N} = 1\ \text{kg}\cdot\text{m/s}^2$이다.

**유제 2** 초기 전자 회절 실험이 입자의 움직임에 대한 과학자들의 이해에 끼친 충격을 고려해 보자. 다음 가상의 거시적인 실험들 중 전자 회절의 주목할 만한 결과와 가장 부합하는 것을 고르시오.

(a) 하나의 물결 무늬와 다른 무늬를 한 가지 방법으로 결합하면 두 개의 무늬가 생기고, 다른 방법으로 결합하면 네 개의 무늬가 생긴다.

(b) 하나의 물결 무늬와 다른 무늬를 한 가지 방법으로 결합하면 두 개의 무늬가 생기고, 다른 방법으로 결합하면 무늬가 없어진다.

(c) 하나의 물결 무늬와 다른 무늬를 어떠한 방법으로 결합하든지 언제나 두 개의 무늬가 생긴다.

## 전자의 회절

드 브로이 식이 소개되고 전자가 파동의 특성을 나타낼 것이라고 예측한 지 얼마 지나지 않아 미국의 클린턴 데이비슨(Clinton Davisson)[9]과 레스터 저머(Lester Germer)[10], 그리고 영국의 톰슨(G. P. Thomson)[11]이 전자 회절 실험에 성공했다. 이 실험들은 정말로 전자가 파동의 특성을 지닌다는 것을 보여 주었다. 톰슨이 전자 입자 빔을 얇은 금박에 쏘았을 때 일련의 동심원이 스크린에 나타났고, 이는 X선을 사용했을 때와 유사한 패턴이었다. 그림 3.13은 알루미늄에 X선과 전자를 쏘았을 때의 회절 무늬를 보여 준다.

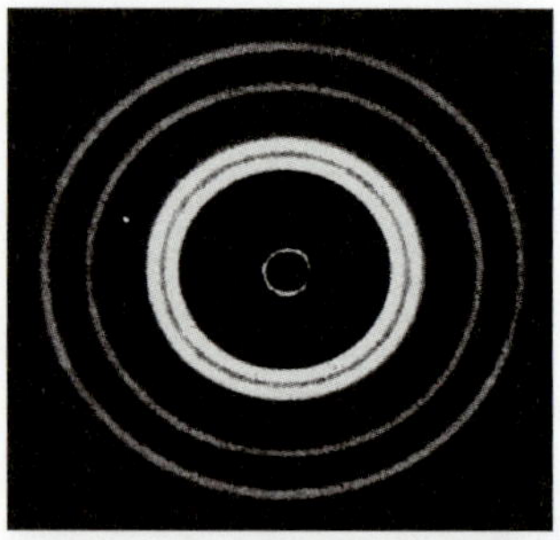
(a)

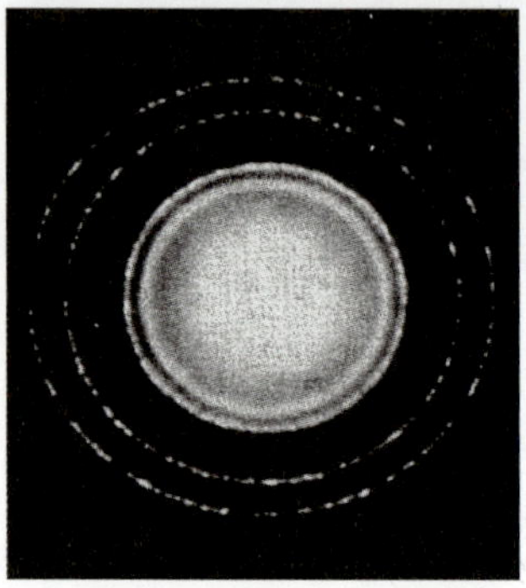
(b)

**그림 3.13** (a) 알루미늄박의 X선 회절 무늬 (b) 알루미늄박의 전자 회절 무늬. 두 패턴의 유사성이 전자가 X선처럼 행동해 파동의 특성을 나타낸다는 것을 보여 준다.

## 3.5절 복습

**물질의 파동성**

**3.5.1** $3.0 \times 10^6$ m/s의 속도로 움직이는 헬륨 원자(4.00 amu)의 드 브로이 파장을 계산하시오.

(a) $2.0 \times 10^{-20}$ m (b) $3.3 \times 10^{-11}$ m
(c) $3.3 \times 10^{-14}$ m (d) $1.8 \times 10^{-19}$ m
(e) $6.6 \times 10^{-27}$ m

**3.5.2** 1.50 Å의 파장을 나타내는 헬륨 원자(4.00 amu)의 속도를 계산하시오.

(a) $1.10 \times 10^{-24}$ m/s (b) $6.65 \times 10^{-2}$ m/s
(c) $1.50 \times 10^{-3}$ m/s (d) 665 m/s
(e) 2650 m/s

**3.5.3** 수소 원자가 전자기 스펙트럼의 자외선 영역(10~400 nm) 파장을 갖기 위해 필요한 최소 속도를 계산하시오.

(a) 3.96 m/s (b) 0.990 m/s
(c) $1.64 \times 10^{-27}$ m/s (d) $9.90 \times 10^{-4}$ m/s
(e) 52.4 m/s

# 3.6 양자 역학

파동은 입자 같은 특징이 있고 입자는 파동 같은 특징이 있다는 발견은 가히 혁신적이었다. 비록 과학자들이 오랫동안 에너지와 입자를 별개의 개체로 생각했지만, 적어도 원자 단계에서는 더 이상 둘 사이의 구별이 분명하지 않다. 보어의 이론은 수소의 선 스펙트럼을 설명할 때는 완전히 성공적이지만, 2개 이상의 전자를 가진 원자의 스펙트럼을 설명하는 데는 실패했다. 전자는 어떤 환경에서는 입자처럼 행동하지만 또 다른 환경에서는 파동

9. 클린턴 데이비슨(Clinton Joseph Davisson, 1881~1958): 톰슨(G. P. Thomson)과 함께 전자의 파동성을 증명한 공로로 1937년 노벨 물리학상을 공동 수상했다.

10. 레스터 저머(Lester Halbert Germer, 1896~1972): 데이비슨과 함께 전자의 파동성을 발견했다.

11. 조지 패짓 톰슨(George Paget Thomson, 1892~1975): 톰슨(J. J. Thomson)의 아들로, 1937년 데이비슨과 함께 전자의 파동성을 증명한 공로로 노벨 물리학상을 수상했다.

처럼 행동한다. 어떠한 서술도 원자 내 전자의 행동을 완벽하게 설명할 수는 없었으며, 이는 과학자들이 원자 내 전자의 위치를 정확하게 이해하기 위한 탐구를 좌절시켰다.

## 불확정성 원리

파동처럼 움직이는 원자 구성 입자의 위치를 찾기 위해 베르너 하이젠베르크(Werner Heisenberg)[12]는 현재 **하이젠베르크의 불확정성 원리**(Heisenberg uncertainty principle)라고 알려진 것을 제안했다. 이는 특정한 순간에 입자의 **운동량**(momentum, $p=m\times u$)과 **위치**(position, $x$)를 동시에 아는 것은 불가능하다는 것으로, 수학적으로는 다음과 같이 표현된다.

$$\Delta x\cdot\Delta p\geq\frac{h}{4\pi}\qquad\text{식 3.12}$$

입자의 질량 $m$에 대해서,

$$\Delta x\cdot m\Delta u\geq\frac{h}{4\pi}\qquad\text{식 3.13}$$

**참조**

드 브로이 파장에 대한 식처럼, 식 3.12는 kg 단위로 구해진 질량이 필요하다. 단위를 지우기 쉽게 하려면 플랑크 상수의 단위를 J·s 대신 kg·m²/s로 하여 적용하는 것이 유리하다.

여기서 $\Delta x$는 위치의 불확정성이고, $\Delta u$는 속도의 불확정성이다. 식 3.13의 중요성은 다음과 같다. 만일 대략적인 실험에서 측정된 위치와 속도의 불확정성이 크다면 두 값의 곱은 $h/4\pi$보다 많이 클 것이다. (기호 ≥에서 > 부분을 의미한다.) 그러나 좀 더 정확하고 정밀한 실험에서 측정된 위치와 속도의 불확정성을 곱한 값이라도 절대 $h/4\pi$보다 작을 수는 없다. (기호 ≥에서 = 부분을 의미한다.) 그러므로 입자의 속도를 더욱 정확하게 측정할수록(즉, $\Delta u$가 작은 양일수록) 상대적으로 위치는 덜 정확하게(즉, $\Delta x$가 더 큰 양이 된다) 측정된다는 의미이다. 유사하게, 입자의 위치가 더 정확하게 알려질수록 속도의 측정은 덜 정확해진다.

하이젠베르크의 불확정성 원리를 수소 원자에 적용해 보면, 전자가 보어의 생각대로 원자핵 주위의 정해진 궤도를 돌 수 없다는 것을 알게 된다. 만약, 전자가 보어의 생각대로 움직인다면 궤도의 반지름으로부터 전자의 위치를, 운동 에너지로부터 전자의 속도를 동시에 정확하게 결정할 수 있어야 하지만, 이는 불확정성의 원리에 어긋난다.

예제 3.7은 하이젠베르크의 불확정성 원리를 적용하는 방법에 대한 문제이다.

### 예제 3.7

수소 원자의 전자 속도는 $5\times10^6$ m/s±1%로 알려져 있다. 불확정성 원리를 이용하여 전자 위치 불확정성의 최솟값을 구하시오. 주어진 수소 원자의 지름이 1 Å보다 작다면 전자 위치 불확정성과 수소 원자의 크기를 상대적으로 비교하시오.

**전략** 속도의 불확정성($\Delta u$)은 $5\times10^6$ m/s의 1%이다. 식 3.13을 이용하여 $\Delta x$를 계산하고 수소 원자의 지름과 비교해 본다.

12. 베르너 하이젠베르크(Werner Karl Heisenberg, 1901~1976): 독일의 물리학자. 현대 양자론의 창시자 중 한 명으로 1932년 노벨 물리학상을 수상했다.

**계획** 전자의 질량은 $9.11\times10^{-31}$ kg(표 2.1, 유효 숫자는 3개이고 단위는 kg으로 변환했다)이고 플랑크 상수 $h$는 $6.63\times10^{-34}$ kg·m$^2$/s이다.

**풀이**

$$\Delta u = 0.01\times5\times10^6\ \text{m/s} = 5\times10^4\ \text{m/s}$$

$$\Delta x = \frac{h}{4\pi\cdot m\Delta u}$$

그러므로,

$$\Delta x = \frac{6.63\times10^{-34}\ \text{kg}\cdot\text{m}^2/\text{s}}{4\pi(9.11\times10^{-31}\ \text{kg})(5\times10^4\ \text{m/s})} \geq 1\times10^{-9}\ \text{m}$$

위치 불확정성의 최솟값은 $1\times10^{-9}$ m$=$10 Å이고, 전자 위치의 불확정성은 수소 원자 크기의 10배이다.

**생각해 보기**

가장 흔한 실수는 입자의 질량을 kg이 아니라 g으로 표현하는 것이지만, 단위를 지워나가는 과정을 주의 깊게 하다 보면 모순점을 발견할 수 있다. 하나의 불확정성이 작다면 다른 불확정성은 반드시 크다. 불확정성 원리는 오직 극미립자에만 적용 가능하다. 전자 질량보다 훨씬 큰 질량을 가진 거시적인 물체의 경우 물체의 크기와 비례해 위치와 속도의 불확정성이 작다.

**유제 1** (a) 위치 불확정성이 3 Å일 때 물체의 운동량 불확정성의 최솟값을 계산하시오.
(b) 입자가 중성자(질량$=$1.0087 amu)일 때와 (c) 전자(질량$=5.486\times10^{-4}$ amu)일 때 속도 불확정성의 최솟값을 계산하시오.

**유제 2** 식 3.13을 이용하면, 대리석 조각 같은 거시적인 물체를 포함한 어떠한 움직이는 물체라도 위치 또는 속도의 불확정성을 계산할 수 있다. 2.5 m/s($\pm$5%) 속도로 움직이는 10 g 대리석의 위치 불확정성을 계산하고 결과에 대한 의견을 제시하시오.

## 슈뢰딩거 식

보어는 원자를 이해하는 데 큰 기여를 했고 원자 내 전자의 에너지가 양자화되어 있다는 그의 제안은 의심의 여지가 없지만, 그의 이론이 원자 내 전자의 행동을 완벽하게 서술하지는 못했다. 1926년 오스트리아의 물리학자 에르빈 슈뢰딩거(Erwin Schrödinger)[13]는 복잡한 수학적 방법을 사용해 극미립자의 에너지와 행동을 일반적으로 서술할 수 있는 방정식을 고안했고, 이 식은 거시적 물체의 움직임에 대한 뉴턴 법칙과 유사했다. **슈뢰딩거 식**(Schrödinger equation)은 풀어내는 데 고등 계산법이 필요하므로 여기에서는 언급하지 않도록 한다. 방정식은 질량 $m$과 연관된 입자 행동과 원자 내 전자와 같은 계의 공간 내 위치에 의존하는 **파동 함수**[wave function $\psi$(psi)]와 연관된 파동 행동 모두를 포함하고 있다.

파동 함수 그 자체로는 직접적인 물리학적 의미가 없지만 공간 내의 특정한 지역에서 전자를 찾을 확률은 파동 함수의 제곱($\psi^2$)에 비례한다. $\psi^2$을 확률과 연관시키는 생각은 파동 이론의 유사점에서 시작했다. 파동 이론에 따르면 빛의 강도는 파동 진폭의 제곱 또는 $\psi^2$에 비례한다. 광자를 찾기 가장 쉬운 지역은 빛의 강도가 가장 큰, 즉 $\psi^2$의 값이 가장 큰 곳이다. 비슷한 논거로 $\psi^2$과 원자핵을 둘러싼 공간에서 전자를 발견할 가능성을 연관시킬 수 있다.

13. 에르빈 슈뢰딩거(Erwin Schrödinger, 1887∼1961): 오스트리아의 물리학자. 그는 현대 양자 이론의 기초가 된 파동 역학을 식으로 만들었다. 1933년에 노벨 물리학상을 수상했다.

슈뢰딩거의 방정식은 **양자 역학**(quantum mechanics) 또는 **파동 역학**(wave mechanics)이라고 부르는 완전히 새로운 분야를 창시했고, 물리학과 화학의 새 시대를 열었다. 1913년 보어가 수소 원자 모형을 발표한 후부터 1926년 슈뢰딩거 식이 발표되기 전까지 발전된 양자 이론은 "고전 양자 이론"이라고 한다.

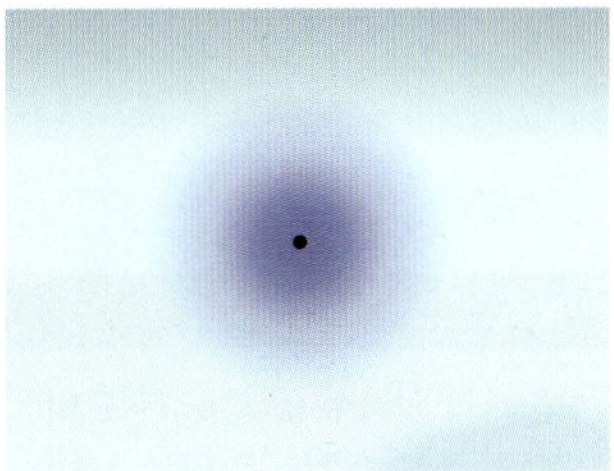

**그림 3.14** 수소 원자핵 주위의 전자 밀도 분포. 핵에 가까울수록 전자를 찾을 확률이 크다.

## 수소 원자의 양자 역학적 표현

슈뢰딩거 방정식은 수소 원자의 전자가 점유할 수 있는 가능한 에너지 상태를 구체화하고 그에 해당하는 파동 함수($\psi$)를 밝혀내었다. 에너지 상태와 파동 함수는 한 세트의 **양자수**(quantum number)에 의해 규정되고 양자수를 이용하여 종합적인 수소 원자 모형을 구성할 수 있다.

양자 역학으로 원자 내 전자의 정확한 위치를 지정하지는 못하지만 주어진 시간에 전자가 존재할 확률이 가장 큰 지역은 알 수 있다. **전자 밀도**(electron density)라는 개념은 원자의 특정 지역에서 전자가 발견될 확률을 알려 준다. 파동 함수의 제곱 $\psi^2$은 원자핵을 둘러싼 3차원 공간에 분포된 전자 밀도로 정의된다. 높은 전자 밀도를 갖는 영역은 전자가 존재할 확률이 높다(그림 3.14).

보어의 원자 모형과 원자의 양자 역학적 모형을 구별하기 위해 궤도 대신, 원자 **오비탈**(orbital)이라는 표현을 사용한다. **원자 오비탈**(atomic orbital)은 원자 내 전자의 파동 함수로 생각할 수 있다. 전자가 특정 오비탈에 있다고 표현하는 것은 전자 밀도의 분포 또는 공간에 전자가 위치할 확률을 그 오비탈과 연관된 파동 함수의 제곱으로 나타낼 수 있다는 의미이다. 그러므로 원자 오비탈은 전자 밀도의 특징적인 분포뿐만 아니라 특정한 에너지를 갖고 있다.

## 3.6절 복습

### 양자 역학

**3.6.1** $4\times10^6$ m/s±1%의 속도로 움직이는 전자의 최소 위치 불확정성을 계산하시오. (단, 전자의 질량은 $9.11\times10^{-31}$ kg이다.)

(a) $2\times10^{-8}$ m
(b) $1\times10^{-12}$ m
(c) $1\times10^{-9}$ m
(d) $6\times10^{-9}$ m
(e) $7\times10^{-8}$ m

**3.6.2** $4\times10^6$ m/s±1%의 속도로 움직이는 양성자의 최소 위치 불확정성을 계산하시오. (단, 양성자의 질량은 $1.67\times10^{-27}$ kg이다.)

(a) $8\times10^{-13}$ m
(b) $3\times10^{-12}$ m
(c) $4\times10^{-11}$ m
(d) $1\times10^{-13}$ m
(e) $8\times10^{-10}$ m

# 3.7 양자수

**참조**

세 개의 양자수 $n$, $\ell$, $m_\ell$은 오비탈의 크기, 모양, 방향을 나타낸다.

수소 원자에 대한 보어 모형에서는 전자의 위치를 표현하기 위해 오직 하나의 숫자 $n$만 필요했다. 양자 역학에는 원자 내 **전자 밀도의 분포**(distribution of electron density)를 나타내기 위해 세 개의 **양자수**(quantum number)가 필요하고, 이 수들은 수소 원자에 대한 슈뢰딩거 식의 수학적인 해에서 얻어진다. 세 개의 양자수는 각각 **주양자수**(principal quantum number), **각운동량 양자수**(angular momentum quantum number), **자기 양자수**(magnetic quantum number)라고 부른다. 원자 오비탈은 고유한 세 개의 양자수 조합으로 정해진다.

## 주양자수($n$)

**주양자수**(principal quantum number, $n$)는 원자의 **크기**(size)를 결정한다. $n$ 값이 커질수록 원자핵으로부터 오비탈의 전자까지의 거리가 멀어지고, 따라서 오비탈의 크기가 커진다. 주양자수는 1, 2, 3 등의 정수값을 가지며, 수소 원자에 대한 보어 모형의 양자수와 일치한다. 식 3.7에서 보았듯이 수소 원자에서는 $n$ 값 단독으로 오비탈의 에너지를 결정한다. (곧 배우겠지만, 전자가 두 개 이상인 원자에서는 해당되지 않는다.)

## 각운동량 양자수($\ell$)

**각운동량 양자수**(angular momentum quantum number, $\ell$)는 원자 오비탈의 **모양**(shape)을 나타낸다[|◀◀ 3.8절]. 각 운동량 양자수($\ell$)는 주양자수($n$)에 따라 결정되며, 0부터 $n-1$까지의 값을 가진다. 만일, $n=1$이라면 오직 하나의 $\ell$ 값, 즉 0($n-1$, $n=1$일 때)만 가능하다. 만일 $n=2$라면 두 개의 $\ell$값, 0과 1; $n=3$이면 세 개의 $\ell$값, 0, 1, 2를 갖게 된다. $\ell$ 값은 문자 $s$, $p$, $d$, $f$로 다음과 같이 나타낸다.[14]

**표 3.2 가능한 양자수 $n$, $\ell$, $m\ell$**

| $n$ | $\ell$ | $\ell$ | $m_\ell$ |
|---|---|---|---|
| 1 | 0 | 0 | 0 |
| 2 | 0, 1 | 0<br>1 | 0<br>−1, 0, +1 |
| 3 | 0, 1, 2 | 0<br>1<br>2 | 0<br>−1, 0, +1<br>−2, −1, 0, +1, +2 |
| 4 | 0, 1, 2, 3 | 0<br>1<br>2<br>3 | 0<br>−1, 0, +1<br>−2, −1, 0, +1, +2<br>−3, −2, −1, 0, +1, +2, +3 |
| . | . | . | . |
| . | . | . | . |
| . | . | . | . |

14. 특이한 문자들의 조합($s$, $p$, $d$, 그리고 $f$)은 역사적인 기원이 있다. 원자의 방출 스펙트럼을 연구하던 물리학자들은 스펙트럼 선을 관찰한 결과를 에너지 전이 상태와 연관 지으려 했고, 각 방출선을 sharp, principal, diffuse, 그리고 fundamental로 명명해 머리글자로 오비탈의 이름을 정했다.

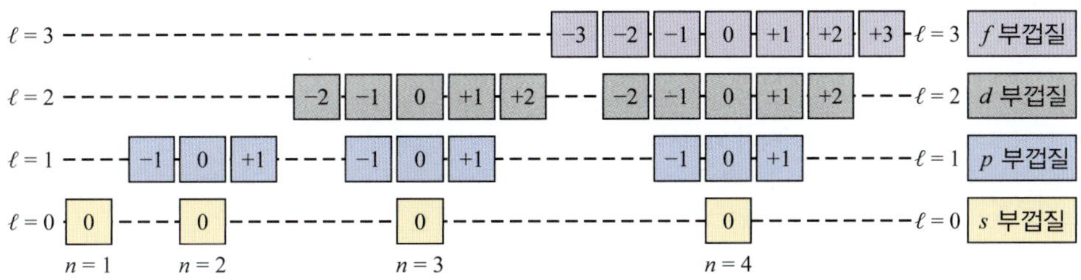


**그림 3.15** 양자수와 전자 껍질, 부껍질, 그리고 오비탈의 관계

| $\ell$ | 0 | 1 | 2 | 3 |
|---|---|---|---|---|
| 오비탈명 | $s$ | $p$ | $d$ | $f$ |

따라서 $\ell=0$이면 $s$ 오비탈, $\ell=1$이면 $p$ 오비탈이라고 명명한다.

동일한 $n$ 값을 갖는 오비탈들의 모임을 **껍질**(shell)이라고 하고, $n$ 값이 같고 $\ell$ 값이 다른 경우 **부껍질**(subshell)이라고 한다. 예를 들어, $n=2$인 껍질은 두 개의 부껍질, $\ell=0$과 $\ell=1$($n=2$일 때 허용되는 두 개의 값)로 구성된다. 이 부껍질들은 $2s$와 $2p$ 부껍질이라고 부르고, 2는 $n$을, 그리고 $s$와 $p$는 $\ell$을 표시한다.

## 자기 양자수($m_\ell$)

**자기 양자수**(magnetic quantum number, $m_\ell$)는 공간에서 오비탈의 **방향**(orientation)을 나타낸다(3.8절). 부껍질에서 $m_\ell$ 값은 $\ell$ 값에 의해 결정되고, 하나의 $\ell$ 값에 대해 다음과 같이 $(2\ell+1)$개의 $m_\ell$ 값이 가능하다.

$$-\ell, \cdots, 0, \cdots, +\ell$$

$\ell=0$이면 가능한 $m_\ell$은 0; $\ell=1$이면 가능한 $m_\ell$ 값은 세 개($-1$, 0, $+1$) 그리고 $\ell=2$인 경우 $m_\ell$ 값은 다섯 개($-2$, $-1$, 0, $+1$, $+2$)이다. 즉, $m_\ell$ 값은 특정한 $\ell$ 값을 가진 부껍질에 들어 있는 **오비탈**(orbital)의 수를 지정한다. 각 $m_\ell$ 값은 다른 오비탈을 나타낸다.

표 3.2에서 세 개의 양자수($n$, $\ell$, $m_\ell$)의 가능한 조합을 요약했고, 그림 3.15는 세 개의 양자수와 원자의 각 껍질에 들어 있는 부껍질과 오비탈의 관계를 도식적으로 나타내었다. 전자 껍질 속의 **부껍질** 수는 $n$ 값과 같고 껍질의 오비탈 수는 $n^2$과 같다.

예제 3.8은 가능한 양자수를 구하는 내용에 관한 문제이다

### 예제 3.8

주양자수($n$)가 3이고 각운동량 양자수($\ell$)가 1일 때 가능한 자기 양자수($m_\ell$)를 구하시오.

**전략** 가능한 자기 양자수($m_\ell$)를 구하는 방법을 사용한다. 자기 양자수($m_\ell$)는 주양자수($n$)가 아닌 각운동량 양자수($\ell$)에 의해 결정된다.

**계획** 가능한 $m_\ell$ 값은 $-\ell, \cdots, 0, \cdots, +\ell$이다.

**풀이** 가능한 자기 양자수($m_\ell$)는 $-1$, 0, $+1$이다.

**생각해 보기**

표 3.2를 참고해 답이 맞는지 확인한다. 표 3.2에서 $m_\ell$ 값을 확정하기 위해서는 $n$ 값이 아니라 $\ell$ 값으로 결정해야 한다.

**유제 1** 주양자수($n$)가 3이고 각운동량 양자수($\ell$)가 2일 때 가능한 자기 양자수($m_\ell$)를 구하시오.

**유제 2** 구두 수선공이 신발 보관을 위해 V자형 신발장을 사용한다고 상상해 보자. 그중 4개의 신발장이 다음과 같다. 수선을 위해 가져온 한 켤레의 신발은 각 신발장의 상자에 보관된다. 각 신발의 위치는 신발장(C), 선반(S), 그리고 특정 상자(B), 이렇게 세 개의 문자를 조합해 기록한다.

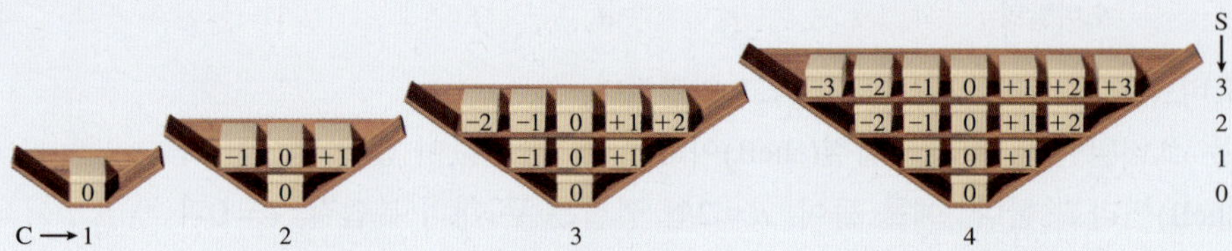


각 신발장은 신발장 속의 선반 개수와 동일한 번호를 갖게 되어 C의 값은 1, 2, 3, 4이다. 각 신발장의 선반들은 제일 아래 선반을 0으로 시작해서 연속적으로 번호를 붙인다. 하나의 선반을 가진 제일 작은 신발장은 0으로 정해지고 다른 신발장들은 0부터 C−1까지의 번호를 붙인다. 그리고 각 상자는 가장 아랫줄의 상자를 0으로 하고 0 바로 위의 상자도 0으로 정한다. 0의 왼쪽에 있는 상자는 1씩 빼면서 숫자를 지정하고 0의 오른쪽으로는 1씩 더하면서 숫자를 지정한다. 이러한 방법으로 구두 수선공은 세 개의 숫자 조합 C, S, B를 이용하여 신발의 위치를 지정한다. 즉, 세 숫자의 조합(C, S, B)이 신발의 위치를 결정한다. 다음의 숫자 조합 중에서 신발의 위치를 지정할 수 없는 조합을 구하고 이유를 설명하시오.

(a) (1, 0, 0) (b) (0, 0, 0) (c) (3, 2, −2)

(d) (2, 0, 0) (e) (4, 3, +1) (f) (2, 2, +2)

## 전자 스핀 양자수($m_s$)

원자 오비탈을 표시할 때는 세 개의 양자수로 충분했으나 오비탈을 점유하는 전자를 나타내기 위해서는 추가적인 양자수가 필요했다.

수소 원자와 소듐 원자의 방출 스펙트럼 실험 결과 외부 자기장의 영향을 받을 때 스펙트럼의 각 선은 두 개로 나누어지는 것을 발견했다. 물리학자들이 이 같은 결과를 설명할 수 있는 유일한 방법은 전자가 작은 자석처럼 행동한다고 가정하는 것이다. 만약 전자가 지구가 자전하는 것처럼 고유의 축을 가지고 회전한다면 이러한 자기성을 설명할 수 있다. 전자기 이론에 의하면 회전하는 전하는 자기장을 생성하므로 전자의 회전이 전자를 자석처럼 행동하도록 한다. 그림 3.16은 두 가지 가능한 전자의 회전을 나타내며, 하나는 시계 방향이고 다른 하나는 반시계 방향이다. 전자의 스핀을 특정하기 위해서 **전자 스핀 양자수**(electron spin quantum number, $m_s$)를 사용한다. 서로 반대(opposite each other)인 두 개의 회전 방향을 나타내기 위해 $m_s$는 $+\frac{1}{2}$와 $-\frac{1}{2}$의 두 개의 값을 갖는다.

> **참조**
> 같은 오비탈에 있는 반대 방향의 두 전자를 짝지어진(paired) 전자라고 한다.

전자 스핀에 대한 결정적인 증거는 1924년 독일의 물리학자인 오토 스턴(Otto Stern)[15]과 발터 게를라흐(Walther Gerlach)[16]에 의해 확립되었다. 기본 실험 장치가 그림 3.17에 나와 있다. 고온의 발열원에서 생성된 기체상 원자빔을 불균등한 자기장에 통과시키면 전자와 자기장의 상호 작용 때문에 원자가 직선 경로에서 방향을 바꾸게 된다. 전자 스핀의 방향이 무작위여서 원자들 **절반**의 전자는 한 방향으로 회전해 원자의 방향이 한쪽으로 휘어진다. 나머지 원자들의 전자는 스핀이 **반대**(opposite) 방향이어서 다른 방향으로 진행하게 된다. 따라서 감지 스크린의 두 곳에 같은 강도의 점이 관찰된다.

요약하자면, **오비탈**(orbital)은 세 개의 양자수 조합으로 지정할 수 있다. 세 개의 양자수는 각각 오비탈의 크기($n$), 모양($\ell$), 그리고 방향($m_\ell$)을 지정한다. 네 번째 양자수($m_s$)는 오비탈 속의 전자의 스핀을 정하기 위해 필요하다.

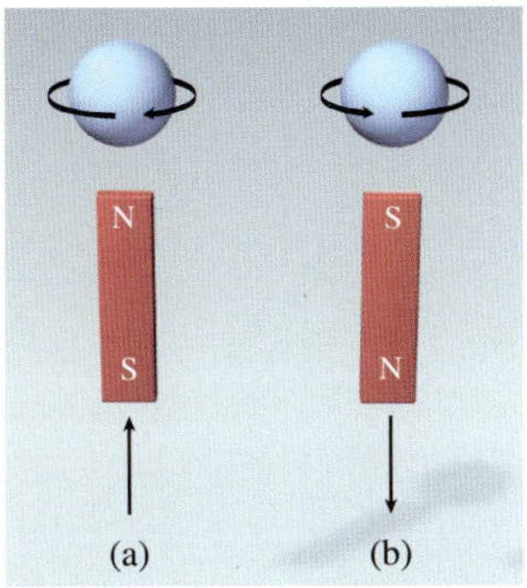


그림 3.16 (a) 시계 방향 전자 스핀과 (b) 반시계 방향 전자 스핀. 두 가지 스핀 운동으로 발생하는 자기장은 두 개의 자석의 움직임에 의한 자기장과 유사하다. 위 방향과 아래 방향 화살표는 스핀의 방향을 나타내기 위해 사용한다.

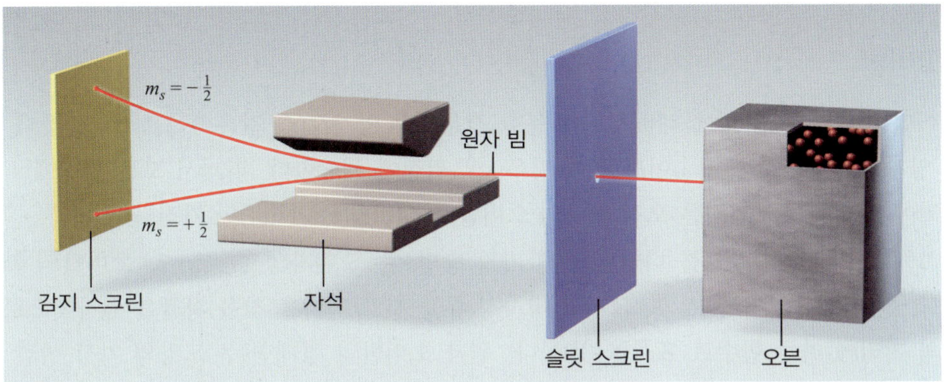


그림 3.17 전자 스핀을 나타내기 위한 실험 장치. 원자 빔을 자기장에 직선으로 쏜다. 하나의 전자를 가진 수소 원자는 전자 스핀의 방향에 따라 두 방향으로 나뉘어 진행한다. 여러 개의 원자로 구성된 빔은 두 종류 스핀이 동일한 정도로 나뉘어져 같은 강도의 점이 스크린의 두 곳에 나타난다.

## 3.7절 복습

### 양자수

**3.7.1** $n=3$이고 각운동량 양자수 $\ell=2$일 때 가능한 오비탈의 수를 고르시오.

(a) 2 (b) 3 (c) 5 (d) 7 (e) 10

**3.7.2** 주양자수 $n=3$일 때 가능한 부껍질의 수를 고르시오.

(a) 1 (b) 2 (c) 3 (d) 6 (e) 9

**3.7.3** 주양자수가 $n=3$일 때 가능한 오비탈의 총수를 고르시오.

(a) 1 (b) 2 (c) 3 (d) 6 (e) 9

**3.7.4** $m_\ell=+2$인 오비탈의 가능한 주양자수 중에서 가장 작은 값을 고르시오.

(a) 1 (b) 2 (c) 3 (d) 4 (e) 5

15. 오토 스턴(Otto Stern, 1888~1969): 원자의 자기적 특성과 기체의 운동 이론에 대한 연구에 큰 기여를 했고 1943년 노벨 물리학상을 수상했다.

16. 발터 게를라흐(Walther Gerlach, 1889~1979): 그의 연구는 양자론에 큰 기여를 했다.

# 3.8 원자 오비탈

엄밀하게 말하면, 원자 오비탈은 전자 파동이 원자핵으로부터 무한하게 확장될 수 있기 때문에 명확한 모양을 가지고 있지 않다. 그러한 점에서 오비탈이 어떻게 생겼다고 말하긴 어려우나, 특정한 모양을 가졌다고 생각하는 것이 분명 유용하긴 하다. 원자 오비탈의 모양을 상상하는 것은 5장과 7장에서 배울 화학 결합과 분자 구조를 이해하는 데 꼭 필요하다. 이 장에서 우리는 각 오비탈에 대해 알아볼 것이다.

## *s* 오비탈

어떤 주양자수($n$) 값에 대해서도 가능한 각운동량 양자수($\ell$) 값은 0이고, $\ell=0$일 때 자기 양자수($m_\ell$) 값도 오직 0이므로 이 경우 $s$ 부껍질에 해당한다. 따라서 모든 껍질에 $s$ 부껍질이 있고 각 $s$ 부껍질은 오직 하나의 오비탈, **s 오비탈**($s$ orbital)만 가진다.

참조

방사상 확률 분포는 "전자가 대부분의 시간을 보내는 공간"이라고 생각할 수 있다.

그림 3.18은 전자 분포를 나타내는 세 가지 방법, 수소 원자의 1$s$, 2$s$, 3$s$ 오비탈의 확률 밀도, 전자 밀도의 구형 분포, 그리고 방사상 확률 분포(전자를 찾을 확률을 원자핵으로부터의 거리에 따른 함수로 표시한 것)이다. 원자 오비탈의 경계면(구 모양의 가장 바깥 표면)을 나타내는 가장 일반적인 방법은 주어진 시간에 전자를 찾을 확률이 90%인 부피로 나타내는 것이다.

모든 $s$ 오비탈은 구 모양이고 주양자수가 증가하면 크기가 커진다. 1$s$ 오비탈에 대한 방사상 확률 분포는 원자핵으로부터 52.9 pm(0.529 Å) 거리에서 최대이다. 2$s$와 3$s$ 오비탈에 대한 방사상 확률 분포 곡선은 핵으로부터 거리에 따라 2개, 3개의 최댓값을 갖는데 $n$ 값이 증가할수록 커진다. 2$s$ 오비탈의 두 최댓값 사이에는 확률이 0으로 떨어지는 지점이 있는데, 이 점을 전자 밀도의 **마디**(node)라고 하며 여기서는 정상파의 진폭이 0이다. 3$s$ 오비탈의 방사상 확률 분포에는 이런 마디가 2개 있다.

비록 $s$ 오비탈의 경계면 도식이 마디의 개수를 나타내지는 못하지만 원자 오비탈의 전체적인 모양과 상대적인 크기 등의 중요한 특징을 나타낼 수 있다.

## *p* 오비탈

주양자수($n$)가 2 이상이고 각운동량 양자수($\ell$)가 1인 부껍질을 $p$ 부껍질이라 한다. $\ell=1$이면 자기 양자수($m_\ell$)는 세 가지 가능한 값, $-1$, 0, $+1$을 갖게 되고 각각의 값이 각기 다른 **p 오비탈**($p$ orbital)을 나타낸다. 그러므로 $n\geq2$인 모든 껍질에는 $p$ 부껍질이 있고, $p$ 부껍질은 세 개의 $p$ 오비탈을 포함한다. 세 개의 $p$ 오비탈은 $p_x$, $p_y$, 그리고 $p_z$(그림 3.19)로 명명하고 아래 첨자는 각 오비탈이 향하는 축의 방향을 나타낸다. 세 개의 $p$ 오비탈은 크기, 모양, 에너지가 동일하고 오직 방향만 다르다. 자기 양자수($m_\ell$) 값과 $x$, $y$, $z$축 방향은 특별한 관계가 없다. 우리가 기억해야 할 내용은 자기 양자수($m_\ell$)는 세 값이 가능하고 세 개의 $p$ 오비탈은 다른 방향을 갖는다는 것이다.

그림 3.19의 $p$ 오비탈 경계면 도식을 보면 각 $p$ 오비탈은 원자핵의 반대편에 있는 두 로브로 되어 있다. $s$ 오비탈과 마찬가지로 $p$ 오비탈도 2$p$, 3$p$, 4$p$ 순서로 크기가 커진다.

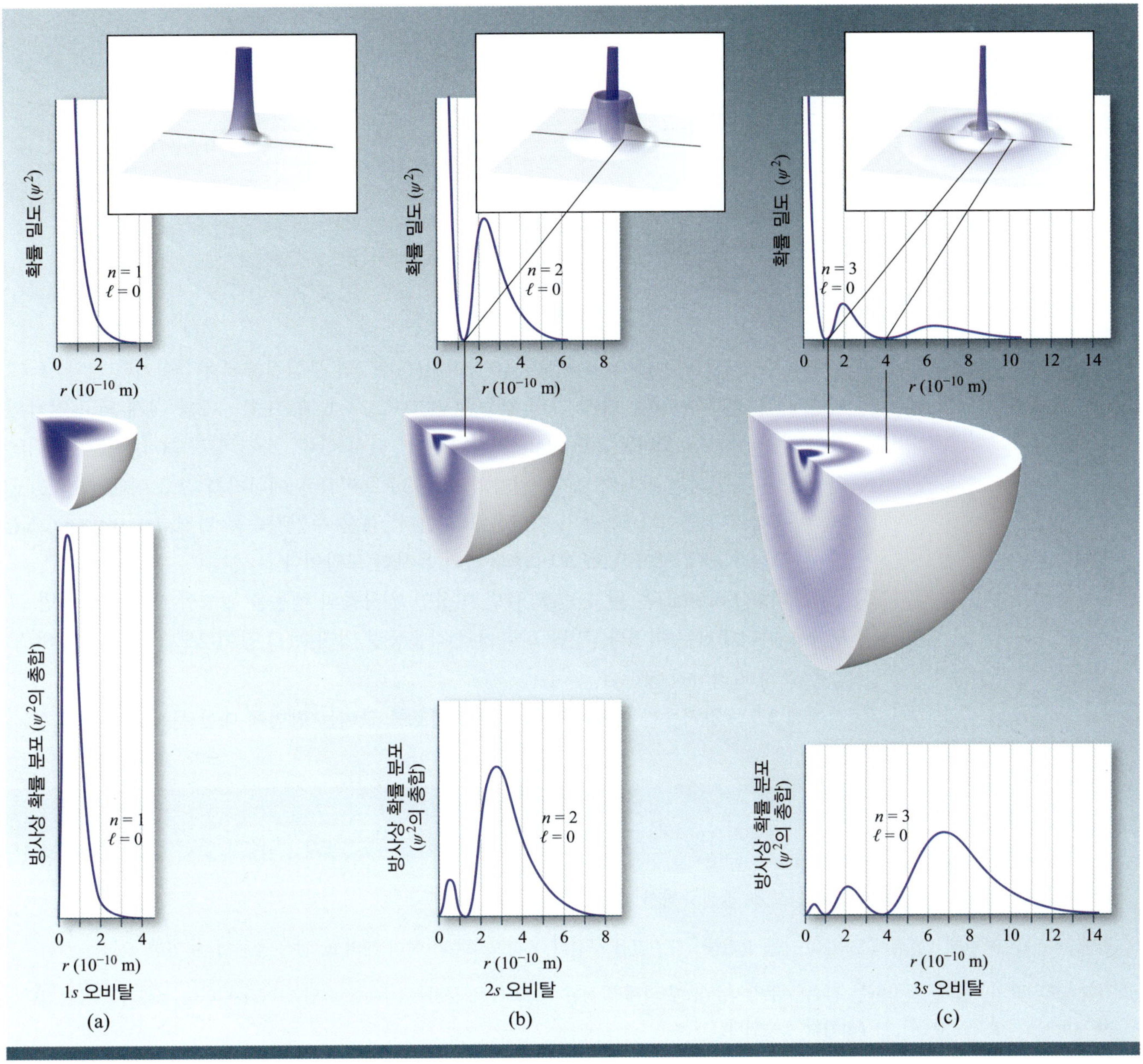


**그림 3.18** 위에서부터 수소 원자의 (a) 1$s$, (b) 2$s$, (c) 3$s$ 오비탈에 대한 확률 밀도와 그에 해당하는 입체 지도, 음영으로 전자 밀도 분포를 나타낸 구 모양 입체 지도와 방사상 확률분포

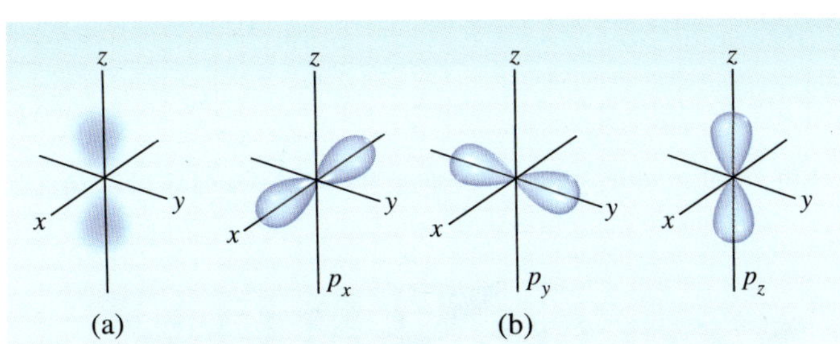


**그림 3.19** (a) $p$ 오비탈의 전자 분포 (b) $p_x$, $p_y$, $p_z$ 오비탈의 경계면 도식

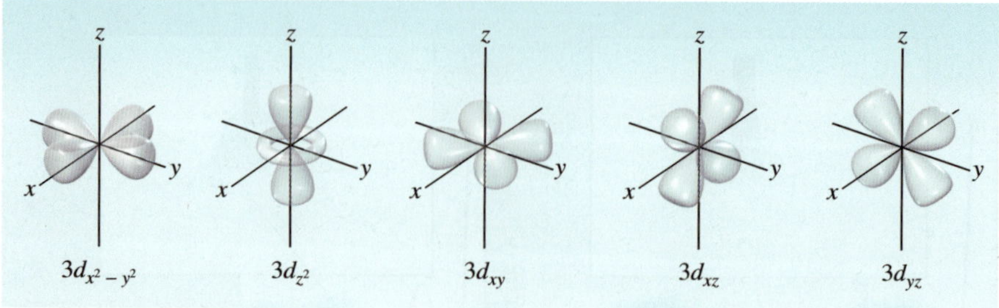


그림 3.20 $d$ 오비탈의 경계면 도식

## $d$ 오비탈과 다른 더 높은 에너지의 오비탈

주양자수($n$)가 3 이상이고 각운동량 양자수($\ell$)가 2인 부껍질을 $d$ 부껍질이라 한다. $\ell=2$ 이면 자기 양자수($m_\ell$)는 다섯 가지 가능한 값, $-2$, $-1$, 0, $+1$, $+2$를 갖게 되고 각각의 값이 각기 다른 ***d* 오비탈**($d$ orbital)을 나타낸다. 다시 한번, 자기 양자수($m_\ell$) 값과 오비탈의 방향은 직접적인 관계가 없다. 원자의 모든 $3d$ 오비탈은 에너지가 같고 아래 첨자 $x$, $y$, $z$를 이용하여 평면이나 축 등의 방향을 표시한다. 높은 주양자수를 가진 $d$ 오비탈($4d$, $5d$, …)은 그림 3.20에 보여진 $3d$ 오비탈과 거의 유사한 모양이다.

***f* 오비탈**($f$ orbital)은 원자 번호 57번 이상인 원자들의 행동을 설명할 때 중요하지만 그 모양을 나타내기는 어렵다. 일반 화학에서 각운동량 양자수($\ell$) 값이 2보다 큰 오비탈의 모양은 크게 고려하지 않는다.

예제 3.9는 양자수를 이용하여 오비탈에 번호를 붙이는 방법에 대한 문제이다.

## 예제 3.9

$4d$ 부껍질의 각 오비탈에 대한 $n$, $\ell$ 그리고 $m_\ell$ 값을 구하시오.

**전략** $4d$라는 표현에 포함된 숫자와 문자를 고려해 $n$과 $\ell$ 값을 구한다. $\ell$ 값으로부터 여러 개의 $m_\ell$ 값을 추론할 수 있다.

**계획** 오비탈의 이름을 시작하는 정수는 주양자수($n$)에 의해 결정된다. 그 다음 문자는 각운동량 양자수($\ell$)에 의해 정해지고 자기 양자수($m_\ell$)는 $-\ell$, …, 0, …, $+\ell$까지의 정수이다.

**풀이** $n$ 값은 4이고, $\ell$ 값은 2이므로 가능한 $m_\ell$ 값은 $-2$, $-1$, 0, $+1$, $+2$까지이다.

### 생각해 보기

그림 3.15를 참고해 답이 정확한지 확인한다.

**유제 1** 양자수를 이용하여 $2d$ 부껍질이 불가능한 이유를 설명하시오.

**유제 2** 예제 3.8의 **유제 2**에 나왔던 신발장, 선반, 그리고 신발 상자를 기억해 보자. 다음 그림에서 다른 색으로 표시된 상자의 세 양자수 조합을 구하시오.

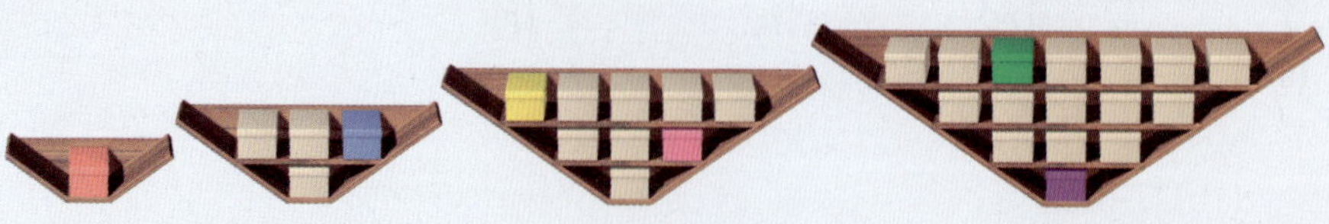

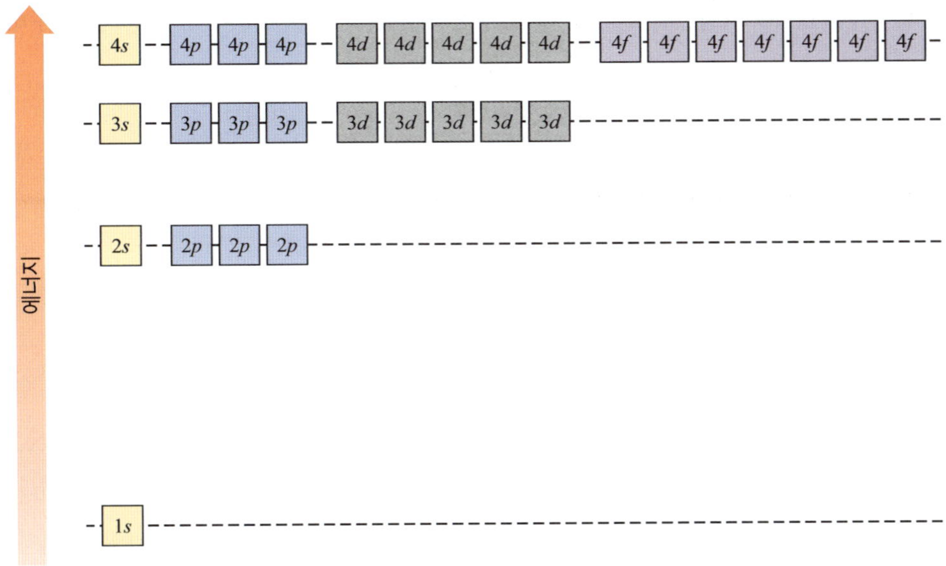


**그림 3.21** 수소 원자의 오비탈 에너지 준위. 각 상자는 하나의 오비탈을 나타낸다. 같은 주양자수($n$)를 갖는 오비탈은 같은 에너지를 갖는다.

## 오비탈의 에너지

수소 원자에서 오비탈의 에너지는 오직 주양자수($n$)에만 의존하고 $n$ 값이 커질수록 에너지도 증가한다. 이런 이유로 부껍질의 종류에 관계없이 같은 껍질에 있는 오비탈의 에너지는 모두 동일하다(그림 3.21).

$$1s < 2s = 2p < 3s = 3p = 3d < 4s = 4p = 4d = 4f$$

그래서 두 번째 껍질에 있는 네 개(한 개의 2$s$와 세 개의 2$p$)의 오비탈도 같은 에너지를 갖고, 세 번째 껍질에 있는 아홉 개(한 개의 3$s$와 세 개의 3$p$, 그리고 다섯 개의 3$d$)의 오비탈도 같은 에너지, 네 번째 껍질에 있는 열여섯 개(한 개의 4$s$와 세 개의 4$p$, 다섯 개의 4$d$, 그리고 일곱 개의 4$f$)의 오비탈도 같은 에너지를 갖는다. 다전자 원자의 에너지 준위는 수소 원자에 비해 복잡하며 3.9절에서 설명할 것이다.

## 3.8절 복습

### 원자 오비탈

**3.8.1** 5$f$ 부껍질에 있는 오비탈의 수를 고르시오.

(a) 5　(b) 7　(c) 14
(d) 16　(e) 28

**3.8.2** 수소 원자의 오비탈 에너지는 ___________에 의존한다.

(a) $n$, $\ell$, $m_\ell$　(b) $n$, $\ell$　(c) $n$
(d) $\ell$　(e) $m_\ell$

**3.8.3** 수소 원자에서 3$s$ 오비탈보다 큰 에너지를 갖는 오비탈을 모두 고르시오.

(a) 3$p$　(b) 4$s$　(c) 2$p$
(d) 3$d$　(e) 4$p$

**3.8.4** 다음 중 $3p$ 오비탈을 나타낼 수 있는 양자수($n$, $\ell$, $m_\ell$) 조합으로 옳은 것을 구하시오.

(a) 3, 0, 0　　(b) 3, 1, 0　　(c) 3, 2, −1

(d) 1, 1, −2　　(e) 1, 3, 1

## 3.9 전자 배치

수소 원자는 전자가 단 하나인 특별히 간단한 계로, 전자는 주로 $1s$ 오비탈(**바닥상태**, ground state)에 존재하지만 에너지가 높은 오비탈(**들뜬상태**, excited state)에서 발견되기도 한다. 다전자계에서는 바닥상태 **전자 배치**(electron configuration)—즉, 다양한 원자 오비탈에 전자를 분배하는 방법이 필요하고, 이를 위해서 단전자계와는 다른 다전자 원자의 원자 오비탈들의 상대적인 에너지를 알아야만 한다.

### 다전자 시스템에서 원자 오비탈의 에너지

**참조**

"나누어짐"은 그림 3.23에 나타나듯이 전자 껍질의 에너지가 각기 다른 에너지를 가진 부껍질에 의해 몇 가지로 갈라져서 나타나는 현상이다.

그림 3.22의 두 가지 방출 스펙트럼을 고려해 보자. 헬륨의 스펙트럼은 수소보다 더 많은 선이 있고 이는 헬륨 원자가 수소 원자보다 가시광선 영역에서 더 많은 전이가 가능하다는 증거이다. 이 현상은 헬륨 원자가 가진 두 전자들 간의 정전기적 상호 작용으로 인한 에너지 준위의 **나누어짐**(splitting) 때문이다.

그림 3.23은 다전자 원자의 오비탈 에너지의 일반적인 순서를 보여 준다. 오비탈의 에너지가 오직 주양자수 $n$ 값에만 의존하는 수소 원자(그림 3.21)와는 다르게 다전자 원자의 오비탈 에너지는 주양자수 $n$과 각운동량 양자수 $\ell$ 값 모두의 영향을 받는다. 예를 들면, $3p$ 오비탈들은 동일한 에너지를 갖지만 $3s$ 오비탈의 에너지보다는 크고 $3d$ 오비탈의 에너지보다는 작다. 다전자 원자에서 $n$ 값이 동일할 경우 오비탈의 에너지는 $\ell$ 값에 따라 증가한다. 특정 껍질의 $d$ 오비탈 에너지와 그 다음 껍질의 $s$ 오비탈 에너지 간의 관계는 에너지 준위의 나누어짐 현상의 중요한 결과 중 하나이다. 그림 3.23에서 볼 수 있듯이 $4s$ 오비탈의 에너지는 $3d$보다 작고, $5s$ 오비탈의 에너지도 $4d$보다 작다. 이 사실은 원자 내에서 전자가 원자 오비탈에 어떻게 분포하는지를 결정하는 데 매우 중요하다.

### 파울리의 배타 원리

**파울리의 배타 원리**(Pauli[17] exclusion principle)에 의하면 한 원자의 어떤 두 전자도 4개의 양자수가 모두 같을 수는 없다. 만일 원자의 두 전자가 동일한 $n$, $\ell$, 그리고 $m_\ell$ 값을 가진다 해도(즉, 동일한 오비탈을 점유한다고 해도) 한 전자가 $m_s=+\frac{1}{2}$이면 다른 전자는 $m_s=-\frac{1}{2}$

17. 볼프강 파울리(Wolfgang Pauli, 1900~1958): 오스트리아의 물리학자. 양자 역학의 창시자 중 한 명으로 1945년 노벨 물리학상을 수상했다.

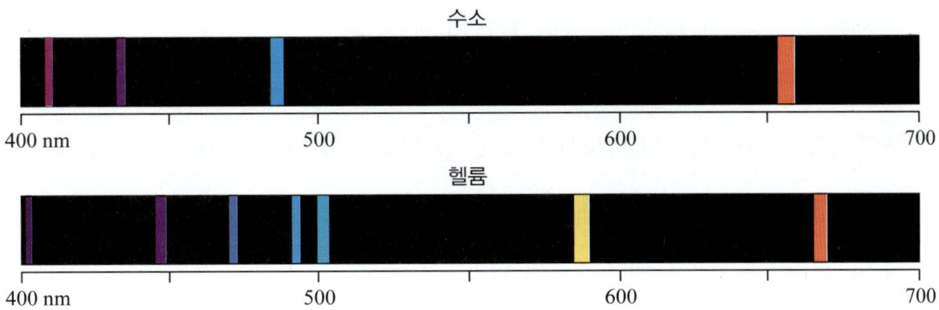


**그림 3.22** H(수소)와 He(헬륨)의 방출 스펙트럼 비교

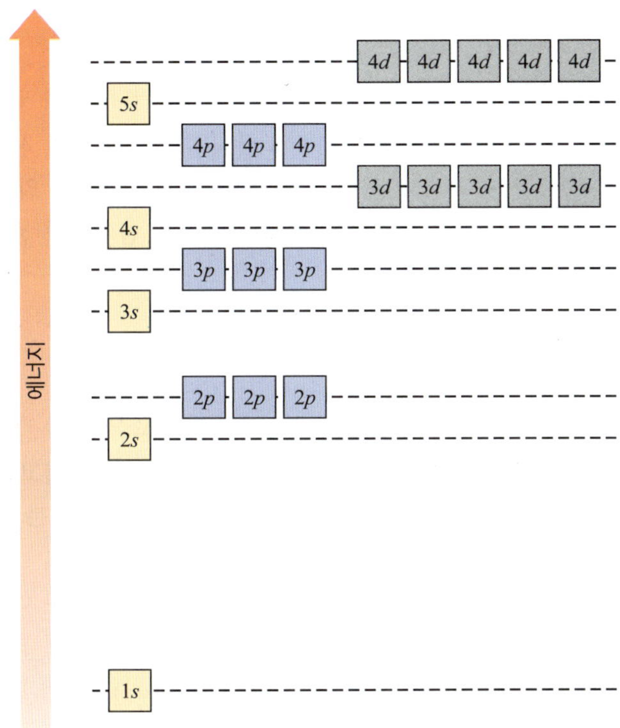


**그림 3.23** 다전자 원자의 오비탈 에너지 준위. $n$ 값이 주어졌을 때 오비탈의 에너지는 $\ell$ 값에 따라 증가한다.

로, 반드시 다른 $m_s$ 값을 갖는다. $m_s$ 값은 두 가지만 가능하고 동일한 오비탈의 두 전자는 같은 $m_s$ 값을 가질 수 없으므로 원자 오비탈에는 최대 두 개의 전자가 들어갈 수 있고 두 개의 전자는 반드시 반대 스핀을 갖는다.

원자 오비탈의 전자 배치를 각 오비탈(또는 부껍질) 기호와 그 안에 들어 있는 전자의 수를 이용하여 다음과 같이 표기할 수 있다. 따라서 수소 원자의 바닥 상태 전자 배치는 $1s^1$로 표기한다.

**참조**

$1s^1$은 "일 $s$ 일(one $s$ one)"로 읽는다.

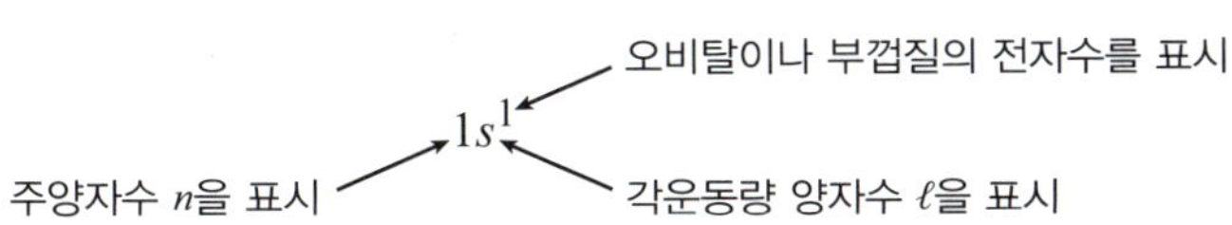


전자 배치는 각 오비탈을 표시된 상자로 묘사하는 **오비탈 도표**(orbital diagram)를 사용하여 표시하는 방법도 있다. 오비탈 도표를 이용한 수소 원자의 바닥상태 전자 배치는 다음과 같다.

H [↑]
$1s^1$

위 방향 화살표는 수소 원자의 가능한 두 스핀 중 하나를 표시하며$\left(\text{관례적으로 } m_s = +\frac{1}{2}\right)$, 아래 방향 화살표는 반대 스핀$\left(\text{관례적으로 } m_s = -\frac{1}{2}\right)$을 나타낸다. 앞으로 살펴볼 내용에서 알게 되겠지만, 특정 상황에서 전자의 위치를 분명하게 표시하는 것은 매우 유용하다.

헬륨 원자의 바닥상태 오비탈 도표는 다음과 같다.

> **참조**
> 다전자 원자의 바닥상태는 모든 전자가 가장 낮은 에너지의 오비탈을 점유하고 있는 상태이다.

He [↑↓]
$1s^2$

> **참조**
> $1s^2$는 "일 $s$ 제곱(one $s$ squared)"이 아니라 "일 $s$ 이(one $s$ two)"라고 읽는다.

$1s^2$라는 표시는 $1s$ 오비탈에 두 개의 전자가 들어 있다는 뜻이다. 상자 안의 화살표로 표시할 때에는 반대 방향 전자 스핀을 나타내기 위해 반대 방향 화살표를 사용한다. 일반적으로 오비탈 도표가 홀전자를 포함할 때 홀전자는 위 방향 화살표(비록 위 방향과 아래 방향일 확률이 동일한 것을 알지만)로 나타낸다. 이러한 방법은 임의로 정한 것이고 오비탈의 에너지에는 영향을 주지 않는다.

## 쌓음 원리

오비탈 에너지 순서와 파울리의 배타 원리에 기초하여 원소의 전자 배치를 쓰는 과정을 수행할 수 있다. 이러한 과정은 원소들의 주기율표를 만들 수 있게 하고 원소의 전자 배치를 단계적으로 결정할 수 있게 하는 **쌓음 원리**(Aufbau principle)를 기본으로 한다. 각 단계는 양성자 하나씩을 원자핵에 더하고 전자 하나씩을 적당한 오비탈에 더하는 과정을 포함한다. 이러한 과정을 통해 원소의 전자 배치에 대한 자세한 지식을 얻을 수 있다. 이 장의 뒷부분에서 보겠지만 전자 배치에 대한 지식은 원소의 특성을 이해하고 예측하는 데 도움을 줄 뿐만 아니라 왜 그 원소가 주기율표의 특정 자리에 정확하게 들어맞는지를 설명해 준다.

주기율표에서 헬륨 다음 원소는 세 개의 전자를 가진 리튬이다. 파울리 배타 원리 때문에 오비탈에는 두 개를 초과한 전자가 들어갈 수 없다. 따라서 세 번째 전자는 $1s$ 오비탈에 들어갈 수 없고 대신 그 다음으로 가장 낮은 에너지를 가진 오비탈에 들어가야 한다. 그림 3.23에 의하면 그 다음 오비탈은 $2s$이다. 그러므로 리튬의 전자 배치는 $1s^22s^1$이고 오비탈 도표는 다음과 같다.

Li [↑↓] [↑]
$1s^2$ $2s^1$

비슷한 과정을 통해 베릴륨의 전자 배치는 $1s^22s^2$로 쓸 수 있고 오비탈 도표는 다음과 같다.

Be [↑↓] [↑↓]
$1s^2$ $2s^2$

$1s$와 $2s$ 오비탈이 전부 채워지면 다음 원소인 붕소(boron)의 전자 배치를 위해 필요한 $2p$ 부껍질이 사용된다. 세 개의 $2p$ 오비탈은 동일한 에너지를 가졌고, 즉 **축퇴**(degenerate)되

어 있으므로 전자는 2*p* 오비탈 중 아무 데나 들어가도 되지만 관례적으로 첫 전자는 오비탈 도표를 그릴 때 2*p* 오비탈의 첫 번째 상자에 넣는다.

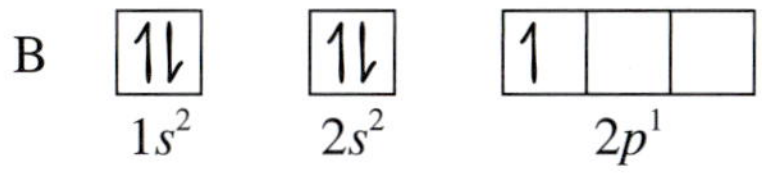


## 훈트의 규칙

탄소의 전자 배치를 표시할 때 여섯 번째 전자는 이미 전자가 하나 들어 있는 2*p* 오비탈이나 비어 있는 두 개의 2*p* 오비탈 중 하나에 들어갈 수 있다. **훈트의 규칙**(Hund's[18] rule)에 의하면 동일한 에너지를 갖는 오비탈들의 가장 안정한 전자 배치는 같은 방향 스핀을 가진 홀전자의 수가 최대가 될 때이다. 앞에서 본 것처럼 어떠한 오비탈의 두 전자도 같은 방향 스핀을 가질 수 없으므로 동일한 스핀을 가진 홀전자들은 모두 다른 오비탈에 들어가야 한다. 즉, 어느 부껍질에서든 전자는 이미 하나가 채워진 오비탈보다는 비어 있는 오비탈에 들어간다. 따라서 탄소의 전자 배치는 $1s^22s^22p^2$이고, 오비탈 도표는 다음과 같다.

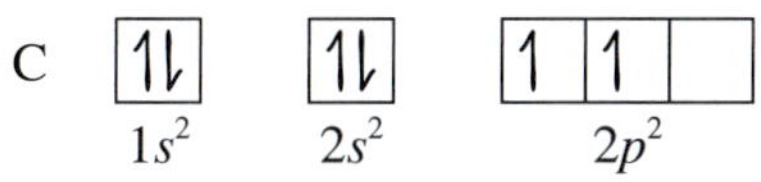


마찬가지로, 질소의 전자 배치는 $1s^22s^22p^3$이고 오비탈 도표는 다음과 같다.

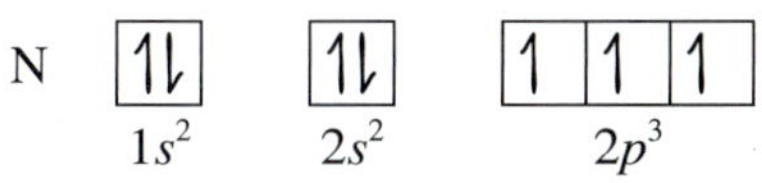


모든 2*p* 오비탈에 전자가 하나씩 들어간 이후에는 전자들이 추가될 때 오비탈을 채우면서 들어가게 되므로 O, F, 그리고 Ne의 전자 배치와 오비탈 도표는 다음과 같다.

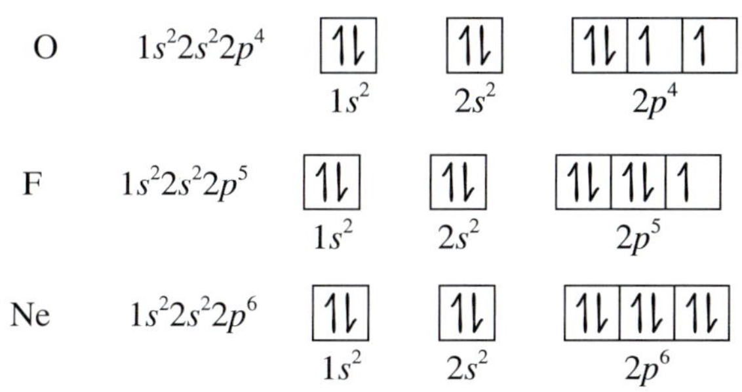


O, F, 그리고 Ne 원자의 바닥상태 전자 배치를 조사해 보면, Ne의 모든 전자는 짝지어진 반면 O와 F에는 홀전자가 하나 이상 있다는 것을 알 수 있다. 이 두 가지 상태가 원자의 자기적 특성을 다르게 만든다. 모든 전자가 짝지어진 경우를 **반자기성**(diamagnetic), 그리고 하나 이상의 홀전자가 있는 경우를 **상자기성**(paramagnetic)이라고 한다. 반자기성 물질은 자기장에 대해 반발한다. 예를 들어, 전자 배치가 $1s^22s^22p^6$(모든 전자가 짝지어진)인 네온 원자는 자석을 가까이하면 약하게 밀려나간다. 상자기성 물질은 자기장에 끌려간다. 전

18. 프레데릭 훈트(Frederick Hund, 1896~1997): 독일의 물리학자. 그의 연구는 양자 역학의 근간을 이루며 화학 결합의 분자 오비탈 이론이 발전하는 데 큰 공헌을 했다.

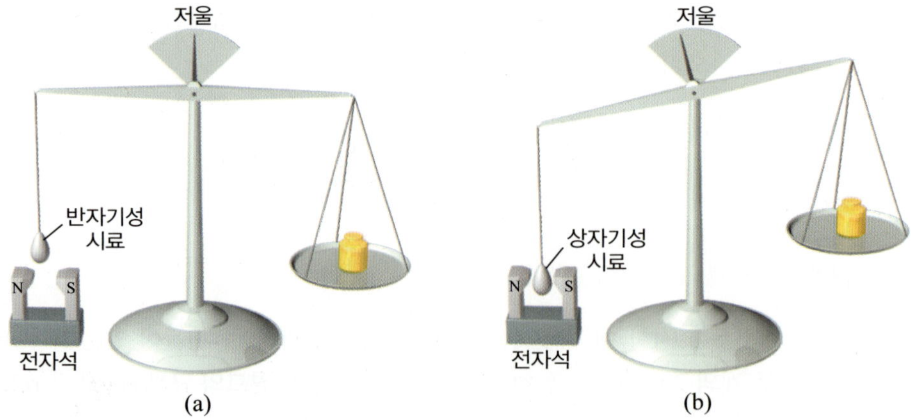


**그림 3.24** 시료를 전자석에 매달고 질량 측정을 두 번 한다: 한 번은 전자석을 끄고, 한 번은 전자석을 켜고 측정한다. (a) 반자기성 시료라면 전자석을 켜고 측정할 때의 질량이 처음 질량보다 약간 작게 측정된다. (b) 상자기성 시료의 경우는 자기장에 의해 시료가 당겨져서 전자석을 켜고 측정할 때의 질량이 처음보다 조금 더 크게 측정된다. 이 방법은 특히 시료 속에 전이 금속이 포함된 경우에 주로 사용된다.

자 배치가 $1s^2 2s^2 2p^4$(두 개의 홀전자가 있는)인 산소 원자는 자석 쪽으로 약하게 끌어당겨진다. 물질의 자기적 특성을 결정할 수 있는 한 가지 방법은 그림 3.24에 있는 자석 저울을 이용하는 것이다.

전자석에 매달려진 물질의 질량을 전자석이 꺼진 상태에서 측정하고, 다시 전자석이 켜진 상태에서 측정한다. 만일 물질이 반자기성이면 자기장에 의해 밀려나가서 질량이 더 적게 측정될 것이다. 하지만 물질이 상자기성이면 자기장에 의해 당겨져서 질량이 더 크게 측정될 것이다. 물질의 자기적 특성은 전자 배치에 대한 정보를 제공한다.

## 전자 배치 표기를 위한 일반적인 규칙

위의 예시들을 기본으로 하여 원소의 바닥상태 전자 배치를 결정할 때 일반적인 규칙들을 다음과 같이 정리해 볼 수 있다.

1. 전자는 가능한 가장 낮은 에너지를 갖는 오비탈에 넣는다.
2. 각 오비탈에는 최대 두 개의 전자만 들어갈 수 있다.
3. 축퇴된 오비탈 중 비어 있는 오비탈이 있다면 전자는 쌍을 이루지 않는다.
4. 오비탈들은 그림 3.23과 3.25에 나타난 순서에 적합하게 차례대로 채워져야 한다.

**참조**

이 책에서 축퇴된(degenerate)의 의미는 "동일한 에너지의"라는 뜻이다. 같은 부껍질의 오비탈들은 축퇴되어 있다.

예제 3.10은 원자의 바닥상태 전자 배치를 결정하는 과정에 관한 문제이다.

### 예제 3.10

칼슘(Ca) 원자(Z=20)의 전자 배치를 쓰고 오비탈 도표를 그리시오.

**전략** 일반 규칙과 쌓음 원리를 이용하여 칼슘 원자의 전자 배치를 완성하고 오비탈 도표로 표현한다.

**계획** $Z=20$이므로 칼슘 원자는 20개의 전자를 갖는다. 그림 3.23에 나온 순서를 기본으로 파울리 배타 원리와 훈트의 규칙에 맞게 오비탈이 채워지는 순서를 정하면 $1s$, $2s$, $2p$, $3s$, $3p$, $4s$이다. 각 $s$ 부껍질은 최대 두 개의 전자가 채워지지만 각 $p$ 부껍질은 최대 여섯 개의 전자가 채워진다.

**풀이**

Ca $1s^22s^22p^63s^23p^64s^2$ 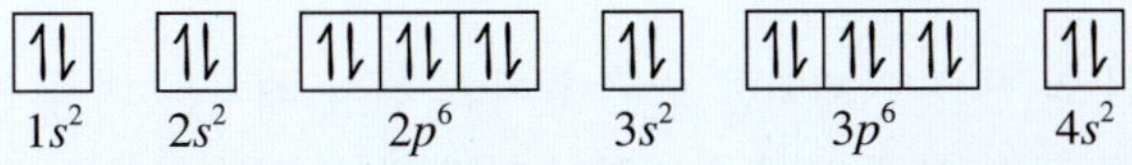

### 생각해 보기

그림 3.23을 보고 올바른 순서로 오비탈을 채웠는지, 전자의 총합이 20개인지 확인한다. $4s$ 오비탈이 $3d$ 오비탈보다 먼저 채워진다는 것을 기억한다.

**유제 1** 브로민(Br) 원자($Z=35$)의 전자 배치를 쓰고 오비탈 도표를 그리시오.

**유제 2** 자기 양자수 $m_\ell$이 $-(\ell+1)\ldots0\ldots+(\ell+1)$ 값을 갖는 다른 우주를 가정해 보자. 그 다른 우주에서 주양자수가 3인 어떤 원자가 있을 때 전자는 최대 몇 개가 들어갈지 계산하시오.

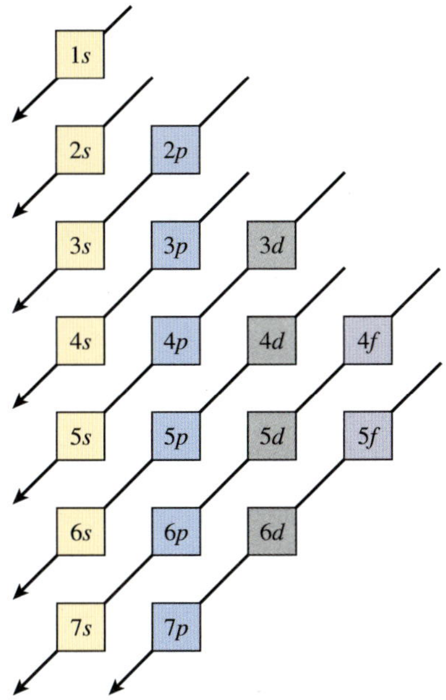


그림 3.25 오비탈의 전자 채우는 순서를 외우는 간단한 방법

## 3.9절 복습

### 전자 배치

**3.9.1** 다음 중 타이타늄(Ti) 원자의 전자 배치를 바르게 나타낸 것을 고르시오.

(a) $1s^22s^22p^63s^23p^63d^4$
(b) $1s^22s^22p^63s^23p^64s^23d^2$
(c) $1s^22s^22p^63s^23p^64s^23d^{10}$
(d) $1s^22s^22p^63s^23p^63d^{10}$
(e) $1s^22s^22p^63s^23p^64s^4$

**3.9.2** 전자 배치 $1s^22s^22p^63s^23p^64s^23d^{10}4p^4$는 어떤 원자를 나타내는가?

(a) Br
(b) As
(c) S
(d) Se
(e) Te

**3.9.3** 황(S) 원자의 바닥상태에 대한 오비탈 도표를 고르시오.

(a) 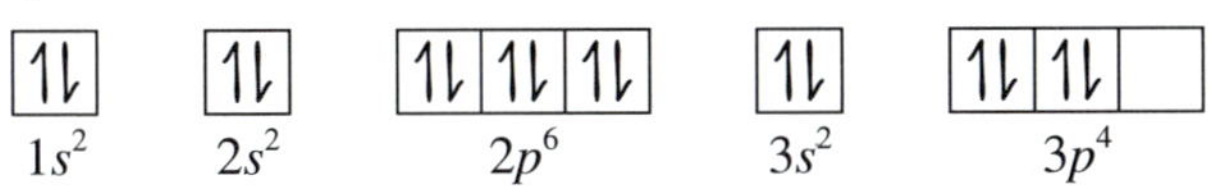

(b) 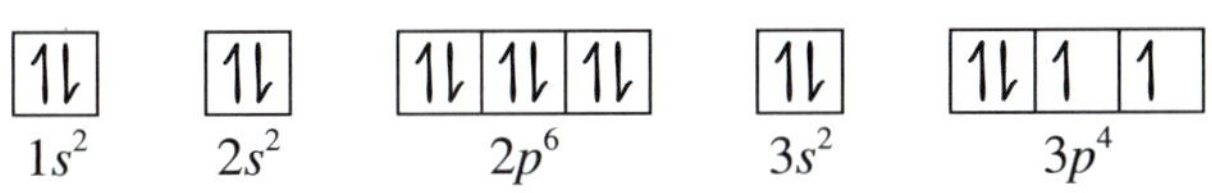

(c) 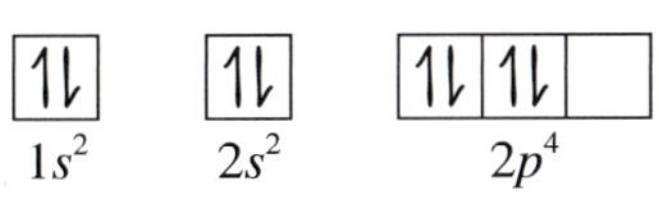

(d) 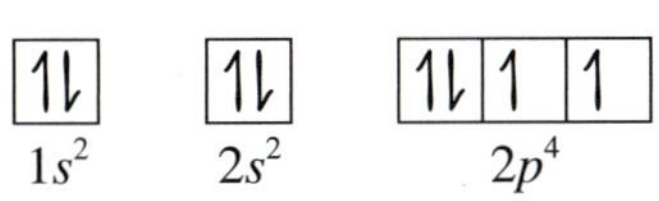

(e) 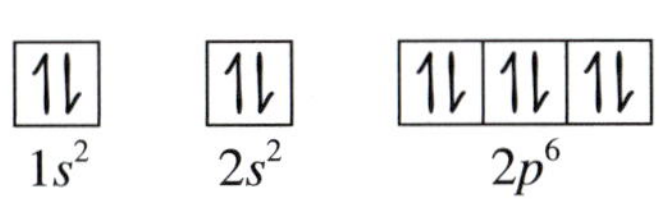

## 3.10 전자 배치와 주기율표

수소와 헬륨을 제외한 모든 원자의 전자 배치는 대상 원자의 바로 앞 주기의 비활성 기체 원자를 괄호 안에 표기한 **비활성 기체 핵심**(noble gas core)과 가장 바깥 껍질 전자를 나타내는 간략 표시법을 이용하기도 한다. 그림 3.26은 수소 원자(H, $Z=1$)부터 오가네손(Og, $Z=118$)까지 원소의 가장 바깥 껍질의 바닥상태 전자 배치를 보여 준다. 리튬($Z=3$)부터 네온($Z=10$)까지의 전자 배치와 소듐($Z=11$)부터 아르곤($Z=18$)까지의 전자 배치 유형이 유사하다. 예를 들면, Li와 Na는 동일하게 $ns^1$의 최외각 전자 배치를 나타내며, Li는 $n=2$

금속 / 준금속 / 비금속

| Core | | 1A 1 | 2A 2 | 3B 3 | 4B 4 | 5B 5 | 6B 6 | 7B 7 | 8B 8 | 8B 9 | 8B 10 | 1B 11 | 2B 12 | 3A 13 | 4A 14 | 5A 15 | 6A 16 | 7A 17 | 8A 18 | |
|---|---|---|---|---|---|---|---|---|---|---|---|---|---|---|---|---|---|---|---|---|
| Core | 1 | 1 H $1s^1$ | | | | | | | | | | | | | | | | | 2 He $1s^2$ | 1 |
| [He] | 2 | 3 Li $2s^1$ | 4 Be $2s^2$ | | | | | | | | | | | 5 B $2s^22p^1$ | 6 C $2s^22p^2$ | 7 N $2s^22p^3$ | 8 O $2s^22p^4$ | 9 F $2s^22p^5$ | 10 Ne $2s^22p^6$ | 2 |
| [Ne] | 3 | 11 Na $3s^1$ | 12 Mg $3s^2$ | | | | | | | | | | | 13 Al $3s^23p^1$ | 14 Si $3s^23p^2$ | 15 P $3s^23p^3$ | 16 S $3s^23p^4$ | 17 Cl $3s^23p^5$ | 18 Ar $3s^23p^6$ | 3 |
| [Ar] | 4 | 19 K $4s^1$ | 20 Ca $4s^2$ | 21 Sc $3d^14s^2$ | 22 Ti $3d^24s^2$ | 23 V $3d^34s^2$ | 24 Cr $3d^54s^1$ | 25 Mn $3d^54s^2$ | 26 Fe $3d^64s^2$ | 27 Co $3d^74s^2$ | 28 Ni $3d^84s^2$ | 29 Cu $3d^{10}4s^1$ | 30 Zn $3d^{10}4s^2$ | 31 Ga $3d^{10}4s^24p^1$ | 32 Ge $3d^{10}4s^24p^2$ | 33 As $3d^{10}4s^24p^3$ | 34 Se $3d^{10}4s^24p^4$ | 35 Br $3d^{10}4s^24p^5$ | 36 Kr $3d^{10}4s^24p^6$ | 4 |
| [Kr] | 5 | 37 Rb $5s^1$ | 38 Sr $5s^2$ | 39 Y $4d^15s^2$ | 40 Zr $4d^25s^2$ | 41 Nb $4d^35s^2$ | 42 Mo $4d^55s^1$ | 43 Tc $4d^55s^2$ | 44 Ru $4d^75s^1$ | 45 Rh $4d^85s^1$ | 46 Pd $4d^{10}$ | 47 Ag $4d^{10}5s^1$ | 48 Cd $4d^{10}5s^2$ | 49 In $4d^{10}5s^25p^1$ | 50 Sn $4d^{10}5s^25p^2$ | 51 Sb $4d^{10}5s^25p^3$ | 52 Te $4d^{10}5s^25p^4$ | 53 I $4d^{10}5s^25p^5$ | 54 Xe $4d^{10}5s^25p^6$ | 5 |
| [Xe] | 6 | 55 Cs $6s^1$ | 56 Ba $6s^2$ | 57 La $5d^16s^2$ | 72 Hf $4f^{14}5d^26s^2$ | 73 Ta $4f^{14}5d^36s^2$ | 74 W $4f^{14}5d^46s^2$ | 75 Re $4f^{14}5d^56s^2$ | 76 Os $4f^{14}5d^66s^2$ | 77 Ir $4f^{14}5d^76s^2$ | 78 Pt $4f^{14}5d^96s^1$ | 79 Au $4f^{14}5d^{10}6s^1$ | 80 Hg $4f^{14}5d^{10}6s^2$ | 81 Tl $4f^{14}5d^{10}6s^26p^1$ | 82 Pb $4f^{14}5d^{10}6s^26p^2$ | 83 Bi $4f^{14}5d^{10}6s^26p^3$ | 84 Po $4f^{14}5d^{10}6s^26p^4$ | 85 At $4f^{14}5d^{10}6s^26p^5$ | 86 Rn $4f^{14}5d^{10}6s^26p^6$ | 6 |
| [Rn] | 7 | 87 Fr $7s^1$ | 88 Ra $7s^2$ | 89 Ac $6d^17s^2$ | 104 Rf $5f^{14}6d^27s^2$ | 105 Db $5f^{14}6d^37s^2$ | 106 Sg $5f^{14}6d^47s^2$ | 107 Bh $5f^{14}6d^57s^2$ | 108 Hs $5f^{14}6d^67s^2$ | 109 Mt $5f^{14}6d^77s^2$ | 110 Ds $5f^{14}6d^87s^2$ | 111 Rg $5f^{14}6d^97s^2$ | 112 Cn $5f^{14}6d^{10}7s^2$ | 113 Nh $5f^{14}6d^{10}7s^27p^1$ | 114 Fl $5f^{14}6d^{10}7s^27p^2$ | 115 Mc $5f^{14}6d^{10}7s^27p^3$ | 116 Lv $5f^{14}6d^{10}7s^27p^4$ | 117 Ts $5f^{14}6d^{10}7s^27p^5$ | 118 Og $5f^{14}6d^{10}7s^27p^6$ | 7 |

| Core | | | | | | | | | | | | | | | | |
|---|---|---|---|---|---|---|---|---|---|---|---|---|---|---|---|---|
| [Xe] | 란타넘 계열 6 | 58 Ce $4f^15d^16s^2$ | 59 Pr $4f^36s^2$ | 60 Nd $4f^46s^2$ | 61 Pm $4f^56s^2$ | 62 Sm $4f^66s^2$ | 63 Eu $4f^76s^2$ | 64 Gd $4f^75d^16s^2$ | 65 Tb $4f^96s^2$ | 66 Dy $4f^{10}6s^2$ | 67 Ho $4f^{11}6s^2$ | 68 Er $4f^{12}6s^2$ | 69 Tm $4f^{13}6s^2$ | 70 Yb $4f^{14}6s^2$ | 71 Lu $4f^{14}5d^16s^2$ | 6 |
| [Rn] | 악티늄 계열 7 | 90 Th $6d^27s^2$ | 91 Pa $5f^26d^17s^2$ | 92 U $5f^36d^17s^2$ | 93 Np $5f^46d^17s^2$ | 94 Pu $5f^67s^2$ | 95 Am $5f^77s^2$ | 96 Cm $5f^76d^17s^2$ | 97 Bk $5f^97s^2$ | 98 Cf $5f^{10}7s^2$ | 99 Es $5f^{11}7s^2$ | 100 Fm $5f^{12}7s^2$ | 101 Md $5f^{13}7s^2$ | 102 No $5f^{14}7s^2$ | 103 Lr $5f^{14}6d^17s^2$ | 7 |

**그림 3.26** 알려진 원소들에 대한 바닥상태 최외각 전자 배치

이고 Na는 $n=3$이다. F과 Cl도 최외각 전자 배치가 $ns^2np^5$로 동일하고 $n=2$이면 F, 그리고 $n=3$이면 Cl이다.

3.9절에서 언급한 것처럼 다전자 원자에서 4*s* 부껍질이 3*d* 부껍질보다 먼저 채워진다(그림 3.23). 따라서 포타슘($Z=19$)의 전자 배치는 $1s^22s^22p^63s^23p^64s^1$이다. 아르곤의 전자 배치가 $1s^22s^22p^63s^23p^6$이므로 포타슘의 전자 배치는 간략 표기법으로 하면 $[Ar]4s^1$이고, 이때 [Ar]은 "아르곤 핵심"을 의미한다.

$$\text{K} \quad \underbrace{1s^22s^22p^63s^23p^6}_{[\text{Ar}]}4s^1 \longrightarrow [\text{Ar}]4s^1$$

실험적 증거가 포타슘의 마지막 전자가 3*d* 오비탈이 아니라 4*s* 오비탈에 들어 있음을 강하게 뒷받침한다. 포타슘의 물리적, 화학적 특성은 알칼리 금속의 첫 두 원소인 리튬, 소듐의 특성과 매우 유사하다. 리튬과 소듐 모두 마지막 전자는 *s* 오비탈에 들어 있다. (1*d* 또는 2*d* 부껍질은 존재하지 않으므로 가장 마지막 전자가 *s* 오비탈에 들어 있다는 것은 의심의 여지가 없다.) 다른 알칼리 금속과의 유사성을 고려하면 포타슘의 전자 배치도 다른 알칼리 금속과 비슷하게 마지막 전자는 3*d* 오비탈이 아닌 4*s* 오비탈에 들어갈 것이다.

3B족부터 1B족까지의 원소들을 **전이 금속**(transition metal)이라고 한다[◀◀ 2.6절]. 전이 금속은 불완전하게 채워진 *d* 부껍질을 갖거나 또는 불완전하게 채워진 *d* 부껍질을 갖는 양이온이 되기 쉬운 원소이다. 스칸듐($Z=21$)부터 구리($Z=29$)에 이르는 첫 주기 전이 금속들은 전자가 하나씩 더해질 때 훈트의 규칙에 따라 3*d* 오비탈에 차례로 채워진다. 그러나 이 원소들 중에는 두 가지 예외가 있다. 크로뮴($Z=24$)의 전자 배치는 우리가 예상한 $[Ar]4s^23d^4$가 아닌 $[Ar]4s^13d^5$이고, 구리의 전자 배치도 $[Ar]4s^23d^9$가 아닌 $[Ar]4s^13d^{10}$이다. 이러한 예외가 나타나는 이유는 반이 채워진 부껍질($3d^5$)과 전부 채워진 부껍질($3d^{10}$)이 갖는 비교적 큰 안정성 때문이다.

**참조**

비록 아연을 비롯한 2B족 원소들은 때때로 "전이 금속"이라고 분류되기도 하지만 이들 원소들은 불완전하게 채워진 *d* 부껍질을 갖지도 않고 불완전하게 채워진 *d* 부껍질을 가질 수도 없다. 엄밀히 말하면 이 원소들은 전이 금속이 아니다.

Zn($Z=30$)부터 Kr($Z=36$)까지는 3*d*, 4*s*, 그리고 4*p* 부껍질이 순서대로 채워진다. 루비듐($Z=37$)부터 전자는 $n=5$ 준위에 채워진다.

전이 원소의 두 번째 주기[이트륨($Z=39$)부터 은($Z=47$)] 중 몇몇 원소들은 규칙적이지 않고 이러한 불규칙적인 자세한 내용들은 이 책의 범위를 넘어서기 때문에 고려하지 않기로 한다.

주기율표의 여섯 번째 주기는 전자 배치가 $[Xe]6s^1$인 세슘($Z=55$)과 $[Xe]6s^2$인 바륨($Z=56$), 그리고 $[Xe]6s^25d^1$인 란타넘에서 시작된다. 란타넘 다음에는 희토류인 **란타넘 계열**(lanthanide series)이 있다. 란타넘 계열은 부분적으로 채워진 4*f* 부껍질을 갖거나 부분적으로 채워진 4*f* 부껍질을 갖는 **양이온**(cation)이 되기 쉬운 14개의 원소들이 연속되어 있다. 란타넘 계열과 나중에 다루게 될 악티늄 계열은 주기율표의 제일 아래에 따로 나타내 놓았다.

**참조**

$n=4$이고 $\ell=3$이면 *f* 부껍질이다. $\ell=3$일 때 $m_\ell$ 값은 $-3, -2, -1, 0, +1, +2, +3$이므로 *f* 오비탈은 일곱 개이다.

**참조**

이론적으로 란타넘 계열은 7개의 축퇴된 4*f* 오비탈을 채워 나가야 한다. 하지만 5*d* 오비탈과 4*f* 오비탈의 에너지가 너무 비슷하므로 때로 5*d*가 채워진 전자 배치가 나타나기도 한다.

이론적으로 란타넘 계열은 일곱 개의 축퇴된(에너지 준위가 같은) 4*f* 오비탈에 전자가 차례대로 채워져야 하지만 5*d* 오비탈과 4*f* 오비탈의 에너지 준위가 거의 비슷하여 몇몇 원자들의 전자 배치는 5*d* 오비탈을 포함한다. 예를 들어, 란타넘($Z=57$) 원자도 4f 오비탈의 에너지가 5*d* 오비탈보다 높아서 란타넘의 전자 배치는 $[Xe]6s^24f^1$이 아닌 $[Xe]6s^25d^1$이다.

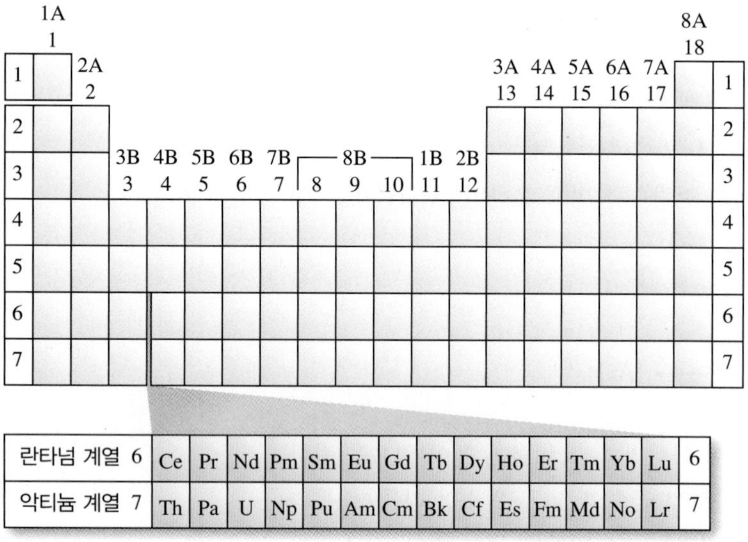


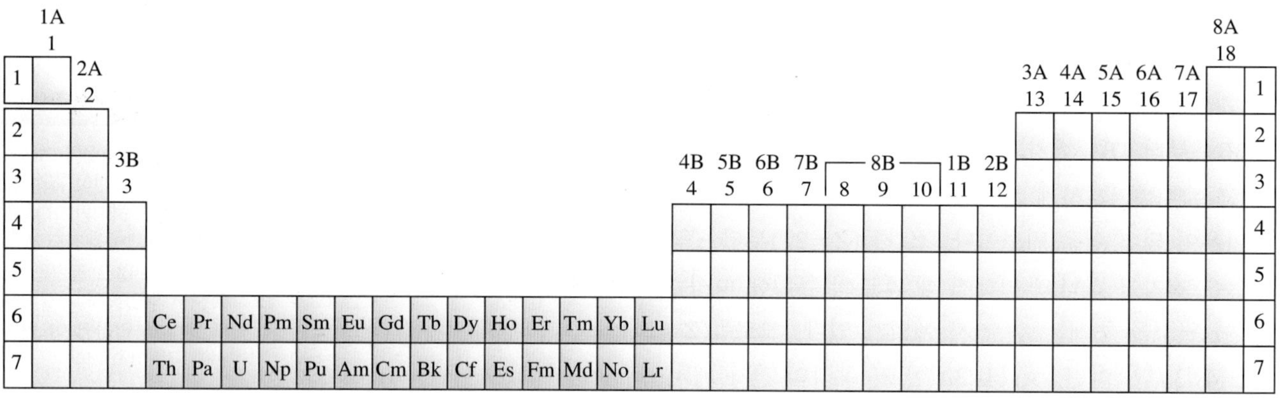


4*f* 부껍질이 완전히 채워지고 나면 루테튬($Z=71$)의 다음 전자는 5*d* 부껍질에 들어간다. 루테튬과 하프늄($Z=72$)을 포함해서 수은($Z=80$)까지의 원소들은 차례로 5*d* 부껍질에 전자가 들어간다. 그 이후 라돈($Z=86$)까지 전자는 6*p* 부껍질에 채워진다.

프란슘($Z=87$; 전자 배치 [Rn]$7s^1$)과 라듐($Z=88$; 전자 배치 [Rn]$7s^2$)이 제일 앞에 나타나는 마지막 줄의 세 번째 칸에는 토륨(thorium, $Z=90$)에서 시작해 로렌슘(lawrencium, $Z=103$)으로 끝나는 **악티늄 계열**(actinide series)이 있다. 이 원소들 대부분은 자연 상태에서는 발견되지 않으며 앞으로 배우게 될 핵반응을 이용하여 합성되었다. 악티늄 계열은 부분적으로 채워진 5*f* 또는 6*d* 부껍질을 갖는다. 로렌슘($Z=103$)부터 코페르니슘(copernicium, $Z=112$)까지의 원소들은 완전히 채워진 5*f* 부껍질을 갖고 6*d* 부껍질을 채워 나가면서 특징을 나타낸다.

몇 가지 예외는 있지만 그림 3.23이나 3.25를 이용하면 대부분 원소의 전자 배치를 쓸 수 있다. 전이 금속과 란타넘 계열, 악티늄 계열을 나타낼 때에는 각별한 주의를 기울여야 한다. 가돌리늄(gadolinium, $Z=64$)과 퀴륨(curium, $Z=96$)의 전자 배치를 할 때는 반만 채

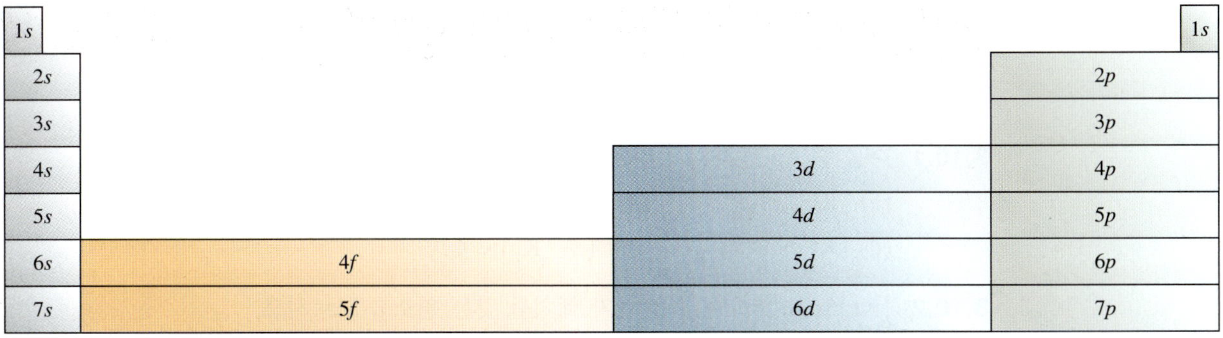


**그림 3.27** 마지막 전자가 채워진 부껍질의 종류에 따라 분류한 주기율표의 원소들

워진 $f$ 부껍질은 큰 안정성을 나타낸다는 것을 고려해야 한다. 앞부분에서 다룬 것처럼 주양자수 $n$이 큰 값일수록 부껍질의 에너지 준위가 근접하게 붙어 있으므로 전자가 채워지는 순서는 불규칙적이다.

그림 3.27에서 원소들을 가장 바깥 전자가 위치하는 부껍질의 종류에 따라 묶어 놓았다. 가장 마지막 전자가 $s$ 부껍질에 있는 원소들을 $s$−블록 원소로, 가장 마지막 전자가 $p$ 부껍질에 있는 원소들을 $p$−블록 원소로 표시했다.

예제 3.11은 전자 배치를 쓰는 방법에 대한 문제이다.

## 예제 3.11

그림 3.26을 보지 않고 비소 원자(arsenic, $Z=33$)의 바닥상태 전자 배치를 완성하시오.

**전략** 그림 3.23이나 3.25를 이용하여 부껍질이 채워질 순서를 결정하고 적합한 부껍질에 전자를 배치한다.

**계획** As의 비활성 기체 핵심은 [Ar]이고 아르곤의 원자 번호는 18번이다. 비활성 기체 전자 배치 다음으로 배치될 부껍질의 순서는 $4s$, $3d$, 그리고 $4p$이며, 아르곤 전자 배치를 하고 난 후 남는 15개의 전자들은 이 순서에 따라 채워져야 한다.

**풀이** $[\mathrm{Ar}]4s^2 3d^{10} 4p^3$

### 생각해 보기

비소 원자(arsenic, $Z=33$)는 $p$−블록 원소이다. 그러므로 비소의 최외각 전자는 $p$ 부껍질에 있을 것으로 예상할 수 있다.

**유제 1** 그림 3.26을 참고하지 말고 다음 전자 배치를 갖는 원소가 어떤 원소인지 찾으시오.

$$[\mathrm{Xe}]6s^2 4f^{14} 5d^{10} 6p^5$$

**유제 2** 예제 3.10의 **유제 2**에 나왔던 자기 양자수 $m_\ell$이 $-(\ell+1)\ .\ .\ .\ 0\ .\ .\ .+(\ell+1)$ 값을 갖는 다른 우주를 다시 한번 생각해 보자. 다른 우주에서 사용하는 주기율표의 첫 네 주기 원소들의 바닥상태 전자 배치 중에서 쌓음 원리로 예측한 전자 배치와 다르게 나타나는 원소의 원자 번호를 쓰시오. (힌트: 우리가 사용하는 주기율표의 첫 네 주기에서는 원자 번호 24번과 29번 원소의 전자 배치가 쌓음 원리로 예측한 전자 배치와 다르다.)

## 3.10절 복습

**전자 배치와 주기율표**

**3.10.1** 다음 중 Ag 원자의 전자 배치로 옳은 것을 고르시오.

(a) $[Kr]5s^24d^9$ (b) $[Kr]5s^24d^{10}$ (c) $[Kr]5s^14d^{10}$
(d) $[Kr]5s^24d^9$ (e) $[Kr]5s^14d^{10}$

**3.10.2** $[Kr]5s^24d^{10}5p^5$와 같은 전자 배치를 갖는 원소를 고르시오.

(a) Tc (b) Br (c) I
(d) Xe (e) Te

**3.10.3** 다음 중 $d$−블록 원소를 모두 고르시오.

(a) Sb (b) Au (c) Ca
(d) Zn (e) U

**3.10.4** 다음 중 $p$−블록 원소를 모두 고르시오.

(a) Pb (b) C (c) Sr
(d) Xe (e) Na

# 단원 정리

### 3.1절

- **에너지**(energy)는 일을 할 수 있는 능력 또는 관련된 열을 전달하는 능력이다. 에너지는 **움직임**(motion)과 관련된 **운동 에너지**(kinetic energy)이거나 **위치**(position)에 의해 생기는 **퍼텐셜 에너지**(potential energy)이다. **열에너지**(thermal energy)는 운동 에너지의 한 형태이고 **화학 에너지**(chemical energy)와 **정전기적 에너지**(electrostatic energy)는 퍼텐셜 에너지이다.
- **에너지 보존 법칙**(law of conservation of energy)은 어떤 에너지도 생성되거나 소멸되지 않는다는 것을 나타낸다. 에너지의 SI 단위는 **줄**(joule, J)이다.

### 3.2절

- 우리가 "빛"이라고 말하는 현상의 본질은 **전자기 스펙트럼**(electromagnetic spectrum)의 가시 영역이다. 모든 빛은 파장, 진동수, 그리고 진폭을 포함한 고유의 특징을 가진다.
- **파장**(wavelength, $\lambda$)은 연속된 두 파동의 골과 골 사이, 또는 마루와 마루 사이의 거리이다. **진동수**(frequency, $\nu$)는 단위 시간당 특정 지점을 통과하는 파동의 수이다. **진폭**(amplitude)은 파동의 정중선에서 마루 또는 골까지의 거리이다.
- **전자기파**(electromagnetic wave)는 상호 수직한 전기파와 자기파 부분이 같은 위상으로 진행한다.

### 3.3절

- **흑체 복사**(blackbody radiation)는 가열된 고체가 방출하는 전자기 복사이다.
- 막스 플랑크는 에너지도 물질처럼 작고 눈에 보이지 않는 "**양자**(quantum)"라고 부르는 꾸러미로 구성되어 있다고 제안했다. Quanta는 quantum의 복수형이다.
- 알버트 아인슈타인은 플랑크의 혁신적인 양자론을 이용하여 특정 진동수 이상의 빛이 비춰질 때만 금속 표면에서 전자가 방출되는 **광전 효과**(photoelectric effect)를 설명했다.
- 빛의 **양자**(quantum)를 **광자**(photon)라고 한다.

### 3.4절

- **방출 스펙트럼**(emission spectrum)은 열적으로 들뜬 물체에서 방출되는 빛이다. 방출 스펙트럼은 특정 범위의 모든 파장의 빛이 포함되어 **연속적**(continuous)일 수도 있고, 몇 개의 특정 파장으로만 구성된 **선 스펙트럼**(line spectrum)일 수도 있다.
- **바닥상태**(ground state)는 원자가 가능한 가장 낮은 에너지를 갖는 상태이다. **들뜬상태**(excited state)는 바닥상태보다 에너지가 높은 모든 상태를 의미한다.

### 3.5절

- **마디**(node)는 정상파의 진폭이 0인 지점이다.
- 빛이 입자 같은 행동을 나타내는 것을 관찰한 후 드 브로이는 입자도 파동과 같은 행동을 나타낼 것이라고 제안했다. **드 브로이 파장**(de Broglie wavelength)은 아주 작은 질량을 가진 입자와 연관된 파장이다. 드 브로이의 제안이 발표되고 얼마 지나지 않아 실험을 통해 전자가 회절(파동의 특성)한다는 결과가 밝혀졌다.

### 3.6절

- **하이젠베르크의 불확정성 원리**(Heisenberg uncertainty principle)에 의하면 아주 작은 입자의 **위치**(location) 불확정성과 **운동량**(momentum) 불확정성을 곱한 값은 반드시 특정 최솟값 이상이다. 그러므로 전자의 위치와 운동량을 동시에 정확하게 아는 것은 불가능하다.
- **전자 밀도**(electron density)는 원자의 특정 지역에서 전자를 찾을 확률을 알려준다. **원자 오비탈**(atomic orbital)은 $\psi^2$[파동 함수($\psi$)의 제곱]으로 정의된 전자를 찾을 확률이 높은 지역을 3차원 공간으로 나타낸 영역이다. 원자 오비탈에는 최대 두 개의 전자만 들어갈 수 있다.

### 3.7절

- 원자 오비탈은 세 개의 **양자수**(quantum number)로 정의된다: **주양자수**(principal quantum number, $n$), **각운동량 양자수**(angular momentum quantum number, $\ell$), 그리고 **자기 양자수**(magnetic quantum number, $m_\ell$)
- 주양자수($n$)는 핵으로부터의 거리를 나타내고 $n$ 값은 양의 정수(1, 2, 3, ⋯)이다. 각운동량 양자수($\ell$)는 오비탈의 모양을 나타내고 가능한 $\ell$ 값은 (0, 1, ⋯, $n-1$)이다. 자기 양자수($m_l$)는 공간에서 오비탈의 방향을 결정하고 가능한 $m_\ell$ 값은 ($-\ell$, ⋯, 0, ⋯, $+\ell$)이다.
- 같은 원자 오비탈에 있는 바닥상태의 두 전자는 반드시 다른 **전자 스핀 양자수**(electron spin quantum number, $m_s$)를 갖고 그 값은 $+\frac{1}{2}$ 또는 $-\frac{1}{2}$이다.

### 3.8절

- 각운동량 양자수($\ell$)는 원자 오비탈의 종류를 결정한다. $\ell=0$이면 ***s*** **오비탈**, $\ell=1$이면 ***p*** **오비탈**, $\ell=2$이면 ***d*** **오비탈**, 그리고 $\ell=3$이면 ***f*** **오비탈**이다.

### 3.9절

- **전자 배치**(electron configuration)는 원자의 원자 오비탈에 전자를 배열하는 방법을 분명하게 나타낸다.
- **파울리의 배타 원리**(Pauli exclusion principle)는 바닥상태 원자의 어떤 두 전자도 똑같은 네 개의 양자수 $n$, $\ell$, $m_\ell$, $m_s$를 가질 수 없다는 원리이다.
- **쌓음 원리**(Aufbau principle)는 주기율표에서 순차적으로 양성자와 전자를 더해가면서 연속적인 원소들의 배열을 이론적으로 완성하는 과정을 묘사한다.
- 같은 에너지를 갖는 원자 오비탈을 **축퇴**(degenerate)되었다고 한다. **훈트의 규칙**(Hund's rule)에 따르면 축퇴된 오비탈은 각 오비탈에 전자가 하나씩 모두 채워진 이후에 두 번째 전자로 채워진다.
- 전자 배치를 했을 때 하나 이상의 홀전자를 갖는 원자들은 **상자기성**(paramagnetic)이라고 하고, 이들은 자기장에 약하게 당겨진다. 홀전자가 없는 원자들은 **반자기성**(diamagnetic)이라고 하고, 이들은 자기장에 의해 약하게 밀려난다.

### 3.10절

- **비활성 기체 핵심**(noble gas core)은 전자 배치를 간략하게 표기할 수 있도록 한다.
- **희토류**(rare earth)인 **란타넘 계열**(lanthanide series)과 **악티늄 계열**(actinide series)은 주기율표의 가장 아랫부분에 나타나 있고 $f$ 오비탈이 채워져 있다.

## 주요 용어

$d$ 오비탈($d$ orbital)
$f$ 오비탈($f$ orbital)
$p$ 오비탈($p$ orbital)
$s$ 오비탈($s$ orbital)
각운동량 양자수(angular momentum quantum number, $\ell$)
광자(photon)
광전 효과(photoelectric effect)
드 브로이 파장(de Broglie wavelength)
들뜬상태(excited state)
란타넘 계열(희토류) [lanthanide (rare earth) series]
마디(node)
바닥상태(ground state)
반자기성(diamagnetic)
방출 스펙트럼(emission spectrum)
비활성 기체 핵심(noble gas core)
상자기성(paramagnetic)
선 스펙트럼(line spectrum)
쌓음 원리(Aufbau principle)
악티늄 계열(actinide series)
양자(quantum)
양자수(quantum numbers)
에너지(energy)
에너지 보존 법칙(law of conservation of energy)
열에너지(thermal energy)
운동 에너지(kinetic energy)
원자 오비탈(atomic orbital)
자기 양자수(magnetic quantum number, $m_\ell$)
전자기 스펙트럼(electromagnetic spectrum)
전자기파(electromagnetic wave)
전자 밀도(electron density)
전자 배치(electron configuration)
전자 스핀 양자수(electron spin quantum number, $m_s$)
정전기적 에너지(electrostatic energy)
주양자수(principal quantum number, $n$)
줄(joule, J)
진동수(frequency, $\nu$)
진폭(amplitude)
축퇴(degenerate)
파울리의 배타 원리(Pauli exclusion principle)
파장(wavelength, $\lambda$)
하이젠베르크의 불확정성 원리(Heisenberg uncertainty principle)
한계 진동수(threshold frequency)
화학 에너지(chemical energy)
훈트의 규칙(Hund's rule)
흑체 복사(blackbody radiation)

## 주요 식

| | | |
|---|---|---|
| 3.1 | $E_k = \frac{1}{2}mu^2$ | 움직이는 물체의 운동 에너지는 물체의 질량($m$)과 속도($u$)를 이용하여 구할 수 있다. |
| 3.2 | $E_{el} \propto \frac{Q_1 Q_2}{d}$ | 전하를 띤 두 입자 사이의 정전기적 퍼텐셜 에너지($E_{el}$)는 두 전하($Q_1$과 $Q_2$)의 곱과 전하 사이의 거리($d$)를 이용하여 구할 수 있다. |
| 3.3 | $c = \lambda \nu$ | 전자기 복사선의 파장($\lambda$)과 진동수($\nu$)는 빛의 속도($c$)와 관련되어 있다. 파장이 알려져 있다면 역으로 진동수를 구할 수 있다. |
| 3.4 | $E = h\nu$ | 광자의 에너지($E$)는 플랑크 상수($h$)와 광자의 진동수($\nu$)의 곱과 같다. |
| 3.5 | $h\nu = \text{KE} + W$ | 광전 효과를 통해 금속의 표면에서 전자를 튀어나오게 하는 데 사용된 광자의 에너지($h\nu$)는 방출된 전자의 운동 에너지(KE)와 결합 에너지($W$)의 합이다. |
| 3.6 | $\frac{1}{\lambda} = R_\infty\left(\frac{1}{n_f^2} - \frac{1}{n_i^2}\right)$ | 한 양자 상태에서 다른 양자 상태로 전자가 전이될 때는($n_i$에서 $n_f$) 두 상태의 차이만큼의 에너지가 빛의 형태로 방출(또는 흡수)된다. 방출/흡수되는 빛의 파장은 식 3.6을 이용하여 계산할 수 있다. |
| 3.7 | $E_n = -2.18 \times 10^{-18}\ \text{J}\left(\frac{1}{n^2}\right)$ | 주어진 $n$ 값을 갖는 전자의 에너지($E_n$)는 $n$의 제곱에 반비례하고 관례적으로 음의 값이 된다. |
| 3.8 | $\Delta E = h\nu = -2.18 \times 10^{-18}\ \text{J}\left(\frac{1}{n_f^2} - \frac{1}{n_i^2}\right)$ | 두 양자 상태 사이($n_i$에서 $n_f$)의 에너지 차이는 식 3.8을 이용하여 계산할 수 있다. |
| 3.9 | $\frac{1}{\lambda} = \frac{2.18 \times 10^{-18}\ \text{J}}{hc}\left(\frac{1}{n_f^2} - \frac{1}{n_i^2}\right)$ | $n_i$와 $n_f$가 알려져 있을 때 식 3.6과 비슷하게, 식 3.9를 이용하여 방출/흡수되는 빛의 파장을 계산할 수 있다. |
| 3.10 | $2\pi r = n\lambda$ | 정상파처럼 행동하는 전자의 가능한 궤도($2\pi r$)와 파장($\lambda$) 사이의 관계식이다. |
| 3.11 | $\lambda = \frac{h}{mu}$ | 입자의 드 브로이 파장($\lambda$)은 플랑크 상수($h$), 킬로그램 단위의 입자의 질량($m$), 그리고 입자의 속도($u$)를 이용하여 계산한다. |
| 3.12 | $\Delta x \cdot \Delta p \geq \frac{h}{4\pi}$ | 하이젠베르크의 불확정성 원리는 입자의 위치 불확정성($\Delta x$)과 운동량 불확정성($\Delta p$)을 곱한 값이 플랑크 상수($h$)를 $4\pi$로 나눈 것보다 항상 크다는 것을 의미한다. 둘(위치 또는 운동량) 중 한 값을 알 때 다른 물리량의 불확정성의 최솟값만을 알 수 있다. |
| 3.13 | $\Delta x \cdot m\Delta u \geq \frac{h}{4\pi}$ | 식 3.12와 유사하게, 입자의 질량을 알고 있을 때 위치 불확정성($\Delta x$)을 알면 속도 불확정성($\Delta u$)의 최솟값만 알 수 있다. |

## 주요 내용 주기율표를 이용하여 바닥상태 원자가 전자 배치 결정하기

원소의 바닥상태 전자 배치를 결정하는 쉬운 방법은 주기율표를 이용하는 것이다. 주기율표는 원자 번호에 의해 배열되어 있지만 원소의 가장 바깥 전자들의 유형에 따라 블록으로 나누어져 있다. 가장 바깥 원자가 전자가 *s* 오비탈에 들어 있으면 노란색 *s*–블록, *p* 오비탈에 들어 있으면 파란색 *p*–블록의 형태로 나타낸다.

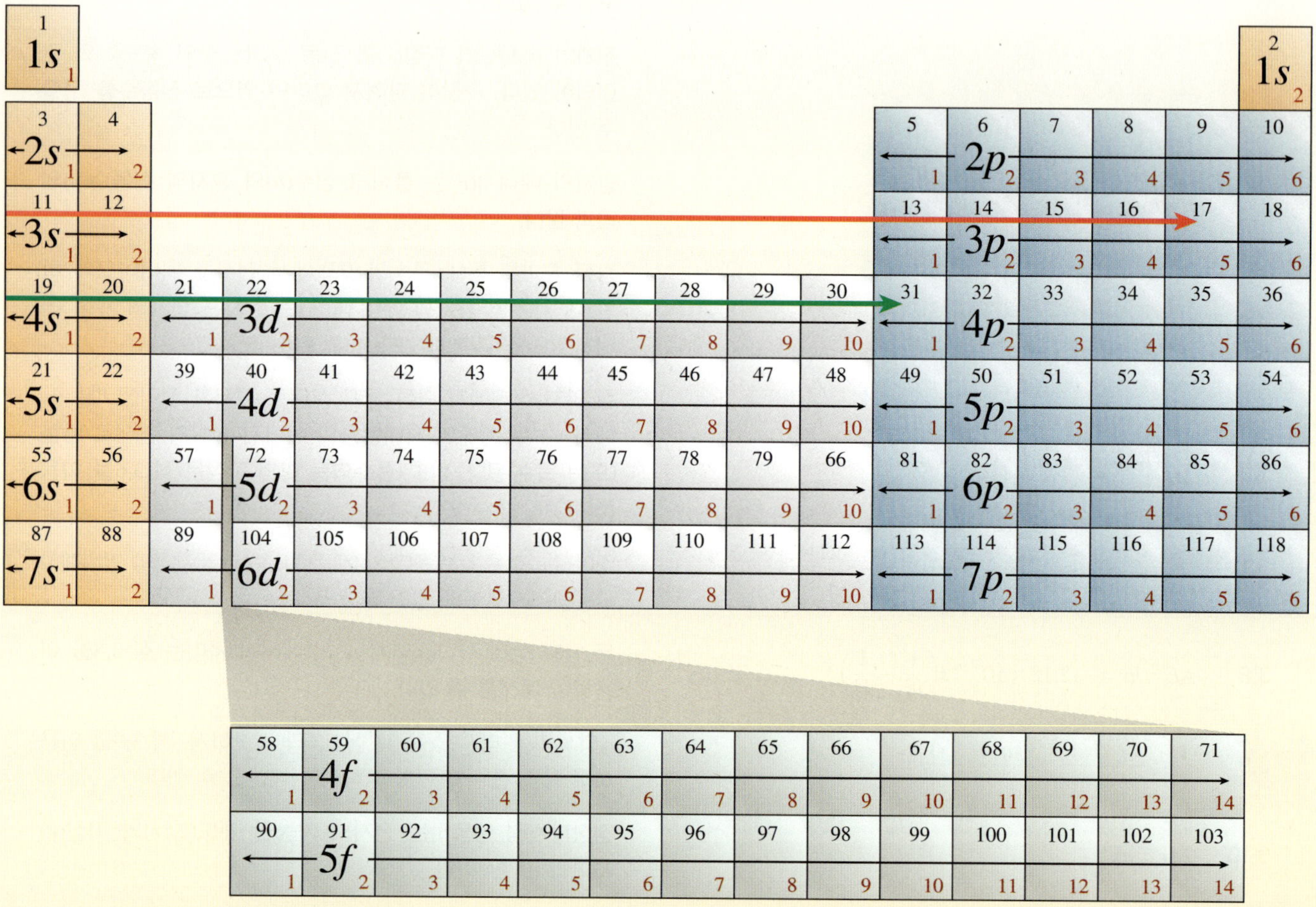

특정 원소의 바닥상태 전자 배치를 결정하기 위해서 그 원소 앞의 가장 가까운 비활성 기체 핵심 전자 배치를 완성하는 것으로 시작하고 그 다음 남는 원자가 전자를 세어 배치한다. 예를 들어, 원자 번호 17번인 염소(Cl)의 전자 배치를 하려면, 염소 앞쪽의 가장 가까운 비활성 기체인 원자 번호 10번 네온(Ne)을 찾아 비활성 기체 핵심 전자 배치 [Ne]를 쓰는 것으로 시작한다. 대괄호 안에 쓰여진 비활성 기체 원소 기호는 완전하게 채워진 *p* 부껍질을 가진 핵심부 전자를 나타낸다. 전자 배치를 완성하기 위해, 빨간색 화살표가 보여 주는 대로 3주기의 왼쪽부터 시작하여 빨간색 화살표가 닿는 각 블록의 마지막 전자 배치 표시를 추가한다.

| [Ne] | $3s^2$ | $3p^5$ |
|---|---|---|

비활성 기체 핵심에 총 7개의 전자가 더해진다. 그중 두 개는 *s* 부껍질에, 다섯 개는 *p* 부껍질에 있게 된다. 3주기를 채워가면서 특정 부껍질은 원자가 전자를 포함하고 최종적으로 정확한 바닥상태 전자 배치에 도달하게 된다: $[Ne]3s^23p^5$

원자 번호 31번인 갈륨(Ga) 앞에 가장 가까운 비활성 기체는 원자 번호 18번인 아르곤(Ar)이다. 초록색 화살표로 나타낸 4주기를 가로질러 바닥상태 전자 배치를 나타내면 다음과 같다: $[Ar]4s^23d^{10}4p^1$

이런 방법으로 전자 배치를 할 경우 정확하게 되지 않는 원소가 몇 개 존재한다. 예를 들어, 어떤 원소도 바닥상태 원자가 전자 배치에 $3d^4$ 나 $3d^9$ 같은 배치를 가질 수 없다. 대신, Cr과 Cu는 $[Ar]4s^13d^5$와 $[Ar]4s^13d^{10}$의 전자 배치를 가진다. 이 같은 결과는 반만 채워지거나 전부가 채워진 부껍질의 특이한 안정성 때문이라는 것을 기억해야 한다[|◀◀ 3.10절].

특정 원소의 바닥상태 전자 배치를 안다면 주기율표를 이용하여 그 원소를 찾을 수 있다. 예를 들어, 주어진 전자 배치가 $[Ne]3s^23p^4$라면, 가장 마지막 전자 배치 $3p^4$에 집중해야 하고, 여기에서 3주기(3), *p*−블록(*p*), 그리고 네 개의 전자가 *p* 부껍질(위 첨자 4)에 들어 있음을 알 수 있다. 이는 원자 번호 16과 일치하며, 따라서 이 원소는 황(S)이다.

## 주요 내용 문제

**3.1**

다음 중 몰리브데넘(Mo)에 알맞은 비활성 기체 핵심을 고르시오.

(a) Ar (b) Kr
(c) Xe (d) Ne
(e) Rn

**3.2**

바나듐(V) 원자의 알맞은 바닥상태 전자 배치를 고르시오.

(a) $[Ar]3d^5$ (b) $[Ar]4s^23d^2$
(c) $[Ar]4s^23d^4$ (d) $[Ar]4s^23d^3$
(e) $[Kr]4s^23d^5$

**3.3**

바닥상태 전자 배치가 $[Kr]5s^24d^{10}5p^1$인 원소를 고르시오.

(a) Sn (b) Ga
(c) In (d) Tl
(e) Zr

**3.4**

루테튬(Lu) 원자의 알맞은 바닥상태 전자 배치를 고르시오.

(a) $[Xe]6s^24f^{14}$ (b) $[Xe]6s^25d^1$
(c) $[Xe]6s^24f^{13}$ (d) $[Xe]6s^24f^{14}5d^1$
(e) $[Xe]4f^{14}$

# 종합문제

## 3.1절: 에너지와 에너지 변화

### 계산 문제

3.5 다음 각 물체의 운동 에너지를 구하시오.
(a) 속도가 5.75 m/s인 질량 1.25 kg의 물체
(b) 속도가 35 mph인 질량 3250 lb의 자동차
(c) 속도가 475 m/s인 전자
(d) 속도가 725 m/s인 헬륨 원자

3.7 주어진 문제의 답을 구하시오.
(a) $E_k = 1.86 \times 10^{-20}$ J인 네온 원자의 속도
(b) $E_k = 7.50 \times 10^{-21}$ J인 크립톤 원자의 속도
(c) $E_k = 4.812 \times 10^{-21}$ J이고 385 m/s 속도로 움직이는 원자의 질량과 이름

3.9 (a) 각 입자들의 거리가 같다고 할 때, 두 전하 (+3과 −3)를 띤 입자의 정전기적 에너지는 또 다른 두 전하 (+2와 −3)를 띤 입자의 정전기적 에너지보다 몇 배 큰지 계산하시오.
(b) 두 전하 (+3과 −3)를 띤 입자 사이의 거리를 $d$라고 할 때, 만약 (+2와 −3)의 전하를 띤 두 입자와 처음 두 입자의 정전기적 에너지가 같다면 (+2와 −3) 입자 사이의 거리를 $d$로 나타내시오.

## 3.2절: 빛의 성질

### 계산 문제

3.15 (a) $1.90 \times 10^{13}$ Hz의 진동수를 가지는 빛의 파장(nm)은 얼마인가?
(b) 235 nm의 파장을 가지는 빛의 진동수(Hz)는 얼마인가?

3.17 시간의 SI 단위는 초(second)인데 이는 세슘 원자의 복사선이 9,192,631,770번 진동하는 시간이다. 이 복사선의 파장을 유효 숫자 세 개로 계산하고 전자기 스펙트럼의 어느 영역에 존재하는지를 구하시오.

### 개념 문제

3.19 라디오파가 금성으로부터 지구에 도달하려면 몇 분이 걸리는가? (금성에서 지구까지의 거리=2800만 마일이다.)

## 3.3절: 양자 이론

### 계산 문제

3.25 705 nm의 파장을 갖는 광자가 있다. 광자의 에너지를 J 단위로 계산하시오.

3.27 진동수가 $6.5 \times 10^{9}$ Hz인 광자가 있다.
(a) 진동수를 파장으로 환산하시오(nm). 이 진동수는 가시광선 영역인가?
(b) 광자 한 개의 에너지(J)를 계산하시오.
(c) 이 진동수를 갖는 광자 1몰의 에너지(J)를 계산하시오.

3.29 파장 $\lambda = 610$ nm(노란색)인 광자와 파장 $\lambda = 550$ nm(초록색)인 광자가 갖는 에너지(J)의 차이를 계산하시오.

3.31 구리가 고에너지 전자와 충돌하면 X선이 방출된다. 0.154 nm의 파장을 갖는 X선의 광자가 갖는 에너지(J)를 계산하시오.

3.33 광합성은 가시광선을 이용하여 화학적 변화를 일으킨다. 적외선 복사의 형태로 방출되는 열에너지가 광합성에 왜 효과적이지 않은지 설명하시오.

3.35 방사성 코발트 동위 원소($^{60}$Co)는 특정 종류의 암을 치료하는 핵의학에 사용된다. $1.29 \times 10^{11}$ J/mol의 에너지로 방출되는 감마 입자의 파장과 진동수를 계산하시오.

3.37 마그네슘의 결합 에너지는 $5.86 \times 10^{-19}$ J이다. 진동수가 $2.00 \times 10^{15}\ s^{-1}$인 빛을 마그네슘에 비추었을 때 방출되는 전자의 운동 에너지를 계산하시오.

3.39 450 nm(파란색)와 560 nm(노란색), 두 종류의 레이저 빔을 깨끗한 금속 표면에 비추었을 때 방출되는 전자의 수와 운동 에너지를 측정했다. 어떤 빛이 더 많은 수의 전자를 방출하는가? 어떤 빛이 방출한 전자의 운동 에너지가 더 큰가? 각 레이저 빔을 통해 금속 표면에 도달한 에너지의 크기는 같고 두 레이저의 진동수 모두 한계 진동수 이상이라고 가정하시오.

## 3.4절: 수소 원자의 보어 이론

### 계산 문제

3.45 발머 계열(Balmer series)의 첫 번째 선의 파장은 656.3 nm이다. 이 스펙트럼 선의 방출에 관여하는 두 에너지 준위의 에너지 차이를 구하시오.

3.47 수소 원자의 전자가 $n=4$에서 $n=3$으로 떨어질 때 방출된 광자의 진동수(Hz)와 파장(nm)을 계산하시오.

3.49 수소 원자의 전자가 주양자수 $n_i$에서 $n=2$ 상태로 전이되었다. 만약 광자가 434 nm의 파장을 방출했다면 $n_i$의 값은 얼마인가?

### 개념 문제

3.51 구리의 불꽃 반응색은 초록색이다. 어떻게 그 빛이 하나의 파장인지 둘 이상 파장의 혼합인지 알아낼 수 있는가?

3.53 어떻게 천문학자들이 먼 곳의 별이 방출하는 전자기 복사선을 분석하는 과정을 통해 별을 구성하는 원소를 결정할 수 있는지 설명하시오.

## 3.5절: 물질의 파동성

### 계산 문제

3.57 열중성자들은 실온에서 공기 분자와 비교할 수 있는 속도로 움직이는 중성자들이다. 이러한 중성자들은 $^{235}U$ 동위원소 중에서 핵 연쇄 반응을 개시하는 데 가장 효과적이다. $7.00 \times 10^2$ m/s(중성자의 질량$=1.675 \times 10^{-27}$ kg)로 움직이는 중성자 빔의 파장(nm)을 계산하시오.

3.59 3.51 mph(1 mile$=$1.61 km) 속도로 날고 있는 10.2 g의 벌새의 드 브로이 파장(cm)을 계산하시오.

3.61 드 브로이 파장이 10.5 Å인 중성자의 속도를 구하시오.

## 3.6절: 양자 역학

### 계산 문제

3.69 허파 꽈리(폐포)는 폐 안의 작은 공기 주머니이고 평균 지름은 $5.0 \times 10^{-5}$ m이다. 하나의 폐포 안에 있는 산소 분자($5.3 \times 10^{-26}$ kg)의 속도 불확실성을 계산하시오. (힌트: 분자 위치의 최대 불확실성은 폐포의 지름으로 주어진다.)

### 개념 문제

3.71 질량이 2.80 g인 날아가는 탁구공의 위치를 찾기 위해 파장이 430 nm인 푸른빛의 광자를 사용했을 때 위치 불확실성은 한 파장과 같다고 가정하자. 탁구공 속도 불확실성의 최솟값은 얼마인가?

## 3.7절: 양자수

### 개념 문제

3.75 어떤 원자의 전자가 $n=2$ 준위에 있다. 이 전자의 모든 가능한 $\ell$과 $m_\ell$ 값을 구하시오.

3.77 다음 중 세 양자수($n$, $\ell$, $m\ell$)의 조합이 틀린 것을 찾고 그 이유를 설명하시오.

(a) 4, 1, 0 (b) 3, 3, $+2$
(c) 2, 1, 0 (d) 2, 1, $+2$
(e) 1, 0, 0

## 3.8절: 원자 오비탈

### 개념 문제

3.83 다음 각 오비탈과 연관된 양자수들을 구하시오.

(a) $2p$ (b) $3s$ (c) $5d$

3.85 $1s$와 $2s$ 오비탈의 유사점과 차이점을 쓰이오.

3.87 왜 $3s$, $3p$, $3d$ 오비탈은 수소 원자에서는 같은 에너지를 갖고 다전자 원자에서는 다른 에너지를 나타내는가?

3.89 다음은 수소 원자의 오비탈이다. 각 쌍에서 에너지가 높은 오비탈을 고르시오.

(a) $1s$, $2s$ (b) $2p$, $3p$ (c) $3d_{xy}$, $3d_{yz}$
(d) $3s$, $3d$ (e) $4f$, $5s$

3.91 다음은 $3s$ 오비탈을 나타낸 그림이다. 이 그림을 이용하여 다른 네 오비탈의 상대적인 크기를 보이고 다음 물음에 답하시오.

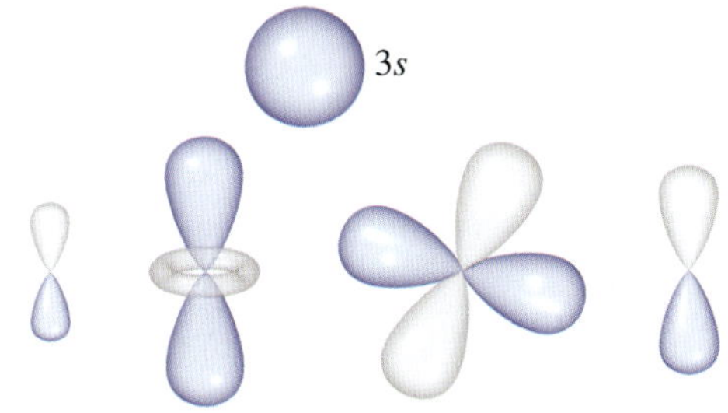


(a) $n$ 값이 가장 큰 오비탈은 무엇인가?
(b) $\ell=1$인 오비탈은 몇 개인가?
(c) 문제 (b)에서 구한 오비탈과 모양과 $n$ 값이 같은 다른 오비탈은 몇 개인가?

## 3.9절: 전자 배치

### 계산 문제

3.95 다음 각 항에 알맞은 전자수를 구하시오.

(a) N($Z=7$)의 $p$ 전자
(b) Si($Z=14$)의 $s$ 전자
(c) S($Z=16$)의 $3d$ 전자

3.97 다음 주양자수를 갖는 모든 전자의 수를 구하시오.

(a) $n=1$ (b) $n=2$
(c) $n=3$ (d) $n=4$

### 개념 문제

3.99 다음의 바닥상태 전자 배치는 틀린 것이다. 틀린 부분을 찾아서 이유를 설명하고 올바른 전자 배치를 쓰시오.

Al: $1s^22s^22p^43s^23p^3$
B: $1s^22s^22p^5$
F: $1s^22s^22p^6$

3.101 다음 원자들을 홀전자의 수가 증가하는 순서로 나열하시오.

B, C, N, O, F

3.103 다음 원자의 홀전자 수를 구하고 상자기성인지 반자기성인지 나타내시오.

(a) Rb (b) As (c) I
(d) Cr (e) Zn

3.105 다음 양자수 조합 중에서 불가능한 것을 고르고 이유를 설명하시오.

(a) $\left(1,\ 1,\ +\frac{1}{2},\ -\frac{1}{2}\right)$ (b) $\left(3,\ 0,\ -1,\ +\frac{1}{2}\right)$

(c) $\left(2, 0, +1, +\frac{1}{2}\right)$ (d) $\left(4, 3, -2, +\frac{1}{2}\right)$

(e) (3, 2, +1, 1)

## 3.10절: 전자 배치와 주기율표

### 개념 문제

3.115 쌓음 원리(Aufbau principle)를 사용해 이리듐(iridium)의 바닥상태 전자 배치를 쓰시오.

3.117 다음 원소들의 바닥상태 전자 배치를 쓰시오.

Ge, Fe, Zn, Ni, W, Tl

3.119 다음과 같은 바닥상태 전자 배치를 갖는 원소의 기호를 쓰시오.

(a) $[Ar]4s^23d^{10}4p^1$ (b) $[Kr]5s^24d^1$

(c) $[Ar]4s^13d^5$ (d) $[Rn]7s^26d^1$

## 추가 문제

3.121 현대 과학의 관점에서 다음 문장의 옳고 그름을 판단하시오.

(a) 수소 원자의 전자는 원자핵에서 100 pm보다 가까운 궤도에는 존재하지 않는다.

(b) 원자의 흡수 스펙트럼은 전자가 낮은 에너지 준위에서 높은 에너지 준위로 전이한 결과이다.

(c) 다전자 원자는 여러 개의 행성을 가진 태양계처럼 행동한다.

3.123 다음 양자수를 갖는 원자가 가질 수 있는 전자의 최대 개수를 구하고 그 전자들이 들어 있는 오비탈의 종류를 쓰시오.

(a) $n=2$, $m_s=+\frac{1}{2}$ (b) $n=4$, $m_\ell=+1$

(c) $n=3$, $\ell=2$ (d) $n=2$, $\ell=0$, $m_s=-\frac{1}{2}$

(e) $n=4$, $\ell=3$, $m_\ell=-2$

3.125 감마선 영역의 광자가 $3.14\times10^{11}$ J/mol을 갖고 방출될 때 광자의 파장과 진동수를 구하시오.

3.127 루비 레이저는 파장 633 nm이고 진동의 지속 시간이 $1.00\times10^{-9}$ s인 빛을 방출한다.

(a) 레이저가 한 진동에 0.376 J의 에너지를 발생한다면 각 진동에서 생성되는 광자의 수는 몇 개인가?

(b) 레이저의 각 진동당 전달되는 전력(watts)은 얼마인가 (1 W=1 J/s)?

3.129 미지 원소의 원자가 광속의 15% 속도로 움직이고 드 브로이 파장은 $1.06\times10^{-16}$ m이다. 이 원소는 무엇인가?

3.131 텅스텐 전구에 공급되는 전기 에너지의 일부만 가시광선으로 전환되고 다른 에너지는 적외선 복사의 형태(즉, 열)로 나타난다. 75 W 전구가 전체 에너지의 15%만 가시광선(파장은 대략 550 nm)으로 전환한다고 할 때 전구가 1초에 내놓는 광자의 수를 구하시오(1 W=1 J/s).

3.133 $He^+$ 이온은 수소처럼 하나의 전자만 가지고 있다. $He^+$ 이온이 방출하는 발머 계열 빛 중에서 처음 네 개의 파장을 계산해 커지는 순서대로 나열하시오. 수소에 대해서도 똑같은 과정을 거쳐 파장을 계산하고 차이점에 대해 설명하시오. [He의 뤼드베리 상수(Rydberg constant)는 $4.39\times10^7$ $m^{-1}$이다.]

3.135 수소 원자의 들뜬상태 전자는 다음 두 가지 방법으로 바닥상태로 돌아간다.

(a) 광자의 파장이 $\lambda_1$인 빛을 방출하고 직접 돌아가는 방법

(b) 광자의 파장이 $\lambda_2$인 빛을 방출하면서 중간의 들뜬상태로 전이하고 그 후 파장이 $\lambda_3$인 또 다른 광자를 방출하면서 바닥상태로 돌아가는 방법

세 파장($\lambda_1$, $\lambda_2$, $\lambda_3$) 사이의 관계를 식으로 나타내시오.

3.137 이 장에서 언급된 전자 배치는 기체 상태 원자의 바닥상태 전자 배치이다. 원자가 에너지 양자를 흡수해 전자 하나가 높은 에너지 상태로 전이했을 때를 들뜬상태 전자 배치라고 한다. 몇몇 원자의 들뜬상태 전자 배치가 다음과 같을 때 어떤 원자인지 밝히고 바닥상태 전자 배치를 쓰시오.

(a) $1s^12s^1$ (b) $1s^12s^22p^23d^1$

(c) $1s^22s^22p^64s^1$ (d) $[Ar]4s^13d^{10}4p^4$

(e) $[Ne]3s^23p^43d^1$

3.139 다음의 전자 배치를 갖는 원자의 오비탈 도표를 그리시오.

(a) $1s^22s^22p^5$

(b) $1s^22s^22p^63s^23p^3$

(c) $1s^22s^22p^63s^23p^64s^23d^7$

3.141 과학자들은 우주 공간의 수소 원자의 주양자수 $n$이 수백 가지인 것을 알게 되었다. 수소 원자가 $n=236$에서 $n=235$로 전이될 때 방출되는 빛의 파장을 계산하고 이 파장이 속하는 전자기 스펙트럼의 영역을 찾으시오.

3.143 수소 원자의 전자가 바닥상태에서 $n=4$ 상태로 들뜨게 되었다. 다음 각 문항을 옳고 그름(true 또는 false)을 결정하시오.

(a) $n=4$는 첫 번째 들뜬상태이다.

(b) $n=4$의 전자를 제거하는 데 필요한 에너지가 바닥상태의 전자를 제거하는 데 드는 에너지보다 크다.

(c) 평균적으로 $n=4$의 전자가 바닥상태의 전자보다 핵과의 거리가 더 멀다.

(d) 전자가 $n=4$에서 $n=1$로 떨어질 때 방출되는 빛의 파장이 $n=4$에서 $n=2$로 떨어질 때보다 길다.

(e) $n=1$에서 $n=4$로 전이할 때 원자가 흡수하는 파장은 $n=4$에서 $n=1$로 전이할 때 방출하는 파장과 같다.

3.145 사람 눈의 원추 세포는 세 종류의 파장 영역, 즉 파란색(419 nm), 초록색(531 nm), 빨간색(558 nm)에 민감하다. 시신경이 시각 자극을 뇌로 전달하기 위해서는 $2.0\times10^{-17}$ J 이상의 에너지가 필요하다. 각 색깔을 보기 위해서 필요한 파란색(419 nm), 초록색(531 nm), 빨간색(558 nm) 빛의 광자수를 구하시오.

3.147 피부를 타게 하는 자외선 영역은 320 nm에서 400 nm이다. 1초 동안 지표($cm^2$)에 도달하는 이 영역의 광자는 $2.0 \times 10^{16}$개이고 노출된 피부의 면적은 0.45 $m^2$, 노출된 시간은 2.5 h일 때 인체에 흡수된 총 에너지(J)를 계산하시오.

3.149 수소 원자의 전자가 에너지 준위 사이를 전이할 때 주양자수 $n$의 초기값과 최종값에 대한 제한이 없다. 반면, 양자역학적으로 각운동량 양자수 $\ell$의 초기값과 최종값에는 제한이 있다. 이를 $\Delta\ell = \pm 1$로 나타나는 선택 규칙(selection rule)이라고 하고 전이될 때 $\ell$ 값은 오직 1만큼만 늘어나거나 줄어들 수 있다는 것이다. 이 규칙에 의해 다음의 전이 중 가능한 것을 고르시오.

(a) $1s \longrightarrow 2s$  (b) $2p \longrightarrow 1s$
(c) $1s \longrightarrow 3d$  (d) $3d \longrightarrow 4f$
(e) $4d \longrightarrow 3s$

3.151 질량이 2.80 g인 움직이는 탁구공의 위치를 찾기 위해 빨간색 빛(675 nm)의 광자가 사용되었고 위치 불확실성은 한 파장과 같다고 가정하자. 탁구공의 속도 불확실성의 최솟값을 구하고 결과에 대해 설명하시오.

3.153 아인슈타인의 특수 상대성 이론에 따르면 움직이는 입자의 질량 $m_{운동}$은 정지 상태의 질량 $m_{정지}$와 다음 식으로 연관되어 있다.

$$m_{운동} = \frac{m_{정지}}{\sqrt{1-(u/c)2}}$$

여기서 $u$와 $c$는 입자와 빛의 속도이다.

(a) 입자 가속기 안에서 양성자, 중성자, 그리고 다른 전하를 띤 입자들은 거의 빛의 속도에 가깝게 가속된다. 속도가 광속의 50%로 움직이는 양성자의 파장(nm)을 계산하시오. 양성자의 질량은 $1.67 \times 10^{-27}$ kg이다.

(b) 63 m/s의 속도로 움직이는 테니스 공(정지 상태의 질량 $6.0 \times 10^{-2}$ kg)의 질량을 계산하고 결과를 설명하시오.

## 유제 해답

**3.1** ① $3.70 \times 10^2$ m/s **3.2** ① 0.667 mm **3.3** ① $2.91 \times 10^{10}$ $s^{-1}$
**3.4** ① (a) $1.05 \times 10^4$ nm (b) $2.1 \times 10^{18}$ (c) 1.2 eV **3.5** ① 7
**3.6** ① $8.2 \times 10^{-28}$ kg · m/s **3.7** ① (a) $\pm 2 \times 10^{-25}$ kg · m/s (b) $\pm 1 \times 10^2$ m/s (c) $\pm 2 \times 10^5$ m/s
**3.8** ① −2, −1, 0, +1, +2 **3.9** ① $d$ 오비탈일 때, $\ell$=2, 그러나 $n$=2에서, $\ell$은 2가 될 수 없다.
**3.10** ① $1s^2 2s^2 2p^6 3s^2 3p^6 4s^2 3d^{10} 4p^5$ **3.11** ① At(아스타틴)

## 절 복습

**3.1.1** a **3.1.2** d **3.1.3** c **3.2.1** c **3.2.2** a **3.2.3** c **3.2.4** b
**3.3.1** e **3.3.2** d **3.3.3** a **3.3.4** d **3.3.5** c **3.4.1** b **3.4.2** d
**3.4.3** c **3.4.4** e **3.5.1** c **3.5.2** d **3.5.3** b **3.6.1** c **3.6.2** a
**3.7.1** c **3.7.2** c **3.7.3** e **3.7.4** c **3.8.1** b **3.8.2** c **3.8.3** b, e
**3.8.4** b **3.9.1** b **3.9.2** d **3.9.3** b **3.10.1** c **3.10.2** c
**3.10.3** b, d **3.10.4** a, b, d

Chapter
# 4

# 원소의 주기적 경향
## Periodic Trends of the Elements

4.1 **주기율표의 개발**

4.2 **현대 주기율표**
- 원소들의 분류

4.3 **유효 핵전하**

4.4 **원소 성질의 주기적 경향**
- 원자 반지름
- 이온화 에너지
- 전자 친화도
- 금속성

4.5 **이온의 전자 배치**
- 주족 원소의 이온
- $d$-블록 원소의 이온

4.6 **이온 반지름**
- 원자 반지름과 이온 반지름의 비교
- 등전자 계열

원소들의 특성이 주기적으로 나타나는 현상, 즉 주기성(periodicity)은 현대 주기율표의 기초를 제공하였다. 드미트리 멘델레예프와 로타 마이어의 연구에 기초한 주기율표는 그 당시까지 발견되지 않았던 원소들의 존재와 특성을 예측하는 것을 가능하게 했다. 멘델레예프는 에카-알루미늄이라고 이름 붙인 알루미늄과 비슷한 원소가 발견될 거라고 예측하였는데, 정말로 갈륨(gallium)이란 원소가 발견되었고 그 특성도 멘델레예프가 예측한 에카-알루미늄과 거의 같았다. 그 이후로 화학자들과 물리학자들은 자연에서 발견되지 않은 원소들까지 만들어 내어 최근의 주기율표를 완성하였다. 2012년 5월, 플레로븀(flerovium, 원자 번호 114)은 이것이 만들어진 러시아 두브나(Dubna)의 플레로프(Flerov) 핵반응 연구소를 기념하여 공식적으로 붙여진 이름이다. 2012년 5월에 공식적으로 명명된 또 다른 원소인 리버모륨(livermorium, 원자번호 116번)은 미국 캘리포니아의 로렌스 리버모어(Livermore) 국립 연구소를 기념하여 붙여진 이름이다.

## 들어가기 전에

• 정전기적 에너지 [|◀◀3.1절]
• 전자 배치와 주기율표 [|◀◀3.10절]

# 4.1 주기율표의 개발

19세기의 화학자들은 일반적으로 물질이 원자로 구성되어 있다는 데에는 동의했지만 원자의 **구조**(structure)에 대해서는 전혀 몰랐다. 그럼에도 불구하고 화학자들은 과학적 지식을 토대로 이미 알려진 원소들을 정리해야 할 필요를 느끼게 되었고, 이를 위해 원소들을 배열하여 표로 정리하려는 시도가 여러 번 있었다. 그 당시 많은 원소의 원자 질량이 정확하게 측정되어 있었고, 원소의 화학적 행동이 원자 질량과 어느 정도 연관되어 있다고 믿는 화학자들은 원소들을 원자 질량 순서대로 배열하는 것이 논리적이라 생각하였다.

1864년, 영국의 화학자 존 뉴랜즈(John Newlands)[1]는 원소들을 원자 질량 순서로 배열하면 매 8번째 원소마다 유사한 성질을 나타낸다고 발표하였다. 뉴랜즈는 이 특이한 관계를 **옥타브 법칙**(law of octaves)이라고 명명하였다. 그러나 이 "법칙"은 칼슘 다음의 원자들에게는 맞지 않았기 때문에 뉴랜즈의 연구는 과학자들 사이에서 인정받지 못했다.

1869년, 러시아의 화학자 드미트리 멘델레예프(Dmitri Mendeleev)[2]와 독일의 화학자 로타 마이어(Lothar Meyer)[3]는 규칙적으로 반복되는 특성, 즉 **주기성**(periodicity)이라고 알려진 특성에 따라 더 정확하게 원소들을 배열한 표를 각각 제안하였다.

멘델레예프의 분류 체계는 두 가지 면에서 뉴랜즈의 분류 체계보다 크게 발전한 형태이다. 첫 번째는 원소들이 특성에 따라 더 정확하게 그룹화되었다는 점이고, 두 번째는 이러한 방법을 통하여 그동안 발견되지 않았던 몇몇 원소들의 특성을 예측할 수 있었다는 점이다. 예를 들어, 멘델레예프는 그때까지 발견되지 않았던 원소의 존재를 제안하였고, 그 원소를 에카-알루미늄(eka-aluminum)이라 명명하고 몇 가지 특성을 예측하여 발표하였다.(*Eka*는 산스크리트 언어로 "첫 번째"라는 뜻이고, 알루미늄과 같은 족의 알루미늄 바로 아래 첫 번째 원소라는 의미로 붙인 단어이다.) 4년 후 갈륨(gallium) 원소가 발견되었을 때, 갈륨의 특성은 예측하였던 에카-알루미늄의 특성과 거의 맞아떨어졌다.

---

1. 존 뉴랜즈(John Alexander Reina Newlands, 1838～1898): 영국의 화학자. 그의 연구는 원소를 분류하는 올바른 방향으로의 첫 걸음이었다. 불행하게도 칼슘 이후의 원자에는 맞지 않는 단점으로 인하여 많은 비판과 조롱을 당하였지만, 1887년 업적을 인정받아 영국 왕립 학회의 회원이 되었다.

2. 드미트리 멘델레예프(Dmitri Ivanovich Mendeleev, 1836～1907): 러시아의 화학자. 많은 사람들이 원소들을 주기율표로 분류한 그의 연구를 19세기 화학에서 가장 중요한 업적으로 생각한다.

3. 로타 마이어(Julius Lothar Meyer, 1830～1895): 독일의 화학자. 주기율표에 기여하였을 뿐만 아니라 헤모글로빈과 산소 사이의 화학적 친화성도 발견하였다.

**그림 4.1** 원소들을 발견 시기에 따라 분류한 주기율표

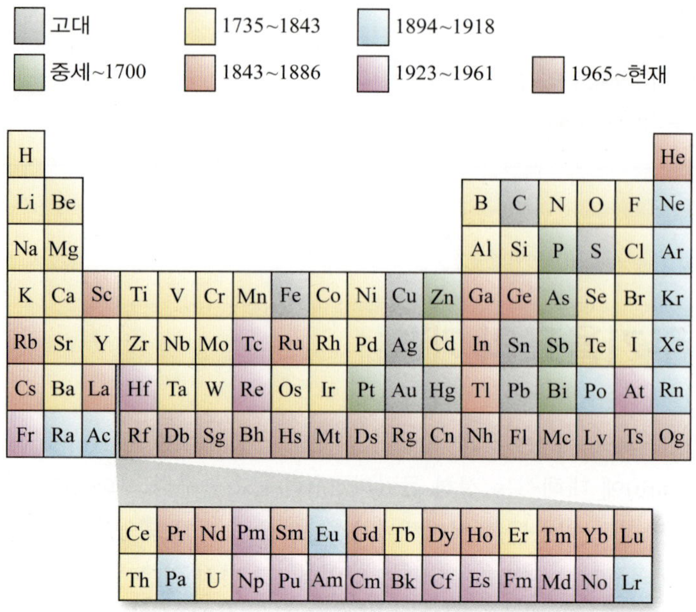


| | 에카-알루미늄(Ea) | 갈륨(Ga) |
|---|---|---|
| 원자 질량 | 68 amu | 69.9 amu |
| 녹는점 | 낮음 | 30.15°C |
| 밀도 | 5.9 $g/cm^3$ | 5.94 $g/cm^3$ |
| 산화물의 화학식 | $Ea_2O_3$ | $Ga_2O_3$ |

멘델레예프의 주기율표는 그 당시 알려진 66개의 원소를 포함하였고 1900년까지 30개의 원소가 더해졌으며, 그중 몇몇은 비어 있던 주기율표의 자리를 채웠다. 그림 4.1은 각 원소가 발견된 시기를 나타낸 표이다.

이 주기율표는 놀랄 만큼 성공적이었으나 초기에는 간과하기 어려운 몇몇 모순점이 있었다. 예를 들어, 아르곤의 원자 질량(39.95 amu)은 포타슘의 원자 질량(39.10 amu)보다 크지만 아르곤은 주기율표에서 포타슘의 앞에 위치한다. 만약 원소들을 원자 질량 순으로만 배열한다면 아르곤은 현대 주기율표의 포타슘 위치에 놓이겠지만, 어떤 화학자도 반응성이 없는 기체인 아르곤을 가장 반응성이 큰 금속인 리튬 그리고 소듐과 같은 족에 놓지는 않을 것이다. 이런 현상과 몇몇 다른 모순점 때문에 주기성을 나타나게 하는 특성이 원자 질량이 아닌 다른 특성일 것이라고 제안되었고 멘델레예프와 동료들이 몰랐던 그 특성이 원자핵 속의 양성자수였다는 것은 나중에 밝혀졌다.

1913년 영국의 젊은 물리학자 헨리 모슬리(Henry Moseley)[4]는 그가 **원자 번호**(atomic number)라고 부르는 값과 원소에 고에너지 전자를 쏘았을 때 방출되는 X선 진동수 사이의 관계를 발견하였다. 모슬리는 대체로 원자 질량이 증가하면 원소에서 방출되는 X선의 진동수도 증가하지만 아르곤과 포타슘처럼 몇몇 예외가 있다는 것을 밝혔다. 아르곤의 원자 질량이 포타슘보다 크기는 하지만 방출되는 X선 진동수에 의하면 포타슘의 원자 번호가 더 크고, 원자 번호 순서대로 원소들을 나열한 주기율표는 그 전까지 학자들이 풀지 못한

4. 헨리 모슬리(Henry Gwyn-Jeffreys Moseley, 1887~1915): 영국의 물리학자. X선 스펙트럼과 원자 번호 사이의 관계를 발견하였다. 영국 육군 공병대의 중위였으며 터키의 갈리폴리 전투에서 28세의 나이로 전사하였다.

몇몇 모순점을 모두 해결하였다. 모슬리는 원자 번호가 원자핵 속의 양성자수와 같고 원자가 가진 전자수와 같다고 결론 내렸다.

현대의 주기율표에는 원소의 원자 번호와 원소 기호가 나타나 있다. 원소의 전자 배치는 원소들의 물리적, 화학적 특징의 주기성을 설명하는 데 도움이 된다. 주기율표의 중요성과 효용성은 어떤 원소이든지, 심지어 우리가 흔히 보지 못한 원소라 할지라도 주기율표에서 그 원소의 족과 주기를 알면 원소의 일반적인 특성을 상당히 정확하게 알 수 있다는 점이다.

예제 4.1은 원소들의 특성의 유사성과 차이점을 예측하는 데 어떻게 주기율표를 이용할 수 있는지에 대한 문제이다.

## 예제 4.1

어떤 원소들이 염소(chlorine)의 특성과 거의 유사한 성질을 나타낼 것인지 예측하시오.

**전략** 같은 족의 원소들은 유사한 성질을 나타내는 경향이 있으므로 염소와 같은 족의 원소들을 찾아야 한다.

**계획** 염소는 7A족 원소이다.

**풀이** 플루오린(fluorine), 브로민(bromine), 그리고 아이오딘(iodine)이 7A족의 비금속들이므로 염소와 유사한 성질을 갖는 원소들이다.

### 생각해 보기

아스타틴(Astatine, At)도 7A족이다. 그러나 아스타틴은 준금속으로 분류되며, 우리는 비금속을 준금속(metalloid) 또는 금속(metal)과 비교할 때 매우 주의를 기울여야 한다. 준금속인 아스타틴의 특성은 염소와 유사한 다른 7A족 원소들의 특성과 다르다.

**참조**

실제로, 아스타틴은 방사성 원소이고 그 성질에 대해서는 알려진 것이 별로 없다.

**유제 1** 다음의 5A족 원소들을 질소(N)와 비교하여 유사성이 커지는 순서로 배열하시오.

As, Bi, P

**유제 2** 다음 주기율표는 세 부분으로 나누어져 있다. 세 부분 중 유사한 성질을 갖는 원소들의 수가 가장 많은 부분을 고르고 이유를 설명하시오.

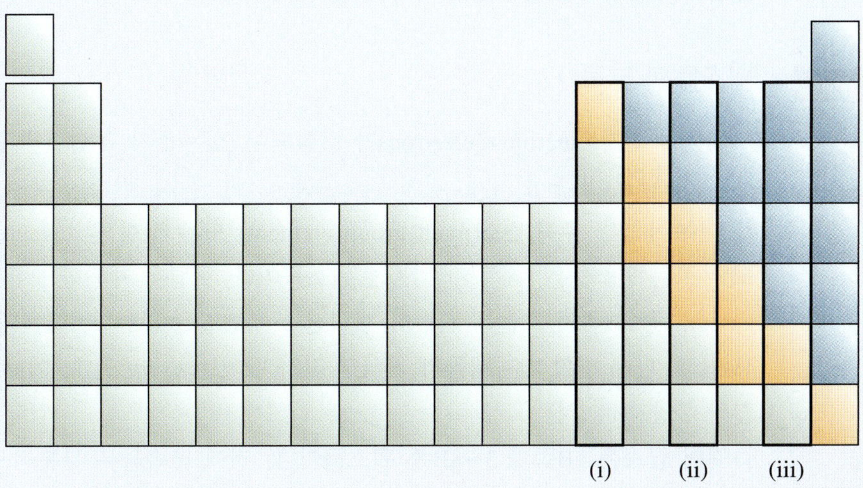

## 4.1절 복습

**주기율표의 개발**

**4.1.1** 다음 중 황(S)의 화학적 성질과 유사한 성질을 갖는 원소를 고르시오.

(a) P (b) Cl (c) Se
(d) Na (e) Sr

**4.1.2** 다음 중 바륨(Ba)과 유사한 화학적 성질을 갖는 원소를 고르시오.

(a) Sr (b) Rb (c) Na
(d) K (e) B

**4.1.3** 117번 원소는 2010년에 처음 만들어졌다. 주기율표에서 117번 원소의 위치를 고려하여 다음 중 그 원소의 성질로 맞을 거라 예측되는 것을 고르시오.

(i) 상온에서 기체 상태 (ii) 비활성(반응성 없음)
(iii) 아스타틴(At)과 유사한 특성 (iv) 라듐(Ra)과 유사한 특성

(a) i, iv (b) i, ii, iv (c) iii
(d) iv (e) i, iii

# 4.2 현대 주기율표

그림 4.2는 원소의 바닥상태 최외각 전자 배치를 포함한 현대의 주기율표이다.(원소의 전자 배치는 그림 3.26에도 나타나 있다.) 수소 원자부터 시작하여 원자 부껍질이 순서대로 채워지는 과정이 그림 3.25에 나타나 있다[|◀◀ 3.9절].

## 원소들의 분류

> **참조**
> 이 책에서 최외각 전자는 쌓음 원리를 이용하여 전자 배치를 했을 때 가장 마지막 오비탈에 놓이는 전자를 말한다[|◀◀ 3.9 절].

최외각 전자(outermost electron)가 포함되어 있는 전자 부껍질의 종류에 따라서 원소들은 주족 원소, 비활성 기체, 전이 원소(또는 전이 금속), 란타넘 계열, 그리고 악티늄 계열로 나누어진다. **주족 원소**(main group element) 또는 **전형 원소**(representative element)라고 부르는 원소들은 1A족부터 7A족 원소들이다. 헬륨을 제외한 모든 **비활성 기체들**(noble gases), 즉 8A족 원소들은 완전히 채워진 $p$ 부껍질을 갖는다. 헬륨의 최외각 전자 배치는 $1s^2$이고, 다른 비활성 기체들의 최외각 전자 배치는 $ns^2np^6$인데, 이때 $n$ 값은 가장 바깥 껍질의 주양자수이다.

전이 금속은 1B족과 3~8B족 원소들이다. 전이 금속들은 부분적으로 채워진 $d$ 부껍질을 갖거나 또는 부분적으로 채워진 $d$ 부껍질을 갖는 양이온을 잘 만드는 원소들이고, 이 정

| | 1A<br>1 | 2A<br>2 | 3B<br>3 | 4B<br>4 | 5B<br>5 | 6B<br>6 | 7B<br>7 | 8B<br>8 | 8B<br>9 | 8B<br>10 | 1B<br>11 | 2B<br>12 | 3A<br>13 | 4A<br>14 | 5A<br>15 | 6A<br>16 | 7A<br>17 | 8A<br>18 | |
|---|---|---|---|---|---|---|---|---|---|---|---|---|---|---|---|---|---|---|---|
| 1 | 1<br>**H**<br>$1s^1$ | | | | | | | | | | | | | | | | | 2<br>**He**<br>$1s^2$ | 1 |
| 2 | 3<br>**Li**<br>$2s^1$ | 4<br>**Be**<br>$2s^2$ | | | | | | | | | | | 5<br>**B**<br>$2s^22p^1$ | 6<br>**C**<br>$2s^22p^2$ | 7<br>**N**<br>$2s^22p^3$ | 8<br>**O**<br>$2s^22p^4$ | 9<br>**F**<br>$2s^22p^5$ | 10<br>**Ne**<br>$2s^22p^6$ | 2 |
| 3 | 11<br>**Na**<br>$3s^1$ | 12<br>**Mg**<br>$3s^2$ | | | | | | | | | | | 13<br>**Al**<br>$3s^23p^1$ | 14<br>**Si**<br>$3s^23p^2$ | 15<br>**P**<br>$3s^23p^3$ | 16<br>**S**<br>$3s^23p^4$ | 17<br>**Cl**<br>$3s^23p^5$ | 18<br>**Ar**<br>$3s^23p^6$ | 3 |
| 4 | 19<br>**K**<br>$4s^1$ | 20<br>**Ca**<br>$4s^2$ | 21<br>**Sc**<br>$4s^23d^1$ | 22<br>**Ti**<br>$4s^23d^2$ | 23<br>**V**<br>$4s^23d^3$ | 24<br>**Cr**<br>$4s^13d^5$ | 25<br>**Mn**<br>$4s^23d^5$ | 26<br>**Fe**<br>$4s^23d^6$ | 27<br>**Co**<br>$4s^23d^7$ | 28<br>**Ni**<br>$4s^23d^8$ | 29<br>**Cu**<br>$4s^13d^{10}$ | 30<br>**Zn**<br>$4s^23d^{10}$ | 31<br>**Ga**<br>$4s^24p^1$ | 32<br>**Ge**<br>$4s^24p^2$ | 33<br>**As**<br>$4s^24p^3$ | 34<br>**Se**<br>$4s^24p^4$ | 35<br>**Br**<br>$4s^24p^5$ | 36<br>**Kr**<br>$4s^24p^6$ | 4 |
| 5 | 37<br>**Rb**<br>$5s^1$ | 38<br>**Sr**<br>$5s^2$ | 39<br>**Y**<br>$5s^24d^1$ | 40<br>**Zr**<br>$5s^24d^2$ | 41<br>**Nb**<br>$5s^14d^4$ | 42<br>**Mo**<br>$5s^14d^5$ | 43<br>**Tc**<br>$5s^24d^5$ | 44<br>**Ru**<br>$5s^14d^7$ | 45<br>**Rh**<br>$5s^14d^8$ | 46<br>**Pd**<br>$4d^{10}$ | 47<br>**Ag**<br>$5s^14d^{10}$ | 48<br>**Cd**<br>$5s^24d^{10}$ | 49<br>**In**<br>$5s^25p^1$ | 50<br>**Sn**<br>$5s^25p^2$ | 51<br>**Sb**<br>$5s^25p^3$ | 52<br>**Te**<br>$5s^25p^4$ | 53<br>**I**<br>$5s^25p^5$ | 54<br>**Xe**<br>$5s^25p^6$ | 5 |
| 6 | 55<br>**Cs**<br>$6s^1$ | 56<br>**Ba**<br>$6s^2$ | 57<br>**La**<br>$6s^25d^1$ | 72<br>**Hf**<br>$6s^25d^2$ | 73<br>**Ta**<br>$6s^25d^3$ | 74<br>**W**<br>$6s^25d^4$ | 75<br>**Re**<br>$6s^25d^5$ | 76<br>**Os**<br>$6s^25d^6$ | 77<br>**Ir**<br>$6s^25d^7$ | 78<br>**Pt**<br>$6s^15d^9$ | 79<br>**Au**<br>$6s^15d^{10}$ | 80<br>**Hg**<br>$6s^25d^{10}$ | 81<br>**Tl**<br>$6s^26p^1$ | 82<br>**Pb**<br>$6s^26p^2$ | 83<br>**Bi**<br>$6s^26p^3$ | 84<br>**Po**<br>$6s^26p^4$ | 85<br>**At**<br>$6s^26p^5$ | 86<br>**Rn**<br>$6s^26p^6$ | 6 |
| 7 | 87<br>**Fr**<br>$7s^1$ | 88<br>**Ra**<br>$7s^2$ | 89<br>**Ac**<br>$7s^26d^1$ | 104<br>**Rf**<br>$7s^26d^2$ | 105<br>**Db**<br>$7s^26d^3$ | 106<br>**Sg**<br>$7s^26d^4$ | 107<br>**Bh**<br>$7s^26d^5$ | 108<br>**Hs**<br>$7s^26d^6$ | 109<br>**Mt**<br>$7s^26d^7$ | 110<br>**Ds**<br>$7s^26d^8$ | 111<br>**Rg**<br>$7s^26d^9$ | 112<br>**Cn**<br>$7s^26d^{10}$ | 113<br>**Nh**<br>$7s^27p^1$ | 114<br>**Fl**<br>$7s^27p^2$ | 115<br>**Mc**<br>$7s^27p^3$ | 116<br>**Lv**<br>$7s^27p^4$ | 117<br>**Ts**<br>$7s^27p^5$ | 118<br>**Og**<br>$7s^27p^6$ | 7 |

| | | | | | | | | | | | | | |
|---|---|---|---|---|---|---|---|---|---|---|---|---|---|
| 58<br>**Ce**<br>$6s^24f^15d^1$ | 59<br>**Pr**<br>$6s^24f^3$ | 60<br>**Nd**<br>$6s^24f^4$ | 61<br>**Pm**<br>$6s^24f^5$ | 62<br>**Sm**<br>$6s^24f^6$ | 63<br>**Eu**<br>$6s^24f^7$ | 64<br>**Gd**<br>$6s^24f^75d^1$ | 65<br>**Tb**<br>$6s^24f^9$ | 66<br>**Dy**<br>$6s^24f^{10}$ | 67<br>**Ho**<br>$6s^24f^{11}$ | 68<br>**Er**<br>$6s^24f^{12}$ | 69<br>**Tm**<br>$6s^24f^{13}$ | 70<br>**Yb**<br>$6s^24f^{14}$ | 71<br>**Lu**<br>$6s^24f^{14}5d^1$ |
| 90<br>**Th**<br>$7s^26d^2$ | 91<br>**Pa**<br>$7s^25f^26d^1$ | 92<br>**U**<br>$7s^25f^36d^1$ | 93<br>**Np**<br>$7s^25f^46d^1$ | 94<br>**Pu**<br>$7s^25f^6$ | 95<br>**Am**<br>$7s^25f^7$ | 96<br>**Cm**<br>$7s^25f^76d^1$ | 97<br>**Bk**<br>$7s^25f^9$ | 98<br>**Cf**<br>$7s^25f^{10}$ | 99<br>**Es**<br>$7s^25f^{11}$ | 100<br>**Fm**<br>$7s^25f^{12}$ | 101<br>**Md**<br>$7s^25f^{13}$ | 102<br>**No**<br>$7s^25f^{14}$ | 103<br>**Lr**<br>$7s^25f^{14}6d^1$ |

**그림 4.2** 원소의 원자가 전자 배치. 간결하게 표현하기 위하여 72번에서 86번, 그리고 104번에서 118번 원소들의 완전히 채워진 *f* 부껍질은 생략했다.

| | 1A<br>1 | 2A<br>2 | 3B<br>3 | 4B<br>4 | 5B<br>5 | 6B<br>6 | 7B<br>7 | 8B<br>8 | 8B<br>9 | 8B<br>10 | 1B<br>11 | 2B<br>12 | 3A<br>13 | 4A<br>14 | 5A<br>15 | 6A<br>16 | 7A<br>17 | 8A<br>18 | |
|---|---|---|---|---|---|---|---|---|---|---|---|---|---|---|---|---|---|---|---|
| 1 | H | | | | | | | | | | | | | | | | | He | 1 |
| 2 | Li | Be | | | | | | | | | | | B | C | N | O | F | Ne | 2 |
| 3 | Na | Mg | | | | | | | | | | | Al | Si | P | S | Cl | Ar | 3 |
| 4 | K | Ca | Sc | Ti | V | Cr | Mn | Fe | Co | Ni | Cu | Zn | Ga | Ge | As | Se | Br | Kr | 4 |
| 5 | Rb | Sr | Y | Zr | Nb | Mo | Tc | Ru | Rh | Pd | Ag | Cd | In | Sn | Sb | Te | I | Xe | 5 |
| 6 | Cs | Ba | La | Hf | Ta | W | Re | Os | Ir | Pt | Au | Hg | Tl | Pb | Bi | Po | At | Rn | 6 |
| 7 | Fr | Ra | Ac | Rf | Db | Sg | Bh | Hs | Mt | Ds | Rg | Cn | Nh | Fl | Mc | Lv | Ts | Og | 7 |

| | | | | | | | | | | | | | | | |
|---|---|---|---|---|---|---|---|---|---|---|---|---|---|---|---|
| 6 | Ce | Pr | Nd | Pm | Sm | Eu | Gd | Tb | Dy | Ho | Er | Tm | Yb | Lu | 6 |
| 7 | Th | Pa | U | Np | Pu | Am | Cm | Bk | Cf | Es | Fm | Md | No | Lr | 7 |

**그림 4.3** 주족 원소(회색), 비활성 기체(노란색), 전이 금속(파란색), 2B족 원소(연두색), 란타넘 계열(청록색), 그리고 악티늄 계열(분홍색)을 색으로 구별해 나타낸 주기율표

**표 4.1** 1A족과 2A족 원소들의 전자 배치

| 1A족 | | 2A족 | |
|---|---|---|---|
| Li | $[He]2s^1$ | Be | $[He]2s^2$ |
| Na | $[Ne]3s^1$ | Mg | $[Ne]3s^2$ |
| K | $[Ar]4s^1$ | Ca | $[Ar]4s^2$ |
| Rb | $[Kr]5s^1$ | Sr | $[Kr]5s^2$ |
| Cs | $[Xe]6s^1$ | Ba | $[Xe]6s^2$ |
| Fr | $[Rn]7s^1$ | Ra | $[Rn]7s^2$ |

**참조**

2B족 원소들은 대부분 하나 또는 두 개의 전자를 잃지만, 두 경우 모두 전자 배치는 완전히 채워진 *d* 부껍질을 갖는다[◀◀ 3.9절]. 따라서 엄격히 말한다면 아연, 카드뮴, 그리고 수은은 전이 금속이 아니다.

의에 의하면 2B족 원소들(Zn, Cd, Hg)은 완전히 채워진 *d* 부껍질을 가지므로 **전이 금속이 아니다**. 이 원소들은 *d*–블록 원소들이지만 일반적으로 전이 금속을 이야기할 때 포함한다.

란타넘 계열과 악티늄 계열은 부분적으로 채워진 *f* 부껍질을 가지므로 때로 *f*–블록 전이 원소라고 부르고 그림 4.3에 구별하여 나타내었다.

특정 족 원소들의 전자 배치는 뚜렷한 패턴이 있다. 예를 들어, 표 4.1의 1A족과 2A족 원소들의 전자 배치를 살펴보자. 1A족 원소는 모두 비활성 기체의 전자 배치에 하나의 전자가 더해진 형태, 즉 알칼리 금속의 일반적인 전자 배치는 [비활성 기체]$ns^1$이고, 2A족 알칼리 토금속의 전자 배치는 비활성 기체와 같은 핵심부 전자에 $ns^2$의 최외각 전자 배치가 더해진다.

원자의 최외각 전자 중에서 원자들 사이의 화학 결합을 형성하는 데 관여하는 전자를 **원자가 전자**(valence electron)라고 한다. 원자가 전자 배치의 유사성(이를 테면, 원자가 전자의 수와 종류가 같은 경우)이 원소들을 같은 족에 속하게 하고 화학적으로 비슷하게 만든다. 이런 특징은 다른 주족 원소들에도 적용되며, 따라서 할로젠(7A족) 원소들은 모두 $ns^2np^5$의 최외각 전자 배치를 갖고 화학적으로 유사하다.

3A족에서 7A족 원소들의 성질을 예측할 때, 각 족에는 **금속**(metal)과 **비금속**(nonmetal)으로 분류되는 원소들이 모두 포함되어 있다는 것을 고려해야 한다. 예를 들어, 4A족 원소들은 모두 $ns^2np^2$의 최외각 전자 배치를 갖지만 탄소는 **비금속**(nonmetal), 규소와 저마늄은 **준금속**(metalloid), 그리고 주석과 납은 **금속**(metal)이므로 이들의 화학적 성질은 매우 다르다.

비활성 기체들은 같은 족 원소들의 성질이 거의 같다는 것을 확실히 보여 준다. 완전하게 채워진 *ns*와 *np* 부껍질을 가지므로 반응성이 없고 비정상적일 만큼 안정하다.

비록 전이 금속들의 최외각 전자 배치가 족 안에서 항상 같은 것도 아니고 같은 주기의 원자들끼리도 전자 배치의 규칙성이 나타나지 않지만, 모든 전이 금속들은 서로 많은 특징(다양한 산화수, 짙은 색의 화합물, 자기적 성질 등등)을 공유하므로 다른 원소들과 구별된다. 이러한 특징들은 모두 전이 금속들이 부분적으로 채워진 *d* 부껍질을 가지므로 유사하게 나타난다. 이와 비슷하게 란타넘 계열과 악티늄 계열 원소들도 부분적으로 채워진 부껍질을 가져서 서로 유사한 성질을 보인다.

예제 4.2는 원자의 전자 개수를 이용하여 전자 배치를 완성하는 방법에 대한 문제이다.

## 예제 4.2

주기율표를 사용하지 않고 다음 원자들의 바닥상태 전자 배치를 완성하고, 원자들을 블록 분류법($s-$, $p-$, $d-$, 또는 $f-$블록)으로 나누고 주족 원소인지 전이 금속인지 구별하시오.

(a) 17개의 전자를 가진 원자 (b) 37개의 전자를 가진 원자 (c) 22개의 전자를 가진 원자

**전략** 3.9절에서 배운 쌓음 원리를 이용하여 전자를 주양자수 $n=1$인 전자 껍질부터 그림 3.23에 나와 있는 순서대로 차례로 채워 나간다.

**계획** 그림 3.23에 따르면 오비탈은 $1s$, $2s$, $2p$, $3s$, $3p$, $4s$, $3d$, $4p$, $5s$, $4d$, $5p$, $6s$ 순으로 채워진다. $s$ 부껍질에는 한 개, $p$ 부껍질은 세 개, 그리고 $d$ 부껍질은 다섯 개의 오비탈이 있고 각 오비탈에는 최대 두 개의 전자가 채워진다. 원소의 블록 분류법은 쌓음 원리에 따라 전자를 채울 때 가장 마지막 전자가 들어가는 부껍질의 종류에 따른다.

**풀이**

(a) $1s^22s^22p^63s^23p^5$, $p-$블록, 주족 원소

(b) $1s^22s^22p^63s^23p^64s^23d^{10}4p^65s^1$, $s-$블록, 주족 원소

(c) $1s^22s^22p^63s^23p^64s^23d^2$, $d-$블록, 전이 금속

### 생각해 보기

그림 3.26을 이용하여 해답을 확인해 본다.

**유제 1** 다음의 전자 배치를 갖는 원소를 찾으시오.

(a) $1s^22s^22p^63s^23p^1$ (b) $1s^22s^22p^63s^23p^64s^23d^{10}$ (c) $1s^22s^22p^63s^23p^64s^23d^{10}4p^65s^2$

**유제 2** 다음 주기율표에 표시된 각 원자의 전체 전자수와 원자가 전자수를 구하시오.

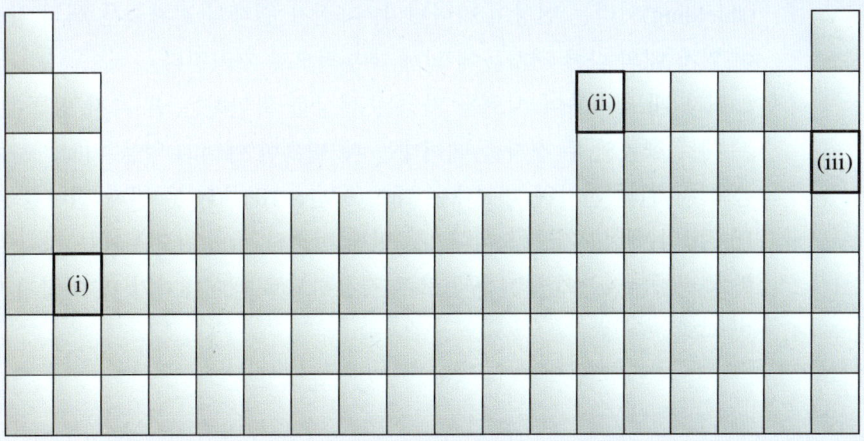

## 4.2절 복습

**현대 주기율표**

**4.2.1** 다음 중 저마늄(Ge)의 바닥상태 전자 배치를 고르시오.

(a) $1s^22s^22p^63s^23p^64s^24p^2$
(b) $1s^22s^22p^63s^23p^64s^23d^{10}4p^2$
(c) $1s^22s^22p^63s^23p^6$
(d) $1s^22s^22p^63s^23p^64s^24p^24d^{10}$
(e) $1s^22s^22p^63s^23p^23d^{10}$

**4.2.2** 바닥상태의 전자 배치가 $1s^22s^22p^63s^23p^64s^23d^{10}4p^65s^24d^{10}5p^2$인 원소를 고르시오.

(a) Pb
(b) Ge
(c) In
(d) Sn
(e) Sb

# 4.3 유효 핵전하

원소의 전자 배치는 원자 번호가 증가하면서 주기적으로 변한다. 지금부터는 어떻게 전자 배치가 원소의 물리적, 화학적 성질을 주기적으로 변화시키는지를 알아보고, **유효 핵전하**(effective nuclear charge)라는 개념을 소개하면서 시작해 보자.

핵전하($Z$)는 간단히 말해 원자핵 안의 양성자수이다. **유효 핵전하**(effective nuclear charge, $Z_{eff}$)는 원자 내 전자들이 실제로 "경험하는" 양전하의 크기이다. 핵전하와 유효 핵전하가 같은 유일한 원자는 전자를 한 개만 갖는 수소이다. 모든 다른 원자들의 전자는 원자핵이 끌어당기는 힘과 전자들 간에 반발하는 힘을 동시에 받고 있으며, 그 결과 **가리움**(shielding)이라는 현상이 나타난다. 다전자 원자의 전자들은 핵의 양전하가 끌어당기는 힘이 원자 내의 다른 전자들에 의해 부분적으로 가려진다.

> **참조**
> 가리움은 또한 차폐(screening)라고도 한다.

원자 내 전자들이 서로를 가리는 현상을 확인하는 한 가지 방법은 그림 4.4에서 보여지는 대로 헬륨의 두 전자를 떼어내는 데 필요한 에너지 양을 비교하는 것이다. 실험 결과 헬륨의 첫 번째 전자를 떼어내는 데는 $3.94 \times 10^{-18}$ J, 두 번째 전자를 떼어내는 데는 $8.72 \times 10^{-18}$ J의 에너지가 필요하다. 첫 번째 전자가 제거된 이후에는 가리움 현상이 없어져서 두 번째 전자는 +2의 핵전하가 모두 작용하므로 떼어내기가 더 어렵기 때문이다.

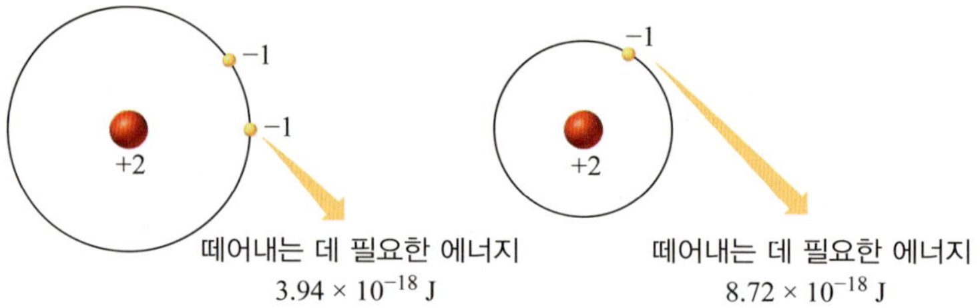


**그림 4.4** 가리움 현상 때문에 헬륨의 첫 번째 전자를 제거하는 데 필요한 에너지가 두 번째 전자를 제거하는 데 필요한 에너지보다 적다.

비록 원자 안의 모든 전자들은 서로 가리지만 그중에서도 **핵심부 전자들**(core electron)에 의한 가리움 효과가 가장 강력하다. 그 결과 주기율표의 같은 주기에서는 핵심부 전자 수가 일정하므로 왼쪽에서 오른쪽으로 갈수록 유효 핵전하($Z_{eff}$)가 증가한다.[같은 주기에서는 양성자수($Z$)가 늘어날 때 오직 **원자가 전자**(valence electron) 수만 증가한다.]

**참조**

핵심부 전자란 완전하게 채워진 안쪽 껍질의 전자들이다.

2주기 원소들은 핵전하가 1씩 증가할 때, **유효 핵전하**(effective nuclear charge)는 평균 0.64씩만 증가한다.(만약, 원자가 전자들이 서로 가리지 않는다면 유효 핵전하도 동일하게 1씩 증가할 것이다.)

| | Li | Be | B | C | N | O | F |
|---|---|---|---|---|---|---|---|
| 양성자수($Z$) | 3 | 4 | 5 | 6 | 7 | 8 | 9 |
| 유효 핵전하($Z_{eff}$) (원자가 전자가 느끼는) | 1.28 | 1.91 | 2.42 | 3.14 | 3.83 | 4.45 | 5.10 |

일반적으로 유효 핵전하는 다음의 식으로 계산된다.

$$Z_{eff} = Z - \sigma \qquad \text{식 4.1}$$

이 식에서 $\sigma$는 0보다 크고 $Z$보다 작은 가리움 상수이다.

같은 족의 위에서 아래로 내려갈 때 유효 핵전하($Z_{eff}$)의 변화는 같은 주기에서의 변화보다 크지 않다. 같은 족에서 한 칸씩 내려갈 때마다 핵전하가 크게 변하기는 하지만, 핵심부 전자의 껍질도 하나씩 늘어나서 원자핵으로부터 원자가 전자를 효과적으로 가리기 때문이다. 결과적으로 같은 족에서 **유효**(effective) 핵전하는 핵전하에 비해 적게 변한다.

## 4.4 원소 성질의 주기적 경향

원소의 몇몇 물리적, 화학적 특성은 유효 핵전하에 따른다. 이런 경향을 이해하기 위해서 원자의 전자가 **껍질**(shell)에 존재한다고 시각적으로 표현하는 방법이 도움이 된다. 앞서 주양자수($n$)가 핵으로부터의 거리에 따라 증가한다고 배웠다[|◀◀ 3.8절]. 이 내용을 글자 그대로 보면, 하나의 껍질에 있는 모든 전자는 핵으로부터의 거리가 같은 음전하를 띤 구에 퍼져 있고 핵과의 거리는 $n$ 값에 의해 결정된다고 할 수 있다. 이 내용을 시작점으로 하여 앞으로 원자 반지름, 이온화 에너지, 전자 친화도 그리고 금속성의 주기적 경향을 살펴볼 것이다.

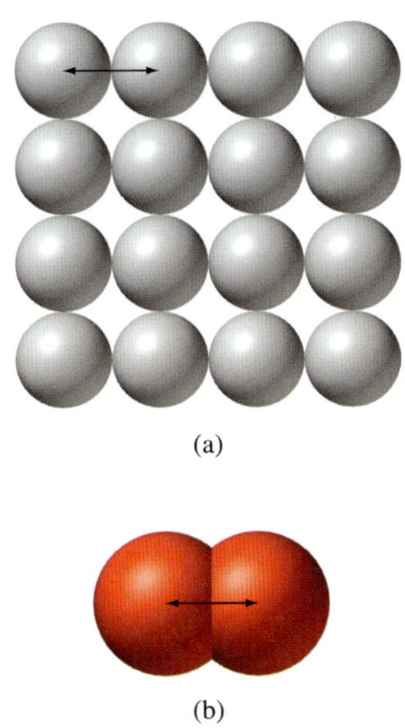


**그림 4.5** (a) 금속의 원자 반지름은 인접한 금속 원자의 핵간 거리의 반으로 정의된다. (b) 비금속의 원자 반지름은 동일한 이원자 분자의 핵간 거리의 반으로 정의된다.

### 원자 반지름

직관적으로 우리는 원자를 특정한 경계가 있는 구 모양으로 생각하기 때문에 **원자 반지름**(atomic radius)을 원자핵과 원자가 껍질(즉, 하나 이상의 전자가 존재하는 최외각 껍질) 사이의 거리로 생각한다. 그러나 양자 역학 모형에 의하면 핵으로부터의 거리가 아무리 멀어도 전자가 발견될 확률이 있으므로[|◀◀ 3.8절], 원자 반지름은 특정한 정의가 필요하다.

원자 반지름은 보통 두 가지 방법으로 정의한다. 하나는 **금속 반지름**(metallic radius)으

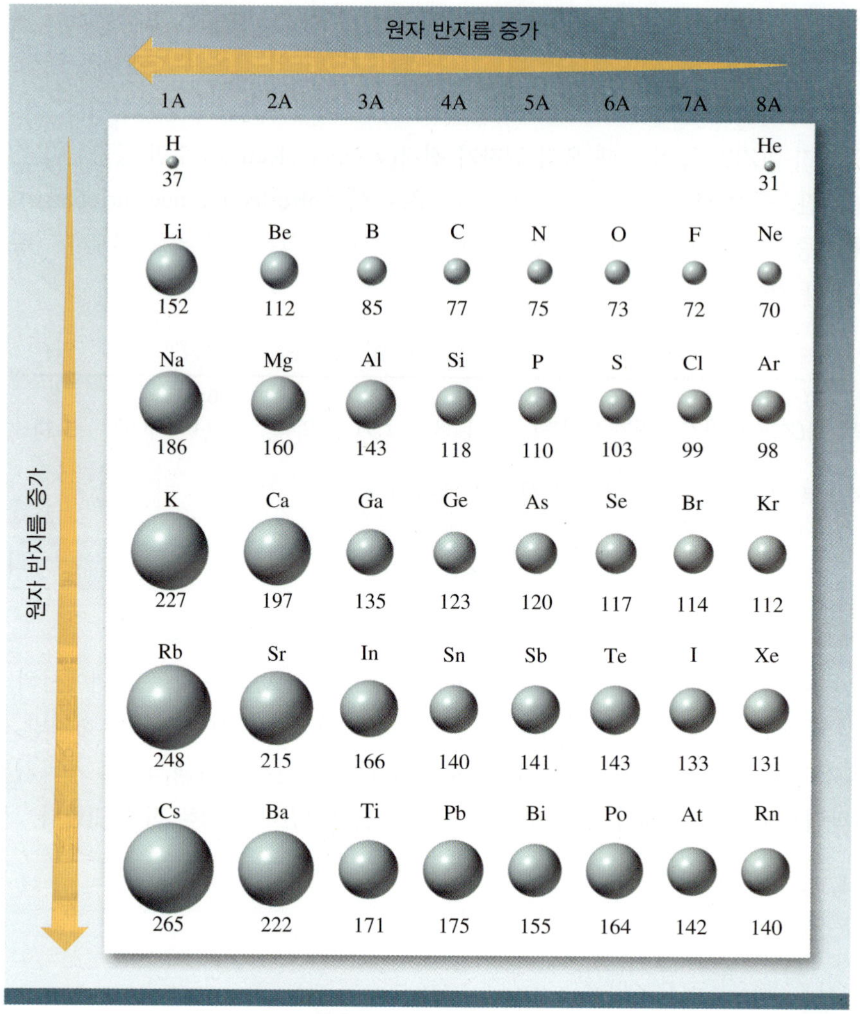


**그림 4.6** 주족 원소들의 원자 반지름(pm)

로, 두 개의 동일한 금속 원자가 최대한 인접한 상태에서 원자핵 사이의 거리를 측정하여 반으로 나눈 값이다[그림 4.5(a)]. 다른 하나는 **공유 반지름**(covalent radius)으로, 동일한 두 원자가 분자를 형성했을 때 원자핵 사이의 거리를 반으로 나눈 값이다[|◀◀ 5장][그림 4.5(b)].

그림 4.6은 주족 원소들의 원자 반지름을 주기율표의 위치에 따라 나타내었고 여기서 두 가지 뚜렷한 경향을 찾을 수 있다. 원자 반지름은 같은 주기에서는 왼쪽에서 오른쪽으로 갈수록 **감소하고**(decrease), 같은 족에서는 위에서 아래로 갈수록 **증가한다**(increase).

족에서의 증가는 비교적 쉽게 설명할 수 있는데, 족의 아래로 내려갈수록 주양자수 $n$ 값이 증가하여 전자 껍질수가 늘어나므로 최외각 껍질과 핵 사이의 거리가 멀어져서 원자 반지름이 커진다.

같은 주기에서 오른쪽으로 갈수록 원자 반지름이 작아지는 경향은 처음 봤을 때 직관적으로 받아들이기 어렵다. 원자 번호가 커지면서 원자가 전자의 수는 많아지고 주양자수($n$)가 같은 주기이므로 원자핵으로부터 거리가 일정한 껍질에 원자가 전자가 존재할 거라 생각된다. 같은 주기에서 오른쪽으로 갈수록 유효 핵전하와 원자가 껍질의 전자수가 증가하

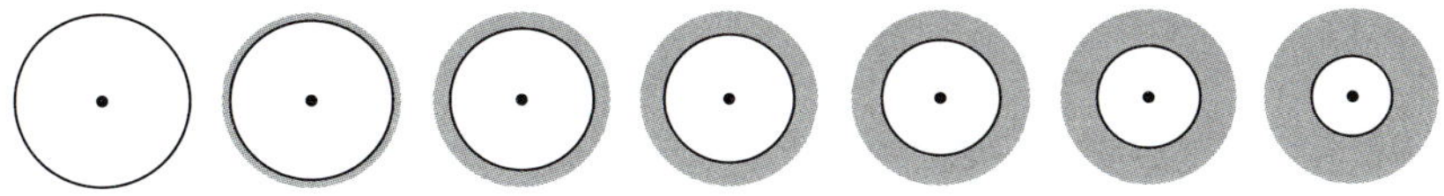

| | Li | Be | B | C | N | O | F |
|---|---|---|---|---|---|---|---|
| 유효 핵전하($Z_{eff}$) | 1.28 | 1.91 | 2.42 | 3.14 | 3.83 | 4.45 | 5.10 |
| 원자가 껍질의 전하 | −1 | −2 | −3 | −4 | −5 | −6 | −7 |
| $F \propto$ | $\frac{(+1.28)(-1)}{d^2}$ | $\frac{(+1.91)(-2)}{d^2}$ | $\frac{(+2.42)(-3)}{d^2}$ | $\frac{(+3.14)(-4)}{d^2}$ | $\frac{(+3.83)(-5)}{d^2}$ | $\frac{(+4.45)(-6)}{d^2}$ | $\frac{(+5.10)(-7)}{d^2}$ |

**그림 4.7** 유효 핵전하와 원자가 껍질의 전하 사이의 정전기적 인력의 증가로 같은 주기에서 왼쪽에서 오른쪽으로 갈수록 원자 반지름은 감소한다. 흰색 원은 각 원자의 크기를 보여 주고 핵과 원자가 껍질 사이의 인력의 크기는 쿨롱의 법칙(식 4.2)을 이용하였다.

므로 쿨롱의 법칙(식 4.2)에 의하여 원자핵과 원자가 껍질 사이의 전하량 증가에 따른 강한 정전기적 인력이 발생하게 된다. 그 결과 같은 주기에서 오른쪽으로 갈수록 원자가 껍질이 원자핵에 세게 당겨져서 원자 반지름(atomic radius)이 작아진다. 그림 4.7은 2주기 원소들의 유효 핵전하와 원자가 껍질의 전하 크기, 그리고 원자 반지름의 변화를 나타낸다. 그림에서 모든 원자들의 원자가 껍질을 처음에는 모두 같은 거리(주양자수 $n$에 의해 정해진)로 그렸으나, 증가된 $Z_{eff}$와 원자가 전자 수에 의해 강해진 인력 때문에 작아졌음을 보였다.

예제 4.3은 이러한 경향을 이용하여 다른 원자들 간의 반지름을 비교하는 문제이다.

**참조**

전이 원소의 원자 반지름도 대체적으로 왼쪽에서 오른쪽으로 감소하고 위에서 아래쪽으로 증가하지만, 실제 측정한 원자 반지름은 주족 원소와는 다르게 주기적인 경향에서 벗어나는 경우가 많다.

## 예제 4.3

오직 주기율표만을 사용하여 인(P), 황(S), 그리고 산소(O)의 원자 반지름을 증가하는 순서대로 나열하시오.

**전략** 왼쪽에서 오른쪽(감소), 위에서 아래(증가)의 경향을 이용하여 세 개의 원소 중 두 개씩 비교한다.

**계획** 황은 3주기에서 인의 오른쪽에 위치하므로 인보다 반지름이 작고, 산소는 6A족에서 황 위에 위치하므로 황보다 작다.

**풀이** O < S < P

### 생각해 보기

그림 4.6을 참고하여 순서를 다시 한번 확인해 본다. 두 원소의 반지름을 비교할 때 이러한 경향만을 아는 것은 충분하지 않고 주기율표와 함께 사용해야만 규소의 반지름($r$ = 118 pm)이 브로민($r$ = 114 pm)보다 크다고 결정할 수 있다.

**유제 1** 다음 원소의 쌍 중에서 주기율표만으로 원자 반지름을 비교할 수 없는 것을 고르시오.

Si와 Se, Se와 Cl, P와 O

**유제 2** 주기율표와 크기를 이용하여 다음의 색깔 구들을 Al, B, Mg, 그리고 Sr로 구별하시오.

(i) (ii) (iii) (iv)

## 이온화 에너지

**이온화 에너지**(ionization energy, *IE*)는 기체 상태의 원자로부터 전자 하나를 떼어내는 데 필요한 에너지의 최솟값이다. 그 결과로 생기는 화학종인 **이온**(ion)은 알짜 전하를 갖는다. 소듐을 이용하여 이 관계를 나타내면 초기 상태인 기체 상태의 소듐 원자를 왼쪽에, 최종 상태인 기체 소듐 이온과 제거된 전자를 오른쪽에 쓴다. 초기 상태와 나중 상태는 오른쪽을 향하는 화살표로 연결되며 이 식으로 이온화 과정을 나타낸다.

> **참조**
> 이런 형태의 표현을 화학 반응식(chemical equation)이라고 한다. 화학 반응식에 대한 자세한 내용은 8장에서 배우게 될 것이다. 물질의 상태를 이탤릭체 문자를 사용하여 고체($s$), 액체($l$), 또는 기체($g$)로 나타낸다.

$$\mathrm{Na}(g) \longrightarrow \mathrm{Na}^+(g) + e^-$$

일반적으로 이온화 에너지 값은 kJ/mol 단위를 사용하고, 이는 기체 상태의 원자 1몰에서 전자 1몰을 떼어내는 데 필요한 에너지를 나타낸다. 예를 들어, 소듐의 이온화 에너지 495.8 kJ/mol은 기체 상태의 소듐 원자 1몰에서 전자 1몰을 떼어내는 데 필요한 최소의 에너지를 의미한다. 정확하게 말하자면 이 값은 소듐의 **1차**(first) 이온화 에너지[$IE_1$(Na)]이고 가장 느슨하게 원자핵에 잡혀 있던 전자를 제거하는 데 사용된 에너지이다. 그림 4.8(a)는 주기율표에서 주족 원소들의 위치에 따른 1차 이온화 에너지($IE_1$)를 나타내고, 그림 4.8(b)는 $IE_1$를 원자 번호에 따라 나타낸 그래프이다.

> **참조**
> 원자 반지름과 이온화 에너지는 비슷한 경향으로 변하지만 전이 금속의 경우 불규칙하게 변한다.

원자가 한 개 이상의 전자를 잃으면 **양이온**(cation), 즉 알짜 **양전하**를 띤 이온이 생긴다. 예를 들어, 소듐 원자가 전자 하나를 잃으면 $\mathrm{Na}^+$로 표현되는 소듐 양이온이 생긴다.

| Na 원자 | $\mathrm{Na}^+$ 이온 |
|---|---|
| 11 양성자 | 11 양성자 |
| 11 전자 | 10 전자 |

일반적으로 유효 핵전하가 증가하면 이온화 에너지도 증가하므로 같은 주기에서 오른쪽으로 갈수록 이온화 에너지도 증가할 것으로 생각되지만, 그림 4.8(b)의 그래프에 보이는 것처럼 3A족 원소의 $IE_1$은 2A족 원소보다 작고 이와 비슷하게 6A족 원소의 $IE_1$도 5A족보

| 1A 1 | 2A 2 | 3A 13 | 4A 14 | 5A 15 | 6A 16 | 7A 17 | 8A 18 |
|---|---|---|---|---|---|---|---|
| H 1312 | | | | | | | He 2372 |
| Li 520 | Be 899 | B 800 | C 1086 | N 1402 | O 1314 | F 1681 | Ne 2080 |
| Na 496 | Mg 738 | Al 577 | Si 786 | P 1012 | S 999 | Cl 1256 | Ar 1520 |
| K 419 | Ca 590 | Ga 579 | Ge 761 | As 947 | Se 941 | Br 1143 | Kr 1351 |
| Rb 403 | Sr 549 | In 558 | Sn 708 | Sb 834 | Te 869 | I 1009 | Xe 1170 |
| Cs 376 | Ba 503 | Tl 589 | Pb 715 | Bi 703 | Po 813 | At (926) | Rn 1037 |

주족 원소들의 $IE_1$(kJ/mol)

(a)

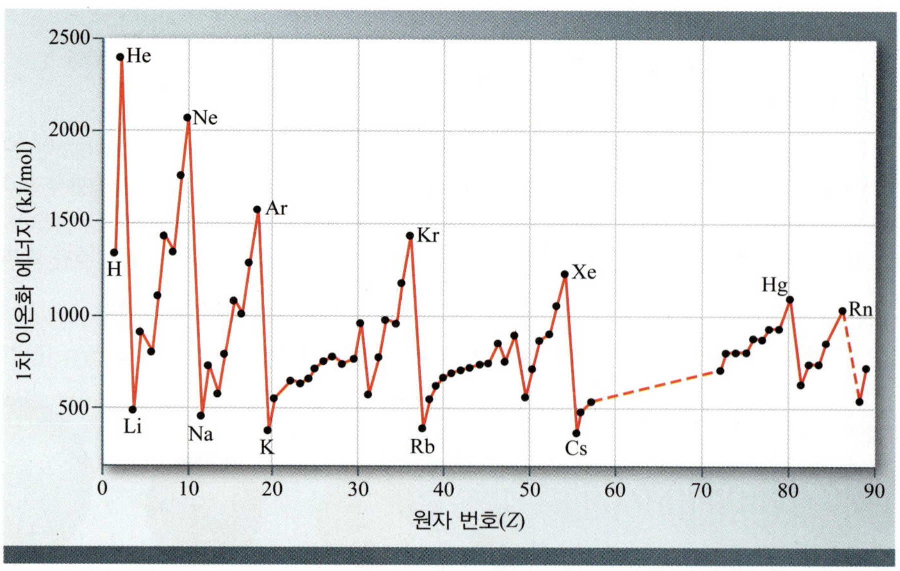


(b)

그림 4.8 (a) 주족 원소의 1차 이온화 에너지(kJ/mol) (b) 1차 이온화 에너지와 원자 번호의 관계

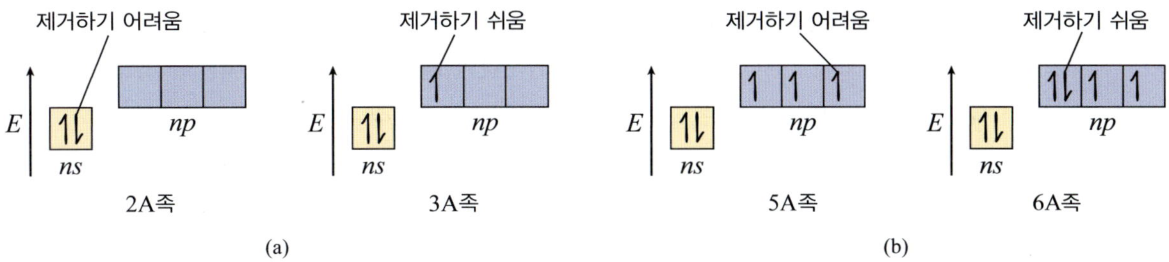


**그림 4.9** (a) 같은 주양자수를 갖는 경우 $s$ 오비탈에 있는 전자가 $p$ 오비탈에 있는 전자보다 제거하기 쉽다. (b) $p$ 부껍질 전자는 오비탈에 하나만 있을 때보다 두 개의 전자가 있는 경우 떼어내기 쉽다.

다 작다. $IE_1$의 이러한 **변이**(interruption)는 전자 배치를 이용하여 설명이 가능하다.

다전자 원자의 전자가 갖는 에너지는 주양자수($n$)뿐만 아니라 각운동량 양자수($\ell$)에 의해서도 영향을 받는다[◀◀ 3.9절, 그림 3.23]. 같은 전자 껍질에서도 $\ell$ 값이 큰 전자의 에너지가 크므로(원자핵에 의해 느슨하게 잡혀 있으므로) 제거하기가 **더 쉽다**. 그림 4.9(a)는 $s$ 부껍질($\ell=0$)과 $p$ 부껍질($\ell=1$)의 상대적 에너지를 보여 준다. 2A족 원소를 이온화시키려면 $s$ 오비탈의 전자를 제거해야 하는 반면, 3A족 원소는 $p$ 오비탈의 전자를 제거하면 되므로 3A족 원소의 이온화 에너지가 2A족 원소보다 작다.

6A족 원소와 5A족 원소 모두 $p$ 오비탈의 전자를 제거하는 데 이온화 에너지가 사용되지만 6A족 원소는 짝지어진 전자를 떼어내므로 이온화 에너지가 작다. 한 오비탈의 두 전자 간 반발력이 전자를 떼어내기 쉽게 만들기 때문에 6A족 원소의 이온화 에너지가 5A족 원소보다 작다[그림 4.9(b) 참조].

같은 족의 위에서 아래로 갈수록 1차 이온화 에너지($IE_1$)가 감소하는 이유는 원자 반지름이 증가하기 때문이다. 같은 족의 아래로 갈수록 유효 핵전하는 별로 변하지 않지만 주양자수($n$)가 증가하면서 전자 껍질이 하나씩 증가하므로 원자 반지름도 커지고 쿨롱의 법칙에 따라 유효 핵전하와 원자가 전자 간의 인력이 **점점 약해진다**. 이런 이유로 전자를 제거하기 쉬워져서 1차 이온화 에너지($IE_1$)가 감소한다.

한 원소로부터 전자를 순차적으로 제거할 때의 이온화 에너지($IE_2$, $IE_3$, ⋯)를 측정할 수 있다. 예를 들어, 소듐의 2차, 3차 이온화는 다음 식으로 나타낸다.

$$\mathrm{Na}^+(g) \longrightarrow \mathrm{Na}^{2+}(g)+e^- \quad \text{그리고} \quad \mathrm{Na}^{2+}(g) \longrightarrow \mathrm{Na}^{3+}(g)+e^-$$

**표 4.2 원소 3번에서 11번까지의 이온화 에너지*(kJ/mol)**

| | $Z$ | $IE_1$ | $IE_2$ | $IE_3$ | $IE_4$ | $IE_5$ | $IE_6$ | $IE_7$ | $IE_8$ | $IE_9$ | $IE_{10}$ |
|---|---|---|---|---|---|---|---|---|---|---|---|
| Li | 3 | 520 | 7,298 | 11,815 | | | | | | | |
| Be | 4 | 899 | 1,757 | 14,848 | 21,007 | | | | | | |
| B | 5 | 800 | 2,427 | 3,660 | 25,026 | 32,827 | | | | | |
| C | 6 | 1,086 | 2,353 | 4,621 | 6,223 | 37,831 | 47,277 | | | | |
| N | 7 | 1,402 | 2,856 | 4,578 | 7,475 | 9,445 | 53,267 | 64,360 | | | |
| O | 8 | 1,314 | 3,388 | 5,301 | 7,469 | 10,990 | 13,327 | 71,330 | 84,078 | | |
| F | 9 | 1,681 | 3,374 | 6,050 | 8,408 | 11,023 | 15,164 | 17,868 | 92,038 | 106,434 | |
| Ne | 10 | 2,080 | 3,952 | 6,122 | 9,371 | 12,177 | 15,238 | 19,999 | 23,069 | 115,380 | 131,432 |
| Na | 11 | 496 | 4,562 | 6,910 | 9,543 | 13,354 | 16,613 | 20,117 | 25,496 | 28,932 | 141,362 |

* 푸른색으로 표시된 부분은 핵심부 전자가 빠지는 것을 나타낸다.

그러나 순차적으로 전자를 제거할 때 이온화 에너지는 계속 증가하는데, 그 이유는 원자에서보다 양이온에서 전자를 떼어내기가 더 어렵기 때문이다.(또한 양이온의 전하가 커질수록 더 어려워진다.) 표 4.2는 2주기 원소와 소듐의 순차적 이온화 에너지를 나타낸다. 표를 보면 원자가 전자를 떼어내는 것보다 핵심부 전자를 떼어낼 때 더 큰 에너지가 필요하다. 이런 현상에는 두 가지 이유가 있는데, 첫째는 핵심부 전자들이 원자핵과 더 가깝기 때문이고, 둘째는 핵심부 전자들은 가리는 전자 껍질의 수가 적어서 더 큰 유효 핵전하를 경험하기 때문이다. 이런 요인 모두가 전자를 떼어내기 위해 극복해야 하는 전자와 원자핵 사이의 인력에 영향을 준다.

이온화 에너지는 **화학적 성질**(chemical property)의 한 예이고[|◀◀ 1.6절] 이온화 과정은 물질 자체의 **변화**와 관련된 **화학적 과정**(chemical process)이다.

> **참조**
>
> 기호 Na와 $Na^+$는 거의 같게 보이지만 화학적으로 소듐 원자와 소듐 이온은 완전히 별개의 입자로 아주 다른 성질을 나타낸다.

예제 4.4는 주기성을 이용하여 특정 원자들의 1차 이온화 에너지와 순차적 이온화 에너지를 비교하는 문제이다.

## 예제 4.4

Na과 Mg 중에서 1차 이온화 에너지($IE_1$)가 더 큰 원소와 2차 이온화 에너지($IE_2$)가 더 큰 원소를 고르시오.

**전략** 유효 핵전하와 전자 배치를 고려하여 이온화 에너지를 비교한다. 유효 핵전하는 같은 주기에서 오른쪽으로 갈수록 증가하고(그러므로 *IE*도 증가), 짝지어진 핵심부 전자를 제거하는 것이 홀로 있는 원자가 전자를 제거하는 것보다 어렵다.

**계획** Na는 1A족이고 Mg는 바로 옆에 있는 2A족 원소이다. Na는 원자가 전자가 1개이고 Mg는 2개이다.

**풀이** $IE_1$(Mg) > $IE_1$(Na)이다. Mg는 주기율표에서 Na의 바로 오른쪽에 위치하므로 유효 핵전하가 커서 전자를 제거하기가 더 어렵다. $IE_2$(Na) > $IE_2$(Mg)이다. Mg의 2차 이온화는 여전히 원자가 전자를 제거하는 것이지만 Na의 경우에는 핵심부 전자를 제거하는 과정이므로 더 어렵다.

### 생각해 보기

Na와 Mg의 1차 이온화 에너지는 각각 496 kJ/mol과 738 kJ/mol이지만 2차 이온화 에너지는 4562 kJ/mol과 1451 kJ/mol이다.

**유제 ❶** Rb의 $IE_1$이 왜 Sr보다 작은지, Sr의 $IE_2$가 왜 Rb보다 작은지 설명하시오.

**유제 ❷** *s* 부껍질에 하나가 아닌 두 개의 오비탈이 있고 *p* 부껍질에 세 개가 아닌 네 개의 오비탈이 있는 세계를 상상해 보자. 이런 세계에서는 어느 족 원소의 1차 이온화 에너지가 이례적으로 작을지 예측하시오.

> **참조**
>
> 어떤 책에서는 전자 친화도를 에너지의 방출량 대신 흡수량으로 정의한다. 이 경우 우리가 사용하는 전자 친화도와 절댓값은 같고 부호만 다르다.

### 전자 친화도

**전자 친화도**(electron affinity, *EA*)는 기체 상태의 원자가 전자를 받을 때 방출되는 에너지이다. 기체 상태의 염소 원자가 전자를 받는 과정은 다음과 같다.

| 1A 1 | 2A 2 | 3A 13 | 4A 14 | 5A 15 | 6A 16 | 7A 17 | 8A 18 |
|---|---|---|---|---|---|---|---|
| **H** +72.8 | | | | | | | **He** (0.0) |
| **Li** +59.6 | **Be** ≤0 | **B** +26.7 | **C** +122 | **N** −7 | **O** +141 | **F** +328 | **Ne** (−29) |
| **Na** +52.9 | **Mg** ≤0 | **Al** +42.5 | **Si** +134 | **P** +72.0 | **S** +200 | **Cl** +349 | **Ar** (−35) |
| **K** +48.4 | **Ca** +2.37 | **Ga** +28.9 | **Ge** +119 | **As** +78.2 | **Se** +195 | **Br** +325 | **Kr** (−39) |
| **Rb** +46.9 | **Sr** +5.03 | **In** +28.9 | **Sn** +107 | **Sb** +103 | **Te** +190 | **I** +295 | **Xe** (−41) |
| **Cs** +45.5 | **Ba** +13.95 | **Tl** +19.3 | **Pb** +35.1 | **Bi** +91.3 | **Po** +183 | **At** +270 | **Rn** (−41) |

(a)

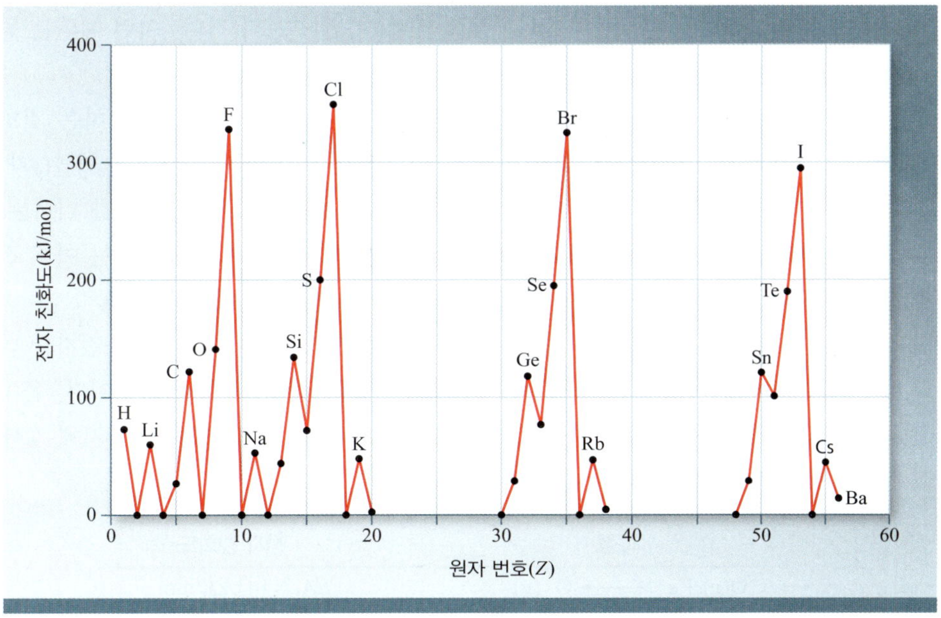


(b)

**그림 4.10** (a) 주족 원소의 전자 친화도(kJ/mol) (b) 전자 친화도와 원자 번호의 관계

$$Cl(g) + e^- \longrightarrow Cl^-(g)$$

기체 상태의 염소 원자 1몰이 전자 1몰을 받아들이면 349.0 kJ/mol의 에너지가 방출된다(전자 친화도의 정의). 양수인 전자 친화도는 에너지 면에서 선호되는 반응이라는 의미이다. 일반적으로 전자 친화도의 값이 더 큰 양수일 때 원자가 전자를 받는 반응이 잘 일어난다. 그림 4.10은 주족 원소들의 전자 친화도를 보여 준다.

원자에 전자가 더해져서 생기는 화학종은 음이온이다. **음이온**(anion)은 전자수가 **증가**(increase)하여 알짜 전하가 **음**(negative)인 이온이다. 염소 원자(Cl)는 전자를 얻어서 염화 이온($Cl^-$)이 된다.

| Cl 원자 | $Cl^-$ 이온 |
|---|---|
| 17 양성자 | 17 양성자 |
| 17 전자 | 18 전자 |

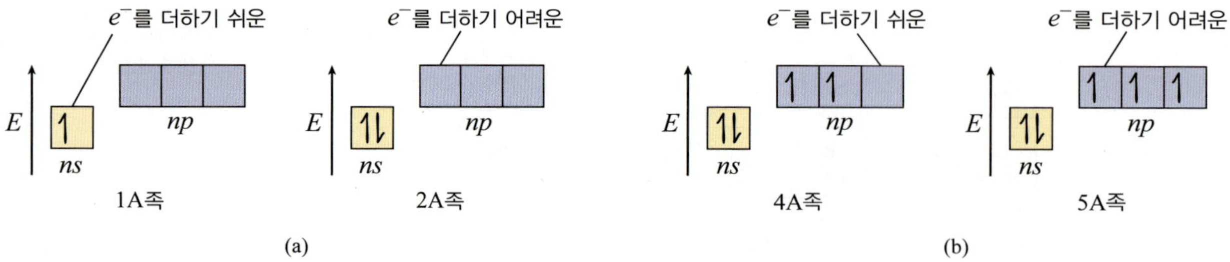


**그림 4.11** (a) 주양자수가 동일하면 $s$ 오비탈에 전자를 더하는 것이 $p$ 오비탈에 전자를 더하는 것보다 쉽다. (b) $p$ 부껍질 안에서는 이미 전자를 포함한 오비탈보다 비어 있는 오비탈에 전자를 더하는 것이 쉽다.

> **참조**
> $IE$와 $EA$ 모두 주기에서 오른쪽으로 갈수록 증가하지만 $IE$의 증가는 원자에서 전자를 제거하기가 어렵다는 의미인 반면, $EA$가 증가하는 것은 원자가 전자를 받아들이기가 쉽다는 의미이다.

이온화 에너지처럼 전자 친화도 또한 같은 주기의 오른쪽으로 갈수록 증가한다. 이런 경향은 유효 핵전하가 커질수록 음전하를 띠는 전자를 받기 쉬워서 $EA$가 증가하기 때문에 나타난다. $IE_1$에서 나타난 것처럼 $EA$도 주기의 오른쪽으로 가는 과정에서 변칙적인 감소가 발견되지만 같은 원소들에게서 일어나는 현상은 아니다. 2A족 원소들의 $EA$는 바로 왼쪽의 1A족보다 작고 5A족 원소들의 $EA$는 바로 옆 4A족 원소보다 작다. 이런 예외는 원자의 전자 배치 때문에 발생한다.

> **참조**
> 같은 족의 아래로 내려갈 때 전자 친화도의 변화는 규칙적이지 않고 그다지 중요하지도 않다 [그림 4.10(a)].

같은 주기에서 2A족 원소($ns^2$)에 전자를 더하는 것은 1A족 원소($ns^1$)에 더하는 것보다 어려운데, 그 이유는 2A족 원소에 더해지는 전자가 더 높은 에너지를 갖는 오비탈($s$가 아닌 $p$ 오비탈)에 들어가기 때문이다. 비슷한 이유로 5A족 원소($ns^2np^3$)에 전자를 더하는 것도 4A족 원소($ns^2np^2$)에 더하는 것보다 어려운데, 5A족 원소에 들어가는 전자는 이미 전자가 들어 있는 오비탈에 놓이기 때문이다. 그림 4.11에 이 내용이 잘 나타나 있다.

원자에서 하나 이상의 전자를 제거할 수 있는 것과 마찬가지로 하나 이상의 전자를 더할 수도 있다. 많은 1차 전자 친화도가 양수인 반면 2차 전자 친화도는 항상 음수이다. 음이온과 전자 사이의 반발력을 극복하는 데 상당한 에너지가 필요하기 때문이다. 기체 상태의 산소 원자에 두 개의 전자를 더하는 과정은 다음과 같다.

| 과정 | 전자 친화도 |
|---|---|
| $O(g) + e^- \longrightarrow O^-(g)$ | $EA_1 = 141$ kJ/mol |
| $O^-(g) + e^- \longrightarrow O^{2-}(g)$ | $EA_2 = -744$ kJ/mol |

사실 어떤 기체 상태 음이온도 전자와 "친화도"를 갖지는 않으므로 **2차 전자 친화도**(second electron affinity)라는 명칭은 잘못된 것이다. 기체상 $O^-$ 이온에 전자가 더해지는 엄청난 양의 에너지를 흡수하는 과정은 그 필요한 에너지를 공급하기에 충분한 하나 또는 그 이상의 과정이 있을 때만 가능하다.

예제 4.5는 주기율표를 이용하여 원소들의 전자 친화도를 비교하는 문제이다.

## 예제 4.5

각 쌍의 원소에서 더 큰 1차 전자 친화도($EA_1$)를 갖는 원소를 고르시오.

(a) Al과 Si (b) Si와 P

**전략** 유효 핵전하와 전자 배치를 고려하여 전자 친화도를 비교한다. 유효 핵전하는 같은 주기에서 오른쪽으로 갈수록 증가하고(따라서 대략적으로 $EA$도 증가), 부분적으로 채워진 오비탈에 전자를 더하는 것이 비어 있는 오비탈에 전자를 더하는 것보다 어렵다. 이런 문제를 풀 때에는 오비탈 도표를 사용하여 원자가 전자 배치를 쓰는 것이 도움이 된다.

**계획**

(a) Al은 3A족 원소이고 Si는 바로 옆 4A족 원소이다. Al은 세 개의 원자가 전자([Ne]$3s^2 3p^1$)를 갖고, Si는 네 개의 원자가 전자([Ne]$3s^2 3p^2$)를 갖는다.

(b) P는 5A족 원소(Si의 바로 오른쪽)이므로 다섯 개의 원자가 전자([Ne]$3s^2 3p^3$)가 있다.

**풀이** (a) $EA_1$(Si) > $EA_1$(Al)이다. Si가 Al의 오른쪽 원소이므로 유효 핵전하가 더 크기 때문이다.

(b) $EA_1$(Si) > $EA_1$(P)이다. P가 Si보다 유효 핵전하가 큰 오른쪽 원소이기는 하지만 P 원자에 전자가 더해질 때는 부분적으로 채워진 $3p$ 오비탈에 들어가야 한다. 유효 핵전하가 큰 원자에 전자가 더해질 때 안정해지는 에너지의 평균값보다 짝지어진 전자 쌍이 생길 때의 에너지 비용이 더 크기 때문이다.

### 생각해 보기

Al, Si, P의 1차 전자 친화도는 각각 42.5, 134, 72.0 kJ/mol이다.

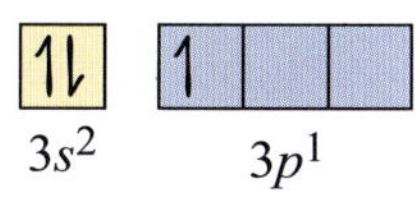

Al의 원자가 오비탈 도표

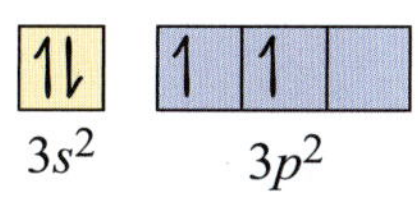

Si의 원자가 오비탈 도표

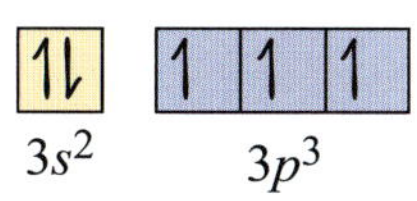

P의 원자가 오비탈 도표

**유제 1** 왜 Ge의 $EA_1$이 As의 $EA_1$보다 큰지 설명하시오.

**유제 2** 예제 4.4와 똑같은 가정을 했을 때 이례적으로 작은 전자 친화도가 나타날 것으로 예측되는 족을 찾으시오.

## 금속성

금속은 다음의 성질을 보인다.

- 빛나는 광택이 있고 전성과 연성이 있다.
- 열과 전기의 좋은 도체이다.
- 작은 이온화 에너지를 갖는다. [보통 **양이온**(cation)을 생성한다.]

> **참조**
> 전성(malleability)은 금속이 얇은 판으로 펴지는 성질이고, 연성(ductility)은 금속이 긴 실처럼 뽑히는 성질이다.

반면, 비금속의 성질은 다음과 같다.

- 색이 다양하고 금속에 비하여 빛이 나지 않는다.
- 펴지지 않고 잘 부서진다.
- 열과 전기의 부도체이다.

**표 4.3** 고정된 거리($d=1$)에 있는 반대 전하 입자 사이의 인력

| $Q_1$ | $Q_2$ | 인력이 비례하는 값 |
|---|---|---|
| +1 | −1 | 1 |
| +2 | −2 | 4 |
| +3 | −3 | 9 |

• 큰 전자 친화도를 갖는다.[보통 **음이온**(anion)을 생성한다.]

**참조**

사실 금속성은 물리적, 화학적 특성을 조합하여 정의할 수 있다. 이온화 에너지와 전자 친화도를 제외한 금속과 비금속의 화학적 특성은 8장에서 배울 것이다.

금속성은 족의 아래로 내려갈수록 증가하고 주기의 오른쪽으로 갈수록 감소한다.

**준금속**(metalloid)은 금속과 비금속의 중간 성질을 갖는다. 금속성을 정의할 때 여러 성질을 복합적으로 고려하기 때문에 원소를 준금속으로 분류하는 방법은 다양하다. 아스타틴(At)은 준금속으로 분류되는 경우도 있고 비금속으로 분류되기도 한다

원소의 특성에 보이는 많은 주기적 경향들은 전하를 띤 두 입자 사이에 작용하는 힘($F$)은 두 전하량($Q_1$과 $Q_2$)의 곱에 비례하고 두 입자 간 거리($d$)의 제곱에 **반비례**(inversely)한다는 쿨롱의 법칙(Coulomb's law)으로 설명이 가능하다. 반대 전하를 띤 두 입자 사이에 작용하는 **에너지**($E_{el}$)는 거리($d$)에 반비례한다는 것을 배웠다[|◀◀ 1.3절, 식 3.2]. 힘의 SI 단위는 뉴턴(1 N=1 kg·m/s$^2$)이고, 에너지의 SI 단위는 줄(1 J=1 kg·m$^2$/s$^2$)이다.

$$F \propto \frac{Q_1 \times Q_2}{d^2} \qquad \text{식 4.2}$$

두 전하가 반대 부호이면 힘($F$)은 음수이고 이는 두 입자 사이에 **인력**(attractive force)이 작용한다는 뜻이고, 두 전하가 같은 부호이면 힘($F$)은 양수이며 **척력**(repulsive force)이 작용한다는 의미이다. 표 4.3은 고정된 거리에 있는 반대 전하로 하전된 두 입자 간의 인력이 전하량의 크기에 따라 얼마나 변하는지를 보여 준다.

예제 4.6은 쿨롱의 법칙을 이용하여 두 입자 간 인력을 비교하는 문제이다.

## 예제 4.6

탄소와 질소에 대해서 그림 4.7의 유효 핵전하와 그림 4.6의 원자 반지름을 이용하여 각 원자핵과 1차 이온화에 의해 제거된 원자가 전자 사이의 인력을 비교하시오.

**전략** 쿨롱의 법칙을 이용하여 비교 가능한 인력의 크기를 구한다.

**계획** 그림 4.7을 보면 C와 N의 유효 핵전하는 3.14와 3.83이고, C와 N의 원자 반지름은 각각 77 pm와 75 pm이다. 1차 이온화 에너지는 1086 kJ/mol(C)과 1402 kJ/mol(N)이고 원자가 전자의 전하량은 모두 −1로 한다.

**풀이**

$$\text{C: } F \propto \frac{(3.14) \times (-1)}{(77 \text{ pm})^2} = -5.3 \times 10^{-4}$$

$$\text{N: } F \propto \frac{(3.83) \times (-1)}{(75 \text{ pm})^2} = -6.8 \times 10^{-4}$$

이런 형태의 비교에서 두 전하 간 거리는 어떤 단위를 사용하든 상관없다. 정확한 인력을 계산하려는 것이 아니고 두 인력의 크기만 비교하면 되기 때문이다.

**생각해 보기**

힘이 음의 부호면 인력이라는 뜻이고 질소의 인력을 계산하면 탄소보다 28% 더 크다.

**유제 1** 거리가 2.16 pm이고 전하량이 +4.06과 −2.11인 두 입자 사이의 인력과 전하량이 +2.25와 −1.86인 두 입자 간 인력이 같아지려면 거리가 얼마여야 하는지 계산하시오.

**유제 2** 다음 전하를 띠는 물체 쌍들을 인력이 커지는 순서대로 배열하시오.

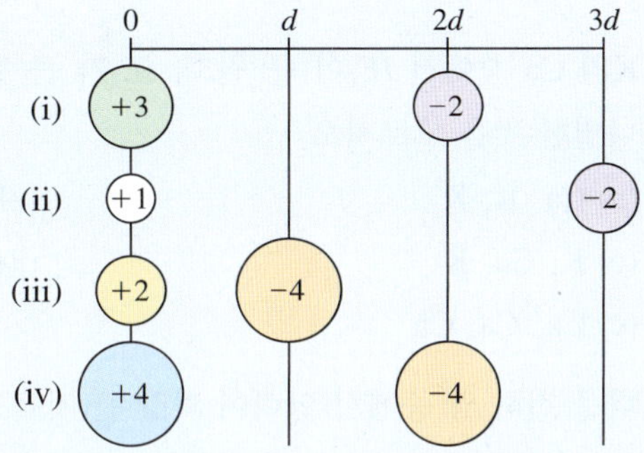


양수와 음수를 곱하면 음수가 된다. 인력의 정도를 비교할 때 부호를 포함할 필요는 없다. 예제 4.6은 쿨롱의 법칙을 이용하여 반대 부호를 가진 전하 쌍 사이의 인력을 비교하는 과정을 보여 준다.

주족 원소들의 화학적 성질을 나타내는 또 다른 경향은 대각 관계이다. **대각 관계**(diagonal relationship)는 다른 족과 다른 주기의 원소 쌍이 화학적 유사성을 갖는 관계이다. 특이하게도 2주기의 첫 3개의 원소들(Li, Be, B)은 주기율표에서 대각선 아래에 있는 원소들(Mg, Al, Si)과 많은 유사성을 보인다. 이 현상의 이유는 이 원소들이 만드는 양이온들의 전하 밀도(전하 밀도는 전하를 입자의 부피로 나눈 값이다)의 유사성 때문이다. 비슷한 전하 밀도를 갖는 양이온들은 유사하게 행동하고, 따라서 화학적 특성이 같게 나타난다. 때문에 리튬의 화학적 특성이 어떤 점에서는 마그네슘과 닮았고, 베릴륨은 알루미늄과 그리고 붕소는 규소와 유사성을 보인다. 이런 원소들이 대각 관계를 나타낸다.

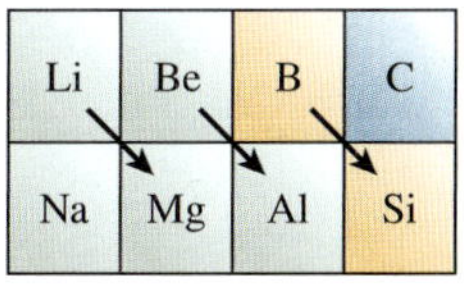


대각 관계

## 4.4절 복습

### 원소 성질의 주기적 경향

**4.4.1** Ca, Sr, Ba를 $IE_1$이 증가하는 순서로 배열하시오.

(a) Ca < Sr < Ba
(b) Ba < Sr < Ca
(c) Ba < Ca < Sr
(d) Sr < Ba < Ca
(e) Sr < Ca < Ba

**4.4.2** Li, Be, B를 $IE_2$가 증가하는 순서로 배열하시오.

(a) Li<Be<B (b) Li<B<Be
(c) Be<B<Li (d) Be<Li<B
(e) B<Be<Li

**4.4.3** 원소 쌍 Rb와 Sr, C와 N, O와 F 중에서 $EA_1$이 큰 원소들을 모아 놓은 것을 고르시오.

(a) Rb, C, O (b) Sr, N, F
(c) Sr, C, F (d) Sr, N, O
(e) Rb, C, F

**4.4.4** K와 Ca 중에서 $IE_1$이 큰 원소, $IE_2$가 큰 원소, 그리고 $EA_1$이 큰 원소를 순서대로 나열한 것을 고르시오.

(a) Ca, K, K (b) K, K, Ca
(c) K, Ca, K (d) Ca, Ca, K
(e) Ca, Ca, Ca

**4.4.5** 다음 전하 쌍 중에서 인력이 가장 큰 것을 고르시오.

(a) 1.0 pm 거리에 있는 +1과 −1
(b) 2.0 pm 거리에 있는 +1과 −3
(c) 1.5 pm 거리에 있는 +2와 −2
(d) 2.5 pm 거리에 있는 +3과 −3
(e) 3.0 pm 거리에 있는 +3과 −3

**4.4.6** 1.5 pm 거리에 있는 +3과 −3 전하 쌍의 정전기적 인력이 +2와 −3 전하 쌍의 인력과 같다고 할 때, +2와 −3 전하 쌍 사이의 거리를 구하시오.

(a) 1.0 pm (b) 1.2 pm
(c) 1.5 pm (d) 2.0 pm
(e) 2.3 pm

## 4.5 이온의 전자 배치

**참조**

"단원자" 이온은 한 개의 원자가 하나 이상의 전자를 얻거나(음이온) 또는 잃어서(양이온) 생긴다. "다원자(polyatomic)" 이온은 5장에서 배울 것이다.

많은 이온 결합 물질이 단원자 양이온과 음이온으로 구성되므로 이온종들의 전자 배치 작성법을 아는 것이 도움이 된다. 원자에서와 마찬가지로 바닥상태 양이온과 음이온의 전자 배치를 위해 파울리 배타 원리와 훈트의 규칙을 이용한다.

주기율표를 이용하여 주족 원소 이온의 전하를 예측할 수 있다. 거의 드문 몇 가지 예외를 제외하고 금속은 양이온을 형성하고 비금속은 음이온을 형성한다. 예를 들어, 1A족 원소와 2A족 원소는 +1가와 +2가 양이온이 되고, 4A족부터 7A족까지의 원소들은 족의 수에서 8을 뺀 음수의 전하를 갖는 음이온이 된다. 즉, 6A족 원소와 7A족 원소는 −2가와 −1가 음이온이 된다. 예를 들어, 6A족인 산소는 6−8=−2의 전하를 갖는 단원자 음이온이 된다. 전자 배치에 대해 알게 되면 이런 전하를 갖는 이유를 설명할 수 있게 된다.

## 주족 원소의 이온

4.4절에서 원자가 전자를 잃거나 얻는 경향에 대해 배웠다. 주기율표의 모든 주기에서 가장 큰 1차 이온화 에너지($IE_1$)를 갖는 원소는 8A족 원소, 즉 비활성 기체이다[그림 4.8(b) 참조]. 또한 8A족은 모든 원소가 전자를 받는 경향이 전혀 없는 유일한 족으로, 모두 음의 *EA* 값을 갖는다[그림 4.10(b) 참조]. 높은 이온화 에너지와 낮은 전자 친화도는 비활성 기체를 거의 반응성이 없는 원소로 만든다. 궁극적으로 이런 반응성의 부족은 전자 배치 때문이다. He의 $1s^2$ 전자 배치와 다른 비활성 기체의 $ns^2np^6(n \geq 2)$ 원자가 전자 배치는 원소들을 비정상적으로 안정하게 만든다. 다른 주족 원소들이 전자를 얻거나 잃는 이유는 이런 비활성 기체의 전자 배치에 가까워지려 하기 때문이다. 전자 배치가 동일한 화학족들을 **등전자**(isoelectronic) 계열이라고 한다. 그림 4.12는 가장 흔한 단원자 이온들의 전하를 보여 준다.

**참조**

동일한 원자가 전자 배치를 하는 화학종과 등전자 계열을 혼동해서는 안 된다. 예를 들어, $F^-$와 Ne는 등전자 화학종이고 $F^-$와 $Cl^-$는 아니다.

주족 원소 이온의 전자 배치를 하기 위해서는 먼저 원자의 전자 배치를 하고 적당한 수의 전자를 더하거나 뺀다. 소듐 이온과 염화 이온의 전자 배치는 다음과 같다.

$$\text{Na: } 1s^22s^22p^63s^1 \longrightarrow \text{Na}^+\text{: } 1s^22s^22p^6 \text{ (총 10개의 전자, Ne와 등전자)}$$
$$\text{Cl: } 1s^22s^22p^63s^23p^5 \longrightarrow \text{Cl}^-\text{: } 1s^22s^22p^63s^23p^6 \text{ (총 18개의 전자, Ar과 등전자)}$$

또한 이온의 전자 배치에도 비활성 기체를 이용한 축약법을 사용할 수 있다.

$$\text{Na: [Ne]}3s^1 \longrightarrow \text{Na}^+\text{: [Ne]}$$
$$\text{Cl: [Ne]}3s^23p^5 \longrightarrow \text{Cl}^-\text{: [Ne]}3s^23p^6 \quad \text{또는} \quad \text{[Ar]}$$

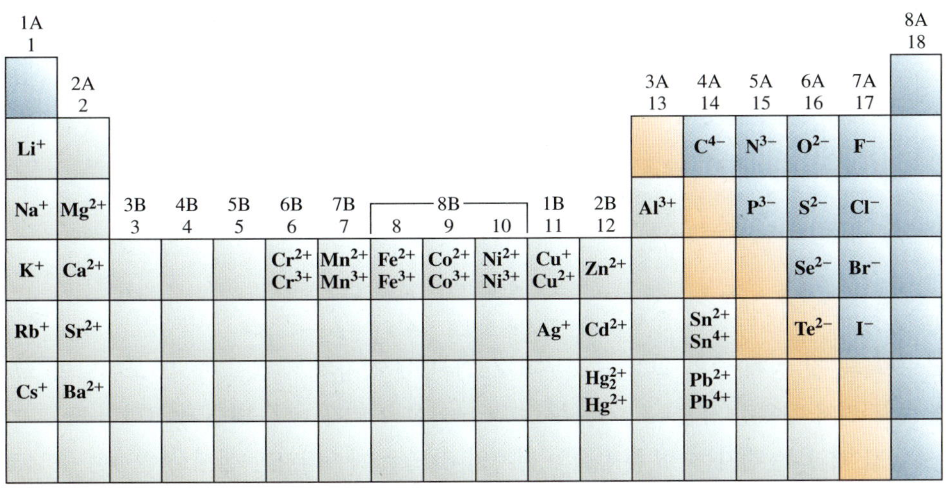


**그림 4.12** 주기율표에 배열된 일반적인 단원자 이온. 이 중에서 수은(I) ($Hg_2^{2+}$)은 사실 다원자 이온이다.

예제 4.7은 주족 원소 이온의 전자 배치를 연습하는 문제이다.

## 예제 4.7

다음 주족 원소 이온의 전자 배치를 쓰시오.

(a) $N^{3-}$　　(b) $Ba^{2+}$　　(c) $Be^{2+}$

**전략** 먼저 원자의 전자 배치를 쓰고 전하에 맞추어 음이온은 전자를 더하고 양이온은 전자를 뺀다.

**계획**

(a) $N^{3-}$는 주족 비금속인 N($1s^22s^22p^3$ 또는 [He]$2s^22p^3$)에 전자 3개를 더한다.

(b) $Ba^{2+}$는 Ba($1s^22s^22p^63s^23p^64s^23d^{10}4p^65s^24d^{10}5p^66s^2$ 또는 [Xe]$6s^2$)에서 전자 2개를 뺀다.

(c) $Be^{2+}$는 Be($1s^22s^2$ 또는 [He]$2s^2$)에서 전자 2개를 뺀다.

**풀이**

(a) [He]$2s^22p^6$ 또는 [Ne]　　(b) [Kr]$5s^24d^{10}5p^6$ 또는 [Xe]　　(c) $1s^2$ 또는 [He]

### 생각해 보기

음이온을 생성할 때는 전자가 더해지고, 양이온을 생성할 때는 전자가 제거된다.

**유제 1** 다음의 전자 배치를 갖는 모든 화학종(원자 또는 이온)을 쓰시오.

$$1s^22s^22p^6$$

**유제 2** 다음 중 $Mg^{2+}$ 이온과 $S^{2-}$ 이온의 원자가 오비탈 도표로 옳은 것을 고르시오.

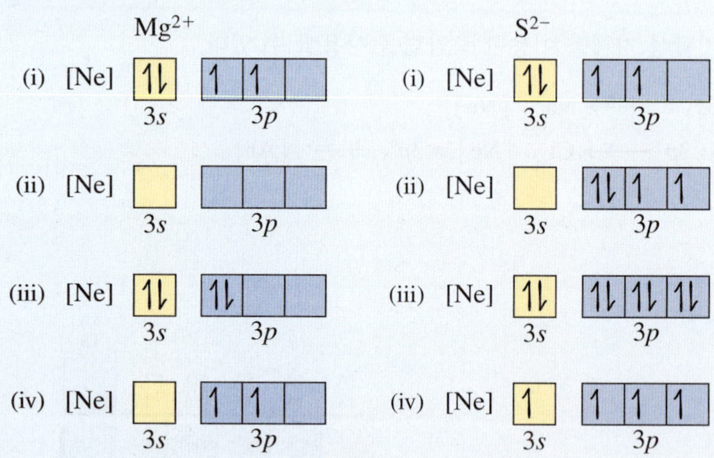


### d−블록 원소의 이온

**참조**

이 현상으로 많은 전이 금속들이 +2가 양이온을 생성하는 원인의 한 부분을 설명할 수 있다.

*d*−블록의 첫 번째 줄의 원소들(Sc부터 Zn까지)에 전자가 채워질 때 4*s* 오비탈이 3*d* 오비탈보다 먼저 채워진다[◀◀ 3.9절]. 주족 원소 이온의 전자 배치 방법대로 하면 $Fe^{2+}$ 이온이 형성될 때 잃는 전자는 3*d* 부껍질의 전자일 것으로 예측되지만 실제로 원자는 주양자수 (*n*) 값이 **가장 높은** 껍질의 전자를 먼저 잃는다. Fe의 경우에 4*s* 부껍질의 전자가 된다.

$$\text{Fe: [Ar]}4s^23d^6 \longrightarrow \text{Fe}^{2+}\text{: [Ar]}3d^6$$

철은 또한 $Fe^{3+}$ 이온도 형성하는데, 이때 제거되는 세 번째 전자는 $3d$ 부껍질 전자이다.

$$\text{Fe: [Ar]}4s^23d^6 \longrightarrow \text{Fe}^{3+}\text{: [Ar]}3d^5$$

일반적으로 $d$-블록 원소들이 이온이 될 때 항상 $ns$ 부껍질 전자를 먼저 잃고 그 다음에 $(n-1)d$ 부껍질의 전자를 잃는다.

예제 4.8은 $d$-블록 원소 이온의 전자 배치를 하는 문제이다.

## 예제 4.8

다음 $d$-블록 원소 이온의 전자 배치를 쓰시오.

(a) $Zn^{2+}$ (b) $Mn^{2+}$ (c) $Cr^{3+}$

**전략** 먼저 원자의 전자 배치를 쓰고, 전하에 맞추어 음이온은 전자를 더하고 양이온은 전자를 뺀다. $d$-블록 원소에서 먼저 제거되는 전자는 부분적으로 채워진 $d$ 부껍질 전자가 아니라 가장 바깥 $s$ 부껍질의 전자이다.

**계획**

(a) $Zn^{2+}$는 $Zn(1s^22s^22p^63s^23p^64s^23d^{10}$ 또는 $[Ar]4s^23d^{10})$이 두 개의 전자를 잃을 때 생긴다.

(b) $Mn^{2+}$는 $Mn(1s^22s^22p^63s^23p^64s^23d^5$ 또는 $[Ar]4s^23d^5)$이 두 개의 전자를 잃을 때 생긴다.

(c) $Cr^{3+}$는 $Cr(1s^22s^22p^63s^23p^64s^13d^5$ 또는 $[Ar]4s^13d^5)$이 세 개의 전자(하나는 $4s$ 부껍질에서, 두 개는 $3d$ 부껍질에서)를 잃을 때 생긴다.

> **참조**
> Cr의 전자 배치는 반만 채워진 $d$ 부껍질을 만들기 위하여 변칙적으로 $4s$ 오비탈에 하나의 전자만 들어간다는 것을 다시 한번 기억해야 한다[◀◀ 3.10절].

**풀이**

(a) $[Ar]3d^{10}$ (b) $[Ar]3d^5$ (c) $[Ar]3d^3$

### 생각해 보기

음이온 생성 시 전자가 더해지고 양이온 생성 시 전자가 제거된다. 또한 $d$-블록 원소에서 먼저 제거되는 전자는 $(n-1)d$ 부껍질 전자가 아니라 가장 바깥 $ns$ 부껍질의 전자이다.

**유제 1** 그림 4.12를 보고 $Zn^{2+}$와 등전자인 $d$-블록 이온을 찾으시오.

**유제 2** 다음 중 $Fe^{2+}$ 이온과 $Fe^{3+}$ 이온의 원자가 오비탈 도표로 옳은 것을 고르시오.

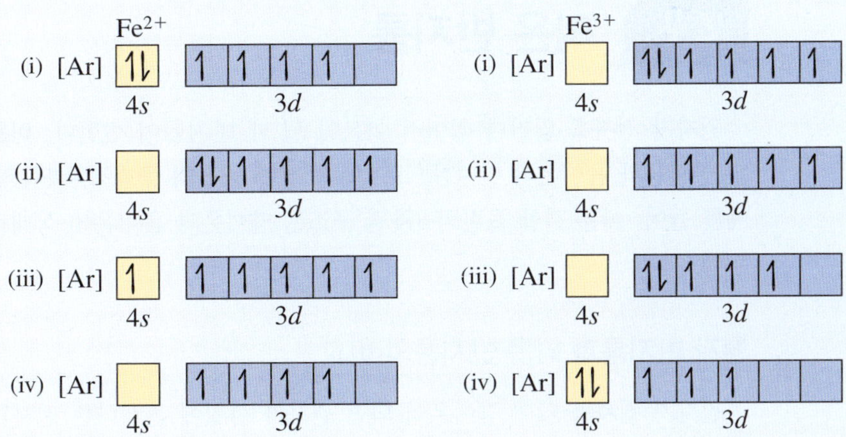

## 4.5절 복습

**이온의 전자 배치**

**4.5.1** 아르곤과 등전자인 타이타늄(Ti) 이온의 전하를 고르시오.

(a) 1+ (b) 2+
(c) 3+ (d) 4+
(e) 5+

**4.5.2** 크립톤과 등전자인 비소(As) 이온과 스트론튬(Sr) 이온의 전하를 고르시오.

(a) 3+, 2− (b) 3−, 2−
(c) 2−, 1+ (d) 3−, 2+
(e) 2+, 3−

**4.5.3** $Ti^{2+}$의 바닥상태 전자 배치로 옳은 것을 고르시오.

(a) $[Ar]4s^23d^2$ (b) $[Ar]4s^23d^4$
(c) $[Ar]4s^2$ (d) $[Ar]3d^2$
(e) $[Ar]4s^13d^1$

**4.5.4** $S^{2-}$의 바닥상태 전자 배치로 옳은 것을 고르시오.

(a) $[Ne]3p^4$ (b) $[Ne]3s^23p^6$
(c) $[Ne]3s^23p^2$ (d) $[Ne]3p^6$
(e) $[Ne]$

**4.5.5** 다음 이온 중 반자기성 이온을 고르시오.

(a) $Co^{2+}$ (b) $Co^{3+}$
(c) $Cu^{+}$ (d) $Cu^{2+}$
(e) $Ni^{2+}$

# 4.6 이온 반지름

원자가 전자를 잃거나 얻어서 이온이 될 때 반지름이 변한다. **이온 반지름**(ionic radius)은 양이온과 음이온의 반지름으로, 이온 결합 물질의 물리적, 화학적 성질에 영향을 준다. 예를 들어, 이온 결합 물질의 3차원 구조는 양이온과 음이온의 상대적인 크기에 영향을 받는다.

## 원자 반지름과 이온 반지름의 비교

원자가 전자를 잃어 양이온이 되면 원자가 껍질에 존재하는 전자들 간의 반발력이 줄어들어서(즉, 가리움 현상이 작아지므로) 크기가 작아지지만 이는 주된 요인이 아니다. 반지름의 주된 감소는 주족 원소가 비활성 기체와 같은 전자 배치를 갖기 위하여 원자가 전자를 모두 제거할 때 나타난다. Na를 예로 들면, 3*s* 전자를 잃고 $Na^+$ 이온이 된다.

$$\text{Na: } 1s^2 2s^2 2p^6 3s^1 \longrightarrow \text{Na}^+\text{: } 1s^2 2s^2 2p^6$$

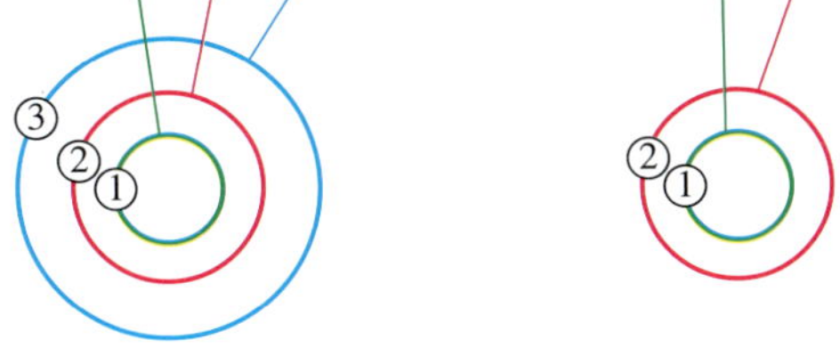


Na의 원자가 전자는 주양자수 $n=3$이므로 이 전자를 제거한 후 $Na^+$ 이온에는 더 이상 $n=3$ 껍질에 전자가 없다. $Na^+$ 이온의 최외각 전자의 주양자수 $n=2$이고 주양자수가 원자핵에서의 거리를 결정하므로 이온의 크기가 작아진다.

원자가 하나 이상의 전자를 얻어서 음이온이 되면 반지름은 전자 간 반발력 때문에 커진다. 전자가 추가되면서 원자가 껍질에 있던 나머지 전자들이 서로 간 거리를 최대로 하기 위하여 널리 퍼지기 때문이다.

그림 4.13에 비활성 기체와 등전자인 주족 원소 이온의 이온 반지름과 원래 원자의 반지름을 비교하여 나타내었다. 이온 반지름도 원자 반지름처럼 족의 아래로 갈수록 커진다.

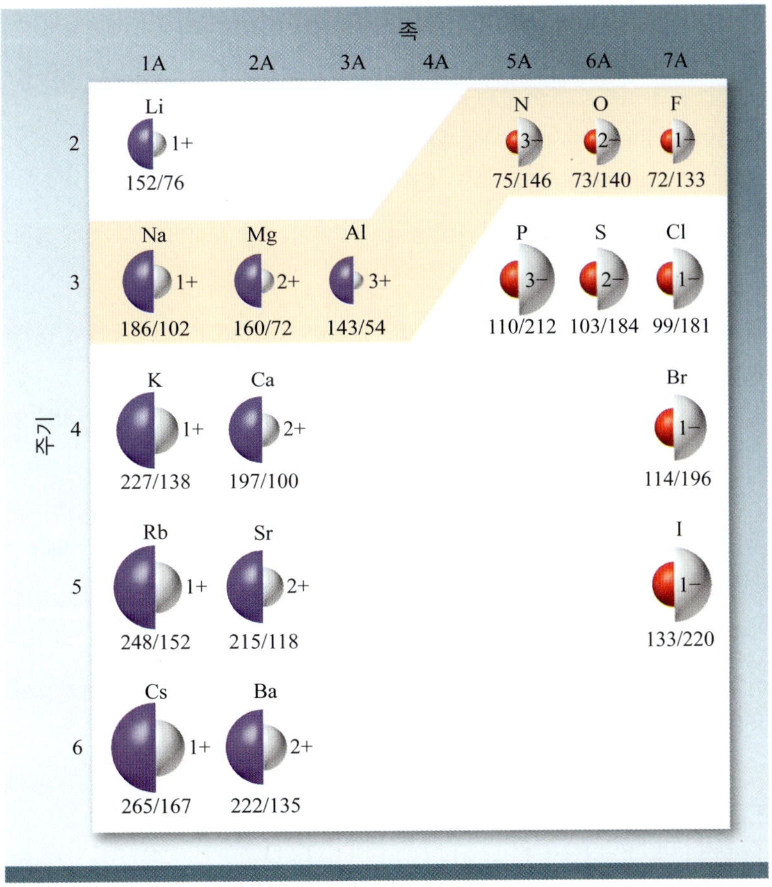


**그림 4.13** 주족 원소의 원자 반지름과 비활성 기체와 등전자인 그들의 이온 반지름(pm)의 비교

## 등전자 계열

**등전자 계열**(isoelectronic series)은 핵전하는 다르지만 동일한 전자 배치를 갖는 두 개 이상의 연속된 화학종들이다. 예를 들어, $O^{2-}$, $F^-$, 그리고 Ne는 등전자 계열을 구성한다. 이 세 화학종은 동일한 전자 배치를 갖지만 반지름은 모두 다르다. 등전자 계열에서는 핵전하(즉, 원자 번호)가 가장 작은 화학종의 반지름이 제일 크고 핵전하가 가장 큰 화학종의 반지름이 가장 작다.

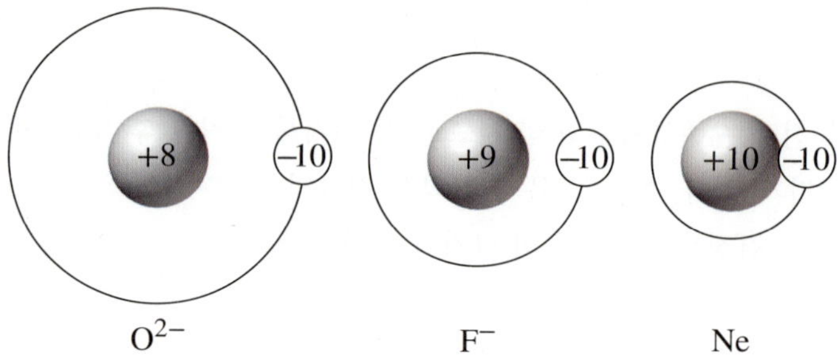


예제 4.9는 등전자 계열을 찾고 반지름의 크기 순서로 나열하는 방법에 대한 문제이다.

### 예제 4.9

다음 화학종들 중에서 등전자 계열을 찾고 반지름이 증가하는 순서대로 나열하시오.

$$K^+, Ne, Ar, Kr, P^{3-}, S^{2-}, Cl^-$$

**전략** 등전자 계열은 핵전하는 다르지만 동일한 전자 배치를 갖는 화학종이므로 먼저 전자의 수를 확인한다. 등전자 계열은 핵전하가 커질수록 반지름이 작아진다.

**계획** 각 화학종의 전자수는 다음과 같다: 18($K^+$), 10(Ne), 18(Ar), 36(Kr), 18($P^{3-}$), 18($S^{2-}$), 18($Cl^-$). 이 중에서 18개의 전자를 갖는 것들이 등전자 계열이고 이들의 핵전하는 +19($K^+$), +18(Ar), +15($P^{3-}$), +16($S^{2-}$), +17($Cl^-$)이다.

**풀이** 등전자 계열은 $K^+$, Ar, $P^{3-}$, $S^{2-}$, $Cl^-$이고 반지름이 커지는 순서로 나열하면 $K^+ < Ar < Cl^- < S^{2-} < P^{3-}$이다.

#### 생각해 보기

그림 4.13을 보면서 답을 확인해 본다. 전자 배치가 동일할 때는 원자가 전자와 핵 사이의 인력이 핵전하에 비례하여 증가한다. 그러므로 핵전하가 크면 원자가 전자들이 더 가깝게 당겨져서 반지름이 작아진다.

**유제 1** Ne와 등전자인 일반적인 이온들을 모두 쓰시오.

**유제 2** 다음 중 주기율표의 색칠된 부분에 속한 원소들이 등전자 계열을 형성할 수 있는 것을 모두 고르시오.

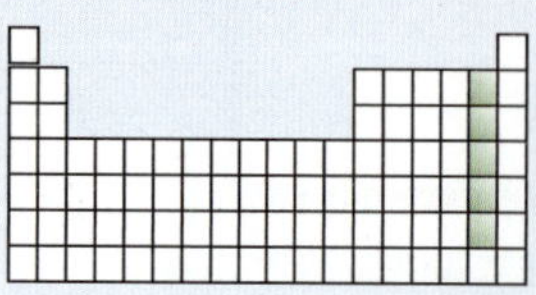
(i)

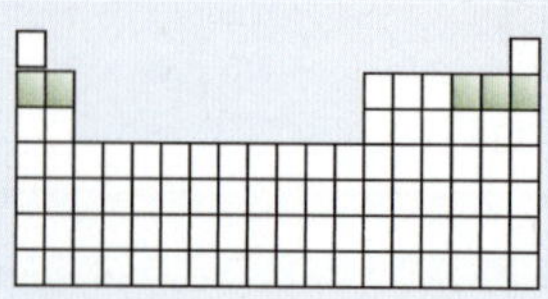
(ii)

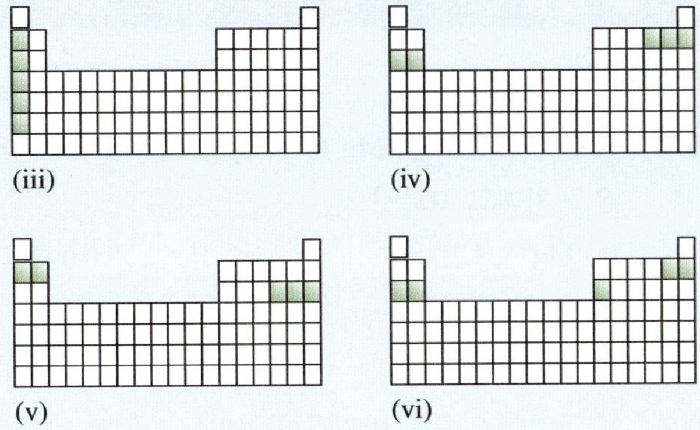


## 생각 밖 상식

**스트론튬을 칼슘으로 착각할 수 있다.**

유사한 특성을 가진 두 화학종이 체내에 있을 때 인체는 생리학적으로 두 물질을 헷갈릴 수 있다. 건강한 뼈는 지속적으로 칼슘을 보충하는데, 우리가 섭취하는 칼슘은 주로 유제품에 많지만 시금치나 케일처럼 진한 녹색 잎채소에도 들어 있다. 방사성 동위 원소인 스트론튬-90은 원자 폭탄의 낙진이나 원자력 발전에서 생기는 폐기물의 성분이다. 스트론튬-90이 공기 중으로 방출되면 흙과 물에 들어가게 되고 식물을 섭취하거나 호흡하는 과정을 통해서 체내로 들어오게 된다. 칼슘과 스트론튬은 화학적으로 유사하므로 인체는 $Sr^{2+}$ 이온을 $Ca^{2+}$ 이온으로 착각하여 뼈 안으로 전달한다. 이렇게 뼈 안으로 들어온 스트론튬-90에서 방출되는 방사능에 지속적으로 노출되면 뼈와 주변의 조직뿐만 아니라 골수와 줄기세포까지 해를 입고 파괴되어 면역 체계가 무너진다. 이와 같은 현상이 계속되면 백혈병과 다른 암들에 걸릴 위험성이 매우 커진다.

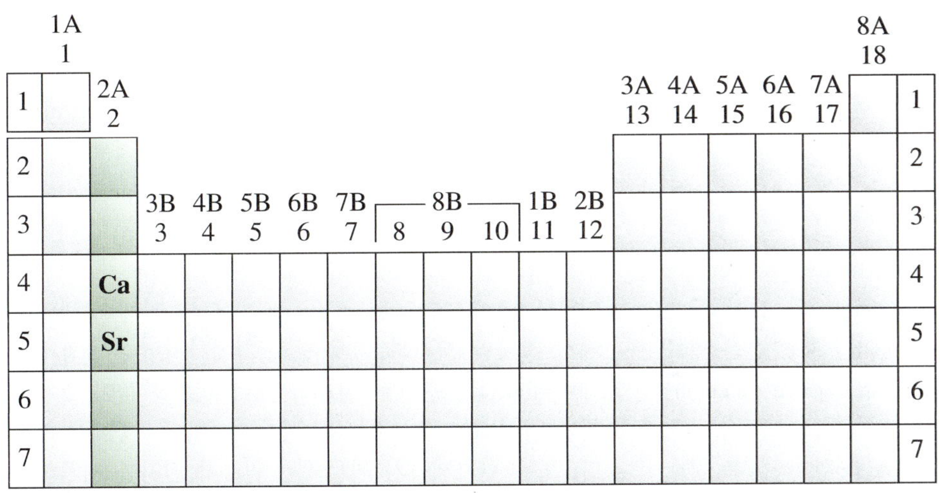


칼슘과 스트론튬은 같은 족 원소로 화학적 성질이 유사하다.

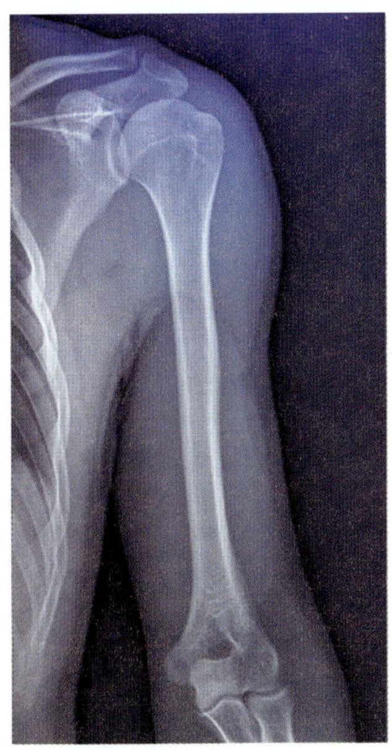

사람 뼈의 X선 사진

## 4.6절 복습

**이온 반지름**

**4.6.1** 등전자 계열 이온 $Mg^{2+}$, $N^{3-}$, $O^{2-}$, $Na^{+}$, $C^{4-}$에서 가장 큰 이온과 가장 작은 이온을 차례로 고르시오.

(a) $Mg^{2+}$, $C^{4-}$
(b) $O^{2-}$, $Na^{+}$
(c) $Na^{+}$, $N^{3-}$
(d) $C^{4-}$, $Mg^{2+}$
(e) $N^{3-}$, $Mg^{2+}$

**4.6.2** $K^{+}$, $Cl^{-}$, $Ca^{2+}$를 반지름이 커지는 순서로 나열하시오.

(a) $Cl^{-} < K^{+} < Ca^{2+}$
(b) $Ca^{2+} < K^{+} < Cl^{-}$
(c) $K^{+} < Ca^{2+} < Cl^{-}$
(d) $Ca^{2+} < Cl^{-} < K^{+}$
(e) $Cl^{-} < Ca^{2+} < K^{+}$

# 단원 정리

### 4.1절

- 현대의 주기율표는 19세기에 드미트리 멘델레예프와 로타 마이어가 독립적으로 고안하였다. 그 당시에는 알려진 원소를 물리적, 화학적 특성에 기초하여 분류했다. 멘델레예프는 주기율표를 이용하여 발견되지 않은 원소의 존재를 성공적으로 예측하였다.
- 20세기 초에 헨리 모슬리는 **원자 번호**(atomic number)의 개념을 가지고 주기율표를 재정리했고, 이를 통해서 멘델레예프와 마이어가 제안한 주기율표에서 발견된 몇 가지 모순점을 해결했다.
- 주기율표의 같은 족 원소들은 물리적, 화학적 성질이 거의 유사하다.

### 4.2절

- 주기율표의 원소들은 **전형 원소**(representative element)라고 알려진 **주족 원소**(main group element)와 **전이 금속**(transition metal)으로 나뉜다. 더 세분화할 때는 같은 **세로줄**(column)에 있는 동일한 **원자가 전자**(valence electron) 배치를 갖는 원소들끼리 묶인 족으로 나눈다.
- 주기율표의 18개 세로줄은 1A에서 8A($s$−와 $p$−블록 원소들)와 1B부터 8B($d$−블록 원소들)로 족의 이름을 붙이거나 1에서 18까지의 번호를 붙인다.

### 4.3절

- **유효 핵전하**(effective nuclear charge, $Z_{eff}$)는 원자가 전자가 "경험하는" 핵전하이다. 이 값은 핵심부 전자들의 **가리움**(shielding) 효과 때문에 핵전하보다 작다.

### 4.4절

- **원자 반지름**(atomic radius)은 원자핵과 원자가 껍질 사이의 거리이다. 금속 원자의 원자 반지름은 **금속 반지름**(metallic radius)으로 정의하고, 금속 고체에서 인접한 두 원자핵 사이의 거리를 반으로 나눈 값이다. 비금속의 원자 반지름은 **공유 반지름**(covalent radius)이라고 정의하고, 같은 원자로 이루어진 이원자 분자의 핵간 거리를 반으로 나눈 값이다. 일반적으로 원자 반지름은 **주기**(period)의 오른쪽으로 갈수록 **감소하고**(decrease), **족**(group)의 아래로 갈수록 **증가한다**(increase).
- **이온화 에너지**(ionization energy, $IE$)는 기체 상태의 원자에서 전자를 제거하는 데 필요한 에너지이다. 1차 이온화 에너지($IE_1$)는 순차적 이온화 에너지[예를 들어, 2차 이온화 에너지($IE_2$), 3차 이온화 에너지($IE_3$)…] 중에서 가장 작다. 모든 원자의 1차 이온화는 원자가 전자를 제거하는 것이다. 양전하를 갖는 **이온**(ion)을 **양이온**(cation)이라 한다. 이온화 에너지는 핵심부 전자가 제거될 때 엄청나게 증가

한다. 이온화 에너지는 화학적 특성이고, 이온화는 화학 반응(**화학적 과정**, chemical process)이다.

- 1차 이온화 에너지($IE_1$ 값)는 대체로 주기의 오른쪽으로 갈수록 증가하고 족의 아래로 갈수록 감소한다. 이러한 경향의 예외는 원소의 전자 배치로 설명 가능하다.
- **전자 친화도**(electron affinity, *EA*)는 기체상 원자가 전자를 받을 때 방출되는 에너지로, 다음 반응의 $-\Delta H$ 값과 같다. $A(g)+e^- \longrightarrow A^-(g)$, $\Delta H$ 음전하를 띤 이온을 **음이온**(anion)이라 한다.
- 전자 친화도는 주기의 오른쪽으로 갈수록 증가하는데, 1차 이온화 에너지와 마찬가지로 원소의 전자 배치로 설명되는 예외가 있다.
- 금속은 반짝이는 광택과 전성, 연성, 그리고 열과 전기를 전도하는 성질이 있다. 금속은 전형적으로 전자를 잃어 양이온을 생성한다.
- 비금속은 색이 다양하고 잘 부서지며 열과 전기의 좋은 도체가 아니다. 비금속은 전자를 얻어 음이온을 생성한다.
- 금속의 특성은 주기의 오른쪽으로 갈수록 감소하고 족의 아래로 갈수록 증가한다. **준금속**(metalloid)은 금속과 비금속의 중간적 성질을 갖는 원소들이다.
- **대각 관계**(diagonal relationship)는 주기율표에서 다른 족이면서 다른 주기의 원소들 사이에서 화학적 유사성이 나타나는 현상이다.

### 4.5절

- 주족 원소의 일반적인 이온들은 비활성 기체와 **등전자**(isoelectronic)이다. *d*-블록 원소가 하나 이상의 전자를 잃을 때는 반드시 가장 주양자수가 큰 껍질의 전자를 먼저 잃는다.(예를 들어, 4*s* 부껍질에 있는 전자가 3*d* 부껍질의 전자보다 먼저 제거된다.)

### 4.6절

- **이온 반지름**(ionic radius)은 양이온이나 음이온의 원자가 껍질과 원자핵 사이의 거리이다. 양이온은 원래 원자보다 작지만 음이온은 크다.
- **등전자 계열**(isoelectronic series)은 동일한 전자 배치를 갖는 하나 이상의 이온이나 원자로 구성된다. 등전자 이온들은 핵전하가 클수록 이온 반지름이 작다.

## 주요 용어

가리움(shielding)
공유 반지름(covalent radius)
금속 반지름(metallic radius)
대각 관계 (diagonal relationship)
등전자(isoelectronic)
등전자 계열(isoelectronic series)
양이온(cation)
원자가 전자(valence electrons)
원자 반지름(atomic radius)
유효 핵전하(effective nuclear charge, $Z_{eff}$)
음이온(anion)
이온(ion)
이온 반지름(ionic radius)
이온화 에너지(ionization energy, *IE*)
전자 친화도(electron affinity, *EA*)
주족 원소(main group elements)
준금속(metalloid)
화학적 과정(chemical process)

## 주요 식

| | | |
|---|---|---|
| 4.1 | $Z_{eff}=Z-\sigma$ | 유효 핵전하($Z_{eff}$)는 핵(nuclear) 전하($Z$)에서 가리움 상수($\sigma$)를 뺀 값이다. |
| 4.2 | $F\propto\dfrac{Q_1\times Q_2}{d^2}$ | 전하를 띤 두 입자($Q_1$과 $Q_2$) 사이의 정전기적 힘($F$)은 두 전하의 곱을 입자 사이 거리($d$)의 제곱으로 나눈 값에 비례한다. |

## 주요 내용 원자 반지름, 이온화 에너지 그리고 전자 친화도의 주기적 경향

원소의 성질은 많은 부분 원자나 이온의 **크기**, 즉 반지름과 원자가 껍질의 **전자 배치**(electron configuration)에 의해 결정된다. 주양자수 ($n$), 유효 핵전하($Z_{eff}$), 그리고 원자가 껍질의 전하(원자가 전자의 수)들이 모두 원자 반지름에 영향을 준다.

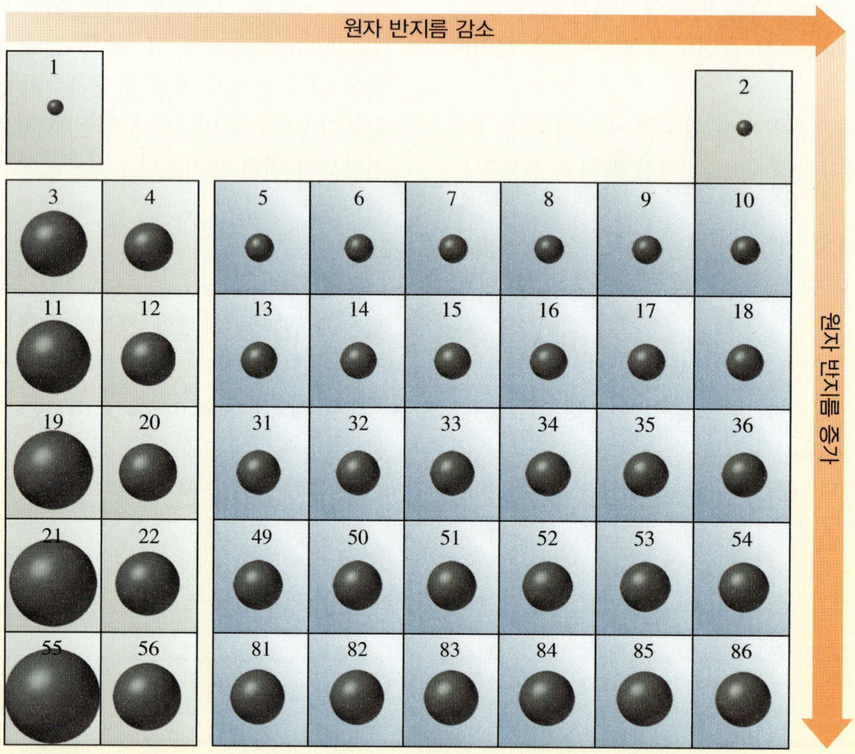


주기의 왼쪽에서 오른쪽으로 갈수록 $Z_{eff}$와 원자가 껍질의 전하가 모두 **증가한다**. 오른쪽으로 한 칸씩 갈수록 양성자가 하나씩 더해져서 $Z$가 증가하고 전자도 하나씩 더해진다. 더해진 각 전자들은 같은 껍질에 존재하므로 서로를 가리지 못한다. 그 결과 $Z_{eff}$가 거의 $Z$만큼 증가하고 반대 전하도 같이 증가하므로 쿨롱의 인력이 커져서 서로 가깝게 끌어당기므로 원자 반지름이 작아진다.

같은 족의 위에서 아래로 갈수록 원자가 전자가 있는 껍질의 $n$ 값이 커지고 핵으로부터의 거리가 멀어져서 원자 반지름이 커진다. 아래로 갈수록 원자가 껍질은 크게 확장되는데 $Z_{eff}$ 값은 큰 변화가 없다. $d$−블록 원소들의 원자 반지름은 주족 원소들과는 다르게 규칙적으로 변하지 않는다.

주기의 왼쪽에서 오른쪽으로 갈수록 $Z_{eff}$는 **증가하고** 원자 반지름은 **감소한다**. 두 요인 모두가 원자핵과 원자가 전자 사이의 쿨롱 인력을 강하게 하여 이온화 에너지($IE_1$)는 **증가한다**. 같은 족의 아래로 갈수록 원자가 껍질은 크게 확장되는데 $Z_{eff}$ 값은 큰 변화가 없으므로 반지름은 증가하고 핵과 원자가 전자 사이의 인력이 약해져서 전자를 제거하기 쉬워지므로 $IE_1$ 값은 **감소한다**.

주기의 왼쪽에서 오른쪽으로 갈수록 $Z_{eff}$는 **증가하고** 원자 반지름은 **감소하기** 때문에 원자핵과 더해지는 전자 사이의 인력이 커지므로 전자가 들어가기 쉬워져서 전자 친화도($EA$)가 **증가한다**. 같은 족의 아래로 갈수록 원자 반지름은 **증가하는데** $Z_{eff}$ 값은 거의 일정하여 핵과 더해지는 전자 사이의 인력이 약해져서 $EA$는 **감소한다**.

$IE_1$와 $EA$가 변칙적으로 변하는 구간은 원자가 전자 배치로 결정할 수 있다.

이온화 에너지($IE_1$) 증가 → ; 이온화 에너지($IE_1$) 증가 ↓

| 1<br>1312 | | | | | | | 2<br>2372 |
|---|---|---|---|---|---|---|---|
| 3<br>520 | 4<br>899 | 5<br>800 | 6<br>1086 | 7<br>1402 | 8<br>1314 | 9<br>1681 | 10<br>2080 |
| 11<br>496 | 12<br>738 | 13<br>577 | 14<br>786 | 15<br>1012 | 16<br>999 | 17<br>1256 | 18<br>1520 |
| 19<br>419 | 20<br>590 | 31<br>579 | 32<br>761 | 33<br>947 | 34<br>941 | 35<br>1143 | 36<br>1351 |
| 21<br>403 | 22<br>549 | 49<br>558 | 50<br>708 | 51<br>834 | 52<br>869 | 53<br>1009 | 54<br>1170 |
| 55<br>376 | 56<br>503 | 81<br>589 | 82<br>715 | 83<br>703 | 84<br>813 | 85<br>(926) | 86<br>1037 |

전자 친화도($EA$) 증가 → ; 전자 친화도($EA$) 증가 ↓

| 1<br>+72.8 | | | | | | | 2<br>(0.0) |
|---|---|---|---|---|---|---|---|
| 3<br>+59.6 | 4<br>≤0 | 5<br>+26.7 | 6<br>+122 | 7<br>−7 | 8<br>+141 | 9<br>+328 | 10<br>(−29) |
| 11<br>+52.9 | 12<br>≤0 | 13<br>+42.5 | 14<br>+134 | 15<br>+72.0 | 16<br>+200 | 17<br>+349 | 18<br>(−35) |
| 19<br>+48.4 | 20<br>+2.37 | 31<br>+28.9 | 32<br>+119 | 33<br>+78.2 | 34<br>+195 | 35<br>+325 | 36<br>(−39) |
| 21<br>+46.9 | 22<br>+5.03 | 49<br>+28.9 | 50<br>+107 | 51<br>+103 | 52<br>+190 | 53<br>+295 | 54<br>(−41) |
| 55<br>+45.5 | 56<br>+13.95 | 81<br>+19.3 | 82<br>+35.1 | 83<br>+91.3 | 84<br>+183 | 85<br>+270 | 86<br>(−41) |

예를 들어, 같은 주기에서 오른쪽으로 갈수록 이온화 에너지도 증가할 것으로 생각되지만 3A족 원소의 $IE_1$는 2A족 원소보다 작은데, 그 이유는 $s$ 오비탈의 전자보다 에너지가 높은 $p$ 오비탈의 전자를 제거하기 때문이다[그림4.9(a)]. 이와 비슷하게 6A족 원소의 $IE_1$도 5A족보다 작은데 이 경우는 $p$ 오비탈의 쌍으로 존재하는 전자 중 하나를 제거하기 때문이다. 쌍으로 존재하는 전자의 반발력 때문에 홀전자보다 제거하기가 쉽다[그림4.9(b)].

비슷하게, 전자 친화도도 일반적인 경향과 다르게 2A의 $EA$가 1A족의 $EA$보다 작다. 이 경우는 $s$ 부껍질보다 에너지가 큰 $p$ 부껍질에 전자가 더해지기 때문이다[그림 4.11(a)]. 그리고 5A족의 $EA$가 4A족보다 작은 이유는 더해지는 전자가 이미 전자가 채워진 $p$ 오비탈로 들어가야 하기 때문이다[그림 4.11(b)].

이러한 주기적 경향은 쿨롱의 법칙으로 이해하고 설명할 수 있다: $F \propto \dfrac{Q_1 \times Q_2}{d^2}$

## 주요 내용 문제

**4.1**

8A족 원소들은 가장 높은 1차 이온화 에너지 값을 갖는다. 다음 중 가장 높은 2차 이온화 에너지를 가질 것으로 예상되는 족을 고르시오.

(a) 7A (b) 6A (c) 5A (d) 2A (e) 1A

**4.2**

다음 중 같은 족의 아래로 갈수록 유효 핵전하가 크게 변하지 않는 이유를 가장 잘 설명한 것을 고르시오.

(a) 완전히 채워진 전자 껍질이 더 적다.
(b) 원자가 전자가 더 적다. (c) 원자가 전자가 더 많다.
(d) 완전히 채워진 전자 껍질이 더 많다.
(e) 원자핵의 양성자수가 별로 안 변한다.

**4.3**

두 원소의 성질을 비교할 때 주기적 경향에만 의존하는 경우가 많다. 다음 쌍의 원소 중 더 큰 1차 이온화 에너지를 갖는 원소를 결정할 때 주기적 경향만으로는 부족한 쌍을 고르시오.

(a) C와 Si (b) Al과 Ga (c) Ga와 Si
(d) Tl과 Sn (e) B와 Si

**4.4**

주어진 색깔 구들은 $Ca^{2+}$, $Cl^-$, $K^+$, $P^{3-}$, $S^{2-}$ 이온을 나타낸다. 크기와 주기율표를 이용하여 이온을 그림과 동일한 순서대로 나열한 것을 고르시오.

(a) $Ca^{2+}$, $Cl^-$, $K^+$, $P^{3-}$, $S^{2-}$ (b) $Ca^{2+}$, $K^+$, $P^{3-}$, $S^{2-}$, $Cl^-$
(c) $P^{3-}$, $S^{2-}$, $Cl^-$, $K^+$, $Ca^{2+}$ (d) $Ca^{2+}$, $K^+$, $Cl^-$, $S^{2-}$, $P^{3-}$
(e) $P^{3-}$, $S^{2-}$, $Cl^-$, $Ca^{2+}$, $K^+$

(i) (ii) (iii) (iv) (v)

# 종합문제

## 4.2절: 현대 주기율표

### 개념 문제

4.15 어떤 원소의 중성 원자는 16개의 전자를 갖고 있다. 주기율표만을 참고해 원소가 무엇인지 밝히고 이 원소의 바닥상태의 전자 배치를 쓰시오.

4.17 다음과 같은 전자 배치를 갖는 원소들을 유사한 화학적 특성을 갖는 쌍으로 묶으시오.
(a) $1s^22s^22p^5$
(b) $1s^22s^1$
(c) $1s^22s^22p^6$
(d) $1s^22s^22p^63s^23p^5$
(e) $1s^22s^22p^63s^23p^64s^1$
(f) $1s^22s^22p^63s^23p^64s^23d^{10}4p^6$

4.19 다음의 원소에 해당하는 주기율표의 족을 지정하시오.
(a) $[Ar]4s^1$
(b) $[Ar]4s^23d^{10}4p^3$
(c) $[Ne]3s^23p^3$
(d) $[Ar]4s^23d^6$

4.21 다음 조건에 맞는 원소를 주기율표에서 찾으시오.
(a) 5주기, $ns^2(n-1)d^{10}np^2$
(b) 4주기, $ns^2(n-1)d^3$
(c) 3주기, $ns^2np^5$
(d) 6주기, $ns^2$

## 4.3절: 유효 핵전하

### 계산 문제

4.25 C의 전자 배치는 $1s^22s^22p^2$이다.
(a) 각각의 핵심부 전자(core electron) (즉, $1s$ 전자)가 핵으로부터 원자가 전자(즉, $2s$ 및 $2p$ 전자)를 차폐하는 데 완전히 효과적이었고, 원자가 전자가 서로 차폐되지 않았다면, $2s$와 $2p$ 전자에 대한 가리움 상수(shielding constant, $\sigma$)와 유효 핵전하(effective nuclear charge, $Z_{eff}$)는 얼마인가?
(b) 실제로 C의 $2s$와 $2p$ 전자에 대한 가리움 상수는 2.78과 2.86으로 각각 약간 다르다. $Z_{eff}$를 계산하고, (a)에서 도출한 값과의 차이를 설명하시오.

## 4.4절: 원소 성질의 주기적 경향

### 계산 문제

4.39 플라즈마(plasma)는 기체 상태의 양이온과 전자로 구성된 물질의 상태이다. 플라즈마 상태에서, 수은 원자는 80개의 전자를 제거할 수 있으므로 $Hg^{80+}$ 상태로 존재할 것이다. 다음의 식을 사용하여 마지막 이온화 단계 $Hg^{79+}(g) \longrightarrow Hg^{80+}(g)+e^-$에 필요한 에너지를 계산하시오($n$은 주양자수, $Z$는 원자 번호).

### 개념 문제

4.41 반대 전하를 띤 두 이온이 $d$만큼 떨어져 있을 때 다음과 같은 조건에서 이온 사이의 인력이 어떻게 변화할지 예측하시오.
(a) 두 전하 모두 2배가 된다.
(b) 양전하는 2배, 음전하는 3배가 된다.
(c) 음전하와 거리 모두 2배가 된다.
(d) 양전하는 2배, 거리는 0.5배가 된다.
(e) 두 전하와 거리 모두 0.5배가 된다.

4.43 다음의 전하 쌍들을 인력이 커지는 순서로 배열하시오.

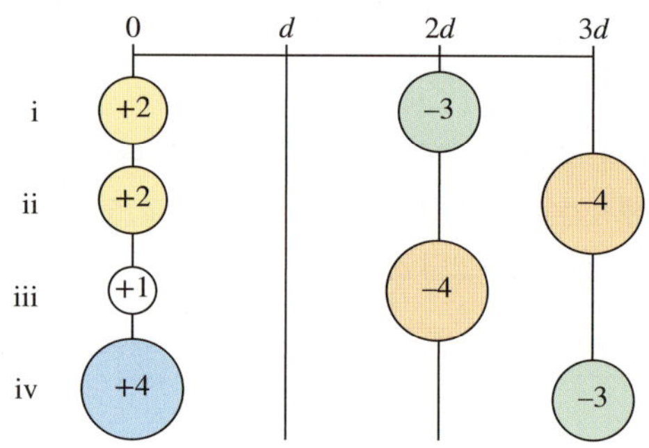


4.45 원자 반지름이 증가하는 순서로 배열하시오.

Si, Mg, Cl, P, Al

4.47 6A족에서 가장 작은 원자는 무엇인가?

4.49 크기에 근거하여 다음의 구를 K, Ca, S, Se로 구별하시오.

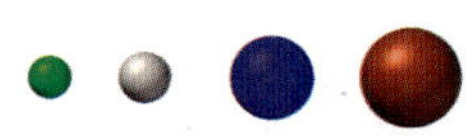

4.51 1차 이온화 에너지가 증가하는 순서로 배열하시오.

F, K, P, Ca, Ne

4.53 일반적으로 1차 이온화 에너지는 주기 안에서 왼쪽에서 오른쪽으로 갈수록 증가한다. 그러나 알루미늄은 마그네슘보다 낮은 1차 이온화 에너지를 가지는데 그 이유에 대해 설명하시오.

4.55 두 원자의 전자 배치는 $1s^22s^22p^6$와 $1s^22s^22p^63s^1$이다. 1차 이온화 에너지 중 하나는 2080 kJ/mol, 다른 하나는 496 kJ/mol이다. 각 이온화 에너지와 주어진 전자 배치를 가진 원자를 바르게 연결하고 그 이유를 설명하시오.

4.57 다음 그래프는 세 주족 원소 A, B, C의 $IE_1$, $IE_2$, $IE_3$, $IE_4$를 나타낸다. 그래프의 정보를 이용하여 각 원소가 속한 족의 번호를 구하시오.

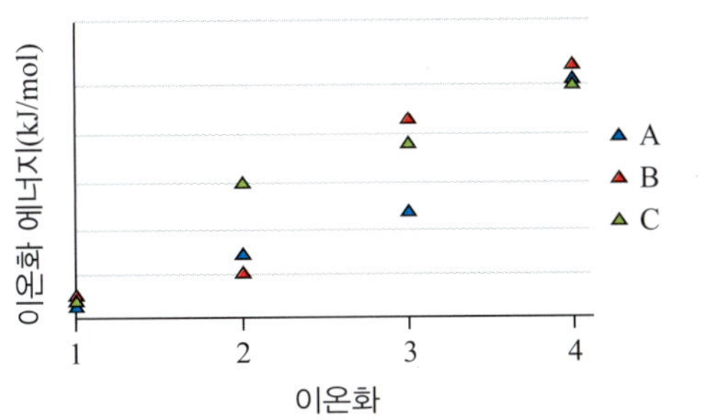


4.59 다음 원소들 중 가장 큰 전자 친화도를 갖는 원소를 찾으시오.

He, K, Co, S, Cl

4.61 알칼리 금속이 알칼리 토금속보다 더 큰 전자 친화도를 갖는 이유를 설명하시오.

4.63 소듐과 마그네슘의 유효 핵전하는 2.51과 3.31이다. 유효 핵전하와 그림 4.6의 원자 반지름을 이용하여 각 원소의 원자핵과 1차 이온화로 떨어지는 원자가 전자 사이의 인력을 비교하시오.

## 4.5절: 이온의 전자 배치

### 개념 문제

4.69 다음 이온들의 바닥상태 전자 배치를 쓰시오.

(a) $Rb^+$ (b) $Sr^{2+}$ (c) $Sn^{2+}$
(d) $Te^{2-}$ (e) $Ba^{2+}$ (f) $In^{3+}$
(g) $Tl^+$ (h) $Tl^{3+}$

4.71 다양한 생물학적 과정에서 중요한 역할을 하는 다음 이온들의 바닥상태 전자 배치를 쓰시오.

(a) $Fe^{2+}$ (b) $Cu^{2+}$
(c) $Co^{2+}$ (d) $Mn^{2+}$

4.73 다음 금속 이온의 바닥상태 전자 배치를 쓰시오.

(a) $Ni^{2+}$ (b) $Cu^+$ (c) $Ag^+$
(d) $Au^+$ (e) $Au^{3+}$

4.75 알짜 전하가 +3이고 다음과 같은 전자 배치를 하는 이온을 찾으시오.

(a) $[Ar]3d^3$ (b) [Ar]
(c) $[Kr]4d^6$ (d) $[Xe]4f^{14}5d^6$

4.77 다음 화학종을 등전자인 것끼리 묶으시오.

$Be^{2+}$, $F^-$, $Fe^{2+}$, $N^{3-}$, He, $S^{2-}$, $Co^{3+}$, Ar

4.79 다음 이온들을 홀전자가 증가하는 순서로 나열하시오.

$Ti^{3+}$, $Fe^{2+}$, $V^{3+}$, $Cu^+$, $Mn^{4+}$

4.81 알짜 전하가 −2이고 총 69개의 전자를 가진 음이온이 있다. 이 이온을 만드는 원소가 무엇인지 밝히시오.

4.83 전하가 +3인 금속 이온이 $3d$ 부껍질에 다섯 개의 전자를 가지고 있다. 이 금속은 무엇인가?

4.85 다음은 그림 4.12에 나온 전이 금속 이온들의 바닥상태 전자 배치이다. 각 전자 배치로 나타나는 이온 또는 이온들을 구하시오.

(a) [Ar] ___ ↑↓ ↑ ↑ ↑ ↑
(b) [Kr] ___ ↑↓ ↑↓ ↑↓ ↑↓ ↑↓
(c) [Ar] ___ ↑↓ ↑↓ ↑↓ ↑↓ ↑
(d) [Ar] ___ ↑↓ ↑↓ ↑↓ ↑↓ ↑↓
(e) [Ar] ___ ↑ ↑ ↑ _ _
(f) [Ar] ___ ↑↓ ↑↓ ↑ ↑ ↑

## 4.6절: 이온 반지름

### 개념 문제

4.89 다음 두 가지 화학종 중에서 크기가 더 작은 것을 고르시오.

(a) Cl과 $Cl^-$ (b) Na와 $Na^+$
(c) $O^{2-}$와 $S^{2-}$ (d) $Mg^{2+}$와 $Al^{3+}$
(e) Au과 $Au^{3+}$

4.91 다음 두 양이온 중 크기가 더 큰 것을 고르고 이유를 설명하시오.

$Cu^+$와 $Cu^{2+}$

4.93 다음 중 2A족 원소의 원자가 이온이 되는 과정을 가장 잘 나타낸 것을 고르시오.

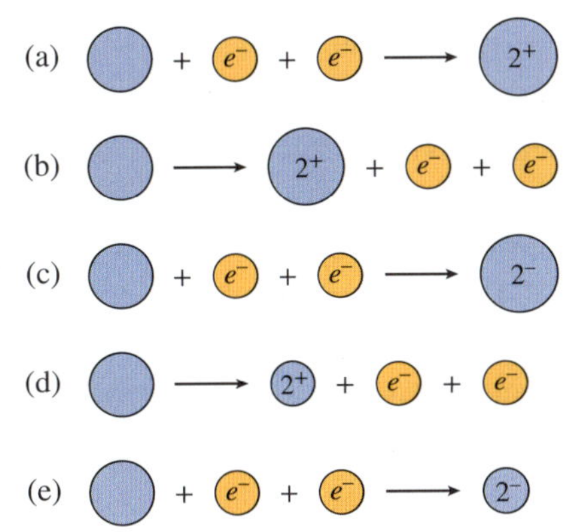


4.95 $Ga^{3+}$ 이온은 빛을 방출하는 다양한 고체 상태 장치에 널리 사용된다. 다음 이온들이 유사한 특성을 갖고 $Ga^{3+}$ 이온을 대신하여 사용하기에 충분하다고 가정했을 때 이 중에서 가장 적합한 이온을 고르시오.

$Fe^{3+}$, $Ca^{2+}$, $Ti^{3+}$, $In^{3+}$, $Tl^+$

4.97 주기율표를 보고 다음에 해당하는 원소의 이름을 쓰시오.

(a) 4주기의 할로젠
(b) 인과 비슷한 화학적 성질을 가진 원소
(c) 5주기에서 가장 반응성이 큰 금속
(d) 원자 번호가 20보다 작고, 스트론튬과 비슷한 원소

## 추가 문제

4.99 다음 등전자 이온들을 이온화 에너지가 증가하는 순서대로 나열하시오.

$O^{2-}$, $F^-$, $Na^+$, $Mg^{2+}$

4.101 다음 화학종들을 등전자 쌍으로 묶으시오.

$O^{+}$, Ar, $S^{2-}$, Ne, Zn, $Cs^{+}$, $N^{3-}$, $As^{3+}$, N, Xe

4.103 다음의 성질 중 분명한 주기적인 변화를 보이는 것은 어느 것인가?

(a) 1차 이온화 에너지 (b) 원소의 몰질량
(c) 원소의 동위 원소의 수 (d) 원자의 반지름

4.105 $Mg^{2+}$와 $Ca^{2+}$ 이온 모두 생물학적으로 중요하다. 이들 이온의 작용 중 하나는 ATP의 인산기나 단백질의 아미노산과 결합하는 것이다. 일반적으로 2A족 금속들이 음이온과 결합하는 경향이 $Ba^{2+} < Sr^{2+} < Ca^{2+} < Mg^{2+}$ 순서로 증가하는 이유를 설명하시오.

4.107 주어진 원자가 오비탈 도표를 이용하여 이 원소들을 다음의 특성이 증가하는 순서로 배열하시오.

(a) 원자 크기 (b) 이온화 에너지

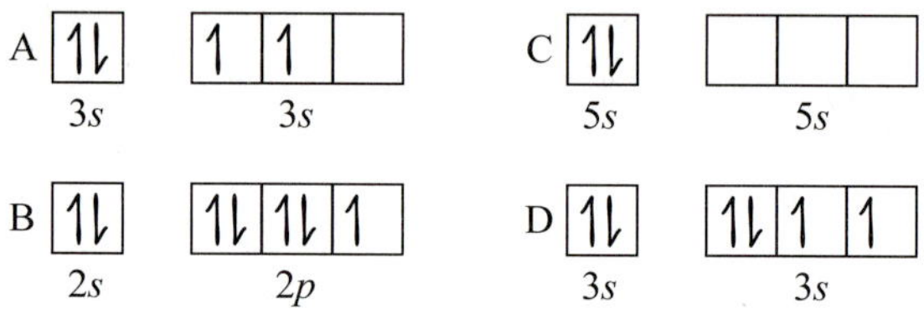


4.109 족의 아래로 내려갈수록 원자 반지름이 커지는 일반적인 경향과는 반대로 전자 40개를 가진 Zr(159 pm)의 원자 반지름은 전자 72개인 Hf(156 pm)보다 크다. 이 변칙적인 현상의 이유를 설명하시오.(힌트: Hf 이후의 많은 6주기 원소들의 원자 반지름이 바로 위 5주기 원소들의 원자 반지름보다 별로 크지 않거나 심지어 더 작다.)

4.111 $H^{-}$ 이온과 He 원자는 각각 두 개의 $1s$ 전자를 가지고 있다. 크기가 더 큰 화학종을 찾고 그 이유를 서술하시오.

4.113 수소 유사 이온에 있는 전자의 에너지를 계산하기 위한 식은 다음과 같다.

$$E_n = -(2.18 \times 10^{-18}\,\text{J})\,Z^2\left(\frac{1}{n^2}\right)$$

이 식은 오직 하나의 전자를 가진 원자나 이온에만 적용이 가능하다. 이를 더 복잡한 화학종에 적용하기 위해서는 $Z$를 $Z-\sigma$나 $Z_{\text{eff}}$로 바꾸어야 한다. 헬륨의 1차 이온화 에너지가 원자당 $3.94 \times 10^{-18}$ J일 때, $\sigma$ 값을 계산하시오.(주어진 식에서 마이너스 기호는 무시하시오.)

4.115 알루미늄의 $3p$ 원자가 전자가 느끼는 유효 핵전하는 4.07이다. 알루미늄보다 18개의 전자가 더 있는 갈륨의 $4p$ 원자가 전자가 느끼는 유효 핵전하가 6.22로 알루미늄과 큰 차이가 없는 이유를 설명하시오.

4.117 K의 원자 반지름은 227 pm이고, $K^{+}$의 원자 반지름은 138 pm이다. $K(g)$가 $K^{+}(g)$로 바뀔 때 부피 감소비를 계산하시오. (구의 부피는 $4/3\pi r^3$, 여기서 $r$은 구의 반지름이다.)

4.119 광전자 분광법으로 불리는 기술은 원자들의 이온화 에너지를 측정하는 데 이용된다. 기체상 시료에 자외선을 쏘면 원자가 껍질에서 전자가 방출되고 방출된 전자의 운동 에너지를 측정한다. UV 광자와 튀어나온 전자의 운동 에너지는 다음의 관계를 가진다.

$$h\nu = IE + \frac{1}{2}mu^2$$

여기서 $h$는 플랑크 상수, $\nu$는 자외선의 진동수, $m$은 전자의 질량, $u$는 전자의 속도이다. 포타슘 원자로 실험했을 때 방출된 전자의 운동 에너지가 $5.34 \times 10^{-19}$ J이고 사용한 UV 빛의 파장이 162 nm라면 포타슘의 이온화 에너지를 계산하시오. 어떻게 이 이온화 에너지가 원자가 껍질 전자(즉, 가장 느슨하게 잡혀 있는 전자)의 이온화 에너지라고 확신할 수 있는지 설명하시오.

4.121 크기에 대한 주기적인 특성을 고려하여 다음 구들 중에서 화학종 Rb, $Rb^{+}$, Mg, $F^{-}$, F를 찾으시오.

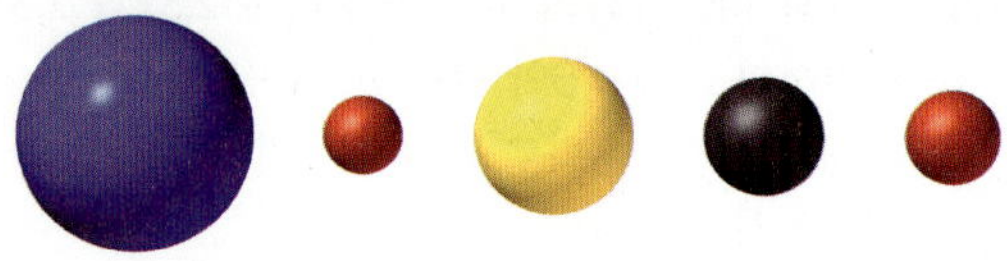

A B C D E

4.123 소듐의 1차부터 11차 이온화 에너지(kJ/mol)는 각각 496, 4562, 6910, 9543, 13,354, 16,613, 20,117, 25,496, 28,932, 141,362, 159,075이다. 이온화 에너지의 로그값을 $y$축으로, 이온화 에너지의 차수를 $x$축으로 한 그래프를 그리시오. 예를 들어, log 496은 1에 대하여 그래프를 그린다.(1차 이온화 에너지 $IE_1$이라고 이름을 붙인다.)

(a) $IE_1$부터 $IE_{11}$까지 $1s$, $2s$, $2p$, $3s$와 같은 오비탈의 전자를 표시하시오.

(b) 그래프상에서 차이가 많이 나는 구간들을 통하여 전자 껍질에 대해서 어떤 것을 추론해 볼 수 있는가?

4.125 전자 배치의 관점에서 봤을 때, $Mn^{2+}$에서 $Mn^{3+}$가 되는 것보다 $Fe^{2+}$에서 $Fe^{3+}$로 되는 것이 더 쉬운 이유를 설명하시오.

4.127 탄소와 산소의 전자 친화도는 상당히 큰 반면에, 질소의 전자 친화도는 거의 0인 이유를 설명하시오.

4.129 원소의 2차, 3차, 4차, 그 이상의 이온화 에너지를 계산할 수 있더라도, 원소의 전자 친화도는 대부분의 경우 그렇게 할 수 없는 이유를 설명하시오.

4.131 이 장의 제일 앞에서 언급했듯이 아르곤의 원자 질량은 포타슘의 원자 질량보다 크다. 이것은 주기율표가 개발되던 초기에 문제가 되었는데, 이것은 아르곤이 포타슘 다음에 위치해야 한다는 의미였기 때문이다.

(a) 이 문제는 어떻게 해결되었는가?

(b) 다음 값으로부터 아르곤과 포타슘의 평균 원자 무게를 계산하시오.

Ar−36(35.9675 amu, 0.337%)
Ar−38(37.9627 amu, 0.063%)
Ar−40(39.9624 amu, 99.60%)

K−39(38.9637 amu, 93.258%)
K−40(39.9640 amu, 0.0117%)
K−41(40.9618 amu, 6.730%)

**4.133** 프란슘 이후에 나오는 알칼리 금속 바로 다음 원소의 원자 번호와 바닥상태의 전자 배치를 예상하시오.

**4.135** 어느 원소의 1차, 2차, 3차, 4차 이온화 에너지는 대략 738, 1450, $7.7\times10^3$, 그리고 $1.1\times10^4$ kJ/mol이다. 이 원소는 어느 족에 속하는지 예측하고 그 이유를 설명하시오.

**4.137** 어떤 기체 원자의 처음 6개 이온화 과정에서 필요한 빛의 파장이 다음과 같다면 주기율표의 몇 족에 속한 원소인지 구하시오.

218 nm, 113 nm, 29 nm, 22 nm, 17 nm, 14 nm

**4.139** 생물학적인 활성을 나타내기 위해 금속 이온이 필요한 효소를 금속 효소(metalloenzyme)라고 한다. $Zn^{2+}$ 이온이 필요한 금속 효소가 제 기능을 하기 위해서 다음 이온 중에서 $Zn^{2+}$ 이온을 대신할 이온을 찾는다면 가장 적합한 것을 고르시오.

$Cu^{2+}$, $Sn^{4+}$, $Sc^{3+}$, $Pb^{2+}$, $Co^{2+}$

## 유제 해답

**4.1** ❶ Bi < As < P **4.2** ❶ (a) Al (b) Zn (c) Sr **4.3** ❶ Si와 Se **4.4** ❶ Rb는 작은 $Z_{eff}$를 갖지만 Rb의 $IE_2$는 핵심부 전자를 제거하는 과정이다. **4.5** ❶ As에 전자를 전하는 것은 전자를 짝지우는 것이다. **4.6** ❶ 1.51 pm **4.7** ❶ $N^{3-}$, $O^{2-}$, $F^-$, Ne, $Na^+$, $Mg^{2+}$, $Al^{3+}$ **4.8** ❶ $Cu^+$ **4.9** ❶ $F^-$, $O^{2-}$, $N^{3-}$, $Na^+$, $Mg^{2+}$, $Al^{3+}$

## 절 복습

**4.1.1** c **4.1.2** a **4.1.3** e **4.2.1** b **4.2.2** d **4.4.1** b **4.4.2** c **4.4.3** e **4.4.4** a **4.4.5** c **4.4.6** b **4.5.1** d **4.5.2** d **4.5.3** d **4.5.4** b **4.5.5** c **4.6.1** d **4.6.2** b

Chapter

# 5

# 이온 결합 화합물과 공유 결합 화합물

## Ionic and Covalent Compounds

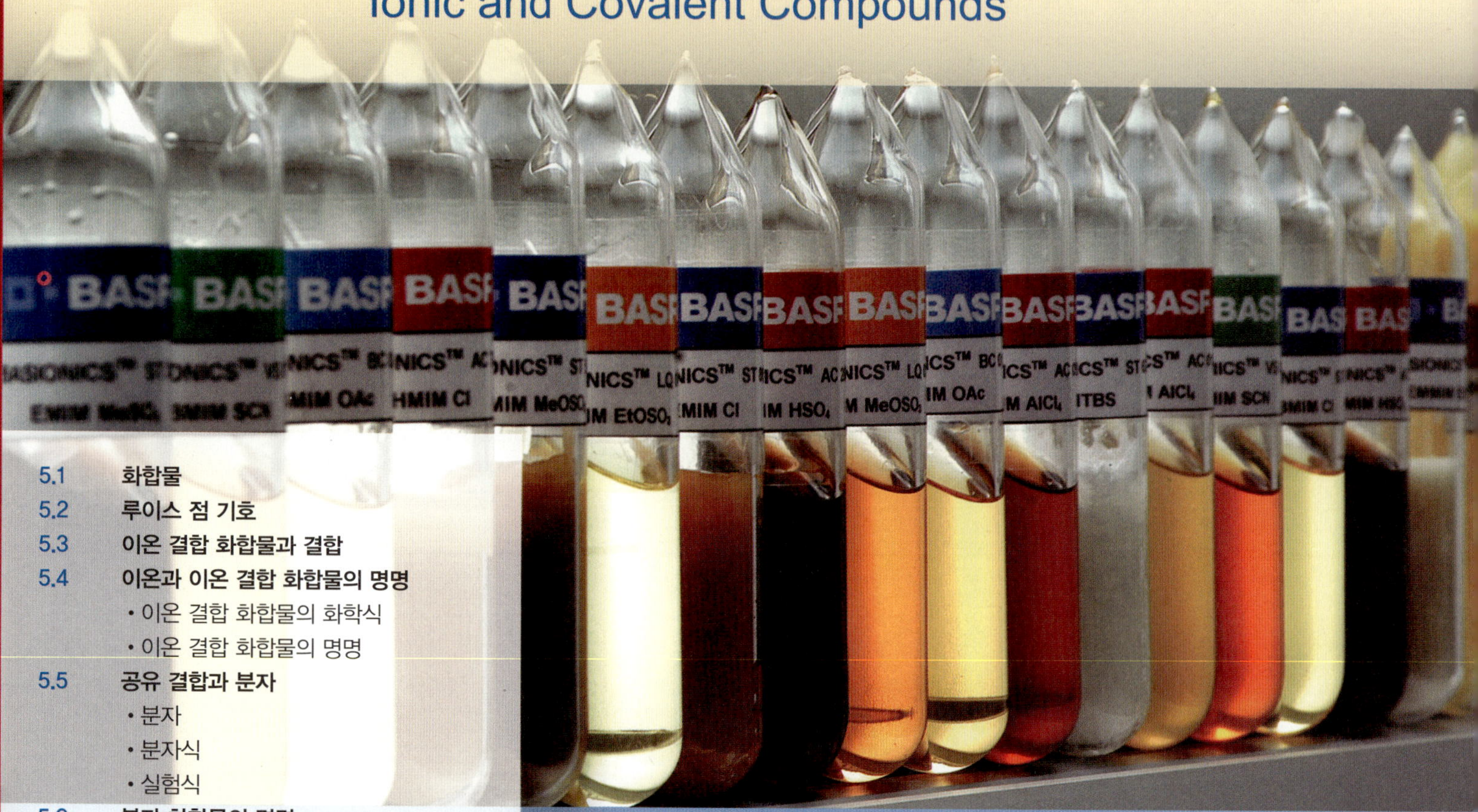




대부분의 화합물들은 주로 이온(ionic) 결합 또는 공유(covalent) 결합을 가진다. 그러나 최근 화학자들은 이온성 액체(ionic liquid)라고 불리는 새로운 종류의 화합물을 만드는 데 성공하였다. 이 특이한 화합물은 상당할 정도로 공유 및 이온 결합성을 동시에 나타낸다. 이들 물질의 대부분은 보통 이온 결합 화합물과 관련이 없는 성질인 실온에서 액체(liquid)로 존재하는 것처럼 특이하고 유용한 성질을 갖는다. 여기에서 보여진 것과 같은 이온성 액체의 특이한 성질 때문에 화학자들은 이온성 액체를 셀룰로오스 처리, 태양열 에너지 시스템의 저장 매체, 폐기물 재활용 그리고 녹색 화학 응용에 사용하고 있다.

## 들어가기 전에

- 원자 반지름 [|◀◀4.4절]
- 주족 원소들의 이온 [|◀◀4.5절]
- 몰 [|◀◀2.7절]

## 5.1 화합물

우리가 매일 접하게 되는 대부분의 물질은 원소가 아니다. 오히려 **화합물**(compound)이다. **화합물**(compound)은 특정 비율로 결합되고 **화학 결합**(chemical bond)으로 결합된 두 개 이상의 원소로 이루어진 물질이다[|◀◀ 5.3절과 5.5절]. 혼합물[|◀◀ 1.5절]과는 달리, 화합물은 물리적 과정을 이용하여 더 간단한 물질로 분리될 수 없다. 화합물의 친숙한 예로는 산소와 수소의 결합물인 물과 소듐과 염소의 결합물인 소금 등이 있다. 원소의 전자 배치와 주기적 성질[|◀◀ 4.2절]의 상관 관계에 대한 발견은 화학자들이 화합물의 **존재**(existence)와 **형성**(formation)을 모두 설명할 수 있게 했다.

## 5.2 루이스 점 기호

20세기 초, 미국의 화학자 길버트 루이스(Gilbert Lewis)[1]는 원자가 결합되어 보다 안정적인 전자 배치를 이룬다고 제안했다. 사실 우리는 일반적인 단원자 이온이 생기는 것은 주족 원소의 원자가 전자를 얻거나 잃어서 비활성 기체의 등전자 구조가 되면서 최대로 안정해질 때라는 것을 이미 보았다.

> **참조**
>
> 등전자 관계(isoelectronic)의 두 화학종은 똑같은 전자 배치를 가져야 한다는 것을 기억하자[|◀◀ 4.5절].

원자들이 화합물을 형성하기 위해 상호 작용할 때, 실제로 상호 작용하는 것은 원자들의 **원자가 전자들**(valence electrons)이다. 따라서 관련된 원자들의 원자가 전자를 설명하는 방법이 있다면 도움이 될 것이다. 이것은 루이스(Lewis) 점 기호를 이용하면 된다. **루이스 점 기호**(Lewis dot symbol)는 원소 기호와 주위의 점들로 이루어진다. 여기에서 각 점은 원자가 전자를 나타낸다. 주족 원소에 대해서 루이스 점 기호에 있는 점들의 수는 그림 5.1에 나온 것처럼 족 수와 같다.(전이 금속은 불완전한 내부 껍질을 갖기 때문에 일반적으로 루이스 점 구조로 나타내지 않는다.)

그림 5.1은 점들이 원소 기호의 왼쪽과 오른쪽뿐만 아니라 위와 아래에도 놓인다는 것을

1. 길버트 루이스(Gilbert Newton Lewis, 1875~1946): 그는 화학 결합, 열역학, 산-염기 및 분광학에 많은 중요한 공헌을 했다. 연구의 중요성에도 불구하고, 노벨상을 한번도 받지 못했다.

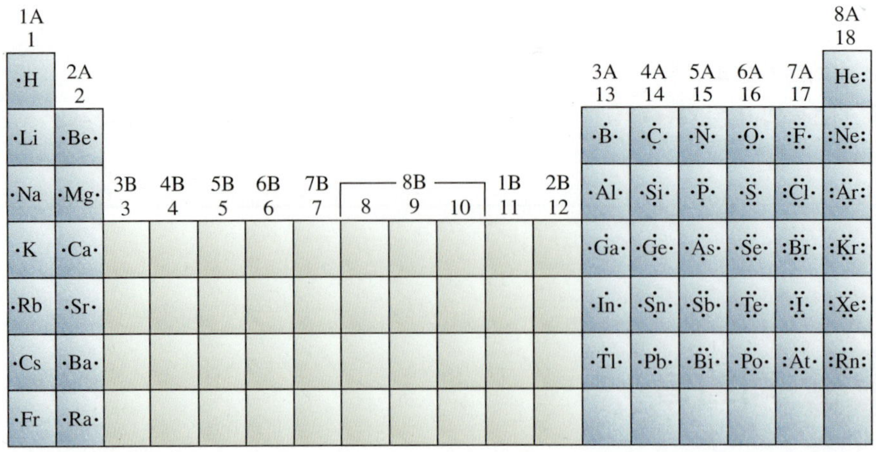

그림 5.1 주족 원소들의 루이스 점 기호

보여 준다. 점들이 원소 기호 주위에 놓이는 정확한 순서는 중요하지 않지만 점들의 **수**(number)는 중요하다. 예를 들어, 붕소는 3A족에 속하므로 **3개**의 원자가 전자를 가진다. 따라서 다음 중 어느 것이든 붕소의 루이스 점 기호로 옳다.

·Ḃ·   Ḅ̇·   ·Ḅ̇   Ḅ̇·

루이스 점 기호를 쓸 때, 각 면에 최대 두 개의 점이 있을 수 있지만, 반드시 필요한 경우가 아니라면 점들을 "쌍(pair)"으로 만들지 않는다. 따라서 붕소를 나타낼 때 한쪽에 한 쌍의 점이 있고 다른 쪽에는 점 한 개만 있도록 하지 않는다.

Na 또는 Mg와 같은 주족 금속의 경우, 루이스 점 기호에서 점들의 수는 주기율표상에서 앞서 놓여진 비활성 기체의 등전자 구조를 갖는 양이온을 형성할 때 잃어버린 전자의 수와 같다. 2주기 비금속 원소(B부터 F까지)의 경우, 짝짓지 않은 점들의 수는 원자가 형성할 수 있는 결합의 수이다.

**참조**

곧 보겠지만[|◀◀ 6.6절], 3주기 이상의 큰 비금속 원자들은 실제로 루이스 점 기호에 있는 점들의 총 수만큼 결합을 형성할 수 있다.

원자뿐만 아니라 루이스 점 기호를 이용하여 원자 **이온**(ion)도 나타낼 수 있다. 그렇게 하기 위해서, 단순히 **원자**(atom)의 루이스 점 기호에 적절한 수의 점을 추가하거나(음이온의 경우) 또는 뺀 다음(양이온의 경우), 이온의 전하를 포함시킨다.

예제 5.1은 루이스 점 기호를 이용하여 원자 이온을 나타내는 방법을 보여 준다.

## 예제 5.1

다음 이온에 대한 루이스 점 기호를 쓰시오.

(a) 플루오린화 이온($F^-$)  (b) 포타슘 이온($K^+$)  (c) 황화 이온($S^{2-}$)

**전략** 각 원소에 대한 루이스 점 기호로 시작하여 각 이온의 맞는 전하를 얻기 위해 필요에 따라 점을 추가하거나(음이온의 경우) 또는 점을 제거한다(양이온의 경우). 루이스 점 기호에 적절한 전하를 포함시키는 것을 잊지 않는다.

**계획** F, K 및 S에 대한 루이스 점 구조는 각각 :F̤̈·, ·K 및 ·S̤̈·이다.

**풀이**

(a) $[:\ddot{\underset{..}{F}}:]^-$  (b) $K^+$  (c) $[:\ddot{\underset{..}{S}}:]^{2-}$

### 생각해 보기

비활성 기체의 등전자 이온의 경우, 양이온은 원소 기호 주위에 남아 있는 점이 없어야 하고 음이온은 원소 기호 주위에 8개의 점이 있어야 한다. 또한, 음이온의 경우 루이스 점 기호 주위에 대괄호를 그리고 대괄호 바깥쪽에 음전하를 놓는다. 포타슘 이온과 같은 일반적 양이온의 기호에는 점이 남아 있지 않기 때문에 대괄호는 필요하지 않다.

**유제 1** 다음 루이스 점 기호에 의해서 표현되는 각 이온의 전하를 표시하시오.

(a) [:Ö:]? (b) H? (c) [:P̤̈:]?

**유제 2** 다음 주기율표에서 강조 표시된 각 위치에 대해 원소의 원자와 원소가 생성하는 공통 이온에 대한 루이스 구조를 쓰시오. 각 원소에 대해 일반 기호 X를 사용한다. 예를 들어, 소듐과 소듐 이온을 ·Na와 $[Na]^{+}$라고 쓰는 대신 ·X와 $[X]^{+}$로 써야 한다.

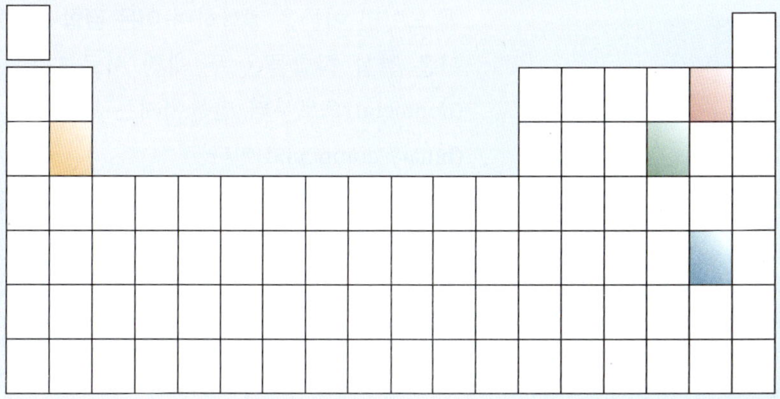

## 5.2절 복습

### 루이스 점 기호

**5.2.1** 주기율표를 사용하여 규소(Si) 원자의 루이스 점 구조를 결정하시오.

(a) :Si: (b) ·Ṩi· (c) :Ṡi· (d) ·Si· (e) :Si

**5.2.2** 주기율표를 사용하여 브로민화 이온($Br^{-}$)의 루이스 점 구조를 결정하시오.

(a) $[:\ddot{\underset{..}{Br}}\cdot]^{-}$ (b) $[:\ddot{\underset{..}{Br}}]^{-}$ (c) $[:\ddot{\underset{..}{Br}}\cdot]^{-}$ (d) $[Br\cdot]^{-}$ (e) $[:\ddot{\underset{..}{Br}}:]^{-}$

**5.2.3** 원소 X의 루이스 점 기호가 ·Ẍ̣·라면 이 원소는 주기율표의 어느 족에 속하는가?

(a) 2A (b) 3A (c) 4A (d) 5A (e) 알 수 없다.

**5.2.4** 원소 Y에 대한 음이온의 루이스 점 기호가 $[:\dot{\underset{..}{Y}}:]^{m-}$라면 이 원소는 주기율표의 어느 족에 속하는가? 여기서 $m$은 전하를 나타낸다.

(a) 4A (b) 5A (c) 6A (d) 7A (e) 알 수 없다.

## 5.3 이온 결합 화합물과 결합

이온화 에너지가 작은 원소의 원자, 즉 일반적으로 **금속**(metal)은 **양이온**(cation)을 형성하는 경향이 있고, 전자 친화도가 큰 원소의 원자들, 일반적으로 **비금속**(nonmetal)은 **음이온**(anion)을 형성하려는 경향이 있다는 4장의 내용을 기억해 보자. 양이온과 음이온이 함께 모이면 이들은 결합하여 **이온 결합 화합물**(ionic compound)을 형성할 수 있다. 대부분의 이온 결합 화합물은 두 개의 서로 다른 원소, 즉 하나의 **금속**(metal)과 하나의 **비금속**(nonmetal)으로부터 만들어지는 단지 두 개의 서로 다른 이온으로 구성된 **이성분 화합물**(binary compound)이다.

일반적으로, 이온 결합 화합물은 **이온 결합**(ionic bonding)에 의해서 붙들려 있는 금속 양이온과 비금속 음이온으로 구성되어 있다. 이온 결합은 단순히 반대 전하를 가진 입자들 사이에서의 정전기적 인력을 나타낸다. 예를 들어, 일반적으로 **염**(salt)으로 알려져 있는 이온 결합 화합물 염화 소듐을 고려해 보자.

소듐의 전자 배치는 [Ne]$3s^1$이고 염소의 전자 배치는 [Ne]$3s^2 3p^5$이다. 소듐과 염소 원자가 서로 접촉하면 소듐의 원자가 전자가 염소 원자로 이동한다. 이러한 과정이 분리되어 일어난다고 가정하면 각 과정을 루이스 전자 점 기호를 이용하여 나타낼 수 있다.

$$\mathrm{Na}\cdot \longrightarrow \mathrm{Na}^+ + e^-$$
$$:\!\ddot{\underset{\cdot\cdot}{\mathrm{Cl}}}\cdot + e^- \longrightarrow \left[:\!\ddot{\underset{\cdot\cdot}{\mathrm{Cl}}}\!:\right]^-$$

이 두 식의 합은 다음과 같다.

$$\mathrm{Na}\cdot + :\!\ddot{\underset{\cdot\cdot}{\mathrm{Cl}}}\cdot \longrightarrow \mathrm{Na}^+ + \left[:\!\ddot{\underset{\cdot\cdot}{\mathrm{Cl}}}\!:\right]^-$$

**참조**

소듐 원자의 이온화에 의해 생성된 전자는 염소 원자에 즉각 첨가되기 때문에 전체 반응식에서는 나타나지 않는다.

생성된 양이온($Na^+$)과 음이온($Cl^-$) 사이의 정전기적 인력 또는 **이온 결합**(ionic bonding)은 이들을 함께 끌어당겨 전기적으로 중성 화합물인 염화 소듐을 형성하고, 이 화합물을 화학식 NaCl로 나타낸다. 이온 결합 화합물의 **화학식**(chemical formula)은 화합물의 구성 원소 및 이들이 결합하는 비율을 나타낸다. 예를 들어, 염화 소듐은 동일한 수의 소듐 이온과 염화 이온으로 이뤄진다. 이온 결합 화합물은 반대로 대전된 이온들로 구성되어 있지만 화학식에서는 이온의 전하를 보이지 않는다.

**참조**

조합의 비율이 1 : 1이 아닌 화합물은 아래 첨자로 조합의 비율을 나타낸다. 이는 잠시 후에 다룰 것이다.

이온 결합 화합물의 구조는 **격자**(lattice)라고 불리는 양이온과 음이온의 방대한 배열로 구성되어 있다. 예를 들어, 고체 염화 소듐은 양이온과 음이온이 교대로 존재하는 3차원 네트워크이다(그림 5.2). 그림 5.2에서 볼 수 있듯이, NaCl의 $Na^+$ 이온은 특정 $Cl^-$ 이온과 관련이 없다. 사실, 각 $Na^+$ 이온은 6개의 $Cl^-$ 이온으로 둘러싸여 있으며 그 반대도 마찬가지이다. 다른 이온 결합 화합물에서 실제 구조는 다를 수 있지만 양이온과 음이온의 배열은 화합물이 모두 전기적으로 중성이 되도록 이루어져 있다.

$Na^+$ 및 $Cl^-$ 이온의 형성과 관련된 알짜 에너지 변화는 Na에서 Cl로 전자가 전체적으로 이동하기 위해서 에너지가 공급되어야 함을 보여 준다. 소듐의 이온화는 496 kJ/mol의 에너지를 필요로 하고, 염소의 전자 친화도는 349 kJ/mol이다[◀◀ 4.4절]. 소듐으로부터 염소로의 전자 전달이 NaCl의 형성에 있어서 유일한 단계라면, 1몰의 NaCl을 형성하기 위해

**참조**

전자 친화도(*EA*)는 기체 상태의 원자가 전자를 받아들일 때 방출되는 에너지라는 것을 기억하자. 양의 값의 *EA*는 에너지적으로 호의적인 과정에 해당된다 [◀◀ 4.4절].

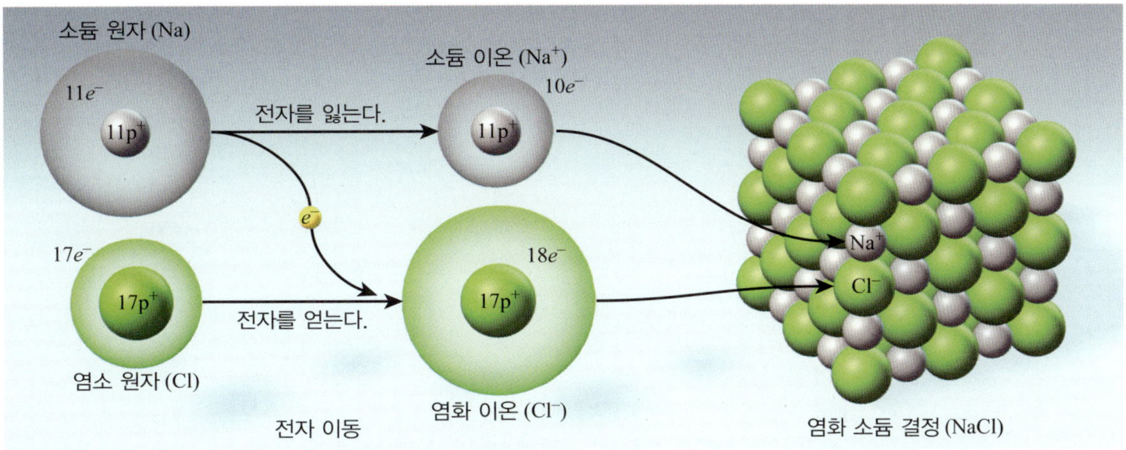


**그림 5.2** 전자가 소듐 원자에서 염소 원자로 옮겨져 소듐 이온과 염화 이온을 만든다. 반대로 대전된 이온들은 서로 끌려 고체 격자를 형성한다.

서 [496+(−349)]=147 kJ의 에너지가 필요할 것이다. 실제로 이온 결합 화합물의 형성은 대부분의 경우 많은 에너지를 방출한다. 사실, 이온 결합의 형성은 금속 원자에서 비금속 원자로 전자를 전달하는 데 필요한 에너지의 투입을 보상하는 것 이상으로 많은 양의 에너지를 **방출한다**. 우리는 이온 결합의 형성과 관련된 에너지 변화를 **격자 에너지**로 정량화할 수 있다.

**격자 에너지**(lattice energy)는 1몰의 이온성 고체를 기체상의 구성 이온으로 변환시키는 데 필요한 에너지의 양이다. 예를 들어, 염화 소듐의 격자 에너지는 788 kJ/mol이다. 따라서 1몰의 NaCl을 각각 1몰의 $Na^+(g)$와 $Cl^-(g)$로 변환시키는 데 788 kJ의 에너지가 필요하다. 격자 에너지의 크기는 이온 결합 화합물의 안정성에 대한 측정이다. 격자 에너지가 클수록 그 화합물은 더 안정하다. 표 5.1은 일부 이온 결합 화합물에 대한 격자 에너지를 보이고 있다.

격자 에너지는 전하들의 크기와 그 전하들 사이의 거리에 달려 있다. 예를 들어, LiI, NaI 및 KI는 모두 동일한 음이온($I^-$)을 가지며 모두 동일한 전하의 양이온(+1)을 가진다. 격자 에너지의 경향(LiI > NaI > KI)은 이온 반지름을 기준으로 설명할 수 있다. 알칼리 금속 이온의 반지름은 주기율표에서 족 아래로 내려갈수록 증가한다($r_{Li^+} < r_{Na^+} < r_{K^+}$)[|◀◀ 4.6절]. 각 이온의 반지름을 알면 쿨롱의 법칙을 이용하여 그림 5.3(a)에서 보여 주는 것처럼 세 화합물에 있는 이온들 간의 인력을 비교할 수 있다.

이온들 간의 거리가 가장 작은 LiI는 가장 강한 인력을 가진다. 따라서 가장 큰 격자 에너지를 가져야 한다. 이온들 간의 거리가 가장 큰 KI는 가장 약한 인력을 가지며 격자 에너지가 가장 작아야 한다. NaI는 이온들 간의 중간 거리를 가지며 중간 격자 에너지를 가져야 한다. 따라서 쿨롱의 법칙은 LiI, NaI 및 KI의 격자 에너지의 상대적인 크기를 정확하게 예측한다.

이제 그림 5.3(b)에 보여지는 화합물 LiF, MgO 및 ScN을 고려해 보자. 이온들 간의 거리가 비슷한 경우(LiF의 경우 0.76+1.33=2.09 Å, MgO의 경우 0.72+1.40=2.12 Å, ScN의 경우 0.88+1.46=2.34 Å), 전하가 격자 에너지의 크기를 결정하는 데 주요한 역할을 한다는 것을 알 수 있다.

**표 5.1 선별된 이온 결합 화합물의 격자 에너지**

| 화합물 | 격자 에너지(kJ/mol) | 녹는점(°C) |
|---|---|---|
| LiF | 1017 | 845 |
| LiCl | 860 | 610 |
| LiBr | 787 | 550 |
| LiI | 732 | 450 |
| NaCl | 788 | 801 |
| NaBr | 736 | 750 |
| NaI | 686 | 662 |
| KCl | 699 | 772 |
| KBr | 689 | 735 |
| KI | 632 | 680 |
| $MgCl_2$ | 2527 | 714 |
| $Na_2O$ | 2570 | Sub* |
| MgO | 3890 | 2800 |
| ScN | 7547 | >3000 |

*$Na_2O$는 1275°C에서 승화한다.

예제 5.2는 이온 반지름과 쿨롱의 법칙을 사용하여 이온 결합 화합물의 격자 에너지를 비교하는 법을 보여 준다.

## 예제 5.2

MgO, CaO 그리고 SrO를 격자 에너지가 증가하는 순서로 나열하시오.

**전략** 이온들의 전하와 그들 사이의 거리를 고려한다. 쿨롱 법칙을 적용하여 상대적인 격자 에너지를 결정한다.

**계획** MgO, CaO 및 SrO는 모두 동일한 음이온($O^{2-}$)을 가지며 모두 동일한 전하(+2)를 갖는 양이온을 갖는다. 이 경우 이온들 사이의 거리가 상대적인 격자 에너지를 결정한다. 격자 에너지는 이온들 사이의 거리가 감소할수록 증가한다는 것을 기억하자.(서로 반대로 대전된 입자들 사이에서의 힘은 그들 사이의 거리가 감소할수록 증가하기 때문이다.) 세 가지 화합물 모두 동일한 음이온을 포함하기 때문에, 이온들 사이의 거리를 결정하기 위해 양이온의 반지름만을 고려해야 한다. 그림 4.13으로부터 이온 반지름은 0.72 Å($Mg^{2+}$), 1.00 Å($Ca^{2+}$) 및 1.18 Å($Sr^{2+}$)이다.

**풀이** MgO는 이온들 사이의 거리가 가장 작은 반면, SrO는 이온들 간의 거리가 가장 크다. 따라서 격자 에너지가 증가하는 순서는 SrO<CaO<MgO이다.

### 생각해 보기

Mg, Ca 및 Sr은 모두 2A족 금속이므로 그들의 반지름을 모르더라도 결과를 예측할 수 있었다. 주기율표에서 족 아래로 이동하면서 이온 반지름은 증가하고, 더 멀리 떨어져 있는 전하가 더 쉽게 분리된다는 것을 기억해 보자(격자 에너지가 더 작아짐을 의미함). SrO, CaO 및 MgO의 격자 에너지는 각각 3217, 3414 및 3890 kJ/mol이다.

**유제 1** NaF, MgO, AlN을 격자 에너지가 증가하는 순서로 나열하시오.

**유제 2** 4개의 가상 원소의 공통 이온들을 나노 미터 단위의 반지름과 함께 나타내었다. 격자 에너지가 증가하는 순서로 이 이온들로부터 형성될 수 있는 모든 이성분 이온 결합 화합물들을 나열하시오.

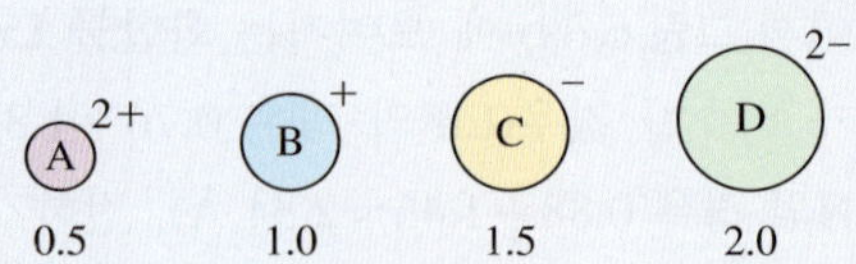

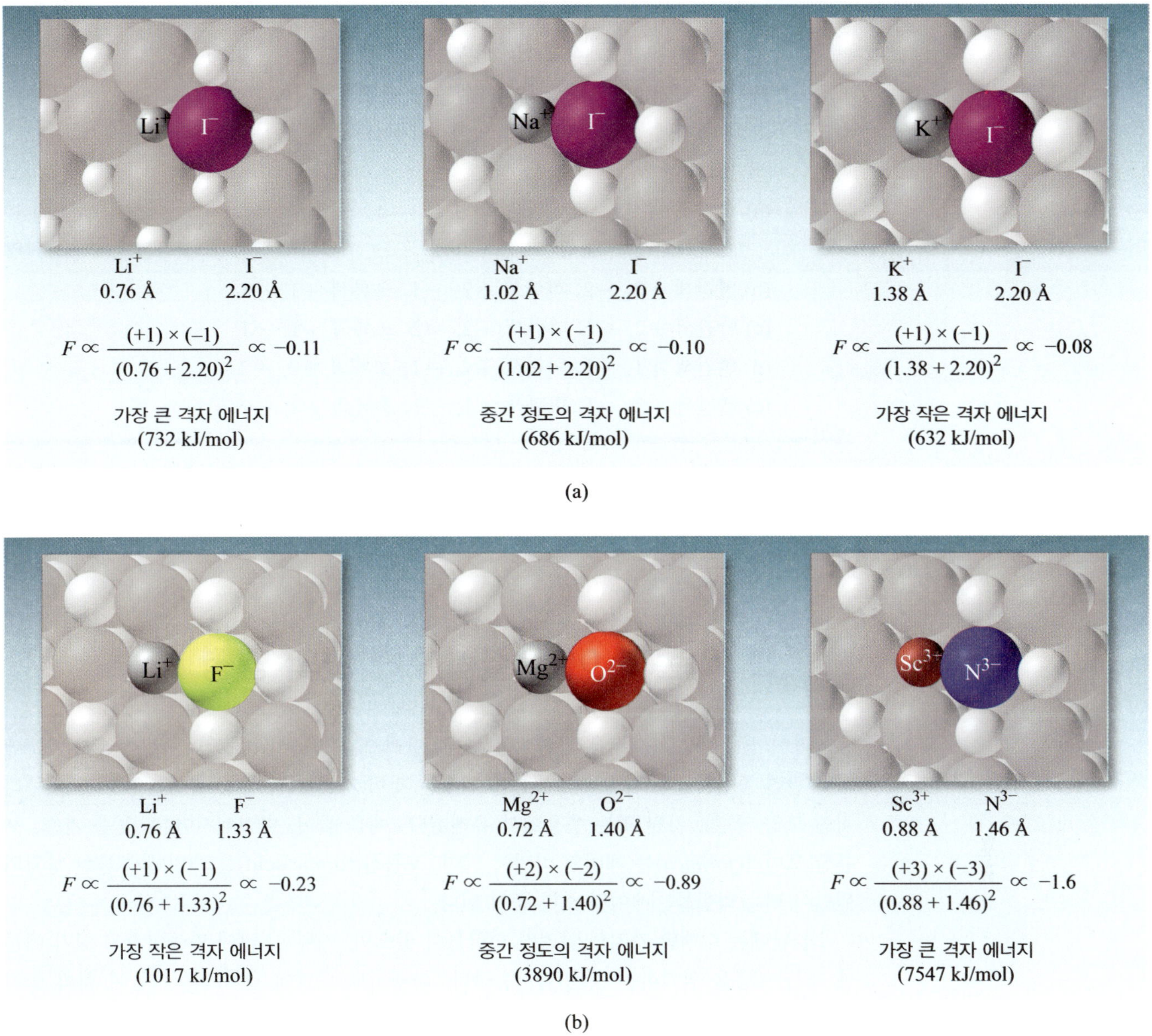


**그림 5.3** (a) 두 개의 반대로 하전된 이온 사이의 거리가 증가함에 따라, 그들 사이의 인력이 감소되고 화합물의 격자 에너지가 감소한다. (b) 전하의 크기가 커질수록 반대 전하를 띈 이온들 사이의 인력이 커지고 격자 에너지가 증가한다. 전하량의 효과는 이온들 간의 거리의 효과보다 훨씬 크다.

## 5.3절 복습

### 이온 결합 화합물과 결합

**5.3.1** KF의 격자 에너지는 LiF의 격자 에너지보다 큰지 또는 작은지, KCl의 격자 에너지보다 큰지 또는 작은지, KI의 격자 에너지보다 큰지 또는 작은지를 정하시오.

(a) 크다, 크다, 작다.
(b) 작다, 크다, 작다.
(c) 작다, 크다, 크다.
(d) 작다, 작다, 작다.
(e) 크다, 작다, 크다.

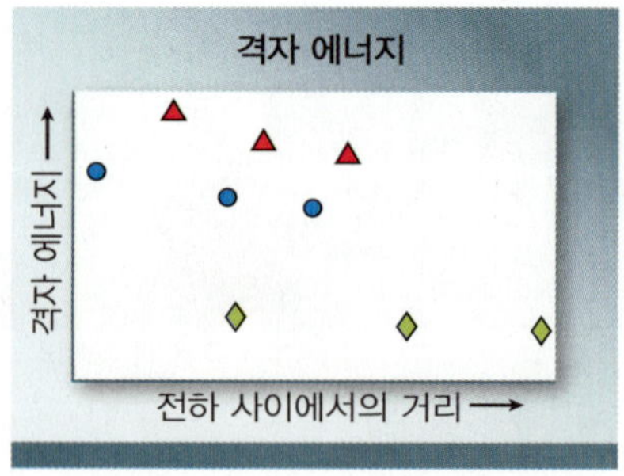


**5.3.2** 이온 전하가 +2, −2; +2, −1; +1, −1 인 화합물 계열 3개에 대해 격자 에너지가 표시된다. 각 화합물 계열의 이온들은 서로 다른 거리에 의해 분리되어 있다. 계열을 식별하시오.

(a) 빨간색 +2, −2; 파란색 +1, −1; 초록색 +2, −1

(b) 빨간색 +2, −2; 파란색 +2, −1; 초록색 +1, −1

(c) 빨간색 +2, −1; 파란색 +2, −2; 초록색 +1, −1

(d) 빨간색 +1, −1; 파란색 +2, −1; 초록색 +2, −2

(e) 빨간색 +2, −1; 파란색 +1, −1; 초록색 +2, −2

## 5.4 이온과 이온 결합 화합물의 명명

화학이 상대적으로 새로운 과학이었을 때, 알려진 화합물이 비교적 적은 수였기 때문에 화학 관련 종사자들은 화합물의 이름을 외우는 것이 가능했다. 종종 화합물의 이름은 물리적인 모양, 특성, 기원 또는 응용에서 유래했다. 예를 들어, 마그네시아유, 웃음 가스, 포름산[포미카(*formica*)는 개미의 라틴어 단어, **포름산**(formic acid)은 개미에게 물린 상처의 원인이 되는 화합물], 베이킹 소다 등이 있다.

오늘날에는 수백만 가지의 알려진 화합물이 있으며, 매년 더 많이 만들어지고 있기 때문에 모든 이름을 암기하는 것은 불가능하다. 다행히도 수년에 걸쳐 화학자들이 화학 물질 명명 체계를 고안했기 때문에 암기는 불필요하게 되었다. 이 규칙은 전 세계적으로 동일하며 과학자들 간의 의사 소통을 가능하게 하고, 쏟아지는 다양한 물질의 이름을 짓는 유용한 방법을 제공한다. 이 규칙을 습득하면 화학 공부를 하는 동안 큰 도움을 받게 될 것이다. 화학식이 주어지면 화합물을 명명할 수 있어야 하며, 화합물의 이름이 주어지면 화학식을 쓸 수 있어야 한다.

우리는 화학적 **명명법**(nomenclature)에 대한 논의를 단원자 이온으로 시작한다[|◀◀ 4.4절]. 단원자 이온은 음이온의 경우 양성자보다 더 **많은** 전자를 가진 단일 원자로 구성되고, 양이온의 경우 양성자보다 더 **적은** 전자를 가진 단일 원자로 구성된다. 1A~7A족 원소의 단원자 이온에는 어떤 전하가 있을 수 있을까? 1A, 2A 및 3A족의 원소로부터 형성된 양이온은 각 족의 번호와 동일한 전하를 갖는다. 4A~7A족의 원소로부터 형성된 대부분의 음이온은 해당 족 번호에서 8을 뺀 값과 동일한 전하를 가진다. 예를 들어, 산소(6A족)에 의해서 형성된 다원자 이온은 6−8=−2의 전하를 가진다. 주기율표만을 사용하여 1A~7A족 원소들의 이온에 대한 전하를 결정할 수 있어야 한다(하나의 일반적인 이온을

형성하는 원소에 대해서는). 그림 4.12에서 주기율표 전체에 걸쳐 만들어지는 많은 단원자 이온들의 전하를 볼 수 있다.

단원자 양이온은 단순히 원소 이름에 **이온**(ion)이라는 단어를 추가하여 명명한다. 따라서 포타슘의 이온인 $K^+$는 포타슘 이온으로 불린다. 유사하게, 마그네슘과 알루미늄 원소에 의해 형성된 양이온은 각각 마그네슘 이온($Mg^{2+}$) 및 알루미늄 이온($Al^{3+}$)으로 불린다. 이들의 전하는 족 번호와 같기 때문에 이름에 이 이온들의 전하를 지정할 필요는 없다.

특정 금속, 특히 **전이 금속**(transition metal)은 하나보다 더 많은 전하의 양이온을 형성할 수 있다. 예를 들어, 철은 $Fe^{2+}$와 $Fe^{3+}$를 형성할 수 있다. 제한적으로 여전히 사용되고 있는 오래된 명명 체계는 더 **작은** 양전하를 가지는 양이온은 제1철로, 그리고 더 **큰** 양전하를 가지는 양이온은 제2철로 이름 붙였다.

$Fe^{2+}$: 제1철(ferrous 이온)
$Fe^{3+}$: 제2철(ferric 이온)

이온을 명명하는 이러한 방법에는 몇 가지 뚜렷한 한계가 있다. 첫째, 제1(영어로는 접미사 −*ous*) 및 제2(영어로는 접미사 −*ic*)는 **실제** 전하가 아니라 관련된 두 양이온의 **상대적인**(relative) 전하를 나타낸다. 따라서 $Fe^{3+}$가 제2철 이온(ferric ion)인데, $Cu^{2+}$도 제2구리 이온(cupric)이다. 또한 영어 접미사 −ous와 −ic는 서로 다른 전하가 단지 두 개뿐인 양이온만을 명명할 수 있다. 망가니즈(Mn)와 같은 일부 금속은 세 가지 이상의 전하를 갖는 양이온을 형성할 수 있다.

따라서 스톡(Stock)[2] 체계를 이용하여 여러 가지 다른 양이온을 로마 숫자로 지정하는 것이 점차 일반화되었다. 이 체계에서 망가니즈의 경우와 같이 로마 숫자 I은 1의 양전하를, II는 2의 양전하를 나타내는 식이다.

$Mn^{2+}$: 망가니즈(II) 이온
$Mn^{3+}$: 망가니즈(III) 이온
$Mn^{4+}$: 망가니즈(IV) 이온

이 이름들을 각각 망가니즈 2가 이온, 망가니즈 3가 그리고 망가니즈 4가 이온으로 부른다. 스톡 체계에서 제1철과 제2철은 각각 철(II)과 철(III)이다. 혼란을 피하기 위해, 현대적 추세를 따라 스톡 체계를 사용하여 이 책 속의 화합물을 명명할 것이다.

단원자 음이온은 원소 이름의 끝을 "−화(영어로는 −ide)"로 바꾸고 이온(ion)이라는 단어를 추가한다. 그리하여, 염소의 음이온 $Cl^-$는 **염화 이온**(chloride)이다. 탄소, 질소 및 산소의 음이온($C^{4-}$, $N^{3-}$ 및 $O^{2-}$)은 **탄화**(carbide) 이온, **질화**(nitride) 이온 및 **산화**(oxide) 이온으로 불린다. 비금속으로부터 형성된 음이온에 대해 가능한 전하는 단 하나이기 때문에 이온의 이름에 전하를 특정할 필요가 없다. 비금속 원소에 의해 형성된 일반적인 음이온은 그림 4.12에 나와 있다. 표 5.2에는 많은 일반적인 단원자 이온들이 알파벳 순으로 나열되어 있다.

**표 5.2 몇 가지 일반적인 단원자 이온의 이름과 화학식**

| 이름 | 화학식 |
|---|---|
| **양이온** | |
| 알루미늄(aluminum) | $Al^{3+}$ |
| 바륨(barium) | $Ba^{2+}$ |
| 카드뮴(cadmium) | $Cd^{2+}$ |
| 칼슘(calcium) | $Ca^{2+}$ |
| 세슘(cesium) | $Cs^+$ |
| 크로뮴(III) [chromium(III)] | $Cr^{3+}$ |
| 코발트(II) [cobalt(II)] | $Co^{2+}$ |
| 구리(I) [copper(I)] | $Cu^+$ |
| 구리(II) [copper(II)] | $Cu^{2+}$ |
| 수소(hydrogen) | $H^+$ |
| 철(II) [iron(II)] | $Fe^{2+}$ |
| 철(III) [iron(III)] | $Fe^{3+}$ |
| 납(II) [lead(II)] | $Pb^{2+}$ |
| 리튬(lithium) | $Li^+$ |
| 마그네슘(magnesium) | $Mg^{2+}$ |
| 망가니즈(II) [manganese(II)] | $Mn^{2+}$ |
| 수은(II) [mercury(II)] | $Hg^{2+}$ |
| 포타슘(potassium) | $K^+$ |
| 은(silver) | $Ag^+$ |
| 소듐(sodium) | $Na^+$ |
| 스트론튬(strontium) | $Sr^{2+}$ |
| 주석(II) [tin(II)] | $Sn^{2+}$ |
| 아연(zinc) | $Zn^{2+}$ |
| **음이온** | |
| 브로민화(bromide) | $Br^-$ |
| 염화(chloride) | $Cl^-$ |
| 플루오린화(fluoride) | $F^-$ |
| 수소화(hydride) | $H^-$ |
| 아이오딘화(iodide) | $I^-$ |
| 질화(nitride) | $N^{3-}$ |
| 산화(oxide) | $O^{2-}$ |
| 황화(sulfide) | $S^{2-}$ |

2. 알프레드 스톡(Alfred E. Stock, 1876~1946): 독일의 화학자. 연구의 대부분이 붕소, 베릴륨 및 규소 화합물의 합성과 특징 규명에 관한 것이었다. 그는 수은 중독 연구의 개척자였다.

## 이온 결합 화합물의 화학식

지금까지 살펴 보았듯이, 이온 결합 화합물의 화학식은 일반적으로 가능한 가장 작은 정수의 이온 조합의 비율로 나타낸다. 이온 결합 화합물이 전기적으로 중성이 되기 위해서는 화학식에서 양이온과 음이온의 전하의 합이 0이 되어야 한다. 양이온과 음이온의 전하가 수치적으로 같을 때, 염화 소듐(NaCl)의 경우처럼 양이온과 음이온이 1:1로 결합할 것이라는 것을 쉽게 알 수 있다. 양이온과 음이온의 전하가 수치적으로 다른 경우, 다음 지침을 적용하여 전기적으로 중성인 화학식을 만들 수 있다. (그러므로 가장 간단한 화학식을 얻을 수 있다.) 음이온의 전하와 수치적으로 같도록 아래 첨자를 양이온에 대해 적고, 양이온의 전하와 수치적으로 같도록 아래 첨자를 음이온에 대해 적는다.

- **브로민화 포타슘**: 포타슘 이온($K^+$)과 브로민화 이온($Br^-$)은 결합하여 이온 결합 화합물 **브로민화 포타슘**(potassium bromide)을 생성한다. 전하의 합은 $+1+(-1)=0$이므로 아래 첨자는 필요하지 않다. 화학식은 KBr이다.
- **아이오딘화 아연**: 아연 이온($Zn^{2+}$)과 아이오딘화 이온($I^-$)은 결합하여 **아이오딘화 아연**(zinc iodide)을 생성한다. 하나의 $Zn^{2+}$ 이온과 하나의 $I^-$ 이온의 전하의 합은 $+2+(-1)=+1$이다. 전하가 0이 되도록 하려면 음이온 $-1$의 전하에 2를 곱하고 아이오딘 기호에 아래 첨자 "2"를 추가한다. 따라서 아이오딘화 아연의 화학식은 $ZnI_2$이다.
- **산화 알루미늄**: 양이온은 $Al^{3+}$이고 음이온은 $O^{2-}$이다. 다음 다이어그램을 사용하여 이 화합물에 대한 아래 첨자를 결정할 수 있다.

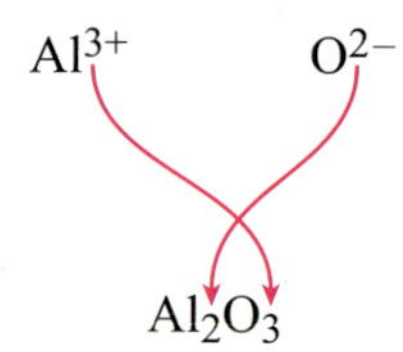


산화 알루미늄에 대한 전하의 합은 $2(+3)+3(-2)=0$이다. 따라서 화학식은 $Al_2O_3$이다.

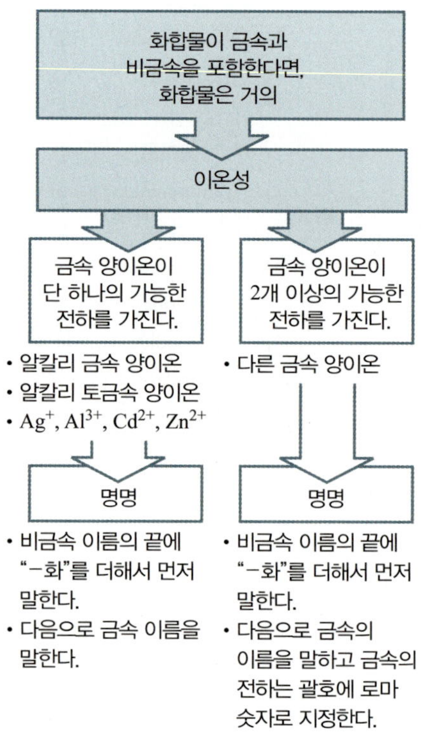


**그림 5.4** 이성분 이온 결합 화합물의 명명에 대한 순서도

## 이온 결합 화합물의 명명

이온 결합 화합물은 음이온 이름과 그 다음으로 양이온 이름을 사용하여 명명하되 각 이온으로부터 **이온**(ion)이라는 단어는 제외한다. 이온 결합 화합물의 영어 명명은 음이온과 양이온의 순서가 바뀐다. 몇 가지 예가 '이온 결합 화합물의 화학식' 부분에 나와 있다. 다른 예로는, 브로민화 소듐(NaBr), 플루오린화 칼슘($CaF_2$), 질화 리튬($Li_3N$) 및 황화 소듐($Na_2S$)이 있다. 영어명으로는 각각 sodium bromide(NaBr), calcium fluoride($CaF_2$), lithium nitride($Li_3N$) 및 sodium sulfide($Na_2S$)이다.

금속 양이온이 둘 이상의 가능한 전하를 가질 수 있는 경우, 전하는 괄호 안에 로마 숫자가 표시된 이온의 이름으로 표시된다는 것을 기억하자. 따라서 화합물 $FeCl_2$ 및 $FeCl_3$는 각각 염화 철(II) 및 염화 철(III)로 명명된다.(이들은 "염화 철 2가"와 "염화 철 3가"라고 발음한다.) 그림 5.4는 이온 결합 화합물에 대한 확인 및 명명하는 단계를 요약한 것이다.

예제 5.3과 5.4는 그림 5.4와 표 5.2에서 주어진 정보를 기반으로 이온 결합 화합물을 명명하고 이온 결합 화합물의 화학식을 쓰는 방법을 보여 준다.

## 예제 5.3

다음 이온 결합 화합물을 명명하시오.

(a) CaO (b) $Mg_3N_2$ (c) $Fe_2S_3$

**전략** 먼저 각 화합물의 양이온과 음이온을 확인한 후 각 이온의 이름을 합하고 이온이라는 단어를 제거한다.

**계획** CaO는 $Ca^{2+}$와 $O^{2-}$, 즉 칼슘 이온과 산화 이온을 포함한다. $Mg_3N_2$는 $Mg^{2+}$와 $N^{3-}$, 즉 마그네슘 이온과 질화 이온을 포함하고, $FeCl_2$는 $Fe^{2+}$ 및 $Cl^-$, 즉 철(III) 이온 및 염화 이온을 포함한다. $Fe_2S_3$에서 철이 $Fe^{3+}$라는 것을 알 수 있다. 왜냐하면 전기적으로 중성인 화학식을 제공하기 위해서 철과 황의 결합 비율이 2:3이기 때문이다.

**풀이**

(a) 양이온과 음이온의 이름을 결합하고 각 이온 이름에서 이온이라는 단어를 빼면 CaO의 이름은 산화 칼슘이다.

(b) $Mg_3N$은 질화 마그네슘이다.

(c) $Fe_2S_3$는 황화 철(III)이다.

### 생각해 보기

화학식에서 아래 첨자와 금속 이온의 전하를 혼동하지 않도록 주의한다. 예를 들어, (c)에서 Fe의 아래 첨자는 2이지만, 이것은 철(III) 화합물이다.

**유제 1** 다음 이온 결합 화합물을 명명하시오.

(a) $AlBr_3$ (b) $Rb_2Se$ (c) $Cu_3N_2$

**유제 2** 다음 그림은 빨간색 구가 산화 이온을 나타내고 회색 구가 납 이온을 나타내는 이온 결합 화합물의 작은 시료를 나타낸다. 올바른 화학식과 화합물의 이름을 추론하시오.

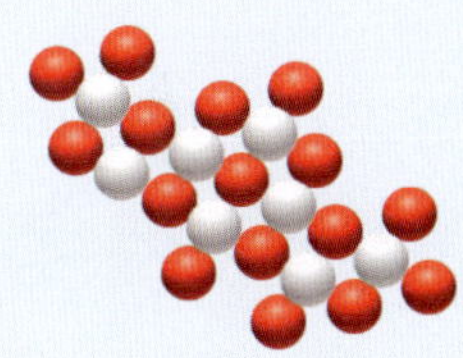

## 예제 5.4

다음 이온 결합 화합물의 화학식을 추론하시오.

(a) 염화 수은(II) (b) 브로민화 납(II) (c) 질화 포타슘

**전략** 각 화합물의 이온을 확인하고 양이온과 음이온의 각 전하를 이용하여 조합 비율을 결정한다.

**계획** (a) 염화 수은(II)는 $Hg^{2+}$와 $Cl^-$의 결합이다. 전기적으로 중성인 화합물을 만들기 위해 이 두 이온은 1:2 비율로 결합해야 한다.

(b) 브로민화 납(II)는 $Pb^{2+}$와 $Br^-$의 결합이다. 이 이온들도 또한 1:2 비율로 결합한다.

(c) 질화 포타슘은 $K^+$와 $N^{3-}$의 조합이다. 이 이온들은 3:1 비율로 결합한다.

**풀이** 화학식은 (a) $HgCl_2$, (b) $PbBr_2$, (c) $K_3N$이다.

### 생각해 보기

각 화합물 화학식에서 전하의 합은 0이라는 것을 확인한다. 예를 들어, (a)에서 $Hg^{2+} + 2Cl^{-} = (+2) + 2(-1) = 0$, (b)에서 $(+2) + 2(-1) = 0$, 그리고 (c)에서 $3(+1) + (-3) = 0$이다.

**유제 1** 다음 이온 결합 화합물의 화학식을 추론하시오.

(a) 황화 철(III) (b) 아이오딘화 수은(II) (c) 황화 포타슘

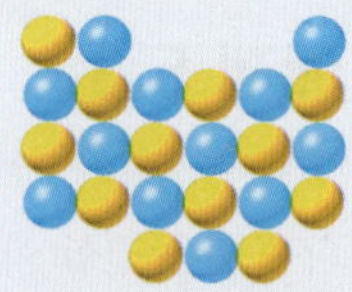

**유제 2** 다음 그림의 노란색 구는 황화 이온을 나타내고 파란색 구는 납 이온을 나타내는 이온 결합 화합물의 작은 시료를 나타낸다. 화학식과 화합물의 이름을 추론하시오.

## 5.4절 복습

**이온과 이온 결합 화합물의 명명**

**5.4.1** 다음 중 화합물 PbS의 올바른 이름은 무엇인가?

(a) 황납(II) (b) 황화 납(II)
(c) 황화 납(IV) (d) 납(II)황화물
(e) 납(IV)황화물

**5.4.2** 다음 중 질화 철(III)의 올바른 화학식은 무엇인가?

(a) $Fe_2N_3$ (b) $FeN_3$
(c) $Fe_3N_2$ (d) FeN
(e) $Fe_3N$

**5.4.3** 다음 중 질화 소듐의 올바른 화학식은 무엇인가?

(a) $Na_3N$ (b) NaN
(c) $NaN_3$ (d) $Na_3N_2$
(e) $Na_2N_3$

**5.4.4** 화합물 $ZnBr_2$의 올바른 이름은 무엇인가?

(a) 브로미니화 아연 (b) 브로민화 아연
(c) 브로민 아연 (d) 붕화 아연
(e) 이브로미니화 아연

# 5.5 공유 결합과 분자

우리는 5.4절에서 작은 이온화 에너지(금속)를 갖는 원소에서 높은 전자 친화력(비금속)을 갖는 원소로 전자가 이동될 때 금속과 비금속 사이에 이온 결합 화합물이 형성된다는

것을 배웠다. 화합물이 좀 더 유사한 성질을 갖는 원소들 사이에서 형성될 때, 전자는 하나의 원소에서 다른 원소로 이동하지 않고 대신 **공유되어**(shared) 각 원자는 비활성 기체의 전자 배열을 갖게 된다. 어떤 화학 결합은 전자를 공유하는 원자들을 포함한다고 처음 제안한 사람이 길버트 루이스(Gilbert Lewis)였고 이러한 접근법은 **루이스 결합 이론**(Lewis theory of bonding)으로 알려져 있다.

루이스의 이론은 $H_2$에서 결합 형성을 다음과 같이 설명한다.

$$H\cdot + \cdot H \longrightarrow H{:}H$$

본질적으로 두 개의 수소 원자는 전자쌍을 **공유**(share)할 정도로 서로 충분히 가깝다. 여전히 두 개의 원자와 두 개의 전자가 존재하지만, 이 배열은 각 H 원자가 두 개의 전자 모두를 자신의 것으로 "셀 수 있게(count)"하고, 헬륨의 비활성 기체 전자 배치를 갖는 것처럼 "느끼게(feel)" 한다. 두 개의 원자가 한 쌍의 전자를 공유하는 이러한 유형의 배치는 **공유 결합**(covalent bonding)으로 알려져 있으며, 공유된 전자쌍은 **공유 결합**(covalent bond)을 구성한다. 공유 결합에서 공유된 쌍에서 각 전자는 두 원자의 핵에 끌려 당겨진다. 두 개의 원자를 하나로 묶어주는 것이 바로 이 인력이다.

**참조**

단순화하기 위해, 공유된 전자쌍은 두 개의 점이 아니라 선(dash)으로 나타낼 수 있다.

H—H

## 분자

2개의 H 원자 사이의 공유 결합의 형성은 **분자**(molecule)로 알려진 화학종을 생성한다. **분자**(molecule)는 화학적 힘[**화학 결합**(chemical bond)이라고도 불림]으로 함께 묶인 특정 배열에서 적어도 두 개의 원자가 전기적 중성으로 결합된 것이다. 분자는 단일 원소의 2개 이상의 원자를 포함하거나 일정 비율로 결합된 2개 이상의 원소의 원자를 포함할 수 있다.

따라서 분자는 하나의 **원소**(element)일 수도 있고, 정의에 의해 두 개 이상의 원소로 구성되는 **화합물**(compound)일 수도 있다. 이 정의는 우리가 2장에서 처음 봤던 돌턴(Dalton)의 원자 이론에서 비롯된다. 돌턴의 이론은 실제로 세 가지 가설로 이루어져 있는데, 첫 번째는 물질은 원자들로 구성되어 있다는 것이다[|◀◀ 2.1절]. 두 번째 가설은 **화합물**(compound)은 둘 이상의 원소로 이루어진 원자들로 구성되어 있다는 것이다. 임의로 주어진 화합물에서, 동일한 유형의 원자들은 항상 동일한 상대적인 수로 존재한다. 예를 들어, 수소 기체는 하나의 **원소**(element)이지만 두 개의 H 원자로 만들어진 분자로 구성된다. 반면에 물은 항상 2개의 H 원자와 1개의 O 원자를 포함하는 분자로 구성된 **화합물**(compound)이다. 우리는 돌턴의 이론을 재검토하고 우리가 화학 반응을 논의할 때 그의 세 번째 가설에 대해 배울 것이다[|◀◀ 8장].

돌턴의 두 번째 가설은 특정 화합물을 형성하기 위해서는 맞는 **종류**(kinds)의 원자뿐만 아니라 이들 원자의 특정 **개수**(numbers)가 필요하다는 것을 제안한다. 이러한 생각은 프랑스 화학자 조제프 프루스트(Joseph Proust)가 1799년에 발표한 법칙의 연장이다. 프루스트의 **일정 성분비의 법칙**(law of definite proportions)에 따르면 주어진 화합물의 서로 다른 시료들은 항상 같은 **질량비**(mass ratio)의 동일한 원소들을 포함한다. 따라서 멕시코 시티의 자동차 배기가스나 메인 주 북부의 소나무 숲 위의 공기와 같은 여러 출처에서 얻은 이산화 탄소 기체 시료를 분석한다면, 각 시료는 동일한 산소 대 탄소의 질량 비율을 포함할 것이다. 각각 다른 출처의 이산화 탄소 세 가지 시료를 분석한 결과는 다음과 같다.

| 시료 | O의 질량(g) | C의 질량(g) | 비율(O g : C g) |
|---|---|---|---|
| 이산화 탄소 123 g | 89.4 | 33.6 | 2.66:1 |
| 이산화 탄소 50.5 g | 36.7 | 13.8 | 2.66:1 |
| 이산화 탄소 88.6 g | 64.4 | 24.2 | 2.66:1 |

순수한 이산화 탄소 시료 어디에나 탄소 1 g당 산소 2.66 g이 있다. 이 일정한 질량비는 원소가 고정된 질량(원자)의 작은 입자로 존재하며, 화합물은 각 입자 유형의 고정된 수의 조합에 의해 형성된다고 가정하면 설명될 수 있다.

돌턴의 두 번째 가설은 또한 **배수 비례 법칙**(law of multiple proportions)을 지지한다. 이 법칙에 따르면 두 원소가 서로 결합하여 둘 이상의 **다른** 화합물을 형성할 수 있는 경우, 고정된 질량의 다른 원소와 결합하는 한 원소의 질량들의 비율을 작은 정수로 나타낼 수 있다. 예를 들면, 탄소는 산소와 결합하여 두 가지 서로 다른 화합물, 즉 이산화 탄소와 일산화 탄소를 형성한다. 순수한 일산화 탄소의 시료에는 탄소 1 g당 산소 1.33 g이 있다.

| 시료 | O의 질량(g) | C의 질량(g) | 비율(O g : C g) |
|---|---|---|---|
| 일산화 탄소 16.3 g | 9.31 | 6.99 | 1.33:1 |
| 일산화 탄소 25.9 g | 14.8 | 11.1 | 1.33:1 |
| 일산화 탄소 88.4 g | 50.5 | 37.9 | 1.33:1 |

따라서 이산화 탄소 중 탄소에 대한 산소의 질량비는 2.66이고, 일산화 탄소 중 산소 대 탄소의 비는 1.33이다. 배수 비례 법칙에 따르면, 두 **질량비**(mass ratio)의 **비율**(ratio)은 작은 정수로 표현될 수 있다.

$$\frac{\text{이산화 탄소에서 O와 C의 질량비}}{\text{일산화 탄소에서 O와 C의 질량비}} = \frac{2.66}{1.33} = 2:1$$

동핵 이원자 분자

이핵 이원자 분자

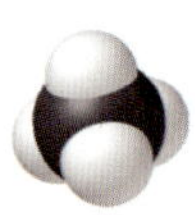
다원자 분자

탄소 질량이 동일한 시료의 경우, 일산화 탄소에서의 산소 질량 비율에 대한 이산화 탄소에서의 산소 질량 비율은 2:1이다. 현대 측정 기술은 탄소 원자 1개가 이산화 탄소에서는 산소 원자 2개와, 일산화 탄소에서는 산소 원자 1개와 결합한다는 것을 알려준다. 이 결과는 배수 비례 법칙과 일치한다(그림 5.5).

$H_2$ 기호로 나타내는 수소 분자는 **두 개**의 원자를 포함하기 때문에 **이원자 분자**(diatomic molecule)라고 불린다. 질소($N_2$), 산소($O_2$)와 7A족 원소들, 즉 플루오린($F_2$)과 염소($Cl_2$),

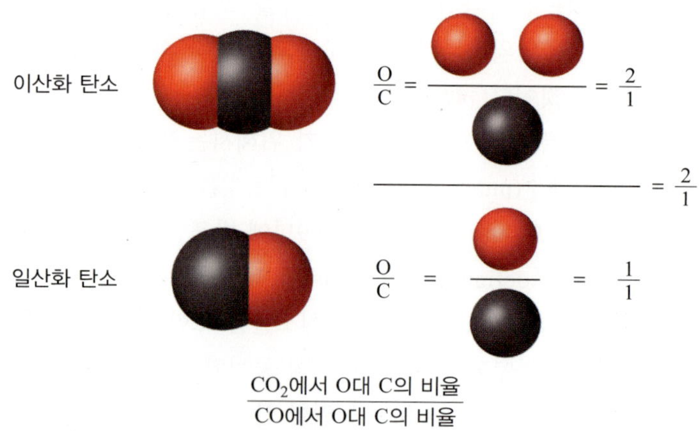


**그림 5.5** 배수 비례 법칙에 대한 설명

**표 5.3** 분자 모형에서 사용되는 원소들의 색상

| 원소 | 원소 |
|---|---|
| 수소 | 소듐 |
| 붕소 | 인 |
| 탄소 | 황 |
| 질소 | 염소 |
| 산소 | 브로민 |
| 플루오린 | 아이오딘 |

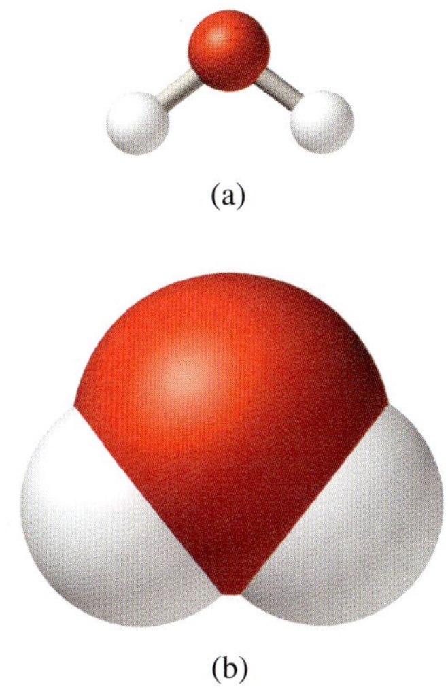


**그림 5.6** (a) 공-막대 모형과 (b) 공간 채움 모형으로 나타낸 물

브로민($Br_2$) 및 아이오딘($I_2$)은 일반적으로 이원자 분자로 존재한다. 이들은 각 분자 내에서 두 원자가 모두 같은 원소이기 때문에 **동핵**(homonuclear) 이원자 분자로 알려져 있다. 이원자 분자는 또한 다른 원소의 원자들을 포함할 수 있다. 이러한 **이핵**(heteronuclear) 이원자 분자의 예로는 염화수소(HCl)와 일산화 탄소(CO)가 있다.

대부분의 분자는 두 개보다 더 많은 원자들을 포함한다. 그들은 오존($O_3$)과 흰인($P_4$)에서와 같이 모두 동일한 원소의 원자들이거나 물($H_2O$)과 메테인($CH_4$)에서처럼 둘 이상의 다른 원소의 조합일 수도 있다. 2개 이상의 원자를 포함하는 분자를 **다원자 분자**(polyatomic molecule)라고 한다.

분자는 우리가 직접 관찰하기에는 너무 작다. 이것을 시각화하는 효과적인 방법은 분자 모형을 사용하는 것이다. 이 책에서는 물질을 2차원적인 형태인 **분자 모형**(molecular art)을 사용하여 분자 수준에서 나타낼 것이다. 이러한 그림에서 원자는 구로 나타내며 특정 원소의 원자는 특정 색상으로 나타낸다. 표 5.3에는 가장 자주 접하게 될 원소들 중 일부와 이 책에서 그 원소들을 표현할 색이 나열되어 있다. 분자 모형은 원자들을 연결하는 결합을 막대로 나타내는 **공-막대**(ball-and-stick) 모형이거나[그림 5.6(a)] 원자들이 또 다른 원자들과 겹쳐 있는 것으로 보이는 **공간 채움**(space-filling) 모형일 수 있다[그림 5.6(b)]. 공-막대 모형과 공간 채움 모형은 원자들의 특정 3차원 배열을 보여 준다. 공-막대 모형은 일반적으로 원자 배열을 잘 보여 주는 역할을 하지만 원자 크기에 비해서 그 사이의 거리를 과장한다. 대조적으로, 공간 채움 모형은 원자 간 거리에 대한 보다 정확한 그림을 제공하지만 종종 3차원 배열의 세부 사항을 명확하게 표현하지 못할 수 있다.

## 분자식

**화학식**(chemical formula)([|◀◀ 5.3절] 참조)은 이온성이든 분자성이든 물질의 조성을 나타내는 데 사용될 수 있다. **분자식**(molecular formula)은 한 **분자**(molecule) 내의 각 원소의 정확한 원자수를 보여 준다. 분자에 대한 논의에서, 각 분자의 예는 괄호 안에 그 분자식과 함께 주어졌다. 따라서 $H_2$는 수소의 분자식이고, $O_2$는 산소이고, $O_3$는 오존이며, $H_2O$는

물이다. 아래 첨자는 분자 내에 존재하는 원소의 원자수를 나타낸다. $H_2O$에서 O에 대한 아래 첨자가 없는 이유는 물 분자에는 오직 하나의 산소 원자가 있기 때문이다. 숫자 "1"은 화학식에서 아래 첨자로 절대 사용되지 않는다. 산소($O_2$)와 오존($O_3$)은 산소의 동소체이다. **동소체**(allotrope)는 한 원소의 두 가지 이상으로 구별되는 형태 중 하나이다. 탄소의 동소체 중 두 개인 다이아몬드와 흑연은 매우 다른 성질(그리고 **가격**)을 가지고 있다.

분자를 또한 구조식으로 나타낼 수 있다. **구조식**(structural formula)은 원소 조성뿐만 아니라 분자 내의 일반적인 원자 배열을 보여 준다. 물의 경우, 각 수소 원자는 산소 원자에 결합되어 있다. 따라서 물은 구조식 HOH로 나타낼 수 있다.

6장에서는 분자식을 사용하여 구조식과 분자 내 원자들의 3차원 배열을 추론하는 방법을 학습한다. 이 모든 방법들을 이 책 전체에 걸쳐서 분자를 나타내기 위해 사용할 것이므로 각 방법과 그것이 제공하는 정보에 익숙해야 한다.

예제 5.5는 분자 모형으로부터 분자식을 쓰는 방법을 보여 준다.

## 예제 5.5

다음에 보이는 공–막대 모형을 기반으로 에탄올의 분자식을 쓰시오.

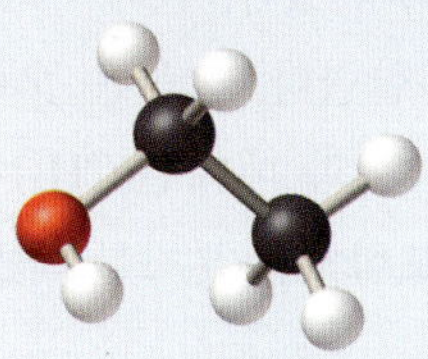

에탄올

**전략** 원자들의 색을 참조한다(또는 표 5.3 참조).

**계획** 두 **개**의 탄소 원자, **여섯 개**의 수소 원자, **한 개**의 산소 원자가 있으므로 C의 아래 첨자는 2가 되고, H의 아래 첨자는 6이 될 것이고, O에는 아래 첨자가 없을 것이다.

**풀이** $C_2H_6O$

### 생각해 보기

에탄올(탄소, 수소 및 산소로 구성)과 같은 화합물의 분자식은 종종 분자 내 원자의 실제 배열과 더 비슷하게 작성된다. 따라서 에탄올의 분자식은 일반적으로 $C_2H_5OH$로 표기된다.

**유제 1** (a) 이황화 탄소($CS_2$)의 공간 채움 분자 모형과 (b) 사플루오린화 제논($XeF_4$)에 대한 공–막대 분자 모형을 그리시오.

**유제 2** 에탄올 분자의 공–막대 모형은 다음에 표시된 공 모음을 사용하여 몇 개나 만들 수 있는가? 각 색깔의 공이 얼마나 남겠는가?

## 실험식

지금까지 우리가 배웠던 방법 외에도, 분자 물질은 **실험식**(empirical formula)을 이용하여 나타낼 수도 있다. **경험적**(empirical)이라는 단어는 "경험으로부터", 또는 화학식의 맥락에서 "실험으로부터"를 의미한다. 실험식은 어떤 원소가 분자 내에 존재하는지, 그리고 어떤 정수비로 결합되어 있는지를 알려 준다. 예를 들어, 과산화 수소의 분자식은 $H_2O_2$이지만 실험식은 단순히 HO이다. 로켓 연료로 사용되는 하이드라진(hydrazine)의 분자식은 $N_2H_4$이므로 실험식은 $NH_2$이다. 분자식($N_2H_4$)과 실험식($NH_2$) 모두에서 질소 대 수소 비율은 1:2이지만, 분자식만이 하이드라진 분자에 존재하는 N 원자(2개)와 H 원자(4개)의 실제 수를 알려준다.

**참조**

이온 결합 화합물의 화학식은 대개 실험식이다.

많은 경우 실험식과 분자식은 동일하다. 예를 들어, 물의 경우에는 O 원자 1개당 H 원자 2개라는 비율을 전달할 수 있는 더 작은 정수의 조합이 없으므로 실험식은 분자식 $H_2O$와 같다. 표 5.4는 여러 화합물의 분자식 및 실험식을 나열하고 각각의 분자 모형을 보여준다.

**표 5.4 분자식과 실험식**

| 화합물 | 분자식 | 모형 | 실험식 | 분자 모형 |
|---|---|---|---|---|
| 물 | $H_2O$ |  | $H_2O$ |  |
| 과산화 수소 | $H_2O_2$ | 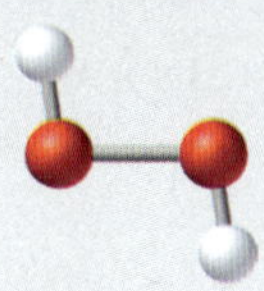 | HO |  |
| 에테인 | $C_2H_6$ | 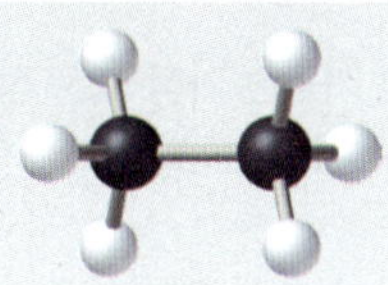 | $CH_3$ | 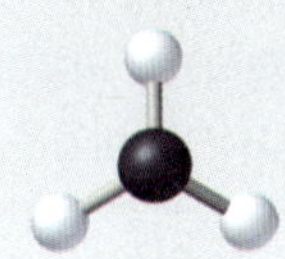 |
| 프로페인 | $C_3H_8$ | 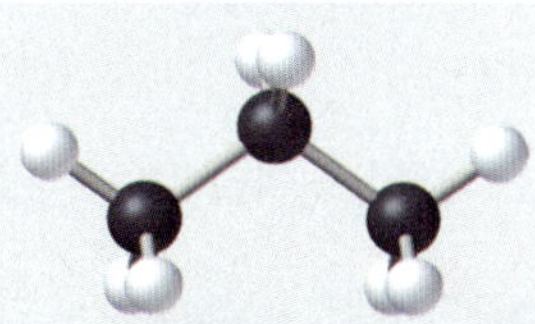 | $C_3H_8$ | 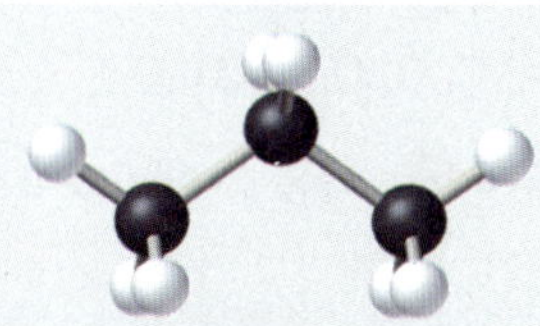 |
| 아세틸렌 | $C_2H_2$ |  | CH |  |
| 벤젠 | $C_6H_6$ | 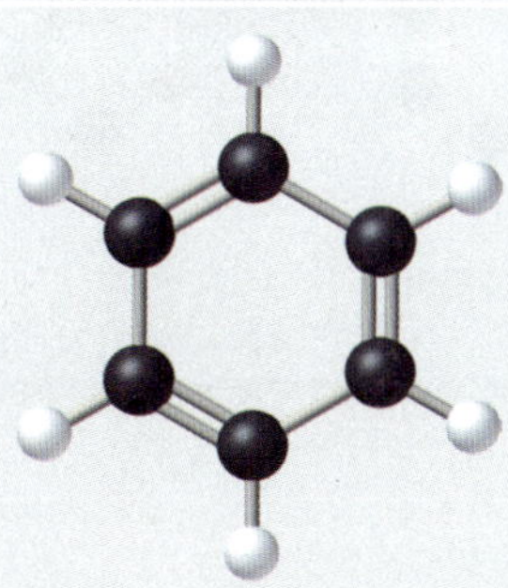 | CH |  |

실험식은 **가장 간단한** 화학식이다. 이 식은 분자식의 아래 첨자를 가능한 한 가장 작은 정수로 줄임으로써 (원자의 상대적 수를 바꾸지 않고) 쓰여진다. 분자식은 분자들의 **진정한** 화학식이다. 8장에서 배우겠지만, 화학자가 알려지지 않은 화합물을 분석할 때 첫 번째 단계는 일반적으로 화합물의 실험식을 결정하는 것이다.

예제 5.6에서 분자식으로부터 실험식을 결정하는 연습을 할 수 있다.

## 예제 5.6

다음 분자에 대한 실험식을 쓰시오.

(a) 글루코스($C_6H_{12}O_6$), 혈당으로 알려진 물질

(b) 아데닌($C_5H_5N_5$), 비타민 $B_4$로도 알려짐

(c) 아산화 질소($N_2O$), 마취제로 사용되는 가스("웃음 가스") 및 휘핑 크림용 에어로졸 추진제

**전략** 실험식을 쓰려면 분자식의 아래 첨자를 가능한 가장 작은 정수(원자의 상대적 수를 바꾸지 않고)로 줄여야 한다.

**계획** (a)와 (b)의 분자식에는 각각 공통 숫자로 나눌 수 있는 아래 첨자가 있다. 따라서 분자식보다 작은 정수로 수식을 표현할 수 있다. (c)에서 분자는 오직 하나의 O 원자를 가지고 있으므로 이 화학식을 더 단순화하는 것은 불가능하다.

**풀이**

(a) 글루코스에 대한 분자식의 각 아래 첨자를 6으로 나눠서, 실험식 $CH_2O$를 얻는다. 아래 첨자를 2 또는 3으로 나눈다면 각각 $C_3H_6O_3$ 및 $C_2H_4O_2$ 식을 얻을 수 있다. 각 식에서 산소 대 탄소의 비율이 정확하지만(1:2:1), 아래 첨자가 가능한 가장 작은 전체 정수 비율이 아니기 때문에 그 어느 것도 가장 간단한 수식이 아니다.

(b) 아데닌의 분자식에 있는 각 아래 첨자를 5로 나누면, 실험식 CHN을 얻는다.

(c) 아산화 질소 화학식의 아래 첨자는 이미 가능한 가장 작은 정수이기 때문에 그 실험식은 분자식 $N_2O$와 동일하다.

### 생각해 보기

각 실험식에서 비율이 해당 분자식의 비율과 같고 아래 첨자가 가능한 가장 작은 정수라는 것을 확인한다. 예를 들어, (a)에서 분자식에서의 C:H:O의 비율은 1:2:1인 6:12:6이며, 이 비율이 실험식에서 표현된다.

**유제 1** 다음 분자식 중 어느 것이 올바른 실험식을 괄호 안에 표시했는가?

(a) $C_{12}H_{22}O_{12}$ ($C_6H_{11}O_6$) (b) $C_8H_{12}O_4$ ($C_4H_6O_2$) (c) $Na_2O_2$ ($Na_2O$)

**유제 2** 다음 중 어느 것이 아세트산($HC_2O_2H_3$)과 동일한 실험식을 가지고 있는가?

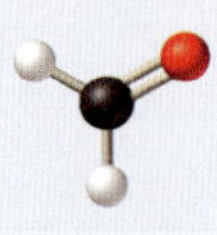

폼알데하이드

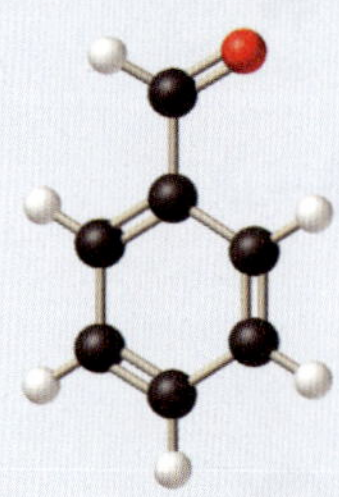

벤즈알데하이드

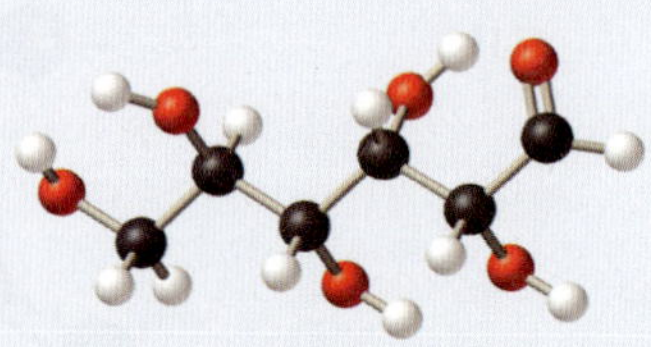

글루코스

## 5.5절 복습

**공유 결합과 분자**

**5.5.1** 사염화탄소 화합물의 올바른 화학식은 무엇인가?

(a) $C_4Cl$
(b) $CCl_4$
(c) $C_4Cl_4$
(d) $CCl_2$
(e) $CCl$

**5.5.2** 그림에 보여지는 화합물에 대한 올바른 분자식과 실험식을 제시하시오.

(a) $C_6H_6$, $C_6H_6$
(b) $CH$, $C_6H_6$
(c) $C_4H_4$, $CH$
(d) $C_6H_6$, $CH$
(e) $C_6H_6$, $C_2H_2$

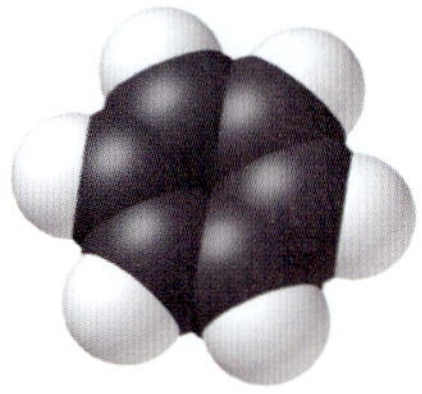

# 5.6 분자 화합물의 명명

분자 화합물의 명명법은 이온 결합 화합물의 명명법과 유사하다. 대부분의 분자 화합물은 두 개의 비금속으로 구성된다([|◀◀ 2.6절, 그림 2.10] 참조). 이러한 화합물을 명명하기 위해서는 먼저 화학식에서 오른쪽에 있는 원소 이름의 끝을 "−화"로 바꾸어 말한다. HCl의 경우 Cl이 그것인데, 염화로 바꾼다. 다음으로 왼쪽에 있는 원소의 이름을 지정한다. 영어로 명명할 때는 화학식에서 먼저 등장하는 원소부터 이름을 말한다. 예를 들어, HCl의 경우에는 수소이다. 그런 다음 두 번째 원소를 말하는데 그 끝을 −ide로 바꾼 후에 이름을 붙인다. 따라서 HCl의 체계명은 **염화수소**(hydrogen chloride)이다. 유사하게, HI는 아이오딘화 수소(아이오딘 → 아이오딘화)이고 SiC는 탄화 수소(탄소 → 탄화)이다.

> **참조**
> 두 원소로 구성된 화합물을 이성분(binary) 화합물이라고 부른다는 것을 기억하자.

## 원자수의 지정

한 쌍의 원소가 여러 개의 서로 다른 이성분 분자 화합물을 형성하는 것은 매우 일반적이다. 이 경우 그리스어 접두사를 사용하여 각 원소의 원자수를 나타냄으로써 화합물 명명에 혼란을 피할 수 있다. 그리스어 접두사 중 일부는 표 5.5에 나열되어 있으며 이 접두사를 사용하여 명명된 여러 가지 화합물이 표 5.6에 나와 있다.

접두사 일(mono−)은 일반적으로 첫 번째 원소에 대해 생략된다. 예를 들어, $SO_2$는 이산화 일황(monosulfur dioxide)이라고 하지 않고 이산화 황(sulfur dioxide)이라고 부른다. 따라서 첫 번째 원소의 접두사가 없다는 것은 일반적으로 분자 내에 그 원소는 하나만 존재한다는 것을 의미한다.

**표 5.5** 그리스어 접두사

| 접두사 | 의미 | 접두사 | 의미 |
|---|---|---|---|
| 일(mono−) | 1 | 육(hexa−) | 6 |
| 이(di−) | 2 | 칠(hepta−) | 7 |
| 삼(tri−) | 3 | 팔(octa−) | 8 |
| 사(tetra−) | 4 | 구(nona−) | 9 |
| 오(penta−) | 5 | 십(deca−) | 10 |

**표 5.6** 그리스어 접두사를 사용하여 명명된 화합물

| 화합물 | 이름 | 화합물 | 이름 |
|---|---|---|---|
| CO | 일산화 탄소 (carbon monoxide) | $SO_3$ | 삼산화 황 (sulfur trioxide) |
| $CO_2$ | 이산화 탄소 (carbon dioxide) | $NO_2$ | 이산화 질소 (nitrogen dioxide) |
| $SO_2$ | 이산화 황 (sulfur dioxide) | $N_2O_5$ | 오산화 이질소 (dinitrogen pentoxide) |

예제 5.7에서는 화학식으로부터 이성분 분자 화합물을 명명하는 연습을 한다.

## 예제 5.7

다음 이성분 분자 화합물을 명명하시오.

(a) $NF_3$ (b) $N_2O_4$

**전략** 각 화합물은 적절한 그리스어 접두사를 포함한 체계적인 명명법을 사용하여 명명될 것이다.

**계획** 이성분 화합물의 경우 화학식에서 오른쪽에 있는 원소의 이름의 끝을 −화로 변경하여 시작한 다음, 왼쪽에 있는 원소의 이름을 말한다. 각 원소의 원자수를 나타내기 위해 적절하게 접두사를 사용한다. (a)에서 분자는 1개의 질소 원자 및 3개의 플루오린 원자를 포함한다. 화학식에 나타난 첫 번째 원소이기 때문에 접두사 일(mono−)을 생략하고, 접두사 삼(tri−)을 사용하여 플루오린 원자의 수를 나타낼 것이다. (b)에서 분자는 2개의 질소 원자와 4개의 산소 원자를 포함하므로, 화합물을 명명하기 위해 접두사 이(di−)와 사(tetra−)를 사용할 것이다.

**풀이** (a) 삼플루오린화 질소(nitrogen trifluoride) (b) 사산화 이질소(dinitrogen tetroxide)

### 생각해 보기

접두사가 분자식에서의 아래 첨자와 일치하는지 확인한다.

**유제 1** 다음 이성분 분자 화합물을 명명하시오.

(a) $ClO_2$ (b) $CBr_4$

**유제 2** 다음 그림에 보이는 분자 화합물을 명명하시오.

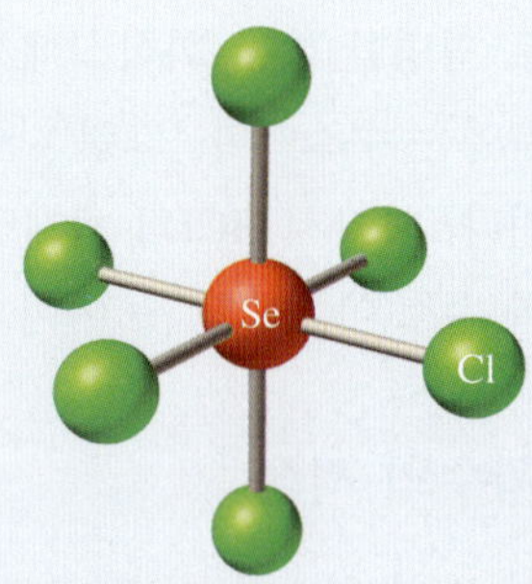


체계적인 이름이 주어지면 분자 화합물의 화학식을 쓰는 것은 일반적으로 간단하다. 예를 들어, **오염화 인**(phosphorus pentachloride)이라는 이름은 1개의 인 원자(접두사 없음)와 5개의 염소 원자(penta−)의 존재를 나타내므로 분자식은 $PCl_5$이다. 원소들의 순서가 영문 이름에서는 이름과 화학식 모두에서 동일하지만 국문 이름에서는 이름과 화학식이 정반대이다.

예제 5.8에서는 이름으로부터 이성분 분자 화합물의 화학식을 결정하는 연습을 할 수 있다.

## 예제 5.8

다음과 같은 이성분 분자 화합물에 대한 화학식을 쓰시오.
(a) 사플루오린화 황(sulfur tetrafluoride) (b) 십황화 사인(tetraphosphorus decasulfide)

**전략** 각 화합물에 대한 화학식은 체계명 지침을 사용하여 추론한다.

**계획** (a) 황에 대한 접두사가 없으므로 화합물 분자 내에 오직 하나의 황 원자가 있다. 따라서, 화학식에서 S에는 접두사를 사용하지 않는다. 접두사 사(tetra−)는 4개의 플루오린 원자가 있다는 것을 의미한다.
(b) 접두사는 각각 사(tetra−)와 십(deca−)이 있다.

**풀이** (a) $SF_4$ (b) $P_4S_{10}$

### 생각해 보기

화학식의 아래 첨자가 화합물 이름의 접두사와 일치하는지 확인한다. (a) 4＝사(tetra) (b) 4＝사(tetra) 그리고 10＝십(deca)

**유제 1** 다음 각 화합물에 대한 분자식을 쓰시오.
(a) 삼산화 황 (b) 십플루오린화 이황

**유제 2** 삼산화 황의 분자 모형을 그리시오.

그리스어 접두사를 사용하여 원자의 수를 나타낼 수 있는 또 다른 부류의 물질이 있다. 그것은 $SnCl_4$ 및 $PbCl_4$와 같은 화합물을 포함하는데, 각각 금속 및 비금속으로 이루어져 있지만 이 화합물에서 금속의 분명한 전하는 비정상적으로 높다. 예를 들어, Cl이 염화 이온($Cl^-$)을 형성한다는 것을 알기 때문에, $SnCl_4$에서 Sn의 전하를 +4로 추론할 수 있다. 주석 원자로부터 네 개의 전자를 제거하는 데 많은 에너지가 필요하다는 것을 감안할 때 [|◀◀ 4.4절], 높은 "표면상 전하"를 가진 금속을 함유한 화합물은 실제로 이온성일 것으로 보이지 않는다. 사실 $SnCl_4$의 결합은 이온 결합이라기보다는 공유 결합이다. 공유 결합이라는 증거 중 하나는 $SnCl_4$가 실온에서 액체라는 것이다.(이온 결합 화합물은 전형적으로 실온에서 고체이다.) 그러한 화합물은 금속과 비금속으로 이루어져 있고 본질적으로 진정한 이온성이 아님에도 불구하고 이성분 화합물에 대한 이온 또는 분자의 명명법을 사용할 수 있다. 따라서 $SnCl_4$는 염화 주석(IV) 또는 사염화 주석으로 명명될 수 있다.

**참조**
"표면상 전하" 또는 산화수의 개념[|◀◀ 9.4절]은 9장에서 자세하게 논의될 것이다.

### 수소를 포함하는 화합물

수소를 포함하는 분자 화합물의 이름은 일반적으로 체계적인 명명법 지침을 따르지 않는다. 전통적으로 이러한 화합물들 중 많은 것들이 H 원자수를 명시적으로 나타내지 않는 이름으로 또는 일반적으로 비체계적인 이름으로 불린다.

**참조**
탄소와 수소를 포함한 이성분 화합물은 유기(organic) 화합물이며 다른 분자 화합물과 같은 동일한 명명법 규칙을 따르지 않는다. 유기 화합물과 그 명명법은 20장에서 자세하게 논의된다.

| | | | |
|---|---|---|---|
| $B_2H_6$ | 다이보레인(diborane) | $PH_3$ | 포스핀(phosphine) |
| $SiH_4$ | 실레인(silane) | $H_2O$ | 물(water) |
| $NH_3$ | 암모니아(ammonia) | $H_2S$ | 황화 수소(hydrogen sulfide) |

**표 5.7 몇 가지 간단한 산**

| 화학식 | 이성분 화합물 이름 | 산 이름 |
|---|---|---|
| HF | Hydrogen fluoride(플루오린화 수소) | Hydrofluoric acid(플루오린화 수소산) |
| HCl | Hydrogen chloride(염화 수소) | Hydrochloric acid(염화 수소산 또는 염산) |
| HBr | Hydrogen bromide(브로민화 수소) | Hydrobromic acid(브로민화 수소산) |
| HI | Hydrogen iodide(아이오딘화 수소) | Hydroiodic acid(아이오딘화 수소산) |
| HCN* | Hydrogen cyanide(사이안화 수소) | Hydrocyanic acid(사이안화 수소산) |

*HCN은 이성분 화합물은 아니지만 HF, HCl, HBr 및 HI와 화학적으로 유사하므로 이 표에 포함된다.

**참조**

16장에서는 산과 염기에 대해 더 자세히 알아볼 것이다. 산과 염기라는 용어를 정의하는 다른 방법들이 있다는 것을 알게 될 것이다.

이들 수소가 포함된 화합물에서 원소가 쓰이는 순서조차도 불규칙적이다. 물과 황화 수소에서는 H를 먼저 쓰는 반면, 다른 화합물에서는 H를 마지막에 쓴다.

산은 수소를 포함하는 또 다른 중요한 분자 화합물을 구성한다. **산**(acid)의 정의 중 하나는 물에 용해될 때 수소 이온($H^+$)을 생성하는 물질이다. 몇몇 이성분 분자 화합물은 물에서 녹을 때 수소 이온을 생성하므로 산이다. 이 경우, 동일한 화학식에 두 개의 다른 이름을 지정할 수 있다. 예를 들어, HCl(**염화수소**, hydrogen chloride)는 기체 화합물이다. 그러나 물에 용해되면 **염화 수소산**(hydrochloric acid, 또는 염산)이라 불린다. 이와 같은 이성분 산을 우리말로 명명하는 규칙은 산의 기체 화합물 이름 끝에 "–산"을 붙이는 것이다. 영어로 명명하는 규칙은 다음과 같다. 수소(hydrogen)에서 –gen을 제거하고(즉, hydro–는 남기고), 두 번째 원소의 끝음절인 –ide를 –ic로 변경하고 두 단어를 결합한 다음 acid라는 단어를 추가한다.

hydrogen(–gen)은 hydro가 된다

+

chloride(–ide, +ic)는 chloric이 된다

+

acid ⟶ hydrochloric acid

마찬가지로 플루오린화 수소(HF)는 플루오린화 수소산(우리말) 또는 **hydrofluoric acid**(영어)가 된다. 표 5.7에 이러한 예들이 나열되어 있다. 화합물이 용해되면서 수소 이온을 생성하기 위해서는 적어도 하나의 **이온화 가능한 수소 원자**(ionizable hydrogen atom)가 있어야 한다. 이온화 가능한 수소 원자는 용해 시 분자에서 분리되어 수소 이온($H^+$)이 된다.

## 유기 화합물

**참조**

$CN^-$와 $CO_3^{2-}$와 같은 일부 탄소 함유 종은 무기물로 간주된다.

지금까지 우리의 명명법에 대한 논의는 일반적으로 탄소를 포함하지 않는 화합물로 정의되는 **무기 화합물**(inorganic compound)에 초점을 맞추었다. 분자 물질의 또 다른 중요한 부류는 자체적으로 명명법 체계를 가지고 있는 **유기** 화합물이다. **유기 화합물**(organic compound)은 탄소와 수소를 포함하는데, 때때로 산소, 질소, 황 및 할로젠과 같은 다른 원소를 포함하기도 한다. 가장 간단한 유기 화합물은 탄소와 수소만을 포함하는 것인데, 이것은 **탄화수소**(hydrocarbon)로 알려져 있다. 탄화수소 중에서도 가장 간단한 예는 **알케인**(alkane)으로 알려진 화합물이다. 알케인의 이름은 분자 내 탄소 원자의 수에 달려 있다. 표 5.8은 가장 단순한 알케인의 분자식, 체계명 및 공–막대 모형을 보이고 있다.

| 표 5.8 | 일부 간단한 알케인의 화학식, 이름 및 모형 | |
|---|---|---|
| 화합물 | 이름 | 분자 모형 |
| $CH_4$ | 메테인(methane) |  |
| $C_2H_6$ | 에테인(ethane) | 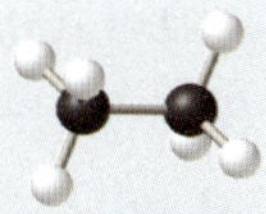 |
| $C_3H_8$ | 프로페인(propane) | 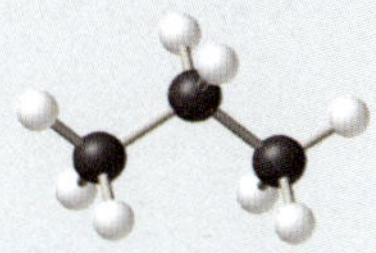 |
| $C_4H_{10}$ | 뷰테인(butane) | 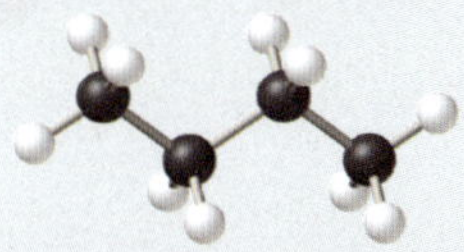 |
| $C_5H_{12}$ | 펜테인(pentane) |  |
| $C_6H_{14}$ | 헥세인(hexane) |  |
| $C_7H_{16}$ | 헵테인(heptane) | 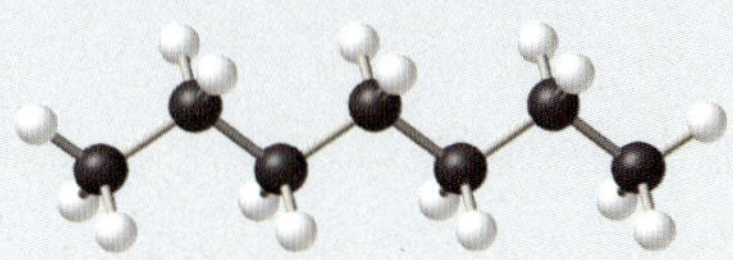 |
| $C_8H_{18}$ | 옥테인(octane) | 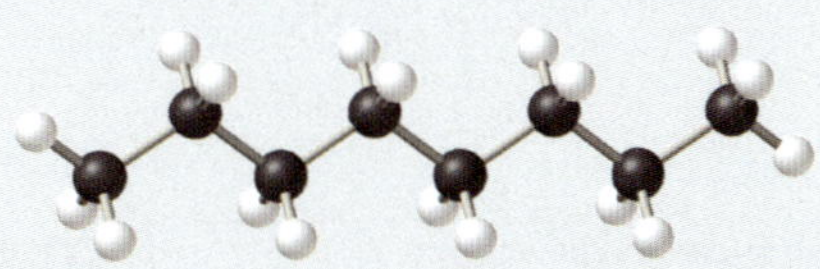 |
| $C_9H_{20}$ | 노네인(nonane) | 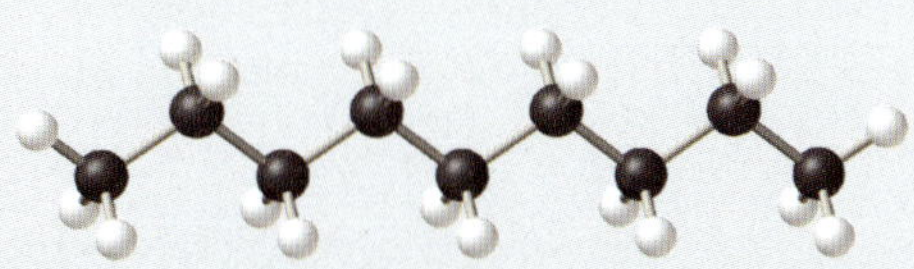 |
| $C_{10}H_{22}$ | 데케인(decane) | 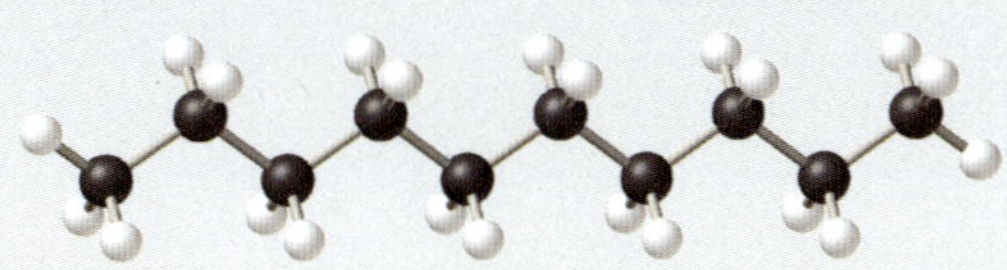 |

## 생각 밖 상식

### 작용기

많은 유기 화합물은 H 원자 중 하나가 **작용기**(functional group)로 알려진 원자의 무리로 치환된 알케인 유도체이다. 작용기는 전형적으로 화학 반응이 일어나는 곳이기 때문에 화합물의 화학적 성질 중 많은 것을 결정한다. 표 5.9는 몇 가지 중요한 작용기의 이름을 나열하고 공−막대 모형을 보이고 있다.

예를 들어, 알코올 음료 속 알코올인 에탄올은 수소 원자 중 하나가 알코올(−OH) 그룹으로 치환된 에테인($C_2H_6$)이다. 그 이름은 두 개의 탄소 원자를 포함하고 있음을 나타내는 에테인의 이름에서 비롯된 것이다.

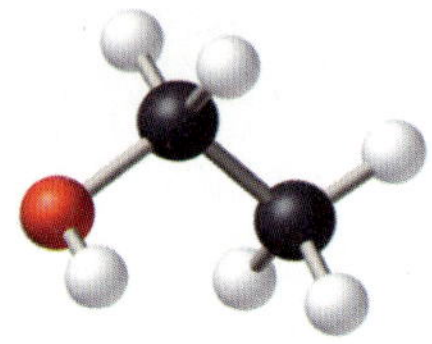

에탄올

에탄올의 분자식을 $C_2H_6O$로 표기할 수도 있지만 $C_2H_5OH$는 분자 구조에 대한 더 많은 정보를 전달한다. 유기 화합물과 몇 가지 작용기는 20장에서 보다 자세하게 논의된다.

**표 5.9** 유기 작용기

| 이름 | 작용기 | 분자 모형 |
|---|---|---|
| 알코올(alcohol) | —OH |  |
| 알데하이드(aldehyde) | —CHO | 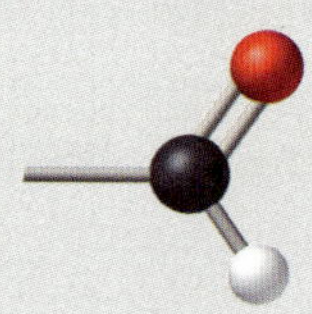 |
| 카복실산(carboxylic acid) | —COOH | 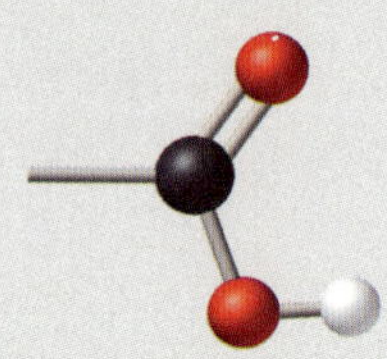 |
| 아민(amine) | $—NH_2$ | 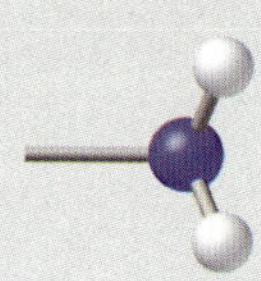 |

## 5.6절 복습

**분자 화합물의 명명**

**5.6.1** 다음 중 $SF_6$의 올바른 체계명은 무엇인가?

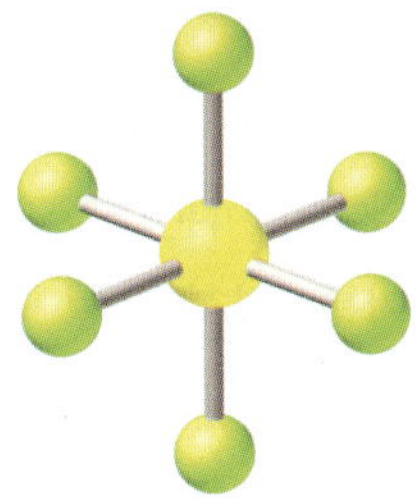

(a) 플루오린화 황(sulfur fluoride)
(b) 육플루오린화 황(sulfur hexafluoride)
(c) 육플루오린 황(sulfur hexafluorine)
(d) 플루오린 황(sulfur fluorine)
(e) 육플루오리나이드 황(sulfur hexafluorinide)

**5.6.2** 다음 중 $P_2I_4$의 올바른 체계명은 무엇인가?

(a) 아이오딘화 인(phosphorus iodide)
(b) 사아이오딘화 인(phosphorus tetraiodide)
(c) 아이오딘화 이인(diphosphorus iodide)
(d) 사아이오딘화 이인(diphosphorus tetraiodide)
(e) 사아이오디나이드 이인(diphosphorus tetraiodinide)

**5.6.3** 다음 중 $BrO_2$의 올바른 체계명은 무엇인가?

(a) 산화 브로민(bromine oxide)
(b) 이산소 브로민(bromine dioxygen)
(c) 이산화 브로민(bromine dioxide)
(d) 옥시제나이드 브로민(bromine oxygenide)
(e) 이옥시제나이드 브로민(bromine dioxygenide)

**5.6.4** 표시된 화합물의 이름은 무엇인가?

(a) 일산화 메테인(methane monoxide)
(b) 메탄올(methanol)
(c) 일산화 사수소 탄소(carbon tetrahydrogen monoxide)
(d) 메테인(methane)
(e) 일산화 탄소 사수소(tetrahydrogen carbon monoxide)

# 5.7 이온종에서 공유 결합

우리가 지금까지 접했던 화합물은 이온 결합에 의해 결합된 **이온**(ionic)이거나 또는 공유 결합에 의해 결합된 **분자**(molecular)였다. 그리고 우리가 다뤘던 이온들은 모두 **단원자**(monoatomic) 이온들이었다. 그러나 많은 일반적인 이온성 물질은 공유 결합에 의해 함께 결합된 **다원자**(polyatomic) 이온을 포함한다. 또한 **수화물**(hydrates)로 알려진 일부 이온성 물질은 실제로 화학식에 물 분자를 포함한다. 이 절에서는 이온 결합과 공유 결합의 조합으로 결합된 화학종에 대해 알아본다.

## 다원자 이온

두 개 이상의 원자들의 조합으로 구성된 이온을 **다원자 이온**(polyatomic ion)이라고 한다. 이 이온들을 일반 화학에서 흔히 볼 수 있기 때문에, 표 5.10에 나열된 다원자 이온의 이름, 화학식 및 전하를 알아야 한다. 일반적인 다원자 이온의 대부분은 음이온이지만 일부는 양이온이다. 다원자 이온을 포함하는 화합물의 경우, 화학식은 단원자 이온만을 포함하는 이온 결합 화합물과 동일한 규칙에 따라 결정된다. 이온들은 전체적으로 중성인 화학

**표 5.10 일반적인 다원자 이온**

| 이름 | 화학식/전하 |
|---|---|
| **양이온** | |
| 암모늄(ammonium) | $NH_4^+$ |
| 하이드로늄(hydronium) | $H_3O^+$ |
| 수은[mercury(I)] | $Hg_2^{2+}$ |
| **음이온** | |
| 아세트산 이온(acetate) | $C_2H_3O_2^-$ |
| 아자이드 이온(azide) | $NH_3^-$ |
| 탄산 이온(carbonate) | $CO_3^{2-}$ |
| 염소산 이온(chlorate) | $ClO_3^-$ |
| 아염소산 이온(chlorite) | $ClO_2^-$ |
| 크로뮴산 이온(chromate) | $CrO_4^{2-}$ |
| 사이안산 이온(cyanide) | $CN^-$ |
| 중크로뮴산 이온(dichromate) | $Cr_2O_7^{2-}$ |
| 인산 이수소 이온(dihydrogen phosphate) | $H_2PO_4^-$ |
| 탄산 수소 이온 또는 중탄산 이온(hydrogen carbonate 또는 bicarbonate) | $HCO_3^-$ |
| 인산 수소 이온(hydrogen phosphate) | $HPO_4^{2-}$ |
| 황산 수소 이온 또는 중황산 이온(hydrogen sulfate 또는 bisulfate) | $HSO_4^-$ |
| 수산화 이온(hydroxide) | $OH^-$ |
| 하이포아염소산 이온(hypochlorite) | $ClO^-$ |
| 질산 이온(nitrate) | $NO_3^-$ |
| 아질산 이온(nitrite) | $NO_2^-$ |
| 옥살산 이온(oxalate) | $C_2O_4^{2-}$ |
| 과염소산 이온(perchlorate) | $ClO_4^-$ |
| 과망가니즈산 이온(permanganate) | $MnO_4^-$ |
| 과산화 이온(peroxide) | $O_2^{2-}$ |
| 인산 이온(phosphate) | $PO_4^{3-}$ |
| 아인산 이온(phosphite) | $PO_3^{3-}$ |
| 황산 이온(sulfate) | $SO_4^{2-}$ |
| 아황산 이온(sulfite) | $SO_3^{2-}$ |
| 티오사이안산 이온(thiocyanate) | $SCN^-$ |

**참조**

일부 산소산 음이온은 같은 중심 원자를 포함하고 동일한 전하를 가지지만 다른 수의 산소 원자를 갖는 일련의 이온에서 발생한다.

| | |
|---|---|
| 과염소산 이온 | $ClO_4^-$ |
| 염소산 이온 | $ClO_3^-$ |
| 아염소산 이온 | $ClO_2^-$ |
| 하이포아염소산 | $ClO^-$ |
| 질산 이온 | $NO_3^-$ |
| 아질산 이온 | $NO_2^-$ |
| 인산 이온 | $PO_4^{3-}$ |
| 아인산 이온 | $PO_3^{3-}$ |
| 황산 이온 | $SO_4^{2-}$ |
| 아황산 이온 | $SO_3^{2-}$ |

식을 제공하는 비율로 결합되어야 한다. 다음 예는 이것이 어떻게 수행되는지를 설명한다.

- **염화 암모늄**(ammonium chloride): 양이온은 $NH_4^+$이고 음이온은 $Cl^-$이다. 전하의 합은 $+1+(-1)=0$이며, 따라서 이온들은 1:1의 비율로 결합하고 결과적으로 화학식은 $NH_4Cl$이다.
- **인산 칼슘**(calcium phosphate): 양이온은 $Ca^{2+}$이고 음이온은 $PO_4^{3-}$이다. 다음 그림을 사용하여 아래 첨자를 결정할 수 있다.

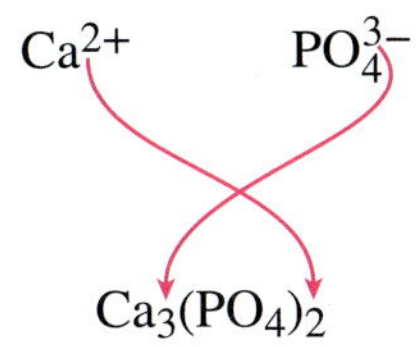


전하의 합은 $3(+2)+2(-3)=0$이다. 따라서 인산 칼슘의 화학식은 $Ca_3(PO_4)_2$이다. 다원자 이온에 아래 첨자를 추가할 때, 먼저 아래 첨자가 다원자 이온의 모든 원자에 적용된다는 것을 나타내기 위해 이온의 화학식 주위에 괄호를 써야 한다. 다른 예로는 사이안화 소듐(NaCN), 과망가니즈산 포타슘($KMnO_4$) 및 황산 암모늄[$(NH_4)_2SO_4$] 등이 있다.

**분자**(molecular) 화합물의 명명과 달리 이온 결합 화합물의 명명에는 그리스어 접두사를 사용할 필요가 없다. 예를 들어, $Li_2CO_3$는 하나의 탄산 이온마다 2개의 리튬 이온이 있음에도 불구하고, 이탄산 리튬(lithium dicarbonate)이 아니고 탄산 리튬(lithium carbonate)이다. 각 이온이 특정의 **알려진** 전하를 가지고 있기 때문에 접두사는 불필요하다. 리튬 이온은 항상 $+1$의 전하를 가지고, 탄산 이온은 항상 $-2$의 전하를 갖는다. 전기적으로 중성 화합물을 형성하기 위해 결합할 수 있는 유일한 비율은 매 $CO_3^{2-}$이온에 대해 두 개의 $Li^+$ 이온이다. 따라서 **탄산 리튬**(lithium carbonate)이라는 명칭은 화합물의 실험식을 나타내기에 충분하다.

예제 5.9에서 다원자 이온을 포함하는 화합물을 명명하는 연습을 할 수 있다.

## 예제 5.9

다음 이온 결합 화합물의 이름을 쓰시오.

(a) $Fe_2(SO_4)_3$ (b) $Al(OH)_3$ (c) $Hg_2O$

**전략** 먼저 각 화합물의 양이온과 음이온을 확인한 다음 각각의 이름을 결합하고 이온이라는 단어를 제거한다.

**계획** $Fe_2(SO_4)_3$는 $Fe^{3+}$ 및 $SO_4^{2-}$, 즉 철(III) 이온 및 황산 이온을 포함한다. $Fe_2(SO_4)_3$에서 철은 2:3의 비율로 황산 이온과 결합하기 때문에 철(III), 즉 $Fe^{3+}$이다. $Al(OH)_3$는 $Al^{3+}$ 및 $OH^-$, 즉 알루미늄 이온 및 수산화 이온을 포함한다. $Hg_2O$는 $Hg_2^{2+}$ 및 $O^{2-}$, 즉 수은(I) 이온 및 산화 이온을 포함한다.

**풀이**

(a) 양이온과 음이온 이름을 결합하고, 각 이온의 이름에서 이온이란 단어를 제거하면 $Fe_2(SO_4)_3$의 이름으로 황산 철(III)을 얻는다.

(b) $Al(OH)_3$는 수산화 알루미늄이다.

(c) $Hg_2O$는 산화 수은(I)이다.

**생각해 보기**

화학식에서 아래 첨자와 금속 이온의 전하를 혼동하지 않도록 주의한다. 예를 들어, (a)에서 Fe의 아래 첨자는 2이지만 이것은 철(III) 화합물이다.

**유제 1** 다음의 이온 결합 화합물에 대한 화학식을 쓰시오.

(a) 중크로뮴산 포타슘 (b) 옥살산 리튬 (c) 질산 구리(II)

**유제 2** 다음 그림은 빨간색 구가 질산 이온을 나타내고 회색 구가 철 이온을 나타내는 이온 결합 화합물의 작은 시료를 나타낸다. 이 화합물의 올바른 화학식과 이름을 추론하시오.

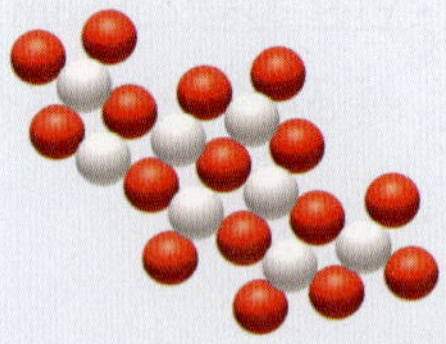

**참조**

표 5.10에 있는 대부분의 다원자 이온들은 산소산 음이온이다.

**산소산 음이온(oxoanion)**은 한 개 이상의 산소 원자와 다른 원소의 원자("중심 원자")를 포함하는 다원자 음이온이다. 예로는 염소산 이온($ClO_3^-$), 질산 이온($NO_3^-$) 및 황산 이온($SO_4^{2-}$) 등이 있다. 흔히, 산소산 음이온은 동일한 중심 원자를 가지지만 서로 다른 수의 O 원자(예: $NO_3^-$ 및 $NO_2^-$)를 가지는 두 개 이상의 일련의 이온으로 발생한다. 이름이 **−산**(−ate) 이온으로 끝나는 산소산 음이온으로부터 시작하여 다음과 같이 이온들을 명명할 수 있다(표 5.10 참조).

1. **−산**(−ate) 음이온보다 O 원자가 하나 더 많은 이온은 **과…산**(per..ate) 이온이라 부른다. 따라서 $ClO_3^-$는 **염소산 이온**(chlorate ion)이고, $ClO_4^-$는 **과염소산 이온**(perchl-orate ion)이다.
2. **−산**(−ate) 음이온보다 O 원자가 하나 적은 이온은 **아…산**(−ite) 이온이라 부른다. 따라서 $ClO_2^-$는 **아염소산 이온**(chlorite ion)이다.
3. **−산**(−ate) 음이온보다 O 원자가 두 개 적은 이온은 **하이포아…산**(hypo…ite) 이온이라 부른다. 따라서 $ClO^-$는 **하이포아염소산 이온**(hypochlorite ion)이다.

적어도 이름이 **−산**(−ate) 이온으로 끝나는 산소산 음이온의 화학식과 전하를 기억해야 이 지침을 필요할 때 적용할 수 있을 것이다.

## 산소산

**참조**

산소산 자체는 이온 결합 화합물이 아니지만 물에 녹으면 이온종을 생성한다.

5.6절에서 논의된 이성분 산 외에, 물에 녹으면 수소 이온과 산소산 음이온을 생성하는 **산소산(oxoacid)**으로 알려진 또 다른 종류의 중요한 산이 있다. 산소산의 화학식은 그의 산소산 음이온에 충분히 $H^+$ 이온을 첨가하여 알짜 전하가 없는 화학식을 만들어 결정할 수 있다. 예를 들어, 질산 이온($NO_3^-$)과 황산 이온($SO_4^{2-}$)에 기초한 산소산의 화학식은 각각 $HNO_3$와 $H_2SO_4$이다. 산소산의 이름은 다음의 지침을 이용하여 해당 산소산 음이온으로부터 파생된다.

1. **−산**(−ate) 이온에 근거를 둔 산은 **…산**(−ic acid)이라고 부른다. 따라서 $HClO_3$는 **염소산**(chloric acid)이라고 불린다.
2. 아…산(−ite) 이온에 근거를 둔 산은 **아…산**(…ous acid)이라고 부른다. 따라서 $HClO_2$는 **아염소산**(chlorous acid)이라고 불린다.

3. 산소산 음이온 이름의 접두사는 해당 산소산의 이름에 유지된다. 따라서 $HClO_4$ 및 HClO는 각각 **과염소산**(perchloric acid) 및 **하이포아염소산**(hypochlorous acid)으로 불린다.

우리가 지금까지 접했던 대부분의 산은 이온화 가능한 수소 원자가 **1개**인 **일양성자산**(monoprotic acid)이었다. 많은 산소산은 $H_2SO_4$와 $H_3PO_4$와 같이 이온화가 가능한 수소 원자가 **하나보다 많은 다양성자산**(polyprotic acid)이다. 이 경우, 하나 또는 그 이상(모두일 필요는 없음)의 수소 이온이 제거된 음이온 이름은 인산에서부터 파생된 음이온의 경우에서 볼 수 있듯 남아 있는 수소 이온의 수를 나타내어야 한다.

| | |
|---|---|
| $H_3PO_4$ | 인산(phosphoric acid) |
| $H_2PO_4^-$ | 인산 이수소 이온(dihydrogen phosphate ion) |
| $HPO_4^{2-}$ | 인산 수소 이온(hydrogen phosphate ion) |
| $PO_4^{3-}$ | 인산 이온(phosphate ion) |

예제 5.10과 5.11에서 산소산과 산소산 음이온의 명명을 연습할 수 있다.

## 예제 5.10

다음 종들을 명명하시오.

(a) $BrO_4^-$ (b) $HCO_3^-$ (c) $H_2CO_3$

**전략** 각 종은 산소산 음이온 또는 산소산 중 하나이다. 각각에 대해 "표준 산소산 음이온"[…산(−ate)으로 끝나는]을 확인하고, 규칙을 적용하여 적합한 이름을 결정한다.

**계획** (a) 염소, 브로민과 아이오딘(7A족 원소)은 모두 하나에서 네 개까지의 산소 원자가 있는 산소산 음이온의 유사 계열을 이룬다. 따라서 표준이 되는 산소산 음이온은 염소산 이온($ClO_3^-$)과 유사하게 브로민산 이온($BrO_3^-$)이다. (b)와 (c)에서 $HCO_3^-$와 $H_2CO_3$는 탄산($CO_3^{2-}$) 이온보다 각각 한 개와 두 개의 수소를 더 가지고 있다.

**풀이** (a) $BrO_4^-$는 브로민산 이온($BrO_3^-$)보다 산소 원자가 하나 더 많기 때문에 $BrO_4^-$는 과브로민산 이온이다.
(b) $CO_3^{2-}$는 탄산 이온이다. $HCO_3^-$는 이온화 가능한 수소 원자가 하나이므로 탄산 수소 이온이라고 부른다.
(c) 이온화 가능한 수소 원자가 2개 있고 전하가 없는 화합물 $H_2CO_3$는 탄산이다.

### 생각해 보기

이름이 −산 이온으로(영문 표기법에서는 −ate) 끝나는 산소산 음이온의 이름을 외우면 다른 이온의 이름과 화학식을 쉽게 기억할 수 있다.

| | | | |
|---|---|---|---|
| 염소산(chlorate) 이온 | $ClO_3^-$ | 질산(nitrate) 이온 | $NO_3^-$ |
| 아이오딘산(iodate) 이온 | $IO_3^-$ | 탄산(carbonate) 이온 | $CO_3^{2-}$ |
| 브로민산(bromate) 이온 | $BrO_3^-$ | 옥살산(oxalate) 이온 | $C_2O_4^{2-}$ |
| 황산(sulfate) 이온 | $SO_4^{2-}$ | 크로뮴산(chromate) 이온 | $CrO_4^{2-}$ |
| 인산(phosphate) 이온 | $PO_4^{3-}$ | 과망가니즈산(permanganate) 이온 | $MnO_4^-$ |

**유제 1** 다음 종들을 명명하시오.

(a) $HIO_3$ (b) $HCrO_4^-$ (c) $HC_2O_4^-$

**유제 2** 다음 그림은 일련의 산소산 음이온의 모형을 보여 준다. 다음 중 표준 산소산(이름이 −ate로 끝나는 음이온)을 나타내는 모형은 무엇인가?

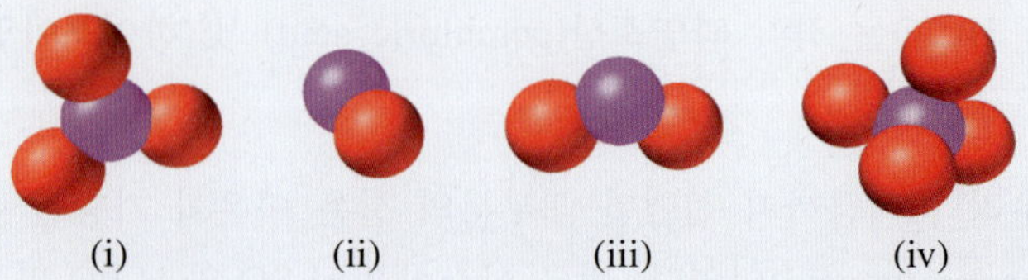


## 예제 5.11

아황산(sulfurous acid)의 화학식을 결정하시오.

**전략** 산의 이름이 아… 로 시작하는 것은 아… 로 시작하는 산소산 음이온으로부터 유도된 산이라는 것을 의미한다. 또는 영어 표기에서 −ous로 끝나는 이름의 산은 −ite로 끝나는 산소산 음이온에서부터 유도된 산이라는 것을 말한다. 이 산소산 음이온의 화학식과 전하를 결정하고 전기적으로 중성인 화학식을 만들기 위해 충분히 수소를 첨가한다.

**계획** 아황산(sulfite) 이온은 $SO_3^{2-}$이다.

**풀이** 아황산(sulfurous acid)의 화학식은 $H_2SO_3$이다.

### 생각해 보기

이름이 −산 이온으로(영문 표기법에서는 −ate) 끝나는 산소산 음이온의 이름을 외우면 다른 이온의 이름과 화학식을 쉽게 기억할 수 있다(예제 5.10의 생각해 보기 참조).

**유제 1** 크로뮴산의 화학식을 결정하시오.

**유제 2** 예제 5.10의 **유제 2**의 그림을 참조하면, 그 이온들 중 어느 것이 접두사로 시작하는 이름을 가지는 산의 일부분인가?

## 수화물

**수화물**(hydrate)은 고체 구조 내에 특정 수의 물 분자를 갖는 화합물이다. 예를 들어, 정상적인 상태에서 황산 구리(II)의 각 단위에는 5개의 물 분자가 결합되어 있다. 이 화합물의 체계명은 황산 구리(II) 오수화물이며, 그 화학식은 $CuSO_4 \cdot 5H_2O$이다. 물 분자는 가열에 의해 제거될 수 있다. 이때 생성된 화합물이 $CuSO_4$이며, 이것은 종종 무수 황산구리(II)라고 불린다. **무수**(anhydrous)라는 것은 더 이상 화합물이 물 분자와 관련이 없음을 의미한다. 수화물 및 상응하는 무수 화합물은 종종 분명히 다른 물리적 및 화학적 특성을 가진다(그림 5.7).

몇 가지 다른 수화물은 다음과 같다.

| | |
|---|---|
| $BaCl_2 \cdot 2H_2O$ | 염화 바륨 이수화물 |
| $LiCl \cdot H_2O$ | 염화 리튬 일수화물 |
| $MgSO_4 \cdot 7H_2O$ | 황산 마그네슘 칠수화물 |
| $Sr(NO_3)_2 \cdot 4H_2O$ | 질산 스트론튬 사수화물 |

**그림 5.7** $CuSO_4$는 흰색이다. 오수화물 $CuSO_4 \cdot 5H_2O$는 파란색이다.

**표 5.11 몇 가지 친숙한 무기 화합물들의 일반명과 체계명**

| 화학식 | 일반명 | 체계명 |
|---|---|---|
| $H_2O$ | 물 | 산화 이수소(dihydrogen monoxide) |
| $NH_3$ | 암모니아 | 질화 삼수소(trihydrogen nitride) |
| $CO_2$ | 드라이아이스 | 고체 이산화 탄소(solid carbon dioxide) |
| NaCl | 소금 | 염화 소듐(sodium chloride) |
| $N_2O$ | 아산화 질소, 웃음 가스 | 일산화 이질소(dinitrogen monoxide) |
| $CaCO_3$ | 대리석, 분필, 석회암 | 탄산 칼슘(calcium carbonate) |
| $NaHCO_3$ | 베이킹 소다 | 탄산 수소 소듐(sodium hydrogen carbonate) |
| $MgSO_4 \cdot 7H_2O$ | 사리염(Epsom salt) | 황산 마그네슘 칠수화물(magnesium sulfate heptahydrate) |
| $Mg(OH)_2$ | 마그네시아유 | 수산화 마그네슘(magnesium hydroxide) |

## 친숙한 무기 화합물

어떤 화합물들은 체계적인 화학적 이름보다 일반적인 이름으로 더 잘 알려져 있다. 친숙한 예가 표 5.11에 나열되어 있다.

## 5.7절 복습

### 이온종에서 공유 결합

**5.7.1** 다음 중 아질산의 올바른 화학식은 어느 것인가?

(a) HNO (b) $HNO_2$

(c) $HNO_3$ (d) $H_2NO_2$

(e) $H_2NO_3$

**5.7.2** 다음 중 질산 니켈(II) 육수화물의 올바른 화학식은 어느 것인가?

(a) $NiNO_3 \cdot 6H_2O$ (b) $Ni_2NO_3 \cdot 6H_2O$
(c) $Ni(NO_3)_2 \cdot 6H_2O$ (d) $NiNO_3 \cdot 12H_2O$
(e) $Ni(NO_3)_2 \cdot 12H_2O$

**5.7.3** 다음 중 화합물 $Hg_2CrO_4$의 올바른 이름은 어느 것인가?

(a) 크로뮴산 수은(I) (b) 크로뮴산 수은(II)
(c) 중크로뮴산 수은 (d) 크로뮴산 이수은
(e) 크로뮴산 일수은

**5.7.4** 다음 중 화합물 탄산 철(III)의 화학식은 어느 것인가?

(a) $FeCO_3$ (b) $Fe_3CO_3$
(c) $Fe_2CO_3$ (d) $Fe_2(CO_3)_3$
(e) $Fe_3(CO_3)_2$

## 5.8 분자 질량과 화학식 질량

한 화합물의 분자식과 주기율표의 원자 질량을 이용하여 **분자 질량**(molecular mass)으로 알려져 있는 개별 분자의 질량(원자 질량 단위[|◀◀ 1.2절])을 결정할 수 있다. 분자 질량은 단순히 분자를 구성하는 원자들의 원자 질량의 합이다. 우리는 각 원소의 원자 질량에 분자 내에 있는 그 원소의 원자수를 곱한 다음 존재하는 각 원소에 대한 질량들을 합산한다. 예를 들어,

$$H_2O\text{의 분자 질량} = 2(\text{H의 원자 질량}) + \text{O의 원자 질량}$$
$$= 2(1.008\ \text{amu}) + 16.00\ \text{amu} = 18.02\ \text{amu}$$

주기율표상의 원자 질량은 **평균**(average) 원자 질량이기 때문에, 이러한 식으로 결정된 결과는 때때로 **분자량**(molecular weight)이라고 불리는 **평균**(average) 분자 질량이다.

이온 결합 화합물은 **분자**(molecular) 질량을 갖지는 않지만, 실험식을 이용하여 **화학식 질량**(formula mass)("화학식 단위"의 질량)을 결정할 수 있다. 이것은 **화학식량**(formula weight)으로도 불린다.

예제 5.12는 분자 질량과 화학식 질량을 결정하는 방법을 보여 준다.

### 예제 5.12

다음 각 화합물에 대해서 분자 질량 또는 화학식 질량을 계산하시오.

(a) 프로페인, $C_3H_8$ (b) 수산화 리튬, LiOH (c) 아세트산 바륨, $Ba(C_2H_3O_2)_2$

**전략** 모든 원자 질량을 합산하여 각 분자 화합물에 대해서는 분자 질량을, 그리고 각 이온 결합 화합물에 대해서는 화학식 질량을 결정한다.

**계획** 각 화합물의 화학식을 이용하여 존재하는 각 원소의 원자수를 결정한다. 프로페인 분자는 3개의 C 원자와 8개의 H 원자를 포함한다. (b)와 (c)의 화합물들은 이온성이므로 분자 질량보다는 화학식 질량을 가질 것이다. 수산화 리튬의 화학식 단위는 1개의 Li 원자, 1개의 O 원자 및 1개의 H 원자를 포함한다. 아세트산 바륨의 화학식 단위는 1개의 Ba 원자, 4개의 C 원자, 6개의 H 원자 및 4개의 O 원자를 포함한다.(괄호 뒤에 있는 아래 첨자는 2개의 아세트산 이온이 있으며 그 각각은 2개의 C 원자, 3개의 H 원자 및 2개의 O 원자를 포함하고 있다는 것을 의미한다.)

**풀이** 각 화합물에 대해 원자수에 각 원소의 원자 질량을 곱한 다음 계산된 값을 합산한다.

(a) 프로페인의 분자 질량은 3(12.01 amu)+8(1.008 amu)=44.09 amu이다.

(b) 수산화 리튬의 화학식 질량은 6.941 amu+16.00 amu+1.008 amu=23.95 amu이다.

(c) 아세트산 바륨의 화학식 질량은 137.3 amu+4(12.01 amu)+6(1.008 amu)+4(16.00 amu)=255.4 amu이다.

### 생각해 보기

각 화합물에 대해 원자의 수를 정확하게 세었는지 그리고 주기율표에서 적합한 원자 질량을 사용했는지 다시 확인해 본다.

**유제 1** 다음 각 화합물의 분자 질량 또는 화학식 질량을 계산하시오.

(a) 탄산 칼슘($CaCO_3$) (b) 아질산($HNO_2$) (c) 황화 암모늄[$(NH_4)_2S$]

**유제 2** 다음 그림에 제시된 분자 모형으로부터 카페인과 이부프로펜의 분자 질량을 결정하시오.

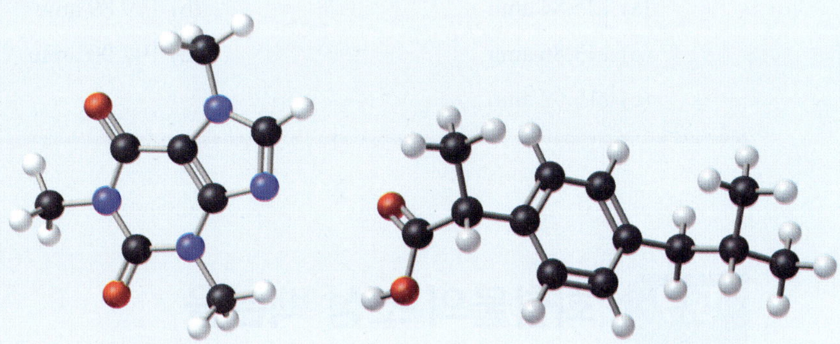

카페인 이부프로펜

## 5.8절 복습

### 분자 질량과 화학식 질량

**5.8.1** 구연산($H_3C_6H_5O_7$)의 분자 질량을 결정하시오.

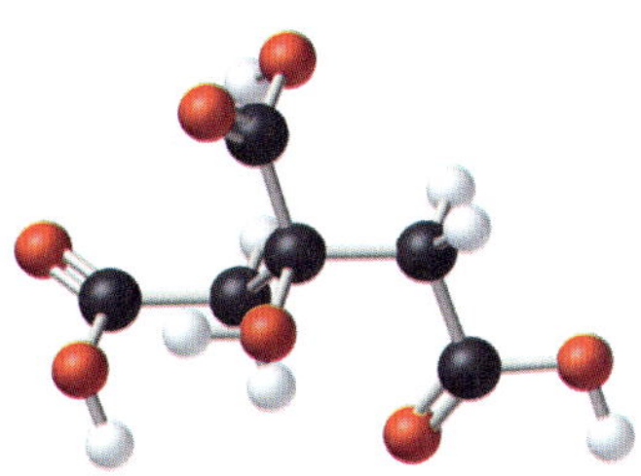

구연산(citric acid)

(a) 192.12 amu (b) 189.10 amu
(c) 132.07 amu (d) 29.02 amu
(e) 89.07 amu

**5.8.2** 구연산 칼슘[$Ca_3(C_6H_5O_7)_2$]의 화학식 질량을 결정하시오.
(a) 309.34 amu (b) 69.10 amu
(c) 229.18 amu (d) 498.44 amu
(e) 418.28 amu

**5.8.3** 과염소산의 분자 질량을 결정하시오.
(a) 52.46 amu (b) 68.46 amu
(c) 84.46 amu (d) 100.46 amu
(e) 116.46 amu

**5.8.4** 크로뮴산 철(III)의 화학식 질량을 결정하시오.
(a) 171.84 amu (b) 459.67 amu
(c) 399.52 amu (d) 403.83 amu
(e) 759.65 amu

**5.8.5** 염화 망가니즈(II) 사수화물의 화학식 질량을 결정하시오.
(a) 125.84 amu (b) 179.89 amu
(c) 143.86 amu (d) 197.90 amu
(e) 215.92 amu

## 5.9 화합물의 조성 백분율

**참조**

종종 질량 조성 백분율과 조성 백분율(percent composition)이란 용어는 동일한 의미로 사용된다. 이 책에서 달리 명시되지 않는 한, 조성 백분율은 질량 조성 백분율을 의미한다.

화합물의 화학식은 화합물 단위의 각 원소의 원자수를 나타낸다. 분자식 또는 실험식을 통해 화합물의 각 원소가 차지하는 전체 질량의 백분율을 계산할 수 있다. 어떤 화합물의 각 원소의 질량 백분율에 대한 목록은 그 화합물의 **질량 조성 백분율(percent composition by mass)**로 알려져 있다. 조성 백분율은 화합물 단위 내 각 원소의 질량을 화합물의 분자 질량 또는 화학식 질량으로 나눈 다음 100%를 곱하여 계산된다. 수학적으로 화합물에 대한 원소의 조성 백분율은 다음과 같이 나타낼 수 있다.

$$\text{원소의 질량 백분율} = \frac{n \times \text{원소의 원자 질량}}{\text{화합물의 분자 질량 또는 화학식 질량}} \times 100\% \qquad \textbf{식 5.1}$$

여기서 $n$은 분자 또는 화합물의 화학식 단위에 있는 원소의 원자수이다. 예를 들어, 과산화 수소($H_2O_2$) 분자에는 2개의 H 원자와 2개의 O 원자가 있다. H와 O의 원자 질량은 각각 1.008과 16.00 amu이므로 $H_2O_2$의 분자 질량은 34.02 amu이다. 따라서 $H_2O_2$의 조성 백분율은 다음과 같이 계산된다.

$$\%H = \frac{2 \times 1.008 \text{ amu H}}{34.02 \text{ amu } H_2O_2} \times 100\% = 5.926\%$$

$$\%O = \frac{2 \times 16.00 \text{ amu O}}{34.02 \text{ amu } H_2O_2} \times 100\% = 94.06\%$$

백분율의 합은 5.926%+94.06%=99.99%이다. 100%와의 작은 불일치는 원소의 원자 질량의 반올림 처리 때문이다. 이 계산에 과산화 수소(HO)의 **실험**(empirical)식을 마찬가지로 사용할 수 있다. 이 경우 **실험식 질량**(empirical formula mass), 즉 분자 질량 대신 원자 질량 단위의 실험식 질량을 사용할 수도 있다. $H_2O_2$의 실험식 질량(HO의 질량)은 17.01 amu이다.

$$\%H = \frac{1.008 \text{ amu H}}{17.01 \text{ amu } H_2O_2} \times 100\% = 5.926\%$$

$$\%O = \frac{16.00 \text{ amu O}}{17.01 \text{ amu } H_2O_2} \times 100\% = 94.06\%$$

분자식과 실험식 모두 화합물의 조성을 알려 주기 때문에 둘 다 동일한 질량 조성 백분율을 제공한다.

예제 5.13은 질량 조성 백분율을 계산하는 방법을 보여 준다.

## 예제 5.13

탄산 리튬($Li_2CO_3$)은 양극성 장애로 알려진 조증 및 조울증 치료제로, FDA 승인을 받은 최초의 "기분 안정제" 약물이었다. 탄산 리튬의 질량 조성 백분율을 계산하시오.

**전략** 식 5.1을 이용하여 화합물의 각 원소가 기여하는 질량 백분율을 결정한다.

**계획** 탄산 리튬은 Li, C 및 O를 포함하는 이온 결합 화합물이다. 화학식 단위에는 원자 질량이 각각 6.941, 12.01 및 16.00 amu인 2개의 Li 원자, 1개의 C 원자와 3개의 O 원자가 있다. $Li_2CO_3$의 화학식 질량은 2(6.941 amu)+12.01 amu+3(16.00 amu)=73.89 amu이다.

**풀이** 각 원소에 대해 원자수를 원자 질량에 곱하고, 화학식 질량으로 나눈 다음 100%를 곱한다.

$$\%Li = \frac{2 \times 6.941 \text{ amu Li}}{73.89 \text{ amu } Li_2CO_3} \times 100\% = 18.79\%$$

$$\%C = \frac{12.01 \text{ amu C}}{73.89 \text{ amu } Li_2CO_3} \times 100\% = 16.25\%$$

$$\%O = \frac{3 \times 16.00 \text{ amu O}}{73.89 \text{ amu } Li_2CO_3} \times 100\% = 64.96\%$$

### 생각해 보기

화합물에 대한 조성 백분율 결과의 합이 약 100인지 확인해 본다. [이 경우 결과는 정확하게 100%(=18.79%+16.25%+64.96%)이다. 그러나 반올림으로 인해 백분율의 합은 약간 더 클 수도, 작을 수도 있다.]

**유제 1** 화합물의 분자 질량이 58.08 amu이고 질량 백분율이 탄소 62.04%, 수소 10.41% 및 산소 27.55%인 화합물에 대한 가장 간단한 분자식을 결정하시오.

**유제 2** 타이레놀(Tylenol)과 같이 처방전 없이 구입할 수 있는 통증 완화제의 활성 성분인 아세트 아미노펜(acetaminophen)의 질량 조성 백분율을 결정하시오.

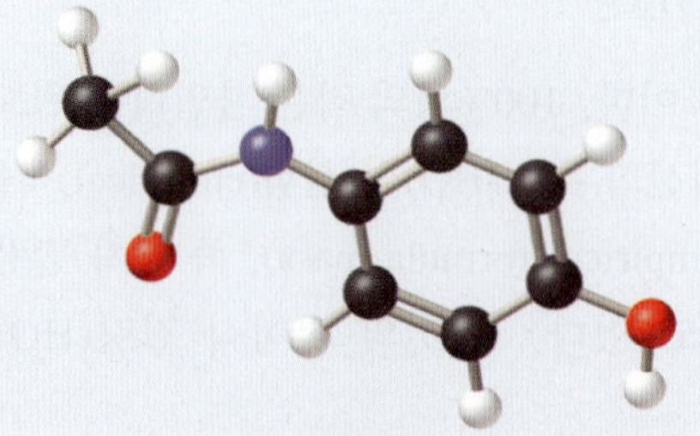

아세트아미노펜

## 5.9절 복습

**화합물의 조성 백분율**

**5.9.1** 다음 중 아스피린($C_9H_8O_4$)의 질량 조성 백분율은 어느 것인가?

(a) C 44.26%, H 3.28%, O 52.46%
(b) C 60.00%, H 4.47%, O 35.53%
(c) C 41.39%, H 3.47%, O 55.14%
(d) C 42.86%, H 6.35%, O 50.79%
(e) C 42.86%, H 38.09%, O 19.05%

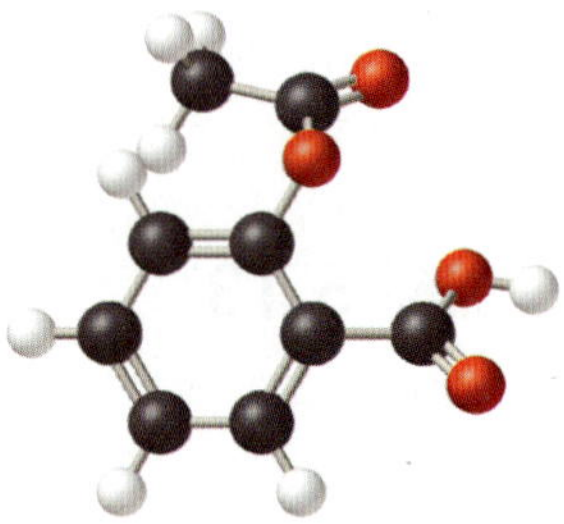

아스피린

**5.9.2** 다음 중 중탄산 소듐($NaHCO_3$)의 질량 조성 백분율은 어느 것인가?

(a) Na 20.89%, H 2.75%, C 32.74%, O 43.62%
(b) Na 44.20%, H 1.94%, C 23.09%, O 30.76%
(c) Na 21.28%, H 0.93%, C 33.35%, O 44.43%
(d) Na 24.20%, H 2.94%, C 22.74%, O 50.12%
(e) Na 27.37%, H 1.20%, C 14.30%, O 57.14%

# 5.10 몰질량

**참조**

몰수는 입자(원자, 분자 또는 이온)의 수를 지정하기 때문에, 환산 인자로 몰질량을 사용하면 실제로 시료의 무게를 측정하여 물질 시료의 입자 수를 계산할 수 있다.

화학자들은 종종 특정 몰비로 물질을 결합하기를 원하지만, 물질 시료에서 몰수를 측정하는 직접적인 방법은 없다. 대신 화학자들은 질량을 측정하여 몇 몰의 물질이 있는지를 결정한다(일반적으로 그램 단위). 그런 다음 물질의 몰질량을 이용하여 그램을 몰로 변환한다.

한 물질의 **몰질량**(molar mass, $\mathscr{M}$)은 물질 1몰의 그램 단위의 질량이다. 정의에 의해, 탄소-12의 몰질량은 정확히 12 g이다. 탄소의 몰질량은 그것의 원자 질량과 수치로는 같다. 마찬가지로, 칼슘의 원자 질량은 40.08 amu이고 몰질량은 40.08 g, 소듐 원자 질량은 22.99 amu이며 몰질량은 22.99 g이다. 일반적으로 원소의 몰질량(그램)은 원자 질량 단위의 원자 질량과 수치가 같다. 어떤 화합물이든지 그 몰질량(그램)은 분자 질량 또는 화학식 질량(amu)과 수치가 같다. 예를 들어, 물의 몰질량은 18.02 g이고, 염화 소듐(NaCl)의 몰질량은 58.44 g이다.

1 amu $= 1.661 \times 10^{-24}$ g임을 기억해 보자[|◀◀ 1.2절]. 이것은 아보가드로 수(Avogadro's num- ber)의 역수이다. 달리 표현하자면 1 g $= 6.022 \times 10^{23}$ amu이다. 사실, 1그램에는 1몰의 원자 질량 단위가 있다.

산소 및 수소와 같은 원소의 몰질량을 표현할 때, 원소의 어떤 형태를 의미하는지를 명심해야 한다. 예를 들어, 원소 산소는 주로 이원자 분자($O_2$)로 존재한다. 따라서 1몰의 산소를 말할 때 $O_2$의 산소를 의미한다면, 분자 질량은 32.00 amu이고 몰질량은 32.00 g이다. 반면 1몰의 원자 **산소**(O)를 의미한다면, 몰질량은 16.00 g이며, 이는 수치로 O(16.00 amu)의 원자 질량과 동일하다. 다음 예에서 볼 수 있듯이 문맥으로부터 어떤 형태의 원소를 의도하는지 알 수 있어야 한다.

| 문맥 | 산소 형태 | 몰질량 |
|---|---|---|
| 물을 생성하기 위해 수소 2몰과 반응하는 산소는 몇 몰인가? | $O_2$ | 32.00 g |
| 물 1몰에는 몇 몰의 산소가 있는가? | O | 16.00 g |
| 공기는 대략 21%가 산소이다. | $O_2$ | 32.00 g |
| 많은 유기 화합물은 산소를 포함한다. | O | 16.00 g |

**몰질량**(molar mass)이라는 용어는 적당한 단위를 단순히 그램(g)으로 물질 1몰의 질량을 지정하지만, 일반적으로 몰과 관련된 계산을 용이하게 하기 위해 몰당 질량(g/mol) 단위로 몰질량을 표현한다.

## 질량, 몰수 및 입자 수의 상호 변환

몰질량은 질량($m$)에서 몰수($n$)로 변환하거나 혹은 그 반대로 변환하는 데 사용되는 환산 인자(conversion factor)이다. 아보가드로의 수($N_A$)를 사용하여 몰수에서 입자 수($N$)로 또는 그 역으로도 변환할 수 있다. 여기서 **입자**(particle)는 원자, 분자, 이온 또는 화학식 단위를 말한다. 그림 5.8은 이러한 변환과 관련된 처리를 요약한 것이다.

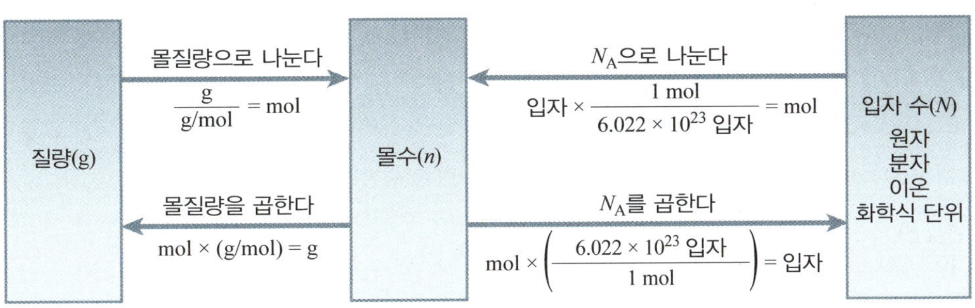


**그림 5.8** 질량, 몰수 및 입자 수 사이의 변환에 대한 순서도

예제 5.14와 5.15는 이러한 변환이 어떻게 되는지를 보여 준다.

## 예제 5.14

(a) 이산화 탄소 10.00 g에서 $CO_2$의 몰수와 (b) 염화 소듐 0.905몰의 질량을 결정하시오.

**전략** 몰질량을 사용하여 질량에서 몰로 변환하고, 몰에서 질량으로 변환한다.

**계획** 이산화 탄소의 몰질량은 44.01 g/mol이다. 화합물의 몰질량은 수치로는 화학식 질량과 같다. 염화 소듐(NaCl)의 몰질량은 58.44 g/mol이다.

**풀이** (a) $10.00\ \text{g CO}_2 \times \dfrac{1\ \text{mol CO}_2}{44.01\ \text{g CO}_2} = 0.2272\ \text{mol CO}_2$

(b) $0.905\ \text{mol NaCl} \times \dfrac{58.44\ \text{g NaCl}}{1\ \text{mol NaCl}} = 52.9\ \text{g NaCl}$

### 생각해 보기

몰질량이 환산 인자로 사용될 때 실수가 자주 발생할 수 있으므로 이와 같은 문제의 단위 상쇄는 항상 재확인한다. 또한 결과가 타당한지도 확인해 본다. 두 경우 모두, 몰질량보다 작은 질량은 1몰 미만의 물질에 해당한다.

**유제 1** 59.8 g의 질산 소듐($NaNO_3$)에서 몰수를 결정하시오.

**유제 2** A($\mathscr{M}$=43 g/mol), B($\mathscr{M}$=75 g/mol) 및 C($\mathscr{M}$=58 g/mol)의 3가지 다른 화합물 50 g짜리 시료들을 생각해 보자. 어떤 시료가 가장 큰 몰수를 포함하는가? 어떤 시료가 가장 작은 몰수를 포함하는가?

## 예제 5.15

(a) 물 3.26 g에서 물 분자의 수와 H 및 O 원자의 수를 결정하시오.
(b) 이산화 탄소 분자 $7.92\times10^{19}$개의 질량을 결정하시오.

**전략** 몰질량과 아보가드로 수를 사용하여 질량을 분자수로 또는 그 역으로 변환한다. H와 O 원자의 수를 결정하기 위해 물의 분자식을 이용한다.

**계획** (a) 물의 질량 3.26 g에 대해서 몰질량(18.02 g/mol)을 이용하여 물의 몰수로 변환시킨다. 몰수로부터 아보가드로 수를 이용하여 물 분자의 수로 변환한다. (b)에서 (a)의 과정을 거꾸로 하여 분자수에서 이산화 탄소 질량으로 바꾸어 놓는다.

**풀이** (a) $3.26\ \text{g H}_2\text{O} \times \dfrac{1\ \text{mol H}_2\text{O}}{18.02\ \text{g H}_2\text{O}} \times \dfrac{6.022\times10^{23}\ \text{H}_2\text{O 분자}}{1\ \text{mol H}_2\text{O}} = 1.09\times10^{23}\ \text{H}_2\text{O 분자}$

분자식을 사용하여 $H_2O$ 3.26 g에 있는 H와 O 원자의 수를 다음과 같이 결정할 수 있다.

$$1.09\times10^{23}\ \text{H}_2\text{O 분자} \times \frac{2\ \text{H 원자}}{1\ \text{H}_2\text{O 분자}} = 2.18\times10^{23}\ \text{H 원자}$$

$$1.09\times10^{23}\ \text{H}_2\text{O 분자} \times \frac{1\ \text{O 원자}}{1\ \text{H}_2\text{O 분자}} = 1.09\times10^{23}\ \text{O 원자}$$

(b) $7.92\times10^{19}\ \text{CO}_2\ \text{분자} \times \dfrac{1\ \text{mol CO}_2}{6.022\times10^{23}\ \text{CO}_2\ \text{분자}} \times \dfrac{44.01\ \text{g CO}_2}{1\ \text{mol CO}_2} = 5.79\times10^{-3}\ \text{g CO}_2$

**생각해 보기**

다시 한번 단위의 상쇄를 주의 깊게 확인하고 결과의 크기가 합리적인지 확인해 본다.

**유제 1** $SO_3$ 분자 12.3몰의 질량을 계산하시오.

**유제 2** 바닐라빈 추출물의 주성분인 바닐린(vanillin) 3.82몰의 C, H 및 O 원자수를 결정하시오.

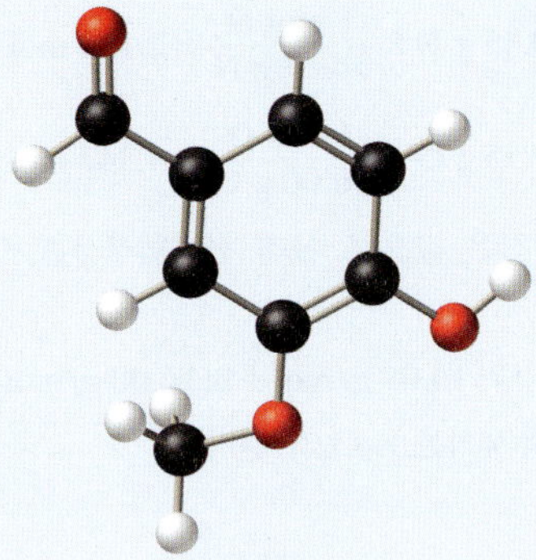

바닐린

## 조성 백분율로부터 실험식 및 분자식의 결정

5.9절에서 화학식(분자식 또는 실험식)을 이용하여 질량 조성 백분율을 결정하는 법을 배웠다. 몰 및 몰질량의 개념과 함께, 이제 우리는 실험적으로 결정된 조성 백분율을 이용하여 화합물의 실험식 또는 분자식을 결정할 수 있다.

**참조**

계산된 값과 실험적으로 결정된 조성 백분율을 비교하여 화합물의 순도를 검증할 수 있다. 조성 백분율을 결정하는 데 사용된 실험적 방법 중 하나를 8장에서 다룰 것이다.

실험식은 분자 내의 원자 조합의 비율만을 제공하므로 동일한 실험식을 가진 수많은 화합물이 있을 수 있다. 그러나 화합물의 대략적인 몰질량을 알면, 우리는 실험식으로부터 분자식을 구할 수 있다. 예를 들어, 글루코스의 몰질량은 약 180 g이다. $CH_2O$의 실험식 질량은 약 30 g[12.01 g+2(1.008 g)+16.00 g]이다. 분자식을 결정하기 위해 먼저 몰질량을 실험식 질량으로 나눈다: 180 g/30 g=6. 이것은 글루코스 분자당 6개의 실험식 단위가 있음을 말해 준다. 각 아래 첨자에 6을 곱해서(아무것도 없을 때 아래 첨자는 1로 이해된다) 분자식인 $C_6H_{12}O_6$를 얻는다.

예제 5.16은 조성 백분율과 대략적인 몰질량으로부터 화합물의 실험식과 분자식을 결정하는 방법을 보여 준다.

## 예제 5.16

질량 백분율이 질소 30.45%와 산소 69.55%인 화합물의 실험식을 결정하시오. 이 화합물의 몰질량이 약 92 g/mol일 때, 분자식을 결정하시오.

**전략** 문제에서 주어진 질소와 산소의 질량 백분율이 화합물의 N과 O의 질량에 해당하도록 100 g 시료를 가정한다. 그런 다음, 적절한 몰질량을 이용하여 각 원소의 그램을 몰수로 변환한다. 결과값을 실험식의 아래 첨자로 사용하여 최종 답안에 그 아래 첨자를 가능한 가장 작은 정수로 줄인다. 분자식을 계산하려면 먼저 문제에 주어진 몰질량을 실험식량으로 나눈다. 그런 후, 실험식의 아래 첨자에 나눈 값을 곱하여 분자식의 아래 첨자를 얻는다.

**계획** N과 O로 구성된 화합물의 실험식은 $N_xO_y$이다. N 및 O의 몰질량은 각각 14.01 g/mol 및 16.00 g/mol이다. 질소 30.45%와 산소 69.55%인 화합물 100 g은 N 30.45 g과 O 69.55 g을 포함한다.

**풀이**

$$30.45\ \cancel{\text{g N}} \times \frac{1\ \text{mol N}}{14.01\ \cancel{\text{g N}}} = 2.173\ \text{mol N}$$

$$69.55\ \cancel{\text{g O}} \times \frac{1\ \text{mol O}}{16.00\ \cancel{\text{g O}}} = 4.347\ \text{mol O}$$

이것은 화학식 $N_{2.173}O_{4.347}$이다. 두 아래 첨자 중 작은 값으로 아래 첨자들을 나누면 가능한 한 작은 정수(2.173/2.173=1, 4.347/2.173≈2)를 얻게 되고 실험식은 $NO_2$가 된다.

마지막으로 대략적인 몰질량(92 g/mol)을 실험식량[14.01 g/mol+2(16.00 g/mol)=46.01 g/mol]으로 나누면 92/46.01≈2이다. 그런 다음, 실험식의 두 아래 첨자에 2를 곱하면 분자식은 $N_2O_4$가 된다.

### 생각해 보기

예제 5.13에 설명된 방법을 사용하여 분자식 $N_2O_4$의 조성 백분율을 계산하고 이 문제에서 주어진 것과 동일한지 확인해 본다.

**유제 1** C가 89.9%이고 H가 10.1%인 화합물의 실험식을 결정하시오. 몰질량이 약 120 g/mol이면 분자식은 무엇인가?

**유제 2** 질량 조성 백분율에 의하면 어떤 화합물이 C와 H만을 포함하며 C의 백분율이 H의 4배인 것으로 밝혀졌다. 또한 화합물의 분자량은 실험식량의 두 배이다. 이 화합물의 분자식을 결정하시오.

## 5.10절 복습

### 몰질량

**5.10.1** 이산화 황($SO_2$) 30.1 g에 얼마나 많은 분자가 있는가?

(a) $1.81 \times 10^{25}$ (b) $2.83 \times 10^{23}$ (c) $6.02 \times 10^{23}$
(d) $1.02 \times 10^{24}$ (e) $5.00 \times 10^{-23}$

**5.10.2** 암모니아($NH_3$) 6.50 g에 몇 몰의 수소가 있는가?

(a) 0.382 mol (b) 1.39 mol (c) 0.215 mol
(d) 1.14 mol (e) 2.66 mol

**5.10.3** 조성 백분율이 C 92.3%, H 7.7%인 화합물의 실험식을 결정하시오.

(a) CH (b) $C_2H_3$ (c) $C_4H_6$
(d) $C_6H_7$ (e) $C_4H_3$

**5.10.4** 조성 백분율이 C 48.6%, H 8.2% 및 O 43.2%이며 몰질량이 약 148 g/mol인 화합물의 분자식을 결정하시오.

(a) $C_3H_6O_2$ (b) $C_6H_{12}O_4$ (c) $C_8H_4O_3$
(d) $C_5H_8O_5$ (e) $C_4H_4O_6$

# 단원 정리

### 5.1절

- **화합물**(compound)은 둘 이상의 원소로 구성된 물질이다.

### 5.2절

- **루이스 점 기호**(Lewis dot symbol)는 주족 원소의 원자 또는 단원자 이온을 원소 기호 주위에 점(원자가 전자를 의미하는)을 배치하여 나타낸다. 주족 원자들이 하나 이상의 전자를 잃거나 얻어 비활성 기체의 등전자 구조가 된다.

### 5.3절

- **이온 결합 화합물**(ionic compound)은 **이온 결합**(ionic bonding)으로 알려진 정전기력에 의해 결합된 전기적으로 중성 조합의 양이온과 음이온으로 구성된 화합물이다.
- **이성분 화합물**(binary compound)은 두 원소로 구성된다. 이온 결합 화합물은 전형적으로 이성분이며 금속과 비금속으로 이루어져 있다.
- **화학식**(chemical formula 또는 간단히 formula)은 물질의 조성을 나타낸다.
- 양이온과 음이온이 교대로 자리잡는 3차원 배열을 **격자**(lettice)라고 한다. **격자 에너지**(lettice energy)는 이온 결합 화합물 1몰을 기체 상태의 구성 이온으로 분리하는 데 필요한 에너지이다.

### 5.4절

- 양이온은 파생되는 원소의 이름을 사용하여 이름이 정해진다. 양이온의 전하를 확실히 아는 경우에 그 전하는 이름에 지정되지 않는다. 원소가 여러 다른 전하를 가질 수 있는 양이온을 형성할 경우에는 괄호 안에 로마 숫자로 그 전하를 지정한다. 음이온은 비슷하게 명명되지만 그 원소의 끝을 "−**화**(영어로는 −ide)"로 바꾸어 이름 짓는다. 이온 결합 화합물은 명명법을 이용하여 체계적으로 이름이 붙여진다.

### 5.5절

- **루이스 결합 이론**(Lewis theory of bonding)에 따르면, **공유 결합**(covalent bonding)은 원자들이 원자가 전자를 **공유**할 때 발생한다. 분자 내의 원자들과 다원자 이온 내의 원자들은 **공유 결합**(covalent bond)에 의해 결합되어 있다.
- **분자**(molecule)는 2개 이상의 원자로 구성된 전기적으로 중성인 원소나 화합물이다.
- **일정 성분비의 법칙**(law of definite proportions)에 따르면, 어떤 화합물 시료는 동일한 원소를 항상 동일한 질량 비로 포함한다. **배수 비례 법칙**(law of multiple proportions)에 따르면 2개의 원소가 2개 이상의 화합물을 형성할 수 있는 경우, 하나의 질량 비율은 다른 하나의 질량 비율과 작은 정수 관계에 있다.
- 두 개의 원자로 구성된 분자를 **이원자**(diatomic)라고 한다. 이원자 분자는 **동핵**(homonuclear, 한 종류의 원자) 또는 **이핵**(heteronuclear, 두 종류의 원자)일 수 있다. 일반적으로 두 개보다 더 많은 원자를 포함하는 분자를 **다원자**(polyatomic)라고 부른다.
- **분자식**(molecular formula)은 화합물의 분자에 있는 원자들의 정확한 수를 지정한다. **구조식**(structural form−ula)은 물질에서 원자 배열을 보여 준다. 분자는 공−막대(ball−and−stick) 모형 또는 공간 채움(space−filling) 모형 등의 분자 모형을 사용하여 묘사된다.
- **동소체**(allotrope)는 한 원소의 2개 이상의 다른 형태들 중 하나이다.
- **실험식**(empirical formula)은 가능한 한 작은 정수로 화합물 내 원소의 원자 조합 비율을 나타낸다. 화합물의 실험식과 분자식은 동일하거나 다를 수 있다.

### 5.6절

- 분자 화합물은 보통 두 개 이상의 비금속으로 구성된다. 분자 화합물의 명명법은 이온 결합 화합물의 명명법과 유사하지만 종종 여러 가지 가능한 조합이 있기 때문에 숫자(영어에서는 그리스어 접두사)를 사용하여 분자에서 각 종류의 원자수를 지정한다.
- **산**(acid)은 물에 용해될 때 수소 이온을 발생시키는 물질이다. **이온화 가능한 수소 원자**(ionizable hydrogen atom)는 수소 이온($H^+$)이 되기 위해 물에서 제거될 수 있는 것이다.
- **무기 화합물**(inorganic compound)은 일반적으로 탄소를 포함하지 않는 화합물이다. **유기 화합물**(organic compound)은 탄소와 수소를 포함하며 때로 다른 원소와 결합하기도 한다. **탄화수소**(hydrocarbon)는 탄소와 수소만을 포함한다. 가장 간단한 탄화수소는 **알케인**(alkane)이다. **작용기**(func−tional group)는 유기 화합물의 화학적 특성을 결정하는 원자 집단이다.

### 5.7절

- 많은 화학종은 이온 결합과 공유 결합을 모두 포함한다. **다원자 이온**(polyatomic ion)은 공유 결합에 의해 서로 결합된 2개 이상의 원자를 포함하는 이온이다. **산소산 음이온**(oxoanion)은 하나 이상의 산소 원자를 포함하는 다원자 이온이다.

- **산소산**(oxoacid)은 산소산 음이온을 기본으로 하는 산이다. 이온화 가능한 수소 원자가 1개가 있는 산을 **일양성자산**(monoprotic acid)이라고 한다. 이온화 가능한 수소 원자가 하나보다 더 많은 산을 **다양성자산**(polyprotic acid)이라고 한다.
- **수화물**(hydrate)은 화학식에 특정 수의 물 분자가 포함된 화합물이다. 몇 가지 익숙한 화합물이 일반적인 또는 비체계적인 이름으로 알려져 있다.

### 5.8절

- **분자 질량**(molecular mass)은 분자 내의 모든 원자의 질량을 합산하여 계산된다. **분자량**(molecular weight)은 분자 질량의 또 다른 용어이다.
- 이온 결합 화합물의 경우, **화학식 질량**(formula mass) 또는 **화학식량**(formula weight)을 사용한다.
- 분자 질량, 분자량, 화학식 질량 및 화학식량은 원자 질량 단위(amu)로 표시된다.

### 5.9절

- 분자 질량, 화학식 질량 또는 **실험식 질량**(empirical formula mass)을 사용하여 화합물의 **질량 조성 백분율**(percent composition by mass)을 결정할 수 있다. 실험식 질량은 원자 질량 단위(amu)로 표시된다.

### 5.10절

- **몰질량**(molar mass, $\mathscr{M}$)은 일반적으로 그램 단위로 표시되는 물질 1몰의 질량이다. 그램 단위 물질의 몰질량은 원자 질량 단위 물질의 **원자 질량**(atomic mass), **분자 질량**(molecular mass) 또는 **화학식 질량**(formula mass)과 수치적으로 동일하다.
- 몰질량 및 아보가드로 수는 **질량, 몰수 및 입자 수**(원자, 분자, 이온, 화학식 단위 등의)를 상호 변환하는 데 사용될 수 있다.

## 주요 용어

격자(lattice)
격자 에너지(lattice energy)
공유 결합(covalent bond, covalent bonding)
구조식(structural formula)
다양성자산(polyprotic acid)
다원자 분자(polyatomic molecule)
다원자 이온(polyatomic ion)
동소체(allotrope)
동핵(homonuclear)
루이스 결합 이론(Lewis theory of bonding)
루이스 점 기호(Lewis dot symbol)
몰질량(molar mass, $\mathscr{M}$)
무기 화합물(inorganic compound)
배수 비례 법칙(law of multiple proportions)
분자(molecule)
분자량(molecular weight)
분자식(molecular formula)
분자 질량(molecular mass)
산(acid)
산소산(oxoacid)
산소산 음이온(oxoanion)
수화물(hydrate)
실험식(empirical formula)
실험식 질량(empirical formula mass)
알케인(alkane)
유기 화합물(organic compound)
이성분 화합물(binary compound)
이온 결합(ionic bonding)
이온 결합 화합물(ionic compound)
이온화 가능한 수소 원자(ionizable hydrogen atom)
이원자 분자(diatomic molecule)
이핵(heteronuclear)
일양성자산(monoprotic acid)
일정 성분비의 법칙(law of definite proportions)
작용기(functional group)
질량 조성 백분율(percent composition by mass)
탄화수소(hydrocarbon)
화학식(chemical formula, formula)
화학식량(formula weight)
화학식 질량(formula mass)
화합물(compound)

## 주요 식

5.1 $$\text{원소의 질량 백분율} = \frac{n \times \text{원소의 원자 질량}}{\text{화합물의 분자 질량 또는 화학식 질량}} \times 100\%$$

화합물의 화학식(분자식 또는 실험식)을 이용하여 질량 조성 백분율을 계산할 수 있다.

# 주요 내용 이온 결합 화합물: 명명법과 몰질량 결정

이성분 이온 결합 화합물의 명명 과정은 5.4절에 요약된 간단한 절차를 따른다. 다원자 이온을 포함하는 화합물의 명명은 본질적으로 동일한 절차를 따르지만, 일반적인 다원자 이온부터 알아야 한다([◀◀ 표 5.10] 참조). 많은 이온 결합 화합물은 다원자 이온을 포함하기 때문에 그 이온들의 이름, 화학식 및 전하를 쉽게 식별할 수 있을 정도로 아는 것이 중요하다.

1:1 이외의 조합 비율을 갖는 이온 결합 화합물에서, 아래 첨자의 수는 화학식에서 각 이온의 수를 나타내기 위해 사용된다.

예: $CaBr_2$, $Na_2S$, $AlCl_3$, $Al_2O_3$, FeO, $Fe_2O_3$

주족 원소들의 일반적인 이온은 예측할 수 있는 전하를 가지고 있기 때문에 이것들을 포함하는 화합물의 이름을 지정할 때 접두사를 사용하여 수를 나타내는 것이 불필요하다는 것을 기억하자. 따라서 위의 처음 네 가지 예의 이름은 브로민화 칼슘, 황화 소듐, 염화 알루미늄 그리고 산화 알루미늄이다. 마지막 두 개는 전이 금속 이온을 함유하고 있는데, 많은 전이 금속들은 한 개보다 많은 전하를 갖는 것이 가능하다. 이러한 경우, 모호함을 피하기 위해 금속 이온의 전하는 괄호 안에 로마 숫자로 표시된다. 이 두 화합물의 이름은 각각 산화 철(II)과 산화 철(III)이다.

아래 첨자의 수가 다원자 이온에 필요할 때는 이온의 화학식을 먼저 괄호로 묶어야 한다.

예: $Ca(NO_3)_2$, $(NH_4)_2S$, $Ba(C_2H_3O_2)_2$, $(NH_4)_2(SO_4)_2$, $Fe_3(PO_4)_2$, $Co_2(CO_3)_3$
이름: 질산 칼슘, 황화 암모늄, 아세트산 바륨, 황산 암모늄, 인산 철(II), 탄산 코발트(III)

화학식으로 주어진 이온 결합 화합물의 명명 과정은 다음 순서도로 요약될 수 있다.

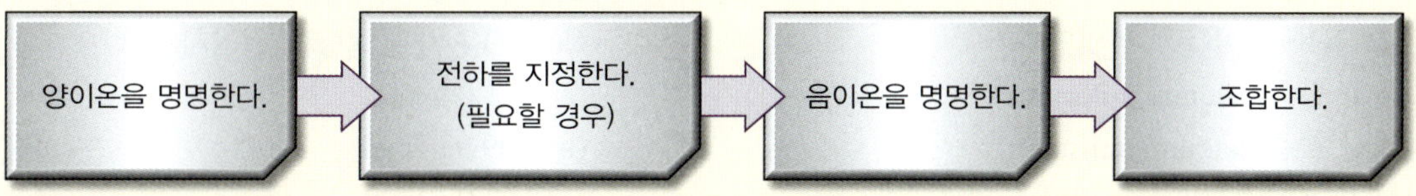


예:

| | | | | |
|---|---|---|---|---|
| $SrI_2$ | 스트론튬 | – | 아이오딘화 | 아이오딘화 스트론튬 |
| CuO | 구리 | (II) | 산화 | 산화 구리(II) |

이름이 주어질 때 이온 결합 화합물의 화학식을 쓸 수 있는 것도 똑같이 중요하다. 다시 말해, 일반적인 다원자 이온에 대한 지식이 중요하다. 이름이 주어진 화합물의 화학식을 쓰는 과정은 다음과 같이 요약된다.

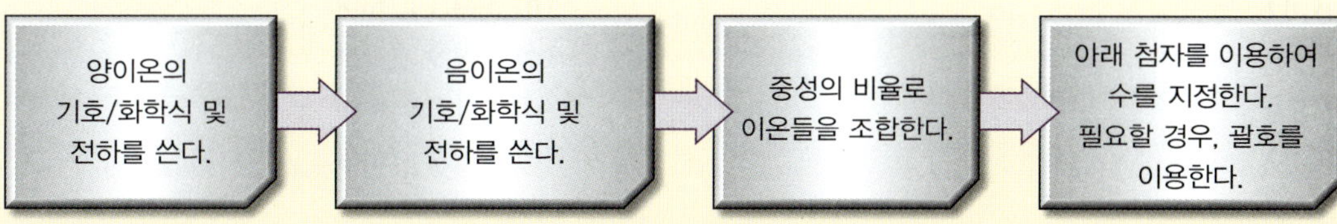


예:

| | | | | |
|---|---|---|---|---|
| 황화 세슘 | $Cs^+$ | $S^{2-}$ | $2Cs^+ + 1S^{2-}$ | $Cs_2S$ |
| 인산 암모늄 | $NH_4^+$ | $PO_4^{3-}$ | $3NH_4^+ + 1PO_4^{3-}$ | $(NH_4)_3PO_4$ |

이온 결합 화합물 또는 어떤 화합물이든지 화학식을 알면 화합물의 몰질량을 결정할 수 있다. 이렇게 하려면, 원자들을 주의 깊게 세는 것이 중요하다. 특히 괄호 안에 다원자 이온을 포함하는 화합물의 경우는 더욱 그러하다. 예를 들어, 화학식 $Ba(C_2H_3O_2)_2$는 바륨 1개, 탄소 4개, 수소 6개, 산소 4개를 갖는다. 몰질량은 다음과 같이 계산된다.

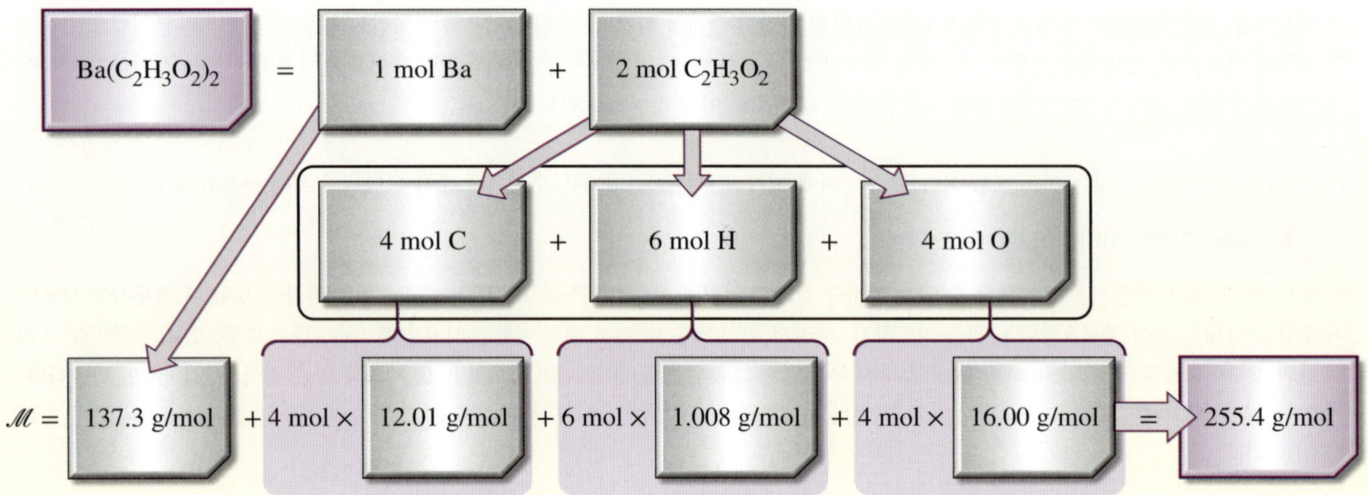


## 주요 내용 문제

**5.1**

$CaSO_4$의 올바른 이름은 무엇인가?

(a) 술폰화 칼슘(calcium sulfoxide)

(b) 아황산 칼슘(calcium sulfite)

(c) 산화 황 칼슘(calcium sulfur oxide)

(d) 황산 칼슘(calcium sulfate)

(e) 사산화 황화 칼슘(calcium sulfide tetroxide)

**5.2**

과염소산 니켈(II)의 올바른 화학식은 무엇인가?

(a) $NiClO_4$

(b) $Ni_2ClO_4$

(c) $Ni(ClO_4)_2$

(d) $NiClO_3$

(e) $Ni(ClO_3)_2$

**5.3**

$Co(NO_2)_2$의 몰질량을 결정하시오.

(a) 151.0 g/mol

(b) 209.9 g/mol

(c) 163.9 g/mol

(d) 119.0 g/mol

(e) 104.0 g/mol

**5.4**

황산 철(III)의 몰질량을 결정하시오.

(a) 151.9 g/mol

(b) 344.1 g/mol

(c) 399.9 g/mol

(d) 271.9 g/mol

(e) 359.7 g/mol

# 종합문제

## 5.2절: 루이스 점 기호

### 개념 문제

5.7 그림 5.1을 참조하지 않고 다음의 원자/이온에 대한 루이스 점 기호를 쓰시오.

(a) Br (b) N (c) I
(d) As (e) F (f) $P_3^-$
(g) $Na^+$ (h) $Mg^{2+}$ (i) $As^{3+}$
(j) $Pb^{2+}$

5.9 원소 X가 다음과 같은 루이스 점 기호를 가진다면 X는 주기율표에서 어느 족에 속하는가?

(a) ·Ẋ· (b) :Ẋ: (c) [:Ẍ:]⁻

## 5.3절: 이온 결합 화합물과 결합

### 개념 문제

5.15 이온 결합은 양이온 $A^+$와 음이온 $B^-$ 사이에서 형성된다. 쿨롱 법칙 $E \propto \frac{Q_1 \times Q_2}{d}$에 따르면, 이온 결합의 에너지가 다음과 같은 변화에 의해서 어떻게 영향을 받는가?

(a) $A^+$의 반지름을 2배로 증가
(b) $A^+$의 전하를 3배로 증가
(c) $A^+$ 및 $B^-$의 전하를 2배로 증가
(d) $A^+$ 및 $B^-$의 반지름을 원래 값의 절반으로 감소

5.17 루이스 점 기호를 사용하여 양이온과 음이온을 형성하는 다음 원자들 사이에서의 전자 이동을 보이시오.

(a) Ba와 O (b) Al과 N

## 5.4절: 이온과 이온 결합 화합물의 명명

### 개념 문제

5.23 다음의 이온 쌍으로부터 형성된 화합물의 화학식 및 이름을 쓰시오.

(a) $K^+$와 $P^{3-}$ (b) $Fe^{3+}$와 $Se^{2-}$
(c) $Ba^{2+}$와 $N^{3-}$ (d) $Ga^{3+}$와 $S^{2-}$

5.25 다음 이온 결합 화합물의 화학식을 쓰시오.

(a) 산화 소듐
(b) 황화 철($Fe^{2+}$ 이온을 포함)
(c) 텔루륨화 코발트($Co^{3+}$와 $Te^{2-}$ 이온을 포함)
(d) 플루오린화 바륨

5.27 다음 화합물을 명명하시오.

(a) $BaH_2$ (b) $K_3N$
(c) ZnO (d) $BaO_2$

5.28 그림에서 다음의 이온 결합 화합물에 해당되는 것을 각각 찾으시오.(초록색 구는 양이온을 나타내고 빨간색 구는 음이온을 나타낸다.)

$Al_2O_3$, LiH, $Na_2S$, $MgCl_2$

(a) (b) (c) (d)

5.29 이온 결합 화합물의 화학식이 주어질 때, 양이온 대 음이온의 정확한 비율을 문제 5.28에서 보이는 것처럼 그리시오.

(a) BaS (b) $CaF_2$
(c) $Mg_3N_2$ (d) $K_2O$

## 5.5절: 공유 결합과 분자

### 개념 문제

5.41 다음 그림 각각에 대해, 화합물 분자를 나타내는지 또는 원소 분자를 나타내는지 결정하시오.

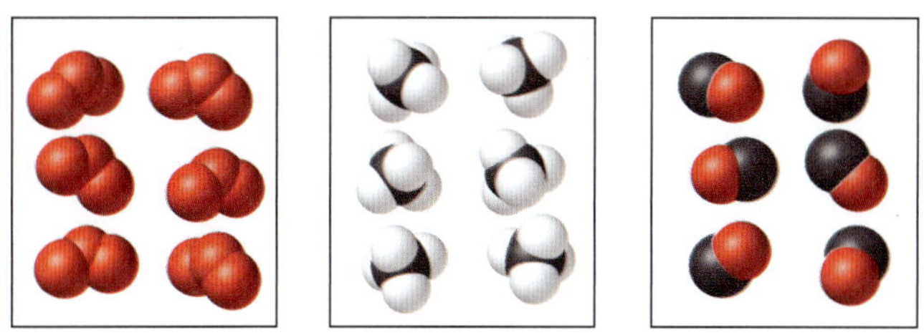

(a) (b) (c)

5.43 다음을 원소 또는 화합물로 구분하시오.

$NH_3$, $N_2$, $S_8$, NO, CO, $CO_2$, $H_2$, $SO_2$

5.45 그림의 두 가지 화합물에 대해 다음 비율을 평가하시오.

$$\frac{\text{파란색 g: 빨간색 1.00 g (오른쪽)}}{\text{파란색 g: 빨간색 1.00 g (왼쪽)}}$$

5.47 다음 화합물의 실험식을 쓰시오.

(a) $C_2H_6$ (b) $C_6H_{12}$ (c) $C_5H_{10}$
(d) $P_4S_6$ (e) $C_2H_6O$

5.49 단백질 합성에 사용되는 아미노산인 알라닌의 분자식을 다음 모형으로부터 쓰시오.

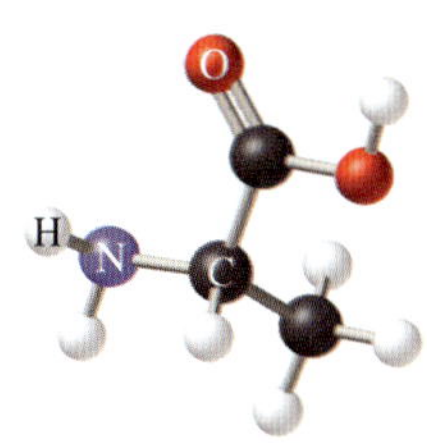

## 5.6절: 분자 화합물의 명명

### 개념 문제

5.55 다음 이성분 분자 화합물을 명명하시오.

(a) $S_2Br_2$ (b) $IF_5$

(c) $P_4O_7$ (d) $Br_2O_3$

5.57 다음 화합물의 분자식과 이름을 쓰시오.

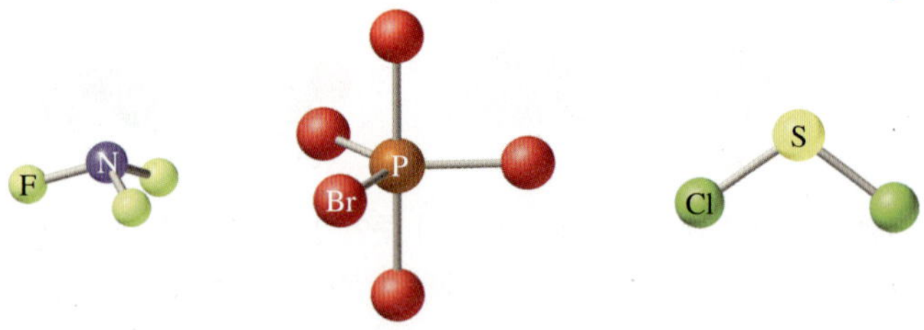


(a) (b) (c)

5.59 여기에 보여지는 분자는 일부 원핵 생물에서 특정 대사 경로에 있는 중간체 중 하나이다. 또한 딸기맛을 담당하는 화합물들 중 하나의 전구체이기도 하다. 이 분자에 있는 작용기를 밝히시오.

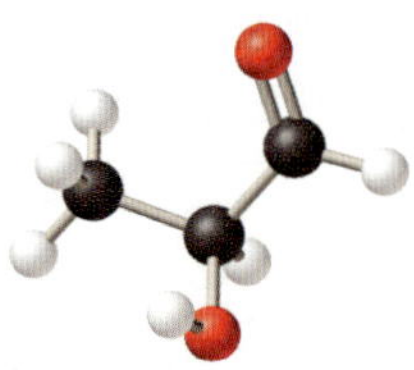

## 5.7절: 이온종에서 공유 결합

### 개념 문제

5.61 다음 화합물을 명명하시오.

(a) $KClO$ (b) $Ag_2CO_3$ (c) $HNO_2$

(d) $KMnO_4$ (e) $CsClO_3$ (f) $KNH_4SO_4$

(g) $Fe(BrO_4)_2$ (h) $K_2HPO_4$

5.63 다음 화합물의 화학식을 쓰시오.

(a) 사이안산 구리(I)[copper(I) cyanide]

(b) 아염소산 스트론튬(strontium chlorite)

(c) 과브로민화 수소산(perbromic acid)

(d) 아이오딘화 수소산(hydroiodic acid)

(e) 인산 암모늄 이소듐(disodium ammonium phosphate)

(f) 탄산 납(II)[lead(II) carbonate]

(g) 아황산 주석(II)[tin(II) sulfite]

(h) 티오사이안산 카드뮴[cadmium thiocyanate]

## 5.8절: 분자 질량과 화학식 질량

### 계산 문제

5.67 다음 각 물질의 분자 질량을 amu 단위로 계산하시오.

(a) $CH_3Cl$ (b) $N_2O_4$ (c) $SO_2$

(d) $C_6H_{12}$ (e) $H_2O_2$ (f) $C_{12}H_{22}O_{11}$

(g) $NH_3$

5.69 다음 각 물질의 분자 질량 또는 화학식 질량을 amu 단위로 계산하시오.

(a) $CH_3Cl$ (b) $N_2O$ (c) $SO_2$

(d) $C_6H_{12}$ (e) $NaBr$ (f) $Cs_2SO_4$

(g) $Ba_3(PO_4)_2$

### 개념 문제

5.71 다음 각 물질의 화학식 질량을 amu 단위로 계산하시오.

(a)

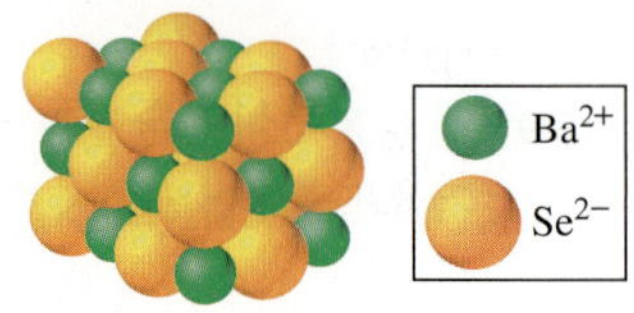


(b)

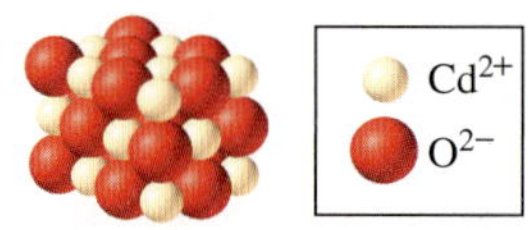


(c)

## 5.9절: 화합물의 조성 백분율

### 계산 문제

5.75 주석(Sn)은 지구의 지각에 $SnO_2$로 존재한다. $SnO_2$에서 Sn과 O의 질량 조성 백분율을 계산하시오.

5.77 치아 법랑질은 $Ca_5(PO_4)_3(OH)$이다. 여기 존재하는 원소들의 조성 백분율을 계산하시오.

### 개념 문제

5.79 여기에 나열된 모든 물질은 질소를 토양에 공급하는 비료이다. 질량 백분율을 기준으로, 이들 중 어느 것이 질소가 가장 풍부한 원료인가?

(a) 요소[$(NH_2)_2CO$]

(b) 질산 암모늄($NH_4NO_3$)

(c) 구아니딘[$HNC(NH_2)_2$]

(d) 암모니아($NH_3$)

## 5.10절: 몰질량

### 계산 문제

5.83 0.372몰의 질량이 152 g인 화합물의 몰질량을 계산하시오.

5.85 글루코스($C_6H_{12}O_6$) 설탕 1.50 g 중의 C, H 및 O 원자 수를 계산하시오.

5.87 페로몬은 많은 곤충 종의 암컷이 교미를 하기 위해 수컷을 유인할 때 분비하는 특수한 화합물이다. 한 페로몬은 분자

식 $C_{10}H_{16}O$를 가지고 있다. 일반적으로 암컷 곤충이 분비하는 이 페로몬의 양은 약 $1.0 \times 10^{-12}$ g이다. 얼마나 많은 분자가 이 양에 포함되어 있는가?

5.89 계피 알코올은 비누, 향수 및 일부 화장품에 상쾌한 향기를 더하기 위해 사용된다. 그 분자식은 $C_9H_{10}O$이다.
(a) 계피 알코올에 있는 C, H 및 O의 질량 조성 백분율을 계산하시오.
(b) 질량 1.028 g의 시료에 얼마나 많은 계피 알코올의 분자가 포함되어 있는가?

5.91 충치 예방을 위해 몇몇 치약에는 플루오린화 주석(II)($SnF_2$)이 첨가된다. 그 화합물 7.10 g에 포함된 F의 질량(g)은 얼마인가?

5.93 독성 학자들은 시험 동물 50%의 치사율을 보이는 체중 kg당 물질 그램수를 묘사하기 위해 $LD_{50}$이라는 용어를 사용한다. 시험 동물과 사람의 $LD_{50}$이 같다고 가정하고 212파운드 남성의 $LD_{50}$ 값 0.018에 해당하는 산화 비소(III) 화학식 단위 수를 계산하시오.

5.95 에퀼린(equilin)은 임신한 암말의 소변에서 추출된 에스트로겐이다. 에퀼린의 조성 백분율은 C 80.56%, H 7.51%, 및 O 11.92%이다. 분자량이 대략 268 g/mol이면 분자식은 무엇인가?

## 개념 문제

5.97 여기에 표시된 비소 함유 화합물 카코딜산(cacodylic acid)은 제초제 "에이전트 블루(Agent Blue)"의 성분 중 하나이다. 카코딜산 7.11몰의 질량(g)을 구하시오.

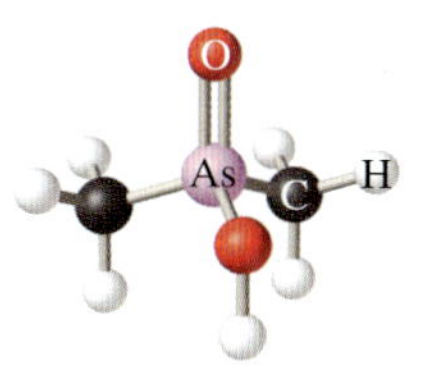


## 추가 문제

5.99 산화 칼슘의 화학식은 CaO이다. 산화 소듐과 산화 스트론튬의 화학식은 무엇인가?

5.101 "NaCl 4개의 분자"라는 문구에서 잘못되었거나 모호한 것은 무엇인가?

5.103 다음 중 어느 것이 원소이고, 어느 것이 화합물이 아닌 분자이고, 어느 것이 분자가 아닌 화합물이고, 또 어느 것이 분자이면서 화합물인가?

(a) $SO_2$ (b) $S_8$ (c) Cs
(d) $N_2O_5$ (e) O (f) $O_2$
(g) $O_3$ (h) $CH_4$ (i) KBr
(j) S (k) $P_4$ (l) LiF

5.105 에테인 및 아세틸렌은 두 개의 기체상 탄화수소이다. 화학 분석 결과에 의하면 한 에테인 시료는 탄소 2.65 g과 수소 0.665 g이 결합되어 있으며, 아세틸렌의 한 시료는 탄소 4.56 g과 수소 0.383 g이 결합되어 있다.
(a) 이러한 결과는 배수 비례 법칙과 일치하는가? 설명하시오.
(b) 이들 화합물에 대한 타당한 분자식을 쓰시오.

5.107 다음 중 어느 것이 가장 이온성이 높은가? 또 어느 것이 가장 분자성이 높은가?

$SiCl_4$, LiF, $BaCl_2$, $B_2H_6$, KCl, $C_2H_4$

5.109 3주기 원소들의 플루오린화물에 대한 화학식은 NaF, $MgF_2$, $AlF_3$, $SiF_4$, $PF_5$, $SF_6$ 및 $ClF_3$이다. 각 화합물을 공유 결합 또는 이온 결합으로 분류하시오.

5.111 빈칸에 알맞은 정보를 채워서 표를 완성하시오.

| 양이온 | 음이온 | 화학식 | 이름 |
|---|---|---|---|
| | | | 중탄산 마그네슘 |
| | | $SrCl_2$ | |
| $Fe^{3+}$ | $NO_2^-$ | | |
| | | | 염소산 망가니즈(II) |
| | | $SnBr_4$ | |

5.112 여기에 제시된 화합물의 분자식 및 실험식을 결정하시오. (검은색 구는 탄소이고 흰색 구는 수소이다.)

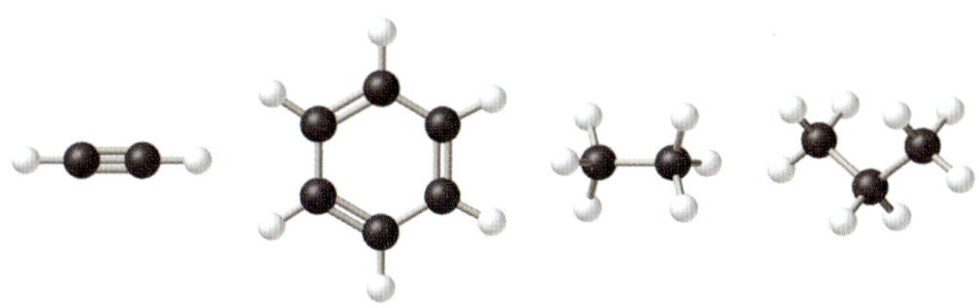

(a) (b) (c) (d)

5.113 문제 5.112에 나와 있는 네 가지 화합물의 질량을 탄소의 질량 백분율이 증가하는 순서로 순위를 매기시오.

5.115 다음 원소의 각 쌍에 대해, 그들이 형성하는 이성분 화합물이 이온성 또는 공유성인지 기술하시오. 화합물의 실험식과 이름을 쓰시오.
(a) B와 F (b) K와 Br

5.117 여기에 표시된 아이소플루레인(isoflurane)은 일반적인 흡입 마취제이다. 분자식을 쓰고 몰질량을 계산하시오. 3.82 g에는 아이소플루레인이 몇 몰 있는가?

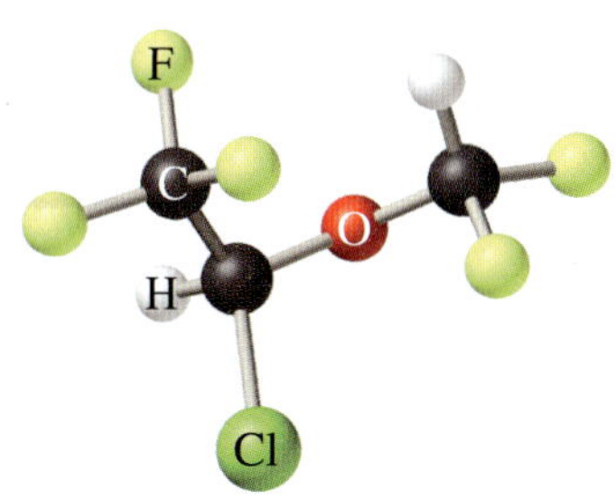


5.119 다음을 형성하기 위해 C 0.212몰과 결합해야 하는 O는 몇 몰인가?

(a) CO (b) $CO_2$

5.121 다음 중 어느 것이 이온 결합 화합물이고 어느 것이 공유 결합 화합물인가?

$RbCl$, $PF_5$, $BrF_3$, $KO_2$, $Cl_4$

5.123 몰리브덴산 알루미늄의 화학식은 $Al_2(MoO_4)_3$이다. 몰리브덴산 마그네슘의 화학식은 무엇인가?

5.125 다음 중 어느 것이 더 큰 질량을 가지는가?

$O_2$ 0.72 g 또는 엽록소($C_{55}H_{72}MgN_4O_5$) 0.0011몰

5.127 특정 화합물 1몰은 수소 원자 $6.02 \times 10^{23}$개, 염소 35.45 g 및 산소 64.0 g을 포함하고 있는 것으로 나타났다. 이 화합물의 화학식을 결정하시오.

5.129 겨자 가스($C_4H_8Cl_2S$)는 제1차 세계대전에서 사용되었으며 이후에 금지된 유독 가스이다. 이 가스는 신체 조직 전반에서 파괴를 일으키며, 큰 수포를 형성한다. 또한 효과적인 해독제도 없다. 겨자 가스에 포함된 원소의 질량 백분율을 계산하시오.

5.131 헤모글로빈($C_{2952}H_{4664}N_{812}O_{832}S_8Fe_4$)은 혈액 내 산소 운반체이다.

(a) 헤모글로빈의 몰질량을 계산하시오.

(b) 성인의 평균 혈액량은 약 5.0 L이다. 혈액 1 mL당 약 $5.0 \times 10^9$개의 적혈구가 있고 모든 적혈구에는 약 $2.8 \times 10^8$개의 헤모글로빈 분자가 있다. 보통의 성인에게 있는 헤모글로빈 분자들의 질량을 그램 단위로 계산하시오.

5.133 다음의 각 화합물에 있는 양이온과 음이온의 수를 계산하시오.

(a) KBr 8.38 g

(b) $Na_2SO_4$ 5.40 g

(c) $Ca_3(PO_4)_2$ 7.45 g

5.135 최대 질량의 염소를 포함하고 있는 물질은 다음 중 어느 것인가?

(a) $Cl_2$ 5.0 g (b) $NaClO_3$ 60.0 g

(c) KCl 0.10몰 (d) $MgCl_2$ 30.0 g

(e) $Cl_2$ 0.50몰

5.137 공기는 많은 기체들의 혼합물이기 때문에 몰질량을 가지지 않는다. 그러나 각 성분의 가중 평균으로 유효 몰질량을 계산할 수 있다. 그렇게 하기 위해 질소, 산소 및 아르곤의 세 가지 주요 성분만을 고려할 필요가 있다. 해수면에서 1몰의 공기가 질소 78.08%, 산소 20.95%, 아르곤 0.97%로 구성되어 있다고 가정하면 공기의 유효 몰질량은 얼마인가?

## 유제 해답

**5.1** ❶ (a) 2− (b) + (c) 3− **5.2** ❶ NaF < MgO < AlN
**5.3** ❶ (a) 브로민화 알루미늄(aluminum bromide) (b) 셀렌화 루비듐(rubidium selenide) (c) 질화 구리(II) (copper(II) nitride)
**5.4** ❶ (a) $Fe_2S_3$ (b) $HgI_2$ (c) $K_2S$

**5.5** ❶ (a)  (b) 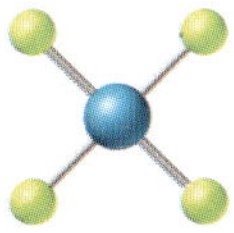 **5.6** ❶ (a)

**5.7** ❶ (a) 이산화 염소(chlorine dioxide) (b) 사염화 탄소(carbon tetrachloride) **5.8** ❶ (a) $SO_3$ (b) $S_2F_{10}$ **5.9** ❶ (a) $K_2Cr_2O_7$ (b) $Li_2C_2O_4$ (c) $Cu(NO_3)_2$ **5.10** ❶ (a) 아이오딘산(iodic acid) (b) 크로뮴산 수소 이온(hydrogen chromate ion) (c) 옥살산 수소 이온(hydrogen oxalate ion) **5.11** ❶ $H_2CrO_4$ **5.12** ❶ (a) 100.09 amu (b) 47.02 amu (c) 68.15 amu **5.13** ❶ $C_3H_6O$ **5.14** ❶ 0.704 몰 **5.15** ❶ 985 g **5.16** ❶ $C_3H_4$; $C_9H_{12}$

## 절 복습

**5.2.1** ·S̈i· **5.2.2** [:B̈r:]⁻ **5.2.3** d **5.2.4** e **5.3.1** c
**5.3.2** b **5.4.1** b **5.4.2** d **5.4.3** a **5.4.4** b **5.5.1** b
**5.5.2** d **5.6.1** b **5.6.2** d **5.6.3** c **5.6.4** b **5.7.1** b
**5.7.2** c **5.7.3** a **5.7.4** d **5.8.1** a **5.8.2** d **5.8.3** d
**5.8.4** b **5.8.5** d **5.9.1** b **5.9.2** e **5.10.1** b **5.10.2** d
**5.10.3** a **5.10.4** b

Chapter 6

# 분자의 표현

## Representing Molecules

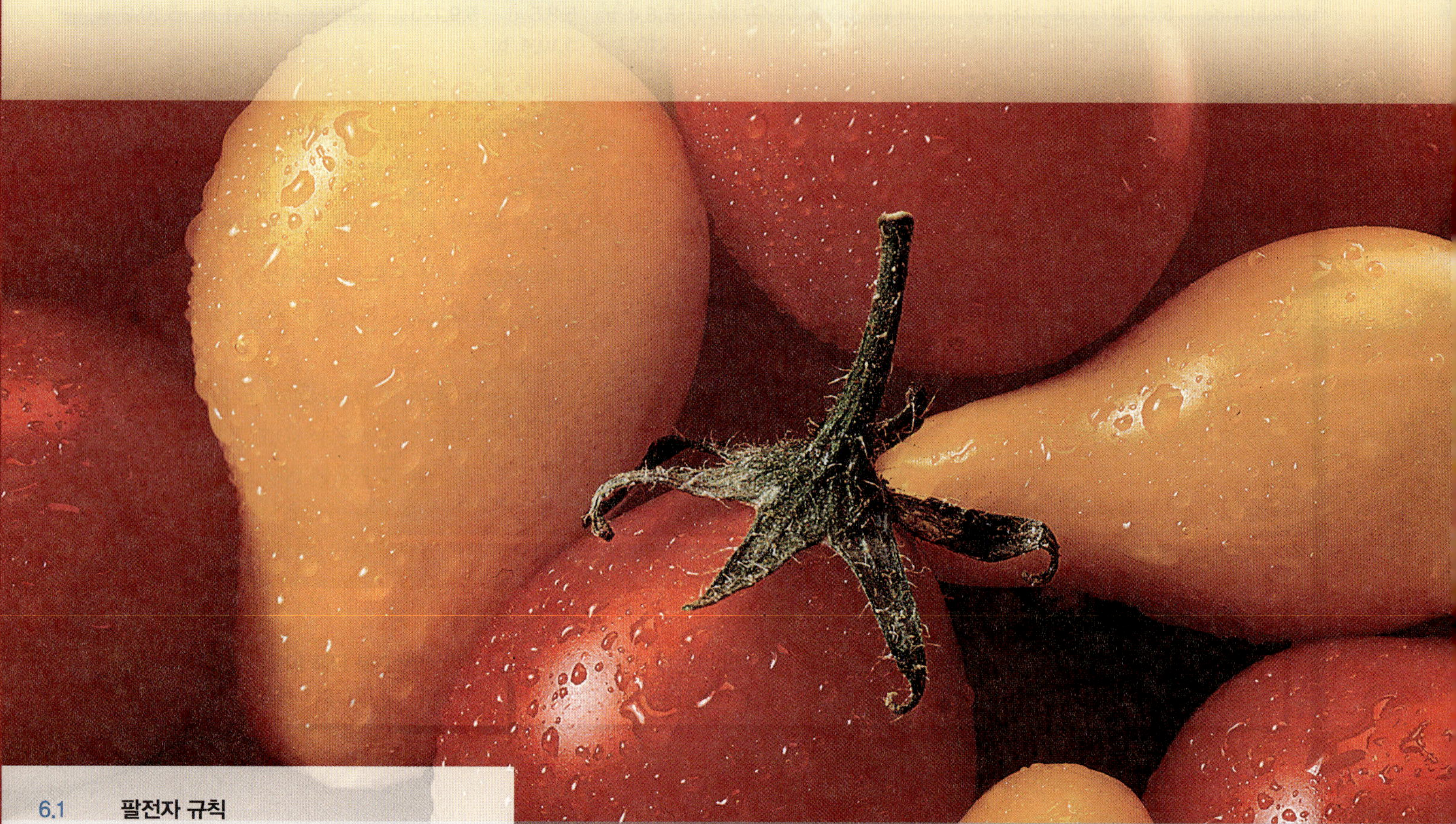



대부분의 화학종에서 모든 전자는 쌍을 이루고 있다. 라디칼 또는 자유 라디칼로 알려진 부류의 분자는 하나 이상의 홀전자(unpaired electrons)를 갖는다. 자유 라디칼은 고분자의 제조와 다양한 생물학적 과정에서 중요하지만, 세포 손상을 일으키는 몇몇 바람직하지 않은 과정의 원인이 되기도 한다.

다행히 인체에는 라디칼에 의한 손상을 최소화할 수 있는 체계를 가지고 있으며, 생화학자들은 이 손상을 예방하거나 완화할 수 있는 산화 방지제로 알려진 분자를 규명하였다. 과일과 채소(토마토 포함)는 비타민 C와 E, 라이코펜(phytochemical lycopene)과 같은 중요한 항산화 물질의 좋은 공급원이다.

## 들어가기 전에

- 루이스 점 기호 [|◀◀ 5.2절]
- 쿨롱 [|◀◀ 2.2절]

# 6.1 팔전자 규칙

루이스는 화학 결합 이론에 대한 많은 부분을 팔전자 규칙으로 정리하였다. **팔전자 규칙**(octet rule)에 따르면, 원자는 전자를 잃거나, 얻거나, 공유하여 비활성 기체의 전자 배치를 가지게 된다. 이 규칙을 통해 우리는 특정 원소들로 구성된 많은 화합물의 구조식을 예측할 수 있다. 팔전자 규칙을 따르는 거의 모든 화합물이 2주기 원소로 구성되어 있으므로 주로 C, N 및 O 원자로 구성된 유기 화합물 연구에서 특히 중요하다. 특정 원자가 전자를 잃거나, 얻거나, 공유함으로써 팔전자를 이루는지 여부는 원자 내의 아원자(subatomic) 입자의 수에 의해 결정되는 원자의 속성에 따라 달라진다. 그림 6.1(236~237쪽)에 원자 속성이 원자 결합의 종류를 결정하는 방법이 요약되어 있다.

> **참조**
> 거의 모든 원소들의 경우, 비활성 기체의 전자 배치를 이루게 되면 원자 주위에 8개의 원자가 전자를 갖게 된다. 그리하여, 팔전자 규칙이라고 한다.

이온 결합과 마찬가지로, 많은 전자를 가지는 원자의 공유 결합에는 원자가 전자만이 관여한다. 플루오린 분자($F_2$)를 생각해 보자. F의 전자 배치는 $1s^22s^22p^5$이다. $1s$ 전자는 에너지가 낮고 핵 근처에 머물러 있으므로 결합 형성에 관여하지 않는다. 따라서 각 F 원자는 7개의 원자가 전자(2개의 $2s$ 전자와 5개의 $2p$ 전자)를 갖는다. 플루오린의 루이스 기호는 그 원자가 전자 중 단 하나만이 쌍을 이루고 있지 않다는 것을 나타낸다[|◀◀ 그림 5.1, 186쪽]. 따라서 $F_2$ 분자의 형성은 다음과 같이 나타낼 수 있다.

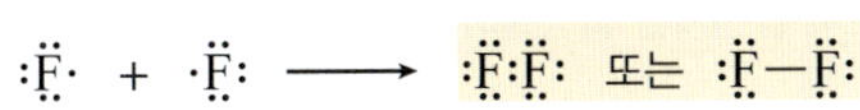

> **참조**
> 한 쌍의 공유 전자는 두 개의 점 또는 선으로 나타낼 수 있음을 기억하자[|◀◀ 5.5절].

오직 두 개의 원자가 전자만이 $F_2$ 결합 형성에 참여한다. 다른 비결합 전자는 공유 결합 형성에 관여하지 않으며 **고립 전자쌍**(lone pairs)이라고 불린다. 따라서 $F_2$ 분자의 각 F에는 3개의 고립 전자쌍이 있다.

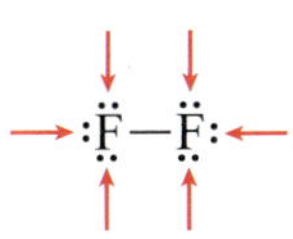


## 루이스 구조

$H_2$ 및 $F_2$와 같이 공유 결합으로 서로 결합한 분자를 표현하기 위해 사용하는 구조를 **루이스 구조**라고 한다. **루이스 구조**(Lewis structure)는 공유된 전자쌍을 두 원자 사이에 선(dash) 또는 한 쌍의 점(dot)으로 나타내어 공유 결합을 표현하고, 고립 전자쌍은 개별 원자에 한 쌍의 점으로 표시된다. 오직 원자가 전자만이 루이스 구조에 나타난다.

> **참조**
> 루이스 구조는 루이스 점 구조 또는 루이스 전자점 구조라고도 한다. 여기서는 루이스 점 기호(Lewis dot symbol)라는 용어와의 혼동을 피하고자 "루이스 구조"라는 용어만 사용한다.

물 분자의 루이스 구조를 그리기 위해 우선 산소 원자의 루이스 점 기호에 2개의 짝을

그림 6.1 원자의 성질

$1s^2 2s^2 2p^6 3s^1$
$IE_1$ = 496 kJ/mol
$EA$ = +52.9 kJ/mol
$r$ = 186 pm

소듐과 같은 금속 원소는 하나 또는 그 이상의 전자를 쉽게 잃고 양이온이 된다.

$1s^2 2s^2 2p^6 3s^2 3p^5$
$IE_1$ = 1256 kJ/mol
$EA$ = +349 kJ/mol
$r$ = 99 pm

염소와 같은 비금속 원소는 하나 또는 그 이상의 전자를 쉽게 얻어 음이온이 된다.

또한 비금속 원소는 전자를 공유하여 공유 결합을 형성함으로써 팔전자를 달성할 수 있다.

$1s^2 2s^2 2p^2$
$IE_1$ = 1086 kJ/mol
$EA$ = +122 kJ/mol
$r$ = 77 pm

탄소는 비금속이지만 전자를 쉽게 잃지도 얻지도 않는다. 대신 전자 공유를 통해 공유 결합(covalent bonds)을 형성함으로써 팔전자를 달성한다.

탄소가 다른 비금속 원소와 다른 점은 종종 탄소끼리 결합을 형성하여 다중 결합이 포함된 에틸렌 같은 분자나 무한한 배열의 유기 화합물을 형성한다는 것이다.

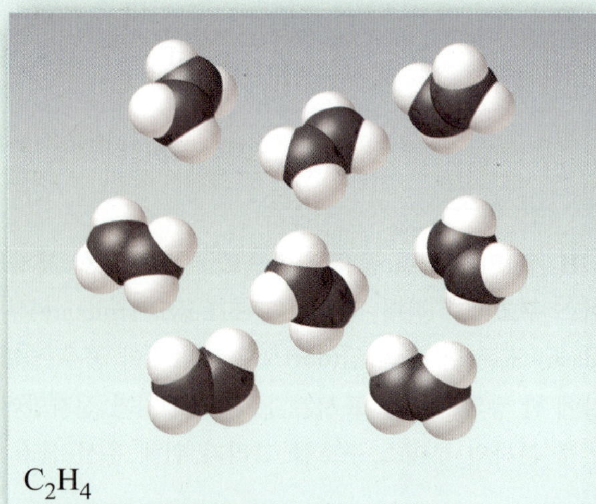

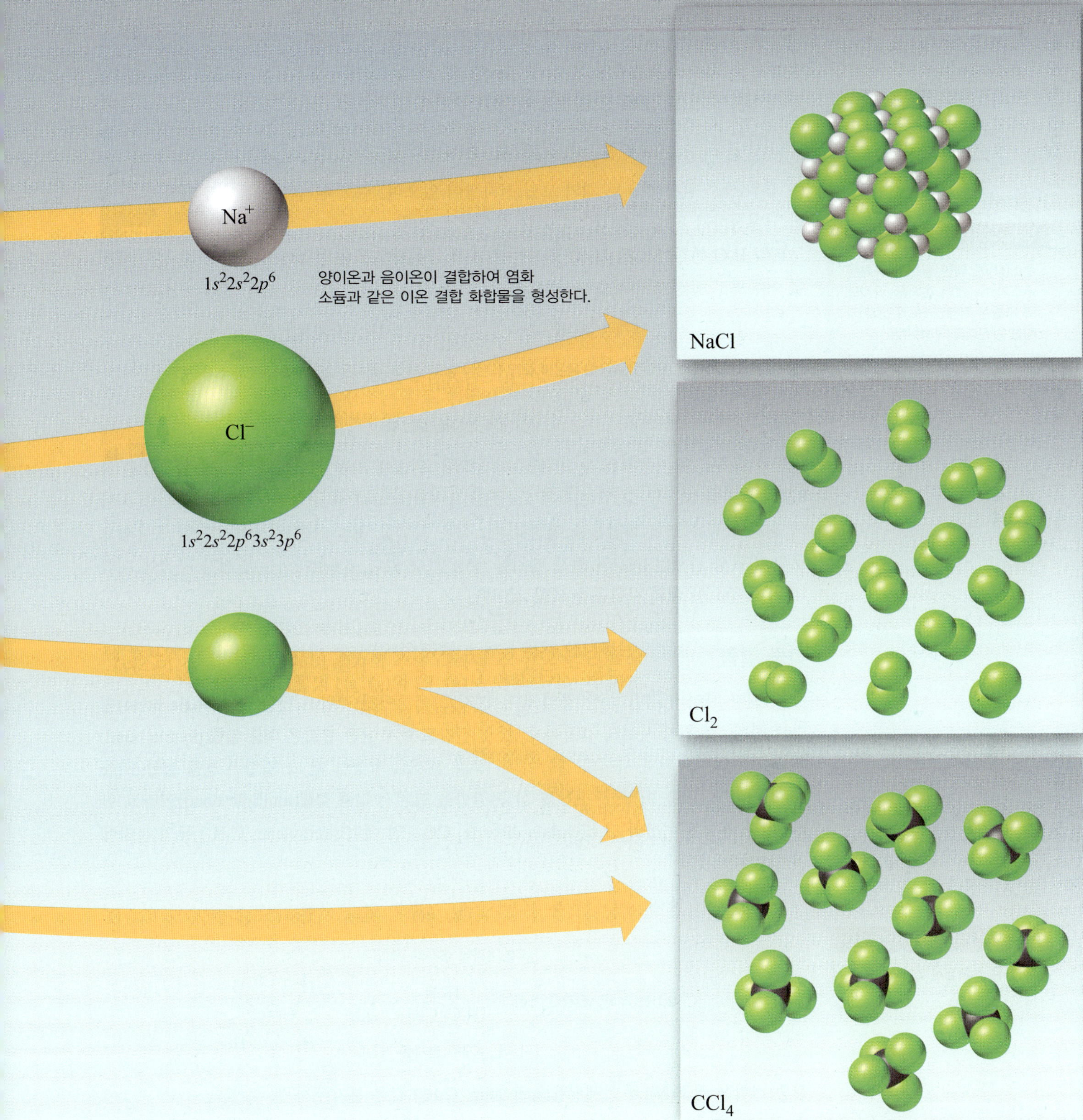


## 요점 내용

아원자 입자의 수는 개별 원자의 성질을 결정하며, 원자의 성질은 다른 원자와 어떻게 상호 작용하는지, 그리고 어떤 화합물이 만들어지는지를 결정한다.

이루지 않은 점이 있다는 것을 기억해 보자[|◀◀ 그림 5.1, 186쪽]. 이는 곧 두 개의 결합을 형성할 수 있음을 의미한다. 수소는 하나의 전자만을 가지고 있으므로 하나의 공유 결합만을 형성할 수 있다. 따라서 물 분자에 대한 루이스 구조는

$$\mathrm{H{:}\ddot{\underset{..}{O}}{:}H} \quad \text{또는} \quad \mathrm{H{-}\ddot{\underset{..}{O}}{-}H}$$

이 경우 산소 원자에는 두 개의 고립 전자쌍이 있으며, 수소 원자는 원자가 전자가 공유 결합을 형성하기 위해 사용되므로 고립 전자쌍은 없다.

> **참조**
> 수소(H)에 대한 팔전자 규칙은 수소가 두 개의 전자를 가지므로 비활성 기체인 He의 전자 배치를 가진다고 규정한다.

$F_2$와 $H_2O$ 분자에서 F, H, O 원자는 전자를 공유함으로써 안정한 비활성 기체 전자 배치를 이루므로 팔전자 규칙을 따른다.

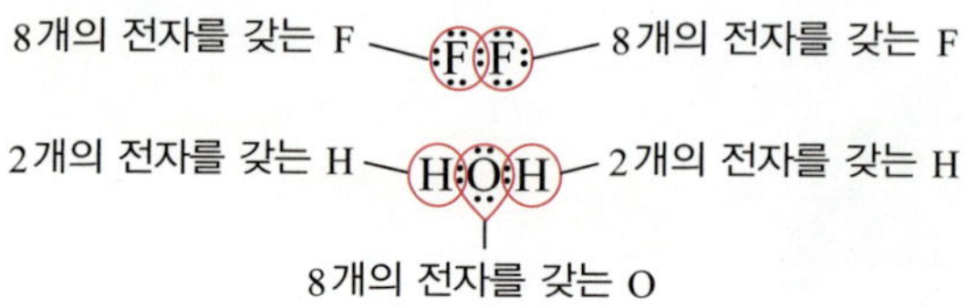


팔전자 규칙은 주기율표의 두 번째 주기에 있는 원소에 가장 적합하다. 2주기 원소들은 총 8개의 전자를 보유할 수 있는 2*s*와 2*p* 원자 오비탈(orbital)로 구성된다. 이들 원소 중 하나의 원자가 공유 결합 화합물을 형성할 때, 같은 화합물 내의 다른 원자와 전자를 공유함으로써 비활성 기체인 [Ne]의 전자 배치를 달성할 수 있다. 6.6절에서는 팔전자 규칙에 대한 몇 가지 중요한 예외 사항을 논의할 것이다.

## 다중 결합

두 원자 사이의 결합이 한 쌍의 공유 전자로 이루어진 결합은 **단일 결합**(single bond)이라고 한다. 두 원자 사이의 결합이 두 쌍의 전자로 이루어진 결합은 **이중 결합**(double bond)이라고 하며, 두 원자 사이의 결합이 세 쌍의 전자로 형성될 때 그 결합은 **삼중 결합**(triple bond)이라고 한다. 이러한 이중 및 삼중 결합을 합쳐서 **다중 결합**(multiple bond)이라고 한다. 이중 결합은 이산화 탄소(carbon dioxide, $CO_2$) 및 에틸렌(ethylene, $C_2H_4$) 등의 분자에서 발견된다.

> **참조**
> 각 공유 전자쌍은 선으로 표시할 수 있다.

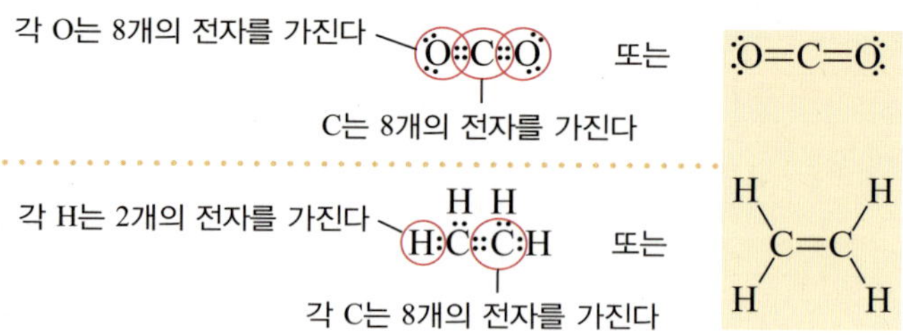


삼중 결합은 질소($N_2$)와 아세틸렌(acetylene, $C_2H_2$) 같은 분자에서 볼 수 있다.

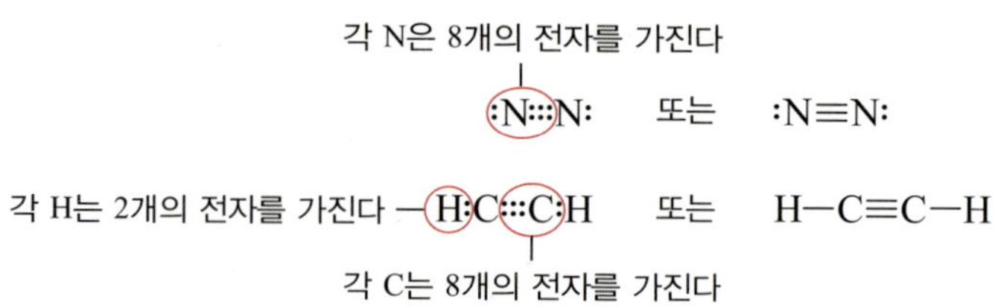

**표 6.1** 일반적인 단일, 이중 및 삼중 결합의 평균 결합 길이

| 결합 유형 | 결합 길이(pm) | 결합 유형 | 결합 길이(pm) |
|---|---|---|---|
| C−H | 107 | C=N | 138 |
| O−H | 96 | C≡N | 116 |
| C−O | 143 | N−N | 147 |
| C=O | 121 | N=N | 124 |
| C≡O | 113 | N≡N | 110 |
| C−C | 154 | N−O | 136 |
| C=C | 133 | N=O | 122 |
| C≡C | 120 | O−O | 148 |
| C−N | 143 | O=O | 121 |

에틸렌(ethylene)과 아세틸렌(acetylene)에서는 모든 원자가 전자가 결합에 사용되며, 탄소 원자에는 고립 전자쌍이 없다. 실제로, 탄소가 포함된 안정한 분자들은 탄소 원자에 고립 전자쌍을 갖지 않는다.

**참조**

이 부분에 대한 중요한 예외는 일산화 탄소(CO)이다.

:C≡O:

일반적으로 다중 결합은 단일 결합보다 짧다. **결합 길이**(bond length)는 한 분자에서 공유 결합 원자핵 사이의 거리로 정의된다(그림 6.2). 표 6.1은 몇 가지 실험적으로 측정된 결합 길이를 보여 주고 있다. 주어진 원자 쌍(예를 들어, 탄소와 질소)에서 삼중 결합은 이중 결합보다 짧고, 이중 결합은 단일 결합보다 짧다.

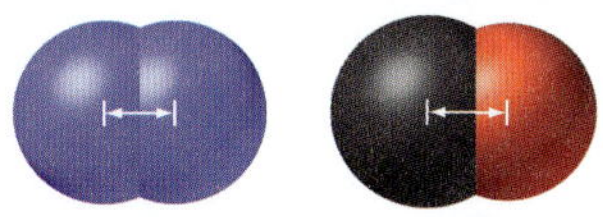

$N_2$ 결합 길이 1.10 Å　　CO 결합 길이 1.13 Å

**그림 6.2** 결합 길이는 결합하고 있는 원자핵 사이의 거리이다.

또한 다중 결합은 단일 결합보다 더 강하며, 결합이 분해될 때 필요한 에너지 양을 측정함으로써 결합의 강도를 정량화할 수 있다. 구체적으로 특정 유형의 결합을 갖는 분자 1몰의 대해 분해와 관련된 에너지 변화를 측정하여 정량화한다. 예를 들어, 수소 분자의 결합 에너지는

$$H_2(g) \longrightarrow H(g) + H(g) \qquad \text{결합 에너지} = 436.4\ \text{kJ/mol}$$

**참조**

이 결합 에너지값은 실제로 결합 엔탈피(enthalpy)이다. 엔탈피[◀◀ 10장]는 에너지와 밀접한 관련이 있는 열역학적 양이다.

이 식에 따르면, 1몰의 $H_2$ 분자(1몰의 H−H 결합)에서 모든 공유 결합을 끊기 위해 436.4 kJ의 에너지가 필요하다. 다중 결합은 여러 쌍의 전자를 공유하기 때문에 두 원자 사이의 이중 및 삼중 결합 에너지는 같은 원자의 단일 결합 에너지보다 높다. 10장에서 화학 결합을 끊는 것과 관련된 에너지 변화에 대해 좀 더 자세히 다룰 것이다.

## 6.2 전기 음성도와 극성

지금까지 우리는 금속과 비금속 사이의 화학 결합을 **이온 결합**(ionic bond), 비금속 사이에서의 화학 결합을 **공유 결합**(covalent bond)으로 설명했다. 실제로 이온 결합과 공유 결합은 다음 "결합 스펙트럼"에서 극단적인 형태의 화학 결합이다. 이 양극단 사이에 있는 결합은 **극성**(polar)을 가지며, 이는 전자가 공유되지만 동등하게 공유되지 않는다는 것을 의미한다. 이러한 결합을 **극성 공유 결합**(polar covalent bond)이라 한다. 다음은 M과 X로 표현된 두 개의 원자 사이에서의 여러 종류의 결합에 대한 비교를 보이고 있다.

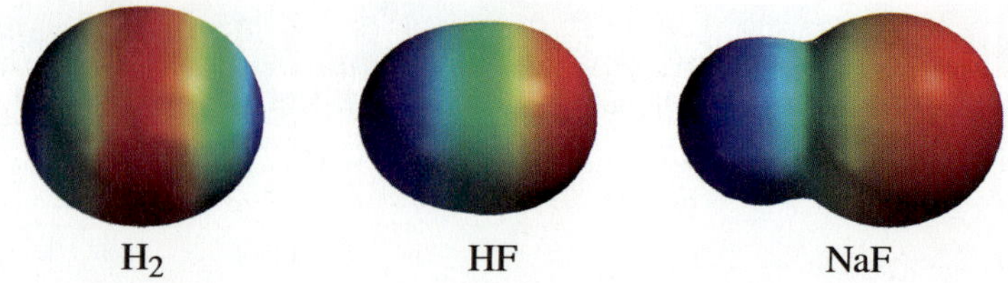


**그림 6.3** 전자 밀도 지도는 공유 화학종($H_2$), 극성 공유종(HF) 및 이온 화학종(NaF)의 전하 분포를 나타낸다. 가장 전자가 많은 영역은 빨간색이며, 전자가 적은 영역은 파란색이다.

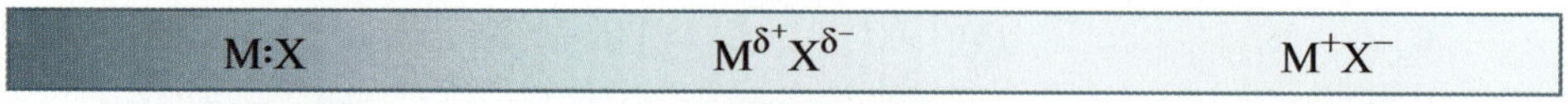


| 순수 공유 결합 | 극성 공유 결합 | 이온 결합 |
|---|---|---|
| 중성 원자가 동등하게 공유되는 전자에 의해 서로 묶임 | 부분적으로 하전된 원자가 불균일하게 공유되는 전자에 의해 서로 묶임 | 반대로 하전된 이온이 정전기적 인력에 의해 서로 묶임 |

MX 결합 스펙트럼을 설명하기 위해 $H_2$, HF 및 NaF의 세 가지 물질을 고려해 보자. 두 개의 결합 원자가 똑같은 $H_2$ 분자에서는 전자가 동일하게 공유된다. 즉, 공유 결합에 있는 전자는 각 H 원자 부근에서 거의 같은 시간을 보낸다. 반면에 HF 분자에서와 같이 결합하고 있는 두 개의 원자가 다른 경우, 전자는 동일하게 공유되지 않는다. 즉, 공유 전자는 H 원자 부근에서보다 F 원자 근처에서 더 많은 시간을 보낸다(δ 기호는 원자의 부분 전하를 표시). NaF에서 전자는 전혀 공유되지 않고 소듐 원자에서 플루오린 원자로 완전히 이동한다.

> **참조**
>
> 실제로, NaF에서의 전자는 거의 이동된다. 이온 결합에서도 문제의 전자(이동한 전자)는 양이온 근처에서 약간의 시간을 보낸다.

$H_2$, HF, NaF와 같은 화학종에서 전자의 분포를 시각화하는 한 가지 방법은 정전기 퍼텐셜 모형을 사용하는 것이다(그림 6.3). 이 모형에서 빨간색은 전자가 많은 시간을 보내는 영역(전자 밀도가 높은 영역)을 나타내며, 전자가 시간을 거의 보내지 않는 영역(전자 밀도가 낮은 영역)은 파란색으로 나타낸다. (전자가 중간 정도의 시간을 보내는 영역은 초록색으로 나타낸다.)

## 전기 음성도

**전기 음성도**(electronegativity)는 공유된 전자(공유 결합에 있는 전자)를 자기 쪽으로 끌어당기는 원자의 능력이다. 이것은 분자 또는 다원자 이온의 전자 밀도[|◀◀ 3.6절]가 어떻게 분포되어 있는지를 결정한다. 앞 절에서 전자가 "대부분의 시간을 보내는 곳"이라고 간주했던 개념이다. 높은 전기 음성도를 갖는 원소는 상대적으로 낮은 전기 음성도를 갖는 원소보다 전자 밀도를 끌어들이는 경향이 있다. 전자 친화도(electron affinity, *EA*)와 1차 이온화 에너지(first ionization energy, $IE_1$)[|◀◀ 4.4절]에 기초하여 원자의 전기 음성도를 정량적으로 예측할 수 있다. 큰 전자 친화도(전자를 잘 받아들이는 경향)와 높은 이온화 에너지(전자 손실 경향이 거의 없거나 전혀 없는)를 가지는 플루오린 같은 원자는 전기 음성도가 높고, 소듐과 같이 전자 친화도와 이온화 에너지가 작은 원자는 전자 음성도가 낮다.

> **참조**
>
> 전자는 높은 전기 음성도를 가진 원자 주위에서 더 많은 시간을 보내고, 낮은 전기 음성도를 갖는 원자 주위에서 더 적은 시간을 보낸다.

전기 음성도는 상대적인 개념으로, 이는 원소의 전기 음성도를 다른 원소의 전기 음성도와 비교하여 결정할 수 있음을 의미한다. 라이너스 폴링(Linus Pauling)[1]은 원소 대부분에

1. 라이너스 폴링(Linus Carl Pauling, 1901~1994): 이 미국 화학자는 많은 사람에게 20세기의 가장 영향력 있는 화학자로 알려져 있다. 단백질 구조에 관한 연구로 1954년에 노벨 화학상을 받았고 끊임없는 핵무기 시험 및 확산 방지 캠페인으로 1962년에 노벨 평화상을 수상했다. 그는 서로 다른 두 분야에서 노벨상을 받은 유일한 인물이다.

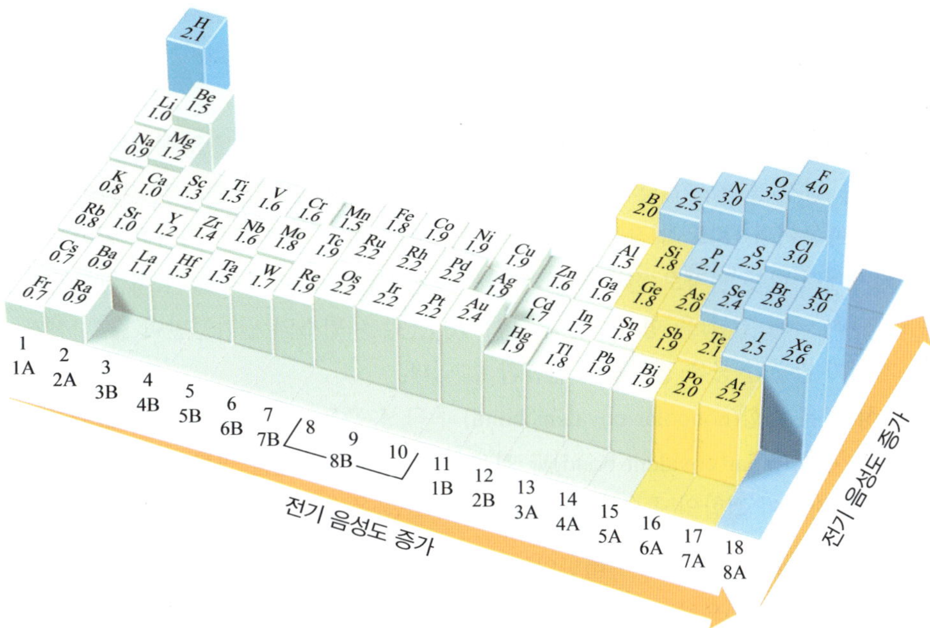


**그림 6.4** 일반적인 원소의 전기 음성도

대한 상대적인 전기 음성도를 계산하는 한 가지 방법을 고안하였으며, 이 방법을 통해 결정된 값을 그림 6.4에 나타내었다. 일반적으로 전기 음성도는 원소의 금속성이 감소함에 따라 증가한다. 따라서 주기율표에서 한 주기에 걸쳐 왼쪽에서 오른쪽으로 갈수록 전기 음성도가 증가한다. 같은 족(group) 내에서 전기 음성도는 원자 번호가 증가하고 금속성이 증가할수록 감소한다. 전기 음성도가 가장 큰 원소(할로젠, 산소, 질소 및 황)는 주기율표의 오른쪽 위 모서리에서 발견되며, 가장 작은 전기 음성도를 가지는 원소(알칼리 및 알칼리 토금속)는 왼쪽 아래 근처에 모여 있다. 이러한 경향은 그림 6.5의 그래프에서 쉽게 확인할 수 있다.

> **참조**
>
> 전기 음성도의 경향은 원자 반지름과 연관시킬 수 있다. 원자가 작을수록 공유 전자는 핵에 가깝게 되고 더 강력하게 핵에 끌릴 것이다.

전기 음성도와 전자 친화도는 유사하지만 별개의 개념이다. 두 가지 개념 모두 원자가 전자를 끌어당기는 경향을 나타낸다. 그러나 전자 친화도는 분리된 중성 원자가 기체 상태

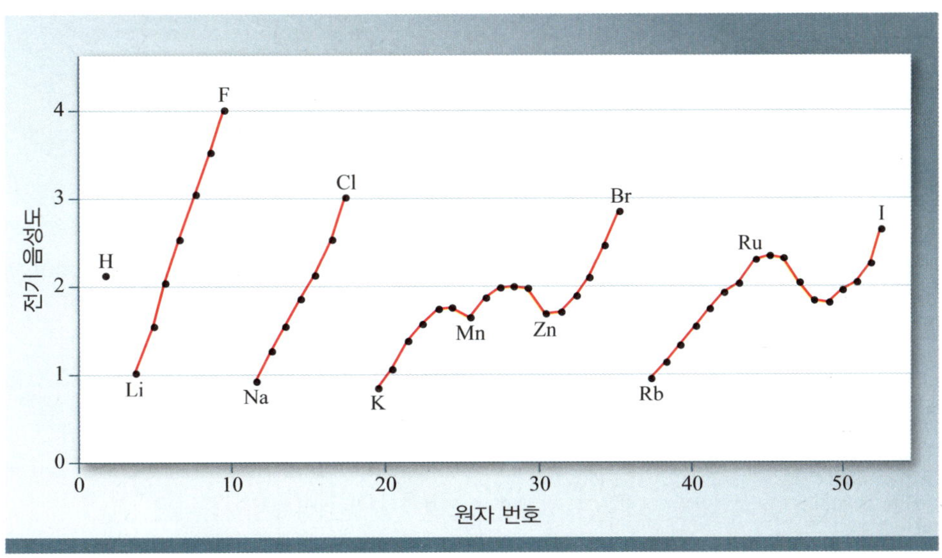


**그림 6.5** 원자 번호에 따른 전기 음성도의 변화

에서 전자를 받아들이는 능력을 나타내지만, 전기 음성도는 다른 원자와의 화학 결합에서 공유된 전자를 끌어당기는 원자의 능력을 지칭한다. 또한 전자 친화도는 실험적으로 측정 가능한 양이지만, 전기 음성도는 직접 측정할 수 없는 추정값이다.

큰 차이의 전기 음성도를 갖는 원소의 원자들은 이온 결합 화합물을 형성하는 경향이 있으며, 이는 전기 음성도가 낮은 원소의 원자는 전기 음성도가 큰 원소의 원자에게 전자를 내어주기 때문이다. 비교적 작은 전기 음성도 차이를 갖는 원소의 원자들은 일반적으로 하나의 원자에서 다른 원자로 전자 밀도의 이동이 완전히 이루어지지 않기 때문에 극성 공유 결합(간단히 극성 결합)을 형성하는 경향이 있다. 같은 원소의 원자들만이 같은 전기 음성도를 가지며 완전한 공유 결합으로 결합할 수 있다.

**비극성 공유 결합**(nonpolar covalent bond)과 **극성 공유 결합**(polar covalent bond) 또는 **극성 공유 결합**(polar covalent bond)과 **이온 결합**(ionic bond)을 명확하게 구별할 수 없지만, 다음의 지침이 결합의 종류를 구별하는 것에 도움을 줄 수 있다.

- 전기 음성도가 차이가 0.5 미만인 원자 사이의 결합은 일반적으로 완전한 공유 또는 **비극성**(nonpolar)으로 간주한다.
- 전기 음성도 차이가 0.5에서 2.0까지인 경우, 원자 사이의 결합은 일반적으로 **극성 공유 결합**(polar covalent bond)으로 간주한다.
- 전기 음성도가 차이가 2.0 이상인 원자 사이의 결합은 일반적으로 **이온 결합**(ionic bond)으로 간주한다.

예제 6.1은 화학적 결합이 비극성, 극성 그리고 이온성인지를 결정하기 위한 전기 음성도 활용 방법을 보여 주고 있다.

## 예제 6.1

다음 결합을 비극성, 극성 또는 이온성으로 분류하시오.

(a) ClF 결합 (b) CsBr 결합 (c) $C_2H_4$ 분자에서 탄소−탄소 이중 결합

**전략** 그림 6.4의 정보를 사용하여 결합에서 두 원소의 전기 음성도 차이를 비교하여 결합의 종류를 결정한다.

**계획** 그림 6.4의 전기 음성도는 Cl(3.0), F(4.0), Cs(0.7), Br(2.8) 및 C(2.5)이다.

**풀이**

(a) F와 Cl의 전기 음성도의 차이는 $4.0-3.0=1.0$이므로 ClF 결합은 극성이다.

(b) CsBr에서 전기 음성도 차이는 $2.8-0.7=2.1$이며, 결합은 이온성이다.

(c) $C_2H_4$에서 두 탄소 원자는 화학적으로 같다. (같은 원소일 뿐만 아니라 각 탄소 원자는 2개의 수소 원자가 동일하게 결합하고 있다.) 따라서 $C_2H_4$의 탄소−탄소 이중 결합은 비극성이다.

### 생각해 보기

관례에 따라 전기 음성도의 차이는 항상 더 큰 값에서 작은 값을 빼기 때문에 결과는 항상 양수이다.

**유제 1** 그림 6.4의 자료를 사용하여 N과 이온 결합 화합물을 형성할 수 있는 주족 원소를 모두 나열하시오.

**유제 2** 정전기 퍼텐셜 지도 중 HCl과 LiH에 해당하는 그림을 각각 고르시오. (H 원자는 양쪽 모두 왼쪽에 위치한다.)

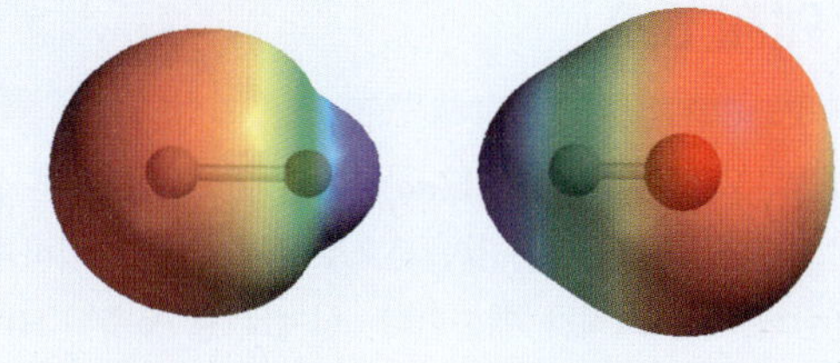

## 쌍극자 모멘트, 부분 전하 및 이온성 백분율

극성 결합에서 전자 밀도의 이동 방향을 나타내기 위해 루이스 구조 위에 교차 화살표(쌍극자 화살표)를 배치한다. 예를 들어,

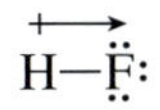

결과적으로 전하 분리는 다음과 같이 표현될 수 있다.

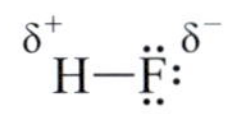

여기서 $\delta^+$는 부분적인 양전하를, $\delta^-$는 부분적인 음전하를 나타낸다. 결합의 극성에 대한 정량적 표현은 전하($Q$)와 전하 간의 거리($r$)의 곱으로 계산되는 **쌍극자 모멘트**(dipole moment, $\mu$)로 나타낸다.

> **참조**
> 극성 이원자 분자의 부분 전하 사이의 거리 $r$은 미터(m) 단위이다. 일반적으로 결합 길이는 옹스트롬(angstroms, Å) 또는 피코미터(picometers, pm)로 주어지므로 이를 미터(m)로 환산해야 한다.

$$\mu = Q \times r \qquad \text{식 6.1}$$

극성 결합을 포함하는 이원자 분자가 전기적으로 중성이 되기 위해서는, 부분 양전하 및 부분 음전하가 같은 크기를 가져야 한다. 따라서 식 6.1의 $Q$ 항은 부분 전하의 크기를 나타내고, 계산된 $\mu$ 값은 항상 양의 값을 가진다. 쌍극자 모멘트는 일반적으로 피터 디바이(Peter Debye)[2]의 이름을 딴 디바이(debye, D) 단위로 표현된다. 디바이 단위는 SI 단위로, $1\ \text{D} = 3.336 \times 10^{-30}\ \text{C} \cdot \text{m}$이며 여기서 C는 쿨롱(coulombs)이고 m은 미터이다. 표 6.2에는 몇 가지 극성 분자의 결합 길이와 실험적으로 측정된 쌍극자 모멘트 값을 나열하였다.

> **참조**
> 우리는 대개 전자의 전하를 $-1$로 표시하는데, 이것은 전자의 전하 단위이다. 그러나 전자의 전하는 쿨롱(coulombs)으로 표현될 수 있음을 기억해야 한다 [◀◀ 2.2절]. 따라서 쌍극자 모멘트를 계산하려면 전자의 전하와 쿨롱 사이의 환산 인자가 필요하다.
> $$1\ e^- = 1.6022 \times 10^{-19}\ \text{C}$$

예제 6.2에서는 극성 이원자 분자에서 결합 길이와 쌍극자 모멘트를 사용하여 부분 전하의 크기를 구하는 방법을 보여 준다.

**표 6.2** 할로젠화 수소의 결합 길이와 쌍극자 모멘트

| 분자 | 결합 길이(Å) | 쌍극자 모멘트(D) |
|---|---|---|
| HF | 0.92 | 1.82 |
| HCl | 1.27 | 1.08 |
| HBr | 1.41 | 0.82 |
| HI | 1.61 | 0.44 |

2. 피터 디바이(Peter Joseph William Debye, 1884~1966): 네덜란드 출신의 미국 화학자이자 물리학자. 분자 구조, 고분자 화학, X선 분석 그리고 전해질 용액에 관한 연구에 많은 공헌을 하였다. 1936년에 노벨 화학상을 받았다.

## 예제 6.2

플루오린화 수소산[HF(*aq*)]에 의한 화상은 다른 산성 화상과는 달리 독특한 의학적 합병증을 일으킨다. HF 용액은 일반적으로 피부 손상을 심하게 일으키지는 않지만, 피부에 침투하여 뼈를 포함한 내부 조직을 훼손한다. 실제로 덜 농축된 HF 용액은 피부에 상처를 입히기 전에 피부 깊숙이 침투하여 HF 용액에 의한 증상의 발현이 지연된다. 따라서 적절한 치료 시기를 놓치게 되어 농축된 HF 용액보다 큰 상해를 일으킬 수 있다. HF 분자의 부분적인 양전하($\delta^+$) 및 부분적인 음전하($\delta^-$)의 크기를 결정하시오.

**참조**

플루오린화 수소산은 유리 에칭 및 전자 부품 제조를 포함한 여러 중요한 산업 분야에 사용된다.

**전략** 식 6.1을 재배열하여 전하량($Q$)을 구한다. 얻어진 쿨롱 전하 값을 전자 전하 단위로 환산한다.

**계획** 표 6.2를 참고하여 HF의 경우, $\mu=1.82$ D 및 $r=0.92$ Å이다. 쌍극자 모멘트는 디바이(debye)에서 C·m로 변환해야 하며, 이온 사이의 거리는 미터로 변환해야 한다.

$$\mu=1.82\ \text{D}\times\frac{3.336\times10^{-30}\ \text{C}\cdot\text{m}}{1\ \text{D}}=6.07\times10^{-30}\ \text{C}\cdot\text{m}$$

$$r=0.92\ \text{Å}\times\frac{1\times10^{-10}\ \text{m}}{1\ \text{Å}}=9.2\times10^{-11}\ \text{m}$$

**풀이** 쿨롱(coulombs)으로는

$$Q=\frac{\mu}{r}\times\frac{6.07\times10^{-30}\ \text{C}\cdot\text{m}}{9.2\times10^{-11}\ \text{m}}=6.598\times10^{-20}\ \text{C}$$

전하 단위로는

$$6.598\times10^{-20}\ \text{C}\times\frac{1\ e^-}{1.6022\times10^{-19}\ \text{C}}=0.41\ e^-$$

따라서 HF에서의 부분 전하는 H와 F에서 각각 +0.41과 −0.41이다.

$$^{+0.41}\text{H}-\ddot{\underset{\cdot\cdot}{\text{F}}}\colon{}^{-0.41}$$

### 생각해 보기

계산된 부분 전하는 항상 1보다 작아야 한다. "부분적인" 전하가 1 이상이면 적어도 하나 이상의 전자가 한 원자에서 다른 원자로 이동되었음을 뜻한다. 또한 극성 결합은 전자의 완전한 전달이 아니라 결합 전자의 불균등한 공유를 의미한다.

**유제 1** 일산화 탄소(carbon monoxide)에서 C와 O의 부분 전하가 각각 +0.020과 −0.020이라고 가정하고 CO의 쌍극자 모멘트를 계산하시오. (부분 전하 간의 거리 $r$은 113 pm이다.)

**유제 2** 다음 주기율표에 두 쌍의 원소가 강조 표시되었다. 두 가지 이원자 화합물 중 하나는 노란색으로 표시된 두 원소로 구성되고, 다른 하나는 파란색으로 표시된 두 원소로 구성되었다. 부분 전하가 가장 큰 화합물은 어느 것인가? 이를 설명하시오.

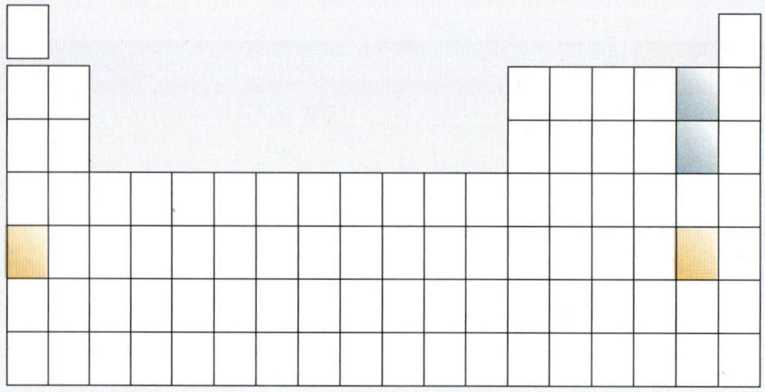

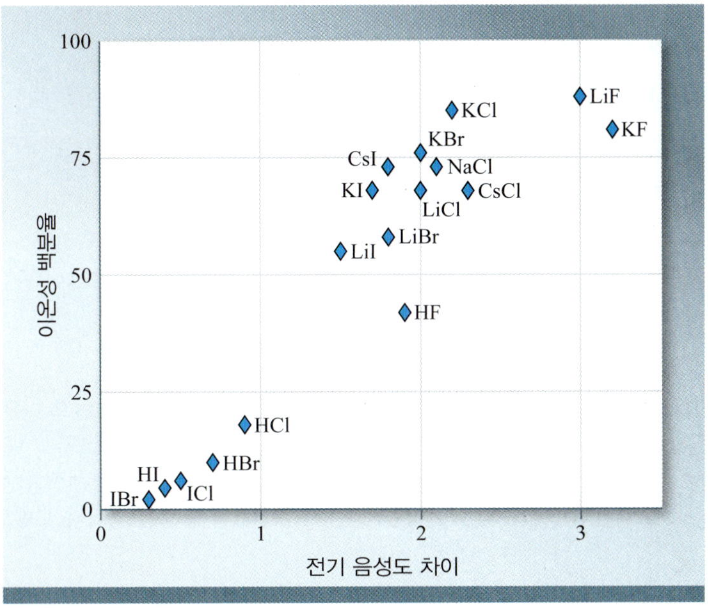


**그림 6.6** 이온성 백분율과 전기 음성도 차이의 관계

"공유 결합", "극성 공유 결합" 및 "이온 결합"이라는 명칭이 유용할 수 있지만 때때로 화학자들은 화학 결합을 보다 명확하게 설명하거나 비교하려 한다. 이를 위해 식 6.1을 사용하여 원자의 전하가 부분적이 아닌 완전히 분리된 경우, 즉 전자가 실제로 한 원자에서 다른 원자로 이동되는 경우를 가정하여 쌍극자 모멘트를 계산할 수 있다. 이렇게 계산된 쌍극자 모멘트와 실제 측정된 쌍극자 모멘트 값을 비교하여 이온성 백분율을 계산함으로써 결합의 본질을 정량적으로 설명할 수 있다. **이온성 백분율**(percent ionic character)은 측정된 $\mu$ 값과 계산된 $\mu$의 비에 100%를 곱한 값으로 정의된다.

$$\text{이온성 백분율} = \frac{\mu(\text{관찰된})}{\mu(\text{계산된})} \times 100\% \qquad \textbf{식 6.2}$$

그림 6.6은 이종핵 이원자 분자(heteronuclear diatomic molecule)에서의 이온성 백분율과 전기 음성도 차이의 관계를 보여 준다.

예제 6.3에서는 식 6.2를 사용하여 이온성 백분율을 계산하는 방법을 보여 준다.

## 예제 6.3

표 6.2의 자료를 사용하여 HI 분자에서 결합의 이온성 백분율을 계산하시오.

**전략** 식 6.1을 사용하여 H와 I의 전하가 각각 +1과 −1이라고 가정할 때 HI의 쌍극자 모멘트를 계산하고, 식 6.2를 사용하여 이온성 백분율을 계산한다. 전하의 크기는 쿨롱($1\ e^- = 1.6022 \times 10^{-19}$ C)으로, 결합 길이($r$)는 미터($1\ \text{Å} = 1 \times 10^{-10}$ m)로 표시되어야 한다. 계산된 쌍극자 모멘트는 디바이($1\ \text{D} = 3.336 \times 10^{-30}\ \text{C} \cdot \text{m}$)로 표시되어야 한다.

**계획** 표 6.2에서 HI의 결합 길이는 1.61 Å($1.61 \times 10^{-10}$ m)이며, 측정된 HI의 쌍극자 모멘트는 0.44 D이다.

**풀이** 전하의 크기가 $1.6022 \times 10^{-19}$ C일 때 계산된 쌍극자 모멘트 값은

$$\mu = Q \times r = (1.6022 \times 10^{-19}\ \mathrm{C}) \times (1.61 \times 10^{-10}\ \mathrm{m}) = 2.58 \times 10^{-29}\ \mathrm{C \cdot m}$$

이 값을 디바이로 변환해 주면,

$$2.58 \times 10^{-29}\ \cancel{\mathrm{C \cdot m}} \times \frac{1\ \mathrm{D}}{3.336 \times 10^{-30}\ \cancel{\mathrm{C \cdot m}}} = 7.73\ \mathrm{D}$$

따라서 H−I 결합의 이온성 백분율은 $\frac{0.44\ \mathrm{D}}{7.73\ \mathrm{D}} \times 100\% = 5.7\%$이다.

### 생각해 보기

완전한 공유 결합($H_2$와 같은 동종핵 이원자 분자에서)은 0%의 이온성을 갖는다. 이론적으로 완전한 이온 결합은 100%의 이온성을 가질 것으로 예상하지만, 실제로 완전한 이온 결합은 존재하지 않는다고 알려져 있다.

**유제 1** 그림 4.13(173쪽)의 정보를 이용해서 Na−I 결합이 59.7%의 이온성을 갖는 경우 NaI의 측정된 쌍극자 모멘트를 결정하시오.

**유제 2** 다음 주기율표에는 하나의 금속과 3개의 비금속이 표시되었다. 표시된 비금속 원소가 각각의 금속과 결합하여 형성된 분자에 대해 이온성이 증가하는 순서대로 나열하시오.

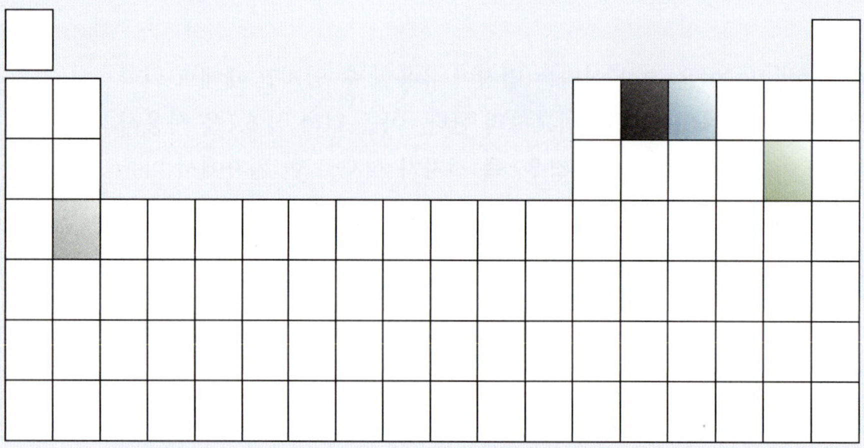

## 6.2절 복습

### 전기 음성도와 극성

**6.2.1** 가장 극성인 결합은 다음 분자 중 어느 것인가?

(a) $H_2Se$ (b) $H_2O$

(c) $CO_2$ (d) $BCl_3$

(e) $PCl_5$

**6.2.2** 이온성 백분율이 증가하는 순서로 분자 A~E를 나열하시오.

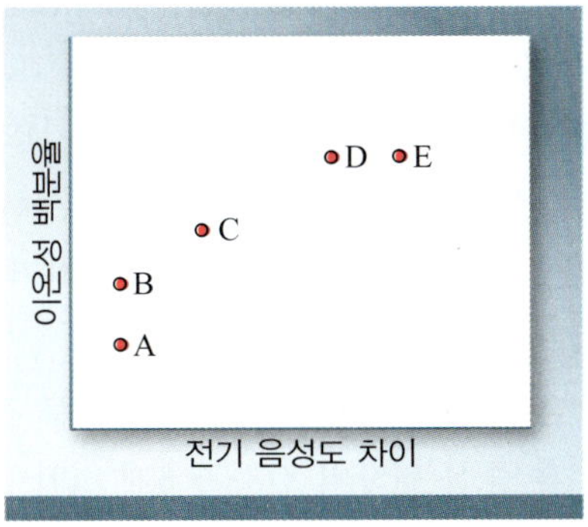


(a) $A<B<C<D<E$
(b) $A=B<C<D<E$
(c) $A=B<C<D=E$
(d) $A<B<C<D=E$
(e) $A<B=C=D<E$

**6.2.3** 표 6.2의 자료를 사용하여 HI에 대한 부분 전하의 크기를 계산하시오.

(a) 0.39
(b) 1.8
(c) 0.057
(d) 0.60
(e) 0.15

**6.2.4** 표 6.2의 자료를 사용하여 HCl의 이온성 백분율을 계산하시오.

(a) 85.0
(b) 6.10
(c) 17.7
(d) 2.03
(e) 20.3

## 6.3 루이스 구조 그리기

팔전자 규칙과 루이스 구조만으로 공유 결합을 완전하게 표현할 수 없지만, 분자와 다원자 이온 특성의 일부분을 이해하는 데 도움이 된다. 또한, 루이스 구조는 7장에서 다룰 결합 이론의 출발점이다. 따라서 분자와 다원자 이온에 대해 정확한 루이스 구조를 그리는 체계적인 방법을 배우는 것이 중요하다. 루이스 구조를 그리는 기본 단계는 다음과 같다.

1. 존재하는 모든 원자의 원자가 전자의 총수를 센다. 원소의 **족 번호**(1A~8A)는 각 원자의 원자가 전자수를 나타낸다. 다원자 이온의 경우, 음전하를 계산하기 위해 총수에 전자를 더하고 양전하는 총수에서 전자를 뺀다.
2. 분자식으로부터, 화학 기호를 사용하여 결합하고 있는 원자를 배치하여 화합물의 골격 구조를 그린다. 간단한 화합물의 경우 이 단계는 매우 쉽다. 종종 동일한 원자들(중심 원자와 다른)로 둘러싸인 유일한 중심 원자가 있을 것이다. 일반적으로 가장 작은 전기 음성도를 갖는 원자가 중심 원자가 된다. 중심 원자와 주변 원자 사이에 단일 결합(dash, 선)을 그린다. (구조가 명확하지 않은 좀 더 복잡한 화합물의 경우 분자식

**참조**
수소는 하나의 공유 결합만을 형성하기 때문에 중심 원자가 될 수 없다.

이외의 정보가 필요할 수도 있다.)

3. 골격 구조의 각 결합(선)에 대해 원자가 전자 총수(2단계에서 결정)에서 전자 두 개씩을 뺀 나머지 전자수를 결정한다.
4. 나머지 전자를 말단 원자(중심 원자에 결합한 원자)의 각각에 전자쌍을 배치하여 팔전자를 완성한다. (수소 원자는 원자가 껍질을 완성하기 위해 두 개의 전자만 필요하다는 것을 기억한다.) 서로 다른 형태의 말단 원자가 있다면 가장 전기 음성도가 큰 원자의 팔전자를 가장 먼저 완성한다.
5. 4단계 후에 전자가 남아 있으면 중심 원자에 쌍으로 전자를 배치한다.
6. 1~5단계를 완료한 후 중심 원자의 전자가 8개 미만이면 말단 원자에서 하나 또는 그 이상의 전자쌍을 이동시켜 중심 원자와 말단 원자 사이에 다중 결합을 형성한다.

**참조**

루이스 구조를 그리는 과정을 요약하면 다음과 같다.
1. 원자가 전자를 센다.
2. 골격 구조를 그린다.
3. 각 결합에 대해 두 개의 전자를 뺀다.
4. 가능한 많은 말단 원자의 팔전자를 완성한다.
5. 남아 있는 전자를 중심 원자에 배치한다.
6. 필요하다면 다중 결합을 사용하여 모든 원자의 팔전자를 완성한다.

**참조**

원자 음이온의 루이스 전자점 기호와 마찬가지로 다원자 음이온의 루이스 구조는 대괄호로 묶는다.

루이스 구조 작성 단계

| 단계 | $CH_4$ | $CCl_4$ | $H_2O$ | $O_2$ | $CN^-$ |
|---|---|---|---|---|---|
| 1 | 8 | 32 | 8 | 12 | 10 |
| 2 | H—C(—H)(—H)—H | Cl—C(—Cl)(—Cl)—Cl | H—O—H | O—O | C—N |
| 3 | 8 − 8 = 0 | 32 − 8 = 24 | 8 − 4 = 4 | 12 − 2 = 10 | 10 − 2 = 8 |
| 4 | H—C(—H)(—H)—H | :C̈l—C(—:C̈l:)(—:C̈l:)—C̈l: | H—O—H | :Ö—Ö: | :C—N̈: |
| 5 | — | — | H—Ö—H (O에 비공유 전자쌍 2개) | — | — |
| 6 | — | — | — | Ö=Ö | [:C≡N:]⁻ |

예제 6.4에 루이스 구조 그리는 방법을 나타내었다.

## 예제 6.4

이황화 탄소($CS_2$)의 루이스 구조를 그리시오.

**전략** 루이스 구조를 그리기 위해 위에서 설명한 1~6단계 절차를 이용한다.

**계획** 1단계: 원자가 전자의 총수는 16개: 각 황 원자에서 6개, 탄소 원자에서 4개이다. [2(6)+4=16]

2단계: 탄소와 황은 같은 전기 음성도를 갖는다. 유일한 탄소 원자가 중심에 있는 골격 구조를 그린다.

S−C−S

3단계: 골격 구조의 결합에 사용한 4개의 전자를 빼면 12개의 전자가 남는다.

4단계: 남아 있는 12개의 전자를 각 S 원자에 3개의 고립 전자쌍으로 분배한다.

:S̤̈−C−S̤̈:

5단계: 4단계 후에 전자가 남지 않으므로 5단계를 적용하지 않는다.

6단계: 탄소의 팔전자를 완성하려면 각 황 원자에서 하나씩의 고립 전자쌍을 사용하여 탄소 원자에 두 개의 이중 결합을 만든다.

**풀이**

:S=C=S:

### 생각해 보기

원자가 전자의 총수를 세는 것은 상대적으로 간단하지만 종종 급하게 셀 수 있고, 이는 이러한 유형의 문제에서 할 수 있는 실수의 원인이 된다. 각 원소에 대한 원자가 전자의 수는 그 원소의 족 수와 같다는 것을 상기한다.

**유제 1** $ClO_3^-$의 루이스 구조를 그리시오.

**유제 2** 여기에 표시된 3개의 루이스 구조 중 올바르지 않은 것을 구별하고 무엇이 잘못되었는지를 설명하시오.

[:C≡N:]⁻ (i)　:O=C̤=O: (ii)　:Ö−S̈−Ö: (iii)

## 6.3절 복습

### 루이스 구조 그리기

**6.3.1** 폼산(formic acid, HCOOH)의 올바른 루이스 구조를 고르시오.

(a) H−C̤−Ö̤−Ö̤−H

(b) H−Ö=C=Ö−H

(c) H−Ö̤−C̤−Ö̤−H

(d) 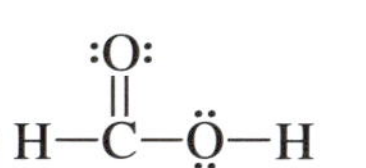

(e) 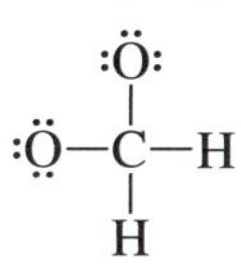

**6.3.2** 과산화 수소(hydrogen peroxide, $H_2O_2$)의 올바른 루이스 구조를 고르시오.

(a) H−Ö=Ö−H

(b) H−O≡O−H

(c) H−Ö̤−Ö̤−H

(d) H=O=O=H

(e) H−H−Ö̤−Ö̤:

# 6.4 루이스 구조와 형식 전하

지금까지 전자를 다루는 한 가지 방법을 배웠었다. 6.2절에서 **부분 전하**(partial charges)를 계산하는 법을 배웠다. 일반적으로 전자를 다루는 데 사용되는 또 다른 방법은 **형식 전하**(formal charge)를 이용하는 것이다. 형식 전하는 어떤 화합물이 하나 이상의 루이스 구조를 가질 가능성이 있을 때, 가장 그럴듯한 큰 루이스 구조를 결정하기 위해 활용한다. 형식 전하는 루이스 구조에서의 원자와 "관련된 전자(associated electrons)"의 수와 단독 원자와 관련된 전자의 수를 비교하여 결정한다. 단독 원자와 관련된 전자의 수는 단순히 원자가 전자의 수이다. (이전처럼 핵심 전자에는 관심을 가질 필요가 없다.)

루이스 구조에서의 특정 원자의 "관련된 전자" 수는 다음 사항을 고려하여 결정한다.

- 특정 원자의 **비결합** 전자(비공유 고립 전자쌍)는 모두 특정 원자와 관련되어 있다.
- **결합** 전자의 절반은 특정 원자와 관련되어 있다.

원자의 형식 전하는 다음과 같이 계산된다.

형식 전하 수 = 원자가 전자수 − 관련된 전자수 **식 6.3**

다음과 같이 오존 분자($O_3$)를 사용하여 형식 전하의 개념을 설명할 수 있다. 오존의 루이스 구조는 앞 절에서 학습했던 루이스 구조 작성을 위한 단계적 방법을 이용하여 그리고, 원자가 전자의 수에서 관련된 전자의 수를 뺀 값으로 각 산소 원자의 형식 전하를 결정한다.

**참조**

형식 전하 결정을 처음 접한다면 루이스 구조를 선이 아닌 모두 점으로 그려 보는 것이 도움이 될 수 있다. 이 방법은 얼마나 많은 전자가 각 원자와 결합하고 있는지를 쉽게 알 수 있게 해준다.

관련된 전자의 계산을 위해 두 원자 사이의 공유 전자를 균등하게 나눈다는 것을 기억한다.

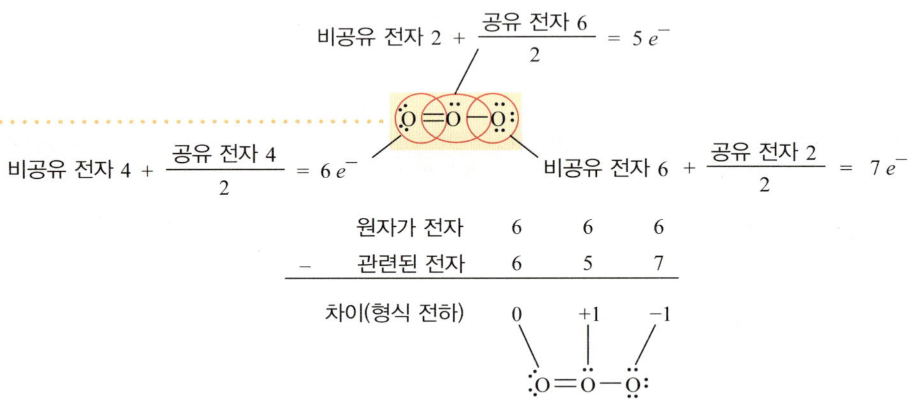


형식 전하의 합은 해당 화학종의 총 전하와 같아야 한다. $O_3$는 분자이므로 형식 전하는 0이 되어야 한다. 이온의 경우 형식 전하는 이온의 전체 전하의 합과 같아야 한다.

형식 전하는 분자 내 원자의 실제 전하를 나타내지는 않는다. 예를 들어, $O_3$ 분자에서 중심 원자가 순수한 +1 전하를 가지거나 말단 원자 중 하나가 −1 전하를 띠는 증거는 없다. 루이스 구조의 각 원자에 형식 전하를 할당하는 것은 단지 분자 내 결합에 관여하는 전자를 추적하는 데 도움을 줄 뿐이다.

예제 6.5에서 형식 전하를 결정하는 연습을 할 수 있다.

## 예제 6.5

비료가 널리 사용되면서 일부 지하수는 잠재적으로 해로운 질산염으로 오염되었다. 질산염의 잠재적 독성은 인체에서 아질산 이온($NO_2^-$)으로 전환되어 산소를 운반하는 헤모글로빈의 기능을 방해하는 것이다. 질산염 이온($NO_3^-$)의 각 원자에 대한 형식 전하를 결정하시오.

**전략** 질산염 이온($NO_3^-$)의 루이스 구조는 1단계에서 6단계까지의 루이스 구조 작성 방법을 이용하여 그린다(247~249쪽). 그리고 각 원자에 대해 원자가 전자에서 관련된 전자를 뺀다.

**계획**

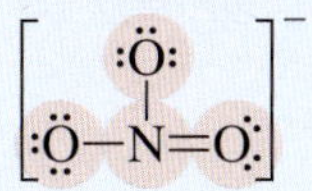

N 원자는 5개의 원자가 전자와 4개의 관련된 전자(각 단일 결합으로부터 1개, 이중 결합으로부터 2개)를 가지고 있다. 단일 결합을 하는 산소 원자 각각에는 6개의 원자가 전자와 7개의 관련된 전자(3개의 고립 전자쌍으로부터 6개, 단일 결합으로부터 1개)를 갖는다. 이중 결합한 산소 원자는 6개의 원자가 전자와 6개의 관련된 전자(2개의 고립 전자쌍으로부터 4개, 이중 결합으로부터 2개)를 가지고 있다.

**풀이** 형식 전하는 다음과 같다 : $+1$(질소 원자), $-1$(단일 결합한 산소 원자), 0(이중 결합한 산소 원자)

### 생각해 보기

형식 전하의 합 $[(+1)+(-1)+(-1)+(0)=-1]$은 질산염 이온의 전체 전하와 같다.

**유제 1** 다음의 루이스 구조로 표시되는 화학종에 대한 형식 전하를 결정하고, 이를 이용하여 총 전하를 결정하시오.

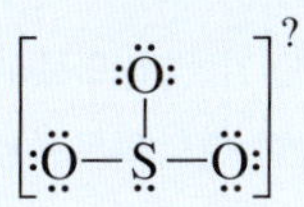

**유제 2** 가상의 원소 A는 3개의 서로 다른 부분적인 루이스 구조로 나타낼 수 있다. 각각의 구조에 대해 A 원소가 (a) 7A족, (b) 5A족 그리고 (c) 3A족에 포함될 경우 A 원소의 형식 전하를 결정하시오.

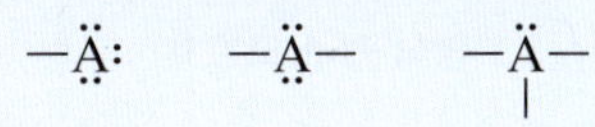

(i) (ii) (iii)

때때로 주어진 화학종에 대한 루이스 구조가 하나 이상의 골격 구조를 가질 수 있다. 이럴 때 형식 전하와 다음 지침을 사용하여 최상의 골격 구조를 선택할 수 있다.

- 분자의 경우 형식 전하가 모두 0인 루이스 구조가 0이 아닌 형식 전하를 가지는 루이스 구조보다 선호된다.
- 큰 형식 전하($\pm2$, $\pm3$ 등)보다 작은 형식 전하(0과 $\pm1$)를 가지는 루이스 구조를 선호한다.
- 원자의 최적 골격 구조는 형식 전하와 전기 음성도가 일치하는 루이스 구조를 선호한다. 예를 들어, 전기 음성도가 큰 원자가 음의 형식 전하를 가지는 것이 바람직하다.

예제 6.6은 분자 또는 다원자 이온의 루이스 구조에 대한 원자의 최적 골격 구조를 결정하기 위해 형식 전하를 사용하는 방법을 보여 준다.

## 예제 6.6

생물 표본을 보존을 위해 사용되는 폼알데하이드($CH_2O$)는 일반적으로 37% 수용액으로 판매된다. 형식 전하를 사용하여 아래에 표시된 원자 골격 구조 중에서 폼알데하이드($CH_2O$)의 루이스 구조로 가장 적합한 것을 고르시오.

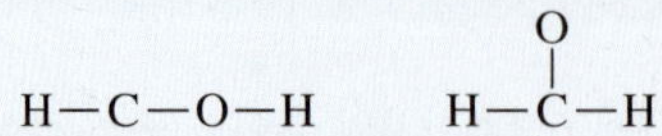

**전략** 표시된 두 개의 $CH_2O$ 골격 구조에 대한 루이스 구조를 완성하고, 각 원자의 형식 전하를 결정한다.

**계획** 표시된 골격 구조의 완성된 루이스 구조는 다음과 같다.

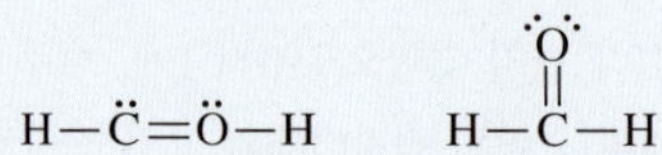

왼쪽 구조의 형식 전하는 다음과 같다.

두 H 원자 모두: [1개의 원자가 전자]−[1개의 관련된 전자(단일 결합으로부터)]=0
C 원자: [4개의 원자가 전자]−[5개의 관련된 전자(고립 전자쌍으로부터 2개, 단일 결합으로부터 1개, 이중 결합으로부터 2개)]=−1
O 원자: [6개의 원자가 전자]−[5개의 관련된 전자(고립 전자쌍으로부터 2개, 단일 결합으로부터 1개, 이중 결합으로부터 2개)]=+1

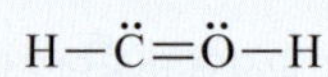

형식 전하 0 −1 +1 0

오른쪽 구조에서 형식 전하는 다음과 같다.

두 H 원자 모두: [1개의 원자가 전자]−[1개의 관련된 전자(단일 결합으로부터)]=0
C 원자: [4개의 원자가 전자]−[4개의 관련된 전자(2개의 단일 결합으로부터 2개, 이중 결합으로부터 2개)]=0
O 원자: [6개의 원자가 전자]−[6개의 관련된 전자(2개의 고립 전자쌍으로부터 4개, 이중 결합으로부터 2개)=0

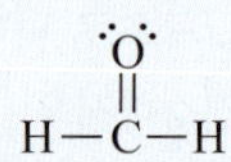

형식 전하 모두 0

**풀이** 두 가지 가능한 배열 중에서 왼쪽 구조는 산소의 높은 전기 음성도와 일치하지 않는 양의 형식 전하를 가지는 산소가 포함되어 있다. 그러므로 두 H 원자가 C 원자에 직접 부착되고 모든 원자가 0의 형식 전하를 갖는 오른쪽 구조를 $CH_2O$의 루이스 구조로 선택하는 것이 바람직하다.

### 생각해 보기

분자의 경우 형식 전하는 0이 되는 것이 바람직하다. 분자 내에 0이 아닌 형식 전하를 가지는 원자들이 있으면, 그것은 원자의 전기 음성도와 일치해야 한다. 예를 들어, 산소에 대한 양의 형식 전하는 산소의 높은 전기 음성도와 일치하지 않는다.

**유제 1** 루이스 구조와 형식 전하를 사용하여 $NCl_2^-$의 최적 골격 구조를 결정하시오.

**유제 2** 아래에 나타낸 부분적인 루이스 구조 각각에 대해, 형식 전하가 0이 되려면 A가 어떤 족(group)에 속해야 하는지를 결정하시오.

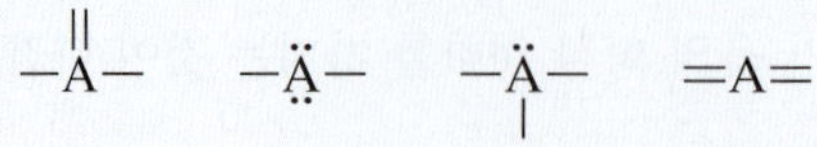

(i) (ii) (iii) (iv)

## 6.4절 복습

**루이스 구조와 형식 전하**

**6.4.1** HCN에서 각각 H, C 및 N에 대한 형식 전하를 결정하시오.

(a) 0, +1, −1
(b) −1, +1, 0
(c) 0, −1, +1
(d) 0, +1, +1
(e) 0, 0, 0

**6.4.2** 다음 중 $NCO^-$에 대해 가장 적합한 루이스 구조는 어느 것인가?

(a) 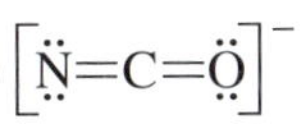
(b) 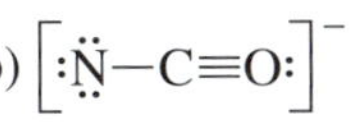
(c) 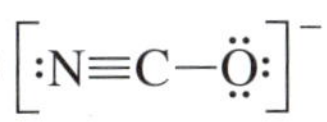
(d) 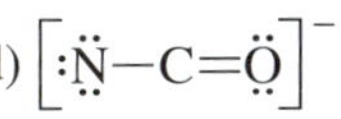
(e) 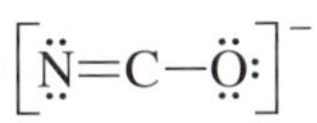

# 6.5 공명

오존($O_3$)에 대한 루이스 구조는 두 개의 말단 산소 원자 중 하나의 산소 원자와 중심 원자 사이에 이중 결합을 배치하여 중심 산소 원자에 대한 팔전자 규칙을 만족시켰다. 사실, 다음의 두 가지 루이스 구조로 나타내는 것처럼 분자의 양쪽 끝 산소 어느 쪽에도 이중 결합을 형성시킬 수 있다.

O 원자 사이의 단일 결합은 이중 결합보다 길어야 하지만 실험적 자료에 따르면 $O_3$의 결합 길이(128 pm)는 모두 같다. 이 2개의 루이스 구조 중 어느 것도 실제 $O_3$의 결합 길이를 설명하지 못하므로 두 개의 루이스 구조를 모두 사용하여 오존 분자를 나타낸다.

이때 각각의 루이스 구조를 공명 구조라고 한다. 즉, **공명 구조**(resonance structure)는 하나의 루이스 구조에 의해 정확하게 표현될 수 없는 단일 화학종에 대해 똑같이 유효한 둘 이상의 루이스 구조 중 하나를 지칭한다. 또한 이중 화살표(⟷, double−headed arrow)가 표시된 구조는 공명 구조 관계를 나타낸다. 아프리카를 여행하고 돌아와 코뿔소를 그리핀과 유니콘(익숙한 상상의 동물)의 중간물로 묘사했던 중세 유럽 여행자처럼, 익숙하지만 실제로 존재하지 않는 두 가지 구조로 실제 분자인 오존을 묘사한다.

공명에 대한 일반적인 오해는 오존과 같은 분자가 하나의 공명 구조에서 다른 공명 구조로 변하면서 존재한다는 것이다. 사실 분자는 어느 하나의 공명 구조로도 존재하지 않으며, 공명 구조 중 어느 것도 실제 분자를 대표하지 못한다. "공명"은 결합 모델의 한계를 해결하기 위해 고안된 것으로, 코뿔소가 어떤 때는 그리핀으로 어떤 때는 유니콘으로 존재하는 것이 아니라 항상 분명하고 실제적인 코뿔소인 것과 같다.

공명의 다른 예를 탄산염 이온에서 볼 수 있다.

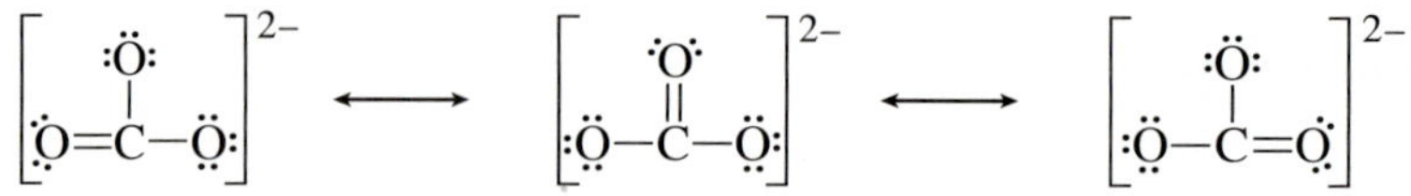

실험적 증거에 따르면, $CO_3^{2-}$의 세 개의 탄소−산소 결합은 모두 같다. 따라서 탄산 이온의 특성은 그것의 공명 구조를 함께 고려함으로써 가장 잘 설명된다.

공명의 개념은 유기물에도 똑같이 적용되며, 좋은 예로 벤젠 분자($C_6H_6$)를 들 수 있다.

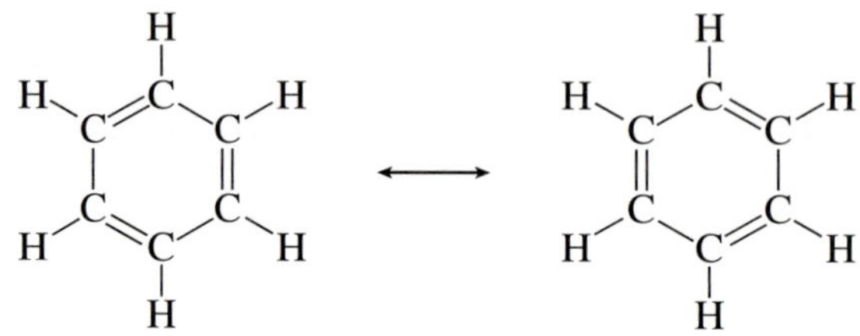

이와 같은 공명 구조 중 하나가 벤젠의 실제 구조와 일치한다면 인접한 탄소 원자 사이의 두 개의 결합(하나는 단일 결합, 다른 하나는 이중 결합)은 서로 다른 결합 길이를 가질 것이다. 그러나 실험적으로 벤젠의 인접한 모든 탄소 원자 사이의 거리는 140 pm이며, 이는 C−C 결합(154 pm)보다 짧고 C=C 결합(133 pm)보다 길다.

벤젠 분자와 벤젠 고리를 포함하고 있는 다른 화합물의 구조를 더욱 간단하게 그리는 방법은 탄소와 수소 원자를 표시하지 않고 골격만을 보여 주는 것이다. 이러한 관례에 따라, 벤젠의 공명 구조는 다음과 같이 표시될 수 있다.

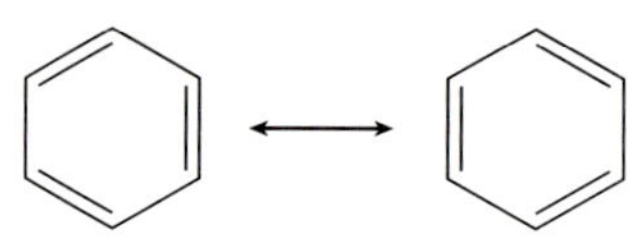

**참조**

유기 화합물의 표현은 20장에서 더 자세히 논의된다.

C 원자와 H 원자는 육각형의 모서리에 존재하지만 표시하지 않는다. 오직 C 원자 사이의 결합만이 표시된다.

공명 구조는 원자의 위치가 아닌 **전자**의 위치만 다르다. 따라서 :N=N=O: 그리고 :N≡N−O:는 서로의 공명 구조이고, :N=N=O: 그리고 :N=O=N:는 공명 구조가 아니다.

예제 6.7은 공명 구조를 그리는 방법을 보여 준다.

## 예제 6.7

석유나 휘발유의 높은 가격은 석탄의 "청정" 연소를 포함한 대체 에너지 생산 방법에 관한 관심을 다시 불러일으켰다. 석탄 연소가 환경을 오염시키는 요인 중의 하나는 황 함량이 높다는 것이다. 황 함량이 높은 저품질의 석탄을 태우면 다른 오염 물질과 함께 이산화 황($SO_2$)이 생성된다. 이산화 황은 공기 중에서 산화되어 삼산화 황($SO_3$)을 형성하고, 물과 결합하여 산성비의 주요 성분인 황산을 만든다. 삼산화 황의 가능한 공명 구조를 모두 그리시오.

**전략** $SO_3$에 대해 원자는 같은 방식으로 배열되고 전자만 다르게 배열된 두 개 이상의 루이스 구조를 그린다.

**계획** 루이스 구조 작성 단계에 따라, $SO_3$는 2개의 S−O 단일 결합과 1개의 S=O 이중 결합을 포함하는 형태가 올바른 루이스 구조로 판단된다. 그러나 이중 결합은 분자 내 세 개의 결합 중 임의의 하나에 위치할 수 있다.

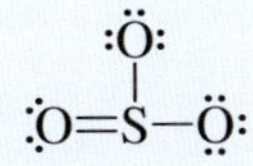

**풀이**

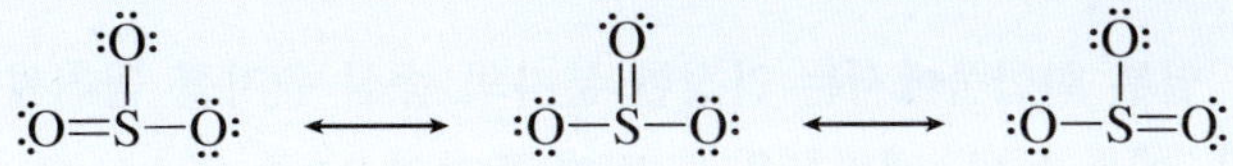

### 생각해 보기

공명 구조가 원자의 위치가 아니라 전자의 위치만 다른지를 항상 확인해야 한다.

**유제 1** 티오사이안산 이온($NCS^-$)에 대한 3개의 공명 구조를 그리고, 각 공명 구조에서 형식 전하를 결정하시오.

**유제 2** 가상의 원소 A, B, C로 구성된 분자의 루이스 구조를 아래(맨 왼쪽)에 표시하였다. 4개의 구조 중에서 원래 물질의 공명 구조가 아닌 것을 찾고, 이유를 설명하시오.

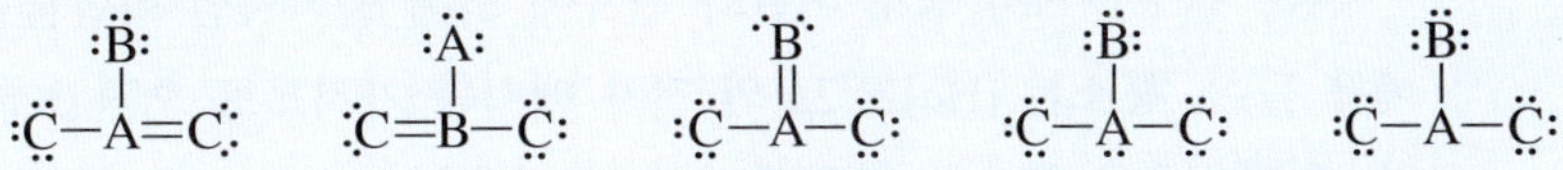

(i) (ii) (iii) (iv)

## 6.5절 복습

**공명**

**6.5.1** 아질산 이온($NO_2^-$)은 몇 개의 공명 구조를 그릴 수 있는가? (N과 O는 팔전자 규칙을 따라야 한다.)

(a) 1 (b) 2 (c) 3
(d) 4 (e) 5

**6.5.2** 다음 중 :C̤̈l−Be−C̤̈l:의 공명 구조로 적절한 것을 고르시오. (해당하는 것을 모두 고르시오.)

(a) C̤̈l=Be=C̤̈l (b) :Cl≡Be−C̤̈l: (c) :Be≡Cl−C̤̈l:
(d) B̈e=Cl=C̤̈l (e) :C̤̈l−Be≡Cl:

# 6.6 팔전자 규칙의 예외

팔전자 규칙은 대부분 2주기 원소에 적용된다. 이러한 팔전자 규칙의 예외는 세 가지 범주로 나눌 수 있다.

1. 중심 원자가 원자가 전자의 부족으로 인해 8개 미만의 전자를 가지는 경우

2. 중심 원자가 홀수 개의 전자로 인해 8개 미만의 전자를 가지는 경우
3. 중심 원자가 8개보다 많은 전자를 가지는 경우

## 불완전한 팔전자

일부 화합물에서는 안정한 분자의 중심 원자를 둘러싸고 있는 전자의 수가 8개 미만이다. 예를 들어, 베릴륨은 두 번째 주기의 2A족 원소로 [He]$2s^2$의 전자 배치를 하고 있으며, 이는 2*s* 오비탈에 2개의 원자가 전자를 가지고 있다는 것을 의미한다. 기체 상태에서 수소화 베릴륨($BeH_2$)은 분리된 분자로서 존재하며, 루이스 구조는 다음과 같다.

H—Be—H

오직 4개의 전자만이 Be 원자를 둘러싸고 있으므로, 이 분자에서 베릴륨에 대한 팔전자 규칙을 만족시킬 방법은 없다.

3A족 원소들 또한 8개 미만의 전자에 의해 둘러싸인 화합물을 형성하는 경향이 있다. 예를 들어, 붕소는 [He]$2s^22p^1$의 전자 배치를 가지므로 오직 3개의 원자가 전자만을 가진다. 일반적으로 붕소는 할로젠 원소와 반응하여 $BX_3$(X는 할로젠 원자) 화합물을 형성한다. 따라서 삼플루오린화 붕소에서 붕소 원자 주위에는 6개의 전자만 있게 된다.

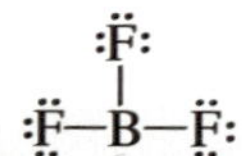

사실, 위의 루이스 구조에서 F 원자 중 하나의 고립 전자쌍을 사용하여 F 원자와 붕소 사이에 이중 결합을 형성함으로써 $BF_3$에서 붕소에 대한 팔전자 규칙을 만족시킬 수 있다. 이와 같은 방법으로 3개의 추가적인 공명 구조가 생긴다.

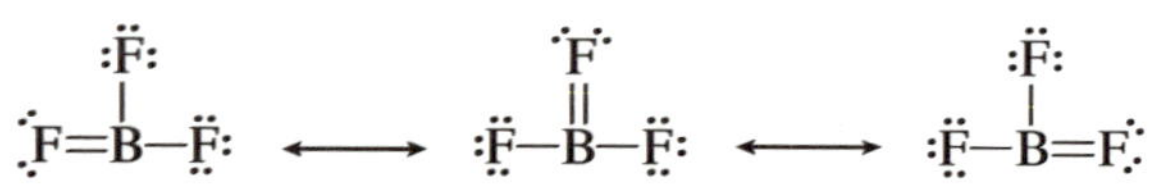

이러한 공명 구조로 인해 붕소가 음의 형식 전하를 띠고 플루오린은 양의 형식 전하를 띠게 된다. 이러한 결과는 관련된 원자들의 전기 음성도와 일치하지 않는 상황이지만, 실험적으로 확인된 $BF_3$의 결합 길이(130.9 pm)는 단일 결합(137.3 pm)보다 짧다. $BF_3$의 표현에서 결합 길이가 짧다는 것은 3개의 공명 구조가 관여한다는 것을 의미한다.

한편, 삼플루오린화 붕소는 암모니아와 결합하여 붕소의 팔전자가 완성되는 화학종을 만든다. 이것은 붕소가 주위에 6개의 원자가 전자만을 갖는 루이스 구조를 이용하여 다음과 같은 형태로 표현하는 것이 이해하기 쉽다.

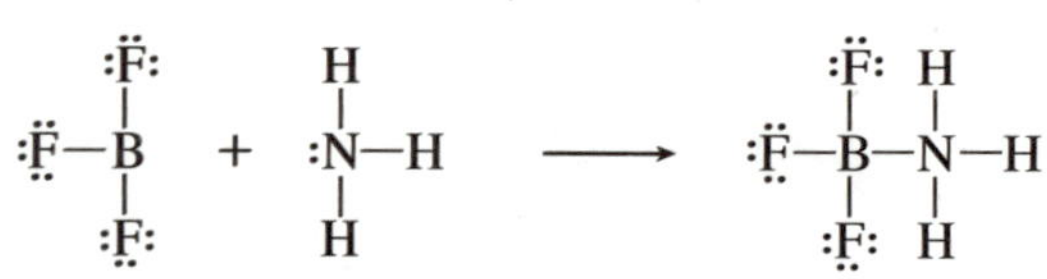

공명 구조 중 어느 하나도 $BF_3$의 결합을 설명하기에 충분하지 않다. 오히려, 관찰되는 물리적 및 화학적 특성을 설명하기 위해서는 모든 공명 구조가 필요하다.

**참조**

실험적 증거가 공명 구조의 "정확성"을 뒷받침할 때 공명 구조가 "중요"하다고 말한다. 만약 실험적 증거가 다른 공명 구조보다 특정 공명 구조를 더 강하게 뒷받침한다면, 특정 공명 구조를 "더 중요하다"라고 말한다.

$F_3B-NH_3$의 B—N 결합에서 두 개의 결합 전자를 모두 N 원자가 제공한다는 측면에서

지금까지 논의된 공유 결합과는 다르다. 이러한 유형의 결합을 **배위 공유 결합**(coordinate covalent bond) 또는 **배위 결합**(dative bond)이라고 하며, 결합하는 원자 중 하나가 전자 두 개를 모두 제공하는 공유 결합으로 정의된다. 배위 공유 결합이 일반적인 공유 결합과 다르지 않더라도(즉, 두 경우 모두 전자가 공유됨), 배위 공유 결합과 일반적인 공유 결합의 구별은 원자가 전자를 추적하고 형식 전하를 할당하는 데 유용하다.

배위 공유 결합의 형성은 **루이스 산–염기**(Lewis acid–base) 반응 과정의 한 예이다. **루이스 염기**(Lewis base)는 **제공할 수 있는** 고립 전자쌍을 가진 화학종이며, **루이스 산**(Lewis acid)은 한 쌍의 전자를 **받아들일 수 있는** 화학종이다. $F_3B-NH_3$에서 $NH_3$는 루이스 염기(Lewis base)이며, $BF_3$는 루이스 산(Lewis acid)이다. ($BF_3$ 중심 원자인 붕소 주위에는 전자를 6개만 가지고 있고, 고립 전자쌍을 받아들여 붕소의 팔전자를 완성한다.) 염기에 의해 제공되고 산에 의해 받아들여지는 전자는 두 화학종 사이에 형성되는 결합을 구성한다. 루이스 산–염기 정의는 앞으로 다룰 몇 가지 산–염기 정의 중 하나이며, 16장에서 보다 자세하게 설명할 것이다.

## 홀수 개의 전자

이산화질소($NO_2$)와 같은 일부 분자는 홀수 개의 원자가 전자를 가진다.

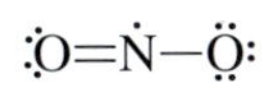

분자의 모든 원자가 완전한 팔전자를 가지기 위해서는 짝수 개의 전자가 필요하므로 이 분자의 모든 원자에 대해 팔전자 규칙을 지킬 수는 없다. 이러한 홀수 개의 전자를 가진 분자는 때때로 **자유 라디칼**(free radical) 또는 간단히 **라디칼**(radical)이라고 하며, 대부분의 라디칼은 다른 분자의 홀전자와 공유 결합을 형성하는 경향이 있으므로 반응성이 매우 크다. 예를 들어, 두 개의 이산화질소 분자가 충돌하면 사산화이질소(dinitrogen tetroxide)가 만들어지고, 이 분자는 N과 O 원자 모두 팔전자 규칙을 만족한다.

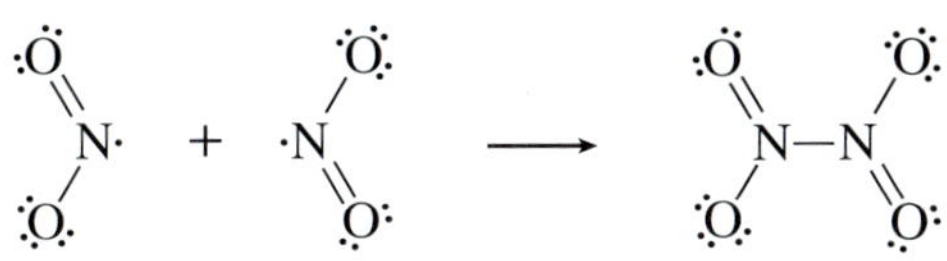

예제 6.8에서 홀수 개의 전자가 있는 화학종의 루이스 구조 그리는 연습을 할 수 있다.

## 예제 6.8

이산화 염소($ClO_2$)의 루이스 구조를 그리시오.

**전략** 골격 구조는 다음과 같다.

$$O-Cl-O$$

즉, 염소 원자를 중심에 두고, 전기 음성도가 더 큰 산소 원자를 말단 위치에 배치한다.

**계획** 총 19개의 원자가 전자가 존재한다. (Cl은 7개, 두 O 원자는 각각 6개씩이다.) 골격 구조에 있는 두 개의 결합을 위해 4개의 전자를 빼고 15개의 전자를 남겨 놓는다. 각 O 원자에 3개의 고립 전자쌍, Cl 원자에 1개의 고립 전자쌍과 마지막으로 남은 한 개의 홀전자를 배치한다.

**풀이**

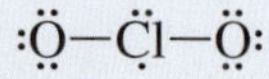

2005년 허리케인 카트리나로 인한 뉴올리언스 지역의 심각한 홍수

### 생각해 보기

$ClO_2$는 주로 종이를 제조할 때 목재 펄프를 표백하는 용도로 사용되지만, 밀가루 표백, 먹는 물 소독 및 특정 산업 시설의 탈취에도 사용된다. 2005년 허리케인 카트리나의 엄청난 홍수 피해로 인해 뉴올리언스 시의 각 가정에서는 독성 곰팡이를 박멸하는 것이 중요한 문제였다.

**유제 1** $NS_2$ 분자에 대한 루이스 구조를 그리시오.

**유제 2** 가상의 원소 A와 B가 결합하여 많은 분자와 다원자 이온을 형성한다. (원소 A는 5A족의 원소이고, 원소 B는 6A족의 원소이다.) 화학 구조식을 사용하여 다음 화학종 중 어느 것이 홀전자를 가진 루이스 구조로 그려지는지 모두 고르시오.

AB $AB_2$ $A_2B$ $AB_3$ $AB_3^-$ $AB_2^-$

## 생각 밖 상식

### 홀전자를 가진 화학종

2001년 9월 11일의 공격 후 약 일주일이 지나고, 탄저균 박테리아가 포함된 편지가 여러 언론 매체 및 두 명의 미국 상원 의원에게 우편으로 보내졌다. 이후 탄저병에 걸린 22명 중 5명은 사망했다. 탄저병은 포자 형성 세균(*Bacillus anthracis*)이며, 천연두와 마찬가지로 CDC(the Centers for Disease Control and Prevention, 질병통제예방센터)에서 "A급(Category A)" 생물학 테러 물질로 분류한다. 포자 형성 박테리아는 죽이기 어려운 것으로 악명 높고, 탄저균으로 오염된 건물을 청소하기 위해서는 많은 시간과 비용이 필요하다. 플로리다의 보카 래톤(Boca Raton)에 있는 아메리칸 미디어사(American Media Inc., AMI) 빌딩의 경우, 이산화 염소[$ClO_2$, 미국 환경보호국(Environmental Protection Agency, EPA)에 의해서 탄저균 오염 제거를 위해 승인된 유일한 소독제]로 처리가 된 2004년 7월까지는 건물에 들어가는 것이 안전하지 않았다. 탄저균 및 다른 내성이 강한 생물학적 오염원을 사멸시키는 $ClO_2$의 효과 중 일부는 라디칼을 가지는 특성(홀수 개의 전자를 포함한다는 의미)에서 유래한다고 볼 수 있다.

일반적으로 $ClO_2$는 이산화 염소 발생기를 사용하여 필요한 장소에서 생산된다. 라디칼들은 성간 공간(interstellar space)부터 인체에 이르기까지 여러 장소에서 자연적으로 발생한다. 하이드록시 라디칼(OH·)은 1963년 성간 공간에서 처음 발견되었지만 대기와 포유류 세포에서도 발견된다. 하이드록시 라디칼은 대류권에서 다양한 대기 오염 물질과 상호작용하며, 세포에서 탄수화물, 아미노산 및 DNA와 같은 거대 분자를 공격하여 잠재적으로 암을 유발한다. 초과산화(superoxide) 라디칼($O_2^-$)은 인체에서 면역 반응의 일부로 생성되지만 과다한 생성은 유해하다. 다행히 초과산화물 불균등화 효소(superoxide dismutase)가 생물학적으로 독성인 이 라디칼을 "제거"하여 인체를 보호할 수 있다. 마지막으로 일산화 질소(nitric oxide, NO)는 세포에서 여러 가지 신호 전달 역할을 하는 중요한 라디칼 화학종이다.

플로리다의 보카 래톤(Boca Raton) 시에 있는 아메리칸 미디어사 빌딩

## 확장된 팔전자

두 번째 주기 원소의 원자는 주위에 8개를 초과하는 원자가 전자를 가질 수 없지만, 주기율표의 세 번째 주기와 그 이후의 원소의 원자들은 가능하다. 3주기 원소들은 3*s* 및 3*p* 오비탈 외에 결합에 사용할 수 있는 3*d* 오비탈이 있다. 이 3*d* 오비탈을 이용하여 원자는 확장된 팔전자(expanded octet)를 형성할 수 있다. 매우 안정된 화합물인 육플루오린화 황(sulfur hexafluoride)은 확장된 팔전자를 가지는 화합물 중의 하나이다. 황의 전자 배치는 [Ne]$3s^23p^4$이며, $SF_6$에서 황의 원자가 전자 6개는 각각 플루오린 원자와 공유 결합을 형성한다. 결과적으로 중심의 황 원자 주위에는 12개의 전자가 있게 된다.

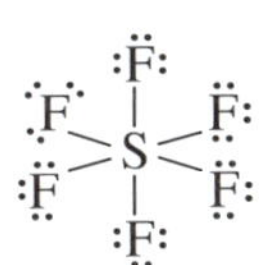

7장에서 이 12개의 전자 또는 6개의 결합 전자쌍이 하나의 3*s*, 세 개의 3*p* 그리고 5개의 3*d* 오비탈 중 2개에서 비롯된 총 6개의 오비탈에 수용된다는 것을 알 수 있다. 또한, 황은 팔전자 규칙을 따르는 화합물도 다양하게 존재한다. 예를 들어, 이염화황(sulfur dichloride)에서 황 원자는 8개의 전자로만 둘러싸여 있다.

$$:\ddot{\underset{..}{Cl}}-\ddot{\underset{..}{S}}-\ddot{\underset{..}{Cl}}:$$

3주기 이후의 중심 원자를 포함하는 화합물의 루이스 구조를 그릴 때, 모든 원자가 전자가 분배되기 전에 모든 원자에 대해 팔전자 규칙이 만족하는 경우를 볼 수 있다. 이런 상황이 발생하면 여분의 전자는 중심 원자에 고립 전자쌍 형태로 놓여야 한다. 예제 6.9에서는 이 접근법을 설명하고 있다.

예제 6.9는 팔전자 규칙을 따르지 않는 화합물을 포함한다.

## 예제 6.9

다음 화합물의 루이스 구조를 그리시오.

(a) 삼아이오딘화 붕소($BI_3$) (b) 오플루오린화 비소($AsF_5$) (c) 사플루오린화 제논($XeF_4$)

**전략** 루이스 구조를 그리는 단계별 절차를 이용한 골격 구조는 다음과 같다.

(a) 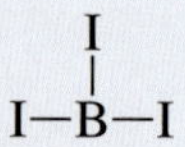 (b) 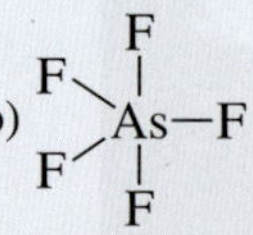 (c) 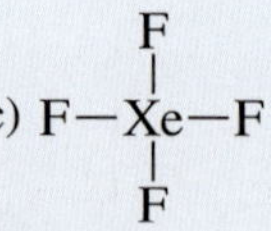

위의 골격 구조에서 As 원자 주변에 이미 팔전자 이상이 있다는 것을 주목해야 한다.

**계획** (a) $BI_3$에는 총 24개의 원자가 전자가 있다(B 원자는 3개, 각 I 원자는 7개씩). 골격 구조에 있는 세 개의 결합에 6개의 전자를 사용하고 나머지 18개의 전자를 각 I 원자에 3개의 고립 전자쌍으로 분배한다.

(b) 총 40개의 원자가 전자가 있다[As 원자(5A족)는 5개, 각 F 원자(7A족)는 7개씩]. 골격 구조에 있는 5개의 결합을 위해 10개의 전자를 빼고, 30개를 분배한다. 다음으로, 5개의 F 원자 각각에 3개의 고립 전자쌍을 배치함으로써 팔전자를 완성하고 모든 전자를 다 사용한다.

(c) 총 36개의 원자가 전자가 있다(Xe 원자는 8개, 각 F 원자는 7개씩). 골격 구조에 있는 결합을 위해 8개의 전자를 빼고, 28개를 분배한다. 먼저 네 개의 F 원자에 팔전자를 완성하고, 남아 있는 4개의 전자는 Xe 원자에 두 개의 고립 전자쌍으로 배치한다.

**풀이**

(a) 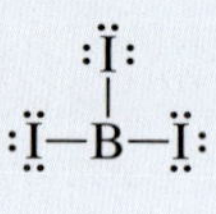 (b) 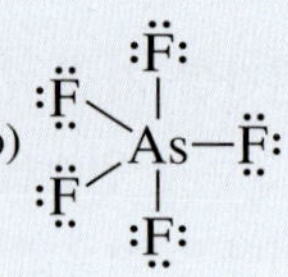 (c) 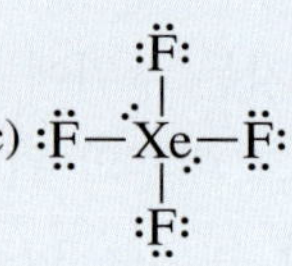

### 생각해 보기

붕소는 항상 팔전자 규칙을 따르지 않는 원소 중 하나이다. 그러나 $BF_3$와 마찬가지로 $BI_3$는 붕소의 팔전자를 충족시키기 위해 이중 결합을 그릴 수 있다. 이렇게 하면 총 4개의 공명 구조가 생긴다.

3주기 이후의 원자들은 전자가 결합에 사용하거나 고립 전자쌍으로 중심 원자에 남아 있는 것과 상관없이 팔전자 이상의 전자를 수용할 수 있다.

**유제 1** 다음 화합물의 루이스 구조를 그리시오.

(a) 삼염화붕소(boron trichloride, $BCl_3$)

(b) 오플루오린화 안티모니(antimony pentafluoride, $SbF_5$)

(c) 이플루오린화 크립톤(krypton difluoride, $KrF_2$)

**유제 2** 같은 족의 원소들은 유사한 화학적 성질을 나타내며 때로는 유사한 화학종을 형성한다. 예를 들어, 질소와 인(모두 5A족 원소)은 염소와 1:3 비율로 결합하여 각각 $NCl_3$ 및 $PCl_3$를 형성할 수 있다. 또한, 인은 염소와 1:5의 비율로 결합할 수도 있지만, 질소는 불가능하다. 질소가 이러한 화합물을 형성할 수 없는 이유를 설명하시오.

어떤 화합물들은 중심 원자가 팔전자 규칙이 적용되는 루이스 구조뿐만 아니라 확장된 팔전자를 가지는 루이스 구조로도 나타낼 수 있다. 예를 들어, 황산 이온($SO_4^{2-}$)은 팔전자 규칙을 따르는 구조 I로 표시되거나 팔전자 규칙을 따르지 않는 구조 II로 나타낼 수 있다.

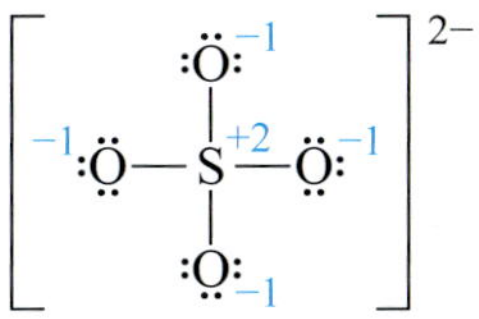

구조 I

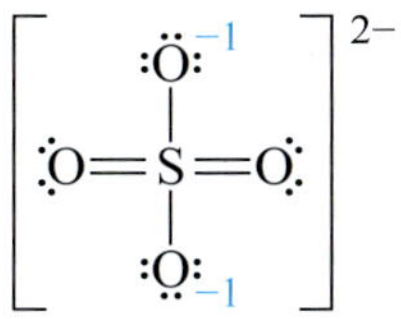

구조 II

구조 I에서 중심 원자에 대해 팔전자 규칙을 만족하지만, 모든 원자에 0이 아닌 형식 전하(파란색 표시)가 있다. 구조 II에서는 두 개의 산소 원자 각각으로부터 고립 전자쌍을 이동시켜 두 개의 이중 결합을 생성함으로써, 3개 원자의 형식 전하를 0으로 바꿀 수 있다. 두 가지 모두 유효한 루이스 구조이지만 일부 화학자는 둘 중 하나(팔전자 규칙이 적용되는 구조 또는 형식 전하가 최소화되는 구조)의 루이스 구조를 선호한다.

예제 6.10에서는 팔전자 규칙을 준수할 수 있는 화학종의 공명 구조를 그리는 방법에 대한 연습을 할 수 있다. 예제에서는 형식 전하를 최소화하기 위해 확장된 팔전자로도 그려질 수 있다.

## 예제 6.10

아황산($H_2SO_3$)에 대한 두 개의 공명 구조(중심 원자에 대해 팔전자 규칙에 따르는 공명 구조와 형식 전하를 최소화하는 공명 구조)를 그리시오. 또한 각 공명 구조에서 원자의 형식 전하를 결정하시오.

**전략** 골격 구조를 그려 원자가 전자의 총수를 세는 것으로 시작한다. 6.3절에 요약된 단계를 활용하여 첫 번째 구조를 그리고 두 번째 구조에 대한 형식 전하를 조정하기 위해 하나 이상의 고립 전자쌍을 재배치한다.

**계획** 골격 구조는 다음과 같다.

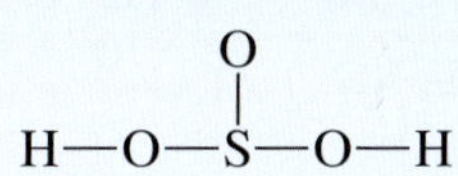

산소산(oxoacid)의 각 수소는 중심 원자에 직접 연결되는 것이 아니라 산소 원자에 연결된다. 원자가 전자의 총수는 26개(S는 6개, 각 O는 6개씩, 각 H는 1개씩)이다.

**풀이** 247~249쪽에 설명된 단계에 따라 첫 번째 구조를 얻는다.

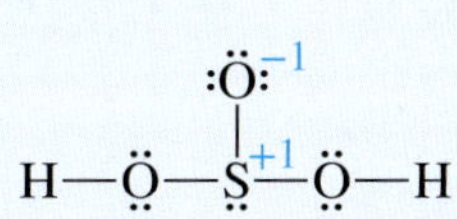

두 번째 구조를 얻기 위해 세 개의 고립 전자쌍을 가진 맨 위쪽 O와 S 사이에 이중 결합을 만들기 위해 한 쌍의 고립 전자쌍을 재배치한다.

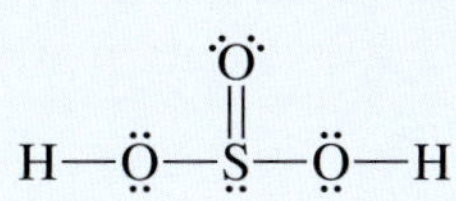

이중 결합을 도입하면 모든 원자의 형식 전하가 0이 된다.

### 생각해 보기

황산 이온과 같은 일부 화학종에서는 상당히 많은 이중 결합을 포함하는 것이 가능하다. 황에 3개와 4개의 이중 결합을 갖는 구조는 S 및 O 원소의 전기 음성도와 부합하지 않는 형식 전하를 가진다. 일반적으로 중심 원자의 팔전자를 확장하여 형식 전하를 최소화하는 경우 중심 원자에 대한 형식 전하가 0이 되는 데 필요한 이중 결합만 추가한다.

**유제 1** $SO_3$와 $SO_2$에 대해 두 개의 공명 구조(팔전자 규칙을 따르는 공명 구조 및 중심 원자의 형식 전하가 0인 공명 구조)를 그리시오.

**유제 2** 중심 원자(A)가 5A족 구성원인 다원자 이온의 공명 구조 3가지를 나타내었다. 중심 원자의 형식 전하가 감소하는 순서대로 구조를 나열하시오.

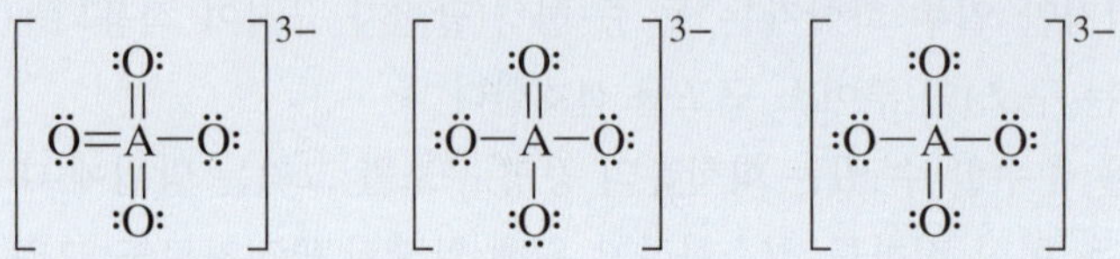

(i) (ii) (iii)

## 6.6절 복습

### 팔전자 규칙의 예외

**6.6.1** 다음의 화학종 중에서 중심 원자가 팔전자 규칙을 따르지 않는 것은 어느 것인가?

(a) $BrO_3^-$ (b) $ClO_2^-$
(c) $CO_2$ (d) HCN
(e) $ICl_4^-$

**6.6.2** 다음 중 팔전자를 초과하는 전자를 가질 수 없는 원소를 고르시오. (해당하는 것을 모두 고르시오.)

(a) N (b) C
(c) S (d) Br
(e) O

**6.6.3** $BBr_3$의 중심 원자 주위에 몇 개의 전자가 있는가?

(a) 4 (b) 6
(c) 8 (d) 10
(e) 12

**6.6.4** $ICl_2^-$의 루이스 구조에서 중심 원자에 포함된 고립 전자쌍은 몇 개인가?

(a) 0 (b) 1
(c) 2 (d) 3
(e) 4

# 단원 정리

### 6.1절

- **팔전자 규칙**(octet rule)에 따르면 원자는 비활성 기체의 전자 배치를 가지기 위해 전자를 잃거나, 전자를 얻거나, 전자를 공유하게 된다. 분자 또는 다원자 이온에서 공유 결합에 관여하지 않는 원자가 전자쌍(즉, 공유되지 않은 원자가 전자)은 **고립 전자쌍**(lone pairs)이라고 한다.
- **루이스 구조**(Lewis structure)는 분자 및 다원자 이온의 원자 및 원자가 전자의 위치를 나타내기 위해 그린다. 루이스 구조에서 공유된 원자가 전자는 두 개의 점(··) 또는 단일선(—)으로 표현하고 비공유 전자는 점으로 표시한다.
- 원자 사이에서 한 쌍의 공유 전자는 **단일 결합**(single bond)을 형성하고, 한 쌍 이상의 전자를 공유하면 **다중 결합**(multiple bond)을 형성한다. 2개의 공유 전자쌍은 **이중 결합**(double bond)을 형성하고, 3개의 공유 전자쌍은 **삼중 결합**(triple bond)을 형성한다. **결합 길이**(bond length)는 두 원자 사이의 공유 전자쌍 수에 의해 부분적으로 결정된다.

### 6.2절

- 전자가 균등하게 공유되지 않는 결합은 **극성**(polar)이며 **극성 공유 결합**(polar covalent bond)이라고 한다.
- **전기 음성도**(electronegativity)는 공유 전자를 끌어들이는 원자의 능력이다. 전기 음성도 차이가 매우 큰($\Delta \geq 2.0$) 원자 사이의 결합은 이온성이다. 전기 음성도 차이가 현저한 ($0.5 \leq \Delta < 2.0$) 원자 사이의 공유 결합은 극성이다. 매우 유사한 전기 음성도($\Delta < 0.5$)를 갖는 원자 사이의 결합은 **비극성**(nonpolar)이다.
- **이온성 백분율**(percent ionic character)은 결합의 극성을 정량화하고, 측정된 쌍극자 모멘트와 결합 원자의 분리된 전하를 가정하여 예측된 값과 비교하여 결정된다.
- **쌍극자 모멘트**(dipole moment, $\mu$)는 결합의 극성을 정량적으로 측정한 것이다.

### 6.3절

- 분자 또는 다원자 이온의 루이스 구조는 다음의 단계별 절차를 이용하여 그릴 수 있다.
  1. 원자가 전자의 총수를 세고, 음전하는 전자를 더하고, 양전하는 전자를 뺀다.
  2. 분자식을 사용하여 골격 구조를 그린다.
  3. 골격 구조의 각 결합에 대해 두 개의 전자를 뺀다.
  4. 남은 원자가 전자를 나누어 각 원자의 팔전자를 완성하되, 전기 음성도가 큰 원자의 팔전자를 먼저 완성한다.
  5. 남아 있는 전자를 중심 원자에 배치한다.
  6. 필요한 경우 모든 원자의 팔전자를 완성하기 위해 이중 또는 삼중 결합을 포함시킨다.

### 6.4절

- **형식 전하**(formal charge)는 어떤 화학종의 원자가 전자를 추적하는 방법이다. 형식 전하는 전기 음성도와 들어맞아야 하며 루이스 구조에서 원자와 전자의 최적 배치를 결정하는 데 사용될 수 있다.

### 6.5절

- **공명 구조**(resonance structure)는 전자의 위치는 다르지만 원자의 위치는 같은 두 개 이상의 루이스 구조이다. 화합물의 공명 구조는 공명 화살표($\longleftrightarrow$)를 사용하여 구분한다.

### 6.6절

- **루이스 염기**(Lewis base)는 고립 전자쌍 전자를 제공하여 결합을 형성할 수 있는 화학종이며, **루이스 산**(Lewis acid)은 루이스 염기로부터 전자쌍을 받아들일 수 있는 화학종이다.
- 보통 공유 결합에서는 각 원자가 공유 전자쌍에 하나씩의 전자를 내놓는다. 한 원자만 전자를 내놓는 결합을 **배위 공유 결합**(coordinate covalent bond) 또는 **배위 결합**(dative bond)이라고 한다.
- 전자가 홀수인 화학종을 **자유 라디칼**(free radical)이라고 한다.

## 주요 용어

결합 길이(bond length)
고립 전자쌍(lone pairs)
공명 구조(resonance structure)
극성(polar)
극성 공유 결합(polar covalent bond)
다중 결합(multiple bond)
단일 결합(single bond)
루이스 구조(Lewis structure)
루이스 산(Lewis acid)
루이스 염기(Lewis base)
배위 결합(dative bond)
배위 공유 결합(coordinate covalent bond)
비극성(nonpolar)
삼중 결합(triple bond)
쌍극자 모멘트(dipole moment, $\mu$)
이온성 백분율(percent ionic character)
이중 결합(double bond)
자유 라디칼(free radical)
전기 음성도(electronegativity)
팔전자 규칙(octet rule)
형식 전하(formal charge)

## 주요 식

| | | |
|---|---|---|
| 6.1 | $\mu = Q \times r$ | 쌍극자 모멘트($\mu$)는 분자 내의 부분 전하 크기($Q$)와 전하 간 거리(결합 길이, $r$)로 계산된다. 분자는 중성이기 때문에 이종핵 이원자 분자(heteronuclear diatomic molecule)의 부분 전하는 크기는 같고 부호가 반대이다. 식 6.1은 부분 전하의 크기를 알 때 쌍극자 모멘트를 계산하는 데 사용될 수 있고, 실험적으로 결정된 쌍극자 모멘트를 알 때 부분 전하의 크기를 결정하는 데 사용될 수 있다. |
| 6.2 | 이온성 백분율 $= \dfrac{\mu(\text{관찰된})}{\mu(\text{계산된})} + 100\%$ | 결합의 이온성 백분율은 계산된 쌍극자 모멘트에 대한 측정된 쌍극자 모멘트의 비율과 같으며, 원자에 대한 개별 전하를 추정할 수 있다. |
| 6.3 | 형식 전하 = 원자가 전자 − 관련된 전자 | 루이스 구조 내의 원자에 대한 형식 전하는 원자가 전자(족 번호)에서 분자 구조 내의 다른 원자와 공유되는 전자의 절반을 뺀 수와 같다. |

# 주요 내용 루이스 구조 그리기

많은 문제를 해결하는 첫 단계는 올바른 루이스 구조를 그리는 것이다. 루이스 구조를 그리는 과정은 247~249쪽에 처음 기술되었다. 각 단계는 아래의 순서도에 요약되어 있다.

1. 총 원자가 전자를 센다. 각 원자는 그 족 번호와 같은 수의 원자가 전자를 가진다는 것을 상기하자. 다원자 이온*의 전하를 계산하기 위해 원자가 전자를 더하거나 빼는 것을 기억한다.
2. 화학식을 사용하여 골격 구조를 그린다. 수소 원자는 보통 하나의 결합만을 형성하기 때문에 중심 원자가 될 수 없으며, 일반적으로 중심 원자는 말단 원자보다 전기 음성도가 작다.
3. 골격 구조식의 각 결합마다 원자가 전자 총수에서 두 개씩 뺀다.
4. 남은 전자의 분배는 전기 음성도가 큰 원자(일반적으로 말단 원자)의 팔전자부터 먼저 만족시킨다.
5. 모든 말단 원자의 완전한 팔전자를 만족시킨 후에도 원자가 전자가 남아 있다면, 남은 전자들은 중심 원자에 고립 전자쌍으로 배치시킨다.
6. 팔전자를 모두 만족시키기 전에 원자가 전자가 다 떨어지면 다중 결합을 사용하여 모든 원자의 팔전자를 완성한다.

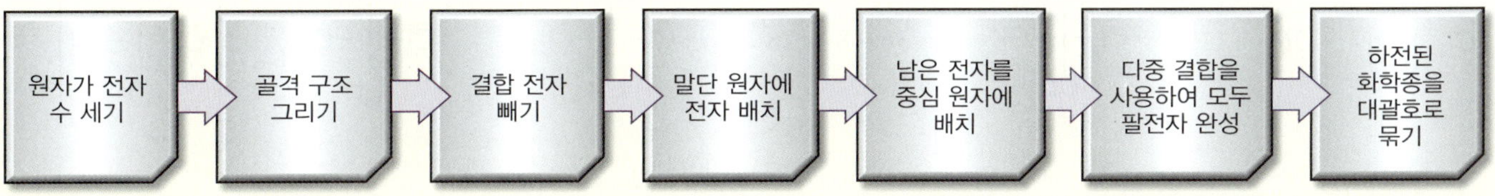


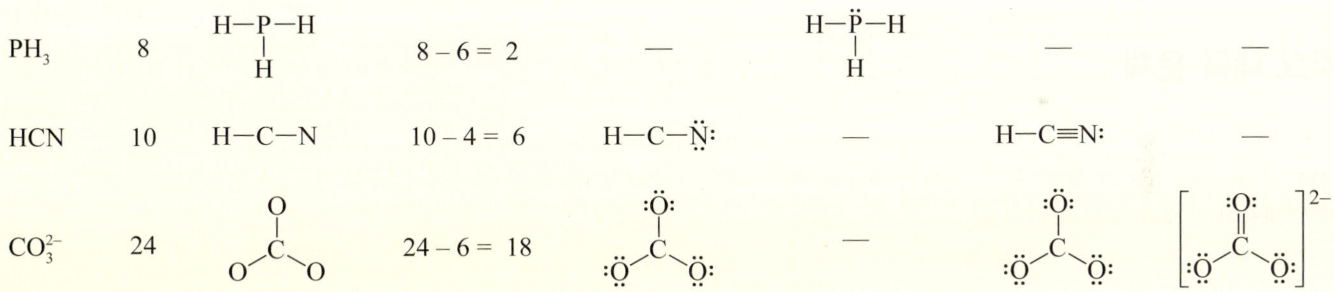


팔전자 규칙에는 예외가 있다.

- 전기 음성도가 낮은 작은 원자인 Be와 B는 팔전자 규칙을 따를 필요가 없다.
- 3주기 이후의 원소는 팔전자 규칙을 따를 필요가 없다.
- 홀수의 원자가 전자를 가진 화학종은 팔전자 규칙을 따를 수 없다.
- 큰 중심 원자(3주기 이후 원소)는 8개를 초과하는 전자를 수용하여 "확장된" 팔전자를 가질 수 있다.

* 하전된 화학종의 구조를 대괄호로 묶고 전하를 위 첨자로 기재한다.

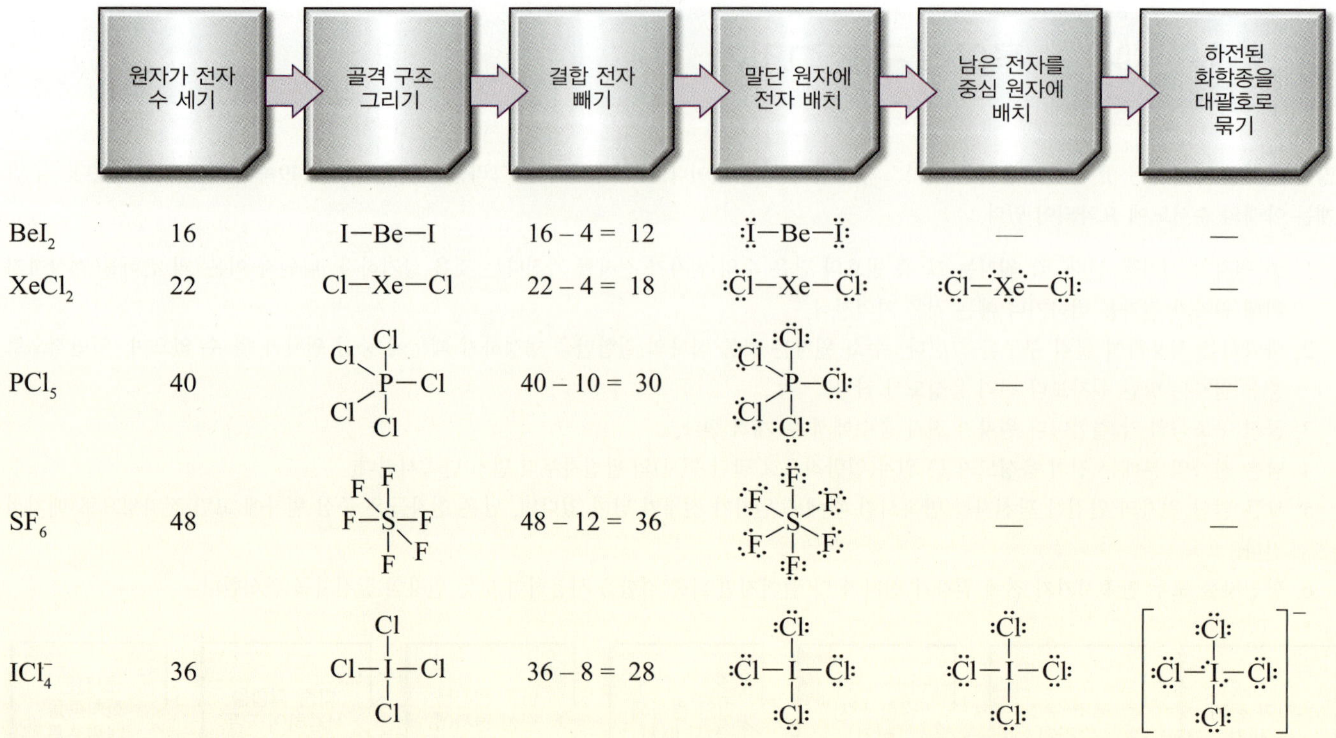


## 주요 내용 문제

### 6.1

다음 중 팔전자 규칙에 항상 따라야 하는 원소는 어느 것인가? (해당하는 것을 모두 고르시오.)

(a) C (b) N
(c) S (d) Br
(e) Xe

### 6.2

다음 중 전자수가 홀수인 화학종은 어느 것인가? (해당하는 것을 모두 고르시오.)

(a) $N_2O$ (b) $NO_2$
(c) $NO_2^-$ (d) $NO_3^-$
(e) NS

### 6.3

$XeOF_2$의 중심 원자에는 몇 쌍의 고립 전자쌍이 있는가?

(a) 0 (b) 1
(c) 2 (d) 3
(e) 4

### 6.4

과염소산 이온의 중심 원자에는 몇 개의 고립 전자쌍이 있는가?

(a) 0 (b) 1
(c) 2 (d) 3
(e) 4

# 종합문제

## 6.1절: 팔전자 규칙

### 개념 문제

6.9 다음의 각 원소 쌍이 형성하는 이성분 화합물의 실험식과 이름을 쓰고, 이 화합물들이 이온성 또는 공유성일 가능성에 관해 설명하시오.
(a) Ba와 F (b) C와 Br

## 6.2절: 전기 음성도와 극성

### 계산 문제

6.13 일플루오린화 알루미늄(aluminum monofluoride, AlF)의 Al과 F의 부분 전하가 각각 +0.019와 −0.019일 때 이 분자의 쌍극자 모멘트를 계산하시오. (부분 전하 사이의 거리 $r$은 165 pm이다.)

6.15 BaO 결합은 85.3%의 이온성 백분율을 갖고 Ba−O 결합 길이가 194 pm라면, BaO의 측정된 쌍극자 모멘트를 구하시오.

### 개념 문제

6.17 다음의 결합에 대해 이온성이 증가하는 순서대로 나열하시오.

탄소−수소, 플루오린−수소, 브로민−수소,
소듐−염소, 포타슘−플루오린, 리튬−염소

6.19 다음 결합을 이온성, 극성 공유 또는 비극성 공유 결합으로 분류하고 이유를 설명하시오.
(a) $PCl_3$의 PCl 결합 (b) $CS_2$의 CS 결합
(c) $CH_4$의 CH 결합 (d) $AlF_3$의 AlF 결합

6.21 다음의 결합에 대해 이온성이 증가하는 순서대로 나열하시오.

포타슘−아이오딘, 탄소−산소,
리튬−플루오린, 붕소−플루오린

## 6.3절: 루이스 구조 그리기

### 개념 문제

6.23 다음의 분자와 이온에 대한 루이스 구조를 그리시오.
(a) $OF_2$ (b) $N_2F_2$
(c) $Si_2H_6$ (d) $OH^-$
(e) $CH_2ClCOO^-$ (f) $CH_3NH_3^+$

6.25 다음 분자에 대한 루이스 구조를 그리시오.
(a) $ClF_3$ (b) $H_2Se$ (c) $NH_2OH$
(d) $POCl_3$(P는 O와 Cl 원자와 결합한다)
(e) $CH_3CH_2Br$ (f) $NCl_3$ (g) $CH_3NH_2$

## 6.4절: 루이스 구조와 형식 전하

### 개념 문제

6.29 다음 이온에 대한 루이스 구조를 그리고 형식 전하를 표시하시오.
(a) $NO_2^+$ (b) $SCN^-$
(c) $S_2^{2-}$ (d) $ClF_2^+$

6.31 아래에 표시된 아세트산의 루이스 구조에서 골격 구조는 정확하지만, 일부 결합은 틀리게 그려졌다.

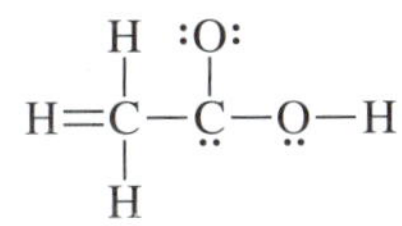

(a) 부정확한 결합을 표시하고 무엇이 잘못되었는지 설명하시오.
(b) 아세트산의 올바른 루이스 구조를 그리시오.

## 6.5절: 공명

### 개념 문제

6.35 다음의 화학종에 대한 공명 구조를 모두 그리고, 형식 전하를 표시하시오. 원자의 상대적 위치는 아래와 같다.
(a) $HCO_2^-$ (b) $CH_2NO_2^-$

```
(a)      O          (b)  H     O
     H   C                 C   N
         O               H     O
```

6.37 하이드라조산(hydrazoic acid, $HN_3$)의 3가지 공명 구조를 그리고, 형식 전하를 표시하시오. 원자 배열은 HNNN이다.

6.39 $OCN^-$ 이온의 3가지 공명 구조를 그리고, 형식 전하를 표시하시오.

6.41 다음 중 어느 것이 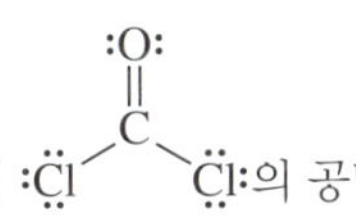의 공명 구조인지 고르시오. (해당하는 것을 모두 고르시오.)

(a) 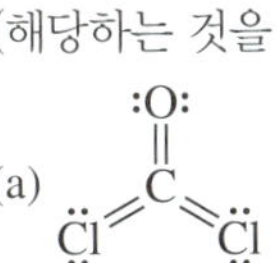 (b) 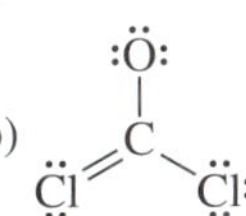

(c) 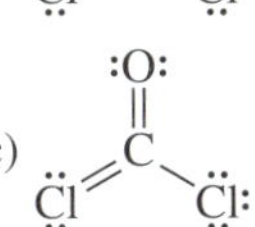 (d) 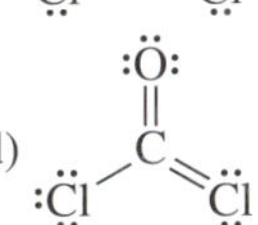

(e) 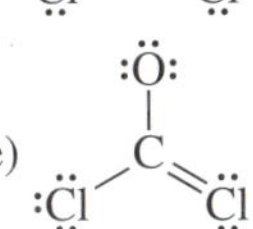

6.43 아래에 나타낸 DNA 구조의 일부인 구아닌(guanine) 분자의 공명 구조를 그리시오.

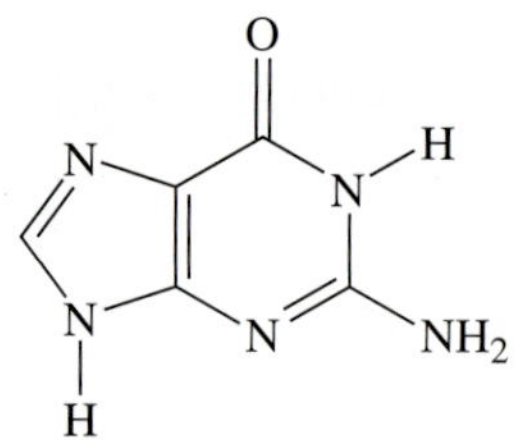

## 6.6절: 팔전자 규칙의 예외

### 개념 문제

6.49 기체상에서 염화 베릴륨(beryllium chloride)은 독립적인 $BeCl_2$ 분자로 구성된다. 이 화합물에서 Be는 팔전자 규칙을 만족하는가? 만약 그렇지 않다면 다른 공명 구조를 그려 Be의 주위에 팔전자를 형성할 수 있는지 확인하고, 이 구조가 타당한지 설명하시오.

6.51 테트라클로로알루미늄산 이온(tetrachloraluminate ion, $AlCl_4^-$)의 루이스 구조를 그리시오. 이 이온은 $AlCl_3$와 $Cl^-$의 조합으로 간주할 수 있다. $AlCl_4^-$에서 $AlCl_3$와 $Cl^-$의 결합은 어떤 종류의 결합인가?

6.53 $SbCl_5$의 루이스 구조를 그리시오. 이 분자는 팔전자 규칙을 만족하는가?

6.55 라디칼 화학종인 $HO_2$와 ClO의 루이스 구조를 그리시오.

6.57 아황산 이온(sulfite ion, $SO_3^{2-}$)의 두 가지 공명 구조를 그리시오. 하나는 팔전자 규칙을 따르고, 다른 하나는 중심 원자의 형식 전하가 0이다.

## 추가 문제

6.59 원자가 NNN으로 배열된 아자이드 이온(azide ion, $N_3^-$)의 적절한 3가지 공명 구조를 그리고, 형식 전하를 표시하시오.

6.61 Al이 포함된 이온 또는 분자 중에서 다음 설명에 들어맞는 예를 제시하시오.
(a) 팔전자 규칙을 따르는 이온 또는 분자
(b) 확장된 팔전자를 가지는 이온 또는 분자
(c) 불완전 팔전자를 가지는 이온 또는 분자

6.63 공기 중에서 안정한 형태로 $CF_2$, $LiO_2$, $CsCl_2$ 및 $PI_5$ 화합물을 제조하려는 시도는 실패했다. 이러한 화합물이 공기 중에서 만들어지지 않는 타당한 이유를 제시하시오.

6.65 다음에 서술하는 내용은 참인가 거짓인가?
(a) 형식 전하는 실제 전하 분리를 나타낸다.
(b) 모든 2주기 원소는 화합물에서 팔전자 규칙을 따른다.
(c) 분자의 공명 구조는 실험실에서 서로 분리될 수 있다.

6.67 다음 중 가장 긴 질소–질소 결합을 가지는 분자를 고르고 이유를 설명하시오.

$N_2H_4$, $N_2O$, $N_2$, $N_2O_4$

6.69 다음의 화학종 중 등전자인 것은 어느 것인가? [문제에서 등전자(isoelectronic)는 같은 전자수를 가지는 원자와 단원자 이온처럼 분자 및 다원자 이온 사이에서도 이러한 관계가 성립되는 것을 의미한다. 등전자 화학종은 같은 전자 수와 전자 배열을 한다.]

$NH_4^+$, $C_6H_6$, CO, $CH_4$, $N_2$, $B_3N_3H_6$

6.71 다음은 아미노산인 트립토판(tryptophan)의 단순화된 (골격) 구조이다. 이 분자의 완전한 루이스 구조를 그리시오.

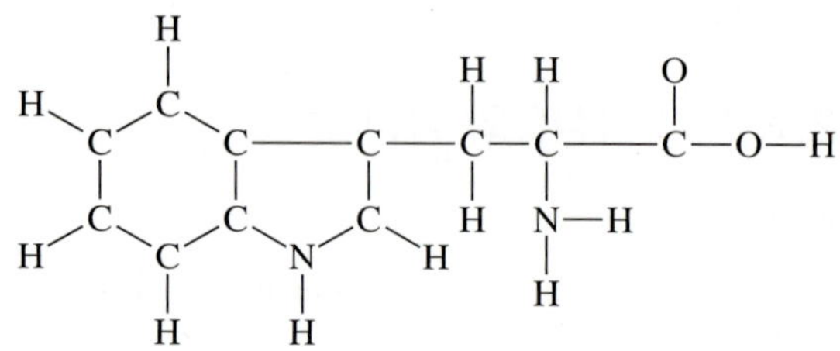

6.73 황산화물 $SO_2$와 $SO_3$는 대기 중의 주요한 오염 물질이며 산성비 형성의 원인이다. 또한 이 화합물들은 세포 내에서 라디칼 음이온으로 전환될 수 있다. 이 라디칼 음이온 $SO_2^-$와 $SO_3^-$의 타당한 루이스 구조를 그리시오.

6.75 I 원자들이 직선상으로 배열된 트리아이오드화 이온(triiodide ion, $I_3^-$)은 안정하지만, 이 물질과 유사한 $F_3^-$ 이온은 존재하지 않는다. 이유를 설명하시오.

6.77 메틸 아이소사이아네이트(methyl isocyanate, $CH_3NCO$)는 특정 살충제를 만드는 데 사용된다. 1984년 12월 인도 보팔의 한 화학 공장에서 이 물질을 담고 있는 탱크로 물이 들어가면서 수천 명을 죽음에 이르게 한 독성 구름이 발생했다. $CH_3NCO$의 루이스 구조를 그리고 형식 전하를 표시하시오.

6.79 이산화 탄소 분자에 대한 몇 가지 공명 구조가 아래에 표시되어 있다. 다음 중 이 분자의 결합을 설명하는 데 가장 중요한 구조(들)는 무엇인가? 다른 공명 구조가 덜 중요한 이유를 설명하시오.

(a) :Ö=C=Ö: (b) :O≡C–Ö:
(c) :O≡C̈–Ö: (d) :Ö–C–Ö:

6.81 다음은 성층권의 오존층 붕괴의 부분적인 원인이 되는 클로로플루오로탄소(chlorofluorocarbons, CFCs) 화합물들이다. 이 화합물들의 루이스 구조를 그리시오.

(a) $CFCl_3$ (b) $CF_2Cl_2$
(c) $CHF_2Cl$ (d) $CF_3CHF_2$

6.83 다음의 네 가지 등전자 화학종에 대한 루이스 구조를 그리고, 형식 전하를 표시하시오. (문제 6.69 참조)

(a) CO (b) $NO^+$
(c) $CN^-$ (d) $N_2$

6.85 팔전자 규칙을 항상 위반하는 원소 족이 있는가? 설명하시오.

6.87 산화질소(NO)의 결합 길이는 115 pm로, 삼중 결합(106 pm)과 이중 결합(120 pm)의 중간이다.

(a) NO의 2가지 공명 구조를 그리시오.

(b) 원자 사이에 삼중 결합을 가지는 공명 구조를 그릴 수 있는가?

6.89 기체상에서 염화 알루미늄(aluminum chloride)은 $Al_2Cl_6$ 화학식으로 표현되는 이량체(dimer, 또는 이합체)로 존재하며, 골격 구조는 다음과 같다.

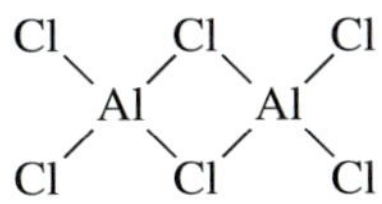

루이스 구조를 완성하고 분자 내에서 배위 공유 결합을 표시하시오. 이 분자가 극성일 것으로 예상하는가? 이를 설명하시오.

6.91 RbF 및 RbI의 이온성 백분율을 구하시오. RbF와 RbI의 쌍극자 모멘트는 각각 8.55 D와 11.48 D이다. [그림 4.13(173쪽)의 자료를 사용하여 각 이온 결합 화합물의 결합 거리를 계산하시오.] 두 답의 차이점에 관해 설명하시오.

6.93 다음은 세 가지 화합물 A, B, C에 대한 정전기 퍼텐셜 지도를 나타내었다.

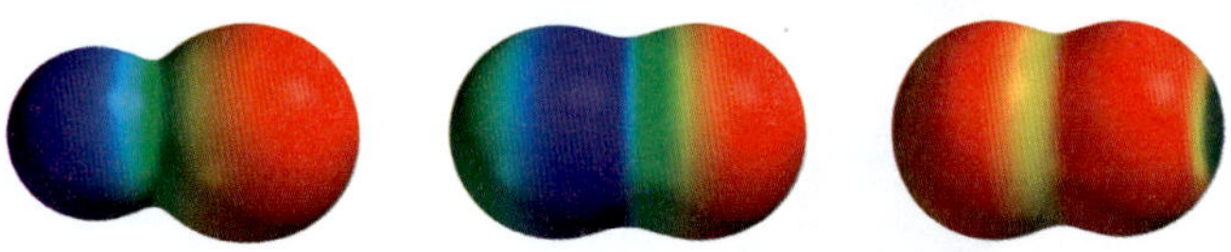

A B C

다음 표에 나타낸 자료를 이용하여 각 화합물에 해당하는 정전기 퍼텐셜 지도를 결정하고 각 화합물의 쌍극자 모멘트를 계산하여 빠진 자료를 채우시오.

| 화합물 | 부분 전하 | 전하 간 거리(pm) | 쌍극자 모멘트 |
|---|---|---|---|
| | ±0.19 | 213 | |
| | ±0.051 | 214 | |
| | ±0.68 | 315 | |

6.95 피리딘은 벤젠과 비슷한 구조이지만, 탄소 원자 중 하나(그리고 그 탄소와 결합한 수소)가 질소 원자로 치환되어 있다. 피리딘의 두 공명 구조를 그리고, 표 6.1의 정보를 이용하여 C−N 결합 길이를 추정하시오.

6.97 1999년에 질소($N_5^+$)만 함유된 특이한 양이온이 제조되었다. 이 이온의 3가지 공명 구조를 그리고 형식 전하를 표시하시오. (힌트: N 원자는 선형으로 연결된다.)

6.99 미국의 화학자 로버트 멀리컨(Robert S. Mulliken)은 다음과 같이 원소의 전기 음성도(EN)에 대해 또 다른 정의를 제안하였다.

$$\mathrm{EN} = \frac{IE_1 + EA}{2}$$

여기서 $IE_1$은 1차 이온화 에너지이고 $EA$는 원소의 전자 친화도이다. 이 식과 4장의 "주요 내용"(178~179쪽)의 자료를 사용하여 O, F 및 Cl의 전기 음성도를 계산하시오. 멀리컨과 폴링 척도로 이들 원소의 전기 음성도를 비교하시오. (폴링 척도로 변환하려면 각 전기 음성도 값을 230 kJ/mol로 나눈다.)

## 유제 해답

**6.1** ❶ 1A족에서 Li~Fr, 2A족에서 Ca~Ra **6.2** ❶ 0.11 D

**6.3** ❶ 9.23 D **6.4** ❶ 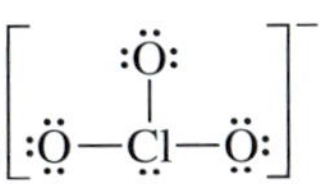 **6.5** ❶ S 원자=+1, O 원자=−1, 전체 전하=−2 **6.6** ❶ Cl−N−Cl

**6.7** ❶ 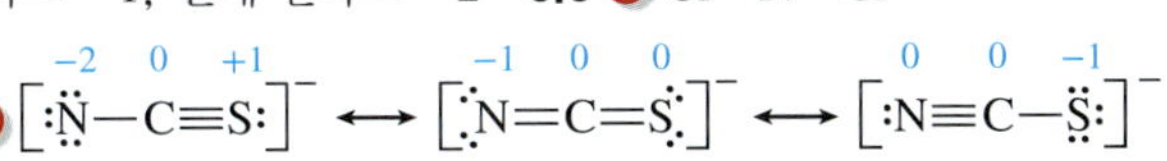

**6.8** ❶ 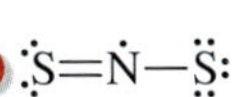 **6.9** ❶ (a) 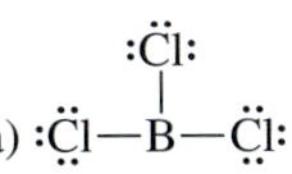 (b) 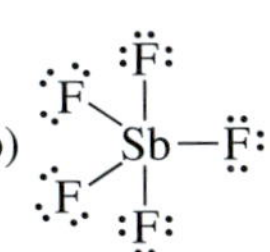

(c) 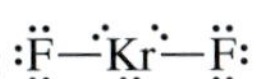 **6.10** ❶ 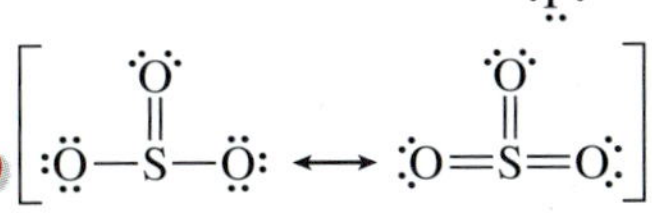

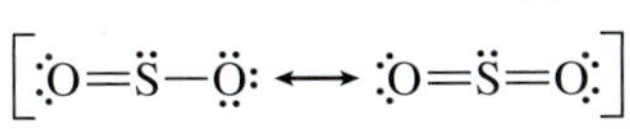

## 절 복습

**6.2.1** b **6.2.2** d **6.2.3** c **6.2.4** c **6.3.1** d **6.3.2** c **6.4.1** e **6.4.2** c **6.5.1** b **6.5.2** a, b, e **6.6.1** e **6.6.2** a, b, e **6.6.3** b **6.6.4** d

Chapter
7

# 분자의 모양, 분자간 힘 그리고 결합 이론

## Molecular Geometry, Intermolecular Forces, and Bonding Theories

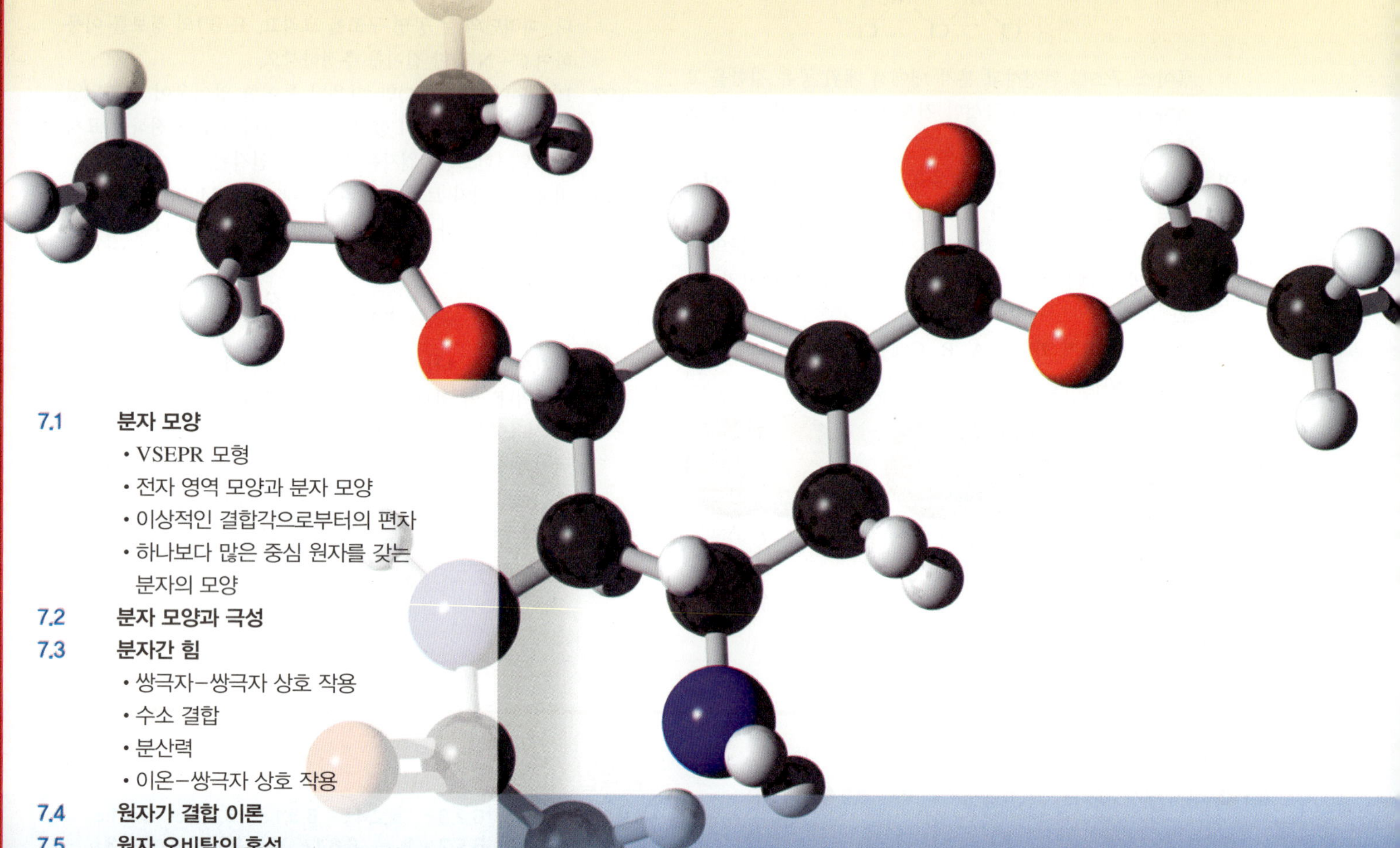



분자 구조(molecular structure)는 물질의 성질에 깊숙이 영향을 끼치며 다른 화학종과 어떻게 상호 작용하는지를 결정한다. 의약 화학자는 분자의 구조와 모양에 주의를 기울여 특정 병원성 바이러스와 박테리아의 작용을 억제하는 약물을 설계할 수 있다. 그중 한 예가 여기 모형으로 보여 주는 항바이러스제 타미플루(Tamiflu)이다. 타미플루는 중요한 효소의 활성화 자리에 효과적으로 결합함으로써 인플루엔자 바이러스의 번식을 막는다. 분자 구조의 중요성을 이해함으로써 합성 화학자는 이제 다양한 질병과 고통에 대해 더 좋고 보다 효과적인 약물을 개발할 수 있다.

## 들어가기 전에

- 원자 오비탈의 모양 [|◀◀3.8절]
- 원자들의 전자 배치 [|◀◀3.9절]
- 루이스 구조 그리기 [|◀◀6.3절]

# 7.1 분자 모양

대부분의 친숙한 화학적 및 생화학적 과정은 그것과 관련된 분자 또는 이온의 3차원 모양에 크게 의존한다. 우리의 후각이 한 가지 예이고, 특정 약물의 효과가 또 다른 예이다. 분자 또는 다원자 이온의 모양은 실험적으로 결정되어야 하지만 우리는 루이스(Lewis) 구조[|◀◀ 6.3절]와 **원자가 껍질 전자쌍 반발**(valence−shell electron−pair repulsion, VSEPR) 모형을 이용하여 합리적으로 그 모양을 잘 예측할 수 있다. 이 절에서는 일반적인 유형 $AB_x$의 분자 모양을 결정하는 데 초점을 맞출 것이다. 여기서 A는 $x$B 원자로 둘러싸인 중심 원자이고 $x$는 2~6의 정수 값을 가질 수 있다. 예를 들어, $NH_3$는 $AB_3$ 분자이고, A는 질소, B는 수소이며, $x=3$이다. $NH_3$의 루이스 구조는 다음과 같다.

> **참조**
> 둘 이상의 다른 원자에 결합된 모든 원자는 "중심" 원자로 간주될 수 있다.

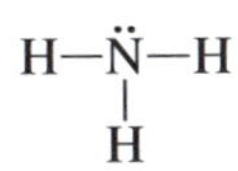

$NH_3$의 루이스 구조

표 7.1은 우리가 고려할 $AB_x$ 분자 및 다원자 이온의 각 유형의 예를 보이고 있다. 이 장에서 우리는 분자와 다원자 이온 모두에 적용되는 개념에 대해 논의하겠지만 일반적으로 이들을 집합적으로 "분자"라고 부를 것이다. 분자식만으로 분자의 모양을 예측하기에는 불충분하다. 예를 들어, $AB_2$ 분자는 선형 또는 굽은형일 수 있다.

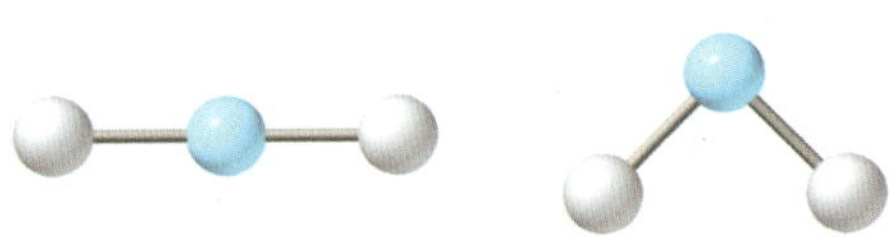

선형 굽은형

또한, $AB_3$ 분자는 평면 모양, 삼각뿔 모양 또는 T−모양일 수 있다.

**표 7.1** $AB_x$ 분자와 다원자 이온의 예

| 유형 | 예 |
|---|---|
| $AB_2$ | $BeCl_2$, $SO_2$, $H_2O$, $NO_2^-$ |
| $AB_3$ | $BF_3$, $NH_3$, $ClF_3$, $SO_3^{2-}$ |
| $AB_4$ | $CCl_4$, $NH_4^+$, $SF_4$, $XeF_4$, $ClO_4^-$ |
| $AB_5$ | $PCl_5$, $IF_5$, $SbF_5$, $BrF_5$ |
| $AB_6$ | $SF_6$, $UF_6$, $TiCl_6^{3-}$ |

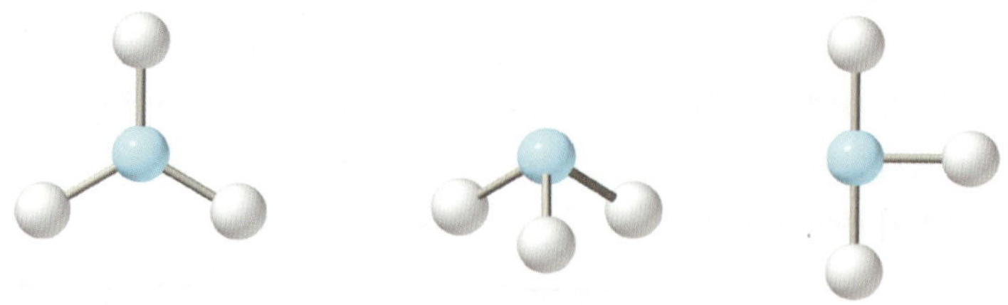


모양을 결정하려면 정확한 루이스 구조로 시작하여 VSEPR 모형을 적용해야 한다.

## VSEPR 모형

> **참조**
> 원자가 껍질에 있는 전자는 화학 결합에 관여하는 전자임을 기억하자[◀◀ 5.2절].

VSEPR 모형의 기본은 한 원자의 원자가 껍질에 있는 전자쌍이 서로 반발한다는 것이다. 6장에서 배웠듯이, 전자쌍에는 결합쌍과 비결합쌍(고립 전자쌍으로도 알려져 있음) 두 종류가 있다. 또한 결합쌍은 단일 결합 또는 다중 결합으로 발견될 수 있다. 명확하게 하기 위해, 우리는 VSEPR 모형을 사용할 때 전자쌍 대신 전자 **영역**(domain)이란 용어를 사용할 것이다. 이 문맥에서 **전자 영역**(electron domain)은 고립 전자쌍 또는 1개의 결합을 의미한다. 그 결합이 단일, 이중 또는 삼중인지는 상관 없다. 다음 예를 고려해 보자.

> **참조**
>
> | 전자 영역 |
> |---|
> | 고립 전자쌍 |
> | 단일 결합 |
> | 이중 결합 |
> | 삼중 결합 |

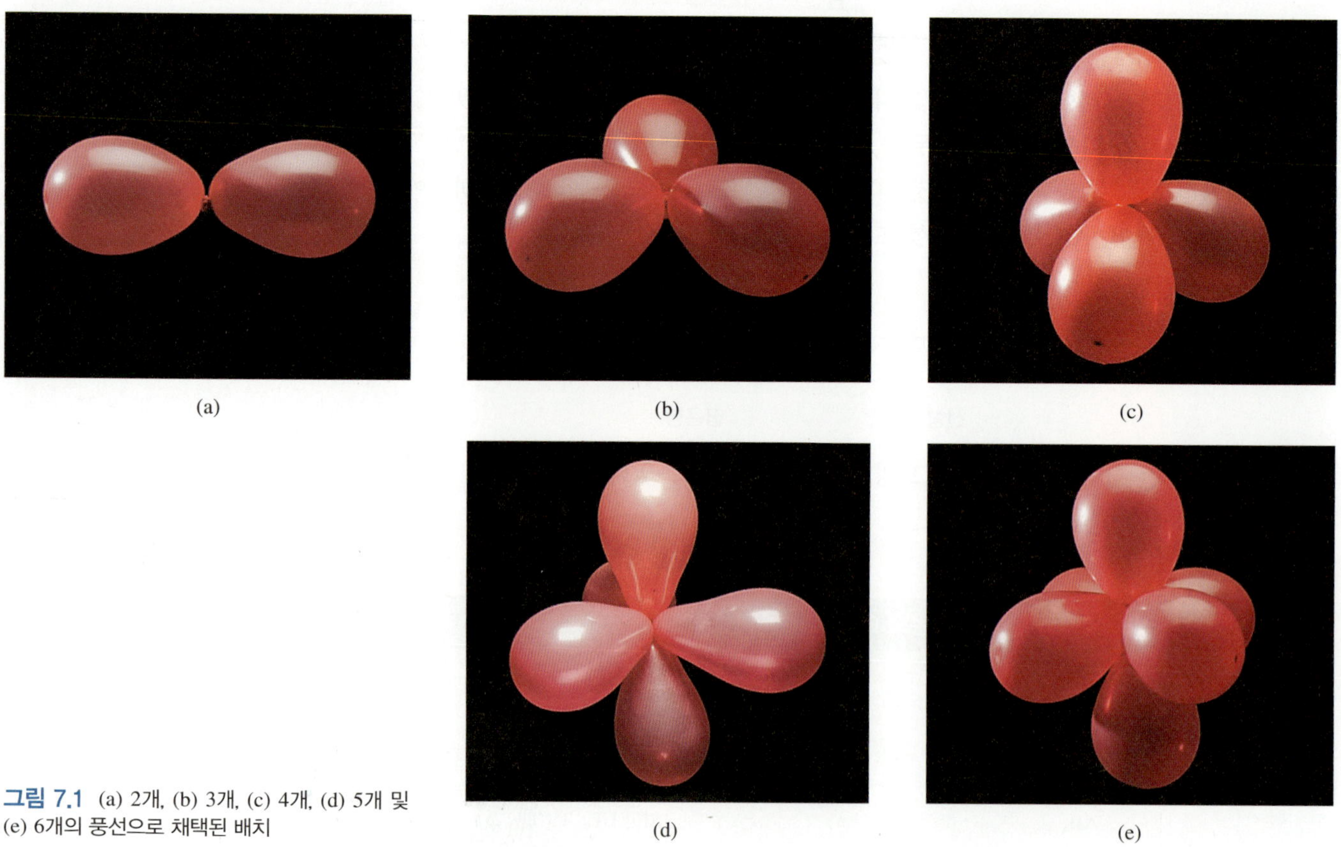


**그림 7.1** (a) 2개, (b) 3개, (c) 4개, (d) 5개 및 (e) 6개의 풍선으로 채택된 배치

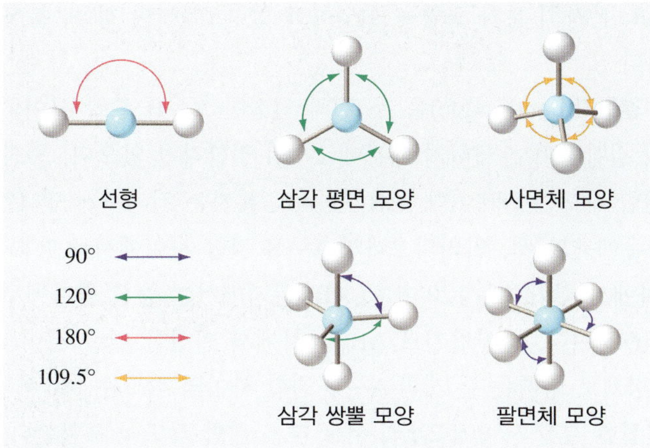


**그림 7.2** 모든 전자 영역이 결합으로 이루어진 $AB_x$ 분자의 5가지 모양

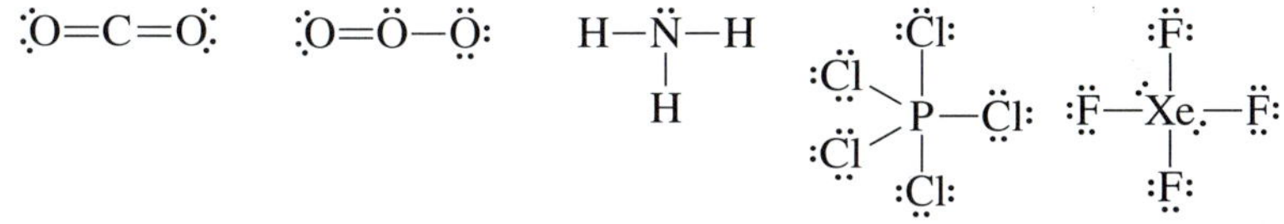

| | $CO_2$ | $O_3$ | $NH_3$ | $PCl_5$ | $XeF_4$ |
|---|---|---|---|---|---|
| | 2개의 이중 결합 | 1개의 단일 결합 1개의 이중 결합 + 1개의 고립 전자쌍 | 3개의 단일 결합 + 1개의 고립 전자쌍 | 5개의 단일 결합 | 4개의 단일 결합 + 2개의 고립 전자쌍 |
| 중심 원자의 전자 영역의 총수 | 2개의 전자 영역 | 3개의 전자 영역 | 4개의 전자 영역 | 5개의 전자 영역 | 6개의 전자 영역 |

각 분자에서 중심 원자의 전자 영역의 수에 유의하자. VSEPR 모형은 이러한 전자 영역들이 서로 반발하기 때문에 가능하면 멀리 떨어지게 배치하여 그들 사이의 반발 작용을 최소화할 것이라고 예측했다.

**참조**

정확한 루이스 구조를 그릴 수 있어야 하며 중심 원자의 전자 영역을 주의 깊게 세는 것이 필수적이다. 이것이 분자 또는 다원자 이온의 모양을 결정하는 "청사진"이 될 것이다.

우리는 그림 7.1에서와 같이 풍선을 이용하여 전자 영역의 배열을 시각화할 수 있다. $AB_x$ 분자의 B 원자들과 마찬가지로, 풍선은 모두 중심 원자(A)를 나타내는 중앙 고정 점에 연결된다. 이것들이 가능한 한 멀리 떨어지면 그림에 표시된 다섯 가지 모양을 채택한다. 2개의 풍선만 있을 때는 서로 반대 방향으로 향하게 된다[그림 7.1(a)]. 풍선 3개의 배열은 삼각 평면이다[그림 7.1(b)]. 풍선 4개로는 사면체 배열이 채택된다[그림 7.1(c)]. 풍선이 5개 있는 경우, 그중 3개는 삼각 평면의 위치에 놓이고 다른 2개는 삼각 평면에 수직인 축을 형성하면서 반대 끝점을 향하게 된다[그림 7.1(d)]. 이 모양을 삼각 쌍뿔이라고 한다. 마지막으로, 풍선 6개의 배열은 팔면체이고 이것은 기본적으로 사각 쌍뿔이다[그림 7.1(e)]. 우리가 고려하는 각 $AB_x$ 분자는 선형, 삼각 평면, 사면체, 삼각 쌍뿔, 또는 팔면체와 같은 다섯 가지 전자 영역 구조 중 하나를 가진다.

## 전자 영역 모양과 분자 모양

중심 원자 주위의 전자 영역(결합 전자쌍과 고립 전자쌍)의 배열인 **전자 영역 모양**(electron-domain geometry)과 결합된 원자의 배열인 **분자 모양**(molecular geometry)을 구별하는 것이 중요하다. 그림 7.2는 모든 전자 영역이 결합인, 즉 중심 원자에 고립 전자쌍이 존재하지 않는 $AB_x$ 분자의 분자 모양을 설명하고 있다. 이러한 경우, 분자 구조는 전자 영역 모양과 동일하다

$AB_x$ 분자에서 **결합각**(bond angle)은 두 개의 인접한 A−B 결합 사이의 각도이다. $AB_2$ 분자에는 두 개의 결합만이 존재하기 때문에 1개의 결합각만 있으며, 중심 원자에 고립 전자쌍이 없다면 결합 각도는 180°이다. $AB_3$ 및 $AB_4$ 분자는 각각 3개 및 4개의 결합을 갖는다. 그러나 각 경우에 있어서, 임의의 2개의 A−B 결합 사이에서는 1개의 결합각만이 가능하다. $AB_3$ 분자에서 결합각은 120°이고, $AB_4$ 분자에서는 중심 원자에 고립 전자쌍이 없다면 결합각은 109.5°이다. 마찬가지로 $AB_6$ 분자에서 인접한 결합 사이의 결합각은 모두 90°이다.(반대 방향으로 향하는 두 개의 A−B 결합 사이의 각도는 180°이다.)

$AB_5$ 분자는 인접한 결합 사이에 2개의 서로 다른 결합 각도를 포함한다. 그 이유는 다른 $AB_x$ 분자와는 달리, 삼각 쌍뿔에서 결합이 차지하는 위치가 모두 동등하지 않기 때문이다. 삼각 평면에 배열된 3개의 결합을 **적도 방향**(equatorial)이라고 한다. 3개의 적도 방향 결합 중 임의의 2개 사이의 결합각은 120°이다. 삼각 평면에 수직인 축을 형성하는 2개의 결합을 **축 방향**(axial)이라고 한다.

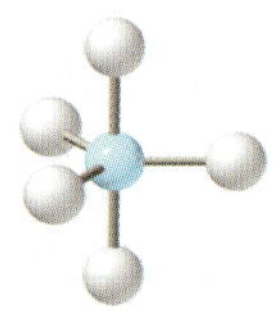


축 방향 결합과 적도 방향 결합 사이에서의 결합 각도는 어떤 결합이더라도 90°이다. ($AB_6$ 분자의 경우와 같이, 반대 방향으로 향하는 두 A−B 결합 사이의 각도는 180°이다.) 그림 7.2는 이러한 결합각을 보여 준다. 이 그림에서 보여지는 각도는 중심 원자의 모든 전자 영역이 동일할 때 관찰된 결합 각도이다. 이 절의 뒷부분에서 볼 수 있듯이, 많은 분자에서 결합 각도는 이러한 이상적인 값과 약간 다를 수 있다.

$AB_x$ 분자에서 중심 원자가 하나 이상의 고립 전자쌍을 가질 때, 전자 영역 모양과 분자 모양은 더 이상 동일하지 않다. 그러나 분자 모양을 결정하는 첫 단계로 여전히 전자 영역 모양을 사용할 것이다. 예를 들어, $O_3$(또는 어떤 종이든지)의 분자 구조를 결정하는 첫 번째 단계는 루이스 구조를 그리는 것이다. $O_3$에 대해 두 가지 다른 공명 구조를 그릴 수 있다.

**참조**

루이스 구조를 정확하게 그릴 수 있는 것의 중요성은 아무리 강조해도 지나치지 않다. 특히 유기 화학을 배우는 학생들에게 더욱 그렇다.

$$:\ddot{O}=\ddot{O}-\underset{..}{\ddot{O}}: \longleftrightarrow :\underset{..}{\ddot{O}}-\ddot{O}=\ddot{O}:$$

둘 중 하나를 사용하여 그 모양을 결정할 수 있다.

다음 단계는 중심 원자의 전자 영역을 세는 것이다. 이 경우에는 하나의 단일 결합, 하나의 이중 결합 그리고 하나의 고립 전자쌍 등 세 가지가 있다. VSEPR 모형을 사용하여, 우리는 먼저 전자 영역 모양을 결정한다. 그림 7.2의 자료에 의하면, 중심 원자의 세 전자 영역은 삼각 평면에 배열될 것이다. 그러나 분자 모양은 **원자들**(atoms)의 배열에 의해 결정된다. 이 분자에서 원자 3개의 위치만 고려한다면 분자의 기하 구조(분자의 모양)는 **굽은형**(bent)이다.

**표 7.2** 중심 원자에 고립 전자쌍이 있는 분자들의 전자 영역 및 분자 모양

| 전자 영역의 총수 | 고립 전자쌍의 수 | 분자의 유형 | 전자 영역 모양 | 고립 전자쌍의 위치 | 분자 모양 | 예 |
|---|---|---|---|---|---|---|
| 3 | 1 | $AB_2$ | 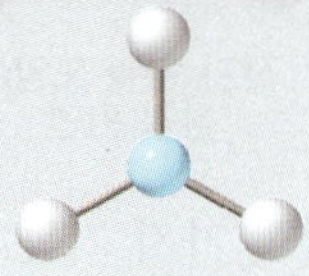 삼각 평면 |  |  굽은형 | $SO_2$ |
| 4 | 1 | $AB_3$ | 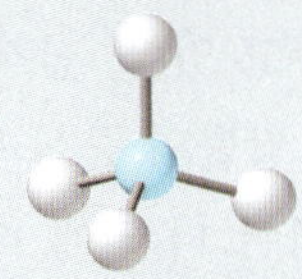 사면체 | 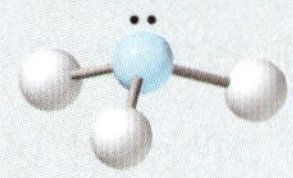 |  삼각뿔 | $NH_3$ |
| 4 | 2 | $AB_2$ | 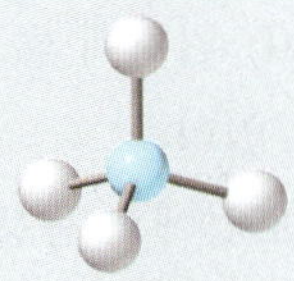 사면체 |  |  굽은 형 | $H_2O$ |
| 5 | 1 | $AB_4$ | 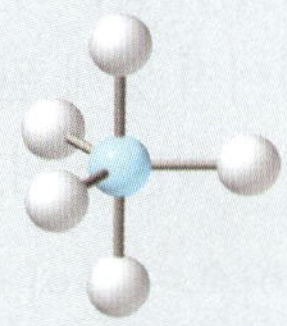 삼각 쌍뿔 | 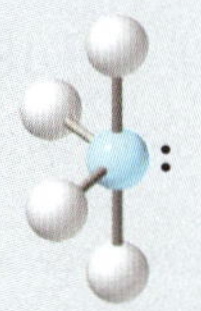 | 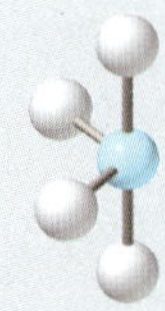 시소 모양 | $SF_4$ |
| 5 | 2 | $AB_3$ | 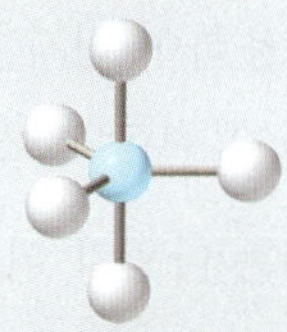 삼각 쌍뿔 | 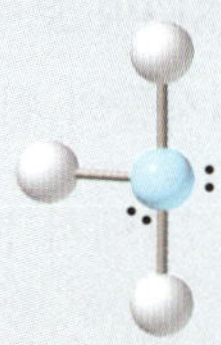 | 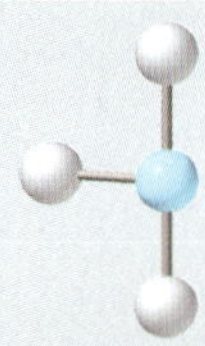 T−모양 | $ClF_3$ |
| 5 | 3 | $AB_2$ | 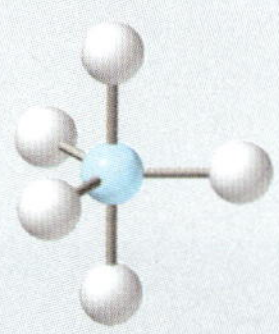 삼각 쌍뿔 |  |  선형 | $IF_2^-$ |
| 6 | 1 | $AB_5$ | 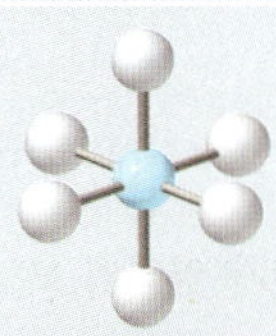 팔면체 |  | 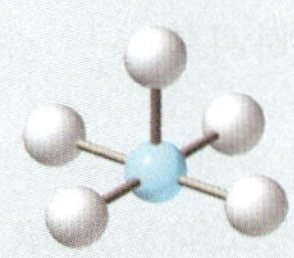 사각뿔 | $BrF_5$ |
| 6 | 2 | $AB_4$ | 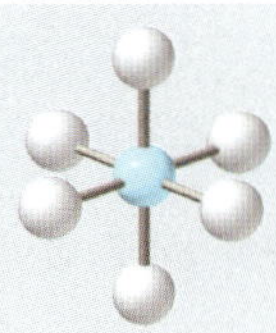 팔면체 | 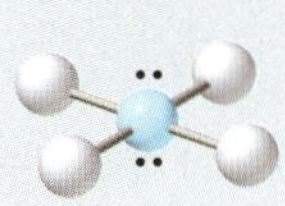 | 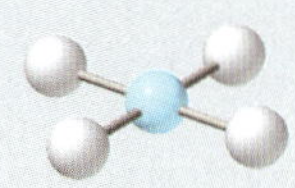 사각 평면 | $XeF_4$ |

전자 영역 모양:
삼각 평면

분자 모양:
굽은형

그림 7.2에 제시된 다섯 가지 기본 모양 외에도 분자 모양이 전자 영역 모양과 어떻게 다른지 잘 알고 있을 것이다. 표 7.2는 중심 원자에 하나 이상의 고립 전자쌍이 있는 일반적인 분자 구조를 보여 주고 있다. 삼각 쌍뿔의 전자 영역 모양에서 고립 전자쌍이 차지하는 위치에 주목하자. 삼각 쌍뿔의 중심 원자에 고립 전자쌍이 있을 때, 전자 영역 사이의 각도가 90° 이하이면 반발력이 더 크기 때문에 고립 전자쌍은 우선적으로 적도 위치를 차지한다. 고립 전자쌍을 **축**(axial) 방향 위치에 두면 다른 세 개의 전자 영역과 90°로 놓이게 된다. **적도 방향**(equatorial) 위치에 놓으면 두 개의 다른 영역하고만 90°가 되므로 강력한 반발 작용의 수를 줄일 수 있다.

모든 위치는 팔면체 모양에서 동등하므로, 중심 원자에 있는 하나의 고립 전자쌍이 어떤 위치든 차지할 수 있다. 하지만 이 모양에 두 번째 고립 전자쌍이 있다면, 첫 번째와 반대 위치를 차지해야 한다. 이 배열은 두 개의 고립 전자쌍 사이의 반발력을 최소화한다.(이들은 90°가 아닌 180°로 떨어져 있게 된다.)

요약하면, 전자 영역 및 분자 모양을 결정하는 단계는 다음과 같다.

1. 분자 또는 다원자 이온의 루이스 구조를 그린다.
2. 중심 원자의 전자 영역의 수를 센다.
3. VSEPR 모형을 적용하여 전자 영역 모양을 결정한다.
4. 원자들의 위치만을 고려하여 분자 모양을 결정한다.

예제 7.1에서 분자 또는 다원자 이온의 모양을 결정하는 방법을 보여 준다.

## 예제 7.1

다음의 모양을 결정하시오.

(a) $SO_3$ (b) $ICl_4^-$

**전략** 먼저 루이스 구조와 VSEPR 모형을 사용하여 먼저 전자 영역의 모양을 결정한 다음 분자 모양을 결정한다.

**계획** (a) $SO_3$의 루이스 구조는 다음과 같다.

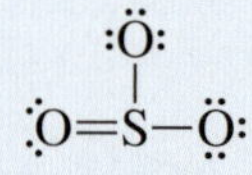

중심 원자에는 3개의 전자 영역이 있다: 1개의 이중 결합과 2개의 단일 결합

(b) $ICl_4^-$의 루이스 구조는 다음과 같다.

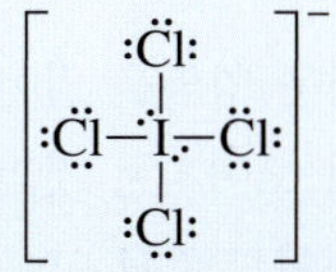

중심 원자에는 6개의 전자 영역이 있다: 4개의 이중 결합과 2개의 고립 전자쌍

**풀이**

(a) VSEPR 모형에 따르면, 3개의 전자 영역은 삼각 평면에 배열될 것이다. $SO_3$의 중심 원자에는 고립 전자쌍이 없기 때문에 분자 모양은 전자 영역 모양과 동일하다. 따라서, $SO_3$의 모양은 삼각 평면이다.

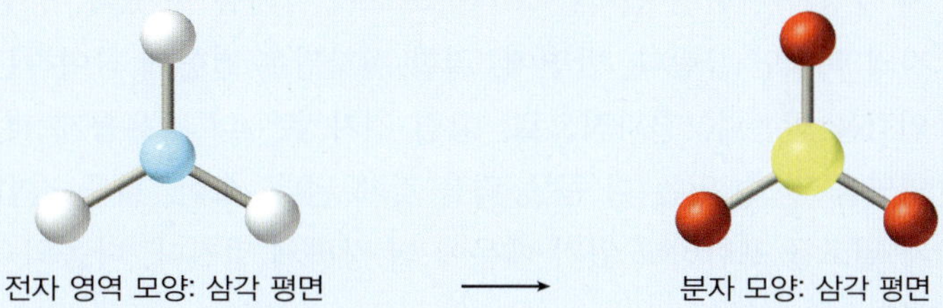


(b) 6개의 전자 영역이 팔면체로 배열될 것이다. 팔면체상의 2개의 고립 전자쌍은 중심 원자의 서로 반대쪽에 위치하여 $ICl_4^-$의 모양을 평면으로 만든다.

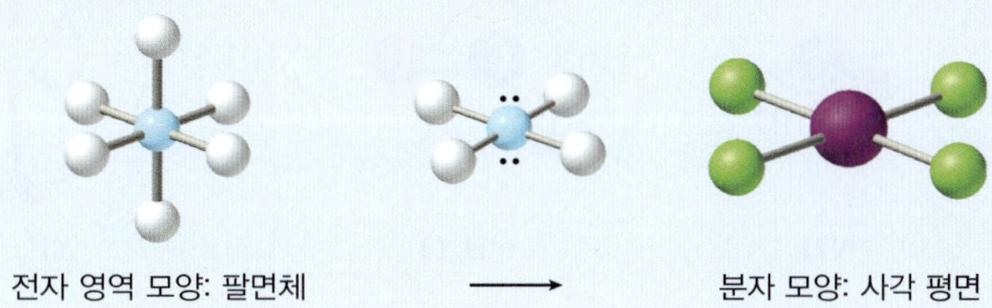


## 생각해 보기

이 결과를 그림 7.2 및 표 7.2의 자료와 비교해 본다. 루이스 구조를 정확하게 그릴 수 있는지 확인한다. 정확한 루이스 구조가 없으면 분자의 모양을 결정할 수 없다.

**유제 1** (a) 전자 영역 모양과 분자 모양 모두가 삼각 평면이 되기 위해서, 중심 원자가 6A족인 $AB_x$ 분자에서 말단 원자는 어느 족이어야 하는가?

(b) 전자 영역 모양이 팔면체이고 분자 모양이 사각뿔이 되기 위해서, 중심 원자가 7A족인 $AB_x$ 분자에서 말단 원자는 어느 족 원소여야 하는가?

**유제 2** 그림의 4가지 모형은 분자 또는 다원자 이온을 나타낼 수 있다. 중심 원자의 고립 전자쌍(있는 경우)은 표시되어 있지 않다. 이들 중 어느 것이 중심 원자에 고립 전자쌍이 있는 종을 나타낼 수 있는가? 어느 것이 중심 원자에 고립 전자쌍이 없는 종을 나타낼 수 있는가?

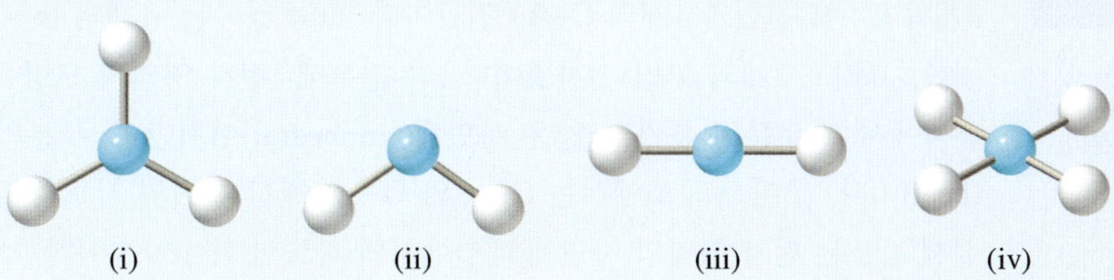

## 이상적인 결합각으로부터의 편차

일부 전자 영역은 이웃 영역을 밀어낼 때 다른 영역보다 더 잘 밀어낸다. 결과적으로 결합 각도는 그림 7.2에서 보여지는 것과 약간 다를 수 있다. 예를 들어, 암모니아($NH_3$)의 전자 영역 모양은 사면체이므로 H−N−H 결합각이 109.5°가 될 것이라고 예측할 수 있다. 실제로, 결합 각도는 약 107°이며 예상보다 약간 작다. 질소 원자의 고립 전자쌍은 N−H 결합이 다른 N−H 결합을 밀어내는 것보다 더 강하게 N−H 결합을 밀어낸다. 따라서, 고립 전자쌍은 결합들을 109.5°의 이상적인 사면체 각도보다 더 서로 가깝게 "압착"한다.

실제로 고립 전자쌍은 결합 전자쌍보다 더 많은 **공간**을 차지한다. 이것은 전자쌍의 위치 결정과 관련된 인력을 고려함으로써 이해될 수 있다. 중심 원자의 고립 전자쌍은 그 원자의 핵에만 끌린다. 반면에, 결합 전자쌍은 결합에 참여하는 두 원자의 핵에 의해 동시에 인력을 받는다. 결과적으로, 고립 전자쌍은 더 자유롭게 퍼져 나갈 수 있으며 다른 전자 영역을 밀 수 있는 더 큰 능력을 갖게 된다. 또한, 다중 결합은 단일 결합보다 더 많은 전자 밀도를 포함하고 있기 때문에 더 강하게 밀친다. 다음의 각 예에서 결합 각도를 고려해 보자.

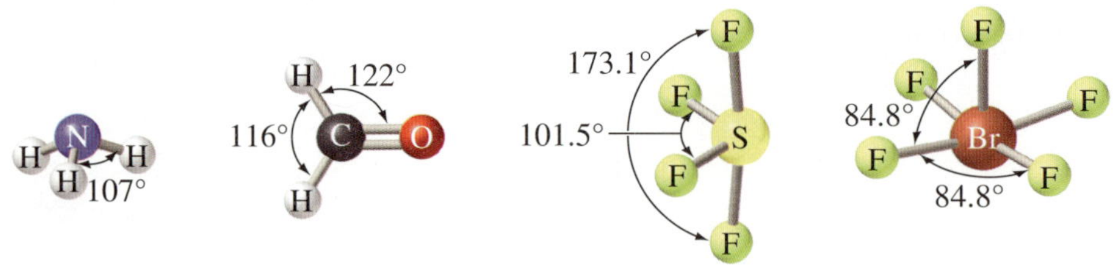


$NH_3$ $CH_2O$ $SF_4$ $BrF_5$

## 하나보다 많은 중심 원자를 갖는 분자의 모양

지금까지 우리는 단지 하나의 중심 원자를 갖는 분자의 모양을 고려했다. 더 복잡한 분자의 전반적인 모양은 그들이 다수의 중심 원자를 갖는 것처럼 취급함으로써 결정할 수 있다. 예를 들어, 메탄올($CH_3OH$)은 다음의 루이스 구조에서 볼 수 있듯이 중심 원자 C와 중심 원자 O를 갖는다.

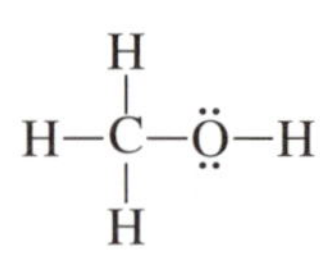

C 원자와 O 원자 모두는 4개의 전자 영역으로 둘러싸여 있다. C의 경우, 전자 영역들은 3개의 C−H 결합과 1개의 C−O 결합이다. O의 경우는, 1개의 O−C 결합, 1개의 O−H 결합, 그리고 2개의 고립 전자쌍이다. 각 경우에, 전자 영역의 모양은 사면체이다. 그러나 분자에서 C 부분의 분자 모양은 **사면체**(tetrahedral)이지만 O 부분의 분자 모양은 **굽은형**(bent)이다. 루이스 구조에서는 O−C와 O−H 결합 사이의 각도가 180°인 것처럼 보여도, 실제 각도는 전자 영역의 사면체 배열에서의 각도인 약 109.5°이다.

**참조**

분자의 특정 부분의 모양을 지정할 때, 이를 특정 원자에 "대한(about)" 모양이라고 부른다. 예를 들어, 메탄올에서 C 원자에 대한 모양이 사면체이고 O 원자에 대한 모양은 굽은형이라 말한다.

예제 7.2는 결합 각도가 이상적인 값과 다를 때 결정하는 방법을 보여 준다.

## 예제 7.2

식초에 독특한 냄새와 신맛을 주는 물질인 아세트산은 때로는 특정 유형의 귀 감염을 치료하기 위해 코르티코스테로이드와 함께 사용된다. 그 루이스 구조는 다음과 같다.

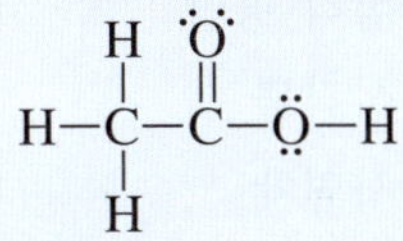

각 중심 원자에 대한 분자 모양을 결정하고 분자 내 각 결합각의 근사값을 결정하시오. 결합각 중 어느 것이 이상적인 값보다 작을 것으로 기대하는가?

**전략** 중심 원자들을 확인하고 각 중심 원자 주위의 전자 영역의 수를 센다. VSEPR 모형을 사용하여 각 전자 영역 모양을 결정하고 표 7.2의 자료를 이용하여 각 중심 원자에 대한 분자 모양을 결정한다.

**계획** 가장 왼쪽의 C 원자는 1개의 C—C 결합과 3개의 C—H 결합의 4개의 전자 영역으로 둘러싸여 있다. 중간의 C 원자는 1개의 C—C 결합, 1개의 C—O 결합 및 1개의 C=O(이중) 결합의 3개의 전자 영역으로 둘러싸여 있다. O 원자는 1개의 O—C 결합, 1개의 O—H 결합, 그리고 2개의 고립 전자쌍의 4개의 전자 영역으로 둘러싸여 있다.

**풀이** 가장 왼쪽의 C의 전자 영역 모양은 사면체이다. 4개의 전자 영역 모두가 결합이기 때문에 분자의 이 부분에 대한 분자 모양 역시 사면체이다. 가운데 C의 전자 영역 모양은 삼각 평면이다. 다시 말하면, 모든 영역이 결합이기 때문에, 분자 모양 또한 삼각 평면이다. O 원자의 전자 영역 모양은 사면체이다. 전자 영역 중 2개는 고립 전자쌍이므로 O 원자에 대한 분자 모양은 굽은형이다. 결합각은 전자 영역 모양을 사용하여 결정된다. 그러므로 가장 왼쪽의 C에 대한 대략적인 결합각은 109.5°이고, 가운데 C에 대한 대략적인 결합각은 120°이며, O에 대한 대략적인 결합각은 109.5°이다. 가운데 탄소에 있는 2개의 단일 결합 사이의 각도는 단일 결합끼리 서로를 반발하는 것보다 이중 결합이 단일 결합을 더 강하게 반발하기 때문에 120°보다 작다. 마찬가지로, O에 있는 2개의 결합 사이의 결합각은 단일 결합끼리 서로를 반발하는 것보다 O에 있는 고립 전자쌍이 단일 결합을 더 강하게 반발하여 두 개의 결합 전자쌍을 서로 가깝게 밀어내기 때문에 109.5°보다 작다. 결합 각도는 다음과 같이 나타낼 수 있다.

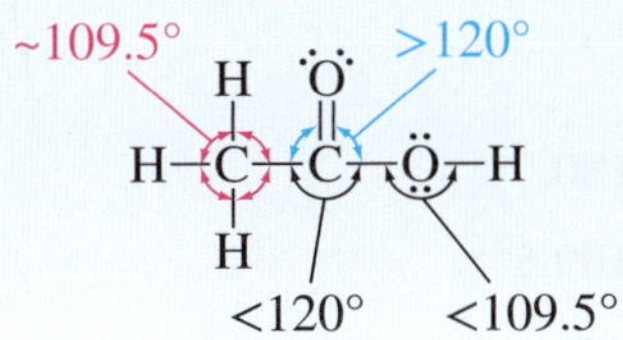


### 생각해 보기

이 결과를 그림 7.2와 표 7.2의 자료와 비교한다.

**유제 1** $NH_3$의 결합각은 중심 원자의 고립 전자쌍 때문에 109.5°의 이상적인 결합각보다 상당히 작다. 중심 원자에 고립 전자쌍이 있음에도 불구하고 $SO_2$의 결합각이 120°에 매우 근접한 이유를 설명하시오.

**유제 2** 다음 중 어느 것이 이상적인 결합각으로부터 편차가 있는 화학종을 나타내는가?

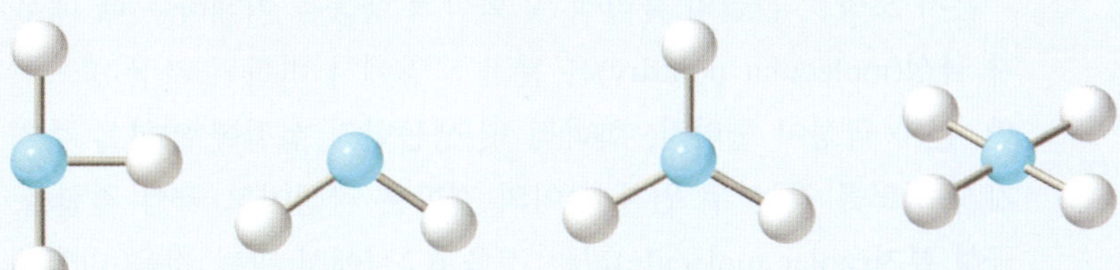

(i) (ii) (iii) (iv)

## 7.1절 복습

**분자 모양**

**7.1.1** $CO_3^{2-}$의 전자 영역 모양은 무엇이고 분자 모양은 무엇인가?

(a) 사면체, 삼각 평면
(b) 사면체, 삼각뿔
(c) 삼각뿔, 삼각뿔
(d) 삼각 평면, 삼각 평면
(e) 사면체, 사면체

**7.1.2** $ClO_3^-$의 전자 영역 모양은 무엇이고 분자 모양은 무엇인가?

(a) 사면체, 삼각 평면
(b) 사면체, 삼각뿔
(c) 삼각뿔, 삼각뿔
(d) 삼각 평면, 삼각 평면
(e) 사면체, 사면체

**7.1.3** 표시된 결합각의 대략적인 값은 얼마인가?

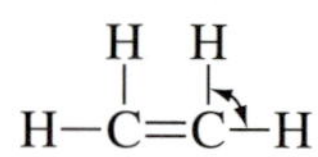

(a) $<90^\circ$
(b) $<109.5^\circ$
(c) $>109.5^\circ$
(d) $>120^\circ$
(e) $<120^\circ$

**7.1.4** 표시된 결합각의 대략적인 값은 얼마인가?

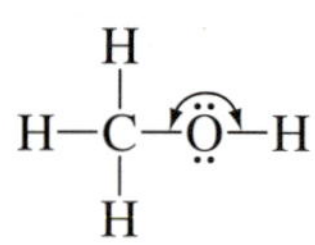

(a) $<180^\circ$
(b) $>180^\circ$
(c) $<109.5^\circ$
(d) $>109.5^\circ$
(e) $<90^\circ$

# 7.2 분자 모양과 극성

분자 모양은 물질의 물리적 및 화학적 행동을 이해하는 데 매우 중요하다. 예를 들어, **분자 극성**(molecular polarity)은 분자 모양에서 비롯된 가장 중요한 결과 중 하나다. 왜냐하면, 분자 극성이 물리적, 화학적 및 생물학적 성질에 영향을 주기 때문이다. 서로 다른 전기 음성도를 갖는 두 원자 사이의 결합은 극성이고 극성 결합을 포함하는 이원자 분자가 **극성 분자**(polar molecule)라는 것을 6.2절에서 봤던 것을 기억해 보자. 3개 또는 그 이상의 원자로 구성된 분자가 극성인지 여부는 개별 결합의 극성뿐만 아니라 분자 구조에 따라 달라진다.

$CO_2$와 $H_2O$ 분자 각각은 중심 원자에 결합된 2개의 동일한 원자와 2개의 극성 결합을 포함한다. 그러나 이들 분자 중 하나만 극성이다. 이유를 이해하기 위해, 각 개별 결합 쌍극자를 벡터로 생각해 보자. 분자의 전반적인 쌍극자 모멘트는 개별 결합 쌍극자의 벡터 합에 의해 결정된다.

$CO_2$의 경우, 반대 방향을 가리키는 2개의 동일한 벡터가 있다. 벡터를 수직 좌표계에 놓으면 벡터는 $y$ 성분을 가지지 않으며 $x$ 성분은 크기는 같지만 부호가 반대이다. 이 두 벡터의 합은 $x$와 $y$ 방향 모두에서 0이다. 따라서 이산화 탄소에서 **결합**(bond)은 극성이지만 **분자**(molecule)는 비극성이다.

**참조**

더 큰 전기 음성도를 갖는 원자 쪽으로 향하는 교차 화살표를 사용하여 개별 결합 쌍극자를 나타낼 수 있다는 것을 기억하자[◀◀ 6.2절].

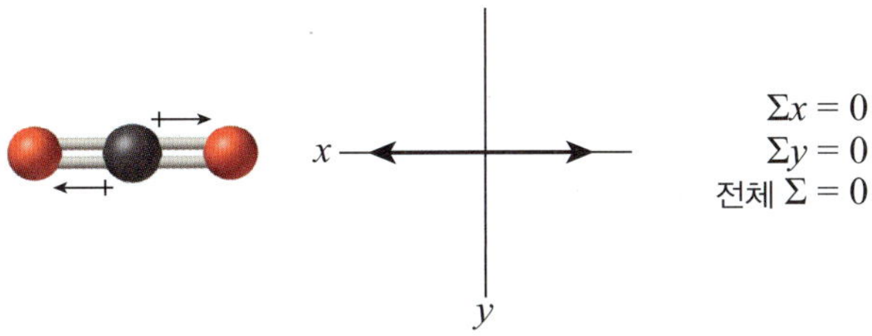


물에서 결합 쌍극자를 나타내는 벡터는 크기가 같고 $x$ 방향으로 정반대이지만 $y$ 방향으로는 정반대가 아니다. 따라서 $x$ 성분의 합은 0이지만, $y$ 성분의 합은 0이 아니다. 이것은 결과적으로 알짜 쌍극자가 존재하며 $H_2O$가 극성임을 의미한다.

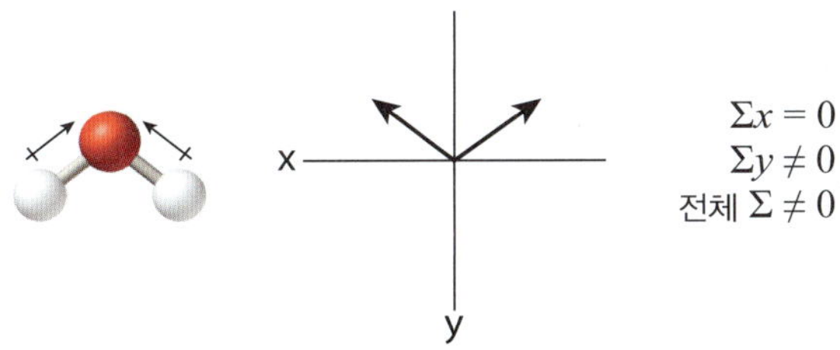


$x \geq 3$인 $AB_x$ 분자에서 개별 결합 쌍극자의 상쇄 여부가 덜 분명할 수 있다. 예를 들어, 삼각 평면 구조를 갖는 분자 $BF_3$를 생각해 보자.

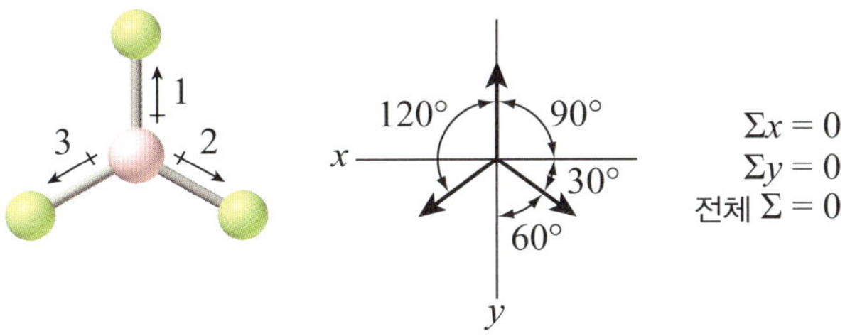


우리는 이 분석에서 3개의 동일한 B−F 결합을 나타내는 벡터를 임의의 크기 1.00으로 할당함으로써 계산을 단순화할 것이다. 화살표 1의 끝에 대한 $x$, $y$ 좌표는 (0, 1.00)이다. 화살표 2와 3의 끝의 좌표를 결정하려면 삼각 함수를 사용해야 한다.

화살표 2의 끝에 대한 $x$ 좌표는 60° 각도와 반대인 선의 길이에 해당한다. 삼각형의 빗변은 길이가 1.00(임의로 할당된 값)이다. 따라서,

$$\sin 60° = 0.866$$

그러므로 화살표 2의 끝에 대한 $x$ 좌표는 0.866이다.

$y$ 좌표의 크기는 60° 각도로 인접한 선의 길이에 해당한다. 따라서,

$$\cos 60° = 0.500$$

화살표 2의 끝의 $y$ 좌표는 $-0.500$이다.(삼각 함수 공식은 빗변의 길이를 제공한다. 도표에서 이 $y$ 성분의 부호가 음수라는 것을 알 수 있다.)

화살표 3은 화살표 2와 유사하다. $x$ 성분은 크기는 같지만 부호는 반대이며, $y$ 성분은 화살표 2와 크기도 같고 부호도 같다. 따라서 모든 3개의 벡터의 $x$ 및 $y$ 좌표는 다음과 같다.

| | $x$ | $y$ |
|---|---|---|
| 화살표 1 | 0 | 1 |
| 화살표 2 | 0.866 | −0.500 |
| 화살표 3 | −0.866 | −0.500 |
| 합계= | 0 | 0 |

개별 결합 쌍극자(여기서는 벡터로 표시)의 합이 0이기 때문에 분자는 전체적으로 비극성이다.

좀 더 복잡하기는 하지만, 중심 원자에 대한 정사면체 내에 4개의 동일한 극성 결합이 존재할 때 모든 $x$, $y$ 및 $z$ 좌표가 0이 되는 것을 보여 주는 유사한 분석을 수행할 수 있다. 실제로 중심 원자 주위에 대칭적으로 분포된 동일한 결합이 있을 때, 중심 원자에 고립 전자쌍이 없는 경우, 결합 자체가 극성이라 할지라도 분자는 전반적으로 비극성이 된다.

동일하지 않은 결합이 중심 원자 주위에 대칭적으로 분포되어 있는 경우, 중심 원자를 둘러싸고 있는 원자의 본질이 분자가 전체적으로 극성인지 아닌지를 결정한다. 예를 들어, $CCl_4$와 $CHCl_3$는 동일한 분자 모양(사면체)을 갖지만 $CCl_4$는 결합 쌍극자가 서로 상쇄하기 때문에 비극성이다. 그러나 $CHCl_3$에서는 결합이 모두 동일한 것은 아니므로 결합 쌍극자의 합이 0이 되지 않는다. 즉, $CHCl_3$는 극성이다.

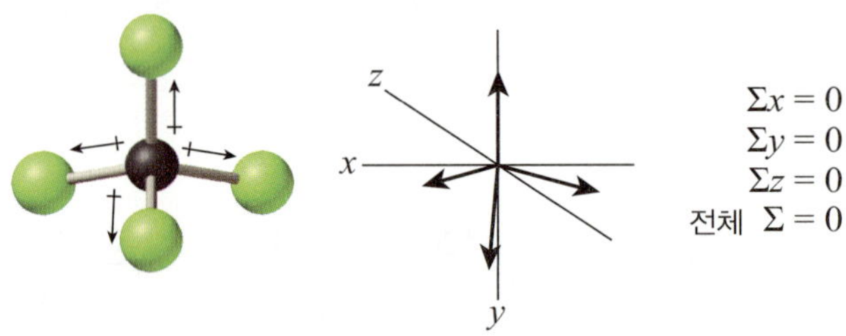


$CCl_4$

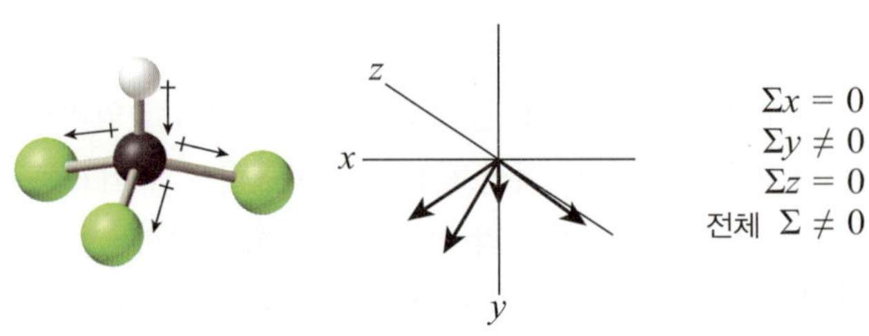


$CHCl_3$

예제 7.3은 분자가 극성인지 결정하는 방법을 보여 준다.

## 예제 7.3

(a) $PCl_5$와 (b) $H_2CO$(C와 O는 이중 결합)가 극성인지 결정하시오.

**전략** 각 분자에 대해 루이스 구조를 그리고, VSEPR 모형을 이용하여 분자 모양을 결정한 다음 개별 결합 쌍극자가 상쇄되는지 여부를 결정한다.

**계획** (a) $PCl_5$의 루이스 구조는 다음과 같다.

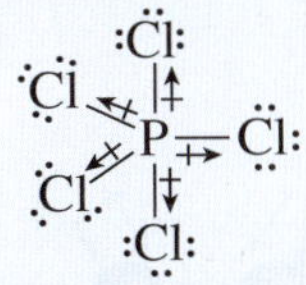

중심 원자 주위에 5개의 동일한 전자 영역이 있으면, 전자 영역 및 분자 모양은 삼각 쌍뿔이다. 적도 방향 쌍극자는 $BF_3$의 경우처럼 서로 상쇄될 것이고 축 방향 결합 쌍극자도 서로 상쇄될 것이다.

(b) $H_2CO$의 루이스 구조는 다음과 같다.

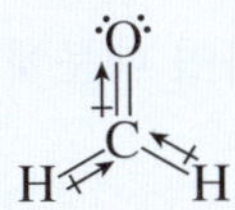

결합 쌍극자들이 C 원자 주위에 대칭적으로 분포되어 있지만 동일한 것이 아니므로 그 합이 0이 아닐 것이다.

**풀이** (a) $PCl_5$는 비극성이다. (b) $H_2CO$는 극성이다.

### 생각해 보기

루이스 구조가 정확해야 하고 중심 원자의 전자 영역을 신중하게 세어야 한다. 이것이 정확한 전자 영역과 분자 모양을 제공할 것이다. 분자 극성은 개별 결합 쌍극자와 분자 구조 모두에 따라 달라진다.

**유제 1** 다음의 각 가상 분자에 대해, 극성인 구조 1개와 비극성인 구조 1개를 그리시오.

(a) $H_2SF_4$ (b) $H_2PCl_3$

**유제 2** 이들 모형 중 어느 것이 극성 분자를 나타낼 수 있는가?

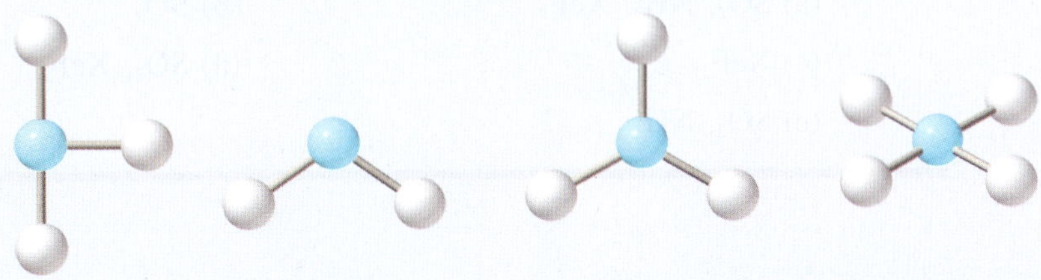

(i) (ii) (iii) (iv)

쌍극자 모멘트는 동일한 화학식이지만 다른 원자 배열을 갖는 분자를 구별하는 데 사용될 수 있다. 이러한 화합물을 **구조 이성질체**(structural isomer)라고 한다. 예를 들어, 다이클로로에틸렌(dichloroethylene, $C_2H_2Cl_2$)에 대해 2개의 구조 이성질체가 있다. 트랜스-다이클로로에틸렌에서 개별 결합 쌍극자의 합이 0이기 때문에 **트랜스**(trans) 이성질체는 비극성이다.

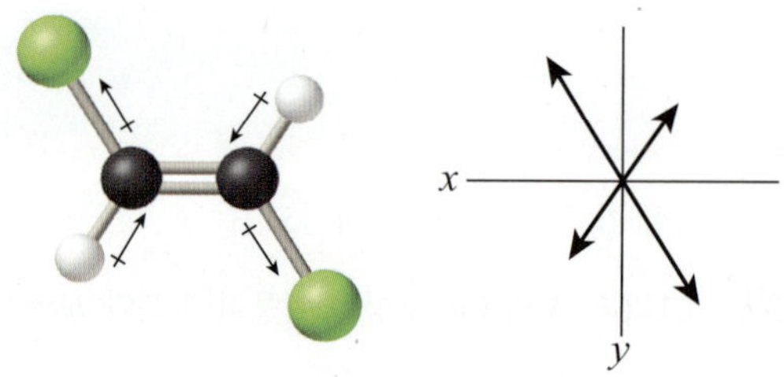


$$\Sigma x = 0$$
$$\Sigma y = 0$$
$$\text{전체 } \Sigma = 0$$

**시스**(cis) 이성질체에서 결합 쌍극자는 서로 상쇄되지 않으므로 시스-다이클로로에틸렌은 극성이다.

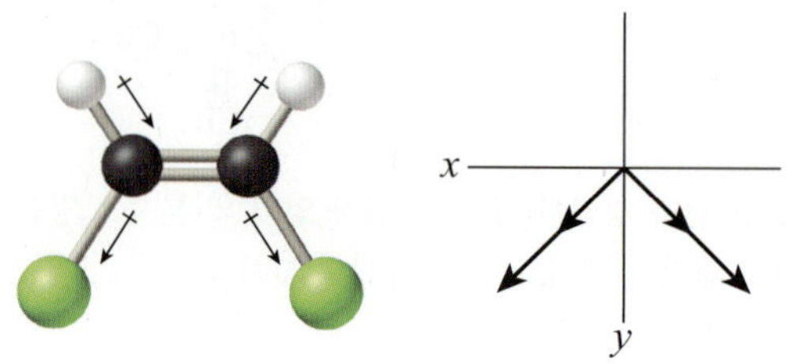


$$\Sigma x = 0$$
$$\Sigma y \neq 0$$
$$\text{전체 } \Sigma \neq 0$$

**참조**

극성은 분자 또는 다원자 이온의 특성을 부분적으로 결정하는 중요한 성질이다.

극성(polarity)에서의 차이 때문에 두 이성질체는 쌍극자 모멘트를 측정해서 실험적으로 구분할 수 있다.

## 7.2절 복습

**분자 모양과 극성**

**7.2.1** HBr, $CH_4$, $CS_2$ 중에서 극성 분자를 찾으시오.

(a) HBr
(b) HBr, $CS_2$
(c) HBr, $CH_4$, $CS_2$
(d) $CH_4$, $CS_2$
(e) $CH_4$

**7.2.2** $SO_2$, $NH_3$, $XeF_2$ 중에서 비극성 분자를 찾으시오.

(a) $SO_2$, $NH_3$, $XeF_2$
(b) $SO_2$
(c) $XeF_2$
(d) $SO_2$, $XeF_2$
(e) $SO_2$, $NH_3$

# 7.3 분자간 힘

분자 극성의 중요한 결과는 인접한 분자들 사이에 인력이 존재한다는 것인데, 우리는 이것을 **분자간 힘**(intermolecular force)이라고 부른다. 분자간 힘의 예를 반대로 하전된 입자 사이에서의 인력의 크기가 쿨롱의 법칙[|◀◀ 4.4절]에 의해서 결정되는 이온 결합[|◀◀ 5.3절]의 형태로 이미 접했다. 이온 결합 화합물을 구성하는 입자는 비연속적(완전한) 전하를

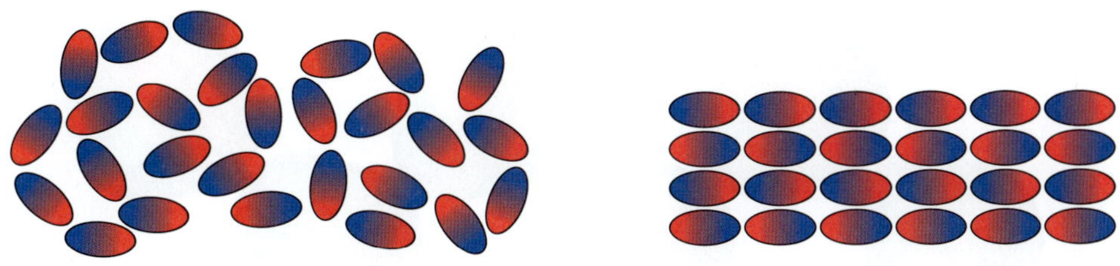


**그림 7.3** 액체(왼쪽)와 고체(오른쪽)에서 극성 분자의 배열

가지고 있기 때문에 함께 붙잡고 있는 인력이 특히 강하다. 사실 이것이 그러한 입자들이 실온에서 고체인 이유이다. 이 장에서 우리가 접하게 될 분자간 힘은 쿨롱 인력의 결과이지만, 그 인력은 비연속적인 전하보다는 부분 전하[◀◀ 6.2절]만을 포함하므로 이온 결합과 관련된 힘보다 약하다. 그럼에도 불구하고 그러한 분자간 힘의 크기는 물질의 분자를 고체 상태(예: 설탕)로 유지하는 데 충분할 수도 있지만, 분자간 힘이 상대적으로 약한 경우 물질은 대체로 액체(예: 물)이고, 분자간 인력이 없는 경우 물질은 기체(예: 산소)이다.

> **참조**
>
> 기체는 실제로 분자간 인력을 보인다. 그러나 그 인력은 개별 분자의 운동 에너지와 비교할 때 매우 약하기 때문에 무시할 수 있고 분자들을 함께 붙들지 못한다[◀◀ 11장].

분자간 힘에 대한 논의를 순수한 물질에서 원자 또는 분자 사이에서 작용하는 인력으로 시작한다. 이러한 힘은 **반데르발스 힘**(van der Waals forces)으로 통칭되며, **수소 결합**(hydrogen bonding) 및 **분산력**(dispersion forces)을 비롯하여 **쌍극자−쌍극자 상호 작용**(dipole−dipole interactions)을 포함한다.

## 쌍극자−쌍극자 상호 작용

**쌍극자−쌍극자 상호 작용**(dipole−dipole interactions)은 **극성 분자들**(polar molecules) 사이에 작용하는 인력이다. HCl과 같이 현저하게 전기 음성도가 차이 나는 원소들을 포함하는 이원자 분자는 전자 밀도의 불균등 분포를 가지므로 한쪽 끝에서 양($\delta^+$)의 부분 전하, 다른 끝에서 음($\delta^-$)의 부분 전하를 갖는다는 것을 기억하자. 한 분자의 부분 양전하는 이웃 분자의 부분 음전하에 끌린다. 그림 7.3은 고체와 액체에서 극성 분자의 방향성을 보여준다. 배열은 고체보다 액체에서 질서가 다소 떨어진다.

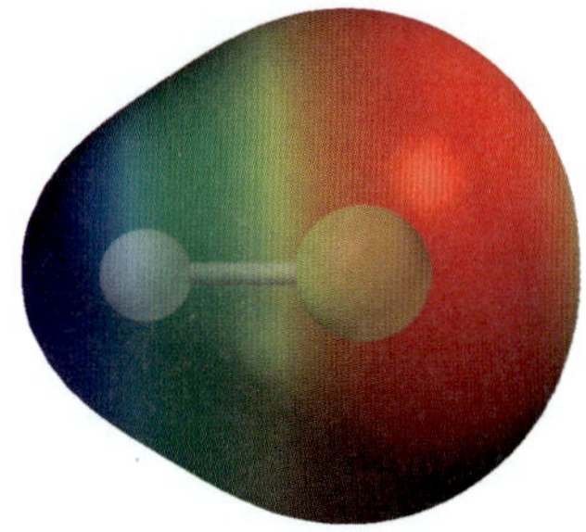

HCl

극성 분자들 사이에서 이러한 인력은 쿨롱(Coulombic)이기 때문에, 인력의 크기는 쌍극자의 크기에 달려 있다. 일반적으로 쌍극자가 클수록 인력도 크다. 끓는점과 같은 특정한 물리적 성질은 분자간 힘의 크기를 **반영**(reflect)한다. 입자들이 더 큰 분자간 인력에 의해 함께 붙들려 있는 물질은 입자들을 분리하기 위해 더 많은 에너지를 필요로 하므로 더 높은 온도에서 끓을 것이다. 표 7.3은 유사한 몰질량을 갖는 몇 가지 화합물에 대해서 쌍극자 모멘트와 끓는점을 함께 나열하고 있다.

**표 7.3** 유사한 분자 질량을 갖는 화합물의 쌍극자 모멘트와 끓는점

| 화합물 | 구조식 | 쌍극자 모멘트(D) | 끓는점(°C) |
|---|---|---|---|
| 프로페인(propane) | $CH_3CH_2CH_3$ | 0.1 | −42 |
| 다이메틸에터(dimethyl ether) | $CH_3OCH_3$ | 1.3 | −25 |
| 메틸클로라이드(methyl chloride) | $CH_3Cl$ | 1.9 | −24 |
| 아세트알데하이드(acetaldehyde) | $CH_3CHO$ | 2.7 | 21 |
| 아세토나이트릴(acetonitrile) | $CH_3CN$ | 2.9 | 82 |

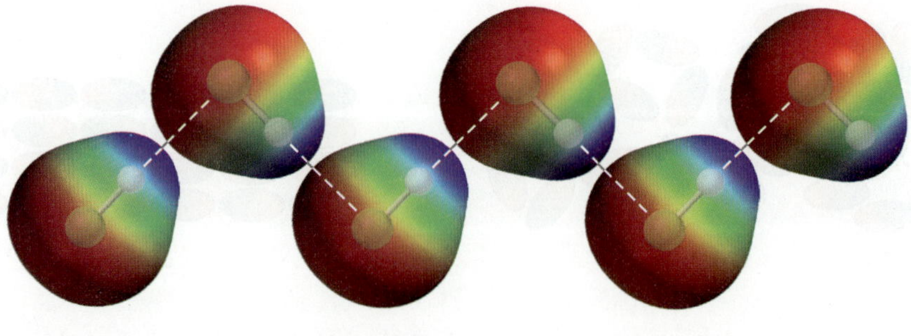

**그림 7.4** HF 분자 사이에서 수소 결합

## 수소 결합

**참조**

수소 결합이 수소를 포함하는 모든 분자에서 발생한다고 가정하는 것은 일반적인 오류이다. 그것은 N—H, O—H 또는 F—H 결합이 있는 분자에서만 중요한 정도로 발생한다.

**수소 결합**(hydrogen bonding)은 쌍극자—쌍극자 상호 작용의 특별한 유형이다. 그러나 쌍극자—쌍극자 상호 작용은 모든 극성 분자 사이에서 작용하지만, 수소 결합은 N, O 또는 F와 같이 작고 매우 높은 전기 음성도의 원자에 결합된 H를 포함하는 분자에서만 발생한다. 그림 7.4에서처럼 HF와 같은 분자에서, H가 결합된 F 원자는 전자 밀도를 자기 쪽으로 끌어당긴다. 크기가 작고 전기 음성도가 높기 때문에, F 원자는 H로부터 전자 밀도를 상당히 효과적으로 끌어당긴다. H는 단 하나의 전자만을 가지고 있기 때문에 이 전자는 실질적으로 수소 원자핵에 가리움 효과를 주지 못하게 되어 H가 큰 양의 전하를 띠게 된다. 이 큰 부분 양전하는 인접한 HF 분자의 크기가 작고 전기 음성도가 매우 높은 F 원자의 큰 부분 음전하(고립 전자쌍)에 강력하게 끌어당겨진다. 그 결과는 특별히 강한 쌍극자—쌍극자 인력이다.

**참조**

엄밀히 말하면, HCl은 수소 결합을 약간 나타낸다. 그러나 N—H, O—H 또는 F—H 결합을 포함하는 분자만이 상당한 수소 결합을 나타낸다.

예제 6.2에서 H와 F의 부분 전하를 각각 +0.41과 −0.41로 계산했다. 반대로, H와 Cl의 부분 전하는 +0.18과 −0.18에 불과하다. Cl이 F보다 크기가 크고 전기 음성도가 작기 때문에 부분 전하들은 HCl에서 더 작다. F의 높은 전기 음성도 및 높은 부분 양전하 때문에, HF는 상당한 수소 결합을 보이지만 HCl은 그렇지 않다.

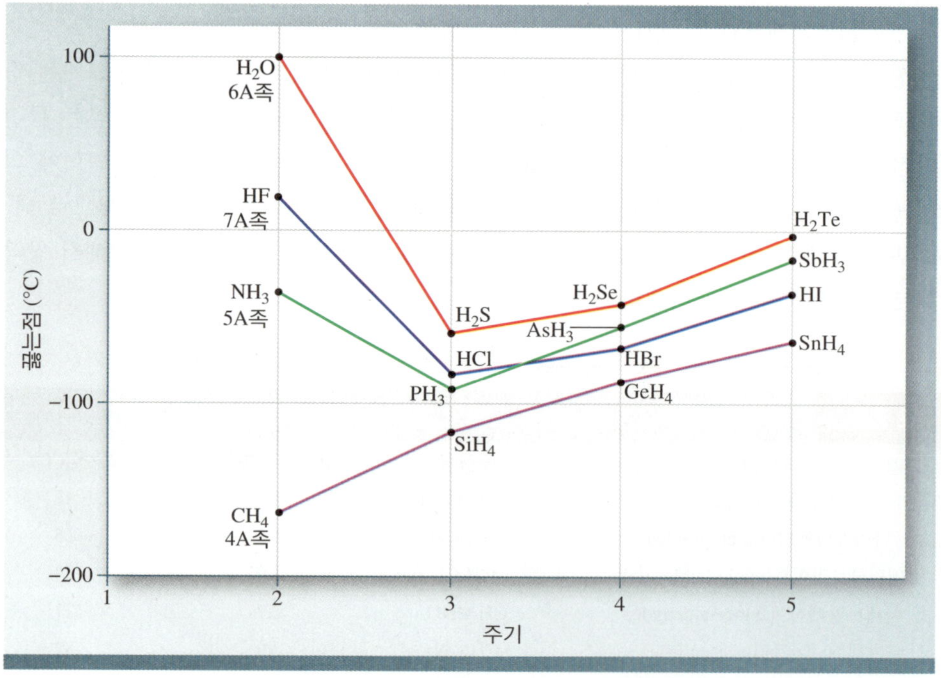


**그림 7.5** 4A족부터 7A족 원소들의 수소 화합물의 끓는점. 일반적으로는 족 내에서 질량이 증가함에 따라 끓는점이 증가하지만, 5A족에서 7A족까지는 가장 가벼운 화합물이 가장 높은 끓는점을 가진다. 관찰된 경향에서 벗어난 것은 수소 결합 때문이다.

그림 7.5는 4A족에서 7A족까지의 이성분 수소 화합물의 끓는점을 보여 준다. 4A족 일련의 수소 화합물 내에서, 끓는점은 몰질량이 증가함에 따라 증가한다. 5A족에서 7A족까지는 각 족의 가장 작은 원소의 수소 화합물을 제외하고 모두 동일한 경향이 관찰되었는데, 이 화합물들이 예기치 않게 높은 끓는점을 갖는 것으로 나타났다. 이러한 끓는점의 추세에서 벗어남은 수소 결합이 얼마나 강력할 수 있는지를 보여 준다. $NH_3$(5A족), HF(7A족) 및 $H_2O$(6A족)는 강한 수소 결합을 보이기 때문에 비정상적으로 높은 끓는점을 가진다. $CH_4$(4A족 중 가장 작은 원소)는 N−H, O−H 또는 F−H 결합을 포함하지 않기 때문에 수소 결합을 나타내지 않고, 그 족의 가장 낮은 끓는점을 가진다.

**참조**

수소 결합은 N−H, F−H 또는 O−H 결합을 포함하는 용질과 용매 분자 사이의 혼합물에서도 발생한다.

## 분산력

$N_2$ 및 $O_2$와 같은 비극성 기체는 압력 및 온도의 꼭 맞는 조건에서 액화될 수 있으므로 비극성 분자들도 분자간 인력을 보여야 한다. 이러한 분자간 힘은 모든 분자간 힘과 마찬가지로 본질적으로 쿨롱이지만, 비극성 분자에서 전자들의 움직임으로 인해 발생하기 때문에 다른 분자간 힘과는 다르다.

평균적으로 비극성 분자에서 전자 밀도의 분포는 균일하고 대칭적이다.(비극성 분자에 쌍극자 모멘트가 없는 이유이다.) 그러나 분자 내의 전자는 자유롭게 움직일 수 있기 때문에, 어떤 주어진 시점에서 분자는 전자 밀도의 불균일한 분포를 가질 수 있어 **순간 쌍극자**(instantaneous dipole)라고 불리는 일시적인 쌍극자가 될 수 있다. 한 분자 내의 순간 쌍극자는 이웃 분자에 쌍극자를 유도할 수 있다.

예를 들어, 분자의 일시적인 부분 음전하는 옆 분자의 전자를 밀어낸다. 이 반발력은 두 번째 분자를 분극화하고 그 두 번째 분자는 일시적인 쌍극자를 갖게 된다. 그것은 차례로 다음 분자를 분극화하여, 그림 7.6에서 볼 수 있듯이 부분 양전하와 부분 음전하를 갖는 일반적인 비극성 분자들의 집합과 이들 사이에서의 쿨롱 인력을 남긴다. 그 결과로 생기는 인력을 **런던 분산력**(London[1] dispersion force) 또는 단순히 **분산력**(dispersion force)이라고 한다.

분산력의 크기는 분자 내의 전자가 어떻게 이동하느냐에 달려 있다. $F_2$와 같이 작은 분자에서 전자는 핵에 비교적 가깝고 자유롭게 움직일 수 없다. 따라서, $F_2$에서의 전자 분포는 쉽게 **분극**(polarized)되지 않는다. $Cl_2$와 같이 더 큰 분자에서, 전자는 핵으로부터 다소

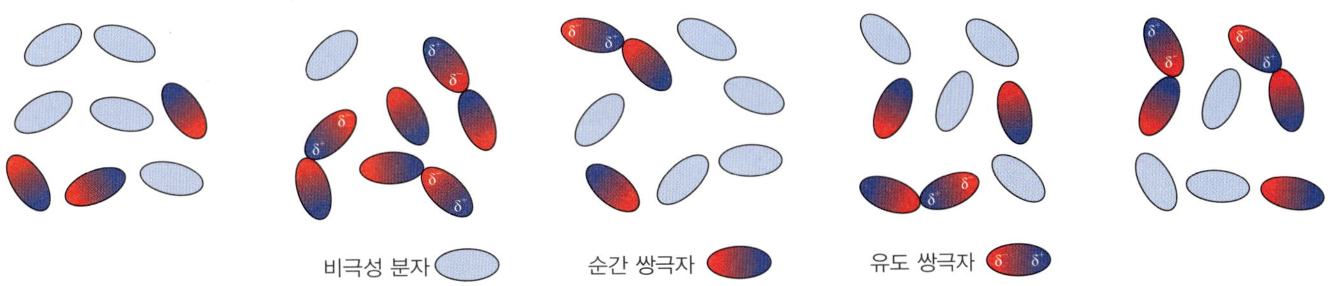


**그림 7.6** 일반적으로 비극성 분자의 순간 쌍극자는 이웃 분자에 일시적인 쌍극자를 유도하여 분자들이 서로를 끌어당기게 된다. 이러한 유형의 상호 작용은 비극성 기체의 응축을 초래한다.

1. 프리츠 런던(Fritz London, 1900∼1954): 독일의 물리학자. 이론 물리학자로 액체 헬륨의 초전도성에 대한 주요 연구를 했다.

**표 7.4** 실온에서 할로젠 원소들의 몰질량, 끓는점 및 상태

| 분자 | 몰질량(g/mol) | 끓는점(°C) | 상태(실온) |
|---|---|---|---|
| $F_2$ | 38.0 | −188 | 기체 |
| $Cl_2$ | 70.9 | −34 | 기체 |
| $Br_2$ | 159.8 | 59 | 액체 |
| $I_2$ | 253.8 | 184 | 고체 |

**참조**

순간 쌍극자를 보다 쉽게 획득하는 분자들은 분극화(polarizable)될 수 있다고 말한다. 일반적으로, 더 큰 분자들은 작은 분자들보다 더 큰 분극률(polarizability)을 갖는다.

멀리 떨어져 있으므로 더 자유롭게 움직일 수 있다. $Cl_2$의 전자 밀도는 $F_2$에서의 전자 밀도보다 훨씬 쉽게 분극되어 더 큰 순간 쌍극자, 더 큰 유도 쌍극자 및 전체적으로 더 큰 분자간 인력을 야기시킨다. 분자 크기가 증가함에 따른 분산력의 크기에 대한 경향은 표 7.4에서 몰질량과 끓는점 사이의 상관 관계로 설명된다.(12.3절의 표 12.2의 자료로도 설명된다.) 분산력은 비극성 분자 사이뿐만 아니라 **모든** 분자 사이에서도 작용한다.

예제 7.4에서 액체와 고체 입자들 사이에 어떤 종류의 힘이 존재하는지 결정하는 연습을 할 수 있다.

## 예제 7.4

(a) $CCl_4(l)$, (b) $CH_3COOH(l)$, (c) $CH_3COCH_3(l)$, 그리고 (d) $H_2S(l)$에는 어떤 종류의 분자간 힘이 존재하는가?

**전략** 루이스 점 구조를 그리고 VSEPR 이론[|◀◀ 7.1절]을 적용하여 각 분자가 극성인지 비극성인지를 결정한다. 비극성 분자는 분산력만을 나타낸다. 극성 분자는 쌍극자–쌍극자 상호 작용 및 분산력 모두를 나타낸다. N–H, F–H 또는 O–H 결합을 갖는 극성 분자는 쌍극자–쌍극자 상호 작용(수소 결합 포함) 및 분산력을 나타낸다.

**계획** (a)~(d) 분자들의 루이스 구조는 다음과 같다.

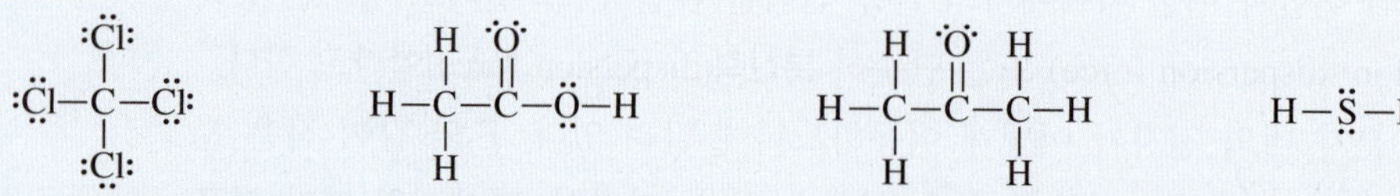

(a) (b) (c) (d)

**풀이** (a) $CCl_4$는 비극성이므로 유일한 분자간 힘은 분산력이다.

(b) $CH_3COOH$는 극성이고 O–H 결합을 포함하므로 쌍극자–쌍극자 상호 작용(수소 결합 포함)과 분산력을 나타낸다.

(c) $CH_3COCH_3$는 극성이지만 N–H, O–H 또는 F–H 결합을 가지고 있지 않으므로 쌍극자–쌍극자 상호 작용과 분산력을 나타낸다.

(d) $H_2S$는 극성이고 N–H, O–H 또는 F–H 결합을 가지고 있지 않으므로 쌍극자–쌍극자 상호 작용과 분산력을 나타낸다.

**생각해 보기**

정확한 루이스 구조를 그릴 수 있는 것이 다시 한번 중요하다. 필요하다면 이를 검토하는 과정을 복습한다[|◀◀ 6.3절].

**유제 1** 다음 분자에는 어떤 종류의 분자간 힘이 존재하는가?

(a) $CH_2Cl_2(l)$ (b) $CH_3CH_2CH_2OH(l)$ (c) $H_2O_2(l)$ (d) $N_2(l)$

**유제 2** 분자식 $C_2H_6O$를 사용하여 서로 다른 분자간 힘을 나타내는 2개의 루이스 구조를 그리시오. 각 구조가 나타내는 분자간 힘의 유형을 나열하시오.

### 이온-쌍극자 상호 작용

**이온-쌍극자 상호 작용**(ion-dipole interactions)은 이온(양이온 또는 음이온)과 극성 분자 사이의 쿨롱 인력이다. 이러한 상호 작용은 염화 소듐 수용액처럼 이온과 극성 물질의 혼합물에서 생겨난다. 이온-쌍극자 상호 작용의 크기는 이온의 전하와 크기, 극성 분자의 쌍극자 모멘트와 크기에 따라 달라진다. 양이온은 일반적으로 크기가 음이온보다 더 작기 때문에 음이온(같은 크기의 전하)보다 쌍극자와 더 강하게 상호 작용한다.

**참조**

수화[◀◀ 9.2절]는 이온-쌍극자 상호 작용의 한 예이다.

그림 7.7은 $Na^+$ 및 $Mg^{2+}$ 이온이 큰 쌍극자 모멘트(1.87 D)를 갖는 물 분자와 이루는 이온-쌍극자 상호 작용을 보여 준다. $Mg^{2+}$ 이온은 $Na^+$ 이온($Mg^{2+}$ 및 $Na^+$ 이온 반지름은 각각 72 및 102 pm)보다 **높은 전하** 및 **작은 크기** 때문에[◀◀ 4.6절] 물 분자와 더 강하게 상호 작용한다. 용액의 성질은 13장에서 논의될 것이다.

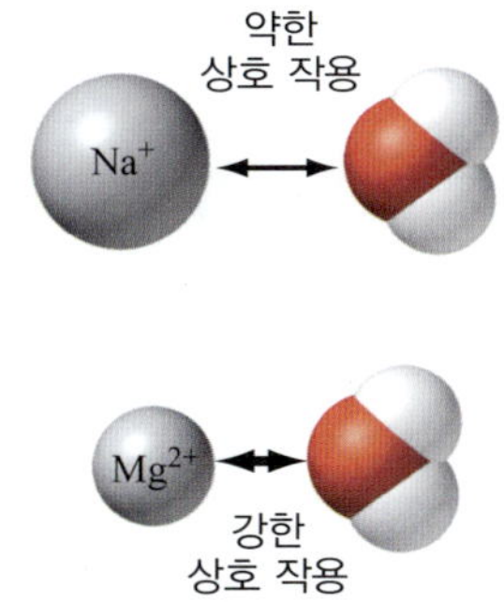


**그림 7.7** 이온과 물 분자 사이의 이온-쌍극자 상호 작용. 각 경우에 이온의 양전하는 물 분자의 산소 원자의 부분 음전하에 끌리게 된다. 두 종 사이의 거리가 더 작아지면 인력은 더 강해진다.

지금까지 논의된 분자간 힘은 모두 **인력**(attractive forces)이지만, 분자들은 또한 서로 밀어내는 반발력을 행사한다(같은 전하들이 접근할 때). 두 분자가 서로 가깝게 접근할 때, 분자들에 있는 전자들 사이에서 그리고 원자핵들 사이에서의 반발력이 중요해진다. 이러한 반발력의 크기는 응축상에서 분자들이 떨어져 있는 거리가 감소함에 따라 급격하게 증가한다. 이것이 액체와 고체가 압축되기 어려운 이유이다. 이들 상에서, 분자들은 이미 서로 밀접하게 접촉되어 있으므로 더 압축되는 것에 크게 저항한다.

## 7.3절 복습

**분자간 힘**

**7.3.1** 벤젠($C_6H_6$) 분자 사이에서 존재하는 분자간 힘은 무엇인가?

(a) 분산력

(b) 쌍극자-쌍극자 상호 작용

(c) 수소 결합

(d) 분산력과 쌍극자-쌍극자 상호 작용

(e) 분산력과 수소 결합

**7.3.2** 다음 중 어느 것이 중요한 수소 결합을 보여 주는가? (해당되는 것을 모두 고르시오.)

(a) HBr (b) $H_2CF_2$ (c) $H_2$

(d) $H_2O_2$ (e) $CH_3CN$

# 7.4 원자가 결합 이론

6장에서 길버트 루이스(Gilbert Lewis)에 의해 제안된 최초의 화학적 결합 이론을 접했다. 이 이론은 팔전자 규칙을 이용하여 분자의 결합을 설명한다[◀◀ 6.1절]. 루이스 결합 이론과 루이스 구조가 분자에서 전자의 배열을 시각화하는 비교적 간단한 방법을 제공하

**표 7.5** $H_2$, $F_2$ 및 HF의 결합 길이와 결합 에너지

| | 결합 길이(Å) | 결합 에너지(kJ/mol) |
|---|---|---|
| $H_2$ | 0.74 | 436.4 |
| $F_2$ | 1.42 | 150.6 |
| HF | 0.92 | 568.2 |

**참조**

결합 에너지(bond energy)는 1몰의 동일한 결합을 끊는 데 필요한 에너지의 양이라는 것을 기억하자[◀◀ 6.1절].

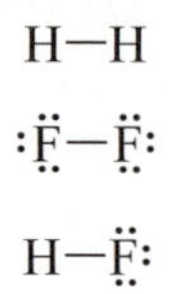


$H_2$, $F_2$ 및 HF의 루이스 점 구조

지만, $H_2$, $F_2$ 및 HF와 같은 분자에서 공유 결합의 차이를 설명하기에는 불충분하다. 루이스 이론은 이 세 분자의 결합을 정확히 같은 방식으로 기술하지만, 표 7.5에 열거된 결합 길이와 결합 에너지에서 볼 수 있듯이, 실제로 서로 상당히 다르다. 이러한 차이점과 공유 결합이 처음에 형성되는 이유를 이해하려면 전자쌍을 공유하는 원자에 대한 루이스 개념과 원자 오비탈의 양자 역학적 설명을 접목한 결합 모형이 필요하다.

**원자가 결합 이론**(valence bond theory)에 따르면, 한 원자의 원자 오비탈이 다른 원자의 원자 오비탈과 겹칠 때, 그 원자들은 전자를 공유한다. 겹치는 원자 오비탈들의 각각은 1개의 짝짓지 않은 홀전자를 포함해야 한다. 게다가, 결합된 원자들에 의해 공유되는 두 전자는 반대 스핀을 가져야 한다[◀◀ 3.7절]. 두 원자의 핵은 공유된 전자쌍에 끌려 당겨진다. 원자들을 함께 묶어주는 것은 공유 전자의 상호간 인력이다.

원자의 양자 역학 모형은 원자 내의 전자를 입자가 아닌 파동으로 취급한다. 따라서, 위치를 표시하기 위해 화살표를 사용하는 대신 여기에서 사용된 방식은 홀로 점유된 *s* 원자 오비탈을 연한 노란색으로 나타내고 이중 점유된 오비탈을 진한 노란색으로 나타내는 것이다. $H_2$에서 H−H 결합은 두 개의 H 원자들의 홀로 점유된 1*s* 오비탈이 겹칠 때 형성된다.

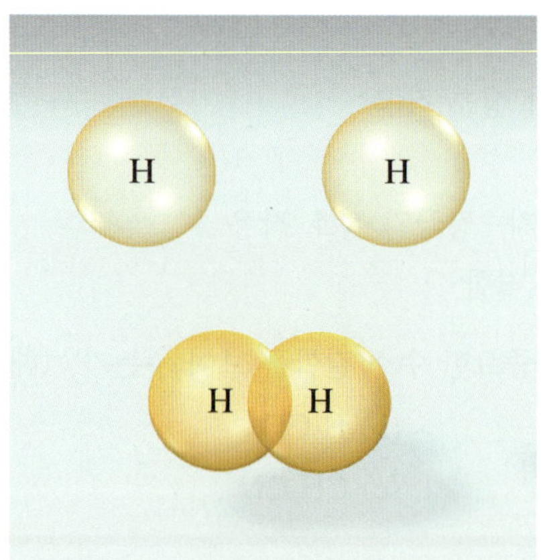


이 경우, 여전히 단지 두 개의 전자가 존재하지만, 각 H 원자는 두 개의 전자 모두를 소유하고 있다고 "생각"한다. 따라서 두 개의 홀로 점유된 오비탈이 겹쳐지면 두 오비탈은 **모두** 이중 점유된 오비탈이 된다.

마찬가지로, $F_2$에서 F−F 결합은 두 개의 F 원자들의 홀로 점유된 2*p* 오비탈이 겹칠 때 형성된다.

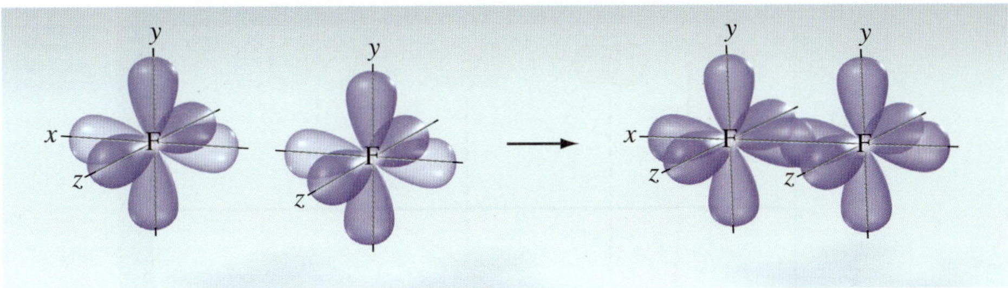


앞서 소개된 방식에 따라, *p* 원자 오비탈은 홀로 점유되면 연한 파란색으로 그리고 이중 점유되면 진한 파란색으로 표현될 것이다. 비어 있는 *p* 오비탈은 흰색으로 표시된다. F 원자의 바닥상태의 전자 배치는 [He]$2s^2 2p^5$임을 기억하자[|◀◀ 3.9절]. (F의 바닥상태 오비탈 도표는 옆의 그림을 참고하자.)

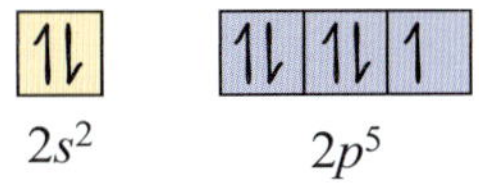


F의 오비탈 도표

우리는 또한 원자가 결합 모형을 이용하여 H—F 결합의 형성을 묘사할 수 있다. 이 경우, H 원자의 홀로 점유된 1*s* 오비탈은 F 원자의 홀로 점유된 2*p* 오비탈과 겹친다.

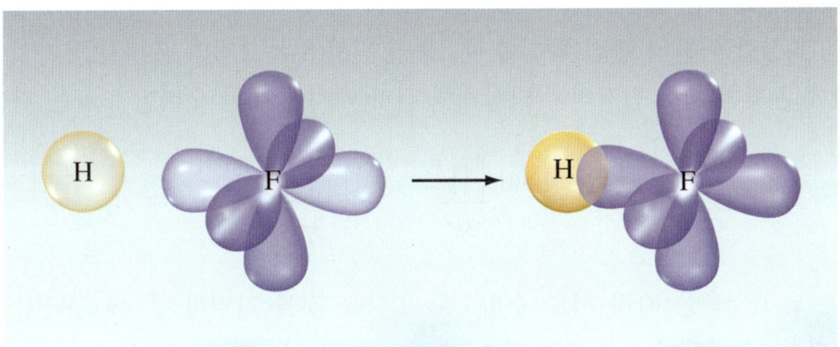


양자 역학 모형에 따르면, H의 1*s* 오비탈과 F의 2*p* 오비탈은 크기, 모양 및 에너지가 서로 다르다. 따라서 $H_2$, $F_2$ 및 HF의 결합이 강도와 길이에서 다양하다는 것은 놀라운 일이 아니다.

루이스 이론에 비해 원자가 결합 이론의 장점 중 하나는 공유 결합이 형성되는 이유를 설명한다는 것이다. 원자가 결합 이론에 따르면, 결과로 생성된 분자의 퍼텐셜 에너지가 고립된 원자들의 퍼텐셜 에너지의 합보다 낮으면 두 원자 사이에 공유 결합이 형성될 것이다. 간단히 말해서, 이것은 공유 결합의 형성이 에너지를 발산한다는 것을 의미한다. 이것은 직관적으로 분명하지 않을 수도 있지만, 공유 결합을 **끊기**(break) 위해서는 분자에 에너지를 **공급해야**(supplied) 한다는 것을 알고 있다. 따라서 역과정인 결합의 **형성**(formation)은 에너지를 **발산해야**(give off) 하는 것이 타당하다. 그림 7.8은 두 개의 수소 원자의 총 퍼텐셜 에너지가 핵 사이의 거리에 따라 어떻게 변하는지를 보여 준다.

원자가 결합 이론은 또한 화학 결합에 대한 방향성의 개념을 도입한다. 예를 들어, 우리는 *p* 오비탈의 겹침에 의해 형성된 결합이 *p* 오비탈이 놓여 있는 축과 일치할 것으로 기대한다. 분자 $H_2S$를 생각해 보자. 마주치는 다른 분자들과는 달리, $H_2S$는 루이스 이론과 VSEPR 모형을 이용하여 예측할 수 있는 결합 각도를 가지고 있지 않다.(중심 원자에 4개

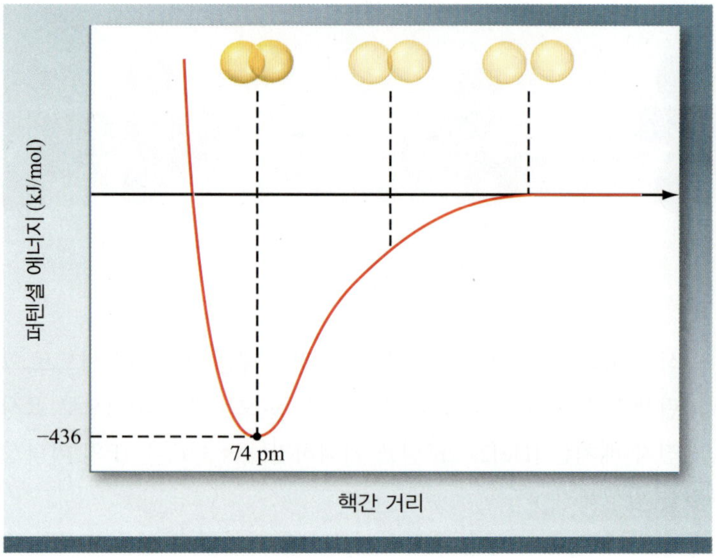


**그림 7.8** 핵간 거리의 함수로서 2개의 수소 원자의 퍼텐셜 에너지의 변화. 핵간의 거리가 74 pm일 때 최소 퍼텐셜 에너지(−436 kJ/mol)가 발생한다. 노란색 구는 수소의 1*s* 오비탈을 나타낸다.

**참조**

이 절의 내용과 [◀◀ 7.5절]의 내용을 이해하려면 바닥상태의 전자 배치에 대한 오비탈 도표를 그릴 수 있어야 한다[◀◀ 3.9절].

의 전자 영역이 있으면 결합각은 109.5° 정도가 될 것이다.) 실제로 H−S−H 결합각은 92°이다. 원자가 결합 이론의 관점에서 볼 때, 중심 원자(S)는 2개의 홀전자를 가지며, 각각은 3*p* 오비탈에 존재한다. S 원자의 바닥상태의 전자 배치에 대한 오비탈 도표는 다음과 같다.

| S [Ne] | ⇅ | ⇅ | ↑ | ↑ |
|---|---|---|---|---|
| | $3s^2$ | $3p^4$ | | |

*p* 오비탈은 *x*, *y*, *z*축을 따라 서로 수직으로 있다는 것을 기억하자[◀◀ 3.8절]. 우리는 각 홀로 점유된 3*p* 오비탈이 수소 원자의 1*s* 오비탈과 겹치는 것을 상상함으로써 관찰된 결합각을 합리화할 수 있다.

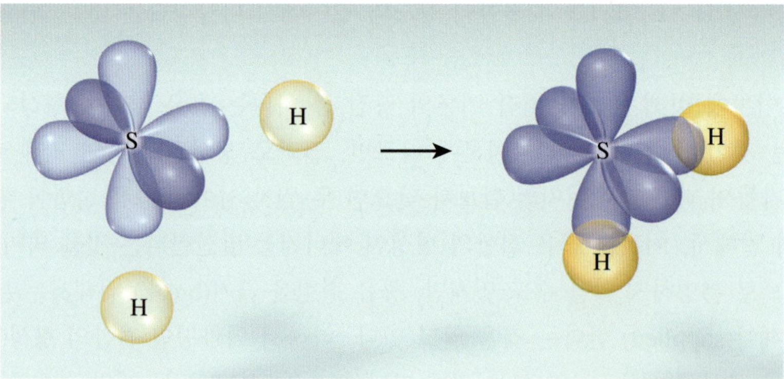


요약하면, 원자가 결합 이론의 중요한 특징은 다음과 같다.

- 2개의 원자들의 홀로 점유된 원자 오비탈이 겹칠 때 결합이 형성된다.
- 오비탈 겹침 영역에서 공유되는 두 전자는 반대 스핀이어야 한다.
- 결합의 형성은 계의 퍼텐셜 에너지를 낮추게 된다.

예제 7.5는 원자가 결합 이론을 이용하여 분자 내 결합을 설명하는 방법을 보여 준다.

## 예제 7.5

셀레늄화 수소($H_2Se$)는 눈과 호흡기 염증을 일으킬 수 있는 악취가 나는 기체이다. $H_2Se$에서 H−Se−H 결합각은 약 92°이다. 원자가 결합 이론을 이용하여 이 분자의 결합을 설명하시오.

**전략** 중심 원자의 바닥상태의 전자 배치를 고려하여 결합 형성에 사용할 수 있는 오비탈을 결정한다.

**계획** Se의 바닥상태의 전자 배치는 $[Ar]4s^23d^{10}4p^4$이다. 그것의 오비탈 도표($4p$ 오비탈만 나타냄)는 다음과 같다.

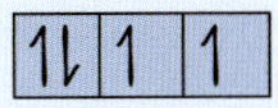

$4p^4$

**풀이** $4p$ 오비탈 중 2개가 홀로 점유되어 있어 결합에 사용될 수 있다. $H_2Se$의 결합은 수소 $1s$ 오비탈이 Se 원자의 이들 각 오비탈과 겹치는 결과로 형성된다.

### 생각해 보기

Se 원자의 $4p$ 오비탈들은 모두 서로 수직이기 때문에, 겹침에 의해 형성된 결합 사이의 각도는 약 90°가 되어야 한다.

**유제 1** 다음 중 원자가 결합 이론만으로 결합을 설명할 수 없는 분자는 어느 것인가? 설명하시오.

$SO_2$(O−S−O 결합각~120°), $CH_4$(H−C−H 결합각=109.5°), $AsH_3$(H−As−H 결합각=92°)

**유제 2** 다음 중 어떤 모형이 관찰된 결합각을 원자가 결합 이론만으로 충분히 설명 가능한 종을 나타낼 수 있는가? 설명하시오.

(i) (ii) (iii) (iv)

## 7.4절 복습

### 원자가 결합 이론

**7.4.1** 다음의 원자들 중 바닥상태에서 홀전자를 갖지 않는 것은 어느 것인가? (해당되는 것을 모두 고르시오.)

(a) O (b) C (c) B
(d) F (e) Ne

**7.4.2** 원자가 결합 이론에 따르면 질소 원자(바닥상태에 있음)가 얼마나 많은 결합을 형성할 것으로 기대하는가?

(a) 2 (b) 3 (c) 4
(d) 5 (e) 6

# 7.5 원자 오비탈의 혼성

비록 원자가 결합 이론이 유용하고 루이스 결합 이론보다 실험 관측에 대해 더 많은 부분을 설명할 수 있지만, 우리가 접하는 많은 분자들의 결합을 설명하지 못한다. 원자가 결합 이론에 따르면, 예를 들어 원자는 다른 원자와 결합을 형성하기 위해 홀로 점유된 원자 오비탈을 가져야 한다. 그렇다면 우리는 어떻게 $BeCl_2$에서의 결합을 설명할 수 있을까? 중심 원자 Be는 [He]$2s^2$의 바닥상태의 전자 배치를 가지므로 짝을 이루지 못한 전자가 없다. 바닥상태에서 홀로 점유된 원자 오비탈이 없다면 어떻게 Be는 두 개의 결합을 형성할까?

또한, 중심 원자의 바닥상태의 전자 배치가 필요한 수의 홀전자를 갖는 경우 관찰된 결합각을 어떻게 설명할 수 있을까? 탄소는 황과 같이 바닥상태에서 2개의 홀전자를 가지고 있다. 원자가 결합 이론을 우리의 지침으로 사용하여, $CO_2$에서처럼 산소와 함께 2개의 공유 결합을 형성하는 것을 그려볼 수 있다. 그러나 C의 2개의 홀전자(각각은 $2p$ 오비탈에 존재함)가 결합을 형성한다면, O—C—O 결합각은 $H_2S$의 결합 각도처럼 90° 정도여야 한다. 실제로 이산화 탄소의 결합 각도는 180°이다.

**참조**

C의 바닥상태의 오비탈 도표는 다음과 같다.

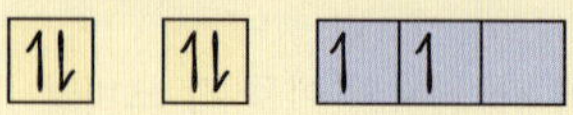

$1s^2$ $2s^2$ $2p^2$

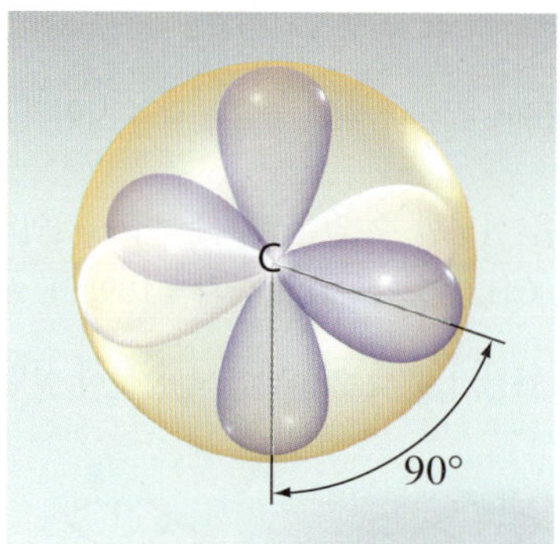


결합각은 90°여야 한다.

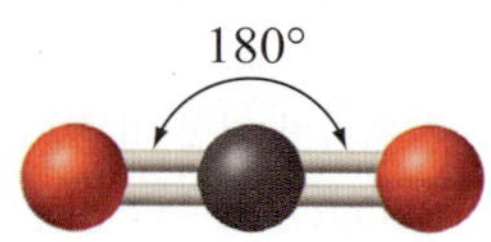


실제 결합각은 180°이다.

:C̤̈l—Be—C̤̈l:

$BeCl_2$

이러한 관측과 다른 관찰을 설명하기 위해, 원자 오비탈의 **혼성**(hybridization) 또는 **혼합**의 개념을 포함하기 위해 오비탈 겹침에 대한 논의를 확장할 필요가 있다.

원자 오비탈의 혼성에 대한 생각은 분자 모양에서 시작하여 분자 내 결합과 관찰된 결합각을 설명하기 위해 역으로 작용한다. 오비탈 겹침에 대한 논의를 확장하고 원자 오비탈의 혼성 개념을 도입하기 위해, 먼저 염화 베릴륨($BeCl_2$)을 고려해 보자. 염화 베릴륨($BeCl_2$)은 중심 원자에 2개의 전자 영역을 가지고 있다. 루이스 구조(왼쪽에 나타냄)와 VSEPR 모형을 이용하여 $BeCl_2$가 180°의 Cl—Be—Cl 결합각을 가질 것으로 예측된다. 이것이 사실이라면, 어떻게 Be가 홀전자가 아닌 전자들로 2개의 결합을 형성하며, 그리고 왜 그 두 결합 사이의 각도는 180°인가?

**참조**

Be는 팔전자 규칙[◀◀ 6.6절]을 따르지 않는 원자 중 하나라는 것을 기억하자. $BeCl_2$의 루이스 구조는 다음과 같다.

:C̤̈l—Be—C̤̈l:

질문의 첫 부분에 답하기 위해 우리는 $2s$ 오비탈에 있는 전자 중 하나를 비어 있는 $2p$ 오비탈로 **승위**(promotion)시키는 것을 생각해 본다. 전자는 낮은 원자 오비탈에서 높은 원자 오비탈로 승위될 수 있음을 상기하자. 바닥상태의 전자 배치는 모든 전자가 가능한 가장 낮은 에너지의 오비탈을 차지하는 것이다. 하나 이상의 전자가 **더 높은**(higher) 에너지의 오비탈을 차지하는 배치를 **들뜬**(excited)상태라고 부른다. 들뜬상태는 일반적으로 별 표시(예: 들뜬상태의 Be 원자의 경우 Be*)로 나타낸다. 원자가 오비탈(valence orbitals)만을 보이면서 베릴륨의 원자가 전자 중 하나를 승위시키는 것을 다음과 같이 나타낼 수 있다.

그 원자가 전자 중 하나가 $2p$ 부껍질로 승위되면, Be 원자는 이제 2개의 홀전자를 가지므로 2개의 결합을 형성할 수 있다. 그러나 2개의 홀전자가 존재하는 오비탈은 서로 다르기 때문에, 이들 두 오비탈(각각이 Cl 원자에 $3p$ 오비탈과 겹침)의 겹침 결과로 형성된 결합은 다를 것으로 예상된다.

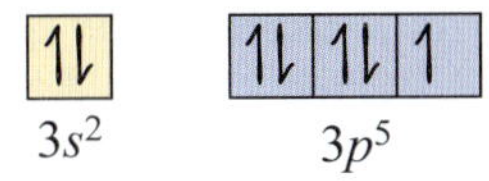

Cl의 오비탈 도표

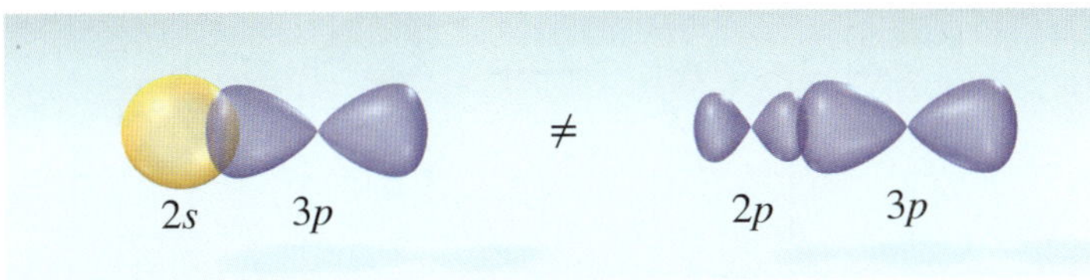


그렇지만 실험적으로 $BeCl_2$의 결합은 길이와 세기가 동일하다.

## *s*와 *p* 오비탈의 혼성

베릴륨이 두 개의 똑같은 결합을 형성하는 방법을 설명하기 위해, 우리는 홀전자가 존재하는 오비탈을 혼합하여 2개의 동등한 오비탈을 만들어야 한다. 베릴륨에서 $2s$ 오비탈과 $2p$ 오비탈 하나와의 혼합은 **혼성**(hybridization)으로 알려진 과정으로, $s$나 $p$가 아니지만 각각의 성질을 어느 정도 갖는 2개의 **혼성 오비탈**(hybrid orbital)을 생성한다. 혼성 오비탈은 $2sp$ 또는 단순히 $sp$로 지정된다.

**참조**

혼성 오비탈은 전자 영역(electron domain)의 또 다른 유형이다.

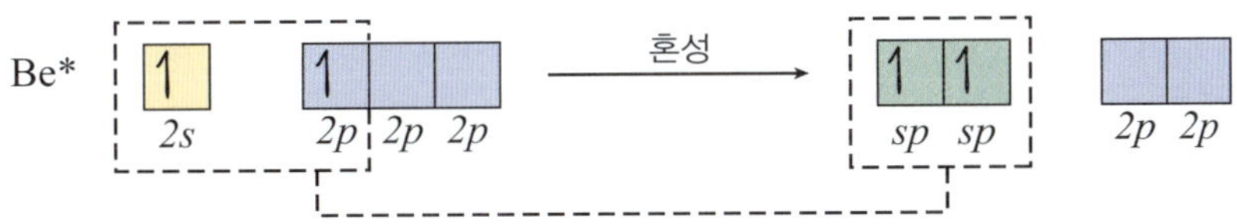


1개의 $s$ 오비탈과 1개의 $p$ 오비탈의 혼합은 2개의 $sp$ 오비탈을 만든다.

$s$ 오비탈과 $p$ 오비탈에 대한 양자 역학 파동 함수의 수학적 조합은 2개의 새로운 동등한 파동 함수를 만든다. 그림 7.9(a)에서 볼 수 있듯이, 각 $sp$ 혼성 오비탈은 1개의 작은 로브(lobe)와 1개의 큰 로브(lobe)를 가지며, 한 원자의 두 전자 영역과 마찬가지로, 그들은 서로 180° 각도로 반대 방향으로 배향되어 있다. 그림은 명확성을 위해 원자 오비탈과 혼성 오비탈을 따로 보이고 있다. 혼성 오비탈은 두 가지 방식으로 표시된다. 첫 번째는 보다 사실적인 모양인 반면 두 번째는 그림을 명확하게 유지하고 오비탈을 쉽게 시각화할 수 있는 단순화된 모양이다. 또한 혼성 오비탈의 표현은 초록색이다. 그림 7.9(b)와 (c)는 각각 베릴륨 핵에 대한 원자 오비탈과 혼성 오비탈의 상대적인 위치를 보여 준다.

**참조**

생성된 혼성 오비탈의 모양을 그릴 때, 파동과 같은 오비탈은 보강 또는 상쇄하면서 결합할 수 있다는 것을 기억하는 것이 도움이 될 수 있다. 각 $sp$ 혼성 오비탈에서 큰 로브를 보강 결합의 결과로 생각할 수 있으며, 작은 로브를 상쇄 조합의 결과로 생각할 수 있다.

각각 1개의 홀전자를 포함하는 2개의 $sp$ 혼성 오비탈을 이용하면 Be 원자는 두 개의 Cl 원자와 두 개의 동일한 결합을 형성할 수 있다는 것을 알 수 있다[그림 7.9(c)]. Be 원자의 홀로 점유된 $sp$ 혼성 오비탈은 각각 Cl 원자의 홀로 점유된 $3p$ 원자 오비탈과 겹친다.

**참조**

원자의 전자를 승위시키는 데 필요한 에너지는 결합이 형성될 때 방출되는 에너지에 의해 충분히 보상받는다.

우리는 삼플루오린화 붕소($BF_3$)의 결합과 삼각 평면 구조에 대해 유사한 분석을 할 수 있다. B 원자의 바닥상태의 전자 배치는 $[He]2s^22p^1$이고 단 하나의 홀전자를 포함하고 있

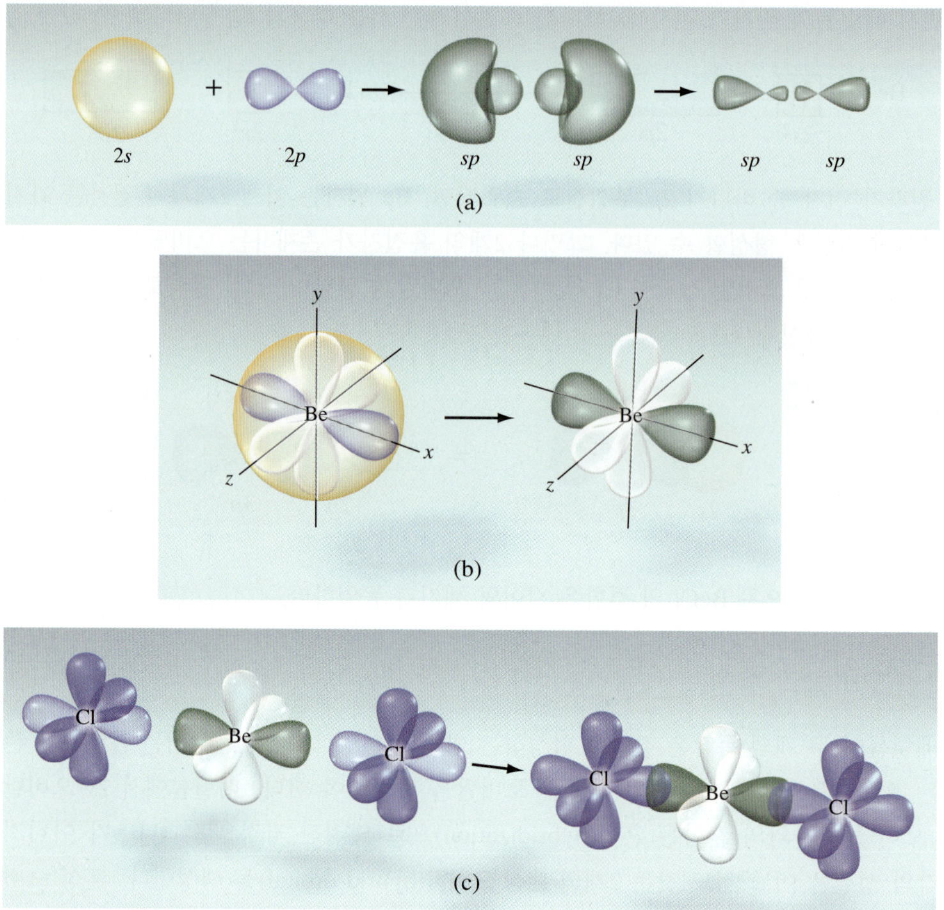


**그림 7.9** (a) *s* 원자 오비탈(노란색)과 *p* 원자 오비탈(파란색)이 결합하여 2개의 *sp* 혼성 오비탈(초록색)을 형성한다. 현실적인 혼성 오비탈 형태가 먼저 표시된다. 더 가는 표현은 도표를 명확하게 하기 위해 사용된다. (b) 2*s* 오비탈과 1개의 2*p* 오비탈이 결합되어 2개의 *sp* 혼성 오비탈을 형성한다. 비어 있는 오비탈은 흰색으로 표시된다. 두 전자 영역과 마찬가지로 Be의 혼성 오비탈은 180°로 떨어져 있다. (c) Be의 혼성 오비탈 각각은 Cl 원자의 홀로 점유된 3*p* 오비탈과 겹친다.

다. 2*s* 전자 중 1개를 비어 있는 2*p* 오비탈로 승위시키면 3개의 결합의 형성을 설명하는 데 필요한 3개의 홀전자가 생긴다. 바닥상태 및 들뜬상태의 전자 배치는 다음과 같이 표현될 수 있다.

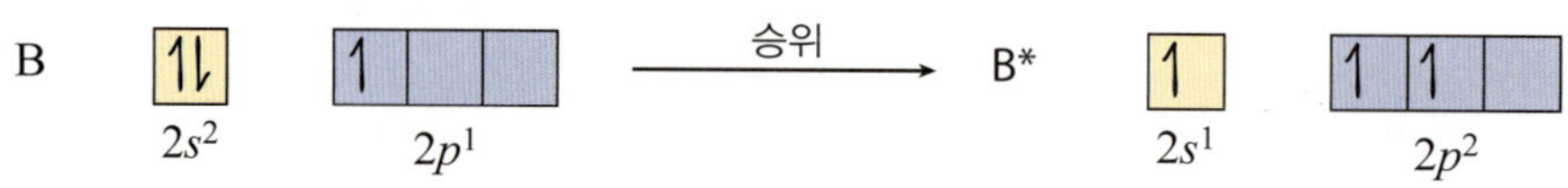


$BF_3$의 3개의 결합이 동일하기 때문에 3개의 홀로 점유된 원자 오비탈(1개의 *s* 오비탈 및 2개의 *p* 오비탈)을 결합시켜 3개의 홀로 점유된 혼성 오비탈을 만들어야 한다.

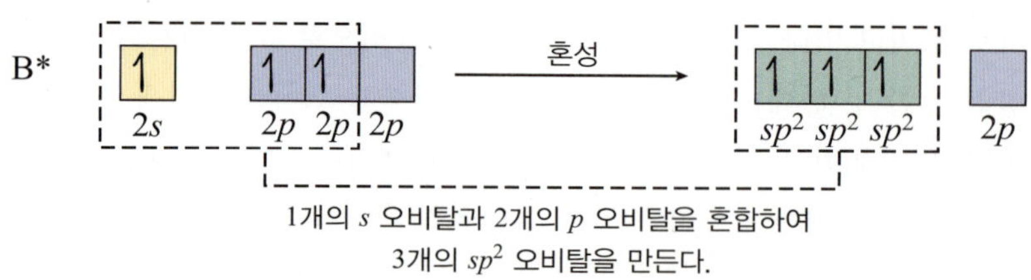


그림 7.10은 BF3에서의 혼성과 결합 형성을 보여 준다.

두 경우 모두($BeCl_2$ 및 $BF_3$의 경우), 모든 *p* 오비탈이 혼성되는 것은 아니다. $BF_3$의 경우에서와 같이, 혼성되지 않은 나머지 *p* 원자 오비탈이 전자를 포함하지 않는 경우는 이 장에서 결합에 대한 토론의 부분이 되지 않는다. 그러나 7.6절에서 볼 수 있듯이, 전자를 포

**참조**

비어 있으면서 혼성되지 않은 *p* 오비탈은 특정 유형의 결합에서 중요하다. 이는 16장과 20장에서 다룰 것이다.

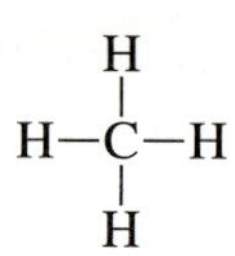


$CH_4$

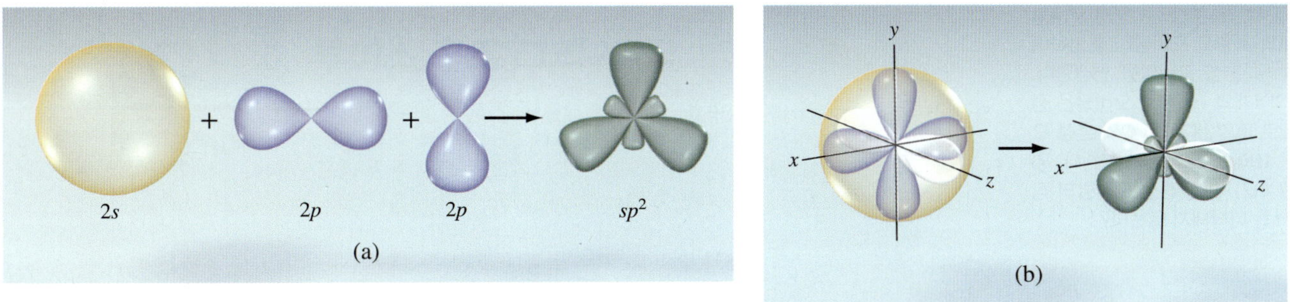


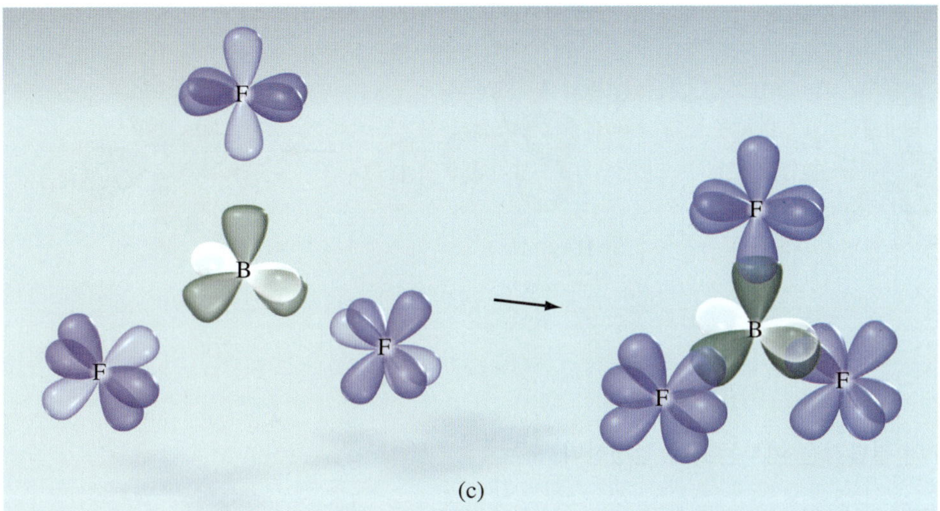


**그림 7.10** (a) 1개의 $s$ 원자 오비탈과 2개의 $p$ 원자 오비탈은 결합하여 세 3개의 $sp^2$ 혼성 오비탈을 형성한다. (b) B에서 3개의 $sp^2$ 혼성 오비탈은 삼각 평면에 놓인다.(비어 있는 원자 오비탈은 흰색으로 표시된다.) (c) B의 혼성 오비탈은 F의 $2p$ 오비탈과 겹친다.

함하면서 혼성되지 않은 원자 오비탈은 분자의 결합에 대한 설명에서 중요하다.

이제 메테인($CH_4$) 분자에 대해서도 동일한 종류의 분석을 적용할 수 있다. $CH_4$의 루이스 구조는 중심 탄소 원자 주위에 4개의 전자 영역을 갖는다. 이것은 4개의 혼성 오비탈이 필요하다는 것을 의미하며, 4개의 원자 오비탈이 혼성되어야 한다는 것을 의미한다. C 원자의 바닥상태의 전자 배치는 2개의 홀전자를 갖는다. $2s$ 오비탈에서 비어 있는 $2p$ 오비탈로 1개의 전자를 승위시키면 4개의 결합을 형성하는 데 필요한 4개의 홀전자가 생기게 된다.

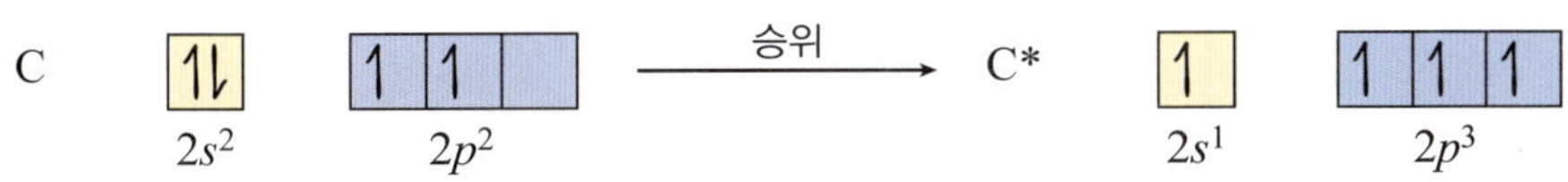


1개의 $s$ 오비탈과 3개의 $p$ 오비탈의 혼성은 $sp^3$라는 4개의 혼성 오비탈을 만든다. 그런 다음 원래 $s$ 및 $p$ 원자 오비탈에 있던 전자를 $sp^3$ 혼성 오비탈에 배치할 수 있다.

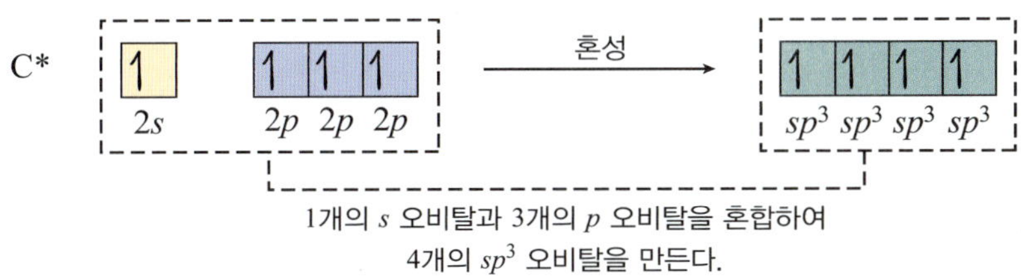


중심 원자의 다른 4개의 전자 영역들과 마찬가지로, 탄소의 4개의 $sp^3$ 혼성 오비탈은 사면체 배열로 간주된다. 그림 7.11은 어떻게 C 원자의 혼성이 $CH_4$에서 관찰되는 4개의 결합과

**그림 7.11** (a) 1개의 $s$ 원자 오비탈과 3개의 $p$ 원자 오비탈이 혼합하여 4개의 $sp^3$ 혼성 오비탈을 형성한다. (b) C의 4개의 $sp^3$ 혼성 오비탈은 정사면체로 배열된다. (c) C의 혼성 오비탈은 H의 1$s$ 오비탈과 겹친다. 명확하게 하기 위해, 혼성 오비탈의 작은 로브는 나타내지 않는다.

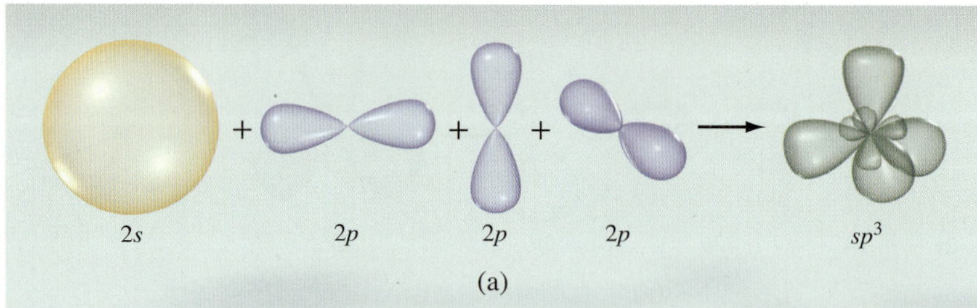


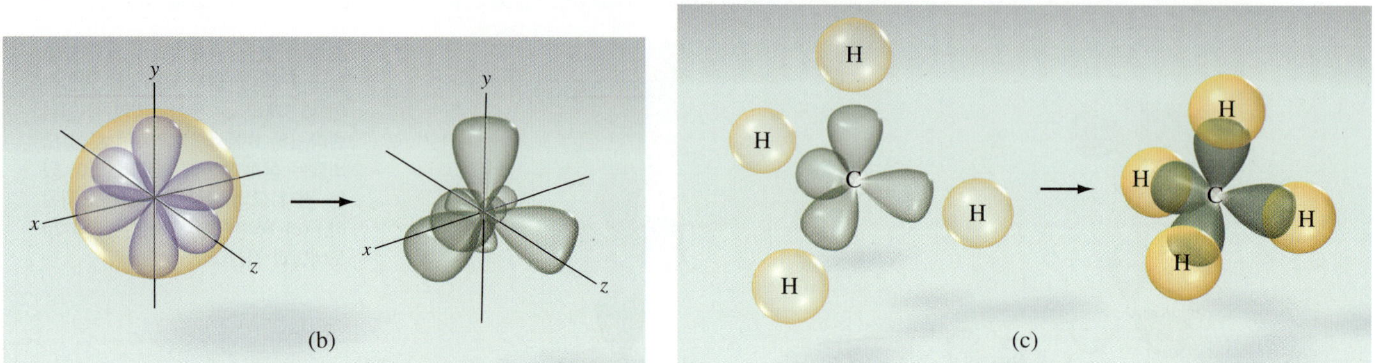


109.5°의 결합각을 이루는지를 설명한다.

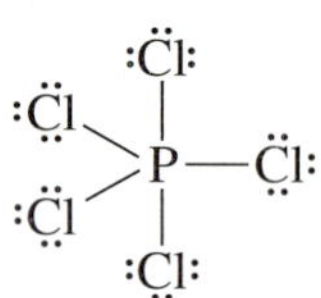

$PCl_5$

**참조**

혼성 오비탈 표기법의 위 첨자 수는 혼성을 거친 원자 오비탈의 수를 지정하는 데 사용된다. 위 첨자가 1일 때는 표시하지 않는다.(화학식 아래 첨자의 경우와 유사하다.)

## $s$, $p$ 및 $d$ 오비탈의 혼성

주기율표의 3주기 이상의 원소는 추가적인 전자를 보유할 수 있는 $d$ 오비탈을 가지고 있기 때문에 반드시 팔전자 규칙을 따르는 것은 아니라는 것을 기억하자[|◀◀ 6.6절]. 중심 원자에 4개보다 더 많은 전자 영역이 있는 분자의 결합과 기하 구조를 설명하기 위해, 우리는 혼성 계획에 $d$ 오비탈을 포함시켜야 한다. 예를 들어, $PCl_5$는 P 원자 주위에 5개의 전자 영역을 갖는다. 이 분자에서 5개의 결합을 설명하기 위해, 5개의 홀로 점유된 혼성 오비탈이 필요할 것이다. P 원자의 바닥상태의 전자 배치는 $[Ne]3s^23p^3$이며, 3개의 홀전자를 포함한다. 이 경우에, 3개의 $p$ 오비탈이 모두 점유되기 때문에, 3$s$ 오비탈에서 3$p$ 오비탈로의 1개의 전자 승위는 추가적인 홀전자를 만들지 않을 것이다. 그러나 3$s$ 오비탈에서 비어 있는 3$d$ 오비탈로 전자를 승위시켜서 필요로 하는 5개의 홀전자를 만들 수 있다.

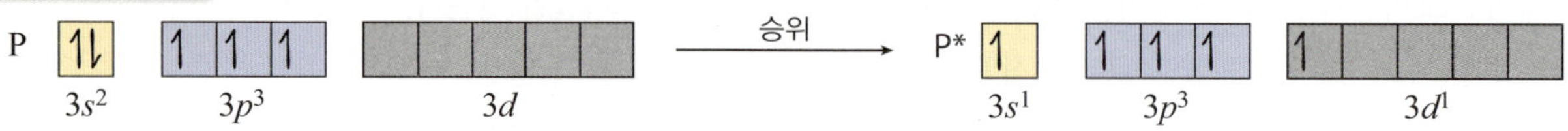


1개의 $s$ 오비탈, 3개의 $p$ 오비탈 및 1개의 $d$ 오비탈의 혼성은 $sp^3d$로 지정된 혼성 오비탈을 만든다. 5개의 혼성 오비탈에 5개의 전자를 배치한 후에, 분자 내의 5개의 결합 형성을 합리화할 수 있다.

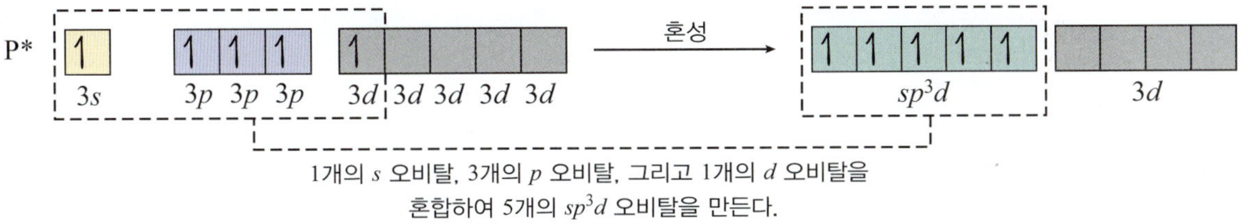


$sp^3d$ 오비탈은 $sp$, $sp^2$ 및 $sp^3$ 혼성 오비탈(즉, 하나의 큰 로브와 작은 로브)에서 본 것과 유사한 모양을 가진다. 또한, 5개의 혼성 오비탈은 삼각 쌍뿔 배열을 채택하여 $PCl_5$에서의 모양과 결합각을 설명할 수 있다.

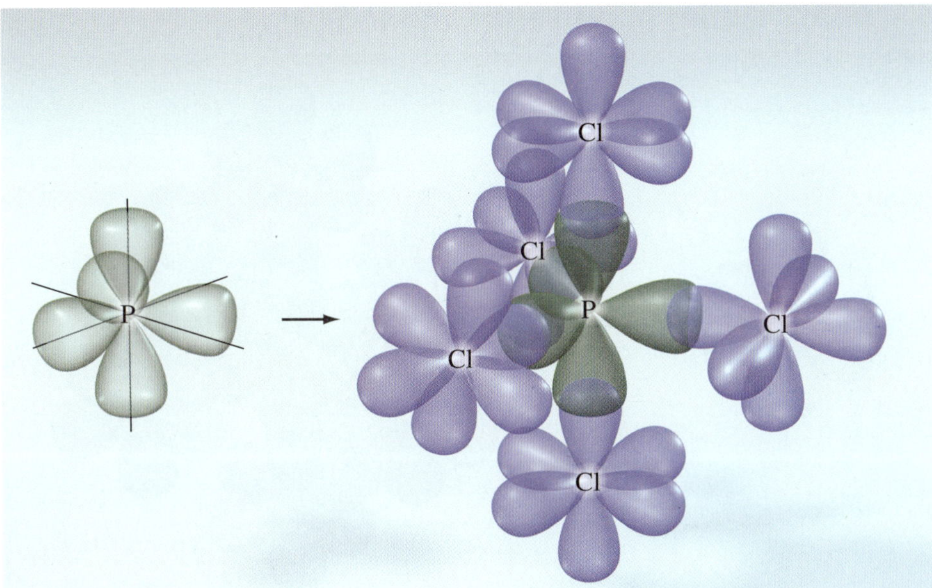


$SF_6$ 분자에 대해서도 유사한 분석이 수행될 수 있다. S 원자의 바닥상태의 전자 배치는 $[Ne]3s^23p^4$이며, 2개의 홀전자만 있다. 6개의 S−F 결합을 형성하는 데 필요한 6개의 홀전자를 얻기 위해서는 2개의 전자를 비어 있는 *d* 오비탈로 승위시켜야 한다. 하나는 3*s* 오비탈로부터, 다른 하나는 이중 점유된 3*p* 오비탈로부터 승격시켜야 한다. 그 결과 혼성 오비탈은 $sp^3d^2$로 지정된다.

**참조**

원자들의 혼성을 확장된 팔전자로 설명하기 위해 *d* 오비탈의 사용을 둘러싼 논쟁이 있다[◀◀ 6.6절]. *d* 오비탈은 상대적으로 높은 에너지 때문에 혼성 오비탈의 형성에 참여할 수 없는 것으로 보일 수 있다. 이 책의 범위를 벗어나지만, 분자 오비탈 이론을 사용하여 이러한 결합을 설명할 수 있다[◀◀ 7.7절]. 그럼에도 불구하고 혼성의 설명에 *d* 오비탈을 포함하는 것이 $PCl_5$와 $SF_6$ 같은 분자에서 결합을 기술하는 편리한 방법이다.

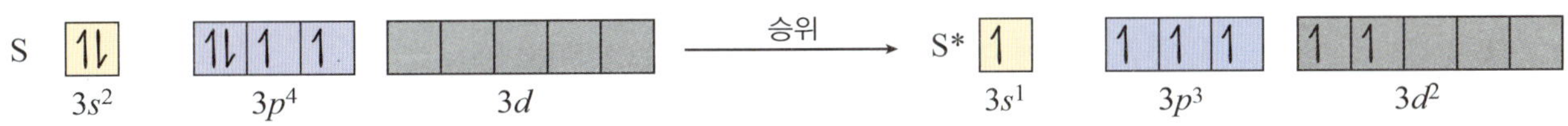


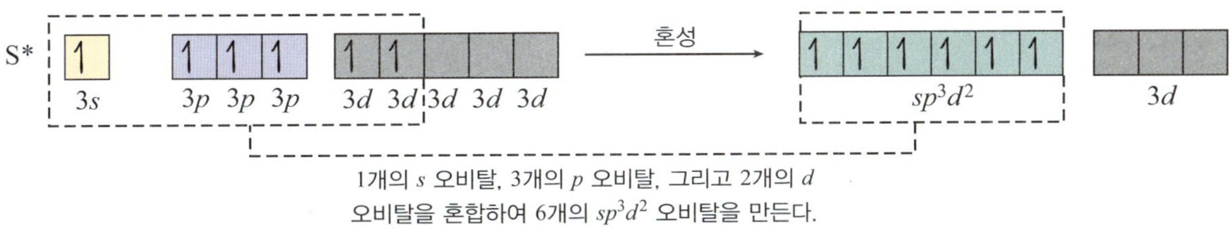


따라서 S 원자의 각 $sp^3d^2$ 혼성 오비탈이 F 원자의 홀로 점유된 2*p* 오비탈과 겹칠 때 $SF_6$에서 6개의 결합이 형성된다.

**표 7.6 중심 원자의 전자 영역의 수와 혼성 오비탈**

| 중심 원자의 전자 영역의 수 | 2 | 3 | 4 | 5 | 6 |
|---|---|---|---|---|---|
| 혼성 오비탈 | $sp$ | $sp^2$ | $sp^3$ | $sp^3d$ | $sp^3d^2$ |
| 모양 | 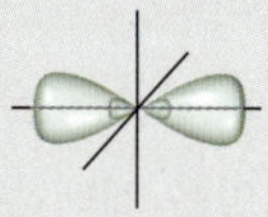 선형 |  삼각 평면 | 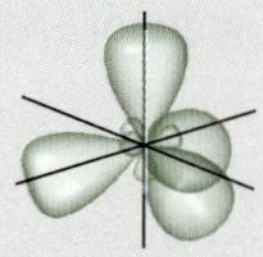 사면체 | 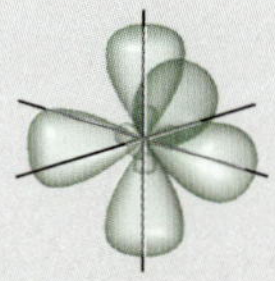 삼각 쌍뿔 | 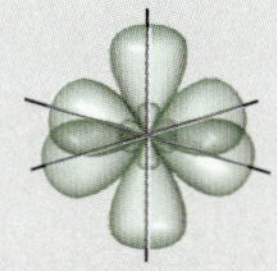 팔면체 |

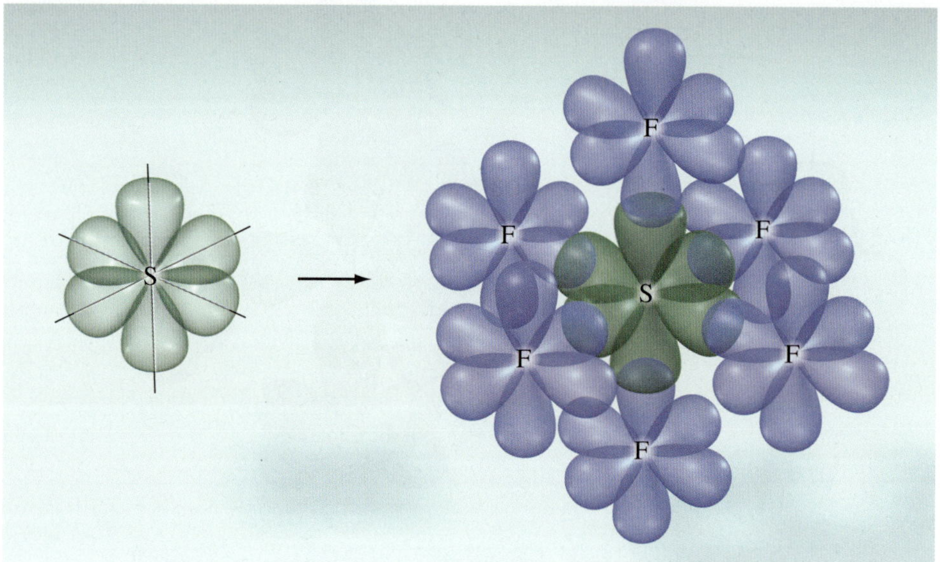


표 7.6은 중심 원자의 전자 영역의 수가 혼성 오비탈에 어떤 관계가 있는지 보여 준다. 일반적으로 분자에서 혼성된 결합은 다음 단계를 이용하여 설명될 수 있다.

1. 루이스 구조를 그린다.
2. 중심 원자의 전자 영역의 수를 센다. 이것은 분자의 구조를 설명하는 데 필요한 혼성 오비탈의 수이다.(이것은 또한 혼성을 거쳐야 하는 **원자** 오비탈의 수이기도 하다.)
3. 중심 원자에 대한 바닥상태 오비탈 도표를 그린다.
4. 승위로 홀전자의 수를 극대화한다.
5. 필요한 수의 원자 오비탈을 합하여 필요한 수의 혼성 오비탈을 생성한다.
6. 전자를 짝짓기 전에 각 혼성 오비탈에 전자 1개씩을 놓는다.

**참조**

혼성 오비탈에 놓인 전자는 혼성을 겪은 원자 오비탈에 원래 있던 전자이다.

분자 모양을 예측하기 위해서가 아니라 이미 알려진 모양을 설명하기 위해서 혼성 오비탈을 사용하고 있다는 것을 인식하는 것이 중요하다. 7.3절에서 보았듯이 혼성 오비탈을 사용하지 않고도 많은 분자들의 결합을 설명할 수 있다. 예를 들어, 황화수소($H_2S$)는 결합각이 92°이다. 이 결합 각도는 혼성 오비탈을 사용하지 않고 설명하는 것이 가장 좋다.

예제 7.6은 혼성을 사용하여 분자 내 결합과 모양을 설명하는 방법을 보여 준다.

## 예제 7.6

암모니아($NH_3$)는 약 107°의 H−N−H 결합각을 갖는 삼각뿔의 분자이다. 3개의 동등한 N−H 결합의 형성을 묘사하고 그 사이의 각도를 설명하시오.

**전략** 루이스 구조로 시작하여 $NH_3$에서 결합을 정당화하는 데 필요한 혼성 오비탈의 수와 유형을 결정한다.

**계획** $NH_3$의 루이스 구조는 다음과 같다.

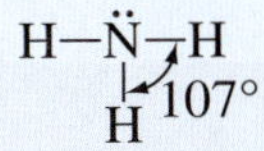


N의 바닥상태의 전자 배치는 [He]$2s^2 2p^3$이다. 원자가 오비탈 도표는 다음과 같다.

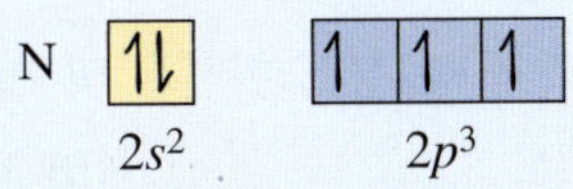


**풀이** N 원자는 3개의 N−H 결합을 형성하는 데 필요한 3개의 홀전자를 가지고 있지만 3개의 서로 수직인 $2p$ 오비탈의 겹침에서 ~90°(107°가 아님)의 결합각이 형성될 것으로 예상된다. 그러므로 혼성은 $NH_3$에서 결합을 설명하는 데 필요하다.(7.3절에서 볼 수 있듯이 결합각이 ~90°인 경우는 혼성이 불필요하므로 원자가 결합 이론만으로 $H_2S$의 결합을 설명할 수 있다.) 우리는 종종 홀전자의 수를 최대화하기 위해 전자를 승위시켜야 하지만 $NH_3$의 질소에 대해서는 승위가 필요치 않다. 이미 필요한 3개의 홀전자를 가지고 있고, $2s$ 오비탈로부터 $2p$ 오비탈 중 하나로 전자 1개를 승위시키는 것이 추가적으로 홀전자를 생성하지 않는다. 더구나, 두 번째 껍질에는 비어 있는 $d$ 오비탈이 없다. 루이스 구조에 따르면 중심 원자(3개의 결합과 1개의 고립 전자쌍)에 4개의 전자 영역이 있다. 중심 원자의 4개의 전자 영역은 4개의 혼성 오비탈을 필요로 하고 4개의 혼성 오비탈은 4개의 원자 오비탈의 혼성을 필요로 한다(1개의 $s$ 및 3개의 $p$). 이것은 $sp^3$ 혼성에 해당한다. 혼성에 포함된 원자 오비탈은 총 5개의 전자를 포함하기 때문에 결과로 얻어진 혼성 오비탈에 5개의 전자를 배치한다. 이것은 혼성 오비탈 중 하나가 고립 전자쌍을 포함한다는 것을 의미한다.

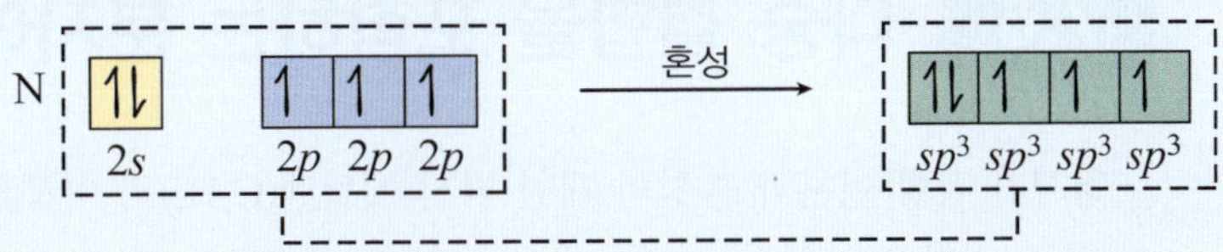


각 N−H 결합은 N 원자의 $sp^3$ 혼성 오비탈과 H 원자의 $1s$ 원자 오비탈 사이의 겹침에 의해 형성된다. 중심 원자에 4개의 전자 영역이 있기 때문에, 이것은 사면체로 배열될 것으로 기대된다. 또한, 전자 영역 중 하나가 고립 전자쌍이기 때문에 H−N−H 결합각이 109.5°의 이상적인 사면체 결합각보다 약간 작을 것으로 기대된다.

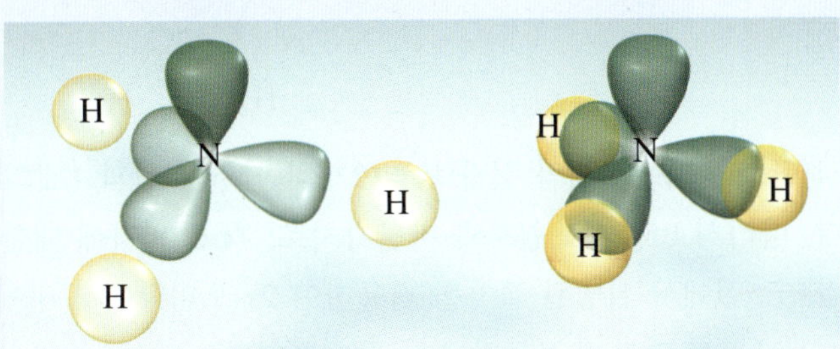


### 생각해 보기

이러한 분석은 $NH_3$에서 실험적으로 관찰된 모양과 결합각 107°와 일치한다.

**유제 1** 혼성 오비탈 이론을 이용하여 $BeF_2$에서 결합과 결합 각도를 설명하시오.

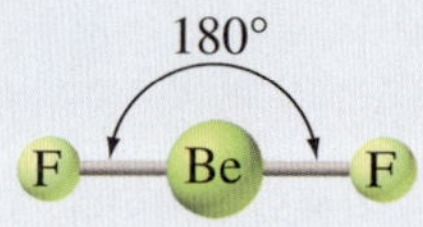


**유제 2** 다음 화학종 중 어느 것이 모양을 설명하기 위해 혼성 오비탈을 사용해야 하는가?

$CCl_4$, $Cl_2$, $SO_3^{2-}$, ClF

## 7.5절 복습

**원자 오비탈의 혼성**

**7.5.1** 한 조의 $sp^2$ 혼성 오비탈은 몇 개의 오비탈을 포함하는가?

(a) 2 (b) 3 (c) 4
(d) 5 (e) 6

**7.5.2** 한 조의 $sp^3$ 혼성 오비탈을 생성하기 위해 몇 개의 $p$ 오비탈을 필요로 하는가?

(a) 0 (b) 1 (c) 2
(d) 3 (e) 4

# 7.6 다중 결합을 포함하는 분자에서 혼성

원자가 결합 이론과 혼성의 개념 역시 에틸렌($C_2H_4$)과 아세틸렌($C_2H_2$)과 같은 이중 그리고 삼중 결합을 포함하는 분자에서 결합을 설명하는 데 사용될 수 있다. 에틸렌의 루이스 구조는 다음과 같다.

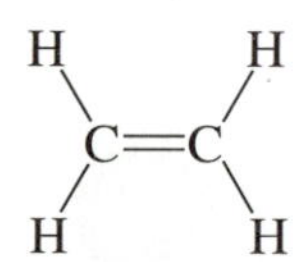

각 탄소 원자는 3개의 전자 영역(2개의 단일 결합과 1개의 이중 결합)에 의해 둘러싸여 있다. 따라서 $BF_3$의 B 원자와 마찬가지로, 각 C 원자에 대한 혼성이 $sp^2$가 될 것으로 기대된다. 7.5절에서 설명된 절차를 적용하여 2*s* 오비탈에서 비어 있는 2*p* 오비탈로 전자를 승위시킴으로써 먼저 홀전자의 수를 최대화한다.

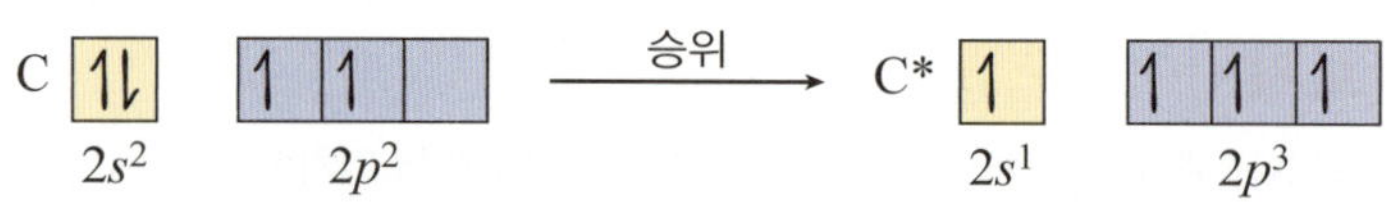


그런 다음 필요한 수의 원자 오비탈(이 경우에는 3개, C 원자의 각 전자 영역에 하나씩)을 혼성한다.

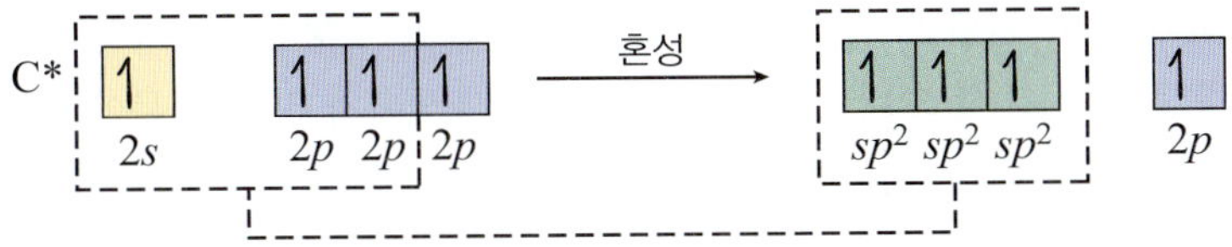


삼각형 평면에 배열된 3개의 동등한 $sp^2$ 혼성 오비탈로 각 C 원자에 대한 3개의 결합을 설명할 수 있다. 그러나 이 경우 홀로 점유되어 있으면서 **혼성되지 않은**(unhybridized) 원자 오비탈로 남겨진 것이 있다. 앞으로 보게 될 것인데, 그것은 혼성에 관여하지는 않지만 분자 내에 다중 결합을 일으키는 홀로 점유된 *p* 오비탈이다.

우리가 지금까지 설명한 결합 방식에서, 원자 오비탈 또는 혼성 오비탈의 겹침은 결합에 관련된 두 핵 사이에서 직접 발생한다. 공유된 전자 밀도가 핵간 축을 따라 직접 모이는 결합은 **시그마 결합**[sigma($\sigma$) bond]이라 불린다. 에틸렌 분자[**에텐**(ethene)이라고도 알려져 있음]는 5개의 시그마 결합을 가진다: 2개의 C 원자 사이에 하나(각 C 원자에서 $sp^2$ 혼성 오비탈 중 하나가 겹친 결과)와 C와 H 원자 사이에 4개(C 원자에 있는 $sp^2$ 혼성 오비탈과 H 원자에 있는 1*s* 오비탈이 겹친 결과). 남겨진 혼성되지 않은 *p* 오비탈은 분자 내 원자들이 놓여 있는 평면에 수직이다. 그림 7.12(a)는 $sp^2$ 혼성 오비탈의 형성과 겹침을 설명하고 각 C 원자에 남아 있는 *p* 오비탈의 위치를 보여 준다.

원자와 혼성 오비탈을 나타내는 데 사용되는 모양을 단순화하여 분자를 보기 쉽게 시각화할 수 있다. 원자 및 혼성 오비탈의 실제 모양은 $sp^2$ 혼성 오비탈의 겹침으로 2개의 C 원자 사이에 시그마 결합을 형성하면서 남아 있는 혼성되지 않은 *p* 오비탈도 비록 정도는 작지만 겹치는 것을 반영한 것이다. 그림 7.12(b)는 에틸렌의 2개의 C 원자에 대한 혼성되지 않은 *p* 오비탈의 겹침을 보여 준다. 전자 밀도가 핵간 축을 따라 직접적으로 집중되는 시그마 결합과는 대조적으로, 전자 밀도의 결과적인 분포는 분자 평면 위 및 아래에 집중된다. *p* 오비탈의 옆 방향으로 겹쳐진 형태의 결합은 **파이 결합**[pi($\pi$) bond]이라 불린다. 그림 7.12(b)에 나타난 겹침의 두 영역이 함께 하나의 파이 결합을 구성한다. 이것이 에틸렌 분자를 평면으로 만드는 파이 결합의 형성이다.

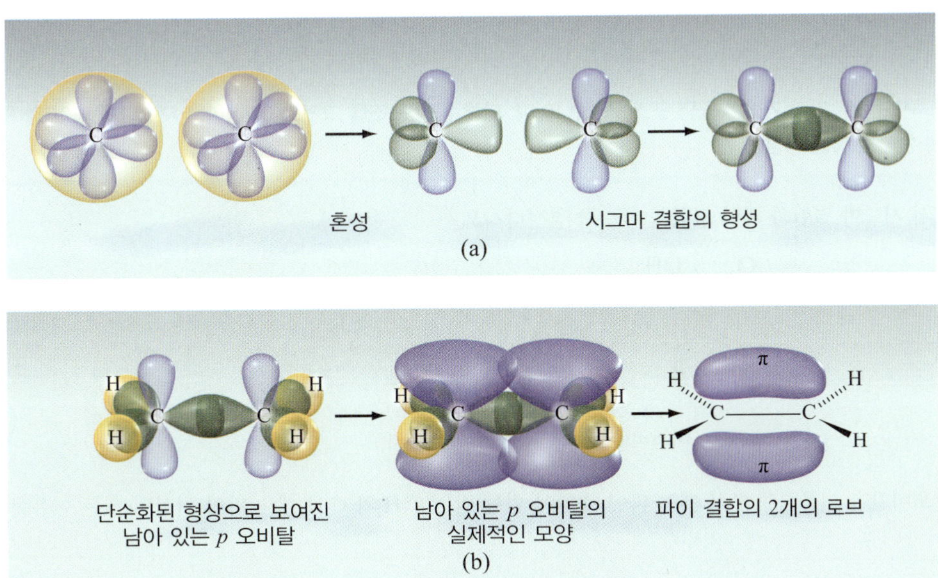


**그림 7.12** (a) 시그마 결합은 C 원자의 $sp^2$ 혼성 오비탈이 겹칠 때 형성된다. 각 C 원자는 1개의 남아 있는 혼성되지 않은 *p* 오비탈을 가진다. (b) 그 남아 있는 *p* 오비탈의 겹침으로 파이 결합이 형성된다.

시그마 결합과 파이 결합은 함께 **이중**(double) 결합을 구성한다. *p* 오비탈의 옆 겹침은 똑바로 서로를 향하는 혼성 오비탈들의 겹침만큼 효과적이지 않기 때문에, 결합의 전체 강도에 대한 파이 결합의 기여도는 시그마 결합보다 작다. 탄소–탄소 이중 결합(620 kJ/mol)의 결합 에너지는 탄소–탄소 단일 결합(347 kJ/mol)의 결합 에너지보다 크지만 2배만큼 크지 않다.

**참조**

결합 에너지는 [◀◀ 6.1절]에서 소개되었다.

예제 7.7은 루이스 구조를 사용하여 분자에서 시그마와 파이 결합의 수를 결정하는 방법을 보여 준다.

## 예제 7.7

탈리도마이드(thalidomide, $C_{13}H_{10}N_2O_4$)는 1950년대에 미국을 제외한 여러 국가에서 입덧을 앓고 있는 임산부를 위해 널리 처방되었던 진정제 및 구토 방지제이다. 수천 건의 치명적인 선천적 장애에 책임이 있다고 밝혀지면서 사용이 대부분 중단되었다. 탈리도마이드에서 탄소–탄소 시그마 결합의 수와 파이 결합의 총 수를 결정하시오.

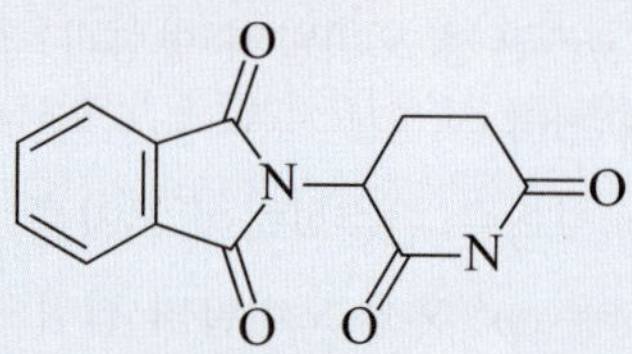


탈리도마이드

**전략** 단일 결합과 이중 결합의 수를 결정하기 위해 루이스 구조를 사용한다. 그런 다음 단일 및 이중 결합의 수를 시그마와 파이 결합의 수로 변환하기 위해 단일 결합은 시그마 결합으로 구성되지만 이중 결합은 보통 시그마 결합과 파이 결합으로 구성된다는 것을 기억한다.

**계획** 9개의 탄소–탄소 단일 결합과 3개의 탄소–탄소 이중 결합이 있다. 전반적으로 분자 내에 7개의 이중 결합이 있다(3개의 C=C와 4개의 C=O).

**풀이** 탈리도마이드는 12개의 탄소–탄소 시그마 결합과 총 7개의 파이 결합(탄소–탄소 이중 결합에 3개, 탄소–산소 이중 결합에서 4개)을 가진다.

### 생각해 보기

탈리도마이드에 대해 주어진 루이스 구조는 두 가지 가능한 공명 구조 중 하나이다. 다른 공명 구조를 그리고 다시 한번 시그마와 파이 결합을 수를 세어 본다. 두 답이 같아야 한다는 것을 명심한다.

**유제 1** 아스피린($C_9H_8O_4$) 분자에서 시그마 결합과 파이 결합의 총수를 결정하시오.

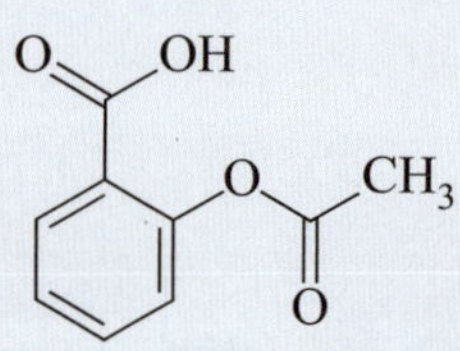


아스피린

**유제 2** 원자가 결합 이론과 혼성 오비탈을 이용하여 $C_2H_6$에는 파이 결합이 없는 반면 $C_2H_2$와 $C_2H_4$에는 파이 결합이 있는 이유를 설명하시오.

파이 결합을 형성하는 *p* 오비탈은 서로 평행해야 하므로, 파이 결합은 시그마 결합과는 달리 분자의 회전을 제한한다. 예를 들어, 분자 1,2−다이클로로에테인은 단일 이성질체로 존재한다. 그림 7.13(a)에 나타난 두 가지 방법을 포함하여 여러 가지 방법으로 이 분자를 그릴 수 있지만 두 탄소 원자 사이의 시그마 결합에 대해 자유롭게 회전할 수 있기 때문에 모두가 동일하다.

반면에, 1,2−다이클로로 에틸렌은 그림 7.13(b)에서와 같이 두 개의 분명한 이성질체[시스(*cis*) 및 트랜스(*trans*)]로 존재한다. 탄소 원자 사이의 이중 결합은 1개의 시그마 결합과 1개의 파이 결합으로 구성된다. 파이 결합은 시그마 결합에 대한 회전을 제한하여 분자를 움직일 수 없게 만들고 평면으로 만들며 서로 변화할 수 없게 만든다. 하나의 이성질체를 다른 것으로 바꾸려면, 파이 결합이 깨져서 시그마 결합과 파이 결합에 대해 회전이 발생해야 한다. 이 과정에는 상당한 에너지 투입이 필요하다.

아세틸렌 분자($C_2H_2$)는 선형이다. 루이스 구조에서는 각 탄소 원자 주위에 두 개의 전자 영역이 있기 때문에 탄소 원자는 *sp* 혼성이다. 이전과 마찬가지로, 전자의 승위는 먼저 홀 전자의 수를 최대화한다.

H−C≡C−H
$C_2H_2$

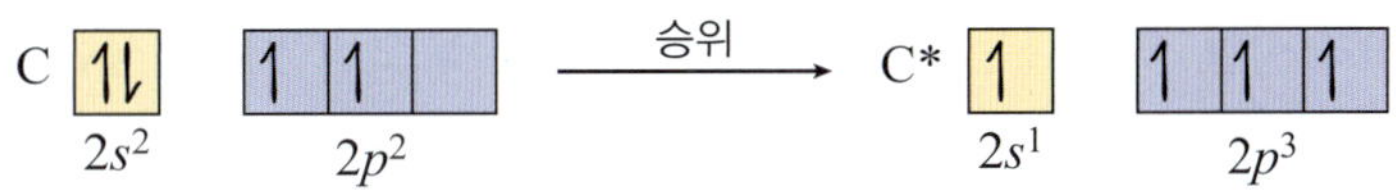


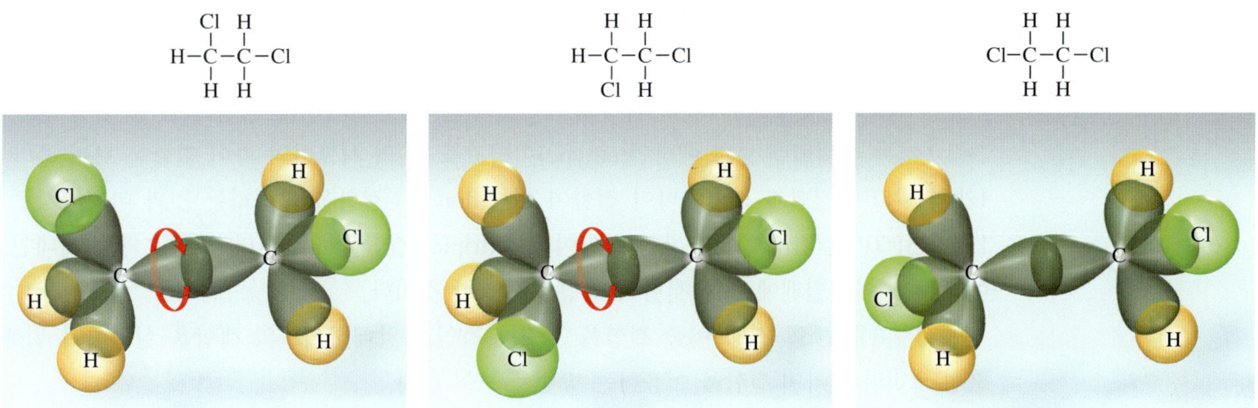

(a)

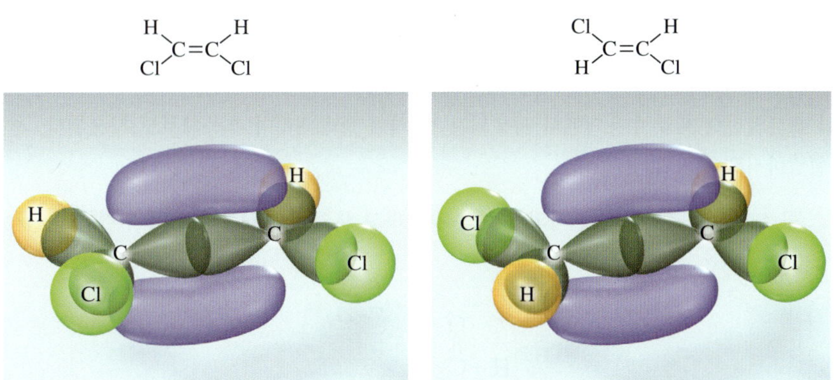

(b)

**그림 7.13** (a) 1,2−다이클로로에테인은 C−C 단일 결합에 대해 자유 회전이 있다. 3개의 루이스 구조는 모두 동일한 분자를 나타낸다. (b) 1,2−다이클로로에틸렌에서 C=C 이중 결합에 대해서는 회전이 없다. 2개의 루이스 구조는 2개의 다른 분자를 나타낸다.

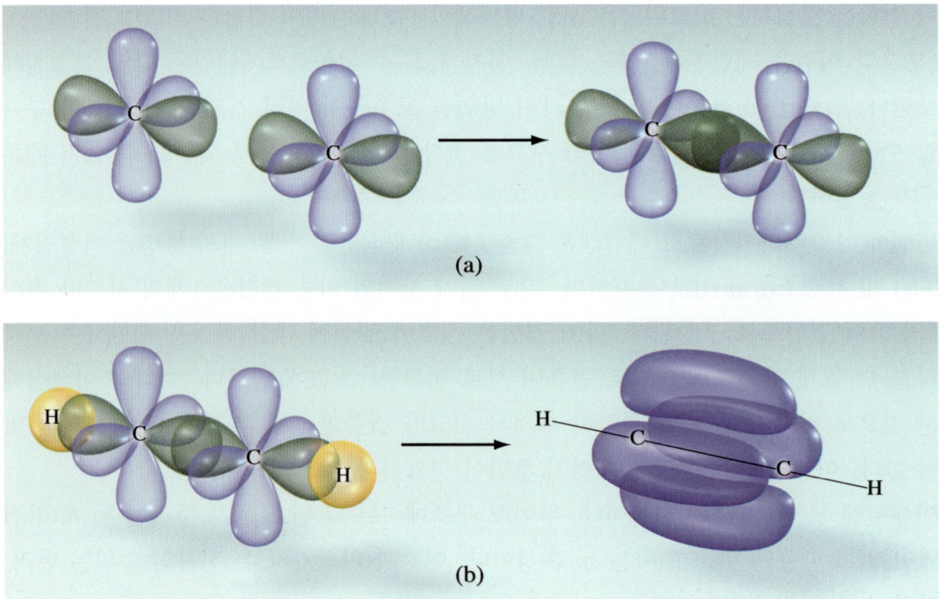


**그림 7.14** (a) 아세틸렌에서 시그마 결합의 형성 (b) 아세틸렌에서 파이 결합의 형성

2*s* 오비탈과 2*p* 오비탈 중 하나는 혼합되어 2개의 *sp* 혼성 오비탈을 형성한다.

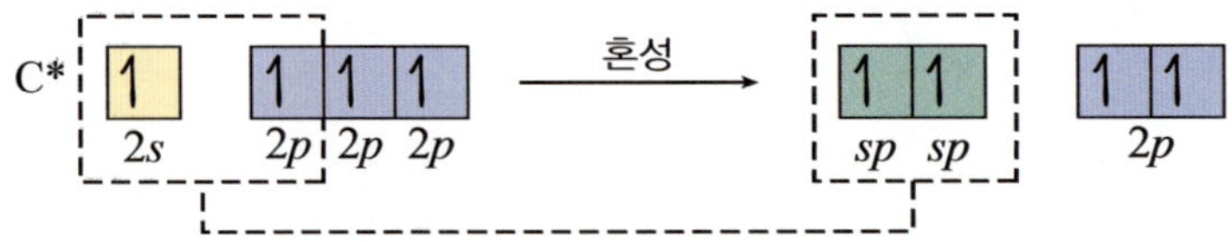


이것은 각 C 원자에 2개의 혼성되지 않은 *p* 오비탈(각 전자가 포함되어 있음)을 남긴다. 그림 7.14는 아세틸렌 분자[**에타인**(ethyne)이라고도 함]의 시그마와 파이 결합을 보여 준다. 1개의 시그마 결합과 1개의 파이 결합이 **이중**(double) 결합을 구성하는 것과 마찬가지로, 1개의 시그마 결합과 2개의 파이 결합이 **삼중**(triple) 결합을 구성한다. 그림 7.15는 에테인, 에틸렌 및 아세틸렌에 대해 결합의 형성을 요약한 것이다.

예제 7.8은 탄소−산소 이중 결합을 가진 분자인 폼알데하이드의 결합을 설명하기 위해 혼성 오비탈과 파이 결합을 이용하는 방법을 보여 준다.

## 예제 7.8

폼알데하이드 기체는 실험실 표본의 방부제로 수용액에서 사용되는 것 외에 항박테리아 훈증제로도 사용된다. 혼성을 이용하여 폼알데하이드($CH_2O$)의 결합을 설명하시오.

**전략** 폼알데하이드의 루이스 구조를 그리고 C와 O 원자의 혼성을 결정하고 분자에서 시그마와 파이 결합의 형성을 기술한다.

**계획** 폼알데하이드의 루이스 구조는 다음과 같다.

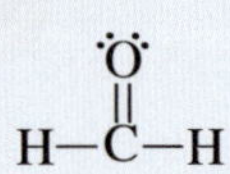


C 원자와 O 원자는 각각 주위에 3개의 전자 영역을 가진다.[탄소에는 두 개의 단일 결합(C−H)과 이중 결합(C=O)이 있다. 산소에는 1개의 이중 결합(O=C)과 2개의 고립 전자쌍이 있다.]

**풀이** 3개의 전자 영역은 $sp^2$ 혼성에 해당된다. 탄소의 경우, $2s$ 오비탈에서 비어 있는 $2p$ 오비탈로 전자를 승위시키는 것은 홀전자의 수를 최대화하기 위해 필요하다. 산소의 경우, 승위할 필요가 없다. 각 원자는 혼성을 거쳐 $sp^2$ 혼성 오비탈을 만든다. 그리고 각 원자에 홀로 점유되고, 혼성되지 않은 $p$ 오비탈이 남겨진다.

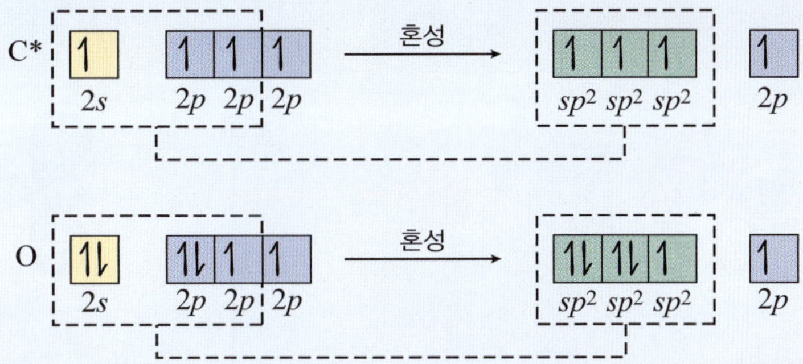


시그마 결합은 C 원자와 O 원자 각각으로부터 $sp^2$ 혼성 오비탈 중 하나가 겹침으로 C와 O 사이에서 형성된다. 각 H 원자의 $1s$ 오비탈과 탄소의 남아 있는 $sp^2$ 혼성 오비탈이 겹침으로 C 원자와 H 원자 사이에 2개의 시그마 결합이 만들어진다. 마지막으로, C와 O에 남아 있는 $p$ 오비탈의 겹침으로 1개의 파이 결합을 형성한다.

**참조**

O 원자의 2개의 고립 전자쌍은 이중으로 점유된 $sp^2$ 혼성 오비탈의 전자들이다.

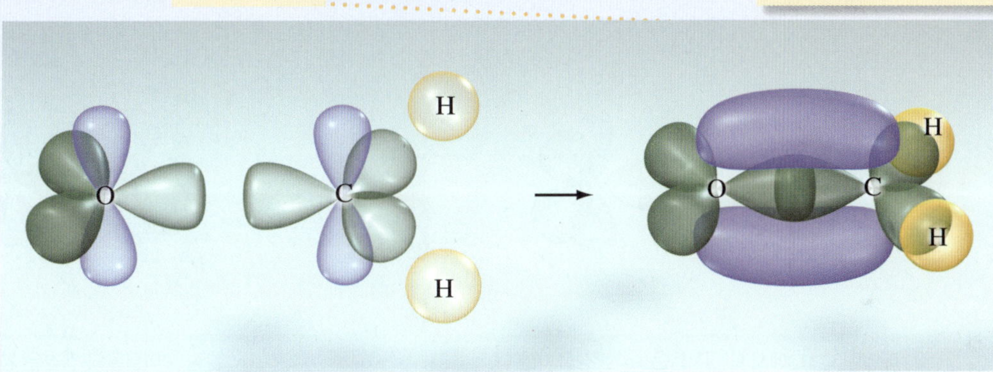


## 생각해 보기

우리의 분석은 C 원자와 O 원자 사이에서의 시그마 결합과 파이 결합을 설명한다. 이것은 루이스 구조에 의해 예측되는 이중 결합과 정확하게 일치한다.

**유제 1** 원자가 결합 이론과 혼성 오비탈을 이용하여 이원자 질소($N_2$)에서의 결합을 설명하시오.

**유제 2** $N_2$와 $O_2$에서의 결합을 설명하기 위해서는 혼성 오비탈이 필요한데 $H_2$ 또는 $Br_2$의 결합에는 필요치 않은 이유를 설명하시오.

# 7.6절 복습

### 다중 결합을 포함하는 분자에서 혼성

**7.6.1** 다음 분자들 중 어느 것이 하나 이상의 파이 결합을 가지는가?(해당되는 것을 모두 고르시오.)

(a) $N_2$ (b) $Cl_2$

(c) $CO_2$ (d) $CH_3OH$

(e) $CCl_4$

**그림 7.15**
에틸렌과 아세틸렌에서 파이 결합의 형성

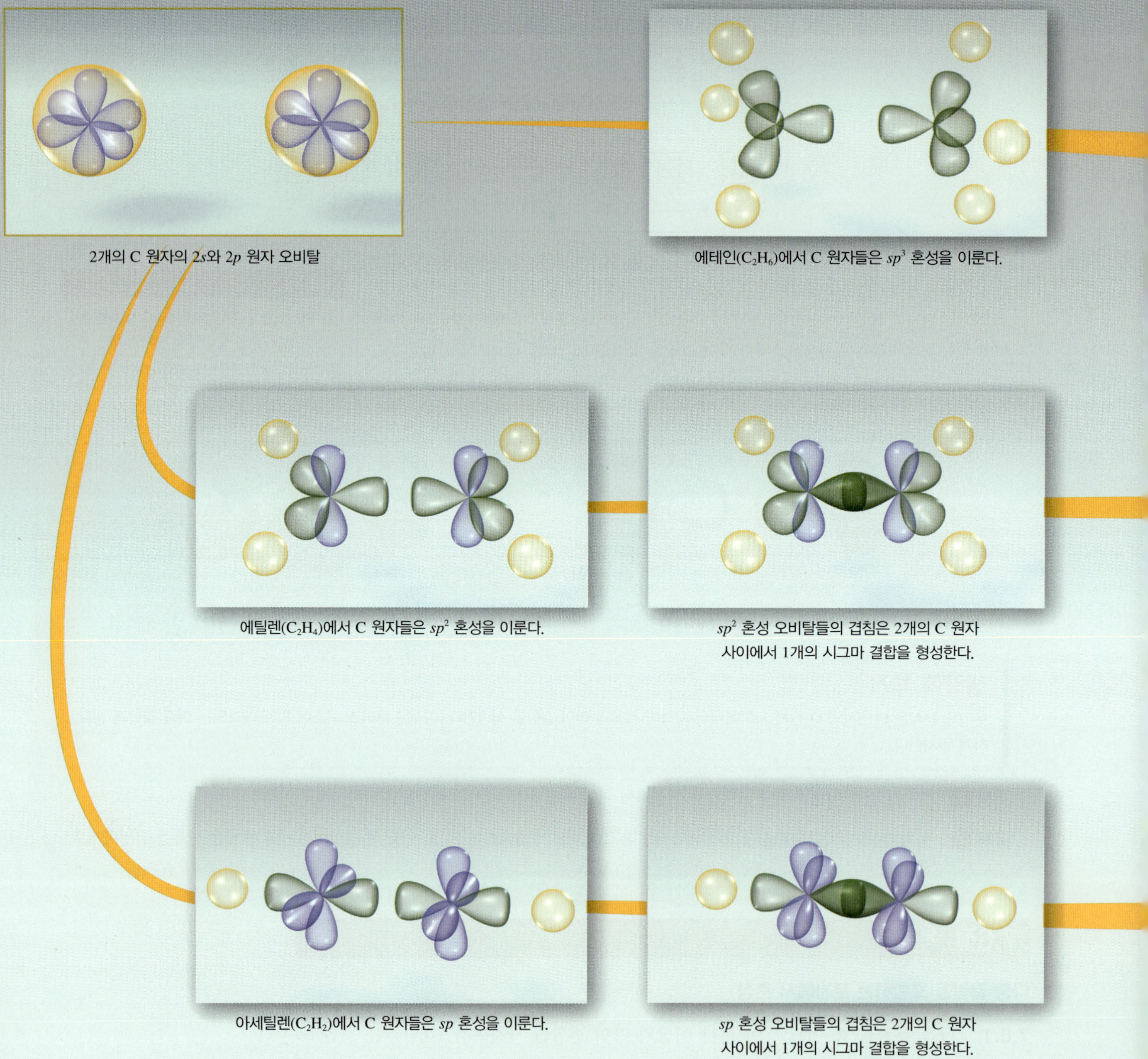

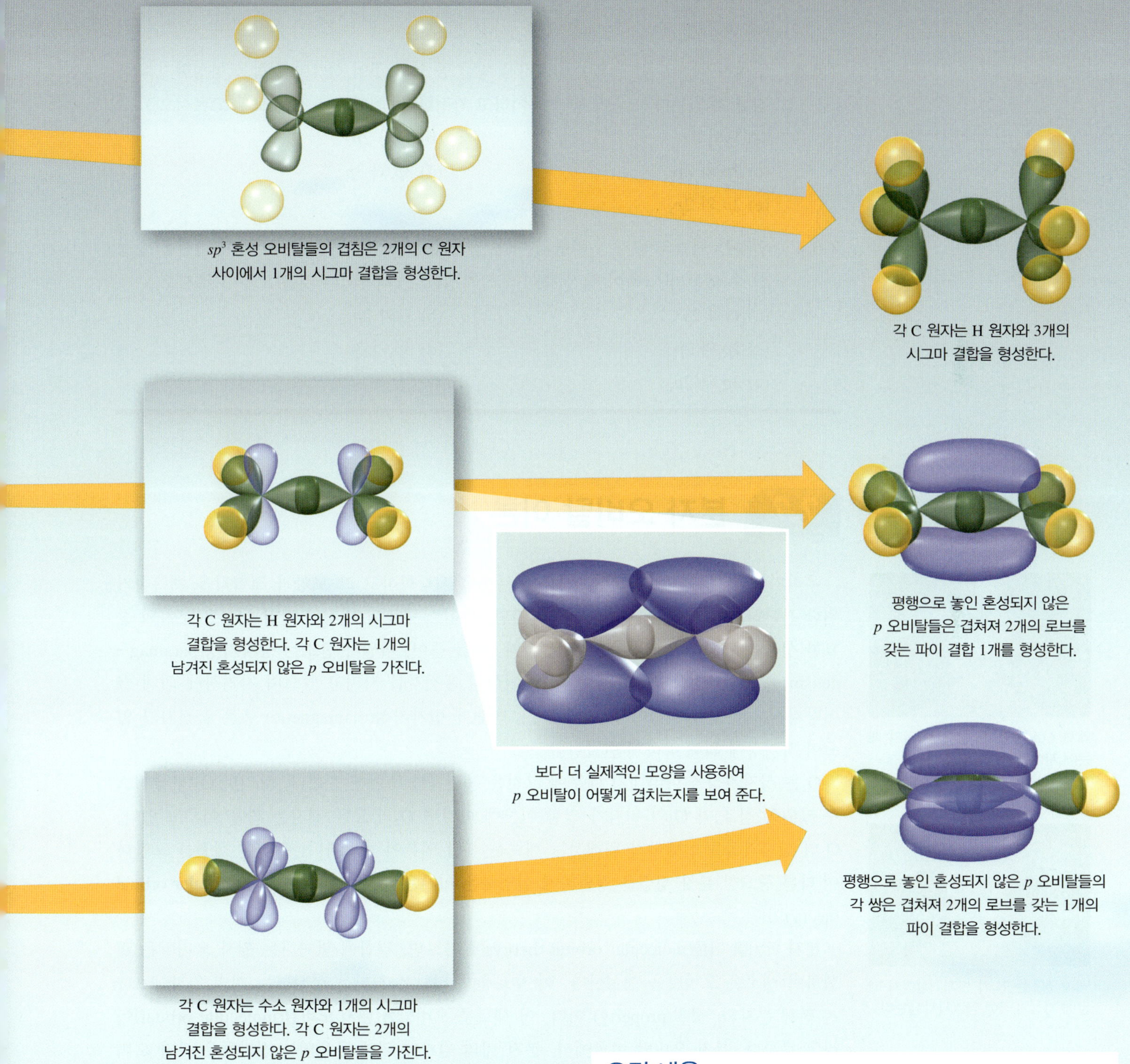


## 요점 내용

탄소가 $sp^2$ 또는 $sp$ 혼성을 이룰 때, 혼성되지 않은 $p$ 오비탈들이 상호 작용하여 파이 결합을 형성한다. 각 파이 결합은 겹침의 결과로 2개의 로브로 구성된다.

**7.6.2** 알렌($H_2C=C=CH_2$) 분자 왼쪽부터 오른쪽으로 각 탄소 원자의 혼성을 지정하시오.

(a) $sp^2$, $sp^2$, $sp^2$ (b) $sp^3$, $sp^2$, $sp^3$
(c) $sp^2$, $sp$, $sp^2$ (d) $sp^3$, $sp$, $sp^3$
(e) $sp^3$, $sp^3$, $sp^3$

**7.6.3** 인접한 핵들의 원자 오비탈의 다음 쌍들 중 어느 것이 시그마 결합을 형성하기 위해 겹칠 수 있는가? $x$축이 핵간 축이라고 가정한다.(해당되는 것을 모두 고르시오.)

(a) $1s$와 $2s$ (b) $1s$와 $2p_x$
(c) $2p_y$와 $2p_y$ (d) $3p_y$와 $3p_z$
(e) $2p_x$와 $2p_x$

**7.6.4** 인접한 핵들의 원자 오비탈의 다음 쌍들 중 어느 것이 겹치면서 파이 결합을 형성할 수 있는가? $x$축이 핵간 축이라고 가정한다.(해당되는 것을 모두 고르시오.)

(a) $1s$와 $2s$ (b) $1s$와 $2p_x$
(c) $2p_y$와 $2p_y$ (d) $3p_y$와 $3p_z$
(e) $2p_x$와 $2p_x$

## 7.7 분자 오비탈 이론

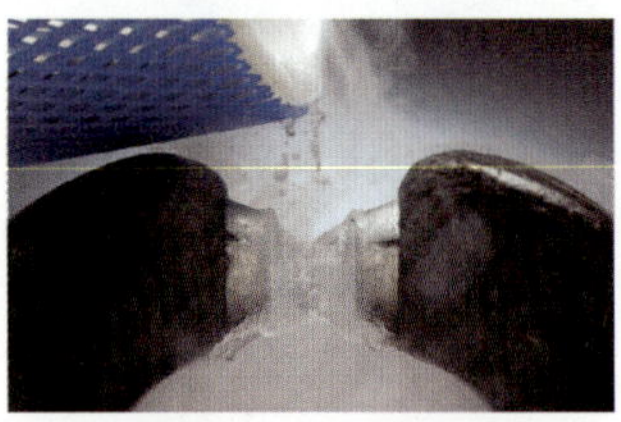
액체 산소는 $O_2$가 상자기성이기 때문에 자석의 극에 당겨진다.

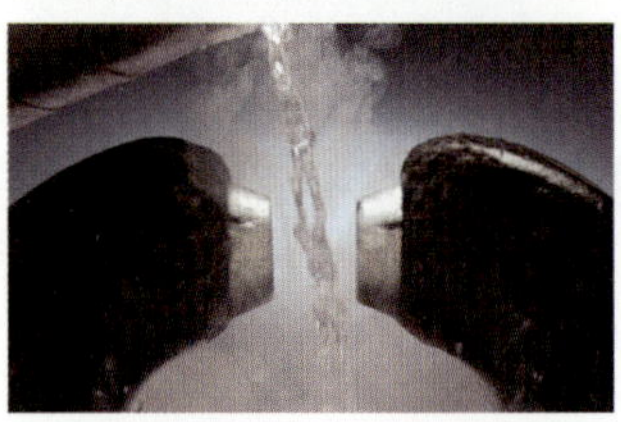
액체 질소는 $N_2$가 반자기성이기 때문에 자석의 극에 당겨지지 않는다.

$:\ddot{O}=\ddot{O}:$

$O_2$

우리가 지금까지 보았던 결합 이론은 분자를 시각화하고 그 모양과 결합각을 예측하기 위한 간단하고 효과적인 방법을 제공하지만, 루이스 구조와 원자가 결합 이론은 분자의 중요한 성질을 묘사하거나 예측할 수는 없다. 예를 들어, 이원자 산소는 **상자기성**(paramagnetism)을 보인다. 상자기성 종은 하나 이상의 홀전자를 가지고 있으며 자기장에 의해 끌어당겨진다는 것을 기억하자[|◀◀ 3.9절]. 반면에 **반자기성**(diamagnetic) 종은 홀전자가 없으며 자기장에 의해 약하게 반발한다.

$O_2$는 상자기성을 나타내기 때문에 그것은 홀전자를 포함해야 한다. 그러나 $O_2$의 루이스 구조(왼쪽 참조)와 $O_2$의 원자가 결합 이론에 따르면 $O_2$의 모든 전자는 짝을 이루고 있다. $O_2$의 상자기성을 설명하기 위해서는 새로운 결합 이론이 필요하다. 이러한 성질을 포함하여 다른 중요한 분자 성질을 정확하게 설명하는 이론은 **분자 오비탈 이론**(molecular orbital theory)이다.

**분자 오비탈 이론**(molecular orbital theory)에 따르면, 결합에 관여하는 원자 오비탈은 결합하여 새로운 오비탈을 형성한다. 이 새로운 오비탈은 결합을 형성하는 개별 원자들보다는 전체 분자의 "성질(property)"이다. 이 새로운 오비탈을 **분자 오비탈**(molecular orbital)이라고 부른다. 분자 오비탈 이론에서, 분자 내의 원자에 의해 공유되는 전자들은 분자 오비탈에 존재한다.

분자 오비탈은 여러 가지 면에서 원자 오비탈과 비슷하다. 특정 모양과 특정 에너지를 가지며 최대 2개의 전자를 수용할 수 있다. 원자 오비탈의 경우처럼, 동일한 분자 오비탈에 있는 2개의 전자는 파울리 배타 원리(Pauli exclusion principle)에 의해 요구되는 대로 반대 방향의 스핀을 가져야 한다. 그리고 혼성 오비탈과 마찬가지로, 분자 오비탈의 수는 결합하는 원자 오비탈의 수와 같다.

이 책에서 분자 오비탈 이론에 대한 적용은 주기율표의 처음 두 주기(H에서 Ne까지)의 원소로 구성된 이원자 분자의 결합에 대한 설명으로 제한된다.

## 결합과 반결합 분자 오비탈

논의를 시작하기 위해, 우리는 가장 간단한 동핵 이원자 분자인 $H_2$를 고려한다. **원자가**(valence) 결합 이론에 따르면, $H_2$ 분자는 두 개의 H 원자가 1*s* 원자 오비탈이 겹칠 정도로 가까이 있을 때 형성된다. **분자**(molecular) 오비탈 이론에 따르면, 1*s* 원자 오비탈들이 결합하여 분자 오비탈을 만들 때 2개의 H 원자가 함께 $H_2$를 형성한다. 그림 7.16은 고립된 H 원자의 1*s* 원자 오비탈과 그것의 건설적이고 파괴적인 조합으로 인한 분자 오비탈을 보여준다. 2개의 1*s* 오비탈의 **건설적인**(constructive) 조합은 그 두 H 핵 사이의 핵간 축을 따라 바로 놓인 분자 오비탈[그림 7.16(b)]을 만든다. 두 핵 사이에 겹치는 원자 오비탈에서 공유되는 전자 밀도가 그 핵들을 함께 당기는 것처럼, 두 핵 사이에 있는 분자 오비탈의 전자 밀도도 핵들을 함께 당길 것이다. 따라서, 이 분자 오비탈은 **결합 분자 오비탈**(bonding molecular orbital)로 불린다.

> **참조**
>
> 동핵 이원자 분자는 두 원자가 모두 같은 원소라는 것을 기억하자[◀◀ 5.5절].

> **참조**
>
> 양자 역학적 접근법은 원자 오비탈을 파동 함수(wave function)[◀◀ 3.6절]로 간주하고, 파동의 성질 중 하나는 건설적인 조합과 파괴적인 조합을 할 수 능력이라는 것을 기억하자[◀◀ 3.2절].

1*s* 원자 오비탈의 **파괴적인**(destructive) 조합 역시 핵간 축을 따라 위치하는 분자 오비탈을 만들지만, 그림 7.16(c)에서 보듯이 두 개의 로브로 구성된 이 분자 오비탈이 두 핵 사이에 놓이지 않는다. 이 분자 오비탈의 전자 밀도는 실제로 두 핵을 당기는 것이 아니라 반대 방향으로 밀어낸다. 이것을 **반결합 분자 오비탈**(antibonding molecular orbital)이라고 한다.

## σ 분자 오비탈

핵간 축을 따라 놓인 분자 오비탈($H_2$의 결합 및 반결합 분자 오비탈과 같이)을 σ 분자 오비탈이라고 한다. 구체적으로, 2개의 1*s* 원자 오비탈의 조합에 의해 형성된 **결합**(bonding) 분자 오비탈은 $\sigma_{1s}$로, **반결합**(antibonding) 오비탈은 $\sigma^{*}_{1s}$로 표시되며 별표는 반결합 오비탈

> **참조**
>
> σ와 π라는 명칭은 원자가 결합 이론과 똑같이 분자 오비탈 이론에서도 사용된다. σ는 핵간 축에 따라 놓여진 전자 밀도를 말하고, π는 두 핵 모두에 영향을 미치지만 핵간 축을 따라 직접적으로 놓여 있지 않은 전자 밀도를 말한다.

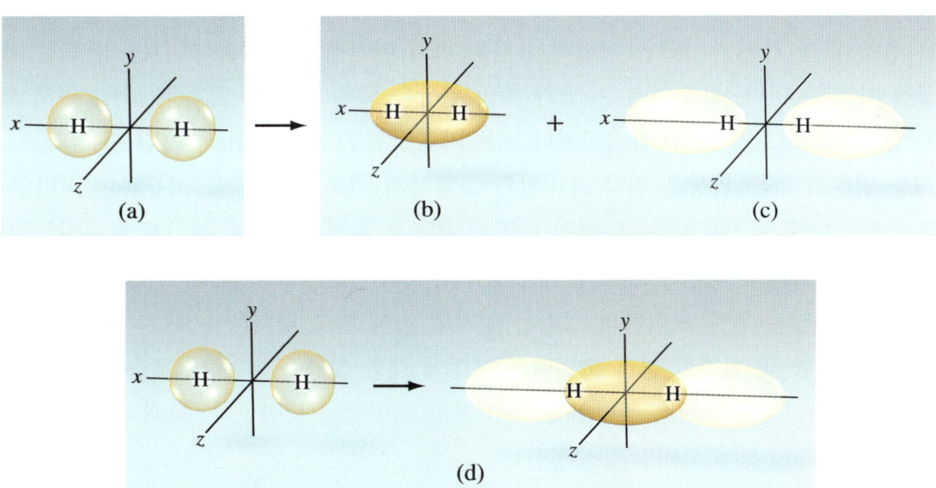


**그림 7.16** (a) 2개의 원자 오비탈이 결합되어 2개의 시그마 분자 오비탈을 만든다. (b) 분자 오비탈 중 하나는 원래 원자 오비탈보다 에너지가 낮고(어두운), (c) 다른 하나는 에너지가 높다(밝은). 2개의 밝은 노란색 로브가 하나의 분자 오비탈을 구성한다. (d) H 핵에 대한 원자 오비탈과 분자 오비탈의 모습이다.

을 구분하기 위해서이다. 그림 7.16(d)는 2개의 1*s* 원자 오비탈의 조합이 하나는 결합이고 다른 하나는 반결합인 2개의 분자 오비탈을 만든다는 것을 요약하고 있다.

원자 오비탈과 마찬가지로 분자 오비탈은 특정한 에너지를 가지고 있다. 2개의 H 원자에 2개의 1*s* 오비탈처럼, 동일한 에너지의 2개의 원자 오비탈의 조합은 원래의 원자 오비탈보다 에너지가 더 낮은 결합 분자 오비탈 1개와 원래의 원자 오비탈보다 에너지가 더 높은 반결합 분자 오비탈 1개를 생성한다. $H_2$의 결합 분자 오비탈은 핵간 축을 따라 핵 사이에 집중되어 있다. 이 분자 오비탈의 전자 밀도는 핵들을 끌어당기고 또한 핵들을 서로 가리우며 분자를 안정화시킨다.

따라서 결합 분자 오비탈은 고립된 원자 오비탈보다 에너지가 낮다. 대조적으로, 반결합 분자 오비탈은 핵 사이의 영역 밖에 전자 밀도의 대부분을 가지고 있다. 이 오비탈의 전자 밀도는 하나의 핵을 다른 핵으로부터 가려주지 못하여 핵 반발력을 증가시키고 고립된 원자 오비탈보다 반결합 분자 오비탈의 에너지를 **더 높게** 한다.

## 생각 밖 상식

### 위상

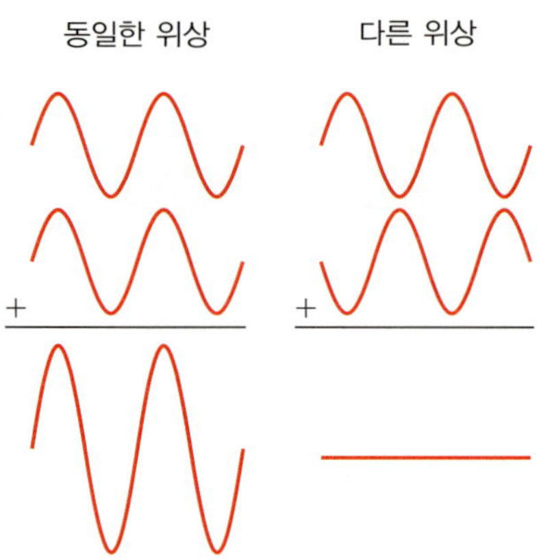


이중 슬릿 실험[◀◀ 3.2절, 그림 3.4]에서 밝은 선은 빛의 파동의 보강 간섭에 의한 것이고, 어두운 선은 빛의 파동의 상쇄 간섭에 의한 것이다. 간섭이 어떻게 작용하는지를 보이기 위해, 여기에 보여지는 두 조의 1차원의 파동을 결합한다고 상상해 보자. 각 파의 진폭은 양수, 0 또는 음수가 될 수 있다. 파의 진폭의 양 또는 음의 부호를 **위상**(phase)이라고 한다. 왼쪽의 있는 파들의 위상은 같아서 마루와 골이 서로 정확히 일치한다. 이 경우, 파들이 합쳐지면 진폭이 각 파의 2배가 되는 파동을 만든다. 오른쪽에서 파들은 위상이 맞지 않는다. 이러한 파들이 합쳐지면 *x*축을 따라 각 점에서 서로 상쇄되어 평평한 선을 만든다.

원자의 양자 역학 모형에 따르면, 핵 주변의 3차원 공간에서 전자 밀도의 분포를 정의하는 것은 파동 함수의 제곱($\Psi^2$)이다. 파동 함수를 제곱함으로써 얻어지기 때문에 $\Psi^2$는 0보다 크거나 같을 수 있다. 즉, 음의 값을 가질 수 없다. 그러나 파동 함수 자체($\Psi$)는 양수, 0 또는 음수 값을 가질 수 있다. 따라서, 1차원 파와 마찬가지로 파동 함수는 양 또는 음의 위상을 가질 수 있다. 파동 함수는 양과 음의 위상을 모두 가질 수 있기 때문에, 원자 오비탈은 건설적으로(보강 간섭) 합쳐지거나 또는 파괴적으로(상쇄 간섭) 합쳐질 수 있다.

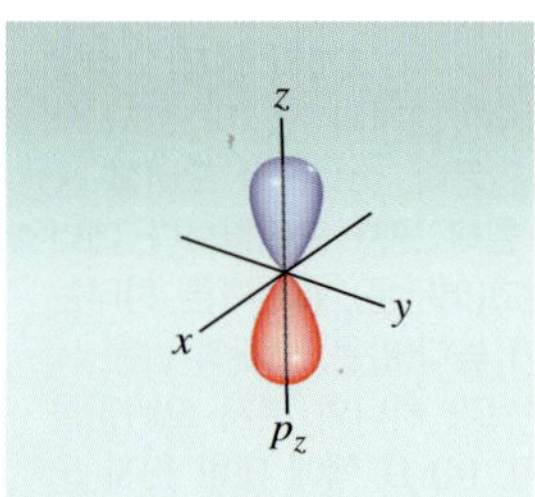


파동 함수의 다른 위상은 원자 오비탈의 그림에서 서로 다른 색을 사용하여 나타낼 수 있다. 예를 들어, *p* 오비탈을 두 개의 파란색 로브로 표현하기보다 여기에 보여지는 것처럼 *p* 오비탈을 1개의 파란색 로브(양의 위상)와 1개의 빨간색 로브(음의 위상)로 표현할 수 있다. 위상이 없는 원자 오비탈의 그림은 원자의 전자 밀도 영역을 보여 주기에 적합하지만, 위상은 결합 및 반결합 분자 오비탈의 형성에 대한 설명을 하는 데 도움이 된다. 원자 오비탈들의 건설적인 간섭은 결합(bonding) 분자 오비탈을 생성한다. 파괴적인 간섭은 반결합(antibonding) 분자 오비탈을 생성한다.

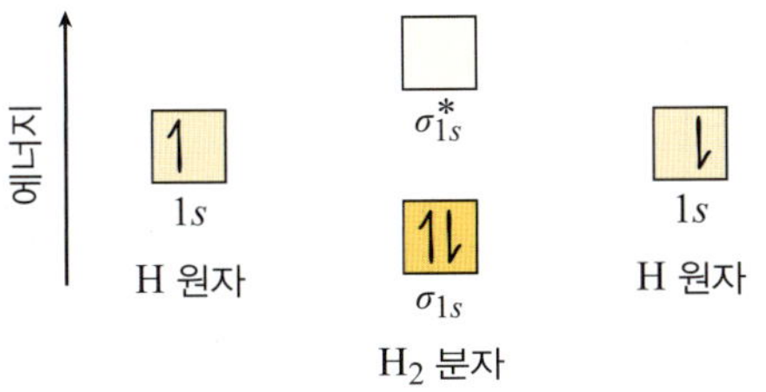


**그림 7.17** H의 원자 오비탈과 $H_2$의 분자 오비탈의 상대적인 에너지

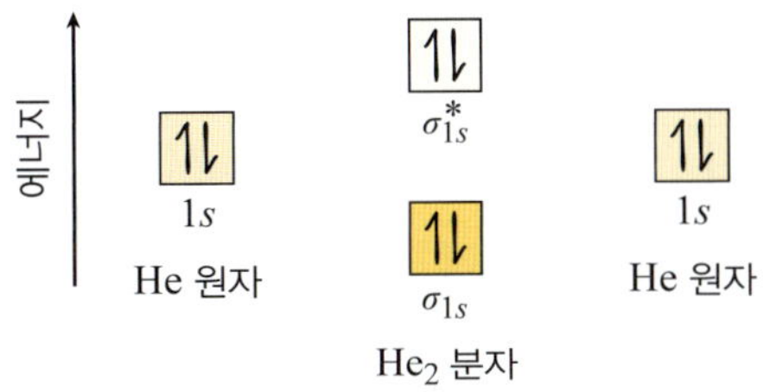


**그림 7.18** He의 원자 오비탈과 $He_2$의 분자 오비탈의 상대적인 에너지

분자 내의 모든 분자 오비탈을 보여 주는 것은 복잡한 그림을 만들 수 있다. 분자를 분자 오비탈의 그림으로 표현하기보다는 일반적으로 분자 오비탈이 적절한 상대적 에너지 준위에 배치된 상자로 표시되는 도표를 사용한다. 그림 7.17은 2개의 고립된 H 원자에서 원래의 1s 오비탈의 에너지에 대한 $H_2$의 $\sigma_{1s}$ 및 $\sigma_{1s}^*$ 분자 오비탈의 상대적인 에너지를 보여 준다. 원자 오비탈과 마찬가지로 분자 오비탈은 에너지가 증가하는 순서로 채워진다. 원자 오비탈에 원래 있던 전자들은 모두 가장 낮은 에너지의 분자 오비탈($\sigma_{1s}$)을 서로 반대 방향의 스핀으로 차지한다.

> **참조**
> 분자 오비탈 도표는 짝을 이룬 스핀(↑ 및 ↓)의 전자를 갖는 2개의 H 원자를 보여 준다. 전자가 평행한 스핀(↑ 및 ↑ 또는 ↓ 및 ↓)을 갖는 H 원자는 실제로 서로를 밀어내어 $H_2$를 형성하지 않는다.

가상의 분자 $He_2$에 대해서 비슷한 분자 오비탈 도표를 만들 수 있다. H 원자와 마찬가지로, He 원자는 1s 오비탈을 가지고 있다.(그러나 H와는 달리 He의 1s 오비탈은 1개가 아닌 2개의 전자를 가지고 있다.) $He_2$에서 분자 오비탈을 형성하기 위한 1s 오비탈의 조합은 $H_2$에 대해 설명한 것과 본질적으로 같다. 전자 배치는 그림 7.18에서 보여진다.

## 결합 차수

$H_2$와 $He_2$에서와 같은 분자 오비탈 도표를 이용하여 분자 오비탈 이론의 효력을 볼 수 있다. 분자 오비탈 이론을 이용하여 설명된 이원자 분자의 경우 **결합 차수**(bond order)를 계산할 수 있다. 결합 차수의 값은 분자가 얼마나 안정한지를 질적으로 나타낸다. 결합 차수가 높을수록 그 분자는 더 안정하다. 결합 차수는 다음과 같이 계산된다.

$$\text{결합 차수} = \frac{(\text{결합 분자 오비탈의 전자수} - \text{반결합 분자 오비탈의 전자수})}{2} \qquad \textbf{식 7.1}$$

2개의 전자가 $\sigma_{1s}$ 오비탈에 존재하는 $H_2$의 경우 결합 차수는 $[(2-0)/2]=1$이다. 2개의 추가 전자가 $\sigma_{1s}^*$ 오비탈에 존재하는 $He_2$의 경우 결합 차수는 $[(2-2)/2]=0$이다. 분자 오비탈 이론은 0의 결합 차수를 가진 분자는 존재하지 않으며 $He_2$는 실제로 존재하지 **않는다**고 예측한다.

분자 $Li_2$와 $Be_2$에 대해서도 비슷한 분석을 할 수 있다.(Li와 Be 원자는 각각 $[He]2s^1$과 $[He]2s^2$의 바닥상태의 전자 배치를 가진다.) 2s 원자 오비탈은 결합하여 상응하는 $\sigma$와 $\sigma^*$ 분자 오비탈을 형성한다. 그림 7.19는 $Li_2$와 $Be_2$에 대한 분자 오비탈 도표와 결합 차수를 보이고 있다.

> **참조**
> 분자 오비탈 도표를 그릴 때 원자가 오비탈과 전자만을 보여줄 필요가 있다.

분자 오비탈 이론에 의해 예측된 바와 같이 1의 결합 차수를 갖는 $Li_2$는 안정한 분자인 반면, 0의 결합 차수를 갖는 $Be_2$는 존재하지 않는다.

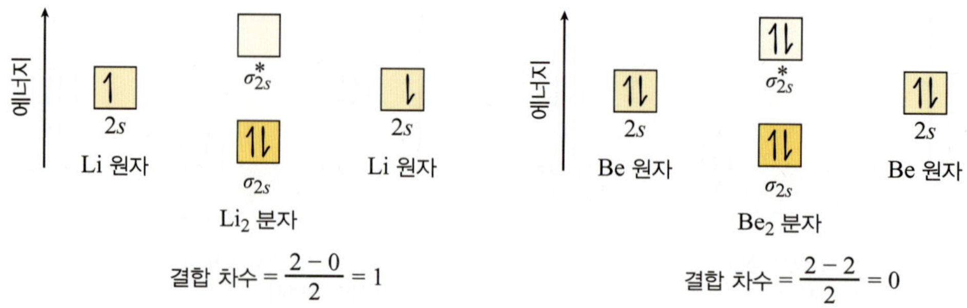


**그림 7.19** $Li_2$와 $Be_2$의 결합 차수 결정

## $\pi$ 분자 오비탈

$Be_2$를 넘어서는 이원자 분자를 고려하기 위해서 $p$ 원자 오비탈의 조합도 고려해야 한다. $s$ 오비탈처럼 $p$ 오비탈들은 건설적인 결합을 하여 원래의 원자 오비탈보다 에너지가 더 낮은 결합 분자 오비탈을 생성하고 파괴적인 결합을 하여 원래의 원자 오비탈보다 에너지가 높은 반결합 분자 오비탈을 생성한다. 그러나 $p_x$, $p_y$ 및 $p_z$ 오비탈의 방향은 2개의 다른 유형의 분자 오비탈을 초래한다. 그것들은 $\sigma$ 분자 오비탈과 $\pi$ 분자 오비탈이다. $\sigma$ 분자 오비탈에서 결합 및 반결합 분자 오비탈의 전자 밀도 영역이 핵간 축을 따라 놓여 있다. $\pi$ 분자 오비탈에서는 전자 밀도 영역이 핵들에 영향을 미치지만 핵간 축을 따라 놓여 있진 않다.

그림 7.20(a)에서 $2p_x$ 오비탈이 하는 것과 마찬가지로 핵간 축을 따라 놓여 있는 오비탈은 서로를 향해 직접 향하고 결합하여 $\sigma$ 분자 오비탈을 형성한다. 그림 7.20(b)는 2개의 $2_{p_x}$ 원자 오비탈이 결합하여 $\sigma_{2p_x}$와 $\sigma_{2p_x}^*$로 표시된 2개의 분자 오비탈을 생성하는 것을 보여 준다. 그림 7.20(c)는 이러한 분자 오비탈들의 상대적인 에너지를 보여 준다.

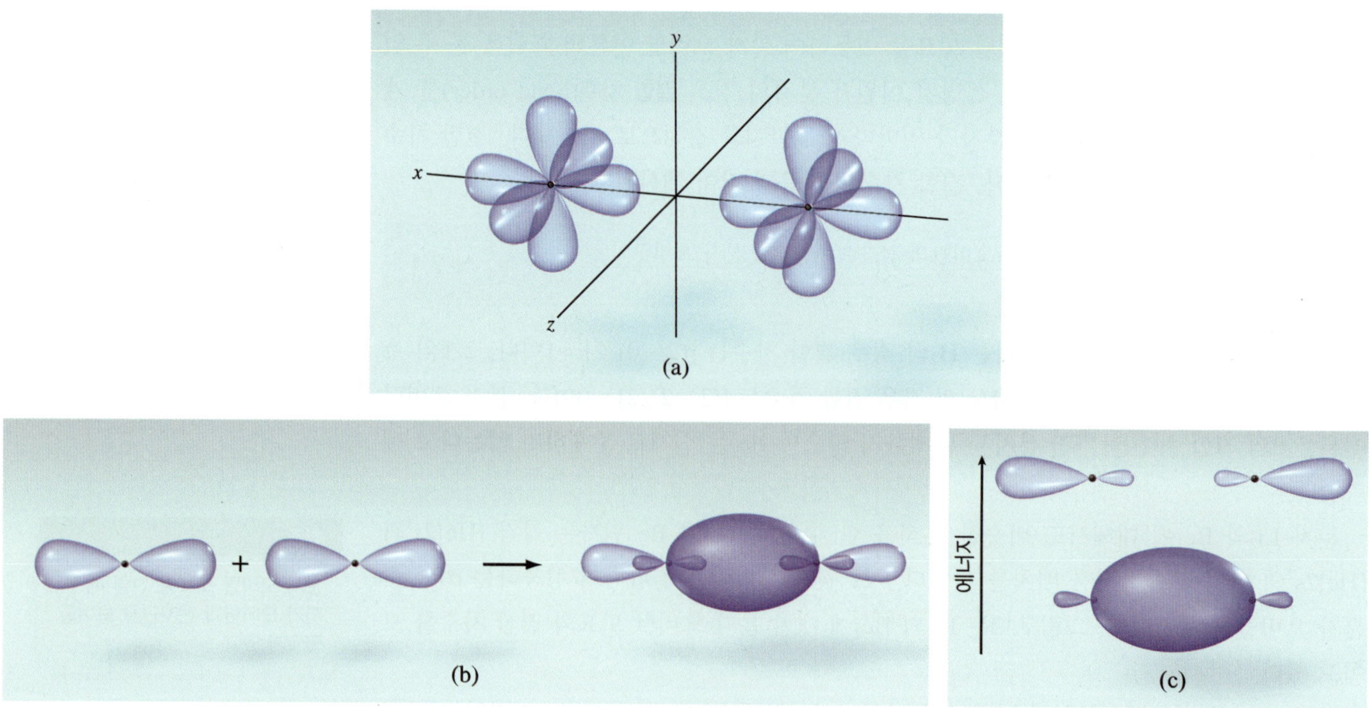


**그림 7.20** (a) 두 조의 $2p$ 오비탈 (b) 서로($p_x$) 향하는 $p$ 원자 오비탈은 결합하여 결합 및 반결합 $\sigma$ 분자 오비탈을 생성한다. (c) 반결합 $\sigma$ 분자 오비탈은 상응하는 결합 $\sigma$ 분자 오비탈보다 에너지가 높다.

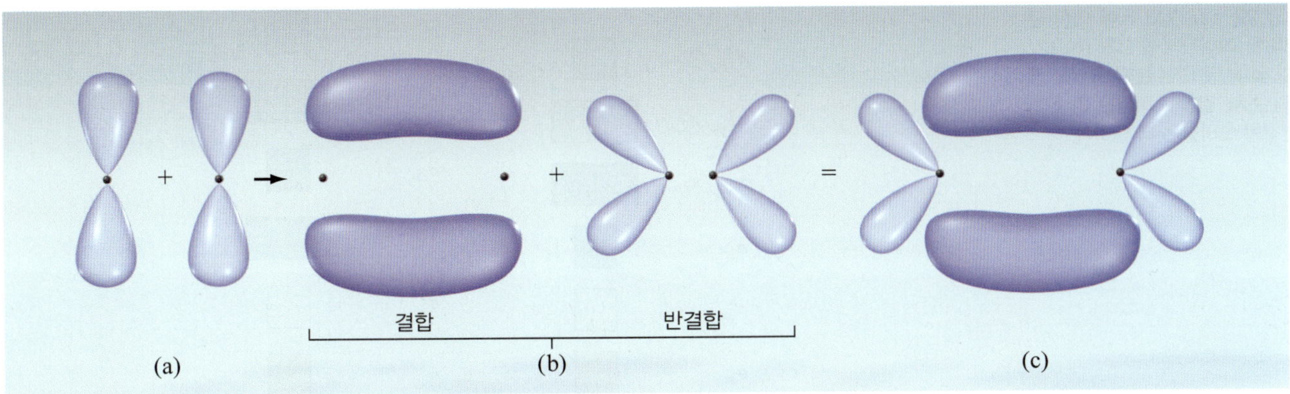


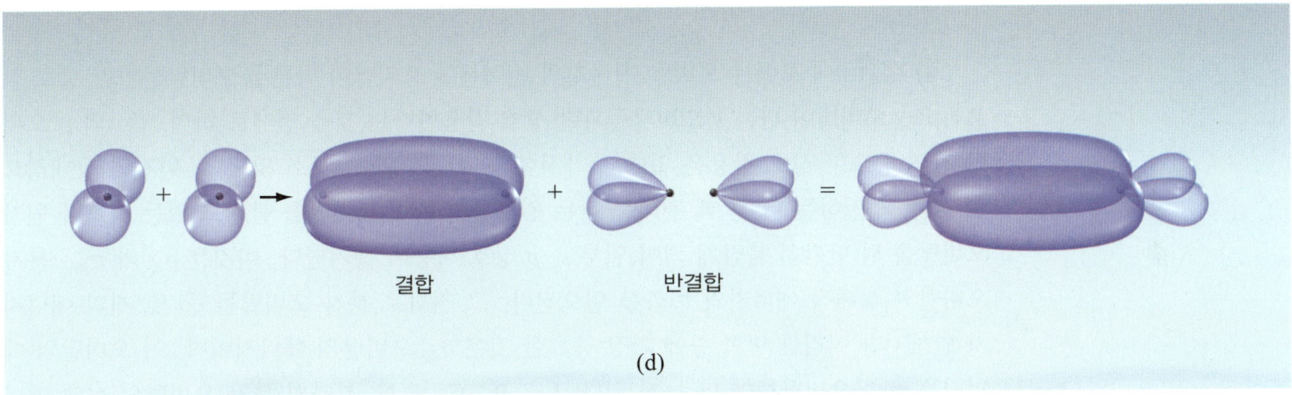


**그림 7.21** (a) 인접 원자들에 평행한 $p$ 오비탈들의 상호 작용으로 분자 오비탈의 형성 (b) 따로 나타낸 결합 분자 오비탈과 반결합 분자 오비탈 (c) 두 핵에 대해 상대적으로 함께 표시된 결합 및 반결합 분자 오비탈 (d) (a)에 보여지는 것과 수직인 $p$ 오비탈들의 상호 작용으로부터 분자 오비탈의 형성

그림 7.21에 보이는 $2p_y$ 및 $2p_z$ 오비탈과 같이 서로 평행하게 정렬된 오비탈들이 결합하여 $\pi$ 분자 오비탈을 형성한다. 이러한 결합 분자 오비탈은 $\pi_{2p_y}$ 및 $\pi_{2p_z}$로 표시된다. 상응하는 반결합 분자 오비탈은 $\pi^*_{2p_y}$ 및 $\pi^*_{2p_z}$로 표시된다. 종종 $\pi_{2p_{y,z}}$와 $\pi^*_{2p_{y,z}}$라는 명칭을 사용하여 분자 오비탈을 집합적으로 지칭한다. 그림 7.21(a)는 평행한 $p$ 오비탈들의 건설적이고 파괴적인 결합을 보여 준다. 그림 7.21(b)는 $p_y$와 $p_z$ 오비탈의 결합으로 인한 분자 오비탈의 두 개의 원자핵에 대한 상대적인 위치를 보여 준다. 다시 말하면, **결합**(bonding) 분자 오비탈의 전자 밀도는 핵들을 함께 붙들고 있는 반면, **반결합**(antibonding) 분자 오비탈의 전자 밀도는 그렇지 않다.

특정 껍질 내의 $p$ 원자 오비탈이 동일한 껍질에 있는 $s$ 오비탈보다 에너지가 높기 때문에, $p$ 원자 오비탈들의 조합으로 생성되는 모든 분자 오비탈은 $s$ 원자 오비탈들의 조합으로 생성되는 분자 오비탈보다 에너지가 높다. $p$ 오비탈들의 조합으로 생성된 분자 오비탈의 상대적 에너지 준위를 더 잘 이해하기 위해 플루오린 분자($F_2$)를 고려해 보자.

일반적으로 분자 오비탈 이론은 원자 오비탈의 상호 작용이나 겹침이 보다 효과적일수록 생성되는 결합 분자 오비탈의 에너지가 낮아지고 생성되는 반결합 분자 오비탈의 에너지가 높아질 것으로 예측한다. 따라서 $F_2$의 분자 오비탈의 상대 에너지 준위는 그림 7.22(a)의 도표로 나타낼 수 있다. 핵간 축을 따라 존재하는 $p_x$ 오비탈들은 가장 효과적으로 겹치게 되어 가장 낮은 에너지의 결합 분자 오비탈과 가장 높은 에너지의 반결합 분자 오비탈을 생성한다.

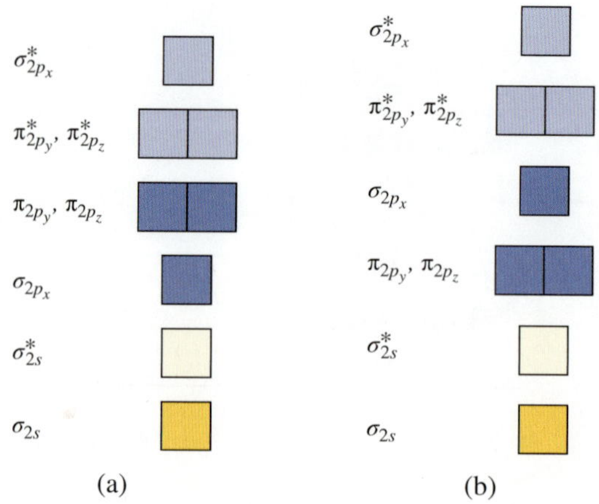


**그림 7.22** (a) $O_2$와 $F_2$에 대한 분자 오비탈 에너지의 순서와 (b) $Li_2$, $B_2$, $C_2$ 및 $N_2$에 대한 분자 오비탈 에너지의 순서. 결합 오비탈은 더 진하고, 반결합 오비탈은 더 연하다.

그림 7.22(a)에 보이는 오비탈 에너지의 순서는 $p$ 오비탈이 다른 $p$ 오비탈들과만 상호 작용하고 $s$ 오비탈이 다른 $s$ 오비탈들과만 상호 작용한다는 것을 전제로 하며, 즉 $s$와 $p$ 오비탈 간의 중요한 상호 작용은 없다고 가정한다. 사실, 붕소, 탄소 및 질소 원자의 상대적으로 작은 핵 전하는 더 큰 핵 전하를 갖는 원자들의 핵이 오비탈을 붙잡고 있는 것보다 원자 오비탈을 덜 단단히 붙잡게 되어 일부 $s-p$ 상호 작용이 생겨난다. 이것은 $\sigma_{2p_x}$와 $\pi_{2p_{x,z}}$ 분자 오비탈의 상대적 에너지의 변화를 일으킨다. 그 결과로 분자 오비탈들 중 몇 개의 에너지가 변하지만 이러한 변화 중에 가장 중요한 것은 $\sigma_{2p}$ 오비탈의 에너지이며, 이 오비탈의 에너지는 $\pi_{2p_{x,z}}$ 오비탈보다 더 높게 된다. $Li_2$, $B_2$, $C_2$ 및 $N_2$ 분자의 분자 오비탈의 상대 에너지 준위는 그림 7.22(b)의 도표와 같이 나타낼 수 있다.

## 분자 오비탈 도표

산소부터 시작하여, 핵 전하는 $s$와 $p$ 오비탈의 상호 작용을 방지할 만큼 충분히 커진다. 따라서, $O_2$와 $Ne_2$의 경우 분자 오비탈 에너지의 순서는 그림 7.22(a)에 나와 있는 $F_2$의 순서와 동일하다. 그림 7.23은 $Li_2$, $B_2$, $C_2$, $N_2$, $O_2$, $F_2$ 및 $Ne_2$에 대한 분자 오비탈 도표, 자기적 성질, 결합 차수 및 결합 에너지를 보여 준다. 분자 오비탈의 채우기는 원자 오비탈의 채우기와 동일한 규칙을 따른다는 것에 주목하자[|◀◀ 3.9절].

- 낮은 에너지의 오비탈이 먼저 채워진다.
- 각 오비탈은 반대 스핀을 갖는 최대 2개의 전자를 수용할 수 있다.
- 훈트(Hund)의 규칙을 따른다.

## 생각 밖 상식

### 이핵 이원자 종에서 분자 오비탈

분자 오비탈 이론은 NO와 같이 두 원자가 다른 이핵 이원자 종(heteronuclear diatomic species)에도 적용될 수 있다. 이와 같은 경우, 결합에 관련된 분자 오비탈에 대한 설명이 약간 수정되어야 한다.

전기 음성도가 더 큰 원자의 원자 오비탈이 전기 음성도가 더 작은 원자의 상응하는 원자

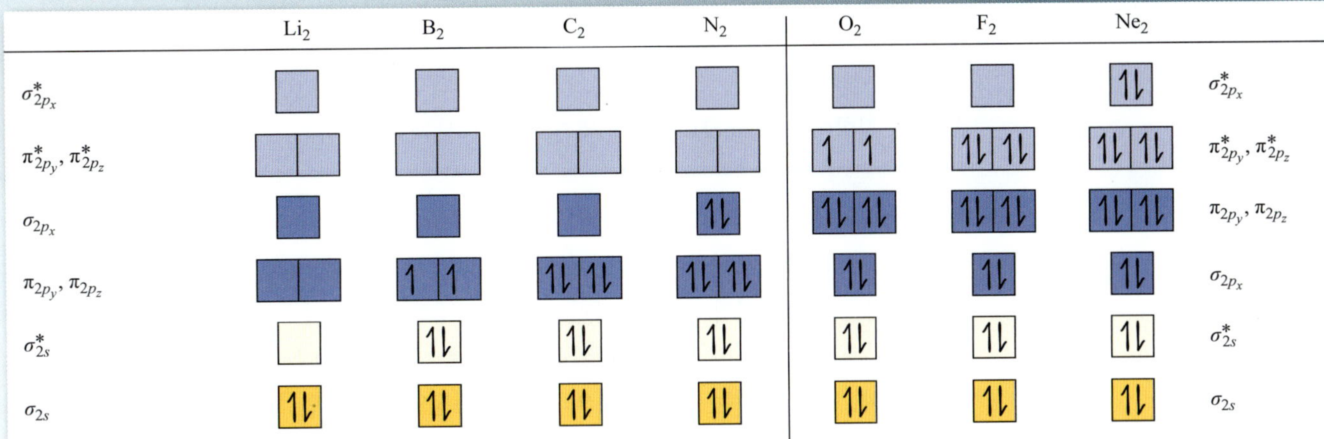


| | $Li_2$ | $B_2$ | $C_2$ | $N_2$ | $O_2$ | $F_2$ | $Ne_2$ |
|---|---|---|---|---|---|---|---|
| 결합 차수 | 1 | 1 | 2 | 3 | 2 | 1 | 0 |
| 결합 길이(pm) | 267 | 159 | 131 | 110 | 121 | 142 | – |
| 결합 에너지(kJ/mol) | 104.6 | 288.7 | 627.6 | 941.4 | 498.7 | 156.9 | – |
| 자기적 성질 | 반자기성 | 상자기성 | 반자기성 | 반자기성 | 상자기성 | 반자기성 | – |

간단히 하기 위해 $\sigma_{1s}$와 $\sigma^*_{1s}$ 오비탈은 생략되었다. 이 두 오비탈은 총 4개의 전자를 보유한다.
$O_2$와 $F_2$의 경우, $\sigma_{2p_x}$가 $\pi_{2p_y}$와 $\pi_{2p_z}$보다 에너지가 낮음을 기억하자.

**그림 7.23** 2주기 동핵 이원자 분자의 분자 오비탈 도표

오비탈보다 에너지가 더 낮다. 2*s* 및 2*p* 원자 오비탈은 질소보다 더 큰 전기 음성도를 갖는 산소에서 에너지가 더 낮다(그림 6.4 참조). 서로 다른 에너지의 원자 오비탈들이 상호 작용하여 분자 오비탈을 형성할 때, 낮은 에너지의 원자 오비탈이 결합 분자 오비탈에 더 많은 기여를 하고, 더 높은 에너지의 원자 오비탈은 반결합 분자 오비탈에 더 많은 기여를 한다. 결과적으로 결합 분자 오비탈은 전기 음성도가 더 큰 원자의 원자 오비탈을 더 가까이 닮고, 반결합 분자 오비탈은 전기 음성도가 더 작은 원자의 원자 오비탈을 더 가까이 닮는다. 그 결과, 생성된 결합 분자 오비탈의 전자 밀도는 더 큰 전기 음성도의 원자 부근에서 더 크다.

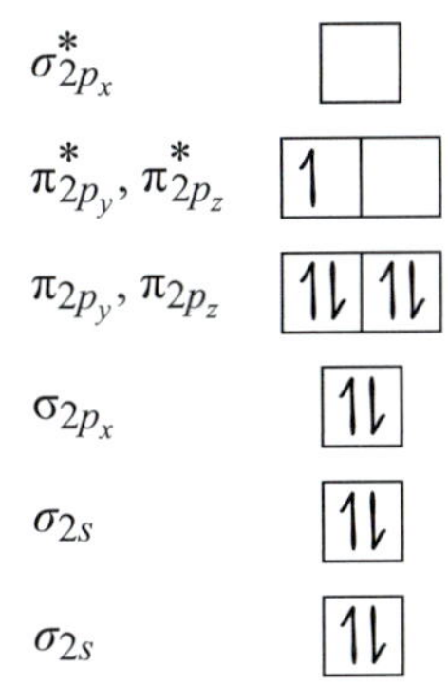


NO에 대한 분자 오비탈 도표

두 번째 주기 동핵 이원자 분자의 분자 오비탈의 에너지 순서는 $O_2$, $F_2$, $Ne_2$에 대한 것과 $B_2$, $C_2$, $N_2$에 대한 것이 다르다는 것을 기억하자(그림 7.23). NO 및 CO와 같이 각 족으로부터 하나씩 원자를 포함하는 2주기 이핵 이원자 종에 대해서, 분자 오비탈이 어느 순서를 따르는지 알 수 있는 간단한 규칙은 없다. NO에서의 분자 오비탈은 $O_2$의 분자 오비탈과 동일한 순서를 따른다.

종종 분자 오비탈 도표에서 결정된 결합 차수는 분자의 루이스 구조에 있는 결합의 수와

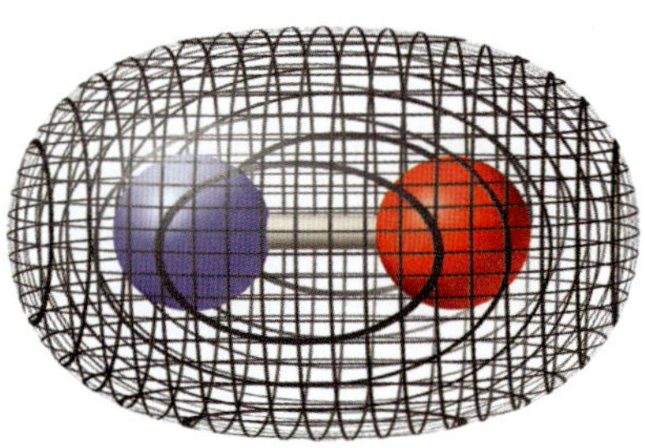

일치한다. 그러나 NO의 경우, 루이스 구조는 이중 결합을 포함하는 반면 분자 오비탈 접근법으로는 결합 차수가 2.5이다. 사실, 분자 오비탈 접근법이 실험적 자료에 더 일치하는 결합 차수를 제공한다. 실험적으로 결정된 NO의 결합 세기(631 kJ/mol)는 평균 질소–산소 이중 결합(607 kJ/mol)의 결합 세기보다 크다[|◀◀ 10.7절].

그림 7.23의 분자 오비탈 도표를 이용하여 몇 가지 중요한 예측을 할 수 있다. 첫째, 분자 오비탈 이론은 0의 결합 차수를 가진 $Ne_2$가 존재하지 않는다고 올바르게 예측한다. 둘째, 존재하는 분자의 자기적 성질을 정확하게 예측한다. $B_2$와 $O_2$는 모두 상자기성으로 알려져 있다. 셋째, 결합 차수는 결합 세기의 정량적 측정일 뿐이지만, 분자의 계산된 결합 차수와 측정된 결합 에너지는 좋은 상관 관계를 보인다. 결합 차수가 3인 $N_2$ 분자는 5개의 분자 중에서 가장 큰 결합 에너지를 갖는다. 결합 차수가 각각 1인 $B_2$ 및 $F_2$ 분자는 가장 작은 결합 엔탈피를 갖는다. 분자의 성질을 정확히 예측하는 능력으로 인해 분자 오비탈 이론은 화학 결합의 연구에서 강력한 도구가 된다.

예제 7.9는 분자 오비탈 도표를 이용하여 분자 또는 다원자 이온의 자기적 성질 및 결합 차수를 결정하는 방법을 보여 준다.

## 예제 7.9

초과산화 이온($O_2^-$)은 노화와 알츠하이머 병을 비롯한 많은 퇴행성 질환과 관련되어 있다. 분자 오비탈 이론을 사용하여 $O_2^-$가 상자기성인지 반자기성인지를 결정한 다음 결합 차수를 계산하시오.

**전략** $O_2$에 대한 분자 오비탈 도표로 시작하여 전자를 추가하고, 자기적 성질 및 결합 차수를 결정하기 위해 결과 도표를 이용한다.

**계획** $O_2$에 대한 분자 오비탈 도표는 그림 7.23에 보여진다. 추가되는 전자는 가능한 가장 낮은 에너지의 분자 오비탈에 추가되어야 한다.

**풀이** 이 경우, 두 개의 홀로 점유된 $\pi_{2p}^*$ 오비탈 중 하나가 추가 전자를 수용할 수 있다. 이것은 홀전자가 하나 존재하는 분자 오비탈 도표를 만들며 $O_2^-$는 상자기성이 된다. 새 도표에는 결합 분자 오비탈에 6개의 전자가 있고, 반결합 분자 오비탈에 3개의 전자가 있다. $\sigma_{2s}$와 $\sigma_{2s}^*$ 오비탈의 전자는 결합 차수에 대한 기여가 서로 상쇄되기 때문에 무시할 수 있다. 결합 차수는 $(6-3)/2=1.5$이다.

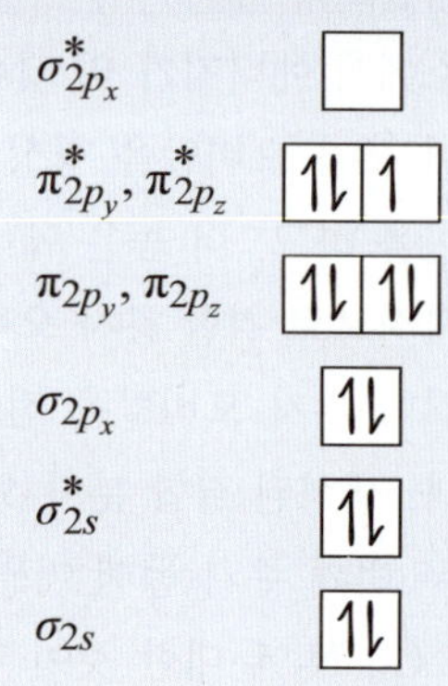


$O_2^-$에 대한 분자 오비탈 도표

### 생각해 보기

많은 실험에서 초과산화물 이온이 상자기성임을 확인해 준다. 또한, 이 문제의 경우처럼 반결합 분자 오비탈에 하나 이상의 전자를 추가할 때마다 결합 차수가 감소할 것으로 예상할 수 있다. 반결합 분자 오비탈의 전자는 결합을 덜 안정하게 만든다.

**유제 1** $F_2^{2+}$가 상자기성인지 또는 반자기성인지를 결정하기 위해 분자 오비탈 이론을 이용하고, 결합 차수를 계산하시오.

**유제 2** 그림 7.23에서 보여지는 동핵 이원자 종의 대부분에 대해 전자를 하나 이상 첨가 및 제거할 때 결합 차수에 정반대의 영향을 미친다. 일부 종에 대해서는, 전자의 첨가 및 제거가 결합 차수에 동일한 영향을 미친다. 이것이 사실인 종을 밝히고 어떻게 될 수 있는지 설명하시오.

## 7.7절 복습

**분자 오비탈 이론**

**7.7.1** $N_2^{2+}$의 결합 차수를 계산하고, 상자기성인지 반자기성인지 결정하시오.

(a) 2, 상자기성
(b) 2, 반자기성
(c) 3, 상자기성
(d) 3, 반자기성
(e) 1, 상자기성

**7.7.2** 다음의 종 중에서 어느 것이 상자기성인가? (해당되는 것을 모두 고르시오.)

(a) $C_2^{2-}$
(b) $O_2^{2+}$
(c) $F_2^{2+}$
(d) $F_2^{2-}$
(e) $C_2^{2+}$

**7.7.3** $He_2^+$의 결합 차수를 계산하시오.

(a) 0
(b) 0.5
(c) 1.0
(d) 1.5
(e) 2.0

**7.7.4** 다음의 종 중에서 결합 차수가 0인 것이 있다면 어느 것인가? (해당되는 것을 모두 고르시오.)

(a) $B_2^{2+}$
(b) $Ne_2^{2+}$
(c) $F_2^{2-}$
(d) $He_2^{2+}$
(e) $H_2^{2-}$

# 7.8 결합 이론과 비편재된 결합을 갖는 분자의 설명

이 장에서 결합 이론의 전개가 보여 주는 것은 모형 개발의 중요성이다. 과학자들은 실험 결과를 이해하고 미래의 관측을 예측하기 위해 모형을 사용한다. 모형이 관찰을 뒷받침하는 한 유용한 것이다. 그렇게 할 수 없다면, 새 모형으로 교체되어야 한다. 다음은 6장과 7장에서 제시된 결합 이론의 강점과 약점을 요약한 것이다.

- **루이스 이론**

  강점: 루이스 결합 이론은 결합 세기와 결합 길이에 대해 질적인 예측을 가능하게 한다. 루이스 구조는 그리기 쉽고 화학자들에 의해 널리 사용되고 있다.

  약점: 루이스 구조는 2차원이지만 분자는 3차원이다. 또한, 루이스 이론은 $H_2$, $F_2$ 및 HF와 같은 화합물에서 결합의 차이를 설명하지 못한다. 또한 결합이 형성되는 이유를 설명하지 못한다.

- **원자가 껍질 전자쌍 반발 모형**

  강점: VSEPR 모형은 많은 분자와 다원자 이온의 모양을 예측할 수 있게 한다.

  약점: VSEPR 모형은 루이스 결합 이론을 기반으로 하기 때문에 결합이 왜 생성되는지 설명하지 못한다.

- **원자가 결합 이론**

  강점: 원자가 결합 이론은 원자 오비탈의 겹침으로 공유 결합의 형성을 설명한다. 결합은 생성된 분자가 원래의 고립된 원자보다 낮은 퍼텐셜 에너지를 가지기 때문에 형성된다.

  약점: 원자가 결합 이론만으로는 바닥상태에서 중심 원자가 관찰되는 결합 수를 형성할 만큼 충분한 홀전자를 갖고 있지 않은 $BeCl_2$, $BF_3$, $CH_4$와 같은 분자들의 결합을 설명하지 못한다.

- **원자 오비탈의 혼성**

  강점: 원자 오비탈의 혼성은 분리된 결합 이론이 아니다. 오히려 이것은 원자가 결합 이론의 확장이다. 혼성 오비탈을 사용하여 우리는 $BeCl_2$, $BF_3$ 및 $CH_4$를 비롯한 더 많은 분자의 결합 및 기하 구조를 이해할 수 있다.

  약점: 원자가 결합 이론과 혼성 오비탈은 $O_2$의 상자기성과 같은 분자의 중요한 성질 중 일부를 예측하지 못한다.

- **분자 오비탈 이론**

  강점: 분자 오비탈 이론은 분자와 이온의 자기적 및 다른 성질을 정확하게 예측할 수 있게 한다.

  약점: 분자 오비탈의 그림은 매우 복잡할 수 있다.

분자 오비탈 이론은 여러 면에서 가장 강력한 결합 모형이지만, 가장 복잡하기 때문에 분자의 특성을 설명하거나 예측하는 적당한 작업을 수행할 때는 여전히 그 나머지 모형을 사용한다. 예를 들어, 시험에서 $AB_x$ 분자의 3차원 모양을 예측해야 하는 경우 루이스 구조를 그리고 VSEPR 모형을 적용해야 한다. 반면에, 이원자 분자 또는 이온의 결합 차수를 결정할 필요가 있다면 분자 오비탈 도표를 그려야 한다. 일반화학에서는 특정 질문에 대답할 수 있는 **가장 간단한** 이론을 사용하는 것이 가장 좋다.

새로운 모형을 개발할 때에도 기존 이론 모형들은 여전히 유용하기 때문에 폐기하지 않는다. 실제로 벤젠($C_6H_6$)과 같은 일부 분자에서 결합은 이론 모형들을 조합하여 사용하는 것이 가장 잘 설명된다. 벤젠은 2개의 공명 구조로 표현될 수 있다[|◀◀ 6.5절].

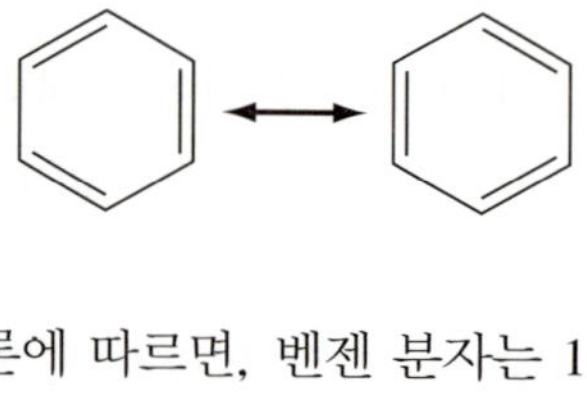

루이스 구조와 원자가 결합 이론에 따르면, 벤젠 분자는 12개의 $\sigma$ 결합(6개의 탄소–탄소와 6개의 탄소–수소)과 3개의 $\pi$ 결합을 포함한다. 그러나 실험적 증거로부터 벤젠에서 탄

소 원자 사이의 결합이 3개의 단일 결합과 3개의 이중 결합이 아님을 알 수 있다. 오히려 6개의 동등한 탄소–탄소 결합이 있다. 이것이 분자를 나타내기 위해 2개의 다른 루이스 구조가 필요하다는 정확한 이유이다. 둘 중 하나만으로 탄소–탄소 결합의 본질을 정확히 묘사하지 못한다. 사실, 벤젠의 $\pi$ 결합들은 **비편재되어**(delocalized) 있는데, 이는 결합이 2개의 특정 원자 사이에 국한되지 않고 분자 전체에 퍼져 있음을 의미한다.[두 특정 원자 사이에 한정된 결합은 **편재된**(localized) 결합이라고 불린다.] 원자가 결합 이론은 벤젠에서 편재된 $\sigma$ 결합을 기술하는 좋은 일을 하지만, 분자 오비탈 이론은 벤젠에서의 결합 체계를 설명하기 위해 비편재된 $\pi$ 결합을 사용하는 더 좋은 일을 하고 있다.

벤젠에서 $\sigma$ 결합을 설명하기 위해, 루이스 구조로 시작하여 탄소 원자의 전자 영역을 센다.(각 공명 구조는 같은 결과를 보일 것이다.) 각 C 원자는 그 주위에 3개의 전자 영역(2개의 단일 결합과 1 개의 이중 결합)을 가지고 있다. 표 7.6에서 3개의 전자 영역을 가진 원자가 $sp^2$ 혼성된다는 것을 기억하자. 각 C 원자에서 필요한 3개의 홀전자를 얻기 위해서는 각 C 원자에서 전자 하나가 이중 점유된 $2s$ 오비탈에서 비어 있는 $2p$ 오비탈로 승위되어야 한다.

이것은 실제로 4개의 홀전자를 생성한다. 다음으로, 오비탈은 $sp^2$ 혼성되고 각 C 원자에 홀로 점유되고 혼성되지 않은 $2p$ 오비탈을 남긴다.

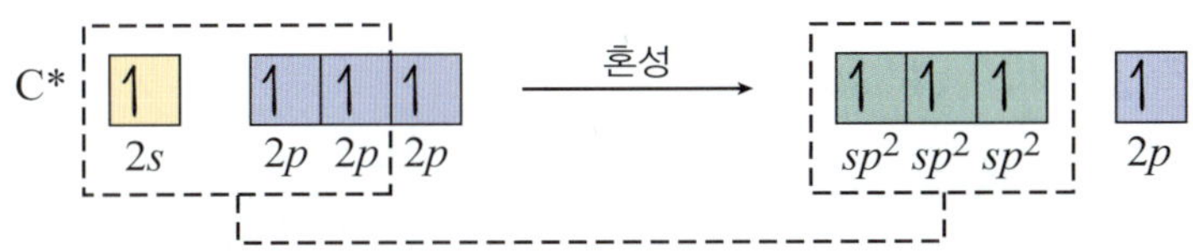


$sp^2$ 혼성 오비탈은 삼각 평면 배열을 채택하고 분자에서 $\sigma$ 결합을 형성하기 위해 서로(그리고 H 원자의 $1s$ 오비탈과) 겹쳐진다.

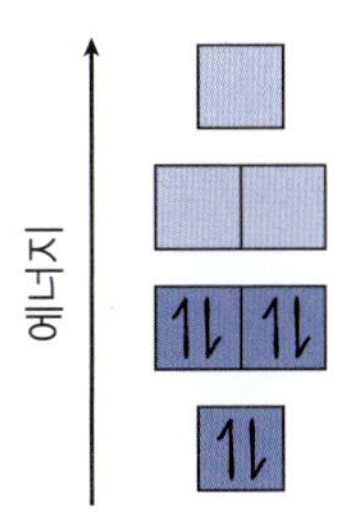


나머지 혼성되지 않은 $2p$ 오비탈(각 C 원자에 하나씩)은 결합하여 분자 오비탈을 형성한다. $p$ 오비탈은 모두 서로 평행하기 때문에 단지 $\pi_{2p}$와 $\pi^*_{2p}$ 분자 오비탈만이 형성된다. 이 6개의 $2p$ 원자 오비탈의 조합은 6개의 분자 오비탈(3개의 결합과 3개의 반결합)을 형성한다. 이러한 분자 오비탈은 전체 벤젠 분자에 걸쳐 비편재된다.

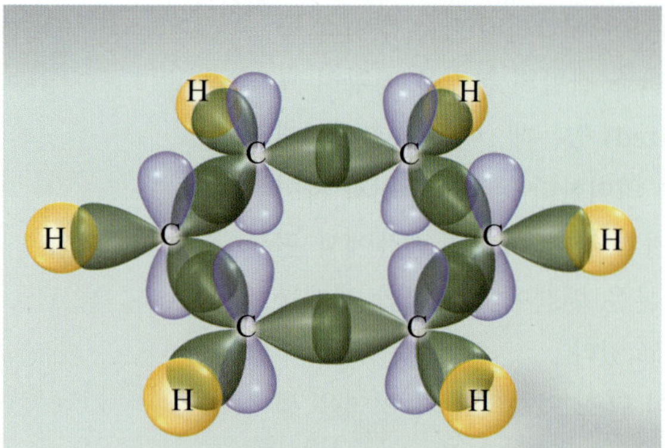


벤젠에서 σ 결합

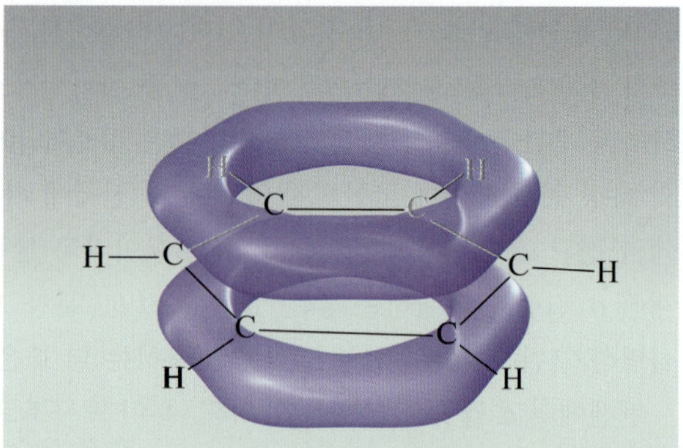


벤젠에서 π 분자 오비탈

바닥상태에서 더 낮은 에너지 결합 분자 오비탈은 모두 6개의 전자를 모두 포함한다. 비편재된 $\pi$ 분자 오비탈의 전자 밀도는 분자 내의 모든 원자와 $\sigma$ 결합을 포함하는 평면 위 아래에 놓여 있다.

예제 7.10에서 비편재된 $\pi$ 결합이 있는 종의 결합을 설명하기 위해 다중 결합 이론을 이용하는 연습을 할 수 있다.

## 예제 7.10

탄산 이온($CO_3^{2-}$)을 나타내기 위해 3개의 공명 구조가 필요하다.

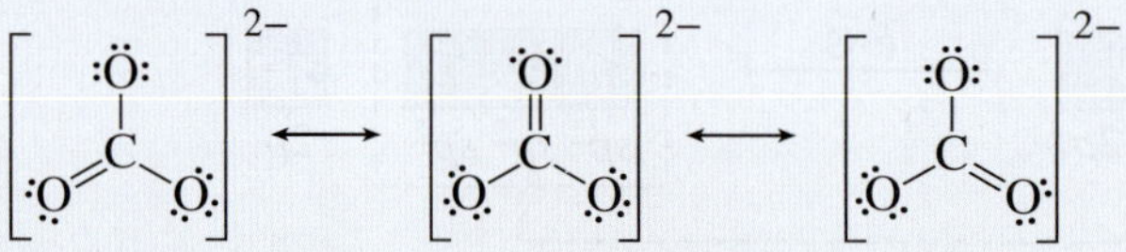

그러나 이 세 가지 중 어느 것도 완전히 정확한 표현은 없다. 벤젠에서처럼 루이스 구조에서 1개의 이중 결합 및 2개의 단일 결합으로 보여지는 결합은 실제로 3개의 동등한 결합이다. $CO_3^{2-}$의 결합을 설명하기 위해 원자가 결합 이론과 분자 오비탈 이론을 혼합하여 이용하시오.

**참조**

다른 공명 구조에서 다른 위치에 나타나는 이중 결합은 비편재된 파이($\pi$) 결합을 나타낸다.

**전략** 루이스 구조에서 시작하여 $\sigma$ 결합을 설명하기 위해 원자가 결합 이론과 혼성 오비탈을 이용한다. 그리고 나서 비편재된 $\pi$ 결합을 설명하기 위해 분자 오비탈 이론을 이용한다.

**계획** 탄산염 이온의 루이스 구조는 중심 C 원자 주위에 3개의 전자 영역을 보여 주므로 탄소는 $sp^2$ 혼성이어야 한다.

**풀이** C 원자의 각 $sp^2$ 혼성 오비탈은 O 원자의 홀로 점유된 $p$ 오비탈과 겹치게 되어 3개의 $\sigma$ 결합을 형성한다. 각 O 원자는 $\sigma$ 결합에 관련된 오비탈들과 수직으로 놓인 추가적인 홀로 점유된 $p$ 오비탈을 갖고 있다. C의 혼성되지 않은 $p$ 오비탈은 O의 $p$ 오비탈과 겹치게 되어 $\pi$ 결합을 형성하며, 이는 분자의 평면 위 아래로 전자 밀도를 갖는다. 이 종은 공명 구조로 표현될 수 있기 때문에, $\pi$ 결합이 비편재되었음을 알 수 있다.

### 생각해 보기

$CO_3^{2-}$의 루이스 구조는 O 원자들 중 하나에 3개의 전자 영역이 있음을 나타내지만, 일반적으로 말단 원자(오로지 다른 1개의 원자와 결합을 갖는 원자들)는 불필요하기 때문에 혼성되는 것으로 취급하지 않는다.

**유제 1** 아질산 이온($NO_2^-$)의 결합을 설명하기 위해 원자가 결합 이론과 분자 오비탈 이론을 혼합하여 이용하시오.

**유제 2** 다음 화학종 중에서 어느 것이 비편재된 결합을 가장 잘 묘사하는가?

$SO_3$ $SO_3^{2-}$ $S_8$ $O_2$

## 7.8절 복습

### 결합 이론과 비편재된 결합을 갖는 분자의 설명

**7.8.1** 다음 중 어느 것이 하나 또는 그 이상의 비편재된 $\pi$ 결합을 포함하는가?(해당하는 것을 모두 고르시오.)

(a) $O_2$ (b) $CO_2$
(c) $NO_2^-$ (d) $CH_4$
(e) $CH_2Cl_2$

**7.8.2** $BCl_3$의 원자들 중 어느 것이 분자의 결합을 설명하기 위해서 혼성 오비탈이 필요한가?

(a) 4개 원자 모두
(b) B 원자만
(c) Cl 원자 3개만
(d) B 원자와 Cl 원자 1개만
(e) B 원자와 Cl 원자 2개만

**7.8.3** 다음 중 어느 것에 대해서 혼성 오비탈이 사용되는가?(해당되는 것을 모두 고르시오.)

(a) 분자의 모양을 설명하기 위해서
(b) 어떻게 중심 원자가 바닥상태 배치에서의 홀전자 수보다 더 많은 결합을 형성할 수 있는지 설명하기 위해서
(c) 분자의 모양을 예측하기 위해서
(d) 분자의 자기적 성질을 설명하기 위해서
(e) 분자의 자기적 성질을 예측하기 위해서

**7.8.4** 다음 중 어느 것이 $O_2$의 상자기성을 설명할 수 있는가?

(a) 루이스 이론
(b) 원자가 결합 이론
(c) 원자가 껍질 전자쌍 반발
(d) 원자 오비탈의 혼성
(e) 분자 오비탈 이론

# 단원 정리

### 7.1절

- **원자가 껍질 전자쌍 반발**(valence-shell electron-pair repulsion, VSEPR) 모형에 따르면, 한 원자의 원자가 껍질에 있는 전자쌍들은 서로 반발한다. **전자 영역**(electron domain)은 고립 전자쌍 또는 하나의 결합이다. 어떤 결합(단일, 이중 또는 삼중)이든 하나의 전자 영역을 구성한다.
- 중심 원자 주위에 전자 영역의 배열이 VSEPR 모형을 이용하여 결정되면 **전자 영역 모양**(electron domain geometry)이라 불린다. 분자에서 원자들의 배열은 **분자 모양**(molecular geometry)이라 불린다. 기본 분자 모양은 선형, 굽은형, 삼각 평면, 사면체, 삼각뿔, 삼각 쌍뿔, 시소 모양, T-모양, 팔면체, 사각뿔, 그리고 사각 평면이다.
- **결합각**(bond angle)은 한 분자 또는 다원자 이온에서 2개의 인접한 결합 사이에서의 각도이다. 삼각 쌍뿔 모양은 **축**(axial) 방향과 **적도**(equatorial) 방향의 두 종류의 결합을 갖는다.

### 7.2절

- 한 분자의 극성은 개별 결합의 극성과 그 분자 모양에 달려 있다. 극성 결합을 갖는 분자라도 결합들이 대칭적으로 분포되어 있다면 전체적으로 비극성일 수 있다.
- **구조 이성질체**(structural isomer)는 동일한 화학식을 갖지만 구조적 배열이 다른 분자들이다.

### 7.3절

- 응축상(고체 및 액체)의 입자들(원자, 분자 또는 이온)은 **분자간 힘**(intermolecular forces)에 의해 함께 붙들려 있다. 분자간 힘은 반대 전하 또는 부분 전하 사이의 정전기 인력이다.
- 순수한 물질의 원자들 또는 분자들 사이에서 작용하는 분자간 힘은 **반데르발스 힘**(van der Waals forces)이라고 불리며, 여기에는 **수소 결합**(hydrogen bonding)을 포함한 **쌍극자-쌍극자 상호 작용**(dipole-dipole interactions)과 **런던 분산력**(London dispersion force) 또는 단순히 **분산력**(dispersion force)이 포함된다.
- 쌍극자-쌍극자 상호 작용은 **극성**(polar) 분자들 사이에서 존재하는 반면, **비극성**(nonpolar) 분자들은 분산력에 의해서만 붙들려 있다. 분산력은 **순간 쌍극자**(instantaneous dipole)와 **유도 쌍극자**(induced dipole) 사이에서의 힘이다. 비극성 분자가 순간 쌍극자를 획득하면, 그것은 **극성화**(polarized)되었다고 할 수 있다. 분산력은 극성이든 비극성이든 모든 분자들 사이에서 작용한다.
- 수소 결합은 N—H, O—H 또는 F—H 결합을 포함하는 모든 분자들에게 일어나는 특별히 강력한 형태의 쌍극자-쌍극자 상호 작용이다.
- **이온-쌍극자 상호 작용**(ion-dipole interactions)은 이온과 쌍극자 분자 사이에서 (용액에서) 일어나는 상호 작용이다.

### 7.4절

- **원자가 결합 이론**(valence bond theory)에 따르면, 원자 오비탈이 겹쳐질 때 원자 사이에 결합이 형성되어 원자들이 원자가 전자를 공유할 수 있게 된다. 생성된 분자가 원래의 고립된 원자보다 에너지가 낮으면 결합은 형성된다.

### 7.5절

- 일부 분자에서 결합을 설명하기 위해, 우리는 **혼성**(hybridization)의 개념을 사용할 필요가 있다. 원자 오비탈은 혼성을 통하여 혼합되어 **혼성 오비탈**(hybridization orbital)을 형성한다.
- 혼성-오비탈 분석을 이용하려면, 분자 내 분자 모양과 결합각을 이미 알고 있어야 한다. 혼성 오비탈은 분자 모양을 예측하는 데 이용되지 않는다.

### 7.6절

- 오비탈 겹침 영역이 두 원자 사이에 바로 놓여 있을 때, **시그마 결합**[sigma($\sigma$) bond]이 형성된다. 평행의 혼성되지 않은 $p$ 오비탈이 상호 작용할 때 **파이 결합**[pi($\pi$) bond]이 형성된다. 일반적으로 **이중** 결합은 하나의 시그마 결합과 하나의 파이 결합으로 구성된다. **삼중** 결합은 하나의 시그마 결합과 두 개의 파이 결합으로 구성된다.

### 7.7절

- 상자기성 종은 홀전자를 포함하는 종이다. 반자기성 종은 홀전자가 없는 종이다. 상자기성 종은 자기장에 의해 약하게 끌리는 반면, 반자기성 종은 자기장에 의해 약하게 튕겨 나간다.
- **분자 오비탈 이론**(molecular orbital theory)에 따르면, 원자 오비탈은 결합하여 새로운 **분자 오비탈**(molecular orbital)을 형성하는데, 이 분자 오비탈은 원자와 관련 있기보다는 분자와 관련이 있다. 핵간 축을 따라 놓여 있는 분자 오비탈은 시그마일 것이며, 핵간 축에 놓여 있지 않은 분자 오비탈은 파이일 것이다.

- 분자 오비탈은 **결합**(bonding) 또는 **반결합**(antibonding)일 수 있다. **결합 분자 오비탈**(bonding molecular orbital)은 분자 오비탈을 형성하기 위해 합쳐진 고립된 원자 오비탈보다 에너지가 낮다. 상응하는 **반결합 분자 오비탈**(antibonding molecular orbital)은 고립된 원자 오비탈보다 에너지가 높다.
- 결합 분자 오비탈은 **같은 위상**(in phase)의 원자 오비탈들의 상호 작용으로 생겨난다. 반결합 분자 오비탈은 **다른 위상**(out of phase)의 원자 오비탈들의 상호 작용으로 기인한다. 결합 분자 오비탈의 전자는 결합의 세기에 기여한다. 반결합 분자 오비탈의 전자는 결합을 약하게 만든다. **결합 차수**(bonding order)는 결합 **세기**에 대한 척도이며 분자 오비탈 도표를 이용하여 결정될 수 있다.

7.8절

- 특정 분자 또는 다원자 이온의 결합을 가장 쉽게 설명하는 결합 이론을 사용하는 것이 일반적으로 가장 좋다. 2개 또는 그 이상의 공명 구조로 표현될 수 있는 종에서, 파이 결합은 **비편재되는데**(delocalized) 이것은 파이 결합들이 분자 위로 퍼지게 되는 것이고 단지 두 개의 원자에 한정되지 않는다는 것을 의미한다. **편재된**(localized) 결합은 두 개의 원자에 한정된 결합이다. 많은 종들은 원자가 결합 이론과 분자 오비탈 이론을 조합하여 사용할 때 가장 잘 설명된다.

## 주요 용어

결합각(bond angle)
결합 분자 오비탈(bonding molecular orbital)
결합 차수(bond order)
구조 이성질체(structural isomer)
런던 분산력(London dispersion force)
반결합 분자 오비탈(antibonding molecular orbital)
반데르발스 힘(van der Waals forces)
분극된(polarized)
분산력(dispersion forces)
분자간 힘(intermolecular forces)
분자 모양(molecular geometry)
분자 오비탈(molecular orbital)
분자 오비탈 이론(molecular orbital theory)
비편재된(delocalized)
수소 결합(hydrogen bonding)
순간 쌍극자(instantaneous dipole)
시그마 결합[sigma($\sigma$) bond]
쌍극자–쌍극자 상호 작용(dipole–dipole interactions)
원자가 결합 이론(valence bond theory)
원자가 껍질 전자쌍 반발(valence–shell electron–pair repulsion, VSEPR)
위상(phase)
이온–쌍극자 상호 작용(ion–dipole interactions)
적도 방향의(equatorial)
전자 영역(electron domain)
전자 영역 모양(electron–domain geometry)
축 방향의(axial)
파이 결합[pi($\pi$) bond]
편재된(localized)
혼성(hybridization)
혼성 오비탈(hybrid orbital)

## 주요 식

7.1 $$\text{결합 차수} = \frac{\text{결합 분자 오비탈에 있는 전자의 수} - \text{반결합 분자 오비탈에 있는 전자의 수}}{2}$$

결합 차수는 결합 분자 오비탈에 있는 전자의 수에서 반결합 분자 오비탈에 있는 전자의 수를 뺀 다음 2로 나누어 계산한다.

# 주요 내용 분자 모양과 극성

분자 극성은 물질의 물리적 및 화학적 성질을 결정하는 데 대단히 중요하다. 실제로 분자 극성은 분자 모양의 가장 중요한 결과 중 하나이다. 분자 또는 다원자 이온의 기하학적 구조 또는 모양을 결정하기 위해 단계별 절차를 이용한다.

1. 정확한 루이스 구조를 그린다[|◀◀ 6장 주요 내용].
2. 전자 영역의 수를 센다. 전자 영역은 고립 전자쌍이나 하나의 결합인데, 하나의 결합은 단일 결합, 이중 결합 또는 삼중 결합이 될 수 있다는 것을 기억한다.
3. VSEPR 모형을 적용하여 전자 영역 모양을 결정한다.
4. 원자들의 위치를 고려하여 분자 모양을 결정한다. 분자 모양은 전자 영역 모양과 같을 수도 또는 같지 않을 수도 있다.

$SF_6$, $SF_4$, 그리고 $CH_2Cl_2$의 예를 고려해 보자. 우리는 분자 모양을 다음과 같이 결정한다.

| 루이스 구조를 그린다. | 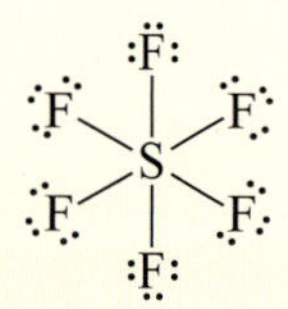 | 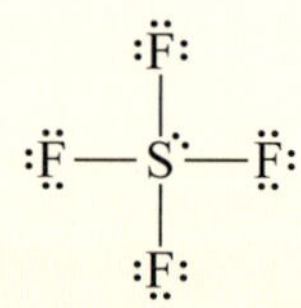 | 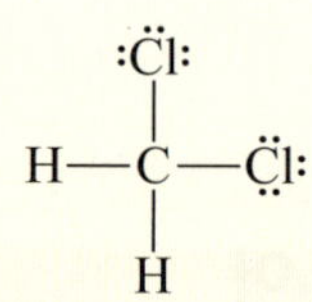 |
|---|---|---|---|
| 중심 원자의 전자 영역을 센다. | 6개의 전자 영역:<br>· 6개의 결합 | 5개의 전자 영역:<br>· 4개의 결합<br>· 1개의 고립 전자쌍 | 4개의 전자 영역:<br>· 4개의 결합 |
| VSEPR을 적용하여 전자 영역 모양을 결정한다. | 6개의 전자 영역은 팔면체로 배열한다. | 5개의 전자 영역은 삼각 쌍뿔로 배열한다. | 4개의 전자 영역은 사면체로 배열한다. |
| | 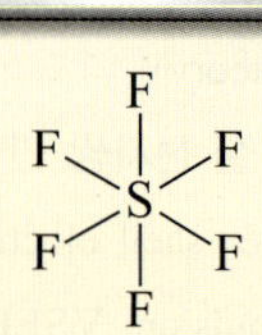 | 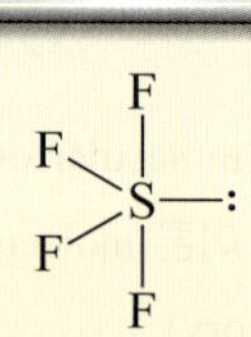 | 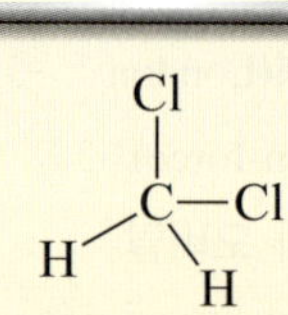 |
| 원자들의 위치를 고려하여 분자 모양을 결정한다. | 중심 원자에 고립 전자쌍이 없으므로 분자 모양은 전자 영역 모양과 같다: 팔면체 | 고립 전자쌍이 적도 방향 위치 중 하나를 차지하여 분자 모양을 만든다: 시소 모양 | 중심 원자에 고립 전자쌍이 없으므로 분자 모양은 전자 영역 모양과 같다: 사면체 |
| | 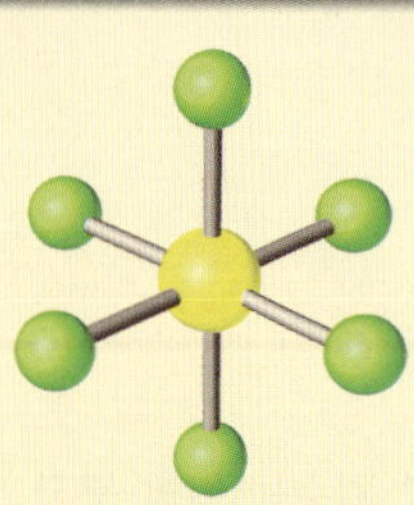 |  |  |

분자 모양을 결정한 후에 개별 결합 쌍극자와 3차원에서의 배열을 조사하여 각 분자의 전체 극성을 결정한다.

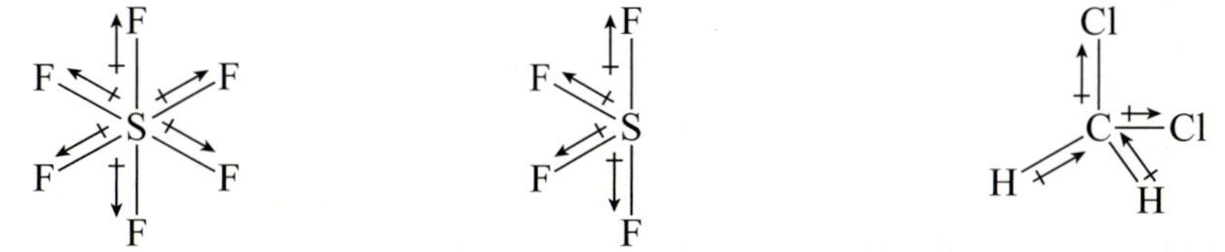

개별 결합이 극성인지 아닌지를 결정한다.

S와 F의 전기 음성도는 각각 2.5와 4.0이다[◀◀ 그림 6.4]. 따라서, 개별 결합은 극성이고 화살표로 나타낼 수 있다.

$SF_6$에서와 마찬가지로, $SF_4$에서 개별 결합도 극성이다. 결합 쌍극자는 화살표로 나타낸다.

C, H 및 Cl의 전기 음성도는 각각 2.5, 2.1 그리고 3.0이다. 개별 결합은 극성이다. 결합 쌍극자는 화살표로 나타낸다.

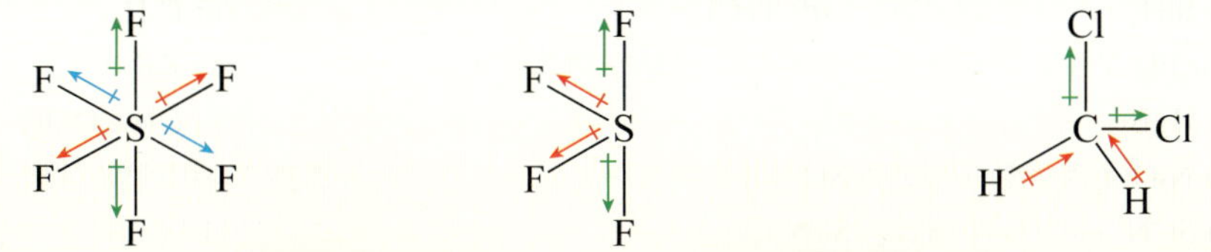

결합의 배열을 고려하여 상쇄되는 쌍극자가 있는지 결정한다.

빨간색 쌍극자끼리 서로 상쇄된다. 파란색 쌍극자끼리 서로 상쇄된다. 초록색 쌍극자끼리 서로 상쇄된다. $SF_6$는 **비극성**이다(nonpolar).

초록색 쌍극자끼리 서로 상쇄된다. 빨간색 쌍극자는 서로 직접적으로 마주하지 않기 때문에 상쇄되지 않는다. $SF_4$는 **극성**이다(polar).

결합들은 대칭적으로 분포되어 있지만 모두가 동등한 쌍극자는 아니기 때문에 서로 상쇄되지 않는다. $CH_2Cl_2$는 **극성**이다(polar).

극성 결합이라도 분자가 대칭으로 분포된 동등한 결합으로 이루어져 있다면 비극성일 수 있다. 대칭으로 분포되어 있지 않거나 동등하지 않은 결합을 갖는 분자는 일반적으로 극성이다.

## 주요 내용 문제

### 7.1

$PBr_3$의 분자 모양은 무엇인가?

(a) 삼각 평면형 모양 (b) 사면체형 모양
(c) 삼각뿔형 모양 (d) 굽은형
(e) T—모양형

### 7.2

다음 화학종에서 어느 것이 사면체 분자 모양을 갖지 않는가?

(a) $CCl_4$ (b) $SnH_4$
(c) $AlCl_4^-$ (d) $XeF_4$
(e) $PH_4^+$

### 7.3

다음 화학종 중에서 어느 것이 극성인가?

(a) $CF_4$ (b) $ClF_3$
(c) $PF_5$ (d) $AlF_3$
(e) $XeF_2$

### 7.4

다음 화학종 중에서 어느 것이 비극성인가?

(a) $ICl_2^-$ (b) $SCl_4$
(c) $SeCl_2$ (d) $NCl_3$
(e) $GeCl_4$

# 종합문제

## 7.1절: 분자 모양

### 개념 문제

7.7 VSEPR 모형을 이용하여 다음 분자 및 이온의 모양을 예측하시오.
(a) $CBr_4$ (b) $BCl_3$ (c) $NF_3$
(d) $H_2Se$ (e) $NO_2^-$

7.9 VSEPR 모형을 이용하여 다음 종의 모양을 예측하시오.
(a) $PCl_3$ (b) $CHCl_3$
(c) $SiH_4$ (d) $TeCl_4$

7.11 VSEPR 모형을 이용하여 다음 분자의 모양을 예측하시오.
(a) $HgBr_2$
(b) $N_2O$(원자들의 배열은 NNO이다.)
(c) $SCN^-$(원자들의 배열은 SCN이다.)

7.13 $CH_3COOH$ 분자에 있는 3개의 중심 원자 각각에 대한 모양을 설명하시오.

7.15 다음 중 어느 것이 이상적인 결합 각도에서 $AB_x$ 분자에 대해서 불가능한 편차를 보이는가? 설명하시오.

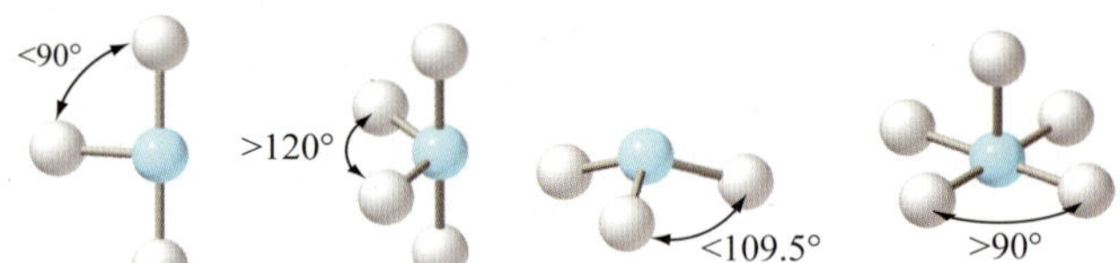


T-모양 (a) 시소 모양 (b) 삼각뿔 (c) 사각뿔 (c)

## 7.2절: 분자 모양과 극성

### 개념 문제

7.19 (a) $BrF_5$, (b) $ClF_3$ 및 (c) $BCl_3$이 극성인지 결정하시오.

7.21 보여지는 각 분자는 극성 결합을 포함한다. 어느 분자가 극성인가?

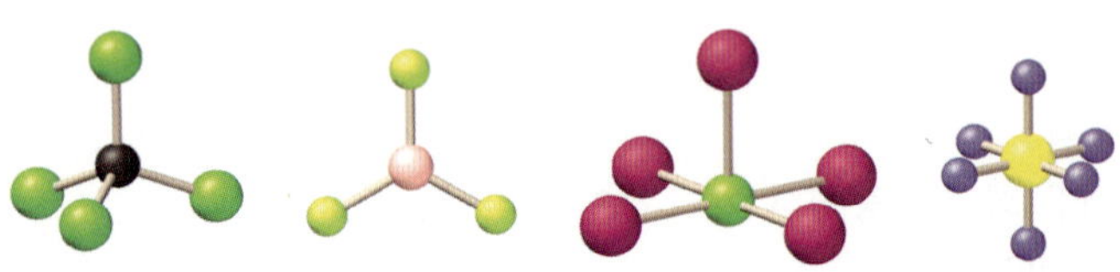

(a) (b) (c) (d)

## 7.3절: 분자간 힘

### 개념 문제

7.29 여러분이 알래스카에 살았다면, 다음 천연가스 메테인($CH_4$), 프로페인($C_3H_8$) 또는 뷰테인($C_4H_{10}$) 중 어느 것을 겨울에 외부 창고 탱크에 보관했을까? 그 이유를 설명하시오.

7.31 다음 각 종에서 분자들(또는 원자나 이온) 사이에 존재하는 분자간 힘의 유형을 열거하시오.
(a) 벤젠($C_6H_6$) (b) $CH_3Cl$
(c) $PF_3$ (d) NaCl
(e) $CS_2$

7.33 다음 종에서 어느 것이 스스로들 사이에서 수소 결합이 가능한가?
(a) $C_2H_6$ (b) HI
(c) KF (d) $BeH_2$
(e) $CH_3COOH$

7.35 다이에틸 에터 및 1−뷰탄올의 끓는점은 각각 34.5°C와 117°C이다.

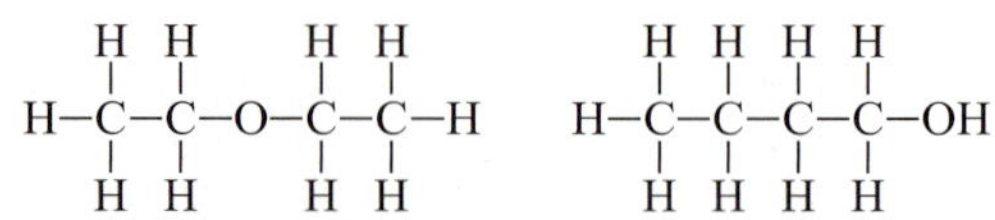

다이에틸 에터 1−뷰탄올

이 화합물들은 동일한 수와 동일한 종류의 원자를 갖고 있다. 이들의 끓는점의 차이에 대해서 설명하시오.

7.37 다음의 각 쌍 중에서 어느 물질이 더 높은 끓는점을 가지는가? 그 이유를 설명하시오.
(a) Ne 또는 Xe (b) $CO_2$ 또는 $CS_2$
(c) $CH_4$ 또는 $Cl_2$ (d) $F_2$ 또는 LiF
(e) $NH_3$ 또는 $PH_3$

7.39 다음의 과정을 진행시키기 위해서 어떤 종류의 인력을 극복해야 하는가?
(a) 얼음을 녹인다.
(b) 브로민 분자를 끓인다.
(c) 아이오딘 고체를 녹인다.
(d) $F_2$를 F로 분해한다.

7.41 $SiH_4$와 $PH_3$ 중 어느 분자가 더 높은 온도에서 응축되어 액체가 되는지 결정하시오. 또한 그 이유를 설명하시오.

7.43 다음 화합물들의 녹는점 차이를 설명하시오.(힌트: 둘 중 하나는 분자 내 수소 결합을 형성할 수 있다.)

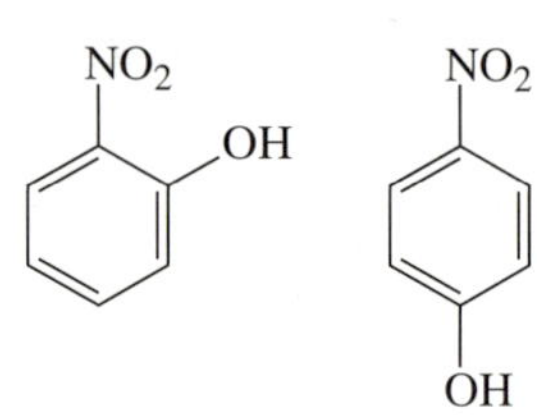

m.p. 45°C m.p. 115°C

## 7.4절: 원자가 결합 이론

### 개념 문제

7.49 다음 중 결합을 설명하기 위해 원자가 결합 이론을 쓸 수 없는 분자는 어느 것인가? 그 이유를 설명하시오.

$N_2$, $BF_3$(F−B−F 결합각=120°), HI

## 7.5절: 원자 오비탈의 혼성

### 개념 문제

7.55 $SiH_4$와 $H_3Si-SiH_3$에서 Si의 혼성은 무엇인가?

7.57 $PF_5$에서 P의 혼성은 무엇인가?

7.59 $BF_3$와 $NH_3$로부터 $F_3B-NH_3$ 형성의 결과로 B와 N의 혼성 변화가 있다면 그 변화에 대해 설명하시오.

## 7.6절: 다중 결합을 포함하는 분자에서 혼성

### 개념 문제

7.63 다음 종에서 탄소 원자의 혼성을 결정하시오.

(a) CO (b) $CO_2$ (c) $CN^-$

7.65 아자이드 이온($N_3^-$)에서 중심 N 원자의 혼성은 무엇인가? (원자들의 배열은 NNN이다.)

7.67 테트라사이아노에틸렌 분자에는 얼마나 많은 시그마 결합과 파이 결합이 있는가?

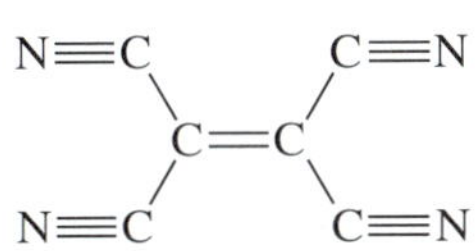

7.69 벤조에이피렌(benzo[*a*]pyrene)은 석탄 및 담배 연기에서 발견되는 강력한 발암 물질이다. 이 분자에 있는 시그마 및 파이 결합의 수를 결정하시오.

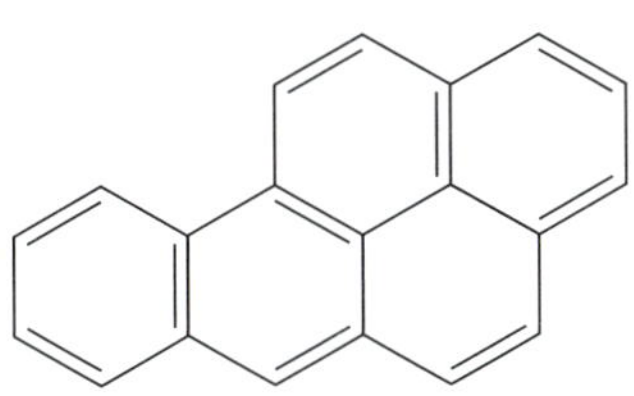

## 7.7절: 분자 오비탈 이론

### 개념 문제

7.75 두 H 원자로부터 $H_2$의 생성은 에너지 면에서 호의적인 과정이다. 그러나 통계적으로 임의의 두 H 원자가 반응을 일으킬 확률은 100%보다 적다. 에너지를 고려하는 것은 접어두고, 이러한 관측을 두 H 원자의 전자 스핀을 근거로 하여 어떻게 설명하겠는가?

7.77 다음 종을 안정성이 증가하는 순서로 나열하고, 분자 오비탈 에너지 도표를 이용하여 근거를 설명하시오.

$Li_2$, $Li_2^+$, $Li_2^-$

7.79 $B_2$와 $B_2^+$ 중 어느 종이 더 긴 결합을 갖는가? 분자 오비탈 이론을 이용하여 설명하시오.

7.81 산소 분자에 대한 루이스 방법과 분자 오비탈 방법을 비교하시오.

7.83 다음 종들의 상대 결합 차수를 비교하고 이들의 자기적 성질을 보이시오(즉, 반자기성인지 또는 상자기성인지).

$O_2$, $O_2^+$, $O_2^-$(초과산화 이온), $O_2^{2-}$(과산화 이온)

7.85 단일 결합은 거의 언제나 1개의 시그마 결합으로 되어 있고, 파이 결합은 거의 언제나 1개의 시그마 결합과 1개의 파이 결합으로 되어 있다. 이 규칙에 약간의 예외가 있다. $B_2$와 $C_2$ 분자가 이 예외의 예라는 것을 보이시오.

7.87 BeO가 반자기성이라면, 그 분자 오비탈의 순서가 $Be_2$와 같을지 또는 $O_2$와 같을지 분자 오비탈 도표를 이용하여 결정하시오.

## 7.8절: 결합 이론과 비편재된 결합을 갖는 분자의 설명

### 개념 문제

7.91 화학자들은 종종 벤젠의 구조를 왼쪽과 같이 나타낸다. 왜 왼쪽 구조가 오른쪽 구조보다 벤젠을 표현하기 더 좋은 구조인지 설명하시오.

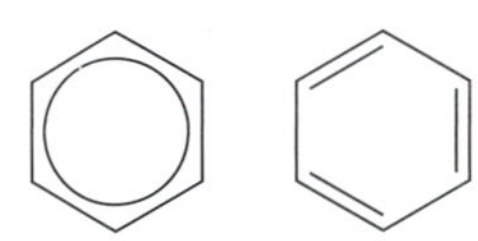

7.93 플루오린화 나이트릴($FNO_2$)은 로켓 추진제로 사용된다. 플루오린과 산소 원자는 질소 원자와 결합을 하고 있다.

(a) $FNO_2$의 루이스 구조를 그리시오.

(b) 질소 원자의 혼성을 보이시오.

(c) 분자 오비탈 이론을 이용하여 결합을 설명하시오. 어디에서 비편재된 분자 오비탈이 형성될 것으로 예측하는가?

7.95 $O_3$에서 중심 O 원자의 혼성은 무엇인가? 비편재된 분자 오비탈을 이용하여 $O_3$에서 결합을 설명하시오.

## 추가 문제

7.97 브로민화 수은(II)의 루이스 구조를 그리시오. 이 분자는 선형인가 아니면 굽은형인가? 어떻게 그 모양을 설정하겠는가?

7.99 이염화 황($SCl_2$)의 구조와 황 원자의 혼성을 예측하시오.

7.101 비타민 C의 분자 모형은 다음과 같다.
(a) 화합물의 분자식을 쓰시오.
(b) 각 C와 O 원자의 혼성은 무엇인가?
(c) 각 C와 O에 대해서 모양을 설명하시오.

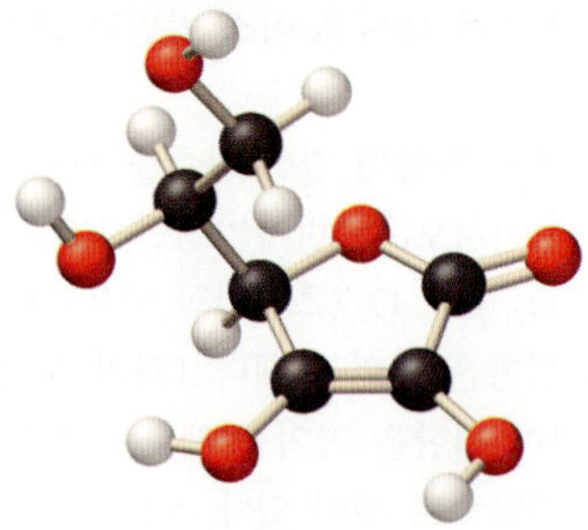

7.103 다음 분자들의 결합각을 예측하시오.
(a) $BeCl_2$ (b) $BCl_3$
(c) $CCl_4$ (d) $CH_3Cl$
(e) $Hg_2Cl_2$(원자들의 배열: ClHgHgCl)
(f) $SnCl_2$ (g) $H_2O_2$
(h) $SnH_4$

7.105 다음 분자들에 대해서 루이스 구조를 그리고, 각각 요구되는 정보를 적으시오.
(a) $BF_3$. 모양: 평면 구조인가 비평면 구조인가?
(b) $ClO_3^-$. 모양: 평면 구조인가 비평면 구조인가?
(c) HCN. 극성인가 비극성인가?
(d) $OF_2$. 극성인가 비극성인가?
(e) $NO_2$. ONO 결합 각도를 예측하시오.

7.107 다음 물질 중 어느 것이 가장 높은 극성을 보이는가?
$CH_4$, $H_2$, $CCl_4$, $SF_6$, $H_2S$

7.109 다음 분자 중 어느 것이 선형인가?
$ICl_2^-$, $IF_2^+$, $OF_2$, $SnI_2$, $CdBr_2$

7.111 $N_2F_2$ 분자는 다음 두 가지 형태 중 하나로 존재한다.

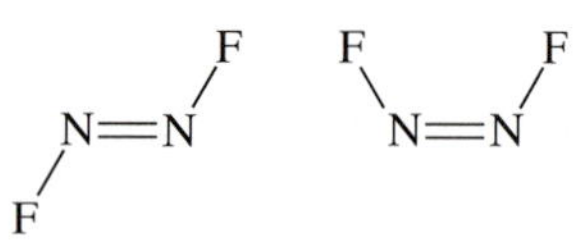

(a) 각 경우에서 N의 혼성은 무엇인가?
(b) 각 구조가 극성인지 또는 비극성인지 밝히시오.

7.113 화합물 1,2-다이클로로에테인($C_2H_4Cl_2$)은 비극성인 반면 시스-다이클로로에틸렌($C_2H_2Cl_2$)은 쌍극자 모멘트를 가진다. 이러한 차이가 나는 이유는 단일 결합에 의해 연결된 그룹들은 각각에 대해서 회전이 가능하지만 이중 결합이 그 그룹들을 연결할 때는 회전이 불가능하기 때문이다. 결합 관점을 근거로 해서, 왜 1,2-다이클로로에테인은 회전이 가능한데 시스-다이클로로에틸렌은 그렇지 않은지 설명하시오.

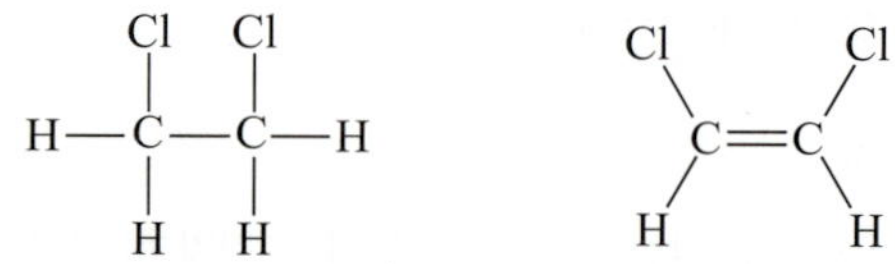

1,2-다이클로로에테인 시스-다이클로로에틸렌

7.115 다음 각 쌍에서 끓는점이 더 높은 물질을 선택하시오. 각 경우에 관련된 주요 분자간 인력을 밝히고 선택에 대해 간략히 설명하시오.
(a) $K_2S$ 또는 $(CH_3)_3N$
(b) $Br_2$ 또는 $CH_3CH_2CH_2CH_3$

7.117 일반적으로 AZT로 알려져 있는 화합물 3′-아지도-3′-디옥시티미딘은 에이즈(AIDS)를 치료하기 위해 사용되는 약이다. 이 분자에서 C와 N 원자의 혼성 상태는 무엇인가?

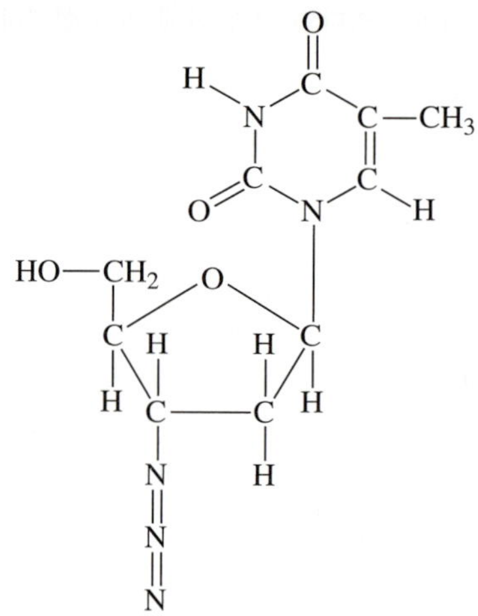

7.119 아미노산 셀레노시스테인은 셀레노 단백질의 성분이다. 셀레노 단백질은 지금까지 사람 세포에서 20가지가 넘게 발견되었다.

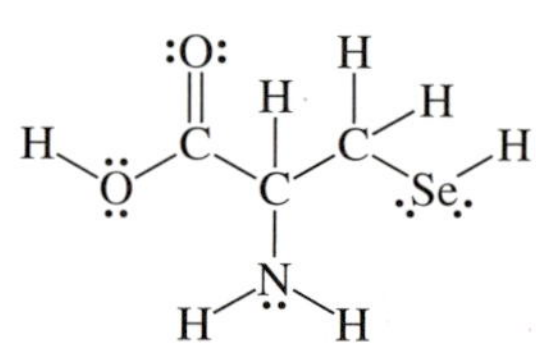

이 흥미로운 아미노산 구조에서 여기에 보여진 각 유형의 혼성 오비탈이 몇 개나 있는가?

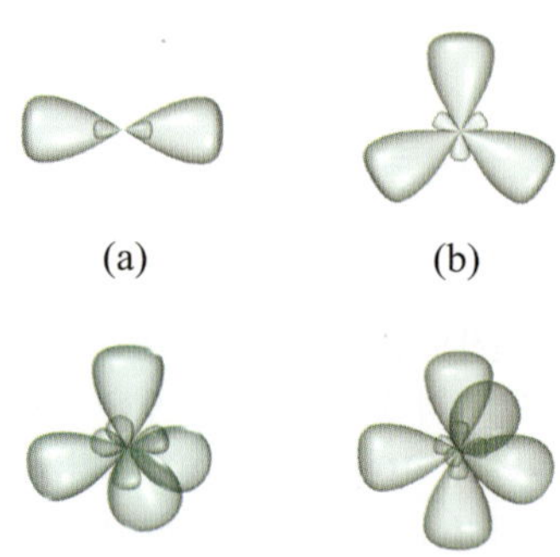

7.121 이 분자에서 C와 N의 혼성은 무엇인가?

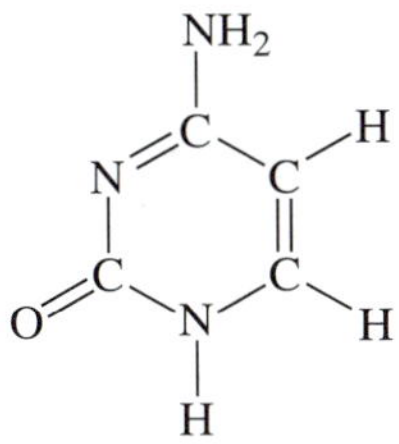

7.123 기체상이거나 또는 상당히 휘발성이 큰 액체 마취약이 수술 과정에서 종종 선호된다. 왜냐하면 일단 흡입을 하면, 이러한 증기는 재빠르게 허파꽈리를 통하여 혈액으로 들어간 다음 뇌로 들어갈 수 있기 때문이다. 다음은 몇 가지 일반적인 기체상 마취약과 끓는점이다. 분자간 인력을 고려하여, 이러한 마취제를 사용할 때의 장점을 설명하시오.(힌트: 뇌 장벽은 비극성 내부 영역을 가진 막으로 구성되어 있다.)

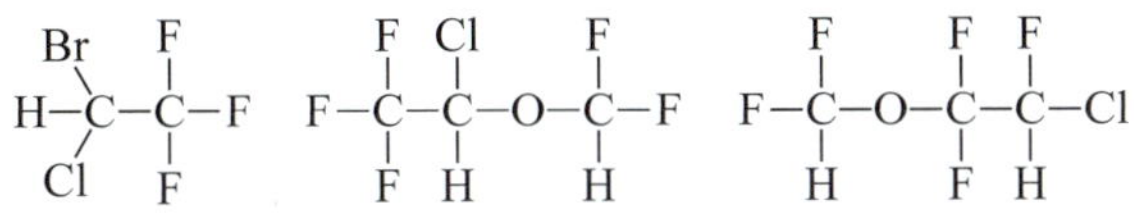

할로테인 50°C　　아이소프플루레인 48.5°C　　엔플루레인 56.5°C

7.125 지구 온난화에 기여하는 소위 온실가스는 쌍극자 모멘트를 갖거나 또는 분자 진동 중에 굽어지거나 뒤틀려서 순간 쌍극자 모멘트를 갖는 모양으로 변할 수 있다. 이것을 근거로 하여, 다음 기체 중 어느 것이 온실가스이겠는가?

$N_2$, $O_2$, $O_3$, CO, $CO_2$, $NO_2$, $N_2O$, $CH_4$, $CFCl_3$

7.127 다이설파이드 결합 −S−S−는 단백질 3차원 구조 결정에 중요한 역할을 한다. 그 결합의 성질과 S 원자의 혼성을 기술하시오.

7.129 $BO^+$ 이온은 상자기성이다. 다음을 결정하시오.

(a) 분자 오비탈 에너지의 순서가 $B_2$를 닮았는지 또는 $O_2$를 닮았는지

(b) 결합 차수

(c) 이온의 홀전자의 수

7.131 $SO_3$가 2개의 전자를 얻어 $SO_3^{2-}$가 될 때, 중심 S 원자에 대한 모양에서의 변화를 가장 잘 설명한 것은 어느 것인가?

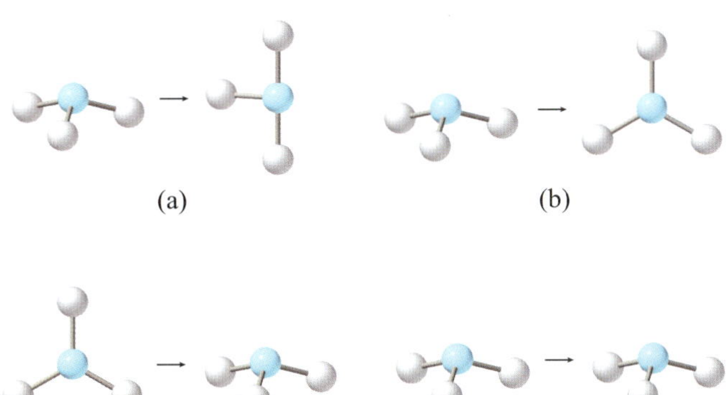

(a)　(b)　(c)　(d)

7.133 이산화 탄소의 3가지 진동 모드를 고려해 보자. 화살표는 원자들의 움직임을 가리킨다.(진동이 완전히 순환되는 동안, 원자는 한 극단적인 위치로 이동한 다음 다른 극단적인 위치로 방향을 바꾼다.) 앞의 진동 중 어느 것이 온실가스로서 작용하는 $CO_2$에 대해서 책임이 있는가?(문제 7.125 참조)

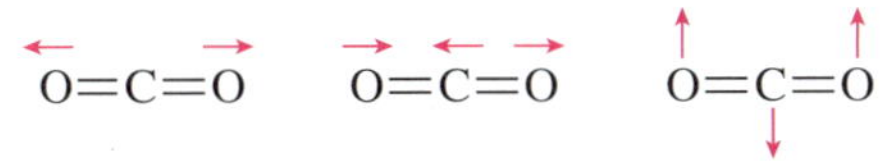

7.135 프로게스테론은 여성의 성 특징을 담당하는 호르몬이다. 일상적인 간단한 구조에서, 선들이 만나는 각 지점은 C 원자를 나타내며, 대부분의 H 원자는 표시되지 않는다. 모든 C와 H 원자를 보여 주는 분자의 완전한 구조를 그리시오. 어느 C 원자가 $sp^2$− 및 $sp^3$− 혼성화된 것인지 나타내시오.

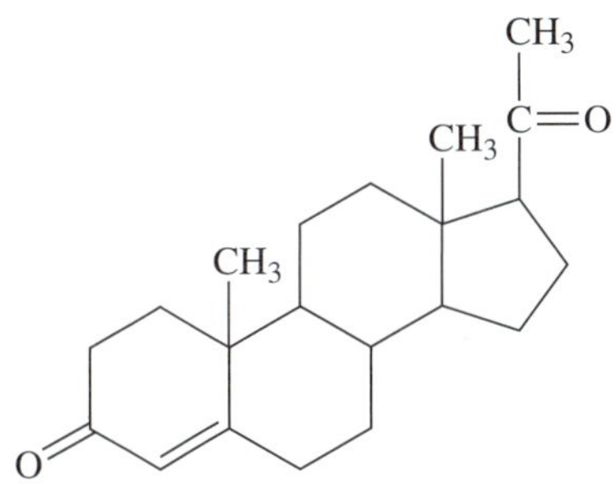

7.137 질소가 $N_2$를 형성하는 것과 유사한 방식으로 3주기 원소인 인이 이원자 분자 $P_2$를 형성한다고 가정해 보자.

(a) $P_2$에 대한 전자 배치를 쓰시오. $[Ne_2]$를 사용하여 첫 2주기에 대한 전자 배치를 나타낸다.

(b) 결합 차수를 계산하시오.

(c) 자기적 성질(반자기성 또는 상자기성)은 무엇인가?

7.139 $O_2$에 대한 루이스 구조는 다음과 같다. 분자 오비탈 이론을 이용하여 이 구조가 실제로 산소 분자의 들뜬 상태에 해당함을 보이시오.

:Ö=Ö:

7.141 화합물 TCDD 또는 2,3,7,8−테트라클로로다이벤조−피−다이옥신(2,3,7,8−tetrachlorodibenzo−*p*-dioxin)은 독성이 매우 강하다.

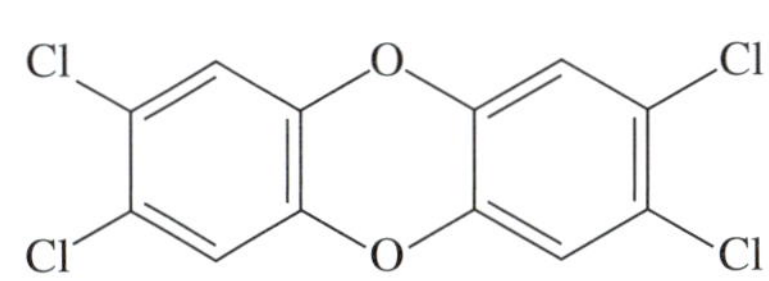

이 화합물은 2004년 우크라이나 정치인의 살인 미수에 연루되었을 때 상당한 악명을 얻었다.

(a) 그 모양을 묘사하고, 분자가 쌍극자 모멘트를 갖는지를 설명하시오.

(b) 분자 내에 몇 개의 파이 결합과 시그마 결합이 존재하는가?

7.143 일산화 탄소(CO)는 헤모글로빈 분자의 $Fe^{2+}$에 강하게 결합할 수 있는 능력으로 인해 독성 화합물이다. CO의 분자 오비탈은 $N_2$ 분자와 동일한 에너지 순서를 갖는다.

(a) CO의 루이스 구조를 그리고 형식 전하를 결정하시오. CO가 왜 0.12 D의 상당히 작은 쌍극자 모멘트를 갖는지 설명하시오.

(b) CO의 결합 차수를 분자 오비탈 이론으로부터 얻은 결합 차수와 비교하시오.

(c) 헤모글로빈에서 $Fe^{2+}$ 이온과 결합을 형성하는 원자는 C 또는 O 중에 어느 것인가?

7.145 다음 모양 중 어느 것이 수소화 주석[tin(IV) hydride, $SnH_4$]에 대해서 더 큰 안정성을 갖는가?

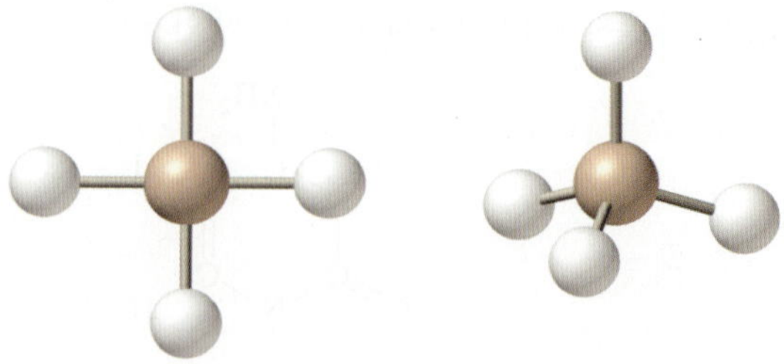

7.147 일시적인 이원자 분자 CF의 결합 길이는 129.1 pm이고 분자 이온 $CF^+$의 결합 길이는 117.3 pm이다. 분자 오비탈 이론을 이용하여 왜 CF 결합이 전자를 잃을 때 짧아지는지 설명하시오.

## 유제 해답

**7.1** ❶ (a) 6A족 (b) 7A족 **7.2** ❶ $SO_2$는 이중 결합을 가지는데, 이 결합은 $NH_3$의 단일 결합처럼 중앙 원자의 고립 전자쌍에 의해 쉽게 밀리지는 않는다.

**7.3** ❶

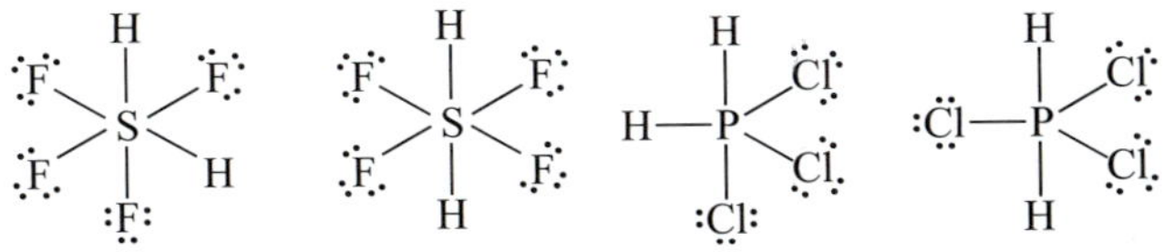

극성 비극성 극성 비극성

(a) (b)

**7.4** ❶ (a) 쌍극자–쌍극자 힘, 분산력 (b) 쌍극자–쌍극자 힘, 수소 결합, 분산력 (c) 쌍극자–쌍극자 힘, 수소 결합, 분산력 (d) 분산력 **7.5** ❶ 원자가 결합 이론을 이용하여 $SO_2$ 또는 $CH_4$의 결합을 설명할 수 없다. $SO_2$의 경우에, 중심 원자가 2개의 홀전자를 갖고 있어서 2개의 결합을 형성할 수 있지만 S의 홀전자는 3*p*에 있다. S에 있는 2개의 3*p* 오비탈이 겹쳐서 생기는 2개의 결합은 거의 90°의 결합각을 이루게 된다. $CH_4$의 경우, 중심 원자는 4개의 결합을 형성할 만한 충분한 홀전자를 갖지 않는다. **7.6** ❶ Be에서 2*s* 전자 중 하나는 빈 2*p* 오비탈로 승위된다. *s* 오비탈과 1개의 *p* 오비탈은 혼성하여 2개의 *sp* 혼성 오비탈을 만든다. 각 혼성 오비탈은 1개의 전자를 가지며 F 원자의 홀로 점유된 2*p* 오비탈과 겹친다. 그 배열은 ~180°의 결합각을 갖는 선형이다. **7.7** ❶ 17 $\sigma$ 결합과 5 $\pi$ 결합 **7.8** ❶ 각 N 원자는 *sp* 혼성이다. 각 원자에서 *sp* 오비탈 하나는 홀로 점유되어 있고 다른 하나는 고립 전자쌍을 가진다. 홀로 점유된 *sp* 오비탈은 겹쳐져 N 원자들 사이에서 시그마 결합을 형성한다. 남아 있는 혼성화되지 않은 *p* 오비탈들은 상호 작용하여 2개의 파이 결합을 만든다. **7.9** ❶ 상자기성; 결합 차수=2 **7.10** ❶ 2개의 다른 공명 구조가 가능하다. 그러므로 3개의 원자 모두 $sp^2$ 혼성으로 간주된다. 중심 N 원자의 혼성 오비탈 중 하나는 고립 전자쌍을 가지며, 다른 2개는 말단의 산소 원자와 시그마 결합을 형성한다. 각 원자는 1개의 혼성되지 않은 *p* 오비탈을 가진다. 그 *p* 오비탈들은 결합하여 $\pi$ 분자 오비탈을 형성한다.

## 절 복습

**7.1.1** d **7.1.2** b **7.1.3** e **7.1.4** c **7.2.1** a **7.2.2** c **7.3.1** a **7.3.2** d **7.4.1** b, e **7.4.2** b **7.5.1** b **7.5.2** d **7.6.1** a, c **7.6.2** c **7.6.3** a, b, e **7.6.4** c, e **7.7.1** b **7.7.2** c, e **7.7.3** b **7.7.4** a, c, e **7.8.1** c **7.8.2** b **7.8.3** a, b **7.8.4** e

Chapter 8

# 화학 반응

## Chemical Reactions

일본의 진미(delicacy)인 복어는 많은 고급 레스토랑의 특징적인 메뉴이다. 복어의 일부분, 특히 눈, 간, 난소에는 테트로독신(tetrodoxin, 잠재적으로 치명적인 신경독)이 들어 있다. 일본에서는 1980년대 초반까지만 해도 복어 요리로 인해 매년 수십 명씩 사망했다. 1984년의 복어 간 식용 금지 조치로 연평균 사망자 수가 줄어들었다. 복어 요리는 여전히 인기 있지만, 복어 판매는 일본 정부에 의해 엄격히 규제되고 있으며, 특별히 훈련되고 면허가 있는 요리사만이 조리 허가를 받는다. 화학자들은 테트로독신의 화학 및 생화학 연구를 용이하게 하기 위해 실험실에서 합성하였다. 합성 중 어떤 것은 32단계가 필요하기 때문에 전체 반응 수득률은 0.52%에 불과하다. 또 다른 합성은 67단계가 필요하지만 좀 더 큰 1.22%의 수득률을 가진다.

## 들어가기 전에

- 원소의 몰과 몰질량 [|◀◀2.7절]
- 이온 결합 화합물의 화학식 [|◀◀5.4절]
- 분자 화합물의 화학식 [|◀◀5.5절]
- 화합물의 몰과 몰질량 [|◀◀5.10절]

# 8.1 화학 반응식

지금까지 우리는 원자 구조를 공부하고 아원자 입자의 수와 배열이 원자의 성질을 어떻게 일으키는지 알아보았다. 원자의 **성질**(properties)은 원자들이 어떻게 상호 작용하여 우리가 매일 접하는 물질이 되는지를 결정한다. 이 장에서는 물질이 겪게 되는 화학적 변화 그리고 이러한 변화를 **화학 반응식**(chemical equation)으로 나타내는 방법과 화학 반응식을 이용하여 정량적 문제를 해결하는 방법을 알아본다.

존 돌턴(John Dalton)의 원자론(atomic theory)에 대한 세 번째 가설은 **화학 반응**(chemical reaction)이 원자가 생성되지도 파괴되지도 않지만 화학적 화합물에서 원자들을 재배열하는 과정으로 설명했다. 화학 반응의 예로는 철의 부식과 물을 생성하는 수소 기체와 산소 기체의 폭발적인 결합 등이 있다. 우리가 접하는 다른 화학적 과정(전자 전이, 이온화, 전자 친화도 및 화학 결합 형성)과 마찬가지로 화학 반응은 에너지 변화를 수반한다.

**화학 반응식**(chemical equation)은 화학 반응에서 일어나는 것을 나타내기 위해 화학 기호를 사용한다. 화학자들이 화학 기호를 사용하여 원소와 화합물을 어떻게 표현하는지는 이미 보았다. 이제 화학자들이 화학 반응식을 사용하여 화학 반응을 어떻게 표현하는지 살펴보자.

> **참조**
>
> 화학적 변화는 화학적 과정이라고도 불린다는 것을 기억하자 [|◀◀ 1.6절]. 화학적 변화, 화학적 과정 그리고 화학 반응은 거의 동일하다.

> **참조**
>
> 돌턴의 원자론을 구성하는 3가지 가설은 다음과 같다.
> 1. 물질은 원자라고 불리는 나누어지지 않는 작은 입자로 이루어져 있다. 한 원소의 모든 원자는 동일하다[|◀◀ 2.1절].
> 2. 화합물은 둘 이상의 서로 다른 원소의 원자들의 특정 조합으로 구성된다[|◀◀ 5.5절].
> 3. 화학 반응은 원자들의 재배열을 일으키지만 원자의 생성 또는 파괴를 일으키지 않는다.

### 화학 반응식을 해석하고 쓰기

화학 반응식은 **화학적 서술**(chemical statement)을 나타낸다. 화학 반응식을 접할 때, 그것이 문장인 것처럼 읽는 것이 유용할 수도 있다. 다음 반응식은 "암모니아와 염화수소가 반응하여 염화암모늄을 생성한다"로 읽는다.

$$NH_3 + HCl \longrightarrow NH_4Cl$$

다음 반응식은 "탄산칼슘이 반응하여 산화칼슘과 이산화 탄소를 생성한다"로 읽는다.

$$CaCO_3 \longrightarrow CaO + CO_2$$

따라서 더하기(+) 부호는 단순히 ~**와**(and)로 해석될 수 있고, 화살표는 "반응해서 생성한다"라는 문구로 해석될 수 있다.

화학 반응식을 해석하는 것 외에도 반응을 나타내는 화학 반응식을 쓸 수 있어야 한다. 예를 들어, 황과 산소가 반응하여 이산화 황을 생성하는 과정에 대한 식은 다음과 같이 쓸 수 있다.

$$S + O_2 \longrightarrow SO_2$$

마찬가지로 삼산화 황과 물이 반응하여 황산을 생성하는 반응식도 다음과 같이 쓸 수 있다.

$$SO_3 + H_2O \longrightarrow H_2SO_4$$

화살표 왼쪽에 있는 각 화학종은 **반응물**(reactant)이라고 불린다. 반응물은 화학 반응 과정에서 **소비되는**(consumed) 물질이다. 화살표 오른쪽에 있는 각 종은 **생성물**(product)이라고 불린다. 생성물은 화학 반응 과정에서 **생겨나는**(formed) 물질이다.

화학자들은 일반적으로 반응물과 생성물의 물리적인 상태를 반응식의 각 화학종 다음에 괄호에 이탤릭 글씨로 나타낸다. 기체, 액체 그리고 고체를 각각 (*g*), (*l*)와 (*s*)로 나타낸다. 물에 녹는 화학종은 **수용성**(aqueous)이라고 말하고 (*aq*)로 나타낸다. 앞에 주어졌던 반응식을 다음과 같이 쓸 수 있다.

$$NH_3(g) + HCl(g) \longrightarrow NH_4Cl(s) \qquad S(s) + O_2(g) \longrightarrow SO_2(g)$$

$$CaCO_3(s) \longrightarrow CaO(s) + CO_2(g) \qquad SO_3(g) + H_2O(l) \longrightarrow H_2SO_4(l)$$

> **참조**
> 이후 장에서의 몇 가지 문제는 반응물과 생성물의 상태가 명시된 경우에만 해결될 수 있다. 화학 반응식에 반응물과 생성물의 물리적 상태를 포함시키는 습관을 갖는 것이 좋다.

> **참조**
> 학생들은 익숙하지 않은 화학 반응의 생성물을 결정하는 질문을 받는 것을 두려워서 그것을 할 수 없게 될 수도 있다. 이 장과 9장에서는 화학 반응의 패턴을 알고 여러 가지 반응 유형의 생성물을 추론하는 방법을 배운다.

이 시점에서 화학 반응식에서 물질이 어떻게 표현되는지 논의하는 것이 유용하다. 화합물은 이온성이든 분자성이든 관계없이 화학식으로 표현된다. 그러나 **자유**(free) 원소(결합되지 않은 원소)는 다양한 형태로 존재하고 일부 원소는 다른 동소체로 존재할 수 있기 때문에 [◀◀ 5.5절] 이를 표현하는 두 가지 다른 방법이 있다.

> **참조**
> 이온 결합 화합물에 대해서 화학식은 보통 실험식임을 기억하자 [◀◀ 5.5절].

### 금속

금속은 일반적으로 별개의 분자 단위가 아니라 복잡한 3차원 원자 네트워크로 존재하기 때문에 [◀◀ 12장], 화학 반응식에서 항상 실험식을 사용한다. 실험식은 원소를 나타내는 기호와 같다. 예를 들어, 철의 실험식은 원소 기호와 같은 Fe이다.

### 비금속

화학 반응식에서 비금속의 표현에 관한 어떠한 규칙도 없다. 예를 들어, 탄소는 여러 가지 동소체로 존재한다. 동소체에 상관없이 화학 반응식에서 원소 탄소를 표현하기 위해 실험식 C를 사용한다. 가끔 기호 C 다음 괄호에 특정 동소체를 나타낼 것이다. 따라서 두 가지 탄소 동족체 형태를 C(흑연)와 C(다이아몬드)로 나타낸다.

다원자 분자로 존재하는 비금속의 경우, 일반적으로 반응식에 $H_2$, $N_2$, $O_2$, $F_2$, $Cl_2$, $Br_2$, $I_2$ 및 $P_4$와 같은 분자식을 사용한다. 그러나 황의 경우 분자식 $S_8$이 S와 똑같기 때문에 종종 사용되지만 주로 분자식 $S_8$보다는 실험식 S를 사용한다.

### 비활성 기체

모든 비활성 기체는 고립된 원자로 존재한다. 따라서 우리는 그들의 기호(He, Ne, Ar, Kr, Xe, Rn)를 사용한다.

### 준금속

준금속은 금속처럼 일반적으로 복잡한 3차원 네트워크를 가지므로 실험식, 즉 B, Si, Ge 등의 기호로 나타낸다.

화학 반응식은 **물리적**(physical) 과정을 나타내기 위해 사용되기도 한다. 예를 들어, 수크로스($C_{12}H_{22}O_{11}$)가 물에 녹는 것은 다음과 같은 화학 반응식으로 표현될 수 있는 물리적 과정[|◀◀ 1.6절]이다.

$$C_{12}H_{22}O_{11}(s) \xrightarrow{H_2O} C_{12}H_{22}O_{11}(aq)$$

반응식에서 화살표 위의 $H_2O$는 물에서 물질을 녹이는 과정을 나타낸다. 화학식 또는 기호를 종종 간략하게 하기 위해 생략하기도 하지만, 반응이 일어나는 조건을 알리기 위해 화학 반응식의 화살표 위에 쓸 수도 있다. 예를 들어, 다음의 화학 반응식을 보자.

$$2KClO_3(s) \xrightarrow{\Delta} 2KCl(s) + 3O_2(g)$$

여기서, Δ 기호는 $KClO_3$가 반응하여 KCl과 $O_2$를 생성하기 위해 열에너지가 필요하다는 것을 나타낸다.

## 화학 반응식의 균형 맞추기

지금까지 배운 것에 기초하여, 수소 기체가 산소 기체와 폭발적으로 반응하여 액체 물을 형성하는 화학 반응식은 다음과 같다.

$$H_2(g) + O_2(g) \longrightarrow H_2O(l)$$

그러나 이 반응식은 4개의 원자(2개의 H와 2개의 O)가 반응하여 단지 3개의 원자(2개의 H와 1개의 O)를 생성하기 때문에 **질량 보존의 법칙**(law of conservation of mass)에 위배된다. 질량 보존의 법칙은 돌턴의 세 번째 가설, 즉 원자가 생성되거나 파괴될 수 없다는 것의 또 다른 표현이다.

반응식은 반응 화살표의 양쪽에 동일한 수의 각 종류의 원자가 나타나도록 **균형**을 이루어야 한다. 균형을 맞추는 것은 화학식의 왼쪽에 적절한 **화학량론적 계수**(stoichiometric coefficient) 또는 단순히 **계수**(coefficient)를 써서 할 수 있다. 다음과 같은 경우 $H_2(g)$와 $H_2O(l)$의 왼쪽에 계수 2를 쓴다.

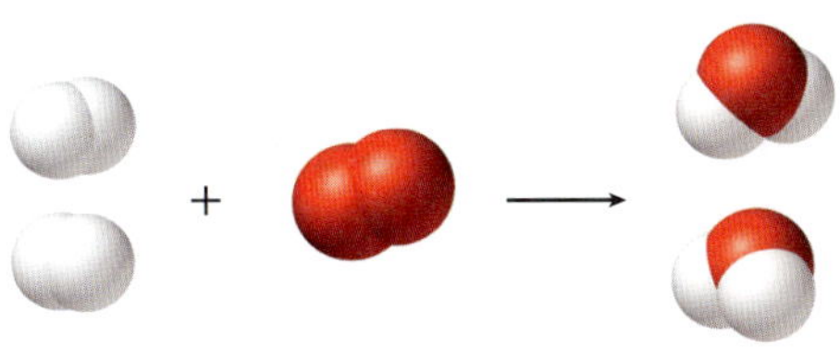

$$2H_2(g) + O_2(g) \longrightarrow 2H_2O(l)$$

화살표의 각 측에는 4개의 H 원자와 2개의 O 원자가 있다. 화학 반응식의 균형을 맞출 때는 화학식에 있는 첨자가 아닌 화학식 앞에 오는 계수만 변경할 수 있다. 아래 첨자를 바꾸면 반응과 관련된 종의 화학식이 변경된다. 예를 들어, 생성물을 $H_2O$에서 $H_2O_2$로 바꾸면 반응식의 양쪽에 있는 같은 원자 종류의 수는 같아지지만 애초에 우리가 균형을 맞추기로 한 반응식은 과산화수소($H_2O_2$)가 아닌 물($H_2O$)을 생성하기 위해 수소 기체와 산소 기체의

**참조**

전기 화학을 자세히 공부할 때, $H_2O$, $H^+$ 및 $OH^-$의 첨가가 가능한 특정 반응식의 균형 맞추는 방법을 배우게 될 것이다 [◀◀ 18.1절].

조합을 나타낸 것이었다. 또한 균형을 맞출 목적으로 화학 반응식에 반응물이나 생성물을 추가할 수 없다. 이렇게 하면 잘못된 반응을 나타내는 반응식이 된다. 화학 반응식은 정성적인 화학적 서술의 변화 없이 정량적으로 정확해야 한다.

화학 반응식의 균형을 맞추려면 시행 착오적인 접근이 필요하다. 특정 반응물 또는 생성물의 계수를 변경하고 이후 과정에서 다시 변경해야 하는 경우가 있다. 일반적으로 다음 과정을 거치면 균형 맞추는 것이 쉬워진다.

1. 원소(예: $O_2$)의 계수를 변경하기 전에 화합물(예: $CO_2$)의 계수를 변경한다.
2. 구성 원자들을 개별적으로 세기보다는 반응식의 양측에 나타나는 다원자 이온(예: $CO_3^{2-}$)을 단위로서 취급한다.
3. 원자 그리고/또는 다원자 이온을 세심하게 조사하고 계수를 바꿀 때마다 그 수를 추적한다.

**참조**

연소란 산소가 있는 상태에서 타는 것을 말한다. 뷰테인과 같은 탄화수소의 연소는 이산화탄소와 물을 생성한다.

뷰테인의 연소를 위한 화학 반응식의 균형을 맞추기 위해 먼저 화살표의 각 측에 있는 각 원자 수를 조사한다.

$$C_4H_{10}(g) + O_2(g) \longrightarrow CO_2(g) + H_2O(l)$$
$$4 - C - 1$$
$$10 - H - 2$$
$$2 - O - 3$$

처음에는 C 원자가 왼쪽에 4개 있고 오른쪽에 1개 있다. H 원자는 왼쪽에 10개, 오른쪽에 2개가 있고 O 원자는 왼쪽에 2개, 오른쪽에 3개가 있다. 첫 번째 단계에서는 생성물 쪽의 $CO_2(g)$ 앞에 계수 4를 배치한다.

$$C_4H_{10}(g) + O_2(g) \longrightarrow \mathbf{4}CO_2(g) + H_2O(l)$$
$$4 - C - 4$$
$$10 - H - 2$$
$$2 - O - 9$$

이것은 보이는 것처럼 원자들의 집계를 변경한다. 그리하여, 반응식은 탄소에 대해서는 균형이 맞춰지지만 수소나 산소에 대해서는 균형이 맞춰져 있지 않다. 다음으로, 생성물 쪽의 $H_2O(l)$ 앞에 계수 5를 놓고 다시 한번 양쪽의 원자들을 집계한다.

$$C_4H_{10}(g) + O_2(g) \longrightarrow \mathbf{4}CO_2(g) + \mathbf{5}H_2O(l)$$
$$4 - C - 4$$
$$10 - H - 10$$
$$2 - O - 13$$

이제 반응식은 탄소와 수소에 대해서 균형이 맞춰져 있다. 산소의 균형만 맞추면 된다. 반응식의 생성물 쪽에 13개($CO_2$ 분자로부터 8개와 $H_2O$ 분자로부터 5개)의 O 원자가 있으므로 반응물 쪽에 13개의 O 원자가 필요하다. 각 산소 분자는 2개의 O 원자를 포함하므로, $O_2(g)$ 앞에 계수 13/2을 놓을 것이다.

$$C_4H_{10}(g) + \frac{\mathbf{13}}{\mathbf{2}}O_2(g) \longrightarrow \mathbf{4}CO_2(g) + \mathbf{5}H_2O(l)$$

4 — C — 4

10 — H — 10

13 — O — 13

반응식의 양쪽에 있는 각 원자의 수가 같아졌으므로 이 반응식은 균형이 맞춰졌다. 그러나 이제 가능한 가장 작은 정수 계수로 반응식의 균형을 맞추는 연습을 해야 한다. 각 계수에 2를 곱하면 모두 정수가 되고 최종 균형 잡힌 반응식이 얻어진다.

> **참조**
>
> 어떤 의미에서 균형 잡힌 반응식은 수학적 등식이다. 어떤 숫자로 곱하거나 나눌 수 있고 그 등식은 여전히 유효하다.

$$\mathbf{2}C_4H_{10}(g) + \mathbf{13}O_2(g) \longrightarrow \mathbf{8}CO_2(g) + \mathbf{10}H_2O(l)$$

8 — C — 8

20 — H — 20

26 — O — 26

예제 8.1과 8.2에서 화학 반응식을 쓰고 균형을 맞추는 연습을 해 보자.

## 예제 8.1

수산화 바륨과 과염소산이 과염소산 바륨과 물을 생성하는 수용액 반응에 대한 화학 반응식을 쓰고 균형을 맞추시오.

**전략** 모든 반응물과 생성물의 화학식과 물리적 상태를 결정해서 정확한 화학적 서술을 나타내는 화학 반응식을 쓰는 데 사용한다. 마지막으로, 결과 화학 반응식에서의 계수를 조정하여 반응 화살표의 양쪽에 각 원자가 동일한 수로 있는지 확인한다.

**계획** 반응물은 $Ba(OH)_2$와 $HClO_4$이며, 생성물은 $Ba(ClO_4)_2$와 $H_2O$이다. 수용액 반응이기 때문에 $H_2O$를 제외한 모든 종은 반응식에서 $(aq)$로 표시된다. $H_2O$는 액체이므로 $(l)$로 표시된다.

> **참조**
>
> 이름에서 화합물의 화학식을 추론하는 방법을 복습할 수 있다[◀◀ 5.4절과 5.6절].

**풀이** "수산화 바륨과 과염소산이 반응하여 과염소산 바륨과 물을 생성한다"라는 화학적 서술은 다음과 같은 불균형 반응식으로 나타낼 수 있다.

$$Ba(OH)_2(aq) + HClO_4(aq) \longrightarrow Ba(ClO_4)_2(aq) + H_2O(l)$$

과염소산 이온($ClO_4^-$)은 반응식의 양쪽에 나타나므로 개별 구성 원자를 세는 것이 아니라 단위로 센다. 따라서 원자와 다원자 이온의 집계는 다음과 같다.

1 — Ba — 1

2 — O — 1 ($ClO_4^-$ 이온에 있는 O 원자는 포함하지 않음)

3 — H — 2

1 — $ClO_4^-$ — 2

바륨 원자는 이미 균형이 맞춰져 있고 $HClO_4(aq)$의 앞에 계수 2를 놓으면 과염소산 이온의 수도 균형이 맞춰진다.

$$Ba(OH)_2(aq) + 2HClO_4(aq) \longrightarrow Ba(ClO_4)_2(aq) + H_2O(l)$$

1 — Ba — 1

2 — O — 1 ($ClO_4^-$ 이온에 있는 O 원자는 포함하지 않음)

4 — H — 2

2 — $ClO_4^-$ — 2

$H_2O(l)$의 앞에 계수 2를 놓으면 O와 H 원자의 균형이 맞춰지고 최종적으로 균형 잡힌 반응식은 다음과 같다.

$$Ba(OH)_2(aq) + 2HClO_4(aq) \longrightarrow Ba(ClO_4)_2(aq) + 2H_2O(l)$$

1 — Ba — 1

2 — O — 2 ($ClO_4^-$ 이온에 있는 O 원자는 포함하지 않음)

4 — H — 4

2 — $ClO_4^-$ — 2

**생각해 보기**

모든 원자를 개별적으로 계산하여 반응식이 균형이 맞춰졌는지 확인한다.

1 — Ba — 1

10 — O — 10

4 — H — 4

2 — Cl — 2

**유제 1** 물과 황산 소듐을 생성하는 황산과 수산화 소듐의 반응을 나타내는 화학 반응식을 쓰고 균형을 맞추시오.

**유제 2** 그림의 반응에 대한 균형 잡힌 반응식을 쓰시오.

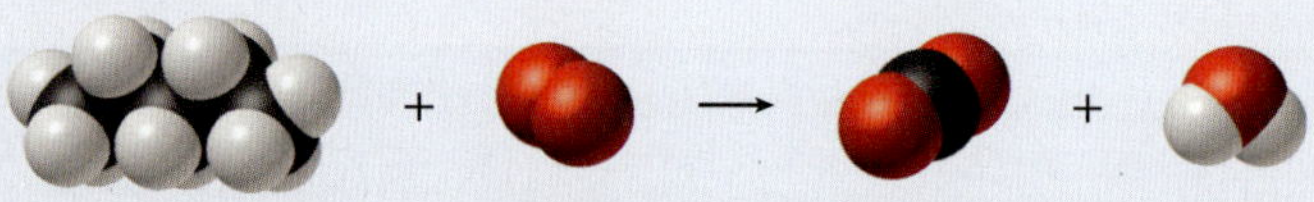

## 예제 8.2

뷰탄산($C_4H_8O_2$)는 유지방에서 발견되는 많은 화합물 중 하나이다. 1869년에 부패한 버터에서 처음으로 분리된 뷰탄산은 잠재적인 항암제로서 최근 많은 주목을 받고 있다. 뷰탄산의 대사에 대한 균형 잡힌 반응식을 쓰시오. 신진 대사와 연소의 전체 과정이 동일하다고 가정하시오(즉, 산소와 함께 이산화 탄소와 물을 생산하는 반응).

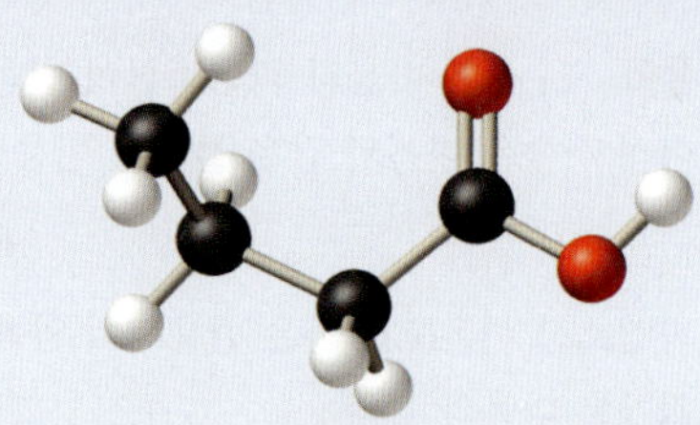

뷰탄산

**전략** 문제에서 언급했듯이 반응물의 결합과 생성물의 형성을 나타내는 불균형 반응식을 작성한 후에, 반응식의 균형을 맞춘다.

**계획** 여기서 신진 대사는 $C_4H_8O_2$와 $O_2$의 결합으로 $CO_2$와 $H_2O$를 생성하는 것을 말한다.

**풀이**

$$C_4H_8O_2(aq) + O_2(g) \longrightarrow CO_2(g) + H_2O(l)$$

$CO_2$의 계수를 1에서 4로 바꿔 C 원자의 수를 맞춘다.

$$C_4H_8O_2(aq) + O_2(g) \longrightarrow 4CO_2(g) + H_2O(l)$$

$H_2O$의 계수를 1에서 4로 바꿔 H 원자의 수를 맞춘다.

$$C_4H_8O_2(aq) + O_2(g) \longrightarrow 4CO_2(g) + 4H_2O(l)$$

마지막으로, $O_2$의 계수의 1에서 5로 바꿔 O 원자의 수를 맞춘다.

$$C_4H_8O_2(aq) + 5O_2(g) \longrightarrow 4CO_2(g) + 4H_2O(l)$$

**생각해 보기**

반응식이 적절하게 균형이 맞춰졌는지 확인하기 위해 반응 화살표의 양쪽에 있는 각 원자의 수를 센다. 반응물과 생성물에는 C 원자 4개, H 원자 8개, O 원자 12개가 있으므로 반응식은 균형을 이루었다.

**유제 1** 암모니아 기체와 고체 산화 구리(II)가 구리 금속, 질소 기체 및 액체 물을 형성하는 반응에 대한 균형 잡힌 반응식을 쓰시오.

**유제 2** 옆의 그림 중 왼쪽의 화합물은 이산화 질소와 반응하여 오른쪽의 화합물과 아이오딘을 형성한다. 이 반응에 대한 균형 잡힌 반응식을 쓰시오.

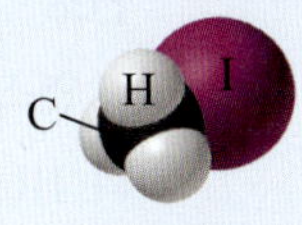

아이오딘화 메틸

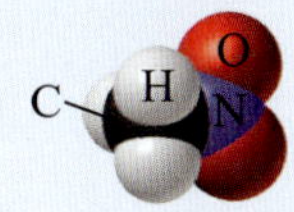

나이트로 메테인

## 화학 반응성의 패턴

우리는 화학을 공부하면서 다양한 화학 반응을 접하게 될 것이다. 많은 수의 반응들이 부담스러워 보일 수도 있지만, 대부분은 비교적 적은 몇 개의 분류에 속한다. 몇몇 반응 유형에 익숙해지고 반응 **패턴**(patterns)을 인식하는 법을 배우는 것이 이 책의 반응을 이해하는 데 도움이 될 것이다. 가장 일반적으로 접하게 되는 반응 중 세 가지가 **결합**(combination), **분해**(decomposition) 및 **연소**(combustion)이다.

### 결합

2개 이상의 반응물이 결합하여 단일 생성물을 형성하는 반응은 **결합 반응**(combination reaction)으로 알려져 있다. 예를 들면, 암모니아와 염화수소가 염화 암모늄을 형성하는 반응이다.

$$NH_3(g) + HCl(g) \longrightarrow NH_4Cl(s)$$

그리고 질소와 수소 기체가 암모니아를 형성하는 반응이 그 예이다.

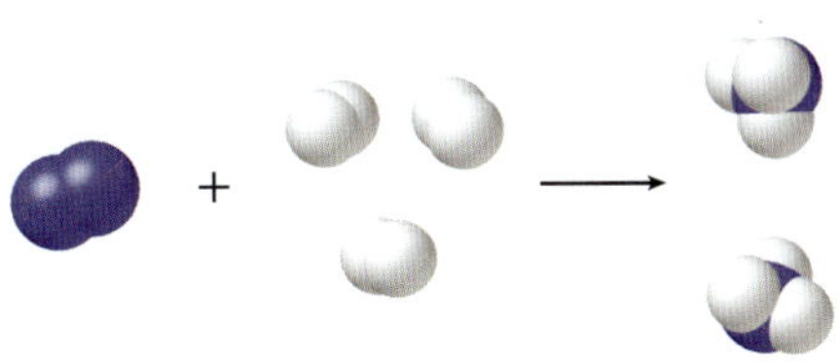


$$N_2(g) + 3H_2(g) \longrightarrow 2NH_3(g)$$

### 분해

하나의 반응물로부터 2개 이상의 생성물이 형성되는 반응을 **분해 반응**(decomposition reaction)이라고 한다. 분해 반응은 본질적으로 결합 반응의 반대이다. 이러한 유형의 반응의 예로는 탄산 칼슘이 분해되어 산화 칼슘과 이산화 탄소 기체를 생성하는 반응이다.

$$CaCO_3(s) \xrightarrow{\Delta} CaO(s) + CO_2(g)$$

그리고 과산화 수소가 분해되어 물과 산소 기체를 생성하는 반응이다.

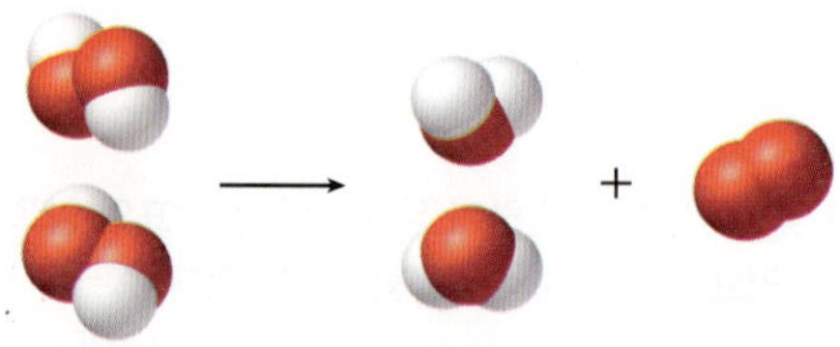

$$2H_2O_2(aq) \longrightarrow 2H_2O(l) + O_2(g)$$

### 연소

**연소 반응**(combustion reaction)은 산소가 있는 상태에서 물질이 연소하는 반응이다. C와 H(또는 C, H, O)를 포함하는 화합물의 연소는 이산화 탄소 기체와 물을 생성한다. 관례적으로 우리는 연소 반응에서 생성된 물을 **액체**(liquid) 물로 간주할 것이다. 이러한 연소의 예는 폼알데하이드의 연소이다.

$$CH_2O(l) + O_2(g) \longrightarrow CO_2(g) + H_2O(l)$$

그리고 메테인의 연소 반응이다.

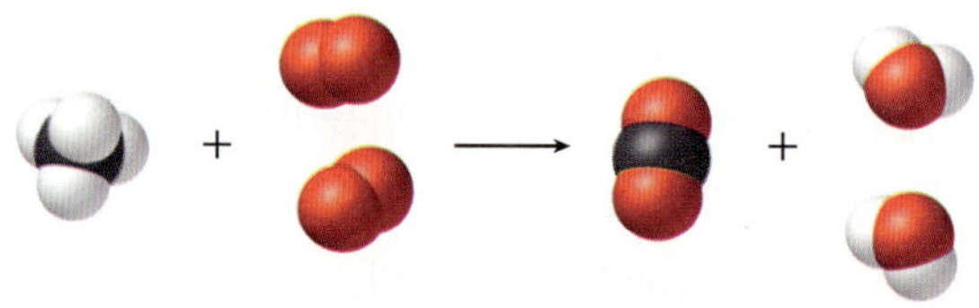

$$CH_4(g) + 2O_2(g) \longrightarrow CO_2(g) + 2H_2O(l)$$

이러한 연소 반응은 균형 잡힌 반응식으로 여기에 표시되지만, 일반적으로 완전 연소를 보장하기 위해 이러한 과정에서 산소가 과량으로 공급된다.

예제 8.3을 통해 반응을 분류하는 연습을 할 수 있다.

## 예제 8.3

다음 각 반응이 결합 반응, 분해 반응 또는 연소 반응을 나타내는지 결정하시오.

(a) $H_2(g) + Br_2(g) \longrightarrow 2HBr(g)$

(b) $2HCO_2H(l) + O_2(g) \longrightarrow 2CO_2(g) + 2H_2O(l)$

(c) $2KClO_3(s) \longrightarrow 2KCl(s) + 3O_2(g)$

**전략** 각 균형 잡힌 반응식에서 반응물과 생성물을 보고 두 개 이상의 반응물이 하나의 생성물(결합 반응)으로 결합하는지, 하나의 반응물이 둘 이상의 생성물(분해 반응)로 분리되는지 또는 형성된 주요 생성물이 이산화 탄소 기체와 물(연소 반응)인지 확인한다.

**계획** (a) 반응식은 **2개의 반응물**과 **1개 생성물**을 나타낸다.

(b) 반응식은 C, H 및 O를 함유한 화합물과 $O_2$의 반응으로 $CO_2$와 $H_2O$를 생성한다.

(c) 반응식은 **하나의 반응물**로부터 형성된 2개의 생성물을 나타낸다.

**풀이** 이들 반응식은 (a) 결합 반응, (b) 연소 반응, (c) 분해 반응을 나타낸다.

### 생각해 보기

(a) 결합 반응으로 확인된 반응은 단지 하나의 생성물을 가지고, (b) 연소 반응으로 확인 반응은 $O_2$를 소모하며 $CO_2$와 $H_2$를 생성하고, (c) 분해 반응으로 확인된 반응은 하나의 반응물만을 가져야 한다.

**참조**

C, H 및 O 이외의 다른 원소를 포함하는 화합물의 연소는 다른 생성물을 생성한다. 예를 들면, 황을 포함하는 화합물은 $SO_2$를 생성할 것이다.

**유제 1** 화학종 $A_2$, B 및 AB를 이용하여 결합 반응에 대한 균형 잡힌 반응식을 쓰시오.

**유제 2** 다음 그림은 각각 화학 반응 전과 후의 반응 혼합물을 나타낸다. 각 반응이 결합, 분해, 연소 반응인지 확인하시오.

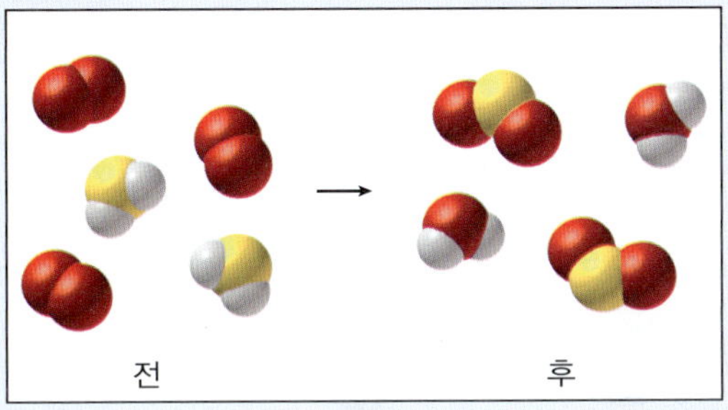


(i)

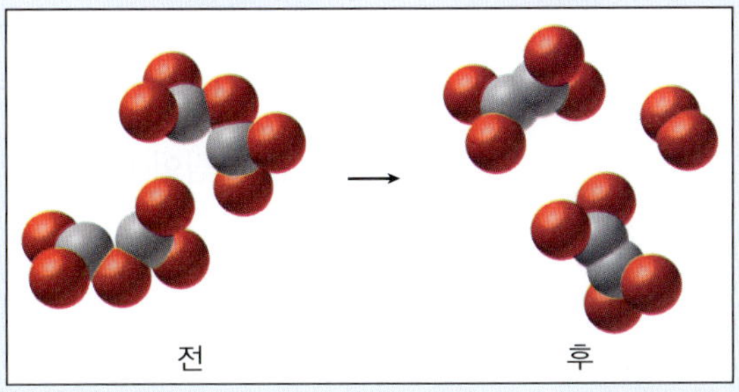


(ii)

## 8.1절 복습

### 화학 반응식

**8.1.1** 다음 반응식이 균형 맞춰질 때 화학량론 계수는 무엇인가?

$$CH_4(g) + H_2O(g) \longrightarrow H_2(g) + CO_2(g)$$

(a) 1, 2, 2, 2
(b) 2, 1, 1, 2
(c) 1, 2, 2, 1
(d) 2, 2, 2, 1
(e) 1, 2, 4, 1

**8.1.2** 주어진 반응의 바르게 균형 잡힌 형태는 무엇인가?

$$S(s) + O_3(g) \longrightarrow SO_2(g)$$

(a) $S(s) + O_3(g) \longrightarrow SO_2(g)$
(b) $3S(s) + 6O_3(g) \longrightarrow 3SO_3(g)$
(c) $3S(s) + O_3(g) \longrightarrow 3SO_3(g)$
(d) $3S(s) + 2O_3(g) \longrightarrow SO_3(g)$
(e) $3S(s) + 2O_3(g) \longrightarrow 3SO_3(g)$

**8.1.3** 그림의 반응에 대해 균형 잡힌 반응식을 쓰시오.

(a) $N_2O_5(g) \longrightarrow N_2(g) + O_2(g)$
(b) $2N_2O_5(g) \longrightarrow 2N_2(g) + 5O_2(g)$
(c) $2N_2O_5(g) \longrightarrow N_2(g) + 5O_2(g)$
(d) $2N_2O_5(g) \longrightarrow 2N_2(g) + O_2(g)$
(e) $N_2O_5(g) \longrightarrow 2N_2(g) + 5O_2(g)$

**8.1.4** 어떤 화학 반응식이 그림에 보이는 반응을 나타내는가?

(a) $6N(g)+18H(g) \longrightarrow 6NH_3(g)$
(b) $3N_2(g)+3H_2(g) \longrightarrow 2NH_3(g)$
(c) $2N_2(g)+3H_2(g) \longrightarrow 2NH_3(g)$
(d) $N_2(g)+3H_2(g) \longrightarrow 2NH_3(g)$
(e) $3N_2(g)+6H_2(g) \longrightarrow 6NH_3(g)$

**8.1.5** 다음 그림이 나타내는 반응의 종류는 무엇인가?

(a) 결합
(b) 분해
(c) 연소
(d) 이온화
(e) 혼성

## 8.2 연소 분석

5.5절에서 보았듯이 물질 시료에 포함된 각 원소의 질량을 알면 물질의 실험식을 결정할 수 있다. 이것의 일반적이고 실제적인 이용은 **연소 분석**(combustion analysis)에 의한 실험식의 실험적 결정이다.

유기 화합물(탄소, 수소 및 종종 산소를 포함하는)의 연소 분석은 그림 8.1과 같은 장치를 사용하여 수행된다. 알고 있는 질량의 시료를 화로에 넣고 산소가 있는 상태에서 가열한

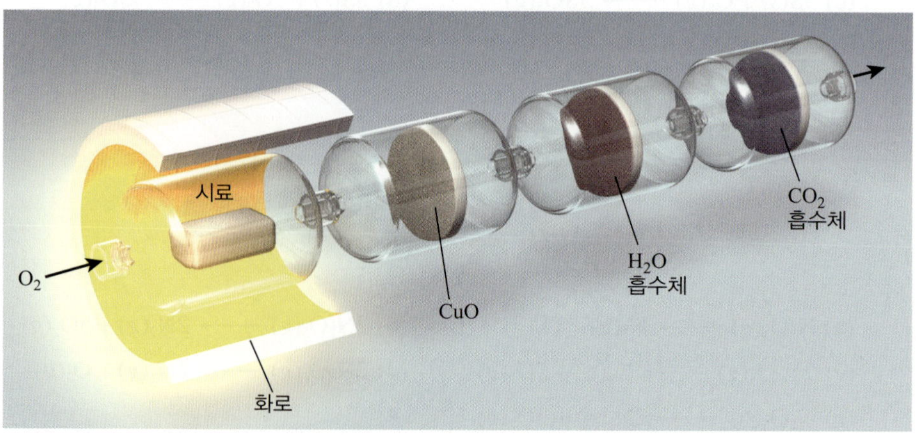


**그림 8.1** 연소 분석 장치의 개략도. 연소 시 생성되는 $CO_2$와 $H_2O$는 포집되고 무게가 측정된다. 이들 생성물의 양은 연소된 시료에 들어 있는 탄소와 수소의 양을 결정하는 데 사용된다.(CuO는 모든 탄소를 $CO_2$로 완전히 연소시키기 위해 사용된다.)

다. 연소 반응에서 각각 탄소와 수소로부터 생성된 이산화 탄소와 물은 연소 전후에 무게 측정이 되는 "트랩(trap)"에 수집된다. 반응 전후의 각 트랩 질량의 차이는 수집된 생성물의 질량이다. 각 생성물의 질량을 알면 화합물의 조성 백분율을 결정할 수 있다. 그리고 조성 백분율로부터 실험식을 결정할 수 있다.

## 실험식의 결정

글루코스와 같은 화합물이 연소 분석 장치에서 연소될 때, 이산화 탄소($CO_2$) 및 물($H_2O$)이 생성된다. 산소 기체만 반응에 첨가되기 때문에 생성물에 존재하는 탄소와 수소는 글루코스에서 나온 것임에 틀림 없다. 생성물의 산소는 글루코스에서 나온 것일 수 있지만 첨가된 산소에서 나온 것일 수도 있다. 이러한 연소 실험에서, 글루코스 18.8 g이 연소되어 $CO_2$ 27.6 g과 $H_2O$ 11.3 g을 생성하였다고 가정해 보자. 원래 글루코스 시료 18.8 g에서의 탄소와 수소의 질량을 다음과 같이 계산할 수 있다.

$$\text{C의 질량} = 27.6\ \text{g}\ \cancel{\text{CO}_2} \times \frac{1\ \cancel{\text{mol CO}_2}}{44.01\ \cancel{\text{g CO}_2}} \times \frac{1\ \cancel{\text{mol C}}}{1\ \cancel{\text{mol CO}_2}} \times \frac{12.01\ \text{g C}}{1\ \cancel{\text{mol C}}} = 7.53\ \text{g C}$$

$$\text{H의 질량} = 11.3\ \text{g}\ \cancel{\text{H}_2\text{O}} \times \frac{1\ \cancel{\text{mol H}_2\text{O}}}{18.02\ \cancel{\text{g H}_2\text{O}}} \times \frac{2\ \cancel{\text{mol H}}}{1\ \cancel{\text{mol H}_2\text{O}}} \times \frac{1.008\ \text{g H}}{1\ \cancel{\text{mol H}}} = 1.26\ \text{g H}$$

따라서, 글루코스 18.8 g의에는 탄소 7.53 g과 수소 1.26 g이 있다. 남아 있는 질량[18.8 g − (7.53 g + 1.26 g) = 10.0 g]은 산소이다.

18.8 g의 글루코스에 존재하는 각 원소의 몰수는 다음과 같다.

$$\text{C의 몰수} = 7.53\ \text{g}\ \cancel{\text{C}} \times \frac{1\ \text{mol C}}{12.01\ \cancel{\text{g C}}} = 0.627\ \text{mol C}$$

$$\text{H의 몰수} = 1.26\ \text{g}\ \cancel{\text{H}} \times \frac{1\ \text{mol H}}{1.008\ \cancel{\text{g H}}} = 1.25\ \text{mol H}$$

$$\text{O의 몰수} = 10.0\ \text{g}\ \cancel{\text{O}} \times \frac{1\ \text{mol O}}{16.00\ \cancel{\text{g O}}} = 0.626\ \text{mol O}$$

따라서 글루코스의 실험식은 $C_{0.627}H_{1.25}O_{0.626}$로 쓸 수 있다. 실험식에서 숫자는 정수여야 하기 때문에, 각 아래 첨자를 가장 작은 아래 첨자 0.626로 나눈다. 이렇게 하면, 0.627/0.626 ≈ 1, 1.25/0.626 ≈ 2 및 0.626/0.626 = 1을 갖게 되고, 실험식으로 $CH_2O$를 얻는다. 5장 [|◀◀ 5.10절]에서 논의된 방법을 이용하여, 몰질량을 알고 있다면 이 화합물의 분자식을 결정할 수 있다.

**참조**

연소 자료로부터 실험식을 결정하는 것은 반올림 오차에 특히 민감할 수 있다. 이러한 문제를 해결할 때는 끝까지 반올림하지 않는다.

예제 8.4는 연소 자료와 몰질량으로부터 화합물의 분자식을 결정하는 것을 보여 준다.

## 예제 8.4

벤젠 시료 5.50 g의 연소 반응은 $CO_2$ 18.59 g과 $H_2O$ 3.81 g을 생성한다. 벤젠의 몰질량이 대략 78 g/mol로 주어질 때, 벤젠의 실험식과 분자식을 결정하시오.

**전략** 생성물 질량으로부터 벤젠 시료 5.50 g에 있는 C의 질량과 H의 질량을 결정하고, 둘을 합한다. 이 합과 원래 시료 질량과의 차이는 시료에 있는 O의 질량이다(만일, O가 실제로 벤젠에 존재한다면). 각 원소의 질량을 몰로 환산하고 그 결과를 화학식의 아래 첨자로 사용한다. 가장 작은 아래 첨자로 각 첨자를 나눔으로써 첨자를 정수로 변환한다. 이것으로 실험식이 얻어진다. 분자식을 계산하려면 문제 설명에 주어진 몰질량을 실험식량으로 나눈다. 그런 다음 실험식의 첨자에 나눈 결과 값을 곱하여 분자식의 첨자를 얻는다.

**계획** 필요한 몰질량은 $CO_2$ 44.01 g/mol, $H_2O$ 18.02 g/mol, C 12.01 g/mol, H 1.008 g/mol, O 16.00 g/mol이다.

**풀이** 생성물(그리고 원래 시료 5.50 g)에서의 탄소와 수소의 질량을 다음과 같이 계산한다.

$$\text{C의 질량} = 18.59\ \cancel{\text{g CO}_2} \times \frac{1\ \cancel{\text{mol CO}_2}}{44.01\ \cancel{\text{g CO}_2}} \times \frac{1\ \cancel{\text{mol C}}}{1\ \cancel{\text{mol CO}_2}} \times \frac{12.01\ \text{g C}}{1\ \cancel{\text{mol C}}} = 5.073\ \text{g C}$$

$$\text{H의 질량} = 3.81\ \cancel{\text{g H}_2\text{O}} \times \frac{1\ \cancel{\text{mol H}_2\text{O}}}{18.02\ \cancel{\text{g H}_2\text{O}}} \times \frac{2\ \cancel{\text{mol H}}}{1\ \cancel{\text{mol H}_2\text{O}}} \times \frac{1.008\ \text{g H}}{1\ \cancel{\text{mol H}}} = 0.426\ \text{g H}$$

생성물의 총 질량은 5.073 g+0.426 g=5.499 g이다. C와 H의 결합된 질량이 원래 시료의 전체 질량에 해당(5.499 g≈5.50 g)되므로, 이 화합물은 산소를 포함해서는 안 된다.

화합물에 존재하는 각 원소의 질량을 몰로 변환하면 다음과 같다.

$$\text{C의 몰수} = 5.073\ \cancel{\text{g C}} \times \frac{1\ \text{mol C}}{12.01\ \cancel{\text{g C}}} = 0.4224\ \text{mol C}$$

$$\text{H의 몰수} = 0.426\ \cancel{\text{g H}} \times \frac{1\ \text{mol H}}{1.008\ \cancel{\text{g H}}} = 0.423\ \text{mol H}$$

이것으로 $C_{0.4224}H_{0.423}$가 얻어진다. 아래 첨자를 정수(0.4224/0.4224=1; 0.423/0.4224≈1)로 환산하면 실험식 CH가 얻어진다.
마지막으로, 몰질량(78 g/mol)을 화학식량(12.01 g/mol+1.008 g/mol=13.02 g/mol)으로 나누면 78/13.02≈6이 된다. 이 6을 실험식의 첨자에 곱하면 분자식 $C_6H_6$가 얻어진다.

## 생각해 보기

분자식을 이용해서 몰질량을 결정하고 그 결과가 문제에서 주어진 몰질량과 일치하는지 확인한다. $C_6H_6$에 대해서, 몰질량은 6(12.01 g/mol)+6(1.008 g/mol)=78.11 g/mol이고 이것은 문제에서 주어진 78 g/mol과 일치한다.

**유제 1** 실험식 $C_4H_{10}O$를 갖는 화합물 11.85 g의 연소 시 생성물들의 질량을 결정하시오.

**유제 2** 모형은 연소 분석 실험의 생성물을 나타낸다. 분석될 화합물이 다음에 해당될 때, 그 실험식을 결정하시오.
(a) 화합물은 탄소와 수소만을 포함한다.
(b) 화합물은 탄소, 수소 및 산소를 포함하고 몰질량이 약 60 g/mol이다.
(c) 두 가지 다른 화합물의 연소 분석이 동일한 양의 동일한 생성물을 생성할 수 있는지 설명하시오.

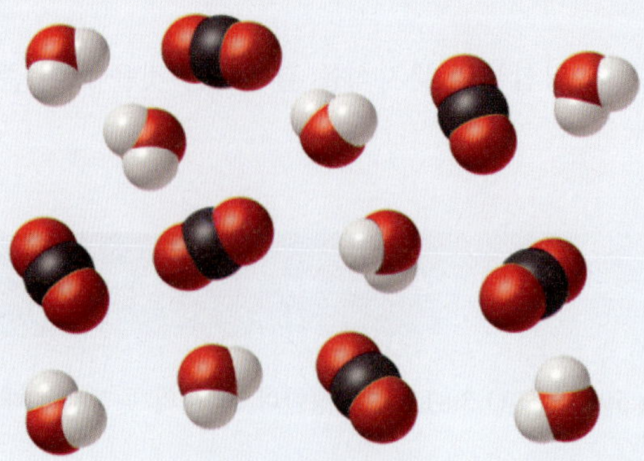

## 8.2절 복습

**연소 분석**

**8.2.1** 실험식 $C_3H_6O_2$를 갖는 화합물 0.986 g을 연소시켜 생성된 $CO_2$와 $H_2O$의 질량을 구하시오.

(a) $CO_2$ 1.76 g, $H_2O$ 0.719 g
(b) $CO_2$ 0.480 g, $H_2O$ 0.081 g
(c) $CO_2$ 1.76 g, $H_2O$ 1.44 g
(d) $CO_2$ 0.329 g, $H_2O$ 0.657 g
(e) $CO_2$ 0.657 g, $H_2O$ 0.329 g

**8.2.2** 화합물 1.23 g을 연소시켜 $CO_2$ 1.8 g과 $H_2O$ 0.74 g이 생성되었다면 화합물의 실험식은 무엇인가?

(a) $CH_3O$
(b) $C_2H_3O$
(c) CHO
(d) $C_2H_3O_2$
(e) $CH_2O$

**8.2.3** 탄화 수소 화합물 2.10 g의 연소 반응으로 $CO_2$ 6.59 g과 $H_2O$ 2.70 g이 생성되었고 몰질량이 약 84 g/mol이라면 이 화합물의 실험식과 분자식은 무엇인가?

(a) CH, $C_5H_5$
(b) CH, $C_6H_6$
(c) $CH_2$, $C_6H_{12}$
(d) $CH_2$, $C_5H_{10}$
(e) $CH_2$, $C_4H_8$

# 8.3 균형 잡힌 반응식을 이용한 계산

종종 우리는 주어진 양의 반응물로부터 얼마나 많은 특정 생성물이 생성될지 예측하기를 원한다. 어떤 때는 실험을 수행하고, 생성된 생성물의 양을 측정하고, 이 정보를 이용하여 반응물의 양이나 조성을 추론한다. 균형 잡힌 화학 반응식은 이러한 유형의 문제 해결을 위한 강력한 도구가 될 수 있다.

## 반응물과 생성물의 몰

일산화 탄소가 산소와 반응하여 이산화 탄소를 생성하는 반응식을 근거로 하면, 2몰의 CO가 1몰의 $O_2$와 결합하여 2몰의 $CO_2$를 생성한다.

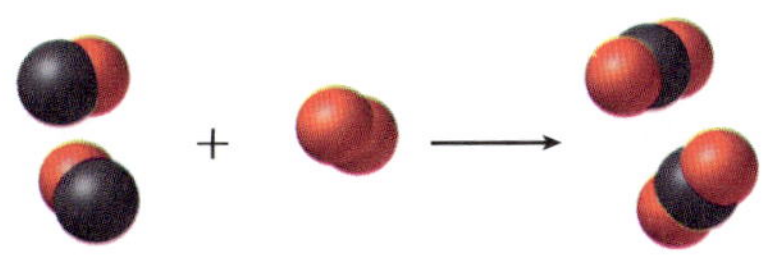

$$2CO(g) + O_2(g) \longrightarrow 2CO_2(g)$$

화학량론적 계산에서, 2몰의 CO가 2몰의 $CO_2$와 **동등하다**(equivalent)고 말하며 이것은 다음과 같이 표현될 수 있다.

$$2 \text{ mol CO} \simeq 2 \text{ mol } CO_2$$

**참조**

반응물들이 균형 잡힌 화학 반응식에 명시된 몰비로 정확하게 결합되면 화학량론적 양으로 결합되었다고 한다.

여기서, 기호 ≏는 "화학량론적으로 동등하다"거나 또는 단순히 "동등하다"는 것을 의미한다. 소비되는 CO와 생성되는 $CO_2$의 몰비는 2:2 또는 1:1이다. 반응에서 소비된 CO의 몰수가 얼마든 간에 똑같은 몰수의 $CO_2$가 생성될 것이다. 이러한 상수 비율을 다음과 같이 환산 인자로 사용할 수 있다.

$$\frac{2\ \text{mol CO}}{2\ \text{mol CO}_2} \quad \text{또는} \quad \frac{1\ \text{mol CO}}{1\ \text{mol CO}_2}$$

이 비율은 역수로도 쓰일 수 있다.

$$\frac{2\ \text{mol CO}_2}{2\ \text{mol CO}} \quad \text{또는} \quad \frac{1\ \text{mol CO}_2}{1\ \text{mol CO}}$$

이러한 환산 인자는 주어진 양의 CO가 반응할 때 생성되는 이산화 탄소의 몰수 또는 특정 양의 이산화 탄소를 생산하는 데 필요한 CO의 양을 결정할 수 있게 해 준다. 3.82몰의 CO가 완전히 반응하여 $CO_2$를 생성하는 반응을 고려해 보자. 생성된 $CO_2$의 몰수를 계산하기 위해 분자에는 $CO_2$의 몰수 그리고 분모에는 CO의 몰수를 갖는 환산 인자를 사용한다.

$$\text{생성된 CO}_2\text{의 몰수} = 3.82\ \cancel{\text{mol CO}} \times \frac{1\ \text{mol CO}_2}{1\ \cancel{\text{mol CO}}} = 3.82\ \text{mol CO}_2$$

이와 유사하게, 균형 잡힌 반응식에서 나타내어진 다른 비율을 환산 인자로 사용할 수 있다. 예를 들어, 1몰의 $O_2$≏2몰의 $CO_2$와 2몰의 CO≏1몰의 $O_2$가 있다. 상응하는 환산 인자는 주어진 양의 $O_2$가 반응할 때 생성되는 $CO_2$의 양 그리고 주어진 양의 다른 반응물과 완전히 반응하는 데 필요한 어떤 반응물의 양을 계산할 수 있게 한다. 앞의 예를 사용하여, $O_2$의 **화학량론적 양**(stoichiometric amount)(3.82몰의 CO와 반응하는 데 필요한 $O_2$의 정확한 몰수)을 결정할 수 있다.

$$\text{필요한 O}_2\text{의 몰수} = 3.82\ \cancel{\text{mol CO}} \times \frac{1\ \text{mol CO}_2}{2\ \cancel{\text{mol CO}}} = 1.91\ \text{mol CO}_2$$

예제 8.5는 균형 잡힌 반응식을 이용하는 반응물과 생성물의 양을 결정하는 방법을 설명한다.

## 예제 8.5

요소[$(NH_2)_2CO$]는 단백질 대사의 부산물이다. 이 노폐물은 간에서 생성된 다음 혈액으로부터 여과되어 신장에 의해 소변으로 배설된다. 요소는 반응식에 따라 암모니아와 이산화 탄소의 결합으로 실험실에서 합성될 수 있다.

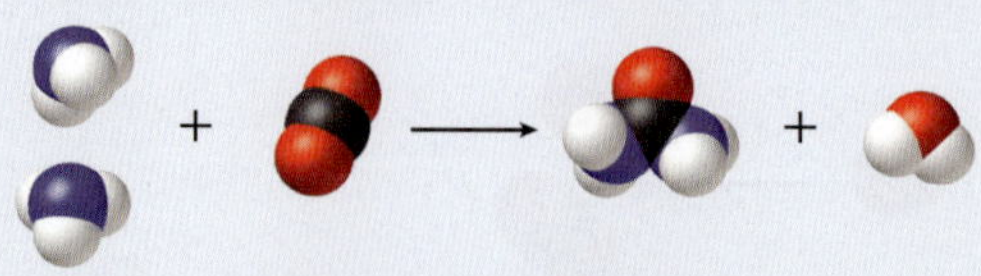

$$2NH_3(g) + CO_2(g) \longrightarrow (NH_2)_2CO(aq) + H_2O(l)$$

(a) 5.25몰의 암모니아가 완전히 반응하여 생성될 요소의 양을 계산하시오.
(b) 5.25몰의 암모니아와 반응하는 데 필요한 이산화 탄소의 화학량론적 양을 결정하시오.

**전략** 균형 잡힌 화학 반응식을 이용하여 정확한 화학량론적 환산 인자를 결정하고 주어진 암모니아 몰수에 곱한다.

**계획** 균형 잡힌 화학 반응식에 따르면 암모니아와 요소에 대한 환산 인자는 다음과 같다.

$$\frac{2\text{ mol NH}_3}{1\text{ mol (NH}_2)_2\text{CO}} \quad \text{또는} \quad \frac{1\text{ mol (NH}_2)_2\text{CO}}{2\text{ mol NH}_3}$$

$NH_3$의 몰수를 곱하여 적절히 단위가 상쇄되게 하기 위해서 분모에 $NH_3$의 몰수를 가진 환산 인자를 사용한다. 이와 유사하게, 암모니아와 이산화 탄소에 대한 환산 인자는 다음과 같이 쓸 수 있다.

$$\frac{2\text{ mol NH}_3}{1\text{ mol CO}_2} \quad \text{또는} \quad \frac{1\text{ mol CO}_2}{2\text{ mol NH}_3}$$

다시, 분모에 암모니아가 있는 환산 인자를 사용하여 계산에서 $NH_3$의 몰수가 상쇄될 것이다.

**풀이**

(a) 생성된 $(NH_2)_2CO$의 몰수 $= 5.25\text{ mol NH}_3 \times \dfrac{1\text{ mol (NH}_2)_2\text{CO}}{2\text{ mol NH}_3} = 2.63\text{ mol(NH}_2)_2\text{CO}$

(b) 필요한 $CO_2$의 몰수 $= 5.25\text{ mol NH}_3 \times \dfrac{1\text{ mol CO}_2}{2\text{ mol NH}_3} = 2.63\text{ mol CO}_2$

### 생각해 보기

항상 그렇듯이 단위가 계산에서 적절히 상쇄되는지 확인해야 한다. 또한 균형 잡힌 반응식은 소비된 암모니아보다 적은 몰수의 요소가 생성된다는 것을 나타낸다. 그러므로 계산된 요소의 몰수(2.63)는 문제에서 주어진 몰수(5.25)보다 작아야 한다. 마찬가지로, 균형 잡힌 반응식의 화학량론적 계수는 이산화 탄소와 요소에 대해서 동일하기 때문에 이 문제에 대한 답은 두 종 모두 동일해야 한다.

**유제 1** 십산화 사인($P_4O_{10}$)은 물과 반응하여 인산을 생성한다. 이 반응에 대해 균형 잡힌 반응식을 작성하고 5.80몰의 인산을 생성하는 데 필요한 각 반응물의 몰수를 결정하시오.

**유제 2** 다음 그림은 메타주석산($H_2SnO_3$), 물 및 이산화 질소를 형성하는 질산과 주석 금속의 반응을 나타낸다. 8.75몰의 $H_2SnO_3$를 생산하기 위해 얼마나 많은 양의 질산이 반응해야 하는지 결정하시오.(균형 맞추는 것을 잊지 말자.)

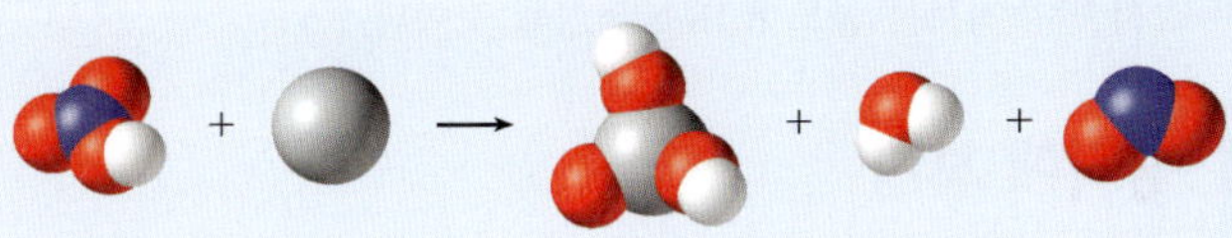

## 반응물과 생성물의 질량

화학 반응식은 반응물과 생성물의 상대적인 양을 몰수로 제공한다. 그러나 우리는 실험실에서 반응물과 생성물을 무게로 측정하기 때문에, 계산은 대부분 몰수보다는 질량으로부터 시작한다.

예제 8.6은 반응물과 생성물의 양을 그램으로 결정하는 방법을 설명한다.

## 예제 8.6

일산화 이질소($N_2O$)는 아산화 질소(nitrous oxide) 또는 웃음 가스로 알려져 있으며 치과 치료에서 마취제로 사용된다. 이것은 질산 암모늄을 가열하여 만들어진다. 균형 잡힌 반응식은 다음과 같다.

$$NH_4NO_3(s) \xrightarrow{\Delta} N_2O(g) + 2H_2O(l)$$

(a) 아산화 질소 10.0 g을 생성하기 위해 가열되어야 하는 질산 암모늄의 질량을 계산하시오.

(b) 반응에서 생성된 물의 질량을 결정하시오.

**전략** (a) 아산화 질소의 몰질량을 사용하여 주어진 아산화 질소의 질량을 몰수로 변환하고 적절한 화학량론적 환산 인자를 사용하여 질산 암모늄의 몰수로 변환한 다음, 질산 암모늄의 몰질량을 이용하여 질산 암모늄의 질량(g)으로 변환한다.
(b) 아산화 질소의 몰질량을 사용하여 주어진 아산화 질소의 질량을 몰수로 변환하고, 화학량론적 환산 인자를 사용하여 아산화 질소의 몰수로부터 물의 몰수로 변환한 다음에 물의 몰질량을 이용해서 물의 질량으로 변환한다.

**계획** 화합물들의 몰질량은 다음과 같다. $NH_4NO_3$는 80.05 g/mol, $N_2O$는 44.02 g/mol, 그리고 $H_2O$는 18.02 g/mol이다. 아산화 질소에서 질산 암모늄으로, 그리고 아산화 질소에서 물로의 환산 인자는 각각 다음과 같다.

$$\frac{1\ \text{mol NH}_4\text{NO}_3}{1\ \text{mol N}_2\text{O}} \text{와} \frac{2\ \text{mol H}_2\text{O}}{1\ \text{mol N}_2\text{O}}$$

**풀이**

(a) $10.0\ \text{g N}_2\text{O} \times \frac{1\ \text{mol N}_2\text{O}}{44.02\ \text{g N}_2\text{O}} = 0.227\ \text{mol N}_2\text{O}$

$0.227\ \text{mol N}_2\text{O} \times \frac{1\ \text{mol NH}_4\text{NO}_3}{1\ \text{mol N}_2\text{O}} = 0.227\ \text{mol NH}_4\text{NO}_3$

$0.227\ \text{mol NH}_4\text{NO}_3 \times \frac{80.05\ \text{g NH}_4\text{NO}_3}{1\ \text{mol NH}_4\text{NO}_3} = 18.2\ \text{g NH}_4\text{NO}_3$

따라서, 아산화 질소 10.0 g을 생성하기 위해서 질산 암모늄 18.2 g이 가열되어야 한다.

(b) (a)에서 결정된 아산화 질소의 몰수로 시작하여 다음과 같은 변환을 할 수 있다.

$0.227\ \text{mol N}_2\text{O} \times \frac{2\ \text{mol H}_2\text{O}}{1\ \text{mol N}_2\text{O}} = 0.454\ \text{mol H}_2\text{O}$

$0.454\ \text{mol H}_2\text{O} \times \frac{18.02\ \text{g H}_2\text{O}}{1\ \text{mol H}_2\text{O}} = 8.18\ \text{g H}_2\text{O}$

따라서 반응에서는 물도 8.18 g 생성될 것이다.

### 생각해 보기

질량 보존의 법칙을 이용하여 답을 확인한다. 두 생성물의 합쳐진 질량이 (a)에서 결정된 반응물의 질량과 같은지 확인한다. 이 경우(적절한 유효 숫자로 반올림됨), 10.0 g + 8.18 g = 18.2 g이다. 반올림의 결과로 작은 차이가 발생할 수 있다는 것을 기억한다.

**유제 1** 물 175 g을 생성하기 위해 대사되어야 하는 글루코스의 질량은 얼마인가?

**유제 2** 다음 그림은 이산화 질소가 물과 반응하여 일산화 질소와 질산을 형성하는 것을 나타낸다. $HNO_3$ 100.0 g이 생성되기 위해서 반응해야 하는 이산화 질소의 질량은 얼마인가? (반응식의 균형을 맞추는 것을 잊지 말자.)

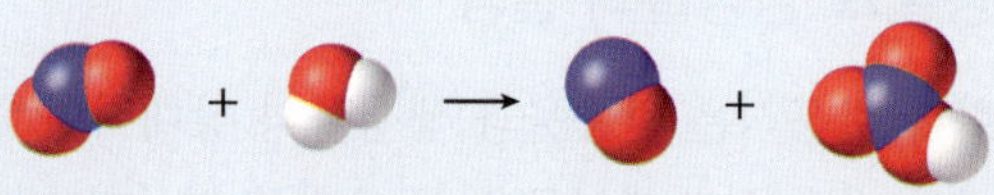

## 8.3절 복습

### 균형 잡힌 반응식을 이용한 계산

**8.3.1** 0.550몰의 Li가 다음 반응식에 따라 반응하면 몇 몰의 LiOH가 생성될 것인가?

$$2\text{Li}(s) + 2\text{H}_2\text{O}(l) \longrightarrow 2\text{LiOH}(aq) + \text{H}_2(g)$$

(a) 0.550몰
(b) 1.10몰
(c) 0.275몰
(d) 2.20몰
(e) 2.00몰

**8.3.2** 다음 반응식에 따라 리튬 금속 75.0 g이 질소와 반응할 때 생성되는 질화 리튬의 질량은 얼마인가?

$$6Li(s) + N_2(g) \longrightarrow 2Li_3N(s)$$

(a) 63 g (b) 125 g
(c) 376 g (d) 753 g
(e) 1130 g

**8.3.3** 다음 반응식에 따라 철 금속 124.5 kg을 생성하기 위해 일산화 탄소와 반응해야 하는 산화 철(III)의 질량은 얼마인가?

$$Fe_2O_3(s) + 3CO(g) \longrightarrow 2Fe(s) + 3CO_2(g)$$

(a) 356.0 kg (b) 222.4 kg
(c) 178.0 kg (d) 712.0 kg
(e) 0.1780 kg

**8.3.4** 다음 반응식에 따라 Al 5.71 g과 반응하는 데 필요한 $O_2$의 화학량론적 양(g)을 결정하시오.

$$4Al(s) + 3O_2(g) \longrightarrow 2Al_2O_3(s)$$

(a) 5.08 g (b) 9.03 g
(c) 2.54 g (d) 4.28 g
(e) 7.61 g

## 8.4 한계 반응물

화학자가 반응을 수행할 때, 반응물은 보통 화학량론적 양으로 존재하지 않는다. 반응의 목표는 일반적으로 출발 물질로부터 유용한 화합물의 최대 양을 생성하는 것이기 때문에, 보다 비싸거나 보다 중요한 반응물이 원하는 생성물로 완전히 전환되도록 하기 위해 하나의 반응물이 일반적으로 과량 공급된다. 결과적으로 과량으로 공급된 반응물의 일부는 반응이 끝날 때 남겨진다. 반응에서 처음에 모두 소모되는 반응물은 **한계 반응물**(limiting reactant)로 불린다. 왜냐하면 이 반응물의 양이 형성될 수 있는 생성물의 양을 **제한**(limit)하기 때문이다. 모든 한계 반응물이 소모되었을 때, 더 이상의 생성물은 형성될 수 없다. **초과 반응물**(excess reactant)은 한계 반응물과 반응하는 데 필요한 양보다 **더 많은**(greater) 양으로 존재하는 반응물이다.

**참조**
한계 반응물과 초과 반응물은 또한 한계 시약(limiting reagent)과 초과 시약(excess reagent)으로도 불린다.

한계 반응물의 개념은 쇠고기 버섯 꼬치를 만드는 것과 같은 일상적인 일에도 적용된다. 꼬치 한 개당 꼬챙이 1개, 버섯 4개, 쇠고기 조각 3개로 구성된 최대량의 꼬치를 만들고 싶다고 가정해 보자. 꼬챙이 4개, 버섯 12개, 쇠고기 조각 15개를 가지고 있다면 얼마나 많은 꼬치를 만들 수 있을까? 그림 8.2에서 볼 수 있듯이, 답은 3개이다. 3개의 꼬치를 만든 후에는 버섯이 다 떨어진다. 꼬챙이 1개와 쇠고기 조각 6개가 남아 있지만, 조리법에 따라 더

**그림 8.2** (a) 꼬챙이 4개, 버섯 12개, 쇠고기 조각 15개, (b) 만들어진 꼬치 3개, 꼬챙이 1개, 쇠고기 조각 6개. 버섯의 수가 조리법에 따라 만들어지는 꼬치의 수를 제한한다.

이상의 꼬치를 만들기 위해 필요한 재료들이 남겨져 있지 않다. 이 예에서 버섯이 먼저 소모되기 때문에 버섯이 한계 "반응물"이다. 생성물의 총량, 즉 이 경우에 총 꼬치의 수는 재료 한 가지의 양에 의해 제한된다.

## 한계 반응물 결정하기

한계 반응물과 관련된 문제에서, 첫 번째 단계는 어느 것이 한계 반응물인지 판단하는 것이다. 한계 반응물이 확인된 후, 나머지 문제는 8.3절에 요약된 방법을 이용하여 해결될 수 있다. 일산화 탄소와 수소로부터 메탄올($CH_3OH$)의 형성을 고려해 보자.

$$CO(g) + 2H_2(g) \longrightarrow CH_3OH(l)$$

처음에 그림 8.3(a)에서 보여지는 비율인 5몰의 CO와 8몰의 $H_2$가 있다고 가정하자. 화학량론적 환산 인자를 사용하여 모든 CO가 반응하는 데 필요한 $H_2$의 몰수를 결정할 수 있다. 균형 잡힌 반응식으로부터 1몰 CO ≃ 2몰 $H_2$이다. 따라서 5몰의 CO와 반응하는 데 필요한 $H_2$의 양은 다음과 같다.

$$H_2\text{의 몰수} = 5\ \cancel{\text{mol CO}} \times \frac{2\ \text{mol}\ H_2}{1\ \cancel{\text{mol CO}}} = 10\ \text{mol}\ H_2$$

이용할 수 있는 $H_2$는 8몰뿐이기 때문에 모든 CO와 반응하기에 $H_2$는 충분하지 않다. 따라서 $H_2$가 한계 반응물이고 CO는 초과 반응물이다. $H_2$가 먼저 소모되어 사라지면 메탄올의 생성이 중단되고 그림 8.3(b)와 같이 CO가 일부 남게 된다. 반응이 완결되었을 때, 얼마나 많은 일산화 탄소가 남았는지를 결정하기 위해 먼저 8몰의 모든 $H_2$와 반응할 수 있는 일산화 탄소의 양을 계산해야 한다.

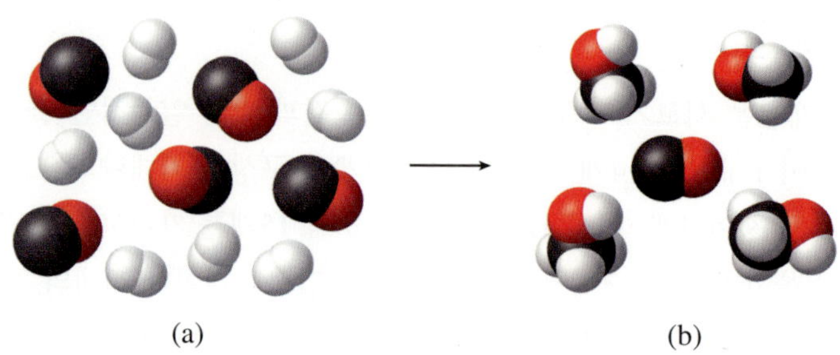


**그림 8.3** (a) $H_2$와 CO가 (b) $CH_3OH$를 형성하는 반응. 각 분자는 1몰의 물질을 나타낸다. 이 경우, $H_2$는 한계 반응물이며, 반응이 완결될 때 1몰의 CO가 남게 된다.

$$\text{CO의 몰수} = 8\ \text{mol H}_2 \times \frac{1\ \text{mol CO}}{2\ \text{mol H}_2} = 4\ \text{mol CO}$$

따라서 CO는 4몰이 소모될 것이고 1몰(5몰−4몰)이 남게 될 것이다.

예제 8.7은 한계 반응물의 개념을 질량과 몰 사이의 변환에 결합하는 방법을 보여 준다. 그림 8.4(354~355쪽)는 이러한 유형의 계산을 위한 단계를 보여 준다.

## 예제 8.7

알카셀처(Alka−Seltzer)® 알약은 아스피린, 중탄산 소듐(sodium bicarbonate)과 구연산(citric acid)을 함유한다. 물과 접촉하면 중탄산 소듐($NaHCO_3$)과 구연산($H_3C_6H_5O_7$)이 반응하여 다른 생성물들에서 이산화 탄소 기체를 발생시킨다.

$$3NaHCO_3(aq) + H_3C_6H_5O_7(aq) \longrightarrow 3CO_2(g) + 3H_2O(l) + Na_3C_6H_5O_7(aq)$$

알약이 물에 떨어지면 $CO_2$가 생성되면서 특유의 소리를 낸다. 알카셀처 알약은 중탄산 소듐 1.700 g과 구연산 1.000 g을 함유한다. 물에 녹은 알약 1정에 대해 (a) 어떤 성분이 한계 반응물인지 결정하고, (b) 반응이 완결되었을 때 남아 있는 초과 반응물의 질량과 (c) 생성되는 $CO_2$의 질량을 구하시오.

**전략** 각 반응물의 질량을 몰로 바꾼다. 필요한 화학량론적 환산 인자를 구하기 위해 균형 잡힌 반응식을 이용하고 어떤 반응물이 한계 반응물인지 결정한다. 남아 있는 초과 반응물의 몰수와 생성된 $CO_2$의 몰수를 구하기 위해 화학량론적 환산 인자를 다시 이용한다. 마지막으로 각각의 몰질량을 이용하여 초과 반응물과 $CO_2$의 몰수를 그램으로 바꾼다.

**계획** 화합물의 필요한 몰질량은 중탄산 소듐이 84.01 g/mol, 구연산이 192.12 g/mol, $CO_2$가 44.01 g/mol이다. 균형 잡힌 반응식으로부터 3몰 $NaHCO_3 \simeq$ 1몰 $H_3C_6H_5O_7$, 3몰 $NaHCO_3 \simeq$ 3몰 $CO_2$, 1몰 $H_3C_6H_5O_7 \simeq$ 3몰 $CO_2$임을 알 수 있다. 필요한 화학량론적 환산 인자는 다음과 같다.

$$\frac{3\ \text{mol NaHCO}_3}{1\ \text{mol H}_3\text{C}_6\text{H}_5\text{O}_7} \quad \frac{1\ \text{mol H}_3\text{C}_6\text{H}_5\text{O}_7}{3\ \text{mol NaHCO}_3} \quad \frac{3\ \text{mol CO}_2}{3\ \text{mol NaHCO}_3} \quad \frac{3\ \text{mol CO}_2}{1\ \text{mol NaHCO}_3}$$

**풀이**

$$1.700\ \text{g NaHCO}_3 \times \frac{1\ \text{mol NaHCO}_3}{84.01\ \text{g NaHCO}_3} = 0.02024\ \text{mol NaHCO}_3$$

$$1.000\ \text{g H}_3\text{C}_6\text{H}_5\text{O}_7 \times \frac{1\ \text{mol H}_3\text{C}_6\text{H}_5\text{O}_7}{192.12\ \text{g H}_3\text{C}_6\text{H}_5\text{O}_7} = 0.005205\ \text{mol H}_3\text{C}_6\text{H}_5\text{O}_7$$

(a) 한계 반응물을 결정하기 위해 0.02024몰의 중탄산 소듐과 완전히 반응하는 데 필요한 구연산의 양을 계산한다.

$$0.02024\ \text{mol NaHCO}_3 \times \frac{1\ \text{mol H}_3\text{C}_6\text{H}_5\text{O}_7}{3\ \text{mol NaHCO}_3} = 0.006745\ \text{mol H}_3\text{C}_6\text{H}_5\text{O}_7$$

0.02024몰의 $NaHCO_3$와 반응하는 데 필요한 $H_3C_6H_5O_7$의 양은 알약 1정이 함유하는 양보다 많다. 그러므로 구연산이 한계 반응물이고 중탄산 소듐은 초과 반응물이다.

(b) 남아 있는 초과 반응물($NaHCO_3$)의 질량을 구하기 위해, 반응할 $NaHCO_3$의 양을 먼저 구한다.

$$0.005205\ \text{mol H}_3\text{C}_6\text{H}_5\text{O}_7 \times \frac{3\ \text{mol NaHCO}_3}{1\ \text{mol H}_3\text{C}_6\text{H}_5\text{O}_7} = 0.01562\ \text{mol NaHCO}_3$$

따라서 0.01562몰의 $NaHCO_3$가 소모될 것이고, 0.00462몰은 반응하지 않은 채로 남게 된다. 반응하지 않은 양을 그램으로 환산하면 다음과 같다.

$$0.00462\ \text{mol NaHCO}_3 \times \frac{84.01\ \text{g NaHCO}_3}{1\ \text{mol NaHCO}_3} = 0.388\ \text{g NaHCO}_3$$

(c) 생성된 $CO_2$의 질량을 결정하기 위해, 소비되는 한계 반응물($H_3C_6H_5O_7$)의 몰수로부터 생성되는 $CO_2$의 몰수를 먼저 계산한다.

그림 8.4
## 한계 반응물 문제

시작

다음 반응식에 따라 $N_2$ 84.06 g과 $H_2$ 22.18 g이 반응할 때 생성되는 $NH_3$의 질량을 결정한다.

$$N_2 + 3H_2 \longrightarrow 2NH_3$$

몰로 변환

$$\frac{84.06\ \text{g}\ N_2}{28.02\ \text{g/mol}} = 3.000\ \text{mol}\ N_2$$

$$\frac{22.18\ \text{g}\ H_2}{2.016\ \text{g/mol}} = 11.00\ \text{mol}\ H_2$$

$NH_3$의 몰 결정

반응 전 총 질량:

$$84.06\ \text{g}\ N_2 + 22.18\ \text{g}\ H_2 = 106.24\ \text{g}$$

반응 전후의 총 질량을 비교한다. 전후의 작은 질량 차이는 반올림 때문이다.

$$\Sigma\ \text{반응 후} = 102.2\ \text{g}\ NH_3 + 4.03\ \text{g}\ H_2 = 106.2\ \text{g}$$

생성물의 질량과 남겨진 초과 반응물의 질량을 더하여 반응 후의 총 질량을 구한다.

계수를 환산 인자로 사용한다.

방법 1

$$3.000 \text{ mol } N_2 \times \frac{2 \text{ mol } NH_3}{1 \text{ mol } N_2} = 6.000 \text{ mol } NH_3$$

$$11.00 \text{ mol } H_2 \times \frac{2 \text{ mol } NH_3}{3 \text{ mol } H_2} = 7.333 \text{ mol } NH_3$$

또는

방법 2

실제 양을 사용하여 균형 잡힌 반응식을 다시 쓰시오. 균형 잡힌 반응식에 따라, 11.00몰의 $H_2$와 반응하기 위해 3.667몰의 $N_2$가 필요하다.

$$3.000\ N_2 + 9.000\ H_2 \longrightarrow 6.000\ NH_3$$

$$3.667\ N_2 + 11.00\ H_2 \longrightarrow 7.333\ NH_3$$

어느 방법이든 더 작은 양의 생성물이 맞다.

6.000 mol $NH_3$

그램으로 변환

$$6.000 \text{ mol } NH_3 \times \frac{17.03 \text{ g } NH_3}{1 \text{ mol } NH_3} = 102.2 \text{ g } NH_3$$

확인

$N_2$는 한계 반응물이다. $H_2$가 얼마나 남았는지 계산한다.

11.00 mol (초기량)
− 9.00 mol (소모량)
2.00 mol $H_2$ (남겨진 양)

그램으로 변환

$$2.00 \text{ mol } H_2 \times \frac{2.016 \text{ g } H_2}{1 \text{ mol } H_2} = 4.03 \text{ g } H_2$$

## 요점 내용

많은 유형의 문제를 풀기 위한 여러 가지 방법이 있다. 이 한계 반응물 문제는 정확한 해답을 얻기 위한 두 가지 방법을 보여 준다. 또한 그 결과가 합리적이고 정확한지 판단하기 위해 문제에 주어진 정보와 비교하는 방법을 보이고 있다.

$$0.005205\ \cancel{\text{mol H}_3\text{C}_6\text{H}_5\text{O}_7} \times \frac{3\ \text{mol CO}_2}{1\ \cancel{\text{mol H}_3\text{C}_6\text{H}_5\text{O}_7}} = 0.01562\ \text{mol CO}_2$$

이 양을 그램으로 환산하면 다음과 같다.

$$0.01562\ \cancel{\text{mol CO}_2} \times \frac{44.01\ \text{g CO}_2}{1\ \cancel{\text{mol CO}_2}} = 0.6874\ \text{g CO}_2$$

결과를 요약하면 (a) 한계 반응물은 구연산이고, (b) 반응하지 않고 남아 있는 중탄산 소듐의 양은 0.388 g이고, (c) 생성된 $CO_2$의 양은 0.6874 g이다.

## 생각해 보기

이와 같은 문제에서 답을 검토하기 위해 반응에서 다른 생성물의 양을 계산해 보는 것이 좋은 방법이다. 질량 보존의 법칙에 따라 두 반응물의 시작 질량의 합(1.700 g+1.000 g=2.700 g)은 반응이 끝난 후 생성물과 남아 있는 과잉 반응물의 질량의 합과 같아야 한다. 이 경우에 생성된 $H_2O$와 $Na_3C_6H_5O_7$의 질량은 각각 0.2815 g과 1.343 g이다. 생성된 $CO_2$의 질량은 0.6874 g[(c)에서]이고 남아 있는 $NaHCO_3$의 질량은 0.388 g이다[(b)에서]. 총량 0.2815 g+1.343 g+0.6874 g+0.388 g은 2.700 g으로 반응물의 총 질량과 같다.

**유제 1** 수산화포타슘과 인산은 다음 반응식에 따라 인산포타슘과 물을 생성한다.

$$3\text{KOH}(aq) + \text{H}_3\text{PO}_4(aq) \longrightarrow \text{K}_3\text{PO}_4(aq) + 3\text{H}_2\text{O}(l)$$

$K_3PO_4$가 55.7 g 생성되고 $H_3PO_4$ 89.8 g이 반응하지 않고 남아 있다면 처음에 있었던 각 반응물의 질량을 구하시오.

**유제 2** 다음 그림은 화학 반응 전과 후의 반응 혼합물을 나타낸 것이다. 균형 잡힌 반응식을 쓰고 한계 반응물을 확인하시오.

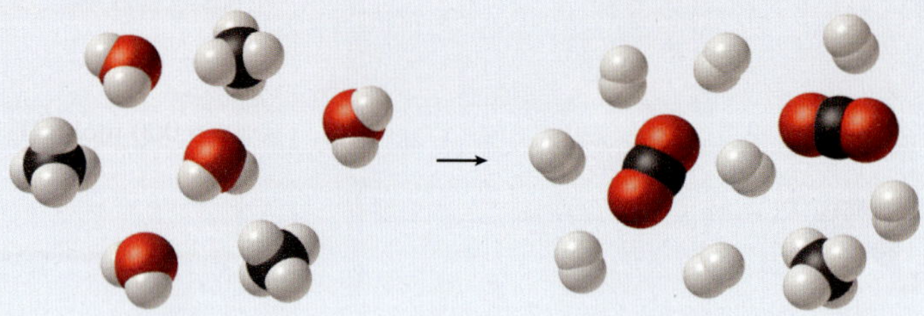


## 반응 수율

화학량론을 이용하여 반응에서 생성된 생성물의 양을 계산할 때, 여러분은 반응의 **이론적인 수율**(theoretical yield)을 계산하는 것이다. 이론적인 수율은 **모든** 한계 반응물이 반응하여 원하는 생성물을 형성할 때 생성되는 생성물의 양이다. 이는 균형 잡힌 반응식에 의해 예측된 **최대**로 얻을 수 있는 수율이다. 실제로 **실제 수율**(actual yield), 즉 반응으로부터 실제로 얻어지는 생성물의 양은 이론적인 수율보다 거의 항상 적다. 실제와 이론적인 수율의 차이에는 여러 가지 이유가 있다. 예를 들어, 반응물의 일부가 반응하지 않아서 원하는 생성물을 형성하지 않을 수 있다. 반응물들은 **부반응**(side reaction)으로 알려진 것을 통해서 다른 생성물을 형성할 수 있고 또는 단순히 반응이 없는 상태로 남을 수도 있다. 또한 반응이 끝나면 생성물 모두를 분리하여 회수하기가 어려울 수 있다. 화학자들은 종종 **실제 수율이 이론적인 수율의 몇 %인지**를 알려주는 **수득 백분율**(percent yield)을 계산하여 화학 반응의 효율성을 결정한다. 그것은 다음과 같이 계산된다.

$$\text{수득 백분율}(\%) = \frac{\text{실제 수율}}{\text{이론적인 수율}} \times 100\% \qquad \text{식 8.1}$$

수득 백분율은 작은 분수에서 100%까지 다양하다.(100%를 초과할 수는 없다.) 화학자들은 수득 백분율을 극대화하기 위해 다양한 방법으로 노력한다. 수득 백분율에 영향을 주는 요인들은 15장에서 논의될 것이다.

예제 8.8은 약 제조 과정에서 수득 백분율을 계산하는 방법을 보여 준다.

## 예제 8.8

아스피린으로 알려진 아세틸 살리실산($C_9H_8O_4$)은 세계에서 가장 일반적으로 사용되는 진통제이다. 이것은 다음 반응식에 따라 살리실산($C_7H_6O_3$)과 아세트산 무수물($C_4H_6O_3$)의 반응으로 생성된다.

$$\underset{\text{살리실산}}{C_7H_6O_3} + \underset{\text{아세트산 무수물}}{C_4H_6O_3} \longrightarrow \underset{\text{아세틸 살리실산}}{C_9H_8O_4} + \underset{\text{아세트산}}{HC_2H_3O_2}$$

어떤 아스피린 합성에서 살리실산 104.8 g과 아세트산 무수물 110.9 g이 반응한다. 아스피린 105.6 g이 생성된다면 이 반응의 수득 백분율을 계산하시오.

**전략** 반응물 그램을 몰로 변환하고 어느 것이 한계 반응물인지 결정한다. 균형 잡힌 반응식을 사용하여 생성할 수 있는 아스피린의 몰을 결정하고, 이론적인 수율을 위해 몰수를 그램으로 변환한다. 실제 수율(문제에서 주어진)과 계산된 이론적인 수율을 이용하여 수득 백분율을 계산한다.

**계획** 필요한 몰질량은 138.12 g/mol(살리실산), 102.09 g/mol(아세트산 무수물), 그리고 180.15 g/mol(아스피린)이다.

**풀이**

$$104.8 \cancel{\text{g } C_7H_6O_3} \times \frac{1 \text{ mol } C_7H_6O_3}{138.12 \cancel{\text{g } C_7H_6O_3}} = 0.7588 \text{ mol } C_7H_6O_3$$

$$110.9 \cancel{\text{g } C_4H_6O_3} \times \frac{1 \text{ mol } C_4H_6O_3}{102.09 \cancel{\text{g } C_4H_6O_3}} = 1.086 \text{ mol } C_4H_6O_3$$

두 반응물이 1:1 몰비로 반응하기 때문에 가장 작은 몰수로 존재하는 반응물이 한계 반응물이다. 균형 잡힌 반응식에 따르면 살리실산 1몰이 소모될 때마다 아스피린 1몰이 생성된다.

$$\text{살리실산}(C_7H_6O_3)\ 1\text{몰} \simeq \text{아스피린}(C_9H_8O_4)\ 1\text{몰}$$

그러므로 아스피린의 이론적인 수율은 0.7588몰이다. 이것을 아스피린의 몰질량을 이용하여 그램으로 변환하면 다음과 같다.

$$0.7588 \cancel{\text{mol } C_9H_8O_4} \times \frac{180.15 \text{ g } C_9H_8O_4}{1 \cancel{\text{mol } C_9H_8O_4}} = 136.7 \text{ g } C_9H_8O_4$$

따라서 이론적인 수율은 136.7 g이다. 실제 수율이 105.6 g이라면 수득 백분율은 다음과 같다.

$$\text{수득 백분율}(\%) = \frac{105.6 \text{ g}}{136.7 \text{ g}} \times 100\% = 77.25\%\text{의 수득 백분율}$$

**생각해 보기**

적절한 몰질량을 사용했는지 확인하고 수득 백분율이 결코 100%를 초과할 수 없다는 것을 기억한다.

**유제 1** 다이에틸 에터(diethyl ether)는 다음 반응식에 의해 에탄올(ethanol)로부터 생성된다.

$$2CH_3CH_2OH(l) \longrightarrow CH_3CH_2OCH_2CH_3(l) + H_2O(l)$$

에탄올 207 g이 반응하여 수득 백분율이 73.2%라면 생성된 에터의 질량은 얼마인가?

**유제 2** 다음 그림은 예제 8.7의 **유제 2**에서 소개된 화학 반응을 이용한 실험에 대한 반응 혼합물과 회수된 생성 혼합물을 보여 준다. 한계 반응물을 확인하고 이산화 탄소의 수득 백분율을 결정하시오.

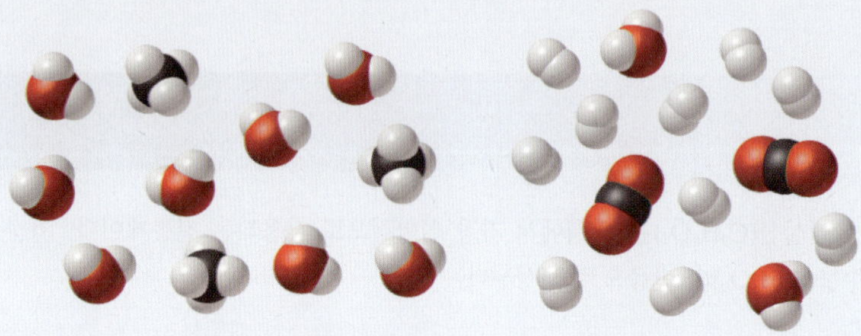

초기 시료 회수된 생성물

## 8.4절 복습

### 한계 반응물

**8.4.1** 3.0몰의 $N_2$와 1.5몰의 $H_2$의 반응으로 $NH_3$ 몇 몰이 생성될 수 있는가?

(a) 2.0몰 (b) 1.5몰
(c) 0.50몰 (d) 6.0몰
(e) 1.0몰

**8.4.2** 각 반응물이 5.00 g 반응할 때 다음 반응식에 따라 생성되는 $CaSO_4$의 질량은 얼마인가?

$$CaF_2(s) + H_2SO_4(aq) \longrightarrow CaSO_4(s) + 2HF(g)$$

(a) 10.0 g (b) 11.6 g
(c) 6.94 g (d) 8.72 g
(e) 5.02 g

**8.4.3** 다음 반응식에 따라 $CH_3OH$ 10.4 g이 반응하고 $CO_2$ 10.1 g이 생성되는 과정에 대한 수득 백분율은 얼마인가?

$$2CH_3OH(l) + 3O_2(g) \longrightarrow 2CO_2(g) + 4H_2O(l)$$

(a) 97.1% (b) 70.7%
(c) 52.1% (d) 103%
(e) 37.9%

**8.4.4** 수율이 53.2%일 때 $CH_3OH$ 50.0 g과 과량의 $O_2$의 반응으로 생성되는 물의 양은 얼마인가?

$$2CH_3OH(l) + 3O_2(g) \longrightarrow 2CO_2(g) + 4H_2O(l)$$

(a) 28.1 g (b) 56.2 g
(c) 29.9 g (d) 15.0 g
(e) 26.6 g

**8.4.5** 반응물 A(빨간색)와 B(파란색)는 결합하여 반응식 $2A + B \longrightarrow C$에 따라 단일 생성물 C를 형성한다. 그림의 반응 용기에서 한계 반응물은 무엇인가?

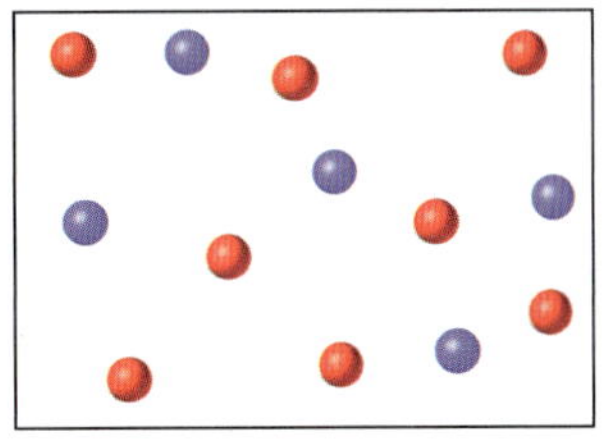

(a) A
(b) B
(c) C
(d) 없음. 반응물은 화학량론적 양으로 존재한다.

## 생각 밖 상식

### 원자 경제

화학자들이 수행하는 많은 반응은 여러 가지 생성물을 생성하지만 모든 것이 유용한 것은 아니다. 결과적으로 정량적이면서 부반응이 없이 진행되는 반응조차도 상당한 양의 화학적 폐기물을 생성할 수 있다. 이러한 폐기물을 처리하는 데 필요한 과정은 종종 생산 비용을 크게 증가시킨다. 수득 백분율은 화학 반응의 전체 효율을 측정하는 훌륭한 척도이지만, 반응물이 얼마나 효율적으로 **유용한** 제품으로 전환되는지를 나타내지는 않는다.

> **참조**
> 수득 백분율이 100%에 가깝다면 반응은 정량적으로 진행된다고 한다.

1990년대에는 녹색 화학(green chemistry)에 중점을 두어 **원자 경제**(atom economy)의 개념이 스탠포드 대학(Stanford University)의 화학 교수인 배리 트로스트(Barry Trost)에 의해서 개발되었다. 원자 경제는 화학 반응에서 반응물의 초기 질량 중 얼마나 많은 양이 원하는 생성물의 최종 질량으로 되는지를 측정한다. 반응의 원자 경제는 다음 식에 따라 결정될 수 있다.

> **참조**
> 지속 가능한 화학이라고도 불리는 녹색 화학에서 화학적 과정은 위험 물질의 사용과 생산을 최소화하도록 설계된다. [http://www.epa.gov/greenchemistry/]

$$\text{원자 경제} = \frac{\text{원하는 생성물에서 원자들의 질량}}{\text{모든 반응물에서 원자들의 질량}} \qquad \text{식 8.2}$$

이 접근법이 수득 백분율과 어떻게 다른지 유의하자. 실제로 이 수식에 따르면 수득 백분율이 매우 높더라도 반응의 원자 경제는 낮을 수 있다. 다음의 예를 고려해 보자. 역사적으로 페놀($C_6H_5OH$)은 벤젠($C_6H_6$)과 황산($H_2SO_4$) 및 수산화 소듐(NaOH)을 혼합하여 제조되었다.

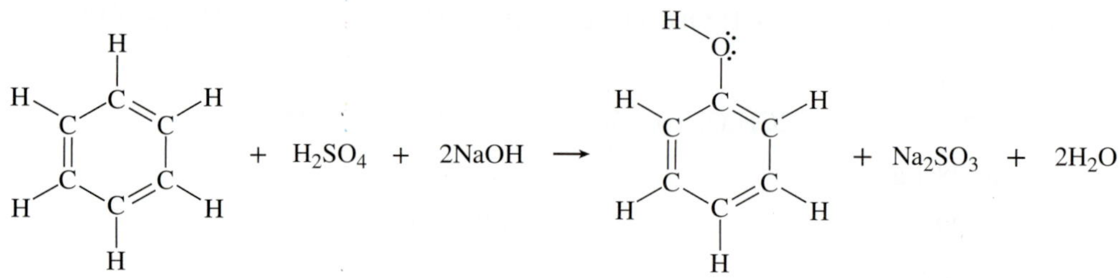

이 과정에 대한 원자 경제는 다음과 같다.

$$\frac{C_6H_5OH\text{의 질량}}{C_6H_6,\ H_2SO_4\ \text{및}\ NaOH\text{의 질량}} \times 100\% = \frac{94.11\ g}{256.19\ g} \times 100\% = 36.73\%$$

오늘날, 페놀의 제조는 벤젠과 프로펜($C_3H_6$) 및 산소를 혼합하여 이뤄진다.

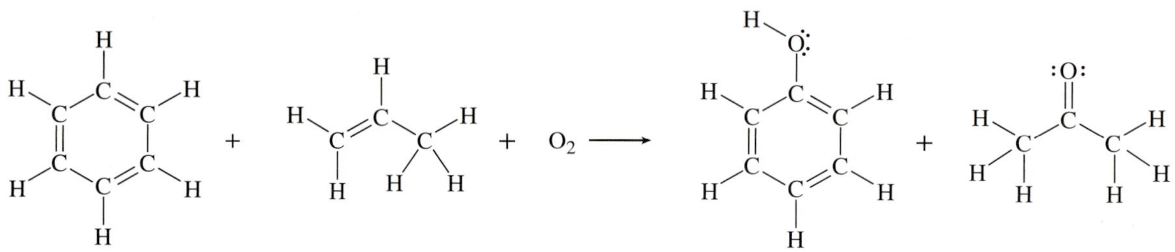

페놀 생산만을 고려하면 원자 경제는 다음과 같다.

$$\frac{C_6H_5OH\text{의 질량}}{C_6H_6,\ C_3H_6\ \text{및}\ O_2\text{의 질량}} \times 100\% = \frac{94.11\ g}{152.19\ g} \times 100\% = 61.84\%$$

그러나 반응의 다른 생성물인 아세톤이 상업적 가치를 지닌 물질이며 이 과정에서 쉽게 회수된다는 것을 고려할 때, 원자 경제는 100%로 상승한다. 원자 경제는 화학자들이 중요한 화합물을 합성하기 위한 더 좋고, 덜 비싸고, 보다 지속 가능한 방법을 찾도록 장려한다.

또 다른 주목할 만한 예로는 비스테로이드 소염제인 이부프로펜(ibuprofen)이 있다. 1960년대부터 이부프로펜은 상당한 양의 화학 폐기물을 생성하고 원자 경제가 40%를 간신히 넘는 6단계 산업 공정을 사용하여 제조되었다. 한 제조업체인 훽스트 셀라니스(Hoechst Celanese)는 1990년대까지 보다 효율적인 이부프로펜 합성을 개발했다. BHC 방법으로 알려진 이 새로운 방법은 비용이 적게 들고, 3단계만을 거치며, 훨씬 적은 폐기물을 생성하고, 원자 경제가 77% 이상 된다. 또한 BHC 방법에서 다른 생성물 중 하나인 아세트산이 회수되어 궁극적으로 다른 산업 공정에서 사용될 수 있다는 것을 생각하면 원자 경제는 99% 이상이 된다.

**참조**

이온화 에너지와 전자 친화도는 기체상(gas phase)에 있는 원자와 이온에 해당한다는 것을 기억하자[◀◀ 4.4절].

## 8.5 주족 원소들의 반응성에 대한 주기적 경향

이온화 에너지와 전자 친화도[◀◀ 4.4절]는 원소가 겪는 반응의 유형과 그들이 형성할 가능성이 있는 화합물의 유형을 이해할 수 있게 한다. 이 두 변수는 실제로 유사한 것을 측

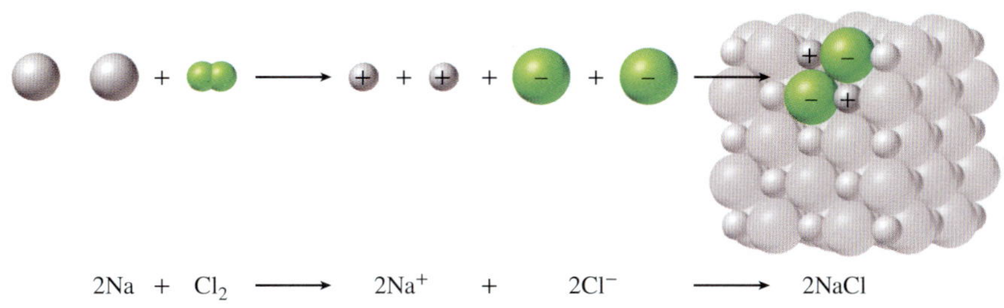


**그림 8.5** 구성 원소들로부터 NaCl의 형성. 전하가 모두 표시된 것은 아니지만, 고체는 반대로 하전된 이온이 교대로 반복되는 3차원 배열로 구성된다.

정한다. 이온화 에너지는 원자가 자신의 전자를 얼마나 강력하게 끌어당기는지의 척도이며, 전자 친화도는 원자가 전자를 다른 근원으로부터 얼마나 강력하게 끌어당길 수 있는지를 측정한 것이다. 어떻게 이것이 화학 반응을 이해하는 데 도움이 되는지에 대한 매우 간단한 예로서, 그림 8.5에서 보여지는 소듐 원자와 염소 원자의 조합을 고려해 보자.

낮은 이온화 에너지를 가진 소듐은 1개의 원자가 전자에 대해 상대적으로 약한 인력을 가지고 있다. 열역학적으로 유리한 전자 친화도를 가진 염소는 다른 근원으로부터 전자를 끌어들이는 능력을 가지고 있다. 이 경우, Na 원자에 느슨하게 잡혀 있는 전자는 Cl 원자에 의해 강하게 끌리게 되어, Na에서 Cl로 이동하여 소듐 이온($Na^+$)과 염화 이온($Cl^-$)을 생성한다. 쿨롱의 법칙에 따르면, 반대로 하전된 물체들은 서로 끌어당긴다. 양으로 하전된 소듐 이온과 음으로 하전된 염화 이온은 정전기적 인력에 의해 함께 끌어당겨지고 그 결과 고체 이온 화합물인 염화 소듐(NaCl)이 형성된다.

## 반응성에서 일반적인 경향

각 족에서 원소의 반응성을 조사하기 전에 전반적인 경향을 알아보자. 같은 족의 원소들은 비슷한 원자가 전자 배열을 가지고 있기 때문에 화학적인 행동에서 서로 닮았다고 했다. 이러한 말은 일반적인 의미에서 맞는 것이지만 주의해서 적용해야 한다. 화학자들은 각 족의 첫 번째 원소(Li, Be, B, C, N, O 및 F)의 특성이 동일한 족의 나머지 원소들의 특성과 다르다는 것을 오랫동안 알고 있었다. 예를 들어, 리튬은 1A족(알칼리) 금속의 특성 대부분을 나타내지만 모든 것을 나타내는 것은 아니다. 예를 들어, 다른 1A족 원소들과 달리 Li는 공기 중의 $O_2$ 및 $N_2$와 반응하여 단순한 산화물($Li_2O$) 및 질화물($Li_3N$)을 각각 형성한다. 마찬가지로, 베릴륨은 공유 결합 화합물을 형성한다는 점과 그 밖의 이유로 2A족(알칼리 토금속)의 다소 비전형적인 원소이다. 그 차이는 각 족의 첫 번째 원소의 비정상적으로 작은 크기 때문일 수 있다[|◀◀ 4.6절].

주족 원소의 화학 반응성에 대한 또 다른 경향은 **대각 관계**(diagonal relationship)이다. 대각 관계는 주기율표의 다른 족과 주기에 있는 원소들의 쌍 사이에서의 유사성을 나타낸다[|◀◀ 4.4절]. 두 번째 주기(Li, Be 및 B)의 처음 세 원소는 주기율표(Mg, Al 및 Si)의 대각선 아래에 있는 원소와 비슷한 화학적 성질을 나타낼 뿐만 아니라, 반응성에서도 유사한 양상을 나타낸다. 예를 들어, 절 복습 문제 8.3.2(351쪽)에서 언급했듯이, 리튬은 $N_2$와 반응하여 질화 리튬($Li_3N$)을 형성한다. 마그네슘도 비슷한 방식으로 반응하여 질화 마그네슘($Mg_3N_2$)을 형성한다.

그림 8.6 순수 질소에서 마그네슘의 연소

$$6Li(s) + N_2(g) \longrightarrow 2Li_3N(s)$$
$$3Mg(s) + N_2(g) \xrightarrow{\Delta} Mg_3N_2(s)$$

마그네슘과 질소의 반응은 그림 8.6과 같다. 리튬은 질소에 대해 이러한 반응성을 나타내는 1A족의 유일한 구성원이다.

같은 족에서 원소의 성질을 비교하는 것은 문제의 원소가 유사한 금속(또는 비금속) 특성을 갖는 경우에 가장 유효하다. 예를 들어, 1A족 및 2A족의 원소는 모두 금속이지만 7A족 및 8A족의 원소는 모두 비금속이다. 그러나 3~6A족의 원소를 비교할 때는 한 족에 금속, 반금속 및 비금속이 포함될 수 있기 때문에 보다 주의해야 한다. 이러한 족에서는 모든 족 원소들이 유사한 원자가 전자 배치를 가지고 있음에도 불구하고 화학적 성질에 있어 더 큰 다양성을 예상해야 한다.

## 수소($1s^1$)

수소는 우주에서 가장 단순하고 가장 풍부한 원소이지만 주기율표에서 수소에 대해 완전하게 적합한 위치는 없다.(실제로는 그 자체로 하나의 족에 속한다.) 전통적으로 수소는 알칼리 금속처럼 1개의 *s* 원자가 전자를 가지고 $+1(H^+)$의 전하를 갖는 양이온을 형성하기 때문에 1A족 상단에서 보인다. 한편, 수소는 NaH 및 $CaH_2$와 같은 이온 결합 화합물에서 **수소화** 이온($H^-$)도 형성한다. 이 점에서, 수소는 이온 결합 화합물에서 $-1$ 음이온($F^-$, $Cl^-$, $Br^-$ 및 $I^-$)을 형성하는 7A족(할로젠)의 원소들과 유사하다. 이온성 수소화물은 물과 반응하여 수소 기체와 상응하는 금속 수산화물을 생성한다.

$$2NaH(s) + 2H_2O(l) \longrightarrow 2NaOH(aq) + 2H_2(g)$$
$$CaH_2(s) + 2H_2O(l) \longrightarrow Ca(OH)_2(aq) + 2H_2(g)$$

논란의 여지가 있을 수 있지만, 수소의 가장 중요한 화합물은 수소가 공기 중에서 탈 때 생성되는 물이다.

$$2H_2(g) + O_2(g) \longrightarrow 2H_2O(l)$$

## 활성 금속의 반응

### 1A족 원소($ns^1$, $n \geq 2$)

이 원소들은 모두 이온화 에너지가 낮기 때문에 쉽게 $M^+$ 이온이 될 수 있다. 사실, 이 금속들은 매우 반응성이 좋아서 순수한 원소 상태로 자연에서 발견되지 않는다. 그들은 물과 반응하여 수소 기체와 금속 수산화물을 생성한다(그림 8.7).

$$2M(s) + 2H_2O(l) \longrightarrow 2MOH(aq) + H_2(g)$$

여기에서 M은 알칼리 금속을 나타낸다. 공기에 노출되면 그들은 산소와 반응하여 금속 산화물을 형성하면서 빛나는 모습을 점차 잃어간다. 리튬은 산화 리튬(산화 이온인 $O^{2-}$ 함유)을 형성한다.

$$4Li(s) + O_2(g) \longrightarrow 2Li_2O(s)$$

(a) (b) (c)

그림 8.7 물과 반응하는 알칼리 금속 (a) 소듐, (b) 포타슘 및 (c) 세슘. 족의 아래로 갈수록 금속의 이온화 에너지가 감소함에 따라 반응은 점점 더 격렬해진다.

나머지 알칼리 금속은 모두 산화물 또는 **과산화물**(peroxide, 과산화 이온 $O_2^{2-}$를 함유)을 형성한다.

$$2Na(s) + O_2(g) \longrightarrow Na_2O_2(s)$$

포타슘, 루비듐 및 세슘은 또한 **초산화물**(superoxide, 초산화 이온 $O_2^-$를 함유)를 형성하기도 한다.

$$K(s) + O_2(g) \longrightarrow KO_2(s)$$

알칼리 금속이 산소와 반응할 때 형성되는 산화물 유형은 다양한 산화물의 안정성과 관련이 있다. 이 산화물들은 모두 이온 결합 화합물이기 때문에 안정성은 양이온과 음이온이 얼마나 강하게 서로를 끌어당기는지에 달려 있다. 산화 리튬은 과산화 리튬보다 더 안정하기 때문에 리튬은 주로 산화물을 형성하는 경향이 있다.

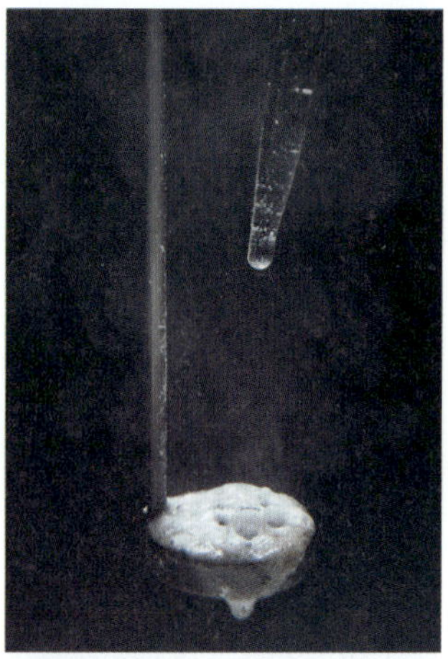

그림 8.8 물과 반응하는 바륨

**2A족 원소($ns^2$, $n \geq 2$)**

하나의 족으로서, 알칼리 토금속은 알칼리 금속보다 다소 반응성이 적다. 1차 및 2차 이온화 에너지는 모두 베릴륨에서 바륨으로 감소한다.(그리고 금속성이 증가한다.) 2A족 원소는 $M^{2+}$ 이온을 형성하는 경향이 있으며, 여기서 M은 알칼리 토금속 원자를 나타낸다.

> **참조**
>
> 베릴륨과 마그네슘은 다른 2A족 원소보다 금속성이 적기 때문에 $BeH_2$와 $MgH_2$와 같은 분자 화합물을 형성한다.

알칼리 토금속과 물의 반응은 상당히 다양하다. 베릴륨은 물과 반응하지 않고, 마그네슘은 증기와 함께 천천히 반응한다. 칼슘, 스트론튬 및 바륨은 찬물과 함께 활발히 반응한다(그림 8.8).

$$Ca(s) + 2H_2O(l) \longrightarrow Ca(OH)_2(aq) + H_2(g)$$
$$Sr(s) + 2H_2O(l) \longrightarrow Sr(OH)_2(aq) + H_2(g)$$
$$Ba(s) + 2H_2O(l) \longrightarrow Ba(OH)_2(aq) + H_2(g)$$

산소에 대한 알칼리 토금속의 반응성은 또한 Be에서 Ba로 갈수록 증가한다. 베릴륨 및 마그네슘은 고온에서만 산화물(BeO 및 MgO)을 형성하지만, CaO, SrO 및 BaO는 실온에서 형성된다.

마그네슘은 수용액 산[$H^+(aq)$로 표시되는]과 반응하여 수소 기체를 생성한다.

$$Mg(s) + 2H^+(aq) \longrightarrow Mg^{2+}(aq) + H_2(g)$$

칼슘, 스트론튬 및 바륨도 수용액 산과 반응하여 수소 기체를 생성한다. 그러나 이들 금속은 물과도 반응하기 때문에 두 가지 다른 반응($H^+$와의 반응과 $H_2O$와의 반응)이 동시에 일어난다.

## 다른 주족 원소들의 반응

### 3A족 원소($ns^2np^1$, $n \geq 2$)

이 족의 첫 원소인 붕소는 준금속이다. 나머지 원소들(Al, Ga, In 및 Tl)은 금속이다. 붕소는 이성분 이온 결합 화합물을 형성하지 않으며 산소와 물 모두에 대해 반응하지 않는다. 이 족의 다음 원소인 알루미늄은 공기에 노출되면 쉽게 산화 알루미늄을 형성한다.

$$4Al(s) + 3O_2(g) \longrightarrow 2Al_2O_3(s)$$

산화 알루미늄은 보호막을 형성하여 밑에 있는 금속이 더 이상 반응하지 못하게 한다(그림 8.9). 이러한 사실은 알루미늄 벽널 및 항공기 외벽과 같은 구조 재료에 알루미늄을 사용할 수 있게 한다. 보호 코팅이 없으면 Al 원자층이 계속 산화되어 결국 구조가 무너지게 될 것이다.

알루미늄은 $Al^{3+}$ 이온을 형성한다. 알루미늄은 다음 반응식에 따라 산과 반응한다.

$$2Al(s) + 6H^+(aq) \longrightarrow 2Al^{3+}(aq) + 3H_2(g)$$

다른 3A족 금속들(Ga, In 및 Tl)은 $M^+$ 및 $M^{3+}$ 이온을 모두 형성할 수 있다. 족의 아래로 갈수록 $M^+$ 이온이 두 이온 중에서 더 안정적이 된다.

3A족의 금속 원소는 또한 많은 분자성 화합물을 형성한다. 예를 들어, 알루미늄은 수소와 반응하여 $BeH_2$와 유사한 성질을 갖는 $AlH_3$를 형성한다. 주기율표의 2번째 줄에 걸친 주족 원소들의 성질은 금속성에서 비금속성으로 점진적으로 이동하는 것을 보여 준다.

### 4A족 원소($ns^2np^2$, $n \geq 2$)

이 족의 첫 원소인 탄소는 비금속인 반면, 다음 2개의 원소인 실리콘과 저마늄은 준금속이다. 족의 마지막 2개의 원소인 주석과 납은 금속이다. 이들은 물과 반응하지 않지만 수용액 산과 반응하여 수소 기체를 생성한다.

$$Sn(s) + 2H^+(aq) \longrightarrow Sn^{3+}(aq) + H_2(g)$$
$$Pb(s) + 2H^+(aq) \longrightarrow Pb^{2+}(aq) + H_2(g)$$

4A족 원소는 +2와 +4 양이온을 모두 함유한 화합물을 형성한다. 탄소와 규소의 경우, +4 이온이 더 안정한 이온이다. 예를 들어, $CO_2$는 CO보다 안정하다. 그러나 $CO_2$의 C가 실제로 $C^{4+}$ 이온은 아니다. 유사하게, $SiO_2$는 안정한 화합물이지만 SiO는 일반적인 조건

(a)

(b)

그림 8.9 (a) 화염에 뿌려져 산화 알루미늄($Al_2O_3$)을 형성한 미세하게 분쇄된 알루미늄 (b) 산화 알루미늄의 얇은 층은 밑에 있는 금속이 더 산화되는 것을 방지한다.

하에서 존재하지 않는다. 그러나 족의 아래로 이동함에 따라 두 이온의 상대적인 안정성은 반전된다. 주석 화합물에서 +4 이온은 +2 이온보다 약간만 안정하다. 납 화합물에서 +2 이온은 보다 안정한 이온이다. 납의 바깥 껍질 전자 배치는 $6s^2 6p^2$인데, 납은 $6p$와 $6s$ 전자를 모두 잃어 $Pb^{4+}$를 형성하기보다는 $6p$ 전자만을 잃어 $Pb^{2+}$를 형성하려는 경향이 있다.

**참조**

종종 양이온의 겉보기 전하가 특히 높은 경우(≥4), "이온"은 실제로 이온이 아니다. 즉, 전자를 잃는 대신에 공유함으로써 안정된 전자 배열을 얻는다[◀◀ 5.5절]. 9장에서 공유 결합 종에서 전자를 추적하는 방법을 배우게 될 것이다.

### 5A족 원소($ns^2np^3$, $n \geq 2$)

질소와 인은 비금속이고 비소와 안티몬은 **준금속**이며, 비스무트는 **금속**이다. 4A족과 마찬가지로, 5A족은 모든 3가지 범주의 원소들을 포함한다. 따라서 이 족 원소들에게서 화학적 성질의 다양함을 기대할 수 있다.

원소 질소는 이원자 기체($N_2$)이다. 그것은 다양한 산화물(NO, $N_2O$, $NO_2$, $N_2O_4$ 및 $N_2O_5$)을 형성하며, 이들은 모두 실온에서 고체인 $N_2O_5$를 제외하면 기체이다. 질소는 3개의 전자를 받아서 질화 이온($N^{3-}$)을 형성하는 경향이 있다. $Li_3N$과 $Mg_3N_2$와 같은 대부분의 금속 질화물은 이온 결합 화합물이다. 인은 개별적인 $P_4$ 분자(흰인) 또는 $P_4$ 분자의 사슬(붉은인)로 존재한다. 인은 화학식 $P_4O_6$와 $P_4O_{10}$을 갖는 2개의 고체 산화물을 형성한다. $N_2O_5$와 $P_4O_{10}$이 각각 물과 반응하면 산업적으로 중요한 산소산(질산과 인산)이 형성된다(그림 8.10).

$$N_2O_5(s) + H_2O(l) \longrightarrow 2HNO_3(aq)$$
$$P_4O_{10}(s) + 6H_2O(l) \longrightarrow 4H_3PO_4(aq)$$

비소, 안티몬, 및 비스무트는 광범위한 입체 구조를 가지고 있다. 비스무트는 이전 족의 금속보다 반응성이 훨씬 적다.

### 6A족 원소($ns^2np^4$, $n \geq 2$)

이 족의 첫 3개 원소(산소, 황, 셀레늄)는 비금속이며, 마지막 2개(텔루륨과 폴로늄)는 준금속이다. 산소는 무색, 무취, 이원자 기체이고 원소 황 및 셀레늄은 각각 분자 $S_8$ 및 $Se_8$로 존재하고 텔루륨과 폴로늄은 보다 광범위한 3차원 구조를 가지고 있다.(폴로늄은 실험실에서 연구하기 어려운 방사성 원소이다.) 산소는 많은 화합물에서 2개의 전자를 받아들여 산화 이온($O^{2-}$)을 형성하려는 경향이 있다. 황, 셀레늄 및 텔루륨도 또한 2개의 전자를 받아들여 이온($S^{2-}$, $Se^{2-}$ 및 $Te^{2-}$)을 형성한다. 6A족의 원소(특히 산소)는 비금속과 함께 다수의 분자성 화합물을 형성한다. 황의 일부 중요한 화합물은 $SO_2$, $SO_3$ 및 $H_2S$이다. 산소산인 황산은 삼산화 황이 물과 반응할 때 형성된다(그림 8.11).

$$SO_3(g) + H_2O(l) \longrightarrow H_2SO_4(aq)$$

### 7A족 원소($ns^2np^5$, $n \geq 2$)

모든 할로젠은 일반 화학식 $X_2$를 갖는 비금속이며, 여기서 X는 할로젠 원소를 나타낸다. 1A족 금속과 마찬가지로, 7A족 비금속도 원소 형태로 자연에서 발견되기에는 너무 반응성이 크다.(7A족의 마지막 원소인 아스타틴은 방사성이다. 그 성질에 대해 알려진 것은 거의 없다.)

할로젠은 높은 이온화 에너지 및 에너지 면에서 유리한 큰 전자 친화도를 갖는다. 할로젠에서 유래된 음이온($F^-$, $Cl^-$, $Br^-$ 및 $I^-$)을 **할로젠화**(halides)라고 한다. 대부분의 할로

**그림 8.10** 산–염기 지시약이 함유된 물에 비금속 산화물의 첨가. 각 경우에, 색 변화는 다음 반응에 의해 산이 생성되었다는 것을 나타낸다. (a) $N_2O_5(s) + H_2O(l) \longrightarrow 2HNO_3(aq)$ (b) $P_4O_{10}(s) + 6H_2O(l) \longrightarrow 4H_3PO_4(aq)$

젠화 알칼리 금속은 이온 결합 화합물이다. 할로젠은 같은 족 원소들과 ICl과 $BrF_3$와 같은 그리고 다른 족의 비금속 원소들과 $NF_3$, $PCl_5$, $SF_6$와 같은 많은 분자성 화합물을 형성한다. 할로젠은 수소와 반응하여 할로젠화 수소를 생성한다(그림 8.12).

$$H_2(g) + X_2(g) \longrightarrow 2HX(g)$$

이 반응은 플루오린이 관련되어 있을 때 폭발적이지만 염소, 브로민 및 아이오딘으로 대체하면 덜 격렬해진다. 할로젠화 수소는 물에 용해되어 할로젠화 수소산을 형성한다.

**참조**

다른 주족 원소들에 의해 형성되는 일반적인 이온은 비활성 기체의 등전자 구조를 갖게 된다. 예를 들어 1A족 원소의 경우, 각 원자는 하나의 전자를 잃어서 그 전자가 바로 앞에 있는 비활성 기체의 등전자 구조가 된다. 7A족 원소에서 각 원자는 하나의 전자를 얻음과 동시에 바로 다음에 놓여 있는 비활성 기체의 등전자 구조가 된다.

### 8A족 원소($ns^2np^6$, $n \geq 2$)

모든 비활성 기체는 단원자 종으로 존재한다. 전자 배치 $1s^2$를 갖는 헬륨을 제외하고, 이들 원자는 외부 *ns* 및 *np* 부껍질을 완전히 채웠다. 이들의 전자 배치는 비활성 기체에 큰 안정성을 부여한다. 8A족 이온화 에너지는 모든 원소 중에서 가장 높다. 그들의 전자 친화

**그림 8.11** 산성비에 의해 손상된 숲

$$H_2(g) + I_2(g) \longrightarrow 2HI(g)$$

**그림 8.12** 무색 $H_2$는 보라색 $I_2$와 반응하여 무색 HI 기체를 형성한다.

도는 모두 0보다 작기 때문에 여분의 전자를 받아들이려는 경향이 없다[◀◀ 4장 주요 내용].

수년간 비활성 기체는 **불활성 기체**(inert gas)로도 불렸다. 왜냐하면 이들은 어떤 것과도 반응하지 않았기 때문이다. 그러나 1963년부터 플루오린과 산소와 같은 매우 강한 산화제에 제논과 크립톤을 노출시킴으로써 화합물을 제조했다. 2000년에는 아르곤 화합물인 HArF이 −256℃ 이하에서만 안정적임에도 불구하고 이 화합물이 최초로 성공적으로 제조된 것이 보고된 바 있다. 만들어진 보다 안정한 화합물 중 일부는 $XeF_4$, $XeO_3$, $XeOF_4$ 및 $KrF_2$이다(그림 8.13). 비활성 기체의 화학은 흥미롭지만, 비활성 기체의 화합물은 자연적인 생물학적 과정 또는 주요 상업적 응용에 관여하지 않는다.

**참조**

족 내에서 이온화 에너지의 경향 때문에[◀◀ 4.4절] 라돈은 크립톤이나 제논보다 플루오린과 쉽게 반응할 것으로 여겨진다. 실제로도 그렇다. 그러나 주로 라돈의 방사능 때문에 형성되는 화합물에 대해서는 거의 알려져 있지 않다.

## 1A족과 1B족 원소들의 비교

1A족과 1B족의 외부 전자 배치는 비슷하지만(두 족의 원소들 모두 *s* 오비탈에 1개의 원자가 전자를 가진다) 화학적 성질은 매우 다르다.

Cu, Ag 및 Au의 1차 이온화 에너지는 각각 745, 731 및 890 kJ/mol이다. 이 값은 알칼리 금속의 값보다 상당히 크기 때문에 1B족 원소는 반응성이 훨씬 적다. 1B족 원소들의 더 높은 이온화 에너지는 내부 *d* 전자에 의한 핵의 불완전한 가리움에 기인한다(완전히 채워진 비활성 기체 핵심부에 의한 더 효과적인 가리움과 비교됨). 결과적으로, 1B족 원소의 외부 전자는 핵에 더 강하게 끌린다. 실제로, 구리, 은 및 금은 매우 반응성이 적어서 자연에서 결합되지 않은 상태에서 발견된다. 이러한 금속의 불활성, 희소성 및 매력적인 외관으로 인해 동전 및 보석 제조에서 가치가 있다. 이러한 이유 때문에 이들 금속은 "주화 금속"으로도 알려져 있다. 2A족의 원소와 2B족의 원소의 화학적 차이를 설명하기 위해 비슷한 추론을 사용할 수 있다.

**그림 8.13** 사플루오린화 제논 ($XeF_4$)의 결정

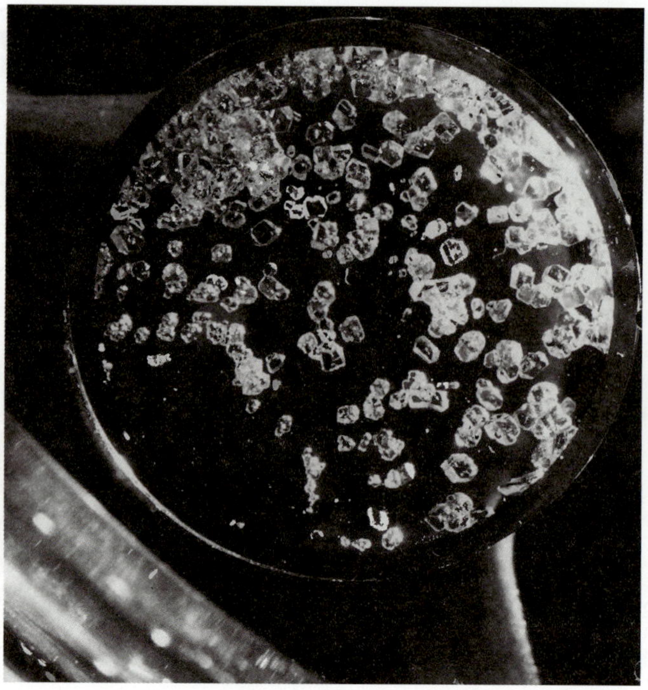

## 단원 정리

### 8.1절

- **화학 반응식**(chemical equation)은 **화학 반응**(chemical reaction) 또는 물리적 과정을 기술한 것이다. 반응식의 왼쪽에 있는 화학종을 **반응물**(reactant)이라고 하고, 반응식의 오른쪽에 있는 화학종을 **생성물**(product)이라고 한다.
- 각 반응물 및 생성물의 물리적 상태는 고체, 액체, 기체 및 **수용액**(aqueous, 물에 용해된)에 대해서 각각 (*s*), (*l*), (*g*) 또는 (*aq*)로 괄호 안에 표시된다.
- 화학 반응식은 **질량 보존의 법칙**(law of conservation of mass)에 따라 균형이 맞춰져야 하는데 이것은 돌턴의 원자설에 대한 세 번째 가설의 재조명이다. 원자는 화학 반응으로 생성되거나 파괴되지 않는다.
- 화학 반응식은 반응물 및/또는 생성물의 **화학량론적 계수**(stoichiometric coefficient) 또는 단순히 **계수**(coefficient)를 변화시킴으로써 균형이 맞춰지는 것이지 결코 반응물 및/또는 생성물의 화학식을 변화시킴으로써(즉, 그들의 아래 첨자 수를 변경함으로써) 균형이 맞춰지는 것이 아니다.
- 3개의 일반적으로 접하는 반응 유형은 **연소**(combustion, 산소가 있는 상태에서 물질이 연소하는 것), **결합**(combination, 둘 이상의 반응물이 결합되어 단일 생성물을 형성하는 것), **분해**(decomposition, 반응물이 분리되어 2개 이상의 생성물을 형성하는 것)이다.

### 8.2절

- **연소 분석**(combustion analysis)은 화합물의 실험식을 결정하는 데 사용된다. **실험식**(empirical formula)은 조성 백분율을 계산하는 데 사용될 수 있다.

### 8.3절

- 균형 잡힌 화학 반응식은 주어진 양의 반응물로부터 얼마나 많은 생성물이 형성될 수 있는지, 주어진 양의 반응물과 반응하는 데 다른 반응물이 얼마나 많이 필요한지, 특정 양의 생성물을 생성하기 위해 얼마나 많은 반응물이 필요한지를 결정하는 데 사용될 수 있다. 균형 잡힌 반응식에 의해 명시된 비율로 정확하게 결합된 반응물을 **"화학량론적 양**(stoichiometric amount)으로 결합된 것"이라고 한다.

8.4절

• **한계 반응물**(limiting reactant)은 화학 반응에서 완전히 소모되는 반응물이다. **초과 반응물**(excess reactant)은 완전히 소비되지는 않는 반응물이다. 형성될 수 있는 생성물의 최대 양은 한계 반응물의 양에 달려 있다.
• 반응의 **이론적인 수율**(theoretical yield)은 모든 한계 반응물이 바람직한 반응에 의해 소비되는 경우 생성될 생성물의 양이다. **실제 수율**(actual yield)은 실제로 회수된 생성물의 양이다. **수득 백분율**[percent yield, (실제량/이론적인 양)×100%]은 화학 반응의 효율성에 대한 척도이다.

8.5절

• 주기율표에서 한 족의 원소들은 비슷한 화학적 및 물리적 특성을 나타내지만 각 족의 첫 번째 원소는 다른 원소들과 크게 다른 경향이 있다. 수소는 근본적으로 스스로 하나의 족이다.
• 알칼리 금속(1A족)은 산소, 물 그리고 산에 대해 높은 반응성을 나타내는 경향이 있다. 2A족 금속은 1A족 금속보다 반응성이 적지만 더 무거운 원소는 모두 물과 반응하여 금속 수산화물과 수소 기체를 생성한다. 금속과 비금속을 모두 포함하는 족(예: 4A, 5A 및 6A족)은 물리적 성질 및 화학적 성질에서 더 큰 다양성을 보이는 경향이 있다.

## 주요 용어

결합 반응(combination reaction)
계수(coefficients)
반응물(reactant)
분해 반응(decomposition reaction)
생성물(product)
수득 백분율(percent yield)
수용성(aqueous)
실제 수율(actual yield)
연소 반응(combustion reaction)
연소 분석(combustion analysis)
이론적인 수율(theoretical yield)
질량 보존의 법칙(law of conservation of mass)
초과 반응물(excess reactant)
한계 반응물(limiting reactant)
화학 반응(chemical reaction)
화학 반응식(chemical equation)
화학량론적 계수(stoichiometric coefficients)
화학량론적 양(stoichiometric amount)

## 주요 식

8.1 $$\text{수득 백분율}(\%) = \frac{\text{실제 수율}}{\text{이론적인 수율}} \times 100\%$$

반응에서 실제로 생성되는 생성물의 양은 거의 항상 균형 잡힌 반응식에 의해 예측되는 양보다 적다. 우리는 생성물의 실제(측정된) 양과 계산된 양을 이용하여 반응의 수득 백분율을 결정한다.

8.2 $$\text{원자 경제} = \frac{\text{원하는 생성물에서 원자들의 질량}}{\text{모든 반응물에서 원자들의 질량}} \times 100\%$$

반응의 원자 경제는 얼마나 효율적으로 반응물이 유용한 생성물(또는 생성물들)로 변환되는지를 측정한다. 원하는 생성물의 총 질량을 모든 반응물의 총 질량으로 나눈 값을 100%로 곱하여 결정된다.

# 주요 내용 한계 반응물

화학 반응에서 생성될 수 있는 생성물의 양은 일반적으로 **한계**(limiting) 반응물로 알려진 반응물 중 **하나**의 양에 의해 제한된다. 한계 반응물을 확인하고, 생성물의 가능한 최대 양을 계산하고, 수득 백분율과 초과 반응물의 남아 있는 양을 결정하는 연습은 많은 기술을 필요로 한다.

- 화학 반응식 균형 맞추기[|◀◀ 8.1절]
- 몰질량 결정하기[|◀◀ 5장 주요 내용]
- 질량을 몰로 변환하기[|◀◀ 5.10절]
- 화학량론적 환산 인자 이용하기[|◀◀ 8.3절]
- 몰을 질량으로 변환하기[|◀◀ 5.10절]

다음 예를 고려해 보자. 하이드라진($N_2H_4$)은 사산화 이질소($N_2O_4$)와 반응하여 일산화 질소(NO)와 물을 형성한다. $N_2H_4$ 10.45 g과 $N_2O_4$ 53.68 g을 혼합할 때 생성될 수 있는 NO의 질량을 결정해 보자. 불균형 반응식은 다음과 같다.

$$N_2H_4 + N_2O_4 \longrightarrow NO + H_2O$$

먼저 반응식의 균형을 맞춘다.

$$N_2H_4 + 2N_2O_4 \longrightarrow 6NO + 2H_2O$$

다음으로 필요한 몰질량을 결정한다.

$$N_2H_4\text{: } 2(14.01) + 4(1.008) = \frac{32.05\text{ g}}{\text{mol}} \qquad N_2O_4\text{: } 2(14.01) + 4(16.00) = \frac{92.02\text{ g}}{\text{mol}} \qquad \text{NO: } 14.01 + 16.00 = \frac{30.01\text{ g}}{\text{mol}}$$

문제에서 주어진 반응물 질량을 몰로 변환한다. 그런 다음 균형 잡힌 반응식으로부터 유도될 수 있는 적절한 화학량론적 환산 인자를 각 **반응물**의 몰량에 곱하여 각 반응물의 몰량으로부터 생성될 수 있는 NO의 몰량을 결정한다. 균형 잡힌 반응식에 따르면, 1몰 $N_2H_4 \simeq$ 6몰 NO이고 2몰 $N_2O_4 \simeq$ 6몰 NO이다.

$$\frac{10.45\text{ g } N_2H_4}{32.05\text{ g/mol}} = 0.32605\text{ mol } N_2H_4 \qquad 0.32605\text{ mol } N_2H_4 \times \frac{6\text{ mol NO}}{1\text{ mol } N_2H_4} = 1.9563\text{ mol NO}$$

$$\frac{53.68\text{ g } N_2O_4}{92.02\text{ g/mol}} = 0.58335\text{ mol } N_2O_4 \qquad 0.58335\text{ mol } N_2O_4 \times \frac{6\text{ mol NO}}{2\text{ mol } N_2O_4} = 1.7501\text{ mol NO}$$

더 적은 양의 생성물을 생성하는 반응물이 한계 반응물이고, 이 경우는 $N_2O_4$가 한계 반응물이다.

주어진 양의 $N_2O_4$의 반응에 의해 생성된 NO의 몰량을 이용하여 문제를 계속 푼다. 몰을 질량(그램)으로 변환하기 위해 NO의 몰수에 NO의 몰질량을 곱한다.

$$1.7501 \text{ mol NO} \times \frac{30.01 \text{ g}}{\text{mol}} = 52.52 \text{ g NO}$$

따라서 반응에 의해 NO 52.52 g이 생성될 수 있다. 계산이 끝날 때까지 여분의 유효 숫자를 유지했다는 것을 인식하자.

남아 있는 초과 반응물의 질량을 결정하기 위해 반응에서 어떤 양이 소모되었는지를 먼저 결정해야 한다. 이를 위해 한계 반응물($N_2O_4$)의 물량에 적절한 화학량론적 환산 인자를 곱한다. 균형 잡힌 반응식에 따르면, 1몰 $N_2H_4 \simeq$2몰 $N_2O_4$이다.

$$0.58335 \text{ mol } N_2O_4 \times \frac{1 \text{ mol } N_2H_4}{2 \text{ mol } N_2O_4} = 0.29168 \text{ mol } N_2H_4$$

이것은 소모된 $N_2H_4$의 양이다. 남은 양은 원래 양과 이 양과의 차이이다. $N_2H_4$의 몰질량을 이용하여 남아 있는 몰량을 그램으로 변환시킨다.

$$0.32605 \text{ mol } N_2H_4 - 0.29168 \text{ mol } N_2H_4 = 0.03437 \text{ mol } N_2H_4$$

$$0.03437 \text{ mol } N_2H_4 \times \frac{32.05 \text{ g}}{\text{mol}} = 1.102 \text{ g } N_2H_4$$

그리하여 반응이 완결되면 $N_2H_4$ 1.102 g이 남는다.

또 다른 생성물의 질량, 이 경우에는 물의 질량을 계산하여 이와 같은 문제에서 우리의 작업을 검토할 수 있다. 모든 생성물의 질량과 남아 있는 반응물의 질량은 초기 반응물 질량의 합과 같아야 한다.

## 주요 내용 문제

**8.1**

앞의 예에서 생성된 물의 질량을 계산하시오.

(a) 21.02 g (b) 10.51 g
(c) 11.61 g (d) 11.75 g
(e) 5.400 g

다음 정보를 사용하여 문제 8.2, 8.3 및 8.4에 답하시오.

인산 칼슘($Ca_3P_2$)과 물은 반응하여 수산화칼슘과 포스핀($PH_3$)을 형성한다. 특정 실험에서, $Ca_3P_2$ 225.0 g과 물 125.0 g을 반응시켰다.(반응식 균형 맞추는 것을 잊지 말자.)

$$Ca_3P_2(s) + H_2O(l) \longrightarrow Ca(OH)_2(aq) + PH_3(g)$$

**8.2**

$PH_3$가 얼마나 많이 생성될 수 있는가?

(a) 350.0 g (b) 235.0 g (c) 78.59 g
(d) 83.96 g (e) 41.98 g

**8.3**

$Ca(OH)_2$가 얼마나 많이 생성될 수 있는가?

(a) 91.51 g (b) 274.5 g (c) 513.8 g
(d) 85.63 g (e) 257.0 g

**8.4**

반응이 완결되면 초과 반응물이 얼마나 남는가?

(a) 14.37 g (b) 235.0 g (c) 78.56 g
(d) 83.96 g (e) 41.98 g

# 종합문제

## 8.1절: 화학 반응식

### 개념 문제

8.5 다음 각 반응을 나타내기 위한 불균형 반응식을 쓰시오.

(a) 수산화 포타슘과 인산이 반응하여 인산 포타슘과 물을 형성한다.

(b) 아연과 염화 은이 반응하여 염화 아연과 은을 형성한다.

(c) 탄산 수소 소듐이 반응하여 탄산 소듐, 물 및 이산화 탄소를 형성한다.

(d) 아질산 암모늄이 반응하여 질소와 물을 형성한다.

(e) 이산화 탄소와 수산화 포타슘은 반응하여 탄산 포타슘과 물을 형성한다.

8.7 다음 불균형 화학 반응식의 각각에 대해서, 상응하는 화학적 진술을 쓰시오.

(a) $K + H_2O \longrightarrow KOH + H_2$

(b) $Ba(OH)_2 + HCl \longrightarrow BaCl_2 + H_2O$

(c) $Cu + HNO_3 \longrightarrow Cu(NO_3)_2 + NO + H_2O$

(d) $Al + H_2SO_4 \longrightarrow Al_2(SO_4)_3 + H_2$

(e) $HI \longrightarrow H_2 + I_2$

8.9 8.1절에 요약된 방법을 이용하여 다음 반응식의 균형을 맞추시오.

(a) $N_2O_5 \longrightarrow N_2O_4 + O_2$

(b) $KNO_3 \longrightarrow KNO_2 + O_2$

(c) $NH_4NO_3 \longrightarrow N_2O + H_2O$

(d) $NH_4NO_2 \longrightarrow N_2 + H_2O$

(e) $NaHCO_3 \longrightarrow Na_2CO_3 + H_2O + CO_2$

(f) $P_4O_{10} + H_2O \longrightarrow H_3PO_4$

(g) $HCl + CaCO_3 \longrightarrow CaCl_2 + H_2O + CO_2$

(h) $Al + H_2SO_4 \longrightarrow Al_2(SO_4)_3 + H_2$

(i) $CO_2 + KOH \longrightarrow K_2CO_3 + H_2O$

(j) $CH_4 + O_2 \longrightarrow CO_2 + H_2O$

(k) $Be_2C + H_2O \longrightarrow Be(OH)_2 + CH_4$

(l) $Cu + HNO_3 \longrightarrow Cu(NO_3)_2 + NO + H_2O$

(m) $S + HNO_3 \longrightarrow H_2SO_4 + NO_2 + H_2O$

(n) $NH_3 + CuO \longrightarrow Cu + N_2 + H_2O$

8.11 다음 반응식 중 그림에 표시된 반응을 가장 잘 나타내는 것은?

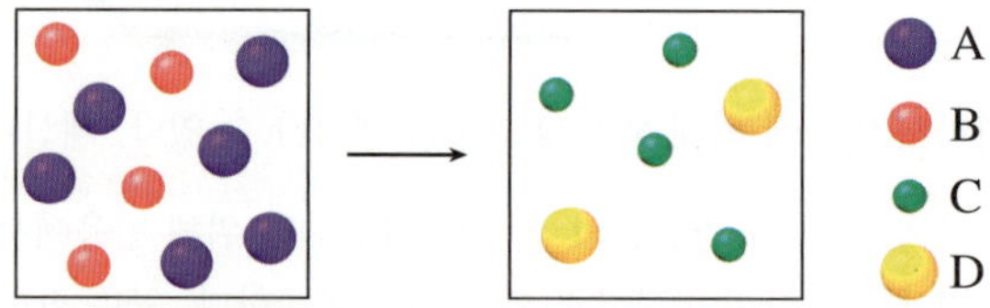


(a) $A + B \longrightarrow C + D$

(b) $6A + 4B \longrightarrow C + D$

(c) $A + 2B \longrightarrow 2C + D$

(d) $3A + 2B \longrightarrow 2C + D$

(e) $3A + 2B \longrightarrow 4C + 2D$

8.13 다음의 각 반응식이 결합 반응, 분해 반응 또는 연소 반응을 나타내는지 결정하시오.

(a) $C_3H_8 + 5O_2 \longrightarrow 3CO_2 + 4H_2O$

(b) $2NF_2 \longrightarrow N_2F_4$

(c) $CuSO_4 \cdot 5H_2O \longrightarrow CuSO_4 + 5H_2O$

## 8.2절: 연소 분석

### 개념 문제

8.17 다음 그림 중 어느 것이 (a) 아세틸렌($C_2H_2$)과 (b) 에틸렌($C_2H_4$)의 시료의 연소 생성물을 나타내는가?

(a)

(b)

(c)

### 계산 문제

8.19 멘톨은 페퍼민트 기름에서 추출한 향료이다. 여기에는 C, H 및 O가 포함되어 있다. 한 분석에서 이 물질 10.00 mg을 연소시키면 $H_2O$ 11.53 mg과 $CO_2$ 28.16 mg이 생성된다. 멘톨의 실험식은 무엇인가?

8.21 퍼클로로에틸렌(perchloroethylene)을 합성하는 방법 중 하나는 C, H 및 Cl을 포함하는 화합물로 시작한다. 화합물 시료 2.90 g의 연소로 $CO_2$ 2.58 g 및 $H_2O$ 1.06 g이 생성된다는 전제하에 이 전구체의 실험식을 결정하시오.

8.23 숙신산(succinic acid)은 식품 및 음료 산업에서 산도를 조절하기 위해 사용되는 물질로 C, H 및 O만 포함하며 몰질량은 약 118 g/mol이다. 이 화합물 1.99 g을 연소시켜 $CO_2$ 2.97 g과 $H_2O$ 0.911 g이 생성된다면 이 화합물의 실험식 및 분자식을 결정하시오.

## 8.3절: 균형 잡힌 반응식을 이용한 계산

### 개념 문제

8.27 사염화 규소($SiCl_4$)는 염소 기체에서 Si를 가열하여 만들 수 있다.

$$Si(s) + 2Cl_2(g) \longrightarrow SiCl_4(l)$$

한 반응에서 0.507몰의 $SiCl_4$가 생성된다. 이 반응에서 염소 분자는 몇 몰 소모되었는가?

8.29 뷰테인($C_4H_{10}$)의 연소를 고려해 보자.

$$2C_4H_{10}(g) + 13O_2(g) \longrightarrow 8CO_2(g) + 10H_2O(l)$$

특정 반응에서 5.0몰의 $C_4H_{10}$이 과량의 산소 기체와 반응한다. 생성되는 $CO_2$의 몰수를 계산하시오.

8.31 베이킹 소다(중탄산 소듐 또는 탄산 수소 소듐, $NaHCO_3$)가 가열되면 이산화 탄소 기체가 방출되어 쿠키, 케이크 및 기타 베이킹 제품을 부풀게 한다.

(a) 이 화합물의 분해에 대해 균형 잡힌 반응식을 쓰시오. (생성물 중 하나는 $Na_2CO_3$이다.)

(b) $CO_2$ 20.5 g을 생성하는 데 필요한 $NaHCO_3$의 질량을 계산하시오.

8.33 와인 제조의 일부는 글루코스를 에탄올과 이산화 탄소로 전환시키는 복잡한 화학 공정인 발효이다.

$$\underset{\text{글루코스}}{C_6H_{12}O_6} \longrightarrow \underset{\text{에탄올}}{2C_2H_5OH} + 2CO_2$$

글루코스 500.4 g으로부터 생성될 수 있는 최대 에탄올의 양(그램과 리터 단위)은 얼마인가?(에탄올의 밀도 = 0.789 g/mL)

8.35 수년 동안 물질에서 금을 추출하는 데 사이안화 포타슘을 사용했다.

$$4Au + 8KCN + O_2 + 2H_2O \longrightarrow 4KAu(CN)_2 + 4KOH$$

금 29.0 g(약 1온스)을 추출하는 데 필요한 KCN의 최소 질량은 얼마인가?

8.37 아산화 질소($N_2O$)는 또한 "웃음 가스(laughing gas)"라고도 한다. 이것은 질산 암모늄($NH_4NO_3$)의 열분해에 의해 만들어질 수 있다. 또 다른 생성물은 $H_2O$이다.

(a) 이 반응에 대해 균형 잡힌 반응식을 쓰시오.

(b) 0.46몰의 $NH_4NO_3$가 반응에 사용되면 몇 그램의 $N_2O$가 생성되는가?

8.39 산소 기체의 일반적인 실험실 제조는 염소산 포타슘($KClO_3$)의 열분해이다. 완전한 분해를 가정할 때, $KClO_3$ 46.0 g으로부터 얻을 수 있는 $O_2$ 기체의 그램 수를 계산하시오.(생성물은 KCl과 $O_2$이다.)

## 8.4절: 한계 반응물

### 개념 문제

8.45 다음 반응을 고려해 보자.

$$N_2 + 3H_2 \longrightarrow 2NH_3$$

각 모형이 물질 1몰을 나타내는 것으로 가정하면, 반응의 완료 후 생성물과 남아 있는 초과 반응물의 몰수를 보이시오.

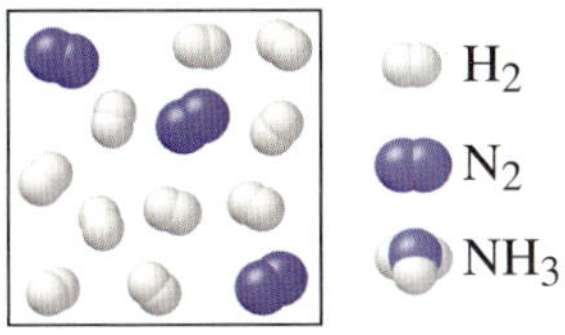


8.47 각 빨간색 구는 산소 원자를 나타내고, 각 파란색 구는 질소 원자를 나타내는 다음의 반응을 고려해 보자. 균형 잡힌 반응식을 쓰고 한계 반응물을 보이시오.

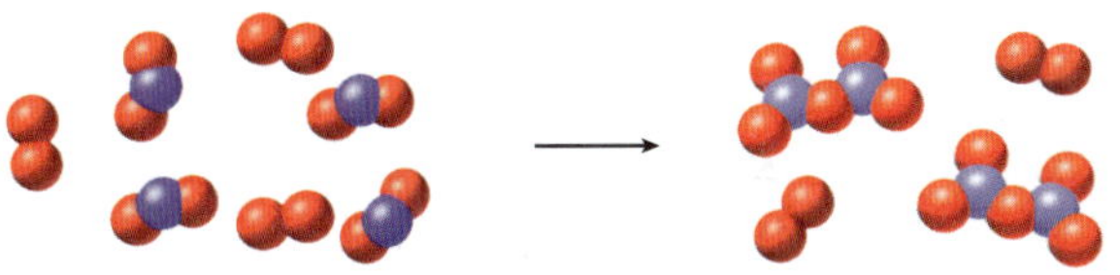

### 계산 문제

8.49 성층권에서 오존($O_3$)의 고갈은 최근 몇 년간 과학자들 사이에서 큰 관심사였다. 오존은 높은 고도의 제트 비행기에서 배출되는 일산화 질소(NO)와 반응할 수 있다고 여겨진다. 그 반응은 다음과 같다.

$$O_3 + NO \longrightarrow O_2 + NO_2$$

$O_3$ 0.740 g이 NO 0.670 g과 반응한다면 몇 그램의 $NO_2$가 생성될 것인가? 어떤 화합물이 한계 반응물인가? 반응이 끝날 때 남아 있는 초과 반응물의 몰수를 계산하시오.

8.51 다음 반응을 고려해 보자.

$$MnO_2 + 4HCl \longrightarrow MnCl_2 + Cl_2 + 2H_2O$$

0.86몰의 $MnO_2$와 HCl 48.2 g이 반응하면, 어떤 반응물이 먼저 소모되는가? 생성되는 $Cl_2$는 몇 그램인가?

8.53 나이트로글리세린($C_3H_5N_3O_9$)은 강력한 폭발물이다. 이것의 분해는 다음과 같이 나타낼 수 있다.

$$4C_3H_5N_3O_9 \longrightarrow 6N_2 + 12CO_2 + 10H_2O + O_2$$

이 반응은 많은 양의 열과 기체 생성물을 생성한다. 급격한 팽창과 함께 폭발을 일으키는 것은 이 기체들의 갑작스러운 형성 때문이다.

(a) 나이트로글리세린 $2.00 \times 10^2$ g에서 얻을 수 있는 $O_2$의 최대량(그램)은 얼마인가?

(b) 생성된 $O_2$의 양이 6.55 g이라면 이 반응의 수득 백분율을 계산하시오.

8.55 중요한 산업 유기 화학물질인 에틸렌($C_2H_4$)은 800°C에서 헥세인($C_6H_{14}$)을 가열하여 제조될 수 있다.

$$C_6H_{14} \longrightarrow C_2H_4 + \text{다른 생성물들}$$

에틸렌 생산 수율이 42.5%인 경우 에틸렌 481 g을 생산하기 위해 사용되어야 하는 헥세인의 질량은 얼마인가?

8.57 이염화 이황($S_2Cl_2$)은 고무의 가황에 사용된다. 이 과정은 고무가 늘어날 때 고무 분자가 서로 미끄러지는 것을 방지한다. 이것은 염소 대기에서 황을 가열하여 제조된다.

$$S_8(l) + 4Cl_2(g) \longrightarrow 4S_2Cl_2(l)$$

$S_8$ 4.06 g을 $Cl_2$ 6.24 g과 함께 가열할 때, $S_2Cl_2$의 이론적인 수율(그램)은 얼마인가? $S_2Cl_2$의 실제 수율이 6.55 g이라면 수득 백분율은 얼마인가?

8.59 카티바(Cativa) 공정은 다음 식에 따라 메탄올의 카르보닐화로 아세트산을 산업적으로 제조하는 데 사용된다. 이 공정의 원자 경제는 얼마인가?

$$CH_3OH + CO \longrightarrow CH_3CO_2H$$

## 8.5절: 주족 원소들의 반응성에 대한 주기적 경향

### 개념 문제

8.63 하나의 족으로서 비활성 기체가 화학적으로 매우 안정한 이유를 설명하시오.

## 추가 문제

### 개념 문제

8.65 수소 기체의 산소 기체와의 반응을 고려해 보자.

$$2H_2(g) + O_2(g) \longrightarrow 2H_2O(g)$$

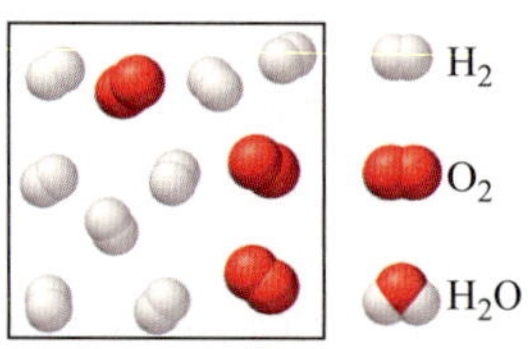


반응이 완결된다고 가정하면, 그림[(a)~(d)] 중 어느 것이 반응 후에 남게 되는 반응물과 생성물의 양을 나타내는가?

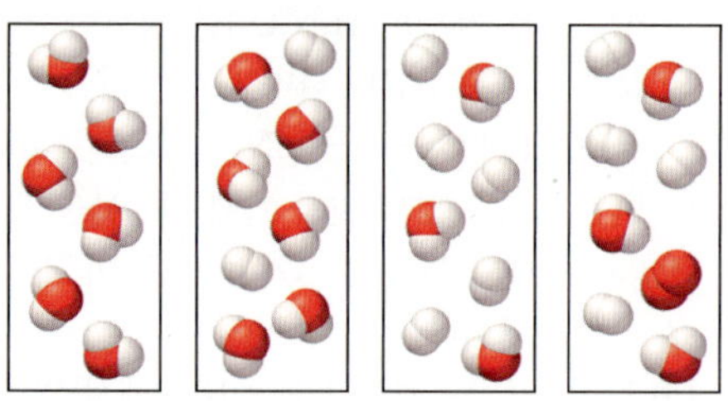

(a) (b) (c) (d)

8.67 Cl과 O로 이루어진 화합물 시료는 과량의 $H_2$와 반응하여 HCl 0.233 g과 $H_2O$ 0.403 g을 생성한다. 이 화합물의 실험식을 결정하시오.

8.69 (a) CO와 (b) $CO_2$를 형성하기 위해서는 몇 몰의 O가 0.212 몰의 C와 결합해야 하는가?

8.71 폭발성 나이트로글리세린($C_3H_5N_3O_9$)은 통증(협심증)을 완화시키기 위해 심장병 환자를 치료하는 약물로도 사용되었다. 지금은 나이트로글리세린이 근육을 이완시키고 동맥을 확장시키는 일산화 질소(NO)를 생성한다는 것을 알게 되었다. 각각의 나이트로글리세린 분자가 N 원자 하나당 하나의 NO를 방출한다면, 나이트로글리세린에서 NO의 질량 백분율을 계산하시오.

8.73 664 g의 철 막대가 한 달 동안 습기 찬 공기에서 있다가 정확히 8분의 1이 녹($Fe_2O_3$)으로 변했다. 이 철 막대와 녹의 최종 질량을 계산하시오.

8.75 아연(Zn)의 불순한 시료를 과량의 황산($H_2SO_4$)으로 처리하면 황산 아연($ZnSO_4$)과 분자 수소($H_2$)를 형성한다.

(a) 이 반응에 대해 균형 잡힌 반응식을 쓰시오.

(b) 시료 3.86 g으로부터 $H_2$ 0.0764 g을 얻은 경우 시료 순도 백분율을 계산하시오.

(c) (b)에서 어떠한 가정을 해야 하는가?

8.77 아스피린 또는 아세틸살리실산은 살리실산과 아세트산 무수물을 반응시켜 합성된다.

$$\underset{\text{살리실산}}{C_7H_6O_3} + \underset{\text{아세트산 무수물}}{C_4H_6O_3} \longrightarrow \underset{\text{아스피린}}{C_9H_8O_4} + \underset{\text{아세트산}}{HC_2H_3O_2}$$

(a) 아세트산 무수물이 과량으로 존재한다고 가정하고 0.400 g(정제의 함량에 해당)의 아스피린을 생산하려면 얼마나 많은 살리실산이 필요한가?

(b) 살리실산의 74.9%만이 아스피린으로 전환될 때 필요한 살리실산의 양을 계산하시오.

(c) 한 실험에서 살리실산 9.26 g이 무수 아세트산 8.54 g과 반응한다. 아스피린의 이론적인 수율을 계산하고 아스피린 10.9 g을 생산할 경우 수득 백분율을 계산하시오.

8.79 어떤 금속 산화물은 화학식 MO를 가지며, 여기서 M은 금속을 나타낸다. 그 화합물 시료 39.46 g을 수소 대기에서 강하게 가열해서 물 분자로서 산소를 제거한다. 마지막에, 금속 31.70 g이 남는다. O의 원자 질량이 16.00 amu인 경우 M의 원자 질량을 계산하고 어떤 원소인지 밝히시오.

8.81 Mg 0.273 g이 질소($N_2$) 대기에서 강하게 가열될 때, 화학반응이 일어난다. 반응 생성물의 무게는 0.378 g이다. Mg와 N을 함유한 화합물의 실험식을 계산하시오. 화합물의 이름을 명명하시오.

8.83 휘발유에는 엔진 "노킹(knocking)"을 방지하기 위한 첨가제가 포함되어 있다. 분석에서 첨가제 화합물에는 탄소, 수소 및 납(Pb)이 포함되어 있다. 이 화합물 51.36 g을 그림 8.1과 같은 장치에서 연소시키면 $CO_2$ 55.90 g과 $H_2O$ 28.61 g이 생성된다. 가솔린 첨가제의 실험식을 결정하시오.

8.85 프로페인 가스($C_3H_8$)와 약 400°C의 증기를 혼합하여 산업용으로 수소 기체를 제조할 수 있다. 생성물은 일산화 탄소(CO)와 수소 기체($H_2$)이다.

(a) 반응에 대해 균형 잡힌 반응식을 쓰시오.

(b) 프로페인 $2.84 \times 10^3$ kg으로부터 몇 킬로그램의 수소를

얻을 수 있는가?

8.87 포타시(potash)는 포타슘 함량에 사용되는 포타슘 광물이다. 미국에서 생산되는 대부분의 포타시는 비료가 된다. 포타시의 주요 공급원은 염화 포타슘(KCl)과 황산 포타슘($K_2SO_4$)이다. 포타시 생산은 종종 주어진 무기물로부터 만들어질 수 있는 산화 포타슘($K_2O$) 당량 또는 $K_2O$의 양으로 보고된다.
(a) KCl이 킬로그램당 0.55달러인 경우, 1달러 기준으로 같은 양의 포타슘을 공급하기 위해 $K_2SO_4$는 얼마의 가격(킬로그램당 달러)으로 팔아야 하는가?
(b) KCl 1.00 kg과 동일한 K 원자의 몰수를 포함하는 $K_2O$의 질량(킬로그램)은 얼마인가?

8.89 다음의 각 진술에서 무엇이 잘못되었거나 모호한가?
(a) $NH_4NO_2$는 반응에서 한계 반응물이다.

$$NH_4NO_2(s) \longrightarrow N_2(g) + 2H_2O(l)$$

(b) 여기에 나타난 반응에 대한 한계 반응물은 $NH_3$와 NaCl이다.

$$NH_3(aq) + NaCl(aq) + H_2CO_3(aq) \longrightarrow NaHCO_3(aq) + NH_4Cl(aq)$$

8.91 $C_4H_{10}$과 함께 공기 30.0 g(산소의 질량 백분율 20.0%)에서 산소의 연소에 의해 생성되는 물의 양은 얼마인가?

8.93 다음 그림의 반응에 대한 균형 잡힌 반응식을 쓰시오.

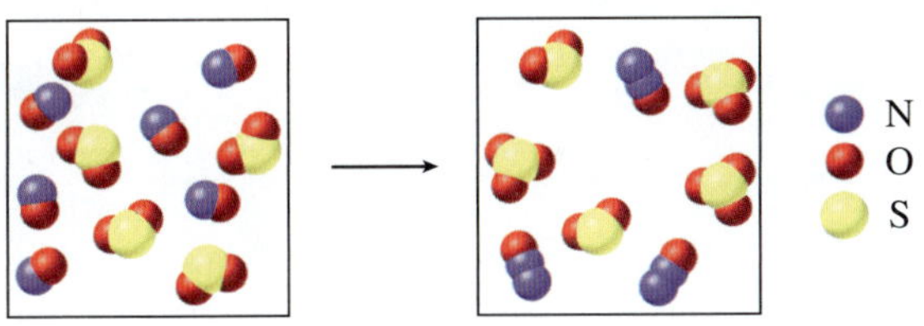


8.95 화합물 $NH_4V_3O_8$은 다음 반응 순서에 따라 제조될 수 있다.

$$N_2 + 3H_2 \longrightarrow 2NH_3$$
$$2NH_3 + V_2O_5 + H_2O \longrightarrow 2NH_4VO_3$$
$$3NH_4VO_3 + 2HCl \longrightarrow NH_4V_3O_8 + 2NH_4Cl + H_2O$$

$N_2$와 $H_2$ 각각 2.5몰로부터 제조할 수 있는 $NH_4V_3O_8$의 최대 몰수는 얼마인가? 다른 모든 반응물이 한계 반응물이 아니라고 가정한다.

8.97 유기 화학품 산화에틸렌($C_2H_4O$)은 붕대, 봉합 및 수술 도구와 같은 대부분의 의료용품을 소독하는 데 일반적으로 사용된다. 그것은 전통적으로 다음 반응에 따라 제조되었다.

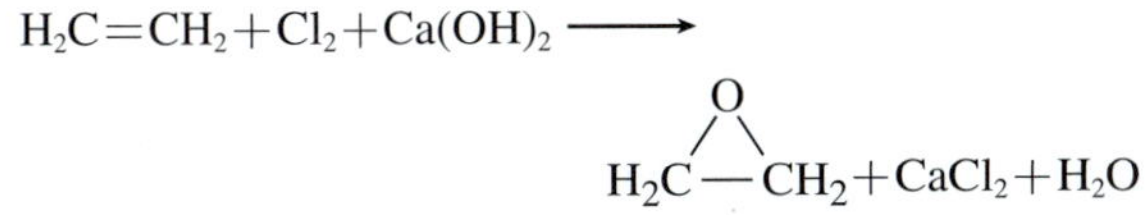

산화에틸렌의 보다 최근 합성은 다음과 같다.

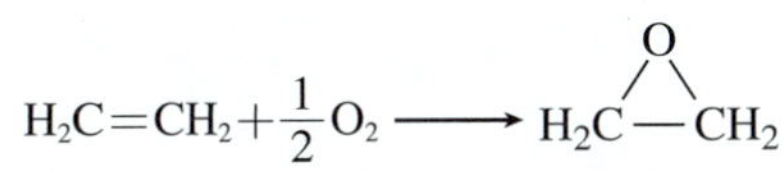

산화에틸렌 제조를 위한 이 두 가지 방법의 원자 경제를 비교하시오.

8.99 화합물 X는 망가니즈(Mn) 63.3%와 O 36.7%를 함유한다. X가 가열되면 산소 기체가 방출되고 72.0%의 Mn과 28.0%의 O를 함유하는 새로운 화합물 Y가 형성된다.
(a) X와 Y의 실험식을 결정하시오.
(b) X에서 Y로의 변환에 대한 균형 잡힌 반응식을 쓰시오.

## 유제 해답

8.1 ❶ $H_2SO_4(aq) + 2NaOH(aq) \longrightarrow Na_2SO_4(aq) + 2H_2O(l)$
8.2 ❶ $2NH_3(g) + 3CuO(s) \longrightarrow 3Cu(s) + N_2(g) + 3H_2O(l)$
8.3 ❶ $A_2 + 2B \longrightarrow 2AB$ 8.4 ❶ $CO_2$ 28.14 g, $H_2O$ 14.40 g
8.5 ❶ $P_4O_{10} + 6H_2O \longrightarrow 4H_3PO_4$; $P_4O_{10}$ 1.45몰, $H_2O$ 8.70몰
8.6 ❶ 292 g 8.7 ❶ KOH 44.2 g, $H_3PO_4$ 115.5 g 8.8 ❶ 122 g

## 절 복습

8.1.1 e 8.1.2 e 8.1.3 b 8.1.4 d 8.1.5 b 8.2.1 a 8.2.2 e
8.2.3 d 8.3.1 a 8.3.2 b 8.3.3 c 8.3.4 a 8.4.1 e 8.4.2 c
8.4.3 b 8.4.4 c 8.4.5 a

Chapter
9

# 수용액에서 화학 반응

## Chemical Reactions in Aqueous Solutions

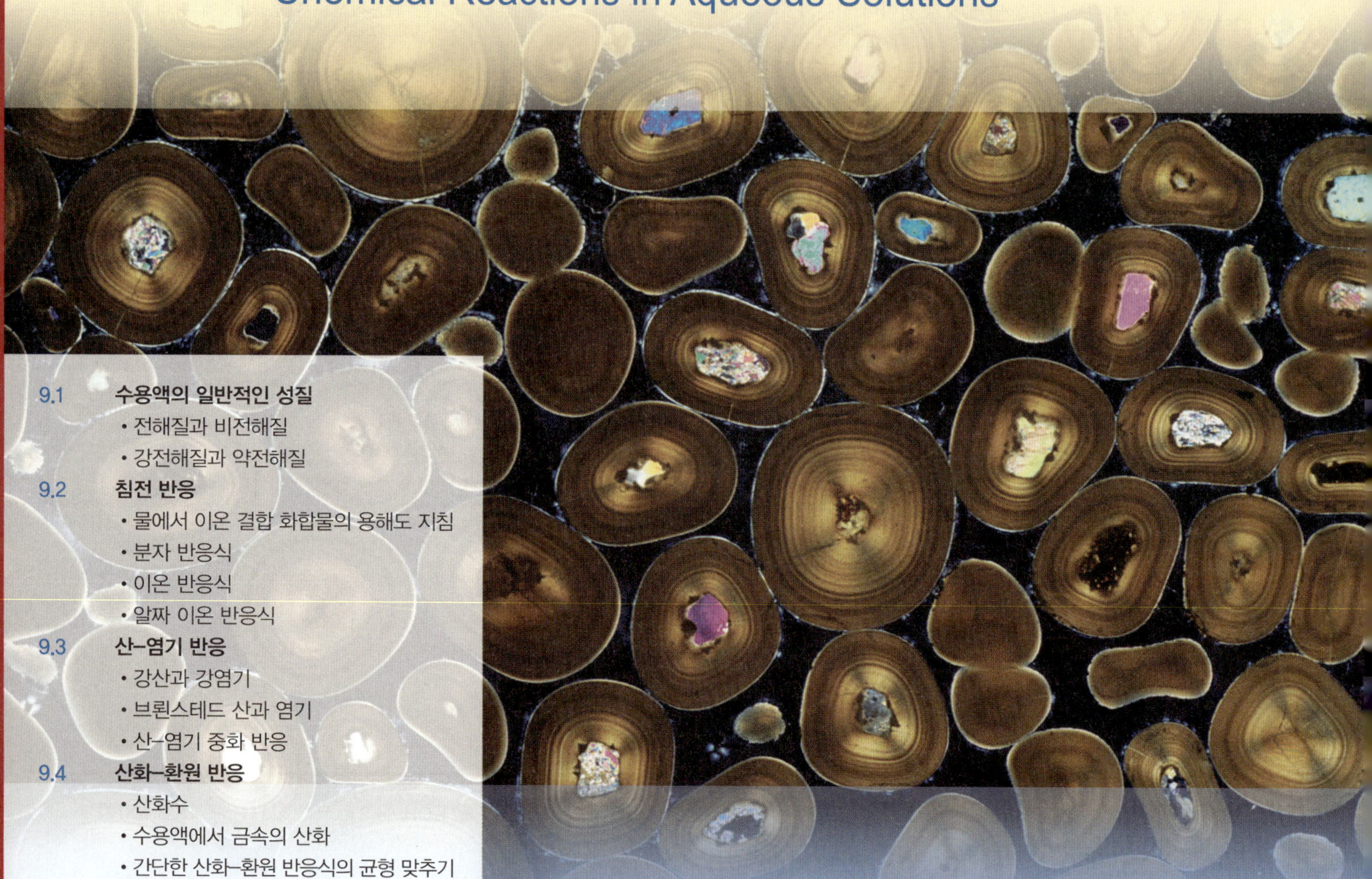



"센물(hard water)"은 $Ca^{2+}$ 및 $Mg^{2+}$와 같은 용해된 금속 이온의 결과이다. 이러한 용해된 이온의 존재는 비누 거품이 생기는 것을 막고 욕조에 쌓이는 때와 같은 단단한 침전물의 형성을 초래할 수 있다. 또한 용해된 이온은 물에 노출되는 금속의 부식에 기여한다. 이러한 문제를 해결하기 위해 화학자들은 수용성 이온을 용액에서 선택적으로 치환하거나 제거하기 위해 "연수화(water-softening)" 방법을 고안했다. 전형적으로 이것은 센물을 물 펠릿(위 사진) 위로 통과시키면 펠렛 주위에 탄산 칼슘($CaCO_3$)과 같은 불용성 염이 형성되고 그 결과로 칼슘 이온을 물에서 제거함으로써 이루어진다. 이러한 방법은 또한 납과 비소와 같은 다른 더 유해한 금속 이온의 제거에도 유용하다.

## 들어가기 전에

- 분자 또는 이온 결합 화합물 확인 [|◀◀5.3절 및 5.5절]
- 일반적인 다원자 이온의 이름, 화학식 및 전하 [|◀◀표 5.10]
- 화학량론적 계산 [|◀◀8.3절]

# 9.1 수용액의 일반적인 성질

**용액**(solution)은 둘 이상의 물질의 균일한(homogeneous) 혼합물[|◀◀ 1.5절]이다. 용액은 기체(예: 공기), 고체(예: 황동) 또는 액체(예: 바닷물)일 수 있다. 일반적으로 가장 많은 양으로 존재하는 물질을 **용매**(solvent)로 부르며, 적은 양으로 존재하는 물질을 **용질**(solute)이라고 한다. 예를 들어, 설탕 한 티스푼을 물 한 컵에 녹이면 물은 용매이고 설탕은 용질이다. 이 장에서는 **물**(water)이 용매인 **수용액**(aqueous)의 특성에 초점을 맞출 것이다. 이 장의 나머지 부분에서 달리 언급하지 않는 한, **용액**(solution)은 특별히 **수용액**(aqueous)을 의미한다.

### 전해질과 비전해질

게토레이(Gatorade)와 같은 스포츠 음료의 광고 등을 통해서 전해질에 관해 들어봤을 것이다. 체액의 전해질은 신경 자극 및 근육 수축과 같은 생리적 과정에 중요한 전기 자극의 전달에 필요하다. 일반적으로 **전해질**(electrolyte)은 물에 용해되어 전기를 전도하는 용액을 만드는 물질이다. 대조적으로, **비전해질**(nonelectrolyte)은 물에 용해되어 전기를 전도하지 **않는** 용액을 만드는 물질이다. 모든 수용성 물질은 이 두 범주 중 하나에 해당된다.

> **참조**
> 특정 용매에 용해되는(dissolves) 물질은 해당 용매에 "가용성(soluble)"이라고 한다. 이 장에서는 가용성이라는 말은 "수용성(water-soluble)"이라는 의미이다.

전기를 전도하는 수용액과 그렇지 않은 수용액의 차이는 **이온**(ion)의 존재 여부이다. 실례로 설탕과 소금 용액을 고려해 보자. 물에 용해되는 설탕(자당, $C_{12}H_{22}O_{11}$)과 물에 용해되는 소금(염화 소듐, NaCl)의 물리적 과정은 다음과 같은 화학 반응식으로 나타낼 수 있다.

$$C_{12}H_{22}O_{11}(s) \xrightarrow{H_2O} C_{12}H_{22}O_{11}(aq) \quad \text{그리고} \quad NaCl(s) \xrightarrow{H_2O} Na^+(aq) + Cl^-(aq)$$

자당 분자는 용해 시 변하지 않고 수용성 자당 **분자**(molecule)가 된다. 반대로, 염화 소듐은 용해되면 **해리되어**(dissociate) 분리된 수용성 **이온**(ion), 즉 소듐 이온과 염화 이온을 생성한다. **해리**(dissociation)란 **이온 결합**(ionic) 화합물이 용해되어 그 구성(constituent) 이온으로 분해되는 과정이다. 염화 소듐의 경우, 그 구성 이온은 $Na^+$와 $Cl^-$이다. 염화 소듐의 수용액이 전기를 전도할 수 있는 것은 이러한 이온의 존재 때문이다. 자당 용액은 이온을 포함하지 않기 때문에 전기를 전도하지 않는다. 따라서 염화 소듐은 **전해질**(electrolyte)이고 자당은 **비전해질**(nonelectrolyte)이다.

분자 화합물인 자당과 같이[|◀◀ 5.5절], **대부분의** 수용성 분자 화합물은 비전해질이다. 전해질인 분자 화합물에는 **산**(acid)과 **분자 염기**(molecular base)가 포함된다. 산 및 분자

염기는 용액에서 **이온화**(ionization)되기 때문에 전해질이다. 이온화는 분자 화합물이 용해될 때 수용성 이온을 형성하는 과정이다. 예를 들어, HCl은 이온화되어 수용성 $H^+$ 이온 및 $Cl^-$ 이온을 생성한다.

$$HCl(g) \xrightarrow{H_2O} H^+(aq) + Cl^-(aq)$$

5장에서 **산**은 물에 용해되어 수소 이온($H^+$)을 생성하는 물질로 정의했던 것을 기억하자. 이와 유사하게, **염기**(base)는 물에 용해되어 **수산화** 이온($OH^-$)을 생성하는 화합물로 정의할 수 있다. 예를 들어, 암모니아($NH_3$)는 물에서 이온화되어 수산화 이온($OH^-$)과 암모늄($NH_4^+$) 이온을 생성한다.

$$NH_3(g) + H_2O(l) \rightleftharpoons NH_4^+(aq) + OH^-(aq)$$

HCl과 $NH_3$는 모두 **분자**(molecular) 화합물이다. NaCl과는 달리 이것들은 이온으로 구성되어 있지 않다. 그럼에도 불구하고 이들은 물에 녹아 이온화되기 때문에 전해질이다. 그 결과, 이온을 포함하고 전기를 전도할 수 있는 용액을 형성한다.

## 강전해질과 약전해질

염화 소듐 용액에서 용해된 화합물은 모두 이온의 형태로 존재한다. 따라서 이온 결합 화합물[|◀◀ 5.3절]인 NaCl은 **완전히 해리되었다**(dissociated completely)고 한다. 완전히 해리되는 전해질은 **강전해질**(strong electrolyte)로 알려져 있다. 모든 수용성 이온 결합 화합물은 용해될 때 완전히 해리되므로 모든 수용성 이온 결합 화합물은 강전해질이다.

강전해질인 분자 화합물의 목록은 상당히 짧다. 그중 7개의 강산을 표 9.1에 나타났다. 강산은 완전히 이온화되어 수소 이온과 상응하는 음이온을 함유하지만 본질적으로 산 분자를 함유하지 않는 용액이 된다.

강산과는 별도로 전해질인 분자 화합물은 **약**(weak)전해질이다. **약전해질**(weak electrolyte)은 용해되어 이온을 생성하지만 이온화되지 **않은** 분자가 **주로**(predominantly) 용액에 존재하는 화합물이다. 다음 예를 고려해 보자. 아세트산($HC_2H_3O_2$)은 표 9.1에 나열된 강산 중 하나가 아니므로 대부분의 산과 마찬가지로 **약산**(weak acid)이다. 물에서의 이온화는 다음과 같은 화학 반응식으로 나타내어진다.

**표 9.1 강산**

| 산 | 이온화 반응식 |
|---|---|
| 염산 | $HCl(aq) \longrightarrow H^+(aq) + Cl^-(aq)$ |
| 브로민산 | $HBr(aq) \longrightarrow H^+(aq) + Br^-(aq)$ |
| 아이오딘산 | $HI(aq) \longrightarrow H^+(aq) + I^-(aq)$ |
| 질산 | $HNO_3(aq) \longrightarrow H^+(aq) + NO_3^-(aq)$ |
| 염소산 | $HClO_3(aq) \longrightarrow H^+(aq) + ClO_3^-(aq)$ |
| 과염소산 | $HClO_4(aq) \longrightarrow H^+(aq) + ClO_4^-(aq)$ |
| 황산* | $H_2SO_4(aq) \longrightarrow H^+(aq) + HSO_4^-(aq)$ |
| | $HSO_4^-(aq) \rightleftharpoons H^+(aq) + SO_4^{2-}(aq)$ |

*각 황산 분자는 2개의 이온화 가능한 수소 원자를 가지고 있지만 1차 이온화를 완전하게 진행하여 $H_2SO_4$ 분자당 하나의 $H^+$ 이온과 하나의 $HSO_4^-$ 이온을 효과적으로 생성한다. 2차 이온화는 아주 작은 정도로만 일어난다.

$$HC_2H_3O_2(l) \rightleftharpoons H^+(aq) + C_2H_3O_2^-(aq)$$

이 반응식과 앞서 나왔던 2개의 반응식, 즉 암모니아($NH_3$)의 이온화에 대한 반응식과 표 9.1에 있는 반응식 중 하나에 있는 이중 화살표($\rightleftharpoons$)를 유의해서 사용하자. 이중 "평형(equilibrium)" 화살표는 모든 반응물(예: 아세트산)이 생성물(예: 수소 이온 및 아세테이트 이온)로 영구히 변환되는 것은 아닌 반응을 나타낸다. 대신 **정**(forward)반응($HC_2H_3O_2$가 이온화되어 $H^+$와 $C_2H_3O_2^-$를 생성하는 반응)과 **역**(reverse)반응($H^+$와 $C_2H_3O_2^-$가 재결합되면서 $HC_2H_3O_2$를 생성하는 반응)이 둘 다 일어나고, **동적 화학 평형 상태**(dynamic chemical equilibrium)에 도달한다. 분자가 이온화하는 것보다 이온이 재결합하는 경향이 강하기 때문에, 대부분의 $HC_2H_3O_2$ 분자는 용액에서 그대로 남아 있으며, 매우 적은 비율의 양만 분리된 수용성 이온으로 존재한다.

**참조**

동적 화학 평형 상태 또는 단순히 평형 상태에서 정반응과 역반응이 계속 일어난다. 그러나 이들이 동일한 속도로 일어나기 때문에, 반응물 또는 생성물의 양에 있어서 시간 경과에 따른 순 변화는 관찰되지 않는다. 화학 평형은 15장과 17장에서 다룬다.

약염기의 이온화는 여러 면에서 약산의 이온화와 유사하지만 몇 가지 추가적인 설명이 필요하다. 암모니아($NH_3$)는 흔한 약염기이다. 물에서 암모니아의 이온화는 다음 반응식으로 나타낸다는 것을 기억하자.

$$NH_3(g) + H_2O(l) \rightleftharpoons NH_4^+(aq) + OH^-(aq)$$

암모니아 분자는 이온으로 분해되어 이온화되지 않는다. 오히려 **물** 분자를 이온화함으로써 이온화된다. 물 분자의 $H^+$ 이온은 암모니아 분자에 붙어 암모늄 이온($NH_4^+$)을 생성하고 물 분자의 나머지 부분, 즉 $OH^-$ 이온을 용액에 남긴다.

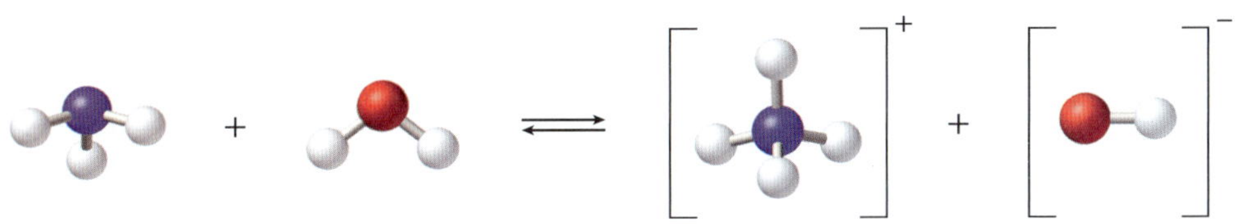

$$NH_3(g) \quad + \quad H_2O(l) \quad \rightleftharpoons \quad NH_4^+(aq) \quad + \quad OH^-(aq)$$

약산의 이온화와 마찬가지로, 반응의 역 과정이 우세하며 어떤 시점에서든 $NH_4^+$ 및 $OH^-$ 이온보다 $NH_3$ 분자가 훨씬 더 많이 존재한다. 정반응 및 역반응이 동시에 발생하는 것은 양방향 화살표를 사용하여 나타낸다.

그림 9.1과 같은 장치를 사용하여 전해질과 비전해질을 실험적으로 구별할 수 있다. 전구는 비커의 내용물을 포함하는 회로로 전지에 연결된다. 전구가 켜지려면 한 전극에서 다른 전극으로 전류가 흘러야 한다. 순수한 물은 $H_2O$가 극소량으로만 이온화되기 때문에 매우 약한 전도체이다. 실제로 순수한 물에는 전류를 흐르게 하는 이온이 거의 없으므로 $H_2O$는 비전해질로 간주된다. 그러나 소금(염화 소듐)을 소량 첨가하면 소금이 물에 녹자마자 백열 전구가 빛나기 시작한다. 염화 소듐은 물에서 완전히 해리되어 $Na^+$와 $Cl^-$ 이온을 생성한다. NaCl 용액은 전기를 전도하기 때문에 NaCl은 전해질이라고 한다.

그림 9.1(a)처럼 용액에 비전해질이 포함되어 있으면 전구가 켜지지 않는다. 그림 9.1(b)와 9.1(c)에서처럼 용액에 전해질이 포함되어 있으면 전구가 켜진다. 용액 내의 양이온은 음극으로 끌리고, 음이온은 양극으로 끌린다. 이 움직임은 금속 전선을 따라 흐르는 전자의 흐름에 해당하는 전류를 만든다. 전구가 얼마나 밝은지는 용액에 있는 이온의 수에 달려 있다. 그림 9.1(b)에서 용액은 **약**(weak)전해질을 포함하고 있어서 비교적 적은 수의 이온을

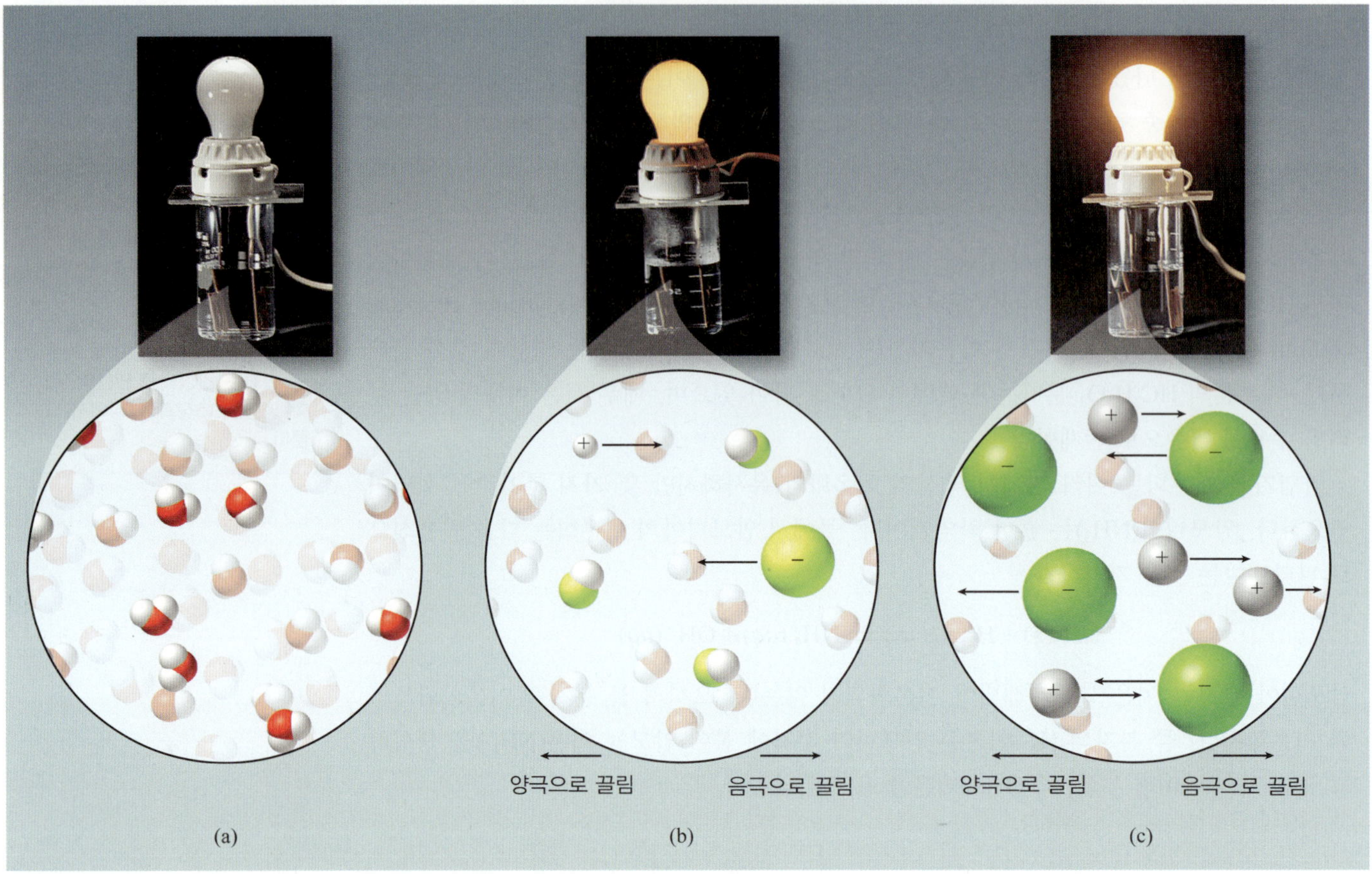


**그림 9.1** 전해질과 비전해질 그리고 약전해질과 강전해질을 구별하는 장치. 전기를 전도하는 용액의 능력은 포함된 이온의 수에 달려 있다. (a) 순수한 물은 거의 이온을 포함하지 않으며 전기를 전도하지 않는다. 따라서 전구가 켜지지 않는다. (b) HF(*aq*)와 같은 약전해질 용액은 적은 수의 이온을 포함하므로 전구가 희미하게 켜진다. (c) NaCl(*aq*)와 같은 강전해질 용액은 많은 수의 이온을 포함하므로 전구가 밝게 빛난다. (b)와 (c)의 비커에 용해된 물질의 몰량은 동일하다.

포함하므로 전구는 약하게 빛을 낸다. 그림 9.1(c)의 용액은 상대적으로 많은 수의 이온을 생성하는 **강**(strong)전해질을 포함하므로 전구가 밝게 빛난다.

그림 9.1에 나와 있는 실험 방법이 유용할 수 있지만, 종종 화합물의 화학식을 보는 것만으로 화합물이 비전해질인지, 약전해질 또는 강전해질인지 구별해야 할 것이다. 좋은 첫 번째 단계는 화합물이 **이온**(ionic)인지 **분자**(molecular)인지를 결정하는 것이다.

이온 결합 화합물은 **양이온**(cation, 금속 이온 또는 암모늄 이온)과 **음이온**(anion, 단원자 또는 다원자로 된 이온)을 포함한다. 금속과 비금속을 포함하는 이성분 화합물은 거의 항상 이온 결합 화합물이다. 표 5.10의 다원자 음이온을 복습하는 것도 좋다[|◀◀ 5.7절]. 화합물의 화학식에서 그것을 인식할 수 있어야 할 것이다. 물에 용해되는 이온 결합 화합물은 모두 강전해질이다.

화합물이 금속 양이온 또는 암모늄 양이온을 포함하고 있지 않으면 분자이다. 이 경우 화합물이 산인지 아닌지를 결정해야 한다. 일반적으로 산은 화학식이 쓰여지는 방식, 즉 이온화 가능한 수소가 먼저 쓰여지는 것으로 알 수 있다. $HC_2H_3O_2$, $H_2CO_3$ 및 $H_3PO_4$는 각각 아세트산, 탄산 및 인산이다. 종종 아세트산과 같은 카복시산의 화학식은 작용기의 원자를 화학식에 나타내기 위해 위해 이온화 가능한 수소 원자가 **마지막에** 쓰인다. 따라서 $HC_2H_3O_2$ 또는 $CH_3COOH$는 둘 다 아세트산에 대해 올바른 화학식이다. 그러나 산인 화합물을 쉽게

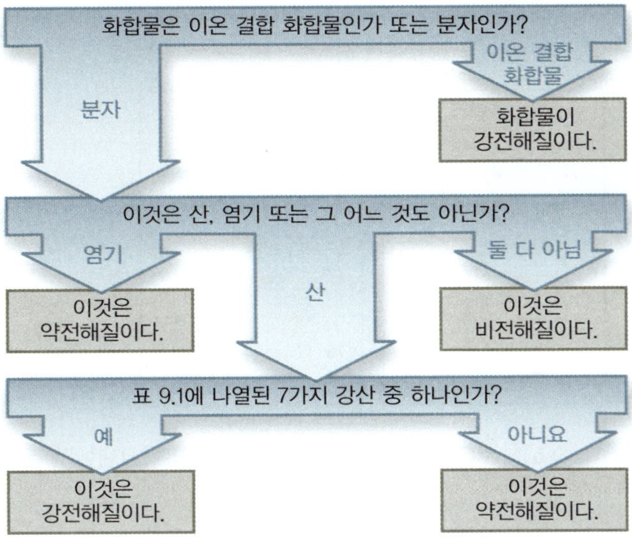


**그림 9.2** 화합물이 강전해질, 약해질 또는 비전해질인지를 결정하기 위한 순서도

식별할 수 있도록, 이 장에서는 모든 산의 화학식에 이온화 가능한 H 원자(들)를 먼저 쓸 것이다. 어떤 화합물이 산이면 그것은 전해질이다. 그것이 표 9.1에 나열된 산 중 하나라면 그것은 **강**산이며 또한 **강**전해질이다. 표 9.1에 나열되지 않은 산은 **약**산이므로 **약**전해질이다.

분자 화합물이 산이 아닌 경우, 약염기인지 아닌지를 고려해야 한다. 많은 약염기는 수소 및/또는 탄소 원자에 결합된 질소 원자로 구성된다는 점에서 암모니아와 관련이 있다. 예로는, 메틸 아민($CH_3NH_2$), 피리딘($C_5H_5N$) 및 하이드록실 아민($NH_2OH$)이 있다. **약**염기는 **약**전해질이다.

분자 화합물이 산도 아니고 약염기도 아닌 경우, 그것은 비전해질이다. 그림 9.2의 순서도는 수용성 화합물(water-soluble compound)을 분류하는 데 유용할 수 있다.

예제 9.1은 비전해질, 약전해질 및 강전해질로 화합물을 분류하는 방법을 보여 준다.

**참조**

실제로 아주 약간 녹는 "불용성(insoluble)" 이온 결합 화합물의 경우, 용해되는 소량이 완전히 해리되어 강전해질이 된다.

## 예제 9.1

스포츠 음료는 일반적으로 자당($C_{12}H_{22}O_{11}$), 과당($C_6H_{12}O_6$), 구연산 소듐($Na_3C_6H_5O_7$), 구연산 포타슘($K_3C_6H_5O_7$) 및 아스코르브산($H_2C_6H_6O_6$)을 포함한다. 이러한 각 성분을 비전해질, 약전해질 또는 강전해질로 분류하시오.

**전략** 각 화합물이 이온 결합인지 또는 분자인지 확인한다. 각 분자 화합물을 산, 염기 또는 둘 다 아닌지 구분한다. 각 산이 강산인지 약산인지 구분한다.

**계획** 자당과 과당은 양이온을 포함하고 있지 않으므로 분자 화합물이다. 그리고 산도 아니고 염기도 아니다. 구연산 소듐과 구연산 포타슘은 금속 양이온을 포함하므로 이온 결합 화합물이다. 아스코르브산은 표 9.1의 강산 목록에 없으므로 약산이다.

**풀이** 자당과 과당은 비전해질이다. 구연산 소듐과 구연산 포타슘은 강전해질이다. 아스코르브산은 약전해질이다.

### 생각해 보기

가용성 이온 결합 화합물은 무엇이든 강전해질인 반면, 대부분의 분자 화합물은 비전해질 또는 약전해질인 것을 기억한다. 강전해질인 유일한 분자 화합물은 표 9.1에 나열된 강산이다.

**유제 1** 다음 각 용액에 대해서 비전해질, 약전해질 또는 강전해질로 분류하시오.

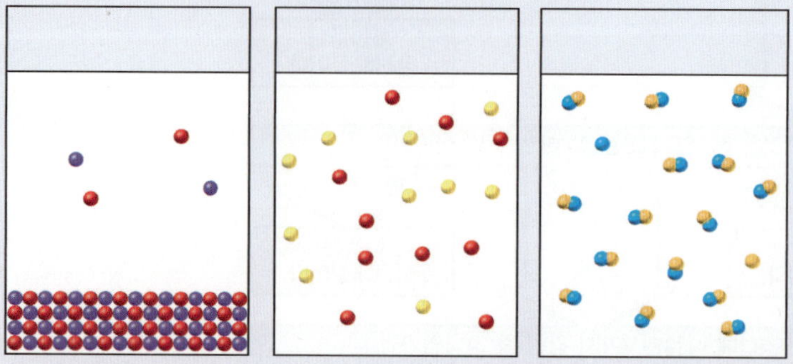

**유제 2** 어떤 그림이 $LiCl$, $CuSO_4$, $K_2SO_4$, $H_2CO_3$, $Al_2(SO_4)_3$, $AlCl_3$, $Na_3PO_4$의 각각의 수용액을 나타내는지 결정하시오.(빨간색 구와 파란색 구는 서로 다른 화학종을 나타낸다.)

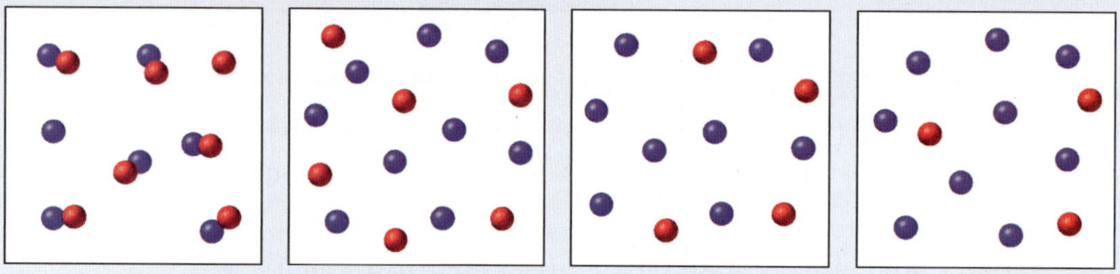

(i) (ii) (iii) (iv)

## 9.1절 복습

### 수용액의 일반적인 성질

**9.1.1** 가용성 이온 결합 화합물은 ________.

(a) 항상 비전해질이다
(b) 항상 약전해질이다
(c) 항상 강전해질이다
(d) 절대 강전해질이 아니다
(e) 종종 비전해질이다

**9.1.2** 가용성 분자 화합물은 ________.

(a) 항상 비전해질이다
(b) 항상 약전해질이다
(c) 항상 강전해질이다
(d) 절대 강전해질이 아니다
(e) 종종 비전해질이다

**9.1.3** 다음 화합물 중 어느 것이 약전해질인가?

(a) LiCl (b) $(C_2H_5)_2NH$
(c) $KNO_3$ (d) NaI
(e) $HNO_3$

**9.1.4** 다음 화합물 중 어느 것이 강전해질인가?

(a) HF (b) HCN
(c) NaF (d) $NH_3$
(e) $H_2O$

**9.1.5** 다음 그림은 수용액을 나타낸다. 각각을 비전해질, 약전해질 또는 강전해질로 분류하시오.

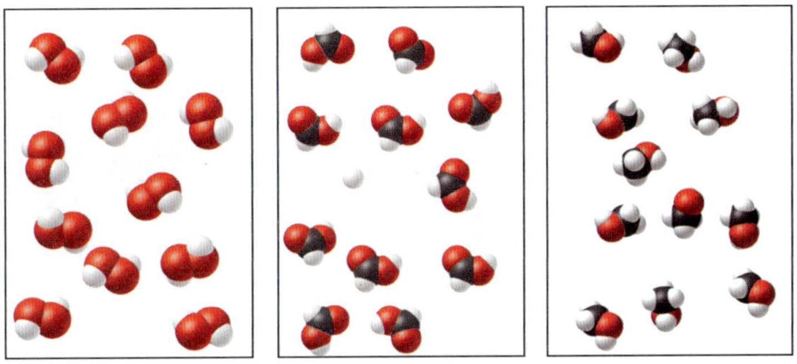

(a) (b) (c)

(a) 강전해질, 약전해질, 약전해질
(b) 비전해질, 약전해질, 비전해질
(c) 약전해질, 비전해질, 약전해질
(d) 비전해질, 비전해질, 비전해질
(e) 강전해질, 약전해질, 비전해질

## 9.2 침전 반응

아이오딘화 소듐(NaI) 수용액에 질산 납(II)[$Pb(NO_3)_2$] 수용액을 가하면 노란색의 불용성 아이오딘화 납(II)($PbI_2$)이 형성된다. 다른 반응 생성물인 질산 소듐($NaNO_3$)은 용액에 남아 있게 된다. 그림 9.3은 이 반응의 진행을 보여 준다. 용액으로부터 분리되는 불용성 고체 생성물은 **침전물**(precipitate)이라 불리고, 침전물이 형성되는 화학 반응을 **침전 반응**(precipitation reaction)이라고 한다.

침전 반응은 일반적으로 이온 결합 화합물을 포함하지만 전해질 용액의 특정 조합만이 침전물을 형성한다. 두 용액을 섞을 때 침전물이 형성되는지 여부는 생성물의 용해도에 달려 있다.

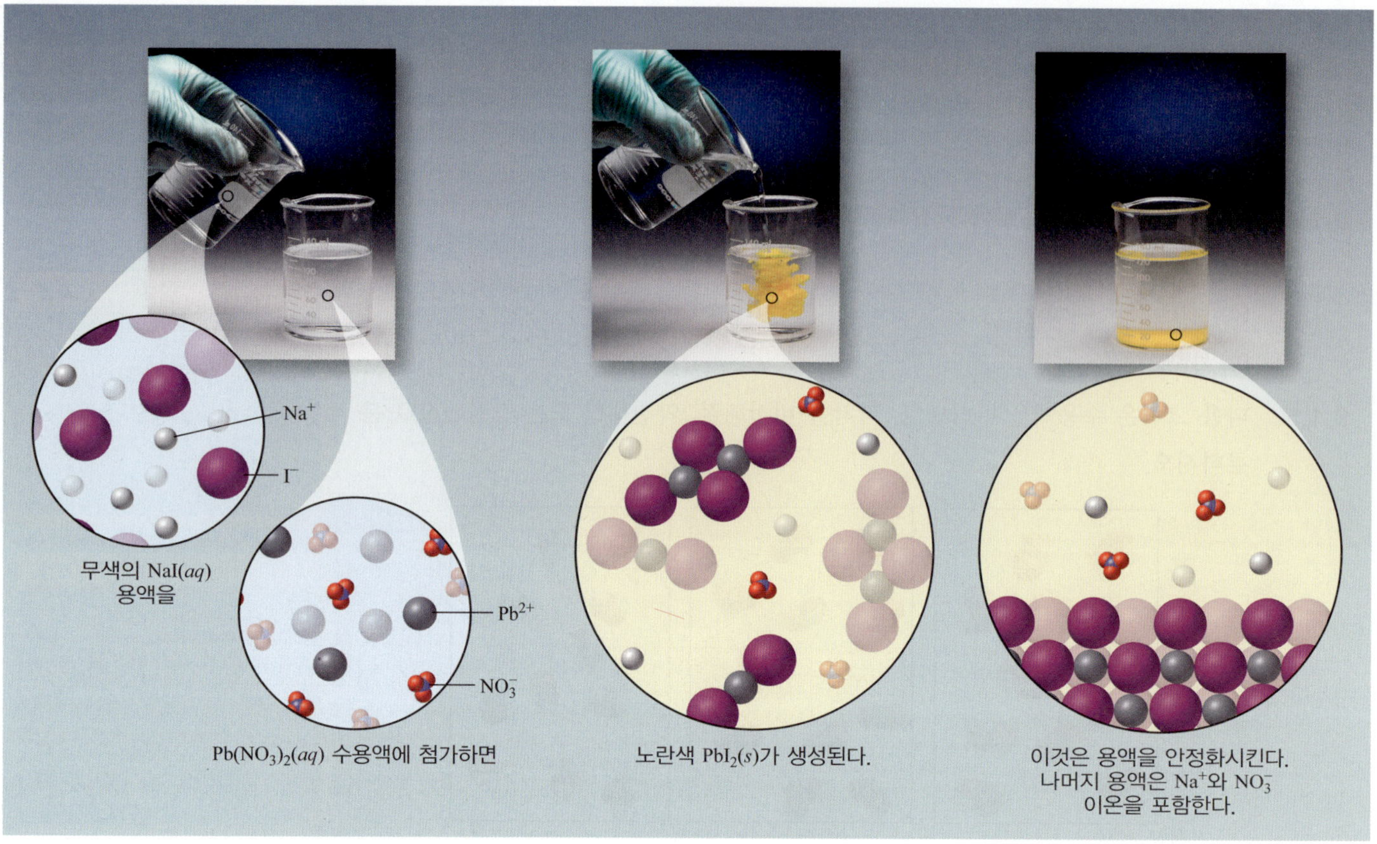


**그림 9.3** 무색의 NaI 수용액을 무색의 $Pb(NO_3)_2$ 수용액에 첨가하면 노란색 침전인 $PbI_2$가 형성된다. $Na^+$와 $NO_3^-$ 이온은 용액에 남아 있다.

## 물에서 이온 결합 화합물의 용해도 지침

염화 소듐과 같은 이온성 물질이 물에 녹을 때, 물 분자는 3차원 고체 구조로부터 개별 이온을 떼어 내고 이를 둘러싼다. **수화**(hydration)라고 불리는 이 과정은 그림 9.4에서 보여진다. $H_2O$가 **극성**(polar) 분자이기 때문에 물은 이온 결합 화합물에 대해 우수한 용매이다 [|◀◀ 6.2절]. 산소 원자에는 $\delta^-$ 기호로 표시되는 부분적인 음전하가 있고, 각 수소 원자에는 $\delta^+$ 기호로 표시되는 부분 양전하가 있다. 에워싼 물 분자의 산소 원자는 양이온에 끌리는 반면 수소 원자는 음이온에 끌린다. 이러한 인력은 용액 내의 각 이온 주위에 물 분자의 배향을 설명한다. 에워싼 물 분자는 양이온과 음이온이 재결합하는 것을 막는다.

**용해도**(solubility)는 특정 온도에서 주어진 양의 용매에 용해될 용질의 최대 양으로 정의된다. 모든 이온 결합 화합물이 물에 용해되는 것은 아니다. 이온 결합 화합물이 수용성인지 여부는 이온에 대한 물 분자의 인력의 상대적 크기 및 이온 서로 간의 인력에 따라 달라진다. 우리는 5장에서 이온 결합 화합물에서 인력의 크기에 대해 배웠다. 이제는 이온 결합 화합물의 용해도를 예측할 수 있는 몇 가지 지침을 익히는 것이 유용하다. 표 9.2는 **가용성**(soluble) 화합물군을 나열하고 **불용성**(insoluble) 예외를 보여 준다. 표 9.3은 **불용성**(insoluble) 화합물군을 나열하고 **가용성**(soluble) 예외를 보여 준다.

> **참조**
>
> 본질적으로 이온에 대한 물 분자의 인력이 이온들 서로 간의 인력을 초과하면, 이온 결합 화합물은 용해될 것이다. 이온들 서로 간의 인력이 이온에 대한 물 분자의 인력을 초과하면 화합물은 용해되지 않는다.

예제 9.2에서는 용해도 지침을 적용하는 몇 가지 연습을 한다.

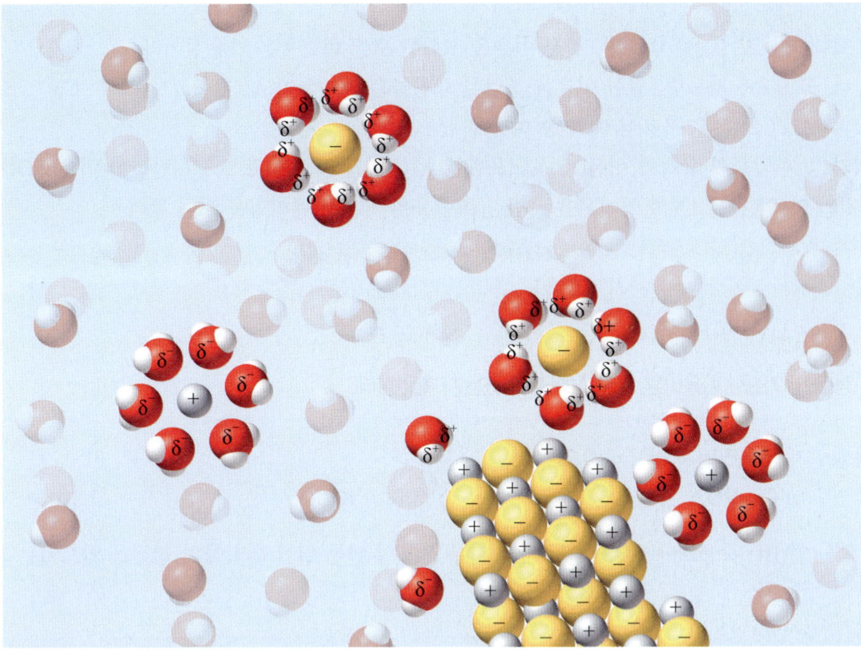

**그림 9.4** 가용성 이온 결합 화합물의 음이온 및 양이온의 수화. 물 분자는 음이온 쪽으로 부분 양전하(수소 원자들)가 향하도록 각 음이온을 에워싼다. 그리고 양이온 쪽으로 부분 음전하(산소 원자들)가 향하도록 각 양이온을 에워싼다.

**참조**

일부 책에서는 이러한 용해도 규칙에 대한 예외를 약간만 나열한다. 여기에서 "불용성(insoluble)"으로 나열된 이온 결합 화합물은 실제로는 아주 조금은 용해된다. 화합물이 얼마나 가용성이어야 "가용성(soluble)"이라 불리는지는 책마다 다를 수 있다.

**참조**

이온 결합 화합물은 종종 포함된 음이온에 따라 분류된다. 염화 이온을 포함한 화합물을 염화물(chlorides)이라고 하고 질산 이온을 포함한 화합물을 질산염(nitrate)이라고 한다.

**표 9.2 용해도 지침: 가용성 화합물**

| 수용성인 화합물 | 불용성인 예외 |
|---|---|
| 알칼리 금속 양이온($Li^+$, $Na^+$, $K^+$, $Rb^+$, $Cs^+$) 또는 암모늄 이온($NH_4^+$)을 포함하는 화합물 | |
| 질산 이온($NO_3^-$), 아세트산 이온($C_2H_3O_2^-$) 또는 염소산 이온($ClO_3^-$)을 포함하는 화합물 | |
| 염화 이온($Cl^-$), 브로민화 이온($Br^-$), 또는 아이오딘화 이온($I^-$)을 포함하는 화합물 | $Ag^+$, $Hg_2^{2+}$, $Pb^{2+}$를 포함하는 화합물 |
| 황산 이온($SO_4^{2-}$)을 포함하는 화합물 | $Ag^+$, $Hg_2^{2+}$, $Pb^{2+}$, $Ca^{2+}$, $Sr^{2+}$, $Ba^{2+}$를 포함하는 화합물 |

**표 9.3 용해도 지침: 불용성 화합물**

| 불용성인 화합물 | 수용성인 예외 |
|---|---|
| 탄산 이온($CO_3^{2-}$), 인산 이온($PO_4^{3-}$), 크로뮴산 이온 ($CrO_4^{2-}$), 또는 황화 이온($S^{2-}$)을 포함하는 화합물 | $Li^+$, $Na^+$, $K^+$, $Rb^+$, $Cs^+$, $NH_4^+$를 포함하는 화합물 |
| 수산화 이온($OH^-$)을 포함하는 화합물 | $Li^+$, $Na^+$, $K^+$, $Rb^+$, $Cs^+$, $Ba^{2+}$를 포함하는 화합물 |

## 예제 9.2

다음 각 화합물을 물에 가용성 또는 불용성으로 분류하시오.

(a) $AgNO_3$ (b) $CaSO_4$ (c) $K_2CO_3$

**전략** 표 9.2와 표 9.3의 지침을 사용하여 각 화합물이 수용성일 것으로 예상되는지 여부를 결정한다.

**계획** (a) $AgNO_3$는 질산 이온($NO_3^-$)을 포함한다. 표 9.2에 따르면, 질산 이온을 포함한 모든 화합물은 가용성이다.

(b) $CaSO_4$는 황산 이온($SO_4^{2-}$)을 포함한다. 표 9.2에 따르면, 황산 이온을 포함한 화합물은 양이온이 $Ag^+$, $Hg_2^{2+}$, $Pb^{2+}$, $Ca^{2+}$, $Sr^{2+}$, 또는 $Ba^{2+}$가 아니면 가용성이다. 따라서 $Ca^{2+}$ 이온은 불용성 예외 중 하나이다.

(c) $K_2CO_3$는 표 9.2에 따라 불용성 예외가 없는 알칼리 금속 양이온($K^+$)을 포함한다. 그렇지 않으면 표 9.3은 탄산염 이온($CO_3^{2-}$)을 포함한 대부분의 화합물이 불용성이지만 $K^+$와 같은 1A족 양이온을 포함한 화합물은 가용성 예외임을 보여 준다.

**풀이** (a) 가용성 (b) 불용성 (c) 가용성

### 생각해 보기

각 화합물의 이온을 표 9.2 및 표 9.3의 정보와 대조하여 올바른 결론을 이끌어 냈는지 확인한다.

**유제 1** 다음 각 화합물이 물에서 가용성인지 불용성인지 분류하시오.

(a) $MgBr_2$ (b) $Ca_3(PO_4)_2$ (c) $KClO_3$

**유제 2** 표 9.2와 표 9.3을 이용하여, 황산 철(III) 수용액에 넣을 때 두 가지 다른 불용성 이온 결합 화합물의 침전을 일으키는 화합물을 확인하시오.

## 분자 반응식

그림 9.3에서 보여지는 반응은 화학 반응식으로 나타낼 수 있다.

$$Pb(NO_3)_2(aq) + 2NaI(aq) \longrightarrow 2NaNO_3(aq) + PbI_2(s)$$

이 화학 반응식을 근거로 하면, 금속 양이온은 음이온을 교환하는 것처럼 보인다. 즉, 원래 $NO_3^-$ 이온과 짝을 이루던 $Pb^{2+}$ 이온은 $I^-$ 이온과 짝을 이루게 되고, 마찬가지로 원래 $I^-$ 이온과 짝을 이루던 각 $Na^+$ 이온은 $NO_3^-$ 이온과 짝을 이루게 된다. 이 반응식은 쓰여진 것처럼 **분자 반응식**(molecular equation)이라고 불린다. 이 분자 반응식은 모든 화합물들이 화학식으로 표현된 화학 반응식이며 이것은 용액에 분자들이나 화학식 단위가 존재하는 것처럼 보이게 하는 화학 반응식이다.

여러분은 이제 이런 종류의 화학 반응의 생성물을 예측할 수 있을 만큼 충분히 화학을 공부했다. 간단히 반응물의 화학식을 쓴 후에, 반응물들의 양이온이 음이온을 교환할 때 형성되는 화합물의 화학식을 쓴다. 예를 들어, 황산 소듐과 수산화 바륨의 용액을 혼합할 때 일어나는 반응에 대한 화학식을 쓰려고 한다면 먼저 반응물의 화학식부터 써야 한다[|◀◀ 5장].

$$Na_2SO_4(aq) + Ba(OH)_2(aq) \longrightarrow$$

그런 다음 첫 번째 반응물의 양이온($Na^+$)과 두 번째 반응물의 음이온($OH^-$)의 결합에 의한 생성물의 화학식을 쓴다. 두 번째 반응물의 양이온($Ba^{2+}$)과 첫 번째 음이온($SO_4^{2-}$)의 결합에 의한 또 다른 생성물에 대한 화학식을 쓴다. 따라서 반응식은 다음과 같다.

**참조**

일반적인 다원자 이온의 화학식과 전하를 아는 것이 중요하다[|◀◀ 5.7절, 표 5.10]. 이온 결합 화합물을 구성하는 이온을 알지 못하면 이러한 반응의 생성물을 추론할 수 없다.

$$Na_2SO_4(aq) + Ba(OH)_2(aq) \longrightarrow 2NaOH + BaSO_4$$

반응식의 균형을 맞췄지만[|◀◀ 8.1절], 아직 괄호 안에 생성물의 상(phase)을 넣지 않았다.

이러한 반응의 결과를 예측하는 마지막 단계는 침전이 생긴다면 생성물 중 어느 것이 용

액으로부터 침전이 될 것인지를 결정하는 것이다. 우리는 이온 결합 화합물에 대한 용해도 지침을 이용하여 이를 수행한다(표 9.2와 표 9.3). 첫 번째 생성물(NaOH)은 1A족 양이온($Na^+$)을 포함하고 있어 가용성이다. 우리는 그 상을 $(aq)$로 나타낸다. 두 번째 생성물($BaSO_4$)은 황산 이온($SO_4^{2-}$)을 포함하고 있다. 황산염 화합물은 양이온이 $Ag^+$, $Hg_2^{2+}$, $Pb^{2+}$, $Ca^{2+}$, $Sr^{2+}$, 또는 $Ba^{2+}$가 아니면 가용성이다. 따라서 $BaSO_4$는 불용성이며 침전될 것이다. 우리는 그 상을 다음과 같이 $(s)$로 나타낸다.

$$Na_2SO_4(aq) + Ba(OH)_2(aq) \longrightarrow 2NaOH(aq) + BaSO_4(s)$$

화합물이 이온을 교환하는 반응을 때로는 **상호 교환**(metathesis) 또는 **이중 치환**(double replacement) 반응이라고 한다.

## 이온 반응식

분자 반응식은 특히 실험실에서 어떤 용액들이 결합하는지를 아는 관점에서는 유용하지만 비현실적이다. 9.1절에서 보았듯이 가용성 이온 결합 화합물은 **강전해질**(strong electrolyte)이다. 그러므로 이들은 용액에서 화학식 단위로 존재하기보다는 **수화 이온**(hydrated ion)으로 존재한다. 따라서 $Na_2SO_4(aq)$와 $Ba(OH)_2(aq)$의 반응에서 수용성 이온을 다음과 같이 나타내는 것이 더 현실적이다.

$$Na_2SO_4(aq) \longrightarrow 2Na^+(aq) + SO_4^{2-}(aq)$$
$$Ba(OH)_2(aq) \longrightarrow Ba^{2+}(aq) + 2OH^-(aq)$$
$$NaOH(aq) \longrightarrow Na^+(aq) + OH^-(aq)$$

용해된 화합물을 수화된 이온으로 나타내는 반응식으로 다시 쓰면 다음과 같다.

$$2Na^+(aq) + SO_4^{2-}(aq) + Ba^{2+}(aq) + 2OH^-(aq) \longrightarrow 2Na^+(aq) + 2OH^-(aq) + BaSO_4(s)$$

이 반응식은 **이온 반응식**(ionic equation)이라고 불린다. 이 반응식은 용액 내에서 완전히 또는 주로 이온으로서 존재하는 화합물이 이 이온들로 표현되는 화학 반응식이다. **불용성**(insoluble)이거나 용액에서 완전히 또는 지배적으로 **분자**(molecule)로서 존재하는 종은 분자 반응식에서와 같은 화학식으로 표현된다.

## 알짜 이온 반응식

$Na^+(aq)$와 $OH^-(aq)$는 모두 $Na_2SO_4(aq)$와 $Ba(OH)_2(aq)$의 반응에 대한 이온 반응식에서 반응물과 생성물로 나타난다. 반응식 화살표의 양쪽에 나타나는 이온들은 반응에 참여하지 않기 때문에 **구경꾼 이온**(spectators ion)이라고 한다. 구경꾼 이온은 대수 방정식에서 양쪽에 있는 동일한 항들이 서로 상쇄되는 것처럼 서로 상쇄되므로, 화학 반응식에 구경꾼 이온을 표시할 필요가 없다.

구경꾼 이온

$$2Na^+(aq) + SO_4^{2-}(aq) + Ba^{2+}(aq) + 2OH^-(aq) \longrightarrow 2Na^+(aq) + 2OH^-(aq) + BaSO_4(s)$$

구경꾼 이온을 제거하면 다음과 같은 반응식이 된다.

**참조**

반응물이 알짜 이온 반응식에서 어떤 순서로도 쓰여질 수 있지만, 양이온이 먼저 표시되고 음이온이 두 번째로 표시되는 것이 일반적이다.

$$Ba^{2+}(aq) + SO_4^{2-}(aq) \longrightarrow BaSO_4(s)$$

이 형태의 반응식은 **알짜 이온 반응식**(net ionic equation)이라고 하며, 실제로 반응과 관련된 종만을 포함하는 화학 반응식이다. 사실상 알짜 이온 반응식은 황산 소듐과 수산화 바륨의 용액을 섞었을 때 실제로 일어나는 것을 보여 준다.

침전 반응에 대한 분자, 이온 및 알짜 이온 반응식을 결정하는 데 필요한 단계는 다음과 같다.

1. 양이온과 음이온이 교환된다고 가정하고 생성물을 예측하여 분자 반응식을 쓰고 균형을 맞춘다.
2. 강전해질을 그 구성 이온으로 분리하여 이온 반응식을 쓴다.
3. 반응식의 양쪽에서 구경꾼 이온을 확인하고 상쇄시켜 알짜 이온 반응식을 쓴다.

반응의 두 생성물이 모두 강전해질이라면 용액의 모든 이온은 구경꾼 이온이다. 이 경우 알짜 이온 반응식은 없으며 반응은 일어나지 않는다.

예제 9.3은 분자, 이온 및 알짜 이온 반응식의 단계적 결정을 설명한다.

## 예제 9.3

아세트산 납[$Pb(C_2H_3O_2)_2$]과 염화 칼슘($CaCl_2$)의 수용액이 합쳐질 때, 일어나는 반응에 대한 분자, 이온 그리고 알짜 이온 반응식을 쓰시오.

**전략** 이온들을 교환하여 생성물을 예측하고 반응식의 균형을 맞춘다. 표 9.2와 9.3의 용해도 지침에 따라 침전될 생성물을 결정한다. 강전해질을 이온으로 나타내는 반응식을 다시 쓴다. 구경꾼 이온을 확인하고 상쇄시킨다.

**풀이** 분자 반응식:

$$Pb(C_2H_3O_2)_2(aq) + CaCl_2(aq) \longrightarrow PbCl_2(s) + Ca(C_2H_3O_2)_2(aq)$$

이온 반응식:

$$Pb^{2+}(aq) + 2C_2H_3O_2^-(aq) + Ca^{2+}(aq) + 2Cl^-(aq) \longrightarrow PbCl_2(s) + Ca^{2+}(aq) + 2C_2H_3O_2^-(aq)$$

알짜 이온 반응식:

$$Pb^{2+}(aq) + 2Cl^-(aq) \longrightarrow PbCl_2(s)$$

### 생각해 보기

화합물에서 이온들의 전하의 합이 0이 되어야 한다는 것을 떠올려 본다. 생성물에 대한 올바른 화학식을 쓰고 작성한 반응식의 균형이 맞는지 확인한다. 반응식의 균형을 맞추는 데 어려움이 있는 경우 생성물에 대한 화학식이 맞는지 확인한다.

**유제 1** $NH_4NO_3(aq)$와 $BaCO_3(s)$의 형성하는 반응에 대해 반응물을 결정하고 균형 잡힌 분자, 이온 및 알짜 이온 반응식을 쓰시오.

**유제 2** 동일한 농도의 질산 바륨과 인산 포타슘 수용액이 동일한 양으로 섞일 경우 그 결과를 가장 잘 나타내는 그림은 다음[(i)~(iv)] 중 어느 것인가?

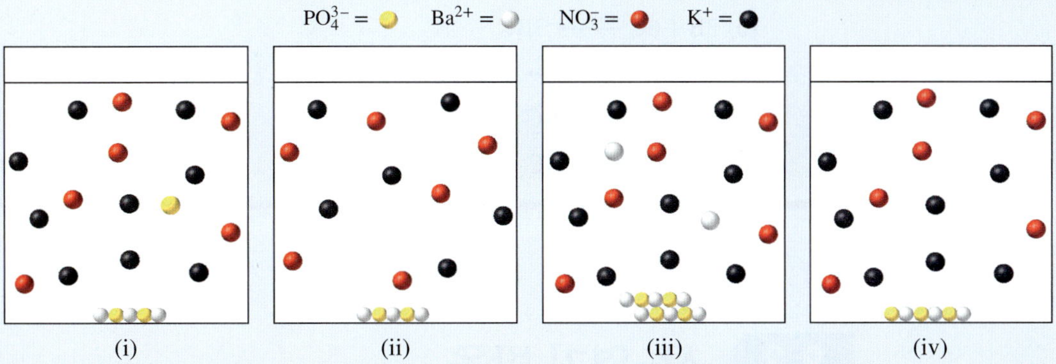


## 9.2절 복습

### 침전 반응

**9.2.1** 다음 중 어느 것이 물에서 가용성인가? (해당되는 것을 모두 고르시오.)

(a) $Na_2S$ (b) $Ba(C_2H_3O_2)_2$ (c) $CaCO_3$
(d) $CuBr_2$ (e) $Hg_2Cl_2$

**9.2.2** 다음 중 어느 것이 물에서 불용성인가? (해당되는 것을 모두 고르시오.)

(a) $Ag_2CrO_4$ (b) $Li_2CO_3$ (c) $Ca_3(PO_4)_2$
(d) $BaSO_4$ (e) $ZnCl_2$

**9.2.3** $Li_2CO_3(aq)$와 $Ba(OH)_2(aq)$의 반응에서 구경꾼 이온(들)은 무엇인가?

(a) $CO_3^{2-}$와 $OH^-$ (b) $Li^+$와 $OH^-$ (c) $Li^+$와 $Ba^{2+}$
(d) $Ba^{2+}$와 $OH^-$ (e) $Ba^{2+}$와 $CO_3^{2-}$

**9.2.4** $Fe(NO_3)_2(aq)$와 $Na_2CO_3(aq)$의 반응에 대한 균형 잡힌 알짜 이온 반응식을 쓰시오.

(a) $Na^+(aq) + CO_3^{2-}(aq) \longrightarrow NaCO_3(s)$
(b) $Fe^{2+}(aq) + CO_3^{2-}(aq) \longrightarrow FeCO_3(s)$
(c) $2Na^+(aq) + CO_3^{2-}(aq) \longrightarrow Na_2CO_3(s)$
(d) $Fe^{2+}(aq) + 2NO_3^-(aq) \longrightarrow Fe(NO_3)_2(s)$
(e) $Na^+(aq) + NO_3^-(aq) \longrightarrow NaNO_3(s)$

**9.2.5** 다음 그림의 반응에 대한 균형 잡힌 알짜 이온 반응식을 쓰시오. (여기 나타낸 반응은 불균형 반응이다.)

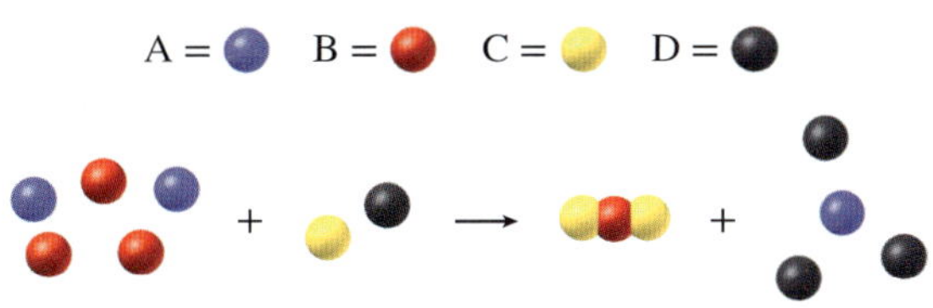

(a) $2A + 3B + C + D \longrightarrow BC_2 + A + 3D$

(b) $3B + 6C \longrightarrow 3BC_2$

(c) $A + 3B + C \longrightarrow BC_2 + 2D$

(d) $3B + C \longrightarrow BC_2$

(e) $B + 2C \longrightarrow BC_2$

## 9.3 산–염기 반응

또 다른 유형의 반응은 산을 포함하는 용액과 염기를 포함하는 용액을 섞을 때 일어난다. 우리는 일상 생활에서 자주 산과 염기를 접한다(그림 9.5). 예를 들어, 아스코르브산은 비타민 C로도 알려져 있고, 아세트산은 신맛과 식초 특유의 냄새를 내는 성분이며, 염산은 염화 수소의 산이고 위액의 주성분(위산)이기도 하다. 많은 세정제에서 사용되는 암모니아와 배수구 세정제에 사용되는 수산화 소듐은 일반적인 염기이다. 산–염기 화학은 생물학적 과정에서 매우 중요하다. 산과 염기의 특성을 다시 살펴보고 산–염기 반응을 살펴본다.

그림 9.5 흔히 볼 수 있는 산과 염기. 왼쪽에서 오른쪽으로: 수산화 소듐(NaOH), 아스코르브산($C_6H_8O_6$ 또는 이온화 가능한 수소를 먼저 쓰면 $H_2C_6H_6O_6$), 염산(HCl), 아세트산($HC_2H_3O_2$) 및 암모니아($NH_3$). HCl과 NaOH는 모두 강전해질이며 용액에서 이온으로만 존재한다. 물 분자는 표시되지 않는다.

**표 9.4** 강산과 강염기

| 강산 | 강염기 |
|---|---|
| HCl | LiOH |
| HBr | NaOH |
| HI | KOH |
| $HNO_3$ | RbOH |
| $HClO_3$ | CsOH |
| $HClO_4$ | $Ca(OH)_2$ |
| $H_2SO_4$ | $Sr(OH)_2$ |
| | $Ba(OH)_2$ |

**참조**

2A족 수산화물 중 세 가지[$Ca(OH)_2$, $Sr(OH)_2$, $Ba(OH)_2$]는 전형적으로 강염기로 분류되지만, $Ba(OH)_2$만이 실험실에서 일반적으로 사용될 정도로 수용성이다. 모든 이온 결합 화합물에 대해 비록 소량이더라도 용해되는 것은 완전히 해리된다.

## 강산과 강염기

9.1절에서 보았듯이 7개의 강산은 용액에서 완전히 이온화한다(표 9.1 참조). 다른 산은 모두 약산이다. 강염기는 1A족과 무거운 2A족 금속의 수산화물이다. 이들은 가용성 이온 결합 화합물로서 용액에서 완전히 해리되어 전체적으로 이온으로 존재한다. 따라서 강산 및 강염기는 모두 강전해질이다. 표 9.4는 강산과 강염기를 나열한 것이다. 이 화합물들은 알아두도록 한다.

## 브뢴스테드 산과 염기

5.6절에서 우리는 산을 물에서 이온화하여 $H^+$ 이온을 생성하는 물질로 정의하였고 염기를 물에서 이온화하여(또는 이온성 염기인 경우 해리하여) $OH^-$를 생성하는 물질로 정의하였다. 이 정의는 스웨덴의 화학자인 스반테 아레니우스(Svante Arrhenius)[1]에 의한 것이다. **아레니우스 산**(Arrhenius acid) 및 **아레니우스 염기**(Arrhenius base)에 대한 정의는 유용하지만 수용액에서 화합물의 거동에만 국한된다. 더 포괄적인 정의가 1932년 덴마크의 화학자인 요하네스 브뢴스테드(Johannes Brønsted)[2]에 의해 제안되었다. **브뢴스테드 산**(Brønsted acid)은 양성자 **주개**(donor)이고 **브뢴스테드 염기**(Brønsted base)는 양성자 **받개**(acceptor)이다. 이 문맥에서 **양성자**라는 단어는 **수소 이온**($H^+$)으로 알려진 전자를 잃어버린 수소 원자를 의미한다. 약염기 암모니아($NH_3$)의 이온화를 고려해 보자.

**참조**

H 원자는 양성자와 전자로 구성되어 있다. 전자가 사라지면 남아 있는 것은 모두 양성자이므로 이 문맥에서 양성자라는 용어를 사용한다.

이 반응식은 $NH_3$가 아레니우스 염기라는 것을 보여 준다. 즉, 용액에서 $OH^-$를 생성한다. 이것은 물 분자로부터 양성자($H^+$)를 받아 암모늄 이온($NH_4^+$)이 되기 때문에 또한 브뢴스테드 염기이다.

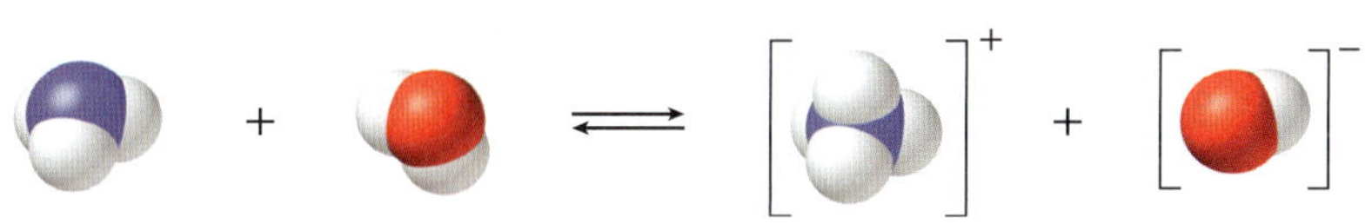

1. 스반테 아레니우스(Svante August Arrhenius, 1859∼1927): 스웨덴의 화학자. 화학 속도론 및 전해질 용액에 대한 연구에 중요한 공헌을 했다. (그는 또한 생명체가 다른 행성에서 지구로 왔다고 추측했다.) 1903년에 노벨 화학상을 수상했다.
2. 요하네스 브뢴스테드(Johannes Nicolaus Brønsted, 1879∼1947): 덴마크의 물리 화학자. 그는 산과 염기에 관한 이론 외에도 열역학과 수은을 동위 원소로 분리하는 연구를 수행했다. 일부 서적에서는 브뢴스테드 산과 염기를 브뢴스테드-로우리(Brønsted-Lowry) 산과 염기라고 한다. 브뢴스테드와 마틴 로우리(Thomas Martin Lowry, 1874∼1936)는 1923년에 근본적으로 동일한 산-염기 이론을 개별적으로 개발했다.

$$NH_3(aq) \quad + \quad H_2O(l) \quad \rightleftharpoons \quad NH_4^+(aq) \quad + \quad OH^-(aq)$$

이제 약산인 플루오린화 수소(HF)의 이온화를 고려해 보자.

$$HF(aq) \rightleftharpoons H^+(aq) + F^-(aq)$$

HF는 용액에 $H^+$를 생성하기 때문에 아레니우스 산이다. 그것은 또한 양성자를 물에 내놓기 때문에 브뢴스테드 산이다.

$$HF(aq) + H_2O(l) \rightleftharpoons H_3O^+(aq) + F^-(aq)$$

이 두 화학 반응식은 본질적으로 같은 것을 의미하지만, 수용성 양성자($H^+$)가 용액에서 고립된 종으로 존재하지 않는다는 것을 인식하는 것이 중요하다. 오히려 다른 수용성 이온처럼 수화되어 있다(그림 9.4 참조). 양성자는 양전하를 띠며 물 분자의 산소 원자의 부분 음전하에 강하게 끌린다. 따라서 HF의 이온화를 다음 반응식으로 표현하는 것이 편리하고 보다 현실적이다.

**참조**

실제 수용성 양성자는 다른 이온과 마찬가지로 물 분자로 둘러싸여 있다. 우리는 화학 반응식에 $H_3O^+$를 사용하여 관련된 물 분자 중 하나만을 보여줌으로써 양성자가 용액에서 수화됨을 강조한다.

$$HF(aq) + H_2O(l) \rightleftharpoons H_3O^+(aq) + F^-(aq)$$

여기에서 우리는 이온화 전과 후에 양성자가 부착된 물 분자를 포함한다.($H_3O^+$를 $H_2O \cdot H^+$로 나타내어 양성자가 붙어 있는 물 분자라는 것을 강조할 수 있다.) 이렇게 쓰여진 반응식에서 HF는 양성자를 $H_2O$에게 주어 $H_2O$ 분자를 **하이드로늄 이온**(hydronium ion, $H_3O^+$)으로 만드는 것을 보여 준다.

**참조**

수소 이온, 양성자, 하이드로늄 이온, $H^+$ 및 $H_3O^+$의 용어와 기호는 모두 동일한 수용성 화학종을 말하여 서로 호환하여 사용된다.

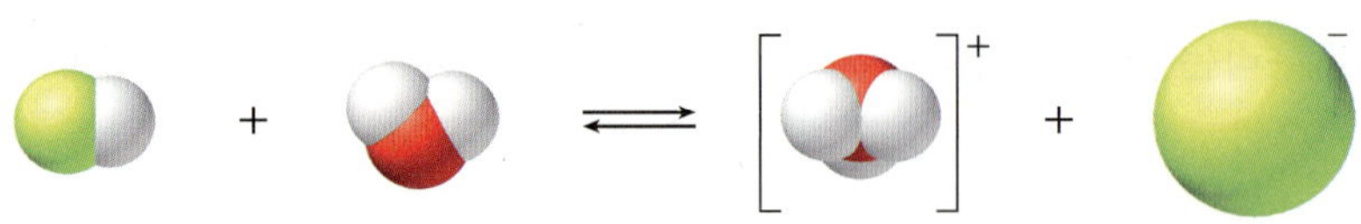

$$HF(aq) \quad + \quad H_2O(l) \quad \rightleftharpoons \quad H_3O^+(aq) \quad + \quad F^-(aq)$$

$H^+$와 $H_3O^+$는 모두 이 책 전체의 화학 반응식에 사용될 것이다. 이것들이 동일한 수용성 화학종이라는 것을 알아야 한다.

브뢴스테드의 산과 염기에 대한 정의는 수용액에서의 화학종에 국한되지 않는다. 실제로 브뢴스테드 산-염기 반응은 때로 기체상에서 일어난다. 예를 들어, HCl과 $NH_3$ 기체 사이의 반응에서 HCl은 브뢴스테드 산으로 작용하여 양성자를 $NH_3$에 주고 $NH_3$는 양성자를 받아들여 브뢴스테드 염기로 작용한다. 이 양성자 이동에 대한 생성물은 염화 이온($Cl^-$) 및 암모늄 이온($NH_4^+$)이며, 이후 결합되어 이온성 고체 염화 암모늄을 형성한다.

$$HCl(g) + NH_3(g) \longrightarrow NH_4Cl(s)$$

대부분의 강산은 **일양성자산**(monoprotic acid)이며, 각각의 산 분자는 하나의 양성자를 내놓는다. 강산 중 하나인 $H_2SO_4$는 **이양성자산**(diprotic acid)으로, 각 산 분자는 내놓을 수 있는 양성자를 2개 갖는다. 다른 이양성자산으로는 옥살산($H_2C_2O_4$)과 탄산($H_2CO_3$)이 있다. 3개의 양성자를 갖는 **삼양성자산**(triprotic acid)도 있지만, 이들은 일양성자산 또는 이양성자산보다 상대적으로 덜 일반적이다. 예로는 인산($H_3PO_4$)과 시트르산($H_3C_6H_5O_7$)이 있다.

일반적으로 2개 이상의 양성자를 가진 산을 **다양성자산**(polyprotic acid)이라고 한다. 다양성자산 중에서 오로지 황산($H_2SO_4$)만이 강산인데 이것은 물에서 1차 이온화가 일어날 때만 강하다. $H_2SO_4$는 완전히 이온화되어 $H^+$ 및 $HSO_4^-$를 생성하며, 황산 수소 이온($HSO_4^-$)의 연이은 이온화는 매우 적은 정도로만 일어난다(표 9.1 참조). 다음의 두 화학식에 있는 단일 화살표와 이중 화살표에 유의하자.

$$H_2SO_4(aq) \longrightarrow H^+(aq) + HSO_4^-(aq)$$
$$HSO_4^-(aq) \rightleftharpoons H^+(aq) + SO_4^{2-}(aq)$$

다른 모든 다양성자산의 경우, 각 이온화는 불완전하며 이중 화살표가 있는 반응식으로 표시된다. 인산의 1차, 2차 및 3차 이온화는 다음과 같다.

$$H_3PO_4(aq) \rightleftharpoons H^+(aq) + H_2PO_4^-(aq)$$
$$H_2PO_4^-(aq) \rightleftharpoons H^+(aq) + HPO_4^{2-}(aq)$$
$$HPO_4^{2-}(aq) \rightleftharpoons H^+(aq) + PO_4^{3-}(aq)$$

여기 보여지는 몇몇의 종은 인산 용액에 존재한다. 각각의 연이은 이온화는 점점 더 적은 정도로 일어나기 때문에 용액에서 종의 상대적인 농도는 다음과 같다.

$$[H_3PO_4] > [H^+] \approx [H_2PO_4^-] > [HPO_4^{2-}] > [PO_4^{3-}]$$

**참조**

이러한 상대적인 농도는 다른 용해된 화합물을 포함하지 않은 인산 수용액에서만 유효하다. 우리는 16장에서 다양성자산의 수용액에서 농도를 결정하는 방법을 자세하게 살펴볼 것이다.

일부 산이 하나보다 더 많은 $H^+$ 이온을 생성하는 것처럼 일부 강한 염기는 하나보다 더 많은 $OH^-$ 이온을 생성한다. 예를 들어, 수산화 바륨은 해리되어 $Ba(OH)_2$가 1몰 분해될 때마다 2몰의 수산화 이온을 생성한다.

$$Ba(OH)_2(s) \xrightarrow{H_2O} Ba^{2+}(aq) + 2OH^-(aq)$$

이와 같은 화합물을 **이염기성**(dibasic) 염기라고 하며, 이것은 화합물 1몰당 2몰의 수산화 이온을 생성하는 것을 나타낸다. NaOH와 같이 화합물 1몰당 1몰의 수산화 이온만을 생성하는 것을 **일염기성**(monobasic) 염기라고 한다.

## 산-염기 중화 반응

**중화 반응**(neutralization reaction)은 산과 염기의 반응이다. 일반적으로 수용액 산-염기 반응은 물과 **염**(salt)을 생성하는데, 염은 염기로부터의 양이온과 산으로부터의 음이온으로 구성된 이온 결합 화합물이다. 우리가 소금으로 알고 있는 물질인 NaCl은 그 친숙한 예로, 다음 산-염기 반응의 생성물이다.

**참조**

음이온이 산화 이온($O^{2-}$) 또는 수산화 이온($OH^-$)인 화합물은 염으로 간주되지 않는다.

$$HCl(aq) + NaOH(aq) \longrightarrow H_2O(l) + NaCl(aq)$$

그러나 여기에서 산, 염기 및 염은 모두 강한 전해질이기 때문에 용액 내에서 이온으로 존재한다. 이온 반응식은 다음과 같다.

$$H^+(aq) + Cl^-(aq) + Na^+(aq) + OH^-(aq) \longrightarrow H_2O(l) + Na^+(aq) + Cl^-(aq)$$

알짜 이온 반응식은 다음과 같다.

$$H^+(aq) + OH^-(aq) \longrightarrow H_2O(l)$$

$Na^+$와 $Cl^-$는 둘 다 구경꾼 이온이다. HCl과 NaOH의 화학량론적 양[|◀◀ 8.3절]을 사용하

여 앞의 반응을 수행한다면 결과는 산이나 염기가 남지 않는 중성 염수(saltwater)가 된다.

다음 역시 분자 반응식으로 대표되는 산–염기 중화 반응의 예이다.

$$HNO_3(aq) + KOH(aq) \longrightarrow H_2O(l) + KNO_3(aq)$$
$$H_2SO_4(aq) + 2NaOH(aq) \longrightarrow 2H_2O(l) + Na_2SO_4(aq)$$
$$2HC_2H_3O_2(aq) + Ba(OH)_2(aq) \longrightarrow 2H_2O(l) + Ba(C_2H_3O_2)_2(aq)$$
$$HCl(aq) + NH_3(aq) \longrightarrow NH_4Cl(aq)$$

**참조**

침전 반응[◀◀ 9.2절]과 같은 산–염기 중화 반응은 두 종이 이온을 교환하는 상호 교환(metathesis) 반응이다.

마지막 반응식은 물을 생성물로 나타내지 않기 때문에 달라 보인다. 그러나 $NH_3(aq)$가 이온화되어 $NH_4^+(aq)$와 $OH^-(aq)$가 된다. $NH_3(aq)$ 대신에 이 두 종을 반응물로 포함하면 반응식은 다음과 같이 된다.

$$HCl(aq) + NH_4^+(aq) + OH^-(aq) \longrightarrow H_2O(l) + NH_4Cl(aq)$$

예제 9.4는 산–염기 중화 반응과 관련된 문제이다.

## 예제 9.4

처방전 없이 살 수 있는 완하제인 마그네시아 우유는 수산화 마그네슘[$Mg(OH)_2$]과 물의 혼합물이다. $Mg(OH)_2$는 물에 녹지 않기 때문에(표 9.3 참조), 마그네시아 우유는 용액이 아니라 **현탁액**(suspension)이다. 용해되지 않은 고체로 인해 제품은 유백색이다. 마그네시아 우유에 HCl과 같은 산이 첨가되면, 부유된 $Mg(OH)_2$가 용해되어 깨끗하고 무색인 용액이 된다. 이 반응에 대해 균형 잡힌 분자, 이온 및 알짜 이온 반응식을 쓰시오.

**참조**

대부분의 부유 고형물은 병 바닥에 침전되기 때문에 사용 전에 잘 흔들어야 한다. 흔드는 행동은 액체 전체에 고형물을 재분배한다.

(a) 마그네시아 우유 (b) HCl의 첨가 (c) 그 결과 깨끗한 무색의 용액

**전략** 반응 생성물을 결정한다. 반응식을 쓰고 균형을 맞춘다. 반응물 중 하나인 $Mg(OH)_2$가 고체임을 기억한다. 강전해질을 확인하고 강전해질을 나타내는 반응식을 이온으로 다시 작성한다. 구경꾼 이온을 확인하고 상쇄한다.

**계획** 이것은 산–염기 중화 반응이기 때문에, 생성물 중 하나는 물이다. 다른 생성물은 염기로부터의 양이온인 $Mg^{2+}$와 산으로부터의 음이온인 $Cl^-$를 포함하는 염이다. 화학식이 전기적으로 중성이 되도록 이 이온들을 1 : 2의 비율로 결합하여 $MgCl_2$를 염의 화학식으로 사용한다.

**풀이**

$$Mg(OH)_2(s) + 2HCl(aq) \longrightarrow 2H_2O(l) + MgCl_2(aq)$$

분자 반응식의 종 중에서 HCl과 $MgCl_2$만이 강전해질이다. 따라서 이온 반응식은 다음과 같다.

$$Mg(OH)_2(s)+2H^+(aq)+2Cl^-(aq) \longrightarrow 2H_2O(l)+Mg^{2+}(aq)+2Cl^-(aq)$$

$Cl^-$는 유일한 구경꾼 이온이다. 알짜 이온 반응식은 다음과 같다.

$$Mg(OH)_2(s)+2H^+(aq) \longrightarrow 2H_2O(l)+Mg^{2+}(aq)$$

**생각해 보기**

반응식이 균형을 이루고 있고 강전해질만 이온으로 나타냈는지 확인한다. $Mg(OH)_2$는 불용성이므로 수용성 이온으로 나타내지 않는다.

**유제 1** $NH_3(aq)$와 $H_2SO_4(aq)$ 사이의 중화 반응에 대해 균형 잡힌 분자, 이온 및 알짜 이온 반응식을 쓰시오.

**유제 2** 다음 중 어느 그림이 화학량론적 양의 수산화 바륨 수용액과 브로민화 수소산이 반응한 후 용액에 남아 있는 이온을 가장 잘 나타내는가?

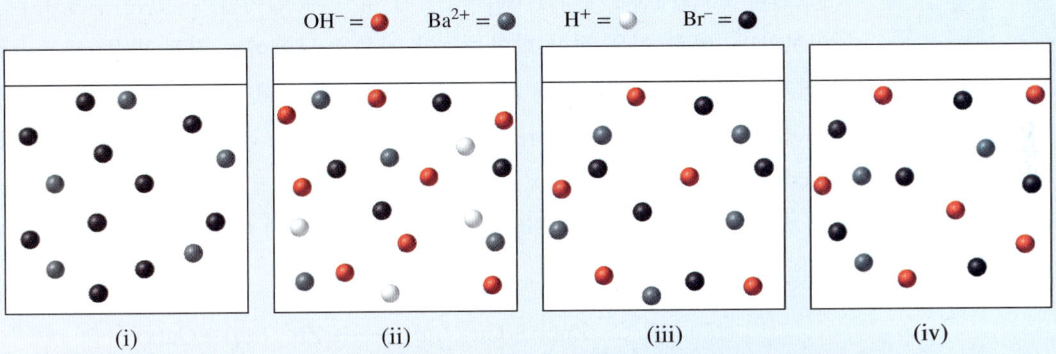


## 9.3절 복습

### 산–염기 반응

**9.3.1** 다음 반응에서 브뢴스테드 산은 무엇인가?

$$H_2SO_4(aq)+NH_3(aq) \longrightarrow (NH_4)_2SO_4(aq)$$

(a) $H_2SO_4(aq)$ (b) $NH_3(aq)$ (c) $H_2O(l)$
(d) $(NH_4)_2SO_4(aq)$ (e) 이 반응식은 브뢴스테드 산을 포함하지 않는다.

**9.3.2** 다음 반응에서 브뢴스테드 염기는 무엇인가?

$$HCl(aq)+NO_2^-(aq) \longrightarrow HNO_2(aq)+Cl^-(aq)$$

(a) $HCl(aq)$ (b) $NO_2^-(aq)$ (c) $HNO_2(aq)$
(d) $Cl^-(aq)$ (e) $H_2O(l)$

**9.3.3** 다음 중 $H_2SO_4$와 KOH의 반응에 대한 정확한 알짜 이온 반응식은 어느 것인가?

(a) $H_2(aq)+2OH^-(aq) \longrightarrow 2H_2O(l)$
(b) $2H^+(aq)+2OH^-(aq) \longrightarrow 2H_2O(l)$
(c) $2H^+(aq)+OH^-(aq) \longrightarrow H_2O(l)$
(d) $H_2SO_4(aq)+2OH^-(aq) \longrightarrow 2H_2O(l)+SO_4^{2-}(aq)$
(e) $H^+(aq)+HSO_4^-(aq)+2OH^-(aq) \longrightarrow 2H_2O(l)+SO_4^{2-}(aq)$

**9.3.4** 다음 중 HF와 LiOH의 반응에 대한 정확한 알짜 이온 반응식은 어느 것인가?

(a) $HF(aq)+LiOH(aq) \longrightarrow H_2O(l)+LiF(aq)$

(b) $H^+(aq)+F^-(aq)+Li^+(aq)+OH^-(aq) \longrightarrow H_2O(l)+Li^+(aq)+F^-(aq)$

(c) $H^+(aq)+OH^-(aq) \longrightarrow H_2O(l)$

(d) $HF(aq)+OH^-(aq) \longrightarrow H_2O(l)+F^-(aq)$

(e) $H^+(aq)+Li^+(aq)+OH^-(aq) \longrightarrow H_2O(l)+Li^+(aq)$

## 9.4 산화–환원 반응

9.2절과 9.3절에서 2개의 전해질 용액이 섞일 때 일어날 수 있는 두 종류의 화학 반응을 알아보았다. 바로 이온 결합 화합물들이 이온을 교환하는 **침전 반응**(precipitation)과 산에서 염기로 양성자가 전달되는 **산–염기 중화 반응**(acid–base neutralization)이다. 이 절에서는 **산화–환원 반응**(redox reaction)에 대해 알아볼 것이다. **산화–환원 반응**(oxidation–reduction reaction 또는 redox reaction)은 전자가 한 반응물에서 다른 반응물로 이동되는 화학 반응이다. 예를 들어, 구리 이온을 포함한 용액에 아연 금속 조각을 넣으면 다음과 같은 반응이 일어난다.

$$Zn(s)+Cu^{2+}(aq) \longrightarrow Zn^{2+}(aq)+Cu(s)$$

이 반응은 그림 9.6에 나와 있다. 이 과정에서 아연 원자는 **산화되고**(oxidized, 전자를 잃

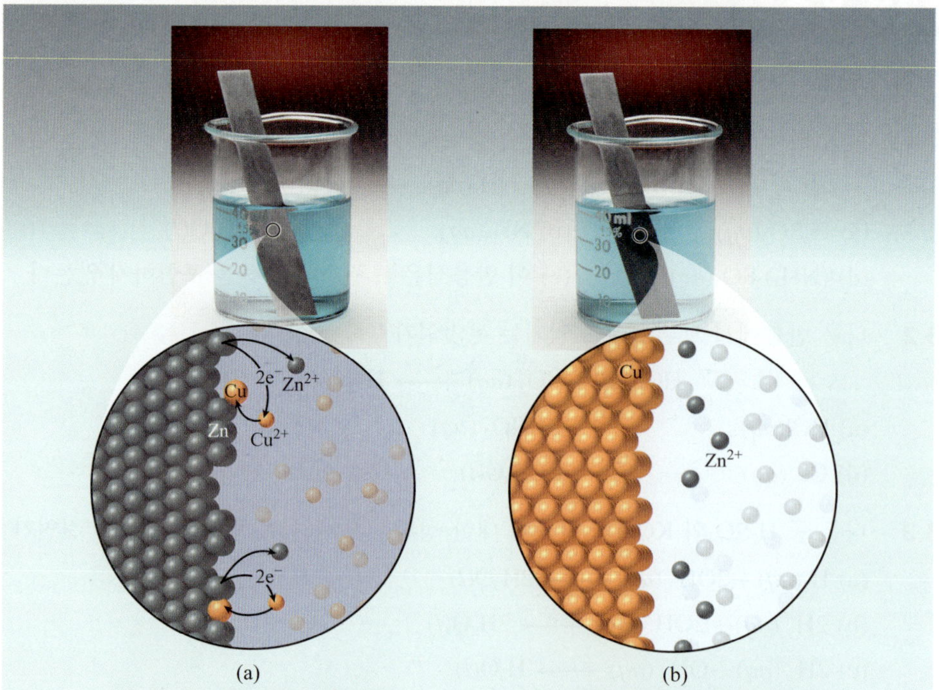


그림 9.6 황산 구리(II) 용액에서 아연의 산화

음) 구리 이온은 **환원된다**(reduced, 전자를 얻음). 각 아연 원자는 2개의 전자를 잃어서 아연 이온이 되고, 각 구리 이온은 2개의 전자를 얻어서 구리 원자가 된다.

$$Zn(s) \longrightarrow Zn^{2+}(aq) + 2e^-$$
$$Cu^{2+}(aq) + 2e^- \longrightarrow Cu(s)$$

이 두 반응식은 전자를 아연 반응에서는 생성물로, 그리고 구리 반응에서는 반응물로 나타낸다. 이 두 반응식은 각각 산화-환원 반응에서 산화 반응 또는 환원 반응인 **반쪽 반응**(half-reaction)을 나타낸다. 두 반쪽 반응식의 합은 산화-환원 반응의 전체 반응식이다.

$$Zn(s) \longrightarrow Zn^{2+}(aq) + 2e^-$$
$$Cu^{2+}(aq) + 2e^- \longrightarrow Cu(s)$$
$$Zn(s) + Cu^{2+}(aq) + \cancel{2e^-} \longrightarrow Zn^{2+}(aq) + Cu(s) + \cancel{2e^-}$$

이 두 과정은 분리된 반응식으로 나타낼 수 있지만 이들은 분리되어 일어날 수 없다. 하나의 종이 전자를 얻기 위해서는 다른 종이 전자를 잃어야 하고, 그 반대의 경우도 마찬가지이다.

**산화**(oxidation)는 전자를 **잃는 것**(loss)이다. 반대 과정인 전자를 **얻는 것**(gain)은 **환원**(reduction)이라고 한다. Zn과 $Cu^{2+}$의 반응에서 Zn은 **환원제**(reducing agent)라고 부르는데, 이는 전자를 제공하여 $Cu^{2+}$를 환원시키기 때문이다. 반면에 $Cu^{2+}$는 **산화제**(oxidizing agent)로 불리는데, 이는 전자를 받아들여 Zn을 산화시키기 때문이다.

**참조**

원래 산화는 화학자에 의해 "산소와의 반응"의 의미로 사용되었다. 그러나 산과 염기의 정의와 마찬가지로, 더 포괄적으로 다시 정의되었다. 이제 산화라는 용어는 전자를 잃는 모든 반응을 의미한다.

산화-환원 반응의 또 다른 예는 구성 원소들로부터 산화 칼슘(CaO)을 형성하는 것이다.

$$2Ca(s) + O_2(g) \longrightarrow 2CaO(s)$$

이 반응에서 각 칼슘 원자는 2개의 전자를 잃고(산화됨) 각 산소 원자는 2개의 전자를 얻는다(환원됨). 해당되는 반쪽 반응은 다음과 같다.

$$2Ca \longrightarrow 2Ca^{2+} + 4e^-$$
$$O_2(g) + 4e^- \longrightarrow 2O^{2-}$$

그 결과 $Ca^{2+}$ 및 $O^{2-}$ 이온은 결합하여 CaO를 형성한다.

산화-환원 반응은 서로 다른 원소들의 원자가 전자를 얻는 경향이 다르기 때문에 일어난다. 예를 들어, 산소는 칼슘보다 전자를 얻는 경향이 훨씬 크다. 칼슘은 금속이기 때문에 전자를 잃는 경향이 크다. 전자를 얻는 경향이 상당히 다른 원소들 사이에 형성되는 화합물은 일반적으로 이온 결합성이다. 그러한 화합물에서 단원자 이온의 전하를 알면 잃고 얻는 전자를 추적할 수 있다.

## 산화수

전자를 얻는 능력이 유사한 원소들이 결합할 때, 그들은 HF와 $NH_3$의 형성과 같이 각각의 원소들로부터 분자 화합물을 형성하는 경향이 있다.

$$H_2(g) + F_2(g) \longrightarrow 2HF(g)$$
$$N_2(g) + 3H_2(g) \longrightarrow 2NH_3(g)$$

따라서 플루오린화 수소(HF)의 형성에서 플루오린은 전자를 얻은 것이 아니고 수소는 전자를 잃은 것이 아니다. 그러나 실험적 증거는 H에서 F로 전자가 부분 전달되었다는 것을 보여 준다. 산화수는 화학 반응식에서 전자와 관련하여 "균형을 유지하는" 방법을 제공한다. **산화 상태**(oxidation state)라고도 불리는 **산화수**(oxidation number)는 전자가 완전히 전달된 경우 원자가 가지는 전하이다. 예를 들어, HF와 $NH_3$의 형성에 대한 반응식을 다음과 같이 다시 쓸 수 있다.

**참조**

각 원소 기호 아래 원 안의 숫자는 원소의 산화 상태를 나타낸다. 사각형의 숫자는 해당 원소가 기여하는 총 전하를 나타낸다.

| $H_2(g)$ | + | $F_2(g)$ | $\longrightarrow$ | $2HF(g)$ |
|---|---|---|---|---|
| (0) | | (0) | | (+1) (−1) |
| [0] | | [0] | | [+1] [−1] |

| $N_2(g)$ | + | $3H_2(g)$ | $\longrightarrow$ | $2NH_3(g)$ |
|---|---|---|---|---|
| (0) | | (0) | | (−3) (+1) |
| [0] | | [0] | | [−3] [+3] |

각 원소 아래 원 안의 숫자는 산화수이고, 사각형 안의 숫자는 각 원자의 전체 전하에 대한 기여도를 나타낸다. 제시된 두 반응 모두에서, 반응물은 모두 동핵 이원자 분자이다. 따라서 한 원자에서 다른 원자로의 전자 전달이 없을 것으로 예상되며 각각의 산화수는 0이다. 그러나 생성물 분자의 경우 산화수를 결정하기 위해 완전한 전자 전달이 일어났으며 각 원자는 하나 이상의 전자를 얻거나 잃어버린다고 가정한다. 산화수는 전달될 것으로 여겨지는 전자의 수를 반영한다.

산화수는 단번에 산화되고 환원되는 원소를 확인할 수 있게 해준다. 산화수의 **증가**(increase)를 보이는 원소들은 산화되는 반면 산화수의 **감소**(decrease)를 보이는 원소들은 환원된다. 앞의 예에서 산화수가 증가한 수소는 산화되었고 산화수가 감소한 플루오린은 환원되었다.

다음 지침에 따라 산화수를 지정할 수 있다. 기본적으로 두 가지 규칙이 있다.

1. 모든 원소의 산화수는 원소 형태로 0이다.
2. 화학종의 산화수는 합이 화학종의 전체 전하가 되어야 한다. 즉, 분자에 대한 산화수

**표 9.5** 화합물 또는 다원자 이온에서 신뢰할 만한 산화수를 갖는 원소들

| 원소 | 산화수 | 예외 |
|---|---|---|
| 플루오린 | −1 | |
| 1A족 또는 2A족 금속 | 각각 +1 또는 +2 | |
| 수소 | +1 | 1A족 또는 2A족 금속의 금속 수소화물 형성<br>예: LiH와 $CaH_2$. 이 예에서, H의 산화수는 −1이다. |
| 산소 | −2 | 다른 산화수를 갖게 할 필요가 있는 목록의 상위 항목 원소들과의 결합(산화수 할당을 위해 규칙 2 참조)<br>예: $H_2O_2$와 $KO_2$. O의 산화수는 $H_2O_2$에서 −1이고 $KO_2$에서 −1/2이다. |
| 7A족 (플루오린 제외) | −1 | 다른 산화수를 갖게 할 필요가 있는 목록의 상위 항목 원소들과의 결합(산화수 할당을 위해 규칙 2 참조)<br>예: ClF, $BrO_4^-$, 그리고 $IO_3^-$. Cl, Br, 그리고 I의 산화수는 각각 +1, +7, 그리고 +5이다. 이러한 예외는 플루오린에는 적용되는 않는다는 것을 기억하자. 플루오린은 화합물에서 **항상** −1의 산화수를 가진다. |

의 합이 0이어야 하고 어떤 다원자 이온에 대한 산화수의 합은 그 이온의 전하가 되어야 한다. 단원자 이온의 산화수는 이온의 전하와 같다.

이 두 가지 규칙 외에도, 거의 항상 동일한 산화수를 갖는 원소를 알아야 한다. 표 9.5는 "신뢰할 만한" 산화수를 갖는 원소들을 그 신뢰성이 감소하는 순서로 나열하고 있다.

화합물 또는 다원자 이온에서 산화수를 결정하려면 단계별로 체계적인 접근법을 사용해야 한다. 화학식의 각 원소 기호 아래에 원을 그린다. 그런 다음 각 원 아래에 사각형을 그린다. 원 안에 원소의 산화수를 쓴다. 사각형 안에 해당 원소에 의한 전하에 총 기여도를 쓴다. 알고 있는 산화수로 시작하여 모르고 있는 산화수를 찾아낸다. 다음은 그 예이다.

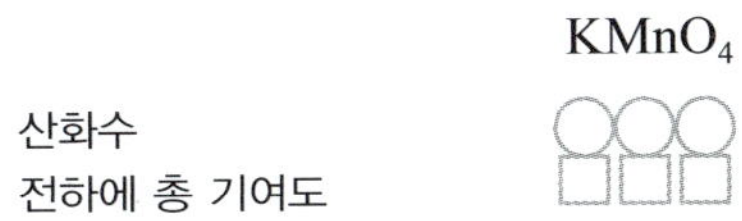


표 9.5의 목록에서 가장 높은 위치에 나타나는 원소에 대해 먼저 산화수를 채운다. 포타슘(K)은 1A족 금속이다. 포타슘은 화합물에서 항상 +1의 산화수를 가진다. K 아래의 원에 +1을 쓴다. 이 화학식에 오직 하나의 K 원자가 있기 때문에, 총 기여도는 +1이고 K 아래의 사각형에도 +1을 쓴다.

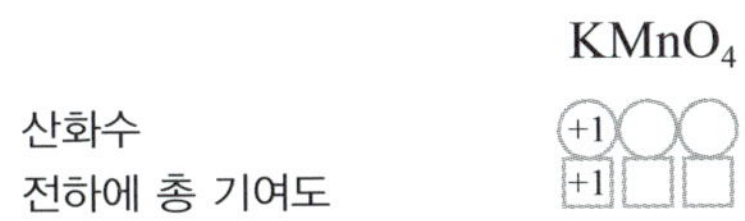


목록에 다음으로 산소(O)가 있다. 화합물에서 O는 일반적으로 산화수가 −2이므로 −2로 지정한다. 화학식에 4개의 O 원자가 있기 때문에 O 원자가 차지하는 총 기여도는 4(−2) = −8이다.

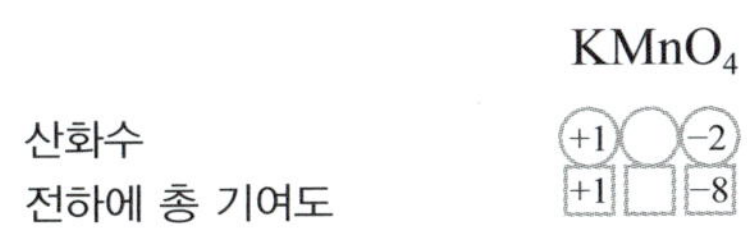


사각형의 숫자들은 전체 전하에 대한 모든 기여도로서 합은 0이 되어야 한다. Mn 원자 밑의 사각형에는 +7을 넣어야 한다. 이 화학식에는 단 하나의 Mn 원자가 있기 때문에 전하에 대한 기여도는 산화수와 동일하다. 따라서 (+1)+(+7)+(−8)=0이다.

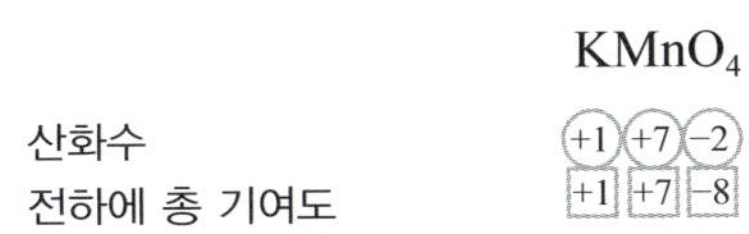


예제 9.5에서는 세 가지 화합물과 다원자 이온에서 산화수를 결정하는 연습을 한다.

## 예제 9.5

다음 화합물 및 이온에서 각 원자의 산화수를 결정하시오.

(a) $SO_2$ (b) NaH (c) $CO_3^{2-}$ (d) $N_2O_5$

**전략** 각 화합물에 대해 표 9.5에서 상위 항목에 나타난 원소에 먼저 산화수를 부여한다. 그런 다음 규칙 2를 이용하여 다른 원소의 산화수를 결정한다.

**계획**

(a) O는 표 9.5에 나타나지만 S는 나타나지 않으므로 산화수 −2를 O에 할당한다. 분자 내에 2개의 O 원자가 있기 때문에 O에 의한 전하에 총 기여도는 2(−2) = −4이다. 따라서, 1개만 있는 S 원자는 전체 전하에 +4를 기여해야 한다.

(b) Na와 H 모두 표 9.5에 나타나지만 Na가 표에서 더 상위 항목에 나타나므로 Na에 산화수 +1을 할당한다. 이것은 H가 총 전하에 −1을 기여해야 함을 의미한다.

**참조**

$H^-$는 수소화 이온(hydride ion)이다.

(c) 산화수 −2를 O에 할당한다. 탄산 이온에 3개의 O 원자가 있기 때문에, O에 의한 전하에 총 기여도는 −6이다. 전하에 기여한 총 합이 이온 (−2)의 전하가 되려면 C 원자가 +4를 기여해야 한다.

(d) 산화수 −2를 O에 할당한다. $N_2O_5$ 분자 내에 5개의 O 원자가 있기 때문에, O에 의한 전하 기여는 −10이다. 전하에 기여한 총 합이 0이 되려면, N의 기여도는 +10이어야 하고 2개의 N 원자가 있으므로 각 N은 +5의 기여를 해야 한다. 따라서 N의 산화수는 +5이다.

**풀이**

(a) $SO_2$에서 S와 O의 산화수는 각각 +4와 −2이다.

$SO_2$
(+4)(−2)
[+4][−4]

(b) NaH에서 Na와 H의 산화수는 각각 +1과 −1이다.

NaH
(+1)(−1)
[+1][−1]

(c) $CO_3^{2-}$에서 C와 O의 산화수는 각각 +4와 −2이다.

$CO_3^{2-}$
(+4)(−2)
[+4][−6]

(c) $N_2O_5$에서 N과 O의 산화수는 각각 +5와 −2이다.

$N_2O_5$
(+5)(−2)
[+10][−10]

## 생각해 보기

원 및 사각형 체계를 사용하여 할당한 산화수의 합이 실제로 각 종의 전체 전하가 되는지 확인한다.

**유제 1** 다음 종에서 각 원자에 산화수를 할당하시오.

$O_2^{2-}$, $ClO_3^-$, $MnO_2$

**유제 2** 다음 그림으로 표현된 반응에 대한 균형 잡힌 반응식을 쓰고 반응 전후의 각 원소에 대한 산화수를 결정하시오.

형식 전하에서처럼[◀◀ 6.4절], 각 원자의 산화수는 화학종의 전체 전하에 기여한다. HF[(+1)+(−1)=0] 및 $NH_3$[(−3)+3(+1)=0]에서 산화수의 합은 모두 0이 된다. 화합물은 전기적으로 중성이기 때문에 화합물의 산화수의 합은 0이 된다. 다원자 이온의 경우, 산화수의 합은 이온의 전하와 같아야 한다.(단원자 이온의 산화수는 그 전하와 같다.)

## 수용액에서 금속의 산화

이 절의 시작 부분에서 아연 금속은 수용액의 구리 이온과 반응하여 수용액의 아연 이온과 구리 금속을 형성한다는 것을 기억하자. 이 반응을 수행할 수 있는 한 가지 방법은 아연 금속을 그림 9.6에서 묘사된 것처럼 염화 구리(II)($CuCl_2$) 용액에 담그는 것이다. 이 반응에 대한 분자 반응식은 다음과 같다.

$$\underset{\substack{\textcircled{0}\\ \boxed{0}}}{Zn(s)} + \underset{\substack{\textcircled{+2}\textcircled{-1}\\ \boxed{+2}\boxed{-2}}}{CuCl_2(aq)} \longrightarrow \underset{\substack{\textcircled{+2}\textcircled{-1}\\ \boxed{+2}\boxed{-2}}}{ZnCl_2(aq)} + \underset{\substack{\textcircled{0}\\ \boxed{0}}}{Cu(s)}$$

이것은 **치환 반응**(displacement reaction)의 한 예이다. 아연은 Zn에서 $Zn^{2+}$로 산화됨으로써 용해된 염의 구리를 **치환하거나**(displace) **대체한다**(replace). 구리는 $Cu^{2+}$에서 Cu로 환원됨으로써 염으로부터 제거된다.(그리고 용액으로부터 제거된다.) 산화되지도 환원되지도 않는 염화 이온($Cl^-$)은 이 반응에서 구경꾼 이온이다.

구리 금속을 염화 아연($ZnCl_2$)이 포함된 용액에 넣으면 어떻게 될까? $Cu^{2+}(aq)$에 의해서 $Zn(s)$이 $Zn^{2+}(aq)$로 산화되는 방식으로 $Zn^{2+}(aq)$에 의해서 Cu(s)가 $Cu^{2+}(aq)$로 산화될까? 대답은 "아니요"이다. 실제로, 우리가 $ZnCl_2$ 수용액에 구리 금속을 담그면 반응이 일어나지 않을 것이다.

$$Cu(s) + ZnCl_2(aq) \longrightarrow \text{반응 없음}$$

아연은 구리보다 더 쉽게 산화되기 때문에 $Zn(s)$와 $Cu^{2+}(aq)$ 사이에서는 반응이 일어나지만 $Cu(s)$와 $Zn^{2+}(aq)$ 사이에서는 아무런 반응도 일어나지 않는다.

**활동도 서열**(activity series)은 산화의 용이성이 감소하는 순서로 위에서 아래로 나열된 금속(그리고 수소)의 목록이다(표 9.6 참조). 두 번째 열은 첫 번째 열의 각 원소에 해당하는 산화 반쪽 반응을 보여 준다. 표에서 아연과 구리의 위치를 기록해 두자. 아연은 표에서 더 높은 위치에 있어 더 쉽게 산화된다. 사실, 서열에 있는 한 원소는 그 아래에 나타나는 원소의 이온에 의해 산화될 것이다. 그러므로 표 9.6에 따라 아연 금속은 $Cr^{3+}$, $Fe^{2+}$, $Cd^{2+}$, $Co^{2+}$, $Ni^{2+}$, $Sn^{2+}$, $H^+$, $Cu^{2+}$, $Ag^+$, $Hg^{2+}$, $Pt^{2+}$ 또는 $Au^{2+}$ 중 하나의 이온을 포함한 용액에 의해서 산화된다. 반면, 아연은 $Mn^{2+}$, $Al^{3+}$, $Mg^{2+}$, $Na^+$, $Ca^{2+}$, $Ba^{2+}$, $K^+$ 또는 $Li^+$ 이온을 포함한 용액에 의해서 산화되지 않는다.

> **참조**
> 이 문맥에서 활동도와 산화의 용이함은 같은 것을 의미한다.

> **참조**
> 금속이 수용액에 의해 산화되면 수용성 이온이 된다.

활동도 서열 상단에 나열된 금속을 **활성 금속**(active metal)이라고 한다. 여기에는 알칼리 및 알칼리 토금속이 포함된다. 이 금속들은 매우 반응성이 크기 때문에 자연에서는 원소 형태로 발견되지 않는다. 구리, 은, 백금 및 금과 같이 서열의 바닥에 있는 금속은 반응하는 경향이 거의 없기 때문에 **귀금속**(noble metal)이라고 하며, 보석과 동전에 가장 자주 사용된다.

## 간단한 산화–환원 반응식의 균형 맞추기

산화–환원 반응식의 균형을 맞추는 방법을 배우기 위해 반응식의 균형을 맞추는 연습을 다시 해 보자. 8장에서는 반응식 화살표의 양쪽에 있는 각 종류의 원자수를 계산하여 반응식의 균형을 맞추는 방법을 배웠다. 산화–환원 반응식의 균형을 맞추기 위해서는 전자의

**표 9.6** 활동도 서열

| 원소 | 산화 반쪽 반응 |
|---|---|
| 리튬 | $Li \longrightarrow Li^{+} + e^{-}$ |
| 포타슘 | $K \longrightarrow K^{+} + e^{-}$ |
| 바륨 | $Ba \longrightarrow Ba^{2+} + 2e^{-}$ |
| 칼슘 | $Ca \longrightarrow Ca^{2+} + 2e^{-}$ |
| 소듐 | $Na \longrightarrow Na^{+} + e^{-}$ |
| 마그네슘 | $Mg \longrightarrow Mg^{2+} + 2e^{-}$ |
| 알루미늄 | $Al \longrightarrow Al^{3+} + 3e^{-}$ |
| 망가니즈 | $Mn \longrightarrow Mn^{2+} + 2e^{-}$ |
| 아연 | $Zn \longrightarrow Zn^{2+} + 2e^{-}$ |
| 크로뮴 | $Cr \longrightarrow Cr^{3+} + 3e^{-}$ |
| 철 | $Fe \longrightarrow Fe^{2+} + 2e^{-}$ |
| 카드뮴 | $Cd \longrightarrow Cd^{2+} + 2e^{-}$ |
| 코발트 | $Co \longrightarrow Co^{2+} + 2e^{-}$ |
| 니켈 | $Ni \longrightarrow Ni^{2+} + 2e^{-}$ |
| 주석 | $Sn \longrightarrow Sn^{2+} + 2e^{-}$ |
| 납 | $Pb \longrightarrow Pb^{2+} + 2e^{-}$ |
| 수소 | $H_2 \longrightarrow 2H^{+} + 2e^{-}$ |
| 구리 | $Cu \longrightarrow Cu^{2+} + 2e^{-}$ |
| 은 | $Ag \longrightarrow Ag^{+} + e^{-}$ |
| 수은 | $Hg \longrightarrow Hg^{2+} + 2e^{-}$ |
| 백금 | $Pt \longrightarrow Pt^{2+} + 2e^{-}$ |
| 금 | $Au \longrightarrow Au^{3+} + 3e^{-}$ |

(↑ 산화의 용이성 증가)

수를 세는 것도 필요하다. 예를 들어, 크로뮴 금속과 니켈 이온의 반응에 대한 알짜 이온 반응식을 고려해 보자.

$$Cr(s) + Ni^{2+}(aq) \longrightarrow Cr^{3+}(aq) + Ni(s)$$

이 반응식의 양쪽에서 각 유형의 원자수가 동일하지만 반응물 쪽의 전하는 +2이고 생성물 쪽의 전하가 +3이기 때문에 반응식은 균형 잡혀 있지 않다. 균형을 맞추기 위해 반응식을 반쪽 반응으로 분리할 수 있다.

$$Cr(s) \longrightarrow Cr^{3+}(aq) + 3e^{-}$$
$$Ni^{2+}(aq) + 2e^{-} \longrightarrow Ni(s)$$

반쪽 반응들을 더해서 전체 반응을 얻을 때, 전자들은 상쇄되어야 한다. 한 종에 의해 잃게 된 전자는 다른 종에 의해 얻어져야 하기 때문에 전자는 전체 화학 반응식에 나타날 수 **없다**. 따라서 이 두 반쪽 반응을 더하기 전에 크로뮴 반쪽 반응에 2를 곱해야 한다.

$$2[Cr(s) \longrightarrow Cr^{3+}(aq) + 3e^{-}]$$

그리고 니켈 반쪽 반응은 3을 곱해야 한다.

$$3[Ni^{2+}(aq) + 2e^{-} \longrightarrow Ni(s)]$$

그런 다음, 반쪽 반응들을 더하면 전자는 상쇄되고 균형을 맞춘 전체 반응식을 얻게 된다.

$$\begin{array}{rcl} 2Cr(s) & \longrightarrow & 2Cr^{3+}(aq)+\cancel{6e^-} \\ +3Ni^{2+}(aq)+\cancel{6e^-} & \longrightarrow & 3Ni(s) \\ \hline 2Cr(s)+3Ni^{2+}(aq) & \longrightarrow & 2Cr^{3+}(aq)+3Ni(s) \end{array}$$

이것은 산화-환원 반응식의 균형을 맞추는 **반쪽 반응법**(half-reaction method)으로 알려져 있다. 18장에서 더 복잡한 산화-환원 반응을 공부할 때, 우리는 이 방법을 광범위하게 사용할 것이다.

활동도 서열은 특정 염을 포함한 용액이나 산에 의해 금속이 산화될지 여부를 예측할 수 있게 한다. 예제 9.6 및 9.7에서는 이러한 예측을 수행하고 산화-환원 반응식을 조정하는 연습을 더 많이 할 수 있다.

## 예제 9.6

활동도 서열을 이용하여 다음 중 어느 반응이 일어날지 예측하고, 일어날 반응들에 대해 알짜 이온 반응식을 쓰고 어느 원소가 산화되고 어느 원소가 환원되는지를 나타내시오.

(a) $Fe(s)+PtCl_2(aq) \longrightarrow ?$  (b) $Cr(s)+AuCl_3(aq) \longrightarrow ?$  (c) $Pb(s)+Zn(NO_3)_2(aq) \longrightarrow ?$

**전략** 각 반응식의 염(반응물 쪽의 화합물)은 강전해질이라는 것을 인식한다. 중요한 것은 염에 있는 금속 양이온의 정체이다. 각 반응식에 대해 고체 금속과 염으로부터 금속 양이온의 표 9.6에서의 위치를 비교하여 고체 금속이 산화될지 여부를 결정한다. 양이온이 표에서 더 낮은 위치에서 나타난다면, 고체 금속은 산화될 것이다.(즉, 반응이 일어날 것이다.) 양이온이 표에서 더 높게 나타난다면, 고체 금속은 산화되지 않을 것이다.(즉, 반응이 일어나지 않을 것이다.)

**계획**

(a) $PtCl_2$의 양이온은 $Pt^{2+}$이다. 표 9.6에서 백금의 위치가 철보다 더 낮으므로 $Pt^{2+}(aq)$는 $Fe(s)$를 산화시킬 것이다.

(b) $AuCl_3$의 양이온은 $Au^{3+}$이다. 표 9.6에서 금의 위치가 크로뮴보다 더 낮으므로 $Au^{3+}(aq)$는 $Cr(s)$를 산화시킬 것이다.

(c) $Zn(NO_3)_2$의 양이온은 $Zn^{2+}$이다. 표 9.6에서 아연의 위치가 납보다 더 높으므로 $Zn^{2+}(aq)$는 $Pb(s)$를 산화시키지 못할 것이다.

**풀이**

(a) $Fe(s)+Pt^{2+}(aq) \longrightarrow Fe^{2+}(aq)+Pt(s)$; 철은 산화되고(0에서 +2로) 백금은 환원된다(+2에서 0으로).

(b) $Cr(s)+Au^{3+}(aq) \longrightarrow Cr^{3+}(aq)+Au(s)$; 크로뮴은 산화되고(0에서 +3로) 금은 환원된다(+3에서 0으로).

(c) 반응 없음

### 생각해 보기

각 문제를 거꾸로 작업하여 결론을 확인한다. 예를 들어, (b)의 경우, 생성물을 반응물로 하여 역반응에 대한 알짜 이온 반응식을 쓴다: $Au(s)+Cr^{3+}(aq) \longrightarrow ?$ 이제 표 9.6에서 금과 크로뮴의 위치를 다시 비교한다. 크로뮴의 위치가 더 높기 때문에 크로뮴(III) 이온은 금을 산화시킬 수 없다. 이것은 정반응(금 이온에 의한 크로뮴의 산화)이 일어날 것이라는 결론을 확실히 한다.

**유제 1** 활동도 서열을 이용하여 다음 중 어느 반응이 일어날지 예측하고, 일어날 반응에 대해 알짜 이온 반응식을 쓰고 어느 원소가 산화되고 어느 원소가 환원되는지를 나타내시오.

(a) $Ni(s)+Cu(NO_3)_2(aq) \longrightarrow ?$  (b) $Ag(s)+KCl(aq) \longrightarrow ?$  (c) $Al(s)+AuCl_3(aq)$ ?

**유제 2** 주어진 다음 자료를 이용하여 A, B, C, D, E의 다섯 가지 금속에 대해 표 9.6과 유사한 활동도 서열을 만드시오. 이 자료는 금속과 금속 이온의 특정 반응의 결과를 나타낸다.

실험 1: $A(s)+D^+(aq) \longrightarrow A^+(aq)+D(s)$

실험 2: $C(s)+B^+(aq) \longrightarrow C^+(aq)+B(s)$

실험 3: $D(s)+B^+(aq) \longrightarrow$ 반응 없음

실험 4: $C(s)+A^+(aq) \longrightarrow$ 반응 없음

실험 5: $B(s)+E^+(aq) \longrightarrow B^+(aq)+E(s)$

실험 6: $D(s)+E^+(aq) \longrightarrow$ 반응 없음

## 예제 9.7

다음 중 어느 반응이 일어날지 예측하고, 일어날 반응들에 반응식의 균형을 맞추고 어느 원소가 산화되고 어느 원소가 환원되는지를 나타내시오.

(a) $Al(s)+CaCl_2(aq) \longrightarrow ?$ (b) $Cr(s)+Pb(C_2H_3O_2)_2(aq) \longrightarrow ?$ (c) $Sn(s)+HI(aq) \longrightarrow ?$

**전략** 예제 9.6에서와 같이 수용성 화학종에서 양이온을 확인하고 각 반응식에 대해 고체 금속과 양이온의 표 9.6에서의 위치를 비교하여 고체 금속이 산화될지 여부를 결정한다. 표 9.6에서 양이온의 위치가 더 낮으면 반응은 일어날 것이다.

**계획**

(a) $CaCl_2$의 양이온은 $Ca^{2+}$이다. 표 9.6에서 칼슘의 위치가 알루미늄보다 더 높으므로 $Ca^{2+}(aq)$는 $Al(s)$을 산화시키지 못할 것이다.

(b) $Pb(C_2H_3O_2)_2$의 양이온은 $Pb^{2+}$이다. 표 9.6에서 납의 위치가 크로뮴보다 더 낮으므로 $Pb^{2+}(aq)$는 $Cr(s)$을 산화시킬 것이다.

(c) HI의 양이온은 $H^+$이다. 표 9.6에서 수소의 위치가 주석보다 더 낮으므로 $H^+(aq)$는 $Sn(s)$을 산화시킬 것이다.

**풀이**

(a) 반응 없음

(b) 2개의 반쪽 반응은 다음과 같이 나타낼 수 있다.

$$\text{산화: } Cr(s) \longrightarrow Cr^{3+}(aq)+3e^-$$
$$\text{환원: } Pb^{2+}(aq)+2e^- \longrightarrow Pb(s)$$

전하의 균형을 맞추기 위해서는 산화 반쪽 반응에 2를 곱하고 환원 반쪽 반응에 3을 곱해야 한다.

$$2\times[Cr(s) \longrightarrow Cr^{3+}(aq)+3e^-]=2Cr(s) \longrightarrow 2Cr^{3+}(aq)+6e^-$$
$$3\times[Pb^{2+}(aq)+2e^- \longrightarrow Pb(s)]=3Pb^{2+}(aq)+6e^- \longrightarrow 3Pb(s)$$

그런 후에, 양쪽의 전자를 상쇄시키면서 2개의 반쪽 반응을 더하면 다음을 얻을 수 있다.

$$2Cr(s)+3Pb^{2+}(aq) \longrightarrow 2Cr^{3+}(aq)+3Pb(s)$$

전체 균형 잡힌 분자 반응식은 다음과 같다.

$$2Cr(s)+3Pb(C_2H_3O_2)_2(aq) \longrightarrow 2Cr(C_2H_3O_2)_3(aq)+3Pb(s)$$

크로뮴은 산화되고(0에서 +3으로) 납은 환원된다(+2에서 0으로).

(c) 2개의 반쪽 반응은 다음과 같다.

$$\text{산화: } Sn(s) \longrightarrow Sn^{2+}(aq)+2e^-$$
$$\text{환원: } 2H^+(aq)+2e^- \longrightarrow H_2(g)$$

2개의 반쪽 반응을 합하고 양쪽의 전자를 상쇄하면 다음과 같은 반응식을 얻는다.

$$Sn(s)+2H^+(aq) \longrightarrow Sn^{2+}(aq)+H_2(g)$$

전체 균형 잡힌 분자 반응식은 다음과 같다.

$$Sn(s)+2HI(aq) \longrightarrow SnI_2(aq)+H_2(g)$$

주석은 산화되고(0에서 +2로) 수소는 환원된다(+1에서 0로). 수소 이온이 수소 기체로 환원되는 반응은 **수소 치환**(hydrogen displacement) 반응으로 알려져 있다.

**생각해 보기**

각 문제를 거꾸로 작업하여 결론을 확인한다. 역반응으로 각 반응식을 쓰고 활동도 서열에서 원소들의 위치를 비교한다.

**유제 1** 다음 중 어느 반응이 일어날지 예측하고, 일어날 반응에 대해 어느 원소가 산화되고 어느 원소가 환원되는지를 나타내시오.

(a) $Pt(s) + Cu(NO_3)_2(aq) \longrightarrow ?$

(b) $Ag(s) + AuCl_3(aq) \longrightarrow ?$

(c) $Sn(s) + HNO_3(aq) \longrightarrow ?$

**유제 2** 금속 M과 N은 각각 노란색 구와 흰색 구로 표시된다. 반응 전후의 그림을 바탕으로 해당 균형 잡힌 반응식을 쓰고 금속과 금속의 이온에 산화수를 지정하시오.

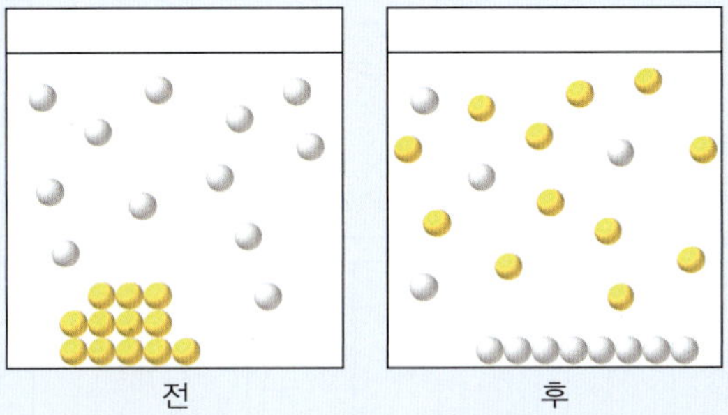


## 산화–환원 반응의 다른 유형

이미 접했던 반응 유형 중 일부는 산화–환원 반응이기도 하다.

### 결합 반응

구성 원소들로부터 암모니아를 형성하는 것과 같은 결합 반응은 산화 및 환원을 수반할 수 있다.

$$N_2(g) \quad + \quad 3H_2(g) \longrightarrow 2NH_3(g)$$

| $N_2(g)$ | $3H_2(g)$ | $2NH_3(g)$ |
|---|---|---|
| (0) | (0) | (−3)(+1) |
| [0] | [0] | [−3][+3] |

이 반응에서 질소는 0에서 −3으로 환원되지만 수소는 0에서 +1로 산화된다. 결합 반응의 다른 예는 그림 9.7에 나와 있다.

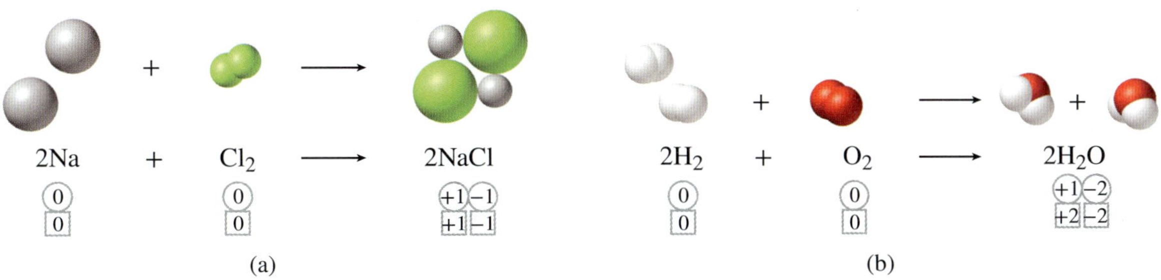


**그림 9.7** (a) 소듐과 염소가 염화 소듐을 형성하는 반응과 (b) 수소와 산소가 물을 형성하는 반응. 각 원소에 대해 산화수는 원 안에 나타나며 총 전하 기여도는 그 아래의 사각형에 나타난다. NaCl과 같은 이온 결합 화합물은 별개의 화학식 단위로 존재하지 않고 반대로 하전된 이온들이 교대로 있는 3차원 네트워크 또는 격자(lattice)로 존재한다[|◀◀ 5.3절].

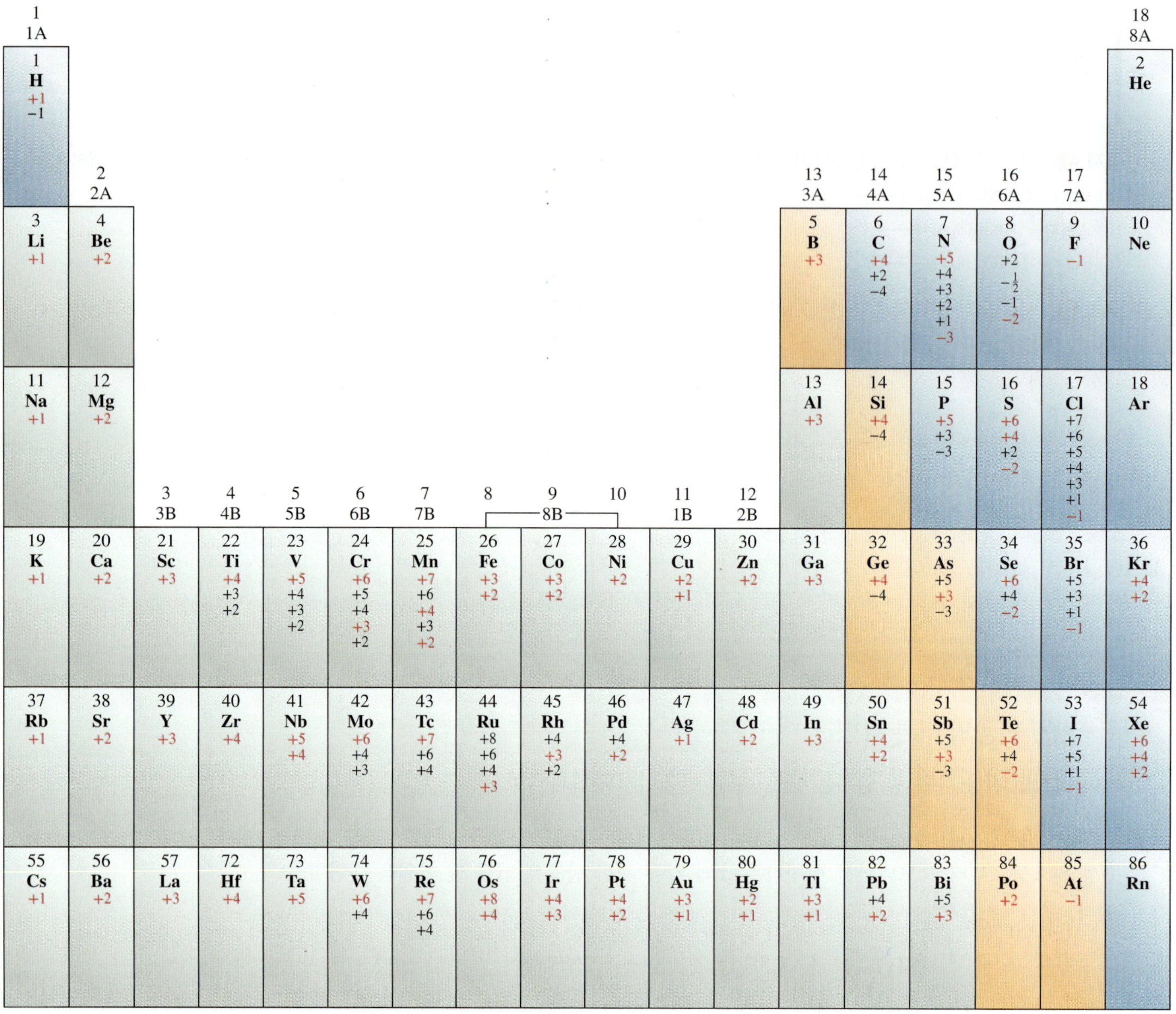


**그림 9.8** 원소의 산화수를 보여주는 주기율표. 가장 일반적인 산화수는 빨간색으로 표시된다.

### 분해 반응

다음의 예에서 보여 주듯이, 분해 반응도 산화–환원 반응일 수 있다.

$$\underset{\substack{(+1)(-1)\\ \boxed{+1}\,\boxed{-1}}}{2NaH(s)} \longrightarrow \underset{\substack{(0)\\ \boxed{0}}}{2Na(s)} + \underset{\substack{(0)\\ \boxed{0}}}{H_2(g)}$$

$$\underset{\substack{(+1)(+5)(-2)\\ \boxed{+1}\,\boxed{+5}\,\boxed{-6}}}{2KClO_3(s)} \longrightarrow \underset{\substack{(+1)(-1)\\ \boxed{+1}\,\boxed{-1}}}{2KCl(s)} + \underset{\substack{(0)\\ \boxed{0}}}{3O_2(g)}$$

$$\underset{\substack{(+1)(-1)\\ \boxed{+2}\,\boxed{-2}}}{2H_2O_2(aq)} \longrightarrow \underset{\substack{(+1)(-2)\\ \boxed{+2}\,\boxed{-2}}}{2H_2O(l)} + \underset{\substack{(0)\\ \boxed{0}}}{O_2(g)}$$

위의 반응식에 보여지는 과산화수소의 분해는 한 원소가 산화와 환원을 모두 거치는 **불균등화 반응**(disproportionation reaction)의 한 예이다. $H_2O_2$의 경우, O의 산화수는 초기에 $-1$이다. 분해 생성물에서 O의 산화수는 $H_2O$에서 $-2$이고 $O_2$에서 0이다.

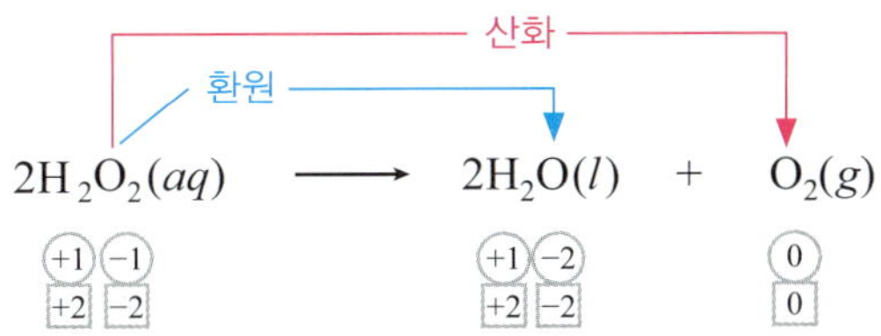


### 연소 반응

마지막으로, 연소 반응[|◀◀ 8.1절]은 산화-환원 과정이다.

$$CH_4(g) + 2O_2(g) \longrightarrow CO_2(g) + 2H_2O(l)$$

| $CH_4(g)$ | $2O_2(g)$ | $CO_2(g)$ | $2H_2O(l)$ |
|---|---|---|---|
| −4, +1 | 0 | +4, −2 | +1, −2 |
| −4, +4 | 0 | +4, −4 | +2, −2 |

그림 9.8은 주기율표에서의 위치에 따라 배열된 화합물에서 원소들의 알려진 산화수를 보여 준다.

## 9.4절 복습

### 산화-환원 반응

**9.4.1** 다음의 각 종에서 황의 산화수를 결정하시오.

$$H_2S,\ HSO_3^-,\ SCl_2,\ S_8$$

(a) +2, +6, −2, +1/4　　(b) −2, +3, +2, 0
(c) −2, +5, +2, −1/4　　(d) −1, +4, +2, 0
(e) −2, +4, +2, 0

**9.4.2** 다음 반응식에서 어느 종이 환원제인가?

$$Mg(s) + 2HCl(aq) \longrightarrow MgCl_2(aq) + H_2(g)$$

(a) $Mg(s)$　　(b) $H^+(aq)$
(c) $Cl^-(aq)$　　(d) $Mg^{2+}(aq)$
(e) $H_2(g)$

**9.4.3** 다음 반응식 중 어느 것이 산화-환원 반응을 나타내는가? (해당되는 것을 모두 고르시오.)

(a) $2Mg(s) + O_2(g) \longrightarrow 2MgO(s)$
(b) $Cu(s) + PtCl_2(aq) \longrightarrow CuCl_2(aq) + Pt(s)$
(c) $NH_4Cl(aq) + AgNO_3(aq) \longrightarrow NH_4NO_3(aq) + AgCl(s)$
(d) $2NaN_3(s) \longrightarrow 2Na(s) + 3N_2(g)$
(e) $CaCO_3(s) \longrightarrow CaO(s) + CO_2(g)$

**9.4.4** 활동도 서열에 따르면, 다음 반응 중 어느 것이 일어나는가? (해당되는 것을 모두 고르시오.)

(a) $Fe(s)+NiBr_2(aq) \longrightarrow FeBr_2(aq)+Ni(s)$

(b) $Sn(s)+Pb(NO_3)_2(aq) \longrightarrow Sn(NO_3)_2(aq)+Pb(s)$

(c) $Mg(s)+BaI_2(aq) \longrightarrow MgI_2(aq)+Ba(s)$

(d) $Pb(s)+PtCl_2(aq) \longrightarrow PbCl_2(aq)+Pt(s)$

(e) $Zn(s)+CaBr_2(aq) \longrightarrow ZnBr_2(aq)+Ca(s)$

## 9.5 용액의 농도

수용액에서 반응에 영향을 줄 수 있는 요인 중 하나는 농도이다. 용액의 **농도**(concentration)는 주어진 양의 용매 또는 용액에 용해된 용질의 양이다. 그림 9.9에서 묘사된 아이오딘의 두 가지 용액을 고려해 보자. 왼쪽의 용액은 오른쪽의 용액보다 더 진하다. 즉, 용매에 대한 용질의 비율이 높다. 대조적으로, 오른쪽의 용액은 더 묽다. 보다 농축된 용액에서 색상이 더 강렬하다. 종종 반응물의 농도에 따라 화학 반응이 얼마나 빨리 일어나는지가 결정된다. 예를 들어, 마그네슘 금속과 산의 반응[|◀◀ 9.4절]은 산의 농도가 더 높을수록 더 빨리 일어난다. 13장에서 보게 될 것처럼, 용액의 농도를 표현하는 몇 가지 다른 방법이 있다. 이 장에서는 가장 일반적으로 사용되는 농도 단위인 몰농도만을 소개한다.

**참조**

정성적인 표현인 '진하다'와 '묽다'는 '비싸다'와 '싸다'처럼 상대적인 용어이다.

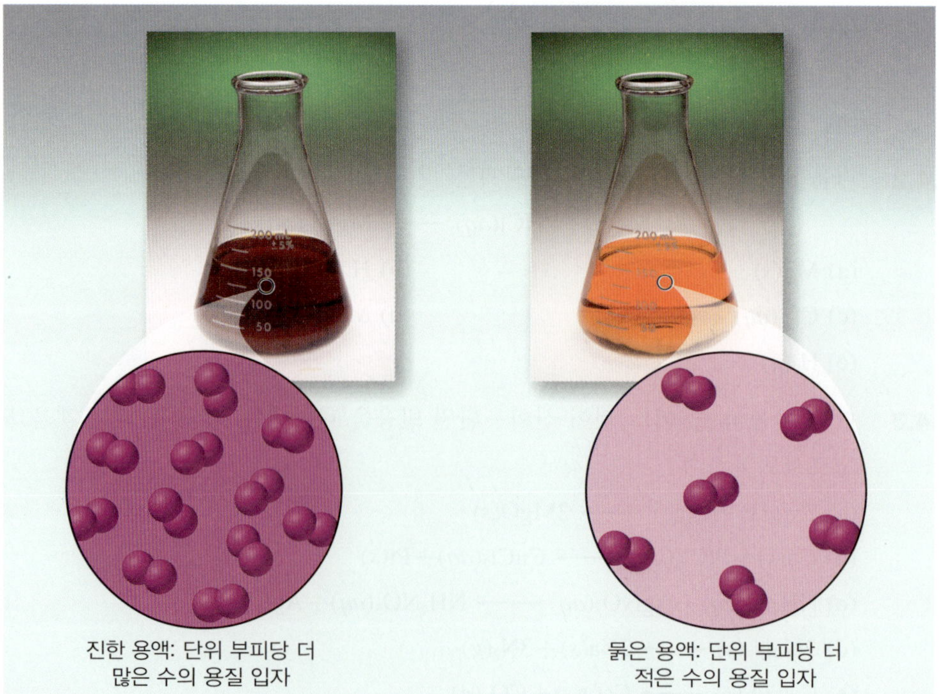


그림 9.9 벤젠에서 2개의 아이오딘 용액. 왼쪽의 용액이 더 진하고 오른쪽의 용액이 더 묽다.

## 몰농도

**몰농도**($M$, molarity 또는 molar concentration)는 용액 1리터당 용질 몰수이다. 따라서 1.5 $M$ $C_6H_{12}O_6$로 쓰여진 글루코스($C_6H_{12}O_6$)의 몰농도 1.5의 용액 1 L에는 1.5몰의 글루코스가 용해되어 있다. 동일한 용액의 0.5리터에는 글루코스 0.75몰이 용해되어 있고 같은 용액 1밀리리터에는 글루코스 $1.5\times10^{-3}$몰이 용해되어 있다.

**참조**

몰농도는 밀리리터당 밀리몰(mmol/mL)로 정의될 수 있어서 일부 계산을 간단히 할 수 있다.

$$\text{몰농도}=\frac{\text{용질의 몰수}}{\text{용액의 리터}} \qquad \text{식 9.1}$$

용액의 몰농도를 계산하기 위해, 용질의 몰수를 리터 단위의 용액의 부피로 나눈다.

식 9.1은 세 가지 변수, 몰농도($M$), 용질의 몰(mol) 또는 용액의 부피(L) 중 하나를 풀기 위해 세 가지 방법으로 재배치될 수 있다.

$$(1)\ M=\frac{\text{mol}}{\text{L}} \qquad (2)\ \text{L}=\frac{\text{mol}}{M} \qquad (3)\ \text{mol}=M\times\text{L}$$

**참조**

학생들은 때때로 이들 식에서 단위가 어떻게 상쇄되는지 보는데 어려움을 겪는다. 이들 식에 완전히 익숙해질 때까지 $M$을 mol/L로 쓰는 것이 도움이 될 수 있다.

예제 9.8은 이들 식을 이용하여 몰농도, 용액의 부피 및 용질의 몰수를 구하는 방법을 보여 준다.

### 예제 9.8

글루코스 수용액($C_6H_{12}O_6$)에 대해, 다음을 결정하시오.

(a) 글루코스 50.0 g을 포함하는 용액 2.00 L의 몰농도

(b) 글루코스 0.250몰을 포함하는 이 용액의 부피

(c) 이 용액 0.500 L 중 글루코스의 몰수

**전략** 주어진 글루코스의 질량을 몰로 변환하고 식을 이용하여 $M$, 리터 및 몰의 상호 변환에 답을 계산한다.

**계획** 글루코스의 몰질량은 180.2 g이다.

$$\text{글루코스의 몰수}=\frac{50.0\text{ g}}{180.2\text{ g/mol}}=0.277\text{ mol}$$

**풀이**

(a) $\text{몰농도}=\frac{\text{용액 }0.277\text{ mol }C_6H_{12}O_6}{\text{용액 }2.00\text{ L}}=0.139\ M$

**참조**

이 용액의 농도를 말하는 일반적인 방법은 "이 용액은 0.139 $M$의 글루코스 용액이다"라고 말하는 것이다.

(b) $\text{부피}=\frac{0.250\text{ mol }C_6H_{12}O_6}{0.139\ M\text{ 용액}}=1.80\text{ L}$

(c) 0.500 L에 있는 $C_6H_{12}O_6$의 몰$=0.500\text{ L}\times0.139\ M=0.0695\text{ mol}$

#### 생각해 보기

답의 크기가 합리적인지 확인한다. 예를 들어, 문제에서 주어진 질량은 0.277몰의 용질에 해당한다. (b)에서와 같이 0.277보다 작은 몰수를 포함하는 부피에 대해 묻는다면, 답은 원래 부피보다 작아야 한다.

**유제 1** 염화 소듐(NaCl)의 수용액에 대하여 (a) 염화 소듐 155 g이 포함된 용액 3.75 L의 몰농도, (b) 염화 소듐 4.58몰을 포함하는 이 용액의 부피, 그리고 (c) 이 용액 22.75 L에 있는 염화 소듐의 몰수는 얼마인가?

**유제 2** 그림은 두 가지 농도의 용액을 나타낸다. 용액 1의 5.00 mL와 같은 양의 용질을 포함하는 용액 2의 부피는 얼마인가? 용액 2의 30.0 mL와 같은 양의 용질을 포함하는 용액 1의 부피는 얼마인가?

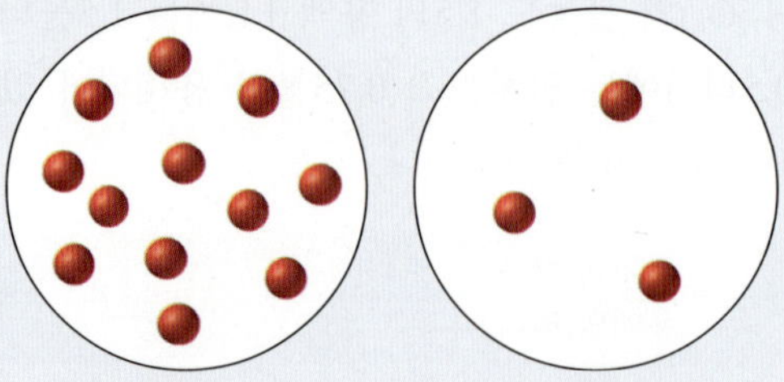

용액 1 용액 2

**참조**

몰농도는 용매의 부피가 아니라 용액의 부피로 정의된다는 것을 기억하는 것이 중요하다. 대부분의 경우, 이 둘은 같지 않다.

알려진 몰농도의 용액을 준비하는 절차는 그림 9.10에 보여진다. 먼저, 용질의 무게를 정확하게 측정하고 옮기는데 원하는 부피의 부피 플라스크에 보통 깔때기를 이용하여 옮긴다. 다음으로 플라스크에 물을 첨가한 후, 플라스크를 흔들어 고체를 용해시킨다. 고체가 모두 용해된 후, 더 많은 물을 천천히 첨가하여 용액 수면이 정확히 부피 표시까지 되게 한다. 플라스크의 용액의 부피와 용해된 화합물의 양을 알면, 식 9.1을 이용하여 용액의 몰농도를 결정할 수 있다. 이 절차에서는 추가된 물의 정확한 양을 알 필요가 없다. 몰농도가 정의되는 방식에 의하면 용액의 최종 부피를 아는 것이 중요하다.

## 희석

일반적으로 사용되는 물질의 농축된 모액(stock solution)은 일반적으로 실험실의 저장 공간에 보관된다. 보통 이러한 모액을 사용하기 전에는 희석해야 한다. **희석**(dilution)은 보다 농축된 용액으로부터 덜 농축된 용액을 만드는 과정이다. 1.00 $M$ $KMnO_4$의 용액으로부터 0.400 $M$ $KMnO_4$ 용액 1.00 L를 제조하려고 한다고 가정해 보자. 이를 위해서는 0.400몰의 $KMnO_4$가 필요하다. 1.00 $M$ $KMnO_4$ 용액 1.00 L 중에 1.00몰의 $KMnO_4$가 존재하므로 동일한 용액 0.400 L에는 0.400몰의 $KMnO_4$가 존재한다.

$$\frac{1.00\ M\ \mathrm{KMnO_4}}{1.00\ \mathrm{L}\text{의 용액}} = \frac{0.400\ M\ \mathrm{KMnO_4}}{0.400\ \mathrm{L}\text{의 용액}}$$

따라서 1.00 $M$ $KMnO_4$ 용액에서 400 mL를 취해서 물을 가하여 1.00 L로 희석해야 한다(1.00 L 부피 플라스크에서). 이 방법으로 1.00 L의 원하는 0.400 $M$ $KMnO_4$를 얻는다.

희석 과정에서 주어진 양의 모액에 더 많은 용매를 첨가하면 용액에 존재하는 용질의 몰수를 변경하지 않고 용액의 농도를 바꾼다(감소시킨다)는 것을 기억하는 것이 유용하다(그림 9.11).

$$\text{희석 전의 몰수} = \text{희석 후의 몰수} \qquad \textbf{식 9.2}$$

식 9.1의 (3)을 이용하여 용질의 몰수를 계산할 수 있다.

$$\text{용질의 몰수} = \frac{\text{용질의 몰수}}{\text{용액의 리터}} \times \text{용액의 리터}$$

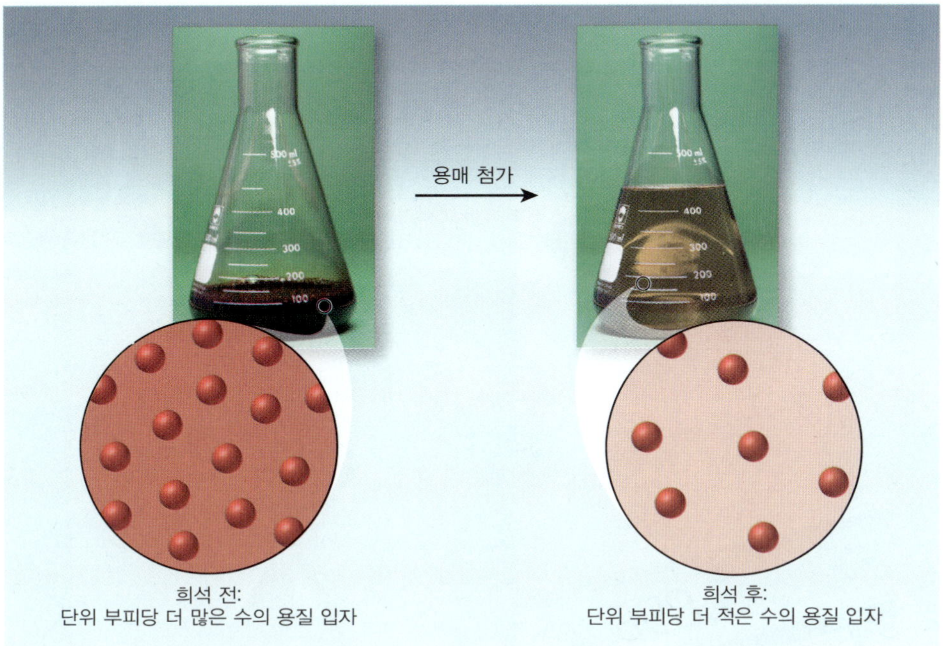


**그림 9.11** 희석은 용액의 농도를 변화시키지만, 용액에서 용질의 몰수를 변화시키지는 않는다.

희석 전의 용질의 몰수는 희석 후의 용질의 몰수와 같기 때문에 다음과 같은 식을 쓸 수 있다.

$$M_c \times L_c = M_d \times L_d \quad \text{식 9.3}$$

여기서 아래 첨자 c와 d는 각각 **농축**(concentrate)과 **희석**(dilute)을 의미한다. 따라서 농축된 모액의 몰농도($M_c$)와 희석된 용액의 원하는 최종 몰농도($M_d$)와 부피($L_d$)를 알면 희석에 필요한 모액의 부피($L_c$)를 계산할 수 있다.

실험실에서 측정된 대부분의 부피는 리터가 아닌 밀리리터 단위이기 때문에, 식 9.3에 밀리리터 단위의 농축 및 희석된 용액의 부피를 쓸 수 있다는 것을 알아둘 필요가 있다.

$$M_c \times mL_c = M_d \times mL_d \quad \text{식 9.4}$$

이 형태의 식에서, 양쪽에서 곱하기의 결과는 몰(mole)보다는 밀리몰(millimole)이다.

예제 9.9에서는 식 9.4를 적용할 수 있다.

**참조**

몰농도 × mL = 밀리몰(millimole)이라는 것을 기억하자. 이것은 적정 문제에서 계산 과정을 줄여 준다.

## 예제 9.9

0.125 *M* HCl 용액 250.0 mL를 만들기 위해서, 일반적인 실험실 모액인 12.0 *M* HCl의 필요한 부피는 얼마인가?

**전략** 원하는 최종 부피는 밀리리터로 표시되므로 식 9.4를 사용하여 희석에 필요한 12.0 *M* HCl의 부피를 결정한다.

**계획** $M_c = 12.0\ M$, $M_d = 0.125\ M$, $mL_d = 250.0$ mL

**풀이**

$$12.0\ M \times mL_c = 0.125\ M \times 250.0\ mL$$

$$mL_c = \frac{0.125\ M \times 250.0\ mL}{12.0\ M} = 2.60\ mL$$

**참조**

안전을 위해서 농축된 산을 희석할 때, 산이 물에 첨가되어야 하며, 반대로 하면 안 된다는 것을 유의하자.

그림 9.10
고체로부터 용액의 준비

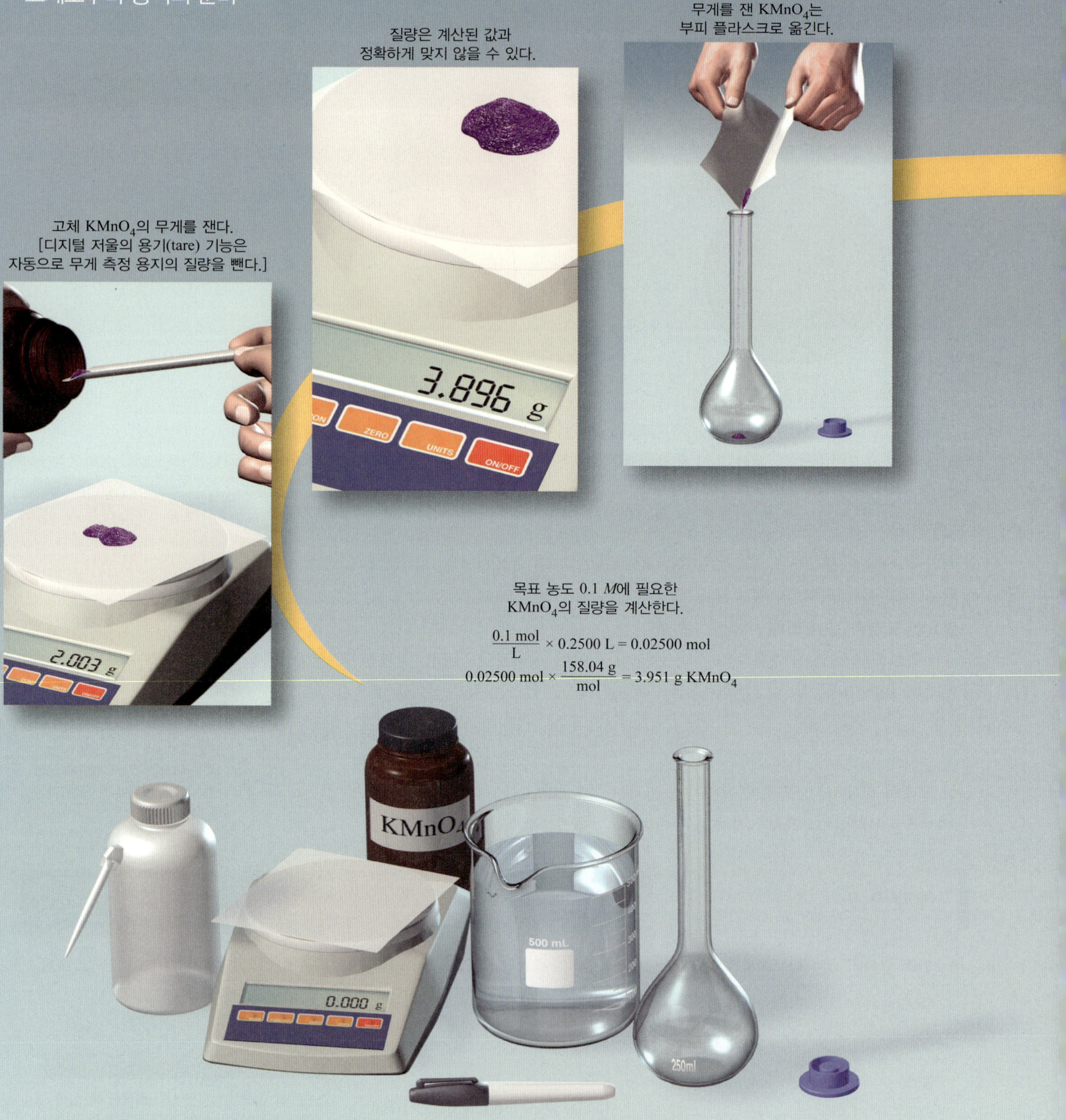

뚜껑을 덮고  플라스크를 거꾸로 하며
완벽하게 혼합된 것을 확인한 후에,
준비된 용액의 실제 농도를 계산한다.

$$3.896\text{ g KMnO}_4 \times \frac{1\text{ mol}}{158.04\text{ g}} = 0.024652\text{ mol}$$

$$\frac{0.024652\text{ mol}}{0.2500\text{ L}} = 0.09861\ M$$

## 요점 내용

목표는 정확하게 알려진 농도의 용액을 준비하는 것이다. 이 농도는 목표 농도인 0.1 $M$ 농도에 매우 가깝다. 0.1은 **지정된** 수이기 때문에 계산 시 유효 숫자의 수를 제한하지 않는다.

### 생각해 보기

식 9.4에 해답을 대입하고 식의 양쪽에 농도와 부피가 같은 결과인지 확인한다.

**유제 1** 6.0 $M$ $H_2SO_4$ 용액 125 mL를 희석하여 만들어지는 0.20 $M$ $H_2SO_4$의 부피는 얼마인가?

**유제 2** 그림은 농축된 모액(왼쪽)과 모액을 희석하여 만들어질 수 있는 희석액(오른쪽)을 나타낸다. 다음의 각 최종 부피를 갖는 같은 농도의 희석 용액을 준비하기 위해서 필요한 농축 모액의 부피(mL)는 얼마인가?

(a) 50.0 mL

(b) 100.0 mL

(c) 250.0 mL

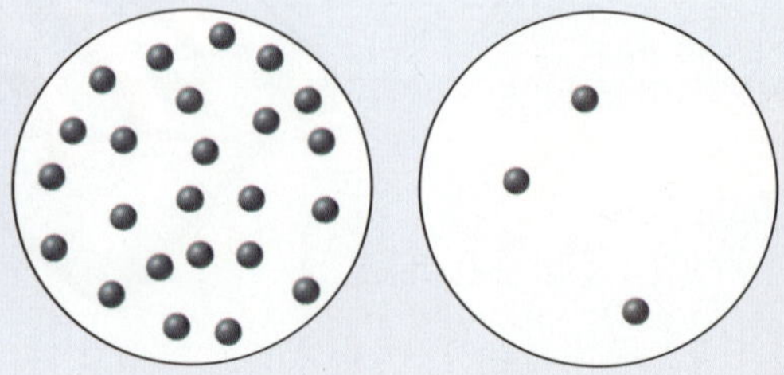

(a) (b)

**그림 9.12** 연속 희석. (a) 정확하게 알려진 농도의 용액을 부피 플라스크에 준비한다. 용액의 정확한 부피를 두 번째 부피 플라스크로 옮기고 이어서 희석한다. (b) 정확한 양의 두 번째 용액을 세 번째 부피 플라스크에 옮기고 희석한다. 이 과정은 매회 더 희석된 용액을 생산할 때까지 여러 번 반복된다. 이 예에서 농도는 각 단계에서 10배만큼 감소한다.

## 연속 희석

모액으로부터 점차적으로 희석되는 여러 가지 용액을 준비하기 위해 연속 희석이 이용될 수 있다. 이 방법에는 그림 9.10(412~413쪽)에 설명된 대로 용액을 준비하고 더 희석된 용액을 만들기 위해 준비된 용액의 일부를 희석하는 것이 포함된다. 예를 들어, 0.400 $M$ $KMnO_4$ 용액을 사용하여 점차적으로 희석되는 5가지 용액을 준비할 수 있으며 농도는 각 단계에서 10배씩 감소한다. 그림 9.12(a)에서와 같이 0.400 $M$ 용액 10.00 mL를 부피 피펫을 사용하여 100.00 mL 부피 플라스크에 넣는다. 부피 표시까지 묽히고 뚜껑을 덮고 플라스크를 뒤집어 완전히 혼합되도록 한다. 새로 준비된 용액의 농도는 식 9.4를 사용하여 결정된다. 여기에서 $M_c$는 0.400 $M$이고 $mL_c$와 $mL_d$가 각각 10.00 mL와 100.00 mL이다.

$$0.400\,M \times 10.00\text{ mL} = M_d \times 100.00\text{ mL}$$

$$M_d = 0.0400\,M \text{ 또는 } 4.00 \times 10^{-2}\,M$$

이 과정을 네 번 더 반복하면서 매번 가장 최근에 준비된 용액을 "농축된" 용액으로 사용하고 10.00 mL에서 100.00 mL로 희석하면, 농도가 $4.00 \times 10^{-2}\,M$, $4.00 \times 10^{-3}\,M$, $4.00 \times 10^{-4}\,M$, $4.00 \times 10^{-5}\,M$ 및 $4.00 \times 10^{-6}\,M$인 5개의 $KMnO_4$ 용액을 얻을 수 있다[그림 9.12(b)]. 이러한 유형의 연속 희석법은 일반적으로 정량 분석을 위해 정확하게 알려진 농도의 "표준(standard)" 용액을 준비하는 데 사용된다.

## 생각 밖 상식

### 가시 분광 광도계

3장에서 보았듯이 백색광은 무지개의 모든 색으로 이루어져 있다. 사실, 무지개는 물방울에 의해 백색광이 가시광선을 구성하는 파장으로 분리되어 나타난다[|◀◀ 3.2절]. 가시광선을 선택적으로 흡수하면 어떤 용액은 색을 띠게 된다. 색을 띤 용액의 경우, 색상의 강도는 용액의 농도와 관련이 있다(그림 9.9 참조). 이 효과는 **가시 분광 광도계**(visible spectrophotometry)로 알려진 분석 유형에 이용된다. 가시 분광 광도계는 시료에 들어 오는 빛(입사광이라고도 함)의 세기($I_0$)와 시료를 통해 투과된 빛의 세기($I$)를 비교한다. **투과율**(transmittance, $T$)은 $I$와 $I_0$ 비율이다.

$$T = \frac{I}{I_0}$$

**흡광도**(absorbance, $A$)는 용액에 의해 흡수되는 빛의 양을 측정하며 투과율의 음의 로그로 정의된다.

**참조**

투과율과 흡광도는 모두 단위가 없는 양이다.

$$A = -\log T = -\log \frac{I}{I_0}$$

파장의 함수로서 흡광도를 그래프로 나타내면 흡수 스펙트럼이 얻어진다. 흡수 스펙트럼, 즉 파장 범위에 걸친 특징적인 흡수는 용액에서 화합물의 확인을 위한 일종의 지문처럼 사용될 수 있다.

흡광도와 용액의 농도 사이의 정량적인 관계는 비어–램버트 법칙(Beer–Lambert law)으로 불리며 다음과 같이 표현된다.

$$A = \varepsilon bc$$

여기서 $\varepsilon$=몰 흡광률이라고 불리는 비례 상수, $b$=빛이 통과하는 용액의 통로 길이(cm) 그리고 $c$=용액의 몰농도이다.

**몰 흡광률**(molar absorptivity)은 화학종에 따라 다르며 종이 특정 파장의 빛을 얼마나 강하게 흡수하는지를 측정한다. 다음 그림은 흡광도가 경로 길이와 농도에 어떻게 의존하는지를 보여 준다. 가시 분광 광도계를 이용한 정량 분석은 일반적으로 분석에 적합한 파장(일반적으로 흡광도가 가장 높은 파장)을 선택하고, 알려진 농도의 용액에 대한 흡광도를 결정하고(표준), 검정(calibration)선을 만들고, 검정선을 이용하여 알려지지 않은 농도를 계산하는 것이다.

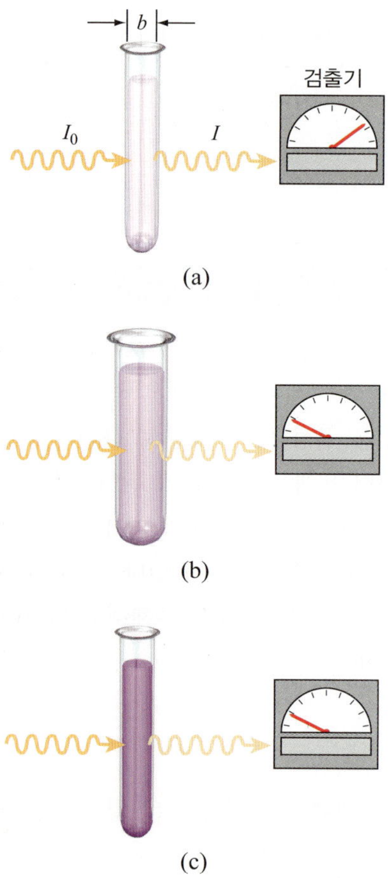


(a) 색을 띤 용액은 입사 가시광선의 일부를 흡수하여 빛의 강도를 $I_0$에서 $I$로 감소시킨다. (b) 빛의 세기는 동일한 용액에서 더 긴 길이를 통과할 때 또는 (c) 더 진한 용액의 똑같은 길이를 통과할 때 더 많이 감소한다.

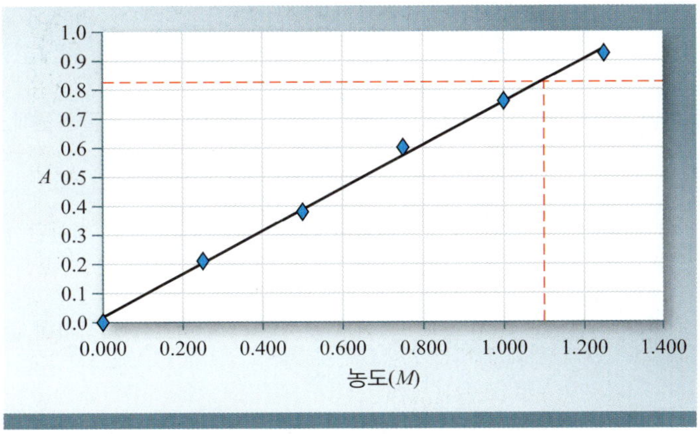


$y$축에 흡광도($A$), $x$축에 몰농도를 갖는 검정(calibration) 곡선. 모든 검정 데이터에 가장 잘 맞는 선을 생성하기 위해 선형 회귀는 스프레드 시트 또는 그래프 계산기를 사용하여 행해진다. 미지의 농도는 그림과 같이 측정된 흡광도에 해당하는 검정선의 점에서 $x$축까지 파선을 그려서 결정할 수 있다. 이 경우, 0.83의 측정된 흡광도는 1.1 $M$의 농도에 해당된다.

예제 9.10은 일련의 표준 HCl 용액을 만들기 위한 연속 희석법을 보여 준다.

## 예제 9.10

2.0 $M$ 염산 모액으로 시작하여 각 용액 10.00 mL를 250.00 mL로 연속적으로 희석하여 4가지 표준 용액(1~4)을 제조한다. (a) 4가지 표준 용액 모두의 농도와 (b) 각 용액에서 HCl의 몰수를 결정하시오.

**전략** (a) 부피는 모두 밀리리터로 표시되므로, $M_d$를 풀기 위해 배치된 식 9.4를 사용하여 표준 용액의 몰농도를 결정할 것이다.
(b) 몰수를 계산하기 위해 재배치된 식 9.1을 사용하여 각각 몰수를 계산할 수 있다. 단위가 제대로 상쇄되도록 각 용액의 부피를 리터로 변환해야 하는 것을 기억한다.

**계획** (a) $M_d = \dfrac{M_c \times mL_c}{mL_d}$

(b) $mol = M \times L$, $250.00\ mL = 2.500 \times 10^{-1}\ L$

**풀이**

(a) $M_{d1} = \dfrac{2.00\ M \times 10.00\ mL}{250.00\ mL} = 8.00 \times 10^{-2}\ M$

$M_{d2} = \dfrac{8.00 \times 10^{-2}\ M \times 10.00\ mL}{250.00\ mL} = 3.20 \times 10^{-3}\ M$

$M_{d3} = \dfrac{3.20 \times 10^{-3}\ M \times 10.00\ mL}{250.00\ mL} = 1.28 \times 10^{-4}\ M$

$M_{d4} = \dfrac{1.28 \times 10^{-4}\ M \times 10.00\ mL}{250.00\ mL} = 5.12 \times 10^{-6}\ M$

(b) $mol_1 = 8.00 \times 10^{-2}\ M \times 2.500 \times 10^{-1}\ L = 2.00 \times 10^{-2}\ mol$

$mol_2 = 3.20 \times 10^{-3}\ M \times 2.500 \times 10^{-1}\ L = 8.00 \times 10^{-4}\ mol$

$mol_3 = 1.28 \times 10^{-4}\ M \times 2.500 \times 10^{-1}\ L = 3.20 \times 10^{-5}\ mol$

$mol_4 = 5.12 \times 10^{-6}\ M \times 2.500 \times 10^{-1}\ L = 1.28 \times 10^{-6}\ mol$

### 생각해 보기

연속 희석은 동종 요법의 기본적인 과정 중 하나이다. 일부 치료법에서는 너무 많은 연속 희석을 거치므로 최종 물질에 원래 물질의 분자가 거의 존재하지 않는다.

**유제 1** HBr의 5가지 표준 용액은 각 단계에서 10.00 mL를 150.00 mL로 연속 희석하여 제조한다. 가장 희석된 용액의 농도가 $3.22\times10^{-6}\,M$이라면, 원래 HBr 모액의 농도를 결정하시오.

**유제 2** 왼쪽 그림은 강전해질의 농축 모액을 나타낸다. 다음[(i)~(iv)] 용액 중 어느 것이 모액의 시료를 희석하여 준비될 수 있는가? 해당되는 것을 모두 고르시오.

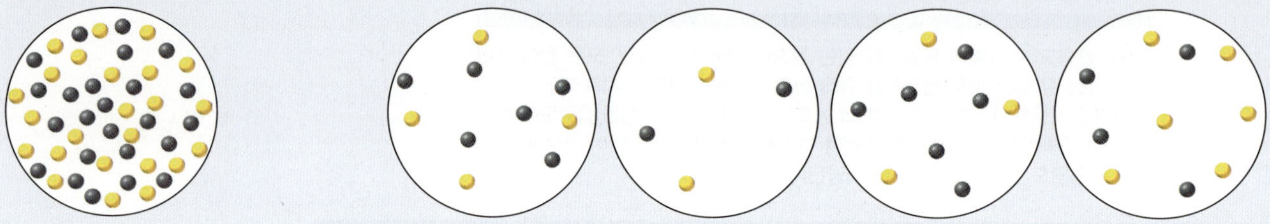

(i) (ii) (iii) (iv)

## pH 척도

수용액의 산도는 하이드로늄 이온의 농도$[H_3O^+]$에 의존한다. 이 농도는 방대한 크기에 걸쳐 분포할 수 있어 그 수치를 보고 하는 것이 번거로울 수 있다. 용액의 산도를 설명하기 위해, 하이드로늄 이온의 몰농도를 보고하기보다는 일반적으로 보다 편리한 pH 척도를 사용한다. 용액의 **pH**는 하이드로늄 이온 농도(mol/L 단위)에 음의 상용로그를 취한 것으로 정의된다.

> **참조**
> 식 9.5는 방대한 범위($\sim10^{-1}$에서 $10^{-14}$)에 이르는 숫자를 일반적으로 ~1에서 14까지의 숫자로 변환한다.

$$\text{pH} = -\log\,[H_3O^+] \quad \text{또는} \quad \text{pH} = -\log\,[H^+] \qquad \text{식 9.5}$$

용액의 pH는 단위가 없는 양이므로 로그를 취하기 전에 $[H_3O^+]$에서 농도 단위를 제거해야 한다. 25°C의 순수한 물에서 $[H_3O^+]=[OH^-]=1.0\times10^{-7}\,M$이기 때문에, 25°C의 순수한 물의 pH는 다음과 같다.

$$-\log\,(1.0\times10^{-7}) = 7.00$$

> **참조**
> 유효 숫자가 2자리인 숫자에 로그를 취하면 그 결과로 소수점 두 자리까지 보고한다. 따라서 pH 7.00은 3자리가 아닌 2자리의 유효 숫자를 가진다.

따라서 25°C에서 중성 용액의 pH는 7.00이다. 산성 용액은 pH<7.00이고 염기성 용액은 pH>7.00이다. 표 9.7은 $0.10\,M$에서 $1.0\times10^{-14}\,M$ 범위의 용액에 대한 pH 계산을 보여준다.

실험실에서 pH는 pH 미터로 측정된다(그림 9.13). 표 9.8은 일반적인 유체의 pH 값을 나열한 것이다. 체액의 pH는 그 위치와 기능에 따라 크게 다르다. 위액의 낮은 pH(높은 산성도)는 음식 소화에 필수적이지만 혈액의 높은 pH는 산소 운반을 용이하게 하기 위해 필요하다.

측정된 pH를 사용해 용액 속의 수소 이온 농도를 실험적으로 결정할 수 있다. $[H_3O^+]$에 대한 식 9.5를 풀면 다음과 같다.

> **참조**
> $10^x$는 로그의 역함수이다.(이것은 대부분의 계산기에서 로그 키의 두 번째 기능이다.) 계산기에서 이 작업을 수행하는 것이 편리할 것이다.

**표 9.7** 25°C에서 하이드로늄 이온 농도의 범위에 대한 벤치마크 pH 값

| $[H_3O^+]$ ($M$) | $-\log[H_3O^+]$ | pH | |
|---|---|---|---|
| 0.10 | $-\log(1.0\times10^{-1})$ | 1.00 | ↑ |
| 0.010 | $-\log(1.0\times10^{-2})$ | 2.00 | |
| $1.0\times10^{-3}$ | $-\log(1.0\times10^{-3})$ | 3.00 | |
| $1.0\times10^{-4}$ | $-\log(1.0\times10^{-4})$ | 4.00 | |
| $1.0\times10^{-5}$ | $-\log(1.0\times10^{-5})$ | 5.00 | |
| $1.0\times10^{-6}$ | $-\log(1.0\times10^{-6})$ | 6.00 | 산성 |
| $1.0\times10^{-7}$ | $-\log(1.0\times10^{-7})$ | 7.00 | 중성 |
| $1.0\times10^{-8}$ | $-\log(1.0\times10^{-8})$ | 8.00 | 염기성 |
| $1.0\times10^{-9}$ | $-\log(1.0\times10^{-9})$ | 9.00 | |
| $1.0\times10^{-10}$ | $-\log(1.0\times10^{-10})$ | 10.00 | |
| $1.0\times10^{-11}$ | $-\log(1.0\times10^{-11})$ | 11.00 | |
| $1.0\times10^{-12}$ | $-\log(1.0\times10^{-12})$ | 12.00 | |
| $1.0\times10^{-13}$ | $-\log(1.0\times10^{-13})$ | 13.00 | |
| $1.0\times10^{-14}$ | $-\log(1.0\times10^{-14})$ | 14.00 | ↓ |

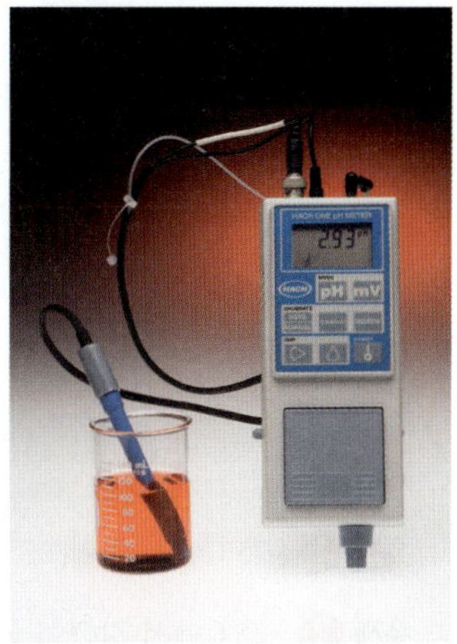

**그림 9.13** pH 미터는 일반적으로 용액의 pH를 측정하기 위해 실험실에서 사용된다. 많은 pH 미터가 1에서 14의 범위를 가지지만 pH 값은 실제로 1보다 작고 14보다 클 수 있다.

**표 9.8** 몇 가지 일반적인 유체의 전형적인 pH 값

| 유체 | pH | 유체 | pH |
|---|---|---|---|
| 위산 | 1.0 | 침 | 6.4~6.9 |
| 레몬 주스 | 2.0 | 우유 | 6.5 |
| 식초 | 3.0 | 순수한 물 | 7.0 |
| 포도 주스 | 3.2 | 피 | 7.35~7.45 |
| 오렌지 주스 | 3.5 | 눈물 | 7.4 |
| 소변 | 4.8~7.5 | 마그네시아 우유 | 10.6 |
| 빗물(깨끗한 공기에서) | 5.5 | 가정용 암모니아 | 11.5 |

$$[H_3O^+]=10^{-pH} \quad \text{식 9.6}$$

예제 9.11과 9.12는 pH와 관련한 계산을 보여 준다.

## 예제 9.11

25°C에서 하이드로늄 이온의 농도가 (a) $3.5\times10^{-4}\,M$, (b) $1.7\times10^{-7}\,M$ 및 (c) $8.8\times10^{-11}\,M$인 용액의 pH를 결정하시오.

**전략** 주어진 $[H_3O^+]$에 대해서, 식 9.5를 이용하여 pH를 푼다.

**계획** (a) $pH=-\log(3.5\times10^{-4})$ (b) $pH=-\log(1.7\times10^{-7})$ (c) $pH=-\log(8.8\times10^{-11})$

**풀이** (a) pH=3.46 (b) pH=6.77 (c) pH=10.06

### 생각해 보기

하이드로늄 이온 농도가 표 9.7의 두 가지 "벤치마크" 농도 사이에 위치하면 pH는 두 pH 값 사이에 위치한다. 예를 들어, (c)에서 하이드

로늄 이온 농도($8.8 \times 10^{-11}\ M$)는 $1.0 \times 10^{-11}\ M$보다 크지만 $1.0 \times 10^{-10}\ M$ 미만이다. 따라서 pH는 11.00에서 10.00 사이가 될 것으로 예상된다.

| $[H_3O^+]\ M$ | $-\log\ [H_3O^+]$ | pH |
|---|---|---|
| $1.0 \times 10^{-10}$ | $-\log\ (1.0 \times 10^{-10})$ | 10.00 |
| $8.8 \times 10^{-11}$* | $-\log\ (8.8 \times 10^{-11})$ | 10.06† |
| $1.0 \times 10^{-11}$ | $-\log\ (1.0 \times 10^{-11})$ | 11.00 |

* 두 벤치마크 사이에서 $[H_3O^+]$

† 두 벤치마크 사이에서 pH

**유제 1** 25°C에서 하이드로늄 이온의 농도가 (a) $1.2\ M$, (b) $3.0 \times 10^{-11}\ M$ 및 (c) $8.6 \times 10^{-12}\ M$인 용액의 pH를 결정하시오.

**유제 2** 25°C에서 강산이 물 1리터에 1 mL씩 증가하며 첨가된다. 다음[(i)~(iv)] 중 하이드로늄 이온 농도를 첨가된 산의 mL 값의 함수로써 표시한 결과를 가장 잘 나타낸 것은 어느 것인가? 다음[(i)~(iv)] 중 pH를 첨가된 산의 mL 값의 함수로써 표시한 결과를 가장 잘 나타낸 것은 어느 것인가?

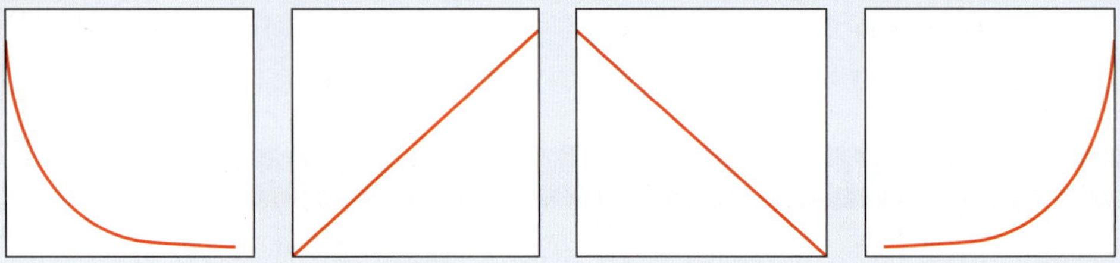

(i) (ii) (iii) (iv)

## 예제 9.12

25°C에서 pH가 (a) 4.76, (b) 11.95 및 (c) 8.01인 용액의 하이드로늄 이온 농도를 계산하시오.

**전략** 주어진 pH에 대해서 식 9.6을 이용하여 $[H_3O^+]$를 계산한다.

**계획** (a) $[H_3O^+] = 10^{-4.76}$ (b) $[H_3O^+] = 10^{-11.95}$ (c) $[H_3O^+] = 10^{-8.01}$

**풀이** (a) $[H_3O^+] = 1.7 \times 10^{-5}\ M$ (b) $[H_3O^+] = 1.1 \times 10^{-12}\ M$ (c) $[H_3O^+] = 9.8 \times 10^{-9}\ M$

### 생각해 보기

계산된 하이드로늄 이온 농도를 사용하여 pH를 다시 계산하면 문제의 주어진 수치와 약간 다른 수치를 얻게 된다. 예를 들어, (a)에서 $-\log\ (1.7 \times 10^{-5}) = 4.77$이다. 이 값과 4.76의 작은 차이(문제의 pH 값)는 반올림 오류로 인한 것이다. 소수점 오른쪽에 두 자릿수가 있는 pH에서 파생된 농도는 두 개의 유효 숫자만 가질 수 있다. 이 상황에서 벤치마크가 똑같이 잘 사용될 수 있음에 유의한다. pH 4 내지 5는 $1 \times 10^{-4}\ M$ 내지 $1 \times 10^{-5}\ M$ 사이의 하이드로늄 이온 농도에 해당한다.

**유제 1** 25°C에서 pH가 (a) 2.11, (b) 11.59 및 (c) 6.87인 용액의 하이드로늄 이온 농도를 계산하시오.

**유제 2** pH가 5.90, 10.11 및 1.25인 용액에 대해서 하이드이로늄 이온 농도의 지수 값은 무엇인가?

## 용액 화학량론

$KMnO_4$와 같은 수용성 이온 결합 화합물은 강전해질이기 때문에 용해 시 완전한 해리를 거쳐 완전히 이온으로 용액에 존재한다. 예를 들어, $KMnO_4$는 해리되어 과망가니즈산 포타슘 1몰당 포타슘 이온 1몰과 과망가니즈산 이온 1몰을 제공한다. 따라서 0.400 *M*인 $KMnO_4$ 용액에서 $K^+$가 0.400 *M*이고 $MnO_4^-$가 0.400 *M*일 것이다.

구성 이온의 조합이 1:1이 아닌 수용성 이온 결합 화합물의 경우, 용액에서 각 이온의 농도를 결정하기 위해 화학식의 첨자를 사용해야 한다. 예를 들어, 황산 소듐($Na_2SO_4$)은 해리되어 황산 이온보다 2배 많은 소듐 이온을 제공한다.

$$Na_2SO_4(s) \xrightarrow{H_2O} 2Na^+(aq) + SO_4^{2-}(aq)$$

그러므로, 0.35 *M*인 $Na_2SO_4$ 용액에서 실제로 $Na^+$는 0.70 *M*이고 $SO_4^{2-}$는 0.35 *M*이다. 용해된 종의 몰농도는 보통 대괄호를 사용하여 표시된다. 따라서 0.35 *M*인 $Na_2SO_4$ 용액에서 화학종의 농도는 $[Na^+] = 0.70\ M$과 $[SO_4^{2-}] = 0.35\ M$으로 표현될 수 있다.

예제 9.13에서는 용액 화학량론을 이용하여 화합물의 농도와 개별 이온의 농도를 연관시키는 연습을 할 수 있다.

**참조**

개별 이온의 농도보다 화합물의 농도를 표현할 필요가 있다면 이 용액의 농도를 $[Na_2SO_4] = 0.35\ M$으로 나타낼 수 있다.

**참조**

화학종 주위의 대괄호는 그 종의 "농도"라고 읽을 수 있다. 예를 들어, $[Na^+]$는 "소듐 이온의 농도"로 읽는다.

### 예제 9.13

대괄호 표기법을 사용하여 다음의 농도를 나타내시오.

(a) 1.02 *M* $AlCl_3$ 용액에서 염화 이온 (b) 0.451 *M* $Ca(NO_3)_2$ 용액에서 질산 이온 (c) $[Na^+] = 0.124\ M$인 용액에서 $Na_2CO_3$

**전략** 각 경우에서 주어진 농도와 해당 화학식에 표시된 화학량론을 사용하여 지정된 이온 또는 화합물의 농도를 결정한다.

**계획**

(a) $AlCl_3$ 1몰당 3몰의 $Cl^-$가 있다.

$$AlCl_3(s) \xrightarrow{H_2O} Al^{3+}(aq) + 3Cl^-(aq)$$

따라서 $Cl^-$의 농도는 $AlCl_3$ 농도의 3배가 될 것이다.

(b) $Ca(NO_3)_2$ 1몰당 2몰의 질산 이온이 있다.

$$Ca(NO_3)_2(s) \xrightarrow{H_2O} Ca^{2+}(aq) + 2NO_3^-(aq)$$

따라서 $[NO_3^-]$는 $[Ca(NO_3)_2]$의 2배가 될 것이다.

(c) 소듐 이온 2몰당 1몰의 $Na_2CO_3$가 있다.

$$Na_2CO_3(s) \xrightarrow{H_2O} 2Na^+(aq) + CO_3^{2-}(aq)$$

따라서 $[Na_2CO_3]$는 $[Na^+]$의 반이 될 것이다.(이 용액에서 $Na_2CO_3$가 $Na^+$의 유일한 원천이라고 가정한다.)

**풀이**

(a) $$[Cl^-] = [AlCl_3] \times \frac{3\ \text{mol } Cl^-}{1\ \text{mol } AlCl_3} = \frac{1.02\ \cancel{\text{mol } AlCl_3}}{L} \times \frac{3\ \text{mol } Cl^-}{1\ \cancel{\text{mol } AlCl_3}} = \frac{3.06\ \text{mol } Cl^-}{L} = 3.06\ M$$

(b) $$[NO_3^-] = [Ca(NO_3)_2] \times \frac{2\ \text{mol } NO_3^-}{1\ \text{mol } Ca(NO_3)_2} = \frac{0.451\ \cancel{\text{mol } Ca(NO_3)_2}}{L} \times \frac{2\ \text{mol } NO_3^-}{1\ \cancel{\text{mol } Ca(NO_3)_2}} = \frac{0.902\ \text{mol } NO_3^-}{L} = 0.902\ M$$

(c) $$[Na_2CO_3] = [Na^+] \times \frac{1\ \text{mol } Na_2CO_3}{2\ \text{mol } Na^+} = \frac{0.124\ \cancel{\text{mol } Na^+}}{L} \times \frac{1\ \text{mol } Na_2CO_3}{2\ \cancel{\text{mol } Na^+}} = \frac{0.0620\ \text{mol } Na_2CO_3}{L} = 0.0620\ M$$

### 생각해 보기

단위가 제대로 상쇄되는지 확인한다. 이온의 농도는 용해된 원래 화합물의 농도보다 결코 낮을 수 없다는 것을 기억한다. 그것은 항상 원래 화합물의 농도에 화학식에서의 화학량론적 첨자를 곱한 것일 것이다.

**유제 1** 화합물이 (a) $Na_2SO_4$, (b) $MgSO_4$, (c) $Al_2(SO_4)_3$인 경우에, $[SO_4^{2-}] = 0.36\ M$이라면 화합물의 농도를 결정하시오.

**유제 2** 다음 그림 중 NaCl과 $BaCl_2$가 모두 들어 있는 수용액을 나타내는 것은 어느 것인가? 해당되는 것을 모두 고르시오.

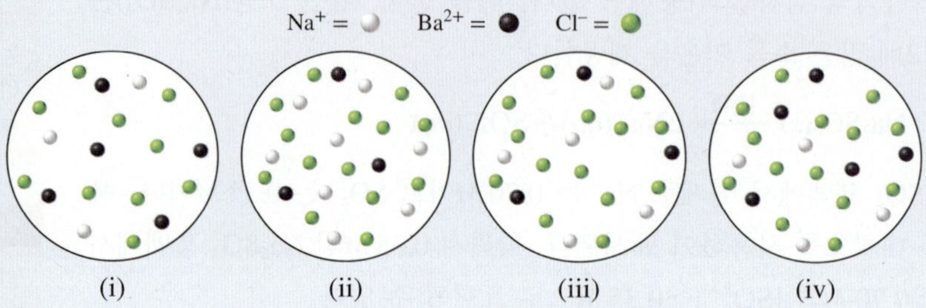


## 9.5절 복습

### 용액의 농도

**9.5.1** NaOH 58.5 g을 충분한 물에 녹여 만든 용액 1.25 L의 몰농도를 계산하시오.

(a) 1.46 *M* (b) 46.8 *M*
(c) $2.14 \times 10^{-2}\ M$ (d) 1.17 *M*
(e) 0.855 *M*

**9.5.2** 2.50 *M*인 글루코스 용액 500 mL를 준비하기 위해서 글루코스($C_6H_{12}O_6$) 몇 그램을 사용해야 하는가?

(a) 225 g (b) 125 g
(c) 200 g (d) 1.25 g
(e) 625 g

**9.5.3** 0.0150 *M* HCl 1.00 L를 준비하기 위해 희석되어야 하는 1.20 *M* HCl 용액의 부피(mL)는 얼마인가?

(a) 15.0 mL (b) 12.5 mL
(c) 12.0 mL (d) 85.0 mL
(e) 115 mL

**9.5.4** 25°C에서 $[H_3O^+] = 6.35 \times 10^{-8}\ M$인 용액의 pH를 결정하시오.

(a) 7.65 (b) 6.80
(c) 7.20 (d) 6.35
(e) 8.00

**9.5.5** 25°C에서 pH=5.75라면 용액의 $[H_3O^+]$를 결정하시오.

(a) $1.8\times10^{-6}\,M$ (b) $5.6\times10^{-9}\,M$

(c) $5.8\times10^{-6}\,M$ (d) $2.4\times10^{-9}\,M$

(e) $1.0\times10^{-6}\,M$

**9.5.6** 0.18 $M$ $Na_2CO_3$ 용액의 경우 개별 이온의 농도를 나타내시오.

(a) 0.18 $M$ $Na^+$, 0.18 $M$ $CO_3^{2-}$ (b) 0.18 $M$ $Na^+$, 0.090 $M$ $CO_3^{2-}$

(c) 0.090 $M$ $Na^+$, 0.18 $M$ $CO_3^{2-}$ (d) 0.36 $M$ $Na^+$, 0.18 $M$ $CO_3^{2-}$

(e) 0.18 $M$ $Na^+$, 0.36 $M$ $CO_3^{2-}$

# 9.6 수용액 반응과 화학 분석

특정 수용액 반응은 시료에 특정 물질이 얼마나 많이 존재하는지를 결정하는 데 유용하다. 예를 들어, 물 시료에 있는 납의 농도를 알고 싶거나 산 농도를 알아야 할 경우, 침전 반응, 산-염기 반응 그리고 용액 화학량론에 대한 지식이 유용하게 쓰인다. 이러한 정량 분석의 두 가지 일반적인 유형은 **중량 분석**(gravimetric analysis)과 **산-염기 적정**(acid-base titration)이다.

> **참조**
> 존재하는 물질의 양을 측정하는 실험을 정량 분석(quantitative analysis)이라고 한다.

## 중량 분석

**중량 분석**(gravimetric analysis)은 질량 측정을 기반으로 한 분석 기술이다. 중량 분석 실험의 한 유형은 $AgCl(s)$과 같은 침전물의 형성과 분리를 포함한다.

> **참조**
> 표 9.2의 정보에 따르면, AgCl은 일반적으로 가용성인 염화물의 불용성 예외이다.

$$AgNO_3(aq)+NaCl(aq) \longrightarrow NaNO_3(aq)+AgCl(s)$$

이 반응은 반응물을 순수한 형태로 얻을 수 있기 때문에 중량 분석에 종종 사용된다. 알짜 이온 반응식은 다음과 같다.

$$Ag^+(aq)+Cl^-(aq) \longrightarrow AgCl(s)$$

예를 들어, Cl의 질량 백분율을 결정하여 NaCl 시료의 순도를 시험하려 한다고 가정하자. 먼저, NaCl의 무게를 정확히 재어 물에 용해시킨다. 이 혼합물에 AgCl 용액에 존재하는 모든 $Cl^-$ 이온을 침전시키기에 충분한 $AgNO_3$ 용액을 첨가한다.(이 과정에서 NaCl이 한계 반응물이고 $AgNO_3$가 초과 반응물이다.) 그런 다음 AgCl 침전물을 분리하고, 건조시켜 무게를 잰다. AgCl의 측정된 질량으로부터, AgCl에서 Cl의 질량 백분율을 사용하여 Cl의 질량을 계산할 수 있을 것이다. 침전물의 모든 Cl은 용해된 NaCl에서 나온 것이기 때문에, 우리가 계산한 Cl의 양은 원래 NaCl 시료에 존재하는 양이다. 그런 다음 NaCl에서 Cl의 질량 백분율을 계산하여 알려진 조성의 NaCl과 비교하여 순도를 결정할 수 있다.

중량 분석은 시료의 질량을 정확하게 측정할 수 있기 때문에 매우 정확한 기술이다. 그러나 이 절차는 완결되거나 거의 100% 수율인 반응에만 적용할 수 있다. 또한 AgCl이 어느 정도 용해될 수 있다면 원래의 용액으로부터 모든 $Cl^-$ 이온을 제거할 수 없으며, 후속 계산에는 오류가 있을 것이다. 예제 9.14는 중량 실험에 포함된 계산을 보여 준다.

중량 분석은 정성적인 방법이 아니라 정량적인 방법이므로 미지의 물질의 정체를 밝히는 것은 아니다. 따라서 예제 9.14의 결과는 양이온을 식별하지 못한다. 그러나 Cl의 백분율을 아는 것은 가능성의 폭을 줄이는 데 크게 도움이 된다. 동일한 음이온(또는 양이온)을 함유한 두 가지 화합물이 동일한 조성 백분율을 갖지 않기 때문에, 일련의 알려진 화합물로부터 계산된 중량 분석에 의한 질량 백분율의 비교는 미지 화합물의 정체를 드러낼 수 있다.

## 예제 9.14

염화 이온과 미지의 금속 양이온을 포함한 이온 결합 화합물의 시료 0.8633 g을 물에 용해시키고 과량의 $AgNO_3$를 넣는다. 1.5615 g의 AgCl 침전물이 형성되었다면 원래 화합물에서 Cl의 질량 백분율은 얼마인가?

**전략** AgCl 침전물의 질량과 AgCl의 조성 백분율을 사용하여 침전물에 포함된 염화 이온의 질량을 결정한다. 침전물에서 염화 이온은 원래 알려지지 않은 화합물에 포함되어 있었다. 염화 이온의 질량과 원래 시료의 질량을 이용하여 화합물에서 Cl의 백분율을 결정한다.

**계획** AgCl에서 Cl의 백분율을 결정하기 위해, Cl의 몰질량을 AgCl의 몰질량으로 나눈다.

$$\frac{34.45\ \text{g}}{(34.45\ \text{g}+107.9\ \text{g})}\times 100\% = 24.72\%$$

침전물에서 Cl의 질량은 $0.2472 \times 1.5615\ \text{g} = 0.3860\ \text{g}$이다.

**풀이** 미지 화합물에서 Cl의 백분율은 침전물에서의 Cl 질량을 원래 시료의 질량으로 나눈 값이다.

$$\frac{0.3860\ \text{g}}{0.8633\ \text{g}}\times 100\% = 44.71\%$$

### 생각해 보기

어떤 숫자가 어떤 양에 해당하는지 주의 깊게 살펴본다. 이러한 유형의 문제에서는 어느 질량이 침전물이고 어느 질량이 원래 시료인지 추적하는 데 실패하기가 쉽다. 마지막에서 잘못된 질량으로 나누면 부정확한 답이 나온다.

**유제 1** Cl의 질량 백분율이 63.9%인 시료를 물에 용해시키고 과량의 $AgNO_3$를 넣는다. AgCl 침전물의 질량이 1.085 g인 경우 원래 시료의 질량은 얼마인가?

**유제 2** 다음 그림 중 어느 것이 과량의 질산은을 첨가하여 염화 이온을 제거한 용액(원래는 염화 소듐을 포함)을 가장 잘 나타내는가?

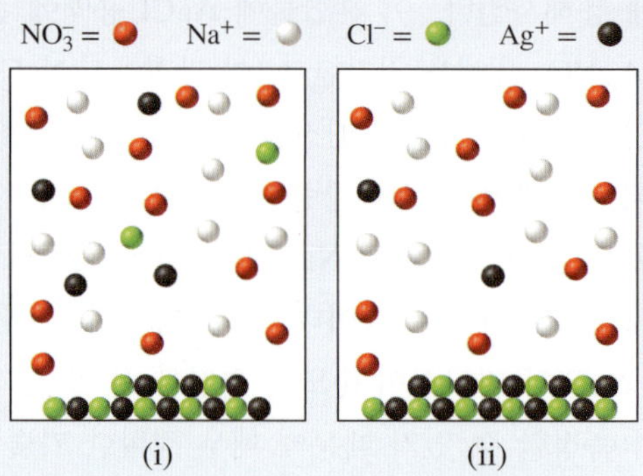

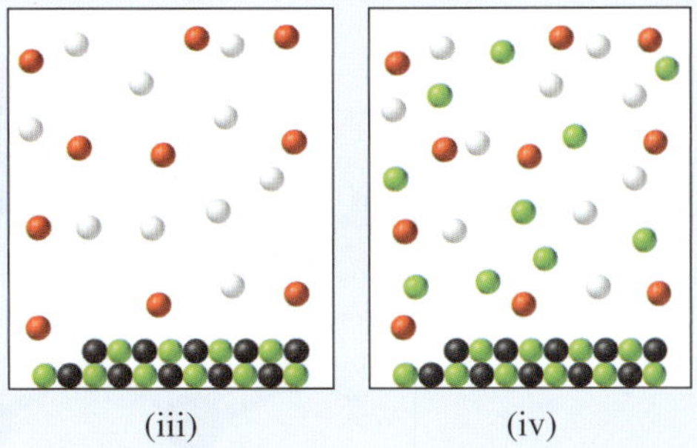


## 산–염기 적정

산–염기 중화 반응의 정량적 연구는 적정으로 알려진 기법을 사용하여 가장 편리하게 수행된다. **적정**(titration)에서 그림 9.14와 같이 **표준 용액**(standard solution)이라 불리는 정확하게 알려진 농도의 용액이 미지 농도의 다른 용액에 서서히 첨가되는데, 이것은 두 용액 사이의 화학 반응이 완료될 때까지 행해진다. 표준 용액의 농도와 더불어 적정에 사용된 표준 용액과 미지 농도 용액의 부피를 알면 미지 농도 용액의 농도를 계산할 수 있다.

강염기인 수산화 소듐의 용액을 적정의 표준 용액으로 사용할 수 있지만, 용액의 수산화 소듐이 공기 중의 이산화 탄소와 반응하여 시간에 따라 농도가 불안정해지므로 먼저 **표준화**(standardized)해야 한다. 수산화 소듐 용액을 정확하게 알려진 농도의 산성 용액에 대해서 적정하여 수산화 소듐 용액을 표준화할 수 있다. 이 작업을 위해 종종 선택되는 산은 분자식이 $KHC_8H_4O_4$인 프탈레이트 수소 포타슘(potassium hydrogen phthalate, KHP)으로 불리는 일양성자산이다. KHP는 매우 순수한 형태로 시판 중인 흰색의 가용성 고체이다.

**참조**
여기서 표준화는 농도를 세심하게 결정하는 것이다.

KHP와 수산화 소듐의 반응은 다음과 같다.

그림 9.14 적정 장치

**참조**

KHP는 일양성자산이므로 수산화 이온과 1:1의 비율로 반응한다.

$$KHC_8H_4O_4(aq) + NaOH(aq) \longrightarrow KNaC_8H_4O_4(aq) + H_2O(l)$$

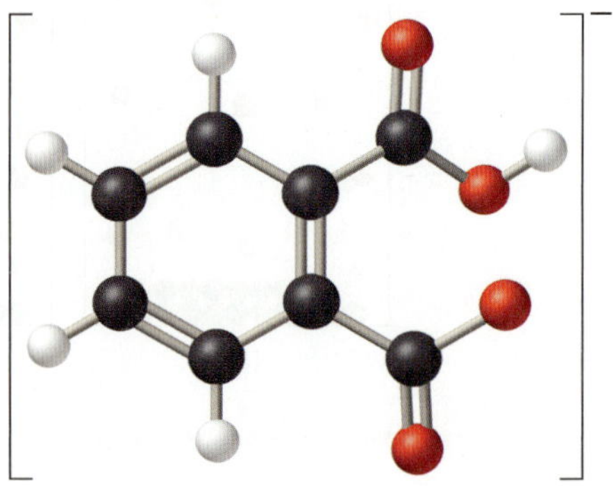

$HC_8H_4O_4^-$

그리고 알짜 이온 반응식은 다음과 같다.

$$HC_8H_4O_4^-(aq) + OH(aq) \longrightarrow C_8H_4O_4^{2-}(aq) + H_2O(l)$$

**참조**

적정의 종말점은 당량점을 근사하는 데 사용된다. 16장에서 논의할 지시약의 신중한 선택은 이 근사치를 합리적이게 하는 데 도움이 된다. 페놀프탈레인은 매우 흔한 지시약이지만 모든 산-염기 적정에 적절한 것은 아니다.

KHP로 NaOH 용액을 표준화하기 위해 알려진 양의 KHP를 삼각 플라스크에 넣고 증류수를 첨가하여 용액을 만든다. 다음으로 모든 산이 염기와 반응할 때까지 NaOH 용액을 뷰렛으로 KHP 용액에 조심스럽게 첨가한다. 산이 완전히 중화되는 적정점을 **당량점**(equivalence point)이라고 한다. 이것은 일반적으로 지시약이 용액의 색의 급격한 변화를 일으키는 **종말점**(end point)으로 알 수 있다. 산-염기 적정에서 **지시약**(indicator)은 산성 및 염기성 용액에서 뚜렷하게 다른 색을 갖는 물질이다. 흔히 사용되는 지시약 중 하나는 페놀프탈레인이다. 이것은 산성 및 중성 용액에서는 무색이지만 염기성 용액에서는 붉은색이다. 당량점에서, 존재하는 모든 KHP는 첨가된 NaOH에 의해 중화되고, 용액은 여전히 무색이다. 그러나 뷰렛에서 NaOH 용액을 한 방울 더 추가하면 용액은 염기성이 되어 즉시 분홍색이 된다.

예제 9.15는 이러한 적정을 보여 준다.

## 예제 9.15

적정 실험에서 한 학생이 0.7137 g의 KHP를 중화시키기 위해서 NaOH 용액 25.49 mL가 필요하다는 것을 알았다. NaOH 용액의 농도($M$)는 얼마인가?

**전략** 주어진 질량 및 KHP의 몰질량을 사용하여 KHP의 몰수를 결정한다. 주어진 부피의 NaOH의 몰수가 KHP의 몰수와 같음을 확인한다. 몰농도를 얻기 위해 NaOH의 몰수를 부피(리터)로 나눈다.

**계획** KHP($KHC_8H_4O_4$)의 몰질량 $= [39.1\text{ g} + 5(1.008\text{ g}) + 8(12.01\text{ g}) + 4(16.00\text{ g})] = 204.2\text{ g/mol}$

**풀이**

$$\text{KHP의 몰수} = \frac{0.7137\text{ g}}{204.2\text{ g/mol}} = 0.003495\text{ mol}$$

KHP의 몰수 = NaOH의 몰수이기 때문에 NaOH의 몰수 = 0.003495 mol이다.

$$\text{NaOH의 몰농도} = \frac{0.003495\text{ mol}}{0.02549\text{ L}} = 0.1371\ M$$

### 생각해 보기

몰농도는 mmol/mL로 정의될 수 있다는 것을 기억한다. 밀리몰을 사용하여 문제를 다시 풀어 보고 똑같은 답을 얻는지 확인한다.

$$0.003495 \text{ mol} = 3.495 \times 10^{-3} \text{ mol}$$
$$= 3.495 \text{ mmol}$$

그리고

$$\frac{3.495 \text{ mmol}}{25.49 \text{ mL}} = 0.1371\ M$$

**유제 1** 10.75 g의 KHP로 중화될 수 있는 0.2550 $M$ NaOH 용액의 부피(mL)는 얼마인가?

**유제 2** 어느 그림이 당량점에서 용액(NaOH 적정제의 표준화를 위한 KHP를 원래 포함하고 있음)을 가장 잘 나타내고 어느 그림이 종말점에서 용액을 가장 잘 나타내는가?

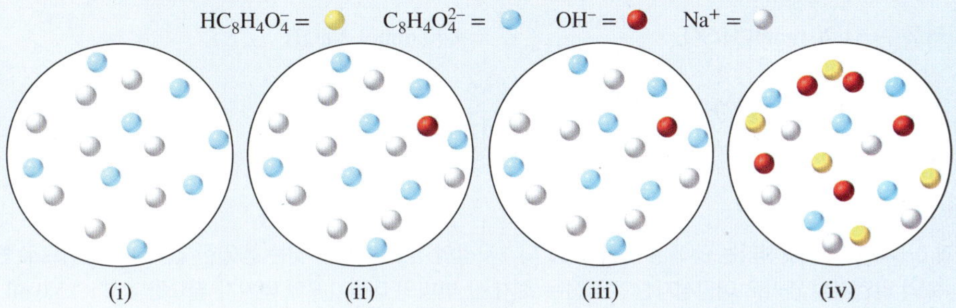


NaOH와 KHP 사이의 반응은 비교적 간단한 산–염기 중화 반응이다. 그러나 KHP 대신에 $H_2SO_4$와 같은 이양성자산을 적정에 사용하려고 한다고 가정해 보자. 그 반응은 다음과 같이 나타낼 수 있다.

$$2\text{NaOH}(aq) + \text{H}_2\text{SO}_4(aq) \longrightarrow \text{Na}_2\text{SO}_4(aq) + 2\text{H}_2\text{O}(l)$$

2몰 NaOH ≃ 1몰 $H_2SO_4$이기 때문에 HCl과 같은 일양성자산과 동일한 몰농도와 부피의 $H_2SO_4$ 용액과 완전히 반응하려면 2배의 NaOH가 필요하다. 반면에, 1몰의 $Ba(OH)_2$는 2몰의 $OH^-$ 이온을 생성하기 때문에 동일한 농도와 부피를 가진 NaOH 용액에 비해 $Ba(OH)_2$ 용액을 중화시키기 위해서는 2배의 HCl이 필요하다.

$$2\text{HCl}(aq) + \text{Ba(OH)}_2(aq) \longrightarrow \text{BaCl}_2(aq) + 2\text{H}_2\text{O}(l)$$

모든 산–염기 적정에서 어떤 산과 염기가 반응하는 것과 관계없이 당량점에서 반응한 $H^+$ 이온의 총 몰수는 반응한 $OH^-$ 이온의 총 몰수와 같아야 한다.

예제 9.16에서 NaOH 용액을 이양성자산으로 적정하는 것을 알아본다.

## 예제 9.16

0.188 $M$ $H_2SO_4$ 용액 25.0 mL를 중화하기 위한 0.203 $M$ NaOH 용액의 부피(mL)는 얼마인가?

**전략** 먼저, 중화 반응에 해당하는 화학 반응식을 쓰고 균형을 맞춘다.

$$2\text{NaOH}(aq) + \text{H}_2\text{SO}_4(aq) \longrightarrow \text{Na}_2\text{SO}_4(aq) + 2\text{H}_2\text{O}(l)$$

염기와 이양성자산은 2:1 비율로 결합한다: $2NaOH \simeq H_2SO_4$. 주어진 몰농도와 부피를 이용하여 $H_2SO_4$의 밀리몰수를 결정한다. $H_2SO_4$의 밀리몰수를 이용해서 NaOH의 밀리몰수를 결정한다. NaOH의 밀리몰수와 주어진 농도를 이용하여, 정확한 밀리몰수를 포함할 NaOH의 부피를 결정한다.

**참조**

몰농도 × mL = 밀리몰(mmol)인 것을 기억하자. 이것은 적정 문제의 과정을 줄여 준다.

**계획** 필요한 환산 인자는 다음과 같다.

균형 잡힌 반응식으로부터: $\frac{2\ \text{mmol NaOH}}{1\ \text{mmol H}_2\text{SO}_4}$

주어진 NaOH의 몰농도로부터: $\frac{1\ \text{mL NaOH}}{0.203\ \text{mmol NaOH}}$

**풀이**

$H_2SO_4$의 밀리몰수 $= 0.188\ M \times 25.0\ \text{mL} = 4.70\ \text{mmol}$

NaOH의 필요한 밀리몰수 $= 4.70\ \cancel{\text{mmol H}_2\text{SO}_4} \times \frac{2\ \text{mmol NaOH}}{1\ \cancel{\text{mmol H}_2\text{SO}_4}} = 9.40\ \text{mmol NaOH}$

$0.203\ M$ NaOH의 부피 $= 9.40\ \cancel{\text{mmol NaOH}} \times \frac{1\ \text{mL NaOH}}{0.203\ \cancel{\text{mmol NaOH}}} = 46.3\ \text{mL}$

## 생각해 보기

두 농도 0.203 $M$과 0.188 $M$은 비슷하다는 것에 주목한다. 둘 다 2자리의 유효 숫자를 갖는 동일한 값($\sim 0.20\ M$)으로 반올림된다. 그러므로 대략 동일한 농도의 일염기성 염기로 이양성자산의 적정은 초기 산 부피의 대략 2배의 염기가 필요하다: $2 \times 25.0\ \text{mL} \approx 46.3\ \text{mL}$

**유제 1** 0.0350 $M$ $Ba(OH)_2$ 용액 275 mL를 중화하기 위해 몇 mL의 0.211 $M$ HCl 용액이 필요한가?

**유제 2** 다음 중 어느 그림이 HCl로 $Ba(OH)_2$를 적정할 때 당량점에서 용액의 이온을 가장 잘 나타내는가?

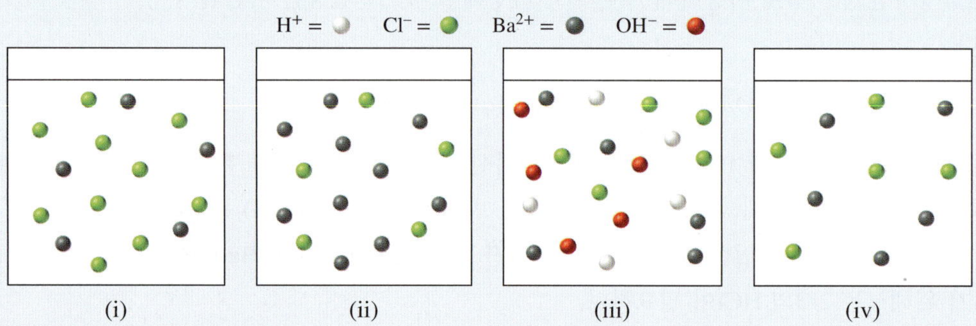


예제 9.17은 표준 염기로 적정을 하여 미지의 산의 몰질량을 결정하는 방법을 보여 준다.

## 예제 9.17

일양성자산 시료 0.1216 g을 물 25 mL에 용해시켜 만들어진 용액을 0.1104 $M$ NaOH 용액으로 적정한다. 이 산을 중화하기 위해서 염기가 12.5 mL 필요하다. 산의 몰질량을 계산하시오.

**전략** 염기의 농도와 부피를 이용하여 산을 중화시키는 데 필요한 염기의 몰수를 결정할 수 있다. 그런 다음 산의 몰수를 결정하고 산의 질량을 몰수로 나누어 몰질량을 얻는다.

**계획** 산은 일양성자산이기 때문에 염기와 1:1 비율로 반응한다. 그러므로 산의 몰수는 염기의 몰수와 같을 것이다. 리터 단위의 부피는 0.0125 L이다.

**풀이**

$$\text{염기의 몰수} = 0.0125\ \text{L} \times \frac{0.1104\ \text{mol}}{\text{L}} = 0.00138\ \text{mol}$$

염기의 몰수=산의 몰수이기 때문에, 산의 몰수=0.00138몰이다. 따라서,

$$\text{산의 몰질량} = \frac{0.1216\ \text{g}}{0.00138\ \text{mol}} = 88.1\ \text{g/mol}$$

### 생각해 보기

이러한 기술이 효과를 보기 위해선 산이 일양성자산인지, 이양성자산인지 또는 다양성자산인지 알아야 한다. 예를 들어, 이양성자산은 염기와 1 : 2의 비율로 결합할 것이고 그 결과는 두 배 큰 몰질량이 될 것이다.

**유제 1** 시료 0.1365 g을 중화하기 위해 0.1112 *M* NaOH 30.5 mL가 필요하다면 이양성자산의 몰질량은 얼마인가?

**유제 2** 2가지 다른 산의 수용액을 고려해 보자. 각각은 동일한 질량의 산을 포함하고 있으며, 완전히 중화시키기 위해 동일한 부피의 0.10 *M* NaOH를 필요로 하지만 두 산의 몰질량은 동일하지 않다. 어떻게 이것이 가능한지 설명하시오.

## 9.6절 복습

### 수용액 반응과 화학 분석

**9.6.1** NaCl 5.00 g을 포함한 용액에 모든 염화 이온을 침전시키기에 충분한 양의 $AgNO_3$를 넣는 경우, 회수되는 AgCl의 질량은 얼마인가?

(a) 12.3 g (b) 5.00 g (c) 3.03 g
(d) 9.23 g (e) 10.0 g

**9.6.2** 미지의 이온 결합 화합물 시료 10.0 g을 용해시킨 용액에 충분한 양의 $AgNO_3$를 넣어 모든 염화 이온을 침전시키고 AgCl 30.1 g이 회수된다. 다음 화합물 중 어느 것이 미지의 화합물인가?

(a) NaCl (b) $NaNO_3$ (c) $BaCl_2$
(d) $MgCl_2$ (e) KCl

**9.6.3** $H_2SO_4$ 용액 25.0 mL를 중화하기 위해서 0.228 *M* NaOH 39.9 mL가 필요하다면 $H_2SO_4$ 용액의 농도는 얼마인가?

(a) 0.728 *M* (b) 0.364 *M* (c) 0.182 *M*
(d) 0.228 *M* (e) 0.910 *M*

**9.6.4** 0.0415 *M* $Ba(OH)_2$ 25.0 mL를 중화시키는 데 필요한 0.144 *M* $H_2SO_4$의 부피는 얼마인가?

(a) 7.20 mL (b) 3.60 mL (c) 14.4 mL
(d) 50.0 mL (e) 12.5 mL

# 단원 정리

### 9.1절

- **용액**(solution)은 **용매**(solvent)와 **용질**(solute)이라 불리는 하나 이상의 용해된 화학종으로 구성된 균일한 혼합물이다.
- **전해질**(electrolyte)은 물에 용해되어 전기 전도성 용액을 만드는 화합물이다. **비전해질**(nonelectrolyte)은 용해되어 전기 전도성이 없는 용액을 생성한다. 산과 **염기**(base)는 전해질이다.
- 전해질은 이온이거나 분자일 수 있다. 이온성 전해질은 용액에서 **해리**(dissociation)된다. 분자 전해질은 **이온화**(ionization)된다. **강전해질**(strong electrolyte)은 완전히 해리(또는 이온화)된다. **약전해질**(weak electrolyte)은 부분적으로만 이온화된다.

### 9.2절

- **침전 반응**(precipitation reaction)은 **침전물**(precipitate)이라고 불리는 불용성 생성물을 생성한다. 이온 결합 화합물의 용해도에 관한 일반적인 지침으로부터 반응에서 침전물이 형성될지 예측할 수 있다.
- **수화**(hydration)는 물 분자가 용질 입자를 에워싸는 과정이다.
- **용해도**(solubility)는 특정 온도에서 주어진 특정 양의 용매에서 용해될 용질의 양이다.
- **분자 반응식**(molecular equation)은 반응물 또는 생성물 중 어느 것도 해리되거나 이온화되지 않은 것처럼 반응을 나타낸다.
- **이온 반응식**(ionic equation)은 반응에서 강전해질을 이온으로 나타낸다.
- **구경꾼 이온**(spectator ion)은 반응에 관여하지 않는 이온이다. 구경꾼 이온은 이온 반응식의 양쪽에서 나타난다. **알짜 이온 반응식**(net ionic equation)은 구경꾼 이온이 제거된 이온 반응식이다. 두 이온 결합 화합물의 양이온이 음이온을 교환하는 반응을 **상호 교환**(metathesis) 또는 **이중 치환**(double replacement) 반응이라고 한다.

### 9.3절

- 용액 중의 수소 이온은 보다 현실적이게 **하이드로늄 이온**(hydronium ion, $H_3O^+$)으로 나타낸다. 용어 **수소 이온**, **하이드로늄 이온** 및 **양성자**는 산-염기 반응에서 서로 교환적으로 사용된다.
- **아레니우스 산**(Arrhenius acid)은 물에서 이온화되어 $H_3O^+$ 이온을 생성하지만 **아레니우스 염기**(Arrhenius base)는 물에서 이온화(또는 **해리**)되어 $OH^-$ 이온을 생성한다. **브뢴스테드 산**(Brønsted acid)은 양성자($H^+$ 이온)를 내놓지만 **브뢴스테드 염기**(Brønsted base)는 양성자를 받는다.
- 브뢴스테드 산(Brønsted acid)은 내놓아야 하는 양성자의 수(이온화할 수 있는 수소 원자의 수)에 따라 **일양성자산**(monoprotic acid), **이양성자산**(diprotic acid) 또는 **삼양성자산**(triprotic acid)일 수 있다. 일반적으로, 2개 이상의 이온화 가능한 수소 원자를 갖는 산을 **다양성자산**(polyprotic acid)이라고 한다. 염기는 **일염기성**(monobasic) 또는 **이염기성**(dibasic)일 수 있다.
- 산과 염기의 반응은 **중화 반응**(neutralization reaction)이다. 중화 반응의 생성물은 물과 **소금**(salt)이다.

### 9.4절

- **산화-환원 반응**(oxidation-reduction 또는 redox reaction)은 전자가 교환되는 반응이다. 산화와 환원은 항상 **동시에**(simultaneously) 일어난다. 한 반응을 다른 반응 없이 가질 수 없다.
- **산화**(oxidation)는 전자를 잃는 것이다. **환원**(reduction)은 전자를 얻는 것이다. 산화-환원 반응에서 **산화제**(oxidizing agent)는 환원되는 반응물이며 **환원제**(reducing agent)는 산화되는 반응물이다.
- **산화수**(oxidation number) 또는 **산화 상태**(oxidation state)는 전하 분포를 추적하는 데 도움이 되며 특정 규칙에 따라 화합물 또는 이온의 모든 원자에 배정된다.
- 많은 산화-환원 반응은 **결합**(combination), **분해**(decomposition), **치환**(displacement), **수소 치환**(hydrogen displacement), **연소**(combustion) 또는 **불균등화**(disproportionation) 반응으로 더 분류될 수 있다. **활동도 서열**(activity series)은 치환 반응의 발생 여부를 결정하는 데 사용될 수 있다.
- **반쪽 반응**(half-reaction)은 산화-환원 반응에서 산화 반응만을 또는 환원 반응만을 나타낸 화학 반응식이다. 질량과 전하의 균형을 맞추어야 하는 산화-환원 반응식은 **반쪽 반응법**(half-reaction method)을 사용하여 균형을 맞출 수 있다.

### 9.5절

- 용액의 **농도**(concentration)는 주어진 양의 용액에 용해된 용질의 양이다. **몰농도**(molarity 또는 molar concentration, *M*)는 1 L의 용액에서 용질의 몰수로 농도를 표현한다.
- 용액에 용매를 첨가하는 과정인 **희석**(dilution)은 용액에 존재하는 용질의 총 몰수를 변화시키지 않고 용액의 농도(몰농도)를 감소시킨다.
- **pH** 척도는 산도를 측정한다: $pH = -\log [H^+]$.
- $pH = 7.00$은 중성이고, $pH < 7.00$은 산성이며, $pH > 7.00$은 염기성이다.

9.6절

- **중량 분석**(gravimetric analysis)은 종종 침전 반응을 수반한다.
- 산–염기 **적정**(titration)은 산–염기 반응을 포함한다. 일반적으로, 미지 농도를 결정하는 것을 목표로 삼고 알려진 농도의 용액[**표준 용액**(standard solution)]을 미지 농도의 용액에 서서히 첨가한다.
- 적정에서 반응이 끝나는 지점을 **당량점**(equivalence point)이라고 한다. **지시약**(indicator)은 적정의 당량점에서 또는 그 근처에서 색상을 변화시키는 물질이다. 지시약의 색상이 변하는 지점을 적정의 **종말점**(endpoint)이라고 한다.

## 주요 용어

pH
강전해질(strong electrolyte)
구경꾼 이온(spectator ion)
농도(concentration)
다양성자산(polyprotic acid)
당량점(equivalence point)
몰농도(molar concentration 또는 molarity, *M*)
반쪽 반응(half–reaction)
반쪽 반응법(half–reaction method)
분자 반응식(molecular equation)
불균등화 반응(disproportionation reaction)
브뢴스테드 산(Brønsted acid)
브뢴스테드 염기(Brønsted base)
비전해질(nonelectrolyte)
산화(oxidation)
산화 상태(oxidation state)
산화수(oxidation number)
산화제(oxidizing agent)
산화–환원 반응(oxidation–reduction reaction 또는 redox reaction)
삼양성자산(triprotic acid)
상호 교환(metathesis)
수소 치환(hydrogen displacement)
수화(hydration)
아레니우스 산(Arrhenius acid)
아레니우스 염기(Arrhenius base)
알짜 이온 반응식(net ionic equation)
약전해질(weak electrolyte)
염(salt)
염기(base)
용매(solvent)
용액(solution)
용질(solute)
용해도(solubility)
이양성자산(diprotic acid)
이염기성(dibasic)
이온 반응식(ionic equation)
이온화(ionization)
이중 치환(double replacement)
일양성자산(monoprotic acid)
일염기성(monobasic)
적정(titration)
전해질(electrolyte)
종말점(endpoint)
중량 분석(gravimetric analysis)
중화 반응(neutralization reaction)
지시약(indicator)
치환 반응(displacement reaction)
침전물(precipitate)
침전 반응(precipitation reaction)
표준 용액(standard solution)
하이드로늄 이온(hydronium ion)
해리(dissociation)
환원(reduction)
환원제(reducing agent)
활동도 서열(activity series)
희석(dilution)

## 주요 식

| | | |
|---|---|---|
| 9.1 | $\text{몰농도} = \dfrac{\text{용질의 몰수}}{\text{용액의 리터}}$ | 농도의 일반적인 표현은 몰농도이며, 용질의 몰수를 용액의 리터 단위 부피로 나눈 값이다. |
| 9.2 | 희석 전의 몰수＝희석 후의 몰수 | 주어진 부피의 농축 용액이 희석되면 농도는 변하지만 용질의 몰수는 변하지 않는다. |
| 9.3 | $M_c \times L_c = M_d \times L_d$ | 주어진 부피의 농축 용액이 희석될 때, 희석 전에 몰농도에 리터를 곱한 것은 희석 후에 몰농도에 리터를 곱한 것과 동일하다. 이것은 희석 후 최종 몰농도, 원하는 희석을 수행하는 데 필요한 농축 모액의 리터 등을 계산할 수 있게 해준다. |
| 9.4 | $M_c \times mL_c = M_d \times mL_d$ | 종종 리터가 아닌 밀리리터를 몰농도에 곱하는 것이 더 편리하다. 단위가 상쇄되므로 이 반응식에서 부피의 어떤 단위도 사용할 수 있다. |
| 9.5 | $pH = -\log [H_3O^+]$ 또는 $pH = -\log [H^+]$ | 수용액의 pH는 하이드로늄 이온 농도에 음의 상용로그를 취한 값으로 계산된다. |
| 9.6 | $[H_3O^+] = 10^{-pH}$ | 하이드로늄 이온의 농도도 또한 pH로부터 계산될 수 있다. |

## 주요 내용 알짜 이온 반응식

분자 반응식은 화학량론적 계산을 수행하는 데 필요하지만[◀◀ 8.3절] 분자 반응식은 용액에서 종을 자주 잘못 표현한다.

알짜 이온 반응식은 용액에서 화학종을 보다 간결하게 나타내고 화학 반응식이 나타내는 실제 화학적 과정을 나타내기 때문에 많은 경우에 바람직하다. 알짜 이온 반응식을 쓰는 것은 침전 반응, 산화–환원 반응 및 산–염기 중화 반응을 포함하는 다양한 문제를 해결하는 중요한 부분이다. 알짜 이온 반응식을 쓰려면 앞 장에서 나온 몇 가지 기술을 사용해야 한다.

- 일반적인 다원자 이온의 인식[◀◀ 5.7절]
- 화학 반응식의 균형을 맞추고 화학종에(*s*), (*l*), (*g*) 또는 (*aq*)를 붙이기[◀◀ 8.1절]
- 강전해질, 약전해질 및 비전해질의 확인[◀◀ 9.1절]

알짜 이온 반응식을 쓰는 것은 분자 반응식을 작성하고 균형을 맞추는 것으로 시작된다. 예를 들어, 아이오딘화 소듐과 질산 납(II) 수용액이 혼합될 때 일어나는 침전 반응을 생각해 보자.

$$Pb(NO_3)_2(aq) + NaI(aq) \longrightarrow$$

2개의 수용성 반응물의 이온을 교환하면 생성물의 화학식이 얻어진다. 생성물의 상은 용해도 지침을 고려하여 결정된다[◀◀ 표 9.2 및 표 9.3].

$$Pb(NO_3)_2(aq) + NaI(aq) \longrightarrow PbI_2(s) + NaNO_3(aq)$$

반응식의 균형을 맞추고 가용성 강전해질을 분리하여 이온 반응식을 얻는다.

$$Pb(NO_3)_2(aq) + 2\,NaI(aq) \longrightarrow PbI_2(s) + 2\,NaNO_3(aq)$$

$$Pb^{2+}(aq) + 2\,NO_3^-(aq) + 2\,Na^+(aq) + 2\,I^-(aq) \longrightarrow PbI_2(s) + 2\,Na^+(aq) + 2\,NO_3^-(aq)$$

반응식의 양쪽에서 동일한 구경꾼 이온을 찾아내어 제거한다.

$$Pb^{2+}(aq) + 2\,NO_3^-(aq) + 2\,Na^+(aq) + 2\,I^-(aq) \longrightarrow PbI_2(s) + 2\,Na^+(aq) + 2\,NO_3^-(aq)$$

남는 것은 알짜 이온 반응식이다.

$$Pb^{2+}(aq) + 2I^-(aq) \longrightarrow PbI_2(s)$$

이제 염산과 플루오린화 포타슘의 수용액을 혼합할 때 일어나는 반응을 생각해 보자.

$$HCl(aq) + KF(aq) \longrightarrow$$

다시, 두 수용성 반응물의 이온을 교환하면 생성물의 화학식을 얻는다.

$$HCl(aq) + KF(aq) \longrightarrow HF(aq) + KCl(aq)$$

이 반응식은 이미 균형이 맞춰져 있다. 가용성 강전해질을 구성 이온으로 분리한다. 이 경우, 생성물은 모두 수용성이지만 하나만 강전해질이다. 다른 하나인 HF는 **약**전해질이다.

$$H^+(aq) + Cl^-(aq) + K^+(aq) + F^-(aq) \longrightarrow HF(aq) + K^+(aq) + Cl^-(aq)$$

구경꾼 이온을 확인하고 제거한다.

$$H^+(aq) + Cl^-(aq) + K^+(aq) + F^-(aq) \longrightarrow HF(aq) + K^+(aq) + Cl^-(aq)$$

남는 것은 알짜 이온 반응식이다.

$$H^+(aq) + F^-(aq) \longrightarrow HF(aq)$$

용액에서 화학종을 강전해질, 약전해질 또는 비전해질로 확인할 수 있어야 어떤 것이 이온으로 분리되어야 하는지 그리고 어떤 것이 분자 또는 화학식 단위로 남겨져야 하는지 알게 된다.

## 주요 내용 문제

### 9.1

$K_2SO_4$와 $FeCl_2$의 수용액을 혼합할 때 $FeSO_4(s)$의 침전에 대한 균형 잡힌 알짜 이온 반응식은 무엇인가?

(a) $2K^+(aq) + SO_4^{2-}(aq) + Fe^{2+}(aq) + 2Cl^-(aq) \longrightarrow FeSO_4(s) + 2K^+(aq) + 2Cl^-(aq)$

(b) $Fe^{2+}(aq) + SO_4^{2-}(aq) \longrightarrow FeSO_4(s)$

(c) $K_2SO_4(aq) + FeCl_2(aq) \longrightarrow FeSO_4(s) + 2KCl(aq)$

(d) $Fe^{2+}(aq) + 2SO_4^{2-}(aq) \longrightarrow FeSO_4(s)$

(e) $2K^+(aq) + SO_4^{2-}(aq) + Fe^{2+}(aq) + 2Cl^-(aq) \longrightarrow FeSO_4(s)$

### 9.2

알짜 이온 반응식 $Cd^{2+}(aq) + 2OH^-(aq) \longrightarrow Cd(OH)_2(s)$를 고려해 보자. 이온 반응식에서 구경꾼 이온이 $NO_3^-(aq) +$ $K^+(aq)$이면, 이 반응에 대한 분자 반응식은 무엇인가?

(a) $CdNO_3(aq) + KOH(aq) \longrightarrow Cd(OH)_2(s) + KNO_3(aq)$

(b) $Cd^{2+}(aq) + NO_3^-(aq) + 2K^+(aq) + OH^-(aq) \longrightarrow Cd(OH)_2(s) + 2K^+(aq) + NO_3^-(aq)$

(c) $Cd(NO_3)_2(aq) + 2KOH(aq) \longrightarrow Cd(OH)_2(s) + 2KNO_3(aq)$

(d) $Cd(OH)_2(s) + 2KNO_3(aq) \longrightarrow Cd(NO_3)_2(aq) + 2KOH(aq)$

(e) $Cd^{2+}(aq) + NO_3^-(aq) + K^+(aq) + OH^-(aq) \longrightarrow Cd(OH)_2(s) + K^+(aq) + NO_3^-(aq)$

**9.3**

수산화 리튬[$LiOH(aq)$]에 의한 아세트산($HC_2H_3O_2$)의 중화 반응에 대한 알짜 이온 반응식은 무엇인가?

(a) $H^+(aq) + OH^-(aq) \longrightarrow H_2O(l)$

(b) $H^+(aq) + C_2H_3O_2^-(aq) \longrightarrow HC_2H_3O_2(aq)$

(c) $HC_2H_3O_2(aq) + OH^-(aq) \longrightarrow H_2O(l) + C_2H_3O_2^-(aq)$

(d) $HC_2H_3O_2(aq) + Li^+(aq) + OH^-(aq) \longrightarrow H_2O(l) + LiC_2H_3O_2(aq)$

(e) $H^+(aq) + C_2H_3O_2^-(aq) + OH^-(aq) \longrightarrow H_2O(l) + C_2H_3O_2^-(aq)$

**9.4**

쇠[$Fe(s)$]를 $CuSO_4(aq)$ 용액에 넣으면 쇠는 구리 금속으로 코팅되고 용액의 특유한 청색이 희미해진다. 이 반응의 알짜 이온 반응식은 무엇인가?

(a) $Fe(s) + CuSO_4(aq) \longrightarrow FeSO_4(aq) + Cu(s)$

(b) $Fe^{2+}(aq) + Cu(s) \longrightarrow Fe(s) + Cu^{2+}(aq)$

(c) $FeSO_4(aq) + Cu(s) \longrightarrow Fe(s) + CuSO_4(aq)$

(d) $Fe(s) + Cu^{2+}(aq) \longrightarrow Fe^{2+}(aq) + Cu(s)$

(e) $Fe(s) + Cu(aq) \longrightarrow Fe(aq) + Cu(s)$

# 종합문제

## 9.1절: 수용액의 일반적인 성질

### 개념 문제

9.9 다음 그림은 세 가지 다른 화합물의 수용액을 보여 준다. 전해질 강도가 증가하는 순서로 화합물을 배열하시오.

(a) $A_2E$ (b) $A_2F$ (c) $A_2G$

9.11 다음 그림 중 어느 것이 물에 용해될 때 NaCl의 수화를 가장 잘 나타내는가? $Cl^-$ 이온은 $Na^+$ 이온보다 크기가 크다.

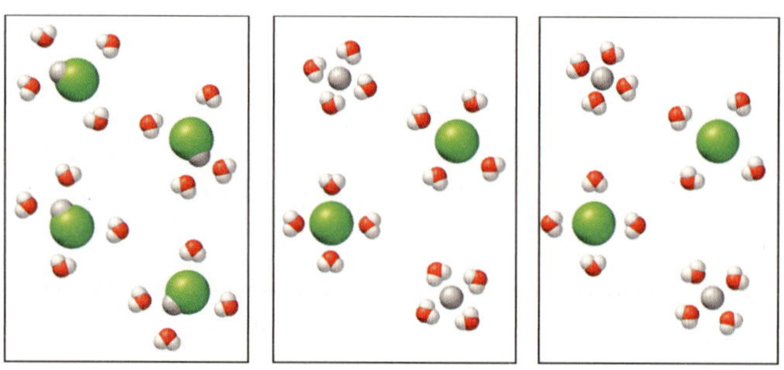

(a) (b) (c)

9.13 다음 각 물질을 강전해질, 약전해질 또는 비전해질로 구분하시오.

(a) $Ba(NO_3)_2$ (b) Ne

(c) $NH_3$ (d) NaOH

(e) HF

## 9.2절: 침전 반응

### 개념 문제

9.17 $AgNO_3$와 NaCl의 두 가지 수용액을 혼합한다. 어떤 그림이 이 혼합물을 가장 잘 나타내는가?

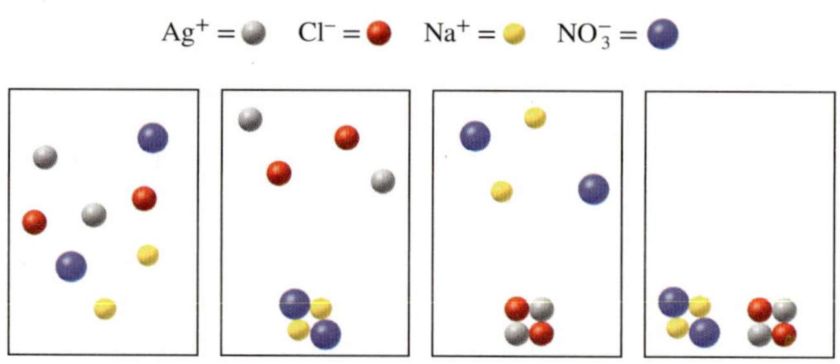


(a) (b) (c) (d)

9.19 LiOH와 $Cu(NO_3)_2$의 수용액의 결합 반응에 대한 알짜 이온 반응식으로 표현되는 반응은 어느 것인가?

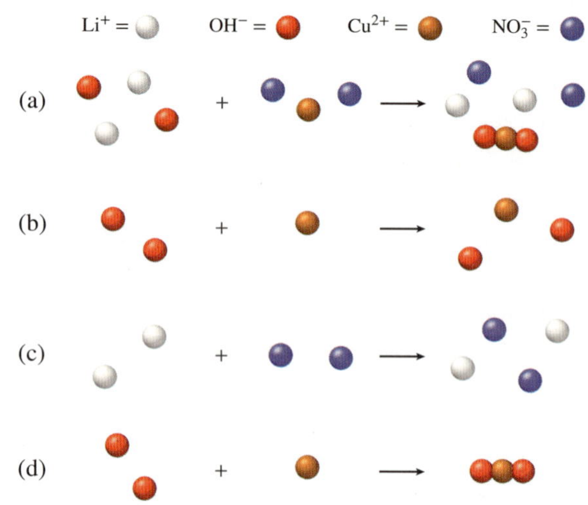


(e) 알짜 이온 반응식이 없다. 반응이 일어나지 않는다.

9.21 다음 화합물이 물에서 가용성인지 불용성인지 확인하시오.
(a) $Ca_3(PO_4)_2$ (b) $Mn(OH)_2$ (c) $AgClO_3$
(d) $K_2S$ (e) $Pb_3(PO_4)_2$

9.23 다음 반응에 대한 이온 반응식과 알짜 이온 반응식을 쓰시오.
(a) $AgNO_3(aq)+Na_2SO_4(aq) \longrightarrow$
(b) $BaCl_2(aq)+ZnSO_4(aq) \longrightarrow$
(c) $(NH_4)_2CO_3(aq)+CaCl_2(aq) \longrightarrow$

9.25 다음 중 침전 반응을 일으킬 가능성이 있는 과정은 어느 것인가? 각 혼합에 대해 알짜 이온 반응식을 쓰시오.
(a) $NaNO_3$ 용액을 $CuSO_4$ 용액과 혼합
(b) $BaCl_2$ 용액을 $K_2SO_4$ 용액과 혼합
(c) $AgNO_3$ 용액을 $LiC_2H_3O_2$ 용액과 혼합

## 9.3절: 산–염기 반응

### 개념 문제

9.33 다음 각 종이 브뢴스테드 산인지 염기인지 또는 둘 다인지 구분하시오.
(a) $PO_4^{3-}$ (b) $ClO_2^-$
(c) $NH_4^+$ (d) $HCO_3^-$

9.35 다음 반응식의 균형을 맞추고 상응하는 이온 반응식과 알짜 이온 반응식(적합하다면)을 쓰시오.
(a) $HC_2H_3O_2(aq)+KOH(aq) \longrightarrow$
(b) $H_2CO_3(aq)+NaOH(aq) \longrightarrow$
(c) $HNO_3(aq)+Ba(OH)_2(aq) \longrightarrow$

## 9.4절: 산화–환원 반응

### 개념 문제

9.43 여기 나타낸 완전한 산화–환원 반응에 대해, 각 반응을 쪼개어 반쪽 반응으로 만들고 산화제와 환원제를 확인하시오.
(a) $2Sr+O_2 \longrightarrow 2SrO$
(b) $2Li+H_2 \longrightarrow 2LiH$
(c) $2Cs+Br_2 \longrightarrow 2CsBr$
(d) $3Mg+N_2 \longrightarrow Mg_3N_2$

9.45 황 원자의 산화수가 증가하는 순서로 다음 종을 나열하시오.
(a) $H_2S$ (b) $S_8$ (c) $H_2SO_4$
(d) $S^{2-}$ (e) $HS^-$ (f) $SO_2$
(g) $SO_3$

9.47 다음 분자와 이온에서 밑줄 친 원자의 산화수를 구하시오.
(a) $\underline{Cl}F$ (b) $\underline{I}F_7$ (c) $\underline{C}H_4$
(d) $\underline{C}_2H_2$ (e) $\underline{C}_2H_4$ (f) $K_2\underline{Cr}O_4$
(g) $K_2\underline{Cr}_2O_7$ (h) $K\underline{Mn}O_4$ (i) $NaH\underline{C}O_3$
(j) $\underline{Li}_2$ (k) $Na\underline{I}O_3$ (l) $K\underline{O}_2$
(m) $\underline{P}F_6^-$ (n) $K\underline{Au}Cl_4$

9.49 다음 분자와 이온에서 밑줄 친 원자의 산화수를 구하시오.
(a) $\underline{Cs}_2O$ (b) $Ca\underline{I}_2$ (c) $\underline{Al}_2O_3$
(d) $H_3\underline{As}O_3$ (e) $\underline{Ti}O_2$ (f) $\underline{Mo}O_4^{2-}$
(g) $\underline{Pt}Cl_4^{2-}$ (h) $\underline{Pt}Cl_6^{2-}$ (i) $\underline{Sn}F_2$
(j) $\underline{Cl}F_3$ (k) $\underline{Sb}F_6^-$

9.51 질산은 강력한 산화제이다. 질산이 아연 금속과 같은 강한 환원제와 반응할 때 생성될 가능성이 가장 적은 종은 다음 중 어느 것인지 말하고 그 이유를 설명하시오.

$N_2O$, $NO$, $NO_2$, $N_2O_4$, $N_2O_5$, $NH_4^+$

9.53 다음 산화물 중 하나는 분자 산소와 반응하지 않는다. 산화수를 근거로 하여 그것은 어느 것인가? 그 이유를 설명하시오.

$NO$, $N_2O$, $SO_2$, $SO_3$, $P_4O_6$

9.55 다음 산화–환원 반응을 결합(combination), 분해(decom–position), 치환(displacement) 및/또는 불균등화(disprop–ortionation) 반응으로 분류하시오.
(a) $2H_2O_2 \longrightarrow 2H_2O+O_2$
(b) $Mg+2AgNO_3 \longrightarrow Mg(NO_3)_2+2Ag$
(c) $NH_4NO_2 \longrightarrow N_2+2H_2O$
(d) $H_2+Br_2 \longrightarrow 2HBr$

## 9.5절: 용액의 농도

### 계산 문제

9.63 2.80 $M$ 용액 $5.00\times10^2$ mL를 준비하기 위해 필요한 $CaI_2$는 몇 그램인가?

9.65 0.100 $M$ $MgCl_2$ 용액 60.0 mL 중에는 몇 그램의 $MgCl_2$가 들어 있는가?

9.67 다음 용액 각각의 몰농도를 계산하시오.
(a) 용액 545 mL 중의 에탄올($C_2H_5OH$) 29.0 g
(b) 용액 74.0 mL 중의 자당($C_{12}H_{22}O_{11}$) 15.4 g
(c) 용액 86.4 mL 중의 염화 소듐(NaCl) 9.00 g

9.69 다음을 만들기 위해 필요한 용액의 밀리리터 부피를 계산하시오.
(a) 0.270 $M$ 용액으로부터 2.14 g의 염화 소듐
(b) 1.50 $M$ 용액으로부터 4.30 g의 에탄올
(c) 0.30 $M$ 용액으로부터 0.85 g의 아세트산($HC_2H_3O_2$)

9.71 2.00 $M$ HCl 용액으로 시작하여 0.646 $M$ HCl 용액 1.00 L를 만드는 방법을 설명하시오.

9.73 4.00 $M$ $HNO_3$의 모액에서 0.200 $M$ $HNO_3$ 60.0 mL를 어떻게 만들겠는가?

9.75 1.66 $M$ $KMnO_4$ 용액 35.2 mL를 0.892 $M$ $KMnO_4$ 용액 16.7 mL와 혼합하였다. 최종 용액의 농도를 계산하시오.

9.77 웹사이트 labtestsonline.org에 따르면, 공복 시 혈당(글루코스, $C_6H_{12}O_6$) 최소 126 mg/dL의 수준은 제2형 당뇨병을 나타낼 수 있다. 이 농도를 몰농도로 변환하시오.

9.79 25°C에서 하이드로늄 이온 농도가 다음과 같은 용액의 pH를 결정하시오.
(a) $2.7 \times 10^{-3}\,M$ (b) $1.9 \times 10^{-9}\,M$ (c) $5.6 \times 10^{-2}\,M$

9.81 다음의 pH 값을 갖는 용액에 대해 하이드로늄 이온 농도(mol/L)를 계산하시오.
(a) 2.42 (b) 11.21
(c) 6.96 (d) 15.00

9.83 25°C에서 한 용액에 대해 다음 표를 채우시오.

| pH | $[H^+]$ | 용액 |
|---|---|---|
| $<7$ | | |
| | $<1.0 \times 10^{-7}\,M$ | |
| | | 중성 |

9.85 (a) 용액 0.150 $M$ $BaCl_2$, 0.566 $M$ NaCl, 1.202 $M$ $AlCl_3$에서 각각 염화 이온 농도를 결정하시오.
(b) 질산 이온의 농도가 2.55 $M$인 $Sr(NO_3)_2$ 용액의 농도는 얼마인가?

9.87 0.992 $M$ 질산 포타슘 95.0 mL와 1.570 $M$ 질산 칼슘 155.5 mL를 혼합할 때 생성되는 질산 이온 농도를 결정하시오.

9.88 색을 띠는 용질의 5가지 표준 용액에 대한 흡광도 값을 경로 길이가 1.00 cm인 것으로 하여 410 nm에서 측정하고 다음과 같은 자료 표를 얻었다.

| 용질의 농도($M$) | $A$ |
|---|---|
| 0.250 | 0.165 |
| 0.500 | 0.317 |
| 0.750 | 0.510 |
| 1.000 | 0.650 |
| 1.250 | 0.837 |

동일한 용질을 포함한 미지 농도의 용액의 흡광도는 0.400이었다. 미지 용액의 농도는 무엇인가?

9.89 문제 9.88을 참조하여 다음에 답하시오.
(a) 0.4 $M$, 0.6 $M$, 0.8 $M$, 1.1 $M$ 농도의 용액에 대해 예상되는 흡광도 값을 결정하시오.
(b) 문제 9.88의 표에 있는 자료를 이용하여 화합물의 평균 분자 흡광도를 계산하고 몰 흡광률을 결정하시오.

## 개념 문제

9.91 황산 소듐의 수용액을 가장 잘 나타내는 것은 어느 것인가?

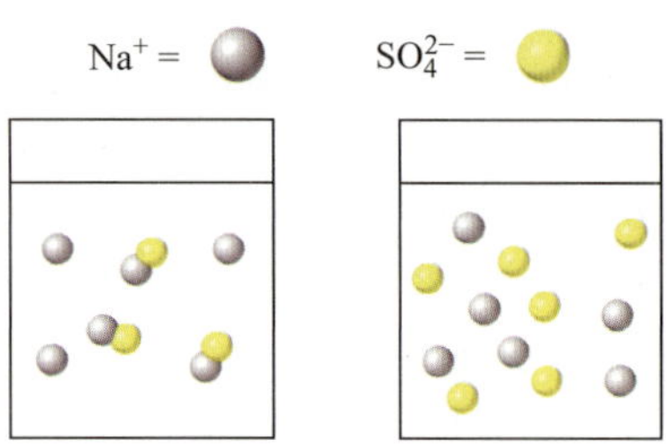

(a) (b)

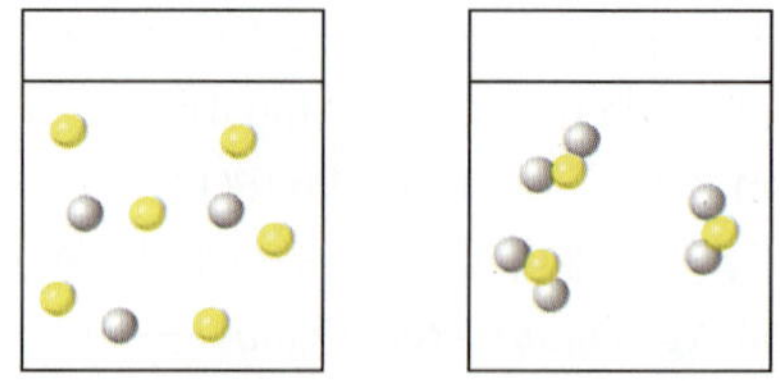
(c) (d)

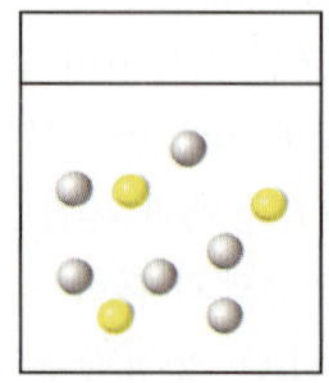
(e)

## 9.6절: 수용액 반응과 화학 분석

### 계산 문제

9.99 1.00 $M$ $AgNO_3$ 용액 25.0 mL에 0.250 $M$ $CaCl_2$ 45.0 mL를 첨가할 경우, AgCl 침전물은 몇 그램인가?

9.101 0.0113 $M$ $AgNO_3$ 용액 $2.50 \times 10^2$ mL로부터 대부분의 Ag 이온을 침전시키기 위해서는 몇 그램의 NaCl이 필요한가? 반응에 대한 알짜 이온 반응식을 쓰시오.

9.103 0.4218 g의 KHP를 중화시키기 위해서는 KOH 용액 18.68 mL가 필요하다. KOH 용액의 농도(몰농도)는 얼마인가?

9.105 다음 용액의 적정에 필요한 1.015 $M$ NaOH 용액의 부피를 밀리리터 단위로 계산하시오.
(a) 2.430 $M$ HCl 용액 25.00 mL
(b) 4.500 $M$ $H_2SO_4$ 용액 25.00 mL
(c) 1.500 $M$ $H_3PO_4$ 용액 25.00 mL

### 개념 문제

9.107 다음 중 동일한 양의 0.10 $M$ NaCl과 0.10 $M$ $Pb(NO_3)_2$를 혼합한 비커의 내용물을 가장 잘 나타내는 것은 어느 것인가?

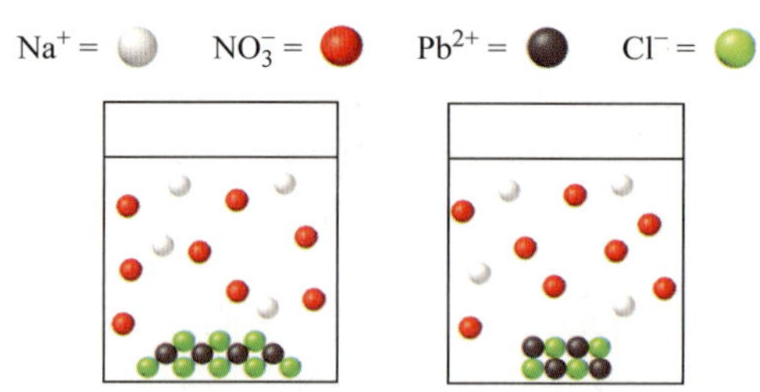

(a) (c)

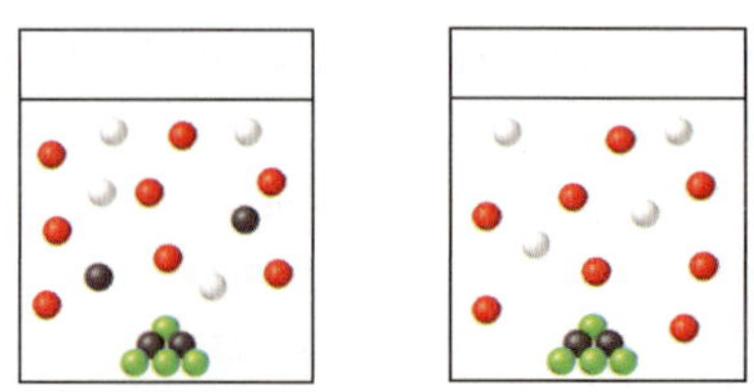
(b) (d)

9.109 그림 (a)는 중화 반응 전 HCl과 염기의 용액을 보여 준다. 그림 (b)~(d) 중에서, 어느 것이 염기가 수산화 소듐일 때 반응 생성물을 나타내고, 또 어느 것이 염기가 수산화 바륨일 때 생성물을 나타내는가? 모든 산-염기 중화 반응이 완료된다고 가정한다(파란색 구=염기, 빨간색 구=$H^+$, 회색 구=염기의 양이온).

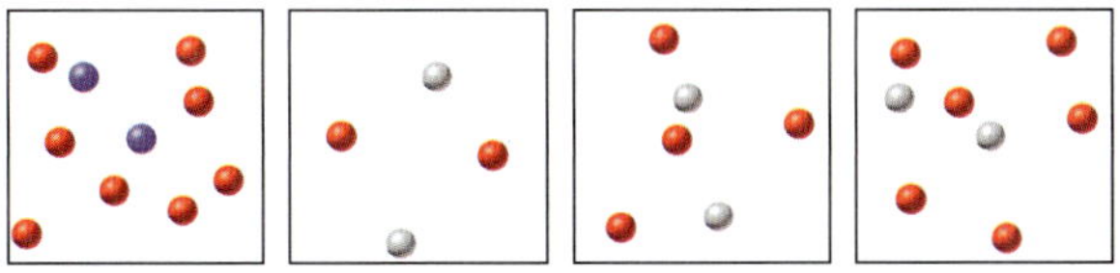

(a) (b) (c) (d)

## 추가 문제

9.111 다음 중 25°C에서 최고의 전기 전도체가 될 것으로 예상되는 수용액은 어느 것인가? 대답을 설명하시오.

(a) 0.20 $M$ NaCl

(b) 0.60 $M$ $HC_2H_3O_2$

(c) 0.25 $M$ HCl

(d) 0.20 $M$ $Mg(NO_3)_2$

9.113 아연 7.89 g과 반응할 수 있는 0.156 $M$ $CuSO_4$ 용액의 부피를 계산하시오.

9.115 다음 각 화합물이 비전해질, 약전해질 또는 강전해질인지 확인하시오.

(a) 에탄올 아민($H_2NC_2H_4OH$)

(b) 플루오린화 포타슘(KF)

(c) 질산 암모늄($NH_4NO_3$)

(d) 이소프로판올($C_3H_7OH$)

9.117 문제 9.115의 화합물 각각에 대해 수용액에서 우세한 종(두 개 이상 있을 수 있음)을 결정하시오.

9.119 일양성자산 시료 3.664 g을 물에 용해시켰다. 산을 중화하기 위해 0.1578 $M$ NaOH 용액 20.27 mL가 필요했다. 산의 몰질량을 계산하시오.

9.121 질산 포타슘($KNO_3$) 용액 15.00 mL를 125.0 mL로 희석한 다음, 이 용액 25.00 mL를 $1.000 \times 10^3$ mL로 희석시켰다. 최종 용액의 농도는 0.00383 $M$이다. 원래 용액의 농도를 계산하시오.

9.123 0.0820 $M$ $Ba(OH)_2$ 용액 2.27 L가 0.0664 $M$ $Na_2SO_4$ 용액 3.06 L와 혼합될 때 형성된 침전물의 질량을 계산하시오.

9.125 이 장에서 논의된 유형에 따라 다음 반응을 분류하시오.

(a) $Cl_2 + 2OH^- \longrightarrow Cl^- + ClO^- + H_2O$

(b) $Ca^{2+} + CO_3^{2-} \longrightarrow CaCO_3$

(c) $NH_3 + H^+ \longrightarrow NH_4^+$

(d) $2CCl_4 + CrO_4^{2-} \longrightarrow 2COCl_2 + CrO_2Cl_2 + 2Cl^-$

(e) $Ca + F_2 \longrightarrow CaF_2$

(f) $2Li + H_2 \longrightarrow 2LiH$

(g) $Ba(NO_3)_2 + Na_2SO_4 \longrightarrow 2NaNO_3 + BaSO_4$

(h) $CuO + H_2 \longrightarrow Cu + H_2O$

(i) $Zn + 2HCl \longrightarrow ZnCl_2 + H_2$

(j) $2FeCl_2 + Cl_2 \longrightarrow 2FeCl_3$

9.127 (a) 수산화 마그네슘[$Mg(OH)_2$]의 제조를 기술하고 그 용해도를 예측하시오.

(b) 마그네시아 우유는 주로 $Mg(OH)_2$를 포함하고 있으며 산(주로 염산) 소화 불량을 치료하는 데 효과적이다. 마그네시아 우유[0.080 g $Mg(OH)_2$/mL] 두 스푼(약 10 mL)과 반응하는 데 필요한 0.035 $M$ HCl 용액(위장의 전형적인 산 농도)의 부피를 계산하시오.

9.129 0.513 $M$ 글루코스($C_6H_{12}O_6$) 용액 60.0 mL를 2.33 $M$ 글루코스 용액 120.0 mL와 혼합한다. 최종 용액의 농도는 얼마인가? 부피가 부가적(additive)이라고 가정한다.

9.131 무색의 액체가 있다. 이것이 물이라는 것을 보여 주기 위해서 그 액체에 수행할 3가지 화학 테스트를 기술하시오.

9.133 다음 그림 중 어느 것이 $AgOH(s)$와 $HNO_3(aq)$ 사이의 반응에 해당하는가? 반응에 대한 균형 잡힌 반응식을 쓰시오. (물 분자는 표시되지 않는다.)

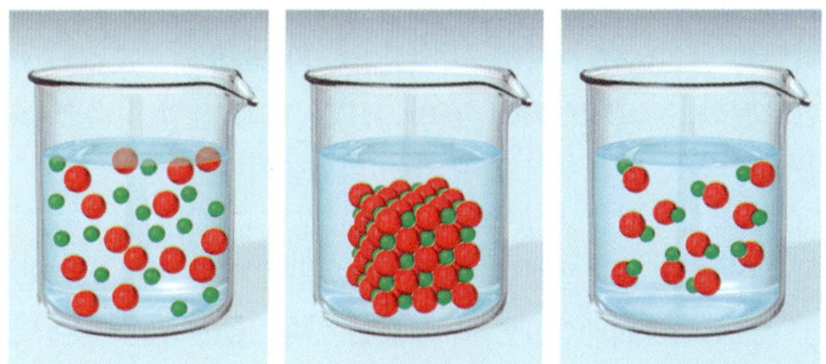


(a) (b) (c)

9.135 미지 분자식의 가용성 화합물이 주어진다.

(a) 화합물이 산성임을 나타내는 세 가지 시험을 기술하시오.

(b) 화합물이 산으로 확인되면, 알려진 농도의 NaOH 용액을 사용하여 몰질량을 결정하는 방법을 설명하시오. (산이 일양성자산이라고 가정한다.)

(c) 산이 약산인지 강산인지 어떻게 알 수 있는가? 비교를 위해 그림 9.1과 같은 장치와 NaCl 시료가 제공된다.

9.137 질산 이온($NO_3^-$)을 포함하는 오염된 물 시료의 납 이온($Pb^{2+}$) 농도는 정확히 500 mL의 물에 고체 황산 소듐($Na_2SO_4$)을 가하여 결정된다.

(a) 반응에 대한 분자, 이온 및 알짜 이온 반응식을 쓰시오.

(b) $PbSO_4$로서 $Pb_2^+$ 이온의 완전한 침전을 위해 0.00450 g의 $Na_2SO_4$가 필요한 경우, $Pb_2^+$의 몰농도를 계산하시오.

9.139 (a) 산-염기 반응과 (b) 산과 탄산 화합물 사이의 반응을 통해 아이오딘화 포타슘(KI)을 어떻게 준비하는지 설명하시오.

9.141 다음과 같은 화합물을 어떻게 준비할 수 있는지 설명하시오.

(a) $Mg(OH)_2$ (b) AgI (c) $Ba_3(PO_4)_2$

9.143 각각의 경우에 다음의 수용액에서 양이온이나 음이온을 어떻게 분리하는지 설명하시오.

(a) $NaNO_3$와 $Ba(NO_3)_2$ (b) $Mg(NO_3)_2$와 $KNO_3$
(c) KBr와 $KNO_3$ (d) $K_3PO_4$와 $KNO_3$
(e) $Na_2CO_3$와 $NaNO_3$

9.145 아황산($SO_3^{2-}$ 이온을 포함한 화합물)은 말린 과일과 채소 및 와인 제조 시 방부제로 사용된다. 과일에 있는 아황산의 존재를 시험하는 실험에서, 학생은 먼저 물에 몇 개의 말린 살구를 밤새 담갔다가 용액을 여과하여 모든 고체 입자를 제거했다. 그녀는 용액에 과산화수소($H_2O_2$)를 넣어 아황산 이온을 황산 이온으로 산화시켰다. 최종적으로, 용액에 몇 방울의 염화 바륨($BaCl_2$) 용액을 넣어 황산 이온을 침전시켰다. 앞의 각 단계에 대해 균형 잡힌 반응식을 작성하시오.

9.147 염소는 +1, +3, +4, +6, +7의 산화수를 갖는 여러 가지 산화물을 형성한다. 이 화합물 각각에 대한 화학식을 작성하시오.

9.149 아세틸 살리실산($HC_9H_7O_4$)은 일반적으로 "아스피린"으로 알려진 일양성자산이다. 그러나 전형적인 아스피린 알약은 산의 양이 적다. 조성을 결정하는 실험에서, 아스피린 알약을 분쇄하고 물에 용해시켰다. 용액을 중화시키기 위해 12.25 mL의 0.1466 *M* NaOH가 필요했다. 알약에서 아스피린의 알의 수를 계산하시오(한 알=0.0648 g).

9.151 할로젠화 수소(HF, HCl, HBr, HI)는 많은 산업 및 실험실 용도가 있는 반응성이 매우 높은 화합물이다.
(a) 실험실에서는 $CaF_2$와 NaCl을 진한 황산과 반응시켜 HF와 HCl을 생성할 수 있다. 반응에 대한 적절한 반응식을 작성하시오.(힌트: 이것은 산화-환원 반응이 아니다.)
(b) HBr과 HI는 NaBr과 NaI를 진한 황산과 반응시킨 것과 비슷한 방법으로 준비할 수 없는 이유는 무엇인가?(힌트: $H_2SO_4$는 $Br_2$ 및 $I_2$보다 강한 산화제이다.)
(c) HBr은 삼브로민화 인($PBr_3$)을 물과 혼합하여 제조될 수 있다. 이 반응에 대한 반응식을 작성하시오.

9.153 인산($H_3PO_4$)은 비료, 세제 및 식품 산업에서 사용되는 중요한 산업 화학 물질이다. 그것은 두 가지 다른 방법으로 생산된다. 전기로 법(electric furnace method)에서는 원소 인($P_4$)을 공기 중에서 연소시켜 $P_4O_{10}$을 형성한 다음 물과 결합시켜 $H_3PO_4$를 얻는다. 습식 공정에서 광물 인산염 암석 [$Ca_5(PO_4)_3F$]을 황산과 결합시켜 $H_3PO_4$(및 HF 및 $CaSO_4$)를 생성시킨다. 이 과정에 대한 반응식을 쓰고 각 단계를 침전, 산-염기 또는 산화-환원 반응으로 분류하시오.

9.155 초산화 포타슘($KO_2$)는 소방관의 일부 호흡기용 마스크에 사용된다. 그것은 호흡한 공기의 이산화탄소와 반응하여 탄산 포타슘과 산소 기체를 형성한다.
(a) 반응에 대한 반응식을 쓰시오.
(b) $O_2^{2-}$ 이온에서 산소의 산화수는 얼마인가?
(c) 호흡된 공기 1리터당 0.063 g의 이산화 탄소가 포함되어 있다면 호흡한 공기의 얼마나 많은 부피(리터)가 $KO_2$ 7.00 g과 반응할 수 있는가?

9.157 다음 반응은 산화-환원 반응인가? 설명하시오.
$$3O_2(g) \longrightarrow 2O_3(g)$$

9.159 다음의 산-염기 반응을 나타내는 분자 모형을 그리시오.
(a) $OH^- + H_3O^+ \longrightarrow 2H_2O$
(b) $NH_4^+ + NH_2^- \longrightarrow 2NH_3$
각 경우에 브뢴스테드 산과 염기를 확인하시오.

9.161 알려진 농도의 용액을 준비할 때, 부피 플라스크를 채우기에 충분한 용매를 첨가하기 전에 먼저 고체를 완전히 용해시켜야 하는 이유를 설명하시오.

9.163 다음 각각에 대해 화학적 설명을 하시오.
(a) 칼슘 금속을 황산 용액에 가하면 수소 기체가 발생한다. 몇 분 후 반응물이 소모되지 않는데도 반응 속도가 느려지고 결국 멈춘다. 설명하시오.
(b) 활동도 서열에서 알루미늄은 수소 위에 있지만, 알루미늄은 염산에 대해 반응성이 없는 것으로 보인다. 이유는 무엇인가? (힌트: Al은 표면에 산화물 $Al_2O_3$를 형성한다.)
(c) 소듐과 포타슘은 활동도 서열에서 구리보다 위에 위치한다. 이들 금속의 첨가 시 $CuSO_4$ 용액의 $Cu^{2+}$ 이온이 금속 구리로 변환되지 않는 이유를 설명하시오.
(d) 금속 M은 증기와 천천히 반응한다. 그 금속을 옅은 초록색의 황산 철(II) 용액에 넣을 때 눈에 보이는 변화는 없다. 활동도 서열에서 M을 어디에 배치해야 하는가?
(e) 전기 분해에 의해 알루미늄 금속이 얻어지기 전에는, 알루미늄 금속은 활성 금속으로 염화물($AlCl_3$)을 환원시켜 제조되었다. 이러한 방식으로 알루미늄을 생산하기 위해서 어떤 금속을 사용하겠는가?

9.165 다음의 "구리 사이클" 실험은 일부 일반 화학 실험실에서 수행된다. 일련의 반응은 구리로 시작하여 금속성 구리로 끝난다. 그 단계는 다음과 같다. (1) 질량이 알려진 구리선 조각을 농축 질산[생성물은 질산 구리(II), 이산화질소 및 물이다]과 반응시킨다. (2) 질산 구리(II)는 수산화 소듐 용액에 넣으면 수산화 구리(II) 침전물을 형성한다. (3) 가열 시, 수산화 구리(II)가 분해되어 산화 구리(II)를 생성한다. (4) 산화 구리(II)를 진한 황산과 반응시켜 황산 구리(II)를 생성한다. (5) 황산 구리(II)는 과량의 아연 금속으로 처리되어 금속 구리를 형성한다. (6) 잔류 아연 금속은 염산으로 제거하고 금속 구리는 여과, 건조 및 칭량한다.
(a) 각 단계마다 균형 잡힌 반응식을 쓰고 반응을 분류하시오.
(b) 학생이 65.6 g의 구리로 실험을 시작한다고 가정하고, 각 단계에서 이론적인 수율을 계산하시오.
(c) 단계의 특성을 고려하여, 처음에 사용된 대부분의 구리를 회수할 수 있는 이유에 대해 의견을 나누시오.

9.167 $Mg(NO_3)_2$ 1.615 g을 포함하는 22.02 mL의 용액을 NaOH 1.073 g이 포함된 28.64 mL의 용액과 혼합한다. 반응이 완료된 후 용액에 남아 있는 이온들의 농도를 계산하시오. 부피는 부가적(additive)이라고 가정한다.

## 유제 해답

**9.1** ❶ 강전해질, 강전해질, 약전해질

**9.2** ❶ (a) 가용성 (b) 불용성 (c) 가용성

**9.3** ❶ $(NH_4)_2CO_3(aq)+Ba(NO_3)_2(aq)$; $(NH_4)_2CO_3(aq)+Ba(NO_3)_2(aq) \longrightarrow BaCO_3(s)+2NH_4NO_3(aq)$; $2NH_4^+(aq)+CO_3^{2-}(aq)+Ba^{2+}(aq)+2NO_3^-(aq) \longrightarrow BaCO_3(s)+2NH_4^+(aq)+2NO_3^-(aq)$; $Ba^{2+}(aq)+CO_3^{2-}(aq) \longrightarrow BaCO_3(s)$

**9.4** ❶ $2NH_3(aq)+H_2SO_4(aq) \longrightarrow (NH_4)_2SO_4(aq)$; $2NH_3(aq)+H^+(aq)+HSO_4^-(aq) \longrightarrow 2NH_4^+(aq)+SO_4^{2-}(aq)$; $2NH_3(aq)+H^+(aq)+HSO_4^-(aq) \longrightarrow 2NH_4^+(aq)+SO_4^{2-}(aq)$

**9.5** ❶ O＝−1; Cl＝+1, O＝−2; Mn＝+4, O＝−2

**9.6** ❶ (a) $Ni(s)+Cu^{2+}(aq) \longrightarrow Ni^{2+}(aq)+Cu(s)$ (b) 반응 없음 (c) $Al(s)+Au^{3+}(aq) \longrightarrow Al^{3+}(aq)+Au(s)$

**9.7** ❶ (a) 반응 없음 (b) Au는 환원되고, Ag는 산화된다. (c) H는 환원되고, Sn은 산화된다. **9.8** ❶ (a) 0.707 *M* (b) 6.48 L (c) 16.1 몰 **9.9** ❶ 3.8 mL **9.10** ❶ 2.45 *M* **9.11** ❶ (a) −0.08 (b) 10.52 (c) 11.07 **9.12** ❶ (a) $7.8\times10^{-3}$ *M* (b) $2.6\times10^{-12}$ *M* (c) $1.3\times10^{-7}$ *M* **9.13** ❶ (a) 0.36 *M* (b) 0.36 *M* (c) 0.12 *M*

**9.14** ❶ 0.420 g **9.15** ❶ 206.4 mL **9.16** ❶ 91.2 mL

**9.17** ❶ 80.5 g/mol

## 절 복습

**9.1.1** c **9.1.2** e **9.1.3** b **9.1.4** c **9.1.5** b **9.2.1** a, b, d **9.2.2** a, c, d **9.2.3** b **9.2.4** b **9.2.5** b **9.3.1** a **9.3.2** b **9.3.3** e **9.3.4** d **9.4.1** e **9.4.2** a **9.4.3** a, b, d **9.4.4** a, d **9.5.1** d **9.5.2** a **9.5.3** b **9.5.4** c **9.5.5** a **9.5.6** d **9.6.1** a **9.6.2** d **9.6.3** c **9.6.4** a

Chapter

10

# 화학 반응에서 에너지 변화

## Energy Changes in Chemical Reactions

화석 연료(fossil fuel)는 재생이 불가능한 에너지원이다. 몇몇 보고들에 따르면 전 세계의 석유 연료는 앞으로 50년 이내에 고갈될 것이라고 하며 이 때문에 화학자들은 대체 연료를 찾는 데 힘을 기울이고 있다. 옥수수, 콩, 유채 씨, 심지어 해조류(사진)처럼 재생 가능한 원료로부터 만들어 내는 바이오 연료가 특히 관심을 끌고 있다. 바이오 연료의 한 종류인 바이오 디젤은 다양한 기름과 지방으로부터 쉽게 생산할 수 있으며, 자동차에 쓰이는 석유를 대체할 수 있는 잠재성을 갖고 있다.

## 들어가기 전에

- 단위 환산하기 [|◀◀1.4절]
- 화학 반응식 균형 맞추기 [|◀◀8.1절]
- 루이스 구조 그리기 [|◀◀6.3절]

# 10.1 에너지와 에너지 변화

앞서 우리는 물질이 물리적 또는 화학적으로 변화할 수 있음을 공부했다[|◀◀ 1.6절]. 예를 들어, 얼음이 녹을 때 물리적 변화는 다음 식으로 나타낼 수 있다.

$$H_2O(s) \longrightarrow H_2O(l)$$

구성 원소들로부터 물이 만들어지는 화학적 변화는 다음과 같은 식으로 나타낼 수 있다.

$$2H_2(g) + O_2(g) \longrightarrow 2H_2O(l)$$

두 변화 모두 에너지가 개입한다. 얼음이 녹을 때는 에너지(열의 형태)가 반드시 **공급되어야**(supplied) 하는 반면, 수소와 산소 기체가 폭발적으로 결합할 때는 에너지(열과 빛의 형태)가 **방출된다**(produced). 사실 물질에 일어나는 어떠한 변화에도 에너지의 흡수나 방출이 수반된다[|◀◀ 3.1절]. 이 절에서는 물리적, 화학적 과정에 따른 에너지 변화를 중점적으로 알아본다.

물리적 과정과 화학적 변화에 수반되는 에너지 변화를 해석하기 위해서는 먼저 **계**(system)를 정의해야 한다. 계는 우리가 관심을 갖는 우주의 특정한 부분이다. 화학자들은 일반적으로 물리적, 화학적 변화에 참여하는 물질을 계로 잡는다. 예를 들어, 얼음 조각이 녹는 과정에서 계는 얼음, 얼음을 제외한 나머지는 주위라고 할 수 있다. 산-염기 중화 실험에서는 반응물 HCl과 NaOH를 계, 반응물이 녹아 있는 물, 용액을 담고 있는 반응 용기를 포함한 나머지를 **주위**(surroundings)로 간주할 수 있다.

> **참조**
> "주위"는 계를 제외한 우주의 나머지 모든 부분을 가리키지만, 화학자들이 일반적으로 말하는 주위는 계와 직접 접해 있는(immediate) 우주의 일부분을 뜻한다.

생성물을 얻기 위해서가 아니라 에너지 변화를 이용할 목적으로 수행되는 화학 반응도 많다. 예를 들어, 화석 연료를 연소시켜 열에너지를 얻지만, 이산화 탄소와 물 같은 생성물을 이용하지는 않는다.

열에너지와 열을 구별하는 것은 중요하다. **열**(heat)은 서로 다른 온도의 두 물체 사이에서 일어나는 열에너지의 이동이다. 열이라는 단어 자체가 에너지의 이동을 의미하지만, 어떤 과정 중에 일어난 에너지의 변화를 설명할 때 우리는 "흡수된 에너지" 또는 "방출된 에너지"를 의미하는 "열의 흐름"이라는 표현을 관용적으로 쓰기도 한다. **열화학**(thermochemistry)은 화학 반응에 수반되는 열(열에너지의 이동)을 다루는 학문이다.

**그림 10.1** 수소 기체를 채운 독일의 비행선 힌덴부르크(Hindenburg)는 1937년 뉴저지의 레이크허스트(Lakehurst)에 착륙할 때 무서운 화염과 함께 폭발했다.

엄청난 양의 에너지를 방출하는 화학 반응인 수소가 산소와 함께 연소하는 반응을 보자(그림 10.1).

$$2H_2(g) + O_2(g) \longrightarrow 2H_2O(l) + \text{에너지}$$

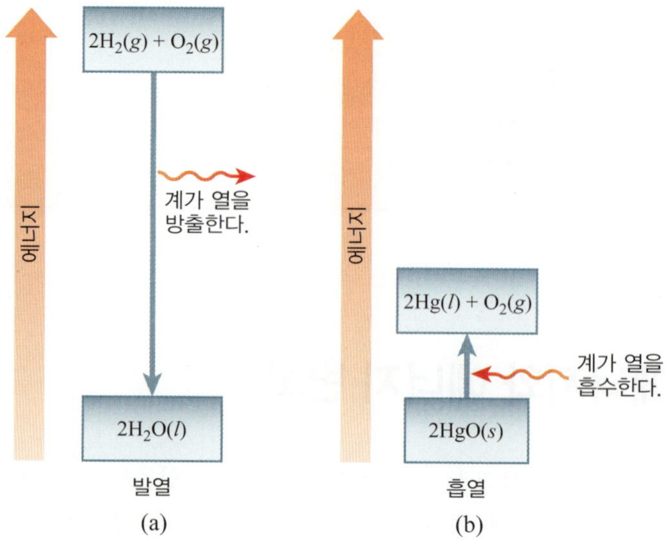


**그림 10.2** (a) 발열 반응. 계가 열을 방출한다. (b) 흡열 반응. 계가 열을 흡수한다.

> **참조**
> 전자가 들뜬상태로부터 낮은 상태로 전이할 때 광자를 방출하는 과정[|◀◀ 3.4절]과 1차 전자 친화도[|◀◀ 3.4절] 반응도 대부분 발열 과정이다.

이때 반응물과 생성물의 혼합물(수소, 산소, 물 분자들)을 **계**(system)로 잡는다. 에너지는 생성되거나 소멸될 수 없기 때문에 계가 방출한 에너지는 반드시 주위가 가져간다. 따라서 연소 과정에서 생성된 열은 계로부터 주위로 이동한다. 이렇게 계가 열을 방출하는(정확히 표현하면 계로부터 주위로 열에너지가 이동하는) 모든 과정을 **발열 과정**(exothermic process)이라고 한다. 그림 10.2에 수소 기체가 연소할 때 에너지 변화를 나타냈다.

다음으로 산화 수은(II) (mercury(II) oxide, HgO)이 고온에서 분해되는 과정을 보자.

$$\text{에너지} + 2HgO(s) \longrightarrow 2Hg(l) + O_2(g)$$

이 반응은 **흡열 과정**(endothermic process)이다. 반응이 일어나기 위해서는 주위로부터 계(HgO)로 열이 공급되어야 하기 때문이다[그림 10.2(b)]. 흡열 과정에서는 열에너지가 주위로부터 계로 이동한다.

> **참조**
> 여기서는 계가 방출하거나 흡수한 에너지가 모두 열에너지이므로 열이라고 언급한다. 10.2절에서는 일(work)의 형태로 나타나는 에너지를 알아본다.

그림 10.2에서, 발열 반응에서 생성물의 에너지는 반응물의 에너지보다 낮음을 알 수 있다. 반응물 $H_2$, $O_2$와 생성물 $H_2O$ 간 에너지 차이가 계가 주위로 방출하는 열이다. 반대로 흡열 반응에서는 생성물의 에너지가 반응물의 에너지보다 높다. 이때는 반응물 HgO와 생성물 Hg, $O_2$의 에너지 차이가 계가 주위로부터 흡수한 열이다.

> **참조**
> 정의를 나타낼 때는 세 줄 등호를 사용한다. 정의된 값은 유효 숫자 개수가 무한대인 정확수로 계산해야 함을 기억하자[|◀◀ 1.5절].

에너지의 SI 단위인 J을 다시 떠올려 보자. 이는 질량 2 kg인 물체가 1 m/s의 속력으로 움직이고 있을 때 갖는 에너지이다[|◀◀ 3.1절]. 에너지를 표현할 때 칼로리(cal)라는 다른 단위를 쓰기도 하는데, 원래 정의는 물 1 g을 1°C 올리는 데에 필요한 에너지이다. cal는 SI 단위는 아니지만 아직도 매우 흔하게 사용된다. cal를 J로 나타내면 다음과 같다.

$$1\text{ cal} \equiv 4.184\text{ J}$$

정의에 따라 4.184는 유효 숫자 개수가 무한대인 **정확수**(exact number)이다[|◀◀ 1.3절]. 영양 성분표에서 **칼로리**(calorie)라는 단어를 자주 접했을 것이다. 하지만 식품 포장지에 쓰여 있는 "칼로리"는 사실은 **킬로칼로리**(kilocalorie)이다. 식품의 에너지 함량을 나타낼 때는 보통 Cal의 C를 대문자로 써서 구분한다.

$$1\text{ Cal} \equiv 1000\text{ cal} \equiv 4184\text{ J}$$

## 10.1절 복습

**에너지와 에너지 변화**

**10.1.1** 723.01 J을 cal로 바꾸시오.

(a) 172.80 cal (b) 172.8 cal

(c) 3025.1 cal (d) 3025 cal

(e) 0.173 cal

**10.1.2** 어떤 식품 포장지에 1회 섭취량당 215 Cal라고 적혀 있다. 이를 J로 환산하시오.

(a) 51.4 J (b) $5.14 \times 10^4$ J

(c) $5.14 \times 10^{-2}$ J (d) $9.00 \times 10^2$ J

(e) $9.00 \times 10^5$ J

**10.1.3** 흡열 과정을 나타낸 반응을 고르시오.

(a) $2AX(g) + B_2(g) \longrightarrow A_2(g) + B_2X_2(g)$

(b) $A_2(g) + B_2X_2(g) \longrightarrow 2AX(g) + B_2(g)$

(c) $2AX(g) + B_2X_2(g) \longrightarrow A_2(g) + B_2(g)$

(d) $A_2(g) + B_2(g) \longrightarrow 2AX(g) + B_2X_2(g)$

(e) $B_2X_2(g) + B_2(g) \longrightarrow A_2(g) + 2AX(g)$

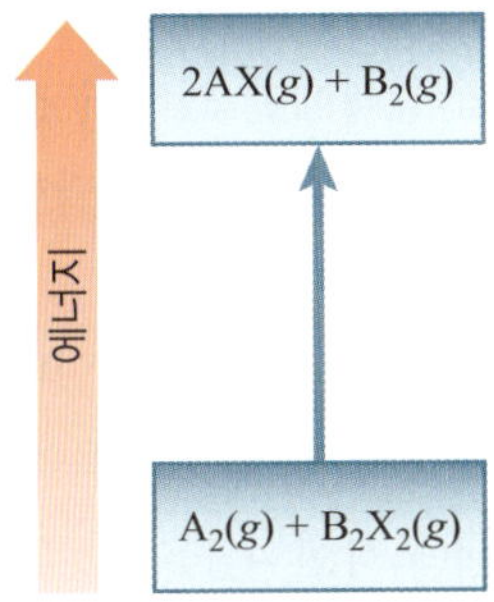


# 10.2 열역학 소개

열화학은 **열역학**(thermodynamics)라고 하는 더 넓은 주제의 일부이다. 열역학에서는 열과 다른 에너지들 간의 상호 전환을 과학적으로 접근한다. 열역학 법칙들을 통해 과정의 에너지론과 방향성을 이해하는 데 유용한 지침을 알 수 있다. 이 장에서는 열화학과 밀접한 관계에 있는 열역학 제1법칙을 소개할 것이다. 열역학에 대해서는 14장에서 더 논의할 것이다.

앞에서 우리가 들여다볼 우주의 일부분을 계로 정의했다. 계에는 세 종류가 있다. **열린계**(open system)는 물질과 에너지를 주위와 교환할 수 있다. 그림 10.3(a)와 같이 물이 담긴 플라스크의 뚜껑이 열려 있으면 열린계로 볼 수 있다. 그림 10.3(b)처럼 플라스크 뚜껑을 막으면 수증기가 용기 밖으로 탈출할 수도, 안으로 들어올 수도 없다. 이때를 **닫힌계**(closed system)라고 하며, **에너지**(energy)의 이동은 가능하지만 물질의 이동은 불가능하다. 그림 10.3(c)처럼 단열된 용기에 물을 넣으면 **고립계**(isolated system)가 되고, 물질과 에너지 모두 주위와 교환하지 못한다.

> **참조**
> 열린계와 닫힌계가 주위와 에너지를 교환할 때 보통 열의 형태로 교환한다.

## 상태와 상태 함수

열역학에서는 **계의 상태**(state of system) 변화를 연구한다. 계의 상태란 조성, 에너지, 온

**그림 10.3** (a) 열린계는 에너지와 물질 모두를 주위와 교환할 수 있다. (b) 닫힌계는 에너지는 교환하지만 물질은 교환하지 못한다. (c) 고립계는 에너지와 물질 모두 교환하지 못한다. (플라스크가 단열된 진공 덮개로 둘러싸여 있다.)

도, 압력, 부피 등과 같이 계에 연관된 모든 거시적인 성질들로 정의된다. 에너지, 압력, 부피, 온도는 **상태 함수**(state function)라고 하는데, 그 조건에 어떻게 도달하였는지에 관계없이 계의 상태에만 의해서 결정되는 성질이다. 즉, 계의 상태가 변할 때 상태 함수의 변화량은 어떻게 그 변화에 도달했는지에는 관계없이 오로지 계의 처음과 마지막 상태에 의해서만 결정된다.

학생이 6층 건물 안에 있다고 생각해 보자. 높이는 학생이 딛고 있는 층에 의존한다. 1층부터 4층까지 계단을 올라갈 때 높이 변화는 학생의 처음 상태(처음 출발한 1층)와 마지막 상태(도착한 4층)에만 의존한다. 4층으로 바로 올라갔는지 아니면 6층까지 올라갔다가 다시 4층으로 내려왔는지에 관계없이, 높이의 전체 변화는 처음 높이와 마지막 높이에만 의존하므로 동일하다. 따라서 높이는 상태 함수이다.

하지만 4층에 도착할 때까지 드는 힘은 어떻게 도달했느냐에 따라 달라진다. 6층으로 올라갔다가 다시 4층으로 내려오는 것이 힘이 더 많이 든다. 높이 변화에 필요한 힘은 상태 함수가 **아니다**. 또한 다시 1층으로 내려오면 높이의 전체 변화는 0이지만, 쓴 힘은 0이 **아니다**. 처음과 마지막 상태는 같지만 올라가고 내려오는 데 썼던 힘을 돌려받지는 못한다.

에너지 역시 상태 함수이다. 퍼텐셜 에너지를 예로 들면, 중력에 의한 퍼텐셜 에너지의 전체 증가량은 4층까지 어떻게 올라갔는지에 관계 없이 항상 일정하다(그림 10.4).

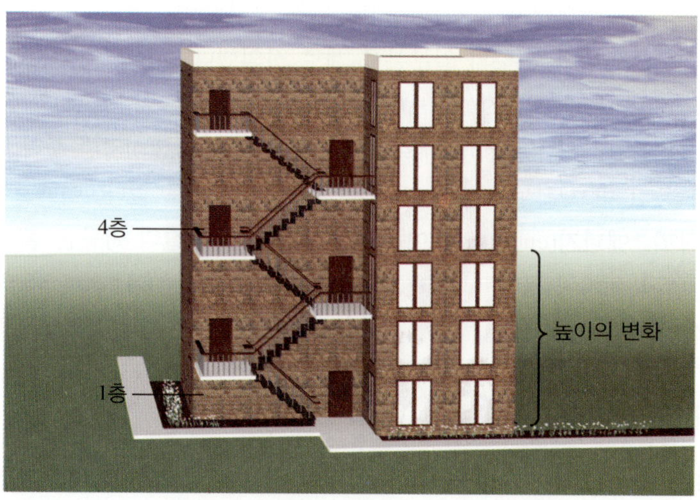


**그림 10.4** 1층부터 4층까지 이동할 때 높이의 변화는 어떤 경로를 택하든지 같다.

## 열역학 제1법칙

**열역학 제1법칙**(first law of thermodynamics)은 에너지 보존 법칙에 근거하여, 에너지가 다른 형태로 바뀔 수는 있어도 새로 만들어지거나 사라질 수는 없다고 서술한다. 우주의 전체 에너지 양을 측정하여 이 법칙을 입증할 수는 없다. 실제로는 작은 시료의 전체 에너지 양을 결정하는 단순한 작업조차도 극히 어렵다. 다행히도 에너지가 상태 함수라는 것을 이용하면, 어떤 과정에서 계의 초기 상태와 최종 상태 간 에너지 차이를 측정함으로써 제1법칙을 입증할 수 있다. 내부 에너지의 변화 $\Delta U$는 다음과 같다.

> **참조**
> $U$는 계(system)의 내부 에너지를 가리킬 때 사용한다. 대조적으로 $E$는 한 입자가 가지는 에너지 또는 특정 과정에 연관된 에너지를 가리킬 때 사용한다.

$$\Delta U = U_{\text{최종}} - U_{\text{초기}}$$

> **참조**
> Δ 기호는 보통 최종(final) 빼기 초기(initial)를 나타낼 때 사용한다.

$U_{\text{최종}}$와 $U_{\text{초기}}$는 최종 상태와 초기 상태에서 계의 내부 에너지이다. Δ 기호는 **최종**(final)에서 **초기**(initial)를 뺀다는 것을 뜻한다.

계의 내부 에너지는 운동 에너지와 퍼텐셜 에너지로 나눌 수 있다. 운동 에너지는 여러 종류의 분자 운동, 분자 내 전자의 운동으로 이루어져 있다. 퍼텐셜 에너지는 분자 내 전자–핵 인력, 전자–전자, 핵–핵 반발력, 뿐만 아니라 분자–분자 상호 작용에 의존한다. 이들 영향을 모두 다 정확하게 측정할 수는 없으며, 따라서 계의 전체 에너지를 계산하는 것은 절대로 불가능하다. 하지만 에너지의 **변화**(change)는 실험적으로 결정할 수 있다.

황 1몰과 산소 기체 1몰이 반응하여 이산화 황(sulfur dioxide) 1몰을 만드는 반응을 생각해 보자.

$$S(s) + O_2(g) \longrightarrow SO_2(g)$$

> **참조**
> 원소 황은 $S_8$ 분자로 존재하지만 반응식을 간단히 하기 위해 보통 S로만 나타낸다[◀◀ 8.1절].

이때 계는 반응물과 생성물 분자이다. 반응물 또는 생성물의 내부 에너지 각각을 알 수는 없지만, 에너지 양의 **변화**(change) $\Delta U$는 정확하게 측정할 수 있다.

$$\begin{aligned}\Delta U &= U(\text{생성물}) - U(\text{반응물})\\ &= SO_2(g)\ 1\text{몰의 에너지 양} - S(s)\ 1\text{몰과 } O_2(g)\ 1\text{몰의 에너지 양}\end{aligned}$$

이 반응은 정확히 296.4 kJ의 열을 방출한다. 따라서 생성물의 에너지는 반응물보다 낮으며, $\Delta U$는 음수이다($-296.4$ kJ/mol).

> **참조**
> 이 장의 후반부에서 에너지 변화를 측정할 때 사용하는 실험적 기법을 알아본다[◀◀ 10.4절].

반응을 통해 열이 방출되었다는 것은 계에 포함된 화학 에너지 일부가 열에너지로 전환되었음을 의미한다. 또한 계가 방출한 열에너지는 주위가 흡수한다. 계가 주위에 전달한 에너지는 우주의 전체 에너지를 변화시키지 않는다. 즉, 에너지 변화의 합은 0이다.

$$\Delta U_{\text{계}} + \Delta U_{\text{주위}} = 0$$

계가 어떤 에너지 변화 $\Delta U_{\text{계}}$를 일으키면 주위에는 반드시 그와 크기는 같고 부호는 반대인 에너지 변화가 일어난다.

$$\Delta U_{\text{계}} = -\Delta U_{\text{주위}}$$

방출된 에너지는 반드시 다른 곳에 흡수된다. 또한 에너지는 다른 형태의 에너지로 변할 수 있으므로, 어떤 계에서 잃어버린 에너지가 다른 계에서 다른 형태의 에너지로 흡수되기도 한다. 발전소에서 태운 석탄으로부터 방출된 에너지는 결국 우리 가정에서 전기, 열, 빛 에너지 등으로 나타난다.

## 일과 열

**참조**

열과 일의 단위는 에너지의 단위와 같은 J, kJ, 또는 cal 등을 쓴다.

앞에서 에너지는 일을 하거나 열을 전달할 수 있는 능력이라고 정의했던 것[|◀◀ 3.1절]을 떠올려 보자. 계가 열을 방출하거나 흡수하면 내부 에너지가 변한다. 마찬가지로 계가 주위로 일을 하거나 주위가 계에 일을 하면 계의 내부 에너지가 변한다. 계 내부 에너지의 전체 변화는 다음과 같다.

$$\Delta U = q + w \qquad \text{식 10.1}$$

$q$는 열(계가 방출하거나 흡수한)이고 $w$는 일(계가 **받거나** 계가 **행한**)이다. 열과 일 성분이 서로 상쇄되어 계의 내부 에너지에는 변화가 없을 수도 있다는 점을 유의하자.

**참조**

$q$와 $w$는 모두 상태함수가 아니고 계의 초기와 최종 상태 경로에 따라 달라진다. 하지만 흥미롭게도 $q$와 $w$의 합 $U$는 경로에 의존하지 않는 상태함수이다.

화학에서는 보통 주위보다 계의 에너지 변화가 더 중요하다. 따라서 별도의 표시 없이 $\Delta U$라고 쓰면 $\Delta U_{계}$를 의미한다. $q$와 $w$의 부호 관계는 다음과 같다. $q$는 흡열 과정에서 양수, 발열 과정에서 음수이고, $w$는 주위로부터 계가 일을 받으면 양수, 계가 주위로 일을 하면 음수이다. 표 10.1에 $q$와 $w$의 부호 관계를 정리해 놓았다.

그림 10.5에는 $q$와 $w$의 부호 관계에 담긴 논리를 나타냈다. 계가 주위로 열을 방출하거나 주위에 일을 하는 것은[그림 10.5(a)] 에너지를 잃는 과정이기 때문에 계의 내부 에너지가 감소할 것임을 예상할 수 있다. 따라서 $q$와 $w$는 모두 음수이다. 반대로 계가 열을 얻거나 일을 받으면[그림 10.5(b)] 계의 내부 에너지는 증가한다. 이때는 $q$와 $w$가 모두 양수이다.

예제 10.1에서 계의 내부 에너지의 전체 변화를 구하는 방법을 알아보자.

**표 10.1** 열($q$)과 일($w$)의 부호 관계

| 과정 | 부호 |
|---|---|
| 계가 흡수한 열(흡열 과정) | $q$는 양수 |
| 계가 방출한 열(발열 과정) | $q$는 음수 |
| 주위로부터 계가 받은 일(예: 압축) | $w$는 양수 |
| 계가 주위에 한 일(예: 팽창) | $w$는 음수 |

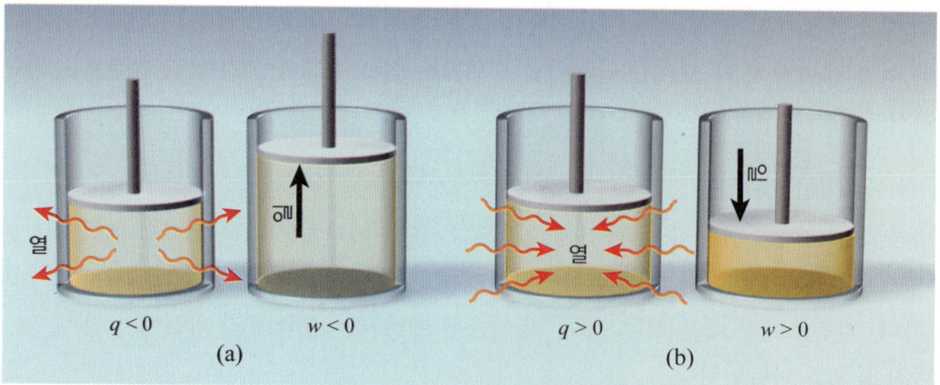


**그림 10.5** (a) 계가 (주위로) 열을 방출하면 $q$는 음수이다. 계가 (주위에) 일을 하면 $w$는 음수이다. (b) 계가 (주위로부터) 열을 흡수하면 $q$는 양수이다. 계가 (주위로부터) 일을 받으면 $w$는 양수이다.

## 예제 10.1

계가 열 188 J을 흡수하고 주위에 일 141 J을 할 때 내부 에너지의 전체 변화 $\Delta U$를 J 단위로 계산하시오.

**전략** 식 10.1에서 내부 에너지에 미치는 두 가지 요인 $q$와 $w$의 부호 관계를 생각한다.

**계획** 열을 흡수했으므로 $q$는 양수(positive)이다. 계가 주위에 일을 했으므로 $w$는 음수(negative)이다.

**풀이**

$$\Delta U = q + w = 188\,\text{J} + (-141\,\text{J}) = 47\,\text{J}$$

### 생각해 보기

$q$와 $w$의 부호 관계를 올바르게 접근했는지 표 10.1을 참고한다.

**유제 1** $7.05\times10^5$ kJ의 일을 주위에 대하여 행하고 전체 내부 에너지 변화가 $-9.55\times10^3$ kJ인 계에 대하여 $q$를 구하시오. 계가 열을 흡수하는지 혹은 방출하는지를 나타내시오.

**유제 2** 다음 중 가장 왼쪽의 그림은 어떤 과정이 일어나기 전의 계를 보여주고 있다. 계가 열을 방출하고 $\Delta U$가 양수인 어떤 과정을 거친 후의 계를 표현한 그림은 어느 것인가?

(i) (ii) (iii)

## 10.2절 복습

### 열역학의 기초

**10.2.1** 계가 열 43 J을 방출하고 일은 하지 않았을 때 내부 에너지의 전체 변화를 계산하시오.

(a) 43 J (b) $-2.3\times10^{-2}$ J (c) 0 J
(d) $2.3\times10^{-2}$ J (e) $-43$ J

**10.2.2** $\Delta U = -1.47\times10^3$ kJ이고 열을 928 kJ 방출했을 때 $w$를 계산하고, 계가 일을 했는지 혹은 일을 받았는지 결정하시오.

(a) $w = -1.36\times10^6$ kJ, 계가 일을 함 (b) $w = 1.36\times10^6$ kJ, 계가 일을 받음
(c) $w = -5.4\times10^2$ kJ, 계가 일을 함 (d) $w = 2.4\times10^3$ kJ, 계가 일을 받음
(e) $w = -2.4\times10^3$ kJ, 계가 일을 함

# 10.3 엔탈피

$\Delta U$를 계산하려면 $q$와 $w$의 부호와 값을 알아야 한다. 온도 변화를 측정함으로써 $q$를 구할 수 있다는 것을 10.4절에서 알아볼 것이다. $w$를 구하려면 반응이 일정 부피 조건에서 일어났는지 또는 일정 압력 조건에서 일어났는지를 알아야 한다.

> **참조**
> $NaN_3$의 폭발적인 분해 반응으로 자동차의 에어백을 부풀린다.

## 일정 부피 또는 일정 압력에서 일어나는 반응

아자이드화 소듐(sodium azide, $NaN_3$)이 서로 다른 두 실험에 의해 분해된다고 하자. 첫 번째 실험에서는 반응물이 부피가 변하지 않는 금속 실린더에 담겨 있다. 부피가 일정하게 닫힌 용기 내에서 $NaN_3$가 반응하면서 많은 양의 $N_2$ 기체를 뿜어낸다.

> **참조**
> 화학 반응이 할 수 있는 일 중 중요한 두 형태는 압력–부피 일과 전기적 일이다. 전기적 일은 18장에서 자세히 알아본다.

$$2NaN_3(s) \longrightarrow 2Na(s) + 3N_2(g)$$

이 반응에 의해 용기 내 압력은 올라갈 것이다. (압력이라는 개념은 11장에서 자세히 다룬다. 하지만 자동차나 자전거 타이어에 공기를 넣어 본 경험이 있으면 여기서도 이 개념을 이해할 수 있다.)

이제는 움직일 수 있는 피스톤이 장착된 금속 실린더에서 동일한 반응이 일어났다고 생각해 보자. 폭발적인 분해 반응이 진행되면서 피스톤이 움직일 것이다. 반응에서 생성된 기체가 피스톤을 위로 밀어내고, 용기의 부피가 늘어났기 때문에 압력은 증가하지 않았다. 이는 화학 반응이 기계적인 일을 하는 간단한 예이다. 특히 이런 종류의 일을 **압력–부피 일**(pressure–volume work) 또는 *PV* 일이라고 한다. 이 과정에서 한 일은 다음과 같다.

> **참조**
> 압력의 SI 단위는 파스칼(pascal, Pa)이고 $1\ kg/(m \cdot s^2)$을 뜻한다. 부피의 SI 단위는 세제곱미터($m^3$)이다. 따라서 압력(pressure)과 부피(volume)의 단위를 곱하면 $[1\ kg/(m \cdot s^2)] \times (m^3) = 1\ (kg \cdot m^2)/s^2$이고 이것은 줄(J)의 정의와 같다. 따라서 $P\Delta V$는 에너지(energy)의 단위이다. 흔히 쓰는 압력의 다른 단위로 기압(atmosphere, atm)이 있다 [◀◀ 11.3절]. 예제 10.2에서는 압력을 기압으로 나타냈다.

$$w = -P\Delta V \quad \text{식 10.2}$$

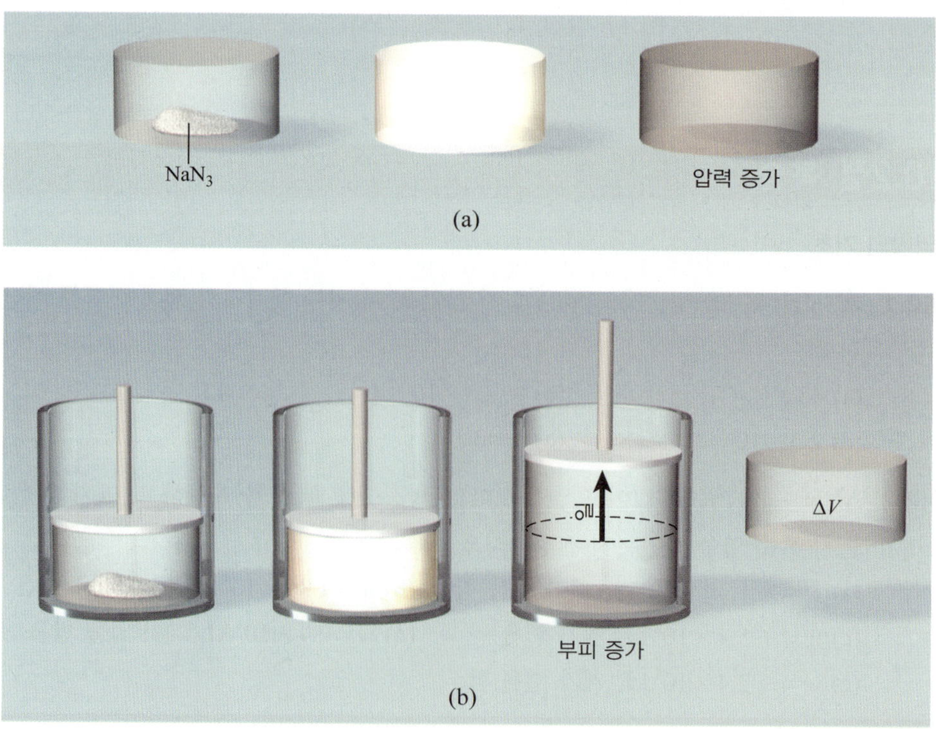


**그림 10.6** (a) 일정 부피에서 $NaN_3$가 폭발적으로 분해되면 용기의 압력이 증가한다. (b) 피스톤이 장착된 용기, 즉 일정 압력에서 분해되면 부피가 늘어난다. 계가 한 일을 계산할 때 부피 변화 $\Delta V$를 이용한다.

$P$는 외부에서 누르는 압력이고, $\Delta V$는 피스톤이 위로 밀려나면서 생긴 용기의 부피 변화이다. 부피가 증가하면 $w$가 음수이고 반대로 부피가 감소하면 $w$가 양수임을 표 10.1의 부호 관계와 연관시켜 보자. 그림 10.6에는 반응이 (a) 일정한 부피와 (b) 일정한 압력에서 일어날 때를 나타냈다.

예제 10.2에서 부피 변화에 의한 일을 계산하는 방법을 알아보자.

## 예제 10.2

일정한 온도에서 시료가 552 mL에서 891 mL로 팽창하면서 한 일을 J 단위로 계산하시오. (a) 일정한 압력 1.25 atm에서, (b) 일정한 압력 1.00 atm에서, (c) 진공에서 팽창한다.(1 L·atm=101.3 J)

**전략** 부피 변화 $\Delta V$, 외부 압력 $P$를 구하고 식 10.2를 이용한다. L·atm으로 나오는 결과를 1 L·atm=101.3 J을 이용하여 J로 환산한다.

**계획** $\Delta V=(891-552)\text{ mL}=339\text{ mL}$, (a) $P=1.25$ atm, (b) $P=1.00$ atm, (c) $P=0$ atm이다.

**풀이** (a) $w=-(1.25\text{ atm})(339\text{ mL})\left(\frac{1\text{ L}}{1000\text{ mL}}\right)\left(\frac{101.3\text{ J}}{1\text{ L}\cdot\text{atm}}\right)=-42.9\text{ J}$

(b) $w=-(1.00\text{ atm})(339\text{ mL})\left(\frac{1\text{ L}}{1000\text{ mL}}\right)\left(\frac{101.3\text{ J}}{1\text{ L}\cdot\text{atm}}\right)=-34.3\text{ J}$

(c) $w=-(0\text{ atm})(339\text{ mL})\left(\frac{1\text{ L}}{1000\text{ mL}}\right)\left(\frac{101.3\text{ J}}{1\text{ L}\cdot\text{atm}}\right)=0\text{ J}$

### 생각해 보기

(a)와 (b)에서 나온 음의 부호는 계가 주위에 일을 하는 것을 의미한다. 진공에서 팽창할 때는 일을 하지 않는다. 이 예제를 통해 일은 상태 함수가 아님을 알 수 있다. 부피 변화가 같더라도 팽창할 때 극복해야 하는 외부 압력에 따라 일이 달라진다.

**유제 1** (a) 어떤 기체 시료가 50.0 mL에서 219 mL까지 팽창했고 8.34 J의 일을 했다면, 외부 압력은 얼마인가?
(b) 외부 압력이 7.8 atm일 때, 200.0 mL의 기체 시료가 압축되면서 100.0 J의 일을 받았다면 부피는 얼마가 되겠는가?
(c) 외부 압력이 7.8 atm일 때, 200.0 mL의 기체 시료가 팽창하면서 100.0 J의 일을 했다면 부피는 얼마가 되겠는가?

**유제 2** 움직일 수 있는 피스톤이 달린 실린더에 기체 시료가 들어 있다. 어떤 과정이 일어난 후 그림 (i), (ii), (iii)처럼 되었다. 각 과정에서 $w$의 부호를 말하시오.

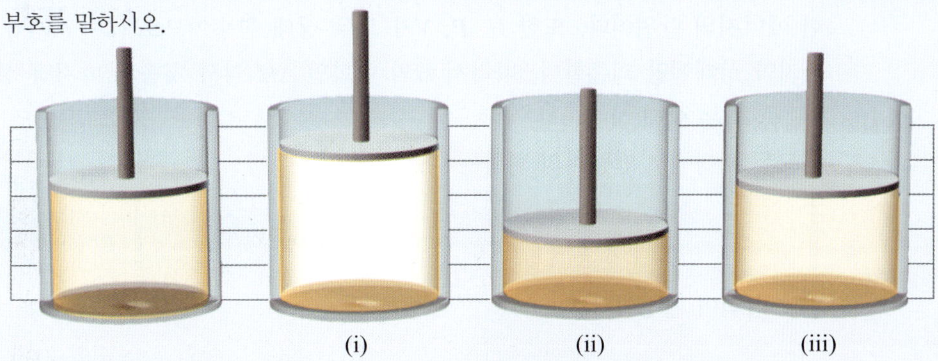


$w$ (양수, 음수, 0)

| | (i) | (ii) | (iii) |
|---|---|---|---|
| 외부 $P=5$ atm | | | |
| 외부 $P=0$ atm | | | |

일정 부피에서 화학 반응이 일어날 때는 식 10.2에서 $\Delta V=0$이므로 $PV$ 일을 할 수 없다. 식 10.1로부터,

$$\Delta U=q-P\Delta V \qquad \text{식 10.3}$$

또한 일정 부피에서 $P\Delta V=0$이므로,

$$q_V=\Delta U \qquad \text{식 10.4}$$

아래 첨자 $V$를 써서 일정 부피 과정임을 나타낸다. 이 등식이 생소해 보일 수도 있다. 앞에서 $q$는 상태 함수가 아니라고 언급했다. 하지만 일정 부피에서 일어나는 과정에서는 $q$가 $\Delta U$와 같은 값이다. 다시 말하면 $q$는 상태 함수가 아니지만 $q_V$는 상태 함수이다.

일정 부피 조건을 만드는 것은 때로는 불편하며 불가능할 때도 있다. 대부분의 반응은 열린 용기에서 일정한 압력 조건(일반적인 실험실에는 항상 대기압이 작용한다)에서 일어난다. 일정 압력 과정에서는 일반적으로 다음과 같이 쓸 수 있다.

$$\Delta U=q+w=q_P-P\Delta V$$

즉,

$$q_P=\Delta U+P\Delta V \qquad \text{식 10.5}$$

아래 첨자 $P$는 일정 압력을 나타낸다.

## 엔탈피와 엔탈피 변화

**엔탈피**(enthalpy, $H$)라는 계의 열역학적 함수는 식 10.6으로 정의한다.

$$H=U+PV \qquad \text{식 10.6}$$

$U$는 계의 내부 에너지, $P$와 $V$는 계의 압력이다. $U$와 $PV$가 에너지 단위이므로 엔탈피 또한 에너지의 단위이다. 또한 $U$, $P$, $V$가 모두 상태 함수이므로 $(U+PV)$의 변화도 처음과 마지막 상태에만 의존한다. 따라서 $H$의 변화인 $\Delta H$ 역시 처음과 마지막 상태에만 의존한다. 즉, $H$는 상태 함수이다.

모든 과정에서 엔탈피의 변화는 다음과 같다.

$$\Delta H=\Delta U+\Delta(PV) \qquad \text{식 10.7}$$

만약 압력이 일정하다면,

$$\Delta H=\Delta U+P\Delta V \qquad \text{식 10.8}$$

식 10.8을 $\Delta U$로 정리하면

$$\Delta U=\Delta H-P\Delta V$$

이어서 식 10.5의 $\Delta U$를 치환하면

$$q_P = (\Delta H - P\Delta V) + P\Delta V$$

$P\Delta V$는 상쇄되므로 일정 압력 과정에서 계와 주위 사이에 교환된 열은 엔탈피 변화와 같다.

$$q_P = \Delta H \qquad \text{식 10.9}$$

마찬가지로, $q$는 **상태 함수가 아니지만** $q_P$는 **상태 함수이다**. 즉, 일정한 압력에서 열은 $\Delta H$와 같은 값을 가질 수밖에 없다.

지금까지 반응에 수반되는 $\Delta U$와 $\Delta H$를 알아보았다. 일정 부피 조건에서 반응이 진행되면 열 $q_V$는 $\Delta U$와 같다. 반대로 일정 압력에서 반응이 일어난다면 열 $q_P$는 $\Delta H$와 같다.

실험실에서 일어나는 반응 대부분이 일정 압력 과정이므로 계와 주위 사이에 교환된 열은 그 과정의 엔탈피 변화와 같다. 어떤 반응이든지 **반응 엔탈피**(enthalpy of reaction, $\Delta H$)라고 하는 엔탈피의 변화는 생성물의 엔탈피와 반응물의 엔탈피 간 차이로 정의한다.

> **참조**
> 반응 엔탈피를 $\Delta H_{반응}$으로 쓰기도 한다. 아래 첨자를 바꿔서 특정한 반응이나 물리적 과정을 가리킬 수도 있다. 예를 들어, $\Delta H_{증발}$는 증발 과정에서 엔탈피 변화를 나타낸다.

$$\Delta H = H(\text{생성물}) - H(\text{반응물}) \qquad \text{식 10.10}$$

반응 엔탈피는 과정에 따라 양수일 수도 음수일 수도 있다. 계가 주위로부터 열을 흡수하는 흡열 과정에서 $\Delta H$는 양수이다. 계가 주위로 열을 방출하는 발열 과정에서 $\Delta H$는 음수이다.

지금까지 공부한 내용을 물리적, 화학적 변화에서 일어나는 엔탈피 변화에 적용해 보자.

## 열화학 반응식

일상적인 대기압에서 얼음은 0°C 이상에서 녹는다. 이 조건에서 얼음 1몰이 물이 될 때 계(얼음)는 열 6.01 kJ을 흡수한다. 일정한 압력이므로 열은 엔탈피 변화 $\Delta H$이다. 얼음이 주위로부터 열을 흡수하므로 **흡열**(endothermic) 과정($\Delta H > 0$)이다[그림 10.7(a)]. 이 물리적 변화를 식으로 나타내면

$$H_2O(s) \longrightarrow H_2O(l) \qquad \Delta H = +6.01 \text{ kJ/mol}$$

> **참조**
> 엄밀히는 양수에 부호를 쓸 필요가 없지만, 열화학적 부호 관례를 강조하기 위해 모든 양의 $\Delta H$ 값에도 부호를 표시한다.

$\Delta H$의 단위 중 "/mol"은 **반응식에 적힌 반응(혹은 과정) 1몰**당 엔탈피 변화를 나타낸다.

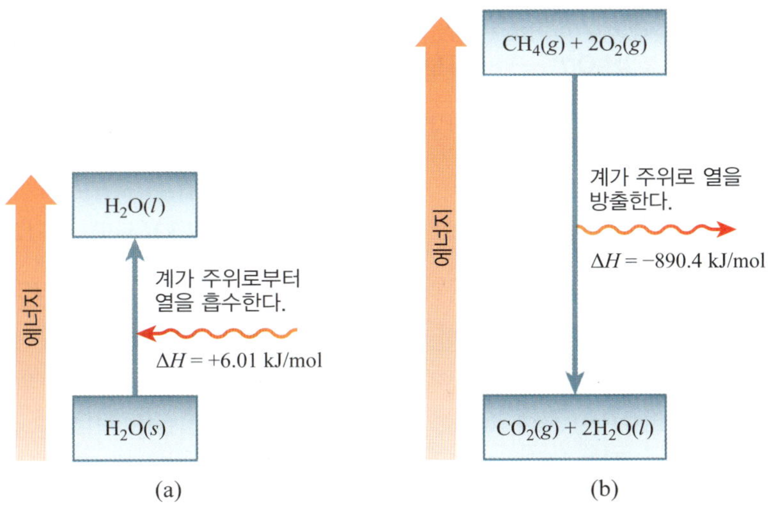


**그림 10.7** (a) 0°C에서 얼음 1몰이 녹는 과정은 엔탈피가 6.01 kJ 증가($\Delta H = +6.01$ kJ/mol)하는 흡열 과정이다. (b) 메테인 1몰이 산소와 만나 연소하는 과정은 계의 엔탈피가 890.4 kJ 감소($\Delta H = -890.4$ kJ/mol)하는 발열 과정이다.

즉, 여기서는 얼음 1몰이 물 1몰이 될 때를 의미한다.

이제 천연가스의 주성분인 메테인($CH_4$)의 연소를 살펴보자.

$$CH_4(g) + 2O_2(g) \longrightarrow CO_2(g) + 2H_2O(l) \qquad \Delta H = -890.4 \text{ kJ/mol}$$

천연가스를 태울 때 주위로 열이 방출된다는 것을 우리는 경험적으로 알고 있다. 따라서 발열 과정이다. 일정 압력 조건에서는 열이 엔탈피 변화이므로 $\Delta H$는 음수이다[그림 10.7(b)]. 여기서도 $\Delta H$의 단위에 적힌 "/mol"은 $CH_4$ 1몰이 $O_2$ 2몰과 반응하여 $CO_2$ 1몰과 액체 $H_2O$ 2몰이 될 때 열 890.4 kJ을 주위로 방출함을 나타낸다.

**참조**

방출하는 열량을 언급할 때는 음의 부호를 쓸 필요가 없다.

$\Delta H$를 kJ/mol로 쓰는 것은 어떤 특정한 반응물이나 생성물 **몰당**(per mole)을 뜻하는 것이 아님을 기억해야 한다. 균형 잡힌 반응식에서 반응하는 모든 화학종이 앞에 적힌 계수만큼 반응할 때를 의미한다. 따라서 메테인의 연소에서는 $-890.4$ kJ/mol이라는 $\Delta H$는 다음 중 어떤 방식으로도 나타낼 수 있다.

$$\frac{-890.4 \text{ kJ}}{1 \text{ mol } CH_4} \qquad \frac{-890.4 \text{ kJ}}{2 \text{ mol } O_2} \qquad \frac{-890.4 \text{ kJ}}{1 \text{ mol } CO_2} \qquad \frac{-890.4 \text{ kJ}}{2 \text{ mol } H_2O}$$

열역학을 더욱 자세히 들여다보면 $\Delta H$를 kJ/mol로 나타내는 것(단순히 kJ로가 아니라)이 중요하다는 것을 분명히 알게 되겠지만[|◀◀ 14장], 지금은 이러한 관례를 편하게 생각하고 받아들이자.

위에서 적은 얼음의 용융과 메테인의 연소 반응식은 화학 반응식에 질량 관계뿐 아니라 엔탈피 변화까지 나타낸 **열화학 반응식**(thermochemical equation)의 예이다. 어떤 반응의 엔탈피 변화를 적을 때는 반드시 균형 잡힌 화학 반응식을 명시해야 한다. 열화학 반응식을 능숙하게 다루기 위해서 다음 지침을 이용하면 도움이 될 것이다.

1. 엔탈피 변화를 분명히 하기 위해서는 열화학 반응을 쓸 때 모든 반응물과 생성물의 물리적 상태를 반드시 명시해야 한다. 예를 들어, 메테인의 연소 반응식에서 생성물을 액체 물이 아니라 수증기로 바꾸면 $\Delta H$ 값이 달라진다.

$$CH_4(g) + 2O_2(g) \longrightarrow CO_2(g) + 2H_2O(g) \qquad \Delta H = -802.4 \text{ kJ/mol}$$

엔탈피 변화가 $-890.4$ kJ(451쪽)이 아니라 $-802.4$ kJ인 이유는 액체 물 2몰이 수증기 2몰로 변할 때 88.0 kJ이 필요하기 때문이다.

$$2H_2O(l) \longrightarrow 2H_2O(g) \qquad \Delta H = +88.0 \text{ kJ/mol}$$

**참조**

여기서 "/mol"은 물 1몰당이 아니라 반응(reaction) 1몰당임을 기억하자.

2. 열화학 반응식 양쪽을 모두 $n$배 하면 $\Delta H$ 역시 $n$배가 되어야 한다. 따라서 얼음이 녹을 때 $n=2$라면,

$$2H_2O(s) \longrightarrow 2H_2O(l) \qquad \Delta H = 2(+6.01 \text{ kJ/mol}) = +12.02 \text{ kJ/mol}$$

3. 화학 반응식을 거꾸로 하면 반응물과 생성물이 서로 바뀐다. 따라서 $\Delta H$의 크기는 동일하지만 부호는 바뀐다. 만일 어떤 반응이 주위로부터 열에너지를 흡수(흡열)한다면 그 역반응은 주위로 열에너지를 방출(발열)해야만 하므로, 엔탈피 변화의 부호도 바뀌어야 한다. 따라서 얼음의 용융과 메테인의 연소를 뒤집으면, 열화학 반응식은 다음과 같다.

$$H_2O(l) \longrightarrow H_2O(s) \qquad \Delta H = -6.01\ \text{kJ/mol}$$

$$CO_2(g) + 2H_2O(l) \longrightarrow CH_4(g) + 2O_2(g) \qquad \Delta H = +890.4\ \text{kJ/mol}$$

흡열 과정을 거꾸로 하면 발열 과정이 되고, 그 역도 마찬가지이다.

**참조**

이 개념을 요약해서 쉽게 나타내면 다음과 같다.

$\Delta H_{\text{정반응}} = -\Delta H_{\text{역반응}}$

예제 10.3에서는 열화학 반응식을 이용하여 생성물의 질량과 반응에서 소모된 에너지의 관계를 계산하는 방법을 알아본다.

## 예제 10.3

광합성의 열화학 반응식을 이용하여 $C_6H_{12}O_6$ 75.0 g을 만들기 위해 필요한 태양 에너지를 계산하시오.

$$6H_2O(l) + 6CO_2(g) \longrightarrow C_6H_{12}O_6(s) + 6O_2(g) \qquad \Delta H = +2803\ \text{kJ/mol}$$

**전략** 열화학 반응식을 보면 $C_6H_{12}O_6$ 1몰이 만들어질 때 2803 kJ을 흡수함을 알 수 있다. $C_6H_{12}O_6$ 75.0 g을 생성할 때 에너지가 얼만큼 필요한지 알아야 하므로, $C_6H_{12}O_6$ 75.0 g이 몇 몰인지 먼저 알아야 한다.

**계획** $C_6H_{12}O_6$의 몰질량이 180.2 g/mol이므로

$$75.0\ \text{g}\ C_6H_{12}O_6 \times \frac{1\ \text{mol}\ C_6H_{12}O_6}{180.2\ \text{g}\ C_6H_{12}O_6} = 0.416\ \text{mol}\ C_6H_{12}O_6$$

열화학 반응식과 엔탈피 변화에 0.416만큼 곱한다.

**풀이**

$$(0.416\ \text{mol})[6H_2O(l) + 6CO_2(g) \longrightarrow C_6H_{12}O_6(s) + 6O_2(g)]$$

$$(0.416\ \text{mol})(\Delta H) = (0.416\ \text{mol})(2803\ \text{kJ/mol})$$

$$2.50H_2O(l) + 2.50CO_2(g) \longrightarrow 0.416C_6H_{12}O_6(s) + 2.50O_2(g) \qquad \Delta H = +1.17 \times 10^3\ \text{kJ}$$

따라서 $C_6H_{12}O_6$ 75.0 g을 만들 때 태양 에너지의 형태로 $1.17 \times 10^3$ kJ을 흡수한다. $\Delta H$의 단위 "/mol"은 $C_6H_{12}O_6$의 몰수를 곱하면서 상쇄됨을 주목하자.

### 생각해 보기

$C_6H_{12}O_6$ 양이 0.5몰보다 적으므로 엔탈피 변화 역시 $C_6H_{12}O_6$ 1몰이 생성될 때의 절반보다 적을 것임을 예상할 수 있다.

**유제 1** $2.49 \times 10^4$ kJ의 태양 에너지가 소비되었을 때 광합성으로 생산되는 $O_2$의 질량을 g 단위로 구하시오

**유제 2** 다음 그림은 화학 반응 전후의 계의 모습을 표현한 것이다. 처음 반응의 $\Delta H$는 1755.0 kJ/mol이다. 두 번째 반응의 $\Delta H$ 값을 구하시오.

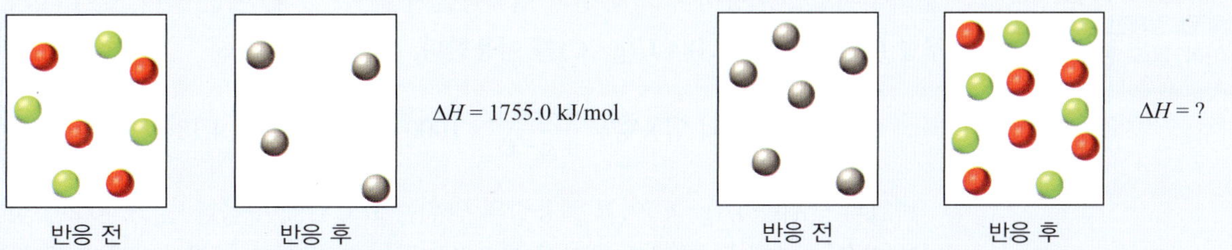

## 10.3절 복습

### 엔탈피

**10.3.1** 열화학 반응식 $H_2(g)+Br_2(l) \longrightarrow 2HBr(g)$, $\Delta H=-72.4$ kJ/mol에서 $Br_2(l)$가 1 kg 소모될 때 방출되는 열량을 계산하시오.

(a) $7.24\times10^4$ kJ
(b) 453 kJ
(c) 906 kJ
(d) 227 kJ
(e) 724 kJ

**10.3.2** 열화학 반응식 $2Cu_2O(s) \longrightarrow 4Cu(s)+O_2(g)$, $\Delta H=+333.8$ kJ에서 $1.47\times10^4$ kJ이 소모될 때 생성되는 구리의 질량을 계산하시오.

(a) 11.2 kg
(b) 176 kg
(c) 44.0 kg
(d) 334 kg
(e) 782 kg

# 10.4 열량 측정법

열화학 연구에서는 물리적, 화학적 과정에 동반되는 열을 측정하기 위해 **열량계**(calorimeter)라고 하는 특수 설계된 닫힌 용기를 이용한다. 먼저 중요한 두 용어 **비열**(specific heat)과 **열용량**(heat capacity)을 정의하면서 **열량 측정법**(calorymetery) 논의를 시작하기로 한다.

## 비열과 열용량

**참조**
보통 열용량은 물질에 대해서가 아니라 물체에 대해 언급하는데, "물체"란 정해진 양의 특정 물질을 가리키기도 한다.

물질의 **비열**(specific heat, $s$)은 물질 1 g의 온도를 1°C 올리는 데 필요한 열량이다. **열용량**(heat capacity, $C$)은 어떤 물체(object)의 온도를 1°C 올리는 데 필요한 열량이다. 어떤 물질의 비열을 이용하여 그 물질의 열용량을 구할 수 있다. 예를 들어, 물 1 kg의 열용량을 구할 때 물의 비열 4.184 J/(g·°C)를 이용한다.

$$\text{물 1kg의 열용량}=\frac{4.184\ \text{J}}{1\ \text{g}\cdot{}^\circ\text{C}}\times1000\ \text{g}=4184\ \text{또는}\ 4.184\times10^3\ \text{J/}^\circ\text{C}$$

비열의 단위는 J/(g·°C)이고 열용량의 단위는 J/°C임에 주목하자. 표 10.2에 몇몇 물질의 비열 값을 나타냈다. 비열과 물질의 양을 알면, 시료의 온도 변화($\Delta T$)를 통해 특정 과정에서 흡수하거나 방출하는 열량($q$)을 알 수 있다. 온도 변화에 의한 열을 계산하는 식은 다음과 같다.

$$q=sm\Delta T \qquad \text{식 10.11}$$

**표 10.2 물질의 비열**

| 물질 | 비열(J/g·°C) |
|---|---|
| Al($s$) | 0.900 |
| Au($s$) | 0.129 |
| C(흑연) | 0.720 |
| C(다이아몬드) | 0.502 |
| Cu($s$) | 0.385 |
| Fe($s$) | 0.444 |
| Hg($l$) | 0.139 |
| $H_2O(l)$ | 4.184 |
| $C_2H_5OH(l)$ (에탄올) | 2.46 |

$s$는 비열, $m$은 온도가 변하는 물질의 질량, $\Delta T$는 온도 변화 $\Delta T = T_{최종} - T_{초기}$이다. 온도 변화에 의한 열을 계산하는 또 다른 식은 다음과 같다.

$$q = C\Delta T \qquad \text{식 10.12}$$

$C$는 열용량이고 $\Delta T$는 온도 변화이다. $q$의 부호 관례는 엔탈피 변화와 동일하다. 흡열 과정에서는 양수, 발열 과정에서는 음수이다.

예제 10.4에서는 물질의 비열을 이용하여 온도 상승에 필요한 열량을 계산하는 방법을 알아본다.

**참조**

$C = sm$임을 주목하자. 비열은 물질의 성질, 열용량은 물체의 성질이지만, "물체"를 그 구성물의 특정한 양으로 정의하면 질량과 비열을 이용하여 열용량을 구할 수 있다.

## 예제 10.4

물 255 g을 25.2°C부터 90.5°C까지 가열하는 데 필요한 열량을 kJ 단위로 계산하시오.

**전략** 식 10.11($q = sm\Delta T$)을 이용하여 $q$를 계산한다.

**계획** $s = 4.184$ J/g·°C, $m = 255$ g, $\Delta T = 90.5°C - 25.2°C = 65.3°C$

**풀이**

$$q = \frac{4.184\ \text{J}}{\text{g}\cdot°\text{C}} \times 255\ \text{g} \times 65.3°\text{C} = 6.97 \times 10^4\ \text{J} \quad \text{또는} \quad 69.7\ \text{kJ}$$

### 생각해 보기

단위를 상쇄할 때 유의하고, kJ로 나타낸 숫자가 J로 나타냈을 때보다 작은지 확인한다. 단위를 환산할 때 1000을 나누는 것이 아니라 곱하는 실수를 자주 한다.

**유제 1** 처음 온도가 10.0°C인 물 514 g 시료에 90.8 kJ을 가하면 물의 최종 온도는 얼마가 되겠는가?

**유제 2** 다음에 같은 물질로 이루어진 두 개의 시료가 있다. 두 시료에 같은 양의 열을 가하였을 때 왼쪽 시료의 온도는 15.3°C만큼 증가하였다. 오른쪽 시료의 온도 증가를 구하시오.

## 일정 압력 열량계

그림 10.8에 나타낸 것과 같이 스티로폼 커피컵 두 개로 일정 압력 열량계를 대략적으로 구현할 수 있다. 커피컵 열량계라고 불리는 이 장치를 이용하면 산-염기 중화 반응, 용해열, 희석열 등 다양한 반응에서 계와 주위 간 열 교환을 측정할 수 있다. 압력이 일정하므로 과정에서 열($q$)은 엔탈피 변화($\Delta H$)와 같다. 이런 실험에서는 반응물과 생성물을 계로 잡고, 열량계에 들어 있는 물을 주위로 잡는다. 스티로폼 용기의 열용량은 매우 작으므로 무시한다. 발열 반응에서는 계가 방출한 열이 물(주위)에 흡수되어 물의 온도가 올라간다. 열량계 속 물의 질량을 알고 있으므로, 물의 비열과 온도 변화를 이용하여 계의 $q_P$를 계산할 수 있다.

$$q_{계} = -sm\Delta T \qquad \text{식 10.13}$$

음의 부호는 $\Delta T$가 양수일(온도가 올라갈) 때 $q_{계}$가 음수임을 나타낸다. 이는 표 10.1에 정리한 부호 관계와 일치한다. 음의 $\Delta H$, 즉 음의 $q$는 발열 과정을 의미하고, 양의 $\Delta H$ 즉 양의 $q$는 흡열 과정을 뜻한다. 표 10.3에는 일정 압력 열량계로 측정한 결과를 나열했다. 그림 10.9(458~459쪽)에는 어떤 반응의 $\Delta H$를 결정하기 위해 일정 압력 열량계를 어떻게 사용하는지를 나타냈다.

일정 압력 열량계를 이용하여 물질의 비열이나 물체의 열용량을 구할 수도 있다. 질량이 26.47 g이고 초기 온도가 89.98°C인 납 조각을 예로 들어보자. 일정 압력 열량계에 담긴 물 100.0 g(온도는 22.50°C)에 이 조각을 넣었더니 물의 온도가 23.17°C까지 올라갔다. 이때 납 조각을 계, 물을 주위라고 간주한다. 우리가 측정한 것은 주위의 온도이고 $q_{계} = -q_{주위}$이므로 주위의 $q_P$를 다음과 같이 계산한다.

$$q_{주위} = sm\Delta T \qquad \text{식 10.14}$$

따라서 물의 $q_{물}$은

$$q = \frac{4.184\ \text{J}}{\text{g}\cdot{}^\circ\text{C}} \times 1000.0\ \text{g} \times (23.17^\circ\text{C} - 22.50^\circ\text{C}) = 280\ \text{J}$$

이므로 $q_{납}$은 $-280$ J이다. 음의 부호는 납 조각이 **방출**(release)한 열을 뜻한다. $q_{납}$을 온도 변화 $\Delta T$로 나누면 납 조각의 열용량($C_{납}$)을 알 수 있다.

$$C_{납} = \frac{-280\ \text{J}}{23.17^\circ\text{C} - 89.98^\circ\text{C}} = 4.19\ \text{J}/^\circ\text{C}$$

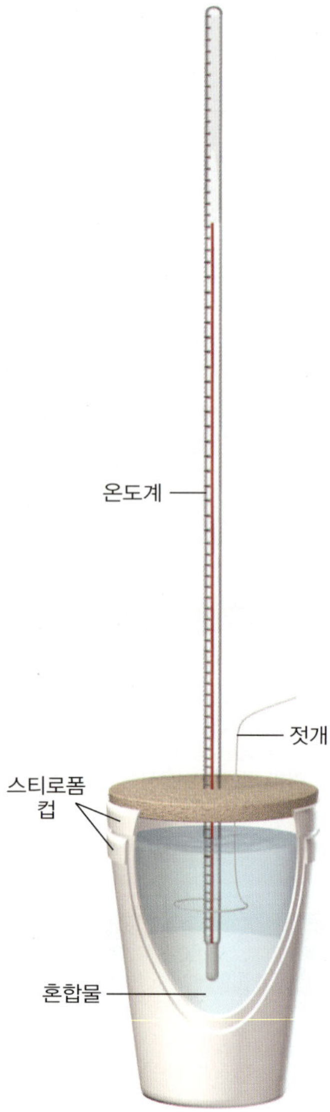


**그림 10.8** 스티로폼 컵 두 개로 만든 일정 압력 열량계. 바깥쪽에 둘러싼 컵은 반응 혼합물을 주위로부터 단열시켜 준다. 온도 변화를 측정하여 반응을 통해 방출 또는 흡수한 열을 알 수 있다.

**참조**

물의 온도와 납 조각의 온도가 같아지면 온도는 더 이상 변하지 않는다. 따라서 납 조각의 최종 온도 역시 23.17°C이다.

**표 10.3 일정한 압력에서 반응과 물리적 변화의 열**

| 반응 | 예 | $\Delta H$(kJ/mol) |
|---|---|---|
| 중화열 | $HCl(aq) + NaOH(aq) \longrightarrow H_2O(l) + NaCl(aq)$ | −56.2 |
| 이온화열 | $H_2O(l) \longrightarrow H^+(aq) + OH^-(aq)$ | +56.2 |
| 용융열 | $H_2O(s) \longrightarrow H_2O(l)$ | +6.01 |
| 기화열 | $H_2O(l) \longrightarrow H_2O(g)$ | +44.0* |

*25°C의 값. 100°C에서는 +40.79 kJ이다.

또한 납 조각의 **질량**(mass)을 알고 있으므로 납의 비열 $s_{납}$을 구할 수 있다.

$$s_{납}=\frac{C_{납}}{m_{납}}=\frac{4.19\ \text{J/°C}}{26.47\ \text{g}}=0.158\ \text{J/g·°C 또는 } 0.16\ \text{J/g·°C}$$

예제 10.5에서 일정 압력 열량계를 이용하여 물질의 열용량($C$)를 계산하는 방법을 알아보자. 그림 10.10(460~461쪽)에는 일정 압력 열량계를 이용하여 금속의 비열을 구하는 과정을 나타냈다.

## 예제 10.5

질량이 100.0 g, 온도가 88.4°C인 금속 조각을 25.1°C의 물 125 g에 넣었더니 최종 온도가 31.3°C가 되었다. 이 금속 조각의 열용량을 J/°C 단위로 계산하시오.

**전략** 물을 주위(surroundings), 금속 조각을 계(system)로 간주한다. 식 10.14($q_{주위}=sm\Delta T$)를 이용하여 물이 흡수한 열을 구한 다음, 식 10.12($q=C\Delta T$)를 이용하여 금속 조각의 열용량을 구한다.

**계획** $m_{물}=125$ g, $s_{물}=4.184$ J/g·°C, $\Delta T_{물}=31.3°\text{C}-25.1°\text{C}=6.2°\text{C}$이다. 물이 흡수한 열은 금속 조각이 방출한 열이다. $q_{물}=-q_{금속}$, $m_{금속}=100.0$ g, $\Delta T_{금속}=31.3°\text{C}-88.4°\text{C}=-57.1°\text{C}$이다.

**풀이** 식 10.14로부터

$$q_{물}=\frac{4.184\ \text{J}}{\text{g·°C}}\times 125\ \text{g}\times 6.2°\text{C}=3242.6\ \text{J}$$

따라서

$$q_{물}=-3242.6\ \text{J}$$

식 10.12로부터

$$-3242.6\ \text{J}=C_{금속}\times(-57.1°\text{C})$$

따라서

$$C_{금속}=57\ \text{J/°C}$$

### 생각해 보기

단위를 적절하게 상쇄하여 열용량을 올바른 단위로 도출한다. 또한 금속 조각의 온도가 내려가므로 $\Delta T_{금속}$은 음수이다.

**유제 1** 예제 10.5의 금속 조각이 처음에 116°C였고, 물이 23.8°C에서 46.3°C로 데워졌다면 물의 질량은 얼마인가?

**유제 2** 같은 물질로 구성된 두 시료의 온도가 온도계에 표시되어 있다. 두 시료를 합쳤을 때 최종 온도로 가장 적절한 것은 어느 것인가?

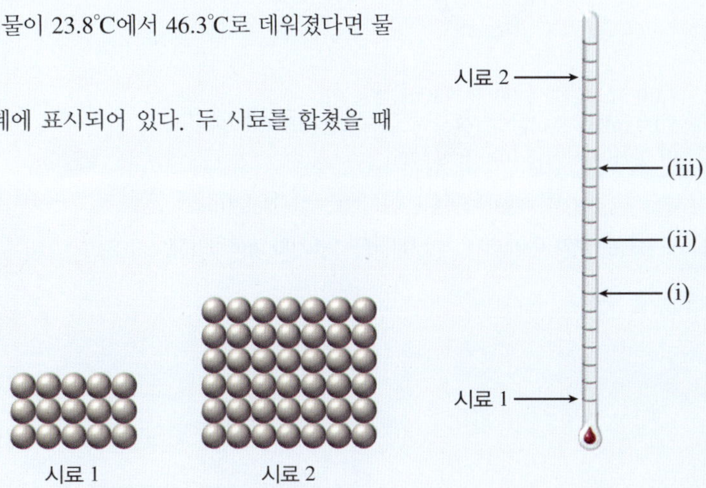

그림 10.9
## 일정 압력 열량계를 이용하여 $\Delta H^\circ_{반응}$ 구하기

시작

1.00 $M$ HCl과 1.00 $M$ NaOH 수용액을 50.0 mL씩 준비한다. 두 용액 모두 상온(25.0°C)이다. 이 반응에서 전체 이온 반응식은

$$H^+(aq) + OH^-(aq) \longrightarrow H_2O(l)$$

반응물은 각각 0.0500 L × 1.00 $M$ = 0.0500 mol씩이다.

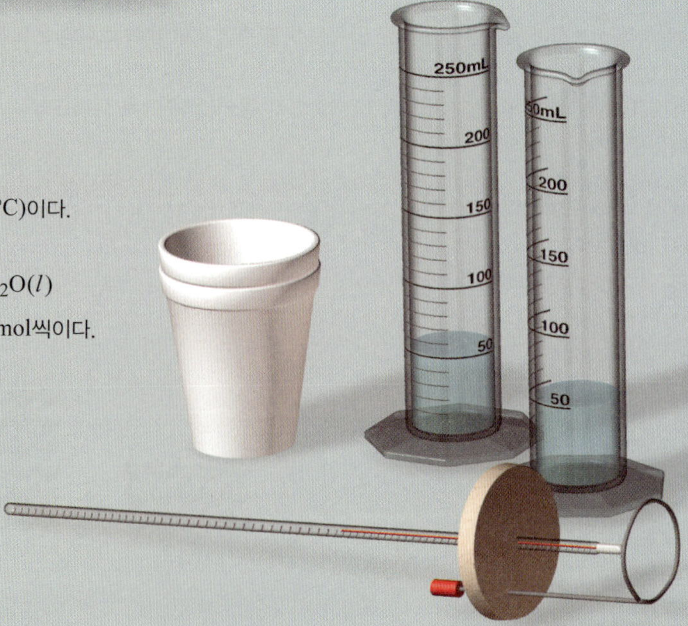


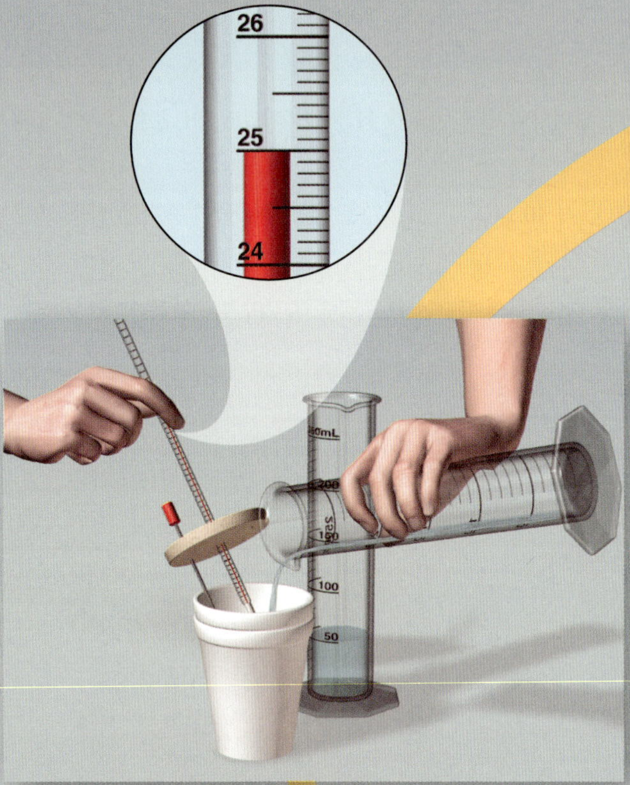

열량계에 용액을 하나씩 붓는다.

용액을 모두 넣은 후 열량계의 뚜껑을 닫아 에너지가 밖으로 빠져나가는 것을 막고, 용액이 완전히 섞일 수 있도록 저어준다.

반응이 진행되면서 방출한 에너지를 물이 흡수하여 온도가 올라간다. 수온이 31.7°C까지 올라갔다.

용액의 밀도와 비열을 물과 같다고 가정(1 g/mL, 4.184 J/g·°C)하고 $q_{용액}$을 다음과 같이 계산한다.

$$q_{용액} = \text{물의 비열} \times \text{물의 질량} \times \text{온도 변화}$$

$$= \frac{4.184\ \text{J}}{1\ \text{g}\cdot{}^\circ\text{C}} \times 100.0\ \text{g} \times (31.7 - 25.0)^\circ\text{C} = 2803\ \text{J}$$

열량계의 열용량을 무시할 수 있다고 가정하면, $q_{용액} = -q_{반응}$이므로 다음과 같이 쓸 수 있다.

$$q_{반응} = -2803\ \text{J}$$

이것은 $H^+$ 0.0500몰과 $OH^-$ 0.0500몰이 반응할 때 반응열이다. $q_{반응}$을 몰수로 나누어 $\Delta H_{반응}$을 구한다. (여기서는 반응물이 화학량론적 양만큼 있다. 만약 한계(limiting) 반응물이 있다면 한계 반응물의 몰수로 나눈다.)

$$\Delta H_{반응} = \frac{-2803\ \text{J}}{0.0500\ \text{mol}} = -5.61 \times 10^4\ \text{J/mol 또는 } -56.1\ \text{kJ/mol}$$

이 결과는 식 10.17[⏭ 10.6절]과 부록 2의 자료를 이용하여 구한 값과 매우 비슷하다.

## 요점 내용

일정 압력 열량계를 이용하여 $\Delta H_{반응}$(반응물이 균형 잡힌 반응식에 적힌 몰수만큼씩 반응할 때 반응열)을 구할 수 있다. 하지만 실험실에서 열량 측정 실험을 할 때는 보통 화학 반응식에 표시된 반응물의 몰수보다 훨씬 적은 양을 쓴다. 주위(반응물이 녹아 있는 물, 양은 알고 있다)의 온도 변화를 측정하여, 실험에 사용한 반응물의 양에 대한 $q_{반응}$을 구할 수 있다. 그 값을 반응물의 몰수로 나누어 $\Delta H_{반응}$을 구한다.

그림 10.10
## 일정 압력 열량계로 비열 구하기

금속 구슬에서 물로 에너지가 전달되면서 물의 온도는 올라가고 금속의 온도는 내려간다. 완전히 섞이도록 잘 저어준다. 온도계로 물의 온도를 측정한다.

물과 금속의 온도가 같아지면 물의 온도가 최대가 된다. 이때 온도가 34.1°C이다.

$q_{물} = -q_{금속}$에 알고 있는 정보들을 대입하면,

$$q_{물} = \text{물의 비열} \times \text{물의 질량} \times \text{온도 변화}$$
$$= \frac{4.184\ \text{J}}{1\ \text{g}\cdot{}^\circ\text{C}} \times 100.0\ \text{g} \times (34.1 - 25.0)^\circ\text{C} = 3807\ \text{J}$$
$$q_{금속} = \text{금속의 비열} \times \text{금속의 질량} \times \text{온도 변화}$$
$$= x \times 125.0\ \text{g} \times (34.1 - 100.0)^\circ\text{C} = -8238\ x\ \text{g}\cdot{}^\circ\text{C}$$

이므로

$$3807\ \text{J} = -(-8238\ x)\ \text{g}\cdot{}^\circ\text{C}$$
$$x = \frac{3807\ \text{J}}{8238\ \text{g}\cdot{}^\circ\text{C}} = 0.46\ \text{J/g}\cdot{}^\circ\text{C}$$

따라서 금속의 비열은 0.46 J/g·°C이다.

## 요점 내용

질량과 온도를 알고 있는 금속과 물을 혼합하여 금속의 비열을 구할 수 있다. 열량계의 열용량을 무시할 수 있다고 가정하면, 뜨거운 금속이 잃은 에너지와 찬물이 얻은 에너지는 동일하다.

## 일정 부피 열량계

연소열은 보통 일정 부피 열량계로 측정한다. 일반적으로 질량을 알고 있는 물질을 **일정 부피 통**(constant volume bomb) 또는 간단히 **통**(bomb)이라고 하는 강철 용기에 넣고 산소를 채운다. 이제 그림 10.11처럼 밀폐시킨 통을 단열 용기에 담긴 일정량의 물에 담근다. [강철통+통을 둘러싼 물 전체를 **열량계**(calorimeter)로 본다.] 시료를 전기 점화시키면 연소에 의해 방출된 열이 통과 물에 흡수된다. 물의 온도 변화를 측정함으로써 방출된 열을 구할 수 있다. 이 열량계는 반응이 일어나는 시간 동안 그리고 온도 변화를 측정하는 시간 동안에 외부로 열(또는 물질)이 주위로 빠져나가지 않는다고 가정할 수 있도록 특수하게 제작된다. 따라서 우리는 이 통과 통을 담은 물을 일종의 **고립계**(isolated system)로 볼 수 있다. 과정이 일어나는 동안 계에 열의 출입이 없으므로, 계의 전체 열($q_{계}$)은 0이다.

$$q_{열량계} = -q_{반응}$$

$q_{열량계}$와 $q_{반응}$은 각각 열량계와 반응에서의 열이다. 따라서,

$$q_{열량계} = -q_{반응}$$

$q_{열량계}$를 계산하려면 열량계의 열용량($C_{열량계}$)과 온도 변화를 알아야 한다.

$$q_{열량계} = C_{열량계}\Delta T \qquad \text{식 10.15}$$

또한, $q_{반응} = -q_{열량계}$이므로

$$q_{반응} = -C_{열량계}\Delta T \qquad \text{식 10.16}$$

열량계의 열용량($C_{열량계}$)은 연소열을 정확히 알고 있는 물질을 연소시켜 구한다. 예를 들어, 벤조산(benzoic acid, $C_6H_5COOH$) 시료 1.000 g을 연소시키면 열 26.38 kJ을 방출한다

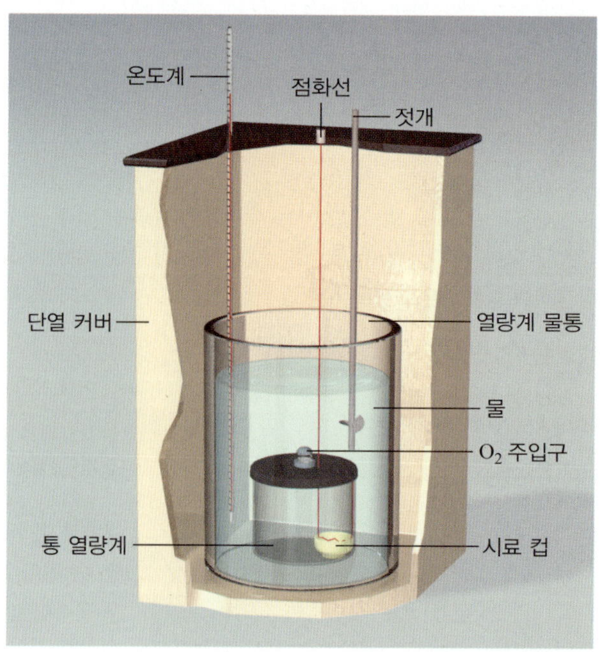


**그림 10.11** 일정 부피 통 열량계. 통 열량계를 물통에 담그기 전에 산소를 고압으로 채운다. 시료를 전기 점화시킨 후, 통 주위의 수온이 얼마나 올라가는지를 측정하여 반응에서 방출된 열을 구한다.

고 알려져 있다. 온도가 4.673°C 올라갔다면 열량계의 열용량은 다음과 같다.

$$C_{열량계} = \frac{q_{열량계}}{\Delta T} = \frac{26.38\ \text{kJ}}{4.673\ °\text{C}} = 5.645\ \text{kJ/°C}$$

일단 $C_{열량계}$를 구하고 나면, 다른 물질의 연소열을 측정할 때도 이용할 수 있다. 통 열량계 안에서 일어나는 반응은 일정 압력이 아니라 일정 부피 조건이므로, 측정된 열은 **엔탈피**(enthalpy) 변화($\Delta H$)가 아니라 **내부 에너지**(internal energy) 변화($\Delta U$)가 된다(식 10.4와 식 10.9 참조). 측정한 열을 보정하여 $\Delta H$ 값을 구할 수 있지만, 보통 그 차이는 매우 작기 때문에 여기서는 자세히 다루지 않겠다.

## 생각 밖 상식

### 열량계의 열용량

실험실에서 일정 압력 열량계를 이용할 때 보통은 스티로폼 컵이 열을 흡수하지 않는다고 가정한다. 하지만 실제로는 열량계도 반응에서 생성되는 열을 조금이긴 하지만 분명히 흡수한다. 농도와 질량을 정확하게 아는 반응물 용액을 혼합하여 커피컵 열량계의 열용량을 구할 수 있다. 일단 열용량을 구하고 나면, 다른 반응에서도 열량계가 흡수하는 열을 보정해 줄 수 있다.

0.250 $M$ HCl($aq$) 50.0 mL와 0.250 $M$ NaOH($aq$) 50.0 mL를 혼합하는 실험을 생각해 보자. 열량계와 용액은 처음에 23.50°C이고, 혼합된 용액의 밀도와 비열은 각각 1.000 g/mL와 4.184 J/g·°C로 물과 같다. 표 10.3의 중화열 값과 반응물의 몰수를 이용하여 반응열을 구할 수 있다. 반응물은 각각 0.0500 L×0.250 $M$=0.0125 mol이다. 따라서 계의 엔탈피 변화는 0.0125 mol×(−56.2 kJ/mol)=−0.703 kJ이다. J로 환산하고 식 10.13을 이용하여 반응물을 섞었을 때 예상되는 온도 변화를 계산한다.

$$q_{계} = -703\ \text{J} = -\frac{4.184\ \text{kJ}}{\text{g}\cdot°\text{C}} \times 100.0\ \text{g} \times \Delta T$$

$$\Delta T = \frac{-703\ \text{J}}{-(4.184\ \text{J/g}\cdot°\text{C})(100.0\ \text{g})} = 1.68°\text{C}$$

따라서 온도는 1.68°C 증가할 것으로 예상한다. 하지만 최종 온도를 측정해 보니 25.09°C로, 1.59°C밖에 상승하지 않았다. 중화 반응이 방출한 열 중 일부를 열량계가 흡수했기 때문에 물의 온도가 예상보다 적게 올라갔다. 식 10.14를 이용하여 열량계가 흡수한 열이 얼마인지 구할 수 있다. 일단 측정한 온도 변화를 이용해서 물이 흡수한 열량을 계산한다.

$$q_{주위} = \frac{4.184\ \text{J}}{\text{g}\cdot°\text{C}} \times 100.0\ \text{g} \times 1.59°\text{C} = 655\ \text{J}$$

반응은 703 J을 방출했지만 물은 665 J밖에 흡수하지 않았다. 나머지 에너지 703−665=38 J이 바로 열량계 자체가 흡수한 열 $q_{열량계}$이다. 식 10.12를 이용하여 열량계의 열용량을 계산한다.

$$38\ \text{J} = C_{열량계} \times 1.59°\text{C}$$

$$C_{열량계} = 23.9\ \text{J/°C}$$

**참조**

열량계의 처음과 마지막 온도는 용액의 온도와 같다.

예제 10.6에서 물질 1 g당 에너지 함량을 구할 때 일정 부피 열량계를 어떻게 이용하는지 알아본다.

## 예제 10.6

무게 7.25 g인 초코 쿠키의 에너지 함량을 구하기 위해 통 열량계에서 연소시켰다. 열량계의 열용량은 39.97 kJ/°C이다. 연소하는 동안 열량계 속 물의 온도가 3.90°C 올라갔다. 이 쿠키의 에너지 함량을 kJ/g 단위로 계산하시오.

**전략** 식 10.16($q_{반응} = -C_{열량계}\Delta T$)를 이용하여 쿠키가 연소할 때 방출한 열을 계산한다. 방출한 열을 쿠키의 질량으로 나누어 그램당 에너지 함량을 계산한다.

**계획** $C_{열량계} = 39.97$ kJ/°C이고 $\Delta T = 3.90$°C이다.

**풀이** 식 10.16을 이용하면 다음과 같다

$$q_{반응} = -C_{열량계}\Delta T = -(39.97\ \text{kJ/°C})(3.90\text{°C}) = -1.559 \times 10^2\ \text{kJ}$$

**참조**

결과 값에 음의 부호는 연소할 때 열을 방출함을 나타낸다.

에너지 함량은 양의 값이므로

$$\text{g당 에너지 함량} = \frac{1.559 \times 10^2\ \text{kJ}}{7.25\ \text{g}} = 21.5\ \text{kJ/g}$$

### 생각해 보기

쿠키 포장지의 라벨에는 1회 제공량이 쿠키 4개, 즉 29 g이며 에너지 함량이 150 Cal이라고 적혀 있다. 단위를 Cal/1회 제공량으로 환산하여 이 제시량이 맞는지 검증해 본다.

$$\frac{21.5\ \text{kJ}}{\text{g}} \times \frac{1\ \text{Cal}}{4.184\ \text{kJ}} \times \frac{29\ \text{g}}{\text{1회 제공량}} = 1.5 \times 10^2\ \text{Cal/1회 제공량}$$

**유제 1** 건포도 식빵의 에너지 함량은 13.1 kJ/g이다. 이 빵 한 조각(32.0 g)을 예제 10.6의 열량계 내에서 태웠을 때 온도가 얼마나 올라갈지 계산하시오.

**유제 2** 식품의 에너지 함량을 구하는 실험을 할 때, 열량계의 열용량을 구할 때 넣었던 물보다 더 적은 양의 물을 사용한다면 실험 결과에 어떤 영향이 있을지 설명하시오.

## 10.4절 복습

### 열량측정법

**10.4.1** 열량계의 열용량 $C_{열량계}$를 구하기 위해 벤조산 1.000 g을 태웠다. 반응을 통해 열 26.42 kJ이 방출되었고, 열량계 속 물의 온도가 23.40°C에서 27.20°C로 상승했다. 이 열량계의 열용량은 얼마인가?

(a) 3.80 kJ/°C
(b) 6.95 kJ/°C
(c) 100 kJ/°C
(d) 0.144 kJ/°C
(e) 7.81 kJ/°C

**10.4.2** 일정 압력 열량계 실험에서 어떤 반응이 열 21.8 kJ을 방출했다. 열량계 속 물의 양은 150 g, 초기 온도는 23.4°C이다. 물의 최종 온도는 얼마인가? 열량계의 열용량은 무시할 만큼 작다고 가정한다.

(a) 11.3°C
(b) 26.9°C
(c) 37.1°C
(d) 58.1°C
(e) 23.4°C

**10.4.3** $C_{열량계}$=5.01 kJ/°C인 통 열량계 안에서 일어나는 어떤 반응이 열 318 kJ을 방출했다. 물의 초기 온도가 24.8°C일 때, 최종 온도는 얼마인가?

(a) 88.3°C
(b) 63.5°C
(c) 29.8°C
(d) 162°C
(e) 76.7°C

**10.4.4** 일정 압력 열량계에 1.00 *M* HCl과 1.00 *M* NaOH 용액을 각각 50.0 mL씩 혼합하였다. 두 용액 모두 초기 온도가 24.4°C일 때, 혼합 용액의 최종 온도를 계산하시오. (표 10.3의 자료를 이용한다. 혼합 용액은 100.0 g이고 비열은 물과 동일하게 4.184 J/g·°C라고 가정한다.)

(a) 31.1°C
(b) 29.0°C
(c) 44.2°C
(d) 91.8°C
(e) 35.7°C

# 10.5 헤스의 법칙

엔탈피는 상태 함수이므로 엔탈피의 변화는 그 반응이 한 단계로 일어나든 여러 단계로 일어나든 관계없이 똑같다. 이것을 **헤스의 법칙**(Hess's law)[1]이라고 한다. 헤스의 법칙은 건물의 층에 비유할 수 있다. 예를 들어, 1층부터 6층까지 엘리베이터를 타고 올라갔다. 중력에 의한 퍼텐셜 에너지의 총 변화(전체 과정에서 엔탈피 변화에 비유할 수 있다)는 6층까지 바로 올라가든 아니면 층마다 멈췄다 올라가든 (이동을 단계별로 나눈다) 똑같다.

메테인 1몰이 연소할 때 일어나는 엔탈피 변화는 생성되는 물이 액체인지 기체인지에 따라 달라진다는 것을 10.3절에서 알아보았다. 액체 물이 생성될 때 더 많은 열을 방출한다. 이 반응이 두 단계로 일어난다고 상상하고 헤스의 법칙을 이해해 보자. 단계 1에서 메테인과 산소가 이산화 탄소와 액체 물이 되면서 열을 방출한다.

$$CH_4(g) + 2O_2(g) \longrightarrow CO_2(g) + 2H_2O(l) \qquad \Delta H = -890.4 \text{ kJ/mol}$$

1. 게르마인 헤스(Germain Henri Hess, 1802~1850): 스위스의 화학자. 스위스에서 태어났으나 러시아에서 일생의 대부분을 보냈다. 헤스의 법칙을 만들어 낸 공로로 열화학의 아버지로 불린다.

단계 2에서 액체 물이 증발하는데, 이때는 열을 흡수한다.

$$2H_2O(l) \longrightarrow 2H_2O(g) \qquad \Delta H = +88.0\text{ kJ/mol}$$

수학 방정식을 더하는 것처럼 균형 잡힌 반응식을 더할 수 있다. 화살표 양변에 있는 동일한 물질은 상쇄된다.

$$\begin{array}{lll} CH_4(g)+2O_2(g) \longrightarrow CO_2(g)+\cancel{2H_2O(l)} & & \Delta H = -890.4\text{ kJ/mol} \\ \quad +\cancel{2H_2O(l)} \longrightarrow 2H_2O(g) & & \Delta H = +88.0\text{ kJ/mol} \\ \hline CH_4(g)+2O_2(g) \longrightarrow CO_2(g)+2H_2O(g) & & \Delta H = -802.4\text{ kJ/mol} \end{array}$$

열화학 반응식을 더할 때 $\Delta H$ 또한 더하면 된다. 이렇게 알짜 반응에서 전체 엔탈피 변화를 얻을 수 있다. 이 방법으로 많은 반응(직접 실험하기가 불가능한 반응까지도)의 엔탈피 변화를 구할 수 있다. 합쳐서 원하는 전체 반응식이 나오도록 일련의 반응식들(단계에 해당한다)을 배열하여 헤스의 법칙을 적용한다. 헤스의 법칙을 적용할 때는 참여하는 반응식에 적절한 계수를 곱하거나, 역반응으로 바꾸거나, 아니면 둘 다 하는 방식으로 반응식들을 처리한다. 열화학 반응식을 처리하는 지침[|◀◀ 10.3절]을 잘 따르면서 각 단계의 엔탈피 변화도 적절하게 바꾸는 것이 중요하다.

예제 10.7에서는 헤스의 법칙을 사용하여 $\Delta H$를 구하는 방법을 알아본다.

## 예제 10.7

다음 열화학 반응식을 이용하여

$$NO(g)+O_3(g) \longrightarrow NO_2(g)+O_2(g) \qquad \Delta H = -198.9\text{ kJ/mol}$$

$$O_3(g) \longrightarrow \frac{3}{2}O_2(g) \qquad \Delta H = -142.3\text{ kJ/mol}$$

$$O_2(g) \longrightarrow 2O(g) \qquad \Delta H = +495\text{ kJ/mol}$$

다음 반응의 엔탈피 변화를 구하시오.

$$NO(g)+O(g) \longrightarrow NO_2(g)$$

**전략** 합쳐서 원하는 반응이 되도록 열화학 반응식들을 배열한다. 그에 맞게 엔탈피 변화도 적절히 바꾸고, 더해서 원하는 엔탈피 변화를 얻는다.

**계획** 첫 번째 반응의 반응물 NO는 계수가 맞으므로 그대로 쓴다.

$$NO(g)+O_3(g) \longrightarrow NO_2(g)+O_2(g) \qquad \Delta H = -198.9\text{ kJ/mol}$$

첫 번째 반응의 $O_3$를 상쇄시키려면($O_3$는 전체 반응식에 없다) 두 번째 반응식을 뒤집어야 한다. 이때 $\Delta H$도 부호를 바꿔야 한다.

$$\frac{3}{2}O_2(g) \longrightarrow O_3(g) \qquad \Delta H = +142.3\text{ kJ/mol}$$

두 단계를 더하면 다음과 같다.

$$\begin{array}{ll} NO(g) \ +\cancel{O_3(g)} \longrightarrow NO_2(g)+\cancel{O_2(g)} & \Delta H = -198.9\text{ kJ/mol} \\ +\frac{1}{2}O_2(g)\ \cancel{\frac{3}{2}O_2(g)} \longrightarrow \cancel{O_3(g)} & \Delta H = +142.3\text{ kJ/mol} \\ \hline NO(g)+\frac{1}{2}O_2(g) \longrightarrow NO_2(g) & \Delta H = -56.6\text{ kJ/mol} \end{array}$$

이제 식 왼쪽의 $\frac{1}{2}O_2(g)$를 O로 바꿔주려면, 세 번째 반응식을 2로 나누고 뒤집어야 한다. $\Delta H$도 2로 나누고 부호를 바꾼다.

$$O(g) \longrightarrow \frac{1}{2}O_2(g) \qquad \Delta H = -247.5\ \text{kJ/mol}$$

마지막으로 모든 단계를 합하면서 엔탈피 변화도 더한다.

**풀이**

$$\begin{array}{lll} NO(g) + O_3(g) \longrightarrow NO_2(g) + O_2(g) & & \Delta H = -198.9\ \text{kJ/mol} \\ \frac{3}{2}O_2(g) \longrightarrow O_3(g) & & \Delta H = +142.3\ \text{kJ/mol} \\ +O(g) \longrightarrow \frac{1}{2}O_2(g) & & \Delta H = -247.5\ \text{kJ/mol} \\ \hline NO(g) + O(g) \longrightarrow NO_2(g) & & \Delta H = -304\ \text{kJ/mol} \end{array}$$

### 생각해 보기

동일한 물질을 잘 상쇄시켰는지 다시 확인한다.

**유제 1** 예제 10.7의 열화학 반응식을 이용하여 다음 반응의 엔탈피 변화를 구하시오.

$$2NO_2(g) \longrightarrow 2NO(g) + O_2(g)$$

**유제 2** 화학종 5개가 참여하는 반응의 전후를 그림에 나타냈다. 각 화학종은 서로 다른 색깔로 나타내었다. 세 반응의 $\Delta H$ 값을 이용하여 마지막 반응의 $\Delta H$를 구하시오.

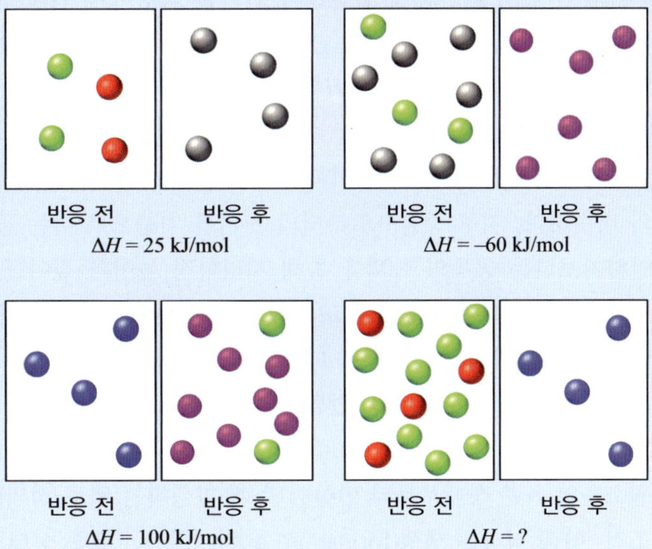


## 10.5절 복습

### 헤스의 법칙

**10.5.1** 다음을 이용하여 $3H_2(g) + O_3(g) \longrightarrow 3H_2O(g)$의 $\Delta H$를 구하시오.

$$2H_2(g) + O_2(g) \longrightarrow 2H_2O(g) \qquad \Delta H = -483.6\ \text{kJ/mol}$$

$$3O_2(g) \longrightarrow 2O_3(g) \qquad \Delta H = +284.6\ \text{kJ/mol}$$

(a) $-199$ kJ/mol (b) $-1010$ kJ/mol
(c) $-867.7$ kJ/mol (d) $+768.2$ kJ/mol
(e) $-440.8$ kJ/mol

**10.5.2** 다음을 이용하여 $P_4O_6(s)+2O_2(g) \longrightarrow P_4O_{10}(s)$의 $\Delta H_{반응}$을 구하시오.

$$P_4(s)+3O_2(g) \longrightarrow P_4O_6(s) \qquad \Delta H=-1640.1 \text{ kJ/mol}$$
$$P_4(s)+5O_2(g) \longrightarrow P_4O_{10}(s) \qquad \Delta H=-2940.1 \text{ kJ/mol}$$

(a) $-1300.0$ kJ/mol (b) $+4580.2$ kJ/mol
(c) $-4580.2$ kJ/mol (d) $+982.6$ kJ/mol
(e) $-982.6$ kJ/mol

# 10.6 표준 생성 엔탈피

지금까지 어떤 반응에서 엔탈피 변화를 측정하기 위해 일정한 압력에서 흡수하거나 방출하는 열을 측정하면 된다는 것을 공부했다. 또한 모든 반응물과 모든 생성물의 엔탈피를 알면 식 10.10을 이용하여 $\Delta H$를 계산할 수도 있다. 하지만 어떤 물질이 갖는 엔탈피의 **절대적인**(absolute) 값을 측정할 수 있는 방법은 없다. 임의의 기준에 대한 **상대적인**(relative) 값을 알 수 있을 뿐이다. 지리학자가 어떤 산이나 계곡의 고도를 표현할 때 직면하는 문제와 비슷하다. 지구 중심으로부터의 거리를 기준으로 하는 등의 "절대적인" 높이 척도를 고안하기보다는 공통의 합의를 통해 지리학적 높이와 깊이를 해수면에 대해 상대적으로 나타낸다. 이때 해수면 높이가 고도 0으로 정의하는 임의의 기준이다. 이처럼 화학자들도 엔탈피에 대한 임의의 기준점을 따른다.

모든 엔탈피는 **표준 생성 엔탈피**(standard enthalpy of formation, $\Delta H_f^\circ$)라고 하는 "해수면"을 기준으로 나타낸다. 표준 생성 엔탈피는 어떤 화합물 1몰을 그 화합물을 구성하는 원소들의 표준 상태로부터 만들어낼 때 발생하는 열로 정의한다. 위 첨자 "°"는 표준 상태 조건, 아래 첨자는 **생성**(formation)을 의미한다. "표준 상태로부터"라는 문구는 표준 상태, 즉 일상적인 대기압에서 그 원소의 가장 안정한 형태를 의미한다. 예를 들어, 산소 원소는 원자 산소(O), 이원자 산소($O_2$), 또는 오존($O_3$)으로 존재할 수 있다. 하지만 일상적인 대기압에서 가장 안정한 형태는 당연히 이원자 산소이다. 따라서 산소의 표준 상태는 $O_2$이다. 표준 상태는 온도를 따로 정의하지 않지만, 앞으로 $\Delta H_f^\circ$는 항상 25°C에서 측정된 값을 사용할 것이다.

많은 원소와 화합물의 표준 생성 엔탈피를 부록 2에 나열해 놓았다. 관례에 따라 모든 원소는 가장 안정한 형태에서 표준 생성 엔탈피가 0이다. 산소 원소를 다시 예로 들어보면, $\Delta H_f^\circ(O_2)=0$이지만, $\Delta H_f^\circ(O_3)\neq 0$, $\Delta H_f^\circ(O)\neq 0$이다. 비슷하게, 25°C 표준 상태에서 탄소의 동소체 중 가장 안정한 형태는 다이아몬드가 아니라 흑연이므로 $\Delta H_f^\circ$(흑연)$=0$, $\Delta H_f^\circ$(다이아몬드)$\neq 0$이다.

표준 생성 엔탈피는 일단 그 값을 알면 **표준 반응 엔탈피**(standard enthalpy of reaction, $\Delta H^\circ_{반응}$)를 쉽게 계산할 수 있다는 점이 중요하다. 표준 반응 엔탈피는 어떤 반응이 표준 상태에서 일어날 때 엔탈피 변화로 정의한다. 가상의 반응을 생각해 보자.

$$aA + bB \longrightarrow cC + dD$$

$a$, $b$, $c$, $d$는 화학량론적 계수이다. 이 반응에서 $\Delta H^\circ_{반응}$는 다음과 같다.

$$\Delta H^\circ_{반응} = [c\Delta H^\circ_f(C) + d\Delta H^\circ_f(D)] - [a\Delta H^\circ_f(A) + b\Delta H^\circ_f(B)] \quad \text{식 10.17}$$

식 10.17을 일반화하면

$$\Delta H^\circ_{반응} = \sum n\,\Delta H^\circ_f(생성물) - \sum m\,\Delta H^\circ_f(반응물) \quad \text{식 10.18}$$

$m$과 $n$은 각각 반응물과 생성물의 화학량론적 계수, $\sum$(시그마)는 합을 의미한다. 계산할 때 화학량론적 계수는 단위가 없는 숫자로 취급한다. 따라서 표준 반응 엔탈피의 단위는 kJ/mol이며, "/mol"은 적혀 있는 반응 1몰당을 의미한다. 식 10.18을 이용하여 $\Delta H^\circ_{반응}$을 계산하려면 반응에 참여하는 화합물의 $\Delta H^\circ_f$ 값을 알아야 한다. 직접적 혹은 간접적인 방법으로 구한 $\Delta H^\circ_f$ 값을 부록 2에 수록하였다.

구성 원소로부터 쉽고 안전하게 만들어낼 수 있는 화합물은 $\Delta H^\circ_f$를 직접적으로 측정할 수 있다. 이산화 탄소의 생성 엔탈피를 알고 싶으면 표준 상태에 있는 탄소(흑연)와 산소 분자가 표준 상태의 이산화 탄소로 전환될 때 반응 엔탈피를 측정해야 한다.

$$C(흑연) + O_2(g) \longrightarrow CO_2(g) \qquad \Delta H^\circ_{반응} = -393.5\ \text{kJ/mol}$$

우리는 이 연소 반응이 완결된다는 것을 경험상 알고 있다. 따라서 식 10.18을 다음과 같이 쓸 수 있다.

$$\Delta H^\circ_{반응} = \Delta H^\circ_f(CO_2) - [\Delta H^\circ_f(흑연) + \Delta H^\circ_f(O_2)] = -393.5\ \text{kJ/mol}$$

흑연과 $O_2$는 그 원소들의 동소체 중 가장 안정한 형태이므로, $\Delta H^\circ_f$(흑연)과 $\Delta H^\circ_f(O_2)$는 모두 0이다. 따라서,

$$\Delta H^\circ_{반응} = \Delta H^\circ_f(CO_2) = -393.5\ \text{kJ/mol}$$
$$\Delta H^\circ_f(CO_2) = -393.5\ \text{kJ/mol}$$

표준 상태에 있는 원소의 $\Delta H^\circ_f$를 임의로 0으로 잡았지만, 계산 결과에는 영향을 주지 않는다. 열화학에서 우리가 관심을 가지는 것은 엔탈피 **변화**(change)라는 것을 기억하자. 엔탈피 변화는 실험적으로 결정할 수 있지만, 엔탈피의 절대적인 값은 그렇지 않다. 엔탈피의 "기준치"인 0을 잡는 것은 계산을 간단하게 하기 위함이다. 지표면 고도와 다시 비교해보면, 세계에서 가장 높은 에베레스트산(Mt. Everest)은 북미에서 가장 높은 디날리산(Mt.Denali)보다 2654 m 더 높다. 고도의 기준점을 해수면으로 잡든 지구 중심으로 잡든 고도의 차이는 같다.

$SF_6$, $P_4O_{10}$, $CS_2$ 등도 직접적인 방법을 적용할 수 있는 화합물이다. 이 화합물의 합성 반응식은

$$\text{S(사방정)} + 3\text{F}_2(g) \longrightarrow \text{SF}_6(g)$$
$$\text{P}_4\text{(백린)} + 5\text{O}_2(g) \longrightarrow \text{P}_4\text{O}_{10}(s)$$
$$\text{C(흑연)} + 2\text{S(사방정)} \longrightarrow \text{CS}_2(l)$$

S(사방정)과 P(백린)은 각각 25°C, 1 atm에서 황과 인의 가장 안정한 동소체이므로 이들의 $\Delta H^\circ_f$는 0이다.

예제 10.8에서 $\Delta H^\circ_f$를 이용하여 $\Delta H^\circ_{\text{반응}}$을 구하는 방법을 알아본다.

## 예제 10.8

부록 2의 자료를 사용하여 $\text{Ag}^+(aq) + \text{Cl}^-(aq) \longrightarrow \text{AgCl}(s)$의 $\Delta H^\circ_{\text{반응}}$을 구하시오.

**전략** 식 10.18 [$\Delta H^\circ_{\text{반응}} = \sum n\Delta H^\circ_f(\text{생성물}) - \sum m\Delta H^\circ_f(\text{반응물})$]과 부록 2의 $\Delta H^\circ_f$ 값을 사용하여 $\Delta H^\circ_{\text{반응}}$을 구한다.

**계획** $\text{Ag}^+(aq)$, $\text{Cl}^-(aq)$, $\text{AgCl}(s)$의 $\Delta H^\circ_f$ 값은 각각 +105.9, −167.2, −127.0 kJ/mol이다.

**풀이** 식 10.18을 이용하여,

$$\begin{aligned}\Delta H^\circ_{\text{반응}} &= \Delta H^\circ_f(\text{AgCl}) - [\Delta H^\circ_f(\text{Ag}^+) + \Delta H^\circ_f(\text{Cl}^-)] \\ &= -127.0\ \text{kJ/mol} - [(+105.9\ \text{kJ/mol}) + (-167.2\ \text{kJ/mol})] \\ &= -127.0\ \text{kJ/mol} - (-61.3\ \text{kJ/mol}) = -65.7\ \text{kJ/mol}\end{aligned}$$

### 생각해 보기

음의 부호를 빠뜨리거나 잘못 쓰지 않도록 주의한다. 부호를 놓치기 쉽다.

**유제 1** 부록 2의 자료를 사용하여, $2\text{SO}(g) + \frac{2}{3}\text{O}_3(g) \longrightarrow 2\text{SO}_2(g)$의 $\Delta H^\circ_{\text{반응}}$을 구하시오.

**유제 2** 어떤 계의 반응 전과 후를 그림에 나타냈다. 표에 적힌 $\Delta H^\circ_f$ 값을 이용하여 그림에 나타낸 과정에서 $\Delta H^\circ_{\text{반응}}$을 구하시오.

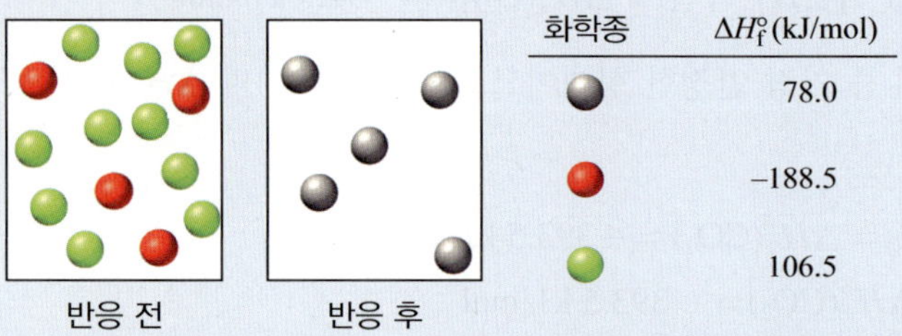


구성하는 원소로부터 직접 합성할 수 없는 화합물들도 많다. 어떤 반응은 너무 느리고, 어떤 반응은 부반응 때문에 원하는 화합물 외의 다른 물질이 만들어지기도 한다. 이럴 때는 헤스의 법칙을 이용하여 **간접적인**(indirect) 방법으로 $\Delta H^\circ_f$를 구한다. $\Delta H^\circ_{\text{반응}}$를 구할 수 있는 일련의 반응들을 알고 있으면, 각 단계들을 합쳤을 때 원하는 화합물의 생성 반응식에 해당하도록 반응들을 배열하여 화합물의 $\Delta H^\circ_f$를 계산할 수 있다.

예제 10.9에서는 구성하는 원소들로부터 쉽게 만들 수 없는 화합물의 $\Delta H^\circ_f$를 헤스의 법칙을 이용하여 간접적으로 구하는 방법을 알아본다.

## 예제 10.9

다음 정보를 이용하여 아세틸렌(acetylene, $C_2H_2$) 의 표준 생성 엔탈피를 계산하시오.

$$C(\text{흑연})+O_2(g) \longrightarrow CO_2(g) \qquad \Delta H^\circ_{\text{반응}}=-393.5\ \text{kJ/mol} \qquad (1)$$

$$H_2(g)+\frac{1}{2}O_2(g) \longrightarrow H_2O(l) \qquad \Delta H^\circ_{\text{반응}}=-285.8\ \text{kJ/mol} \qquad (2)$$

$$2C_2H_2(g)+5O_2(g) \longrightarrow 4CO_2(g)+2H_2O(l) \qquad \Delta H^\circ_{\text{반응}}=-2598.8\ \text{kJ/mol} \qquad (3)$$

**전략** 더해서 원하는 반응식이 되도록 반응식을 배열한다. 반응식을 뒤집거나 상수를 곱해야 할 수도 있다. 그러한 변화에 대해, $\Delta H^\circ_{\text{반응}}$ 값 역시 해당하는 변화를 주어야 한다.

**계획** 원하는 반응인 아세틸렌의 표준 생성 엔탈피에 해당하는 반응은

$$2C(\text{흑연})+H_2(g) \longrightarrow C_2H_2(g)$$

반응식 (1)과 $\Delta H^\circ_{\text{반응}}$ 값에 2를 곱한다.

$$2C(\text{흑연})+2O_2(g) \longrightarrow 2CO_2(g) \qquad \Delta H^\circ_{\text{반응}}=-787.0\ \text{kJ/mol}$$

반응식 (2)는 그대로 쓰면 된다.

$$H_2(g)+\frac{1}{2}O_2(g) \longrightarrow H_2O(l) \qquad \Delta H^\circ_{\text{반응}}=-285.8\ \text{kJ/mol}$$

반응식 (3)을 뒤집어서 2로 나눈다.

$$2CO_2(g)+H_2O(l) \longrightarrow C_2H_2(g)+\frac{5}{2}O_2(g) \qquad \Delta H^\circ_{\text{반응}}=+1299.4\ \text{kJ/mol}$$

> **참조**
> 반응식 (3)의 원래 $\Delta H^\circ_{\text{반응}}$ 값을 2로 나누고 부호를 바꾼다.

**풀이** 얻어지는 식과 대응하는 $\Delta H^\circ_{\text{반응}}$ 값을 합친다.

$$2C(\text{흑연})+\cancel{2O_2(g)} \longrightarrow \cancel{2CO_2(g)} \qquad \Delta H^\circ_{\text{반응}}=-787.0\ \text{kJ/mol}$$

$$H_2(g)+\cancel{\frac{1}{2}O_2(g)} \longrightarrow \cancel{H_2O(l)} \qquad \Delta H^\circ_{\text{반응}}=-285.8\ \text{kJ/mol}$$

$$\cancel{2CO_2(g)}+\cancel{H_2O(l)} \longrightarrow C_2H_2(g)+\cancel{\frac{5}{2}O_2(g)} \qquad \Delta H^\circ_{\text{반응}}=+1299.4\ \text{kJ/mol}$$

$$2C(\text{흑연})+H_2(g) \longrightarrow C_2H_2(g) \qquad \Delta H^\circ_f=+226.6\ \text{kJ/mol}$$

### 생각해 보기

원소 성분(표준 상태)으로부터 하나의 생성물 1몰이 생성되는 반응에서만 $\Delta H^\circ_{\text{반응}}$이 $\Delta H^\circ_f$라는 것을 기억한다.

**유제 1** $HCl(g)$의 $\Delta H^\circ_f=-92.3$ kJ/mol이다. 다음 자료를 이용하여 반응식 (3)에서 생성물 두 종류와 $\Delta H^\circ_{\text{반응}}$을 구하시오. [힌트: $HCl(g)$의 $\Delta H^\circ_f$에 해당하는 반응을 먼저 적고 생각한다.]

$$N_2(g)+4H_2(g)+Cl_2(g) \longrightarrow 2NH_4Cl(s) \qquad \Delta H^\circ_{\text{반응}}=-630.78\ \text{kJ/mol} \qquad (1)$$

$$N_2(g)+3H_2(g) \longrightarrow 2NH_3(g) \qquad \Delta H^\circ_{\text{반응}}=-92.6\ \text{kJ/mol} \qquad (2)$$

$$NH_4Cl(s) \longrightarrow \qquad (3)$$

**유제 2** 화학 반응 전후를 나타낸 그림이다. 반응의 $\Delta H^\circ_{\text{반응}}=-2624.9$ kJ/mol을 이용하여 빈칸을 채우시오.

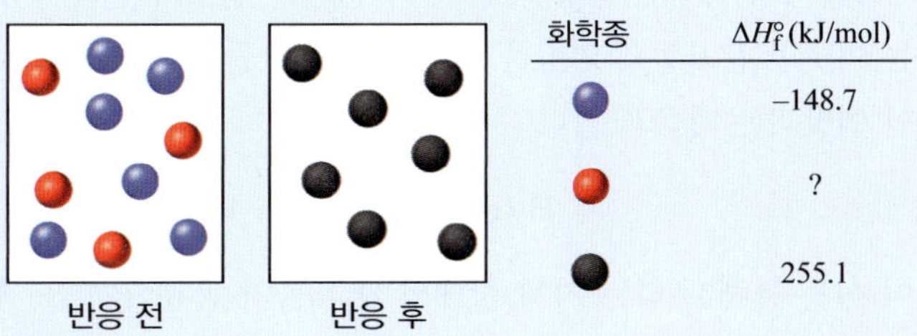

## 10.6절 복습

**표준 생성 엔탈피**

**10.6.1** 부록 2를 이용하여 $H_2(g)+F_2(g) \longrightarrow 2HF(g)$의 $\Delta H^\circ_{반응}$을 구하시오.

(a) $-271.6$ kJ/mol (b) $-543.2$ kJ/mol
(c) $+271.6$ kJ/mol (d) 0 kJ/mol
(e) $-135.8$ kJ/mol

**10.6.2** 부록 2를 이용하여 $2NO_2(g) \longrightarrow N_2O_4(g)$의 $\Delta H^\circ_{반응}$을 구하시오.

(a) $-24.19$ kJ/mol (b) $-33.85$ kJ/mol
(c) $+9.66$ kJ/mol (d) $+67.7$ kJ/mol
(e) $-58.04$ kJ/mol

**10.6.3** 다음 정보를 이용하여 $CO(g)$의 $\Delta H^\circ_f$를 구하시오.

$$C(\text{흑연})+O_2(g) \longrightarrow CO_2(g) \qquad \Delta H^\circ_{반응}=-393.5\ \text{kJ/mol}$$

$$CO(g)+\frac{1}{2}O_2(g) \longrightarrow CO_2(g) \qquad \Delta H^\circ_{반응}=-283.0\ \text{kJ/mol}$$

(a) $-393.5$ kJ/mol (b) $-676.5$ kJ/mol
(c) $+676.5$ kJ/mol (d) $+110.5$ kJ/mol
(e) $-110.5$ kJ/mol

# 10.7 결합 엔탈피와 공유 결합 분자의 안정성

공유 결합은 왜 생기는 것일까? 원자가 결합 이론에 따르면, 공유 결합의 결과 생기는 분자의 퍼텐셜 에너지가 개별 원자들보다 낮을 때 두 원자 사이에 공유 결합이 형성된다. 간단히 말해서 공유 결합 형성 과정은 발열이다. 이것이 직관적으로 와닿지 않을지도 모른다. 하지만 공유 결합을 **깨기**(break) 위해서는 분자에 에너지를 공급해 주어야만 한다는 것을 알고 있다. 결합이 형성되는 과정은 그 **역**(reverse) 과정이므로, 에너지가 방출될 것임을 충분히 예상할 수 있다.

**참조**

엔탈피(enthalpy)라는 용어가 나오기 전에 사용했던 결합 에너지(bond energy)라는 용어가 이 성질을 의미한다 [◀◀ 6.1절].

분자 안정성의 척도 중 하나는 **결합 엔탈피**(bond enthalpy)이다. 이것은 기체 상태의 분자 1몰에서 특정한 결합을 깰 때 수반되는 엔탈피 변화이다. (고체나 액체에서 결합 엔탈피는 이웃한 분자들의 영향을 받는다.) 예를 들어, 실험적으로 결정된 이원자 수소 분자의 결합 엔탈피는 다음과 같다.

$$H_2(g) \longrightarrow H(g)+H(g) \qquad \Delta H^\circ=436.4\ \text{kJ/mol}$$

이 식을 통해 우리는 기체 상태의 $H_2$ 1몰의 공유 결합을 깨기 위해서는 436.4 kJ의 에너지가 필요함을 알 수 있다. 상대적으로 덜 안정한 염소 분자는

$$Cl_2(g) \longrightarrow Cl(g)+Cl(g) \qquad \Delta H^\circ = 242.7\ kJ/mol$$

HCl과 같은 이종핵 이원자 분자의 결합 엔탈피 역시 직접 측정할 수 있다.

$$HCl(g) \longrightarrow H(g)+Cl(g) \qquad \Delta H^\circ = 431.9\ kJ/mol$$

뿐만 아니라 다중 결합을 포함한 분자들도 마찬가지이다.

$$O_2(g) \longrightarrow O(g)+O(g) \qquad \Delta H^\circ = 498.7\ kJ/mol$$
$$N_2(g) \longrightarrow N(g)+N(g) \qquad \Delta H^\circ = 941.4\ kJ/mol$$

다원자 분자의 공유 결합 세기를 측정하는 것은 좀 더 복잡하다. 예를 들어, $H_2O$를 측정해 보면, 첫 번째 O－H 결합을 깰 때 필요한 에너지는 두 번째 O－H 결합을 깰 때 필요한 에너지와 다르다는 것을 알 수 있다.

$$H_2O(g) \longrightarrow H(g)+OH(g) \qquad \Delta H^\circ = 502\ kJmol$$
$$OH(g) \longrightarrow H(g)+O(g) \qquad \Delta H^\circ = 427\ kJ/mol$$

각 과정에서 O－H 결합 하나에 해당하는 분해되지만, 두 번째 단계보다 첫 번째 단계에서 에너지가 더 많이 들어간다. 두 $\Delta H^\circ$ 값이 서로 다른 것은 두 번째 결합을 깰 때는 첫 번째 결합을 깰 때와 O－H 결합의 환경이 다르기 때문이다.

이제 우리는 메탄올($CH_3OH$)과 물($H_2O$)에서처럼 서로 다른 두 분자의 O－H 결합의 결합 엔탈피가 왜 다른지를 이해할 수 있다. 그들의 환경이 다르기 때문이다. 따라서 다원자 분자들은 특정 결합의 **평균**(average) 결합 엔탈피에 대해 언급한다. 예를 들어, 10가지 서로 다른 다원자 분자들의 O－H 결합 엔탈피를 측정할 수 있고, 그 합을 10으로 나누어 평균치를 얻을 수 있다. 표 10.4에 이원자, 다원자 분자들의 평균 결합 엔탈피를 나열했다. 앞서 강조했듯이 삼중 결합은 이중 결합보다, 이중 결합은 단일 결합보다 강하다.

수많은 반응이 진행될 때 일어나는 열화학 변화를 비교해 보면, 반응마다 수반되는 엔탈피 변화가 크게 다르다는 것을 알 수 있다. 예를 들어, 수소 기체가 산소와 연소하는 과정은 상당한 **발열**(exothermic)이다.

$$H_2(g)+\frac{1}{2}O_2(g) \longrightarrow H_2O(l) \qquad \Delta H^\circ = -285.8\ kJ/mol$$

반대로 광합성을 통해 이산화 탄소와 물로부터 글루코스를 합성하는 과정은 상당한 **흡열**(endothermic)이다.

$$6CO_2(g)+6H_2O(l) \longrightarrow C_6H_{12}O_6(s)+6O_2(g) \qquad \Delta H^\circ = 2801\ kJ/mol$$

반응물과 생성물 분자의 안정성을 고려해 보면 이러한 차이를 설명할 수 있다. 과정이야 어떻든, 대부분의 화학 반응은 결합의 형성과 분해를 통해 일어난다. 따라서 결합 엔탈피와 분자들의 안정성을 알면, 그 분자들이 경험하는 반응의 열화학적 본질을 밝혀낼 수 있다.

평균 결합 엔탈피를 이용하여 반응 엔탈피를 근사적으로 예측할 수 있다. 화학 결합을 깰 때는 항상 에너지가 필요하고, 화학 결합이 형성될 때는 항상 에너지가 방출된다. 따라서 반응에서 깨지고 형성되는 모든 결합에 대해, 해당하는 엔탈피 변화를 모두 기록함으로써 반응 엔탈피를 추정할 수 있다. 기체상에서 일어나는 반응의 엔탈피 변화는 다음과 같다.

**표 10.4 결합 엔탈피**

| 결합 | 결합 엔탈피(kJ/mol) | 결합 | 결합 엔탈피 (kJ/mol) |
|---|---|---|---|
| H—H* | 436.4 | N—N | 193 |
| H—N | 393 | N=N | 418 |
| H—O | 460 | N≡N | 941.4 |
| H—S | 368 | N—O | 176 |
| H—P | 326 | N=O | 607 |
| H—F | 568.2 | N—F | 272 |
| H—Cl | 431.9 | N—Cl | 200 |
| H—Br | 366.1 | N—Br | 243 |
| H—I | 298.3 | N—I | 159 |
| C—H | 414 | O—O | 142 |
| C—C | 347 | O=O | 498.7 |
| C=C | 620 | O—P | 502 |
| C≡C | 812 | O=S | 469 |
| C—N | 276 | O—F | 190 |
| C=N | 615 | O—Cl | 203 |
| C≡N | 891 | O—Br | 234 |
| C—O | 351 | O—I | 234 |
| C=O† | 745 | P—P | 197 |
| C≡O | 1070 | P=P | 489 |
| C—P | 263 | S—S | 268 |
| C—S | 255 | S=S | 352 |
| C=S | 477 | F—F | 156.9 |
| C—F | 453 | Cl—Cl | 242.7 |
| C—Cl | 339 | Cl—F | 193 |
| C—Br | 276 | Br—Br | 192.5 |
| C—I | 216 | I—I | 151.0 |

* 빨간색으로 표시한 결합 엔탈피는 동종 이원자 분자들에 대한 값이다.
† $CO_2$의 C=O 결합 엔탈피는 799 kJ/mol이다.

**참조**

이원자 분자들의 결합 엔탈피는 다원자 분자들보다 유효 숫자가 더 많다. 다원자 분자의 결합 엔탈피는 여러 화합물 내의 결합 엔탈피들을 평균한 값이다.

$$\Delta H^\circ = \sum \text{BE(반응물)} - \sum \text{BE(생성물)}$$
$$= \text{(결합을 \textbf{깨기 위해} 들어간 에너지 총합)} - \text{(결합이 \textbf{형성될 때} 방출되는 에너지 총합)} \quad \text{식 10.19}$$

**참조**

많은 학생들이 식 10.19를 거꾸로 혼동한다. 대개 마지막에서 처음을 빼서 계산한다. 하지만 여기서는 반응물의 결합을 깨기 위해 가해주어야 하는 에너지와 생성물의 결합이 형성될 때 방출되는 에너지 간 차이를 계산하는 것이다. 마지막에 얻은 결과의 부호가 +이면 흡열, −이면 발열이다.

BE는 평균 결합 엔탈피를, $\sum$는 합을 의미한다. 식 10.19는 $\Delta H^\circ$의 부호 관례를 따른 것이다. 따라서 반응물의 결합을 깨기 위해 공급한 에너지의 총합이 생성물의 결합이 생성될 때 방출된 에너지 총합보다 작으면 $\Delta H^\circ$는 음수이고, 그 반응은 발열이다[그림 10.12(a)]. 반대로, 결합을 만들 때 방출된 에너지가 결합을 깰 때 흡수하는 에너지보다 작으면 $\Delta H^\circ$는 양수이고, 그 반응은 흡열이다[그림 10.12(b)].

만약 모든 반응물과 생성물이 이원자 분자라면, 결합 엔탈피가 정확하게 알려져 있기 때문에 반응 엔탈피를 정확하게 얻을 수 있다. 만약 반응물과 생성물 중 일부 또는 모두가 다원자 분자라면, 결합 엔탈피의 평균값을 이용하므로 반응 엔탈피의 근사적인 값만을 얻을 수 있다.

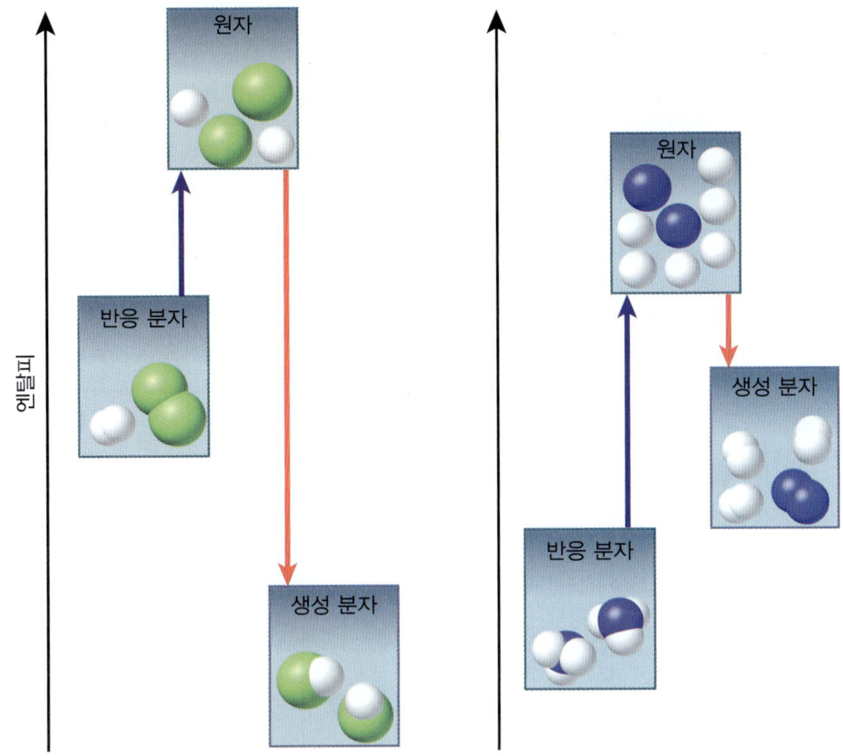


$H_2(g) + Cl_2(g) \longrightarrow 2HCl(g)$
$\Delta H° = -184.7$ kJ/mol
(a)

$2NH_3(g) \longrightarrow N_2(g) + 3H_2(g)$
$\Delta H° = 92.6$ kJ/mol
(b)

**그림 10.12** (a) 발열 반응과 (b) 흡열 반응에서 엔탈피 변화. 식 10.18과 부록 2의 $\Delta H_f°$ 값을 이용하여 $\Delta H°$ 값을 계산하였다.

예제 10.10에서는 결합 엔탈피를 이용하여 반응 엔탈피를 어떻게 구하는지 알아본다.

## 예제 10.10

표 10.4의 결합 엔탈피를 이용하여 메테인 연소의 엔탈피 변화를 구하시오.

$$CH_4(g) + 2O_2(g) \longrightarrow CO_2(g) + 2H_2O(l)$$

**전략** 루이스(Lewis) 구조를 그려서 어떤 결합이 깨지고 어떤 결합이 형성되는지를 결정한다. (루이스 구조를 그리는 과정을 반드시 거쳐야 깨지거나 형성되는 결합의 종류와 수를 분명히 할 수 있다.)

**계획**

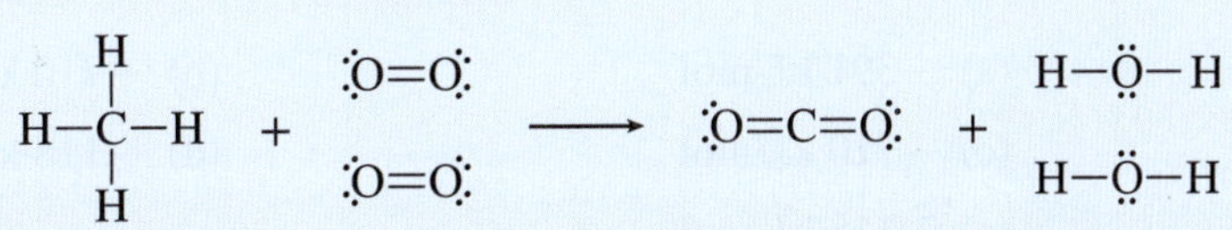

깨지는 결합: C—H 결합 4개와 O=O 결합 2개
형성되는 결합: C=O 결합 2개 와 H—O 결합 4개
표 10.4에서 찾은 결합 엔탈피: 414 kJ/mol(C—H), 498.7 kJ/mol(O=O), 799 kJ/mol($CO_2$의 C=O), 460 kJ/mol(H—O).

**풀이**

$$[4(414 \text{ kJ/mol}) + 2(498.7 \text{ kJ/mol})] - [2(799 \text{ kJ/mol}) + 4(460 \text{ kJ/mol})] = -785 \text{ kJ/mol}$$

반응열은 kJ/mol로 나타냄을 기억하자. 여기서 "/mol"은 적혀 있는 반응 1몰당을 의미한다[|◀◀ 10.3절].

### 생각해 보기

식 10.18[◀◀ 10.6절]과 부록 2를 이용하여 반응 엔탈피를 다시 계산해 보고, 두 방법으로 계산한 결과를 비교해 본다. 여기서 차이가 생기는 것은 두 가지 이유 때문이다. 표에 적힌 대부분의 엔탈피는 평균값이다. 그리고 연소 반응의 생성물은 액체 물이지만 관례에 따라 평균 결합 엔탈피는 이웃한 분자들의 영향이 없거나 거의 없는 기체 상태의 값이다.

**유제 ①** 다음 화학 반응식, 표 10.4의 자료, 부록 2를 이용하여 P—Cl의 결합 엔탈피를 결정하시오.

$$PH_3(g) + 3HCl(g) \longrightarrow PCl_3(g) + 3H_2(g)$$

**유제 ②** 네 가지 반응을 그림으로 나타냈다. 각 반응이 흡열인지 발열인지, 아니면 결정하기에 정보가 부족한지 말하시오.

(i)

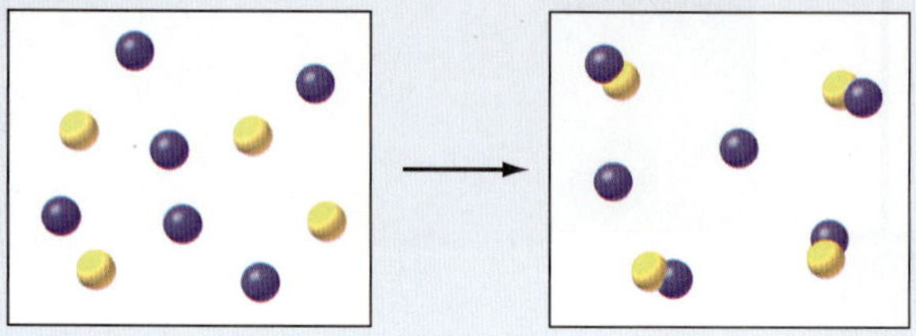

(ii)

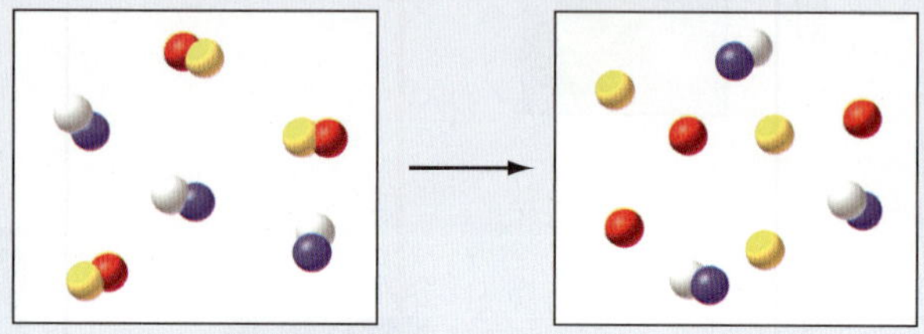

(iii)

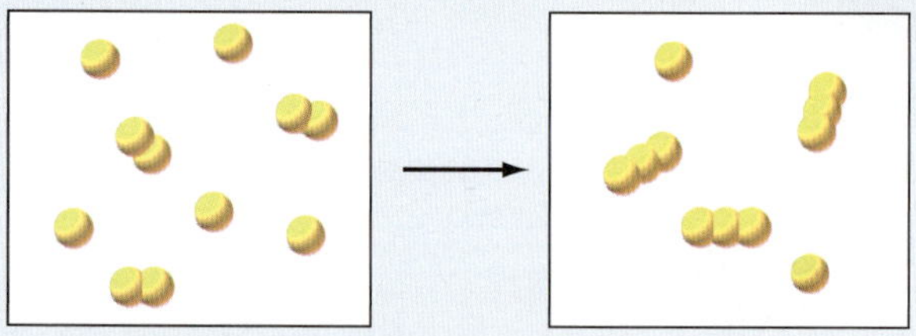

(iv)

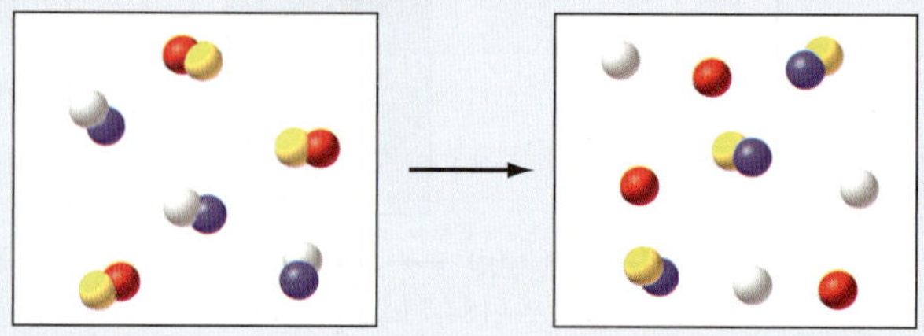

## 10.7절 복습

### 결합 엔탈피와 공유 결합 분자의 안정성

**10.7.1** 에틸렌과 수소가 만나 에테인이 되는 반응의 $\Delta H_{반응}$을 표 10.4의 자료를 이용하여 구하시오.

$$C_2H_4(g) + H_2(g) \longrightarrow C_2H_6(g)$$

(a) −391 kJ/mol
(b) +710 kJ/mol
(c) −710 kJ/mol
(d) −118 kJ/mol
(e) +118 kJ/mol

**10.7.2** 플루오린과 염소가 만나 ClF를 만드는 반응의 $\Delta H_{반응}$을 표 10.4의 자료를 이용하여 구하시오.

$$F_2(g) + Cl_2(g) \longrightarrow 2ClF(g)$$

(a) −77.5 kJ/mol
(b) −206.6 kJ/mol
(c) +206.6 kJ/mol
(d) −13.6 kJ/mol
(e) +13.6 kJ/mol

**10.7.3** 결합 엔탈피를 이용하여 반응의 $\Delta H_{반응}$을 구하시오.

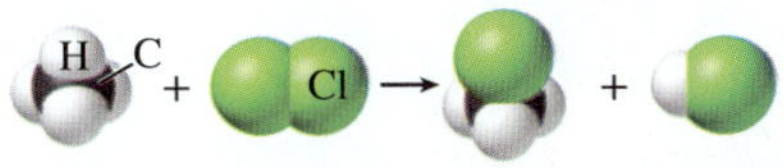

(a) −1139 kJ/mol (b) +1139 kJ/mol
(c) −346 kJ/mol (d) +114 kJ/mol
(e) −114 kJ./mol

**10.7.4** 결합 엔탈피를 이용하여 반응의 $\Delta H_{반응}$을 구하시오.

(a) −1028 kJ/mol (b) −200 kJ/mol
(c) −392 kJ/mol (d) +392 kJ/mol
(e) +200 kJ/mol

# 10.8 격자 에너지와 이온성 고체의 안정성

이온 결합 화합물은 공유 결합 화합물과는 다르게, 분자들로 이루어진 것이 아니라 양이온과 음이온이 번갈아 가며 거대한 배열을 이루고 있다. 예를 들어, 고체 염화 소듐(sodium chloride, NaCl)은 같은 개수의 $Na^+$와 $Cl^-$가 3차원 격자를 이루고 있으며, 양이온과 음이온이 번갈아 가며 배열되어 있다(189쪽 그림 5.2 참조).

우리는 5장에서 격자가 만들어질 때 수반되는 에너지 변화가 격자 에너지라는 것을 공부했다. 격자 에너지는 이온 결합 화합물의 안정성을 비교하는 유용한 척도이긴 하지만, 직접 측정할 수 있는 물리량이 아니다. 따라서 측정 가능한 다양한 열역학적 값들을 이용하여 헤스의 법칙을 통해 격자 에너지를 계산한다.

> **참조**
> 격자 에너지(lattice energy)는 이온성 고체 1몰을 구성 이온들(기체 상태)로 분해하기 위해 필요한 에너지임을 기억하자[◀◀ 5.3절]. 이 과정을 NaCl의 반응식으로 나타내면 다음과 같다.
> $$NaCl(s) \longrightarrow Na^+(g) + Cl^-(g)$$

## 보른−하버 순환

앞서 우리는 이온 결합 화합물이 형성될 때 기체 상태의 이온이 고체로 뭉쳐지는 것처럼 서술했지만, 이온성 고체가 만들어지는 반응은 일반적으로 그렇게 일어나지 않는다. 구성 원소 성분[$Na(s)$, $Cl_2(g)$]들로부터 염화 소듐(NaCl)이 만들어지는 과정을 그림 10.13에 나타냈다.

$Na(s)$와 $Cl_2(g)$로부터 $NaCl(s)$이 만들어지는 반응은 에너지 변화를 측정할 수 있는 일련의 단계에 걸쳐서 일어난다고 가정할 수 있다. 이렇게 격자 에너지를 구하는 방법을 **보른−하버 순환**(Born−Haber cycle)이라고 한다. 각 단계에서 일어나는 에너지 변화를 표 10.5에 나열했다.

그림 10.13 금속 소듐과 염소 기체가 만나 염화 소듐을 만든다. 이 과정은 매우 큰 발열 반응이다.

표 10.5의 단계들로부터 얻은 전체 반응은 다음과 같다.

$$Na(s) + \frac{1}{2}Cl_2(g) \longrightarrow Na^+(g) + Cl^-(g)$$

$NaCl(s)$를 형성하는 마지막 단계는 $Na^+(g)$와 $Cl^-(g)$의 결합이다. 이 단계에서의 에너지 변화를 직접 측정할 수 없다. 하지만 NaCl(s)의 표준 생성열은 측정할 수 있다. (이 값은 부록 2에서 −410.9 kJ/mol임을 알 수 있다.) 구성 원소 성분들로부터 $NaCl(s)$이 만들어지는 반응은 우리가 가상한 과정에 포함되지는 않지만 NaCl의 격자 에너지를 계산할 수 있게 해준다. 언급한 열역학 자료들과 헤스의 법칙을 이용하여 어떻게 계산하는지를 그림 10.14(480~481쪽)에 그림으로 나타냈다. 보른–하버 순환을 이용하면 측정 가능한 물리량을 이용하여 직접 측정할 수 없는 격자 에너지를 계산할 수 있다.

**표 10.5** $Na(s)$와 $Cl_2(g)$로부터 $Na^+(g)$와 $Cl^-(g)$가 만들어지는 가상적인 단계

| 화학 반응식 | 에너지 변화(kJ/mol) |
|---|---|
| $Na(s) \longrightarrow Na(g)$ | 107.7* |
| $\frac{1}{2}Cl_2(g) \longrightarrow Cl(g)$ | 121.7† |
| $Na(g) \longrightarrow Na^+(g) + e^-$ | 495.9‡ |
| $Cl(g) + e^- \longrightarrow Cl^-(g)$ | −349§ |

* $Na(g)$의 표준 생성열($\Delta H_f^\circ$), 부록 2

† $Cl(g)$의 표준 생성열($\Delta H_f^\circ$), 부록 2

‡ Na의 1차 이온화 에너지($IE_1$), 그림 4.8

§ 이 과정의 $\Delta H^\circ$는 음수이다. (정의에 의해 $EA$는 방출되는 에너지 양임을 기억하자[◀◀ 4.4절]. 따라서 $\Delta H$는 $-EA$이다.)

예제 10.11에서 보른-하버 순환을 이용하여 어떻게 격자 에너지를 계산하는지 알아본다.

## 예제 10.11

그림 4.8, 4.10, 부록 2를 이용하여 염화 세슘(cesium chloride, CsCl)의 격자 에너지를 계산하시오.

**전략** 그림 10.14를 참고하여 적절한 열역학 자료를 조합하고 헤스의 법칙을 이용하여 격자 에너지를 계산한다.

**계획** 그림 4.8에서 $IE_1(\text{Cs})=376$ kJ/mol, 그림 4.10에서 $EA_1(\text{Cl})=349.0$ kJ/mol, 부록 2에서 $\Delta H_f^\circ[\text{Cs}(g)]=76.50$ kJ/mol, $\Delta H_f^\circ[\text{Cl}(g)]=121.7$ kJ/mol, $\Delta H_f^\circ[\text{CsCl}(s)]=-442.8$ kJ/mol임을 알 수 있다. 크기에만 집중하여 열역학 자료들의 절댓값을 이용한다. 또한 $\text{CsCl}(s)$의 표준 생성열만이 음수이므로 이 값만 부호를 바꾸면 된다.

**풀이**

$$\{\Delta H_f^\circ[\text{Cs}(g)]+\Delta H_f^\circ[\text{Cl}(g)]+IE_1(\text{Cs})+|\Delta H_f^\circ[\text{CsCl}(s)]|\}-EA_1(\text{Cl})=\text{격자 에너지}$$
$$=(76.50\text{ kJ/mol}+121.7\text{ kJ/mol}+376\text{ kJ/mol}+442.8\text{ kJ/mol})-349.0\text{ kJ/mol}$$
$$=668\text{ kJ/mol}$$

### 생각해 보기

그림 10.14에 나온 $\text{NaCl}(s)$의 값(787 kJ/mol)과 비교해 본다. 두 화합물 모두 같은 음이온($\text{Cl}^-$)과 동일한 전하량의 양이온(+1)으로 이루어져 있으므로, 격자 에너지의 상대적 세기는 양이온의 상대적인 크기에 영향을 받을 것이다. $\text{Cs}^+$가 $\text{Na}^+$보다 크므로 CsCl의 격자 에너지는 NaCl보다 작다.

**유제 1** MgO의 격자 에너지는 3890 kJ/mol이고, Mg의 2차 이온화 에너지($IE_2$)는 1450.6 kJ/mol이다. 그림 4.8, 4.10, 부록 2를 이용하여 산소의 2차 전자 친화도 $EA_2(\text{O})$를 구하시오.

**유제 2** A부터 E까지 다섯 지점이 직선 위에 있다. A와 C 사이의 거리를 구하시오.

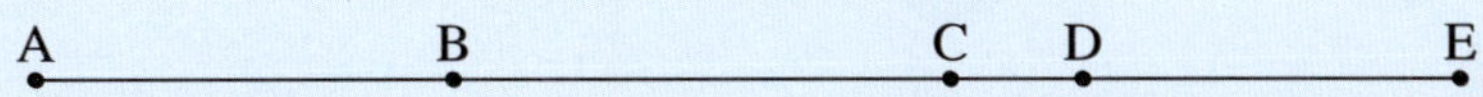


AB = 5.05 cm　　DE = 4.65 cm

BD = 7.65 cm　　CE = 6.27 cm

## 이온 결합 화합물과 공유 결합 화합물의 비교

이온 결합 화합물과 공유 결합 화합물은 결합의 본질이 다르므로 일반적인 물리적 성질이 크게 다르다. 공유 결합 화합물에서는 두 종류의 인력, 분자 내 원자들을 붙들어 매는 **분자 내**(intramolecular) 결합력과 분자들 사이의 **분자간**(intermolecular) 힘이 존재한다. 결합 엔탈피는 분자간 결합력을 나타내는 값이다. 분자들을 서로 붙잡아 주는 분자간 힘은 보통 분자 내에서 원자들을 서로 붙들어 매는 힘보다 훨씬 약하다. 따라서 공유 결합 화합물은 보통 기체, 액체이거나 녹는점이 낮은 고체이고, 이는 분자간 인력이 약하다는 것을 반영한다.

반면 이온 결합 화합물에서 이온들 간에 서로 붙잡는 정전기적 힘[◀◀ 5.3절]은 보통 매우 강하다. 따라서 이온 결합 화합물은 상온에서 고체이고 녹는점이 높다. 많은 이온 결합 화합물은 물에 녹으며 강한 전해질로서 그 수용액은 전기를 통한다[◀◀ 9.1절]. 공유 결합

그림 10.14
보른-하버(Born-Haber) 순환

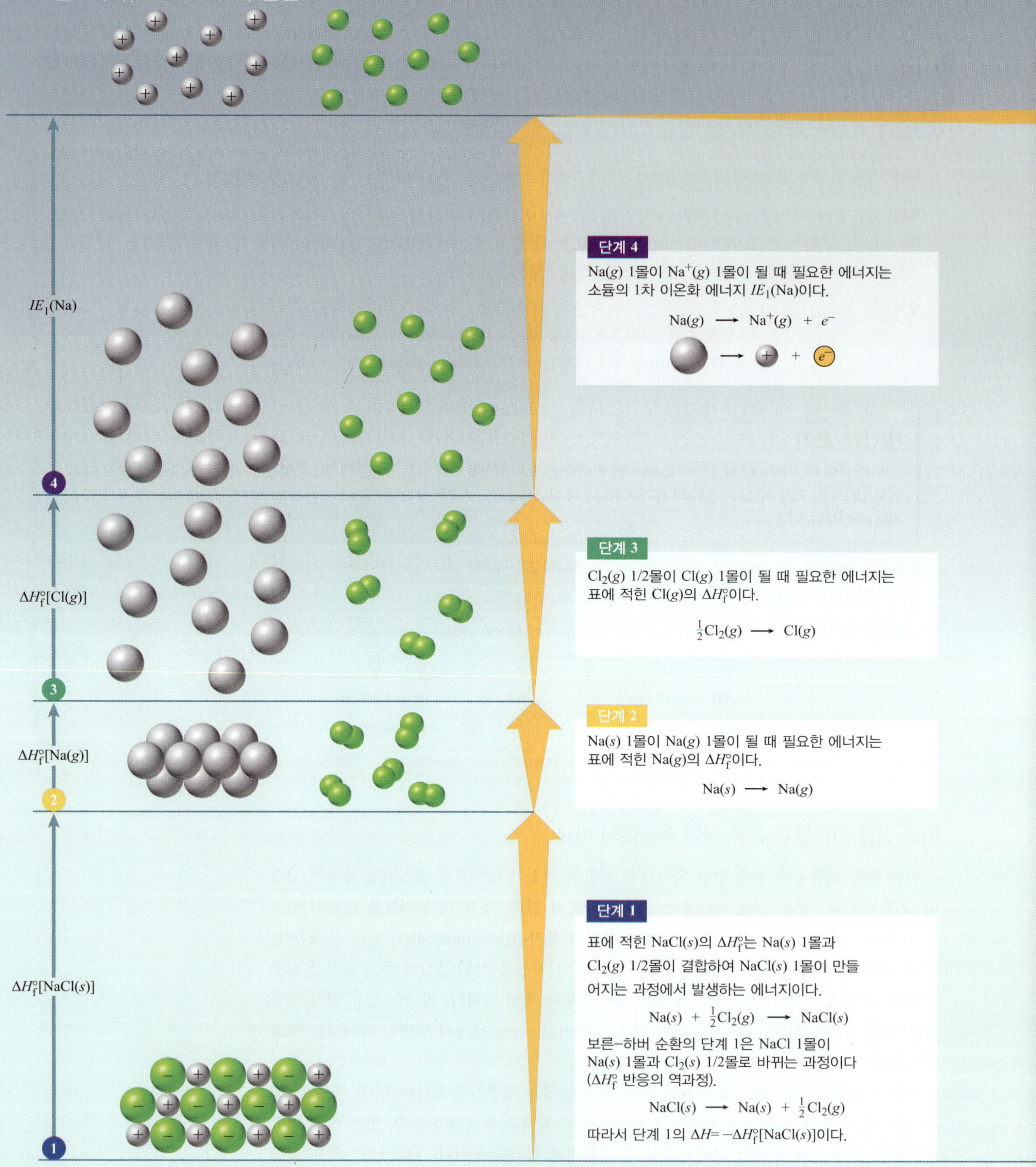

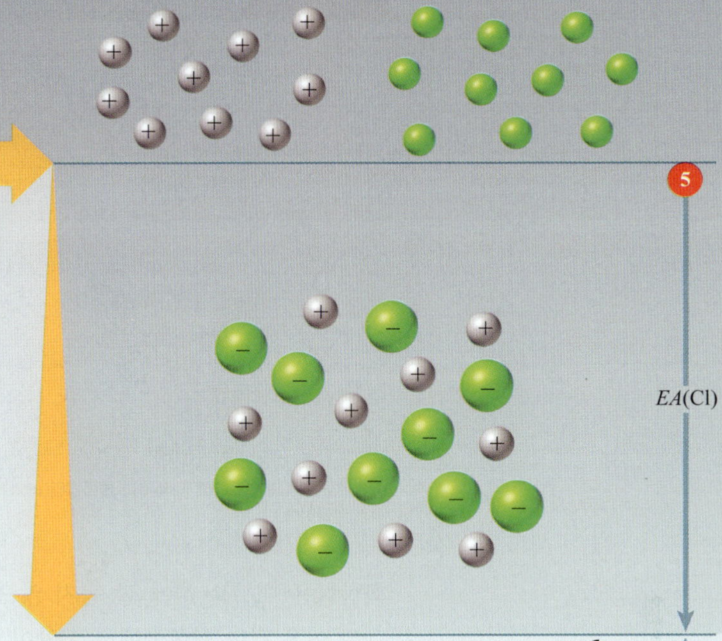


**단계 5**

Cl(*g*) 1몰이 $Cl^-$(*g*) 1몰이 될 때 방출하는 에너지는 염소의 전자 친화도 *EA*(Cl)이다.

$$Cl(g) + e^- \longrightarrow Cl^-(g)$$

1 410.9 kJ/mol + 2 107.7 kJ/mol + 3 121.7 kJ/mol + 4 495.9 kJ/mol − 5 349 kJ/mol = 787 kJ/mol  격자 에너지

## 요점 내용

격자 에너지는 이온성 고체 1몰을 그 구성 이온들(기체 상태)로 분해하기 위해 필요한 에너지이다. NaCl에서는 그 과정을 다음과 같은 식으로 나타낸다.

$$NaCl(s) \longrightarrow Na^+(g) + Cl^-(g)$$

격자 에너지는 직접 측정할 수 있는 물리량이 아니다. 하지만 측정 가능한 물리량들을 조합하여 격자 에너지를 구한다. 보른-하버 순환의 단계들은 실제 반응에서 반드시 거쳐가는 과정은 아니지만, 조합하면 올바른 전체 반응을 얻을 수 있다. 따라서 그에 연관된 에너지 변화들을(헤스의 법칙과 함께) 이용하면 전체 에너지 변화를 구할 수 있다.

**표 10.6** 이온 결합 화합물(NaCl)과 공유 결합 화합물($CCl_4$)의 성질 비교

| 성질 | NaCl | $CCl_4$ |
|---|---|---|
| 성상 | 흰색 고체 | 무색 액체 |
| 녹는점(℃) | 801 | −23 |
| 몰용융열*(kJ/mol) | 30.2 | 2.5 |
| 끓는점(℃) | 1413 | 76.5 |
| 몰증발열*(kJ/mol) | 600 | 30 |
| 밀도($g/cm^3$) | 2.17 | 1.59 |
| 물에 대한 용해도 | 높음 | 매우 낮음 |
| 전기 전도도 | | |
| 고체 | 나쁨 | 나쁨 |
| 액체 | 좋음 | 나쁨 |
| 수용액 | 좋음 | 나쁨 |

* 몰용융열(molar heat of fusion)과 몰증발열(molar heat of vaporization)은 각각 고체 1몰을 녹일 때, 액체 1몰을 기화시킬 때 필요한 열량이다.

화합물은 대부분 물에 잘 녹지 않으며, 용해되더라도 수용액은 전기가 통하지 않는다. 용융된 이온 결합 화합물에서는 양이온과 음이온이 이동할 수 있으므로 전기가 통한다. 하지만 액체 또는 용융된 공유 결합 화합물은 이온이 존재하지 않으므로 전기가 통하지 **않는다**. 표 10.6에 전형적인 이온 결합 화합물인 염화 소듐(NaCl)과 공유 결합 화합물인 사염화 탄소($CCl_4$)의 성질을 비교하여 나타냈다.

## 10.8절 복습

**격자 에너지와 이온성 고체의 안정성**

**10.8.1** KF의 격자 에너지는 LiF, KCl, KI와 비교해서 큰가? 혹은 작은가?

(a) 크다, 크다, 작다 (b) 작다, 크다, 작다 (c) 작다, 크다, 크다
(d) 작다, 작다, 작다 (e) 크다, 작다, 크다

**10.8.2** 다음 자료를 이용하여 KF의 격자 에너지를 계산하시오.

$$\Delta H^\circ_f[K(g)] = 89.99 \text{ kJ/mol}, \quad \Delta H^\circ_f[F(g)] = 80.0 \text{ kJ/mol}$$
$$IE_1(K) = 419 \text{ kJ/mol}, \quad \Delta H^\circ_f[KF(s)] = -574 \text{ kJ/mol}, \quad EA_1(F) = 328 \text{ kJ/mol}$$

(a) 808 kJ/mol (b) −286 kJ/mol (c) 261 kJ/mol
(d) 1355 kJ/mol (e) −261 kJ/mol

# 단원 정리

### 10.1절

- **계**(system)는 우리가 관심을 가지는 우주의 특정한 부분이다. 화학 반응에서는 반응물과 생성물에 해당한다. **주위**(surroundings)는 우주의 나머지 부분이다. 계+주위=우주
- **열**(heat)은 온도가 다른 두 물체 사이에서 일어나는 열 에너지의 흐름을 뜻한다. **열화학**(thermochemistry)에서는 화학 반응과 물리적 과정에서 일어나는 열을 연구한다.
- **발열 과정**(exothermic process)은 계가 열을 주위로 방출하

므로 계의 에너지는 낮아진다. **흡열 과정**(endothermic process)은 계가 주위로부터 열을 흡수하므로 계의 에너지는 높아진다.

### 10.2절

- **열역학**(thermodynamics)은 에너지 사이의 전환을 연구한다. 열화학은 열역학의 한 부분이다.
- **열린계**(open system)는 주위와 물질과 에너지 모두 교환 가능하다. **닫힌계**(closed system)는 주위와 에너지는 교환 가능하지만 물질은 그렇지 않다. **고립계**(isolated system)는 주위와 물질과 에너지 모두 교환 불가능하다.
- **계의 상태**(state of system)는 온도, 부피, 압력 등과 같이 거시적인 성질과 연관된 모든 값으로 정의한다. **상태 함수**(state function)는 계의 상태에만 의존하고, 그 상태에 어떻게 도달했는지와는 관계없다. 에너지, 압력, 부피, 온도는 상태 함수의 일종이다.
- **열역학 제1법칙**(first law of thermodynamics)에 따르면 에너지는 생겨나거나 없어질 수 없고, 한 형태에서 다른 형태로 바뀔 수는 있다. 열역학 제1법칙은 에너지 보존 법칙에 바탕을 두고 있다.

### 10.3절

- **엔탈피**(enthalpy, $H$)는 압력이 일정할 때 계와 주위 간에 교환되는 열이다. 이것은 상태 함수이다. **반응 엔탈피**(enthalpy of reaction, $\Delta H_{반응}$)은 반응이 일정한 압력에서 일어날 때 교환되는 열이다.
- **열화학 반응식**(thermodynamic equation)은 엔탈피 변화($\Delta H_{반응}$)를 포함하는 균형 잡힌 반응식이다.

### 10.4절

- **열량 측정법**(calorimetry)은 온도 변화를 측정하여 화학 반응과 관련된 열을 구하는 방법이다. 일정한 압력에서 (커피컵 열량계) 또는 일정한 부피에서 (통 열량계) 열량을 측정할 수 있다.
- **비열**(specific heat, $s$)은 물질 1 g의 온도를 1°C 올리는 데 필요한 열량이다. **열용량**(heat capacity, $C$)은 물체의 온도를 1°C 올리는 데 필요한 열량이다.

### 10.5절

- **헤스의 법칙**(Hess's law)은 여러 단계에 거쳐 일어나는 반응의 엔탈피 변화가 각 단계에서 일어나는 반응의 엔탈피 변화의 합과 같다고 서술한다. 헤스의 법칙이 성립하는 이유는 엔탈피가 상태 함수이기 때문이다.

### 10.6절

- **표준 생성 엔탈피**(standard enthalpy of formation, $\Delta H^\circ_{최종}$)는 구성 원소 성분(모두 표준 상태)들로부터 물질 1몰이 형성될 때 엔탈피 변화이다. 반응물과 생성물의 표준 생성 엔탈피($\Delta H^\circ_f$)를 표에서 찾으면 반응의 **표준 반응 엔탈피**(standard enthalpy of reaction, $\Delta H^\circ_{반응}$)를 계산할 수 있다.

### 10.7절

- **결합 엔탈피**(bond enthalpy)는 특정 결합 1몰을 깨는 데 필요한 에너지이다. 결합 엔탈피는 공유 결합 안정성의 척도이다. 결합 엔탈피를 이용하여 반응의 엔탈피 변화를 추정할 수도 있다.

### 10.8절

- **격자 에너지**(lattice energy)는 이온성 고체 1몰을 기체 상태의 이온으로 바꾸는 데 필요한 에너지이다. 격자 에너지는 직접 측정할 수 없지만, 측정 가능한 열역학 값과 **보른–하버 순환**(Born–Haber cycle)을 써서 구할 수 있다.

## 주요 용어

결합 엔탈피(bond enthalpy)
계(system)
계의 상태(state of a system)
고립계(isolated system)
닫힌계(closed system)
반응 엔탈피(enthalpy of reaction, $\Delta H_{반응}$)
발열 과정(exothermic process)
보른–하버 순환(Born–Haber cycle)
비열(specific heat, $s$)
상태 함수(state function)
엔탈피(enthalpy, $H$)
열(heat)
열량 측정법(calorimetry)
열린계(open system)
열역학(thermodynamics)
열역학 제1법칙(first law of thermodynamics)
열용량(heat capacity, $C$)
열화학(thermochemistry)
열화학 반응식(thermochemical equation)
주위(surroundings)
표준 반응 엔탈피(standard enthalpy of reaction, $\Delta H^\circ_{반응}$)
표준 생성 엔탈피(standard enthalpy of formation, $\Delta H^\circ_f$)
헤스의 법칙(Hess's law)
흡열 과정(endothermic process)

# 주요 식

| | | |
|---|---|---|
| 10.1 | $\Delta U = q + w$ | 계의 내부 에너지 변화($\Delta U$)는 한 과정과 연관된 열($q$)과 일($w$)의 합이다. 열과 일의 부호를 반드시 맞게 써야 한다(표 10.1). |
| 10.2 | $w = -P\Delta V$ | 계가 하거나 받은 압력–부피 일은 외부 압력($P$)에 부피 변화($\Delta V$)를 곱하여 계산한다. |
| 10.3 | $\Delta U = q - P\Delta V$ | 계의 내부 에너지 변화($\Delta U$)는 열($q$)에 압력–부피 일($-P\Delta V$)을 더한다. |
| 10.4 | $q_V = \Delta U$ | 부피가 일정할 때 계가 흡수 또는 방출한 열($q_V$)은 내부 에너지 변화($\Delta U$)와 같다. |
| 10.5 | $q_P = \Delta U + P\Delta V$ | 압력이 일정할 때 계가 흡수 또는 방출한 열($q_P$)은 내부 에너지 변화($\Delta U$)에서 압력–부피 일($-P\Delta V$)를 뺀 값과 같다. |
| 10.6 | $H = U + PV$ | 엔탈피($H$)는 내부 에너지($U$)와 압력–부피 곱($PV$)의 합이다. |
| 10.7 | $\Delta H = \Delta U + \Delta(PV)$ | 엔탈피 변화($\Delta H$)는 내부 에너지 변화($\Delta U$)와 압력–부피 곱의 변화 [$\Delta(PV)$]의 합이다. |
| 10.8 | $\Delta H = \Delta U + P\Delta V$ | 압력이 일정할 때 엔탈피 변화($\Delta H$)는 내부 에너지 변화($\Delta U$)에 외부 압력($P$)과 부피 변화($\Delta V$)의 곱을 더한 값이다 |
| 10.9 | $q_P = \Delta H$ | 압력이 일정한 과정에서 흡수 또는 방출하는 열($q_P$)은 엔탈피 변화($\Delta H$)와 같다. |
| 10.10 | $\Delta H = H(\text{생성물}) - H(\text{반응물})$ | 반응에서 엔탈피 변화($\Delta H$)는 생성물의 엔탈피[$H$(생성물)]에서 반응물[$H$(반응물)]의 엔탈피를 뺀 값이다. 하지만 엔탈피의 절대적인 값을 모르기 때문에 엔탈피 변화를 계산할 때 이 식을 이용할 수는 없다. |
| 10.11 | $q = sm\Delta T$ | 물질이 흡수 또는 방출한 열($q$)은 그 물질의 비열($s$), 질량($m$), 온도 변화($\Delta T$)의 곱이다. |
| 10.12 | $q = C\Delta T$ | 물체가 흡수 또는 방출한 열($q$)은 그 물체의 열용량($C$)과 온도 변화($\Delta T$)의 곱이다. |
| 10.13 | $q_{\text{계}} = -sm\Delta T$ | 계가 흡수 또는 방출한 열($q_{\text{계}}$)은 주위가 방출 또는 흡수한 열과 크기는 같고 부호는 반대이다. |
| 10.14 | $q_{\text{주위}} = sm\Delta T$ | 주위가 흡수 또는 방출한 열($q_{\text{주위}}$)은 계가 방출 또는 흡수한 열과 크기는 같고 부호는 반대이다. |
| 10.15 | $q_{\text{열량계}} = C_{\text{열량계}}\Delta T$ | 열량계가 흡수 또는 방출한 열($q_{\text{열량계}}$)은 열량계의 열용량($C_{\text{열량계}}$)과 온도 변화($\Delta T$)의 곱이다. |
| 10.16 | $q_{\text{반응}} = -C_{\text{열량계}}\Delta T$ | 반응열($q_{\text{반응}}$)은 열량계의 열($q_{\text{열량계}}$)과 크기는 같고 부호는 반대이다. |
| 10.17 | $\Delta H^\circ_{\text{반응}} = [c\Delta H^\circ_f(\text{C}) + d\Delta H^\circ_f(\text{D})] - [a\Delta H^\circ_f(\text{A}) + b\Delta H^\circ_f(\text{B})]$ | 표준 반응 엔탈피($\Delta H^\circ_{\text{반응}}$)는 개별 화학종의 표준 생성 엔탈피($\Delta H^\circ_f$)에 각각 계수를 곱하여 계산한다. |
| 10.18 | $\Delta H^\circ_{\text{반응}} = \sum n\Delta H^\circ_f(\text{생성물}) - \sum m\Delta H^\circ_f(\text{반응물})$ | 표준 반응 엔탈피($\Delta H^\circ_{\text{반응}}$)는 생성물의 표준 생성 엔탈피 합 $\sum n\Delta H^\circ_f$(생성물)에서 반응물의 표준 생성 엔탈피 합 $\sum m\Delta H^\circ_f$(반응물)을 뺀 값이다. |
| 10.19 | $\Delta H^\circ = \sum \text{BE}(\text{반응물}) - \sum \text{BE}(\text{생성물})$ | 반응물의 결합 엔탈피 합에서 생성물의 결합 엔탈피 합을 빼면 반응의 엔탈피 변화를 추정할 수 있다. |

# 주요 내용 반응 엔탈피

표에서 $\Delta H^\circ_f$ 값을 찾아 식 10.18을 이용하면 표준 반응 엔탈피($\Delta H^\circ_{반응}$)를 계산할 수 있다.

$$\Delta H^\circ_{반응} = \sum n\Delta H^\circ_f(생성물) - \sum m\Delta H^\circ_f(반응물)$$

이 장에서 반응 엔탈피를 계산할 때 이 방법을 썼지만, 14장과 18장에서 다른 열역학적 값을 계산할 때도 중요하다. 식 10.18과 부록 2를 이용하는 예를 몇 개 살펴본다. 이 접근법에서 중요한 점들은 예시를 통해 하나하나 기억해 두자.

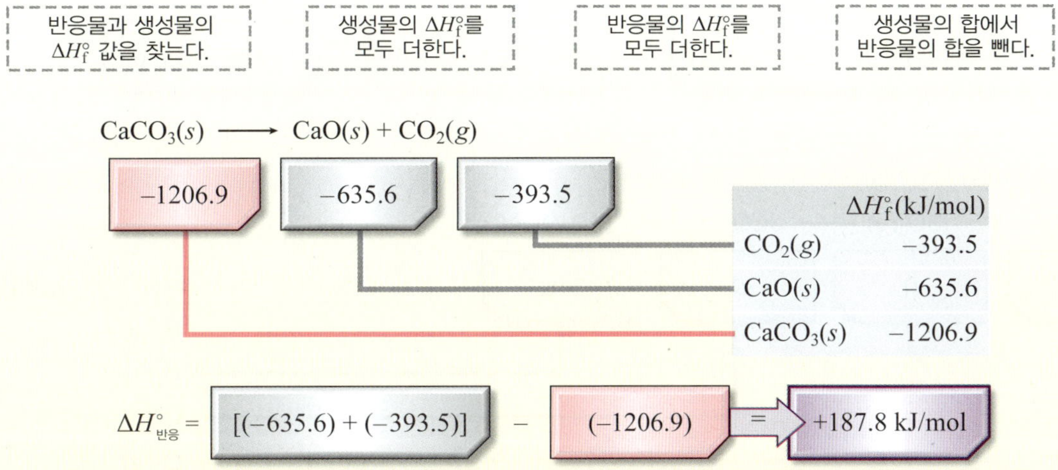


균형 잡힌 반응식에 화학량론적 계수가 있으면 $\Delta H^\circ_f$ 값에 곱해야 한다.

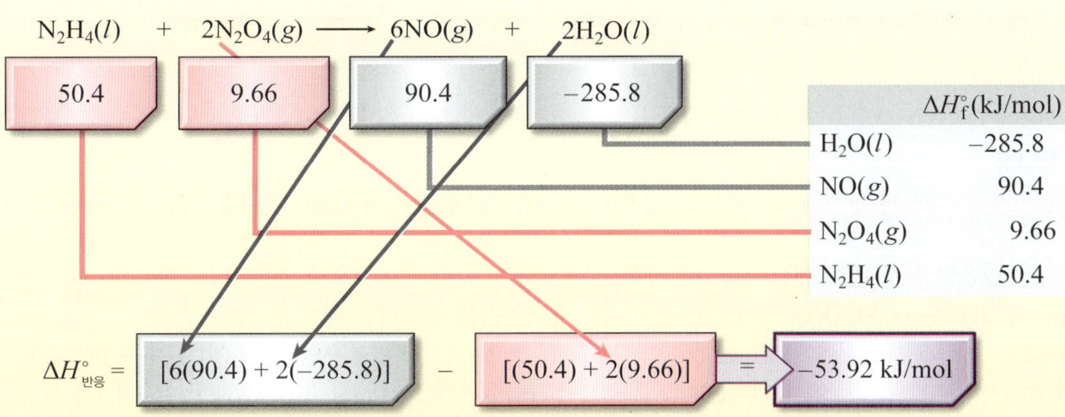


$$Ba(s) + 2H_2O(l) \longrightarrow Ba^{2+}(aq) + 2OH^-(aq) + H_2(g)$$

표준 상태에 있는 원소 성분의 표준 생성 엔탈피는 정의상 0이다. 또한, 부록 2와 같은 열역학 자료 표에는 보통 수산화 바륨 같은 강전해질의 수용액 값이 나와 있지 않을 때가 많다.

하지만 수용액 상의 개별 이온에 대한 값은 분명히 찾을 수 있다. 따라서 $Ba(OH)_2$의 해리된 형태로 반응식을 쓰면 반응 엔탈피를 구할 수 있다.

$$Ba(s) + 2H_2O(l) \longrightarrow Ba^{2+}(aq) + 2OH^-(aq) + H_2(g)$$

| $Ba(s)$ | $2H_2O(l)$ | $Ba^{2+}(aq)$ | $2OH^-(aq)$ | $H_2(g)$ |
|---|---|---|---|---|
| 0 | −285.8 | −538.4 | −229.94 | 0 |

| | $\Delta H_f^\circ$(kJ/mol) |
|---|---|
| $H_2(g)$ | 0 |
| $OH^-(aq)$ | −229.94 |
| $Ba^{2+}(aq)$ | −538.4 |
| $H_2O(l)$ | −285.8 |
| $Ba(s)$ | 0 |

$$\Delta H^\circ_{\text{반응}} = [(-538.4) + 2(-229.94) + (0)] - [(0) + 2(-285.8)] = -426.7\ \text{kJ/mol}$$

물처럼 $\Delta H_f^\circ$ 값이 여러 개 나와 있는 물질들도 있는데, 반응식에 적힌 상태의 값을 올바르게 찾아야 한다. 바로 위의 균형 잡힌 반응식에서는 물이 액체였다. 하지만 다음 반응처럼 기체일 수도 있다.

$$2C_4H_{10}(g) + 13O_2(g) \longrightarrow 8CO_2(g) + 10H_2O(g)$$

| $2C_4H_{10}(g)$ | $13O_2(g)$ | $8CO_2(g)$ | $10H_2O(g)$ |
|---|---|---|---|
| −124.7 | 0 | −393.5 | −248.1 |

| | $\Delta H_f^\circ$(kJ/mol) |
|---|---|
| $H_2O(l)$ | −285.8 |
| $H_2O(g)$ | −248.1 |
| $CO_2(g)$ | −393.5 |
| $O_2(g)$ | 0 |
| $C_4H_{10}(g)$ | −124.7 |

$$\Delta H^\circ_{\text{반응}} = [8(-393.5) + 10(-248.1)] - [2(-124.7) + (0)] = -5379.6\ \text{kJ/mol}$$

## 주요 내용 문제

### 10.1

부록 2를 보고 다음 반응의 표준 반응 엔탈피를 계산하시오.

$$Mg(OH)_2(s) \longrightarrow MgO(s) + H_2O(l)$$

(a) −608.7 kJ/mol (b) −81.1 kJ/mol
(c) −37.1 kJ/mol (d) +81.1 kJ/mol
(e) +37.1 kJ/mol

### 10.2

부록 2를 보고 다음 반응의 표준 반응 엔탈피를 계산하시오.

$$4HBr(g) + O_2(g) \longrightarrow 2H_2O(l) + 2Br_2(l)$$

(a) −426.8 kJ/mol (b) −338.8 kJ/mol
(c) −249.6 kJ/mol (d) +426.8 kJ/mol
(e) +338.8 kJ/mol

### 10.3

균형 잡힌 반응식으로 만든 후, 부록 2를 보고 다음 반응의 표준 반응 엔탈피를 계산하시오.

$$P(\text{붉은인}) + Cl_2(g) \longrightarrow PCl_3(g)$$

(a) −576.1 kJ/mol (b) −269.7 kJ/mol (c) −539.3 kJ/mol
(d) −602.6 kJ/mol (e) +639.4 kJ/mol

### 10.4

계수를 정수로 하여 헥세인의 연소 반응식을 쓰면

$$2C_6H_{14}(l) + 19O_2(g) \longrightarrow 12CO_2(g) + 14H_2O(l) \quad \Delta H^\circ = -8388.4\ \text{kJ/mol}$$

부록 2를 보고 헥세인의 표준 생성 엔탈피를 구하시오.

(a) −334.8 kJ/mol (b) −167.4 kJ/mol (c) −669.6 kJ/mol
(d) +334.8 kJ/mol (e) +669.6 kJ/mol

# 종합문제

## 10.1절: 에너지와 에너지 변화

### 개념 문제

10.5 화학량론은 질량 보존 법칙으로부터 출발한다. 열역학 법칙은 어디에 기반을 두는가?

10.7 대체로 분해 반응은 흡열, 연소 반응은 발열이다. 이유를 정성적으로 설명하시오.

## 10.2절: 열역학 소개

### 계산 문제

10.11 기체를 압축하여 일 112 J을 했다. 이 과정에서 열 51 J이 주위로 방출되었다. 기체의 내부 에너지 변화를 계산하시오.

10.13 열 98 J이 방출되었고 $\Delta U = -215$ J일 때 $w$를 계산하고, 계가 일을 했는지 혹은 받았는지 판별하시오.

### 개념 문제

10.15 맨 왼쪽에 과정 시작 전 모습을 나타냈다. 다음 과정 후의 모습을 고르시오.

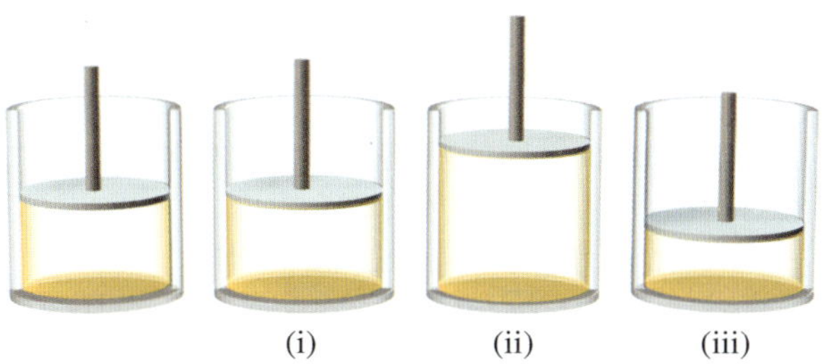


(a) 계가 일을 받았고 $\Delta U$가 음이다.
(b) 계가 열을 방출했고 $\Delta U$가 양이다.
(c) 계가 열을 흡수했고 $\Delta U$가 양이다.

## 10.3절: 엔탈피

### 계산 문제

10.21 어떤 기체가 일정 온도에서 26.7 mL에서 119.3 mL까지 팽창했다. 팽창 조건에 따른 일을 J로 계산하시오(식 10.2를 참조).
(a) 진공에서 팽창
(b) 일정한 외부 압력 3.5 atm에서 팽창
(c) 일정한 외부 압력 10.1 atm에서 팽창

10.23 황화 아연(ZnS) 광석에서 아연을 회수하는 첫 번째 공정은 가열하여 ZnO로 바꾸는 것이다.

$$2ZnS(s) + 3O_2(g) \longrightarrow 2ZnO(s) + 2SO_2(g) \qquad \Delta H = -879 \text{ kJ/mol}$$

ZnS 1 g당 발생하는 열을 kJ로 계산하시오.

10.25 일정 온도에서 일어난 다음 반응으로 외부 압력 1.00 atm에서 부피가 32.7 L 증가했다. $\Delta U$를 계산하시오(1 L·atm = 101.3 J).

$$2H_2O(g) \longrightarrow 2H_2(g) + O_2(g) \qquad \Delta H = +483.6 \text{ kJ/mol}$$

### 개념 문제

10.27 다음 그림은 반응 전후의 모습을 나타냈다. 두 번째 반응의 $\Delta H$를 구하시오.

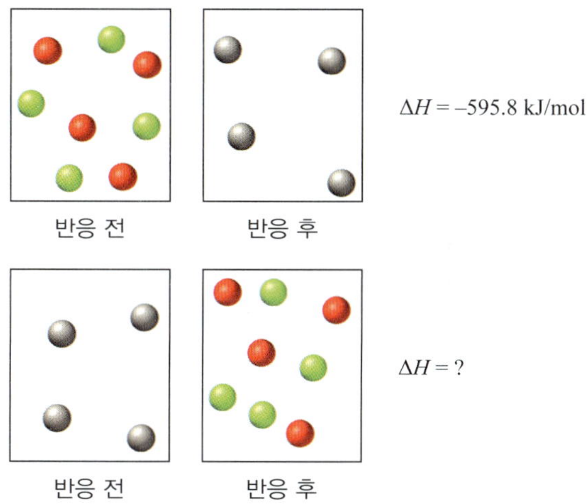


## 10.4절: 열량 측정법

### 계산 문제

10.31 20.5°C의 구리 2.21 kg을 126.4°C로 가열했다. 구리가 흡수한 열을 kJ로 계산하시오.

10.33 18°C인 10.0 g의 금박을 55.6°C인 20.0 g의 철판 위에 올려놓았다. 최종 온도는 얼마인가? 주위로 열 손실은 없다고 가정한다. (힌트: 금박이 얻은 열은 철판이 잃은 열과 같다. 금속의 비열은 표 10.2를 이용하시오.)

10.35 열용량을 무시할 수 있는 일정 압력 열량계에서 0.862 $M$ HCl 용액 $2.00 \times 10^2$ mL와 0.431 $M$ $Ba(OH)_2$ $2.00 \times 10^2$ mL를 섞었다. 두 용액의 초기 온도는 20.48°C이다. 다음 반응에서 중화열은 −56.2 kJ/mol이다. 용액의 비열은 순수한 물과 같다고 가정한다.

$$H^+(aq) + OH^-(aq) \longrightarrow H_2O(l)$$

혼합 용액의 최종 온도는 얼마인가?

10.37 대사 활동을 통해 하루 동안 인체가 방출하는 열이 약 $1.0 \times 10^4$ kJ이다. 수분 함량을 50 kg, 고립계로 가정하면 온도가 얼마나 올라가겠는가? 정상 체온 37°C를 유지하기 위해서 인체가 땀으로 배출해야 하는 수분은 얼마인가? 물의 증발열은 2.41 kJ/g이다. 결과를 분석하시오.

10.39 일정 압력 열량계에서 35.6°C의 메탄올 25.95 g을 24.7°C의 에탄올 38.65 g과 섞었다. 혼합 액체의 최종 온도가 28.5°C이고 열량계의 열용량이 19.3 J/°C일 때 메탄올의 비열을 구하시오.

### 개념 문제

10.41 두 금속 Al과 Cu를 접촉시킬 때 어떻게 되겠는가?

| 금속 | Al | Cu |
|---|---|---|
| 질량(g) | 10 | 30 |
| 비열[J/(g·°C)] | 0.900 | 0.385 |
| 온도(°C) | 40 | 60 |

(a) Al의 비열이 더 크므로 열이 Al에서 Cu로 흐른다.
(b) Cu의 질량이 더 크므로 열이 Cu에서 Al로 흐른다.
(c) Cu의 열용량이 더 크므로 열이 Cu에서 Al로 흐른다.
(d) Cu의 온도가 더 높으므로 열이 Cu에서 Al로 흐른다.
(e) 열이 흐르지 않는다.

## 10.5절: 헤스의 법칙

### 계산 문제

10.45 아래 연소열을 이용하여 구성 원소로부터 생성되는 메탄올($CH_3OH$)의 표준 생성 엔탈피를 계산하시오.

$$\text{C(흑연)} + 2H_2(g) + \frac{1}{2}O_2(g) \longrightarrow CH_3OH(l)$$

$$CH_3OH(l) + \frac{3}{2}O_2(g) \longrightarrow CO_2(g) + 2H_2O(l) \quad \Delta H^\circ_{\text{반응}} = -726.4\ \text{kJ/mol}$$

$$\text{C(흑연)} + O_2(g) \longrightarrow CO_2(g) \quad \Delta H^\circ_{\text{반응}} = -393.5\ \text{kJ/mol}$$

$$H_2(g) + \frac{1}{2}O_2(g) \longrightarrow H_2O(l) \quad \Delta H^\circ_{\text{반응}} = -285.8\ \text{kJ/mol}$$

10.47 아래 자료를 이용하여 다음 반응의 엔탈피 변화를 계산하시오. (단사정과 사방정은 원소 황의 동소체이다.)

$$\text{S(사방정)} \longrightarrow \text{S(단사정)}$$

$$\text{S(사방정)} + O_2(g) \longrightarrow SO_2(g) \quad \Delta H^\circ_{\text{반응}} = -296.06\ \text{kJ/mol}$$

$$\text{S(단사정)} + O_2(g) \longrightarrow SO_2(g) \quad \Delta H^\circ_{\text{반응}} = -296.36\ \text{kJ/mol}$$

### 개념 문제

10.49 다음 반응의 $\Delta H$를 구하시오.

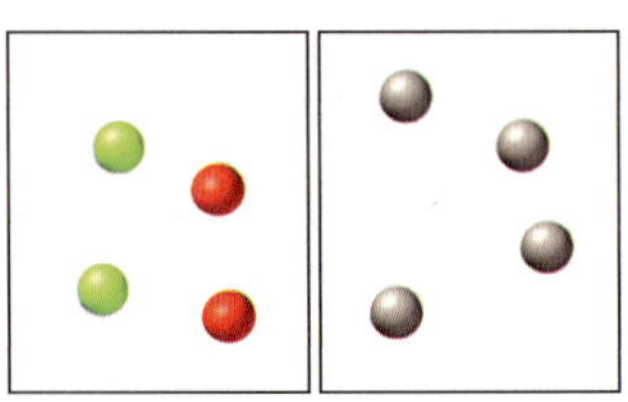

반응 전 반응 후
$\Delta H = 25$ kJ/mol

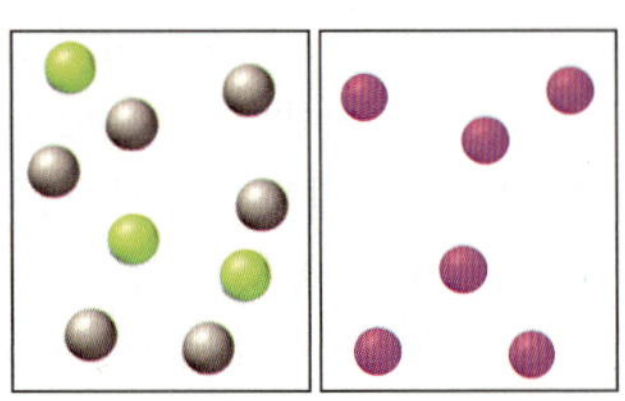

반응 전 반응 후
$\Delta H = -60$ kJ/mol

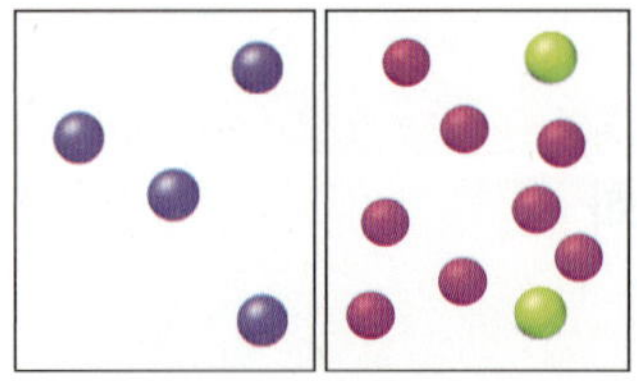

반응 전 반응 후
$\Delta H = 100$ kJ/mol

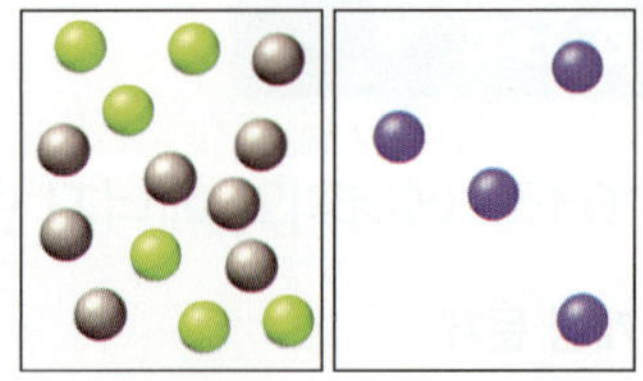

반응 전 반응 후
$\Delta H = ?$

## 10.6절: 표준 생성 엔탈피

### 계산 문제

10.55 산소의 동소체 $O_2$와 $O_3$의 $\Delta H^\circ_f$는 25°C에서 각각 0 kJ/mol, 142.2 kJ/mol이다. 이 온도에서 더 안정한 형태는 어느 것인가?

10.57 부록 2에서 반응물과 생성물의 표준 생성 엔탈피를 찾아 25°C, 1 atm에서 분해열을 계산하시오.

$$CaCO_3(s) \longrightarrow CaO(s) + CO_2(g)$$

10.59 부록 2에서 표준 생성 엔탈피를 찾아 연소열을 계산하시오.
(a) $2H_2(g) + O_2(g) \longrightarrow 2H_2O(l)$
(b) $2C_2H_2(g) + 5O_2(g) \longrightarrow 4CO_2(g) + 2H_2O(l)$

10.61 메탄올, 에탄올, $n$−프로판올을 각각 1.00 g 연소시켰을 때 방출되는 열은 (a) 메탄올($CH_3OH$): −22.6 kJ, (b) 에탄올($C_2H_5OH$): −29.7 kJ/mol, (c) $n$−프로판올($C_3H_7OH$): −33.4 kJ이다. 연소열을 kJ/mol로 계산하시오.

10.63 표준 생성 엔탈피를 이용하여 $\Delta H^\circ_{\text{반응}}$을 계산하시오. $C_6H_{12}(l)$의 $\Delta H^\circ_f = -151.9$ kJ/mol이다.

$$C_6H_{12}(l) + 9O_2(g) \longrightarrow 6CO_2(g) + 6H_2O(l)$$

10.65 암모니아 $1.26 \times 10^4$ g을 만들 때 방출되는 열을 kJ로 구하시오. 반응은 표준 상태, 25°C에서 일어난다고 가정한다.

$$N_2(g) + 3H_2(g) \longrightarrow 2NH_3(g) \quad \Delta H^\circ_f = -92.6\ \text{kJ/mol}$$

10.67 $H_2O(l)$와 $H_2O(g)$ 중 어느 것의 $\Delta H^\circ_f$가 더 큰 음수인가?

### 개념 문제

10.69 $\Delta H^\circ_f$가 음수인 화합물이 양수인 화합물보다 일반적으로 더 안정하다. 부록 2를 보면 $H_2O_2(l)$는 $\Delta H^\circ_f$가 음수인데도 $H_2O(l)$와 $O_2(g)$로 분해되는 이유는 무엇인가?

10.71 부록 2를 보고 그림에 나타낸 기체 반응의 엔탈피 변화를 계산하시오. (힌트: 한계 반응물이 무엇인지 찾으시오.)

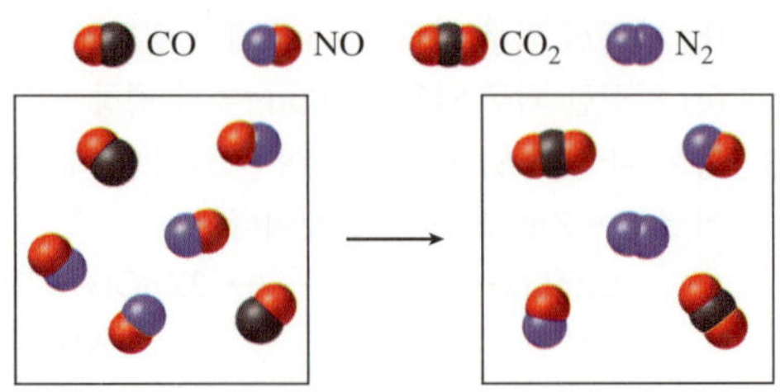

## 10.7절: 결합 엔탈피와 공유 결합 분자의 안정성

### 계산 문제

10.75 열화학 반응식을 보고 $O_3$의 평균 결합 엔탈피를 계산하시오.

$$O(g) + O_2(g) \longrightarrow O_3(g) \qquad \Delta H^\circ = -107.2 \text{ kJ/mol}$$

10.77 $2C_2H_6(g) + 7O_2(g) \longrightarrow 4CO_2(g) + 6H_2O(g)$

(a) 표 10.4의 평균 결합 엔탈피를 이용하여 반응 엔탈피를 예측하시오.

(b) 부록 2의 표준 생성 엔탈피를 이용하여 반응 엔탈피를 계산하고, (a)의 결과와 비교하시오.

### 개념 문제

10.79 표 10.4의 평균 결합 엔탈피를 이용하여 다음 반응의 $\Delta H^\circ_{반응}$을 추정하시오.

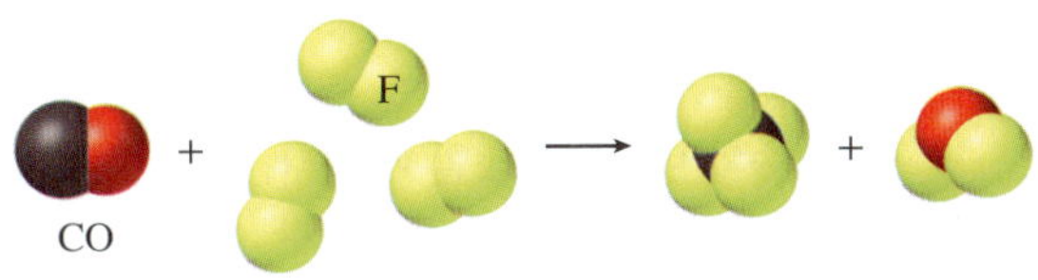


## 10.8절: 격자 에너지와 이온성 고체의 안정성

### 계산 문제

10.83 10.8절에 소개한 보른－하버 순환을 이용하여 $CaCl_2$의 격자 에너지를 계산하시오. 그림 4.8, 4.10, 부록 2의 자료를 이용하시오. Ca의 2차 이온화 에너지, $IE_2 = 1145$ kJ/mol이다.

## 추가 문제

10.85 부록 2를 이용하여 $NF_3$의 표준 생성 엔탈피를 구하시오.

$$NH_3(g) + 3F_2(g) \longrightarrow NF_3(g) + 3HF(g)$$
$$\Delta H^\circ_{반응} = -881.2 \text{ kJ/mol}$$

10.87 다음 반응처럼 질산 은이 열분해될 때 표준 엔탈피의 변화 $\Delta H^\circ = +78.67$ kJ/mol이다.

$$AgNO_3(s) \longrightarrow AgNO_2(s) + \frac{1}{2}O_2(g)$$

$AgNO_3(s)$의 표준 생성 엔탈피가 $-123.02$ kJ/mol일 때 $AgNO_2(s)$의 표준 생성 엔탈피를 계산하시오.

10.89 $N_2(g) + 3H_2(g) \longrightarrow 2NH_3(g) \qquad \Delta H^\circ_f = -92.6$ kJ/mol

1 atm, 어떤 온도에서 $N_2$ 2몰과 $H_2$ 6몰이 반응하여 $NH_3$ 4몰이 되면서 부피가 98 L 줄어들었다. 이 반응의 $\Delta U$를 계산하시오(1 L·atm = 101.3 J).

10.91 C－H 결합의 평균 결합 엔탈피가 414 kJ/mol임을 이용하여 메테인($CH_4$)의 표준 생성 엔탈피를 추정하시오.

$$C(s) \longrightarrow C(g) \qquad \Delta H^\circ_{반응} = 716 \text{ kJ/mol}$$
$$2H_2(g) \longrightarrow 4H(g) \qquad \Delta H^\circ_{반응} = 872.8 \text{ kJ/mol}$$

10.93 (a) 식 10.18과 부록 2를 이용하여 $\Delta H^\circ$를 계산하시오.

(b) 식 10.19와 표 10.4를 이용하여 $\Delta H^\circ$를 계산하시오.

$$H_2(g) + I_2(g) \longrightarrow 2HI(g)$$

10.95 다음 정보를 이용하여 마지막 반응의 $\Delta H^\circ$를 계산하시오.

$$H_2(g) \longrightarrow 2H(g) \qquad \Delta H^\circ = 436.4 \text{ kJ/mol}$$
$$Br_2(g) \longrightarrow 2Br(g) \qquad \Delta H^\circ = 192.5 \text{ kJ/mol}$$
$$H_2(g) + Br_2(g) \longrightarrow 2HBr(g) \qquad \Delta H^\circ = -72.4 \text{ kJ/mol}$$
$$H(g) + Br(g) \longrightarrow HBr(g) \qquad \Delta H^\circ = ?$$

10.97 온도가 99.0°C인 미지의 금속 시료 44.0 g을 물 80.0 g이 들어 있는 일정 압력 열량계에 넣었더니 온도가 24.0°C에서 28.4°C가 되었다. 금속의 비열을 계산하시오. 열량계의 열용량은 12.4 J/°C이다.

10.99 발생로 가스(일산화 탄소)는 뜨거운 코크스에 공기를 통과시켜 만든다.

$$C(s) + \frac{1}{2}O_2(g) \longrightarrow CO(g)$$

수성 가스(일산화 탄소와 수소의 혼합물)는 뜨거운 코크스에 수증기를 통과시켜 만든다.

$$C(s) + H_2O(g) \longrightarrow CO(g) + H_2(g)$$

발생로 가스와 수성 가스는 모두 산업체나 가정용 연료로 이용되었다. 대량 생산 시에는 다른 방법으로도 만들 수 있는데, 먼저 발생로 가스를 만든 후 수성 가스를 만드는 것이다. 이 대체 생산법이 더 유리한 이유를 열화학을 기반으로 설명하시오.

10.101 소위 "수소 경제"는 태양 에너지를 이용하여 물로부터 만들어낸 수소에 기반한다. 수소는 연료로 쓸 수 있다.

$$2H_2(g) + O_2(g) \longrightarrow 2H_2O(l)$$

연료로서 수소의 주된 장점은 공해가 없다는 점이다. 반면 액체나 고체보다 저장하기 어렵다는 점이 큰 단점이다. 옥테인($C_8H_{18}$) 3.79 L를 연소시킬 때 얻을 수 있는 에너지는 수소 몇 몰을 연소시켜야 얻을 수 있는가? 옥테인의 밀도는 0.702 kg/L이고 표준 생성 엔탈피는 $-249.9$ kJ/mol이다.

10.103 물 855 g을 25.0°C에서 98.0°C로 만들기 위해 연소시켜야 하는 에테인($C_2H_6$)은 몇 몰인가?

10.105 액체의 증발열($\Delta H_{증발}$)은 액체 1.00몰을 그 액체의 끓는점에서 증발시킬 때 필요한 에너지이다. 55.3°C의 물 $2.00 \times 10^2$ g이 담긴 스티로폼 컵에 액체 질소(끓는점 = $-196$°C) 60.0 g을 부었더니 물의 온도가 41.0°C가 되었다. 액체 질소의 증발열을 계산하시오.

10.107 $\Delta H^\circ_{반응} = \Delta H^\circ_f$인 반응은 어느 것인가?

(a) $H_2(g) + S(사방정) \longrightarrow H_2S(g)$

(b) $C(다이아몬드) + O_2(g) \longrightarrow CO_2(g)$

(c) $H_2(g) + CuO(s) \longrightarrow H_2O(l) + Cu(s)$

(d) $O(g) + O_2(g) \longrightarrow O_3(g)$

10.109 어떤 기체가 부피 0.050 L에서 0.50 L로 팽창하였다.

(a) 진공에서 팽창, (b) 일정한 압력 0.20 atm에서 팽창할 때 기체가 한 일을 계산하시오(1 L·atm = 101.3 J).

10.111 황화 아연에서 아연을 회수하는 첫 번째 공정은 ZnS를 가열하여 ZnO로 만드는 것이다. 다음 반응식은 균형이 맞춰져 있지 않다.

$$ZnS(s)+O_2(g) \longrightarrow ZnO(s)+SO_2(g)$$

$SO_2$ $1.26\times10^4$ g이 생성될 때 수반되는 열의 양을 결정하시오.

10.113 휴대용 핫팩은 공기가 통할 수 있는 봉투 안에 철가루, 소금 등이 소량의 물에 적셔진 채로 들어 있다. 바깥쪽 비닐 봉투를 뜯으면 산소가 봉투 속으로 투과해 들어가 반응이 시작된다. 열을 내는 반응은 아주 익숙한 반응, 즉 철이 녹스는 반응으로 발열이다.

$$4Fe(s)+3O_2(g) \longrightarrow 2Fe_2O_3(s)$$

철가루 250 g이 든 일반적인 핫팩은 4시간 이상 효과가 지속된다. 부록 2를 이용하여 이 반응에서 발생한 열을 kJ로 계산하시오.

10.115 태평양의 전체 부피는 $7.2\times10^8$ $km^3$로 추정된다. 중형 원자 폭탄이 폭발하면 $1.0\times10^{15}$ J의 에너지를 방출한다. 태평양의 온도를 1°C 올리려면 원자 폭탄 몇 개가 필요한가?

10.117 잠수함에서 선원들의 호흡으로 발생하는 이산화 탄소는 보통 수산화 리튬 수용액으로 제거한다.

(a) 균형 잡힌 반응식을 쓰시오. (힌트: 생성물은 용해된 염과 물이다.)

(b) 선원 한 명이 하루에 쓰는 에너지가 $1.2\times10^4$ kJ일 때, 발생하는 $CO_2$의 양과 공기 정화에 필요한 LiOH의 양을 계산하시오. 이 에너지는 모두 글루코스($C_6H_{12}O_6$) 대사로부터 나온 에너지라고 가정한다.

10.119 화력 발전소에서 나오는 이산화 황을 제거할 때 산화 칼슘(CaO)을 쓴다.

$$2CaO(s)+2SO_2(g)+O_2(g) \longrightarrow 2CaSO_4(s)$$

$SO_2$ $6.6\times10^5$ g을 제거할 때 엔탈피 변화를 계산하시오.

10.121 일정 압력 열량계에 담긴 0.100 $M$ $AgNO_3$ 수용액 50.0 mL에 금속 아연을 과량으로 넣었다.

$$Zn(s)+2Ag^+(aq) \longrightarrow Zn^{2+}(aq)+2Ag(s)$$

위 반응을 통해 온도가 19.25°C에서 22.17°C가 되었다. 반응 엔탈피를 계산하시오. 열량계의 열용량은 98.6 J/°C이다. 용액의 밀도와 비열은 물과 같다고 가정하고, 금속의 비열은 무시한다.

10.123 $\Delta H^\circ_{반응}=\Delta H^\circ_f$인 반응은 어느 것인가? 아닌 것은 그 이유를 설명하시오.

(a) $H_2(g)+Br_2(l) \longrightarrow 2HBr(g)$ $\quad \Delta H^\circ_{반응}=-72.4$ kJ/mol

(b) $4Al(s)+3O_2(g) \longrightarrow 2Al_2O_3(s)$ $\quad \Delta H^\circ_{반응}=-3339.6$ kJ/mol

(c) $Ag(s)+\frac{1}{2}Cl_2(g) \longrightarrow AgCl(s)$ $\quad \Delta H^\circ_{반응}=-127.0$ kJ/mol

(d) $Cu^{2+}(aq)+SO_4^{2-}(aq) \longrightarrow CuSO_4(s)$ $\quad \Delta H^\circ_{반응}=+73.25$ kJ/mol

(e) $\frac{1}{2}H_2(g)+\frac{1}{2}N_2(g)+\frac{3}{2}O_2(g) \longrightarrow HNO_3(l)$ $\quad \Delta H^\circ_{반응}=-173.2$ kJ/mol

10.125 춥고 눅눅한 날씨가 건조할 때보다, 덥고 습한 날씨가 건조할 때보다 더 불쾌한 이유는 무엇인가? [수증기의 비열은 1.9 J/(g·°C), 공기의 비열은 1.0 J/(g·°C)이다.

10.127 46 kg인 사람이 우유 500 g을 마셨다. 우유의 에너지 함량은 약 3.0 kJ/g이다. 우유 에너지의 17%만이 기계적인 일로 전환된다면, 이 사람이 올라갈 수 있는 높이는 얼마인가? [힌트: 계단을 오르는 일은 $mgh$이다. $m$은 질량(kg), $g$는 중력 가속도(9.8 $m/s^2$), $h$는 높이(m)이다.]

10.129 19세기에 뒬롱(Dulong)과 프티(Petit)라는 과학자는 원소 하나로 이루어진 고체의 몰질량과 비열을 곱하면 약 25 J/°C가 됨을 알아냈다. 이것을 뒬롱-프티의 법칙이라고 하고, 금속의 비열을 추정할 때 쓴다. 표 10.2에 나열된 금속 중에서 하나는 법칙과 맞지 않는다. 어느 것이며 이유는 무엇인가?

10.131 아세틸렌($C_2H_2$)와 벤젠($C_6H_6$)은 실험식이 같다. 실제로 아세틸렌으로 벤젠을 만들 수 있다.

$$3C_2H_2(g) \longrightarrow C_6H_6(l)$$

아세틸렌과 벤젠의 연소 엔탈피는 각각 −1299.4, −3267.4 kJ/mol이다. 아세틸렌과 벤젠의 표준 생성 엔탈피를 계산하고, 위 반응에서 엔탈피 변화를 계산하시오.

10.133 수산화 라디칼(OH)은 대기 화학에서 중요하다. 반응성이 크고 다른 화합물의 H 원자와 결합하면서 화합물을 분해한다. 이러한 것이 대기를 깨끗하게 하는 데 도움이 되므로 OH를 종종 "세제" 라디칼이라고 부르기도 한다.

(a) 엔탈피 변화를 추정하시오.

$$OH(g)+CH_4(g) \longrightarrow CH_3(g)+H_2O(g)$$

(b) 태양빛이 수증기를 분해하여 이 라디칼이 만들어진다. $H_2O$의 O−H 결합을 깰 수 있는 최대 파장을 nm로 계산하시오.

10.135 (a) 다음 자료를 이용하여 $F_2^-$ 이온의 결합 엔탈피를 계산하시오.

$$F_2(g) \longrightarrow 2F(g) \qquad \Delta H^\circ_{반응}=156.9 \text{ kJ/mol}$$
$$F^-(g) \longrightarrow F(g)+e^- \qquad \Delta H^\circ_{반응}=333 \text{ kJ/mol}$$
$$F_2^-(g) \longrightarrow F_2(g)+e^- \qquad \Delta H^\circ_{반응}=290 \text{ kJ/mol}$$

(b) $F_2$와 $F_2^-$의 결합 엔탈피가 다른 이유를 설명하시오.

10.137 글루코스와 과당은 분자식이 $C_6H_{12}O_6$로 같다. 설탕($C_{12}H_{22}O_{11}$)은 글루코스와 과당이 결합한 것이다. 결합할 때 물 분자 하나가 떨어져 나간다.

(a) 글루코스 2.0 g이 공기 중에서 연소할 때 방출하는 에너지를 계산하시오.

(b) 몸무게 65 kg인 사람이 글루코스 2.0 g, 설탕 2.0 g을

섭취했을 때 올라갈 수 있는 높이를 각각 계산하시오. 에너지의 30%만이 일을 할 수 있다. (문제 10.127의 힌트 참조)

**10.139** 메테인($CH_4$)의 결합을 모두 깰 때는 1656 kJ/mol, 프로페인($C_3H_8$)의 결합을 모두 깰 때는 4006 kJ/mol이 필요하다. C−C 결합의 평균 결합 엔탈피를 계산하시오.

**10.141** 대기압(1.00 atm)에서 다음과 같은 반응이 일어난다.

$$2H_2(g) + O_2(g) \longrightarrow 2H_2O(l)$$

물이 생기면서 부피가 73.4 L 줄어들었다. 이 과정에서 $\Delta U$를 계산하시오. $\Delta H = -571.6$ kJ/mol이다(1 L · atm = 101.3 J).

**10.143** 불순물이 섞인 글루코스($C_6H_{12}O_6$) 시료 4.117 g을 열용량 19.65 kJ/°C인 일정 부피 열량계에서 태웠더니. 온도가 3.134°C 올라갔다. 부록 2의 열역학 자료를 이용하여 포도당의 순도를 %로 계산하시오. 불순물은 연소 과정에서 아무런 영향을 받지 않는다고 가정한다.

**10.145** 광합성은 이산화 탄소와 물로부터 글루코스($C_6H_{12}O_6$)와 산소를 만들어낸다.

$$6CO_2(g) + 6H_2O(l) \longrightarrow C_6H_{12}O_6(s) + 6O_2(g)$$

(a) 이 반응의 $\Delta H^\circ_{반응}$을 실험적으로 어떻게 구할 수 있는가?
(b) 태양빛이 1년 동안 지구에서 만들어내는 글루코스가 $7.0 \times 10^{14}$ kg이다. $\Delta H^\circ$는 얼마인가?

**10.147** 탄화 칼슘(calcium carbide, $CaC_2$)을 물과 반응시켜 아세틸렌($C_2H_2$)을 얻는다.
(a) 반응식을 쓰시오.
(b) $CaC_2$ 74.6 g으로 만들어낸 아세틸렌을 연소시켜 얻을 수 있는 열은 몇 J인가?

**10.149** 자동차의 속력이 2배이면 제동 거리는 4배가 된다. 역학과 열역학 제1법칙을 이용하여 설명하시오. [자동차의 운동 에너지($1/2\ mu^2$)는 모두 열로 바뀐다고 가정한다.]

**10.151** $H_3^+$는 원자들이 정삼각형으로 배열되어 있다. 다음 정보를 이용하여 마지막 반응의 $\Delta H^\circ$를 계산하시오.

$$2H + H^+ \longrightarrow H_3^+ \qquad \Delta H^\circ = -849 \text{ kJ/mol}$$
$$H_2 \longrightarrow 2H \qquad \Delta H^\circ = 436.4 \text{ kJ/mol}$$
$$H^+ + H_2 \longrightarrow H_3^+$$

**10.153** 나프탈렌 1.034 g을 298 K의 일정 부피 통 열량계에서 연소시켰다. 열이 41.56 kJ 발생했을 때 $\Delta U$와 $w$를 몰당으로 계산하시오.

**10.155** 미국 매사추세츠의 한 가스 회사는 천연가스($CH_4$) 1몰당 27센트를 받는다. 물 200 mL를 20°C에서 100°C로 가열하려면 얼마가 들겠는가? 연소에서 발생하는 열 중 50%만 물로 전달되고 나머지는 외부로 손실된다고 가정한다.

**10.157** 표 10.4를 보고 $C_2H_6$에서 C−C, $N_2H_4$에서 N−N, $H_2O_2$에서 O−O 결합의 결합 엔탈피를 비교하시오. 이웃한 분자의 비공유 전자쌍이 결합 엔탈피에 어떤 영향을 미치는가? (힌트: 각 분자의 루이스 구조를 먼저 그린다.)

## 유제 해답

**10.1** ❶ $6.95 \times 10^5$ kJ, 열은 흡수된다. **10.2** ❶ (a) 0.487 atm (b) 73.4 mL (c) 326.6 mL **10.3** ❶ $1.71 \times 10^3$ g **10.4** ❶ 52.2°C **10.5** ❶ 42 g **10.6** ❶ 10.5°C 상승한다. **10.7** ❶ 113.2 kJ/mol **10.8** ❶ −697.6 kJ/mol **10.9** ❶ $NH_3(g) + HCl(g)$, 176.8 kJ/mol **10.10** ❶ 328 kJ/mol **10.11** ❶ −841 kJ/mol(전자 친화도는 방출하는 에너지로 정의함을 기억하자[|◀◀ 4.4절]. 두 번째 전자 친화도처럼 음의 전자 친화도는 흡수하는 에너지를 뜻한다.)

## 절 복습

**10.1.1** a **10.1.2** e **10.1.3** b **10.2.1** e **10.2.2** c **10.3.1** b **10.3.2** a **10.4.1** b **10.4.2** d **10.4.3** a **10.4.4** a **10.5.1** c **10.5.2** a **10.6.1** b **10.6.2** e **10.6.3** e **10.7.1** d **10.7.2** e **10.7.3** e **10.7.4** b **10.8.1** c **10.8.2** a

Chapter

# 11

# 기체

## Gases

수증기, 이산화 탄소, 이산화 황, 황화수소, 그리고 몇몇 할로젠화 수소를 포함하는 엄청난 양의 기체가 마그마에 녹아 있다가 화산이 폭발할 때 방출된다. 폭발이 없더라도 간헐천, 온천, 분기공 등으로부터 화산 가스가 대기 중으로 지속적으로 분출된다. 화학자와 지질학자들이 기체의 물리적, 화학적 특성에 관한 지식을 습득하면서 화산 가스가 우리 주변의 생명체들에, 그리고 장기적으로 지구 대기 전체에 미칠 수 있는 위험을 이해하며 완화시킬 수 있게 되었다.

## 들어가기 전에

- 단위 환산하기 [|◀◀ 1.4절]
- 화학량론 [|◀◀ 8.3절]

# 11.1 기체의 성질

물질은 고체, 액체, 기체의 세 가지 상태 중 하나로 존재한다는 것을 1장에서 공부했다. 상온(25°C)에서 고체나 액체로 존재하는 물질들도 대부분은 적절한 조건이 갖추어지면 기체로 존재할 수 있다. 예를 들어, 물은 적절한 조건에서 **증발한다**(evaporate). 수증기는 기체이다. 이 장에서는 기체의 본질을 알아보고, 분자 수준에서 그들의 성질이 어떻게 거시적인 성질로 발현되는지를 탐구해 본다. 그림 11.1에는 물질의 세 가지 상태를 거시적, 미시적 수준에서 나타냈다.

**참조**

증기(vapor)라는 용어는 일반적으로 상온에서 액체나 고체인 물질의 기체 상태를 가리킬 때 쓴다.

상온에서 기체로 존재하는 원소는 비교적 적다. 수소, 질소, 산소, 플루오린, 염소, 그리고 비활성 기체들이 기체로 존재한다. 이들 중 비활성 기체는 개별 원자로 존재하는 반면, 다른 기체들은 이원자 분자로 존재한다[|◀◀ 5.5절]. 그림 11.2에는 기체 원소들이 주기율표의 어디에 위치하는지를 나타냈다.

**참조**

산소는 삼원자 분자인 오존($O_3$)으로도 존재할 수 있다[|◀◀ 5.5절]. 하지만 상온에서 가장 안정한 동소체는 이원자 $O_2$이다.

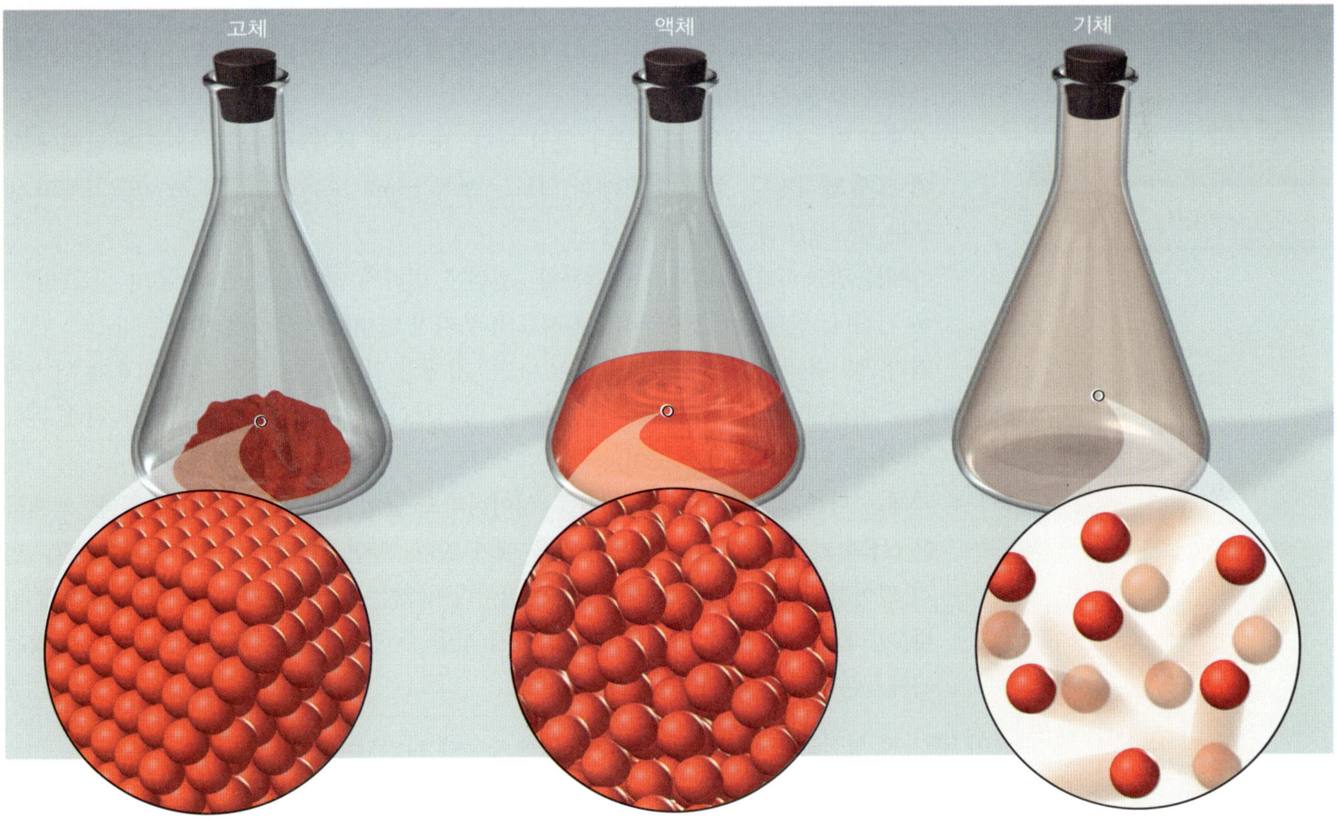


그림 11.1 물질의 고체, 액체, 기체 상태

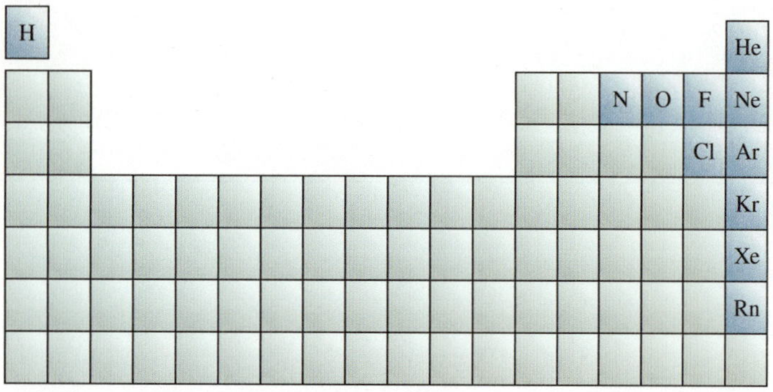


**그림 11.2** 상온에서 기체로 존재하는 원소들

**표 11.1** 상온에서 기체인 분자 화합물

| 분자식 | 화합물의 이름 |
|---|---|
| HCl | 염화 수소 |
| $NH_3$ | 암모니아 |
| $CO_2$ | 이산화 탄소 |
| $N_2O$ | 일산화 이질소 또는 아산화질소 |
| $CH_4$ | 메테인 |
| HCN | 사이안화 수소 |

분자 화합물 중 분자량이 작은 물질들은 대부분 상온에서 기체로 존재한다. 익숙한 몇 가지 기체 화합물을 표 11.1에 나열했다.

기체는 응축상(고체와 액체)과는 다음과 같은 중요한 차이점이 있다.

1. **기체의 모양과 부피는 그것이 담겨 있는 용기와 같다.** 기체는 액체와 마찬가지로 구성하는 입자들(분자 또는 원자)의 위치가 고정된 것이 아니다[|◀◀ 1.5절]. 따라서 액체와 기체 모두 **흐를**(flow) 수 있다. [1장에서 언급했듯이 액체와 기체를 모두 **유체**(fluid)라고 한다.] 액체 시료는 담긴 용기의 일부만을 채우지만, 기체 시료는 용기의 전체 **부피**(wlume)를 채운다.
2. **기체는 압축시킬 수 있다.** 고체나 액체와는 다르게 기체는 구성 입자들 간의 거리가 상대적으로 멀다. 따라서 기체 속 입자들 사이의 간격은 그 분자나 원자의 크기보다는 매우 크다. 기체 입자들이 멀리 떨어져 있기 때문에, 부피를 압축하여 입자 사이의 간격을 좁힐 수 있다.
3. **기체의 밀도는 액체나 고체보다 훨씬 작다. 또 기체 물질의 밀도는 온도와 압력에 의해 크게 달라진다.** 액체나 고체의 밀도는 보통 g/mL 또는 g/$cm^3$를 쓰지만 기체의 밀도는 흔히 g/L를 쓴다.

   기체를 압축시키면 부피가 줄어든다. 질량은 변하지 않으므로 부피 분의 질량(밀도)은 커진다. 반대로 일정량의 기체 시료의 부피가 늘어나면 밀도는 줄어든다.

   열기구가 올라가는 것을 본 적이 있다면, 기체의 밀도가 온도에 따라 어떻게 달라지는지 이해할 수 있다. 뜨거운 공기는 찬 공기보다 밀도가 낮아서 찬 공기 위에 뜬다(마치 물 위에 기름이 뜨듯이).
4. **기체는 다른 기체와 어떠한 비율로 섞이더라도 균일한 혼합물(용액)이 된다.** 액체들은 (물과 기름처럼) 서로 섞이지 않을 때가 있다. 반면 기체들은 구성 입자가 매우 멀리 떨어져 있기 때문에, 화학 반응이 일어나지 않는 한 서로 간 상호 작용이 거의 없다. 따라서 서로 다른 기체들도 균일하게 섞일 수 있다. 즉, 상호 간에 반응하지 않는 기체들은 서로에 **섞인다**(miscible).

**참조**

1 mL = 1 $cm^3$[|◀◀ 1.2절]

이 네 가지 성질들은 분자 수준의 기체 성질 때문에 나타난다.

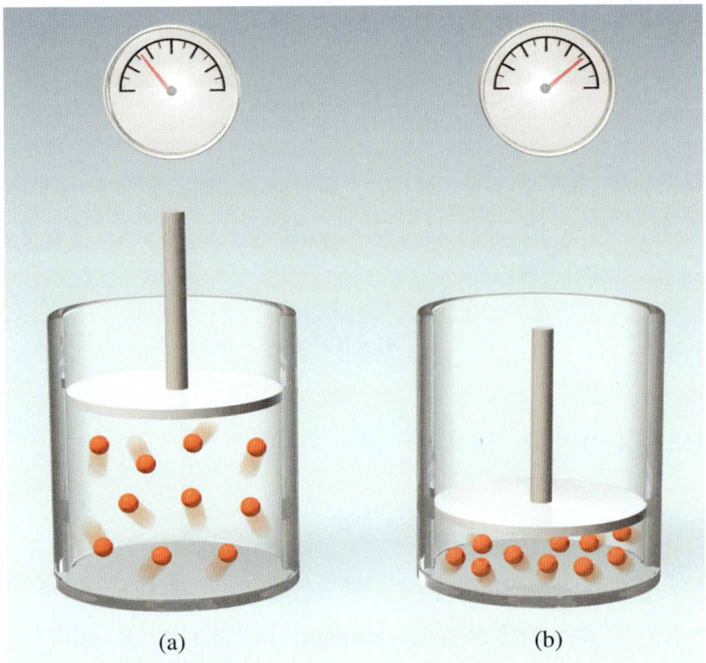


**그림 11.3** 부피를 줄이면 기체는 압축된다. (a) 부피가 줄어들기 전 (b) 부피가 줄어들면 분자들 간, 그리고 용기 벽과의 충돌 빈도가 높아지므로 압력이 높아진다.

## 11.2 기체의 분자 운동론

**분자 운동론**(kinetic molecular theory)은 19세기 루드비히 볼츠만(Ludwig Boltzmann)[1]과 제임스 맥스웰(James Maxwell)[2]과 같은 많은 물리학자들에 의해 제시되었다. 이는 기체의 분자적 본질이 어떻게 거시적인 성질들로 발현되는지를 설명해 준다. 분자 운동론의 네 가지 기본 가정은 다음과 같다.

1. 기체는 상대적으로 멀리 떨어진 입자들로 이루어져 있다. 기체 분자 자체가 차지하는 부피는 무시할 수 있다. 기체 분자들은 서로 멀리 떨어져 있어서, 기체 시료의 부피를 줄이면 분자 사이의 거리가 줄어들면서 압축된다[그림 11.3].
2. 기체 분자는 끊임없이, 랜덤하게 움직인다. 직진하다가 용기 벽이나 다른 분자와 부딪히는데, 이때 완전 탄성 충돌한다. (충돌 시에 에너지는 전달되지만 손실되지 않는다.)
3. 기체 분자들 사이에는 서로 간에 인력이나 반발력이 작용하지 않는다.
4. 기체 분자의 평균 운동 에너지 $\overline{E_k}$는 절대 온도에 비례한다.

$$\overline{E_k} \propto T$$

**참조**

기체에 대해서 "입자(particle)"는 분자나 원자를 가리킨다.

1. 루드비히 볼츠만(Ludwig Eduard Boltzmann, 1844~1906): 오스트리아의 물리학자. 전 시대에 걸쳐 가장 뛰어난 이론 물리학자였지만, 그 업적은 생전에 인정받지 못했다. 허약해진 몸과 심각한 우울증에 시달렸고 1906년에 자살했다.
2. 제임스 맥스웰(James Clerk Maxwell, 1831~1879): 스코틀랜드의 물리학자. 19세기의 가장 훌륭한 이론 물리학자로 손꼽힌다. 기체의 운동 이론, 열역학, 전자기학과 자기학 등의 많은 물리학 분야에 업적을 남겼다.

운동 에너지는 운동에 의한 에너지임을 공부했다[◀◀ 3.1절].

$$E_k = \frac{1}{2}mu^2$$

따라서 기체 분자들의 개별적 운동 에너지는 질량과 속력의 제곱에 비례한다. 기체 분자 전체를 언급할 때는 시료 내 모든 분자들 속력의 제곱의 평균인 **제곱평균 속력**(mean square speed) $\overline{u^2}$를 구해야 한다.

$$\overline{u^2} = \frac{u_2^2 + u_2^2 + u_3^2 + \cdots u_N^2}{N}$$

여기서 $N$은 시료 내 분자의 총 개수이다.

## 분자 속력

> **참조**
> 11.5절에서 기체 상수를 다시 접할 것이다. 또한 문제에 따라 기체 상수를 다른 단위로 표현할 수도 있음을 알아본다.

분자 운동론의 중요한 성과 중 하나는, 기체 1몰의 운동 에너지는 기체 종류에 관계 없이 $3/2RT$라는 점이다. $R$은 **기체 상수**(gas constant)이고, 8.314 J/K·mol이다. 가정 4에 의해 분자 하나의 평균 운동 에너지는 $1/2m\overline{u^2}$임을 알 수 있다. 기체 1몰은 다음과 같이 쓸 수 있다.

$$N_A\left(\frac{1}{2}m\overline{u^2}\right) = \frac{3}{2}RT$$

$N_A$는 아보가드로 수이다. $m \times N_A = \mathscr{M}$이므로 식을 다시 쓰면

$$\overline{u^2} = \frac{3RT}{\mathscr{M}}$$

양변에 루트를 씌우면

$$\sqrt{\overline{u^2}} = \sqrt{\frac{3RT}{\mathscr{M}}}$$

즉,

$$u_{rms} = \sqrt{\frac{3RT}{\mathscr{M}}} \qquad \text{식 11.1}$$

> **참조**
> 식 11.1에서 $\mathscr{M}$은 반드시 kg/mol이어야 한다.

> **참조**
> 기체의 평균 운동 에너지가 절대 온도에 의존함을 기억하자. 따라서 어떠한 기체라도 온도가 같으면 그 평균 운동 에너지는 같다.

$u_{rms}$는 **제곱평균제곱근 속력**[root−mean−square(rms) speed, $u_{rms}$]이다. 분자들이 많으면 운동 에너지의 분포가 존재한다. **제곱평균제곱근 속력**은 기체 시료의 **평균**(average) 운동 에너지를 갖는 어떤 분자의 속력이다. 식 11.1을 보면 두 가지 중요한 점을 알 수 있다. (1) $u_{rms}$는 절대 온도의 제곱근에 비례한다. (2) $u_{rms}$는 $\mathscr{M}$의 제곱근에 반비례한다. 따라서 동일한 온도에 놓인 서로 다른 기체를 비교하면, 분자량이 큰 기체의 $u_{rms}$ 값이 더 낮다.

분자 대부분은 $u_{rms}$보다 속력이 느리거나 빠름을 명심하자. 그리고 $u_{rms}$는 온도에 의존한다. 맥스웰은 여러 온도에서 기체 분자의 행동을 광범위하게 연구했다. 그림 11.4(a)에는 서로 다른 세 온도에서 질소 기체의 전형적인 맥스웰 속력 분포 곡선을 나타냈다. 어느 한 온

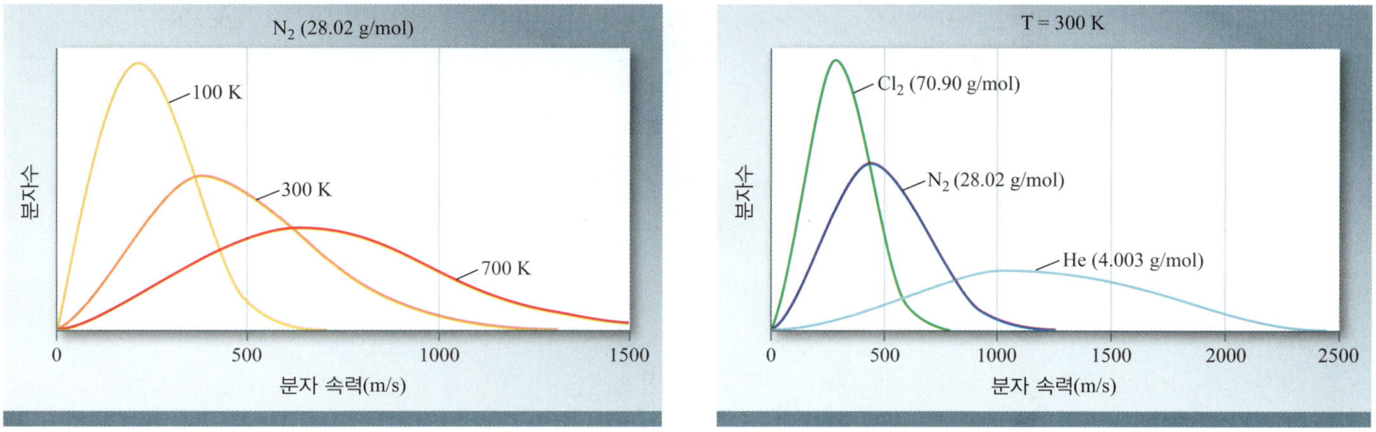


(a) (b)

**그림 11.4** (a) 서로 다른 세 온도에서 질소 기체의 속력 분포. 높은 온도에서는 빠르게 움직이는 분자가 더 많아진다. (b) 동일한 온도에서 서로 다른 세 기체의 속력 분포. 가벼운 분자가 무거운 분자보다 평균적으로 더 빠르게 움직인다.

도의 분포 곡선을 보면 특정한 속력으로 움직이는 분자들의 개수를 알 수 있다. 각 곡선의 최댓값은 확률이 가장 높은 속도, 즉 가장 많은 분자들이 갖는 속도에 해당한다. 온도가 높을수록 확률이 가장 높은 속도도 증가함을 기억하자. [그림 11.4(a)의 최댓값이 오른쪽으로 이동한다.] 뿐만 아니라 온도가 높을수록 곡선이 납작해지는데, 이는 빠르게 움직이는 분자들이 더 많아짐을 뜻한다.

그림 11.4(b)에는 동일한 온도(300K)에서 서로 다른 세 기체($Cl_2$, $N_2$, He)의 속력 분포를 나타냈다. 이 곡선의 주목할 만한 차이점은 더 가벼운 분자들이 무거운 분자들보다 평균적으로 더 빠르게 움직인다는 점이다.

식 11.1을 이용하여 특정 시료의 $u_{rms}$를 계산할 수 있지만, 일반적으로는 서로 다른 시료의 $u_{rms}$ 값을 비교하는 것이 더 유용하다는 것을 알게 될 것이다.

$$u_{rms}(1) = \sqrt{\frac{3RT}{\mathscr{M}_1}} \text{ 이고 } u_{rms}(2) = \sqrt{\frac{3RT}{\mathscr{M}_2}}$$

이제 둘을 서로 나누어 $u_{rms}$의 상대적인 값을 알아보면

$$\frac{u_{rms}(1)}{u_{rms}(2)} = \frac{\sqrt{\frac{3RT}{\mathscr{M}_1}}}{\sqrt{\frac{3RT}{\mathscr{M}_2}}}$$

두 기체의 온도가 같을 때, 동일한 항들을 상쇄시키면 다음과 같이 쓸 수 있다.

$$\frac{u_{rms}(1)}{u_{rms}(2)} = \sqrt{\frac{\mathscr{M}_2}{\mathscr{M}_1}} \quad \textbf{식 11.2}$$

식 11.2를 이용하면 동일한 온도에서 몰질량이 서로 다른 분자들의 $u_{rms}$ 값을 비교할 수 있다.

예제 11.1에서 방법을 알아보자.

**참조**

식 11.2는 두 몰질량의 비에 관한 식이므로, 몰질량을 g/mol이나 kg/mol 어느 것으로 나타내어도 좋다. (식 11.1에서는 단위를 적절하게 상쇄시키기 위해서 몰질량을 kg/mol 단위로 나타내야만 한다.)

## 예제 11.1

동일한 온도에서 헬륨 원자가 이산화 탄소 분자보다 평균적으로 얼마나 더 빨리 움직이는지 구하시오.

**전략** He와 $CO_2$의 몰질량, 식 11.2를 이용하여 $u_{rms}$의 비를 구한다. 이런 문제를 해결할 때는 일반적으로 둘 중 가벼운 것을 분자 1, 무거운 것을 분자 2로 두는 것이 좋다. 이렇게 하면 결과가 1보다 큰 값이 나오므로 비교적 해석하기 쉽다.

**계획** He와 $CO_2$ 의 몰질량은 각각 4.003 g/mol, 44.01 g/mol이다.

**풀이**

$$\frac{u_{rms}(\text{He})}{u_{rms}(\text{CO}_2)} = \sqrt{\frac{\frac{44.01\ \text{g}}{\text{mol}}}{\frac{4.003\ \text{g}}{\text{mol}}}} = 3.316$$

온도가 같으면 He 원자는 $CO_2$ 분자보다 평균적으로 3.316배 빠르다.

### 생각해 보기

분자의 속력과 몰질량은 서로 역수 관계에 있음을 기억한다(식 11.2). $CO_2$ 분자는 He 원자보다 대략 10배 무겁다. 따라서 He 원자가 $CO_2$ 분자보다 근사적으로 $\sqrt{10}$(약 3.2)배 빠를 것임을 예상해야 한다.

**유제 1** $CO_2$의 4.67배 속력으로 움직이는 기체의 몰질량을 구하시오.

**유제 2** 첫 번째 그림은 두 기체가 같은 몰수로 섞여 있을 때, 인접한 진공 방으로 빠져나가기 직전 모습이다. 갈색 기체의 몰질량은 노란색 기체보다 훨씬 무겁다. 일정 시간이 지난 후 두 방의 모습을 가장 잘 나타낸 것은 무엇인가?

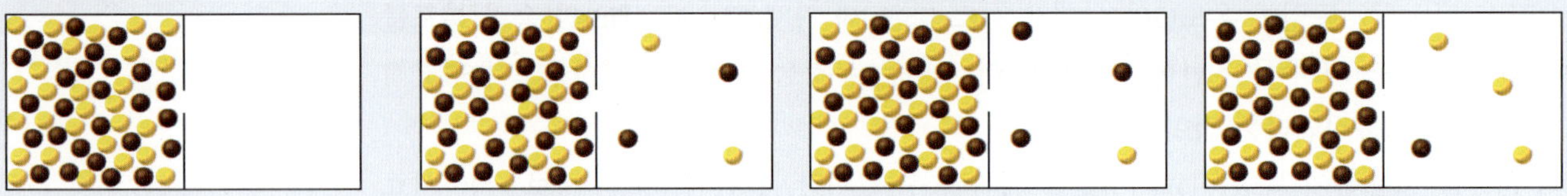

(i) (ii) (iii)

## 확산과 분출

기체 분자의 무작위 운동은 확산과 분출이라는 두 가지 현상으로 쉽게 관찰될 수 있다. **확산**(diffusion)은 무작위한 운동과 빈번한 충돌로 인해 기체가 혼합되는 현상이고(그림 11.5), **분출**(effusion)은 기체가 진공 속으로 빠져나가는 현상이다(그림 11.6). 분자 운동론의 초기 성과 중 하나는 확산과 분출을 설명할 수 있었다는 점이다.

**그레이엄의 법칙**(Graham's law)은 기체의 확산 속도나 분출 속도가 그 기체의 몰질량의 제곱근에 반비례한다고 서술한다.

$$\text{속도} \propto \frac{1}{\sqrt{\mathcal{M}}}$$

이 식은 본질적으로는 식 11.1과 같다. 따라서 가벼운 기체는 무거운 기체보다 확산도 분출도 더 빠르다.

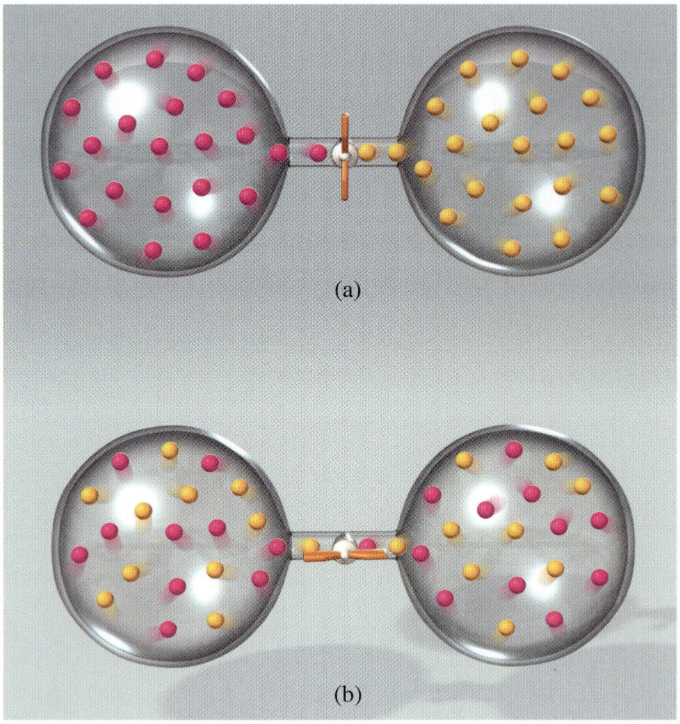


그림 11.5 확산은 기체들의 혼합이다. (a) 서로 다른 두 기체가 분리되어 있다. (b) 콕을 열면 두 기체가 확산에 의해 섞인다.

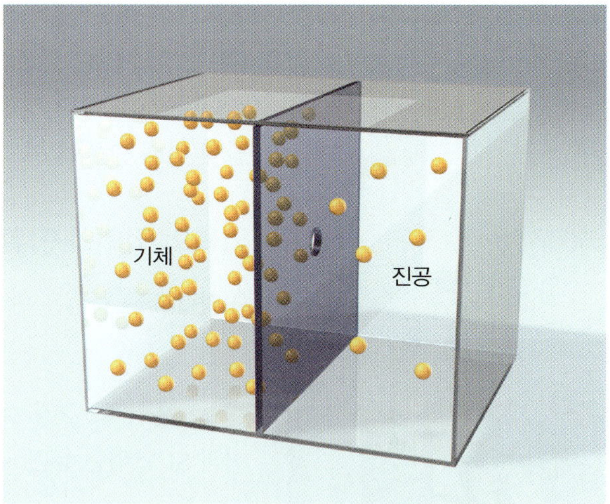


그림 11.6 기체가 진공 속으로 빠져나가는 것이 분출이다.

## 11.2절 복습

### 기체의 분자 운동론

**11.2.1** 메테인($CH_4$)이 어떤 기체 화합물보다 2.433배 빠르게 확산된다고 한다. "어떤 기체"는 무엇인가?

(a) $O_2$ (b) $C_2H_6$ (c) $CH_3Br$
(d) $CH_3I$ (e) $F_2$

**11.2.2** He와 Ar 중 더 빠르게 분출하는 것은 무엇이며, 그 비율은 얼마인가?

(a) He가 Ar보다 9.98배 빠르다. (b) He가 Ar보다 3.16배 빠르다
(c) Ar이 He보다 9.98배 빠르다 (d) Ar이 He보다 3.16배 빠르다
(e) 분출 속력은 같다.

# 11.3 기체의 압력

분자 운동론에 따르면, 시료 내 기체 분자는 서로 간에 충돌하고, 용기 벽과도 충돌한다. 기체 분자가 벽과 충돌하면서 그 기체 시료의 **압력**(pressure)이 나타난다. 예를 들어, 공기가 채워진 자동차 타이어에서는 공기 분자가 타이어 내벽과 충돌하면서 압력을 미친다. 사

> **참조**
>
> 평범한 연필형 압력계는 내부와 외부의 압력 차이를 측정한다. 따라서 타이어에 바람이 완전히 빠졌을 때 눈금이 0 psi라는 것은, 타이어 내부 압력이 외부 압력과 같음을 뜻한다.

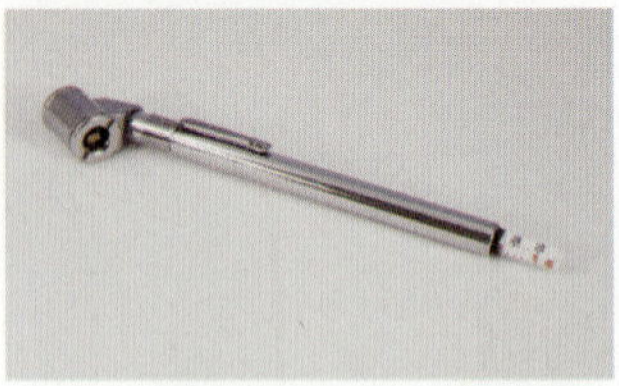

연필형 타이어 압력계

실 기체는 접촉하는 모든 것에 압력을 미친다. 따라서 압력이 32제곱인치당 파운드(pound per square inch, psi)가 될 때까지 타이어에 공기를 주입하는 동안에도, 약 14.7 psi의 **대기압**(atmospheric pressure) 역시 타이어 외벽에 작용한다. 이 압력은 우리 몸을 포함한 다른 모든 것들에도 작용한다. 몸 밖에 작용하는 대기압을 느끼지 못하는 이유는 우리 몸속에도 같은 압력이 작용하여 상쇄되기 때문이다.

그림 11.7(a)와 같이 빈 금속 깡통을 이용하여 지구 대기가 미치는 대기압을 확인할 수 있다. 뚜껑이 열려 있을 때는 깡통 외벽과 내벽 모두에 대기압이 작용한다. 진공 펌프를 연결하여 공기를 빼면 깡통 내부 압력이 줄어든다. 내벽을 미는 압력이 줄어들기 때문에 대기압에 의해 깡통이 찌그러진다[그림 11.7(b)].

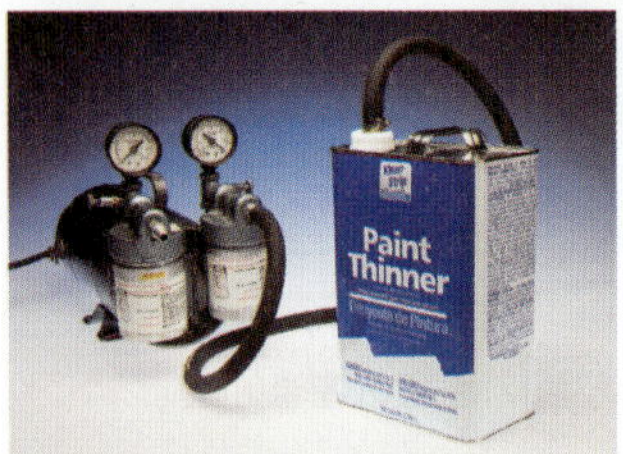



(a)

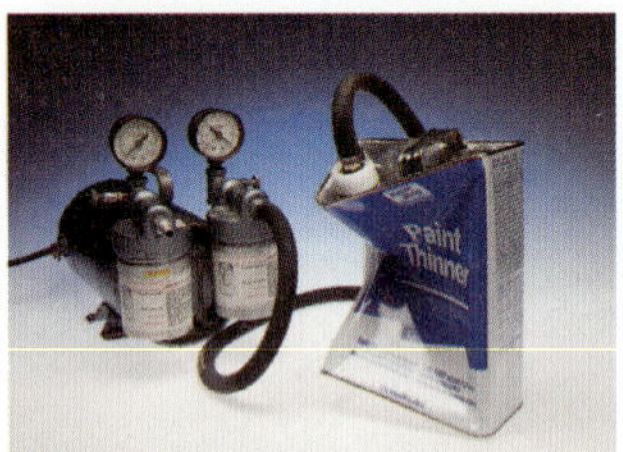

(b)

**그림 11.7** (a) 비어 있는 깡통 (b) 진공 펌프로 공기를 빼면 대기압에 의해 깡통이 찌그러진다.

## 압력의 정의와 단위

**압력**(pressure)은 단위 면적을 누르는 힘으로 정의한다.

$$\text{압력} = \frac{\text{힘}}{\text{면적}}$$

힘의 SI 단위는 **뉴턴**(newton, N)이고,

$$1\ \text{N} = 1\ \text{kg} \cdot \text{m/s}^2$$

압력의 SI 단위는 **파스칼**(pascal, Pa)이고, 1 $m^2$당 1 N으로 정의한다.

$$1\ \text{Pa} = 1\ \text{N/m}^2$$

압력의 SI 단위는 파스칼이지만, 좀 더 일상적으로 사용하는 압력의 단위들도 있다. 표 11.2에는 화학에서 가장 흔하게 사용하는 압력의 단위를 파스칼로 환산한 정의와 함께 정리해 놓았다. 학문 분야에 따라 흔하게 접하는 단위들이 다르다. 화학에서는 **기압**(atmosphere, atm)을 흔히 사용하고, bar도 점점 많이 쓰고 있다. 의학과 기상학에서는 mmHg를 흔히 쓴다. 이 책에서는 모든 단위를 사용한다.

## 압력의 계산

지구 대기에 노출된 일정 면적이 받는 힘은 그 위에 존재하는 공기 기둥의 무게와 같다. 예를 들어, 해수면 근처의 지표면 1 $cm^2$ 위에는 질량 약 1 kg의 공기가 있다(그림 11.8).

지구 중력을 받는 물체의 무게는 질량에 중력 상수 9.80665 $m/s^2$을 곱한 값이다. 따라서 이 공기 기둥이 가하는 힘은,

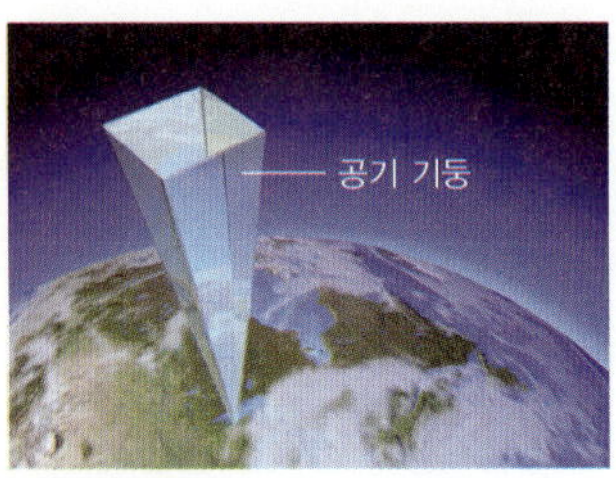



**그림 11.8** 지표면부터 대기 꼭대기까지 단면 1 cm × 1 cm인 공기 기둥의 질량은 약 1 kg이다.

**표 11.2** 화학에서 흔히 쓰는 압력의 단위

| 단위 | 기원 | 정의 |
|---|---|---|
| 표준 대기압(atm) | 해수면에서의 압력 | 1 atm = 101,325 Pa |
| mmHg | 기압계 측정 | 1 mmHg = 133.322 Pa |
| torr | 기압계를 발명한 토리첼리(Torricelli)를 기리기 위해 mmHg에 이름을 붙임 | 1 torr = 133.322 Pa |
| bar | atm과 같은 단위이지만 Pa의 10진법 배수임 | 1 bar = $1 \times 10^5$ Pa |

$$1\ \text{kg} \times \frac{9.80665\ \text{m}}{\text{s}^2} \approx 10\ \text{kg}\cdot\text{m/s}^2 = 10\ \text{N}$$

압력은 단위 면적당 힘이다. 특히 **파스칼**(pascal)로 나타낸 압력은 $m^2$당 N을 뜻한다. 먼저 면적의 단위를 $cm^2$에서 $m^2$로 바꾸면,

$$1\ \text{cm}^2 \times \left(\frac{1\ \text{m}}{100\ \text{cm}}\right)^2 = 0.0001\ \text{m}^2$$

**참조**

단위에 제곱을 할 때는 환산 계수 역시 제곱해 주어야 함을 잊지 말자[◀◀ 1.4절].

힘을 면적으로 나누면,

$$\frac{10\ \text{N}}{0.0001\ \text{m}^2} = 1 \times 10^5\ \text{Pa}$$

이 압력은 해수면에서의 압력 1 atm($\sim 1 \times 10^5$ Pa)과 거의 같다.

기체나 액체 등 어떠한 유체 기둥이 가하는 압력도 같은 방법으로 계산할 수 있다. 실제 대기압을 측정할 때 보통 이 방법을 이용한다. 대기압이 떠받치고 있는 수은 기둥의 높이를 측정함으로써 대기압을 알 수 있다.

## 압력의 측정

한쪽 끝이 막혀 있는 유리관에 수은을 채운 **기압계**(barometer)를 간단히 만들어 대기압을 측정할 수 있다. 공기가 들어가지 않도록 조심히 유리관을 뒤집어 수은 통 안에 넣는다. 유리관 속 수은의 일부가 통 속으로 흘러 나오면서 유리관의 막힌 쪽 끝부분에 빈 공간이 생긴다(그림 11.9). 통에 담긴 수은의 표면을 누르는 대기압이 유리관에 남아 있는 수은의 무게를 지탱한다. 다시 말해 수은 기둥이 누르는 압력은 대기가 누르는 압력과 같다. **표준 대기압**(standard atmospheric pressure, 1 atm)은 원래 0°C의 해수면에서 정확히 760 mm의 수은 기둥을 지탱하는 압력으로 정의하였다. 기압계를 발명한 이탈리아 과학자 에반젤리스타 토리첼리(Evangelista Torricelli)[3]의 이름을 따서 mmHg를 torr라고 부르기도 한다.

**참조**

표준 대기압을 다른 단위로 표현할 수 있다.

1 atm*
101,325 Pa
760 mmHg*
760 torr*
1.01325 bar
14.7 psi

*이 값들은 정확수이다.

**압력계**(manometer)는 기압 외의 다른 압력을 측정하는 장치이다. 압력계의 작동 원리는 기압계와 비슷하다. 두 종류의 압력계가 있는데, 그림 11.10에 이 둘을 나타냈다. 닫힌관 압력계[그림 11.10(a)]는 보통 대기압 이하의 압력을 측정할 때, 열린관 압력계[그림 11.10(b)]는 일반적으로 대기압과 같거나 더 높은 압력을 측정할 때 쓴다.

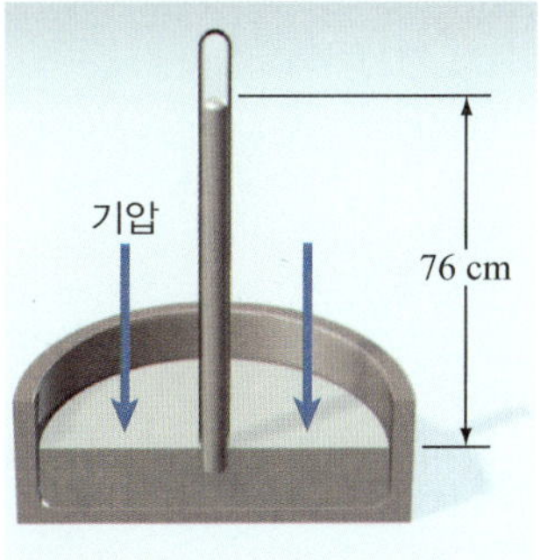


**그림 11.9** 기압계

그림 11.9에 나타낸 기압계와 같이, 어떤 유체 기둥이 가하는 압력은 식 11.3으로 계산한다.

$$P = hdg \qquad \textbf{식 11.3}$$

$h$는 기둥의 높이(m), $d$는 유체의 밀도($\text{kg/m}^3$), g는 중력 상수 9.80665 $\text{m/s}^2$이다. 식을 보면 수은을 이용하여 기압계를 만들었던 이유를 알 수 있다. 어떤 압력이 지탱하는 유체 기둥의 높이는 그 유체 밀도에 반비례한다. (어떤 압력 $P$에서 $d$가 줄어들면 $h$는 늘어나고, 그 반대도 마찬가지이다.) 수은의 밀도가 아주 크기 때문에 기압계나 압력계를 다루기 쉬운 크기로 만들 수 있었다. 수은으로는 1 m 높이의 기압계를 만들 수 있지만, 만일 물로 만든다면 높이가 13 m가 넘어야 한다.

3. 에반젤리스타 토리첼리(Evangelista Torricelli, 1608~1674): 이탈리아의 수학자이자 물리학자. 대기압의 존재를 알아챈 첫 번째 사람으로 추정된다.

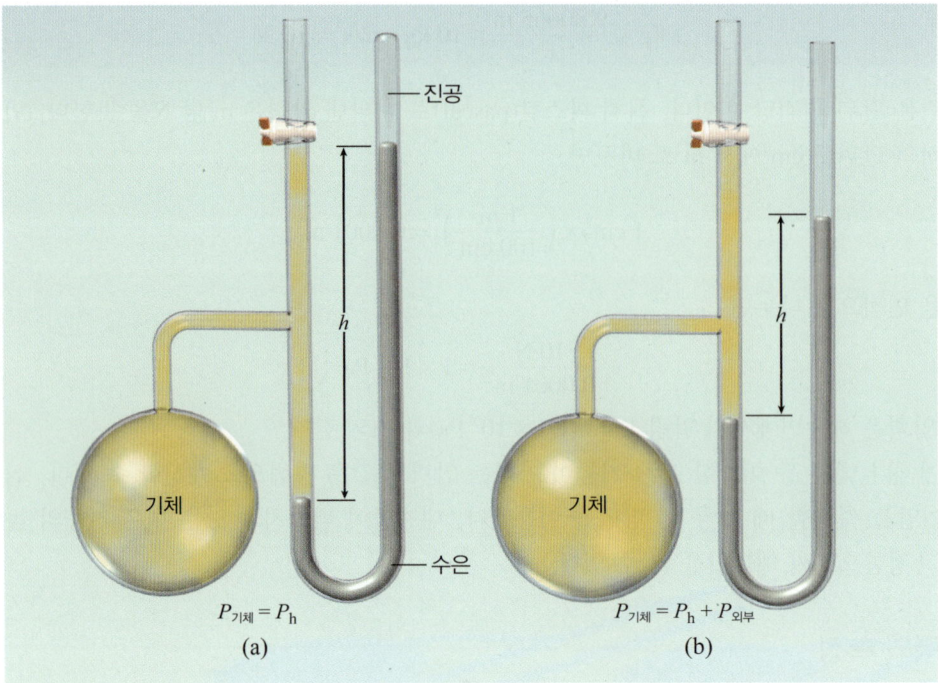


**그림 11.10** (a) 닫힌관 압력계. "진공"이라고 표시한 공간은 사실 수은 증기를 약간 포함한다. (b) 열린관 압력계

예제 11.2에서는 유체 기둥이 가하는 압력을 계산하는 방법을 알아본다.

## 예제 11.2

수은 기둥 70.0 cm가 미치는 압력을 계산하시오. 이 압력을 Pa, atm, bar로 나타내시오. 수은의 밀도는 13.5951 g/cm$^2$이다.

**전략** 식 11.3을 이용하여 압력을 계산한다. 높이는 m로, 밀도는 kg/m$^3$로 나타내야 함을 기억한다.

**계획**

$$h = 70.0\ \text{cm} \times \frac{1\ \text{m}}{100\ \text{cm}} = 0.700\ \text{m}$$

$$d = \frac{13.5951\ \text{g}}{\text{cm}^3} \times \frac{1\ \text{kg}}{1000\ \text{g}} \times \left(\frac{100\ \text{cm}}{1\ \text{m}}\right)^3 = 1.35951 \times 10^4\ \text{kg/m}^3$$

$$g = 9.80665\ \text{m/s}^2$$

**풀이**

$$\text{압력} = 0.700\ \text{m} \times \frac{1.35951 \times 10^4\ \text{kg}}{\text{m}^3} \times \frac{9.80665\ \text{m}}{\text{s}^2} = 9.33 \times 10^4\ \text{kg/m} \cdot \text{s}^2 = 9.33 \times 10^4\ \text{Pa}$$

$$9.33 \times 10^4\ \text{Pa} \times \frac{1\ \text{atm}}{101{,}325\ \text{Pa}} = 0.921\ \text{atm}$$

$$0.921\ \text{atm} \times \frac{1.01325\ \text{bar}}{1\ \text{atm}} = 0.933\ \text{bar}$$

### 생각해 보기

이러한 문제에서는 단위를 적절히 상쇄했는지 확인한다. 때로는 높이를 m로, 밀도를 kg/m$^3$로 환산하는 것을 잊어버릴 수 있다. 다양한 단위로 나타낸 대기압 값에 익숙해지면 이런 실수를 피할 수 있다. 수은 높이가 760 mm보다 조금 작으므로 압력은 101,325 Pa, 1 atm, 1 bar보다 조금 작을 것이다.

**유제 1** 예제 11.2에서 계산한 압력이 지탱할 수 있는 물기둥의 높이는 얼마인가? 물의 밀도는 1.00 $g/cm^3$로 가정하시오.

**유제 2** 액체 기둥 (i)~(iv)를 압력이 낮은 것부터 나열하시오.

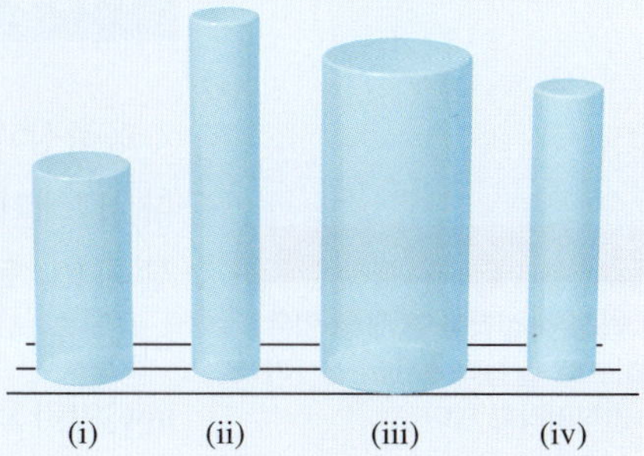


## 11.3절 복습

### 기체의 압력

**11.3.1** 1.15 atm을 bar 단위로 환산하시오.

(a) 1.17 bar (b) 1.13 bar
(c) 0.881 bar (d) 874 bar
(e) $1.51 \times 10^{-3}$ bar

**11.3.2** 참인 것을 모두 고르시오.

(a) 0.80 atm = 0.80 torr (b) 4180 mmHg = $5.573 \times 10^5$ Pa
(c) 433 torr = 433 mmHg (d) 2300 atm = 1748 torr
(e) 5.5 atm = $1.0 \times 10^5$ Pa

**11.3.3** 대기압(1 atm)이 지탱할 수 있는 에탄올 기둥의 높이를 계산하시오. 에탄올의 밀도는 0.789 $g/cm^3$이다.

(a) $1.31 \times 10^4$ m (b) 0.789 m
(c) 600 mm (d) 13.1 m
(e) 780 mm

**11.3.4** 물기둥 50.0 m가 미치는 압력을 atm 단위로 계산하시오. 물의 밀도는 1.00 $g/cm^3$라고 가정한다.

(a) 490 atm (b) 4.84 atm
(c) 0.087 atm (d) 50 atm
(e) 1.62 atm

**11.3.5** 물기둥이 미치는 압력의 크기를 비교하시오.

(a) i = ii < iii (b) i < iii < ii
(c) iii < i < ii (d) ii < i = iii
(e) iii < i = ii

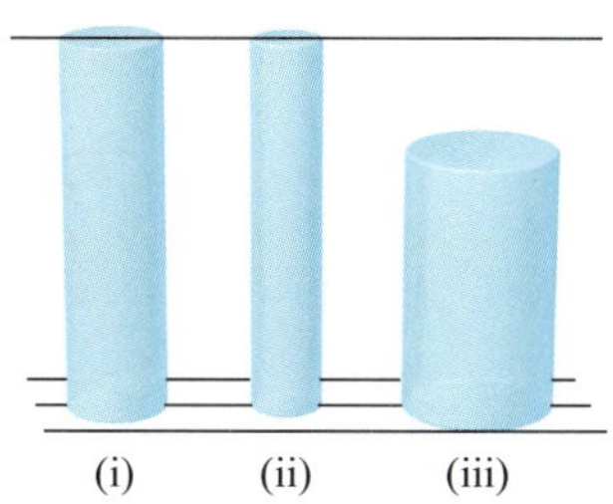

# 11.4 기체 법칙

응축상과는 다르게 기체는 화학 성분이 크게 다르더라도 물리적 행동은 상당히 유사하다. 17세기와 18세기의 수많은 실험을 통해, 기체 시료의 물리적 상태를 온도($T$), 압력($P$), 부피($V$), 몰수($n$) 의 네 변수만으로 완벽하게 설명할 수 있음을 알게 되었다. 이 변수들 중 어느 세 가지만 알아도 나머지를 계산할 수 있다. 이 변수들 간의 관계를 **기체 법칙**(gas law)이라고 한다.

**참조**

이 법칙은 실험을 통해서 얻은 것이므로 실험적(empirical) 기체 법칙이라고 한다.

## 보일의 법칙: 압력–부피 관계

공기가 들어 있는 플라스틱 주사기를 상상해 보자. 손가락으로 주사기 끝을 단단히 막고 다른 손으로 피스톤을 누르면 주사기 내 공기 부피가 줄어들면서 압력이 증가하는 것을 느낄 수 있다. 17세기에 로버트 보일(Robert Boyle)[4]은 간단한 장치(그림 11.11)를 이용하여 기체의 부피와 압력 간의 관계를 체계적으로 연구했다. J형 관 안에 기체 시료가 들어 있고 그 기체 시료는 수은 기둥에 의해 갇혀 있다. 이 장치는 열린 관 압력계처럼 작동한다. 양쪽 끝의 수은 높이가 같으면[그림 11.11(a)], 갇힌 기체의 압력은 대기압과 같다. 열린 쪽 끝

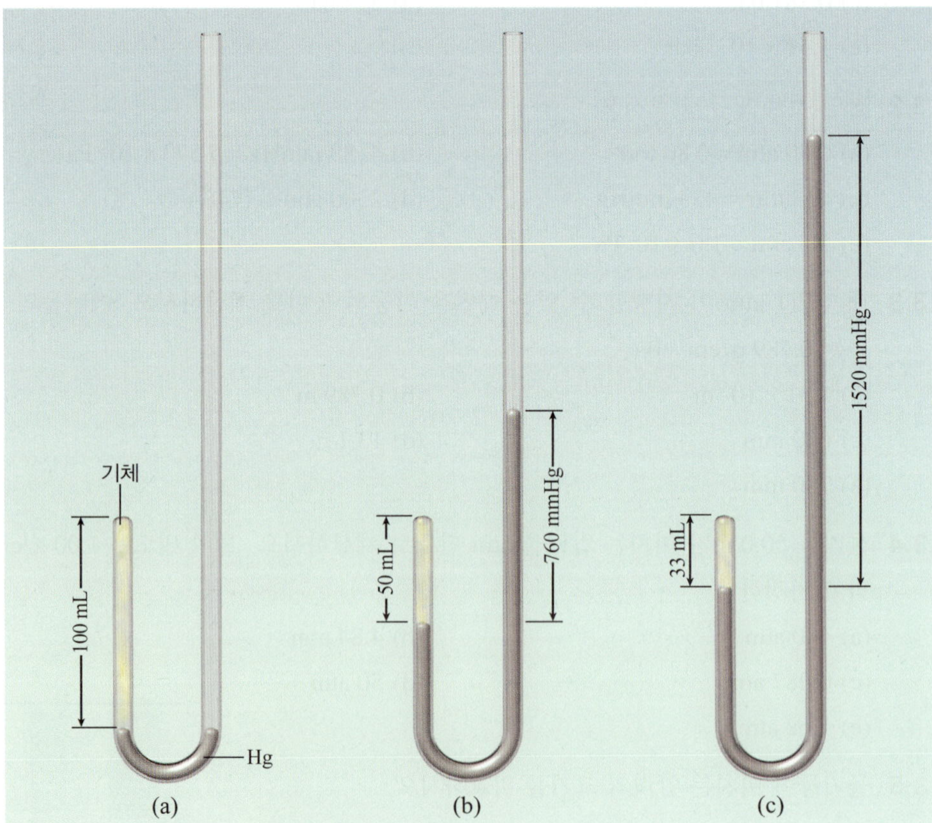


**그림 11.11** 보일의 법칙 실험. 기체 시료의 부피는 압력에 반비례한다.
(a) $P$=760 mmHg, $V$=100 mL
(b) $P$=1520 mmHg, $V$=50 mL
(c) $P$=2280 mmHg, $V$=33 mL
기체가 받는 전체 압력은 대기압(760 mmHg)과 수은 기둥의 높이 차에 의한 압력의 합임을 유의한다.

4. 로버트 보일(Robert Boyle, 1627~1691): 영국의 화학자이자 자연철학자. 그의 이름을 딴 기체 법칙으로 잘 알려져 있다. 또한 화학과 물리학 분야에 중요한 업적을 많이 남겼다.

**표 11.3** 그림 11.11의 장치로 얻은 전형적인 결과

| $P$(mmHg) | 760 | 855 | 950 | 1045 | 1140 | 1235 | 1330 | 1425 | 1520 | 2280 |
|---|---|---|---|---|---|---|---|---|---|---|
| $V$(mL) | 100 | 89 | 78 | 72 | 66 | 59 | 55 | 54 | 50 | 33 |
| | 그림 11.11(a) | | | | | | | | 그림 11.11(b) | 그림 11.11(c) |

에 수은을 더 넣으면, 더 첨가된 수은의 높이에 비례하여 기체의 압력이 늘어나면서, 기체의 부피는 줄어든다. 예를 들어, 그림 11.11(b)처럼 왼쪽 수은 기둥보다 오른쪽이 760 mmHg(1기압에 해당하는 수은 기둥의 높이)만큼 높게 만들면, 기체의 압력은 두 배가 되면서 부피는 절반이 된다. 수은을 더 넣어서 압력을 원래의 세 배로 만들면 기체의 부피는 원래 부피의 1/3이 된다[그림 11.11(c)].

표 11.3에는 전형적인 보일 실험 결과를 나타냈다. 그림 11.12(a)에는 부피를 압력에 대한 함수로, 그림 11.12(b)에는 부피를 압력의 역수에 대한 함수로 각각 나타냈다. 이 자료는 **보일의 법칙**(Boyle's law), 즉 일정한 온도에서 기체의 양이 변하지 않을 때, 압력이 부피에 반비례한다는 것을 보여 준다. 압력과 부피 간 역수 관계는 수학적으로 다음과 같이 표현할 수 있다.

$$V \propto \frac{1}{P}$$

**참조**

∝ 기호는 "비례한다"임을 기억하자.

즉,

$$V = k_1 \frac{1}{P} \text{ (일정한 온도에서)} \qquad \textbf{식 11.4(a)}$$

$k_1$은 **비례 상수**(proportionality constant)이다. 식 11.4(a)를 다시 쓰면,

$$PV = k_1 \text{ (일정한 온도에서)} \qquad \textbf{식 11.4(b)}$$

보일의 법칙으로부터 일정한 온도에서 기체의 압력과 부피의 곱은 일정하다는 것을 알 수 있다.

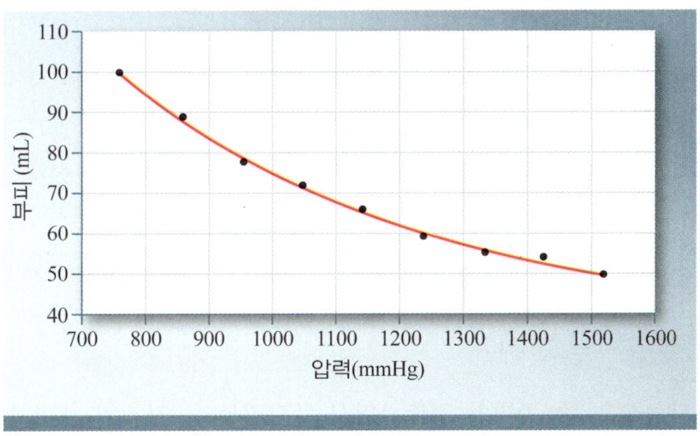


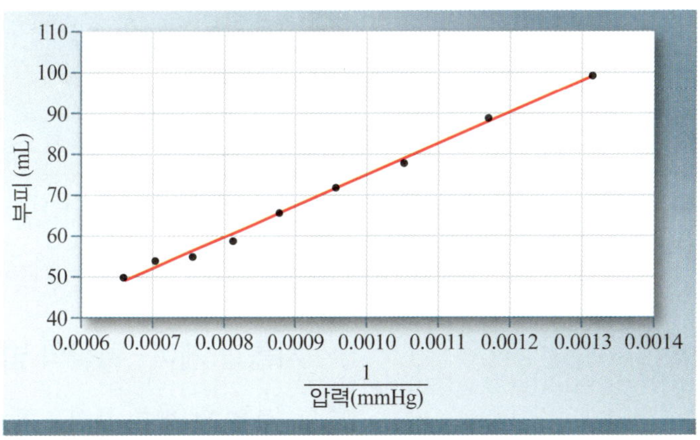


**그림 11.12** (a) 부피를 압력의 함수로 나타낸 그래프 (b) 부피를 압력의 역수의 함수로 나타낸 그래프

기체 시료의 압력과 부피를 개별적으로 보면 값이 크게 다를 수 있지만, 온도와 기체의 양이 변하지 않는 한 $P$와 $V$의 곱은 항상 일정하다. 따라서 기체 시료가 서로 다른 조건에 (온도는 일정) 있을 때 다음과 같이 쓸 수 있다.

$$P_1V_1 = k_1 = P_2V_2$$

$$P_1V_1 = P_2V_2 \text{ (일정한 온도에서)} \qquad \text{식 11.5}$$

$V_1$은 압력이 $P_1$일 때 부피, $V_2$는 압력이 $P_2$일 때 부피이다.

예제 11.3에서 보일의 법칙을 이용하는 방법을 알아본다.

## 예제 11.3

스쿠버 다이버가 수면에서 숨을 들이마셔 폐 안에 공기 5.82 L가 채워졌다. 압력이 1.92 atm인 깊이까지 잠수했을 때 폐에 채워진 공기의 부피는 얼마인가? (온도는 일정하고 수면에서 압력은 정확히 1 atm이라고 가정한다.)

**전략** 식 11.5를 이용하여 $V_2$를 계산한다.

**계획** $P_1 = 1.00$ atm, $V_1 = 5.82$ L, $P_2 = 1.92$ atm이다.

**풀이**

$$V_2 = \frac{P_1 \times V_1}{P_2} = \frac{1.00 \text{ atm} \times 5.82 \text{ L}}{1.92 \text{ atm}} = 3.03 \text{ L}$$

### 생각해 보기

압력이 높아지면 부피는 작아지므로 타당한 답이다.

**유제 1** 압력 4.11 atm에서 3.44 L인 기체 시료가 7.86 L가 되는 압력은 얼마인가? (온도는 일정하다고 가정한다.)

**유제 2** 다음 그림 중 일정한 온도에서 외부 압력을 높였을 때 전후의 모습을 잘 나타낸 것은 어느 것인가?

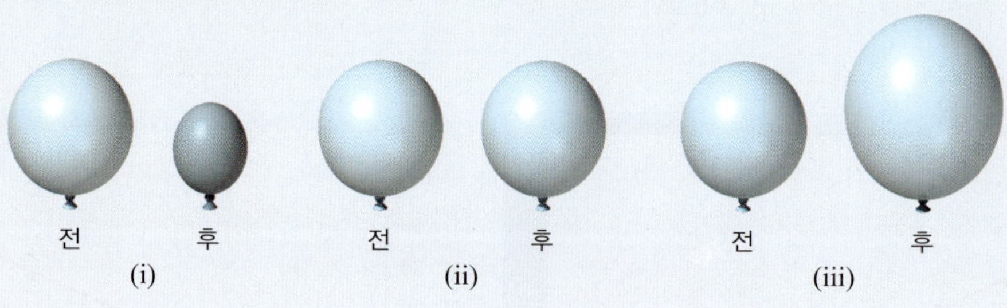


## 샤를과 게이-뤼삭의 법칙: 온도-부피 관계

추운 날 헬륨 풍선을 밖에 내놓으면 찬 공기와 접촉하면서 쭈그러든다. 기체의 부피가 온도에 따라 달라지기 때문에 이런 현상이 일어난다. 풍선에 액체 질소를 부으면 그림 11.13처럼 더 극적인 변화를 볼 수 있다. 풍선 속 공기 온도가 크게 변하면서(끓는 액체 질소의

(a) (b)

**그림 11.13** (a) 공기로 채워진 풍선 (b) 액체 질소로 온도를 낮추면 부피가 줄어든다. 이 과정에서 풍선 내부 압력은 외부 압력과 거의 같으며 일정하게 유지된다.

온도는 −196°C) 부피가 현저히 줄어들기 때문에 풍선이 쭈그러든다.

기체 부피와 온도의 관계를 처음으로 연구한 사람은 프랑스의 과학자 자크 샤를(Jacques Charles)[5]과 조제프 게이-뤼삭(Joseph Gay-Lussac)[6]이다. 이들의 연구에 따르면 일정한 압력에서 기체 시료를 가열할 때 부피가 늘어나며 냉각할 때 부피가 줄어든다. 샤를과 게이-뤼삭 실험의 전형적인 결과를 그래프로 나타냈다[그림 11.14(a)]. 일정한 압력에서 기체의 부피는 온도와 직선 관계에 있음을 기억하자. 이 실험을 서로 다른 압력에서 반복하면[그림 11.14(b)] 서로 다른 직선을 얻는다. 흥미롭게도, 직선을 부피가 0인 지점까지 외삽하면 모든 직선이 온도 $x$축 위의 −273.15°C에서 만난다. 이는 −273.15°C에서는 기체의 부피가 0임을 의미한다. 하지만 모든 기체는 −273.15°C에 도달하기 전에 액체나 고체로 응축해 버리므로, 이 지점이 실험적으로 관찰되지는 않는다.

1848년 켈빈 경(Lord Kelvin)[7]은 모든 외삽 선들이 만나는 −273.15°C가 중요하다는 것을 깨달았다. 그는 이론적으로 얻을 수 있는 가장 낮은 온도인 −273.15°C가 **절대 영도**(absolute zero)임을 밝혔다. 그리고 절대 영도를 가장 낮은 점으로 하는 **절대 온도 척도**(absolute temperature scale) [지금은 **켈빈 온도 척도**(Kelvin temperature scale)라고도 불리는]를 설정했다[|◀◀ 1.4절]. 켈빈 척도에서 1켈빈(K)은 섭씨 1도와 크기가 같다. 기준점이 273.15만큼 차이가 있다는 것만 다르다. 섭씨온도에 273.15를 더하면 절대 온도가 되지만, 때로는 273.15보다는 간단히 273을 더한다. 중요한 온도 몇 가지를 다음에 비교했다.

**참조**

켈빈과 섭씨온도는 간격이 같음을 기억하자. °C 온도를 K으로 바꿀 때는 273.15를 더하지만, 섭씨온도와 켈빈 온도의 변화는 동일하다. 20°C는 293.15 K이지만, 20°C 변화는 20 K 변화와 같다.

5. 자크 샤를(Jacques Alexandre Cesar Charles, 1746~1823): 뛰어난 강사이자 과학 장치 발명가이며, 수소로 풍선을 부풀린 최초의 사람이다.
6. 조제프 게이-뤼삭(Joseph Louis Gay-Lussac, 1778~1850): 프랑스의 화학자이자 물리학자. 샤를처럼 풍선에 열광적이었다. 분석용 공기 시료를 채취하기 위해 20,000 ft까지 올라간 적도 있다.
7. 윌리엄 켈빈 경(William Thomson, Lord Kelvin, 1824~1907): 스코틀랜드의 수학자이자 물리학자. 물리학의 많은 분야에 중요한 연구를 하였다.

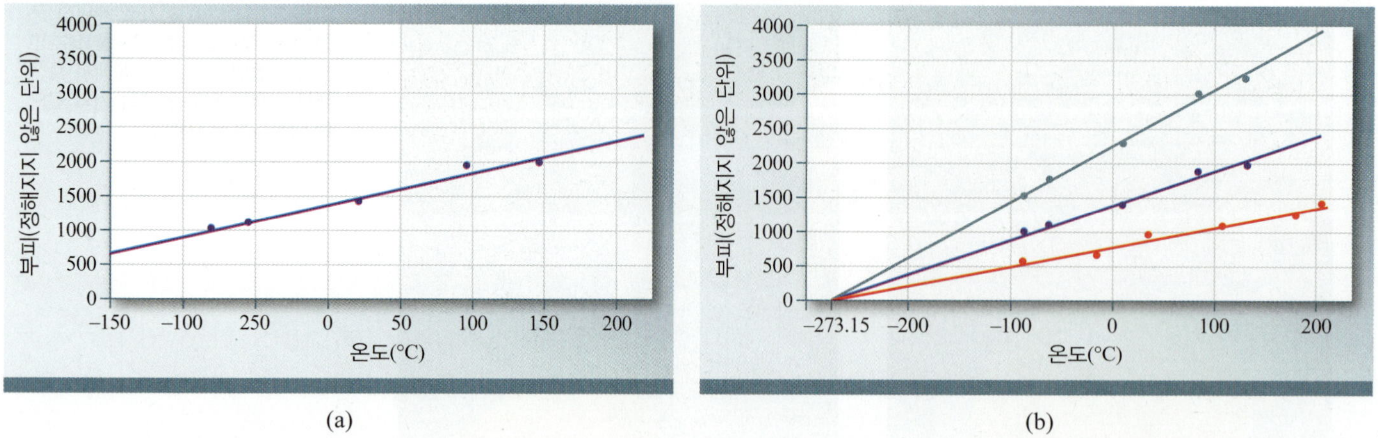


**그림 11.14** (a) 기체의 부피를 온도의 함수로 나타냈다. (b) 서로 다른 세 압력에서 부피를 온도의 함수로 나타냈다.

| | 켈빈 온도(K) | 섭씨온도(°C) |
|---|---|---|
| 절대 영도 | 0 K | −273.15°C |
| 물의 어는점 | 273.15 K | 0°C |
| 물의 끓는점 | 373.15 K | 100°C |

기체 부피와 온도의 관계는 다음과 같다.

**참조**

부피는 절대 온도에 비례한다는 것을 잊지 말자. 일정한 압력에서 온도가 100 K에서 200 K가 되면 기체 부피는 두 배가 된다. 100°C에서 200°C가 될 때 두 배가 되는 것이 아니다.

$$V = k_2 T \text{ (일정한 압력에서)}$$ **식 11.6(a)**

$$V \propto T$$

즉,

$$\frac{V}{T} = k_2 \text{ (일정한 압력에서)}$$ **식 11.6(b)**

$k_2$는 비례 상수이다. 식 11.6(a)와 (b)는 **샤를과 게이-뤼삭의 법칙**(Charles's and Gay-Lussac's law)이다. 보통은 간단히 **샤를의 법칙**(Charles's law)이라고 하며, 압력이 일정한 기체 일정량의 부피가 절대 온도에 정비례한다는 법칙이다.

일정 온도에서 압력-부피 관계를 논의했을 때처럼, 일정한 압력에서 부피-온도 조건들을 서로 비교할 수 있다. 식 11.6으로부터 다음과 같이 쓸 수 있다.

$$\frac{V_1}{T_1} = k_2 = \frac{V_2}{T_2}$$

즉,

$$\frac{V_1}{T_1} = \frac{V_2}{T_2} \text{ (일정한 압력에서)}$$ **식 11.7**

$V_1$은 온도가 $T_1$일 때 부피, $V_2$는 온도가 $T_2$일 때 부피이다.

예제 11.4에서 샤를의 법칙을 어떻게 이용하는지 알아본다.

## 예제 11.4

25.0°C에서 아르곤 기체 시료의 초기 부피가 14.6 L였고, 압력을 유지한 채로 50.0°C까지 가열하였다면 부피는 얼마인가?

**전략** 식 11.7을 이용하여 $V_2$를 구한다. 온도는 반드시 켈빈 온도여야 함을 기억한다.

**계획** $T_1 = 298.15\ \text{K}$, $V_1 = 14.6\ \text{L}$, $T_2 = 323.15\ \text{K}$이다.

**풀이**

$$V_2 = \frac{V_1 \times T_2}{T_1} = \frac{14.6\ \text{L} \times 323.15\ \text{K}}{298.15\ \text{K}} = 15.8\ \text{L}$$

### 생각해 보기

일정한 압력에서 온도가 올라가면 기체 부피가 증가한다.

**유제 1** 75.0°C에서 50.0 L인 기체가 82.3 L로 되는 온도를 구하시오. (압력은 일정하다고 가정한다.)

**유제 2** 기체 시료가 움직일 수 있는 피스톤 내에 들어 있고 온도는 50°C이다. 온도를 100°C로 올렸을 때 계의 모습을 가장 잘 나타낸 것은 다음 그림[(i)~(iv)] 중 어느 것인가?

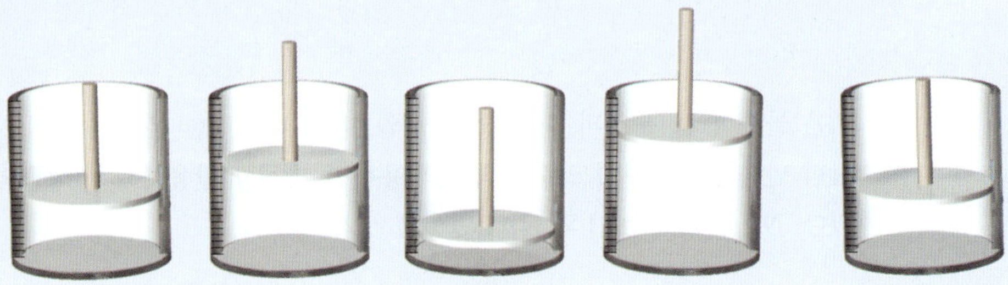

(i) (ii) (iii) (iv)

## 아보가드로 법칙: 양—부피 관계

1811년 이탈리아의 과학자 아메데오 아보가드로(Amedeo Avogadro)는 기체 종류가 다르더라도 (동일한 온도와 압력에서) 부피가 같으면, 그 안에 들어 있는 입자(분자 또는 원자) 개수가 같다고 제안했다. 이 가설은 **아보가드로 법칙**(Avogadro's law)이 되었으며, 일정한 온도와 압력에 놓인 기체 시료의 부피는 시료의 몰수에 정비례한다고 서술한다.

$$V \propto n$$

즉,

$$V = k_3 n \text{ (일정한 온도와 압력에서)} \qquad \text{식 11.8(a)}$$

이 식을 다시 쓰면

$$\frac{V}{n} = k_3 \qquad \text{식 11.8(b)}$$

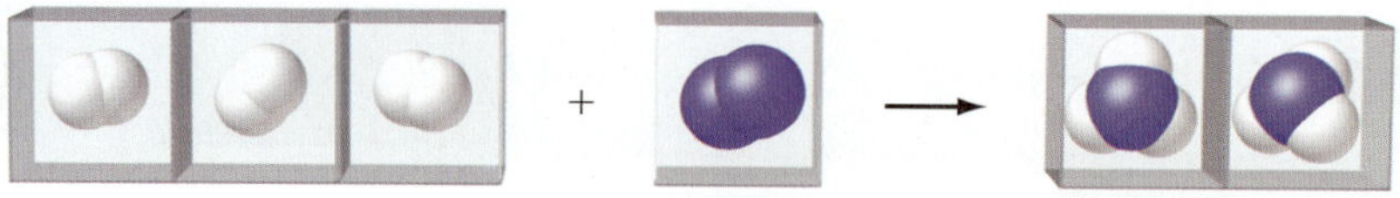

$$3H_2(g) + N_2(g) \longrightarrow 2NH_3(g)$$

3분자 + 1분자 ⟶ 2분자

3몰 + 1몰 ⟶ 2몰

3부피 + 1부피 ⟶ 2부피

**그림 11.15** 아보가드로 법칙. 기체의 부피는 몰수에 정비례한다.

식 11.8(a)와 (b)는 아보가드로 법칙을 나타낸 것이다.

다른 기체 법칙과 마찬가지로, 일정한 압력과 온도에서 $n$과 $V$가 변할 때 아보가드로 법칙을 이용하여 두 조건을 비교할 수 있다.

$$\frac{V_1}{n_1} = k_3 = \frac{V_2}{n_2}$$

즉

$$\frac{V_1}{n_1} = \frac{V_2}{n_2} \qquad \text{식 11.9}$$

$V_1$은 몰수 $n_1$일 때 부피, $V_2$는 몰수 $n_2$일 때 부피(일정한 온도와 압력 조건에서)이다. 균형 잡힌 반응식에 아보가드로 법칙을 적용하면 기체상 반응물과 생성물의 부피를 예측할 수 있다. $NH_3$를 만드는 $H_2$와 $N_2$의 반응을 생각해 보자.

$$3H_2(g) + N_2(g) \longrightarrow 2NH_3(g)$$

균형 잡힌 반응식으로부터 반응물의 **몰**(mole) 비를 알 수 있다[|◀◀ 8.3절]. 하지만 (일정한 온도와 압력에서) 기체의 부피는 몰수에 정비례하기 때문에, **부피**(volume) 비를 알 수 있기도 하다. 따라서 수소 기체 3부피와 질소 기체 1부피를 섞어 완전히 반응한다고 가정하면, 암모니아 2부피가 만들어질 것을 예상할 수 있다(그림 11.15). 반응한 $H_2$와 $N_2$, 생성된 $NH_3$의 비율은 몰비로 쓰든 부피 비로 쓰든 3 : 1 : 2이다.

예제 11.5에서는 아보가드로 법칙을 어떻게 응용하는지 알아본다.

## 예제 11.5

NO 3.0 L와 $O_2$ 1.5 L를 혼합하여 균형 잡힌 반응식 $2NO(g) + O_2(g) \longrightarrow 2NO_2(g)$를 따라 완전히 반응한다면 생성되는 $NO_2$의 부피는 얼마인가? (반응물과 생성물은 모두 동일한 온도와 압력에 놓여 있다고 가정한다.)

**전략** 아보가드로 법칙을 이용하여 기체 생성물의 부피를 구한다.

**계획** 부피는 몰수에 비례하므로, 균형 잡힌 반응식을 보면 혼합된 반응물의 부피 비, 생성물과 반응물의 부피 비를 알 수 있다. 현재 반응물은 화학량론적으로 혼합되어 있다[|◀◀ 8.3절].

**풀이** 균형 잡힌 반응식에서 생성된 $NO_2$의 부피는 반응한 NO의 부피와 같음을 알 수 있다. 따라서 $NO_2$는 3.0 L 생성된다.

### 생각해 보기

균형 잡힌 반응식에서 계수는 분자수 또는 몰수 비임을 기억한다. 일정한 온도와 압력에서 기체의 부피는 몰수에 비례한다. 따라서, 일정한 온도와 압력에서 기체만을 포함하는 반응식에서 계수는 리터(L) 비를 나타낸다.

**참조**

화학식의 모든 반응물과 생성물이 기체일 때만 계수가 부피 비임을 명심해야 한다. 반응식에 고체, 액체, 또는 수용액이 있으면 이 접근법을 쓸 수 없다.

**유제 1** 반응식 $2CO(g) + O_2(g) \longrightarrow 2CO_2(g)$를 통해 $CO_2$ 3.16 L를 얻기 위해서 반응해야 하는 CO와 $O_2$ 기체의 부피는 L 단위로 얼마인가?

**유제 2** 가상적인 기체상 반응을 아래 분자 모형으로 나타냈다. 움직일 수 있는 피스톤이 장착된 실린더 안에서 반응이 일어난다고 가정하자(일정한 온도와 압력). 맨 오른쪽 그림은 반응이 일어나기 전 실린더의 모습이다. 반응이 완결된 후 모습을 가장 잘 나타낸 것은 다음 그림[(i)~(iv)] 중 어느 것인가? (반응물을 화학량론적으로 혼합한다고 가정하고, 그림의 반응은 현재 균형이 맞지 않음을 유의한다.)

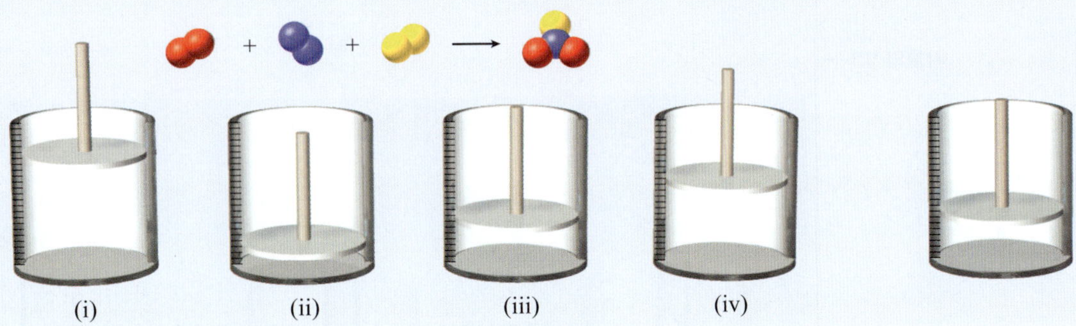


## 기체 법칙과 분자 운동론

각 실험적인 기체 법칙은 기체의 거시적인 행동을 서술한다. 기체의 분자 운동론을 이용하면 기체 법칙을 **분자**(molecular) 수준에서 이해할 수 있다.

- **보일의 법칙**(Boyle's law): 기체의 압력은 기체 분자가 용기 벽에 충돌하면서 생긴다(가정 2). 압력은 충돌 빈도와 벽을 때릴 때 분자의 속력 모두에 의존한다. 기체의 부피를 줄이면 충돌 빈도가 늘어나게 되어 압력이 증가한다(그림 11.3).
- **샤를의 법칙**(Charles's law): 온도를 높이면 기체의 평균 운동 에너지가 증가한다(가정 4). 분자량은 변하지 않으므로 평균 운동 에너지가 커지면 $u_{rms}$가 빨라진다. 즉, 기체를 가열하면 기체 분자가 더 빠르게 움직인다. 분자가 더 빠르게 움직이면 더 빈번하게, 더 빠른 속력으로 충돌하기 때문에 압력이 증가한다. 만약 (풍선이나 움직일 수 있는 피스톤처럼) 용기가 팽창할 수 있다면, 내부 압력이 외부 압력과 다시 같아질 때까지 기체의 부피는 늘어나고 그에 따라 충돌 빈도가 줄어든다(그림 11.16).
- **아보가드로 법칙**(Avogadro's law): 기체 압력은 용기 벽과 충돌하는 빈도에 의존하므로 분자수를 늘리면 압력이 높아진다. 만약 용기가 팽창할 수 있다면 내부 압력이 외부 압력과 다시 같아질 때까지 용기가 팽창하면서 충돌 빈도가 감소한다(그림 11.17).

**혼합**(mixture) 기체의 행동을 설명할 때 역시 분자 운동론을 이용할 수 있음을 후에 알아본다[|◀◀ 11.7절].

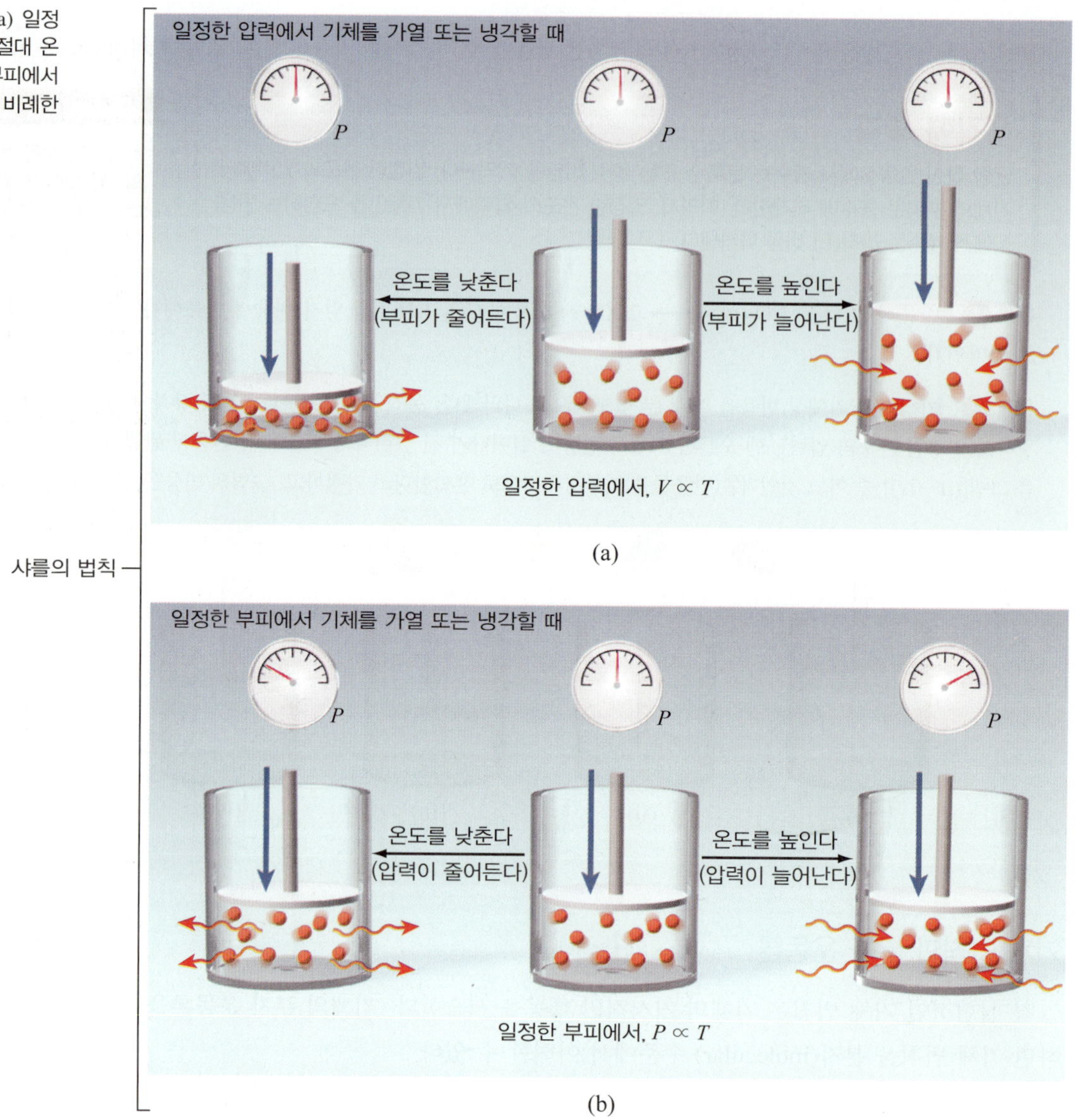


**그림 11.16** 샤를의 법칙. (a) 일정한 압력에서 기체의 부피는 절대 온도에 비례한다. (b) 일정한 부피에서 기체의 압력은 절대 온도에 비례한다.

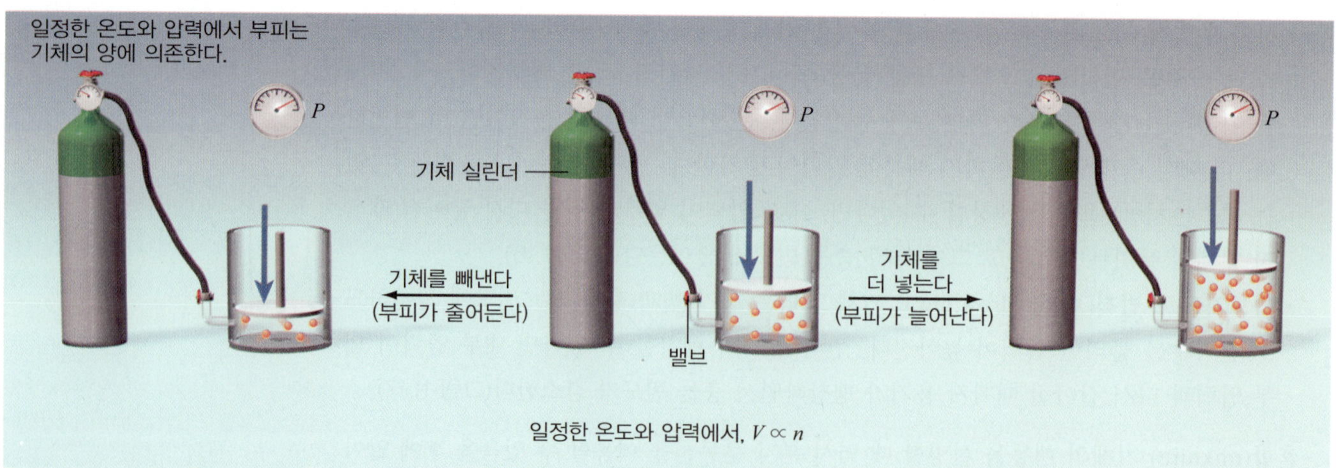


**그림 11.17** 아보가드로 법칙. 일정한 온도와 압력에서 기체의 부피는 몰수에 비례한다.

## 결합된 기체 법칙: 압력–온도–양–부피 관계

지금까지 논의한 각각의 기체 법칙도 충분히 유용하지만, 계의 두 가지 변수들이 반드시 고정되어야 있어야 쓸 수 있다.

| 유형 | 관계 | 필요한 변수 |
|---|---|---|
| 보일의 법칙 | $P$와 $V$ | $n$과 $T$ |
| 샤를의 법칙 | $T$와 $V$ | $n$과 $P$ |
| 아보가드로 법칙 | $n$과 $V$ | $P$와 $T$ |

앞으로 마주칠 많은 상황에서는 $P$, $T$, $V$가 동시에 변하며, 때로는 $n$이 변하기도 한다. 이런 문제를 해결하려면 모든 변수를 연결한 기체 법칙이 필요하다. 식 11.5, 11.7, 11.9를 결합하여 **결합된 기체 법칙**(combined gas law)을 얻을 수 있다.

$$\frac{P_1V_1}{n_1T_1}=\frac{P_2V_2}{n_2T_2} \qquad \text{식 11.10(a)}$$

어떤 변수 몇 개가 변하는 상황이라도 이 기체 법칙을 이용할 수 있다. 기체의 양이 변하지 않을 때는 식 11.10(a)를 좀 더 일반적인 형태로 축약할 수 있음을 주목하자.

$$\frac{P_1V_1}{T_1}=\frac{P_2V_2}{T_2} \qquad \text{식 11.10(b)}$$

예제 11.6에서 결합된 기체 법칙을 어떻게 이용하는지 알아보자.

### 예제 11.6

어린이가 놀이공원 주차장에서 6.25 L짜리 헬륨 풍선을 놓쳤다. 주차장의 온도는 28.50°C이고 대기압은 757.2 mmHg이다. 이 풍선이 온도가 −34.35°C이고 대기압이 366.4 mmHg인 고도에 도달했을 때 부피는 얼마인가?

**전략** 기체의 양이 변하지 않으므로 식 11.10(b)를 이용한다. 여기서 $V_2$만 모른다. 온도는 반드시 K 단위로 나타내야 한다. 압력의 단위는 어떤 것으로든 일관되게만 쓰면 된다.

**계획** $T_1=301.65$ K, $T_2=238.80$ K이다. 식 11.10(b)를 $V_2$에 대해 풀면

$$V_2=\frac{P_1T_2V_1}{P_2T_1}$$

**풀이**

$$V_2=\frac{757.2\ \text{mmHg}\times 238.80\ \text{K}\times 6.25\ \text{L}}{366.4\ \text{mmHg}\times 301.65\ \text{K}}=10.2\ \text{L}$$

#### 생각해 보기

$P_1$과 $P_2$의 비, $T_2$와 $T_1$의 비를 원래 부피에 곱해 주어야 함을 유의한다. 외부 압력이 낮아지면 풍선 부피가 커진다. 온도가 낮아지면 부피는 줄어든다. 이 문제에서는 압력 감소의 효과가 우세하여 풍선 부피가 상당히 커졌다.

**유제 1** 온도 4.55°C인 호수 바닥에서 떠오른 기포가 온도 18.45°C인 수면에 도달하였을 때 부피는 10배가 되었다. 대기압이 0.965 atm일 때, 호수의 깊이를 구하시오. 호수 물의 밀도는 1.00 g/cm$^3$라 가정한다.(힌트: 식 11.3이 필요할 것이다.)

**유제 2** 다음 중 어느 그림이 온도의 증가와 외부 압력의 증가 전후의 풍선을 나타내는가?

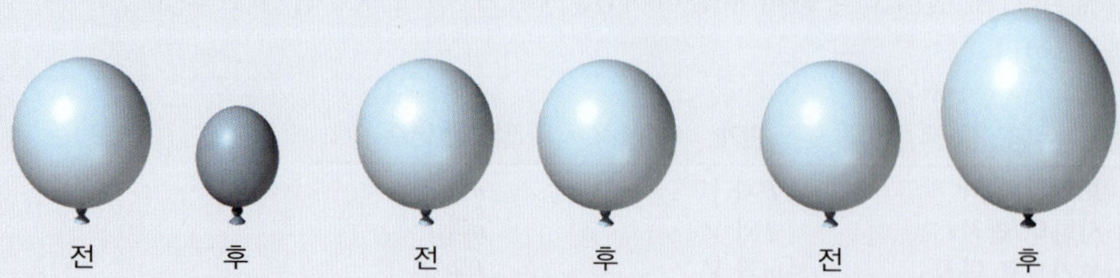


## 11.4절 복습

### 기체 법칙

**11.4.1** $n$과 $T$가 일정하고, $P_1 = 1.50$ atm, $V_1 = 37.3$ mL, $P_2 = 1.18$ atm일 때 $V_2$를 계산하시오.

(a) 0.0211 mL
(b) 0.0341 mL
(c) 29.3 mL
(d) 12.7 mL
(e) 47.4 mL

**11.4.2** $n$과 $P$가 일정하고, $T_1 = 21.5$℃, $V_1 = 25.0$ mL, $T_2 = 316$℃일 때 $V_2$를 계산하시오.

(a) 100 mL
(b) 73.5 mL
(c) 25.0 mL
(d) 3.40 mL
(e) 26.5 mL

**11.4.3** 89.5℃에서 부피가 76.1 L인 기체가 100.0 L가 되는 온도는 얼마인가? 압력은 일정하다고 가정한다.

(a) 276℃
(b) 118℃
(c) 203℃
(d) 68.1℃
(e) 99.6℃

**11.4.4** $H_2$ 180 mL와 $N_2$ 60 mL가 다음 반응식을 따라 완전히 반응할 때 생성되는 $NH_3$의 부피는 얼마인가? 반응물과 생성물의 온도와 압력은 일정하다고 가정한다.

$$3H_2(g) + N_2(g) \longrightarrow 2NH_3(g)$$

(a) 120 mL
(b) 60 mL
(c) 180 mL
(d) 240 mL
(e) 220 mL

**11.4.5** 일정량의 기체가 든 풍선의 온도가 증가하고 외부 압력이 감소했을 때 전후 모습을 올바르게 나타낸 것은 어느 것인가?

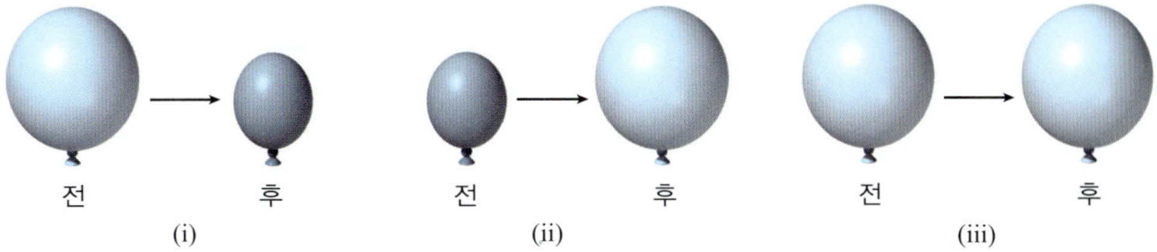


(a) i
(b) ii
(c) i, ii
(d) i, ii, iii
(e) iii

**11.4.6** 문제 11.4.5의 그림 중 온도와 외부 압력이 모두 감소할 때 온도가 감소한 효과가 더 큰 것은 어느 것인가?

(a) i
(b) ii
(c) i, ii
(d) i, ii, iii
(e) iii

## 11.5 이상 기체 방정식

기체의 상태는 $T$, $P$, $V$, $n$의 네 가지 변수로 완벽하게 서술할 수 있었음을 떠올려 보자. 11.4절에서 소개한 기체 법칙을 이용하면 기체의 변수 하나를 다른 하나와 연관시킬 수 있다(나머지 둘이 고정되어 있을 때). 하지만 기체를 이용한 실험에서 보통은 둘 이상의 변수가 바뀐다. 따라서 기체 법칙을 나타내는 식들을 방정식 하나로 결합하는 것이 유용하며, 이 식을 통해 변수 넷 중 어떤 것의 변화라도 설명할 수 있다.

11.4절에서 언급한 기체 법칙 방정식을 요약하면,

보일의 법칙: $V \propto \dfrac{1}{P}$

샤를의 법칙: $V \propto T$

아보가드로 법칙: $V \propto n$

이 식들을 조합하여 모든 기체의 물리적 행동을 설명할 수 있는 일반식을 다음과 같이 만들 수 있다.

$$V \propto \frac{nT}{P}$$

즉,

**표 11.4** 기체 상수 $R$의 여러 가지 표현

| 값 | 단위 |
|---|---|
| 0.08206 | L · atm/K · mol |
| 62.36 | L · torr/K · mol |
| 0.08314 | L · bar/K · mol |
| 8.314 | $m^3$ · Pa/K · mol |
| 8.314 | J/K · mol |
| 1.987 | cal/K · mol |

부피와 압력의 곱은 에너지(energy)의 단위(J, cal 등)임을 주목하자.

$$V = R\frac{nT}{P}$$

$R$은 비례 상수이다. 이 식을 다시 정리하면

$$PV = nRT \qquad \text{식 11.11}$$

식 11.11은 **이상 기체 방정식**(ideal gas equation)의 가장 일반적인 형태로, $P$, $V$, $n$, $T$ 네 변수의 관계를 나타낸다. 이상 기체 방정식으로 압력−부피−온도 관계를 정확하게 예측할 수 있는 가상의 기체를 **이상 기체**(ideal gas)라고 한다. **실제**(real) 기체의 행동은 일반적으로 식 11.11로 예측한 결과와 약간 다르지만, 대개 그 차이는 충분히 작다. 따라서 이상 기체 상태 방정식을 이용하면 기체의 행동을 상당히 잘 예측할 수 있다.

> **참조**
> 이상적 행동으로부터 편차를 유발하는 조건들을 11.6절에서 다룬다.

식 11.11에서 비례 상수 $R$은 기체 상수이다[|◀◀ 11.2절]. $R$의 값과 단위는 $P$와 $V$의 단위에 따라 다르다. [$n$과 $T$는 항상 몰(mol)과 K로 나타낸다]. 압력은 보통 atm, mmHg(torr), Pa, bar 등의 단위로 나타냄을 11.3절에서 알아보았다. 부피는 보통 L 또는 mL로 표현하지만 $m^3$ 같은 다른 단위로 나타낼 수도 있다. 표 11.4에 기체 상수 $R$의 몇 가지 다른 표현들을 나열했다.

> **참조**
> $R$을 계산에 넣을 때는 단위를 적절히 상쇄시킬 수 있는 형태를 써야 한다.

$R$의 값은 달라도 이 모든 형태가 서로 동일함을 명심하자. 1 m, 100 cm, 1000 mm가 서로 같은 것처럼, $R$도 단위만 다르게 나타냈을 뿐이다.

이상 기체 방정식을 간단하게 응용하는 상황 중 하나는 변수 셋을 알고 있을 때 나머지 하나를 계산하는 것이다. 예를 들면, **표준 온도와 압력**(standard temperature and pressure, STP)이라고 하는 0°C, 1 atm에서 이상 기체 1몰의 부피를 계산할 수 있다. 이때 $n$, $T$, $P$를 알고 $R$은 상수이므로 미지수는 $V$뿐이다. 식 11.11을 $V$에 대해 다시 정리하면

> **참조**
> 열화학에서 "표준" 온도로 25°C를 종종 사용한다. 하지만 엄밀히 말하면 온도는 표준 상태의 정의에 포함되지 않는다[|◀◀ 10.6절]. 기체의 표준 온도는 특별히 0°C로 정의한다.

$$V = \frac{nRT}{P}$$

여기에 알고 있는 값을 대입하여 $V$를 계산한다. 이상 기체 방정식을 이용한 계산에서 온도는 항상 K로 나타내야 함을 기억하자.

$$V = \frac{(1\ \text{mol})(0.08206\ \text{L}\cdot\text{atm/K}\cdot\text{mol})(273.15\ \text{K})}{1\ \text{atm}} = 22.41\ \text{L}$$

> **참조**
> 이 문제에서 0°C, 1몰, 1 atm은 측정한 값이 아니라 지정값이므로, 결과값의 유효 숫자에 영향을 주지 않는다[|◀◀ 1.3절].

따라서 STP에 있는 이상 기체 1몰이 차지하는 부피는 22.41 L이다.

예제 11.7에서 0°C가 아닌 다른 온도에서 기체의 몰 부피를 계산하는 방법을 알아보자.

## 예제 11.7

상온(25°C), 1 atm에서 이상 기체 1몰의 부피를 계산하시오.

**전략** 온도를 °C에서 K로 변환하고, 이상 기체 방정식을 이용한다.

**계획** 알고 있는 정보는 $n=1$ mol, $T=298.15$ K, $P=1$ atm이다. 압력이 atm의 단위이므로 $R=0.08206$ L·atm/K·mol을 이용하면 부피를 L 단위로 계산할 수 있다.

**풀이**

$$V=\frac{(1\text{ mol})(0.08206\text{ L}\cdot\text{atm/K}\cdot\text{mol})(298.15\text{ K})}{1\text{ atm}}=24.47\text{ L}$$

### 생각해 보기

압력이 일정할 때 온도가 높을수록 부피도 크다는 것을 예상해야 한다. 상온은 기체의 표준 온도(0°C)보다 높으므로 상온(25°C)에서 부피는 0°C에서보다 커야 하고, 실제로도 그렇다.

**유제 1** 1.00 atm에서 이상 기체 1몰의 부피가 50.0 L인 온도는 몇 °C인가?

**유제 2** 맨 오른쪽 그림은 STP에서의 이상 기체를 나타낸 것이다. 이 용기의 부피는 변할 수 있다. 절대 온도가 두 배, 외부 압력이 세 배가 되었을 때 모습을 가장 잘 나타낸 것은 다음 그림[(i)~(iv)] 중 어느 것인가?

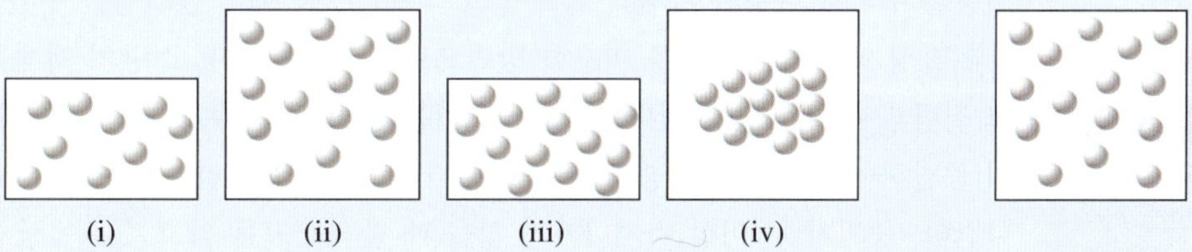


## 이상 기체 방정식의 응용

간단한 대수 조작을 하면 이상 기체 방정식에 나타나지 않은 변수를 구할 수도 있다. 예를 들어, 기체의 몰질량(g/mol)을 알면, 어떤 온도와 압력에서 기체의 밀도를 구할 수 있다. 기체의 밀도를 일반적으로 g/L 단위로 표현함을 11.1절에서 공부했다. 이상 기체 방정식을 mol/L에 대해 다시 쓸 수 있다.

$$\frac{n}{V}=\frac{P}{RT}$$

이제 양변에 몰질량 $\mathscr{M}$을 곱하면

$$\mathscr{M}\times\frac{n}{V}=\frac{P}{RT}\times\mathscr{M}$$

$\mathscr{M}\times n/V$는 g/L, 즉 밀도 $d$이다. 따라서

$$d=\frac{P\mathscr{M}}{RT} \qquad \text{식 11.12}$$

반대로 기체의 밀도를 알면 몰질량을 구할 수 있다.

**참조**

$n\times\mathscr{M}=m$에서 $m$은 g 단위로 나타낸 질량이다.

**참조**

이상 기체 방정식에서 $n$을 $m/\mathscr{M}$으로 치환하고 $m/V$(밀도)로 정리하여 식 11.12를 얻을 수도 있다.

$PV=\frac{m}{\mathscr{M}}RT$이므로

$\frac{m}{V}=d=\frac{P\mathscr{M}}{RT}$

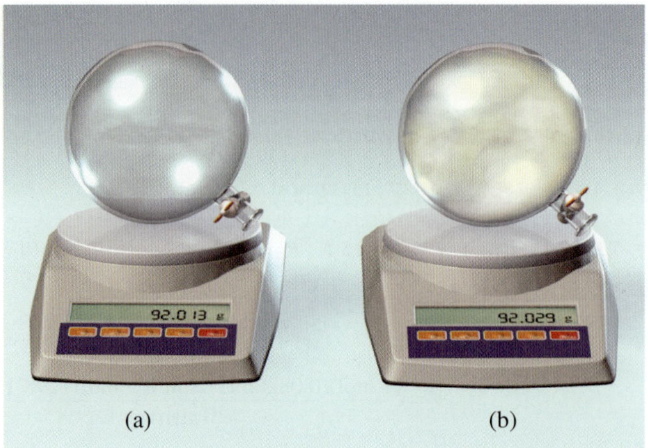


**그림 11.18** (a) 진공 상태의 플라스크와 (b) 기체가 들어 있는 플라스크. 둘의 질량 차이가 기체 질량이다. 기체의 밀도는 질량을 부피로 나누어 구한다.

$$\mathcal{M} = \frac{dRT}{P} \qquad \text{식 11.13}$$

기체의 몰질량을 구해 보자. 부피를 알고 있는 플라스크의 무게를 진공 상태에서 잰다[그림 11.18(a)]. 몰질량을 구하고자 하는 기체로 가득 채우고(압력은 측정한다) 다시 무게를 잰다[그림 11.18(b)]. 둘의 질량 차이가 기체 시료의 질량이다. 플라스크의 부피는 알고 있으므로 질량을 부피로 나누면 기체의 밀도이고, 식 11.13을 통해 몰질량을 구할 수 있다.

휘발성 액체의 몰질량을 비슷한 방법으로 구할 수 있다. 소량의 액체를 플라스크(플라스크 질량과 부피는 알고 있다)에 넣고 뜨거운 물이 담긴 수조에 담그면, 휘발성 액체가 완전히 증발하여 플라스크에 증기가 가득 찬다. 플라스크가 열려 있으므로 넘치는 증기는 빠져나간다. 증기가 더 이상 빠져나가지 않을 때 플라스크를 막고 수조에서 꺼낸다. 그 다음 플라스크의 무게를 측정하여 증기의 질량을 구한다. (이때 증기가 일부 응축되더라도 질량은 동일하다.) 증기 질량을 플라스크 부피로 나누어 증기의 밀도를 구한다. 그 다음 식 11.13을 이용하면 휘발성 액체의 몰질량을 계산할 수 있다.

**참조**

액체가 증발하는 동안 뚜껑이 공기 중에 열려 있으므로 $P$는 대기압이다. 또한 수조 온도에서 뚜껑을 막았으므로 $T$는 수조 온도이다.

예제 11.8과 11.9에서 식 11.12와 11.13을 어떻게 이용하는지 알아본다.

## 예제 11.8

이산화 탄소는 소화기에 효과적인데, 공기보다 밀도가 큰 이산화 탄소가 산소를 제거하여 불을 끌 수 있기 때문이다. (공기는 상온, 1 atm에서 밀도가 약 1.2 g/L이다.) 상온(25°C), 1.0 atm에서 $CO_2$의 밀도를 계산하시오.

**전략** 식 11.12로 밀도를 구한다. 압력이 atm 단위이므로 $R=0.08206$ L·atm/K·mol을 쓴다. 온도는 K로 나타냄을 기억한다.

**계획** $CO_2$의 몰질량은 44.01 g/mol이다.

**풀이**

$$d = \frac{P\mathcal{M}}{RT} = \frac{(1\ \cancel{\text{atm}})\left(\dfrac{44.01\ \text{g}}{\cancel{\text{mol}}}\right)}{\left(\dfrac{0.08206\ \text{L}\cdot\cancel{\text{atm}}}{\cancel{\text{K}}\cdot\cancel{\text{mol}}}\right)(298.15\ \cancel{\text{K}})} = 1.8\ \text{g/L}$$

**생각해 보기**

계산된 $CO_2$의 밀도는 (예상대로) 동일한 조건의 공기보다 크다. 지루하고 귀찮더라도 식에 들어가는 모든 값에 단위를 쓰는 것이 좋다. 단위를 상쇄해 가면서, 과정이나 결과에서 생길 수 있는 오류들을 쉽게 찾을 수 있다.

**유제 1** 0°C, 1 atm에서 공기의 밀도를 계산하시오. (공기는 $N_2$ 80%, $O_2$ 20%라고 가정하자.)

**유제 2** 온도와 부피가 같은 두 기체 시료가 있다. 다음 그림 중 밀도가 더 큰 것은 어느 것인가? 압력이 더 높은 것은 어느 것인가?

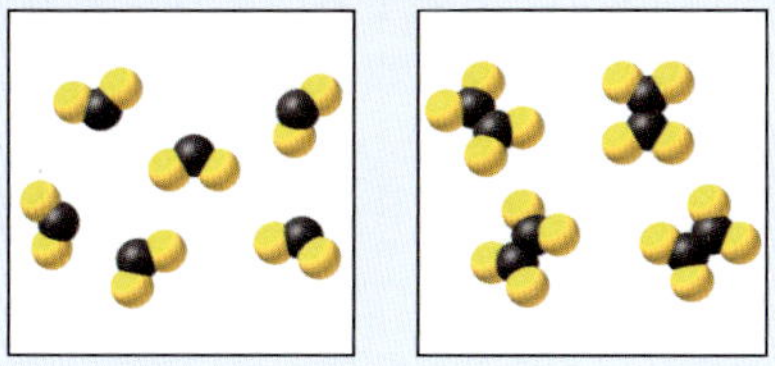

(i) (ii)

## 예제 11.9

어떤 회사가 알코올 음료에 넣을 새로운 알코올을 합성했다고 한다. 이 새로운 물질은 에탄올처럼 기분 좋게 하는 특성은 모두 갖고 있지만 숙취, 운전 기능 장애, 중독 위험성 등의 부작용은 전혀 없다고 주장한다. 부피가 511.0 mL, 진공일 때 질량 131.918 g인 둥근 플라스크에 이 새로운 시료를 소량 넣고 분석하였다. 플라스크를 100.0°C의 수조에 넣고 액체를 기화시킨 후, 뚜껑을 막고 수조에서 꺼냈다. 플라스크의 질량을 측정하여 기체의 질량이 0.768 g임을 알았다. 이 휘발성 액체의 몰질량은 얼마인가? 몰질량을 통해 이 새로운 화합물에 대해 알 수 있는 것은 무엇인가?

**전략** 측정한 기체의 질량과 플라스크의 부피를 이용하여 1 atm, 100°C에서 이 기체의 밀도를 구한다. 그 다음 식 11.13을 이용하여 몰질량을 구한다.

**계획** $P=1$ atm, $V=0.5110$ L, $R=0.08206$ L·atm/K·mol, $T=373.15$ K이다.

**풀이**

$$d=\frac{0.768\text{ g}}{0.5110\text{ L}}=1.5029\text{ g/L}$$

$$\mathcal{M}=\frac{\left(\dfrac{1.5029\text{ g}}{\cancel{\text{L}}}\right)\left(\dfrac{0.08206\ \cancel{\text{L}}\cdot\cancel{\text{atm}}}{\cancel{\text{K}}\cdot\text{mol}}\right)(373.15\ \cancel{\text{K}})}{1\ \cancel{\text{atm}}}=46.02\text{ g/mol}$$

이 결과는 에탄올의 몰질량과 아주 유사하다.

**생각해 보기**

특정한 몰질량을 갖는 화합물이 하나만 있는 것이 아니므로 이 방법으로는 화학식을 확실히 알 수 없다. 화학식을 알기 위해서는 추가 테스트가 반드시 필요하다.

**유제 1** 73.0°C, 1.00 atm에서 밀도가 5.14 g/L인 기체의 몰질량을 구하시오.

**유제 2** 두 가지 원소로 이루어진 두 종류의 화합물이 있고, 상온에서는 모두 액체이다. 예제 11.9와 동일한 방법으로 왼쪽 화합물을 분석했을 때, 진공인 플라스크보다 0.412 g이 증가했다. 오른쪽 그림의 화합물도 동일한 실험 조건에서 같은 방법으로 분석한다면 플라스크의 질량은 얼마나 늘어나겠는가?

## 11.5절 복습

### 이상 기체 방정식

**11.5.1** STP에서 이상 기체 8.75몰의 부피를 계산하시오.

(a) 196 L (b) 268 L (c) 0.718 L
(d) 18.0 L (e) 2.56 L

**11.5.2** 150°C에서 7.5 L의 용기에 이상 기체 10.2몰이 들어 있을 때 압력을 계산하시오.

(a) 17 atm (b) 31 atm (c) 0.72 atm
(d) 1.3 atm (e) 47 atm

**11.5.3** $\mathscr{M}$ = 146.07 g/mol인 기체가 1.00 atm, 100.0°C에 있을 때 밀도를 구하시오.

(a) $6.85 \times 10^{-3}$ g/L (b) 4.77 g/L (c) 146 g/L
(d) 30.6 g/L (e) 17.8 g/L

**11.5.4** 1.00 atm, 100.0°C에서 어떤 기체의 밀도가 1.963 g/L일 때 몰질량을 구하시오.

(a) 0.0166 g/mol (b) 60.1 g/mol (c) 16.1 g/mol
(d) $6.09 \times 10^{3}$ g/mol (e) $1.63 \times 10^{3}$ g/mol

## 11.6 실제 기체

기체 법칙과 분자 운동론은 기체 분자들의 부피가 무시할 수 있을 정도로 작으며(가정 1), 서로 간에 어떠한 힘(인력과 반발력 모두)도 작용하지 않는다(가정 3)고 가정한다. 이 가정을 정확히 만족하는 기체들을 **이상적 행동**(ideal behavior)을 보인다고 한다. 일상적인 조건에서 많은 기체들이 이상적으로 또는 거의 이상적으로 행동한다. STP에서 몇몇 기체들의 몰 부피를 그림 11.19에 나타냈다. 모든 몰 부피는 이상적인 값 22.41 L에 매우 가깝다. 실제 기체들도 이상적으로 행동한다고 가정하는 것이 일반적이지만, 고압이나 저온과 같은 조건에서는 실제 기체의 행동이 이상성으로부터 벗어난다.

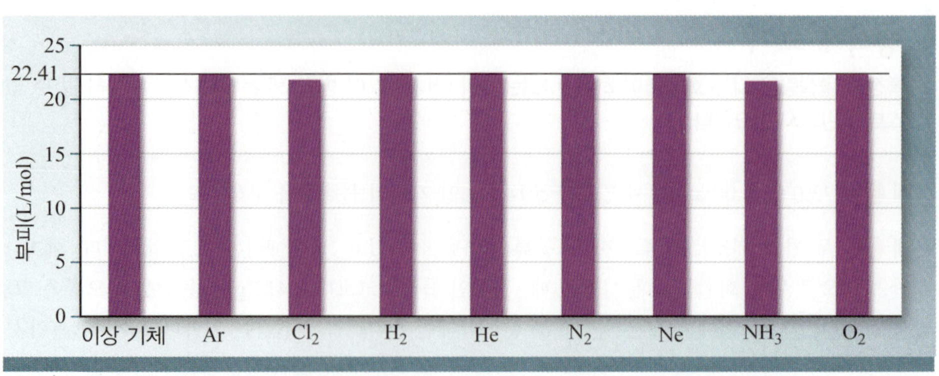


**그림 11.19** STP에서 몇몇 기체들의 몰 부피

## 이상적 행동으로부터 편차를 일으키는 요인들

고압에서는 기체 분자 간 거리가 상대적으로 가까워진다. 분자 간 거리가 멀 때만 기체 분자의 부피를 무시할 수 있다. 분자 간 거리가 가까울수록 개별 분자들이 차지하는 부피가 중요해진다.

저온에서는 기체 분자가 느리게 움직인다. 기체 분자들이 매우 빠르게 움직여서 그 운동 에너지가 분자간 힘보다 훨씬 클 때만 기체 분자들 사이의 분자간 힘을 무시할 수 있다[|◀◀ 7.3절]. 분자가 천천히 움직일수록 운동 에너지는 작아지고 분자간 힘이 중요해진다.

## 반데르발스 식

이상 기체 방정식을 썼을 때 오차가 큰 조건[예를 들어, 고압과(또는) 저온]이 있기 때문에, 기체가 이상적으로 행동하지 않을 때는 조금 다른 접근을 해야 한다. 분자의 부피와 분자간 힘을 고려한 실제 기체에 관한 분석은 1873년 반데르발스(J. D. van der Waals)[8]에 의해 처음으로 이루어졌다. 반데르발스의 논의를 통해 실제 기체의 행동을 분자 수준에서 해석할 수 있다.

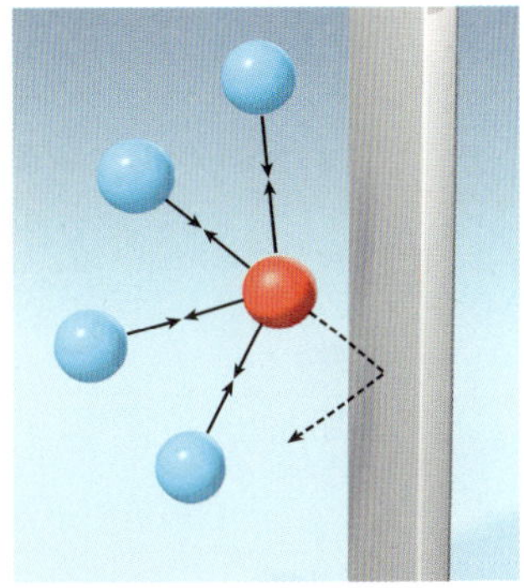

그림 11.20 분자간 인력이 기체의 압력에 미치는 효과

용기 벽을 향해 접근하는 어떤 분자를 생각해 보자(그림 11.20). 이웃한 분자들이 미치는 인력이 있을 때는 인력이 없을 때보다 분자가 벽을 강하게 때리지 못한다. 따라서 실제 기체의 압력은 이상 기체 방정식으로 예상한 값보다 작다. 반데르발스는 이상 기체의 압력 $P_{ideal}$과 실험적으로 측정한 압력 $P_{real}$ 사이에 다음 관계가 있다고 제안했다.

$$P_{real} = P_{ideal} - \frac{an^2}{V^2}$$

$a$는 어떤 상수이고 $n$은 기체의 몰수, $V$는 기체의 부피이다. 압력의 보정항($an^2/V^2$)은 다음과 같이 이해할 수 있다. 비이상적 행동의 원인이 되는 분자간 상호 작용은 두 분자가 얼마나 자주 마주치느냐에 따라 달라진다. 분자 간에 마주치는 횟수는 단위 부피당 분자 수의 제곱에 따라 증가하며, $a$는 비례 상수이다. $P_{ideal}$은 분자간 인력이 없을 때 측정되는 압력이다.

또 다른 보정항은 기체 분자가 차지하는 부피와 관련이 있다. 개별 분자들이 차지하는 부피는 매우 작지만 0은 아니다. 실제 기체의 부피는 분자 부피를 고려하지 않은 이상적 부피($V_{ideal}$)에 분자가 차지하는 부피를 더함으로써 보정할 수 있다.

$$V_{real} = V_{ideal} + nb$$

$n$은 몰수, $b$는 비례 상수이다.

위의 두 식을 $P_{ideal}$과 $V_{ideal}$로 정리하여 이상 기체 방정식 $PV = nRT$ 꼴로 만들면 **반데르발스 식**(van der Waals equation)이 된다. 기체가 이상적 행동을 보이지 않을 것이라 예상할 때는 이 식을 이용하여 분석할 수 있다.

8. 요하너스 디데릭 반데르발스(Johannes Diderik van der Waals, 1837~1923): 네덜란드의 물리학자. 액체와 기체의 성질에 관한 연구로 1910년 노벨 물리학상을 받았다.

**표 11.5 몇몇 기체의 반데르발스 상수**

| 기체 | $a\left(\frac{atm\cdot L^2}{mol^2}\right)$ | $b\left(\frac{L}{mol}\right)$ | 기체 | $a\left(\frac{atm\cdot L^2}{mol^2}\right)$ | $b\left(\frac{L}{mol}\right)$ |
|---|---|---|---|---|---|
| He | 0.034 | 0.0237 | $O_2$ | 1.36 | 0.0318 |
| Ne | 0.211 | 0.0171 | $Cl_2$ | 6.49 | 0.0562 |
| Ar | 1.34 | 0.0322 | $CO_2$ | 3.59 | 0.0427 |
| Kr | 2.32 | 0.0398 | $CH_4$ | 2.25 | 0.0428 |
| Xe | 4.19 | 0.0510 | $CCl_4$ | 20.4 | 0.138 |
| $H_2$ | 0.244 | 0.0266 | $NH_3$ | 4.17 | 0.0371 |
| $N_2$ | 1.39 | 0.0391 | $H_2O$ | 5.46 | 0.0305 |

실험적으로 측정한 압력 　 용기의 부피

$$\left(P+\frac{an^2}{V^2}\right)(V-nb)=nRT$$ 식 11.14

보정한 압력 항 　 보정한 부피 항

몇몇 기체들의 반데르발스 상수 $a$와 $b$를 표 11.5에 나열하였다. 기체 분자가 서로 얼마나 강하게 끌어당기느냐에 따라 $a$ 값이 다르다. $b$ 값은 분자(또는 원자)의 크기와 연관이 있지만 그 관계가 아주 간단하지는 않다.

예제 11.10에서 반데르발스 식을 어떻게 이용하는지 알아본다.

## 예제 11.10

47°C에서 $NH_3$ 3.50몰이 차지하는 부피가 5.20 L이다. 기체의 압력을 (a) 이상 기체 방정식을 이용하여, (b) 반데르발스 식을 이용하여 계산하시오.

**전략** (a) 이상 기체 방정식 $PV=nRT$를 이용한다.
(b) 식 11.14와 표 11.5의 $a$, $b$ 값을 이용한다.

**계획** $T=320.15$ K, $a=4.17$ atm·L/mol², $b=0.371$ L/mol이다.

**풀이**

(a) $$P=\frac{nRT}{V}=\frac{(3.50\ \text{mol})\left(\frac{0.08206\ \text{L}\cdot\text{atm}}{\text{K}\cdot\text{mol}}\right)(320.15\ \text{K})}{5.20\ \text{L}}=17.7\ \text{atm}$$

(b) 반데르발스 식의 보정항을 계산해 보면

$$\frac{an^2}{V^2}=\frac{\left(\frac{4.17\ \text{atm}\cdot\text{L}^2}{\text{mol}^2}\right)(3.50\ \text{mol})^2}{(5.20\ \text{L})^2}=1.89\ \text{atm} \qquad nb=(3.50\ \text{mol})\left(\frac{0.0371\ \text{L}}{\text{mol}}\right)=0.130\ \text{L}$$

식 11.14에 대입하면

$$(P+1.89\ \text{atm})(5.20\ \text{L}-0.130\ \text{L})=(3.50\ \text{mol})\left(\frac{0.08206\ \text{L}\cdot\text{atm}}{\text{K}\cdot\text{mol}}\right)(320.15\ \text{K})$$

$$P=16.2\ \text{atm}$$

**생각해 보기**

실제 기체의 압력은 이상 기체 방정식으로 예상한 값보다 작은 경우가 많다.

**유제 1** 32℃에서 산소 기체 0.35몰의 부피가 6.50 L일 때 압력을 (a) 이상 기체 방정식, (b) 반데르발스 식을 이용하여 계산하시오.

**유제 2** 실제 기체가 이상적인 행동에서 벗어남을 보이는 것은 어떤 성질 때문인가? 매우 높은 온도와(또는) 매우 낮은 압력에서는 기체가 매우 이상적인 행동을 보이는 이유를 설명하시오.

이상적 행동으로부터의 편차를 측정하는 한 가지 방법은 압축 인자 $Z$를 구하는 것이다. $Z = PV/RT$이다. 이상 기체 1몰의 $Z$ 값은 어떠한 온도와 압력에서든지 1이다. 실제 기체는 $Z$ 값이 1에서 벗어나는데, 이는 비이상적 행동과 연관된 요인들 때문이다. 그림 11.21(a)의 그래프를 분자간 인력으로 설명할 수 있다. 분자들 사이에는 인력과 척력 모두가 존재한다. 서로 멀리 떨어져 있을 때(낮은 압력)는 인력이 우세하다. 이 구간에서 기체는 이상 기체보다 더 압축적이며, 그래프가 수평선 아래에 놓인다($Z < 1$). 압력이 높아지면서 분자들 사이가 가까워짐에 따라 척력이 중요해진다. 압력이 계속 증가하면 분자들이 서로 밀쳐내어 이상 기체보다 덜 압축적이 되는 지점에 도달하며, 그래프가 수평선 위에 놓인다($Z > 1$). 그림 11.21(b)는 서로 다른 온도에서 압력에 따른 $Z$의 그래프이다. 온도가 높을수록 이상 기체와 더 유사하다(곡선이 수평선에 가깝다)는 것을 알 수 있다. 분자의 운동 에너지가 클수록 분자간 인력은 덜 중요하다.

## 반데르발스 상수

반데르발스 식에 쓰이는 상수들을 통해 실제 기체의 비이상성을 보정해 줄 수 있다. 예를 들어, 분자 운동론의 가정 3과는 반대로, 기체 내 분자들 사이에는 인력이 분명히 존재

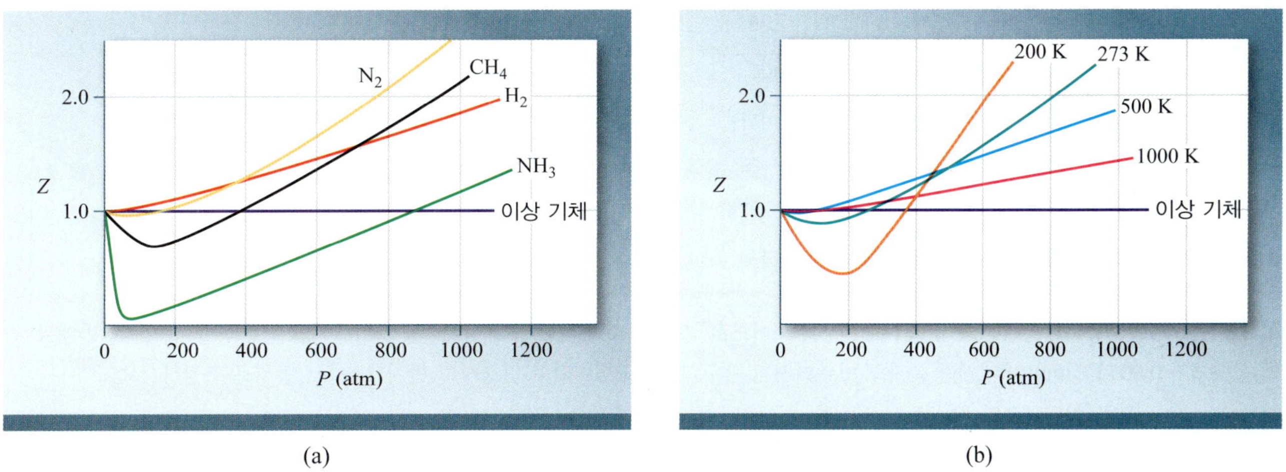


**그림 11.21** (a) 0℃에서 몇 가지 기체들에 대해 압력의 함수로 나타낸 압축 인자($Z$) (b) 다양한 온도에서 $N_2$ 기체에 대해 압력의 함수로 나타낸 압축 인자

한다. 기체를 냉각하거나 압축하면 액체로 응축되는 것이 그 증거이다. 기체상에서도 분자간 인력은 물질의 행동에 영향을 미친다. 그림 11.20에 묘사했듯이 다른 분자들에 의해 끌림을 받는 분자는 분자간 인력이 없을 때보다 용기 벽을 빠른 속도로 때리지 못한다. 반데르발스 식의 압력 항 $P+a(n/V)^2$은 기체 분자간 인력에 때문에 관찰되지 않은 압력의 보정항을 실험적으로 측정한 압력 $P$에 더한 것이다. 이 보정 인자는 단위 부피당 몰수($n/V$)의 제곱에 의존함에 유의하자. 상수 $a$는 기체에 따라 달라지는 값이다.

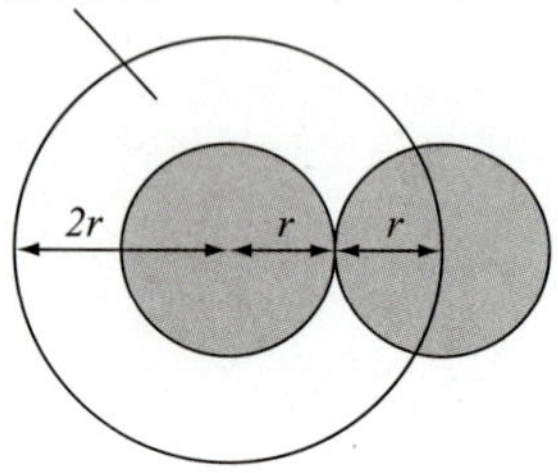


또한, 분자 운동론의 가정 1과는 반대로 기체 분자의 부피는 실제로 무시할 수 없다. 두 기체 분자(구형이라 가정하고)가 서로 접근할 때, 가장 가깝게 접근할 수 있는 거리는 두 분자 반지름의 합($2r$)이다. 다른 분자의 중심이 뚫고 들어갈 수 없는 각 분자 주위의 부피를 **제외된 부피**(excluded volume)라고 한다. 이 제외된 부피는 기체 분자들이 움직일 수 있는 실제 부피를 제한한다. 따라서, 반데르발스 식에서 부피 항 $V-nb$는 용기 부피 $V$에서 제외된 부피 $nb$를 빼준다. $n$은 기체의 몰수, $b$는 기체 1몰당 제외된 부피이다.

예제 11.11에서 반데르발스 식을 이용하여 제외된 부피를 계산하는 방법을 알아본다.

## 예제 11.11

반지름이 $r$인 분자들로 이루어진 기체 시료를 생각해 보자.

(a) 두 분자에 의해 정의되는 제외된 부피를 구하시오.

(b) 기체 1몰당 제외된 부피 $b$를 계산하시오. 분자 1몰이 차지하는 부피와 제외된 부피를 비교하시오.

**전략** (a) 구의 부피를 구하는 공식을 이용하여 반지름 $2r$인 구의 부피를 계산한다. 이것은 분자 두 개에 의한 제외된 부피이다.
(b) 분자당 제외된 부피에 아보가드로 수를 곱하여 1몰당 제외된 부피를 구한다.

**계획** 구의 부피를 구하는 식은 $\frac{4}{3}\pi r^3$이다. $N_A = 6.022\times10^{23}$이다.

**풀이** (a) 두 분자에 의해 제외된 부피 $=\frac{4}{3}\pi(2r)^3 = 8\left(\frac{4}{3}\pi r^3\right)$

(b) 1몰당 제외된 부피 $=\dfrac{8\left(\frac{4}{3}\pi r^3\right)}{2\text{분자}}\times\dfrac{N_A\ \text{분자}}{1\text{ mol}}=\dfrac{4N_A\left(\frac{4}{3}\pi r^3\right)}{1\text{ mol}}$

반지름 $r$인 분자 1몰이 차지하는 부피는 $N_A\left(\frac{4}{3}\pi r^3\right)$이다.

### 생각해 보기

1몰당 제외된 부피는 분자 1몰이 차지하는 부피의 4배이다.

**유제 1** 반데르발스 상수 $b$는 기체 1몰의 제외된 부피이므로, $b$ 값을 이용하여 분자 또는 원자의 반지름을 추정할 수 있다. 반데르발스 상수 $b$가 0.0315 L/mol인 기체가 분자로 이루어져 있다. 분자가 구형이라고 가정하고 반지름을 pm 단위로 추정하시오.

**유제 2** 구형 기체 분자 하나만 들어 있는 아주 작고 밀폐된 정육면체 용기를 상상해 보자. 반데르발스 보정항 $a(n/V)^2$과 $nb$가 필요한지 설명하시오.

## 11.6절 복습

**실제 기체**

**11.6.1** 10℃에서 이산화 탄소 1.5몰이 3.75 L인 용기에 들어 있을 때, 반데르발스 식을 이용하여 압력을 계산하시오.

(a) 9.3 atm (b) 8.9 atm
(c) 10 atm (d) 8.6 atm
(e) −2.4 atm

**11.6.2** 메테인 기체 3.74몰이 1.00 L 용기에 들어 있을 때 압력 1.30 atm이 측정되었다. 반데르발스 식을 이용하여 온도를 ℃ 단위로 계산하시오.

(a) −166.4℃ (b) −183.6℃
(c) −268.9℃ (d) −269.6℃
(e) 89.7℃

# 11.7 기체 혼합물

지금까지는 **순수한**(pure) 기체 물질의 행동에 초점을 맞추어 기체의 물리적 성질을 논의하였다. 하지만 기체 법칙들은 모두 기체 **혼합물**(mixture)인 공기를 관찰하여 얻은 법칙들이다. 이 절에서는 기체 혼합물을 고려하여 그 물리적 행동을 살펴볼 것이다. 이 장에서는 서로 반응하지 않는 이상 기체에 대해서만 논의할 것이다.

## 돌턴의 분압 법칙

둘 이상의 기체 물질이 용기 하나에 들어 있을 때, 기체 각각은 혼자서 용기를 채우고 있을 때와 동일하게 행동한다. 예를 들어, 0℃에서 $N_2$ 기체 1.00몰이 5.00 L인 용기에 들어 있을 때 압력은

$$P=\frac{(1\ \text{mol})(0.08206\ \text{L}\cdot\text{atm/K}\cdot\text{mol})(273.15\ \text{K})}{5.00\ \text{L}}=4.48\ \text{atm}$$

만약 $O_2$와 같은 기체 1몰을 더 첨가한다고 하더라도, $N_2$에 의한 압력은 변하지 않고 4.48 atm 그대로 유지된다. $O_2$ 기체 또한 그 자신의 압력 4.48 atm을 미친다. 어떠한 기체도 다른 기체의 압력에 영향을 주지 않는다. 혼합 기체에서 개별 기체가 미치는 압력을 그 기체의 **부분 압력**(또는 분압, partial pressure, $P_i$)이라 한다. 부분 압력을 표현할 때 아래 첨자를 쓴다.

$$P_{N_2}=\frac{(1\ \text{mol})(0.08206\ \text{L}\cdot\text{atm/K}\cdot\text{mol})(273.15\ \text{K})}{5.00\ \text{L}}=4.48\ \text{atm}$$

$$P_{O_2}=\frac{(1\ \text{mol})(0.08206\ \text{L}\cdot\text{atm/K}\cdot\text{mol})(273.15\ \text{K})}{5.00\ \text{L}}=4.48\ \text{atm}$$

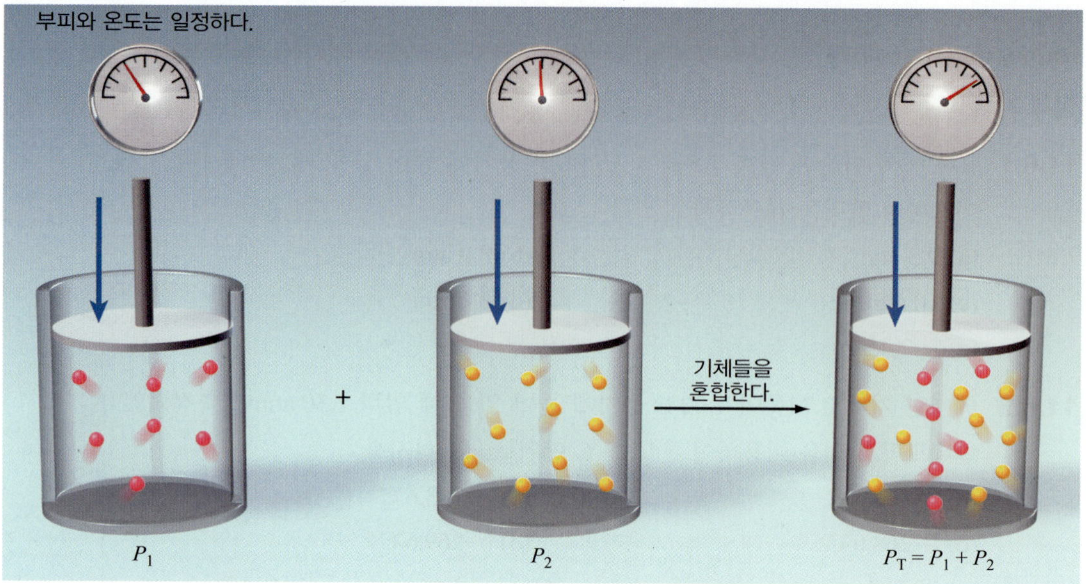


그림 11.22 혼합 기체의 한 성분은 다른 성분과 독립적이다. 전체 압력은 모든 부분 압력의 합이다.

어떠한 혼합 기체라도 이상 기체 방정식을 각 성분에 대해 풀 수 있다.

$$P_i = \frac{n_i RT}{V}$$

**돌턴의 분압 법칙**(Dalton's law of partial pressure)은 혼합 기체의 전체 압력은 각 성분이 미치는 부분 압력의 합과 같다고 서술한다.

$$P_{전체} = \sum P_i$$

따라서 0°C에서 5.00 L 용기에 담긴 $N_2$ 1.00몰과 $O_2$ 1.00몰 혼합물의 압력은

$$P_{전체} = P_{N_2} + P_{O_2} = 4.48\text{ atm} + 4.48\text{ atm} = 8.96\text{ atm}$$

그림 11.22에 돌턴의 분압 법칙을 나타냈다.

다른 기체 법칙들과 마찬가지로 돌턴의 분압 법칙도 분자 운동론으로 설명할 수 있다. 기체 분자들은 서로 끌어당기거나 밀치지 않기 때문에(가정 3), 한 기체가 미치는 압력은 다른 기체와는 관련이 없다. 결과적으로 혼합 기체의 전체 압력은 개별 성분의 부분 압력의 합과 같다.

예제 11.12에서 돌턴의 분압 법칙을 어떻게 이용하는지 알아본다.

## 예제 11.12

25.5°C에서 $N_2$ 기체 0.215몰과 $H_2$ 기체 0.0118몰이 1.00 L 용기에 들어 있다. 각 성분의 부분 압력과 전체 압력을 구하시오.

**전략** 이상 기체 방정식을 이용하여 혼합물 각 성분의 부분 압력을 구하고, 두 부분 압력을 합하여 전체 압력을 구한다.

**계획** $T = 298.65$ K이다.

**풀이**

$$P_{N_2}=\frac{(0.215\text{ mol})\left(\frac{0.08206\text{ L}\cdot\text{atm}}{\text{K}\cdot\text{mol}}\right)(298.65\text{ K})}{1.00\text{ L}}=5.27\text{ atm}$$

$$P_{H_2}=\frac{(0.0118\text{ mol})\left(\frac{0.08206\text{ L}\cdot\text{atm}}{\text{K}\cdot\text{mol}}\right)(298.65\text{ K})}{1.00\text{ L}}=0.289\text{ atm}$$

$$P_{\text{전체}}=P_{N_2}+P_{H_2}=5.27\text{ atm}+0.289\text{ atm}=5.56\text{ atm}$$

### 생각해 보기

혼합 성분들의 몰수를 합하고(0.215+0.0118=0.227 mol) 이상 기체 방정식을 $P_{\text{전체}}$로 풀어서 전체 압력을 구할 수도 있다.

$$P_{\text{전체}}=\frac{(0.227\text{ mol})\left(\frac{0.08206\text{ L}\cdot\text{atm}}{\text{K}\cdot\text{mol}}\right)(298.65\text{ K})}{1.00\text{ L}}=5.56\text{ atm}$$

**유제 1** $CH_4$와 $C_2H_6$의 혼합물이 25.0°C, 1.50 atm이고, $CH_4$의 부분 압력이 0.39 atm일 때 기체 각각의 몰수를 구하시오.

**유제 2** 세 가지 서로 다른 혼합 기체를 그림에 나타냈다. 빨간색 구로 나타낸 기체의 부분 압력이 1.25 atm일 때, 다른 기체들의 부분 압력과 전체 압력을 구하시오.

## 몰분율

혼합 기체 각 성분들의 상대적인 양은 **몰분율**로 나타낼 수 있다. 혼합물을 구성하는 어떤 성분의 **몰분율**(mole fraction, $\chi_i$)은 그 성분의 몰수를 혼합물 전체의 몰수로 나눈 값이다.

**참조**

기체 혼합물에서만 몰분율을 쓸 수 있는 것은 아니다. 어떤 상태의 혼합물이라도 농도를 나타낼 때 몰분율을 쓸 수 있다. 13장에서 몰분율을 많이 사용할 것이다.

$$\chi_i=\frac{n_i}{n_{\text{전체}}}\quad\text{식 11.15}$$

몰분율에서는 세 가지를 기억해야 한다.

1. 혼합물을 구성하는 어떤 성분의 몰분율도 항상 1보다 작다.
2. 혼합물을 구성하는 모든 성분의 몰분율의 합은 항상 1이다.
3. 몰분율은 무차원이다.

또한 임의의 온도와 부피에서 $n$과 $P$는 비례 $\left[n=P\times\left(\frac{V}{RT}\right)\right]$하므로, 한 성분의 부분 압력을 전체 압력으로 나누면 그 성분의 몰분율을 구할 수 있다.

$$\chi_i=\frac{P_i}{P_{\text{전체}}}\quad\text{식 11.16}$$

식 11.15와 11.16을 다시 정리하면

$$\chi_i\times n_{\text{전체}}=n_i\quad\text{식 11.17}$$

즉,

$$\chi_i \times P_{전체} = P_i \qquad \text{식 11.18}$$

예제 11.13에서 몰분율, 부분 압력, 전체 압력을 다루는 계산을 연습해 보자.

## 예제 11.13

FDA는 1999년 미숙아에게 흔하게 발병하는 폐 질환을 예방하고 치료하기 위한 목적으로 산화 질소(NO)의 사용을 승인했다. 이 질환에 이용되는 산화 질소는 $N_2$와 NO의 혼합물로 병원에 공급된다. 상온(25°C)에서 10.00 L 실린더에 담긴 기체의 전체 압력이 14.75 atm이고 $N_2$ 함량이 6.022몰일 때 NO의 몰분율을 계산하시오.

**전략** 이상 기체 방정식을 이용하여 실린더 내 전체 몰수를 계산한다. 전체 몰수에서 $N_2$의 몰수를 빼서 NO의 몰수를 구한다. NO의 몰수를 전체 몰수로 나누어 몰분율을 구한다(식 11.5).

**계획** 온도는 298.15 K이다.

**풀이**

$$\text{전체 몰수} = \frac{PV}{RT} = \frac{(14.75\text{ atm})(10.00\text{ L})}{\left(\dfrac{0.08206\text{ L}\cdot\text{atm}}{\text{K}\cdot\text{mol}}\right)(298.15\text{ K})} = 6.029\text{ mol}$$

$$\text{mol NO} = \text{전체 몰수} - \text{mol } N_2 = 6.029 - 6.022 = 0.007\text{ mol NO}$$

$$\chi_{NO} = \frac{n_{NO}}{n_{전체}} = \frac{0.07\text{ mol NO}}{6.029\text{ mol}} = 0.001$$

### 생각해 보기

1에서 $\chi_{NO}$를 빼서 $\chi_{N_2}$를 구하여 결과를 확인해 본다. 각각의 몰분율과 전체 압력을 식 11.16에 대입하여 각 성분의 부분 압력을 계산하고, 그 합이 전체 압력과 같은지 확인한다.

**유제 1** 30.0°C, 15.75 L의 용기에 담긴 제논과 네온의 혼합물에서 각 성분의 부분 압력과 몰수를 구하시오. 용기 내 전체 압력은 6.50 atm이고, 제논의 몰분율은 0.761이다.

**유제 2** 기체 혼합물을 빨간색, 노란색, 초록색 공으로 나타냈다. 그림에 혼합물을 나타내었는데, 초록색 공은 빠져 있다. 빨간색 공의 몰분율이 0.28일 때 빠진 초록색 공의 개수, 노란색 공의 몰분율, 초록색 공의 몰분율을 구하시오.

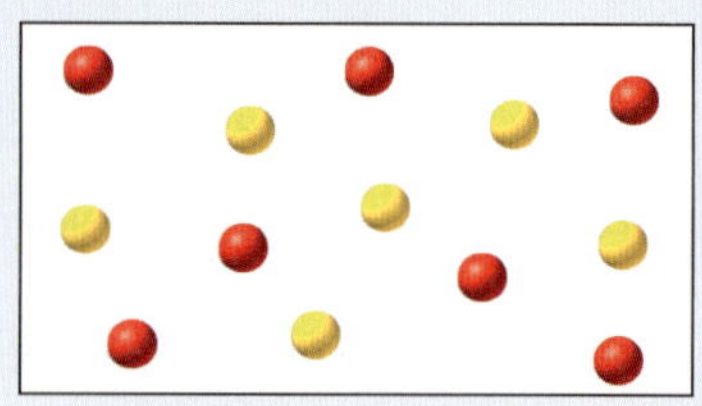

## 생각 밖 상식

### 감압증

스쿠버 다이빙 자격증 수업에서는 수면으로 올라올 때 절대로 숨을 참지 말라고 가르친다. 이 경고에 주의를 기울이지 않으면 심각한 부상을 당하거나 사망할 수도 있다. 물속에서 올라올 때는 다이버의 폐에 든 공기가 팽창한다. 공기를 내뱉지 않으면 폐포(호흡할 때 공기가 채워지는 아주 작은 주머니)가 파열될 수 있다. 이렇게 폐가 파열되면 공기가 흉강으로 빠져나가 더 팽창하면서 파열된 폐를 찌부러뜨린다. 심해 다이버에게만 이런 위험이 있는 것이 아니고, 3미터 정도의 얕은 깊이에서도 급부상하면 폐 파열이 일어날 수 있다. 또한 이러한 **자발성 기흉**(spontaneous pneumothorax, 위에 언급한 증상을 가리키는 의학 용어)은 다이버의 폐에 공기가 들어찬 낭종이 있거나 호흡기 감염에 의해 폐 조직이 가래로 막혀 있을 때에도 발생할 수 있다. 폐 파열이 일어나면 자발성 기흉이 발생할 위험이 있을 뿐만 아니라, 혈관에 기포가 들어갈 수도 있다. 물속에서 급부상할 때 이 기포가 팽창하여 혈류를 막을 수 있다. 이 증상을 **공기색전증**(gas embolism)이라고 하며 심장마비나 뇌졸중을 일으킬 수 있다.

다이버의 폐 파열은 빠른 감압이 원인이므로, 이 증상, 특히 공기색전증을 치료할 때는 고압실에서 가압 치료를 병행한다. 고압실은 대기압보다 훨씬 높은 압력을 견딜 수 있도록 설계된 원통형의 밀폐된 공간이다. 어떤 때는 공기를 고압으로 주입하여 환자의 기포를 압축시킬 수 있을 정도로 내부 압력을 높인다. 환자는 보통 산소 마스크를 통해 순수한 산소를 호흡하며 다른 기체들을 배출하도록 한다. 일반적인 의료용 고압실은 압력을 대기압의 여섯 배까지 올릴 수 있다.

**참조**

"단실" 고압실은 사람 한 명이 들어갈 정도의 크기이며 보통 순수한 산소로 가압한다.

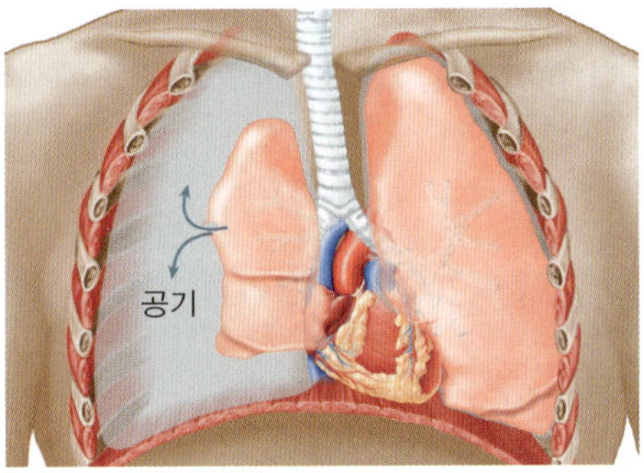


기흉

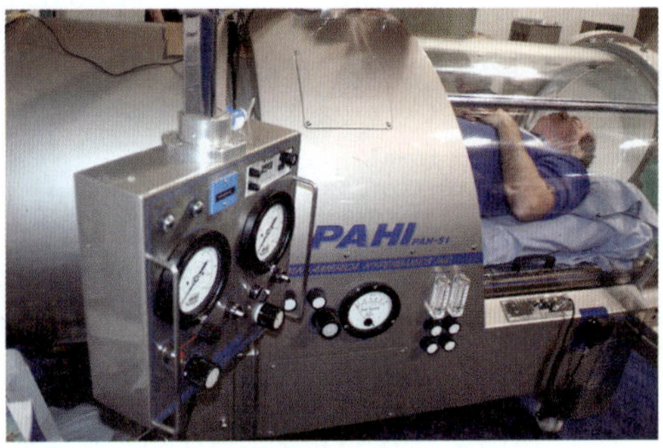


단실 고압실

1918년 전 세계에서 수천만 명의 생명을 앗아간 스페인 독감이 유행할 당시, 물리학자 오빌 커닝햄(Orville Cunningham)은 저지대에 사는 사람들이 고지대 사람보다 생존율이 더 높음에 주목했다. 그는 이것이 공기 압력이 높기 때문이라고 믿고, 독감 환자들을 치료하기 위해 고압실을 개발했다. 커닝햄의 초기 가장 주목할 만한 성공은 거의 죽을 뻔한 동료를 회복시킨 것이었다. 그 후 그는 환자 수십 명을 수용할 수 있을 정도로 큰 고압실을 만들었고, 수많은 독감 환자를 치료하였으며 대부분은 성공했다.

**참조**

치료를 받을 때 고압실 전원이 갑자기 끊어졌던 환자들은 불행히도 모두 사망했다. 당시에는 독감 때문에 사망했다고 생각했지만, 그들 대부분은 의도치 않은 빠른 감압에 의해 사망했음이 분명하다.

스페인 독감 이후 수십 년간 고압 요법은 의료계의 주목을 받지 못했고 대부분 중단되었다. 1940년대 미군이 수중 활동을 늘리면서 다시 관심을 받게 되었는데, "잠수병"이라고도 불리는 감압증(decompression sickness, DCS)에 시달리는 군 다이버들을 치료하기 위해 고압실을 구축하면서부터였다. 1970년대 해저의료협회(1976년 해저 및 고압의료협회로 이름을 바꿨다)가 고압실을 임상용으로 이용하면서 고압치료법은 급격하게 발전했다. 오늘날에는 일산화 탄소 중독, 심각한 출혈로 인한 빈혈, 심각한 화상, 위급한 박테리아 감염 등의 다양한 증상들을 치료하는 데 고압 산소 치료(hyperbaric oxygen therapy, HBOT)를 이용한다. 한때는 단순한 "대체" 요법으로서 회의적이라 생각되었던 HBOT는 이제는 대부분 의료 보험이 적용된다.

## 11.7절 복습

### 혼합 기체

**11.7.1** 25℃, 5.00 L의 용기에 He 0.0410몰, Ne 0.121몰, Ar 0.0922몰이 들어 있을 때 He의 부분 압력은 얼마인가?

(a) 1.24 atm (b) 0.248 atm (c) 0.117 atm
(d) 2.87 atm (e) 0.201 atm

**11.7.2** $N_2$ 0.756몰, $O_2$ 0.189몰, $CO_2$ 0.0132몰의 혼합물에서 $CO_2$의 몰분율은 얼마인가?

(a) 0.789 (b) 0.0138 (c) 0.0140
(d) 1.003 (e) 0.798

**11.7.3** 산소 4.10몰, 질소 2.38몰, 이산화 탄소 0.917몰의 혼합 기체 전체 압력이 2.89 atm일 때 산소의 부분 압력은 얼마인가?

(a) 1.60 atm (b) 3.59 atm (c) 0.391 atm
(d) 0.705 atm (e) 0.624 atm

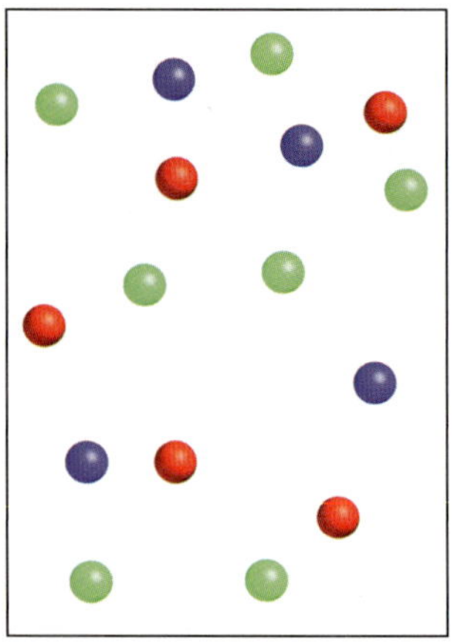

**11.7.4** 다음 그림에서 각 색깔은 다른 기체 분자를 의미한다. 각 기체의 몰분율을 계산하시오.

(a) $\chi_{빨강}=0.5$, $\chi_{파랑}=0.4$, $\chi_{초록}=0.7$
(b) $\chi_{빨강}=0.05$, $\chi_{파랑}=0.07$, $\chi_{초록}=0.07$
(c) $\chi_{빨강}=0.3125$, $\chi_{파랑}=0.25$, $\chi_{초록}=0.4375$
(d) $\chi_{빨강}=0.4167$, $\chi_{파랑}=0.333$, $\chi_{초록}=0.5833$
(e) $\chi_{빨강}=0.333$, $\chi_{파랑}=0.333$, $\chi_{초록}=0.333$

**11.7.5** 문제 11.7.4의 전체 압력이 8.21 atm일 때 각 기체의 부분 압력을 계산하시오.

(a) $P_{빨강}=0.5$ atm, $P_{파랑}=0.25$ atm, $P_{초록}=4.5$ atm
(b) $P_{빨강}=2.57$ atm, $P_{파랑}=2.05$ atm, $P_{초록}=3.59$ atm
(c) $P_{빨강}=3.13$ atm, $P_{파랑}=2.50$ atm, $P_{초록}=2.58$ atm
(d) $P_{빨강}=2.74$ atm, $P_{파랑}=2.74$ atm, $P_{초록}=2.74$ atm
(e) $P_{빨강}=3.125$ atm, $P_{파랑}=2.500$ atm, $P_{초록}=4.375$ atm

## 11.8 기체상 반응물과 생성물의 반응

8장에서는 균형 잡힌 반응식을 이용하여 반응물과 생성물의 양을 질량(보통 g)으로 계산해 보았다. 하지만 반응물과 생성물이 기체일 때는 그 양을 부피(L나 mL)로 측정하고 나타내는 것이 좀 더 편리하다. 기체를 포함한 화학 반응의 화학량론적 분석에서는 이상 기체 방정식을 유용하게 쓸 수 있다.

## 기체상 반응물의 필요한 부피 계산

아보가드로 법칙에 따르면, 주어진 온도와 압력에서 기체의 부피는 몰수에 비례한다. 또한 균형 잡힌 반응식을 보면 기체 반응물의 조성비를 몰비로도, 부피 비로도 알 수 있다(그림 11.15 참조). 따라서 기체상 반응에서 반응물 하나의 부피를 알고 있다면, (같은 온도와 압력에서) 다른 반응물의 필요한 양을 구할 수 있다. 예를 들어, 일산화 탄소와 산소가 반응하여 이산화 탄소가 되는 반응을 생각해 보자.

$$2\mathrm{CO}(g)+\mathrm{O_2}(g) \longrightarrow 2\mathrm{CO_2}(g)$$

CO와 $O_2$의 조성비는 몰비와 부피 비 모두 2:1이다. 따라서 특정 부피의 CO와 반응하는 $O_2$의 화학량론적 양[◀◀ 8.3절]을 구할 때, 균형 잡힌 반응식에 나오는 환산 인자를 쓰면 된다. 환산 인자는 다음과 같이 간단하게 나타낼 수 있다.

$$\frac{1\ \mathrm{mol\ O_2}}{2\ \mathrm{mol\ CO}} \quad \text{또는} \quad \frac{1\ \mathrm{L\ O_2}}{2\ \mathrm{L\ CO}} \quad \text{또는} \quad \frac{1\ \mathrm{mL\ O_2}}{2\ \mathrm{mL\ CO}}$$

STP에서 CO 65.8 mL를 완전히 반응시키기 위해 필요한 $O_2$의 부피를 구하고 싶다고 하자. 이상 기체 방정식을 이용하여 CO의 부피를 몰수로 바꾸고, 화학량론적 환산 인자를 곱하여 $O_2$의 몰수로 바꾼 후, 다시 이상 기체 방정식을 이용하여 $O_2$의 부피로 바꾸면 된다. 하지만 이 방법에는 불필요한 단계들이 있다. 간단하게 mL로 나타낸 환산 인자를 곱해주기만 해도 동일한 결과를 얻는다.

$$65.8\ \cancel{\mathrm{mL\ CO}} \times \frac{1\ \mathrm{mL\ O_2}}{2\ \cancel{\mathrm{mL\ CO}}} = 32.9\ \mathrm{mL\ O_2}$$

반응물 중 하나만 기체일 경우에 이상 기체 방정식을 이용할 필요가 있다. 보른–하버 순환[◀◀ 10.8절]을 설명할 때 이용했던 금속 소듐과 염소 기체 간의 반응을 떠올려 보자.

$$2\mathrm{Na}(s)+\mathrm{Cl_2}(g) \longrightarrow 2\mathrm{NaCl}(s)$$

Na의 몰수(더 흔하게는 질량), 온도와 압력에 관한 정보들을 알고 있으면, 완전히 반응하기 위해 필요한 $Cl_2$의 부피를 구할 수 있다.

$$\text{Na의 질량(g)} \xrightarrow{\times \frac{1\ \mathrm{mol\ Na}}{22.99\ \mathrm{g\ Na}}} \text{Na의 몰수} \xrightarrow{\times \frac{1\ \mathrm{mol\ Cl_2}}{2\ \mathrm{mol\ Na}}} \mathrm{Cl_2}\text{의 몰수} \xrightarrow{\times \frac{RT}{P}} \mathrm{Cl_2}\text{의 부피(L)}$$

예제 11.14에서 화학량론 분석에 이상 기체 방정식을 어떻게 이용하는지 알아본다.

### 예제 11.14

우주선에 공급되는 공기의 이산화 탄소를 제거하고 산소를 첨가하기 위해 과산화 소듐(sodium peroxide, $Na_2O_2$)을 이용한다. 과산화 소듐은 공기 중의 $CO_2$와 반응하여 탄산 소듐(sodium carbonate, $Na_2CO_3$)과 $O_2$를 만든다.

$$2\mathrm{Na_2O_2}(g)+2\mathrm{CO_2}(g) \longrightarrow 2\mathrm{Na_2CO_3}(s)+\mathrm{O_2}(g)$$

STP에서 $Na_2O_2$ 1 kg과 반응하는 $CO_2$의 부피는 L 단위로 얼마인가?

**전략** $Na_2O_2$의 질량을 몰수로 바꾸고, 균형 잡힌 반응식을 이용하여 $CO_2$의 화학량론적 몰수를 계산한 후, 이상 기체 방정식을 이용하여 몰수를 L로 바꾼다.

**계획** $Na_2O_2$의 몰질량은 77.98 g/mol(1 kg=1000 g)이다. ($Na_2O_2$의 지정 질량은 정확수로 취급한다.)

**풀이**

$$1000\ \text{g Na}_2\text{O}_2 \times \frac{1\ \text{mol Na}_2\text{O}_2}{77.98\ \text{g Na}_2\text{O}_2} = 12.82\ \text{mol Na}_2\text{O}_2$$

$$12.82\ \text{mol Na}_2\text{O}_2 \times \frac{2\ \text{mol CO}_2}{2\ \text{mol Na}_2\text{O}_2} = 12.82\ \text{mol CO}_2$$

$$V_{\text{CO}_2} = \frac{(12.82\ \text{mol CO}_2)(0.08206\ \text{L}\cdot\text{atm/K}\cdot\text{mol})(273.15\ \text{K})}{1\ \text{atm}} = 287.4\ \text{L CO}_2$$

### 생각해 보기

답으로 구한 $CO_2$의 부피가 너무 크다고 생각할 수도 있다. 하지만 이상 기체 방정식에서 단위를 주의 깊게 상쇄시키면서 연습하다 보면, 이 정도 부피가 합리적이라는 것을 알 수 있다.

**유제 1** STP에서 $CO_2$ 1 L가 소모되었을 때 반응한 $Na_2O_2$의 질량은 g 단위로 얼마인가?

**유제 2** 두 종류 고체 화합물의 분해 반응을 그림으로 나타냈다.

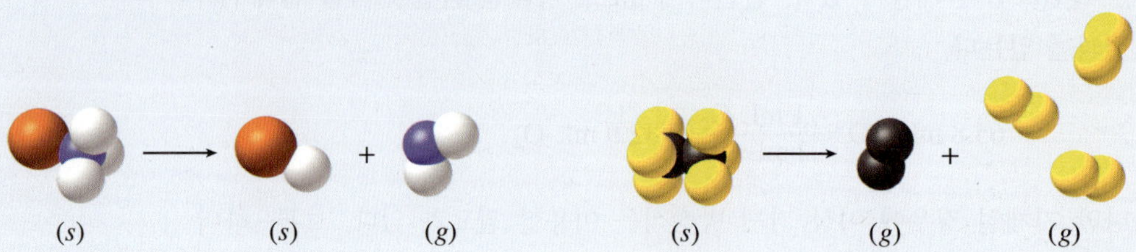


두 고체 반응물이 서로 같은 몰수만큼 분해되었다면, 두 번째 분해 반응 생성물의 부피는 첫 번째 분해 반응 생성물의 부피의 몇 배인가?

## 압력 변화를 이용하여 반응물의 소모량 결정

$n$과 $P$의 관계에 초점을 맞춘 실험적 기체 법칙은 없지만, 이상 기체 방정식을 이용하면 일정한 $V$와 $T$에서 $n$은 $P$와 정비례한다는 것을 알 수 있다.

$$n = P \times \left(\frac{V}{RT}\right) \text{ (일정한 } V\text{와 } T\text{에서)} \qquad \text{식 11.19(a)}$$

따라서 반응기 내 압력 변화를 알면 반응을 통해 소모된 기체 반응물의 몰수를 구할 수 있다.

$$\Delta n = \Delta P \times \left(\frac{V}{RT}\right) \text{ (일정한 } V\text{와 } T\text{에서)} \qquad \text{식 11.19(b)}$$

$\Delta n$은 소모된 기체의 몰수이고 $\Delta P$는 반응기 내 압력 변화이다.

예제 11.15에서 식 11.19(b)를 어떻게 이용하는지 알아본다.

**참조**

예제 11.15에서 다루는 반응처럼 기체 반응물이 단 하나뿐이고 생성물에는 기체가 없을 때만을 가리킨다. 기체 화학종이 여럿 있을 때는 $\Delta n$이 기체 몰수의 알짜(net) 변화를 가리키며 분석이 조금 복잡해진다.

## 예제 11.15

밀폐된 공간에서 공기를 정화하는 또 다른 방법은 수산화 리튬(lithium hydroxide, LiOH) 수용액이 들어 있는 세정기를 이용하는 것이다. 수산화 리튬은 이산화 탄소와 반응하여 탄산 리튬과 물을 만든다.

$$2LiOH(aq)+CO_2(g) \longrightarrow Li_2CO_3(s)+H_2O(l)$$

잠수함에 공기가 총 $2.5\times10^5$ L 공급되었다. 압력은 0.9970 atm, 온도는 25°C이다. 수산화 리튬 수용액에 의해 이산화 탄소가 제거된 이후 잠수함의 압력이 0.9891 atm이라면, 제거된 $CO_2$는 몇 몰인가?

**전략** 식 11.19(b)를 이용하여 $CO_2$ 소모량 $\Delta n$을 구한다.

**계획** $\Delta P=0.9970\text{ atm}-0.9891\text{ atm}=7.9\times10^{-3}\text{ atm}$이다. 문제의 조건은 $V=2.5\times10^5$ L와 $T=298.15$ K이다. $P$는 atm, $V$는 리터(L)로 나타냈으므로 $R=0.08206\text{ L}\cdot\text{atm/K}\cdot\text{mol}$ 을 이용한다.

**풀이**

$$\Delta n_{CO_2}=7.9\times10^{-3}\text{ atm}\times\frac{2.5\times10^5\text{ L}}{(0.08206\text{ L}\cdot\text{atm/K}\cdot\text{mol})\times(298.15\text{ K})}=81\text{몰의 }CO_2\text{가 제거됨}$$

### 생각해 보기

단위를 상쇄할 때 반드시 유의한다. 계산한 $CO_2$는 LiOH 162몰, 즉 3.9 kg과 반응한 양이다. (직접 확인해 본다.)

**유제 1** LiOH 2.55 kg이 반응을 통해 모두 소모되었다면 잠수함의 압력은 얼마로 낮아지겠는가? (예제 11.15의 초기 $P$, $V$, $T$ 값을 이용한다.)

**유제 2** 반응물과 생성물이 모두 기체인 어떤 반응을 그림으로 나타냈다. 부피가 일정한 반응기 내에 반응물이 화학량론적으로 혼합되었고 완전히 반응했다면, 반응이 후의 압력은 반응 전 압력의 몇 배가 되겠는가? (온도는 일정하다고 가정한다.)

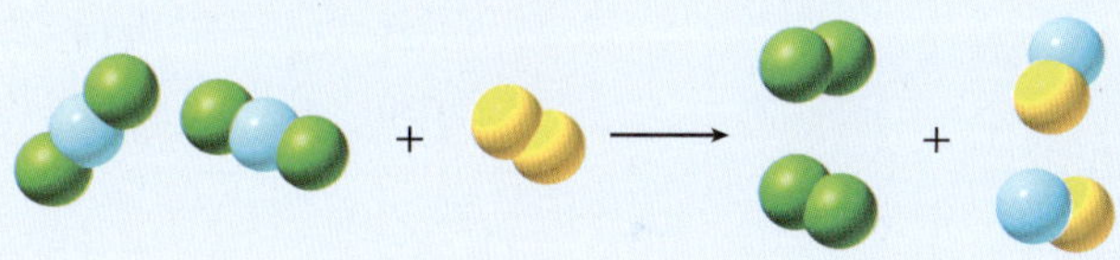

## 부분 압력을 이용하여 문제 해결

화학 반응을 통해 생성된 기체의 부피는 그림 11.23에 나타낸 장치를 이용하여 측정할 수 있다. 실험 결과를 분석할 때 돌턴의 분압 법칙이 유용하다. 염소산 포타슘(potassium chlorate, $KClO_3$)은 분해되어 염화 포타슘(potassium chloride, KCl)과 산소가 된다. 이 반응은 비행기에서 비상시 산소를 공급할 때 이용된다.

$$2KClO_3(s) \longrightarrow 2KCl(s)+3O_2(s)$$

그림 11.23(a)처럼 산소 기체가 물 위에 모인다. 기체가 밀어낸 물의 부피는 발생한 기체 부피와 **같다**. (실린더 안팎의 수위가 **같도록** 실린더 내 수위를 맞춘 후에 기체의 부피를 읽어야 한다. 그래야 실린더 내부 **압력**을 대기압과 같게 놓을 수 있다[그림 11.23(b)]). 하지만 기체상에는 반응을 통해 발생한 산소 외에도 수증기도 존재하므로, 실린더 내부 압력은 두 부분 압력의 합이다.

$$P_{\text{전체}}=P_{O_2}+P_{H_2O}$$

전체 압력(대기압과 같음)에서 수증기의 부분 압력을 빼줌으로써 산소의 부분 압력을 구할

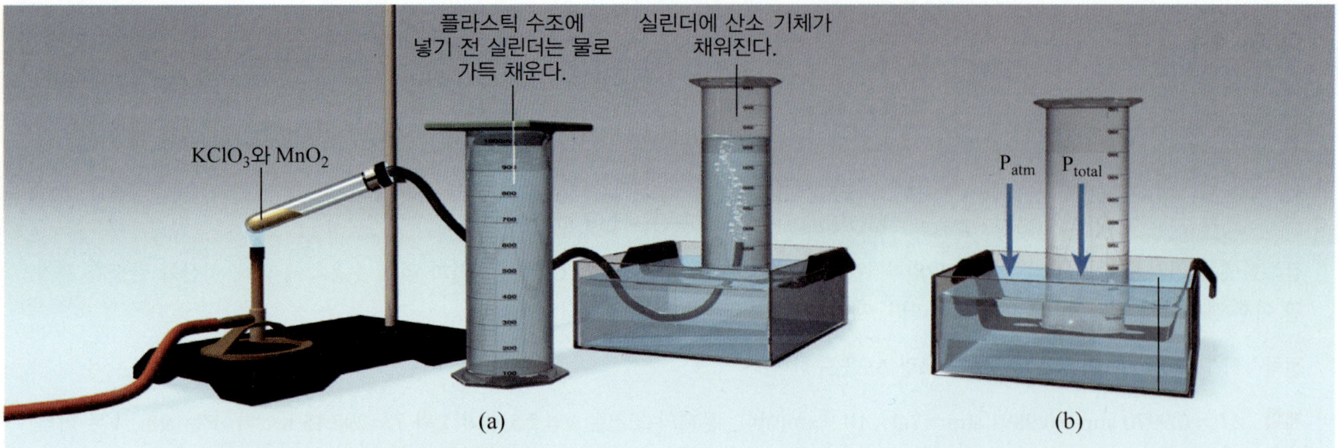


**그림 11.23** (a) 화학 반응을 통해 생성되는 기체의 양을 측정하는 장치 (b) 실린더 안팎의 수위가 같을 때 내부 압력은 대기압이다.

**표 11.6** 온도에 따른 물의 증기압($P_{H_2O}$)

| $T$(°C) | $P$(torr) | $T$(°C) | $P$(torr) | $T$(°C) | $P$(torr) |
|---|---|---|---|---|---|
| 0 | 4.6 | 35 | 42.2 | 70 | 233.7 |
| 5 | 6.5 | 40 | 55.3 | 75 | 289.1 |
| 10 | 9.2 | 45 | 71.9 | 80 | 355.1 |
| 15 | 12.8 | 50 | 92.5 | 85 | 433.6 |
| 20 | 17.5 | 55 | 118.0 | 90 | 525.8 |
| 25 | 23.8 | 60 | 149.4 | 95 | 633.9 |
| 30 | 31.8 | 65 | 187.5 | 100 | 760.0 |

수 있고, 반응을 통해 생성된 산소가 몇 몰인지 구할 수 있다. 수증기의 부분 압력은 온도에 따라 다른데, 그 값은 표에서 찾을 수 있다. 표 11.6에는 여러 온도에서 수증기의 부분 압력[증기압(vapor pressure)이라고도 한다]을 나열했다. 그림 11.24에는 기체의 수상 포집 실험을 서술하였다.

예제 11.16에서는 화학 반응을 통해 발생한 기체를 수상 포집했을 때, 돌턴의 분압 법칙을 이용하여 기체의 양을 어떻게 구하는지 알아본다.

## 예제 11.16

금속 칼슘은 물과 반응하여 수소 기체를 발생시킨다[|◀◀ 8.5절].

$$\mathrm{Ca}(s) + 2\mathrm{H_2O}(l) \longrightarrow \mathrm{Ca(OH)_2}(aq) + \mathrm{H_2}(g)$$

25°C, 0.967 atm에서 그림 11.23처럼 기체를 수상 포집했을 때 부피가 525 mL였다. 생성된 $H_2$의 질량을 구하시오.

**전략** 돌턴의 분압 법칙을 이용하여 $H_2$의 부분 압력을 구한다. 이상 기체 방정식을 이용하여 $H_2$의 몰수를 계산한 다음 몰질량을 곱하여 질량을 구한다. (대기압은 atm으로, 표에는 물의 증기압이 torr으로 나와 있으므로 단위에 주의한다.)

**계획** $V = 0.525$ L, $T = 298.15$ K이다. 25°C에서 물의 부분 압력은 23.8 torr(표 11.6), 즉 23.8 torr × (1 atm/760 torr) = 0.0313 atm이다. $H_2$의 몰질량은 2.016 g/mol이다.

**풀이**

$$P_{H_2}=P_{전체}-P_{H_2O}=0.967\text{ atm}-0.0313\text{ atm}=0.936\text{ atm}$$

$$H_2\text{ 몰수}=\frac{(0.9357\text{ atm})(0.525\text{ L})}{\left(\frac{0.08206\text{ L}\cdot\text{atm}}{\text{K}\cdot\text{mol}}\right)(298.15\text{ K})}=2.01\times10^{-2}\text{ mol}$$

$$H_2\text{ 몰수}=(2.008\times10^{-2}\text{ mol})(2.016\text{ g/mol})=0.0405\text{ g }H_2$$

### 생각해 보기

단위를 상쇄할 때 유의하고, 기체의 밀도는 상당히 작음을 기억한다. 상온과 1 atm 근방에서 대략 0.5 L 정도의 수소 기체는 질량이 매우 작을 것이다.

**유제 1** $KClO_3$가 분해되어 $O_2$ 0.501 g이 수상 포집되었고 온도와 압력이 35°C, 1.08 atm일 때, 포집된 기체의 부피를 구하시오.

**유제 2** 다음 중 맨 왼쪽 그림은 어떤 화학 반응에서 발생한 산소 기체를 상온에서 수상 포집한 모습이다. 실험실 온도가 훨씬 높을 때 동일한 실험을 했다면 그 모습을 가장 잘 나타낸 것은 어느 것인가?

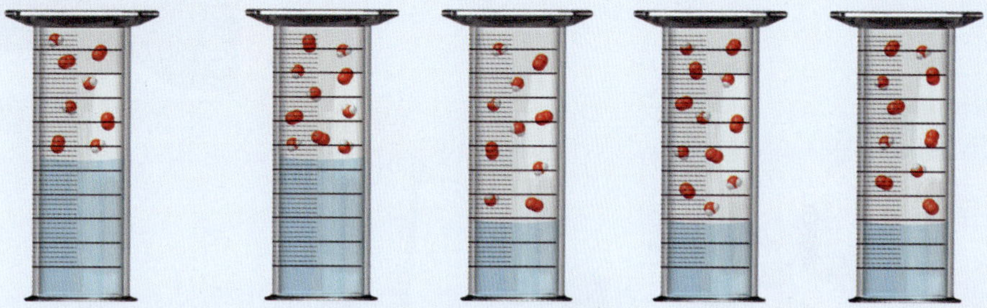

(i) (ii) (iii) (iv)

## 11.8절 복습

### 기체상 반응물과 생성물의 반응

**11.8.1** STP에서 고체 Na 1.00몰과 반응하여 NaCl이 되는 $Cl_2$ 기체의 부피를 구하시오.

$$2Na(s)+Cl_2(g)\longrightarrow 2NaCl(s)$$

(a) 22.4 L (b) 44.8 L (c) 15.3 L
(d) 11.2 L (e) 30.6 L

**11.8.2** 85.0°C, 1.00 atm에서 $N_2$ 기체 100 L를 만들어내기 위해 필요한 $NaN_3$의 질량을 구하시오.

$$2NaN_3(s)\longrightarrow 2Na(s)+3N_2(g)$$

(a) 332 g (b) 148 g (c) 221 g
(d) 664 g (e) 442 g

**11.8.3** 다음과 같이 탄화 칼슘(calcium carbide, $CaC_2$)이 물과 반응하여 0.996 atm, 30°C에서 기체 425 mL가 포집되었다면, 생성된 아세틸렌(acetylene, $C_2H_2$)의 질량은 얼마인가?

$$CaC_2(s)+2H_2O(l)\longrightarrow C_2H_2(g)+Ca(OH)_2(aq)$$

(a) 0.016 g (b) 16.3 g (c) 0.019 g
(d) 0.424 g (e) 0.443 g

그림 11.24
## 기체의 몰 부피

아연과 염산이 반응하면 수소 기체가 발생한다.
알짜 이온 반응식은

$$Zn(s) + 2H^+(aq) \longrightarrow Zn^{2+}(aq) + H_2(g)$$

반응에서 생성된 $H_2$ 기체를 눈금 실린더에 모았다.
균형 잡힌 반응식을 이용하여 생성된 $H_2$의 양을 구할 수 있다.

$$0.072\ \cancel{g\ Zn} \times \frac{1\ mol\ Zn}{65.41\ \cancel{g\ Zn}} = 0.0011\ mol\ Zn$$

$$0.0011\ \cancel{mol\ Zn} \times \frac{1\ mol\ H_2}{1\ \cancel{mol\ Zn}} = 0.0011\ mol\ H_2$$

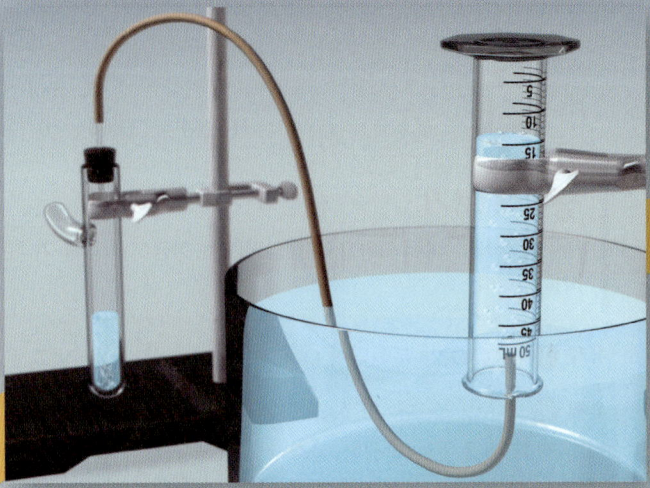

저장고를 뒤집으면 아연이 1.0 *M* HCl 수용액으로 떨어진다.

시작

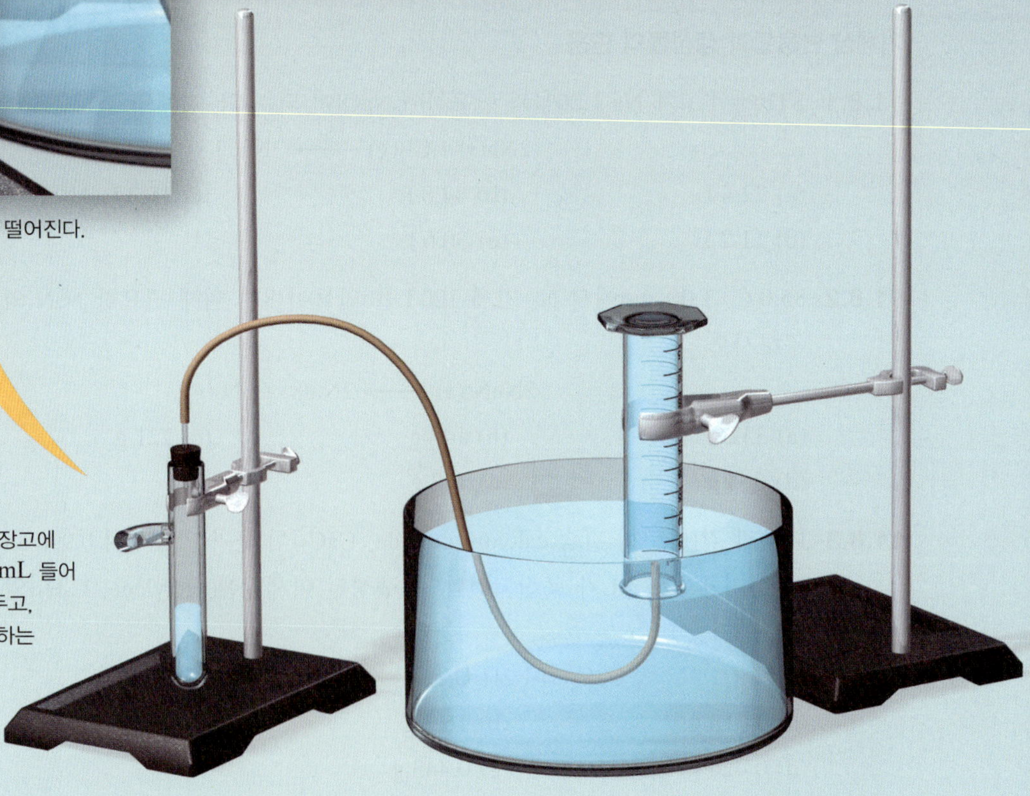

아연 조각 0.072 g을 시험관 옆에 달린 작은 저장고에 넣는다. 시험관에는 1.0 *M* HCl 수용액이 약 5 mL 들어 있다. 눈금 실린더에는 물을 가득 채워 뒤집어 두고, 튜브를 안쪽에 넣어 아연과 산의 반응에서 발생하는 기체를 모은다. 물의 온도는 25.0°C, 실험실의 압력은 748.0 torr이다.

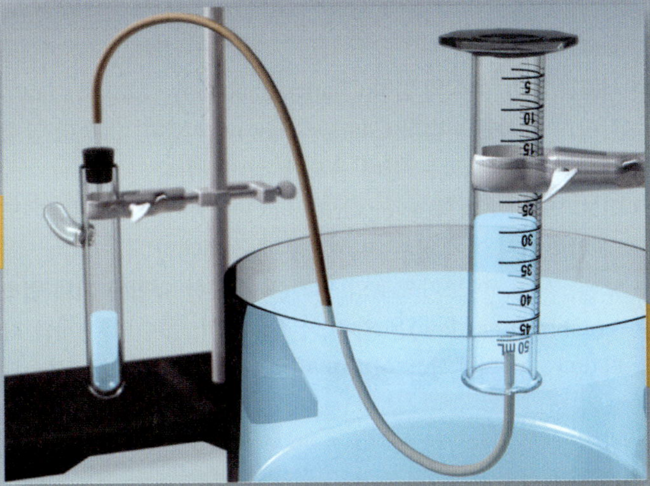

한계 반응물은 Zn이다.
아연이 모두 소모되면 반응이 완결되어
기체가 더 이상 발생하지 않는다.

실린더 안팎의 수위가 같아지도록 눈금 실린더의 높이를 조절한다.
이렇게 하면 실린더 내부 압력이 실험실 압력과 같아진다.
수위가 같을 때 포집된 기체의 부피를 읽었더니 26.5 mL였다.

실린더 내부 압력은 포집된 $H_2$의 부분 압력과 수증기의 부분 압력의 합이다. 우리가 원하는 $H_2$의 부분 압력을 구하려면 전체 압력에서 물의 증기압을 빼야 한다. 표 11.6에서 찾은 증기압은 25.0°C에서 23.8 torr이다. 따라서 $H_2$의 압력은 748.0 − 23.8 = 724.2 torr이다. 식 11.10(b)를 이용하면

$$\frac{P_1V_1}{T_1} = \frac{P_2V_2}{T_2}$$

STP에서 $H_2$가 차지하는 부피를 계산할 수 있다.

$$\frac{(724.2\ \text{torr})(26.5\ \text{mL})}{298.15\ \text{K}} = \frac{(760\ \text{torr})V_2}{273.15\ \text{K}}$$

$$V_2 = \frac{(724.2\ \cancel{\text{torr}})(26.5\ \text{mL})(273.15\ \cancel{\text{K}})}{(760\ \cancel{\text{torr}})(298.15\ \cancel{\text{K}})} = 23.13\ \text{mL}$$

이 값은 $H_2$ 0.0011몰의 부피이므로 몰 부피는

$$\frac{23.13\ \text{mL}}{0.0011\ \text{mol}} = 2.1 \times 10^4\ \text{mL/mol 또는 } 21\ \text{L/mol}$$

## 요점 내용

눈금 실린더에 모인 기체는 반응에서 생성된 기체와 수증기의 혼합물이다. 전체 압력에서 물의 부분 압력을 빼서 생성된 기체의 압력을 구한다. 모인 기체의 부피, 압력, 온도를 측정하면 STP에서 기체가 차지하는 부피를 구할 수 있다. 이를 통해 STP에서 $H_2$의 몰 부피를 실험적으로 결정할 수 있으며, 이 값은 22.4 L와 상당히 가깝다. 포집 기체의 부피를 측정할 때 생기는 오차 등 오차를 유발하는 여러 가지 원인이 있으므로 결과 값이 정확하게 22.4 L가 되지는 않는다.

# 단원 정리

## 11.1절

- 기체는 압축 가능하고, 기체를 담은 용기와 부피와 모양이 같다고 가정한다. 기체는 보통 밀도가 낮고(g/L 단위로 나타냄), 어떤 비율로 섞더라도 항상 균일한 혼합물(용액)이 된다.

## 11.2절

- **분자 운동론**(kinetic molecular theory)에 따르면 기체 입자의 부피는 무시할 수 있고 멀리 떨어져 있다. 입자들은 끊임없이 랜덤하게 움직인다. 입자들 간 충돌, 용기 벽과의 충돌은 완전 탄성 충돌이다. 입자들 사이에는 인력도 반발력도 없다. 입자의 평균 운동 에너지는 절대 온도에 비례한다.
- $R$은 **기체 상수**(gas constant)이다.
- 온도가 일정할 때 기체 분자의 **제곱평균제곱근 속력**[root-mean-square(rms) speed, $u_{rms}$]은 분자량의 역수에 비례한다.
- **그레이엄의 법칙**(Graham's law)에 따르면 **확산**(diffusion, 기체가 섞이는 현상)과 **분출**(effusion, 기체가 진공으로 빠져나가는 현상) 속도는 기체 몰질량의 제곱근의 역수에 비례한다.

## 11.3절

- 기체는 **압력**(pressure)을 행사하고, 이것은 단위 면적당 힘이다. 힘과 압력의 SI 단위는 **N**(newton, 뉴턴)과 **Pa**(pascal, 파스칼)이다. 압력의 단위로 atm, mmHg, torr, bar 등도 자주 쓰인다.
- 압력은 **기압계**(barometer)나 **압력계**(manometer)로 측정할 수 있다.
- **표준 대기압**(standard atmospheric pressure, 1 atm)은 해수면 높이에서 대기의 압력이다.

## 11.4절

- 기체의 물리적 상태는 온도($T$), 압력($P$), 부피($V$), 몰수($n$) 네 가지 변수로 서술할 수 있다. 이 변수들과 연관된 식을 **기체 법칙**(gas laws)이라 한다.
- **보일의 법칙**(Boyle's law)에 따르면 일정한 온도에서 기체의 부피는 압력의 역수에 비례한다.
- 샤를과 게이-뤼삭은 일정한 압력에서 기체의 부피는 온도에 정비례한다는 것을 실험을 통해 증명했다. 켈빈 경은 샤를과 게이-뤼삭의 결과를 이용하여 이론적으로 가능한 가장 낮은 온도인 **절대 영도**(absolute zero)를 제안했다. 기체와 연관된 모든 계산에서는 **절대 온도 척도**(absolute temperature scale), 즉 **켈빈 온도 척도**(Kelvin temperature scale)를 쓴다.
- **샤를과 게이-뤼삭의 법칙**(Charles's and Gay-Lussac's law), 간단하게 **샤를의 법칙**(Charles's law)에 따르면 일정한 압력에서 기체의 부피는 절대 온도에 정비례한다.
- **아보가드로의 법칙**(Avogadro's law)에 따르면 일정한 온도와 압력에서 기체의 부피는 몰수에 정비례한다.
- 보일, 샤를, 아보가드로의 법칙을 결합한 **결합된 기체 법칙**(combined gas law)은 압력, 온도, 부피, 몰수의 관계를 나타낸다. 이 식에서는 어떠한 변수도 일정하다고 가정할 필요가 없다.

## 11.5절

- **이상 기체 방정식**(ideal gas equation) $PV=nRT$를 이용하여 기체의 행동을 예측할 수 있다. **이상 기체**(ideal gas)는 이상 기체 방정식으로 행동을 예측할 수 있는 기체이다. 기체 상수 $R$은 다양한 단위로 나타낼 수 있는데, $P$ 및 $V$와 맞는 단위를 써야 한다.
- **표준 온도와 압력**(standard temperature and pressure, STP)는 0°C, 1 atm으로 정의한다.
- 이상 기체 방정식을 써서 기체의 밀도를 계산할 수 있고, 밀도와 몰질량을 서로 환산할 수 있다.

## 11.6절

- 고압 또는 저온에서는 기체가 이상적 행동으로부터 벗어난다. **반데르발스 식**(van der Waals equation)을 이용하여 기체 분자의 부피와 분자간 인력을 보정할 수 있다.

## 11.7절

- 기체 혼합물의 각 성분은 **부분 압력**(partial pressure, $P_i$)을 나타낸다. 부분 압력은 다른 성분과 무관하다. **돌턴의 분압 법칙**(Dalton's law of partial pressure)에 따르면 기체 혼합물의 전체 압력은 각 성분의 부분 압력의 합과 같다.
- **몰분율**(mole fraction, $\chi_i$)은 그 성분의 몰수를 전체 몰수로 나눈 비율 $n_i/n_{전체}$이며 단위가 없다.

## 11.8절

- 반응물과 생성물이 모두 기체인 반응에서 온도와 압력이 모두 일정하면, 균형 잡힌 반응식의 계수 비는 분자수 비, 몰수 비이며 부피 비이기도 하다.
- 균형 잡힌 반응식과 이상 기체 방정식을 이용하면 기체 반응물 또는 기체 생성물의 부피를 구할 수 있다.

## 주요 용어

결합된 기체 법칙(combined gas law)
그레이엄의 법칙(Graham's law)
기압계(barometer)
기체 법칙(gas laws)
기체 상수(gas constant, $R$)
뉴턴(Newton, N)
돌턴의 분압 법칙(Dalton's law of partial pressures)
몰분율(mole fraction, $\chi_i$)
반데르발스 식(van der Waals equation)
보일의 법칙(Boyle's law)
부분 압력(partial pressure, $P_i$)
분자 운동론(kinetic molecular theory)
분출(effusion)
샤를과 게이-뤼삭의 법칙(Charles's and Gay-Lussac's law)
샤를의 법칙(Charles's law)
아보가드로 법칙(Avogadro's law)
압력(pressure)
압력계(manometer)
이상 기체(ideal gas)
이상 기체 방정식(ideal gas equation)
절대 영도(absolute zero)
절대 온도 척도(absolute temperature scale)
제곱평균제곱근 속력[root-mean-square(rms) speed, $u_{rms}$]
켈빈 온도 척도(Kelvin temperature scale)
파스칼(pascal, Pa)
표준 대기압(standard atmospheric pressure)
표준 온도와 압력(standard temperature and pressure, STP)
확산(diffusion)

## 주요 식

| | | |
|---|---|---|
| 11.1 | $u_{rms}=\sqrt{\dfrac{3RT}{\mathscr{M}}}$ | 기체 분자의 $u_{rms}$는 몰질량의 제곱근에 반비례한다. |
| 11.2 | $\dfrac{u_{rms}(1)}{u_{rms}(2)}=\sqrt{\dfrac{\mathscr{M}_2}{\mathscr{M}_1}}$ | 몰질량이 다른 기체의 분출과 확산 속력 비는 몰질량 비의 제곱근의 역수이다. |
| 11.3 | $P=hdg$ | 유체 기둥이 가하는 압력은 유체의 높이(m), 유체의 밀도(kg/m$^3$), 중력 상수(9.80665 m/s$^2$)의 곱이다. |
| 11.4(a)<br>11.4(b) | $V=k_1\dfrac{1}{P}$ (일정한 온도에서)<br>$PV=k_1$ (일정한 온도에서) | 보일의 법칙. 일정한 온도에서 (a) 기체의 부피는 압력의 역수에 비례한다. (b) 부피와 압력의 곱은 일정하다. |
| 11.5 | $P_1V_1=P_2V_2$ (일정한 온도에서) | 기체는 일정한 온도에서 압력과 부피의 곱이 일정하므로, 압력이 변할 때 부피를 계산할 수 있고 그 반대도 가능하다. |
| 11.6(a)<br>11.6(b) | $V=k_2T$ (일정한 압력에서)<br>$\dfrac{V}{T}=k_2$ (일정한 압력에서) | 샤를의 법칙. 일정한 압력에서 (a) 기체의 부피는 절대 온도에 정비례한다. (b) 부피와 절대 온도의 비는 일정하다. |
| 11.7 | $\dfrac{V_1}{T_1}=\dfrac{V_2}{T_2}$ (일정한 압력에서) | 기체는 압력이 일정할 때 부피와 절대 온도의 비가 일정하므로, 온도가 변할 때 부피를 계산할 수 있다. |
| 11.8(a)<br>11.8(b) | $V=k_3n$ (일정한 온도와 압력에서)<br>$\dfrac{V}{n}=k_3$ | 아보가드로의 법칙. 일정한 온도와 압력에서 (a) 기체의 부피는 몰수에 정비례한다. (b) 부피와 몰수의 비는 일정하다. |
| 11.9 | $\dfrac{V_1}{n_1}=\dfrac{V_2}{n_2}$ | 기체는 일정한 온도와 압력에서 부피와 몰수의 비가 일정하므로, 몰수가 변할 때 부피를 계산할 수 있다. |

| | | |
|---|---|---|
| 11.10(a) | $\dfrac{P_1V_1}{n_1T_1}=\dfrac{P_2V_2}{n_2T_2}$ | 결합된 기체 법칙. (a) $\dfrac{PV}{nT}$는 일정하다. (b) 기체의 양이 변하지 않으면 $\dfrac{PV}{T}$가 일정하므로, 다른 변수들이 변할 때 압력, 부피, 온도의 변화를 계산할 수 있다. |
| 11.10(b) | $\dfrac{P_1V_1}{T_1}=\dfrac{P_2V_2}{T_2}$ | |
| 11.11 | $PV=nRT$ | 이상 기체 방정식. 압력과 부피의 곱은 몰수와 절대 온도의 곱과 정비례한다. $R$은 기체 상수이다. $R$의 단위는 다른 변수들의 단위에 맞게 쓴다. |
| 11.12 | $d=\dfrac{P\mathscr{M}}{RT}$ | 이상 기체 방정식을 다시 정리하면, 몰질량을 이용하여 기체의 밀도를 계산할 수 있다. |
| 11.13 | $\mathscr{M}=\dfrac{dRT}{P}$ | 이상 기체 방정식을 다시 정리하면, 밀도를 이용하여 기체의 몰질량을 계산할 수 있다. |
| 11.14 | $\left(P+\dfrac{an^2}{V^2}\right)(V-nb)=nRT$ | 이상 기체 방정식의 압력 항과 부피 항을 보정하여 실제 기체에 맞게 수정한다. |
| 11.15 | $\chi_i=\dfrac{n_i}{n_{\text{전체}}}$ | 기체 혼합물에서 한 성분의 몰분율은 전체 몰수에 대한 그 성분의 몰수 비이다. |
| 11.16 | $\chi_i=\dfrac{P_i}{P_{\text{전체}}}$ | 기체 혼합물에서 몰분율은 그 성분의 부분 압력을 전체 압력으로 나누어서 구할 수도 있다. |
| 11.17 | $\chi_i \times n_{\text{전체}}=n_i$ | 기체 혼합물에서 한 성분의 몰수는 그 성분의 몰분율과 전체 몰수의 곱이다. |
| 11.18 | $\chi_i \times P_{\text{전체}}=P_i$ | 기체 혼합물에서 한 성분의 부분 압력은 그 성분의 몰분율과 전체 압력의 곱이다. |
| 11.19(a) | $n=P\times\dfrac{V}{RT}$ (일정한 $V$와 $T$에서) | 반응에서 소모되거나 생성된 기체의 전체 몰수는 압력 변화를 측정하여 계산할 수 있다. |
| 11.19(b) | $\Delta n=\Delta P\times\left(\dfrac{V}{RT}\right)$ (일정한 $V$와 $T$에서) | |

## 주요 내용 몰분율

우리가 접하는 기체 대부분은 서로 다른 기체가 둘 이상 섞여 있다. 일반적으로 기체의 농도는 몰분율로 나타내며, 식 11.15를 이용하여 계산한다.

$$\chi_i = \frac{n_i}{n_{\text{전체}}}$$

몰분율을 구하려면 몰질량을 구할 수 있어야 하고, 질량을 몰수로 환산할 줄 알아야 한다[|◀◀ 5.10절].

예를 들어, He 5.50 g, $N_2O$ 7.75 g, $SF_6$ 10.00 g의 혼합물을 생각해 보자.

$$\text{He: } 4.003 = \frac{4.003\text{ g}}{\text{mol}} \qquad N_2O\text{: } 2(14.01) + (16.00) = \frac{44.02\text{ g}}{\text{mol}} \qquad SF_6\text{: } 32.07 + 6(19.00) = \frac{146.1\text{ g}}{\text{mol}}$$

질량을 몰질량으로 나누어 몰수로 환산한다.

$$\frac{5.50\text{ g He}}{4.003\text{ g/mol}} = 1.374\text{ mol He} \qquad \frac{7.75\text{ g } N_2O}{44.02\text{ g/mol}} = 0.1761\text{ mol } N_2O \qquad \frac{10.00\text{ g } SF_6}{146.1\text{ g/mol}} = 0.06846\text{ mol } SF_6$$

혼합물의 전체 몰수를 구한다.

$$1.374\text{ mol He} + 0.1761\text{ mol } N_2O + 0.06846\text{ mol } SF_6 = 1.619\text{ moles}$$

각 성분의 몰수를 전체 몰수로 나누어 몰분율을 얻는다.

$$\chi_{He} = \frac{1.374\text{ mol He}}{1.619\text{ moles}} = 0.849 \qquad \chi_{N_2O} = \frac{0.1761\text{ mol } N_2O}{1.619\text{ moles}} = 0.109 \qquad \chi_{SF_6} = \frac{0.06846\text{ mol } SF_6}{1.619\text{ moles}} = 0.0423$$

몰분율에는 단위가 없다. 또한 어떠한 혼합물이든 몰분율의 총 합은 1이다. 반올림 오차 때문에 몰분율의 전체 합이 정확히 1이 되지 않을 수도 있다. 이 문제에서는 유효 숫자를 적절히 처리하면[|◀◀ 1.3절] 합은 1.00이다.(결과 값의 유효 숫자를 세 개로 맞추기 위해 계산 과정에서는 유효 숫자를 네 개로 처리했음을 주목하자.)

어떤 온도에서 압력은 몰수에 비례하므로, 기체 성분의 부분 압력과 식 11.16을 이용하여 몰분율을 계산할 수도 있다.

$$\chi_i = \frac{P_i}{P_{\text{전체}}}$$

서로 반응하지 않는 기체는 완전히 섞이므로[|◀◀ 11.1절] 기체 혼합물은 균일하고, 따라서 용액(solution)이라고 볼 수 있다. 기체의 몰분율로 논의를 시작했지만, 수용액(aqueous solution)[|◀◀ 13.5절]처럼 다른 용액에서도 몰분율이 광범위하게 쓰인다. 용액의 특징에 관계 없이 몰분율을 구하는 과정은 동일하다. 액체를 포함하는 용액에서는 액체의 밀도를 이용하여 부피를 질량으로 환산해야 할 때도 있다[|◀◀ 1.2절].

$$\text{액체의 부피 (mL)} \times \text{액체의 밀도 (g/mL)} = \text{액체의 질량 (g)}$$

다음 예를 살펴보자. 25°C에서 설탕(sucrose, $C_{12}H_{22}O_{11}$) 5.75 g이 물 100.0 mL에 용해되어 있다. 먼저 설탕과 물의 몰질량을 구한다.

$$H_2O: 2(1.008) + 16.00 = \frac{18.02\ g}{mol} \qquad C_{12}H_{22}O_{11}: 12(12.01) + 22(1.008) + 11(16.00) = \frac{342.3\ g}{mol}$$

물의 밀도를 이용하여 부피를 질량으로 바꾼다. 25°C에서 물의 밀도는 0.9970 g/mL이다.

$$100.0\ mL\ H_2O \times \frac{0.9970\ g}{mL} = 99.70\ g\ H_2O$$

두 성분의 질량을 몰수로 환산한다.

$$\frac{5.75\ g\ C_{12}H_{22}O_{11}}{342.3\ g/mol} = 0.01680\ mol\ C_{12}H_{22}O_{11} \qquad \frac{99.70\ g\ H_2O}{18.02\ g/mol} = 5.5327\ mol\ H_2O$$

각 성분의 몰수를 전체 몰수로 나눈다.

$$0.01680\ mol\ C_{12}H_{22}O_{11} + 5.5327\ mol\ H_2O = 5.5495\ moles$$

$$\chi_{C_{12}H_{22}O_{11}} = \frac{0.01680\ mol\ C_{12}H_{22}O_{11}}{5.5495\ moles} = 0.00303 \qquad \chi_{H_2O} = \frac{5.5327\ mol\ H_2O}{5.5495\ moles} = 0.997$$

유효 숫자를 적절히 처리하면 몰분율의 합은 1이 된다.

## 주요 내용 문제

### 11.1

He 0.524 g, Ar 0.275 g, $CH_4$ 2.05 g의 기체 혼합물에서 헬륨의 몰분율을 구하시오.

(a) 0.0069 (b) 0.0259 (c) 0.481
(d) 0.493 (e) 0.131

### 11.2

부분 압력이 $H_2$ 0.01887 atm, $N_2$ 0.3105 atm, Ar 1.027 atm인 혼합 기체에서 아르곤의 몰분율을 구하시오.

(a) 0.01391 (b) 0.2289 (c) 0.7572
(d) 0.01887 (e) 1.027

### 11.3

글루코스(glucose, $C_6H_{12}O_6$) 5.00 g이 물 250.0 g에 녹아 있을 때 물의 몰분율을 구하시오.

(a) 0.00200 (b) 0.998 (c) 0.0278
(d) 1.00 (e) 0.907

### 11.4

에탄올($C_2H_5OH$) 15.50 mL와 물 110.0 mL의 용액에서 에탄올의 몰분율을 구하시오. 에탄올과 물의 밀도는 각각 0.789 g/mL, 0.997 g/mL이다.

(a) 0.0436 (b) 6.08 (c) 0.265
(d) 0.958 (e) 0.0418

# 종합문제

## 11.2절: 기체의 분자 운동론

### 계산 문제

11.9 성층권 맨 꼭대기의 평균 온도는 −3.0°C이다. 여기서 $N_2$, $O_2$, $O_3$의 $u_{rms}$를 계산하시오.

11.11 어떤 온도에서 기체 분자 여섯 개의 속력이 2.0, 2.2, 2.6, 2.7, 3.3, 3.5 m/s였다. 이 분자들의 $u_{rms}$와 평균 속력을 계산하시오. 두 평균 값은 서로 비슷하지만 $u_{rms}$가 항상 더 크다. 이유는 무엇인가?

11.13 글루코스를 발효할 때 나오는 미지의 기체가 15.0분 동안 다공성 막을 통과하여 분출하였다. 이와 같은 부피의 $N_2$가 같은 막을 통해 분출하는 데는 12.0분이 걸렸다. (온도와 압력은 같다.) 미지의 기체의 몰질량을 계산하고 어떤 기체일지 제시하시오.

### 개념 문제

11.15 분출 전과 후의 혼합 기체를 그림으로 나타냈다. 두 기체의 몰질량이 얼마나 다른지 비교하시오.

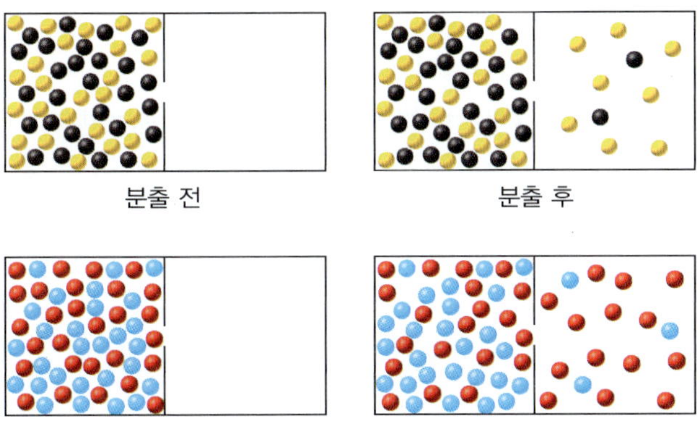

(a) 분출 전 / 분출 후

(b) 분출 전 / 분출 후

## 11.3절: 기체의 압력

### 계산 문제

11.23 375 mmHg를 atm, bar, torr, Pa 단위로 환산하시오.

11.25 대기압이 지탱할 수 있는 톨루엔(toluene, $C_7H_8$)의 높이를 계산하시오. 톨루엔의 밀도는 0.867 g/cm$^3$이다.

11.27 에틸렌 글라이콜[ethylene glycol, $CH_2(OH)CH_2(OH)$] 기둥 53 m가 가하는 압력을 atm과 bar 단위로 구하시오. 에틸렌 글라이콜의 밀도는 1.12 g/cm$^3$이다.

## 11.4절: 기체 법칙

### 계산 문제

11.31 5.25 atm에서 부피 2.15 L인 메테인 시료가 1.85 atm이 될 때까지 팽창하였다. 온도가 일정하다면 최종 부피는 얼마인가?

11.33 어떤 기체의 부피가 1.00 atm에서 7.15 L이다. 온도가 일정하게 유지되면서 부피가 9.25 L가 되었을 때 압력을 mmHg 단위로 계산하시오.

11.35 메테인 기체 28.4 L를 35°C에서 72°C로 가열했다. 압력이 일정하다면 최종 부피는 얼마인가?

### 개념 문제

11.37 암모니아가 산소와 연소하여 일산화 질소(nitric oxide, NO)와 수증기가 되었다. 1부피의 암모니아로부터 얻을 수 있는 NO의 부피는 얼마인가? (온도와 압력은 같다.)

11.39 어떤 물질의 기체 시료를 일정 압력에서 냉각시켰다. (a) 최종 온도가 물질의 끓는점보다 높을 때, (b) 최종 온도가 끓는점보다는 낮지만 어는점보다는 높을 때를 나타낸 그림은 다음 중 어느 것인가?

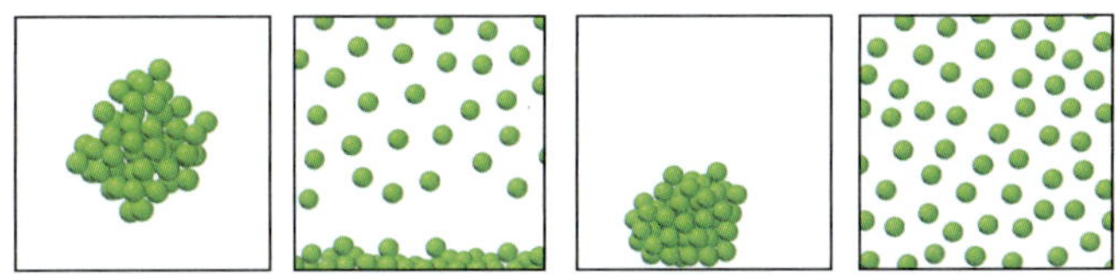

(a) (b) (c) (d)

## 11.5절: 이상 기체 방정식

### 계산 문제

11.43 일산화 탄소 기체 6.9몰이 82°C에서 30.4 L 용기에 들어 있을 때 압력을 atm 단위로 구하시오.

11.45 STP에서 부피 2.5 L인 기체가 일정 부피에서 210°C가 되었을 때 압력을 atm 단위로 구하시오.

11.47 글루코스를 발효할 때 발생한 기체의 부피가 22.5°C, 1.00 atm에서 0.67 L이다. 36.5°C, 1.00 atm에서 부피는 얼마인가?

11.49 STP에서 $CO_2$ 124.3 g의 부피를 L로 계산하시오.

11.51 드라이아이스는 고체 이산화 탄소이다. 드라이아이스 0.050 g을 30°C에서 4.6 L의 진공 용기에 넣었다. 모든 드라이아이스가 기체로 바뀌었을 때 압력을 계산하시오.

11.53 741 torr, 44°C에서 어떤 기체 7.10 g의 부피가 5.40 L이다. 이 기체의 몰질량은 얼마인가?

11.55 공기가 $N_2$ 78%, $O_2$ 21%, Ar 1.0% 혼합물이라 가정하고, STP에서 1.0 L에 들어 있는 각 기체의 입자 수를 구하시오.

11.57 733 mmHg, 46°C에서 HBr의 밀도를 g/L로 계산하시오.

11.59 실험식이 $SF_4$인 기체 화합물 0.100 g이 20°C, 1.02 atm에서 22.1 mL를 차지한다. 이 기체의 화학식을 말하시오.

### 개념 문제

11.61 통에 담긴 기체가 25℃, 0.800 atm이다. 이 통은 최대 5.00 atm을 견딜 수 있다. 통이 터지지 않을 때까지 얼만큼 온도를 높일 수 있는가?

## 11.6절: 실제 기체

### 계산 문제

11.67 표 11.5의 자료를 이용하여 450 K에서 5.00 L에 담긴 $CO_2$ 2.50몰의 압력을 계산하시오. 이상 기체 방정식으로 예상한 압력과 비교하시오.

## 11.7절: 기체 혼합물

### 계산 문제

11.71 15℃에서 $N_2$ 0.32 atm, He 0.15 atm, Ne 0.42 atm이 2.5 L 용기에 들어 있다.
(a) 전체 압력을 계산하시오.
(b) $N_2$만 선택적으로 제거했을 때 STP에서 He과 Ne의 부피를 L로 계산하시오.

11.73 헬륨과 네온 기체 혼합물을 28.0℃, 745 mmH에서 수상 포집했다. 헬륨의 부분 압력이 368 mmHg일 때 네온의 부분 압력은 얼마인가? (28℃에서 물의 증기압=28.3 mmHg)

11.75 암모니아 기체가 질소와 산소로 완전히 분해되었다. 반응 후 전체 압력이 866 mmHg일 때 $N_2$와 $H_2$의 부분 압력을 계산하시오.

11.77 잠수병 치료용 고압 챔버를 생각해 보자. $O_2$의 압력 2.8 atm을 만들기 위해서는 챔버 압력이 얼마여야 하는가? 챔버에 주입하는 공기는 첨가물 없는 단순 공기이며 $O_2$가 부피로 21%이다.

### 개념 문제

11.79 오른쪽 부피는 왼쪽의 두 배이고 온도는 같다. 헬륨 원자(빨간색)와 수소 분자(초록색)이다.
(a) 전체 압력이 높은 것은 어느 것인가?
(b) 헬륨의 부분 압력이 더 높은 것은 어느 것인가?

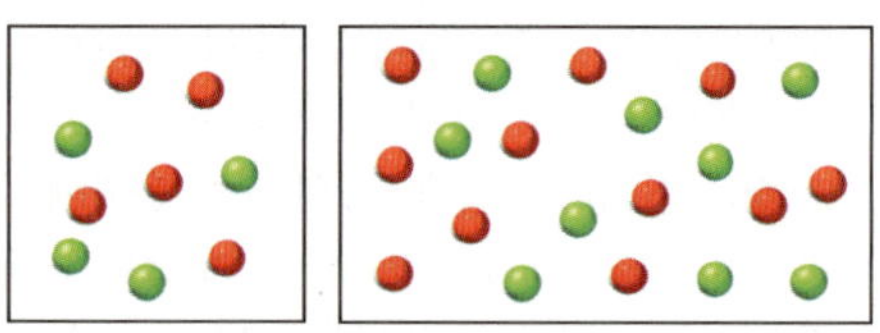

## 11.8절: 기체상 반응물과 생성물의 반응

### 계산 문제

11.81 천연가스의 주성분인 메테인은 난방과 요리에 이용된다. 연소 반응은 다음과 같다.

$$CH_4(g) + 2O_2(g) \longrightarrow CO_2(g) + 2H_2O(l)$$

$CH_4$ 15.0몰이 산소와 반응했을 때 23.0℃, 0.985 atm에서 생성되는 $CO_2$의 부피는 L 단위로 얼마인가?

11.83 효모가 글루코스를 에탄올로 발효시킬 때 이산화 탄소도 같이 나온다.

$$C_6H_{12}O_6(s) \longrightarrow 2C_2H_5OH(l) + 2CO_2(g)$$

글루코스 5.97 g이 반응하여 $CO_2$가 발생하였는데 293 K, 0.984 atm에서 1.44 L였다. 이 반응의 수율은 얼마인가?

11.85 몰질량이 27.0 g/mol인 어떤 금속 0.225 g이 과량의 염산과 반응하여 수소 0.303 L가 발생했다(17℃, 741 mmHg). 이 정보를 이용하여 해당하는 반응을 적고, 이 금속의 산화물과 황산화물의 화학식을 쓰시오.

11.87 불순물이 섞인 탄산 칼슘 시료 3.00 g을 염산에 녹였을 때 이산화 탄소 0.656 L(20.0℃, 792 mmHg)가 발생했다. 이 시료에서 탄산 칼슘의 질량 비율을 %로 계산하시오. 필요한 가정을 모두 말하시오.

11.89 에탄올이 공기 중에서 연소한다.

$$C_2H_5OH(l) + O_2(g) \longrightarrow CO_2(g) + H_2O(l)$$

반응식의 균형을 맞추고, 에탄올 185 g을 연소시키는 데 필요한 공기를 L 단위로 계산하시오(45.0℃, 793 mmHg). 공기에서 산소의 부피 비는 21.0%이다.

11.91 아연 금속 조각이 과량의 염산과 반응하였다.

$$Zn(s) + 2HCl(aq) \longrightarrow ZnCl_2(aq) + H_2(g)$$

그림 11.23(a)의 장치를 이용하여 발생한 수소를 수상 포집하였다. 25℃, 0.980 atm에서 기체의 부피가 7.80 L였다. 이 반응에서 소모된 아연의 양을 g 단위로 계산하시오. (25℃에서 물의 증기압=23.8 mmHg)

## 추가 문제

11.93 니트로글리세린은 폭발성 화합물로서 다음과 같이 분해된다.

$$4C_3H_5(NO_3)_3(s) \longrightarrow 12CO_2(g) + 10H_2O(g) + 6N_2(g) + O_2(g)$$

니트로글리세린 $2.6 \times 10^2$ g으로부터 발생하는 기체의 총 부피를 계산하시오(25℃, 1.2 atm). 이 조건에서 각 기체의 부분 압력은 얼마인가?

11.95 아질산 암모늄(ammonium nitrite, $NH_4NO_2$)을 가열하면 질소 기체가 발생하면서 분해된다. 테니스 공을 부풀리는 데 이 반응을 이용한다.
(a) 균형 잡힌 반응식을 쓰시오.
(b) 1.20 atm, 22℃에서 부피 86.2 mL인 테니스 공을 채우기 위해 필요한 $NH_4NO_2$를 g 단위로 계산하시오.

11.97 세 플라스크에 빨간색 기체 A와 파란색 기체 B가 들어 있다.
(a) (i)의 전체 압력이 2.0 atm일 때 (ii)와 (iii)의 압력은 얼마인가?
(b) 밸브를 열었을 때 전체 압력과 부분 압력을 계산하시

오. (i)과 (iii)은 2.0 L, (ii)는 1.0 L이다. 전체 과정에서 온도는 유지된다.

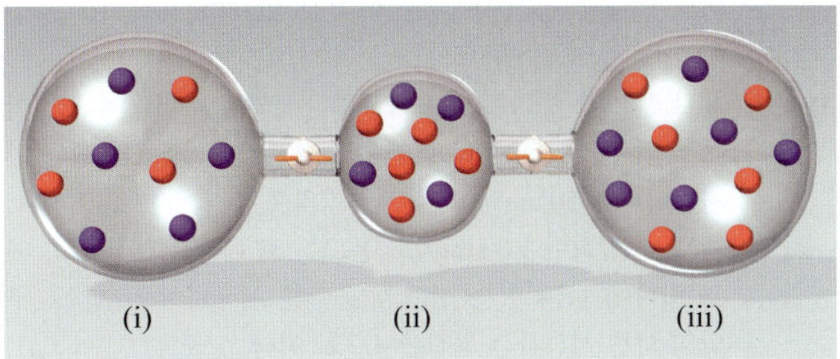


11.99 니켈을 제련하는 공정의 첫 단계에서 금속을 일산화 탄소와 반응시켜 사카보닐니켈을 만든다. 사카보닐니켈은 43°C에서 기체이다.

$$Ni(s) + 4CO(g) \longrightarrow Ni(CO)_4(g)$$

이 반응을 통해 다른 고체 불순물로부터 니켈을 분리해 낼 수 있다.

(a) Ni 86.4 g이 4.00 L 반응기 속에서 모두 반응하였을 때 $Ni(CO)_4$의 압력을 계산하시오.

(b) 43°C 이상의 온도에서 기체의 압력이 이상 기체 방정식으로 예상한 것보다 훨씬 더 급격하게 증가한다는 것을 발견했다. 이유를 설명하시오.

11.101 건강한 성인은 호흡 한번에 공기 약 $5.0 \times 10^2$ mL를 내쉰다. 37°C, 1.1 atm에서 기체의 몰수를 계산하시오. 이 기체 혼합물의 주요 성분들을 나열하시오.

11.103 염소산 포타슘($KClO_3$)을 가열하면 염화 포타슘과 산소 기체로 분해된다. 학생이 $KClO_3$ 20.4 g을 가열하여 모두 분해시켰다.

(a) 이 반응의 균형 잡힌 반응식을 쓰시오.

(b) 0.962 atm, 18.3°C에서 산소를 모았을 때 부피를 L 단위로 계산하시오.

11.105 25°C, 108 mmHg에서 순수한 HCl 기체 시료의 부피가 189 mL였다. 이 기체를 물 60 mL에 완전히 용해시킨 후 NaOH 용액으로 적정하였다. 중화시키는 데 필요한 NaOH 용액이 15.7 mL였다. 이 NaOH 용액의 몰농도를 계산하시오.

11.107 다음 장치에서 콕을 열었을 때 헬륨과 네온의 부분 압력을 계산하시오. 온도는 16°C로 유지된다.

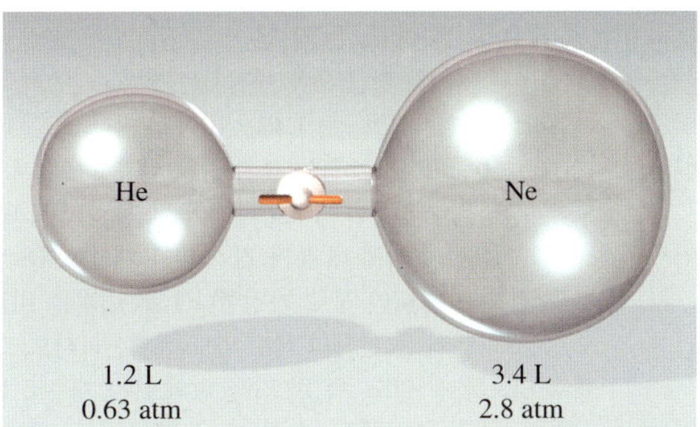


11.109 다음 장치에서 고무 주머니를 눌러 플라스크에 물을 소량 넣었더니 긴 유리관을 타고 물이 뿜어져 올라왔다. 이 현상을 설명하시오. (힌트: 염화 수소 기체는 물에 잘 녹는다.)

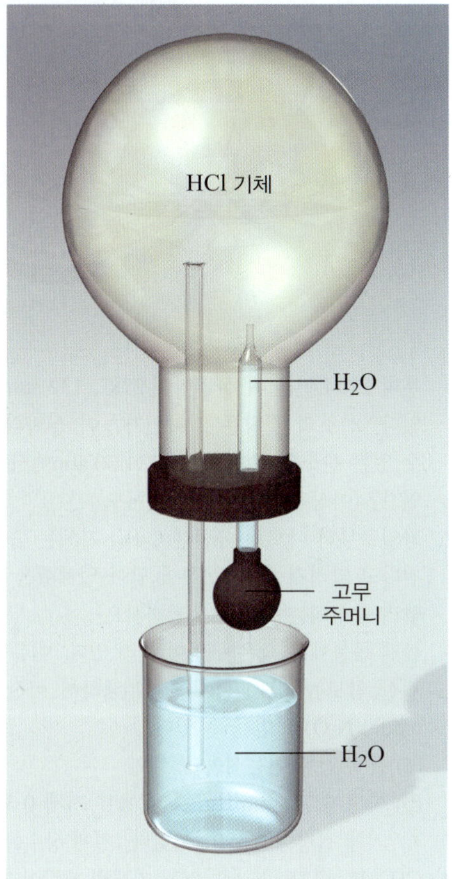


11.111 어떤 수화물의 화학식이 $MgSO_4 \cdot xH_2O$이다. 이 화합물 54.2 g을 오븐에서 가열하여 수분을 날렸다. 용기의 부피는 2.00 L이고 120°C에서 발생한 수증기의 압력이 24.8 atm이다. $x$를 계산하시오

11.113 다음 그림은 원자와 분자의 속력을 측정하는 장치이다. 진공에서 회전하는 실린더에 금속 원자 빔을 쏜다. 실린더에 뚫려 있는 작은 틈으로 원자가 들어가 타깃에 도달한다. 실린더가 회전하므로 속력이 다른 원자는 타깃의 다른 지점에 도달한다. 시간이 지나면 타깃에 금속이 쌓이며, 이 두께는 맥스웰 속력 분포를 따른다는 것을 알았다. 틈의 정반대편에 위치한 지점으로부터 2.80 cm 떨어진 곳에 비스무트(Bi) 원자가 도달하였다(850°C). 실린더는 지름이 15.0 cm이고 초당 130회전한다.

(a) 타깃이 움직이는 속력을 m/s 단위로 계산하시오. (힌트: 원주를 구하는 공식은 $2\pi r$이다.)

(b) 타깃이 2.80 cm 움직이는 데 걸리는 시간을 s 단위로 계산하시오.

(c) Bi 원자의 속력을 계산하시오. (c)에서 구한 속력을 850°C에서 Bi의 $u_{rms}$와 비교하고 차이점을 설명하시오.

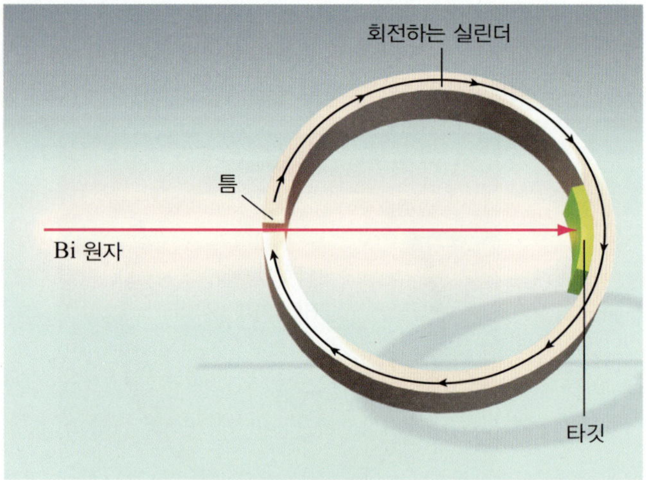


11.115 부피 120 L인 금속 실린더에 22℃, 132 atm의 산소가 들어 있다. 산소의 질량은 얼마인가? 이 실린더로부터 뽑아낼 수 있는 산소의 부피는 22℃, 1.00 atm에서 L 단위로 얼마인가? (이상적 행동을 가정하시오.)

11.117 과일로부터 나오는 에틸렌($C_2H_4$) 기체는 숙성에 영향을 미친다고 알려져 있다. 봉투에 담아 밀폐했을 때 바나나가 더 빨리 숙성되는 이유를 설명하시오.

11.119 볼펜 몸통에는 작은 구멍이 뚫려 있다. 이유를 설명하시오.

11.121 질산 암모늄($NH_4NO_3$)를 열분해하여 아산화 질소(nitrus oxide, $N_2O$)를 얻을 수 있다.

(a) 균형 잡힌 반응식을 쓰시오.

(b) 학생이 718 mmHg, 24℃에서 기체 0.340 L를 얻었고 기체 질량이 0.580 g이었다. 기체 상수를 계산하시오.

11.123 $CH_4$, $F_2$, $C_6H_6$, Ne 중 어느 기체의 $a$ 값이 가장 크겠는가?

11.125 1995년 영국에서 폐광을 지나치던 한 사람이 질식사했다. 당시에 날씨 변화로 대기압이 급격히 떨어졌다. 이 사람이 죽은 이유를 제시해 보시오.

11.127 (a) 부피 0.98 L인 자전거 타이어를 22℃에서 5.0 atm으로 채울 때 필요한 공기의 부피는 1 atm 기준으로 얼마인가? (5 atm은 게이지 압력이므로 타이어 안팎의 압력 차를 뜻하는 것임을 유의하자. 공기를 넣기 전 타이어의 압력은 1 atm이다.)

(b) 게이지 압력이 5 atm일 때 타이어의 전체 압력은 얼마인가?

(c) 핸드펌프 실린더에 1.0 atm인 공기를 채우고 실린더를 압축하여 모든 공기가 타이어로 들어가게 했다. 핸드펌프의 부피가 타이어 부피의 33%이면, 펌프질 한번에 타이어의 게이지 압력은 얼마가 되겠는가? 온도는 일정하다고 가정한다.

11.129 우주 공간에는 수소 원자가 약 1 atom/$cm^3$ 정도 농도로 존재한다. 온도는 3 K이다.

(a) H 원자의 압력을 계산하시오.

(b) H 원자 1 g을 포함하는 부피를 계산하시오.

11.131 상대 습도(%)는 공기 중 수증기의 부분 압력을 그 온도의 평형 증기압(표 11.6)으로 나눈 값으로 정의한다. 30℃인 어느 여름날 공기 중 수증기 부분 압력이 $3.9 \times 10^3$ Pa일 때, 상대 습도를 계산하시오.

11.133 폐로 들어간 공기는 폐포라고 하는 작은 주머니에 도달한다. 산소는 폐포로부터 혈액으로 확산된다. 폐포의 평균 반지름이 0.0050 cm이고 내부 공기의 산소 함량은 14%이다. 폐포 내 압력이 1.0 atm이고 온도는 37℃라고 가정하고, 폐포 하나에 들어 있는 산소의 몰수를 계산하시오.(힌트: 구의 부피를 계산하는 공식은 $4/3\pi r^3$이다.

11.135 질소 산화물에는 여러 종류가 있다. 764 mmHg, 150℃에서 어떤 질소 산화물의 밀도가 1.33 g/L일 때 화학식을 구하시오.

11.137 수소화 리튬은 물과 반응한다.

$$LiH(s) + H_2O(l) \longrightarrow LiOH(aq) + H_2(g)$$

제2차 세계대전 중 미국 조종사들은 LiH 알약을 휴대했다. 바다에 비상 착륙하는 상황에서 LiH가 바닷물과 반응하여 발생한 수소가 구명조끼와 구명보트를 채운다. 0.97 atm, 12℃에서 부피 4.1 L인 구명조끼를 채우기 위해 필요한 LiH의 질량은 몇 g인가?

11.139 금성의 대기는 $CO_2$ 96.5%, $N_2$ 3.5%, $SO_2$ 0.015%의 부피비로 이루어져 있고, 표준 대기압은 $9.0 \times 10^6$ Pa이다. 각 성분의 부분 압력을 Pa 단위로 계산하시오.

11.141 분자 운동론을 다음 상황에 적용해 보자.

(a) $V_2 > V_1$인 두 플라스크의 온도가 같고, 같은 수의 헬륨 원자가 들어 있다.

(i) $u_{rms}$와 평균 운동 에너지를 비교하시오.

(ii) He 원자가 용기 벽과 충돌하는 빈도와 힘을 비교하시오.

(b) 부피가 같은 두 플라스크에 같은 수의 헬륨 원자가 들어 있고, $T_2 > T_1$이다.

(i) $u_{rms}$를 비교하시오.

(ii) He 원자가 용기 벽과 충돌하는 빈도와 힘을 비교하시오.

(c) 같은 수의 He와 Ne가 부피가 같은 두 플라스크에 들어 있고, 온도는 모두 74℃이다. 다음 명제의 참과 거짓을 판별하고 설명하시오.

(i) He과 Ne의 $u_{rms}$는 같다.

(ii) 두 기체의 평균 운동 에너지는 같다.

(iii) He 원자의 $u_{rms}$는 $1.47 \times 10^3$ m/s이다.

11.143 100℃, 1.0 atm에서 수증기 분자 간 거리를 nm로 계산하시오. 이상성을 가정한다. 100℃에서 액체 물의 밀도 0.96 g/$cm^3$를 이용하여 액체 내 분자 간 거리를 계산하시오.(물 분자를 지름 0.3 nm인 구로 가정한다.) 두 결과를 비교하시오. (힌트: 먼저 물 분자의 개수 밀도를 계산하시오. 그리고 개수 밀도를 선 밀도, 즉 한 직선 위의 분자 개수로 환산하시오.)

**11.145** 흑연 5.72 g과 산소 68.4 g을 부피 8.00 L인 플라스크에 넣고 가열했다. 이때 반응식은 다음과 같다.

$$\text{C(흑연)} + O_2(g) \longrightarrow CO_2(g)$$

완전히 반응한 후 온도가 182°C였다. 플라스크 내 전체 압력은 얼마인가?

**11.147** 기온 18°C, 기압 750 mmHg인 어느 날 창고 관리자가 25.0 L들이 드럼통에 아세톤을 15.4 L만큼 채우고 완전히 밀봉했다. 조수가 유기화학 실험실로 드럼통을 옮기다가 떨어뜨려서 찌그러지는 바람에 부피가 20.4 L가 되었다. 이후 드럼통 내부 압력은 얼마가 되었겠는가? 18°C에서 아세톤의 증기압은 400 mmHg이다. (힌트: 밀봉하는 시점에 드럼통 내부 압력은 대기압과 같으며, 공기와 아세톤의 부분 압력의 합이다.)

**11.149** 메테인($CH_4$)과 에테인($C_2H_6$) 혼합물이 담긴 용기 압력이 294 mmHg이다. 기체가 공기 중에서 연소하여 $CO_2$와 $H_2O$가 되었다. 원래 혼합물을 담아두던 용기와 동일한 부피, 동일한 온도에서 $CO_2$의 압력이 356 mmHg로 측정되었다. 기체의 몰분율을 계산하시오.

**11.151** "제외된 부피"를 계산함으로써 반데르발스 상수 $b$의 물리적 의미를 이해할 수 있다. 두 원자가 최대로 가까워질 수 있는 거리는 두 원자 반지름의 합($2r$)이다.

(a) 다른 원자의 중심이 뚫고 들어올 수 없는 부피를 계산하시오.

(b) (a)의 결과를 이용하여 원자 1몰의 제외된 부피를 계산하시오. 이것이 상수 $b$이다. 원자 1몰의 부피와 얼만큼 다른가?

**11.153** 20°C에서 어떤 기체 산화물의 $u_{rms}$가 493 m/s이다. 이 화합물의 분자식은 무엇인가?

**11.155** 어떤 기체 반응을 그림으로 나타냈고 반응 전후의 부피와 압력이 같았다. 처음 온도 $T_1$이 나중 온도 $T_2$의 두 배일 때, 이 기체 반응으로 가장 적절한 것은 무엇인가?

(a) $A + B \longrightarrow C$

(b) $AB \longrightarrow C + D$

(c) $A + B \longrightarrow C + D$

(d) $A + B \longrightarrow 2C + D$

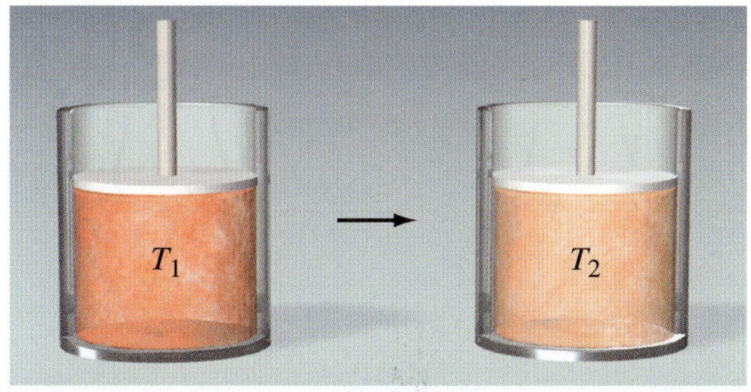


**11.157** 25°C 헬륨 풍선에 든 헬륨의 밀도를 계산하시오. (풍선 내부 압력은 1.10 atm이라고 가정한다.)

**11.159** 육플루오린화 황(sulfur hexafluoride, $SF_6$)과 Ne의 몰질량은 각각 146, 20 g/mol이다. 하지만 같은 온도에서 평균 운동 에너지는 같다. 이유를 설명하시오.

**11.161** 0°C에서 어떤 기체의 $Z$를 $P$의 함수로 나타냈다. 낮은 압력에서는 이상성으로부터 음의 편차, 높은 압력에서는 양의 편차를 보이는 이유를 설명하시오.

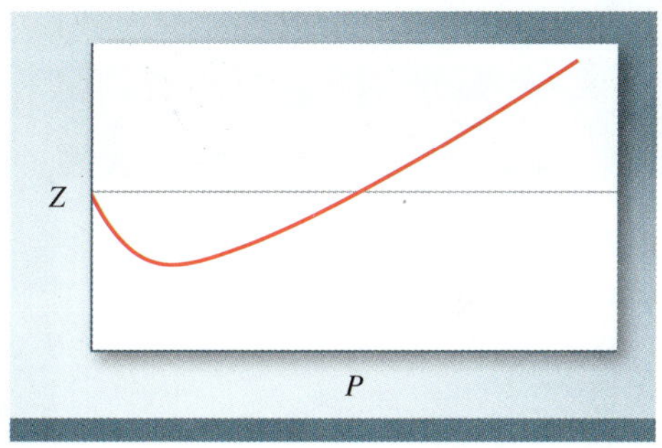


## 유제 해답

**11.1** ❶ 2.02 g/mol, $H_2$ **11.2** ❶ 9.52 m **11.3** ❶ 1.80 atm **11.4** ❶ 300°C **11.5** ❶ CO 3.16 L, $O_2$ 1.58 L **11.6** ❶ 85.0 m. 호수 바닥에서 받는 전체 압력 9.19 atm에서 대기압 0.965 atm을 빼주어야 한다. 순수 수압은 8.23 atm이다. **11.7** ❶ 336°C **11.8** ❶ 1.29 g/L **11.9** ❶ 146 g/mol **11.10** ❶ 1.3 atm, 1.3 atm **11.11** ❶ 146 pm **11.12** ❶ $CH_4$ 0.032몰, $C_2H_6$ 0.091몰, 전체 0.123몰 **11.13** ❶ $P_{Xe} = 4.95$ atm, $P_{Ne} = 1.55$ atm, $n_{Xe} = 3.13$, $n_{Ne} = 0.984$ **11.14** ❶ 3.48 g **11.15** ❶ 0.0052 atm **11.6** ❶ 0.386 L

## 절 복습

**11.2.1** c **11.2.2** b **11.3.1** a **11.3.2** b, c, d **11.3.3** d **11.3.4** b **11.3.5** e **11.4.1** e **11.4.2** a **11.4.3** c **11.4.4** a **11.4.5** b **11.4.6** a **11.5.1** a **11.5.2** e **11.5.3** b **11.5.4** b **11.6.1** b **11.6.2** b **11.7.1** e **11.7.2** b **11.7.3** a **11.7.4** c **11.7.5** b **11.8.1** d **11.8.2** b **11.8.3** e

Chapter 12

# 액체와 고체

## Liquids and Solids

1931년 발견된 에어로젤은 밀도가 극단적으로 낮아서, 처음에는 그저 이상한 화학 물질이라고만 생각했다. (가장 밀도가 낮은 에어로젤은 공기보다도 밀도가 낮다.) 특이한 성질을 알아낸 후, 화학자와 물리학자들은 수많은 용도로 에어로젤을 이용하고 있다. 화학 물질이나 기름 유출물을 제거하는 화학 흡수제, 화성 탐사선과 우주복의 단열재, 생체 적합성 약물 전달 시스템, 우주 먼지 입자를 모으는 트랩 등에 쓰인다.

## 들어가기 전에

- 분자간 힘 [|◀◀7.3절]
- 기본 삼각 함수 [|◀◀부록 1]

# 12.1 응축상

7장에서 분자의 극성 때문에 생기는 분자간 힘을 공부했다. "분자간(intermolecular)"에서 분자(molecule)는 **분자**(molecule), **원자**(atom), **또는 이온**(ion)을 모두 가리킨다. 한 온도에서 분자간 힘의 세기는 그 물질이 고체인지 액체인지 기체인지에 따라 다르다. 기체에서는 빠르게 움직이는 입자(분자 또는 원자)가 상대적으로 멀리 떨어져 있다는 것을 11장에서 공부했다. 기체의 분자 운동론[|◀◀ 11.2절]에서 가정하였듯이 기체에서 분자간 인력은 기본적으로 무시할 수 있다. **응축상**(condensed phase)[|◀◀ 1.5절]인 액체와 고체에서는 분자간 힘이 강해서 구성 입자들이 서로 인접해 있다. **액체**(liquid)는 입자들이 서로 모여 있지만, 서로 스쳐 지나가면서 흐를 수 있다. **고체**(solid)는 입자 위치가 고정되어 있다. 그림 12.1에 기체, 액체, 고체 상태를 분자 수준에서 나타냈다.

**참조**

7장에서 살펴본 것처럼 분자간 힘은 주로 수용액에서 흔히 볼 수 있듯이 이온과 극성 분자 사이에서도 존재한다. 하지만 이 장에서는 순물질 내의 분자간 힘을 주로 다룰 것이다.

분자간 힘의 세기에 따라 액체와 고체의 물리적 성질은 다르게 나타난다. 이러한 성질에는 표면 장력(액체), 점성도(액체), 증기압(액체와 고체), 상변화 온도(액체의 끓는점과 고체의 녹는점) 등이 있다. 다음 절에서 이러한 성질들과 또 그들 사이의 관계 및 결과들에 대해서 알아본다.

(a) 기체 (b) 액체 (c) 고체

**그림 12.1** (a) 기체 입자들은 서로 멀리 떨어져서 완전히 독립적으로 자유롭게 움직인다. (b) 액체 입자들은 서로 인접해 있지만 비교적 자유롭게 움직일 수 있다. (c) 고체 입자들은 상대적인 위치가 고정되어 있다.

# 12.2 액체의 성질

액체의 물리적 성질은 분자간 힘의 세기에 따라 다르다. 이 절에서는 그러한 성질인 표면 장력, 점성도, 증기압에 대해서 알아본다.

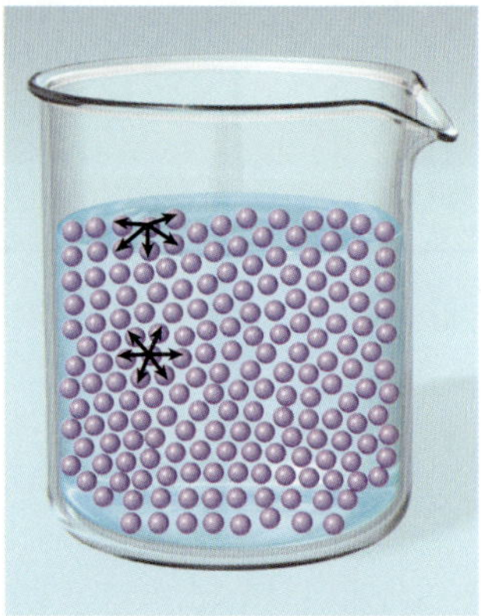

그림 12.2 액체 표면층과 내부에 있는 분자에 작용하는 분자간 힘

## 표면 장력

액체 내부의 분자는 자신을 둘러싼 다른 분자들과의 분자간 힘에 의해 모든 방향으로 끌림을 받는다. 특정 방향으로 끌리는 **알짜**(net) 힘은 없다. 액체 표면 분자는 이웃한 분자들에 의해 아래쪽으로 끌림을 받는다. 하지만 그림 12.2에 나타낸 것과 같이 아래쪽으로 작용하는 힘과 균형을 이루는 위쪽 방향 힘이 없다. 결과적으로 표면 분자들은 액체 안쪽으로 알짜 끌림을 받으며, 표면은 탄성이 있는 막처럼 조여져서 표면적을 최소화한다. 자동차 표면에 맺힌 물의 "구슬"(그림 12.3)이 이 현상을 보여 준다.

**표면 장력**(surface tension)은 액체 표면의 탄성력을 나타내는 정량적 척도이며, 액체 표면을 잡아당겨 단위 면적만큼(예를 들어, 1 $cm^2$) 늘리는 데 필요한 에너지의 양이다. 분자간 힘이 강하면 표면 장력이 크다. 예를 들어, 물은 강한 수소 결합으로 인해 표면 장력이 매우 크다.

**참조**

응집을 응집력(cohesive force), 부착을 부착력(adhesion force)이라고도 한다.

표면 장력의 다른 예인 **메니스커스**(meniscus)는 액체가 좁은 관에 담겨 있을 때 생기는 굴곡진 표면이다. 그림 12.4(a)는 눈금 실린더에 담긴 물의 오목한 표면을 나타낸다. (부피를 측정할 때 메니스커스의 아랫면을 읽어야 함을 실험 수업에서 공부했을 것이다.) 이는 유리 실린더 벽에 부착된 물의 얇은 막 때문에 생기는 현상이다. 물의 표면 장력이 이 막을 수축시키고 물을 실린더 위쪽으로 끌어올린다. **모세관 작용**(capillary action)이라고도 하는데, 혈액을 소량 채취할 때 쓰는 혈액용 모세관과 같이 실린더 지름이 아주 작을 때 더 확실하게 나타난다. 모세관 현상이 생기는 이유는 두 가지이다. 하나는 유사한 분자 사이(여기서는 물 분자 사이)에 작용하는 인력인 **응집**(cohesion)이다. 다른 하나는 서로 다른 분자 사이(여기서는 물 분자와 실린더를 구성하는 분자 사이)에 작용하는 인력인 **부착**(adhesion)이다. 부착력이 응집력보다 강하면 그림 12.4(a)처럼 관속의 액체가 위쪽으로 당겨진다. 수은은 응집력이 부착력보다 강해서 그림 12.4(b)처럼 중앙이 벽보다 더 높은 볼록한 메니스커스를 나타낸다.

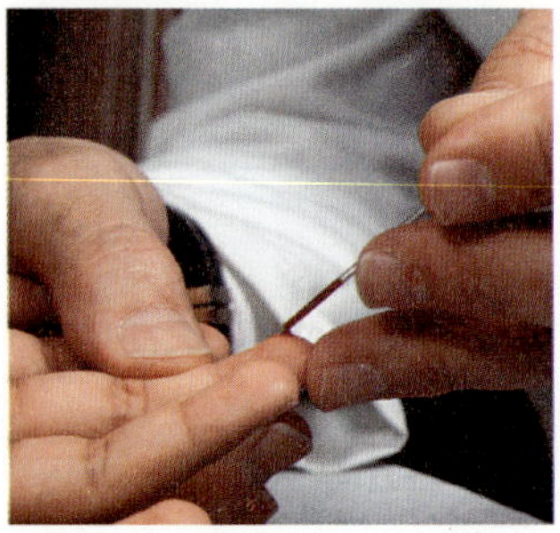

혈액용 모세관으로 혈액이 끌려 들어온다.

(a) (b)

그림 12.3 막 세차를 끝낸 자동차 표면에는 표면 장력에 의해 물방울이 맺힌다.

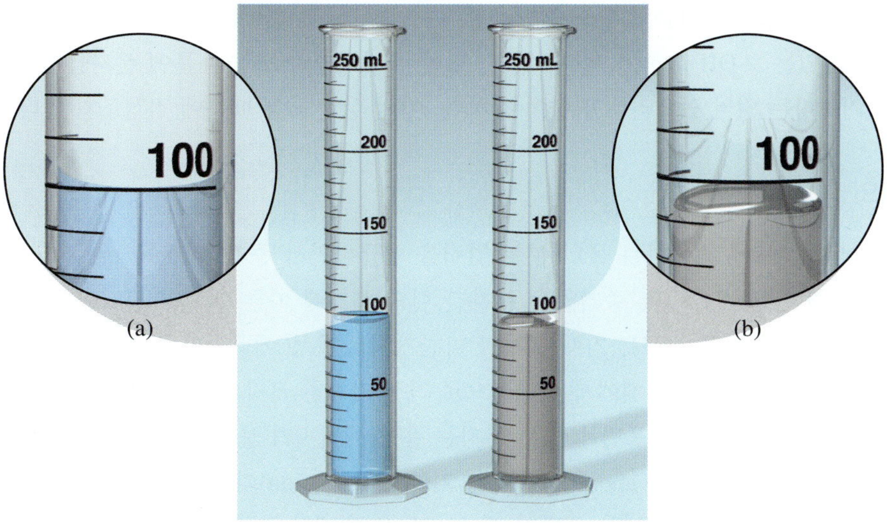


**그림 12.4** (a) 물을 유리 눈금 실린더에 담으면 부착력이 응집력에 비해 강해서 오목한 메니스커스가 생긴다. (b) 수은을 유리 실린더에 담으면 응집력이 부착력에 비해 강해서 볼록한 메니스커스가 생긴다.

**표 12.1** 20°C에서 액체의 점성도

| 액체 | 점성도($N \cdot s/m^2$) |
|---|---|
| 아세톤($C_3H_6O$) | $3.16 \times 10^{-4}$ |
| 물($H_2O$) | $1.01 \times 10^{-3}$ |
| 에탄올($C_2H_5OH$) | $1.20 \times 10^{-3}$ |
| 수은(Hg) | $1.55 \times 10^{-3}$ |
| 혈액 | $4 \times 10^{-3}$ |
| 글리세롤($C_3H_8O_3$) | 1.49 |

## 점성도

분자간 힘의 세기에 따라 결정되는 또 다른 성질은 점성도이다. **점성도**(viscosity)는 흐름에 대한 유체의 저항을 나타내는 척도이며, $N \cdot s/m^2$ 단위로 나타낸다. 점성도가 클수록 액체는 느리게 흐른다. 보통 온도가 높으면 점성도는 낮아진다. "겨울 당밀만큼 느리게"라는 문구는 온도가 낮을 때 당밀이 느리게 흐른다는(점성도가 높아서) 사실을 반영한다. 꿀이나 메이플 시럽을 가열하면 좀 더 묽어진 것처럼 보인다는 것을 알고 있을 것이다.

분자간 힘이 강한 액체는 그렇지 않은 것보다 점성도가 더 높다. 표 12.1에 몇몇 액체의 점성도를 나열했다. 물은 표면 장력이 컸던 것처럼 점성도도 큰데, 이는 수소 결합 때문이다. 표 12.1에서 글리세롤의 점성도가 다른 액체에 비해 얼마나 큰지 보자. 글리세롤은 단맛이 나는 시럽 같은 액체이며 사탕이나 항생제 등 다양한 제품에 들어간다. 구조는 다음과 같다.

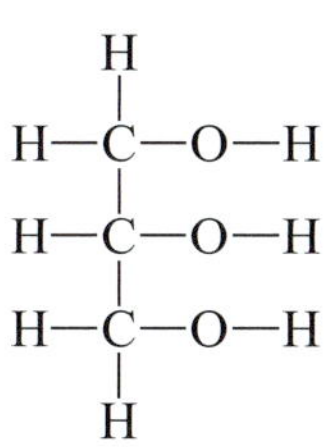

글리세롤

물과 마찬가지로 글리세롤도 수소 결합을 할 수 있다. 글리세롤 분자 하나에는 수소 결합에 참여할 수 있는 —OH 그룹이 세 개 있다. 또한 글리세롤의 모양 때문에 분자들이 서로 미끄러지기보다는 엉켜 있으려는 경향이 강하다. 이런 상호 작용 때문에 점성도가 높다.

## 액체의 증기압

> **참조**
> 상온에서 높은 증기압을 갖는 물질을 **휘발성**(volatile)이 있다고 한다. 이는 물질이 높은 증기압을 가지고 있다는 의미일 뿐 폭발성이 있다는 뜻은 아니다.

> **참조**
> 기화와 응축 과정은 상변화(phase change)이다. 기화, 응축, 그리고 다른 상변화는 12.5절에서 자세히 알아본다.

11장에서 온도에 의존하는 물의 부분 압력을 언급하면서 **증기압**(vapor pressure)이라는 용어를 접했다[|◀◀ 11.8절]. 증기압은 분자간 힘의 세기에 따른 액체의 성질이다. 액체 분자들은 끊임없이 움직이므로, 기체 분자와 마찬가지로 운동 에너지가 어떤 분포를 보인다. 그림 12.5에 나타냈듯이, 액체에서 확률적으로 가장 가능한 분자의 운동에서는 온도가 증가함에 따라 증가한다. 액체 표면에 있는 분자는 운동 에너지가 충분하면 기체상으로 탈출할 수 있다. 이 현상을 **증발**(evaporation) 또는 **기화**(vaporization)라고 한다. 그림 12.6에 나타낸 장치를 생각해 보자. 액체가 증발할 때 분자들은 액체상을 떠나 위쪽 공간의 기체가 된다. 기체 분자들이 액체 표면에 부딪히면서 분자간 힘에 의해 붙잡히면 다시 액체가 되며, 이 과정을 **응축**(condensation)이라고 한다. 처음에는 증발이 응축보다 빠르다. 하지만 기체 분자가 많아짐에 따라 응축 속도도 증가한다. 응축 속도가 증발 속도와 같아질 때까지 액

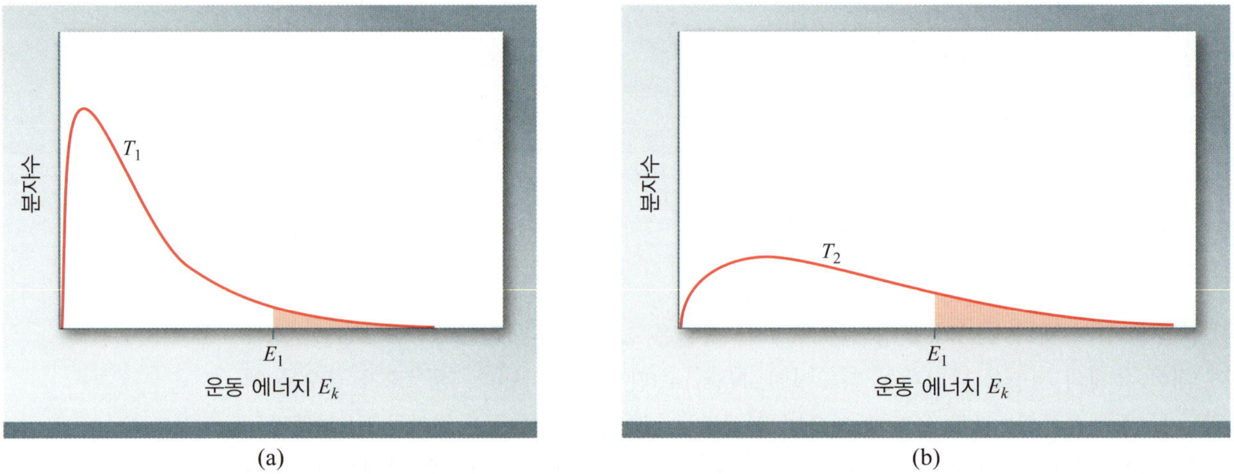


**그림 12.5** 액체 분자의 운동 에너지 분포 곡선. 온도 $T_2$가 온도 $T_1$보다 높다. 온도가 높을수록 그래프가 평평함을 주목하자. 색칠한 영역의 넓이는 운동 에너지가 $E_1$과 같거나 큰 분자의 수를 의미한다. 온도를 높이면 큰 운동 에너지를 갖는 분자들이 많아진다.

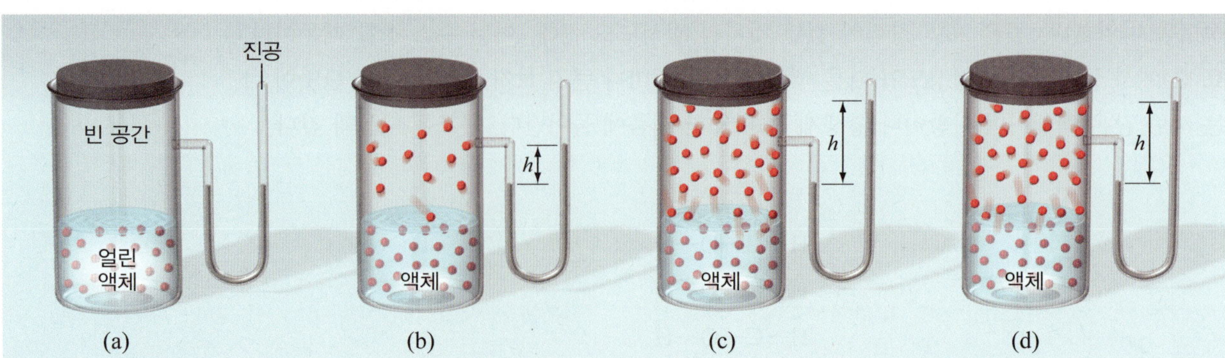


**그림 12.6** 평형 증기압이 만들어지는 과정. (a) 처음에는 기체 분자가 없다. (b) 분자가 기체가 되면 액체 위쪽의 전체 압력이 증가한다. (c) 기화 속도와 응축 속도가 같아질 때까지 액체의 부분 압력이 증가한다. (d) 기화와 응축 속도가 같으면 압력의 실질적인 변화는 없다.

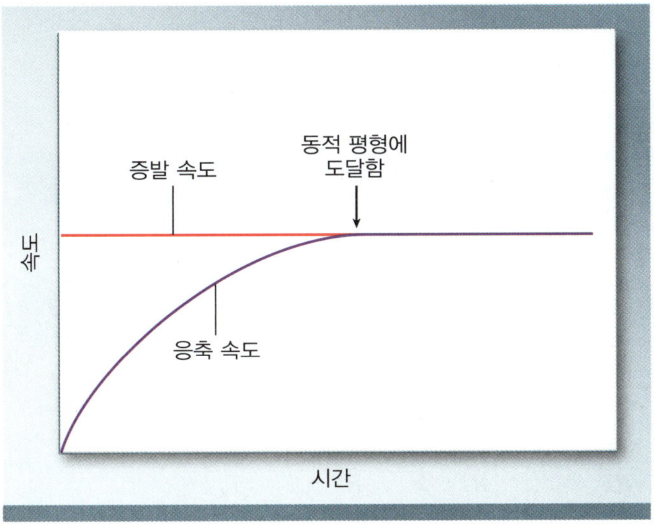


**그림 12.7** 일정한 온도에서 기화 속도와 응축 속도 비교

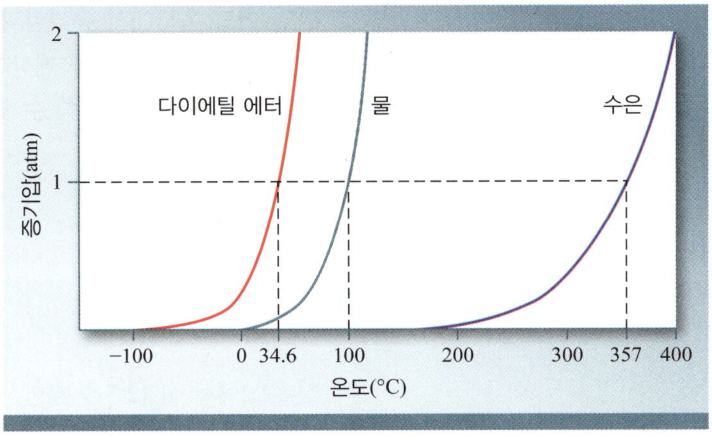


**그림 12.8** 증기압과 온도의 관계 그래프. 1 atm에서 액체의 정상 끓는점을 가로축에 표시했다. 상온에서 수은의 증기압이 매우 낮은 이유는 강한 금속 결합 때문이다.

체 위쪽의 증기압이 증가하는데, 이 증기압은 일정 온도에서 일정하다(그림 12.7). 정과정과 역과정이 같은 속도로 일어나는 이 현상(그리고 다른 모든 현상)을 **동적 평형**(dynamic equilibrium)이라고 한다. 양쪽 과정이 모두 일어나고 있지만(dynamic) 기체 분자수는 어느 시점에서도 변하지 않는다(equilibrium). 기체로 탈출한 분자들이 가하는 압력이 더 이상 증가하지 않을 때 **평형 증기압**(equilibrium vapor pressure)이라고 한다.

**참조**

평형 증기압은 줄여서 흔히 증기압(vapor pressure)이라고 한다.

온도를 높이면 액체 분자의 평균 운동 에너지는 증가한다(그림 12.5 참조). 따라서 온도가 높을수록 기체로 탈출할 수 있을 정도로 충분한 운동 에너지를 갖는 표면 분자의 비율이 높다. 표 11.6에서 물의 증기압에서 보았듯이 온도가 높을수록 증기압이 높다. 그림 12.8에 세 액체의 증기압을 온도의 함수로 나타냈다.

증기압은 온도에 따라 선형적으로 변하지 않는다(그림 12.8). 하지만 증기압의 자연 로그값은 절대 온도의 역수와 선형 관계에 있다. 이 관계를 **클라지우스–클라페롱 식**(Clasius[1]–Clapeyron[2] equation)이라고 한다.

$$\ln P = -\frac{\Delta H_{증발}}{RT} + C \qquad \textbf{식 12.1}$$

이때 $\ln P$는 증기압의 자연로그, $\Delta H_{증발}$은 몰당 증발열(kJ/mol), $R$은 기체 상수(8.314 J/K·mol), 그리고 $C$는 실험적으로만 결정할 수 있는 상수로, 물질마다 다르다. 클라지우스–클라페롱 식은 일반적인 선형식 $y = mx + b$의 형태이다.

**참조**

$\Delta H_{증발}$의 단위 J/mol 또는 kJ/mol과 상쇄할 수 있는 $R$의 단위를 써야 한다[◀◀ 11.5절, 표 11.4]

$$\ln P = \left(-\frac{\Delta H_{증발}}{R}\right)\left(\frac{1}{T}\right) + C$$
$$y = \qquad m x \qquad + b$$

몇몇 다른 온도에서 액체의 증기압을 측정하고, 그것을 $\ln P$와 $1/T$의 그래프로 나타내면 기울기($-\Delta H_{증발}/R$)를 구할 수 있다. ($\Delta H_{증발}$은 온도와 무관하다고 가정한다.)

1. 루돌프 클라지우스(Rudolf Julius Emanuel Clasius, 1822~1888): 독일의 물리학자. 전기, 기체의 운동 이론, 열역학을 주로 연구했다.
2. 베누아 폴 클라페롱(Benoit Paul Emile Clapeyron, 1799~1864): 프랑스의 공학자. 증기 에너지의 열역학에 공헌했다.

만일 어떤 온도에서 증기압과 $\Delta H_{증발}$을 알고 있다면 클라지우스-클라페롱 식을 이용해서 다른 온도의 증기압을 계산할 수 있다. 온도 $T_1$, $T_2$에서 증기압을 $P_1$, $P_2$라고 하면 식 12.1로부터 다음과 같이 쓸 수 있다.

$$\ln P_1 = -\frac{\Delta H_{증발}}{RT_1} + C \qquad \text{식 12.2}$$

$$\ln P_2 = -\frac{\Delta H_{증발}}{RT_2} + C \qquad \text{식 12.3}$$

식 12.2에서 식 12.3을 빼면

$$\ln P_1 - \ln P_2 = -\frac{\Delta H_{증발}}{RT_1} - \left(-\frac{\Delta H_{증발}}{RT_2}\right) = \frac{\Delta H_{증발}}{R}\left(\frac{1}{T_2} - \frac{1}{T_1}\right)$$

결국

$$\ln \frac{P_1}{P_2} = \frac{\Delta H_{증발}}{R}\left(\frac{1}{T_2} - \frac{1}{T_1}\right) \qquad \text{식 12.4}$$

예제 12.1에서 식 12.4를 어떻게 이용하는지 알아본다.

## 예제 12.1

다이에틸 에테는 휘발성이 있고 인화성이 매우 큰 유기 액체로, 오늘날에는 주로 용매로 사용한다. (19세기에는 마취제로, 20세기 초에 금지되기 전까지는 오락용 도취제로 사용되었다.) 다이에틸 에터의 증기압은 18℃에서 401 mmHg이고 몰증발열은 26 kJ/mol이다. 32℃에서 증기압을 계산하시오.

**전략** $T_1$에서 증기압 $P_1$을 식 12.4에 대입하여 다른 온도에서의 증기압 $P_2$를 계산한다.

$$\ln \frac{P_1}{P_2} = \frac{\Delta H_{증발}}{R}\left(\frac{1}{T_2} - \frac{1}{T_1}\right)$$

**계획** 온도는 반드시 K 단위로 써야 한다. $T_1 = 291.15$ K, $T_2 = 305.15$ K이다. 몰증발열이 kJ/mol이므로 $R$과 상쇄시킬 수 있도록 J/mol로 바꿔 준다: $\Delta H_{증발} = 2.6 \times 10^4$ J/mol. $\ln x$의 역함수는 $e^x$이다.

**풀이**

$$\ln \frac{P_1}{P_2} = \frac{2.6 \times 10^4 \text{ J/mol}}{8.314 \text{ J/K} \cdot \text{mol}}\left(\frac{1}{305.15 \text{ K}} - \frac{1}{291.15 \text{ K}}\right) = -0.4928$$

$$\frac{P_1}{P_2} = e^{-0.4928} = 0.6109$$

$$\frac{P_1}{0.6109} = P_2$$

$$P_2 = \frac{401 \text{ mmHg}}{0.6109} = 6.6 \times 10^2 \text{ mmHg}$$

### 생각해 보기

$P_1$과 $P_2$ 또는 $T_1$과 $T_2$를 바꿔 계산하는 실수를 하기 쉽다. 높은 온도에서 증기압이 더 높은지 확인해 보면 실수를 줄일 수 있다.

**유제 1** 어떤 액체의 온도를 85°C에서 95°C까지 올렸더니 증기압이 두 배가 되었다. 이 액체의 몰증발열을 추정하시오. 85°C 증기압의 5배가 되는 온도는 얼마인가?

**유제 2** 상온에서 어떤 계의 모습을 가장 왼쪽에 나타냈다. (액체 위쪽에는 공기와 이 물질의 증기가 채워져 있다. 피스톤은 움직일 수 있어서 용기 내부 압력이 대기압과 같게 유지된다.) 온도를 높였을 때 계의 모습을 나타낸 것은 다음 그림[(i)~(v)] 중 어느 것인가?

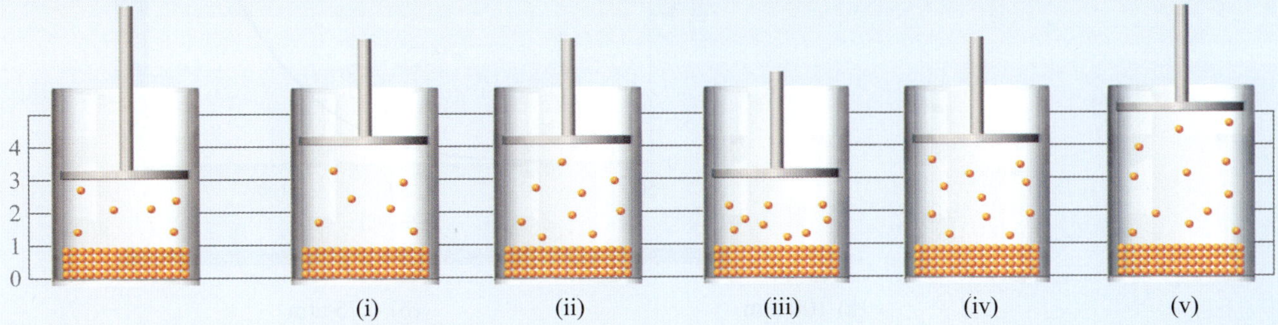


## 끓는점

온도를 높이면 액체의 증기압이 커지는데, 증기압이 외부 압력에 도달하면 액체가 끓는다. 물질의 증기압이 외부 대기압과 같아지는 온도를 그 물질의 **끓는점**(boiling point)으로 정의한다. 그러므로 끓는점은 외부 압력에 따라 다르다. 예를 들어, 산꼭대기는 해수면보다 대기압이 낮으므로, 물(그리고 모든 액체)의 증기압이 외부 압력과 같아지는 온도가 더 낮다. 따라서 산꼭대기에서 끓는점은 해수면보다 낮다. 이 절에서 서술한 다른 성질과 마찬가지로, 끓는점도 분자간 힘의 세기에 따라 다르다. 분자간 인력이 강할수록 끓는점이 높다.

**참조**

액체의 증기압이 1 atm인 온도를 정상 끓는점(normal boiling point)이라고 한다.

## 12.2절 복습

**액체의 성질**

**12.2.1** 다이에틸 에터의 증기압이 250 mmHg가 되는 온도는 얼마인가? 18°C에서 증기압과 $\Delta H_{증발}$은 예제 12.1을 이용하시오.

(a) 5.6°C (b) 280°C
(c) 17°C (d) 6.5°C
(e) −270°C

**12.2.2** $C_6F_6$의 $\Delta H_{증발}$을 계산하시오. 증기압은 300 K에서 92.47 mmHg, 320 K에서 225.1 mmHg이다.

(a) 208 kJ/mol (b) 411 kJ/mol
(c) 16.4 kJ/mol (d) 10.3 kJ/mol
(e) 35.5 kJ/mol

**12.2.3** 다음 그래프를 보고 100°C에서 증기압을 추정하시오.

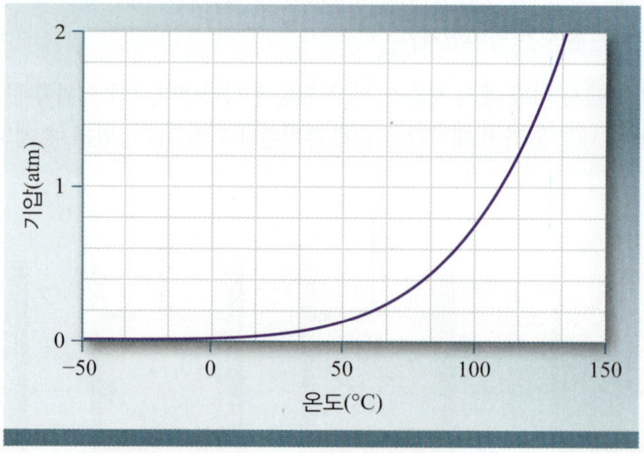


(a) 100 atm (b) 0.75 atm
(c) 1.00 atm (d) 110 atm
(e) 1.50 atm

**12.2.4** 문제 12.2.3 그래프를 이용하여 이 액체의 $\Delta H_{증발}$을 추정하시오.

(a) 15 kJ/mol (b) 35 kJ/mol
(c) 55 kJ/mol (d) 75 kJ/mol
(e) 95 kJ/mol

# 12.3 고체의 성질

액체와 마찬가지로, 녹는점과 증기압 등 **고체**(solid)의 중요한 물리적 성질들은 분자간 힘의 세기에 영향을 받는다. 또한 고체는 비결정질과 결정질 두 종류로 나눌 수 있고, 그 성질 또한 분자간 힘의 영향을 받는다.

## 녹는점

고체의 **녹는점**(melting point)은 고체를 구성하는 개별 입자(분자, 원자 또는 이온)들이 고정된 위치에서 벗어나 흐를 수 있게 되는 온도이다. 녹는점에서는 고체와 액체 상태가 평형을 이루며 공존한다. 분자간 힘이 강한 고체는 더 높은 온도에서 녹는다. 그림 12.9에는 4A에서 7A족까지 이성분 수소 화합물(그림 7.5에서 수소 결합이 끓는점에 미치는 영향을 알아보기 위해 쓰였던 같은 화합물들)의 녹는점을 나타냈다. 녹는점과 끓는점은 모두 인력의 세기에 영향을 받으므로 두 경향은 거의 같다.

일반적으로, 1) 크기가 큰 분자가 작은 분자보다 분자간 인력이 더 크고, 2) (크기가 비슷하면) 극성 분자간 인력이 비극성 분자간 인력보다 크고, 3) 수소 결합을 할 수 있는 분자간 인력이 그렇지 않은 비슷한 크기의 분자간 인력보다 크다. 그리고 4) 이온–이온 상호

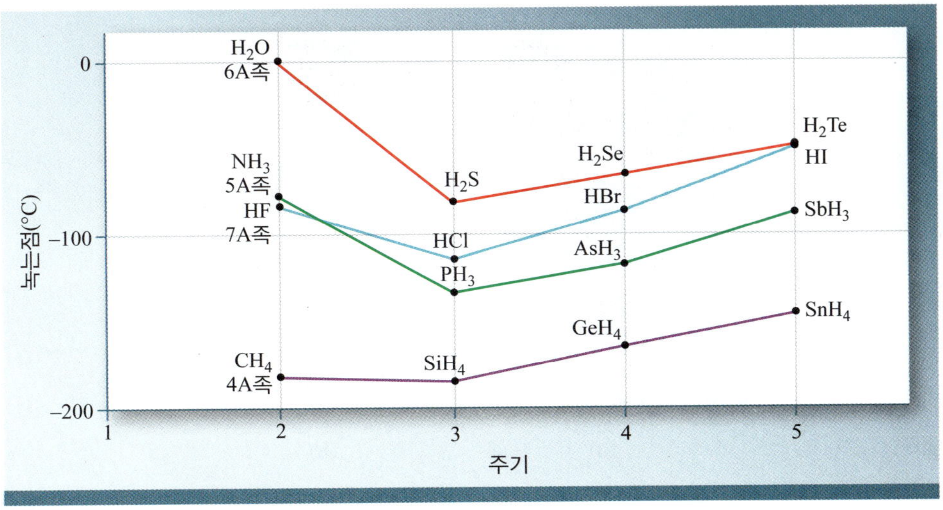


**그림 12.9** 4A부터 7A족 원소의 수소 화합물의 녹는점. 끓는점과 마찬가지로, 같은 족에서는 분자량이 클수록 녹는점이 높다(3, 4, 5주기). 수소 결합을 하는 화합물(N−H, O−H, F−H를 가진 화합물)은 분자간 힘의 세기가 커서 일반적인 경향보다 녹는점이 높다.

작용은 다른 분자간 상호 작용들보다 훨씬 더 크다. 몰질량과 비슷한 크기의 분자간 힘의 종류에 따라 물질의 녹는점이 어떻게 다른지 표 12.2에 정리했다.

## 고체의 증기압

액체처럼 고체도 고유 증기압이 있고 분자간 힘에 따라 다르다. 고체 내 분자들은 액체보다 더 강하게 붙들려 있기 때문에 어떤 물질의 고체 증기압은 액체 증기압에 비해 훨씬 낮다.

상온에서 고체는 보통 증기압이 매우 작으며 때로는 측정하기 어려울 정도로 작을 때도 있다. 하지만 예외도 있다. 증기압이 뚜렷한 고체 몇 가지를 그림 12.10에 나타냈다. 타르처럼 자극적인 냄새가 나는 나프탈렌[그림 12.10(a)]은 증기압을 관찰할 수 있다(상온에서 0.1 mmHg 수준). 나프탈렌($C_{10}H_8$)은 한때 소독제와 살충제로 널리 쓰였으나, 사람과 동물에 덜 유해한 다른 화합물로 대체되고 있다. 아이오딘[그림 12.10(b)] 증기는 눈에 보인다.

**표 12.2 분자간 힘과 녹는점**

| 물질 | $\mathscr{M}$(g/mol) | 분자간 힘 | 녹는점(°C) |
|---|---|---|---|
| He | 4.003 | 분산력 | −272.2 |
| $H_2O$ | 18.02 | 분산력, 쌍극자−쌍극자, 수소 결합 | 0 |
| HF | 20.01 | 분산력, 쌍극자−쌍극자, 수소 결합 | −83.6 |
| LiF | 25.94 | 분산력, 이온−이온 | 845 |
| HCl | 36.46 | 분산력, 쌍극자−쌍극자 | −114.2 |
| $F_2$ | 38.00 | 분산력 | −219.6 |
| Ar | 39.95 | 분산력 | −189.3 |
| NaCl | 58.44 | 분산력, 이온−이온 | 801 |
| KI | 166.0 | 분산력, 이온−이온 | 680 |
| $C_6H_{12}O_6$(과당) | 180.2 | 분산력, 쌍극자−쌍극자, 수소 결합 | 103 |
| $C_{12}H_{22}O_{11}$(설탕) | 342.3 | 분산력, 쌍극자−쌍극자, 수소 결합 | 186 |

(a) (b)

**그림 12.10** (a) 나프탈렌으로 만든 좀약을 오래전부터 사용했다. 옷장에 넣어두면 좀벌레와 애벌레를 박멸하여 옷, 이불, 기타 섬유 제품들을 해충으로부터 보호한다. (b) 고체 아이오딘은 증기압이 상대적으로 높고, 증기가 눈에 보인다.

## 비결정성 고체

고체 대부분은 원자, 분자 또는 이온이 3차원에서 규칙적으로 배열되어 있고, 이런 물질을 **결정성**(crystalline)이라고 한다. 결정성은 특히 안정하기 때문에 고체 대부분은 결정성이다. (뒤에 결정성 고체를 간략하게 공부한다.) 하지만 특이한 조건(액체를 빨리 냉각시킬 때 등)에서 고체가 만들어지면, 원자나 분자가 규칙적인 결정 위치로 이동할 시간이 부족하여 제자리에서 굳어버린다. 이렇게 만들어진 물질을 **비결정성 고체**(amorphous solid)라고 한다.

유리는 대표적인 비결정성 고체로, 매우 다양하고 유용하게 이용된다. 기원전 1000년에도 유리 제품을 썼을 만큼 오래된 물질이기도 하다. **유리**(glass)는 보통 광학적으로 투명한 무기물 융합 생성물을 가리키며, 냉각하면 결정화 과정 없이 딱딱한 상태가 된다. 여기서 융합은 유리가 형성되는 과정을 가리킨다. 이 과정에서 주 성분인 이산화 규소(silicon dioxide, $SiO_2$) 용융액에 색깔과 다른 성질을 얻기 위해 산화 소듐($Na_2O$), 산화 붕소($B_2O_3$), 전이 금속의 산화물 등을 섞어서 만든다.

오늘날 일반적으로 사용하는 유리는 수백 종류나 된다. 결정성 석영과 비결정성 석영 유

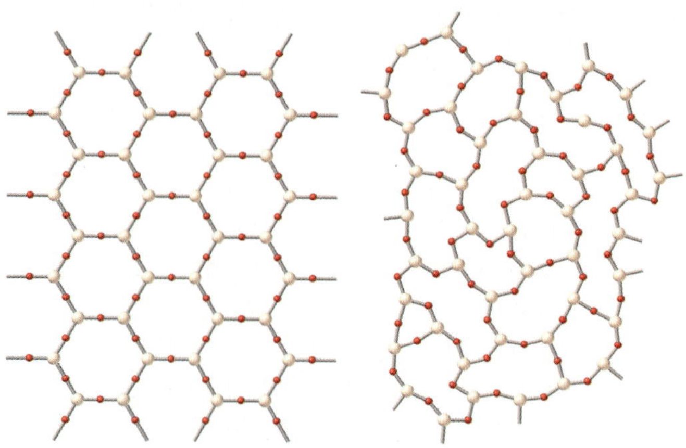

(a) (b)

**그림 12.11** (a) 결정성 석영과 (b) 비결정성 유리. 원래 구조는 3차원이지만 알아보기 쉽게 2차원으로 나타냈다. 흰 공은 Si, 빨간 공은 O이다. Si에는 각각 O 네 개가 정사면체 방향으로 붙어 있다.

**표 12.3 유리의 종류와 성질**

| | | |
|---|---|---|
| 순수한 석영 유리 | 100% $SiO_2$ | 열 팽창률이 낮다. 넓은 범위의 파장을 투과시킨다. 광학 연구에 이용 |
| 파이렉스(Pyrex) 유리 | 60~80% $SiO_2$<br>10~25% $B_2O_3$<br>약간의 $Al_2O_3$ | 열 팽창률이 낮다. 가시광선과 적외선을 투과시키나 자외선은 투과시키지 못한다. 취사 용기나 실험실 유리 기구에 이용 |
| 소다석회 유리 | 75% $SiO_2$<br>15% $Na_2O$<br>10% CaO | 화학 물질에 쉽게 반응하며 열 충격에 민감하다. 가시광선을 투과시키나 자외선은 흡수한다. 유리 창이나 병에 이용 |

리의 2차원 모식도를 그림 12.11에 나타냈다. 석영, 파이렉스(Pyrex), 소다 석회 유리의 조성과 성질을 표 12.3에 나열했다. 어떤 금속(주로 전이 금속) 산화물이 들어 있느냐에 따라 유리의 색깔이 크게 다르다. 예를 들면, 초록색 유리에는 산화 철(III)[iron(III) oxide, $Fe_2O_3$] 또는 산화 구리(II)[copper(II) oxide, CuO]가, 노란색 유리에는 산화 우라늄(IV)[uranium (IV) oxide, $UO_2$]가, 파란색 유리에는 산화 코발트(II)[cobalt(II) oxide, CoO]와 산화 구리(II)[copper(II) oxide, CuO]가, 빨간색 유리에는 금과 구리의 작은 입자가 들어 있다.

## 결정성 고체

**결정성 고체**(crystalline solid)는 엄격하고 넓은 영역에 걸친 질서를 가진다. 다시 말해 원자, 분자, 또는 이온들이 특정한 위치에 놓여 있다. 결정성 고체의 입자 배열을 **격자 구조**(lattice structure)라고 하는데, 이는 입자의 크기와 성질에 따라 다르다. 결정을 안정화시키는 힘에는 이온 간 힘, 공유 결합, 반데르발스 힘, 수소 결합 등이 있으며 이들이 복합적으로 작용할 수도 있다.

### 단위 세포

결정성 고체에서 반복되는 기본 구조 단위를 **단위 세포**(unit cell)라고 한다. 그림 12.12에 3차원 단위 세포와 확장된 격자를 나타내었다. 구 하나하나는 원자, 이온 또는 분자를 나타내며 이를 **격자점**(lattice point)이라고 한다. 논의를 명확히 하기 위해서 이 절에서는 각 격자점에 원자가 놓인 금속 결정만 논의한다.

모든 결정성 고체는 7종류의 단위 세포 중 하나로 설명할 수 있다(그림 12.13). 입방 단위 세포는 모든 변과 모든 각이 동일하기 때문에 기하학적 구조가 매우 간단하다. 단위 세포가 3차원 공간으로 반복되어 결정성 고체의 격자 구조를 이룬다.

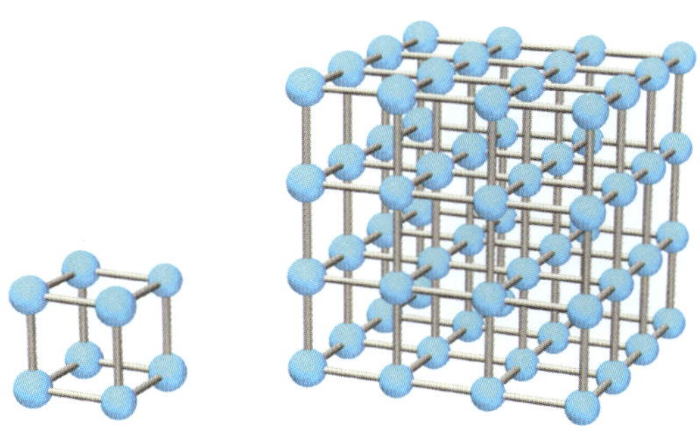

(a) (b)

**그림 12.12** (a) 단위 세포 하나와 (b) 수많은 단위 세포가 3차원상에 늘어서 있다. 구 하나하나는 격자점이다(원자, 분자, 또는 이온).

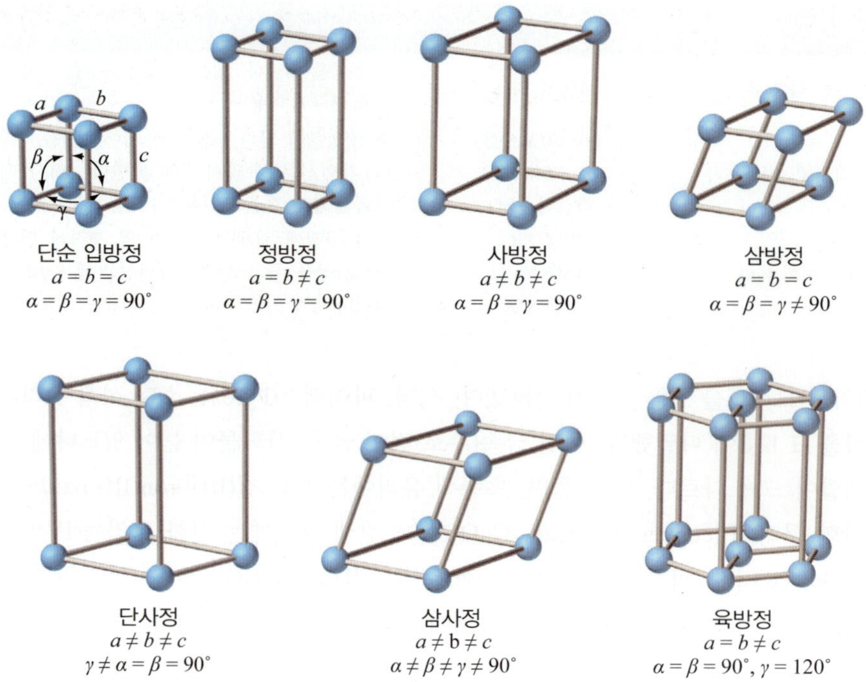


**그림 12.13** 7가지 단위 세포. 각 $\alpha$는 변 $b$와 $c$, 각 $\beta$는 변 $a$와 $c$, 각 $\gamma$는 변 $a$와 $b$ 사이로 정의한다.

### 구의 쌓임

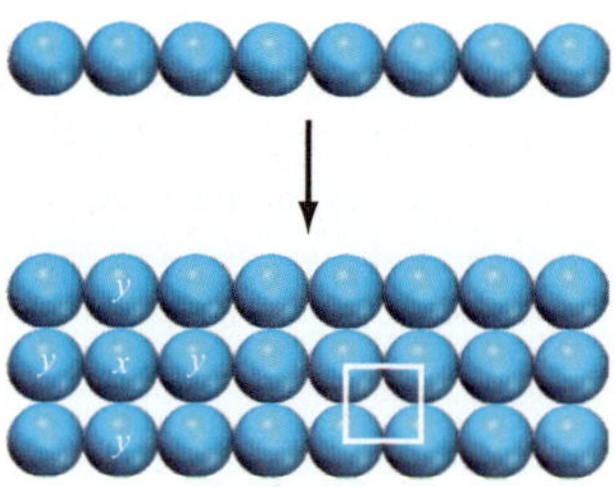


정렬된 3차원 구조를 만드는 서로 다른 쌓임 방식을 고려해 보면, 결정 형성을 위한 기하학적 요건을 이해할 수 있다. 원자가 층층이 배열되는 방식에 따라 단위 세포의 종류가 결정된다.

고체의 3차원 구조를 이해하기 위해 먼저 원자가 1차원으로 나열된 **열**(row)을 생각해 보자. 열로 2차원 **면**(plane)을 만드는 가장 간단한 방법은 한 열 바로 위아래에 다른 열을 쌓는 것이다. 이러한 2차원 쌓임을 **정사각 쌓임**(square packing)이라고 하고, 단위 세포는 정사각형이다. "$x$" 표시한 원자에 이웃 원자("$y$" 표시) 네 개가 직접 접한다.

정사각 쌓임 배열을 3차원 구조로 만드는 가장 간단한 방법은 층 위아래에 다른 층을 놓아 원자가 위아래로 맞닿게 배열하는 것이다[그림 12.14(a)]. 이제 "$x$" 표시한 원자는 다른

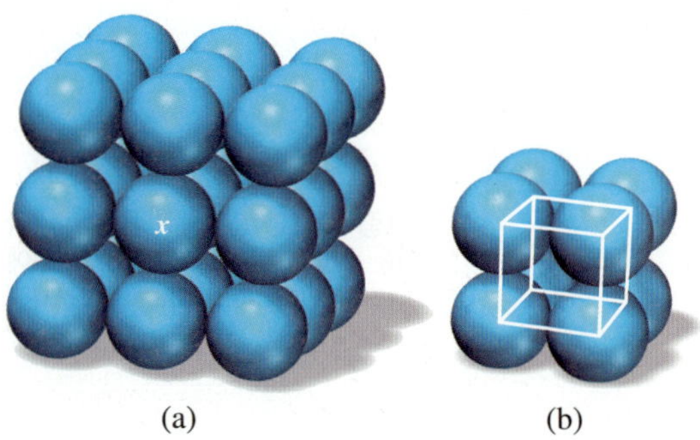


**그림 12.14** 동일한 원자가 단순 입방 세포로 배열되어 있다. (a) 정사각 쌓임 배열을 세 겹 쌓은 모습 (b) 단순 입방 세포의 정의

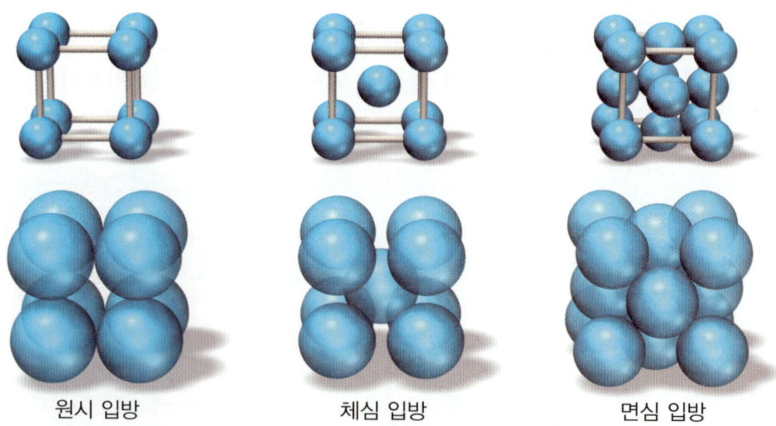


**그림 12.15** 세 가지 입방 세포. 위쪽 그림을 보면 격자점 위치를 알기 쉽다. 아래 그림에는 구가 서로 접하고 있는 모습을 실제에 가깝게 나타냈다.

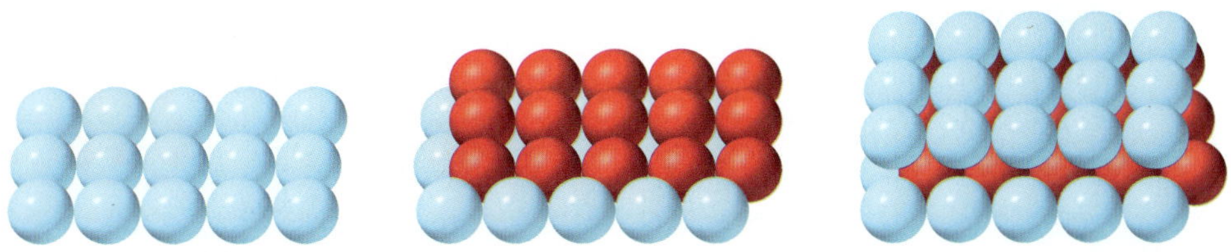

그림 12.16 체심 입방 배열에서는 원자들이 아래층의 오목한 부분에 자리한다.

원자 6개(같은 층에 4개, 위층에 1개, 아래층에 1개)와 접한다. 바로 이웃한(최인접) 원자가 6개이므로 배위수는 6이다. **배위수**(coordination number)는 결정성 격자에서 한 원자를 둘러싼 원자의 개수를 말한다. 배위수 값은 원자가 얼마나 빽빽하게 채워져 있는지를 나타내며, 배위수가 큰 것이 더 조밀하다. 이 배열에서 반복되는 기본 단위를 **단순 입방 세포**(simple cubic cell, scc)[그림 12.14(b)]라고 한다.

참조

단순 입방 세포는 원시 입방 세포(primitive cubic cell)라고도 한다.

다른 입방 세포는 그림 12.15에 나타낸 **체심 입방 세포**(body−centered cubic cell, bcc)와 **면심 입방 세포**(face−centered cubic cell, fcc)이다. 체심 입방체는 단순 입방체와 달리, 두 번째 층은 첫 번째 층의 오목한 부분에, 세 번째 층은 두 번째 층의 오목한 부분에 들어 맞게 배열된다(그림 12.16).

bcc 구조는 배위수가 8(위층 원자 4개, 아래층 원자 4개와 접함)이다. 면심 입방 세포에서 원자는 꼭지점에 8개, 면 중심에 6개 위치하며, 배위수는 12(같은 층 4개, 위층 4개, 아래층 4개 원자와 접함)이다.

결정성 고체의 모든 단위 세포는 인접한 다른 단위 세포와 원자를 공유한다.(체심 입방 세포 중심에 있는 원자는 예외이다). 예를 들어, 입방 세포는 단위 세포 8개가 꼭짓점 원자 1개를 공유한다[그림 12.17(a)]. 한편, 단위 세포 4개가 변에 자리한 원자 1개를 공유하고[그림 12.17(b)], 단위 세포 2개가 면심 원자 하나를 공유한다[그림 12.17(c)]. 단순 입방 세포에는 꼭짓점에만 격자점이 있고, 단위 세포 8개가 꼭짓점 원자를 공유하므로, 단순 입방 세포 하나에는 완전한 원자 1개만 들어 있다(그림 12.18). 체심 입방 세포는 중심 원자가 1개, 꼭짓점 원자가 8개이므로 완전한 원자 2개가 들어 있다. 면심 입방 세포는 완전한 원자 4개(면 원자 6개로부터 3개, 꼭짓점 원자 8개로부터 1개)가 들어 있다.

### 조밀 쌓임

단순 입방 세포와 체심 입방 세포는 면심 입방 세포보다 빈 공간이 더 많다. 조밀 쌓임은 가장 효율적인 원자 배열로, 2차원에서는 그림 12.19(a)에 나타낸 구조(층 A라 하자)이다.

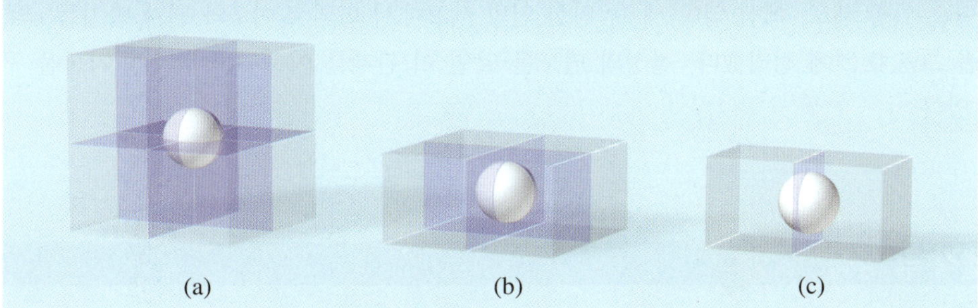


그림 12.17 (a) 단위 세포 8개가 꼭짓점 원자를 공유한다. (b) 단위 세포 4개가 변에 있는 원자를 공유한다. (c) 단위 세포 2개가 면심 원자를 공유한다.

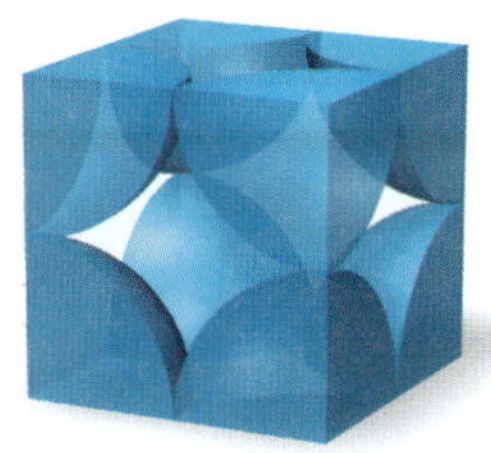

그림 12.18 입방체에는 꼭짓점이 8개 있고, 구 하나를 단위 세포 8개가 공유한다. 따라서 단순 입방 단위 세포 하나에는 완전한 구 1개가 들어 있는 셈이다.

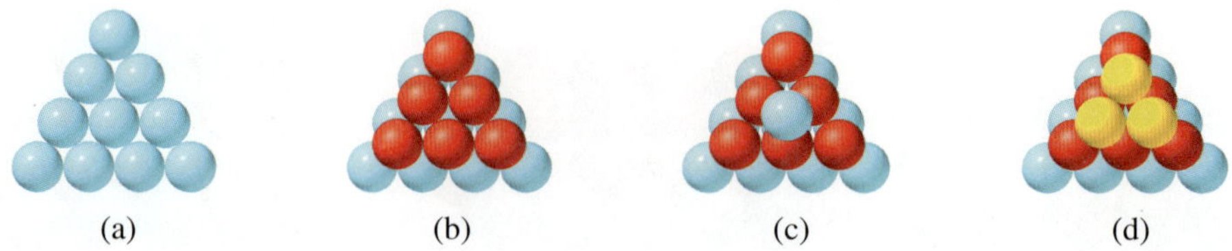

**그림 12.19** (a) 조밀 쌓임의 한 층에서 구 하나는 다른 구 6개와 접한다. (b) 둘째 층 원자는 첫째 층의 홈에 놓인다. (c) 육방 조밀 쌓임 구조에서 셋째 층 원자는 첫째 층 원자 위쪽에 놓인다. (d) 입방 조밀 쌓임 구조에서 셋째 층 원자는 첫째 층의 오목한 홈 위쪽에 놓인다.

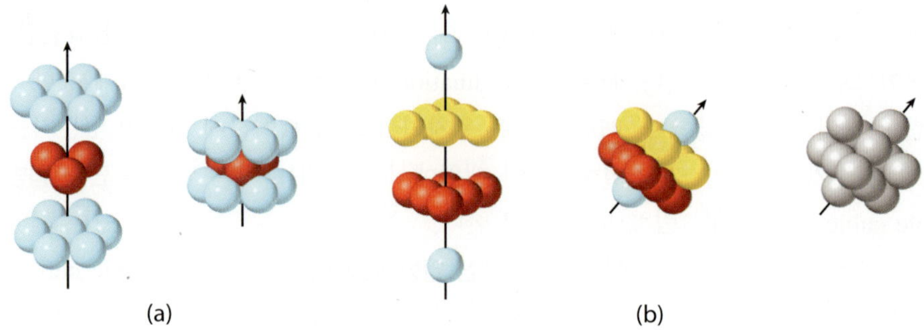

**그림 12.20** (a) 육방 조밀 쌓임 구조의 분해도와 (b) 입방 조밀 쌓임 구조의 분해도. 면심 입방 단위 세포를 명확하게 나타내기 위해 그림을 기울여 그렸다. 면심 단위 세포와 같음을 주목하자.

다른 원자에 의해 완전히 둘러싸인 원자를 보면 같은 층에서 최인접 원자가 6개임을 알 수 있다. 둘째 층(층 B라 하자)은 첫째 층의 홈에 원자들이 위치한다. 따라서 모든 원자들이 서로 최대한 가까이 놓여있다[그림 12.19(b)].

셋째 층을 놓을 수 있는 방법은 두 가지이다. 둘째 층의 홈 중 첫째 층 원자 위쪽에 셋째 층 원자를 놓을 수 있고[그림 12.19(c)] 여기서는 셋째 층 역시 층 A라고 한다. 또는 둘째 층의 홈 중 첫째 층 원자와 포개지지 않는 곳에 셋째 층 원자를 놓을 수도 있다[그림 12.19(d)]. 이때는 셋째 층을 층 C라고 한다.

그림 12.20은 두 배열의 분해도이다. ABA 배열[그림 12.20(a)]은 **육방 조밀 쌓임 구조**(hexagonal close-packed(hcp) structure)라고 한다. ABC 배열[그림 12.20(b)]은 **입방 조밀 쌓임 구조**(cubic close-packing(ccp) structure)라 하며, 이것은 앞서 언급한 면심 입방체에 해당한다. 위에서 볼 때, hcp 구조에서는 원자가 두 층마다 동일한 위치에 놓이는(ABABAB⋯) 반면, ccp 구조에서는 원자가 네 층마다 동일한 위치에 놓인다(ABCABCA⋯.). 두 구조 모두 배위수는 12(같은 층 6개, 위층 3개, 아래층 3개와 접함)이다. hcp와 ccp는 모두 단위 세포에 동종 원자를 채울 수 있는 가장 효율적인 방식이며, 배위수는 12를 넘을 수 없다.

많은 금속의 결정 구조가 hcp 또는 ccp이다. 예를 들어, 마그네슘, 타이타늄, 아연 등은 원자들이 hcp 구조로, 알루미늄, 니켈, 은은 ccp 구조로 결정화한다. 물질은 고체의 안정성이 가장 큰 구조로 결정화한다.

**참조**

단원자 분자인 비활성 기체들은 hcp 구조인 헬륨을 제외하고는 모두 ccp 구조로 결정화한다.

단순 입방 세포, 체심 입방 세포, 면심 입방 세포에서 변의 길이 $a$와 원자 반지름 $r$의 관계를 그림 12.21에 정리했다. 결정의 밀도를 알면 이 관계를 이용하여 원자 반지름을 구할 수 있다.

## 생각 밖 상식

### X선 회절

결정 구조에 대한 거의 모든 정보는 X선 회절 연구로부터 얻는다. **X선 회절**(X-ray

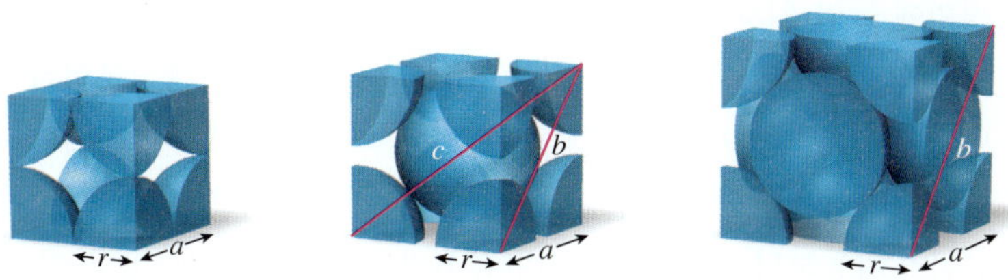


scc

$a = 2r$

(a)

bcc

$$b^2 = a^2 + a^2$$
$$c^2 = a^2 + b^2 = 3a^2$$
$$c = \sqrt{3}a = 4r$$
$$a = \frac{4r}{\sqrt{3}}$$

(b)

fcc

$$b = 4r$$
$$b^2 = a^2 + a^2$$
$$16r^2 = 2a^2$$
$$a = \sqrt{8}r$$

(c)

**그림 12.21** 변의 길이($a$)와 원자 반지름($r$) 간의 관계. (a) 단순 입방 세포 (b) 체심 입방 세포 (c) 면심 입방 세포

diffraction)은 결정성 고체 격자에 의해 X선이 산란되는 현상이다. 산란, 혹은 **회절 무늬**(diffraction pattern)를 통해 고체 격자 내 입자 배열을 추론한다.

3.2절에서 파동의 간섭 현상을 알아보았다(그림 3.4 참조). X선은 전자기 복사(파동)이므로 적절한 조건에서 회절 현상이 나타난다. 1912년에 막스 폰 라우에(Max von Laue)[3]는 결정 격자점 사이의 거리가 X선 파장과 비슷하기 때문에 격자가 X선을 회절시킬 수 있다고 제안했다. X선 회절 무늬는 X선의 간섭 때문에 생긴다.

전형적인 X선 회절 장치를 그림으로 나타냈다. X선 빔이 결정에 도달하여 광자가 원자의 전자를 만나면 마치 가시광선이 거울에 반사되는 것처럼 입사된 복사선의 일부가 반사되는데, 이 과정을 X선의 산란이라 한다.

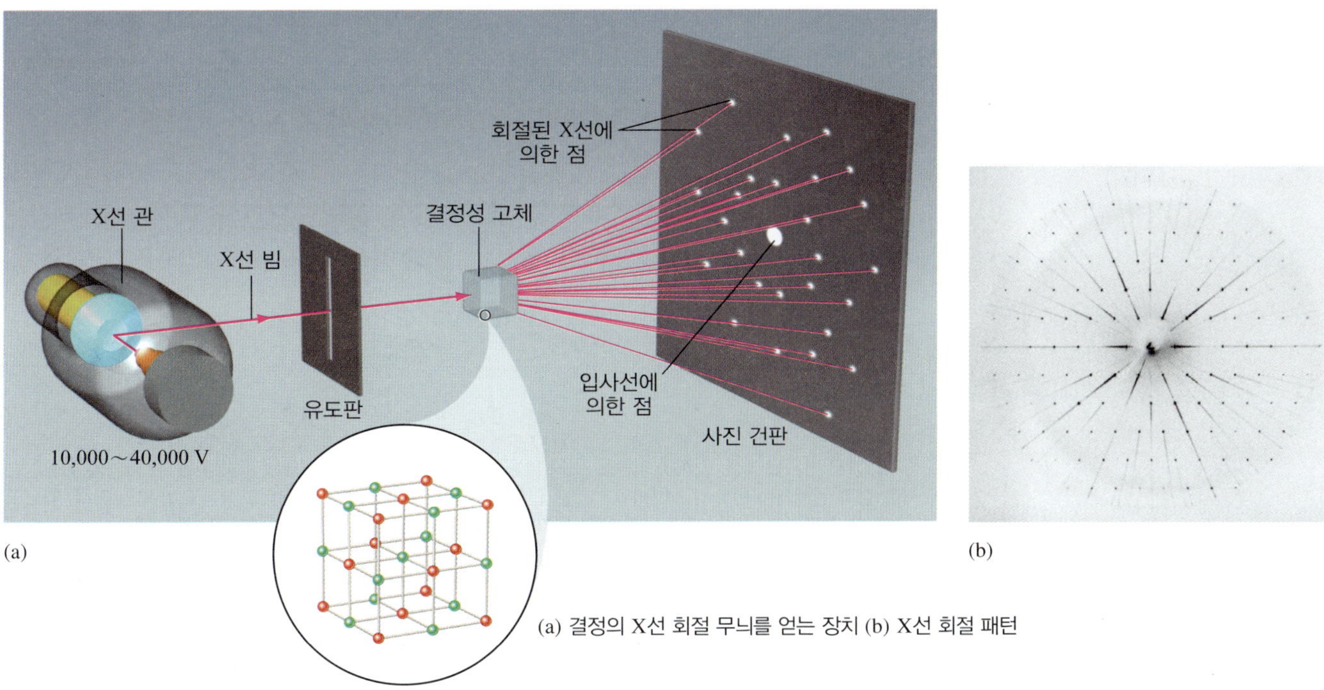


(a) 결정의 X선 회절 무늬를 얻는 장치 (b) X선 회절 패턴

3. 막스 폰 라우에(Max Theodor Felix von Laue, 1879~1960): 독일의 물리학자. X선 회절을 발견하여 1914년 노벨 물리학상을 받았다.

평행한 두 평면에 놓인 원자들에 의한 X선 산란을 생각하여 회절 무늬가 어떻게 나타나는지 이해해 보자(그림 참조). 처음 두 입사선은 서로 같은 위상이다. (동일한 지점에서 최대와 최소가 나타난다.) 위쪽 파동은 첫째 층 원자에 의해 산란(또는 반사)되지만, 아래쪽 파동은 둘째 층 원자에 의해 산란된다. 산란된 두 파동 역시 위상이 서로 같기 위해서는, 아래쪽 파동이 위쪽 파동보다 더 이동한 거리(점 B와 C 사이, 점 C와 D 사이 거리의 합)가 X선 파장($\lambda$)의 정수배가 되어야만 한다. 즉,

$$\mathrm{BC}+\mathrm{CD}=2d\sin\theta=n\lambda \qquad n=1,\ 2,\ 3\cdots$$

$\theta$는 X선과 결정 평면 사이의 각, $d$는 인접한 평면 사이의 거리를 나타낸다. 이 식은 윌리엄 브래그(William H. Bragg)와 윌리엄 브래그 경(Sir William L. Bragg)[4]의 이름을 따서 **브래그 식**(Bragg equation)이라 한다. 브래그 식을 만족하는 모든 $\theta$는 파동을 보강 간섭시키고, 보강된 파동은 사진 건판에 검은 점을 만들어 낸다.

X선 회절 기술은 고체에서 분자의 결합 길이와 결합각을 결정하는 데 가장 정밀한 방법이다. X선은 전자에 의해서 산란되기 때문에, 화학자들은 회절 패턴을 복잡한 수학을 통해 해석하여 전자 밀도의 등고선도(electron-density contour map)를 만들 수 있다. 전자 밀도의 등고선도를 보면 분자 내 여러 부분의 상대적인 전자 밀도를 알 수 있다. 원자의 중심 부근에서 전자 밀도가 최대이다. 이렇게 원자핵의 위치를 결정할 수 있고 나아가 분자의 기하학적 정보를 파악할 수 있다.

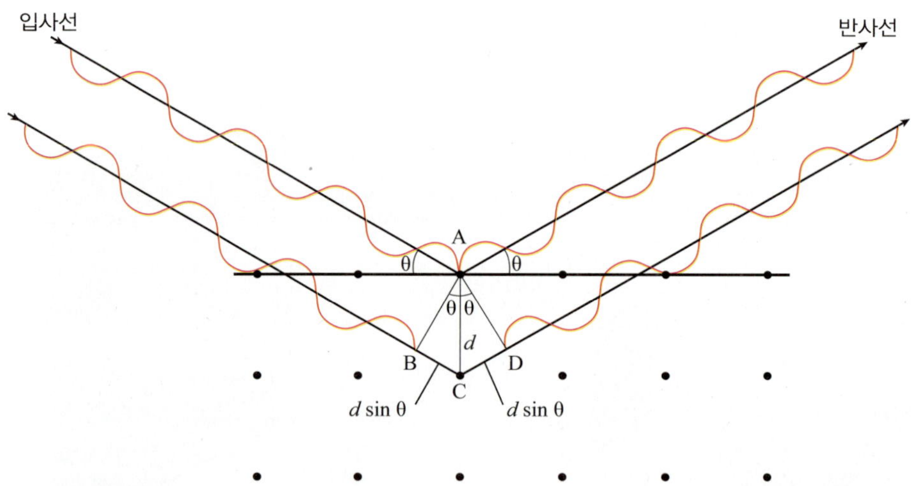


두 원자층에서 반사된 X선. 아래쪽 파동은 위쪽 파동보다 $2d\sin\theta$만큼 더 이동한다. 반사된 두 파동의 위상이 서로 같기 위해서는 반드시 $2d\sin\theta=n\lambda$를 만족해야 한다. $\lambda$는 X선의 파장이고 $n=1, 2, 3, \cdots$이다. 앞 장의 그림에 선명하게 나타난 점들은 평행한 원자층 수백 개로 구성된 거대한 결정에서만 관찰된다.

4. 윌리엄 브래그(William Henry Bragg, 1862~1942)와 윌리엄 브래그 경(Sir William Lawrence Bragg, 1890~1972): 영국의 물리학자. 아버지와 아들 모두 X선 결정학을 연구했다. 아들은 X선 회절에 관한 기본 방정식을 만들어 냈고, 둘은 1915년 노벨 물리학상을 공동 수상했다.

예제 12.2에서 금속의 단위 세포 종류, 세포 크기, 밀도 간의 관계를 알아본다.

## 예제 12.2

금은 입방 조밀 충전 구조(면심 입방 단위 세포)이고 밀도는 19.3 g/cm$^3$이다. 금(Au) 원자의 반지름을 옹스트롬(Å) 단위로 계산하시오.

**전략** 금의 밀도와 면심 입방 단위 세포 하나에 들어 있는 금의 질량을 이용하여, 단위 세포의 부피를 구한다. 부피를 이용하여 $a$ 값을 구하고 그림 12.21(c)를 이용하여 $r$을 구한다. 질량, 길이, 부피에 단위를 반드시 일관성 있게 사용해야 한다.

**계획** 면심 입방 단위 세포에는 총 4개의 원자가 들어 있다[면 원자 6개, 꼭짓점 원자 8개, 그림 12.21(c)]. $d=m/V$이고 $V=a^3$이다.

**풀이** 먼저 단위 세포 내에 들어 있는 금의 질량(g 단위로)을 구한다.

$$m=\frac{4\ \cancel{\text{원자}}}{\text{단위 세포}}\times\frac{1\ \cancel{\text{mol}}}{6.022\times10^{23}\ \cancel{\text{원자}}}\times\frac{197.0\ \text{g}\ \cancel{\text{Au}}}{1\ \cancel{\text{mol Au}}}=1.31\times10^{-21}\ \text{g/단위 세포}$$

단위 세포의 부피를 cm$^3$ 단위로 계산한다.

$$V=\frac{m}{d}=\frac{1.31\times10^{-21}\ \text{g}}{19.3\ \text{g/cm}^3}=6.78\times10^{-23}\ \text{cm}^3$$

부피와의 관계 $V=a^3$을 이용하여 단위 세포의 한 변 길이를 구한다.

$$a=\sqrt[3]{V}=\sqrt[3]{6.78\times10^{-23}\ \text{cm}^3}=4.08\times10^{-8}\ \text{cm}$$

그림 12.21(c)를 이용하여 금 원자의 반지름을 cm 단위로 구한다.

$$r=\frac{a}{\sqrt{8}}\times\frac{4.08\times10^{-8}\ \text{cm}}{\sqrt{8}}=1.44\times10^{-8}\ \text{cm}$$

마지막으로 cm를 Å으로 바꾼다.

$$1.44\times10^{-8}\ \text{cm}\times\frac{1\times10^{-2}\ \text{m}}{1\ \text{cm}}\times\frac{1\ \text{Å}}{1\times10^{-10}\ \text{m}}=1.44\ \text{Å}$$

### 생각해 보기

원자 반지름은 대략 1 Å 수준이다. 따라서 이 결과는 합리적이다.

**유제 1** 금속 소듐은 밀도가 0.971 g/cm$^3$이고 단위 세포 한 변 길이가 4.285 Å이다. 단위 세포가 단순, 체심, 면심 입방 중 어느 것인지 밝히시오.

**유제 2** 원을 서로 다른 방식으로 배열했다. 빨간색 사각형으로 나타낸 영역을 이용하여 각 배열에서 2차원 "밀도"(원이 덮은 면적과 사각형 면적의 비율)를 구하시오. 또 두 밀도의 비를 유효 숫자 두 자리까지 구하시오.

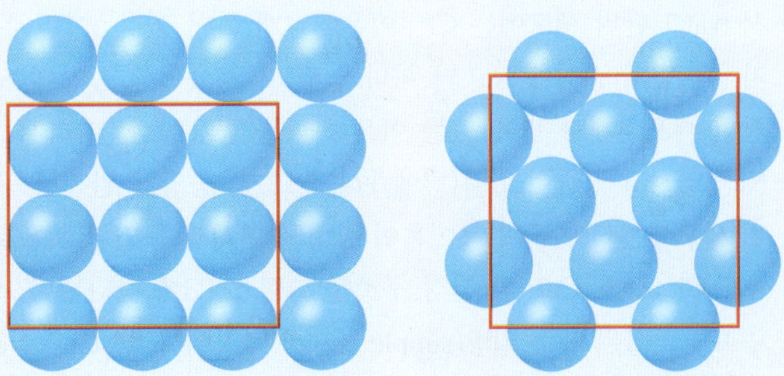

## 12.3절 복습

**결정 구조**

**12.3.1** 니켈은 면심 단위 세포이고 그 한 변의 길이가 352.4 pm이다. 밀도를 계산하시오.

(a) 2.227 g/cm³ (b) 4.455 g/cm³
(c) 38.99 g/cm³ (d) 8.908 g/cm³
(e) 11.14 g/cm³

**12.3.2** 어떤 금속이 한 변 길이가 $3.09 \times 10^{-8}$ cm인 체심 입방 단위 세포이고 밀도는 약 5.74 g/cm³이다. 원자량을 구하고 무슨 금속인지 추정하시오.

(a) 51 g/mol, V (b) 101 g/mol, Ru
(c) 27 g/mol, Al (d) 12 g/mol, C
(e) 204 g/mol, Tl

# 12.4 결정성 고체의 종류

녹는점, 밀도, 경도 등 결정성 고체의 구조와 성질은 입자를 붙들고 있는 힘의 종류에 따라 다르다. 결정은 이온성, 공유성, 분자성, 금속성 네 종류로 구별할 수 있다.

## 이온성 결정

> **참조**
> 단위 세포를 정의할 때 모든 격자점은 반드시 동일해야 한다. $Na^+$ 이온의 위치 또는 $Cl^-$의 위치를 이용하여 NaCl의 단위 세포를 정의한다.

양이온과 음이온이 쿨롱(Coulomb) 인력에 의해 서로 붙들려 이온성 결정을 이룬다. 음이온은 보통 양이온보다 상당히 크기 때문에[|◀◀ 4.6절], 화합물을 구성하는 이온의 상대적인 크기와 개수에 따라 고체 격자 내에 이온이 배열되는 방식이 달라진다. 그림 12.22에 나타낸 것과 같이 NaCl은 면심 입방 배열이다. 단위 세포, 전체 격자 내 이온의 위치를 전체적으로 살펴보자. $Na^+$와 $Cl^-$ 이온 모두 면심 입방 배열을 하고 있으며, 양이온 배열로 정의한 단위 세포가 음이온 배열로 정의한 단위 세포와 포개진다. 그림 12.22(a)에 나타낸 단위 세포를 자세히 살펴보자. $Cl^-$ 이온의 위치에 따라 이 단위 세포는 fcc이다. fcc 단위 세포는 4개의 구를 포함하고 있음을 떠올려 보자(면에 1/2구 6개, 꼭짓점에 1/8구 8개). 따라서 NaCl 단위 세포에는 $Cl^-$ 이온이 4개 들어 있다. 이번에는 $Na^+$ 이온의 위치를 살펴보자. 각 변의 중심에 $Na^+$가 하나씩 있고, 정육면체 중앙에 $Na^+$가 하나 더 있다. 12개이고 단위 세포 4개가 변에 있는 이온 하나를 공유한다. 따라서 그림 12.22(a)의 단위 세포에는 $Na^+$ 역시 4개 들어 있다(변에 1/4구 12개, 중앙에 완전한 구 1개). 이온 결합 화합물의 단위 세포에는 양이온과 음이온이 항상 실험식과 동일한 비율로 들어 있다

> **참조**
> CsCl 구조를 체심 입방이라고 흔히 잘못 말하곤 한다. 단위 세포를 정의할 때 격자점은 반드시 모두 동일해야 한다는 점을 기억하자. 이 그림에서는 격자점이 모두 $Cl^-$ 이온이다. CsCl은 단순 입방 단위 세포이다.

CsCl, ZnS, $CaF_2$의 결정 구조를 그림 12.23에 나타냈다. 염화 세슘(cesium chloride)[그림 12.23(a)]은 단순 입방(simple cubic) 격자이다. CsCl은 NaCl과 화학식이 같기는 하지만 $Cs^+$ 이온이 $Na^+$ 이온보다 훨씬 크기 때문에 NaCl과는 이온 배열 방식이 다르다. 황화 아

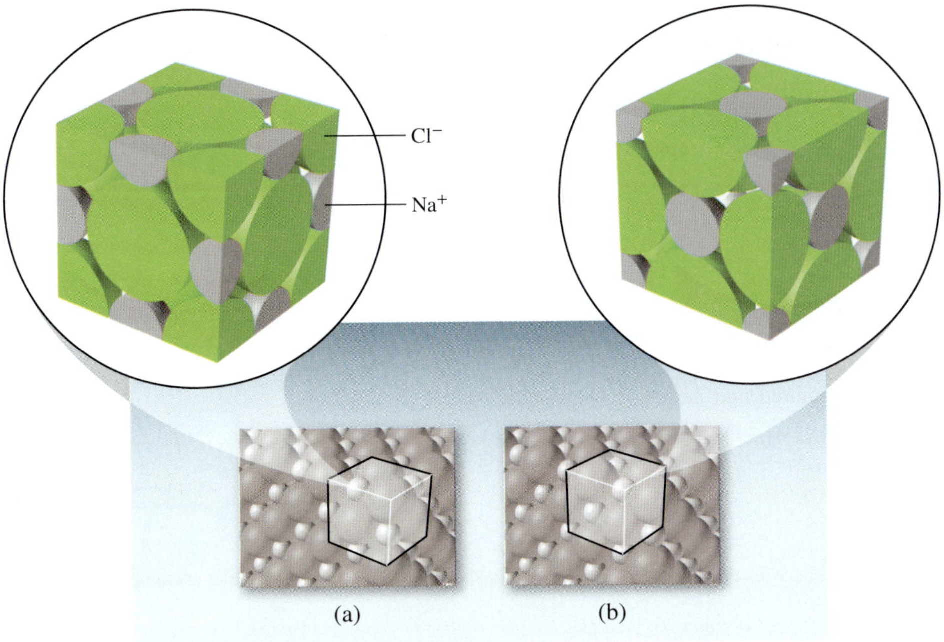


그림 12.22 (a) 음이온의 위치 또는 (b) 양이온의 위치 중 하나에 기반하여 이온 결합 화합물의 단위 세포를 정의할 수 있다.

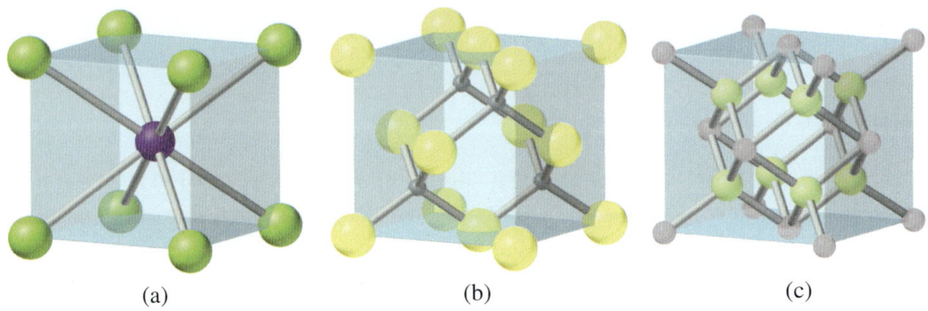


그림 12.23 (a) CsCl 결정 구조 (b) ZnS 결정 구조 (c) $CaF_2$ 결정 구조. 세 그림 모두 양이온을 작은 구로 나타냈다.

연(zinc sulfide)[그림 12.23(b)]은 면심 입방 세포에 기반한 **섬아연광**(zincblende) 구조이다. 격자점을 $S^{2-}$ 이온으로 보면, 더 작은 $Zn^{2+}$ 이온은 각 $S^{2-}$ 이온에 정사면체 방향으로 놓여 있다. CuCl, BeS, CdS, HgS 등도 섬아연광 구조이다. 플루오린화 칼슘(calcium fluoride)[그림 12.23(c)]은 **형석**(fluorite) 구조이다. 그림 12.23(c)에는 음이온이 아니라 양이온 위치를 기반으로 단위 세포를 나타냈다. $Ca^{2+}$ 이온이 격자점에 놓여 있고, $Ca^{2+}$ 4개가 $F^-$ 이온을 정사면체로 둘러싸고 있다. $SrF_2$, $BaF_2$, $BaCl_2$, $PbF_2$ 등도 형석 구조이다.

예제 12.3과 12.4에서 단위 세포 내 이온 개수, 그리고 이온 결정의 밀도를 어떻게 계산하는지 알아본다.

## 예제 12.3

ZnS 단위 세포에는 이온이 각각 몇 개 있는지 말하시오.

**전략** 이온의 위치에 근거하여 단위 세포에 얼만큼 들어 있는지 결정한다.

**계획** 그림 12.23을 보면, 단위 세포 안에 $Zn^{2+}$ 4개가 완전히 들어 있고 $S^{2-}$가 8 꼭짓점과 6 면에 있다. 내부(단위 세포 안쪽에 완전히 들어 있는) 이온은 1, 꼭짓점 이온은 각각 1/8, 면심 이온은 각각 1/2만큼 기여한다.

**풀이** ZnS 단위 세포에는 $Zn^{2+}$ 이온 4개(내부)와 $S^{2-}$ 이온 4개[$8\times 1/8$(꼭짓점)$+6\times 1/2$(면))가 있다.

### 생각해 보기

단위 세포 하나에 들어 있는 양이온과 음이온의 비가 그 화합물의 실험식과 일치하는지 확인한다.

**유제 1** 그림 12.23을 보고 CsCl 단위 세포 내 이온이 각각 몇 개인지 구하시오.

**유제 2** 어떤 가상의 변심 단위 세포(edge−centered unit cell)에서 음이온의 위치를 다음 그림으로 나타냈다. 양이온과 음이온의 비는 1:1이다. 단위 세포에 들어 있는 양이온과 음이온의 개수를 각각 구하시오.

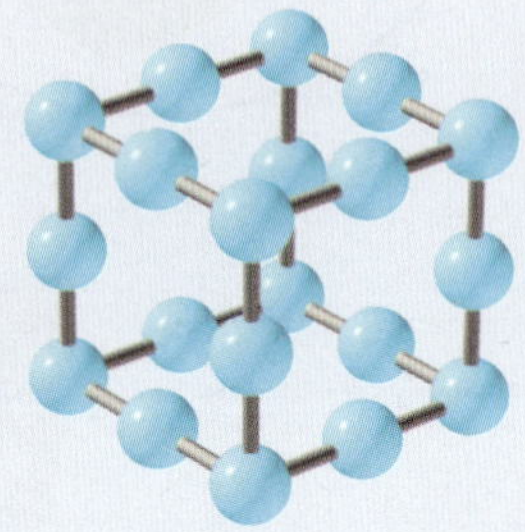

## 예제 12.4

NaCl 단위 세포의 한 변 길이가 564 pm이다. 밀도를 $g/cm^3$ 단위로 구하시오.

**전략** 단위 세포 내 $Na^+$와 $Cl^-$의 개수(각각 4개)를 이용하여 단위 세포의 질량을 구한다. 한 변 길이를 이용하여 부피를 계산한다. 밀도는 질량을 부피로 나눈다($d=m/V$). 단위에 유의한다.

**계획** $Na^+$와 $Cl^-$ 이온의 질량은 각각 22.99, 35.45 amu이다. amu를 g으로 바꿔주는 환산 계수는

$$\frac{1\ \text{g}}{6.022\times 10^{23}\ \text{amu}}$$

따라서 $Na^+$와 $Cl^-$의 질량은 각각 $3.818\times 10^{-23}$ g, $5.887\times 10^{-23}$ g이다. 단위 세포 길이는

$$564\ \text{pm}\times\frac{1\times 10^{-12}\ \text{m}}{1\ \text{pm}}\times\frac{1\ \text{cm}}{1\times 10^{-2}\ \text{m}}=5.64\times 10^{-8}\ \text{cm}$$

> **참조**
> 일원자 이온의 질량은 그 원자의 질량과 같게 처리한다. 여기서 전자의 질량은 중요하지 않다[◀◀ 2.2절, 표 2.1].

**풀이** 단위 세포의 질량은 $3.882\times 10^{-22}$ g($4\times 3.818\times 10^{-23}$ g$+4\times 5.887\times 10^{-23}$ g)이다. 단위 세포의 부피는 $1.794\times 10^{-22}\ \text{cm}^3$ [$(5.64\times 10^{-8}\ \text{cm})^3$]이다. 따라서 밀도는 다음과 같다.

$$d=\frac{3.882\times 10^{-22}\ \text{g}}{1.794\times 10^{-22}\ \text{cm}^3}=2.16\ \text{g/cm}^3$$

### 생각해 보기

소금 1 $cm^3$는 얼마나 무거울까? 이 유형의 문제에서는 단위 환산(특히 길이와 부피에 관련된) 실수를 곧잘 하게 되는데, 그러면 결과값의 차수가 크게 달라진다. 상식적으로 판단하여 계산한 답이 합리적인지 아닌지 추정할 수 있다. 예를 들어, 단순히 센티미터와 미터를 거꾸로 환산했을 때는 밀도가 $2.16\times 10^{12}\ \text{g/cm}^3$가 나올 것이다. 1 $cm^3$의 소금이 그렇게까지 무겁지 않다는 것을 알고 있다. (수십억 킬로그램씩이나 될 리가 없다.) 결과값이 합리적이지 않다면 다시 되짚어서 점검해 본다.

**유제 1** NiO도 면심 입방 배열을 하고 있다. 밀도가 6.67 $g/cm^3$일 때, 단위 세포 한 변 길이를 pm 단위로 계산하시오.

**유제 2** 어떤 이온 결합 화합물의 단위 세포가 그림 12.23(a)와 같을 때 밀도를 계산하시오. 양이온과 음이온의 반지름은 각각 167 pm, 180 pm이고, 질량은 각각 133 amu, 35.5 amu이다.

대부분의 이온 결정은 녹는점이 높은데, 이것은 이온들 간 응집력이 강하다는 것을 뜻한다. 이온성 결정의 안정성을 나타내는 척도는 격자 에너지[|◂◂ 5.3절]이고 격자 에너지가 큰 화합물이 더 안정하다. 이온성 고체는 이온들이 제자리에 고정되어 있어서 전기가 통하지 않는다. 하지만 용융된(녹은) 상태이거나 물에 녹아 있을 때는 이온들이 자유롭게 움직일 수 있기 때문에 전기가 통한다.

## 공유성 결정

공유성 결정은 원자들이 공유 결합으로 이어져 광범위한 3차원 네트워크를 구성한다. 대표적으로 탄소의 두 가지 동소체, 다이아몬드와 흑연이 있다. 다이아몬드의 모든 탄소 원자는 $sp^3$ 혼성화되어 다른 탄소 4개와 결합한다[그림 12.24(a)]. 강한 공유 결합으로 인해 경도가 뛰어나고(알려진 물질 중에 가장 단단하다) 녹는점도 매우 높다(3550°C). 흑연의 탄소 원자는 육각 고리로 배열되어 있다[그림 12.24(b)]. 모든 원자는 $sp^2$ 혼성화되어 다른 원자 3개와 결합한다. 혼성화되지 않고 남은 2*p* 오비탈은 파이 결합에 참여한다. 흑연의 원자층 하나하나는 벤젠과 비슷하게 비편재화된 분자 오비탈을 갖고 있다[|◂◂ 7.8절]. 원자층에 전체적으로 비편재화된 분자 오비탈을 전자들이 자유롭게 돌아다닐 수 있기 때문에, 원자층이 늘어선 방향으로 전기가 아주 잘 통한다. 원자층은 약한 반데르발스 힘으로 서로 붙들려 있다. 흑연도 공유 결합 때문에 매우 단단할 것 같지만, 원자층이 서로 미끄러질 수 있기 때문에 만지면 미끈거리며 윤활제로서도 효과적이다. 또한 연필의 "심"으로 쓰기도 한다.

석영($SiO_2$)도 공유성 결정이다. 규소 원자는 다이아몬드의 탄소 원자와 비슷한 배열을

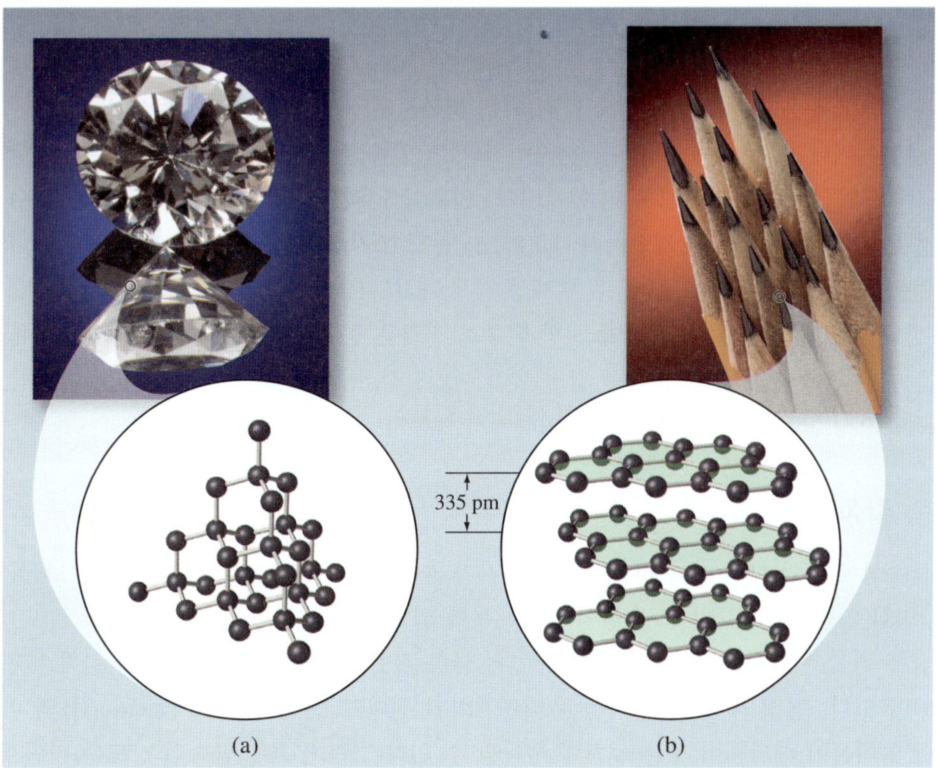


**그림 12.24** (a) 다이아몬드와 (b) 흑연의 구조. 다이아몬드의 탄소 원자는 다른 탄소 원자 4개와 정사면체 방향으로 결합함을 주목하자. 흑연의 탄소 원자는 다른 탄소 원자 3개와 삼각 평면 형태로 결합한다. 흑연의 층간 거리는 335 pm이다.

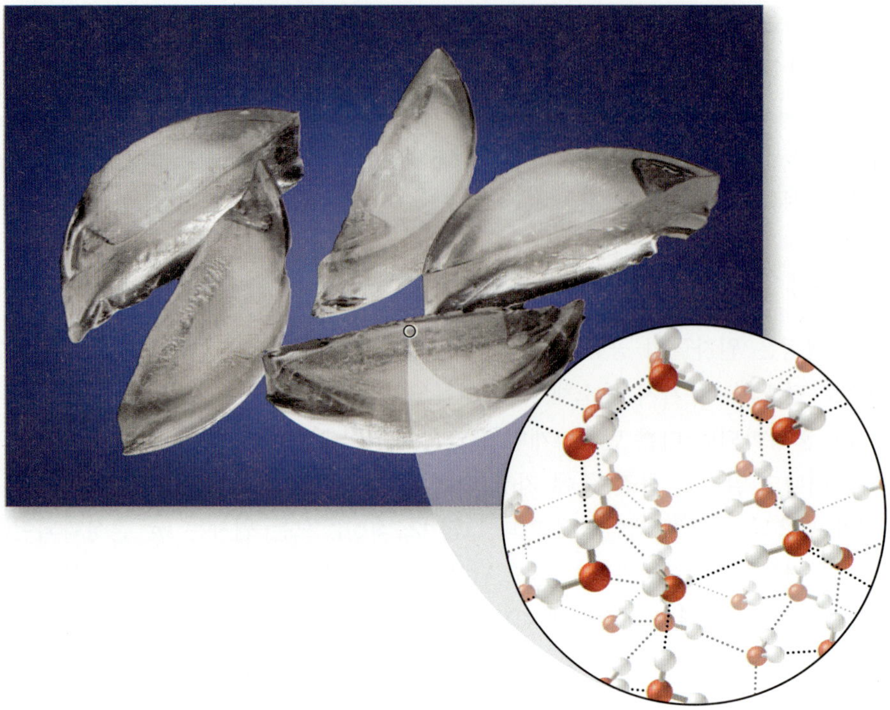

**그림 12.25** 물의 3차원 구조. 공유 결합은 짧은 실선으로, 그보다 상대적으로 약한 수소 결합은 O와 H 사이에 긴 점선으로 나타냈다. 얼음의 밀도가 물보다 낮은 이유는 얼음 구조의 빈 공간 때문이다.

하고 있고, 산소 원자 하나가 규소 원자 2개 사이에 놓여 있다. Si와 O 는 전기 음성도가 서로 다르므로 Si−O 결합은 극성이다. 그렇지만 $SiO_2$는 매우 딱딱하고 녹는점이 높은(1610°C) 등 다이아몬드와 유사한 점이 많다.

## 분자성 결정

분자성 결정은 분자가 격자점에 자리하며, 분자들 사이의 인력은 반데르발스 힘 또는 수소 결합이거나 둘 다일 수도 있다. 분자성 고체의 일종인 고체 이산화 황($SO_2$)은 분산력과 쌍극자−쌍극자 상호 작용이 주된 인력이다. 얼음이 3차원 격자(그림 12.25)를 유지할 수 있는 주된 힘은 분자간 수소 결합이다. $I_2$, $P_4$, $S_8$ 등도 분자성 결정이다.

얼음을 제외하고는, 일반적으로 분자성 결정 내 분자들은 분자의 크기와 모양이 허용하는 한 가까이 채워진다. 반데르발스 힘과 수소 결합은 공유 결합이나 이온 결합에 비해 보통은 매우 약하기 때문에, 분자성 결정은 이온성 결정, 공유성 결정보다 쉽게 분리된다. 실제로 분자성 고체들은 대부분 100°C 이하에서 녹는다.

## 금속 결정

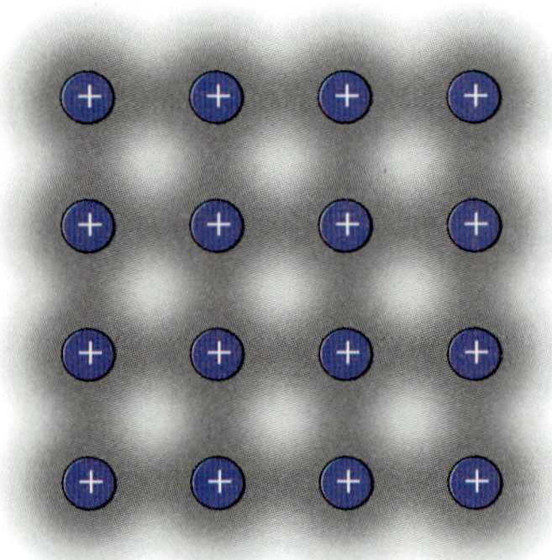

**그림 12.26** 금속성 결정의 단면. 원형 양전하는 금속 원자의 핵과 내부 전자들을 나타낸다. 금속 양이온을 둘러싼 회색 부분은 이동성 있는 전자의 "바다"를 의미한다.

금속성 결정의 모든 격자점에는 금속 원자가 놓인다. 금속성 결정은 일반적으로 체심 입방, 면심 입방, 또는 육방 조밀 쌓임이기 때문에 밀도가 매우 높다.

금속 결합은 다른 결정과는 많이 다르다. 금속 결합 전자들은 결정 전체에 걸쳐 비편재화되어 있다. 결정 내 금속 원자들은 비편재화된 원자가 전자(valence electron)들의 바다 속에 양이온이 배열되어 있는 것처럼 생각할 수 있다(그림 12.26). 금속의 강도는 비편재화

**표 12.4 결정의 종류와 일반적인 성질**

| 결정의 종류 | 응집력 | 일반적 성질 | 예 |
|---|---|---|---|
| 이온성 | 쿨롱 인력과 분산력 | 딱딱함, 깨지기 쉬움, 녹는점이 높음, 열과 전기 전도성이 나쁨 | NaCl, LiF, MgO, $CaCO_3$ |
| 공유성 | 공유 결합 | 딱딱함, 깨지기 쉬움, 녹는점이 높음, 열과 전기 전도성이 나쁨 | C(다이아몬드),* $SiO_2$(석영) |
| 분자성† | 분산력, 쌍극자-쌍극자 힘, 수소 결합 | 무름, 녹는점이 낮음, 열과 전기 전도성이 나쁨 | Ar, $CO_2$, $I_2$, $H_2O$, $C_{12}H_{22}O_{11}$ |
| 금속성 | 금속 결합 | 경도와 녹는점이 다양함, 열과 전기 전도성이 좋음 | Na, Mg, Fe, Cu 등 모든 금속 |

* 다이아몬드는 열을 잘 전도한다.

† 단원자 분자로 구성된 결정도 분자성으로 분류함

에 의한 강한 응집력 때문에 나타난다. 반면 금속의 높은 열전도성과 전기 전도성은 비편재화된 전자의 이동성 때문이다. 표 12.4에 지금까지 논의한 네 종류 결정의 성질들을 정리했다. 표 12.4는 각 물질의 고체 상태에 관한 것임에 유의하자.

예제 12.5에서 단위 세포 자료를 이용하여 밀도를 구하는 방법을 알아본다.

## 예제 12.5

금속 이리듐(Ir)은 면심 입방 단위 세포로 결정화한다. 단위 세포 한 변 길이가 383 pm일 때, 밀도를 $g/cm^3$ 단위로 구하시오.

**전략** 면심 입방 금속 결정에는 단위 세포당 원자 4개가 들어 있다[$8 \times 1/8$(꼭짓점)$+6 \times 1/2$(면)]. 세포당 원자 개수, 원자량을 이용해서 단위 세포의 질량을 구한다. 변의 길이를 이용하여 부피를 구한다. 밀도는 질량을 부피로 나눈다($d=m/V$). 모든 단위 환산을 확인한다.

**계획** Ir의 질량은 192.2 amu이다. amu를 g으로 환산하는 환산 계수는

$$\frac{1\text{ g}}{6.022 \times 10^{23}\text{ amu}}$$

따라서 Ir 원자 하나의 질량은 $3.192 \times 10^{-23}$ g이다. 세포 한 변 길이는

$$383\text{ pm} \times \frac{1 \times 10^{-12}\text{ m}}{1\text{ pm}} \times \frac{1\text{ cm}}{1 \times 10^{-2}\text{ m}} = 3.83 \times 10^{-8}\text{ cm}$$

**풀이** 단위 세포의 질량은 $1.277 \times 10^{-21}$ g($4 \times 3.192 \times 10^{-22}$ g)이다. 단위 세포의 부피는 $5.618 \times 10^{-23}\text{ cm}^3$[$(3.83 \times 10^{-8}\text{ cm})^3$]이다.

$$d = \frac{1.277 \times 10^{-21}\text{ g}}{5.62 \times 10^{-23}\text{ cm}^3} = 22.7\text{ g/cm}^3$$

### 생각해 보기

금속은 보통 밀도가 높다. 상식선에서 생각해 보면 계산 결과가 합리적인지 판단할 수 있다.

**유제 1** 구리는 면심 입방 격자이다. 밀도가 8.96 $g/cm^3$일 때 단위 세포 한 변 길이는 pm 단위로 얼마인가?

**유제 2** 지름이 5.72 cm, 질량이 165 g인 당구공 하나의 밀도를 구하시오. 이 당구공이 금속 내 원자처럼 충전될 수 있다고 가정하고, 단순 입방 단위 세포와 면심 입방 단위 세포로 쌓았을 때 밀도를 각각 구하시오. 모두 같은 당구공임에도 밀도가 다른 이유를 설명하시오.

# 12.5 상변화

**상**(phase)이란 계의 균일한 부분이며, 계의 나머지 부분과는 명확한 **경계**로 구분된다. 물 위에 떠 있는 얼음 조각을 예로 들면, 액체 물은 하나의 상이고 고체 물(얼음 조각)은 또 다른 상이다. 물의 화학적인 성질은 두 상에서 모두 같지만, 고체와 액체의 물리적인 성질은 다르다. 이때 고체(얼음)와 액체(물) 사이의 경계를 **상 경계**(phase boundary)라고 한다.

참조

상변화는 물리적인(physical) 변화이다[◀◀ 1.6절].

어떤 물질이 한 상에서 다른 상으로 바뀔 때, **상변화**(phase change)가 일어난다고 한다. 상변화는 일반적으로 에너지(일반적으로 열의 형태)의 첨가나 제거에 의해 일어난다. 익숙한 상변화를 예로 들어 보자.

| 예 | 상변화 |
|---|---|
| 물의 얼음 | $H_2O(l) \longrightarrow H_2O(s)$ |
| 물의 증발(또는 기화) | $H_2O(l) \longrightarrow H_2O(g)$ |
| 얼음의 녹음(용융) | $H_2O(s) \longrightarrow H_2O(l)$ |
| 수증기의 응축 | $H_2O(g) \longrightarrow H_2O(l)$ |
| 드라이아이스의 승화 | $CO_2(s) \longrightarrow CO_2(g)$ |

12.2절에서 설명한 것처럼 기화와 응축에 의해 평형 증기압이 결정된다. 그림 12.27에 다양한 상변화를 정리했다.

## 액체–기체

액체의 증기압으로 끓는점을 정의하기 때문에 끓는점은 **몰증발열**(molar heat of vaporization, $\Delta H_{증발}$)과 연관이 있다. 몰증발열은 어떤 물질 1몰이 그 물질의 끓는점에서 증발하는 데 필요한 열이다. 표 12.5를 보면 대체로 $\Delta H_{증발}$이 클수록 끓는점이 높음을 알 수 있다. 근본적으로는 끓는점과 $\Delta H_{증발}$ 모두 분자간 힘의 세기에 의해 결정된다. 예를 들면, 상대적으로 약한 분산력만 존재하는 아르곤(Ar)과 메테인($CH_4$)은 끓는점이 낮고 몰증발열이 작다. 다이에틸 에터($C_2H_5OC_2H_5$)에는 쌍극자 모멘트가 있고, 쌍극자–쌍극자 힘에 의

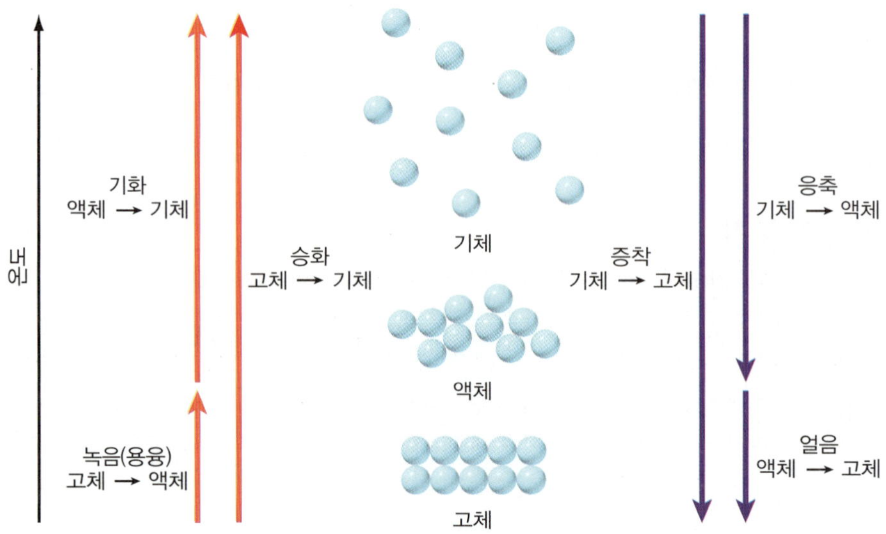


그림 12.27 여섯 가지 상변화: 녹음(용융), 기화, 승화, 증착, 응축, 얼음

**표 12.5** 액체의 몰증발열

| 물질 | 끓는점(°C) | $\Delta H_{증발}$(kJ/mol) |
|---|---|---|
| 아르곤(Ar) | −186 | 6.3 |
| 벤젠($C_6H_6$) | 80.1 | 31.0 |
| 에탄올($C_2H_5OH$) | 78.3 | 39.3 |
| 다이에틸 에터($C_2H_5OC_2H_5$) | 34.6 | 26.0 |
| 수은(Hg) | 357 | 59.0 |
| 메테인($CH_4$) | −164 | 9.2 |
| 물($H_2O$) | 100 | 40.79 |

해 끓는점과 $\Delta H_{증발}$이 어느 정도 높다. 에탄올($C_2H_5OH$)과 물은 강한 수소 결합을 하기 때문에 끓는점이 높고 $\Delta H_{증발}$이 크다. 수은은 강한 금속 결합 때문에 표 12.5에 나타낸 액체 중에서 끓는점과 $\Delta H_{증발}$이 가장 높다. 흥미롭게도 벤젠($C_6H_6$)은 비극성이지만, 비편재화된 $\pi$ 분자 오비탈에 전자들이 분포하기 때문에 **분극률**(polarizability)이 높다[|◀◀ 7.8절]. 그 결과로 분산력이 쌍극자–쌍극자 힘이나 수소 결합처럼 강할 수 있다. (혹은 더 강할 수도 있다.)

증발의 반대 과정은 응축이다. 기체는 냉각시키거나 압력을 가해서 액화(응축)시킬 수 있다. 기체 시료를 냉각시키면 분자들의 운동 에너지가 감소하고, 결국 분자들이 응집하면서 작은 액체 방울이 생긴다. 한편 기체에 압력을 가하면(압축) 분자간 거리가 감소하고, 분자간 인력으로 서로를 끌어당길 수 있다. 많은 액화 공정에서 냉각과 압축을 같이 쓴다.

모든 물질에는 **임계 온도**(critical temperature, $T_c$)가 있다. 이보다 높은 온도에서는 압력을 아무리 높여도 기체를 액화시킬 수 없다. **임계 압력**(critical pressure, $P_c$)은 그 물질의 임계 온도에서 기체를 액화시키기 위해 가해 주어야 하는 최소 압력이다. 임계 온도보다 높은 온도에서는 액체와 기체의 근본적인 차이가 없고, 단순히 유체라고 보면 된다. $T_c$와 $P_c$보다 높은 온도와 압력 조건의 유체를 **초임계 유체**(supercritical fluid)라고 한다. 초임계 유체는 몇 가지 훌륭한 성질을 보이며, 산업적으로 많은 분야에서 용매로 이용한다. 처음 대규모 산업용으로 이용한 곳은 초임계 $CO_2$를 이용한 커피의 카페인 제거 공정이었다.

> **참조**
> $T_c$는 어떤 물질이 액체로 존재할 수 있는 가장 높은 온도이다.

표 12.6에 익숙한 물질들의 임계 온도와 임계 압력을 나열했다. 물질의 임계 온도는 분자간 힘의 세기를 반영한다. 강한 분자간 힘이 존재하는 벤젠, 에탄올, 수은, 물 등은 표에 나열한 다른 물질에 비해서 임계 온도가 높다.

## 고체–액체

고체가 액체로 변하는 과정을 **녹음**(melting) 또는 **용융**(fusion), 그 반대 과정을 **얼음**(freezing)이라고 한다. 녹는점(melting point) 또는 **어는점**(freezing point)은 고체상과 액체상이 평형을 이루며 공존하는 온도이다. 물질의 **정상 녹는점**(normal melting point) 또는 **정상 어는점**(normal freezing point)은 1 atm에서 녹거나 어는 온도를 가리킨다.

> **참조**
> 12.3절에서 녹는점이라는 용어를 접했다. 물질의 녹는점과 어는점은 같은 온도임을 유의하자.

> **참조**
> 고체의 온도를 올릴 때는 녹는점, 액체의 온도를 낮출 때는 어는점을 쓴다. 둘은 같은 온도이다.

친숙한 물과 얼음으로 액체–고체 평형을 생각해 보자. 0°C, 1 atm에서 동적 평형은 다음과 같이 나타낸다.

$$\text{얼음} \rightleftharpoons \text{물}$$

**표 12.6** 물질의 임계 온도와 임계 압력

| 물질 | $T_c$(°C) | $P_c$(atm) |
|---|---|---|
| 암모니아($NH_3$) | 132.4 | 111.5 |
| 아르곤(Ar) | −122.2 | 6.3 |
| 벤젠($C_6H_6$) | 288.9 | 47.9 |
| 이산화 탄소($CO_2$) | 31.0 | 73.0 |
| 에탄올($C_2H_5OH$) | 243 | 63.0 |
| 다이에틸 에터($C_2H_5OC_2H_5$) | 192.6 | 35.6 |
| 수은(Hg) | 1462 | 1036 |
| 메테인($CH_4$) | −83.0 | 45.6 |
| 수소($H_2$) | −239.9 | 12.8 |
| 질소($N_2$) | −147.1 | 33.5 |
| 산소($O_2$) | −118.8 | 49.7 |
| 육플루오린화 황($SF_6$) | 45.5 | 37.6 |
| 물($H_2O$) | 374.4 | 219.5 |

즉,

$$H_2O(s) \rightleftharpoons H_2O(l)$$

0°C의 얼음물에서 이 동적 평형을 실제로 관찰할 수 있다. 얼음 조각이 녹아서 물이 될 때, 얼음 조각 사이의 물이 얼어서 얼음이 서로 붙는다. 동적 평형에서는 정과정과 역과정이 같은 속도로 일어남을 기억하자[|◀◀ 9.1절].

**참조**

일반적으로 컵에 담긴 얼음물은 동적 평형을 정확하게 보여주지는 못한다. 왜냐하면 얼음물이 상온에 놓여 있으므로 0°C가 유지되지 않고, 결국은 얼음이 모두 녹아버리기 때문이다.

분자는 액체상에서보다 고체상에서 서로 더 강하게 붙잡고 있기 때문에, 고체를 액체로 녹이려면 열이 필요하다. 그림 12.28에 가열 곡선을 나타냈다. 고체를 가열하면 A 지점에 도달할 때까지는 온도가 점차 상승한다. 이 지점에서 고체가 녹기 시작한다. 녹는 동안(A → B)에 곡선의 편평한 부분이 처음 나타난다. 계가 열을 흡수하고 있지만 온도는 일정하게 유지된다. 분자들이 고체상에 존재하는 인력을 극복하는 데 이 열을 이용한다. 시료가 완전히 녹은 후에는(점 B), 흡수된 열이 액체 분자의 평균 운동 에너지를 증가시키고 액체의 온도는 올라간다(B → C). 기화 과정(C → D)도 비슷하게 설명할 수 있다. 운동 에너지는 증가하지만 이 에너지가 액체 내 응집력을 극복하는 데 쓰이기 때문에 이 구간의 온도는 일정하게 유지된다. 모든 분자가 기체 상태가 되면 온도는 다시 올라간다.

**몰용융열**(molar heat of fusion, $\Delta H_{용융}$)은 고체 1몰을 녹이는 데 필요한 에너지로, 보통 kJ/mol로 표현한다. 표 12.7에는 표 12.5에 나열한 물질의 몰용융열을 정리했다. 두 표에 나온 자료를 비교해 보면 각 물질의 $\Delta H_{용융}$이 $\Delta H_{증발}$보다 작다는 것을 알 수 있다. 이는 액체 내 분자들은 여전히 꽤 가깝게 위치하고 있어서, 분자가 고체에서 액체로 재배열될 때는 약간의 에너지(상대적으로 볼 때 그리 크지 않은 에너지)만 필요하다는 사실과도 일맥상통한다. 반면 액체가 기화할 때는 분자들이 서로 완전히 분리되므로, 분자간 인력을 극복하기 위해서는 훨씬 더 많은 에너지가 필요하다.

물질을 냉각할 때는 가열할 때와 반대 효과가 나타난다. 기체 시료에서 일정한 속도로 열을 제거하면 온도가 내려간다. 액체가 생성되는 동안에는 계의 퍼텐셜 에너지가 감소하므로 열을 방출한다. 따라서 응축 구간(D → C)에 걸쳐 계의 온도는 일정하게 유지된다.

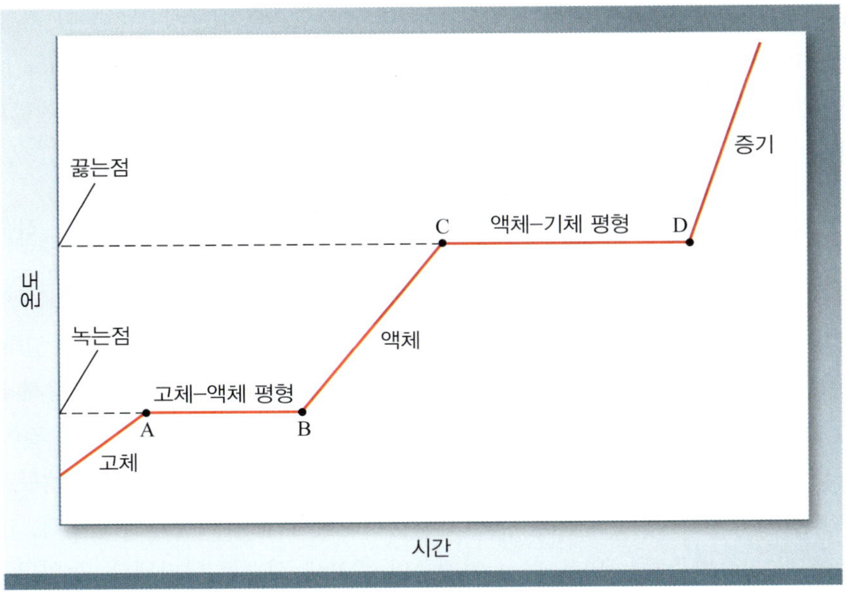


그림 12.28 고체상에서 액체상을 거쳐 기체상이 되는 전형적인 가열 곡선. $\Delta H_{증발}$이 $\Delta H_{융용}$보다 크기 때문에 물질을 녹일 때보다 끓일 때 시간이 더 오래 걸린다. 이것이 CD가 AB보다 긴 이유이다. 고체, 액체, 기체의 가열 곡선 기울기는 각 상태의 비열에 의해 결정된다.

모든 증기가 응축되고 나면 액체의 온도는 다시 내려가기 시작한다. 계속 냉각시키면 결국 얼게 된다(B → A).

**과냉각**(supercooling)은 액체가 어는점 이하까지 일시적으로 냉각될 수 있는 현상이다. 열이 너무 빠르게 제거되어서, 분자들이 고체의 정렬된 구조로 배열될 시간이 없을 때 과냉각이 발생한다. 과냉각 액체는 불안정하다. 서서히 저어주거나 동일한 물질의 작은 결정 "씨앗"을 넣어주면 빠르게 고체화된다.

## 고체–기체

고체도 증발할 수 있고, 따라서 증기압이 있다. **승화**(sublimation)는 분자가 고체상에서 기체상으로 바로 이동하는 과정이다. 그 역과정, 분자가 기체상에서 고체상으로 바로 이동하는 과정은 **증착**(deposition)이라 한다. 좀약에 사용되는 나프탈렌(naphthalene)은 증기압이 상당히 높기 때문에(53°C에서 1 mmHg), 자극적인 증기가 빠르게 퍼져 나간다. 아이오딘 역시 승화한다. 밀폐 용기에 담아놓으면 상온에서도 보라색 아이오딘 증기를 쉽게 볼 수 있다.

고체 아이오딘이 기체와 평형 상태에 있다.

**표 12.7** 물질의 몰용융열

| 물질 | 녹는점(°C) | $\Delta H_{융용}$(kJ/mol) |
|---|---|---|
| 아르곤(Ar) | −190 | 1.3 |
| 벤젠($C_6H_6$) | 5.5 | 10.9 |
| 에탄올($C_2H_5OH$) | −117.3 | 7.61 |
| 다이에틸 에터($C_2H_5OC_2H_5$) | −116.2 | 6.90 |
| 수은(Hg) | −39 | 23.4 |
| 메테인($CH_4$) | −183 | 0.84 |
| 물($H_2O$) | 0 | 6.01 |

대체로 고체의 증기압이 액체보다 훨씬 낮은데, 이는 고체 내에서 분자들이 서로 더 강하게 붙잡고 있기 때문이다. 물질의 **몰승화 엔탈피**(molar enthalpy of sublimation, $\Delta H_{승화}$)는 고체 1몰이 승화할 때 필요한 에너지이다. 이는 몰 용융 엔탈피와 몰 증발 엔탈피의 합과 같다.

**참조**

식 12.5는 일반적으로 $\Delta H_{승화}$를 근사적으로 구할 때 사용한다. 엄밀하게 말하면 식 12.5는 모든 상변화가 동일한 온도에서 일어날 때에만 유효하다.

$$\Delta H_{승화} = \Delta H_{용융} + \Delta H_{증발} \qquad \text{식 12.5}$$

식 12.5는 헤스의 법칙의 일종이다[|◀◀ 10.5절]. 고체에서 바로 기체가 되든, 고체에서 액체를 거쳐 기체로 변하든 전체 과정의 엔탈피(혹은 일정 압력에서 열) 변화는 동일하다.

상변화는 생체 시스템에 매우 중요한 영향을 미칠 수 있다. 증기 화상을 경험해 본 사람이라면, 단순히 끓는 물에 덴 것보다 훨씬 더 심각할 수 있다는 것을 알고 있을 것이다. 수증기와 끓는 물의 온도가 같더라도 말이다. 가열 곡선을 보면 왜 그런지 이해할 수 있다(그림 12.29). 끓는 물이 피부에 닿으면 체온으로 냉각되면서 열을 피부로 방출한다. 100°C의 끓는 물이 피부로 방출하는 열을 곡선 아래쪽의 주황색 선으로 나타냈다. 동일한 질량의 수증기가 피부에 닿으면 먼저 응축되면서 열을 방출하고, 그 후에 체온까지 냉각된다. 수증기가 피부로 내놓는 열을 곡선 아래의 빨간색 선으로 나타냈다. 동일한 온도의 수증기와 액체 물이 방출하는 열이 얼마나 크게 다른지에 주목하자. 수증기는 가열되었을 뿐 아니라 기화까지 되었으므로 더 많은 열을 함유하고 있다. 증기 화상이 더 심각할 수 있는 이유는 바로 물이 기화하면서 추가로 흡수한 열 때문이다.

눈보라에 갇혔을 때 수분을 보충할 목적으로 눈을 먹지 말라고 경고하는 이유 역시 가열 곡선을 보면 알 수 있다. 찬물을 마시면 신체는 그 물을 체온까지 올리기 위해서 에너지를 사용한다. 만약 눈을 먹으면 신체는 먼저 눈을 녹이는 데 에너지를 써야만 하고, 그 다음에야 체온까지 올릴 수 있다. 상변화가 개입하기 때문에, 눈을 섭취할 때 필요한 에너지는 동일한 질량의 물을 섭취할 때보다 훨씬 많다. 심지어 엄청나게 차가운 물을 마실 때보다도 말이다. 잘못하면 **저체온증**(hypothermia)으로 체온이 위험한 수준까지 떨어질 수도 있다.

예제 12.6에서 인체와 물 사이의 에너지 흐름에 상변화가 미치는 영향을 탐구해 본다.

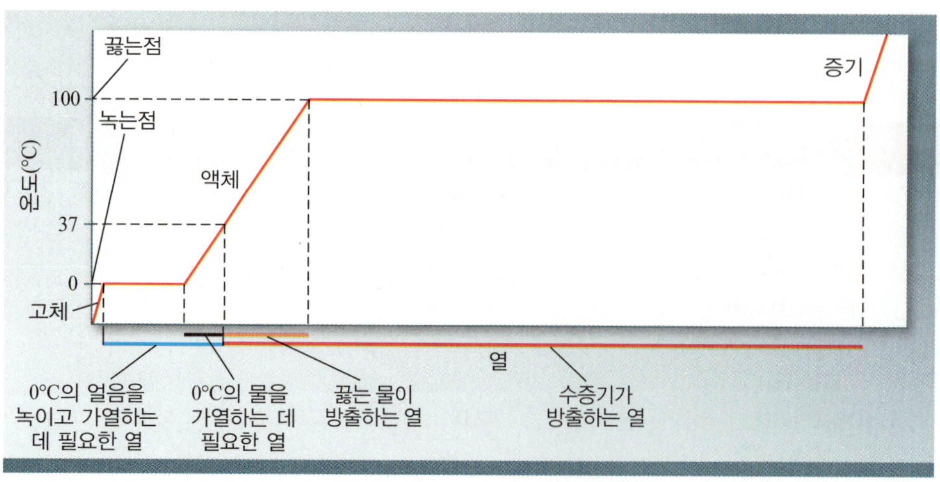


**그림 12.29** 물의 가열 곡선

## 예제 12.6

(a) 100.0℃의 물 1.00 g에 의해 화상을 입었을 때 피부에 전달되는 열을 계산하시오.

(b) 100.0℃의 수증기 1.00 g에 의해 전달되는 열을 계산하시오.

(c) 0.0℃의 물 100.0 g을 체온까지 올리는 데 필요한 에너지를 계산하시오.

(d) 0.0℃의 얼음 100.0 g을 녹이고 체온까지 올리는 데 필요한 열을 계산하시오. (체온은 37.0℃라고 가정한다.)

**참조**

온도 변화, 상변화가 일어날 때 계와 주위 간에 교환하는 열을 계산하는 방법을 복습해 보자 [◀◀ 10.3절과 10.4절].

**전략** 물을 계(system), 신체를 주위(surroundings)로 설정하여 부호 관례를 따른다.

(a) 뜨거운 물에서 피부로 열이 이동하는 과정은 온도 변화밖에 없다.

(b) 수증기로부터 피부로 열이 이동할 때는 상변화와 온도 변화 두 단계로 일어난다.

(c) 찬물이 체온까지 올라가는 과정은 온도 변화밖에 없다.

(d) 얼음이 녹은 다음 그 물이 데워지는 과정은 상변화와 온도 변화 두 단계로 일어난다. 온도가 변하는 동안 이동하는 열은 물의 질량, 물의 비열, 온도 변화량에 의존한다. 상변화에서 이동한 열은 물의 양, 몰증발열($\Delta H_{증발}$), 몰용융열($\Delta H_{용융}$)에 의존한다. 이동하는(혹은 필요한) 전체 에너지는 개별 단계에서 일어나는 에너지 변화의 합이다.

**계획** 필요한 비열($s$)은 물 4.184 J/g·°C와 수증기 1.99 J/g·°C이다. (문제에서 요구하는 온도 범위에서는 비열이 변하지 않는다고 가정한다.) 표 12.5로부터 물의 몰증발열은 40.79 kJ/mol, 표 12.7로부터 물의 몰용융열은 6.01 kJ/mol임을 알 수 있다. 물의 분자량은 18.02 g/mol이다. 주의: 물의 $\Delta H_{증발}$은 물 1몰을 기화시키는 데 필요한 열이다. 하지만 이 문제에서는 수증기가 응축(condense)할 때 열을 얼마나 방출하는지를 구해야 하므로 음의 부호인 −40.79 kJ/mol을 사용해야 한다.

**풀이**

(a) $\Delta T = 37.0°C - 100.0°C = -63.0°C$

식 10.13으로부터

$$q = ms\Delta T = 1.00\,\cancel{g} \times \frac{4.184\text{ J}}{\cancel{g}\cdot\cancel{°C}} \times -63.0\cancel{°C} = -2.64\times10^2\text{ J} = -0.264\text{ kJ}$$

따라서 100.0℃의 물 1.00 g은 0.264 kJ의 열을 피부에 전달한다. (음의 부호는 계가 열을 방출하고 주위가 열을 흡수함을 나타낸다.)

(b) $\dfrac{1.00\,\cancel{g}}{18.02\,\cancel{g}/\text{mol}} = 0.0555\text{ mol}$ 물

$$q_1 = n\Delta H_{증발} = 0.0555\,\cancel{\text{mol}} \times \frac{-40.79\text{ kJ}}{\cancel{\text{mol}}} = -0.26\text{ kJ}$$

$$q_2 = ms\Delta T = 1.00\,\cancel{g} \times \frac{4.184\text{ J}}{\cancel{g}\cdot\cancel{°C}} \times -63.0\cancel{°C} = -2.64\times10^2\text{ J} = -0.264\text{ kJ}$$

수증기 1.00 g으로부터 피부로 전달된 전체 에너지는 $q_1$과 $q_2$의 합이다.

$$-2.26\text{ kJ} + (-0.264\text{ kJ}) = -2.53\text{ kJ}$$

음의 부호는 계(수증기)가 에너지를 방출함을 의미한다.

(c) $\Delta T = 37.0°C - 0.0°C = 37.0°C$

$$q = ms\Delta T = 100.0\,\cancel{g} \times \frac{4.184\text{ J}}{\cancel{g}\cdot\cancel{°C}} \times 37.0\cancel{°C} = 1.55\times10^4\text{ J} = 15.5\text{ kJ}$$

100.0 g의 물을 0.0℃부터 37.0℃까지 데우는 데 필요한 에너지는 15.5 kJ이다.

(d) $\dfrac{100.0\,\cancel{g}}{18.02\,\cancel{g}/\text{mol}} = 5.55\text{ mol}$

$$q_1 = n\Delta H_{용융} = 5.55\,\cancel{\text{mol}} \times \frac{6.01\text{ kJ}}{\cancel{\text{mol}}} = 33.4\text{ kJ}$$

$$q_2 = ms\Delta T = 100.0\,\cancel{g} \times \frac{4.184\text{ J}}{\cancel{g}\cdot\cancel{°C}} \times 37.0\cancel{°C} = 1.55\times10^4\text{ J} = 15.5\text{ kJ}$$

0.0°C의 얼음 100.0 g을 녹이고 37.0°C로 데우는 데 필요한 에너지는 $q_1$과 $q_2$의 합이다.

$$33.4\ \text{kJ} + 15.5\ \text{kJ} = 48.9\ \text{kJ}$$

**생각해 보기**

상변화를 포함하는 문제에서는 상변화 과정의 $q$가 전체에서 가장 큰 비중을 차지한다. 만약 그렇지 않은 결과가 나왔다면, 실수를 하지 않았는지 확인해 본다. 온도 변화의 $q$를 J에서 kJ로 환산하지 않는 실수를 자주 한다.

**유제 1** 25.0°C의 물 100 g에 50.0 kJ의 열을 가했을 때, 최종 상태와 온도를 구하시오.

**유제 2** 동일한 액체의 순수한 시료 두 개가 있다. 왼쪽 시료에 753 J을 가했을 때 온도가 41.2°C 상승했다. 오른쪽 시료에도 같은 양의 에너지를 가한다면 온도가 얼마나 올라가겠는가?

## 12.5절 복습

### 상변화

**12.5.1** 상온(25°C)의 물 25.0 g을 110°C의 수증기로 만들기 위해서 필요한 에너지는 kJ 단위로 얼마인가?

(a) 64.9 kJ
(b) 562 kJ
(c) 1339 kJ
(d) 1.34 kJ
(e) 26.9 kJ

**12.5.2** 100°C의 수증기 1.0 g이 상온(25°C)으로 냉각될 때 방출하는 에너지는 kJ 단위로 얼마인가?

(a) 0.326 kJ
(b) 316 kJ
(c) 2.58 kJ
(d) 48.9 kJ
(e) 22.1 kJ

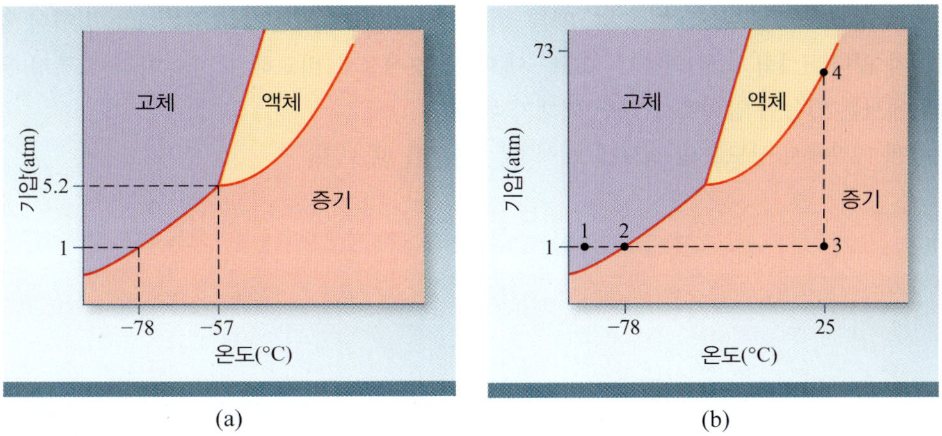


**그림 12.30** (a) 이산화 탄소의 상도표. 고체-액체 상 경계선의 기울기가 양임을 주목하자. 5.2 atm 이하에서 액상은 존재하지 않으며, 일상적인 대기압 조건에서는 고체와 기체만이 존재한다. (b) 1 atm에서 −100°C의 고체 $CO_2$(점 1)를 가열하면 −78°C(점 2)에서 승화한다. 25°C에서 1 atm(점 3)부터 약 70 atm(점 4)까지 압력을 높이면 액체로 응축한다.

# 12.6 상도표

물질의 상태 간 관계는 상도표라고 하는 하나의 그래프로 나타낼 수 있다. **상도표**(phase diagram)는 물질이 고체, 액체, 또는 기체로 존재하는 온도와 압력 조건을 담고 있다. 그림 12.30(a)에는 $CO_2$의 상도표를 나타내었고, 많은 물질들이 유사한 유형의 상도표를 보인다. 그래프는 각각 순수한 상태를 나타내는 세 영역으로 나뉜다. 두 영역을 나누는 곡선은 **상 경계선**(phase boundary line)이라고 하는데, 두 상이 평형을 이루면서 존재할 수 있는 조건을 나타낸다. 세 개의 개의 상 경계가 모두 만나는 점을 **삼중점**(triple point)이라고 한다. 삼중점은 물질의 세 개의 상이 모두 평형을 이루며 존재할 수 있는 단 하나의 온도-압력 조건이다. 액체-기체 상 경계선이 끝나는 점은 임계점이며, 임계 온도($T_c$)와 임계 압력($P_c$)에 해당한다.

상도표의 정보를 이해하기 위해서 그림 12.30(b)의 점을 이은 점선을 생각해 보자. 1 atm에서 −100°C의 $CO_2$ 시료는 고체이다(점 1). 1 atm을 유지한 채 열을 가해 보자. 1 atm에서 $CO_2$의 승화점(점 2, −78°C)에 도달할 때까지 온도가 올라간다. −78°C에서 모든 시료가 승화하면, 그 결과 생긴 증기의 온도는 다시 올라가기 시작한다. 증기의 온도가 25°C(점 3)가 될 때까지 계속 가열한다. 점 3에 도달한 이후에는, 온도를 25°C를 유지한 채 압력을 높인다. 압력이 70 atm 정도 되는 점 4에 도달하면 기체가 응축한다. 상도표를 보면 어떤 온도와 압력에서 어떤 상이 존재할지 알 수 있다. 또한 온도와 압력을 증가하거나 감소시킬 때 어떤 상변화가 일어날 것인지도 알 수 있다.

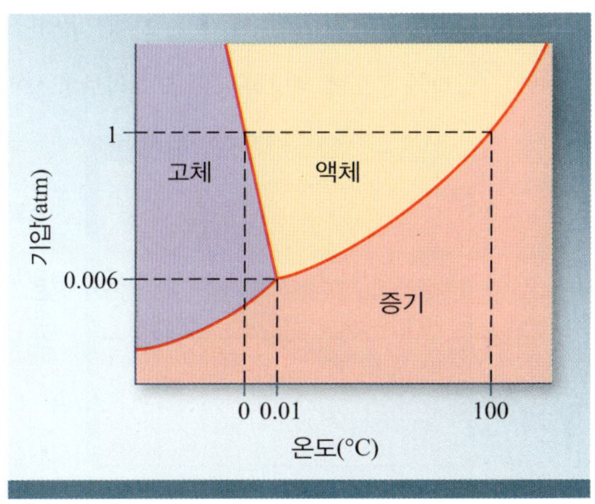


**그림 12.31** 물의 상도표. 실선은 두 상이 평형을 이루며 공존할 수 있는 압력과 온도 조건을 나타낸다. 세 상이 모두 평형을 이루며 존재하는 점(0.006 atm, 0.01°C)을 삼중점이라고 한다.

$CO_2$ 상도표에서 흥미로운 점은 삼중점이 −57°C, 5.2 atm으로 대기압보다 높은 압력이라는 점이다. 이는 대기압에서 액상이 존재하지 않는다는 것을 뜻하고, 따라서 드라이아이스는 "건조(dry)"하다. 더 높은 압력에서는 고체 $CO_2$는 분명히 녹는다. 실제로, 액체 $CO_2$는 많은 드라이클리닝에서 용매로 사용된다.

**참조**

일상적인 대기압 조건하에서 비스무트 또한 고체-액체 상 경계의 기울기가 음이다. 비스무트도 물처럼 액체(상온에서 1.005 g/cm₃)가 고체(녹는점 271°C에서 0.9780 g/cm³)보다 밀도가 높다.

물의 상도표(그림 12.31)는 고체-액체 상 경계선이 음의 기울기를 갖는다는 점에서 일반적이지 않다. (그림 12.30의 $CO_2$ 고체-액체 상 경계선과 비교해 보자.) 따라서 특정 온도 범위에서는 얼음에 압력을 가하면 액체가 된다.

예제 12.7에서 상도표의 정보를 해석하는 연습을 해 보자.

## 예제 12.7

상도표를 보고 다음 물음에 답하시오.

(a) 정상 끓는점과 정상 녹는점을 구하시오.

(b) 2 atm, 110°C에서 물리적 상태를 말하시오.

(c) 삼중점의 온도와 압력을 말하시오.

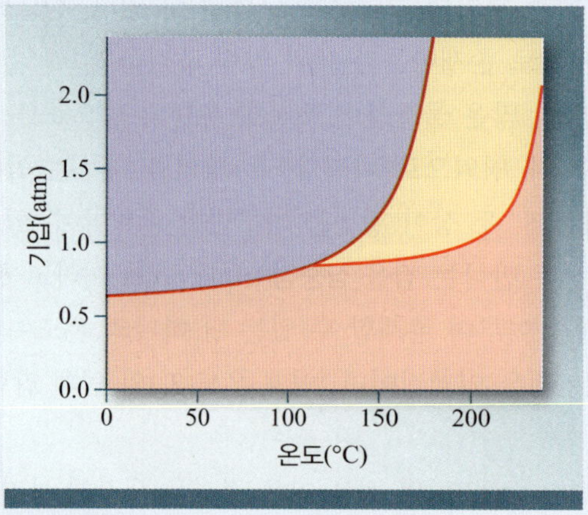


**전략** 상도표 위의 점은 압력-온도 조합에 해당한다. 정상 끓는점과 녹는점은 물질의 상이 변하는 온도이며, 이 점들은 상 경계선 위에 있다. 삼중점은 상 경계 세 개가 만나는 점이다.

**계획** 압력과 온도에 해당하는 선을 그려보면 상변화가 일어나는 온도, 특정 조건에서 물리적 상태를 알 수 있다.

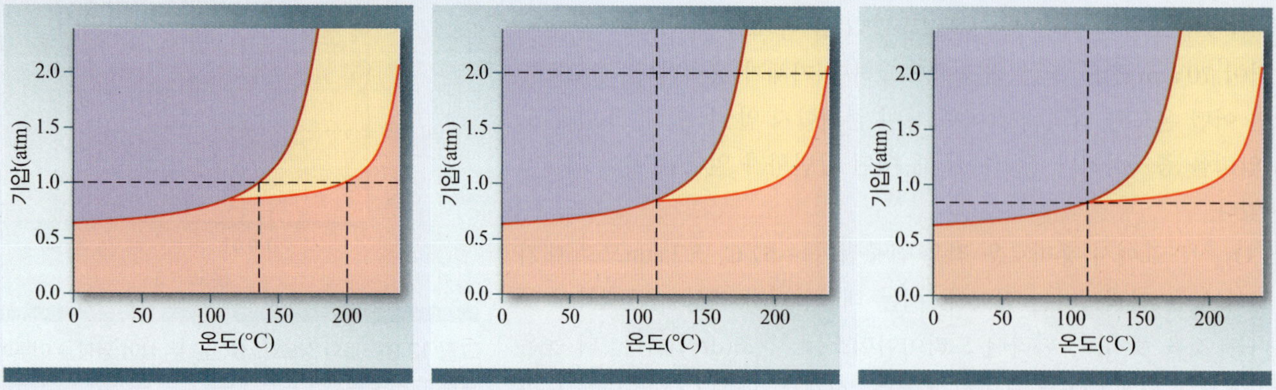


(a) (b) (c)

**풀이** (a) 정상 끓는점은 ~205°C, 정상 녹는점은 ~140°C이다.
(b) 2 atm, 110°C에서 이 물질은 고체이다. (c) 삼중점은 ~0.8 atm, ~115°C이다.

### 생각해 보기

이 물질의 삼중점은 대기압보다 낮다. 따라서 일상적인 조건에서 가열하면 승화하지 않고 녹는다.

**유제 1** 자료를 이용하여 상도표를 그리시오. 삼중점은 0.75 atm, 45°C이다.

| 압력(atm) | 녹는점(°C) | 끓는점(°C) | 승화점(°C) |
|---|---|---|---|
| 0.5 | — | — | 0 |
| 1.0 | 60 | 110 | — |
| 1.5 | 75 | 200 | — |
| 2.0 | 105 | 250 | — |
| 2.5 | 125 | 275 | — |

**유제 2** 다음 변화를 순서대로 나타낸 것은 다음[(i)~(iii)] 중 어느 것인가? 나머지 두 상도표의 화살표에 온도, 압력, 상변화를 번호로 나타내시오.

1. 상변화 없이 온도가 올라간다.
2. 압력이 감소하여 고체에서 기체로 변한다.
3. 상변화 없이 온도가 올라간다.
4. 압력이 증가하면서 기체가 액체로 변하고 액체가 고체로 변한다.
5. 온도가 증가하여 고체가 액체로 변한다.
6. 압력이 감소하여 액체가 기체로 변한다.

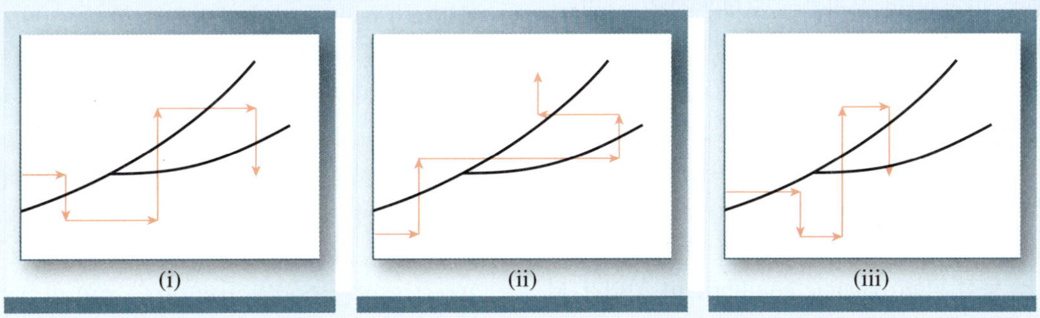


## 12.6절 복습

### 상도표

다음 상도표를 보고 12.6.1과 12.6.2번 문제에 답하시오.

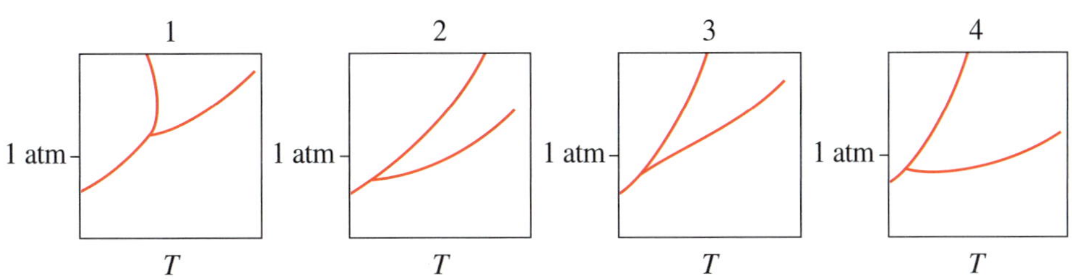

**12.6.1** 1 atm에서 가열했을 때 녹지 않고 승화하는 물질의 상도표는 어느 것인가?

(a) 1 (b) 1, 2 (c) 1, 2, 4
(d) 3 (e) 없음

**12.6.2** 어는점 이하의 온도에서 압력을 높일 때 액화되는 물질의 상도표는 어느 것인가?

(a) 1 (b) 1, 2 (c) 1, 2, 4
(d) 3 (e) 없음

## 단원 정리

### 12.1절

- 액체와 고체에서 분자간 힘의 크기는 표면 장력, 증기압, 끓는점, 녹는점 등 다양한 성질에 영향을 미친다.

### 12.2절

- **표면 장력**(surface tension)은 액체 표면 분자들이 안쪽으로 받는 끌림이다. 표면 장력은 물질 내 분자들 간 인력인 **응집**(cohesion), 물질 분자와 용기 분자간 인력인 **부착**(adhesion)과 연관이 있다. 액체 메니스커스가 오목한지 볼록한지는 응집과 부착의 균형에 따라 다르다. 액체가 중력을 거슬러 좁은 관을 따라 끌려 올라가는 **모세관 작용**(capillary action)이 나타날 수도 있다.
- **점성도**(viscosity)는 흐름에 대한 저항성이고, 분자들이 서로 얼마나 쉽게 지나쳐 움직일 수 있는지를 반영한다.
- **증발**(evaporation) 또는 **기화**(vaporization)는 액체가 기체로 바뀌는 상변화이다. **응축**(condensation)은 기체가 액체로 바뀌는 상변화이다. 닫힌계에서 기화와 응축이 같은 속도로 일어나면 **동적 평형**(dynamic equilibrium) 상태가 되며, 증기압이 **평형 증기압**(equilibrium vapor pressure)이다. 증기압은 분자가 기체 상태로 얼마나 잘 벗어날 수 있는지를 가늠하는 척도이다. **휘발성**(volatile) 있는 물질은 증기압이 높다.
- 표면 장력, 점성도, 증기압은 모두 온도에 따라 달라진다. **클라지우스–클라페롱 식**(Clasius–Clapeyron eqution)은 물질의 증기압과 절대 온도의 관계를 나타낸다.
- **물질의 끓는점**(boiling point)은 증기압이 외부 압력과 같은 온도이다. **정상 끓는점**(normal boiling point)은 증기압이 1 atm인 온도이다.

### 12.3절

- **녹는점**(melting point) 또는 **어는점**(freezing point)은 고체와 액체 상태가 평형을 이루는 온도이다.
- 고체의 녹는점은 분자간 힘에 큰 영향을 받는다. 이온성 고체는 보통 녹는점이 높은데 이는 강한 이온–이온 상호 작용 때문이다.
- 고체도 액체처럼 증기압이 있고 분자간 힘의 크기에 영향을 받는다. 소수 예외를 제외하면 고체의 증기압은 보통 매우 낮다.
- **유리**(glass) 같은 **비결정성 고체**(amorphous solid)에는 규칙적인 3차원 구조가 없다.
- **결정성 고체**(crystalline solid)는 분자, 원자 또는 이온이 배열되어 3차원 **격자 구조**(lattice structure)를 이루고, **단위 세포**(unit cell)의 반복 패턴으로 볼 수 있다. **격자점**(lattice point)의 위치에 따라 단위 세포의 종류가 다르다.
- 입방 단위 세포에는 **단순 입방**(simple cubic), **체심 입방**(body–centered cubic), **면심 입방**(face–centered cubic)이 있고, 각각은 원자를 1, 2, 4개 포함한다. **배위수**(coordination number)는 한 원자를 둘러싼 주위 원자들의 개수이다.
- **조밀 쌓임**(closest packing)은 고체에서 원자가 가장 효율적으로 배열될 수 있는 방법이다. 조밀 쌓임에는 **육방 조밀 쌓임**과 **입방 조밀 쌓임**이 있으며, 둘 다 배위수는 12이다.

### 12.4절

- 결정에는 이온성, 공유성, 분자성, 금속성 결정이 있다. 결정의 성질은 입자를 붙잡는 인력의 종류에 부분적으로 영향을 받는다.

### 12.5절

- **상변화**(phase change)에는 **용융**(fusion, $s \longrightarrow l$), **얼음**(freezing, $l \longrightarrow s$), **기화**(vaporization, $l \longrightarrow g$), **응축**(condensation, $g \longrightarrow l$), **승화**(sublimation, $s \longrightarrow g$), 증착(deposition, $g \longrightarrow s$)이 있다.
- 끓는점은 압력에 따라 달라진다. **몰증발열**(molar heat of vaporization, $\Delta H_{증발}$)은 물질 1몰을 끓는점에서 기화시키는 데 필요한 열이다.

- **정상 끓는점**(normal melting point)과 **정상 어는점**(normal freezing point)은 1 atm에서 고체–액체 상전이가 일어나는 온도이다.
- **임계 온도**(critical temperature, $T_c$)보다 높은 온도에서는 압력을 가해도 기체가 액화되지 않는다. **임계 압력**(critical pressure, $P_c$)은 임계 온도에서 기체를 액화시키는 데 필요한 압력이다. 임계 온도와 임계 압력보다 높은 상태를 **초임계 유체**(supercritical fluid)라고 한다.
- **몰용융열**(molar heat of fusion, $\Delta H_{\text{용융}}$)은 물질 1몰을 녹는점에서 녹이는 데 필요한 열이다. **과냉각**(supercooling)은 액체의 온도를 어는점 아래로 빠르게 내리는 과정이다.
- **몰승화 엔탈피**(molar enthalpy of sublimation, $\Delta H_{\text{승화}}$)는 몰용융열과 몰증발열의 합이다. $\Delta H_{\text{승화}} = \Delta H_{\text{용융}} + \Delta H_{\text{증발}}$

12.6절

- **상도표**(phase diagram)는 온도와 압력 조건에서 물질의 상태를 나타낸다. 상 사이의 선을 **상경계**(phase boundary)라고 한다.
- **삼중점**(triple point)은 상경계 3개가 만나는 점이다. 이 점은 세 상이 동시에 평형을 이루는 온도와 압력이다.

## 주요 용어

격자 구조(lattice structure)
격자점(lattice point)
결정성 고체(crystalline solid)
과냉각(supercooling)
기화(evaporation)
끓는점(boiling point)
녹는점(melting point)
단순 입방 세포(simple cubic cell)
단위 세포(unit cell)
동적 평형(dynamic equilibrium)
면심 입방 세포(face–centered cubic cell)
모세관 작용(capillary action)
몰승화 엔탈피(molar enthalpy of sublimation, $\Delta H_{\text{승화}}$)
몰용융열(molar heat of fusion, $\Delta H_{\text{용융}}$)
몰증발열(molar heat of vaporization, $\Delta H_{\text{증발}}$)
배위수(coordination number)
부착(adhesion)
비결정성 고체(amorphous solid)
삼중점(triple point)
상도표(phase diagram)
상변화(phase change)
승화(sublimation)
어는점(freezing point)
용융(fusion)
유리(glass)
응집(cohesion)
응축(condensation)
임계 압력(critical pressure, $P_c$)
임계 온도(critical temperature, $T_c$)
점성도(viscosity)
정상 끓는점(normal boiling point)
정상 녹는점(normal melting point)
정상 어는점(normal freezing point)
증발(vaporization)
증착(deposition)
체심 입방 세포(body–centered cubic cell)
초임계 유체(supercritical fluid)
클라지우스–클라페롱 식(Clasius–Clapeyron equation)
평형 증기압(equilibrium vapor pressure)
표면 장력(surface tension)
휘발성(volatile)

## 주요 식

| | | |
|---|---|---|
| 12.1 | $\ln P = -\dfrac{\Delta H_{\text{증발}}}{RT} + C$ | 클라지우스–클라페롱 식은 증기압의 자연로그 값을 증발열과 절대 온도로 나타낸다. |
| 12.2 | $\ln P_1 = -\dfrac{\Delta H_{\text{증발}}}{RT_1} + C$ | 식 12.2와 12.3은 서로 다른 온도 $T_1$, $T_2$에서 클라지우스–클라페롱 식이다. |
| 12.3 | $\ln P_2 = -\dfrac{\Delta H_{\text{증발}}}{RT_2} + C$ | |
| 12.4 | $\ln \dfrac{P_1}{P_2} = \dfrac{\Delta H_{\text{증발}}}{R}\left(\dfrac{1}{T_2} - \dfrac{1}{T_1}\right)$ | 식 12.2에서 식 12.3을 뺀 식. $\Delta H_{\text{증발}}$과 한 온도에서 증기압을 알고 있다면, 다른 온도에서 증기압을 구할 수 있다. 서로 다른 두 온도에서 증기압을 알고 있다면 $\Delta H_{\text{증발}}$을 구할 수도 있다. |
| 12.5 | $\Delta H_{\text{증발}} = \Delta H_{\text{용융}} + \Delta H_{\text{증발}}$ | 헤스의 법칙에 따라 승화열($\Delta H_{\text{승화}}$)은 용융열($\Delta H_{\text{용융}}$)과 증발열($\Delta H_{\text{증발}}$)의 합이다. 고체가 기체로 변하는 승화는 고체가 액체로, 액체가 기체로 바뀌는 두 단계 과정으로 생각할 수 있다. 두 단계를 더하면 전체 과정이 되므로, 전체 $\Delta H$는 두 $\Delta H$ 값의 합이다. |

# 주요 내용 분자간 힘

7장에서 논의한 분자간 힘은 대부분 순물질 입자들(원자, 분자 또는 이온) 간의 힘이다. 하지만 서로 다른 물질의 입자 간 힘을 이해하면, 어떤 물질이 특정한 용매에 얼마나 잘 녹을지를 예상할 수 있다. "비슷한 것끼리 녹인다"는 말은 **극성**(polar) 또는 이온성 물질은 **극성** 용매에, **비극성**(nonpolar) 물질은 **비극성** 용매에 더 잘 녹는다는 것을 뜻한다. 물질의 용해도를 가늠하기 위해서는 그 물질이 이온성인지, 극성인지, 비극성인지를 먼저 확인해야 한다. 아래 순서도에 판별 과정과 결과를 나타냈다.

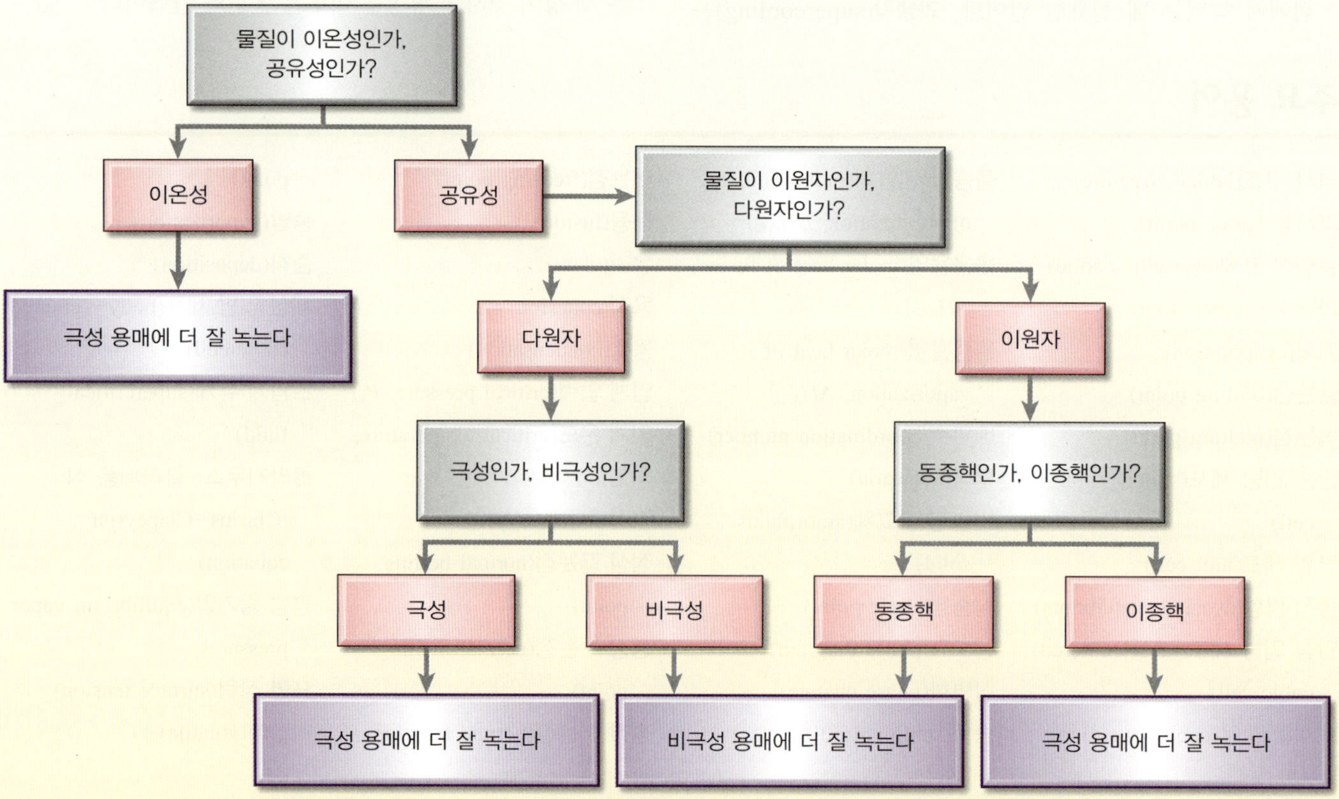


화학식을 보면 이온성인지 아닌지 알 수 있다. 화학식에 금속 양이온이나 암모늄 이온(ammonium ion, $NH_4^+$)이 있으면 이온성이다. 물에 거의 녹지 않는 이온 결합 화합물도 있다는 것을 기억하자[|◀◀ 표 9.3]. 하지만 이 화합물들도 비극성 용매보다는 물에 더 잘 녹는다.

물질이 이온성이 아니라면 공유성이다. 공유성 물질은 구성 원자의 전기 음성도나 분자의 기하 구조에 따라 극성일 수도, 비극성일 수도 있다[◀◀ 7장 주요 내용]. 극성 물질은 물과 같은 극성 용매에, 비극성 물질은 벤젠과 같은 비극성 용매에 더 잘 녹을 것이다.

어떤 물질이 극성 용매에 잘 녹느냐, 비극성 용매에 잘 녹느냐를 결정할 수도 있지만, 두 물질을 같은 용매에 녹일 때 상대적인 용해도를 가늠할 수도 있다. 예를 들어, 같은 용매(물이나 벤젠)에 서로 다른 두 분자가 얼만큼 녹는지 비교해야 할 때가 있다. 비극성 분자보다는 극성 분자가 물에 더 잘 녹고, 극성 분자보다는 비극성 분자가 벤젠(benzene)에 더 잘 녹을 것이라 예상할 수 있다.

또한 물에 분명히 용해되는 비극성 물질도 있는데, 이는 분산력 때문이다. 분자의 크기가 크면 **분극률**(polarizability)이 크므로 분산력이 더 강하다[◀◀ 7.3절]. 따라서 비극성 분자 중에서는 크기가 더 큰 것이 물에 더 잘 녹을 것이라 예상할 수 있다.

## 주요 내용 문제

**12.1**

벤젠보다 물에 더 잘 녹을 것이라 예상하는 것은 어느 것인가? 모두 고르시오.

(a) $CH_3OH$

(b) $CCl_4$

(c) $NH_3$

(d) $Br_2$

(e) KBr

**12.2**

벤젠에 가장 많이 녹을 것이라고 예상하는 것은 어느 것인가?

(a) 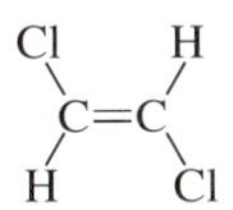

(b) 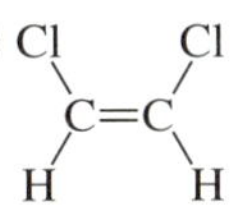

(c) 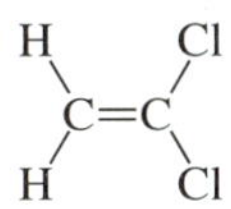

**12.3**

$Cl_2$, $O_2$, $H_2$를 물에 대한 용해도가 감소하는 순서대로 나열한 것은 어느 것인가?

(a) $Cl_2 \approx O_2 > H_2$

(b) $Cl_2 > O_2 \approx H_2$

(c) $Cl_2 \approx H_2 > O_2$

(d) $Cl_2 > H_2 > O_2$

(e) $Cl_2 \approx H_2 \approx O_2$

**12.4**

$C_2H_5OH$, $CO_2$, $N_2O$를 물에 대한 용해도가 증가하는 순서대로 나열한 것은 어느 것인가?

(a) $C_2H_5OH < CO_2 < N_2O$

(b) $CO_2 < N_2O < C_2H_5OH$

(c) $N_2O < C_2H_5OH < CO_2$

(d) $CO_2 \approx N_2O < C_2H_5OH$

(e) $CO_2 < C_2H_5OH < N_2O$

# 종합문제

## 12.2절: 액체의 성질

### 계산 문제

12.13 100°C 증기압이 75°C의 두 배인 액체의 몰증발열을 구하시오.

### 개념 문제

12.15 에틸렌 글리콜의 점성도는 에탄올과 글리세롤(표 12.1)에 비해 어떠할지 예측하시오.

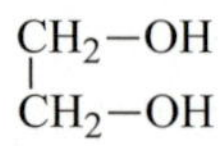


에틸렌 글리콜

12.17 액체 X의 증기압이 20°C에서는 액체 Y보다 더 낮았지만 60°C에서는 더 높았다. X, Y의 몰 기화열의 상대적인 크기에 대해서 어떤 추론을 할 수 있는가?

## 12.3절: 고체의 성질

### 계산 문제

12.27 단순 입방, 체심 입방, 면심 입방 단위 세포 하나에 들어 있는 원자 개수를 계산하시오. 모두 동일한 원자를 가정한다.

12.29 금속 바륨은 체심 입방 세포(격자점에는 Ba 원자만 있다)이고, 단위 세포 한 변 길이는 502 pm, 밀도는 3.50 $g/cm^3$이다. 이 정보를 이용하여 아보가드로 수를 계산하시오.

12.31 유로퓸은 체심 입방 세포(격자점에는 Eu 원자만 있다)이고, 밀도는 5.26 $g/cm^3$이다. 단위 세포 한 변 길이를 pm 단위로 계산하시오.

12.33 어떤 입방 단위 세포의 8개의 꼭짓점에는 X 원자, 6개의 면에는 Y 원자가 위치한다. 이 고체의 실험식은 무엇인가?

12.35 NaCl 결정의 원자층 간 거리가 282 pm이다. 이 원자층에 의해 각 23.0°C에서 X선이 회절되었다. $n=1$을 가정하여 X선의 파장을 nm 단위로 계산하시오.

### 개념 문제

12.37 산화 아연의 단위 세포이다. 화학식은 무엇인가?

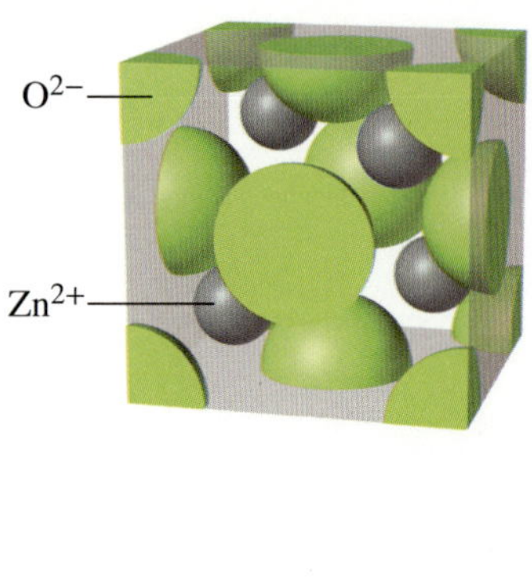


## 12.4절: 결정성 고체의 종류

### 개념 문제

12.41 어떤 고체가 무르고, 녹는점이 100°C 이하로 낮다. 이 물질의 고체 상태, 용융액, 수용액은 모두 전기를 통하지 않는다. 이 고체를 분류하시오.

12.43 다음 중 분자성 고체와 공유성 고체를 고르시오.

$Se_8$, HBr, Si, $CO_2$, C, $P_4O_6$, $SiH_4$

12.45 다이아몬드가 흑연보다 딱딱한 이유를 설명하시오. 다이아몬드는 전기 부도체, 흑연은 전기 전도체인 이유는 무엇인가?

## 12.5절: 상변화

### 계산 문제

12.65 −15°C의 얼음 212.8 g을 138°C의 수증기로 만들 때 필요한 열을 kJ 단위로 계산하시오. 얼음과 수증기의 비열은 2.03, 1.99 J/g·°C이다.

### 개념 문제

12.67 동결 건조 커피를 만들 때, 우려낸 커피를 얼린 후 진공 펌프로 얼음 성분을 제거한다. 이 과정에서 일어나는 상변화를 설명하시오.

12.69 100°C 수증기가 100°C 물보다 더 심각한 화상을 일으키는 이유를 설명하시오.

12.71 −15°C인 겨울날 학생이 젖은 옷을 밖에 널었다. 몇 시간 후 옷이 거의 말라 있었다. 이 건조 과정의 상변화를 설명하시오.

## 12.6절: 상도표

### 개념 문제

12.75 얼음 블록 위에 끈이 길게 늘어져 있고, 끈 양쪽에 무거운 추가 달려 있다. 끈 아래의 얼음이 서서히 녹으면서 끈이 얼음 블록을 통과한다. 이와 동시에 끈 위쪽의 물은 다시 얼어붙는다. 이 현상에서 관찰할 수 있는 상변화를 설명하시오.

12.77 다음 그림은 물의 상도표이다. 각 영역이 어떤 상인지 표시하시오. 다음 변화에 따라 어떤 일이 일어날지 예측하시오.
(a) A에서 시작, 일정 압력에서 온도를 높인다.
(b) B에서 시작, 일정 온도에서 압력을 낮춘다.
(c) C에서 시작, 일정 압력에서 온도를 낮춘다.

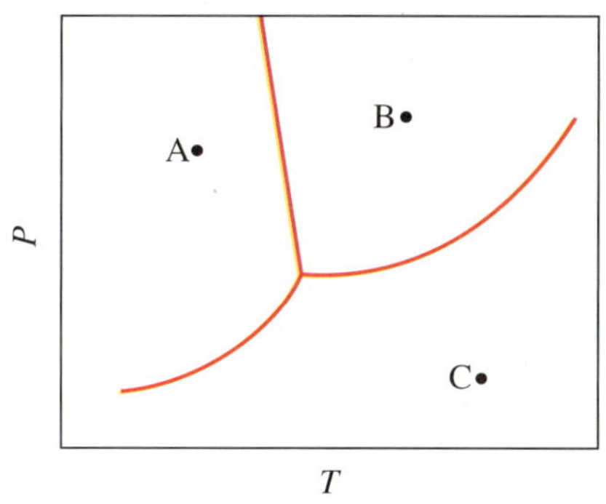


## 추가 문제

12.79 붕소(B)의 성질을 고려하여 그 결정의 종류(12.4절)를 분류하시오.

녹는점이 높다(2300°C). 열과 전기 전도성이 나쁘다. 물에 녹지 않는다. 매우 딱딱하다.

12.81 매우 강한 분자간 힘을 반영하는 액체의 성질을 고르시오.
(a) 표면 장력이 매우 낮다.
(b) 임계 온도가 매우 낮다.
(c) 끓는점이 매우 낮다.
(d) 증기압이 매우 낮다.

12.83 DNA 염기쌍 간 평균 거리는 축 방향에 평행인 방향으로 3.4 Å이다. 뉴클레오타이드 쌍의 평균 몰질량은 650 g/mol이다. 분자량이 $5.0 \times 10^9$ g/mol인 DNA의 길이를 cm 단위로 추정하시오. 분자 하나에는 염기쌍이 대략 몇 개 있는가?

12.85 수은의 정상 끓는점(357°C)에서 증기압은 얼마인가?

12.87 모든 물질의 상도표에서 액체-기체 경계선은 어떤 점에서 갑자기 끝난다. 그 이유는 무엇인가?

12.89 결정성 $SiO_2$와 비결정성 $SiO_2$ 중 밀도가 큰 것은 어느 것인가? 그 이유는 무엇인가?

12.91 다음 중 틀린 서술은 어느 것인가?
(a) 순간 쌍극자 모멘트만 있을 때 분자간 쌍극자-쌍극자 상호 작용이 최대이다.
(b) 화합물에 수소 원자가 있으면 모두 수소 결합을 할 수 있다.
(c) 분산력은 모든 원자, 분자, 이온 사이에 존재한다.

12.93 화성의 남극은 고체 이산화 탄소로 덮여 있다. 여름에는 일부가 승화하고, 겨울에 150 K 이하로 기온이 떨어지면 기체가 다시 얼어붙는다. $CO_2$의 승화열 25.9 kJ/mol을 이용하여 화성 표면의 대기압을 계산하시오. [힌트: 그림 12.30을 이용하여 드라이아이스의 정상 승화점을 구한다. 식 12.4는 승화에도 이용할 수 있다.]

12.95 기체 아이오딘의 표준 생성 엔탈피는 62.4 kJ/mol이다. 25°C에서 아이오딘의 몰승화열을 계산하시오.

12.97 압력이 동일한 조건에서, $CH_4$와 $SO_2$ 중 어느 것이 덜 이상적인 행동을 보일지 설명하시오.

12.99 수화열은 이온이 용액에서 수화될 때 열의 변화이고, 이온-쌍극자 상호 작용에 크게 의존한다. 알칼리 금속의 수화열은 $Li^+$: −520 kJ/mol, $Na^+$: −405 kJ/mol, $K^+$: −321 kJ/mol이다. 이 경향성을 설명하시오.

12.101 25°C에서 $\Delta H°$를 계산하시오. 각 과정에서 극복해야 하는 힘의 관점에서 두 $\Delta H°$의 상대적인 크기를 논하시오. [힌트: 표 10.4 참조]
(a) $Br_2(l) \longrightarrow Br_2(g)$
(b) $Br_2(g) \longrightarrow 2Br(g)$

12.103 밀폐된 용기 안에 물이 담긴 비커가 들어 있다. 다음 처리를 했을 때 물의 증기압이 어떻게 변할지 예측하시오.
(a) 온도를 낮춘다.
(b) 용기의 부피를 두 배로 늘린다.
(c) 비커에 물을 더 채워 넣는다.

12.105 밀폐 용기에 담긴 석회석($CaCO_3$) 시료를 가열하여 일부가 분해되었다. 반응식을 적고, 상이 몇 개 존재하는지 말하시오.

12.107 압력솥은 정해진 압력을 초과할 때 수증기가 방출되도록 만들어진 밀폐 용기이다. 압력솥이 요리 시간을 단축시킬 수 있는 원리는 무엇인가?

12.109 브로콜리를 끓는 물 대신에 수증기로 익힐 때 장점은 무엇인가?

12.111 다음 그림은 헬륨의 상도표이다. 헬륨은 액체 상태가 둘 존재하는(헬륨-I과 헬륨-II) 유일한 물질로 알려져 있다.

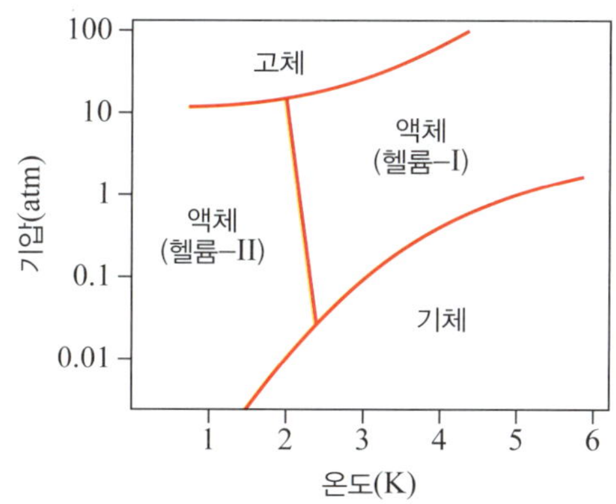


(a) 헬륨-II가 존재할 수 있는 가장 높은 온도는 얼마인가?
(b) 고체 헬륨이 존재할 수 있는 가장 낮은 압력은 얼마인가?
(c) 헬륨-I의 정상 끓는점은 얼마인가?
(d) 고체 헬륨은 승화할 수 있는가?

12.113 다음 현상을 각각 설명하시오.
(a) 아르곤(mp: −189.2°C, bp: −185.7°C) 기체가 담긴 플라스크를 액체 질소(bp: −195.8°C)에 넣고, 액화된 후에 진공 펌프로 감압하면 아르곤을 고체 상태로 만들 수 있다.
(b) 외부 압력이 높을수록 고체 사이클로헥세인($C_6H_{12}$)의 녹는점이 높다.

(c) 높은 고도에 떠 있는 구름에는 −10°C에서도 물방울이 존재한다.

(d) 물이 담긴 비커에 드라이아이스 조각을 넣으면 물 위에 안개가 생긴다.

12.115 다음 탄소의 상도표를 보고 답하시오.

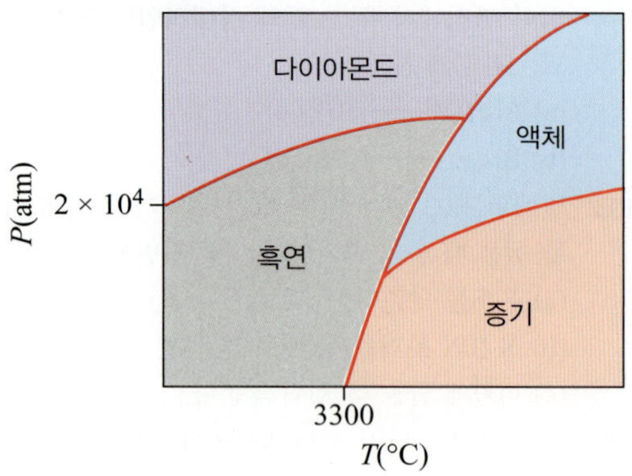


(a) 삼중점은 몇 개인가? 각 삼중점에 공존하는 상은 무엇인가?

(b) 흑연과 다이아몬드 중 밀도가 더 높은 것은 무엇인가?

(c) 흑연으로 인조 다이아몬드를 만들 수 있다. 상도표를 보고 방법을 설명하시오.

12.117 수영 코치는 귀에 물이 들어갔을 때 알코올(에탄올)을 한 방울 넣으면 "물을 끌고 나온다"고 조언한다. 분자적 관점에서 원리를 설명하시오.

12.119 오렌지를 재배할 때 물을 뿌려 어는 것을 막는다. 원리는 무엇인가?

12.121 찬물이 담긴 비커를 삼발이 위에 올려놓고 분젠(Bunsen) 버너로 가열한다. 버너에 불을 붙이고 나서 보니, 비커 바깥쪽에 물이 맺혀 있었다. 무슨 일이 일어났는지 설명하시오.

12.123 철 격자는 체심 입방 구조이다. X선 회절로 단위 세포 한 변 길이가 286.7 pm임을 알았다. 철의 밀도 7.874 g/cm$^3$를 이용하여 아보가드로 수를 계산하시오.

12.125 메탄올의 끓는점은 65.0°C, 메탄올 증기의 표준 생성 엔탈피는 −201.2 kJ/mol이다. 25°C에서 메탄올의 증기압을 mmHg 단위로 계산하시오. (힌트: 메탄올의 다른 열역학 자료가 필요하면 부록 2를 참조)

12.127 9.6 L 밀폐 용기에 물 2.0 g이 들어 있다. 질량의 절반만이 액체로 존재할 때 온도를 °C 단위로 계산하시오. (힌트: 물의 증기압은 표 11.6 참조)

12.129 정상 끓는점(19.5°C)에서 HF 기체의 밀도를 계산하시오. 이상적 행동을 가정한다. 동일한 조건에서 실험적으로 측정한 밀도는 3.10 g/L이다. 계산 결과와 실험값이 다른 이유를 설명하시오.

12.131 파장 0.154 nm인 X선이 층간 거리 312 pm인 결정에 의해 반사되었다. 각도는 얼마인가?($n$=1이라고 가정한다.)

12.133 신장 결석을 앓는 환자에게는 결석이 더 생기지 않도록 물을 많이 마시라고 한다. WebMD.com의 한 기사에서는 물을 건강한 성인 남성보다 50% 더 많이, 적어도 2.84 L를 매일 마시라고 권장한다. 10°C의 물을 이만큼 마셨을 때, 체온 37°C까지 데우는 데 신체가 써야 하는 에너지는 얼마인가? 0°C의 얼음으로 같은 양을 섭취했을 때는 에너지를 얼마나 더 많이 써야 하는가? 물의 $\Delta H_{용융}$은 6.01 kJ/mol이다. 물의 밀도와 비열은 각각 1.00 g/cm$^3$, 4.184 J/g·°C이며 이 값은 온도와 무관하다고 가정한다.

## 유제 해답

12.1 ① 75.9 kJ/mol, 109℃ 12.2 ① 체심 입방

12.3 ① 1 Cs, 1 Cl 12.4 ① 421 pm 12.5 ① 361 pm

12.6 ① 100℃, 액체와 기체의 평형

12.7 ①

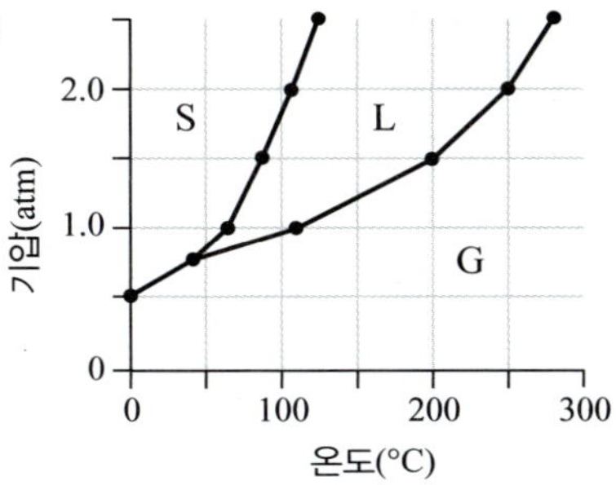


## 절 복습

12.2.1 a 12.2.2 e 12.2.3 b 12.2.4 b 12.3.1 d 12.3.2 a
12.5.1 a 12.5.2 c 12.6.1 a 12.6.2 e

Chapter

# 13

# 용액의 물리적 성질

## Physical Properties of Solutions

한 물질이 다른 물질 속에 균일하게 분산되어 있는 형태를 콜로이드라고 한다. 액체 자석 또는 강유체(ferrofluid)는 나노 크기의 강자성 입자들이 유기 용매나 물 같은 유체 속에 떠 있는 독특한 형태의 콜로이드이다. 외부 자기장이 없을 때 유체는 자성을 띠지 않지만 외부 자기장이 존재하면 상자성 나노 입자들이 자기장을 따라 정렬된다. 자기장의 세기에 따라 강유체의 밀도와 모양이 변한다. 화학자와 재료 과학자들은 액체 자성 밀폐제, 회전 축 윤활 밀폐제, 스테레오 스피커, 컴퓨터 하드 드라이브 등에 강유체를 이용하는 방법을 찾아냈다.

## 들어가기 전에

- 분자의 모양과 극성 [|◀◀7.2절]
- 분자간 힘 [|◀◀7.3절]
- 용액 화학량론 [|◀◀9.5절]

# 13.1 용액의 종류

1.5절에서 언급했듯이 용액은 둘 이상의 물질이 균일하게 섞인 혼합물이다. 용액은 **용매**(solvent)와 **용질**(solute)로 이루어져 있음을 기억하자[|◀◀9.1절]. 액체에 고체가 녹아 있는 용액(예를 들어 바닷물이나 설탕물)이 익숙하겠지만, 고체, 액체, 기체 모두 용액을 만들 수 있다. 용액 성분의 원래 상태로 용액을 분류하면 7종류이고, 표 13.1에 각 용액의 예를 정리했다.

이 장에서 용매가 액체인 용액에 중점을 둘 것이다. 우리가 일상에서 가장 많이 접하는 액체 용매는 물이다. 물이 용매인 용액을 **수용액**(aqueous solution)이라고 함을 기억하자 [|◀◀9.1절].

최대로 용해될 수 있는 용질의 양을 기준으로 용액을 분류할 수도 있다. **포화 용액**(saturated solution)은 특정 온도에서 용질이 용매에 최대로 녹을 수 있는 만큼 녹아 있는 용액이다. 특정 부피의 포화 용액에 녹아 있는 용질의 양을 **용해도**(solubility)라고 한다. 용해도는 용질, 용매, **온도**(temperature)에 연관된 값이라는 점을 반드시 이해해야 한다. 예를 들면, 20°C에서 NaCl의 물에 대한 용해도는 물 100 mL당 36 g이지만, 다른 온도에서 용해도나 다른 용매에 대한 용해도는 다를 수 있다. **불포화 용액**(unsaturated solution)은 용해도보다 적은 양의 용질이 녹아 있는 용액이다. 반면 **과포화 용액**(supersaturated solution)은 포화 용액보다 용질이 더 많이 녹아 있는 용액이다(그림 13.1). 과포화 용액은 일반적으로 안정하지 않으며, 결국은 용질이 용액 밖으로 석출된다. 이 현상을 그림 13.2에 나타냈다.

**참조**

용해도는 9.2절에서도 정의했다.

**표 13.1** 용액의 종류

| 용질 | 용매 | 용액 | 예 |
|---|---|---|---|
| 기체 | 기체 | 기체* | 공기 |
| 기체 | 액체 | 액체 | 탄산수 |
| 기체 | 고체 | 고체 | 팔라듐 속 수소($H_2$) |
| 액체 | 액체 | 액체 | 물 속 에탄올 |
| 액체 | 고체 | 고체 | 수은 속 은 |
| 고체 | 액체 | 액체 | 소금물 |
| 고체 | 고체 | 고체 | 황동(Cu/Zn) |

*기체 상태의 용액은 기체 상태의 용질만을 포함한다.

**그림 13.1** (a) 많은 용액들이 물에 용해된 고체로 이루어진다. (b) 고체가 모두 녹았으면 불포화 용액이다. (c) 용해될 수 있는 양보다 고체를 더 많이 첨가하면, 용액은 포화 용액이다. (d) 정의상 포화 용액에는 용해되지 않은 고체가 존재한다. (e) 가열하여 고체를 더 녹이거나, 조심스럽게 냉각시켜 결정화를 막으면 포화 용액을 과포화 용액으로 만들 수 있다.

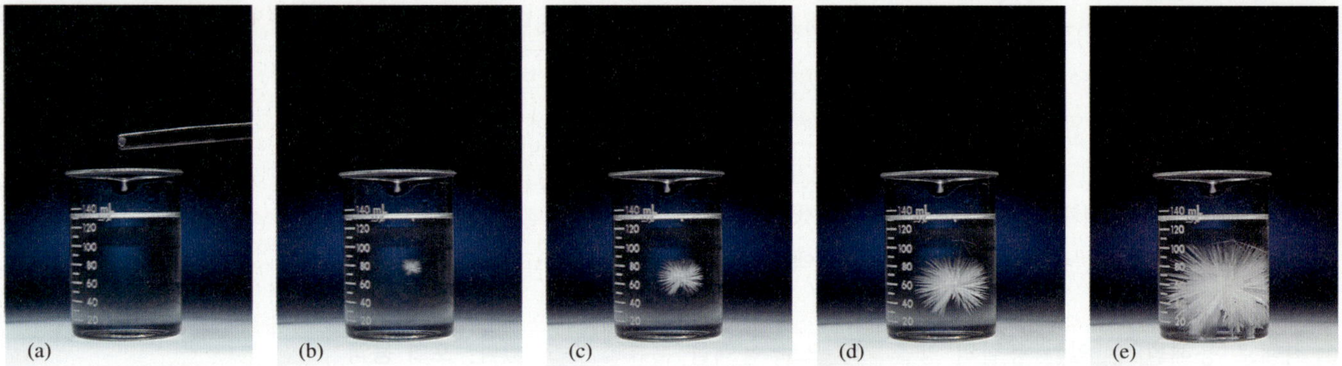


**그림 13.2** 과포화 용액에 (a) 작은 결정 씨앗을 넣으면 용해도를 초과하여 녹은 용질이 결정화되기 시작한다. (b)~(e) 결정화가 빠르게 진행되면서 포화 용액과 고체 결정이 만들어진다.

# 13.2 분자 관점에서 본 용해 과정

9장에서 이온성 고체가 물에 용해되는지 아닌지를 예측하는 데 도움이 되는 용해도 지침에 대해서 배웠다. 이제 용해도를 결정하는 좀 더 일반적인 요인들을 분자 수준에서 알아보자. 이 논의를 통해 왜 많은 이온성 물질들이 극성 용매인 물에 잘 녹는지를 이해할 수 있다. 또한 극성 용매와 비극성 용매에 대한 이온 결합 화합물과 분자성 화합물의 용해도를 예측할 수도 있다.

## 분자간 힘의 중요성

액체와 고체 내 분자들을 서로 붙잡아 두는 분자간 힘은 용해 과정에서 중요하다. 용질이 용매에 용해될 때 용질 분자들은 용매 전체로 흩어진다. 용질 분자 하나하나는 결국 서로 **분리**(separated)되어 용매 분자로 **둘러싸인다**(surrounded). 용질 분자가 용매 분자로 둘러싸이는 과정을 **용매화**(solvation)라고 한다. 용질 분자들이 얼마나 쉽게 분리되어 용매 분자에 둘러싸일 수 있는지는 용질—용질 인력, 용매—용매 인력, 용질—용매 인력의 상대적인 크기에 따라 다르다.

용질—용질 인력과 용매—용매 인력은 7장에서 다룬 **순수한**(pure) 물질 내의 인력 중 하나이다.

- 분산력(dispersion forces): **모든**(all) 물질에 존재.
- 쌍극자—쌍극자 힘(dipole—dipole forces): **극성**(polar) 물질에 존재
- 수소 결합(hydrogen bonding): O—H, N—H, F—H 결합이 있는 분자들 사이에 존재하는 특별히 강한 쌍극자—쌍극자 힘
- 이온—이온 힘(ion—ion forces): **이온성**(ionic) 물질에 존재.

용액은 다른(different) 물질 둘 이상으로 이루어져 있고 서로 **성질**(properties)이 다르므로, 고려해야 할 분자간 힘이 더 많다. 위에 나열한 인력 외에도 용액에는 다음과 같은 용질—용매 인력이 존재한다.

| 분자간 힘 | 예 | 모형 |
|---|---|---|
| **이온—쌍극자**(ion—dipole): 이온의 전하와 극성 분자의 부분 전하가 서로 끌린다. | $H_2O$에 녹은 NaCl 또는 KI | 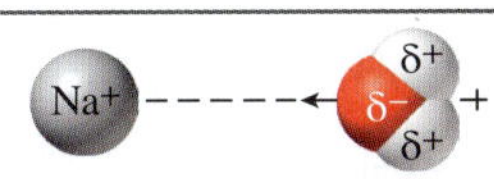  |
| **쌍극자—유도 쌍극자**(dipole—induced dipole): 극성 분자의 부분 전하가 이웃한 비극성 분자나 원자에 순간적인 부분 전하를 유도한다. | $H_2O$에 녹은 He 또는 $CO_2$ | 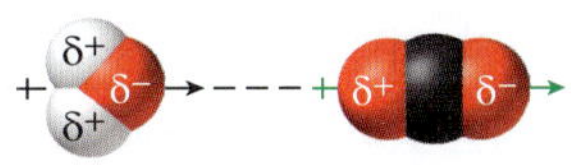  |
| **이온—유도 쌍극자**(ion—induced dipole): 이온의 전하가 이웃한 비극성 분자나 원자에 순간적인 부분 전하를 유도한다. | $Fe^{2+}$와 $O_2$ | 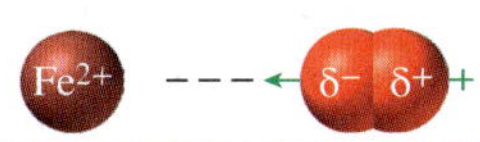  |

**참조**

헤모글로빈 분자 하나에는 네 개의 $Fe^{2+}$ 이온이 있다. $O_2$가 결합하는 초기 단계에서, 이온—유도 쌍극자 상호 작용에 의해 산소 분자가 $Fe^{2+}$ 이온으로 끌려간다.

그림 13.3처럼 용해 과정이 세 단계로 나뉘어 일어난다고 단순화시켜 보자. 단계 1은 용질 분자가 서로 분리되는 과정, 단계 2는 용매 분자가 서로 분리되는 과정이다. 두 단계 모

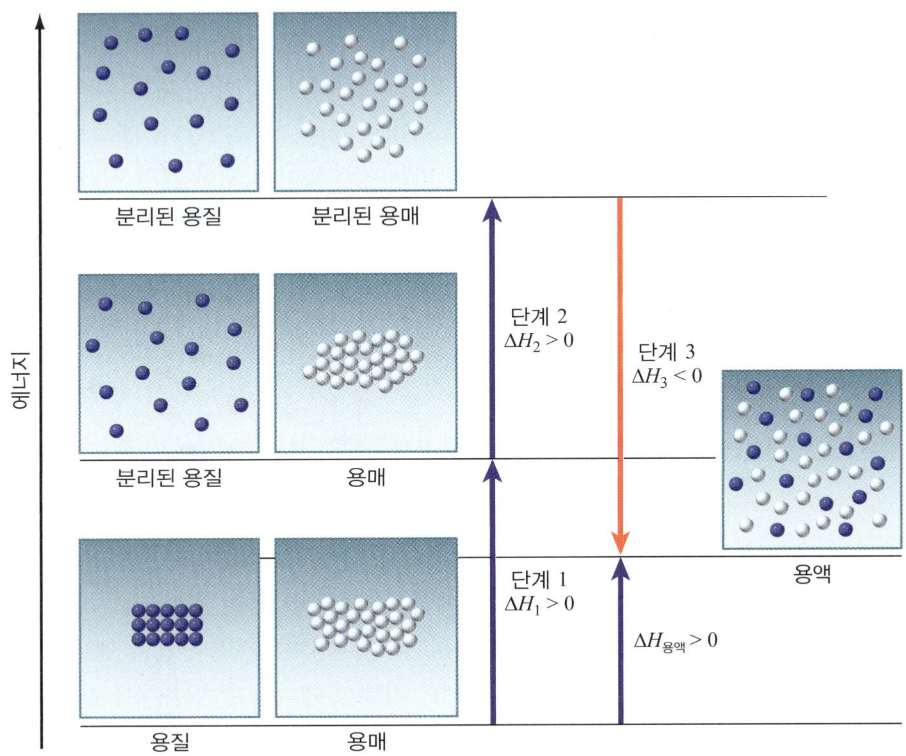


**그림 13.3** 용해 과정을 분자 관점에서 세 단계로 나타냈다. 먼저 용질 분자와 용매 분자가 분리되고 모두 흡열 과정이다(단계 1과 단계 2). 용매 분자와 용질 분자가 섞이며 발열 과정이다(3단계).

> **참조**
>
> 화학 결합[|◀◀ 10.7절]이 형성될 때처럼 분자간 인력이 생기는 과정은 발열 과정이다. 직관적으로 잘 이해되지 않으면 이렇게 생각해 보자. 서로 끌어당기는 분자들을 분리(separate)하려면 에너지가 필요하다. 반대로 서로 끌어당기는 분자들이 결합(combination)할 때는 같은 양의 에너지를 방출할 것이다[|◀◀ 10.3절].

두 분자간 인력을 극복할 수 있는 에너지가 필요하므로 **흡열**(endothermic) 과정이다. 단계 3에서 용매와 용질 분자가 섞이며, 이 과정은 보통 **발열**(exothermic) 과정이다. 과정 전체의 엔탈피 변화 $\Delta H_{\text{용액}}$은 다음과 같다.

$$\Delta H_{\text{용액}} = \Delta H_1 + \Delta H_2 + \Delta H_3$$

단계 3에서 방출하는 에너지가 단계 1과 단계 2에 필요한 에너지의 합보다 크면, 전체 용액 형성 과정은 발열($\Delta H_{\text{용액}} < 0$)이다. 단계 3에서 방출하는 에너지가 단계 1과 단계 2에 필요한 총 에너지보다 작으면 전체 과정은 흡열($\Delta H_{\text{용액}} > 0$)이다. (그림 13.3에는 전체적으로 흡열인 용액 형성 과정을 나타냈다.)

## 용액 형성에서 에너지와 엔트로피

앞에서 어떤 과정을 일으키는 원동력은 계의 퍼텐셜 에너지 감소라고 배웠다. 두 수소 원자가 서로 74 pm 떨어져 있을 때 퍼텐셜 에너지가 최소였음을 기억하자[|◀◀ 7.4절]. 하지만 어떤 물질들은 흡열적으로 용해되는데, 이는 계의 퍼텐셜 에너지를 높이는 과정이다. 따라서 어떤 물질의 용해 여부를 결정하는 다른 요인이 분명히 있다는 뜻이다. 이것이 바로 **엔트로피**(entropy)이다.

계의 **엔트로피**(entropy)는 계의 에너지가 얼마나 **분산되어 있는지**를 나타내는 척도이다. 서로 다른 기체 시료가 칸막이로 분리되어 있다고 가정하자. 칸막이를 치우면 기체들이 섞여서 용액이 된다. 일상적인 조건에서는 기체들을 이상 기체로 볼 수 있으므로, 기체들이 섞이기 전에는 분자들 사이에 어떠한 인력도 없음(끊어 내야 할 용질－용질, 용매－용매 인력이 없다)을 가정할 수 있다. 마찬가지로 혼합 후에도 분자들 사이에는 어떠한 인력도 없다.(만들어지는 용질－용매 인력이 없다.) 따라서 계의 에너지는 변화가 없지만, 기체들은 자발적으로 섞인다. 원래 기체 시료의 에너지가 변하지 않음에도 불구하고 이런 용액이 만들어지는 이유는 원래 기체 시료가 가지고 있던 에너지가 더 큰 부피로 퍼지기 때문이다. 계의 에너지가 더 많이 분산되면 계의 **엔트로피**(entropy)가 증가한다. 엔트로피가 증가하는 경향은 자연스러운 현상이다. 즉, 분산을 막는 장애물이 없으면 계의 에너지는 더 많이 분산되려고 한다. 많은 용액이 만들어질 수 있는 원동력이 바로 엔트로피 증가이다.

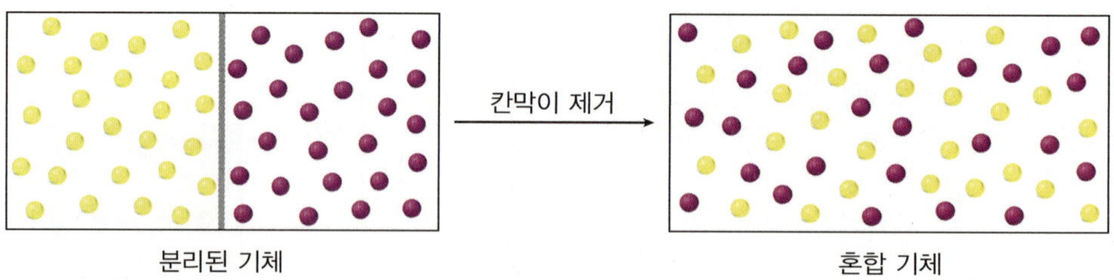


이제 질산 암모늄(ammonium nitrate, $NH_4NO_3$) 고체가 물에 용해되는 **흡열**(endother－mic) 과정을 생각해 보자. 이 용해 과정에서 계의 퍼텐셜 에너지는 **증가**(increase)한다. 하지만 고체 질산 암모늄의 에너지가 용액 전체의 부피로 퍼져나가면서 계의 엔트로피가 증가한다. 계의 엔트로피 증가(용해에 유리)가 계의 퍼텐셜 에너지 증가(용해에 불리)보다 크기 때문에 질산 암모늄은 물에 녹는다. 흡열 과정이 용액 형성을 방해하지만, 흡열 과정이라고 해서 용액이 아예 만들어지지 않는 것은 아니다.

너무 큰 흡열 반응이라서 엔트로피가 증가하더라도 자발적으로 일어나지 않는 과정도 있다. 예를 들면, 염화 소듐(NaCl)은 벤젠 같은 비극성 용매에 녹지 않는다. 용액이 만들어진다고 가정할 때 생겨날 용매-용질 상호 작용이 너무 약해서, 염화 소듐의 양이온과 음이온을 분리하는 데 필요한 에너지를 보상하지 못하기 때문이다. 용액 형성 단계의 발열량($\Delta H_3$)이 흡열 단계의 흡열량($\Delta H_1$과 $\Delta H_2$)의 합에 비하면 너무 작으므로 전체 과정은 **매우 큰** 흡열이다. 용액이 만들어진다고 가정하면 엔트로피는 증가하겠지만 흡열이 너무 크므로 거의 녹지 않는다.

"비슷한 것들끼리 녹인다(like dissolves like)"는 말은 용매에 대한 용질의 용해도를 예측하는 데에 유용하다. 요약하면 **극성**(polar) 물질(이온 결합 화합물 포함)은 **극성**(polar) 용매에 더 잘 녹고, **비극성**(nonpolar) 물질은 **비극성**(nonpolar) 용매에 더 잘 녹는다. 즉, 분자간 힘의 **종류**(type)와 **크기**(magnetude)가 비슷한 물질들은 서로 용해되기 쉽다는 뜻이다. 예를 들어, 사염화 탄소(carbon tetrachloride, $CCl_4$)와 벤젠($C_6H_6$)은 모두 비극성 액체이다. 이 물질에 존재하는 분자간 힘은 분산력밖에 없다[|◀◀ 7.3절]. 두 액체는 서로 잘 섞이는데, $CCl_4$와 $C_6H_6$ 분자 사이의 인력이 순수한 $CCl_4$ 분자, 순수한 $C_6H_6$ 분자 사이의 인력과 크기가 비슷하기 때문이다. 두 액체가 어떠한 비율로도 완전히 용해될 수 있을 때 **섞인다**(miscible)고 한다. 메탄올, 에탄올, 1,2-에틸렌 글라이콜 등은 물 분자와 수소 결합을 할 수 있기 때문에 물과 섞인다.

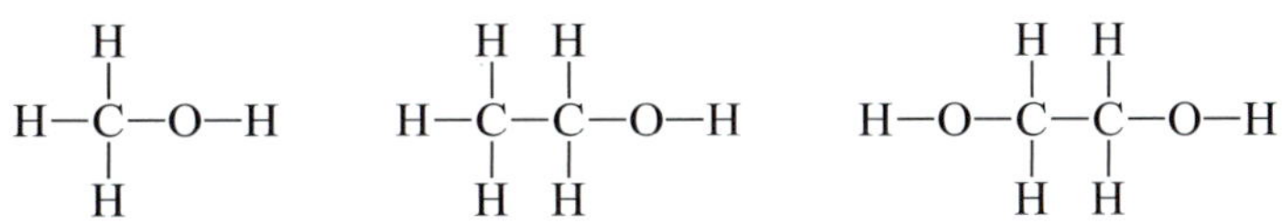

메탄올 에탄올 1,2-에틸렌 글라이콜

표 9.2와 표 9.3에 나열한 용해도 지침을 이용하면 이온 결합 화합물의 물에 대한 용해도를 예상할 수 있다. 염화 소듐이 물에 용해될 때 용액 중의 이온들은 이온-쌍극자 상호 작용에 의해 **수화**(hydration)되면서 안정화된다. 이온 결합 화합물은 물과 같은 극성 용매에 훨씬 더 잘 녹는다. 벤젠이나 사염화 탄소 같은 비극성 용매 분자는 쌍극자 모멘트가 없어서 $Na^+$ 와 $Cl^-$ 이온을 용매화시키기 어렵기 때문이다. 이온과 비극성 분자 사이에 존재하는 대표적인 분자간 인력은 이온-유도 쌍극자 상호 작용인데, 이것은 보통 이온-쌍극자 상호 작용보다 훨씬 약하다. 따라서 이온 결합 화합물의 비극성 용매에 대한 용해도는 현저히 낮다.

> **참조**
>
> 용매화(solvation)는 용질 입자가 용매 분자로 둘러싸이는 과정을 총칭한다. 용매가 물이면 좀 더 구체적으로 수화(hydration)라는 말을 쓴다[|◀◀ 9.2절].

예제 13.1에서 분자간 힘을 고려하여 용해도를 예상하는 연습을 해 보자.

## 예제 13.1

극성인 물 또는 비극성인 벤젠($C_6H_6$) 중 어디에 대한 용해도가 더 클지 결정하시오.

(a) 브로민($Br_2$)
(b) 아이오딘화 소듐(NaI)
(c) 사염화 탄소($CCl_4$)
(d) 폼알데하이드 ($CH_2O$)

**전략** 용질의 구조를 고려하여 극성인지 판별한다. 분자성 용질은 루이스(Lewis) 구조를 그린 후 VSEPR 이론을 적용한다[|◀◀ 7.1절]. 이온 결합 화합물과 극성 용질은 물에 잘 녹는다. 비극성 용질은 벤젠에 잘 녹는다.

**계획**

(a) 브로민은 동종핵 이원자 분자이므로 비극성이다.

(b) 아이오딘화 소듐은 이온성이다.

(c) 사염화 탄소의 루이스 구조는 그림과 같다.

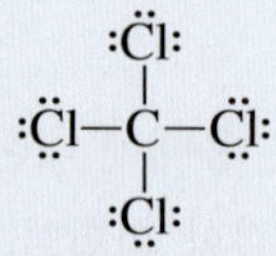

중심 원자 주위에 전자 영역이 4개이므로 정사면체 배치를 예상할 수 있다. 동일한 결합이 대칭적으로 존재하므로 비극성 분자이다.

(d) 폼알데하이드의 루이스 구조는 다음과 같다.

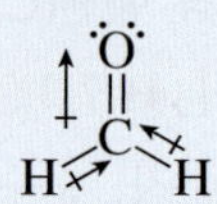

십자 화살표는 결합 각각의 쌍극자를 나타낸다[|◀◀ 7.2절]. 이 분자는 극성이며 물과 수소 결합을 할 수 있다.

**풀이**

(a) 브로민은 벤젠에 더 잘 녹는다.

(b) 아이오딘화 소듐은 물에 더 잘 녹는다.

(c) 사염화 탄소는 벤젠에 더 잘 녹는다.

(d) 폼알데하이드는 물에 더 잘 녹는다.

## 생각해 보기

다원자 분자는 분자식만 보고 모양이나 극성을 결정하기 어렵다. 루이스 구조를 바르게 그린 후에 VSEPR 이론을 적용해야 한다[|◀◀ 7.1절].

**유제 1** $C_3H_8$, HCl, $I_2$, $CS_2$ 중에서 물보다 벤젠에 더 잘 녹는 것은 어느 것인가?

**유제 2** 첫 번째 그림에 물과 수용성 기체가 담긴 닫힌 계를 나타냈다. 용기에는 움직일 수 있는 피스톤이 달려 있다. 피스톤을 아래로 눌러서 기체 부피가 줄어들었을 때 모습을 가장 잘 나타낸 것은 그림[(i)~(iii)] 중에서 어느 것인가? (각 그림 옆의 온도계는 계의 온도를 나타낸다.)

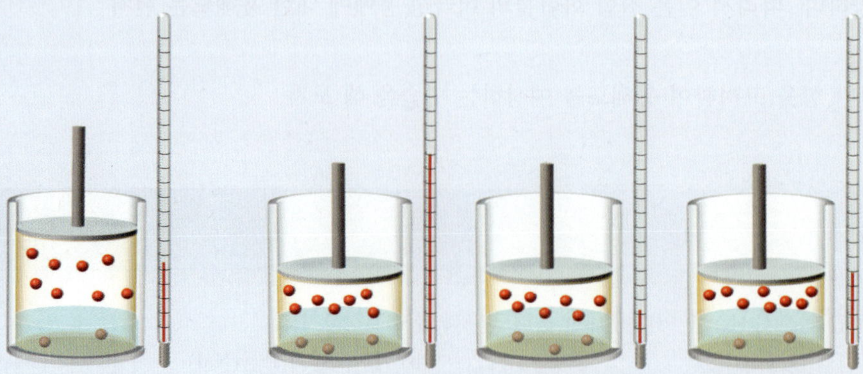

(i) (ii) (iii)

## 13.2절 복습

**분자 관점에서 본 용해 과정**

**13.2.1** 다음 중 물보다 벤젠에 더 잘 녹을 것이라 예상하는 화합물을 모두 고르시오.

(a) $SO_2$ (b) $CO_2$

(c) $Na_2SO_4$ (d) $C_2H_6$

(e) $Br_2$

**13.2.2** 다음 중 수용액에서 용질—용매 간에 수소 결합을 할 수 있는 화합물을 고르시오.

(a) $H_2O(l)$ 속 $H_2(g)$ (b) $H_2O(l)$ 속 $CH_3OH(l)$

(c) $H_2O(l)$ 속 $CO_2(g)$ (d) $H_2O(l)$ 속 $NH_3(g)$

(e) $H_2O(l)$ 속 $NaCl(s)$

# 13.3 농도 단위

용액의 농도를 표현할 때 화학에서 자주 쓰는 단위인 **몰농도**(molarity)를 9장에서 공부했다. 몰농도 $M$은 용질의 몰수를 용액의 부피로 나눈 값으로 정의했다[|◀◀ 9.5절].

$$\text{몰농도} = M = \frac{\text{용질의 몰수}}{\text{용액의 부피}}$$

몰분율($\chi$)은 용질의 몰수를 전체 몰수로 나눈 값으로 정의한 농도 표현법이다[|◀◀ 11.7절].

$$\text{A의 몰분율} = \chi_A = \frac{\text{A의 몰수}}{\text{전체 몰수}}$$

이 절에서는 농도를 표현하는 또 다른 방법인 **몰랄농도**(molality)와 **질량 백분율**(percent by mass)을 알아본다. 해결하고자 하는 상황에 따라서 다른 농도 표현법을 이용하면 된다.

> **참조**
> 질량 백분율을 이용하여 순수한 물질의 조성을 나타내는 방법은 이미 공부했다[|◀◀ 5.9절]. 이 장에서는 질량 백분율을 이용하여 용액(solution)을 설명한다.

## 몰랄농도

**몰랄농도**($m$)는 용매 1 kg(1000 g)에 녹아 있는 용질의 몰수이다.

$$\text{몰랄농도} = m = \frac{\text{용질의 몰수}}{\text{용매의 질량(kg)}} \qquad \text{식 13.1}$$

예를 들어, 농도가 1몰랄(1 $m$)인 황산 소듐 수용액을 만들려면 물 1 kg에 $Na_2SO_4$ 1몰(142.0 g)을 녹여야 한다.

> **참조**
> 흔히 몰랄농도와 몰농도를 혼동한다. 몰농도는 용액의 부피, 몰랄농도는 용매의 질량으로 계산한다.

## 질량 백분율

**질량 백분율**[percent by mass, 또는 **무게 백분율**(percent by weight]은 용질의 질량을 용액의 질량으로 나눈 후 100을 곱한 값이다. 질량의 단위는 분모와 분자에서 상쇄되므로 어떤 단위든 일관되게만 쓰면 된다.

$$\text{질량 백분율} = \frac{\text{용질의 질량}}{\text{용질의 질량} + \text{용매의 질량}} \times 100\% \qquad \text{식 13.2}$$

예를 들어, 1 $m$ 황산 소듐 용액의 농도를 다음과 같이 나타낼 수도 있다. (이 용액에는 물 1 kg, $Na_2SO_4$ 142.0 g이 들어 있다.)

$$Na_2SO_4\text{의 질량 백분율} = \frac{Na_2SO_4\text{의 질량}}{Na_2SO_4\text{의 질량} + \text{물의 질량}} \times 100\%$$
$$= \frac{142.0\ \text{g}}{1142.0\ \text{g}} \times 100\% = 12.4\%$$

**백분율**(percent)은 문자 그대로 "백분의 일"을 뜻한다. 식 13.2에 100 대신 1000을 곱하면 천분율, 1,000,000을 곱하면 100만분율, 즉 ppm이 된다. 100만분율, 10억분율, 1000억분율 등등은 대기나 신체 내 오염 물질의 농도처럼 매우 낮은 농도를 나타낼 때 이용한다. 예를 들어, 물 1 kg에 비소 3 $\mu$g($3 \times 10^{-6}$ g)이 들어 있을 때 비소의 농도를 ppb로 나타내면 다음과 같다.

$$\frac{3 \times 10^{-6}\ \text{g}}{1000\ \text{g}} \times 10^9 = 3\ \text{ppb}$$

예제 13.2에서 농도를 몰랄농도와 질량 백분율로 계산하는 방법을 알아본다.

## 예제 13.2

글루코스($C_6H_{12}O_6$) 170.1 g을 물에 녹여 용액 1 L를 만들었다. 이 용액의 밀도는 1.062 g/mL이다. 용액의 농도를 (a) 몰랄농도, (b) 질량 백분율, (c) ppm으로 나타내시오.

**전략** 글루코스의 몰질량을 이용하여 용액 1 L에 녹아 있는 글루코스의 몰수를 구한다. 밀도(g/L)를 이용하여 용액 1 L의 질량을 계산한다. 용액 질량에서 글루코스 질량을 빼서 물의 질량을 구한다. 식 13.1을 이용하여 몰랄농도를 구한다. 글루코스 질량과 용액 전체 질량을 식 13.2에 대입하여 질량 백분율 농도를 계산한다.

**계획** 글루코스의 몰질량은 180.2 g/mol이고 용액의 밀도는 1.062 g/mL이다.

**풀이**

(a)
$$\frac{170.1\ \text{g}}{180.2\ \text{g/mol}} = \text{용액 1 L에 녹아 있는 글루코스 0.9440몰}$$

$$\text{용액 1 L} \times \frac{1062\ \text{g}}{\text{L}} = 1062\ \text{g}$$

$$\text{용액 1062 g} - \text{글루코스 170.1 g} = \text{물 892 g} = \text{물 0.892 kg}$$

$$\frac{\text{글루코스 0.9440몰}}{\text{물 0.892 kg}} = 1.06\ m$$

(b)
$$\frac{\text{글루코스 170.1 g}}{\text{용액 1062 g}} \times 100\% = \text{글루코스 질량 백분율 16.02\%}$$

(c)
$$\frac{\text{글루코스 170.1 g}}{\text{용액 1062 g}} \times 1{,}000{,}000 = 1.602 \times 10^5\ \text{ppm 글루코스}$$

**생각해 보기**

단위에 유의한다. g−kg 환산과 mL−L 환산에 특히 주의한다.

**유제 1** 요소(urea)의 질량 백분율이 4.5%인 수용액의 몰랄농도를 계산하시오.

**유제 2** 어떤 온도에서 용질−용매 쌍을 생각해 보자. 그림[(i)~(iv)] 중에서 질량 백분율과 몰랄농도 간의 관계를 가장 잘 표현한 것은 어느 것인가?

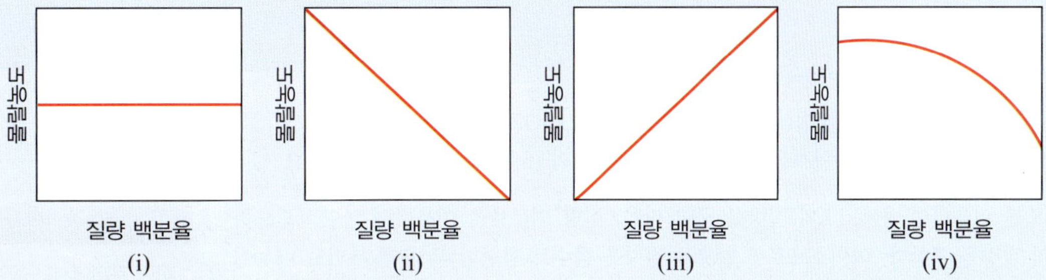


## 농도 단위 비교

실험 목적에 따라서 어떤 농도 단위를 이용할지 선택할 수 있다. 예를 들어, 적정이나 중량 분석에서는 용액 농도를 흔히 몰농도로 나타낸다. 기체의 농도를 표현할 때, 그리고 증기압을 이용하여 기체 용액을 분석(13.5절에서 다룬다)할 때는 **몰분율**(mole fraction)을 이용한다.

몰농도를 사용하면 눈금 부피 플라스크를 이용하여 용액의 부피를 쉽고 정확하게 측정할 수 있으므로 용매의 질량을 측정하는 것보다 간편하다. 반면에 몰랄농도는 온도에 따라 변하지 않는다는 점이 장점이다. 온도가 높아지면 용액의 부피가 조금 증가하므로 몰농도가 변한다. 하지만 용액 중의 용매 질량은 변하지 않는다.

**참조**

수용액의 농도가 매우 묽을 때는 몰농도와 몰랄농도가 같다. 물 1 L의 질량이 1 kg이고, 매우 묽은 용액에서 용질의 질량은 용매 질량에 비하면 무시할 수 있을 정도로 작다.

질량 백분율은 몰랄농도와 마찬가지로 온도와 무관하다. 또한 질량 백분율은 용질 질량을 용액 질량으로 나눈 값이므로, 질량 백분율을 계산할 때 용질의 몰질량을 알 필요가 없다.

용액의 농도를 다른 단위로 환산해야 할 때가 있다. 같은 용액을 이용하여 다른 실험을 할 때는 다른 농도 단위를 써야 한다. 0.396 $m$ 글루코스($C_6H_{12}O_6$) 수용액을 몰농도(25°C에서)로 환산하는 과정을 알아보자. 이 용액은 글루코스 0.396몰과 용매 1000 g으로 이루어져 있음을 알고 있다. 몰농도를 계산하려면 이 용액의 **부피**(volume)를 구해야 한다. 먼저 용액의 질량을 계산한다.

$$0.396\ \text{mol}\ \cancel{C_6H_{12}O_6} \times \frac{180.2\ \text{g}}{1\ \cancel{\text{mol}\ C_6H_{12}O_6}} = 71.4\ \text{g}\ C_6H_{12}O_6$$

$$71.4\ \text{g}\ C_6H_{12}O_6 + 1000\ \text{g}\ H_2O = \text{용액}\ 1071\ \text{g}$$

용액의 질량을 알았으니 용액의 **밀도**(density)를 이용하여 부피를 구한다. 0.396 $m$ 글루코스 용액의 밀도는 25°C에서 1.16 g/mL이다. 따라서 이 용액의 부피는

**참조**

몰농도와 몰랄농도를 서로 환산하려면 밀도를 알고 있거나, 밀도를 구하기 위한 충분한 정보가 있어야만 한다.

$$\text{부피} = \frac{\text{질량}}{\text{밀도}} = \frac{1071\ \text{g}}{1.16\ \text{g/mL}} \times \frac{1\ \text{L}}{1000\ \text{mL}} = 0.923\ \text{L}$$

용액의 부피를 이용하여 몰농도를 계산하면

$$\text{몰농도} = \frac{\text{용질의 몰수}}{\text{용액의 부피(L)}} = \frac{0.396\ \text{mol}}{0.923\ \text{L}}$$
$$= 0.429\ \text{mol/L} = 0.429\ M$$

예제 13.3에서 농도 단위를 환산하는 방법을 연습한다.

## 예제 13.3

"소독용 알콜"은 아이소프로필 알코올(isopropyl alcohol, $C_3H_7OH$)의 질량 백분율 70%인 물과의 혼합 용액이다. 용액의 밀도는 20°C에서 0.79 g/mL이다. 소독용 알코올의 농도를 (a) 몰농도와 (b) 몰랄농도로 나타내시오.

**전략** (a) 밀도를 이용하여 용액 1 L의 질량을 구한 다음, 질량 백분율을 이용하여 아이소프로필 알코올의 질량을 구한다. 아이소프로필 알코올 질량을 몰수로 환산한 후 용액 부피로 나누어 몰농도를 구한다.

(b) 용액 질량에서 아이소프로필 알코올 질량을 빼서 물의 질량을 구한다. 아이소프로필 알코올의 몰수를 물 질량으로 나누어 몰랄농도를 구한다.

> **참조**
> 이런 문제에서는 용액의 부피를 마음대로 정해도 된다. 계산의 편의를 위해 1 L를 선택했다.

**계획** 소독용 알코올의 질량은 790 g이고, 아이소프로필 알코올의 몰질량은 60.09 g/mol이다.

**풀이**

(a)

$$\frac{\cancel{\text{용액}}\ 790\ \cancel{\text{g}}}{\text{용액의 부피(L)}} \times \frac{70\ \text{g}\ C_3H_7OH}{\cancel{\text{용액}}\ 100\ \cancel{\text{g}}} = \frac{553\ \text{g}\ C_3H_7OH}{\text{용액의 부피(L)}}$$

$$\frac{553\ \cancel{\text{g}\ C_3H_7OH}}{\text{용액의 부피(L)}} \times \frac{1\ \text{mol}}{60.09\ \cancel{\text{g}\ C_3H_7OH}} = \frac{9.20\ \text{mol}\ C_3H_7OH}{\text{용액의 부피(L)}} = 9.2\ M$$

(b) 용액 790 g − $C_3H_7OH$ 553 g = 물 237 g = 물 0.237 kg

$$\frac{9.20\ \text{mol}\ C_3H_7OH}{\text{물}\ 0.237\ \text{kg}} = 39\ m$$

소독용 알코올의 농도는 9.2 $M$이고 39 $m$이다.

### 생각해 보기

몰농도와 몰랄농도의 차이가 매우 큼을 주목한다. 매우 묽은 수용액에서만 몰농도와 몰랄농도가 같거나 비슷하다.

**유제 1** 1.49 $m$ $H_2SO_4$ 수용액에서 황산의 질량 백분율을 구하시오.

**유제 2** 물(밀도 1 g/cm$^3$)과 클로로폼(밀도 1.5 g/cm$^3$)에 모두 용해되는 어떤 고체 물질의 용액을 그림으로 나타냈다. 몰농도와 몰랄농도가 가장 비슷한 용액은 어느 것인가? 몰농도와 몰랄농도가 가장 크게 다른 용액은 어느 것인가?

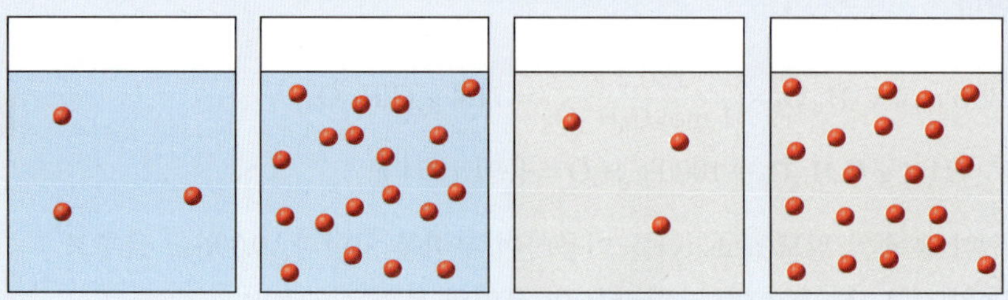

| | (i) | (ii) | (iii) | (iv) |
|---|---|---|---|---|
| 용매: | 물 | 물 | 클로로폼 | 클로로폼 |

## 13.3절 복습

**농도 단위**

**13.3.1** KCl 1.18 g을 물 86.3 g에 녹인 용액에서 KCl의 질량 백분율을 구하시오.

(a) 1.35% (b) 1.37% (c) 1.39%
(d) 2.05% (e) 2.12%

**13.3.2** 나프탈렌(naphthalene, $C_{10}H_8$)을 벤젠 80.1 g에 녹인 용액의 몰랄농도를 계산하시오.

(a) 1.13 *m* (b) 80.4 *m* (c) 0.804 *m*
(d) 0.627 *m* (e) 11.7 *m*

**13.3.3** 20.0°C에서 0.258 *m* 글루코스($C_6H_{12}O_6$) 수용액의 밀도가 1.0173 g/mL이다. 이 용액의 몰농도를 계산하시오.

(a) 0.258 *M* (b) 0.300 *M* (c) 0.456 *M*
(d) 0.251 *M* (e) 0.448 *M*

**13.3.4** 25.0°C에서 $H_2SO_4$의 질량 백분율이 25.0%인 수용액의 밀도가 1.178 g/mL이다. 이 용액의 몰농도와 몰랄농도를 계산하시오.

(a) 3.00 *M*과 3.40 *m* (b) 3.40 *M*과 3.40 *m* (c) 3.00 *M*과 3.00 *m*
(d) 3.00 *M*과 2.98 *m* (e) 3.44 *M*과 3.14 *m*

# 13.4 용해도에 영향을 미치는 요인

용해도의 정의는 특정 **온도**(temperature)에서 일정량의 용매에 최대로 녹을 수 있는 용질의 양임을 기억하자. 물질 대부분은 온도에 따라 용해도가 달라진다. 이 절에서는 고체와 기체 수용액의 용해도에 온도가 어떤 영향을 미치는지, 그리고 기체 수용액의 용해도에 **압력**(pressure)이 어떤 영향을 미치는지 알아본다.

## 온도

설탕은 아이스티보다 뜨거운 차에 더 많이 녹는다. 온도를 높이면 설탕의 용해도가 증가하는데, 고체 물질은 대부분 같은 경향을 보인다. 그림 13.4에는 익숙한 고체들의 물에 대한 용해도를 온도에 따른 함수로 나타냈다. 특정 온도 범위에서 용해도와 용해도의 **변화**(change)가 고체마다 매우 다양하다는 것에 주목하자. 온도와 용해도의 관계는 복잡하며 보통 비선형적이다.

기체 수용액의 용해도와 온도의 관계는 고체보다는 좀 더 단순하다. 기체 대부분은 온도가 높을수록 물에 덜 녹는다. 수돗물을 한 잔 받아 잠깐 놓아두면, 상온까지 데워지면서 물 속에 기포가 생기는 것을 볼 수 있다. 물의 온도가 높아지면서 기체의 용해도가 감소하여 용액 밖으로 나오기 때문에 기포가 발생한다.

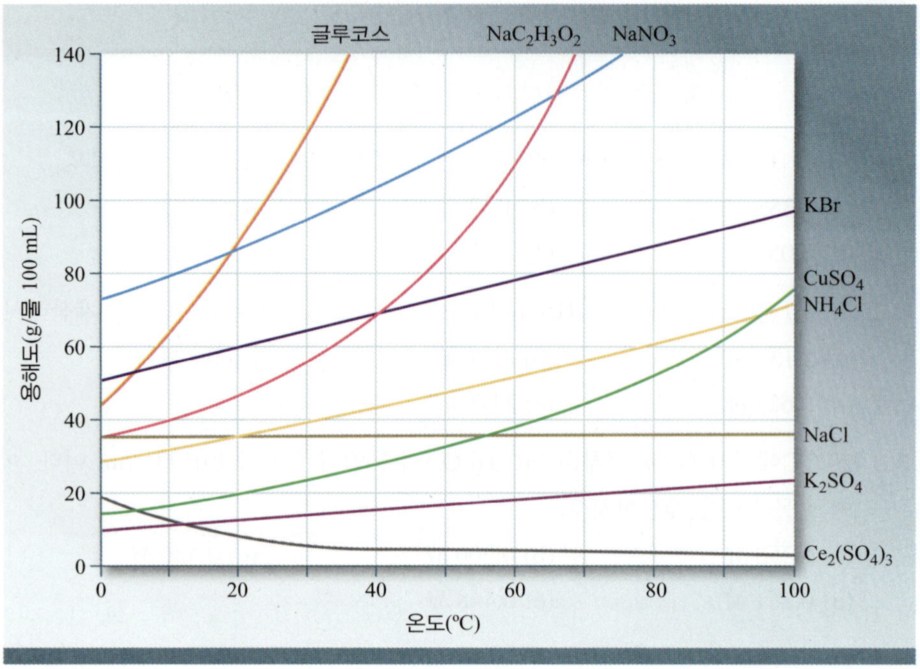


**그림 13.4** 글루코스와 이온 결합 화합물의 물에 대한 용해도와 온도의 관계

높은 온도에서 물에 대한 기체 용해도가 감소하면서 발생하는 중요한 문제 중에 **열 공해**(thermal pollution)가 있다. 전력 발전소와 원자력 발전 등 산업 냉각수로 매년 수천억 리터의 물이 사용된다. 이 과정에서 물이 가열된 채로 강이나 호수로 방류된다. 수온 상승은 수생 생물에게 이중으로 영향을 미친다. 수온이 높아지면 물고기 같은 냉혈 생물들은 신진대사 속도가 빨라져서 더 많은 산소가 필요해진다. 하지만 그와 동시에 수온이 높아지면 산소의 용해도가 감소하여 가용 산소량이 줄어들기 때문에 물고기가 떼죽음을 당할 수도 있다.

## 압력

압력은 액체나 고체의 용해도에 큰 영향을 미치지 않지만, 기체의 용해도에는 매우 큰 영향을 미친다. 기체의 용해도와 압력은 **헨리의 법칙**(Henry's[1] law)이라는 정량적인 관계로 나타낼 수 있다. 이 법칙은 액체에 대한 기체의 용해도가 용액을 누르는 기체의 압력에 비례한다는 법칙이다.

**참조**

헨리의 법칙에 따르면 일정한 온도에서 용액을 누르는 기체의 압력이 두 배가 되면 용액에 녹은 기체의 농도가 두 배가 된다. 압력이 세 배가 되면 농도도 세 배가 된다.

$$c \propto P$$

이 관계를 다시 나타내면

$$c = kP \qquad \text{식 13.3}$$

$c$는 용해된 기체의 몰농도(mol/L), $P$는 용액을 누르는 기체의 압력(atm), $k$는 **헨리의 법칙 상수**(Henry's law constant)라고 부르는 비례 상수이다. 헨리의 법칙 상수는 기체–용매 조

1. 윌리엄 헨리(William Henry, 1775~1836): 영국의 화학자. 기체의 용해도를 설명하는 법칙을 발견하는 중요한 업적을 남겼다. 이제는 이 법칙에 그의 이름을 붙여 부른다.

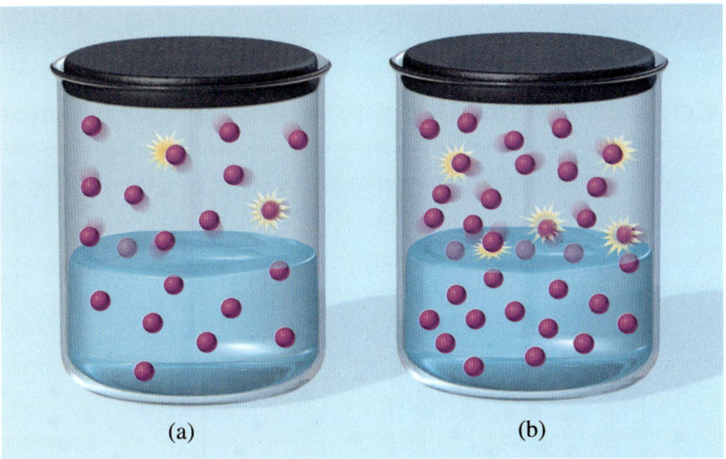


그림 13.5 분자 관점에서 본 헨리의 법칙. 용액을 누르는 기체의 부분 압력이 (a)에서 (b)로 증가하면, 용해된 기체의 농도 역시 식 13.3에 따라 증가한다.

합에 따라 다르고 온도에 따라서도 다르다. $k$의 단위는 mol/L·atm이다. 용액을 누르는 기체가 혼합물이면, 식 13.3의 $P$에 관찰하고자 하는 기체의 부분 압력을 넣는다.

분자 운동론[|◀◀ 11.2절]의 관점에서 헨리의 법칙을 정성적으로 이해할 수 있다. 용매에 녹을 수 있는 기체의 양은 기체 분자가 액체 표면에 얼마나 자주 충돌하여 응축상에 붙잡히는지에 따라 달라진다. 그림 13.5(a)처럼 용액과 동적 평형[|◀◀ 12.2절]에 있는 기체를 가정하자. 용액 안으로 들어가는 기체 분자수는 용액을 탈출하여 기체상으로 들어가는 기체 분자수와 항상 같다. 기체의 부분 압력을 높이면[그림 13.5(b)], 더 많은 분자들이 액체 표면에 충돌하기 때문에 더 많이 용해된다. 용해된 기체의 농도가 높아지면 용액을 탈출하는 기체 분자수도 많아진다. 용액을 탈출하는 분자수와 용액으로 들어가는 분자수가 다시 같아질 때까지 용액에 녹아 있는 기체의 농도가 증가한다.

탄산음료를 만드는 과정에서 헨리의 법칙을 적용할 수 있다. 고압의 이산화 탄소를 이용하여 탄산음료에 "거품"을 넣는다. $CO_2$의 압력은 보통 5 atm 정도로 공기 중의 $CO_2$ 부분 압력에 비하면 수천 배나 높다. 따라서 탄산음료 캔이나 병을 따면, 고압에서 녹아 있던 $CO_2$가 용액 밖으로 나오면서 거품이 발생한다.

예제 13.4에서 헨리의 법칙을 이용하는 방법을 알아본다.

## 예제 13.4

25°C에서 $CO_2$의 부분 압력이 5.0 atm인 병에 담긴 탄산음료에 들어 있는 이산화 탄소의 농도를 계산하시오. 물에 대한 $CO_2$의 헨리의 법칙 상수는 $3.1 \times 10^{-2}$ mol/L·atm이다. 공기 중의 $CO_2$ 부분 압력은 0.0003 atm이고 탄산음료에 대한 헨리의 법칙 상수 값은 물에 대한 값과 같다고 가정한다.

(a) 병을 열기 전 (b) 25°C에서 김이 다 빠진 후

**전략** 헨리의 법칙 상수와 식 13.3을 이용하여 $CO_2$의 몰농도(mol/L)를 구한다.

**계획** 25°C에서 물에 대한 $CO_2$의 헨리의 법칙 상수는 $3.1 \times 10^{-2}$ mol/L · atm이다.

**풀이** (a) $c = (3.1 \times 10^{-2}\ \text{mol/L} \cdot \text{atm})(5.0\ \text{atm}) = 1.6 \times 10^{-1}\ \text{mol/L}$

(b) $c = (3.1 \times 10^{-2}\ \text{mol/L} \cdot \text{atm})(0.0003\ \text{atm}) = 9 \times 10^{-6}\ \text{mol/L}$

**생각해 보기**

압력 (b)가 압력 (a)에 비해 약 15,000배 작으므로 $CO_2$의 농도가 약 15,000배 작을 것이라 예상할 수 있다. 계산해 보면 실제로도 그렇다.

**유제 1** 25°C에서 $O_2$ 농도가 $3.4 \times 10^{-2}$ $M$인 수용액을 만들기 위해 필요한 $O_2$의 압력을 계산하시오. 25°C에서 물에 대한 $O_2$의 헨리의 법칙 상수는 $1.3 \times 10^{-3}$ mol/L · atm이다.

**유제 2** 서로 다른 두 기체가 녹아 있는 닫힌계를 첫 번째 그림에 나타냈다. 같은 온도에서 이 두 기체가 녹아 있는 닫힌계를 적절하게 나타낸 그림은 (i)~(iv) 중 어느 것인가?

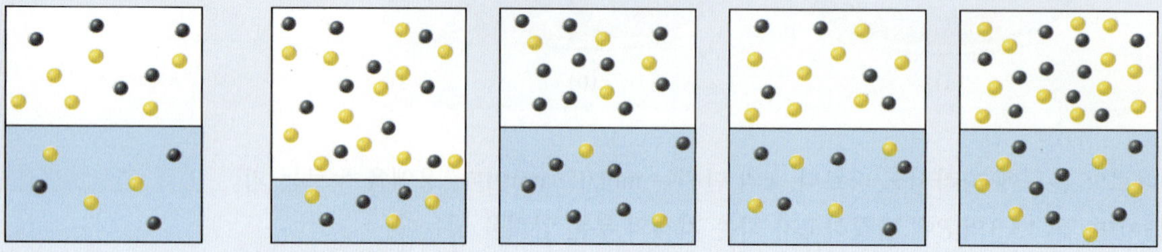

(i) (ii) (iii) (iv)

## 13.4절 복습

**용해도에 영향을 미치는 요인**

**13.4.1** 25°C, 1 atm에서 $N_2$의 용해도는 $6.8 \times 10^{-4}$ mol/L이다. $N_2$의 부분 압력이 0.78 atm인 대기압 조건에서 물에 녹아 있는 $N_2$의 농도를 계산하시오.

(a) $6.8 \times 10^{-4}$ $M$
(b) $8.7 \times 10^{-4}$ $M$
(c) $5.3 \times 10^{-4}$ $M$
(d) $1.5 \times 10^{-4}$ $M$
(e) $3.1 \times 10^{-4}$ $M$

**13.4.2** 25°C, 대기압에서 물에 녹아 있는 $O_2$의 몰농도를 계산하시오. $O_2$의 부분 압력은 0.22 atm이고, 헨리의 법칙 상수는 $1.3 \times 10^{-3}$ mol/L · atm이다.

(a) $2.9 \times 10^{-4}$ $M$
(b) $5.9 \times 10^{-3}$ $M$
(c) $1.7 \times 10^{-3}$ $M$
(d) $1.0 \times 10^{-3}$ $M$
(e) $1.3 \times 10^{-3}$ $M$

# 13.5 총괄성

**총괄성**(colligative property)이란 용질 입자의 성질에는 영향을 받지 않고, 용액 중의 용질 입자 개수에만 영향을 받는 성질이다. 즉, 총괄성은 용질 입자가 원자인지, 분자인지, 이온인지에 관계 없이 농도에만 영향을 받는다. 총괄성에는 증기압 내림, 끓는점 오름, 어는점 내림, 삼투압이 있다. 비교적 묽은 비전해질 용액($\leq 0.2$ $M$)의 총괄성부터 알아본다.

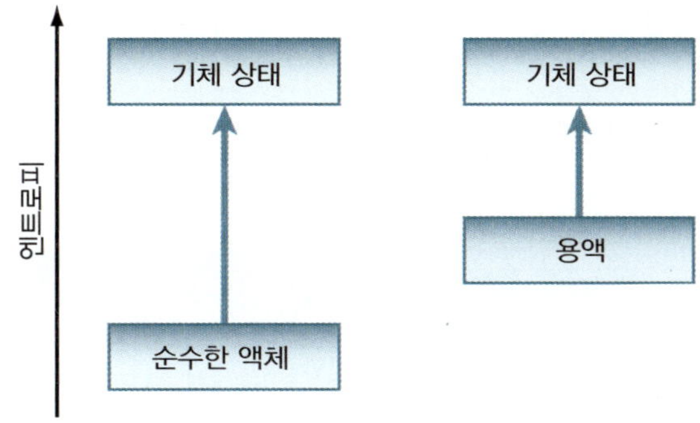


**그림 13.6** 용액과 기체 상태 간 엔트로피 차이가 순수한 액체와 기체 상태 간 엔트로피 차이보다 작기 때문에, 용매 분자가 기체 상태로 들어가려는 경향이 감소한다. 따라서 증기압이 낮아진다. 용액의 용매는 순수한 용매보다 증기압이 항상 더 낮다.

## 증기압 내림

액체에는 고유의 증기압이 있음을 알아보았다[|◀◀ 12.2절]. **비휘발성**(nonvolatile) 용질(증기압이 없는 용질)을 액체에 녹이면 액체의 증기압이 감소한다. 순수한 용매의 증기압과 용액의 증기압 간의 차이는 용질의 농도에 따라 다르다. 이 관계는 **라울의 법칙**(Rault's[2] law)으로 나타낼 수 있다. 이 법칙에 따르면 용액 위 용매 성분의 부분 압력 $P_1$은 순수한 용매의 증기압 $P_1^\circ$에 용액 중 용매의 몰분율 $\chi_1$을 곱한 값과 같다.

**참조**
여러 온도에서 물의 증기압은 표 11.6(534쪽)에 수록되어 있다.

$$P_1 = \chi_1 P_1^\circ \qquad \text{식 13.4}$$

용액에 용질이 하나뿐이면 $\chi_1 = 1 - \chi_2$이다($\chi_2$는 용질의 몰분율). 따라서 식 13.4를 다시 쓸 수 있다.

$$P_1 = (1 - \chi_2)P_1^\circ$$

즉,

$$P_1 = P_1^\circ - \chi_2 P_1^\circ$$

그러므로

$$P_1^\circ - P_1 = \Delta P = \chi_2 P_1^\circ \qquad \text{식 13.5}$$

따라서 증기압의 감소량 $\Delta P$는 **몰분율**(mole fraction)로 나타낸 용질의 농도에 비례한다.

증기압 내림 현상을 이해하려면 물질의 상태와 연관된 **질서**(order)의 정도를 이해해야 한다. 13.2절에서 알아보았듯이, 액체 상태의 분자는 상당히 잘 정렬되어 있어서 엔트로피가 낮다. 기체 상태의 분자는 훨씬 덜 정렬되어 있고 엔트로피가 높다. 엔트로피가 증가하려는 본질적인 경향에 따라, 분자들은 낮은 엔트로피 영역을 떠나 높은 엔트로피 영역으로 들어가려는 경향을 보인다. 때문에 분자들은 액체 상태를 떠나 기체 상태로 들어간다. 앞서 보았듯이 액체에 용질을 녹이면 액체의 질서가 일부 깨진다. 따라서 용액은 순수한 액체보다 엔트로피가 크다. 용액과 기체 상태 간 엔트로피 차이가 순수한 액체와 기체 상태 간 엔트로피 차이보다 작으므로, 분자가 용액을 떠나 기체 상태로 들어가려는 경향이 줄어들고 결과적으로 용매의 증기압이 감소한다. 증기압 내림에 대한 정성적인 설명을 그림

2. 프랑수와 마리 라울(François Marie Raoult, 1839~1901): 프랑스의 화학자. 용액의 성질과 전기 화학을 주로 연구했다.

13.6에 나타냈다. 비휘발성 용질을 녹인 용액에서 용매는 순수한 용매에 비하여 증기압이 항상 더 낮다.

예제 13.5에서 라울의 법칙을 이용하는 방법을 알아본다.

## 예제 13.5

글루코스 225 g을 물 575 g에 녹인 용액에서 물의 증기압(35°C)을 계산하시오. (35°C에서 $P^\circ_{H_2O}=42.2$ mmHg)

**전략** 글루코스와 물의 질량을 몰수로 환산하여 물의 몰분율을 구한다. 식 13.4를 이용하여 용액의 증기압을 구한다.

**계획** 글루코스와 물의 몰질량은 각각 180.2, 18.02 g/mol이다.

**풀이**

$$\frac{\text{글루코스 } 225\text{ g}}{180.2\text{ g/mol}}=1.25\text{ mol 글루코스} \quad \text{그리고} \quad \frac{\text{물 } 575\text{ g}}{18.02\text{ g/mol}}=31.9\text{ mol 물}$$

$$\chi_{\text{물}}=\frac{31.9\text{ mol 물}}{1.25\text{ mol 글루코스}+31.9\text{ mol 물}}=0.962$$

$$P_{H_2O}=\chi_{\text{물}}\times P^\circ_{H_2O}=0.962\times 42.2\text{ mmHg}=40.6\text{ mmHg}$$

용액에서 물의 증기압은 40.6 mmHg이다.

### 생각해 보기

식 13.5를 이용하여 증기압의 감소량($\Delta P$)을 구하는 방법으로 접근할 수도 있다.

**유제 1** 요소(urea)를 물 225 g에 녹여 만든 용액의 증기압이 35°C에서 37.1 mmHg이다. 물에 녹아 있는 요소의 질량을 계산하시오. (35°C에서 $P^\circ_{H_2O}=42.2$ mmHg)

**유제 2** 그림 (i)~(iv)는 같은 온도에서 동일한 비휘발성 용질을 녹인 수용액이 담긴 닫힌계를 나타낸다. 물의 증기압이 가장 높은 용액은 어느 것인가? 증기압이 같은 용액은 어느 것인가?

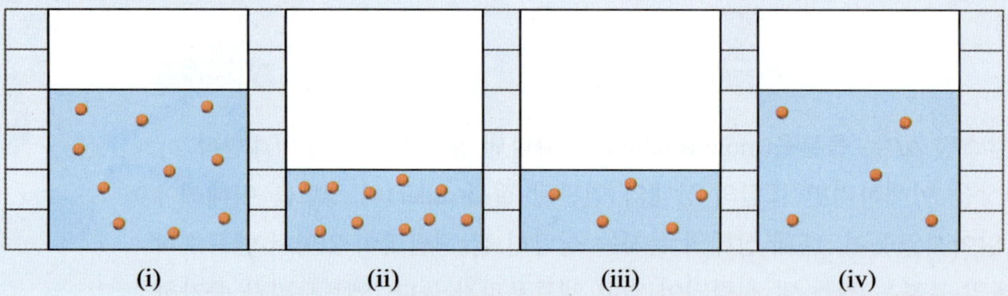


용액을 구성하는 두 성분이 모두 **휘발성**(volatile)이면(증기압 측정이 가능하다) 용액의 증기압은 용액을 구성하는 성분들에 의한 부분 압력의 합이다. 이때도 라울의 법칙을 이용할 수 있다.

$$P_A=\chi_A P^\circ_A$$
$$P_B=\chi_B P^\circ_B$$

$P_A$와 $P_B$는 용액의 성분 A와 B의 부분 압력, $P^\circ_A$와 $P^\circ_B$는 순수한 물질 A와 B의 증기압, $\chi_A$와

$\chi_B$는 몰분율이다. 전체 압력은 돌턴(Dalton)의 부분 압력 법칙으로 구한다[◀◀ 11.7절].

$$P_{전체} = P_A + P_B$$

즉,

$$P_{전체} = \chi_A P_A^\circ + \chi_B P_B^\circ$$

예를 들어, 벤젠과 톨루엔은 휘발성인데, 분자 구조가 비슷하여 분자간 힘이 비슷하다.

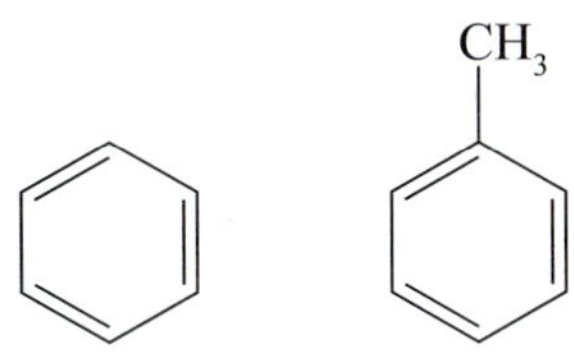


벤젠 톨루엔

벤젠과 톨루엔의 용액에서 각 성분의 증기압은 라울의 법칙을 따른다. 그림 13.7은 벤젠–톨루엔 용액의 전체 증기압($P_{전체}$)이 용액의 조성과 어떤 관계를 보이는지 나타낸다. 용액을 구성하는 성분이 둘밖에 없으므로 한 성분의 몰분율만으로도 용액의 조성을 나타낼 수 있다. 벤젠의 몰분율이 $\chi_{벤젠}$이면 톨루엔의 몰분율 $\chi_{톨루엔}$은 $(1-\chi_{벤젠})$이다. 라울의 법칙을 따르는 용액을 **이상 용액**(ideal solution)이라고 하며, 벤젠–톨루엔 용액은 이상 용액의 일종이다.

용액에서 벤젠과 톨루엔의 몰분율이 모두 0.5일 때 액체는 등몰 혼합물이지만, 용액 위의 증기는 그렇지 않음에 유의하자. 순수한 벤젠의 증기압(20°C에서 75 mmHg)이 순수한 톨루엔의 증기압(20°C에서 22 mmHg)보다 높기 때문에, 증기에는 휘발성이 더 큰 벤젠 분자가 톨루엔 분자보다 더 많이 존재할 것이다.

## 끓는점 오름

물질의 **끓는점**(boiling point)은 증기압이 외부 대기압과 같아지는 온도임을 떠올리자 [◀◀ 12.5절]. 비휘발성 용질이 있으면 용액의 증기압이 낮아지기 때문에 용액의 끓는점에

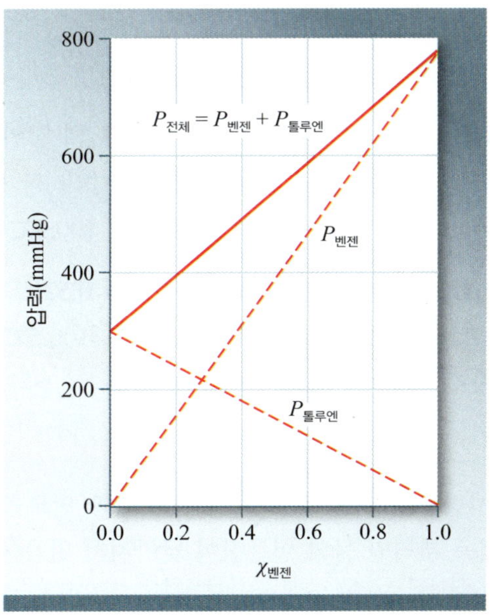


**그림 13.7** 80°C의 벤젠–톨루엔 용액에서 벤젠과 톨루엔의 부분 압력을 벤젠의 몰분율에 대한 함수로 나타냈다($\chi_{톨루엔} = 1 - \chi_{벤젠}$). 이처럼 증기압이 라울의 법칙을 따르는 용액을 이상 용액이라고 한다.

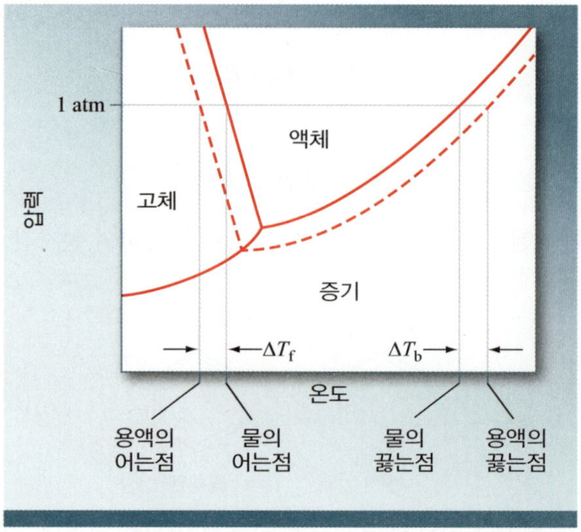


그림 13.8 수용액의 끓는점 오름과 어는점 내림을 나타낸 상도표. 점선은 용액, 실선은 순수한 용매를 나타낸다. 그림에서 알 수 있듯이 용액의 끓는점은 물보다 높고 어는점은 물보다 낮다.

도 영향을 미친다. 그림 13.8에는 물의 상도표를 실선으로, 비휘발성 용질을 녹였을 때 어떻게 변하는지는 점선으로 나타냈다. 어떤 온도에서든 용액의 증기압은 순수한 액체보다 낮으므로 용액의 액체–증기 곡선은 순수한 용매보다 아래에 놓인다. 따라서 점선으로 나타낸 곡선은 $P = 1$ atm인 수평선과 더 높은 온도(순수한 용매의 정상 끓는점보다 더 높은 온도)에서 교차한다. 즉, 용액에서는 용매의 증기압이 대기압과 같아지는 온도가 더 높다.

끓는점 오름($\Delta T_b$)은 용액의 끓는점($T_b$)과 순수한 용매의 끓는점($T_b^\circ$)의 차이로 정의한다.

> **참조**
> 용액의 끓는점은 순수한 용매의 끓는점에 $\Delta T_b$를 더한 값이다.
> $T_b = T_b^\circ + \Delta T_b$

$$\Delta T_b = T_b - T_b^\circ$$

$T_b > T_b^\circ$이므로 $\Delta T_b$는 양의 값이다.

$\Delta T_b$는 용질의 몰랄농도에 비례한다.

$$\Delta T_b \propto m$$

즉,

$$\Delta T_b = K_b m \qquad \text{식 13.6}$$

$m$은 용질의 몰랄농도, $K_b$는 몰랄 끓는점 오름 상수이다. $K_b$의 단위는 °C/$m$이다. 표 13.2에 일반적인 용매의 $K_b$ 값을 나열했다. 물의 끓는점 오름 상수와 식 13.6을 이용하면 비휘발성, 비전해질 용질이 1.00 $m$ 녹아 있는 수용액의 끓는점이 100.5°C임을 알 수 있다..

> **참조**
> 요리할 때 더 높은 온도에서 익히기 위해 소금을 넣어 물의 끓는점을 높일 때도 있다.

$$\Delta T_b = K_b m = (0.52°\text{C}/m)(1.00\ m) = 0.52°\text{C}$$
$$T_b = T_b^\circ + \Delta T_b = 100.0°\text{C} + 0.52°\text{C} = 100.5°\text{C}$$

## 어는점 내림

추운 기후에서 사는 사람들은 겨울에 염을 뿌린 찻길과 인도를 본 적이 있을 것이다. NaCl이나 $CaCl_2$ 같은 염을 뿌리면 물의 어는점이 낮아져서 얼음을 녹이거나 얼음이 생기는 것을 막을 수 있다.

| 표 13.2 몰랄 끓는점 오름 상수와 어는점 내림 상수 | | | | |
|---|---|---|---|---|
| 용매 | 정상 끓는점(°C) | $K_b$(°C/$m$) | 정상 어느점(°C) | $K_f$(°C/$m$) |
| 물 | 100.0 | 0.52 | 0.0 | 1.86 |
| 벤젠 | 80.1 | 2.53 | 5.5 | 5.12 |
| 에탄올 | 78.4 | 1.22 | −117.3 | 1.99 |
| 아세트산 | 117.9 | 2.93 | 16.6 | 3.90 |
| 사이클로헥세인 | 80.7 | 2.79 | 6.6 | 20.0 |

그림 13.8에 나타낸 상도표를 보면 비휘발성 고체를 녹였을 때 액체−증기 상경계가 아래로 이동하는 것뿐만 아니라, 고체−액체 상경계가 왼쪽으로 이동하는 것도 알 수 있다. 따라서 이 점선이 $P=1$ atm인 수평선과 만나는 온도는 순수한 물의 어는점보다 낮다. 어는점 내림($\Delta T_f$)은 순수한 용매의 어는점($T_f^\circ$)과 용액의 어는점($T_f$)의 차이로 정의한다.

$$\Delta T_f = T_f^\circ - T_f$$

> **참조**
> 용액의 어는점은 순수한 용매의 어는점에서 $\Delta T_f$를 뺀 값이다.
> $T_f = T_f^\circ - \Delta T_f$

$T_f^\circ > T_f$이므로 $\Delta T_f$는 양의 값이다. 끓는점 오름과 마찬가지로 용질의 몰랄농도에 비례한다.

$$\Delta T_f \propto m$$

즉,

$$\Delta T_f = K_f m \qquad \text{식 13.7}$$

$m$은 용질의 몰랄농도, $K_f$는 몰랄 어는점 내림 상수(표 13.2)이다. $K_b$와 마찬가지로 $K_f$의 단위는 °C/$m$이다.

끓는점 오름과 마찬가지로 어는점 내림도 엔트로피 차이로 설명할 수 있다. 어는 과정에서 좀 더 무질서한 액체 상태에서 더 정렬된 고체 상태로 변한다. 이 과정이 일어나려면 계로부터 에너지를 제거해야 한다. 용액은 용매보다 더 무질서하기 때문에, 용액과 고체의 엔트로피 차이는 순수한 용매와 고체의 엔트로피 차이보다 크다(그림 13.9). 따라서 순수한 용매보다 더 낮은 온도에서 용액이 언다. 끓는점 오름은 용질이 비휘발성일 때만 일어나지만 어는점 내림은 용질의 휘발성과 관계 없이 일어난다.

> **참조**
> 용액이 어는 과정에서 순수한 용매가 고체로 분리되어 나오고, 용질은 액체 용액에 남아 있다.

예제 13.6에서 끓는점 오름과 어는점 내림을 실제로 활용하는 예를 알아본다.

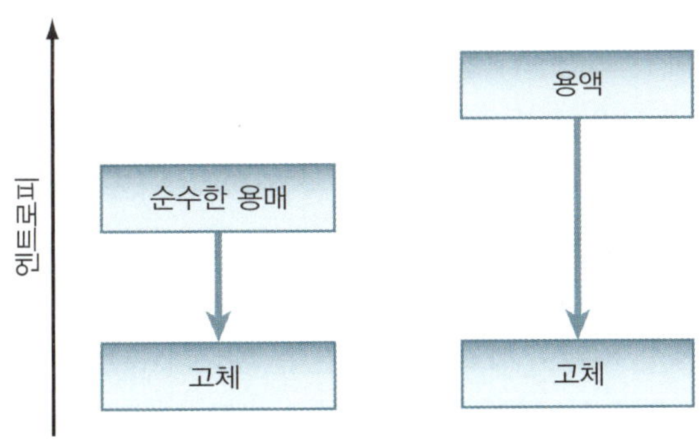


**그림 13.9** 용액은 순수한 용매보다 엔트로피가 더 크다. 용액과 고체의 엔트로피 차이가 더 크다는 것은 용액을 얼릴 때 더 많은 에너지를 제거해 주어야 한다는 뜻이다. 따라서 용액은 순수한 용매보다 더 낮은 온도에서 언다.

## 예제 13.6

자동차 부동액으로 에틸렌 글라이콜[$CH_2(OH)CH_2(OH)$]을 흔히 사용한다. 이 물질은 물에 잘 녹으며 휘발성이 작다(b.p. 197°C). 에틸렌 글라이콜 685 g을 물 2075 g에 녹였을 때 다음을 계산하시오.

(a) 어는점 (b) 끓는점

**전략** 에틸렌 글라이콜의 질량을 몰수로 환산하고 물의 질량으로 나누어 몰랄농도를 계산한다. 몰랄농도를 식 13.7과 13.6에 대입하여 $\Delta T_f$와 $\Delta T_b$를 각각 계산한다.

**계획** 에틸렌 글라이콜($C_2H_6O_2$)의 몰질량은 62.07 g/mol이다. 물의 $K_f$와 $K_b$는 각각 1.86°C/$m$, 0.52°C/$m$이다.

**풀이**

$$\frac{685\text{ g } C_2H_6O_2}{62.07\text{ g/mol}} = 11.04\text{ mol } C_2H_6O_2 \quad \text{그리고} \quad \frac{11.04\text{ mol } C_2H_6O_2}{2.075\text{ kg } H_2O} = 5.32\ m\ C_2H_6O_2$$

(a) $\Delta T_f = K_f m = (1.86°\text{C}/m)(5.32\ m) = 9.89°\text{C}$

용액의 어는점은 $(0-9.89)°\text{C} = -9.89°\text{C}$이다.

(b) $\Delta T_b = K_b m = (0.52°\text{C}/m)(5.32\ m) = 2.8°\text{C}$

용액의 끓는점은 $(100.0+2.8)°\text{C} = 102.8°\text{C}$이다.

### 생각해 보기

부동액은 어는점도 낮추고 끓는점도 높이기 때문에 양 극단의 온도에서 모두 유용하다.

**유제 1** 물 1525 g에 에틸렌 글라이콜 몇 g을 녹여야 끓는점이 103.9°C가 되는가?

**유제 2** 같은 용질을 녹인 수용액을 그림[(i)~(iv)]으로 나타냈다. 어느 용액의 어는점이 가장 낮은가? 어느 용액의 끓는점이 가장 높은가?

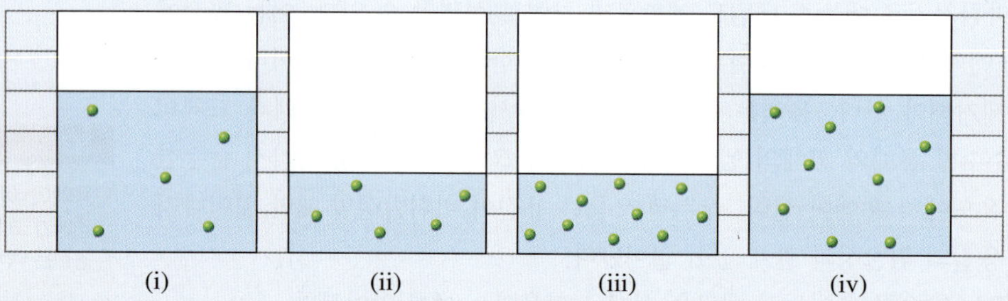


## 삼투압

많은 화학적, 생물학적 과정들이 **삼투**(osmosis) 현상을 통해 일어난다. 삼투는 용매 분자가 다공성 막을 통해 묽은 용액에서 진한 용액 쪽으로 선택적으로 이동하는 현상이다. 그림 13.10에 삼투 현상을 나타냈다. 실험 장치의 왼쪽에는 순수한 용매, 오른쪽에는 동일한 용매로 만든 용액이 담겨 있다. 양쪽은 용매 분자는 통과할 수 있지만 용질 분자는 통과할 수 없는 **반투막**(semipermeable membrane)으로 나뉘어 있다. 처음에 양쪽 튜브의 수위는 같았다[그림 13.10(a)]. 시간이 흐르면서 오른쪽 튜브의 수위가 점점 올라간다. 평형에 도달할 때까지 수위가 올라가고, 그 이후에는 알짜 변화가 일어나지 않는다. 용액의 **삼투압**

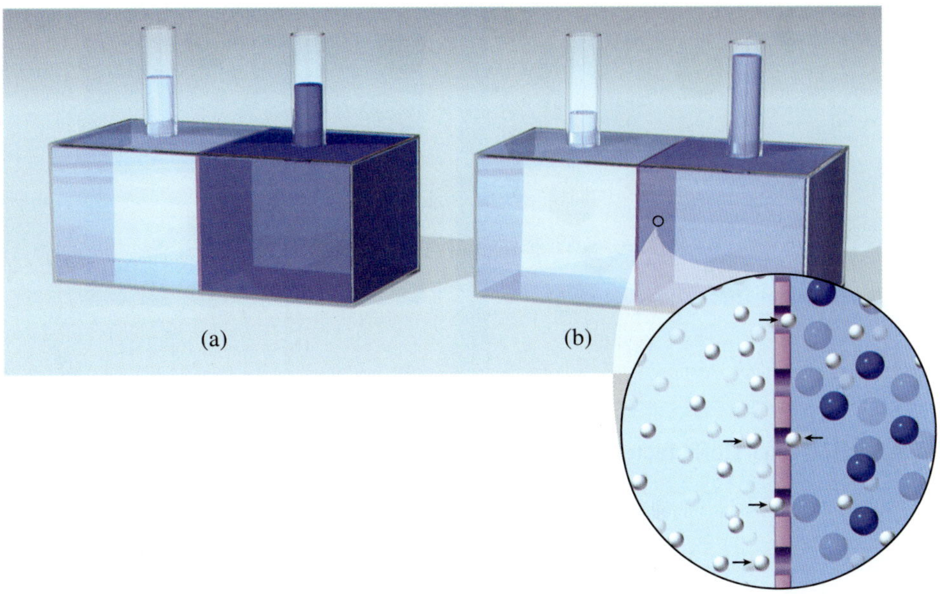


**그림 13.10** 삼투압. (a) 처음에는 순수한 용매(왼쪽)와 용액(오른쪽)의 수위가 같다. (b) 삼투 현상이 일어나면서 왼쪽에서 오른쪽으로 용매가 이동하여 용액 쪽의 수위가 올라간다.

(osmotic pressure, $\pi$)은 삼투 현상을 멈추는 데 필요한 압력이다. 그림 13.10(b)처럼 마지막 상태의 수위 차를 이용하여 삼투압을 직접 측정할 수 있다.

삼투압은 용질의 **몰농도**(molarity)에 정비례하며,

$$\pi \propto M$$

정확한 관계는 다음과 같다.

$$\pi = MRT \quad \text{식 13.8}$$

$M$은 용질의 몰농도, $R$은 기체 상수(0.08206 L·atm/K·mol), $T$는 절대 온도이다. 삼투압($\pi$)은 보통 atm 단위로 나타낸다.

끓는점 오름이나 어는점 내림과 마찬가지로, 삼투압도 용액의 농도에 정비례한다. 하지만 이는 우리가 예상했던 것과 일치한다. 모든 총괄성은 용질 입자의 특성이 아니라 용질 입자의 수에만 의존하기 때문이다. 농도가 같은 두 용액은 삼투압이 같고, 이를 서로 **등장성**(isotonic)이라고 한다.

## 전해질 용액

지금까지 비전해질 용액의 총괄성을 알아보았다. 전해질은 물에 녹으면 **해리**(dissociation)되기 때문에[◀◀ 9.1절] 따로 논의해야 한다. 예를 들면, NaCl은 물에 녹아 $Na^+(aq)$와 $Cl^-(aq)$로 해리된다. NaCl 1몰이 녹으면 용액에 존재하는 이온은 2몰이다. 마찬가지로 $CaCl_2$가 녹으면 $Ca^{2+}$ 이온 하나와 $Cl^-$ 이온 둘로 해리된다. 따라서 $CaCl_2$ 1몰이 녹으면 용액 중의 이온은 3몰이다. 총괄성은 용해된 입자의 **종류**(type)가 아니라 **수**(number)에만 영향을 받는다. 따라서 0.1 $m$ NaCl 용액의 어는점 내림은 설탕과 같은 비전해질 0.1 $m$ 용액의 어는점 내림의 두 배가 된다는 뜻이다. 마찬가지로 0.1 $m$ $CaCl_2$ 용액은 0.1 $m$ 설탕 용액보다 물의 어는점을 세 배 더 낮출 것이라고 예상할 수 있다. 이 효과를 설명하기 위해서

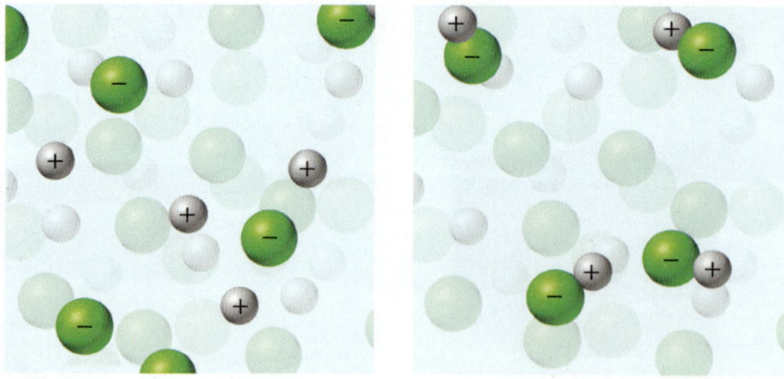

(a) (b)

**그림 13.11** (a) 자유 이온 (b) 이온쌍. 이온이 쌍을 이루면 용액 중에 존재하는 입자의 수가 줄어들기 때문에 총괄성이 더 작게 관찰된다. 또한 이온쌍은 알짜 전하가 없기 때문에 용액에서 전기를 전도하지 못한다.

**반트 호프 인자**(van't Hoff[3] factor, $i$)를 정의한다.

$$i = \frac{\text{해리된 후 용액에 존재하는 실제 입자 수}}{\text{처음에 용해된 화학식 단위 수}}$$

**참조**

전해질이 해리되면 증기압 내림 역시 영향을 받는다. 용질과 용매의 몰분율을 계산할 때 용질의 몰수에 적절한 반트 호프 인자를 곱해야 한다.

비전해질은 모두 $i=1$이다. NaCl과 $KNO_3$ 같은 강전해질은 $i=2$이고, $Na_2SO_4$와 $CaCl_2$ 같은 강전해질은 $i=3$이다. 반트 호프 인자는 어떤 물질이 용해되었을 때 **해리**(dissociation) 또는 **이온화**(ionization)를 통해 나누어지는 입자의 개수라고 생각할 수 있다. 입자의 수가 늘어나면 총괄성의 크기가 크게 달라진다. 따라서 총괄성 식은 다음과 같이 수정해야 한다.

$$\Delta T_f = iK_f m \qquad \text{식 13.9}$$

$$\Delta T_b = iK_b m \qquad \text{식 13.10}$$

$$\pi = iMRT \qquad \text{식 13.11}$$

전해질 용액의 실제 총괄성은 보통 식 13.9~13.11로 예측한 값보다 작게 나타난다. 이

**표 13.3** 25°C에서 0.0500 $M$ 전해질 용액의 반트 호프 인자

| 전해질 | $i$(계산된) | $i$(측정된) |
|---|---|---|
| 설탕* | 1 | 1.0 |
| HCl | 2 | 1.9 |
| NaCl | 2 | 1.9 |
| $MgSO_4$ | 2 | 1.3 |
| $MgCl_2$ | 3 | 2.7 |
| $FeCl_3$ | 4 | 3.4 |

*설탕은 비전해질이지만 비교를 위해 같이 나열했다.

3. 야코뷔스 헨리퀴스 반트 호프(Jacobus Henricus van't Hoff, 1852~1911): 독일의 화학자. 당대 최고로 저명한 화학자였고, 열역학, 분자 구조와 광학 활성, 용액 화학에 중요한 업적을 남겼다. 1901년 제1회 노벨 화학상 수상자이다.

**표 13.4** 25°C에서 실험으로 측정한 설탕과 NaCl 용액의 반트 호프 인자

| 화합물 | 농도 | | |
|---|---|---|---|
| | **0.100 *m*** | **0.00100 *m*** | **0.000100 *m*** |
| 설탕 | 1.00 | 1.00 | 1.00 |
| NaCl | 1.87 | 1.94 | 1.97 |

온쌍이 형성되기 때문인데, 이는 특히 농도가 높을 때 두드러진다. **이온쌍**(ion pair)은 한 개 이상의 양이온과 한 개 이상의 음이온이 정전기적 힘에 의해 결합하여 생긴다(그림 13.11). 이온쌍이 존재하면 (완전히 해리되었을 때보다) 용액 중에 존재하는 입자 수가 적기 때문에 총괄성이 더 작게 관찰된다. 표 13.3과 표 13.4에 균형 잡힌 반응식을 이용하여 계산한 반트 호프 인자와 실험으로 측정한 반트 호프 인자를 나열했다.

**참조**
균형 잡힌 반응식의 계수를 이용하여 계산한 반트 호프 인자는 정확수이다[◀◀ 1.3절].

예제 13.7에서는 반트 호프 인자를 실험적으로 구하는 방법을 알아본다.

## 예제 13.7

25°C에서 0.0100 *M* 아이오딘화 포타슘(KI) 용액의 삼투압이 0.465 atm이다. 이 농도에서 KI의 반트 호프 인자를 구하시오.

**전략** 삼투압을 이용하여 KI의 몰농도를 계산하고, 명목상의(nominal) 농도 0.0100 *M*로 나눈다.

**계획** $R = 0.08206\ \text{L}\cdot\text{atm/K}\cdot\text{mol}$, $T = 298\ \text{K}$

**풀이** 식 13.8을 *M*에 대해 풀면,

$$M = \frac{\pi}{RT} = \frac{0.465\ \text{atm}}{(0.08206\ \text{L}\cdot\text{atm/K}\cdot\text{mol})(298\ \text{K})} = 0.0190\ M$$

$$i = \frac{0.0190\ M}{0.0100\ M} = 1.90$$

KI의 반트 호프 인자의 실험값은 1.90이다.

### 생각해 보기

KI의 반트 호프 인자의 계산값은 2이다. 반트 호프 인자의 실험값은 계산값보다 작거나 같아야 한다.

**유제 1** 표 13.4에서 반트 호프 인자의 실험값을 찾아, 0.100 *m* NaCl 수용액의 어는점을 구하시오. (반트 호프 인자는 온도에 무관하다고 가정한다.)

**유제 2** 어떤 전해질 수용액을 나타낸 그림이다. 이 용질의 반트 호프 인자의 실험값은 얼마인가?

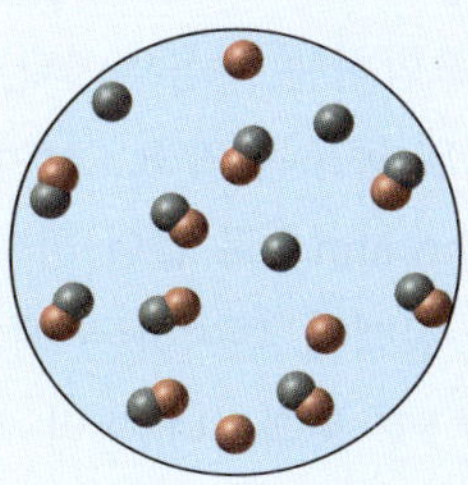

## 13.5절 복습

### 총괄성

**13.5.1** 글루코스 75.0 g(몰질량 180.2 g/mol)을 물 425 g에 녹였다. 35°C에서 이 용액의 증기압을 구하시오(35°C에서 $P^{\circ}_{H_2O}=42.2$ mmHg).

(a) 0.732 mmHg
(b) 42.9 mmHg
(c) 243 mmHg
(d) 41.5 mmHg
(e) 42.2 mmHg

**13.5.2** 글루코스 678 g을 물 2.0 kg에 녹여서 만든 수용액의 끓는점과 어는점을 구하시오. 물의 $K_b=0.52$°C/$m$이고, $K_f=1.86$°C/$m$이다.

(a) 101°C, 3.5°C
(b) 99°C, −3.5°C
(c) 101°C, −3.5°C
(d) 112°C, 6.2°C
(e) 88°C, −6.2°C

**13.5.3** $Na_2SO_4$ 65.0 g을 녹여 수용액 500 mL를 만들었다. 20°C에서 이 용액의 삼투압을 계산하시오. (이온쌍은 없다고 가정한다.)

(a) 0.75 atm
(b) 66 atm
(c) 44 atm
(d) $1\times10^{-2}$ atm
(e) 22 atm

**13.5.4** 1.00 $m$ HCl 수용액의 어는점이 −3.30°C임을 이용하여 이 농도에서 HCl의 반트 호프 인자의 실험값을 구하시오.

(a) 1.77
(b) 2.01
(c) 1.90
(d) 2
(e) 1

## 생각 밖 상식

### 정맥 주사

인간의 혈액에는 **적혈구**(red blood cell, erythrocyte), **백혈구**(white blood cell, leukocyte), **혈소판**(platelet, thermbocyte)이 혈장 내에 분산되어 있다. 혈장은 염과 단백질 등 다양한 용질을 포함하는 수용액이다. 적혈구는 보호성 반투막으로 둘러싸여 있다. 막 내부에 용해된 물질의 농도는 약 0.3 $M$이다. 적혈구 내부와 외부의 농도가 동일(따라서 37°C에서 삼투압도 ~7.6 atm으로 같다)하여 반투막 안팎으로 알짜 이동은 없다. 이런 삼투압 균형을 유지하려면 정맥에 투여하는 액체는 반드시 혈장과 **등장성**(isotonic)이어야 한다. 덱스트로오스(설탕) 5% 용액이나 생리 식염수(소금 0.9%)는 가장 일반적으로 사용하는 등장성 액체이다.

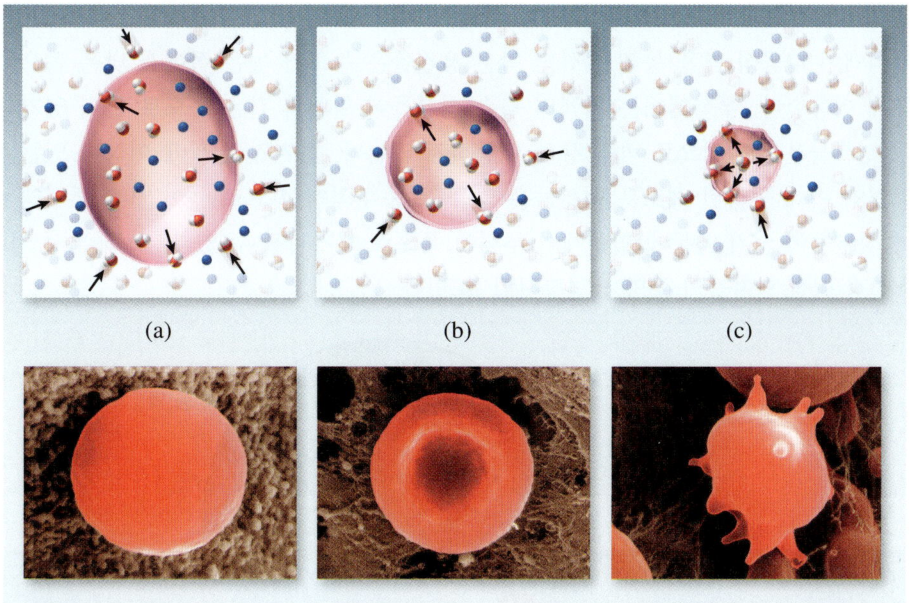


(a) 저장액 속의 세포 (b) 등장액 속의 세포 (c) 고장액 속의 세포. (a)의 세포는 부풀어 올라 파열될 수 있고 (c)의 세포는 쪼그라든다.

용해된 물질의 농도가 혈장보다 낮은 용액을 **저장성**(hypotonic)이라고 한다. 많은 양의 순수한 물을 정맥에 투여하면 혈장의 농도가 낮아지고, 적혈구 안쪽보다 더 저장액이 된다. 그러면 삼투압에 의해 물이 적혈구 안으로 빨려 들어간다. 적혈구가 부풀어 올라 파열될 수 있는데, 이것을 **용혈**(hemolysis)이라고 한다. 반대로 혈장보다 농도가 높은 용액[**고장성**(hypertonic)이라고 한다] 속의 적혈구는 물이 빠져나간다. **적혈구 수축**(crenation)이라고 부르는 이 과정에서 세포는 쪼그라들고, 이것 역시 위험할 수 있다. 적혈구를 손상시키지 않으려면 혈장의 삼투압을 정교하게 유지시켜 주어야 한다. 특이한 증상을 치료할 때 저장액이나 고장액을 투여하기도 하지만 이때는 환자를 면밀히 관찰해야만 한다.

흥미롭게도 인간은 오래 전부터 세포의 삼투압 반응을 이용했다. 고기를 소금이나 설탕으로 "절이면" 부패를 일으키는 박테리아 세포를 수축시킬 수 있다.

## 생각 밖 상식

### 플루오린 중독

1993년 시카고 대학 병원에서 혈액 투석 치료를 받던 환자 아홉 명이 심각한 병에 걸렸고 세 명은 사망했다. 이것은 플루오린 중독 때문이었는데, 물에서 플루오린화 이온을 제거하는 장치가 고장나서 생긴 일이었다. 혈액 투석은 혈액에서 불순물을 제거해주지만, 플루오린을 주입한 물을 사용하면 혈액에 독소를 주입하는 것이나 마찬가지이다. 혈액 투석 또는 간단히 **투석**(dialysis)은 신장에 이상이 있는 환자들의 혈액에서 독소를 제거하는 치료이다. 환자의 혈액을 **투석기**(dializer)라고 하는 특수한 필터에 통과시킨다. 투석기 속에는 **투석액**(dialysate)이라고 하는 수용액이 들어 있고, 혈액은 다공성 막을 통해 이 투석액과 접한다. 투석액에는 염화 소듐, 탄산수소 소듐, 아세트산 소듐, 염화 칼슘, 염화 포타슘, 염화 마그네슘, 글루코스 등 다양한 물질이 녹아 있고, 조성은 혈장과 유사하다. 혈액과 투석액이 다공성 막을 통해 접하면 작은 용질들은 농도가 높은 쪽에서 낮은 쪽으로 막을 통해 이동한다. 투석액에는 혈액의 필수 성분들이 혈액과 같은 농도로 들어 있기 때문에 이 성분들은 실질적으로 막을 통해 이동하지 않는다. 하지만 신장에 이상이 있는 환자들의 혈액 속에 농축된 해로운 성분들은 막을 통해 투석액 속으로 들어간다. 투석액 속에는 이 성분들이 없기 때문에 혈액에서 투석액 쪽으로 제거시킬 수 있다. 혈액 투석 치료를 통해 신장 이상 환자들의 수명을 연장시킬 수 있다.

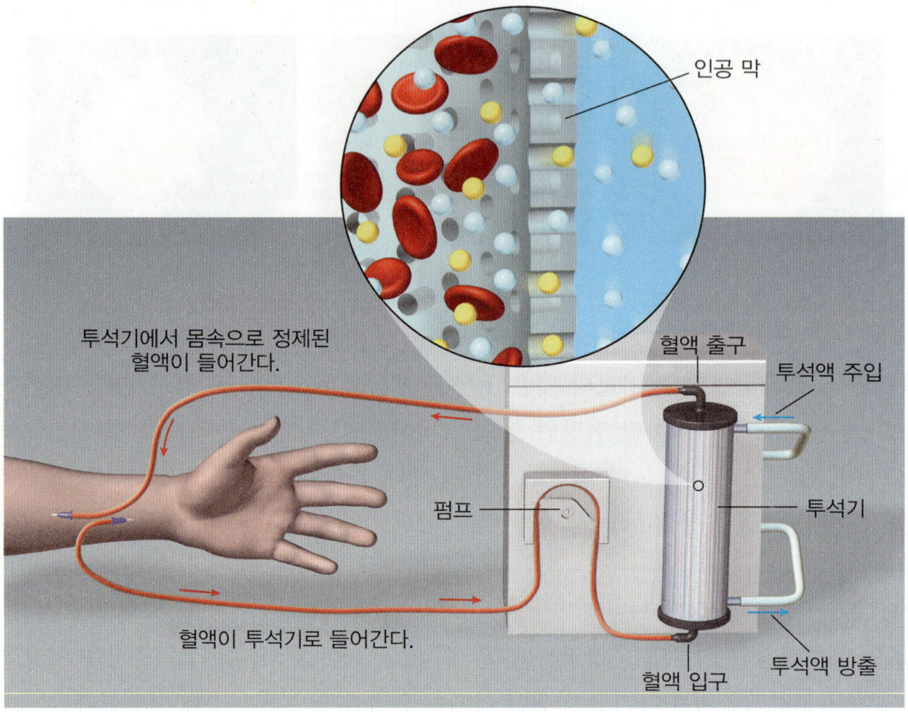


삼투는 용질의 농도가 낮은 쪽에서 높은 쪽으로 막을 통해 용매가 이동하는 현상이다. 혈액 투석에는 더 다공성인 막을 이용하여 용매(물)와 작은 용질까지 통과할 수 있다. 포타슘 이온, 크레아티닌, 요소, 기타 액체 등 작은 노폐물만이 통과할 수 있을 정도로 막의 구멍이 작다. 혈구나 단백질 같은 큰 성분들은 막을 통과할 수 없다. 용질은 농도가 높은 쪽에서 낮은 쪽으로 이동한다. 투석을 할 때는 혈액에 필요한 용질(소듐이나 칼슘 이온 등)이 제거되지 않도록 투석액의 조성을 맞추어야 한다. 플루오린화 이온은 혈액에 존재하지 않기 때문에, 투석액에 플루오린화 이온이 존재하면 막을 타고 혈액 속으로 들어갈 것이다. 플루오린화 이온뿐만 아니라 혈액에 존재하지 않는 다른 작은 용질들도 마찬가지이다. 따라서 투석액을 만들 때는 먹는 물보다 훨씬 더 순도가 높은 물을 써야 한다.

수돗물과 치아 관련 용품에 플루오린을 이용하지만 급성 플루오린 중독은 비교적 드물다. 이제는 투석액용 물에서 플루오린화 이온을 제거하는 일은 상식이 되었다. 하지만 불행하게도 혈액 투석이 널리 퍼지던 1960년대와 1970년대는, 마침 수돗물에 플루오린을 일반적으로 주입하게 된 시기였다. 따라서 투석액 중의 플루오린화 이온의 위험성을 깨닫지 못했던 시절의 초기 투석 환자 상당수가 플루오린 중독에 시달렸다. 먹는 물의 플루오린화 이온 농도 안전 수치는 건강한 사람이 일주일에 물 14 L를 마실 때를 기준으로 한다. 많은

**참조**

플루오린화 이온 농도가 높으면 뼈와 근육이 쇠약해지는 골연화증(osteomalacia)이 생길 수 있다.

투석 환자들은 이 양의 50배 이상 물을 접하기 때문에 플루오린을 위험할 정도로 흡수할 가능성이 크다.

## 13.6 총괄성을 이용한 계산

비전해질의 총괄성을 이용하면 용질의 몰질량을 구할 수 있다. 이론상으로는 네 총괄성 중 어느 것이든 이용 가능하지만, 실제로는 어는점 내림과 삼투압만 이용한다. 이 둘의 크기가 가장 두드러지며 측정하기도 쉽다. 실험적으로 구한 어는점 내림과 삼투압으로부터 용액의 몰랄농도나 몰농도를 계산할 수 있다. 용해된 용질의 질량을 알면 몰질량을 쉽게 구할 수 있다.

**참조**

각각 식 13.7과 13.8을 이용하여 구한다.

예제 13.8과 13.9에서는 이 방법을 적용해 본다.

### 예제 13.8

퀴닌은 말라리아를 치료하기 위해 처음으로 널리 사용된 약이며, 지금도 증상이 심할 때는 쓰기도 한다. 퀴닌 10.0 g을 에탄올 50.0 mL에 녹여 만든 용액의 어는점이 순수한 에탄올보다 1.55°C 낮았다. 퀴닌의 몰질량을 구하시오. (에탄올의 밀도는 0.789 g/mL이다.) 퀴닌은 비전해질이라고 가정한다.

**전략** 식 13.7을 이용하여 용액의 몰랄농도를 구한다. 에탄올의 밀도를 이용하여 용질의 질량을 구한다. 퀴닌의 몰랄농도에 에탄올의 질량을 kg 단위로 곱하면 퀴닌의 몰수가 된다. 퀴닌의 질량을 몰수로 나누면 몰질량이 된다.

**계획** 에탄올의 질량 $=50.0\text{ mL}\times 0.789\text{ g/mL}=39.5\text{ g}$ 또는 $3.95\times 10^{-2}\text{ kg}$

표 13.2에서 에탄올의 $K_f$를 찾으면 1.99°C/$m$이다.

**풀이** 식 13.7을 몰랄농도에 대해 풀면,

$$m=\frac{\Delta T_f}{K_f}=\frac{1.55°\text{C}}{1.99°\text{C}/m}=0.779\ m$$

이 용액의 퀴닌 농도는 0.779 $m$이다.(즉, 에탄올 1 kg에 퀴닌 0.779몰이 녹아 있다.)

$$\left(\frac{0.779\text{ mol 퀴닌}}{\text{에탄올의 kg}}\right)(3.95\times 10^{-2}\text{ kg 에탄올})=0.0308\text{ mol 퀴닌}$$

$$\text{퀴닌의 몰질량}=\frac{10.0\text{ g 퀴닌}}{0.0308\text{ mol 퀴닌}}=325\text{ g/mol}$$

**생각해 보기**

퀴닌의 분자식은 $C_{20}H_{24}N_2O_2$(324.4 g/mol)이다. 계산 결과와 비교해 본다. 이 상황처럼 여러 단계로 접근해야 할 때는 각 단계에서 단위에 주의해야 한다.

**유제 1** 나프탈렌의 몰질량은 128 g/mol이다. 벤젠 $2.00\times 10^2$ g에 나프탈렌을 녹여 만든 용액의 어는점이 순수한 벤젠보다 2.50°C 낮았다면, 나프탈렌을 얼마나 녹였겠는가?

**유제 2** 왼쪽 그림에 어떤 수용액을 나타냈다. 그림 (i)~(iv) 중에서 이 용액과 등장성인 것을 고르시오.

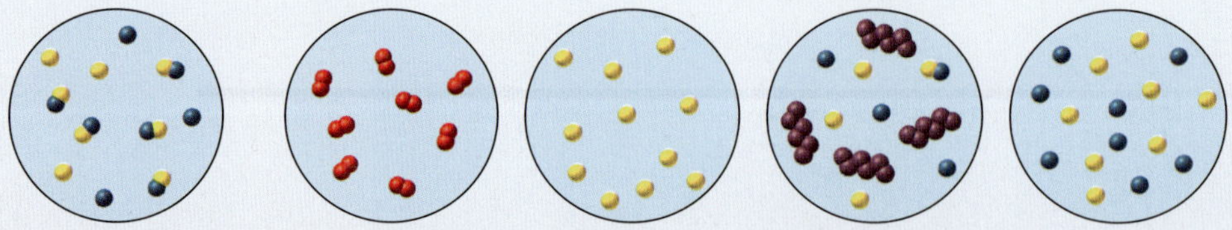

(i) (ii) (iii) (iv)

## 예제 13.9

헤모글로빈(Hb) 50.0 g을 물에 녹여 1.00 L 용액을 만들었다. 25°C에서 이 용액의 삼투압을 측정했더니 14.3 mmHg였다. 헤모글로빈의 몰질량을 계산하시오. (헤모글로빈을 물에 녹였을 때 부피 변화는 없다고 가정하시오.)

**전략** 식 13.8을 이용하여 용액의 몰농도를 계산한다. 용액의 부피가 1 L이므로 몰농도는 헤모글로빈의 몰수와 같다. 헤모글로빈의 질량을 몰수로 나누면 몰질량이 나온다.

**계획** $R = 0.08206\ \text{L}\cdot\text{atm/K}\cdot\text{mol}$, $T = 298\ \text{K}$이고 $\pi = 14.3\ \text{mmHg}/(760\ \text{mmHg/atm}) = 1.88 \times 10^{-2}\ \text{atm}$이다.

**풀이** 식 13.8을 몰농도로 다시 정리하면 다음과 같다.

$$M = \frac{\pi}{RT} = \frac{1.88 \times 10^{-2}\ \text{atm}}{(0.08206\ \text{L}\cdot\text{atm/K}\cdot\text{mol})(298\ \text{K})} = 7.69 \times 10^{-4}\ M$$

따라서 이 용액에는 헤모글로빈이 $7.69 \times 10^{-4}$몰 들어 있다.

$$\text{헤모글로빈의 몰질량} = \frac{50.0\ \text{g}}{7.69 \times 10^{-4}\ \text{mol}} = 6.50 \times 10^{4}\ \text{g/mol}$$

### 생각해 보기

생체 분자는 몰질량이 매우 클 수 있다.

**유제 1** 인슐린의 몰질량은 $6.0 \times 10^{3}$ g/mol이다. 인슐린을 물 50.0 mL에 녹였을 때 25°C에서 삼투압이 16.8 mmHg였다. 물에 녹인 인슐린의 질량은 얼마인가? (인슐린을 녹일 때 부피 변화는 없다고 가정한다.)

**유제 2** 왼쪽 그림에 반투막을 경계로 접하고 있는 두 수용액을 나타냈다. 시간이 흐른 후 이 계의 모습을 나타낸 그림은 (i)~(iv) 중 어느 것인가?

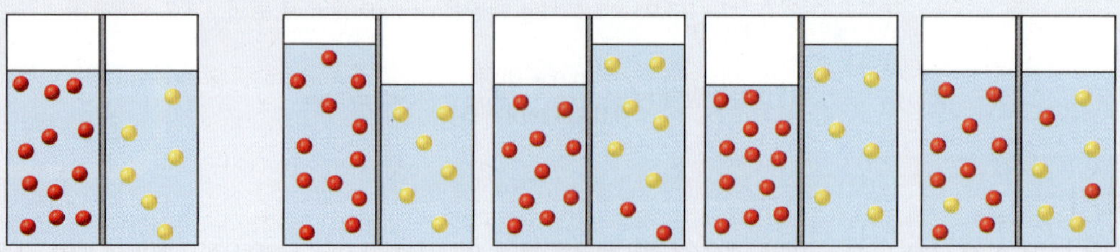

(i) (ii) (iii) (iv)

전해질 용액의 총괄성을 이용하면 해리 백분율을 구할 수 있다. **해리 백분율**(percent dissociation)은 용해된 분자들(이온 결합 화합물이라면 화학식 단위) 중에서 이온으로 나뉘어 존재하는 분자의 백분율을 뜻한다. NaCl처럼 강전해질은 **완전히**(complete), 즉 100% 해리되어 있어야 한다. 하지만 표 13.4를 보면 실제로는 그렇지 않음을 알 수 있다. 실험을 통해 구한 반트 호프 인자가 계산값보다 작기 때문에 해리 백분율은 100%보다 작다. NaCl의 반트 호프 인자 실험값을 살펴보면 강전해질은 농도가 낮을수록 더 많이 해리되어 있음을 알 수 있다. 약산처럼 약전해질의 **이온화 백분율**(percent ionization) 역시 용액의 농도에 따라 다르다.

예제 13.10에서는 총괄성을 이용하여 약전해질의 해리 백분율을 구하는 방법을 알아본다

**참조**

해리(dissociation)라는 용어는 이온성 전해질에, 이온화(ionization)라는 용어는 분자성 전해질에 사용함을 기억한다. 이 둘은 본질적으로 의미가 같다.

## 예제 13.10

0.100 *M* 플루오린화 수소(HF) 용액의 삼투압이 25°C에서 2.64 atm이었다. 이 농도에서 HF의 이온화 백분율을 계산하시오.

**전략** 삼투압과 식 13.8을 이용하여 용액에 존재하는 입자의 몰농도를 구한다. 입자의 농도와 명목상의(nominal) 농도(0.100 *M*)와 비교하여 원래 HF 분자들 중에 이온화된 백분율이 얼마인지 구한다.

**계획** $R = 0.08206\ \text{L}\cdot\text{atm/K}\cdot\text{mol}$이고, $T = 298\ \text{K}$이다.

**풀이** 식 13.8을 몰농도로 다시 정리하면,

$$M = \frac{\pi}{RT} = \frac{2.64\ \text{atm}}{(0.08206\ \text{L}\cdot\text{atm/K}\cdot\text{mol})(298\ \text{K})} = 0.108\ M$$

용해된 입자의 농도는 0.108 *M*이다. HF의 이온화를 고려하면[|◀◀ 9.3절].

$$\text{HF}(aq) \rightleftharpoons \text{H}^+(aq) + \text{F}^-(aq)$$

HF 분자 $x$개가 이온화되면 $H^+$ 이온 $x$개와 $F^-$ 이온 $x$개가 생긴다는 것을 알 수 있다. 따라서 용액에 존재하는 전체 입자의 농도는 완전한 HF 분자의 농도(원래 HF의 농도 $-x$)에 $H^+$와 $F^-$ 이온의 농도 $2x$의 합이다.

$$(0.100 - x) + 2x = 0.100 + x$$

따라서 $0.108 = 0.100 + x$이므로 $x = 0.008$이다. 이온화된 HF의 양을 $x$로 놓았으므로 이온화 백분율은 다음과 같다.

$$\text{이온화 백분율} = \frac{0.008\ M}{0.100\ M} \times 100\% = 8\%$$

이 농도에서 HF는 8% 이온화되어 있다.

### 생각해 보기

약산은 농도가 낮을수록 이온화 백분율이 크다. 0.010 *M* HF 용액의 삼투압은 0.30 atm으로, 이온화 백분율이 23%이다. 0.0010 *M* HF 용액의 삼투압은 $3.8 \times 10^{-2}$ atm으로, 이온화 백분율은 56%이다.

**유제 1** 0.015 *M* 아세트 산($HC_2H_3O_2$) 용액의 이온화 백분율이 25°C에서 3.5%이다. 이 용액의 삼투압을 계산하시오.

**유제 2** 그림 (i)~(iv)에 약전해질의 수용액을 나타내었다. 이온화 백분율이 작은 것부터 나열하시오.

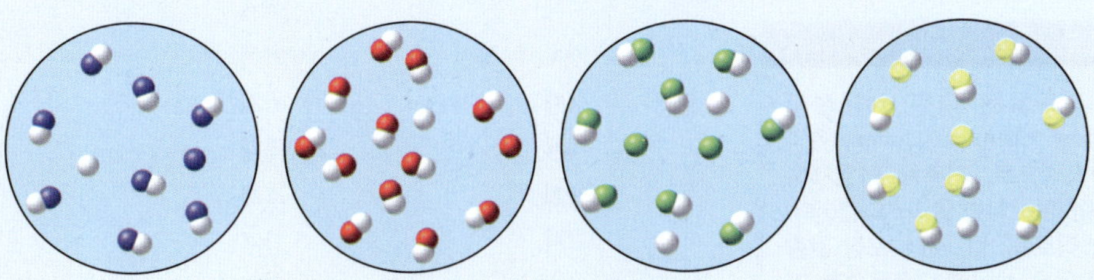

(i) (ii) (iii) (iv)

## 13.6절 복습

**총괄성을 이용한 계산**

**13.6.1** 설탕 14.2 g을 물 100 g에 녹인 용액의 어는점 내림이 0.77°C였다. 설탕의 몰질량을 계산하시오.

(a) 34 g/mol (b) $3.4 \times 10^2$ g/mol (c) 2.4 g/mol
(d) $1.8 \times 10^2$ g/mol (e) 68 g/mol

**13.6.2** 어떤 약전해질 HA의 0.010 *M* 용액의 삼투압이 25°C에서 0.27 atm이었다. 이 농도에서 이 전해질의 이온화 백분율은 얼마인가?

(a) 27% (b) 10% (c) 15%
(d) 81% (e) 90%

# 13.7 콜로이드

**참조**

분산된 물질을 분산상(dispersed phase)이라 하고, 분산상이 분산되어 있는 물질을 분산 매질(dispersing medium)이라고 한다.

이 장에서 지금까지 논의한 용액은 완전히 균일한 혼합물이다. 이제 물이 담긴 비커에 고운 모래를 넣어 저으면 무슨 일이 일어날지 생각해 보자. 처음에는 모래 입자가 떠다니지만 점차 비커 바닥에 가라앉을 것이다. 이것은 불균일 혼합물이다. 균일 혼합물과 불균일 혼합물 사이의 중간 상태를 콜로이드 현탁, 또는 간단히 콜로이드라고 한다. **콜로이드**(colloid)는 한 물질 입자가 다른 물질 전체에 분산되어 있는 상태이다. 콜로이드 입자의 크기는 $1 \times 10^3$ pm에서 $1 \times 10^6$ pm로, 일반적인 용질 입자에 비해 훨씬 크다. 따라서 콜로이드 현탁은 완전 용액에 비하면 덜 균일하다.

콜로이드는 에어로졸(기체에 액체나 고체가 분산됨), 거품(기체가 액체나 고체에 분산됨), 에멀전(액체가 다른 액체에 분산됨), 졸(고체가 액체나 다른 고체에 분산됨), 젤(액체가 고체에 분산됨)로 나눌 수 있다. 콜로이드의 종류와 예를 표 13.5에 정리했다.

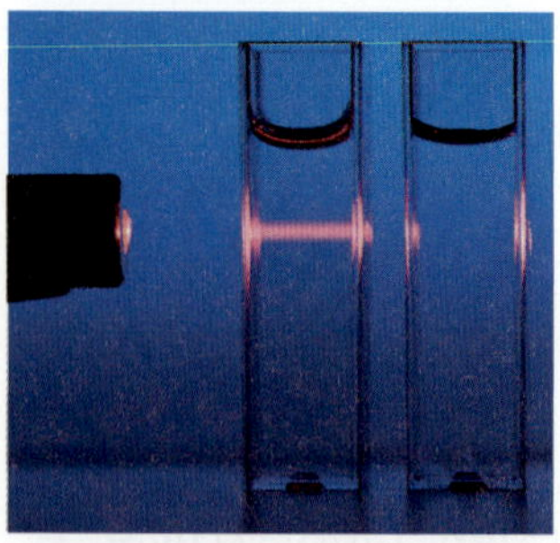

그림 13.12 틴들 효과. 빛은 콜로이드 입자(왼쪽)에 의해 산란되지만 용해된 입자(오른쪽)에는 산란되지 않는다.

용액과 콜로이드를 구별하는 방법은 **틴들 효과**(Tyndall[4] effect)를 이용하는 것이다. 광선이 콜로이드를 통과할 때 분산상에 의해 산란된다(그림 13.12). 완전 용액에서는 용질 분자

**표 13.5 콜로이드의 종류**

| 분산 매질 | 분산상 | 이름 | 예 |
|---|---|---|---|
| 기체 | 액체 | 에어로졸 | 안개 |
| 기체 | 고체 | 에어로졸 | 연기 |
| 액체 | 기체 | 폼 | 휘핑크림, 머랭 |
| 액체 | 액체 | 에멀전 | 마요네즈 |
| 액체 | 고체 | 졸 | 마그네시아유 |
| 고체 | 기체 | 폼 | 스티로폼 |
| 고체 | 액체 | 젤 | 젤리, 버터 |
| 고체 | 고체 | 고체 졸 | 보석(금속이 분산된 유리) |

**참조**

스티로폼은 다우 케미컬사(Dow Chemical Company)의 상표명으로, 건축용 단열재에 이용하는 압출 폴리스티렌이다. "스티로폼" 컵, 쿨러, 포장 완충재 등은 사실 스티로폼으로 만든 것이 아니다.

그림 13.13 안개 속의 헤드라이트는 흔히 볼 수 있는 틴들 효과의 예이다.

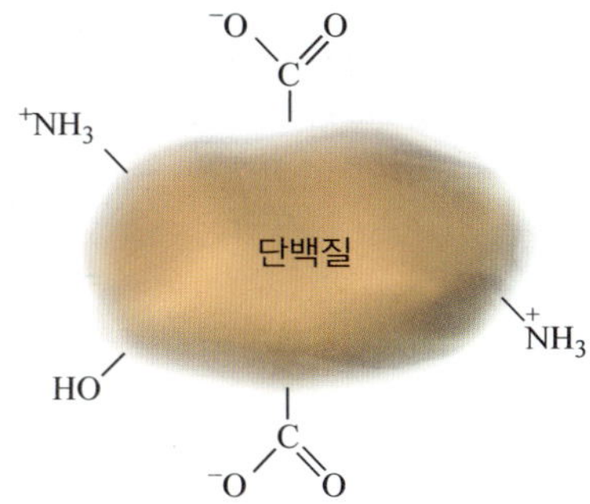


그림 13.14 물속에서 단백질 같은 거대 분자는 표면에 놓인 친수성기에 의해 안정화된다. 그림의 모든 친수성기는 물과 수소 결합을 할 수 있음을 주목하자.

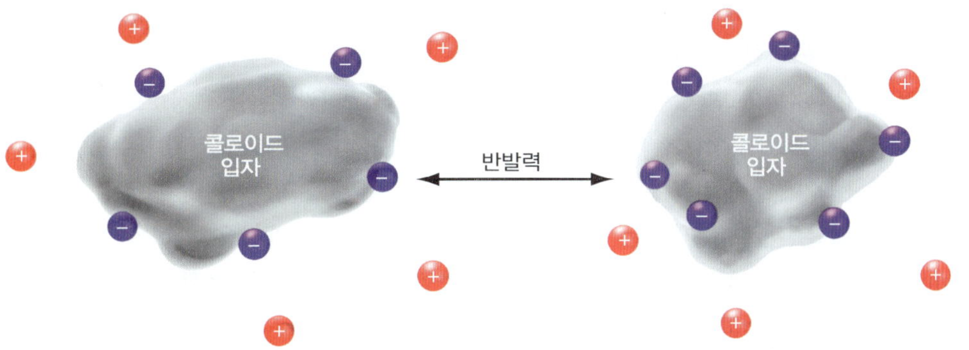


그림 13.15 소수성 콜로이드의 안정화. 표면에 음이온이 흡착되어 전하 간 반발력에 의해 입자가 뭉치지 않는다.

가 너무 작아서 가시광선과 상호 작용하지 못하기 때문에 이런 산란이 일어나지 않는다. 안개 낀 날 자동차 헤드라이트 빛이 산란되는 것도 틴들 효과 때문이다(그림 13.13).

콜로이드 중에서도 분산 매질이 물인 콜로이드가 특히 중요하다. 매질이 물인 콜로이드는 **친수성**(hydrophilic, 물을 좋아함)과 **소수성**(hydrophobic, 물을 싫어함)으로 나눌 수 있다. 친수성 콜로이드에는 단백질처럼 매우 거대한 분자가 들어 있다. 수용액 상에는 헤모글로빈 같은 단백질이 분자의 친수성 부분(친수성 부분은 이온–쌍극자 힘 또는 수소 결합을 통해 물 분자와 상호 작용이 용이하다)이 표면에 놓이도록 접혀 있다(그림 13.14).

소수성 콜로이드는 일반적으로 수용액에서 안정하지 못하다. 물속의 기름 방울이 뭉쳐서 기름층이 생기듯이 콜로이드 입자들이 서로 뭉칠 것이다. 하지만 표면에 이온이 흡착되면 안정화될 수 있다(그림 13.15). 물질이 표면에 달라 붙는 것을 **흡착**(adsorption), 안쪽으로 통과해 들어가는 현상을 **흡수**(absorption)라고 한다. 흡착된 이온은 친수성이고 물과 상호 작용하여 콜로이드를 안정화시킨다. 또한 이온이 흡착되면 콜로이드 입자가 **전하를 띠므로**(charged) 정전기적 반발력에 의해 서로 뭉치지 않는다. 개울이나 강물에 떠다니는 소수성 토양 입자는 이런 방식으로 안정화된다. 강물이 바다에 도달하면 높은 염도의 바닷물에 의해 분산된 입자의 전하가 중화된다. 표면의 전하가 중화되면 입자들 사이의 반발력이

**참조**

소수성 콜로이드가 안정화(stabilized)되어야만 물속에 떠 있을 수 있다.

4. 존 틴들(John Tyndall, 1820~1893): 아일랜드의 물리학자. 자성에 관한 중요한 연구를 하였고, 빙하 이동을 설명하기도 했다.

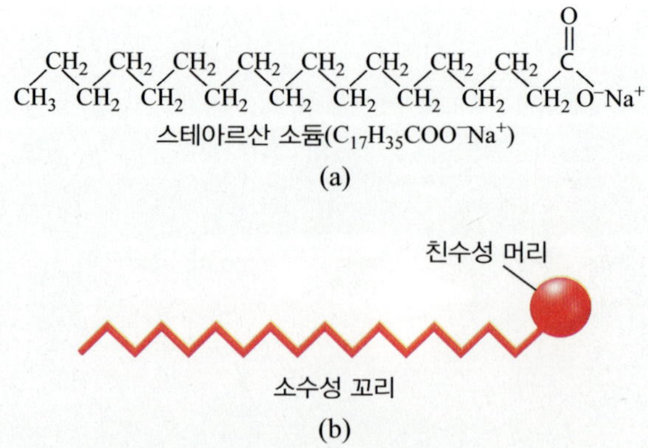


**그림 13.16** (a) 스테아르산 소듐 분자 (b) 분자의 친수성 머리와 소수성 꼬리를 단순하게 나타냈다.

사라지고 서로 뭉쳐서 강 어귀에 토사로 쌓인다.

표면에 친수성기가 있을 때는 소수성 콜로이드가 다른 방식으로 안정화될 수 있다. 비누 분자인 스테아르산 소듐은 "꼬리"라고 부르는 비극성의 긴 탄화수소의 한쪽 끝에 "머리"라고 부르는 극성기가 있다(그림 13.16). 이런 소수성 꼬리와 친수성 머리의 이중성 덕분에 비누는 세정 작용을 할 수 있다. 탄화수소 꼬리는 비극성의 기름 성분에 잘 녹지만, 이온성 —$COO^-$기는 기름 표면 밖에 남아 있다. 기름 방울을 둘러쌀 수 있을 정도로 비누 분자가 충분히 많으면, 그림 13.17에 나타낸 것처럼 기름 방울 바깥쪽이 상당히 친수성이 되면서 물속에서 전체 계가 안정화된다. 비누로 기름기를 씻어낼 수 있는 원리가 바로 이것이다. 분산되지 않은 채로 존재하는 콜로이드를 안정화시키는 과정을 일반적으로 **유상화**(emulsification)라고 하고, 이렇게 안정화에 이용할 수 있는 물질을 **유화제**(emulsifier 또는 emulsifying agent)라고 한다.

스테아르산 소듐과 비슷한 메커니즘을 통해 식이성 지방이 소화된다. 지방을 섭취하면 쓸개는 담즙을 분비한다. 담즙에는 담즙염을 비롯한 다양한 물질이 포함되어 있다. **담즙염**(bile salt)은 아미노산이 하나 붙어 있는 콜레스테롤의 유도체이다. 담즙염에도 스테아르산 소듐처럼 소수성 말단과 친수성 말단이 있다. (그림 13.18에 담즙염 글리코콜산 소듐을 나타냈다.) 담즙염의 소수성 말단이 지방 쪽으로, 친수성 말단이 물 쪽으로 향하면서 지방 입자를 둘러싼다. 따라서 소화계 내부의 수용액 환경에서 지방이 유상화되고, 소화될 수 있다. 지용성 비타민 같은 비극성 물질들도 이런 과정을 통해 소장 벽에 흡수된다.

**참조**

비극성인 비타민은 지방에 녹는다. "비슷한 것끼리 녹인다"는 원리를 생각하자.

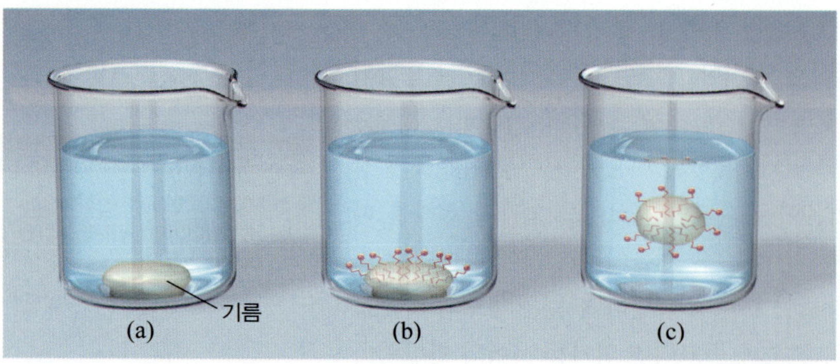


**그림 13.17** 비누로 기름기를 제거하는 메커니즘. (a) 기름기는 물에 녹지 않는다. (b) 비누를 녹이면 비누 분자의 비극성 꼬리가 기름기에 녹는다. (c) 기름 분자의 극성 머리가 물속에서 안정화되므로 기름기를 씻어낼 수 있다.

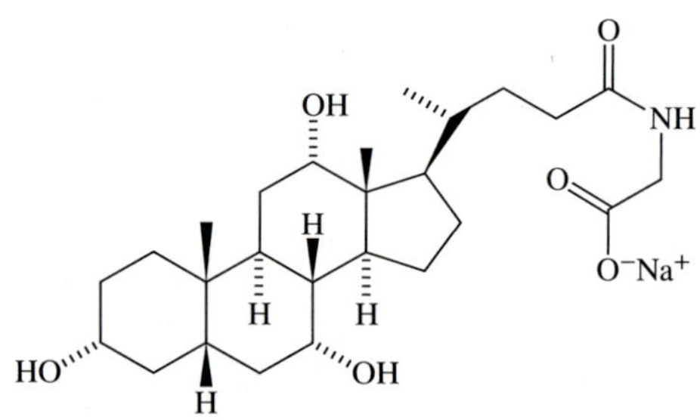

**그림 13.18** 글리코콜산 소듐의 구조. 글리코콜산 소듐의 소수성 꼬리가 지방에 녹아서 소화계의 수용액 환경에서 지방을 안정화시킨다.

# 단원 정리

## 13.1절

- 용액은 물질이 두 가지 이상 균일하게 섞여 있는 고체, 액체, 또는 기체이다.
- **포화 용액**(saturated solution)은 용질이 녹을 수 있을 만큼 최대로 녹은 용액이다.
- 어떤 온도에서 포화 용액에 녹아 있는 용질의 양을 **용해도**(solubility)라고 한다.
- **불포화 용액**(unsaturated solution)에는 용질이 용해도보다 더 적게 녹아 있다.
- **과포화 용액**(supersaturated solution)에는 용질이 용해도보다 더 많이 녹아 있다.

## 13.2절

- 분자간 힘이 비슷한 물질들은 서로 용해된다. "비슷한 것끼리 녹인다." 서로 용해되는 액체를 **섞인다**(miscible)고 한다.
- 용액 형성 과정은 흡열일 수도 있고 발열일 수도 있다. **엔트로피**(entropy) 증가는 용액 형성의 원동력이다. 용질 입자가 용매 분자에 둘러싸이는 과정을 **용매화**(solvation)라고 한다.

## 13.3절

- 용액의 농도는 몰농도($M$), 몰분율 ($\chi$)뿐만 아니라 **몰랄농도**(molality, $m$)와 **질량 백분율**(percent by mass)로 나타낼 수 있다.
- **몰랄농도**(molality)는 용매 1 kg에 녹아 있는 용질의 몰수로 정의한다. **질량 백분율**(percent by mass)은 용질의 질량을 용액 전체 질량으로 나눈 후 100%를 곱한 값이다.
- 몰랄농도와 질량 백분율은 온도에 무관하다는 장점이 있다. 몰농도, 몰랄농도, 질량 백분율을 환산할 때는 용액의 **밀도**(density)가 필요하다.
- 상황에 따라 다른 농도 단위를 쓸 수도 있다.

## 13.4절

- 고체는 대부분 온도를 높이면 용해도가 **증가하고**(increase), 기체는 대부분 용해도가 **감소한다**(decrease).
- 압력을 높이면 고체의 용해도는 영향을 받지 않지만 기체의 용해도는 증가한다.
- **헨리의 법칙**(Henry's law)에 따르면 액체에 대한 기체의 용해도는 기체의 부분 압력에 정비례한다: $c = kP$
- 비례 상수 $k$는 **헨리의 법칙 상수**(Henry's law constant, $k$)이다. 헨리의 법칙 상수는 기체, 용매, 온도에 따라 다르다.

## 13.5절

- **총괄성**(colligative property)은 용해된 입자의 종류가 아니라 수에 의존한다. 총괄성에는 **증기압 내림**(vapor−pressure lowering), **끓는점 오름**(boiling−point elevation), **어는점 내림**(freezing−point depression), **삼투압**(osmotic pressure)이 있다.
- **휘발성**(volatile) 물질의 증기압은 측정 가능하다. **비휘발성**(nonvolatile) 물질의 증기압은 측정할 수 없다.
- **라울의 법칙**(Raoult's law)에 따르면 용액에서 물질의 부분 압력은 그 물질의 **몰분율**(mole fraction, $\chi$)과 **순수한 물질의 증기압**(pure vapor pressure, $P^\circ$)의 곱이다. 라울의 법칙을 따르는 용액은 **이상 용액**(ideal solution)이다.
- **삼투**(osmosis)는 **반투막**(semipermeable membrane, 용매 분자만 통과할 수 있는 막)을 통해 묽은 용액에서 진한 용액 쪽으로 용매가 흐르는 현상이다.
- **삼투압**(osmotic pressure, $\pi$)은 삼투 현상이 일어나지 않도록 하는 데 필요한 압력이다.
- 삼투압이 같은 두 용액을 **등장성**(isotonic)이라고 한다. **저장성**(hypotonic)은 삼투압이 더 **낮은**(lower) 용액이고 **고장성**(hypertonic)은 삼투압이 더 **높은**(higher) 용액이다. 이 용어는 보통 삼투압이 7.6 atm인 인체의 혈장을 기준으로 잡는다.
- 전해질 용액에서는 해리나 이온화에 의해 용해된 입자 수가 늘어난다. 총괄성의 크기는 해리 또는 이온화 정도를 나타내는 **반트 호프 인자**(van't Hoff factor, $i$)만큼 늘어난다.
- **이온쌍**(ion pairs)이 생기기 때문에 실험으로 구한 반트 호프 인자는 보통 계산 값보다 작고, 진한 용액에서는 그 정도가 더 크다. 이온쌍은 반대 전하를 띠는 이온이 서로 이끌려 용액 중에서 하나의 "입자"처럼 행동한다.

## 13.6절

- 실험을 통해 총괄성을 측정하면 비전해질의 몰질량이나 전해질의 **해리 백분율**[percent dissociation 또는 **이온화 백분율**(percent ionization)]을 구할 수 있다.

## 13.7절

- **콜로이드**(colloid)는 크기가 약 $1\times10^3$~$1\times10^6$ pm인 물질

입자가 다른 물질에 분산된 상태이다.
- 콜로이드는 완전 용액과 달리 가시광선이 콜로이드 입자에 의해 산란되는 **틴들 효과**(Tyndall effect)를 보인다.
- 콜로이드는 **친수성**(hydrophilic, 물을 좋아함)과 **소수성**(hydrophobic, 물을 싫어함)으로 분류할 수 있다.
- 소수성 콜로이드는 이온이나 극성 분자가 표면에 위치하여 물속에서 안정화될 수 있다.

## 주요 용어

고장성(hypertonic)
과포화 용액(supersaturated solution)
등장성(isotonic)
라울의 법칙(Raoult's law)
몰랄농도(molality, m)
반투막(semipermeable membrane)
반트 호프 인자(van't Hoff factor, $i$)
불포화 용액(unsaturated solution)
비휘발성(nonvolatile)
삼투(osmosis)
삼투압(osmotic pressure, $\pi$)
섞인다(miscible)
소수성(hydrophobic)
엔트로피(entropy)
용매화(solvation)
용해도(solubility)
이상 용액(ideal solution)
이온쌍(ion pair)
이온화 백분율(percent ionization)
저장성(hypotonic)
질량 백분율(percent by mass)
총괄성(colligative properties)
친수성(hydrophilic)
콜로이드(colloid)
틴들 효과(Tyndall effect)
포화 용액(saturated solution)
해리 백분율(percent dissociation)
헨리의 법칙(Henry's law)
헨리의 법칙 상수(Henry's law constant, $k$)
휘발성(volatile)

## 주요 식

| | | |
|---|---|---|
| 13.1 | $\text{몰랄농도} = m = \dfrac{\text{용질의 몰수}}{\text{용매의 질량(kg)}}$ | 용액에서 용질의 몰랄농도($m$)는 용질의 몰수를 용매의 질량(kg 단위)으로 나누어 계산한다. |
| 13.2 | $\text{질량 백분율} = \dfrac{\text{용질의 질량}}{\text{용질의 질량} + \text{용매의 질량}} \times 100\%$ | 용액에서 용질의 질량 백분율은 용질의 질량을 용매와 용질 전체 질량으로 나누어 계산한다. |
| 13.3 | $c = kP$ | 일정한 온도에서 액체에 용해되는 기체의 농도는 용액 위 기체의 부분 압력($P$)과 헨리의 법칙 상수($k$)의 곱이다. 헨리의 법칙 상수는 기체–용매–온도 조합에 따라 달라지는 고유한 값이다. |
| 13.4 | $P_1 = \chi_1 P_1^\circ$ | 용액에서 용매의 증기압($P_1$)은 용매의 몰분율($\chi_1$)과 순수한 용매의 증기압($P_1^\circ$)의 곱이다. |
| 13.5 | $P_1^\circ - P_1 = \Delta P = \chi_2 P_1^\circ$ | 증기압 내림($\Delta P$)은 용액에서 용매의 증기압($P_1$)과 순수한 용매의 증기압($P_1^\circ$)의 차이이다. 용질이 하나일 때는 $\Delta P$ 값을 알면 용질의 몰분율을 계산할 수 있다. $\Delta P$는 용질의 몰분율($\chi_2$)과 순수한 용매의 증기압($P_1^\circ$)의 곱이다. |
| 13.6 | $\Delta T_b = K_b m$ | 용질이 있을 때 용매의 끓는점 오름($\Delta T_b$)은 끓는점 오름 상수($K_b$)와 용질의 몰랄농도($m$)의 곱이다. 끓는점 오름 상수는 용매의 특성에 따라 다르다. |
| 13.7 | $\Delta T_f = K_f m$ | 용질이 있을 때 용매의 어는점 내림($\Delta T_f$)은 어는점 내림 상수($K_f$)와 용질의 몰랄농도($m$)의 곱이다. 어는점 내림 상수는 용매의 특성에 따라 다르다. |
| 13.8 | $\pi = MRT$ | 용액의 삼투압($\pi$)은 용질의 몰농도($M$), 기체 상수($R$)(보통 0.08206 L·atm/K·mol을 사용), 절대 온도($T$)의 곱이다. |
| 13.9 | $\Delta T_f = iK_f m$ | 용질이 전해질인 용액의 어는점 내림을 계산하려면 용질의 몰랄농도($m$)에 반트 호프 인자($i$)를 곱해 주어야 한다. $i$ 값은 용질의 해리 백분율(또는 이온화 백분율)에 따라 다르다. |
| 13.10 | $\Delta T_b = iK_b m$ | 용질이 전해질인 용액의 끓는점 오름을 계산하려면 용질의 몰랄농도($m$)에 반트 호프 인자($i$)를 곱해 주어야 한다. $i$ 값은 용질의 해리 백분율(또는 이온화 백분율)에 따라 다르다. |
| 13.11 | $\pi = iMRT$ | 용질이 전해질인 용액의 삼투압을 계산하려면 용질의 몰농도($M$)에 반트 호프 인자($i$)를 곱해 주어야 한다. $i$ 값은 용질의 해리 백분율(또는 이온화 백분율)에 따라 다르다. |

## 주요 내용 엔트로피: 과정의 원동력

계의 에너지 감소가 어떤 과정의 원동력이 될 수 있음[|◀◀ 7.4장]을 앞서 알아보았다. 하지만 엔트로피 역시 어떤 과정이 일어날지 아닐지를 결정하는 중요한 요인이다. 엔트로피는 계의 에너지가 얼마나 퍼져 있는지를 나타내는 척도였음을 기억하자. 계의 에너지가 **공간**(space)으로 어떻게 퍼져나가는지를 고려하면 엔트로피를 간단하게 이해할 수 있다. 칸막이로 나뉜 용기의 한쪽에 갇힌 기체를 생각하자. 칸막이를 제거하면 갇혀 있던 기체가 팽창하여 부피가 커진다.

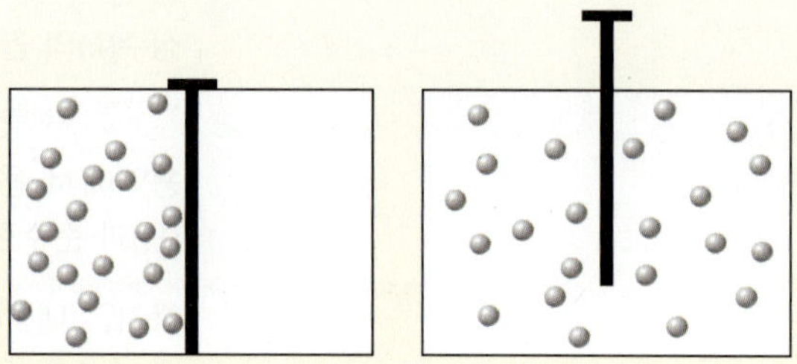

기체 분자의 에너지는 원래 작은 부피에 갇혀 있었다. 팽창 후에는 분자의 에너지가 더 큰 부피를 차지하는데, 이는 에너지가 공간으로 더욱 퍼졌다는 뜻이다. 이렇게 계의 에너지가 공간으로 퍼지면 엔트로피는 커진다.

앞서 기체 팽창과 용액 형성을 엔트로피로 해석해 보았다. 이외에도 드라이 아이스[$CO_2(s)$]의 승화 같은 상변화에도 엔트로피를 적용해 보자.

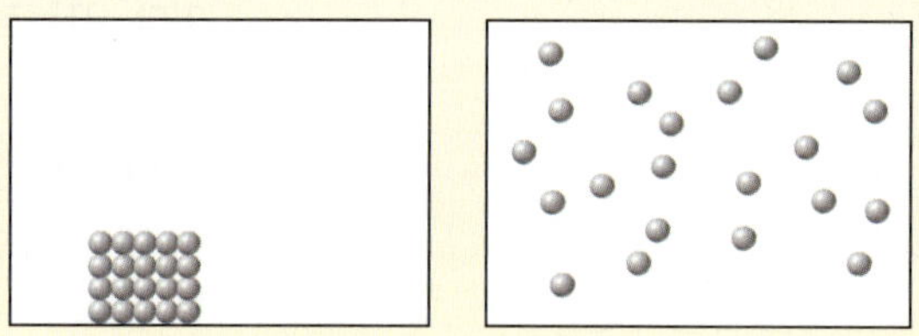

$$CO_2(s) \longrightarrow CO_2(g)$$

드라이아이스 조각에서 $CO_2$ 분자의 에너지는 고체의 부피에 갇혀 있다. 드라이 아이스가 승화하면 분자(그리고 분자의 에너지)가 더 큰 부피를 차지하고, 엔트로피가 커진다. 승화는 흡열 과정이지만 엔트로피가 증가하기 때문에 자발적으로 일어난다.

어떤 과정이 일어나려면 발열이거나, 엔트로피가 증가하거나, 둘 다여야 한다. 흡열 과정(계의 에너지가 증가한다)이 일어나려면 계의 엔트로피가 충분히 증가해야 한다. 예를 들어, 설탕($C_{12}H_{22}O_{11}$)의 용해 과정은 흡열이지만 엔트로피가 증가하기 때문에 설탕은 물에 녹는다.

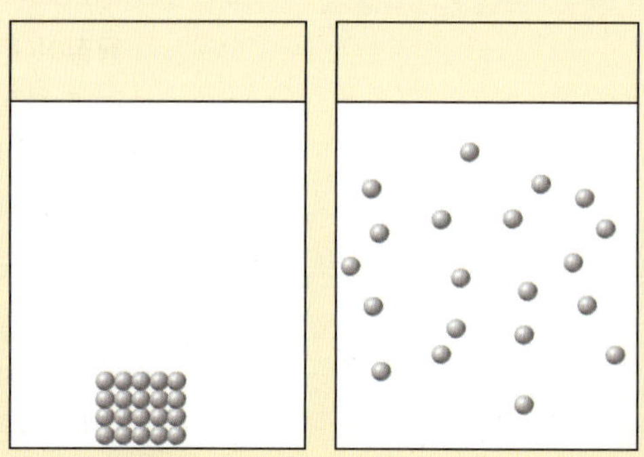

$$C_{12}H_{22}O_{11}(s) \longrightarrow C_{12}H_{22}O_{11}(aq)$$

마찬가지로 엔트로피가 감소하는 어떤 과정이 일어나려면 충분히 발열이어야 한다. 예를 들어, 수증기가 차가운 표면에서 응축하는 과정을 살펴보자. 응축된 물 분자의 에너지는 수증기의 에너지보다 덜 퍼져 있지만, 응축 과정이 엔트로피 감소를 보상할 만큼 충분히 발열이기 때문에 이 과정은 일어난다.

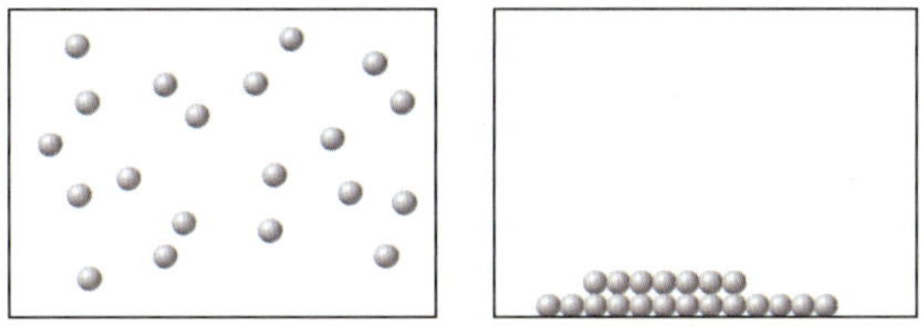

$$H_2O(g) \longrightarrow H_2O(l)$$

**참조**

응축은 증발의 역과정이다. 물의 몰 증발 엔탈피($\Delta H_{vap}$)는 40.79 kJ/mol[◀◀ 12.6장]이므로 몰 응축 엔탈피는 −40.79 kJ/mol이다.

발열도 아니고 엔트로피가 증가하지도 않는 과정은 일어나지 않는다.

어떤 과정의 엔트로피 변화를 정성적으로 파악할 수 있고, 흡열인지 발열인지 판단할 수 있으면 그 과정이 일어날지 아닐지를 예측할 수 있다.

## 주요 내용 문제

### 13.1

다음 과정 중 엔트로피가 증가하는 것을 모두 고르시오.

(a) $Br_2(l) \longrightarrow Br_2(g)$

(b) $NH_3(g) + HCl(g) \longrightarrow NH_4Cl(s)$

(c) $NaCl(s) \longrightarrow Na^+(g) + Cl^-(g)$

(d) $H_2(g) + O_2(g) \longrightarrow 2H_2O(l)$

### 13.2

다음 그림의 과정이 흡열인지, 발열인지, 아니면 정보가 부족한지 고르시오.

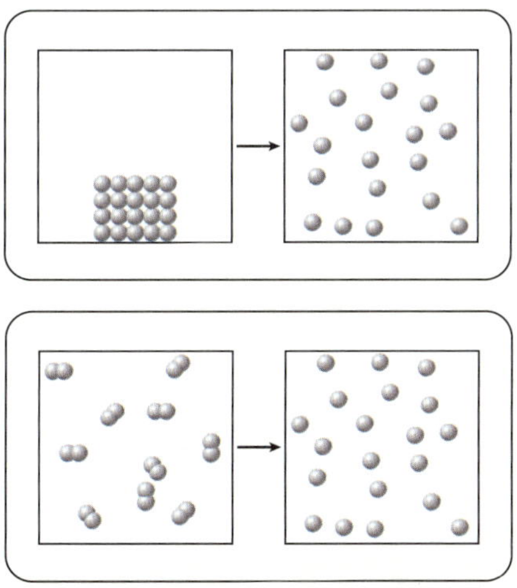

(a) 흡열, 발열
(b) 발열, 흡열
(c) 흡열, 정보가 부족하다.
(d) 흡열, 흡열
(e) 발열, 정보가 부족하다.

### 13.3

다음 그림의 과정이 흡열인지, 발열인지, 아니면 정보가 부족한지 고르시오.

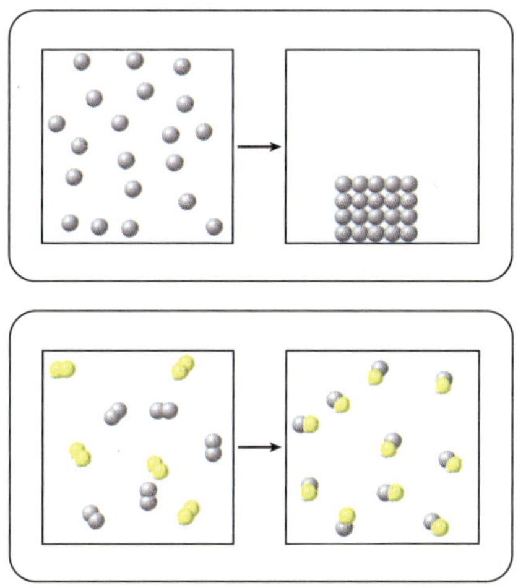

(a) 흡열, 발열
(b) 발열, 흡열
(c) 흡열, 정보가 부족하다.
(d) 흡열, 흡열
(e) 발열, 정보가 부족하다.

### 13.4

어떤 이온성 용질은 해리되면서 전체 엔트로피가 감소한다. 이런 해리 과정이 자발적으로 일어나려면 반드시 ________이어야 한다.

(a) 발열
(b) 흡열
(c) 정보가 부족하다.

# 종합문제

## 13.2절: 분자 관점으로 본 용해 과정

### 개념 문제

13.9 나프탈렌($C_{10}H_8$)이 CsF보다 벤젠에 더 잘 녹는 이유는 무엇인가?

13.11 물에 대한 용해도가 작은 것부터 나열하시오.

$O_2$, LiCl, $Br_2$, 메탄올($CH_3OH$)

## 13.3절: 농도 단위

### 계산문제

13.17 다음 용액의 몰랄농도를 계산하시오.
(a) 설탕($C_{12}H_{22}O_{11}$) 30.2 g을 물 285 g에 녹였다.
(b) 에틸렌 글라이콜($C_2H_6O_2$) 8.35몰을 물 1905 g에 녹였다.

13.19 다음 수용액의 몰랄농도를 계산하시오.
(a) 0.988 *M* 설탕($C_{12}H_{22}O_{11}$) 용액(용액의 밀도=1.095 g/mL)
(b) 1.12 *M* NaOH 용액(용액의 밀도=1.082 g/mL)
(c) 2.98 *M* $NaHCO_3$ 용액(용액의 밀도=1.077 g/mL)

13.21 독한 술의 알코올 함량은 보통 "프루프"라는 용어를 써서 나타내며, 이것은 에탄올($C_2H_5OH$) 부피 백분율의 두 배 값으로 정의한다. 에탄올의 밀도 0.798 g/mL를 이용하여 80 프루프 꼬냑 한 잔(45 mL)에 들어 있는 에탄올의 양을 g으로 계산하시오.

13.23 다이어트 펩시 콜라 한 캔(355 mL)에 아스파탐($C_{14}H_{18}N_2O_5$)이 111 mg 들어 있다. 아스파탐의 몰농도를 계산하시오.

## 13.4절: 용해도에 영향을 미치는 요인

### 계산문제

13.31 물 100 g에 녹는 $KNO_3$의 용해도는 75°C에서 155 g, 25°C에서 38 g이다. 포화 용액 100 g을 75°C에서 25°C로 냉각시켰을 때 생성되는 $KNO_3$는 몇 g인가?

13.33 물에 대한 $CO_2$의 용해도는 25°C, 1 atm에서 0.034 mol/L이다. 대기압 조건에서 용해도는 얼마인가? (대기 중의 $CO_2$ 부분 압력은 0.0003 atm이다.) $CO_2$는 헨리의 법칙을 따른다고 가정하자.

13.35 물고기는 아가미를 통해 물속에 용해된 공기로 숨을 쉰다. 대기의 산소와 질소 부분 압력은 각각 0.20 atm, 0.80 atm이다. 298 K에서 물에 용해된 산소와 질소의 몰분율을 계산하시오. 298 K에서 물에 대한 $O_2$와 $N_2$의 용해도는 각각 $1.3\times10^{-3}$ mol/L·atm, $6.8\times10^{-4}$ mol/L·atm이다. 결과에 대해 논하시오.

### 개념 문제

13.37 수용성 비타민과 지용성 비타민은 분자 구조가 다르다. 수용성 비타민에는 보통 극성기가 여러 개 있어서 물과 수소 결합을 할 수 있지만, 지용성 비타민은 대부분이 탄화 수소 사슬로 이루어진 비극성 분자이다. 이를 보면 "비슷한 것끼리 녹인다"는 표현이 무슨 의미인지 알 수 있다. 비타민 C와 비타민 E가 수용성일지 지용성일지 예측하시오.

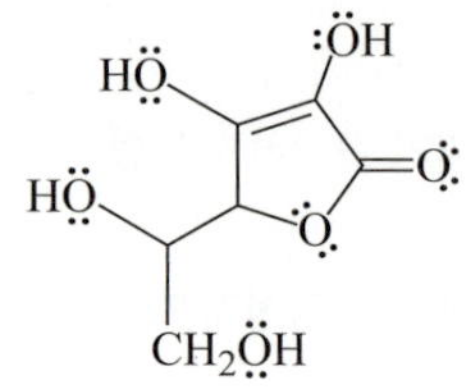

비타민 C

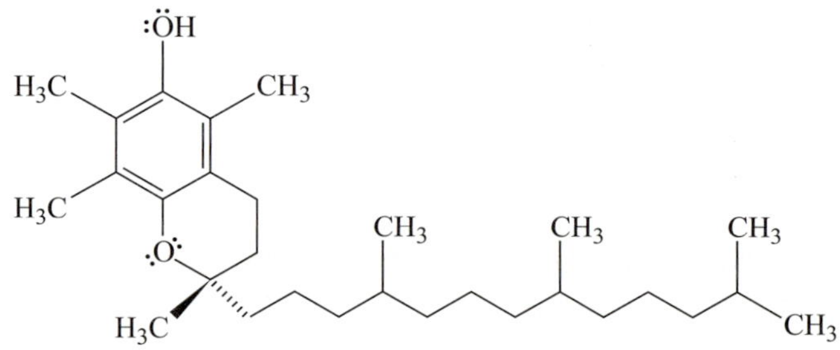

비타민 E

13.39 어떤 학생이 다음 실험을 통해 탄산음료가 담긴 병 위에 채워진 이산화 탄소의 압력을 측정하였다. 먼저 병의 질량을 측정하였다(853.5 g). 뚜껑을 조심히 열어 $CO_2$를 배출시킨 후 뚜껑을 닫고 질량을 측정했다(851.3 g). 마지막으로 음료의 부피를 측정하였다(452.4 mL). 25°C에서 물에 대한 $CO_2$의 헨리의 법칙 상수 $3.4\times10^{-2}$ mol/L·atm을 이용하여 뚜껑을 열기 전 $CO_2$ 압력을 계산하시오. 이 압력이 실제값이 아니라 근사값인 이유를 설명하시오.

13.41 아래 그림은 서로 다른 두 온도에서의 수용액을 나타낸다. 두 용액은 모두 두 용질에 대해 포화된 상태이다. 각 용질은 서로 다른 색으로 표시된다. 그림을 보고 각 용질의 용해 과정이 흡열인지 발열인지 말하시오. 어떤 용질의 $\Delta H_{용액}$ 값이 더 클지 설명하시오.

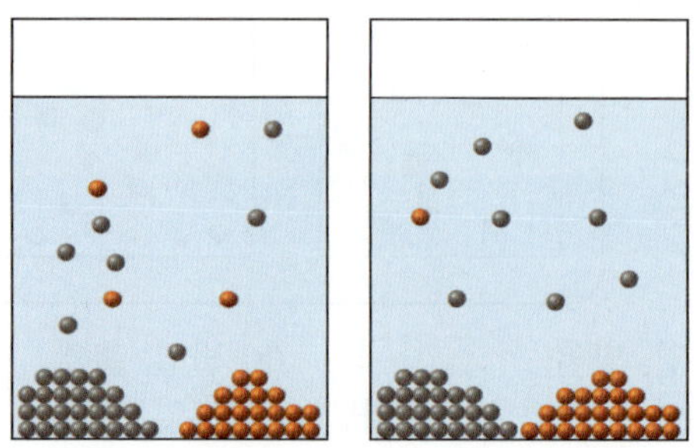

낮은 온도 높은 온도

## 13.5절: 총괄성

### 계산 문제

13.57 20°C에서 물 552 g에 설탕($C_{12}H_{22}O_{11}$)을 녹여서 순수한 물의 증기압보다 2.0 mmHg 낮게 만들려면 설탕을 몇 g 녹여야 하는가? (이 온도에서 순수한 물의 증기압=17.5 mmHg)

13.59 에탄올($C_2H_5OH$)과 1－프로판올($C_3H_7OH$)의 증기압은 35°C에서 각각 100 mmHg, 37.6 mmHg이다. 이상적 행동을 가정하여 에탄올의 몰분율이 0.300인 용액에서 에탄올의 부분 압력을 계산하시오.

13.61 30°C에서 물 658 g에 요소[$(NH_2)_2CO$]를 녹여 순수한 물의 증기압보다 2.50 mmHg 낮게 만들려면 요소를 몇 g 녹여야 하는가? (이 온도에서 순수한 물의 증기압=31.8 mmHg)

13.63 아미노산 글라이신($NH_2CH_2COOH$)이 녹아 있는 수용액의 어는점이 －1.1°C였다. 글라이신은 물에서 이온화되지 않는다고 가정하고 몰랄농도를 계산하시오.

13.65 27°C에서 압력이 748 mmHg인 기체 4.00 L를 벤젠 75.0 g에 응축시킨 용액이 있다. 이 용액의 어는점 내림을 계산하시오.

13.67 다음 용액의 정상 어는점과 정상 끓는점을 계산하시오.
(a) NaCl 21.2 g을 물 135 mL에 녹였다.
(b) 요소 15.4 g을 물 66.7 mL에 녹였다.

13.69 겨울에 도로의 얼음을 녹일 때 NaCl과 $CaCl_2$를 이용한다. 설탕이나 요소를 이용하여 어는점을 낮출 때보다 유리한 점은 무엇인가?

13.71 25°C에서 0.010 *M* $CaCl_2$ 용액과 0.010 *M* 요소 용액의 삼투압이 각각 0.605 atm, 0.245 atm이었다. 이 $CaCl_2$ 용액의 반트 호프 인자를 계산하시오.

13.73 캘리포니아주의 삼나무숲(redwoods)은 가장 키가 큰 나무들로 유명하다. 높이가 105 m인 어떤 나무가 꼭대기까지 물을 빨아들이기 위해서 필요한 삼투압을 계산하시오.

### 개념 문제

13.75 다음 조건에 맞는 용액을 고르고 설명하시오. 완전히 해리된다고 가정한다.
(a) 끓는점이 높은 용액
(b) 어는점이 높은 용액
(c) 증기압이 낮은 용액

13.77 다음 용액들을 어는점이 높은 것부터 나열하시오.

0.10 *m* $Na_3PO_4$, 0.35 *m* NaCl, 0.20 *m* $MgCl_2$, 0.15 *m* $C_6H_{12}O_6$, 0.15 *m* $CH_3COOH$

13.79 다음 중 물속에서 이온쌍을 형성하기 쉬운 화합물을 고르시오.
(a) NaCl 또는 $Na_2SO_4$
(b) $MgCl_2$ 또는 $MgSO_4$
(c) LiBr 또는 KBr

## 13.6절: 총괄성을 이용한 계산

### 계산 문제

13.83 실험식이 $C_6H_5P$인 화합물 2.50 g을 벤젠 25.0 g에 녹였더니 어는점이 4.3°C였다. 용질의 몰질량과 분자식을 구하시오.

13.85 구조를 모르는 고분자 0.8330 g을 유기 용매에 녹인 용액 170.0 mL가 있다. 25°C에서 삼투압이 5.20 mmHg였다. 이 고분자의 몰질량을 구하시오.

13.87 20.0°C에서 어떤 탄수화물 6.85 g을 물 100.0 g에 녹인 용액의 밀도가 1.024 g/mL, 삼투압이 4.61 atm이다. 이 탄수화물의 몰질량을 구하시오.

13.89 염기 HB 수용액 0.100 *M*의 삼투압이 25°C에서 2.83 atm이었다. 이 염기의 이온화 백분율을 계산하시오.

## 추가 문제

13.95 어떤 당뇨병 환자의 혈당(글루코스) 수치가 약 0.140 g 글루코스/100 mL 혈액이었다. 이 환자가 글루코스를 40 g 섭취하면 혈당이 약 0.240 g/100 mL가 된다. 혈액 1 mL에 들어 있는 글루코스의 몰수를 계산하시오. 글루코스를 섭취하기 전과 후에 혈액 중 글루코스의 전체 몰수와 질량을 계산하시오. (이 환자의 혈액 총량은 5.0 L이다.)

13.97 오이를 소금물에 담가두면 피클이 되면서 쪼그라드는 이유를 설명하시오.

13.99 $Na_3PO_4$ 용액 0.40 *m*의 어는점이 －2.6°C일 때 반트 호프 인자를 구하시오.

13.101 수은 기압계 세 개를 그림으로 나타냈다. 수은 위에는 물 1 mL, 1 *m* 요소 용액 1 mL, 1 *m* NaCl 용액 1 mL가 있다. X, Y, Z와 올바르게 짝지으시오.

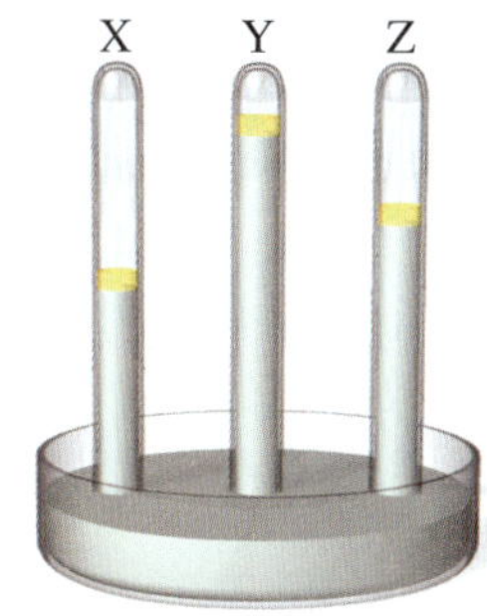


13.103 "서방정" 알약은 약제가 일정한 속도로 방출되어 약제 농도가 너무 높지도, 너무 낮지도 않게 유지된다. 어떤 알약의 모식도를 나타냈다. 어떤 원리인지 설명하시오.

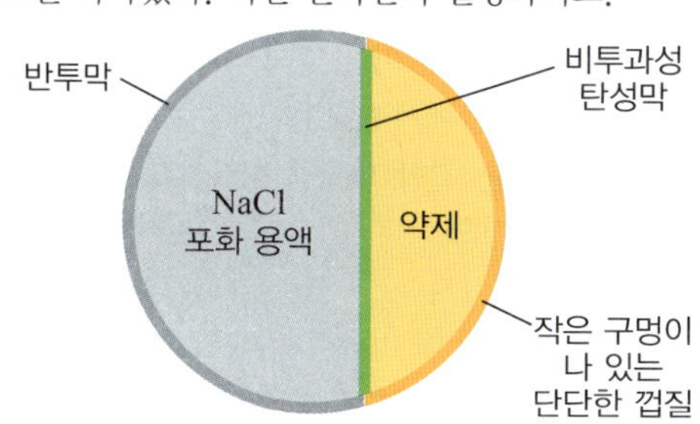

13.105 바닷물의 담수화에 역삼투압법이 (이론적으로) 증류법이나 동결법보다 유리한 이유를 설명하시오. 25°C에서 역삼투를 일으키기 위해 필요한 최소 압력은 얼마인가? 바닷물은 0.70 *M* NaCl 용액이라고 가정한다.

13.107 37°C에서 혈장의 삼투압은 대략 7.5 atm이다. 용해된 화학종의 전체 농도를 구하고 혈액의 어는점을 계산하시오.

13.109 어떤 단백질을 염을 이용하여 물속에 고립시켰다. 화학식은 $Na_{20}P$($Na^+$ 이온 20개가 음전하를 띠는 $P^{20-}$와 결합해 있다는 의미)이다. 이 단백질 0.225 g이 들어 있는 용액 10.0 mL의 삼투압이 25.0°C에서 0.257 atm이었다.
(a) $Na_{20}P$의 몰질량을 계산하시오.
(b) 이 단백질의 몰질량을 계산하시오.

13.111 약국에서 파는 소독약은 3.0% 과산화수소수(용액 100 mL에 $H_2O_2$ 3.0 g이 들어 있다)이다.
(a) 이 수용액 10.0 mL의 과산화 수소가 완전히 분해되었을 때 생기는 산소의 양은 STP에서 몇 L인가?
(b) 생성된 $O_2$ 부피는 초기 $H_2O_2$ 수용액 부피의 몇 배인가?

13.113 탄산음료 병에 공기와 이산화 탄소의 혼합 기체로 압력을 가한 후 밀폐시켰다.
(a) 뚜껑을 열었을 때 거품이 나는 현상을 설명하시오.
(b) 뚜껑을 연 직후에 병 입구에서 안개가 생기는 이유는 무엇인가?

13.115 (a) 식물 뿌리 세포 내부 용액은 땅속의 물에 비하여 고장액이어서 삼투압을 통해 물이 안으로 빨려 든다. 얼음을 녹일 목적으로 NaCl이나 $CaCl_2$를 도로에 뿌리면 나무에 해로운 이유를 설명하시오.
(b) 소변은 인체 밖으로 빠져나가기 전에 신장의 집합관을 통과하는데, 집합관 밖의 액체는 혈액이나 조직보다 염분 농도가 훨씬 더 높다. 이런 작용이 인체의 수분을 보존하는 데 어떤 역할을 하는지 설명하시오.

13.117 1.0 *M* 글루코스 수용액 50 mL와 2.0 *M* 글루코스 수용액 50 mL가 각각 들어 있는 두 비커를 유리병에 넣고 상온에서 단단히 밀봉했다. 평형에 도달했을 때 두 비커 내 용액의 부피는 각각 얼마인가? 단, 이 용액은 이상적 행동을 하며 증기 상태의 물의 양은 용액 속 물의 양에 비해 무시할 정도로 적다고 가정한다.

13.119 판매하는 진한 염산에는 염화 수소가 질량 백분율 37.7% 들어 있다. 몰농도는 얼마인가? (이 용액의 밀도=1.19 g/mL)

13.121 NaCl과 설탕($C_{12}H_{22}O_{12}$) 혼합물 10.2 g을 녹여서 용액 250 mL를 만들었다. 이 용액의 삼투압이 23°C에서 7.32 atm이다. 이 혼합물에서 NaCl의 질량 백분율을 계산하시오.

13.123 다음이 이온 결합 화합물의 용해도에 어떤 영향을 미치는지 설명하시오.
(a) 격자 에너지
(b) 극성 용매 대 비극성 용매
(c) 양이온과 음이온의 수화 엔탈피

13.125 판매하는 질산은 주로 질량 백분율 70.0%, 즉 15.9 *M* 용액이다. 이 용액의 밀도와 몰랄농도를 계산하시오.

13.127 암모니아($NH_3$)는 물에 매우 잘 녹지만 삼염화 질소($NCl_3$)는 그렇지 않은 이유를 설명하시오.

13.129 아세트 산은 수용액에서 다음과 같이 이온화되는 약산이다. 0.106 *m* $CH_3COOH$ 용액의 어는점이 −0.203°C일 때, 이온화 백분율을 계산하시오.

$$CH_3COOH(aq) \rightleftharpoons CH_3COO^-(aq) + H^+(aq)$$

13.131 다음 수용액에서 용질의 질량 백분율을 계산하시오.
(a) 용액 67.9 g에 NaBr 5.75 g이 들어 있다.
(b) 물 114 g에 KCl 24.6 g을 녹였다.
(c) 벤젠 39 g에 톨루엔 4.8 g을 녹였다.

13.133 물 2.6 L에 납 192 μg이 들어 있다. 이 농도는 식수의 납 농도 허용치 0.050 ppm/L보다 높은가?

13.135 냉동실에서 얼음을 얼리면 왜 뿌옇게 보이는가?

13.137 밀폐된 용기에 비커 두 개가 들어 있다. 비커 A에는 나프탈렌($C_{10}H_8$) 0.15몰이 벤젠($C_6H_6$) 100 g에 녹아 있고, 비커 B에는 미지의 화합물 31 g이 벤젠 100 g에 녹아 있다. 평형에 도달했을 때 비커 A는 벤젠 질량이 7.0 g 줄어들었다. 이상적인 행동을 가정하여 미지의 화합물의 몰질량을 계산하시오. 가정이 필요하면 모두 말하시오.

13.139 27°C에서 순수한 물의 증기압이 23.76 mmHg, 요소 수용액의 증기압이 22.98 mmHg이다. 요소의 몰랄농도를 계산하시오.

13.141 액체 A와 B의 혼합물이 이상 용액이다. 84°C에서 A 1.2몰과 B 2.3몰을 섞은 용액의 전체 증기압이 331 mmHg이다. 이 용액에 B 1몰을 더 넣었을 때 전체 증기압이 347 mmHg가 되었다. 이 온도에서 순수한 A와 B의 증기압을 구하시오.

13.143 298 K에서 어떤 글루코스 용액의 삼투압이 10.50 atm이다. 이 용액의 밀도 1.16 g/mL를 이용하여 어는점을 구하시오.

13.145 다음 그림에 순수한 벤젠의 증기압과 비휘발성 용질을 녹인 벤젠 용액의 증기압을 나타냈다. 농도를 몰랄농도로 구하시오.

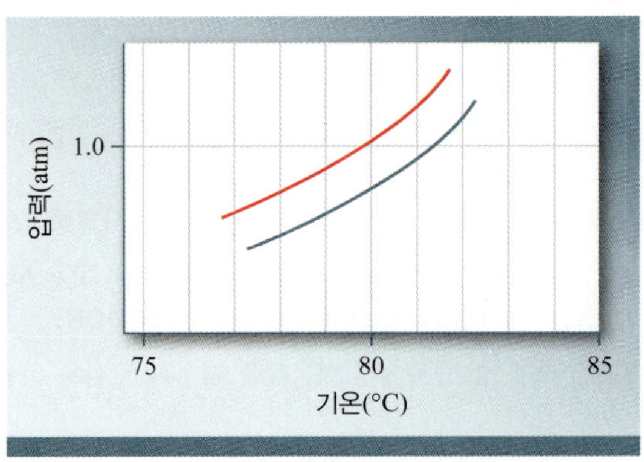


13.147 초창기에는 플루오린화 소듐을 녹여 수돗물에 플루오린을 첨가했는데, 플루오린화 이온 농도를 1 ppm이 되도록 하였

다. 1.0 ppm $F^-$ 농도를 $F^-$ 질량 백분율과 NaF 몰랄농도로 환산하시오.

13.149 휘발성 액체 혼합물이 라울의 법칙을 따르면 이상 용액이라고 한다.

$$P_i = \chi_i P_i^\circ$$

몰질량 100 g/mol인 액체 A와 몰질량 110 g/mol인 액체 B를 같은 질량으로 이상 용액을 만들었다. 55°C에서 순수한 A의 증기압은 98 mmHg, B의 증기압은 42 mmHg이다.

(a) 용액에서 각 성분의 몰분율을 계산하시오.

(b) 55°C의 용액에서 A와 B의 부분 압력을 계산하시오.

(c) 55°C에서 용액 위의 증기를 액체로 응축시켰다고 가정하자. 이 응축된 액체에서 각 성분의 몰분율을 계산하시오.

(d) 55°C에서 응축된 액체 위의 각 성분의 부분 압력을 계산하시오.

## 유제 해답

**13.1** ❶ $C_3H_8$, $I_2$, $CS_2$ **13.2** ❶ 0.78 *m* **13.3** ❶ 12.8% **13.4** ❶ 26 atm **13.5** ❶ 103 g **13.6** ❶ 710 g **13.7** ❶ f.p. = −0.35°C **13.8** ❶ 12.5 g **13.9** ❶ 0.27 g **13.10** ❶ 0.38 atm

## 절 복습

**13.3.1** b, d, e **13.2.2** b, d **13.3.1** a **13.3.2** d **13.3.3** d **13.3.4** a **13.4.1** c **13.4.2** a **13.5.1** d **13.5.2** c **13.5.3** b **13.5.4** a **13.6.1** b **13.6.2** b

Chapter 14

# 엔트로피와 자유 에너지

## Entropy and Free Energy

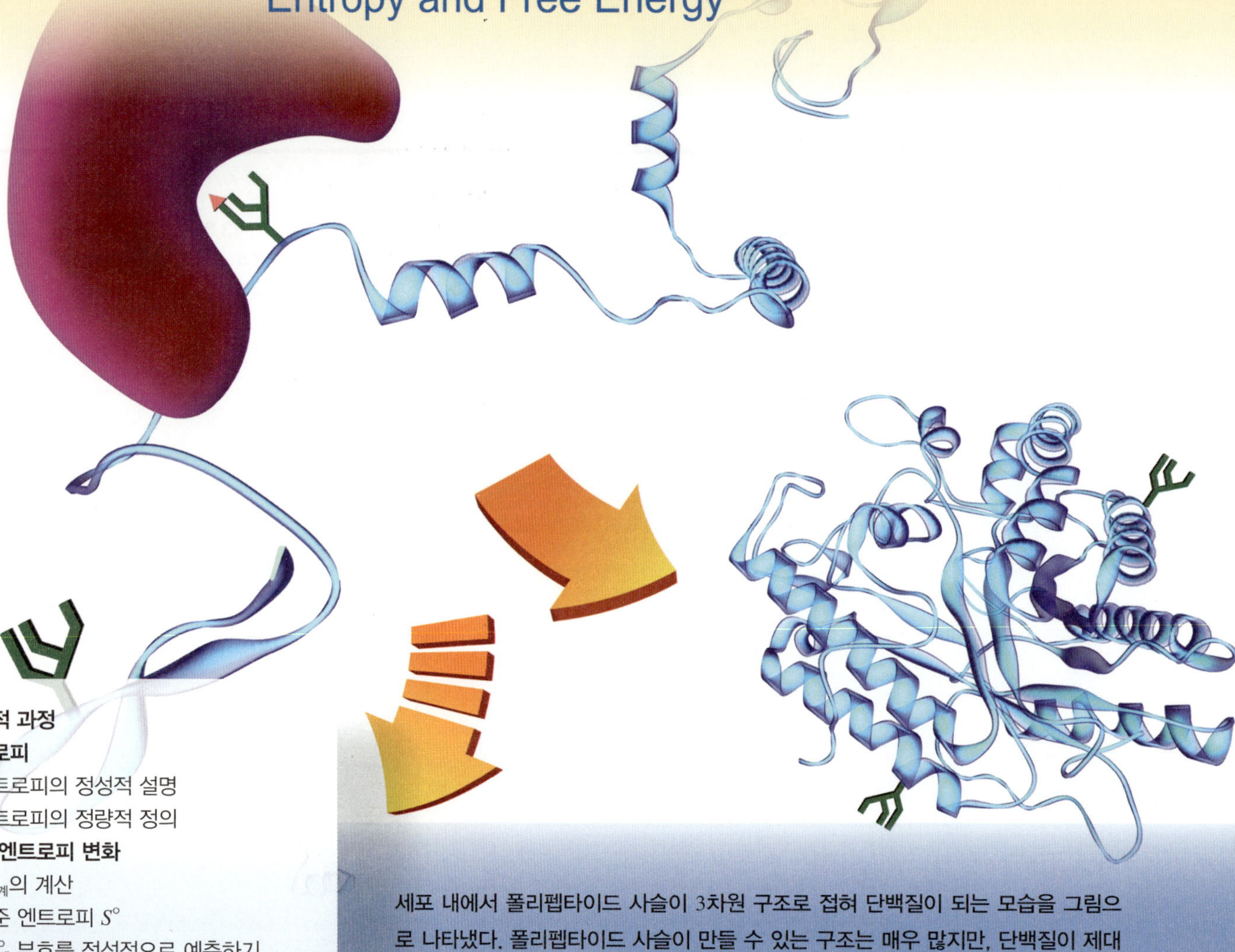



세포 내에서 폴리펩타이드 사슬이 3차원 구조로 접혀 단백질이 되는 모습을 그림으로 나타냈다. 폴리펩타이드 사슬이 만들 수 있는 구조는 매우 많지만, 단백질이 제대로 기능하려면 특정한 구조가 되어야 한다. 따라서 단백질이 접힐 때 계의 엔트로피는 감소한다. 열역학 제2법칙에 따르면 모든 자발적인 과정은 우주의 엔트로피를 증가시킨다. 그러므로 이것은 단백질이 접힐 때 엔트로피가 감소하는 것보다 주위의 엔트로피가 더 크게 증가해야 한다는 뜻이다. 실제로 단백질이 접히는 과정은 발열 과정이기 때문에 이때 발생한 에너지가 주위로 퍼져 나가면서 주위의 엔트로피가 증가한다.

## 들어가기 전에

- 계와 주위 [◀◀10.1절]
- 헤스의 법칙 [◀◀10.5절]
- 표준 생성 엔탈피 [◀◀10.6절]

# 14.1 자발적 과정

열역학을 이해하면 반응물을 섞었을 때 반응이 일어날지 일어나지 않을지 예측할 수 있다. 이는 실험실에서 새로운 화합물을 합성하는 데, 화학 물질을 대량으로 제조하는 데, 세포 기능과 같은 자연적 과정을 이해하는 데 중요하다. 특정 조건에서 일어나는 과정을 **자발적 과정**(spontaneous process)이라고 한다. 특정 조건에서 일어나지 않는 과정을 **비자발적 과정**(nonspontaneous process)이라고 한다. 표 14.1에 자발적 과정과 그에 상응하는 비자발적인 역과정의 예시를 정리했다. 이 예들은 어떤 조건에서 자발적으로 일어나는 반응의 반대 방향은 자발적이지 않다는 것을 직관적으로 보여 준다.

**참조**

특정 조건이란 대개 온도, 압력, 농도(용액일 때)를 말한다.

계의 에너지가 감소하는 과정은 보통 자발적이다. 발열 반응인 메테인의 연소를 예로 들어 보자.

$$CH_4(g)+2O_2(g) \longrightarrow CO_2(g)+2H_2O(l) \qquad \Delta H^\circ=-890.4\ \text{kJ/mol}$$

반응이 일어나는 동안 열이 방출되므로 계의 에너지는 낮아진다. 마찬가지로 산-염기 중화 반응도 열이 방출되고 계의 에너지는 낮아진다.

$$H^+(aq)+OH^-(aq) \longrightarrow H_2O(l) \qquad \Delta H^\circ=-56.2\ \text{kJ/mol}$$

두 반응은 모두 자발적이면서 계의 에너지가 낮아진다.

이제 얼음이 녹는 과정을 생각해 보자.

$$H_2O(s) \longrightarrow H_2O(l) \qquad \Delta H^\circ=6.01\ \text{kJ/mol}$$

이 과정은 흡열이지만 0°C보다 높은 온도에서는 자발적이다. 반대로 물이 어는 과정은 **발열**(exothermic) 과정이지만 0°C보다 높은 온도에서 자발적이지 않다.

$$H_2O(l) \longrightarrow H_2O(s) \qquad \Delta H^\circ=-6.01\ \text{kJ/mol}$$

**표 14.1** 자발적 과정과 비자발적 과정

| 자발적 | 비자발적 |
|---|---|
| 상온에서 얼음이 녹는다. | 상온에서 물이 언다. |
| 소듐 금속이 물과 격렬히 반응하여 수산화 소듐과 수소 기체를 생성한다[◀◀8.5절]. | 수산화 소듐이 수소 기체와 반응하여 소듐 금속과 물을 생성한다. |
| 공이 아래로 굴러 내려간다. | 공이 위로 굴러 올라간다. |
| 상온에서 철이 부식된다. | 상온에서 녹이 금속 철로 되돌아간다. |
| 물이 −10°C에서 언다. | 얼음이 −10°C에서 녹는다. |

처음 두 반응, 그리고 비슷한 많은 예를 보면 발열 과정은 자발적인 경향이 있다고 결론지을 수 있다. 실제로도 음의 $\Delta H$는 자발성에 유리하다. 하지만 마지막 두 반응을 보면, $\Delta H$의 부호만으로 모든 상황에서 자발성을 예측할 수는 없음을 분명히 알 수 있다. 이 장에서는 특정 조건에서 어떤 과정이 자발적인지 아닌지를 판별하는 요인 두 가지를 알아본다.

## 14.2 엔트로피

화학적, 물리적 과정의 자발성을 예측하려면 그 과정의 **엔탈피**(enthalpy) 변화[|◀◀ 13.3절]와 **엔트로피**(entropy) 변화를 모두 알아야 한다. 앞서 용액 형성을 설명할 때 엔트로피라는 개념을 접했다[|◀◀ 13.2절]. 이제 엔트로피가 무엇인지, 왜 중요한지 더 자세히 살펴보자.

### 엔트로피의 정성적 설명

정성적으로 보면 **엔트로피**(entropy, $S$)는 계의 에너지가 **얼마나 분산되어 있는지**, 또는 **얼마나 흩어져 있는지**를 나타내는 척도이다. 아주 간단하게 말하면 계의 에너지가 주위 공간으로 얼만큼 퍼져 나갔는지를 나타낸다고 할 수 있다. 예를 들면, 계가 차지하는 부피가 클수록 엔트로피가 큰데, 이것은 그림 14.1의 과정이 엔탈피 변화가 없음에도 자발적인 이유이다. 용기 한쪽에 갇혀 있던 기체 분자들은 움직이고 있으므로 **운동 에너지**(motional energy)가 있다. 칸막이를 제거하면 부피가 커지면서 분자의 운동 에너지가 퍼져 나간다. 부피가 커지면서 계의 운동 에너지가 확산되는 것을 계의 엔트로피가 **증가했다**(increase)고 한다. 발열 과정이 자발성에 유리한 것과 마찬가지로 계의 엔트로피가 증가하는 것 또한 자발성에 유리하다. 어떤 과정이 자발적이려면 엔탈피가 변하든, 엔트로피가 변하든, 혹은 모두 변하든, **자발성에 유리한 인자**가 분명히 있어야만 한다.

**참조**

운동 에너지에는 분자 전체가 이동하는 병진 운동 에너지(translational energy)[|◀◀ 3.1절], 무게 중심을 관통하는 축을 중심으로 분자가 회전하는 회전 운동 에너지(rotational energy), 원자가 다른 원자에 대해 상대적으로 움직이는 진동 운동 에너지(vibrational energy)가 있다.

### 엔트로피의 정량적 정의

여기에서는 루드비히 볼츠만(Ludwig Boltzmann)이 제안한 엔트로피의 수학적 정의를 소개한다.

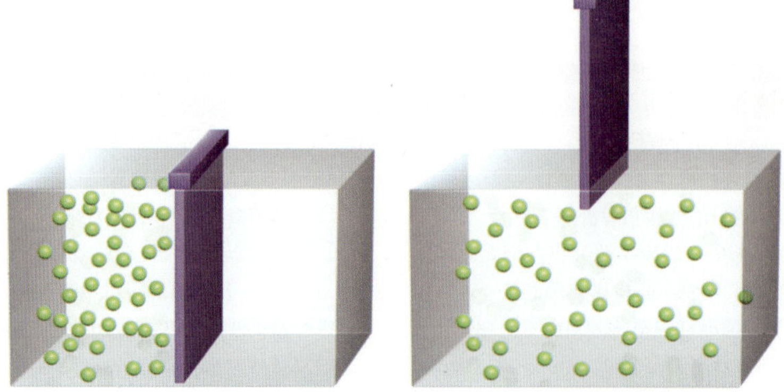

**그림 14.1** 자발적 과정. 칸막이를 치우면 용기 한쪽에서 움직이던 분자들이 퍼져 나가 용기 전체를 채운다.

$$S = k \ln W$$ 식 14.1

$k$는 볼츠만 상수($1.38 \times 10^{-23}$ J/K)이고 $W$는 계의 에너지를 변화시키지 않고 분자들을 서로 다르게 배열할 수 있는 방식의 수이다. 이것이 무엇을 의미하는지 그림 14.1처럼 단순화해서 생각해 보자. 칸막이를 치우기 전에는 모든 분자들은 항상 용기 왼쪽 어딘가에 위치한다. 분자의 위치를 좀 더 자세히 알 수 있도록 용기 양쪽을 동일한 부피의 수많은 작은 **구역**(cell)으로 나누어 생각해 보자. 계에 분자 하나만 있는 가장 단순한 상황을 생각하면, 분자가 존재할 수 있는 위치의 수는 구역 개수와 같다. 분자가 **두 개**인 계에서 분자를 배열할 수 있는 방법은 구역 개수의 **제곱**(square)이다. (한 구역에 분자 여러 개가 있을 수도 있음을 유의하자.) 분자수를 하나씩 늘리면 분자 배열 방법은 구역 개수의 곱만큼씩 증가한다. 일반화시키면, 구역 $X$개에 해당하는 부피에 분자 $N$개가 있을 때 배열 방법의 수 $W$는 다음과 같다.

**참조**

볼츠만 상수는 기체 상수 $R$(J/K·mol)을 아보가드로 수 $N_A$로 나눈 값이다.

**참조**

배열 방법의 수를 미시 상태(microstate)의 수라고 하기도 한다.

$$W = X^N$$ 식 14.2

분자가 두 개인 간단한 상황을 그림 14.2에 나타냈다. 용기가 부피가 $v$인 구역 넷으로 나눠어 있다고 생각하자. 처음에 두 분자 모두 왼쪽 편에 있으며 구역은 둘이다. 분자가 둘이고 구역이 둘이므로 분자를 배열할 수 있는 방법은 $2^2 = 4$가지이다[그림 14.2(a)]. 칸막이를 치

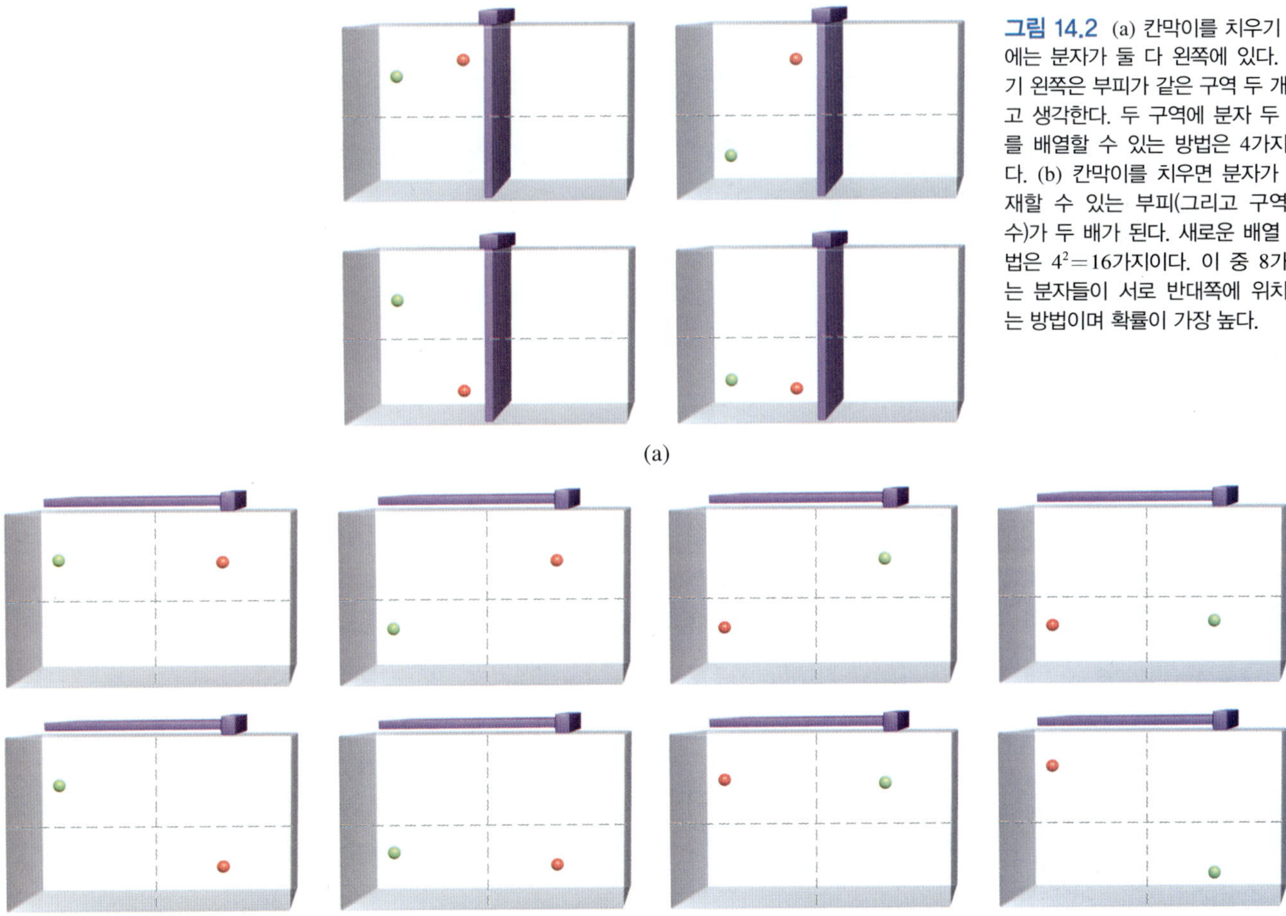

(a)

(b)

**그림 14.2** (a) 칸막이를 치우기 전에는 분자가 둘 다 왼쪽에 있다. 용기 왼쪽은 부피가 같은 구역 두 개라고 생각한다. 두 구역에 분자 두 개를 배열할 수 있는 방법은 4가지이다. (b) 칸막이를 치우면 분자가 존재할 수 있는 부피(그리고 구역의 수)가 두 배가 된다. 새로운 배열 방법은 $4^2 = 16$가지이다. 이 중 8가지는 분자들이 서로 반대쪽에 위치하는 방법이며 확률이 가장 높다.

우면 부피가 두 배, 구역도 두 배가 된다. 구역이 넷이므로 분자 배열 방법은 $4^2=16$가지이다. 이 중 8가지는 분자들이 서로 반대쪽에 위치하는 방법[그림 14.2(b)]이다. 나머지 8가지 중 4가지는 둘 다 왼쪽에[그림 14.2(a)], 4가지는 둘 다 오른쪽에(그림으로 나타내지는 않음) 위치하는 방법이다. 이 계에서는 서로 다른 3가지 상태가 가능하다.

1. 양쪽에 분자 한 개씩(배열 방법 8가지)
2. 왼쪽에 분자 두 개(배열 방법 4가지)
3. 오른쪽에 분자 두 개(배열 방법 4가지)

**참조**

배열 방법이 가장 많은 상태의 엔트로피가 가장 크다.

**확률이 가장 높은**(most probable) 상태는 **배열 방법이 가장 많은**(largest) 상태이다. 여기서는 분자가 각각 용기의 반대쪽에 위치한 상태가 가장 확률이 높다. 분자가 더 많은 계에도 동일한 원리를 적용한다. 분자의 수가 늘어나면 배열 방법도 많아지지만, 확률이 가장 높은 상태는 분자들이 용기 양쪽에 고르게 나뉘어 있는 상태이다.

## 14.3 계의 엔트로피 변화

### $\Delta S_{계}$의 계산

계의 엔트로피 변화는 마지막 상태의 엔트로피에서 처음 상태의 엔트로피를 뺀 값이다.

$$\Delta S_{계}=S_{최종}-S_{초기} \qquad \text{식 14.3}$$

**참조**

로그를 빼는 것은 진수를 서로 나눈 값의 로그와 같음을 기억하자.

$$\ln A-\ln B=\ln\frac{A}{B}$$

또한 $\ln A^x=x\ln A$이다[◀◀ 부록 1].

각 상태의 엔트로피에 식 14.1을 적용하면

$$\Delta S_{계}=k\ln W_{최종}-k\ln W_{초기}=k\ln\frac{W_{최종}}{W_{초기}}$$

식 14.2를 대입하면

$$\Delta S_{계}=k\ln\frac{(X_{최종})^N}{(X_{초기})^N}=k\ln\left(\frac{X_{최종}}{X_{초기}}\right)^N=kN\ln\left(\frac{X_{최종}}{X_{초기}}\right)$$

$X$는 구역의 수이고 각 구역의 부피는 $v$이므로 전체 부피와 구역의 수의 관계는

$$V=Xv \quad 또는 \quad X=\frac{V}{v}$$

$X_{최종}$을 $V_{최종}/v$로, $X_{초기}$을 $V_{초기}/v$로 치환하면

$$\Delta S_{계}=kN\ln\left(\frac{V_{최종}/v}{V_{초기}/v}\right)=kN\ln\frac{V_{최종}}{V_{초기}}$$

볼츠만 상수 $k$는 기체 상수 $R$을 아보가드로(Avogadro) 수로 나눈 값이다.

$$k=\frac{R}{N_A}$$

분자수 $N$은 몰수 $n$과 아보가드로 수 $N_A$의 곱이므로

$$N = n \times N_A$$

$$kN = \left(\frac{R}{\cancel{N_A}} \times n \times \cancel{N_A}\right) = nR$$

따라서 식을 정리하면

$$\Delta S_{계} = nR \ln \frac{V_{최종}}{V_{초기}} \qquad \text{식 14.4}$$

예제 14.1에서는 일정한 온도에서 이상 기체가 팽창(그림 14.1과 유사한 과정)할 때 식 14.4를 이용하여 엔트로피 변화를 어떻게 계산하는지 알아본다.

## 예제 14.1

이상 기체 1몰이 5.0 L 용기의 왼쪽 절반에 채워져 있었다. 칸막이를 치우면 기체가 팽창하여 용기 전체를 채운다. 일정한 온도에서 이 과정이 일어날 때 엔트로피 변화를 계산하시오.

**전략** 이상 기체의 등온 팽창 과정이다. 분자가 퍼져 나가 부피가 더 커지므로, 계의 엔트로피가 증가할 것을 예상할 수 있다. 식 14.3을 이용하여 $\Delta S_{계}$를 계산한다.

**계획** $R = 8.314\ \text{J/K}\cdot\text{mol}$, $n = 1.0\ \text{mol}$, $V_{최종} = 5.0\ \text{L}$, $V_{초기} = 2.5\ \text{L}$

**풀이**

$$\Delta S_{계} = nR \ln \frac{V_{최종}}{V_{초기}} = 1.0\ \cancel{\text{mol}} \times \frac{8.314\ \text{J}}{\text{K}\cdot\cancel{\text{mol}}} \times \ln \frac{5.0\ \text{L}}{2.5\ \text{L}} = 5.8\ \text{J/K}$$

### 생각해 보기

과정이 자발적이려면 자발성에 유리한 인자가 있어야 함을 기억한다. 발열 과정이 아닌데도(문제의 과정은 엔탈피 변화가 없다) 자발적이기 때문에 $\Delta S_{계}$는 반드시 양수여야 한다.

**유제 1** 이상 기체 0.50몰의 부피를 몇 배로 압축시켜야 $\Delta S_{계} = -6.7\ \text{J/K}$이 되는가? 온도는 일정하다.

**유제 2** 일정한 부피에서 일어나는 기체 반응의 $\Delta S_{계}$로 적절한 것은 무엇인가?

(i) $\Delta S_{계} = nR$ (ii) $\Delta S_{계} = nRT \ln \frac{P_{초기}}{P_{최종}}$ (iii) $\Delta S_{계} = nR \ln \frac{P_{초기}}{P_{최종}}$ (iv) $\Delta S_{계} = \frac{nR}{T} \ln \frac{P_{최종}}{P_{초기}}$

## 표준 엔트로피 $S°$

식 14.1은 엔트로피의 정량적 정의이지만, 실제 과정의 엔트로피 변화를 계산할 때는 식 14.1이나 14.3을 거의 사용하지 않는다. 그 이유는 거시적인 계에서는 가능한 배열 방법 수, 즉 $W$를 구하는(식 14.2) 것이 어렵기 때문이다. 이상 기체의 등온 팽창 또는 압축(식 14.4를 쓸 수 있다) 이외의 다른 과정에서는 표의 값을 이용하여 엔트로피 변화를 구한다.

열량 측정법[◀◀ 10.4절]을 이용하면 어떤 물질의 엔트로피의 **절대적인**(absolute) 값을 구할 수 있다. (에너지나 엔탈피는 절대적인 값을 구할 수 없다. 계에 어떤 과정이 일어날 때 $\Delta U$나 $\Delta H$는 구할 수 있었지만 $U$나 $H$의 절대적인 값을 구할 수는 없었음을 기억하자

**참조**

분자가 차지할 수 있는 자리가 두 개($X=2$)뿐이고 분자가 500개밖에 없는 계를 생각하자. (분자 500개는 실제 시료의 분자 수에 비하면 터무니없이 작은 값이다.) 이렇게 간단한 계라고 하더라도 식 14.2의 값을 계산기로 계산할 수가 없다. (일반적인 계산기에 $X=2$를 넣고 계산할 수 있는 배열 방법은 분자수 $N \leq 332$까지이다. 2^332=?와 2^333=?를 실제로 해 보자.)

**참조**

부록 2의 표를 보면 수용액 속 이온의 엔트로피의 절대적인 값이 음수(negative)인 것들도 있다. 물질과는 달리 개별 이온은 실험적으로 접근할 수 없다. 따라서 이온의 표준 엔트로피는 수화된 수소 이온을 임의의 기준 0으로 잡은 상대적인(relative) 값이다. 이온의 표준 엔트로피는 그 이온이 수화된 정도에 따라 수소 이온에 비해 양수일수도, 음수일수도 있다.

[|◀◀ 10.2절].) **표준 엔트로피**(standard entropy)는 1 atm에서 어떤 물질의 절대적인 엔트로피이다. (온도는 표준 상태의 정의에 포함되지 **않기** 때문에 반드시 명시해 주어야 한다. 하지만 많은 반응이 상온에서 일어나기 때문에 표에는 보통 25°C에서 표준 엔트로피 값이 나와 있다.) 표 14.2에는 몇 가지 원소와 화합물의 표준 엔트로피를 나열했고, 부록 2에는 더 많은 자료가 수록되어 있다. 엔트로피의 단위는 J/K · mol이다. 엔트로피 값은 보통 아주 작기 때문에 kJ 대신 J을 쓴다. 원소나 화합물의 엔트로피는 항상 양수($S > 0$)이다. 표준 상태의 원소 성분의 엔트로피도 양수이다. (엔탈피는 표준 상태에 있는 원소 성분의 표준 생성 **엔탈피** $\Delta H_f^\circ$를 임의로 0로 놓았음을 떠올리자. 따라서 화합물의 표준 생성 엔탈피는 양수일 수도 있고 음수일 수도 있다[|◀◀ 10.6절])

표 14.2에서 중요한 경향을 몇 가지 찾을 수 있다.

- 물질의 표준 엔트로피는 액체 상태가 고체 상태보다 크다. [Na(*s*)와 Na(*l*)의 표준 엔트로피를 비교해 보자.] 고체에서 원자의 위치는 고정된 반면, 액체에서는 분자의 움직임이 더 활발해서 원자의 배열 방법이 더 많기 때문이다.
- 물질의 표준 엔트로피는 기체 상태가 액체 상태보다 크다. [Na(*l*)과 Na(*g*), $H_2O(l)$과 $H_2O(g)$를 비교해 보자.] 기체는 액체보다 분자 운동이 훨씬 더 활발하여 원자의 배열 방법이 더 많기 때문이다. 또한 기체상이 응축상보다 훨씬 더 부피가 크기 때문이기도 하다.
- 단원자 화학종을 비교하면 몰질량이 큰 것이 표준 엔트로피도 크다. [He(*g*)와 Ne(*g*)를 비교해 보자.]
- 같은 상태이고 몰질량이 비슷하다면, 분자 구조가 더 복잡한 물질이 표준 엔트로피가 더 크다. [$O_3(g)$와 $F_2(g)$를 비교해 보자.] 분자 구조가 복잡하면 운동 방식도 더 많다. 예를 들어, $F_2$처럼 이원자 분자는 진동 방식이 하나밖에 없지만 $O_3$처럼 꺾인 형태의 삼원자 분자는 진동 방식이 세 가지이다. 운동 방식 하나하나는 가능한 에너지 준위(계의 에너지가 분산될 수 있는)의 전체 개수에 기여한다. 그림 14.3에 $F_2$와 $O_3$ 분자가 회전, 진동할 수 있는 방식을 나타냈다.
- 원소 성분의 동소체가 둘 이상이 있을 때는 원자의 이동성이 더 큰 형태가 엔트로피가 더 크다. [C(다이아몬드)와 C(흑연)을 비교해 보자. 다이아몬드에서 탄소 원자는 3차원적으로 위치가 고정되어 있다. 흑연도 탄소 원자의 위치가 2차원 평면상에 고정(569쪽

**표 14.2** 25°C에서 표준 엔트로피 값($S^\circ$)

| 물질 | $S^\circ$(J/K·mol) | 물질 | $S^\circ$(J/K·mol) |
|---|---|---|---|
| $H_2O(l)$ | 69.9 | C(다이아몬드) | 2.4 |
| $H_2O(g)$ | 188.7 | C(흑연) | 5.69 |
| Na(*s*) | 51.05 | $O_2(g)$ | 205.0 |
| Na(*l*) | 57.56 | $O_3(g)$ | 237.6 |
| Na(*g*) | 153.7 | $F_2(g)$ | 203.34 |
| He(*g*) | 126.1 | Au(*s*) | 47.7 |
| Ne(*g*) | 146.2 | Hg(*l*) | 77.4 |

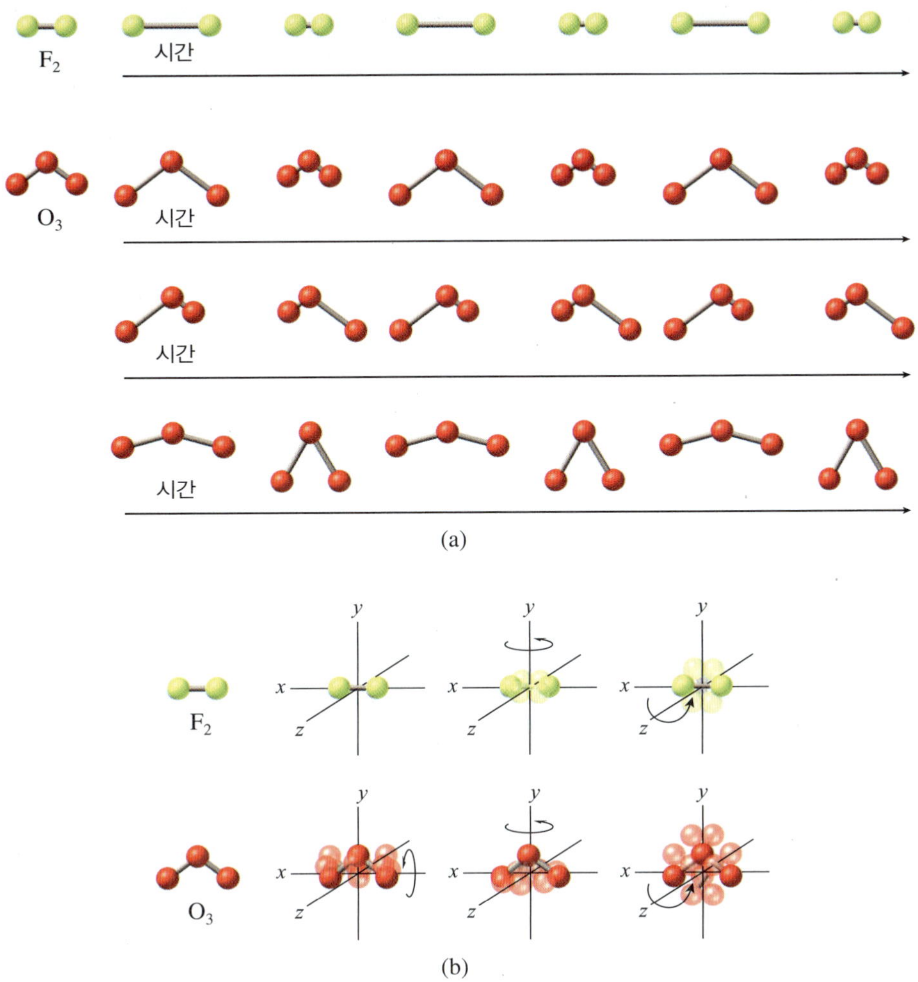


**그림 14.3** 병진 운동 외에도 분자는 진동(vibration)과 회전(rotation)을 한다. 진동은 원자의 상대적인 위치가 변하는 것이고, 회전은 무게 중심을 기준으로 분자가 회전하는 것이다. (a) 플루오린 같은 이원자 분자는 진동 방식이 하나밖에 없다. 오존처럼 꺾인 삼원자 분자는 진동 방식이 세 가지이다. (b) 이원자 분자는 회전이 두 종류이지만, 꺾인 삼원자 분자는 세 종류이다. ($F_2$가 $x$축을 중심으로 회전할 때는 위치가 변하는 원자가 없음을 주목하자.)

그림 12.24 참조)되어 있지만, 판들이 쉽게 움직일 수 있기 때문에 이동성이 크다. 따라서 고체 내 원자의 배열 방법도 더 많다.]

이제, 다음 반응식을 생각해 보자.

$$a\text{A} + b\text{B} \longrightarrow c\text{C} + d\text{D}$$

반응에서 엔탈피 변화가 생성물과 반응물의 엔탈피 차이(식 10.10)였던 것과 마찬가지로, 엔트로피 변화도 생성물과 반응물의 엔트로피 차이이다.

$$\Delta S^\circ_{\text{반응}} = [cS^\circ(\text{C}) + dS^\circ(\text{D})] - [aS^\circ(\text{A}) + bS^\circ(\text{B})] \qquad \textbf{식 14.5}$$

화학량론 계수 $m$과 $n$, 합 기호 $\sum$를 써서 식 14.5를 일반화할 수 있다.

$$\Delta S^\circ_{\text{반응}} = \sum nS^\circ(\text{생성물}) - \sum mS^\circ(\text{반응물})\ ] \qquad \textbf{식 14.6}$$

많은 물질의 표준 엔트로피 값은 J/K · mol 단위이다. 생성물과 반응물의 표준 엔트로피를 찾아 식 14.5에 대입하면 반응에서 표준 엔탈피 변화($\Delta S^\circ_{\text{반응}}$)를 계산할 수 있다.

**참조**

보통 반응(reaction)이 계(system)이다. 따라서 $\Delta S^\circ_{\text{반응}}$은 $\Delta S^\circ_{\text{계}}$이다.

예제 14.2에서 이 접근법을 알아보자.

## 예제 14.2

부록 2의 표준 엔트로피 값을 이용하여 25°C에서 다음 반응의 표준 엔트로피 변화를 계산하시오.

(a) $CaCO_3(s) \longrightarrow CaO(s) + CO_2(g)$

(b) $N_2(g) + 3H_2(g) \longrightarrow 2NH_3(g)$

(c) $H_2(g) + Cl_2(g) \longrightarrow 2HCl(g)$

**전략** 표준 엔트로피 값을 찾아 식 14.5에 대입하여 $\Delta S^\circ_{반응}$을 계산한다. 표준 반응 엔탈피를 계산할 때와 마찬가지로 화학량론 계수는 차원이 없기 때문에 $\Delta S^\circ_{반응}$의 단위도 J/K · mol이다.

**참조**

mol(per mole)은 적혀 있는 반응 1몰을 가리킨다[◀◀ 10.3절].

**계획** 부록 2에서 찾으면,

$S^\circ[CaCO_3(s)] = 92.9$ J/K · mol, $S^\circ[CaO(s)] = 39.8$ J/K · mol, $S^\circ[CO_2(g)] = 213.6$ J/K · mol,
$S^\circ[N_2(g)] = 191.5$ J/K · mol, $S^\circ[H_2(g)] = 131.0$ J/K · mol, $S^\circ[NH_3(g)] = 193.0$ J/K · mol,
$S^\circ[Cl_2(g)] = 223.0$ J/K · mol, $S^\circ[HCl(g)] = 187.0$ J/K · mol

**풀이**

(a) $\Delta S^\circ_{반응} = [S^\circ(CaO) + S^\circ(CO_2)] - [S^\circ(CaCO_3)]$

$= [(39.8 \text{ J/K·mol}) + (213.6 \text{ J/K·mol})] - (92.9 \text{ J/K·mol}) = 160.5 \text{ J/K·mol}$

(b) $\Delta S^\circ_{반응} = [2S^\circ(NH_3)] - [S^\circ(N_2) + 3S^\circ(H_2)]$

$= (2)(193.0 \text{ J/K·mol}) - [(191.5 \text{ J/K·mol}) + (3)(131.0 \text{ J/K·mol})] = -198.5 \text{ J/K·mol}$

(c) $\Delta S^\circ_{반응} = [2S^\circ(HCl)] - [S^\circ(H_2) + S^\circ(Cl_2)]$

$= (2)(187.0 \text{ J/K·mol}) - [(131.0 \text{ J/K·mol}) + (223.0 \text{ J/K·mol})]$

$= 20.0 \text{ J/K·mol}$

### 생각해 보기

표준 엔트로피 값에 올바른 화학량론 계수를 곱해야 한다. 식 10.18과 마찬가지로 식 14.5도 균형 잡힌(balanced) 반응식에만 쓸 수 있다.

**유제 1** 다음 반응에는 표준 엔트로피가 부록 2에 실려 있지 않은 화학종이 하나씩 있다. 부록 2에서 찾을 수 있는 값과 $\Delta S^\circ_{반응}$를 이용하여, 표에 나오지 않은 화학종의 표준 엔트로피 값을 구하시오. (온도는 25°C이다.)

(a) $K(s) \longrightarrow K(l)$, $\Delta S^\circ_{반응} = 7.9$ J/K · mol

(b) $2S(사방) + Cl_2(g) \longrightarrow S_2Cl_2(g)$, $\Delta S^\circ_{반응} = 44.74$ J/K · mol

(c) $O_2(g) + 2MgF_2(s) \longrightarrow 2MgO(s) + 2F_2(g)$, $\Delta S^\circ_{반응} = 140.76$ J/K · mol

**유제 2** 그림으로 반응을 나타내었다. $\Delta S^\circ_{반응}$이 양수일지 음수일지 아니면 판별하기 어려운지 말하시오.

(i)

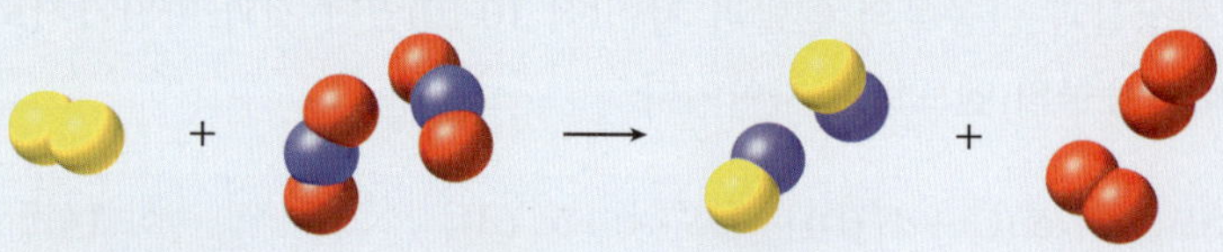

(ii)

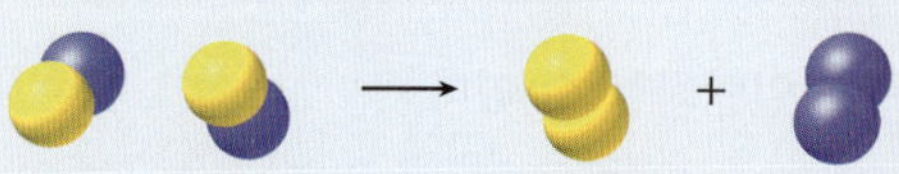

(iii)

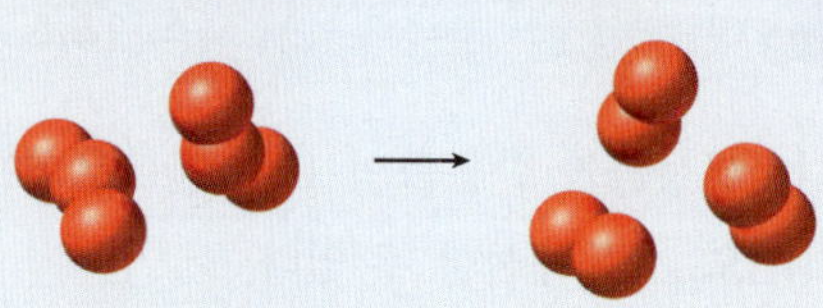

## $\Delta S°_{계}$ 부호를 정성적으로 예측하기

생성물과 반응물의 표준 엔트로피를 안다면 식 14.5를 써서 $\Delta S°_{반응}$을 계산할 수 있다. 하지만 $\Delta S°_{반응}$의 **부호**(sign)만 알아도 유용할 때가 있다. $\Delta S°_{반응}$의 부호에 영향을 미치는 요인은 많지만, 어느 요인 하나가 압도적일 때도 있다. 이때는 정성적인 예측이 가능하다. 엔트로피가 증가하는 과정들은 다음과 같다.

- 녹음
- 기화 또는 승화
- 온도 상승
- 반응 후에 기체 분자가 더 많아질 때

고체가 녹을 때 분자는 에너지가 높아지고 이동성도 커진다. 고체 내에서 위치가 고정되어 있다가 액체가 되면 움직임이 자유로워진다. 때문에 분자의 배열 방법이 아주 많아지고, 엔트로피가 증가한다. 기화와 승화도 같은 논리로 설명할 수 있다. 응축상이 기체상이 되면서 분자의 에너지, 이동성과 배열 방법의 수가 현저하게 증가한다. 따라서 고체–액체 상전이보다 엔트로피가 훨씬 더 크게 증가한다.

계의 온도가 높아지면 분자의 에너지가 증가한다. 분자 운동론에서 기체의 온도를 높이면 평균 운동 에너지가 증가함을 떠올리자. 이것은 기체 분자의 평균 속력이 증가하고, 분자 속력의 범위가 더 넓게 퍼진다는 것을 의미한다[그림 11.4(a) 참조]. 기체 분자가 가질 수 있는 속력 하나하나를 별개의 에너지 준위라고 생각해 보자. 더 높은 온도에서는 분자가 가질 수 있는 속력이 더 많아지므로, 분자가 가질 수 있는 에너지 상태도 많아진다. 따라서 이 상태들에 분자를 배열할 수 있는 방식도 더 많아지고, 엔트로피도 커진다.

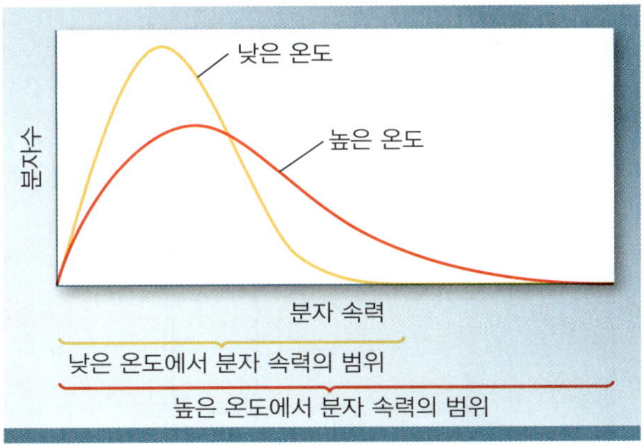


기체 상태 물질의 엔트로피는 항상 액체나 고체 상태보다 훨씬 크기 때문에 기체 분자수가 늘어나는 반응은 계의 엔트로피를 증가시킨다. 기체가 참여하지 않는 반응에서는 고체, 액체, 수용액 상의 분자수가 늘어나면 보통 엔트로피가 증가한다.

이런 요인들을 고려하면 반응에 참여하는 각 성분들의 절대적인 엔트로피를 표에서 찾지 않고도 어떤 물리적, 화학적 과정의 $\Delta S°_{반응}$ 부호를 상당히 잘 예측할 수 있다. 그림 14.4(642~643쪽)에는 엔트로피를 비교할 때 쓸 수 있는 요인들을 요약하여 비교해 놓았다.

## 그림 14.4 계의 엔트로피에 영향을 미치는 요인

**부피 변화**

양자 역학적으로 보면 병진 운동 에너지 준위 간 간격은 용기 부피에 반비례한다. 따라서 부피가 증가하면 계의 에너지가 분산될 수 있는 에너지 준위가 더 많아진다.

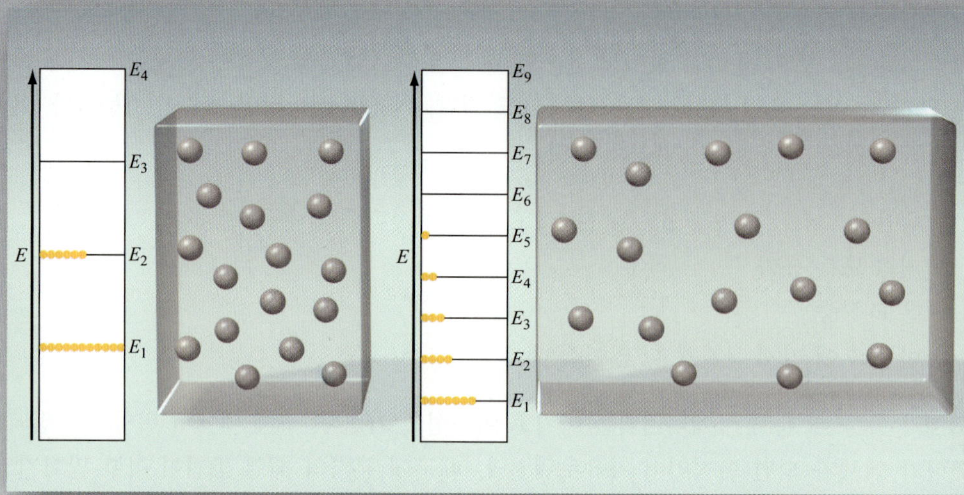


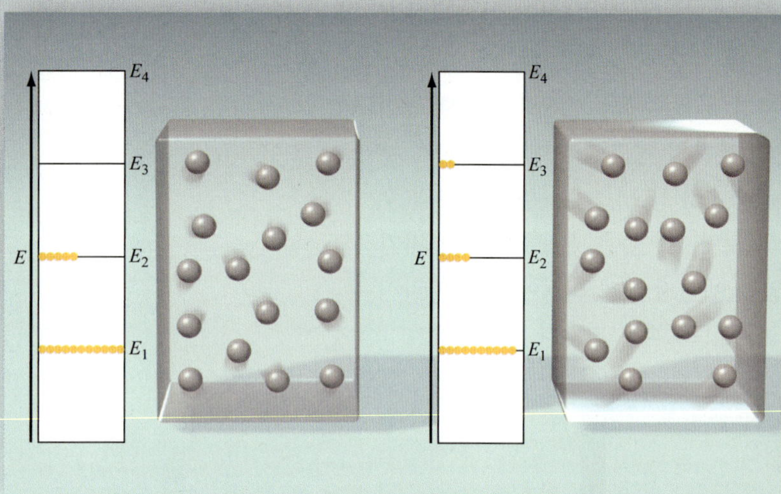


**온도 변화**

온도가 높으면 분자의 운동 에너지가 더 크므로 분자가 점유할 수 있는 에너지 준위가 더 많다. 계의 에너지가 분산될 수 있는 에너지 준위가 더 많아지므로 엔트로피가 증가한다.

**분자의 복잡성**

원자는 병진 운동밖에 할 수 없지만 분자는 회전이나 진동 운동도 가능하다. 분자가 복잡할수록 회전이나 진동할 수 있는 방식도 많다. 예를 들어, 오존 분자($O_3$)는 플루오린 분자($F_2$)보다 더 복잡하여 회전이나 진동 방식이 더 많다(그림 14.3 참조). 따라서 계의 에너지가 분산될 수 있는 에너지 준위가 더 많다. 알아보기 쉽도록 늘어난 에너지 준위의 수와 간격을 단순화하여 나타냈다.

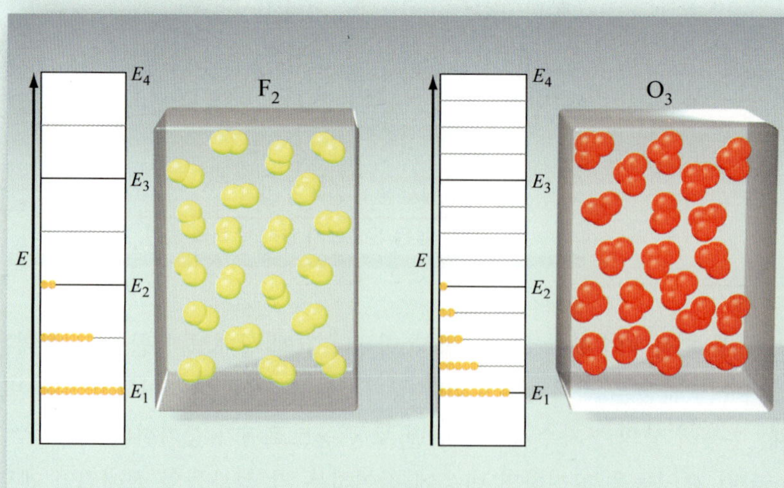

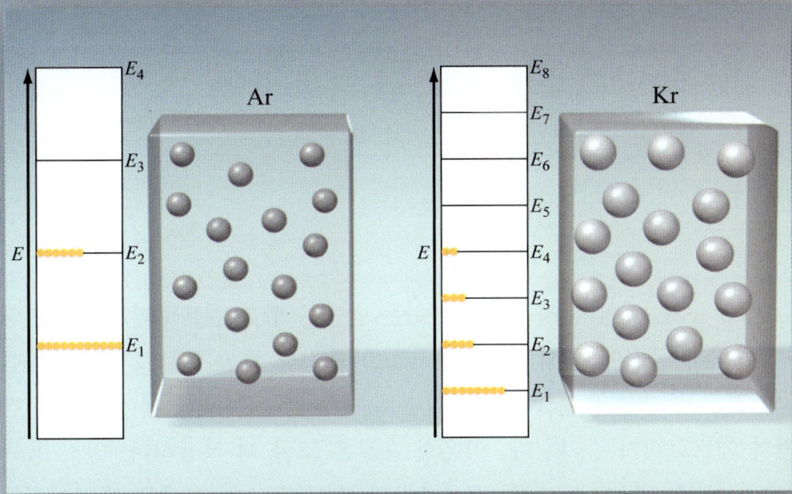


**몰질량**
물질의 몰질량이 클수록 에너지 준위 간 간격이 가깝다. 예를 들어, Kr의 몰질량은 Ar의 약 2배이다. 따라서 계의 에너지가 분산될 수 있는 에너지 준위 수도 약 2배이다.

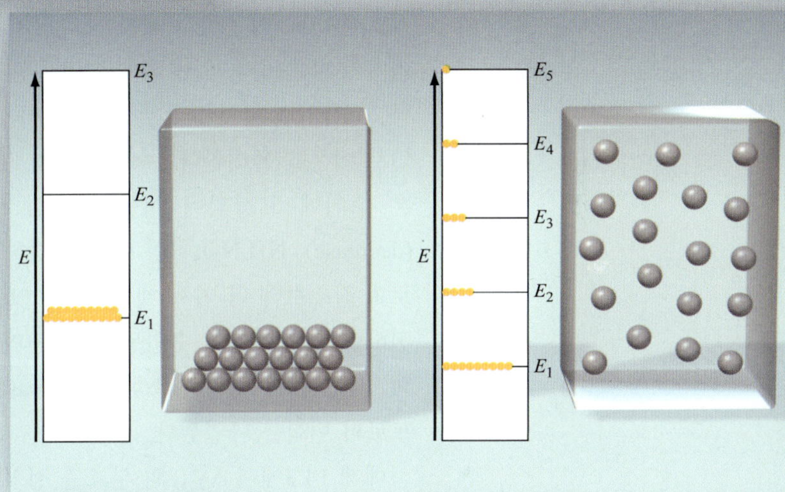


**상변화**
액체 상태의 분자는 고체 상태일 때보다 이동성이 커서 분자의 배열 방법의 수($W$)가 더 많다. 기체 상태의 분자는 액체 상태일 때보다 배열 방법이 훨씬 더 많다. 녹을 때($s \rightarrow l$), 기화할 때 ($l \rightarrow g$), 승화할 때($s \rightarrow g$) 물질의 엔트로피는 증가한다.

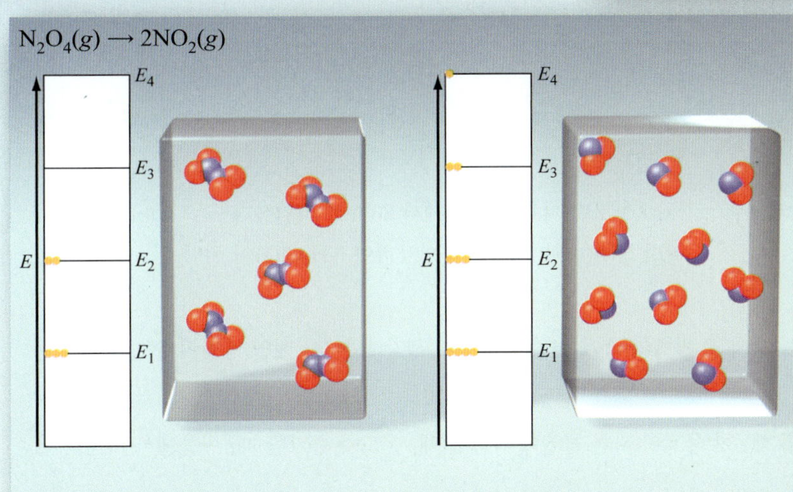


**화학 반응**
화학 반응에서 생성된 기체 분자가 소모된 기체 분자보다 많으면, 분자의 배열 방법의 수($W$)가 늘어나서 엔트로피가 증가한다.

## 요점 내용

계의 엔트로피나 과정이 일어날 때 엔트로피 변화에 영향을 미치는 요인들은 여러 가지가 있지만, 보통은 한 요인이 두드러진 영향을 미친다. 그림에서는 그 중요한 요인들을 하나씩 정성적으로 비교하였다.

**참조**

용액(solution) 형성 과정을 나타내기 위해 $\Delta S^\circ_{반응}$의 첨자 "반응"을 "용액"으로 바꾸었다.

**표 14.3** 25°C에서 몇 가지 이온성 고체의 용해에 대한 엔트로피 변화($\Delta S^\circ_{용액}$)

| 용해 반응식 | $\Delta S^\circ_{용액}$(J/K·mol) |
|---|---|
| $NH_4NO_3(s) \longrightarrow NH_4^+(aq) + NO_3^-(aq)$ | 108.1 |
| $AlCl_3(s) \longrightarrow Al^{3+}(aq) + 3Cl^-(aq)$ | −253.2 |
| $FeCl_3(s) \longrightarrow Fe^{3+}(aq) + 3Cl^-(aq)$ | −266.1 |

녹음, 기화/승화, 온도 증가, 기체 분자수가 증가하는 반응은 항상 엔트로피가 증가한다고 볼 수 있다. 뿐만 아니라 물질이 **용해되는**(dissolving) 과정도 보통 엔트로피가 증가한다. 수크로스(설탕)와 같은 분자성 용질을 용해시키면 분자들(결국은 계의 에너지도)이 더 큰 부피로 흩어지면서 엔트로피가 증가한다. 이온성 용질은 조금 더 복잡하다. 앞서 용액 형성을 논의할 때 살펴보았듯이[|◀◀ 13.2절] 질산 암모늄($NH_4NO_3$)의 용해는 흡열이지만 자발적이다. 이온성 고체가 해리되어 용액 속으로 흩어지는 과정에서 계의 엔트로피가 증가하기 때문이다. 일반적으로 이온성 용질의 이온 전하량이 작을 때는 이렇게 설명 가능하다. ($NH_4NO_3$는 +1과 −1이다.) 하지만 이온은 물에 녹으면서 수화(물 분자가 특정한 배열로 이온을 둘러싼다[|◀◀ 그림 9.4, 385쪽])된다. 수화 과정에서 물 분자 일부가 용해된 이온 주위에 고정되어 이동성이 감소하므로, 이때 **물**(water)의 엔트로피는 **감소한다**(decrease). $NH_4NO_3$처럼 이온의 전하량이 작으면 보통 용질의 엔트로피 증가가 물의 엔트로피 감소보다 더 커서 계의 전체 엔트로피는 **증가한다**(increase). 반대로 $Al^{3+}$나 $Fe^{3+}$처럼 전하량이 큰 이온이 수화될 때는 물의 엔트로피 감소가 용질의 엔트로피 증가보다 커서 계의 전체 엔트로피가 **감소한다**(decrease). 표 14.3에 이온성 고체가 자발적으로 용해될 때 엔트로피 변화를 나열했다.

예제 14.3에서 $\Delta S^\circ_{반응}$의 부호를 정성적으로 예측하는 연습을 해 보자.

## 예제 14.3

각 과정에서 계의 $\Delta S$ 부호를 결정하시오.

(a) $CaCO_3(s)$가 $CaO(s)$와 $CO_2(g)$로 분해된다.

(b) 브로민 기체를 45°C에서 80°C로 가열한다.

(c) 수증기를 차가운 표면에서 응결시킨다.

(d) $NH_3(g)$와 $HCl(g)$이 반응하여 $NH_4Cl(s)$이 된다.

(e) 설탕을 물에 용해시킨다.

**전략** 원자의 에너지/이동성의 변화를 고려하여 입자들의 배열 방법의 수가 어떻게 변할지 생각해 본다. 배열 방법의 수가 증가하면 엔트로피가 증가하므로 $\Delta S$는 양수이다.

**계획** 고체가 액체, 액체가 기체, 고체가 기체로 변화할 때, 한 물질이 다른 물질에 용해될 때, 온도가 증가할 때, 반응에서 기체의 전체 몰수가 증가할 때 일반적으로 엔트로피가 증가한다.

**풀이** $\Delta S$는 (a) 양수, (b) 양수, (c) 음수, (d) 음수, (e) 양수이다.

### 생각해 보기

액체와 고체만이 참여하는 반응에서 $\Delta S^\circ$의 부호를 예측하는 것은 조금 어렵다. 하지만 분자나 이온의 전체 수가 증가하면 많은 경우에 엔트로피가 증가한다.

**유제 1** $AlCl_3(s)$와 $FeCl_3(s)$가 용해될 때 $\Delta H^\circ_{용액}$의 부호를 정성적으로 예측하시오. 표 14.3을 참고하여 이유를 설명하시오.

**유제 2** $A_2$(파란색)와 $B_2$(주황색)가 반응하여 $AB_3$가 되는 기체 상태의 반응이다. 균형 잡힌 반응식과 $\Delta S$를 올바르게 적은 것은 무엇인가?

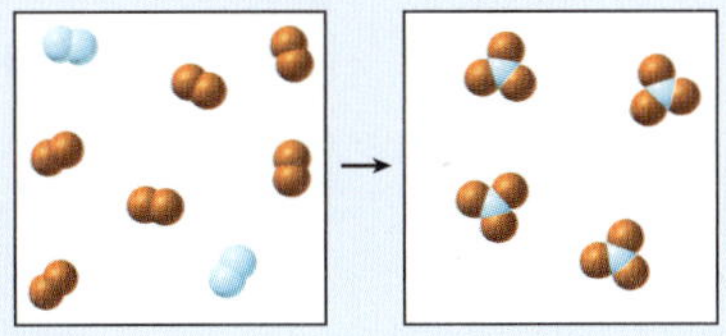

(a) $A_2 + B_2 \longrightarrow AB_3$, 음수
(b) $2A_2 + 3B_2 \longrightarrow 4AB_3$, 양수
(c) $2A_2 + 3B_2 \longrightarrow 4AB_3$, 음수
(d) $A_2 + 3B_2 \longrightarrow 2AB_3$, 음수
(e) $A_2 + 3B_2 \longrightarrow 2AB_3$, 양수

## 14.3절 복습

### 계의 엔트로피 변화

**14.3.1** $\Delta S$가 음수인 물리적 변화를 모두 고르시오.

(a) 에탄올을 얼린다.
(b) 물이 증발한다.
(c) 사염화 탄소와 벤젠을 혼합한다.
(d) 물을 가열한다.
(e) 브로민 증기가 응축된다.

**14.3.2** $\Delta S$가 음수인 화학적 변화를 모두 고르시오.

(a) $2O_3(g) \longrightarrow 3O_2(g)$
(b) $4Fe(s) + 3O_2(g) \longrightarrow 2Fe_2O_3(s)$
(c) $2H_2O_2(aq) \longrightarrow 2H_2O(l) + O_2(g)$
(d) $2Li(s) + 2H_2O(l) \longrightarrow 2LiOH(aq) + H_2(g)$
(e) $2NH_3(g) \longrightarrow N_2(g) + 3H_2(g)$

**14.3.3** 균형 잡힌 반응식과 $\Delta S$의 부호를 올바르게 나타낸 것은 어느 것인가?

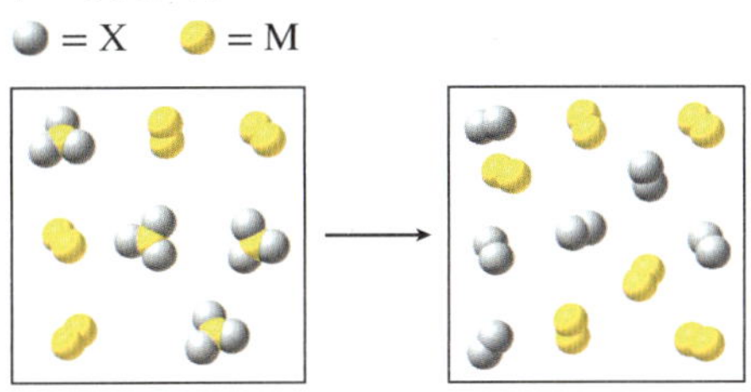


(a) $4MX_3 + 4M_2 \longrightarrow 6X_2 + 6M_2$, $\Delta S$는 양수
(b) $4MX_3 \longrightarrow 6X_2 + 2M_2$, $\Delta S$는 음수
(c) $2MX_3 + 2M_2 \longrightarrow 3X_2 + 3M_2$, $\Delta S$는 음수
(d) $2MX_3 + 2M_2 \longrightarrow 3X_2 + 3M_2$, $\Delta S$는 양수
(e) $2MX_3 \longrightarrow 3X_2$, $\Delta S$는 양수

# 14.4 우주의 엔트로피 변화

일반적으로 **계**(system)는 우리가 연구하는 우주의 일부분이다. (예를 들어, 화학 반응에서는 반응물과 생성물이 계이다.) **주위**(surroundings)는 그 밖의 모든 것이다[◀◀ 10.1절]. 계와 주위를 합하면 **우주**(universe)가 된다. 계의 에너지가 분산되거나 흩어지면 계의 엔트로피가 증가한다는 것을 알아보았다. 따라서 계의 엔트로피 증가는 과정이 자발적인지 아

닌지를 결정하는 요인 중 하나이다. 하지만 어떤 과정의 자발성을 정확히 예측하려면 계와 주위의 엔트로피 변화 모두를 고려해야 한다.

다음 과정들을 생각해 보자.

- 얼음 조각이 온도 25°C인 방 안에서 녹는다. 25°C인 공기 분자의 운동 에너지가 얼음 조각(0°C)으로 전달되어 얼음이 녹는다. 상변화가 일어나는 동안 온도는 변하지 않지만, 얼음보다 **액체**(liquid) 물에서 분자의 이동성이 더 크고 분자 배열 방법도 더 많기 때문에 계의 엔트로피는 증가한다. 녹는 과정은 흡열이므로 열은 **주위에서 계로** 전달되고 주위의 온도는 내려간다. 이 약간의 온도 감소로 인해 주위의 분자 운동이 약간 줄어들고, 주위의 엔트로피는 감소한다.

$$\Delta S_{계}\text{는 양수}$$
$$\Delta S_{주위}\text{는 음수}$$

- 뜨거운 물이 상온에서 자발적으로 냉각될 때는 물 분자의 운동 에너지가 주위 공기로 퍼진다. 계가 에너지를 잃으므로 그만큼 온도가 낮아지고, **계**(system)의 엔트로피는 **감소한다**(decrease). 주위 공기의 온도가 올라가고 **주위**(surroundings)의 엔트로피는 **증가한다**(increase).

$$\Delta S_{계}\text{는 음수}$$
$$\Delta S_{주위}\text{는 양수}$$

어떤 과정이 자발적인지를 정하는 것은 **계**(system)의 엔트로피만이 아니고, **주위**(surroundings)의 엔트로피 역시 중요하다. $\Delta S_{계}$와 $\Delta S_{주위}$가 모두 양수인 자발적인 과정도 있다. 과산화수소가 물과 산소로 분해되는 과정 $2H_2O_2(l) \longrightarrow 2H_2O(l)+O_2(g)$에서 기체 분자의 수가 늘어나므로, 계의 엔트로피는 증가할 것임을 예상할 수 있다. 그런데 이 반응은 발열이어서 주위로 열을 방출한다. 주위의 온도가 올라가므로 주위의 엔트로피 역시 증가한다. ($\Delta S_{계}$와 $\Delta S_{주위}$가 모두 음수인 자발적인 과정은 없다는 것에 유의하자. 이것은 곧 분명히 알게 된다.)

## $\Delta S_{주위}$의 계산

발열 과정이 일어날 때 열이 계에서 주위로 전달되어 주위를 구성하는 분자의 온도를 높인다. 따라서 주위 분자가 점유할 수 있는 에너지 준위 수가 늘어나고 주위의 엔트로피는 증가한다. 반대로 흡열 과정에서는 열이 주위로부터 계로 전달되어 주위의 엔트로피가 감소한다. 일정 압력 과정에서 방출하거나 흡수하는 열 $q$는 계의 엔탈피 변화 $\Delta H_{계}$임을 기억하자[|◀◀ 10.1절]. 주위의 엔트로피 변화 $\Delta S_{주위}$는 $\Delta H_{계}$에 정비례한다.

$$\Delta S_{주위} \propto -\Delta H_{계}$$

음의 부호는 계의 엔탈피 변화가 음수[**발열**(exothermic) 과정]일 때 주위의 엔트로피 변화가 양수임을 의미한다. **흡열**(endothermic) 과정에서는 계의 엔탈피 변화가 양수이므로 주위의 엔트로피 변화는 음수이다.

$\Delta S_{주위}$는 $\Delta H_{계}$에 정비례하지만 온도에는 반비례한다.

$$\Delta S_{주위} \propto \frac{1}{T}$$

두 식을 조합하면 다음과 같이 된다.

$$\Delta S_{주위} = \frac{-\Delta H_{계}}{T} \qquad \text{식 14.7}$$

## 열역학 제2법칙

과정이 진행될 때 계와 주위 모두 엔트로피가 변할 수 있다는 것을 알아보았다. 우주 전체의 엔트로피 변화는 계와 주위의 엔트로피 변화의 합이다.

$$\Delta S_{우주} = \Delta S_{계} + \Delta S_{주위} \qquad \text{식 14.8}$$

**열역학 제2법칙**(second law of thermodynamics)은 어떤 과정(정반응)이 자발적이려면 $\Delta S_{우주}$가 반드시 양수여야 한다는 법칙이다. 따라서 주위의 엔트로피가 더 크게 **증가**(increase)한다면 계의 엔트로피는 **감소**(decrease)할 수도 있고, 그 반대도 마찬가지이다. $\Delta S_{우주}$가 **음수**(negative)인 과정은 자발적이지 않다.

$\Delta S_{우주}$가 양수도 음수도 아니고 0일 때도 있는데, 계와 주위의 엔트로피 변화의 크기가 같고 부호가 반대일 때 일어난다. 이것은 **평형**(equilibrium) 과정이라고 하는 특수한 과정이다. **평형 과정**(equilibrium process)은 실질적인 정과정이나 역과정 어느 것도 자발적으로 일어나지 않지만, 평형 상태의 계에 에너지를 첨가 또는 제거하면 정과정이나 역과정이 일어나도록 만들 수 있다. 얼음이 0°C에서 녹는 것은 평형 과정의 예이다. (0°C에서는 얼음과 액체 물이 서로 평형임을 기억하자[|◀◀ 12.5절].)

> **참조**
> 평형 개념은 15, 16, 17장에서 더 자세히 알아본다.

식 14.6과 14.7을 이용하면 어떤 과정에서 계와 주위의 엔트로피 변화를 모두 계산할 수 있다. 그 다음 열역학 제2법칙(식 14.8)을 이용하면 그 과정이 자발적인지 비자발적인지 평형 과정인지 결정할 수 있다.

25°C, 표준 상태에서 암모니아 합성 반응을 살펴보자.

$$N_2(g) + 3H_2(g) \longrightarrow 2NH_3(g) \qquad \Delta H^\circ_{반응} = -92.6\ \text{kJ/mol}$$

식 14.7의 $\Delta H^\circ_{계}$에 $-92.6$ kJ/mol을 대입하면

$$\Delta S^\circ_{주위} = \frac{-(-92.6 \times 1000)\ \text{J/mol}}{298\ \text{K}} = 311\ \text{J/K}\cdot\text{mol}$$

예제 14.2(b)에서 $\Delta S^\circ_{계} = -199$ J/K·mol을 얻었으므로 우주의 엔트로피 변화는

$$\begin{aligned}\Delta S^\circ_{우주} &= \Delta S^\circ_{계} + \Delta S^\circ_{주위} \\ &= -199\ \text{J/K}\cdot\text{mol} + 311\ \text{J/K}\cdot\text{mol} \\ &= 112\ \text{J/K}\cdot\text{mol}\end{aligned}$$

$\Delta S^\circ_{우주}$가 양수이므로 이 반응은 25°C, 표준 상태에서 자발적일 것이다. 하지만 반응이 자발적이라고 해서 그 반응이 관측 가능한 속도로 일어난다는 뜻은 아니라는 것을 반드시 명심

> **참조**
> 발열 과정은 자발성에 유리하다고 앞서 언급했다. 계의 에너지가 주위로 전달되므로 $\Delta H_{계}$는 음수이고, $\Delta S_{주위}$는 양수이다. 따라서 $\Delta S_{우주}$를 양수로 만드는 데 기여하므로 자발성에 유리한 것이 맞다.

하자. 실제로 암모니아의 합성 반응은 상온에서 극단적으로 느리게 일어난다. 열역학을 통해 어떤 반응이 특정 조건에서 자발적으로 일어날지 아닐지는 알 수 있지만, 얼마나 빨리 일어나는지는 알 수 없다.

예제 14.4에서 자발적인지, 비자발적인지 평형 과정인지 판별하는 연습을 해 보자.

## 예제 14.4

자발적 과정인지, 비자발적 과정인지 또는 평형 과정인지 결정하시오. (부록 2의 열역학 자료는 온도에 영향을 받지 않는다고 가정한다.)

(a) 0°C에서 $H_2(g) + I_2(g) \longrightarrow 2HI(g)$

(b) 200°C에서 $CaCO_3(s) \longrightarrow CaO(s) + CO_2(g)$

(c) 1000°C에서 $CaCO_3(s) \longrightarrow CaO(s) + CO_2(g)$

(d) 98°C에서 $Na(s) \longrightarrow Na(l)$

**전략** 식 14.6을 이용하여 $\Delta S^\circ_{계}$를 구하고 식 10.18과 14.7을 이용하여 $\Delta H^\circ_{계}$와 $\Delta S^\circ_{주위}$를 구한다. 특정 온도에서 $\Delta S_{계}$와 $\Delta S_{주위}$의 합이 양수이면 자발적(spontaneous), 음수이면 비자발적(nonspontaneous), 0이면 평형 과정(equilibrium process)이다. 반응(reaction)이 계(system)이므로 $\Delta S_{반응}$이 $\Delta S_{계}$이다.

**계획** 부록 2부터

(a) $S^\circ[H_2(g)] = 131.0\ J/K \cdot mol$, $S^\circ[I_2(g)] = 260.57\ J/K \cdot mol$, $S^\circ[HI(g)] = 206.3\ J/K \cdot mol$;
$\Delta H^\circ_f[H_2(g)] = 0\ kJ/mol$, $\Delta H^\circ_f[I_2(g)] = 62.25\ kJ/mol$, $\Delta H^\circ_f[HI(g)] = 25.9\ kJ/mol$

(b), (c) 예제 14.2(a)로부터, $\Delta S^\circ_{반응} = 160.5\ J/K \cdot mol$, $\Delta H^\circ_f[CaCO_3(s)] = -1206.9\ kJ/mol$,
$\Delta H^\circ_f[CaO(s)] = -635.6\ kJ/mol$, $\Delta H^\circ_f[CO_2(g)] = -393.5\ kJ/mol$

(d) $S^\circ[Na(s)] = 51.05\ J/K \cdot mol$, $S^\circ[Na(l)] = 57.56\ J/K \cdot mol$; $\Delta H^\circ_f[Na(s)] = 0\ kJ/mol$, $\Delta H^\circ_f[Na(l)] = 2.41\ kJ/mol$

**풀이**

(a) $\Delta S^\circ_{반응} = [2S^\circ(HI)] - [S^\circ(H_2) + S^\circ(I_2)]$

$$= (2)(206.3\ J/K \cdot mol) - (131.0\ J/K \cdot mol + 260.57\ J/K \cdot mol) = 21.03\ J/K \cdot mol$$

$$\Delta H^\circ_{반응} = [2\Delta H^\circ_f(HI)] - [\Delta H^\circ_f(H_2) + \Delta H^\circ_f(I_2)]$$

$$= (2)(25.9\ kJ/mol) - (0\ kJ/mol + 62.25\ kJ/mol) = -10.5\ kJ/mol$$

$$\Delta S_{주위} = \frac{-\Delta H_{반응}}{T} = \frac{-(-10.5\ kJ/mol)}{273\ K} = 0.0385\ kJ/K \cdot mol = 38.5\ J/K \cdot mol$$

$$\Delta S_{우주} = \Delta S_{계} + \Delta S_{주위} = 21.03\ J/K \cdot mol + 38.5\ J/K \cdot mol = 59.5\ J/K \cdot mol$$

$\Delta S_{우주}$가 양수이므로 이 반응은 0°C에서 자발적이다.

(b), (c) $\Delta S^\circ_{반응} = 160.5\ J/K \cdot mol$

$$\Delta H^\circ_{반응} = [\Delta H^\circ_f(CaO) + \Delta H^\circ_f(CO_2)] - [\Delta H^\circ_f(CaCO_3)]$$

$$= [-635.6\ kJ/mol + (-393.5\ kJ/mol)] - (-1206.9\ kJ/mol) = 177.8\ kJ/mol$$

(b) $T = 200°C$에서

$$\Delta S_{주위} = \frac{-\Delta H_{계}}{T} = \frac{-(177.8\ kJ/mol)}{473\ K} = -0.376\ kJ/K \cdot mol = -376\ J/K \cdot mol$$

$$\Delta S_{우주} = \Delta S_{계} + \Delta S_{주위} = 160.5\ J/K \cdot mol + (-376\ J/K \cdot mol) = -216\ J/K \cdot mol$$

$\Delta S_{우주}$가 음수이므로 이 반응은 200°C에서 비자발적이다.

(c) $T=1000^\circ\text{C}$에서

$$\Delta S_{\text{주위}}=\frac{-\Delta H_{\text{계}}}{T}=\frac{-(177.8\text{ kJ/mol})}{1273\text{ K}}=-0.1397\text{ kJ/K}\cdot\text{mol}=-139.7\text{ J/K}\cdot\text{mol}$$

$$\Delta S_{\text{우주}}=\Delta S_{\text{계}}+\Delta S_{\text{주위}}=160.5\text{ J/K}\cdot\text{mol}+(-139.7\text{ J/K}\cdot\text{mol})=20.8\text{ J/K}\cdot\text{mol}$$

$\Delta S_{\text{우주}}$가 양수이므로 이 반응은 1000°C에서 자발적이다.

(d) $\Delta S^\circ_{\text{반응}}=S^\circ[\text{Na}(l)]-S^\circ[\text{Na}(s)]=57.56\text{ J/K}\cdot\text{mol}-51.05\text{ J/K}\cdot\text{mol}=6.51\text{ J/K}\cdot\text{mol}$

$$\Delta H^\circ_{\text{반응}}=\Delta H^\circ_f[\text{Na}(l)]-\Delta H^\circ_f[\text{Na}(s)]=2.41\text{ kJ/mol}-0\text{ kJ/mol}=2.41\text{ kJ/mol}$$

$$\Delta S_{\text{주위}}=\frac{-\Delta H_{\text{반응}}}{T}=\frac{-(2.41\text{ kJ/mol})}{371\text{ K}}=-0.0650\text{ kJ/K}\cdot\text{mol}=-6.50\text{ J/K}\cdot\text{mol}$$

$$\Delta S_{\text{우주}}=\Delta S_{\text{계}}+\Delta S_{\text{주위}}=6.51\text{ J/K}\cdot\text{mol}+(-6.50\text{ J/K}\cdot\text{mol})=0.01\text{ J/K}\cdot\text{mol}\approx 0$$

$\Delta S_{\text{우주}}$는 0이므로 이 반응은 98°C에서 평형 과정이다. 사실 이 온도는 소듐의 녹는점이다.

**참조**

열역학적 값이 온도와 완전히 무관하지는 않기 때문에 $\Delta S_{\text{계}}$와 $\Delta S_{\text{주위}}$ 값이 조금 다를 수도 있다. 표에는 25°C에서 $S^\circ$와 $\Delta H^\circ_f$를 타나냈다.

### 생각해 보기

표준 생성 엔탈피의 단위는 kJ/mol이지만 표준 엔트로피의 단위는 J/K · mol임을 기억한다. kJ을 J로, 또는 J을 kJ로 올바르게 환산했는지 확인해야 한다.

**유제 1** (a) 163°C에서 $H_2O_2(l) \longrightarrow H_2O_2(g)$의 $\Delta S_{\text{우주}}$를 계산하고 이 반응이 자발적인지, 비자발적인지, 평형 과정인지 판별하시오.

(b) $NH_3(g)+HCl(g) \longrightarrow NH_4Cl(s)$의 정반응은 상온에서 자발적이지만, 발열 반응이기 때문에 온도를 높이면 자발성이 줄어든다. 정반응이 더 이상 자발적이지 않게 되는 온도를 구하시오.

(c) $Br_2$의 끓는점을 구하시오. (부록 2의 열역학 자료는 온도에 무관하다고 가정한다.)

**유제 2** 다음 표에 네 과정의 $\Delta S_{\text{계}}$, $\Delta S_{\text{주위}}$, $\Delta S_{\text{우주}}$의 부호가 적혀 있다. 빈칸을 채우시오. 부호를 결정할 수 없는 칸이 있으면 이유를 설명하시오.

| 과정 | $\Delta S_{\text{계}}$ | $\Delta S_{\text{주위}}$ | $\Delta S_{\text{우주}}$ |
|---|---|---|---|
| 1 | − | − | |
| 2 | + | | + |
| 3 | − | + | |
| 4 | | − | + |

## 생각 밖 상식

### 열역학과 생명체

정상적인 생리적 조건에서 폴리펩타이드는 자발적으로 접혀서 독특한 3차원 구조를 이룬다. 이를 고유 단백질(native protein)이라 하며, 다양한 기능을 수행한다. 폴리펩타이드 사슬이 만들 수 있는 구조는 많지만 고유 단백질은 특정한 구조 하나만을 갖는다. 이 접힘 과정에서 계의 엔트로피는 감소한다. (용매 분자인 물도 엔트로피 변화에 영향을 줄 수 있음을 주목하자.) 열역학 제2법칙에 따라 자발적인 과정에서는 항상 우주의 엔트로피가 증가해야 한다. 그러므로 주위의 엔트로피는 계의 엔트로피가 감소한 것보다 더 크게 증가해야 한다. 아미노산 잔기들 사이에서 분자 내 인력에 의해 폴리펩타이드 사슬이 접히는 과정은 발열 과정이다. 이 과정에서 발생한 에너지가 주위 분자의 운동을 증가시키며, 따라서 주위의 엔트로피가 증가한다.

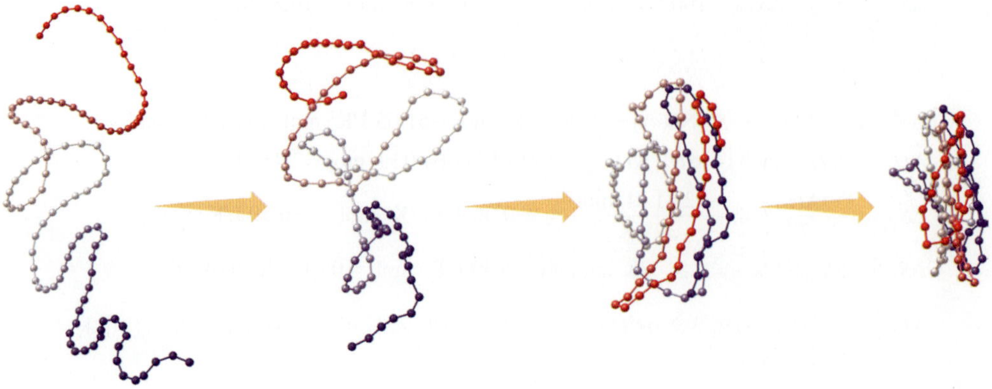


## 열역학 제3법칙

마지막으로 표준 엔트로피와 연관하여 열역학 제3법칙을 간단하게 알아보자. 앞서 우리는 계의 엔트로피를 계를 구성하는 분자의 배열 방법 수와 연관지어 알아보았다. 배열 방법이 많을수록 엔트로피는 크다. 순수하고 완벽한 결정성 물질이 절대 영도(0 K)에 있다고 가정하자. 이 상태에서는 분자 운동이 있을 수가 없고, 분자의 배열 방법도 단 하나(분자가 고체 속에 고정된 위치에 있으므로)밖에 없다. 식 14.1로부터

$$S = k \ln W = k \ln 1 = 0$$

**열역학 제3법칙**(third law of thermodynamics)에 따르면 완벽한 결정성 물질의 엔트로피는 절대 영도(0 K)에서 **0**(zero)이다. 온도가 높아짐에 따라 분자 운동이 활발해지므로, 분자 배열 방법과 계의 에너지가 분산될 수 있는 에너지 상태가 많아진다. 따라서 0 K보다 높은 온도에서는 어떤 물질이든 엔트로피가 항상 0보다 크다. 물질이 순수하지 않거나 결정이 완벽하지 못하면 0 K이라도 엔트로피가 0보다 크다. 완벽한 질서가 없으면 분자 배열 방법이 한 가지가 아니기 때문이다.

열역학 제3법칙에 따라 물질의 **절대**(absolute) 엔트로피를 실험적으로 구할 수 있다. 0 K에서 순수한 결정성 물질의 엔트로피가 0이라는 점에서 출발하여, 물질을 가열할 때 엔트로피 증가를 측정하면 된다. 엔트로피의 변화 $\Delta S$는 마지막 엔트로피에서 처음 엔트로피를 뺀 값이다.

$$\Delta S = S_{최종} - S_{초기}$$

처음 상태가 0 K이라면 $S_{초기} = 0$이다. 따라서 측정한 엔트로피 **변화**(change)는 마지막 온도에서 물질의 **절대적인**(absolute) 엔트로피와 같다.

$$\Delta S = S_{최종}$$

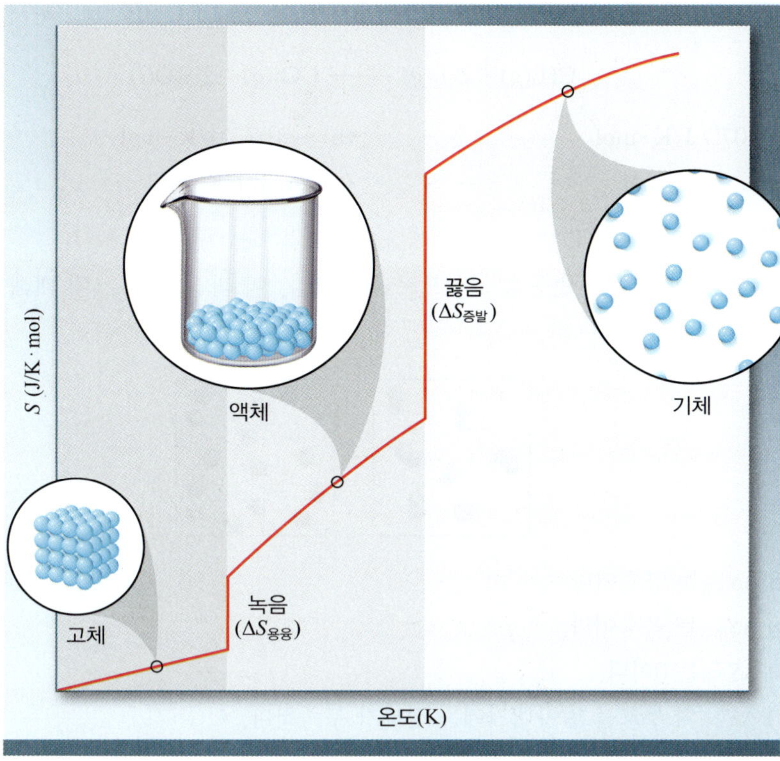


**그림 14.5** 절대 0도부터 온도를 높이면 물질의 엔트로피가 증가한다.

이렇게 구한 엔트로피 값을 **절대**(absolute) 엔트로피라고 한다. 임의로 잡은 기준으로부터 구하는 표준 생성 엔탈피와는 달리 이 값은 **실제**(true) 값이기 때문이다. 표에 나열한 값은 1 atm에서 구한 값이므로, 절대 엔트로피를 표현할 때 보통은 이 **표준**(standard) 엔트로피, $S°$를 사용한다. 물질을 절대 영도부터 가열함에 따라 엔트로피가 증가하는 모습을 그림 14.5에 나타냈다. 0 K에서는 엔트로피 값이 0이다. (완벽한 결정성 물질을 가정한다.) 가열하면 결정 내의 분자 운동이 활발해지면서 엔트로피가 서서히 증가한다. 녹는점에서 엔트로피가 크게 증가하는데, 이는 고체가 액체로 변하기 때문이다. 더 가열하면 분자 운동이 활발해져 액체의 엔트로피가 증가한다. 끓는점에서는 액체가 기체로 상변화하면서 엔트로피가 크게 증가한다. 끓는점보다 높은 온도에서는 온도에 따라 기체의 엔트로피가 계속 증가한다.

## 14.4절 복습

### 우주의 엔트로피 변화

**14.4.1** 부록 2의 자료를 이용하여 다음 반응의 $\Delta S°$를 J/K · mol 단위로 계산하시오.

$$2NO(g) + O_2(g) \longrightarrow 2NO_2(g)$$

(a) 145.3 J/K · mol (b) −145.3 J/K · mol
(c) 59.7 J/K · mol (d) −59.7 J/K · mol
(e) −421.2 J/K · mol

**14.4.2** 부록 2의 자료를 이용하여 다음 반응의 $\Delta S°$를 J/K·mol 단위로 계산하시오.

$$CH_4(g) + 2O_2(g) \longrightarrow CO_2(g) + 2H_2O(l)$$

(a) 107.7 J/K·mol (b) −107.7 J/K·mol
(c) 2.6 J/K·mol (d) 242.8 J/K·mol
(e) −242.8 J/K·mol

**14.4.3** 어떤 자발적인 화학 반응을 그림으로 나타냈다. 이 과정의 $\Delta S_{주위}$에 대해 알 수 있는 점은 무엇인가?

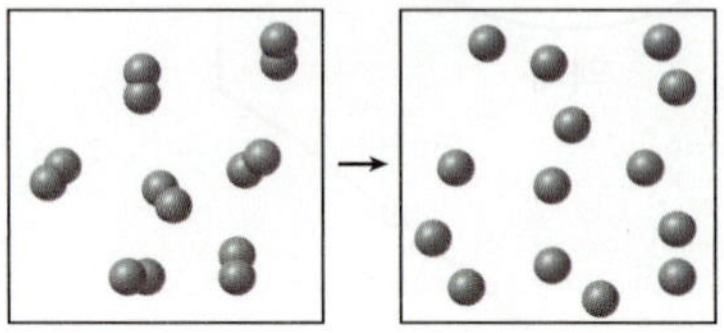

(a) $\Delta S_{주위}$는 양수이다.
(b) $\Delta S_{주위}$는 음수이다.
(c) $\Delta S_{주위}$는 0이다.
(d) $\Delta S_{주위}$의 부호를 알아내기에는 정보가 부족하다.

**14.4.4** 어떤 자발적인 화학 반응을 그림으로 나타냈다. 이 과정의 $\Delta S_{주위}$에 대해 알 수 있는 점은 무엇인가?

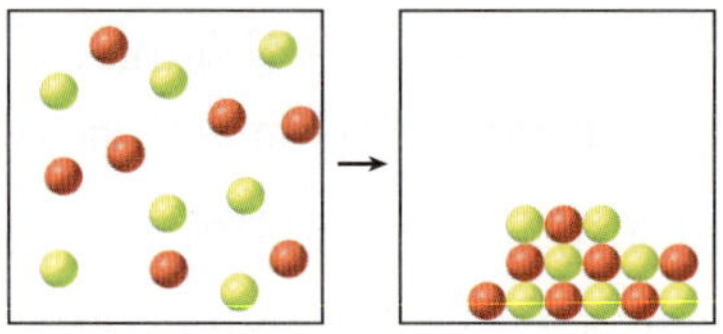

(a) $\Delta S_{주위}$는 양수이다.
(b) $\Delta S_{주위}$는 음수이다.
(c) $\Delta S_{주위}$는 0이다.
(d) $\Delta S_{주위}$의 부호를 알아내기에는 정보가 부족하다.

**14.4.5** 다음 과정에서 $\Delta S_{주위}$에 대해 알 수 있는 점은 무엇인가?

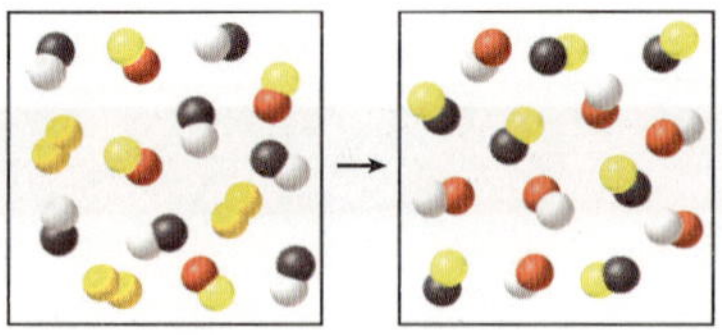

(a) $\Delta S_{주위}$는 양수이다.
(b) $\Delta S_{주위}$는 음수이다.
(c) $\Delta S_{주위}$는 0이다.
(d) $\Delta S_{주위}$의 부호를 알아내기에는 정보가 부족하다.

# 14.5 자발성의 예측

## 깁스 자유 에너지 변화 $\Delta G$

열역학 제2법칙에 따라 자발적인 과정은 $\Delta S_{우주}>0$이다. 하지만 일반적으로 관심을 갖고 **측정**(measure)하는 것은 **계**(system)의 성질들이지 주위나 우주 전체가 아니다. 따라서 계만을 고려하여 반응의 자발성을 판별할 수 있는 열역학적 함수를 이용하는 것이 편리하다.

식 14.8로부터 자발적인 과정에서는

$$\Delta S_{우주}=\Delta S_{계}+\Delta S_{주위}>0$$

$\Delta S_{주위}$를 $-\Delta H_{계}/T$로 치환하면

$$\Delta S_{우주}=\Delta S_{계}+\left(-\frac{\Delta H_{계}}{T}\right)>0$$

양변에 $T$를 곱하면

$$T\Delta S_{우주}=T\Delta S_{계}-\Delta H_{계}>0$$

이 식은 열역학 제2법칙(반응의 자발성을 판별할 수 있는)을 **계**(system)와 연관된 항으로만 나타낸 식이다. 이제는 주위를 고려하지 않아도 된다. 편의상 $-1$을 곱하고 $>$ 부호를 $<$로 바꾸어 보자.

$$-T\Delta S_{우주}=\Delta H_{계}-T\Delta S_{계}<0$$

이 식에 따라 일정한 압력과 온도에서 일어나는 과정은 $\Delta H_{계}-T\Delta S_{계}$가 0보다 작으면 자발적이다.

과정의 자발성을 좀 더 직접적으로 나타낼 수 있는 열역학적 함수인 **깁스 자유 에너지** [Gibbs[1] free energy($G$) 또는 간단히 **자유 에너지**(free energy)]를 소개한다.

$$G=H-TS \qquad \text{식 14.9}$$

식 14.9의 모든 항은 계의 값이다. $H$나 $TS$와 마찬가지로 $G$도 에너지의 단위이다. 또한 엔탈피와 엔트로피와 마찬가지로 자유 에너지 역시 상태 함수이다. 일정한 온도에서 일어나는 과정에서 계의 자유 에너지 변화 $\Delta G$는 다음과 같이 나타낼 수 있다.

$$\Delta G=\Delta H-T\Delta S \qquad \text{식 14.10}$$

식 14.10을 이용하면 엔탈피 변화, 엔트로피 변화, 절대 온도를 이용하여 과정의 자발성을 예측할 수 있다. 일정한 온도와 압력에서 정반응이 자발적이면 $\Delta G$는 음수이다. 정반응이 자발적이지 않으면 역반응이 자발적이며 $\Delta G$가 양수이다. 계가 평형 상태이면 $\Delta G$는 0이다.

> **참조**
> 이런 관점에서 보면 자유 에너지(free energy)는 일을 할 수 있는 에너지이다. 이용 가능한 에너지를 방출하는(즉, $\Delta G$가 음수) 과정은 그 사실 하나만으로도 자발적임이 확실하며, 우주의 나머지 부분에서 어떤 일이 일어나는지는 고려할 필요가 없다.

1. 조사이어 윌러드 깁스(Josiah Willard Gibbs, 1839~1903): 미국의 물리학자. 열역학의 창시자 중 한 명이다. 겸손하고 조용한 사람이었고, 대부분 예일 대학교에서 지냈다. 연구 대부분을 잘 알려지지 않은 저널에 발표했기 때문에 그가 존경했던 동시대의 인물 제임스 맥스웰(James Maxwell)처럼 유명해지지는 못했다. 오늘날까지도 화학이나 물리학과 관련되지 않은 사람은 그를 거의 알지 못한다.

**표 14.4** 식 14.10과 $\Delta H$, $\Delta S$의 부호를 이용하여 $\Delta G$의 부호 예측하기

| $\Delta H$ | $\Delta S$ | $\Delta G$ | 과정 | 예 |
|---|---|---|---|---|
| 음수 | 양수 | 음수 | 항상 자발적 | $2H_2O_2(aq) \longrightarrow 2H_2O(l)+O_2(g)$ |
| 양수 | 음수 | 양수 | 항상 비자발적 | $3O_2(g) \longrightarrow 2O_3(g)$ |
| 음수 | 음수 | $\Delta H<T\Delta S$이면 음수<br>$\Delta H>T\Delta S$이면 양수 | 낮은 온도에서 자발적<br>높은 온도에서 비자발적 | $H_2O(l) \longrightarrow H_2O(s)$ (물의 얾) |
| 양수 | 양수 | $\Delta H<T\Delta S$이면 음수<br>$\Delta H>T\Delta S$이면 양수 | 높은 온도에서 자발적<br>낮은 온도에서 비자발적 | $2HgO(s) \longrightarrow 2Hg(l)+O_2(g)$ |

- $\Delta G<0$ 반응이 정방향으로 자발적이고 역방향은 비자발적이다.
- $\Delta G>0$ 반응이 역방향으로 자발적이고 정방향은 비자발적이다.
- $\Delta G=0$ 계는 평형 상태이다.

과정의 $\Delta H$와 $\Delta S$의 부호만 알면 $\Delta G$의 부호를 예측할 수 있을 때도 있다. 표 14.4에는 $\Delta G$의 부호를 예측할 때 식 14.10을 어떻게 이용하는지를 나타내었다.

표 14.4에서 "낮은" 온도와 "높은" 온도가 무엇인지 궁금할 것이다. 물이 얼 때는 0°C가 낮은 온도와 높은 온도를 나누는 기준이다. 0°C보다 낮은 온도에서 물은 자발적으로 얼고, 0°C보다 높은 온도에서는 얼음이 자발적으로 녹는다. 0°C에서 물과 얼음을 포함한 계는 평형이다. "높은" 온도와 "낮은" 온도를 나누는 기준은 반응에 따라 다르다. 식 14.10에서 $\Delta G=0$인(즉, 평형인) 온도를 구하여 기준 온도를 찾는다.

$$0=\Delta H-T\Delta S$$

$T$로 정리하면

$$T=\frac{\Delta H}{\Delta S}$$

따라서 $\Delta H$와 $\Delta S$ 값을 알면 기준이 되는 온도를 계산할 수 있다.

예제 14.5에서 이 접근법을 어떻게 이용하는지 알아보자.

## 예제 14.5

표 14.4에 따르면 $\Delta H$와 $\Delta S$가 모두 양수이면 높은 온도에서만 반응이 자발적이다. $\Delta H=199.5$ kJ/mol, $\Delta S=476$ J/K · mol인 반응은 온도가 몇 °C보다 높아야 자발적인지 계산하시오.

**전략** 기준이 되는 온도는 $\Delta H=T\Delta S(\Delta G=0)$인 온도이다. 따라서 식 14.10의 $\Delta G$ 대신 0을 넣고 계산하여 온도를 K 단위로 구한 다음 섭씨 온도로 바꾸어 준다.

**계획**

$$\Delta S=\left(\frac{476\text{ J}}{\text{K}\cdot\text{mol}}\right)\left(\frac{1\text{ kJ}}{1000\text{ J}}\right)=0.476\text{ kJ/K}\cdot\text{mol}$$

**풀이**

$$T=\frac{\Delta H}{\Delta S}=\frac{199.5\text{ kJ/mol}}{0.476\text{ kJ/K}\cdot\text{mol}}=419\text{ K}$$

$$=(419-273)=146^\circ\text{C}$$

### 생각해 보기

에너지를 방출($\Delta H < 0$)하고 엔트로피가 증가($\Delta S > 0$)하면 자발성에 유리하다. 예제처럼 둘 다 양수이면 엔트로피 변화만이 자발성에 유리하게 작용한다. 열을 흡수하는 흡열 과정에서는 온도를 높여야 평형이 오른쪽으로 이동하고 "더 자발적"이게 될 것임이 분명하다.

**유제 1** 반응 $4Fe(s) + 3O_2(g) + 6H_2O(l) \longrightarrow 4Fe(OH)_3(s)$는 1950°C 이하에서 자발적이다. $Fe(OH)_3(s)$의 표준 엔트로피를 추정하시오.

**유제 2** 다음 그림 중 발열이면서 $\Delta S$가 음수인 과정의 $\Delta G$와 온도의 관계를 가장 잘 나타낸 것은 어느 것인가?

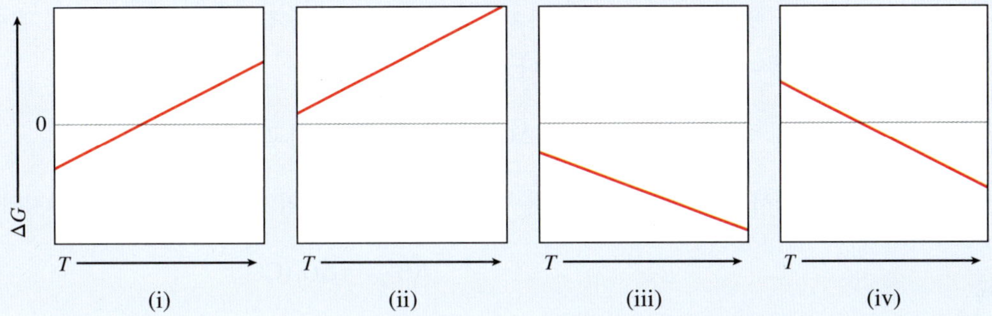


## 표준 자유 에너지 변화 $\Delta G^\circ$

**표준 반응 자유 에너지**(standard free energy of reaction, $\Delta G^\circ_{반응}$)는 반응이 표준 상태에서 일어날 때(표준 상태의 반응물이 표준 상태의 생성물로 전환될 때를 뜻함) 자유 에너지의 변화이다. 화학자들은 관례적으로 순물질과 용액의 표준 상태를 다음과 같이 정의한다.

> **참조**
> 식 14.10에 $\Delta G^\circ$를 넣으면 다음과 같다.
> $\Delta G^\circ = \Delta H^\circ - T\Delta S^\circ$

- 기체 압력 1 atm
- 액체 순수한 액체
- 고체 순수한 고체
- 원소 성분 1 atm, 25°C에서 가장 안정한 동소체
- 용액 농도 1 $M$

다음 일반 반응식으로 $\Delta G^\circ_{반응}$을 계산해 보자.

$$a\text{A} + b\text{B} \longrightarrow c\text{C} + d\text{D}$$

이 반응의 표준 자유 에너지 변화는 다음과 같다.

$$\Delta G^\circ_{반응} = [c\Delta G^\circ_f(\text{C}) + d\Delta G^\circ_f(\text{D})] - [a\Delta G^\circ_f(\text{A}) + b\Delta G^\circ_f(\text{B})] \quad \text{식 14.11}$$

식 14.11을 일반화하면

$$\Delta G^\circ_{반응} = \sum n\Delta G^\circ_f(\text{생성물}) - \sum m\Delta G^\circ_f(\text{반응물}) \quad \text{식 14.12}$$

$m$과 $n$은 화학량론 계수이다. $\Delta G_f^\circ$는 화합물의 **표준 생성 자유 에너지**(standard free energy of formation)이다. 즉, 표준 상태의 구성 원소로부터 화합물 1몰이 만들어질 때 자유 에너지 변화이다. 흑연의 연소에서는

$$C(흑연) + O_2(g) \longrightarrow CO_2(g)$$

식 14.12로부터 표준 자유 에너지 변화는

$$\Delta G^\circ_{반응} = [\Delta G_f^\circ(CO_2)] - [\Delta G_f^\circ(C, 흑연) + \Delta G_f^\circ(O_2)]$$

표준 생성 엔탈피와 마찬가지로 원소 성분(1 atm에서 가장 안정한 동소체)의 표준 생성 자유 에너지는 0으로 정의한다. 따라서

$$\Delta G_f^\circ(C, 흑연) = 0 \text{ 그리고 } \Delta G_f^\circ(O_2) = 0$$

따라서 이 반응의 표준 자유 에너지 변화는 $CO_2$의 표준 생성 자유 에너지와 같다.

$$\Delta G^\circ_{반응} = \Delta G_f^\circ(CO_2)$$

부록 2에는 많은 화합물의 $\Delta G_f^\circ$(25°C에서)를 나열했다.

예제 14.6에서 표준 자유 에너지 변화를 계산하는 방법을 알아본다.

## 예제 14.6

25°C에서 다음 반응의 표준 자유 에너지 변화를 계산하시오.

(a) $CH_4(g) + 2O_2(g) \longrightarrow CO_2(g) + 2H_2O(l)$

(b) $2MgO(s) \longrightarrow 2Mg(s) + O_2(g)$

**전략** 반응물과 생성물의 $\Delta G_f^\circ$ 값을 찾아 식 14.12를 이용하여 $\Delta G^\circ_{반응}$을 구한다.

**계획** 부록 2로부터 다음 값을 찾는다. $\Delta G_f^\circ[CH_4(g)] = -50.8$ kJ/mol, $\Delta G_f^\circ[CO_2(g)] = -394.4$ kJ/mol, $\Delta G_f^\circ[H_2O(l)] = -237.2$ kJ/mol, $\Delta G_f^\circ[MgO(s)] = -569.6$ kJ/mol이다. 다른 물질들은 모두 표준 상태에서 원소 성분이므로 정의상 $\Delta G_f^\circ = 0$이다.

**풀이**

(a)
$$\begin{aligned}\Delta G^\circ_{반응} &= (\Delta G_f^\circ[CO_2(g)] + 2\Delta G_f^\circ[H_2O(l)]) - (\Delta G_f^\circ[CH_4(g)] + 2\Delta G_f^\circ[O_2(g)])\\ &= [(-394.4\text{ kJ/mol}) + (2)(-237.2\text{ kJ/mol})] - [(-50.8\text{ kJ/mol}) + (2)(0\text{ kJ/mol})]\\ &= -818.0\text{ kJ/mol}\end{aligned}$$

(b)
$$\begin{aligned}\Delta G^\circ_{반응} &= (2\Delta G_f^\circ[Mg(s)] + \Delta G_f^\circ[O_2(g)]) - (2\Delta G_f^\circ[MgO(s)])\\ &= [(2)(0\text{ kJ/mol}) + (0\text{ kJ/mol})] - (2)(-569.6\text{ kJ/mol})\\ &= 1139\text{ kJ/mol}\end{aligned}$$

### 생각해 보기

표준 생성 엔탈피($\Delta H_f^\circ$)와 마찬가지로 표준 생성 자유 에너지($\Delta G_f^\circ$)도 물질의 상태에 따라 값이 다르다는 것에 유의한다. 예를 들어, 물은 $\Delta G_f^\circ[H_2O(l)] = -237.2$ kJ/mol, $\Delta G_f^\circ[H_2O(g)] = -228.6$ kJ/mol이다. 올바른 값을 골랐는지 다시 한번 확인해 본다.

**유제 1** 다음 반응에서 부록 2에 나와 있지 않은 $\Delta G_f^\circ$ 값을 구하시오.

(a) $Li_2O(s)+2HCl(g) \longrightarrow 2LiCl(s)+H_2O(g)$ $\quad \Delta G^\circ_{반응}=-244.88$ kJ/mol

(b) $Na_2O(s)+2HI(g) \longrightarrow 2NaI(s)+H_2O(l)$ $\quad \Delta G^\circ_{반응}=-435.44$ kJ/mol

**유제 2** 다음 중 $\Delta G_f^\circ=0$인 것은 어느 것인가?

(i) $Br_2(l)$ (ii) $I_2(g)$ (iii) $CO_2(g)$ (iv) $Xe(g)$

## $\Delta G$와 $\Delta G^\circ$를 이용하여 문제 풀기

표준 자유 에너지 변화 $\Delta G^\circ$의 부호를 알면 표준 상태에서 어떤 과정이 자발적으로 일어나는지 아닌지를 판별할 수 있다. 하지만 $\Delta G^\circ$ 값은 온도에 따라 다르다. 어떤 평형 반응이 원하는 반응물을 더 선호하기 시작하는 온도를 구할 때 식 14.10을 이용할 수 있다. 생석회라고도 하는 산화 칼슘(calcium oxide, CaO)을 예로 들어 보자. 이 물질은 수처리나 오염 방제 등 다양한 산업 분야에 쓰이는 매우 중요한 무기 물질이다. 이 물질은 석회석($CaCO_3$)을 가열하여 고온에서 분해시켜 만든다.

$$CaCO_3(s) \rightleftharpoons CaO(s)+CO_2(g)$$

이 반응은 가역적이어서, 적절한 조건이 갖추어지면 CaO와 $CO_2$는 쉽게 재결합하여 $CaCO_3$가 된다. 산업적인 생산 공정에서는 이 재결합을 막기 위해 $CO_2$가 생기는 대로 제거하여 계가 평형에 도달할 수 없도록 한다.

화학자들은 CaO 생산성을 극대화하기 위해 $CaCO_3$의 평형 분해 반응이 생성물을 선호하기 시작하는 온도를 제시해 줄 수 있다. 이 온도는 다음과 같은 방법으로 추정할 수 있다. 먼저 부록 2의 자료를 이용하여 이 반응의 $\Delta H^\circ$와 $\Delta S^\circ$를 계산한다. 식 10.18을 이용하여 $\Delta H^\circ$를 구한다.

$$\begin{aligned}\Delta H^\circ &= [\Delta H_f^\circ(CaO)+\Delta H_f^\circ(CO_2)]-[\Delta H_f^\circ(CaCO_3)]\\ &=[(-635.6\text{ kJ/mol})+(-393.5\text{ kJ/mol})]-(-1206.9\text{ kJ/mol})\\ &=177.8\text{ kJ/mol}\end{aligned}$$

그리고 식 14.6을 이용하여 $\Delta S^\circ$를 구한다.

$$\begin{aligned}\Delta S^\circ &= [S^\circ(CaO)+S^\circ(CO_2)]-S^\circ(CaCO_3)\\ &=[(39.8\text{ J/K}\cdot\text{mol})+(213.6\text{ J/K}\cdot\text{mol})]-(92.9\text{ J/K}\cdot\text{mol})\\ &=160.5\text{ J/K}\cdot\text{mol}\end{aligned}$$

식 14.10을 다시 쓰면

$$\Delta G^\circ = \Delta H^\circ - T\Delta S^\circ$$

이를 계산하면 다음 값이 나온다.

$$\begin{aligned}\Delta G^\circ &=(177.8\text{ kJ/mol})-(298\text{ K})(0.1605\text{ kJ/K}\cdot\text{mol})\\ &=130.0\text{ kJ/mol}\end{aligned}$$

**참조**

표에 적힌 $S^\circ$는 J이지만 $\Delta H_f^\circ$는 kJ이므로 단위 계산에 유의하자.

$\Delta G^\circ$가 큰 양수이므로 이 반응은 298 K에서 **자발적이지 않다**. 또한 $\Delta H^\circ$와 $\Delta S^\circ$가 모두 양수이므로 높은 온도에서는 $\Delta G^\circ$가 음수(생성물을 선호한다)가 될 것임을 알 수 있다. $\Delta G^\circ$가 0이 되는 온도를 계산하여 이 "높은 온도"가 얼마인지 구할 수 있다.

$$0 = \Delta H^\circ - T\Delta S^\circ$$

즉,

$$\begin{aligned} T &= \frac{\Delta H^\circ}{\Delta S^\circ} \\ &= \frac{(177.8\ \text{kJ/mol})}{(0.1605\ \text{kJ/K}\cdot\text{mol})} \\ &= 1108\ \text{K}(835^\circ\text{C}) \end{aligned}$$

835°C보다 높은 온도에서 $\Delta G^\circ$는 음수이고, 이는 반응이 생성물 CaO와 $CO_2$를 선호한다는 것을 의미한다. 예를 들어, 840°C(1113 K)에서는

$$\begin{aligned} \Delta G^\circ &= \Delta H^\circ - T\Delta S^\circ \\ &= 177.8\ \text{kJ/mol} - (1113\ \text{K})(0.1605\ \text{kJ/K}\cdot\text{mol})\left(\frac{1\ \text{kJ}}{1000\ \text{J}}\right) \\ &= -0.8\ \text{kJ/mol} \end{aligned}$$

온도가 더 높으면 $\Delta G^\circ$가 음수로 더 커지므로 생성물을 더 선호한다. 여기서 주목해야 할 점은, 25°C의 $\Delta H^\circ$와 $\Delta S^\circ$ 값을 이용하여 훨씬 더 높은 온도에서 $\Delta G^\circ$를 계산했다는 점이다. 실제로는 $\Delta H^\circ$와 $\Delta S^\circ$ 모두 온도에 따라 변하는 값이므로, 이 접근법으로 $\Delta G^\circ$의 정확한 값을 얻을 수는 없다. 하지만 충분히 합리적인 추정을 할 수는 있다.

식 14.10을 이용하면 상변화가 일어날 때 엔트로피 변화도 계산할 수 있다. 상변화가 일어날 때 두 상이 모두 존재한다는 점을 기억하자. 예를 들어, 물의 어는점에서는 액체 물과 고체 얼음이 평형을 이루며 공존[|◀◀ 12.5절]하고, $\Delta G$가 0이다. 따라서 식 14.10은 다음과 같다.

$$0 = \Delta H - T\Delta S$$

즉,

$$\Delta S = \frac{\Delta H}{T}$$

얼음–물 평형을 생각해 보면, 얼음이 물로 변할 때 $\Delta H$는 몰용융열(표 12.7)이고 $T$는 녹는점이다. 따라서 엔트로피 변화는

$$\Delta S_{\text{얼음}\rightarrow\text{물}} = \frac{6010\ \text{J/mol}}{273\ \text{K}} = 22.0\ \text{J/K}\cdot\text{mol}$$

얼음 1몰이 0°C에서 녹을 때 엔트로피는 22.0 J/K·mol 증가한다. 엔트로피가 증가한다는 것은 고체가 액체로 변할 때 분자 배열 방법이 늘어난다는 것과 일맥상통한다. 반대로 물이 얼음으로 변할 때 엔트로피 감소는 다음과 같다.

$$\Delta S_{\text{물} \rightarrow \text{얼음}} = \frac{-6010 \text{ J/mol}}{273 \text{ K}} = -22.0 \text{ J/K} \cdot \text{mol}$$

물–수증기 상변화에도 동일한 방법을 쓸 수 있다. 이때 $\Delta H$는 증발열이고 $T$는 끓는점이다.

예제 14.7에서 벤젠의 상변화를 알아본다.

## 예제 14.7

벤젠의 몰용융열은 10.9 kJ/mol이고 몰증발열은 31.0 kJ/mol이다. 고체가 액체로, 액체가 기체로 변할 때 엔트로피 변화를 계산하시오. 1 atm에서 벤젠은 5.5°C에서 녹고 80.1°C에서 끓는다.

**전략** 녹는점에서 고체–액체 상변화와 끓는점에서 액체–기체 상변화는 평형(equilibrium) 과정이다. 평형에서 $\Delta G$는 0이므로, 식 14.10의 $\Delta G$ 대신 0을 넣고 $\Delta S$를 구하여 엔트로피 변화를 구한다.

**계획** 벤젠의 녹는점은 5.5+273.15=278.7 K이고 끓는점은 80.1+273.15=353.3 K이다.

**풀이**

$$\Delta S_{\text{용융}} = \frac{\Delta H_{\text{용융}}}{T_{\text{녹음}}} = \frac{10.9 \text{ kJ/mol}}{278.7 \text{ K}}$$
$$= 0.0391 \text{ kJ/K} \cdot \text{mol} \quad \text{또는} \quad 39.1 \text{ J/K} \cdot \text{mol}$$
$$\Delta S_{\text{증발}} = \frac{\Delta H_{\text{증발}}}{T_{\text{끓음}}} = \frac{31.0 \text{ kJ/mol}}{353.3 \text{ K}}$$
$$= 0.0877 \text{ kJ/K} \cdot \text{mol} \quad \text{또는} \quad 87.7 \text{ J/K} \cdot \text{mol}$$

### 생각해 보기

물질의 $\Delta S_{\text{증발}}$은 $\Delta S_{\text{용융}}$보다 항상 훨씬 더 크다. 액체가 기체로 변할 때는 고체가 액체로 변할 때보다 분자 배열 방법의 수가 더 크게 변한다.

**유제 1** 부록 2의 자료를 이용하여 (a) 금속 소듐의 녹는점에서 $\Delta H^\circ_{\text{용융}}$과 $\Delta S^\circ_{\text{용융}}$을 계산하시오. (b) 끓는점에서 $\Delta H^\circ_{\text{증발}}$과 $\Delta S^\circ_{\text{증발}}$을 계산하시오. 표에 적힌 값은 온도에 따라 변하지 않는다고 가정한다.

**유제 2** 상변화가 일어날 때 $\Delta S$는 보통 식 $\Delta S = \Delta H/T$를 이용하여 구할 수 있다. 하지만 화학 반응에서 $\Delta S$를 구할 때는 같은 식을 이용할 수 없는 이유를 설명하시오.

## 14.5절 복습

### 자발성 예측하기

**14.5.1** 부록 2의 자료를 이용하여 25°C에서 다음 반응의 $\Delta G^\circ$를 kJ/mol 단위로 계산하시오.

$$CH_4(g) + 2O_2(g) \longrightarrow CO_2(g) + 2H_2O(g)$$

(a) −580.8 kJ/mol (b) 580.8 kJ/mol
(c) −572.0 kJ/mol (d) −800.8 kJ/mol
(e) −818.0 kJ/mol

**14.5.2** 45°C에서 뚜껑이 닫힌 플라스크의 아이오딘이 승화할 때 $\Delta S_{\text{승화}}$를 J/K · mol 단위로 계산하시오.

$$I_2(s) \longrightarrow I_2(g) \qquad \Delta H_{\text{승화}} = 62.4 \text{ kJ/mol}$$

(a) 1.4 J/K · mol (b) 196 J/K · mol
(c) 1387 J/K · mol (d) 0.196 J/K · mol
(e) 721 J/K · mol

**14.5.3** $\Delta H = 171$ kJ/mol, $\Delta S = 161$ J/K · mol인 어떤 반응이 비자발적에서 자발적으로 바뀌는 온도는 몇 °C인가?

(a) 270°C (b) 670°C
(c) 1100°C (d) 790°C
(e) 28°C

## 14.6 생명체에서 열역학

생명을 유지하는 데 필수적인 많은 생화학적 반응은 $\Delta G°$가 양수이다. 생명체에서 이런 반응들은 에너지 면에서 유리한 과정, 즉 $\Delta G°$가 음수인 반응과 결합되어 일어난다. 반응 결합의 원리는 간단하다. 열역학적으로 유리한 반응을 이용하여 불리한 반응이 일어나게 한다. 예를 들어, 황화 아연(ZnS)에서 아연을 추출한다고 가정하자. 다음 반응은 $\Delta G°$가 큰 양수이므로 일어나지 않는다.

$$ZnS(s) \longrightarrow Zn(s) + S(s) \qquad \Delta G° = 198.3 \text{ kJ/mol}$$

반면 황이 연소되어 이산화 황이 되는 반응은 $\Delta G°$가 음수로 큰 반응이다.

$$S(s) + O_2(g) \longrightarrow SO_2(g) \qquad \Delta G° = -300.1 \text{ kJ/mol}$$

두 과정을 결합하면 황화 아연으로부터 아연을 분리할 수 있다. 이는 공기 중에서 ZnS를 가열하면 S가 $SO_2$로 변하면서 ZnS의 분해를 촉진시킨다는 것을 뜻한다.

$$\begin{array}{llr} ZnS(s) \longrightarrow Zn(s) + \cancel{S(s)} & & \Delta G° = 198.3 \text{ kJ/mol} \\ \cancel{S(s)} + O_2(g) \longrightarrow SO_2(g) & & \Delta G° = -300.1 \text{ kJ/mol} \\ \hline ZnS(s) + O_2(g) \longrightarrow Zn(s) + SO_2(g) & & \Delta G° = -101.8 \text{ kJ/mol} \end{array}$$

결합된 반응은 생명체의 생존에 결정적인 역할을 한다. 생명체의 비자발적인 많은 반응은 효소를 통해 일어난다. 예를 들어, 인체에서 글루코스($C_6H_{12}O_6$)는 대사 과정을 거쳐 이산화 탄소와 물로 전환되면서 상당한 양의 자유 에너지를 방출한다.

$$C_6H_{12}O_6(s) + 6O_2(g) \longrightarrow 6CO_2(g) + 6H_2O(l) \qquad \Delta G° = -2880 \text{ kJ/mol}$$

살아 있는 세포에서 이 반응은 한 단계로 일어나지 않고, 효소의 도움을 받아 여러 단계에 걸쳐 분해된다. 이 과정에서 방출된 자유 에너지의 상당 부분은 아데노신 이인산(adenosine

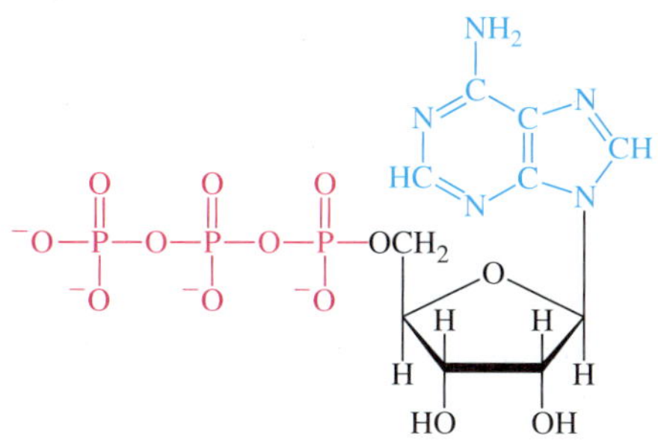


**그림 14.6** ATP와 ADP의 구조

diphosphate, ADP)과 인산으로부터 아데노신 삼인산(adenosine triphosphate, ATP)을 합성하는 데에 이용된다(그림 14.6).

$$\text{ADP} + \text{H}_3\text{PO}_4 \longrightarrow \text{ATP} + \text{H}_2\text{O} \qquad \Delta G^\circ = 31\ \text{kJ/mol}$$

ATP는 세포가 필요로 할 때까지 자유 에너지를 저장하는 역할을 한다. 적절한 조건에서 ATP는 ADP와 인산으로 가수 분해되면서 자유 에너지 31 kJ/mol을 방출한다. 이 에너지는 단백질 합성처럼 에너지 면에서 불리한 반응을 일으키는 데 쓰인다.

단백질은 아미노산의 중합체이다. 단백질 분자는 아미노산이 하나하나 연결되면서 단계적으로 합성된다. 알라닌과 글라이신으로부터 알라닐글라이신(아미노산 두 개로 구성된 단위인 다이펩타이드)이 만들어진다고 하자. 이 반응은 단백질 분자가 만들어지는 첫 번째 단계이다.

$$\text{알라닌} + \text{글라이신} \longrightarrow \text{알라닐글라이신} \qquad \Delta G^\circ = 29\ \text{kJ/mol}$$

$\Delta G^\circ$가 양수이므로 이 반응은 생성물의 형성에 유리하지 않으며, 평형에서 아주 적은 양의 다이펩타이드만 만들어질 것이다. 하지만 이 반응은 효소의 도움을 받아 ATP의 가수 분해 반응과 같이 일어난다.

$$\text{ATP} + \text{H}_2\text{O} + \text{알라닌} + \text{글라이신} \longrightarrow \text{ADP} + \text{H}_3\text{PO}_4 + \text{알라닐글라이신}$$

자유 에너지의 전체 변화는 $\Delta G^\circ = -31\ \text{kJ/mol} + 29\ \text{kJ/mol} = -2\ \text{kJ/mol}$이다. 따라서 이 결합된 반응은 생성물의 형성에 유리하며, 이 조건에서 상당한 양의 알라닐글라이신이 만들어질 것이다. 그림 14.7에는 필수 반응을 일으키기 위해 에너지 저장(대사 과정으로부터)과 자유 에너지 방출(ATP 가수 분해로부터)을 담당하는 ATP−ADP 간 상호 전환을 나타냈다.

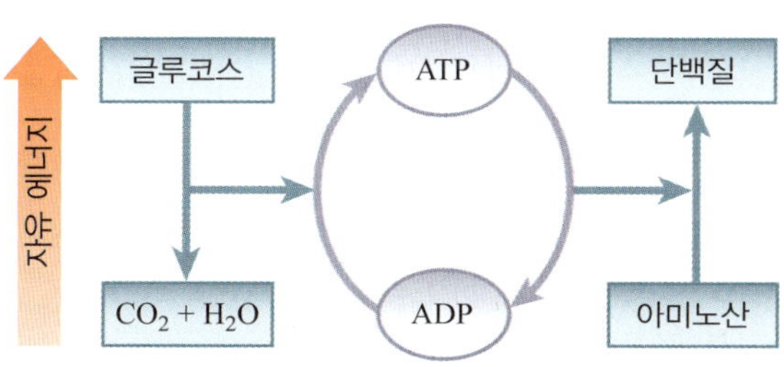


**그림 14.7** 생명체에서 ATP 합성과 결합된 반응의 모식도. 대사 과정에서 글루코스가 이산화 탄소와 물로 전환되면서 자유 에너지를 방출하며, 이 에너지로 ADP를 ATP로 전환시킨다. ATP는 아미노산으로부터 단백질을 합성하는 반응처럼 에너지 면에서 불리한 반응들을 일으키는 데 에너지원으로 이용된다.

## 단원 정리

### 14.1절

- **자발적 과정**(spontaneous process)은 특정한 조건에서 일어나는 과정이다.
- **비자발적 과정**(nonspontaneous process)은 특정한 조건에서 일어나지 않는 과정이다.
- 자발적인 과정이라고 해서 꼭 빠르게 일어나는 것은 아니다.

### 14.2절

- **엔트로피**(entropy)는 계의 에너지가 얼마나 분산되어 있는지 또는 퍼져 있는지를 가늠할 수 있는 열역학적인 상태 함수이다.

### 14.3절

- 어떤 과정의 엔트로피 변화는 표준 엔트로피 값을 이용하여 계산할 수도 있고, 온도, 상태, 분자수 등을 이용하여 정성적으로 예측할 수도 있다.
- 과정이 자발적인지 아닌지는 계의 **엔탈피**(enthalpy) 변화와 **엔트로피**(entropy) 변화에 따라 다르다.
- 표에 나와 있는 **표준 엔트로피**(standard entropy) 값은 절대적인 값이다.

### 14.4절

- **열역학 제2법칙**(second law of thermodynamics)에 따르면, 우주의 엔트로피는 **자발적인**(spontaneous) 과정에서 증가하고 **평형 과정**(equilibrium process)에서는 변화가 없다.
- **열역학 제3법칙**(third law of thermodynamics)에 따르면, 0 K에서 완벽한 결정성 물질의 엔트로피는 0이다.

### 14.5절

- 계의 **깁스 자유 에너지**(Gibbs free energy, $G$) 또는 간단히 **자유 에너지**(free energy)는 일을 할 수 있는 에너지이다.
- 반응의 **표준 반응 자유 에너지**(standard free energy of reaction, $\Delta G^\circ_{반응}$)를 통해 평형이 오른쪽에 놓이는지(음의 $\Delta G^\circ_{반응}$), 왼쪽에 놓이는지(양의 $\Delta G^\circ_{반응}$)를 판별할 수 있다.
- **표준 생성 자유 에너지**(standard free energy of formation, $\Delta G^\circ_f$)를 이용하여 표준 반응 자유 에너지를 계산할 수 있다.

### 14.6절

- 생명체에서 열역학적으로 불리하지만 필요한 반응을 일으키는 데 필요한 자유 에너지는 열역학적으로 유리한 반응으로부터 공급받는다.

## 주요 용어

깁스 자유 에너지(Gibbs free energy, $G$)
비자발적 과정(nonspontaneous process)
엔트로피(entropy, $S$)
열역학 제2법칙(second law of thermodynamics)
열역학 제3법칙(third law of thermodynamics)
자발적 과정(spontaneous process)
자유 에너지(free energy)
평형 과정(equilibrium process)
표준 반응 자유 에너지(standard free energy of reaction, $\Delta G^\circ_{반응}$)
표준 생성 자유 에너지(standard free energy of formation, $\Delta G^\circ_f$)
표준 엔트로피(standard entropy)

# 주요 식

| | | |
|---|---|---|
| 14.1 | $S=k \ln W$ | 계의 엔트로피 $S$는 볼츠만 상수($k$)와 $\ln W$의 곱이다. $W$는 계를 구성하는 분자의 배열 방법 수이다. |
| 14.2 | $W=X^N$ | 분자가 $N$개인 계의 배열 방법 수 $W$는 가능한 분자의 위치 수 $X$의 $N$승이다. |
| 14.3 | $\Delta S_{계}=S_{최종}-S_{초기}$ | 계의 엔트로피 변화 $\Delta S_{계}$는 마지막 엔트로피 $S_{최종}$에서 처음 엔트로피 $S_{초기}$를 뺀 값이다. |
| 14.4 | $\Delta S_{계}=nR \ln \dfrac{V_{최종}}{V_{초기}}$ | 기체의 부피가 변하는 과정에서 엔트로피 변화는 몰수 $n$, 기체 상수 $R$, 마지막 부피와 처음 부피의 비율의 ln 값 $\ln(V_{최종}/V_{초기})$의 곱이다. |
| 14.5 | $\Delta S^\circ_{반응}=[cS^\circ(\mathrm{C})+dS^\circ(\mathrm{D})]-[aS^\circ(\mathrm{A})+bS^\circ(\mathrm{B})]$ | 반응의 표준 엔트로피 변화($\Delta S^\circ_{반응}$)는 생성물과 반응물의 절대적인 엔트로피($S^\circ$)를 표에서 찾아 계산할 수 있다. |
| 14.6 | $\Delta S^\circ_{반응}=\sum nS^\circ(생성물)-\sum mS^\circ(반응물)$ | $\Delta S^\circ_{반응}$은 생성물의 절대 엔트로피 합에서 반응물의 절대 엔트로피 합을 빼서 계산한다. 각 성분에 계수를 반드시 곱해 주어야 한다. |
| 14.7 | $\Delta S_{주위}=\dfrac{-\Delta H_{계}}{T}$ | 주위의 엔트로피 변화 $\Delta S_{주위}$는 계의 엔트로피 변화의 부호를 바꾼 후($-\Delta H_{계}$) 절대 온도 $T$로 나눈 값이다. |
| 14.8 | $\Delta S_{우주}=\Delta S_{계}+\Delta S_{주위}$ | 우주의 엔트로피 변화 $\Delta S_{우주}$는 계의 엔트로피 변화 $\Delta S_{계}$와 주위의 엔트로피 변화 $\Delta S_{주위}$의 합이다. |
| 14.9 | $G=H-TS$ | 깁스 자유 에너지($G$)는 엔탈피($H$)에서 절대 온도와 엔트로피의 곱($TS$)을 뺀 값이다. |
| 14.10 | $\Delta G=\Delta H-T\Delta S$ | 일정한 온도에서 자유 에너지 변화($\Delta G$)는 엔탈피 변화($\Delta H$)에서 절대 온도와 엔트로피 변화의 곱($T\Delta S$)을 뺀 값이다. |
| 14.11 | $\Delta G^\circ_{반응}=[c\Delta G^\circ_\mathrm{f}(\mathrm{C})+d\Delta G^\circ_\mathrm{f}(\mathrm{D})]-[a\Delta G^\circ_\mathrm{f}(\mathrm{A})+b\Delta G^\circ_\mathrm{f}(\mathrm{B})]$ | 표준 반응 자유 에너지 변화 $\Delta G^\circ_{반응}$은 생성물과 반응물의 표준 생성 자유 에너지 $\Delta G^\circ_\mathrm{f}$를 표에서 찾아 계산할 수 있다. |
| 14.12 | $\Delta G^\circ_{반응}=\sum n\Delta G^\circ_\mathrm{f}(생성물)-\sum m\Delta G^\circ_\mathrm{f}(반응물)$ | $\Delta G^\circ_{반응}$은 생성물의 표준 생성 자유 에너지의 합에서 반응물의 표준 생성 자유 에너지의 합을 빼서 계산한다. 각 성분에 계수를 반드시 곱해 주어야 한다. |

# 주요 내용 $\Delta G^\circ$ 구하기

$\Delta G^\circ$는 표준 상태에서 화학 반응이나 물리적 과정이 자발적으로 진행되는지를 판별할 수 있는 지표이다. 앞으로 화학 평형[|◀◀ 15~17장]과 전기 화학[|◀◀ 18장] 계산에서 $\Delta G^\circ$가 중요하다는 것을 알아본다. 표의 $\Delta G_f^\circ$ 값을 식 14.11에 대입하여 표준 자유 에너지 변화($\Delta G^\circ$)를 계산할 수 있다.

$$\Delta G^\circ_{\text{반응}} = \sum n\Delta G_f^\circ(\text{생성물}) - \sum m\Delta G_f^\circ(\text{반응물})$$

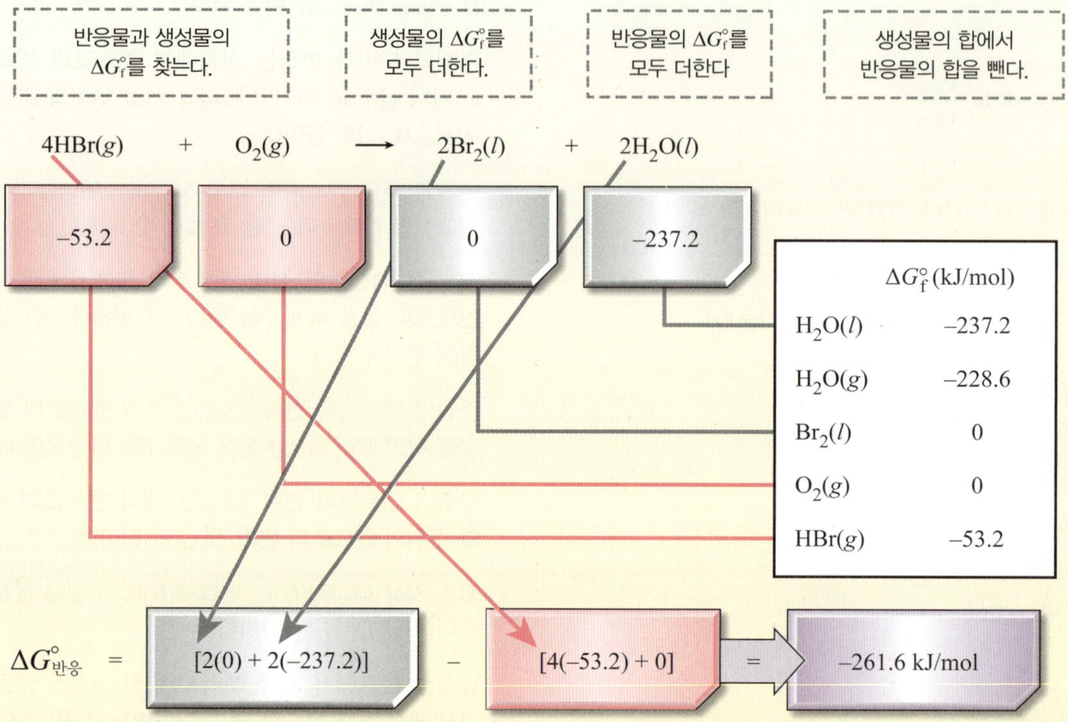


식 14.10($\Delta G^\circ_{\text{반응}} = \Delta H^\circ_{\text{반응}} - T\Delta S^\circ_{\text{반응}}$)을 이용하여 다른 방법으로 $\Delta G^\circ$를 계산할 수도 있다. $T$는 절대 온도이고, $\Delta H^\circ$와 $\Delta S^\circ$는 표의 자료를 이용하여 계산할 수 있다. (식 14.10에 넣기 전에 $\Delta S^\circ$의 단위를 J/K·mol에서 kJ/K· mol로 바꿔야 함을 잊지 말자.)

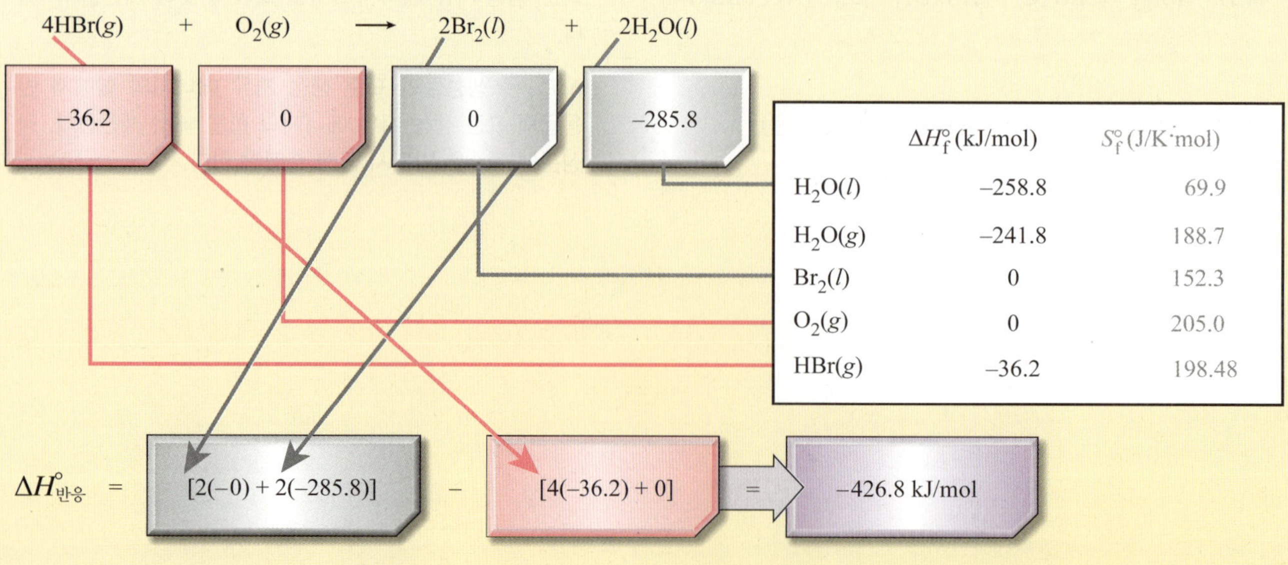

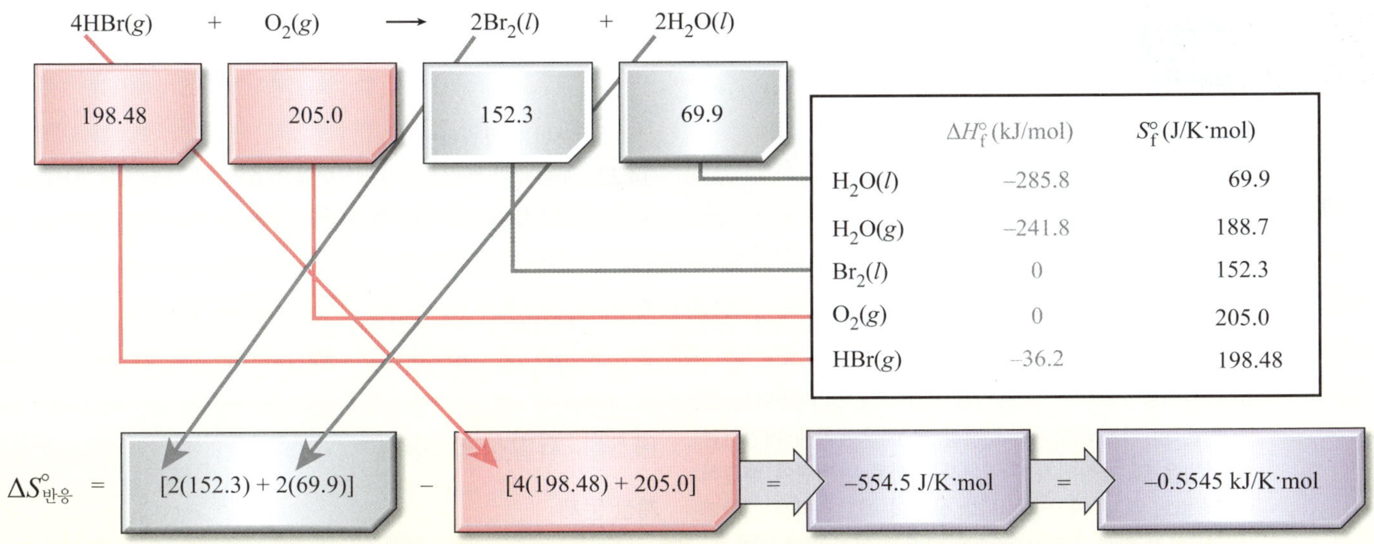


$$\Delta G^\circ_{반응} = \Delta H^\circ_{반응} - T\Delta S^\circ_{반응}$$
$$= -426.8\ \text{kJ/mol} - (298.15\ \text{K})(-0.5545\ \text{kJ/K}\cdot\text{mol}) = -261.6\ \text{kJ/mol}$$

## 주요 내용 문제

**14.1**

부록 2에서 $\Delta G^\circ_f$를 찾아 다음 반응이 25.0°C에서 일어날 때 표준 반응 자유 에너지 변화($\Delta G^\circ_{반응}$)를 계산하시오.

$$Mg(OH)_2(s) \longrightarrow MgO(s) + H_2O(l)$$

(a) −35.6 kJ/mol
(b) −1166 2 kJ/mol
(c) +35.6 kJ/mol
(d) +1166.2 kJ/mol
(e) +27.0 kJ/mol

**14.2**

문제 14.1의 반응이 150°C에서 일어날 때 $\Delta G^\circ_{반응}$을 계산하시오. 부록 2의 자료를 이용하고 $\Delta H^\circ_f$와 $S^\circ$ 값은 온도에 따라 변하지 않는다고 가정한다.

(a) −8098 kJ/mol
(b) −45.1 kJ/mol
(c) +22.9 kJ/mol
(d) +45.1 kJ/mol
(e) −8024 kJ/mol

**14.3**

부록 2의 $\Delta G^\circ_f$를 이용하여 다음 반응이 25.0°C에서 일어날 때 표준 반응 자유 에너지 변화를 계산하시오. (먼저 반응식의 균형을 맞춘다.)

$$C_4H_{10}(g) + O_2(g) \longrightarrow CO_2(g) + H_2O(l)$$

(a) +615.9 kJ/mol
(b) −5495.8 kJ/mol
(c) +539.3 kJ/mol
(d) −615.9 kJ/mol
(e) −5511.5 kJ/mol

**14.4**

문제 14.3의 반응이 −125.0°C에서 일어날 때 $\Delta G^\circ_{반응}$을 계산하시오. 부록 2의 자료를 이용하고 $\Delta H^\circ_f$와 $S^\circ$ 값은 온도에 따라 변하지 않는다고 가정한다.

(a) −532.0 kJ/mol
(b) −5626.8 kJ/mol
(c) +536.9 kJ/mol
(d) −5647.0 kJ/mol
(e) −5797.4 kJ/mol

# 종합문제

## 14.2절: 엔트로피

### 개념 문제

14.7 분자가 두 개 들어 있는 용기를 여덟 구역으로 나누었다. 처음에는 용기 왼쪽에만 분자들이 있었다.

(a) 칸막이를 치우기 전과 후의 배열 방법 수를 각각 구하시오.

(b) 칸막이를 치웠다. 두 분자를 모두 왼쪽에 배열하는 방법은 몇 가지인가? 두 분자를 모두 오른쪽에 배열하는 방법은 몇 가지인가? 두 분자를 서로 반대편에 배열하는 방법은 몇 가지인가? 각 상태의 엔트로피를 계산하고, 가장 확률이 높은 상태가 어떤 것인지 말하시오.

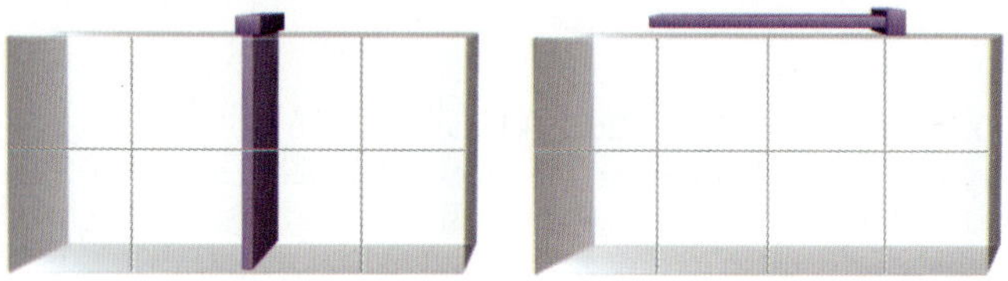

## 14.3절: 계의 엔트로피 변화

### 계산문제

14.13 $\Delta S_{계}$를 계산하시오

(a) 이상 기체 0.0090몰을 152 mL에서 80.5 mL까지 등온 압축시켰다.

(b) 이상 기체 0.045몰을 325 mL에서 32.5 mL까지 등온 압축시켰다.

(c) 이상 기체 2.83몰을 225 L에서 385 L까지 등온 팽창시켰다.

14.15 부록 2를 이용하여 다음 반응이 25°C에서 일어날 때 표준 엔트로피 변화를 계산하시오.

(a) $H_2(g) + CuO(s) \longrightarrow Cu(s) + H_2O(g)$

(b) $2Al(s) + 3ZnO(s) \longrightarrow Al_2O_3(s) + 3Zn(s)$

(c) $CH_4(g) + 2O_2(g) \longrightarrow CO_2(g) + 2H_2O(l)$

### 개념 문제

14.17 25°C에서 다음 물질이 1몰씩 있을 때 엔트로피가 작은 것부터 나열하고 이유를 말하시오.

(a) $Ne(g)$ (b) $SO_2(g)$ (c) $Na(s)$ (d) $NaCl(s)$ (e) $H_2(g)$

## 14.4절: 우주의 엔트로피 변화

### 계산문제

14.21 문제 14.15의 반응에서 $\Delta S_{주위}$를 계산하고, 25°C에서 자발적인지 판별하시오.

14.23 부록 2를 이용하여 다음 반응의 $\Delta S^\circ_{반응}$과 $\Delta S_{주위}$을 계산하고 25°C에서 자발적인지 판별하시오.

(a) $PCl_3(l) + Cl_2(g) \longrightarrow PCl_5(g)$

(b) $2HgO(s) \longrightarrow 2Hg(l) + O_2(g)$

(c) $H_2(g) \longrightarrow 2H(g)$

(d) $U(s) + 3F_2(g) \longrightarrow UF_6(g)$

## 14.5절: 자발성의 예측

### 계산 문제

14.29 접혀 있는 단백질을 충분히 높은 온도로 가열하면 폴리펩타이드 사슬이 풀리면서 단백질이 변성된다. 이 과정을 단백질의 "변성(denaturation)"이라고 한다. 단백질 대부분이 풀리는 온도를 "녹는" 온도라고 한다. 어떤 단백질의 녹는 온도가 63°C이고, 변성 엔탈피는 510 kJ/mol이다. 변성은 "접힌 단백질(folded protein) $\rightleftharpoons$ 변성 단백질(denatured protein)"이 일어나는 단일 단계 평형 과정이라고 가정한다. $\Delta H$와 $\Delta S$가 온도와 무관하다고 가정하고 20°C에서 이 변성 과정의 $\Delta G$를 구하시오.

14.31 25°C에서 다음 반응의 $\Delta G^\circ$를 계산하시오.

(a) $2Mg(s) + O_2(g) \longrightarrow 2MgO(s)$

(b) $2SO_2(g) + O_2(g) \longrightarrow 2SO_3(g)$

(c) $2C_2H_6(g) + 7O_2(g) \longrightarrow 4CO_2(g) + 6H_2O(l)$

14.33 어떤 반응의 $\Delta H$와 $\Delta S$가 다음과 같을 때, 반응이 자발적이 되는 온도를 구하시오.

(a) $\Delta H = -126$ kJ/mol, $\Delta S = 84$ J/K · mol

(b) $\Delta H = -11.7$ kJ/mol, $\Delta S = -105$ J/K · mol

14.35 수은의 몰용융열과 몰증발열은 각각 23.4, 59.0 kJ/mol이고, 1 atm에서 녹는점과 끓는점이 각각 −38.9°C, 357°C이다. 고체-액체, 액체-기체 상변화에서 몰당 엔트로피 변화를 계산하시오.

14.37 흙 속에 사는 어떤 박테리아는 아질산 이온을 질산 이온으로 산화시켜 생장에 필요한 에너지를 얻는다.

$$2NO_2^- + O_2 \longrightarrow 2NO_3^-$$

$NO_2^-$와 $NO_3^-$의 표준 생성 깁스 자유 에너지는 각각 −34.6, −110.5 kJ/mol이다. $NO_2^-$ 1몰이 $NO_3^-$로 모두 산화될 때 방출하는 깁스 자유 에너지를 계산하시오.

## 추가 문제

14.41 1 atm에서 암모니아가 (a) −60°C, (b) −77.7°C, (c) −100°C에서 녹을 때 $\Delta H$, $\Delta S$, $\Delta G$의 부호를 예측하시오. 암모니아의 표준 녹는점은 −77.7°C이다.

**14.43** 어떤 단백질의 변성 과정에서 엔탈피 변화가 125 kJ/mol, 엔트로피 변화가 397 J/K · mol이다. 이 단백질이 자발적으로 변성될 수 있는 최저 온도를 계산하시오.

**14.45** 질산 암모늄(ammonium nitrate, $NH_4NO_3$)은 수용액에서 자발적으로 용해되며 흡열 과정이다. 용해 과정에서 $\Delta S$의 부호는 무엇인가?

**14.47** (a) 트라우턴의 규칙(Trouton's rule)은 액체의 몰증발열($\Delta H_{증발}$)과 끓는점(절대 온도로)의 비가 대략 90 J/K · mol이라는 규칙이다. 다음 자료를 보고 이 법칙을 확인하시오.

| | $T_{bp}$(°C) | $\Delta H_{증발}$(kJ/mol) |
|---|---|---|
| 벤젠 | 80.1 | 31.0 |
| 헥세인 | 68.7 | 30.8 |
| 수은 | 357 | 59.0 |
| 톨루엔 | 110.6 | 35.2 |

(b) 에탄올과 물은 이 비가 각각 얼마인가(표 12.5)? 벤젠(benzene)이나 헥세인(hexane)에는 규칙이 잘 맞지만 물이나 에탄올에는 규칙이 잘 들어맞지 않는 이유를 설명하시오.

**14.49** 다음 반응의 엔트로피 변화가 양수일지 음수일지 예측하시오.

(a) $Zn(s) + 2HCl(aq) \rightleftharpoons ZnCl_2(aq) + H_2(g)$

(b) $O(g) + O(g) \rightleftharpoons O_2(g)$

(c) $NH_4NO_3(s) \rightleftharpoons N_2O(g) + 2H_2O(g)$

**14.51** 다음 자료를 이용하여 수은의 정상 끓는점을 K 단위로 구하시오. 어떤 가정이 반드시 필요한가?

$Hg(l)$: $\Delta H_f^\circ = 0$ (정의에 따라)

$S^\circ = 77.4$ J/K · mol

$Hg(g)$: $\Delta H_f^\circ = 60.78$ kJ/mol

$S^\circ = 174.7$ J/K · mol

**14.53** 어떤 반응의 $\Delta G^\circ = -122$ kJ/mol이라고 한다. 반응물들을 섞어놓으면 반응이 "반드시" 일어나는가?

**14.55** 단백질이 생리학적으로 기능을 할 수 있는 상태나 변성된 상태로만 존재한다고 가정해 보자. 어떤 단백질의 변성 과정에서 엔탈피 변화는 512 kJ/mol, 엔트로피 변화는 1.60 kJ/K · mol이다. 이 물리량의 부호와 크기에 대한 의견을 말하시오. 변성이 자발적으로 일어날 수 있는 온도를 계산하시오.

**14.57** 질량이 74.6 g인 얼음 조각이 북극해에 떠 있다. 계와 주위의 압력은 1 atm, 온도는 0°C이다. 얼음 조각이 녹을 때 $\Delta S^\circ_{계}$, $\Delta S_{주위}$, $\Delta S_{우주}$를 계산하시오. $\Delta S_{우주}$ 값을 통해 이 과정에 대해 알 수 있는 점은 무엇인가? (얼음의 몰용융열은 6.01 kJ/mol이다)

**14.59** 이산화 탄소가 −78°C에서 승화하는 과정은 다음과 같다.

$$CO_2(s) \longrightarrow CO_2(g) \qquad \Delta H_{승화} = 25.2 \text{ kJ/mol}$$

이 온도에서 $CO_2$ 84.8 g이 승화할 때 $\Delta S_{승화}$를 계산하시오.

**14.61** 298 K에서 다음 반응의 $\Delta S_{계}$, $\Delta S_{주위}$, $\Delta S_{우주}$를 계산하시오.

$$2H_2(g) + O_2(g) \longrightarrow 2H_2O(l) \qquad \Delta H^\circ = -571.6 \text{ kJ/mol}$$

**14.63** $S$, $H$, $q$, $w$, $T$ 중 상태 함수가 아닌 것은 어느 것인가?

**14.65** 수소화 반응(식품 산업에서 C=C 결합을 C−C 결합으로 전환하는 과정)에서 Ni나 Pt 등 전이 금속 촉매를 이용하면 반응이 촉진된다. 이 반응의 첫 번째 단계는 금속 표면에 수소 기체가 흡착 또는 결합하는 것이다. Ni 금속 표면에 수소 기체가 흡착될 때 $\Delta H$, $\Delta S$, $\Delta G$의 부호를 예측하시오.

**14.67** $S$, $U$, $G$, $H$ 중 열역학 제1법칙에만 연관된 열역학 함수는 무엇인가?

## 유제 해답

**14.1** ❶ $\frac{1}{5}$ **14.2** ❶ (a) $S^\circ[K(l)] = 71.5$ J/K · mol (b) $S^\circ[S_2Cl_2(g)] = 331.5$ J/K · mol (c) $S^\circ[MgF_2(s)] = 57.24$ J/K · mol **14.3** ❶ 두 용해 과정 모두 $\Delta H^\circ$는 음수이다. 엔트로피 변화든 엔탈피 변화든 자발성에 유리한 인자가 반드시 있어야 한다. 두 과정 모두 계의 엔트로피가 감소하므로, 발열 과정이어야만 자발적일 수 있다.
**14.4** ❶ (a) $\Delta S_{우주} = 5.2$ J/K · mol, 자발적 (b) 346°C (c) 58°C
**14.5** ❶ 108 J/K · mol **14.6** ❶ (a) $\Delta G_f^\circ[Li_2O(s)] = -561.2$ kJ/mol (b) $\Delta G_f^\circ[NaI(s)] = -286.1$ kJ/mol **14.7** ❶ (a) $\Delta H^\circ_{용융} = 2.41$ kJ/mol, $\Delta S^\circ_{용융} = 6.51$ J/K · mol, $T_{녹음} = 97$°C (b) $\Delta H^\circ_{증발} = 105.3$ kJ/mol (c) $\Delta S^\circ_{증발} = 96.1$ J/K · mol, $T_{끓음} = 823$°C

## 절 복습

**14.3.1** a, e **14.3.2** b **14.3.3** e **14.4.1** b **14.4.2** e **14.4.3** b **14.4.4** a **14.4.5** e **14.5.1** d **14.5.2** b **14.5.3** d

Chapter 15

# 화학 평형

## Chemical Equilibrium

생물학적 농축(biomagnification)은 먹이 사슬에서 가장 높은 단계의 종에 독소가 가장 많이 축적되는 것을 말한다. 흔히 이 독소 물질은 수용성이 아니고 배출이 잘 되지 않는 지방 조직에 더 잘 녹는 물질을 포함한다. 생물학적 농축 현상을 연구하기 위해 화학자들은 서로 섞이지 않는 옥탄올과 물로 구성된 실험실 평형 시스템을 개발했다. 이 시스템의 가장 단순한 실험 방법은 관심 물질을 옥탄올과 물이 함께 들어 있는 플라스크에 넣고 흔든 다음, 결과적으로 각각의 용매에 녹은 물질의 농도를 측정하는 것이다. 과학자들은 분배 계수로 알려진 용매 물의 용해도에 대한 용매 옥탄올의 용해도의 비율을 사용하여 조류, 어류 및 포유류의 지방 조직에 농약 및 기타 독소의 선택적 흡수를 모델링할 수 있다.

## 들어가기 전에

- 깁스 자유 에너지 [|◀◀14.5절]
- 이차 방정식 [|◀◀부록 1]

# 15.1 평형의 개념

지금까지 우리는 화학 반응식을 반응이 완결된 것처럼 취급했다. 즉, 화학 반응식에서 우리는 단지 **반응물**(reactant)로 시작하여 **생성물**(product)로 끝났다. 실제로 이것은 대부분의 화학 반응과 관련이 없다. 대신 반응물만으로 시작하면 반응이 진행되어 (반응물이 소비됨에 따라) 반응물 농도가 감소하고, (생성물이 생성됨에 따라) 생성물 농도가 증가한다. 그러나 결국, 반응물과 생성물의 농도는 모든 반응물이 생성물로 전환되지 않고 변화를 멈출 것이다. 이 반응은 멈춘 것처럼 보이며, 결국 반응물과 생성물의 **혼합물**(mixture)이 남겨진다.

예를 들어, 이산화 질소($NO_2$)를 생성하기 위한 사산화 이질소($N_2O_4$)의 분해를 생각해 보자.

$$N_2O_4(g) \rightleftharpoons 2NO_2(g)$$

$N_2O_4$는 무색의 기체인 반면, $NO_2$는 갈색이다. 우리가 순수한 $N_2O_4$ 시료를 빈 플라스크에

**참조**

$NO_2$ 때문에 오염된 공기는 갈색으로 보인다.

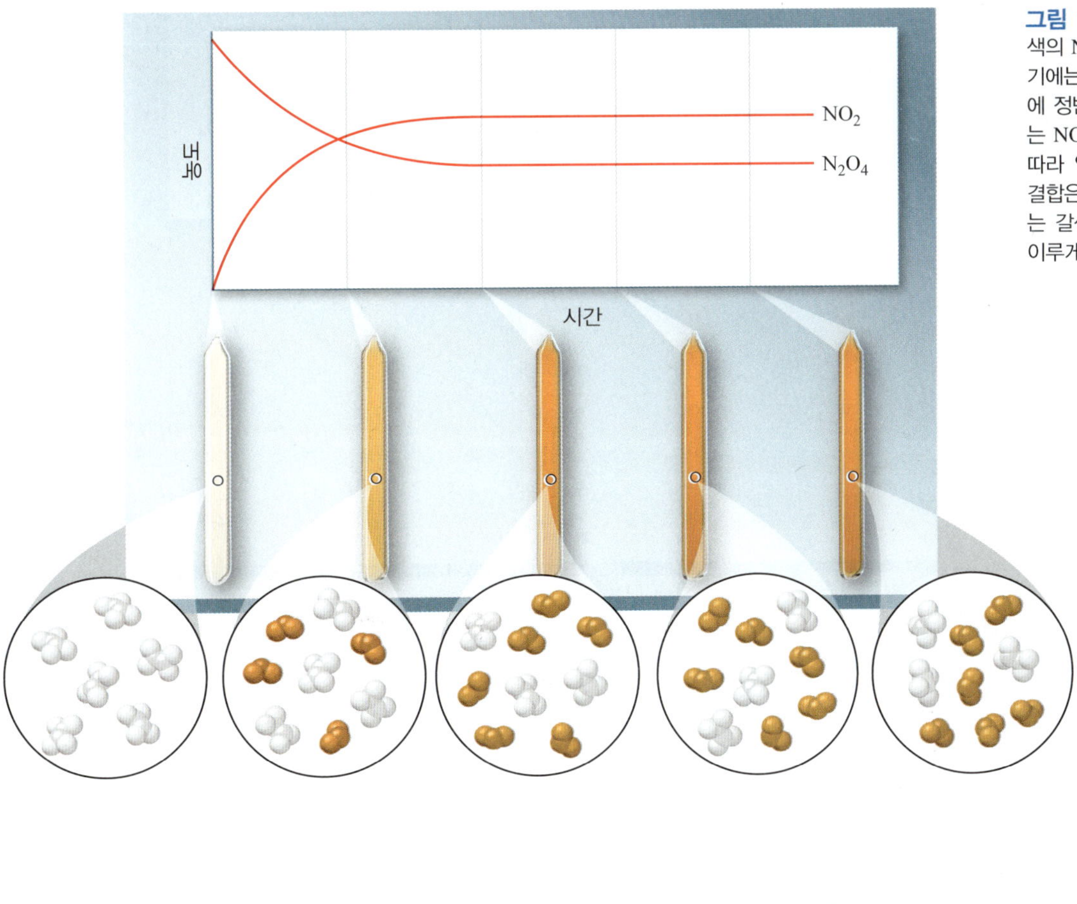


**그림 15.1** 무색의 $N_2O_4$로부터 갈색의 $NO_2$를 생성하는 반응. 반응 초기에는 용기 내에 $N_2O_4$만 있기 때문에 정반응만 진행된다.($N_2O_4$의 분해는 $NO_2$를 만든다.) $NO_2$가 생성됨에 따라 역반응도 진행된다.($NO_2$의 재결합은 $N_2O_4$를 만든다.) 반응 초반에는 갈색이 점점 진해지다가, 평형을 이루게 되면 색 변화는 멈추게 된다.

넣는 것으로 시작하면, $N_2O_4$의 분해 과정에서 $NO_2$가 생성되면서 플라스크의 내용물이 무색에서 갈색으로 변한다(그림 15.1). 처음에는 $NO_2$의 농도가 증가함에 따라 갈색이 진하게 나타난다. 그러나 약간의 시간이 지나면 갈색의 정도가 진해지는 것이 멈추게 되고, 이는 $NO_2$ 농도의 증가가 멈추었다는 것을 의미한다.

**참조**

이전에 화학 반응을 다룰 때, 반응물이 반응하여 생성물을 만드는 반응을 왼쪽으로부터 오른쪽으로 진행되는 것처럼 썼다. 그러나 역반응에서는 생성물이 실제로 반응물이 되고, 반응물은 생성물이 된다. 혼란을 피하기 위해, 반응식의 화살표(→) 왼쪽에 있는 화학종을 반응물로, 오른쪽에 있는 화학종은 생성물로 언급할 것이다.

생성물 및 반응물의 농도가 변하지 않더라도 반응은 실제로 멈추어 있지 않는다. 대부분의 화학 반응과 마찬가지로 $N_2O_4$의 분해 반응은 **가역 과정**(reversible process)으로 생성물 또한 서로 반응하여 다시 **반응물**(reactant)을 형성할 수 있다. 따라서, $N_2O_4$의 분해 반응이 계속 진행됨에 따라, 다시 $N_2O_4$를 생성하기 위한 $NO_2$ 분자들의 결합인 역반응 또한 발생한다. 결과적으로 두 화학종의 농도는 두 단계가 동일한 비율로 발생하기 때문에 일정한 수준에 도달하고, 이 시스템을 **동적 평형**(dynamic equilibrium) 또는 단순히 **평형**(equilibrium)을 이루었다고 말한다.

그림 15.1의 실험에서, 처음에는

- $N_2O_4$ 농도가 높다.
- $NO_2$ 농도가 0이다.

반응이 진행됨에 따라

- $N_2O_4$ 농도가 감소한다.
- $NO_2$ 농도가 증가한다.

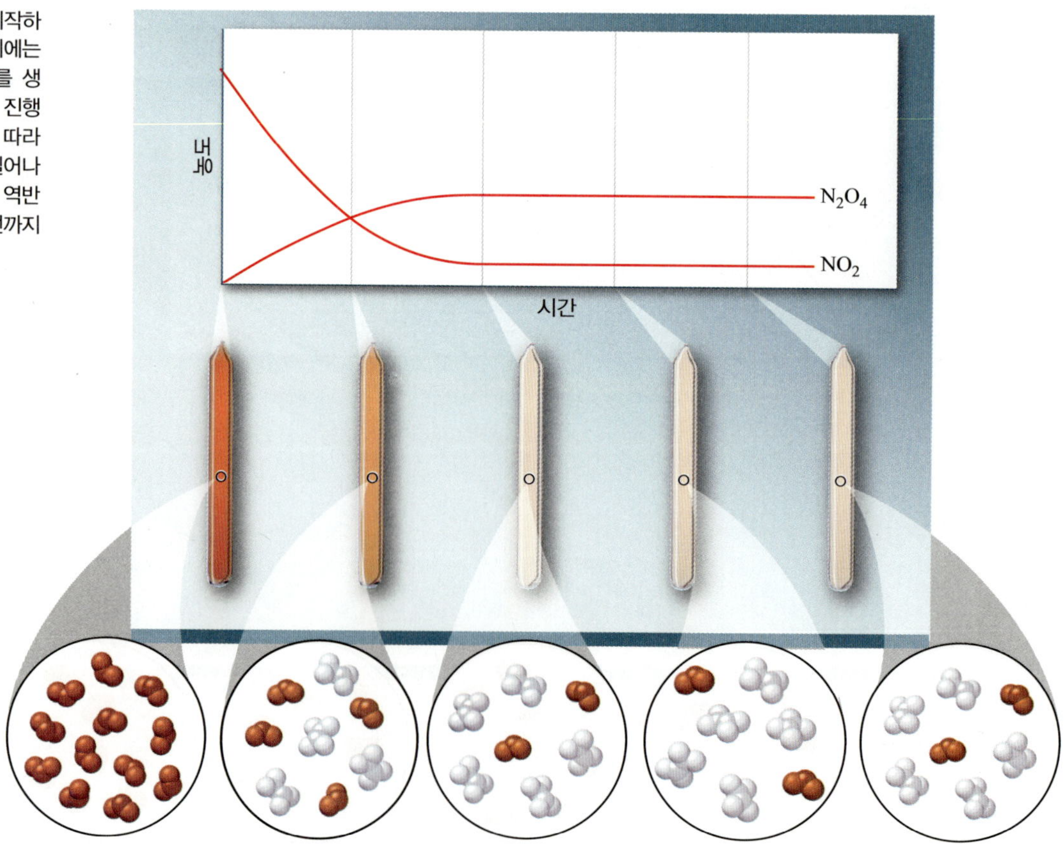


**그림 15.2** $NO_2$만 가지고 시작하는 $N_2O_4/NO_2$ 평형 반응. 초기에는 $NO_2$만 존재하고 역반응($N_2O_4$를 생성하기 위한 $NO_2$의 재결합)이 진행되고 있다. $N_2O_4$가 생성됨에 따라 정반응($N_2O_4$의 분해 반응)이 일어나기 시작한다. 갈색은 정반응 및 역반응이 같은 속도로 진행되기 전까지 계속 옅어진다.

플라스크에서 순수한 $NO_2$만을 가지고 $N_2O_4/NO_2$ 실험을 시작할 수도 있다. 그림 15.2는 $NO_2$가 결합하여 $N_2O_4$를 생성할 때, 반응 초기에 진했던 갈색이 어떻게 옅어지는지 보여준다. 이전 반응과 마찬가지로 일정 시간이 지난 후에는(평형을 이룬 후) 색이 더 이상 변하지 않는다. 순수한 $NO_2$로 실험을 시작할 때, 처음에는

- $NO_2$ 농도가 높다.
- $N_2O_4$ 농도가 0이다.

반응이 진행됨에 따라

- $NO_2$ 농도가 감소한다.
- $N_2O_4$ 농도가 증가한다.

또한 이 반응을 $NO_2$와 $N_2O_4$의 혼합물로 시작할 수도 있다. 다시 말하면, 정반응과 역반응이 동시에 진행될 것이고, 두 화학종의 농도가 일정 해지면 평형에 도달하게 될 것이다. 평형에 관해 기억해야 할 중요한 사항은 다음과 같다.

- 평형은 **동적**(dynamic)인 상태이다−정반응 및 역반응이 계속 진행되지만, 시간이 지남에 따라 반응물과 생성물의 농도가 전체적으로 변화하지 않게 된다.
- **반응물**(reactant)만으로 시작해도, **생성물**(product)만으로 시작해도, 또는 반응물과 생성물의 **혼합물**(mixture)로 시작해도 평형에 도달할 수 있다.

## 15.2 평형 상수

화학 평형을 정량적으로 이해하기 위해서는 먼저 **반응 지수**(reaction quotient)의 개념을 이해하는 것이 중요하다. **반응 지수**(reaction quotient, $Q_c$)는 균형 잡힌 화학 반응식을 사용하여 만드는 분수이다. **생성물**(product)의 농도들을 곱해서 분자에 넣고, **반응물**(reactant)의 농도를 곱해서 분모에 넣는다. 반응식에서 **각** 화학종 앞에 있는 계수는 해당하는 농도의 지수승으로 올린다. 예를 들어, 화학량론적 계수로 *a*, *b*, *c*, *d*를 포함한 반응물 A와 B, 그리고 생성물 C와 D를 가진 일반적인 균형 잡힌 반응식을 생각해 보자.

$$aA + bB \rightleftharpoons cC + dD$$

$$Q_c = \frac{[C]^c[D]^d}{[A]^a[B]^b} \qquad \text{식 15.1}$$

이 균형 잡힌 반응식에 대한 반응 지수($Q_c$)는 식 15.1과 같이 표현되며, 아래 첨자 “c”는 이 반응 지수가 농도를 사용하여 만들어진 것을 의미한다. 이 방법을 사용하여 균형 잡힌 화학 반응식에 대한 반응 지수를 쓸 수 있다.

예제 15.1을 통해 여러 균형 잡힌 반응식들에 대한 반응 지수를 쓰는 연습을 할 수 있다.

## 예제 15.1

다음 반응들에 대하여 반응 지수를 쓰시오.

(a) $N_2(g)+3H_2(g) \rightleftharpoons 2NH_3(g)$
(b) $H_2(g)+I_2(g) \rightleftharpoons 2HI(g)$
(c) $Ag^+(aq)+2NH_3(aq) \rightleftharpoons Ag(NH_3)_2^+(aq)$
(d) $2O_3(g) \rightleftharpoons 3O_2(g)$
(e) $Cd^{2+}(aq)+4Br^-(aq) \rightleftharpoons CdBr_4^{2-}(aq)$
(f) $2NO(g)+O_2(g) \rightleftharpoons 2NO_2(g)$

**전략** 반응 지수를 쓰기 위해 질량 작용의 법칙을 사용한다.

**계획** 각각의 반응에 대한 반응 지수는 반응물(reactant)의 농도에 대한 생성물(product)의 농도의 형태를 가지며, 균형 잡힌 화학 반응식의 각 화학량론적 계수는 동등하게 지수로 작용한다.

**풀이**

(a) $Q_c=\dfrac{[NH_3]^2}{[N_2][H_2]^3}$
(b) $Q_c=\dfrac{[HI]^2}{[H_2][I_2]}$
(c) $Q_c=\dfrac{[Ag(NH_3)_2^+]}{[Ag^+][NH_3]^2}$
(d) $Q_c=\dfrac{[O_2]^3}{[O_3]^2}$
(e) $Q_c=\dfrac{[CdBr_4^{2-}]}{[Cd^{2+}][Br^-]^4}$
(f) $Q_c=\dfrac{[NO_2]^2}{[NO]^2[O_2]}$

**참조**
반응 지수의 몰농도들은 기체상 또는 수용액 화학종들의 농도이다.

### 생각해 보기

연습을 통해 반응 지수를 쓰는 것이 습관이 되어야 한다. 충분히 연습하지 않으면 많이 어려워 보인다. 하지만 이 과정에 능숙해지는 것이 중요하다. 반응 지수를 쓰는 것이 종종 평형 문제를 푸는 첫 번째 단계가 된다.

**유제 1** 다음 각각의 반응 지수에 부합하는 평형에 대하여 반응식을 쓰시오.

(a) $Q_c=\dfrac{[HCl]^2}{[H_2][Cl_2]^3}$
(b) $Q_c=\dfrac{[HF]}{[H^+][F^-]}$
(c) $Q_c=\dfrac{[Cr(OH)_4^-]}{[Cr^{3+}][OH^-]^4}$
(d) $Q_c=\dfrac{[H^+][ClO^-]}{[HClO]}$
(e) $Q_c=\dfrac{[H^+][HSO_3^-]}{[H_2SO_3]}$
(f) $Q_c=\dfrac{[NOBr]^2}{[NO]^2[Br_2]}$

**유제 2** 원칙적으로 A와 B가 반응하여 C를 생성하는 반응에 대하여 $A(g)+B(g) \rightleftharpoons C(g)$이며, 반응이 A와 B의 혼합물로 시작하거나, C만으로 시작하거나, A, B, C의 혼합물로 시작하여도 평형에 도달할 수 있다. 다음 그래프는 평형에 도달할 때의 반응 지수($Q$) 값의 변화를 나타낸다.($x$축은 시간이다.) 설명된 각 시작 조건에 해당하는 그래프를 확인하시오.

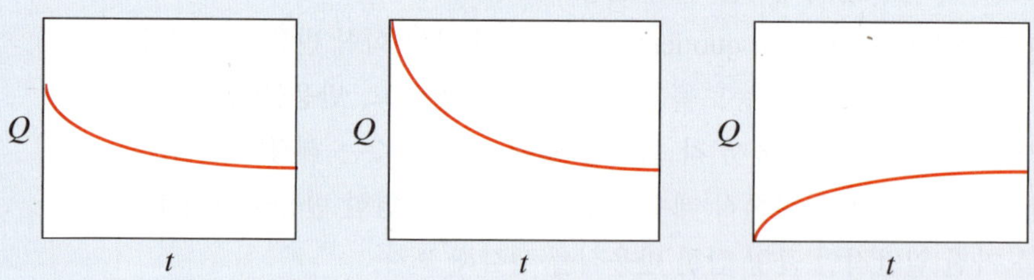


(i) (ii) (iii)

19세기 중엽, 카토 굴드베르그(Cato Guldberg)[1]와 페테르 보게(Peter Waage)[2]는 다양한 화학 반응에 대한 평형 혼합물들을 연구했다. 그들은 수많은 관찰을 통해 일정한 온도에서

1. 카토 굴드베르그(Cato Maximilian Guldberg, 1836～1902): 노르웨이의 화학자이자 수학자. 주로 열역학 분야의 연구를 수행했다.
2. 페테르 보게(Peter Waage, 1833～1900): 노르웨이의 화학자. 동료인 굴드베르그와 마찬가지로 열역학 연구를 수행했다.

반응물과 생성물의 평형 혼합물의 반응 지수가 초기 농도에 관계없이 항상 동일한 값을 가짐을 발견했다. 평형 시스템의 경우, 반응 지수는 **평형 상수**(equilibrium constant, $K_c$)와 동일하다.

$$Q_c = \frac{[C]^c[D]^d}{[A]^a[B]^b} = K_c \qquad \text{식 15.2}$$

> **참조**
>
> 식 15.2는 식 15.1과 거의 동일하다는 점에 유의하자. 유일한 차이점은 식 15.2는 반응물과 생성물의 농도가 일정한 평형 반응을 구체적으로 나타낸 것이다.

식 15.2는 **질량 작용의 법칙**(law of mass action)으로 알려져 있다. 평형 상태에서 이전에 언급한 반응에 대하여 구체적으로 다음과 같이 쓸 수 있다.

$$K_c = \frac{[C]^c[D]^d}{[A]^a[B]^b}$$

위 식을 **평형식**(equilibrium expression)이라 하고 앞으로 자주 사용하게 될 것이다. 그림 15.3에 나와 있는 $N_2O_4/NO_2$ 반응 시스템으로 돌아가면, 평형식은 균형 잡힌 화학 반응식으로부터 다음과 같이 유도된다.

> **참조**
>
> 평형식은 수식이다.
>
> 평형식
>
> $$K_c = \frac{[NO_2]^2_{eq}}{[N_2O_4]_{eq}}$$
>
> 평형 상수
>
> 평형식을 이용하여 평형 상수($K_c$)를 계산할 수 있다.

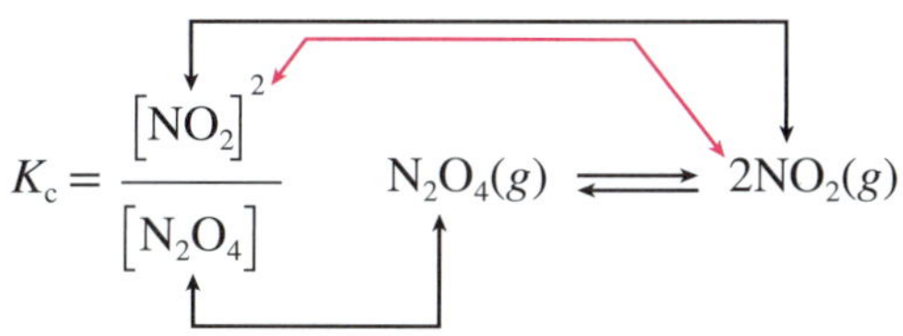


이 반응식과 수식에서 $N_2O_4$의 계수는 1이며, 이 1이 일반적으로 계수 또는 지수로 사용될 때는 생략된다.

## 평형 상수의 계산

표 15.1은 25°C에서 수행된 일련의 실험에서 $N_2O_4$와 $NO_2$의 시작 및 평형 농도를 나열한

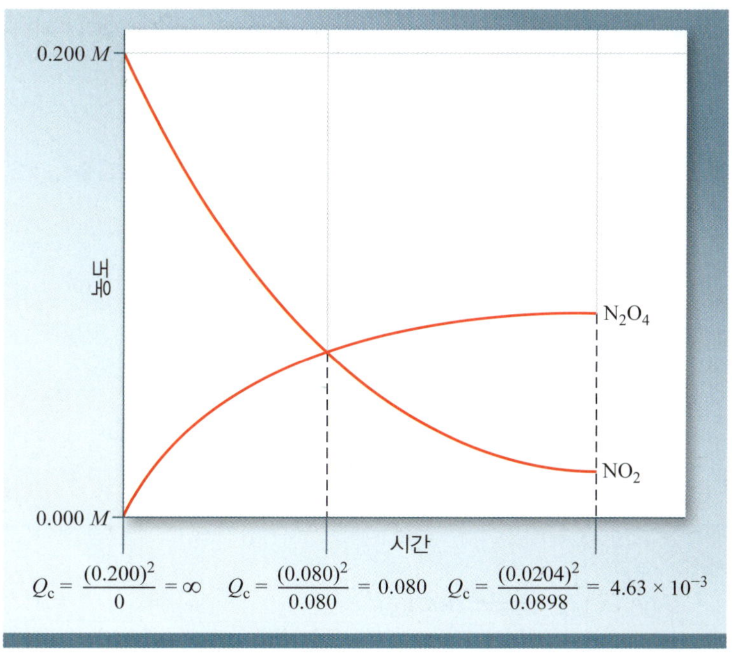


**그림 15.3** 반응 지수의 값($Q_c$)은 반응이 진행됨에 따라 변한다(표 15.1의 실험 5). 시스템이 평형에 도달하면 $Q_c$는 평형 상수와 같다.

**표 15.1 25°C에서의 $N_2O_4$ 및 $NO_2$의 초기 농도와 평형 농도**

| | 초기 농도($M$) | | 평형 농도($M$) | | |
|---|---|---|---|---|---|
| 실험 | $[N_2O_4]_i$ | $[NO_2]_i$ | $[N_2O_4]$ | $[NO_2]$ | $\frac{[NO_2]^2}{[N_2O_4]}$ |
| 1 | 0.670 | 0.00 | 0.643 | 0.0547 | $4.65\times10^{-3}$ |
| 2 | 0.446 | 0.0500 | 0.448 | 0.0457 | $4.66\times10^{-3}$ |
| 3 | 0.500 | 0.0300 | 0.491 | 0.0475 | $4.60\times10^{-3}$ |
| 4 | 0.600 | 0.0400 | 0.594 | 0.0523 | $4.60\times10^{-3}$ |
| 5 | 0.000 | 0.200 | 0.0898 | 0.0204 | $4.63\times10^{-3}$ |

것이다. 표의 각 실험에 대한 평형 농도를 사용하여 실험 오차의 한계 내에서 반응 계수에 대한 일정한 값을 얻는다.(평균값은 $4.63\times10^{-3}$이다.) 따라서 이 반응의 25°C에서의 평형 상수($K_c$)는 $4.63\times10^{-3}$이다.

반응 지수와 마찬가지로, 균형 잡힌 화학 반응식을 알고 있는 모든 반응에 대해 평형식을 쓸 수 있다. 또한, 반응에 대한 평형식을 알면 평형 농도를 사용하여 이에 대한 평형 상수 값을 계산할 수 있다.

예제 15.2는 $K_c$의 값을 계산하기 위해 평형식과 평형 농도를 어떻게 사용하는지를 보여준다.

## 예제 15.2

포스겐(phosgene)이라고 알려진 카보닐 클로라이드($COCl_2$)는 제1차 세계대전에서 사용된 매우 독성이 강한 기체이다. 이 물질은 일산화 탄소와 염소 기체의 반응으로 생성된다.

$$CO(g)+Cl_2(g) \rightleftharpoons COCl_2(g)$$

74°C에서 수행된 실험에서, 반응과 관련된 화학종의 평형 농도는 $[CO]=1.2\times10^{-2}\ M$, $[Cl_2]=0.054\ M$ 및 $[COCl_2]=0.14\ M$이었다. (a) 평형식을 쓰고, (b) 74°C에서 이 반응에 대한 평형 상수 값을 계산하시오.

**전략** 평형식을 쓰기 위해 질량 작용의 법칙을 사용하고, $K_c$를 계산하기 위해 세 화학종의 평형 농도를 대입한다.

**계획** 평형식은 반응물 농도에 대한 생성물 농도의 형태를 가지며, 각각의 화학량론적 계수들은 적절한 지수로 올라간다. 위 반응의 경우는 모든 반응 계수가 1이므로 모든 지수는 1이 된다.

**풀이**

(a) $K_c=\frac{[COCl_3]}{[CO][Cl_2]}$

(b) $\frac{(0.14)}{(1.2\times10^{-2})(0.054)}=216$ 또는 $2.2\times10^2$

이 반응에 대한 $K_c$는 74°C에서 $2.2\times10^2$이다.

### 생각해 보기

평형 농도를 평형식에 넣을 때 단위를 제외한다. 단위 없이 평형 상수를 표현하는 것이 일반적이다.

**유제 1** 100°C에서의 다음 반응에 대한 분석에서,

$$Br_2(g)+Cl_2(g) \rightleftharpoons 2BrCl(g)$$

평형 농도는 $[Br_2]=2.3\times10^{-3}\,M$, $[Cl_2]=1.2\times10^{-2}\,M$, $[BrCl]=1.4\times10^{-2}\,M$으로 나타났다. 평형식을 쓰고, 100°C에서 이 반응에 대한 평형 상수를 계산하시오.

**유제 2** 100°C에서 $[Br_2]=4.1\times10^{-3}\,M$과 $[Cl_2]=8.3\times10^{-3}\,M$인 유제 1에서 언급한 것과 같은 반응을 고려해 보자. 이때의 [BrCl]은 얼마인가?

**유제 3** 반응 $2A \rightleftharpoons B$를 생각해 보자. 오른쪽 그림은 A=●와 B=●인 평형 시스템을 나타낸다. 다음 그림[(i)~(iv)] 중 어느 것이 평형 상태를 나타내는가? 해당되는 모든 것들을 고르시오.

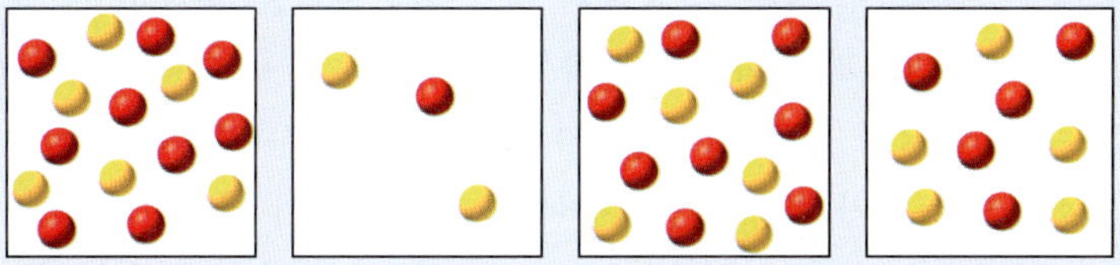

(i) (ii) (iii) (iv)

A = ● B = ●

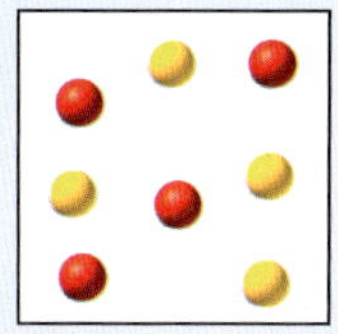

## 평형 상수의 크기

평형 상수를 통해 알 수 있는 것들 중 하나는 반응물에 대한 화학량론적인 양과 결합했을 때, 특정 온도에서 반응이 어디로 진행되는지이다. 이를 설명하기 위해 일반적인 반응을 다시 고려해 보자.

$$A+B \rightleftharpoons C$$

반응물에 대한 화학량론적 양인 1몰의 A와 1몰의 B를 결합하면 세 가지 결과가 가능하다.

1. 반응은 거의 완료될 것이고, 평형 혼합물은 주로 C(생성물)로 구성될 것이다.
2. 반응은 많이 진행되지 않을 것이며, 평형 혼합물은 주로 A와 B(반응물)로 구성될 것이다.
3. 반응은 상당한 정도로 진행될 것이지만, 완료되지는 않을 것이다. 평형 혼합물은 비슷한 양의 A, B 및 C의 농도를 포함할 것이다.

$K_c$의 크기가 매우 클 때 첫 번째 결과가 예측된다. $Ag(NH_3)_2^+$ 이온의 생성 반응은 이러한 가능성의 예이다.

$$Ag^+(aq)+2NH_3(aq) \rightleftharpoons Ag(NH_3)_2^+(aq) \qquad K_c=1.5\times10^7\ (25°C에서)$$

$Ag^+$ 수용액과 $NH_3$ 수용액을 1:2의 몰 비로 결합하는 경우, 결과로 얻어지는 평형 혼합물은 $Ag(NH_3))_2^+$를 주로 포함하고, 매우 적은 양의 반응물만 남게 된다. 매우 큰 평형 상수를 가진 반응은 때로는 "반응이 오른쪽으로 치우친다" 또는 "생성물을 선호한다"고 말한다.

**참조**
화학량론적 양

$K_c$의 크기가 매우 작으면 두 번째 결과가 예측된다. 일산화 질소를 발생시키는 질소와 산소 기체의 화학적 결합이 이러한 가능성의 한 예이다.

$$N_2(g)+O_2(g) \rightleftharpoons 2NO(g) \qquad K_c=4.3\times10^{-25}\ (25°C에서)$$

질소와 산소 기체는 실온에서 잘 반응하지 않는다. 진공 플라스크에 $N_2$와 $O_2$의 혼합물을 넣고, 이 시스템이 평형을 이룰 수 있게 하면, 결과로 얻어지는 혼합물은 NO가 **아주** 적게 존재하고 $N_2$와 $O_2$가 많이 존재한다. 매우 작은 평형 상수를 가진 반응은 "반응이 왼쪽으로 치우친다" 또는 "반응물을 선호한다"고 말한다.

**'매우 크다'**, **'매우 작다'**라는 용어는 평형 상수에 적용될 때 다소 임의적이다. 일반적으로 약 $1\times10^2$보다 큰 평형 상수는 큰 것으로 고려할 수 있다. 약 $1\times10^{-2}$보다 작은 평형 상수는 작은 것으로 고려할 수 있다.

$1\times10^2$와 $1\times10^{-2}$ 사이의 평형 상수는 생성물도 반응물도 강하게 지지되지 않음을 나타낸다. 이 경우, 평형 시스템은 반응물과 생성물의 **혼합물**(mixture)을 포함할 것이며, 그 정확한 조성은 개별 반응과 화학량론에 좌우될 것이다.

평형 상수($K_c$)와 달리 반응 지수($Q_c$)의 값은 반응이 진행됨에 따라 **변한다**. 그 이유는 반응물과 생성물의 농도가 반응이 진행됨에 따라 변화하기 때문이다(그림 15.3). $Q_c$는 반응이 평형에 있을 때에만 $K_c$와 같다. 그러나 평형 상태가 아닌 반응에 대해 $Q_c$의 값을 계산하는 것이 유용하다는 것을 종종 발견한다(식 15.1).

또한 평형에 대한 논의는 근본적으로 열역학을 보는 또 다른 방법이다. 어떤 반응이 "오른쪽에 치우쳐 있다"고 말하는 것은, 이 반응이 **자발적**(spontaneous)이라고 말하는 것과 같다. 어떤 반응이 "왼쪽에 치우쳐 있다"고 말하는 것은, 이 반응이 **비자발적**(nonspontaneous)이라고 말하는 것과 같다. 반응 지수, 평형 상수 및 자유 에너지 사이의 관계는 15.4절에서 자세히 논의될 것이다.

## 15.2절 복습

### 평형 상수

**15.2.1** 다음 반응식에 대한 평형식을 고르시오.

$$2CO(g)+O_2(g) \rightleftharpoons 2CO_2(g)$$

(a) $K_c=\dfrac{2[CO_2]^2}{2[CO]^2[O_2]}$ (b) $K_c=\dfrac{(2[CO_2])^2}{(2[CO])^2[O_2]}$

(c) $K_c=\dfrac{2[CO_2]}{2[CO][O_2]}$ (d) $K_c=\dfrac{2[CO_2]^2}{[2CO]^2[O_2]}$

(e) $K_c=\dfrac{[CO_2]^2}{[CO]^2[O_2]}$

**15.2.2** 평형 농도가 $[A]=0.0115\,M$, $[B]=0.0253\,M$, $[C]=0.109\,M$ 및 $[D]=0.0110\,M$인 경우, 다음 반응에 대한 평형 상수 $K_c$의 값을 결정하시오.

$$A+2B \rightleftharpoons C+D$$

(a) 163 (b) 4.12

(c) 2.06 (d) $6.14\times10^{-3}$

(e) 0.243

# 15.3 평형식

지금까지 논의된 화학 평형들은 모두 **균일**(homogeneous) 평형이다. 즉, 반응물과 생성물, 모두 기체 상태이거나 수용액 상태로서 모든 화학종이 같은 상으로 존재한다. 이런 경우, 평형식은 평형 상태에서 반응물 농도의 곱에 대한 생성물 농도의 곱으로 쓰고, 각 농도는 균형 잡힌 화학 반응식(식 15.1)의 화학량론적 계수와 같은 수가 지수로 올라간다. 가역적인 화학 반응에 포함된 화학종들이 모두 같은 상으로 존재 않을 때, 이 화학 평형은 **불균일**(heterogeneous)하다.

## 불균일 평형

불균일 평형에 대한 평형식을 쓰는 것도 간단하지만, 지금까지 다뤄왔던 균일 평형에 관한 것과는 약간 다르다. 예를 들어, 이산화 탄소는 원소 상태의 탄소와 반응하여 일산화 탄소를 생성할 수 있다.

$$CO_2(g) + C(s) \rightleftharpoons 2CO(g)$$

두 개의 기체 물질들과 하나의 고체 물질은 두 개의 분리된 상을 구성한다. 균일한 반응과 같은 방법으로 모든 반응물의 농도를 곱하여 분모에 쓰고, 모든 생성물의 농도를 곱해 분자에 써서 이 반응에 대한 평형식을 쓰면 다음과 같다.

$$K_c^* = \frac{[CO]^2}{[CO_2][C]}$$

($K_c^*$는 여기서 유도하려는 평형 상수와 균일 평형에서 사용한 평형 상수와 구별하기 위해 별표를 위 첨자로 표시하였다.) 그러나 고체의 "농도"는 상수다. 위의 반응에서 원소 상태인 탄소(C)의 몰을 두 배로 늘리면 그에 대한 부피도 두 배가 된다. 따라서 농도(몰농도 $=$mol/L)를 정의하는 방법인 부피에 대한 몰의 비율인 농도는 동일하게 유지된다. 고체 탄소의 농도는 반응이 진행되는 과정에서 일정하기 때문에, 일반적으로 평형 상수의 값에 포함시키고 평형식에는 나타내지 않는다.

$$K_c^* \times [C] = \frac{[CO]^2}{[CO_2]}$$

$K_c^*$와 $[C]_{eq}$의 곱은 이 반응에 대한 실제 평형 상수로 측정된다. 결과적으로 얻어지는 평형식은 다음과 같다.

$$K_c = \frac{[CO]^2}{[CO_2]}$$

이와 같은 방법이 순수한 액체를 포함한 불균일 평형의 액체의 농도에도 적용된다. 단지 기체 상태의 화학종과 수용액 상태의 화학종만이 평형식에 나타난다.

예제 15.3에서는 불균일 평형에 대한 평형식을 만드는 연습을 한다.

## 예제 15.3

다음 각 반응에 대한 평형식을 쓰시오.

(a) $CaCO_3(s) \rightleftharpoons CaO(s) + CO_2(g)$

(b) $Hg(l) + Hg^{2+}(aq) \rightleftharpoons Hg_2^{2+}(aq)$

(c) $2Fe(s) + 3H_2O(l) \rightleftharpoons Fe_2O_3(s) + 2H_2(g)$

(d) $O_2(g) + 2H_2(g) \rightleftharpoons 2H_2O(l)$

**전략** 각 반응에 대한 평형식을 쓰기 위해 질량 작용의 법칙을 사용한다. 기체와 수용액 상태의 화학종들만 평형식에 나타낸다.

**계획**

(a) 평형식에 $CO_2$만 나타낸다.

(b) 평형식에 $Hg^{2+}$와 $Hg_2^{2+}$만 나타낸다.

(c) 평형식에 $H_2$만 나타낸다.

(d) 평형식에 $O_2$와 $H_2$만 나타낸다.

**풀이**

(a) $K_c = [CO_2]$

(b) $K_c = \dfrac{[Hg_2^{2+}]}{[Hg^{2+}]}$

(c) $K_c = [H_2]^2$

(d) $K_c = \dfrac{1}{[O_2][H_2]^2}$

### 생각해 보기

균일 평형에 대한 평형식을 만드는 것과 같이, 연습을 통해 불균일 평형에 대한 평형식을 쓰는 것도 습관이 될 수 있다. 이 방법을 익히는 것은 앞으로 더욱 중요하다. 16장부터 18장에서 원리를 이해하고 많은 문제를 풀기 위해서 평형식을 정확하고 쉽게 작성하는 능력이 반드시 필요하다.

**유제 1** 다음 평형식들 중에서 불균일 평형에 해당하는 것은 어느 것인가? 그 이유는 무엇인가?

(a) $K_c = [NH_3][HCl]$ (b) $K_c = \dfrac{[H^+][C_2H_3O_2^-]}{[HC_2H_3O_2]}$ (c) $K_c = \dfrac{[Ag(NH_3)_2^+][Cl^-]}{[NH_3]^2}$ (d) $K_c = [Ba^{2+}][F^-]^2$

**유제 2** $A(s) + B(g) \rightleftharpoons C(s)$ 반응을 생각해 보자. 다음 그림들[(i)~(iv)] 중 어느 것이 이 반응의 평형 상태를 나타내고 있는지 모두 고르시오. A=흰 구, B=노란 구, C=검은 구

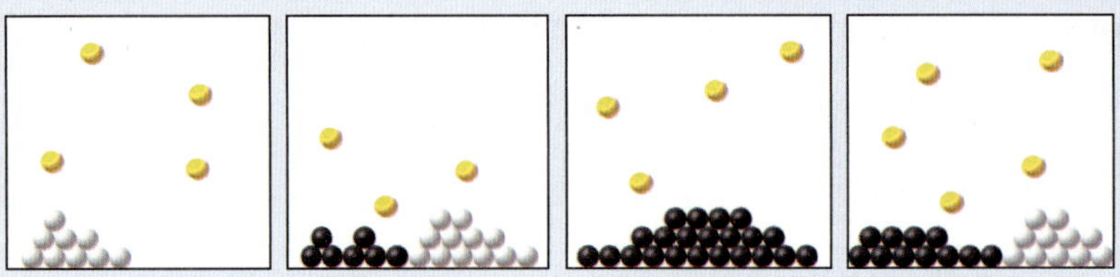

(i) (ii) (iii) (iv)

## 평형식의 이용

앞서 엔탈피에 대해 배울 때, 열화학적 문제를 풀기 위해 화학 반응식을 이용하는 것이 가능하다는 것을 배웠다[|◀◀ 10.3절]. 열화학 반응식을 변화시키면, 이 변화에 해당하는 만큼 반응의 $\Delta H$도 변화시켜야 한다는 것을 기억하자. 예를 들어, 반응을 역반응으로 변화시키게 되면 $\Delta H$의 부호를 바꿔야만 했다. 표현된 어떤 평형 반응에 대해 무언가를 변화시키게 되면, 또한 평형 반응식과 평형 상수도 적절하게 변화시켜야 한다. 이산화질소를 생성하기 위한 산화질소와 산소의 반응을 고려해 보자.

$$2NO(g) + O_2(g) \rightleftharpoons 2NO_2(g)$$

평형식은 다음과 같다.

$$K_c = \frac{[NO_2]^2}{[NO]^2[O_2]}$$

500 K에서 위 반응식에 대한 평형 상수는 $6.9 \times 10^5$이다. 이 반응식을 반대로 하면, $NO_2$의 분해 반응식이 되고, NO와 $O_2$가 생성된다.

$$2NO_2(g) \rightleftharpoons 2NO(g) + O_2(g)$$

새로운 평형식은 원래 평형식의 역수가 될 것이다.

$$K_c' = \frac{[NO]^2[O_2]}{[NO_2]^2}$$

새로운 평형식이 원래 식의 역수이므로, 평형 상수 또한 원래 값의 역수가 된다. 따라서 500 K에서 새로운 반응식의 평형 상수는 $1/(6.9 \times 10^5)$ 또는 $1.5 \times 10^{-6}$이 된다.

이번에는 원래의 반응식을 거꾸로 하는 대신 원래의 식에 2를 곱해 보자. 새로운 반응식은 다음과 같다.

$$4NO(g) + 2O_2(g) \rightleftharpoons 4NO_2(g)$$

새로운 평형식은 다음과 같다.

$$K_c'' = \frac{[NO_2]^4}{[NO]^4[O_2]^2}$$

이 식은 원래의 식 전체를 제곱한 것과 같다. 다시 말하면 새로운 평형식은 원래 식의 제곱이므로, 새로운 평형 상수 또한 원래 값의 제곱이다: $K_c = (6.9 \times 10^5)^2$ 또는 $4.8 \times 10^{11}$

마지막으로 다음의 두 반응식을 더하는 경우를 고려해 보자. 첫 번째 반응식은 원래 반응식의 역반응에 대한 것이고, 두 번째 식은 새로운 반응식이다.

$$2NO_2(g) \rightleftharpoons 2NO(g) + O_2(g) \quad (500\text{ K에서 } K_c = 1.6 \times 10^{-6})$$
$$2H_2(g) + O_2(g) \rightleftharpoons 2H_2O(g) \quad (500\text{ K에서 } K_c = 2.4 \times 10^{47})$$

위 두 평형 반응식을 화살표를 기준으로 양변을 **더해**(sum) 새로운 평형 반응식을 만들면, 이 새로운 평형 반응식에 대한 평형식은 다음과 같다.

$$2NO_2(g) + 2H_2(g) + O_2(g) \rightleftharpoons 2NO(g) + O_2(g) + 2H_2O(g)$$
$$K_c = \frac{[NO]^2[O_2][H_2O]^2}{[NO_2]^2[H_2]^2[O_2]}$$

결과로 만들어진 새로운 평형 반응식에 대한 평형식은 원래의 두 평형 반응식에 대한 평형식의 **곱**(product)으로 생각할 수 있다.

$$\frac{[NO]^2[O_2][H_2O]^2}{[NO_2]^2[H_2]^2[O_2]} = \frac{[NO]^2\cancel{[O_2]}}{[NO_2]^2} \times \frac{[H_2O]^2}{[H_2]^2\cancel{[O_2]}}$$

반응식의 왼쪽과 오른쪽, 그리고 평형식의 위와 아래에서 동일한 화학종을 지우면 다음과 같다.

**표 15.2 평형 상수 식 다루기**

| | $A(g)+B(g) \rightleftharpoons 2C(g)$ | $K_{c_1}=4.39\times10^{-3}$ | |
|---|---|---|---|
| | $2C(g) \rightleftharpoons D(g)+E(g)$ | $K_{c_2}=1.15\times10^{4}$ | |
| **반응식** | **평형식** | **원래 $K_c$와의 관계** | **평형 상수** |
| $2C(g) \rightleftharpoons A(g)+B(g)$<br>(원래 반응식의 역반응이다.) | $K'_{c_1}=\dfrac{[A][B]}{[C]^2}$ | $\dfrac{1}{K_{c_1}}$ | $2.28\times10^{2}$<br>(새로운 상수는 원래 값의 역수이다.) |
| $2A(g)+2B(g) \rightleftharpoons 4C(g)$<br>(원래 반응식에 숫자를 곱했다.) | $K''_{c_1}=\dfrac{[C]^4}{[A]^2[B]^2}$ | $(K_{c_1})^2$ | $1.93\times10^{-5}$<br>(새로운 상수는 원래 값에 같은 숫자가 지수로 올라간 값이다.) |
| $\frac{1}{2}A(g)+\frac{1}{2}B(g) \rightleftharpoons C(g)$<br>(원래 반응식을 2로 나눴다.) | $K'''_{c_1}=\dfrac{[C]}{[A]^{1/2}[B]^{1/2}}$ | $\sqrt{K_{c_1}}$ | $6.63\times10^{-2}$<br>(새로운 상수는 원래 값의 제곱근이다.) |
| $A(g)+B(g) \rightleftharpoons D(g)+E(g)$<br>(두 반응식을 더했다.) | $K_{c_3}=\dfrac{[D][E]}{[A][B]}$ | $K_{c_1}\times K_{c_2}$ | 50.5<br>(새로운 상수는 각각 원래 값들의 곱이다.) |

* 두 반응에 대한 온도는 같다.

$$2NO_2(g)+2H_2(g) \rightleftharpoons 2NO(g)+2H_2O(g) \quad \text{그리고} \quad K_c=\frac{[NO]^2[H_2O]^2}{[NO_2]^2[H_2]^2}$$

그리고 새로운 평형식은 각각의 평형식의 곱이므로, 평형 상수 또한 각각의 두 평형 상수의 곱이 된다.

$$2NO_2(g)+2H_2(g) \rightleftharpoons 2NO(g)+2H_2O(g)$$

위 평형 반응식에 대한 평형 상수는 500 K에서 $K_c=(1.6\times10^{-6})(2.4\times10^{47})=3.8\times10^{41}$이다.

가상의 평형 반응식을 사용하여 화학 반응식을 변형할 수 있는 다양한 방법과 이에 대한 평형식 및 평형 상수에 대해 수정해야 하는 사항을 표 15.2에 요약하였다.

예제 15.4는 화학 반응식을 어떻게 다뤄야 하는지와 이들 반응에 대한 평형 상수를 어떻게 변화시켜야 하는지를 보여 준다.

## 예제 15.4

다음 반응들에 대한 평형 상수 값들은 100°C에서 얻어진 값들이다.

(1) $2NOBr(g) \rightleftharpoons 2NO(g)+Br_2(g) \quad K_c=0.014$

(2) $Br_2(g)+Cl_2(g) \rightleftharpoons 2BrCl(g) \quad K_c=7.2$

100°C에서 다음 반응들에 대한 $K_c$ 값을 결정하시오.

(a) $2NO(g)+Br_2(g) \rightleftharpoons 2NOBr(g)$

(b) $4NOBr(g) \rightleftharpoons 4NO(g)+2Br_2(g)$

(c) $NOBr(g) \rightleftharpoons NO(g)+\frac{1}{2}Br_2(g)$

(d) $2NOBr(g)+Cl_2(g) \rightleftharpoons 2NO(g)+2BrCl(g)$

(e) $NO(g)+BrCl(g) \rightleftharpoons NOBr(g)+\frac{1}{2}Cl_2(g)$

**전략** 주어진 반응에 대한 평형식을 작성하여 시작한다. 그런 다음, 각 반응식의 평형식과 원래의 반응식의 평형식과의 관계를 결정하고, 이에 해당하는 평형 상수와 변화를 만든다.

**계획** 주어진 반응식 (1)과 (2)에 대한 평형식은 다음과 같다.

$$K_c=\frac{[NO]^2[Br_2]}{[NOBr]^2} \quad \text{그리고} \quad K_c=\frac{[BrCl]^2}{[Br_2][Cl_2]}$$

(a) 이 반응식은 원래의 반응식 (1)의 역과정이다. 평형식은 원래 반응식의 역수이다.

$$2NO(g)+Br_2(g) \rightleftharpoons 2NOBr(g) \qquad K_c=\frac{[NOBr]^2}{[NO]^2[Br_2]}$$

(b) 이 반응식은 원래의 반응식 (1)에 2를 곱한 것이다. 이 평형식은 원래의 평형식의 제곱이다.

$$4NOBr(g) \rightleftharpoons 4NO(g)+2Br_2(g) \qquad K_c=\left(\frac{[NO]^2[Br_2]}{[NOBr]^2}\right)^2$$

(c) 이 반응식은 원래의 반응식 (1)에 $\frac{1}{2}$을 곱한 것이다. 이 평형식은 원래의 평형식의 제곱근이다.

$$NOBr(g) \rightleftharpoons NO(g)+\frac{1}{2}Br_2(g) \qquad K_c=\sqrt{\frac{[NO]^2[Br_2]}{[NOBr]^2}} \quad \text{또는} \quad K_c=\left(\frac{[NO]^2[Br_2]}{[NOBr]^2}\right)^{1/2}$$

(d) 이 반응식은 원래의 반응식 (1)과 (2)를 합한 것이다. 이 평형식은 각각의 두 평형식의 곱이다.

$$2NOBr(g)+Cl_2(g) \rightleftharpoons 2NO(g)+2BrCl(g) \qquad K_c=\frac{[NO]^2[BrCl]^2}{[NOBr]^2[Cl_2]}$$

(e) 이 반응이 (d)에 나온 반응식의 역과정에 $\frac{1}{2}$을 곱한 것이란 것을 아는 것이 아마 이 반응을 해결하기 위한 가장 단순한 방법일 것이다. 이 평형식은 (d)에서 나타낸 평형식의 역수를 취한 후, 제곱근을 구하는 것이다.

$$NO(g)+BrCl(g) \rightleftharpoons NOBr(g)+\frac{1}{2}Cl_2(g)$$

$$K_c=\sqrt{\frac{[NOBr]^2[Cl_2]}{[NO]^2[BrCl]^2}} \quad \text{또는} \quad K_c=\left(\frac{[NOBr]^2[Cl_2]}{[NO]^2[BrCl]^2}\right)^{1/2}$$

평형식이 원래의 반응으로부터 만들어졌듯이 평형 상수도 원래의 식으로부터 만들어진다.

**풀이**

(a) $K_c=1/0.014=71$ (b) $K_c=(0.014)^2=2.0\times10^{-4}$ (c) $K_c=(0.014)^{1/2}=0.12$

(d) $K_c=(0.014)(7.2)=0.10$ (e) $K_c=(1/0.10)^{1/2}=3.2$

## 생각해 보기

평형 상수의 크기는 평형에서 생성물 또는 반응물이 선호되는지 여부를 나타내므로 정반응 및 역반응에 대한 $K_c$ 값 사이의 관계를 이해해야 한다. 매우 큰 $K_c$ 값은 생성물이 선호된다는 것을 의미한다. 물을 형성하기 위한 수소 이온과 수산화물 이온의 반응에서, $K_c$의 값은 매우 크다. 이것은 생성물인 물이 더 유리하다는 것을 나타낸다.

$$H^+(aq)+OH^-(aq) \rightleftharpoons H_2O(l) \qquad K_c=1.0\times10^{14}\ (25°C\text{에서})$$

단순히 반응식을 역으로 쓴다고 해서 평형에서의 지배적인 화학종이 바뀌지는 않는다. 이런 역과정에서는 지배적인 화학종이 반응물 쪽에 있게 된다.

$$H_2O(l) \rightleftharpoons H^+(aq)+OH^-(aq) \qquad K_c=1.0\times10^{-14}\ (25°C\text{에서})$$

결과적으로 반응물이 선호되는 평형 반응에 대한 평형 상수의 크기는 굉장히 작은 값이다.

**유제 1** 다음 반응과 특정 온도에서의 평형 상수 값을 생각해 보자.

$$N_2(g)+O_2(g) \rightleftharpoons 2NO(g) \qquad K_c=4.3\times10^{-25}$$

$$2NO(g)+O_2(g) \rightleftharpoons 2NO_2(g) \qquad K_c=6.4\times10^9$$

위와 같은 온도에서 진행되는 다음의 반응에 대한 평형 상수 값을 결정하시오.

(a) $2NO(g) \rightleftharpoons N_2(g)+O_2(g)$ (b) $\frac{1}{2}N_2(g)+\frac{1}{2}O_2(g) \rightleftharpoons NO(g)$ (c) $N_2(g)+2O_2(g) \rightleftharpoons 2NO_2(g)$

**유제 2** **유제 1**의 정보를 사용하여 다음 반응에 대한 평형 상수 값을 결정하시오.

(a) $4NO(g) \rightleftharpoons N_2(g)+2NO_2(g)$ (b) $4NO_2(g) \rightleftharpoons 2N_2(g)+4O_2(g)$ (c) $2NO(g)+2NO_2(g) \rightleftharpoons 3O_2(g)+2N_2(g)$

## 기체상 평형

어떤 평형 상태가 모두 기체 상태의 물질들로 이루어져 있다면, 기체들의 농도를 분압(단위: atm)으로 표현한 다른 평형식을 쓸 수 있다.

$$N_2O_4(g) \rightleftharpoons 2NO_2(g)$$

위 반응에 대한 평형식을 다음과 같이 쓸 수 있다.

$$K_c = \frac{[NO_2]^2}{[N_2O_4]} \quad \text{또는} \quad K_P = \frac{(P_{NO_2})^2}{P_{N_2O_4}}$$

여기서 $K_P$의 아래 첨자 "$P$"는 **압력**(pressure)을 나타내고 $P_{NO_2}$와 $P_{N_2O_4}$는 각각 $NO_2$와 $N_2O_4$의 평형 분압이다. 일반적으로 $K_c$는 $K_P$와 같지 않다. 왜냐하면 대기압에서 표현된 반응물과 생성물의 분압이 mol/L로 표현된 농도와 같지 않기 때문이다. 그러나 $K_P$와 $K_c$ 사이의 단순한 관계는 다음의 평형 반응을 이용하여 유도될 수 있다.

$$aA(g) \rightleftharpoons bB(g)$$

여기에서 $a$와 $b$는 화학량론적 계수이다. 평형 상수 $K_c$는 다음과 같다.

$$K_c = \frac{[B]^b}{[A]^a}$$

$K_P$에 대한 식은 다음과 같다.

$$K_P = \frac{(P_B)^b}{(P_A)^a}$$

여기에서 $P_A$와 $P_B$는 A와 B의 부분 압력이다. 이 기체들이 이상적으로 행동한다고 가정하면, A 기체에 대하여 식을 다음과 같이 쓸 수 있다.

$$P_AV = n_ART$$
$$P_A = \frac{n_ART}{V} = \left(\frac{n_A}{V}\right)RT$$
$$P_A = [A]RT$$

여기에서 [A]는 A 기체에 대한 몰농도이다. 같은 방법으로 B 기체에 대하여 식을 다음과 같이 쓸 수 있다.

$$P_BV = n_BRT$$
$$P_B = \frac{n_BRT}{V} = \left(\frac{n_B}{V}\right)RT$$
$$P_B = [B]RT$$

$K_P$에 대한 식에 $P_A$와 $P_B$ 대신에 위의 식을 대입하면, 다음과 같은 식이 만들어진다.

$$K_P = \frac{(P_B)^b}{(P_A)^a} = \frac{[B]^b}{[A]^a}(RT)^{b-a}$$

위 식을 간략하게 표현하면 다음과 같다.

$$K_P = K_c(RT)^{\Delta n}$$

여기에서 $\Delta n = b - a$이다. 일반적으로 다음의 의미를 가지고 있다.

$$\Delta n = \text{기체 생성물들의 몰수} - \text{기체 반응물들의 몰수} \qquad \text{식 15.3}$$

대개 압력은 기압으로 표현되기 때문에 기체 상수 $R$은 0.08206 L·atm/K·mol로 표현되며, $K_P$와 $K_c$의 관계는 다음과 같이 쓸 수 있다.

$$K_P = K_c[0.08206\ \text{L} \cdot \text{atm/K} \cdot \text{mol} \times T]^{\Delta n} \qquad \text{식 15.4}$$

다음 반응과 같은 특별한 경우인 $\Delta n = 0$일 때, $K_P$와 $K_c$는 같은 값이다.

$$H_2(g) + Br_2(g) \rightleftharpoons 2HBr(g)$$

이런 경우에는 식 15.4를 다음과 같이 쓸 수 있다.

$$K_P = K_c\ [(0.08206\ \text{L} \cdot \text{atm/K} \cdot \text{mol}) \times T]^0$$
$$= K_c$$

$K_P$는 반드시 평형식에 있는 모든 화학종들이 기체인 반응에 대해서만 쓸 수 있다는 것을 기억한다.(순수한 고체 상태와 액체 상태는 평형식에 나타나지 않는다는 것을 기억하자.)

예제 15.5와 15.6을 통해 $K_P$ 식을 쓰는 것과 $K_c$와 $K_P$ 사이의 변환 과정을 연습해 본다.

## 예제 15.5

다음 반응에 대한 $K_P$ 식을 쓰시오.

(a) $PCl_3(g) + Cl_2(g) \rightleftharpoons PCl_5(g)$ (b) $O_2(g) + 2H_2(g) \rightleftharpoons 2H_2O(l)$ (c) $F_2(g) + H_2(g) \rightleftharpoons 2HF(g)$

**전략** 기체들의 농도를 부분 압력으로 나타내어 각 반응에 대한 평형식을 쓰시오.

**계획** (a) 이 반응식에 있는 모든 화학종은 기체이기 때문에, 이들이 $K_P$ 식에 모두 나타난다.

(b) 반응물들만이 기체 상태이다.

(c) 모든 화학종들이 기체 상태이다.

**풀이**

(a) $K_P = \dfrac{(P_{PCl_5})}{(P_{PCl_3})(P_{Cl_2})}$ (b) $K_P = \dfrac{1}{(P_{O_2})(P_{H_2})^2}$ (c) $K_P = \dfrac{(P_{HF})^2}{(P_{F_2})(P_{H_2})}$

### 생각해 보기

반응에서 모든 화학종들이 기체 상태일 필요는 없다. 평형식에는 기체 상태의 화학종들만이 나타난다.

**유제 1** 다음 $K_P$ 식들에 해당하는 기체 평형에 대한 반응식을 쓰시오.

(a) $K_P = \dfrac{(P_{NO_3})^2}{(P_{NO_2})^2(P_{O_2})}$ (b) $K_P = \dfrac{(P_{CO_2})(P_{H_2})^4}{(P_{CH_4})(P_{H_2O})^2}$ (c) $K_P = \dfrac{(P_{HI})^2}{(P_{I_2})(P_{H_2})}$

**유제 2** 다음 그림들은 빨간색 구와 노란색 구가 반응물 또는 생성물을 표현한 평형을 나타내고 있다. 어느 그림에 대하여 $K_P$ 식을 쓸 수 있는가? 또 어느 그림에 대하여 $K_c$ 식을 쓸 수 있는가? 각 경우에 해당하는 것들을 모두 고르시오.

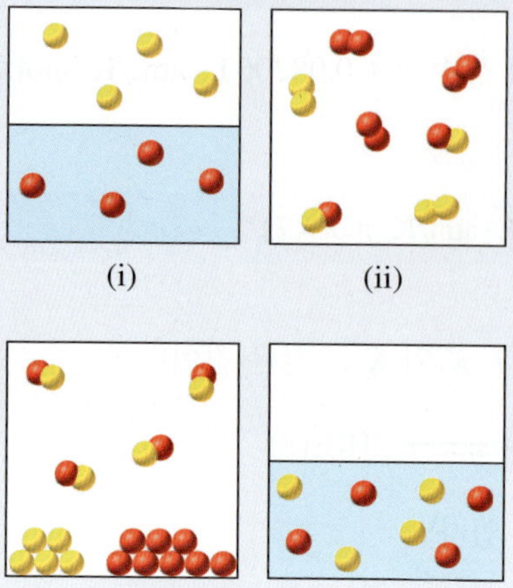

(i) (ii) (iii) (iv)

## 예제 15.6

다음 반응에 대한 평형 상수($K_c$)는 25°C에서 $4.63\times10^{-3}$이다. 같은 온도에서 $K_P$ 값은 얼마인가?

$$N_2O_4(g) \rightleftharpoons 2NO_2(g)$$

**전략** 식 15.4를 이용하여 $K_c$를 $K_P$로 변환한다. 섭씨온도를 절대 온도로 변환하는 것도 잊지 않는다.

**계획** 식 15.3을 이용하면,

$$\Delta n = 2(NO_2) - 1(N_2O_4) = 1$$

$T = 298\,K$이다.

**풀이**
$$K_P = \left[K_c\left(\frac{0.08206\ L\cdot atm}{K\cdot mol}\right)\times T\right]$$
$$= (4.63\times10^{-3})(0.08206\times298)$$
$$= 0.113$$

### 생각해 보기

결과로 얻어지는 평형 상수($K_P$)의 단위가 없도록 하기 위해 $R$과 $T$의 단위도 본질적으로 고려하지 않았다. 평형 상수는 일반적으로 단위가 없는 양으로 취급한다.

**유제 1** 다음 반응에 대하여 375°C에서 $K_c$ 값은 $2.3\times10^{-2}$이다. 같은 온도에서의 $K_P$를 구하시오.

$$N_2(g) + 3H_2(g) \rightleftharpoons 2NH_3(g)$$

**유제 2** 유제 1의 반응에 대하여 472°C에서의 $K_P$는 $2.79\times10^{-5}$이다. 같은 온도에서의 $K_c$를 구하시오.

## 15.3절 복습

**평형식**

**15.3.1** 다음 반응에 대한 평형식을 고르시오.

$$H^+(aq)+OH^-(aq) \rightleftharpoons H_2O(l)$$

(a) $K_c=\dfrac{[H_2O]}{[H^+][OH^-]}$ (b) $K_c=\dfrac{[H^+][OH^-]}{[H_2O]}$ (c) $K_c=[H^+][OH^-]$

(d) $K_c=\dfrac{1}{[H^+][OH^-]}$ (e) $K_c=[H^+][OH^-]\,[H_2O]$

**15.3.2** 다음 반응에 대한 평형식을 고르시오.

$$CaO(s)+CO_2(g) \rightleftharpoons CaCO_3(s)$$

(a) $K_c=\dfrac{1}{[CO_2]}$ (b) $K_c=\dfrac{[CaCO_3]}{[CaO][CO_2]}$ (c) $K_c=[CO_2]$

(d) $K_c=\dfrac{[CaO][CO_2]}{[CaCO_3]}$ (e) $K_c=\dfrac{[CO_2]}{[CaO][CaCO_3]}$

**15.3.3** 다음의 정보를 고려해 보자.

$$HF(aq) \rightleftharpoons H^+(aq)+F^-(aq) \qquad K_c=6.8\times10^{-4}\ (25°C에서)$$

$$H_2C_2O_4(aq) \rightleftharpoons 2H^+(aq)+C_2O_4^{2-}(aq) \qquad K_c=3.8\times10^{-6}\ (25°C에서)$$

다음 반응에 대하여 25°C에서의 $K_c$ 값을 결정하시오.

$$C_2O_4^{2-}(aq)+2HF(aq) \rightleftharpoons 2F^-(aq)+H_2C_2O_4(aq)$$

(a) $2.6\times10^{-9}$ (b) $1.8\times10^{-12}$ (c) $1.2\times10^{-1}$

(d) $2.6\times10^{5}$ (e) $6.8\times10^{-4}$

**15.3.4** 다음 반응의 $K_c$는 1280°C에서 $1.1\times10^{-3}$이다. 같은 온도에서 $K_P$ 값은 얼마인가?

$$Br_2(g) \rightleftharpoons 2Br(g)$$

(a) $1.1\times10^{-3}$ (b) 18 (c) 0.14

(d) $9.1\times10^{2}$ (e) $8.3\times10^{-6}$

# 15.4 화학 평형과 자유 에너지

평형에 대한 논의는 실제로 열역학의 또 다른 관점이다. $K$의 **크기**(magnitude)는 $\Delta G°$의 부호(즉, 반응물이 결합될 때, 상당량의 생성물이 형성되는지 여부)와 동일한 정보를 제공한다.

> **참조**
> 여기에서 $K$와 $Q$는 $K_c$와 $Q_c$ 또는 $K_P$와 $Q_P$를 의미한다.

- 매우 큰 $K(>>1)$를 가진 반응은 음의 $\Delta G°$를 갖는다. 이 경우, 반응물이 자발적으로 반응하여 생성물을 형성할 것으로 예상되며, 그 결과 평형 혼합물은 주로 생성물로 구성된다.

- 아주 작은 $K$ ($<<1$)를 가진 반응은 양의 $\Delta G^\circ$를 갖는다. 이 경우, 반응물이 자발적으로 반응할 수 없어서 어떤 중요한 정도의 생성물을 만들 것으로 기대되지 않으며, 그 결과 평형 혼합물은 주로 반응물로 구성된다.

$K$의 크기와 $\Delta G^\circ$의 부호는 유용한 정보를 제공하고 다양한 문제를 해결할 수 있게 해 준다. 사실, 이 장과 다음 두 장의 평형 문제를 해결하기 위해 $K$를 광범위하게 사용할 것이다. 그러나 종종 실제 실험은 화학량론적 양의 반응물을 넣어 시작하지 않기도 한다. 이 절에서는 시작 조건하에서 반응의 결과를 예측하는 방법을 배우게 된다.

## $Q$와 $K$를 이용하여 반응의 방향 예측

반응물만으로 실험을 시작하면 반응물 농도가 감소하고 생성물 농도가 증가한다는 것을 알 수 있다. 즉, 평형이 이루어지려면 반응이 **정반응**(forward) 쪽으로 진행되어야 한다. 마찬가지로 생성물만으로 실험을 시작하면 생성물 농도가 감소하고 반응물 농도가 증가한다는 것을 알 수 있다. 이 경우 반응은 평형을 이루기 위해 **역반응**(reverse) 쪽으로 진행되어야 한다. 그러나 종종 반응물과 생성물의 혼합물로 시작할 때, 반응이 진행될 방향을 예측해야 할 때가 있다. 이 상황에서는 반응 지수 $Q_c$의 값을 계산하고 이를 평형 상수 $K_c$의 값과 비교한다.

**참조**

$Q_c$는 반응물과 생성물의 초기 농도를 사용하여 계산된다. 마찬가지로 $Q_P$는 반응물과 생성물의 초기 부분 압력을 사용하여 계산할 수 있다.

수소 분자와 아이오딘 분자가 반응하여 아이오딘화 수소의 기체를 만드는 반응에 대한 평형 상수 $K_c$는 430℃에서 54.3이다.

$$H_2(g) + I_2(g) \rightleftharpoons 2HI(g)$$

430℃에서 1.00 L 용기 안에 0.243몰의 $H_2$, 0.146몰의 $I_2$ 및 1.98몰의 HI가 혼합되어 있는 상태로 실험을 수행한다면, 더 많은 HI가 만들어질 것인가? 또는 HI가 소비되고 더 많은 $H_2$ 및 $I_2$가 만들어질 것인가? 이 문제를 해결하기 위해, 시작 농도를 사용하여 다음과 같이 반응 지수를 계산할 수 있다.

**참조**

$Q_c$를 계산할 때 사용하는 농도가 시작 농도라는 점만 제외하면 $Q_c$를 계산하는 것은 $K_c$(각 화학종의 계수를 지수로 올린 후, 반응물을 분모로, 생성물을 분자로 한 분수식)를 계산하는 것과 같다. $K_c$를 계산하기 위해서는 평형 농도를 사용해야 한다.

$$Q_c = \frac{[HI]_i^2}{[H_2]_i[I_2]_i} = \frac{(1.98)^2}{(0.243)(0.146)} = 111$$

여기서 첨자 "i"는 **초기** 농도를 나타낸다. 반응 지수가 $K_c$와 같지 않기 때문에($Q_c = 111$, $K_c = 54.3$), 반응은 평형 상태가 아니다. 평형을 이루기 위해서는 반응은 왼쪽으로 진행되어 HI를 소비하고, $H_2$와 $I_2$를 생성해야 한다. 따라서 반응 지수의 값이 평형 상수의 값과 같아질 때까지 분자의 값을 감소시키고 분모의 값을 증가시킨다. 반응은 역방향으로(오른쪽에서 왼쪽으로) 진행되어 평형을 이룬다.

**참조**

$Q$와 $K$의 비교하는 것과 같은 맥락으로 $Q_c$와 $K_c$를 비교하거나 또는 $Q_P$와 $K_P$를 비교할 수 있다.

$Q$와 $K$를 비교할 때 세 가지 가능성이 있다.

$Q < K$ 반응물에 대한 생성물의 초기 농도의 비율이 너무 작다. 평형에 도달하려면 반응물이 생성물로 전환되어야 한다. 반응은 정방향(왼쪽에서 오른쪽)으로 진행한다.

$Q = K$ 초기 농도는 평형 농도이다. 반응은 이미 평형 상태에 있으며 어느 방향으로도 반응이 진행되지 않는다.

$Q > K$ 반응물에 대한 생성물의 초기 농도의 비율이 너무 크다. 평형에 도달하려면

생성물이 반응물로 전환되어야 한다. 반응이 역방향(오른쪽에서 왼쪽)으로 진행한다.

예제 15.7은 평형 상태가 아닌 반응의 방향을 결정하기 위해 $Q$의 값이 어떻게 사용되는지 보여 준다.

## 예제 15.7

375°C에서 다음 반응에 대한 평형 상수는 1.2이다.

$$N_2(g) + 3H_2(g) \rightleftharpoons 2NH_3(g)$$

반응이 시작할 때, $N_2$, $H_2$ 및 $NH_3$의 농도는 각각 0.071 $M$, $9.2\times10^{-3}$ $M$ 및 $1.83\times10^{-4}$ $M$이었다. 이 조건이 평형 상태인지 아닌지를 결정하고, 그렇지 않은 경우 평형을 만들기 위해 어떤 방향으로 반응이 진행되어야 하는지 결정하시오.

**전략** 주어진 초기 농도를 사용하여 $Q_c$를 계산한 후, $Q_c$와 $K_c$를 비교해 본다.

**계획**

$$Q_c = \frac{[NH_3]_i^2}{[N_2]_i[H_2]_i^3} = \frac{(1.83\times10^{-4})^2}{(0.071)(9.2\times10^{-3})^{-3}} = 0.61$$

**풀이** 계산된 $Q_c$의 값은 문제에서 주어진 $K_c$보다 작다. 그러므로 반응은 평형 상태가 아니며 평형을 만들기 위해 반응은 정반응 쪽으로 진행되어야 한다.

### 생각해 보기

반응이 오른쪽(정반응)으로 진행할 때, 반응물을 소비하고 더 많은 생성물을 생성한다. 이것은 반응 지수에서 분자를 증가시키고 분모를 감소시킨다. 결과는 $Q_c$가 $K_c$와 같아질 때까지 값이 증가하여 평형에 도달된다.

**유제 1** 산화질소(NO)와 염소($Cl_2$)로부터 염화 나이트로실(NOCl)을 형성하기 위한 반응의 평형 상수 $K_c$는 35°C에서 $6.5\times10^4$이다.

$$2NO(g) + Cl_2(g) \rightleftharpoons 2NOCl(g)$$

35°C에서의 $K_P$를 계산하고, 시작 압력이 $P_{NO} = 1.01$ atm, $P_{Cl_2} = 0.42$ atm, $P_{NOCl} = 1.76$ atm일 때, 반응이 오른쪽 또는 왼쪽으로 진행하여 평형을 이루는지 여부를 결정하시오.

**유제 2** 반응 $2A \rightleftharpoons B$를 생각해 보자. 오른쪽의 그림은 평형 상태를 나타내고 있고, A = 노란 구, B = 빨간 구이다. 다음 그림[(i)~(iv)]들에 대하여, 반응이 오른쪽으로 진행될 것인지, 왼쪽으로 진행될 것인지, 평형 상태인지를 구분하시오.

(i) (ii) (iii) (iv)

## $\Delta G$와 $\Delta G°$의 관계

주어진 조건에서 반응이 어디로 진행되는지를 나타내는 것이 $\Delta G°$의 부호가 아니라 $\Delta G$의 부호임을 기억하자[◀◀ 14.5절]. $\Delta G°$는 표로 만들어진 열역학 자료를 이용하여 계산할 수 있다. 그러나 $\Delta G$를 결정하기 위해서는 반응 지수 $Q$가 필요하다. $\Delta G$와 $\Delta G^\circ$ 사이의 관계는 열역학에서 유도된다.

$$\Delta G = \Delta G^\circ + RT \ln Q \qquad \text{식 15.5}$$

**참조**

식 15.5에 사용된 $Q$는 $Q_c$(용액에서 일어나는 반응의 경우) 또는 $Q_P$(기체상의 반응의 경우) 중 하나일 수 있다.

여기서 $R$은 기체 상수(8.314 J/K·mol 또는 $8.314 \times 10^{-3}$ kJ/K·mol)이고, $T$는 반응이 일어나는 절대 온도, $Q$는 반응 지수이다[|◀◀ 15.2절]. 따라서 $\Delta G$는 $\Delta G^\circ$와 $RT \ln Q$의 두 가지 항에 의존한다. 온도 $T$에서 주어진 반응에 대해 $\Delta G^\circ$의 값은 고정되어 있지만 $Q$는 반응 혼합물의 조성에 따라 달라지기 때문에 $RT \ln Q$의 값은 변할 수 있다.

다음의 평형을 고려해 보자.

$$H_2(g) + I_2(s) \rightleftharpoons 2HI(g)$$

식 14.12와 부록 2의 정보를 사용하여 25°C에서 이 반응에 대한 $\Delta G^\circ$는 2.60 kJ/mol임을 알 수 있다. 그러나 $\Delta G$의 값은 두 화학종의 기체의 압력에 의존한다. $P_{H_2} = 4.0$ atm, $P_{HI} = 3.0$ atm과 고체 $I_2$를 포함하는 반응 혼합물로 시작하면 반응 지수 $Q_P$는 다음과 같다.

$$Q_P = \frac{(P_{HI})^2}{(P_{H_2})} = \frac{(3.0)^2}{4.0} = \frac{9.0}{4.0}$$
$$= 2.25$$

식 15.5에서 이 값을 사용하면 다음과 같다.

$$\Delta G = \frac{2.60 \text{ kJ}}{\text{mol}} + \left(\frac{8.314 \times 10^{-3} \text{ kJ}}{\text{K} \cdot \text{mol}}\right)(298 \text{ K})(\ln 2.25)$$
$$= 4.3 \text{ kJ/mol}$$

$\Delta G$가 양의 값이기 때문에, 이러한 농도를 가지고 반응을 시작하면 쓰여진 반응식에서 정반응이 자발적으로 일어나지 않을 것이라고 결론지을 수 있다. 대신, **역반응**은 자발적으로 일어나게 되고 반응 조건은 초기에 존재하는 HI의 일부를 소비하고 보다 많은 $H_2$ 및 $I_2$를 생성함으로써 평형에 도달할 것이다.

반면 $P_{H_2} = 4.0$ atm 및 $P_{HI} = 1.0$ atm인 기체들의 혼합물로 시작한다면, 반응 지수 $Q_P$는 다음과 같다.

$$Q_P = \frac{(P_{HI})^2}{(P_{H_2})} = \frac{(1.0)^2}{4.0} = \frac{1}{4}$$
$$= 0.25$$

식 15.5에서 이 값을 사용하면 다음과 같다.

$$\Delta G = \frac{2.60 \text{ kJ}}{\text{mol}} + \left(\frac{8.314 \times 10^{-3} \text{ kJ}}{\text{K} \cdot \text{mol}}\right)(298 \text{ K})(\ln 0.25)$$
$$= -0.8 \text{ kJ/mol}$$

$\Delta G$에 대한 음의 값은 쓰여진 반응식에서 반응은 정반응이 자발적으로 발생한다. 이 경우 반응 조건은 $H_2$와 $I_2$ 중 일부를 소비하여 더 많은 HI를 생성함으로써 평형을 이룰 것이다.

예제 15.8은 반응이 자발적인지를 결정하기 위해 $\Delta G^\circ$와 반응 지수를 사용한다.

## 예제 15.8

다음 반응에 대한 평형 상수($K_P$)는 298 K에서 0.113이고, 표준 자유 에너지 변화($\Delta G^\circ$)는 5.4 kJ/mol이다.

$$N_2O_4(g) \rightleftharpoons 2NO_2(g)$$

특정 실험에서 초기 압력은 $P_{N_2O_4}=0.453$ atm 및 $P_{NO_2}=0.122$ atm이다. 이 조건에서 반응에 대한 $\Delta G$를 계산하고, 반응이 자발적으로 진행하여 평형을 이루는 방향을 예측하시오.

**전략** $N_2O_4$와 $NO_2$의 부분 압력을 사용하여 반응 지수 $Q_P$를 계산한 다음 식 15.5를 사용하여 $\Delta G$를 계산한다.

**계획** 반응 지수 표현은 다음과 같다.

$$Q_c=\frac{(P_{NO_2})^2}{P_{N_2O_4}}=\frac{(0.122)^2}{0.453}=0.0329$$

**풀이**

$$\begin{aligned}\Delta G&=\Delta G^\circ+RT\ln Q_P\\&=\frac{5.4\text{ kJ}}{\text{mol}}+\left(\frac{8.314\times10^{-3}\text{ kJ}}{\text{K}\cdot\text{mol}}\right)(298\text{ K})(\ln 0.0329)\\&=5.4\text{ kJ/mol}-8.46\text{ kJ/mol}\\&=-3.1\text{ kJ/mol}\end{aligned}$$

$\Delta G$가 음의 값이므로, 반응은 왼쪽에서 오른쪽으로(정반응) 자발적으로 진행되어 평형을 이룬다.

### 생각해 보기

반응물과 생성물의 시작 농도가 $Q<K$인 경우, 양의 $\Delta G^\circ$ 값을 갖는 반응이 자발적일 수 있음을 기억한다.

**유제 1** 다음 반응에 대한 $\Delta G^\circ$ 값은 25°C에서 2.60 kJ/mol이다.

$$H_2(g)+I_2(s) \rightleftharpoons 2HI(g)$$

HI의 부분 압력이 0.94 atm인 경우 25°C에서 정반응 쪽으로 자발적인 반응이 되기 위해 필요한 $H_2$의 최소 부분 압력은 얼마인가?

**유제 2** 예제 15.8의 반응을 생각해 보자. 다음 그래프[(i)~(iv)] 중 $N_2O_4$의 부분 압력이 증가함에 따라 $\Delta G$가 어떻게 변화되는지를 가장 잘 보여 주는 그래프는 어느 것인가?

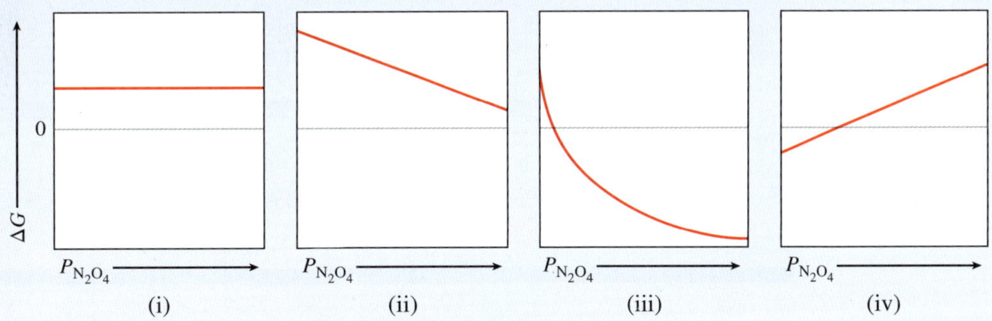


## $\Delta G^\circ$와 $K$의 관계

앞에서 정반응 및 역반응이 동일한 속도로 발생하는 조건으로 **평형**(equilibrium)을 정의했다. 이는 어느 방향으로도 화학종의 농도를 변하게 하는 반응이 일어나지 않으며 반응물과 생성물의 농도는 일정하다. 이 상태에서 $Q=K$이고 $\Delta G=0$이므로 $\Delta G=\Delta G^\circ+RT$ ln

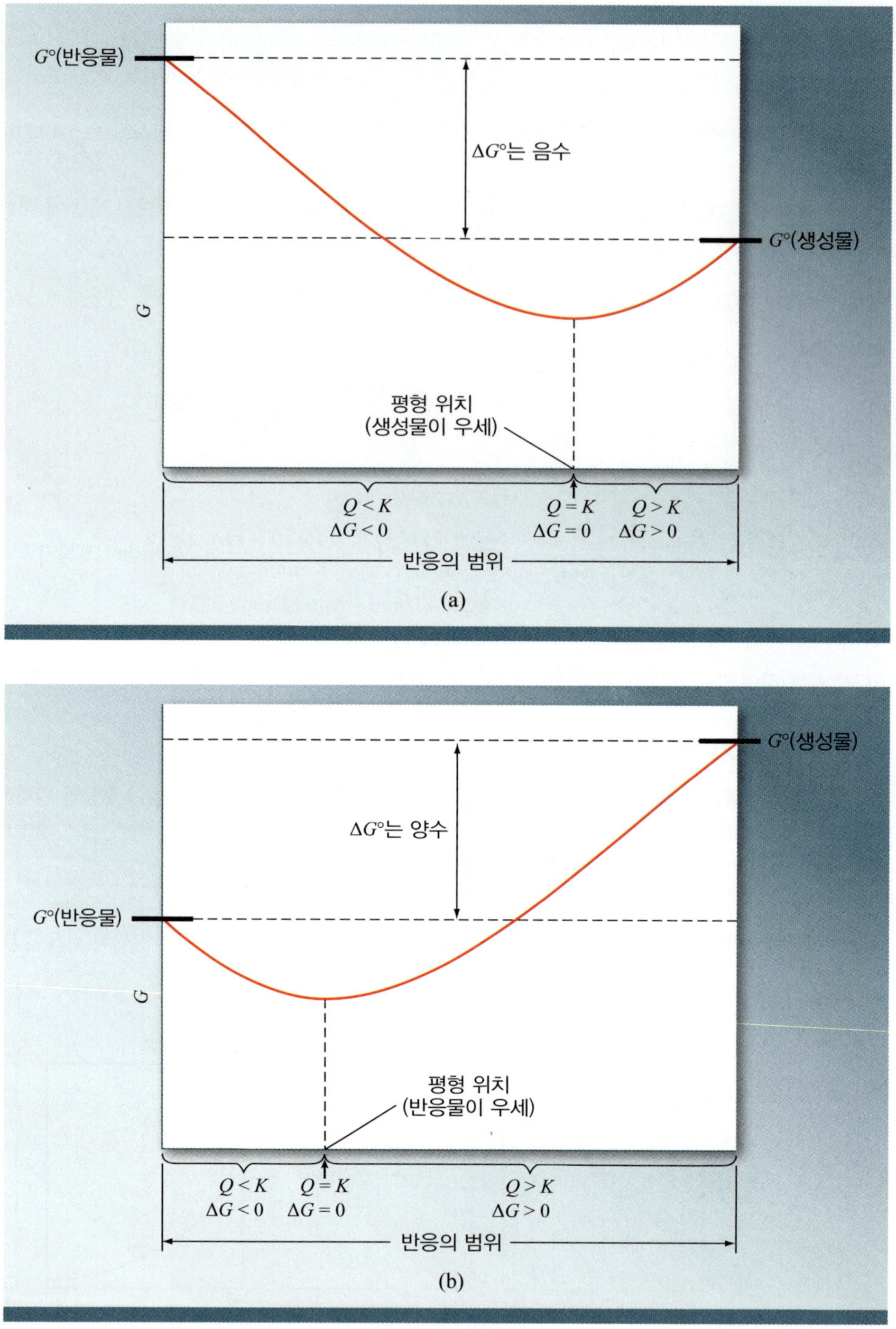


**그림 15.4** (a) $\Delta G° < 0$인 경우는 평형 상태에서 반응물이 생성물로 진행하는 정반응이 우세하다. (b) $\Delta G° > 0$인 경우는 평형 상태에서 생성물이 반응물로 진행하는 역반응이 우세하다. 두 경우에서, $Q < K$라면 반응이 왼쪽에서 오른쪽으로(반응물이 생성물로) 진행되고 $Q > K$이면 반응이 오른쪽에서 왼쪽으로(생성물이 반응물로) 진행되고 평형 상태에서는 $Q = K$이다.

**참조**

이 식과 식 15.6에서, $K$는 용액에서 일어나는 반응에 대해서는 $K_c$이고, 기체상에서 일어나는 반응에 대해서는 $K_P$이다.

$Q$(식 15.5) 식은 다음과 같다.

$$0 = \Delta G° + RT \ln K$$

$$\Delta G° = -RT \ln K \qquad \text{식 15.6}$$

식 15.6에 따르면, $K$가 클수록 $\Delta G°$가 더 음수가 된다. 화학자에게는 식 15.6이 열역학에서 가장 중요한 방정식 중 하나이다. 표준 자유 에너지의 변화를 알면 어떤 반응의 평형 상수

**표 15.3** 식 15.6에 의해 예측된 $K$와 $\Delta G°$ 사이의 관계

| $K$ | $\ln K$ | $\Delta G°$ | 평형에서의 결과 |
|---|---|---|---|
| >1 | 양수 | 음수 | 생성물이 우세 |
| =1 | 0 | 0 | 생성물도 반응물도 우세하지 않음 |
| <1 | 음수 | 양수 | 반응물이 우세 |

를 찾을 수 있고 그 반대도 마찬가지이다.

식 15.6은 실제 자유 에너지 변화($\Delta G$)보다는 평형 상수의 표준 자유 에너지 변화 $\Delta G°$와의 관계를 나타낸다는 것이 중요하다. 어떤 반응에서 실제 자유 에너지 변화는 반응이 진행됨에 따라 달라지며 평형 상태에서는 0이 된다. 한편, $\Delta G°$는 $K$와 같이 주어진 온도에서 특정 반응에 대한 상수이다. 그림 15.4는 어떤 두 반응에 대한 자유 에너지와 반응의 정도를 나타낸 그래프이다. 표 15.3은 평형 상수의 **크기**(magnitude)와 이에 상응하는 $\Delta G°$의 **부호**(sign) 사이의 관계를 요약한 것이다. 반응이 어떤 방향으로 자발적으로 진행될지를 결정하는 것은 $\Delta G°$의 부호가 아니라 $\Delta G$의 부호라는 것, 이 중요한 구분을 기억하자. $\Delta G°$의 부호는 반응이 평형에 도달하기 위해 반응이 어느 방향으로 진행될지가 **아니라** 평형에 도달했을 때 생성물과 반응물의 상대적 양을 알려 준다.

**참조**

$\Delta G°$의 부호는 $K$의 크기가 의미하는 것과 같은 것을 나타낸다. $\Delta G$의 부호는 $Q$와 $K$ 값의 비교와 같은 의미를 나타낸다.

매우 크거나 작은 평형 상수를 가진 반응의 경우, 반응물과 생성물의 농도를 측정하여 $K$값을 결정하는 것이 매우 어려울 때도 있다.(어떤 경우는 불가능하다.) 예를 들어, 분자 질소와 분자 산소가 반응하여 일산화 질소를 생성하는 반응을 생각해 보자.

$$N_2(g) + O_2(g) \rightleftharpoons 2NO(g)$$

25°C에서 평형 상수 $K_P$는 다음과 같다

$$K_P = \frac{(P_{NO})^2}{(P_{N_2})(P_{O_2})} = 4.0 \times 10^{-31}$$

$K_P$의 아주 작은 값은 평형 상태에서 NO의 농도가 매우 작음을 의미하고, 어떤 방법으로도 직접 측정하는 것이 불가능하다는 것을 의미한다. 이러한 경우에, 평형 상수는 표에 나와 있는 $\Delta G_f°$ 값 또는 $\Delta H°$ 및 $\Delta S°$로부터 계산할 수 있는 $\Delta G°$를 사용하여 보다 편리하게 결정할 수 있다.

예제 15.9와 15.10은 $\Delta G°$를 사용하여 $K$를 계산하는 방법과 $K$를 사용하여 $\Delta G°$를 계산하는 방법을 보여 준다.

## 예제 15.9

부록 2의 자료를 사용하여 25°C에서 다음 반응에 대한 평형 상수 $K_P$를 계산하시오.

$$2H_2O(l) \rightleftharpoons 2H_2(g) + O_2(g)$$

**전략** 부록 2의 자료와 식 14.12를 사용하여 반응에 대한 $\Delta G°$를 계산한다. 그 다음 식 15.6을 사용하여 $K_P$를 결정한다.

**계획**

$$\begin{aligned}\Delta G^\circ &= (2\Delta G_f^\circ[H_2(g)] + \Delta G_f^\circ[O_2(g)]) - (2\Delta G_f^\circ[H_2O(l)]) \\ &= [(2)(0\ \text{kJ/mol}) + (0\ \text{kJ/mol})] - [(2)(-237.2\ \text{kJ/mol})] \\ &= 474.4\ \text{kJ/mol}\end{aligned}$$

**풀이**

$$\Delta G^\circ = -RT \ln K_P$$

$$\frac{474.4\ \text{kJ}}{\text{mol}} = -\left(\frac{8.314 \times 10^{-3}\ \text{kJ}}{\text{K}\cdot\text{mol}}\right)(298\ \text{K}) \ln K_P$$

$$-191.5 = \ln K_P$$

$$K_P = e^{-191.5}$$

$$= 7 \times 10^{-84}$$

### 생각해 보기

이것은 매우 작은 평형 상수로, $\Delta G^\circ$의 큰 양의 값과 일치한다. 우리는 물이 25°C에서 구성 원소들로 자발적으로 분해되지 않는다는 것을 일상의 경험을 통해 알고 있다.

**유제 1** 착이온 $Ag(NH_3)_2^+$에 대한 형성 상수($K_f$)는 25°C에서 $1.5 \times 10^7$이다. 이 값과 부록 2의 자료를 사용하여 $Ag(NH_3)_2^+(aq)$에 대한 $\Delta G_f^\circ$ 값을 계산하시오.

**유제 2** 다음 그래프[(i)~(iv)] 중 $\Delta G^\circ$와 평형 상수($K$) 사이의 관계를 가장 잘 나타낸 것은 어느 것인가?

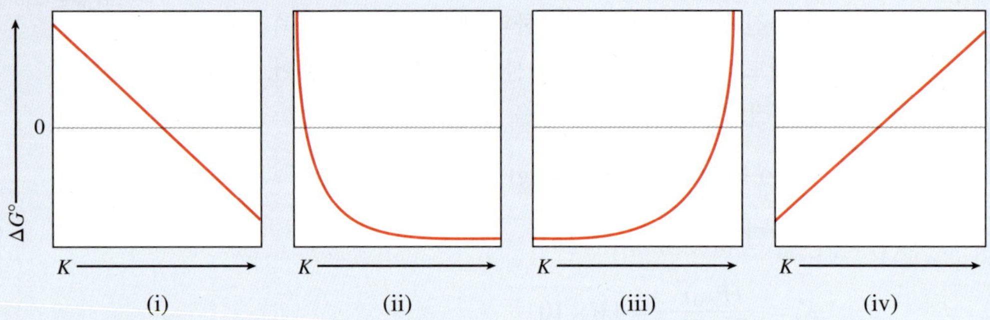


## 예제 15.10

25°C에서 다음 반응인 염화 은의 용해에 대한 평형 상수(용해도곱 상수, $K_{sp}$)는 $1.6 \times 10^{-10}$이다. 이 반응에 대하여 $\Delta G^\circ$를 계산하시오.

$$AgCl(s) \rightleftharpoons Ag^+(aq) + Cl^-(aq)$$

**전략** 식 15.6을 사용하여 $\Delta G^\circ$를 계산한다.

**계획** $R = 8.314 \times 10^{-3}$ kJ/K·mol과 $T = (25+273) = 298$ K이다.

**풀이**

$$\begin{aligned}\Delta G &= -RT \ln K_{sp} \\ &= \left(\frac{8.314 \times 10^{-3}\ \text{kJ}}{\text{K}\cdot\text{mol}}\right)(298\ \text{K}) \ln (1.6 \times 10^{-10}) \\ &= 55.9\ \text{kJ/mol}\end{aligned}$$

### 생각해 보기

아주 작은 $K$ 값과 같은 의미인, 상대적으로 큰 양의 값인 $\Delta G°$는 평형이 왼쪽에 매우 가깝게 위치하는 과정에 해당한다. 식 15.6의 $K$는 $K_c$ ($K_a$, $K_b$, $K_{sp}$ 등) 또는 $K_P$의 모든 유형의 값이 될 수 있다.

**유제 1** 25°C에서 $Co(OH)_2$에 대한 $K_{sp}$는 $3.3\times10^{-16}$이다. 이 값과 부록 2의 자료를 이용하여 $Co(OH)_2(s)$에 대한 $\Delta G_f°$ 값을 계산하시오.

**유제 2** 다음의 빈칸에 '양수', '음수', '0' 또는 '주어진 정보로는 결정 불가능' 중 하나를 넣으시오.

$Q=K$일 때, $\Delta G$는 ____________이다. $Q>K$일 때, $\Delta G$는 ____________이다.

$Q<K$일 때, $\Delta G$는 ____________이다.

## 15.4절 복습

### 자유 에너지와 화학 평형

**15.4.1** 25°C에서 다음 반응에 대한 $\Delta G°$는 $-1.95$ kJ/mol이다.

$$A(aq)+B(aq) \rightleftharpoons C(aq)$$

화학종들의 농도가 $[A]=[B]=0.315\ M$이고, $[C]=0.405\ M$일 때, 25°C에서 이 반응에 대한 $\Delta G$(kJ/mol)는 얼마인가?

(a) $-1.95$ kJ/mol (b) 1.53 kJ/mol
(c) $-5.43$ kJ/mol (d) 8.16 kJ/mol
(e) $-12.1$ kJ/mol

**15.4.2** 수산화 철(III)[$Fe(OH)_3$]에 대한 $K_{sp}$는 25°C에서 $1.1\times10^{-36}$이다. 25°C에서 이 반응에 대한 $\Delta G°$(kJ/mol)를 결정하시오.

$$Fe(OH)_3(s) \rightleftharpoons Fe^{3+}(aq)+3OH^-(aq)$$

(a) $-2.73\times10^{-36}$ kJ/mol (b) $-17.2$ kJ/mol
(c) 17.2 kJ/mol (d) $-205$ kJ/mol
(e) 205 kJ/mol

**15.4.3** 다음 반응에 대한 $\Delta G°$는 25°C에서 $-33.3$ kJ/mol이다. $K_P$의 값은 얼마인가?

$$N_2(g)+3H_2(g) \rightleftharpoons 2NH_3(g)$$

(a) $2\times10^{-6}$ (b) $7\times10^{5}$
(c) $3\times10^{-70}$ (d) 1
(e) $1\times10^{-1}$

# 15.5 평형 농도의 계산

반응에 대한 평형 상수를 알면 초기 반응물들의 농도로부터 평형 혼합물의 농도를 계산할 수 있다. cis−와 trans−스틸벤(stilbene)이라는 두 가지 유기 화합물이 관련된 다음 반응을 생각해 보자.

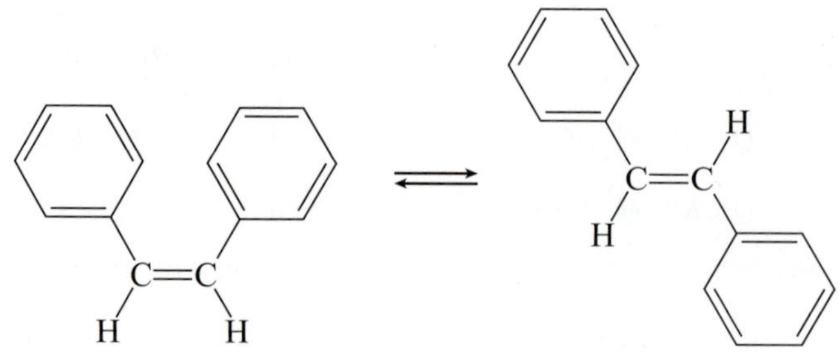

*cis*−스틸벤 *trans*−스틸벤

이 반응의 평형 상수($K_c$)는 200°C에서 24.0이다. *cis*−스틸벤의 초기 농도가 0.850 *M*임을 알면 두 화학종의 평형 농도를 결정하기 위해 평형식을 사용할 수 있다. 반응의 화학량론은 *cis*−스틸벤 1몰이 바뀌어 1몰의 *trans*−스틸벤이 생성된다는 것을 알려 준다. 여기서 $x$를 *trans*−스틸벤의 mol/L 단위의 평형 농도로 놓는다. 그러므로 *cis*−스틸벤의 평형 농도는 $(0.850-x)$ mol/L여야 한다. 이러한 변화를 평형표에 농도로 요약하는 것이 유용하다.

| | *cis*−스틸벤 ⇌ | *trans*−스틸벤 |
|---|---|---|
| 초기 농도(Initial concentration, *M*): | 0.850 | 0 |
| 농도 변화량(Change in concentration, *M*): | $-x$ | $+x$ |
| 평형 농도(Equilibrium concentration, *M*): | $0.850-x$ | $x$ |

$x$로 정의된 평형 농도를 사용하면, 평형식은 다음과 같다.

$$K_c=\frac{[trans\text{−스틸벤}]}{[cis\text{−스틸벤}]}$$

$$24.0=\frac{x}{0.850-x}$$

$$x=0.816\ M$$

$x$에 대해 풀면, 다음과 같이 *cis*−와 *trans*−스틸벤의 평형 농도를 계산할 수 있다.

$$[cis\text{-스틸벤}]=(0.850-x)\ M=0.034\ M$$

$$[trans\text{-스틸벤}]=x\ M=0.816\ M$$

이와 같은 문제에 대한 해답을 확인하는 좋은 방법은 평형식에 계산된 평형 농도를 사용하여 $K_c$ 값을 계산했을 때, 원래의 값과 같은지 확인해 보는 것이다.

$$K_c=\frac{0.816}{0.034}=24$$

그림 15.5(696~697쪽)는 “ICE” 표라고 하는 평형표를 만들고 사용하는 방법을 자세히 보여 준다.

예제 15.11부터 예제 15.13에서는 ICE 표를 만들어 보는 연습을 할 수 있다.

## 예제 15.11

아이오딘화 수소를 만드는 수소와 아이오딘의 반응에 대한 $K_c$는 430°C에서 54.3이다.

$$H_2(g) + I_2(g) \rightleftharpoons 2HI(g)$$

$H_2$와 $I_2$ 모두 0.240 *M* 농도로 반응이 시작한다면, 평형 상태에서 모든 화학종의 농도는 얼마인가?

**전략** 각 화학종의 평형 농도를 결정하기 위해 미지수 $x$를 사용하여 평형표를 작성한다. $x$를 풀어서 평형 몰농도를 계산한다.

**계획** 알고 있는 초기 농도를 평형표에 입력한다.

| | $H_2(g)$ + | $I_2(g)$ ⇌ | $2HI(g)$ |
|---|---|---|---|
| 초기 농도(Initial concentration, *M*): | 0.240 | 0.240 | 0 |
| 농도 변화량(Change in concentration, *M*): | | | |
| 평형 농도(Equilibrium concentration, *M*): | | | |

**풀이** 반응물 중 하나의 농도 변화를 $x$로 정의한다. 반응 초기에는 생성물이 없으므로 반응물의 농도가 감소해야 한다. 즉, 이 반응은 평형에 도달하기 위해 정반응으로 진행해야 한다. 화학 반응의 화학량론에 따르면, 반응물 농도는 동일한 양($x$)만큼 감소할 것이고, 생성물 농도는 그 양의 2배만큼($2x$) 증가할 것이다. 각 화학종에 대한 초기 농도와 농도 변화를 합하여, 평형 농도에 대한 표현을 ($x$의 관점에서) 얻는다.

| | $H_2(g)$ + | $I_2(g)$ ⇌ | $2HI(g)$ |
|---|---|---|---|
| 초기 농도(Initial concentration, *M*): | 0.240 | 0.240 | 0 |
| 농도 변화량(Change in concentration, *M*): | $-x$ | $-x$ | $+2x$ |
| 평형 농도(Equilibrium concentration, *M*): | $0.240-x$ | $0.240-x$ | $2x$ |

다음으로, 평형 농도에 대한 표현을 평형식에 대입하고, $x$에 대해 구한다.

$$K_c = \frac{[HI]^2}{[H_2][I_2]}$$

$$54.3 = \frac{(2x)^2}{(0.240-x)(0.240-x)} = \frac{(2x)^2}{(0.240-x)^2}$$

$$\sqrt{54.3} = \frac{2x}{0.240-x}$$

$$x = 0.189$$

계산한 $x$의 값을 사용하여 다음과 같이 각 화학종의 평형 농도를 결정할 수 있다.

$$[H_2] = (0.240-x)\ M = 0.051\ M$$

$$[I_2] = (0.240-x)\ M = 0.051\ M$$

$$[HI] = 2x = 0.378\ M$$

### 생각해 보기

항상 계산한 평형 농도를 평형식에 대입하여 답을 확인한다.

$$\frac{[HI]^2}{[H_2][I_2]} = \frac{(0.378)^2}{(0.051)^2} = 54.9 \approx K_c$$

여기서 계산한 $K_c$와 문제에서 주어진 값과의 작은 차이는 반올림 때문이다.

**그림 15.5** 평형표(ICE 표)

## 평형 문제를 해결하기 위한 ICE 표 만들기

이러한 표의 사용을 설명하기 위해 1500°C에서 $K_c$=4.5×10$^3$인 클로로 메테인($CH_3Cl$)의 형성을 생각해 보자. 이 실험에서 반응물의 초기 농도는 동일하다.

$$[CH_4] = [Cl_2] = 0.0010\ M$$

가장 간단한 경우로써, 반응물만 사용하는 경우 생성물의 초기 농도는 0이다. 이 농도를 표의 제일 윗줄에 입력한다.

시작

$CH_4(g) + Cl_2(g) \rightleftarrows CH_3Cl(g) + HCl(g)$

| | $CH_4(g)$ | $Cl_2(g)$ | $CH_3Cl(g)$ | $HCl(g)$ |
|---|---|---|---|---|
| i | 0.00100 | 0.00100 | 0 | 0 |
| c | | | | |
| e | | | | |

$CH_4(g) + Cl_2(g) \rightleftarrows CH_3Cl(g) + HCl(g)$

| | $CH_4(g)$ | $Cl_2(g)$ | $CH_3Cl(g)$ | $HCl(g)$ |
|---|---|---|---|---|
| i | 0.00100 | 0.00100 | 0 | 0 |
| c | −x | −x | +x | +x |
| e | | | | |

이 반응의 화학량론은 각 반응물의 농도가 동일한 미지의 양인 $x$만큼 감소함을 나타낸다. 그리고 각 생성물들의 농도는 같은 양인 $x$만큼 증가할 것이다. 중간 줄에 이 정보를 입력한다.

$CH_4(g) + Cl_2(g) \rightleftarrows CH_3Cl(g) + HCl(g)$

| | $CH_4(g)$ | $Cl_2(g)$ | $CH_3Cl(g)$ | $HCl(g)$ |
|---|---|---|---|---|
| i | | | | |
| c | | | | |
| e | | | | |

균형 잡힌 화학 반응식으로 시작한다. 반응식 아래에 표를 그려서 반응에 참여하는 각각의 화학종에 대한 열을 만든다. 표에는 초기 농도("i"로 표시), 농도 변화량("c"로 표시) 및 최종 농도 또는 평형 농도("e"로 표시)의 세 개의 행이 있어야 한다.

ICE 표는 또한 평형 상수값을 계산하는 데 사용될 수 있다. 2000°C(2273 $K$)의 다른 온도에서 클로로 메테인의 생성을 고려한다. 이전과 같은 시작 조건을 사용하여 클로로 메테인($CH_3Cl$)의 평형 농도가 9.7×10$^{-4}$ $M$임을 알았다. 이 알고 있는 정보를 표에 채우고 화학량론을 사용하여 누락된 정보를 확인한다. HCl의 평형 농도는 $CH_3Cl$의 9.7×10$^{-4}$ $M$과 동일하다. 또한, 각각의 반응물 농도가 감소하는 양 또한 9.7×10$^{-4}$ $M$이다.

시작

$CH_4(g) + Cl_2(g) \rightleftarrows CH_3Cl(g) + HCl(g)$

| | $CH_4(g)$ | $Cl_2(g)$ | $CH_3Cl(g)$ | $HCl(g)$ |
|---|---|---|---|---|
| i | 0.00100 | 0.00100 | 0 | 0 |
| c | | | | |
| e | | | 9.7 x 10$^{-4}$ | |

$CH_4(g) + Cl_2(g) \rightleftarrows CH_3Cl(g) + HCl(g)$

| | $CH_4$ | $Cl_2$ | $CH_3Cl$ | $HCl$ |
|---|---|---|---|---|
| i | 0.00100 | 0.00100 | 0 | 0 |
| c | −x | −x | +x | +x |
| e | 0.00100−x | 0.00100−x | x | x |

각 열에서 윗줄과 중간 줄의 항목을 더하여 그 결과를 아랫줄(평형 농도)에 입력한다. 이 경우 $K_c$의 값과 완성된 표의 제일 아랫줄에 있는 평형 농도의 $x$를 계산하기 위해 평형식을 사용한다.

$$K_c = \frac{[CH_3Cl][HCl]}{[CH_4][Cl_2]}$$

$$4.50 \times 10^3 = \frac{(x)(x)}{(0.00100 - x)(0.00100 - x)} = \frac{x^2}{(0.00100 - x)^2}$$

위 식의 양변의 제곱근을 취하면, 다음과 같다.

$$\sqrt{4.50 \times 10^3} = \sqrt{\frac{x^2}{(0.00100 - x)^2}}$$

$$67.08 = \frac{x}{0.00100 - x}$$

위 식을 $x$에 대하여 풀면, 다음과 같다.

$$0.06708 - 67.08x = x$$
$$0.06708 = 68.08x$$
$$x = 9.85 \times 10^{-4}$$

**확인** 평형에서 두 생성물의 농도와 각각의 반응물 농도가 감소하는 양을 나타내기 위해 $x$를 사용했다. 따라서, 평형 농도는 다음과 같다.

$$[CH_4] = [Cl_2] = (0.00100 - 9.85 \times 10^{-4})\ M = 1.5 \times 10^{-5}\ M$$
$$[CH_3Cl] = [HCl] = 9.85 \times 10^{-4}\ M$$

구한 평형 농도를 다시 평형식에 대입해 봄으로써 결과를 검증할 수 있다. 이 검증 과정에서 원래의 평형 상수에 매우 가까운 숫자를 얻어야 한다.

$$K_c = \frac{[CH_3Cl][HCl]}{[CH_4][Cl_2]} = \frac{(9.85 \times 10^{-4})^2}{(1.5 \times 10^{-5})^2} = 4.3 \times 10^3$$

이 결과와 원래 $K_c$ 값($4.5 \times 10^3$) 사이의 작은 차이는 반올림 때문이다.

$CH_4(g) + Cl_2(g) \rightleftarrows CH_3Cl(g) + HCl(g)$

| | $CH_4$ | $Cl_2$ | $CH_3Cl$ | $HCl$ |
|---|---|---|---|---|
| i | 0.00100 | 0.00100 | 0 | 0 |
| c | $-9.7 \times 10^{-4}$ | $-9.7 \times 10^{-4}$ | $+9.7 \times 10^{-4}$ | $+9.7 \times 10^{-4}$ |
| e | $3.0 \times 10^{-5}$ | $3.0 \times 10^{-5}$ | $9.7 \times 10^{-4}$ | $9.7 \times 10^{-4}$ |

HCl의 평형 농도는 $CH_3Cl$의 $9.7 \times 10^{-4}\ M$과 동일하다. 또한, 각각의 반응물 농도가 감소하는 양 또한 $9.7 \times 10^{-4}\ M$이다. 따라서, 평형 농도는 $[CH_4] = [Cl_2] = 3.0 \times 10^{-5}\ M$ 및 $[CH_3Cl] = [HCl] = 9.7 \times 10^{-4}\ M$이다. 이 평형 농도들을 평형식에 대입하면 다음과 같다.

$$K_c = \frac{[CH_3Cl][HCl]}{[CH_4][Cl_2]} = \frac{(9.7 \times 10^{-4})^2}{(3.0 \times 10^{-5})^2} = 1.0 \times 10^3$$

따라서 2000°C에서 이 반응에 대한 $K_c$는 $1.0 \times 10^3$이다.

## 요점 내용

평형표 또는 ICE 표는 다양한 평형 문제를 해결하는 데 사용될 수 있다. 먼저 알려진 농도를 입력한 다음, 반응의 화학량론을 사용하여 표를 완성한다. ICE 표의 제일 아래 행이 완료되면 평형식을 사용하여 평형 농도 또는 평형 상수 값을 계산할 수 있다.

**유제 ❶** 예제 15.11과 같은 반응에 대하여 $H_2$와 $I_2$의 초기 농도가 모두 0.10 $M$이고, 그들의 평형 농도가 모두 430°C에서 0.043 $M$인 경우, HI의 초기 농도를 결정하시오.

**유제 ❷** 반응 $A(g)+B(g) \rightleftharpoons C(g)$를 생각해 보자. 오른쪽 아래 그림은 반응의 초기 조건을 보여 준다. $K_c$ 값을 알지 못할 때, 다음 그림들[(i)~(iv)] 중 어느 것이 평형 상태를 나타내고 있는지 결정하시오. 해당되는 그림들을 모두 고르시오.

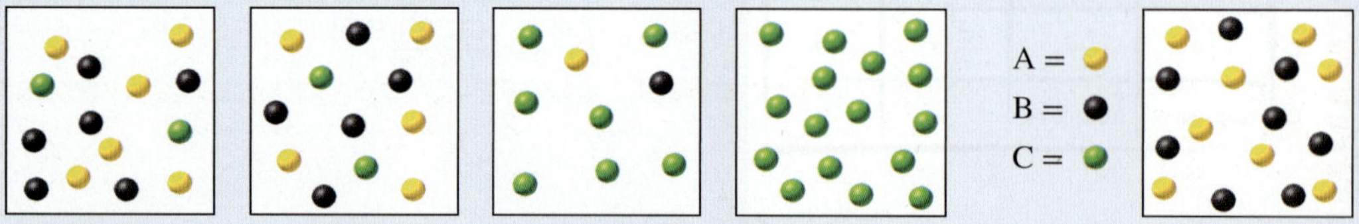


(i) (ii) (iii) (iv)

## 예제 15.12

예제 15.11에서와 동일한 반응 및 온도에 대하여 초기 농도가 다음과 같을 때, 세 화학종들의 평형 농도를 계산하시오.

$$[H_2]=0.00623\ M,\ [I_2]=0.00414\ M,\ [HI]=0.0424\ M$$

**전략** 초기 농도를 사용하여 반응 지수 $Q_c$를 계산하고, 이를 반응이 평형을 이루기 위해 진행될 방향을 결정하기 위해 $K_c$ 값과 비교한다.(예제 15.11의 문제 설명에서 주어졌다.) 그 다음, 평형표를 만들어 평형 농도를 결정한다.

**계획**

$$\frac{[HI]^2}{[H_2][I_2]}=\frac{(0.0424)^2}{(0.00623)(0.00414)}=69.7$$

따라서, $Q_c>K_c$이므로 반응은 평형에 도달하기 위해 왼쪽(역방향)으로 진행해야 한다. 평형표는 다음과 같다.

| | $H_2(g)$ + | $I_2(g)$ $\rightleftharpoons$ | $2HI(g)$ |
|---|---|---|---|
| 초기 농도(Initial concentration, $M$): | 0.00623 | 0.00414 | 0.0424 |
| 농도 변화량(Change in concentration, $M$): | | | |
| 평형 농도(Equilibrium concentration, $M$): | | | |

**풀이** 반응이 오른쪽에서 왼쪽으로 진행되어야 한다는 것을 알기 때문에, HI의 농도가 감소하고, $H_2$와 $I_2$의 농도가 증가한다는 것을 알고 있다. 따라서 표는 다음과 같이 채워져야 한다.

| | $H_2(g)$ + | $I_2(g)$ $\rightleftharpoons$ | $2HI(g)$ |
|---|---|---|---|
| 초기 농도(Initial concentration, $M$): | 0.00623 | 0.00414 | 0.00424 |
| 농도 변화량(Change in concentration, $M$): | $+x$ | $+x$ | $-2x$ |
| 평형 농도(Equilibrium concentration, $M$): | $0.00623+x$ | $0.00414+x$ | $0.0424-2x$ |

다음으로 평형 농도에 대하여 얻어진 결과들을 평형식에 대입하고, $x$에 대해 식을 계산한다.

$$K_c=\frac{[HI]^2}{[H_2][I_2]}$$

$$54.3=\frac{(0.0424-2x)^2}{(0.00623+x)(0.00414+x)}$$

계산한 $x$의 값을 사용하여 다음과 같이 각 화학종의 평형 농도를 결정할 수 있다.

$$54.3(2.58\times10^{-5}+1.04\times10^{-2}x+x^2)=1.80\times10^{-3}-1.70\times10^{-1}x+4x^2$$

위 식을 정리하면 다음의 결과를 얻게 된다.

$$50.3x^2+0.735x-4.00\times10^{-4}=0$$

이것은 $ax^2+bx+c=0$ 형태의 이차 방정식이다. 이차 방정식(부록 1 참조)에 대한 답은 다음과 같다.

$$x=\frac{-b\pm\sqrt{b^2-4ac}}{2a}$$

여기서 $a=50.3$, $b=0.735$, 그리고 $c=-4.00\times10^{-4}$이므로, 위의 식에 대입하면 다음과 같다.

$$x=\frac{-0.735\pm\sqrt{(0.735)^2-4(50.3)(-4.00\times10^{-4})}}{2(50.3)}$$

$$x=5.25\times10^{-4} \qquad \text{또는} \qquad x=-0.0151$$

농도 값은 음수가 될 수 없으므로, 얻어진 값들 중 첫 번째 값인 $5.25\times10^{-4}$만 의미가 있다. $x$의 계산된 값을 사용하여 다음과 같이 각 화학종의 평형 농도를 결정할 수 있다.

$$[H_2]=(0.00623+x)\ M=0.00676\ M$$

$$[I_2]=(0.00414+x)\ M=0.00467\ M$$

$$[HI]=(0.0424-2x)\ M=0.0414\ M$$

### 생각해 보기

이 결과를 다음과 같이 확인한다.

$$K_c=\frac{[HI]^2}{[H_2][I_2]}=\frac{(0.0414)^2}{(0.00676)(0.00467)^2}=54.3$$

**유제 1** 1280°C에서 다음 반응에 대한 평형 상수 $K_c$는 $1.1\times10^{-3}$이다.

$$Br_2(g) \rightleftharpoons 2Br(g)$$

초기 농도가 $[Br_2]=6.3\times10^{-2}\ M$ 및 $[Br]=1.2\times10^{-2}\ M$인 경우, 평형에서 이들 두 화학종의 농도를 계산하시오.

**유제 2** 아이오딘화 수소를 생성하기 위해 수소와 아이오딘 기체가 반응하는 경우, 다음 그림들[(i)~(iv)] 중 어느 것이 평형에 도달할 수 있는 초기 조건을 나타내는지 결정하시오.

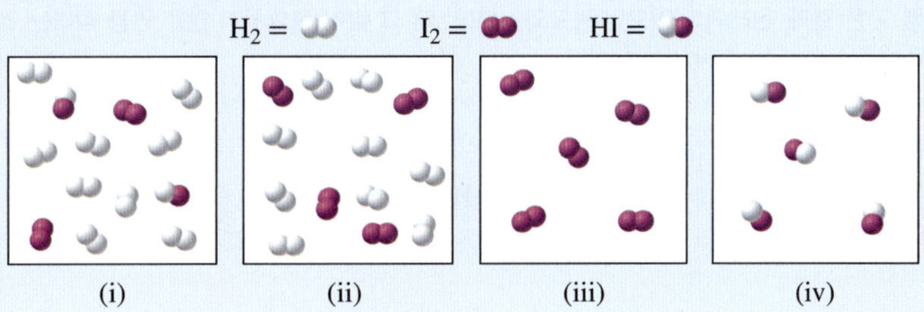


$K$($K_c$ 또는 $K_P$)의 크기가 매우 작으면, 평형 문제에 대한 답을 단순화할 수 있으므로, 이차 방정식을 사용할 필요가 없다.

예제 15.13에서는 이 방법을 제시한다.

## 예제 15.13

높은 온도에서 아이오딘 분자는 분해되어 다음 반응식에 따라 아이오딘 원자를 만든다. 205°C에서 이 반응에 대한 $K_c$는 $3.39\times10^{-12}$이다.

$$I_2(g) \rightleftharpoons 2I(g)$$

이 온도에서 아이오딘 분자 0.00155몰을 1.00 L 플라스크에 넣은 후 평형에 도달했을 때, 이 플라스크 안에 존재하는 아이오딘 원자의 농도를 결정하시오.

**전략** 평형표를 만들고 초기 농도와 $K_c$의 값을 사용하여 농도 변화량과 평형 농도를 결정한다.

**계획** $I_2(g)$의 초기 농도는 0.00155 $M$이고, $I(g)$의 초기 농도는 0이다. $K_c = 3.39 \times 10^{-12}$이다.

**풀이** 반응물의 농도가 알 수 없는 양인 $x$만큼 감소할 것으로 예상한다. 반응의 화학량론은 생성물의 농도가 감소한 양의 2배인 $2x$만큼 증가할 것을 보여 준다.

| | $I_2(g)$ $\rightleftharpoons$ | $2I(g)$ |
|---|---|---|
| 초기 농도(Initial concentration, $M$): | 0.00155 | 0 |
| 농도 변화량(Change in concentration, $M$): | $-x$ | $+2x$ |
| 평형 농도(Equilibrium concentration, $M$): | $0.00155-x$ | $2x$ |

반응에 대하여 평형식에 평형 농도를 대입하면, 다음과 같다.

$$3.36 \times 10^{-12} = \frac{[I]^2}{[I_2]} = \frac{(2x)^2}{(0.00155-x)}$$

예제 15.12에서처럼 이차 방정식을 사용하여 $x$에 대해 풀 수도 있다. 그러나 $K_c$의 크기가 매우 작기 때문에 이 평형은 왼쪽으로 크게 치우쳐질 것으로 예상된다. 매우 적은 양의 아이오딘 분자가 반응하여 아이오딘 원자를 생성한다는 것을 의미한다. $x$[반응하는 $I_2(g)$의 양]의 값은 매우 작을 것이다. 실제로 $x$의 값은 원래의 $I_2(g)$ 농도에 비해 무시할 수 있을 것이다. 따라서 $0.00155-x \approx 0.00155$이며 풀이 과정은 다음과 같이 단순화된다.

$$3.39 \times 10^{-12} = \frac{(2x)^2}{0.00155} = \frac{4x^2}{0.00155}$$

$$\frac{3.39 \times 10^{-12}(0.00155)}{4} = 1.31 \times 10^{-15} = x^2$$

$$x = \sqrt{1.31 \times 10^{-15}} = 3.61 \times 10^{-8}\ M$$

ICE 표에 따르면 아이오딘 원자의 평형 농도는 $2x$이다. 따라서 $[I(g)] = 2 \times 3.62 \times 10^{-8} = 7.24 \times 10^{-8}\ M$이다.

## 생각해 보기

이 방법으로 $x$에 대한 해를 구한 결과, 원래의 아이오딘 농도와 비교할 때 그 값이 중요하지 않을 만큼 작다는 것을 알 수 있다. 적절한 유효 숫자를 고려하면, $0.00155 - 3.62 \times 10^{-8} = 0.00155$이다.

**유제 1** 다음 반응식에 따라 이온화하는 약산(HA)의 반응을 생각해 보자.

$$HA(aq) \rightleftharpoons H^+(aq) + A^-(aq)$$

25°C에서 0.145 $M$ 농도의 HA 수용액은 $2.2 \times 10^{-5}$ $M$의 수소 이온 농도를 갖는 것으로 밝혀졌다. 25°C에서 이 반응에 대한 $K_c$를 결정하시오.

**유제 2** 다음 그림들[(i)~(iv)]은 평형에 도달하기 전과 후의 반응 상태를 보여 준다. 예제 15.13에서와 같이 풀이 과정에서 $x$를 무시할 수 있는 반응 상태를 가장 잘 나타내는 그림은 어느 것인지 찾으시오.

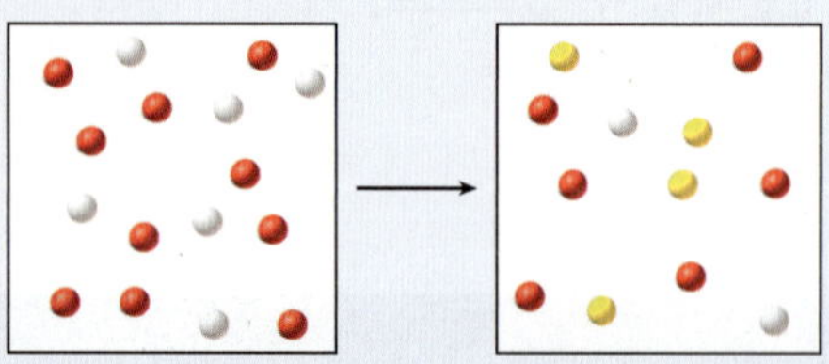

(i)

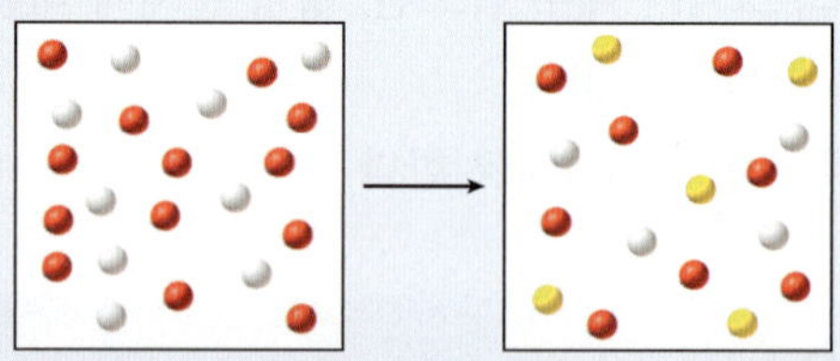

(ii)

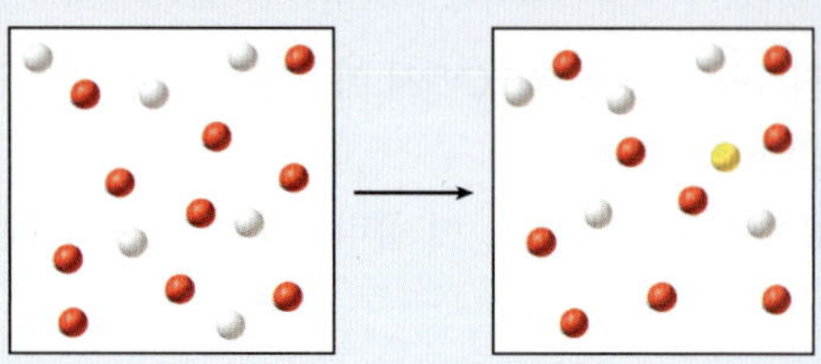

(iii)

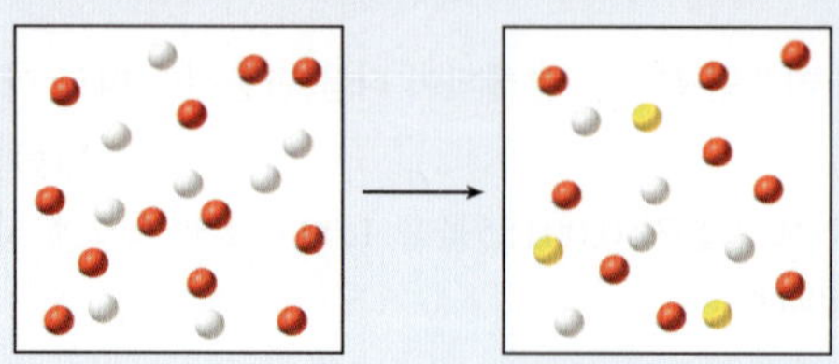

(iv)

다음은 평형 농도를 결정하기 위한 초기 반응물의 농도를 어떻게 사용하는지에 대한 요약이다.

1. 평형표를 만들고 초기 농도(0인 것을 포함)를 대입한다.
2. 초기 농도를 사용하여 반응 지수 $Q$를 계산하고 $Q$와 $K$를 비교하여 반응이 어디로 진행할지를 결정한다.
3. 특정 화학종의 소비량을 $x$로 정의하고, 반응의 화학량론을 사용하여 소비되거나 생산된 다른 화학종의 양을 ($x$로 환산하여) 정의한다.
4. 평형 상태의 각 화학종에 대해 농도 변화량을 초기 농도에 더하여 평형 농도를 얻는다.
5. 평형 농도와 평형식을 사용하여 $x$를 계산한다.
6. 계산된 $x$ 값을 사용하여 모든 화학종의 평형 농도를 결정한다.
7. 계산된 평형 농도를 평형식에 대입하여 얻어낸 결과가 맞는지 확인한다. 그 결과는 문제에서 언급된 $K_c$에 매우 가까운 값이다.

**참조**

$Q<K$이면 반응은 정반응으로 일어난다. $Q>K$이면 역반응이 일어난다.

$K_P$에 대하여도 동일한 과정이 적용된다.

예제 15.14는 부분 압력을 사용하여 평형 문제를 해결하는 방법을 보여 준다.

## 예제 15.14

5.75 atm의 $H_2$와 5.75 atm의 $I_2$ 혼합물이 430°C에서 1.0 L 용기에 담겨 있다. 이 온도에서 다음 반응에 대한 평형 상수($K_P$)는 54.3이다.

$$H_2(g)+I_2(g) \rightleftharpoons 2HI(g)$$

평형 상태에서 용기 안에 존재하는 $H_2$, $I_2$ 및 HI의 부분 압력을 결정하시오.

**전략** 평형 상태에서의 부분 압력을 구하기 위해 평형표를 만든다.

**계획** 평형표는 다음과 같다.

| | $H_2(g)$ + | $I_2(g)$ ⇌ | $2HI(g)$ |
|---|---|---|---|
| 초기 농도(Initial concentration, $M$): | 5.75 | 5.75 | 0 |
| 농도 변화량(Change in concentration, $M$): | $-x$ | $-x$ | $+2x$ |
| 평형 농도(Equilibrium concentration, $M$): | $5.75-x$ | $5.75-x$ | $2x$ |

**풀이** $K_P$와 같은 평형식을 써 보면,

$$54.3=\frac{(2x)^2}{(5.75-x)^2}$$

위 식의 양변에 제곱근을 취하면 다음과 같다.

$$\sqrt{54.3}=\frac{2x}{5.75-x}$$

$$7.369=\frac{2x}{5.75-x}$$

$$7.369(5.75-x)=2x$$

$$42.37-7.369x=2x$$

$$42.37=9.369x$$

$$x=4.52$$

평형 부분 압력은 $P_{H_2}=P_{I_2}=5.75-4.52=1.23$ atm이고, $P_{HI}=9.04$ atm이다.

### 생각해 보기

계산된 부분 압력을 평형식에 대입하면, 다음과 같다.

$$\frac{(P_{HI})^2}{(P_{H_2})(P_{I_2})}=\frac{(9.04)^2}{(1.23)^2}=54.0$$

이 결과와 문제에서 주어진 평형 상수 사이의 작은 차이는 반올림 때문이다.

**유제 1** 예제 15.14와 같은 반응에 대하여, $P_{H_2}=0.25$ atm, $P_{I_2}=0.050$ atm, $P_{HI}=2.5$ atm의 조건에서 실험을 시작했다면, 평형에 도달했을 때 $H_2$, $I_2$ 및 HI의 평형 부분 압력(430°C에서)을 결정하시오.

**유제 2** $A(g)+B(g) \rightleftharpoons C(s)+D(s)$의 반응을 생각해 보자. 오른쪽 그림은 평형 상태를 나타낸다. 다음 그림들[(i)~(iv)] 각각에는 특정 색상의 구가 없다. 각 그림들이 평형 상태를 나타내기 위해서 누락된 색상의 구를 몇 개나 포함시켜야 하는지 나타내시오.

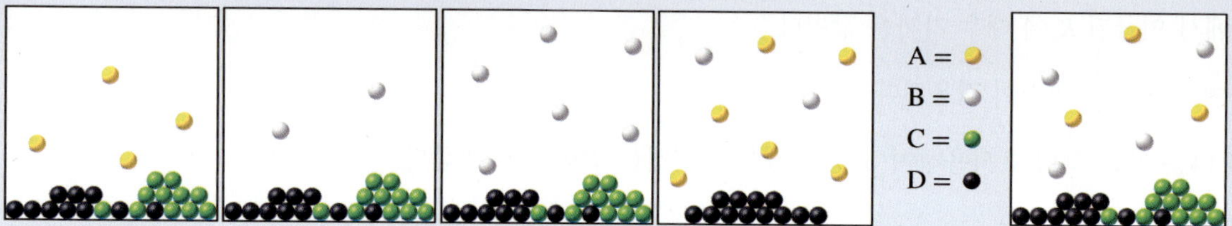


(i) (ii) (iii) (iv)

## 15.5절 복습

**문제를 해결하기 위해 평형식 사용하기**

다음에 주어진 정보를 사용하여 15.5.1과 15.5.2의 질문에 답하시오. 아래 반응에 대한 $K_c$는 250°C에서 $1.7\times10^{-2}$이다.

$$A+B \rightleftharpoons 2C$$

**15.5.1** 화학종들의 초기 농도가 $[A]_i=[B]_i=0.750\ M([C]_i=0)$이라면, 평형에 도달했을 때 A, B, C의 평형 농도는 이 온도에서 얼마인가?

(a) $6.1\times10^{-3}\ M$, $6.1\times10^{-3}\ M$, 0.092 $M$

(b) 0.046 $M$, 0.046 $M$, 0.092 $M$

(c) 0.70 $M$, 0.70 $M$, 0.046 $M$

(d) 0.70 $M$, 0.70 $M$, 0.092 $M$

(e) 0.087 $M$, 0.087 $M$, 0.66 $M$

**15.5.2** 화학종들의 초기 농도가 $[C]_i=0.875\ M([A]_i=[B]_i=0)$이라면, 평형에 도달했을 때 A, B, C의 평형 농도는 이 온도에서 얼마인가?

(a) 0.41 $M$, 0.41 $M$, 0.82 $M$

(b) 0.41 $M$, 0.41 $M$, 0.054 $M$

(c) 0.43 $M$, 0.43 $M$, 0.0074 $M$

(d) 0.43 $M$, 0.43 $M$, 0.44 $M$

(e) 0.43 $M$, 0.43 $M$, 0.43 $M$

**15.5.3** 특정 온도에서 반응 X+2Y $\rightleftharpoons$ Z에 대하여 $K_c=3$이면, 다음에 주어진 X, Y 및 Z의 혼합물 각각에 대하여 반응이 평형을 이루기 위해서는 어떤 방향으로 진행되어야 하는가?

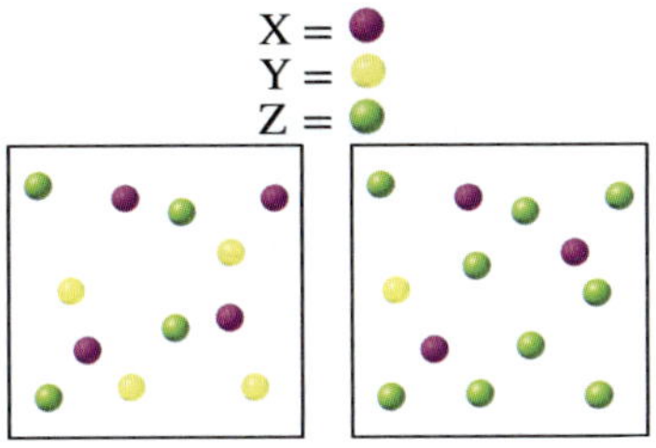


(a) 오른쪽, 오른쪽
(b) 어느 쪽으로도 진행되지 않음, 왼쪽
(c) 어느 쪽으로도 진행되지 않음, 오른쪽
(d) 왼쪽, 어느 쪽으로도 진행되지 않음
(e) 오른쪽, 어느 쪽으로도 진행되지 않음

# 15.6 르샤틀리에의 원리

화학 평형의 흥미롭고 유용한 특징 중 하나는 원하는 물질의 생산을 극대화하기 위해 특정 방법으로 다뤄질 수 있다는 것이다. 예를 들어, 하버(Haber) 공정을 통해 암모니아를 산업적으로 생산하는 것을 생각해 보자.

$$N_2(g)+3H_2(g) \rightleftharpoons 2NH_3(g)$$

이 반응에 의해 매년 1억 톤 이상의 암모니아가 생산되며, 암모니아의 대부분이 작물 생산을 향상시키는 비료를 만들기 위해 사용된다. $NH_3$의 수율을 극대화하는 것이 업계 최고의 관심사가 될 것이 분명하다. 이 절에서는 이 목표를 달성하기 위해 평형을 다룰 수 있는 다양한 방법에 대해 학습한다.

**르샤틀리에의 원리**(Le Châtelier's principle)는 평형 상태에서 평형 조건을 변경할 때, 평형은 변화의 영향을 최소화하는 방향으로 **이동**(shift)함으로써 대응하는 것이라고 정의한다. 다음과 같은 방법으로 평형의 조건을 바꿀 수 있다.

- 반응물 또는 생성물의 첨가
- 반응물 또는 생성물의 제거
- 반응물 및 생성물의 농도 또는 부분 압력의 변화를 초래하는 부피 변화
- 온도 변화

여기서 "이동(shifting)"은 정반응 또는 역반응의 발생으로 평형을 재확립할 때 이러한 변화의 효과가 부분적으로 상쇄되는 것을 의미한다. 오른쪽으로 이동하는 평형은 정반응에 의해 더 많은 생성물이 생성되는 평형이다. 왼쪽으로 이동하는 평형은 역반응에 의해 더 많

은 반응물이 생성되는 평형이다. 르샤틀리에의 원리를 사용하여 특정한 변화가 있을 때 평형이 바뀔 방향을 예측할 수 있다.

## 물질의 첨가 또는 제거

예를 들어, 하버(Haber) 공정을 다시 사용해 보자.

$$N_2(g)+3H_2(g) \rightleftharpoons 2NH_3(g)$$

700 K에서 평형 농도가 다음과 같은 평형 상태를 생각해 보자.

$$[N_2]=2.05\ M \qquad [H_2]=1.56\ M \qquad [NH_3]=1.52\ M$$

**참조**

평형 상태에서 반응 지수($Q_c$)는 평형 상수($K_c$)와 같다.

반응 지수 식에 위의 농도를 사용하면, 이 온도에서 반응에 대한 $K_c$의 값을 다음과 같이 계산할 수 있다.

$$Q_c=\frac{[NH_3]^2}{[N_2][H_2]^3}=\frac{(1.52)^2}{(2.05)(1.56)^3}=0.297=K_c$$

만일 $N_2$를 더 추가하여 농도를 2.05 $M$에서 3.51 $M$으로 증가시켜 이 평형의 조건을 변경한다면, 이것은 더 이상 평형 상태가 아니다. 이것이 사실임을 확인하기 위해, 반응 지수 식에서 새로운 질소 농도를 사용해 보자. $Q_c$(0.173)의 새로 계산된 값은 더 이상 $K_c$(0.297)의 값과 동일하지 않다.

$$Q_c=\frac{[NH_3]^2}{[N_2][H_2]^3}=\frac{(1.52)^2}{(3.51)(1.56)^3}=0.173\neq K_c$$

**참조**

평형에 다시 도달하게 되면 $N_2$ 농도가 감소하지만 최종 농도는 원래의 평형 혼합물보다 높다. 반응은 추가된 반응물의 일부를 소비함으로써 대응한다.

이 조건이 평형을 회복하려면 정반응은 $Q_c$가 주어진 온도에서 일정한 $K_c$와 다시 같아질 때까지 진행되어야 한다. 15.4절에서 $Q$가 $K$보다 작으면 반응은 평형을 이루기 위해 정반응이 진행된다고 배운 것을 기억하자. 마찬가지로, $Q$가 $K$보다 작아지는 방식으로 변화되는 평형은 평형을 회복하기 위해 정반응 쪽으로 **이동**한다. 즉, $NH_3$를 생성하고 $N_2$와 $H_2$를 소비하는 정반응이 일어날 것이다. 그 결과는 $N_2$와 $H_2$의 농도가 감소하여 반응 지수의 분모가 작아지고, $NH_3$의 농도가 증가하여 분자가 더 커지게 된다. 모든 화학종의 농도는 $Q_c$가 다시 $K_c$와 같아질 때까지, 평형은 한 방향 또는 반대 방향으로 이동하여 각각의 화학종에 대한 새로운 평형 농도를 만드는 새로운 평형을 확립할 것이다. 그림 15.6은 $N_2$가 원래 평형 혼합물에 첨가되었을 때, $N_2$, $H_2$ 및 $NH_3$의 농도가 어떻게 변하는지를 보여 준다.

반대로 원래의 평형 혼합물에서 $N_2$를 제거한다면, 반응 지수의 분모에서 농도가 감소하고 $Q_c$는 $K_c$보다 커진다. 이 경우 반응은 왼쪽으로 이동한다. 다시 말하면, 역반응이 발생하여 $N_2$와 $H_2$의 농도를 증가시키고 $Q_c$가 다시 $K_c$와 같아질 때까지 $NH_3$의 농도를 감소시킨다.

$NH_3$의 첨가 또는 제거는 평형의 변화를 초래할 것이다. $NH_3$를 첨가하면 평형은 왼쪽으로 이동한다. $NH_3$를 제거하면 평형은 오른쪽으로 이동한다. 그림 15.7(a)는 이 평형을 오른쪽으로 이동시키는 첨가 및 제거를 보여 준다. 그림 15.7(b)는 왼쪽으로 이동시키는 것을 보여 준다.

본질적으로 평형 상태는 그 화학종의 일부를 소비함으로써 화학종의 추가에 대응할 것이고, 더 많은 화학종을 생성함으로써 화학종의 제거에 대응할 것이다. 평형 혼합물로부터

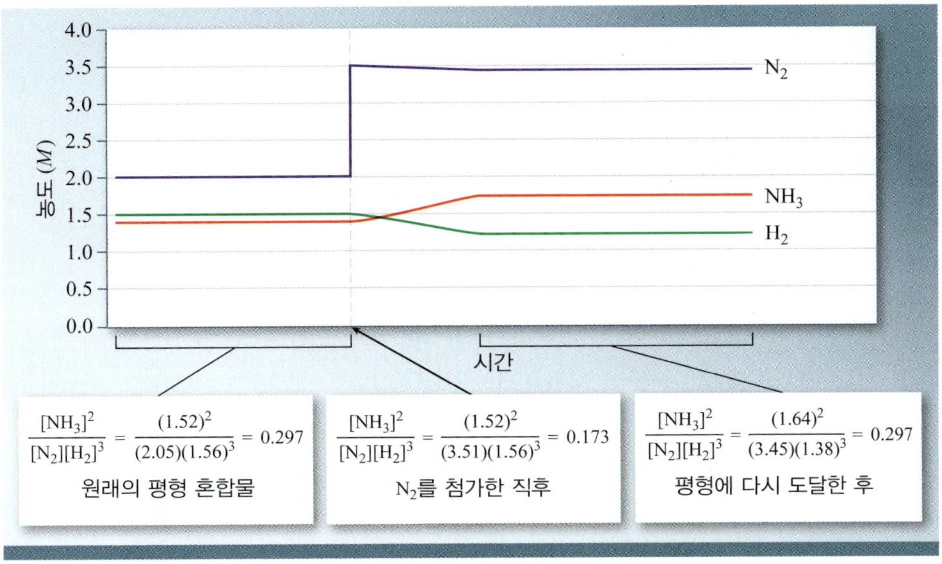


**그림 15.6** 평형 상태에 반응물을 더 첨가하면 평형 상태가 생성물 쪽으로 이동한다. 평형은 추가된 $N_2$(및 다른 반응물의 일부 $H_2$)를 소비하여 더 많은 $NH_3$를 생성함으로써 $N_2$의 첨가에 대응한다.

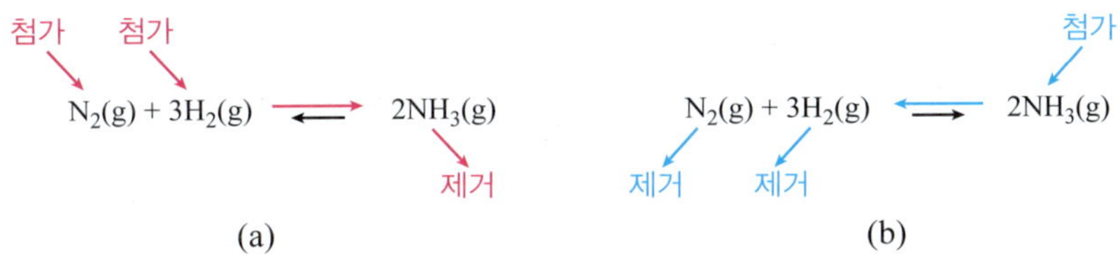


**그림 15.7** (a) 반응물을 첨가하거나 생성물을 제거하면, 평형이 오른쪽으로 이동하게 된다. (b) 생성물을 첨가하거나 반응물을 제거하면 평형이 왼쪽으로 이동하게 된다.

의 화학종의 첨가 또는 제거가 평형 상수 $K$의 값을 변화시키지 않는다는 것을 기억하는 것이 중요하다. 오히려 그것은 반응 지수 $Q$의 값을 일시적으로 변화시킨다. 평형 상태에서 첨가 또는 제거된 화학종은 반응 지수 표현에 나타나는 화학종이어야 한다. 불균일 평형의 경우, 고체 또는 액체 화학종의 양을 변경해도 평형의 위치가 바뀌지 않으므로 $Q$의 값이 변하지 않는다.

예제 15.15에서 어떤 평형 상태에서 변화되는 조건의 효과에 대하여 탐구한다.

## 예제 15.15

황화수소($H_2S$)는 천연가스에서 흔히 볼 수 있는 오염 물질이다. 이것은 산소와의 반응으로 제거되어 황 원소를 생성한다.

$$2H_2S(g) + O_2(g) \rightleftharpoons 2S(s) + 2H_2O(g)$$

다음 각각의 경우에 대해 평형이 오른쪽으로 이동하는지, 왼쪽으로 이동하는지 또는 어느 쪽으로도 이동하지 않을지를 결정하시오.

(a) $O_2(g)$의 첨가 (b) $H_2S(g)$의 제거 (c) $H_2O(g)$의 제거 (d) $S(s)$의 첨가

**전략** 르샤틀리에의 원리를 사용하여 각 경우의 이동 방향을 예측한다. 평형의 위치는 반응 지수 식에 나타나는 화학종의 추가 또는 제거에 의해서만 변경된다는 것을 기억한다.

**계획** 반응 지수 식을 작성하여 시작한다.

$$Q_c = \frac{[H_2O]^2}{[H_2S]^2[O_2]}$$

황은 고체 상태이기 때문에 식에 나타나지 않는다. 다른 화학종의 농도 변화는 평형 상태의 변화를 초래할 것이다. $Q_c$의 식에 나타나

는 반응물의 첨가 또는 생성물의 제거는 평형을 오른쪽으로 이동시킬 것이다.

첨가 첨가

$$2H_2S(g) + O_2(g) \rightleftharpoons 2S(s) + 2H_2O(g)$$

제거

반응물의 제거 또는 $Q_c$에 대한 식에 나타나는 생성물의 첨가는 평형을 왼쪽으로 이동시킬 것이다.

첨가

$$2H_2S(g) + O_2(g) \rightleftharpoons 2S(s) + 2H_2O(g)$$

제거 제거

**풀이** (a) 오른쪽으로 이동 (b) 왼쪽으로 이동 (c) 오른쪽으로 이동 (d) 이동하지 않음

## 생각해 보기

각각의 경우에 변화가 $Q_c$의 값에 미칠 영향을 분석한다. 예를 들어, (a)에서는 $O_2$가 첨가되므로 산소의 농도가 증가한다. 반응 지수 식을 살펴보면 산소의 농도가 클수록 전체 분모의 값이 더 커짐을 알 수 있으며, 전체 분율의 값을 더 작은 값으로 만든다. 따라서, $Q$는 $K$보다 일시적으로 작아질 것이고, 반응은 오른쪽으로 이동해야만 한다. 추가된 $O_2$의 일부는 혼합물의 $H_2S$와 함께 소비되어 평형을 다시 이룰 것이다.

**유제 1** 다음 평형 반응이 다음과 같이 이동하기 위해 추가할 수 있는 화학종은 무엇인지 각각의 경우에 대하여 말하시오.

(a) 왼쪽으로 이동 (b) 오른쪽으로 이동 (c) 어느 방향으로도 이동하지 않음

$$AgCl(s) + 2NH_3(aq) \rightleftharpoons Ag(NH_3)_2^+(aq) + Cl^-(aq)$$

**유제 2** $A(g) + B(g) \rightleftharpoons C(s) + D(s)$의 반응을 생각해 보자. 오른쪽의 첫 번째 그림은 A = ●, B = ●, C = ●, D = ●인 평형 상태를 나타낸다. 오른쪽의 두 번째 그림은 A가 추가된 직후의 상태를 나타낸다. 평형에 다시 도달했을 때, 다음 그림들[(i)~(iv)] 중 어느 것이 이 평형을 나타내고 있는지 해당되는 모든 것들을 고르시오.

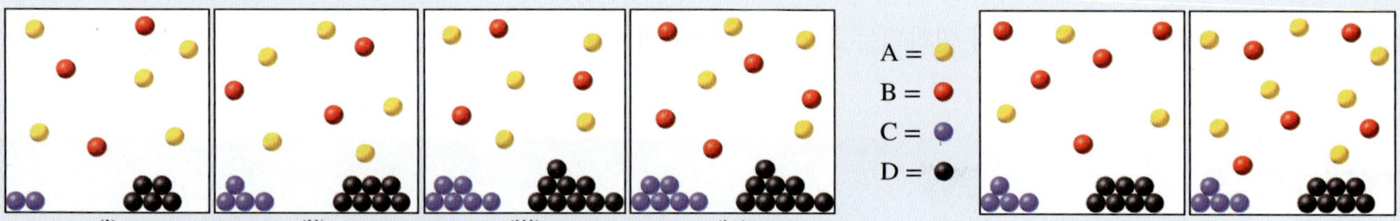


(i) (ii) (iii) (iv)

### 부피와 압력의 변화

움직일 수 있는 피스톤이 있는 실린더 안에 평형 상태에 있는 기체 혼합물들이 있다면, 부피를 변화시켜 반응물과 생성물의 농도를 바꿀 수 있다.

다시 $N_2O_4$와 $NO_2$의 평형을 생각해 보자.

$$N_2O_4(g) \rightleftharpoons 2NO_2(g)$$

25°C에서 이 반응의 평형 상수는 $4.63 \times 10^{-3}$이다. 움직일 수 있는 피스톤이 장착된 실린더에 0.643 $M$ $N_2O_4$와 0.0547 $M$ $NO_2$의 평형 혼합물이 있다고 가정하자. 피스톤을 아래로 밀

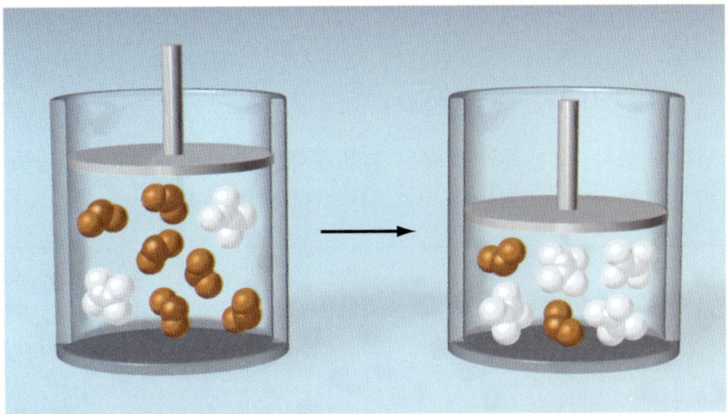

**그림 15.8** 평형 $N_2O_4(g) \rightleftharpoons 2NO_2(g)$에 대한 부피 감소(압력 증가)에 대한 효과. 부피가 감소하면, 평형은 평형 혼합물들의 전체 기체가 가장 작은 몰수를 갖는 쪽으로 이동한다.

면 평형이 흐트러지고 이 변화에 의한 영향을 최소화하는 방향으로 평형은 이동한다. 실린더의 부피를 반으로 줄이면 두 화학종의 농도에 어떤 변화가 발생하는지 생각해 보자. 두 농도는 처음의 **두 배**로 증가한다. $[N_2O_4]=1.286\ M$ 및 $[NO_2]=0.1094\ M$. 새로운 농도를 반응 지수 식에 대입하면 다음과 같다.

$$Q_c=\frac{[NO_2]^2_{eq}}{[N_2O_4]_{eq}}=\frac{(0.1094)^2}{1.286}=9.31\times10^{-3}$$

위에서 얻어진 결과는 $K_c$와 같지 않기 때문에 시스템은 더 이상 평형 상태가 아니다. $Q_c$가 $K_c$보다 크기 때문에, 평형에 다시 도달하기 위해서는 평형이 왼쪽으로 이동해야 한다(그림 15.8).

일반적으로 반응 용기의 부피 감소는 기체의 총 몰수를 최소화하는 방향으로 평형을 이동시킨다. 반대로 부피가 증가하면 기체의 총 몰수를 최대화하는 방향으로 이동한다.

예제 15.16은 부피 변화에 의해 생기는 평형 이동을 예측하는 방법을 보여 준다.

## 예제 15.16

각 반응에 대하여, 반응 용기의 부피가 감소할 때 평형이 어느 방향으로 이동하게 되는지 예측하시오.

(a) $PCl_5(g) \rightleftharpoons PCl_3(g)+Cl_2(g)$

(b) $2PbS(s)+3O_2(g) \rightleftharpoons 2PbO(s)+2SO_2(g)$

(c) $H_2(g)+I_2(g) \rightleftharpoons 2HI(g)$

**전략** 반응에서 기체의 몰수를 최소화하는 방향을 결정한다. 기체의 몰수를 센다.

**참조**

어느 쪽의 기체의 몰수가 더 적은지 결정하기 위해 반응에서 모든 화학종을 취급하는 것이 일반적인 오류이다. 부피 변화가 평형을 어떤 방향으로 이동하게 하는지 결정하기 위해서는 기체의 몰수만이 중요하다.

**계획** (a) 반응물 쪽에 1몰의 기체와 생성물 쪽에 2몰의 기체가, (b) 반응물 쪽에 3몰의 기체와 생성물 쪽에 2몰의 기체가, 그리고 (c) 양쪽에 2몰의 기체가 있다.

**풀이** (a) 왼쪽으로 이동 (b) 오른쪽으로 이동 (c) 이동하지 않음

### 생각해 보기

기체의 몰수에 차이가 없으면 반응 용기의 부피를 변화시켰을 때, 반응물과 생성물의 농도는 변화하지만, 평형은 유지된다. ($Q$는 $K$와 동일하게 유지된다.)

**유제 1** 다음 평형을 이루고 있는 반응에 대하여 평형이 오른쪽으로 이동하게 하는 예시, 왼쪽으로 이동하게 하는 예시 및 평형이

이동하지 않는 예시를 쓰시오.

$$H_2(g)+F_2(g) \rightleftharpoons 2HF(g)$$

**유제 2** 어떤 반응 $A(g)+B(g) \rightleftharpoons AB(g)$를 생각해 보자. 오른쪽의 그림은 평형 상태를 나타낸다. 다음 그림들[(i)~(iii)] 중 부피를 50% 증가시킨 후, 평형에 다시 도달되었을 때의 경우를 가장 잘 나타낸 것은 어느 것인가?

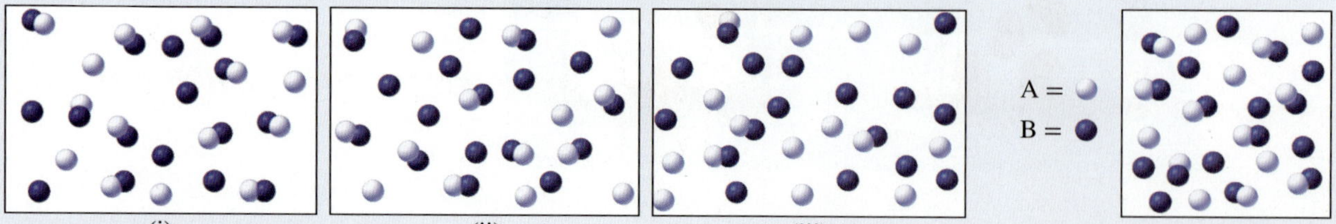


(i) (ii) (iii)

반응 용기에 헬륨과 같은 비활성 기체를 추가하여 부피를 변경하지 않고 전체 압력을 바꿀 수 있다. 총 부피가 동일하기 때문에 반응물과 생성물 기체의 농도는 변하지 않는다. 따라서 평형이 방해 받지 않고 어느 쪽으로도 평형이 이동하지 않는다.

## 온도의 변화

농도 또는 부피의 변화는 평형 상태(즉, 반응물 및 생성물의 상대적인 양)의 위치를 변경시킬 수 있지만, 평형 상수의 값은 변화시키지 않는다. 온도의 변화만이 평형 상수의 값을 바꿀 수 있다. 그 이유를 이해하려면 다음 반응을 생각해 보자.

$$N_2O_4(g) \rightleftharpoons 2NO_2(g)$$

정반응은 흡열 반응이다(열을 흡수, $\Delta H>0$).

$$열+N_2O_4(g) \rightleftharpoons 2NO_2(g) \qquad \Delta H^\circ=58.0\text{ kJ/mol}$$

위의 반응에서 열을 반응물인 것처럼 취급한다면 르샤틀리에의 원리를 사용하여 열을 추가하거나 제거하면 어떻게 변화되는지 예측할 수 있다. 온도가 올라가면(열 추가), 반응물 쪽에 열이 있기 때문에 반응은 정반응 쪽으로 이동한다. 온도를 낮추면(열 제거), 반응이 역반응 쪽으로 이동한다. 결과적으로, 평형 상수는 다음과 같이 주어진다.

$$K_c=\frac{[NO_2]^2}{[N_2O_4]}$$

위의 식으로부터 얻어지는 평형 상수는 반응 용기가 가열되면 증가하고, 냉각되면 감소한다(그림 15.9). 열이 생성물로 간주될 수 있는 발열 반응의 경우에도 비슷하게 고려할 수 있다. 발열 반응의 경우 온도를 높이면 평형 상수가 감소하여 평형을 반응물 쪽으로 이동시킨다.

이 효과를 이해하는 또 다른 방법은 온도가 변할 때 $\Delta G$의 값이 어떻게 되는지를 고려하는 것이다. 식 14.10을 생각해 보자.

$$\Delta G=\Delta H-T\Delta S$$

평형 상태에서는 $\Delta G=0$이기 때문에, 위의 수식을 다음과 같이 쓸 수 있다.

$$\Delta H=T\Delta S$$

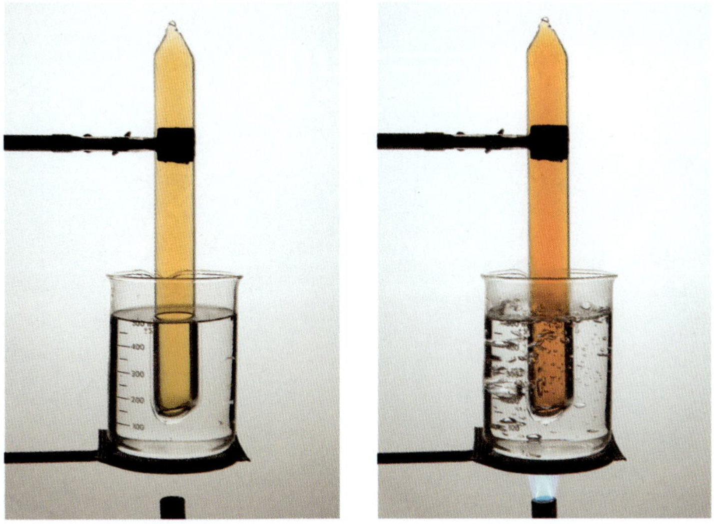

(a) (b)

**그림 15.9** (a) $N_2O_4/NO_2$ 평형 (b) 반응은 흡열 반응이기 때문에, 고온에서 $N_2O_4(g) \rightleftharpoons 2NO_2(g)$ 반응에 대한 평형은 생성물 쪽으로 이동하여 반응 혼합물을 더 어둡게 만든다.

발열 반응의 경우, $\Delta H$는 음의 값을 갖는다. 절대 온도가 항상 **양수**이므로 $\Delta S$는 음의 값이어야 한다. 온도를 높이면 $T\Delta S$라는 항은 더 큰 음의 값이 되고, $\Delta H$에서 더 큰 음수를 뺀 것은 $\Delta G$에 양의 값을 갖게 한다. 만일 $\Delta G$가 양의 값이면, 평형을 이루기 위해 반응은 왼쪽으로 진행되어야 한다.

이런 현상의 또 다른 예는 다음 이온들 사이의 평형이다.

$$\underset{\text{파란색}}{CoCl_4^{2-}} + 6H_2O \rightleftharpoons \underset{\text{분홍색}}{Co(H_2O)_6^{2+}} + 4Cl^- + \text{열}$$

$Co(H_2O)_6^{2+}$의 생성은 발열 반응이다. 따라서 역반응인 $CoCl_4^{2-}$의 생성은 흡열 반응이다. 이 반응 용기에 열을 가하면 평형이 왼쪽으로 이동하고 용액은 파란색으로 바뀐다. 이 반응 용기를 냉각시키면, 발열 반응[$Co(H_2O)_6^{2+}$의 생성]을 선호하고 용액은 분홍색으로 변한다(그림 15.10).

요약하면, 온도 상승은 흡열 반응을 선호하고, 온도 감소는 발열 과정을 선호한다. 온도는 평형의 값을 변화시킴으로써 평형의 위치에 영향을 미친다. 그림 15.11과 그림 15.12 (710~711쪽)는 평형 상태에 주어지는 다양한 변화에 의한 영향을 보여 준다.

(a) (b) (c)

**그림 15.10** (a) $CoCl_4^{2-}$ 이온과 $Co(H_2O)_6^{2+}$ 이온의 평형 혼합물은 보라색으로 나타난다. (b) 가열하면 $CoCl_4^{2-}$의 생성을 선호하여 용액을 보다 푸르스름하게 만든다. (c) 냉각하면 $Co(H_2O)_6^{2+}$ 이온의 생성을 선호하여 용액이 분홍색으로 보이게 된다.

그림 15.11 르샤틀리에의 원리

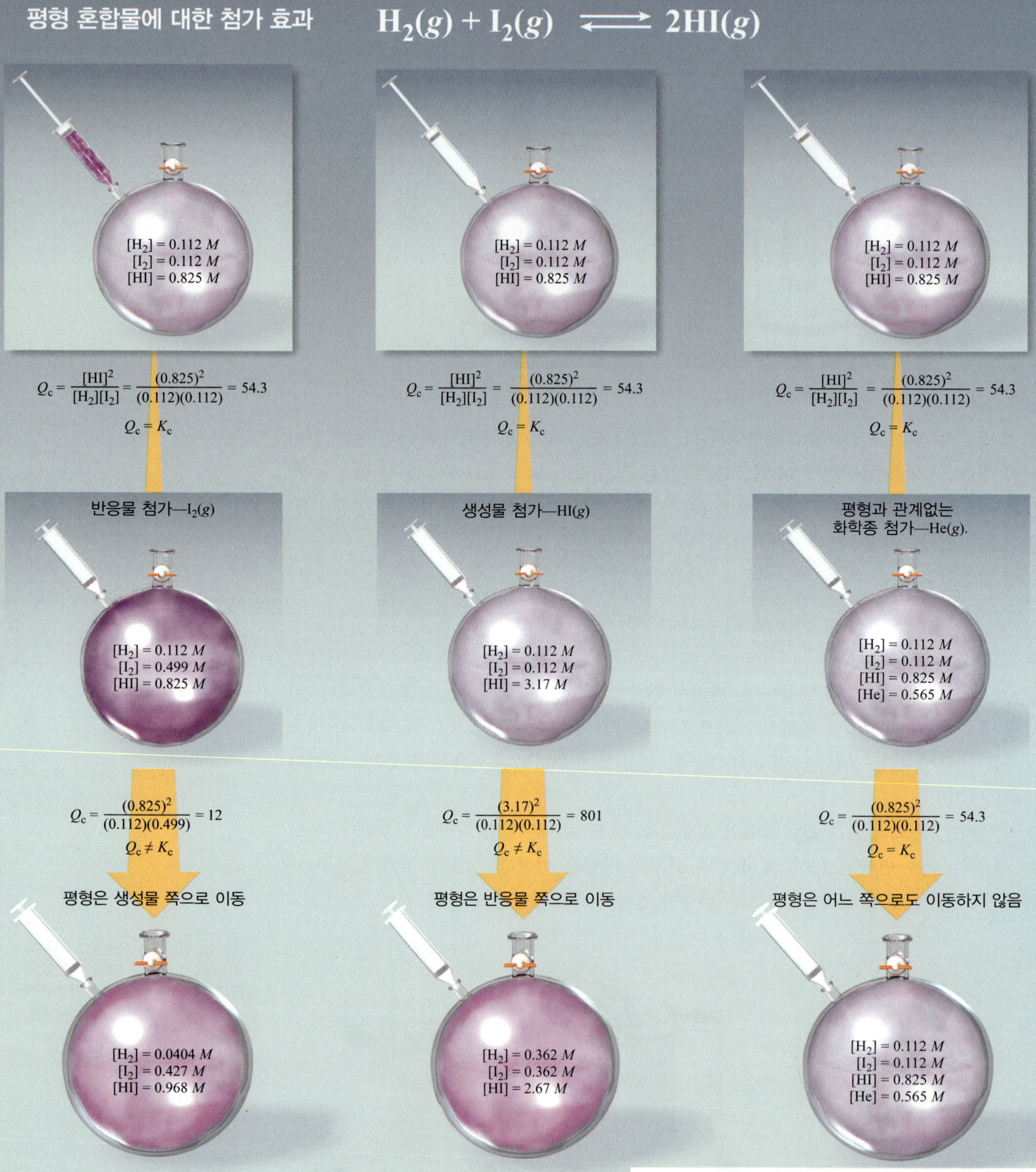


$Q_c = \frac{(0.968)^2}{(0.0404)(0.427)} = 54.3$

$Q_c = K_c$

$Q_c = \frac{(2.67)^2}{(0.362)(0.362)} = 54.4$

$Q_c = K_c$

### 요점 내용

평형 혼합물에 반응물을 첨가하면 평형이 반응식의 생성물 쪽으로 이동한다. 생성물을 첨가하면 평형이 반응물 쪽으로 이동한다. 반응물이나 생성물이 아닌 화학종을 추가해도 평형은 바뀌지 않는다.

## 온도 변화의 영향

$$N_2O_4(g) \rightleftharpoons 2NO_2(g) \qquad \Delta H° = 58.04\ \text{kJ/mol}$$

온도 감소는 평형이 반응물 쪽으로 이동하는 발열 평형을 유도한다.

온도 증가는 평형이 생성물 쪽으로 이동하는 흡열 평형을 유도한다.

$$H_2(g) + I_2(g) \rightleftharpoons 2HI(g) \qquad \Delta H° = -9.4\ \text{kJ/mol}$$

온도 증가는 평형이 반응물 쪽으로 이동하는 흡열 평형을 유도한다.

온도 감소는 평형이 생성물 쪽으로 이동하는 발열 평형을 유도한다.

### 요점 내용

평형 혼합물의 온도를 증가시키면 흡열 반응에서는 평형이 생성물 쪽으로 이동하고, 발열 반응에서는 평형이 반응물 쪽으로 이동한다.

그림 15.12 르샤틀리에의 원리

## 부피 변화의 영향

$[N_2O_4] = 1.08\ M$
$[NO_2] = 0.0707\ M$
$$Q_c = \frac{[NO_2]^2}{[N_2O_4]} = \frac{(0.0707)^2}{1.08} = 4.63 \times 10^{-3}$$
$$Q_c = K_c$$

$[N_2O_4] = 0.540\ M$
$[NO_2] = 0.0354\ M$
$$Q_c = \frac{(0.0354)^2}{0.540} = 2.3 \times 10^{-3}$$
$$Q_c \neq K_c$$

$[N_2O_4] = 2.16\ M$
$[NO_2] = 0.141\ M$
$$Q_c = \frac{(0.141)^2}{2.16} = 9.2 \times 10^{-3}$$
$$Q_c \neq K_c$$

$[N_2O_4] = 0.533\ M$
$[NO_2] = 0.0497\ M$
$$Q_c = \frac{(0.0497)^2}{0.533} = 4.6 \times 10^{-3}$$
$$Q_c = K_c$$

### 요점 내용

평형 혼합물의 부피 증가는 기체 전체의 몰수가 더 **큰** 쪽으로 평형을 이동시킨다. 평형 혼합물의 부피 감소는 기체 전체의 몰수가 더 **작은** 쪽으로 평형을 이동시킨다.

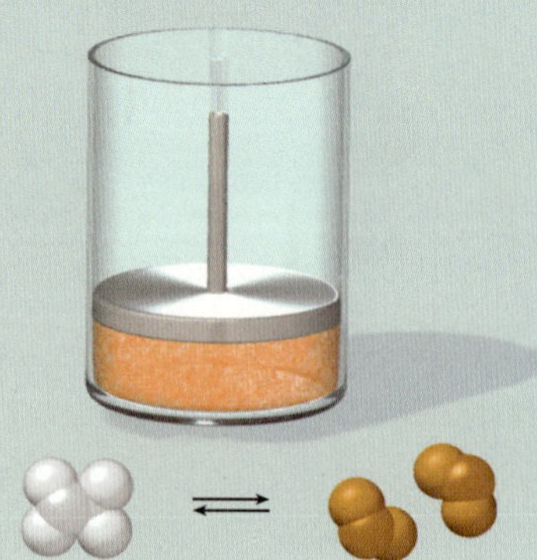

$[N_2O_4] = 2.18\ M$
$[NO_2] = 0.100\ M$
$$Q_c = \frac{(0.100)^2}{2.18} = 4.6 \times 10^{-3}$$
$$Q_c = K_c$$

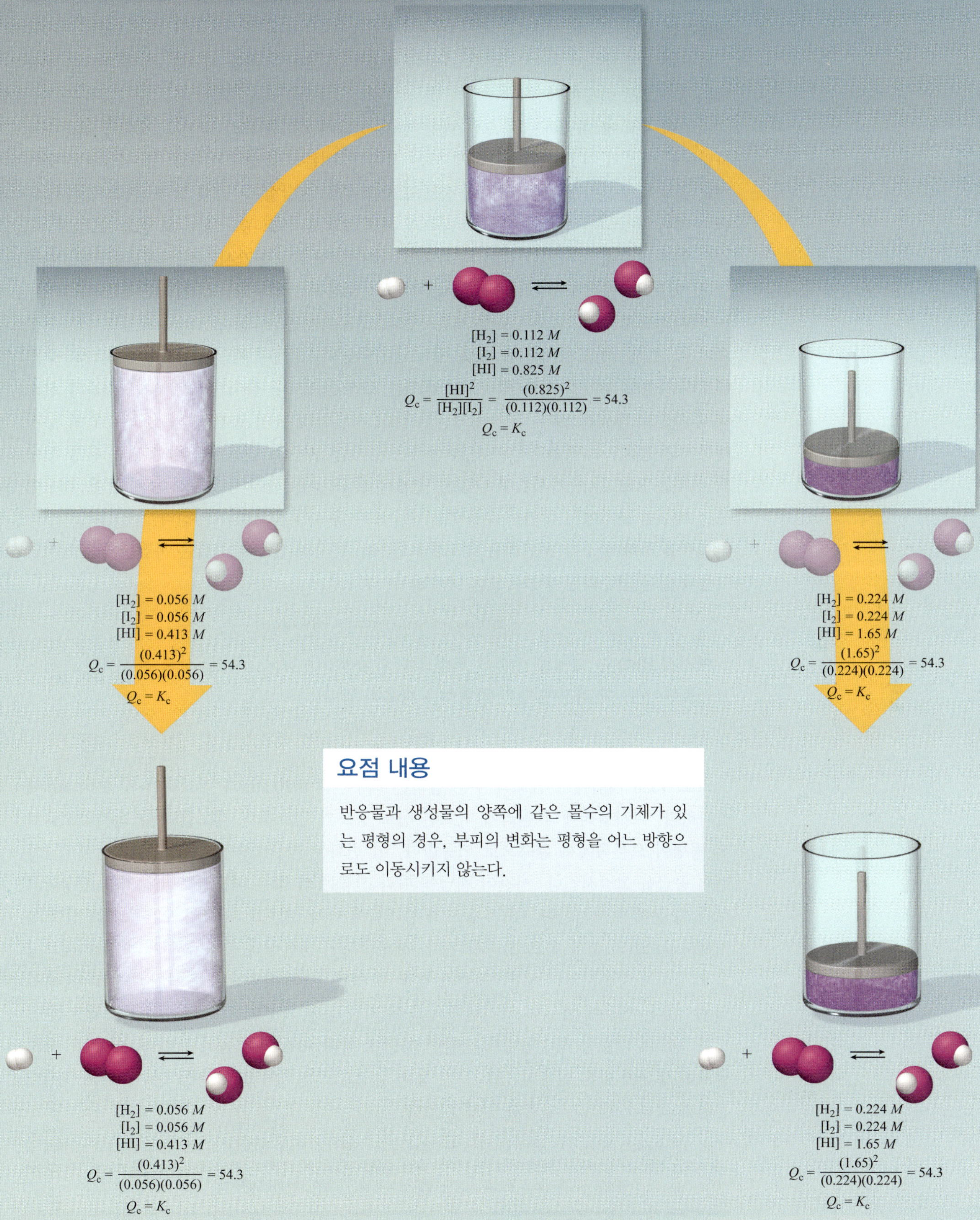


## 요점 내용

반응물과 생성물의 양쪽에 같은 몰수의 기체가 있는 평형의 경우, 부피의 변화는 평형을 어느 방향으로도 이동시키지 않는다.

## 생각 밖 상식

### 생물학적 평형

화학과 생물학에서 자연은 어떤 과정에 필요한 성분이 부족할 때 때때로 부족분을 보상하는 방식으로 반응한다.

자연이 부족에 대응하는 중요한 예는 산소 농도가 해수면보다 낮은 고지대에 거주하는 사람들이 여분의 적혈구를 생산하게 되는 것이다. 여분의 적혈구는 산소 농도가 낮은 곳에서도 혈액이 충분한 산소를 폐에서 신체의 각 부위로 전달할 수 있게 한다. 혈액의 산소 운반 능력이 향상되면 선수는 유산소 능력과 체력(보통의 산소 농도에서)을 얻을 수 있다. 이것은 일부 선수들로 하여금 적혈구 수(RBC)를 인위적으로 증가시키려는 시도를 하게 만들었다. 이것은 "혈액 도핑(blood doping)"이라고 알려진 방법이다.

역사적으로 혈액 도핑은 수혈 또는 에리스로포이에틴(erythropoietin) 제제로 이루어졌으며 둘 다 세계반도핑기구(WADA)에서 금지되었다. 그러나 최근 몇 년 동안 저산소 수면 텐트의 사용이 인기를 얻고 있다. 이 텐트는 자연 공기보다 산소 농도가 낮은 질소와 산소의 혼합물로 채워져 있다. 고지대에 거주하는 사람들의 몸이 공기 중의 산소 분압이 낮기 때문에 자연적으로 적혈구를 추가 생산하는 것처럼, 저산소 텐트에서 잠을 자는 운동 선수의 신체는 RBC를 증가시킨다. "높은 곳에서 살고 낮은 곳에서 운동하는 사람"은 해수면 또는 해수면 근처에서 살면서 운동하는 선수보다 유리한 것으로 여겨진다.

혈액을 통해 산소를 운반하는 헤모글로빈(Hb) 분자와 산소의 결합은 복잡한 반응이지만 다음과 같은 단순화된 방응식으로 나타낼 수 있다.*

$$\mathrm{Hb}(aq)+\mathrm{O_2}(aq) \rightleftharpoons \mathrm{HbO_2}(aq)$$

여기서 $HbO_2$는 실제로 산소를 조직으로 이동시키는 헤모글로빈-산소 복합체인 옥시헤모글로빈이다. 이 과정에 대한 평형식은 다음과 같다.

$$K_c=\frac{[\mathrm{HbO_2}]}{[\mathrm{Hb}][\mathrm{O_2}]}$$

고도 3 km 지점에서 산소의 부분 압력은 해수면의 0.20 atm과 비교하여 약 0.14 atm에 불과하다. 르샤틀리에의 원리에 따르면 산소 농도가 감소하면 헤모글로빈-옥시헤모글로빈 평형이 오른쪽에서 왼쪽으로 이동한다. 이 변화는 저산소증을 유발하는 옥시헤모글로빈의 공급을 고갈시킨다. 시간이 지남에 따라 신체는 더 많은 헤모글로빈 분자를 생성함으로써 이 문제에 대처한다. Hb의 농도가 증가함에 따라, 평형은 서서히 오른쪽으로 진행(옥시헤모글로빈의 생성 쪽으로)하게 된다. 헤모글로빈 생산량의 증가가 인체의 산소 필요량을 적절하게 충족시키는 데는 몇 주가 걸릴 수 있다. 전체 용량으로 돌아가려면 몇 년이 걸릴 수 있다. 연구에 따르면 고지대에서 오랜 기간 동안 거주한 사람은 혈중 헤모글로빈 농도가 높으며 때로는 해수면에서 생활한 사람에 비해 50% 이상 높다고 한다. 더 많은 헤모글로빈 생산에 따른 혈액의 산소 운반 능력 향상으로 인하여 일부 운동 선수들에게 고지대 훈련과 저산소 텐트가 인기를 얻게 되었다.

* 이와 같은 생물학적 과정은 실제 평형이 아니라 오히려 정상 상태의 상황이다. 안정한 상태에서 일정한 농도의 반응물과 생성물은 같은 속도로 진행되는 정반응 및 역반응의 결과가 아니다. 대신, 반응물 농도는 이전 반응에 의해 보충되고 생성물 농도는 후속 반응에 의해 유지된다. 그럼에도 르샤틀리에의 원리를 비롯한 평형 원칙의 많은 부분이 여전히 적용된다.

## 15.6절 복습

### 화학 평형에 영향을 미치는 요인들

**15.6.1** 각 변화에 따라 다음 반응의 평형이 어디로 이동할지 나타내시오.

$$XY_2(s) \rightleftharpoons X(s) + Y_2(g)$$

(i) $XY_2(s)$의 첨가 (ii) $Y_2(g)$의 제거 (iii) 용기 부피의 감소 (iv) $X(s)$의 첨가

(a) 이동 안 함, 왼쪽, 오른쪽, 이동 안 함

(b) 왼쪽, 오른쪽, 오른쪽, 이동 안 함

(c) 오른쪽, 이동 안 함, 이동 안 함, 왼쪽

(d) 이동 안 함, 오른쪽, 왼쪽, 이동 안 함

(e) 오른쪽, 오른쪽, 왼쪽, 왼쪽

**15.6.2** 각 변화에 따라 다음 반응의 평형이 어디로 이동할지 나타내시오.

$$A_2(g) + B_2(g) \rightleftharpoons 2AB(g)$$

(i) $A_2(g)$의 첨가 (ii) $B_2(g)$의 제거 (iii) 용기 부피의 증가 (iv) $AB(g)$의 첨가

(a) 왼쪽, 오른쪽, 이동 안 함, 오른쪽 (b) 오른쪽, 왼쪽, 이동 안 함, 왼쪽

(c) 오른쪽, 이동 안 함, 왼쪽, 오른쪽 (d) 이동 안 함, 왼쪽, 오른쪽, 오른쪽

(e) 왼쪽, 이동 안 함, 이동 안 함, 왼쪽

**15.6.3** 다음 그림은 기체 반응 $2A \rightleftharpoons A_2$가 평형 상태에 있음을 보여 준다. 일정한 온도에서 용기의 부피가 증가하면 A와 $A_2$의 수는 어떻게 변하는가?

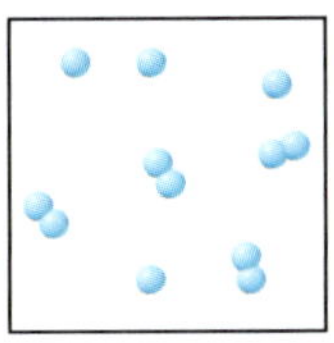

(a) $A_2$는 증가하고 A는 감소할 것이다. (b) A는 증가하고 $A_2$는 감소할 것이다.

(c) $A_2$와 A 모두 감소할 것이다. (d) $A_2$와 A가 모두 증가할 것이다.

(e) $A_2$도 A도 변하지 않을 것이다.

**15.6.4** 다음 그림은 두 가지 다른 온도($T_2 > T_1$)에서 $A_2$, $B_2$ 및 AB의 평형 혼합물을 보여 준다. $A_2 + B_2 \rightleftharpoons 2AB$ 반응은 흡열인가, 발열인가?

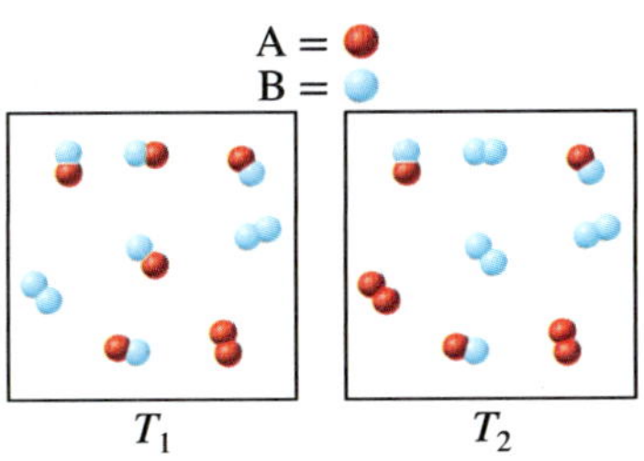


(a) 흡열 (b) 발열 (c) 어느 쪽도 아니다

(d) 이것을 결정하기에는 정보가 충분하지 않다.

# 단원 정리

### 15.1절

- 화학 반응의 정의에 따라 반응물은 소비되고 생성물은 생산된다. 이를 **정반응**(forward)이라고 한다. **가역 과정**(reversible process)은 반응물을 생성하기 위해 생성물을 소비할 수도 있는 과정으로, **역반응**(reverse)으로 알려져 있다.
- **평형**(equilibrium)은 정반응 및 역반응이 같은 속도로 일어나고, 시간 경과에 따른 반응물 및 생성물 농도의 순 변화가 없는 상태이다.
- 이론상으로는 반응물만으로, 생성물만으로, 또는 반응물과 생성물의 조합으로 시작하여도 평형을 이룰 수 있다.

### 15.2절

- **반응 지수**(reaction quotient, $Q_c$)는 **반응물 농도들**(reactant concentarions)의 곱에 대한 **생성물 농도들**(product conc-entarions) 곱의 비율이며, 각 농도는 균형 잡힌 화학 반응식의 화학량론적 계수와 같은 수가 지수승으로 올라간다. 이것은 **질량 작용의 법칙**(law of mass action)으로 알려져 있다.
- 평형에서 반응 지수는 일정한 값인 **평형 상수**(equilibrium constant, $K_c$)와 같다.
- 평형 상태에서 반응 지수의 농도들은 **평형**(equilibrium) 농도이며, 이 반응 지수를 **평형식**(equilibrium expression)이라고 한다.
- 일정한 온도에서 $K_c$의 값은 일정하다. $K_c$의 값은 평형 농도를 평형식에 대입하여 계산할 수 있다.
- 큰 평형 상수($K_c > 10^2$)는 평형 상태에서 생성물이 선호된다는 것을 나타낸다. 작은 평형 상수($K_c < 10^{-2}$)는 평형에서 반응물이 선호된다는 것을 나타낸다.

### 15.3절

- 불균일 반응에 대한 평형식에는 고체와 액체가 나타나지 않는다.
- 평형을 나타내는 화학 반응식의 앞뒤 바꾸기(reversed), 곱셈, 다른 반응식과의 결합, 또는 이러한 과정들의 어떤 조합의 경우, 평형 상수에도 이에 상응하는 변화가 이루어져야 한다.
- 기체 상태만 포함하는 평형식은 $K_c$ 식 또는 $K_P$ 식으로 작성할 수 있다. $K_P$ 식은 $K_c$ 식과 동일한 형식이지만 몰농도보다는 부분 압력을 포함한다. 반응 지수($Q$) 또한 생성물과 반응물의 압력의 관점에서 표현될 수 있다. 이 경우에는 $Q_P$로 표시된다.
- $K_c$와 $K_P$는 대개 같지 않다. 이 값은 반응에 의해 기체 몰수의 순 변화가 없을 때만 동일하다.

### 15.4절

- 자유 에너지 변화($\Delta G$)는 표준 자유 에너지 변화($\Delta G^\circ$)와 반응 지수($Q$)를 사용하여 결정된다.
- $Q_c$와 $K_c$(또는 $Q_P$와 $K_P$)의 값을 비교함으로써 반응이 평형을 이루기 위해 어떤 방향으로 진행되어야 하는지를 예측할 수 있다.
- $\Delta G$의 부호는 반응이 주어진 조건하에서 자발적으로 진행되는지 여부를 알려 준다.
- $\Delta G^\circ$는 평형 상수 $K$와 관련이 있다. 음의 $\Delta G^\circ$는 큰 값의 $K$에 해당한다. 양의 $\Delta G^\circ$는 작은 값의 $K$에 해당한다.

### 15.5절

- 평형식, 평형 상수와 함께 초기 농도를 사용하여 평형 농도를 결정할 수 있다

### 15.6절

- **르샤틀리에의 원리**(Le Châtelier's principle)에 따르면, 어떤 평형 상태는 스트레스의 영향을 부분적으로 상쇄하기 위한 방향으로 평형을 이동함으로써 스트레스에 대응한다.
- 어떤 평형 상태에 가해질 수 있는 변화는 물질의 첨가 또는 제거, 반응 용기의 부피 변화 및 온도 변화를 포함한다.

## 주요 용어

가역 과정(reversible process)
르샤틀리에의 원리(Le Châtelier's principle)
반응 지수(reaction quotient, $Q_c$ 또는 $Q_P$)
질량 작용의 법칙(law of mass action)
평형(equilibrium)
평형 상수(equilibrium constant, $K_c$ 또는 $K_P$)
평형식(equilibrium expression)

## 주요 식

| | | |
|---|---|---|
| 15.1 | $Q_c = \dfrac{[C]^c[D]^d}{[A]^a[B]^b}$ | 반응 지수 $Q$는 초기 농도 또는 압력을 사용하여 계산할 수 있다. 반응물과 생성물이 모두 존재하는 경우, $Q$의 값과 $K$의 값을 비교하여 어느 방향으로 반응이 진행되는지 결정할 수 있다. $Q$가 $K$보다 작으면 반응은 오른쪽으로 진행된다. $Q$가 $K$보다 크면 반응은 왼쪽으로 진행된다. $Q$가 $K$와 같으면 이미 평형 상태이다. |
| 15.2 | $Q_c = \dfrac{[C]^c[D]^d}{[A]^a[B]^b} = K_c$ (평형에서) | 반응 지수 $Q$는 생성물 농도들의 곱(각각의 적절한 지수를 올린다)을 반응물 농도들의 곱(각각의 적절한 지수를 올린다)으로 나눈 값과 동일하다. 반응 지수에서 각 화학종에 대하여, "적절한" 지수는 균형 잡힌 화학 반응식에서 그 화학종의 계수이다. $Q$를 계산하기 위해 사용된 농도가 평형 농도일 때, $Q=K$이다. $Q$와 $K$는 $Q_c$와 $K_c$ 또는 $Q_P$와 $K_P$를 나타낼 수 있다. |
| 15.3 | $\Delta n$=기체 생성물의 몰수−기체 반응물의 몰수 | 하나 이상의 화학종이 기체인 반응의 경우, $\Delta n$은 반응식에서 생성물 쪽의 기체의 몰수에서 반응물 쪽의 기체의 몰수를 뺀 값이다: 기체 생성물의 몰수−기체 반응물의 몰수 |
| 15.4 | $K_P = K_c\,[(0.08206\text{ L}\cdot\text{atm/K}\cdot\text{mol})\times T]^{\Delta n}$ | 평형식의 모든 화학종이 기체인 반응에 대하여, 압력($K_P$)을 사용해서 식을 쓰거나 농도($K_c$)를 사용해서 식을 쓸 수 있다. 식 15.4는 두 개의 다른 평형 상수 사이의 변환에 사용된다. 기체 몰수의 변화가 없으면($\Delta n=0$), $K_P$는 $K_c$와 같다. |
| 15.5 | $\Delta G = \Delta G^\circ + RT\ln Q$ | $\Delta G$는 $\Delta G^\circ$와 $R$, $T$ 및 반응 지수의 ln을 취한 값을 곱한 값과의 합으로 계산된다. |
| 15.6 | $\Delta G^\circ = -RT\ln K$ | 평형 상태에서 $Q$는 $K$와 같고 $\Delta G$는 0이다. $\Delta G^\circ$는 $R$, $T$ 및 $K$의 ln을 취한 값들을 곱해 얻어진 값을 음수로 표시한 값과 같다. |

## 주요 내용 평형 문제

평형의 원리는 주로 기체의 예를 사용하여 15장에서 소개되었다. 그러나 이러한 원칙이 모든 유형의 평형에 적용된다는 것을 인식하는 것이 중요하다. 평형 문제를 풀기 위한 접근법은 항상 동일하다는 것이다. 학습할 중요한 반응과 과정들의 많은 부분이 물에서 일어난다.[즉, **수용액 평형**(aqueous equilibria)이다.] 수용액 평형의 일반적인 예는 플루오린화 수소산과 같은 약산의 이온화 반응을 예로 들 수 있다.

$$HF(aq) \rightleftharpoons H^+(aq) + F^-(aq) \qquad K_a = 7.1 \times 10^{-4}$$

또 다른 예로 염화 납(II)과 같은 약간 용해되는 염의 용해 반응의 예를 들 수 있다.

$$PbCl_2(s) \rightleftharpoons Pb^{2+}(aq) + 2Cl^-(aq) \qquad K_{sp} = 2.4 \times 10^{-4}$$

이 평형에는 각각 $K_a$와 $K_{sp}$로 표시되어 있는 평형 상수($K_c$)가 있다. 아래 첨자 a와 sp는 평형 상수가 나타내는 특정 **유형**의 평형을 간단하게 나타낸다. 이들은 약한 **산**(acid)의 이온화 또는 약간 용해되는 염의 **용해도 곱**(solubility product)이다.

평형 문제를 풀 때, 균형 잡힌 화학 반응식으로 시작하여 그것을 사용하여 평형식을 작성한다. 그런 다음 평형표를 만들고 알려진 농도를 채워 넣는다. 종종 이것은 **초기**(initial) 농도이다. 문제의 정보가 무엇인지에 따라 **평형**(equilibrium) 농도가 될 수도 있다. 그런 다음 화학량론을 사용하여 반응물과 생성물의 농도 변화를 결정하고, 알려지지 않은 농도를 풀기 위해 평형**식**(expression)과 평형 **상수**(constant)를 사용한다.

0.15 *M* HF 용액을 생각해 보자. 평형에서 $H^+$ 이온의 농도를 알고 싶다면, 평형표를 만들고 평형식을 쓴다.

| | $HF(aq) \rightleftharpoons$ | $H^+(aq) +$ | $F^-(aq)$ |
|---|---|---|---|
| i | 0.15 | 0 | 0 |
| c | | | |
| e | | | |

$$7.1 \times 10^{-4} = \frac{[H^+][F^-]}{[HF]}$$

**참조**

이니셜 i, c 및 e는 초기(initial), 변화(change) 및 평형(equilibrium)을 나타낸다.

16장에서 보게 되겠지만, 이와 같은 문제에서 $H^+$의 초기 농도는 실제로 0은 아니지만, 매우 작아서 대부분의 경우 무시될 수 있다. 균형 잡힌 반응식의 화학량론을 사용하여 HF의 농도가 미지의 양 x만큼 감소하고, $H^+$ 및 $F^-$의 농도는 각각 동일한 양만큼 증가한다는 것을 결정한다.

| | $HF(aq) \rightleftharpoons$ | $H^+(aq) +$ | $F^-(aq)$ |
|---|---|---|---|
| i | 0.15 | 0 | 0 |
| c | $-x$ | $+x$ | $+x$ |
| e | $0.15-x$ | $x$ | $x$ |

$$7.1 \times 10^{-4} = \frac{[H^+][F^-]}{[HF]}$$

평형 농도(이 경우는 미지수 $x$로 나타낸)를 평형식에 대입하고 평형 상수와 같게 설정한다.

$$7.1 \times 10^{-4} = \frac{x \cdot x}{0.15 - x}$$

이 경우는 평형 상수가 너무 작기 때문에 분모의 $x$를 무시하고 $x$를 구하면 0.010 *M*이 된다. 이것은 $H^+$ 이온과 $F^-$ 이온의 농도이다.

다음으로 $PbCl_2$의 포화 용액을 생각해 보자. 용액에서 $Pb^{2+}$와 $Cl^-$ 이온의 농도를 알고 싶다면 이 경우도 평형표를 만들고 평형식을 작성하여 같은 방법으로 진행한다. $PbCl_2$와 같은 고체는 평형식에 나타나지 않는다는 것을 기억하자. $PbCl_2$가 용해되기 전에는 납(II) 이온과 염화 이온의 농도는 0이다.

$$PbCl_2(s) \rightleftharpoons Pb^{2+}(aq) + 2Cl^-(aq)$$

| | $PbCl_2(s)$ | $Pb^{2+}(aq)$ | $2Cl^-(aq)$ |
|---|---|---|---|
| i | | 0 | 0 |
| c | | | |
| e | | | |

$$2.4 \times 10^{-4} = [Pb^{2+}][Cl^-]^2$$

화학량론은 $[Pb^{2+}]$가 증가하고 $[Cl^-]$는 납(II) 이온의 농도 증가량의 두 배만큼 증가한다는 것을 나타낸다. 용해도 평형의 경우는 $x$를 대신하여 $s$를 사용하고, 그 결과가 염의 "용해도"임을 기억하자.

$$PbCl_2(s) \rightleftharpoons Pb^{2+}(aq) + 2Cl^-(aq)$$

| | $PbCl_2(s)$ | $Pb^{2+}(aq)$ | $2Cl^-(aq)$ |
|---|---|---|---|
| i | | 0 | 0 |
| c | | | |
| e | | | |

$$2.4 \times 10^{-4} = [Pb^{2+}][Cl^-]^2$$

평형 농도(이 경우는 미지수 $s$로 나타낸)를 평형식에 입력하고 평형 상수와 동일하게 설정한다.

$$2.4 \times 10^{-4} = (s) \cdot (2s)^2$$

$s$에 대한 해답은 0.039 $M$이다. 이것은 $Pb^{2+}$ 이온의 농도이고, $Cl^-$ 이온의 농도는 $2s = 0.078\ M$이다.

## 주요 내용 문제

**15.1**

사이안화 수소산(HCN)의 $K_a$는 $4.9 \times 10^{-10}$이다. 0.25 $M$ HCN 용액의 $H^+$의 농도를 결정하시오.

(a) $1.2 \times 10^{-10}\ M$
(b) $5.0 \times 10^{-4}\ M$
(c) $2.2 \times 10^{-5}\ M$
(d) $2.5 \times 10^{-5}\ M$
(e) $1.1 \times 10^{-5}\ M$

**15.2**

$PbI_2$의 포화 용액에서 $Pb^{2+}$와 $I^-$의 농도를 결정하시오. ($PbI_2$의 $K_{sp}$는 $1.4 \times 10^{-8}$이다.)

(a) 0.0015 $M$과 0.0030 $M$
(b) 0.0015 $M$과 0.0015 $M$
(c) 0.0015 $M$과 0.00075 $M$
(d) 0.0019 $M$과 0.0019 $M$
(e) 0.0019 $M$과 0.0038 $M$

**15.3**

0.10 $M$의 산 용액이 $[H^+] = 4.6 \times 10^{-4}\ M$이라면, 이 약산에 대한 $K_a$를 결정하시오.

(a) $2.1 \times 10^{-7}$
(b) $2.1 \times 10^{-6}$
(c) 0.32
(d) $4.6 \times 10^{-2}$
(e) 0.046

**15.4**

$[A^+] = 0.019\ M$이라면, 약간 용해되는 염 $A_2X$에 대한 $K_{sp}$를 결정하시오.

(a) $9.5 \times 10^{-3}$
(b) $3.6 \times 10^{-4}$
(c) $1.8 \times 10^{-4}$
(d) $3.4 \times 10^{-6}$
(e) $6.9 \times 10^{-5}$

# 종합문제

## 15.2절: 평형 상수

### 계산문제

15.9 다음 반응을 생각해 보자.

$$2NO(g)+2H_2(g) \rightleftharpoons N_2(g)+2H_2O(g)$$

특정 온도에서 평형 농도는 $[NO]=0.50\ M$, $[H_2]=0.25\ M$, $[N_2]=0.12\ M$, $[H_2O]=2.05\ M$이다.

(a) 반응에 대한 평형식을 작성하시오.

(b) 평형 상수의 값을 결정하시오.

15.11 700°C에서 다음의 평형 과정을 생각해 보자.

$$2H_2(s)+S_2(g) \rightleftharpoons 2H_2S(g)$$

분석 결과 12.0 L 플라스크에 존재하는 $H_2$는 2.50몰, $S_2$는 $1.35\times10^{-5}$몰 및 $H_2S$는 8.70몰이 있음을 알았다. 이 반응에 대한 평형 상수 $K_c$를 계산하시오.

### 개념문제

15.13 첫 번째 그림은 반응 $2A \rightleftharpoons 2B$에 대한 평형 상태를 나타낸 것이다. 여기서 A=와 B=이다. 평형을 이루기 위해서 두 번째 그림에 몇 개의 빨간색 구를 추가해야 하는가?

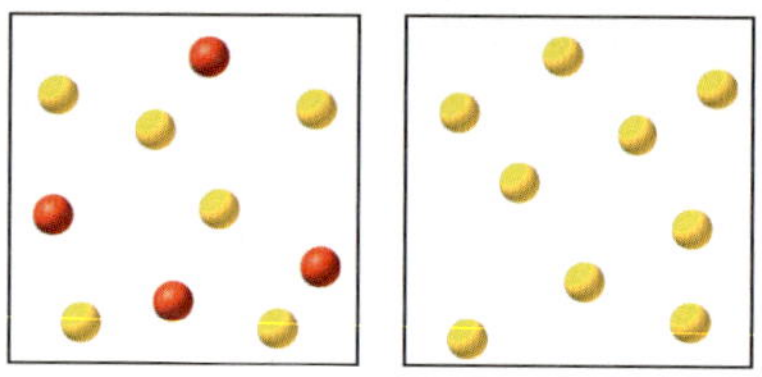

## 15.3절: 평형식

### 계산문제

15.23 다음 반응에 대한 평형 상수($K_c$)는 25°C에서 $4.17\times10^{-34}$이다.

$$2HCl(g) \rightleftharpoons H_2(g)+Cl_2(g)$$

같은 온도에서 아래의 반응에 대한 평형 상수는 얼마인가?

$$H_2(g)+Cl_2(g) \rightleftharpoons 2HCl(g)$$

15.25 다음 반응에 대한 평형 상수 $K_P$는 350°C에서 $1.8\times10^{-5}$이다. 이 반응에 대한 $K_c$는 얼마인가?

$$2SO_3(g) \rightleftharpoons 2SO_2(g)+O_2(g)$$

15.27 일정한 온도에서 반응 용기는 평형 상태의 $NH_3$, $N_2$ 및 $H_2$를 포함하고 있다. 이때 평형 농도는 $[NH_3]=0.25\ M$, $[N_2]=0.11\ M$, $[H_2]=1.91\ M$이다. 반응이 다음과 같이 표현된다면 암모니아의 합성에 대한 평형 상수 $K_c$를 계산하시오.

(a) $N_2(g)+3H_2(g) \rightleftharpoons 2NH_3(g)$

(b) $\frac{1}{2}N_2(g)+\frac{3}{2}H_2(g) \rightleftharpoons NH_3(g)$

15.29 평형 상태에서 반응 혼합물의 압력은 350°C에서 0.105 atm이다.

$$CaCO_3(s) \rightleftharpoons CaO(s)+CO_2(g)$$

이 반응에 대해 $K_P$와 $K_c$를 계산하시오.

15.31 암모늄 카바메이트($NH_4CO_2NH_2$)는 다음과 같이 분해된다.

$$NH_4CO_2NH_2(s) \rightleftharpoons 2NH_3(g)+CO_2(g)$$

고체만으로 시작하여 반응이 40°C에서 평형에 도달하면 총 기체($NH_3$ 및 $CO_2$)의 압력은 0.363 atm이다. 평형 상수 $K_P$를 계산하시오.

15.33 다음 평형 반응을 생각해 보자.

$$2NOBr(g) \rightleftharpoons 2NO(g)+Br_2(g)$$

니트로실 브로마이드(NOBr)가 25°C에서 34% 해리되고 총 압력이 0.25 atm인 경우, 이 온도에서 해리 반응에 대한 $K_P$와 $K_c$를 계산하시오.

15.35 25°C에서 옥살산에 대해 다음과 같이 평형 상수를 결정하였다.

$$H_2C_2O_4(aq) \rightleftharpoons H^+(aq)+HC_2O_4^-(aq) \quad K_c'=6.5\times10^{-2}$$

$$HC_2O_4^-(aq) \rightleftharpoons H^+(aq)+C_2O_4^{2-}(aq) \quad K_c''=6.1\times10^{-5}$$

같은 온도에서 아래 반응에 대한 평형 상수를 계산하시오.

$$H_2C_2O_4(aq) \rightleftharpoons 2H^+(aq)+C_2O_4^{2-}(aq)$$

15.37 어떤 특정 온도에서 다음 반응들의 상수는 다음과 같다.

$$S(s)+O_2(g) \rightleftharpoons SO_2(g) \quad K_c'=4.2\times10^{52}$$

$$2S(s)+3O_2(g) \rightleftharpoons 2SO_3(g) \quad K_c''=9.8\times10^{128}$$

같은 온도에서 아래 반응에 대한 평형 상수 $K_c$를 계산하시오.

$$2SO_2(g)+O_2(g) \rightleftharpoons 2SO_3(g)$$

### 개념 문제

15.39 반응 $A \rightleftharpoons B$에 대한 평형 상수는 특정 온도에서 $K_c=10$이다.

(1) 반응물 A로만 시작했을 때, 평형 상태를 가장 잘 나타내는 그림은 어느 것인가?

(2) $K_c=0.10$일 때, 평형 상태를 가장 잘 나타내는 그림은 어느 것인가? 용기의 부피를 몰라도, 각각의 경우에 대한 $K_c$를 계산할 수 있는 이유를 설명하시오. 회색 구는 A 분자를 나타내고 초록색 구는 B 분자를 나타낸다.

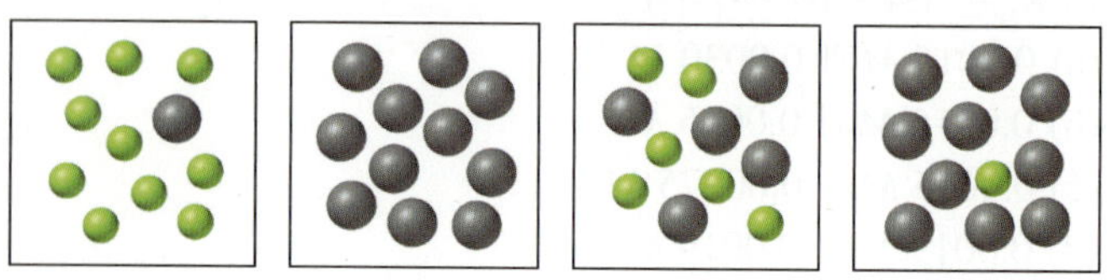

(a) (b) (c) (d)

## 15.4절: 평형과 자유 에너지

### 계산문제

15.43 다음의 수용액 반응은 L−글루탐산−피루빈산이라는 아미노 전이 효소에 의해 촉매화된다.

$$\text{L−글루탐산}+\text{피루빈산} \rightleftharpoons \alpha\text{−케토글루타르산염}+\text{L−알라닌}$$

300 K에서 이 반응에 대한 평형 상수는 1.11이다. 반응물과 생성물의 농도가 [L−글루탐산]$=3.0\times10^{-5}\,M$, [피루빈산]$=3.3\times10^{-4}\,M$, [$\alpha$−케토글루타르산염]$=1.6\times10^{-2}\,M$ 및 [L−알라닌]$=6.25\times10^{-3}\,M$일 때, 정반응이 일어날 것인지 예측하시오.

15.45 25°C에서 다음 반응을 생각해 보자.

$$Fe(OH)_2(s) \rightleftharpoons Fe^{2+}(aq)+2OH^-(aq)$$

위 반응에 대하여 $\Delta G°$를 계산하시오. $Fe(OH)_2$에 대한 $K_{sp}$는 $1.6\times10^{-14}$이다.

15.47 (a) 25°C에서 다음의 평형 반응에 대한 $\Delta G°$와 $K_P$를 계산하시오.

$$PCl_5(g) \rightleftharpoons PCl_3(g)+Cl_2(g)$$

(b) 초기 혼합물의 부분 압력이 $P_{PCl_5}=0.0029$ atm, $P_{PCl_3}=0.27$ atm 및 $P_{Cl_2}=0.40$ atm일 때, 반응에 대한 $\Delta G$를 계산하시오.

15.49 탄산 칼슘의 분해 반응을 생각해 보자.

$$CaCO_3(s) \rightleftharpoons CaO(s)+CO_2(g)$$

(a) 25°C에서, (b) 800°C에서 평형에서의 $CO_2$의 압력을 atm 단위로 계산하시오. 이 온도 범위에 대해 $\Delta H°=177.8$ kJ/mol 및 $\Delta S°=160.5$ J/K·mol이라고 가정한다.

15.51 다음 과정에 대하여, 25°C에서 $\Delta G°$는 8.6 kJ/mol이다.

$$H_2O(l) \rightleftharpoons H_2O(g)$$

이 온도에서 물의 증기압을 계산하시오.

15.53 25°C에서 다음 반응에 대한 $K_P$를 계산하시오.

$$H_2(g)+I_2(g) \rightleftharpoons 2HI(g) \qquad \Delta G°=2.60\text{ kJ/mol}$$

15.55 특정 온도에서 $A_2+B_2 \rightleftharpoons 2AB$ 반응에 대하여 $K_c=2$이면, 다음 그림 중 어느 것이 $A_2$, $B_2$ 및 AB의 평형 혼합물을 나타내는가? (해당되는 것을 모두 고르시오.)

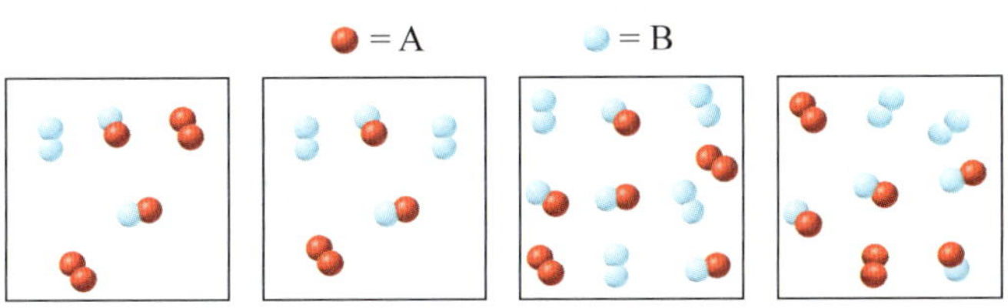

(a) (b) (c) (d)

## 15.5절: 평형 농도의 계산

### 계산 문제

15.57 700°C에서 다음 반응의 경우, $K_c=0.534$이다.

$$H_2(g)+CO_2(g) \rightleftharpoons H_2O(g)+CO(g)$$

0.300몰의 CO와 0.300몰의 $H_2O$의 혼합물을 10.0 L 용기에서 700°C로 가열할 경우, 평형 상태에 있는 $H_2$의 몰수를 계산하시오.

15.59 다음 반응에 대한 평형 상수 $K_c$는 730°C에서 $2.18\times10^6$이다.

$$H_2(g)+Br_2(g) \rightleftharpoons 2HBr(g)$$

12.0 L 반응 용기에서 3.20몰의 HBr로 시작하여 평형 상태에 도달했을 때, $H_2$, $Br_2$ 및 HBr의 농도를 계산하시오.

15.61 포스겐($COCl_2$)의 분해 반응에 대한 평형 상수 $K_c$는 527°C에서 $4.63\times10^{-3}$이다.

$$COCl_2(g) \rightleftharpoons CO(g)+Cl_2(g)$$

0.760 atm에서 순수한 포스겐으로 시작하여 평형에 도달했을 때, 모든 성분의 평형 부분 압력을 계산하시오.

15.63 다음과 같은 불균일 평형 과정을 생각해 보자.

$$C(s)+CO_2(g) \rightleftharpoons 2CO(g)$$

700°C에서 평형 상태의 총 압력은 4.50 atm이다. 평형 상수 $K_P$가 1.52라면, $CO_2$와 CO의 평형 부분 압력을 계산하시오.

## 15.6절: 르샤틀리에의 원리

### 개념 문제

15.69 부피의 변화가 평형의 위치에 영향을 주지 않는 반응은 다음 중 어느 것인가? (해당되는 것을 모두 고르시오.)

(a) $MgO(s)+CO_2(g) \rightleftharpoons MgCO_3(s)$

(b) $H_2(g)+Cl_2(g) \rightleftharpoons 2HCl(g)$

(c) $BaCO_3(s) \rightleftharpoons BaO(s)+CO_2(g)$

(d) $Br_2(l)+H_2(g) \rightleftharpoons 2HBr(g)$

(e) C(흑연)$+CO_2(g) \rightleftharpoons 2CO(g)$

15.71 다음 반응에 대하여 평형이 오른쪽으로 이동하게 하는 요인은 어느 것인가? (해당되는것을 모두 고르시오.)

$$\text{C(흑연)}+CO_2(g) \rightleftharpoons 2CO(g)$$

(a) 부피 감소

(b) 부피 증가

(c) 더 많은 C(흑연)을 첨가

(d) 더 많은 $CO_2(g)$를 첨가

(e) 생성되는 $CO(g)$를 제거

15.73 밀폐된 용기에서 고체 탄산수소소듐을 가열하면 다음과 같은 평형을 이룬다.

$$2NaHCO_3(s) \rightleftharpoons Na_2CO_3(s)+H_2O(g)+CO_2(g)$$

(a) $CO_2$가 일부 제거된 경우, (b) 고체 $Na_2CO_3$가 일부 첨가된 경우, (c) 고체 $NaHCO_3$가 시스템에서 일부 제거된 경우, 평형 상태는 각각 어떻게 변하는가? 온도는 일정하게 유지된다.

15.75 다음 각각의 평형 상태에 대하여 압력의 증가는 어떤 영향을 주는가? 온도는 일정하게 유지되며, 각각의 경우 반응물은 이동이 가능한 피스톤이 장착된 실린더 안에 있다.

(a) $A(s) \rightleftharpoons 2B(s)$

(b) $2A(l) \rightleftharpoons B(l)$

(c) $A(s) \rightleftharpoons B(g)$

(d) $A(g) \rightleftharpoons B(g)$

(e) $A(g) \rightleftharpoons 2B(g)$

## 계산 문제

15.77 다음의 평형 과정을 생각해 보자. 다음 각 상황에서 평형은 어느 쪽으로 이동할지 예측하시오.

$$PCl_5(g) \rightleftharpoons PCl_3(g) + Cl_2(g) \qquad \Delta H^\circ = 92.5 \text{ kJ/mol}$$

(a) 온도가 상승할 때

(b) 더 많은 염소 기체가 반응 혼합물에 첨가될 때

(c) $PCl_3$ 일부가 혼합물에서 제거될 때

(d) 기체상의 압력이 증가될 때

(e) 촉매가 반응 혼합물에 첨가될 때

15.79 밀폐된 용기에서 평형 반응을 생각해 보자. 다음 각 상황에서 평형은 어떻게 변하는가?

$$CaCO_3(s) \rightleftharpoons CaO(s) + CO_2(g)$$

(a) 부피가 증가하면

(b) CaO 일부가 혼합물에 첨가되면

(c) $CaCO_3$ 일부가 제거되면

(d) $CO_2$ 일부가 혼합물에 첨가되면

(e) NaOH 용액을 혼합물에 첨가하면

(f) 몇 방울의 HCl 용액을 혼합물에 첨가하면($CO_2$와 물 사이의 반응을 무시한다)

(g) 온도를 증가시키면

15.81 다음 그림은 온도 $T_1$과 $T_2(T_2 > T_1)$에서 $O_2$와 $O_3$의 평형 혼합물을 보여 준다.

(a) 발열 반응인 정반응을 나타내는 평형 반응식을 쓰시오.

(b) 일정한 온도에서 부피가 감소하면 $O_2$와 $O_3$의 분자 수는 어떻게 변할지 예측하시오.

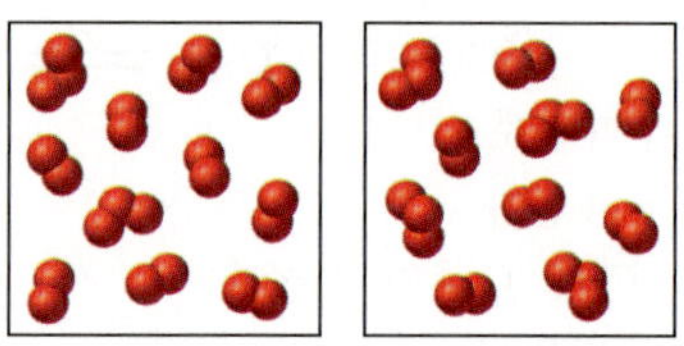

$T_1$ $T_2$

15.83 헤모글로빈과 산소의 결합 반응에 대한 산($H^+$)의 효과는 다음과 같이 요약할 수 있다.

$$HbH^+(aq) + O_2(aq) \rightleftharpoons HbO_2(aq) + H^+(aq)$$

격렬한 운동을 하는 동안, 산은 산증(acidosis)으로 알려진 상태로 쌓일 수 있다. 산증이 발생하면 옥시헤모글로빈의 농도는 어떻게 되는가?

15.85 반응 $A + B \rightleftharpoons 2C$를 생각해 보자. 위쪽의 그림은 A=●, B=● 및 C=●인 평형 상태를 나타낸다. 다음 그림들[(a)~(d)] 중, 어느 것이 평형 상태를 나타내는가? (해당되는 것을 모두 고르시오.)

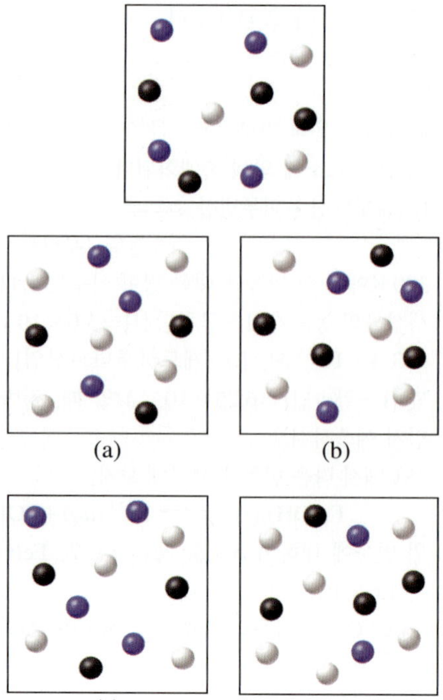

(a) (b) (c) (d)

## 추가 문제

15.87 다음 반응에 대한 평형 상수 $K_P$는 25°C에서 $2 \times 10^{-42}$이다.

$$2H_2O(g) \rightleftharpoons 2H_2(g) + O_2(g)$$

(a) 같은 온도에서 반응에 대한 $K_c$는 무엇인가?

(b) $K_P$(및 $K_c$)의 매우 작은 값은 반응이 물 분자의 형성을 압도적으로 선호한다는 것을 나타낸다. 이 사실에도 불구하고 수소와 산소 기체의 혼합물이 아무런 변화 없이 실내 온도에서 유지될 수 있는 이유를 설명하시오.

15.89 일산화 탄소(CO)와 일산화 질소(NO)는 자동차 배기가스에 함유된 오염 기체이다. 적절한 조건하에서, 이들 기체는 반응하여 질소($N_2$)를 형성하고 유해한 이산화 탄소($CO_2$)를 생성할 수 있다.

(a) 이 반응에 대한 반응식을 쓰시오.

(b) 산화제 및 환원제를 표시하시오.

(c) 25°C에서 이 반응에 대한 $K_P$를 계산하시오.

(d) 정상 대기 조건에서 부분 압력은 $P_{N_2} = 0.80$ atm, $P_{CO_2} = 3.0 \times 10^{-4}$ atm, $P_{CO} = 5.0 \times 10^{-5}$ atm 및 $P_{NO} = 5.0 \times 10^{-7}$ atm이다. $Q_P$를 계산하고 반응이 진행될 방향을 예측하시오.

(e) 온도를 올리면 $N_2$와 $CO_2$가 형성될 것인가?

15.91 특정 온도와 1.2 atm의 총 압력에서 평형 혼합물의 부분 압력은 $P_A = 0.60$ atm과 $P_B = 0.60$ atm이다.

$$2A(g) \rightleftharpoons B(g)$$

(a) 같은 온도에서 위 반응에 대한 $K_P$를 계산하시오.

(b) 총 압력이 1.5 atm으로 증가하면 평형 상태에서 A와 B의 부분 압력은 얼마인가?

15.93 다음 반응을 생각해 보자.

$$2NO(g) + O_2(g) \rightleftharpoons 2NO_2(g)$$

430°C에서 평형 혼합물은 0.020몰의 $O_2$, 0.040몰의 NO 및 0.96몰의 $NO_2$로 이루어진다. 전체 압력이 0.20 atm이라면 반응에 대한 $K_P$를 계산하시오.

15.95 다음 반응을 생각해 보자.

$$N_2(g) + O_2(g) \rightleftharpoons 2NO(g)$$

25°C에서 반응에 대한 $\Delta G°$가 173.4 kJ/mol일 때, 다음을 구하시오.

(a) NO의 표준 생성 자유 에너지를 계산하시오.

(b) 반응의 $K_P$를 계산하시오.

(c) 스모그 형성에서 출발 물질 중 하나는 NO이다. 운전 중인 자동차 엔진의 온도가 1100°C라고 가정할 때, 주어진 반응에 대해 $K_P$를 예측하시오.

(d) 농민들이 알고 있듯이 번개는 더 좋은 작물을 생산하는 데 도움이 된다. 그 이유는 무엇인가?

15.97 0.47몰의 $H_2$ 및 3.59몰의 HCl의 혼합물을 2800°C로 가열하였다. 총 압력이 2.00 atm이라면, $H_2$, $Cl_2$ 및 HCl의 평형 상태의 부분 압력을 계산하시오.

$$H_2(g) + Cl_2(g) \rightleftharpoons 2HCl(g)$$

위 반응에 대한 $K_P$는 2800°C에서 193이다.

15.99 다음 반응은 성층권에서 오존의 제거를 나타낸다.

$$2O_3(g) \rightleftharpoons 3O_2(g)$$

이 반응에 대한 평형 상수($K_P$)를 계산하시오. 평형 상수의 크기를 고려하여 질소 산화물 및 CFC와 같은 인위적 오염 물질이 없는 경우, 이 반응이 오존 붕괴의 주요 원인으로 고려되지 않는 이유를 설명하시오. 성층권의 온도가 −30°C이고 $\Delta G_f°$가 온도와 무관하다고 가정한다.

15.101 6.75 g의 $SO_2Cl_2$를 2.00 L의 플라스크에 넣었다. 648 K에서 0.0345몰의 $SO_2$가 존재한다. 이 반응에 대한 $K_c$를 계산하시오.

$$SO_2Cl_2(g) \rightleftharpoons SO_2(g) + Cl_2(g)$$

15.103 1몰의 $N_2$와 3몰의 $H_2$를 375°C의 플라스크에 넣는다. $NH_3$의 몰분율이 0.21이면 평형 상태의 전체 압력을 계산하시오. 반응에 대한 $K_P$는 $4.31 \times 10^{-4}$이다.

15.105 1600°C에서 다음 반응을 생각해 보자.

$$Br_2(g) \rightleftharpoons 2Br(g)$$

1.05몰의 $Br_2$를 0.980 L의 플라스크에 넣을 때, $Br_2$의 1.20%가 해리된다. 반응에 대한 평형 상수 $K_c$를 계산하시오.

15.107 $SO_2$와 $O_2$로부터 $SO_3$의 생성은 황산 제조의 중간 단계이며, 또한 산성비 현상을 일으킨다. 이 반응에 대한 평형 상수 $K_P$는 830°C에서 0.13이다.

$$2SO_2(g) + O_2(g) \rightleftharpoons 2SO_3(g)$$

한 실험에서, 2.00몰의 $SO_2$ 및 2.00몰의 $O_2$가 초기에 플라스크에 존재하였다. $SO_3$의 80.0% 수득률을 만들기 위해서 평형에서의 총 압력은 얼마여야 하는가?

15.109 다음 반응은 화산 지역에서 형성되는 유황 침전의 원인으로 설명되었다.

$$2H_2S(g) + SO_2(g) \rightleftharpoons 3S(s) + 2H_2O(g)$$

또한 발전소 연도기체에서 $SO_2$를 제거하는 데 사용될 수도 있다.

(a) 산화–환원 반응의 유형을 확인하시오.

(b) 25°C에서 평형 상수($K_P$)를 계산하고, 이 방법이 $SO_2$ 제거에 적합한지에 대해 토의하시오.

(c) 이 과정은 더 높은 온도에서 보다 효과적일 것인가? 덜 효과적일 것인가?

15.111 25°C에서 다음 과정의 $\Delta G°$와 $K_P$를 계산하시오.

(a) $H_2(g) + Br_2(l) \rightleftharpoons 2HBr(g)$

(b) $\frac{1}{2}H_2(g) + \frac{1}{2}Br_2(l) \rightleftharpoons HBr(g)$

반응 (a)와 반응 (b)에 대해 얻은 $\Delta G°$와 $K_P$의 차이점을 설명하시오.

15.113 다음 반응에 대한 평형 상수 $K_P$는 375°C에서 $4.31 \times 10^{-4}$이다.

$$N_2(g) + 3H_2(g) \rightleftharpoons 2NH_3(g)$$

한 학생이 어떤 실험을 375°C에서 일정 부피의 용기 내에서 0.862 atm의 $N_2$와 0.373 atm의 $H_2$로 시작한다. 이 반응이 평형에 도달했을 때, 모든 화학종의 부분 압력을 계산하시오.

15.115 물에 녹으면 글루코스(옥수수 설탕)와 과당(과일 설탕)이 다음과 같이 평형 상태로 존재한다.

$$\text{글루코스} \rightleftharpoons \text{과당}$$

화학자는 25°C에서 0.244 *M* 과당 용액을 준비했다. 평형 상태에서 그 농도가 0.113 *M*으로 감소되었음이 발견되었다.

(a) 반응에 대한 평형 상수를 계산하시오.

(b) 평형 상태에서 과당의 몇 퍼센트가 글루코스로 전환되었는가?

15.117 문제 14.29의 $\Delta G$ 값이 변성 반응에 대해 $\Delta G°$라고 가정하고, 20°C에서 그 과정의 평형 상수 값을 결정하시오.

15.119 1024°C에서 산화 구리(II) (CuO)의 분해로부터 생성된 산소 기체의 압력은 0.49 atm이다.

$$4CuO(s) \rightleftharpoons 2Cu_2O(s) + O_2(g)$$

(a) 반응에 대한 $K_P$는 얼마인가?

(b) 0.16몰을 2.0 L 플라스크에 1024°C로 두면 분해될 CuO 분율을 계산하시오.

(c) 1.0몰의 CuO 시료를 사용한 경우, 분율은 얼마인가?

(d) 평형에 도달할 수 있는 가장 적은 양의 CuO는 몇 몰인가?

15.121 다음 반응에 대한 평형 상수 $K_c$는 430°C에서 54.3이다.

$$H_2(g) + I_2(g) \rightleftharpoons 2HI(g)$$

반응이 시작될 때 2.40 L 반응 용기에서 $H_2$ 0.714몰, $I_2$ 0.984몰 및 HI 0.886몰이 존재한다. 평형 상태에서 기체들의 농도를 계산하시오.

15.123 대기 조건에서 어떤 기체를 가열하였더니 색이 어두워졌다. 150°C 이상으로 가열했을 때 색상이 희미해졌으며, 550°C에서는 색상이 거의 감지되지 않았다. 그러나 550°C에서 용기의 압력을 높임으로써 색이 부분적으로 복원되었다. 다음 중 위의 설명에 해당하는 가장 좋은 것은 어느 것인가? 선택을 증명하시오. (힌트: 브로민은 붉은색을 띠고 이산화 질소는 갈색의 기체이며, 다른 기체는 무색이다.)

(a) 수소와 브로민의 혼합물

(b) 순수한 브로민

(c) 이산화 질소와 사산화 이질소의 혼합물

15.125 다음 반응에 대한 평형 상수 $K_c$는 375°C에서 1.2이다.

$$N_2(g)+3H_2(g) \rightleftharpoons 2NH_3(g)$$

(a) 이 반응에 대한 $K_P$의 값은 얼마인가?

(b) $2NH_3(g) \rightleftharpoons N_2(g)+3H_2(g)$ 반응에 대한 평형 상수 $K_c$의 값은 얼마인가?

(c) $\frac{1}{2}N_2(g)+\frac{3}{2}H_2(g) \rightleftharpoons NH_3(g)$ 반응에 대한 $K_c$는 얼마인가?

(d) 반응 (b)와 반응 (c)에 대한 $K_P$의 값은 얼마인가?

15.127 밀폐된 유리 용기에 $NO_2$와 $N_2O_4$ 기체의 혼합물이 들어 있다. 용기가 20°C에서 40°C까지 가열될 때, 기체의 다음 특성에 어떤 변화가 발생하는지 설명하시오. 이때 부피가 일정하게 유지된다고 가정하시오. (힌트: $NO_2$는 갈색 기체이며 $N_2O_4$는 무색이다.)

(a) 색상 (b) 압력 (c) 평균 몰질량

(d) 해리도($N_2O_4$로부터 $NO_2$로) (e) 밀도

15.129 산업적으로 소듐 금속은 용융된 염화 소듐을 전기 분해함으로써 얻어진다. 음극에서의 반응은 $Na^+ + e^- \longrightarrow Na$이다. 녹은 포타슘 염화물을 전기 분해함으로써 포타슘 금속이 얻어질 것이라고 기대할 수 있다. 그러나 포타슘 금속은 녹은 염화 포타슘에 용해되므로 회수하기가 어렵다. 또한 포타슘은 실험하는 온도에서 쉽게 기화되어 위험한 조건을 만든다. 대신, 포타슘은 892°C에서 소듐 증기의 존재하에 용융된 염화 포타슘을 증류하여 제조된다.

$$Na(g)+KCl(l) \rightleftharpoons NaCl(l)+K(g)$$

포타슘이 소듐보다 강력한 환원제라는 사실을 고려하여 이 접근법이 왜 효과가 있는지 설명하시오. (소듐 및 포타슘의 끓는점은 각각 892°C 및 770°C이다.)

15.131 2.50몰의 NOCl 시료는 초기에 400°C에서 1.50 L 반응 용기 안에 있었다. 평형이 이루어지면, NOCl의 28.0%가 해리되었음을 알 수 있다.

$$2NOCl(g) \rightleftharpoons 2NO(g)+Cl_2(g)$$

이 반응에 대한 평형 상수 $K_c$를 계산하시오.

15.133 광합성 반응은 다음과 같이 나타낼 수 있다.

$$6CO_2(g)+6H_2O(l) \rightleftharpoons C_6H_{12}O_6(s)+6O_2(g)$$
$$\Delta H^\circ = 2801\ \text{kJ/mol}$$

다음 각 변화에 의해 평형이 어떤 영향을 받게 되는지 설명하시오.

(a) 이산화 탄소 분압이 증가된다.

(b) 혼합물에서 $O_2$가 제거된다.

(c) $C_6H_{12}O_6$(글루코스)가 혼합물에서 제거된다.

(d) 더 많은 물이 생성된다.

(e) 촉매를 첨가한다.

(f) 온도를 낮춘다.

15.135 25°C에서 $NO_2$와 $N_2O_4$의 평형 부분 압력은 각각 0.15 atm과 0.20 atm이다. 일정한 온도에서 부피가 두 배가 되면, 새로운 평형에 도달했을 때 기체들의 부분 압력을 계산하시오.

15.137 다음 평형 반응을 생각해 보자.

$$PCl_5(g) \rightleftharpoons PCl_3(g)+Cl_2(g)$$

2.50 g의 $PCl_5$를 0.500 L 플라스크에 넣고 250°C로 가열한다.

(a) 해리되지 않는다고 가정하고, 이때의 $PCl_5$의 압력을 계산하시오.

(b) 평형 상태에서 $PCl_5$의 분압을 계산하시오.

(c) 평형 상태에서의 총 압력은 얼마인가?

(d) $PCl_5$의 해리 정도는 얼마인가? (해리도는 해리된 $PCl_5$의 분율에 의해 주어진다.)

15.139 수은의 증기압은 26°C에서 0.0020 mmHg이다.

(a) $Hg(l) \rightleftharpoons Hg(g)$에 대한 $K_c$ 및 $K_P$를 계산하시오.

(b) 화학자가 온도계를 깨고 길이 6.1 m, 폭 5.3 m, 높이 3.1 m의 실험실 바닥에 수은을 쏟았다. 평형 상태에서 수증기의 질량(그램)과 수은 증기의 농도(mg/m$^3$)를 계산하시오. 이 농도가 0.05 mg/m$^3$의 안전 한계를 초과하는가? (실험실에서 가구 및 기타 물건의 양은 무시하시오.)

15.141 표 9.6의 활동도 서열은 반응 (a)는 자발적이지만 반응 (b)는 25°C에서 반응하지 않음을 보여 준다.

(a) $Fe(s)+2H^+(aq) \longrightarrow Fe^{2+}(aq)+H_2(g)$

(b) $Cu(s)+2H^+(aq) \longrightarrow Cu^{2+}(aq)+H_2(g)$

부록 2의 정보를 사용하여 이러한 반응에 대한 평형 상수를 계산하고, 활동도 서열이 올바른지 확인하시오.

15.143 한 학생이 먹는 물에 얼음 조각 몇 개를 넣었다. 몇 분 후 그녀는 얼음 조각 중 일부가 서로 융합됨을 알았다. 무슨 일이 일어났는지 설명하시오.

15.145 다음 반응에 대한 평형 상수 $K_c$는 375°C에서 0.83이다.

$$2NH_3(g) \rightleftharpoons N_2(g)+3H_2(g)$$

암모니아 시료 14.6 g을 4.00 L 플라스크에 넣고 375°C로 가열한다. 평형에 도달했을 때, 모든 기체의 농도를 계산하시오.

15.147 밀폐된 용기에서 $NO_2$와 $N_2O_4$ 사이의 반응을 생각해 보자.

$$N_2O_4(g) \rightleftharpoons 2NO_2(g)$$

처음에는 1몰의 $N_2O_4$가 존재한다. 평형 상태에서 $x$몰의 $N_2O_4$가 해리되어 $NO_2$를 생성한다.

(a) $x$와 전체 압력인 $P$를 사용하여 $K_P$에 대한 식을 유도하시오.

(b) (a)의 표현은 $P$의 증가로 인한 평형의 변화를 예측하는 데 어떻게 도움이 되는가? 당신의 예측은 르샤틀리에의 원리에 부합하는가?

**15.149** 다음 반응에 대한 $K_P$는 648K에서 2.05이다.

$$SO_2Cl_2(g) \rightleftharpoons SO_2(g) + Cl_2(g)$$

$SO_2Cl_2$ 시료를 용기에 넣고 648 K로 가열하고, 전체 압력은 9.00 atm으로 일정하게 유지한다. 평형 상태에서 기체들의 부분 압력을 계산하시오.

**15.151** 특정 온도에서 다음 반응을 생각해 보자.

$$A_2 + B_2 \rightleftharpoons 2AB$$

$A_2$의 1몰과 $B_2$의 3몰의 혼합은 평형에서 AB $x$몰 만큼을 증가시킨다. $A_2$를 2몰 더 첨가하면 또 다른 $x$몰의 AB가 생성된다. 이 반응에 대한 평형 상수는 얼마인가?

**15.153** 식 15.4를 사용하여 $K_P$를 결정할 때, 다음 식에 대하여 $\Delta n$은 얼마인가?

$$C_3H_8(g) + 5O_2(g) \rightleftharpoons 3CO_2(g) + 4H_2O(l)$$

**15.155** 다음 반응들 중 $K_c$가 $K_P$와 같은 것은 어느 것인가? $K_P$ 표현을 쓸 수 없는 것은 어느 것인가?

(a) $4NH_3(g) + 5O_2(g) \rightleftharpoons 4NO(g) + 6H_2O(g)$

(b) $CaCO_3(s) \rightleftharpoons CaO(s) + CO_2(g)$

(c) $Zn(s) + 2H^+(aq) \rightleftharpoons Zn^{2+}(aq) + H_2(g)$

(d) $PCl_3(g) + 3NH_3(g) \rightleftharpoons 3HCl(g) + P(NH_2)_3(g)$

(e) $NH_3(g) + HCl(g) \rightleftharpoons NH_4Cl(s)$

(f) $NaHCO_3(s) + H^+(aq) \rightleftharpoons H_2O(l) + CO_2(g) + Na^+(aq)$

(g) $H_2(g) + F_2(g) \rightleftharpoons 2HF(g)$

(h) C(흑연)$+ CO_2(g) \rightleftharpoons 2CO(g)$

**15.157** (a) 반트 호프(van't Hoff) 방정식은 다음과 같다.

$$\ln K = \frac{-\Delta H^\circ}{RT} + C$$

이 방정식을 사용하여 두 가지 온도에서의 평형 상수와 관련된 다음 식을 유도하시오.

$$\ln \frac{K_1}{K_2} = \frac{\Delta H^\circ}{R}\left(\frac{1}{T_2} - \frac{1}{T_1}\right)$$

이 방정식은 온도에 따른 평형의 변화에 대한 르샤틀리에의 원리에 기초한 예측을 어떻게 지지하는가?

(b) 물의 증기압은 30°C에서 31.82 mmHg이고 50°C에서 92.51 mmHg이다. 물의 기화열을 계산하시오.

## 유제 해답

**15.1 ❶** (a) $H_2 + Cl_2 \rightleftharpoons 2HCl$ (b) $H^+ + F^- \rightleftharpoons HF$ (c) $Cr^{3+} + 4OH^- \rightleftharpoons Cr(OH)_4^-$ (d) $HClO \rightleftharpoons H^+ + ClO^-$ (e) $H_2SO_3 \rightleftharpoons H^+ + HSO_3^-$ (f) $2NO + Br_2 \rightleftharpoons 2NOBr$

**15.2 ❶** $K_c = \frac{[BrCl]^2}{[Br_2][Cl_2]}$, $K_c = 7.1$ **15.2 ❷** 0.016 $M$

**15.3 ❶** (a), (c), (d)의 식은 불균일 평형에 해당한다. 이 식들 각각에 있는 화학종들을 사용하여 균형 잡힌 화학 반응식을 쓰는 것은 불가능할 것이다. 이것은 평형식에 나타나지 않는 화학종들(고체 또는 액체)이 있음을 나타낸다. **15.4 ❶** (a) $2.3 \times 10^{24}$ (b) $6.6 \times 10^{-13}$ (c) $2.8 \times 10^{-15}$ **15.4 ❷** (a) $1.5 \times 10^{34}$ (b) $1.3 \times 10^{29}$ (c) $8.5 \times 10^{38}$ **15.5 ❶** (a) $2NO_2 + O_2 \rightleftharpoons 2NO_3$ (b) $CH_4 + 2H_2O \rightleftharpoons CO_2 + 4H_2$ (c) $I_2 + H_2 \rightleftharpoons 2HI$

**15.6 ❶** $8.1 \times 10^{-6}$ **15.6 ❷** 0.104 **15.7 ❶** 오른쪽 **15.8 ❶** 2.5 atm **15.9 ❶** −16.8 kJ/mol **15.10 ❶** −454.4 kJ/mol **15.11 ❶** 0.20 $M$ **15.12 ❶** $[Br] = 8.4 \times 10^{-3}$ $M$, $[Br_2] = 6.5 \times 10^{-2}$ $M$ **15.13 ❶** $K_c = 3.3 \times 10^{-9}$ **15.14 ❶** $P_{H_2} = 0.41$ atm, $P_{I_2} = 0.21$ atm, $P_{HI} = 2.2$ atm **15.15 ❶** (a) $Ag(NH_3)_2^+(aq)$ 또는 $Cl^-(aq)$ (b) $NH_3(aq)$ (c) $AgCl(s)$ **15.16 ❶** 오른쪽으로 이동: HF 제거; 왼쪽으로 이동: $H_2$ 제거; 변화 없음: 용기의 부피를 줄인다.

## 절 복습

**15.2.1** e **15.2.2** a **15.3.1** d **15.3.2** a **15.3.3** c **15.3.4** c **15.4.1** b **15.4.2** e **15.4.3** b **15.5.1** d **15.5.2** b **15.5.3** e **15.6.1** d **15.6.2** b **15.6.3** b **15.6.4** b

Chapter

16

# 산, 염기 및 염

## Acids, Bases, and Salts

강한 루이스(Lewis) 염기와 강한 브뢴스테드(Brønsted) 산의 반응으로부터 유도된 초강산(superacid)은 원래의 브뢴스테드 산보다 수천 배 더 강하다. 오랜 세월 동안 초강산의 유용성에 대하여 잘 이해하지 못했다. 그럼에도 불구하고 촛불 왁스를 비롯한 악명 높은 불용성 물질을 용해시키는 능력에 매료되어 있었다. 그러나 최근 몇 년 동안 화학자들은 일반적으로 쉽게 연구하기 어려운 화학종을 생성하기 위한 특이한 화학적 변형 과정에 초강산을 사용해 왔다. 초강산은 이제 플라스틱 제조 및 높은 옥탄가의 가솔린 생산을 포함한 일부 중요한 산업 공정에서 두드러지게 나타나고 있다.

## 들어가기 전에

- 강산 및 강염기의 목록 [|◀◀9.3절]
- pH의 측정 [|◀◀9.5절]
- 평형 문제를 해결하는 방법 [|◀◀15.5절]

# 16.1 브뢴스테드 산과 염기

9장에서 우리는 브뢴스테드(Brønsted) 산이 양성자를 제공할 수 있는 물질이며, 브뢴스테드 염기가 양성자를 받아들일 수 있는 물질이라는 것을 알았다[|◀◀ 9.3절]. 이 장에서는 브뢴스테드의 산-염기 이론에 짝산과 짝염기를 포함하도록 논의를 확장한다.

브뢴스테드 산이 양성자를 줄 때, 산의 잔류물은 **짝염기**(conjugate base)로 알려져 있다. 예를 들어, 물에서 HCl의 이온화는 다음과 같다.

$$\underset{\text{산}}{HCl(aq)} + H_2O(l) \rightleftharpoons H_3O^+(aq) + \underset{\text{짝염기}}{Cl^-(aq)}$$

HCl은 양성자를 물에 제공하여 하이드로늄 이온($H_3O^+$)과 HCl의 짝염기인 염화 이온($Cl^-$)을 생성한다. HCl과 $Cl^-$의 두 화학종은 **짝산-염기 쌍**(conjugate acid-base pair) 또는 단순히 **짝 쌍**(conjugate pair)으로 알려져 있다. 표 16.1에 몇 가지 친숙한 화학종의 짝염기가 나열되어 있다.

**표 16.1 일반적인 화학종의 짝염기**

| 화학종 | 짝염기 |
|---|---|
| $CH_3COOH$ | $CH_3COO^-$ |
| $H_2O$ | $OH^-$ |
| $NH_3$ | $NH_2^-$ |
| $H_2SO_4$ | $HSO_4^-$ |

반대로 브뢴스테드 염기가 양성자를 **받아들일**(accepts) 때, 새로 형성된 **양성자를 가진**(protonated) 화학종은 **짝산**(conjugate acid)으로 알려져 있다. 암모니아($NH_3$)가 물에서 이온화하는 경우를 생각해 보자.

$$\underset{\text{염기}}{NH_3(aq)} + H_2O(l) \rightleftharpoons \underset{\text{짝산}}{NH_4^+(aq)} + OH^-(aq)$$

$NH_3$는 물로부터 양성자를 받아 암모늄 이온($NH_4^+$)이 된다. 암모늄 이온은 암모니아의 짝산이다. 표 16.2에는 몇 가지 일반적인 화학종의 짝산이 나열되어 있다.

**표 16.2 일반적인 화학종의 짝산**

| 화학종 | 짝산 |
|---|---|
| $NH_3$ | $NH_4^+$ |
| $H_2O$ | $H_3O^+$ |
| $OH^-$ | $H_2O$ |
| $H_2NCONH_2$ (요소) | $H_2NCONH_3^+$ |

브뢴스테드 산-염기 이론을 사용하여 나타낸 반응은 산과 염기를 포함한다. 산은 양성자를 제공하고 염기는 그것을 받아들인다. 또한, 이러한 반응의 생성물은 항상 짝염기 및 짝산이다. 브뢴스테드 산-염기 반응에서 각 화학종을 확인하고 분류하는 것이 유용하다. 물속에서 HCl이 이온화되는 반응에 대해서 각 화학종의 분류는 다음과 같다.

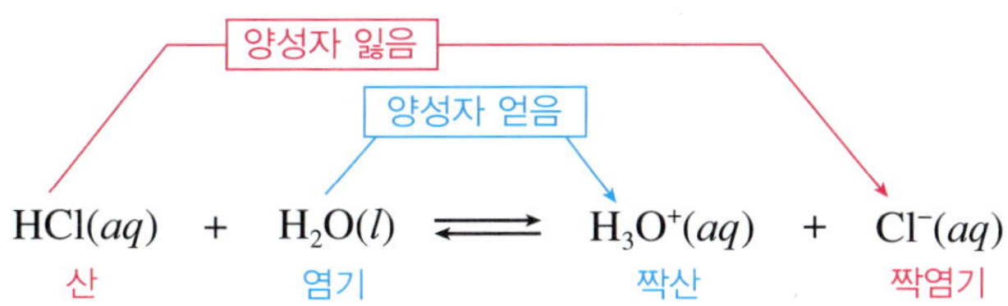


물속에서 $NH_3$가 이온화되는 반응에 대해서 각 화학종의 분류는 다음과 같다.

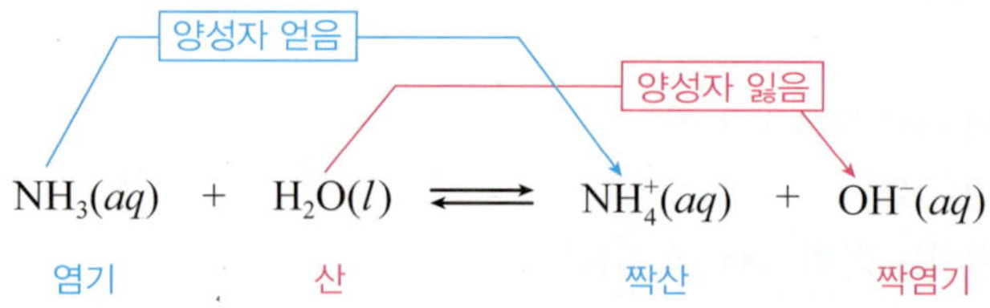


예제 16.1과 16.2를 통해 브뢴스테드 산–염기 반응에서 화학종들과 짝산, 짝염기를 구분하는 연습을 할 수 있다.

## 예제 16.1

다음은 각각 무엇인가?

(a) $HNO_3$의 짝염기 (b) $O^{2-}$의 짝산 (c) $HSO_4^-$의 짝염기 (d) $HCO_3^-$의 짝산

**전략** 어떤 화학종의 짝염기를 찾으려면 화학식으로부터 양성자를 제거한다. 어떤 화학종의 짝산을 찾으려면 화학식에 양성자를 첨가한다.

**계획** 위 문장에서 양성자(proton)라는 단어는 $H^+$를 의미한다. 따라서 화학식과 전하량 모두가 $H^+$의 첨가 또는 제거에 의해 영향을 받을 것이다.

**풀이** (a) $NO_3^-$ (b) $OH^-$ (c) $SO_4^{2-}$ (d) $H_2CO_3$

### 생각해 보기

어떤 화학종은 짝염기를 만들 수 있는 산으로 생각할 필요가 없는 것도 있다. 예를 들어, 수산화 이온($OH^-$)은 산으로 언급하지는 않으나, 짝염기로 산화 이온($O^{2-}$)을 만들 수 있다. 또한 $HCO_3^-$와 같이 양성자를 잃거나 얻을 수 있는 화학종은 짝염기($CO_3^{2-}$)와 짝산($H_2CO_3$)을 모두 만들 수 있다.

**유제 1** $HSO_3^-$는 어떤 화학종의 짝산인가? $HSO_3^-$는 어떤 화학종의 짝염기인가?

**유제 2** 다음 모형 중 어느 것이 짝염기를 만들 수 있는 화학종인가? 어느 모형이 또 다른 화학종의 짝염기를 나타내는가?

(i) (ii) (iii) (iv)

## 예제 16.2

다음 반응식에 있는 각 화학종에 산, 염기, 짝염기 또는 짝산으로 표기하시오.

(a) $HF(aq) + NH_3(aq) \rightleftharpoons F^-(aq) + NH_4^+(aq)$

(b) $CH_3COO^-(aq) + H_2O(l) \rightleftharpoons CH_3COOH(aq) + OH^-(aq)$

**전략** 반응식에서 양성자를 잃는 반응물은 산이며, 양성자를 얻는 반응물은 염기이다. 각 생성물은 반응물들의 짝 형태이다. 양성자만 다른 두 화학종은 짝 쌍을 구성한다.

**계획** (a) HF는 양성자를 잃고 $F^-$가 된다. $NH_3$는 양성자를 얻어서 $NH_4^+$가 된다.

(b) $CH_3COO^-$는 $CH_3COOH$가 되기 위해 양성자를 얻는다. $H_2O$는 양성자를 잃어 $OH^-$가 된다.

**풀이**

(a) $\underset{\text{산}}{HF(aq)} + \underset{\text{염기}}{NH_3(aq)} \rightleftharpoons \underset{\text{짝염기}}{F^-(aq)} + \underset{\text{짝산}}{NH_4^+(aq)}$

(b) $\underset{\text{염기}}{CH_3COO^-(aq)} + \underset{\text{산}}{H_2O(l)} \rightleftharpoons \underset{\text{짝산}}{CH_3COOH(aq)} + \underset{\text{짝염기}}{OH^-(aq)}$

### 생각해 보기

브뢴스테드(Brønsted) 산–염기 반응에는 항상 산과 염기가 있으며, 물질이 산으로 작용할지 염기로 작용할지 여부는 그것이 어떤 화학종과 결합하는지에 달려 있다. 예를 들어, 물은 HCl과 결합할 때 염기로 작용하지만 $NH_3$와 결합할 때 산으로 작용한다.

**유제 1** (a) $HSO_3^-$가 (물과) 반응하여 짝염기를 만드는 반응식을 쓰시오.

(b) $HSO_3^-$가 (물과) 반응하여 짝산을 만드는 반응식을 쓰시오.

**유제 2** 다음 반응의 각 화학종에 대한 화학식과 전하를 쓰고, 각각을 산, 염기, 짝산 또는 짝염기로 구분하시오.

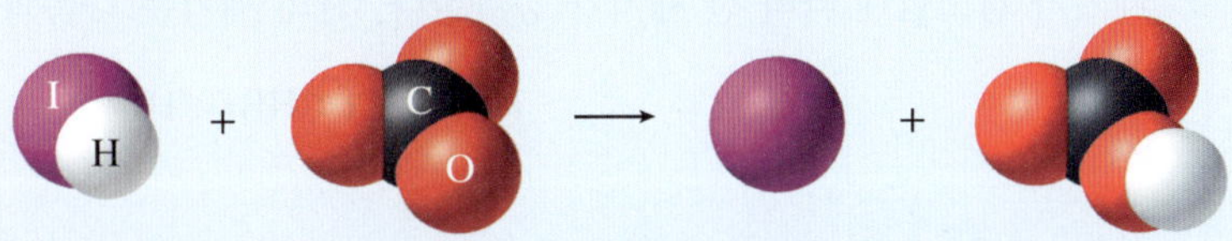


## 16.1절 복습

### 브뢴스테드 산–염기

**16.1.1** 다음 중 짝 쌍은 어느 것인가? (해당되는 것을 모두 고르시오.)

(a) $H_2S$와 $S^{2-}$ (b) $NH_2^-$와 $NH_3$ (c) $O_2$와 $H_2O_2$

(d) HBr과 $Br^-$ (e) HCl과 $OH^-$

**16.1.2** 다음 중 짝염기가 없는 화학종은 어느 것인가? (해당되는 것을 모두 고르시오.)

(a) $HC_2O_4^-$ (b) $OH^-$ (c) $O^{2-}$

(d) $CO_3^{2-}$ (e) HClO

# 16.2 분자 구조와 산의 세기

산의 세기는 이온화되는 정도에 따라 측정된다.

$$HX \longrightarrow H^+ + X^-$$

**참조**

양성자는 수용액에서 수화되어 있으며[◀◀ 9.3절] $H_3O^+$라는 화학식으로도 나타낼 수 있다. 따라서 이 반응식은 다음과 같이 쓸 수도 있다.

$$HX + H_2O \longrightarrow H_3O^+ + X^-$$

산이 이온화되는 정도에 영향을 미치는 두 가지 요소가 있다. 하나는 H−X 결합의 세기이다. 결합이 강할수록 HX 분자가 분해되기 더 어렵기 때문에 더 약한 산이다. 다른 요소는 H−X 결합의 극성이다. 극성 결합에서 H와 X 사이의 전기 음성도의 차이는 다음과 같다.

$$\overset{\delta^+}{\mathrm{H}}-\overset{\delta^-}{\mathrm{X}}$$

결합의 극성이 높으면(즉, H 원자에는 양의 전하가 크게 축적되고, X 원자에는 음의 전하가 대량 축적되는 경우), HX는 $H^+$ 및 $X^-$ 이온으로 분해되는 경향이 있다. 따라서 높은 극성은 **일반적으로** 강한 산을 만든다. 이 절에서는 산의 세기를 결정할 때 결합의 세기 및 극성의 역할을 고려한다.

## 할로젠화 수소산

할로젠은 할로젠화 수소산(HF, HCl, HBr, 및 HI)이라고 불리는 일련의 이성분 산을 형성한다. 표 16.3은 이 산들 중에서 HF만이 약산임을 보여 준다. 표의 자료는 할로젠화 수소산의 강도를 결정할 때 주된 요인은 결합 세기라는 것을 보여 준다. HF는 가장 큰 결합 엔탈피를 가지므로 분해되기 가장 어려운 결합을 만든다. 이 일련의 이성분 산에서는 결합 세기가 감소함에 따라 산 세기가 증가한다. 산의 세기는 다음과 같이 증가한다.

> **참조**
>
> H−X 결합의 극성은 실제로 F가 가장 큰 전기 음성도를 가지는 원자이기 때문에, H−F에서 H−I로 갈수록 감소한다. 이것은 HF가 할로젠화 수소산 중에서 가장 강한 산이라는 것을 나타낸다. 그러나 표 16.3의 자료를 토대로 한다면 결합 엔탈피가 이들 산의 세기를 결정하는 데 있어 보다 중요한 요소이다.

$$\mathrm{HF} \ll \mathrm{HCl} < \mathrm{HBr} < \mathrm{HI}$$

## 산소산

5장에서 배웠듯이 산소산은 수소 원자, 산소 원자, 그리고 중심에 비금속 원자를 포함하고 있다[|◀◀ 5.7절]. 그림 16.1의 루이스 구조가 보여 주듯이, 산소산은 하나 이상의 O−H 결합을 포함한다. 중심 원자가 전기 음성도가 큰 원소이거나 높은 산화 상태에 있으면 전자를 끌어당겨 O−H 결합이 더 극성을 갖게 된다. 이렇게 하면 수소가 $H^+$로 쉽게 해리되어 산을 더 강하게 할 수 있다.

산의 세기를 비교하기 위해서 산소산을 두 그룹으로 나누는 것이 편리하다.

1. **중심 원자가 주기율표의 같은 족이고, 같은 산화수이면서 다른 중심 원자를 갖는 산소산.** 두 가지 예는 다음과 같다.

**표 16.3** 할로젠화 수소의 결합 엔탈피와 할로젠화 수소산의 산의 세기

| 결합 | 결합 엔탈피(kJ/mol) | 산의 세기 |
|---|---|---|
| H−F | 562.8 | 약산 |
| H−Cl | 431.9 | 강산 |
| H−Br | 366.1 | 강산 |
| H−I | 298.3 | 강산 |

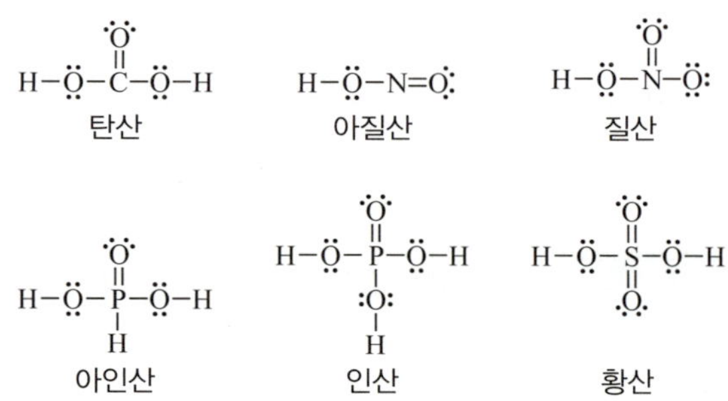


**그림 16.1** 일반적인 산소산의 루이스 구조. 주기율표에서 중심 원자가 3주기 이상인 산소산에 대해서는 하나보다 더 많은 가능한 루이스 구조가 존재한다는 것을 기억하자[|◀◀ 16.6절].

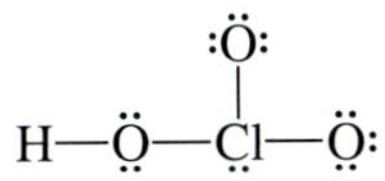

$HClO_3$

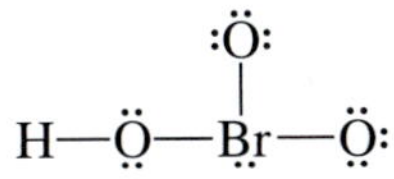

$HBrO_3$

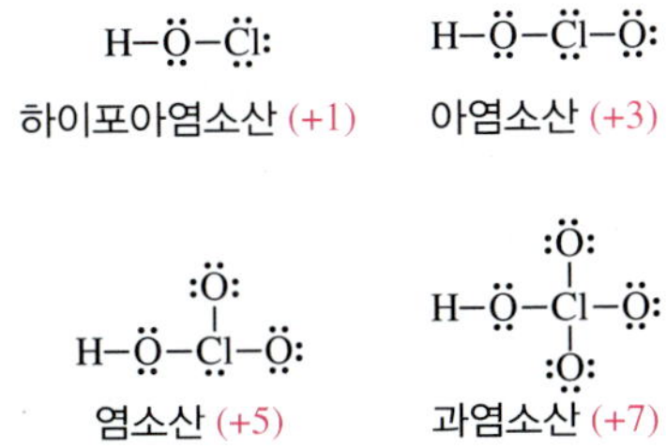


**그림 16.2** 염소 원자를 가진 산소산(염소산)들의 루이스 구조. Cl 원자의 산화수는 괄호 안에 표시되어 있다. 하이포아염소산은 HClO로 쓰지만 H 원자는 O 원자에 결합되어 있다.

위와 같은 부류의 분자들에서 산의 세기는 중심 원자의 전기 음성도가 증가함에 따라 증가한다. Cl과 Br은 이들 산에서 같은 산화수를 가진다(+5). 그러나 Cl은 Br보다 전기 음성도가 더 크기 때문에, Br보다 더 큰 힘으로(Cl—O—H 그룹에서) 산소와 공유하는 전자쌍을 끌어당긴다(Br—O—H 그룹에서). 결과적으로, O—H 결합은 브로민산보다 염소산에서 더 극성을 가지며 보다 쉽게 이온화된다. 상대적 산의 세기는 다음과 같다.

$$HClO_3 > HBrO_3$$

2. **동일한 중심 원자를 가지지만 결합된 산소 원자의 수가 다른 산소산.** 이 부류에서 산의 세기는 중심 원자의 산화수가 증가함에 따라 증가한다. 그림 16.2에서 보여지는 염소 원자를 가진 산소산을 생각해 보자. 이 중에서 OH 그룹으로부터 전자를 더 끌어내는 염소의 능력(따라서 O—H 결합을 더 극성으로 만든다)은 Cl에 결합된 전기 음성도가 큰 O 원자의 수에 따라 증가한다. 따라서 $HClO_4$는 Cl에 결합된 산소 원자의 수가 가장 많기 때문에 가장 강한 산이다. 산의 세기는 다음과 같이 감소한다.

**참조**
결합된 산소 원자의 수가 증가함에 따라 중심 원자의 산화수 또한 증가한다[◀◀ 9.4절].

$$HClO_4 > HClO_3 > HClO_2 > HClO$$

예제 16.3에서는 분자 구조에 기초한 산의 세기를 비교한다.

## 예제 16.3

다음에 나열된 산소산들의 상대적 세기를 예측하시오.

(a) HClO, HBrO, HIO (b) $HNO_3$, $HNO_2$

**전략** 각 보기에서 중심 원자의 전기 음성도 또는 산화수를 비교하여 어떤 산의 O—H 결합이 가장 극성인지를 결정한다. O—H 결합이 극성일수록 분해되기 쉽고 강산이다.

**계획** (a) 중심 원자가 다른 경우에는 전기 음성도를 비교해야 한다. 중심 원자의 전기 음성도는 다음과 같이 감소한다.

$$Cl > Br > I$$

(b) 이 두 산은 동일한 중심 원자를 가지지만 결합된 산소 원자의 수는 다르다. 이와 같은 경우에는 결합된 산소 원자의 수가 많을수록 중심 원자의 산화수가 높아지고 더 강산이다.

**풀이** (a) 산의 세기는 다음과 같이 감소한다. HClO > HBrO > HIO

(b) $HNO_3$은 $HNO_2$보다 강한 산이다.

**참조**
이 두 산의 세기를 비교하는 또 다른 방법은 $HNO_3$가 7가지 강산 중 하나임을 기억하는 것이다. $HNO_2$는 강산이 아니다.

### 생각해 보기

강산들 중 4개는 다음과 같은 산소산이다: $HNO_3$, $HClO_4$, $HClO_3$ 및 $H_2SO_4$

**유제 1** 이 절의 내용을 고려할 때, 산소산의 세기를 결정하는 주된 요소는 중심 원자의 전기 음성도인가? 아니면 중심 원자의 산화수인가? 이들에 대하여 설명하시오.

**유제 2** 다음 그림은 일반적인 분자식 XOH를 갖는 2가지 화합물의 화학식 단량체를 나타낸다. 왼쪽의 모형에서 X는 금속이다. 오른쪽의 모형에서 X는 비금속이다. 이 화합물 중 하나는 약산이고 다른 하나는 강염기이다. 산과 염기를 확인하고 그 화학식이 유사하더라도 그 성질이 왜 다른지를 설명하시오.

## 카복실산

지금까지는 무기산에 초점을 맞추었다. 유기산들 중 특히 중요한 산은 **카복실산**(carboxylic acid)이며, 루이스(Lewis) 구조는 다음과 같다.

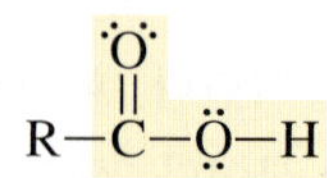

여기서 R은 산 분자의 일부이고 음영 부분은 카복실기, $-COOH$를 나타낸다.

**참조**

우리는 9장에서[◀◀ 9.3절, 그림 9.5] 카복실산의 화학식을 쓸 때 보통 이온화 가능한 H 원자를 작용기와 함께 마지막 쓴다는 것을 배웠다. 유기산에 대한 화학식을 쓰는 방법은 다 알아두어야 한다. 예를 들어, 아세트산의 경우에는 $CH_3COOH$로 쓸 수 있다.

**카복실레이트**(carboxylate) 음이온($RCOO^-$)이라 불리는 카복실산의 **짝염기**(conjugate base)는 하나 이상의 공명 구조로 나타낼 수 있다.

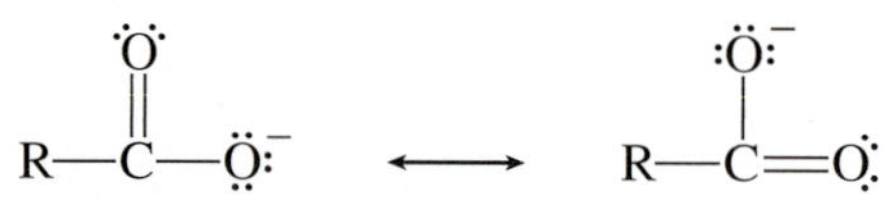

분자 궤도 이론[◀◀ 7.7절]에서는, 음이온의 안정성이 전자 밀도가 여러 원자에 걸쳐 퍼지거나 비편재화하는 능력에 기인한다고 주장한다. 전자의 비편재화되는 정도가 클수록 음이온이 안정되고 산이 이온화되는 경향이 커진다. 즉, 그 산은 더 강한 산이 된다.

카복실산의 세기는 R 그룹의 성질에 의존한다. 예를 들어, 아세트산과 클로로아세트산을 생각해 보자.

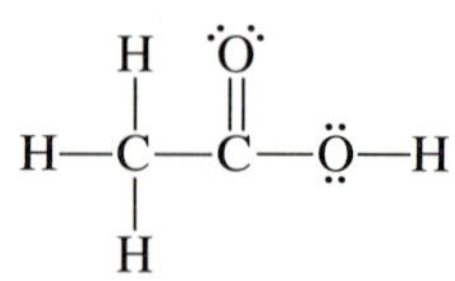

아세트산

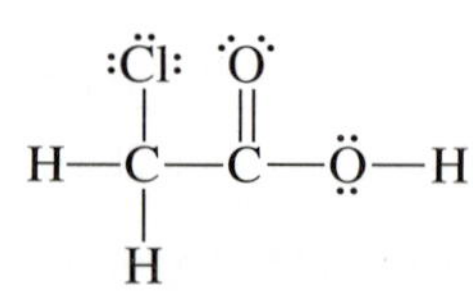

클로로아세트산

클로로아세트산에서 음전하를 띠는 Cl 원자의 존재는 전자 밀도를 R 그룹 쪽으로 이동시킴으로써 O−H 결합을 보다 극성으로 만든다. 결과적으로 클로로아세트산이 이온화하는 정도가 더 커진다.

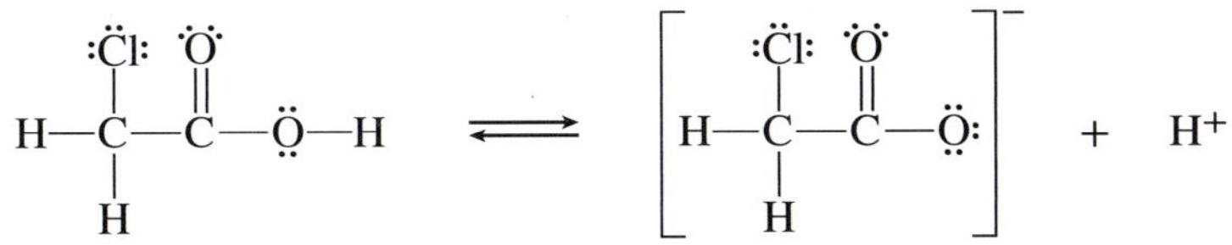

두 개의 산 중에서 클로로아세트산이 더 강한 산이다.

## 16.2절 복습

**분자 구조와 산의 세기**

**16.2.1** 다음 유기산을 산의 세기가 증가하는 순서로 나열하시오.
브로모아세트산($CH_2BrCOOH$), 클로로아세트산($CH_2ClCOOH$),
플루오로아세트산($CH_2FCOOH$), 아이오딘아세트산($CH_2ICOOH$)
(a) $CH_2BrCOOH < CH_2ClCOOH < CH_2FCOOH < CH_2ICOOH$
(b) $CH_2ICOOH < CH_2BrCOOH < CH_2ClCOOH < CH_2FCOOH$
(c) $CH_2FCOOH < CH_2ClCOOH < CH_2BrCOOH < CH_2ICOOH$
(d) $CH_2BrCOOH < CH_2ICOOH < CH_2ClCOOH < CH_2FCOOH$
(e) $CH_2ClCOOH < CH_2BrCOOH < CH_2ICOOH < CH_2FCOOH$

**16.2.2** 산의 세기가 증가하는 순서로 다음 산을 나열하시오.

$HBrO_3$, $HBrO$, $HBrO_4$

(a) $HBrO_4 < HBrO_3 < HBrO$ (b) $HBrO < HBrO_4 < HBrO_3$
(c) $HBrO_3 < HBrO_4 < HBrO$ (d) $HBrO < HBrO_3 < HBrO_4$
(e) $HBrO_4 < HBrO < HBrO_3$

**16.2.3** 다음 3가지 산의 결합 엔탈피를 생각해 보자. 어느 것이 가장 강한 산인가? 또 어느 것이 가장 약한 산인가?

$H_2A$(268 kJ/mol), $H_2B$(344 kJ/mol), $H_2C$(314 kJ/mol)

(a) $H_2C$; $H_2B$ (b) $H_2B$; $H_2A$
(c) $H_2A$; $H_2B$ (d) $H_2C$; $H_2A$
(e) $H_2B$; $H_2C$

# 16.3 물의 산-염기 성질

물은 흔히 "보편적 용매"라고 불린다. 왜냐하면 물이 지구상에서 너무나 흔하고 일상 생활에 중요하기 때문이다. 또한, 산-염기 화학의 대부분은 수용액에서 일어난다. 이 절에서는 브뢴스테드 산($NH_3$의 이온화에서처럼) 또는 브뢴스테드 염기(HCl의 이온화에서처럼)로 작용하는 물의 능력에 대해 자세히 살펴본다. 브뢴스테드 산 또는 브뢴스테드 염기로 작용할 수 있는 화학종을 **양쪽성**(amphoteric)이라고 한다. 물은 매우 약한 전해질이지만 매우 작은 양만이 이온화된다.

$$H_2O(l) \rightleftharpoons H^+(aq) + OH^-(aq)$$

이 반응을 **물의 자동 이온화**(autoionization of water)라고 한다. 수용액 속의 양성자를 $H^+$ 또는 $H_3O^+$로 표현할 수 있기 때문에[|◀◀ 9.3절], 또한 물의 자동 이온화를 다음과 같이 쓸 수 있다.

$$2H_2O(l) \rightleftharpoons H_3O^+(aq) + OH^-(aq)$$

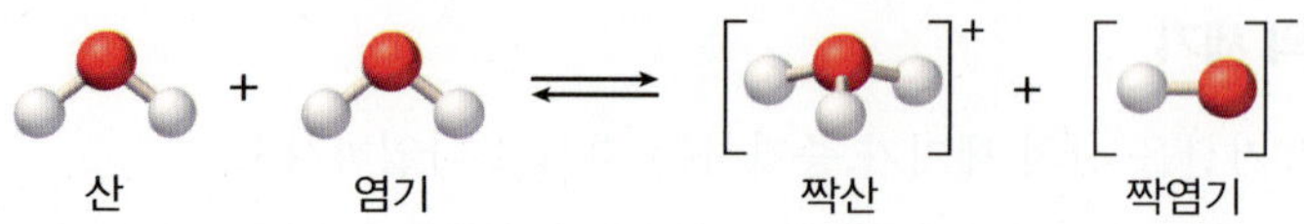


여기서 하나의 물 분자는 산으로 작용하고, 다른 하나는 염기로 작용한다.

반응식의 이중 화살표로 표시된 바와 같이 반응은 평형이다. 물의 자동 이온화에 대한 평형식은 다음과 같다.

> **참조**
> 이와 같은 불균일 평형에서 액체와 고체는 평형식에 나타내지 않는다는 것을 기억하자 [|◀◀ 15.3절].

$$K_w = [H_3O^+][OH^-] \text{ 또는 } K_w = [H^+][OH^-]$$

물의 자동 이온화는 산과 염기의 연구에서 자주 접하게 될 중요한 평형이기 때문에, 평형 상수가 **물**(water)의 자동 이온화를 위한 것임을 나타내는 아래 첨자 w를 사용한다. 그러나 $K_w$가 **특정 반응**(specific reaction)에 대한 $K_c$라는 것을 깨닫는 것이 중요하다. 때때로 $K_c$에서의 c를 문자 또는 일련의 문자로 대체하여 $K_c$가 언급하는 특정 유형의 반응을 나타낼 것이다. 예를 들어, 약산(weak acid)의 이온화에 대한 $K_c$는 $K_a$이고, 약염기(weak base)의 이온화에 대한 $K_c$는 $K_b$이다. 17장에서는 "용해도 곱"을 의미하는 sp를 갖는 $K_{sp}$를 광범위하게 사용할 것이다. 특별한 첨자가 붙은 각각의 $K$는 특정한 유형의 반응에 대한 $K_c$이다. 상수 $K_w$는 때로 **이온곱 상수**(ion-product constant)라고도 한다.

순수한 물에서는 자동 이온화가 $H_3O^+$와 $OH^-$의 유일한 공급원이며 반응의 화학량론은 이들의 농도가 동일하다는 것을 말해 준다. 25°C에서 순수한 물에 존재하는 하이드로늄 이온과 수산화 이온의 농도는 $[H_3O^+] = [OH^-] = 1.0 \times 10^{-7}\ M$이다. 평형식을 사용하여 25°C에서의 $K_w$ 값을 다음과 같이 계산할 수 있다.

> **참조**
> 농도를 평형식에 대입할 때, 단위를 무시한다는 것을 기억하자[|◀◀ 15.2절].

$$K_w = [H_3O^+][OH^-] = (1.0 \times 10^{-7})(1.0 \times 10^{-7}) = 1.0 \times 10^{-14}$$

또한 25°C의 수용액에서 $H_3O^+$ 및 $OH^-$ 농도의 곱은 $1.0 \times 10^{-14}$이다.

$$K_w = [H_3O^+][OH^-] = 1.0 \times 10^{-14} \quad (25°C\text{에서}) \qquad \textbf{식 16.1}$$

> **참조**
> $H_3O^+$와 $OH^-$ 농도의 곱은 상수이므로, 농도를 독립적으로 변경할 수는 없다. 하나의 값이 변경되면 다른 값도 영향을 받는다.

곱은 일정한 값이지만, 하이드로늄 이온 및 수산화 이온의 개별 농도는 산 또는 염기의 첨가에 의해 영향을 받을 수 있다. $H_3O^+$와 $OH^-$의 상대적 양은 용액이 중성, 산성 또는 염기성인지의 여부를 결정한다.

- $[H_3O^+] = [OH^-]$인 경우, 용액은 중성이다.
- $[H_3O^+] > [OH^-]$인 경우, 용액은 산성이다.
- $[H_3O^+] < [OH^-]$인 경우, 용액은 염기성이다.

예제 16.4는 식 16.1을 사용하는 방법을 보여 준다.

## 예제 16.4

사람의 몸속에 있는 위산이 포함하고 있는 하이드로늄 이온의 농도는 0.10 *M*이다. 25°C에서 위산의 수산화 이온의 농도를 계산하시오.

**전략** $[H_3O^+]=0.10\ M$인 경우, $K_w$의 값을 사용하여 $[OH^-]$를 결정한다.

**계획** 25°C에서 $K_w=[H_3O^+][OH^-]=1.0\times10^{-14}$이다. $[OH^-]$를 풀기 위해 식 16.1을 다시 정리하면, 다음과 같다.

$$[OH^-]=\frac{1.0\times10^{-14}}{[H_3O^+]}$$

**풀이**

$$[OH^-]=\frac{1.0\times10^{-14}}{0.10}=1.0\times10^{-13}\ M$$

### 생각해 보기

평형 상수는 온도에 의존한다는 것을 기억한다. $K_w$의 값은 25°C에서만 $1.0\times10^{-14}$이다.

**유제 1** 정상 체온(37°C)에서의 $K_w$ 값은 $2.8\times10^{-14}$이다. 체온에서 위산의 수산화 이온 농도를 계산하시오($[H_3O^+]=0.10\ M$).

**유제 2** 왼쪽에 보이는 그림은 약전해질 AB(*l*)로 구성된 시스템을 나타낸다. 액체 AB는 물처럼 자동 이온화되어 $A^+$ 이온(빨간색)과 $B^-$ 이온(파란색)을 만들 수 있다. 실온에서 이온 농도의 곱 $[A^+][B^-]$는 여기에 표시된 부피에 대해 항상 16이다. 또한 이온화하는 모든 AB 분자는 AB(*l*)의 순수한 시료에서 하나의 $A^+$ 이온과 하나의 $B^-$ 이온을 생성하기 때문에 농도 $[A^+]$와 $[B^-]$는 서로 동일하다. 다음 그림들[(i)~(iii)] 중 $B^-$ 이온의 수를 8개로 늘리기 위해 충분한 양의 강한 전해질 NaB가 용해된 후의 계를 가장 잘 나타낸 것은 어느 것인가? (AB는 액체지만 그림이 너무 빽빽하게 보이지 않도록 분자들은 멀리 떨어져 있는 것으로 보여 준다. 그림을 명확하게 유지하기 위해 $Na^+$ 이온도 표시되지 않는다.)

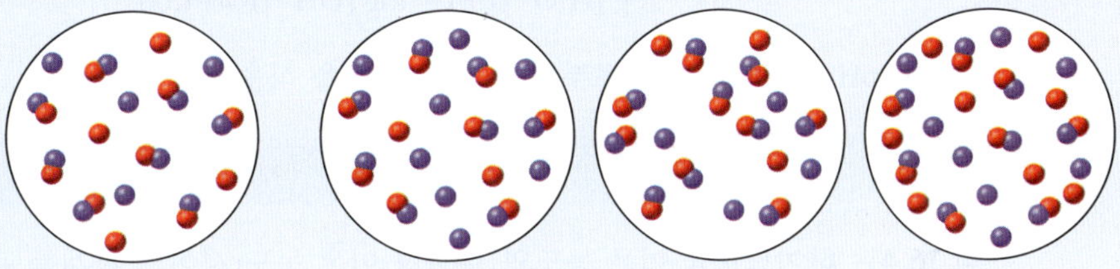

(i) (ii) (iii)

## 16.3절 복습

### 물의 산–염기 성질

**16.3.1** 25°C에서 $[H_3O^+]=0.0012\ M$인 용액의 $[OH^-]$를 계산하시오.

(a) $1.2\times10^{-3}\ M$ (b) $8.3\times10^{-17}\ M$ (c) $1.0\times10^{-14}\ M$
(d) $8.3\times10^{-12}\ M$ (e) $1.2\times10^{11}\ M$

**16.3.2** 25°C에서 $[OH^-]=0.25\ M$인 용액의 $[H_3O^+]$를 계산하시오.

(a) $4.0\times10^{-14}\ M$ (b) $1.0\times10^{-14}\ M$ (c) $2.5\times10^{13}\ M$
(d) $1.0\times10^{-7}\ M$ (e) $4.0\times10^{-7}\ M$

# 16.4 pH와 pOH 척도

9장에서 수용액의 산성도를 표현하기 위한 pH 척도의 사용에 대해 배웠다[|◀◀ 9.5절]. (1) pH는 $-\log [H_3O^+]$ [|◀◀ 식 9.5]이고, (2) pH는 차원이 없는(단위가 없는) 양이고, (3) 25°C에서 중성 용액(여기서 $[H_3O^+]=[OH^-]$)의 pH는 7이며, (4) pH 척도는 다양한 크기에 해당하는 하이드로늄 이온 농도를 표현하기 쉽게 한다.

pH 척도와 유사한 **pOH** 척도는 용액의 **수산화** 이온 농도$[OH^-]$를 $-\log$를 취한 값으로 정의할 수 있다.

$$\text{pOH} = -\log [OH^-] \qquad \text{식 16.2}$$

수산화 이온의 농도를 풀기 위해 식 16.2를 다시 정리하면 다음과 같다.

$$[OH^-] = 10^{-\text{pOH}} \qquad \text{식 16.3}$$

이제 25°C에서 물에 대한 $K_w$ 평형식을 다시 생각해 보자.

$$[H_3O^+][OH^-] = 1.0 \times 10^{-14}$$

양변의 음의 대수를 취하면 다음을 얻을 수 있다.

$$-\log ([H_3O^+][OH^-]) = -\log (1.0 \times 10^{-14})$$
$$-\log ([H_3O^+] + \log [OH^-]) = 14.00$$
$$-\log [H_3O^+] - \log [OH^-] = 14.00$$
$$(-\log [H_3O^+]) + (-\log [OH^-]) = 14.00$$

그리고 pH와 pOH의 정의로부터 25°C에서 다음 식을 얻을 수 있다.

$$\text{pH} + \text{pOH} = 14.00 \qquad \text{식 16.4}$$

식 16.4는 하이드로늄 이온 농도와 수산화 이온 농도 사이의 관계를 표현하는 다른 방법을 보여 준다. pOH 척도에서 7.00은 중성이고, 7.00보다 큰 수는 용액이 산성임을 나타내며, 7.00보다 작은 수는 용액이 염기성임을 나타낸다. 표 16.4는 25°C에서 수산화 이온 농도의 범위에 대한 pOH 값을 나열하였다.

**표 16.4** 25°C에서 수산화 이온 농도의 범위에 대한 기준 pOH 값

| $[OH^-](M)$ | pOH | |
|---|---|---|
| 0.10 | 1.00 | ↑ |
| $1.0 \times 10^{-3}$ | 3.00 | |
| $1.0 \times 10^{-5}$ | 5.00 | 염기성 |
| $1.0 \times 10^{-7}$ | 7.00 | 중성 |
| $1.0 \times 10^{-9}$ | 9.00 | 산성 |
| $1.0 \times 10^{-11}$ | 11.00 | |
| $1.0 \times 10^{-13}$ | 13.00 | ↓ |

예제 16.5와 16.6은 pOH와 관련된 계산을 보여 준다.

## 예제 16.5

25°C에서 수산화 이온 농도가 다음과 같은 용액의 pOH를 결정하시오.

(a) $3.7 \times 10^{-5}\ M$ (b) $4.1 \times 10^{-7}\ M$ (c) $8.3 \times 10^{-2}\ M$

**전략** $[OH^-]$가 주어졌을 때, pOH를 계산하기 위해 식 16.2를 사용한다.

**계획** (a) $pOH = -\log(3.7 \times 10^{-5})$ (b) $pOH = -\log(4.1 \times 10^{-7})$ (c) $pOH = -\log(8.3 \times 10^{-2})$

**풀이** (a) $pOH = 4.43$ (b) $pOH = 6.39$ (c) $pOH = 1.08$

### 생각해 보기

pOH 척도는 본질적으로 pH 척도의 역순임을 기억한다. pOH 척도에서 7 이하의 숫자는 염기성 용액을 나타내지만, 7 이상의 숫자는 산성 용액을 나타낸다. pOH 기준(표 16.4에 약술됨)은 pH 기준과 동일한 방식으로 고려된다. 예를 들어, (a)에서 $1 \times 10^{-4}\ M$과 $1 \times 10^{-5}\ M$ 사이의 수산화 이온 농도는 4와 5 사이의 pOH에 해당한다.

| $[OH^-](M)$ | pOH |
|---|---|
| $1.0 \times 10^{-4}$ | 4.00 |
| $3.7 \times 10^{-5}$* | 4.43† |
| $1.0 \times 10^{-5}$ | 5.00 |

*두 기준 값 사이의 $[OH^-]$
†두 기준 값 사이의 pOH

**유제 1** 25°C에서 수산화 이온 농도가 다음과 같은 용액의 pOH를 결정하시오.

(a) $2.8 \times 10^{-8}\ M$ (b) $9.9 \times 10^{-9}\ M$ (c) $1.0 \times 10^{-11}\ M$

**유제 2** 어떤 계산 과정을 수행하지 않고 $OH^-$ 농도가 $4.71 \times 10^{-5}\ M$, $2.9 \times 10^{-12}\ M$ 및 $7.15 \times 10^{-3}\ M$인 용액에 대해 pOH 값의 범위의 두 정수를 결정하시오.

## 예제 16.6

pOH가 다음과 같은 용액의 수산화 이온 농도를 계산하시오.

(a) 4.91 (b) 9.03 (c) 10.55

**전략** pOH가 주어지면 $[OH^-]$를 계산하기 위해 식 16.3을 사용한다.

**계획** (a) $[OH^-] = 10^{-4.91}$ (b) $[OH^-] = 10^{-9.03}$ (c) $[OH^-] = 10^{-10.55}$

**풀이** (a) $[OH^-] = 1.2 \times 10^{-5}\ M$ (b) $[OH^-] = 9.3 \times 10^{-10}\ M$ (c) $[OH^-] = 2.8 \times 10^{-11}\ M$

### 생각해 보기

기준 pOH 값을 사용하여 이러한 풀이가 합리적인지 판단한다. 예를 들어, (a)에서 4와 5 사이의 pOH는 $1 \times 10^{-4}\ M$과 $1 \times 10^{-5}\ M$ 사이의 $[OH^-]$에 해당한다.

**유제 1** 25°C에서 pOH가 다음과 같은 용액의 수산화 이온 농도를 계산하시오.

(a) 11.26 (b) 3.69 (c) 1.60

**유제 2** 2.90, 8.75 및 11.86의 pOH 값을 갖는 용액에 대한 하이드로늄 이온 농도의 지수 값은 얼마인가?

## 16.4절 복습

**pH와 pOH 척도**

**16.4.1** 25°C에서 $[H^+]=6.35\times10^{-8}\ M$인 용액의 pH를 결정하시오.

(a) 7.65 (b) 6.80 (c) 7.20
(d) 6.35 (e) 8.00

**16.4.2** 25°C에서 pH=5.75인 용액의 $[H^+]$를 결정하시오.

(a) $1.8\times10^{-6}\ M$ (b) $5.6\times10^{-9}\ M$ (c) $5.8\times10^{-6}\ M$
(d) $2.4\times10^{-9}\ M$ (e) $1.0\times10^{-6}\ M$

**16.4.3** 25°C에서 $[OH^-]=4.65\times10^{-3}\ M$인 용액의 pOH를 결정하시오.

(a) 11.67 (b) 13.68 (c) 0.32
(d) 4.65 (e) 2.33

**16.4.4** 25°C에서 pH=10.50인 용액의 $[OH^-]$를 결정하시오.

(a) $3.2\times10^{-11}\ M$ (b) $3.2\times10^{-4}\ M$ (c) $1.1\times10^{-2}\ M$
(d) $7.1\times10^{-8}\ M$ (e) $8.5\times10^{-7}\ M$

# 16.5 강산과 강염기

**참조**

반응식에서 이중 평형 화살표 (⇌) 대신에 단일 화살표 (⟶)를 사용하여 강산의 이온화가 완결되었음을 나타낸다.

이 장과 17장의 대부분은 평형과 다양한 반응 유형에 대한 평형 원칙의 적용을 다룬다. 그러나 산과 염기에 대한 논의에서 강산의 이온화와 강염기의 해리를 재검토할 필요가 있다. 이러한 반응은 일반적으로 **평형**(equilibria)으로 취급되지 않고, 오히려 완전히 완결로 가는 과정으로 취급된다. 이것은 강산 또는 강염기를 포함한 용액의 pH를 비교적 간단하게 결정하게 한다.

## 강산

많은 다른 산들이 있지만 9장에서 배웠듯이 비교적 적은 수의 강산(strong acid)이 존재한다.

| 강산 | 이온화 반응 |
|---|---|
| 염화 수소산(염산) | $HCl(aq)+H_2O(l) \longrightarrow H_3O^+(aq)+Cl^-(aq)$ |
| 브로민화 수소산 | $HBr(aq)+H_2O(l) \longrightarrow H_3O^+(aq)+Br^-(aq)$ |
| 아이오딘화 수소산 | $HI(aq)+H_2O(l) \longrightarrow H_3O^+(aq)+I^-(aq)$ |
| 질산 | $HNO_3(aq)+H_2O(l) \longrightarrow H_3O^+(aq)+NO_3^-(aq)$ |
| 염소산 | $HClO_3(aq)+H_2O(l) \longrightarrow H_3O^+(aq)+ClO_3^-(aq)$ |
| 과염소산 | $HClO_4(aq)+H_2O(l) \longrightarrow H_3O^+(aq)+ClO_4^-(aq)$ |
| 황산 | $H_2SO_4(aq)+H_2O(l) \longrightarrow H_3O^+(aq)+HSO_4^-(aq)$ |

**참조**

황산에는 두 개의 이온화 가능한 양성자가 있지만 1차 이온화만 완전히 이온화됨을 기억하자.

위에 나열된 7개 강산의 이름들을 기억하는 것이 좋다.

강산의 이온화가 완전히 완결되었기 때문에 평형 상태에서 하이드로늄 이온의 농도는 강산의 초기 농도와 동일하다. 예를 들어, 0.10 *M* HCl 용액을 준비하면 용액에 존재하는 하이드로늄 이온의 농도는 0.10 *M*이다. 모든 HCl은 이온화하고 HCl 분자는 용액 속에 남아 있지 않다. 따라서 (이온화가 완결되면) 평형 상태에서 $[HCl]=0\ M$이고, $[H_3O^+]=[Cl^-]=0.10\ M$이다. 따라서 용액의 pH는 (25°C에서) 다음과 같다.

$$pH=-\log(0.10)=1.00$$

이것은 매우 낮은 pH를 나타내며, 이는 상대적으로 농축된 강산 용액과 일치한다.

**참조**

16.6절에서 볼 수 있듯이, 같은 농도이지만 약산을 포함한 용액은 더 높은 pH를 갖는다.

예제 16.7과 16.8을 통해 강산의 농도를 수용액의 pH와 관련지어 연습할 수 있다.

## 예제 16.7

25°C에서 다음 수용액의 pH를 계산하시오.

(a) 0.035 *M*의 HI (b) $1.2\times10^{-4}$ *M*의 $HNO_3$ (c) $6.7\times10^{-5}$ *M*의 $HClO_4$

**전략** HI, $HNO_3$ 및 $HClO_4$는 모두 강산이므로 각 용액에서 하이드로늄 이온의 농도는 주어진 산의 농도와 동일하다. 식 9.5를 사용하여 pH를 계산한다.

**계획** (a) $[H_3O^+]=0.035\ M$ (b) $[H_3O^+]=1.2\times10^{-4}\ M$ (c) $[H_3O^+]=6.7\times10^{-5}\ M$

**풀이** (a) $pH=-\log(0.035)=1.46$ (b) $pH=-\log(1.2\times10^{-4})=3.92$ (c) $pH=-\log(6.7\times10^{-5})=4.17$

### 생각해 보기

다시 말하지만, 하이드로늄 이온의 농도가 표 9.7의 기준 농도 중 두 가지 사이에 위치하면 pH는 두 pH 값 사이에 위치한다. 예를 들어, (b)에서, $1.2\times10^{-4}$ *M*의 하이드로늄 이온의 농도는 $1.0\times10^{-4}$ *M*보다 크고 $1.0\times10^{-3}$ *M*보다 작다. 그러므로 pH는 4.00와 3.00 사이에 위치한다.

| $[H_3O^+](M)$ | $-\log[H_3O^+]$ | pH |
|---|---|---|
| $1.0\times10^{-3}$ | $-\log(1.0\times10^{-3})$ | 3.00 |
| $1.2\times10^{-4}$* | $-\log(1.2\times10^{-3})$ | 3.92† |
| $1.0\times10^{-4}$ | $-\log(1.0\times10^{-4})$ | 4.00 |

*두 기준 값 사이의 $[H_3O^+]$

†두 기준 값 사이의 pH

기준 하이드로늄 이온의 농도와 이에 상응하는 pH 값을 확인하면 pH 계산의 일반적인 오류를 피할 수 있다.

**유제 1** 25°C에서 다음 수용액의 pH를 계산하시오.

(a) 0.011 *M*의 $HNO_3$ (b) $3.5 \times 10^{-3}$ *M*의 HBr (c) $9.3 \times 10^{-10}$ *M*의 HCl

**유제 2** 25°C의 물 1 L에 $1.0 \times 10^{-10}$ 몰의 강산을 용해시켜 제조한 용액의 pH를 계산하시오.

## 예제 16.8

pH가 각각 다음과 같은 용액의 HCl 농도를 계산하시오.

(a) 4.95 (b) 3.45 (c) 2.78

**전략** pH를 하이드로늄 이온의 몰농도로 전환하려면 식 9.6을 사용한다. 강산 용액에서 하이드로늄 이온의 몰농도는 산의 농도와 동일하다.

**계획** (a) $[HCl]=[H_3O^+]=10^{-4.95}$ (b) $[HCl]=[H_3O^+]=10^{-3.45}$ (c) $[HCl]=[H_3O^+]=10^{-2.78}$

**풀이** (a) $1.1 \times 10^{-5}$ *M*

(b) $3.5 \times 10^{-4}$ *M*

(c) $1.7 \times 10^{-3}$ *M*

**참조**

소수점 오른쪽 두 자리 숫자의 역로그를 취하면, 그 결과는 유효 숫자가 두 자리이다.

### 생각해 보기

pH가 감소함에 따라 산의 농도는 증가한다.

**유제 1** 25°C에서 pH가 다음과 같은 HBr 용액의 농도를 계산하시오.

(a) 4.81 (b) 1.82 (c) 3.04

**유제 2** 다음 그림([(i)~(iv)] 중 어느 것이 pH와 하이드로늄 이온 농도의 함수를 가장 잘 나타낸 것인가?

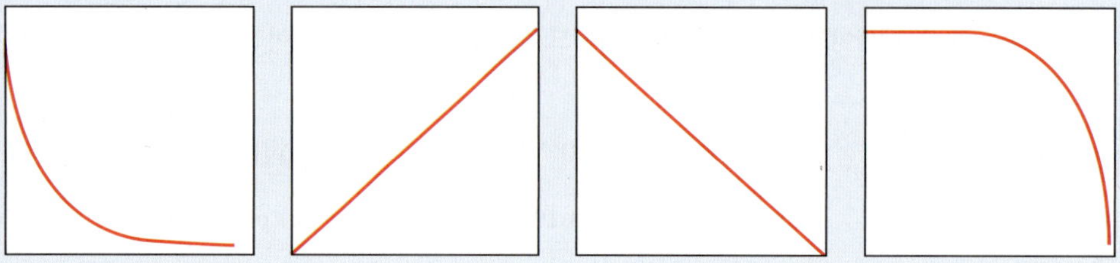

(i) (ii) (iii) (iv)

### 강염기

강염기의 목록도 상당히 짧다. 이는 알칼리 금속(1A족)의 수산화물과 가장 무거운 알칼리 토금속(2A족)의 수산화물로 구성된다. 강염기의 해리는 실질적으로 완결된다. 강염기의 해리를 나타내는 반응식은 다음과 같다.

1A족의 수산화물

$$LiOH(aq) \longrightarrow Li^{+}(aq) + OH^{-}(aq)$$
$$NaOH(aq) \longrightarrow Na^{+}(aq) + OH^{-}(aq)$$
$$KOH(aq) \longrightarrow K^{+}(aq) + OH^{-}(aq)$$
$$RbOH(aq) \longrightarrow Rb^{+}(aq) + OH^{-}(aq)$$
$$CsOH(aq) \longrightarrow Cs^{+}(aq) + OH^{-}(aq)$$

2A족의 수산화물

$$Ca(OH)_2(aq) \longrightarrow Ca^{2+}(aq) + 2OH^{-}(aq)$$
$$Sr(OH)_2(aq) \longrightarrow Sr^{2+}(aq) + 2OH^{-}(aq)$$
$$Ba(OH)_2(aq) \longrightarrow Ba^{2+}(aq) + 2OH^{-}(aq)$$

**참조**

$Ca(OH)_2$와 $Sr(OH)_2$는 물속에서 거의 용해되지 않지만, 용해된 것은 완전히 해리된다는 점을 기억하자[◀◀ 9.3절, 표 9.4].

다시 말해 반응이 완전히 완결되기 때문에, 그러한 용액의 pH는 비교적 계산하기 쉽다. 1A족 수산화물의 경우, 수산화 이온의 농도는 간단히 강염기의 초기 농도이다. 예를 들어, 농도가 0.018 *M*인 NaOH 용액에서 $[OH^-]=0.018\ M$이다. pH는 두 가지 방법으로 계산할 수 있다. 식 16.1을 사용하여 하이드로늄 이온의 농도를 다음과 같이 결정할 수 있다.

$$[H_3O^+][OH^-]=1.0\times10^{-14}$$
$$[H_3O^+]=\frac{1.0\times10^{-14}}{[OH^-]}=\frac{1.0\times10^{-14}}{0.018}=5.56\times10^{-13}\ M$$

식 9.5를 이용하여 pH를 결정한다.

$$pH=-\log(5.56\times10^{-13}\ M)=12.25$$

또는 식 16.2를 사용하여 pOH를 계산할 수 있다.

$$pOH=-\log(0.018)=1.75$$

pH로 변환하기 위해 식 16.4를 사용한다.

$$pH+pOH=14.00$$
$$pH=14.00-1.75=12.25$$

두 방법 모두 동일한 결과를 보여 준다.

2A족 금속 수산화물의 경우, 반응 화학량론을 신중히 고려해야 한다. 예를 들어, $1.9\times10^{-4}\ M$의 수산화 바륨 용액을 준비하면 평형 상태(완전 해리 후)에서 수산화 이온의 농도는 $2(1.9\times10^{-4}\ M)$ 또는 $3.8\times10^{-4}\ M$[$Ba(OH)_2$의 원래 농도의 두 배]이다. 일단 수산화 이온의 농도를 결정하면 pH는 이전과 같은 방법으로 결정할 수 있다.

$$[H_3O^+]=\frac{1.0\times10^{-14}}{[OH^-]}=\frac{1.0\times10^{-14}}{3.8\times10^{-4}}=2.63\times10^{-11}\ M$$

그리고

$$pH=-\log(2.63\times10^{-11}\ M)=10.58$$

또는

$$pOH=-\log(3.8\times10^{-4})=3.42$$
$$pH+pOH=14.00$$
$$pH=14.00-3.42=10.58$$

예제 16.9 및 16.10은 수산화 이온의 농도, pOH 및 pH와 관련된 계산을 보여 준다.

## 예제 16.9

25°C에서 다음 수용액의 pOH를 계산하시오.

(a) 0.013 *M* LiOH (b) 0.013 *M* $Ba(OH)_2$ (c) $9.2\times10^{-5}$ *M* KOH

**전략** LiOH, $Ba(OH)_2$ 및 KOH는 모두 강염기이다. 수산화 이온의 농도를 결정하기 위해 반응 화학량론을 사용하고 pOH를 결정하기 위해 식 16.2를 사용한다.

**계획** (a) 수산화 이온의 농도는 간단히 염기의 농도와 동일하다. 따라서, $[OH^-]=[LiOH]=0.013\ M$이다.

(b) 수산화 이온 농도는 염기 농도의 2배이다.

$$Ba(OH)_2(aq) \longrightarrow Ba^{2+}(aq)+2OH^-(aq)$$

따라서 $[OH^-]=2\times[Ba(OH)_2]=2(0.013\ M) = 0.026\ M$이다.

(c) 수산화 이온의 농도는 염기 농도와 같다. 따라서 $[OH^-]=[KOH]=9.2\times10^{-5}\ M$이다.

**풀이**

(a) $pOH=-\log(0.013)=1.89$ (b) $pOH=-\log(0.026)=1.59$ (c) $pOH=-\log(9.2\times10^{-5})=4.04$

### 생각해 보기

(a)와 (b)의 용액은 동일한 농도의 용액이지만, 동일한 수산화 이온의 농도를 가지지 않으므로 동일한 pOH를 갖지 않는다.

**유제 1** 25°C에서 다음 수용액의 pOH를 계산하시오.

(a) $9.5\times10^{-8}$ *M* NaOH (b) $6.1\times10^{-2}$ *M* LiOH (c) $6.1\times10^{-2}$ *M* $Ba(OH)_2$

**유제 2** 다음 그림[(i)~(iv)] 중 pH와 pOH 사이의 관계를 가장 잘 나타낸 것은 어느 것인가?

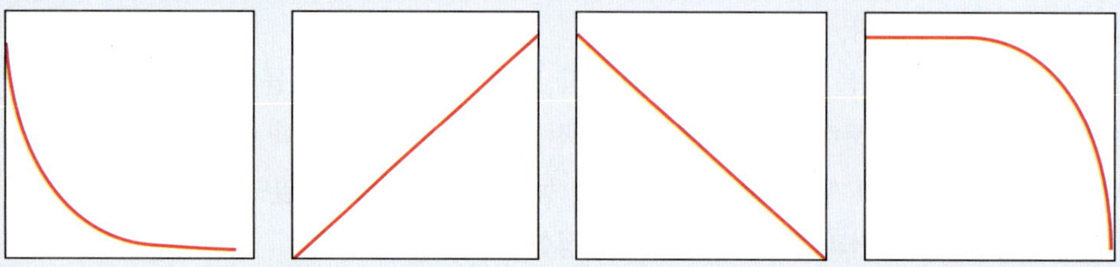

(i) (ii) (iii) (iv)

## 예제 16.10

어떤 강염기의 수용액은 25°C에서 pH가 8.15이다.

(a) 그 염기가 NaOH인 경우 염기의 원래 농도를 계산하시오.

(b) 그 염기가 $Ba(OH)_2$인 경우 염기의 원래 농도를 계산하시오.

**전략** 식 16.4를 사용하여 pH를 pOH로 전환하고, 식 16.3을 사용하여 수산화 이온의 농도를 결정한다. 염기 자체의 농도를 결정하기 위해 각각의 경우에 해리 반응에 대한 화학량론을 고려한다.

**계획**

$$pOH=14.00-8.15=5.85$$

(a) 1몰의 NaOH가 해리되면 1몰의 $OH^-$가 생성된다. 따라서 염기의 농도는 수산화 이온의 농도와 동일하다.
(b) 1몰의 $Ba(OH)_2$가 해리되면 2몰의 $OH^-$가 생성된다. 따라서 염기의 농도는 수산화물 이온의 농도의 1/2이다.

**풀이** $[OH^-]=10^{-5.85}=1.41\times10^{-6}\,M$

(a) $[NaOH]=[OH^-]=1.4\times10^{-6}\,M$

(b) $[Ba(OH)_2]=\frac{1}{2}[OH^-]=7.1\times10^{-7}\,M$

**참조**

반올림 오류를 피하기 위해 문제가 끝날 때까지 2~3개의 유효 숫자를 고려해야 한다는것을 기억하자[◀◀ 1.3절].

### 생각해 보기

다른 방법으로, 수산화 이온의 농도를 식 9.6, $[H_3O^+]=10^{-8.15}=7.1\times10^{-9}\,M$ 및 식 16.1을 사용하여 결정할 수 있다.

$$[OH^-]=\frac{1.0\times10^{-14}}{7.1\times10^{-9}\,M}=1.4\times10^{-6}\,M$$

$[OH^-]$를 알게 되면 그 풀이 과정은 이전에 설명한 것과 같다.

**유제 1** 어떤 강염기 수용액은 25°C에서 pH가 12.24이다.
(a) 그 염기가 NaOH인 경우 염기의 농도를 계산하시오.
(b) 그 염기가 $Ba(OH)_2$인 경우 염기의 농도를 계산하시오.

**유제 2** 다음 그림[(i)~(iv)] 중 어느 것이 동일한 농도를 갖는 2개의 염기(일염기성 및 이염기성)에 대하여 농도 함수에 따른 pH를 가장 잘 나타내는가?

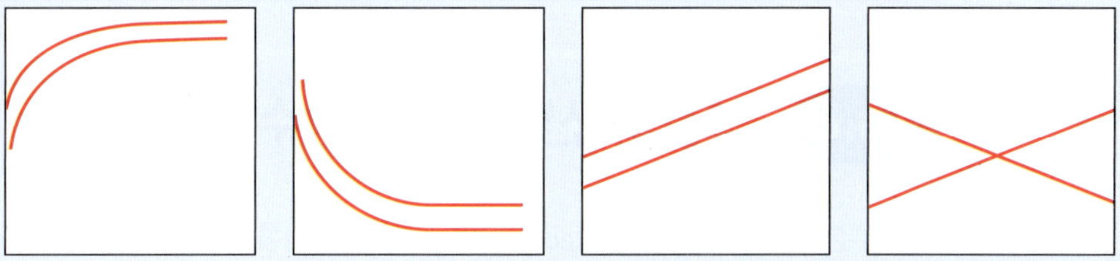

(i) (ii) (iii) (iv)

## 16.5절 복습

### 강산과 강염기

**16.5.1** 25°C에서 0.075 *M* 과염소산($HClO_4$) 용액의 pH를 계산하시오.
(a) 12.88 (b) 7.75 (c) 6.25
(d) 1.12 (e) 7.00

**16.5.2** 25°C에서 pH가 5.89인 HBr 용액의 농도는 얼마인가?
(a) $7.8\times10^{-9}\,M$ (b) $1.3\times10^{-6}\,M$ (c) $5.9\times10^{-14}\,M$
(d) $8.1\times10^{-7}\,M$ (e) $1.0\times10^{-7}\,M$

**16.5.3** 25°C에서 $1.3\times10^{-3}\,M$인 $Ba(OH)_2$ 용액의 pOH는 얼마인가?
(a) 2.89 (b) 2.59 (c) 3.19
(d) 11.11 (e) 11.14

**16.5.4** 25℃에서 pOH가 3.31인 KOH 용액의 농도는 얼마인가?

(a) $2.0 \times 10^{-11}\ M$ (b) $3.3 \times 10^{-1}\ M$ (c) $3.3 \times 10^{-7}\ M$

(d) $4.5 \times 10^{-4}\ M$ (e) $4.9 \times 10^{-4}\ M$

**16.5.5** 25℃에서 0.0095 $M$인 LiOH 용액의 pH는 얼마인가?

(a) 11.68 (b) 2.02 (c) 11.98

(d) 1.72 (e) 12.28

**16.5.6** 25℃에서 pH가 9.01인 $Ca(OH)_2$ 용액의 농도는 얼마인가?

(a) $1.0 \times 10^{-}5\ M$ (b) $5.1 \times 10^{-6}\ M$ (c) $2.0 \times 10^{-5}\ M$

(d) $9.8 \times 10^{-9}\ M$ (e) $4.9 \times 10^{-9}\ M$

**16.5.7** 다음 중 어느 그림이 황산($H_2SO_4$) 용액을 가장 잘 나타내는가?

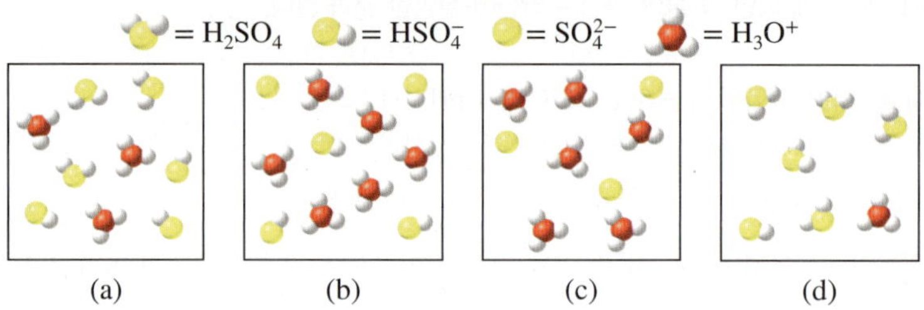


## 16.6 약산과 산 이온화 상수

대부분의 산은 **약산**(weak acid)이며 물에서는 제한된 양만이 이온화된다. 평형 상태에서 약산의 수용액은 물속에 용해된 산 분자, 하이드로늄 이온 및 이에 상응하는 짝염기의 혼합물을 포함한다. 약산이 이온화하는 정도는 산의 **농도**(concentration) 및 이온화에 대한 **평형 상수**(equilibrium constant)에 따라 달라진다.

### 이온화 상수 $K_a$

약한 일양성자산 HA를 생각해 보자. 물에서의 이온화는 다음의 두 반응식으로 나타낼 수 있다.

$$HA(aq) + H_2O(l) \rightleftharpoons H_3O^+(aq) + A^-(aq)$$

$$HA(aq) \rightleftharpoons H^+(aq) + A^-(aq)$$

> **참조**
> $H_3O^+$와 $H^+$는 여기서 같은 의미로 사용된다.

이 반응에 대한 평형식은 다음과 같다.

$$K_a = \frac{[H_3O^+][A^-]}{[HA]} \quad 또는 \quad K_a = \frac{[H^+][A^-]}{[HA]}$$

> **참조**
> $K_a$는 $K_c$라는 것을 기억하자. 아래 첨자 "a"는 "acid"의 약자이다.

여기서 $K_a$는 반응에 대한 평형 상수이다. 보다 구체적으로, $K_a$는 **산 이온화 상수**(acid ionization constant)라고 불린다. 모든 약산은 이온화가 100% 미만이지만 산의 세기는 다르다. $K_a$의 크기는 약산이 얼마나 센지를 나타낸다. 큰 $K_a$ 값은 더 센 산을 나타내는 반면,

작은 $K_a$ 값은 더 약한 산을 나타낸다. 예를 들어, 아세트산($CH_3COOH$)과 플루오린화 수소산(HF)은 모두 약산이지만, HF는 더 큰 $K_a$ 값에 의해 입증된 것처럼 이 둘 중에 더 센 산이다. 동일한 농도를 가지는 이들 두 개의 산 용액은 동일한 pH를 갖지 않는다. HF 용액의 pH가 더 낮다.

**참조**

비교를 위해, HCl 또는 $HNO_3$와 같은 강산 0.1 *M* 용액의 pH는 1.00이다.

| 용액(25°C에서) | $K_a$ | pH |
|---|---|---|
| 0.10 *M* HF | $7.1 \times 10^{-4}$ | 2.09 |
| 0.10 *M* $CH_3COOH$ | $1.8 \times 10^{-5}$ | 2.87 |

표 16.5는 여러 약산과 25°C에서의 $K_a$ 값을 산의 세기가 감소하는 순서로 나열한 것이다.

## $K_a$로부터 pH의 계산

약산 용액의 pH 계산은 평형 문제이며 15장에서 소개한 방법을 사용하여 해결한다. 그림 16.3(746~747쪽)은 약산의 pH를 결정하기 위해 평형표를 사용하는 방법을 자세히 보여준다. 25°C에서 0.50 *M* HF 용액의 pH를 결정한다고 가정해 보자. HF의 이온화에 대한 반응식은 다음과 같다.

$$HF(aq) + H_2O(l) \rightleftharpoons H_3O^+(aq) + F^-(aq)$$

이 반응에 대한 평형식은 다음과 같다.

$$K_a = \frac{[H_3O^+][F^-]}{[HF]} = 7.1 \times 10^{-4}$$

**표 16.5** 25°C에서 약산의 이온화 상수

| 산의 이름 | 화학식 | 구조식 | $K_a$ |
|---|---|---|---|
| 클로로아세트산 | $CH_2ClCOOH$ | $CH_2Cl{-}C({=}O){-}O{-}H$ | $5.6 \times 10^{-2}$ |
| 플루오린화 수소산 | HF | H—F | $7.1 \times 10^{-4}$ |
| 아질산 | $HNO_2$ | O=N—O—H | $4.5 \times 10^{-4}$ |
| 폼산 | HCOOH | $H{-}C({=}O){-}O{-}H$ | $1.7 \times 10^{-4}$ |
| 벤조산 | $C_6H_5COOH$ | 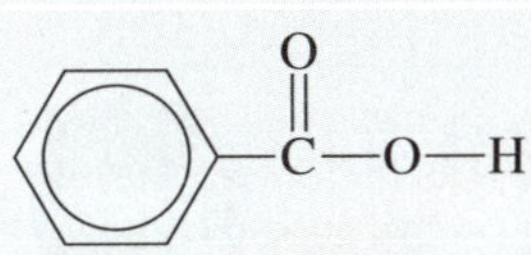 | $6.5 \times 10^{-5}$ |
| 아세트산 | $CH_3COOH$ | $CH_3{-}C({=}O){-}O{-}H$ | $1.8 \times 10^{-5}$ |
| 사이안화 수소산 | HCN | H—C≡N | $4.9 \times 10^{-10}$ |
| 페놀 | $C_6H_5OH$ | 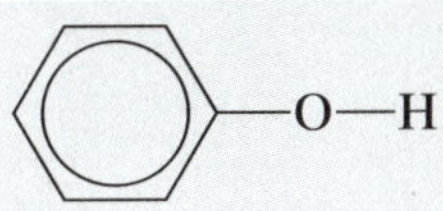 | $1.3 \times 10^{-10}$ |

그림 16.3
## 문제를 풀기 위한 평형표의 사용

**약산의 pH를 결정하기 위한 $K_a$와 농도의 사용**

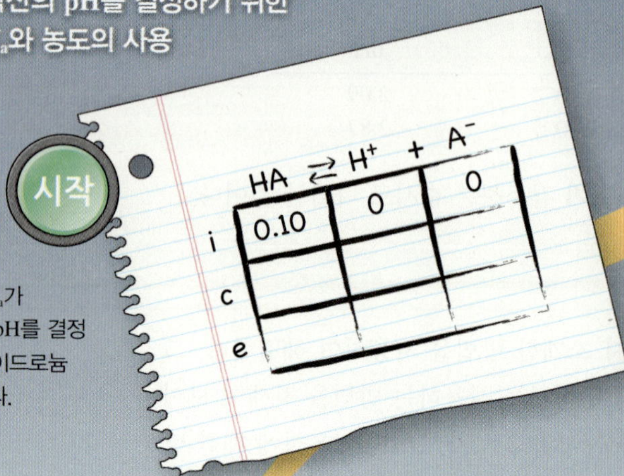


농도가 0.10 $M$이고 $K_a$가 $2.5 \times 10^{-5}$인 약산의 pH를 결정한다. 이 그림에서 하이드로늄 이온은 $H^+$로 표현된다.

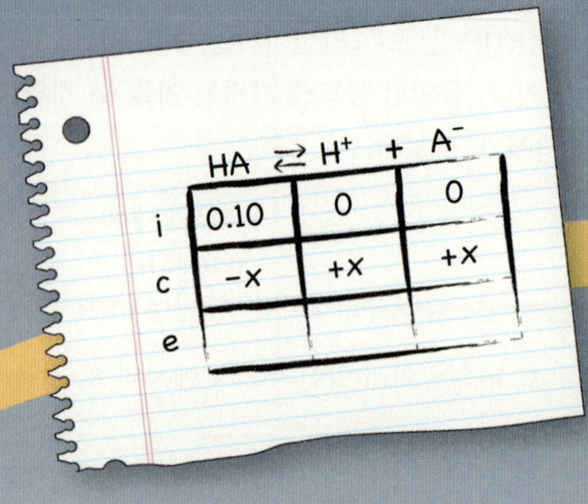


농도는 미지의 양($x$)만큼 변할 것이다.

- [HA]는 $x$만큼 감소한다.
- $[H^+]$와 $[A^-]$는 $x$만큼 증가한다.

표의 중간 행에 예상되는 농도 변화량을 입력한다.

HA

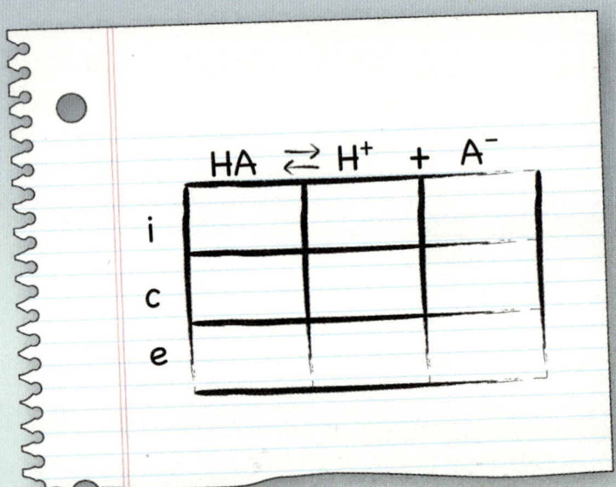


많은 평형 문제는 평형표를 사용하여 해결할 수 있다. 표는 평형 반응식에서 각 화학종 아래의 열과 i(initial, 초기), c(change, 변화) 및 e(equilibrium, 평형)로 표시된 세 개의 행으로 구성된다. (이러한 이유로 표를 "ICE" 표라고도 한다.)

pH를 사용하여 $H^+$의 평형 농도를 결정한다.

$$[H^+] = 10^{-pH} = 10^{-3.82} = 1.5 \times 10^{-4}\ M$$

HA의 이온화는 같은 양의 $H^+$와 $A^-$를 생성하기 때문에 $A^-$의 평형 농도도 $1.5 \times 10^{-4}$ $M$이다. 표의 맨 아래 줄에 이 농도를 입력한다.

**약산의 $K_a$를 결정하기 위한 pH와 농도의 사용**

어떤 약산 0.12 $M$ 용액의 pH가 3.82일 경우, 이 약산의 $K_a$를 결정한다.

표의 마지막 줄에 입력하는 평형 농도는 미지의 $x$로 표현된다. 반응에 대한 평형식을 쓰면, 다음과 같다.

$$K_c = \frac{[H^+][A^-]}{[HA]}$$

표의 마지막 행으로부터 $K_a$ 값과 평형 농도를 입력한다.

| | HA ⇄ | $H^+$ + | $A^-$ |
|---|---|---|---|
| i | 0.10 | 0 | 0 |
| c | −x | +x | +x |
| e | 0.10−x | x | x |

$$2.5 \times 10^{-5} = \frac{(x)(x)}{(0.10-x)} = \frac{x^2}{(0.10-x)}$$

$K_a$의 크기가 작기 때문에, 이온화된 HA의 양($x$)은 0.10에 비해 작을 것으로 예상된다. 따라서 $0.10-x \approx 0.10$이다. 이를 이용하여 풀이 과정을 단순화하면 다음과 같다.

$$2.5 \times 10^{-5} = \frac{x^2}{0.10}$$

$x$에 대하여 풀면 다음과 같다.

$$(2.5 \times 10^{-5})(0.10) = x^2$$
$$2.5 \times 10^{-6} = x^2$$
$$\sqrt{2.5 \times 10^{-6}} = x$$
$$x = 1.6 \times 10^{-3}\,M$$

평형에서 $[H^+]$를 표현하기 위해 $x$를 사용했다. ($x$는 또한 평형에서 $[A^-]$와 같고 $[HA]$의 변화와 동일하다.) 따라서 $x$의 값에 음의 로그를 취하여 pH를 결정한다.

$$pH = -\log[H^+] = -\log(1.6 \times 10^{-3}) = 2.80$$

**확인** 다음을 확인한다 $\frac{1.6 \times 10^{-3}\,M}{0.10\,M} \times 100\% < 5\%$

그리고 $\frac{(1.6 \times 10^{-3})^2}{(0.10 - 1.6 \times 10^{-3})} \approx K_a$

$HA \rightleftharpoons H^+ + A^-$

표의 마지막 행을 완료하려면 [HA]의 평형 값도 필요하다. 이온화된 약산의 양은 이온화에 의해 생성된 $H^+$의 양과 동일하다. 따라서 평형 상태에서 산의 농도는 다음과 같다.

$$[HA] = 0.12\,M - 1.5 \times 10^{-4}\,M \approx 0.12\,M$$

| | HA ⇄ | $H^+$ + | $A^-$ |
|---|---|---|---|
| i | | | |
| c | | | |
| e | 0.12 | 1.5x10⁻⁴ | 1.5x10⁻⁴ |

표의 맨 아래 줄이 완성되면, 이 평형 농도를 사용하여 $K_a$ 값을 계산할 수 있다.

$$K_a = \frac{[H^+][A^-]}{[HA]} = \frac{(1.5 \times 0^{-4})(1.5 \times 10^{-4})}{(0.12)} = 1.9 \times 10^{-7}$$

**확인** 다음을 확인한다 $[HA] = 0.12\,M$ 그리고 $K_a = 1.9 \times 10^{-7}$,
$[H^+] = \sqrt{(1.9 \times 10^{-7})(0.12)} = 1.5 \times 10^{-4}\,M$
그리고 pH=3.820이다.

## 요점 내용

- 약한 일양성자산의 몰농도와 $K_a$부터 시작하여, pH를 결정하기 위해 평형표를 사용할 수 있다.
- pH와 몰농도로 시작하여, 평형표를 사용하여 약한 일양성자산의 $K_a$를 결정할 수 있다.

**참조**

고체와 순수한 액체는 평형식에 나타내지 않는다는 것을 기억하자[◀◀ 15.3절].

먼저 평형표를 만들고 평형식의 모든 화학종들의 초기 농도를 입력한다.

| | $HF(aq)$ | $+\ H_2O(l)$ | $\rightleftharpoons H_3O^+(aq)$ | $+\ F^-(aq)$ |
|---|---|---|---|---|
| 초기 농도(Initial concentration, $M$): | 0.50 | | 0 | 0 |
| 농도 변화량(Change in concentration, $M$): | | | | |
| 평형 농도(Equilibrium concentration, $M$): | | | | |

반응 화학량론을 사용하여 모든 화학종의 농도 변화를 결정한다.

| | $HF(aq)$ | $+\ H_2O(l)$ | $\rightleftharpoons H_3O^+(aq)$ | $+\ F^-(aq)$ |
|---|---|---|---|---|
| 초기 농도(Initial concentration, $M$): | 0.50 | | 0 | 0 |
| 농도 변화량(Change in concentration, $M$): | $-x$ | | $+x$ | $+x$ |
| 평형 농도(Equilibrium concentration, $M$): | | | | |

마지막으로 각 화학종의 평형 농도를 $x$로 표현한다.

| | $HF(aq)$ | $+\ H_2O(l)$ | $\rightleftharpoons H_3O^+(aq)$ | $+\ F^-(aq)$ |
|---|---|---|---|---|
| 초기 농도(Initial concentration, $M$): | 0.50 | | 0 | 0 |
| 농도 변화량(Change in concentration, $M$): | $-x$ | | $+x$ | $+x$ |
| 평형 농도(Equilibrium concentration, $M$): | $0.50-x$ | | $x$ | $x$ |

이 평형 농도를 평형식에 대입하면, 다음과 같다.

$$K_a = \frac{(x)(x)}{0.50-x} = 7.1\times10^{-4}$$

이 식을 재배열하면 다음과 같다.

$$x^2 + 7.1\times10^{-4}x - 3.55\times10^{-4} = 0$$

이것은 이차 방정식으로 부록 1에 있는 이차 방정식을 사용하여 풀 수 있다. 그러나 약산의 경우에는 계산을 단순화하기 위해 근사법을 사용할 수 있는 경우가 많다. HF는 약산이고 약산은 약간만 이온화하기 때문에, $x$는 0.50에 비해 작아야 한다. 그러므로 다음과 같은 근사를 할 수 있다.

$$0.50 - x \approx 0.50$$

이제 평형식은 다음과 같다

$$\frac{x^2}{0.50-x} \approx \frac{x^2}{0.50} = 7.1\times10^{-4}$$

위 식을 재배열하면 다음 식을 얻을 수 있다.

$$x^2 = (0.50)(7.1\times10^{-4}) = 3.55\times10^{-4}$$
$$x = \sqrt{3.55\times10^{-4}} = 1.9\times10^{-2}$$

따라서 이차 방정식을 사용하지 않고 $x$에 대해 풀 수 있다. 평형 상태에서 각 화학종들의 농도는 다음과 같다.

$$[\text{HF}] = (0.50 - 0.019)\ M = 0.48\ M$$
$$[\text{H}_3\text{O}^+] = 0.019\ M$$
$$[\text{F}^-] = 0.019\ M$$

그리고 용액의 pH는 다음과 같다.

$$\text{pH} = -\log(0.019) = 1.72$$

이 근사법은 $x$의 크기가 초기 산의 농도보다 상당히 작으면 좋은 근사값을 제공한다. 계산된 $x$의 값이 초기 산 농도의 5%보다 작으면 일반적으로 이 근사법을 사용할 수 있다. 이 경우는 다음과 같다.

$$\frac{0.019\ M}{0.50\ M} \times 100\% = 3.8\%$$

이것은 산의 **이온화 백분율**(percent ionization)에 대한 식이다[|◀◀ 13.6절]. 약산과 같은 약한 전해질의 이온화 비율은 농도에 따라 달라진다는 것을 기억하자. HF의 농도가 0.050 $M$인 저농도 용액을 생각해 보자. 앞의 과정을 사용하여 $x$를 풀면, $6.0 \times 10^{-3}\ M$이 될 것이다. 그러나 이 답에 대한 테스트의 결과는 0.050 $M$의 5%보다 크기 때문에 이 근사법은 유효하지 않다.

$$\frac{6.0 \times 10^{-3}\ M}{0.050\ M} \times 100\% = 12\%$$

이 경우는 이차 방정식[|◀◀ 예제 15.12]을 사용하여 $x$를 풀어야 한다.

예제 16.11은 $K_a$를 사용하여 약산 용액의 pH를 결정하는 방법을 보여 준다.

**참조**

많은 경우 이차 방정식의 사용은 부록 1에 제시된 연속 근사법이라고 하는 방법으로 피할 수 있다.

## 예제 16.11

하이포아염소산(HClO)의 $K_a$는 $3.5 \times 10^{-8}$이다. 25°C에서 0.0075 $M$인 HClO 용액의 pH를 계산하시오.

**전략** 평형표를 만들고, $x$를 사용하여 각 화학종의 평형 농도를 표현한다. 근사법을 사용하여 $x$에 대해 풀고 근사가 유효한지 평가한다. 식 9.5를 사용하여 pH를 결정한다.

**계획**

| | $\text{HClO}(aq)$ | $+\ \text{H}_2\text{O}(l)$ | $\rightleftharpoons \text{H}_3\text{O}^+(aq)$ | $+\ \text{ClO}^-(aq)$ |
|---|---|---|---|---|
| 초기 농도(Initial concentration, $M$): | 0.0075 | | 0 | 0 |
| 농도 변화량(Change in concentration, $M$): | $-x$ | | $+x$ | $+x$ |
| 평형 농도(Equilibrium concentration, $M$): | $0.0075-x$ | | $x$ | $x$ |

**풀이** 이 평형 농도를 평형식에 대입하면 다음과 같다.

$$K_a = \frac{(x)(x)}{0.0075 - x} = 3.5 \times 10^{-8}$$

$0.0075 - x \approx 0.0075$라고 가정하면,

$$\frac{x^2}{0.0075} = 3.5 \times 10^{-8} \qquad x^2 = (3.5 \times 10^{-8})(0.0075)$$

$x$에 대하여 풀면 다음이 얻어진다.

$$x=\sqrt{2.625\times10^{-10}}=1.62\times10^{-5}\,M$$

평형표에 따르면 $x=[H_3O^+]$이다. 따라서 용액의 pH는 다음과 같다.

$$pH=-\log(1.62\times10^{-5})=4.79$$

**참조**

5% 테스트를 적용하면 이 경우에 근사법이 유효하다는 것을 알 수 있다.

$(1.62\times10^{-5}/0.0075)\times100\%<5\%$

## 생각해 보기

16.3절에서 25°C의 순수한 물에서의 하이드로늄 이온의 농도가 $1.0\times10^{-7}\,M$인 것을 알았지만 약산 용액의 pH를 풀기 위해 하이드로늄 이온의 초기 농도는 0 $M$을 사용한다.

$$HA(aq) \rightleftharpoons H^+(aq)+A^-(aq)$$

| | $HA(aq)$ | $H^+(aq)$ | $A^-(aq)$ |
|---|---|---|---|
| 초기 농도(Initial concentration, $M$): | | 0 | 0 |
| 농도 변화량(Change in concentration, $M$): | | | |
| 평형 농도(Equilibrium concentration, $M$): | | | |

그 이유는 순수한 물에서 하이드로늄 이온의 실제 농도가 약산의 이온화에 의해 생성되는 양에 비해 중요하지 않기 때문이다. 초기 농도는 하이드로늄의 실제 농도를 사용할 수 있지만, $(x+1.0\times10^{-7})\,M\approx x\,M$이기 때문에 이렇게 해도 결과는 바뀌지 않는다. 이런 유형의 문제를 해결하기 위해 물의 자동 이온화에 기인한 $H^+$의 작은 농도는 무시한다.

**유제 1** 25°C에서 $K_a=1.2\times10^{-5}$인 0.065 $M$ 약산 용액의 pH를 계산하시오.

**유제 2** 다음 그림은 4가지 다른 약산 용액을 보여 준다. 어느 용액에서 약산의 농도가 가장 높은가? 어느 용액의 pH 값이 가장 높은가?

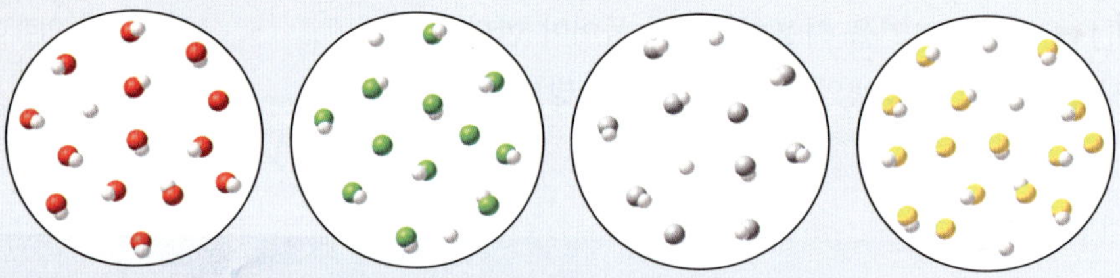

(i) (ii) (iii) (iv)

## 이온화 백분율

앞서 산에 대한 내용에서[◀◀ 9.3절], 강산이 완전히 이온화된다는 것을 배웠다. 약산은 부분적으로만 이온화된다. 이온화 상수($K_a$)의 크기가 산의 세기의 척도인 것처럼, 약산이 이온화하는 정도는 산의 세기를 나타낸다. 이온화 정도의 정량적 측정은 약산인 일양성자산(HA)에 대해 다음과 같이 계산되는 **이온화 백분율**(percent ionization)이다.

$$\text{이온화 백분율}=\frac{[H_3O^+]_{eq}}{[HA]_0}\times100\% \qquad \textbf{식 16.5}$$

여기서 하이드로늄 이온 농도$[H_3O^+]_{eq}$는 평형에서의 농도이고, 약산 농도 $[HA]_0$는 산의 **초기**(original) 농도이며, 이는 평형 상태에서의 농도와 반드시 동일하지는 않다.

**참조**

사실, 약산의 초기 농도는 평형 농도와 정확히 같지 않다. 그러나 때로는 이온화하는 양이 초기 농도에 비해 너무 적어서, $[HA]_0\approx[HA]_{eq}$와 같이 약산의 농도가 변하지 않는 것처럼 될 수도 있다.

## 생각 밖 상식

### 산성비

오염되지 않은 지역의 빗물은 약간 산성이다. 원인은 공기 중의 이산화 탄소로, 빗방울에 용해되며 물과 반응하여 약산인 탄산($H_2CO_3$)을 만든다. 화석 연료의 연소로 공기가 오염되는 지역에서는 비가 매우 산성일 수 있다. 산성비로 알려진 이 현상은 1852년 영국 맨체스터의 스코틀랜드 화학자 로버트 앵거스 스미스(Robert Angus Smith, 1817~1884)에 의해 처음 발견되었다. 당시에는 산업 혁명이 진행 중이었고 영국 경제는 석탄을 사용하여 증기를 발생시키는 데 크게 의존했다. 산성비의 산성도에 기여하는 두 가지 주요 물질은 이산화 황($SO_2$)과 질소 산화물 NO와 $NO_2$(묶어서 $NO_x$라고도 함)이다. 이들은 반응하여 강산인 황산($H_2SO_4$)과 질산($HNO_3$)을 생성한다. $SO_2$와 $NO_x$ 모두 황을 포함하는 석탄의 연소에 의해 생성된다.

산성비는 1852년에 처음 발견되었지만, 그 원인을 이해하고 해결하려는 과학적, 사회적 노력은 이후 거의 100년 동안 나타나지 않았다. 미국 과학자들은 1960년대 후반이 되어서야 산성비의 원인과 결과를 광범위하게 연구하기 시작했다. 뉴햄프셔의 허바드 브룩 실험 숲(Hubbard Brook Experimental Forest) 연구 결과가 발표된 1970년대에는 산성비가 이 지역의 생태계에 미치는 파급 효과에 대한 상세한 내용이 공개되어 이 현상에 대한 대중의 인식이 높아지기 시작했다.

20세기 후반, 대기 과학자들과 생태 학자들에 의해 묘사된 무서운 상황에도 불구하고 산성비에 관해 낙관적인 전망이 나타난 데에는 이유가 있는 것으로 보인다. 산성비 프로그램은 1963년에 제정된 대기오염방지법(Clean Air Act)의 1990년 개정안의 일환으로 미국 산업 지역 빗물의 산성도를 1960년대의 수준 이하로 낮추는 데 기여했다. 석탄 연소 발전소에서 발생하는 황 배출을 줄이려면 유황 함유량이 적은 석탄을 사용하고, $SO_2$를 제거하기 위한 장치를 굴뚝에 설치하고, 대체 에너지원을 개발해야 한다. 1970년대 중반 이후 미국 자동차의 표준 장비였던 촉매 변환기를 사용하여 $NO_x$ 배출량의 대폭 감소가 이루어졌다.

---

이온화 상수($K_a$)가 $6.5\times10^{-5}$인 벤조산의 0.10 *M* 용액을 생각해 보자. 예제 16.11에 설명된 과정을 사용하여 벤조산, $H^+$ 및 벤조산 이온의 평형 농도를 결정할 수 있다.

$$C_6H_5COOH(aq) + H_2O(l) \rightleftharpoons H_3O^+(aq) + C_6H_5COO^-(aq)$$

| | $C_6H_5COOH(aq)$ | $H_2O(l)$ | $H_3O^+(aq)$ | $C_6H_5COO^-(aq)$ |
|---|---|---|---|---|
| 초기 농도(Initial concentration, *M*): | 0.100 | | 0 | 0 |
| 농도 변화량(Change in concentration, *M*): | $-x$ | | $+x$ | $+x$ |
| 평형 농도(Equilibrium concentration, *M*): | $0.100-x$ | | $x$ | $x$ |

$x$에 대하여 풀면 답으로 0.0025 *M*이 얻어진다. 따라서, 평형 상태에서 $[C_6H_5COOH]=0.097\ M$ 및 $[H^+]=[C_6H_5COO^-]=0.0025\ M$이 된다. 이 농도에서 벤조산의 이온화 백분율은 다음과 같다.

$$\frac{0.0025\ M}{0.100\ M}\times100\%=2.5\%$$

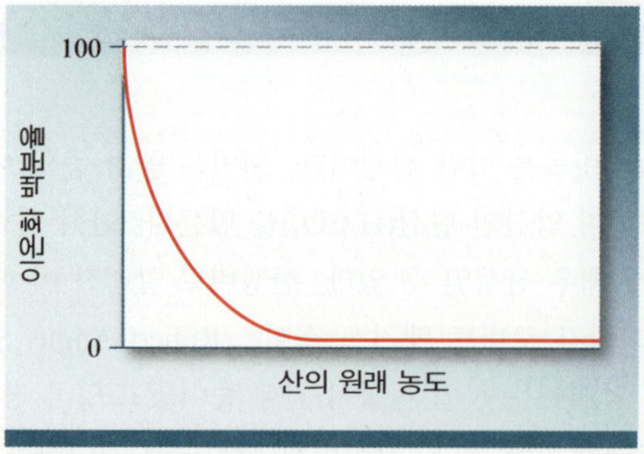


**그림 16.4** 약산의 이온화 백분율은 산의 원래 농도에 의존한다. 농도가 0에 가까워지면 이온화는 100%에 근접하다. 점선으로 표시된 회색 선은 100% 이온화를 나타내며, 이는 강산의 특징이다.

이제 용액의 부피를 두 배로 늘리기에 충분한 물을 추가하여 이 평형 혼합물을 희석할 때 어떤 변화가 일어나는지 생각해 보자. 3개의 화학종 모두의 농도가 $[C_6H_5COOH]=0.049\ M$, $[H^+]=0.0013\ M$ 및 $[C_6H_5COO^-]=0.0013\ M$으로 반으로 줄어들었다. 이러한 새로운 농도를 평형식에 대입하고 반응 지수($Q$)를 계산하면 $K_a$와 다른 값을 얻는다. 사실, 이 값은 $(0.0013^2/0.049)=3.4\times10^{-5}$로 $K_a$보다 작다. $Q$가 $K$보다 작으면, 평형을 다시 이루기 위해 반응은 오른쪽으로 진행되어야 한다[|◀◀ 15.4절]. 오른쪽으로 진행하면 약산 이온화의 경우 더 많은 양의 산이 이온화된다. 이는 이온화 백분율이 증가한다는 의미이다.

> **참조**
>
> 르샤틀리에(Le Châtelier)의 원리[|◀◀ 15.6절]에 따르면, 희석에 의한 입자 농도의 감소는 평형을 깨뜨린다. 더 많은 용해된 입자가 있는 쪽을 향하여 이동함으로써 받은 영향을 최소화하기 위하여 평형은 이동한다. 이는 약산을 더 많이 이온화시킨다.

원래의 벤조산 농도의 절반으로 시작하는 이온화 백분율을 다시 해결할 수 있다.

| | $C_6H_5COOH(aq)$ + | $H_2O(l)$ ⇌ | $H_3O^+(aq)$ + | $C_6H_5COO^-(aq)$ |
|---|---|---|---|---|
| 초기 농도(Initial concentration, $M$): | 0.050 | | 0 | 0 |
| 농도 변화량(Change in concentration, $M$): | $-x$ | | $+x$ | $+x$ |
| 평형 농도(Equilibrium concentration, $M$): | $0.050-x$ | | $x$ | $x$ |

여기서 $x$는 $0.0018\ M$이 된다. 따라서 평형에서 각 화학종들의 농도는 $[C_6H_5COOH]=0.048\ M$, $[H^+]=[C_6H_5COO^-]=0.0018\ M$이다. 이 농도에서 벤조산의 이온화 백분율은 다음과 같다.

$$\frac{0.0018\ M}{0.0050\ M}\times100\%=3.6\%$$

그림 16.4는 농도에 대한 약산의 이온화 백분율의 의존성을 보여 준다. 농도가 0에 가까워지면 이온화 백분율은 100에 가까워짐에 유의하자.

예제 16.12에서는 약산 용액의 이온화 백분율 계산을 연습할 수 있다.

## 예제 16.12

25°C에서 다음의 농도를 가지는 아세트산 용액의 pH와 이온화 백분율을 결정하시오.

(a) 0.15 $M$ (b) 0.015 $M$ (c) 0.0015 $M$

**전략** 예제 16.11에 설명된 과정을 사용하여 평형표를 만들고 아세트산 용액의 각 농도에 대해 $H^+$의 평형 농도를 계산한다. pH를 구하기 위해 식 9.5를 사용하고 이온화 백분율을 구하기 위해 식 16.5를 사용한다.

**계획** 표 16.5에서 아세트산의 이온화 상수 $K_a$는 $1.8 \times 10^{-5}$이다.

**풀이**

(a)

| | $CH_3COOH(aq)$ | $+ H_2O(l)$ | $\rightleftharpoons H_3O^+(aq)$ | $+ CH_3COO^-(aq)$ |
|---|---|---|---|---|
| 초기 농도(Initial concentration, $M$): | 0.15 | | 0 | 0 |
| 농도 변화량(Change in concentration, $M$): | $-x$ | | $+x$ | $+x$ |
| 평형 농도(Equilibrium concentration, $M$): | $0.15-x$ | | $x$ | $x$ |

$x$에 대해 풀면 $[H_3O^+]=0.0016\,M$이 되고, $pH=-\log(0.0016)=2.78$이 된다.

$$\text{이온화 백분율}=\frac{0.0016\,M}{0.15\,M}\times 100\%=1.1\%$$

(b) (a)와 같은 방법으로 풀면, $[H_3O^+]=5.2\times 10^{-4}\,M$ 및 $pH=3.28$이 된다.

$$\text{이온화 백분율}=\frac{5.2\times 10^{-4}\,M}{0.015\,M}\times 100\%=3.5\%$$

(c) 이차 방정식을 풀거나 연속 근사법[|◀◀ 부록 1]을 사용하면, $[H_3O^+]=1.6\times 10^{-4}\,M$ 및 $pH=3.78$이 된다.

$$\text{이온화 백분율}=\frac{1.6\times 10^{-4}\,M}{0.0015\,M}\times 100\%=11\%$$

**생각해 보기**

약염기의 농도가 감소함에 따라서 이온화 백분율도 증가한다[|◀◀ 16.7절].

**유제 1** 다음의 경우에 사이안화 수소산의 농도는 얼마인가?

(a) 0.05% 이온화 백분율 (b) 0.10% 이온화 백분율 (c) 0.15% 이온화 백분율

**유제 2** 다음 중 어느 그림이 가장 높은 이온화 백분율을 가진 약산을 보여 주는가? 여기에 표시된 다른 약산 중 하나가 당신이 선택한 것보다 더 높은 이온화 백분율을 가질 수 있는가? 설명하시오.

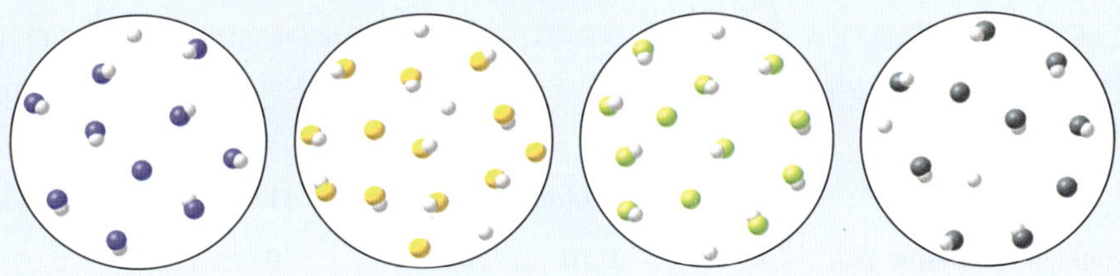

(i) (ii) (iii) (iv)

## pH를 이용한 $K_a$의 결정

15장에서는 평형 농도를 사용하여 평형 상수의 값을 결정할 수 있다는 것을 배웠다[|◀◀ 15.2절]. 이와 유사한 방법을 사용하면, 약산 용액의 pH를 사용하여 $K_a$의 값을 결정할 수 있다. 약산의 $K_a$를 결정하려고 한다고 가정해 보자. 0.25 $M$ 용액의 pH는 25°C에서 3.47이다. 첫 번째 단계는 pH를 사용하여 평형 상태의 하이드로늄 이온 농도를 결정하는 것이다. 식 9.6을 사용하면 다음과 같다.

$$[H_3O^+]=10^{-3.47}=3.39\times 10^{-4}\,M$$

**참조**

반올림 오류를 최소화하기 위해 여러 단계인 문제가 끝날 때까지 추가적인 유효 숫자를 유지해야 한다는 것을 기억하자[|◀◀ 1.3절].

약산의 초기 농도와 하이드로늄 이온의 평형 농도를 사용하여 평형표를 구성하고 모든

세 화학종의 평형 농도를 결정한다.

| | $HA(aq)$ + | $H_2O(l)$ ⇌ | $H_3O^+(aq)$ + | $A^-(aq)$ |
|---|---|---|---|---|
| 초기 농도(Initial concentration, $M$): | 0.25 | | 0 | 0 |
| 농도 변화량(Change in concentration, $M$): | $-3.39\times10^{-4}$ | | $+3.39\times10^{-4}$ | $+3.39\times10^{-4}$ |
| 평형 농도(Equilibrium concentration, $M$): | 0.2497 | | $3.39\times10^{-4}$ | $3.39\times10^{-4}$ |

이 평형 농도를 평형식에 대입하면 다음과 같다.

$$K_a=\frac{(3.39\times10^{-4})^2}{0.2497}=4.6\times10^{-7}$$

따라서 이 약산의 $K_a$는 $4.6\times10^{-7}$이다.

예제 16.13은 pH를 사용하여 $K_a$를 결정하는 방법을 보여 준다.

## 예제 16.13

아스피린(acetylsalicylic acid, $HC_9H_7O_4$)은 약산이다. 다음 방응식과 같이 물에서 이온화한다.

$$HA(aq)+H_2O(l) \rightleftharpoons H_3O^+(aq)+A_4^-(aq)$$

25°C에서 0.10 $M$ 아스피린 수용액의 pH는 2.27이다. 아스피린의 $K_a$를 결정하시오.

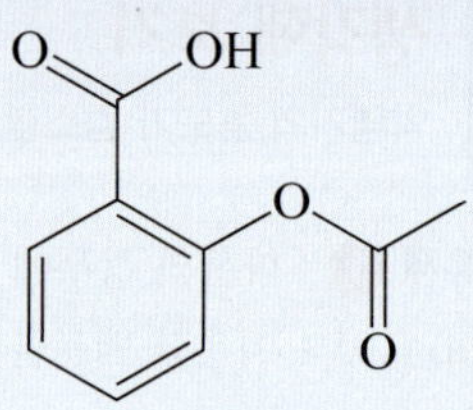

아스피린

**전략** pH로부터 하이드로늄 이온의 농도를 결정한다. 하이드로늄 이온의 농도를 이용하여 다른 화학종의 평형 농도를 결정하고, 평형 농도를 평형식에 대입하여 $K_a$를 계산한다.

**계획** 식 9.6을 이용하면 다음을 얻을 수 있다.

$$[H_3O^+]=10^{-2.27}=5.37\times10^{-3}\ M$$

$K_a$를 계산하기 위해서는 $C_9H_7O_4^-$와 $HC_9H_7O_4$의 평형 농도가 필요하다. 반응의 화학량론은 $[C_9H_7O_4^-]=[H_3O^+]$임을 알 수 있다. 또한, 이온화된 아스피린의 양은 용액 중의 하이드로늄 이온의 양과 동일하다. 따라서 아스피린의 평형 농도는 $(0.10-5.37\times10^{-3})\ M$ $=0.095\ M$이다.

| | $HC_9H_7O_4(aq)$ + | $H_2O(l)$ ⇌ | $H_3O^+(aq)$ + | $C_9H_7O_4^-(aq)$ |
|---|---|---|---|---|
| 초기 농도(Initial concentration, $M$): | 0.10 | | 0 | 0 |
| 농도 변화량(Change in concentration, $M$): | $-0.005$ | | $+5.37\times10^{-3}$ | $+5.37\times10^{-3}$ |
| 평형 농도(Equilibrium concentration, $M$): | 0.095 | | $5.37\times10^{-3}$ | $5.37\times10^{-3}$ |

**풀이** 평형 농도를 다음과 같이 평형식에 대입한다.

$$K_a=\frac{[H_3O^+][C_9H_7O_4^-]}{[HC_9H_7O_4]}=\frac{(5.37\times10^{-3})^2}{0.095}=3.0\times10^{-4}$$

아스피린의 $K_a$는 $3.0\times10^{-4}$이다.

### 생각해 보기

아스피린 0.10 $M$ 용액의 pH를 계산하기 위해 계산된 $K_a$ 값을 사용하여 풀이를 확인한다.

**유제 1** 25°C에서 어떤 약산 0.015 $M$ 용액의 pH가 5.03이라면 갖는다면, 이 약산의 $K_a$를 계산하시오.

**유제 2** 그림에 표시된 약산에 대하여 $K_a$ 값(두 개의 유효 숫자)을 계산하시오.

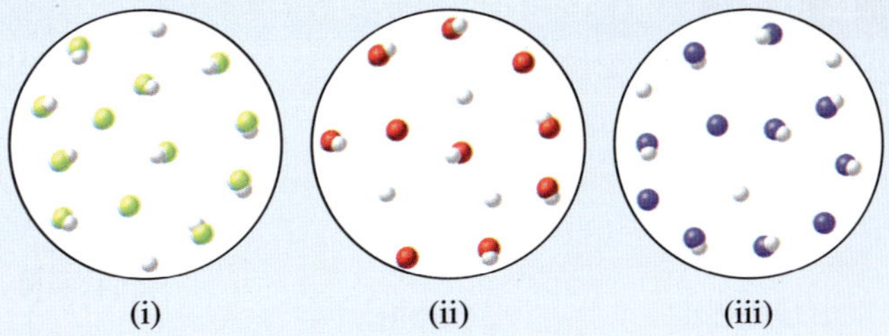


## 16.6절 복습

**약산과 산 이온화 상수**

**16.6.1** 어떤 약산의 $K_a$는 $5.5 \times 10^{-4}$이다. 25°C에서 이 약산 0.63 *M* 용액의 pH는 얼마인가?

(a) 3.26 (b) $1.83 \times 10^{-2}$ (c) 1.73
(d) 1.63 (e) 0.201

**16.6.2** 25°C에서 어떤 약산 0.042 *M* 용액은 pH가 4.01이다. 이 약산의 $K_a$는 얼마인가?

(a) $9.5 \times 10^{-9}$ (b) $9.8 \times 10^{-5}$ (c) 0.91
(d) $4.2 \times 10^{-2}$ (e) $2.3 \times 10^{-7}$

**16.6.3** 다음 그림은 일반적인 화학식 HA를 갖는 3개의 다른 약산 용액을 나타낸다. $K_a$ 값이 증가하는 순서대로 산을 나열하시오.

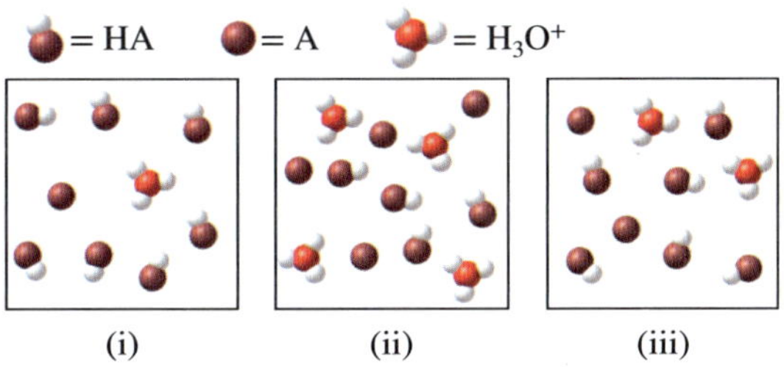


(a) i < ii < iii (b) i < iii < ii (c) ii < i < iii
(d) ii < iii < i (e) iii < ii < i

# 16.7 약염기와 염기 이온화 상수

대부분의 산이 약하기 때문에 대부분의 염기도 약하다. **약염기**(weak base)의 이온화는 완결되지 않으므로, 약산의 이온화와 같은 방법으로 다루어진다. 이 절에서는 약염기의 이온화 상수 $K_b$가 수용액의 pH와 어떻게 관련되는지를 살펴볼 것이다.

**표 16.6** 25°C에서 약염기의 이온화 상수

| 염기의 이름 | 화학식 | 구조식 | $K_b$ |
|---|---|---|---|
| 에틸아민 | $C_2H_5NH_2$ | 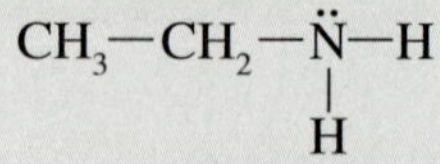 | $5.6 \times 10^{-4}$ |
| 메틸아민 | $CH_3NH_2$ | 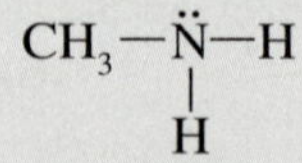 | $4.4 \times 10^{-4}$ |
| 암모니아 | $NH_3$ | 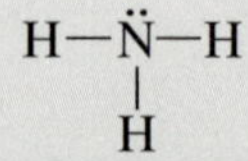 | $1.8 \times 10^{-5}$ |
| 피리딘 | $C_5H_5N$ | 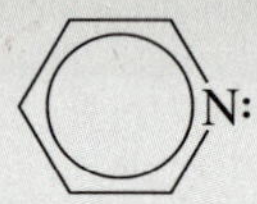 | $1.7 \times 10^{-9}$ |
| 아닐린 | $C_6H_5NH_2$ | 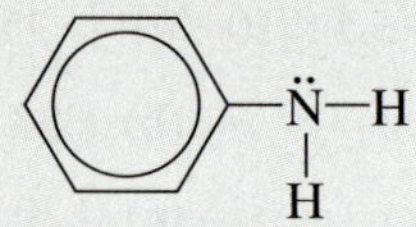 | $3.8 \times 10^{-10}$ |
| 요소(urea) | $H_2NCONH_2$ | 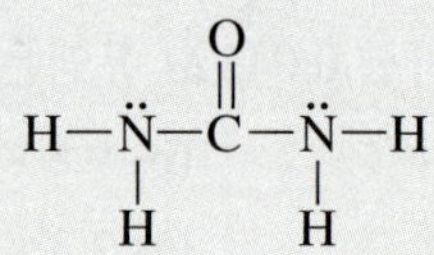 | $1.5 \times 10^{-14}$ |

## 이온화 상수 $K_b$

약염기의 이온화는 다음 반응식으로 나타낼 수 있다.

$$B(aq) + H_2O(l) \rightleftharpoons HB^+(aq) + OH^-(aq)$$

여기서 B는 약염기이고, $HB^+$는 짝산이다. 이온화 과정에 대한 평형식은 다음과 같다.

$$K_b = \frac{[HB^+][OH^-]}{[B]}$$

여기서 $K_b$는 평형 상수, 구체적으로 **염기 이온화 상수**(base ionization constant)로 알려져 있다. 약산과 마찬가지로 약염기도 세기가 다르다. 표 16.6은 다수의 일반적인 약염기와 이온화 상수를 나열하였다. 이 물질들 중 어느 하나가 염기로 작용할 수 있는 능력은 질소 원자가 가진 비공유 전자쌍 결과이다. 이 비공유 전자쌍의 존재는 화합물로 하여금 브뢴스테드(Brønsted) 염기로써 양성자를 받아들이도록 하는 것이다.

## $K_b$로부터 pH의 계산

약염기와 관련된 문제를 해결하려면, 약산에 대해 사용한 것과 동일한 접근법이 필요하다. 그러나 전형적인 약염기 문제에서 $x$를 풀면, 이것은 하이드로늄 이온 농도가 아니라 수산화 이온 농도가 된다는 것을 기억하는 것이 중요하다.

예제 16.14에서는 $K_b$를 사용하여 약염기 용액의 pH를 계산하는 방법을 보여 준다.

## 예제 16.14

25°C에서 0.040 $M$ 암모니아 용액의 pH는 얼마인가?

**전략** 평형표를 만들고 미지의 $x$를 이용하여 평형 농도를 표현한다. 이 평형 농도를 평형식에 대입하고 $x$를 구한다. $x$의 값으로부터 pH를 결정한다.

**계획**

| | $NH_3(aq)+$ | $H_2O(l)$ | $\rightleftharpoons NH_4^+(aq)$ | $+OH^-(aq)$ |
|---|---|---|---|---|
| 초기 농도(Initial concentration, $M$): | 0.040 | | 0 | 0 |
| 농도 변화량(Change in concentration, $M$): | $-x$ | | $+x$ | $+x$ |
| 평형 농도(Equilibrium concentration, $M$): | $0.040-x$ | | $x$ | $x$ |

**풀이** 평형 농도를 평형식에 대입하면 다음과 같다.

$$K_b=\frac{[NH_4^+][OH^-]}{[NH_3]}=\frac{(x)(x)}{0.040-x}=1.8\times10^{-5}$$

$0.040-x\approx0.040$이라고 가정하고, $x$에 대해 풀면, 다음과 같다.

$$\frac{(x)(x)}{0.040-x}\approx\frac{(x)(x)}{0.040}=1.8\times10^{-5}$$

$$x^2=(1.8\times10^{-5})(0.040)=7.2\times10^{-7}$$

$$x=\sqrt{7.2\times10^{-7}}=8.5\times10^{-4}\ M$$

**참조**

5% 테스트를 적용하면, $(8.5\times10^{-4}/0.040)\times100\%\approx2\%$로 근사법이 유효함을 나타낸다.

평형표에 따르면 $x=[OH^-]$이다. 따라서 $pOH=-\log(x)$이다.

$$-\log(8.5\times10^{-4})=3.07$$

그리고 $pH=14.00-pOH=14.00-3.07=10.93$이다. 25°C에서 0.040 $M$ $NH_3$ 용액의 pH는 10.93이다.

### 생각해 보기

$K_b$ 문제에서 $x$는 하이드로늄 이온의 농도가 아니라 수산화 이온 농도라는 것을 잊는 것이 일반적인 오류이다. 염기 용액에 대해 계산한 pH가 염기성 pH, 즉 7보다 큰 pH인지 항상 확인한다.

**유제 1** 25°C에서 $K_b$가 $2.9\times10^{-11}$인 0.16 $M$ 약염기 용액의 pH를 계산하시오.

**유제 2** 다음 그림은 세 가지 다른 약염기의 용액을 나타낸다. pH가 증가하는 순서로 용액을 배열하시오. 그림이 복잡해 보이지 않도록 수산화 이온은 표시하고 물 분자는 표시하지 않았다.

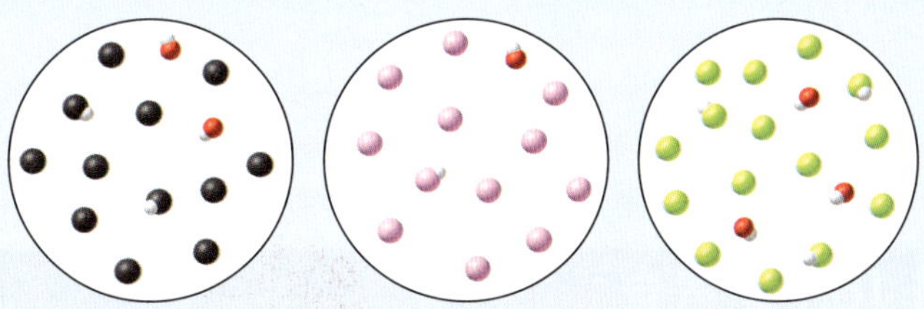

(i) (ii) (iii)

## pH를 이용한 $K_b$의 결정

약산의 $K_a$를 결정하기 위해 pH를 사용할 수 있는 것처럼, 약염기의 $K_b$를 결정할 때도 pH를 사용할 수 있다. 예제 16.15에서는 이 과정을 보여 준다.

## 예제 16.15

커피와 차에 들어 있는 각성제인 카페인은 다음 반응식에 따라 물에서 이온화하는 약염기이다.

$$C_8H_{10}N_4O_2(aq)+H_2O(l) \rightleftharpoons HC_8H_{10}N_4O_2^+(aq)+OH^-(aq)$$

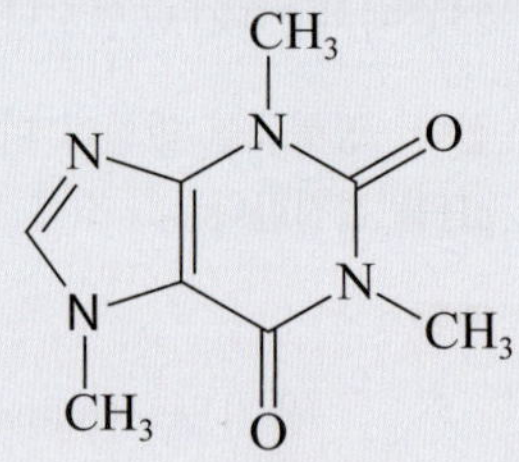

카페인

25°C에서 0.15 $M$ 카페인 용액의 pH는 8.45이다. 카페인의 $K_b$를 결정하시오.

**전략** pOH를 구하기 위해 pH를 사용하고, 수산화 이온 농도를 구하기 위해 pOH를 사용한다. 수산화 이온의 농도로부터 반응 화학량론을 고려하여 다른 평형 농도를 결정하고, 그 농도를 평형식에 대입하여 $K_b$를 구한다.

**계획**

$$pOH=14.00-8.45=5.55$$

$$[OH^-]=10^{-5.55}=2.82\times10^{-6}\,M$$

반응 화학량론에 따라 $[HC_8H_{10}N_4O_2^+]=[OH^-]$이며, 평형 상태에서 용액 속 수산화 이온의 양은 이온화된 카페인의 양과 같다. 따라서 평형 상태에서 카페인의 농도는 다음과 같다.

$$[C_8H_{10}N_4O_2]=(0.15-2.82\times10^{-6})\,M\approx0.15\,M$$

| | $C_8H_{10}N_4O_2(aq)$ + | $H_2O(l)$ ⇌ | $HC_8H_{10}N_4O_2^+(aq)$ + | $OH^-(aq)$ |
|---|---|---|---|---|
| 초기 농도(Initial concentration, $M$): | 0.15 | | 0 | 0 |
| 농도 변화량(Change in concentration, $M$): | $-2.82\times10^{-6}$ | | $+2.82\times10^{-6}$ | $+2.82\times10^{-9}$ |
| 평형 농도(Equilibrium concentration, $M$): | 0.15 | | $2.82\times10^{-6}$ | $2.82\times10^{-6}$ |

**풀이** 평형 농도를 평형식에 대입하면 다음과 같이 나타낼 수 있다.

$$K_b=\frac{[HC_8H_{10}N_4O_2^+][OH^-]}{[C_8H_{10}N_4O_2]}=\frac{(2.82\times10^{-6})^2}{0.15}=5.3\times10^{-11}$$

### 생각해 보기

계산된 $K_b$를 사용하여 0.15 $M$ 용액의 pH를 결정하여 답을 확인한다.

**유제 1** 25°C에서 0.35 $M$ 염기 용액의 pH가 1.84인 경우, 이 약염기의 $K_b$를 결정하시오.

**유제 2** 예제 16.14의 **유제 1**에 표시된 각 염기에 대한 $K_b$ 값을 결정하시오(유효 숫자 두 자리까지).

## 16.7절 복습

### 약염기와 염기 이온화 상수

**16.7.1** 25°C에서 어떤 약염기의 $K_b=9.5\times10^{-7}$일 때, 이 약염기 0.63 $M$ 용액의 pH는 얼마인가?

(a) 3.11
(b) 10.89
(c) 7.00
(d) 1.12
(e) 12.88

**16.7.2** 25°C에서 어떤 약염기 0.12 *M* 용액의 pH는 10.76이다. $K_b$를 결정하시오.

(a) $2.5\times10^{-21}$ (b) $8.3\times10^{8}$
(c) $4.0\times10^{-8}$ (d) $2.8\times10^{-6}$
(e) $1.0\times10^{-14}$

**16.7.3** 다음의 그림은 세 가지 다른 약염기의 용액을 보여 준다. $K_b$ 값이 증가하는 순서로 염기를 나열하시오.

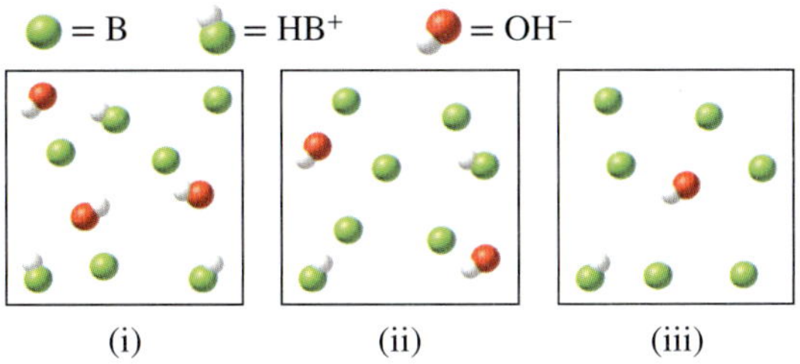


(a) i<ii<iii (b) i<iii<ii (c) ii<i<iii
(d) ii<iii<i (e) iii<ii<i

## 16.8 짝산–짝염기

이 장의 시작 부분에서 짝산과 짝염기의 개념을 도입했다. 이 절에서는 모체 화합물과는 독립적으로 짝산과 염기의 특성에 대하여 알아본다.

### 짝산 또는 짝염기의 세기

HCl과 같은 강산이 물에 녹을 때, 그것의 짝염기($Cl^-$)는 본질적으로 용액에서 $H^+$ 이온에 대하여 친화력이 없기 때문에 완전히 이온화된다.

$$HCl(aq) \longrightarrow H^+(aq) + Cl^-(aq)$$

염화 이온은 $H^+$ 이온에 대하여 친화성이 없으므로 물속에서 브뢴스테드 염기로 작용하지 않는다. 예를 들어, NaCl과 같은 염화 염을 물에 용해시키면 용액 속의 $Cl^-$ 이온은 물분자로부터 양성자를 받아들이지 않는다.

$$Cl^-(aq) + H_2O(l) \not\longrightarrow HCl(aq) + OH^-(aq)$$

> **참조**
> 실제로 HCl과 $OH^-$는 $Cl^-$와 $H_2O$가 반응하여 생성물로 만들어지지 않는다.

강산의 짝염기인 염화 이온은 **약한 짝염기**(weak conjugate base)의 예시이다.

이제 약산의 경우를 생각해 보자. HF가 물에 용해될 때, 짝염기 $F^-$가 $H^+$ 이온에 대해 강한 친화성을 가지기 때문에 이온화는 **제한된**(limited) 정도로만 발생하게 된다.

$$HF(aq) \rightleftharpoons H^+(aq) + F^-(aq)$$

위의 평형은 왼쪽에 치우쳐 있다($K_a = 7.1\times10^{-4}$). 플루오린화 이온은 $H^+$ 이온에 대하여

**참조**

짝염기와 물의 반응에서 생성물들 중 하나는 항상 이에 상응하는 약산이다.

강한 친화성을 가지고 있기 때문에, 물속에서 브뢴스테드 염기 역할을 한다. NaF와 같은 플루오린화 염을 물에 녹이면 용액 중의 $F^-$ 이온은 어느 정도는 물로부터 양성자를 받아들일 것이다.

$$F^-(aq) + H_2O(l) \rightleftharpoons HF(aq) + OH^-(aq)$$

이와 같은 약산의 짝염기인 플루오린화 이온은 **강한 짝염기**(strong conjugate base)의 예시이다.

반대로 강염기는 **약한 짝산**(weak conjugate acid)을 가지며, 약염기는 **강한 짝산**(strong conjugate acid)을 가진다. 예를 들어, $H_2O$는 강염기 $OH^-$의 약한 짝산이고, 암모늄 이온($NH_4^+$)은 약염기 암모니아($NH_3$)의 강한 짝산이다. 암모늄 염이 물에 용해되면, 암모늄 이온은 양성자를 물 분자에 제공한다.

**참조**

1A족 및 2A족 금속의 수산화물은 강염기로 분류된다. 그러나 수산화 이온 자체는 양성자를 받아들이므로 브뢴스테드 염기가 된다. 용해성 금속 수산화물은 단순히 수산화 이온의 공급원이다.

$$NH_4^+(aq) + H_2O(l) \rightleftharpoons NH_3(aq) + H_3O^+(aq)$$

일반적으로 산이나 염기의 세기와 그들에 대한 짝산과 짝염기 사이에는 상호 보완적인 관계가 있다.

| 산 | 예시 | 짝염기 | 화학식 |
|---|---|---|---|
| 강산 | $HNO_3$ | 약한 짝염기 | $NO_3^-$ |
| 약산 | HCN | 강한 짝염기 | $CN^-$ |

| 염기 | 예시 | 짝산 | 예시 |
|---|---|---|---|
| 강염기 | $OH^-$ | 약한 짝산 | $H_2O$ |
| 약염기 | $NH_3$ | 강한 짝산 | $NH_4^+$ |

**참조**

- 강한 짝산은 약한 브뢴스테드 산이다.
- 강한 짝염기는 약한 브뢴스테드 염기이다.

**'강한**(strong)'과 **'약한**(weak)'이라는 단어는 일반적으로 산과 염기에서의 의미와 짝산과 짝염기에서의 의미가 같지 않는다는 것을 인식하는 것이 중요하다. 강한 짝산 또는 짝염기는 물 분자로부터 양성자를 받아들이거나 물 분자에 양성자를 제공하면서, 작지만 측정 가능한 정도로 물과 반응한다. 실제로 강한 짝산은 물속에서 약한 브뢴스테드 산으로 작용한다. 강한 짝염기는 물속에서 약한 브뢴스테드 염기로 작용한다. **약한**(weak) 짝산과 짝염기는 측정 가능한 정도로 물과 반응하지 않는다.

## 짝산–짝염기의 $K_a$와 $K_b$의 관계

물에서 아주 조금의 양성자를 받아들이기 때문에 "강한 **짝염기**(conjugate base)"라고 부르는 것은, 실제로 **약한**(weak) 브뢴스테드 염기이다. 따라서 모든 강한 짝염기는 이온화 상수 $K_b$를 갖는다. 마찬가지로 강한 짝산은 약한 브뢴스테드 산으로 작용하기 때문에 이온화 상수 $K_a$를 갖는다.

약산의 이온화 상수($K_a$)와 이의 짝염기의 이온화 상수($K_b$) 사이의 간단한 관계는 아세트산을 예로 들면 다음과 같이 유도할 수 있다.

$$\underset{\text{산}}{CH_3COOH(aq)} \rightleftharpoons H^+(aq) + \underset{\text{짝염기}}{CH_3COO^-(aq)}$$

$$K_a = \frac{[H^+][CH_3COO^-]}{[CH_3COOH]}$$

짝염기 $CH_3COO^-$는 다음 반응식과 같이 물과 반응한다.

$$CH_3COO^-(aq) + H_2O(l) \rightleftharpoons CH_3COOH(aq) + OH^-(aq)$$

염기 이온화 평형식은 다음과 같다.

$$K_b = \frac{[CH_3COOH][H^-]}{[CH_3COO^-]}$$

어떤 화학 반응식이더라도 이 두 평형을 더하고 동일한 항을 제거할 수 있다.

$$\begin{array}{rcl} \cancel{CH_3COOH(aq)} & \rightleftharpoons & H^+(aq) + \cancel{CH_3COO^-(aq)} \\ + \ \cancel{CH_3COO^-(aq)} + H_2O(l) & \rightleftharpoons & \cancel{CH_3COOH(aq)} + OH^-(aq) \\ \hline H_2O(l) & \rightleftharpoons & H^+(aq) + OH^-(aq) \end{array}$$

그 합의 결과는 물의 자동 이온화이다. 실제로 이것은 모든 약산과 그것의 짝염기에 해당한다.

$$\begin{array}{rcl} \cancel{HA} & \rightleftharpoons & H^+ + \cancel{A^-} \\ + \ \cancel{A^-} + H_2O & \rightleftharpoons & \cancel{HA} + OH^- \\ \hline H_2O & \rightleftharpoons & H^+ + OH^- \end{array}$$

또는 약염기 및 그것의 짝산에 해당한다.

$$\begin{array}{rcl} \cancel{B} + H_2O & \rightleftharpoons & \cancel{HB^+} + OH^- \\ + \ \cancel{HB^+} + H_2O & \rightleftharpoons & \cancel{B} + H_3O^+ \\ \hline 2H_2O & \rightleftharpoons & H_3O^+ + OH^- \end{array}$$

2개의 평형을 더할 때 전체 반응에 대한 평형 상수는 개별 수식에 대한 평형 상수의 곱이다[|◀◀ 15.3절]. 따라서 어떠한 짝산–염기 쌍에 대해서도 다음과 같은 식이 성립한다.

$$K_a \times K_b = K_w \qquad \text{식 16.6}$$

식 16.6은 산의 세기와 그것의 짝염기의 세기(또는 염기의 세기와 그것의 짝산의 세기 사이)의 상호 관계에 대한 정량적 기초를 제공한다. $K_w$는 상수이기 때문에 $K_a$가 증가하면 $K_b$는 감소해야 하며, 그 반대도 마찬가지이다.

예제 16.16은 짝산 또는 짝염기에 대한 이온화 상수를 결정하는 방법을 보여 준다.

> **참조**
>
> 아세테이트 이온과 같은 짝염기는 아세테이트를 포함하는 가용성 염을 용해시킴으로써 용액으로 도입된다. 예를 들어, 아세트산 소듐은 아세테이트 이온을 공급하는 데 사용할 수 있다. 소듐 이온은 반응에 참여하지 않는다. 이는 구경꾼 이온이다[|◀◀ 9.2절].

> **참조**
>
> 하이드로늄 이온은 $H^+$ 또는 $H_3O^+$로 표현될 수 있음을 기억하자. 하이드로늄 이온이 사용되는 경우 반응식은 두 개의 물 분자로 시작해야 한다.

## 예제 16.16

(a) 아세테이트 이온($CH_3COO^-$)의 $K_b$, (b) 메틸암모늄 이온($CH_3NH_3^+$)의 $K_a$, (c) 플루오린화 이온($F^-$)의 $K_b$ 및 (d) 암모늄 이온($NH_4^+$)의 $K_a$를 결정하시오.

**전략** 나열된 각 화학종은 짝염기 또는 짝산 중 하나이다. 각각의 짝염기에 해당하는 원래의 산을 결정한다. 또한 짝산에 해당하는 원래의 염기를 결정한다. 이온화 상수에 대해서는 표 16.5 및 표 16.6을 참조한다. 표로 만들어진 이온화 상수와 식 16.6을 사용하여 각각의 표시된 $K$ 값을 계산한다.

**계획** (a) 아세테이트 이온이 짝염기임을 나타내는 $K_b$ 값이 필요하다. 해당 브뢴스테드 산을 확인하기 위해 화학식에 양성자를 넣으면 $CH_3COOH$(아세트산)가 된다. 아세트산의 $K_a$(표 16.5)는 $1.8 \times 10^{-5}$이다.

(b) 메틸암모늄 이온이 짝산인 것을 나타내는 $K_a$ 값이 필요하다. 화학식에서 양성자를 제거하면 해당 브뢴스테드 염기인 $CH_3NH_2$(메틸아민)가 된다. 메틸아민의 $K_b$(표 16.6)는 $4.4 \times 10^{-4}$이다.

(c) $F^-$는 HF의 짝염기이고, $K_a = 7.1 \times 10^{-4}$이다.

(d) $NH_4^+$는 $NH_3$의 짝산이고, $K_b = 1.8 \times 10^{-5}$이다. $K_a$와 $K_b$에 대해 개별적으로 식 16.6을 풀면, 다음과 같다.

$$K_a = \frac{K_w}{K_b} \quad \text{그리고} \quad K_b = \frac{K_w}{K_a}$$

**풀이**

(a) 짝염기 $CH_3COO^-$: $K_b = \frac{1.0 \times 10^{-14}}{1.8 \times 10^{-5}} = 5.6 \times 10^{-10}$

(b) 짝산 $CH_3NH_3^+$: $K_a = \frac{1.0 \times 10^{-14}}{4.4 \times 10^{-4}} = 2.3 \times 10^{-11}$

(c) 짝염기 $F^-$: $K_b = \frac{1.0 \times 10^{-14}}{7.1 \times 10^{-4}} = 1.4 \times 10^{-11}$

(d) 짝산 $NH_4^+$: $K_a = \frac{1.0 \times 10^{-14}}{1.8 \times 10^{-5}} = 5.6 \times 10^{-10}$

### 생각해 보기

약산과 약염기로부터 만들어지는 짝산과 짝염기는 이온화 상수를 갖기 때문에, 이들 이온을 포함한 염은 용액의 pH에 영향을 미친다. 16.10절에서는 용해된 염을 포함한 용액의 pH를 계산하기 위해 짝산과 짝염기의 이온화 상수를 사용할 것이다.

**유제 1** (a) 짝산 $HB^+$의 $K_a = 8.9 \times 10^{-4}$인 약염기 B의 $K_b$와 (b) 짝염기의 $K_b = 2.1 \times 10^{-8}$인 약산 HA의 $K_a$를 결정하시오.

**유제 2** (i)~(iii)은 약산 용액에 대한 그림이다. 각 약산에 해당하는 짝염기의 용액을 다음 그림 (iv)~(vi)에서 찾으시오. (물 분자와 수산화 이온은 표시되지 않았다.)

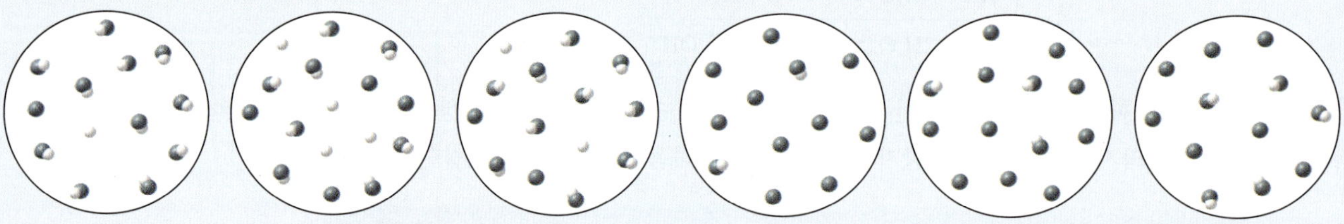

(i) (ii) (iii) (iv) (v) (vi)

## 16.8절 복습

### 짝산–짝염기

**16.8.1** 사이안화 이온($CN^-$)의 $K_b$를 계산하시오.

(a) $4.9 \times 10^{-10}$ (b) $2.0 \times 10^{-5}$ (c) $4.9 \times 10^{-24}$
(d) $1.0 \times 10^{-7}$ (e) $2.2 \times 10^{-5}$

**16.8.2** 다음 음이온들 중 가장 강한 염기는 무엇인가? (표 16.5 참조)

(a) 사이안화 이온($CN^-$) (b) 벤조산 이온($C_6H_5COO^-$)
(c) 아질산 이온($NO_2^-$) (d) 페놀 이온($C_6H_5O^-$)
(e) 폼산 이온($HCOO^-$)

**16.8.3** 다음 그림은 화학식 HX, HY 그리고 HZ가 있는 3개의 다른 약산 용액을 나타낸다. $K_b$ 값이 증가하는 순서로 $X^-$, $Y^-$, $Z^-$ 음이온을 나열하시오.

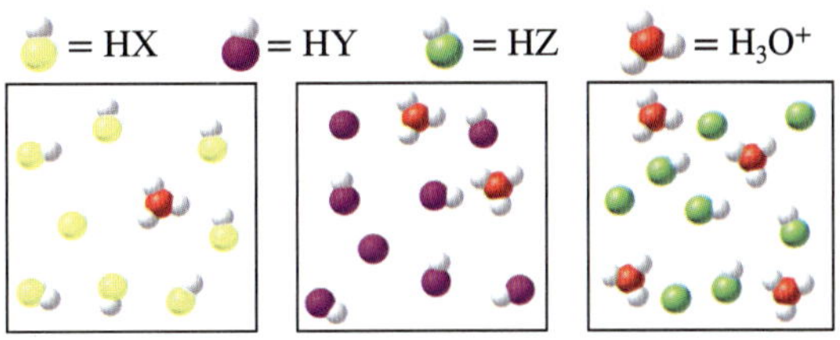


(a) $Z^- < Y^- < X^-$ (b) $Y^- < Z^- < X^-$ (c) $Z^- < X^- < Y^-$
(d) $X^- < Y^- < Z^-$ (e) $X^- < Z^- < Y^-$

# 16.9 이양성자산과 다양성자산

이양성자산 및 다양성자산은 한 번에 하나의 양성자를 잃는 연속적인 이온화를 하는데 [|◀◀ 9.3절], 각 이온화 과정에는 $K_a$가 연관되어 있다. 이양성자산의 이온화 상수는 $K_{a_1}$ 및

**표 16.7** 25°C에서 여러 이양성자산 및 다양성자산의 이온화 상수

| 산의 이름 | 화학식 | 구조 | $K_{a_1}$ | $K_{a_2}$ | $K_{a_3}$ |
|---|---|---|---|---|---|
| 황산 | $H_2SO_4$ | 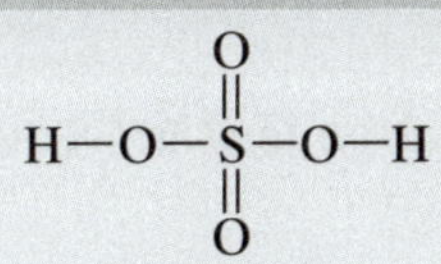 | 매우 크다. | $1.3 \times 10^{-2}$ | |
| 옥살산 | $H_2C_2O_4$ | 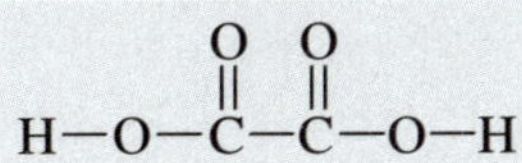 | $6.5 \times 10^{-2}$ | $6.1 \times 10^{-5}$ | |
| 아황산 | $H_2SO_3$ | 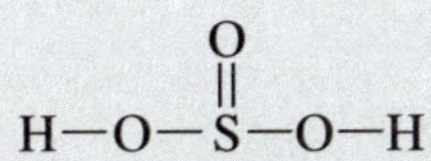 | $1.3 \times 10^{-2}$ | $6.3 \times 10^{-8}$ | |
| 아스코르브르산 (비타민 C) | $H_2C_6H_6O_6$ | 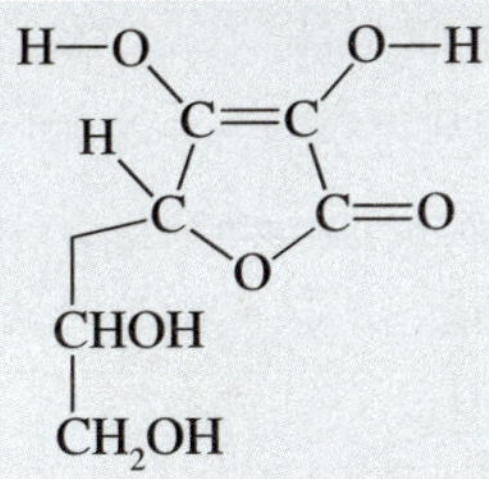 | $8.0 \times 10^{-5}$ | $1.6 \times 10^{-12}$ | |
| 탄산 | $H_2CO_3$ | 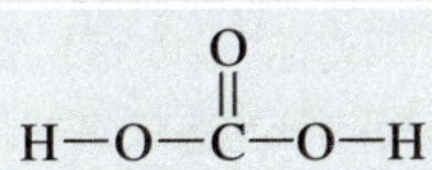 | $4.2 \times 10^{-7}$ | $4.8 \times 10^{-11}$ | |
| 황화 수소산* | $H_2S$ | H−S−H | $9.5 \times 10^{-8}$ | $1 \times 10^{-19}$ | |
| 인산 | $H_3PO_4$ | 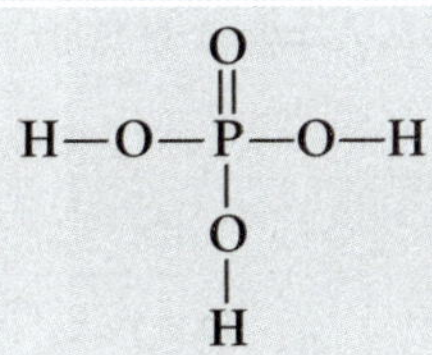 | $7.5 \times 10^{-3}$ | $6.2 \times 10^{-8}$ | $4.8 \times 10^{-13}$ |

* $H_2S$의 2차 이온화 상수는 매우 작으며 측정하기 어렵다. 이 표의 값은 추정치이다.

$K_{a_2}$로 명명된다. 삼양성자산은 $K_{a_1}$, $K_{a_2}$ 및 $K_{a_3}$를 갖는다. 각각의 이온화에 대해 별도의 평형식을 작성하고, 평형 상태에서 용액 속에 들어 있는 화학종의 농도를 계산하기 위해 두 개 이상의 평형식이 필요할 수 있다. 예를 들어, 탄산($H_2CO_3$)의 경우를 생각해 보자.

$$H_2CO_3(aq) \rightleftharpoons H^+(aq) + HCO_3^-(aq) \qquad K_{a_1} = \frac{[H^+][HCO_3^-]}{[H_2CO_3]}$$

$$HCO_3^-(aq) \rightleftharpoons H^+(aq) + CO_3^{2-}(aq) \qquad K_{a_1} = \frac{[H^+][CO_3^{2-}]}{[HCO_3^-]}$$

1차 이온화 과정에서의 짝염기는 2차 이온화 과정에서는 산이 된다. 표 16.7은 몇 가지 이양성자산과 다양성자산의 이온화 상수를 보여 준다. 주어진 산에 대하여 1차 이온화 상수는 2차 이온화 상수보다 훨씬 더 크다. 중성 화학종에서 양성자를 제거하는 것이 음전하를 띠는 화학종으로부터 양성자를 제거하는 것보다 더 쉽기 때문에 이러한 경향은 타당한 내용이다.

예제 16.17은 이양성자산의 수용액에 대하여 용액 속에 존재하는 모든 화학종의 평형 농도를 계산하는 방법을 보여 준다.

## 예제 16.17

옥살산($H_2C_2O_4$)은 주로 표백제로 사용되는 유독 물질이다. 25°C에서 0.10 *M* 용액에서 평형 상태에 있는 모든 화학종의 농도를 계산하시오.

**전략** 일양성자산에 대한 평형 농도의 결정과 마찬가지로 각 이온화에 대해 동일한 절차를 따른다. 1차 이온화로부터 생성된 짝염기는 2차 이온화를 위한 산이 되고, 이 화학종의 초기 농도는 1차 이온화로부터 얻어진 평형 농도이다.

**계획** 이온화 반응 및 이에 상응하는 이온화 상수는 다음과 같다.

$$H_2C_2O_4(aq) \rightleftharpoons H^+(aq) + HC_2O_4^-(aq) \qquad K_{a_1} = 6.5 \times 10^{-2}$$

$$HC_2O_4^-(aq) \rightleftharpoons H^+(aq) + C_2O_4^{2-}(aq) \qquad K_{a_2} = 6.1 \times 10^{-5}$$

1차 이온화 반응에서 미지수로 $x$를 사용하고, 2차 이온화 반응에서 미지수로 $y$를 사용하여 각 이온화 반응에 대한 평형표를 만든다.

| | $H_2C_2O_4(aq)$ | $\rightleftharpoons H^+(aq)$ | $+ HC_2O_4^-(aq)$ |
|---|---|---|---|
| 초기 농도(Initial concentration, *M*): | 0.10 | 0 | 0 |
| 농도 변화량(Change in concentration, *M*): | $-x$ | $+x$ | $+x$ |
| 평형 농도(Equilibrium concentration, *M*): | $0.10-x$ | $x$ | $x$ |

1차 이온화 반응 후 옥살산수소 이온($HC_2O_4^-$)의 평형 농도는 2차 이온화 반응의 초기 농도가 된다. 또한, $H^+$의 평형 농도는 2차 이온화 반응의 초기 농도이다.

| | $HC_2O_4^-(aq)$ | $\rightleftharpoons H^+(aq)$ | $+ C_2O_4^{2-}(aq)$ |
|---|---|---|---|
| 초기 농도(Initial concentration, *M*): | $x$ | $x$ | 0 |
| 농도 변화량(Change in concentration, *M*): | $-y$ | $+y$ | $+y$ |
| 평형 농도(Equilibrium concentration, *M*): | $x-y$ | $x+y$ | $y$ |

**풀이**

$$K_{a_1}=\frac{[H^+][HC_2O_4^-]}{[H_2C_2O_4]}$$

$$6.5\times10^{-2}\approx\frac{x^2}{0.10-x}$$

근사법을 적용하여 $x$를 식의 분모 부분에서 무시하면, 다음과 같다.

$$6.5\times10^{-2}\approx\frac{x^2}{0.10}$$

$$x^2=6.5\times10^{-3}$$

$$x=8.1\times10^{-2}\,M$$

근사법을 다음과 같이 테스트한다.

$$\frac{8.1\times10^{-2}\,M}{0.10\,M}\times100\%=81\%$$

위의 결과에 의하면 분명히 여기서 사용한 근사법은 유효하지 않으므로, 다음의 이차 방정식을 풀어야 한다.

$$x^2+6.5\times10^{-2}x-6.5\times10^{-3}=0$$

얻어진 결과는 $x=0.054\,M$이다. 따라서 1차 이온화 후 용액 속의 화학종들의 농도는 다음과 같다.

$$[H^+]=0.054\,M$$

$$[HC_2O_4^-]=0.054\,M$$

$$[H_2C_2O_4]=(0.10-0.054)\,M=0.046\,M$$

계산된 $x$의 값을 사용하여 2차 이온화에 대한 평형표를 다시 작성하면 다음과 같다.

| | $HC_2O_4^-(aq)$ ⇌ | $H^+(aq)$ + | $C_2O_4^{2-}(aq)$ |
|---|---|---|---|
| 초기 농도(Initial concentration, $M$): | 0.054 | 0.054 | 0 |
| 농도 변화량(Change in concentration, $M$): | $-y$ | $+y$ | $+y$ |
| 평형 농도(Equilibrium concentration, $M$): | $0.054-y$ | $0.054+y$ | $y$ |

$$K_{a_2}=\frac{[H^+][C_2O_4^{2-}]}{[HC_2O_4^-]}$$

$$6.1\times10^{-5}\approx\frac{(0.054+y)(y)}{0.054-y}$$

$y$ 값이 매우 작다고 가정하고 $0.054+y\approx0.054$ 및 $0.054-y\approx0.054$ 식에 근사법을 적용하면, 다음과 같다.

$$\frac{(0.054)(y)}{0.054}=y=6.1\times10^{-5}$$

근사법이 유효한지 알아보기 위해 다음과 같이 테스트해야 한다.

$$\frac{6.1\times10^{-5}\,M}{0.054\,M}\times100\%=0.11\%$$

이번에는 이온화 상수가 훨씬 작기 때문에 근사법이 유효하다. 평형 상태에서 모든 화학종의 농도는 다음과 같다.

$$[H_2C_2O_4]=0.046\,M$$

$$[HC_2O_4^-]=(0.054-6.1\times10^{-5})\,M=0.054\,M$$

$$[H^+]=(0.054+6.1\times10^{-5})\,M=0.054\,M$$

$$[C_2O_4^{2-}]=6.1\times10^{-5}\,M$$

### 생각해 보기

2차 이온화는 $H^+$ 농도에 크게 기여하지 않았다. 그러므로 1차 이온화만을 고려하여 이 용액의 pH를 결정할 수 있다. $K_{a_1}$이 적어도 $1000 \times K_{a_2}$인 다양성자산에 대해서는 일반적으로 적용되는 것이 사실이다. [옥살산 이온($C_2O_4^{2-}$)의 농도를 결정하기 위해서는 2차 이온화를 고려해야 한다.]

**유제 1** 25°C에서 0.14 *M* 황산 용액 속에 존재하는 $H_2SO_4$, $HSO_4^-$, $SO_4^{2-}$ 및 $H^+$ 이온의 농도를 계산하시오.

**유제 2** 다음 중 다양성자산의 수용액을 나타낼 수 있는 그림은 어느 것인가? 어느 것이 다염기성 염기를 나타낼 수 있는가? (물 분자는 표시되지 않았다.)

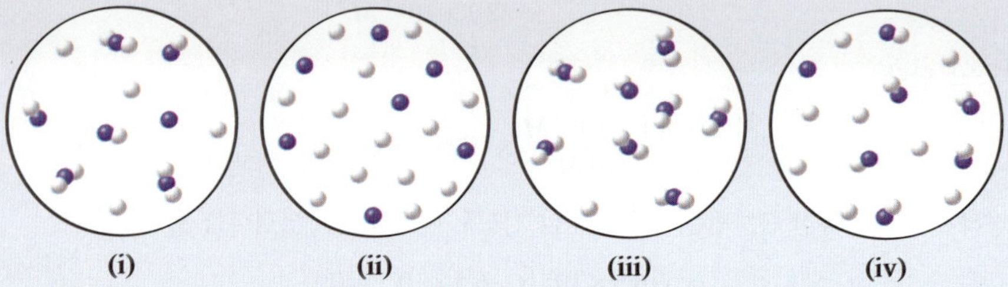


## 16.9절 복습

**이양성자산과 다양성자산**

**16.9.1** 25°C에서 0.050 *M* 탄산 용액 속에 들어 있는 $CO_3^{2-}$의 평형 농도를 계산하시오.

(a) $4.2 \times 10^{-7}$ *M*
(b) $4.8 \times 10^{-11}$ *M*
(c) $1.5 \times 10^{-4}$ *M*
(d) 0.050 *M*
(e) 0.049 *M*

**16.9.2** 25°C에서 0.40 *M* 인산 용액의 pH는 얼마인가?

(a) 5.48
(b) 1.26
(c) 1.29
(d) 12.74
(e) 0.80

**16.9.3** 아스코르브산 용액($H_2C_6H_6O_6$) 속에 존재하는 분자 및 이온들의 화학종을 농도가 증가하는 순서로 나열하시오.

(a) $[H_2C_6H_6O_6] < [HC_6H_6O_6^-] < [C_6H_6O_6^{2-}] = [H_3O^+]$
(b) $[H_2C_6H_6O_6] < [HC_6H_6O_6^-] < [C_6H_6O_6^{2-}] < [H_3O^+]$
(c) $[C_6H_6O_6^{2-}] < [HC_6H_6O_6^-] = [H_3O^+] < [H_2C_6H_6O_6]$
(d) $[H_3O^+] = [H_2C_6H_6O_6] < [HC_6H_6O_6^-] < [C_6H_6O_6^{2-}]$
(e) $[C_6H_6O_6^{2-}] = [H_3O^+] < [HC_6H_6O_6^-] < [H_2C_6H_6O_6]$

# 16.10 염 수용액의 산–염기 성질

16.8절에서 약산의 짝염기가 약한 브뢴스테드 염기로 작용한다는 것을 배웠다. 플루오린화 소듐(NaF)의 염 용액을 생각해 보자. NaF는 강한 전해질이기 때문에 물에서 완전히 해리되어 소듐 양이온($Na^+$)과 플루오린화 음이온($F^-$)을 포함한 용액이 된다. 플루오린화 수소산의 짝염기인 플루오린화 이온은 물과 반응하여 플루오린화 수소산과 수산화 이온을 생성한다.

> **참조**
> 염은 산과 염기 사이의 반응에 의해 형성된 이온 결합 화합물이라는 것을 기억하자[◀◀ 9.3절]. 염은 이온으로 완전히 해리되는 강한 전해질이다.

$$F^-(aq) + H_2O(l) \rightleftharpoons HF(aq) + OH^-(aq)$$

이것은 **염의 가수 분해**(salt hydrolysis)의 특정한 예로서, 염의 해리에 의해 생성된 이온이 물과 반응하여 수산화 이온 또는 하이드로늄 이온을 생성하고, 이것은 pH에 영향을 준다. 용해된 염의 이온이 물과 어떻게 상호 작용하는지에 대한 지식을 사용하여 용액이 중성, 염기성 또는 산성인지 결정할 수 있다(용해된 염의 정체를 기초로). 앞의 예에서 소듐 이온($Na^+$)은 가수 분해되지 않으므로 용액의 pH에 영향을 주지 않는다.

## 염기성 염 용액

플루오린화 소듐은 용해되어 염기성 용액을 만드는 염이다. 일반적으로 약산의 짝염기인 음이온은 물과 반응하여 수산화 이온을 생성한다. 다른 예로는 아세테이트 이온($CH_3COO^-$), 아질산 이온($NO_2^-$), 아황산 이온($SO_3^{2-}$) 및 탄산수소 이온($HCO_3^-$)이 있다. 이들 각각의 음이온은 가수 분해되어 이에 상응하는 약산 및 수산화 이온을 생성한다.

> **참조**
> $HCO_3^-$는 이온화할 수 있는 양성자를 가지고 있기 때문에 또한 브뢴스테드 산으로 작용할 수 있다. 그러나 양성자를 받아들이는 경향은 양성자를 주려는 경향보다 강하다.
> $$HCO_3^- + H_2O \rightleftharpoons H_2CO_3 + OH^- \quad K_b \approx 10^{-8}$$
> $$HCO_3^- + H_2O \rightleftharpoons CO_3^{2-} + H_3O^+ \quad K_a \approx 10^{-11}$$

$$A^-(aq) + H_2O(l) \rightleftharpoons HA(aq) + OH^-(aq)$$

그러므로 약산의 짝염기인 음이온을 포함한 염이 용해된 용액은 염기성이 될 것이라는 질적 예측을 할 수 있다. 음이온의 $K_b$ 값을 사용하여 약염기 용액의 pH를 계산하는 것과 같은 방법으로 염기성 염 용액의 pH를 계산한다. 필요한 $K_b$ 값은 해당 약산의 $K_a$ 값을 사용하여 계산한다(표 16.5 참조).

> **참조**
> 모든 짝산–염기 쌍(식 16.8)에 대해 다음을 기억하시오.
> $$K_a \times K_b = K_w$$

예제 16.18에서는 염기성 염 용액의 pH를 계산하는 방법을 보여 준다.

### 예제 16.18

25°C에서 0.10 *M* 하이포아염소산 소듐(NaOCl) 용액의 pH를 계산하시오.

**전략** NaOCl 용액은 $Na^+$ 이온과 $OCl^-$ 이온을 포함한다. $OCl^-$ 이온은 약산인 HOCl의 짝염기이다. HOCl에 대한 $K_a$ 값(부록 3의 $3.5 \times 10^{-8}$)과 식 16.6을 사용하여 $OCl^-$에 대한 $K_b$를 결정한다.

$$K_b = \frac{K_w}{K_a} = \frac{1.0 \times 10^{-14}}{3.5 \times 10^{-8}} = 2.9 \times 10^{-7}$$

그 다음 평형표를 사용하여 평형 문제처럼 pH 문제를 해결한다.

**계획** 평형식과 반응에 해당하는 반응식을 쓰는 것은 항상 좋은 생각이다.

$$OCl^-(aq)+H_2O(l) \rightleftharpoons HOCl(aq)+OH^-(aq) \qquad K_b=\frac{[HOCl][OH^-]}{[OCl^-]}$$

평형표를 만들고, 미지수 $x$를 사용해서 평형 상태의 화학종의 평형 농도를 결정한다.

| | $OCl^-(aq)$ + | $H_2O(l)$ | $\rightleftharpoons$ $HOCl(aq)$ + | $OH^-(aq)$ |
|---|---|---|---|---|
| 초기 농도(Initial concentration, $M$): | 0.10 | | 0 | 0 |
| 농도 변화량(Change in concentration, $M$): | $-x$ | | $+x$ | $+x$ |
| 평형 농도(Equilibrium concentration, $M$): | $0.10-x$ | | $x$ | $x$ |

**풀이** 평형 농도를 평형식에 대입하고, $x$를 풀기 위해 근사법을 사용하면, 다음과 같다.

$$2.9\times10^{-7}=\frac{x^2}{0.10-x}\approx\frac{x^2}{0.10}$$

$$x=\sqrt{(2.9\times10^{-7})(0.10)}=1.7\times10^{-4}\,M$$

평형표에 따르면 $x=[OH^-]$이다. 그러므로 먼저 pOH를 다음과 같이 계산한다.

$$pOH=-\log(1.7\times10^{-4})=3.77$$

그 다음, pH는 다음과 같이 계산할 수 있다.

$$pH=14.00-pOH=14.00-3.77=10.23$$

25°C에서 0.10 $M$ NaOCl 용액의 pH는 10.23이다.

**생각해 보기**

이런 종류의 문제에서는 pH와 pOH를 혼동하기 쉽다. 먼저 염 용액의 pH와 관련하여 질적인 예측을 하고, 계산된 pH가 예측한 값과 일치하는지 확인한다. 이 경우, 염의 음이온($OCl^-$)이 약산(HOCl)의 짝염기이기 때문에 염기성의 pH를 예측할 수 있다. 계산된 pH 10.23은 실제로 염기성이다.

**유제 1** 25°C에서 pH가 8.51인 플루오린화 소듐(NaF) 용액의 농도를 결정하시오.

**유제 2** 다음 그림[(i)~(iv)] 중 어느 것이 0.10 $M$ 염기성 염 용액의 pH와 염으로부터 만들어진 산의 $K_a$ 사이의 관계를 가장 잘 나타내는가?

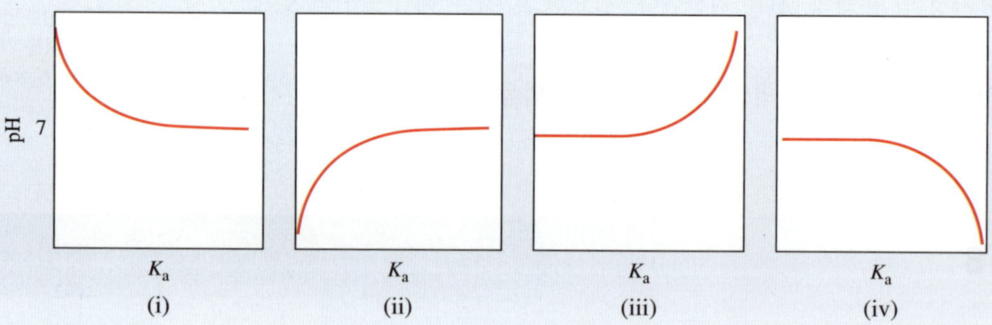


## 산성 염 용액

염의 양이온이 약염기의 짝산인 경우, 염 용액은 산성이 될 것이다. 예를 들어, 염화 암모늄이 물에 용해되면 해리되어 암모늄 이온과 염화 이온을 포함한 용액이 된다.

$$NH_4Cl(s) \xrightarrow{H_2O} NH_4^+(aq)+Cl^-(aq)$$

암모늄 이온은 약염기인 암모니아($NH_3$)의 짝산이다. 그것은 약한 브뢴스테드 산으로써 물과 반응하여 하이드로늄 이온을 생성한다.

$$NH_4^+(aq) + H_2O(l) \rightleftharpoons NH_3(aq) + H_3O^+(aq)$$

따라서 암모늄 이온을 포함한 용액이 산성임을 예측할 수 있다. pH를 계산하기 위해서는 $NH_3$에 대한 $K_b$ 값과 식 16.6을 사용하여 $NH_4^+$에 대한 $K_a$를 결정해야 한다. $Cl^-$는 강산 HCl의 약한 짝염기이기 때문에 $Cl^-$는 가수 분해하지 않고 용액의 pH에는 영향을 주지 않는다.

예제 16.19는 산성 염 용액의 pH를 계산하는 방법을 보여 준다.

## 예제 16.19

25°C에서 0.10 *M* 염화 암모늄($NH_4Cl$) 용액의 pH를 계산하시오.

**전략** $NH_4Cl$의 용액은 $NH_4^+$ 양이온과 $Cl^-$ 음이온을 포함한다. $NH_4^+$ 이온은 약염기 $NH_3$의 짝산이다. $NH_3$에 대한 $K_b$ 값(표 16.6의 $1.8 \times 10^{-5}$)과 식 16.6을 사용하여 $NH_4^+$에 대한 $K_a$를 결정한다.

$$K_a = \frac{K_w}{K_b} = \frac{1.0 \times 10^{-14}}{1.8 \times 10^{-5}} = 5.6 \times 10^{-10}$$

**계획** 다시, 균형 잡힌 화학 반응식과 평형식을 쓴다.

$$NH_4^+(aq) + H_2O(l) \rightleftharpoons NH_3(aq) + H_3O^+(aq) \qquad K_a = \frac{[NH_3][H_3O^+]}{[NH_4^+]}$$

다음으로, 평형식에서 화학종의 평형 농도를 결정하기 위한 표를 만든다.

| | $NH_4^+(aq)$ | + $H_2O(l)$ ⇌ | $NH_3(aq)$ | + $H_3O^+(aq)$ |
|---|---|---|---|---|
| 초기 농도(Initial concentration, *M*): | 0.10 | | 0 | 0 |
| 농도 변화량(Change in concentration, *M*): | $-x$ | | $+x$ | $+x$ |
| 평형 농도(Equilibrium concentration, *M*): | $0.10-x$ | | $x$ | $x$ |

**풀이** 평형 농도를 평형식에 대입하고 $x$를 풀기 위해 근사법을 사용하면, 다음과 같다.

$$5.6 \times 10^{-10} = \frac{x^2}{0.10-x} \approx \frac{x^2}{0.10}$$

$$x = \sqrt{(5.6 \times 10^{-10})(0.10)} = 7.5 \times 10^{-6}\ M$$

평형표에 따르면 $x = [H_3O^+]$이다. pH는 다음과 같이 계산할 수 있다.

$$pH = -\log(7.5 \times 10^{-6}) = 5.12$$

25°C에서 0.10 *M* 염화 암모늄 용액의 pH는 5.12이다.

### 생각해 보기

이 경우 염의 양이온($NH_4^+$)이 약염기($NH_3$)의 짝산이므로 산성의 pH를 예측할 수 있다. 계산된 pH는 산성을 나타낸다.

**유제 1** 25°C에서 pH 5.37인 염화 암모늄($NH_4Cl$) 용액의 농도를 결정하시오.

**유제 2** 다음 그림[(i)~(iv)] 중 어느 것이 0.10 *M* 산성 염 용액의 pH와 이 염으로부터 생성되는 염기의 $K_b$ 사이의 관계를 가장 잘 나타내는가?

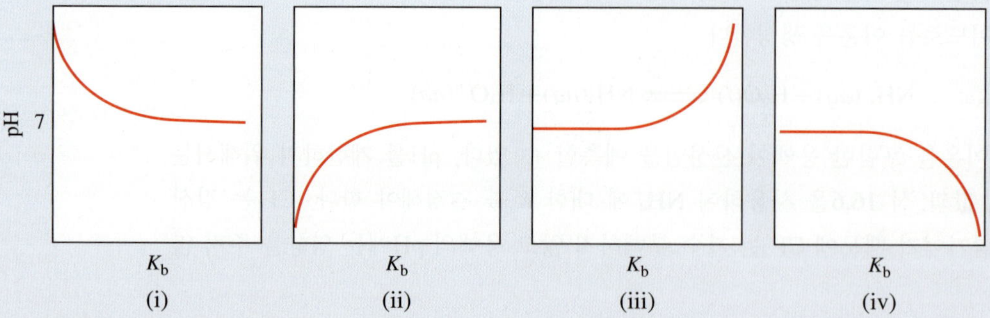


용해된 염의 금속 이온은 또한 물과 반응하여 산성 용액을 생성할 수 있다. 가수 분해의 정도는 $Al^{3+}$, $Cr^{3+}$, $Fe^{3+}$, $Bi^{3+}$, $Be^{2+}$와 같이 작고 높은 전하를 띤 금속 양이온에서 가장 크다. 예를 들어, 염화 알루미늄이 물에 용해되면, 각 $Al^{3+}$ 이온은 6개의 물 분자와 결합하게 된다(그림 16.5).

$Al(H_2O)_6^{3+}$에서 6개의 물 분자 중 하나의 금속 이온과 산소 원자 사이에 형성되는 결합 중 하나를 생각해 보자.

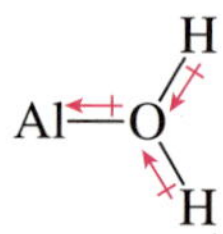


전하를 띠고 있는 $Al^{3+}$ 이온은 전자 밀도를 자신 쪽으로 끌어당겨 O−H 결합의 극성을 증가시킨다. 결과적으로 이러한 상황의 H 원자는 $Al^{3+}$ 이온과 관련 없는 물 분자에 있는 수소보다 이온화하려는 경향이 더 크다. 결과적인 이온화 과정은 다음과 같이 쓸 수 있다.

$$Al(H_2O)_6^{3+}(aq) + H_2O(l) \rightleftharpoons Al(OH)(H_2O)_5^{2+}(aq) + H_3O^+(aq)$$

또는

$$Al(H_2O)_6^{3+}(aq) \rightleftharpoons Al(OH)(H_2O)_5^{2+}(aq) + H^+(aq)$$

금속 양이온의 가수 분해에 대한 평형 상수는 다음과 같이 구할 수 있다.

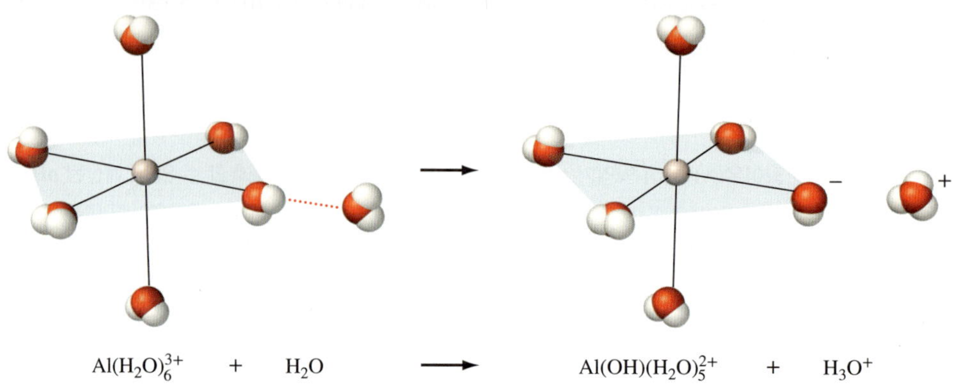


**그림 16.5** 6개의 $H_2O$ 분자는 팔면체 배열로 $Al^{3+}$ 이온을 둘러싸고 있다. 작은 크기의 $Al^{3+}$ 이온은 산소 원자의 고립 전자쌍에 대한 매우 큰 인력을 가지기 때문에 금속 양이온에 붙어 있는 $H_2O$ 분자의 O−H 결합이 약해지고, 들어오는 또 다른 $H_2O$ 분자에 의해 양성자($H^+$)가 떨어져 나갈 수 있다. 금속 양이온의 이러한 가수 분해는 용액을 산성으로 만든다.

$$K_a = \frac{[Al(OH)(H_2O)_5^{2+}][H^+]}{[Al(H_2O)_6^{3+}]} = 1.3 \times 10^{-5}$$

위 반응식에서 생성물인 $Al(OH)(H_2O)_5^{2+}$는 한 번 더 이온화가 될 수 있다.

$$Al(OH)(H_2O)_5^{2+}(aq) \rightleftharpoons Al(OH)_2(H_2O)_4^{+}(aq) + H^+(aq)$$

그러나 금속 이온을 포함한 용액의 pH를 결정할 때는 가수 분해의 1차 이온화 과정만 고려하면 일반적으로 충분하다.

## 중성 염 용액

가수 분해의 정도는 크기가 가장 작고, 가장 큰 전하를 띤 금속 이온에 대해 가장 크다. 왜냐하면 작고 큰 전하를 띠는 이온은 O−H 결합을 분극화시키고, 이온화를 촉진하는 데 더 효과적이기 때문이다. 이것이 1A 및 2A족 금속 양이온(강염기의 양이온)을 포함하여 비교적 낮은 전하를 가지고, 크기가 비교적 큰 이온이 중요한 가수 분해($Be^{2+}$는 예외임) 반응을 하지 않는 이유이다. 따라서 1A 및 2A족 대부분의 금속 양이온은 용액의 pH에 영향을 미치지 않는다.

**참조**

강염기의 금속 양이온은 알칼리 금속($Li^+$, $Na^+$, $K^+$, $Rb^+$, $Cs^+$) 및 무거운 알칼리 토금속($Sr^{2+}$, $Ba^{2+}$)의 금속 양이온이다.

이와 유사하게 강산의 짝염기인 음이온은 거의 가수 분해되지 않는다. 결과적으로 강염기의 양이온과 강산의 음이온으로 구성된 NaCl과 같은 염은 중성 용액을 생성한다.

요약하면, 염 용액의 pH는 용액 중의 이온을 확인하고, 이들 중 어느 이온이 중요한 가수 분해 반응을 일으키는지 결정함으로써 질적으로 예측할 수 있다.

| | 예시 |
|---|---|
| 용액을 산성으로 만드는 양이온 | |
| • 약염기의 짝산 | $NH_4^+$, $CH_3NH_3^+$, $C_2H_5NH_3^+$ |
| • 크기가 작고 큰 전하를 가지는 금속 이온 (1A족 또는 2A족 이외의 것) | $Al^{3+}$, $Cr^{3+}$, $Fe^{3+}$, $Bi^{3+}$ |
| 용액을 염기성으로 만드는 음이온 | |
| • 약산의 짝염기 | $CN^-$, $NO_2^-$, $CH_3COO^-$ |
| 용액의 pH에 영향을 미치지 않는 양이온 | |
| • 1A족 또는 2A족 양이온($Be^{2+}$ 제외) | $Li^+$, $Na^+$, $Ba^{2+}$ |
| 용액의 pH에 영향을 미치지 않는 음이온 | |
| • 강산의 짝염기 | $Cl^-$, $NO_3^-$, $ClO_4^-$ |

예제 16.20에서는 염 용액의 pH를 예측하는 연습을 할 수 있다.

## 예제 16.20

다음의 염으로 만든 0.10 *M* 용액이 염기성인지, 산성인지 또는 중성인지 예측하시오.

(a) LiI (b) $NH_4NO_3$ (c) $Sr(NO_3)_2$ (d) $KNO_2$ (e) NaCN

**전략** 각 용액에 존재하는 이온을 확인하고, 용액의 pH에 영향을 줄 수 있는 이온을 결정한다.

**계획**

(a) 용액 속의 이온: $Li^+$와 $I^-$. $Li^+$는 1A족 양이온이다; $I^-$는 강산 HI의 짝염기이다. 따라서 이온은 중요한 정도로 가수 분해되지 않

는다.

(b) 용액 속의 이온: $NH_4^+$와 $NO_3^-$. $NH_4^+$는 약염기 $NH_3$의 짝산이다; $NO_3^-$는 강산 $HNO_3$의 짝염기이다. 이 경우 양이온이 가수 분해되어 pH가 산성이 된다.

$$NH_4^+(aq) + H_2O(l) \rightleftharpoons NH_3(aq) + H_3O^+(aq)$$

(c) 용액 속의 이온: $Sr^{2+}$와 $NO_3^-$. $Sr^{2+}$는 무거운 2A족 양이온이다; $NO_3^-$는 강산 $HNO_3$의 짝염기이다. 어느 이온도 중요한 정도로 가수 분해되지 않는다.

(d) 용액 속의 이온: $K^+$와 $NO_2^-$. $K^+$는 1A족 양이온이다; $NO_2^-$는 약산 $HNO_2$의 짝염기이다. 이 경우 음이온이 가수 분해되어 pH가 염기성이 된다.

$$NO_2^-(aq) + H_2O(l) \rightleftharpoons HNO_2(aq) + OH^-(aq)$$

(e) 용액 속의 이온: $Na^+$와 $CN^-$. $Na^+$는 1A족 양이온이다; $CN^-$는 약산 HCN의 짝염기이다. 이 경우에도 음이온이 가수 분해되어 pH가 염기성이 된다.

$$CN^-(aq) + H_2O(l) \rightleftharpoons HCN(aq) + OH^-(aq)$$

**풀이** (a) 중성 (b) 산성 (c) 중성 (d) 염기성 (e) 염기성

### 생각해 보기

용액에서 이온을 정확하게 구분할 수 있어야 한다. 필요하다면 일반적인 다원자 이온의 화학식과 전하를 재검토한다[◀◀ 5.7절, 표 5.10].

**유제 1** 예제 16.20에 주어진 염 이외에, 물에 용해했을 때 다음 용액을 만드는 두 가지 염을 쓰시오.

(a) 산성 용액 (b) 염기성 용액 (c) 중성 용액

**유제 2** 다음 그림 중 어느 반응이 염이 용액의 pH에 영향을 주는 과정을 정확하게 설명하고 있는가?

(i) 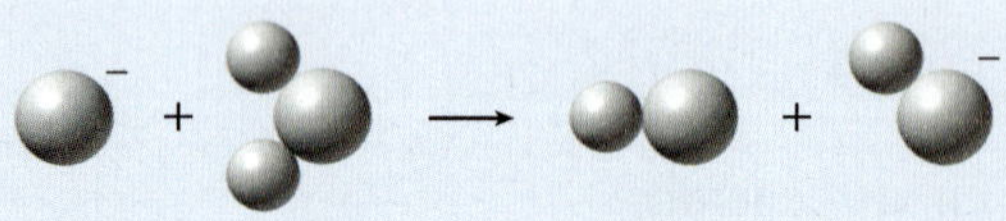


(ii) 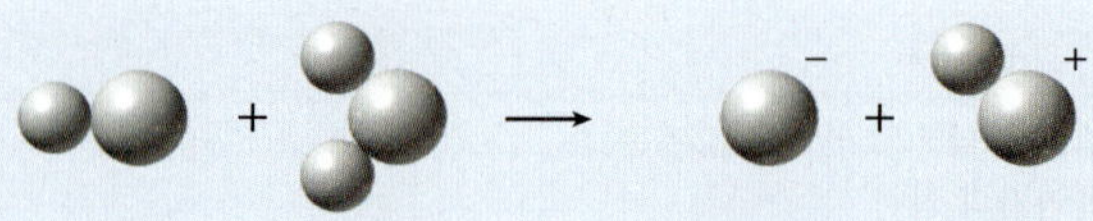


(iii) 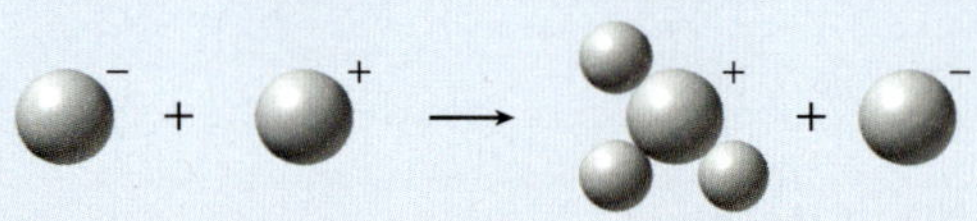


(iv) 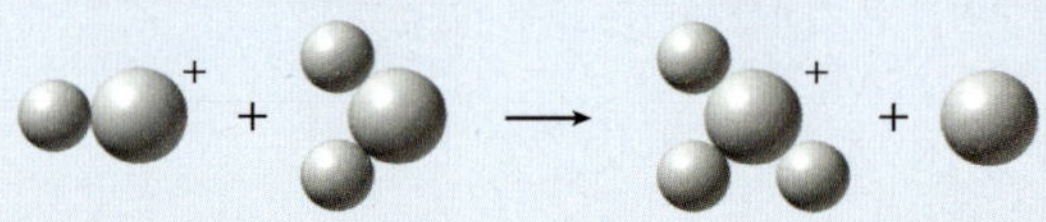


## 양이온과 음이온 모두 가수 분해를 일으키는 염

지금까지 단 하나의 이온만이 가수 분해되는 염을 고려했다. 일부 염에서는 양이온과 음이온 모두 가수 분해된다. 그러한 염의 용액이 염기성, 산성 또는 중성이 될지의 여부는 약산과 약염기의 상대적 세기에 의존한다. 이 경우의 pH를 계산하는 과정은 단 하나의 이온만 가수 분해하는 경우보다 복잡하지만, $K_b$(염의 음이온)와 $K_a$(염의 양이온)를 사용하여 pH에 관한 질적인 예측을 할 수 있다.

- $K_b > K_a$일 때, 용액은 염기성이다.
- $K_b < K_a$일 때, 용액은 산성이다.
- $K_b \approx K_a$일 때, 용액은 중성 또는 거의 중성이다.

예를 들어, 염 $NH_4NO_2$는 용액 속에서 해리되어 $NH_4^+$($K_a = 5.6 \times 10^{-10}$) 및 $NO_2^-$($K_b = 2.2 \times 10^{-11}$)를 생성한다. 암모늄 이온에 대한 $K_a$가 아질산염 이온에 대한 $K_b$보다 크기 때문에, 아질산염 암모늄 용액의 pH는 약간 산성일 것으로 예상된다.

## 16.10절 복습

### 염 수용액의 산–염기 성질

**16.10.1** 25°C에서 0.075 $M$ $NH_4NO_3$ 용액의 pH를 계산하시오.

(a) 5.19 (b) 8.81
(c) 7.00 (d) 2.93
(e) 11.07

**16.10.2** 25°C에서 0.082 $M$ NaCN 용액의 pH를 계산하시오.

(a) 5.20 (b) 8.80
(c) 7.00 (d) 2.89
(e) 11.11

**16.10.3** 다음의 염들 중 용해되었을 때 염기성 용액을 만드는 것은 어느 것인가? (해당되는 것을 모두 고르시오.)

(a) 하이포아염소산 소듐(NaClO) (b) 플루오린화 포타슘(KF)
(c) 탄산 리튬($LiCO_3$) (d) 염화 바륨($BaCl_2$)
(e) 아이오딘화 암모늄($NH_4I$)

**16.10.4** 다음 중 물에 녹으면 중성 용액을 만드는 것은 어느 것인가?

(a) 아염소산 칼슘[$Ca(ClO_2)_2$] (b) 아이오딘화 포타슘(KI)
(c) 질산 리튬($LiNO_3$) (d) 사이안화 바륨[$Ba(CN)_2$]
(e) 아이오딘화 암모늄($NH_4I$)

**16.10.5** 다음 그림은 세 가지 염 NaX(X=A, B, C)의 용액을 나타낸다. 염기성의 세기가 증가하는 순서로 세 음이온($X^-$)을 나열하시오. ($Na^+$ 이온은 나타내지 않았다.)

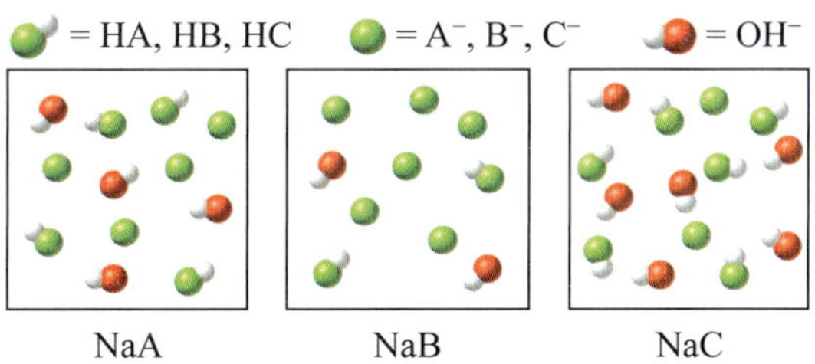


(a) $A^- < B^- < C^-$ (b) $A^- < C^- < B^-$
(c) $B^- < A^- < C^-$ (d) $C^- < B^- < A^-$
(e) $C^- < A^- < B^-$

# 16.11 산화물과 수산화물의 산-염기 성질

## 금속과 비금속의 산화물

그림 16.6은 가장 높은 산화 상태에 있는 주족 원소의 여러 산화물의 화학식을 보여 준다. 모든 알칼리 금속 산화물 및 BeO를 제외한 모든 알칼리 토금속 산화물은 염기성이다. 3A 및 4A족의 산화 베릴륨 및 몇몇 금속 산화물은 양쪽성이다. 주족 원소의 산화수가 높은 비금속 산화물은 산성(예: $N_2O_5$, $SO_3$ 및 $Cl_2O_7$)이지만 주족 원소의 산화수가 낮은 비금속 산화물(예: CO 및 NO)은 산의 성질을 측정하기가 불가능하다. 비금속 산화물이 염기성을 갖는 것으로 알려진 것은 없다.

염기성 금속 산화물은 물과 반응하여 금속 수산화물을 형성한다.

$$Na_2O(s)+H_2O(l) \longrightarrow 2NaOH(aq)$$
$$BaO(s)+H_2O(l) \longrightarrow Ba(OH)_2(aq)$$

산성 산화물과 물의 반응은 다음과 같다.

$$CO_2(g)+H_2O(l) \rightleftharpoons H_2CO_3(aq)$$
$$SO_3(g)+H_2O(l) \rightleftharpoons H_2SO_4(aq)$$
$$N_2O_5(g)+H_2O(l) \rightleftharpoons 2HNO_3(aq)$$
$$P_4O_{10}(g)+6H_2O(l) \rightleftharpoons 4H_3PO_4(aq)$$
$$Cl_2O_7(g)+H_2O(l) \rightleftharpoons 2HClO_4(aq)$$

$CO_2$와 $H_2O$의 반응은 순수한 물이 $CO_2$가 포함된 공기에 노출될 때 점차 산성이 되는 이유를 설명한다. 오염되지 않은 공기에만 노출된 빗물의 pH는 약 5.5이다. $SO_3$와 $H_2O$ 사이의

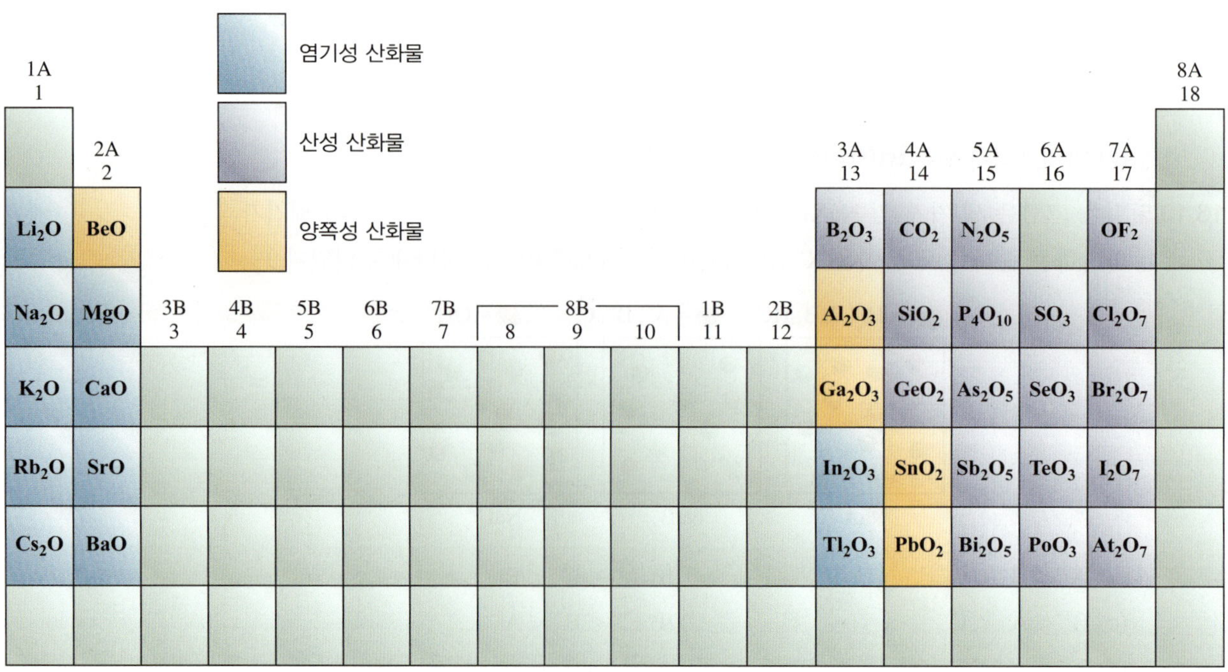


**그림 16.6** 가장 높은 산화 상태에 있는 주족 원소의 산화물

반응이 주로 산성비의 원인이 된다.

산성 산화물과 염기 사이의 반응과 염기성 산화물과 산과의 반응은 생성물이 염과 물이라는 점에서 일반적인 산-염기 반응과 유사하다.

$$CO_2(g) + 2NaOH(aq) \longrightarrow Na_2CO_3(aq) + H_2O(l)$$
$$BaO(s) + 2HNO_3(aq) \longrightarrow Ba(NO_3)_2(aq) + H_2O(l)$$

산화 알루미늄($Al_2O_3$)은 양쪽성이다. 반응 조건에 따라 산성 산화물 또는 염기성 산화물로 작용할 수 있다. 예를 들어, $Al_2O_3$는 염산과의 반응에서 염기로 작용하여 염($AlCl_3$)과 물을 생성한다.

$$Al_2O_3(s) + 6HCl(aq) \longrightarrow 2AlCl_3(aq) + 3H_2O(l)$$

수산화 소듐과의 반응에서는 산으로 작용하며, 반응식은 다음과 같다.

$$Al_2O_3(s) + 2NaOH(aq) + 3H_2O(l) \longrightarrow 2NaAl(OH)_4(aq)$$

수산화 소듐과의 반응에서 $Na^+$와 $Al(OH)_4^-$ 이온을 포함하는 수산화 알루미늄소듐 [$NaAl(OH)_4$] 염만이 만들어지고, 물은 생성되지 않는다. 그럼에도 불구하고, $Al_2O_3$가 NaOH를 중화하기 때문에 반응은 여전히 산-염기 반응으로 분류된다. 다른 양쪽성 산화물은 ZnO, BeO 및 $Bi_2O_3$가 있다.

이산화 규소는 불용성이며 물과 반응하지 않는다. 그러나 매우 진한 염기성 수용액과 반응하기 때문에 이것은 산성을 지닌다. 즉, 반응식은 다음과 같다.

$$SiO_2(s) + 2OH^-(aq) \longrightarrow SiO_3^{2-}(aq) + H_2O(l)$$

이러한 이유 때문에 수산화 소듐(NaOH)과 같은 진한 강염기의 수용액을 $SiO_2$로 만들어진 파이렉스(Pyrex) 유리 제품에 저장해서는 안 된다.

높은 산화수를 갖는 일부 전이 금속 산화물은 산성 산화물로서 작용한다. 두 가지 예는 산화 망가니즈(VII)($Mn_2O_7$)와 산화 크로뮴(VI)($CrO_3$)이며, 둘 다 물과 반응하여 산을 생성한다.

$$Mn_2O_7(s) + H_2O(l) \longrightarrow \underset{\text{과망가니즈산}}{2HMnO_4(aq)}$$
$$CrO_3(s) + H_2O(l) \longrightarrow \underset{\text{크로뮴산}}{H_2CrO_4(aq)}$$

## 염기성과 양쪽성 수산화물

$Be(OH)_2$를 제외한 모든 알칼리 금속 및 알칼리 토금속 수산화물은 염기성이다. $Al(OH)_3$, $Sn(OH)_2$, $Pb(OH)_2$, $Cr(OH)_3$, $Cu(OH)_2$, $Zn(OH)_2$ 및 $Cd(OH)_2$뿐만 아니라 $Be(OH)_2$는 양쪽성이다. 모든 양쪽성 수산화물은 불용성이지만 베릴륨 수산화물은 다음과 같이 산과도 염기와도 반응한다.

$$Be(OH)_2(s) + 2H^+(aq) \longrightarrow Be^{2+}(aq) + 2H_2O(l)$$
$$Be(OH)_2(s) + 2OH^-(aq) \longrightarrow Be(OH)_4^{2-}(aq)$$

> **참조**
> 수산화 베릴륨과 수산화 알루미늄의 거동에 대한 유사성은 대각 관계의 결과이다[|◀◀ 8.5절].

수산화 알루미늄은 유사한 방식으로 산과도 염기와도 반응한다.

$$Al(OH)_3(s) + 3H^+(aq) \longrightarrow Al^{3+}(aq) + 3H_2O(l)$$
$$Al(OH)_3(s) + OH^-(aq) \longrightarrow Al(OH)_4^-(aq)$$

## 16.12 루이스 산과 염기

지금까지 브뢴스테드 이론의 관점에서 산-염기 특성을 논의했다. 예를 들어, 브뢴스테드 염기는 양성자를 받아들일 수 있는 물질이다. 이 정의에 의해 수산화 이온과 암모니아는 모두 염기이다.

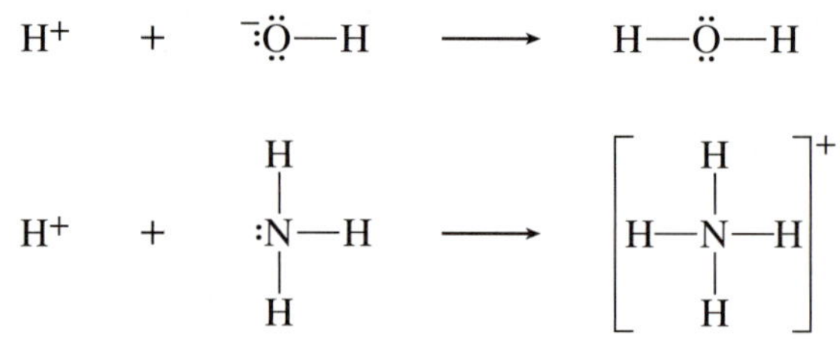

각각의 경우에 양성자가 결합하는 원자는 적어도 하나의 고립 전자쌍을 보유하고 있다. $OH^-$, $NH_3$ 및 기타 브뢴스테드 염기들의 특성은 산과 염기에 대한 보다 일반적인 정의를 제시한다.

1932년 루이스(G. N. Lewis)는 한 쌍의 전자를 제공할 수 있는 물질을 **루이스 염기**(Lewis base)라고 정의했다. **루이스 산**(Lewis acid)은 한 쌍의 전자를 받아들일 수 있는 물질이다. 예를 들어, 암모니아의 양성자 첨가 반응에서 $NH_3$는 양성자 $H^+$에 한 쌍의 전자를 제공하기 때문에 루이스 염기의 역할을 한다. 양성자 $H^+$는 한 쌍의 전자를 받아들여 루이스 산으로 작용한다. 따라서 루이스 산-염기 반응은 한 화학종에서 다른 화학종으로 한 쌍의 전자를 제공하는 반응이다.

루이스 개념의 중요성은 다른 정의보다 더 일반적이라는 것이다. 루이스 산-염기 반응은 브뢴스테드 산이 포함되지 않는 많은 반응을 포함한다. 예를 들어, 첨가 화합물을 형성하기 위한 삼플루오린화 붕소($BF_3$)와 암모니아 사이의 반응을 생각해 보자.

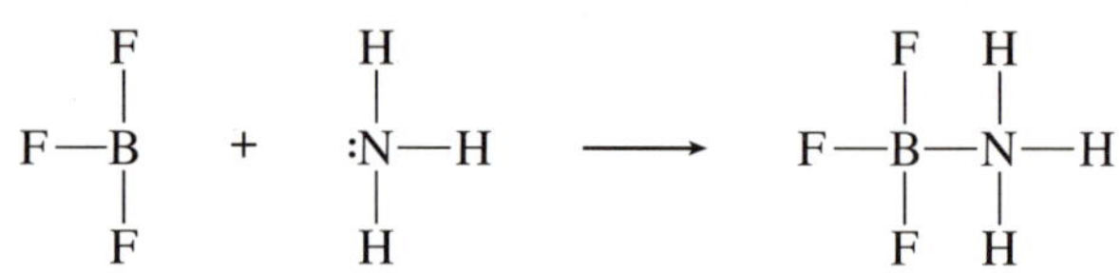

산 염기

$BF_3$의 B 원자는 $sp^2$ 혼성화되어 있다[|◀◀ 7.5절]. 비어 있는 혼성화되지 않은 $2p_z$ 궤도는 $NH_3$로부터 전자쌍을 받아들인다. 따라서 $BF_3$는 이온화 가능한 양성자를 포함하고 있지 않지만 루이스 정의에 따라 산으로서 작용한다. **배위 공유**(coordinate covalent) 결합은[|◀◀ 16.6절] B 원자와 N 원자 사이에 형성된다. 사실, 모든 루이스 산-염기 반응은 배위 공유 결합의 형성을 가져온다.

붕산은 붕소를 포함한 또 다른 루이스 산이다. 붕산(눈 세척에 사용되는 약산)은 다음과 같은 구조의 산소산이다.

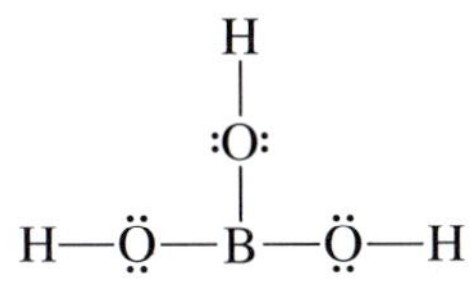

붕산은 물속에서 이온화되어 $H^+$를 생성하지 않는다. 대신, 물에서 수산화 이온을 빼내어 용액에 $H^+$를 만든다.

$$B(OH)_3(aq) + H_2O(l) \rightleftharpoons B(OH)_4^-(aq) + H^+(aq)$$

이 루이스 산-염기 반응에서 붕산은 물 분자로부터 파생된 수산화 이온으로부터 한 쌍의 전자를 받아들이고, 물속에 수소 이온을 남긴다.

탄산을 생성하기 위한 이산화 탄소의 가수 분해 반응은 다음과 같다.

$$CO_2(g) + H_2O(l) \rightleftharpoons H_2CO_3(aq)$$

위 반응은 루이스 산-염기 이론의 관점에서 설명될 수 있다. 첫 번째 단계는 $H_2O$의 O 원자가 $CO_2$의 C 원자에 고립 전자쌍을 제공하는 것이다. C—O 파이 결합 중 하나에 있는 전자쌍을 재배치하여 C 원자의 오비탈 하나를 비워서 고립 전자쌍을 수용하게 한다. 이것으로 산소 원자의 혼성은 $sp^2$에서 $sp^3$로 변하게 된다.

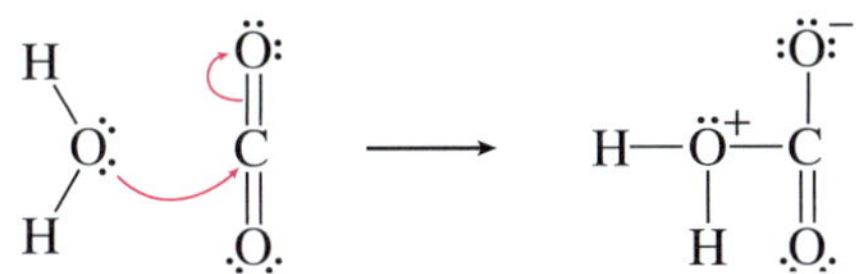

결과적으로 $H_2O$는 루이스 염기이고 $CO_2$는 루이스 산이다. 마지막으로 양성자가 음전하를 띤 O 원자 위로 이동하여 $H_2CO_3$를 형성한다.

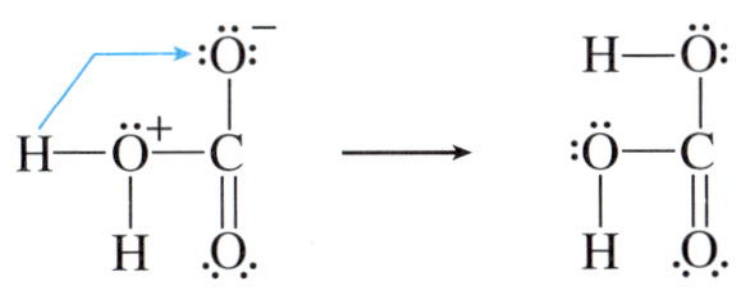

루이스 산-염기 반응의 다른 예는 다음과 같다.

$$Ag^+(aq) + 2NH_3(aq) \rightleftharpoons Ag(NH_3)_2^+(aq)$$
$$Cd^{2+}(aq) + 4I^-(aq) \rightleftharpoons CdI_4^{2-}(aq)$$
$$Ni(s) + 4CO(g) \rightleftharpoons Ni(CO)_4(g)$$

금속 이온의 수화 반응은 그 자체로 루이스 산-염기 반응이다. 황산 구리($CuSO_4$)가 물에 용해되면, 각 $Cu^{2+}$ 이온은 $Cu(H_2O)_6^{2+}$와 같이 6개의 물 분자와 결합하게 된다. 이 경우, $Cu^{2+}$는 산으로 작용하여 전자를 받아들이는 반면, $H_2O$는 전자를 제공하는 염기로 작용한다.

예제 16.21은 루이스 산과 염기를 어떻게 분류하는지 보여 준다.

## 예제 16.21

다음 반응에서 루이스 산과 루이스 염기를 확인하시오.

(a) $C_2H_5OC_2H_5 + AlCl_3 \rightleftharpoons (C_2H_5)_2OAlCl_3$

(b) $Hg^{2+}(aq) + 4CN^-(aq) \rightleftharpoons Hg(CN)_4^{2-}(aq)$

**전략** 각 반응에서 어떤 화학종이 한 쌍의 전자를 받아들이는지(루이스 산) 그리고 어떤 화학종이 한 쌍의 전자를 제공하는지(루이스 염기)를 결정한다.

**계획**

(a) 관련된 화학종의 루이스 구조를 그리는 것이 도움이 될 수 있다.

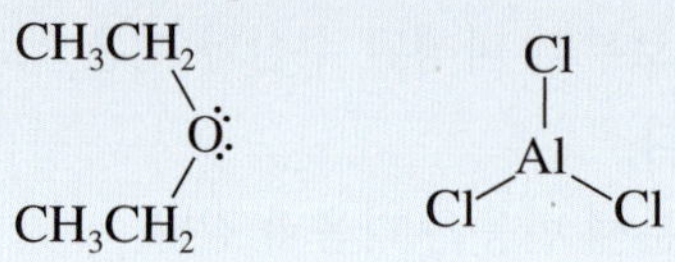

(b) 금속 이온은 루이스 산으로 작용하여, 음이온 또는 고립 전자쌍을 가진 분자로부터 전자쌍을 받아들인다.

**풀이**

(a) $AlCl_3$에서 Al은 빈 $2p_z$ 궤도를 가지고 있고, $sp^2$ 혼성화되어 있다. Al은 전자가 부족하고 6개의 전자만 공유하고 있다. 그러므로 Al 원자는 팔전자 규칙을 완성하기 위해 두 개의 전자를 얻을 수 있는 능력을 가지고 있다. 이 특성은 $AlCl_3$를 루이스 산으로 만든다. 반면에, $C_2H_5OC_2H_5$ 분자의 산소 원자가 가진 고립 전자쌍은 이 화합물을 루이스 염기로 만든다.

> **참조**
> 전자가 부족한 분자는 중심 원자 주위에 8개보다 적은 수의 전자를 가진 분자이다.

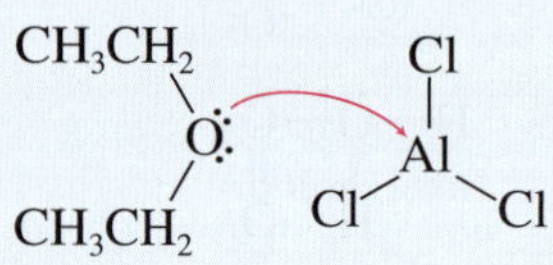

(b) $Hg^{2+}$는 $CN^-$ 이온으로부터 4쌍의 전자를 받아들인다. 따라서 $Hg^{2+}$는 루이스 산이고 $CN^-$은 루이스 염기이다.

**생각해 보기**

루이스 산-염기 반응에서 산은 일반적으로 양이온 또는 전자가 부족한 분자이지만, 염기는 음이온 또는 고립 전자쌍을 가진 원자를 포함하는 분자이다.

**유제 1** $H_3NAlBr_3$를 형성하기 위해 반응하는 루이스 산과 루이스 염기에 대한 화학식을 쓰시오.

**유제 2** 다음 중 어느 그림이 루이스 산-염기 반응으로서 HCl과 물의 조합을 가장 잘 나타내는가? 브뢴스테드 산-염기 반응으로 그 조합을 가장 잘 묘사한 것은 어느 것인가?

(i)

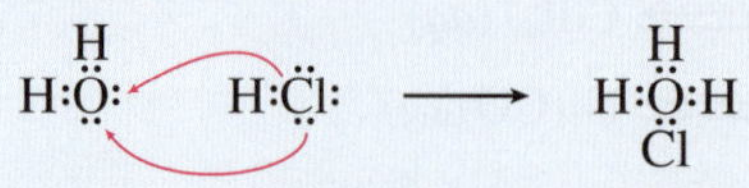

(ii)

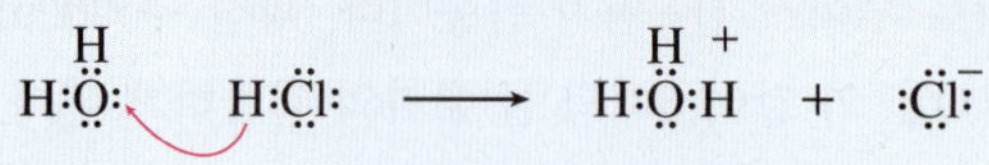

(iii)

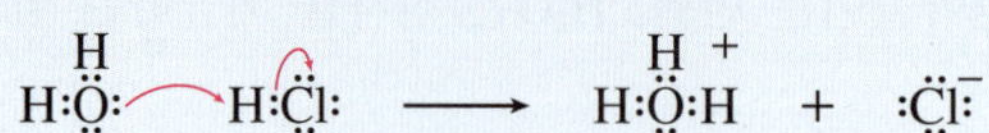

## 16.12절 복습

### 루이스 산과 염기

**16.12.1** 다음 중 루이스 염기로 작용할 수 없는 것은 어느 것인가? (해당되는 것을 모두 고르시오.)

(a) $NH_3$ (b) $OH^-$
(c) $CH_4$ (d) $Fe^{2+}$
(e) $Al^{3+}$

**16.12.2** 다음 중 브뢴스테드 산은 아니지만 루이스 산인 것은 어느 것인가? (해당되는 것을 모두 고르시오.)

(a) $H_2O$ (b) $BCl_3$
(c) $OH^-$ (d) $Al^{3+}$
(e) $NH_3$

# 단원 정리

### 16.1절

- 브뢴스테드 산은 양성자를 제공한다. 브뢴스테드 염기는 양성자를 받아들인다.
- 브뢴스테드 산이 양성자를 제공할 때, 남게 되는 음이온은 **짝염기**(conjugate base)이다.
- 브뢴스테드 염기가 양성자를 받아들일 때, 생성된 양이온은 **짝산**(conjugate acid)이다.
- 브뢴스테드 산과 그의 짝염기(또는 브뢴스테드 염기와 그 짝산의 조합)의 조합을 **짝 쌍**(conjugate pair)이라고 한다.

### 16.2절

- 산의 세기는 분자 구조의 영향을 받는다.
- 이온화가 가능한 수소에 대한 극성 및 약한 결합은 분자를 더 강한 산으로 만든다.
- 짝염기의 공명 안정화는 이온화 과정을 선호하므로 더 강한 산이 된다.

### 16.3절

- 물은 **양쪽성**(amphoteric)이며, 이것은 브뢴스테드 산과 브뢴스테드 염기로 작용할 수 있음을 의미한다.
- 순수한 물은 **자동 이온화**(autoionization, 매우 작은 정도로)되어, 25°C에서 $H^+$와 $OH^-$의 농도가 $1.0 \times 10^{-7}$ $M$이 된다.
- $K_w$는 물의 자동 이온화에 대한 평형 상수로서 **이온곱 상수**(ion-product constant)라고도 한다.
- 25°C에서 $K_w = [H^+][OH^-] = 1.0 \times 10^{-14}$이다.

### 16.4절

- **pOH** 척도는 pH 척도와 유사하지만 염기도를 측정한다: $pOH = -\log [OH^-]$
- pOH = 7.00은 중성이고, pOH < 7.00은 염기성이며, pOH > 7.00은 산성이다.
- pH + pOH = 14.00(25°C에서)

### 16.5절

- HCl, HBr, HI, $HNO_3$, $HClO_3$, $HClO_4$, $H_2SO_4$의 7가지 강산이 있다.
- 강산은 수용액에서 완전히 이온화된다. (이양성자산인 $H_2SO_4$는 1차 이온화만 완전히 이루어진다.)
- 강염기는 LiOH, NaOH, KOH, RbOH, CsOH, $Ca(OH)_2$,

$Sr(OH)_2$ 및 $Ba(OH)_2$와 같은 1A족 및 가장 무거운 2A족 수산화물이다.

### 16.6절

- **약산**(weak acid)은 부분적으로만 이온화한다. **산 이온화 상수**(acid ionization constant, $K_a$)는 약산이 어느 정도 이온화하는지를 나타내는 평형 상수이다.
- 산 농도, $K_a$ 값, 평형표를 이용하여 약산 용액의 pH를 계산한다.
- 초기의 산 농도와 pH 값을 알면 평형 상태일 때 약산의 $K_a$를 결정할 수 있다.

### 16.7절

- **약염기**(weak base)는 부분적으로만 이온화한다. **염기 이온화 상수**(base ionization constant, $K_b$)는 약염기가 어느 정도 이온화하는지를 나타내는 평형 상수이다.
- 염기 농도, $K_b$ 값, 평형표를 이용하여 약염기 용액의 pH를 계산한다.
- 농도와 평형 상태의 pH를 알면 약염기의 $K_b$를 결정할 수 있다.

### 16.8절

- 강산의 짝염기는 **약한 짝염기**(weak conjugate base)이며, 물과 반응하지 않는다.
- 약산의 짝염기는 **강한 짝염기**(strong conjugate base)이며, 이는 물에 약한 브뢴스테드 염기로 작용함을 의미한다.
- 강염기의 짝산은 **약한 짝산**(weak conjugate acid)으로서 물과 반응하지 않는다.
- 약염기의 짝산은 **강한 짝산**(strong conjugate acid)이며, 이는 물에서 약한 브뢴스테드 산으로 작용함을 의미한다.
- 모든 짝산–염기 쌍에 대해, $K_a \times K_b = K_w$이다.

### 16.9절

- 이양성자산 및 다양성자산은 하나 이상의 양성자를 제공한다. 그들은 단계적으로 이온화를 한다. 각각의 이온화 과정은 각각의 $K_a$ 값을 가지고 있다.
- 단계적 이온화를 위한 $K_a$ 값은 점진적으로 작아진다.
- 대부분의 경우 pH를 결정하기 위해 산의 1차 이온화만 고려하면 된다. 평형 상태에서 다른 화학종의 농도를 결정하기 위해서는 이후의 이온화를 고려해야 한다.

### 16.10절

- 염은 물에 용해되어 염을 이루고 있는 성분 이온에 따라 중성, 산성 또는 염기성 용액이 된다. **염의 가수 분해**(salt hydrolysis)는 이온과 물의 반응으로 하이드로늄 또는 수산화 이온을 생성한다.
- $NH_4^+$와 같은 강한 짝산인 양이온은 용액을 산성이 더 강하게 만든다.
- $F^-$와 같은 강한 짝염기인 음이온은 염기성이 더 강한 용액을 만든다. 강산의 짝염기인 음이온은 pH에 영향을 주지 않는다.
- 크기가 작고 전하가 큰 금속 이온이 가수 분해되면 산성 용액이 된다.

### 16.11절

- 금속 산화물은 일반적으로 염기성이다. 비금속의 산화물은 일반적으로 산성이다.
- 금속 수산화물은 염기성 또는 양쪽성일 수 있다.

### 16.12절

- 루이스 이론은 산과 염기에 대한 보다 일반적인 정의를 제공한다.
- **루이스 산**(Lewis acid)은 한 쌍의 전자를 받아들인다. **루이스 염기**(Lewis base)는 한 쌍의 전자를 제공한다.
- 루이스 산은 일반적으로 전자가 부족하며 수소 원자를 가질 필요가 없다.
- 루이스 염기는 하나 이상의 고립 전자쌍을 가진 음이온 또는 분자이다.

## 주요 용어

pOH
강한 짝산(strong conjugate acid)
강한 짝염기(strong conjugate base)
루이스 산(Lewis acid)
루이스 염기(Lewis base)
물의 자동 이온화(autoionization of water)
산 이온화 상수(acid ionization constant, $K_a$)
약산(weak acid)
약염기(weak base)
약한 짝산(weak conjugate acid)
약한 짝염기(weak conjugate base)
양쪽성(amphoteric)
염기 이온화 상수(base ionization constant, $K_b$)
염의 가수 분해(salt hydrolysis)
이온곱 상수(ion−product constant)
짝산(conjugate acid)
짝 쌍(conjugate pair)
짝염기(conjugate base)

## 주요 식

| | | |
|---|---|---|
| 16.1 | $K_w = [H_3O^+][OH^-] = 1.0 \times 10^{-14}$ (25°C에서) | 물의 자동 이온화에 대한 평형 상수는 $K_w$이다. 임의의 수용액에서 $K_w$는 하이드로늄 이온 및 수산화 이온 농도의 곱과 동일하다. 25°C에서 $K_w$의 값은 $1.0 \times 10^{-14}$이다. |
| 16.2 | $pOH = -\log [OH^-]$ | 수용액의 pOH는 수산화 이온 농도를 −log 취한 값과 같다. |
| 16.3 | $[OH^-] = 10^{-pOH}$ | 수산화 이온의 농도는 또한 pOH로부터 계산될 수 있다. |
| 16.4 | $pH + pOH = 14.00$ (25°C에서) | 25°C의 모든 수용액에 대하여 pH와 pOH의 합은 14.00이다. |
| 16.5 | 이온화 백분율 $= \dfrac{[H_3O^+]_{eq}}{[HA]_0} \times 100\%$ | 약산의 이온화 백분율은 원래의 약산 농도에 대한 평형에서의 하이드로늄 이온 농도의 비율에 100%를 곱한 것으로 계산된다. |
| 16.6 | $K_a \times K_b = K_w$ | 모든 짝산−염기 쌍에 대하여 산에 대한 $K_a$와 염기에 대한 $K_b$의 곱은 $K_w$이다. |

## 주요 내용 염의 가수 분해

염의 가수 분해는 어떤 산-염기 적정을 이해하는 데 중요하다. 약산을 강염기로 적정할 때, 중화 반응에 대한 생성물은 약산의 짝염기이다.

$$HA(aq) + OH^-(aq) \longrightarrow A^-(aq) + H_2O(l)$$

약산의 짝염기는 물에서 약한 브뢴스테드(Brønsted) 염기로 행동한다.

$$A^-(aq) + H_2O(l) \rightleftharpoons HA(aq) + OH^-(aq)$$

약산과 강염기의 농도를 알면 약산-강염기 적정의 당량점에서 다음과 같이 pH를 결정할 수 있다.

약산의 부피(mL) × 약산의 농도($M$) = 약산의 몰(mmol)

아세트산($HC_2H_3O_2$)과 같은 일양성자성 약산 및 NaOH와 같은 일염기성 강염기의 경우, 염기의 몰(mmol)은 당량점에서의 산의 몰(mmol)과 동일하다.

약산의 몰(mmol) = 강염기의 몰(mmol)

이것은 당량점에 도달하는 데 필요한 강염기의 양을 결정할 수 있게 해 준다.

$$\frac{\text{염기의 몰(mmol)}}{\text{염기의 농도}(M)} = \text{염기의 부피(mL)}$$

원래 약산의 부피와 당량점에 도달하기 위해 첨가된 염기 부피의 합은 당량점에서 용액의 총 부피이다. 또한 생성된 짝염기의 몰(mmol)은 적정을 시작할 때 존재했던 약산의 몰(mmol)과 동일하다.

약산의 부피(mL) + 염기의 부피(mL) = 전체의 부피(mL)

약산의 원래 몰(mmol) = 짝염기의 몰(mmol)

이 정보를 이용하여 짝염기의 농도를 구한다. $K_b$를 얻으려면 약산에 대한 표로 작성된 $K_a$와 식 16.8을 사용한다.

$$\frac{\text{짝염기의 몰(mmol)}}{\text{당량점에서의 전체 부피}} = \text{짝염기의 농도}$$

$$K_b = \frac{K_w}{K_a}$$

일단 짝염기에 대한 농도와 이온화 상수가 있으면 ICE 표를 만들고 수산화 이온의 평형 농도와 pH를 계산한다. 이 과정을 설명하기 위해 25°C에서 0.12 $M$ NaOH 용액을 사용하여 0.15 $M$ 아세트산($HC_2H_3O_2$, $K_a = 1.8 \times 10^{-5}$) 용액 30.0 mL의 적정에 대하여 당량점에서의 pH를 결정한다.

중화 반응에 대한 전제 이온 반응식은 다음과 같다. $HC_2H_3O_2(aq)+OH^-(aq) \longrightarrow C_2H_3O_2^-(aq)+H_2O(l)$

$30.0\ mL\ HC_2H_3O_2 \times 0.15\ M = 4.5\ mmol\ HC_2H_3O_2 = 4.5\ mmol\ NaOH$

$\dfrac{4.5\ mmol\ NaOH}{0.12\ M} = 37.5\ mL\ NaOH$

$30.0\ mL\ HC_2H_3O_2 + 37.5\ mL\ NaOH =$ 당량점에서의 전체 부피 67.5 mL

$4.5\ mmol\ HC_2H_3O_2 = 4.5\ mmol\ C_2H_3O_2^-$

$\dfrac{4.5\ mmol\ C_2H_3O_2^-}{67.5\ mL} = 0.0667\ M\ C_2H_3O_2^-$

$K_b = \dfrac{1.0 \times 10^{-14}}{1.8 \times 10^{-5}} = 5.56 \times 10^{-10}$

이제 평형표를 만들고 $[OH^-]$를 계산한다. 아세테이트 이온과 물의 반응은 다음과 같다.

| | $C_2H_3O_2^-(aq)$ | $+\ H_2O(l)$ | $\rightleftharpoons HC_2H_3O_2(aq)$ | $+\ OH^-(aq)$ |
|---|---|---|---|---|
| i | 0.0667 | | 0 | 0 |
| c | $-x$ | | $+x$ | $+x$ |
| e | $0.0667-x$ | | $x$ | $x$ |

$$5.56 \times 10^{-10} = \frac{[HC_2H_3O_2][OH^-]}{[C_2H_3O_2^-]}$$

$x$에 대한 답은 $6.09 \times 10^{-6}\ M$이다. 이것은 $OH^-$ 이온의 농도이며, pOH는 다음과 같다.

$$pOH = -\log[OH^-] = -\log(6.09 \times 10^{-6}) = 5.22$$

그리고 $pH = 14.00 - pOH$이다.

$pH = 8.78$

## 주요 내용 문제

### 16.1

25°C에서 아질산 이온($NO_2^-$)의 농도가 0.22 $M$인 용액의 pH를 계산하시오. 아질산($HNO_2$)에 대한 $K_a$는 $4.5 \times 10^{-4}$이다.

(a) 11.79 (b) 8.34 (c) 5.65 (d) 7.00 (e) 2.21

### 16.2

25°C에서 0.108 $M$ NaOH 용액을 사용하여 41.0 mL의 0.096 $M$ 폼산을 적정할 때, 당량점에서의 pH를 결정하시오.

(a) 12.94 (b) 7.00 (c) 5.76 (d) 8.24 (e) 1.06

### 16.3

25°C에서 피리디늄 이온($C_5H_5NH^+$)의 농도가 0.22 $M$인 용액의 pH를 계산하시오. 피리딘($C_5H_5N$)의 $K_b$는 $1.7 \times 10^{-9}$이다.

(a) 11.06 (b) 7.00 (c) 7.51 (d) 2.94 (e) 4.19

### 16.4

25°C에서 0.93 $M$ HCl 용액을 사용하여 26.0 mL의 1.12 $M$ 피리딘을 적정할 때, 당량점에서의 pH를 결정하시오.

(a) 7.00 (b) 2.76 (c) 11.24 (d) 1.73 (e) 12.27

# 종합문제

## 16.1절: 브뢴스테드 산과 염기

### 개념 문제

16.3 다음의 분자 또는 이온을 브뢴스테드 산, 염기, 또는 둘 다 해당으로 구분하시오.
(a) $H_2O$ (b) $OH^-$ (c) $H_3O^+$
(d) $NH_3$ (e) $NH_4^+$ (f) $NH_2^-$
(g) $NO_3^-$ (h) $CO_3^{2-}$ (i) HBr
(j) HCN

16.5 다음 산에 대한 짝염기의 화학식을 쓰시오.
(a) $HNO_2$ (b) $H_2SO_4$ (c) $H_2S$
(d) HCN (e) HCOOH(폼산)

16.7 다음 산에 대한 짝염기의 화학식을 쓰시오.
(a) $CH_2ClCOOH$ (b) $HIO_4$ (c) $H_3PO_4$
(d) $H_2PO_4^-$ (e) $HPO_4^{2-}$ (f) $H_2SO_4$
(g) $HSO_4^-$ (h) $HIO_3$ (i) $HSO_3^-$
(j) $NH_4^+$ (k) $H_2S$ (l) $HS^-$
(m) HClO

## 16.2절: 분자 구조와 산의 세기

### 개념 문제

16.11 다음에 주어진 두 개의 산의 세기를 비교하시오.
(a) $H_2SO_4$와 $H_2SeO_4$
(b) $H_3PO_4$와 $H_3AsO_4$

16.13 다음 화합물을 생각해 보자. 실험적으로 페놀은 메탄올보다 강한 산으로 밝혀졌다. 짝염기의 구조에 따라 이 차이점을 설명하시오. (힌트: 보다 안정한 짝염기는 이온화를 선호한다. 짝염기들 중 하나만 공명에 의해 안정화될 수 있다.)

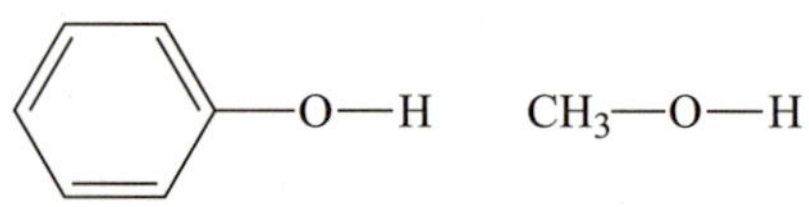

페놀 메탄올

## 16.3절: 물의 산-염기 성질

### 계산 문제

16.19 25°C에서 $OH^-$ 농도가 다음과 같은 수용액의 $H_3O^+$ 농도를 계산하시오.
(a) $2.50 \times 10^{-2}\ M$ (b) $1.67 \times 10^{-5}\ M$
(c) $8.62 \times 10^{-3}\ M$ (d) $1.75 \times 10^{-12}$ M

16.21 100°C에서의 $K_w$ 값은 $5.13 \times 10^{-13}$이다. 100°C에서 문제 16.19의 각 수용액에 대하여 $H_3O^+$의 농도를 계산하시오.

## 16.4절: pH와 pOH 척도

### 계산 문제

16.25 $1.4 \times 10^{-3}\ M$ HCl 용액에서 $OH^-$ 이온의 농도를 계산하시오.

16.27 다음 각 용액의 pH를 계산하시오.
(a) 0.0010 *M* HCl (b) 0.76 *M* KOH

16.29 어떤 용액의 pOH는 25°C에서 9.40이다. 이 용액의 수소 이온 농도를 계산하시오.

16.31 25°C에서 pH가 10.00인 용액 546 mL를 준비하려면 NaOH가 몇 g이 필요한가?

## 16.5절: 강산과 강염기

### 계산 문제

16.35 25°C에서 다음 수용액의 pH를 계산하시오.
(a) 0.075 *M* HI
(b) $6.5 \times 10^{-6}\ M\ HClO_4$
(c) $1.5 \times 10^{-4}\ M$ HCl

16.37 25°C에서 pH가 다음과 같은 $HNO_3$ 용액의 농도를 계산하시오.
(a) 2.91 (b) 5.33 (c) −0.18

16.39 25°C에서 다음 수용액의 pOH와 pH를 계산하시오.
(a) 0.0715 *M* LiOH
(b) 0.0441 *M* $Ba(OH)_2$
(c) 0.17 *M* NaOH

16.41 어떤 강염기의 수용액은 25°C에서 pH가 8.93이다. 염기가 (a) KOH 그리고 (b) $Ba(OH)_2$인 경우, 각 염기의 농도를 계산하시오.

16.43 연못에서 채취한 산성비 시료는 pH=4.65를 나타냈다. 이 pH는 $HNO_3$의 어떤 농도에 해당하는가?

## 16.6절: 약산과 산 이온화 상수

### 계산 문제

16.51 벤조산의 $K_a$는 $6.5 \times 10^{-5}$이다. 25°C에서 0.10 *M* 벤조산 수용액의 pH를 계산하시오.

16.53 25°C에서 0.095 *M* 사이안화 수소산(HCN) 수용액의 pH를 계산하시오. (사이안화 수소산에 대한 $K_a = 4.9 \times 10^{-10}$이다.)

16.55 25°C에서 다음 폼산 용액의 이온화 백분율을 계산하시오.
(a) 0.016 *M* (b) $5.7 \times 10^{-4}\ M$ (c) 1.75 *M*

16.57 어떤 일양성자산의 0.015 *M* 용액은 0.92%의 비율로 이온화된다. 이 산에 대한 이온화 상수를 계산하시오.

16.59 어떤 산 0.19 *M* 수용액이 25°C에서 pH가 4.52인 경우, 이 약산의 $K_a$를 계산하시오.

16.61 25°C에서 pH가 3.26인 폼산(HCOOH) 용액의 원래 몰농도는 얼마인가? (폼산에 대한 $K_a = 1.7 \times 10^{-4}$이다.)

16.63 생물학적 및 의학적 응용 분야에서는 종종 25°C 대신 37°C에서 물의 자동 이온화를 연구해야 한다. 물에 대한 $K_w$가 37°C에서 $2.5 \times 10^{-14}$일 때, 이 온도에서 순수한 물의 pH를 계산하시오.

### 개념 문제

16.65 다음의 각 화학종을 약염기 또는 강염기로 분류하시오.

(a) LiOH (b) $CN^-$ (c) $H_2O$
(d) $ClO_4^-$ (e) $NH_2^-$

## 16.7절: 약염기와 염기 이온화 상수

### 계산 문제

16.69 어떤 약한 염기의 0.045 *M* 용액의 pH는 25°C에서 9.88이다. 이 염기의 $K_b$는 얼마인가?

16.71 25°C에서 $K_b$가 $1.5 \times 10^{-4}$인 어떤 약염기 B의 0.61 *M* 수용액의 pH를 계산하시오.

16.73 25°C에서 $K_b$가 $4.2 \times 10^{-10}$인 어떤 약염기 B의 0.045 *M* 수용액의 pH는 얼마인가?

## 16.8절: 짝산–짝염기

### 개념 문제

16.77 다음 이온 각각에 대하여 $K_b$를 계산하시오.

$CN^-$, $F^-$, $CH_3COO^-$, $HCO_3^-$

### 계산 문제

16.79 다음 그림은 HA, HB 그리고 HC의 세 가지 일양성자산의 수용액을 나타낸다.

(a) 어느 짝염기($A^-$, $B^-$, $C^-$)가 가장 작은 $K_b$ 값을 갖는가?

(b) 어느 음이온이 가장 강한 염기인가? 물 분자는 생략되었다.

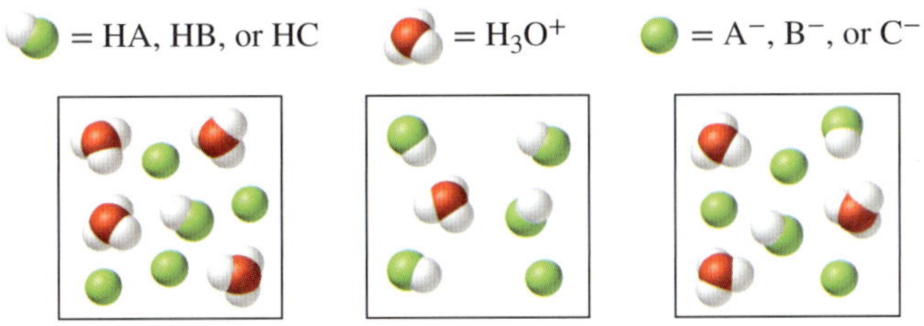


HA HB HC

## 16.9절: 이양성자산과 다양성자산

### 계산 문제

16.83 0.040 *M* HCl 용액의 pH와 0.040 *M* $H_2SO_4$ 용액의 pH를 비교하시오. (힌트: $H_2SO_4$는 강산이며, $HSO_4^-$ 대한 $K_a = 1.3 \times 10^{-2}$이다.)

16.85 0.025 *M* $H_2CO_3$ 용액에서 $H^+$, $HCO_3^-$ 및 $CO_3^{2-}$의 농도를 계산하시오.

16.87 25°C에서 옥살산($H_2C_2O_4$) 0.25 *M* 수용액의 pH를 계산하시오. (옥살산의 $K_{a_1}$ 및 $K_{a_2}$는 각각 $6.5 \times 10^{-2}$ 및 $6.1 \times 10^{-5}$이다).

### 개념 문제

16.89 (1) 다음 그림 중 약한 이양성자산 용액을 나타내는 것은 어느 것인가?

(2) 어떤 그림이 화학적으로 불가능한 경우인가? (수화된 양성자는 하이드로늄 이온으로 표시되며 물 분자는 생략되었다.)

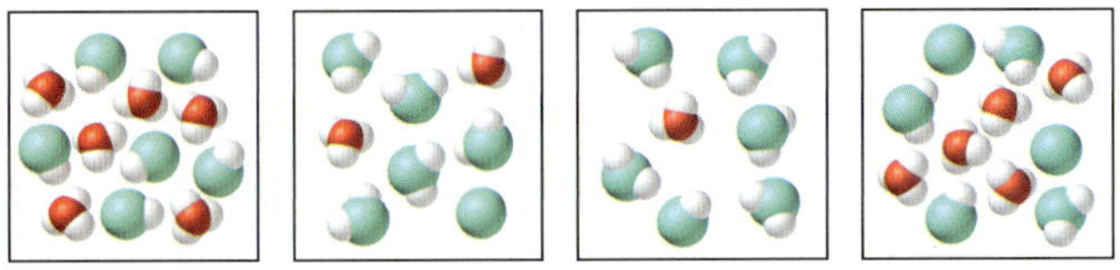

(a) (b) (c) (d)

## 16.10절: 염 수용액의 산–염기 성질

### 계산 문제

16.95 0.42 *M* $NH_4Cl$ 용액의 pH를 계산하시오. (암모니아의 $K_b = 1.8 \times 10^{-5}$이다.)

16.97 0.91 *M* $C_2H_5NH_3I$ 용액의 pH를 계산하시오. ($C_2H_5NH_2$의 $K_b = 5.6 \times 10^{-4}$이다.)

### 개념 문제

16.99 다음의 물질을 물에 용해시켰을 때, 용액이 산성, 염기성 또는 거의 중성일지를 예측하시오.

(a) NaBr (b) $K_2SO_3$
(c) $NH_4NO_2$ (d) $Cr(NO_3)_3$

16.101 어떤 실험에서 학생은 세 가지 포타슘 염, KX, KY 및 KZ의 0.10 *M* 용액의 pH 값이 각각 7.0, 9.0 그리고 11.0임을 확인하였다. 다음의 산, HX, HY 및 HZ를 산의 세기가 증가하는 순서로 나열하시오.

16.103 $NaHCO_3$ 용액의 pH가 다음 중 어디에 해당할지 예측하시오.

$>7$, $<7$, 또는 $\approx 7$

## 16.11절: 산화물과 수산화물의 산–염기 성질

16.107 다음의 그룹의 산화물을 각각 염기성이 증가하는 순서로 배열하시오.

(a) $K_2O$, $Al_2O_3$, BaO

(b) $CrO_3$, CrO, $Cr_2O_3$

16.109 $Al(OH)_3$는 물에 불용성이다. 그것은 진한 NaOH 용액에 용해된다. 이 반응에 대해 균형 잡힌 이온 반응식을 쓰시오. 이 반응은 어떤 유형인가?

16.111 다음의 산화물과 물 사이의 반응에 대한 균형 잡힌 반응식을 쓰시오.
(a) $Li_2O$ (b) $CaO$ (c) $SO_3$

## 16.12절: 루이스 산과 염기

### 개념 문제

16.115 루이스 산과 염기 이론을 사용하여 다음 반응을 설명하시오.

$$AlCl_3(s) + Cl^-(aq) \longrightarrow AlCl_4^-(aq)$$

16.117 모든 브뢴스테드 산은 루이스 산이지만 그 반대는 사실이 아니다. 브뢴스테드 산이 아닌 루이스 산 두 가지 예를 말하시오.

16.119 다음 반응에서 루이스 산과 루이스 염기를 확인하시오.
(a) $AlBr_3(s) + Br^-(aq) \longrightarrow AlBr_4^-(aq)$
(b) $Cr(s) + 6CO(g) \longrightarrow Cr(CO)_6(s)$
(c) $Cu^{2+}(aq) + 4CN^-(aq) \longrightarrow Cu(CN)_4^{2-}(aq)$

## 추가 문제

16.121 다음 그림 중 HCl과 같은 강산이 물에 녹아 있는 것을 가장 잘 나타낸 것은 어느 것인가? 약산을 나타내는 것은 어느 것인가? 어느 것이 매우 약한 산을 나타내는가? (수화된 양성자는 하이드로늄 이온으로 표시되며 물 분자는 생략되었다.)

(a) (b) (c) (d)

16.123 생성물을 예측하고 측정 가능한 범위 내에서 다음과 같은 반응이 일어날지 말하시오.

$$CH_3COOH(aq) + Cl^-(aq) \longrightarrow$$

16.125 225°C에서 0.88 $M$ $HNO_2$ 용액의 pH와 이온화 백분율을 계산하시오.

16.127 다음의 용액에 같은 양의 0.60 $M$ NaOH를 첨가하였을 때, 어느 것이 pH가 가장 낮은 용액이 되겠는가?
(a) 물 (b) 0.30 $M$ HCl
(c) 0.70 $M$ KOH (d) 0.40 $M$ $NaNO_3$

16.129 물처럼 액체 암모니아는 자동 이온화 반응을 만든다.

$$NH_3 + NH_3 \rightleftharpoons NH_4^+ + NH_2^-$$

(a) 이 반응에서 브뢴스테드 산과 브뢴스테드 염기를 확인하시오.
(b) 어떤 화학종이 $H^+$와 $OH^-$에 해당하며 중성 용액이 되기 위한 조건은 무엇인가?

16.131 용액은 약 0.1 $M$ 농도의 약한 일양성자산 HA와 그것의 소듐 염 NaA를 포함한다. $[OH^-] = K_w/K_a$임을 증명하시오.

16.133 표 16.5의 정보를 사용하여 다음 반응에 대한 평형 상수를 계산하시오.

$$HCOOH(aq) + OH^-(aq) \rightleftharpoons HCOO^-(aq) + H_2O(l)$$

16.135 1A족 및 2A족 금속의 수소화물의 대부분은 이온성이다.(공유 결합 화합물인 $BeH_2$와 $MgH_2$는 예외이다.)
(a) 수소화 이온($H^-$)과 물의 반응을 브뢴스테드 산-염기 반응으로 설명하시오.
(b) 같은 반응을 산화-환원 반응으로 분류할 수도 있다. 산화제 및 환원제를 확인하시오.

16.137 치과 의사가 국소 마취제로 사용하는 노보카인(Novocaine)은 약염기이다($K_b = 8.91 \times 10^{-6}$). 환자의 혈장(pH=7.40)에서 산 농도에 대한 염기 농도의 비율은 얼마인가? (근사치로, 25°C에서 $K_a$ 값을 사용하시오.)

16.139 $NH_3$ 또는 $PH_3$ 중 더 강한 염기는 어느 것인가? (힌트: N−H 결합은 P−H 결합보다 강하다.)

16.141 다음의 각 경우에 해당하는 예시를 보이시오.
(a) 산소 원자를 포함하는 약산
(b) 산소 원자를 포함하지 않는 약산
(c) 루이스 산으로 작용하는 중성 분자
(d) 루이스 염기로 작용하는 중성 분자
(e) 2개의 이온화 과정이 가능한 H 원자를 포함하는 약산
(f) 모두 HCl과 반응하여 이산화 탄소 기체를 생성하는 짝산-염기 쌍

16.143 (a) VSEPR을 사용하여 하이드로늄 이온($H_3O^+$)의 기하학적 구조를 예측하시오.
(b) $H_2O$의 O 원자는 2개의 고립 전자쌍을 가지며 원칙적으로 2개의 $H^+$ 이온을 받아들일 수 있다. $H_4O^{2+}$ 화학종이 존재하지 않는 이유를 설명하시오. 그것이 존재한다면 그 기하학적 구조는 무엇인가?

16.145 염소가 물과 반응할 때 생성된 용액은 약산성이며, 그 용액은 $AgNO_3$와 반응하여 백색 침전물을 생성한다. 이러한 반응을 나타내는 균형 잡힌 반응식을 쓰시오. 왜 가정용 표백제 제조 업체가 이들의 효과를 높이기 위해 NaOH와 같은 염기를 첨가하는지 설명하시오.

16.147 2.00 $M$ $NH_4CN$ 용액의 pH를 계산하시오.

16.149 증기상에서 아세트산 분자는 어느 정도 결합하여 이량체를 형성한다.

$$2CH_3COOH(g) \rightleftharpoons (CH_3COOH)_2(g)$$

51°C에서 특정 아세트산 증기 시스템의 압력은 360 mL 플라스크에서 0.0342 atm이다. 이 증기를 응축시키고 0.0568 $M$ NaOH 13.8 mL로 중화시킨다.
(a) 이 조건하에서 이량체의 해리도($\alpha$)를 계산하시오.

$$(CH_3COOH)_2 \rightleftharpoons 2CH_3COOH$$

(b) (a)의 반응에 대한 평형 상수 $K_P$를 계산하시오.

16.151 38°C에서 $CO_2$에 대한 헨리(Henry)의 법칙 상수는 $2.28 \times 10^{-3}$ mol/L·atm이다. 38°C에서 부분 압력 3.20 atm의 $CO_2$ 기체와 평형을 이루고 있는 이 용액의 pH를 계산하시오.

16.153 정확하게 pH가 10.00인 250 mL의 용액을 만들기 위해 충분한 양의 물에 NaCN을 몇 그램 용해시켜야 하는가?

16.155 0.150몰의 $CH_3COOH$와 0.100몰의 HCl을 포함한 1 L 용액의 pH를 계산하시오.

16.157 두 개의 비커를 준비한다. 하나에는 강산(HA) 수용액을 넣고, 다른 하나에는 같은 농도의 약산 수용액(HB)을 넣는다. 다음의 방법을 통해 두 산의 세기를 어떻게 비교할 것인지 설명하시오.
(a) pH를 측정
(b) 전기 전도도를 측정
(c) 이러한 용액을 Mg 또는 Zn와 같은 활성 금속과 반응시킬 때, 수소 가스 발생 속도를 연구

16.159 0.400 $M$ 폼산(HCOOH) 용액은 −0.758°C에서 언다. 이 온도에서 산의 $K_a$를 계산하시오. (힌트: 몰농도가 몰랄 농도와 같다고 가정한다. 계산을 3개의 유효 숫자로 수행하고, $K_a$에 대해서는 둘째 자리에서 반올림한다.)

16.161 메틸 아민($CH_3NH_2$)의 용액은 pH가 10.64이다. 100.0 mL의 용액에 몇 그램의 메틸 아민이 들어 있는가?

16.163 아마이드 이온($NH_2^-$)과 질화 이온($N^{3-}$)은 수산화 이온보다 강염기이기 때문에 수용액에는 존재하지 않는다.
(a) 이 이온과 물의 반응을 보여 주는 반응식을 쓰고, 각각의 경우에 해당하는 브뢴스테드 산과 염기를 확인하시오.
(b) 둘 중 더 강한 염기는 어느 것인가?

16.165 탄산 암모늄[$(NH_4)_2CO_3$] 염기의 냄새가 나는 현상을 설명하시오. (힌트: 코 속의 얇은 점액층은 약한 염기성 수용액이다.)

16.167 다음 중 루이스 산–염기 반응이 아닌 것은?
(a) $H_2O + H^+ \longrightarrow H_3O^+$
(b) $NH_3 + BF_3 \longrightarrow H_3NBF_3$
(c) $PF_3 + F_2 \longrightarrow PF_5$
(d) $Al(OH)_3 + OH^- \longrightarrow Al(OH)_4^-$

16.169 pH=5.76의 강한 일양성자산 용액 528 mL를 pH가 5.34인 용액으로 만들려면, pH=4.12인 동일한 산으로 만들어진 용액을 몇 mL 첨가하여야 하는가? 부피는 부가적이라고 가정하시오. (부피 변화를 주는 다른 요인은 무시한다.)

16.171 20.27 g의 금속 탄산염($MCO_3$) 시료를 500 mL의 1.00 $M$ HCl 용액과 혼합하였다. 그런 다음 과량의 HCl 산은 32.80 mL의 0.588 $M$ NaOH로 중화시켰다. 이 탄산염의 금속(M)은 무엇인가?

16.173 치아 에나멜은 주로 하이드록시아파타이트[$Ca_3(PO_4)_3OH$]이다. 이것이 물에 용해되면[탈염(demineralization)이라고 하는 과정], 다음과 같이 해리된다.

$$Ca_5(PO_4)_3OH \longrightarrow 5Ca^{2+} + 3PO_4^{3-} + OH^-$$

재광화(remineralization)라고 하는 역과정은 신체의 충치에 대한 자연적 방어이다. 음식에서 생성된 산은 $OH^-$ 이온을 제거하여 에나멜층을 약화시킨다. 대부분의 치약은 NaF 또는 $SnF_2$와 같은 플루오린 화합물을 포함하고 있다. 충치 예방에 있어 이들 화합물의 기능은 무엇인가?

16.175 주기율표에서 두 번째 주기 원소(Li~N)의 산화물의 화학식과 이름을 쓰시오. 산화물을 산성, 염기성 또는 양쪽성으로 구분하시오. 각 원소의 가장 높은 산화 상태를 사용하시오.

16.177 황산($H_2SO_4$)은 산성비에서 산의 80%를 차지한다. 1차 이온화가 완결되면, $H^+$와 황산 수소 이온이 생성된다.

$$H_2SO_4(aq) \rightleftharpoons H^+(aq) + HSO_4^-(aq)$$

이온화 상수($K_{a_2}$)가 $1.3 \times 10^{-2}$인 2차 이온화 과정에 의해서 추가적인 $H^+$와 황산 이온이 생성된다.

$$HSO_4^-(aq) \rightleftharpoons H^+(aq) + SO_4^{2-}(aq)$$

황산 농도가 $4.00 \times 10^{-5}$ $M$인 빗방울에서 모든 화학종의 농도를 계산하시오. 황산이 비에 존재하는 유일한 산이라고 가정하시오.

## 유제 해답

**16.1** $SO_3^{2-}$, $H_2SO_3$ **16.2** (a) $HSO_4^- + H_2O \longrightarrow H_3O^+ + SO_4^{2-}$ (b) $HSO_4^- + H_2O \longrightarrow H_2SO_4 + OH^-$ **16.3** 전기 음성도. 결합에서 두 원소의 전기 음성도의 차이가 클수록 결합이 약해지므로 산의 세기가 증가한다. **16.4** $2.8 \times 10^{-13}$ $M$
**16.5** (a) 7.55 (b) 8.00 (c) 11.00 **16.6** (a) $5.5 \times 10^{-12}$ $M$ (b) $2.0 \times 10^{-4}$ $M$ (c) $2.5 \times 10^{-2}$ $M$ **16.7** (a) 1.96 (b) 2.46 (c) 7.00 **16.8** (a) $1.5 \times 10^{-5}$ $M$ (b) $1.5 \times 10^{-2}$ $M$ (c) $9.1 \times 10^{-4}$ $M$ **16.9** (a) 6.71 (b) 1.21 (c) 0.91
**16.10** (a) $1.7 \times 10^{-2}$ $M$ (b) $8.7 \times 10^{-3}$ $M$ **16.11** 3.05
**16.12** (a) $2.0 \times 10^{-3}$ $M$ (b) $4.9 \times 10^{-4}$ $M$ (c) $2.2 \times 10^{-4}$ $M$
**16.13** $5.8 \times 10^{-9}$ **16.14** 8.33 **16.15** $1.4 \times 10^{-4}$
**16.16** (a) $1.1 \times 10^{-11}$ (b) $4.8 \times 10^{-7}$ **16.17** $[H_2SO_4] = 0$ $M$, $[HSO_4^-] = 0.13$ $M$, $[SO_4^{2-}] = 0.011$ $M$, $[H^+] = 0.15$ $M$
**16.18** 0.75 $M$ **16.19** 0.032 $M$ **16.20** (a) $NH_4Br$ 그리고 $CH_3NH_3I$ (b) $NaHPO_4$ 그리고 KOBr (c) NaI 그리고 KBr
**16.21** $NH_3$ 그리고 $AlBr_3$

## 절 복습

**16.1.1** b, d **16.1.2** c, d **16.2.1** b **16.2.2** d **16.2.3** c **16.3.1** d **16.3.2** a **16.4.1** c **16.4.2** a **16.4.3** e **16.4.4** b **16.5.1** d **16.5.2** b **16.5.3** b **16.5.4** e **16.5.5** c **16.5.6** b **16.5.7** b **16.16.1** c **16.16.2** e **16.16.3** b **16.7.1** b **16.7.2** d **16.7.3** e **16.8.1** b **16.8.2** d **16.8.3** a **16.9.1** b **16.9.2** c **16.9.3** c **16.10.1** a **16.10.2** e **16.10.3** a, b, c **16.10.4** b, c **16.10.5** c **16.12.1** c, d, e **16.12.2** b, d

Chapter

17

# 산–염기 평형과 용해도 평형

## Acid-Base Equilibria and Solubility Equilibria

완충 용액은 용액의 pH를 원하는 범위로 유지하는 데 사용되는 약산과 약염기의 수용액 혼합물이다. 완충제는 첨가되는 강산이나 강염기의 효과를 최소화하여 다양한 화학 및 생화학 공정에서 유용하게 사용할 수 있도록 한다. 화학자들은 식품, 화장품, 제약과 약물 전달 시스템 및 다른 여러 친숙한 제품들의 성능을 최적화할 수 있도록 완충제의 사용 방법을 개발했다. 섬유 산업에서 완충제는 염색된 직물의 풍부하고 일관성 있는 발색을 위하여 사용된다.

## 들어가기 전에

- pH 측정 [|◀◀9.5절]
- 평형식 다루기 [|◀◀15.3절]

# 17.1 공통 이온 효과

지금까지는 한 가지 용질을 포함한 용액의 성질에 대해 배웠다. 이 절에서는 두 번째 용질을 도입할 때 용액의 성질이 어떻게 변하게 되는지 알아본다.

평형 상태의 어떤 계는 자극에 대응하여 움직이게 되고 자극은 반응물 또는 생성물의 첨가를 포함하여 다양한 방법이 적용될 수 있음을 기억하자[|◀◀ 15.6절]. 아세트산 0.10몰을 포함한 용액 1리터를 생각해 보자. 아세트산의 $K_a$값($1.8\times10^{-5}$) 및 평형표[|◀◀ 16.6절]를 사용하여 25℃에서 이 용액의 pH를 결정할 수 있다.

| | $CH_3COOH(aq)$ ⇌ | $H^+(aq)$ + | $CH_3COO^-(aq)$ |
|---|---|---|---|
| 초기 농도(Initial concentration, $M$): | 0.10 | 0 | 0 |
| 농도 변화량(Change in concentration, $M$): | $-x$ | $+x$ | $+x$ |
| 평형 농도(Equilibrium concentration, $M$): | $0.10-x$ | $x$ | $x$ |

$(0.10-x)\ M\approx0.10\ M$이라고 가정하고 $x$에 대해 풀면, 답은 $1.34\times10^{-3}$이 된다. 따라서, $[CH_3COOH]=0.09866\ M$, $[H^+]=[CH_3COO^-]=1.34\times10^{-3}\ M$이고, pH=2.87이다.

> **참조**
> 아세트산의 이온화 백분율은 다음과 같다.
> $$\frac{1.34\times10^{-3}\ M}{0.10\ M}\times100\%=1.3\%$$

이제 0.050몰의 아세트산 소듐($CH_3COONa$)을 용액에 첨가할 때 어떤 일이 일어나는지 생각해 보자. 아세트산 소듐은 수용액에서 완전히 해리되어 소듐 이온 및 아세테이트 이온을 생성한다.

$$CH_3COONa(aq) \xrightarrow{H_2O} Na^+(aq)+CH_3COO^-(aq)$$

따라서 아세트산 소듐을 첨가함으로써 아세테이트 이온의 농도를 증가시켰다. 아세테이트 이온은 아세트산의 이온화 반응의 생성물이기 때문에 아세테이트 이온을 첨가하면 평형이 왼쪽으로 이동한다. 최종적인 결과는 아세트산의 이온화 백분율의 감소이다.

> **참조**
> 아세트산 소듐을 첨가함으로써 용액에는 소듐 이온도 첨가된다. 그러나 소듐 이온은 물이나 다른 화학종과 상호 작용하지 않는다[|◀◀ 16.10절].

첨가 → $CH_3COO^-$

$$CH_3COOH(aq) \rightleftharpoons H^+(aq) + CH_3COO^-(aq)$$

평형은 반응물 쪽으로 이동한다.

평형이 왼쪽으로 이동하면 첨가된 아세테이트 이온의 일부뿐만 아니라 수소 이온의 일부도 소모된다. 이것은 pH를 변화시킨다.(이 경우 pH가 증가한다.)

예제 17.1은 아세트산 소듐을 첨가한 후 아세트산 용액의 pH를 계산하기 위해 평형표를 어떻게 사용할 수 있는지 보여 준다.

## 예제 17.1

25°C에서 0.10 $M$ 아세트산 용액 1.0 L에 아세트산 소듐 0.050몰을 첨가하여 제조한 용액의 pH를 결정하시오. (아세트산 소듐을 첨가해도 용액의 부피는 변하지 않는다고 가정한다.)

**전략** 수소 이온 농도를 계산하기 위해 새로운 평형표를 만든다.

**계획** 다음 표에서 아세트산의 주어진 농도, 0.10 $M$ 및 $[H^+] \approx 0\ M$을 초기 농도로 사용한다.

> **참조**
> 약산을 이온화하기 전에 25°C에서 수소 이온의 농도는 $1.0 \times 10^{-7}\ M$이다. 그러나 이 농도는 이온화로 인한 농도에 비해 중요할 만큼 크지 않으므로 평형표에서 무시할 수 있다.

| | $CH_3COOH(aq)$ ⇌ | $H^+(aq)$ + | $CH_3COO^-(aq)$ |
|---|---|---|---|
| 초기 농도(Initial concentration, $M$): | 0.10 | 0 | 0.050 |
| 농도 변화량(Change in concentration, $M$): | $-x$ | $+x$ | $+x$ |
| 평형 농도(Equilibrium concentration, $M$): | $0.10-x$ | $x$ | $0.050+x$ |

**풀이** 미지의 $x$로 표현한 평형 농도를 평형식에 대입하면 다음과 같다.

$$1.8 \times 10^{-5} = \frac{(x)(0.050+x)}{0.10-x}$$

$x$의 값이 매우 작을 것으로 예상되기 때문에($CH_3COO^-$의 존재에 의해 $CH_3COOH$의 이온화가 억제되기 때문에 논의된 바와 같이 $1.34 \times 10^{-3}\ M$보다 작음), 다음과 같이 근사법을 적용한다.

$$(0.10-x)\ M \approx 0.10\ M \quad \text{그리고} \quad (0.050+x)\ M \approx 0.050\ M$$

따라서 평형식은 다음과 같이 단순화된다.

$$1.8 \times 10^{-5} = \frac{(x)(0.050)}{0.10}, \quad x = 3.6 \times 10^{-5}\ M$$

그리고 평형표에 따르면 $[H^+]=x$이므로, $pH = -\log(3.6 \times 10^{-5}) = 4.44$가 된다.

> **참조**
> 이 경우, 아세트산의 이온화 백분율은 다음과 같다.
> $$\frac{3.6 \times 10^{-5}\ M}{0.10\ M} \times 100\% = 0.036\%$$
> 이 값은 아세트산 소듐을 첨가하기 전의 이온화 백분율보다 상당히 작은 값이다.

### 생각해 보기

$CH_3COOH$, $CH_3COO^-$ 및 $H^+$의 평형 농도는 아세트산 소듐을 아세트산 용액에 첨가하는지, 아세트산을 아세트산 소듐 용액에 첨가하는지 또는 두 화학종을 동시에 용해하는지에 관계없이 동일하다. 0.10 $M$ 아세트산 용액에서 평형 농도로 시작하는 평형표를 만들 수 있었다.

| | $CH_3COOH(aq)$ | ⇌ $H^+(aq)$ | $+CH_3COO^-(aq)$ |
|---|---|---|---|
| 초기 농도($M$): | 0.09866 | $1.34 \times 10^{-3}$ | $5.134 \times 10^{-2}$ |
| 농도 변화량($M$): | $+y$ | $-y$ | $-y$ |
| 평형 농도($M$): | $0.09866+y$ | $1.34 \times 10^{-3}-y$ | $5.134 \times 10^{-2}-y$ |

> **참조**
> 이것은 0.10 $M$ 아세트산 용액($1.34 \times 10^{-3}\ M$)과 아세테이트 이온(0.050 $M$)의 평형 농도의 합이다.

이 경우 반응은 왼쪽으로 진행된다. (아세트산 농도가 증가하고 수소와 아세테이트 이온의 농도가 감소한다.) $y$에 대한 답은 $1.304 \times 10^{-3}\ M$이다. 따라서 $[H^+] = 1.34 \times 10^{-3} - y = 3.6 \times 10^{-5}\ M$ 및 pH=4.440이다. 어느 방법을 사용해도 동일한 pH의 결과를 나타낸다.

> **참조**
> $CH_3COOH$와 $CH_3COO^-$가 동시에 첨가되고 반응이 오른쪽으로 진행되는 것처럼 문제를 해결하면 풀이가 단순해진다.

**유제 1** 25°C에서 염화 암모늄 0.35몰을 0.25 $M$ 암모니아 수용액 1.0 L에 용해시켜 만든 용액의 pH를 결정하시오.

**유제 2** 다음 화합물 중 어느 것이 HF 수용액에 첨가될 때 pH를 증가시키는가? 어느 것이 pH를 감소시키는가? 어느 것이 pH에 영향을 주지 않는가?

| NaF | $SnF_2$ | HCl | NaCl | NaOH | $H_2O$ |
|---|---|---|---|---|---|
| (i) | (ii) | (iii) | (iv) | (v) | (vi) |

약전해질의 수용액은 약전해질 자체 분자뿐만 아니라 이온 상태인 이온화 과정에 의한 생성물을 모두 포함한다. 이들 이온 중 하나를 포함하는 가용성 염이 첨가되면 평형이 왼쪽으로 이동하여 약전해질의 이온화가 **억제된다**. 일반적으로 용해된 물질과 공통되는 이온을 포함한 화합물이 평형 상태인 용액에 첨가되면, 평형은 왼쪽으로 이동한다. 이 현상은 **공통 이온 효과**(common ion effect)로 알려져 있다.

참조

공통 이온은 또한 $H^+$ 또는 $OH^-$일 수 있다. 예를 들어, 약산 용액에 강산을 첨가하면 약산의 이온화가 억제된다. 이와 유사하게, 약염기 용액에 강염기를 첨가하면 약염기의 이온화가 억제된다.

## 17.1절 복습

### 공통 이온 효과

**17.1.1** 다음 중 어느 화학종이 평형 상태에서 아질산($HNO_2$) 용액의 이온화 백분율을 감소시키는가? (해당되는 것을 모두 고르시오.)

(a) $NaNO_2$ (b) $H_2O$

(c) $Ca(NO_3)_2$ (d) $HNO_3$

(e) $NaNO_3$

**17.1.2** 25°C에서 농도가 0.1 *M*이고, 부피가 1.0 L인 HF 용액에 0.05몰의 NaF를 첨가하여 만든 용액의 pH는 얼마인가? (NaF의 첨가로 용액의 부피가 변화되지 않는다고 가정한다. HF에 대한 $K_a = 7.1 \times 10^{-4}$이다.)

(a) 2.1 (b) 2.8

(c) 1.4 (d) 4.6

(e) 7.3

# 17.2 완충 용액

약산과 그것의 짝염기(또는 약염기 및 그것의 짝산)를 포함하는 용액은 **완충 용액**(buffer solution)이다. 완충 용액은 조성에 따라 소량의 산 또는 염기 첨가 시 pH의 변화에 저항한다. pH 변화에 저항하는 능력은 인체를 포함한 화학 및 생물 시스템에 매우 중요하다. 혈액의 pH는 약 7.4이며, 위액의 pH는 약 1.5이다. 각각의 pH 값은 적절한 효소 기능과 삼투압의 균형에 중요하며, 각각은 완충 용액에 의해 매우 좁은 pH 범위 내에서 유지된다.

참조

모든 약산 용액에는 어느 정도의 짝염기가 들어 있다. 그러나 완충 용액에서 약산 및 짝염기의 양은 비교 가능해야 하며, 이는 짝염기가 용해된 염에 의해 공급되어야 한다는 것을 의미한다.

## 완충 용액의 pH 계산

아세트산의 농도가 1.0 *M*이고, 아세트산 소듐의 농도가 1.0 *M*인 어떤 용액을 생각해 보자. 소량의 산이 이 용액에 첨가되면 아세테이트 이온에 의해 다음 반응식과 같이 완전히 소모된다.

$$H^+(aq) + CH_3COO^-(aq) \longrightarrow CH_3COOH(aq)$$

참조

아세트산 소듐은 강전해질[◀◀ 9.1절]이므로, 물에서 완전히 해리되어 소듐 이온과 아세테이트 이온을 생성한다.

$$CH_3COONa(s) \longrightarrow Na^+(aq) + CH_3COO^-(aq)$$

위 반응에 의해 강산($H^+$)을 약산($CH_3COOH$)으로 전환시킨다. 강산을 첨가하면 용액의 pH가 낮아진다. 그러나 강산을 약산으로 전환시키는 완충 용액의 능력은 첨가제가 pH에 미치는 영향을 최소화한다.

유사하게, 소량의 염기가 첨가되면 아세트산에 의해 다음과 같이 소비된다.

$$CH_3COOH(aq) + OH^-(aq) \longrightarrow CH_3COO^-(aq) + H_2O(l)$$

따라서 강염기($OH^-$)를 약염기($CH_3COO^-$)로 전환시킨다. 강염기를 첨가하면 용액의 pH가 증가한다. 그러나 강염기를 약염기로 전환시키는 완충 용액의 능력은 첨가제가 pH에 미치는 영향을 최소화한다.

완충 용액의 기능을 설명하기 위해 이전에 설명한 아세트산-아세트산 소듐 용액 1 L가 있다고 가정해 보자. 17.1절의 절차를 사용하여 완충 용액의 pH를 계산할 수 있다.

| | $CH_3COOH(aq)$ | $\rightleftharpoons H^+(aq)$ | $+ CH_3COO^-(aq)$ |
|---|---|---|---|
| 초기 농도(Initial concentration, $M$): | 1.0 | 0 | 1.0 |
| 농도 변화량(Change in concentration, $M$): | $-x$ | $+x$ | $+x$ |
| 평형 농도(Equilibrium concentration, $M$): | $1.0-x$ | $x$ | $1.0+x$ |

평형식은 다음과 같다.

$$K_a = \frac{(x)(1.0+x)}{1.0-x}$$

**참조**

정반응은 공통 이온 $CH_3COO^-$의 존재에 의해 억제되고, 역반응은 $CH_3COOH$의 존재에 의해 억제된다.

$x$의 값이 매우 작다고 가정하는 것이 합리적이므로, 다음과 같이 고려한다.

$$(1.0-x)\ M \approx 1.0\ M \qquad \text{그리고} \qquad (1.0+x)\ M \approx 1.0\ M$$

따라서 평형식은 다음과 같이 단순화된다.

$$1.8 \times 10^{-5} = \frac{(x)(1.0)}{1.0} = x$$

그러므로 평형 상태에서 $[H^+] = 1.8 \times 10^{-5}\ M$ 및 pH=4.74이다.

**참조**

완충 용액에 첨가된 강산의 양이 원래 존재하는 짝염기의 양을 초과하지 않는 한, 첨가된 모든 산은 소비되어 약산으로 전환될 것이다.

이제 0.10몰의 HCl을 완충 용액에 첨가할 때 어떻게 되는지 생각해 보자. (HCl의 첨가가 용액의 부피에 변화를 일으키지 않는다고 가정한다.) 강산을 첨가할 때 일어나는 반응은 $H^+$가 $CH_3COOH$로 전환되는 것이다. 첨가된 산은 동일한 양의 아세테이트 이온과 함께 모두 소비된다. 반응식 위에 초기의 양을 쓰고, 첨가된 물질이 소비된 후의 최종 양을 반응식 아래에 써서 강산(또는 염기)을 첨가할 때 아세트산과 아세테이트 이온의 양을 추적한다.

| | | | |
|---|---|---|---|
| $H^+$를 첨가할 때: | 1.0 mol | 0.1 mol | 1.0 mol |
| | $CH_3COO^-(aq)$ | $+\ H^+(aq)$ | $\longrightarrow CH_3COOH(aq)$ |
| $H^+$가 소비된 후: | 0.9 mol | 0 mol | 1.1 mol |

아세트산과 아세테이트 이온의 양을 사용하여 새로운 평형표를 만들 수 있다.

| | $CH_3COOH(aq)$ | $\rightleftharpoons H^+(aq)$ | $+ CH_3COO^-(aq)$ |
|---|---|---|---|
| 초기 농도(Initial concentration, $M$): | 1.1 | 0 | 0.9 |
| 농도 변화량(Change in concentration, $M$): | $-x$ | $+x$ | $+x$ |
| 평형 농도(Equilibrium concentration, $M$): | $1.1-x$ | $x$ | $0.9+x$ |

$x$의 값이 무시될 정도로 작다고 가정할 때 이전에 했던 것처럼 pH를 계산할 수 있다.

$$1.8\times10^{-5}=\frac{(x)(0.9+x)}{1.1-x}\approx\frac{(x)(0.9)}{1.1}$$
$$x=2.2\times10^{-5}\ M$$

따라서 평형 상태에 다시 도달하게 되면 용액 속의 $[H^+]=2.2\times10^{-5}\ M$이고, pH가 0.08만 변화되어 결과적으로 pH=4.66인 용액이 된다.

**참조**

순수한 물 1 L에 0.10몰의 HCl만 첨가해도 pH는 7.00에서 1.00으로 낮아진다.

방금 설명한 것과 같은 완충 용액의 pH를 결정할 때, 이온화가 공통 이온의 존재에 의해 억제되기 때문에 약산이 이온화되는 적은 양($x$)은 항상 무시한다. 유사하게 아세트산의 존재 때문에 아세테이트 이온의 가수 분해를 무시한다. 이것은 완충 용액의 pH를 결정하기 위한 표현을 유도할 수 있게 한다. 평형식으로 시작하면 다음과 같다.

$$K_a=\frac{[H^+][A^+]}{[HA]}$$

$[H^+]$를 풀기 위해 다시 정렬하면 다음과 같다.

$$[H^+]=\frac{K_a[HA]}{[A^-]}$$

양변에 $-\log$를 취하면, 다음의 두 식으로 나타낼 수 있다.

$$-\log\,[H^+]=-\log\,K_a-\log\,\frac{[HA]}{[A^-]}\qquad \text{또는} \qquad -\log\,[H^+]=-\log\,K_a+\log\,\frac{[A^-]}{[HA]}$$

위 식을 다시 정리하면 다음과 같다.

$$pH=pK_a+\log\,\frac{[A^-]}{[HA]} \qquad \text{식 17.1}$$

$$pK_a=-\log\,K_a \qquad \text{식 17.2}$$

식 17.1은 **헨더슨–하셀발흐 식**(Henderson–Hasselbalch equation)이라고 알려져 있다. 더 일반적인 형태는 다음과 같다.

$$pH=pK_a+\log\,\frac{[\text{짝염기}]}{[\text{약산}]} \qquad \text{식 17.3}$$

아세트산(1.0 $M$) 및 아세트산 소듐(1.0 $M$)으로 만든 완충 용액의 경우, 약산 및 짝염기의 농도는 **같다**. 이것이 사실일 때 헨더슨–하셀발흐 식의 로그 항은 0이고, pH는 수치적으로

$pK_a$와 같다. 아세트산-아세테이트 이온 완충 용액의 경우, $pK_a = -\log 1.8\times 10^{-5} = 4.74$이다.

0.10몰의 HCl을 첨가한 후 아세트산 및 아세테이트 이온의 농도가 각각 1.1 *M* 및 0.9 *M* 임을 확인하였다. 헨더슨-하셀발흐 식에서 이 농도를 사용하면, 다음과 같다.

$$\begin{aligned} pH &= 4.74 + \log\frac{[CH_3COO^-]}{[CH_3COOH]} \\ &= 4.74 + \log\frac{0.9\ M}{1.1\ M} \\ &= 4.74 + (-0.087) = 4.65 \end{aligned}$$

이 pH와 평형표를 사용하여 계산된 4.66 사이의 작은 차이는 반올림의 차이 때문이다. 그림 17.1은 완충 용액이 pH의 격렬한 변화에 어떻게 저항하는지를 보여 준다.

예제 17.2는 헨더슨-하셀발흐 식을 사용하여 강염기를 첨가한 후 완충 용액의 pH를 결정하는 방법을 보여 준다.

## 예제 17.2

아세트산 1.00 *M*과 아세트산 소듐 1.00 *M*의 완충 용액 1.00 L에 0.100몰의 NaOH를 첨가한 후의 pH를 계산하시오. (염기의 추가로 인해 용액의 부피는 변하지 않는다고 가정한다.)

**전략** 첨가된 염기는 완충 용액의 아세트산 성분과 반응하여 $OH^-$를 $CH_3COO^-$로 전환시킨다.

$$CH_3COOH(aq) + OH^-(aq) \longrightarrow H_2O(l) + CH_3COO^-(aq)$$

식 위에 각 화학종의 초기의 양과 식 아래에 각 화학종의 최종 양을 적으시오. 최종 양을 식 17.1의 농도로 사용한다.

**참조**

이 예제에서 완충 용액의 부피는 1 L이므로 물질의 몰은 몰농도와 동일하다. 그러나 완충 용액의 부피가 1 L가 아닌 경우에는 부피가 로그 항의 분자와 분모에서 소거되기 때문에 헨더슨-하셀발흐 식에 몰을 그대로 사용할 수 있다.

**계획**

| | | | | |
|---|---|---|---|---|
| $OH^-$를 첨가할 때: | 1.00 mol | 0.10 mol | | 1.00 mol |
| | $CH_3COOH(aq)$ + | $OH^+(aq)$ ⟶ | $H_2O(l)$ + | $CH_3COO^-(aq)$ |
| $OH^-$가 소비된 후: | 0.90 mol | 0 mol | | 1.10 mol |

**풀이**

$$\begin{aligned} pH &= 4.74 + \log\frac{1.10\ M}{0.90\ M} \\ &= 4.74 + \log\frac{1.10\ M}{0.90\ M} = 4.83 \end{aligned}$$

따라서 0.10몰의 NaOH를 첨가한 후 완충 용액의 pH는 4.83이다.

### 생각해 보기

항상 계산된 pH에서 "확인"을 한다. 완충 용액이 첨가된 염기의 영향을 최소화하더라도 pH는 증가한다. 계산한 pH가 염기 첨가 후 더 낮다면, 약산과 짝염기 농도를 섞었거나 빼기 부호를 쓰지 않은 것과 같은 오류가 있는지 확인한다.

**유제 ❶** pH가 4.10인 완충 용액을 만들기 위해 아세트산의 농도가 1.5 *M* 및 아세트산 소듐의 농도가 0.75 *M*인 완충 용액 1 L에 얼마나 많은 HCl을 첨가해야 하는가?

**유제 ❷** 다음 중 첫 번째 그림은 완충 용액을 나타낸다. 어느 그림[(i)~(iv)]이 강산 첨가 후의 완충 용액을 가장 잘 나타내고 있는가?

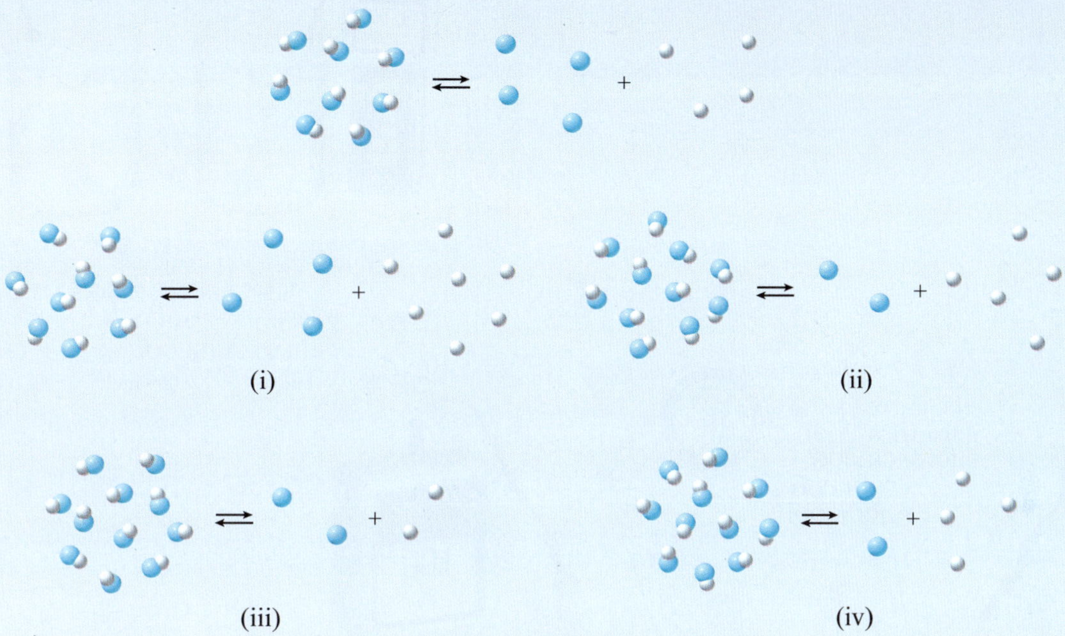


## 특정한 pH를 갖는 완충 용액의 제조

어떤 용액에 산 또는 염기가 첨가될 때 pH 변화에 저항할 수 있는 능력을 가지고 있다면 그 용액은 완충 용액이다. 약산과 짝염기의 농도가 10배 이상 차이 나면 용액은 이러한 능력이 없다. 그러므로 다음과 같은 조건이 충족될 때만 용액을 완충 용액으로 간주하고 식 17.1을 사용하여 pH를 계산할 수 있다.

$$10 \geq \frac{[\text{짝염기}]}{[\text{약산}]} \geq 0.1$$

결과적으로 식 17.1의 로그 항은 $-1$에서 1까지의 값을 가질 수 있으며, 완충 용액의 pH는 포함하고 있는 약산의 $pK_a$ 값으로부터 1 이상 차이가 날 수 없다. 이것은 $pH = pK_a \pm 1$인 완충 용액의 **범위**(range)로 알려져 있다. 이것은 원하는 특정 pH의 완충 용액을 만들기 위해 적절한 짝 쌍을 선택할 수 있도록 한다.

먼저 $pK_a$가 원하는 pH에 가까운 약산을 선택한다. 다음으로 [짝염기]/[약산]의 필요한 비율을 얻기 위해 pH와 $pK_a$ 값을 식 17.1에 대입한다. 그런 다음 이 비율을 완충 용액 준비를 위한 몰로 전환할 수 있다.

예제 17.3에서는 이 과정을 보여 준다.

그림 17.1
완충 용액

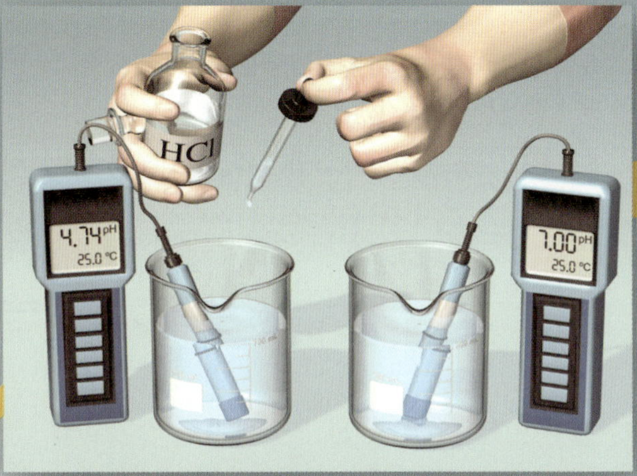


0.001몰의 강산을 첨가하면 완충 용액의 아세테이트 이온에 의해 완전히 소모된다.

| | | | | |
|---|---|---|---|---|
| 반응 전: | 0.001 mol | 0.010 mol | | 0.010 mol |
| | $H^+(aq)$ + | $CH_3COO^-(aq)$ | $\longrightarrow$ | $CH_3COOH(aq)$ |
| 반응 후: | 0 mol | 0.009 mol | | 0.011 mol |

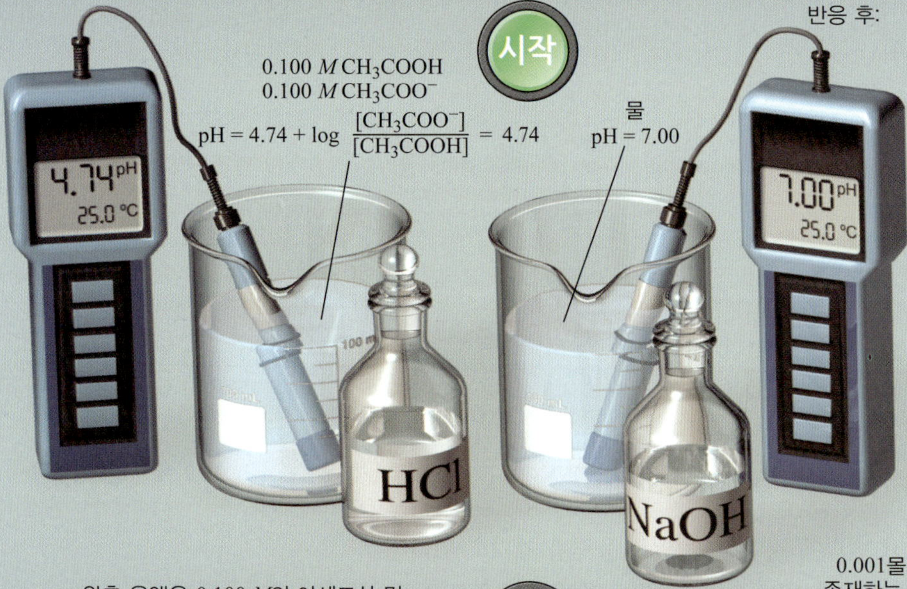


완충 용액은 0.100 *M*의 아세트산 및 0.100 *M*의 아세트산 소듐을 포함한다. 이 완충 용액 100 mL에 아세트산 및 아세테이트 이온은 각각 (0.100 mol/L)(0.10 L) = 0.010 mol이다.

시작

0.001몰의 염기를 첨가하면 완충 용액에 존재하는 아세트산에 의해 완전히 소비된다.

| | | | | |
|---|---|---|---|---|
| 반응 전: | 0.001 mol | 0.010 mol | | 0.010 mol |
| | $OH^-(aq)$ + | $CH_3COOH(aq)$ | $\longrightarrow$ | $H_2O(l) + CH_3COO^-(aq)$ |
| 반응 후: | 0 mol | 0.009 mol | | 0.011 mol |

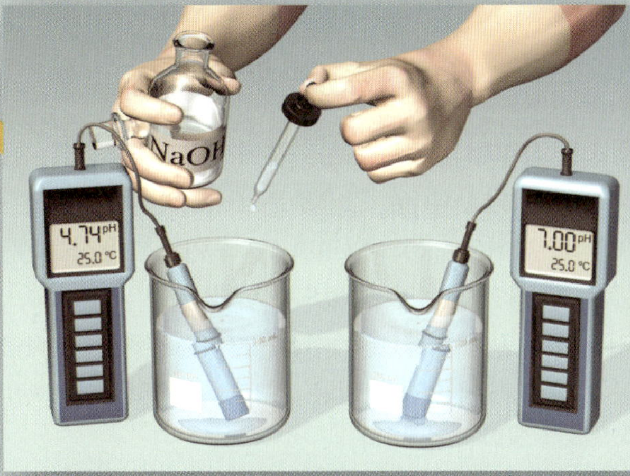

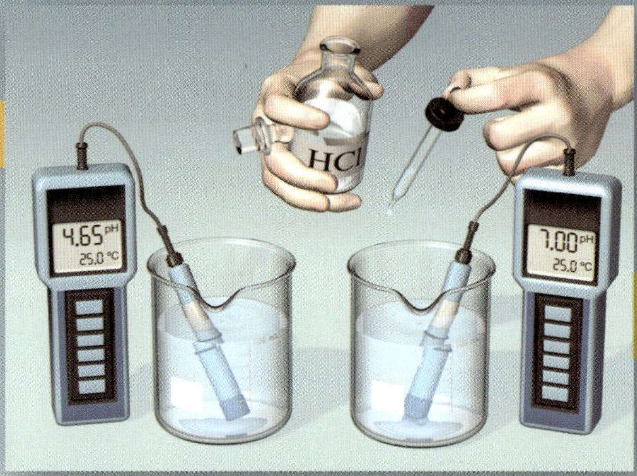


헨더슨–하셀발흐 식을 사용하여 새로운 pH를 계산할 수 있다.

$$pH = 4.74 + \log \frac{0.009}{0.011} = 4.65$$

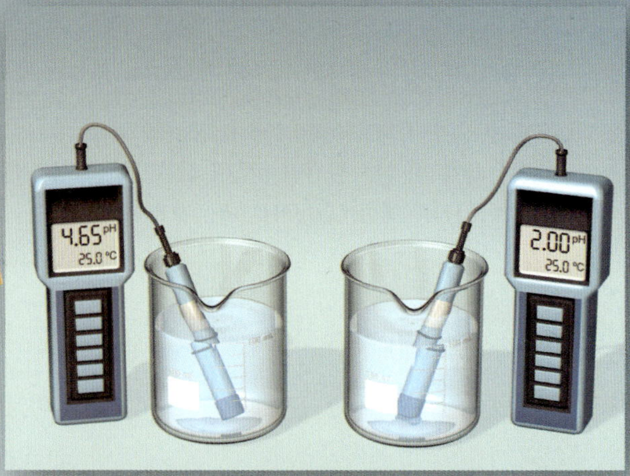


순수한 물에는 강산을 소비할 수 있는 화학종이 없다. 따라서 pH가 급격히 떨어진다.

$$pH = -\log \frac{0.001\ \text{mol}}{0.10\ \text{L}} = 2.00$$

헨더슨–하셀발흐 식을 사용하여 새로운 pH를 계산할 수 있다.

$$pH = 4.74 + \log \frac{0.011}{0.009} = 4.83$$

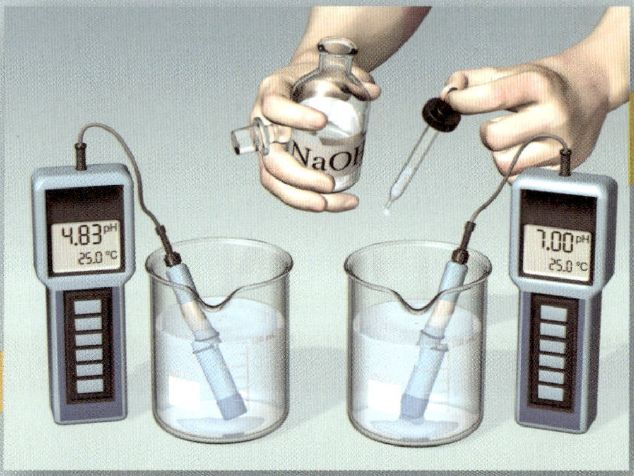


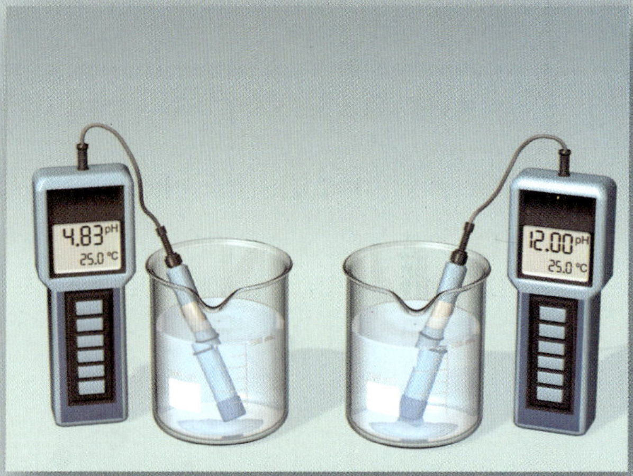


순수한 물에는 강염기를 소비할 수 있는 화학종이 없다. 따라서 pH가 급격히 상승한다

$$pOH = -\log \frac{0.001\ \text{mol}}{0.10\ \text{L}} = 2.00,\ pH = 12.00$$

## 요점 내용

완충 용액에는 약산과 그것의 짝염기가 모두 포함되어 있다.* 완충 성분에 의해 소량의 강산 또는 강염기가 소모되므로 급격한 pH 변화를 예방할 수 있다. 순수한 물에는 산이나 염기를 소비할 수 있는 화학종이 없다. 산이나 염기를 아주 조금만 첨가해도 pH가 크게 변한다.

* 완충 용액은 약염기와 짝산을 사용해서도 만들 수 있다.

## 예제 17.3

표에서 적절한 약산을 선택하여 pH가 9.50인 완충 용액을 준비하는 방법을 설명하시오.

**참조**

| 약산 | $K_a$ | $pK_a$ |
|---|---|---|
| HF | $7.1\times10^{-4}$ | 3.15 |
| $HNO_2$ | $4.5\times10^{-4}$ | 3.35 |
| HCOOH | $1.7\times10^{-4}$ | 3.77 |
| $C_6H_5COOH$ | $6.5\times10^{-5}$ | 4.19 |
| $CH_3COOH$ | $1.8\times10^{-5}$ | 4.74 |
| HCN | $4.9\times10^{-10}$ | 9.31 |
| $C_6H_5OH$ | $1.3\times10^{-10}$ | 9.89 |

**전략** pH=9.50로부터 ±1의 $pK_a$ 값을 가지는 산을 선택한다. 산의 $pK_a$와 식 17.1을 사용하여 [짝염기]/[약산]의 필요한 비율을 계산한다. 계산된 비율을 만드는 완충 용액 구성 요소의 농도를 선택한다.

**계획** 표에 원하는 범위의 $pK_a$의 값을 가지는 산 두 가지가 있는데, 사이안화 수소산(HCN, $pK_a$= 9.31)과 페놀($C_6H_5OH$, $pK_a$=9.89)이다.

**풀이** 페놀에 대한 값을 식 17.1에 대입하면 다음과 같다.

$$9.50=9.89+\log\frac{[C_6H_5O^-]}{[C_6H_5OH]}$$

$$9.50-9.89=\log\frac{[C_6H_5O^-]}{[C_6H_5OH]}=-0.39$$

$$\frac{[C_6H_5O^-]}{[C_6H_5OH]}=10^{-0.39}=0.41$$

따라서 $[C_6H_5OH]$에 대한 $[C_6H_5O^-]$의 비는 0.41이다. 이를 이용하여 완충 용액을 만드는 방법은 1 L의 물에 0.41몰의 $C_6H_5ONa$와 1.00몰의 $C_6H_5OH$를 용해시키는 것이다.

### 생각해 보기

필요한 비율을 만들 수 있는 [짝염기]와 [약산]의 조합은 무한하다. 이 pH는 또한 HCN 및 사이안화 염을 사용하여 만들 수도 있다. 대부분의 목적을 위해 최소의 독성을 가지는 화합물을 사용하는 것이 가장 좋다.

**유제 1** 아질산($HNO_2$)과 아질산 소듐($NO_2^-$)으로 구성된 완충 용액으로 얻을 수 있는 pH 값의 범위는 얼마인가?

**유제 2** 다음 그림은 세 가지 다른 약산을 나타내며, 각 약산은 완충 용액을 준비하기 위해 짝염기와 혼합할 수 있다. 가장 낮은 pH의 완충 용액을 준비하는 데 사용할 수 있는 산은 어느 것인가?

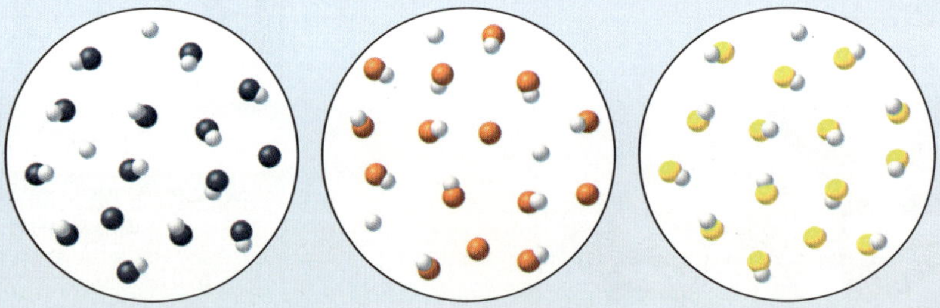

(i) (ii) (iii)

## 17.2절 복습

### 완충 용액

**17.2.1** HF의 농도가 0.76 $M$이고 NaF의 농도가 0.98 $M$인 완충 용액의 pH는 얼마인가?

(a) 3.26 (b) 3.04 (c) 3.15

(d) 10.85 (e) 10.74

**17.2.2** 폼산(HCOOH)의 농도가 0.85 *M*이고 폼산 소듐(HCOONa)의 농도가 1.4 *M*인 완충 용액 1 L를 생각해 보자. 0.15몰의 HCl을 첨가한 후의 pH를 계산하시오.(산의 추가로 인해 용액의 부피는 변하지 않는다고 가정한다.)

(a) 4.11 (b) 3.99 (c) 3.87
(d) 10.13 (e) 10.01

**17.2.3** 사이안화 수소산(HCN)의 농도가 1.5 *M*이고 사이안화 소듐(NaCN)의 농도가 1.2 *M*인 완충 용액 1 L를 생각해 보자. 0.25몰의 NaOH를 첨가한 후의 pH를 계산하시오. (염기의 추가로 인해 용액의 부피가 변하지 않는다고 가정한다.)

(a) 9.21 (b) 9.37 (c) 9.04
(d) 4.63 (e) 4.96

**17.2.4** 다음의 그림은 어떤 용액이 약산 HA와 그것의 소듐 염, NaA이 혼합되어 있는 것을 나타낸다. (소듐 이온과 물 분자는 표시하지 않았다.) 다음 용액들을 pH가 증가하는 순서로 나열하시오.

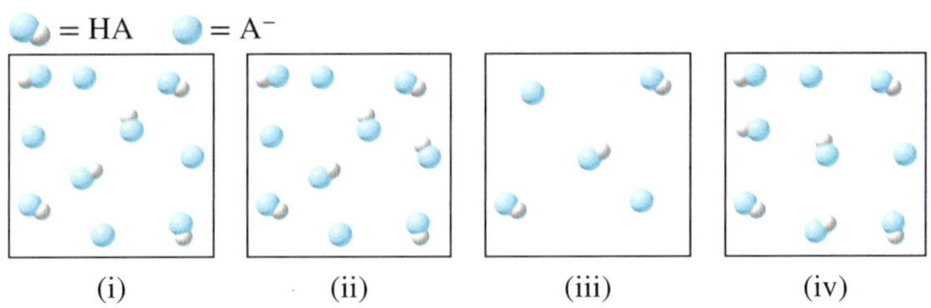


(a) i < iii < iv < ii (b) iv < ii < iii < i (c) i < ii < iv < iii
(d) iv < ii < i = iii (e) i = iii < iv < ii

## 17.3 산–염기 적정

9.6절에서는 화학 분석의 한 형태로서 산–염기 적정을 소개했다. 완충 용액에 관해 논의했으므로 이제 산–염기 적정의 정량적 측면을 자세히 살펴볼 수 있다. 다음 세 종류의 반응을 고려할 것이다. (1) 강산과 강염기를 포함한 적정, (2) 약산과 강염기를 포함한 적정, (3) 강산과 약염기를 포함한 적정. 약산 및 약염기를 포함하는 적정은 형성되는 염의 양이온 및 음이온 모두의 가수 분해가 가능하기 때문에 복잡해진다. 이 적정은 여기서 설명하지 않는다. 그림 17.2는 산–염기 적정 과정에서 pH를 모니터링하기 위한 실험 설정을 보여 준다.

### 강산–강염기 적정

강산 HCl과 강염기 NaOH 사이의 반응은 다음과 같다.

$$NaOH(aq) + HCl(aq) \longrightarrow NaCl(aq) + H_2O(l)$$

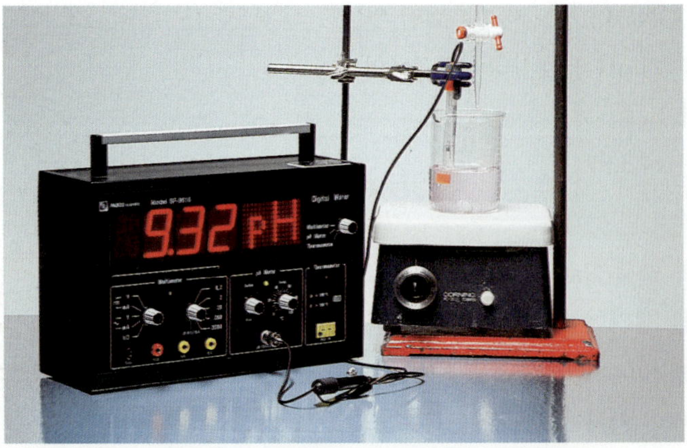


**그림 17.2** pH 미터는 산-염기 적정을 모니터링하는 데 사용된다.

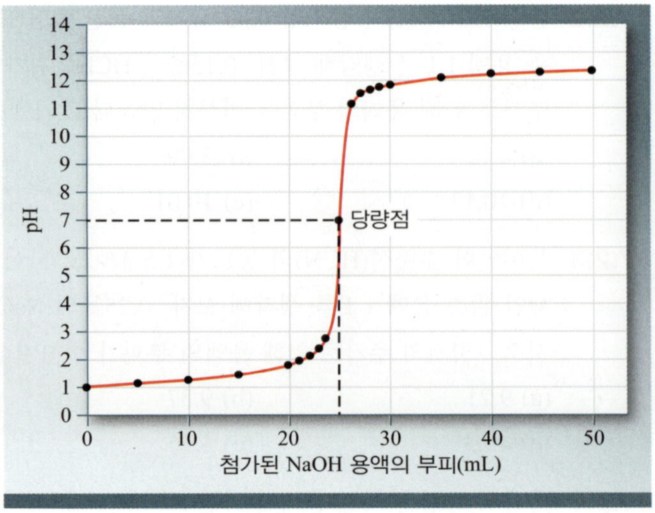


**그림 17.3** 강산-강염기 적정에 대한 적정 곡선(첨가된 적정액의 부피에 대한 함수로서의 pH). 0.100 *M* NaOH 용액의 적정액을 뷰렛으로부터 삼각 플라스크 내의 0.100 *M* HCl 용액 25.0 mL에 첨가하였다.

위 반응의 알짜 이온 반응식은 다음과 같다.

$$OH^-(aq) + H^+(aq) \longrightarrow H_2O(l)$$

0.100 *M* HCl 25.0 mL가 담긴 용기에 0.100 *M* NaOH 용액(뷰렛에서)을 첨가하는 것을 생각해 보자. 편의상 부피와 농도에 대해 세 개의 유효 숫자와 pH에 대해 두 개의 유효 숫자만을 사용한다. 그림 17.3은 첨가된 적정액의 부피에 대한 함수로서의 pH를 나타낸 적정 곡선을 보여 준다.

> **참조**
> 소수점 오른쪽의 숫자만이 pH 값에서 유효 숫자에 해당한다는 것을 기억하자.

> **참조**
> 적정액은 뷰렛으로부터 플라스크로 첨가되는 용액이다.

NaOH의 첨가가 시작되기 전 산의 pH는 $-\log(0.100)$ 또는 1.00로 주어진다. NaOH를 첨가하면 용액의 pH는 처음에 천천히 증가한다. 당량점 부근에서 pH는 급격히 상승하기 시작하고, 당량점에서 같은 몰의 산과 염기가 반응하면 곡선이 거의 수직으로 상승한다. 강산-강염기 적정에서 수소 이온과 수산화 이온의 농도는 당량점(약 $1 \times 10^{-7}$ *M*)에서 매우 작다. 결과적으로 염기를 한 방울 첨가하면 $[OH^-]$가 크게 증가하고 용액의 pH가 급격히 상승한다. NaOH를 계속 첨가하면 pH는 당량점 이후 다시 천천히 증가한다.

> **참조**
> 1:1 비율로 합쳐진 산과 염기의 경우, 당량점은 산과 염기의 동일한 몰이 합쳐지는 곳이다[◀◀ 9.6절].

적정의 모든 단계에서 용액의 pH를 계산하는 것이 가능하다. 다음은 세 가지 예시에 대한 계산이다.

> **참조**
> 이 계산은 몰(mol)을 사용하여 수행할 수도 있지만 밀리몰(mmol)을 사용하면 계산이 간단해진다. $\text{mmol} = M \times \text{mL}$[◀◀ 9.5절]를 기억하자.

1. 25.0 mL의 0.100 *M* HCl 용액에 10.0 mL의 0.100 *M* NaOH 용액을 첨가할 때, 용액의 총 부피는 35.0 mL이다. 10.0 mL 염기 용액 속 NaOH의 밀리몰(mmol)은 다음과 같다.

$$10.0\text{ mL} \times \frac{0.100\text{ mmol NaOH}}{1\text{ mL}} = 1.00\text{ mmol}$$

25.0 mL의 산 용액에 원래 들어 있는 HCl의 밀리몰은 다음과 같다.

$$25.0\text{ mL} \times \frac{0.100\text{ mmol HCl}}{1\text{ mL}} = 2.50\text{ mmol}$$

따라서 부분적으로 적정 반응이 진행한 후 용액 속에 남은 HCl의 양은 2.50−1.00, 즉 1.50밀리몰이다. 다음으로 $H^+$의 농도를 결정한다. 35.0 mL 용액 속에 1.50밀리몰이 들어 있다.

$$\frac{1.50 \text{ mmol HCl}}{35.0 \text{ mL}} = 0.0429\ M$$

그러므로 $[H^+] = 0.0429\ M$이고 용액의 pH는 다음과 같다.

$$\text{pH} = -\log(0.04289) = 1.37$$

2. 25.0 mL의 0.100 *M* HCl 용액에 25.0 mL의 0.100 *M* NaOH 용액을 첨가하는 것을 생각해 보자. 이것은 중화 반응이 완전히 진행되고, 염(NaCl)의 이온이 가수 분해를 일으키지 않기 때문에 바로 계산된다[|◀◀ 16.10절]. 당량점에서 $[H^+] = [OH^-] = 1.00 \times 10^{-7}\ M$이고 용액의 pH는 7.000이다.
3. 25.0 mL의 0.100 *M* HCl 용액에 35.0 mL의 0.100 *M* NaOH 용액을 첨가할 때, 용액의 총 부피는 60.0 mL가 된다. 첨가된 NaOH의 밀리몰은 다음과 같다.

$$35.0 \text{ mL} \times \frac{0.100 \text{ mmol NaOH}}{1 \text{ mL}} = 3.50 \text{ mmol}$$

25.0 mL의 용액에 2.50밀리몰의 HCl이 있다. HCl이 완전히 중화된 후, 2.50밀리몰의 NaOH가 소비되고, 용액 속에 남은 NaOH의 밀리몰은 3.5−2.5 또는 1.00밀리몰이다. 용액 60.0 mL 중의 NaOH의 농도는 다음과 같다.

$$\frac{1.00 \text{ mmol NaOH}}{60.0 \text{ mL}} = 0.0167\ M$$

따라서 $[OH^-] = 0.0167\ M$ 및 $\text{pOH} = -\log(0.0167) = 1.78$이다. 용액의 pH는 14.00−1.78 또는 12.22이다.

표 17.1은 각 지점에서 계산된 pH와 함께 강산-강염기 적정 과정 동안 8가지 다른 지점에서의 자료를 나타냈다.

**표 17.1** 강산-강염기 적정에서 몇 가지 다른 지점에서의 pH 결정

| 첨가된 $OH^-$ 부피 (mL) | 첨가된 $OH^-$ (mmol) | 남은 $H^+$ (mmol) | 전체 부피 (mL) | $[H^+]$ (mol/L) | | pH |
|---|---|---|---|---|---|---|
| 0 | 0 | 2.5 | 25.0 | 0.100 | | 1.000 |
| 5.0 | 0.50 | 2.0 | 30.0 | 0.0667 | | 1.176 |
| 10.0 | 1.0 | 1.5 | 35.0 | 0.0429 | | 1.364 |
| 15.0 | 1.5 | 1.0 | 40.0 | 0.0250 | | 1.602 |
| 20.0 | 2.0 | 0.5 | 45.0 | 0.0111 | | 1.955 |
| 25.0 | 2.5 | 0 | 50.0 | $1.00 \times 10^{-7}$ | | 7.000 |
| **첨가된 $OH^-$ 부피 (mL)** | **첨가된 $OH^-$ (mmol)** | **초과량의 $OH^-$ (mmol)** | **전체 부피 (mL)** | **$[OH^-]$ (mol/L)** | **pOH** | **pH** |
| 30.0 | 3.0 | 0.5 | 55.0 | 0.0091 | 2.04 | 11.96 |
| 35.0 | 3.5 | 1.0 | 60.0 | 0.0167 | 1.78 | 12.223 |

## 약산-강염기 적정

아세트산(약산)과 수산화 소듐(강염기)의 중화 반응을 생각해 보자.

$$CH_3COOH(aq)+NaOH(aq) \longrightarrow CH_3COONa(aq)+H_2O(l)$$

이 반응식은 다음과 같이 단순화될 수 있다.

$$CH_3COOH(aq)+OH^-(aq) \longrightarrow CH_3COO^-(aq)+H_2O(l)$$

이 중화 반응으로 생성된 아세테이트 이온은 다음과 같이 가수 분해를 일으킨다[|◀◀ 16.10절].

$$CH_3COO^-(aq)+H_2O(l) \rightleftharpoons CH_3COOH(aq)+OH^-(aq)$$

따라서 용액에 아세트산 소듐만 들어 있을 때, 아세테이트 이온의 가수 분해로 형성된 $OH^-$로 인해 당량점에서 pH가 7보다 커질 것이다.

25.0 mL의 0.1 *M* 아세트산 용액에 0.10 *M* 수산화 소듐 용액을 넣는 적정 곡선을 그림 17.4에 나타내었다. 곡선의 모양이 그림 17.3과 다른 점에 유의하자. 강염기를 사용한 강산의 적정 곡선과 비교하여, 강염기를 사용한 약산의 적정 곡선은 초기의 pH가 높고, 염기가 첨가됨에 따라 pH가 점진적으로 변화하며, 당량점 부근에서 짧은 수직 구간을 갖는다.

다시 말하면, 적정의 모든 단계에서 pH를 계산하는 것이 가능하다. 다음은 네 가지 계산에 대한 예시이다.

1. 임의의 염기를 첨가하기 전 pH는 아세트산의 이온화에 의해 결정된다. 평형표를 사용하여 $H^+$의 농도를 계산하기 위해 그것의 농도(0.10 *M*)와 $K_a(1.8\times10^{-5})$를 사용한다.

| | $CH_3COOH(aq)$ $\rightleftharpoons$ | $H^+(aq)$ + | $CH_3COO^-(aq)$ |
|---|---|---|---|
| 초기 농도(Initial concentration, *M*): | 0.10 | 0 | 0 |
| 농도 변화량(Change in concentration, *M*): | $-x$ | $+x$ | $+x$ |
| 평형 농도(Equilibrium concentration, *M*): | $0.10-x$ | $x$ | $x$ |

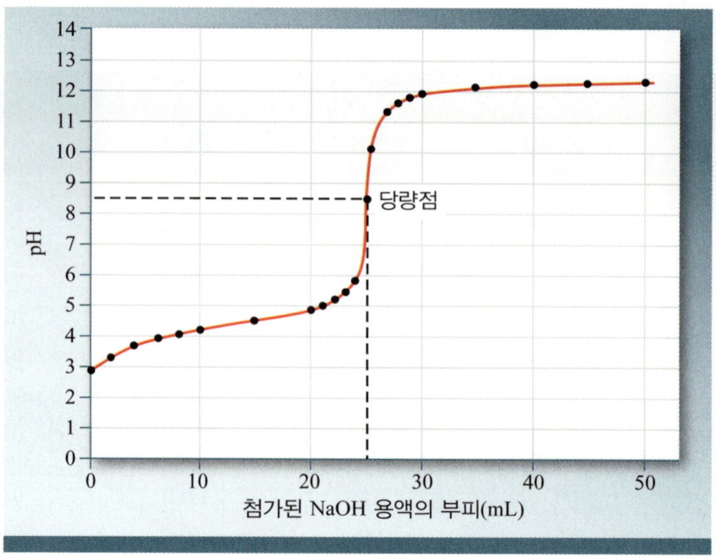


**그림 17.4** 약산-강염기 적정의 적정 곡선. 0.100 *M* NaOH 용액을 뷰렛으로 삼각 플라스크 내의 0.100 *M* $CH_3COOH$ 용액 25.0 mL에 첨가하였다. 생성된 염의 가수 분해로 인해 당량점에서의 pH는 7보다 크다.

$$K_a = \frac{[H^+][CH_3COO^-]}{[CH_3COOH]} = \frac{x^2}{0.10 - x} = 1.8 \times 10^{-5}$$

위 식의 아래에 있는 $x$는 무시할 수 있다[|◀◀ 16.6절]. $x$에 대해 풀면 다음과 같다.

$$\frac{x^2}{0.10} = 1.8 \times 10^{-5}$$

$$x^2 = (1.8 \times 10^{-5})(0.10) = 1.8 \times 10^{-6}$$

$$x = \sqrt{1.8 \times 10^{-6}} = 1.34 \times 10^{-3}\ M$$

최종적으로 $[H^+] = 1.34 \times 10^{-3}\ M$ 및 pH$=2.87$이 된다.

2. 염기의 첫 번째 첨가 후, 일부 아세트산은 반응을 통해 아세테이트 이온으로 전환되었다.

$$CH_3COOH(aq) + OH^-(aq) \longrightarrow CH_3COO^-(aq) + H_2O(l)$$

상당한 양의 아세트산과 아세테이트 이온이 용액에 존재하면 용액을 완충 용액으로 취급하고 헨더슨-하셀발흐 식을 사용하여 pH를 계산한다.

10.0 mL의 염기를 첨가한 후, 용액은 아세트산 1.5밀리몰 및 아세테이트 이온 1.0 밀리몰을 포함한다(표 17.2 참조).

$$pH = 4.74 + \log \frac{1.0\ \text{mmol}}{1.5\ \text{mmol}} = 4.56$$

적정의 시작점과 당량점 사이의 각 지점은 이러한 방식으로 계산될 수 있다.

3. 당량점에서는 모든 아세트산이 중화되고, 용액에는 아세테이트 이온이 남는다. (가수분해를 일으키지 않으므로 용액의 pH에 영향을 주지 않는 소듐 이온도 있다.) 이 지점에서 pH는 아세테이트 이온의 농도와 $K_b$에 의해 결정된다. 당량점은 25.0 mL의 염기가 첨가되었을 때이며, 이때의 총 부피는 50.0 mL가 된다. 2.5밀리몰의 아세트산(표 17.2 참조)은 모두 아세테이트 이온으로 전환되었다. 따라서 아세테이트 이온의 농도는 다음과 같다.

**참조**

헨더슨-하셀발흐 식에서 농도 대신 몰 또는 밀리몰을 사용할 수 있음을 기억하자.

**표 17.2** $CH_3COOH$-NaOH 적정에 대한 여러 다른 점에서의 pH 결정

| 첨가된 $OH^-$ 부피(mL) | 첨가된 $OH^-$ (mmol) | 남은 $CH_3COOH$ | 생성된 $CH_3COO^-$ | | | pH |
|---|---|---|---|---|---|---|
| 0 | 0 | 2.5 | 0.0 | | | 2.87* |
| 5.0 | 0.50 | 2.0 | 0.50 | | | 4.14 |
| 10.0 | 1.0 | 1.5 | 1.0 | | | 4.56 |
| 15.0 | 1.5 | 1.0 | 1.5 | | | 4.92 |
| 20.0 | 2.0 | 0.5 | 2.0 | | | 5.34 |
| 25.0 | 2.5 | 0.0 | 2.5 | | | 8.72† |
| **첨가된 $OH^-$ 부피(mL)** | **첨가된 $OH^-$ (mmol)** | **과량의 $OH^-$ (mmol)** | **전체 부피 (mL)** | **$[OH^-]$ (mol/L)** | **pOH** | **pH** |
| 30.0 | 3.0 | 0.5 | 55.0 | 0.0091 | 2.04 | 11.96 |
| 35.0 | 3.5 | 1.0 | 60.0 | 0.017 | 1.78 | 12.22 |

*$[CH_3COOH] = 0.10\ M$, $K_a = 1.8 \times 10^{-5}$

†$[CH_3COO^-] = 0.050\ M$, $K_b = 5.6 \times 10^{-10}$

**참조**

임의의 염기를 첨가하기 전에, 그리고 당량점에서, 이것은 농도, 이온화 상수 및 평형표를 사용하여 해결하는 평형 문제이다.

**참조**

당량점 이전의 pH는 헨더슨-하셀발흐 식을 사용하여 결정된다.

$$pH = pK_a + \log \frac{[\text{짝염기}]}{[\text{약산}]}$$

**참조**

당량점 후의 약산의 적정 곡선은 강산의 적정 곡선과 동일하다.

$$[CH_3COO^-]=\frac{2.5\text{ mmol}}{50.0\text{ mL}}=0.050\ M$$

적정 초기에 했던 것처럼 평형표를 만든다.

| | $CH_3COO^-(aq)$ | $+\ H_2O(l)$ | $\rightleftharpoons\ OH^-(aq)$ | $+\ CH_3COOH(aq)$ |
|---|---|---|---|---|
| 초기 농도(Initial concentration, $M$): | 0.050 | | 0 | 0 |
| 농도 변화량(Change in concentration, $M$): | $-x$ | | $+x$ | $+x$ |
| 평형 농도(Equilibrium concentration, $M$): | $0.050-x$ | | $x$ | $x$ |

**참조**
$K_a \times K_b = K_w$ [◀◀ 16.8절]

아세테이트 이온의 $K_b$는 $5.6\times10^{-10}$이다.

$$K_b=\frac{[OH^-][CH_3COOH]}{[CH_3COO^-]}=\frac{x^2}{0.050-x}=5.6\times10^{-10}$$

이전과 마찬가지로 식의 분모에서 $x$를 무시할 수 있다. $x$에 대하여 풀면 다음과 같다.

$$\frac{x^2}{0.050}=5.6\times10^{-10}$$

$$x^2=(5.6\times10^{-10})(0.050)=2.8\times10^{-11}$$

$$x=\sqrt{2.8\times10^{-11}}=5.3\times10^{-6}\ M$$

결과적으로 $[OH^-]=5.3\times10^{-6}\ M$, pOH=5.28 및 pH=8.72이다.

4. 당량점 이후에서 강염기를 사용한 약산의 적정에 대한 곡선은 강염기를 사용한 강산의 적정에 대한 곡선과 동일하다. 모든 아세트산이 소비되었기 때문에 추가된 $OH^-$를 소비할 수 있는 화학종은 없으며 pH는 12에서 13 사이가 된다.

표 17.2에는 0.10 $M$ NaOH 용액을 사용한 0.10 $M$ 아세트산 25.0 mL의 적정에 대한 자료를 나열하였다.

예제 17.4는 강염기를 사용한 약산의 적정에 대하여 pH를 계산하는 방법을 보여 준다.

## 예제 17.4

0.240 $M$의 수산화 소듐 용액을 사용하여 50.0 mL의 0.120 $M$ 아세트산 용액을 적정할 때, 다음의 염기가 첨가된 이후의 pH를 계산하시오.

(a) 10.0 mL의 염기 (b) 25.0 mL의 염기 (c) 35.0 mL의 염기

**전략** 아세트산과 수산화 소듐 사이의 반응은 다음과 같다.

$$CH_3COOH(aq)+OH^-(aq) \longrightarrow H_2O(l)+CH_3COO^-(aq)$$

당량점 이전(a)에, 용액은 아세트산과 아세테이트 이온을 모두 포함하여 용액을 완충액으로 만든다. 헨더슨-하셀발흐 식인 식 17.1을 사용하여 (a)를 풀 수 있다. 당량점(b)에서는 모든 아세트산이 중화되고 용액 속에는 아세테이트 이온만 있다. 아세테이트 이온의 농도를 결정하고, 아세테이트 이온에 대한 $K_b$를 사용하여 (b)를 평형 문제로 풀어야 한다. 당량점 이후(c)에는 모든 아세트산은 중화되고 추가로 첨가된 염기는 소비되지 않는다. 용액에서 과량의 수산화 이온의 농도를 결정하고 식 16.4와 16.6을 사용하여 pH를 풀어야 한다.

**계획** 단위 $M$은 mol/L 또는 mmol/mL로 정의할 수 있다[|◀◀ 9.5절]. 이러한 유형의 문제의 경우, 몰이 아닌 밀리몰을 사용하면 계산을 단순화할 수 있다. 아세트산에 대한 $K_a$는 $1.8\times10^{-5}$이므로 $pK_a=4.74$이다. 아세테이트 이온에 대한 $K_b$는 $5.6\times10^{-10}$이다.

(a) 이 용액에는 원래 (0.120 mmol/mL)(50.0 mL)=6.00 mmol의 아세트산이 들어 있다. 10.0 mL의 염기 용액에는 (0.240 mmol/mL)(10.0 mL)=2.40 mmol의 염기가 들어 있다. 10.0 mL의 염기를 첨가한 후, 2.40밀리몰의 $OH^-$가 2.40밀리몰의 아세트산을 중화시켰고, 용액에는 3.60밀리몰의 아세트산과 2.40밀리몰의 아세테이트 이온이 남았다.

| | | | | |
|---|---|---|---|---|
| $OH^-$를 첨가할 때: | 6.00 mol | 2.40 mol | | 0 mol |
| | $CH_3COOH(aq)$ + | $OH^-(aq)$ | $\rightleftharpoons$ $H_2O(l)$ + | $CH_3COO^-(aq)$ |
| $OH^-$가 소비된 후: | 3.60 mmol | 0 mmol | | 2.40 mmol |

(b) 25.0 mL의 염기를 첨가한 후, 적정은 당량점에 위치한다. 아세테이트 이온의 농도와 $K_b$를 사용하여 pH를 계산한다.

(c) 35.0 mL의 염기를 첨가한 후, 적정은 당량점을 지나므로 과량인 수산화 이온의 농도를 결정하여 pH를 계산한다.

**풀이** (a) $\text{pH}=pK_a+\log\dfrac{2.40}{3.60}=4.74-0.18=4.56$

(b) 당량점에서 총 부피의 용액 속에는 아세테이트 이온이 6.0밀리몰 존재한다. 0.24 $M$의 염기가 6.0밀리몰을 포함하는 양을 계산함으로써 총 부피를 결정한다.

$$(\text{부피})(0.240\ \text{mmol/mL})=6.00\ \text{mmol}$$

$$\text{부피}=\frac{6.00\ \text{mmol}}{0.240\ \text{mmol/mL}}=25.0\ \text{mL}$$

25.0 mL의 염기가 첨가되면 총 부피가 50.0 mL+25.0 mL=75.0 mL일 때, 당량점이 발생한다. 따라서 당량점에서 아세테이트 이온의 농도는 다음과 같다.

$$\frac{6.00\ \text{mmol}\ CH_3COO^-}{75.0\ \text{mL}}=0.0800\ M$$

이 농도를 사용하여 평형표를 만들고 $CH_3COO^-$($K_b=5.6\times10^{-10}$)에 대한 이온화 상수를 사용하여 pH를 풀 수 있다.

| | $CH_3COO^-(aq)$ + | $H_2O(l)$ $\rightleftharpoons$ | $OH^-(aq)$ + | $CH_3COOH(aq)$ |
|---|---|---|---|---|
| 초기 농도(Initial concentration, $M$): | 0.0800 | | 0 | 0 |
| 농도 변화량(Change in concentration, $M$): | $-x$ | | $+x$ | $+x$ |
| 평형 농도(Equilibrium concentration, $M$): | $0.0800-x$ | | $x$ | $x$ |

평형식을 사용하고 $x$가 무시될 정도로 작다고 가정하면 다음과 같다.

$$K_b=\frac{[CH_3COOH][OH^-]}{[CH_3COO^-]}=\frac{(x)(x)}{0.0800-x}\approx\frac{x^2}{0.0800}=5.6\times10^{-10}$$

$$x=\sqrt{4.48\times10^{-11}}=6.7\times10^{-6}\ M$$

평형표에 따르면 $x=[OH^-]$이므로 $[OH^-]=6.7\times10^{-6}\ M$이다. 따라서 평형 상태에서 $\text{pOH}=-\log(6.7\times10^{-6})=5.17$이고 $\text{pH}=14.00-5.17=8.83$이다.

(c) 당량점 이후에는 과량 염기의 농도를 결정하고, 식 16.4와 16.6을 사용하여 pOH와 pH를 계산해야 한다. 35.0 mL의 염기는 (0.240 mmol/mL)(35.0 mL)=8.40 mmol의 $OH^-$를 포함한다. 용액에 원래 들어 있던 아세트산 6.00밀리몰을 중화시킨 후, 8.40−6.00=2.40 mmol의 과량의 $OH^-$를 남긴다. 총 부피는 50.0+35.0=85.0 mL이다. 따라서 $[OH^-]=2.40\ \text{mmol}/85.0\ \text{mL}=0.0280\ M$, $\text{pOH}=-\log(0.0280)=1.553$, $\text{pH}=14.000-1.553=12.447$이다.

요약하면, (a) pH=4.56, (b) pH=8.83, (c) pH=12.447이다.

**생각해 보기**

적정에서 각 지점에 대해 먼저 용액 속에 어떤 화학종이 존재하는지 그리고 어떤 유형의 문제인지를 결정한다. 적정액이 첨가되기 전에 용액이 약산(또는 약염기)만을 포함하거나, 당량점에서와 같이 짝염기(또는 짝산)만을 포함하는 경우, pH가 염의 가수 분해에 의해 결정될 때, 그것은 농도, 이온화 상수 및 평형표를 필요로 하는 평형 문제이다. 용액이 당량점 이전의 지점에서처럼 짝 쌍의 두 성분이 같은 농도라면, 이는 완충 용액 문제이며 헨더슨-하셀발흐 식을 사용하여 해결할 수 있다. 용액에 과량의 적정액(강염기 또는 강산)이 포함되어 있으면 농도만 있으면 되는 pH 문제이다.

**유제 1** 0.20 *M*의 수산화 소듐 용액을 사용하여 25.0 mL의 0.20 *M* 플루오린화 수소산 용액을 적정할 때, 용액의 pH가 다음과 같을 때 첨가된 염기의 부피를 결정하시오.[(c)를 풀려면 [예제 9.9]에서 접근법을 검토할 수 있다.]

(a) 2.85 (b) 3.15 (c) 11.89

**유제 2** 다음 그림[(i)~(iv)] 중 어느 것이 약산의 적정에 첨가된 강염기의 부피에 대한 pH의 그래프를 가장 잘 나타내는가?

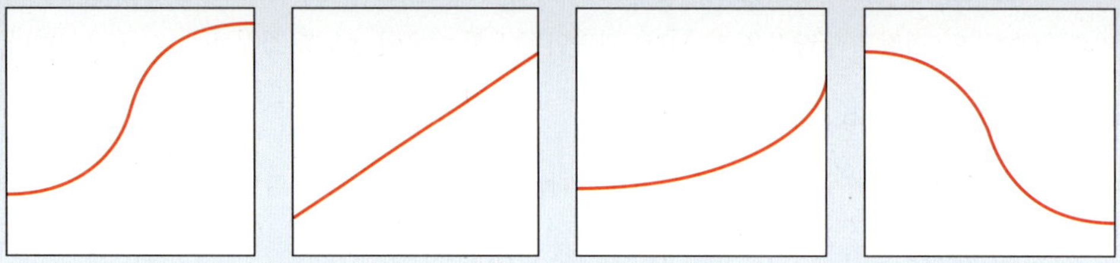

(i) (ii) (iii) (iv)

## 강산-약염기 적정

약염기인 $NH_3$를 사용한 강산 HCl의 적정을 생각해 보자.

$$HCl(aq) + NH_3(aq) \longrightarrow NH_4Cl(aq)$$

또는 단순하게 다음과 같이 쓸 수 있다.

$$H^+(aq) + NH_3(aq) \longrightarrow NH_4^+(aq)$$

당량점에서는 암모늄 이온이 약한 브뢴스테드(Brønsted) 산으로 작용하기 때문에 pH가 7 미만이다.

$$NH_4^+(aq) + H_2O(l) \rightleftharpoons NH_3(aq) + H_3O^+(aq)$$

또는 단순하게 다음과 같이 쓸 수 있다.

$$NH_4^+(aq) \rightleftharpoons NH_3(aq) + H^+(aq)$$

암모니아 수용액은 휘발성이 있기 때문에, 적정액으로 염산을 사용하는 것이(즉, 뷰렛으로 HCl 용액을 첨가) 더 편리하다. 그림 17.5는 이 실험에 대한 적정 곡선을 보여 준다.

강염기를 사용한 약산의 적정과 유사하게 초기의 pH는 암모니아의 농도 및 $K_b$에 의해 결정된다.

$$NH_3(aq) + H_2O(l) \rightleftharpoons NH_4^+(aq) + OH^-(aq)$$

0.10 *M* HCl 용액을 사용한 25.0 mL의 0.10 *M* $NH_3$ 용액에 대한 적정을 생각해 보자. 평형표를 만들고 $x$에 대해 풀어서 초기의 pH를 계산한다.

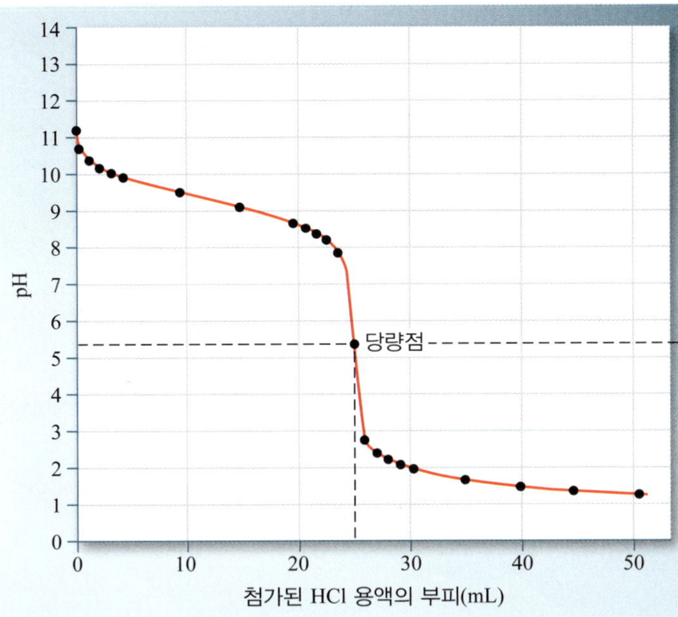


| 첨가된 HCl 용액의 부피(mL) | pH |
|---|---|
| 0.0 | 11.13 |
| 5.0 | 9.86 |
| 10.0 | 9.44 |
| 15.0 | 9.08 |
| 20.0 | 8.66 |
| 22.0 | 8.39 |
| 24.0 | 7.88 |
| 25.0 | 5.28 |
| 26.0 | 2.70 |
| 28.0 | 2.22 |
| 30.0 | 2.00 |
| 35.0 | 1.70 |
| 40.0 | 1.52 |
| 45.0 | 1.40 |
| 50.0 | 1.30 |

**그림 17.5** 강산-약염기 적정에 대한 적정 곡선. 0.100 *M* HCl 용액을 뷰렛으로 삼각 플라스크에 들어 있는 25.0 mL의 0.100 *M* $NH_3$ 용액에 첨가하였다. 염의 가수 분해에 대한 결과로 당량점에서의 pH는 7보다 낮다.

| | $NH_3(aq)$ + | $H_2O(l)$ | $\rightleftharpoons NH_4^+(aq)$ + | $OH^-(aq)$ |
|---|---|---|---|---|
| 초기 농도(Initial concentration, *M*): | 0.10 | | 0 | 0 |
| 농도 변화량(Change in concentration, *M*): | $-x$ | | $+x$ | $+x$ |
| 평형 농도(Equilibrium concentration, *M*): | $0.10-x$ | | $x$ | $x$ |

평형식을 사용하고 $x$가 무시될 정도로 작다고 가정하면, 다음과 같이 계산할 수 있다.

$$K_b = \frac{[NH_4^+][OH^-]}{[NH_3]} = \frac{(x)(x)}{0.10-x} \approx \frac{x^2}{0.10} = 1.8 \times 10^{-5}$$

$$x^2 = 1.8 \times 10^{-6}$$

$$x = \sqrt{1.8 \times 10^{-6}} = 1.3 \times 10^{-3}$$

$$\text{pH} = 11.11$$

당량점에서의 pH는 $NH_3$의 짝산인 $NH_4^+$의 농도 및 $K_a$, 그리고 평형표를 사용하여 계산된다. 예제 17.5는 이것이 어떻게 수행되는지 보여 준다.

## 예제 17.5

0.100 *M* HCl 용액을 사용하여 25.0 mL의 0.100 *M* $NH_3$ 용액을 적정할 때, 당량점에서의 pH를 계산하시오.

**전략** $NH_3$와 HCl 사이의 반응은 다음과 같다.

$$NH_3(aq) + H^+(aq) \longrightarrow NH_4^+(aq)$$

당량점에서 모든 $NH_3$는 $NH_4^+$로 전환되었다. 그러므로 당량점에서 $NH_4^+$의 농도를 결정해야 하고 평형표를 사용하여 pH를 결정하기 위해 $NH_4^+$의 $K_a$를 사용해야 한다.

**계획** 이 용액은 원래 (0.100 mmol/mL)(25.0 mL)=2.50 mmol의 $NH_4^+$를 포함한다. 당량점에서 2.50밀리몰의 HCl이 첨가되었다. 2.50밀리몰을 포함하는 0.100 $M$ HCl의 부피는 다음과 같다.

$$(\text{부피})(0.100\ \text{mmol/mL}) = 2.50\ \text{mmol}$$

$$\text{부피} = \frac{2.50\ \text{mmol}}{0.100\ \text{mmol/mL}} = 25.0\ \text{mL}$$

당량점에 도달하기 위해서는 25.0 mL의 적정액이 필요하므로 총 용액의 부피는 25.0+25.0=50.0 mL가 된다. 당량점에서 원래 존재하는 모든 $NH_3$는 $NH_4^+$로 전환되었다. $NH_4^+$의 농도는 (2.50 mmol)/(50.0 mL)=0.0500 $M$이다. 이 농도를 평형표에서 암모늄 이온의 초기 농도로 사용해야 한다.

**풀이**

| | $NH_4^+(aq)$ | + $H_2O(l)$ ⇌ | $NH_3(aq)$ | + $H_3O^+(aq)$ |
|---|---|---|---|---|
| 초기 농도(Initial concentration, $M$): | 0.0500 | | 0 | 0 |
| 농도 변화량(Change in concentration, $M$): | $-x$ | | $+x$ | $+x$ |
| 평형 농도(Equilibrium concentration, $M$): | $0.0500-x$ | | $x$ | $x$ |

평형식은 다음과 같다.

$$K_a = \frac{[NH_3][H^+]}{[NH_4^+]} = \frac{(x)(x)}{0.0500-x} \approx \frac{x^2}{0.0500} = 5.6\times10^{-10}$$

$$x^2 = 2.8\times10^{-11}$$

$$x = \sqrt{2.8\times10^{-11}} = 5.3\times10^{-6}\ M$$

여기서 $[H^+] = x = 5.3\times10^{-6}\ M$이다. 따라서 평형 상태에서 pH $= -\log(5.3\times10^{-6}) = 5.28$이다.

## 생각해 보기

강산을 사용한 약염기의 적정에 대하여, 당량점에서 용액 속에 존재하는 화학종은 짝산이다. 그러므로 산성의 pH를 예상해야 한다. 일단 모든 $NH_3$가 $NH_4^+$로 전환되면, 용액 속에는 첨가되는 산을 소비할 수 있는 화학종이 더 이상 존재하지 않는다. 따라서 당량점 이후의 pH는 첨가된 $H^+$에서 소비되지 않은 $H^+$의 밀리몰을 새로운 총 부피로 나눈 값에 의존한다.

**유제 1** 표 16.6의 약염기 중 하나인 0.20 $M$ 농도를 가진 용액 50.0 mL를 0.050 $M$ HCl로 적정한다. 당량점에서의 pH는 2.99이다. 이 약염기는 무엇인가?

**유제 2** 다음 그림[(i)~(iv)] 중에서 어느 것이 약염기의 적정에 첨가된 강산의 부피에 대한 pH의 그래프를 가장 잘 나타내는가?

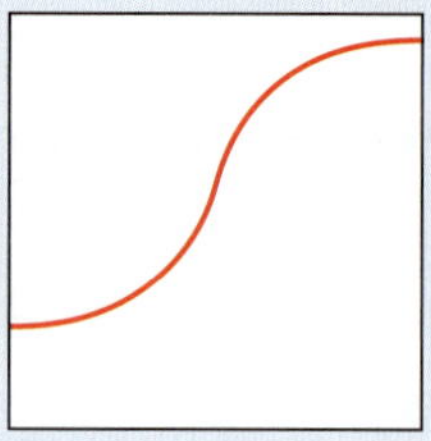

(i)

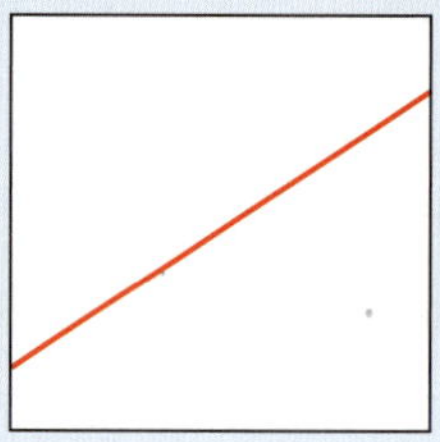

(ii)

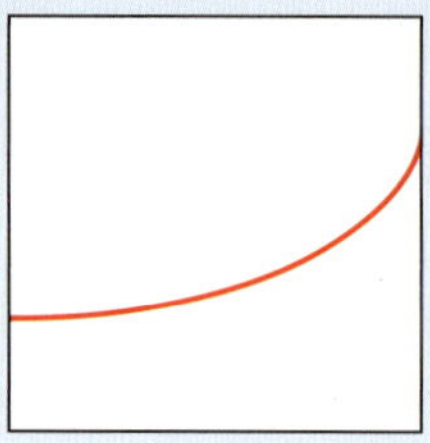

(iii)

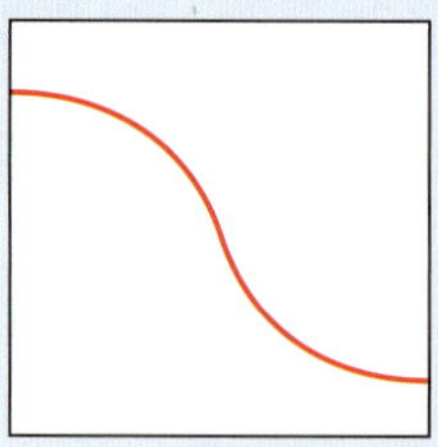

(iv)

## 산–염기 지시약

당량점은 첨가된 염기에 의해 산이 완전히 중화된 지점이다. 어떤 적정의 당량점은 적정 과정에서 용액의 pH를 모니터링하여 결정하거나 **산–염기 지시약**(acid–base indicator)을 사용하여 결정할 수 있다. 산–염기 지시약은 보통 이온화된 형태일 때와 비이온화된 형태일 때 서로 다른 색을 띠는 약한 유기산 또는 염기이다.

HIn이라고 부르는 어떤 약한 유기산을 생각해 보자. 효과적인 산–염기 지시약이 되기 위해서는 HIn과 그 짝염기인 $In^-$가 분명히 서로 다른 색이어야 한다. 용액에서 이 산은 적은 양만 이온화된다.

$$HIn(aq) \rightleftharpoons H^+(aq) + In^-(aq)$$

충분히 산성인 용액에서 HIn의 이온화는 르샤틀리에(Le Châtelier)의 원리에 따라 억제되고, 평형은 왼쪽으로 이동한다. 이 경우 용액의 색은 HIn의 색이 된다. 반면에 염기성 용액에서 평형은 오른쪽으로 이동하고 용액의 색은 짝염기, 즉 $In^-$의 색이 된다.

적정의 **종말점**(endpoint)은 지시약의 색이 변하는 지점이다. 그러나 모든 지시약이 동일한 pH에서 색이 변하는 것은 아니기 때문에 특정 적정에 대한 지시약의 선택은 적정에 사용된 산(및 염기)의 세기에 따라 달라진다. 적정의 당량점을 결정하기 위해 종말점을 사용하려면 적절한 지시약을 선택해야 한다.

**참조**

종말점은 색이 변하는 곳이다. 당량점은 중화 반응이 완료되는 지점이다. 실험적으로 종말점을 사용하여 당량점을 추정한다.

지시약의 종말점은 특정 pH에서 나타나지 않는다. 오히려 색이 변하는 pH의 범위가 있다. 실제로 적정 곡선의 가장 가파른 수직 부분과 일치하는 pH 범위에서 색 변화가 일어나는 지시약을 선택해야 한다. 염산과 아세트산에 대한 적정 곡선을 보여 주는 그림 17.6을 고려해 보자. 각각은 수산화 소듐 용액으로 적정된다. 두 개의 지시약의 변색 범위가

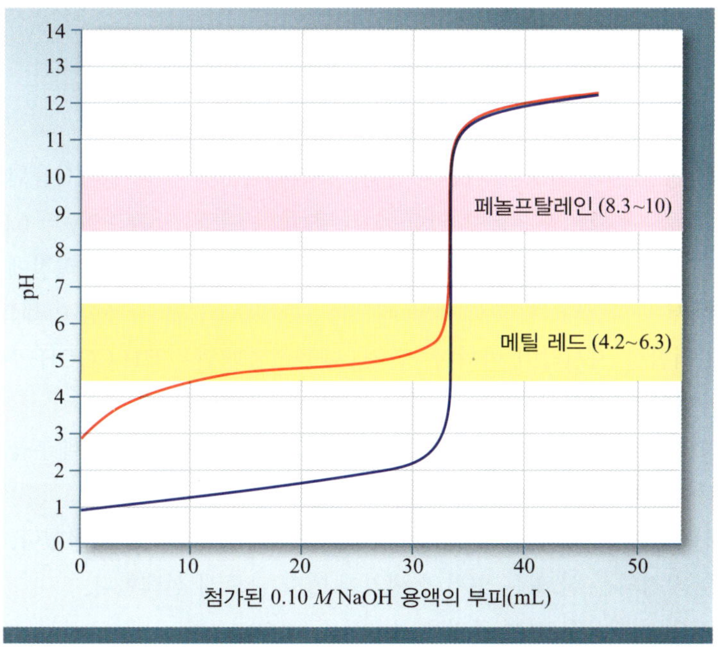


**그림 17.6** 강염기를 사용한 강산의 적정 곡선(파란색)과 강염기를 사용한 약산의 적정 곡선(빨간색). 지시약 페놀프탈레인은 적정의 당량점을 결정하는 데 사용될 수 있다. 메틸 레드는 강산–강염기 적정에는 사용할 수 있지만, 색 변화가 곡선의 가장 가파른 부분과 겹치지 않기 때문에 약산–강염기 적정에는 사용할 수 없다.

그림 17.7 양배추를 물에 끓여서 얻은 붉은 양배추 추출물을 포함한 용액은 산과 염기로 처리할 때 다른 색을 만든다. 용액의 pH는 왼쪽에서 오른쪽으로 이동할수록 증가한다.

**표 17.3** 일반적인 산-염기 지시약

| | 색 | | |
|---|---|---|---|
| 지시약 | 산성에서 | 염기성에서 | pH 범위 |
| 티몰 블루 | 붉은색 | 노란색 | 1.2~2.8 |
| 브로모페놀 블루 | 노란색 | 보라색 | 3.0~4.6 |
| 메틸 오렌지 | 오렌지색 | 노란색 | 3.1~4.4 |
| 메틸 레드 | 붉은색 | 노란색 | 4.2~6.3 |
| 클로로페놀 블루 | 노란색 | 붉은색 | 4.8~6.4 |
| 브로모티몰 블루 | 노란색 | 푸른색 | 6.0~7.6 |
| 크레졸 레드 | 노란색 | 붉은색 | 7.2~8.8 |
| 페놀프탈레인 | 무색 | 진분홍색 | 8.3~10.0 |

HCl-NaOH 적정 곡선의 가장 가파른 부분과 겹치기 때문에 강염기를 사용한 강산의 적정에는 두 지시약 중 하나를 사용할 수 있다. 그러나 메틸 레드는 pH 4.2부터 6.3의 범위에서 붉은색에서 노란색으로 변한다. 이 종말점은 약 pH 8.7인 아세트산의 적정에 대한 당량점보다 훨씬 **앞에서** 나타난다. 따라서 메틸 레드는 수산화 소듐을 사용한 아세트산의 적정에 사용하기에는 적합한 **지시약이 아니다**. 한편, 페놀프탈레인은 $CH_3COOH$-NaOH 적정에 적합한 **지시약이다**.

많은 산-염기 지시약은 식물성 안료이다. 예를 들어, 물에 붉은 양배추를 끓여 추출한 용액은 pH 값에 따라 다양한 색을 나타낸다(그림 17.7).

표 17.3은 산-염기 적정에 일반적으로 사용되는 여러 지시약을 나열했다. 특정 적정에 대한 지시약은 적정되는 산 또는 염기의 세기에 따라 다르게 선택한다.

예제 17.6은 위의 내용을 보여 준다.

## 예제 17.6

다음의 산-염기를 적정하기 위해서는 표 17.3에 나열된 지시약(들) 중 어느 것을 사용해야 하는가?

(a) 그림 17.3 (b) 그림 17.4 (c) 그림 17.5

**전략** 각 적정 곡선의 가장 가파른 부분에 해당하는 pH 범위를 결정하고 이 해당 범위 내에서 색이 변하는 지시약을 선택한다.

**계획** (a) 그림 17.3의 적정 곡선은 강염기를 사용한 강산의 적정을 나타낸다. 곡선의 가파른 부분은 pH 약 4~10의 범위에 걸쳐 있다.

(b) 그림 17.4는 강염기를 사용한 약산의 적정 곡선을 보여 준다. 곡선의 가파른 부분은 pH 약 7~10의 범위에 걸쳐 있다.

(c) 그림 17.5는 강산을 사용한 약염기의 적정을 보여 준다. 곡선의 가파른 부분은 pH 약 7~3의 범위에 걸쳐 있다.

**풀이** (a) 표 17.3에 나열된 것들 중 티몰 블루, 브로모페놀 블루 및 메틸 오렌지를 제외한 대부분의 지시약은 강염기를 사용한 강산의 적정에 적절할 것이다.

(b) 크레졸 레드 및 페놀프탈레인이 적절한 지시약이다.

(c) 브로모페놀 블루, 메틸 오렌지, 메틸 레드, 클로로페놀 블루가 모두 적합한 지시약이다.

### 생각해 보기

적절한 지시약을 선택하지 않으면 종말점(색 변화)이 당량점과 일치하지 않는다.

**유제 1** 0.1 $M$ 질산을 사용하여 0.1 $M$ 염기 용액을 적정할 때, 지시약으로 티몰 블루를 사용하였다. 표 16.6의 염기들 중에서 위의 방법으로 적정할 수 있는 것은 어느 것인가?

**유제 2** 오른쪽 그림은 강염기를 사용한 특정 약산의 적정에 대한 적정 곡선을 보여 준다. 또한 이 적정에 적합하지 않은 산-염기 지시약에 대한 색 변화 영역이 제시된다. 이 약산 시료의 농도를 결정하기 위해 알려진 농도의 염기로 적정해야 한다고 가정해 보자. 적정에서 산의 농도는 이 지시약의 사용에 의해 어떤 영향을 받는가? 설명하시오.

pH

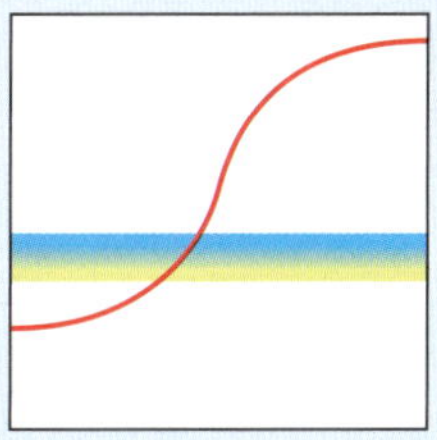

## 17.3절 복습

### 산-염기 적정

**17.3.1** 0.25 $M$ KOH를 사용하여 30 mL의 0.25 $M$ $CH_3COOH$ 용액을 적정할 때, 당량점에서의 pH를 계산하시오.

(a) 7.00 (b) 5.08
(c) 8.92 (d) 2.82
(e) 11.18

**17.3.2** 50 mL의 0.10 $M$ HF 용액에 25 mL의 0.10 $M$ NaOH 용액을 첨가한 후, 이 용액의 pH를 계산하시오.

(a) 3.15 (b) 9.31
(c) 12.52 (d) 1.48
(e) 11.87

**17.3.3** 30 mL의 0.10 *M* HCN 용액에 35 mL의 0.10 *M* NaOH 용액을 첨가한 후, 이 용액의 pH를 계산하시오.

(a) 11.89
(b) 2.11
(c) 12.22
(d) 1.78
(e) 13.00

# 17.4 용해도 평형

이온 결합 화합물의 용해도는 산업, 의학 및 일상 생활에서 중요하다. 예를 들어, X선에 불투명한 불용성 화합물인 황산 바륨($BaSO_4$)은 소화관의 질병을 진단하는 데 사용된다. 치아 부식은 주로 하이드록시아파타이트[$Ca_5(PO_4)_3OH$]로 만들어진 치아 법랑질이 산으로 인해 타액에 더 잘 녹게 될 때 시작된다.

이온 결합 화합물의 물에 대한 용해도를 예측하기 위한 일반적인 규칙은 9.2절에서 소개되었다. 이 규칙은 유용하지만 주어진 이온 결합 화합물이 물에 얼마나 많이 용해될 것인지에 대한 양적 예측을 할 수는 없다. 양적인 접근법을 개발하기 위해서는 화학 평형의 원리에서부터 시작해야 한다. 앞으로 달리 언급되지 않는 한, 용매는 물이며 온도는 25°C이다.

> **참조**
> 9.2절의 표 9.3에서 "불용성"으로 기술된 화합물은 실제로 매우 약간 가용성이며, 각기 다른 정도로 용해된다.

## 용해도 곱 식과 $K_{sp}$

용해되지 않은 고체 염화 은과 함께 있는 염화 은의 포화 용액을 생각해 보자. 평형은 다음과 같이 나타낼 수 있다.

$$AgCl(s) \rightleftharpoons Ag^+(aq) + Cl^-(aq)$$

AgCl은 잘 녹지 않지만, 물에 녹은 모든 AgCl은 완전히 $Ag^+$와 $Cl^-$ 이온으로 해리된다. AgCl의 해리에 대한 평형식을 다음과 같이 쓸 수 있다.

$$K_{sp} = [Ag^+][Cl^-]$$

여기서 $K_{sp}$는 **용해도 곱 상수**(solubility product constant)라 부른다. ($K_{sp}$는 $K_c$의 또 다른 표현이다. "sp"는 "solubility product"를 의미한다.)

> **참조**
> 용해도 곱 평형식은 다른 평형식과 같다. $K$는 반응물 농도에 대한 생성물 농도의 비율과 같고, 균형 잡힌 화학 반응식의 각 계수는 해당 농도의 지수로 올라간다.
> $$MX_n(s) \rightleftharpoons M^{n+}(aq) + nX^-(aq)$$
> 따라서 위의 과정에 대한 $K_{sp}$ 식은 다음과 같다.
> $$K_{sp} = [M^{n+}][X^-]^n$$
> $MX_n$은 식에 나타나지 않는다. 왜냐하면 어떤 불균일 식에 대해서도 평형식은 순수한 액체나 고체를 포함하지 않기 때문이다[◀◀ 15.3절].

각 AgCl 단위에는 $Ag^+$ 및 $Cl^-$ 이온이 하나씩만 있기 때문에 용해도 곱 표현은 특히 쓰기 쉽다. 많은 이온 결합 화합물은 2개 이상의 이온으로 해리된다. 표 17.4와 부록 4는 약간 용해되는 이온 결합 화합물을 용해도 평형과 용해도 곱 상수를 나타내는 식과 함께 나열하고 있다. (9장의 용해도 규칙에 의해 "가용성"으로 간주되는 화합물은 표 16.5의 강산에 대한 $K_a$ 값을 나열한 것과 같은 이유로 나열하지 않는다.) 일반적으로 $K_{sp}$의 크기는 이온 결합 화합물의 용해도를 나타낸다. $K_{sp}$ 값이 작을수록 화합물은 덜 용해된다. 그러나 $K_{sp}$ 값을 직접 비교하기 위해서는 AgCl과 ZnS(하나의 양이온과 하나의 음이온으로 이루어진 화합물들) 또는 $CaF_2$와 $Fe(OH)_2$(하나의 양이온과 두 개의 음이온으로 이루어진 화합물들)처럼 유사한 화학식의 염을 비교해야 한다.

## $K_{sp}$ 및 용해도와 관련된 계산

물질의 용해도를 표현하기 위해서는 두 가지 방법이 있다. **몰용해도**(molar solubility, mol/L)는 1 L의 포화 용액에 들어 있는 용질의 몰수이고, **용해도**(solubility, g/L)는 포화 용액 1 L에 들어 있는 용질의 그램수이다. 이 두 가지 표현은 특정 온도(일반적으로 25℃)에서 포화 용액의 농도를 나타낸다.

> **참조**
> 용해도와 $K_{sp}$라는 용어를 혼동하지 않도록 주의한다. 용해도는 포화 용액의 농도이다. $K_{sp}$는 평형 상수이다.

종종 화합물에 대한 $K_{sp}$ 값을 알고 화합물의 몰용해도를 계산하는 문제가 있다. 이러한 문제를 해결하기 위한 절차는 약산 또는 약염기 평형 문제를 푸는 절차와 본질적으로 같다.

1. 평형표를 만든다.
2. 알고 있는 것들을 대입한다.
3. 모르는 것들을 알아낸다.

예를 들어, 브로민화 은(AgBr)의 $K_{sp}$는 $7.7 \times 10^{-13}$이다. 평형표를 만들고 $Ag^+$와 $Br^-$ 이온의 초기 농도를 대입할 수 있다.

| | $AgBr(s)$ | $\rightleftharpoons Ag^+(aq)$ | $+\ Br^-(aq)$ |
|---|---|---|---|
| 초기 농도(Initial concentration, $M$): | | 0 | 0 |
| 농도 변화량(Change in concentration, $M$): | | | |
| 평형 농도(Equilibrium concentration, $M$): | | | |

$s$를 AgBr의 몰용해도(mol/L)라고 하자. AgBr의 한 단위는 하나의 $Ag^+$ 양이온과 하나의 $Br^-$ 음이온을 생성하기 때문에 $[Ag^+]$와 $[Br^-]$는 모두 평형 상태에서 $s$와 같다.

| | $AgBr(s)$ | $\rightleftharpoons Ag^+(aq)$ | $+\ Br^-(aq)$ |
|---|---|---|---|
| 초기 농도(Initial concentration, $M$): | | 0 | 0 |
| 농도 변화량(Change in concentration, $M$): | | $+s$ | $+s$ |
| 평형 농도(Equilibrium concentration, $M$): | | $s$ | $s$ |

평형식은 다음과 같다.

$$K_{sp} = [Ag^+][Br^-]$$
$$7.7 \times 10^{-13} = (s)(s)$$
$$s = \sqrt{7.7 \times 10^{-13}} = 8.8 \times 10^{-7}\ M$$

따라서 AgBr의 몰용해도는 $8.8 \times 10^{-7}\ M$이다. 또한 용해도에 AgBr의 몰질량을 곱하여 g/L 단위로 용해도를 표현할 수 있다.

$$\frac{8.8 \times 10^{-7}\ \cancel{\text{mol AgBr}}}{1\ \text{L}} \times \frac{187.8\ \text{g}}{1\ \cancel{\text{mol AgBr}}} = 1.7 \times 10^{-4}\ \text{g/L}$$

예제 17.7은 이와 같은 접근 방법을 보여 준다.

**표 17.4** 25°C에서 약간 용해되는 이온 결합 화합물의 용해도 곱

| 화합물 | 용해 평형 | $K_{sp}$ |
|---|---|---|
| 수산화 알루미늄 | $Al(OH)_3(s) \rightleftharpoons Al^{3+}(aq) + 3OH^-(aq)$ | $1.8 \times 10^{-33}$ |
| 탄산 바륨 | $BaCO_3(s) \rightleftharpoons Ba^{2+}(aq) + CO_3^{2-}(aq)$ | $8.1 \times 10^{-9}$ |
| 플루오린화 바륨 | $BaF_2(s) \rightleftharpoons Ba^{2+}(aq) + 2F^-(aq)$ | $1.7 \times 10^{-6}$ |
| 황산 바륨 | $BaSO_4(s) \rightleftharpoons Ba^{2+}(aq) + SO_4^{2-}(aq)$ | $1.1 \times 10^{-10}$ |
| 황화 비스무트 | $Bi_2S_3(s) \rightleftharpoons 2Bi^{3+}(aq) + 3S^{2-}(aq)$ | $1.6 \times 10^{-72}$ |
| 황화 카드뮴 | $CdS(s) \rightleftharpoons Cd^{2+}(aq) + S^{2-}(aq)$ | $8.0 \times 10^{-28}$ |
| 탄산 칼슘 | $CaCO_3(s) \rightleftharpoons Ca^{2+}(aq) + CO_3^{2-}(aq)$ | $8.7 \times 10^{-9}$ |
| 플루오린화 칼슘 | $CaF_2(s) \rightleftharpoons Ca^{2+}(aq) + 2F^-(aq)$ | $4.0 \times 10^{-11}$ |
| 수산화 칼슘 | $Ca(OH)_2(s) \rightleftharpoons Ca^{2+}(aq) + 2OH^-(aq)$ | $8.0 \times 10^{-6}$ |
| 인산 칼슘 | $Ca_3(PO_4)_2(s) \rightleftharpoons 3Ca^{2+}(aq) + 2PO_4^{3-}(aq)$ | $1.2 \times 10^{-26}$ |
| 황산 칼슘 | $CaSO_4(s) \rightleftharpoons Ca^{2+}(aq) + SO_4^{2-}(aq)$ | $2.4 \times 10^{-5}$ |
| 수산화 크로뮴(III) | $Cr(OH)_3(s) \rightleftharpoons Cr^{3+}(aq) + 3OH^-(aq)$ | $3.0 \times 10^{-29}$ |
| 황화 코발트(II) | $CoS(s) \rightleftharpoons Co^{2+}(aq) + S^{2-}(aq)$ | $4.0 \times 10^{-21}$ |
| 브로민화 구리(I) | $CuBr(s) \rightleftharpoons Cu^+(aq) + Br^-(aq)$ | $4.2 \times 10^{-8}$ |
| 아이오딘화 구리(I) | $CuI(s) \rightleftharpoons Cu^+(aq) + I^-(aq)$ | $5.1 \times 10^{-12}$ |
| 수산화 구리(II) | $Cu(OH)_2(s) \rightleftharpoons Cu^{2+}(aq) + 2OH^-(aq)$ | $2.2 \times 10^{-20}$ |
| 황화 구리(II) | $CuS(s) \rightleftharpoons Cu^{2+}(aq) + S^{2-}(aq)$ | $6.0 \times 10^{-37}$ |
| 수산화 철(II) | $Fe(OH)_2(s) \rightleftharpoons Fe^{2+}(aq) + 2OH^-(aq)$ | $1.6 \times 10^{-14}$ |
| 수산화 철(III) | $Fe(OH)_3(s) \rightleftharpoons Fe^{3+}(aq) + 3OH^-(aq)$ | $1.1 \times 10^{-36}$ |
| 인산 철(III) | $FePO_4(s) \rightleftharpoons Fe^{3+}(aq) + PO_4^{3-}(aq)$ | $1.3 \times 10^{-22}$ |
| 황화 철(II) | $FeS(s) \rightleftharpoons Fe^{2+}(aq) + S^{2-}(aq)$ | $6.0 \times 10^{-19}$ |
| 브로민화 납(II) | $PbBr_2(s) \rightleftharpoons Pb^{2+}(aq) + 2Br^-(aq)$ | $6.6 \times 10^{-6}$ |
| 탄산 납(II) | $PbCO_3(s) \rightleftharpoons Pb^{2+}(aq) + CO_3^{2-}(aq)$ | $3.3 \times 10^{-14}$ |
| 염화 납(II) | $PbCl_2(s) \rightleftharpoons Pb^{2+}(aq) + 2Cl^-(aq)$ | $2.4 \times 10^{-4}$ |
| 크로뮴산 납(II) | $PbCrO_4(s) \rightleftharpoons Pb^{2+}(aq) + CrO_4^{2-}(aq)$ | $2.0 \times 10^{-14}$ |
| 플루오린화 납(II) | $PbF_2(s) \rightleftharpoons Pb^{2+}(aq) + 2F^-(aq)$ | $4.0 \times 10^{-8}$ |
| 아이오딘화 납(II) | $PbI_2(s) \rightleftharpoons Pb^{2+}(aq) + 2I^-(aq)$ | $1.4 \times 10^{-8}$ |
| 황산 납(II) | $PbSO_4(s) \rightleftharpoons Pb^{2+}(aq) + SO_4^{2-}(aq)$ | $1.8 \times 10^{-8}$ |
| 황화 납(II) | $PbS(s) \rightleftharpoons Pb^{2+}(aq) + S^{2-}(aq)$ | $3.4 \times 10^{-28}$ |
| 탄산 마그네슘 | $MgCO_3(s) \rightleftharpoons Mg^{2+}(aq) + CO_3^{2-}(aq)$ | $4.0 \times 10^{-5}$ |
| 수산화 마그네슘 | $Mg(OH)_2(s) \rightleftharpoons Mg^{2+}(aq) + 2OH^-(aq)$ | $1.2 \times 10^{-11}$ |
| 황화 망가니즈(II) | $MnS(s) \rightleftharpoons Mn^{2+}(aq) + S^{2-}(aq)$ | $3.0 \times 10^{-14}$ |
| 브로민화 수은(I) | $Hg_2Br_2(s) \rightleftharpoons Hg_2^{2+}(aq) + 2Br^-(aq)$ | $6.4 \times 10^{-23}$ |
| 염화 수은(I) | $Hg_2Cl_2(s) \rightleftharpoons Hg_2^{2+}(aq) + 2Cl^-(aq)$ | $3.5 \times 10^{-18}$ |
| 황산 수은(I) | $Hg_2SO_4(s) \rightleftharpoons Hg_2^{2+}(aq) + SO_4^{2-}(aq)$ | $6.5 \times 10^{-7}$ |
| 황화 수은(II) | $HgS(s) \rightleftharpoons Hg^{2+}(aq) + S^{2-}(aq)$ | $4.0 \times 10^{-54}$ |
| 황화 니켈(II) | $NiS(s) \rightleftharpoons Ni^{2+}(aq) + S^{2-}(aq)$ | $1.4 \times 10^{-24}$ |
| 브로민화 은 | $AgBr(s) \rightleftharpoons Ag^+(aq) + Br^-(aq)$ | $7.7 \times 10^{-13}$ |
| 탄산 은 | $Ag_2CO_3(s) \rightleftharpoons 2Ag^+(aq) + CO_3^{2-}(aq)$ | $8.1 \times 10^{-12}$ |
| 염화 은 | $AgCl(s) \rightleftharpoons Ag^+(aq) + Cl^-(aq)$ | $1.6 \times 10^{-10}$ |
| 크로뮴산 은 | $Ag_2CrO_4(s) \rightleftharpoons 2Ag^+(aq) + CrO_4^{2-}(aq)$ | $1.2 \times 10^{-12}$ |
| 아이오딘화 은 | $AgI(s) \rightleftharpoons Ag^+(aq) + I^-(aq)$ | $8.3 \times 10^{-17}$ |
| 황산 은 | $Ag_2SO_4(s) \rightleftharpoons 2Ag^+(aq) + SO_4^{2-}(aq)$ | $1.5 \times 10^{-5}$ |
| 황화 은 | $Ag_2S(s) \rightleftharpoons 2Ag^+(aq) + S^{2-}(aq)$ | $6.0 \times 10^{-51}$ |
| 탄산 스트론튬 | $SrCO_3(s) \rightleftharpoons Sr^{2+}(aq) + CO_3^{2-}(aq)$ | $1.6 \times 10^{-9}$ |
| 수산화 스트론튬 | $Sr(OH)_2(s) \rightleftharpoons Sr^{2+}(aq) + 2OH^-(aq)$ | $3.2 \times 10^{-4}$ |
| 황산 스트론튬 | $SrSO_4(s) \rightleftharpoons Sr^{2+}(aq) + SO_4^{2-}(aq)$ | $3.8 \times 10^{-7}$ |
| 황화 주석(II) | $SnS(s) \rightleftharpoons Sn^{2+}(aq) + S^{2-}(aq)$ | $1.0 \times 10^{-26}$ |
| 수산화 아연 | $Zn(OH)_2(s) \rightleftharpoons Zn^{2+}(aq) + 2OH^-(aq)$ | $1.8 \times 10^{-14}$ |
| 황화 아연 | $ZnS(s) \rightleftharpoons Zn^{2+}(aq) + S^{2-}(aq)$ | $3.0 \times 10^{-23}$ |

## 예제 17.7

수산화 구리(II)[$Cu(OH)_2$]의 용해도(g/L)를 계산하시오.

**전략** $Cu(OH)_2$에 대한 해리 반응식을 쓰고, 표 17.4에서 $K_{sp}$ 값을 찾아본다. 평형식을 사용하여 몰용해도를 구한다. $Cu(OH)_2$의 몰질량을 사용하여 용해도(g/L)를 몰용해도로 변환한다.

**계획** $Cu(OH)_2$의 해리 반응식은 다음과 같다.

$$Cu(OH)_2(s) \rightleftharpoons Cu^{2+}(aq) + 2OH^-(aq)$$

평형식은 $K_{sp} = [Cu^{2+}][OH^-]^2$이다. 표 17.4에 따르면, $Cu(OH)_2$에 대한 $K_{sp}$는 $2.2 \times 10^{-20}$이다. $Cu(OH)_2$의 몰질량은 97.57 g/mol이다.

**풀이**

| | $Cu(OH)_2(s)$ | $\rightleftharpoons Cu^{2+}(aq)$ | $+ 2OH^-(aq)$ |
|---|---|---|---|
| 초기 농도(Initial concentration, $M$): | | 0 | 0 |
| 농도 변화량(Change in concentration, $M$): | | $+s$ | $+2s$ |
| 평형 농도(Equilibrium concentration, $M$): | | $s$ | $s$ |

**참조**

균형 잡힌 해리 반응식의 화학량론은 $OH^-$의 농도가 $Cu^{2+}$ 농도의 2배임을 나타낸다.

그러므로 다음과 같이 계산한다.

$$2.2 \times 10^{-20} = (s)(2s)^2 = 4s^3$$

$$s = \sqrt[3]{\frac{2.2 \times 10^{-20}}{4}} = 1.8 \times 10^{-7}\ M$$

$Cu(OH)_2$의 몰용해도는 $1.8 \times 10^{-7}\ M$이다. 여기에 몰질량을 곱하면, 다음과 같다.

$$Cu(OH)_2\text{의 용해도} = \frac{1.8 \times 10^{-7}\ \text{mol}\ Cu(OH)_2}{1\ \text{L}} \times \frac{97.57\ \text{g}\ Cu(OH)_2}{1\ \text{mol}\ Cu(OH)_2}$$

$$= 1.7 \times 10^{-5}\ \text{g/L}$$

### 생각해 보기

이러한 유형의 문제에서 실수는 학생들이 지수를 전체에 적용하는 것을 무시할 때 발생한다. 예를 들어, $(2s)^2$는 $4s^2$($2s^2$가 아니다)와 같다.

**유제 1** 25°C에서 각각의 염의 몰용해도와 g/L 단위의 용해도를 계산하시오.

(a) $PbF_2$ (b) $Ag_2CO_3$ (c) $Bi_2S_3$

**유제 2** 다음 그림[(i)~(iii)]은 세 가지 다른 용해도가 낮은 이온 결합 화합물로 포화된 용액을 나타낸다. 가장 큰 용해도를 갖는 화합물은 어느 것인가?

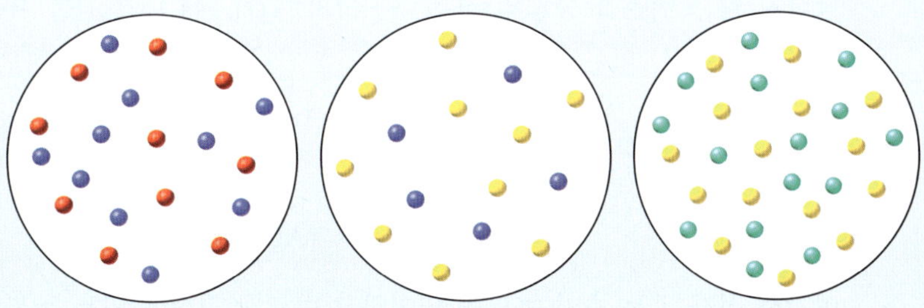

(i) (ii) (iii)

또한 $K_{sp}$의 값을 결정하기 위해 몰용해도를 사용할 수 있다. 예제 17.8은 이 과정을 설명한다.

## 예제 17.8

황산 칼슘($CaSO_4$)의 용해도는 실험적으로 측정되었으며 0.67 g/L인 것으로 나타났다. 황산 칼슘의 $K_{sp}$ 값을 계산하시오.

**전략** $CaSO_4$의 몰질량을 사용하여 용해도를 몰용해도로 변환하고, $K_{sp}$를 결정하기 위해 몰용해도를 평형식에 대입한다.

**계획** $CaSO_4$의 몰질량은 136.2 g/mol이다. 따라서 $CaSO_4$의 몰용해도는 다음과 같다.

$$CaSO_4\text{의 몰용해도}=\frac{0.67\ \text{g CuSO}_4}{1\ \text{L}}\times\frac{1\ \text{mol CuSO}_4}{136.2\ \text{g CaSO}_4}$$

$$s=4.9\times10^{-3}\ \text{mol/L}$$

$CaSO_4$의 해리에 대한 반응식과 평형식은 다음과 같다.

$$CaSO_4(s) \rightleftharpoons Ca^{2+}(aq)+SO_4^{2-}(aq) \qquad \text{그리고} \qquad K_{sp}=[Ca^{2+}][SO_4^{2-}]$$

**풀이** 몰용해도를 평형식에 대입하면 다음과 같다.

$$K_{sp}=(s)(s)=(4.9\times10^{-3})^2=2.4\times10^{-5}$$

### 생각해 보기

$CaSO_4$에 대한 $K_{sp}$는 상대적으로 크다(표 17.4에 있는 많은 $K_{sp}$ 값들과 비교). 실제로, 황산염은 표 9.2에서 가용성(soluble) 화합물로 기재되어 있으나, 황산 칼슘은 불용성(insoluble) 예외로 기재되어 있다. 불용성(insoluble)이란 용어는 실제로는 약간만(slightly) 녹는 가용성 화합물을 뜻한다는 것을 기억한다. 그리고 출처마다 화합물이 "가용성(soluble)"으로 간주되는 가용성 정도가 다를 수 있다는 것을 기억한다.

**유제 1** 25°C에서 용해도가 주어진 각 염의 용해도 곱 상수($K_{sp}$)를 계산하시오.

(a) $Ag_2SO_3$, $s=4.6\times10^{-3}$ g/L (b) $Hg_2I_2$, $s=1.5\times10^{-7}$ g/L (c) $Zn_3(PO_4)_2$, $s=5.9\times10^{-5}$ g/L

**유제 2** 예제 17.7의 **유제 2**에서 가장 큰 $K_{sp}$를 가진 화합물은 어느 것인가?

## 침전 반응의 예측

물에서 이온성 고체의 해리 반응은 다음 세 가지 조건 중 하나일 수 있다. (1) 용액이 불포화되어 있거나 (2) 용액이 포화되어 있거나 (3) 용액이 과포화될 수 있다. 평형 조건에 해당하지 않는 이온들 농도의 경우, 반응 지수($Q$)[◀◀ 15.2절]를 사용하여 침전이 언제 형성될지 예측한다. 이온 농도가 평형 농도가 아니라는 점을 제외하면 $Q$는 $K_{sp}$와 동일한 형태이다. 예를 들어, $Ag^+$ 이온을 포함한 용액을 $Cl^-$ 이온을 포함한 용액과 혼합하면, 반응 지수를 다음과 같이 쓸 수 있다.

$$Q=[Ag^+]_i[Cl^-]_i$$

여기서 첨자 "i"는 초기 농도를 의미하고 반드시 평형에 있는 농도와 일치하지 않음을 나타낸다. $Q$가 $K_{sp}$보다 작거나 같으면 침전물이 형성되지 않는다. $Q$가 $K_{sp}$보다 크면 AgCl이 침전될 것이다. (이온들의 농도가 $K_{sp}$와 같아질 때까지 침전이 계속 진행된다.)

침전의 발생 여부를 예측하는 것은 종종 실용적인 가치가 있다. 산업 및 실험실 준비에서 이온 생성물이 $K_{sp}$를 초과하여 원하는 이온 결합 화합물(침전물의 형태로)을 얻을 때까지 이온 농도를 조절할 수 있다. 침전 반응을 예측하는 능력은 의학에서도 유용하다. 극심한 통증을 유발할 수 있는 신장 결석은 주로 칼슘 옥살레이트($CaC_2O_4$, $K_{sp} = 2.3 \times 10^{-9}$)로 구성된다. 혈장 내 칼슘 이온의 정상적인 생리학적 농도는 약 $5 \times 10^{-3}$ *M*이다. 대황과 시금치와 같은 채소에 존재하는 옥살산으로부터 유도된 옥살산 이온($C_2O_4^{2-}$)은 칼슘 이온과 반응하여 불용성 칼슘 옥살레이트를 형성하며, 점차적으로 신장에 축적될 수 있다. 환자의 식단을 적절하게 조절하면 침전물 형성을 줄일 수 있다.

예제 17.9는 침전 반응을 예측하는 단계를 보여 준다.

## 예제 17.9

다음 각 용액을 0.0080 *M* $K_2SO_4$ 용액 650 mL에 넣을 때 침전물이 형성될지 예측하시오. (부피가 부가적인 것으로 가정한다.)

(a) 250 mL의 0.0040 *M* $BaCl_2$ 용액 (b) 175 mL의 0.15 *M* $AgNO_3$ 용액 (c) 325 mL의 0.25 *M* $Sr(NO_3)_2$ 용액

**전략** 각각의 문제에 대하여 침전될 수 있는 화합물을 확인하고 표 17.4 또는 부록 4에서 $K_{sp}$ 값을 찾아본다. 각 화합물을 구성하는 이온들의 농도를 결정하고 이를 사용하여 반응 지수 $Q_{sp}$ 값을 결정한다. 다음 각각의 반응 지수를 이에 상응하는 $K_{sp}$의 값과 비교한다. 반응 지수가 $K_{sp}$보다 크면 침전이 형성된다.

**계획** 침전될 수 있는 화합물 및 그에 해당하는 $K_{sp}$ 값은 다음과 같다.

(a) $BaSO_4$, $K_{sp} = 1.1 \times 10^{-10}$ (b) $Ag_2SO_4$, $K_{sp} = 1.5 \times 10^{-5}$ (c) $SrSO_4$, $K_{sp} = 3.8 \times 10^{-7}$

**풀이** (a) $BaSO_4$를 구성하는 이온들의 농도는 다음과 같다.

$$[Ba^{2+}] = \frac{250\text{ mL} \times 0.0040\ M}{650\text{ mL} + 250\text{ mL}} = 0.0011\ M \quad \text{그리고} \quad [SO_4^{2-}] = \frac{650\text{ mL} \times 0.0080\ M}{650\text{ mL} + 250\text{ mL}} = 0.0058\ M$$

$[Ba^{2+}][SO_4^{2-}]$의 평형식에 이들 농도를 대입하면 반응 지수는 $BaSO_4$의 $K_{sp}(1.1 \times 10^{-10})$보다 큰 $(0.0011)(0.0058) = 6.4 \times 10^{-6}$이다. 따라서 $BaSO_4$가 침전될 것이다.

(b) $Ag_2SO_4$를 구성하는 이온들의 농도는 다음과 같다.

$$[Ag^{+}] = \frac{175\text{ mL} \times 0.15\ M}{650\text{ mL} + 175\text{ mL}} = 0.032\ M \quad \text{그리고} \quad [SO_4^{2-}] = \frac{650\text{ mL} \times 0.0080\ M}{650\text{ mL} + 175\text{ mL}} = 0.0063\ M$$

$[Ag^{+}]^2[SO_4^{2-}]$의 평형식에 이들 농도를 대입하면 반응 지수는 $Ag_2SO_4$의 $K_{sp}(1.5 \times 10^{-5})$보다 작은 $(0.032)^2(0.0063) = 6.5 \times 10^{-6}$이다. 따라서 $Ag_2SO_4$는 침전되지 않는다.

(c) $SrSO_4$를 구성하는 이온들의 농도는 다음과 같다.

$$[Sr^{2+}] = \frac{325\text{ mL} \times 0.25\ M}{650\text{ mL} + 325\text{ mL}} = 0.083\ M \quad \text{그리고} \quad [SO_4^{2-}] = \frac{650\text{ mL} \times 0.0080\ M}{650\text{ mL} + 325\text{ mL}} = 0.0053\ M$$

$[Sr^{2+}][SO_4^{2-}]$ 평형식에 이들 농도를 대입하면 반응 지수는 $(0.083)(0.0053) = 4.4 \times 10^{-4}$인데, 이는 $SrSO_4$의 $K_{sp}(3.8 \times 10^{-7})$보다 크다. 따라서 $SrSO_4$가 침전될 것이다.

### 생각해 보기

학생들은 때로 어떤 화합물이 침전될지 결정하는 것을 어려워한다. 먼저 결합하기 전의 두 용액을 구성하고 있는 이온을 기록하는 것부터 시작한다. 첫 번째 용액의 양이온과 두 번째 용액의 음이온, 또는 그 반대의 가능한 두 가지 조합을 고려해 본다. 표 9.2 및 표 9.3의 정보를 참조하여 조합 중 하나가 불용성인지 여부를 확인할 수 있다. 또한 불용성 염들만 표로 된 $K_{sp}$ 값을 가진다는 것을 기억한다.

**유제 1** 150 mL의 0.050 *M* $BaCl_2$ 용액에 침전물이 형성되지 않도록 첨가할 수 있는 다음 가용성 염의 최대 질량(g)은 얼마인가? (이들 고체를 첨가해도 용액의 부피는 변화하지 않는다고 가정한다.)

(a) $(NH_4)_2SO_4$ (b) $Pb(NO_3)_2$ (c) NaF

**유제 2** 다음 두 그림은 각각 약간 용해되는 염 MA의 포화 용액과 가용성 염 $NH_4A$의 용액을 나타낸다. 다음의 가용성 염 $MNO_3$의 용액들[(i)~(iv)] 중 $NH_4A$의 용액에 첨가되었을 때, 침전물을 형성시키지 않는 것은 어느 것인가? 모든 용액의 부피는 같고, 두 용액이 합쳐지면, 부피는 정확히 두 배가 된다고 가정한다. (명확히 하기 위해 물 분자, 암모늄 이온 및 질산 이온은 표시하지 않았다.)

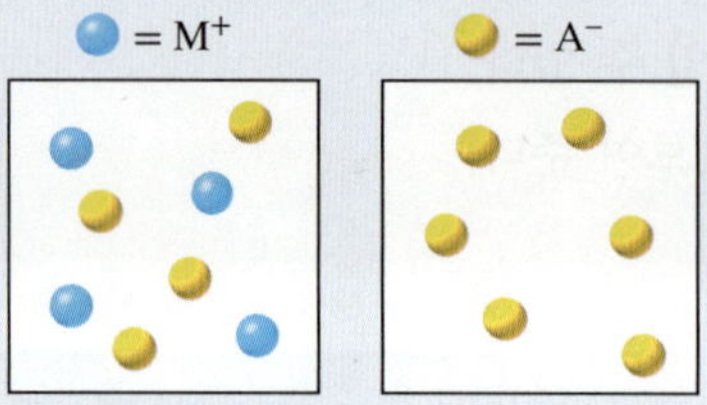


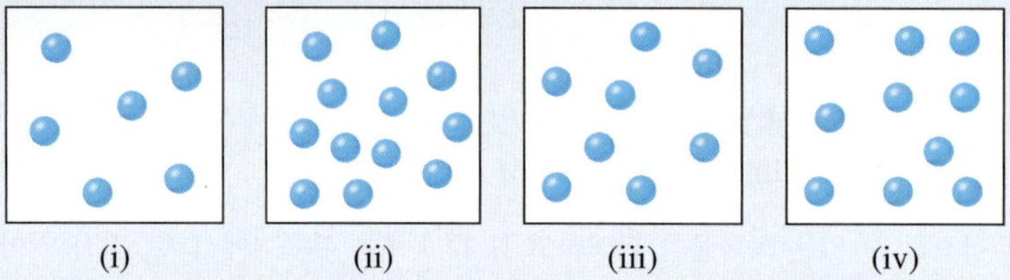


## 17.4절 복습

### 용해도 평형

**17.4.1** 수산화 알루미늄[$Al(OH)_3$]에 대한 $K_{sp}$를 사용하여 몰용해도를 계산하시오.

(a) $2.9 \times 10^{-9}$ *M* (b) $7.7 \times 10^{-12}$ *M* (c) $4.2 \times 10^{-17}$ *M*
(d) $8.4 \times 10^{-12}$ *M* (e) $3.8 \times 10^{-9}$ *M*

**17.4.2** $Pb(NO_3)_2$와 NaI의 0.10 *M* 용액이 혼합되면 어떤 침전물이 형성되는가?

(a) $Pb(NO_3)_2$ (b) NaI (c) $PbI_2$
(d) $NaNO_3$ (e) 침전되지 않음

**17.4.3** 다음 그림 (i)~(iii)는 MX, MY 및 MZ의 포화 용액을 나타내며, 각각은 고체와 평형을 이룬다. 각 용액은 또한 $M^{n+}$의 가용성 질산염을 함유한다. 다음의 용액들을 $K_{sp}$가 증가하는 순서로 나열하시오. (명확히 하기 위해 물 분자와 질산 이온은 표시하지 않았다.)

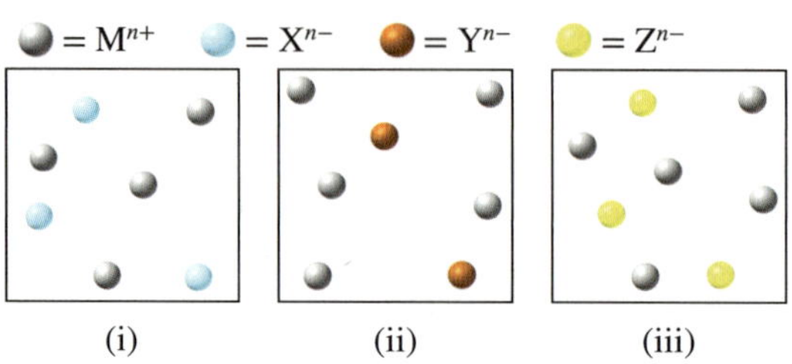

(a) i$<$iii$<$ii (b) ii$<$iii$<$i (c) i$=$ii$<$iii
(d) iii$<$ii$=$i (e) ii$<$i$<$iii

## 17.5 용해도에 영향을 미치는 요인들

이 절에서는 공통 이온 효과, pH 및 착이온의 형성을 비롯한 몇 가지 요인이 용해도에 미치는 영향에 대하여 알아본다.

### 공통 이온 효과

용해도 곱은 평형 상수이며 이온곱이 그 물질에 대한 $K_{sp}$ 값보다 클 때 용액으로부터 이온 결합 화합물의 침전이 형성된다. 예를 들어, AgCl의 포화 용액에서 이온곱 $[Ag^+][Cl^-]$은 $K_{sp}$와 동일하다. 물에서의 AgCl의 용해도는 17.4절에서 소개된 과정을 사용하여 다음과 같이 계산할 수 있다.

$$1.6\times10^{-10}=[Ag^+][Cl^-]$$

AgCl이 유일한 용질인 용액에서는 $[Ag^+]=[Cl^-]$이다. 따라서 위 식은 다음과 같다.

$$1.6\times10^{-10}=s^2$$

여기에서 $s=1.3\times10^{-5}$ $M$이다. 따라서 25°C에서 물에 대한 AgCl의 용해도는 $1.3\times10^{-5}$ $M$이다.

이제 AgCl과 공통 이온을 가진 용질이 이미 들어 있는 용액에서 AgCl의 용해도를 결정하려 한다고 가정해 보자. 예를 들어, $AgNO_3$의 0.10 $M$ 용액에 AgCl을 용해시키는 것을 생각해 보자. 이 경우, 평형 상태의 $Ag^+$ 및 $Cl^-$ 농도는 같지 않을 것이다. 실제로 $Ag^+$ 이온 농도는 AgCl에 의해 제공된 농도에 0.10 $M$을 더한 값과 같을 것이다. 평형식은 다음과 같다.

$$1.6\times10^{-10}=[Ag^+][Cl^-]=(0.10+s)(s)$$

참조
$s$는 여전히 평형 상태에서 $Cl^-$의 농도 및 AgCl의 용해도를 나타낸다.

$s$가 매우 작을 것으로 예상되기 때문에 다음과 같이 계산을 단순화할 수 있다.

$$(0.10+s)\ M\approx0.10\ M$$

그러므로 $s$에 대한 식은 다음과 같다.

$$1.6\times10^{-10}=0.10s$$

그리고 위에서 $s=1.6\times10^{-9}$ $M$이다. 따라서 AgCl은 공통 이온 효과로 인해 순수한 물에서보다 0.10 $M$ $AgNO_3$에서 **상당히** 덜 용해된다. 그림 17.8(820~821쪽)은 공통 이온 효과를 보여 준다.

참조
공통 이온 효과는 르샤틀리에(Le Châtelier) 원리의 한 예시이다[◀◀ 15.6절].

예제 17.10은 공통 이온 효과가 용해도에 어떻게 영향을 미치는지 보여 준다.

그림 17.8 공통 이온 효과

물에 AgCl을 첨가하고 섞어서 포화 용액을 만든다.

AgCl도, 포화된 AgCl 용액도 보라색이 아니다. 이 그림에서는 과정을 설명하기 위해 색이 사용되었다.

생성된 포화 용액에서 $Ag^+$ 및 $Cl^-$의 농도는 같고, 이들 농도의 곱은 $K_{sp}$와 같다.

$$[Ag^+][Cl^-] = 1.6 \times 10^{-10}$$

따라서 $[Ag^+] = 1.3 \times 10^{-5}\ M$ 및 $[Cl^-] = 1.3 \times 10^{-5}\ M$이다.

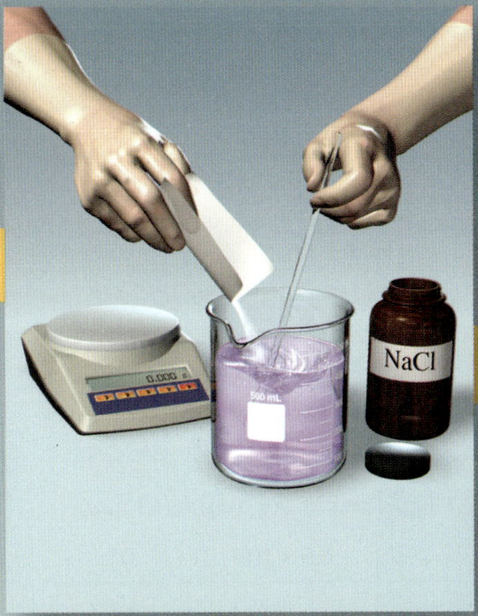


고체 AgCl을 여과를 통해 제거한 후, $Cl^- = 1.0\ M$의 농도가 되도록 충분한 NaCl을 용해시킨다.

$Cl^-$의 농도가 이제 더 크기 때문에 $Ag^+$와 $Cl^-$ 농도의 곱은 더 이상 $K_{sp}$와 같지 않다.

$$[Ag^+][Cl^-] = (1.3 \times 10^{-5}\ M)(1.0\ M) > 1.6 \times 10^{-10}$$

25°C에서 AgCl로 포화된 용액에서 $[Ag^+]$와 $[Cl^-]$의 곱은 AgCl의 $K_{sp}$와 같아야 한다. 따라서 AgCl은 이온 농도들의 곱이 $1.6 \times 10^{-10}$이 될 때까지 침전될 것이다.

이로 인해 이미 용해된 거의 모든 AgCl이 침전된다. $Cl^-$ 농도가 1.0 $M$인 경우 $Ag^+$의 가능한 가장 큰 농도는 $1.6 \times 10^{-10}\ M$이다.

$$[Ag^+](1.0\ M) = 1.6 \times 10^{-10}$$

$$[Ag^+] = 1.6 \times 10^{-10}\ M$$

침전된 AgCl의 양은 강조하기 위해 과장되었다. 침전된 AgCl의 실제 양은 극히 적을 것이다.

## 요점 내용

두 염이 같은 이온을 포함하고 있을 때, 두 염이 모두 포함하는 이온을 "공통 이온"이라고 한다. AgCl과 같이 약간 용해되는 염의 용해도는 공통 이온이 있는 가용성 염을 첨가하면 감소할 수 있다. 이런 예시에서 AgCl은 NaCl을 첨가함으로써 침전된다. AgCl은 또한 $AgNO_3$와 같은 $Ag^+$ 이온을 포함하는 가용성 염을 첨가함으로써 침전될 수도 있다.

## 예제 17.10

$6.5 \times 10^{-3}$ $M$의 질산 은 용액 속에서 염화 은의 몰용해도를 계산하시오.

**전략** 질산 은은 물에서 완전히 해리되는 강전해질이다. 따라서 AgCl이 용해되기 전 $Ag^+$의 농도는 $6.5 \times 10^{-3}$ $M$이다. AgCl이 얼마나 용해될지를 결정하기 위해 평형식, AgCl에 대한 $K_{sp}$ 및 평형표를 사용한다.

**계획** 용해 평형과 평형식은 다음과 같다.

$$AgCl(s) \rightleftharpoons Ag^+(aq) + Cl^-(aq) \qquad 1.6 \times 10^{-10} = [Ag^+][Cl^-]$$

**풀이**

| | $AgCl(s)$ | $\rightleftharpoons Ag^+(aq)$ | $+\ Cl^-(aq)$ |
|---|---|---|---|
| 초기 농도(Initial concentration, $M$): | | $6.5 \times 10^{-3}$ | 0 |
| 농도 변화량(Change in concentration, $M$): | | $+s$ | $+s$ |
| 평형 농도(Equilibrium concentration, $M$): | | $6.5 \times 10^{-3} + s$ | $s$ |

이들 농도를 평형식에 대입하면 다음과 같다.

$$1.6 \times 10^{-10} = (6.5 \times 10^{-3} + s)(s)$$

여기서 $s$가 매우 작을 것으로 기대된다.

$$6.5 \times 10^{-3} + s \approx 6.5 \times 10^{-3}$$
$$1.6 \times 10^{-10} = (6.5 \times 10^{-3})(s)$$

그러므로,

$$s = \frac{1.6 \times 10^{-10}}{6.5 \times 10^{-3}} = 2.5 \times 10^{-8}\ M$$

따라서 $6.5 \times 10^{-3}$ $M$ $AgNO_3$ 용액 속에서 AgCl의 용해도는 $2.5 \times 10^{-8}$ $M$이다.

### 생각해 보기

AgCl의 물에 대한 용해도는 $\sqrt{1.6 \times 10^{-10}} = 1.3 \times 10^{-5}$ $M$이다. $6.5 \times 10^{-3}$ $M$ $AgNO_3$의 존재는 AgCl의 용해도를 약 500배까지 감소시킨다.

**유제 1** 0.0010 $M$의 $AgNO_3$ 용액 속에서 몰용해도가 증가하는 순서대로 다음의 염을 나열하시오.

AgBr, $Ag_2CO_3$, AgCl, AgI, $Ag_2S$

**유제 2** 왼쪽의 그림은 약간 용해되는 이온 결합 화합물의 포화 용액을 보여 준다. 오른쪽 그림에서 양이온의 질산염이 충분히 첨가되어 양이온 농도가 증가했다(노란색). 첨가 후의 용액을 정확하게 나타내기 위해 두 번째 그림에 얼마나 많은 음이온(파란색)이 포함되어야 하는가?

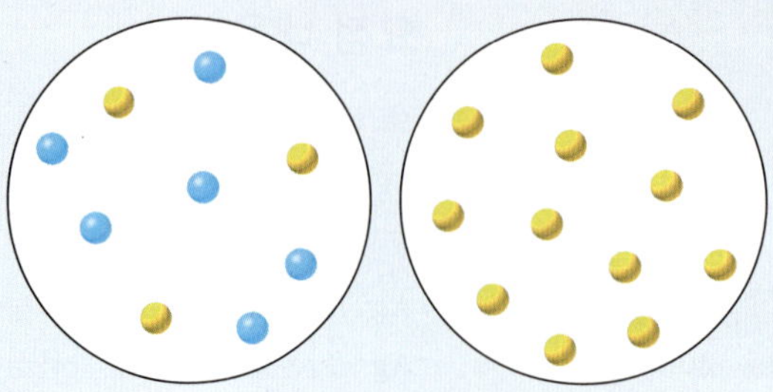

## pH

물질의 용해도는 용액의 pH에 따라 달라질 수 있다. 수산화 마그네슘의 용해도 평형을 생각해 보자.

$$Mg(OH)_2(s) \rightleftharpoons Mg^{2+}(aq) + 2OH^-(aq)$$

르샤틀리에(Le Châtelier) 원리에 따르면 $OH^-$ 이온(pH를 증가시킴)을 첨가하면 평형이 오른쪽에서 왼쪽으로 이동하여 $Mg(OH)_2$의 용해도가 감소한다. (이것은 실제로 공통 이온 효과의 또 다른 예시이다.) 한편, $H^+$ 이온을 첨가하면(pH를 감소시킴) 평형은 왼쪽에서 오른쪽으로 이동하고 $Mg(OH)_2$의 용해도가 증가한다. 따라서 불용성 염기는 산성 용액에서 용해되는 경향이 있다. 이와 유사하게, 불용성 산은 염기성 용액에서 용해되는 경향이 있다.

$Mg(OH)_2$의 용해도에 대한 pH의 영향을 알아보기 위해 먼저 포화된 $Mg(OH)_2$ 용액의 pH를 계산한다.

$$\begin{aligned} K_{sp} &= (s)(2s)^2 = 4s^3 \\ 4s^3 &= 1.2 \times 10^{-11} \\ s^3 &= 3.0 \times 10^{-12} \\ s &= 1.4 \times 10^{-4}\ M \end{aligned}$$

따라서 평형 상태에서는 다음과 같다.

$$\begin{aligned} [OH^-] &= 2(1.4 \times 10^{-4}\ M) = 2.8 \times 10^{-4}\ M \\ pOH &= -\log\ (2.8 \times 10^{-4}) = 3.55 \\ pH &= 14.00 - 3.55 = 10.45 \end{aligned}$$

pH가 10.45 미만인 용액에서 $Mg(OH)_2$의 용해도는 증가할 것이다. 용해 과정 및 첨가된 $H^+$ 이온의 효과는 다음과 같이 요약된다.

$$\begin{aligned} Mg(OH)_2(s) &\rightleftharpoons Mg^{2+}(aq) + 2OH^-(aq) \\ 2H^+(aq) + 2OH^-(aq) &\longrightarrow 2H_2O(l) \\ \text{전체: } Mg(OH)_2(s) + 2H^+(aq) &\rightleftharpoons Mg^{2+}(aq) + 2H_2O(l) \end{aligned}$$

용액의 pH가 10.45보다 높으면 $[OH^-]$가 높아지고, 공통 이온($OH^-$) 효과 때문에 $Mg(OH)_2$의 용해도가 감소한다.

또한 pH는 염기성 음이온을 포함하는 염의 용해도에 영향을 미친다. 예를 들어, $BaF_2$에 대한 용해도 평형 반응식 및 평형식은 다음과 같다.

$$BaF_2(s) \rightleftharpoons Ba^{2+}(aq) + 2F^-(aq)$$
$$K_{sp} = [Ba^{2+}][F^-]^2$$

산성 용액에서 높은 $[H^+]$는 다음의 평형을 왼쪽으로 이동시켜 $F^-$를 소모시킨다.

$$HF(aq) \rightleftharpoons H^+(aq) + F^-(aq)$$

$F^-$의 농도가 감소함에 따라 $Ba^{2+}$의 농도는 $K_{sp} = [Ba^{2+}][F^-]^2$와 평형의 상태를 유지하기 위해 증가해야 한다. 따라서 더 많은 $BaF_2$가 용해된다. $BaF_2$의 용해도에 대한 pH의 효과

는 다음과 같이 요약될 수 있다.

$$BaF_2(s) \rightleftharpoons Ba^{2+}(aq) + 2F^-(aq)$$
$$2H^+(aq) + 2F^-(aq) \longrightarrow 2HF(aq)$$
$$\text{전체: } BaF_2(s) + 2H^+(aq) \rightleftharpoons Ba^{2+}(aq) + 2HF(aq)$$

$Cl^-$, $Br^-$ 및 $NO_3^-$와 같이 가수 분해하지 않는 음이온을 포함한 염의 용해도는 pH에 영향을 받지 않는다.

예제 17.11은 용해도에 대한 pH의 효과를 보여 준다.

## 예제 17.11

다음 화합물 중 물에 비해 산성 용액에 더 잘 녹는 화합물은 어느 것인가?

(a) CuS (b) AgCl (c) $PbSO_4$

**전략** 각 염에 대해 해리 평형 반응식을 쓰고, $H^+$와 반응할 음이온을 생성하는지 결정한다. 약산의 짝염기인 음이온만이 $H^+$와 반응할 수 있다.

**계획**

(a) $CuS(s) \rightleftharpoons Cu^{2+}(aq) + S^{2-}(aq)$

$S^{2-}$는 약산 $HS^-$의 짝염기이다. $S^{2-}$는 다음과 같이 $H^+$와 반응한다.

$$S^{2-}(aq) + H^+(aq) \longrightarrow HS^-(aq)$$

(b) $AgCl(s) \rightleftharpoons Ag^+(aq) + Cl^-(aq)$

$Cl^-$는 강산 HCl의 짝염기이다. $Cl^-$는 $H^+$와 반응하지 않는다.

(c) $PbSO_4(s) \rightleftharpoons Pb^{2+}(aq) + SO_4^{2-}(aq)$

$SO_4^{2-}$는 약산인 $HSO_4^-$의 짝염기이다. 이것은 다음과 같이 $H^+$와 반응한다.

$$SO_4^{2-}(aq) + H^+(aq) \longrightarrow HSO_4^-(aq)$$

$H^+$와 반응하는 음이온을 생성하는 염은 물보다 산에 더 잘 녹는다.

**풀이** CuS와 $PbSO_4$는 물보다 산에 더 잘 녹는다. (AgCl은 산과 물에서 비슷하게 녹는다.)

### 생각해 보기

염이 해리되어 약산의 짝염기를 만드는 경우, 산성 용액 속의 $H^+$ 이온은 용해된 생성물(염기)을 소비한다. 이는 르샤틀리에 원리에 따라 평형을 오른쪽으로(더 많은 고체를 용해한다) 이동시킨다.

**유제 1** 예제 17.11에서 언급된 것들을 제외하고 순수한 물보다 산성 용액에 더 잘 녹는 3가지 염을 나열하시오.

**유제 2** 이온 결합 화합물의 용해도가 용액에서 산의 존재에 의해 영향을 받는다면, 용해도는 반드시 염기의 존재에 의해 영향을 받을 것인가? 설명하시오.

**참조**

금속 양이온이 루이스(Lewis) 염기와 결합하는 루이스(Lewis) 산-염기 반응은 착이온을 형성한다.

## 착이온 형성

**착이온**(complex ion)은 하나 이상의 분자 또는 이온에 결합된 중심 금속 양이온을 포함하는 이온이다. 착이온은 많은 화학 및 생물학적 과정에서 중요하다. 여기에서는 용해도에

**그림 17.9** (왼쪽) 염화 코발트(II) 용액. 분홍색은 $Co(H_2O)_6^{2+}$ 이온 때문이다. (오른쪽) HCl 용액의 첨가 후 착이온 $CoCl_4^{2-}$이 형성되기 때문에 용액이 푸른색으로 변한다.

대한 착이온 형성의 효과를 고려할 것이다.

**전이**(transition) 금속은 복잡한 이온을 형성하는 특별한 경향이 있다. 예를 들어, $Co(H_2O)_6^{2+}$ 이온의 존재로 인해 염화 코발트(II)($CoCl_2$)의 용액은 분홍색이다(그림 17.9). HCl을 첨가할 때 착이온 $CoCl_4^{2-}$가 형성되기 때문에 용액은 파란색으로 변한다.

$$Co^{2+}(aq) + 4Cl^-(aq) \rightleftharpoons CoCl_4^{2-}(aq)$$

황산 구리(II)($CuSO_4$)는 물에 용해되어 푸른색 용액을 생성한다. 수화된 구리(II) 이온이 푸른색의 원인이다. 많은 다른 황산 염(예: $Na_2SO_4$)은 무색이다. $CuSO_4$ 용액에 진한 암모니아 용액을 몇 방울 첨가하면 **옅은 푸른색**의 침전물, 수산화 구리(II)가 침전된다.

$$Cu^{2+}(aq) + 2OH^-(aq) \longrightarrow Cu(OH)_2(s)$$

## 생각 밖 상식

### 평형과 충치

치아는 **하이드록시아파타이트**[hydroxyapatite, $Ca_5(PO_4)_3OH$]라고 불리는 광물로 구성된 약 2 mm 두께의 단단한 에나멜층으로 보호된다. **탈염**(demineralization)은 하이드록시아파타이트가 타액에 용해되는 과정이다. 칼슘과 같은 알칼리 토금속의 인산염은 불용성이므로[|◀◀ 9.2절, 표 9.3], 이 과정은 아주 작은 정도로만 발생한다.

$$Ca_5(PO_4)_3OH(s) \rightleftharpoons 5Ca^{2+}(aq) + 3PO_4^{3-}(aq) + OH^-(aq)$$

**재광화**(remineralization)라고 하는 역과정은 신체의 충치에 대한 자연적 방어이다.

**참조**

소아의 경우, 에나멜층(재광화)의 성장이 탈염보다 빠르다. 성인은 탈염 및 재광화가 거의 동일한 속도로 일어난다.

$$5Ca^{2+}(aq) + 3PO_4^{3-}(aq) + OH^-(aq) \rightleftarrows Ca_5(PO_4)_3OH(s)$$

입안의 세균은 아세트산 또는 젖산과 같은 유기산을 생산하기 위해 사람이 먹는 음식의 일부를 분해한다. 산의 생산은 설탕이 많은 식품에서 가장 많다. 따라서 설탕이 많은 간식을 먹은 후에는 입안의 $H^+$ 농도가 증가하여 타액의 $OH^-$ 이온이 소모된다.

$$H^+(aq) + OH^-(aq) \longrightarrow H_2O(l)$$

타액에서 $OH^-$의 제거는 $Ca_5(PO_4)_3OH$ 용해 평형을 오른쪽으로 유도하여 탈염을 촉진한다. 보호용 에나멜 층이 약해지면 충치가 시작된다. 충치를 예방하는 가장 좋은 방법은 설탕을 적게 먹고 매 식사 후에 즉시 이를 닦는 것이다.

대부분의 치약에는 플루오린이 들어 있어 충치를 줄이는 데 도움이 된다. 치약에 있는 $F^-$ 이온은 재광화 과정에서 일부 $OH^-$ 이온을 대체한다.

$$5Ca^{2+}(aq) + 3PO_4^{3-}(aq) + F^-(aq) \rightleftarrows Ca_5(PO_4)_3F(s)$$

$F^-$는 $OH^-$보다 약한 염기이기 때문에 플루오로아파타이트(fluroroapatite)라고 불리는 개조된 법랑질은 박테리아가 생산하는 산에 내성을 가진다.

$OH^-$ 이온은 암모니아 용액에 의해 공급된다. 더 많은 $NH_3$가 첨가되면, 푸른색 침전물이 재결합하여 착이온 $Cu(NH_3)_4^{2+}$가 형성되어 아름다운 짙은 푸른색 용액을 만든다(그림 17.10).

$$Cu(OH)_2(s) + 4NH_3(aq) \rightleftharpoons Cu(NH_3)_4^{2+}(aq) + 2OH^-(aq)$$

따라서 착이온 $Cu(NH_3)_4^{2+}$의 형성은 $Cu(OH)_2$의 용해도를 증가시킨다.

특정 착이온을 형성하려는 금속 이온의 경향의 측정은 착이온 형성에 대한 평형 상수인 **형성 상수**(formation constant, $K_f$)(안정성 상수라고도 함)에 의해 주어진다. $K_f$가 클수록 착

그림 17.10 (왼쪽) 황산 구리(II) 수용액. (가운데) 진한 암모니아 수용액 몇 방울을 첨가한 후, 옅은 푸른색의 $Cu(OH)_2$ 침전물이 생성된다. (오른쪽) 진한 암모니아 수용액을 더 첨가하면 $Cu(OH)_2$ 침전물이 녹아 짙은 푸른색의 착이온 $Cu(NH_3)_4^{2+}$가 생성된다.

**표 17.5** 25°C 물에서 선택된 착이온의 형성 상수

| 착이온 | 평형식 | 형성 상수($K_f$) |
|---|---|---|
| $Ag(NH_3)_2^+$ | $Ag^+ + 2NH_3 \rightleftharpoons Ag(NH_3)_2^+$ | $1.5 \times 10^7$ |
| $Ag(CN)_2^-$ | $Ag^+ + 2CN^- \rightleftharpoons Ag(CN)_2^-$ | $1.0 \times 10^{21}$ |
| $Cu(CN)_4^{2-}$ | $Cu^{2+} + 4CN^- \rightleftharpoons Cu(CN)_4^{2-}$ | $1.0 \times 10^{25}$ |
| $Cu(NH_3)_4^{2+}$ | $Cu^{2+} + 4NH_3 \rightleftharpoons Cu(NH_3)_4^{2+}$ | $5.0 \times 10^{13}$ |
| $Cd(CN)_4^{2-}$ | $Cd^{2+} + 4CN^- \rightleftharpoons Cd(CN)_4^{2-}$ | $7.1 \times 10^{16}$ |
| $CdI_4^{2-}$ | $Cd^{2+} + 4I^- \rightleftharpoons CdI_4^{2-}$ | $2.0 \times 10^6$ |
| $HgCl_4^{2-}$ | $Hg^{2+} + 4Cl^- \rightleftharpoons HgCl_4^{2-}$ | $1.7 \times 10^{16}$ |
| $HgI_4^{2-}$ | $Hg^{2+} + 4I^- \rightleftharpoons HgI_4^{2-}$ | $2.0 \times 10^{30}$ |
| $Hg(CN)_4^{2-}$ | $Hg^{2+} + 4CN^- \rightleftharpoons Hg(CN)_4^{2-}$ | $2.5 \times 10^{41}$ |
| $Co(NH_3)_6^{3+}$ | $Co^{3+} + 6NH_3 \rightleftharpoons Co(NH_3)_6^{3+}$ | $5.0 \times 10^{31}$ |
| $Zn(NH_3)_4^{2+}$ | $Zn^{2+} + 4NH_3 \rightleftharpoons Zn(NH_3)_4^{2+}$ | $2.9 \times 10^9$ |
| $Cr(OH)_4^-$ | $Cr^{3+} + 4OH^- \rightleftharpoons Cr(OH)_4^-$ | $8 \times 10^{29}$ |

이온이 안정적이다. 표 17.5는 여러 가지 착이온의 형성 상수를 나열한 것이다.

$Cu(NH_3)_4^{2+}$ 이온의 형성은 다음과 같이 표현될 수 있다.

$$Cu^{2+}(aq) + 4NH_3(aq) \rightleftharpoons Cu(NH_3)_4^{2+}(aq)$$

위 반응식에 해당하는 형성 상수는 다음과 같다.

$$K_f = \frac{[Cu(NH_3)_4^{2+}]}{[Cu^{2+}][NH_3]^4} = 5.0 \times 10^{13}$$

이 경우 큰 $K_f$의 값은 착이온이 용액에서 매우 안정하고 평형 상태에서 구리(II) 이온의 농도가 매우 낮다는 것을 나타낸다.

두 반응의 합에 대한 $K$는 각각의 $K$ 값의 곱이다라는 것을 기억하자[|◀◀ 15.3절]. 염화은의 용해는 다음의 반응식으로 나타낸다.

$$AgCl(s) \rightleftharpoons Ag^+(aq) + Cl^-(aq)$$

이 식과 $Ag(NH_3)_2^+$의 형성을 나타내는 식의 합은 다음과 같다.

$$\begin{array}{lll} AgCl(s) \rightleftharpoons \cancel{Ag^+(aq)} + Cl^-(aq) & & K_{sp} = 1.6 \times 10^{-10} \\ \cancel{Ag^+(aq)} + 2NH_3(aq) \rightleftharpoons Ag(NH_3)_2^+(aq) & & K_f = 1.5 \times 10^7 \\ \hline AgCl(s) + 2NH_3(aq) \rightleftharpoons Ag(NH_3)_2^+(aq) + Cl^-(aq) & & \end{array}$$

이에 대한 평형 상수는 $(1.6 \times 10^{-10})(1.5 \times 10^7) = 2.4 \times 10^{-3}$이다. 이것은 $K_{sp}$ 값보다 상당히 큰 값으로 AgCl이 암모니아 수용액에서는 순수한 물에서보다 훨씬 더 많이 용해된다는 것을 나타낸다. 일반적으로 착이온 형성의 효과는 물질의 용해도를 **증가시키는**(increase) 것이다.

**참조**

착이온의 형성은 염의 해리에 의해 생성된 금속 이온을 소모하여 르샤틀리에 원리에 따라서 염의 용해도를 단순히 증가시킨다[|◀◀ 15.6절].

착이온 형성을 포함하는 평형 문제의 풀이는 $K_f$의 크기와 반응의 화학량론에 의해 복잡해진다. $Cu(NH_3)_4^{2+}$ 착이온을 형성하기 위해 수용액 속의 구리(II) 이온과 암모니아의 조합을 생각해 보자.

$$Cu^{2+}(aq) + 4NH_3(aq) \rightleftharpoons Cu(NH_3)_4^{2+}(aq) \qquad K_f = 5.0 \times 10^{14}$$

**참조**

자유라는 용어는 착이온의 일부가 아닌 금속 이온만을 지칭하기 위해 사용된다.

어떤 0.10몰의 $Cu(NO_3)_2$가 3.0 $M$ $NH_3$ 용액 1 L에 용해될 때 용액에서 자유 구리(II) 이온의 몰농도를 결정하려 한다고 가정해 보자. 약산 용액의 pH를 결정하는 데 사용한 것과 동일한 접근법으로는 이 문제를 해결할 수 없다. 반응에서 소비된 구리(II) 이온의 양을 $x$로 무시할 수 없을 뿐만 아니라, 평형식에서 암모니아 농도에 대한 지수 값이 4가 되는 쉽게 풀 수 없는 방정식이 된다. 따라서 또 다른 접근법이 필요하다.

$K_f$의 크기가 너무 크기 때문에 모든 구리(II) 이온이 착이온을 형성하는 데 소비된다고 가정하고 시작한다. 그 다음 역반응에 대한 평형을 고려한다. 즉, 이 반응은 평형 상수가 $K_f$의 역수인 $Cu(NH_3)_4^{2+}$의 해리 반응이다.

$$Cu(NH_3)_4^{2+}(aq) \rightleftharpoons Cu^{2+}(aq) + 4NH_3(aq) \qquad K = 2.0 \times 10^{-15}$$

이제 평형표를 만드는데, $K$의 값이 너무 작기 때문에 착이온의 농도와 암모니아의 농도에 비해 $x$(해리되는 착이온의 양)가 중요하지 않다고 생각할 수 있다. [3.0 $M$이었던 암모니아의 농도는 0.10 mol의 구리(II) 이온을 착화시키는 데 필요한 양 때문에 4×0.10 $M$만큼 감소했다는 것을 주목하자.]

| | $Cu(NH_3)_4^{2+}(aq)$ ⇌ | $Cu^{2+}(aq)$ + | $4NH_3(aq)$ |
|---|---|---|---|
| 초기 농도(Initial concentration, $M$): | 0.10 | 0 | 2.6 |
| 농도 변화량(Change in concentration, $M$): | $-x$ | $+x$ | $+4x$ |
| 평형 농도(Equilibrium concentration, $M$): | $0.10-x$ | $x$ | $2.6+4x$ |

$Cu(NH_3)_4^{2+}$와 $NH_3$의 농도($0.10-x \approx 0.10$과 $2.6+4x \approx 2.6$)에 대해 $x$를 무시할 수 있으며, 풀이는 다음과 같다.

$$\frac{[Cu^{2+}][NH_3]^4}{[Cu(NH_3)_4^{2+}]} = \frac{x(2.6)^4}{0.10} = 2.0 \times 10^{-15}$$

여기서 $x = 4.4 \times 10^{-18}$ $M$이다. 형성 상수가 너무 크기 때문에 착이온을 형성하지 않은 구리의 양은 매우 적다. 평소처럼 평형식에 대입하여 답을 확인하는 것이 좋다.

$$\frac{(4.4 \times 10^{-18})[2.6 + 4(4.4 \times 10^{-18})]^4}{0.10 - 4.4 \times 10^{-18}} = 2.0 \times 10^{-15}$$

예제 17.12에서는 착이온 형성에 대한 평형 문제에 이 접근법을 적용하는 연습을 할 수 있다.

## 예제 17.12

사이안화 이온을 포함한 용액에서 카드뮴(II) 이온은 착이온 $Cd(CN)_4^{2-}$를 형성한다. 2.0 $M$ 사이안화 소듐(NaCN) 용액 1 L에 0.20몰 $Cd(NO_3)_2$를 용해시켰을 때, 용액 속에 존재하는 자유(착이온을 형성하지 않은) 카드뮴(II) 이온의 몰농도를 결정하시오.

**전략** 형성 상수는 일반적으로 매우 크기 때문에 모든 $Cd^{2+}$ 이온이 소비되어 착이온으로 변환된다고 가정하고 시작한다. 그 다음에 착이온의 해리에 의해 얼마나 많은 $Cd^{2+}$가 생성되는지를 결정한다. 이 과정은 평형 상수가 $K_f$의 역수이다.

**계획** 표 17.5로부터 착이온 $Cd(CN)_4^{2-}$에 대한 형성 상수($K_f$)는 $7.1 \times 10^{16}$이다.

$$Cd(CN)_4^{2-}(aq) \rightleftharpoons Cd^{2+}(aq) + 4CN^-(aq)$$

위 반응은 $1/K_f = 1.4 \times 10^{-17}$의 평형 상수를 갖는다. 해리에 대한 평형식은 다음과 같다.

$$1.4 \times 10^{-17} = \frac{[Cd^{2+}][CN^-]^4}{[Cd(CN)_4^{2-}]}$$

착이온의 형성은 원래 존재하는 사이안화 이온의 일부를 소비할 것이다. 화학량론은 4개의 $CN^-$ 이온이 하나의 $Cd^{2+}$ 이온과 반응해야 함을 나타낸다. 그러므로 평형표의 맨 위에 입력하는 $CN^-$의 농도는 $[2.0\ M - 4(0.20\ M)] = 1.2\ M$이 될 것이다.

**풀이** 먼저 평형표를 만든다.

| | $Cd(CN)_4^{2-}(aq)$ | $\rightleftharpoons Cd^{2+}(aq)$ | $+ 4CN^-(aq)$ |
|---|---|---|---|
| 초기 농도(Initial concentration, $M$): | 0.20 | 0 | 1.2 |
| 농도 변화량(Change in concentration, $M$): | $-x$ | $+x$ | $+4x$ |
| 평형 농도(Equilibrium concentration, $M$): | $0.20-x$ | $x$ | $1.2+4x$ |

$K$의 크기가 너무 작기 때문에 $Cd(CN)_4^{2-}$와 $CN^-$의 초기 농도($0.20-x \approx 0.20$과 $1.2+4x \approx 1.2$)에 대해 $x$를 무시할 수 있으므로 풀이는 다음과 같다.

$$\frac{[Cd^{2+}][CN^-]^4}{[Cd(CN)_4^{2-}]} = \frac{x(1.2)^4}{0.20} = 1.4 \times 10^{-17}$$

따라서 $x = 1.4 \times 10^{-18}\ M$이다.

## 생각해 보기

모든 금속 이온이 소비되어 착이온으로 전환된다고 가정할 때 착화제(이 경우, $CN^-$ 이온)의 일부가 이 과정에서 소비된다는 것을 기억하는 것이 중요하다. 평형표의 맨 위 줄에 그것을 쓰기 전에 농도를 맞추는 것을 잊지 않아야 한다.

**유제 1** 표 17.4와 표 17.5의 정보를 사용하여 pH=11.45인 완충 용액에서 수산화 크로뮴(III)의 몰용해도를 결정하시오.

**유제 2** 포화된 AgCl 용액으로 시작해서 $NH_3$가 용액에 첨가될 때, 자유 은 이온과 염화 이온의 농도가 어떻게 변하는지 가장 잘 나타낸 그래프는 다음 그림[(i)~(iv)] 중 어느 것인가?

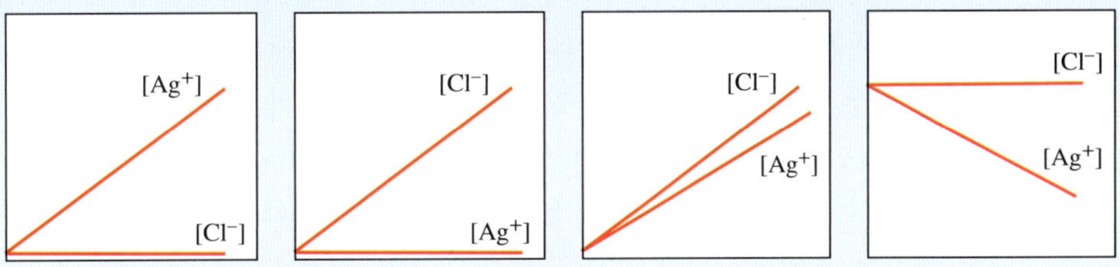


(i) (ii) (iii) (iv)

마지막으로 양쪽성 수산화물이라고 불리는 수산화물의 종류가 있는데, 산과 염기, 모두와 반응할 수 있다. 예로는 $Al(OH)_3$, $Pb(OH)_2$, $Cr(OH)_3$, $Zn(OH)_2$ 및 $Cd(OH)_2$가 있다. $Al(OH)_3$는 다음과 같이 산과 염기, 모두와 반응한다.

$$Al(OH)_3(s) + 3H^+(aq) \longrightarrow Al^{3+}(aq) + 3H_2O(l)$$

$$Al(OH)_3(s) + OH^-(aq) \rightleftharpoons Al(OH)_4^-(aq)$$

염기성 용액에서의 $Al(OH)_3$의 용해도 증가는 $Al(OH)_3$가 루이스 산으로 작용하고 $OH^-$가 루이스 염기로 작용하는 착이온 $Al(OH)_4^-$의 형성의 결과이다. 다른 양쪽성 수산화물들도 산과 염기와 유사하게 반응한다.

## 17.5절 복습

### 용해도에 영향을 끼치는 요인들

**17.5.1** 0.10 $M$ $CaCl_2$ 용액에서 AgCl의 몰용해도를 계산하시오.

(a) $1.6 \times 10^{-10}$ $M$ (b) $1.6 \times 10^{-9}$ $M$
(c) $8.0 \times 10^{-10}$ $M$ (d) $1.3 \times 10^{-5}$ $M$
(e) $1.6 \times 10^{-11}$ $M$

**17.5.2** 다음 중 어느 용액에서 약간 용해되는 염 $MC_2$가 가장 잘 용해되는가? 그리고 가장 적게 용해되는가? (가용성 염의 물 분자 및 상대 이온은 나타내지 않았다.)

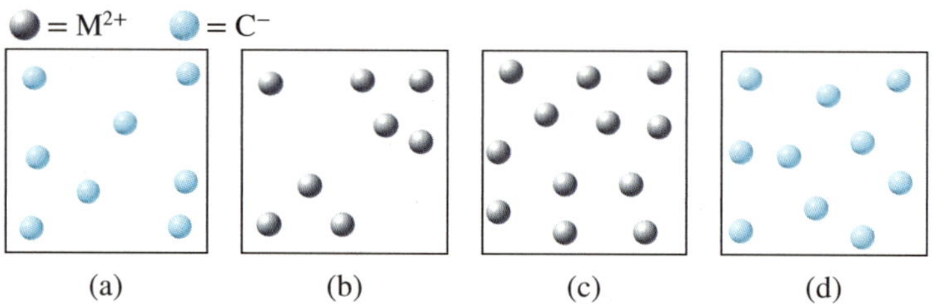


# 17.6 용해도 차이를 이용한 이온들의 분리

화학 분석에서 용액에 다른 이온은 남기면서 침전을 통해 한 종류의 이온을 제거해야 하는 경우가 있다. 예를 들어, 포타슘 이온과 바륨 이온을 모두 포함한 용액에 황산 이온을 첨가하면 $BaSO_4$가 침전되어 용액에서 대부분의 $Ba^{2+}$ 이온이 제거된다. 다른 "생성물"인 $K_2SO_4$는 가용성이며 용액에 남아 있게 된다. $BaSO_4$ 침전물은 여과에 의해 용액으로부터 분리될 수 있다.

## 부분 침전

두 생성물 모두 불용성인 경우에도 적절한 시약을 선택하여 침전시킴으로써 어느 정도 분리를 할 수 있다. $Cl^-$, $Br^-$ 및 $I^-$ 이온을 포함하는 용액을 생각해 보자. 이들 이온을 분리하는 한 가지 방법은 불용성 할로젠화 은으로 변환하는 것이다. 표에 나타낸 $K_{sp}$ 값에 따라 할로젠화 은의 용해도는 AgCl에서 AgI로 갈수록 감소한다. 따라서 이 용액에 질산 은과 같은 가용성 화합물이 서서히 첨가되면, AgI가 먼저 침전되기 시작하고, 이어서 AgBr이, 마지막으로 AgCl이 침전되기 시작한다. 이 방법은 **부분 침전**(fractional precipitation)으로 알려져 있다.

**참조**

| 화합물 | $K_{sp}$ |
|---|---|
| AgCl | $1.6 \times 10^{-10}$ |
| AgBr | $7.7 \times 10^{-13}$ |
| AgI | $8.3 \times 10^{-17}$ |

예제 17.13은 이온 2개($Cl^-$ 및 $Br^-$)의 분리만을 설명하지만, 이 방법은 2개 이상의 다른 유형의 이온을 포함하는 용액에 적용될 수 있다.

## 예제 17.13

0.020 $M$의 $Cl^-$ 이온 및 0.020 $M$의 $Br^-$ 이온이 들어 있는 용액에 질산 은을 서서히 첨가한다. AgCl은 침전시키지 않고 AgBr의 침전이 시작되기 위해 필요한 $Ag^+$ 이온의 농도(mol/L)를 계산하시오.

**전략** 질산 은은 용액 내에서 해리되어 $Ag^+$ 및 $NO_3^-$ 이온을 생성한다. $Ag^+$ 이온을 충분한 양으로 첨가하면 약간 용해되는 이온결합 화합물인 AgCl 및 AgBr이 용액으로부터 침전될 것이다. AgCl과 AgBr에 대한 $K_{sp}$ 값과 용액에 들어 있는 $Cl^-$와 $Br^-$의 농도를 알면, 평형식을 사용하여 각 화합물에 대해 $K_{sp}$를 초과하지 않고 용액에 존재할 수 있는 $Ag^+$의 최대 농도를 계산할 수 있다.

**계획** 용해도 평형 $K_{sp}$ 값 및 AgCl 및 AgBr에 대한 평형식은 다음과 같다.

$$AgCl(s) \rightleftharpoons Ag^+(aq) + Cl^-(aq) \qquad K_{sp} = 1.6 \times 10^{-10} = [Ag^+][Cl^-]$$
$$AgBr(s) \rightleftharpoons Ag^+(aq) + Br^-(aq) \qquad K_{sp} = 7.7 \times 10^{-13} = [Ag^+][Br^-]$$

AgBr에 대한 $K_{sp}$가 더 작기 때문에(200배 이상) AgBr이 먼저 침전된다. 즉, 침전을 시작하기 위해 더 낮은 $Ag^+$ 농도가 필요하다. 그러므로 AgBr의 침전을 시작하는 데 필요한 최소 $Ag^+$ 농도를 결정하기 위해 AgBr에 대한 평형식을 사용하여 $[Ag^+]$를 먼저 계산한다. AgCl의 침전을 시작하지 않고 용액에 존재할 수 있는 최대 $Ag^+$ 농도를 결정하기 위해 AgCl에 대한 평형식을 사용하여 $[Ag^+]$를 다시 계산한다.

**풀이** $Ag^+$ 농도에 대한 AgBr 평형식을 풀면 다음과 같다.

$$[Ag^+] = \frac{K_{sp}}{[Br^-]} \qquad \text{그리고} \qquad [Ag^+] = \frac{7.7 \times 10^{-13}}{0.020} = 3.9 \times 10^{-11}\ M$$

AgBr이 용액으로부터 침전되기 위해서는 은 이온 농도가 $3.9 \times 10^{-11}\ M$을 초과해야 한다. $Ag^+$ 농도에 대한 AgCl 평형식을 풀면 다음과 같다.

$$[Ag^+] = \frac{K_{sp}}{[Cl^-]} \qquad \text{그리고} \qquad [Ag^+] = \frac{1.6 \times 10^{-10}}{0.020} = 8.0 \times 10^{-9}\ M$$

AgCl이 용액에서 침전되지 않는다면 은 이온 농도는 $8.0 \times 10^{-9}\ M$ 이하로 유지되어야 한다. 따라서 이 용액으로부터 $Cl^-$를 침전시키지 않고 $Br^-$ 이온을 침전시키기 위해서는 $Ag^+$ 농도가 $3.9 \times 10^{-11}\ M$ 이상이어야 하고, $8.0 \times 10^{-9}\ M$ 미만이어야 한다.

### 생각해 보기

$Ag^+$ 농도가 AgCl의 침전을 시작할 정도로 충분히 높을 때까지 $AgNO_3$를 계속 첨가하면, 용액에 남아 있는 $Br^-$의 농도도 $K_{sp}$ 식을 사용하여 결정할 수 있다.

$$[Br^-] = \frac{K_{sp}}{[Ag^+]} = \frac{7.7 \times 10^{-13}}{8.0 \times 10^{-9}} = 9.6 \times 10^{-5}\ M$$

따라서 AgCl이 침전하기 시작할 때 $(9.6 \times 10^{-5}\ M) \div (0.020\ M) = 0.0048$이므로 원래의 브로민화 이온의 0.5% 미만이 용액에 남아 있게 된다.

**유제 1** $[Cl^-]$와 $[PO_4^{3-}]$가 각각 0.10 $M$인 용액으로부터 (a) AgCl과 (b) $Ag_3PO_4$의 침전이 시작하는 데 필요한 $Ag^+$의 농도(mol/L)를 계산하시오. ($Ag_3PO_4$의 $K_{sp}$는 $1.8 \times 10^{-18}$이다)

**유제 2** 첫 번째, 두 번째 그림은 작은 가용성의 이온 결합 화합물 AX 및 $BX_2$의 포화 용액을 보여 준다. 세 번째 그림은 양이온 $A^+$ 및 $B^{2+}$를 포함한 가용성 염의 용액을 보여 준다. (가용성 염의 음이온은 표시되지 않았다.) NaX가 세 번째 용액에 첨가될 때 처음으로 침전되는 낮은 가용성의 화합물은 어느 것인가?

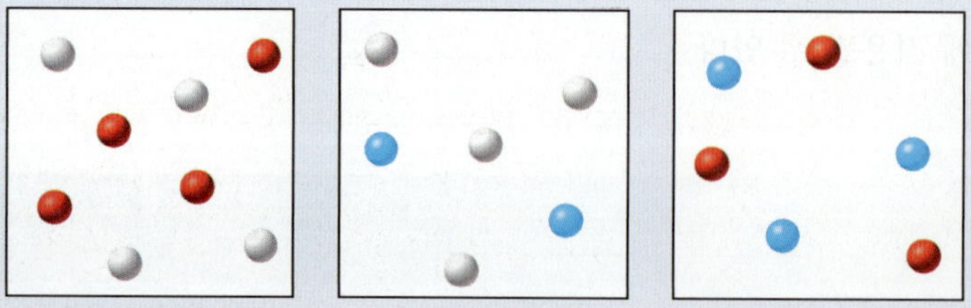

## 용액에서 금속 이온의 정성 분석

선택적 침전의 원리는 용액에 존재하는 이온의 유형을 확인하는 데 사용될 수 있다. 이러한 방법을 **정성 분석**(qualitative analysis)이라고 한다. 수용액에서 쉽게 분석할 수 있는 약 20가지의 일반적인 양이온들이 있다. 이 양이온들은 불용성 염의 용해도 곱에 따라 5개의 족으로 나눌 수 있다(표 17.4). 알려지지 않은 용액에는 1에서 20개의 모든 이온이 포함될 수 있으므로 분석은 1족에서 5족까지 체계적으로 수행해야 한다. 이러한 20개의 이온을 분리하는 일반적인 과정은 다음과 같다.

**참조**

이 족의 번호는 주기율표의 그룹과 일치하지 않는다.

- **1족의 양이온**: 미지 용액에 묽은 HCl 용액을 첨가하면 $Ag^+$, $Hg_2^{2+}$ 및 $Pb^{2+}$ 이온들만 불용성 염화물로 침전된다. 다른 가용성 염화물 이온들은 용액에 남아 있다.
- **2족의 양이온**: 염화물 침전물을 여과로 제거한 후, HCl의 첨가로 인해 산성인 미지 용액에 황화수소를 첨가한다. 2족의 금속 이온이 반응하여 금속 황화물을 생성한다.

$$M^{2+}(aq) + H_2S(aq) \rightleftharpoons MS(s) + 2H^+(aq)$$

$H^+$가 있을 때 이 평형은 왼쪽으로 이동한다. 따라서 $K_{sp}$ 값이 **가장 작은** 금속 황화물만이 산성 조건하에서 침전된다. 이들은 $Bi_2S_3$, CdS, CuS 및 SnS이다(표 17.4 참조). 용액을 여과하여 불용성 황화물을 제거한다.

- **3족의 양이온**: 이 단계에서 수산화 소듐을 첨가하여 용액을 염기성으로 만든다. 염기성 용액에서 금속 황화물 평형이 오른쪽으로 이동하고 이제는 더 큰 가용성 황화물(CoS, FeS, MnS, NiS, ZnS)이 용액에서 침전된다. 사실 수산화물이 덜 가용성이기 때문에 $Al^{3+}$ 및 $Cr^{3+}$ 이온은 황화물이 아닌 수산화물 $Al(OH)_3$ 및 $Cr(OH)_3$로 침전된다. 용액을 다시 여과하여 불용성 황화물 및 수산화물을 제거한다.
- **4족의 양이온**: 모든 1, 2, 3족 양이온이 용액에서 제거된 후, 탄산소듐을 염기성 용액에 첨가하여 $Ba^{2+}$, $Ca^{2+}$ 및 $Sr^{2+}$ 이온을 $BaCO_3$, $CaCO_3$ 및 $SrCO_3$로 침전시킨다. 이들 침전물 또한 여과에 의해 용액으로부터 제거된다.
- **5족의 양이온**: 이 단계에서 용액에 남아 있을 수 있는 유일한 양이온은 $Na^+$, $K^+$ 및 $NH_4^+$이다. $NH_4^+$ 이온의 존재는 수산화 소듐을 첨가함으로써 알 수 있다.

$$NaOH(aq) + NH_4^+(aq) \longrightarrow Na^+(aq) + H_2O(l) + NH_3(g)$$

암모니아 기체는 특징적인 냄새나 용액 위에서(접촉하지 않고) 붉은색 리트머스 종이가 푸른색으로 변한 것을 관찰함으로써 감지된다. $Na^+$와 $K^+$ 이온의 존재를 확인하기 위해서는

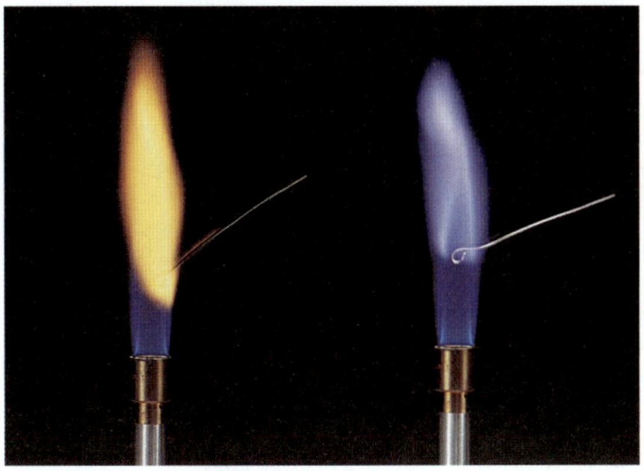

**그림 17.11** 소듐(노란색 불꽃)과 포타슘(보라색 불꽃)에 대한 불꽃 시험

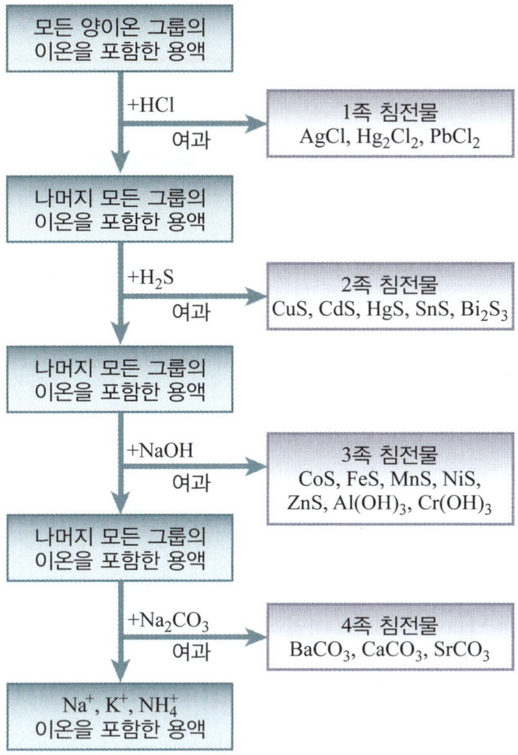


**그림 17.12** 정성 분석에서 양이온을 분리하기 위한 순서도

백금 선 조각(백금이 비활성이기 때문에 선택됨)을 원래의 용액에 담근 후 분젠 버너 불꽃에 넣고 확인하는 불꽃 시험이 종종 사용된다. $Na^+$ 이온은 이러한 방식으로 가열되면 노란색 불꽃을 보이는 반면, $K^+$ 이온은 보라색 불꽃을 보인다(그림 17.11). 그림 17.12는 금속 이온을 분리하기 위한 이 계획을 요약한 것이다.

## 17.6절 복습

### 용해도 차이를 이용한 이온들의 분리

**17.6.1** 어떤 용액은 0.10 $M$ 농도의 $Br^-$, $CO_3^{2-}$, $Cl^-$, $I^-$ 및 $SO_4^{2-}$ 이온들이 존재한다. 질산 은 용액이 이 용액에 첨가될 때 어떤 화합물이 가장 먼저 침전될 것인가?

(a) AgBr (b) $Ag_2CO_3$
(c) AgCl (d) AgI
(e) $Ag_2SO_4$

**17.6.2** 질산 바륨을 0.10 $M$의 $SO_4^{2-}$ 이온 및 0.10 $M$의 $F^-$ 이온을 포함한 용액에 천천히 첨가한다. $BaF_2$를 침전시키지 않고 $BaSO_4$가 침전되기 시작하는 데 필요한 $Ba^{2+}$ 이온의 농도(mol/L)를 계산하시오.

(a) $1.7 \times 10^{-6}$ $M$ (b) $1.1 \times 10^{-9}$ $M$
(c) $1.7 \times 10^{-4}$ $M$ (d) $1.7 \times 10^{-5}$ $M$
(e) $1.1 \times 10^{-8}$ $M$

# 단원 정리

### 17.1절

- 공통 이온의 존재는 약산 또는 약염기의 이온화를 억제한다. 이것은 **공통 이온 효과**(common ion effect)로 알려져 있다.
- 공통 이온은 **염**(salt)의 형태로 용액에 첨가된다.

### 17.2절

- 짝산-염기 쌍(약산-짝염기 또는 약염기-짝산)의 상당한 양의 농도를 포함하는 용액은 **완충 용액**(buffer solution)이다.
- 완충 용액은 소량의 강산 또는 강염기를 첨가하면 pH 변화에 저항한다. 완충 용액은 생물학적 시스템에서 중요하다.
- 완충 용액의 pH는 평형표를 사용하거나 **헨더슨-하셀발흐**(Henderson-Hasselbalch) 식을 사용하여 계산할 수 있다.
- 약산의 $pK_a$는 $-\log K_a$이다. 완충 용액의 약산 및 짝염기의 농도가 동일할 때, $pH = pK_a$이다.
- 원하는 pH에 가까운 $pK_a$의 약산을 선택하여 특정 pH의 완충 용액을 만들 수 있다.

### 17.3절

- 강산-강염기 적정의 적정 곡선은 당량점 근처에서 길고 가파른 영역을 가지고 있다.
- 약산-강염기 또는 약염기-강산 적정에 대한 적정 곡선의 가파른 영역은 상당히 짧다.
- 강산-강염기 적정에서 당량점에서의 pH는 7.00이다.
- 약산-강염기 적정에서 당량점에서의 pH는 7.00보다 크다.
- 약염기-강산 적정에서 당량점에서의 pH는 7.00보다 작다.
- 산-염기 지시약은 일반적으로 용액의 pH에 따라 두 가지 색을 나타내는 약한 유기산이다. 적정의 **종말점**(end point)은 지시약의 색이 변하는 지점이다. 지시약은 적정의 **당량점**(equivalent point)을 추정하는 데 사용된다.
- 특정 적정에 사용된 지시약은 적정 곡선의 가파른 영역에 해당하는 pH 범위에서 색 변화를 나타내야 한다.

### 17.4절

- **용해도 곱 상수**(solubility product constant, $K_{sp}$)는 약간 용해되는 이온 결합 화합물이 물에서 어느 정도 해리되는지를 나타내는 평형 상수이다.
- $K_{sp}$는 **몰용해도**(molar solubility) 또는 g/L의 단위를 갖는 일반적인 **용해도**(solubility)를 결정하는 데 사용될 수 있으며, 그 반대의 경우도 가능하다.
- $K_{sp}$는 두 가지 용액을 섞을 때 침전물이 형성될지를 예측하는 데에도 사용할 수 있다.

### 17.5절

- 용해도는 공통 이온, pH 및 착이온 형성에 의해 영향을 받는다. **형성 상수**(formation constant, $K_f$)는 착이온이 어느 정도 형성되는지를 나타낸다.
- 해리되어 플루오린화 이온과 같은 강력한 짝염기가 되는 염은 순수한 물에서보다 산성 용액에서 더 잘 녹는다.
- 해리되어 수산화 이온을 생성하는 염은 pH가 낮을수록 용해도가 높고, pH가 높을수록 용해도가 낮아진다.
- 이온 결합 화합물의 용해도는 **착이온**(complex ion)의 형성이 해리 생성물 중 하나를 소비할 때 증가한다.

### 17.6절

- **부분 침전**(fractional precipitation)을 이용하여 이온을 분리할 수 있다.
- 부분 침전의 계획은 $K_{sp}$ 값에 따라 설계될 수 있다.
- 선택적 침전법을 사용하여 양이온 그룹을 확인할 수 있다. 이것은 **정성 분석**(qualitative analysis)의 기초이다.

## 주요 용어

공통 이온 효과(common ion effect)
몰용해도(molar solubility)
부분 침전(fractional precipitation)
완충 용액(buffer)
용해도(solubility)
용해도 곱 상수(solubility product constant, $K_{sp}$)
정성 분석(qualitative analysis)
종말점(endpoint)
착이온(complex ion)
헨더슨–하셀발흐 식(Henderson–Hasselbalch equation)
형성 상수(formation constant, $K_f$)

## 주요 식

| | | |
|---|---|---|
| 17.1 | $\text{pH}=\text{p}K_a+\log\frac{[\text{A}^-]}{[\text{HA}]}$ | 완충 용액의 pH는 약산의 $\text{p}K_a$와 약산에 대한 짝염기의 비율에 $-\log$를 취한 값의 합으로 계산된다. |
| 17.2 | $\text{p}K_a=-\log K_a$ | 약산의 $\text{p}K_a$는 $K_a$ 값에 $-\log$를 취한 값과 같다. |
| 17.3 | $\text{pH}=\text{p}K_a+\log\frac{[\text{짝염기}]}{[\text{약산}]}$ | 이것은 완충 용액의 pH를 계산하는 데 사용되는 헨더슨–하셀발흐 식보다 일반적인 형태이다. 완충 용액의 성분이 같은 부피 안에 용해되어 있기 때문에, 짝염기 대 약산의 비율은 몰농도 또는 절대 몰을 사용하여 계산할 수 있다. |

## 주요 내용 완충 용액

헨더슨-하셀발흐(Henderson-Hasselbalch) 식(식 17.3)을 사용하면 약산 및 짝염기(또는 약염기 및 짝산)의 농도를 알고 있는 완충 용액의 pH를 계산할 수 있다. 강산 또는 염기를 첨가한 후 완충 용액의 pH도 결정할 수 있다. 또한 특정 pH의 완충 용액을 만들기 위해 필요한 구성 요소들의 상대적인 양이나 전체 양을 결정하는 데 사용할 수 있다.

가장 친숙한 헨더슨-하셀발흐 식의 형태는 다음과 같다.

$$pH = pK_a + \log \frac{[\text{짝염기}]}{[\text{약산}]}$$

이 식은 짝염기와 약산의 **몰농도**(molar concentarion)의 비율을 포함하고 있지만, 둘 다 같은 부피에 포함되어 있기 때문에 부피는 로그 항의 분자와 분모에서 소거된다. 그러므로 몰농도 대신에 염기 또는 약산의 **몰**(mol) 또는 **밀리몰**(mmol)을 사용할 수 있으며, 이는 많은 경우에 더 편리하다.

$$pH = pK_a + \log \frac{\text{짝염기의 몰}}{\text{약산의 몰}} \qquad \text{또는} \qquad pH = pK_a + \log \frac{\text{짝염기의 밀리몰}}{\text{약산의 밀리몰}}$$

특정 pH 범위에서 완충 용액을 준비하고자 하는 경우에는 먼저 적절한 짝 쌍을 선택해야 한다. 약산과 짝염기의 농도가 10배 이상 차이 나지 않기 때문에 헨더슨-하셀발흐 식의 로그 항은 $-1$에서 1까지만 값을 가질 수 있다.

$$pH = pK_a \pm 1$$

그러므로 원하는 완충 용액의 pH 값에서 $\pm 1$ 범위 내의 $pK_a$를 가진 약산을 선택해야 한다. 예를 들어, pH가 4와 5 사이인 완충 용액을 만들려면 아세트산($HC_2H_3O_2$)을 사용할 수 있다. [표 16.5에서 아세트산의 $K_a$는 $1.8 \times 10^{-5}$이므로 $pK_a$는 $-\log(1.8 \times 10^{-5}) = 4.74$이다.]

특정 pH의 완충 용액을 만들기 위해서 헨더슨-하셀발흐 식을 풀고 약산과 짝염기의 상대적인 양을 결정한다. 다음의 흐름도는 아세트산($pK_a = 4.74$) 및 아세트산 소듐($NaC_2H_3O_2$)을 사용하여 pH=4.15의 완충 용액을 만드는 과정의 예시이다.

$$4.15 = 4.74 + \log \left( \frac{[NaC_2H_3O_2]}{[HC_2H_3O_2]} \right)$$

$$-0.59 = \log \left( \frac{[NaC_2H_3O_2]}{[HC_2H_3O_2]} \right)$$

로그 항을 제거하려면 식의 양변 모두에 대해 안티로그(antilog, $10^x$)를 취해야 한다.

$$10^{-0.59} = \frac{[NaC_2H_3O_2]}{[HC_2H_3O_2]}$$

이 식은 다음과 같이 된다.

$$0.257 = \frac{[NaC_2H_3O_2]}{[HC_2H_3O_2]}$$

이것은 아세트산 1몰당 아세트산 소듐 0.257몰이 필요하다는 것을 의미한다. 짝 쌍을 이루는 한 물질의 양이 정해지면 이 비율을 이용하여 다른 물질의 양을 계산할 수 있다. 예를 들어, 완충 용액이 아세트산 25.0 g을 포함해야 한다는 것을 알고 있다면 원하는 pH를 만드는 데 필요한 아세트산 소듐의 양을 결정할 수 있다. 짝 쌍을 구성하는 두 물질의 몰질량이 필요할 것이다[|◀◀ 5장 주요 내용].

$$\frac{25.0\ g\ HC_2H_3O_2}{60.06\ g/mol} = 0.416\ mol\ HC_2H_3O_2$$

$$0.416\ mol\ HC_2H_3O_2 \times \frac{0.257\ mol\ NaC_2H_3O_2}{1\ mol\ HC_2H_3O_2} = 0.107\ mol\ NaC_2H_3O_2$$

$$0.107\ mol\ NaC_2H_3O_2 \times \frac{82.03\ g\ NaC_2H_3O_2}{1\ mol} = 8.78\ g\ NaC_2H_3O_2$$

따라서 아세트산 소듐 8.78 g이 필요하다. 완충 용액의 pH는 부피에 의존하지 않기 때문에, 아세트산과 아세트산 소듐을 원하는 부피로 혼합할 수 있다.

## 주요 내용 문제

**17.1**
표 16.5의 산 중에서 어느 것이 pH 6.5인 완충 용액을 만드는 데 사용될 수 있는가? (해당되는 것을 모두 고르시오.)
(a) 플루오린화 수소산 (b) 벤조산
(c) 사이안화 수소산 (d) 페놀
(e) 없음

**17.2**
pH 9.72인 완충액을 만들기 위해 필요한 사이안화 소듐과 사이안화 수소산의 몰 비는 어느 것인가?
(a) 0.39 : 1 (b) 0.41 : 1
(c) 2.3 : 1 (d) 2.6 : 1
(e) 1 : 1

**17.3**
pH 5.05인 완충 용액을 만들기 위해 175 mL의 0.955 *M* 벤조산 용액에 몇 몰의 벤조산 소듐을 첨가해야 하는가?
(a) 0.18 (b) 0.15
(c) 6.8 (d) 7.2
(e) 1.2

**17.4**
pH 3.50인 완충 용액을 제조하기 위해 0.98 *M*의 HF 용액 250 mL에 얼마나 많은 플루오린화 소듐을 용해시켜야 하는가?
(a) 23 g (b) 2.2 g
(c) 15 g (d) 92 g
(e) 0.98 g

# 종합문제

## 17.1절: 공통 이온 효과

### 계산 문제

17.5 다음 주어진 용액의 pH를 결정하시오.

(a) 0.40 $M$의 $CH_3COOH$ 용액

(b) 0.40 $M$의 $CH_3COOH$와 0.20 $M$의 $CH_3COONa$ 용액

## 17.2절: 완충 용액

### 계산 문제

17.9 0.15 $M$의 $NH_3$/0.35 $M$의 $NH_4Cl$로 구성된 완충 용액의 pH를 계산하시오.

17.11 탄산수소 이온-탄산으로 만든 완충 용액의 pH는 8.00이다. 탄산수소 이온($HCO_3^-$)의 농도에 대한 탄산($H_2CO_3$) 농도의 비율을 계산하시오.

17.13 아세트산 소듐-아세트산으로 만든 완충 용액의 pH는 4.50이다. $[CH_3COO^-]/[CH_3COOH]$의 비율을 계산하시오.

17.15 0.20 $M$의 $NH_3$/0.20 $M$의 $NH_4Cl$로 만든 완충 용액의 pH를 계산하시오. 완충 용액 65.0 mL에 0.10 $M$의 HCl 용액 10.0 mL를 넣으면 이 완충 용액의 pH는 얼마인가?

### 개념 문제

17.17 다음 중 완충 용액으로 사용할 수 있는 용액은 어느 것인가?

(a) $KCl/HCl$ (b) $KHSO_4/H_2SO_4$

(c) $Na_2HPO_4/NaH_2PO_4$ (d) $KNO_2/HNO_2$

17.19 이양성자산 $H_2A$는 이온화 상수 $K_{a_1} = 1.1 \times 10^{-3}$ 및 $K_{a_2} = 2.5 \times 10^{-6}$를 갖는다. $NaHA/H_2A$ 또는 $Na_2A/NaHA$를 선택하면 pH 3.25의 완충 용액을 만들 수 있는가?

17.21 다음 그림[(a)~(d)]은 $H_2A$, NaHA 및 $Na_2A$ 화합물 중 하나 이상을 포함하며 $H_2A$는 약한 이양성자산이다.

(1) 완충 용액으로 작용할 수 있는 용액은 어느 것인가?

(2) 어느 용액이 가장 효과적인 완충 용액인가? 명확하게 나타내기 위해 물 분자와 $Na^+$ 이온은 생략되었다.

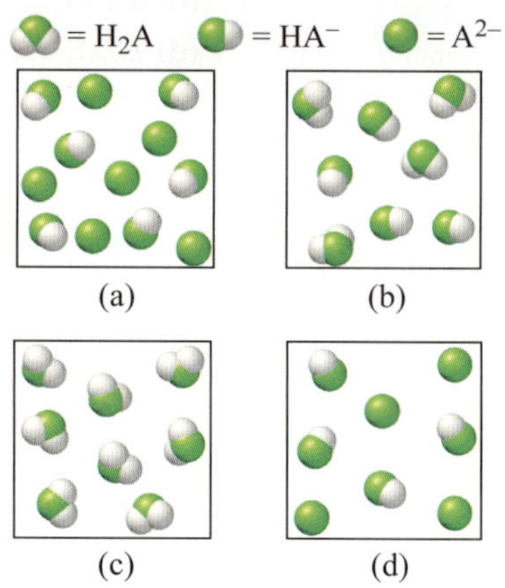


## 17.3절: 산-염기 적정

### 계산 문제

17.27 0.3115 g의 일양성자산 용액은 0.08133 $M$의 KOH 용액 21.6 mL를 중화시킨다. 이 산의 몰질량을 계산하시오.

17.29 어떤 적정 실험에서 0.500 $M$의 $H_2SO_4$ 용액 27.5 mL는 NaOH 용액 50.0 mL를 중화시킨다. NaOH 용액의 농도는 얼마인가?

17.31 미지의 일양성자산 0.1276 g을 물 25.0 mL에 용해시키고 0.0633 $M$의 NaOH 용액으로 적정하였다. 당량점에 도달하기 위해 필요한 염기의 부피는 18.4 mL였다.

(a) 산의 몰질량을 계산하시오.

(b) 적정 중에 10.0 mL의 염기를 첨가한 후, 용액의 pH는 5.87로 측정되었다. 미지 산의 $K_a$는 얼마인가?

17.33 0.20 $M$의 HCl 용액을 사용하여 0.20 $M$의 메틸 아민($CH_3NH_2$) 용액을 적정할 때, 이 적정에 대한 당량점에서의 pH를 계산하시오.

17.35 0.200 $M$ KOH 용액을 사용하여 0.100 $M$의 $CH_3COOH$ 용액 25.0 mL를 적정한다. 다음의 KOH 용액을 첨가했을 때의 pH를 각각 계산하시오.

(a) 0.0 mL (b) 5.0 mL (c) 10.0 mL

(d) 12.5 mL (e) 15.0 mL

### 개념 문제

17.37 표 17.3을 참조하여 다음의 적정에 사용할 수 있는 지시약 모두를 쓰시오.

(a) HCOOH 대 NaOH

(b) HCl 대 KOH

(c) $HNO_3$ 대 $CH_3NH_2$

17.39 지시약 HIn의 이온화 상수($K_a$)는 $1.0 \times 10^{-6}$이다. 이온화되지 않은 형태의 색은 빨간색이고, 이온화된 형태의 색은 노란색이다. pH가 4.00인 용액에서 이 지시약의 색은 무엇인가?

17.41 그림 (a)~(d)는 약염기 B(예: $NH_3$)를 HCl로 적정할 때 용액의 여러 단계를 나타낸다. (1) HCl을 첨가하기 전의 초기 단계, (2) 당량점의 중간 지점, (3) 당량점, (4) 당량점을 넘어서는 용액을 구분하여 표시하시오. 당량점에서 pH가 7보다 크거나 작거나 같은가? 명확히 나타내기 위해 물과 $Cl^-$ 이온이 생략되었다.

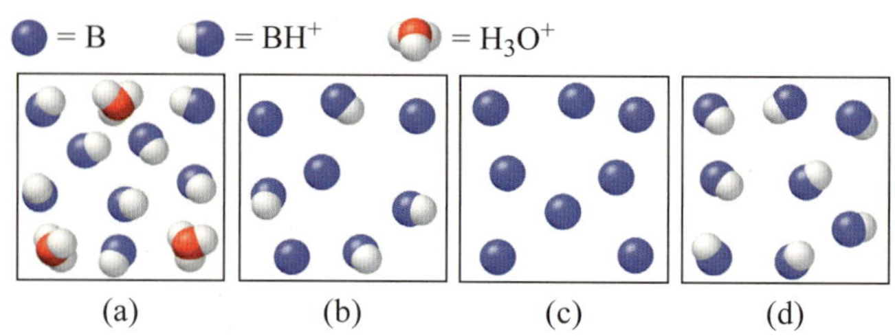

## 17.4절: 용해도 평형

### 계산 문제

17.49 다음 포화 용액에서 이온들의 농도를 계산하시오.
(a) $[Ag^+]=4.3\times10^{-7}$ $M$인 AgI 용액에서 $[I^-]$
(b) $[OH^-]=9.5\times10^{-8}$ $M$인 $Al(OH)_3$ 용액에서 $[Al^{3+}]$

17.51 $MnCO_3$의 몰용해도는 $4.2\times10^{-6}$ $M$이다. 이 화합물에 대한 $K_{sp}$는 얼마인가?

17.53 이온 결합 화합물 $M_2X_3$(몰질량=188 g)의 용해도는 $3.6\times10^{-17}$ g/L이다. 이 화합물에 대한 $K_{sp}$는 얼마인가?

17.55 포화된 수산화 스트론튬 용액의 pH는 얼마인가?

17.57 0.10 $M$의 $Na_2CO_3$ 용액 50.0 mL에 0.10 $M$의 $Ba(NO_3)_2$ 용액 20.0 mL를 첨가하면 $BaCO_3$가 침전될 것인가?

### 개념 문제

17.59 다음 그림은 어떤 염 $MA_2$의 포화 용액을 나타낸다. 0.1몰의 다음 보기의 물질들을 이 포화 용액에 용해시킬 때, 어느 가용성 염이 가장 많은 양의 $MA_2$를 침전시킬 것인가? (물 분자는 표시하지 않았다.)

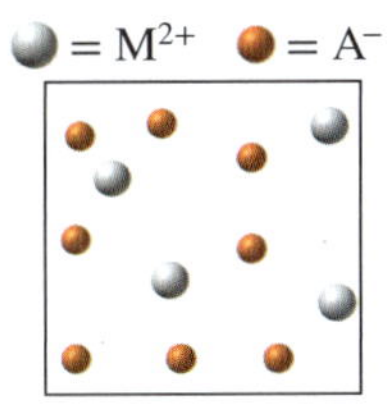


(a) NaA (b) $BaA_2$
(c) $AlA_3$ (d) $M(NO_3)_2$
(e) $M_3(PO_4)_2$

## 17.5절: 용해도에 영향을 미치는 요인들

### 계산 문제

17.65 $PbBr_2$의 용해도 곱은 $8.9\times10^{-6}$이다. (a) 순수한 물, (b) 0.20 $M$의 KBr 용액 및 (c) 0.20 $M$ $Pb(NO_3)_2$ 용액에서의 몰용해도를 결정하시오.

17.67 (a) 물 및 (b) 1.0 $M$의 $SO_4^{2-}$ 이온을 포함한 용액에서 $BaSO_4$의 몰용해도를 계산하시오.

17.69 (a) pH=8.00 및 (b) pH=10.00인 완충 용액에서 $Fe(OH)_2$의 몰용해도를 계산하시오.

17.71 $1.0\times10^{-3}$ $M$의 $FeSO_4$ 용액에 0.60 $M$의 $NH_3$ 용액 2.00 mL를 넣으면 침전이 생길지를 계산하시오.

17.73 0.50 g의 $Cd(NO_3)_2$를 0.50 $M$의 NaCN 용액 $5.0\times10^2$ mL에 녹였을 때, 평형 상태에서 $Cd^{2+}$, $Cd(CN)_4^{2-}$ 및 $CN^-$의 농도를 계산하시오.

17.75 1.0 $M$의 $NH_3$ 용액에서 AgI의 몰용해도를 계산하시오.

17.77 (a) 몰용해도가 $7\times10^{-8}$ $M$인 플루오로아파타이트의 $K_{sp}$를 계산하시오.
(b) 플루오린화 이온의 농도가 0.10 $M$인 수용액에서 플루오로아파타이트의 몰용해도를 계산하시오.

### 개념 문제

17.79 다음 분자들 중 순수한 물보다 산성 용액에서 더 잘 녹는 것은 어느 것인가?
(a) CuI (b) $Ag_2SO_4$ (c) $Zn(OH)_2$
(d) $BaC_2O_4$ (e) $Ca_3(PO_4)_2$

## 17.6절: 용해도 차이를 이용한 이온들의 분리

### 계산 문제

17.83 초기 농도 0.010 $M$의 $Fe^{3+}$ 및 $Zn^{2+}$ 이온을 포함한 용액으로부터 $Fe(OH)_3$의 침전에 의한 $Fe^{3+}$ 및 $Zn^{2+}$ 이온의 분리에 적합한 대략의 pH 범위를 찾으시오.

17.85 1족 분석에서 어떤 학생은 미지 용액에 산인 HCl을 첨가하여 $[Cl^-]=0.15$ $M$으로 만들었다. 일부 $PbCl_2$가 침전되었다면, 용액에 남아 있는 $Pb^{2+}$의 농도를 계산하시오.

### 개념 문제

17.87 $AgNO_3(s)$와 $Cu(NO_3)_2(s)$를 구별할 수 있는 간단한 실험에 대하여 설명하시오.

## 추가 문제

17.89 200 mL의 NaOH 용액을 2.00 $M$의 $HNO_2$ 용액 400 mL에 첨가하였다. 혼합 용액의 pH는 원래 산 용액의 pH보다 1.50 더 높았다. NaOH 용액의 몰농도를 계산하시오.

17.91 어떤 용액은 정확히 0.167 $M$의 NaOH 용액 500 mL와 정확히 0.100 $M$의 HCOOH 용액 500 mL를 혼합하여 만든다. 이 용액 속에 들어 있는 $Na^+$, $HCOO^-$, $OH^-$, $H^+$ 및 HCOOH의 평형 농도를 계산하시오.

17.93 $Cd(OH)_2$는 불용성 화합물이다. 용액 속에 과량의 NaOH가 존재할 때 녹는다. 이 반응에 대해 균형 잡힌 이온 반응식을 쓰시오. 이 반응은 어떤 유형의 반응인가?

17.95 다음 중 반응에 대한 평형 상수가 용해도 곱이라고 불릴 수 있는 반응은 어느 것인가?
(a) $Zn(OH)_2(s)+2OH^-(aq) \rightleftharpoons Zn(OH)_4^{2-}(aq)$
(b) $3Ca^{2+}(aq)+2PO_4^{3-}(aq) \rightleftharpoons Ca_3(PO_4)_2(s)$
(c) $CaCO_3(s)+2H^+(aq) \rightleftharpoons Ca^{2+}(aq)+H_2O(l)+CO_2(g)$
(d) $PbI_2(s) \rightleftharpoons Pb^{2+}(aq)+2I^-(aq)$

17.97 같은 부피의 0.12 $M$ $AgNO_3$ 용액 및 0.14 $M$ $ZnCl_2$ 용액을 혼합한다. 이 용액 속에 존재하는 $Ag^+$, $Cl^-$, $Zn^{2+}$ 및 $NO_3^-$의 평형 농도를 계산하시오.

17.99 $Ag_2CO_3$의 용해도(g/L)를 계산하시오.

17.101 0.10 $M$의 $NaIO_3$ 용액에서 $Pb(IO_3)_2$의 몰용해도는 $2.4\times10^{-11}$ mol/L이다. $Pb(IO_3)_2$에 대한 $K_{sp}$는 얼마인가?

17.103 바륨은 심장 기능을 심각하게 손상시킬 수 있는 독성 물질이다. 위장 X선의 경우, 환자는 $BaSO_4$ 20 g이 들어 있는 수용액성 현탁액을 마신다. 이 물질이 환자 몸의 혈액 5.0 L와 평형을 이룰 경우, $[Ba^{2+}]$는 얼마인가? 좋은 추정을 위해 체온에서 $BaSO_4$의 $K_{sp}$가 25°C의 값과 같다고 가정할 수 있다. 이 과정에서 왜 $Ba(NO_3)_2$가 선택되지 않았는가?

17.105 0.010 $M$의 $Cu^+$ 및 0.010 $M$의 $Ag^+$를 포함한 용액에 고체 NaBr을 서서히 첨가한다.

(a) 어느 화합물이 먼저 침전되기 시작할 것인가?

(b) CuBr이 바로 침전되기 시작할 때의 $[Ag^+]$를 계산하시오.

(c) $Ag^+$의 몇 %가 현시점에서 용액 속에 남아 있는가?

17.107 방사 화학 기술은 많은 화합물의 용해도 곱을 평가할 때 유용하다. 어떤 실험에서 mL당 분당 74,025카운트의 방사능을 갖는 은 동위 원소를 포함한 0.010 $M$의 $AgNO_3$ 용액 50.0 mL를 0.030 $M$의 $NaIO_3$ 용액 100 mL와 혼합하였다. 혼합된 용액을 500 mL로 희석하고 여과하여 모든 $AgIO_3$ 침전물을 제거하였다. 나머지 용액은 mL당 분당 44.4카운트의 방사능을 갖는 것으로 밝혀졌다. $AgIO_3$의 $K_{sp}$는 얼마인가?

17.109 산-염기 반응은 대개 완결된다. 다음의 각 경우에 대한 평형 상수를 계산하여 앞의 진술을 증명하시오. (힌트: 강산은 $H^+$ 이온으로 존재하고 강염기는 용액에 $OH^-$ 이온으로 존재하므로 $K_a$, $K_b$ 및 $K_w$를 찾아야 한다.)

(a) 강염기와 반응하는 강산

(b) 약염기($NH_3$)와 반응하는 강산

(c) 강염기와 반응하는 약산($CH_3COOH$)

(d) 약염기($NH_3$)와 반응하는 약산($CH_3COOH$)

17.111 다음의 주어진 조건을 이용하여 0.20 $M$ $CH_3COONa$/0.20 $M$ $CH_3COOH$인 완충 용액을 어떻게 만드는지 설명하시오.

(a) $CH_3COOH$ 용액을 $CH_3COONa$ 용액과 혼합

(b) $CH_3COOH$ 용액을 NaOH 용액과 혼합

(c) $CH_3COONa$ 용액을 HCl 용액과 혼합

17.113 다음 반응들 중 보기의 설명을 가장 잘 나타낸 것은 어느 것인가?

(a) 완충 용액에 강산이 첨가되면 어떻게 되는가?

(b) 완충 용액에 강염기가 첨가되면 어떻게 되는가?

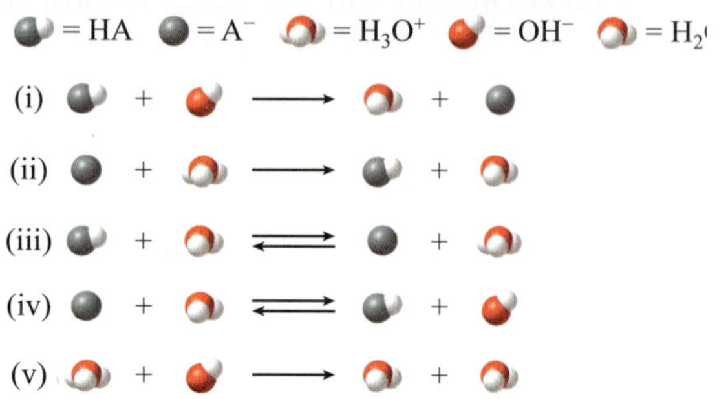


17.115 어떤 용액에서 다음 이온쌍들을 분리하기 위해서는 어떤 시약을 사용해야 하는가?

(a) $Na^+$와 $Ba^{2+}$

(b) $K^+$와 $Pb^{2+}$

(c) $Zn^{2+}$와 $Hg^{2+}$

17.117 원칙적으로 $Al_2O_3$ 및 BeO와 같은 양쪽성 산화물은 산성 및 염기성 특성을 지니고 있기 때문에 완충 용액을 제조하는 데 사용될 수 있다(16.11절 참조). 하지만 이러한 화합물이 완충 용액을 만드는 성분으로 실용적이지 않은 이유를 설명하시오.

17.119 차에 레몬 주스를 넣으면 색이 밝아진다. 부분적인 색의 변화는 희석에 기인하지만 변화의 주요 원인은 산-염기 반응이다. 이 반응은 무엇인가? (힌트: 차에는 약산인 "폴리페놀"이 들어 있으며 레몬 주스에는 구연산이 들어 있다.)

17.121 식수 중의 $Pb^{2+}$ 이온의 최대 허용 농도는 0.05 ppm(즉, 물 1백만 g에서 $Pb^{2+}$ 0.05 g)이다. 지하수가 미네랄인 황산 납(II)($PbSO_4$)($K_{sp} = 1.6 \times 10^{-8}$)과 평형을 이룬다면 이것은 위의 가이드 라인을 초과하는가?

17.123 다음 용액 중 가장 높은 $[H^+]$를 가지는 것은 어느 것인가? (힌트: $SbF_5$는 $F^-$와 반응하여 착이온 $SbF_6^-$를 형성한다.)

(a) 0.10 $M$ HF 용액

(b) 0.10 $M$ NaF 용액에 들어 있는 0.10 $M$ HF

(c) 0.10 $M$ $SbF_5$ 용액에 들어 있는 0.10 $M$ HF

17.125 옥살산 칼슘 염은 신장 결석의 주성분이다. 신장에 존재하는 체액의 pH를 높이거나 낮추면 신장 결석의 형성을 최소화할 수 있는지 예측하시오. 정상 신장액의 pH는 약 8.2이다. [옥살산($H_2C_2O_4$)의 1차 및 2차 산 이온화 상수는 각각 $6.5 \times 10^{-2}$ 및 $6.1 \times 10^{-5}$이다. 옥살산 칼슘 염의 용해도 곱은 $3.0 \times 10^{-9}$이다.]

17.127 아미노산은 단백질 블록을 형성한다. 이들 화합물은 하나 이상의 아미노기($-NH_2$) 및 하나의 카르복실기($-COOH$)를 포함한다. 글리신($NH_2CH_2COOH$)을 생각해 보자. 용액의 pH에 따라 글리신은 세 가지 형태 중 하나로 존재할 수 있다.

완전 양성자: $^+NH_3-CH_2-COOH$

양극 이온: $^+NH_3-CH_2-COO^-$

완전 이온화: $NH_2-CH_2-COO^-$

pH 1.0, 7.0 및 12.0에서 글리신의 우세한 형태를 예측하시오. 카르복실기의 $pK_a$는 2.3이고 암모늄기($-NH_3^+$)의 $pK_a$는 9.6이다.

17.129 완충 용액과 산 용액을 구별하는 한 가지 방법은 희석이다.

(a) 0.500 $M$ $CH_3COOH$와 0.500 $M$ $CH_3COONa$로 만든 완충 용액을 생각해 보자. 이 용액의 pH와 그것이 10배 희석된 후의 pH를 계산하시오.

(b) (a)의 결과를 0.500 $M$ $CH_3COOH$ 용액을 10배 희석하기 전과 후의 pH 값과 비교하시오.

17.131 각각 0.1 $M$의 $Br^-$, $CO_3^{2-}$ 및 $SO_4^{2-}$ 이온을 포함한 용액에 $AgNO_3$를 천천히 첨가한다. 어떤 화합물이 가장 먼저 침전되고 어떤 화합물이 마지막으로 침전될 것인가?

**17.133** 다음 화합물 중 어느 것이 물에 첨가될 때 CdS의 용해도를 증가시킬 것인가?

(a) $LiNO_3$ (b) $Na_2SO_4$

(c) KCN (d) $NaClO_3$

**17.135** 5°C에서 1.0 L 포화 탄산 은 용액을 여과하여 용해되지 않은 고체를 제거하고, 용해된 화합물을 분해하기에 충분한 염산으로 처리한다. 생성된 이산화 탄소는 19 mL 바이알(vial)에 모으고 25°C에서 114 mmHg의 압력을 가한다. 5°C에서 탄산 은의 $K_{sp}$는 얼마인가?

**17.137** 372 mmHg 및 22°C에서 HCl 기체 0.96 L의 시료를 0.57 *M* $NH_3$ 용액 0.034 L에 공기 방울 주입한다. 결과로 얻어진 용액의 pH는 얼마인가? 용액의 부피가 일정하고 HCl이 용액에 완전히 용해되었다고 가정한다.

**17.139** 용액 (i)~(vi)는 NaOH를 사용하여 약산 HA를 적정할 때, 다양한 지점을 나타낸다.(소듐 이온과 물 분자는 나타내지 않았다.)

(a) 어느 그림이 NaOH를 첨가하기 전의 적정 시작에 해당하는가?

(b) 어느 그림이 적정의 당량점에 해당하는가? (염의 가수분해는 무시한다.)

(c) 어느 그림이 과량의 NaOH가 첨가되었을 때 당량점 이후의 용액을 나타내는가?

(d) 어느 그림이 pH가 약산의 $pK_a$와 같은 지점에 해당하는가?

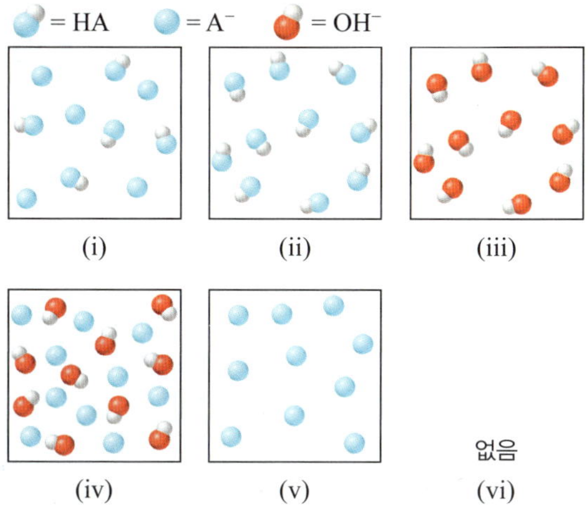


**17.141** 지시약 메틸 오렌지의 $pK_a$는 3.46이다. 어떤 pH 범위에서 이 지시약이 90%의 HIn에서 90%의 $In^-$로 변화하는가?

---

## 유제 해답

**17.1** ❶ 9.11 **17.2** ❶ 0.33몰 **17.3** ❶ 2.35~4.35 **17.4** ❶ (a) 8.3 mL (b) 12.5 mL (c) 27.0 mL **17.5** ❶ 아닐린 **17.6** ❶ 피리딘 또는 아닐린 **17.7** ❶ (a) $2.2 \times 10^{-3}$ *M*, 0.53 g/L (b) $1.3 \times 10^{-4}$ *M*, $3.5 \times 10^{-2}$ g/L (c) $1.7 \times 10^{-15}$ *M*, $8.8 \times 10^{-13}$ g/L **17.8** ❶ (a) $1.5 \times 10^{-14}$ (b) $4.8 \times 10^{-29}$ (c) $9.0 \times 10^{-33}$ **17.9** ❶ (a) $4.4 \times 10^{-8}$ g (b) 1.2 g (c) 0.037 g **17.10** ❶ $Ag_2S < AgI < AgBr < AgCl < Ag_2CO_3$ **17.11** ❶ $CO_3^{2-}$ 이온, $OH^-$ 이온, $S^{2-}$ 이온, 또는 $SO_3^{2-}$ 이온 또는 $F^-$ 이온과 같은 약산의 임의의 음이온을 함유하는 임의의 염 **17.12** ❶ $6.8 \times 10^{-2}$ *M* **17.13** ❶ (a) $1.6 \times 10^{-9}$ *M* (b) $2.6 \times 10^{-6}$ *M*

## 절 복습

**17.1.1** a, c, d **17.1.2** b **17.2.1** a **17.2.2** c **17.2.3** b **17.2.4** d **17.3.1** c **17.3.2** a **17.3.3** a **17.4.1** a **17.4.2** c **17.4.3** e **17.5.1** c **17.5.2** b, d **17.6.1** d **17.6.2** b

Chapter

# 18

# 전기 화학

## Electrochemistry

화학 반응(chemical reaction)은 전기 에너지를 만들기 위해 이용될 수 있다. 만들어진 에너지는 나중에 사용하기 위해 배터리에 저장할 수 있다. 결국, 저장된 에너지가 소모되면 배터리는 "작동 중지"되는 반면, 연료 전지(사진)는 필요한 반응물이 공급되는 한 지속적으로 작동하고 에너지를 생산한다. 1838년에 발명된 이후 연료 전지는 아폴로 우주 임무에서도 전기 에너지와 식수를 공급했다. 현재 연료 전지 기술은 자동차에 동력을 공급하고 기존의 내연 기관보다 깨끗한 대안으로써 사용되고 있다.

## 들어가기 전에

- 산화수 [|◀◀9.4절]
- 깁스 자유 에너지 [|◀◀14.5절]
- 반응 지수 $Q$ [|◀◀15.2절]

# 18.1 산화–환원 반응 균형 맞추기

9장에서 전자가 한 화학종에서 다른 화학종으로 옮겨지는 "산화–환원" 반응에 대해 간략하게 살펴봤다. 이 절에서는 반응을 산화–환원 반응으로 식별하는 방법을 복습하고 그러한 반응이 어떻게 균형을 이루는지 자세히 살펴본다.

산화–환원 반응은 산화 상태의 **변화**(change)가 있으며, 이것은 9장에서 소개된 규칙을 사용하여 확인할 수 있다. 다음은 산화–환원 반응의 예시이다.

> **참조**
> 여기서 산화수 할당에 대해 복습해 보자[|◀◀9.4절].

$$\underset{+1\;+5\;-2}{2KClO_3(s)} \longrightarrow \underset{+1\;-1}{2KCl(s)} + \underset{0}{3O_2(g)}$$

$$\underset{-4\;+1}{CH_4(g)} + \underset{0}{2O_2(g)} \longrightarrow \underset{+4\;-2}{CO_2(g)} + \underset{+1\;-2}{2H_2O(l)}$$

$$\underset{0}{Sn(s)} + \underset{+2}{Cu^{2+}(aq)} \longrightarrow \underset{0}{Cu(s)} + \underset{+2}{Sn^{2+}(aq)}$$

여기에 제시된 것과 같은 산화–환원 반응에 대한 반응식은 [|◀◀ 8.1절]에서 소개된 균형 잡힌 방법을 사용하여 균형을 맞출 수 있지만, 산화–환원 반응식은 질량(원자수)과 전하(전자수)[|◀◀ 9.4절]를 모두 균형 맞추어야 한다. 이 절에서는 단순한 방법으로 균형을 맞출 수 없는 반응식의 균형을 맞추기 위해 **반쪽 반응법**(half–reaction method)을 소개한다.

중크로뮴산 이온($Cr_2O_7^{2-}$)과 철(II) 이온($Fe^{2+}$)의 수용액에서의 반응을 생각해 보자.

$$Fe^{2+} + Cr_2O_7^{2-} \longrightarrow Fe^{3+} + Cr^{3+}$$

반응식의 생성물 쪽에는 산소를 포함하는 화학종이 없으므로 반응물과 생성물의 계수를 조정하여 이 반응식의 균형을 맞출 수는 없다. 그러나 화학 반응을 변화시키지 않으면서 화학종들의 균형을 맞추기 위해 반응식에 종을 추가하는 것이 가능한 반응에는 두 가지가 있다.

- 반응은 수용액에서 일어나므로 필요에 따라 $H_2O$를 첨가하여 반응식의 균형을 맞출 수 있다.
- 이 특별한 반응은 산성 용액에서 일어나므로 필요에 따라 $H^+$를 첨가하여 반응식의 균형을 맞출 수 있다. (일부 반응은 염기성 용액에서 일어나므로, 균형을 맞추기 위해 필요한 만큼 $OH^-$를 추가할 수 있다. 곧 이에 대해 자세히 알아볼 것이다.)

균형 맞지 않은 반응식을 쓴 후에는 다음과 같이 단계적으로 균형을 맞춘다.

1. 균형 맞지 않은 반응을 **반쪽 반응**(half-reaction)으로 분리한다. 반쪽 반응은 전체 산화-환원 반응의 일부로 발생하는 산화 또는 환원 반응이다.

$$\text{산화:}\quad Fe^{2+} \longrightarrow Fe^{3+}$$
$$\text{환원:}\quad Cr_2O_7^{2-} \longrightarrow Cr^{3+}$$

2. O 및 H 원자 이외의 원자에 대하여 반쪽 반응의 균형을 맞춘다. 이 경우 산화 반쪽 반응은 변화시킬 필요가 없다. 환원 반쪽 반응의 균형을 맞추기 위해 크로뮴(III) 이온의 계수를 조정한다.

$$\text{산화:}\quad Fe^{2+} \longrightarrow Fe^{3+}$$
$$\text{환원:}\quad Cr_2O_7^{2-} \longrightarrow 2Cr^{3+}$$

3. $H_2O$를 첨가하여 O에 대한 두 반쪽 반응의 균형을 맞춘다. 다시 말해, 이 경우 산화 반쪽 반응은 변화시킬 필요가 없지만, 환원 반쪽 반응의 생성물 쪽에는 7개의 물 분자를 넣어야 한다.

$$\text{산화:}\quad Fe^{2+} \longrightarrow Fe^{3+}$$
$$\text{환원:}\quad Cr_2O_7^{2-} \longrightarrow 2Cr^{3+} + 7H_2O$$

4. $H^+$를 넣어 H 원자에 대한 두 반쪽 반응의 균형을 맞춘다. 다시 한번 말하자면, 이 경우의 산화 반쪽 반응은 변화시킬 필요가 없지만, 환원 반쪽 반응의 반응물 쪽에 수소 이온 14개를 넣어야 한다.

$$\text{산화:}\quad Fe^{2+} \longrightarrow Fe^{3+}$$
$$\text{환원:}\quad 14H^+ + Cr_2O_7^{2-} \longrightarrow 2Cr^{3+} + 7H_2O$$

5. 전자를 첨가하여 전하량을 위해서 두 반쪽 반응의 균형을 맞춘다. 이렇게 하기 위해 양쪽의 총 전하량을 결정하고, 총 전하량이 같아지도록 전자를 넣는다. 산화의 경우, 반응물 쪽에 +2의 전하가 있고, 생성물 쪽에 +3의 전하가 있다. 생성물 쪽에 하나의 전자를 추가하면 전하량이 같아진다.

$$\text{산화:}\quad \underbrace{Fe^{2+}}_{+2} \longrightarrow \underbrace{Fe^{3+} + e^-}_{+2}\qquad(\text{총 전하량})$$

환원의 경우 반응물 쪽의 총 전하량은 $[(14)(+1)+(1)(-2)]=+12$이고, 생성물 쪽의 총 전하량은 $[(2)(+3)]=+6$이다. 반응물 쪽에 6개의 전자를 추가하면 전하량이 같아진다.

$$\text{환원:}\quad \underbrace{6e^- + 14H^+ + Cr_2O_7^{2-}}_{+6} \longrightarrow \underbrace{2Cr^{3+} + 7H_2O}_{+6}\qquad(\text{총 전하량})$$

6. 균형 잡힌 산화 반쪽 반응의 전자수가 균형 잡힌 환원 반쪽 반응의 전자수와 같지 않은 경우, 반쪽 반응의 하나 또는 둘 다에 같은 전자수를 만들기 위한 수를 곱해야 한다. 이 경우, 산화에서 하나의 전자와 환원에서 6개의 전자를 가지고 있기 때문에 균형 잡힌 산화 반쪽 반응 전체에 6을 곱하면 산화 및 환원 반쪽 반응의 전자수가 같게 된다.

$$\text{산화:} \quad 6(Fe^{2+} \longrightarrow Fe^{3+} + e^-)$$
$$6Fe^{2+} \longrightarrow 6Fe^{3+} + 6e^-$$
$$\text{환원:} \quad 6e^- + 14H^+ + Cr_2O_7^{2-} \longrightarrow 2Cr^{3+} + 7H_2O$$

7. 마지막으로 균형 잡힌 반쪽 반응들을 합하여 전자를 제거하고, 양쪽에 있는 다른 항들을 더한다.

$$6Fe^{2+} \longrightarrow 6Fe^{3+} + \cancel{6e^-}$$
$$\cancel{6e^-} + 14H^+ + Cr_2O_7^{2-} \longrightarrow 2Cr^{3+} + 7H_2O$$
$$6Fe^{2+} + 14H^+ + Cr_2O_7^{2-} \longrightarrow 6Fe^{3+} + 2Cr^{3+} + 7H_2O$$

마지막 확인 결과 반응식이 질량과 전하의 균형을 맞추고 있다는 것을 보여 준다.

어떤 산화–환원 반응은 염기성 용액에서 일어난다. 이 경우 반쪽 반응법으로 균형을 맞추는 과정은 산성 용액에서 반응에 대해 설명한 대로 정확하게 수행되지만, 두 가지 추가적인 단계가 필요하다.

8. 최종적으로 얻어진 반응식에 있는 $H^+$ 이온 한 개당 반응식의 양쪽에 한 개의 $OH^-$ 이온을 추가하고, $H^+$와 $OH^-$ 이온을 결합하여 $H_2O$를 만든다.
9. 새로운 $H_2O$ 분자의 생성으로 인해 제거가 필요한 만큼 $H_2O$ 분자를 추가적으로 제거한다.

예제 18.1은 반쪽 반응법을 사용하여 염기성 용액에서 일어나는 반응의 균형을 맞추는 방법을 보여 준다.

## 예제 18.1

과망가니즈산 이온과 아이오딘화 이온은 염기성 용액에서 반응하여 산화 망가니즈(IV)와 아이오딘 분자를 생성한다. 반쪽 반응법을 사용하여 반응식의 균형을 맞추시오.

$$MnO_4^- + I^- \longrightarrow MnO_2 + I_2$$

**전략** 반응은 염기성 용액에서 일어나므로 1~9단계를 수행하여 질량과 전하의 균형을 맞춘다.

**계획** 산화수를 결정하여 산화 및 환원 반쪽 반응을 확인한다.

$$\underset{+7\,-2}{MnO_4^-} + \underset{-1}{I^-} \longrightarrow \underset{+4\,-2}{MnO_2} + \underset{0}{I_2}$$

**풀이**

1단계: 균형 맞지 않은 반응을 반쪽 반응으로 분리한다.

$$\text{산화:} \quad I^- \longrightarrow I_2$$
$$\text{환원:} \quad MnO_4^- \longrightarrow MnO_2$$

2단계: O 및 H 원자를 제외하고 질량에 대한 각 반쪽 반응의 균형을 맞춘다.

$$2I^- \longrightarrow I_2$$
$$MnO_4^- \longrightarrow MnO_2$$

3단계: $H_2O$를 첨가하여 O 원자에 대한 두 반쪽 반응의 균형을 맞춘다.

$$2I^- \longrightarrow I_2$$
$$MnO_4^- \longrightarrow MnO_2 + 2H_2O$$

4단계: $H^+$를 첨가하여 H 원자에 대한 두 반쪽 반응의 균형을 맞춘다.

$$2I^- \longrightarrow I_2$$
$$4H^+ + MnO_4^- \longrightarrow MnO_2 + 2H_2O$$

5단계: 전자를 첨가하여 두 반쪽 반응의 전체 전하의 균형을 맞춘다.

$$2I^- \longrightarrow I_2 + 2e^-$$
$$3e^- + 4H^+ + MnO_4^- \longrightarrow MnO_2 + 2H_2O$$

6단계: 반쪽 반응에 적당한 수를 곱해서 전자수를 둘 다 같게 만든다.

$$3(2I^- \longrightarrow I_2 + 2e^-)$$
$$2(3e^- + 4H^+ + MnO_4^- \longrightarrow MnO_2 + 2H_2O)$$

7단계: 반쪽 반응들을 다시 합쳐서 전자를 제거한다.

$$6I^- \longrightarrow 3I_2 + \cancel{6e^-}$$
$$\cancel{6e^-} + 8H^+ + 2MnO_4^- \longrightarrow 2MnO_2 + 4H_2O$$
$$\overline{8H^+ + 2MnO_4^- + 6I^- \longrightarrow 6MnO_2 + 3I_2 + 4H_2O}$$

8단계: 최종 반응식에 있는 $H^+$ 이온 한 개당 양쪽에 하나의 $OH^-$ 이온을 추가하고, $H^+$와 $OH^-$ 이온을 결합하여 $H_2O$를 만든다.

$$8H^+ + 2MnO_4^- + 6I^- \longrightarrow 2MnO_2 + 3I_2 + 4H_2O$$
$$+\ 8OH^- \qquad\qquad +8OH^-$$
$$\overline{8H_2O + 2MnO_4^- + 6I^- \longrightarrow 2MnO_2 + 3I_2 + 4H_2O + 8OH^-}$$

9단계: 추가된 $H_2O$ 분자에 의해 필요한 만큼 $H_2O$ 분자를 제거하시오.

$$4H_2O + 2MnO_4^- + 6I^- \longrightarrow 2MnO_2 + 3I_2 + 8OH^-$$

**생각해 보기**

최종 반응식이 질량과 전하의 균형을 이루고 있는지 확인한다. 전자가 전체 균형 잡힌 반응식에 나타날 수 없음을 기억한다.

**유제 1** 반쪽 반응법을 사용하여 산성 용액에서 다음 반응식의 균형을 맞추시오.

$$Fe^{2+} + MnO_4^- \longrightarrow Fe^{3+} + Mn^{2+}$$

**유제 2** 8장에서는 계수를 변경하여 화학 반응식의 균형을 맞추는 방법을 배웠다. 수식에 화학종을 추가하는 것은 허용되지 않았다. 균형을 맞추는 과정의 일부로서 이 장에서처럼 반응식에 물과 하이드로늄 이온(또는 수산화 이온)을 첨가하는 것이 왜 옳은지 설명하시오.

## 18.1절 복습

**산화−환원 반응 균형 맞추기**

**18.1.1** 다음 식들 중 산화−환원 반응을 나타내지 않는 것은? (해당되는 것을 모두 고르시오.)

(a) $NH_3 + HCl \longrightarrow NH_4Cl$
(b) $2H_2O_2 \longrightarrow 2H_2O + O_2$
(c) $2O_3 \longrightarrow 3O_2$
(d) $3NO_2 + H_2O \longrightarrow NO + 2HNO_3$
(e) $LiCl \longrightarrow Li^+ + Cl^-$

**18.1.2** $MnO_4^-$ 및 $C_2O_4^{2-}$는 염기성 용액에서 반응하여 $MnO_2$ 및 $CO_3^{2-}$를 만든다. 균형 잡힌 반응식에서 $MnO_4^-$ 및 $C_2O_4^{2-}$의 계수는 무엇인가?

(a) 1과 1
(b) 2와 1
(c) 2와 3
(d) 2와 6
(e) 2와 2

# 18.2 갈바니 전지

아연 금속을 구리(II) 이온이 들어 있는 용액에 넣으면 Zn은 $Zn^{2+}$ 이온으로 산화되는 반면 $Cu^{2+}$ 이온은 Cu로 환원된다[|◀◀ 9.4절].

$$Zn(s) + Cu^{2+}(aq) \longrightarrow Zn^{2+}(aq) + Cu(s)$$

> **참조**
> 이 반응은 그림 9.6에 나와 있다.

전자는 환원제인 Zn에서 용액 속의 산화제 $Cu^{2+}$로 바로 이동한다. 그러나 2개의 반쪽 반응을 각각 물리적으로 분리한다면, 전자가 도선을 통해 Zn 원자에서 $Cu^{2+}$ 이온으로 이동해야 한다. 반응이 진행됨에 따라, 도선을 통한 전자의 흐름을 만들어 전기를 생성한다.

자발적 반응을 이용하여 전기를 발생시키는 실험 장치를 **갈바니 전지**(galvanic cell)라고 한다. 그림 18.1은 갈바니 전지의 필수 구성 요소를 보여 준다. $ZnSO_4$ 수용액이 담겨 있는 한 개의 용기에는 아연판을 담그고, $CuSO_4$ 수용액이 담겨 있는 다른 용기에는 구리판을 담근다. 외부 도선을 통해 두 용기 사이에서 전자가 전달될 수 있으면, 전지는 Zn에서 $Zn^{2+}$로의 산화와 $Cu^{2+}$에서 Cu로의 환원이 다른 위치에서 동시에 일어날 수 있다는 원리에 따라 작동한다. 아연 및 구리판을 **전극**(electrode)이라고 한다. 정의에 따르면 갈바니 전지의 **산화 전극**(anode)은 **산화**(oxidation)가 일어나는 전극이고, **환원 전극**(cathode)은 **환원**(reduction)이 일어나는 전극이다. [용기, 전극 및 용액의 각 조합을 **반쪽 전지**(half−cell)라고 한다.] 이 전극 및 전해질 조합은 다니엘 전지(Daniell cell)라고 한다.

> **참조**
> 갈바니(galvanic) 전지는 또한 볼타(voltaic) 전지라고도 한다. 두 용어 모두 자발적인 화학 반응이 전자의 흐름을 생성하는 전지를 의미한다.

그림 18.1에 표시된 갈바니 전지의 반쪽 반응은 다음과 같다.

$$\text{산화:}\quad Zn(s) \longrightarrow Zn^{2+}(aq) + 2e^-$$

$$\text{환원:}\quad Cu^{2+}(aq) + 2e^- \longrightarrow Cu(s)$$

## 그림 18.1 갈바니 전지의 설치

강한 전해질 용액(이 경우에는 $Na_2SO_4$)이 들어 있는 U자관인 염다리를 추가한다. 이 염다리를 비커의 두 용액에 담그면 염다리의 이온이 전극 쪽으로 이동하여 두 비커가 전기적으로 중성을 유지하게 된다.

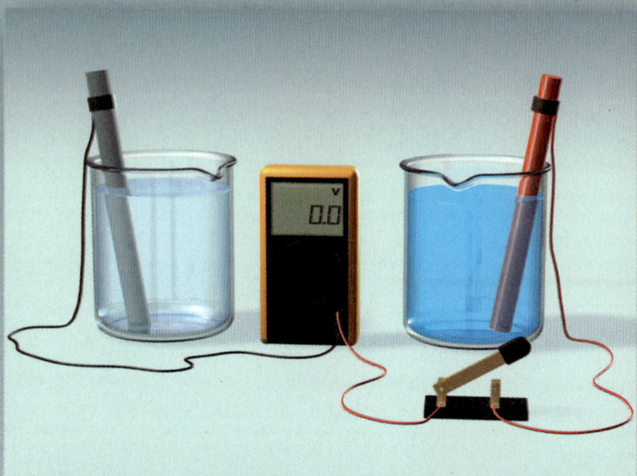

두 금속 조각은 갈바니 전지의 전극이다. 전지를 설치할 때, 전압계와 스위치를 충분한 길이의 도선을 사용하여 전극과 전극 사이를 연결하면 회로를 완성할 수 있다.

아연과 구리의 반응을 보다 유용하게 사용하면 갈바니 전지를 만들 수 있다. 1.00 *M*의 $Zn^{2+}$ 이온 용액이 들어 있는 비커에 아연 금속 조각을 넣고, 1.00 *M*의 $Cu^{2+}$ 이온의 용액이 들어 있는 비커에 구리 금속 조각을 넣는 것이다.

시작

그림 9.6에서 볼 수 있듯이 아연 금속(Zn)을 구리 이온($Cu^{2+}$)이 들어 있는 용액에 담그면 아연은 아연 이온($Zn^{2+}$)으로 산화되고 구리 이온은 구리 금속(Cu)으로 환원된다.

$$Zn(s) + Cu^{2+}(aq) \longrightarrow Zn^{2+}(aq) + Cu(s)$$

이것은 전자가 아연 금속에서 용액 속의 구리 이온으로 자발적으로 이동하는 산화–환원 반응이다.
푸른색이 옅어지는 것은 $Cu^{2+}$의 농도가 감소한 것을 나타낸다.
구리 금속은 아연 표면에 축적된다. 일부 아연 금속은 $Zn^{2+}$ 이온으로 용액 속으로 들어간다. $Zn^{2+}$ 이온은 용액에 색을 나타내지 않는다.

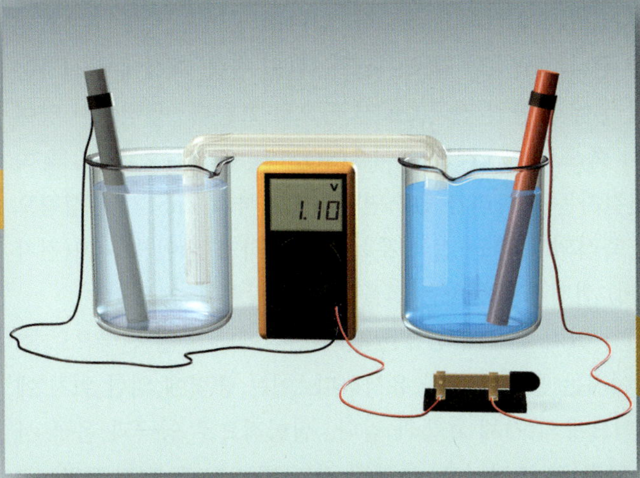


스위치를 닫으면 회로가 완성된다. 전압계는 전지의 초기 전위를 나타낸다: 1.10 V

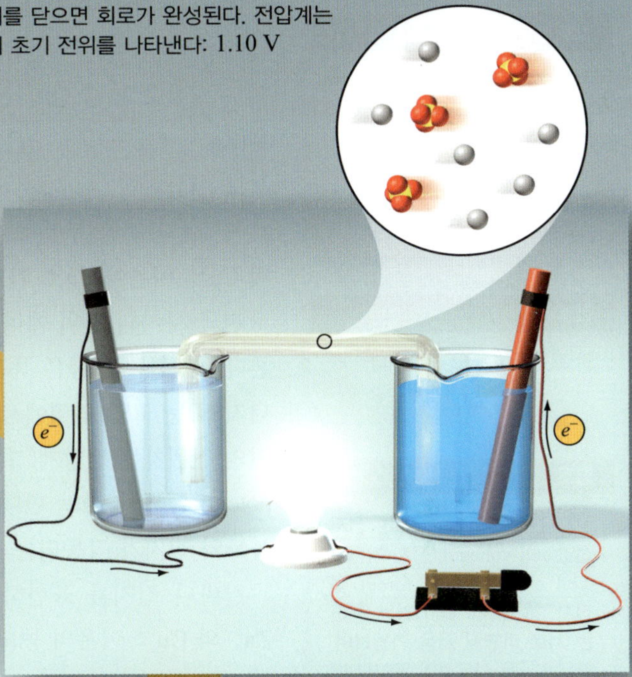

전압계를 전구로 교체하면 전자가 아연 전극(산화 전극)에서 구리 전극(환원 전극)으로 흐른다. 전자의 흐름에 따라 전구가 점등된다. 염다리의 음이온은 산화 전극 쪽으로 이동한다. 양이온은 환원 전극 쪽으로 이동한다.

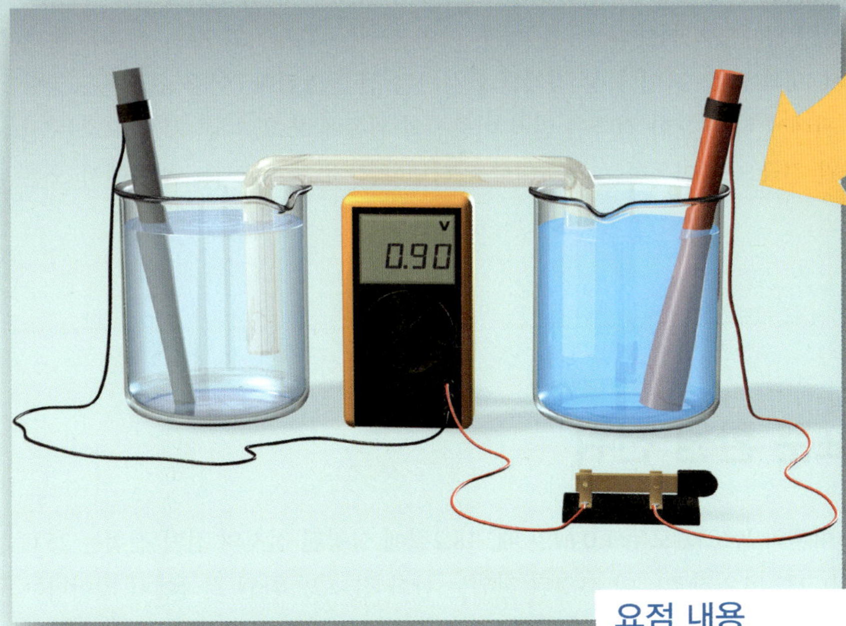


반응이 진행됨에 따라 산화 전극에서 아연 금속이 산화되어 왼쪽 비커에서는 $Zn^{2+}$ 농도가 증가한다. 이와는 다르게 추가적인 구리 금속이 환원 전극에 축적되어 오른쪽 비커에서는 $Cu^{2+}$ 농도가 감소한다. 두 이온의 농도가 변함에 따라 전지의 전위가 감소한다. 반응을 잠시 동안 진행시킨 후, 전압계를 다시 연결하여 감소된 전압을 측정할 수 있다.

## 요점 내용

아연은 구리보다 더 강한 환원제이므로 아연 금속에서 구리 이온으로 전자가 자연스럽게 흐르는 경향이 있다. 반쪽 반응이 별도의 영역에서 발생하도록 함으로써 전자의 흐름을 활용할 수 있다. 전자는 여전히 Zn에서 $Cu^{2+}$로 흐르지만 두 전극을 연결하는 도선을 통과해야 한다. 전압계에 표시된 측정값처럼 반응이 진행됨에 따라 전지의 전위가 감소한다.

전기 회로를 완성하고 전자가 외부 도선을 통해 흐르도록 하기 위해서는 양이온과 음이온이 하나의 반쪽 전지에서 다른 반쪽 전지로 이동할 수 있는 전도성 매체로 용액을 연결해야 한다. 이 요건은 가장 간단한 형태로 KCl 또는 $NH_4NO_3$와 같은 비활성 전해질 용액이 들어 있는 역 U 자관인 **염다리**(salt bridge)에 의해 충족된다. 염다리의 이온은 용액이나 전극에서 다른 이온과 반응해서는 안 된다(그림 18.1 참조). 산화–환원 반응 과정에서 전자는 외부 도선을 통해 산화 전극(Zn 전극)에서 환원 전극(Cu 전극)으로 흐른다. 용액에서 양이온($Zn^{2+}$, $Cu^{2+}$ 및 $K^+$)은 환원 전극 쪽으로 이동하고 음이온($SO_4^{2-}$ 및 $Cl^-$)은 산화 전극 쪽으로 이동한다. 두 가지 용액을 연결하는 염다리가 없으면 (전자가 빠져 $Zn^{2+}$가 생성됨으로써) 산화 전극 부분에 양전하가 축적되고 환원 전극 부분에 음전하가 쌓이게 되고(전자 및 $Cu^{2+}$ 이온이 Cu로 환원됨으로써) 전지가 작동하는 것을 빠르게 방해할 수 있다.

**참조**

산화 전극 및 환원 전극이라는 용어의 유래는 다음과 같다.
- 양이온(cation)은 환원 전극(cathode) 쪽으로 이동한다.
- 음이온(anion)은 산화 전극(anode) 쪽으로 이동한다.

전극 사이의 전위 에너지에 차이가 있기 때문에 전류는 산화 전극에서 환원 전극으로 흐른다. 이 전류 흐름은 폭포에서 떨어지는 물의 흐름과 유사하다. 이는 중력에 의한 위치 에너지 또는 고압 영역에서 저압 영역으로의 기체 흐름과 같다. 실험적으로 양극과 음극 사이의 전위차는 전압계(그림 18.2, 851쪽)로 측정되고, 측정된 값(단위는 V)은 **전지 전위**(cell potential, $E_{전지}$)라고 한다. 전지의 전위는 용액의 전극과 이온의 성질뿐만 아니라 이온의 농도와 전지가 작동되는 온도에 영향을 받는다.

**참조**

볼트는 파생된 SI 단위이다.
1 V=1 J / 1 C

**참조**

전지 전위(cell potential), 전지 전압(cell voltage), 전지 기전력(cell electromotive force) 및 전지 EMF(cell emf)라는 용어는 서로 바꿔서 사용 가능하며, 모두 $E_{cell}$을 사용하여 동일한 방식으로 표기된다.

갈바니 전지를 표현하기 위한 기존의 표기법은 전지 표기이다. 그림 18.1의 전지에서 $Zn^{2+}$와 $Cu^{2+}$ 이온의 농도를 1 *M*이라고 가정하면 전지 표기는 다음과 같다.

$$\mathrm{Zn}(s)\,|\,\mathrm{Zn}^{2+}(1\ M)\,\|\,\mathrm{Cu}^{2+}(1\ M)\,|\,\mathrm{Cu}(s)$$

단일 수직선은 상의 경계를 나타낸다. 예를 들어, 아연 전극은 고체이고 $Zn^{2+}$ 이온은 용액 상태이다. 따라서 Zn과 $Zn^{2+}$ 사이에 상 경계를 표시하는 선을 그린다. 이중 수직선은 염다리를 나타낸다. 관례에 따라 산화 전극은 먼저 이중선의 왼쪽에 쓰고, 다른 구성 요소는 산화 전극에서 환원 전극으로 이동하는 순서대로 나타낸다(전지 표기에서는 왼쪽에서 오른쪽으로).

## 18.3 표준 환원 전위

$Cu^{2+}$와 $Zn^{2+}$ 이온의 농도가 모두 1.0 *M*일 때, 18.2절에 설명된 전지의 전지 전위는 25°C에서 1.10 V이다(그림 18.2 참조). 이 측정된 전위는 산화 전극 및 환원 전극에서 일어나는 반쪽 반응과 관련이 있다. 전반적인 전지의 전위는 Zn 및 Cu 전극에서의 전위, 즉 **반쪽 전지 전위**(half-cell potential)로 알려진 전위 값의 차이이다. 반쪽 반응 중 하나만 독립적으로 일어나는 것이 불가능한 것처럼, 하나의 반쪽 전지의 전위를 측정하는 것도 불가능하다. 그러나 특정 전지의 전위 값을 임의의 0으로 정의하면, 다른 반쪽 전지의 **상대적인** 전위를 결정할 수 있다. 그 다음 이 상대적인 전위 값을 사용하여 전체의 **전지**(cell) 전위를 결정할 수 있다. 그림 18.3에 표시된 수소 전극은 이를 위한 참고 자료로 사용된다. 수소 기

**참조**

다른 반쪽 반응이 일어나는 전지는 다른 기전력을 갖게 된다.

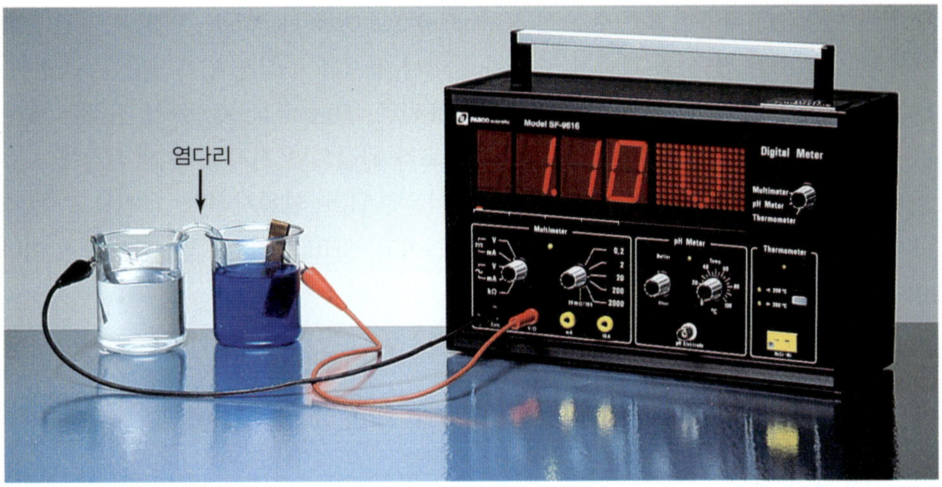


**그림 18.2** 갈바니 전지는 그림 18.1에서 설명했다. 두 개의 비커를 연결하는 U자관(염다리)에 유의하자. $Zn^{2+}$ 및 $Cu^{2+}$의 농도가 25°C에서 1 *M*일 때 전지의 전압은 1.10 V이다.

체는 25°C에서 염산 용액으로 공기 방울 주입된다. 백금 전극에는 두 가지 기능이 있다. 첫째, 수소 분자의 해리(및 산화)가 일어날 수 있는 표면을 제공한다.

$$H_2 \longrightarrow 2H^+ + 2e^-$$

둘째, 외부 회로에 대한 전기 전도체 역할을 한다.

표준 상태 조건[|◀◀ 14.5장]에서 $H_2$의 압력이 1 atm이고 HCl 용액의 농도가 1 *M*일 때 25°C에서의 $H^+$ 환원 전위 값은 정확히 0으로 정의된다.

$$2H^+(1\ M) + 2e^- \longrightarrow H_2(1\ \text{atm}) \qquad E^\circ = 0\ \text{V}$$

앞에서와 같이 위 첨자는 표준 상태 조건을 나타내며 $E^\circ$는 **표준 환원 전위**(standard reduction potential)를 나타낸다. 즉, $E^\circ$는 이온의 농도가 1 *M*이고 기체 압력이 1 atm일 때, 전극에서의 환원 반쪽 반응과 관련된 전위 값이다. 수소 전극은 다른 모든 전극 전위를 결정

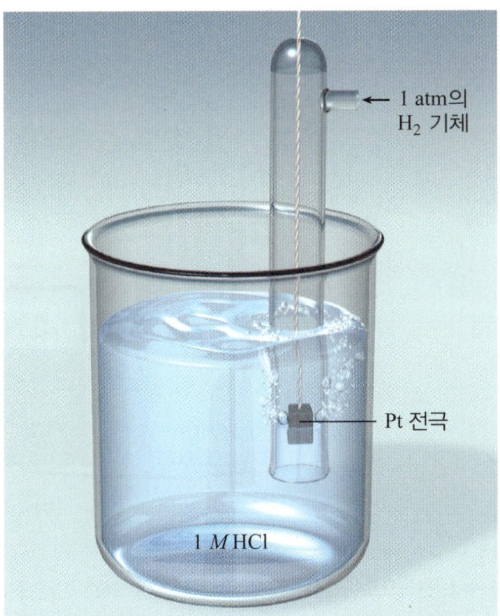


**그림 18.3** 표준 상태 조건에서 작동하는 수소 전극. 1 atm의 수소 기체는 1 *M* HCl 용액을 통해 공기 방울 주입된다. 전극 자체는 백금으로 만들어져 있다.

하기 위해 사용되기 때문에 **표준 수소 전극**(standard hydrogen electrode, SHE)이라고 한다.

반쪽 전지 전위는 전극 중 하나가 SHE인 갈바니 전지를 구성하여 측정된다. 측정된 전압은 다른 반쪽 전지의 전위를 결정하는 데 사용된다. 그림 18.4(a)는 아연 전극과 SHE가 있는 갈바니 전지를 보여 준다. 이 전지에서 회로가 완성되면 전자가 아연 전극에서 SHE로 흐르게 되어 Zn을 $Zn^{2+}$로 산화시키고, $H^+$ 이온을 $H_2$로 환원시킨다. 그러므로 이 경우에는 아연 전극이 산화 전극(산화가 일어나는 곳)이고, SHE는 환원 전극(환원이 일어나는 곳)이다. 전지 표기는 다음과 같다.

**참조**

전자 흐름 방향의 한 가지 특징은 반응이 진행됨에 따라 산화 반쪽 반응의 결과로서 아연 전극의 질량이 감소한다는 사실이다.

$Zn(s) \longrightarrow Zn^{2+}(aq)+2e^-$

$$Zn(s)\,|\,Zn^{2+}(1\,M)\,||\,H^+(1\,M)\,|\,H_2(1\text{ atm})\,|\,Pt(s)$$

이 전지의 측정된 전위는 25℃에서 0.76 V이다. 반쪽 전지 반응은 다음과 같이 쓸 수 있다.

| | | | |
|---|---|---|---|
| 산화 전극(산화): | $Zn(s)$ | $\longrightarrow$ | $Zn^{2+}(1\,M)+2e^-$ |
| 환원 전극(환원): | $2H^+(1\,M)+2e^-$ | $\longrightarrow$ | $H_2(1\text{ atm})$ |
| 전체 반응: | $Zn(s)+2H^+(1\,M)$ | $\longrightarrow$ | $Zn^{2+}(1\,M)+H_2(1\text{ atm})$ |

관례에 따라, 산화 전극의 기여와 환원 전극의 기여로 구성된 표준 전지 전위 $E^\circ_{전지}$는 다음과 같이 주어진다.

$$E^\circ_{전지}=E^\circ_{환원\ 전극}-E^\circ_{산화\ 전극} \qquad \text{식 18.1}$$

여기서, $E^\circ_{산화\ 전극}$ 및 $E^\circ_{환원\ 전극}$은 각각 산화 전극 및 환원 전극의 표준 환원 전위이다. Zn−SHE 전지는 다음과 같이 쓸 수 있다.

$$E^\circ_{전지}=E^\circ_{H^+/H_2}-E^\circ_{Zn^{2+}/Zn}$$
$$0.76\text{ V}=0-E^\circ_{Zn^{2+}/Zn}$$

여기서 아래 첨자 "$H^+/H_2$"는 "$2H^++2e^- \longrightarrow H_2$"를 의미하고, 아래 첨자 "$Zn^{2+}/Zn$"은 "$Zn^{2+}+2e^- \longrightarrow Zn$"을 의미한다. 따라서 아연의 표준 환원 전위 값($E_{Zn^{2+}/Zn}$)은 −0.76 V이다.

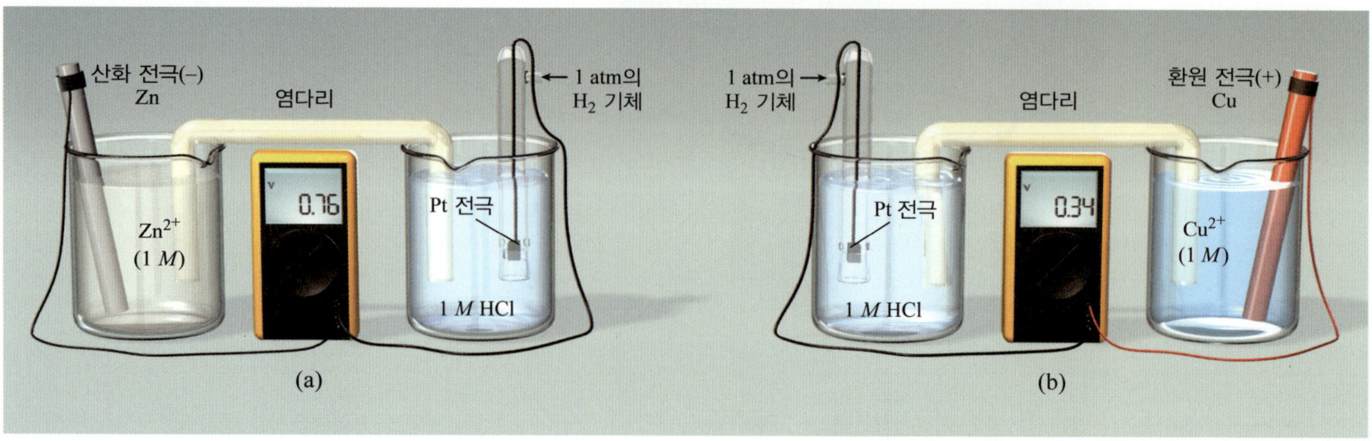


**그림 18.4** (a) 아연 전극과 수소 전극으로 구성된 전지 (b) 구리 전극과 수소 전극으로 구성된 전지. 두 전지 모두 표준 상태 조건에서 작동한다. (a)에서 SHE는 환원 전극이지만, (b)에서는 산화 전극이다.

구리의 표준 환원 전위는 구리 전극과 SHE가 있는 전지를 사용하여 유사한 방식으로 결정할 수 있다[그림 18.4(b)]. 이 경우 회로가 완성되면 전자가 SHE에서 구리 전극으로 흐른다. 즉, **구리**(copper) 전극은 환원 전극(cathode)이고 SHE는 **산화 전극**(anode)이다.

> **참조**
> $Cu^{2+}$ 이온의 환원은 Cu 전극의 질량을 증가시킨다.

$$\text{Pt}(s)\,|\,\text{H}_2(1\text{ atm})\,|\,\text{H}^+(1\,M)\,||\,\text{Cu}^{2+}(1\,M)\,|\,\text{Cu}(s)$$

그리고 반쪽 전지 반응은 다음과 같다.

$$\begin{aligned}
&\text{산화 전극(산화):} && \text{H}_2(1\text{ atm}) \longrightarrow 2\text{H}^+(1\,M)+2e^-\\
&\text{환원 전극(환원):} && \text{Cu}^{2+}(1\,M)+2e^- \longrightarrow \text{Cu}(s)\\
\hline
&\text{전체 반응:} && \text{H}_2(1\text{ atm})+\text{Cu}^{2+}(1\,M) \longrightarrow 2\text{H}^+(1\,M)+\text{Cu}(s)
\end{aligned}$$

표준 상태 조건과 25°C에서 측정된 전지의 전위는 0.34 V이므로, 다음과 같이 쓸 수 있다.

$$\begin{aligned}
E^\circ_{\text{전지}} &= E^\circ_{\text{환원 전극}} - E^\circ_{\text{산화 전극}}\\
&= E^\circ_{\text{Cu}^{2+}/\text{Cu}} - E^\circ_{\text{H}^+/\text{H}_2}\\
0.34\text{ V} &= E^\circ_{\text{Cu}^{2+}/\text{Cu}} - 0
\end{aligned}$$

따라서 구리의 표준 환원 전위 $E^\circ_{\text{Cu}^{2+}/\text{Cu}}$는 0.34 V이며, 아래 첨자 "$Cu^{2+}/Cu$"는 "$\text{Cu}^{2+}+2e^- \longrightarrow \text{Cu}$"를 의미한다.

Zn과 Cu의 표준 환원 전위를 결정한 후, 식 18.1을 사용하여 18.2절에 설명된 다니엘(Daniell) 전지의 전위를 계산할 수 있다.

$$\begin{aligned}
E^\circ_{\text{전지}} &= E^\circ_{\text{환원 전극}} - E^\circ_{\text{산화 전극}}\\
&= E^\circ_{\text{Cu}^{2+}/\text{Cu}} - E^\circ_{\text{Zn}^{2+}/\text{Zn}}\\
&= 0.34\text{ V} - (-0.76\text{ V})\\
&= 1.10\text{ V}
\end{aligned}$$

$\Delta G^\circ$[|◀◀ 17.5절]의 경우와 마찬가지로 반응이 오른쪽 또는 왼쪽에 치우치는지 예측하기 위해 $E^\circ$ 기호를 사용할 수 있다. 양의 $E^\circ$는 산화–환원 반응이 평형에서 생성물의 생성을 촉진한다는 것을 의미한다. 반대로 음의 $E^\circ$는 평형에서 반응물이 선호된다는 것을 나타낸다. $E^\circ_{\text{전지}}$, $\Delta G^\circ$ 및 $K$가 어떻게 관련되는지 18.4절에서 검토할 것이다.

표 18.1은 여러 반쪽 전지 반응에 대한 표준 환원 전위 값을 환원 전위의 순서로 나열한 것이다. 모호성을 피하기 위해 모든 반쪽 전지 반응은 환원 반응으로 표시된다. 갈바니 전지는 두 개의 반쪽 전지, 즉 두 개의 반쪽 전지 반응으로 구성된다. 특정 반쪽 전지 반응이 갈바니 전지의 환원 반응으로 발생하는지 여부는 환원 전위가 다른 반쪽 전지 반응의 환원 전위와 어떻게 비교되는지에 달려 있다. 두 가지 중 더 큰[또는 보다 **양의**(positive) 값인] 환원 전위를 가지고 있다면, 그 반쪽 전지는 환원 반응이 일어날 것이다. 그것이 두 가지 중 더 작은[또는 보다 **음의**(negative) 값인] 환원 전위를 가지고 있다면, 역방향으로 산화 반응이 일어날 것이다.

> **참조**
> 환원 전위가 더 큰 반쪽 반응은 환원 반응을 나타낼 가능성이 더 크다.

18.2절에서 설명한 전지의 예를 고려해 보자. 두 개의 반쪽 전지 반응 및 그들의 표준 환원 전위는 다음과 같다.

$$\begin{aligned}
&\text{Cu}^{2+}+2e^- \longrightarrow \text{Cu} && E^\circ = 0.34\text{ V}\\
&\text{Zn}^{2+}+2e^- \longrightarrow \text{Zn} && E^\circ = -0.76\text{ V}
\end{aligned}$$

**표 18.1 표준 환원 전위(25°C에서)***

| 반쪽 반응 | $E°$(V) |
|---|---|
| $F_2(g)+2e^- \longrightarrow 2F^-(aq)$ | +2.87 |
| $O_3(g)+2H^+(aq)+2e^- \longrightarrow O_2(g)+H_2O(l)$ | +2.07 |
| $Co^{3+}(aq)+e^- \longrightarrow Co^{2+}(aq)$ | +1.82 |
| $H_2O_2(aq)+2H^+(aq)+2e^- \longrightarrow 2H_2O(l)$ | +1.77 |
| $PbO_2(s)+4H^+(aq)+SO_4^{2-}(aq)+2e^- \longrightarrow PbSO_4(s)+2H_2O(l)$ | +1.70 |
| $Ce^{4+}(aq)+e^- \longrightarrow Ce^{3+}(aq)$ | +1.61 |
| $MnO_4^-(aq)+8H^+(aq)+5e^- \longrightarrow Mn^{2+}(aq)+4H_2O(l)$ | +1.51 |
| $Au^{3+}(aq)+3e^- \longrightarrow Au(s)$ | +1.50 |
| $Cl_2(g)+2e^- \longrightarrow 2Cl^-(aq)$ | +1.36 |
| $Cr_2O_7^{2-}(aq)+14H^+(aq)+6e^- \longrightarrow 2Cr^{3+}(aq)+7H_2O(l)$ | +1.33 |
| $MnO_2(s)+4H^+(aq)+2e^- \longrightarrow Mn^{2+}(aq)+2H_2O(l)$ | +1.23 |
| $O_2(g)+4H^+(aq)+4e^- \longrightarrow 2H_2O(l)$ | +1.23 |
| $Br_2(l)+2e^- \longrightarrow 2Br^-(aq)$ | +1.07 |
| $NO_3^-(aq)+4H^+(aq)+3e^- \longrightarrow NO(g)+2H_2O(l)$ | +0.96 |
| $2Hg^{2+}(aq)+2e^- \longrightarrow Hg_2^{2+}(aq)$ | +0.92 |
| $Hg_2^{2+}(aq)+2e^- \longrightarrow 2Hg(l)$ | +0.85 |
| $Ag^+(aq)+e^- \longrightarrow Ag(s)$ | +0.80 |
| $Fe^{3+}(aq)+e^- \longrightarrow Fe^{2+}(aq)$ | +0.77 |
| $O_2(g)+2H^+(aq)+2e^- \longrightarrow H_2O_2(aq)$ | +0.68 |
| $MnO_4^-(aq)+2H_2O(l)+3e^- \longrightarrow MnO_2(s)+4OH^-(aq)$ | +0.59 |
| $I_2(s)+2e^- \longrightarrow 2I^-(aq)$ | +0.53 |
| $O_2(g)+2H_2O(l)+4e^- \longrightarrow 4OH^-(aq)$ | +0.40 |
| $Cu^{2+}(aq)+2e^- \longrightarrow Cu(s)$ | +0.34 |
| $AgCl(s)+e^- \longrightarrow Ag(s)+Cl^-(aq)$ | +0.22 |
| $SO_4^{2-}(aq)+4H^+(aq)+2e^- \longrightarrow SO_2(g)+2H_2O(l)$ | +0.20 |
| $Cu^{2+}(aq)+e^- \longrightarrow Cu^+(aq)$ | +0.15 |
| $Sn^{4+}(aq)+2e^- \longrightarrow Sn^{2+}(aq)$ | +0.13 |
| $2H^+(aq)+2e^- \longrightarrow H_2(g)$ | 0.00 |
| $Pb^{2+}(aq)+2e^- \longrightarrow Pb(s)$ | −0.13 |
| $Sn^{2+}(aq)+2e^- \longrightarrow Sn(s)$ | −0.14 |
| $Ni^{2+}(aq)+2e^- \longrightarrow Ni(s)$ | −0.25 |
| $Co^{2+}(aq)+2e^- \longrightarrow Co(s)$ | −0.28 |
| $PbSO_4(s)+2e^- \longrightarrow Pb(s)+SO_4^{2-}(aq)$ | −0.31 |
| $Cd^{2+}(aq)+2e^- \longrightarrow Cd(s)$ | −0.40 |
| $Fe^{2+}(aq)+2e^- \longrightarrow Fe(s)$ | −0.44 |
| $Cr^{3+}(aq)+3e^- \longrightarrow Cr(s)$ | −0.74 |
| $Zn^{2+}(aq)+2e^- \longrightarrow Zn(s)$ | −0.76 |
| $2H_2O(l)+2e^- \longrightarrow H_2(g)+2OH^-(aq)$ | −0.83 |
| $Mn^{2+}(aq)+2e^- \longrightarrow Mn(s)$ | −1.18 |
| $Al^{3+}(aq)+3e^- \longrightarrow Al(s)$ | −1.66 |
| $Be^{2+}(aq)+2e^- \longrightarrow Be(s)$ | −1.85 |
| $Mg^{2+}(aq)+2e^- \longrightarrow Mg(s)$ | −2.37 |
| $Na^+(aq)+e^- \longrightarrow Na(s)$ | −2.71 |
| $Ca^{2+}(aq)+2e^- \longrightarrow Ca(s)$ | −2.87 |
| $Sr^{2+}(aq)+2e^- \longrightarrow Sr(s)$ | −2.89 |
| $Ba^{2+}(aq)+2e^- \longrightarrow Ba(s)$ | −2.90 |
| $K^+(aq)+e^- \longrightarrow K(s)$ | −2.93 |
| $Li^+(aq)+e^- \longrightarrow Li(s)$ | −3.05 |

↑ 산화제로서의 세기가 증가

↓ 환원제로서의 세기가 증가

*모든 반쪽 반응에 대하여, 용해된 화학종의 농도는 1 *M*이고 압력은 기체 화학종에 대하여 1기압이다. 이것은 표준 상태의 값이다.

더 큰(보다 양의 값인) 환원 전위를 갖는 Cu 반쪽 반응은 환원 반응으로서 일어나는 반쪽 반응이다.

> **참조**
> 환원이 일어나는 전극은 환원 전극이다. 따라서 $E^\circ_{\text{환원 전극}} = 0.34\text{ V}$이다.

$$Cu^{2+} + 2e^- \longrightarrow Cu$$

Zn 반쪽 반응은 보다 작은(더 음의 값인) 환원 전위를 가지며, 대신 산화 반응으로서 일어날 것이다.

> **참조**
> 산화가 일어나는 전극은 산화 전극이다. 따라서 $E^\circ_{\text{산화 전극}} = -0.76\text{ V}$이다.

$$Zn \longrightarrow Zn^{2+} + 2e^-$$

두 개의 반쪽 반응을 더하면 전체 전지 반응이 된다.

$$Zn + Cu^{2+} \longrightarrow Zn^{2+} + Cu$$

그러나 Zn 반쪽 반응과 Mn 반쪽 반응을 결합하는 갈바니 전지를 구성하는 경우, 어떻게 될지 고려해 보자. Mn의 환원 전위 값은 −1.18 V이다.

$$Zn^{2+} + 2e^- \longrightarrow Zn \qquad E^\circ = -0.76\text{ V}$$
$$Mn^{2+} + 2e^- \longrightarrow Mn \qquad E^\circ = -1.18\text{ V}$$

이 경우 더 큰(보다 작은 음의 값인) 환원 전위는 Zn의 환원 전위이며, 따라서 Zn 반쪽 반응은 환원 반응으로 발생하고 Zn 전극은 환원 전극이 될 것이다. Mn 전극은 산화 전극이 된다. 그러므로 전지의 전위는 다음과 같다.

$$\begin{aligned} E^\circ_{\text{전지}} &= E^\circ_{\text{환원 전극}} - E^\circ_{\text{산화 전극}} \\ &= E^\circ_{Zn^{2+}/Zn} - E^\circ_{Mn^{2+}/Mn} \\ &= (-0.76\text{ V}) - (-1.18\text{ V}) \\ &= 0.42\text{ V} \end{aligned}$$

전체 전지 반응은 다음과 같다.

$$Mn + Zn^{2+} \longrightarrow Mn^{2+} + Zn$$

식 18.1을 사용하여 전체 전지 반응의 방향을 예측할 수 있다.

표준 환원 전위는 **크기** 성질(질량 및 부피와 같은)이 아니라 **세기** 성질(온도 및 밀도와 같은)이라는 것을 이해하는 것이 중요하다[|◀◀ 1.6절]. 이것은 표준 환원 전위의 값이 관련된 물질의 양에 의존하지 않는다는 것을 의미한다. 그러므로 전체 반응식의 균형을 맞추기 위해 반쪽 반응 중 하나에 계수를 곱해야 할 때 반쪽 반응에 대한 $E^\circ$의 값은 동일하게 유지된다. Zn 반쪽 전지와 Ag 반쪽 전지로 구성된 갈바니 전지를 생각해 보자.

$$Zn(s)\,|\,Zn^{2+}(1\,M)\,\|\,Ag^{+}(1\,M)\,|\,Ag(s)$$

반쪽 전지 반응들은 다음과 같다.

$$Ag^{+} + e^- \longrightarrow Ag \qquad E^\circ = 0.80\text{ V}$$
$$Zn^{2+} + 2e^- \longrightarrow Zn \qquad E^\circ = -0.76\text{ V}$$

보다 양의 값인 표준 환원 전위를 갖는 Ag의 반쪽 반응은 환원 반응이 일어나고, Zn의 반쪽 반응은 산화 반응이 일어날 것이다. 전체 전지 반응에 대하여 반응식의 균형을 맞추려면, 환원 반응(Ag 반쪽 반응)에 2를 곱해야 한다.

$$2(Ag^+ + e^- \longrightarrow Ag)$$

그 다음 두 개의 반쪽 반응을 더하고 전자를 제거하여 전체적인 균형 잡힌 반응식을 얻을 수 있다.

$$\begin{array}{rcl} 2Ag^+ + 2e^- & \longrightarrow & 2Ag \\ + Zn & \longrightarrow & Zn^{2+} + 2e^- \\ \hline 2Ag^+ + Zn & \longrightarrow & 2Ag + Zn^{2+} \end{array}$$

**참조**

반쪽 반응식에 나타나 있는 계수와 같은 수로 $E^\circ$ 값을 곱하는 것은 일반적인 오류이다. 환원 전위 값을 폭포의 높이라고 생각해 보자. 물이 높은 곳에서 낮은 곳으로 떨어지는 것처럼, 전자는 전위가 높은 전극에서 전위가 낮은 전극으로 이동한다. 떨어지는 물의 양은 폭포 높이에는 영향을 미치지 않는다. 마찬가지로, 높은 전위에서 낮은 전위로 이동하는 전자의 수는 전위 차의 크기에 영향을 미치지 않는다.

표준 전지 전위는 식 18.1을 사용하여 계산할 수 있다.

$$\begin{aligned} E^\circ_{\text{전지}} &= E^\circ_{\text{환원 전극}} - E^\circ_{\text{산화 전극}} \\ &= E^\circ_{Ag^+/Ag} - E^\circ_{Zn^{2+}/Zn} \\ &= 0.80\ V - (-0.76\ V) \\ &= 1.56\ V \end{aligned}$$

Ag의 반쪽 반응에는 2를 곱했지만, 이 반응의 표준 환원 전위 값에는 2를 곱하지 않았다.

표 18.1은 기본적으로 활동도 서열의 확장 버전이다[|◀◀ 9.4절].

예제 18.2는 갈바니 전지에서 전체 반응의 방향을 예측하기 위해 표준 환원 전위를 어떻게 사용하는지를 보여 준다.

## 예제 18.2

갈바니 전지는 1.0 $M$ $Mg(NO_3)_2$ 용액에 들어 있는 Mg 전극과 1.0 $M$ $Cd(NO_3)_2$ 용액에 들어 있는 Cd 전극으로 구성된다. 전체 전지 반응을 결정하고, 25°C에서 표준 전지 전위를 계산하시오.

**전략** 표로 만들어진 $E^\circ$의 값을 사용하여 어느 전극이 환원 전극인지 산화 전극인지를 결정하고, 환원 전극과 산화 전극 반쪽 전지 반응을 결합하여 전체 전지 반응을 얻은 다음, 식 18.1을 사용하여 $E^\circ_{\text{전지}}$의 값을 계산한다.

**계획** 반쪽 전지 반응과 그 표준 환원 전위는 다음과 같다.

$$Mg^{2+} + 2e^- \longrightarrow Mg \qquad E^\circ = -2.37\ V$$
$$Cd^{2+} + 2e^- \longrightarrow Cd \qquad E^\circ = -0.40\ V$$

Cd의 반쪽 전지 반응은 더 큰(더 작은 음의 값인) 표준 환원 전위를 가지므로 환원 반응이 일어난다. Mg의 반쪽 전지 반응은 산화 반응이 일어난다. 따라서 $E^\circ_{\text{환원 전극}} = -0.40$ 및 $E^\circ_{\text{산화 전극}} = -2.37$ V이다.

**풀이** 두 개의 반쪽 전지 반응을 합치면 전체 전지 반응이 된다.

$$\begin{array}{lrcl} & Mg & \longrightarrow & Mg^{2+} + 2e^- \\ & Cd^{2+} + 2e^- & \longrightarrow & Cd \\ \hline \text{전체:} & Mg + Cd^{2+} & \longrightarrow & Mg^{2+} + Cd \end{array}$$

표준 전지 전위는 다음과 같다.

$$\begin{aligned} E^\circ_{\text{전지}} &= E^\circ_{\text{환원 전극}} - E^\circ_{\text{산화 전극}} = E^\circ_{Cd^{2+}/Cd} - E^\circ_{Mg^{2+}/Mg} \\ &= (-0.40\ V) - (-2.37\ V) = 1.97\ V \end{aligned}$$

### 생각해 보기

갈바니 전지 전위가 음의 값이라면 계산 과정에 오류가 있는 것이다. 계산 과정을 다시 확인한다. 표준 상태 조건에서 전체 전지 반응은 양의 $E^\circ_{전지}$ 값을 만드는 방향으로 진행한다.

**유제 1** $Sn^{2+}/Sn$과 $Cr^{3+}/Cr$은 다른 표준 환원 전위를 가지고 있음에도 불구하고, 1.0 $M$의 $Fe(NO_3)_2$ 용액에 철(Fe) 전극을 사용하고, 1.0 $M$의 $Sn(NO_3)_2$ 용액에 주석(Sn) 전극을 사용하거나 1.0 $M$의 $Cr(NO_3)_2$ 용액에 크로뮴(Cr) 전극을 사용하면, $E^\circ_{전지}=0.30$ V의 갈바니 전지를 구성할 수 있다. 각 전지에 대한 전체적인 균형 잡힌 반응식을 제시하고 이에 대하여 설명하시오.

**유제 2** 0.10 $M$ $Zn^{2+}(aq)$ 용액에 담긴 Zn 전극과 0.10 $M$의 $Cu^{2+}(aq)$ 용액에 담긴 Cu 전극으로 구성된 갈바니 전지의 경우, 다음 그래프[(i)~(iv)] 중 시간의 함수로서 금속 이온의 농도를 가장 잘 나타낸 것은 어느 것인가?

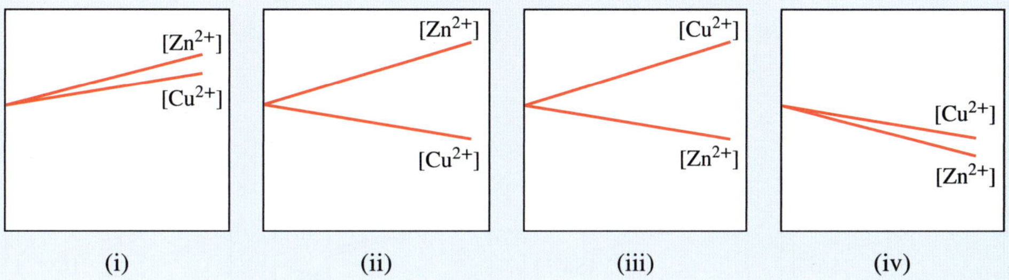


반쪽 전지가 나뉘어져 있지 않고 동일한 비커에서 반응물들이 서로 혼합할 때 산화–환원 반응이 일어날 수 있는가를 결정하기 위해서도 표준 환원 전위를 사용할 수 있다. 환원 전위를 사용하여 **정반응**(forward) 또는 **역반응**(reverse)으로 반응이 진행되는지 여부를 결정하는 갈바니 전지와는 달리, 반응이 반쪽 전지로 나누어지지 않는 경우, 환원 전위를 사용하여 반응이 쓰여진 반응식대로 일어날지 아닐지를 결정할 수도 있다.

예제 18.3은 이 방법에 대하여 설명하고 있다.

## 예제 18.3

분자 브로민($Br_2$)이 각각 (a) 1 $M$ NaI 용액과 (b) 1 $M$ NaCl 용액에 첨가될 때, 어떤 산화–환원 반응이 일어날 것인지 예측하시오. (온도는 25°C라고 가정한다.)

**전략** 각각의 경우에 발생할 수 있는 산화–환원 반응에 대한 반응식을 작성하고 $E^\circ$ 값을 사용하여 제안된 반응이 실제로 일어날 수 있는지 여부를 결정한다.

**계획** 표 18.1로부터 다음의 반응식들을 쓸 수 있다.

$$Br_2(l)+2e^- \longrightarrow 2Br^-(aq) \qquad E^\circ=1.07\text{ V}$$
$$I_2(s)+2e^- \longrightarrow 2I^-(aq) \qquad E^\circ=0.53\text{ V}$$
$$Cl_2(g)+2e^- \longrightarrow 2Cl^-(aq) \qquad E^\circ=1.36\text{ V}$$

**풀이** (a) 산화–환원 반응이 일어날 경우 $Br_2$에 의해 $I^-$ 이온의 산화 반응이 일어난다.

$$Br_2(l)+2I^-(aq) \longrightarrow 2Br^-(aq)+I_2(s)$$

$Br_2$의 환원 전위가 $I_2$의 환원 전위보다 크기 때문에 $Br_2$는 $Br^-$로 환원되고 $I^-$는 $I_2$로 산화될 것이다. 따라서 위의 반응은 일어날 것이다.

(b) 이 경우 제안될 수 있는 반응은 $Cl^-$ 이온에 의한 $Br_2$의 환원 반응이다.

$$Br_2(l)+2Cl^-(aq) \longrightarrow 2Br^-(aq)+Cl_2(g)$$

그러나 $Br_2$의 환원 전위는 $Cl_2$의 환원 전위보다 작기 때문에 이 반응은 일어나지 않을 것이다. $Cl_2$는 $Br_2$보다 쉽게 환원되므로, $Br_2$는 $Cl^-$에 의해 환원되지 않는다.

**생각해 보기**

식 18.1을 사용하여 갈바니 전지 문제와 같은 이런 유형의 문제를 처리할 수 있다. 제안된 산화-환원 반응을 쓰고 "환원 전극"과 "산화 전극"을 확인한다. 계산된 $E^\circ_{전지}$가 양의 값이면 반응이 일어난다. 계산된 $E^\circ_{전지}$가 음의 값이면 반응은 일어나지 않는다.

**유제 1** 염화 코발트(II) 용액을 보관할 때, 주석 용기 또는 철제 용기 중에 어느 것이 더 안전할까? 설명하시오.

**유제 2** 니켈 금속 조각을 각각 1.0 $M$의 $CoCl_2$, $NiCl_2$ 및 $SnCl_2$ 용액에 넣었다. 다음 그래프[(i)~(iv)] 중 용액의 금속 이온 농도를 시간의 함수로 가장 잘 나타낸 것은 어느 것인가?

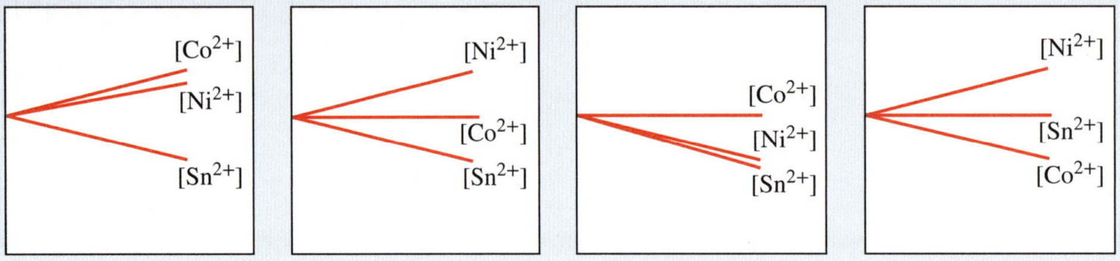


(i) (ii) (iii) (iv)

## 18.3절 복습

### 표준 환원 전위

**18.3.1** 1.0 $M$의 $Cr^{3+}$ 용액에 Cr 전극을 사용하고 1.0 $M$의 $Au^{3+}$ 용액에 Au 전극을 사용하여 만든 갈바니 전지에 대하여 25°C에서 $E^\circ_{전지}$를 계산하시오.

(a) −2.03 V
(b) 1.11 V
(c) −1.11 V
(d) 2.24 V
(e) 0.76 V

**18.3.2** 1.0 $M$의 $Cr^{3+}$ 용액에 Cr 전극을 사용하고 1.0 $M$의 $Ag^+$ 용액에 Ag 전극을 사용하여 만든 갈바니 전지에 대하여 25°C에서 $E^\circ_{전지}$를 계산하시오.

(a) 0.06 V
(b) −0.06 V
(c) 1.54 V
(d) 3.14 V
(e) 3.02 V

**18.3.3** Al 금속을 1.0 $M$의 $Cr^{3+}$ 용액에 넣으면, 25°C에서 어떤 산화-환원 반응이 일어날 것인가?

(a) $Al^{3+}+Cr \longrightarrow Al+Cr^{3+}$
(b) $Cr^{3+}+Al \longrightarrow Cr+Al^{3+}$
(c) $Al^{3+}+Cr^{3+} \longrightarrow Al+Cr$
(d) $Al+Cr \longrightarrow Al^{3+}+Cr^{3+}$
(e) 산화-환원 반응이 일어나지 않는다.

**18.3.4** Zn 금속을 1.0 $M$의 $Sr^{2+}$ 용액에 넣으면, 25°C에서 어떤 산화-환원 반응이 일어날 것인가?

(a) $Zn^{2+} + Sr \longrightarrow Zn + Sr^{2+}$
(b) $Sr^{2+} + Zn \longrightarrow Sr + Zn^{2+}$
(c) $Zn^{2+} + Sr^{2+} \longrightarrow Zn + Sr$
(d) $Zn + Sr \longrightarrow Zn^{2+} + Sr^{2+}$
(e) 산화-환원 반응이 일어나지 않는다.

## 18.4 표준 상태 조건에서 산화-환원 반응의 자발성

이제 $E^\circ_{전지}$가 $\Delta G^\circ$ 및 $K$와 같은 열역학적 양과 어떻게 관련되는지 살펴본다. 갈바니 전지에서 화학 에너지는 전기 에너지로 변환된다. 갈바니 전지에서 생성된 전기 에너지는 전지 전위와 전지를 통과하는 총 전하량(쿨롱 단위)의 곱이다.

$$\text{전기 에너지} = \text{전압(V)} \times \text{전하량(C)}$$
$$= \text{에너지(J)}$$

전체 전하량은 회로를 통과하는 전자의 몰수($n$)로 결정된다. 정의에 따르면 다음과 같다.

$$\text{전체 전하량} = nF$$

여기서, 패러데이(Faraday)[1] 상수 $F$는 1몰의 전자들이 가진 전하량이다. 1 $F$(패러데이)는 96,485.3 C과 같다. 일반적으로 유효 숫자를 3자리로 만들기 위해 반올림한다.

$$1\,F = 96{,}500\text{ C/mol } e^-$$

그러므로 이 절 맨 위의 식은 다음과 같다.

$$1\text{ J} = 1\text{ C} \times 1\text{ V}$$

또한 패러데이의 단위를 다음과 같이 표현할 수 있다.

$$1\,F = 96{,}500\text{ J/V} \cdot \text{mol } e^-$$

측정된 전지 전위는 전지가 생성할 수 있는 최대 전압이다. 이 값은 화학 반응에서 얻을 수 있는 최대 전기 에너지의 양을 계산하는 데 사용된다. 이 에너지는 전기적인 일($w_{전기적}$)을 수행하는 데 사용된다.

$$w_{최대} = w_{전기적} = -nFE_{전지}$$

여기서 $w_{최대}$는 수행할 수 있는 최대 일의 양이다. 오른쪽에 있는 음의 부호는 시스템이 주변으로 전기적인 일을 행했음을 나타낸다. 14장에서 **자유 에너지**(free energy)를 **일**(work)을 할 수 있는 에너지로 정의했다. 특히, 자유 에너지의 변화 $\Delta G$는 반응으로부터 얻을 수

1. 마이클 패러데이(Michael Faraday, 1791~1867): 영국의 화학자이자 물리학자. 많은 사람들에게 19세기 최고의 실험 과학자로 여겨지고 있다. 13세에 제본업 견습생으로 일하기 시작했지만 화학에 관한 책을 읽은 후 과학에 관심을 갖게 되었다. 전기 모터를 발명했으며 전기 발전기 운영 원리를 처음으로 보여 주었다. 전기 및 자기장 분야에 뛰어난 기여를 했을 뿐 아니라 광학 활성에 대해 연구했고 벤젠(benzene)을 발견하고 명명했다.

있는 가능한 일의 최대량을 나타낸다.

$$\Delta G = w_{최대}$$

따라서 다음과 같이 수식을 쓸 수 있다.

$$\Delta G = -nFE_{전지} \qquad \text{식 18.2}$$

이 식에서 $n$과 $F$는 양의 값이고 $\Delta G$는 자발적인 과정에서 음의 값을 가지므로 $E_{전지}$는 자발적인 과정에서 양의 값을 가져야 한다. 반응물과 생성물이 표준 상태에 있는 반응의 경우, 식 18.2는 다음과 같이 된다.

$$\Delta G^\circ = -nFE^\circ_{전지} \qquad \text{식 18.3}$$

식 18.3은 $E^\circ_{전지}$를 산화–환원 반응의 평형 상수 $K$와 연관시키는 것을 가능하게 한다. 우리는 15.4절에서 반응에 대한 표준 자유 에너지 변화 $\Delta G^\circ$는 다음과 같이 평형 상수와 관련이 있다는 것을 배웠다[◀◀ 15.4절, 식 15.6].

$$\Delta G^\circ = -RT \ln K$$

따라서 식 15.6과 식 18.3을 결합하면 다음과 같이 된다.

$$-nFE^\circ_{전지} = -RT \ln K$$

$E^\circ_{전지}$에 대해 풀면 다음과 같다.

$$E^\circ_{전지} = \frac{RT}{nF} \ln K \qquad \text{식 18.4}$$

여기서 $T = 298$ K이고 반응 1몰당 $n$몰의 전자가 전달되면, $R$과 $F$의 값을 대입하여 식 18.4를 단순화할 수 있다.

$$E^\circ_{전지} = \frac{\left(8.314 \frac{\text{J}}{\text{K}\cdot\text{mol}}\right)(298\ \text{K})}{(n)\left(96{,}500 \frac{\text{J}}{\text{V}\cdot\text{mol}}\right)}$$

$$= \frac{0.0257\ \text{V}}{n} \ln K$$

그리고 $K$에 대한 상용로그로 변환하면 다음과 같이 된다.

$$E^\circ_{전지} = \frac{0.0592\ \text{V}}{n} \log K \quad (25^\circ\text{C에서}) \qquad \text{식 18.5}$$

따라서 $\Delta G^\circ$, $K$ 또는 $E^\circ_{전지}$의 세 가지 양 중 하나를 안다면 식 15.6, 18.3 및 18.5를 사용하여 다른 값으로 변환할 수 있다.

예제 18.4와 18.5는 $\Delta G°$, $K$ 및 $E°_{전지}$ 사이의 상호 전환을 보여 준다. 단순화를 위해 아래 첨자 "전지"는 표시하지 않았다.

## 예제 18.4

25°C에서 다음 반응에 대한 표준 자유 에너지 변화를 계산하시오.

$$2Au(s) + 3Ca^{2+}(1.0\ M) \rightleftharpoons 2Au^{3+}(1.0\ M) + 3Ca(s)$$

**전략** 표 18.1의 $E°$ 값을 사용하여 반응에 대한 $E°$를 계산한 다음 식 18.3을 사용하여 표준 자유 에너지 변화를 계산한다.

**계획** 반쪽 전지 반응은 다음과 같다.

$$\text{환원 전극(환원): } 3Ca^{2+}(aq) + 6e^- \longrightarrow 3Ca(s)$$
$$\text{산화 전극(산화): } 2Au(s) \longrightarrow 2Au^{3+}(aq) + 6e^-$$

표 18.1에서 $E°_{Ca^{2+}/Ca} = -2.87\ V$ 및 $E°_{Au^{3+}/Au} = 1.50\ V$이다.

**풀이**

$$\begin{aligned} E°_{전지} &= E°_{환원\ 전극} - E°_{산화\ 전극} \\ &= E°_{Ca^{2+}/Ca} - E°_{Au^{3+}/Au} \\ &= -2.87\ V - 1.50\ V \\ &= -4.37\ V \end{aligned}$$

다음으로 이 $E°$의 값을 식 18.3에 대입하여 $\Delta G°$를 얻는다.

$$\Delta G° = -nFE°$$

전체 반응식으로부터 $n = 6$임을 알았다. 따라서 다음과 같다.

$$\begin{aligned} \Delta G° &= -(6\ mol\ e^-)(96,500\ J/V \cdot mol\ e^-)(-4.37\ V) \\ &= 2.53 \times 10^6\ J/mol \\ &= 2.53 \times 10^3\ kJ/mol \end{aligned}$$

### 생각해 보기

$\Delta G°$의 큰 양의 값은 평형에서 반응물이 선호된다는 것을 나타내며, 이 반응에 대한 $E°$가 음의 값을 갖는다는 사실과 일치한다.

**유제 1** 25°C에서 다음 반응에 대하여 $\Delta G°$를 계산하시오.

$$Pb(s) + Ni^{2+}(aq) \rightleftharpoons Pb^{2+}(aq) + Ni(s)$$

**유제 2** 다음 그래프[(i)~(iv)] 중 화학 반응에 대하여 $\Delta G°$와 $E°$ 사이의 관계를 가장 잘 나타내는 것은 무엇인가?

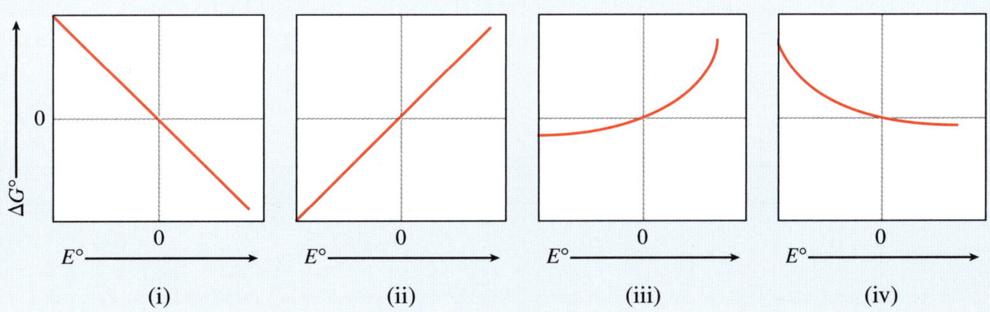

## 예제 18.5

25°C에서 다음 반응에 대한 평형 상수를 계산하시오.

$$Sn(s)+2Cu^{2+}(aq) \rightleftharpoons Sn^{2+}(aq)+2Cu^{+}(aq)$$

**전략** 표 18.1의 $E°$ 값을 사용하여 반응에 대한 $E°$를 계산한 다음, 식 18.5를 사용하여 평형 상수를 계산한다. ($K$를 풀기 위해 재배열한다.)

**계획** 반쪽 전지 반응은 다음과 같다.

$$\text{환원 전극(환원)}:\ 2Cu^{2+}(aq)+2e^- \longrightarrow 2Cu^{+}(aq)$$
$$\text{산화 전극(산화)}:\ Sn(s) \longrightarrow Sn^{2+}(aq)+2e^-$$

표 18.1에서 $E°_{Cu^{2+}/Cu^{+}}=0.15\ V$ 및 $E°_{Sn^{2+}/Sn}=-0.14\ V$이다.

**풀이**

$$\begin{aligned} E°_{\text{전지}} &= E°_{\text{환원 전극}}-E°_{\text{산화 전극}} \\ &= E°_{Cu^{2+}/Cu^{+}}-E°_{Sn^{2+}/Sn} \\ &= 0.15\ V-(-0.14\ V) \\ &= 0.29\ V \end{aligned}$$

$K$에 대하여 식 18.5를 풀면, 다음과 같다.

$$\begin{aligned} K &= 10^{nE°/0.0592\ V} \\ &= 10^{(2)(0.29\ V)/0.0592\ V} \\ &= 6\times 10^{9} \end{aligned}$$

### 생각해 보기

양수의 표준 전지 전위는 큰 평형 상수에 해당한다.

**유제 1** 평형 상수와 마찬가지로 $E°_{\text{전지}}$ 값은 온도에 따라 달라진다. 80°C에서 전지 표기법의 $E°_{\text{전지}}$ 값은 0.18 V이다.

$$Pt(s)\,|\,H_2(g)\,|\,HCl(aq)\,\|\,AgCl(s)\,|\,Ag(s)$$

이에 해당하는 전지 반응은 다음과 같다.

$$H_2(g)+2AgCl(s) \rightleftharpoons 2Ag(s)+2H^{+}(aq)+2Cl^{-}(aq)$$

80°C에서 이 반응에 대한 평형 상수를 계산하시오.

**유제 2** 다음 그래프[(i)~(iv)] 중 화학 반응에 대한 $K$와 $E°$의 관계를 가장 잘 나타낸 것은 어느 것인가?

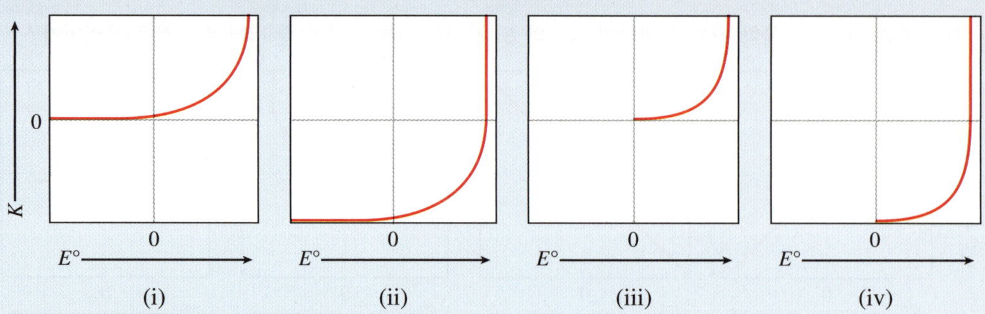

## 18.4절 복습

### 표준 상태 조건에서 산화-환원 반응의 자발성

**18.4.1** 25°C에서 다음 반응에 대한 $K$를 계산하시오.

$$Fe^{2+}(aq) + Ni(s) \rightleftharpoons Fe(s) + Ni^{2+}(aq)$$

(a) $6 \times 10^{-4}$
(b) $4 \times 10^{-7}$
(c) $3 \times 10^{6}$
(d) $1 \times 10^{-13}$
(e) $2 \times 10^{3}$

**18.4.2** 25°C에서 다음 반응에 대한 $\Delta G°$를 계산하시오.

$$3Cu^{2+}(aq) + Cr(s) \rightleftharpoons 3Cu^{+}(aq) + Cr^{3+}(aq)$$

(a) $2.6 \times 10^{2}$ kJ/mol
(b) $-2.6 \times 10^{2}$ kJ/mol
(c) $1 \times 10^{45}$ kJ/mol
(d) $-86$ kJ/mol
(e) 86 kJ/mol

## 생각 밖 상식

### 아말감 충전과 치아 통증

알루미늄 포일이 아말감 충전제와 닿았을 때 느껴지는 통증은 알루미늄 포일과 충전제 속 금속 성분 사이를 흐르는 전류에 의한 치아 신경의 전기 자극 때문이다. 예전부터 충치를 떼우는 데 가장 일반적으로 사용되는 재료는 치과용 아말감으로 알려져 있다. (아말감은 수은과 하나 이상의 다른 금속을 혼합하여 만든 물질이다.) 치과용 아말감은 은, 주석, 구리 및 때로는 아연과 같은 다른 금속을 포함하는 합금 분말과 거의 같은 비율로 혼합된 액체 수은으로 구성된다.

알루미늄과 치과 충전제는 갈바니 전지의 전극과 같은 역할을 한다. 알루미늄은 산화 전극으로 작용하고 아말감은 환원 전극으로 작용한다. 결과적으로, 알루미늄이 아말감과 접촉하게 되면 전기 화학 전지가 입안에 형성되어 전류가 흐르게 된다. 이 전류는 치아의 신경을 자극하여 매우 불쾌한 느낌을 준다.

다른 유형의 불편함은 충전제가 전기 화학 전지에서 산화 전극이 된 결과로 발생할 수 있다. 이는 충전제가 금과 같이 아말감의 구성 요소보다 큰 환원 전위를 가진 금속에 닿았을 때 발생한다. 아말감 충전제가 금 상감과 접촉하게 되면, 충전제의 주석(주요 아말감 성분 중 가장 쉽게 산화됨)이 **산화되어**(oxidized) 입안에 불쾌한 금속 맛이 난다. 여기서 일어나는 산화-환원 반응에 대한 간략화한 불균형 반응식은 다음과 같다.

$$Sn(s) + O_2(g) \longrightarrow Sn^{2+}(aq) + H_2O(l)$$

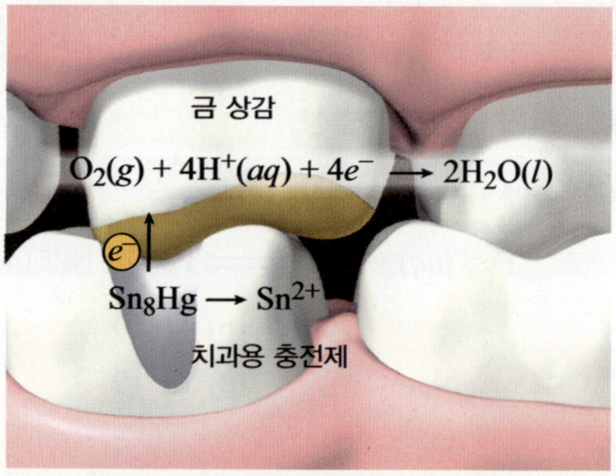


금 상감과 아말감 치과 충전제의 접촉

## 18.5 비표준 상태 조건에서 산화-환원 반응의 자발성

지금까지 반응물과 생성물이 표준 상태에 있는 산화-환원 반응에 초점을 맞추었다. 하지만 표준 상태는 어려워서 유지가 불가능하다. $\Delta G$와 $\Delta G°$를 연결하는 관계식이 있는 것처럼[|◀◀ 15.4절, 식 15.5], $E$와 $E°$를 관련시키는 관계식이 있다. 이제 이 관계식을 유도할 것이다.

### 네른스트 식

다음과 같은 유형의 산화-환원 반응을 고려해 보자.

$$aA + bB \longrightarrow cC + dD$$

식 15.5로부터, 위 반응식에 대하여 다음과 같이 쓸 수 있다.

$$\Delta G = \Delta G° + RT \ln Q$$

$\Delta G = -nFE$ 및 $\Delta G° = -nFE°$이기 때문에, 위 식은 다시 다음과 같이 쓸 수 있다.

$$-nFE = -nFE° + RT \ln Q$$

위 식을 $-nF$로 나누면 다음과 같이 된다.

$$E = E° - \frac{RT}{nF} \ln Q \qquad \text{식 18.6}$$

$Q$는 반응 지수이다[|◀◀ 15.2절]. 식 18.6은 **네른스트 식**(Nernst[2] equation)으로 알려져 있

2. 발터 네른스트(Walther Hermann Nernst, 1864~1941): 독일의 화학자이자 물리학자. 전해질 용액과 열역학을 주로 연구했고, 전자 피아노도 발명했다. 열역학에 기여한 공로로 1920년 노벨 화학상을 수상했다.

다. 298 K에서 식 18.6은 다음과 같이 다시 쓸 수 있다.

$$E = E^\circ - \frac{0.0257\ \mathrm{V}}{n}\ln Q$$

또는 $Q$에 대하여 상용로그를 사용하여 다음과 같이 쓸 수 있다.

$$E = E^\circ - \frac{0.0592\ \mathrm{V}}{n}\log Q \qquad \text{식 18.7}$$

갈바니 전지가 작동할 때, 전자는 산화 전극에서 환원 전극으로 흐르므로 생성물이 형성되고 반응물 농도가 감소한다. 따라서 $Q$가 증가하고, 이는 $E$가 감소함을 의미한다. 결국 전지는 평형에 이른다. 평형에서는 전자의 순 전달이 없기 때문에 $E=0$이고 $Q=K$이다. 여기서 $K$는 평형 상수이다.

네른스트 식은 산화–환원 반응에서 반응물과 생성물 농도의 함수로 $E$를 계산할 수 있게 한다. 예를 들어, 그림 18.1에 묘사된 전지의 경우를 생각해 보자.

$$\mathrm{Zn}(s) + \mathrm{Cu}^{2+}(aq) \longrightarrow \mathrm{Zn}^{2+}(aq) + \mathrm{Cu}(s)$$

25°C에서의 이 전지에 대한 네른스트 식은 다음과 같이 쓸 수 있다.

$$E = 1.10\ \mathrm{V} - \frac{0.0592\ \mathrm{V}}{2}\log\frac{[\mathrm{Zn}^{2+}]}{[\mathrm{Cu}^{2+}]}$$

만일 $[\mathrm{Zn}^{2+}]/[\mathrm{Cu}^{2+}]$의 비율이 1보다 작으면 $\log([\mathrm{Zn}^{2+}]/[\mathrm{Cu}^{2+}])$는 음수이고, 앞 식의 오른쪽에 있는 두 번째 항이 양수가 된다. 이 조건하에서 $E$는 표준 전위 $E^\circ$보다 크다. 그 비율이 1보다 크면 $E$는 $E^\circ$보다 작다.

예제 18.6은 네른스트 식을 사용하는 방법을 보여 준다.

## 예제 18.6

298 K에서 다음 반응이 자발적으로 일어나는지 예측하시오.

$$\mathrm{Co}(s) + \mathrm{Fe}^{2+}(aq) \longrightarrow \mathrm{Co}^{2+}(aq) + \mathrm{Fe}(s)$$

$[\mathrm{Co}^{2+}] = 0.15\ M$ 및 $[\mathrm{Fe}^{2+}] = 0.68\ M$이라고 가정하자.

**전략** 표 18.1의 $E^\circ$ 값을 사용하여 반응에 대한 $E^\circ$를 결정하고 식 18.7을 사용하여 $E$를 계산한다. $E$가 양의 값이면 반응은 자발적으로 발생한다.

**계획** 표 18.1로부터 다음의 반응식을 쓸 수 있다.

환원 전극(환원): $\mathrm{Fe}^{2+}(aq) + 2e^- \longrightarrow \mathrm{Fe}(s)$

산화 전극(산화): $\mathrm{Co}(s) \longrightarrow \mathrm{Co}^{2+}(aq) + 2e^-$

$$\begin{aligned} E^\circ_{\text{전지}} &= E^\circ_{\text{환원 전극}} - E^\circ_{\text{산화 전극}} \\ &= E^\circ_{\mathrm{Fe^{2+}/Fe}} - E^\circ_{\mathrm{Co^{2+}/Co}} \\ &= -0.44\ \mathrm{V} - (-0.28\ \mathrm{V}) \\ &= -0.16\ \mathrm{V} \end{aligned}$$

이 반응에 대한 반응 지수 $Q$는 $[\mathrm{Co}^{2+}]/[\mathrm{Fe}^{2+}]$이다. 따라서 $Q = (0.15/0.68) = 0.22$이다.

**풀이** 식 18.7로부터 다음과 같이 쓸 수 있다.

$$\begin{aligned} E &= E^\circ - \frac{0.0592\ \text{V}}{n}\log Q \\ &= -0.16\ \text{V} - \frac{0.0592\ \text{V}}{2}\log 0.22 \\ &= -0.14\ \text{V} \end{aligned}$$

음의 $E$ 값은 설명된 조건하에서 반응이 자발적이지 않음을 나타낸다.

### 생각해 보기

이 반응이 위의 설명대로 자발적으로 일어나려면 $[Fe^{2+}]/[Co^{2+}]$의 비율이 엄청날 것이다. 먼저 $E$를 0으로 설정하여 필요한 비율을 결정할 수 있다.

$$0\ \text{V} = -0.16\ \text{V} - \frac{0.0592\ \text{V}}{2}\log Q$$

$$-\frac{(0.16\ \text{V})(2)}{0.0592\ \text{V}} = \log Q$$

$$\log Q = -5.4$$

$$Q = 10^{-5.4} = \frac{[Co^{2+}]}{[Fe^{2+}]} = 4\times10^{-6}$$

따라서 $E$가 양수가 되기 위해서는 $Q$의 역수인 $[Fe^{2+}]/[Co^{2+}]$의 비는 $3\times10^5$보다 커야 한다.

**유제 1** 80°C에서 $E^\circ_{전지} = 0.18$ V인 예제 18.5의 **유제 1**(862쪽)의 전기 화학 전지를 고려해 보자.

$$H_2(g) + 2AgCl(s) \rightleftharpoons 2Ag(s) + 2H^+(aq) + 2Cl^-(aq)$$

산화 전극 용기에서는 pH=1.05이고 환원 전극 용기에서 $[Cl^-]=2.5\ M$인 경우, 전지 전위가 80°C에서 0.27 V가 되도록 산화 전극 용기에서 필요한 $H_2$의 부분 압력을 결정하시오.

**유제 2** 예제 18.5의 반응을 기반으로 한 갈바니 전지를 생각해 보자. 다음 그래프[(i)~(iv)] 중 $Cu^{2+}$ 이온 농도가 증가함에 따라 $E$의 값이 어떻게 변하는지를 가장 잘 나타낸 것은 어느 것인가?

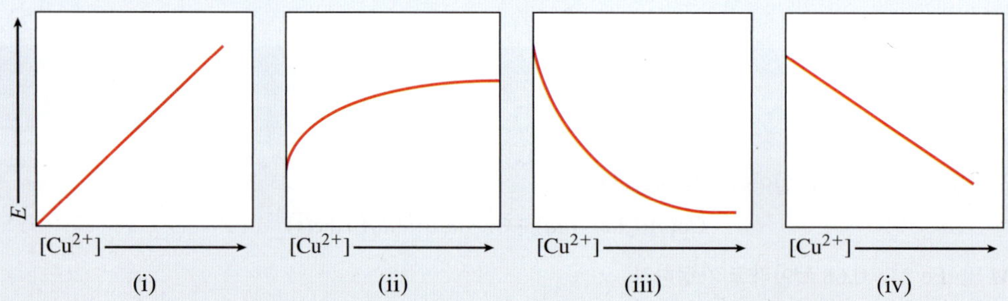


## 농도 전지

전극 전위는 이온 농도에 의존하기 때문에 같은 물질로 구성되어 있지만 이온 농도가 다른 두 개의 반쪽 전지를 이용하여 갈바니 전지를 구성할 수 있다. 이러한 전지를 **농도 전지**(concentration cell)라고 한다.

한쪽에는 0.10 $M$의 황산 아연 용액 속에 아연 전극을 넣고, 다른 쪽에는 1.0 $M$의 황산 아연 용액 속에 아연 전극을 넣어 만든 갈바니 전지를 생각해 보자(그림 18.5). 르샤틀리에(Le Châtelier)의 원리에 따르면, 환원 반응이 일어나는 경향은 $Zn^{2+}$ 이온의 농도가 증가함

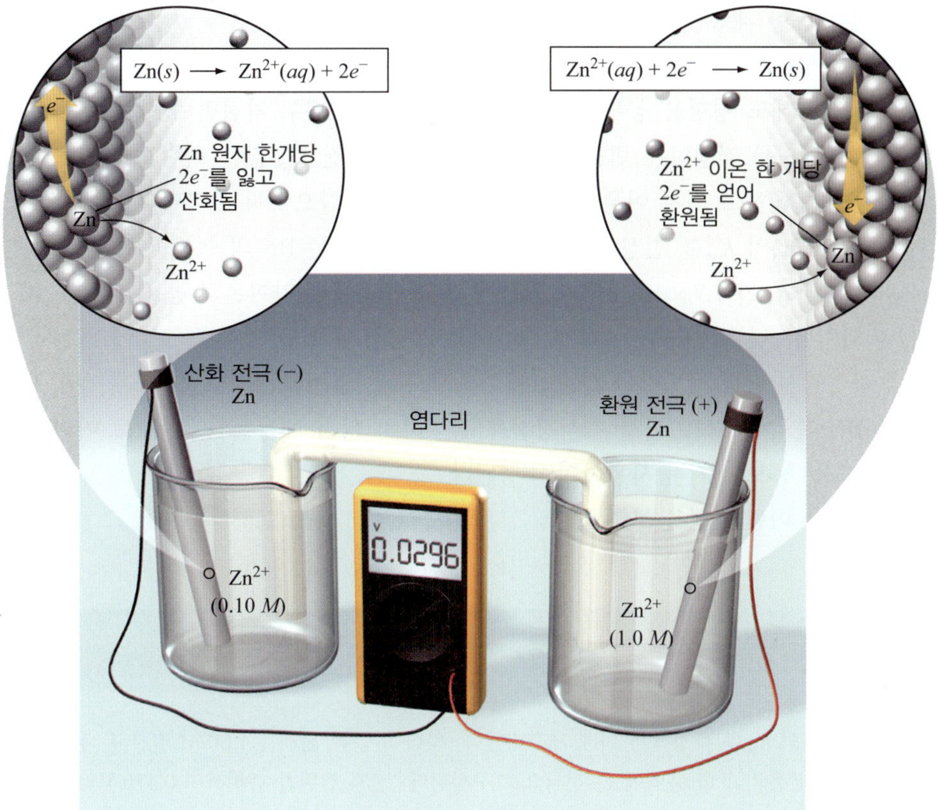


**그림 18.5** 농도 전지. 산화 반응은 $Zn^{2+}$ 농도가 낮은 용기에서 일어난다. 환원 반응은 $Zn^{2+}$ 농도가 높은 용기에서 일어난다.

에 따라 증가한다. 그러므로 농도가 더 진한 쪽에서 환원이 일어나야 하고, 농도가 더 옅은 쪽에서 산화가 일어나야 한다. 전지 표기법은 다음과 같다.

$$Zn^{2+}(aq) + 2e^- \longrightarrow Zn(s)$$

$$Zn(s) \,|\, Zn^{2+}(0.10\,M) \,\|\, Zn^{2+}(1.0\,M) \,|\, Zn(s)$$

반쪽 전지 반응은 다음과 같다.

$$\begin{array}{lrcl} \text{산화:} & Zn(s) & \longrightarrow & Zn^{2+}(0.10\,M) + 2e^- \\ \text{환원:} & Zn^{2+}(1.0\,M) + 2e^- & \longrightarrow & Zn(s) \\ \hline \text{전체 반응:} & Zn^{2+}(1.0\,M) & \longrightarrow & Zn^{2+}(0.10\,M) \end{array}$$

전지 전위는

$$E = E^\circ - \frac{0.0592\ \text{V}}{2} \log \frac{[Zn^{2+}]_{\text{묽은}}}{[Zn^{2+}]_{\text{진한}}}$$

여기서 아래 첨자 "묽은" 및 "진한"은 각각 0.10 $M$ 및 1.0 $M$ 농도를 의미한다. 이 전지의 $E^\circ$는 0이다(동일한 전극−이온 조합이 두 개의 반쪽 전지, 즉 $E^\circ_{\text{환원 전극}} = E^\circ_{\text{산화 전극}}$에 사용되기 때문에). 따라서 식은 다음과 같다.

$$\begin{aligned} E &= 0 - \frac{0.0592\ \text{V}}{2} \log \frac{0.10}{1.0} \\ &= 0.030\ \text{V} \end{aligned}$$

농도 전지에 대한 전지 전위는 일반적으로 작고, 두 용액의 농도가 서로 같아지면서 전지가 작동하는 동안 계속 감소한다. 두 용액 내의 이온 농도가 같을 때, $E$는 0이 되고 더 이상의 변화는 일어나지 않는다.

17장에서 용해도 평형을 공부하고 $K_{sp}$ 값을 사용하여 매우 약간만 용해되는 이온 결합 화합물의 용해도를 결정하는 법을 배웠다. 표로 만들어진 $K_{sp}$ 값은 화합물의 포화 용액에서 화합물을 구성하고 있는 이온 중 하나의 농도를 측정함으로써 결정된다. 예를 들어, 브로민화 은(AgBr)의 $K_{sp}$를 결정하기 위해 $Ag^+$의 농도 또는 $Br^-$의 농도를 측정해야 한다. 브로민화 은의 $K_{sp}$가 $7.7 \times 10^{-13}$이기 때문에 포화 용액에서 양이온의 농도는 $8.8 \times 10^{-7}$ $M$이다. 이와 같은 낮은 농도를 어떻게 측정하는지 궁금해 했을 것이다. 9장에서 설명한 방법처럼 가시광선 분광 광도계를 사용하여 수행할 수는 없는데, 이것은 농도가 너무 낮기도 하고 AgBr 용액이 무색이어서 가시광선을 흡수하지 않기 때문이다. 실제로 이러한 경우 이온의 농도는 농도 전지를 사용하여 측정된다.

예제 18.7은 이런 과정을 보여 준다.

## 예제 18.7

전기 화학 전지가 25°C에서 사이안화 은(AgCN)의 $K_{sp}$를 측정하기 위해 제작되었다. 하나의 반쪽 전지는 1.00 $M$ 질산 은 용액에 은 전극으로 구성된다. 나머지 반쪽 전지는 사이안화 은의 포화 용액에 은 전극으로 구성된다. 전지 전위를 측정하여 0.470 V임을 알 수 있다. 포화된 사이안화 은 용액에서 은 이온의 농도와 AgCN에 대한 $K_{sp}$의 값을 결정하시오.

**전략** 식 18.7을 사용하여 미지의 은 이온의 농도를 구한다. 더 높은 $Ag^+$ 농도(1.0 $M$ $AgNO_3$)를 갖는 반쪽 전지는 환원 전극이 될 것이다. 반면 미지의 $Ag^+$ 농도(포화된 AgCN 용액)를 갖는 반쪽 전지는 산화 전극이 될 것이다. 전체 반응은 $Ag^+(1.0\ M) \longrightarrow Ag^+(x\ M)$이다.

**계획** 이것은 농도 전지이므로 $E^\circ_{전지}=0$ V이다. 반응 지수 $Q$는 $(x\ M)/(1.00\ M)$이다. 여기서 $n$의 값은 1이다.

$$E_{전지}=E^\circ_{전지}-\frac{0.0592\ \text{V}}{n}\log Q$$

$$0.470\ \text{V}=0-\frac{0.0592\ \text{V}}{1}\log\frac{x}{1.00}$$

$$-7.939=\log\frac{x}{1.00}$$

$$10^{-7.939}=1.15\times10^{-8}=\log\frac{x}{1.00}$$

$$x=1.15\times10^{-8}$$

따라서 $[Ag^+]=1.15\times10^{-8}$ $M$이고, AgCN의 $K_{sp}$는 $x^2=1.3\times10^{-16}$이다.

### 생각해 보기

두 이온으로 해리되는 염의 포화 용액에서 두 이온의 농도는 서로 같고 각 이온 농도는 $K_{sp}$의 제곱근과 같다[|◀◀ 17.4절].

**유제 ❶** 페로사이아나이드 구리(II)($Cu_2[Fe(CN)_6]$)의 $K_{sp}$는 25°C에서 $1.3\times10^{-16}$이다. 하나의 반쪽 전지는 1.00 $M$ 질산 구리(II) 용액에 구리 전극으로 구성되고, 다른 하나는 $Cu_2[Fe(CN)_6]$의 포화 용액에 구리 전극으로 구성된 농도 전지의 전위 값을 결정하시오. 페로사이안화($[Fe(CN)_6]^{4-}$) 이온은 착이온(complex ion)이다[|◀◀ 17.5절].

**유제 ❷** 염화 은으로 이루어진 농도 전지의 회로가 처음 완성될 때는 환원 전극 쪽의 은 이온 농도가 산화 전극 쪽보다 훨씬 더 높다. 전지가 작동하는 동안, 농도는 환원 전극 쪽에서 감소하고 산화 전극 쪽에서 증가하면서 점점 가까워진다. 전지가 충분히 오랫동안 계속 작동하면 산화 전극 쪽의 은 이온 농도가 환원 전극 쪽의 은 이온 농도보다 커지는가? 설명하시오.

## 18.5절 복습

### 비표준 상태 조건에서 산화—환원 반응의 자발성

**18.5.1** 다음 반응에 기초한 갈바니 전지에 대하여 25°C에서의 $E$를 계산하시오.

$$Zn(s) + Cu^{2+}(aq) \longrightarrow Zn^{2+}(aq) + Cu(s)$$

여기서 $[Zn^{2+}] = 0.55\ M$이고, $[Cu^{2+}] = 1.02\ M$이다.

(a) 1.10 V (b) 1.11 V
(c) 1.09 V (d) 0.0118 V
(e) 1.03 V

**18.5.2** 0.15 $M$의 $AgNO_3$ 용액에 들어 있는 Ag 전극과 1.0 $M$의 $AgNO_3$ 용액에 들어 있는 Ag 전극으로 구성된 갈바니 전지에 대하여 25°C에서의 전지 전위를 계산하시오.

(a) 0.0 V (b) 0.049 V
(c) −0.049 V (d) 0.024 V
(e) −0.024 V

**18.5.3** 문제 18.5.2의 전기 화학 전지의 전위 값을 증가하게 하는 원인은 다음 중 어느 것인가?

(i) 환원 전극 쪽에 $AgNO_3$를 첨가
(ii) 포화된 AgCl 용액을 산화 전극 쪽에 첨가
(iii) 산화 전극 쪽에 NaCl 첨가

(a) i, iii (b) ii, iii
(c) iii (d) i, ii, iii
(e) 보기 중에 없음

**18.5.4** 다음 반응에 기초한 갈바니 전지의 경우에 대하여 80°C에서의 $E^\circ_{전지}$를 계산하시오.

$$H_2(g) + 2AgCl(s) \rightleftharpoons 2Ag(s) + 2H^+(aq) + 2Cl^-(aq)$$

여기서 $[H^+] = 0.10\ M$, $[Cl^-] = 1.5\ M$ 그리고 $P = 1.25$ atm이다. ($E^\circ_{전지} = 80°C$에서 0.18 V이다.)

(a) 0.12 V (b) 0.16 V
(c) 0.18 V (d) 0.22 V
(e) 0.24 V

## 18.6 전지

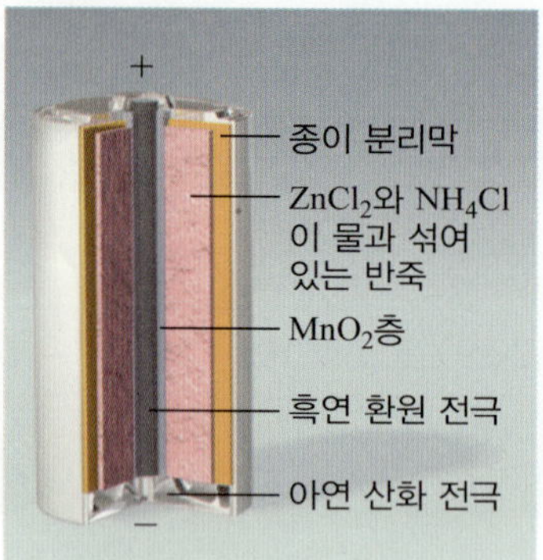


**그림 18.6** 손전등 및 기타 소형 전자 기기에 사용되는 건전지 유형의 내부 구조

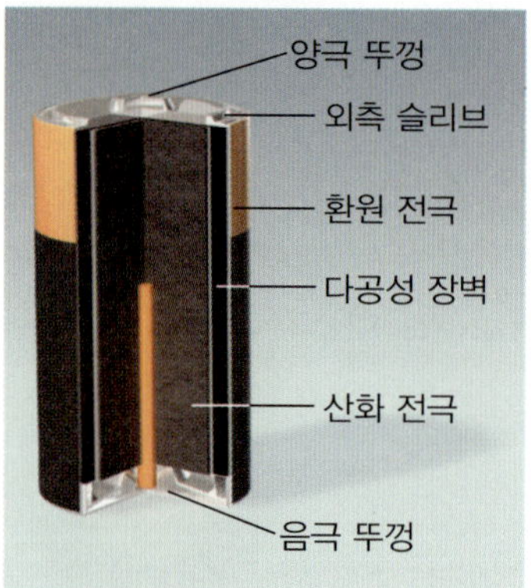


**그림 18.7** 알칼리 전지의 내부 구조

**전지**(battery)는 갈바니 전지 또는 일련의 연결된 갈바니 전지로, 휴대 가능하고 자체적으로 전류를 흐르게 할 수 있는 원천으로 사용할 수 있다. 이 절에서는 몇 가지 유형의 전지를 살펴본다.

### 건전지와 알칼리 전지

가장 일반적인 전지인 **건전지**(dry cell)와 **알칼리 전지**(alkaline battery)는 손전등, 장난감 및 MP3 플레이어와 같은 일부 휴대용 전자 제품에 사용되는 전지이다. 이 둘은 외관상 비슷하지만 전압을 발생시키는 자발적 화학 반응이 다르다. 이러한 전지에서 발생하는 반응은 다소 복잡하지만 여기에서는 대략적인 전체 과정을 보여 준다.

건전지(액체 성분이 없기 때문에 붙여진 이름)는 이산화 망가니즈와 접촉하는 아연 용기(산화 전극)와 전해질(그림 18.6)로 구성된다. 전해질은 물에 염화 암모늄과 염화 아연이 포함되어 있으며 전분을 첨가해 용액의 점도를 높여 누출이 적게 한다. 전지 중앙의 전해액에 담긴 탄소 막대가 환원 전극으로 사용된다. 전지의 반응은 다음과 같다.

$$\text{산화 전극:}\quad Zn(s) \longrightarrow Zn^{2+}(aq) + 2e^-$$

$$\text{환원 전극:}\quad 2NH_4^+(aq) + 2MnO_2(s) + 2e^- \longrightarrow Mn_2O_3(s) + 2NH_3(aq) + H_2O(l)$$

$$\text{전체 반응:}\quad Zn(s) + 2NH_4^+(aq) + 2MnO_2(s) \longrightarrow Zn^{2+}(aq) + Mn_2O_3(s) + 2NH_3(aq) + H_2O(l)$$

건전지에 의해 만들어진 전압은 약 1.5 V이다.

알칼리 전지 역시 이산화 망가니즈의 환원 반응과 아연의 산화 반응을 기본으로 한다. 그러나 반응은 염기성 용액에서 일어나므로 알칼리 전지라고 한다. 산화 전극은 KOH의 농축 용액과 접촉된 겔 형태의 분말 아연으로 구성된다. 환원 전극은 이산화 망가니즈와

**그림 18.8** 납축전지의 내부 구조. 정상적인 작동 조건에서, 황산 용액의 농도는 질량 백분율로 약 38%이다.

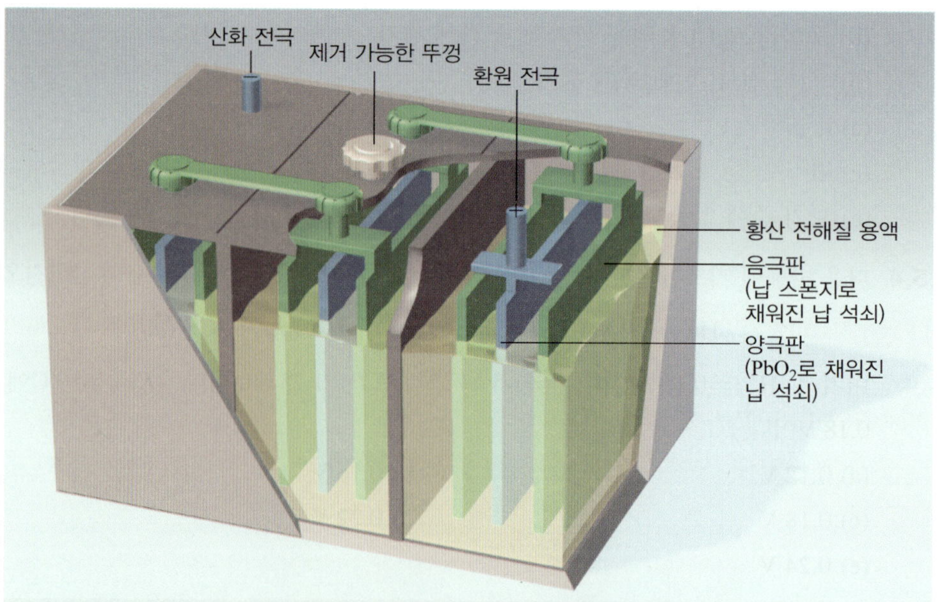

흑연의 혼합물이다. 산화 전극과 환원 전극은 다공성 장벽에 의해 분리된다(그림 18.7).

$$\begin{array}{lrcl} \text{산화 전극:} & Zn(s)+2OH^-(aq) & \longrightarrow & Zn(OH)_2(s)+2e^- \\ \text{환원 전극:} & 2MnO_2(s)+2H_2O(l)+2e^- & \longrightarrow & 2MnO(OH)(s)+2OH^-(aq) \\ \hline \text{전체 반응:} & Zn(s)+2MnO_2(s)+2H_2O(l) & \longrightarrow & Zn(OH)_2(s)+2MnO(OH)(s) \end{array}$$

알칼리 전지는 건전지보다 비싸고 성능과 수명이 월등하다.

## 납축전지

일반적으로 자동차에 사용되는 납축전지는 직렬로 연결된 6개의 동일한 전지로 구성된다. 각 전지는 납으로 된 산화 전극과 금속판에 도포된 이산화 납($PbO_2$)으로 만들어진 환원 전극을 가지고 있다(그림 18.8). 환원 전극과 산화 전극은 전해질로서 작용하는 황산 수용액에 담겨 있다. 전지 반응은 다음과 같다.

$$\begin{array}{lrcl} \text{산화 전극:} & Pb(s)+SO_4^{2-}(aq) & \longrightarrow & PbSO_4(s)+2e^- \\ \text{환원 전극:} & PbO_2(s)+4H^+(aq)+SO_4^{2-}(aq)+2e^- & \longrightarrow & PbSO_4(s)+2H_2O(l) \\ \hline \text{전체 반응:} & Pb(s)+PbO_2(s)+4H^+(aq)+2SO_4^{2-}(aq) & \longrightarrow & 2PbSO_4(s)+2H_2O(l) \end{array}$$

정상적인 작동 조건에서 각 전지는 2 V를 생성한다. 6개의 전지에서 총 12 V가 자동차와 다른 전기 시스템의 점화 회로에 전원을 공급하는 데 사용된다. 납축전지는 엔진 시동을 거는 것과 같은 짧은 시간 동안 대량의 전류를 공급할 수 있다.

건전지와 알칼리 전지와는 달리 납축전지는 충전식이다. 전지 충전은 환원 전극과 산화 전극에 외부 전압을 연결하는 정상적인 전기 화학 반응을 반대로 진행시키는 것을 의미한다. (이러한 종류의 과정을 **전기 분해**(electrolysis)라고 부르며, 18.7절에서 논의한다.)

## 리튬 이온 전지

때로는 "미래의 전지"라고 불리는 리튬 이온 전지는 다른 전지 유형에 비해 몇 가지 장점이 있다. 리튬 이온 전지에서 발생하는 전체적인 반응은 다음과 같다.

$$\begin{array}{lrcl} \text{산화 전극:} & Li(s) & \longrightarrow & Li^++e^- \\ \text{환원 전극:} & Li^++CoO_2+e^- & \longrightarrow & LiCoO_2(s) \\ \hline \text{전체 반응:} & Li(s)+CoO_2 & \longrightarrow & LiCoO_2(s) \end{array}$$

전체 전지 전위는 3.4 V로 비교적 크다. 리튬은 또한 가장 가벼운 금속이다. 1몰의 전자를 생산하는 데에 Li 6.941 g(몰질량)만 필요하다. 또한 리튬 이온 전지는 수백 번 재충전할 수 있다. 이러한 특성으로 인해 리튬 전지는 휴대 전화, 디지털 카메라 및 노트북 컴퓨터와 같은 휴대용 장치에 사용하기에 적합하다.

**참조**

리튬은 모든 금속들 중에 가장 큰 음수의 환원 전위를 가지고 있어 강력한 환원제이다.

## 연료 전지

화석 연료는 주요 에너지원이지만 화석 연료를 전기 에너지로 전환하는 것은 매우 비효율적인 과정이다. 메탄의 연소 반응을 고려해 보자.

$$CH_4(g) + 2O_2(g) \longrightarrow CO_2(g) + 2H_2O(l) + \text{에너지}$$

전기를 생산하기 위해, 반응에 의해 생성된 열은 먼저 물을 증기로 전환하는 데 사용되며, 이 증기는 터빈을 돌려서 발전기를 구동시킨다. 열 형태로 방출되는 에너지 중 상당 부분은 각 단계에서 주위로 손실된다. (심지어 가장 효율적인 발전소도 원래의 화학 에너지의 약 40%만 전기로 전환시킨다.) 연소 반응은 산화–환원 반응이기 때문에 전기 화학적 수단을 통해 직접 연소를 수행하는 것이 더 바람직하며, 이로써 전력 생산의 효율성이 크게 향상된다. 이는 기능을 유지하기 위해 반응물을 지속적으로 공급해야 하는 갈바니 전지인 **연료 전지**(fuel cell)로 알려진 장치로 수행할 수 있다.

**참조**

엄밀히 말하면, 연료 전지는 자체적으로 포함된 것이 아니기 때문에 배터리가 아니다.

가장 간단한 형태로, 수소–산소 연료 전지는 수산화 포타슘 용액과 같은 전해액과 두 개의 전극으로 구성된다. 수소 및 산소 기체는 산화 전극 및 환원 전극들(그림 18.9)을 통해 공기 방울 주입되어 다음과 같은 반응이 일어난다.

$$\begin{array}{lrcl} \text{산화 전극:} & 2H_2(g) + 4OH^-(aq) & \longrightarrow & 4H_2O(l) + 4e^- \\ \text{환원 전극:} & O_2(g) + 2H_2O(l) + 4e^- & \longrightarrow & 4OH^-(aq) \\ \hline \text{전체 반응:} & 2H_2(g) + O_2(g) & \longrightarrow & 2H_2O(l) \end{array}$$

표 18.1의 $E^\circ$ 값을 사용하여 표준 전지 전위는 다음과 같이 계산된다.

$$\begin{aligned} E^\circ_{\text{전지}} &= E^\circ_{\text{환원 전극}} - E^\circ_{\text{산화 전극}} \\ &= 0.40\text{ V} - (-0.83\text{ V}) \\ &= 1.23\text{ V} \end{aligned}$$

따라서 전지 반응은 표준 상태 조건하에서 자발적이다. 반응은 수소 연소 반응과 동일하지만, 산화 및 환원은 산화 전극과 환원 전극에서 개별적으로 수행된다는 점에 유의한다. 표준 수소 전극의 백금과 마찬가지로 전극은 두 가지 용도로 사용된다. 전기 전도체로서의

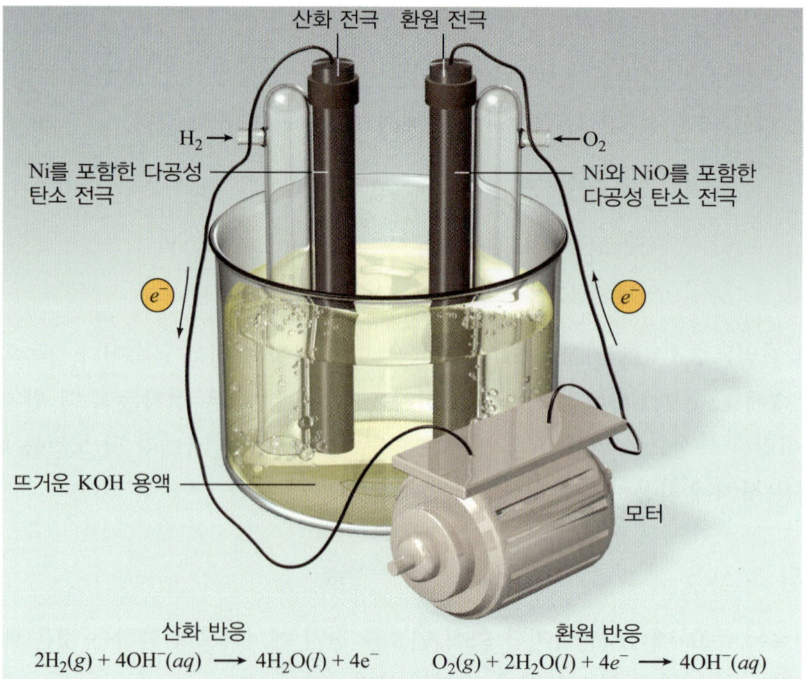


그림 18.9 수소–산소 연료 전지. 다공성 탄소 전극에 들어간 Ni 및 NiO는 촉매이다.

역할을 하고, 전자가 전달되기 전 원자 화학종에서 일어나는 분자의 초기 분해에 필요한 표면을 제공한다. 이러한 특정한 목적에 부합하는 전극을 "전기 촉매(electrocatalysts)"라고 한다. 백금, 니켈 및 로듐과 같은 금속도 우수한 전기 촉매를 만든다.

$H_2-O_2$ 시스템 외에도 많은 다른 연료 전지가 개발되었다. 이들 중 프로페인-산소 연료 전지가 있다. 이에 해당하는 반쪽 전지 반응은 다음과 같다.

| | |
|---|---|
| 산화 전극: | $C_3H_8(g)+6H_2O(l) \longrightarrow 3CO_2(g)+20H^+(aq)+20e^-$ |
| 환원 전극: | $5O_2(g)+20H^+(aq)+20e^- \longrightarrow 10H_2O(l)$ |
| 전체 반응: | $C_3H_8(g)+5O_2(g) \longrightarrow 3CO_2(g)+4H_2O(l)$ |

전체적인 반응은 산소가 있는 조건에서 프로페인의 연소 반응과 동일하다.

배터리와 달리 연료 전지는 화학 에너지를 저장하지 않는다. 반응물은 소비될 때마다 지속적으로 보충되어야 하며, 생성물은 반드시 제거되어야 한다. 그러나 적절하게 설계된 연료 전지는 내연 기관의 약 2배에 달하는 70%의 효율을 낼 수 있다. 또한 연료 전지 발전기는 소음, 진동, 열 전달, 열 오염 등 보통 기존의 발전소와 관련하여 발생되었던 문제들이 없다. 그럼에도 불구하고 연료 전지는 아직 널리 보급되어 있지 않다. 하나의 주요한 문제점은 오염 없이 장기간 효율적으로 기능할 수 있는 전극 촉매의 비용이다. 연료 전지의 주목할 만한 활용 분야는 우주선에서의 사용이다. 수소-산소 연료 전지는 우주 비행을 위한 전력(그리고 식수)을 제공한다.

## 18.7 전기 분해

18.6절에서 납축전지가 재충전이 가능하고 이것은 배터리에서 일반적으로 작동하는 전기 화학적 과정이 외부 전압에 의해 역과정으로 진행되는 것을 의미한다고 했다. 이 과정은 전기 에너지를 사용하여 비자발적인 화학 반응을 일으키며, 이를 **전기 분해**(electrolysis)라고 한다. **전해 전지**(electrolytic cell)는 전기 분해를 수행하는 데 사용되는 전지이다. 갈바니 및 전해 전지 모두에 동일한 원리가 적용된다. 이 절에서는 이러한 원리를 토대로 전기 분해의 세 가지 사례를 논의한다. 그 다음 전기 분해의 양적 측면을 검토한다.

**참조**

| 전지 형태 | 화학 반응 | 전기 에너지 |
|---|---|---|
| 갈바니 | 자발적 | 생산됨 |
| 전해 | 비자발적 | 소모됨 |

### 용융 염화 소듐의 전기 분해

용융된 상태의 이온 결합 화합물인 염화 소듐은 전기 분해되어 구성 요소인 소듐과 염소로 분리된다. 그림 18.10(a)는 NaCl의 대규모 전기 분해에 사용되는 다운스(Downs) 전지의 구조이다. 용융된 NaCl에서 양이온과 음이온은 각각 $Na^+$와 $Cl^-$ 이온이다. 그림 18.10(b)는 전극에서 일어나는 반응을 보여 주는 단순화된 그림이다. 전해 전지는 배터리에 연결된 한 쌍의 전극을 포함한다. 배터리는 전자가 자발적으로 흐르지 않는 방향으로 전자를 밀어 넣는 역할을 한다. 전자가 가해지는 전극은 환원 전극이며, 환원 반응이 일어난다. 전자가 방출되는 전극은 산화 전극이고, 산화 반응이 일어난다. 전극에서의 반응은 다음과 같다.

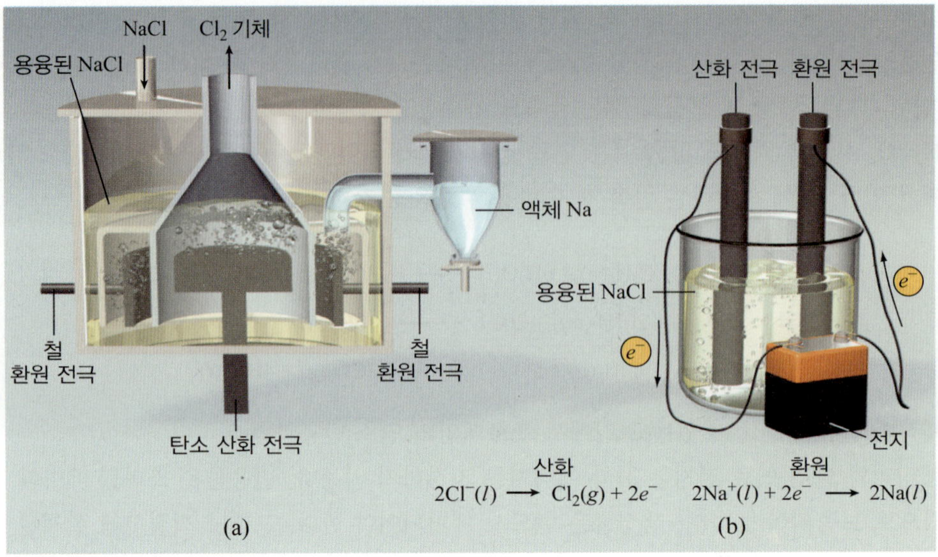


**그림 18.10** (a) 용융된 NaCl(녹는점=801°C)의 전기 분해를 위한 다운스 전지(Downs cell)라고 불리는 전지의 실제 구조. 환원 전극에서 형성된 소듐 금속은 액체 상태이다. 액체 소듐 금속은 용융된 NaCl보다 가볍기 때문에 표면에 떠다니며 수거된다. 염소 기체는 산화 전극에서 형성되고 상부에서 수집된다. (b) 용융된 NaCl의 전기 분해가 진행되는 동안 전극 반응을 보여 주는 단순화된 그림. 비자발적 반응을 일으키기 위해서는 배터리가 필요하다.

$$\begin{array}{lrcl} \text{산화 전극(산화):} & 2Cl^-(l) & \longrightarrow & Cl_2(g) + 2e^- \\ \text{환원 전극(환원):} & 2Na^+(l) + 2e^- & \longrightarrow & 2Na(l) \\ \hline \text{전체 반응:} & 2Na^+(l) + 2Cl^-(l) & \longrightarrow & 2Na(l) + Cl_2(g) \end{array}$$

이 공정은 순수한 금속 및 염소 기체를 만드는 주요 산업에 사용되는 과정이다. 표 18.1의 정보를 사용하여 이 과정에서의 $E^\circ_{전지}$를 −4 V로 추정한다. 표준 환원 전위가 음의 값인 것은 이 과정이 원하는 방향으로 반응을 진행하기 위해 전지가 최소 약 4 V를 공급해야 함을 의미한다. 실제로는 전해 과정의 비효율성과 과전압으로 인해 더 높은 전압이 필요하게 되는 이유를 이 절의 뒷부분에서 설명할 것이다.

**참조**

표 18.1의 값은 수용액 속에서 존재하는 화학종을 의미하기 때문에 $E^\circ_{전지}$의 값만 추정할 수 있다.

## 물의 전기 분해

일반적인 대기 조건(1 atm과 25°C)에서 물은 자발적으로 분해되어 수소와 산소 기체를 만들지 않는다. 왜냐하면 반응에 대한 표준 자유 에너지 변화가 큰 양의 값이기 때문이다.

$$2H_2O(l) \longrightarrow 2H_2(g) + O_2(g) \qquad \Delta G^\circ = 474.4 \text{ kJ/mol}$$

그러나 이 반응은 그림 18.11과 같은 전해 전지에서 일어날 수 있다. 이 전지는 물에 담근 백금과 같은 반응성이 굉장히 낮은 금속으로 만들어진 한 쌍의 전극으로 구성된다. 전극이 전지에 연결되면, 순수한 물에는 전류를 많이 흐르게 할 수 있는 충분한 이온이 없기 때문에 아무런 변화가 없다. 그러나 0.1 $M$ $H_2SO_4$ 용액과 같이 전기를 전도하기에 충분한 이온이 존재하게 되면 반응이 쉽게 일어난다. 즉시 기체의 기포가 두 전극에 나타나기 시작한다.

**참조**

25°C에서 순수한 물이 가진 이온의 농도는 매우 낮다[◀◀ 16.3절].

$[H^+] = [OH^-]$
$= 1 \times 10^{-7}$ $M$

$$\begin{array}{lrcl} \text{산화 전극:} & 2H_2O(l) & \longrightarrow & O_2(g) + 4H^+(aq) + 4e^- \\ \text{환원 전극:} & 4H^+(aq) + 4e^- & \longrightarrow & 2H_2(g) \\ \hline \text{전체 반응:} & 2H_2O(l) & \longrightarrow & O_2(g) + 2H_2(g) \end{array}$$

전체적으로 산의 소비는 없다는 것을 유의한다.

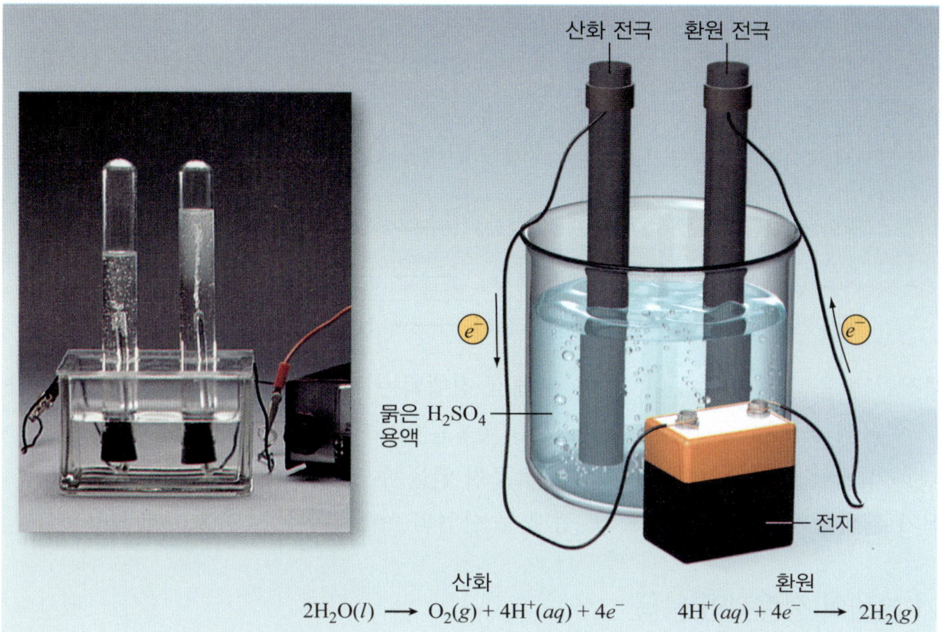


**그림 18.11** 소규모의 물의 전기 분해 장치. 환원 전극에서 생성된 수소 기체의 양은 산화 전극에서 생성된 산소 기체의 양의 두 배이다.

## 수용액 염화 소듐의 전기 분해

염화 소듐 수용액은 NaCl($aq$)이 산화 또는 환원될 수 있는 몇 가지 화학종을 포함하고 있기 때문에 여기에서 언급되는 세 가지 전기 분해의 예시들 중 가장 복잡하다. 환원 전극에서 발생할 수 있는 환원 반응은 다음 세 가지가 가능하다.

$$2H^+(aq)+2e^- \longrightarrow H_2(g) \qquad E^\circ=0.00\ V$$
$$2H_2O(l)+2e^- \longrightarrow H_2(g)+2OH^-(aq) \qquad E^\circ=-0.83\ V$$
$$Na^+(aq)+e^- \longrightarrow Na(s) \qquad E^\circ=-2.71\ V$$

여기서 큰 음의 $E^\circ$ 값 때문에 $Na^+$ 이온의 환원 반응은 배제할 수 있다. 표준 상태 조건에서 $H^+$의 환원은 $H_2O$의 환원보다 발생하기 쉽다. 그러나 NaCl 용액에서 $H^+$ 농도는 매우 낮기 때문에 $H_2O$가 환원되어 환원 전극에서 더 많은 반응이 일어날 수 있다.

산화 전극에서 발생할 수 있는 산화 반응은 다음과 같다.

$$2Cl^-(aq) \longrightarrow Cl_2(g)+2e^-$$
$$2H_2O(l) \longrightarrow O_2(g)+4H^+(aq)+4e^-$$

표 18.1로부터 다음의 정보를 얻을 수 있다.

$$Cl_2(g)+2e^- \longrightarrow 2Cl^-(aq) \qquad E^\circ=1.36\ V$$
$$O_2(g)+4H^+(aq)+4e^- \longrightarrow 2H_2O(l) \qquad E^\circ=1.23\ V$$

두 반응의 표준 환원 전위는 그다지 다르지는 않지만, 그 값은 $H_2O$의 산화 반응이 보다 쉽게 일어날 수 있음을 보여 준다. 그러나 실험을 통해 산화 전극에서 생성된 기체는 $O_2$가 아닌 $Cl_2$임을 알 수 있다. 전해 과정에 대한 연구에서, 때때로 반응에 필요한 전압이 전극 전위가 나타내는 것보다 상당히 높다는 것을 발견하게 된다. **과전압**(overvoltage)은 계산된 전압과 전기 분해를 일으키는 데 필요한 실제 전압의 차이이다. $O_2$ 기체를 만들기 위한 과전압은 상당히 높다. 따라서 정상적인 작동 조건에서 $Cl_2$ 기체는 산화 전극에서 $O_2$ 대신 만들어진다.

따라서 염화 소듐 수용액의 전기 분해에서 반쪽-전지 반응은 다음과 같다.

**참조**

수용액의 전기 분해에서 물 자체는 산화 또는 환원될 수 있음을 기억하자.

$$\begin{array}{lrcl} \text{산화 전극(산화):} & 2Cl^-(aq) & \longrightarrow & Cl_2(g)+2e^- \\ \text{환원 전극(환원):} & 2H_2O(l)+2e^- & \longrightarrow & H_2(g)+2OH^-(aq) \\ \hline \text{전체 반응:} & 2H_2O(l)+2Cl^-(aq) & \longrightarrow & H_2(g)+Cl_2(g)+2OH^-(aq) \end{array}$$

전체적인 반응이 보여 주듯이, 전기 분해가 진행되는 동안 $Cl^-$ 이온의 농도는 감소하고 $OH^-$ 이온의 농도는 증가한다. 따라서 $H_2$ 및 $Cl_2$ 이외에, 유용한 부생성물인 NaOH는 전기 분해가 끝났을 때 수용액을 증발시킴으로써 얻을 수 있다.

전기 분해는 주로 금속의 추출 및 정제 등 산업의 여러 분야에서 중요하게 활용된다.

## 전기 분해의 정량적인 응용

전기 분해의 정량적 처리는 주로 패러데이에 의해 개발되었다. 그는 전극에서 생성된 생성물(또는 반응물이 소비되는)의 양이 전극에 전달되는 전기량과 생성되는(또는 소비되는) 물질의 몰질량에 비례한다는 것을 관찰했다. 예를 들어, 용융된 NaCl의 전기 분해에서 환원 전극의 반응은 하나의 $Na^+$ 이온이 전극으로부터 하나의 전자를 받아들일 때 하나의 Na 원자가 생성된다는 것을 말해 준다. 1몰의 $Na^+$ 이온을 환원시키지 위해서는 환원 전극에 아보가드로 수($6.02\times10^{23}$)만큼의 전자를 공급해야 한다. 한편, 화학량론은 1몰의 $Al^{3+}$ 이온을 환원시키기 위해서는 3몰의 전자가, 그리고 1몰의 $Mg^{2+}$ 이온을 환원시키기 위해서는 2몰의 전자가 필요하다는 것을 의미한다.

$$Na^+ + e^- \longrightarrow Na$$
$$Mg^{2+} + 2e^- \longrightarrow Mg$$
$$Al^{3+} + 3e^- \longrightarrow Al$$

전기 분해 실험에서 일반적으로 주어진 시간 동안 전해 전지를 통과하는 전류(암페어 단위, A)를 측정한다. 전하량(쿨롱 단위, C)과 전류 사이의 관계는 다음과 같다.

$$1\ \text{C} = 1\ \text{A} \times 1\ \text{s}$$

즉, 쿨롱(C)은 전류가 1 A일 때 1초 동안 회로의 어느 지점을 지나가는 전하의 양이다. 그러므로 전류(암페어 단위)와 적용되는 시간(초 단위)을 알면 쿨롱 단위로 전하량을 계산할 수 있다. 전하량을 알면 전자의 몰을 결정할 수 있다. 그리고 전자의 몰을 알면 화학량론적으로 생성물의 몰을 결정할 수 있다. 그림 18.12는 전기 분해에서 생성된 물질의 양을 계산하는 단계를 보여 준다.

이 접근법을 설명하기 위해 용해된 $CaCl_2$가 Ca와 $Cl_2$로 분해되는 전해 전지를 생각해 보자. 1.50시간 동안 0.452 A의 전류가 전지를 통과한다고 가정한다. 얼마나 많은 생성물이 각 전극에서 형성될 것인가? 첫 번째 단계는 산화 전극에서 어느 화학종이 산화되고, 환원 전극에서 어느 화학종이 환원되는지를 결정하는 것이다. 여기에는 $Ca^{2+}$와 $Cl^-$ 이온만 있기 때문에 선택이 간단하다. 전지 반응은 다음과 같다.

$$
\begin{array}{lrcl}
\text{산화 전극(산화):} & 2Cl^-(l) & \longrightarrow & Cl_2(g) + 2e^- \\
\text{환원 전극(환원):} & Ca^{2+}(l) + 2e^- & \longrightarrow & Ca(l) \\
\hline
\text{전체 반응:} & Ca^{2+}(l) + 2Cl^-(l) & \longrightarrow & Ca(l) + Cl_2(g)
\end{array}
$$

생성된 칼슘 금속 및 염소 기체의 양은 전해 전지를 통과하는 전자의 수에 따라 달라지며, 이것은 전하량 또는 전류×시간에 따라 달라진다.

$$\text{쿨롱(C)} = 0.452\ \cancel{A} \times 1.50\ \cancel{h} \times \frac{3600\ \cancel{s}}{1\ \cancel{h}} \times \frac{1\ C}{1\ \cancel{A \cdot s}} = 2.441 \times 10^3\ C$$

1몰의 $e^- = 96{,}500$ C이기 때문에, 1몰의 $Ca^{2+}$ 이온을 환원시키기 위해서는 2몰의 $e^-$가 필요하고, 환원 전극에서 형성된 Ca 금속의 질량은 다음과 같이 계산된다.

$$\text{Ca의 질량} = (2.441 \times 10^3\ \cancel{C})\left(\frac{1\ \cancel{mol\ e^-}}{96{,}500\ \cancel{C}}\right)\left(\frac{1\ \cancel{mol\ Ca}}{2\ \cancel{mol\ e^-}}\right)\left(\frac{40.08\ g\ Ca}{1\ \cancel{mol\ Ca}}\right) = 0.507\ g\ Ca$$

산화 전극에서의 반응은 2몰의 $e^-$의 전기 에너지당 1몰의 염소 기체가 생성됨을 나타낸다. 따라서 생성된 염소 기체의 질량은 다음과 같이 계산된다.

$$Cl_2\text{의 질량} = (2.441 \times 10^3\ \cancel{C})\left(\frac{1\ \cancel{mol\ e^-}}{96{,}500\ \cancel{C}}\right)\left(\frac{1\ \cancel{mol\ Cl_2}}{2\ \cancel{mol\ e^-}}\right)\left(\frac{70.90\ g\ Cl_2}{1\ \cancel{mol\ Cl_2}}\right) = 0.897\ g\ Cl_2$$

예제 18.8은 수용액에서의 전기 분해에 이 방법을 적용한다.

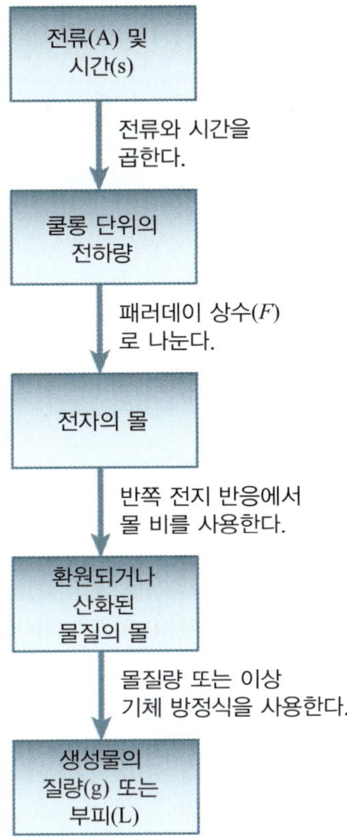


**그림 18.12** 전기 분해 시 환원되거나 산화되는 물질의 양을 계산하는 단계

## 예제 18.8

1.26 A의 전류는 7.44시간 동안 묽은 황산 용액이 들어 있는 전해 전지를 통과한다. 반쪽 전지 반응을 쓰고 STP 조건에서 생성되는 기체의 양을 계산하시오.

**전략** 그림 18.12와 같이 전류와 시간을 사용하여 전하량을 결정할 수 있다. 그 다음 전하를 전자의 몰로 변환하고 균형 잡힌 반쪽 반응을 사용하여 각 전극에서 만들어지는 생성물의 몰을 결정할 수 있다. 마지막으로 몰을 부피로 변환할 수 있다.

**계획** 물의 전기 분해를 위한 반쪽 전지 반응은 다음과 같다.

$$
\begin{array}{lrcl}
\text{산화 전극:} & 2H_2O(l) & \longrightarrow & O_2(g) + 4H^+(aq) + 4e^- \\
\text{환원 전극:} & 4H^+(aq) + 4e^- & \longrightarrow & 2H_2(g) \\
\hline
\text{전체 반응:} & 2H_2O(l) & \longrightarrow & O_2(g) + 2H_2(g)
\end{array}
$$

기체에 대한 STP 조건은 273 K와 1 atm을 의미한다.

**풀이**

$$\text{쿨롱(C)} = (1.26\ \cancel{A})(7.44\ \cancel{h})\left(\frac{3600\ \cancel{s}}{1\ \cancel{h}}\right)\left(\frac{1\ C}{1\ \cancel{A \cdot s}}\right) = 3.375 \times 10^4\ C$$

산화 전극에서

$$O_2\text{의 몰} = (3.375 \times 10^4\ \cancel{C})\left(\frac{1\ \cancel{mol\ e^-}}{96{,}500\ \cancel{C}}\right)\left(\frac{1\ mol\ O_2}{4\ \cancel{mol\ e^-}}\right) = 0.0874\ mol\ O_2$$

STP에서 $O_2$ 기체 0.0874몰에 해당하는 부피는 다음과 같다.

$$V = \frac{nRT}{P}$$

$$= \frac{(0.0874\ \text{mol})(0.08206\ \text{L}\cdot\text{atm/K}\cdot\text{mol})(273.15\ \text{K})}{1\ \text{atm}} = 1.96\ \text{L}\ O_2$$

마찬가지로 수소 기체의 경우에 대하여는 다음과 같다.

$$H_2\text{의 몰} = (3.375 \times 10^4\ \cancel{C})\left(\frac{1\ \cancel{\text{mol}\ e^-}}{96{,}500\ \cancel{C}}\right)\left(\frac{1\ \text{mol}\ H_2}{2\ \cancel{\text{mol}\ e^-}}\right) = 0.175\ \text{mol}\ H_2$$

STP에서 0.175몰에 해당하는 $H_2$의 부피는 다음과 같이 계산된다.

$$V = \frac{nRT}{P}$$

$$= \frac{(0.175\ \text{mol})(0.08206\ \text{L}\cdot\text{atm/K}\cdot\text{mol})(273.15\ \text{K})}{1\ \text{atm}} = 3.92\ \text{L}\ H_2$$

### 생각해 보기

$H_2$의 양은 $O_2$의 두 배이다(그림 18.11 참조). 이는 아보가드로의 법칙(Avogadro's law)에 기초한다. (같은 온도와 압력에서 부피는 기체의 몰에 비례한다: $V \propto n$)[◀◀ 11.4절].

**유제 1** 용융된 $MgCl_2$가 포함된 전해 전지에 일정한 전류가 12시간 동안 흘렀다. 4.83 L의 $Cl_2$(STP에서) 기체가 산화 전극에서 생성되었다면, 흐른 전류의 양은 암페어(A) 단위로 얼마인가?

**유제 2** 그림 (i)은 염화 소듐 수용액의 이온들을 보여 준다. 다음 그림 (ii)~(iv) 중 어느 것이 전기 분해 후의 시스템을 가장 잘 나타내는가? (물 분자는 나타내지 않았다.)

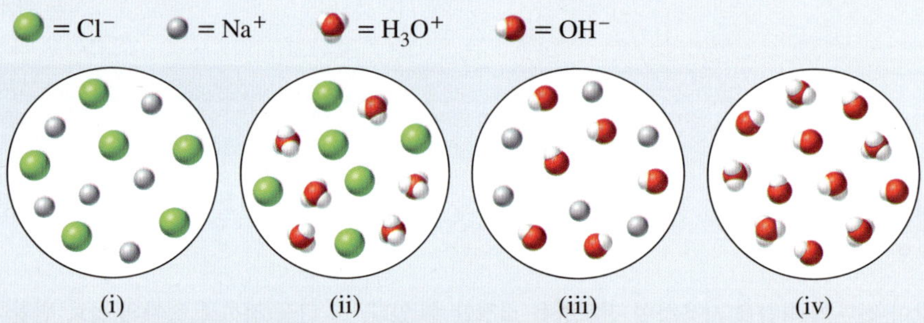


## 18.7절 복습

### 전기 분해

**18.7.1** 용융된 $CaCl_2$의 전기 분해에서 1.12 A의 전류가 3.0시간 동안 전지에 흘렀다. 환원 전극에서 생산되는 Ca의 질량은 얼마인가?

(a) 2.51 g
(b) 1.26 g
(c) 5.02 g
(d) 10.0 g
(e) $2.42 \times 10^5$ g

**18.7.2** STP에서 5.00 L의 $O_2$를 생산하기 위해서는 0.995 A의 전류가 물($H_2SO_4$ 포함)을 얼마의 시간 동안 흘러야 하는가?

(a) 6.0 h (b) 8.2 h
(c) 1.5 h (d) 3.0 h
(e) 24.0 h

**18.7.3** 다음 그림은 갈바니 전지로 전원을 공급받는 전해 전지를 보여 준다. 왼쪽으로부터 오른쪽으로 각각의 전극을 환원 전극인지 또는 산화 전극인지 구분하시오.

(a) 환원 전극, 산화 전극, 산화 전극, 환원 전극
(b) 환원 전극, 산화 전극, 환원 전극, 산화 전극
(c) 산화 전극, 환원 전극, 산화 전극, 환원 전극
(d) 산화 전극, 산화 전극, 환원 전극, 환원 전극
(e) 산화 전극, 환원 전극, 환원 전극, 산화 전극

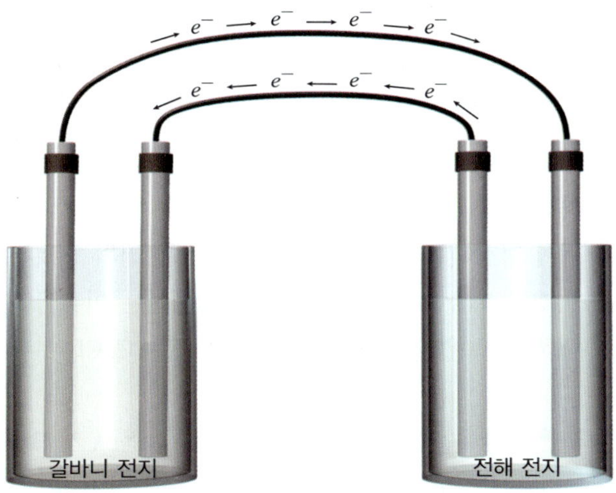


## 18.8 부식

**부식**(corrosion)이라는 용어는 일반적으로 전기 화학 공정에 의한 금속의 열화를 말한다. 철의 녹, 은의 변색, 구리 및 황동의 초록색 층 등 많은 부식의 사례가 있다. 이 절에서는 부식에 관련된 과정과 이를 방지하기 위한 조치에 대해 설명한다.

철에 녹이 생기기 위해서는 산소와 물이 필요하다. 관련된 반응은 매우 복잡하고 완전히 이해되지는 않지만 주요 단계는 다음과 같다고 생각된다. 금속 표면의 한 영역은 다음의 산화 반응이 발생하는 산화 전극 역할을 한다.

$$Fe(s) \longrightarrow Fe^{2+}(aq) + 2e^-$$

철에 의해 주어진 전자는 같은 금속 표면의 또 다른 영역인 환원 전극에서 대기 중의 산소를 물로 환원시킨다.

$$O_2(g) + 4H^+(aq) + 4e^- \longrightarrow 2H_2O(l)$$

전체 산화–환원 반응은 다음과 같다.

$$2Fe(s) + O_2(g) + 4H^+(aq) \longrightarrow 2Fe^{2+}(g) + 2H_2O(l)$$

표 18.1의 정보를 사용하면 이 과정에 대한 표준 전위를 다음과 같이 계산할 수 있다.

$$\begin{aligned} E^\circ_{\text{전지}} &= E^\circ_{\text{환원 전극}} - E^\circ_{\text{산화 전극}} \\ &= 1.23\text{ V} - (-0.44\text{ V}) \\ &= 1.67\text{ V} \end{aligned}$$

이 반응은 **산성** 용액에서 일어난다. $H^+$ 이온은 부분적으로 대기 중의 이산화 탄소와 물의 반응에 의해 생성된 약산인 탄산($H_2CO_3$)으로부터 공급된다.

산화 전극에서 형성된 $Fe^{2+}$ 이온은 다음과 같이 산소에 의해 더 산화된다.

$$4Fe^{2+}(aq) + O_2(g) + (4+2x)H_2O(l) \longrightarrow 2Fe_2O_3 \cdot xH_2O(s) + 8H^+(aq)$$

수화된 형태인 산화 철(III)은 녹으로 알려져 있다. 산화 철(III)과 관련된 물의 양은 다양하기 때문에 이 분자식을 $Fe_2O_3 \cdot xH_2O$로 나타낸다.

그림 18.13은 녹이 형성되는 메커니즘을 보여 준다. 전기 회로는 전자와 이온의 이동에 의해 완성된다. 이것이 소금물에서 녹이 빠르게 발생하는 이유이다. 추운 기후에서는 얼음과 눈을 녹이기 위해 도로 위에 뿌려진 염분(NaCl 또는 $CaCl_2$)이 자동차에 녹을 만드는 원인이 된다.

다른 금속들도 산화 반응을 한다. 예를 들어 항공기, 음료 캔 및 알루미늄 포일을 만드는 데 사용되는 알루미늄은 철보다 훨씬 더 잘 산화되는 경향이 있다. 그러나 철의 부식과 달리 알루미늄의 부식은 금속이 더 부식되는 것을 방지할 수 있는 보호 코팅($Al_2O_3$)인 불용성 층을 만든다.

**참조**

표 18.1에서

$Fe^{2+}(aq) + 2e^- \longrightarrow Fe(s)$ $E^\circ = -0.44$ V

$Al^{3+}(aq) + 3e^- \longrightarrow Al(s)$ $E^\circ = -1.66$ V

알루미늄(Al)이 더 낮은 환원 전위를 가졌기 때문에 철보다 환원되려는 경향이 약하다.(산화되기 쉽다.)

구리나 은과 같은 주화 금속도 부식되지만 철이나 알루미늄보다 훨씬 천천히 부식된다.

$$Cu(s) \longrightarrow Cu^{2+}(aq) + 2e^-$$
$$Ag(s) \longrightarrow Ag^+(aq) + e^-$$

일반적으로 대기에 노출되면 구리는 **녹청**(patina)이라고 불리는 초록색 물질인 탄산 구리($CuCO_3$)층을 형성한다. 이 물질의 층은 금속을 추가적인 부식으로부터 보호한다. 마찬가지로 식료품과 접촉하는 은으로 만들어진 식기는 황화 은($Ag_2S$)층을 형성한다.

부식으로부터 금속을 보호하기 위한 많은 방법이 고안되어 왔다. 이 방법의 대부분은 녹의 형성을 방지하기 위한 것이다. 가장 확실한 방법은 부식에 필요한 물질에 노출되지 않도록 페인트로 금속 표면을 코팅하는 것이다. 그러나 페인트가 긁히거나 다른 방법으로 손상되어 원래 금속의 가장 작은 부분이라도 노출되면 녹이 페인트층 아래에 형성된다. 철 금속의 표면은 **패시베이션**(passivation)이라는 과정에 의해 비활성 상태로 만들 수 있다. 금속이 진한 질산과 같은 강한 산화제로 처리될 때 얇은 산화물 층이 형성된다. 녹 생성을

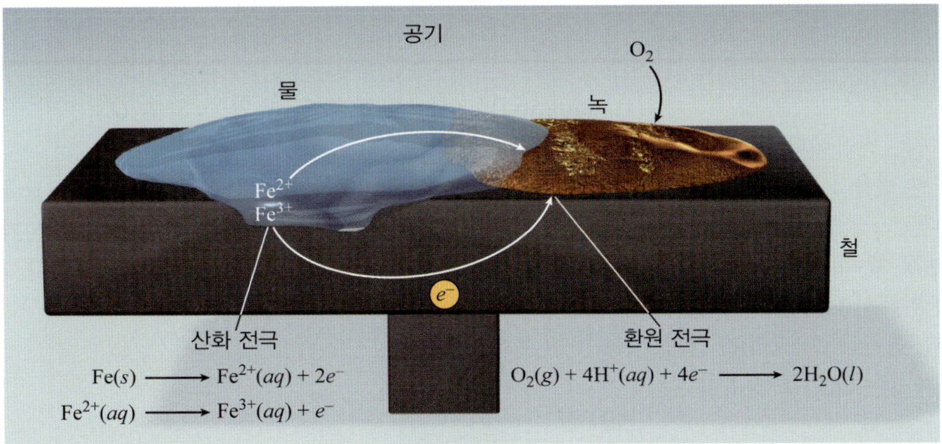


**그림 18.13** 녹 형성에 관련된 전기 화학 공정. $H^+$ 이온은 $H_2CO_3$에 의해 공급되며, 이는 공기 중의 $CO_2$가 물에 용해될 때 형성된다.

방지하기 위해 크로뮴산 소듐 용액이 냉각 시스템과 라디에이터에 종종 첨가된다.

철이 산화되는 경향은 다른 금속과 합금이 되면 크게 감소한다. 예를 들어, 철과 크로뮴의 합금인 스테인리스 강은 철을 부식으로부터 보호하는 산화 크로뮴 층이 형성된다.

철제 컨테이너는 주석 또는 아연과 같은 다른 금속층으로 덮을 수 있다. "주석" 캔은 철 위에 얇은 주석층을 적용하여 만들 수 있다. 주석층이 손상되지 않는 한 녹의 형성은 방지된다. 그러나 표면이 긁히거나 찌그러져 파손되면 꼼짝없이 부식이 발생한다. 표 18.1에서 표준 환원 전위를 살펴보면, 주석과 철이 서로 접촉할 때, 더 큰 환원 전위를 갖는 주석이 환원 전극으로 작용한다는 것을 알 수 있다. 철은 산화 전극으로 작용하여 산화된다.

$$Sn^{2+}(aq) + 2e^- \longrightarrow Sn(s) \qquad E^\circ = -0.14\ V$$
$$Fe^{2+}(aq) + 2e^- \longrightarrow Fe(s) \qquad E^\circ = -0.44\ V$$

아연 도금은 다른 메커니즘으로 철을 부식으로부터 보호한다. 표 18.1에 다음의 반응식이 있다.

$$Zn^{2+}(aq) + 2e^- \longrightarrow Zn(s) \qquad E^\circ = -0.76\ V$$

따라서 아연은 철보다 더 쉽게 산화된다. 알루미늄과 마찬가지로 아연은 산화되어 보호 코팅을 형성한다. 아연층이 손상되어 밑에 있는 철이 노출되어도 아연은 여전히 두 금속보다 쉽게 산화되어 산화 전극으로 작용한다. 철은 환원 전극이 되어 그로 인해 환원되어 남아 있게 된다.

**갈바니화**(galvanization)는 **음극 보호**(cathodic protection)의 한 예이며 금속은 갈바니 전지의 환원 전극으로 만들어져 보호된다. 또 다른 예는 지하 저장 탱크와 함선을 보호하기 위해 아연 또는 마그네슘 막대를 사용하는 것이다. 철제 탱크나 선체가 더 쉽게 산화되는 금속에 연결되면 철의 부식이 방지된다.

## 단원 정리

### 18.1절

- 산화–환원 반응은 산화수가 변하는 반응이다. **반쪽 반응**(half–reaction)은 전체 산화–환원 반응을 구성하는 산화 반응과 환원 반응이 분리된 것이다.
- 산화–환원 반응식은 반쪽 반응법을 통해 균형을 맞출 수 있으며, 이는 O의 균형을 맞추기 위해서 $H_2O$를 첨가하고, H의 균형을 맞추기 위해서 $H^+$를 첨가하고, 그리고 염기성 용액에서 일어나는 반응에 대해서는 $OH^-$를 첨가할 수 있다.

### 18.2절

- 자발적인 화학 반응이 도선을 통해 전자의 흐름을 생성하는 전기 화학 전지를 **갈바니 전지**(galvanic cell)라고 한다.
- 갈바니 전지의 반쪽 반응은 **반쪽 전지**(half–cell)라고 하는 별도의 구획에서 이루어진다. 반쪽 전지는 용액에 **전극**(electrode)을 담그고 외부 전선과 **염다리**(salt bridge)로 연결된다.
- 환원이 일어나는 전극을 **환원 전극**(cathode)이라고 한다. 산화가 일어나는 전극을 **산화 전극**(anode)이라고 한다.
- 환원 전극과 산화 전극 사이의 전위차는 **전지 전위**(cell potential, $E_{전지}$)이다.

### 18.3절

- **표준 환원 전위**(standard reduction potential, $E^\circ$)를 사용하여 표준 전지 전압 또는 **표준 전지 전위**(standard cell pot–ential, $E^\circ_{전지}$)를 계산한다.
- 반쪽 전지 전위는 **표준 수소 전극**(standard hydrogen electrode, SHE)과 관련하여 측정되며, 이 반쪽 반응에 대하여 임의로 정의된 표준 환원 전위가 0이다.

### 18.4절

- $E^\circ_{전지}$는 표준 자유 에너지 변화($\Delta G^\circ$) 및 평형 상수 $K$와 관련이 있다. 양의 $E^\circ_{전지}$는 음의 $\Delta G^\circ$ 값과 큰 $K$ 값에 해당한다.

### 18.5절

- 표준 상태 이외의 조건에서의 $E_{전지}$는 **네른스트 식**(Nernst equation)을 사용하고 $E^\circ_{전지}$와 반응 지수 $Q$로부터 결정된다.
- **농도 전지**(concentration cell)는 산화 전극과 환원 전극이 같은 종류의 전극이고 용액 속에 같은 종류의 이온을 가지고 있으나 이 이온의 농도를 다르게 하여 만들 수 있다.

### 18.6절

- **전지**(battery)는 갈바니 전지 또는 일련의 갈바니 전지로 구성된 휴대 가능하며 자체적으로 포함된 전기 에너지원이다.
- **연료 전지**(fuel cell)는 실제로 축전지가 아니며 자발적 산화–환원 반응을 통해 전기 에너지를 공급한다. 연료 전지가 작동하려면 반응물이 지속적으로 공급되어야 한다.

### 18.7절

- **전기 분해**(electrolysis)는 비자발적 산화–환원 반응을 유도하기 위해 전기 에너지를 사용하는 것이다. 이러한 목적으로 사용되는 전기 화학 전지를 **전해 전지**(electrolytic cell)라고 한다.
- 비자발적 산화–환원 반응을 유도하기 위해 실제로 공급되어야 하는 전압은 **과전압**(overvoltage)으로, 계산된 양보다 크다.
- 전기 분해는 납축전지를 재충전하고, 화합물을 구성 요소로 분리하고, 금속을 분리하고 정제하는 데 사용된다.
- 전지에 가해지는 전류와 그것이 적용되는 시간을 알면 전해 전지에서 생성된 물질의 양을 계산할 수 있다.

### 18.8절

- **부식**(corrosion)은 금속의 원하지 않은 산화 반응이다.
- 금속 표면을 도료, 덜 쉽게 산화되는 금속 또는 아연과 같이 쉽게 산화되는 금속으로 코팅하여 부식을 방지할 수 있다.
- 보다 쉽게 산화되는 금속의 사용은 **음극 보호**(cathodic protection)로 알려져 있으며 보호되는 금속은 갈바니 전지에서 환원 전극으로 만들어진다. **아연 도금**(galvanization, 갈바니화)은 아연을 사용하는 철 또는 강철의 음극 보호이다.

## 주요 용어

갈바니 전지(galvanic cell)
갈바니화(galvanization)
과전압(overvoltage)
네른스트 식(Nernst equation)
농도 전지(concentration cell)
반쪽 반응(half−reaction)
반쪽 전지(half−cell)
부식(corrosion)
산화 전극(anode)
연료 전지(fuel cell)
염다리(salt bridge)
전극(electrode)
전기 분해(electrolysis)
전지(battery)
전지 전위(cell potential, $E_{전지}$)
전해 전지(electrolytic cell)
표준 수소 전극(standard hydrogen electrode, SHE)
표준 환원 전위(standard reduction potential, $E^\circ$)
환원 전극(cathode)

## 주요 식

| | | |
|---|---|---|
| 18.1 | $E^\circ_{전지}=E^\circ_{환원\ 전극}-E^\circ_{산화\ 전극}$ | 표준 전지 전위 $E^\circ_{전지}$는 환원 전극의 $E^\circ_{환원}$에서 산화 전극의 $E^\circ_{환원}$을 뺀 값으로 계산된다. |
| 18.2 | $\Delta G=-nFE_{전지}$ | 자유 에너지 변화 $\Delta G$는 산화−환원 반응에서 전달된 전자의 수 $n$, 패러데이 상수 $F$ 및 전지 전위 $E_{전지}$의 곱으로 계산된다. |
| 18.3 | $\Delta G^\circ=-nFE^\circ_{전지}$ | 표준 자유 에너지 변화 $\Delta G^\circ$는 산화−환원 반응에서 전달된 전자의 수 $n$, 패러데이 상수 $F$ 및 표준 전지 전위 $E^\circ_{전지}$의 곱으로 계산된다. |
| 18.4 | $E^\circ_{전지}=\frac{RT}{nF}\ln K$ | 표준 전지 전위 $E^\circ_{전지}$는 평형 상수 $K$의 자연로그(ln)에 비례한다. |
| 18.5 | $E^\circ_{전지}=-\frac{0.0592\text{ V}}{n}\log K$ (25°C에서) | 25°C에서 $E^\circ_{전지}$와 $K$ 사이의 관계는 단순화된다. |
| 18.6 | $E=E^\circ-\frac{RT}{nF}\ln Q$ | 표준 이외의 조건에서, 전지 전위 $E_{전지}$는 반응 지수의 자연로그(ln)에 비례한다. |
| 18.7 | $E=E^\circ-\frac{0.0592\text{ V}}{n}\log Q$ | 25°C에서 $E_{전지}$와 $Q$ 사이의 관계가 단순화된다. |

## 주요 내용 금속의 전기 분해

전기 분해는 금속의 가공 및 정제에 광범위하게 사용된다. 전류(및 적용되는 시간)와 생성되는 금속의 양 사이를 전환하려면 차원 분석[◀◀ 1장의 주요 내용]을 적용해야 한다. 전류를 암페어(A) 및 시간(s)으로 표시하면 먼저 쿨롱(C) 단위의 전하량으로 변환할 수 있다.

$$\text{전류(A)} \times \text{시간(s)} = \text{전하량(C)}$$

전자의 몰을 얻기 위해 패러데이 상수($F$)로 나눈다.

$$\frac{\text{전하량(C)}}{96{,}500\ \text{C/mol}\ e^-} = \text{mol}\ e^-$$

환원 반쪽 반응을 사용하여, 금속의 몰을 감소시키는 데 필요한 전자의 몰을 결정할 수 있다.

$$\mathrm{M}^{n+} + ne^- \longrightarrow \mathrm{M} \qquad \frac{\text{1 mol 금속}}{\text{n mol}\ e^-}$$

마지막으로, 전자의 몰을 금속의 몰로 변환한다.

$$\text{mol}\ e^- \times \frac{\text{1 mol 금속}}{n\ \text{mol}\ e^-} = \text{금속의 mol}$$

다음 예제를 고려해 보자. 2.10시간 동안 질산 크로뮴(III)을 포함한 용액에 2.09 A의 전류를 적용한다. 다음과 같이 코팅된 Cr의 몰을 결정한다.

$$2.09\ \text{A} \times 2.10\ \text{h} \times \frac{60\ \text{min}}{1\ \text{h}} \times \frac{60\ \text{s}}{1\ \text{min}} = 1.58 \times 10^4\ \text{C}$$

$$\frac{1.58 \times 10^4\ \text{C}}{96{,}500\ \text{C/mol}\ e^-} = 0.1637\ \text{mol}\ e^-$$

$$\mathrm{Cr}^{3+} + 3e^- \longrightarrow \mathrm{Cr} \qquad \frac{1\ \text{mol Cr}}{3\ \text{mol}\ e^-}$$

$$0.1637\ \text{mol}\ e^- \times \frac{1\ \text{mol Cr}}{3\ \text{mol}\ e^-} = 0.0546\ \text{mol Cr}$$

반대로 생산될 금속의 양과 적용될 전류를 알 수 있으며, 다음으로 필요한 시간을 결정해야 한다. 목표가 $Zn^{2+}$ 이온을 포함한 용액의 전기 분해에 의해 1.00몰의 아연을 생산하고, 3.55 A의 전류를 적용하고자 하는 경우, 다음과 같이 전류가 적용되어야 하는 시간을 결정한다.

환원 반쪽 반응은 아연 1몰을 환원시키기 위해 2몰의 전자가 필요하다는 것을 나타낸다.

$$Zn^{2+} + 2e^- \longrightarrow Zn \qquad \frac{1\ \text{mol Zn}}{2\ \text{mol}\ e^-} \quad \text{또는} \quad \frac{2\ \text{mol}\ e^-}{1\ \text{mol Zn}}$$

$$1.00\ \text{mol Zn} \times \frac{2\ \text{mol}\ e^-}{1\ \text{mol Zn}} = 2.00\ \text{mol}\ e^-$$

$$2.00\ \text{mol}\ e^- \times \frac{96{,}500\ \text{C}}{1\ \text{mol}\ e^-} = 1.93 \times 10^5\ \text{C}$$

$$\frac{1.93 \times 10^5\ \text{C}}{3.55\ \text{A}} \quad \text{또는} \quad \frac{1.93 \times 10^5\ \text{C}}{3.55\ \text{C} \cdot \text{s}^{-1}} = 5.44 \times 10^4\ \text{s}$$

$$5.44 \times 10^4\ \text{s} \times \frac{1\ \text{min}}{60\ \text{s}} \times \frac{1\ \text{h}}{60\ \text{min}} = 15.1\ \text{h}$$

## 주요 내용 문제

**18.1**

1.85 A의 전류로 정확히 4시간 동안 $Cu^{2+}$ 이온을 포함한 용액을 전기 분해하여 얼마나 많은 구리 금속을 생산할 수 있는가?

(a) 0.276 mol (b) 0.138 mol

(c) 0.552 mol (d) $5.14 \times 10^9$ mol

(e) 2.00 mol

**18.2**

4.83 A의 전류를 6시간 15분 동안 적용하면 $Cd(NO_3)_2$ 용액의 전기 분해에 의해 생성되는 카드뮴의 질량은 얼마인가?

(a) 63.3 g (b) 127 g

(c) 253 g (d) 31.6 g

(e) 57.2 g

**18.3**

다음의 수용액을 25분 동안 2.00 A의 전류로 전기 분해시켰을 때, 가장 작은 금속 덩어리와 가장 큰 금속 덩어리를 만드는 용액은 어느 것인지 확인하시오.

$CuSO_4$, $AgNO_3$, $AuCl_3$, $ZnSO_4$, $Cr(NO_3)_3$

(a) $ZnSO_4$, $CuSO_4$ (b) $CuSO_4$, $ZnSO_4$

(c) $AgNO_3$, $Cr(NO_3)_3$ (d) $Cr(NO_3)_3$, $AuCl_3$

(e) $AuCl_3$, $AgNO_3$

**18.4**

5.22 A의 전류가 3.50시간 동안 금속 이온을 포함한 용액에 가해지면 20.00 g의 금속이 생성된다. 다음 용액에서 위의 금속 이온이 될 수 있는 것은?

(a) $Zn^{2+}$ (b) $Au^{3+}$ (c) $Ag^+$

(d) $Ni^{2+}$ (e) $Cu^{2+}$

# 종합문제

## 18.1절: 산화–환원 반응 균형 맞추기

### 개념 문제

18.1 반쪽 반응법으로 다음 산화–환원 반응식의 균형을 맞추시오.

(a) $H_2O_2 + Fe^{2+} \longrightarrow Fe^{3+} + H_2O$ (산성 용액에서)

(b) $Cu + HNO_3 \longrightarrow Cu^{2+} + NO + H_2O$ (산성 용액에서)

(c) $CN^- + MnO_4^- \longrightarrow CNO^- + MnO_2$ (염기성 용액에서)

(d) $Br_2 \longrightarrow BrO_3^- + Br^-$ (염기성 용액에서)

(e) $S_2O_3^{2-} + I_2 \longrightarrow I^- + S_4O_6^{2-}$ (산성 용액에서)

## 18.3절: 표준 환원 전위

### 계산 문제

18.11 $Ag/Ag^+$ 및 $Al/Al^{3+}$ 반쪽 전지 반응을 사용하는 전지의 표준 기전력을 계산하시오. 표준 상태 조건에서 일어나는 전지 반응을 쓰시오.

### 개념 문제

18.13 표준 조건하에서 $H_2O$를 $O_2(g)$로 산화시킬 수 있는 시약은 다음 중 어느 것인가?

$H^+(aq)$, $Cl^-(aq)$, $Cl_2(g)$, $Cu^{2+}(aq)$,
$Pb^{2+}(aq)$, $MnO_4^-(aq)$ (산성에서)

18.15 다음 반응이 25°C 수용액에서 자발적으로 일어나는지를 예측하시오. 용해된 화학종의 초기 농도는 모두 1.0 *M*이라고 가정한다.

(a) $Ca(s) + Cd^{2+}(aq) \longrightarrow Ca^{2+}(aq) + Cd(s)$

(b) $2Br^-(aq) + Sn^{2+}(aq) \longrightarrow Br_2(l) + Sn(s)$

(c) $2Ag(s) + Ni^{2+}(aq) \longrightarrow 2Ag^+(aq) + Ni(s)$

(d) $Cu^+(aq) + Fe^{3+}(aq) \longrightarrow Cu^{2+}(aq) + Fe^{2+}(aq)$

18.17 다음 각 쌍에서 어느 화학종이 표준 상태 조건에서 보다 우수한 환원제인가?

(a) Na 또는 Li (b) $H_2$ 또는 $I_2$

(c) $Fe^{2+}$ 또는 Ag (d) $Br^-$ 또는 $Co^{2+}$

## 18.4절: 표준 상태 조건에서 산화–환원 반응의 자발성

### 계산 문제

18.21 25°C에서 다음 반응에 대한 평형 상수는 얼마인가?

$$Mg(s) + Zn^{2+}(aq) \rightleftharpoons Mg^{2+}(aq) + Zn(s)$$

18.23 표준 환원 전위를 사용하여 25°C에서 다음 반응의 각각에 대한 평형 상수를 결정하시오.

(a) $Br_2(l) + 2I^-(aq) \rightleftharpoons 2Br^-(aq) + I_2(s)$

(b) $2Ce^{4+}(aq) + 2Cl^-(aq) \rightleftharpoons Cl_2(g) + 2Ce^{3+}(aq)$

(c) $5Fe^{2+}(aq) + MnO_4^-(aq) + 8H^+(aq) \rightleftharpoons Mn^{2+}(aq) + 4H_2O(l) + 5Fe^{3+}(aq)$

18.25 표준 상태에서 $Ce^{4+}$, $Ce^{3+}$, $Fe^{3+}$ 및 $Fe^{2+}$ 이온들을 포함한 수용액에서 어떤 자발적 반응이 일어나는가? 해당하는 반응에 대해 $\Delta G°$와 $K_c$를 계산하시오.

### 개념 문제

18.27 아말감 충전제의 주석이 알루미늄 포일과 접촉할 때 주석의 산화 반응에 대한 균형을 맞추고(산성 용액에서), 이 반응에 대한 표준 전지 전위를 계산하시오.

## 18.5절: 비표준 상태 조건에서 산화–환원 반응의 자발성

### 계산 문제

18.31 만일 $[Zn^{2+}] = 0.25\ M$ 및 $[Cu^{2+}] = 0.15\ M$인 경우, 25°C에서 $Zn/Zn^{2+}$ 및 $Cu/Cu^{2+}$의 반쪽 전지로 구성된 전지의 전위는 얼마인가?

18.33 $Zn/Zn^{2+}$ 반쪽 전지와 SHE로 구성된 전지의 표준 전위를 계산하시오. $[Zn^{2+}] = 0.45\ M$, $P_{H_2} = 2.0$ atm, $[H^+] = 1.8\ M$인 경우 전지의 기전력은 얼마인가?

18.35 그림 18.1의 배열을 참조하여, 25°C에서 다음 반응이 자발적으로 일어날 때 $[Cu^{2+}]/[Zn^{2+}]$의 비율을 계산하시오.

$$Cu(s) + Zn^{2+}(aq) \longrightarrow Cu^{2+}(aq) + Zn(s)$$

## 18.6절: 전지

### 계산 문제

18.41 프로페인의 $\Delta G_f°$가 −23.5 kJ/mol인 경우, 25°C에서 프로페인 연료 전지(18.6절에서 설명)의 표준 기전력을 계산하시오.

## 18.7절: 전기 분해

### 계산 문제

18.45 어떤 전극에서의 반쪽 반응은 다음과 같다.

$$Mg^{2+}(\text{용융됨}) + 2e^- \longrightarrow Mg(s)$$

1.00 *F*를 전극에 공급하여 생성할 수 있는 마그네슘의 질량(g)을 계산하시오.

18.47 전기 요금만 고려할 때, 전기 분해를 통해 1톤의 소듐 또는 1톤의 알루미늄 중 어떤 것을 생산하는 것이 더 저렴하겠는가?

18.49 물의 전기 분해를 위한 반쪽 반응 중 하나는 다음과 같다.

$$2H_2O(l) \longrightarrow O_2(g) + 4H^+(aq) + 4e^-$$

25°C 및 755 mmHg에서 0.076 L의 $O_2$가 수집되는 경우, 얼마나 많은 패러데이(*F*)가 용액을 통과해야 하는가?

18.51 4.50 A의 전류를 $CuBr_2$ 용액에 1.0시간 동안 적용했을 때, 비활성 전극에서 생성된 Cu 및 $Br_2$의 양을 계산하시오.

18.53 2.35 g의 금속 코발트가 생성될 때까지 용융된 $CoSO_4$에 안정한 전류를 통과시켰다. 사용된 전기의 쿨롱 수를 계산하시오.

18.55 NaCl 전해질을 사용하고 $1.500\times10^3$ A의 전류를 흘리는 전해 전지에서 시간당 염소 기체의 생산 속도(킬로그램 단위)는 얼마인가? $Cl^-$의 산화에 대한 산화 전극의 효율은 93.0%이다.

18.57 0.750 A의 전류를 25.0분 동안 통과시키면 $CuSO_4$ 용액으로부터 0.369 g의 구리가 석출되었다. 이 정보에서 구리의 몰질량을 계산하시오.

18.59 특정 전기 분해 실험에서 $AgNO_3$ 용액으로부터 1.44 g의 Ag가 침전되는 동안, $XCl_3$ 용액으로부터 0.120 g의 미지 금속 X가 침전되었다. X의 몰질량을 계산하시오.

## 추가 문제

18.65 다음 산화–환원 반응의 경우, (i) 반쪽 반응을 쓰고, (ii) 전체 반응에 대해 균형 잡힌 반응식을 작성하고, (iii) 표준 상태 조건에서 반응이 자발적으로 진행될 방향을 결정하시오.

(a) $H_2(g)+Ni^{2+}(aq) \longrightarrow H^+(aq)+Ni(s)$

(b) $MnO_4^-(aq)+Cl^-(aq) \longrightarrow Mn^{2+}(aq)+Cl_2(g)$

(c) $Cr(s)+Zn^{2+}(aq) \longrightarrow Cr^{3+}(aq)+Zn(s)$

18.67 공기 중에 존재하는 $SO_2$는 산성비의 주된 원인이다. $SO_2$의 농도는 다음과 같이 표준 과망가니즈산 염 용액을 사용한 적정 실험을 통해 결정할 수 있다.

$$5SO_2+2MnO_4^-+2H_2O \longrightarrow 5SO_4^{2-}+2Mn^{2+}+4H^+$$

7.37 mL의 0.00800 $M$ $KMnO_4$ 용액이 적정에 필요하다면 공기 시료에서 $SO_2$의 질량(g)을 계산하시오.

18.69 과산화수소 용액의 농도는 다음의 불균형 반응식에 따라 산성 용액에서 표준화된 과망가니즈산 포타슘 용액을 사용한 적정 실험에 의해 편리하게 결정될 수 있다.

$$MnO_4^-+H_2O_2 \longrightarrow O_2+Mn^{2+}$$

(a) 이 반응식의 균형을 맞추시오.

(b) $H_2O_2$ 용액 25.00 mL를 완전히 산화시키기 위해 0.01652 $M$ $KMnO_4$ 용액 36.44 mL가 필요할 경우, $H_2O_2$ 용액의 몰농도를 계산하시오.

18.71 옥살산 칼슘($CaC_2O_4$)은 물에 불용성이다. 이 특성은 혈액의 $Ca^{2+}$ 이온 양을 결정하는 데 사용된다. 혈액으로부터 분리된 옥살산 칼슘을 산에 용해시키고 표준화된 $KMnO_4$ 용액에 대하여 적정한다. 한 가지 시험에서, 10.0 mL의 혈액 샘플로부터 분리된 옥살산 칼슘은 적정을 위해 24.2 mL의 $9.56\times10^{-4}$ $M$ $KMnO_4$를 필요로 한다는 것을 발견했다. 혈액 1 mL당 칼슘의 질량(mg)을 계산하시오.

18.73 다음의 정보를 이용해서 AgBr의 용해도 곱을 계산하시오.

$Ag^+(aq)+e^- \longrightarrow Ag(s)$ $\quad E^\circ=0.80$ V

$AgBr(s)+e^- \longrightarrow Ag(s)+Br^-(aq)$ $\quad E^\circ=0.07$ V

18.75 갈바니 전지는 은 전극을 0.100 $M$ $AgNO_3$ 용액 346 mL와 접촉시키고, 마그네슘 전극을 0.100 $M$ $Mg(NO_3)_2$ 용액 288 mL와 접촉시켜 구성한다.

(a) 25°C에서 이 전지의 $E$를 계산하시오.

(b) 1.20 g의 은이 은 전극에 코팅될 때까지 전류가 전지로부터 방출된다. 이 작업 단계에서 전지에 대한 $E$를 계산하시오.

18.77 25°C에서 다음 농도 전지의 기전력을 계산하시오.

$$Cu(s)\,|\,Cu^{2+}(0.080\ M)\,\|\,Cu^{2+}(1.2\ M)\,|\,Cu(s)$$

18.79 수년 동안 수은(I) 이온이 $Hg^+$ 또는 $Hg_2^{2+}$로 용액에 존재했는지의 여부는 분명하지 않았다. 이 두 가지 가능성을 구분하기 위해 다음 시스템을 설정할 수 있다.

$$Hg(l)\,|\,\text{용액 A}\,\|\,\text{용액 B}\,|\,Hg(l)$$

A 용액은 1 L당 0.263 g의 질산 수은(I)을 포함하고, B 용액은 1 L당 2.63 g의 질산 수은(I)을 포함한다. 그러한 전지의 측정된 기전력이 18°C에서 0.0289 V인 경우 수은(I) 이온의 성질을 어떻게 추론할 수 있는가?

18.81 무게가 1.56 g인 마그네슘 금속 조각을 25°C에서 0.100 $M$ $AgNO_3$ 용액 100.0 mL에 넣었다. 평형 상태에서 용액 속의 $[Mg^{2+}]$와 $[Ag^+]$를 계산하시오. 남은 마그네슘의 질량은 얼마인가? 부피는 일정하게 유지된다.

18.83 구리 전극을 사용하여 산성 용액을 전기 분해하였다. 1.18 A의 정전류는 $1.52\times10^3$초 후에 산화 전극의 무게를 0.584 g 감소시켰다.

(a) 환원 전극에서 생성된 기체는 무엇이며, STP에서의 환원 전극의 양은 얼마인가?

(b) 전자의 전하가 $1.6022\times10^{-19}$ C라고 가정하면, 아보가드로의 수를 계산하시오. 구리가 $Cu^{2+}$ 이온으로 산화된다고 가정한다.

18.85 암모니아의 산화 반응을 고려해 보자.

$$4NH_3(g)+3O_2(g) \longrightarrow 2N_2(g)+6H_2O(l)$$

(a) 위 반응에 대한 $\Delta G^\circ$를 계산하시오.

(b) 이 반응이 연료 전지에 사용된다면, 표준 전지 전위는 무엇인가?

18.87 전기 분해 실험에서 학생은 두 개의 전해조를 통해 동일한 양의 전기를 전달한다. 하나는 은 염을 포함하고 다른 하나는 금 염을 포함한다. 특정 기간 동안 학생은 2.64 g의 Ag와 1.61 g의 Au가 음극에 증착되었음을 발견했다. 금 염에 포함되어 있는 금의 산화 상태는 얼마인가?

18.89 다음 반응을 고려해 보자.

$2Hg^{2+}(aq)+2e^- \longrightarrow Hg_2^{2+}(aq)$ $\quad E^\circ=0.92$ V

$Hg_2^{2+}(aq)+2e^- \longrightarrow 2Hg(l)$ $\quad E^\circ=0.85$ V

25°C에서 다음 공정을 위해 $\Delta G^\circ$와 $K$를 계산하시오.

$$Hg_2^{2+}(aq) \longrightarrow Hg^{2+}(aq)+Hg(l)$$

(앞의 반응은 하나의 산화 상태에 있는 원소가 산화되고 환원되는 불균일 반응의 한 예이다.)

18.91 NaCl 용액 300 mL를 6.00분 동안 전기 분해시켰다. 최종 용액의 pH가 12.24라면, 사용된 평균 전류를 계산하시오.

18.93 백금 염의 수용액을 2.50 A의 전류를 2.00시간 동안 흘려보내 전기 분해한다. 그 결과, 9.09 g의 백금 금속이 환원 전극에서 형성되었다. 이 용액에서 백금 이온의 전하를 계산하시오.

18.95 6.00 A의 전류가 3.40시간 동안 묽은 황산을 포함한 전해 전지를 통과한다. 산화 전극에서 생성된 $O_2$ 기체의 부피가 4.26 L(STP에서)인 경우, 전자의 전하량(쿨롱 단위)을 계산하시오.

18.97 가장 유용한 갈바니 전지가 1.5~2.5 V의 전압을 제공하는 이유를 설명하시오. 5 V 이상의 전압을 가지는 실제 갈바니 전지를 개발하기 위해서는 어떤 것이 필요한가?

18.99 아연은 양쪽성 금속이다. 즉, 산과 염기 모두와 반응한다. 반응의 표준 환원 전위는 −1.36 V이다.

$$Zn(OH)_4^{2-}(aq)+2e^- \longrightarrow Zn(s)+4OH^-(aq)$$

아래 반응에 대한 형성 상수($K_f$)를 계산하시오.

$$Zn^{2+}(aq)+4OH^-(aq) \rightleftharpoons Zn(OH)_4^{2-}(aq)$$

18.101 어떤 두 금속 X와 Y의 표준 환원 전위의 크기(절댓값)는 다음과 같다.

$$Y^{2+}+2e^- \longrightarrow Y \qquad |E^\circ|=0.34\text{ V}$$

$$X^{2+}+2e^- \longrightarrow X \qquad |E^\circ|=0.25\text{ V}$$

여기서 ‖ 기호는 $E^\circ$ 값의 크기(부호가 아닌)만 표시됨을 나타낸다. X와 Y의 반쪽 전지가 연결되면 전자는 X에서 Y로 흐른다. X가 SHE에 연결되면 전자가 X에서 SHE로 흐른다.

(a) 반쪽 반응의 $E^\circ$ 값은 양수인가 또는 음수인가?

(b) X와 Y로 구성된 전지의 표준 기전력은 얼마인가?

18.103 표 18.1에서 $Au^{3+}$에 대한 표준 환원 전위와 다음 반응을 참고하여 질문에 답하시오.

$$Au^+(aq)+e^- \longrightarrow Au(s) \qquad E^\circ=1.69\text{ V}$$

(a) 금이 대기 중에서 변색되지 않는 이유는 무엇인가?

(b) 다음의 불균일 반응이 자발적으로 일어나겠는가?

$$3Au^+(aq) \longrightarrow Au^{3+}(aq)+2Au(s)$$

(c) 금과 플루오린 기체 사이의 반응을 예측하시오.

18.105 $Fe^{2+}$ 이온과 $Fe^{3+}$ 이온을 모두 포함한 용액 25.0 mL를 0.0200 *M* $KMnO_4$ 용액(묽은 황산 용액 속에) 23.0 mL로 적정할 때, 모든 $Fe^{2+}$ 이온은 $Fe^{3+}$ 이온으로 산화된다. 그 다음, 용액을 Zn 금속으로 처리하여 모든 $Fe^{3+}$ 이온을 $Fe^{2+}$ 이온으로 전환시킨다. 마지막으로 40.0 mL의 동일한 $KMnO_4$ 용액을 용액에 첨가하여 $Fe^{2+}$ 이온을 $Fe^{3+}$로 산화시킨다. 원래 용액에서 $Fe^{2+}$와 $Fe^{3+}$의 몰농도를 계산하시오.

18.107 표 18.1의 정보를 사용하여 25°C에서 $H_2O_2$의 분해 반응이 자발적임을 보이시오.

18.109 비표준 상태에서 작동하는 다니엘(Daniell) 전지를 고려하시오. 전지의 반응에 2를 곱한다고 가정하자. 이것은 네른스트 식의 다음의 각 양에 어떤 영향을 미쳤는가?

(a) $E$ (b) $E^\circ$

(c) $Q$ (d) $\ln Q$

(e) $n$

18.111 $H^+$ 농도가 증가함에 따라 $F_2$가 더 강한 산화제가 될지에 대하여 논하시오.

18.113 25°C에서 다음 반응과 관련하여 평형을 유지하는 데 필요한 $H_2$의 압력(atm)을 계산하시오.

$$Pb(s)+2H^+(aq) \rightleftharpoons Pb^{2+}(aq)+H_2(g)$$

여기서 $[Pb^{2+}]=0.035\ M$이고 용액은 pH 1.60인 완충 용액이다.

18.115 아연-공기 전지는 가볍고 재충전이 가능하기 때문에 전기 자동차에 대한 많은 가능성을 보여 준다.

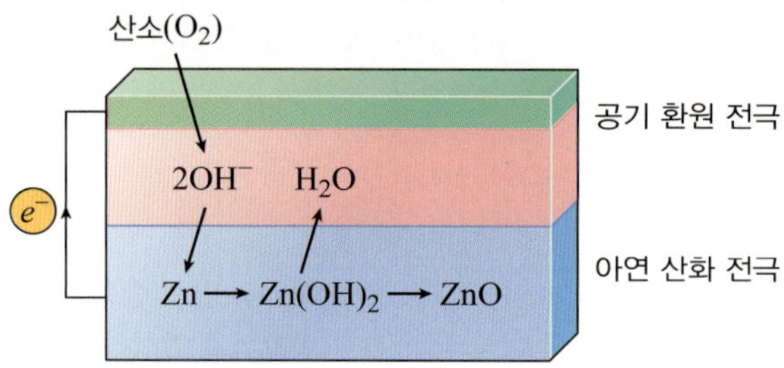


여기서 순 변환은 $Zn(s)+\frac{1}{2}O_2(g) \longrightarrow ZnO(s)$이다.

(a) 아연-공기 전극에서의 반쪽 반응을 쓰고 25°C에서 전지의 표준 기전력을 계산하시오.

(b) 산소 분압이 0.21 atm일 때, 실제 운전 조건하에서의 기전력을 계산하시오.

(c) 아연 전극의 에너지 밀도(금속 1 kg에서 얻을 수 있는 킬로그램 단위의 에너지로 측정)는 얼마인가?

(d) $2.1 \times 10^5$ A의 전류를 아연-공기 전지 시스템으로부터 만들 경우, 1초마다 얼마만큼의 공기(L)를 전지에 공급해야 하는가? 온도가 25°C이고 산소 분압이 0.21 atm이라고 가정한다.

18.117 모든 알칼리 금속은 물과 반응하기 때문에 아연의 경우와 같이 이들 금속의 표준 환원 전위를 직접 측정할 수는 없다. 간접적인 방법은 다음과 같은 가설적인 반응을 고려하는 것이다.

$$Li^+(aq)+\frac{1}{2}H_2(g) \longrightarrow Li(s)+H^+(aq)$$

이 장에서 제시한 적절한 반응식과 부록 2의 열역학 자료를 사용하여 298 K에서 $Li^+(aq)+e^- \longrightarrow Li(s)$에 대한 $E^\circ$를 계산하시오. 패러데이 상수($F$)로 96,485.338 C/mol $e^-$를 사용한다. 이 결과를 표 18.1에 나와 있는 내용과 비교하시오.

18.119 다음과 같은 표준 환원 전위가 주어졌을 때, 25°C에서 물의 이온곱 상수 $K_w$를 계산하시오.

$$2H^+(aq)+2e^- \longrightarrow H_2(g) \qquad E^\circ=0.00\text{ V}$$

$$2H_2O(l)+2e^- \longrightarrow H_2(g)+2OH^-(aq) \qquad E^\circ=-0.83\text{ V}$$

**18.121** 납축전지는 정격 전류(암페어-시간, Ah), 즉 1시간 내에 전달할 수 있는 암페어 수에 의해 평가된다.

(a) 1 Ah=3600 C임을 보이시오.

(b) 특정 납축전지의 납 산화 전극은 총 질량이 406 g이다. 전지의 이론적인 최대 용량을 암페어-시간으로 계산하시오. 실제로 전지에서 이 많은 에너지를 만들 수 없는 이유를 설명하시오. (힌트: 전기 화학 반응에서 모든 납이 다 소모되었다고 가정하고 871쪽의 전극 반응을 참조하시오.)

(c) 전지의 $E^\circ_{전지}$와 $\Delta G^\circ$를 계산하시오.

**18.123** 건설 회사는 길이 40.0 m, 반지름 0.900 m인 철로 된 배수구(긴 원통형 튜브)를 설치하고 있다. 부식을 방지하기 위해 배수구에 아연 도금 처리를 해야 한다. 이 공정은 흑연을 산화 전극으로 사용하고, 철판을 환원 전극으로 사용하여 적절한 치수의 철판을 먼저 $Zn^{2+}$ 이온을 포함하는 전해 전지에 통과시켜 수행한다. 전압이 3.26 V이고, 공정 효율이 95%인 경우, 0.200 mm 두께의 층을 코팅하는 데 필요한 전기 비용은 얼마인가? 전기 요금은 킬로와트시(kWh)당 0.12달러이며, 1 W=1 J/s이고, Zn의 밀도는 7.14 g/cm$^3$이다.

**18.125** 다음의 표준 환원 전위를 고려해 보자.

$$Fe^{2+}(aq)+2e^- \longrightarrow Fe(s) \qquad E^\circ_1=-0.44\text{ V}$$
$$Fe^{3+}(aq)+e^- \longrightarrow Fe^{2+}(aq) \qquad E^\circ_2=0.77\text{ V}$$

다음 반쪽 반응의 표준 환원 전위를 계산하시오.

$$Fe^{3+}(aq)+3e^- \longrightarrow Fe(s) \qquad E^\circ_3=?$$

**18.127** 298 K에서 다음 반응에 대한 평형 상수를 계산하시오.

$$Zn(s)+Cu^{2+}(aq) \rightleftharpoons Zn^{2+}(aq)+Cu(s)$$

**18.129** 토양의 아질산 이온($NO_2^-$)은 산소가 존재할 때, 세균인 니트로박터 아질리스(*Nitrobacter agilis*)에 의해 질산 이온($NO_3^-$)으로 산화된다. 반쪽 반응은 다음과 같다.

$$NO_3^-+2H^++2e^- \longrightarrow NO_2^-+H_2O \qquad E^\circ=0.42\text{ V}$$
$$O_2+4H^++4e^- \longrightarrow 2H_2O \qquad E^\circ=1.23\text{ V}$$

산화된 아질산 이온 1몰당 ATP 합성의 수득률을 계산하시오. (힌트: 14.6절 참조)

**18.131** 18.5절에서 논의했듯이, 전지가 작동할 때 농도 전지의 전위는 감소하고 두 구획의 농도는 서로 같은 농도로 접근한다. 두 구획의 농도가 같으면 전지의 작동이 멈춘다. 이 단계에서 농도 이외의 매개 변수를 조정하여 전지의 전위를 생성할 수 있는가? 설명하시오.

## 유제 해답

**18.1** ❶ $MnO_4^-+5Fe^{2+}+8H^+ \longrightarrow Mn^{2+}+5Fe^{3+}+4H_2O$
**18.2** ❶ 하나의 전지에서 철 전극은 산화 전극이고, 전체 반응은 $Fe(s)+Sn^{2+}(aq) \longrightarrow Fe^{2+}(aq)+Sn(s)$, $E^\circ_{전지}=E^\circ_{Sn^{2+}/Sn}-E^\circ_{Fe^{2+}/Fe}=(-0.14\text{ V})-(-0.44\text{ V})=0.30\text{ V}$이다. 다른 전지에서는 철 전극이 환원 전극이고, 전체 반응은 $3Fe^{2+}(aq)+2Cr(s) \longrightarrow 3Fe(s)+2Cr^{3+}(aq)$, $E^\circ_{전지}=E^\circ_{Fe^{2+}/Fe}-E^\circ_{Cr^{3+}/Cr}=(-0.44\text{ V})-(-0.74\text{ V})=0.3\text{ V}$이다. **18.3** ❶ 코발트는 철보다 더 강한 환원 전위를 가지고 있다. 따라서 코발트 이온은 철 금속이 존재하면 환원될 것이다. 철제 용기의 철은 $Fe^{2+}$로 산화될 것이다. 산화된 금속은 고체상에서 수용액 상태로 이동하며, 이는 용기가 효과적으로 용해된다는 것을 의미한다. 코발트는 주석보다 작은 환원 전위를 갖는다. 주석 금속은 $Co^{2+}$ 이온에 의해 산화되지 않으며 용기는 손상되지 않는다. 염화 코발트(II) 용액은 철제 용기보다 주석 용기에 더 안전하게 보관될 것이다. **18.4** ❶ 23.2 kJ/mol **18.5** ❶ $1.4\times10^5$ **18.6** ❶ 18 atm **18.7** ❶ 0.16 V **18.8** ❶ 0.96 A

## 절 복습

**18.1.1** a, c, e **18.1.2** c **18.3.1** d **18.3.2** c **18.3.3** b **18.3.4** e **18.4.1** b **18.4.2** b **18.5.1** b **18.5.2** b **18.5.3** d **18.5.4** e **18.7.1** a **18.7.2** e **18.7.3** c

Chapter

19

# 화학 반응 속도론

## Chemical Kinetics

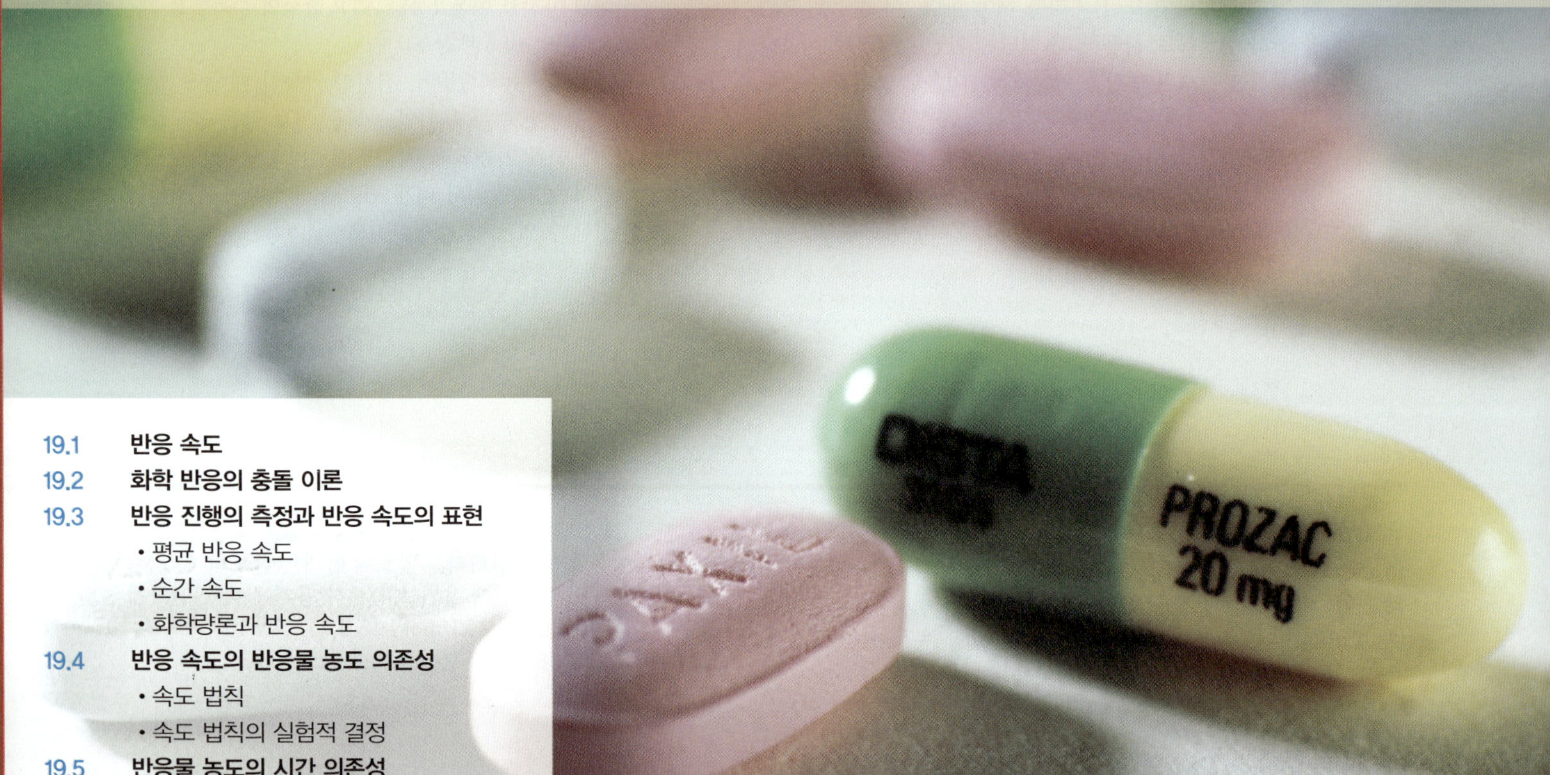




새로운 약을 개발할 때는 약이 투여될 때부터 신체에서 제거될 때까지의 과정을 이해하기 위해 그것이 흡수되고, 신진 대사되고, 제거되는 속도를 이해하는 것이 중요하다. 약물의 흡수, 분포, 대사 및 배설의 시간 경과에 대한 연구인 약물 동역학은 약물의 농도와 생리적 조건에서의 활성 사이에 강한 상관 관계를 밝혀냈다. 특히, 약물의 생체 이용률, 목표 영역에 도달하는 약물의 비율을 알면 임상의는 최대 효과를 위한 최적의 투여량을 식별할 수 있다.

## 들어가기 전에

- $R$의 값은 J/K·mol로 표시한다 [|◀◀11.5절]
- 로그의 사용 [|◀◀부록 1]

## 19.1 반응 속도

화학 반응 속도론은 반응이 얼마나 빨리 진행되는지에 대한 연구이다. 시각과 광합성의 초기 단계와 같은 많은 익숙한 반응들은 거의 즉각적으로 발생한다. 철이 부식되거나 다이아몬드가 흑연으로 변하는 것과 같은 다른 반응들은 수일 또는 수십억 년의 시간에 걸쳐 일어난다.

속도론에 대한 지식은 약물 설계, 오염 제어 및 식품 가공을 포함한 많은 과학적 연구에 중요하다. 산업 화학자의 임무는 수득률을 극대화하거나 새로운 과정을 개발하는 것보다는 반응 **속도**(rate)를 높이기 위한 연구일 경우가 많다. 반응 속도를 증가시킬 수 있는 요인들에는 반응물의 농도 증가, 온도 상승, 고체 반응물의 표면적 증가 및 촉매의 존재 등이 있다. 이러한 것들이 분자 수준에서 반응 속도에 어떻게 영향을 주는지 검토한 후에 각 요인의 정량적 영향에 대하여 보다 자세하게 살펴볼 것이다.

## 19.2 화학 반응의 충돌 이론

화학 반응은 일반적인 식으로 나타낼 수 있다.

$$\text{반응물} \longrightarrow \text{생성물}$$

이 반응식은 반응 과정에서 생성물이 생성되는 동안 반응물이 소모됨을 알려준다. 화학 반응은 일반적으로 반응하는 분자 사이의 충돌에 의해 발생한다. 충돌 횟수가 많을수록 반응 속도가 빨라진다. 화학 반응 속도론의 **충돌 이론**(collision theory)에 따르면, 반응 속도는 초당 분자들 간의 충돌수에 직접적으로 비례한다.

$$\text{반응 속도} \propto \frac{\text{충돌수}}{\text{시간(초, s)}}$$

어떤 생성물을 생성하기 위해 A 분자와 B 분자의 반응을 고려해 보자. 각 생성물 분자는 A 분자와 B 분자의 직접적인 결합에 의해 형성된다고 가정해 보자. A의 농도를 두 배로 하면 A–B 충돌 횟수도 두 배가 될 것이다. 왜냐하면 어떤 주어진 양에서 B 분자와 충돌할 수 있는 A 분자의 수가 두 배가 되기 때문이다. 결과적으로, 반응 속도는 두 배 증가할 것이다. 유사하게 B 분자의 농도를 두 배로 하면, 반응 속도도 두 배로 증가할 것이다.

**참조**

운동 에너지(kinetic energy)는 주변 환경에 대하여 전체의 분자가 움직여 만드는 결과이다. 진동 에너지(vibrational energy)는 분자에 있는 원자들의 서로에 대하여 만드는 운동의 결과이다.

이와 같은 충돌 이론에 대한 관점은 단순화 된 것이다. 왜냐하면 분자 간의 모든 충돌이 반응을 일으키지는 않기 때문이다. 반응을 일으키는 충돌을 **유효 충돌**(effective collision)이라고 한다. 운동 중인 분자는 운동 에너지를 가지고 있다. 이동 속도가 빠를수록 운동 에너지가 크다. 분자가 충돌하면 운동 에너지의 일부가 진동 에너지로 변환된다. 초기 운동 에너지가 크다면, 충돌하는 분자들은 강하게 진동하여 일부 화학 결합을 끊을 수 있을 것이다. 이런 결합의 깨짐은 생성물 생성을 향한 첫 번째 단계이다. 초기의 운동 에너지가 작으면, 분자는 서로 만났다가 아무 변화 없이 튕겨져 나갈 것이다. 화학 반응을 일으키기 위해서 필요한 최소한의 에너지를 **활성화 에너지**(activation energy, $E_a$)[|◀◀ 19.6절]라고 한다. 충돌할 때 이 최소한의 에너지가 없으면 충돌은 효과가 없을 것이다. 즉, 반응은 일어나지 않는다.

분자가 반응할 때 (**원자**가 반응할 때와 상반되게), 충분한 운동 에너지를 가지고 충돌하는 것만이 효과적일 수 있는 유일한 요건은 아니다. 분자는 또한 반응에 유리한 방향으로 배향되어야 한다. 염소 원자와 염화 나이트로실(NOCl) 사이의 반응은 이런 점을 보여 준다.

$$Cl + NOCl \longrightarrow Cl_2 + NO$$

이 반응은 자유 Cl 원자가 NOCl 분자의 Cl 원자와 직접 충돌할 때 가장 호의적이다[그림 19.1(a)]. 그렇지 않은 경우, 반응물은 서로 튕겨져 반응이 일어나지 않는다[그림 19.1(b)].

효과적인 충돌이 반응 분자 간에 발생하면, 충돌의 결과로 반응 분자에 의해 형성된 일시적으로 존재하는 화학종인 **활성화물**[activated complex, **전이 상태**(transition state)라고 알려진 상태]을 형성한다. 그림 19.2는 Cl과 NOCl 사이의 반응에 대한 퍼텐셜 에너지의 프로파일을 보여 준다.

활성화 에너지를 에너지 장벽이라고 생각할 수 있다. 보통 반응에서 반응 분자의 수가 매우 많기 때문에 분자의 속도와 운동 에너지는 매우 다양하다. 일반적으로 충돌하는 분자들 중 적은 수의 분자들만이 활성화 에너지를 초과할 만큼의 충분한 운동 에너지를 갖는 빠른 속도로 움직인다. 따라서 가장 빠르게 움직이는 분자들만이 반응에 참여할 수 있다. 이것은 반응 속도가 일반적으로 온도가 증가함에 따라 증가하는 이유를 설명한다. 분자 운동론에 따르면, 시료에 들어 있는 분자들의 평균 운동 에너지는 온도가 증가함에 따라 증가한다[|◀◀ 11.2절][그림 11.4]. 따라서 고온의 시료 속 분자들 중 많은 분자들이 활성화 에

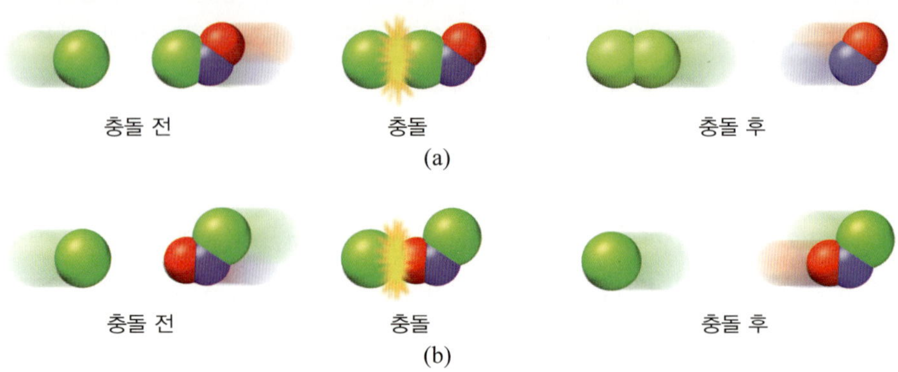


**그림 19.1** (a) 효과적인 충돌이 발생하기 위해서는 자유 Cl 원자가 NOCl의 Cl 원자와 직접 충돌해야 한다. (b) 그렇지 않으면 반응물이 유효 충돌을 만들지 않고 서로 튕겨져 나가게 되어 반응이 일어나지 않는다.

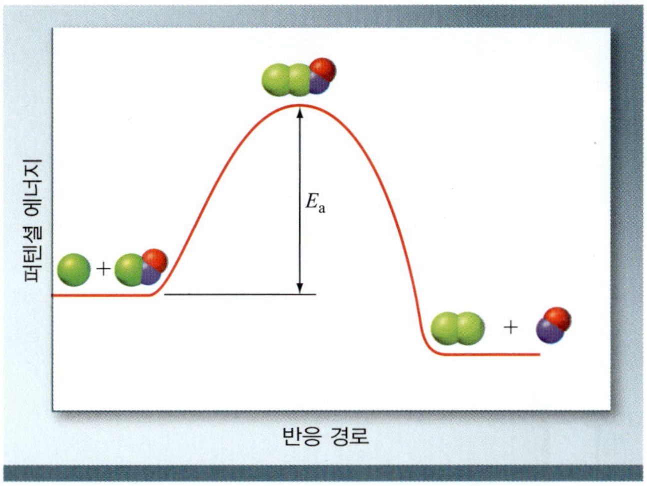


그림 19.2 Cl과 NOCl의 반응에 대한 에너지 프로파일. 적절하게 배향이 되어야 하고, 반응 분자는 활성화 에너지를 극복하기에 충분한 에너지를 가져야만 한다.

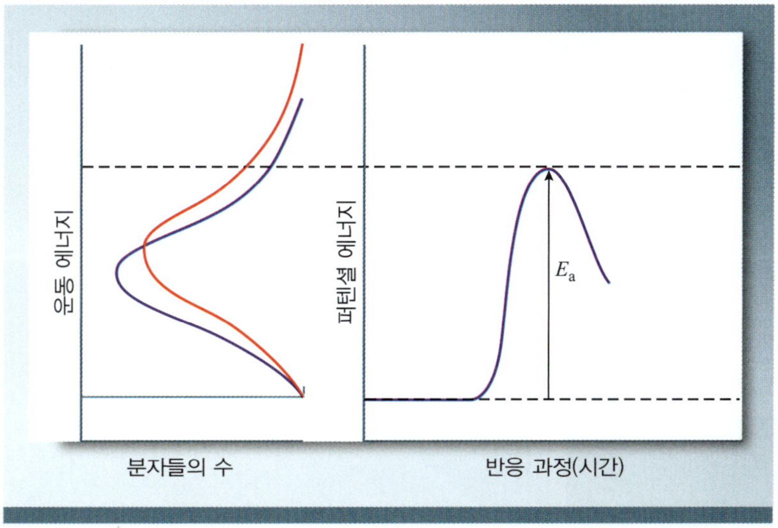


그림 19.3 분자 운동론에 따르면 분자 집합의 평균 속도와 평균 운동 에너지는 온도가 증가함에 따라 증가한다. 파란색 선은 더 낮은 온도에서의 분자 집합을 나타내고, 빨간색 선은 보다 높은 온도에서의 분자 집합을 나타낸다. 고온에서는 더 많은 분자가 활성화 에너지를 초과한 충분한 운동 에너지를 가지고, 이들은 유효 충돌을 일으킨다.

너지를 초과하는 충분한 운동 에너지를 가지며(그림 19.3), 따라서 반응 속도가 증가하게 된다. 그림 19.4(894~895쪽)에는 반응 속도에 영향을 미치는 요인이 요약되어 있다.

## 19.3 반응 진행의 측정과 반응 속도의 표현

반응물 농도의 감소 또는 생성물 농도의 증가를 측정함으로써 반응의 진행 과정을 추적할 수 있다. 반응물 또는 생성물 농도의 변화를 추적하는 데 사용되는 방법은 특정 반응에 따라 다르다. 착색된 화학종을 소비하거나 생산하는 반응에서는 분광계로 시간의 경과에

그림 19.4 충돌 이론

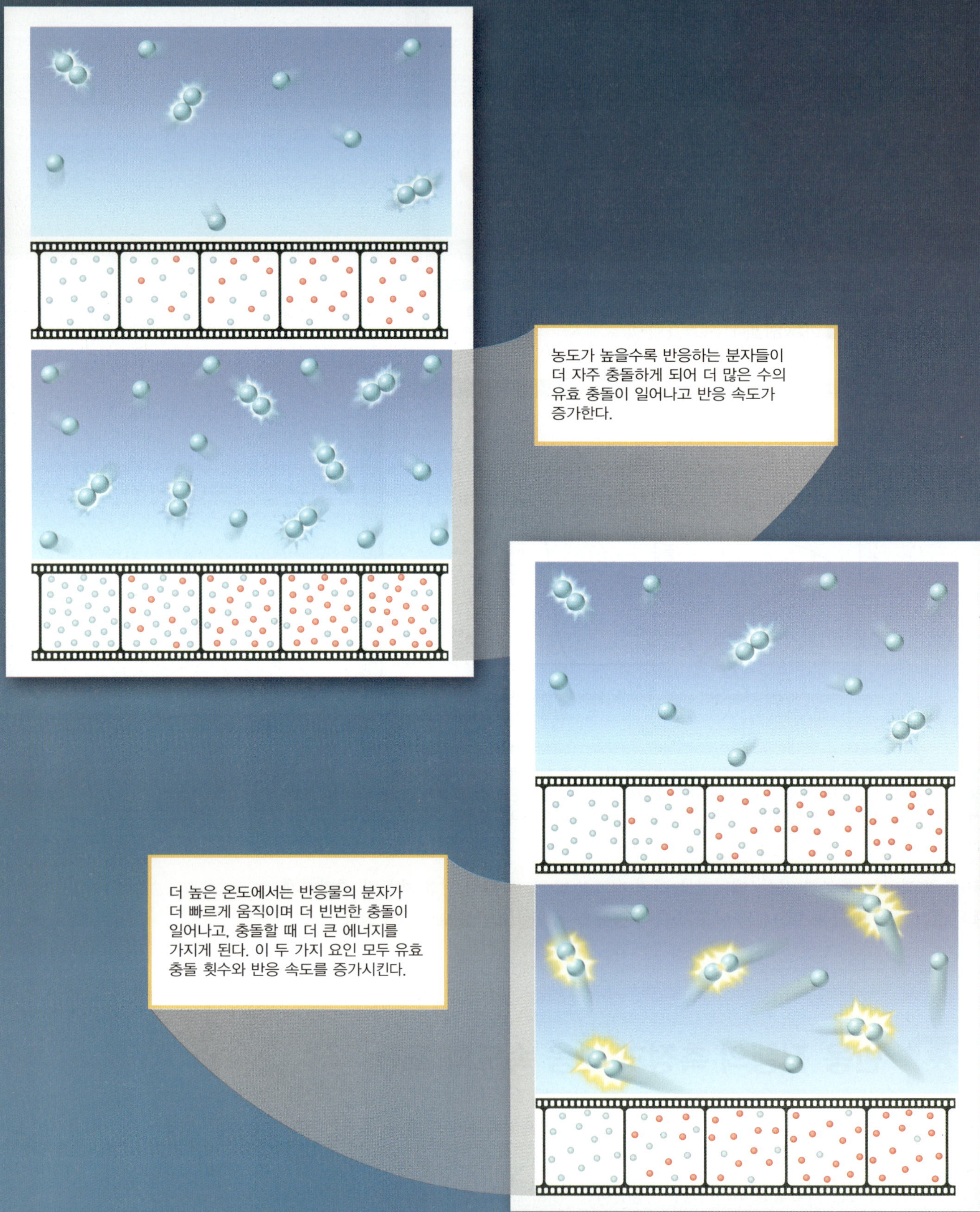
농도가 높을수록 반응하는 분자들이 더 자주 충돌하게 되어 더 많은 수의 유효 충돌이 일어나고 반응 속도가 증가한다.
더 높은 온도에서는 반응물의 분자가 더 빠르게 움직이며 더 빈번한 충돌이 일어나고, 충돌할 때 더 큰 에너지를 가지게 된다. 이 두 가지 요인 모두 유효 충돌 횟수와 반응 속도를 증가시킨다.

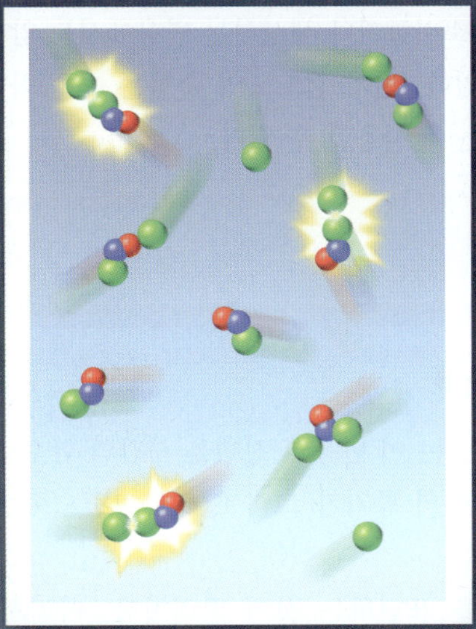

효과적이기 위해서는 반응물들 사이에 적절한 방향으로 충돌이 발생해야 한다. Cl과 NOCl의 반응에서 충돌은 Cl 원자가 NOCl의 Cl 원자와 충돌할 때만 효과적일 수 있다.
(효과적인 충돌은 노란색으로 구분하였다.)

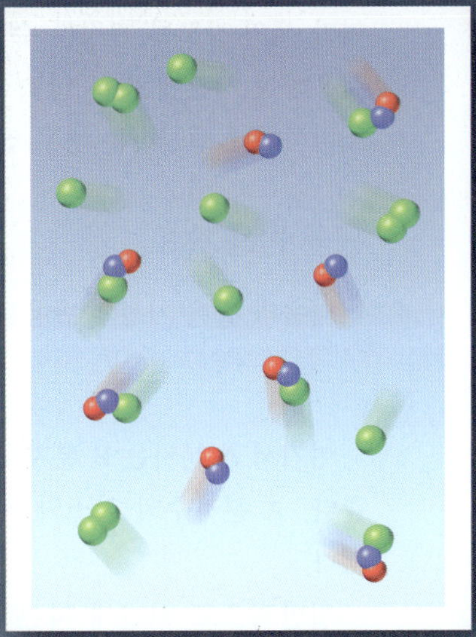

생성물의 생성은 효과적인 충돌의 결과로 발생한다. 다른 충돌들은 반응물이 단순히 서로 튀어 나가는 결과를 만든다. (각각의 유효 충돌은 하나의 $Cl_2$ 분자와 하나의 NO 분자의 생성했다.)

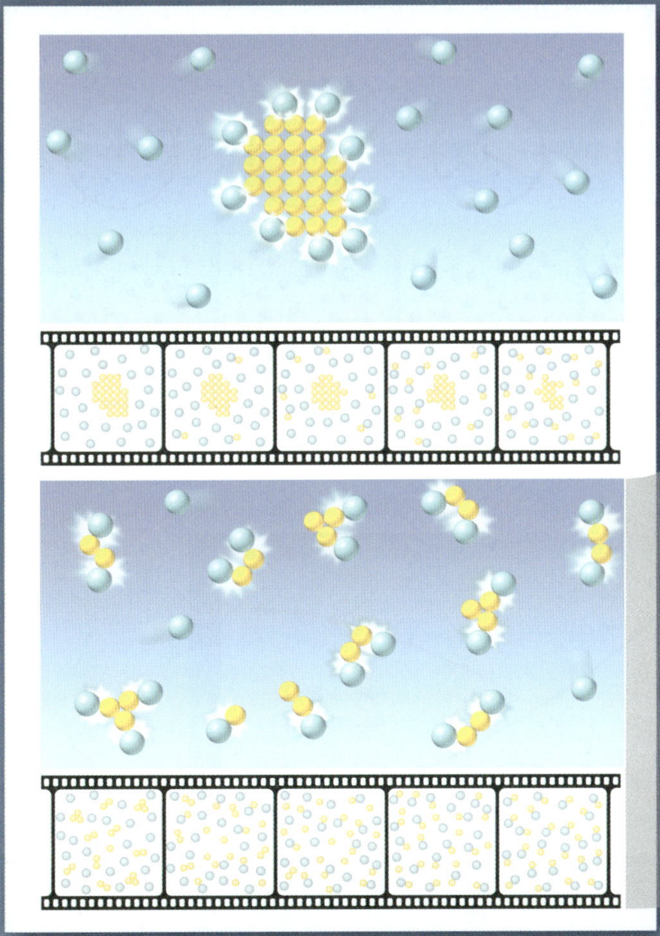

보다 미세하게 분쇄된 고체 반응물은 분자 충돌이 발생할 수 있는 더 많은 표면적을 갖는다. 표면적이 넓어지면 반응물 분자가 더 자주 충돌할 수 있어 더 많은 충돌이 발생하고, 이에 의해 반응 속도가 빨라진다.

## 요점 내용

반응물의 농도, 온도, 분자 배향 및 표면적을 포함하여 몇 가지의 요소가 화학 반응 속도에 영향을 줄 수 있다. 일반적으로 다음과 같다.

- 반응물의 농도가 증가함에 따라 반응 속도가 증가한다.
- 온도가 높아짐에 따라 반응 속도가 증가한다.
- 반응 속도는 고체 반응물의 표면적이 증가함에 따라 증가한다.
- 충돌할 때 적합하게 배향된 분자만 반응을 일으킨다.

따라 색의 강도를 측정할 수 있다. 기체 분자를 소비하거나 생성하는 반응에서는 압력계를 사용하여 시간에 따른 압력 변화를 측정할 수 있다. 전기 전도도의 측정은 이온 화학종을 소비하거나 생산하는 경우 진행 과정을 추적하는 데 사용할 수 있다.

## 평균 반응 속도

다음과 같은 가상의 반응을 생각해 보자.

$$A \longrightarrow B$$

여기서 A 분자는 B 분자로 변환된다. 그림 19.5는 이 반응의 진행을 시간의 함수로 보여 준다. A 분자수의 감소와 시간에 따른 B 분자수의 증가가 그림 19.6에 그림으로 표시되었다.

일반적으로 시간에 따른 농도 변화의 비율을 표현하는 것이 편리하다. 따라서 반응 A ⟶ B에 대해 반응 속도를 다음과 같이 표현할 수 있다.

$$\text{속도} = -\frac{\Delta[\mathrm{A}]}{\Delta t} \quad \text{또는} \quad \text{속도} = \frac{\Delta[\mathrm{B}]}{\Delta t}$$

여기서 Δ[A]와 Δ[B]는 시간 변화량 $\Delta t$ 동안에 생긴 농도 변화(몰농도)이다. Δ[A]가 포함

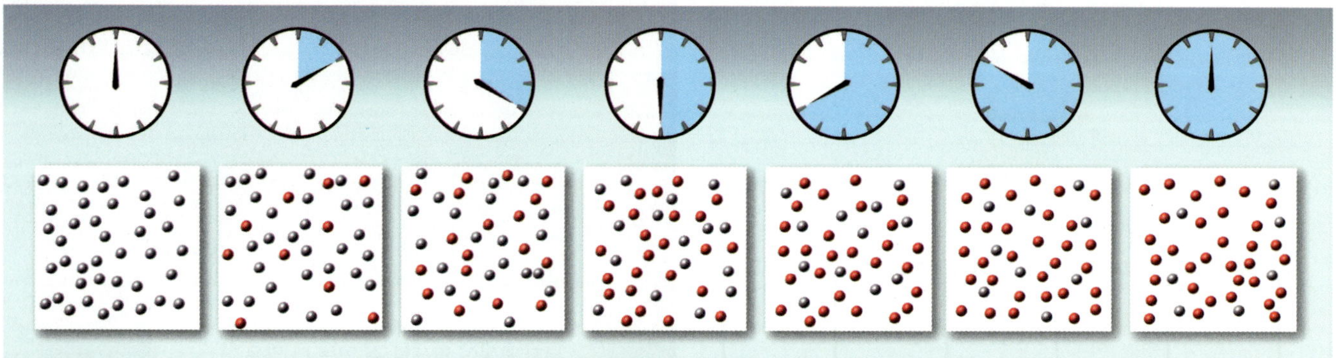

**그림 19.5** A ⟶ B 반응의 진행 과정. 처음에는 A 분자(회색 구)만 존재한다. 시간이 갈수록 점점 더 많은 B 분자(빨간색 구)가 생겨나게 된다.

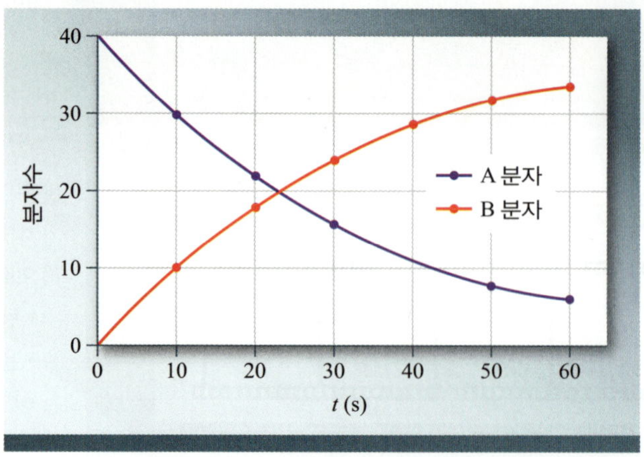


**그림 19.6** A ⟶ B 반응에 대한 반응 속도는 시간에 따른 A 분자의 감소 및 시간에 따른 B 분자의 증가로 나타낸다.

그림 19.7 (왼쪽에서 오른쪽으로) 시간 경과에 따른 브로민 농도의 감소는 색상의 옅어짐으로 나타난다.

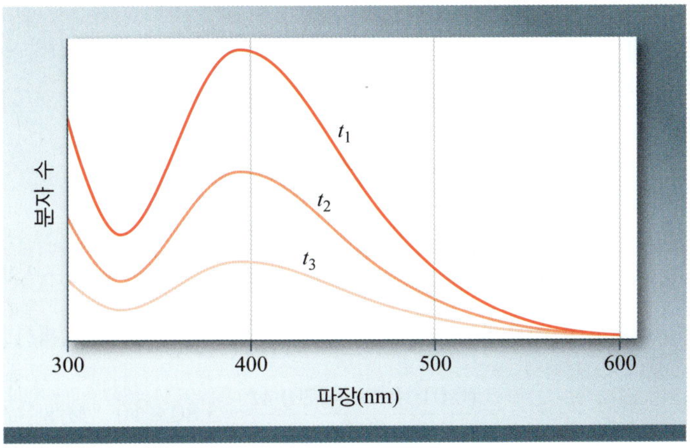


그림 19.8 빛의 파장 대 브로민의 흡수 그래프. 브로민에 의한 가시광의 최대 흡수는 393 nm에서 발생한다. 반응이 진행됨에 따라($t_1 \sim t_3$) $[Br_2]$에 의한 빛의 흡수가 비례적으로 감소한다.

된 속도 표현식은 일정 시간 간격 동안 A의 농도가 감소하므로 음수의 값을 가지게 된다. 즉, $\Delta[A]$는 음수이다. $\Delta[B]$를 포함하는 속도 표현은 B의 농도가 일정 시간 간격 동안 증가하기 때문에 음의 값을 갖지 않는다. 속도는 항상 양의 값이어야 하므로 반응물 농도의 변화로 표현할 때, 속도를 양수로 만들기 위해 속도 표현에 음의 부호가 필요하다. 하지만 속도가 생성물 농도의 변화로 표현될 때, 생성물 농도가 시간에 따라 증가하기 때문에 이를 양수로 만들기 위해 음의 부호가 필요하지 않는다. 이러한 방식으로 계산된 속도는 반응 시간 $\Delta t$ 동안 발생한 평균 속도이다.

화학 반응의 속도와 그 화학 반응이 어떻게 결정되는지를 이해하기 위해 몇 가지 구체적인 반응을 고려하는 것이 유용하다. 먼저 브로민 분자($Br_2$)와 폼산(HCOOH)의 수용액 반응을 고려해 보자.

$$Br_2(aq) + HCOOH(aq) \longrightarrow 2Br^-(aq) + 2H^+(aq) + CO_2(g)$$

브로민 분자는 적갈색을 띠는 반면, 반응에서 다른 모든 화학종은 무색이다. 반응이 진행됨에 따라 브로민의 농도가 감소하고 용액의 색상이 옅어진다(그림 19.7). 색상의 강도의 감소(따라서 브로민 농도의 감소)는 브로민에 의해 흡수되는 가시광선의 양을 기록하는 분광계로 추적할 수 있다(그림 19.8).

**표 19.1 25°C에서 브로민 분자와 폼산의 반응에 대한 반응 속도**

| 시간(s) | $[Br_2](M)$ | 반응 속도($M$/s) |
|---|---|---|
| 0.0 | 0.0120 | $4.20 \times 10^{-5}$ |
| 50.0 | 0.0101 | $3.52 \times 10^{-5}$ |
| 100.0 | 0.00846 | $2.96 \times 10^{-5}$ |
| 150.0 | 0.00710 | $2.49 \times 10^{-5}$ |
| 200.0 | 0.00596 | $2.09 \times 10^{-5}$ |
| 250.0 | 0.00500 | $1.75 \times 10^{-5}$ |
| 300.0 | 0.00420 | $1.48 \times 10^{-5}$ |
| 350.0 | 0.00353 | $1.23 \times 10^{-5}$ |
| 400.0 | 0.00296 | $1.04 \times 10^{-5}$ |

어떤 초기 시간에 브로민의 농도를 측정한 어떤 최종 시간에 브로민의 농도를 측정하여 해당 반응 시간 동안 반응의 평균 속도를 결정할 수 있다.

$$\text{평균 속도} = -\frac{\Delta[Br_2]}{\Delta t}$$
$$= \frac{\Delta[Br_2]_{\text{최종}} - [Br_2]_{\text{초기}}}{t_{\text{최종}} - t_{\text{초기}}}$$

표 19.1의 정보를 사용하여 처음 50초 동안의 평균 속도를 다음과 같이 계산할 수 있다.

$$\text{평균 속도} = -\frac{(0.0101 - 0.0120)\ M}{50.0} = 3.80 \times 10^{-5}\ M/\text{s}$$

처음 100초를 반응 시간으로 선택한 경우 평균 속도는 다음과 같이 계산된다.

$$\text{평균 속도} = -\frac{(0.00846 - 0.0120)M}{100.0} = 3.54 \times 10^{-5}\ M/\text{s}$$

이 계산은 이 반응의 평균 속도가 선택한 반응 시간에 달려 있음을 보여 준다. 즉, 시간이 지남에 따라 반응 속도가 변하게 된다. 이것이 시간의 함수로서 반응물 또는 생성물의 농도에 대한 그래프가 직선이라기보다는 곡선인 이유이다[그림 19.9(a)].

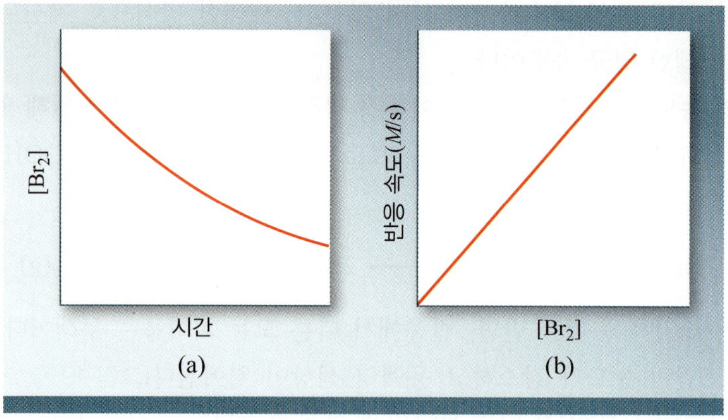


**그림 19.9** (a) 시간에 대한 $[Br_2]$의 그래프는 $[Br_2]$가 시간에 따라 변화할 때, 이에 대하여 반응 속도가 변하기 때문에 곡선이다. (b) $[Br_2]$에 대한 반응 속도의 그래프는 $[Br_2]$에 비례하기 때문에 직선이다.

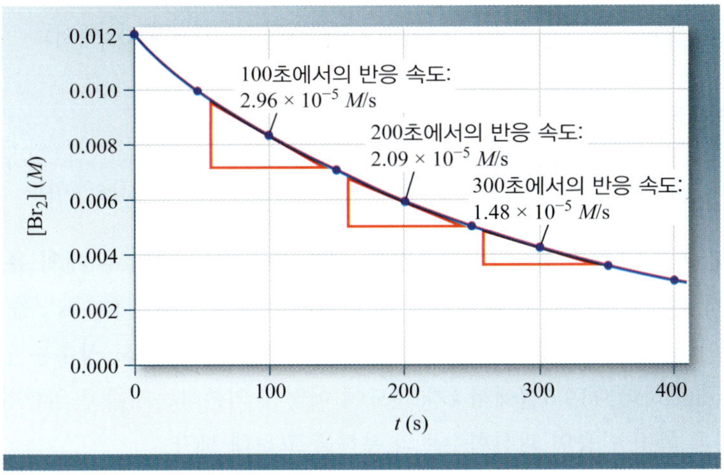


**그림 19.10** 각각의 시간($t$)=100, 200, 300초에서 브로민 분자와 폼산의 반응에 대한 순간 속도는 이들 시간에서의 접선의 기울기에 의해 주어진다.

## 순간 속도

점점 더 짧은 반응 시간 동안의 평균 속도를 계산할 경우, 특정한 순간의 반응 속도인 **순간 속도**(instantaneous rate)를 얻을 수 있다. 그림 19.10은 표 19.1의 정보를 기반으로 한 $[Br_2]$ 대 시간의 그래프를 보여 준다. 순간 속도는 특정 시간대의 곡선 그래프에서 접선의 기울기와 같다. 기울기를 계산하기 위해 접선을 따라 두 점을 선택할 수 있다. 화학자에게는 순간 속도가 일반적으로 평균 속도보다 더 유용한 값이다. 그러므로 이 장의 나머지 부분에서, 반응 속도라는 용어는(달리 명시되지 않는 한) "순간 속도"를 의미하는 데 사용된다.

시간의 경과에 따라 브로민의 농도가 감소하기 때문에 접선의 기울기 및 반응 **속도**(rate)는 시간에 따라 감소한다[그림 19.9(a)]. 표 19.1의 정보는 이 반응에 대한 속도가 브로민의 농도에 어떻게 의존하는지를 보여 준다. 예를 들어, 50초에서 브로민의 농도가 0.0101 $M$인 경우, 반응 속도는 $3.52 \times 10^{-5}$ $M$/s이다. 250초에서 브로민의 농도가 반으로 감소(즉, 0.00500 $M$로 감소)하면, 반응 속도도 반으로 감소한다(즉, $1.75 \times 10^{-5}$ $M$/s로 감소됨).

$$\frac{[Br_2]_{50\,s}}{[Br_2]_{250\,s}} \approx 2 \quad \text{그리고} \quad \frac{\text{50초에서의 속도}}{\text{250초에서의 속도}} = \frac{3.52 \times 10^{-5}\ M/s}{1.75 \times 10^{-5}\ M/s} \approx 2$$

따라서 반응 속도는 브로민의 농도에 직접적으로 비례하며, 다음과 같이 쓸 수 있다.

$$\text{속도} \propto [Br_2]$$
$$\text{속도} = k[Br_2]$$

여기서 비례 상수인 $k$를 **속도 상수**(rate constant)라고 한다.

앞의 방정식을 다시 정리하면 다음과 같다.

$$k = \frac{\text{반응 속도}}{[Br_2]}$$

이 반응에 대한 $k$의 값을 계산하기 위해 임의의 $t$의 값에 대해 표 19.1의 농도 및 반응 속도 정보를 사용할 수 있다. 예를 들어, $t$=50.0초의 정보를 사용하면, 다음과 같다.

$$k = \frac{3.52 \times 10^{-5}\ M/\text{s}}{0.0101\ M} = 3.49 \times 10^{-3}\ \text{s}^{-1} \qquad (t = 50.0\ \text{s에서})$$

마찬가지로 $t=300.0$ s에 대한 자료를 사용하면, 다음과 같다.

$$k = \frac{1.48 \times 10^{-5}\ M/\text{s}}{0.00420\ M} = 3.52 \times 10^{-3}\ \text{s}^{-1} \qquad (t = 300.0\ \text{s에서})$$

계산된 $k$ 값의 약간의 변화는 속도 측정의 실험 편차 때문이다. 두 개의 유효 숫자에 대해 표 19.1에서 선택한 수치선에 관계없이 이 반응에 대해 $k=3.5 \times 10^{-3}\ \text{s}^{-1}$을 얻게 된다. $k$ 값은 브로민의 농도에 의존하지 않는다는 점에 유의해야 한다. 속도 상수는 일정한 온도에서 **일정**(constant)하다. (19.6절에서 $k$가 온도에 어떻게 의존하는지를 논의한다.)

이제 또 다른 특정 반응인 과산화수소의 분해를 고려해 보자.

$$2H_2O_2(aq) \longrightarrow 2H_2O(l) + O_2(g)$$

생성물 중 하나가 기체이기 때문에 압력계로 압력을 측정하여 이 반응의 진행 상황을 추적할 수 있다. 압력은 이상 기체 방정식을 사용하여 농도로 변환된다.

$$PV = nRT$$

또는

$$P_{O_2} = \frac{n}{V}RT = [O_2]RT$$

여기서, $n/V$는 산소 기체의 몰농도를 나타낸다. 수식을 다시 정리하고 $[O_2]$에 대하여 풀면 다음과 같다.

$$[O_2] = \frac{1}{RT}P_{O_2}$$

산소의 생성 속도로 표현되는 반응 속도는 다음과 같이 쓸 수 있다.

$$\text{반응 속도} = \frac{\Delta[O_2]}{\Delta t} = \frac{1}{RT}\frac{\Delta P_{O_2}}{\Delta t}$$

**참조**

많은 학생들은 이상 기체 방정식[◀◀ 11.5절]을 사용하여 압력을 농도로 간단히 변환한 다음, 익숙한 수식의 형태인 속도 $=\Delta[O_2]/\Delta t$를 사용하여 반응 속도를 결정하기를 선호한다.

압력에 대한 정보로부터 반응 속도를 결정하는 것은 반응이 수행되는 온도(켈빈 단위)가 알려진 경우에만 가능하다. 그림 19.11(a)는 과산화 수소의 분해에서 압력 변화를 추적하는 데 사용된 장치를 보여 준다. 그림 19.11(b)는 시간 대 산소 기체의 압력 $P_{O_2}$의 그래프를 보여 준다. 그림 19.10에서와 같이 임의 지점에서의 순간 속도를 결정하기 위해 그림 19.11(b)의 곡선에 접선을 그릴 수 있다.

## 화학량론과 반응 속도

유형 A ⟶ B와 같은 화학량론적으로 간단한 반응의 경우, 속도는 시간에 따른 반응물 농도의 감소 $-\Delta[A]/\Delta t$, 또는 시간에 따른 생성물 농도의 증가 $\Delta[B]/\Delta t$로 표현될 수 있다. 이 두 표현식 모두 동일한 결과를 제공한다. 하나 이상의 화학량론적 계수가 1이 아닌 반응의 경우, 반응 속도를 표현하는 데 특별한 주의를 기울여야 한다. 예를 들어, 브로민 분자와 폼산 사이의 반응을 다시 고려해 보자.

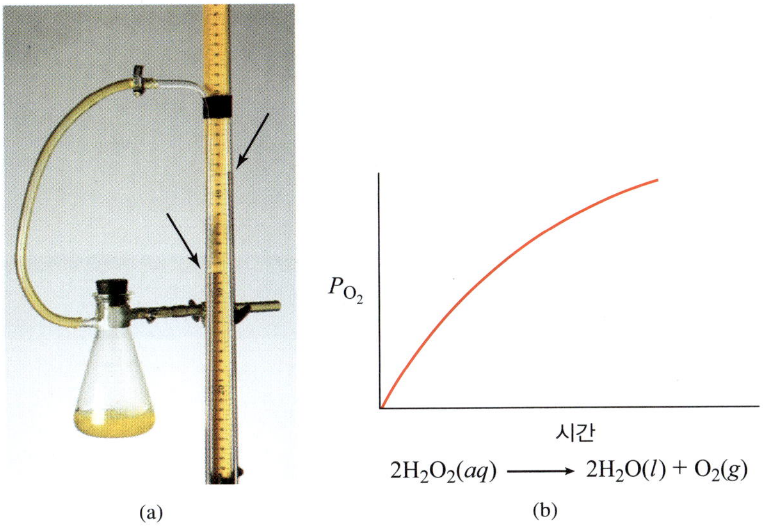


**그림 19.11** (a) 과산화 수소의 분해 속도는 압력계를 사용하여 측정할 수 있으며, (b)는 시간에 따른 산소 기체의 압력 증가를 나타낸다.

$$Br_2(aq) + HCOOH(aq) \longrightarrow 2Br^-(aq) + 2H^+(aq) + CO_2(g)$$

브로민의 소멸이라는 측면에서 이 반응 속도를 표현했다. 그러나 만약 브로민의 소멸 대신에 브로민화 이온의 생성의 측면에서 반응 속도를 표현하도록 했다면 어떻게 될까? 균형 잡힌 반응식에 따르면 소비된 $Br_2$ 분자 1몰당 2몰의 $Br^-$가 생성된다. 따라서 $Br^-$는 $Br_2$가 사라지는 속도의 두 배로 생성된다. 특정 화학종의 소비 또는 생성 속도를 보고하면서 생기는 모호성을 피하기 위해 **반응 속도**(rate of reaction)를 보고한다. 관찰하는 화학종에 관계없이 결과가 동일하도록 반응 속도를 결정한다. 다음의 가상적인 반응의 경우를 고려해 보자.

$$A \longrightarrow 2B$$

반응 속도는 다음 중 하나로 나타낼 수 있다.

$$\text{반응 속도} = -\frac{\Delta[A]}{\Delta t} \quad \text{또는} \quad \text{반응 속도} = \frac{1}{2}\frac{\Delta[B]}{\Delta t}$$

둘 다 같은 결과이다. 브로민과 폼산의 반응의 경우, 반응 속도를 다음과 같이 쓸 수 있다.

$$\text{반응 속도} = -\frac{\Delta[Br_2]}{\Delta t}$$

또는 다음과 같이 쓸 수도 있다.

$$\text{반응 속도} = \frac{1}{2}\frac{\Delta[Br^-]}{\Delta t}$$

일반적으로 반응은 다음과 같다.

$$aA + bB \longrightarrow cC + dD$$

반응 속도는 다음과 같이 주어진다.

$$\text{반응 속도} = -\frac{1}{a}\frac{\Delta[A]}{\Delta t} = -\frac{1}{b}\frac{\Delta[B]}{\Delta t} = \frac{1}{c}\frac{\Delta[C]}{\Delta t} = \frac{1}{d}\frac{\Delta[D]}{\Delta t} \qquad \text{식 19.1}$$

> **참조**
> 각 화학종의 농도 변화 속도는 균형 잡힌 반응식에서 그 화학종의 계수로 나누어진다.

이러한 방식으로 반응 속도를 표현하면 반응의 진행 상황을 추적하기 위해 측정하는 화학종의 종류와 상관없이 반응 속도가 동일하게 유지된다.

예제 19.1과 19.2는 반응 속도에 대한 속도식을 작성하는 방법과 반응 속도식에서 화학량론을 고려하는 방법을 보여 준다.

## 예제 19.1

다음 반응들 각각에 대한 속도식을 작성하시오.

(a) $I^-(aq) + OCl^-(aq) \longrightarrow Cl^-(aq) + OI^-(aq)$

(b) $2O_3(g) \longrightarrow 3O_2(g)$

(c) $4NH_3(g) + 5O_2(g) \longrightarrow 4NO(g) + 6H_2O(g)$

**전략** 식 19.1을 사용하여 각 반응에 대한 속도식을 작성한다.

**계획** 기체 화학종을 포함한 반응의 경우 일반적으로 압력 측정을 통해 진행 상황을 추적한다. 이상 기체 방정식을 사용하여 압력을 몰농도로 환산하고, 속도식은 몰농도로 표시한다.

**풀이** (a) 이 반응식의 모든 계수는 1이다. 따라서 다음과 같다.

$$\text{반응 속도} = -\frac{\Delta[I^-]}{\Delta t} = -\frac{\Delta[OCl^-]}{\Delta t} = \frac{\Delta[Cl^-]}{\Delta t} = \frac{\Delta[OI^-]}{\Delta t}$$

(b) $$\text{반응 속도} = -\frac{1}{2}\frac{\Delta[O_3]}{\Delta t} = \frac{1}{3}\frac{\Delta[O_2]}{\Delta t}$$

(c) $$\text{반응 속도} = -\frac{1}{4}\frac{\Delta[NH_3]}{\Delta t} = -\frac{1}{5}\frac{\Delta[O_2]}{\Delta t} = \frac{1}{4}\frac{\Delta[NO]}{\Delta t} = \frac{1}{6}\frac{\Delta[H_2O]}{\Delta t}$$

### 생각해 보기

각 화학종의 농도 변화가 균형 잡힌 반응식의 해당 계수로 나누어졌는지 확인한다. 또한 반응물 농도의 관점에서 작성된 속도식이 음의 부호를 갖도록 하여 결과적으로 얻어진 속도를 양의 값으로 만든다.

**유제 1** 다음의 속도식에 해당하는 균형 잡힌 반응식을 작성하시오.

(a) $$\text{반응 속도} = -\frac{1}{3}\frac{\Delta[CH_4]}{\Delta t} = -\frac{1}{2}\frac{\Delta[H_2O]}{\Delta t} = -\frac{\Delta[CO_2]}{\Delta t} = \frac{1}{4}\frac{\Delta[CH_3OH]}{\Delta t}$$

(b) $$\text{반응 속도} = -\frac{1}{2}\frac{\Delta[N_2O_5]}{\Delta t} = \frac{1}{2}\frac{\Delta[N_2]}{\Delta t} = \frac{1}{5}\frac{\Delta[O_2]}{\Delta t}$$

(c) $$\text{반응 속도} = -\frac{\Delta[H_2]}{\Delta t} = -\frac{\Delta[CO]}{\Delta t} = -\frac{\Delta[O_2]}{\Delta t} = \frac{\Delta[H_2CO_3]}{\Delta t}$$

**유제 2** 다음 그림은 초기에 A(빨간색)와 B(파란색)로 구성된 반응물들이 반응하여 생성물 C(보라색)를 생성하는 계를 나타낸다. 이 반응에 해당하는 균형 잡힌 화학 반응식을 쓰시오.

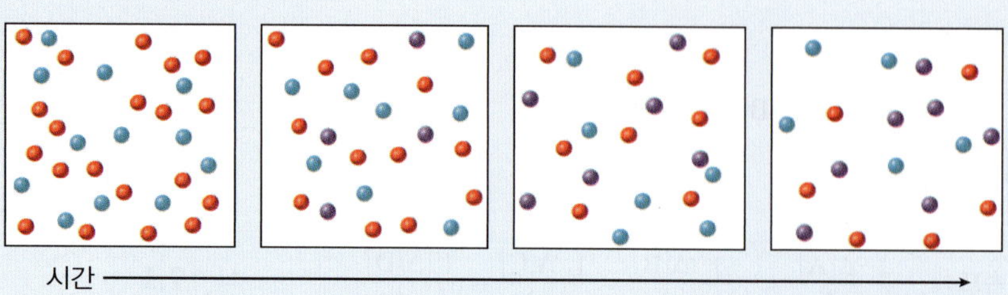

## 예제 19.2

다음 반응을 고려해 보자.

$$4NO_2(g) + O_2(g) \longrightarrow 2N_2O_5(g)$$

반응 중 특정 시간에 이산화 질소가 0.00130 $M$/s의 속도로 소비된다.

(a) 산소 분자는 어느 정도의 속도로 소비되는가?

(b) 오산화 이질소는 어느 정도의 속도로 생성되는가?

**전략** 식 19.1을 사용하여 반응 속도를 결정하고, 반응의 화학량론을 사용하여 특정 화학종에 대한 속도로 변환한다.

**계획**

$$\text{반응 속도} = -\frac{1}{4}\frac{\Delta[NO_2]}{\Delta t} = -\frac{\Delta[O_2]}{\Delta t} = \frac{1}{2}\frac{\Delta[N_2O_5]}{\Delta t}$$

문제에서 주어진 다음의 값을 대입한다.

$$\frac{\Delta[NO_2]}{\Delta t} = -0.00130\ M/s$$

여기서 음의 부호는 시간에 따라 $NO_2$의 농도가 감소함을 나타낸다. 따라서 반응 속도는 다음과 같다.

$$\text{반응 속도} = -\frac{1}{4}\frac{\Delta[NO_2]}{\Delta t} = -\frac{1}{4}(-0.00130\ M/s)$$

$$= 3.25 \times 10^{-4}\ M/s$$

**풀이**

(a) $$3.25 \times 10^{-4}\ M/s = -\frac{\Delta[O_2]}{\Delta t}$$

$$\frac{\Delta[O_2]}{\Delta t} = -3.25 \times 10^{-4}\ M/s$$

산소 분자는 $3.25 \times 10^{-4}\ M/s$의 속도로 소비되고 있다.

(b) $$3.25 \times 10^{-4}\ M/s = \frac{1}{2}\frac{\Delta[N_2O_5]}{\Delta t}$$

$$2(3.25 \times 10^{-4}\ M/s) = \frac{\Delta[N_2O_5]}{\Delta t}$$

$$\frac{\Delta[N_2O_5]}{\Delta t} = 6.50 \times 10^{-4}\ M/s$$

오산화 이질소는 $6.50 \times 10^{-4}\ M/s$의 속도로 생성되고 있다.

### 생각해 보기

속도 표현에서 음의 부호는 어떤 화학종이 생성되기보다는 소비되는 것을 나타냄을 기억한다. 속도는 항상 양수로 표시된다.

**유제 1** 다음의 균형 맞지 않은 반응식을 고려해 보자.

$$A + B \longrightarrow C$$

C가 0.086 $M$/s의 속도로 생성될 때 A는 0.172 $M$/s의 속도로 소비되고, B는 0.258 $M$/s의 속도로 소비된다. 생성물의 생성과 반응물의 소비의 상대적인 속도를 기반으로 반응식의 균형을 맞추시오.

**유제 2** $2A + B \longrightarrow 2C$ 반응을 생각해 보자. 다음 중 어느 그래프가 $t=0$초에서 반응이 진행됨에 따른 A, B 및 C의 농도를 나타낼 수 있는가?

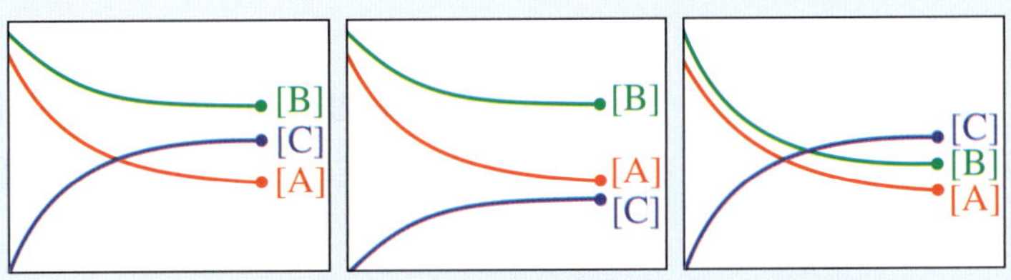


(i) (ii) (iii)

## 19.3절 복습

**반응 진행의 측정과 반응 속도의 표현**

**19.3.1** 다음 반응에 대한 속도 표현을 쓰시오.

$$A+2B \longrightarrow C+D$$

(a) 반응 속도 $=-\frac{\Delta[A]}{\Delta t}=-\frac{1}{2}\frac{\Delta[B]}{\Delta t}=\frac{\Delta[C]}{\Delta t}=\frac{\Delta[D]}{\Delta t}$

(b) 반응 속도 $=\frac{\Delta[A]}{\Delta t}=\frac{\Delta[B]}{\Delta t}=\frac{\Delta[C]}{\Delta t}=\frac{\Delta[D]}{\Delta t}$

(c) 반응 속도 $=-\frac{\Delta[A]}{\Delta t}=-\frac{2\Delta[B]}{\Delta t}=\frac{\Delta[C]}{\Delta t}=\frac{\Delta[D]}{\Delta t}$

(d) 반응 속도 $=-\frac{\Delta[A]}{\Delta t}=-\frac{1}{2}\frac{\Delta[B]}{\Delta t}=-\frac{\Delta[C]}{\Delta t}=-\frac{\Delta[D]}{\Delta t}$

(e) 반응 속도 $=\frac{\Delta[A]}{\Delta t}=\frac{1}{2}\frac{\Delta[B]}{\Delta t}=-\frac{\Delta[C]}{\Delta t}=-\frac{\Delta[D]}{\Delta t}$

**19.3.2** 동일한 반응을 고려해 보자.

$$A+2B \longrightarrow C+D$$

A의 농도가 0.026 $M$/s의 속도로 변한다면, B의 농도 변화에 대한 속도는 얼마인가?

(a) 0.026 $M$/s (b) 0.052 $M$/s (c) 0.013 $M$/s
(d) 0.078 $M$/s (e) 0.0004 $M$/s

# 19.4 반응 속도의 반응물 농도 의존성

19.3절에서 브로민과 폼산의 반응 속도는 브로민의 농도에 비례하고, 비례 상수 $k$는 속도 상수라는 것을 알았다. 반응 속도, 속도 상수 및 반응물 농도가 어떻게 관련되는지 더 자세히 살펴본다.

## 속도 법칙

반응 속도가 브로민 분자의 농도와 관련된 식은 다음과 같다.

$$\text{반응 속도}=k[Br_2]$$

위 식은 **속도 법칙**(rate law)의 예이다. 속도 법칙은 반응 속도를 반응물의 농도와 관련시키는 수식이다. 일반적인 다음의 반응을 고려해 보자.

$$aA+bB \longrightarrow cC+dD$$

속도 법칙은 다음과 같다.

$$\text{반응 속도} = k[\mathrm{A}]^x[\mathrm{B}]^y \qquad \text{식 19.2}$$

여기서, $k$는 속도 상수이고 지수 $x$와 $y$는 실험적으로 결정되어야 하는 숫자이다. $k$, $x$, $y$의 값을 알면 A와 B의 농도를 고려해서 반응 속도를 계산하기 위해 식 19.2를 사용할 수 있다.

**참조**

속도 법칙의 지수는 실험 자료로부터 결정되어야 하며, 일반적으로 화학 반응식의 계수와 같지 않다는 점이 매우 중요하다.

브로민 분자와 폼산 반응의 경우, 속도 법칙은 다음과 같다.

$$\text{반응 속도} = k[\mathrm{Br_2}]^x[\mathrm{HCOOH}]^y$$

여기서, $x=1$이고 $y=0$이다.

속도 법칙의 지수의 값은 각 반응물에 대한 반응의 **차수**(order)를 나타낸다. 예를 들어, 브로민과 폼산의 반응에서, 브로민 농도에 대한 지수 $x=1$은 반응이 브로민에 대해 **1차**(first order)임을 의미한다. 폼산 농도에 대한 0의 지수는 반응이 폼산에 대하여 **0차**(zeroth order)임을 나타낸다. $x$와 $y$의 합을 전체 **반응 차수**(reaction order)라고 한다. 따라서 브로민과 폼산의 반응은 브로민에서는 1차, 폼산에서는 0차, 전체적으로는 1차($1+0=1$)이다.

## 속도 법칙의 실험적 결정

실험 자료를 통해 속도 법칙을 결정하는 방법을 알아보기 위해 다음 플루오린과 이산화 염소 사이의 반응을 고려해 보자.

$$\mathrm{F_2}(g) + 2\mathrm{ClO_2}(g) \longrightarrow 2\mathrm{FClO_2}(g)$$

속도 법칙은 일반적으로 반응물의 초기 농도와 **초기 속도**(initial rate)를 사용하여 결정된다. 초기 속도는 반응 시작 시의 순간 속도이다. 반응물의 초기 농도를 변화시키고 이로 인한 초기 속도의 변화를 관찰함으로써, 각 반응물 농도에 따라 속도가 어떻게 달라지는지를 결정할 수 있다.

표 19.2에는 플루오린과 이산화 염소의 반응에 대해 세 번의 다른 실험을 수행하여 그 초기 속도를 나타냈다. 매번 반응물 농도의 조합을 다르게 했으며, 이에 따라 초기 속도가 다르다.

다음 속도 법칙의 지수 $x$와 $y$의 값을 결정해 보자.

$$\text{반응 속도} = k[\mathrm{F_2}]^x[\mathrm{ClO_2}]^y$$

한 반응물 농도는 다르지만 다른 반응물 농도가 일정한 두 실험을 비교해야 한다. 예를 들어, 먼저 실험 1과 3의 자료를 비교해 보자.

**표 19.2** $\mathrm{F_2}$와 $\mathrm{ClO_2}$ 반응의 초기 속도

| 실험 | $[\mathrm{F_2}](M)$ | $[\mathrm{ClO_2}](M)$ | 초기 속도($M$/s) |
|---|---|---|---|
| 1 | 0.10 | 0.010 | $1.2\times10^{-3}$ |
| 2 | 0.10 | 0.040 | $4.8\times10^{-3}$ |
| 3 | 0.20 | 0.010 | $2.4\times10^{-3}$ |

| 실험 | $[F_2](M)$ | | $[ClO_2](M)$ | | 초기 속도$(M/s)$ |
|---|---|---|---|---|---|
| 1 | $[F_2]$ 2배 | 0.10 | $[ClO_2]$ 변화 없음 | 0.010 | 속도 2배 $1.2\times10^{-3}$ |
| 2 | | 0.10 | | 0.040 | $4.8\times10^{-3}$ |
| 3 | | 0.20 | | 0.010 | $2.4\times10^{-3}$ |

이산화 염소 농도를 일정하게 유지하면서 플루오린 농도가 두 배가 되면 속도는 두 배가 된다.

$$\frac{[F_2]_3}{[F_2]_1}=\frac{0.20\,M}{0.10\,M}=2 \qquad \frac{\text{속도}_3}{\text{속도}_1}=\frac{2.4\times10^{-3}\,M/s}{1.2\times10^{-3}\,M/s}=2$$

이것은 속도가 플루오린 농도에 정비례하고 $x$의 값이 1임을 나타낸다.

**참조**

지수가 1일 때, 그것을 나타낼 필요가 없다는 것을 기억하자 [◀◀ 8.1절].

$$\text{반응 속도}=k[F_2][ClO_2]^y$$

비슷하게 실험 1과 실험 2를 비교해 보자.

| 실험 | $[F_2](M)$ | | $[ClO_2](M)$ | | 초기 속도$(M/s)$ |
|---|---|---|---|---|---|
| 1 | $[F_2]$ 변화 없음 | 0.10 | $[ClO_2]$ 4배 | 0.010 | 속도 4배 $1.2\times10^{-3}$ |
| 2 | | 0.10 | | 0.040 | $4.8\times10^{-3}$ |
| 3 | | 0.20 | | 0.010 | $2.4\times10^{-3}$ |

이산화 염소의 농도가 4배가 되지만 플루오린 농도가 일정하게 유지될 때, 속도가 4배가 된다는 것을 발견할 수 있다.

$$\frac{[ClO_2]_2}{[ClO_2]_1}=\frac{0.040\,M}{0.010\,M}=4 \qquad \frac{\text{속도}_2}{\text{속도}_1}=\frac{4.8\times10^{-3}\,M/s}{1.2\times10^{-3}\,M/s}=4$$

이것은 또한 속도가 이산화 염소의 농도에 직접적으로 비례하므로 $y$의 값도 1임을 나타낸다. 따라서 다음과 같이 속도 법칙을 쓸 수 있다.

$$\text{반응 속도}=k[F_2][ClO_2]$$

위 식에서 $F_2$와 $ClO_2$의 농도에 대한 지수가 1이기 때문에, $F_2$와 $ClO_2$에 대한 반응은 각각 1차라고 한다. 이 반응은 전체적으로 2차 반응이다.

속도 법칙을 알면 속도 상수를 계산하기 위해 실험들 중 하나의 자료를 사용할 수 있다. 표 19.2의 첫 번째 실험에 대한 자료를 사용하여 다음을 계산할 수 있다.

$$k=\frac{\text{반응 속도}}{[F_2][ClO_2]}=\frac{1.2\times10^{-3}\,M/s}{(0.10\,M)(0.010\,M)}=1.2\,M^{-1}\cdot s^{-1}$$

표 19.3은 가상적인 반응에 대한 초기 속도를 보여 준다.

$$a\text{A}+b\text{B}\longrightarrow c\text{C}+d\text{D}$$

위 반응에 대한 일반적인 속도 법칙은 다음과 같다.

$$\text{반응 속도}=k[\text{A}]^x[\text{B}]^y$$

**표 19.3** A와 B의 반응에 대한 초기 속도

| 실험 | $[A](M)$ | $[B](M)$ | 초기 속도$(M/s)$ |
|---|---|---|---|
| 1 | 0.10 | 0.015 | $2.1\times10^{-4}$ |
| 2 | 0.20 | 0.015 | $4.2\times10^{-4}$ |
| 3 | 0.10 | 0.030 | $8.4\times10^{-4}$ |

실험 1과 2를 비교하면, [A]가 2배이고 [B]는 변하지 않는 조건에서 속도가 2배임을 알 수 있다.

| 실험 | [A]($M$) | [B]($M$) | 초기 속도($M$/s) |
|---|---|---|---|
| 1 | [A] 2배 0.10 | [B] 변화 없음 0.015 | 속도 2배 $2.1\times10^{-4}$ |
| 2 | 0.20 | 0.015 | $4.2\times10^{-4}$ |
| 3 | 0.10 | 0.030 | $8.4\times10^{-4}$ |

따라서 $x=1$이다.

실험 1과 실험 3을 비교하면, [A]는 변하지 않고 [B]가 2배가 되면 속도가 4배가 된다.

| 실험 | [A]($M$) | [B]($M$) | 초기 속도($M$/s) |
|---|---|---|---|
| 1 | [A] 변화 없음 0.10 | [B] 2배 0.015 | 속도 4배 $2.1\times10^{-4}$ |
| 2 | 0.20 | 0.015 | $4.2\times10^{-4}$ |
| 3 | 0.10 | 0.030 | $8.4\times10^{-4}$ |

따라서 속도는 [B]에 대하여 지수 1로 정비례하지 않고, 오히려 지수 2(즉, $y=2$)에 정비례한다.

$$\text{속도} \propto [\mathrm{B}]^2$$

전체 속도 법칙은 다음과 같다.

$$\text{속도}=k[\mathrm{A}][\mathrm{B}]^2$$

따라서 이 반응은 A에 대하여 1차 반응, B에 대하여 2차 반응, 전체적으로 3차 반응이다.

다시 한번, 속도 법칙을 알면 속도 상수를 계산하기 위해 표에 나온 모든 실험 자료를 사용할 수 있다. 속도 법칙을 다시 정리하고 실험 1의 자료를 사용하면, 다음과 같이 계산할 수 있다.

$$k=\frac{\text{반응 속도}}{[\mathrm{A}][\mathrm{B}]^2}=\frac{2.1\times10^{-4}\ M/\mathrm{s}}{(0.10\ M)(0.015\ M)^2}$$
$$=9.3\ M^{-2}\cdot\mathrm{s}^{-1}$$

이 속도 상수의 단위는 $F_2-ClO_2$ 반응과 브로민 반응에 대해 계산한 속도 상수의 단위와 다르다. 실제로 속도 상수의 단위는 반응의 **전체**(overall) 차수에 따라 달라진다. 표 19.4는 전체적으로 0차, 1차, 2차 및 3차 반응에 대한 반응 속도 상수의 단위를 비교한다.

다음은 속도 법칙에 대해 기억해야 할 세 가지 중요한 사항이다.

1. 속도 법칙의 지수는 일반적으로 실험 자료의 표로부터 결정되어야 하며, 균형 잡힌 화학 반응식의 화학량론적 계수와 관련이 없다.

**표 19.4 다양한 전체 반응 차수에 대한 속도 상수 $k$의 단위**

| 전체 차수 | 반응 속도 | $k$의 단위 |
|---|---|---|
| 0 | 속도$=k$ | $M\cdot\mathrm{s}^{-1}$ |
| 1 | 속도$=k[\mathrm{A}]$ 또는 속도$=k[\mathrm{B}]$ | $\mathrm{s}^{-1}$ |
| 2 | 속도$=k[\mathrm{A}]^2$, 속도$=k[\mathrm{B}]^2$ 또는 속도$=k[\mathrm{A}][\mathrm{B}]$ | $M^{-1}\cdot\mathrm{s}^{-1}$ |
| 3* | 속도$=k[\mathrm{A}]^2[\mathrm{B}]$ 또는 속도$=k[\mathrm{A}][\mathrm{B}]^2$ | $M^{-2}\cdot\mathrm{s}^{-1}$ |

*3차 반응에 대한 또 다른 가능성은 속도$=k[\mathrm{A}][\mathrm{B}][\mathrm{C}]$인데, 이러한 반응은 매우 드물다.

2. 개별 반응물 농도의 변화를 속도 변화와 비교하면 각 반응물 농도에 따라 속도가 어떻게 달라지는지 알 수 있다.
3. 반응 차수는 항상 반응물 농도의 대하여 정의되고, 생성물 농도에 대해서는 일반적으로 정의되지 않는다.

예제 19.3은 초기 속도 자료를 사용하여 속도 법칙을 결정하는 방법을 보여 준다.

## 예제 19.3

1280°C에서 일산화 질소와 수소의 기체상 반응은 다음과 같다.

$$2NO(g)+2H_2(g) \longrightarrow N_2(g)+2H_2O(g)$$

1280°C에서 수집된 자료에서 다음을 계산하시오.

(a) 속도 법칙

(b) 단위를 포함한 속도 상수

(c) 반응물들의 농도가 $[NO]=4.8\times10^{-3}\ M$ 및 $[H_2]=6.2\times10^{-3}\ M$일 때의 속도

| 실험 | $[NO](M)$ | $[H_2](M)$ | 초기 속도($M$/s) |
|---|---|---|---|
| 1 | $5.0\times10^{-3}$ | $2.0\times10^{-3}$ | $1.3\times10^{-5}$ |
| 2 | $1.0\times10^{-2}$ | $2.0\times10^{-3}$ | $5.0\times10^{-5}$ |
| 3 | $1.0\times10^{-2}$ | $4.0\times10^{-3}$ | $1.0\times10^{-4}$ |

**전략** 속도가 각 반응물의 농도에 어떻게 의존하는지 결정하기 위해 한번에 두 실험을 비교한다.

**계획** 속도 법칙은 반응 속도$=k[NO]^x[H_2]^y$이다. 실험 1과 실험 2를 비교하면, [NO]가 두 배이고 $[H_2]$가 일정하게 유지될 때 속도가 약 네 배 증가함을 알 수 있다. 실험 2와 3을 비교하면, $[H_2]$가 두 배이고 [NO]가 일정하게 유지될 때 속도가 두 배가 된다는 것을 알 수 있다.

**풀이** (a) 실험 2의 속도를 실험 1의 속도로 나누면, 다음과 같다.

$$\frac{\text{반응 속도}_2}{\text{반응 속도}_1}=\frac{5.0\times10^{-5}\ \cancel{M\cdot s^{-1}}}{1.3\times10^{-5}\ \cancel{M\cdot s^{-1}}}\approx4=\frac{k(1.0\times10^{-2}\ \cancel{M})^x(2.0\times10^{-3}\ \cancel{M})^y}{k(5.0\times10^{-3}\ \cancel{M})^x(2.0\times10^{-3}\ \cancel{M})^y}$$

분자와 분모에서 동일한 항을 취소하면, 다음과 같이 된다.

$$\frac{(1.0\times10^{-2}\ \cancel{M})^x}{(5.0\times10^{-3}\ \cancel{M})^x}=2^x=4$$

**참조**
각각의 지수가 같을 경우, 전체 분수식의 지수로 할 수 있다.
$x^n/y^n=(x/y)^n$

따라서 $x=2$이다. 반응은 NO에 대해서 2차이다.

실험 3의 속도를 실험 2의 속도로 나누면 다음과 같은 결과를 얻을 수 있다.

$$\frac{\text{반응 속도}_3}{\text{반응 속도}_2}=\frac{1.0\times10^{-4}\ \cancel{M\cdot s^{-1}}}{5.0\times10^{-5}\ \cancel{M\cdot s^{-1}}}=2=\frac{k(1.0\times10^{-2}\ \cancel{M})^x(4.0\times10^{-3}\ \cancel{M})^y}{k(1.0\times10^{-2}\ \cancel{M})^x(2.0\times10^{-3}\ \cancel{M})^y}$$

분자와 분모에서 동일한 항을 취소하면, 다음과 같이 된다.

$$\frac{(4.0\times10^{-3}\ \cancel{M})^y}{(2.0\times10^{-3}\ \cancel{M})^y}=2^y=2$$

따라서 $y=1$이다. 반응은 $H_2$에 대해서 1차이다. 전체 속도 법칙은 다음과 같다.

$$\text{반응 속도}=k[NO]^2[H_2]$$

(b) 모든 실험의 자료를 사용하여 $k$의 값과 단위를 계산할 수 있다. 실험 1의 자료를 사용하면, 다음과 같은 식을 얻을 수 있다.

$$k=\frac{\text{반응 속도}}{[NO]^2[H_2]}=\frac{1.3\times10^{-5}\ \cancel{M}/S}{(5.0\times10^{-3}\ M)^2(2.0\times10^{-3}\ \cancel{M})}=2.6\times10^2\ M^{-2}\cdot s^{-1}$$

(c) (b)에서 결정된 속도 상수와 문제에서 주어진 NO와 $H_2$의 농도를 이용하여 다음과 같이 반응 속도를 결정할 수 있다:

$$\begin{aligned}\text{반응 속도} &= (2.6\times10^{2}\,M^{-2}\cdot s^{-1})(4.8\times10^{-3}\,M)^{2}(6.2\times10^{-3}\,M)\\ &= 3.7\times10^{-5}\,M/s\end{aligned}$$

### 생각해 보기

속도 법칙에서 $H_2$ 농도에 대한 지수는 1이며, 균형 잡힌 반응식에서 $H_2$에 대한 계수는 2이다. 화학량론적 계수를 지수로 사용하여 속도 법칙을 쓰려고 시도하는 것이 흔히 하는 실수이다. 일반적으로 속도 법칙의 지수는 균형 잡힌 반응식의 계수와 관련이 없다는 것을 기억한다. 속도 법칙은 실험 자료 표를 검토하여 결정해야 한다.

**유제 1** 다음의 일반적인 반응에 대해 속도$=k[A]^2$ 및 $k=1.3\times10^{-2}\,M^{-1}\cdot s^{-1}$이다.

$$A+B \longrightarrow 2C$$

위 정보를 사용하여 표의 빈 항목을 채우시오.

| 실험 | [A]($M$) | [B]($M$) | 초기 속도($M$/s) |
|---|---|---|---|
| 1 | 0.013 | 0.250 | $2.20\times10^{-6}$ |
| 2 | 0.026 | 0.250 | |
| 3 | | 0.500 | $2.20\times10^{-6}$ |

**유제 2** X(빨간색)와 Y(노란색)가 Z(초록색)를 생성하는 반응을 묘사하는 세 가지 초기 속도 실험을 다음 그림으로 나타내었다. 다음 그림을 사용하여 반응 $X+Y \longrightarrow Z$의 속도 법칙을 결정하시오.

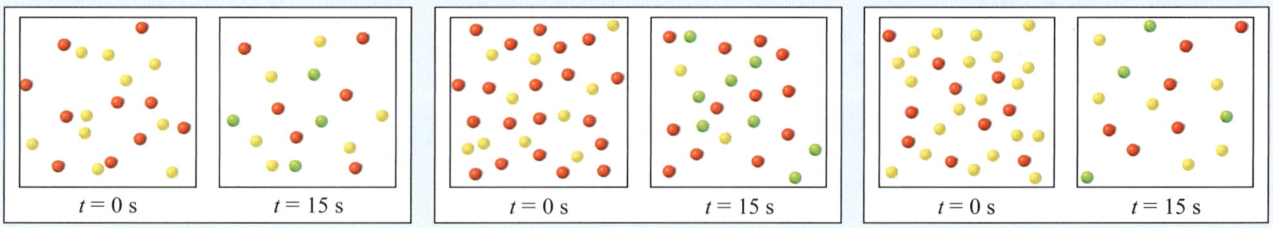


## 19.4절 복습

### 반응 속도의 반응물 농도 의존성

다음 반응에 대한 초기 속도 값을 나타낸 표를 사용하여 19.4.1에서 19.4.4까지의 질문에 답하시오.

$$A+2B \longrightarrow 2C+D$$

| 실험 | [A]($M$) | [B]($M$) | 초기 속도($M$/s) |
|---|---|---|---|
| 1 | 0.12 | 0.010 | $2.2\times10^{-2}$ |
| 2 | 0.36 | 0.010 | $6.6\times10^{-3}$ |
| 3 | 0.12 | 0.020 | $2.2\times10^{-3}$ |

**19.4.1** 반응에 대한 속도 법칙은 무엇인가?

(a) 반응 속도$=k[A][B]^2$
(b) 반응 속도$=k[A]^2[B]$
(c) 반응 속도$=k[A]^3$
(d) 반응 속도$=k[A]^2$
(e) 반응 속도$=k[A]$

**19.4.2** 속도 상수를 계산하시오.

(a) 0.15 $M^{-1}\cdot s^{-1}$ (b) 0.15 $M\cdot s^{-1}$
(c) 0.15 $s^{-1}$ (d) 0.018 $s^{-1}$
(e) 0.018 $M^{-1}\cdot s^{-1}$

**19.4.3** 반응에 대한 전체 차수는 무엇인가?

(a) 0 (b) 1 (c) 2
(d) 3 (e) 4

**19.4.4** [A]=0.50 *M*이고 [B]=0.25 *M*일 때 속도를 결정하시오.

(a) $9.2\times10^{-3}$ *M*/s (b) $2.3\times10^{-3}$ *M*/s
(c) $4.5\times10^{-3}$ *M*/s (d) $5.0\times10^{-3}$ *M*/s
(e) $1.3\times10^{-3}$ *M*/s

**19.4.5** 다음 그림은 반응 $A+B \longrightarrow C$가 A와 B의 다양한 초기 농도로 수행되는 세 가지 실험을 나타낸다. 이 반응에 대한 속도 법칙을 결정하시오. (A=초록색, B=노란색, C=빨간색)

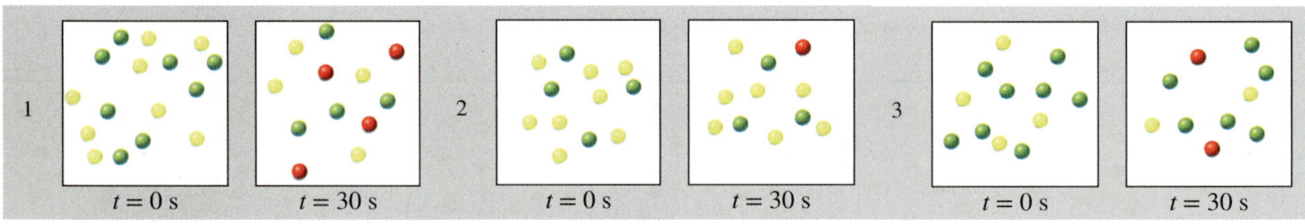


(a) 반응 속도=$k$[A][B] (b) 반응 속도=$k[A]^2[B]$
(c) 반응 속도=$k[A][B]^2$ (d) 반응 속도=$k[A]^2$
(e) 반응 속도=$k$[B]

# 19.5 반응물 농도의 시간 의존성

속도 상수와 반응물의 농도를 사용하여 반응 속도를 결정하기 위해 속도 법칙을 사용할 수 있다.

속도 법칙

$$속도 = k[A]^x[B]^y$$

속도　　속도 상수

또한 속도 법칙은 반응이 진행되는 동안 특정 시간에 남아 있는 반응물의 농도를 결정하는 데 사용될 수 있다. 전체 반응 차수가 1차인 반응과 2차인 반응을 사용하여 이 속도 법칙의 사용법에 대하여 설명할 것이다.

## 1차 반응

**1차 반응**(first-order reaction)은 속도가 반응물 중 지수가 1인 하나의 농도에 의존하는 반응이다. 두 가지 예로 에테인($C_2H_6$)을 메틸 라디칼($\cdot CH_3$)이라고 하는 고반응성인 물질로 분해하고, 오산화 이질소($N_2O_5$)를 이산화질소($NO_2$)와 산소 분자($O_2$)로 분해하는 반응이 있다.

$$C_2H_6 \longrightarrow 2\cdot CH_3 \qquad \text{반응 속도} = k[C_2H_6]$$

$$2N_2O_5(g) \longrightarrow 4NO_2(g) + O_2(g) \qquad \text{반응 속도} = k[N_2O_5]$$

다음 가상의 1차 반응을 고려해 보자.

$$A \longrightarrow \text{생성물}$$

속도는 반응물 농도의 변화율로 나타낼 수 있으며,

$$\text{속도} = -\frac{\Delta[A]}{\Delta t}$$

속도 법칙의 형태로는 다음과 같다.

$$\text{속도} = k[A]$$

속도에 대한 두 표현을 서로 같게 설정하면, 다음과 같다.

$$-\frac{\Delta[A]}{\Delta t} = k[A]$$

위 식에 적분을 적용하여 계산하면, 결과로 다음 식을 얻을 수 있다.

**참조**

미분 형태인 이 식은 다음과 같이 적용할 수 있다.

$$-\frac{d[A]}{dt} = k[A]$$

재배열하여 다음을 얻을 수 있다.

$$\frac{d[A]}{[A]} = -kdt$$

$t=0$과 $t=t$ 사이에 대하여 적분하면,

$$\int_{[A]_0}^{[A]_t} \frac{d[A]}{[A]} = -k\int_0^t dt$$

$$\ln [A]_t - \ln [A]_0 = -kt$$

또는

$$\ln \frac{[A]_t}{[A]_0} = -kt$$

$$\ln \frac{[A]_t}{[A]_0} = -kt \qquad \textbf{식 19.3}$$

여기서 ln은 자연로그이고 $[A]_0$와 $[A]_t$는 각각 0초와 $t$초에서 A의 농도다. 일반적으로 시간 0초는 반응 중 특정 시간을 가리킨다. 반드시 반응의 시작이 아닐 수도 있다. 시간 $t$초는 시간 0초 이후에 지정된 시간을 나타낸다. 식 19.3은 때로는 **적분 속도 법칙**(integrated rate law)이라고 한다.

**참조**

식 19.3의 유도 과정을 알 필요는 없지만, 식 19.3을 사용하는 방법은 알고 있어야 한다.

예제 19.4에서는 특정 반응에 식 19.3을 적용해 본다.

### 예제 19.4

과산화 수소의 분해 반응은 $H_2O_2$에 대하여 1차이다.

$$2H_2O_2(aq) \longrightarrow 2H_2O(l) + O_2(g)$$

이 반응의 속도 상수는 20°C에서 $1.8 \times 10^{-5}\ s^{-1}$이다. $H_2O_2$의 시작 농도가 0.75 $M$이라면 다음을 결정하시오.

(a) 3시간 후에 남게 되는 $H_2O_2$의 농도 (b) $H_2O_2$ 농도가 0.10 $M$까지 감소하는 데 걸리는 시간

**전략** 식 19.3을 사용하여 $t$=3시간일 때의 $[H_2O_2]_t$를 찾은 다음, $t$에 대하여 식 19.3을 풀어 $[H_2O_2]_t$가 0.10 $M$이 되는 시간을 결정한다.

**계획** $[H_2O_2]_0 = 0.75\ M$이다. (a)의 시간 $t$는 (3시간)(60분/시간)(60초/분)=10,800초이다.

**풀이**

(a) $\ln \dfrac{[H_2O_2]_t}{[H_2O_2]_0} = -kt$

$$\ln \frac{[H_2O_2]_t}{0.75\ M} = -(1.8 \times 10^{-5}\ s^{-1})(10{,}800\ s) = -0.1944$$

수식의 양쪽을 자연로그의 역을 취하면 다음을 얻을 수 있다.

$$\frac{[H_2O_2]_t}{0.75\ M} = e^{-0.1944} = 0.823$$

$$[H_2O_2]_t = (0.823)(0.75\ M) = 0.62\ M$$

3시간 후 $H_2O_2$의 농도는 $0.62\ M$이다.

(b) $\ln\left(\dfrac{0.10\ M}{0.75\ M}\right) = -2.015 = -(1.8 \times 10^{-5}\ s^{-1})t$

$$\frac{2.015}{1.8 \times 10^{-5}\ s^{-1}} = t = 1.12 \times 10^5\ s$$

과산화수소의 농도가 $0.10\ M$까지 감소하는 데 필요한 시간은 $1.1 \times 10^5$ s 또는 약 31시간이다.

**참조**

$\ln x$의 역은 $e^x$이다[◀◀ 부록 1].

## 생각해 보기

시간 0초에서의 농도보다 시간 $t$초에서 농도가 더 크게 계산된 경우(또는 농도가 지정된 수준으로 감소하는 데 필요한 시간이 음수인 경우) 식 19.3의 음의 부호를 잊지 않도록 한다. 풀이 과정에서 이 실수를 했는지 확인한다.

**유제 1** 110°C에서 $k = 7.5 \times 10^{-3}\ s^{-1}$인 반응 $2A \longrightarrow B$를 다시 고려해 보자. $[A] = 2.25\ M$의 시작 농도에서 [A]는 2.0분 후에 얼마인가?

**유제 2** 다음 그림은 C(노란색)를 생성하는 B(파란색)의 1차 반응을 보여 준다. 그림 (i)에서 제공된 정보를 사용하여, 그림 (ii)에 표시된 변화까지 필요한 시간을 계산하시오.

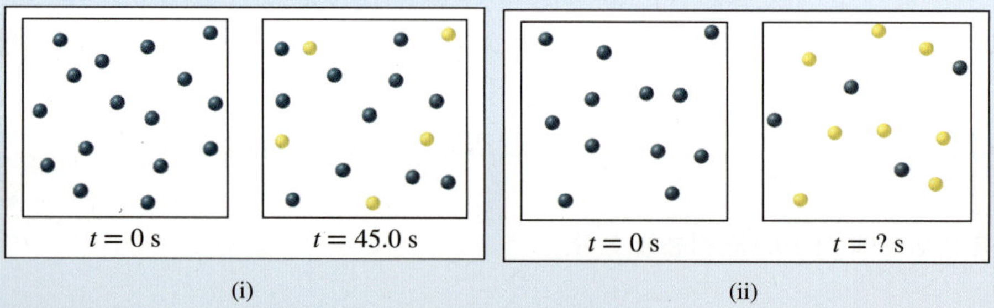


**참조**

압력은 농도에 비례하기 때문에 기체 반응에 대하여[◀◀ 11.8절] 식 19.3과 19.4는 다음과 같이 쓸 수 있다.

$$\ln \frac{P_t}{P_0} = -kt$$

그리고

$$\ln P_t = -kt + \ln P_0$$

여기서, $P_0$ 와 $P_t$는 시간 0초와 $t$초에서의 반응물 A의 압력이다.

식 19.3은 다음과 같이 재배열될 수 있다.

$$\ln [A]_t = -kt + \ln [A]_0 \quad \text{식 19.4}$$

식 19.4는 직선 방정식 $y = mx + b$의 형태이다.

$$\begin{array}{ccccc} \ln [A]_t & = & (-k)(t) & + & \ln [A]_0 \\ y & = & m\ \ x & + & b \end{array}$$

그림 19.12(a)는 반응 과정 중 반응물 A의 농도 감소를 보여 준다. 19.2절에서 보았듯이 시

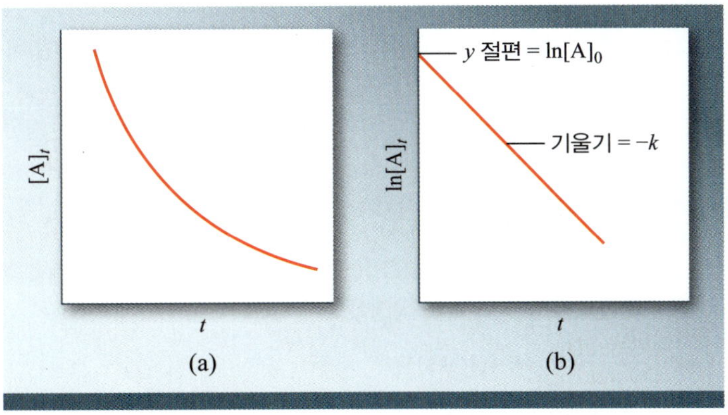


그림 19.12 1차 반응의 특성: (a) 시간에 따른 반응물 농도의 감소, (b) $\ln[A]_t$ 대 $t$의 그래프. 직선의 기울기는 $-k$와 같고 $y$ 절편은 $\ln[A]_0$와 같다.

간의 함수로서의 반응물 농도의 그래프는 직선이 아니다. 그러나 1차 반응의 경우 반응물 농도의 자연로그($\ln[A]_t$) 대 시간을 도시화하면 직선을 얻게 된다. 이 직선의 기울기는 $-k$와 동일하므로[그림 19.12(b)], 이 그림의 기울기로부터 속도 상수를 결정할 수 있다.

예제 19.5는 실험 자료를 통해 속도 상수를 결정하는 방법을 보여 준다.

**참조**

이와 같은 그래프를 이용한 결정은 $k$의 값을 결정하기 위해 초기 속도 방법을 사용하는 대신에 사용할 수 있다.

## 예제 19.5

아조메테인의 분해 속도는 시간의 함수로서 반응물의 분압을 추적함으로써 연구된다.

$$CH_3-N=N-CH_3(g) \longrightarrow N_2(g)+C_2H_6(g)$$

300°C에서 얻은 자료는 다음 표에 나열되어 있다.

| 시간(s) | $P_{아조메테인}$(mmHg) |
|---|---|
| 0 | 284 |
| 100 | 220 |
| 150 | 193 |
| 200 | 170 |
| 250 | 150 |
| 300 | 132 |

이 온도에서 반응 속도 상수를 결정하시오.

**전략** 1차 반응에 대해서만 식 19.3을 사용할 수 있으므로 먼저 아조메테인의 분해가 1차 반응인지를 결정해야 한다. 시간에 대해 $\ln P$의 그래프를 그려서 결정해 본다. 반응이 1차라면, 표의 임의의 두 시간에 대한 자료와 식 19.3을 사용하여 속도 상수를 결정할 수 있다.

**계획** 다음 표는 $\ln P$의 값을 나타내고 있다.

| 시간(s) | $\ln P$ |
|---|---|
| 0 | 5.649 |
| 100 | 5.394 |
| 150 | 5.263 |
| 200 | 5.136 |
| 250 | 5.011 |
| 300 | 4.883 |

위 자료를 사용하여 그래프를 그리면 반응이 실제로 1차임을 나타내는 직선이 된다. 따라서 압력의 관점에서 표현된 식 19.3을 사용할 수 있다.

$$\ln \frac{P_t}{P_0} = -kt$$

$P_t$와 $P_0$는 실험이 진행되는 동안 어떤 두 구간의 압력이 될 수 있다. $P_0$는 반드시 0초일 때의 압력일 필요는 없으며, 두 구간 중 빠른 시기에 해당되면 된다.

**풀이** 원래의 표($P_{아조메테인}$ 대 $t$)의 100초와 250초의 자료를 사용하여 다음과 같이 계산할 수 있다.

$$\ln \frac{150\text{ mmHg}}{220\text{ mmHg}} = -k(150\text{ s})$$

$$\ln 0.682 = -k(150\text{ s})$$

$$k = 2.55 \times 10^{-3}\text{ s}^{-1}$$

## 생각해 보기

ln $P$ 대 $t$의 그래프로부터 기울기를 계산하여 속도 상수를 똑같이 결정할 수 있다. 그래프에 표시된 두 점을 이용하여 다음과 같이 계산할 수 있다.

$$\text{기울기} = \frac{5.011 - 5.394}{250 - 100} = -2.55 \times 10^{-3}\text{ s}^{-1}$$

기울기$=-k$이므로 $k = 2.55 \times 10^{-3}\text{ s}^{-1}$이라는 것을 기억한다.

**유제 1** 아이오딘화 에틸($C_2H_5I$)은 기체상일 때 어떤 특정 온도에서 다음과 같이 분해된다.

$$C_2H_5I(g) \longrightarrow C_2H_4(g) + HI(g)$$

다음 자료를 이용해서 위 반응에 대한 속도 상수를 결정하시오. 반응이 1차인지 확인하기 위해 그래프를 그려 시작하시오.

| 시간(분) | $[C_2H_5I]\,(M)$ |
|---|---|
| 0 | 0.36 |
| 15 | 0.30 |
| 30 | 0.25 |
| 48 | 0.19 |
| 75 | 0.13 |

**유제 2** **유제 1**에서 계산한 $k$를 사용하여 다음 표의 빈칸을 채우시오.

| 시간(분) | $[C_2H_5I]\,(M)$ |
|---|---|
| 0 | 0.45 |
| 10 | — |
| 20 | — |
| 30 | — |
| 40 | — |

**유제 3** 예제 19.5의 계획으로부터 그래프를 사용하여 $t=50$초에서 아조메테인의 압력(mmHg)을 예측하시오.

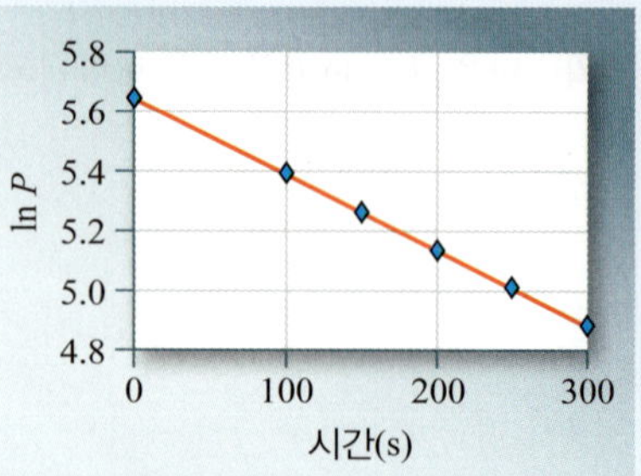

때로는 반감기를 사용하여 반응 속도를 표현한다. **반감기**(half-life, $t_{1/2}$)는 반응물의 농도가 원래 값의 절반으로 감소하는 데 필요한 시간이다. 1차 반응의 $t_{1/2}$에 대한 표현을 다음과 같이 나타낸다.

$$t=\frac{1}{k}\ln\frac{[\mathrm{A}]_0}{[\mathrm{A}]_t}$$

반감기의 정의에 따라서 위 식에 $[\mathrm{A}]_t=\frac{1}{2}[\mathrm{A}]_0$와 $t=t_{1/2}$를 대입하면 다음의 식을 얻을 수 있다.

$$t_{1/2}=\frac{1}{k}\ln\frac{[\mathrm{A}]_0}{\frac{1}{2}[\mathrm{A}]_0}$$

$\frac{[\mathrm{A}]_0}{\frac{1}{2}[\mathrm{A}]_0}=2$이고 $\ln 2=0.693$이므로, $t_{1/2}$에 대한 표현은 다음 식으로 나타낼 수 있다.

$$t_{1/2}=\frac{0.693}{k}$$ **식 19.5**

식 19.5에 따르면, 1차 반응의 반감기는 반응물의 초기 농도와 무관하다. 따라서 반응물의

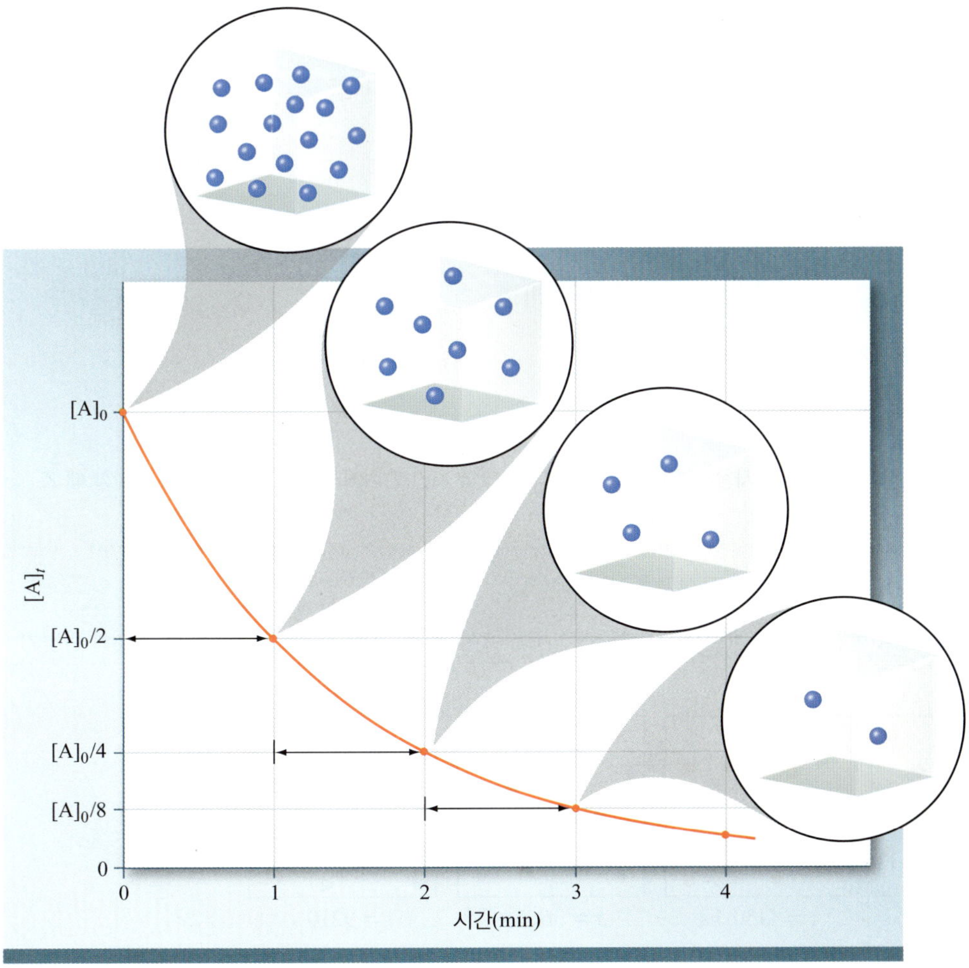


**그림 19.13** 1차 반응 'A ⟶ 생성물'에 대한 시간 대 [A]의 그래프. 이 반응의 반감기는 1분이다. A의 농도는 반감기마다 반으로 줄어든다.

농도가 0.10 $M$에서 0.050 $M$으로 감소할 때 걸리는 시간과 반응물의 농도가 1.0 $M$에서 0.50 $M$으로 감소하는 데 걸리는 시간이 같다(그림 19.13). 반응의 반감기를 측정하는 것은 1차 반응의 속도 상수를 결정하는 또 다른 방법이다.

1차 반응의 반감기는 속도 상수에 반비례하므로 짧은 반감기는 큰 속도 상수에 해당한다. 예를 들어, 핵의학에 사용되는 두 개의 방사성 동위 원소, 즉 $^{24}Na$($t_{1/2}$=19.7시간)와 $^{60}Co$($t_{1/2}$=5.3년)를 고려해 보자. 반감기가 짧은 소듐-24는 더 빨리 분해된다. 각 동위 원소의 몰이 같으면 대부분의 코발트-60은 변하지 않지만 소듐-24는 일주일 안에 사라질 것이다.

예제 19.6은 속도 상수가 주어지면 1차 반응의 반감기를 계산하는 방법을 보여 준다.

## 예제 19.6

에테인($C_2H_6$)의 메틸 라디칼($\cdot CH_3$)로의 분해는 700°C에서 $5.36\times10^{-4}\ s^{-1}$의 속도 상수를 갖는 1차 반응이다.

$$C_2H_6 \longrightarrow 2CH_3$$

위 반응에 대한 반감기를 분(min) 단위로 계산하시오.

**전략** 식 19.5를 사용하여 $t_{1/2}$를 초 단위로 계산한 다음 분 단위로 변환한다.

**계획** $\text{초}\times\left(\dfrac{1\text{분}}{60\text{초}}\right)=\text{분}$

**풀이**

$$t_{1/2}=\frac{0.693}{k}=\frac{0.693}{5.36\times10^{-4}\ s^{-1}}=1293\ s$$

$$1293\ s\times\frac{1\ min}{60\ s}=21.5\ min$$

700°C에서 에테인의 분해 반응에 대한 반감기는 21.5분(min)이다.

### 생각해 보기

반감기와 속도 상수는 각각 시간 및 시간의 역수 단위를 사용하여 나타낼 수 있다. 하나의 시간 단위에서 다른 시간 단위로 변환할 때 조심스럽게 단위를 환산한다.

**유제 1** $^{24}Na$ ($t_{1/2}$=19.7시간)의 1차 붕괴 반응에 대한 속도 상수를 계산하시오.

**유제 2** 다음 그림은 시간 경과에 따라 A(빨간색)가 B(파란색)와 반응하는 계를 보여 준다. 그림의 정보를 사용하여 반응의 반감기를 결정하시오.

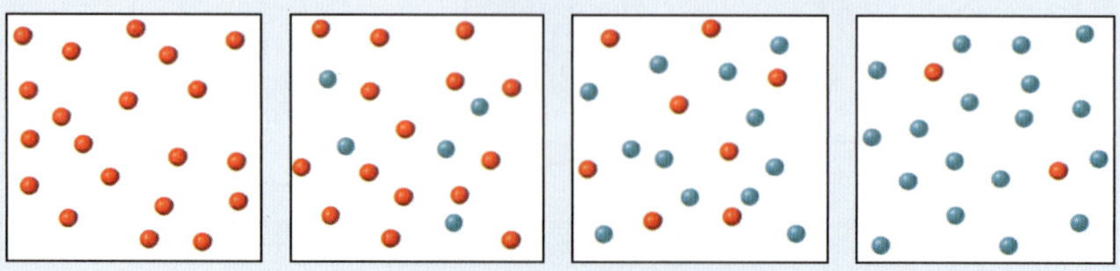

$t$ = 0 s   $t$ = 1150.5 s   $t$ = 3665 s   $t$ = 9210 s

## 2차 반응

**2차 반응**(second-order reaction)은 지수로 2를 가지는 하나의 반응물의 농도 또는 지수로 1을 가지는 두 개의 다른 반응물의 농도(각각의 농도에 대하여 1차인)의 곱에 따라 반응 속도가 달라지는 반응이다. 여기서는 간단한 첫 번째 유형의 반응만을 고려할 것이다.

$$A \longrightarrow \text{생성물}$$

여기서 속도는 다음과 같이 표현될 수 있다.

$$\text{속도} = -\frac{\Delta[A]}{\Delta t}$$

또는

$$\text{속도} = k[A]^2$$

이전처럼 속도의 두 표현을 결합할 수 있다.

$$-\frac{\Delta[A]}{\Delta t} = k[A]^2$$

다시 적분을 사용하여 다음의 적분 속도 법칙을 얻는다.

**참조**

식 19.6의 결과로 다음을 얻을 수 있다.

$$\int_{[A]_0}^{[A]_t} \frac{d[A]}{[A]^2} = -k\int_0^t dt$$

다시, 식 19.6을 유도할 필요는 없지만 이 식을 사용하여 2차 반응에 대한 문제를 해결할 수 있다.

$$\frac{1}{[A]_t} = kt + \frac{1}{[A]_0} \qquad \textbf{식 19.6}$$

따라서 2차 반응의 경우, 시간에 대해 농도의 역수($1/[A]_t$)의 그래프를 그릴 때 직선을 얻고(그림 19.14), 직선의 기울기는 속도 상수 $k$와 같다. 이전과 같은 방법으로 식 19.6에서 $[A]_t = \frac{1}{2}[A]_0$을 대입하여 반감기의 식을 얻을 수 있다.

$$\frac{1}{\frac{1}{2}[A]_0} = kt_{1/2} + \frac{1}{[A]_0}$$

$t_{1/2}$에 대하여 풀면 다음을 얻게 된다.

$$t_{1/2} = \frac{1}{k[A]_0} \qquad \textbf{식 19.7}$$

초기 농도와 무관한 1차 반응의 반감기와 달리, 2차 반응의 반감기는 초기의 반응물 농도

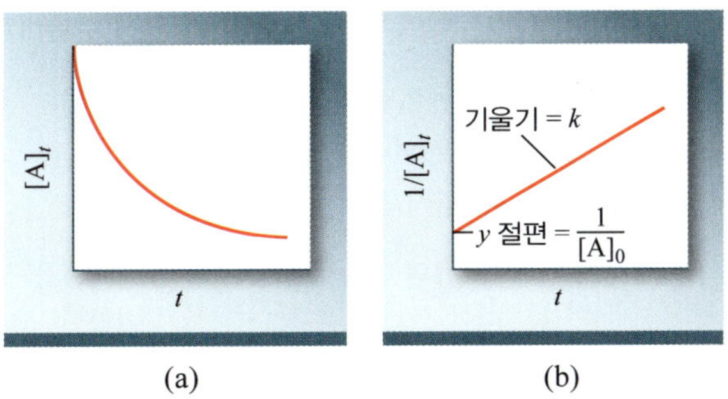


**그림 19.14** 2차 반응 특성: (a) 시간에 따른 반응물 농도의 감소. (b) $\frac{1}{[A]_t}$에 대한 그래프. 직선의 기울기는 $k$, $y$ 절편은 $\frac{1}{[A]_0}$이다.

에 반비례한다는 것을 유의해야 한다. 몇 가지 다른 초기 농도에서 반감기를 결정하는 것은 1차 및 2차 반응을 구별하는 또 다른 방법이다.

예제 19.7은 식 19.6과 19.7을 사용하여 반응물의 농도와 2차 반응의 반감기를 계산하는 방법을 보여 준다.

## 예제 19.7

아이오딘 원자가 결합하여 기체상의 아이오딘 분자를 형성한다.

$$I(g)+I(g) \longrightarrow I_2(g)$$

이 반응은 2차이며 23°C에서 $7.0\times10^9\ M^{-1}\ s^{-1}$의 속도 상수를 갖는다.

(a) I의 초기 농도가 0.086 $M$일 때, 2.0분 후 I의 농도를 계산하시오.

(b) I의 초기 농도가 0.60 $M$일 때와 0.42 $M$일 때의 위 반응에 대한 반감기를 각각 계산하시오.

**참조**

이 반응식은 또한 $2I(g) \longrightarrow I_2(g)$로 쓸 수 있다.

**전략** $t$=2.0분에서 $[I]_t$를 결정하기 위해 식 19.6을 사용한다. 식 19.7을 사용하여 $[I]_0$=0.60 $M$일 때와 $[I]_0$가 0.42 $M$일 때의 $t_{1/2}$를 결정한다.

**계획**

$$t=(2.0\ \text{min})(60\ \text{s/min})=120\ \text{s}$$

**풀이**

(a) $$\frac{1}{[A]_t}=kt+\frac{1}{[A]_0}$$

$$=(7.0\times10^9\ M^{-1}\cdot s^{-1})(120\ s)+\frac{1}{0.086\ M}$$

$$=8.4\times10^{11}\ M^{-1}$$

$$[A]_t=\frac{1}{8.4\times10^{11}\ M^{-1}}=1.2\times10^{-12}\ M$$

2.0분 후 아이오딘 원자의 농도는 $1.2\times10^{-12}\ M$이다.

(b) $[I]_0$=0.60 $M$일 때

$$t_{1/2}=\frac{1}{k[A]_0}=\frac{1}{(7.0\times10^9\ M^{-1}\cdot s^{-1})(0.60\ M)}=2.4\times10^{-10}\ s$$

$[I]_0$=0.42 $M$일 때

$$t_{1/2}=\frac{1}{k[A]_0}=\frac{1}{(7.0\times10^9\ M^{-1}\cdot s^{-1})(0.42\ M)}=3.4\times10^{-10}\ s$$

### 생각해 보기

(a) 아이오딘은 다른 할로젠족 원소와 마찬가지로 실온에서 이원자 분자로 존재한다. 따라서 아이오딘 원자가 실온에서 $I_2$를 형성하기 위해 신속하고 실질적으로 완전히 반응한다는 것은 의미가 있다. 따라서 2분 후에 남아 있는 I의 농도는 매우 낮다. (b) 예상대로 이 2차 반응의 반감기는 일정하지 않다. (일정한 반감기는 1차 반응의 특성이다.)

**유제 1** 반응 $2A \longrightarrow B$는 25°C에서 32 $M^{-1}\cdot s^{-1}$의 속도 상수를 가지는 반응물 A에 대하여 2차 반응이다.

(a) $[A]_0$=0.0075 $M$에서 시작하여 A의 농도가 0.0018 $M$로 감소하는 데 시간은 얼마나 걸리는가?

(b) $[A]_0$=0.0075 $M$과 $[A]_0$=0.0025 $M$로 시작한 반응에 대한 반감기를 계산하시오.

**유제 2** 반감기가 (a) 1.50 s, (b) 25.0 s, (c) 175 s가 되는 데 필요한 **유제 1**의 반응에 대한 초기 농도 $[A]_0$을 결정하시오.

**유제 3** 다음 그림은 A(빨간색)와 B(파란색)가 C(보라색)를 형성하는 세 가지 실험을 보여 준다. 반응 $A+B \longrightarrow C$는 A에 대하여 2차이다. 마지막 실험에서는 $t=0$에서 빨간색 구는 표시되지 않았다. 이 그림이 정확히 몇 개의 빨간색 구를 포함해야 하는지 결정하시오.

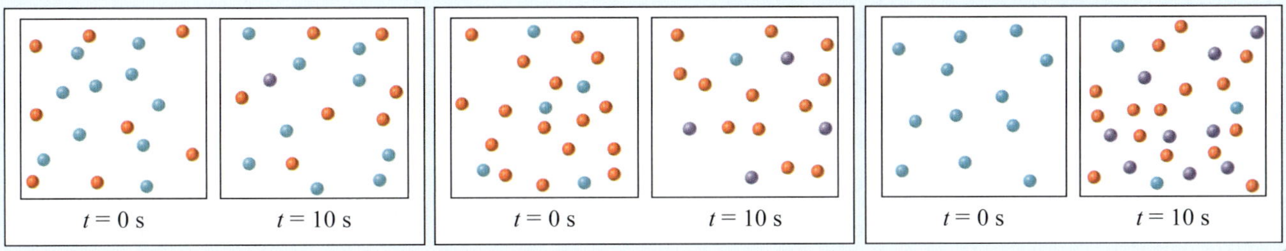


1차 및 2차 반응이 가장 일반적인 반응의 유형이다. 전체 반응 차수가 0차인 반응은 존재하지만 상대적으로 드물다.

$$\text{A} \longrightarrow \text{생성물}$$

위의 반응이 0차 반응의 경우라면 속도 법칙을 다음과 같이 쓸 수 있다.

$$\text{속도} = k[\text{A}]^0 = k$$

따라서 **0차 반응**(zeroth-order reaction)의 속도는 반응물의 농도와 무관하게 일정하다. 3차 또는 고차 반응은 너무 드물고 이 책에서 다루기에도 복잡하다. 표 19.5는 A $\longrightarrow$ 생성물의 반응에 대하여 0차, 1차 및 2차 반응에 대한 내용을 요약한 것이다.

**표 19.5 0차, 1차 및 2차 반응에 대한 내용 요약**

| 차수 | 속도 법칙 | 적분 속도식 | 반감기 |
|---|---|---|---|
| 0 | 속도$=k$ | $[\text{A}]_t = -kt + [\text{A}]_0$ | $\dfrac{[\text{A}]_0}{2k}$ |
| 1 | 속도$=k[\text{A}]$ | $\ln\dfrac{[\text{A}]_t}{[\text{A}]_0} = -kt$ | $\dfrac{0.693}{k}$ |
| 2 | 속도$=k[\text{A}]^2$ | $\dfrac{1}{[\text{A}]_t} = kt + \dfrac{1}{[\text{A}]_0}$ | $\dfrac{1}{k[\text{A}]_0}$ |

## 19.5절 복습

### 반응물 농도의 시간 의존성

오산화 이질소($N_2O_5$)의 분해 반응은 1차이고, 반응식은 다음과 같다.

$$2N_2O_5(g) \longrightarrow 4NO_2(g) + O_2(g)$$

다음의 자료를 사용하여 문제 19.5.1 및 19.5.2에 답하시오.

| $t$(s) | $[N_2O_5]$($M$) |
|---|---|
| 0 | 0.91 |
| 300 | 0.75 |
| 600 | 0.64 |
| 1200 | 0.44 |
| 3000 | 0.16 |

**19.5.1** $N_2O_5$의 분해 반응에 대한 속도 상수는 무엇인가?

(a) $9 \times 10^{-4}$ $s^{-1}$
(b) $4 \times 10^{-4}$ $s^{-1}$
(c) $6 \times 10^{-4}$ $s^{-1}$
(d) $5 \times 10^{-3}$ $s^{-1}$
(e) $1 \times 10^{-3}$ $s^{-1}$

**19.5.2** $[N_2O_5]$가 0.62 *M*에서 0.10 *M*으로 감소하는 데 시간은 얼마나 걸리는가?

(a) 1000 s
(b) 2000 s
(c) 3000 s
(d) 4000 s
(e) 5000 s

**19.5.3** A 분자(파란색 구)가 B 분자(노란색 구)로 변환되는 1차 반응 A ⟶ B를 생각해 보자. 이 반응의 반감기는 얼마인가?

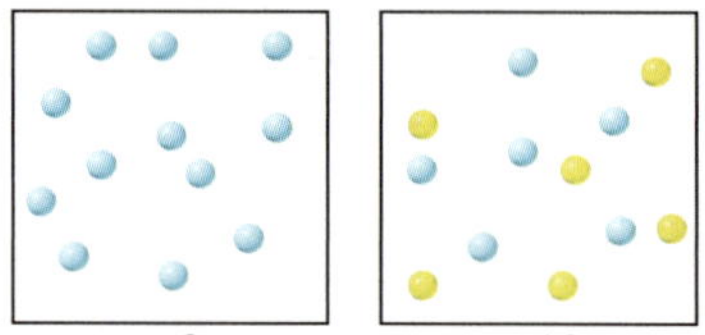


(a) 5 s
(b) 10 s
(c) 15 s
(d) 20 s
(e) 30 s

**19.5.4** 어떤 반응 A ⟶ 2B는 $k = 5.3 \times 10^{-1}\ M^{-1} \cdot s^{-1}$의 속도 상수를 가지는 2차 반응이다. $[A]_0 = 0.55\ M$일 때, $t_{1/2}$를 계산하시오.

(a) 1.3 s
(b) 0.52 s
(c) 3.4 s
(d) 1.8 s
(e) 1.9 s

## 19.6 반응 속도의 온도 의존성

**참조**

요리책은 가끔 대기압이 낮아 물이 끓는 온도가 낮은 고지대에서 요리할 때의 대처 방법을 제시한다[◀◀ 12.5장].

거의 모든 반응은 높은 온도에서 더 빠르게 일어난다. 예를 들어, 음식을 조리하는 데 필요한 시간은 주로 물의 끓는점에 달려 있다. 달걀을 단단하게 삶는 것과 관련된 반응은 80°C(약 30분)에서보다 100°C(약 10분)에서 더 빠르다. 온도에 대한 반응 속도의 의존성이 식품을 냉장고에 보관하는 이유이며, 식품이 냉동실에서 더 오래 유지되는 이유이다. 온도가 낮을수록 음식이 상하는 과정이 느려진다.

### 아레니우스 식

온도에 대한 반응 속도 상수의 의존성은 **아레니우스 식**(Arrhenius equation)으로 표현될 수 있으며, 다음과 같다.

$$k = Ae^{-E_a/RT}$$ 식 19.8

여기서 $E_a$는 반응의 활성화 에너지(kJ/mol 단위), $R$은 이상 기체 상수(8.314 J/K·mol), $T$는 절대 온도, $e$는 자연로그의 밑수이다[|◀◀ 부록 1]. $A$는 충돌 빈도를 나타내며 빈도 인자라고 부른다. 그것은 합리적으로 넓은 온도 범위에서 주어진 반응에 대한 상수로 취급될 수 있다. 식 19.8은 속도 상수가 활성화 에너지가 증가함에 따라 감소하고 온도가 증가함에 따라 증가함을 보여 준다. 이 식은 양측에 자연로그를 취함으로써 보다 유용한 형태로 표현될 수 있다.

**참조**

절대 온도는 켈빈으로 표시한다 [|◀◀ 1.2절].

$$\ln k = \ln Ae^{-E_a/RT}$$

또는

$$\ln k = \ln A - \frac{E_a}{RT}$$ 식 19.9

위 식을 재배열하여 선형 식을 만들 수 있다.

$$\begin{aligned} \ln k &= \left(-\frac{E_a}{R}\right)\left(\frac{1}{T}\right) + \ln A \\ y &= \quad m \quad\;\; x \;\; + \; b \end{aligned}$$ 식 19.10

따라서 $\ln k$ 대 $1/T$의 그래프는 기울기가 $-E_a/R$이고, $y$ 절편($b$)이 $\ln A$인 직선을 나타낸다.

예제 19.8은 반응의 활성화 에너지를 결정하기 위해 그래프를 그려 해결하는 방법을 보여 준다.

## 예제 19.8

다음 반응에 대한 속도 상수를 네 가지 다른 온도에서 측정하였다.

$$CO(g) + NO_2(g) \longrightarrow CO_2(g) + NO(g)$$

이에 대한 자료가 표에 나타나 있다. $1/T$에 대한 $\ln k$의 그래프를 그리고, 반응에 대한 활성화 에너지(kJ/mol 단위)를 결정하시오.

| $k(M^{-1}\cdot s^{-1})$ | $T$(K) |
|---|---|
| 0.0521 | 288 |
| 0.101 | 298 |
| 0.184 | 308 |
| 0.332 | 318 |

**전략** $1/T$ 대 $\ln k$의 그래프를 그리고, 결과로 얻어진 직선의 기울기를 결정한다. 식 19.10에 따라 기울기는 $-E_a/R$이다.

**계획** $R$=8.314 J/mol·K이다. 각각의 $k$ 값을 자연로그를 취하고, $T$의 값의 역수를 취하면 다음의 표를 만들 수 있다.

| $\ln k$ | $1/T(K^{-1})$ |
|---|---|
| −2.95 | $3.47 \times 10^{-3}$ |
| −2.29 | $3.36 \times 10^{-3}$ |
| −1.69 | $3.25 \times 10^{-3}$ |
| −1.10 | $3.14 \times 10^{-3}$ |

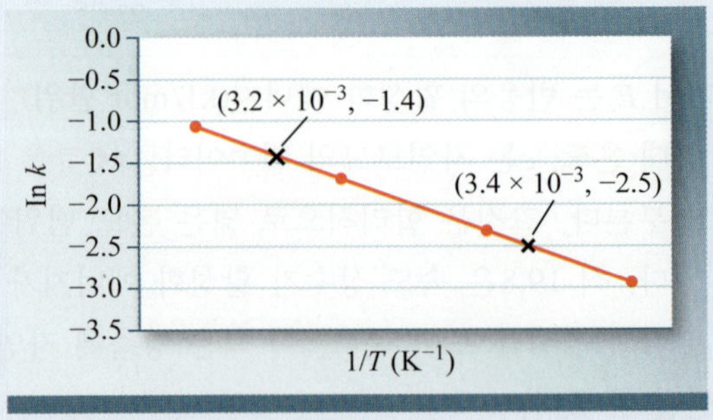


**풀이** 위 자료를 사용하여 그린 그래프는 다음과 같다.

기울기는 직선 위 두 점의 $x$와 $y$ 좌표를 사용하여 결정된다. 그래프에 표시된 점을 사용하면, 다음과 같은 식을 만들 수 있다.

$$\text{기울기} = \frac{-1.4-(-2.5)}{3.2\times10^{-3}\ \text{K}^{-1}-3.4\times10^{-3}\ \text{K}^{-1}} = -5.5\times10^{3}\ \text{K}$$

기울기의 값은 $-5.5\times10^3$ K이다. 기울기는 $-E_a/R$이기 때문에 다음과 같이 계산할 수 있다.

$$\begin{aligned} E_a &= -(\text{기울기})(R) \\ &= -(-5.5\times10^3\ \text{K})(8.314\ \text{J/K}\cdot\text{mol}) \\ &= 4.6\times10^4\ \text{J/mol}\ \ \text{또는}\ \ 46\ \text{kJ/mol} \end{aligned}$$

따라서 활성화 에너지는 46 kJ/mol이다.

### 생각해 보기

$k$는 $M^{-1}\cdot s^{-1}$의 단위가 있지만, $\ln k$는 단위가 없다.

**유제 1** 다음 그래프를 사용하여 475 K에서의 $k$ 값을 결정하시오.

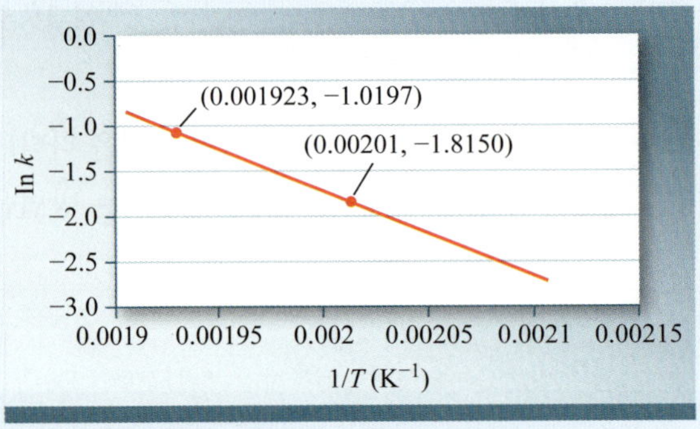


**유제 2** 여기에 표시된 그래프의 각각의 선은 다른 반응을 나타낸다. 활성화 에너지가 증가하는 순서대로 반응을 나열하시오.

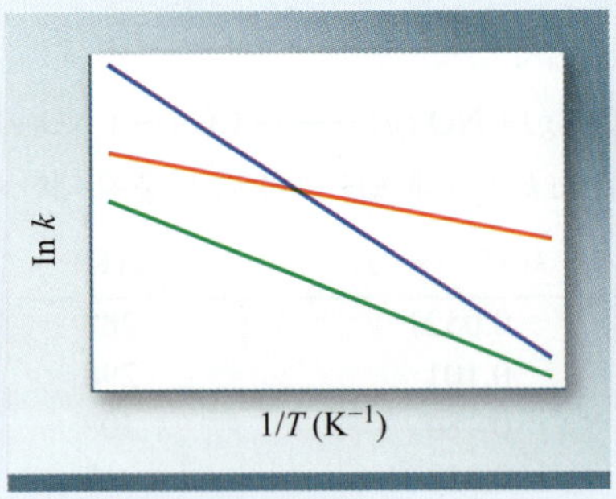


**참조**

두 개의 다른 온도에 대하여 식 19.9에서 달라지는 것은 $k$이다. 다른 변수인 $A$와 $E_a$(물론 $R$)는 일정하다.

아레니우스(Arrhenius) 식의 더 유용한 형태를 유도할 수 있다. 식 19.9는 $T_1$과 $T_2$의 두 가지 다른 온도를 이용하여 만들어졌다.

$$\ln k_1 = \ln A - \frac{E_a}{RT_1}$$

$$\ln k_2 = \ln A - \frac{E_a}{RT_2}$$

$\ln k_1$에서 $\ln k_2$를 빼면 다음과 같다.

$$\ln k_1 - \ln k_2 = \left(\ln A - \frac{E_a}{RT_1}\right) - \left(\ln A - \frac{E_a}{RT_2}\right)$$

$$\ln \frac{k_1}{k_2} = \frac{E_a}{R}\left(-\frac{1}{T_1} + \frac{1}{T_2}\right)$$

$$\ln \frac{k_1}{k_2} = \frac{E_a}{R}\left(\frac{1}{T_2} - \frac{1}{T_1}\right) \qquad \text{식 19.11}$$

식 19.11을 사용하면 다음 두 가지 작업을 수행할 수 있다.

1. 두 개의 다른 온도에서의 속도 상수를 알면 활성화 에너지를 계산할 수 있다.
2. 한 온도에서의 속도 상수와 활성화 에너지를 알면 다른 온도에서의 속도 상수를 결정할 수 있다.

**참조**

식 19.8에서 19.11은 모두 "아레니우스(Arrhenius) 식"이지만 식 19.11은 반응 속도 문제를 풀기 위해 가장 자주 사용하는 형식이다.

예제 19.9와 19.10은 식 19.11을 사용하는 방법을 보여 준다.

## 예제 19.9

어떤 1차 반응에 대한 속도 상수가 세 가지 다른 온도에 대하여 주어졌다.

| $T$(K) | $k$($s^{-1}$) |
|---|---|
| 400 | $2.9 \times 10^{-3}$ |
| 450 | $6.1 \times 10^{-2}$ |
| 500 | $7.0 \times 10^{-1}$ |

이 자료를 이용하여 반응에 대한 활성화 에너지를 계산하시오.

**전략** 식 19.11을 사용하여 $E_a$를 구한다.

**계획** $E_a$에 대한 식 19.11을 풀면, 다음과 같다.

$$E_a = R\left(\frac{\ln \dfrac{k_1}{k_2}}{\dfrac{1}{T_2} - \dfrac{1}{T_1}}\right)$$

**풀이** 400 K($T_1$) 및 450 K($T_2$)의 속도 상수를 사용하면, 다음의 식을 얻을 수 있다.

$$E_a = \frac{8.314\text{ J}}{\text{K}\cdot\text{mol}}\left(\frac{\ln \dfrac{2.9\times10^{-3}\text{ s}^{-1}}{6.1\times10^{-2}\text{ s}^{-1}}}{\dfrac{1}{450\text{ K}} - \dfrac{1}{400\text{ K}}}\right)$$

$$= 91,173\text{ J/mol} = 91\text{ kJ/mol}$$

위 반응에 대한 활성화 에너지는 91 kJ/mol이다.

### 생각해 보기

풀이 과정을 확인하는 좋은 방법은 계산된 $E_a$ 값(그리고 식 19.11)을 사용하여 500 K에서의 속도 상수를 결정해 보는 것이다. 이 값이 표의 값과 일치하는지 확인한다.

**유제 ❶** 다음 표의 자료를 사용하여 반응에 대한 활성화 에너지를 결정하시오.

| $T$(K) | $k$($s^{-1}$) |
|---|---|
| 625 | $1.1 \times 10^{-4}$ |
| 635 | $1.5 \times 10^{-4}$ |
| 645 | $2.0 \times 10^{-4}$ |

**유제 ❷** **유제 ❶**에 나와 있는 자료를 기초로 655 K에서 $k$의 값은 얼마인가?

**유제 ❸** 아레니우스 식에 따르면 다음 그래프[(i)~(iv)] 중 어느 것이 온도와 속도 상수 사이의 관계를 가장 잘 나타내는가?

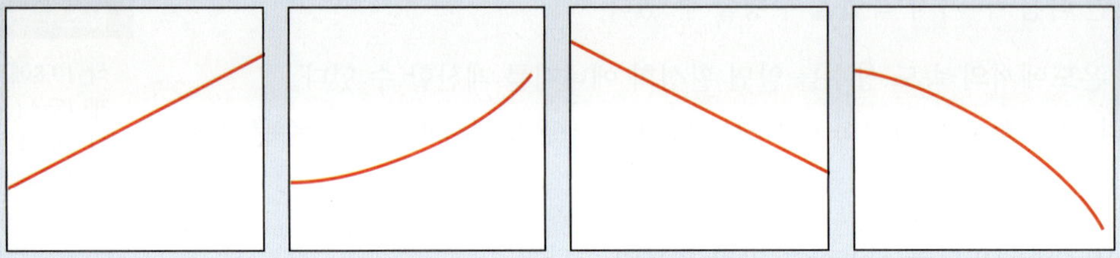

(i) (ii) (iii) (iv)

## 예제 19.10

어떤 1차 반응은 83 kJ/mol의 활성화 에너지를 갖는다. 이 반응에 대한 속도 상수가 150°C에서 $2.1 \times 10^{-2}\ s^{-1}$라면 300°C에서의 속도 상수는 얼마인가?

**전략** 식 19.11을 사용하여 $k_2$를 계산한다. 이런 유형의 문제에 있는 단위에 특히 주의한다.

**계획** $k_2$에 대하여 식 19.11을 풀면, 다음과 같다.

$$k_2 = \frac{k}{e^{\left(\frac{E_a}{R}\right)\left(\frac{1}{T_2} - \frac{1}{T_1}\right)}}$$

$E_a = 8.3 \times 10^4$ J/mol, $T_1 = 423$ K, $T_2 = 573$ K, $R = 8.314$ J/K·mol 그리고 $k_1 = 2.1 \times 10^{-2}\ s^{-1}$

**참조**

$E_a$는 단위가 올바르게 지워질 수 있도록 줄(J)로 변환된다. 또는 $R$은 0.008314 kJ/K·mol로 표현될 수 있다. 또한 $T$는 켈빈(K)으로 표현되어야 한다는 것을 다시 한번 기억하자.

**풀이**

$$k_2 = \frac{2.1 \times 10^{-2}\ s^{-1}}{e^{\left(\frac{8.3 \times 10^4\ J/mol}{8.314\ J/K \cdot mol}\right)\left(\frac{1}{573\ K} - \frac{1}{423\ K}\right)}} = 1.0 \times 10^1\ s^{-1}$$

300°C에서의 속도 상수는 10 $s^{-1}$이다.

### 생각해 보기

더 높은 온도에서 계산한 속도 상수가 원래의 속도 상수보다 실제로 더 높아야 한다. 아레니우스 식에 따르면 속도 상수는 항상 온도가 증가함에 따라 증가한다. 더 높은 온도에서 더 작은 $k$가 나오면 풀이 과정에 오류가 있는지 확인한다.

**유제 1** 90°C에서 $8.1 \times 10^{-4}\ s^{-1}$의 속도 상수와 59 kJ/mol의 활성화 에너지를 갖는 반응의 경우 200°C에서 속도 상수를 계산하시오.

**유제 2** 아레니우스 식에 따르면 어느 그래프[(i)~(iv)]가 온도와 활성화 에너지 사이의 관계를 가장 잘 나타내는가?

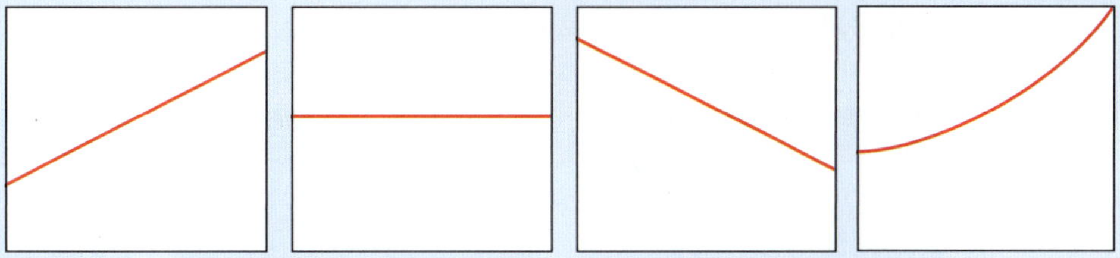

(i) (ii) (iii) (iv)

## 19.6절 복습

### 반응 속도의 온도 의존성

어떤 1차 반응에 대하여 수집된 자료를 나열한 다음의 표를 사용하여 문제 19.6.1과 19.6.2에 답하시오.

| $T$(K) | $k(s^{-1})$ |
|---|---|
| 300 | $3.9 \times 10^{-2}$ |
| 310 | $1.1 \times 10^{-1}$ |
| 320 | $2.8 \times 10^{-1}$ |

**19.6.1** 위 반응에 대한 활성화 에너지는 얼마인가?

(a) 88 kJ/mol (b) $8.8 \times 10^{4}$ kJ/mol
(c) $8.0 \times 10^{4}$ kJ/mol (d) $8.8 \times 10^{-3}$ kJ/mol
(e) 80 kJ/mol

**19.6.2** 80°C에서의 속도 상수는 얼마인가?

(a) $5.8 \times 10^{-40}\ s^{-1}$ (b) $4.8\ s^{-1}$
(c) $2.8\ s^{-1}$ (d) $5.2 \times 10^{-3}\ s^{-1}$
(e) $8.8 \times 10^{2}\ s^{-1}$

## 생각 밖 상식

### 표면적

19.2절에서 보았듯이 반응 속도에 영향을 줄 수 있는 요인 중 하나는 고체 반응물의 표면적이다. 그 이유는 간단하다. 수용액 또는 기체 반응물 분자는 고체 표면에서만 고체 반응물의 분자와 만나고 충돌할 수 있다. 고체 반응물이 더 미세하게 분쇄되면 표면적이 더 많이 노출되고 충돌이 더 많이 발생할 수 있다. 이것을 설명하기 위해 알카셀처(Alka-

Seltzer, 제약회사 바이엘에서 만드는 진통제) 알약이 물과 반응하는 속도를 비교할 수 있다. 각 줄 첫 번째는 알카셀처 알약이 미지근한 물에 첨가된 사진이다. 위쪽에 있는 사진들은 온전한 알약이 물과 일으키는 반응을 보여 준다. 아래쪽의 사진들은 분말로 분쇄한 알약이 물과 일으키는 반응을 보여 준다. 분말의 경우, 반응은 훨씬 더 신속하게 일어난다.

30초가 지나면 분쇄된 약의 반응은 완전히 끝난 반면 온전한 알약은 계속해서 반응하는데, 이는 계속되는 거품과 남아 있는 알약을 보면 알 수 있다.

증가된 표면적에 대한 반응 속도의 영향은 극적이고 심지어 위험할 수 있다. 이 비극적인 사례는 2008년 조지아 주 사바나(Savanna)에 있는 황실 제당(Imperial Sugar refinery)에서 발생했다. 저장고 사일로(silo)에 있는 미세하게 분쇄된 설탕 입자는 밝혀지지 않은 원인에 의해 점화되었고, 격렬한 연쇄 폭발을 일으키면서 시설을 파괴하고 수십 명의 사상자를 냈다.

# 19.7 반응 메커니즘

균형 잡힌 화학 반응식은 반응이 실제로 어떻게 일어나는지에 관하여 많은 정보를 알려주지 않는다. 대부분의 경우, 균형 잡힌 반응식은 단순히 일련의 단계를 합한 것이다. 다음에 나타낸 가상의 예를 생각해 보자. 반응의 제단계 1에서, 반응물 A 분자는 반응물 B 분자와 결합하여 C 분자를 형성한다.

$$A + B \longrightarrow C$$

두 번째 단계에서 C 분자는 다른 B 분자와 결합하여 D를 생성한다.

$$C + B \longrightarrow D$$

전체적인 균형 잡힌 반응식은 이 두 반응식의 합이다.

$$\begin{array}{ll} \text{단계 1:} & A + B \longrightarrow \cancel{C} \\ \text{단계 2:} & \cancel{C} + B \longrightarrow D \\ \hline & A + 2B \longrightarrow D \end{array}$$

전체 반응을 얻기 위해 합한 단계의 순서를 **반응 메커니즘**(reaction mechanism)이라고 한다. 반응 메커니즘은 여행 중에 이동한 **경로**(route)와 비슷하지만 전체 균형 잡힌 화학 반응식은 **출발지**(origin)와 **목적지**(destination)만을 보여 준다.

반응 메커니즘의 특정한 예를 위해, 일산화 질소와 산소 사이의 반응을 고려해 보자.

$$2NO(g) + O_2(g) \longrightarrow 2NO_2(g)$$

위 반응 과정에서 $N_2O_2$가 검출되기 때문에 두 개의 NO 분자와 하나의 $O_2$ 분자 사이의 단일 충돌 결과로 $NO_2$가 형성되지 않는다는 것을 알고 있다. 따라서 다음 두 단계를 통해 반응이 일어날 것을 상상할 수 있다.

$$2NO(g) \longrightarrow N_2O_2(g)$$

$$N_2O_2(g) + O_2(g) \longrightarrow 2NO_2(g)$$

첫 번째 단계에서 두 개의 NO 분자가 충돌하여 $N_2O_2$ 분자를 형성한다. 그 다음에 $N_2O_2$와 $O_2$가 합쳐져서 $NO_2$ 두 분자를 생성하는 단계가 이어진다. 전체적인 변화를 나타내는 전체 화학 반응식은 첫 번째 단계와 두 번째 단계의 합으로 표시된다.

$$\begin{array}{ll} \text{단계 1:} & NO + NO \longrightarrow N_2O_2 \\ \text{단계 2:} & N_2O_2 + O_2 \longrightarrow 2NO_2 \\ \hline \text{전체 반응:} & 2NO(g) + O_2(g) \longrightarrow 2NO_2(g) \end{array}$$

$N_2O_2$와 같은 화학종(가상의 방정식에서는 C 분자)은 반응 메커니즘에서는 나타나지만 전체 균형 잡힌 반응식에서는 나타나지 않기 때문에 **중간체**(intermediate)라고 부른다. 중간체는 반응의 초기 단계에서 생성되고 이후 단계에서 소비된다.

## 단일 단계 반응

**참조**

삼분자 반응은 실제로 세 개의 분자가 동시에 충돌해야 하는데, 이는 두 개의 분자가 동시에 충돌하는 것보다 훨씬 적기 때문에 실제로 매우 드물다.

반응 메커니즘의 각 단계는 반응 분자들의 단일 충돌에 의해서 발생하는 **단일 단계 반응**(elementary reaction)을 나타낸다. 단일 단계 반응의 **분자도**(molecularity)는 근본적으로 충돌에 관련된 반응 분자들의 **수**(number)이다. 단일 단계 반응은 **일분자**(unimolecular, 하나의 반응 분자), **이분자**(bimolecular, 두 개의 반응 분자) 또는 **삼분자**(termolecular, 세 개의 반응 분자)일 수 있다. 이들 분자는 동일하거나 상이한 유형일 수 있다. NO와 $O_2$로부터 $NO_2$를 형성하는 각각의 단일 단계 반응은 각각의 단계에 두 개의 반응 분자들이 있기 때문에 이분자이다. 마찬가지로, 가상의 $A+2B \longrightarrow D$ 반응의 각 단계는 이분자이다.

반응의 단계들을 알면 속도 법칙을 추론할 수 있다. 다음과 같은 단일 단계 반응이 있다고 가정해 보자.

$$A \longrightarrow \text{생성물}$$

분자가 하나밖에 없기 때문에 이것은 일분자 반응이다. A 분자의 수가 많을수록 생성물의 생성 속도가 빠르다.

따라서 일분자 반응의 속도는 A의 농도에 직접적으로 비례한다.

$$\text{속도} = k[A]$$

A와 B 분자를 포함하는 이분자 단일 단계 반응을 고려해 보자.

$$A+B \longrightarrow \text{생성물}$$

생성물의 생성 속도는 A와 B가 얼마나 자주 충돌하는지에 달려 있으며, A와 B의 농도에 따라 달라진다. 따라서 다음과 같이 속도를 표현할 수 있다.

$$\text{속도} = k[A][B]$$

따라서 이것은 2차 반응이다. 이와 유사하게, 다른 유형의 이분자 단일 단계 반응을 고려해 보자.

$$A+A \longrightarrow \text{생성물}$$

또는

$$2A \longrightarrow \text{생성물}$$

속도는 다음과 같다.

$$\text{속도} = k[A]^2$$

**참조**

이것은 일반적인 경우가 아니라는 것을 기억하는 것이 중요하다. 단일 단계 반응에만 적용되며, 반응이 단일 단계인지의 여부는 실험적으로 결정되어야 한다.

이는 또한 2차 반응이다. 이러한 예들은 단일 단계 반응에서 각 반응물에 대한 반응 차수가 그 단계에 대한 화학 반응식의 화학량론적 계수와 같다는 것을 보여 주고 있다. 일반적으로 반응이 보이는 대로 또는 일련의 단계로 발생하는지 여부를 균형 잡힌 반응식을 통해 파악할 수 는 없다. 이와 같은 결정은 실험적으로 얻은 자료를 사용하여 결정해야 한다.

## 속도 결정 단계

하나 이상의 단일 단계로 구성된 반응 메커니즘에서 전체 과정의 속도 법칙은 **속도 결정 단계**(rate-determining step)에 의해 주어지는데, 이는 전체 단계에서 **가장 느린** 단계이다. 속도 결정 단계가 있는 과정의 유추로는 우체국에서 고객들이 길게 줄 서 있을 때 우표를 사는 데 필요한 시간이다. 이 과정은 여러 단계로 이루어져 있다. 줄을 서서 기다리고, 우표를 요청하고, 우표를 받고, 우표 값을 지불하는 것이다. 줄이 매우 길 때 줄을 서서 기다리는 데 걸리는 시간(1단계)이 전체적인 과정에 소요되는 시간을 크게 결정한다.

반응 메커니즘을 연구하기 위해 먼저 반응물의 다양한 농도들에서 초기 속도를 결정하기 위한 일련의 실험을 수행한다. 그 다음 자료를 분석하여 속도 상수와 반응의 전체 차수를 결정하고, 속도 법칙을 작성한다. 마지막으로 논리적인 단일 단계의 반응들로 그 반응에 대한 그럴듯한 메커니즘을 제안한다. 제안된 메커니즘의 단계들은 두 가지 요구 사항을 충족해야 한다.

1. 단일 단계 반응들의 합은 반응에 대한 전체적으로 균형 잡힌 반응식이어야 한다.
2. 속도 결정 단계는 실험 자료에서 결정된 것과 동일한 속도 법칙을 가져야 한다.

염화 수소와 아이오딘을 형성하기 위해 일염화 아이오딘과 수소의 기체상 반응을 고려해 보자.

$$H_2 + 2ICl \longrightarrow 2HCl + I_2$$

이 반응에 대하여 실험적으로 결정된 속도 법칙은 속도$=k[H_2][ICl]$이다. 다음은 네 가지 제안된 메커니즘이다.

### 메커니즘 1

단계 1: $ICl + ICl \longrightarrow I_2 + Cl_2$ (느림)

단계 2: $Cl_2 + H_2 \longrightarrow 2HCl$

메커니즘 1의 단계들은 정확한 전체 반응으로 합쳐진다.

$$\begin{array}{lcl} ICl + ICl & \longrightarrow & I_2 + \cancel{Cl_2} \text{ (느림)} \\ \cancel{Cl_2} + H_2 & \longrightarrow & 2HCl \\ \hline \text{합: } H_2 + 2ICl & \longrightarrow & 2HCl + I_2 \end{array}$$

그러나 속도 결정 단계의 속도 법칙은 속도$=k[ICl]^2$이다. 따라서 메커니즘 1은 그럴듯하지 않다. 그럴듯한 메커니즘에 대한 요구 사항 1은 충족하지만 요구 사항 2를 충족하지 못한다.

### 메커니즘 2

단계 1: $H_2 + ICl \longrightarrow HI + HCl$ (느림)

단계 2: $ICl + HCl \longrightarrow HI + Cl_2$

메커니즘 2의 속도 결정 단계는 정확한 속도 법칙을 가지고 있다.

$$\text{속도} = k[H_2][ICl]$$

그러나 이 단일 단계 반응들은 정확한 전체 반응으로 합쳐지지 않는다.

$$\begin{array}{rrcl} & H_2 + ICl & \longrightarrow & HI + \cancel{HCl}\ (\text{느림}) \\ & ICl + \cancel{HCl} & \longrightarrow & HI + Cl_2 \\ \hline \text{합:} & H_2 + 2ICl & \longrightarrow & 2HI + Cl_2 \end{array}$$

따라서 메커니즘 2도 타당한 것이 아니다. 요구 사항 2는 충족하지만 요구 사항 1을 충족하지 못한다.

메커니즘 3

단계 1: $H_2 \longrightarrow 2H$ (느림)

단계 2: $ICl + H \longrightarrow HCl + I$

단계 3: $H + I \longrightarrow HI$

메커니즘 3(속도 $= k[H_2]$)의 속도 결정 단계에 대한 속도 법칙은 올바르지 않다.

또한 이 단일 단계 반응들은 정확한 전체 반응으로 합쳐지지 않는다.

$$\begin{array}{rrcl} & H_2 & \longrightarrow & \cancel{2H}\ (\text{느림}) \\ & ICl + \cancel{H} & \longrightarrow & HCl + \cancel{I} \\ & \cancel{H} + \cancel{I} & \longrightarrow & HI \\ \hline \text{합:} & H_2 + ICl & \longrightarrow & HCl + HI \end{array}$$

따라서 메커니즘 3은 타당한 것이 아니다. 요구 사항 1과 요구 사항 2를 만족하지 못한다.

메커니즘 4

단계 1: $H_2 + ICl \longrightarrow HCl + HI$ (느림)

단계 2: $HI + ICl \longrightarrow HCl + I_2$

메커니즘 4의 속도 결정 단계는 정확한 속도 법칙을 갖는다.

$$\text{속도} = k[H_2][ICl]$$

또한, 메커니즘 4의 단일 단계들은 정확한 전체 반응으로 합쳐진다.

$$\begin{array}{rrcl} & H_2 + ICl & \longrightarrow & HCl + \cancel{HI}\ (\text{느림}) \\ & \cancel{HI} + ICl & \longrightarrow & HCl + I_2 \\ \hline \text{합:} & H_2 + 2ICl & \longrightarrow & 2HCl + I_2 \end{array}$$

그러므로 메커니즘 4가 그럴듯하다. 두 가지 요구 사항을 모두 만족시킨다.

과산화 수소의 분해는 아이오딘화 이온에 의해 촉매화될 수 있다(그림 19.15). 전체적인 반응은 다음과 같다.

$$2H_2O_2(aq) \longrightarrow 2H_2O(l) + O_2(g)$$

실험 결과에 따르면 속도 법칙은 다음과 같다.

$$\text{속도} = k[H_2O_2][I^-]$$

따라서 반응은 $H_2O_2$와 $I^-$ 모두에 대하여 각각 1차이다.

**그림 19.15** 과산화수소의 분해는 아이오딘화 염을 첨가함으로써 촉매화된다. 아이오딘화 이온의 일부는 아이오딘 분자로 산화되고, 아이오딘화 이온과 반응하여 갈색의 삼아이오딘 이온($I_3^-$)을 형성한다.

$H_2O_2$의 분해 반응은 한 단계로 일어나지 않기 때문에 단일 단계 반응이 아니다. 만약 그렇다면, 반응은 $H_2O_2$에 대하여 2차(두 개의 $H_2O_2$ 분자가 충돌한 결과)일 것이다. 게다가 전체 반응식에 포함되지도 않는 $I^-$ 이온은 속도식에 나타나지도 않았을 것이다. 이러한 사실을 어떻게 조정할 수 있을까? 첫째, 반응이 두 개의 분리된 단일 단계에서 일어나는 것으로 가정하여 관측된 속도 법칙을 설명할 수 있다. 각각의 단계는 이분자이다.

$$\text{단계 1:}\quad H_2O_2 + I^- \xrightarrow{k_1} H_2O + IO^-$$

$$\text{단계 2:}\quad H_2O_2 + IO^- \xrightarrow{k_2} H_2O + O_2 + I^-$$

또한 단계 1이 속도 결정 단계라고 가정하면, 반응 속도는 첫 번째 단계만으로 결정될 수 있다.

$$\text{속도} = k_1[H_2O_2][I^-]$$

여기서, $k_1 = k$이다. $IO^-$ 이온은 첫 번째 단계에서 생성되고, 두 번째 단계에서 소비되기 때문에 중간체이다. 전체적인 균형 잡힌 반응식에는 나타나지 않는다. $I^-$ 이온도 전체 반응식에 나타나지 않지만, 첫 번째 단계에서 소비된 다음 두 번째 단계에서 생산된다. 즉,

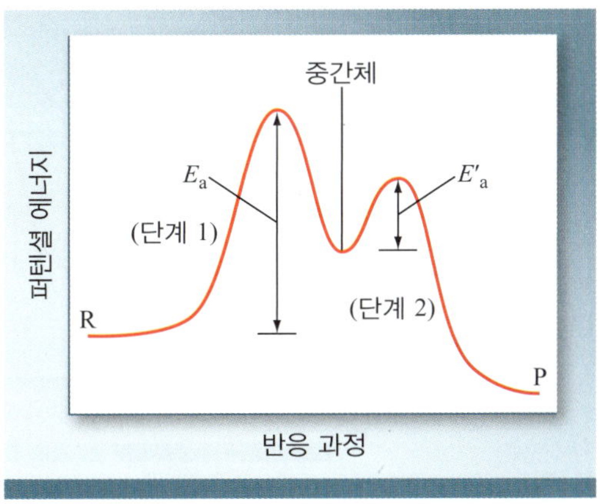


**그림 19.16** 첫 번째 단계가 속도 결정 단계인 이분자 반응의 퍼텐셜 에너지 프로파일. R 및 P는 각각 반응물 및 생성물을 나타낸다.

그것은 반응이 시작할 때 있고, 마지막에 나타난다. 따라서 $I^-$ 이온은 **촉매**이고, 이것은 반응 **속도를 높이는** 기능을 한다. 촉매는 19.8절에서 더 자세히 다룬다. 그림 19.16은 $H_2O_2$의 분해와 같은 반응에 대한 퍼텐셜 에너지 프로파일을 보여 준다. 속도 결정 단계인 첫 번째 단계는 두 번째 단계보다 더 큰 활성화 에너지를 갖는다. 중간체는 관찰하기에 충분히 안정할 수 있지만 빠른 반응 속도로 생성물을 형성한다. 잠깐만 존재하는 것이다.

예제 19.11을 사용하면 제안된 반응 메커니즘이 타당한지 판단할 수 있다.

## 예제 19.11

아산화 질소($N_2O$)의 기체상 분해 반응은 두 단계로 일어나는 것으로 여겨진다.

$$\text{단계 1:} \quad N_2O \xrightarrow{k_1} N_2 + O$$

$$\text{단계 2:} \quad N_2O + O \xrightarrow{k_2} N_2 + O_2$$

실험적으로 얻어진 속도 법칙은 속도$=k[N_2O]$인 것으로 밝혀졌다.

(a) 전체 반응에 대한 반응식을 쓰시오. (b) 중간체는 무엇인가? (c) 속도 결정 단계는 어느 것인가?

**전략** 전체 반응식을 얻기 위해 화살표의 반대쪽에 있는 동일한 항을 지우고, 두 반응식을 합한다. 지워진 분자는 처음 생성되어 나중에 소비된 경우 중간체가 된다. 각 단일 단계 반응에 대한 속도 법칙을 작성한다. 실험적으로 얻어진 속도 법칙과 일치하는 것은 속도 결정 단계가 될 것이다.

**계획** 중간체는 이전 단계에서 생성되어 이후 단계에서 소비되는 화학종이다. 속도 법칙의 지수로서 각 화학종의 화학량론 계수를 사용하여 단일 단계 반응의 속도 법칙을 간단히 쓸 수 있다.

$$\text{단계 1:} \quad N_2O \xrightarrow{k_1} N_2 + O \qquad \text{속도}=k[N_2O]$$

$$\text{단계 2:} \quad N_2O + O \xrightarrow{k_2} N_2 + O_2 \qquad \text{속도}=k[N_2O][O]$$

**풀이**

(a) $2N_2O \longrightarrow 2N_2 + O_2$

(b) O(산소 원자)가 중간체이다.

(c) 단계 1의 속도 법칙은 실험적으로 얻어진 속도 법칙과 같기 때문에, 단계 1이 속도 결정 단계이다. 속도$=k[N_2O]$이다.

### 생각해 보기

단계가 추가될 때 지워지는 화학종은 중간체이거나 촉매일 수 있다. 이 경우 지워진 화학종은 처음에 생성된 다음 소비되었기 때문에 중간체이다. 먼저 소비되고 생성된 화학종은 전체 반응식에 나타나지 않지만 촉매이다.

**유제 1** 어떤 반응의 속도 법칙이 속도$=k[A][B]$라면, $A + 2B \longrightarrow C + D$ 반응에 대하여 타당한 메커니즘을 제안하시오.

**유제 2** 이 퍼텐셜 에너지 프로파일이 나타내는 반응에는 몇 개의 단일 단계 반응이 있는가? 속도 결정 단계는 어느 단계인가? 얼마나 많은 중간체가 반응 메커니즘에 존재하는가?

## 빠른 첫 단계를 갖는 메커니즘

1차 및 2차 반응에 대해서는 그럴듯한 메커니즘을 제안하는 것이 합리적이다. 실험적으로 결정된 속도 법칙을 사용하여 속도 결정 단계를 첫 번째 단계로 작성한 다음 하나 이상의 추가 단계를 작성하여 적절한 화학종을 지워서 올바른 전체 반응식을 만든다. 그러나 때로는 가능성 없는 시나리오를 제안할 수밖에 없는 실험적으로 결정된 속도 법칙을 가진 반응에 직면하게 될 때도 있다. 예를 들어, 염화 나이트로실을 생산하기 위해 염소와 일산화 질소의 기체상 반응을 고려해 보자.

$$2NO(g) + Cl_2(g) \longrightarrow 2NOCl(g)$$

실험적으로 결정된 속도 법칙은 $k[NO]^2[Cl_2]$이다. 속도 법칙의 지수는 균형 잡힌 반응식의 계수와 동일하므로 전체적으로 이 반응은 **3차**(third order)가 된다. 하나의 가능성은 반응이 단일 단계 과정이지만, 이것은 3개의 분자가 동시에 충돌해야만 하는 반응이다. 이전에 언급했듯이, 이러한 삼분자 반응은 거의 일어나지 않는다. 보다 합리적인 메커니즘은 빠른 첫 번째 단계 다음에 느린 속도 결정 단계가 뒤따르는 방식이다.

단계 1: $NO(g) + Cl_2(g) \xrightarrow{k_1} NOCl_2(g)$ (빠름)

단계 2: $NOCl_2(g) + NO(g) \xrightarrow{k_2} 2NOCl(g)$ (느림)

그러나 이전에 수행한 것처럼 속도 결정 단계에 대한 식을 사용하여 전체 속도 법칙을 작성할 때 최종적으로 얻게 되는 속도 법칙은 다음과 같다.

$$\text{속도} = k_2[NOCl_2][NO]$$

위의 속도 법칙은 **중간체**(intermediate, $NOCl_2$)의 농도를 포함한다. 이 속도 법칙은 제안된 메커니즘에는 타당하지만 이 형식에서는 실험적으로 결정된 속도 법칙과 비교하여 메커니즘의 타당성을 결정할 수는 없다. 이를 위해서는 전체 반응식의 **반응물들**(reactants)만으로 나타나는 속도 법칙을 유도해야 한다.

중간체($NOCl_2$)가 단계 1에 의해 생성된 후에 빠르게 단계 2에 의해 소비되지 않으면, 그 농도가 상승하여 단계 1의 **역반응**이 일어난다. 즉, $NOCl_2$가 반응하여 NO와 $Cl_2$가 생성된다. 이것은 단계 1의 정반응과 역반응이 같은 속도로 발생하는 동적 평형[◀◀ 9.1절]을 만든다. 단계 1에서 단일 반응 화살표를 평형 상태의 화살표로 바꾸어 이것을 나타낸다.

$$NO(g) + Cl_2(g) \underset{k_{-1}}{\overset{k_1}{\rightleftharpoons}} NOCl_2(g)$$

단계 1의 정반응 및 역반응인 두 단일 단계 과정 모두에 대한 속도 법칙을 다음과 같이 쓸 수 있다.

$$\text{속도}_{\text{정반응}} = k_1[NO][Cl_2] \qquad \text{그리고} \qquad \text{속도}_{\text{역반응}} = k_{-1}[NOCl_2]$$

여기서 $k_1$과 $k_{-1}$은 정반응 및 역반응 과정에 대한 각각의 속도 상수이다. 두 속도가 동일하기 때문에 다음과 같이 쓸 수 있다.

$$k_1[NO][Cl_2] = k_{-1}[NOCl_2]$$

$NOCl_2$의 농도에 대하여 풀기 위해 위 식을 재배열하면 다음과 같다.

**참조**

흥미롭게도 이 관계를 사용하여 평형식을 결정할 수 있다. 평형에서 정반응 및 역반응은 동일한 속도를 갖는다. 이 식을 다시 정렬하면 다음과 같다.

$$\frac{k_1}{k_{-1}} = \frac{[NOCl_2]}{[NO][Cl_2]}$$

두 속도 상수의 비율도 일정하기 때문에, 다음과 같이 쓸 수 있다.

$$K_c = \frac{[NOCl_2]}{[NO][Cl_2]}$$

여기서 $K_c$는 평형 상수이다. 이를 질량 작용의 법칙을 사용하여 작성된 평형식과 비교하자 [◀◀ 15.2절].

$$\frac{k_1}{k_{-1}}[\text{NO}][\text{Cl}_2]=[\text{NOCl}_2]$$

이 결과를 원래의 속도 법칙에 나타나 있는 $NOCl_2$의 농도에 대입하면 다음과 같다.

$$속도=k_2[\text{NOCl}_2][\text{NO}]=k_2\frac{k_1}{k_{-1}}[\text{NO}]^2[\text{Cl}_2]$$

이는 실험적으로 결정된 속도 법칙인 속도 $=k[\text{NO}]^2[\text{Cl}_2]$와 일치하고, 여기서 $k$는 $\frac{k_2k_1}{k_{-1}}$과 같다.

예제 19.12에서는 실험적으로 결정된 속도 법칙을 빠른 첫 번째 단계 다음에 느린 속도 결정 단계를 거치게 되는 반응 메커니즘과 관련시키는 연습을 할 수 있다.

## 예제 19.12

19.5절의 시작 부분에서 설명한 일산화 질소와 산소의 기체상 반응을 고려해 보자.

$$2\text{NO}(g)+\text{O}_2(g) \longrightarrow 2\text{NO}_2(g)$$

다음의 메커니즘이 타당함을 보이시오. 실험적으로 결정된 속도 법칙은 속도 $=k[\text{NO}]^2[\text{O}_2]$이다.

$$단계\ 1\text{: NO}(g)+\text{NO}(g) \underset{k_{-1}}{\overset{k_1}{\rightleftharpoons}} \text{N}_2\text{O}_2(g)\ (빠름)$$

$$단계\ 2\text{: N}_2\text{O}_2(g)+\text{O}_2(g) \xrightarrow{k_2} 2\text{NO}_2(g)\ (느림)$$

**전략** 메커니즘의 타당성을 확립하기 위해서는 속도 결정 단계의 속도 법칙과 실험적으로 결정된 속도 법칙을 비교해야 한다. 이 경우, 속도 결정 단계가 반응물 중 하나인 중간체($N_2O_2$)를 가지므로 속도$=k_2[\text{N}_2\text{O}_2][\text{O}_2]$의 속도 법칙을 얻게 된다. 실험적으로 얻어진 속도 법칙과 직접 비교할 수 없으므로 중간체의 농도를 **반응물들**(reactants)의 농도로 바꿔야 한다.

**계획** 첫 번째 단계는 빠르게 확립된 평형이다. 단계 1의 정반응 및 역반응은 모두 단일 단계 과정이므로 균형 잡힌 반응식으로부터 속도 법칙을 작성할 수 있다.

$$속도_{정반응}=k_1[\text{NO}]^2 \qquad 그리고 \qquad 속도_{역반응}=k_{-1}[\text{N}_2\text{O}_2]$$

**풀이** 평형 상태에서 정반응과 역반응이 같은 속도로 발생하기 때문에 서로 같은 속도로 설정하고 중간체의 농도에 대하여 풀 수 있다.

$$k_1[\text{NO}]^2=k_{-1}[\text{N}_2\text{O}_2]$$

$$[\text{N}_2\text{O}_2]=\frac{k_1[\text{NO}]^2}{k_{-1}}$$

얻어진 답을 원래의 속도 법칙(속도$=k[\text{N}_2\text{O}_2][\text{O}_2]$)에 대입하면, 다음과 같은 결과를 얻을 수 있다.

$$속도=k_2=\frac{k_1[\text{NO}]^2}{k_{-1}}[\text{O}_2]=k[\text{NO}]^2[\text{O}_2] \qquad 여기서\ k=\frac{k_2k_1}{k_{-1}}$$

### 생각해 보기

모든 반응이 하나의 속도 결정 단계를 가지고 있는 것은 아니다. 비교적 느린 두 개 이상의 단계를 가지는 반응에 대한 분석은 이 책에서 다루지 않는다.

**유제 1** $\text{H}_2(g)+\text{I}_2(g) \longrightarrow 2\text{HI}(g)$ 반응은 속도 결정 단계의 속도 법칙이 속도$=k[\text{H}_2][\text{I}]^2$인 두 단계 메커니즘을 통해 진행된다. 메커니즘을 작성하고 반응물들의 농도만을 사용하여 속도 법칙을 다시 작성하시오.

**유제 2** $A+B \longrightarrow C+D$의 반응은 두 번째 단계가 속도 결정 단계이고 첫 번째 단계가 중간체(I)를 생성하는 두 단계 메커니즘을 통해 진행된다고 생각된다. 다음 반응 그래프[(i)~(iii)] 중 어느 것이 반응이 진행됨에 따라 반응물과 중간체의 농도를 나타내고 있는가?

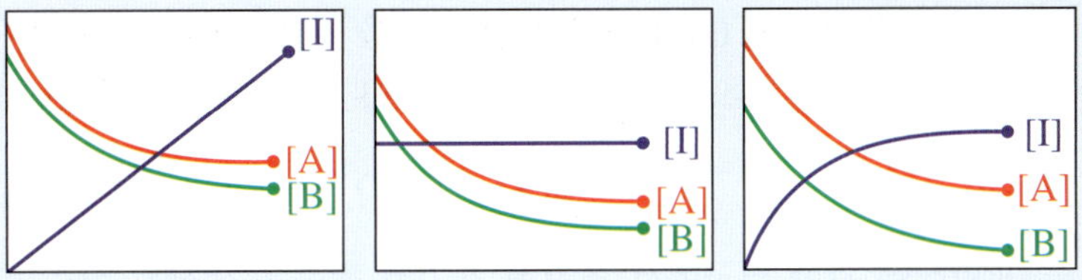


(i) (ii) (iii)

## 반응 메커니즘에 대한 실험적 지지

실험적으로 얻어진 속도 자료를 기반으로 메커니즘을 제안했을 때, 메커니즘이 929쪽에 나열된 두 가지 요구 사항을 충족하게 되어 단일 단계 반응이 합쳐져 올바른 전체 반응식이 되고, 속도 결정 단계에 적절한 속도 법칙이 적용된다는 것을 알게 되면 제안된 메커니즘은 **타당하다고**(plausible) 할 수 있다. 하지만 반드시 **맞다**(correct)고 할 수는 없다. 속도 자료만 사용하여 메커니즘이 타당한지를 입증할 수는 없다. 제안된 반응 메커니즘이 실제로 타당한지의 여부를 결정하려면 다른 실험을 수행해야 한다. 과산화수소 분해 반응의 경우, $IO^-$ 이온의 존재를 탐지하려고 시도할 수도 있다. 그것들을 발견할 수 있다면, 제안된 메커니즘이 타당하다는 것을 지지할 것이다. 유사하게, 아이오딘화 수소를 생성하기 위해 수소와 아이오딘이 반응하는 경우, 아이오딘 원자의 검출은 옆에 나타낸 제안된 두 단계 메커니즘을 지지할 것이다. 예를 들어, 가시광선이 조사되면 $I_2$는 원자로 분리된다. 따라서 $H_2$와 $I_2$로부터의 HI의 형성은 빛의 강도가 증가함에 따라 속도가 빨라질 것이라고 예측할 수 있는데, 이는 I 원자의 농도를 증가시킬 것이기 때문이다. 실제로 이것이 바로 관찰된 것이다.

$$H_2(g)+I_2(g) \longrightarrow 2HI(g)$$

$$\text{속도}=k[H_2][I_2]$$

제안된 메커니즘

단계 1: $I_2 \underset{k_{-1}}{\overset{k_1}{\rightleftharpoons}} 2I$

단계 2: $H_2+2I \xrightarrow{k_2} 2HI$

어떤 경우에는 화학자들은 반응을 더 잘 이해하기 위해 아세트산 메틸과 물 사이의 반응에서 어떤 C—O 결합이 깨지는지 알고 싶어했다.

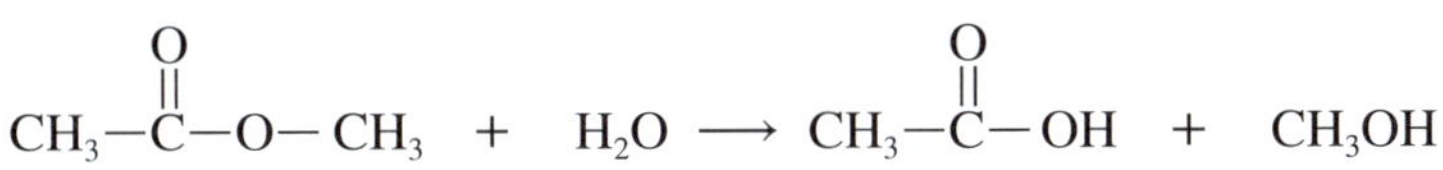

결합 깨짐의 두 가지 가능성은 다음과 같다.

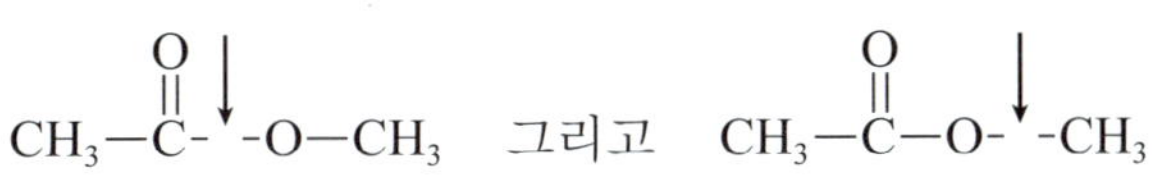

(a) (b)

(a)와 (b)의 구별을 위해 화학자들은 산소-16 동위 원소가 들어 있는 일반 물 대신에 산소-18 동위 원소를 가지고 있는 물을 사용했다. $^{18}O$의 물이 사용되었을 때, 생성된 아세트산만이 $^{18}O$를 가지고 있었다.

$$CH_3-\overset{\overset{\displaystyle O}{\|}}{C}-{}^{18}O-H$$

따라서 반응은 방식 (b)에 의해 형성된 생성물은 본래의 산소 원자를 유지하고 $^{18}O$를 포함하지 않기 때문에 (a)의 결합 깨짐 방식을 통해 일어나야만 한다.

또 다른 예는 녹색 식물이 이산화 탄소와 물로부터 글루코스를 생산하는 과정인 광합성이다.

$$6CO_2+6H_2O \longrightarrow C_6H_{12}O_6+6O_2$$

광합성에 관한 연구에서 초기에 제기된 질문은 생산된 산소 분자가 물, 이산화 탄소 또는 둘 다에서 나온 것인지 여부였다. 산소-18 동위 원소만을 가진 물을 사용함으로써 광합성에 의해 생성된 모든 산소는 물에 의해 만들어졌고, 이산화 탄소에 의해 만들어진 것이 아니라는 결론을 내렸다.

이들 예시는 창조적인 화학자가 반응 메커니즘을 연구하는 방법을 보여 준다.

## 19.7절 복습

### 반응 메커니즘

다음 정보를 사용하여 문제 19.7.1부터 19.7.3에 답하시오.

$$A+B \longrightarrow C+D$$

반응에 대하여 실험적으로 얻어진 속도 법칙은 속도$=k[B]^2$이다.

**19.7.1** A와 B에 대한 반응 차수는 각각 무엇인가?

(a) 0과 1 (b) 1과 0 (c) 0과 2
(d) 2와 1 (e) 2와 0

**19.7.2** 전체 반응에 대한 반응 차수는 무엇인가?

(a) 0 (b) 1 (c) 2
(d) 3 (e) 4

**19.7.3** 다음 중 이 반응에 대하여 타당한 메커니즘은 무엇인가?

(a) 단계 1: $A+B \longrightarrow C+E$ (느림)
단계 2: $E+A \longrightarrow D$ (빠름)
(b) 단계 1: $B+B \longrightarrow C+E$ (느림)
단계 2: $E+A \longrightarrow D+B$ (빠름)
(c) 단계 1: $A+A \longrightarrow B+D$ (느림)
단계 2: $B+B \longrightarrow A+C$ (빠름)
(d) 단계 1: $B+B \longrightarrow C+E$ (느림)
단계 2: $C+A \longrightarrow D+B$ (빠름)
(e) 단계 1: $A+B \longrightarrow D+E$ (느림)
단계 2: $E+A \longrightarrow C$ (빠름)

**19.7.4** 다음 반응에 대한 타당한 메커니즘은 다음 두 단계 반응으로 제시되었다.

$$H_2 + 2IBr \longrightarrow I_2 + 2HBr$$

단계 1: $H_2 + IBr \xrightarrow{k_1} HI + HBr$ (느림)

단계 2: $HI + IBr \xrightarrow{k_2} I_2 + HBr$ (빠름)

실험적으로 얻어진 속도 법칙은 무엇인가?

(a) 속도 $= k[H_2]^2$  (b) 속도 $= k[H_2][IBr]^2$

(c) 속도 $= k[IBr]^2$  (d) 속도 $= k[H_2][IBr]$

(e) 속도 $= k[HI][IBr]$

# 19.8 촉매 반응

19.7절에서 과산화수소의 분해 반응에 대한 반응 속도는 $I^-$가 전체 반응식에 나타나지 않더라도 아이오딘화 이온의 농도에 의존한다고 언급했던 것을 기억해 보자. 대신, 이것은 반응을 위한 촉매 역할을 한다. **촉매**(catalyst)는 그 자체가 소비되지 않고 화학 반응의 속도를 증가시키는 물질이다. 촉매는 반응에 참여하여 중간체를 형성할 수 있지만, 반응의 후속 단계에서 본래의 모습으로 되돌아온다.

산소 분자는 염소산 포타슘을 가열하여 실험실에서 만들 수 있다. 반응은 다음과 같다.

$$2KClO_3(s) \longrightarrow 2KCl(s) + 3O_2(g)$$

그러나 이 열분해 공정은 촉매가 없는 경우 매우 느리다. 흑색 분말 물질인 소량의 이산화 망가니즈($MnO_2$)를 첨가하여 분해 속도를 크게 높일 수 있다. 모든 $MnO_2$는 $H_2O_2$를 분해한 후에 남게 되는 것처럼 반응이 끝나면 원래의 모습으로 회복될 수 있다.

촉매는 사용하지 않는 경우보다 유리한 반응 속도를 갖는 일련의 단일 단계 반응들을 제공함으로써 반응을 가속화한다. 식 19.8로부터 반응에 대한 속도 상수 $k$(따라서 반응 속도)가 빈도 인자(A)와 활성화 에너지($E_a$)에 의존함을 알 수 있다. A의 값이 클수록(또는 $E_a$의 값이 작을수록) 더 큰 속도 값을 가진 반응이다. 많은 경우, 촉매는 반응에 대한 활성화 에너지를 낮춤으로써 속도를 증가시킨다.

다음의 반응은 일정한 속도 상수 $k$와 활성화 에너지 $E_a$를 갖는다고 가정해 보자.

$$A + B \xrightarrow{k} C + D$$

그러나 촉매가 있는 경우의 속도 상수는 **촉매 속도 상수**(catalytic rate constant)라고 하는 $k_c$이다.

촉매의 정의에 의하면 다음과 같다.

$$속도_{촉매} > 속도_{비촉매}$$

그림 19.17은 두 반응에 대한 퍼텐셜 에너지 프로파일을 보여 준다. 반응물(A와 B) 및 생성물(C와 D)의 총에너지는 촉매에 의해 영향을 받지 않는다. 둘 사이의 유일한 차이점은 $E_a$

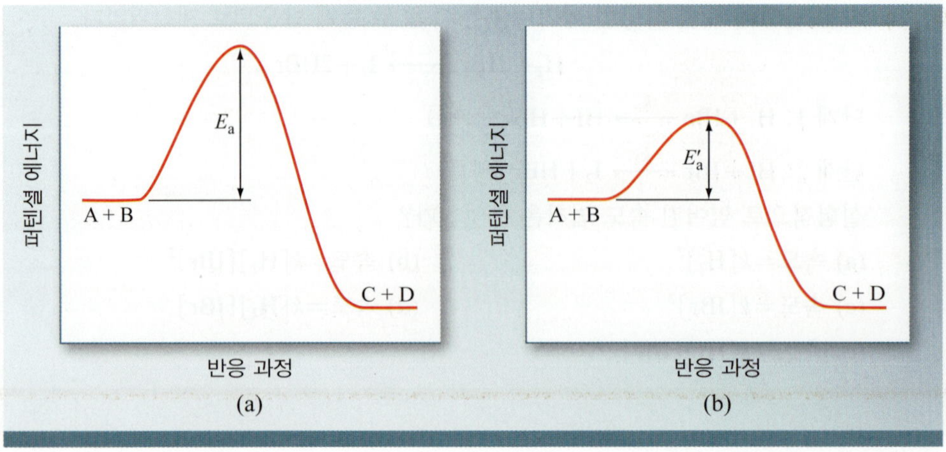


**그림 19.17** (a) 촉매가 없는 반응 및 (b) 촉매를 가진 동일한 반응의 활성화 에너지 장벽의 비교. 촉매는 에너지 장벽을 낮추지만 반응물 또는 생성물의 에너지에는 영향을 주지 않는다. 반응물과 생성물은 두 경우에 모두 동일하지만 반응 메커니즘과 속도 법칙은 (a)와 (b)에서 다르다.

에서 $E'_a$로 활성화 에너지가 낮아진다는 것이다. 역반응에 대한 활성화 에너지 또한 낮아지기 때문에, 촉매는 정반응과 역반응 모두에 대한 속도를 똑같이 향상시킨다.

그러나 촉매의 존재는 평형 상수를 변화시키지 않으며 평형 시스템의 위치 또한 변화시키지 않는다[|◀◀ 15.6절]. 평형 상태가 아닌 반응 혼합물에 촉매를 첨가하면 혼합물이 더 일찍 평형에 도달하게 된다. 동일한 평형 상태는 촉매 없이도 얻을 수 있지만, 훨씬 더 오랜 시간이 걸릴 수 있다.

속도 증가시키는 물질의 특성에 따라 촉매 반응의 세 가지 일반적인 유형인 불균일 촉매 반응, 균일 촉매 반응 및 효소 촉매 반응이 있다.

## 불균일 촉매 반응

**불균일 촉매 반응**(heterogeneous catalysis)에서 반응물과 촉매는 다른 상이다. 일반적으로 촉매는 고체이고, 반응물은 기체 또는 액체이다. 불균일 촉매 반응은 특히 화학 산업에서 중요하고, 화학 물질을 합성할 때 가장 중요한 촉매 반응의 유형이다. 불균일 촉매 반응은 또한 자동차의 촉매 변환기에도 사용된다.

자동차 엔진 내부와 같은 고온의 조건에서는 질소 기체와 산소 기체가 반응하여 일산화 질소를 형성한다.

$$N_2(g) + O_2(g) \longrightarrow 2NO(g)$$

대기로 방출될 때, NO는 $O_2$와 빠르게 결합하여 $NO_2$를 형성한다. 일산화 탄소(CO) 및 다양한 불완전 연소된 탄화수소와 같은 자동차에서 배출되는 이산화 질소와 기타 기체들은 자동차 배기가스를 대기 오염의 주요 원인으로 만든다.

대부분의 신차에는 촉매 변환기가 장착되어 있다[그림 19.18(a)]. 효율적인 촉매 변환기는 CO와 불완전 연소된 탄화수소를 $CO_2$와 $H_2O$로 산화시키고, NO와 $NO_2$를 $N_2$와 $O_2$로 전환시키는 두 가지 목적을 가지고 있다. 공기가 주입된 고온의 배기가스는 탄화수소의 완전 연소를 촉진하고 CO 배출을 감소시키기 위해 변환기의 제1 챔버를 통과한다. 그러나, 고온은 NO 생성을 증가시키기 때문에, 다른 촉매(전이 금속 또는 CuO 또는 $Cr_2O_3$와 같은 전이 금속 산화물)를 포함하고 더 낮은 온도에서 작동하는 제2 챔버는 배기가스가 배출되기

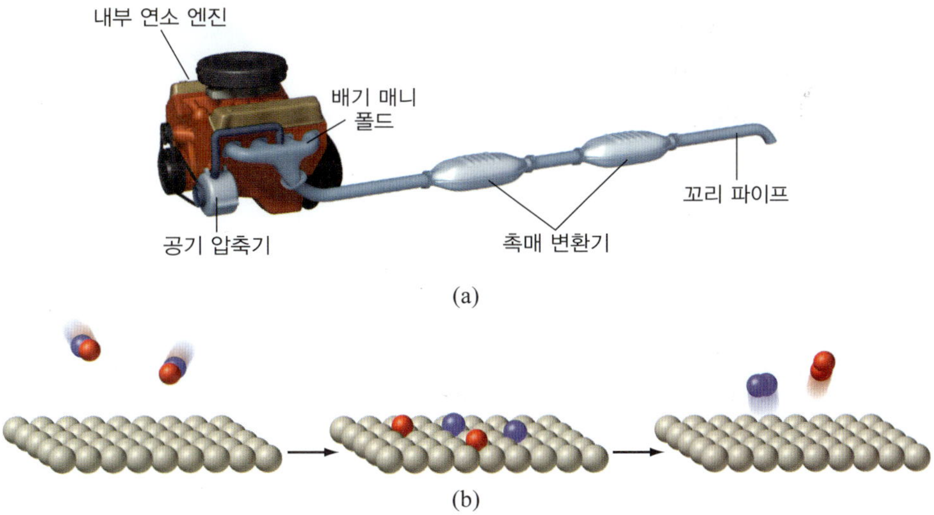


**그림 19.18** (a) 자동차용 이단 촉매 변환기 (b) 두 번째 단계에서, NO 분자는 촉매의 표면에 결합한다. N 원자들끼리 서로 결합하고, O 원자들끼리 서로 결합하여 각각 $N_2$와 $O_2$를 생성한다.

전에 NO를 $N_2$ 및 $O_2$로 해리하는 데 필요하다. 마지막으로 배기관을 통해 배출된다[그림 19.18(b)].

## 균일 촉매 반응

**균일 촉매 반응**(homogeneous catalysis)에서 반응물과 촉매는 같은 상으로, 보통 액체에 분산되어 있다. 산 및 염기 촉매는 액체 용액에서 균일 촉매 반응의 가장 중요한 유형이다. 예를 들어, 아세트산과 에탄올을 형성하기 위한 에틸 아세테이트와 물의 반응은 일반적으로 너무 느려서 측정할 수 없다.

$$CH_3COOC_2H_5 + H_2O \longrightarrow CH_3COOH + C_2H_5OH$$

촉매가 없는 경우, 속도 법칙은 다음과 같이 주어진다.

$$\text{속도} = k[CH_3COOC_2H_5]$$

그러나 반응은 산에 의해 촉매화될 수 있다. 촉매는 화학 반응식에서 화살표 위에 표시되기도 한다.

$$CH_3COOC_2H_5 + H_2O \xrightarrow{H^+} CH_3COOH + C_2H_5OH$$

산이 존재할 때 속도는 더 빠르며 속도 법칙은 다음과 같이 주어진다.

$$\text{속도} = k_c[CH_3COOC_2H_5][H^+]$$

반응 속도 상수의 크기가 $k_c > k$이기 때문에 속도는 반응의 촉매화된 부분에 의해서만 결정된다.

균일 촉매 반응은 불균일 촉매 반응보다 몇 가지 장점이 있다. 한 가지 예로, 반응은 대기 조건하에서 수행될 수 있으므로 생산 비용을 줄이고 고온에서 제품의 분해를 최소화한다. 또한 균일 촉매는 특정 유형의 반응에 대해 선택적으로 작용하도록 설계될 수 있고, 균일 촉매는 불균일 촉매에 사용되는 귀금속(예: 백금 및 금)보다 비용이 적게 들어간다.

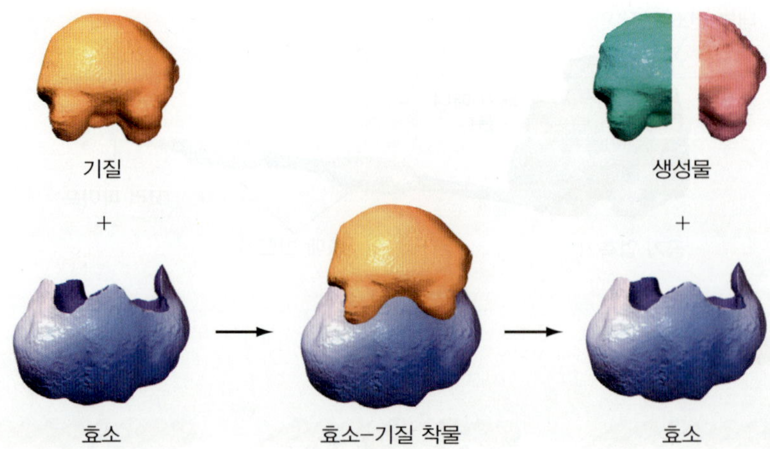


**그림 19.19** 기질 분자에 대한 효소 특이성의 자물쇠–열쇠 모델

## 효소: 생물학적 촉매

생명 시스템에서 진화한 모든 복잡한 과정 중에서 어떤 것도 효소 촉매 반응보다 더 두드러지거나 더 중요하지 않다. **효소**(enzyme)는 **생물학적**(biological) 촉매이다. 효소에 대한 놀라운 사실은 $10^6$에서 $10^{18}$까지의 인자에 의해 생화학적 반응의 속도를 증가시킬 수 있을 뿐만 아니라 매우 특이하다는 것이다. 효소는 **기질**(substrates)이라고 불리는 특정 반응물 분자에만 작용하며 나머지 시스템엔 영향을 끼치지 않는다. 평균 생존 세포에는 약 3000개의 다른 효소가 포함될 수 있으며, 각각의 효소는 기질이 적절한 생성물로 변환되는 특정 반응을 촉매화하는 것으로 추정된다. 효소 촉매 반응은 기질과 효소가 수용액에 존재하기 때문에 보통 균일하다.

효소는 전형적으로 기질과의 상호 작용이 일어나는 하나 이상의 활성화 자리를 포함하는 큰 단백질 분자이다. 이 자리는 열쇠가 특정 자물쇠에 꼭 맞는 방식으로 특정 기질 분자와 구조적으로 화합할 수 있다. 사실, 활성화 자리와 정확히 일치하는 모양의 분자에만 결합하는 단단한 효소 구조의 개념은 1894년에 에밀 피셔(Emil Fischer)[1]에 의해 개발된 소위

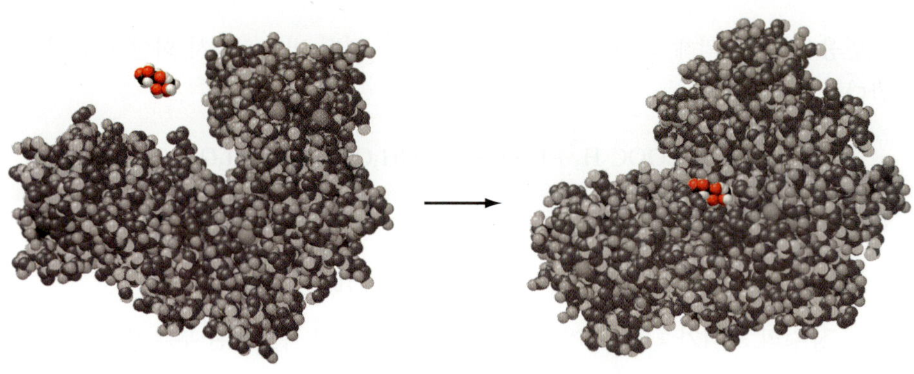

**그림 19.20** 왼쪽에서 오른쪽으로: 글루코스 분자(빨간색)와 헥소 키네이스(대사 경로의 효소)의 결합. 활성화 자리 부분이 결합 후 글루코스 주위가 어떻게 닫히는지 주목해 보자. 종종 기질과 활성화 자리, 모두의 기하학적 구조가 서로 맞도록 변경된다.

1. 에밀 피셔(Emil Fischer, 1852∼1919): 독일의 화학자, 많은 사람들에 의해 19세기의 가장 위대한 유기 화학자로 불린다. 설탕과 다른 중요한 분자의 합성에 많은 기여를 했으며, 1902년 노벨 화학상을 수상했다.

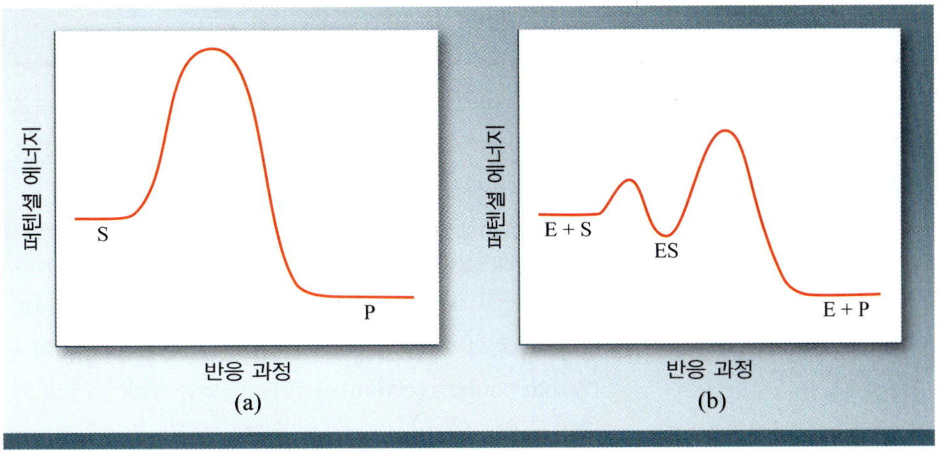


**그림 19.21** (a) 촉매가 없는 반응과 (b) 효소에 의해 촉매화된 동일한 반응의 비교. (b)의 그래프는 촉매 반응이 두 단계 메커니즘을 가지고 있다고 가정하며, 두 번째 단계($ES \longrightarrow E+P$)는 속도 결정 단계이다.

자물쇠 및 열쇠 이론(그림 19.19)인 효소 촉매 반응에 대한 초기 이론의 기초였다. 피셔의 가설은 효소의 특이성을 설명하지만 단일 효소가 다른 크기와 모양의 기질에 결합한다는 연구 결과와 모순된다. 이제 화학자들은 효소 분자(또는 적어도 활성화 자리)가 상당히 구조적 유연성을 가지며 둘 이상의 유형의 기질을 수용할 수 있도록 모양을 수정할 수 있음을 알고 있다. 그림 19.20은 효소의 분자 모델을 보여 준다.

효소 반응 속도의 수학적 처리는 비록 반응과 관련된 기본적인 단계를 알고 있더라도 매우 복잡하다. 단순화된 체계는 다음의 단일 단계 반응에 의해 주어진다.

$$E+S \underset{k_{-1}}{\overset{k_1}{\rightleftarrows}} ES$$

$$ES \xrightarrow{k_2} E+P$$

여기서 E, S 및 P는 각각 효소, 기질 및 생성물을 나타내고, ES는 효소-기질 복합체이다. ES의 형성 과정과 효소와 기질 분자로의 분해 과정이 빠르게 일어나고, 속도 결정 단계가 생성물의 형성 과정이라고 종종 추측된다. 그림 19.21은 반응에 대한 퍼텐셜 에너지 프로파일을 보여 준다.

일반적으로 그러한 반응에 대한 속도는 다음과 같이 나타낼 수 있다.

$$\text{속도} = \frac{\Delta[P]}{\Delta t} = k[ES]$$

ES 복합체의 농도는 그 자체로 존재하는 기질의 양에 비례하며, 기질의 농도 대 속도의 그래프는 일반적으로 그림 19.22에 표시된 것과 같은 곡선을 나타낸다. 초기에 기질 농도가 증가함에 따라 속도가 급격히 상승한다.

그러나 특정 농도 이상에서는 모든 활성화 자리가 점유되고, 반응은 기질 내에서 0차가 된다. 즉, 기질 농도가 증가하더라도 속도는 동일하게 유지된다. 따라서 생성물 형성 속도는 존재하는 기질 분자의 수가 아니라 ES 복합체가 얼마나 빨리 파괴되는지에 달려 있다.

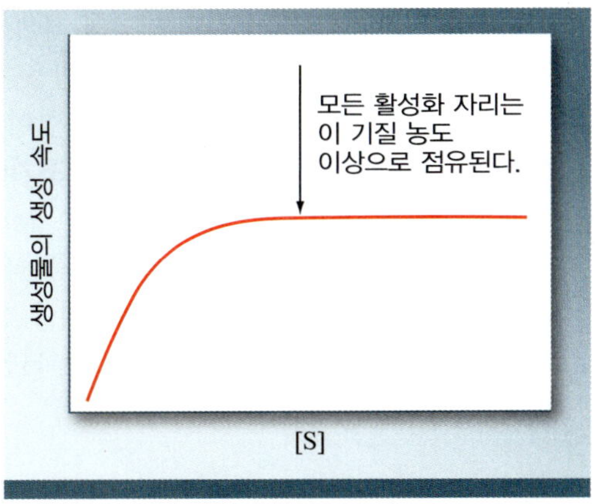


**그림 19.22** 효소 분해 반응에서 생성물의 생성 속도 대 기질의 농도에 대한 그래프

# 단원 정리

### 19.1절

- 반응 속도는 화학 반응이 일어나는 속도를 말한다. 반응 속도에 영향을 미치는 요인은 반응물 농도, 온도, 표면적 및 촉매 반응이다.

### 19.2절

- **충돌 이론**(collision theory)은 온도 상승에 따라 속도 상수, 즉 반응 속도가 증가하는 이유를 설명한다.
- **활성화 에너지**(activation energy, $E_a$)는 충돌 분자가 유효 충돌을 만들기 위해 가지고 있어야 하는 최소 에너지이다.
- 충분한 에너지(적절한 방향)의 분자들이 충돌할 때 반응이 일어난다. **유효 충돌**(effective collision)은 **전이 상태**(transition state)라고 하는 **활성화물**(activated complex)을 형성하는 충돌이다. **유효**(effective) 충돌만이 생성물을 만들 수 있다.

### 19.3절

- 화학 반응의 속도는 시간에 따른 반응물 또는 생성물의 농도 변화이다. 속도는 주어진 시간 간격에 대한 **평균**(average) 속도 또는 **순간 속도**(instantaneous rate)로 표시될 수 있다.
- **속도 상수**(rate constant, $k$)는 **반응 속도**(rate of reaction)를 반응물의 농도와 관련시키는 비례 상수이다. 주어진 반응에 대한 속도 상수 $k$는 온도에 의해서만 변한다.

### 19.4절

- **속도 법칙**(rate law)은 속도와 반응물의 농도 사이의 관계를 나타내는 식이다. 일반적으로 A와 B의 반응에 대한 속도 법칙은 속도$=k[\text{A}]^x[\text{B}]^y$이다.
- **반응 차수**(reaction order)는 속도 법칙 식에서 주어진 반응물의 농도에 대한 지수이다. 전체적인 반응 차수는 속도 법칙에서 반응물 농도들에 대한 지수들의 합이다.
- **초기 속도**(initial rate)는 반응물 농도가 **초기**(starting) 농도일 때의 반응에 대한 순간 속도이다.
- 반응 속도 법칙과 반응 차수는 초기 반응물의 농도 변화와 초기 속도의 변화를 비교하여 결정되어야 한다. 일반적으로 속도 법칙은 균형 잡힌 반응식으로부터만 결정될 수는 없다.

### 19.5절

- **적분 속도 법칙**(integrated rate law)은 특정 시간이 지난 후에 반응물의 농도를 결정하는 데 사용될 수 있다. 또한 반응물의 농도가 특정한 값에 도달하는 데 걸리는 시간을 결정하는 데 사용할 수도 있다.
- **1차 반응**(first-order reaction)에 대한 속도는 단일 반응물의 농도에 비례한다. **2차 반응**(second-order reaction)에 대한 속도는 두 개 반응물 농도의 곱([A][B]) 또는 단일 반응물 농도의 제곱($[\text{A}]^2$ 또는 $[\text{B}]^2$)에 비례한다. **0차 반응**(zeroth-order reaction)에 대한 속도는 반응물 농도에 의존하지 않는다.
- 어떤 반응에 대한 **반감기**(half-life, $t_{1/2}$)는 반응물의 절반을 소비하는 데 걸리는 시간이다. 1차 반응에 대한 반감기는 **일정하며**(constant), 반응의 속도 상수를 결정하는 데 사용할 수 있다.

### 19.6절

- 온도와 속도 상수 사이의 관계는 **아레니우스 식**(Arrhenius equation)으로 표현된다.

### 19.7절

- **반응 메커니즘**(reaction mechanism)은 **단일 단계 반응**(elementary reaction)이라고 하는 일련의 **단계들**(steps)로 구성될 수 있다. 일반적인 속도 법칙과는 달리, 단일 단계 반응에 대한 속도 법칙은 균형 잡힌 반응식의 각 반응물의 화학량론적 계수를 지수로 사용하여 만들 수 있다.
- 반응 메커니즘의 어떤 단계에서 생산되어 다른 단계에서 소비되는 화학종을 **중간체**(intermediate)라고 한다. 먼저 소비되어 나중에 재생된 화학종을 **촉매**(catalyst)라고 한다. 전체적인 균형 잡힌 반응식에는 중간체도 촉매도 나타나지 않는다.
- 반응 메커니즘의 각 단계의 속도 법칙은 그 단계에 대한 **분자도**(molecularity) 또는 반응 **차수**(order)를 나타낸다. **일분자**(unimolecular) 반응 단계는 1차 반응이고 단지 하나의 반응물만을 포함한다. **이분자**(bimolecular) 반응 단계는 두 분자의 충돌을 포함하는 2차 반응이다. **삼분자**(termolecular) 반응 단계는 세 분자의 충돌을 포함하는 3차 반응이다. 삼분자 반응 과정은 비교적 드물다.
- 반응의 한 단계가 다른 모든 단계보다 훨씬 느린 경우, 이 단계를 **속도 결정 단계**(rate-determining step)라고 한다. 속도 결정 단계의 속도 법칙은 실험적으로 얻어진 속도 법칙과 동일하다.

19.8절

- **촉매**(catalyst)는 일반적으로 활성화 에너지의 값을 낮추어 반응 속도를 높인다. 촉매 반응이란 촉매가 반응 속도를 증가시키는 과정을 의미한다.
- **불균일**(heterogeneous) 촉매 반응은 촉매와 반응물이 같은 상으로 존재하며, **균일**(homogeneous) 촉매 반응은 촉매와 반응물이 같은 상으로 존재한다.
- **효소**(enzyme)는 촉매 작용을 하는 반응에 특이성이 높은 생물학적 촉매이다.

## 주요 용어

0차 반응(zeroth-order reaction)
1차 반응(first-order reaction)
2차 반응(second-order reaction)
균일 촉매 반응(homogeneous catalysis)
단일 단계 반응(elementary reaction)
반감기(half-life, $t_{1/2}$)
반응 메커니즘(reaction mechanism)
반응 속도(rate of reaction)
반응 차수(reaction order)
분자도(molecularity)
불균일 촉매 반응(heterogeneous catalysis)
삼분자(termolecular)
속도 결정 단계(rate-determining step)
속도 법칙(rate law)
속도 상수(rate constant, $k$)
순간 속도(instantaneous rate)
아레니우스 식(Arrhenius equation)
유효 충돌(effective collision)
이분자(bimolecular)
일분자(unimolecular)
적분 속도 법칙(integrated rate law)
전이 상태(transition state)
중간체(intermediate)
초기 속도(initial rate)
촉매(catalyst)
충돌 이론(collision theory)
활성화물(activated complex)
활성화 에너지(activation energy, $E_a$)
효소(enzyme)

## 주요 식

| | | |
|---|---|---|
| 19.1 | $\text{속도} = -\frac{1}{a}\frac{\Delta[\text{A}]}{\Delta t} = -\frac{1}{b}\frac{\Delta[\text{B}]}{\Delta t} = \frac{1}{c}\frac{\Delta[\text{C}]}{\Delta t} = \frac{1}{d}\frac{\Delta[\text{D}]}{\Delta t}$ | 속도는 반응에서 모든 화학종의 농도로 표현될 수 있다. 식의 음의 기호는 반응이 진행됨에 따라 반응물의 농도는 감소하지만 속도는 항상 양의 값으로 표시된다는 사실을 의미한다. |
| 19.2 | $\text{속도} = k[\text{A}]^x[\text{B}]^y$ | 속도는 반응물 농도 및 속도 상수, $k$와 속도를 관련시키는 속도 법칙을 사용하여 표현할 수도 있다. 속도 상수의 단위는 전체적인 반응 차수에 의존한다. |
| 19.3 | $\ln\frac{[\text{A}]_t}{[\text{A}]_0} = -kt$ | 1차 반응에 대한 적분 속도 법칙은 시간 0에서의 반응물 농도와 후속 시간에서의 반응물 농도의 비의 값을 자연로그(ln) 취한 것 $\ln([\text{A}]_0/[\text{A}]_t)$과 관련되어 있다. 여기서 $k$는 속도 상수이고, $t$는 경과된 시간이다. |
| 19.4 | $\ln[\text{A}]_t = -kt + \ln[\text{A}]_0$ | 1차 반응에 대한 적분 속도 법칙은 $y = mx + b$ 형식으로 쓸 수 있다. 이 식의 형식은 $\ln[\text{A}]_t$를 시간에 대하여 그래프를 그릴 때, 결과로 얻어진 직선의 기울기가 속도 상수의 음의 값이고($-k$), 절편이 $\ln[\text{A}]_0$임을 나타낸다. |

| | |
|---|---|
| 19.5 $t_{1/2}=\frac{0.693}{k}$ | 1차 반응에 대한 반감기($t_{1/2}$)는 일정하며 반응 속도 상수에 대한 0.693(ln 2)의 비로 계산된다 |
| 19.6 $\frac{1}{[A]_t}=kt+\frac{1}{[A]_0}$ | $y=mx+b$ 형태로 작성된 2차 반응에 대한 적분 속도 법칙은 $\frac{1}{[A]_t}$을 시간에 대하여 그래프를 그릴 때 결과로 얻어진 직선 직선의 기울기가 속도 상수이고 절편이 $\frac{1}{[A]_0}$이다. |
| 19.7 $t_{1/2}=\frac{1}{k[A]_0}$ | 2차 반응의 반감기는 일정하지 않으며 속도 상수와 시간 0에서의 반응물 농도의 역수를 곱해서 계산된다. |
| 19.8 $k=Ae^{-E_a/RT}$ | 아레니우스 식은 속도 상수와 빈도 인자 $A$, 활성화 에너지 $E_a$ 및 절대 온도와 관련되어 있다. 이 식에서 단위가 적절하게 지워지려면 $R$은 에너지 단위($E_a$에 사용되는 단위에 따라 J/K·mol 또는 kJ/K·mol)를 사용하여 표현되어야 한다. |
| 19.9 $\ln k=\ln A-\frac{E_a}{RT}$ | 아레니우스 식의 다른 형태이다. |
| 19.10 $\ln k=\left(-\frac{E_a}{R}\right)\left(\frac{1}{T}\right)+\ln A$ | $y=mx+b$ 형식으로 작성된 아레니우스 식은 $\ln k$를 $1/T$에 대하여 그래프를 그릴 때 결과로 얻어지는 직선의 기울기가 $-E_a/R$이고, 절편이 $\ln A$임을 나타낸다. |
| 19.11 $\ln\frac{k_1}{k_2}=\frac{E_a}{R}\left(\frac{1}{T_2}-\frac{1}{T_1}\right)$ | 이것은 아레니우스 식의 가장 유용한 형태이다. 어떤 온도에서 측정한 속도 상수를 이용해 만든 식 19.10을 다른 온도에서 측정한 속도 상수를 이용해 만든 식 19.10으로 빼면, 빈도 인자가 제거된다. 따라서 두 개의 다른 온도에서 측정된 속도 상수를 알면 그 반응에 대한 활성화 에너지($E_a$)를 계산할 수 있다. 이뿐만 아니라 또 다른 온도에서의 속도 상수를 계산할 수 있다. |

# 주요 내용 1차 반응 속도론

화학 반응 속도론의 중요한 응용 중 하나는 방사성 붕괴의 분석이다. 식은 1차 반응에 대하여 유도한 식과 동일하지만 용어와 기호는 지금까지 본 것과 약간 다르다. 예를 들어, 방사성 물질의 양은 전형적으로 농도 단위가 아닌 초당 붕괴(dps) 또는 핵수($N$)의 활동도($A$)를 사용하여 표시된다. 따라서 식 19.3은 다음과 같이 된다.

$$\ln \frac{A_t}{A_0} = -kt \quad \text{또는} \quad \ln \frac{N_t}{N_0} = -kt$$

활동도의 사용은 농도의 사용과 매우 유사하다. 다른 반응 속도론 문제와 마찬가지로 초기 활동도($A_0$), 속도 상수($k$) 및 경과 시간($t$)이 주어질 수 있으며, 새로운 활동도($A_t$)를 결정하도록 요청받을 수 있다. 또는 다른 요인들 중 하나를 풀도록 요청받을 수도 있다. 이 식은 원래 식을 단순히 조작하기만 하면 된다. 예를 들어, $A_0$, $A_t$ 및 $t$를 부여받고 속도 상수 또는 반감기를 결정하도록 요청받을 수 있다. (모든 1차 반응에 대한 반감기는 일정하며 식 19.5에 의해 속도 상수와 관련이 있음을 기억하자.) 이 경우 $k$ 또는 $t_{1/2}$에 대하여 식 19.3을 풀거나 알고자 하는 변수에 대하여 식을 풀면 된다.

누락된 변수가 $A_0$ 또는 $A_t$일 때 대수의 조작에 특별한 주의를 기울여야 한다[|◀◀ 부록 1]. 예를 들어 $A_t$에 대한 수식 19.3의 활동도에 대하여 풀면 다음과 같다.

$$A_t = A_0(e^{-kt})$$

**참조**

주어진 동위 원소에 대하여 질량은 핵의 수에 비례하기 때문에 동일한 핵의 질량을 가지면, 식 19.3에서 질량을 사용할 수 있다.

핵의 수($N$)를 사용하여 방사성 붕괴를 정량화할 때 "알려진" 매개 변수를 결정하기 위한 몇 가지 추가적인 고려가 필요하다. 예를 들어, 우라늄을 포함하고 있는 암석은 포함된 우라늄-238과 납-206의 양을 측정함으로써 연대를 측정할 수 있다. $^{238}U$는 불안정하고 일련의 방사성 붕괴 단계를 거치며[|◀◀ 20.3절] 결국 붕괴되는 $^{238}U$ 핵마다 $^{206}Pb$ 핵을 생성한다. 암석은 다른 동위 원소의 납을 포함할 수 있지만, $^{206}Pb$는 엄격하게 $^{238}U$의 붕괴로부터 비롯된다. 그러므로 $^{206}Pb$ 핵이 원래 $^{238}U$ 핵이라고 가정할 수 있다. 암석에서 $^{238}U(N_t)$의 질량과 $^{206}Pb$의 질량을 알면 다음과 같이 $N_0$를 결정할 수 있다.

$$^{206}\text{Pb의 질량} \times \frac{1}{^{206}\text{Pb의 원자 질량}} = {}^{206}\text{Pb 핵의 수}$$

모든 $^{206}Pb$의 핵은 원래 $^{238}U$의 핵이었기 때문에 다음과 같이 계산할 수 있다.

$$^{206}\text{Pb 핵의 수} = {}^{238}\text{U 핵의 수}$$

$$^{238}\text{U 핵의 수} \times {}^{238}\text{U의 원자 질량} = {}^{238}\text{U의 질량}$$

이러한 과정은 줄여 다음과 같이 된다.

$$^{206}\text{Pb의 질량} \times \frac{^{238}\text{U의 원자 질량}}{^{206}\text{Pb의 원자 질량}} = {}^{238}\text{U의 질량}$$

이것은 바위에서 발견된 $^{238}$U의 질량으로부터 사라진 $^{238}$U의 질량을 제공한다. 이 질량을 암석이 지금 가진 $^{238}$U 질량에 더하면 원래 존재했던 $^{238}$U($N_0$)의 질량이 된다. $Nt$와 $N_0$를 둘 다 알고 있고, $^{238}$U의 붕괴 속도 상수가 $1.54 \times 10^{-10}$ yr$^{-1}$일 때, 암석의 나이($t$)를 결정할 수 있다.

다음의 예를 생각해 보자.

암석은 23.17 g의 $^{238}$U와 2.02 g의 $^{206}$Pb를 포함하고 있는 것으로 밝혀졌다. 이 암석의 나이는 다음과 같이 결정된다.

$$2.02\text{ g }^{206}\text{Pb} \times \frac{238\text{ g }^{238}\text{U}}{206\text{ g }^{206}\text{Pb}} = 2.334\text{ g }^{238}\text{U}$$

$$N_0 = (23.17 + 2.334) = 25.50\text{ g} \qquad N_t = 23.17\text{ g}$$

$t$에 대하여 식 19.3을 풀면, 다음과 같다.

$$t = -\left(\frac{\ln \dfrac{N_t}{N_0}}{k}\right)$$

그리고

$$t = -\left(\frac{\ln \dfrac{23.17\text{ g}}{25.50\text{ g}}}{1.54 \times 10^{-10}\text{ yr}^{-1}}\right) = 6.22 \times 10^{8}\text{ yr}$$

따라서 이 암석의 나이는 6억 2천 2백만 살이다.

## 주요 내용 문제

### 19.1

어떤 방사성 동위 원소의 활동도가 원래 값의 10분의 1로 떨어지려면 218시간이 걸린다. 이 동위 원소의 반감기를 계산하시오.

(a) $3.18 \times 10^{-4}$ h (b) 21.8 h (c) 0.0152 h
(d) 65.6 h (e) 0.0106 h

### 19.2

$^{61}$Cu는 3.35시간의 반감기를 가지고 붕괴된다. 정확하게 24시간 후에 612.8 mg이 남아 있으면 $^{61}$Cu 시료의 원래 질량을 계산하시오.

(a) 85.5 mg (b) $4.39 \times 10^{3}$ mg (c) 736 mg
(d) $6.40 \times 10^{3}$ mg (e) $8.78 \times 10^{4}$ mg

**19.3**

아이오딘-126의 방사능 붕괴 속도 상수는 $0.0533\ d^{-1}$이다. $^{126}I$의 2.55 g 시료는 정확히 126시간 후에 얼마가 남아 있겠는가?

(a) 0.948 g (b) 2.42 g (c) 0.136 g
(d) 0.710 g (e) 0.873 g

**19.4**

45.7 mg의 $^{238}U$와 1.02 mg의 $^{206}Pb$를 포함하고 있는 어떤 암석의 나이를 결정하시오.

(a) 1억 6천 5백만 살 (b) 250만 살
(c) 1억 4천 3백만 살 (d) 649만 살
(e) 6천 370만 살

# 종합문제

## 19.3절: 반응 진행의 측정과 반응 속도의 표현

### 계산 문제

19.9 다음 반응을 고려해 보자.

$$2NO(g) + O_2(g) \longrightarrow 2NO_2(g)$$

반응 중 특정 순간에 일산화 질소(NO)가 0.066 $M$/s의 속도로 반응한다고 가정하자.

(a) $NO_2$는 얼마의 속도로 형성되는가?
(b) 산소 분자는 얼마의 속도로 반응하는가?

### 개념 문제

19.11 다음 반응에 대한 반응 속도 표현을 반응물의 소멸 및 생성물 생성의 관점에서 기술하시오.

(a) $H_2(g) + I_2(g) \longrightarrow 2HI(g)$
(b) $5Br^-(aq) + BrO_3^-(aq) + 6H^+(aq) \longrightarrow 3Br_2(aq) + 3H_2O(l)$

## 19.4절: 반응 속도의 반응물 농도 의존성

### 계산 문제

19.19 다음 반응에 대한 속도 법칙은 속도$=k[NH_4^+][NO_2^-]$이다.

$$NH_4^+(aq) + NO_2^-(aq) \longrightarrow N_2(g) + 2H_2O(l)$$

25°C에서 위 반응에 대한 속도 상수는 $3.0 \times 10^{-4}\ M^{-1} \cdot s^{-1}$이다. $[NH_4^+] = 0.036\ M$ 및 $[NO_2^-] = 0.065\ M$일 때, 이 온도에서의 반응 속도를 계산하시오.

19.21 다음 반응을 고려하시오.

$$A + B \longrightarrow \text{생성물}$$

특정 온도에서 얻은 다음 자료에서 반응 차수를 결정하고 속도 상수를 계산하시오.

| [A]($M$) | [B]($M$) | 속도($M$/s) |
|---|---|---|
| 1.50 | 1.50 | $3.20 \times 10^{-1}$ |
| 1.50 | 2.50 | $3.20 \times 10^{-1}$ |
| 3.00 | 1.50 | $6.40 \times 10^{-1}$ |

19.23 다음과 같은 속도 법칙이 적용되는 반응에 대한 전체 반응 차수를 결정하시오.

(a) 속도$=k[NO_2]^2$ (b) 속도$=k$
(c) 속도$=k[H_2]^2[Br_2]^{1/2}$ (d) 속도$=k[NO]^2[O_2]$

### 개념 문제

19.25 사이클로부테인은 아래의 반응식에 따라 에틸렌으로 분해된다.

$$C_4H_8(g) \longrightarrow 2C_2H_4(g)$$

일정한 부피의 용기와 430°C에서 위 반응을 수행할 때, 기록된 다음 압력들을 기초로 하여 반응 차수와 속도 상수를 결정하시오.

| 시간(s) | $P_{C_4H_8}$(mmHg) |
|---|---|
| 0 | 400 |
| 2,000 | 316 |
| 4,000 | 248 |
| 6,000 | 196 |
| 8,000 | 155 |
| 10,000 | 122 |

## 19.5절: 반응물 농도의 시간 의존성

### 계산 문제

19.31 주어진 화합물 시료의 42%가 60분 이내에 분해되는 경우, 이 화합물의 반감기는 얼마인가? 이 반응은 1차 반응을 따른다고 가정한다.

19.33 다음 2차 반응의 속도 상수는 10°C에서 $0.80\ M^{-1} \cdot s^{-1}$이다.

$$2NOBr(g) \longrightarrow 2NO(g) + Br_2(g)$$

(a) 0.086 $M$의 농도에서 시작하여 22초 후에 NOBr의 농도를 계산하시오.
(b) $[NOBr]_0 = 0.072\ M$이고 $[NOBr]_0 = 0.054\ M$일 때의 반감기를 계산하시오.

19.35 여기에 나타낸 반응 $A \longrightarrow B$는 1차 반응 속도를 따른다. 초기에 서로 다른 양의 A 분자가 동일한 온도에서 동일

한 부피의 세 개의 용기에 놓여진다.

(a) 세 용기에서 일어나는 반응의 상대적 속도는 얼마인가?

(b) 각 용기의 양이 두 배로 증가한다면 상대적인 속도는 어떤 영향을 받을 것인가?

(c) (i)에서 (iii)까지의 반응에 대한 상대적인 반감기는 얼마인가?

(i) (ii) (iii)

19.37 다음의 그래프에서 어떤 것이 1차 반응인지, 어떤 것이 2차 반응인지, 어떤 것이 0차 반응인지 구분하시오.

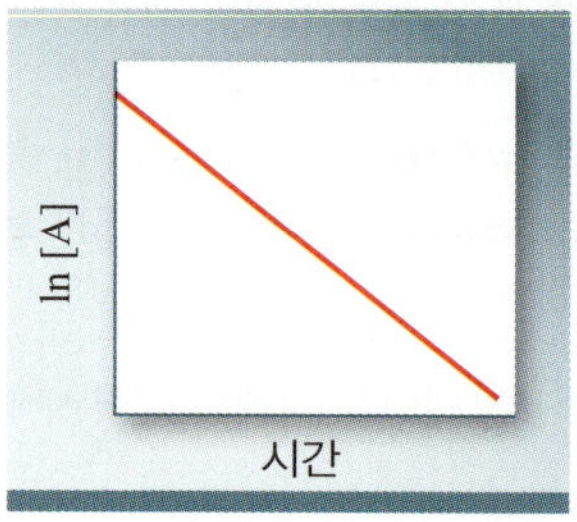


(i)

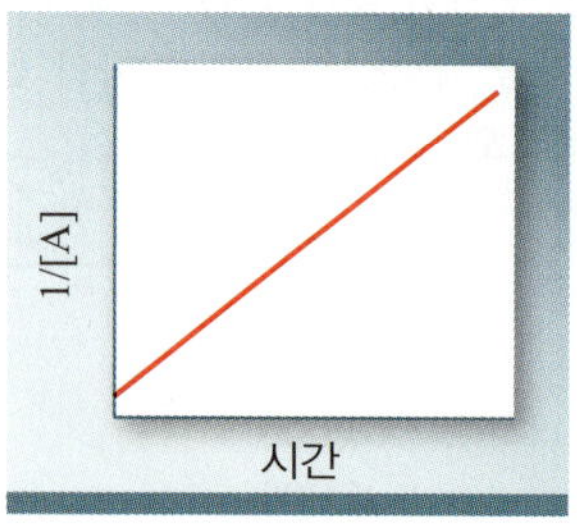


(ii)

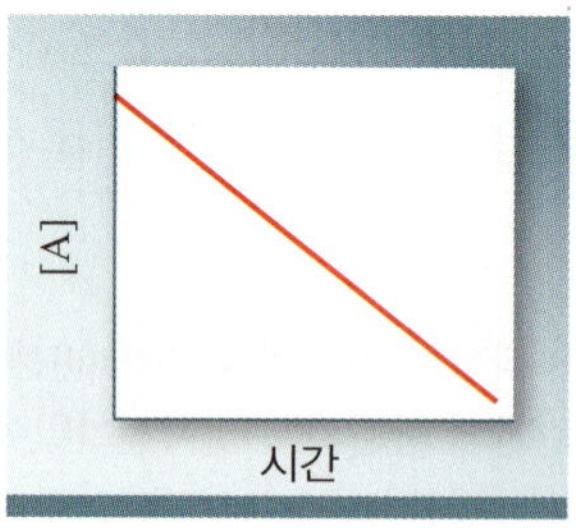


(iii)

## 19.6절: 반응 속도의 온도 의존성

### 계산 문제

19.43 물고기 근육의 박테리아의 가수 분해 속도는 2.2°C에서 얻어진 값이 −1.1°C에서 얻어진 값보다 두 배가 크다. 이 반응의 $E_a$ 값을 계산하시오. 음식으로써 물고기를 저장하는 문제와 관련이 있는가?

19.45 다음 반응에 대한 빈도 인자 A는 $8.7\times10^{12}\ s^{-1}$이고, 활성화 에너지 $E_a$는 63 kJ/mol이다.

$$NO(g)+O_3(g) \longrightarrow NO_2(g)+O_2(g)$$

75°C에서 이 반응에 대한 속도 상수는 얼마인가?

19.47 일부 반응의 속도 상수는 온도가 10°C 상승할 때마다 두 배가 된다. 반응은 295 K와 305 K에서 일어난다고 가정해 보자. 설명한 것처럼 속도 상수가 두 배가 되는 이 반응에 대한 활성화 에너지는 얼마인가?

### 개념 문제

19.49 1차 반응의 온도에 따른 속도 상수의 변화는 다음 표에 나와 있다.

$$2N_2O_5(g) \longrightarrow 2N_2O_4(g)+O_2(g)$$

반응에 대한 활성화 에너지를 그래프를 그려 결정하시오.

| $T$(K) | $k(s^{-1})$ |
|---|---|
| 298 | $1.74\times10^{-5}$ |
| 308 | $6.61\times10^{-5}$ |
| 318 | $2.51\times10^{-4}$ |
| 328 | $7.59\times10^{-4}$ |
| 338 | $2.40\times10^{-3}$ |

19.51 알카셀처(Alka−Seltzer, 진통제) 사용 지침서에는 2 oz(약 180 mL)의 미지근한 물에 2개의 알약을 떨어뜨리고, 거품이 멈추면 그 혼합물을 마시라고 한다. 다음 중 거품이 멈추기 위해 필요한 시간에 대하여 비교하시오.

(a) 두 개의 온전한 알약을 미지근한 물에 떨어뜨렸을 때

(b) 하나의 알약을 두 개의 조각으로 부숴 총 두 개의 알약을 미지근한 물에 떨어뜨렸을 때

(c) 두 개의 온전한 알약을 차가운 물에 떨어뜨렸을 때

(d) 두 개의 알약을 분쇄하여 미지근한 물에 떨어뜨렸을 때

(e) 두 개의 알약을 분쇄하여 매우 따뜻한 물에 떨어뜨렸을 때

## 19.7절: 반응 메커니즘

### 개념 문제

19.61 다음 반응에 대한 속도 법칙은 속도$=k[NO][Cl_2]$이다.

$$2NO(g)+Cl_2(g) \longrightarrow 2NOCl(g)$$

(a) 이 반응에 대한 차수는 무엇인가?

(b) 위 반응에 대하여 다음 단계를 포함하는 메커니즘이 제안되었다.

$$NO(g)+Cl_2(g) \longrightarrow NOCl_2(g)$$

$$NOCl_2(g)+NO(g)+NO(g) \longrightarrow 2NOCl(g)$$

만일 이 메커니즘이 타당하다면, 이 두 단계에 대한 상대 속도에 대해서 무엇을 암시하는가?

19.63 다음 반응에 대한 속도 법칙은 속도$=k[H_2][NO]^2$이다.

$$2H_2(g)+2NO(g) \longrightarrow N_2(g)+2H_2O(g)$$

관찰된 속도 표현을 근거로 배제할 수 있는 메커니즘은 다음 중 무엇인가?

메커니즘 1

$$H_2 + NO \longrightarrow H_2O + N \quad \text{(느림)}$$
$$N + NO \longrightarrow N_2 + O \quad \text{(빠름)}$$
$$O + H_2 \longrightarrow H_2O \quad \text{(빠름)}$$

메커니즘 2

$$H_2 + 2NO \longrightarrow N_2O + H_2O \quad \text{(느림)}$$
$$N_2O + H_2 \longrightarrow N_2 + H_2O \quad \text{(빠름)}$$

메커니즘 3

$$2NO \rightleftharpoons N_2O_2 \quad \text{(빠른 평형)}$$
$$N_2O_2 + H_2 \longrightarrow N_2O + H_2O \quad \text{(느림)}$$
$$N_2O + H_2 \longrightarrow N_2 + H_2O \quad \text{(빠름)}$$

## 19.8절: 촉매

### 개념 문제

19.71 효소 촉매 반응을 포함한 대부분의 반응은 고온에서 더 빠르게 진행된다. 그러나 주어진 효소의 경우, 특정 온도에서는 반응 속도가 급격히 떨어진다. 이 현상을 설명하시오.

## 추가 문제

19.73 다음의 단일 단계 반응을 일분자, 이분자 또는 삼분자 반응으로 분류하시오.

(a) $2NO + Br_2 \longrightarrow 2NOBr$

(b) $CH_3NC \longrightarrow CH_3CN$

(c) $SO + O_2 \longrightarrow SO_2 + O$

19.75 "다음 반응의 속도 상수는 $1.64 \times 10^{-6}\ M^{-1} \cdot s^{-1}$이다."

$$NO_2(g) + CO(g) \longrightarrow NO(g) + CO_2(g)$$

이 진술에서 불완전한 것은 무엇인가?

19.77 다음 그림은 반응 A ⟶ B의 진행을 나타내며, 빨간색 구는 A 분자를 나타내고 초록색 구는 B 분자를 나타낸다. 이 반응에 대한 속도 상수를 계산하시오.

$t = 0$ s　　$t = 20$ s　　$t = 40$ s

19.79 촉매 반응에 사용되는 대부분의 금속이 전이 금속인 이유를 설명하시오.

19.81 인산 메틸은 산성 용액에서 가열되면 물과 반응한다.

$$CH_3OPO_3H_2 + H_2O \longrightarrow CH_3OH + H_3PO_4$$

위 반응이 $^{18}O$가 풍부한 물속에서 진행된다면, 산소-18 동위 원소는 인산 생성물에서는 발견되지만 메탄올에서는 발견되지 않는다. 이것이 반응의 메커니즘에 대하여 무엇을 말해 주는가?

19.83 반응 속도에 영향을 미치는 네 가지 요인을 나열하시오.

19.85 아세톤의 브로민화 반응은 산-촉매 반응이다.

$$CH_3COCH_3 + Br_2 \xrightarrow[H^+]{\text{촉매}} CH_3COCH_2Br + H^+ + Br^-$$

브로민의 소멸 속도는 특정 온도에서 여러 가지 농도의 아세톤, 브로민 및 $H^+$ 이온에 대하여 측정되었다.

| | $[CH_3COCH_3]$ $(M)$ | $[Br_2]$ $(M)$ | $[H^+]$ $(M)$ | $Br_2$의 소멸 속도$(M/s)$ |
|---|---|---|---|---|
| (1) | 0.30 | 0.050 | 0.050 | $5.7 \times 10^{-5}$ |
| (2) | 0.30 | 0.10 | 0.050 | $5.7 \times 10^{-5}$ |
| (3) | 0.30 | 0.050 | 0.10 | $1.2 \times 10^{-4}$ |
| (4) | 0.40 | 0.050 | 0.20 | $3.1 \times 10^{-4}$ |
| (5) | 0.40 | 0.050 | 0.050 | $7.6 \times 10^{-5}$ |

(a) 이 반응에 대한 속도 법칙은 무엇인가?

(b) 속도 상수를 결정하시오.

(c) 반응에 대해 다음과 같은 메커니즘이 제안되었다.

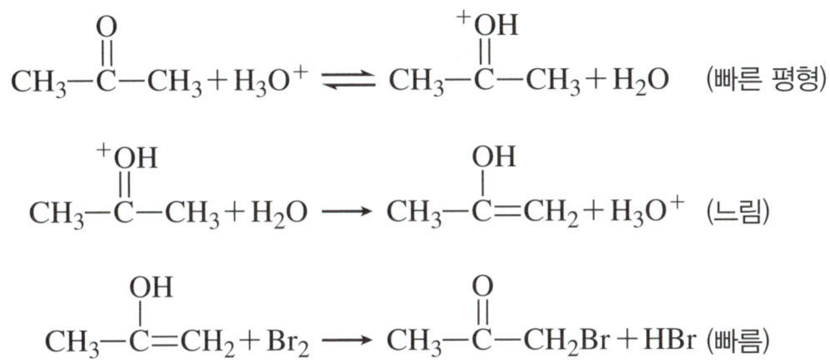


메커니즘으로부터 추론된 속도 법칙이 (a)에서 얻어진 것과 일치함을 보이시오.

19.87 반응 $S_2O_8^{2-} + 2I^- \longrightarrow 2SO_4^{2-} + I_2$는 수용액에서 천천히 진행하지만 $Fe^{3+}$ 이온에 의해 촉매화될 수 있다. $Fe^{3+}$가 $I^-$와 $Fe^{2+}$를 산화시켜 $S_2O_8^{2-}$를 감소시킬 수 있다고 가정할 때, 이 반응에 대해 가능한 두 단계 메커니즘을 작성하시오. 촉매가 없는 반응이 왜 느린지 설명하시오.

19.89 0차 반응 A ⟶ B에 대한 적분 속도 법칙은 $[A]_t = [A]_0 - kt$이다.

(a) 다음에 대한 그래프를 그리시오: (i) 속도 대 $[A]_t$ 및 (ii) $[A]_t$ 대 $t$

(b) 반응의 반감기에 대한 표현을 유도하시오.

(c) 적분 속도 법칙이 더 이상 유효하지 않을 때, 즉 $[A]_t = 0$일 때의 반감기를 계산하시오.

19.91 예제 19.5를 참조하여 시간의 함수로서 아조메테인의 분압을 실험적으로 측정하는 방법을 설명하시오.

19.93 2EG를 형성하기 위한 $G_2$와 $E_2$의 반응은 발열 반응이며, 2XG를 형성하기 위한 $G_2$와 $X_2$의 반응은 흡열 반응이다. 발열 반응에 대한 활성화 에너지는 흡열 반응에 대한 활성화 에너지보다 크다. 이 두 반응에 대한 퍼텐셜 에너지 프로파일 그림을 같은 그래프에 그려 비교하시오.

19.95 다음 각 항목에 대한 촉매 효과에 대해 간략하게 설명하시오.

(a) 활성화 에너지　　(b) 반응 메커니즘

(c) 반응 엔탈피　　(d) 순방향 반응 속도

(e) 역반응 속도

19.99 오산화 이질소의 분해는 특정 온도에서 사염화탄소 용매 ($CCl_4$)에서 연구되었다.

$$2N_2O_5 \longrightarrow 4NO_2 + O_2$$

| $[N_2O_5](M)$ | 초기 속도($M$/s) |
|---|---|
| 0.92 | $0.95 \times 10^{-5}$ |
| 1.23 | $1.20 \times 10^{-5}$ |
| 1.79 | $1.93 \times 10^{-5}$ |
| 2.00 | $2.10 \times 10^{-5}$ |
| 2.21 | $2.26 \times 10^{-5}$ |

위 반응에 대한 속도 법칙을 그래프를 그려 결정하고 속도 상수를 계산하시오.

19.101 메테인과 브로민의 혼합물이 빛에 노출되면 다음의 반응이 천천히 일어난다.

$$CH_4(g) + Br_2(g) \longrightarrow CH_3Br(g) + HBr(g)$$

이 반응에 대한 합리적인 메커니즘을 제안하시오.
(힌트: 브로민 증기는 진한 붉은색이며, 메테인은 무색이다.)

19.103 뇌 손상을 방지하기 위한 표준 절차는 심장 마비를 경험한 후 소생한 사람의 체온을 낮추는 것이다. 이 시술의 물리 화학적 기초는 무엇인가?

19.105 다음 단일 단계를 고려하시오.

$$X + 2Y \longrightarrow XY_2$$

(a) 이 반응에 대한 속도 법칙을 쓰시오.

(b) $XY_2$의 초기 생성 속도가 $3.8 \times 10^{-3}$ $M$/s이고 X와 Y의 초기 농도가 각각 0.26 $M$과 0.88 $M$일 때, 이 반응에 대한 속도 상수는 얼마인가?

19.107 오존 파괴에 중요한 역할을 하는 일산화 염소(ClO)는 다음의 반응식에 따라 실온에서 빠르게 붕괴된다.

$$2ClO(g) \longrightarrow Cl_2(g) + O_2(g)$$

다음 자료에서 반응 차수를 결정하고 반응에 대한 속도 상수를 계산하시오.

| 시간(s) | [ClO]($M$) |
|---|---|
| $0.12 \times 10^{-3}$ | $8.49 \times 10^{-6}$ |
| $0.96 \times 10^{-3}$ | $7.10 \times 10^{-6}$ |
| $2.24 \times 10^{-3}$ | $5.79 \times 10^{-6}$ |
| $3.20 \times 10^{-3}$ | $5.20 \times 10^{-6}$ |
| $4.00 \times 10^{-3}$ | $4.77 \times 10^{-6}$ |

19.109 촉매 변환기가 장착된 자동차를 고려해 보자. 엔진이 시작된 후 처음 5분 동안 오염 물질이 가장 많이 배출되었다. 이유는 무엇인가?

19.111 (a) 어떤 반응 속도가 작은 온도의 변화로 속도 상수가 크게 변한다면, 이 반응에 대한 활성화 에너지에 대해 무엇을 추론할 수 있는가?

(b) A 분자와 B 분자가 충돌할 때마다 이분자 반응이 일어난다면 반응의 방향 인자와 활성화 에너지에 대해 무엇을 말할 수 있는가?

19.113 방사성 플루토늄−239($t_{1/2} = 2.44 \times 10^5$ yr)는 원자로와 원자 폭탄에 사용된다. 작은 원자 폭탄에 이 동위 원소가 $5.0 \times 10^2$ g 들어 있다면, 이 물질이 붕괴되어 $1.0 \times 10^2$ g 남게 되는 데 얼마나 걸리는가? 효과적인 폭탄을 위해 이 양은 너무 적은가?

19.115 탈륨(I)은 다음과 같이 세륨(IV)에 의해 산화된다.

$$Tl^+ + 2Ce^{4+} \longrightarrow Tl^{3+} + 2Ce^{3+}$$

Mn(II)가 존재할 때, 단일 단계는 다음과 같다.

$$Ce^{4+} + Mn^{2+} \longrightarrow Ce^{3+} + Mn^{3+}$$
$$Ce^{4+} + Mn^{3+} \longrightarrow Ce^{3+} + Mn^{4+}$$
$$Tl^+ + Mn^{4+} \longrightarrow Tl^{3+} + Mn^{2+}$$

(a) 속도 법칙이 속도$=k[Ce^{4+}][Mn^{2+}]$인 경우 촉매, 중간체 및 속도 결정 단계를 확인하시오.

(b) 촉매가 없으면 반응이 왜 느리게 되는지 설명하시오.

(c) 촉매의 유형을 균일 또는 불균일 촉매인지 구분하시오.

19.117 다이메틸 에터의 분해 반응에 대한 1차 속도 상수는 450°C에서 $3.2 \times 10^{-4}$ $s^{-1}$이다.

$$(CH_3)_2O(g) \longrightarrow CH_4(g) + H_2(g) + CO(g)$$

반응은 일정한 부피의 플라스크에서 수행된다. 처음에는 다이메틸 에터만 존재하고 압력은 0.350 atm이다. 8.0분 후에 이 시스템의 압력은 얼마인가? 이 기체들은 이상 기체라고 가정한다.

19.119 다음 연속 반응에 대한 다음 단일 단계 반응을 고려하시오.

$$A \xrightarrow{k_1} B \xrightarrow{k_2} C$$

(a) B의 변화 속도에 대한 표현을 쓰시오.

(b) B가 A로부터 형성될 때의 속도와 같은 속도로 C로 분해될 때인 "정류 상태" 조건하에서 B 농도에 대한 표현을 유도하시오.

19.121 방사성 동위 원소인 스트론튬−90은 원자 폭탄 폭발의 주요 생성물이다. 반감기는 28.1년이다.

(a) 핵 붕괴에 대한 1차 속도 상수를 계산하시오.

(b) 10회의 반감기가 진행된 후에 남게 되는 $^{90}$Sr의 분율을 계산하시오.

(c) $^{90}$Sr의 99.0%가 사라지는 데 필요한 시간을 연 단위로 계산하시오.

19.123 A $\longrightarrow$ D 반응에 대한 다음의 퍼텐셜 에너지 프로파일을 고려하시오.

(a) 몇 개의 단일 단계 반응이 있는가?

(b) 몇 개의 중간체가 형성되었는가?

(c) 어느 단계가 속도 결정 단계인가?

(d) 전체적인 반응은 발열 반응인가 또는 흡열 반응인가?

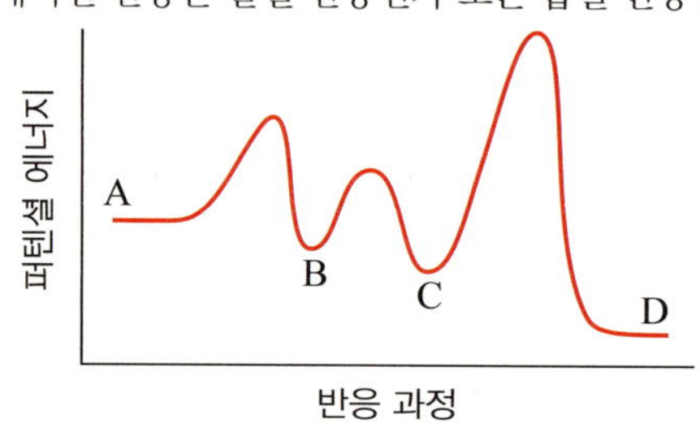

**19.125** 과산화수소의 분해 반응에 대한 활성화 에너지는 42 kJ/mol이며, 반응이 효소 촉매에 의해 촉매화되면 7.0 kJ/mol이다.

$$2H_2O_2(aq) \longrightarrow 2H_2O(l)+O_2(g)$$

비촉매 분해 반응이 20°C에서 진행되는 효소 분해 반응에 대한 속도만큼 빠르게 진행되기 위한 온도를 계산하시오. 두 경우 모두 빈도 인자 A는 같다고 가정한다.

**19.127** 신진 대사를 수행하기 위해, 산소는 헤모글로빈(Hb)에 의해 흡수되어 단순화된 반응식에 따라 옥시헤모글로빈 ($HbO_2$)을 형성한다.

$$Hb(aq)+O_2(aq) \xrightarrow{k} HbO_2(aq)$$

이 반응에 대한 2차 속도 상수는 37°C에서 $2.1\times10^6$ $M^{-1}\cdot s^{-1}$이다. 평균 성인의 경우, 폐의 혈액에서 Hb와 $O_2$의 농도는 각각 $8.0\times10^{-6}$ $M$과 $1.5\times10^{-6}$ $M$이다.

(a) $HbO_2$의 형성 속도를 계산하시오.

(b) $O_2$의 소비에 대한 속도를 계산하시오.

(c) 증가된 신진 대사율의 요구를 충족시키기 위해 운동 중 $HbO_2$의 형성 속도는 $1.4\times10^{-4}$ $M$/s로 증가한다. Hb 농도가 동일하게 유지된다고 가정할 때, 산소 농도가 이 $HbO_2$ 형성 속도를 유지하기 위해서는 무엇이 필요한가?

**19.129** 다음 식은 초기 반응물 농도 $[A]_0$에 대한 반응물 반감기 ($t_{1/2}$)의 의존성을 나타낸다.

$$t_{1/2} \propto \frac{1}{[A]_0^{\,n-1}}$$

여기서 $n$은 반응 차수이다. 0차, 1차 및 2차 반응에 대한 의존성을 검증하시오.

**19.131** 다음 기체 반응에 대한 속도 상수는 400°C에서 $2.42\times10^{-2}$ $M^{-1}\cdot s^{-1}$이다.

$$H_2(g)+I_2(g) \longrightarrow 2HI(g)$$

초기에 같은 양의 $H_2$와 $I_2$를 400°C의 용기에 넣었을 때 전체 압력은 1658 mmHg였다.

(a) HI 형성 초기 속도($M$/min)는 얼마인가?

(b) 10.0분 후에 HI 형성 속도와 HI 농도(몰농도)는 얼마인가?

**19.133** 반응 A ⟶ B에서 A의 농도가 1.20 $M$에서 0.60 $M$로 감소되었을 때, 반감기는 25°C에서 2.0분에서 4.0분으로 증가했다. 이 반응에 대한 차수와 속도 상수를 계산하시오. (힌트: 문제 19.129의 식을 사용한다.)

**19.135** 반응에 대한 활성화 에너지는 600 K에서 $2.4\times10^2$ kJ/mol이다.

$$N_2O(g) \longrightarrow N_2(g)+O(g)$$

600 K에서 606 K로 반응 온도를 높였을 때 증가한 속도의 비율을 계산하시오. 결과에 대해 설명해 보시요.

**19.137** 마그네슘은 강산과 반응하여 $Mg^{2+}$ 이온과 수소 기체를 형성한다. 다음 중 어느 형태의 고체 마그네슘이 산과 가장 빨리 반응하겠는가?

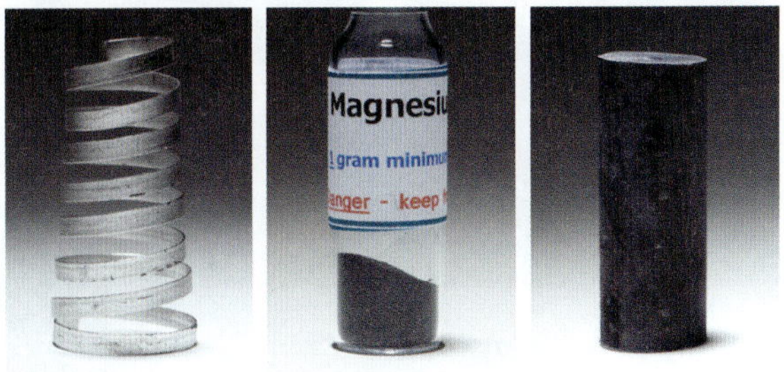


(a) (b) (c)

## 유제 해답

**19.1** ❶ (a) $3CH_4+2H_2O+CO_2 \longrightarrow 4CH_3OH$ (b) $2N_2O_5 \longrightarrow 2N_2+5O_2$ (c) $H_2+CO+O_2 \longrightarrow H_2CO_3$ **19.2** ❶ $2A+3B \longrightarrow C$ **19.3** ❶ 0.013 $M$, $8.8\times10^{-6}$ $M$/s **19.4** ❶ 0.91 $M$ **19.5** ❶

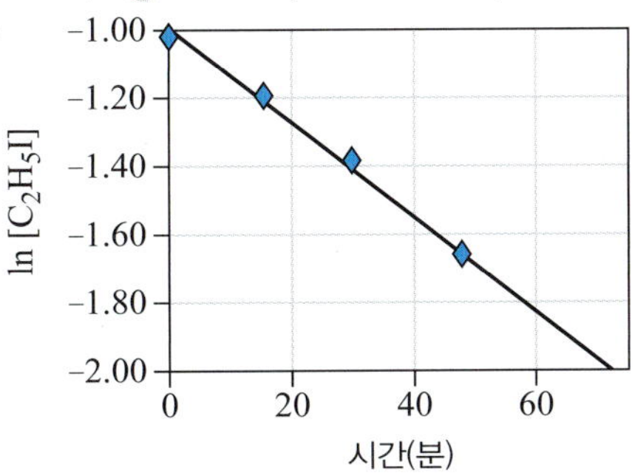


$k=1.4\times10^{-2}$/min **19.5** ❷ 0.39 $M$, 0.34 $M$, 0.30 $M$, 0.26 $M$ **19.6** ❶ $k=4.71\times10^{-2}$/h **19.7** ❶ (a) 13.2 s (b) $t_{1/2}=4.2$ s, 13 s **19.7** ❷ (a) 0.0208 $M$ (b) $1.25\times10^{-3}$ $M$ (c) $1.79\times10^{-4}$ $M$ **19.8** ❶ 0.0655 $s^{-1}$ **19.9** ❶ $1.0\times10^2$ kJ/mol **19.9** ❷ $2.7\times10^{-4}$/s **19.10** ❶ $7.6\times10^{-2}$/s **19.11** ❶ $A+B \longrightarrow 2C$(느림), $C+B \longrightarrow D$ **19.12** ❶ 단계 1: $I_2(g) \underset{k_{-1}}{\overset{k_1}{\rightleftharpoons}} 2I(g)$, 단계 2: $H_2(g)+2I(g) \longrightarrow 2HI(g)$, 속도$=k[H_2][I_2]$

## 절 복습

**19.3.1** a **19.3.2** b **19.4.1** e **19.4.2** d **19.4.3** b **19.4.4** a **19.4.5** b **19.5.1** c **19.5.2** c **19.5.3** b **19.5.4** c **19.6.1** e **19.6.2** b **19.7.1** c **19.7.2** c **19.7.3** b **19.7.4** d

Chapter

# 20

# 유기 화학

## Organic Chemistry

우리 지구의 79%를 차지하는 해양은 생물 자원 탐색을 위한 풍부하고 비옥한 원천으로 인류는 새롭고 유용한 천연물을 찾기 위해 노력하고 있다. 산호, 해면 동물, 물고기 그리고 해양 미생물조차도 생물학적으로 항염증, 항바이러스 및 항암 작용이 있는 유력한 유기 화합물을 생산한다. 가장 중요한 것으로 밝혀진 천연 생성물은 리드(lead) 화합물로 알려져 있다. 화학자는 리드 화합물을 합성하는 방법을 고안하거나, 이를 합성 또는 다른 유용한 화합물의 전구체로 사용하는 방법을 고안할 수 있다. 이러한 연구는 신약 개발을 위해 구조적으로 다르지만 화학적으로 관련된 화합물의 합성에 대한 기반을 화학자들에게 제공할 수 있다.

## 들어가기 전에

- 루이스 구조 및 형식 전하 [⏮6.3절 및 6.4절]
- 공명 [⏮6.5절]
- 분자 구조와 극성 [⏮7.1절 및 7.2절]

## 20.1 탄소는 왜 다른가?

유기 화학은 일반적으로 탄소를 포함하는 화합물에 대한 학문으로 정의된다. 그러나 이것은 **무기물**(inorganic)로 여겨지는 사이안화물, 사이안산 착물 및 금속 탄산염도 포함되므로 전적으로 만족스러운 정의는 아니다. 유기 화학에 대한 보다 유용한 정의는, 비록 많은 유기 화합물들이 산소, 황, 질소, 인 또는 할로젠과 같은 다른 원소를 포함하고 있고 또 수소를 포함하지 않은 유기 화합물들도 많이 있지만, 탄소와 수소를 포함하는 화합물에 대한 학문이라고 할 수 있다. 유기 화합물의 대표적인 예는 다음과 같다.

> **참조**
> 무기물로 간주되는 탄소 포함 화합물은 일반적으로 광물에서 얻어진 화합물이다.

| $CH_4$ | $C_2H_5OH$ | $H_2C_5H_6O_6$ | $CH_3NH_2$ | $CCl_4$ |
|---|---|---|---|---|
| 메테인 | 에탄올 | 아스코르브산 | 메틸아민 | 사염화탄소 |

유기 화학 연구 초기에는 식물이나 동물과 같은 생물체에서 나온 화합물과 암석과 같은 무생물에서 나온 화합물은 근본적인 차이가 있다고 생각했다. 식물이나 동물에서 얻은 화합물은 **유기물**(organic)이라고 불렀지만, 무생물에서 얻은 화합물은 **무기물**(inorganic)이라고 불렀다. 실제로 19세기 초반까지 과학자들은 자연만이 유기 화합물을 생산할 수 있다고 믿었다. 그러나 프리드리히 뵐러(Friedrich Wöhler)는 1829년에 무기물인 사이안산납(lead cyanate)과 암모니아수(aqueous ammonia)를 반응시켜 잘 알려진 유기 화합물인 요소(urea)를 제조하였다.

$$Pb(OCN)_2 + 2NH_3 + 2H_2O \xrightarrow{\Delta} \underset{\text{요소}}{2NH_2CONH_2} + Pb(OH)_2$$

뵐러의 요소 합성은 유기 화합물이 무기 화합물과 근본적으로 다르다는 것과 자연에 의해서만 생성될 수 있다는 개념을 버리게 했다. 우리는 이제 실험실에서 다양한 유기 화합물을 합성할 수 있다는 것을 알고 있다. 실제로 매년 수천 개의 새로운 유기 화합물이 실험실에서 만들어진다. 이 장에서는 생물학적으로 중요한 몇 가지 유형의 유기 화합물을 다룰 것이다.

> **참조**
> 대조적으로 약 10만 개의 무기 화합물이 알려져 있다.

탄소는 독특한 특성 때문에 수백만 개의 서로 다른 화합물을 생성할 수 있다. 주기율표(4A족, 2주기)에서 탄소의 위치는 다음과 같은 고유한 특성을 제공한다.

> **참조**
> 비활성 기체와 등전자인 이온을 생성하기 위해서 탄소 원자는 전자 4개를 얻거나 잃어야 하지만, 이는 보통의 상태에서는 에너지 면에서 불가능하다[⏮ 4.5절]. 이것이 탄소가 이온을 생성할 수 없다는 것을 의미하는 것이 아니지만 탄소 화합물의 대다수는 전자를 얻거나 잃기보다는 전자를 공유함으로써 팔전자를 완성한다.

- 탄소 원자의 전자 배치($[He]2s^22p^2$)는 이온 생성이 효과적이지 않다. 따라서 탄소의 이러한 성질과 금속과 비금속의 중간 정도인 전기 음성도(electronronegativity)는 탄소가 전자를 공유함으로써 팔전자를 완성하게 한다. 거의 모든 화합물에서 탄소는 최대

4개의 서로 다른 배향의 공유 결합을 형성한다. 탄소 원자와 이웃하는 3A족 붕소와 5A족 질소는 공유 결합 화합물을 생성하지만 탄소보다 쉽게 이온을 형성한다.

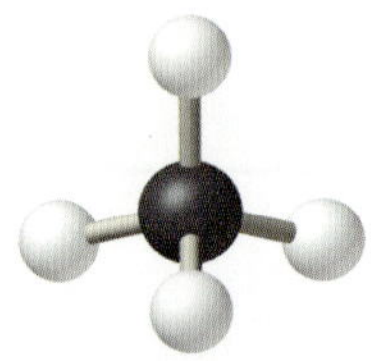
메테인
(4 $\sigma$ 결합)

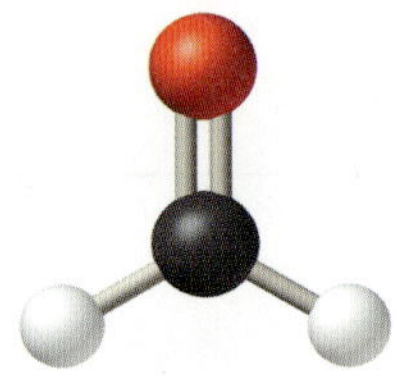
폼알데하이드
(3 $\sigma$ 결합과 1 $\pi$ 결합)

이산화 탄소
(2 $\sigma$ 결합과 2 $\pi$ 결합)

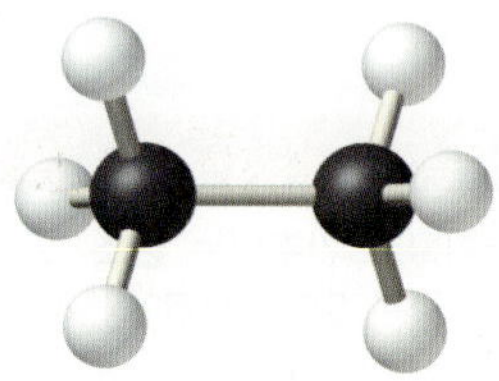
에테인(ethane)

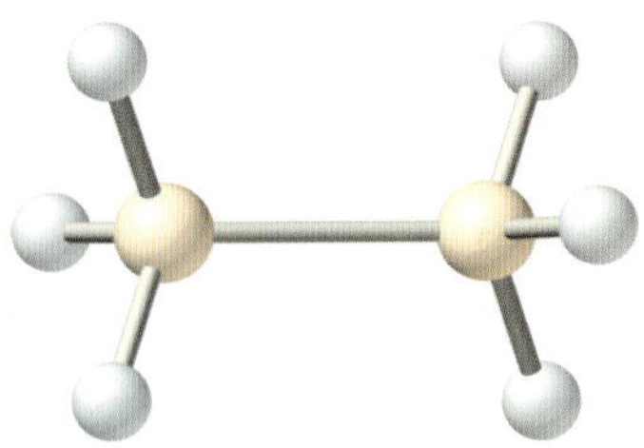
다이실레인(disilane)

- 탄소의 작은 원자 반지름은 원자들을 서로 가깝게 접근할 수 있게 하여 짧고 **강한** 탄소–탄소 결합을 형성할 수 있어 **안정한** 탄소 화합물을 만든다. 또한, *sp* 또는 $sp^2$ 혼성화된 탄소 원자는 혼성화되지 않은 *p* 오비탈(하나의 전자만 포함됨)이 효과적으로 겹쳐지도록 서로 가까이 접근하여 비교적 강한 $\pi$ 결합을 형성한다[|◀◀ 7.6절]. 같은 족의 원소들은 일반적으로 유사한 화학적 거동을 보인다는 점을 기억해 보자. 그러나 규소 원자는 탄소 원자보다 크므로 일반적으로 혼성화되지 않은 *p* 오비탈이 효과적으로 겹쳐지도록 서로 가까이 접근할 수 없다. 결과적으로 Si 원자 사이에 의미 있는 $\pi$ 결합을 가지는 화합물은 거의 없다.

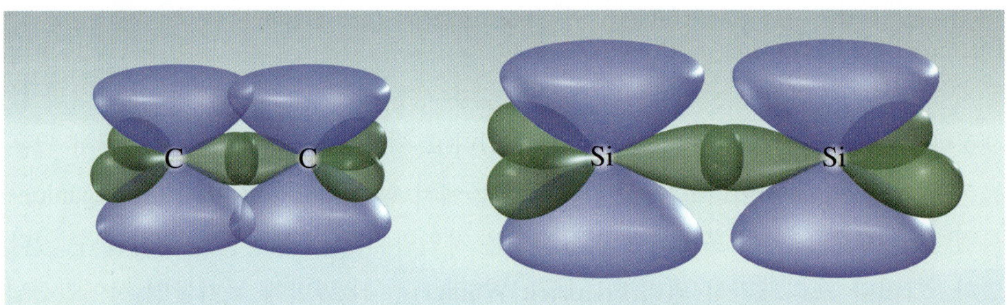


- 탄소의 원자가 전자는 2번째 껍질($n=2$)에 있으며, 여기에는 *d* 오비탈이 없다. 반면에 규소의 원자가 전자는 *d* 오비탈을 가지는 3번째 껍질($n=3$)에 있으며, 다른 물질의 고립 전자쌍으로 채워지거나 공격을 받는 반응을 일으킨다. 이 반응성으로 인해 규소 화합물은 유사한 탄소 화합물보다 훨씬 불안정하다. 예를 들어, 에테인(ethane, $CH_3-CH_3$)은 물과 공기 모두에서 안정한 반면, 다이실레인(disilane, $SiH_3-SiH_3$)은 물에서 쉽게 분해되어 공기 중에서 자발적으로 산화된다.

**참조**

탄소의 사슬 형성을 **카테네이션(catenation)**이라고 한다.

이러한 속성은 탄소가 단일, 이중 및 삼중 결합을 포함하는 사슬(직선 형태, 가지 달린 형태 및 고리 형태)을 형성할 수 있게 해 주며, 이는 무한한 탄소 원자의 수와 배열을 가지는 유기 화합물을 만들 수 있다. 화합물 내에서 각각의 탄소 원자는 결합된 다른 탄소 원자의 수에 의해 분류할 수 있다. 하나의 다른 탄소 원자가 결합된 탄소 원자를 **1차**(primary) 탄소라고 하며, 두 개의 다른 탄소 원자에 결합된 것을 **2차**(secondary) 탄소라 한다. 또한 3개의 다른 탄소 원자가 결합된 것을 **3차**(tertiary) 탄소라고 하며, 4개의 다른 탄소 원자에 결합된 것을 **4차**(quaternary) 탄소라고 한다. 이 4가지 유형의 탄소 원자는 각각 1°, 2°, 3°, 4°로 표시한다. 왼쪽에 4가지 탄소 유형의 구조를 나타내었다.

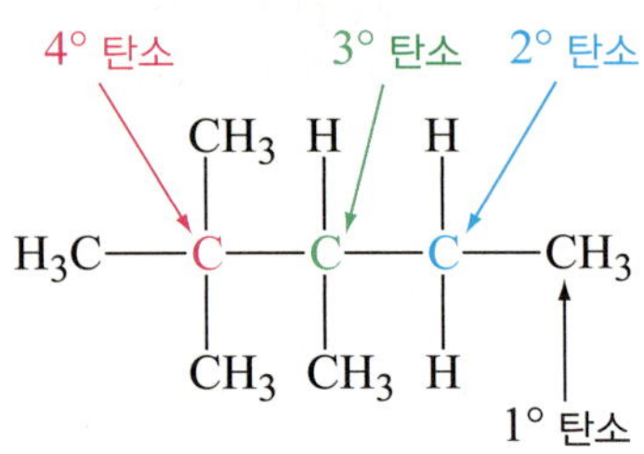

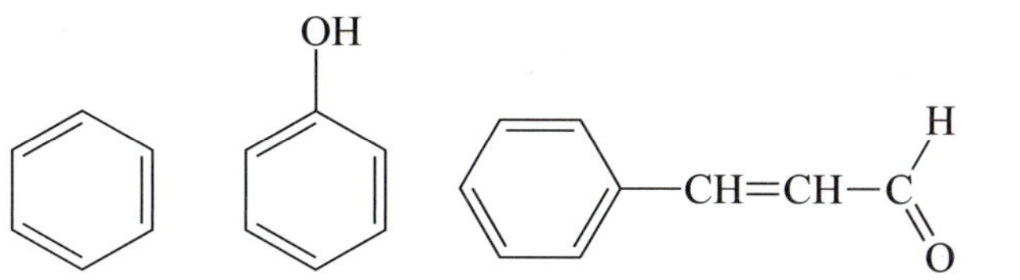

벤젠 페놀 시나믹 알데하이드

방향족 화합물

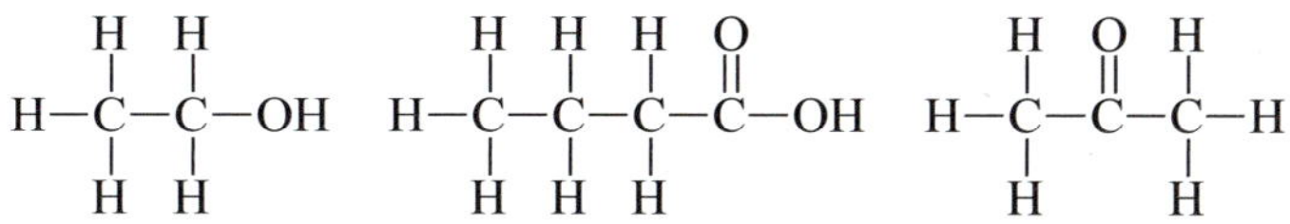

에탄올 뷰티르산 아세톤

지방족 화합물

7장에서 다룬 중요한 유기 분자 중 하나가 벤젠(benzene, $C_6H_6$)이다. 벤젠과 관련되거나 하나 이상의 벤젠 고리를 포함하는 유기물을 **방향족**(aromatic) 화합물이라고 부르며, 벤젠 고리를 포함하지 않는 유기물은 **지방족**(aliphatic) 화합물이라고 한다.

## 20.2 유기 화합물의 분류

유기 분자는 무한한 다양성을 가지고 있다. 각기 다른 유형의 유기 화합물은 고유한 특성을 지니며 다음과 같은 원리로 분류할 수 있다.

1. 탄소끼리 결합하여 사슬을 형성하는 능력
2. 탄소와 수소 이외의 원소들의 존재
3. 작용기
4. 다중 결합

**참조**

작용기는 다양한 분자 특성을 결정하는 원자 집단이다.

이 절에서는 몇 가지 유형의 유기 화합물과 그 유기 화합물을 어떻게 표현하는지에 대해 논의할 것이다. 우선 $C_3H_6O$의 두 가지 이성질체(isomer)를 고려해 보자.

**참조**

이성질체는 같은 화학식(분자식)을 가지는 다른 화합물이다.

프로판알데하이드 아세톤

두 이성질체는 정확히 같은 원자를 포함하고 있지만, 서로 다른 원자 배열을 통해 매우 다른 두 개의 화합물을 형성한다. 첫 번째는 프로판알(propanal)이라고 불리는 **알데하이드**(aldehyde)이며, 두 번째는 아세톤(acetone)이라고 불리는 **케톤**(ketone)이다. 알데하이드와 케톤은 유기 화합물의 두 가지 종류이다. 이 장에서 논의할 유기 화합물의 종류는 알코올(alcohol), 카복실산(carboxylic acids), 알데하이드, 케톤, 에스터(esters), 아민(amines) 및 아마이드(amides)이다.

**표 20.1 알킬기**

| 명칭 | 화학식 | 모형 |
|---|---|---|
| 메틸 | $-CH_3$ |  |
| 에틸 | $-CH_2CH_3$ |  |
| 프로필 | $-CH_2CH_2CH_3$ |  |
| 아이소프로필 | $-CH(CH_3)_2$ | 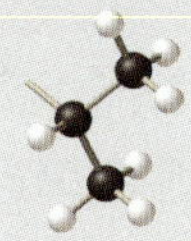 |
| 뷰틸 | $-CH_2CH_2CH_2CH_3$ | 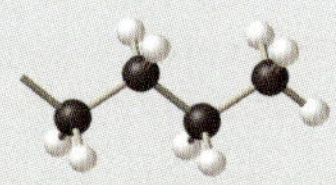 |
| *tert*−뷰틸 | $-C(CH_3)_3$ |  |
| 펜틸 | $-CH_2CH_2CH_2CH_2CH_3$ |  |
| 아이소펜틸 | $-CH_2CH_2CH(CH_3)_2$ | 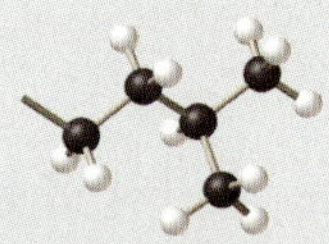 |
| 헥실 | $-CH_2CH_2CH_2CH_2CH_2CH_3$ | 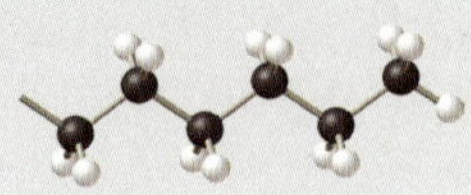 |
| 헵틸 | $-CH_2CH_2CH_2CH_2CH_2CH_2CH_3$ |  |
| 옥틸 | $-CH_2CH_2CH_2CH_2CH_2CH_2CH_2CH_3$ | 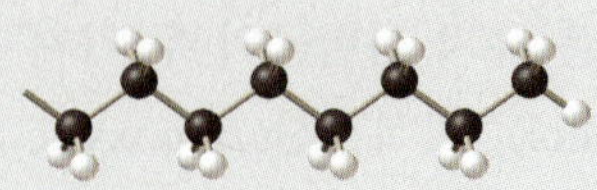 |

유기 화합물의 종류는 종종 작용기(들)의 원자를 명시적으로 나타내는 일반식으로 표현되며, 일반식에서 분자의 나머지는 하나 이상의 R(알킬기)을 사용하여 나타낸다. **알킬기**(alkyl group)는 알케인과 유사한 분자의 일부분으로 상응하는 알케인으로부터 수소 원자 하나를 제거한 것이다. 예를 들어, **메틸기**(methyl group, $-CH_3$)는 가장 단순한 알케인인 메테인(methane, $CH_4$)에서 수소 원자 하나를 제거한 것이다. 이러한 메틸기는 많은 유기 분자에서 발견된다. 표 20.1은 가장 단순한 알킬기를 나열하였으며, 표 20.2는 이 장에서 논의될 유기 화합물의 종류와 각 작용기의 일반식을 루이스 구조로 나타내었다.

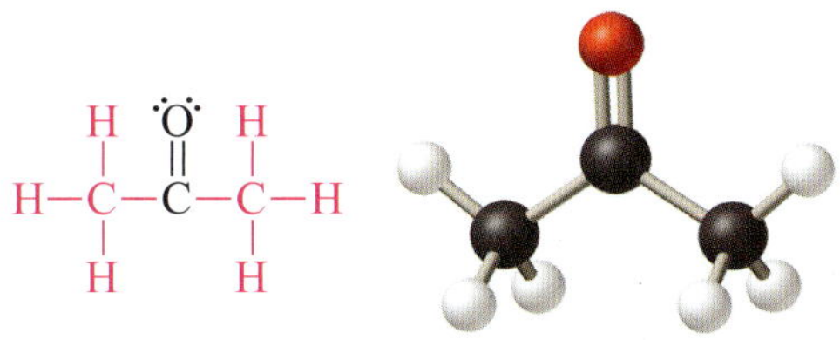

아세톤

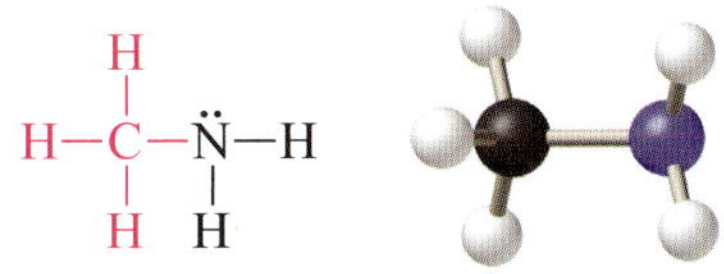

메틸아민

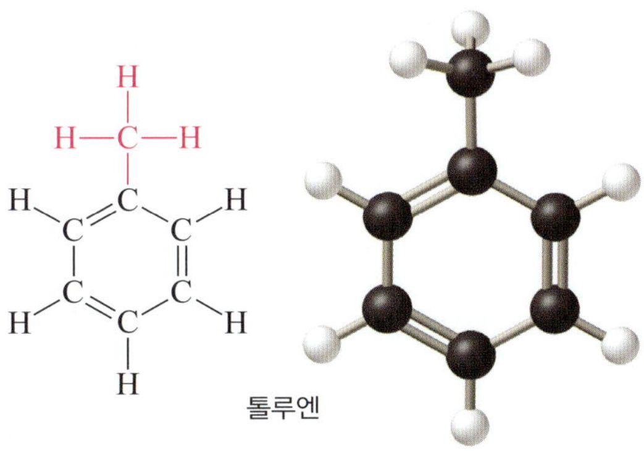

톨루엔

표 20.2에 나타낸 화합물의 작용기는 **하이드록시기**[hydroxy group, **알코올**(alcohols)에서], **카복시기**[carboxy group, **카복실산**(carboxylic acids)에서], $-COOR$기[**에스터**(ester)에서], **카보닐기**[carbonyl group, **알데하이드**(aldehyde) 및 **케톤**(ketone)에서], **아미노기**[amino group, **아민**(amine)에서] 및 **아마이드기**[amide group, **아마이드**(amide)에서]이다. 작용기는 어떤 유형의 반응을 하는지 등의 유기 화합물의 많은 특성을 결정한다. 그림 20.1은 공−막대 모형(ball−and−stick model)과 하이드록시, 카복시, 카보닐, 아미노 및 아마이드 작용기의 정전기적 페텐셜 지도를 보여 준다.

알킬기와 $-OH$ 작용기로 이루어진 화합물은 **알코올**(alcohol)이다. 개별 알코올의 정체성은 알킬기인 R에 달려 있다. 예를 들어, R이 **메틸**(methyl)기인 경우는 $CH_3OH$이다. 이것은 나무 알코올(wood alcohol)이라고도 알려진 메틸 알코올(methyl alcohol) 또는 메탄올(methanol)이다. 메탄올은 독성이 매우 크며, 비교적 소량으로도 실명이나 사망을 유발할 수 있다. R이 **에틸**(ethyl)기인 $CH_3CH_2OH$인 경우에는 에틸 알코올(ethyl alcohol) 또는 에탄올(ethanol)이다. 에탄올은 알코올성 음료에 포함된 알코올이다. R이 **아이소프로필**(isopropyl)기일 때, $(CH_3)_2CHOH$의 분자식을 갖는 아이소프로필 알코올(isopropyl alcohol)이 된다. 흔히 "문지르는 알코올(rubbing alcohol)"이라고 부르는 아이소프로필 알코올은 소독제로 널리 사용된다.

**참조**

일부 작용기에는 특별한 명칭이 있지만 별도의 명칭이 없는 것도 있다.

**표 20.2 일부 유기 화합물의 종류에 대한 일반식**

| 종류 | 일반식 | 구조 | 작용기 |
|---|---|---|---|
| 알코올 | ROH | —Ö—H | 하이드록시기 |
| 카복실산 | RCOOH | —C(=Ö)—Ö—H | 카복시기 |
| 에스터* | RCOOR′ | —C(=Ö)—Ö—R′ | 에스터기 |
| 알데하이드 | RCHO | —C(=Ö)—H | 카보닐기 |
| 케톤 | RCOR′ | —C(=Ö)—R′ | 카보닐기 |
| 아민† | $RNH_2$ | —N̈(—H)—H | 아미노기(1차, 1°) |
| 아민 | RNR′H | —N̈(—H)—R′ | 아미노기(2차, 2°) |
| 아민 | RNR′R″ | —N̈(—R″)—R′ | 아미노기(3차, 3°) |
| 아마이드 | $RCONH_2$ | —C(=Ö)—N̈(—H)—H | 아마이드기(1차, 1°) |
| 아마이드 | RCONR′H | —C(=Ö)—N̈(—H)—R′ | 아마이드기(2차, 2°) |
| 아마이드 | RCONR′R″ | —C(=Ö)—N̈(—R″)—R′ | 아마이드기(3차, 3°) |

* R′은 제1 알킬기 R과 같거나 다를 수 있는 제2 알킬기를 나타낸다. 이와 유사하게, R″은 R 또는 R′과 같거나 다를 수 있는 제3 알킬기를 나타낸다.

† 1°, 2° 및 3°는 질소 원자와 결합한 R기의 수를 나타낸다.

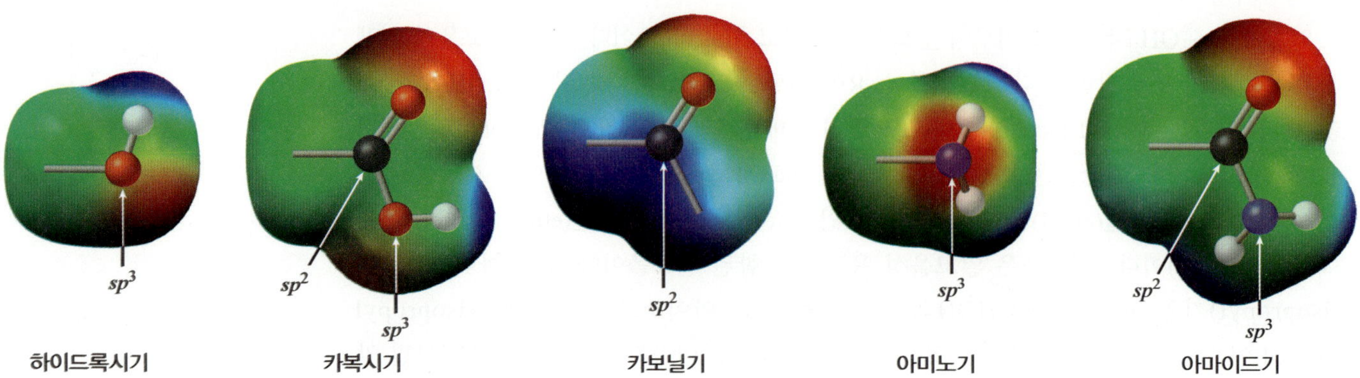


**그림 20.1** 하이드록시, 카복시, 카보닐, 아미노 및 아마이드 작용기에 대한 모형 및 정전기 퍼텐셜 지도

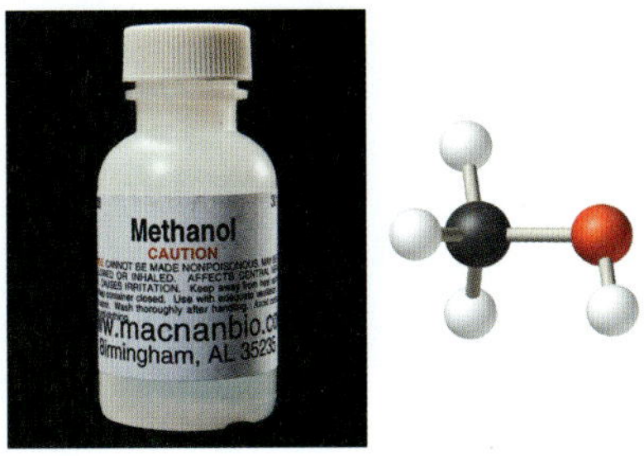


메탄올

에탄올

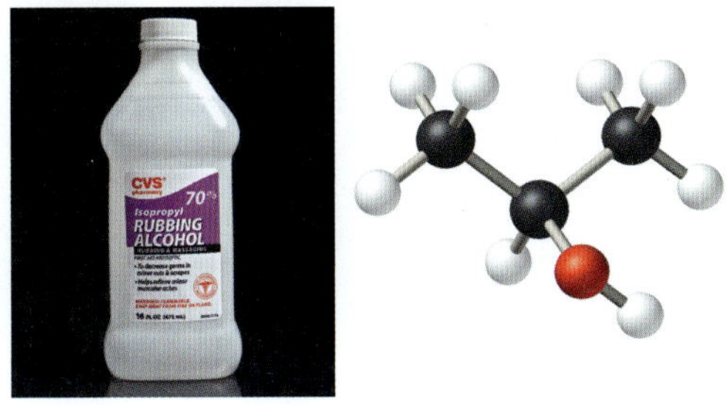


아이소프로필 알코올

많은 화합물은 하나보다 더 많은 작용기를 포함하고 있다. 예를 들어, **아미노산**(amino acid)은 아민기와 카복시기를 모두 포함한다.

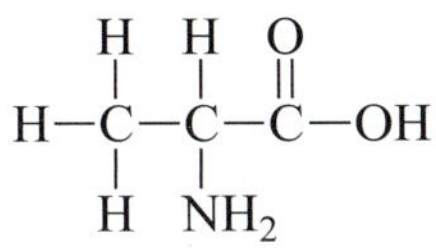

알라닌

예제 20.1에서는 분자 내에서 작용기를 확인하는 연습을 할 수 있다.

## 예제 20.1

우리 생활에서 친숙한 많은 물질이 유기 화합물이다. 몇 가지 예로 아스파탐[aspartame, 인공적인 감미료로 Equal®(인공 감미료 제품명) 및 많은 다이어트 음료에 포함된 설탕 대체재], 살리실산[salicylic acid, 일부 여드름 치료제 및 사마귀 제거제에 사용], 암페타민[amphetamine, 기면증, 주의력결핍과잉행동장애(ADHD) 및 비만 치료에 사용되는 각성제] 등을 들 수 있다. 위에서 언급한 각각의 유기 분자에 대해 아래의 구조식을 참조하여 작용기를 찾으시오.

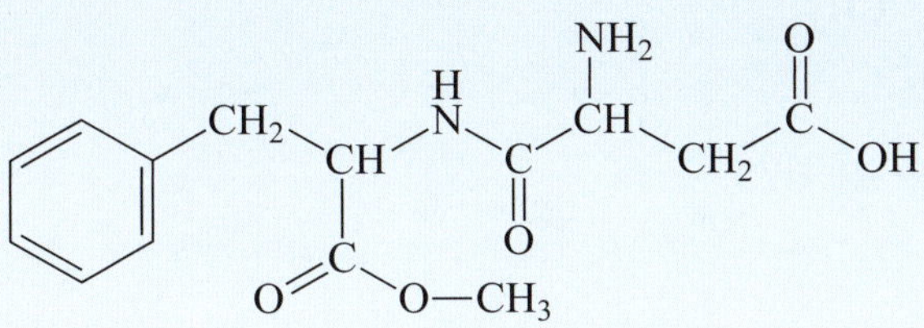

아스파탐

(a)

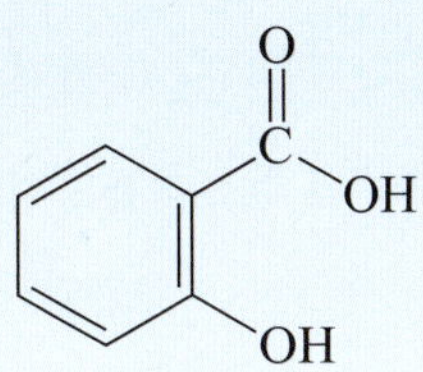

살리실산

(b)

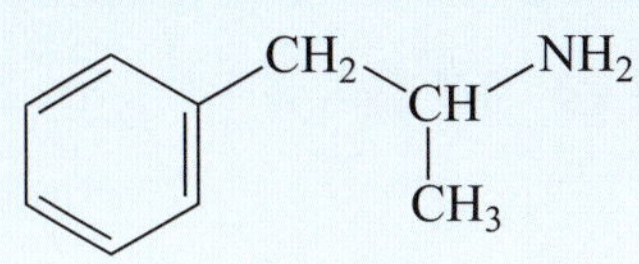

암페타민

(c)

**전략** 표 20.2를 참고하여 원자의 조합(작용기)을 찾는다.

**계획** (a) 오른쪽에서 왼쪽으로, 아스파탐은 $-COOH$기, $-NH_2$기, $-CONHR$기 및 $-COOR$기를 포함한다.

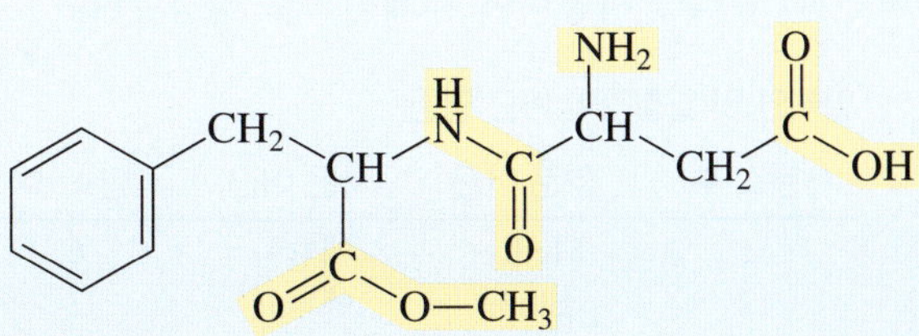

(b) 살리실산은 $-OH$기와 $-COOH$기를 포함한다.

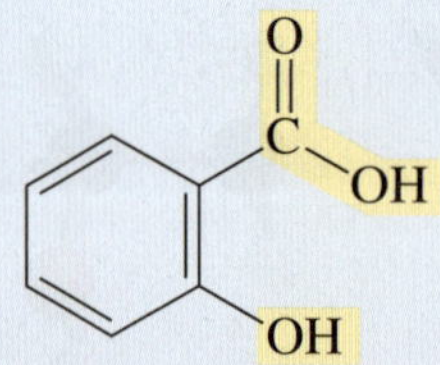

(c) 암페타민은 $NH_2$기를 포함한다.

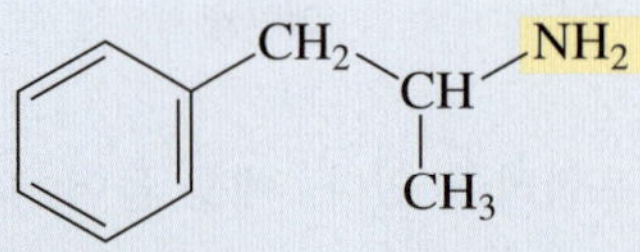

**풀이** (a) 오른쪽에서 왼쪽으로, 아스파탐은 카복시기, 아미노기, 아마이드기 및 $-$COOR(에스터)기를 포함한다.
(b) 살리실산은 하이드록시기 및 카복시기를 포함한다.
(c) 암페타민은 아미노기를 포함한다.

### 생각해 보기

살리실산 분자(b)는 벤젠 고리를 포함하므로 방향족이다. 하이드록시기가 벤젠 고리에 결합하는 경우, 생성된 방향족 화합물은 알코올이 아닌 페놀로 분류된다. 암페타민(c)은 여러 가지 합법적인 의약 용도가 있지만, 미국에서 가장 흔히 사용되는 오남용 약물 중 하나이기도 하다. 청소년의 ADHD에 자주 처방되기 때문에 대부분 고등학교에서 심각한 오남용 문제가 발견된다. 암페타민과 밀접하게 관련된 화합물로 헤드라인 뉴스에서 자주 언급되는 화합물은 메스암페타민(methamphetamine)이다. 2005년 8월 뉴스위크(Newsweek)지는 메스암페타민과 그 오남용에 대해 표지 기사로 보도하였다.

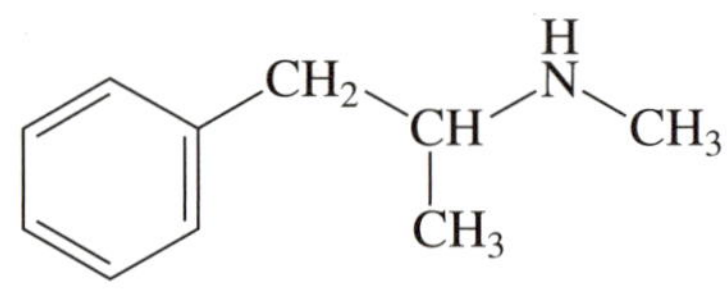

**유제 1** 다음 각 고리 화합물의 작용기를 규명하시오.

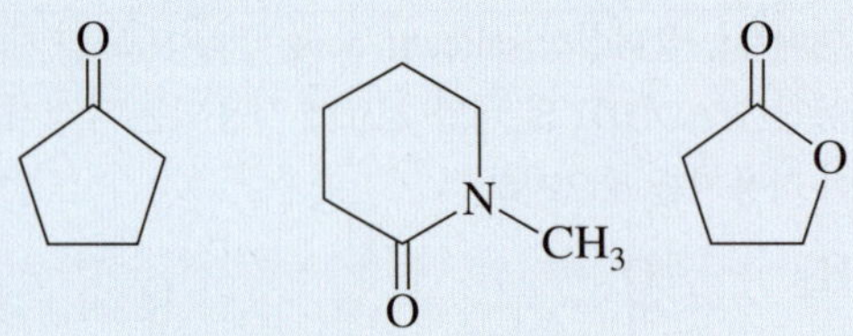

**유제 2** 유제 1의 분자에서 어느 것이 분자 내 수소 결합을 형성할 수 있는가?

## 기본 명명법

유기 화합물은 IUPAC(International Union Pure and Applied Chemistry, 국제순수 · 응용화학연합) 규칙을 사용하여 체계적으로 명명한다.

알케인 및 알킬기의 어근 명칭

| 탄소 수 | 영문 어근 | 국문 어근 | 탄소 수 | 영문 어근 | 국문 어근 |
|---|---|---|---|---|---|
| 1 | Meth$-$ | 메ㅌ$-$ | 6 | Hex$-$ | 헥ㅅ$-$ |
| 2 | Eth$-$ | 에ㅌ$-$ | 7 | Hept$-$ | 헵ㅌ$-$ |
| 3 | Prop$-$ | 프로ㅍ$-$ | 8 | Oct$-$ | 옥ㅌ$-$ |
| 4 | But$-$ | 뷰ㅌ$-$ | 9 | Non$-$ | 노ㄴ$-$ |
| 5 | Pent$-$ | 펜ㅌ$-$ | 10 | Dec$-$ | 데ㅋ$-$ |

| 할로젠 치환기의 접두어 | |
|---|---|
| —F | 플루오로(fluoro) |
| —Cl | 클로로(chloro) |
| —Br | 브로모(bromo) |
| —I | 아이오도(iodo) |

## 알케인

5장에서 우리는 펜테인과 같은 간단한 직선형(straight-chain) 알케인의 이름을 배웠다.

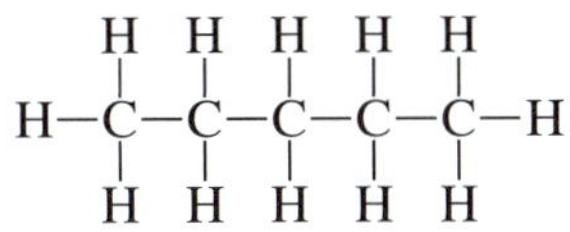

치환된 알케인[즉, 탄소 사슬에 결합한 —H 이외의 **치환기**(substituent)를 가지는 알케인]을 명명하기 위해, 다음의 단계를 따른다.

1. 연속된 탄소 사슬 중에서 가장 긴 사슬을 찾아 **모체명**(parent name)을 얻는다.
2. 치환기와 결합한 탄소가 가능한 작은 숫자가 되도록 번호를 붙인다. 일반적으로 치환기는 알킬기 및 할로젠이다.
3. 치환기를 확인하고, 치환기의 위치와 종류를 지정하기 위해 위치 번호 다음에 대시와 접두사를 각각 사용한다.

단계 1: 가장 긴 연속 탄소 사슬은 5개의 탄소 원자를 포함한다.

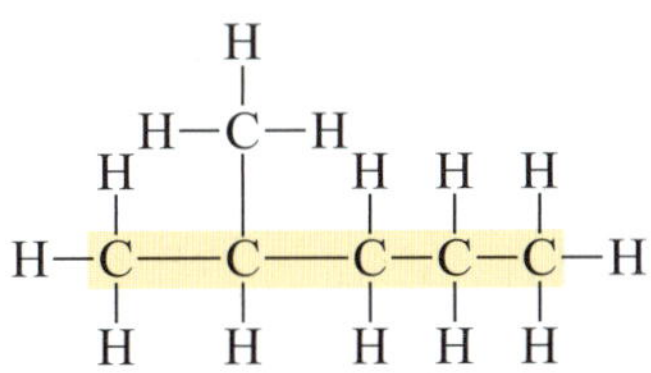

2–메틸펜테인, 2–methylpentane

(또한 가장 긴 탄소 사슬을 아래와 같이 지정할 수 있다. 하지만 사슬의 C 원자의 수는 어느 쪽이든 같다.)

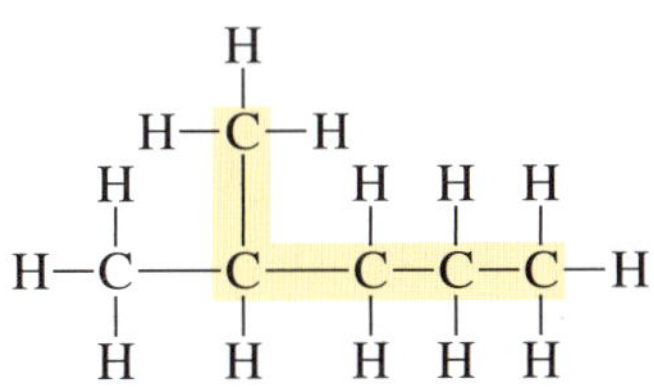

탄소를 5개 가지는 사슬의 모체명은 펜테인이다. (어근 명칭을 확인한다.)

단계 2: 치환기(초록색 음영)와 가장 가까운 끝의 탄소부터 시작하여 번호를 붙인다.

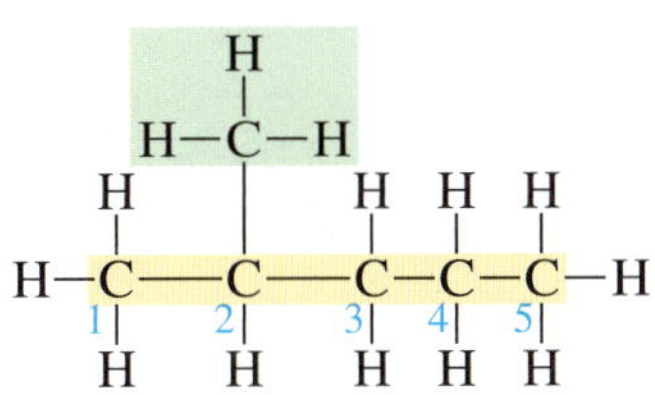

단계 3: 치환기는 메틸기($-CH_3$)이며, 2번 탄소에 붙어 있으므로 이름은 2−메틸펜테인(2−methylpentane)이다.

예제 20.2에서는 간단한 유기 화합물의 명명법을 연습할 수 있다.

## 예제 20.2

다음 화합물을 명명하시오.

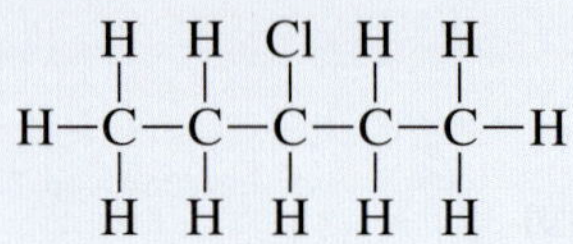

(a)

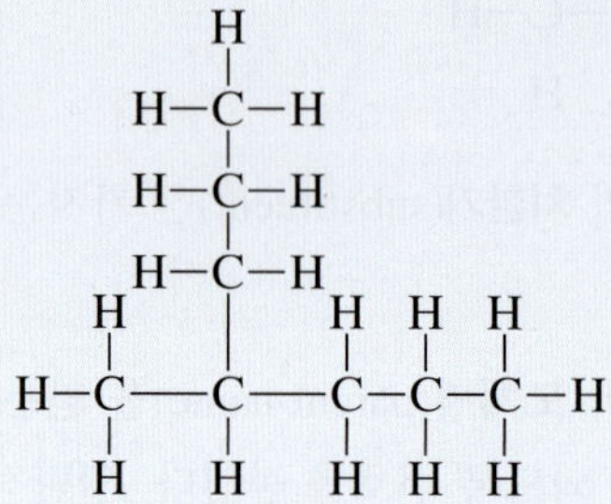

(b)

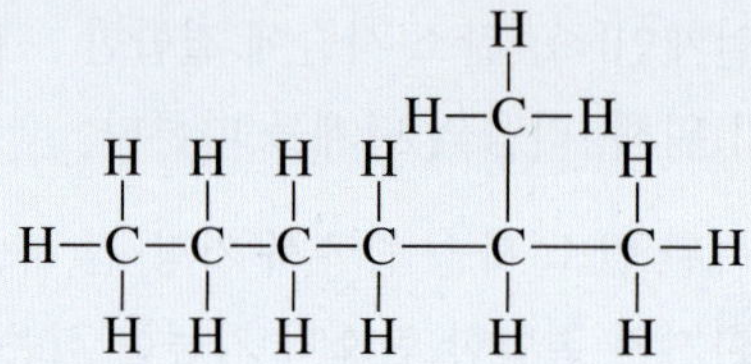

(c)

**전략** 치환된 알케인을 명명하기 위한 3단계 절차를 사용한다. (알케인의 모체명은 표 5.8 참조)

(1) 알케인의 모체명 (2) 탄소의 수 (3) 치환기의 이름과 번호

**계획** (a) 이 화합물은 다섯 개의 탄소 사슬이다. 염소 치환기가 3번 탄소에 위치하기 때문에 양 끝 모두에서 탄소의 시작 번호를 매길 수 있다.

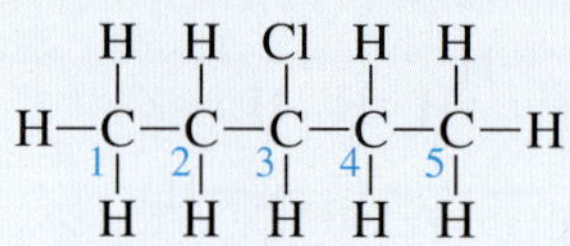

(b) 이것도 치환된 펜테인처럼 보일지도 모르지만 이 분자에서 가장 긴 탄소 사슬의 탄소 수는 7개이다.

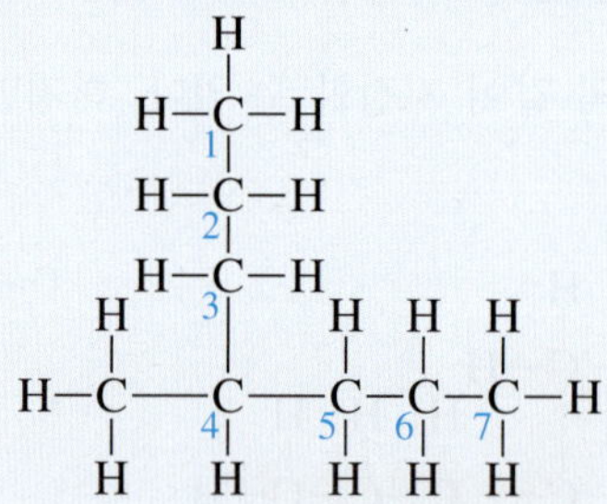

비록 루이스 구조가 평면이고 90° 각도를 포함하고 있는 것처럼 보이더라도, 실제 이 분자의 탄소 원자는 모두 $sp^3$ 혼성화되어 있고(각 탄소 주위에 4개의 전자 영역) 탄소−탄소 단일 결합은 자유 회전이 가능하다[|◀◀ 7.6절]. 따라서 분자는 다음과 같이 그릴 수 있다.

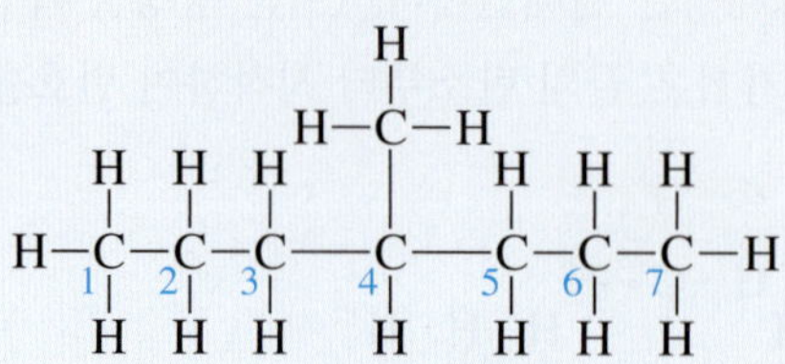

치환기는 4번 탄소의 메틸기이다.

(c) 이것은 치환된 헥세인이다.

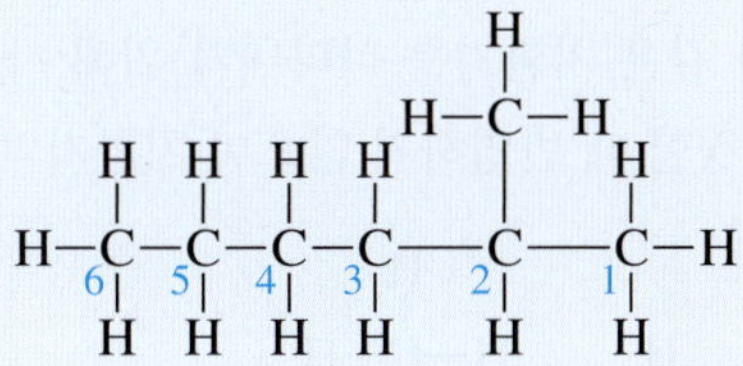

**풀이** (a) 3−클로로펜테인(3−chloropentane) (b) 4−메틸헵테인(4−methylheptane) (c) 2−메틸헥세인(2−methylhexane)

### 생각해 보기

알케인을 명명할 때 하기 쉬운 일반적인 실수는 알케인의 모체를 오인하는 것이다. 분자에서 가장 긴 연속된 탄소 사슬인지 한 번 더 확인하고, 치환기가 결합된 탄소 원자에 가능한 작은 숫자가 부여될 수 있도록 번호를 매긴다.

**유제 1** 다음 화합물의 구조를 그리시오.

(a) 4−에틸옥테인(4−ethyloctane) (b) 2−플루오로펜테인(2−fluoropentane) (c) 3−메틸데케인(3−methyldecane)

**유제 2** 다음 그림의 분자에서 가장 긴 탄소 사슬에는 몇 개의 탄소가 존재하는가?

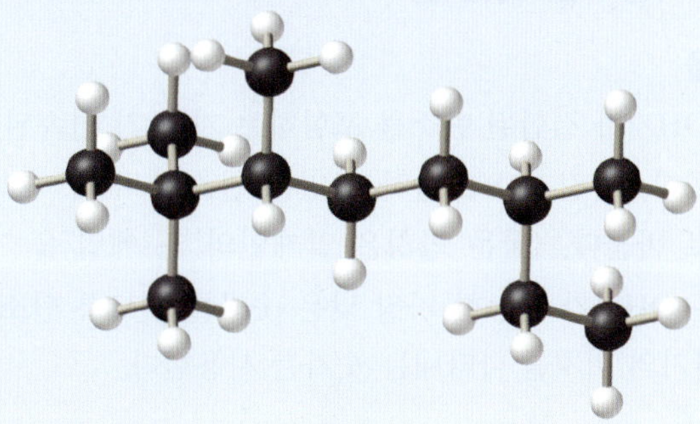

## 여러 치환기를 갖는 분자

체계적인 명칭은 명확하게 화합물을 구별할 수 있어야 한다. 그러므로 하나보다 더 많은 치환기를 포함하는 분자를 명명하기 위해서는 특별한 체계적 규칙을 따라야 한다.

2개 이상의 같은 치환기를 포함하는 분자에서, 접두사 **다이**−(di−), **트라이**−(tri−), **테트라**−(tetra−), **펜타**−(penta−) 등은 치환기의 수를 나타내기 위해 사용된다. 그런 다음 숫자를 사용하여 위치를 표시한다. (2개의 치환기가 같은 탄소 원자에 결합할 수 있으며, 이 경우 위치 표시를 위한 탄소의 번호는 숫자 사이의 쉼표를 두고 반복하여 적는다.)

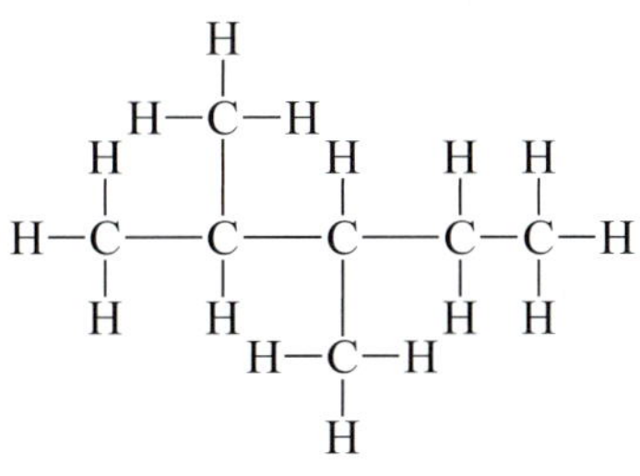

2,3−다이메틸펜테인
2,3−dimethylpentane

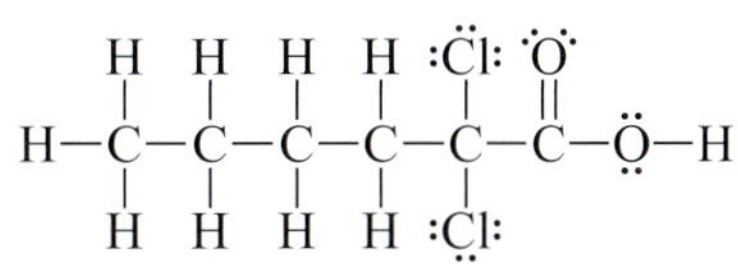

2,2−다이클로로헥산산
2,2−dichlorohexanoic acid

2개 이상의 서로 다른 치환기가 존재할 경우, 치환기의 체계적인 영문 명칭을 알파벳순으로 정리한다. 숫자는 알파벳순으로 정리된 치환기의 앞에 배치하여 치환기의 위치를 표시한다. 두 개 이상의 같은 치환기를 나타내기 위해 사용되는 접두사(*di*−, *tri*−, *tetra*− 등)는 알파벳 순서를 결정할 때 반영하지 않으며 치환기의 명칭만을 고려하여 알파벳순으로 정리한다.

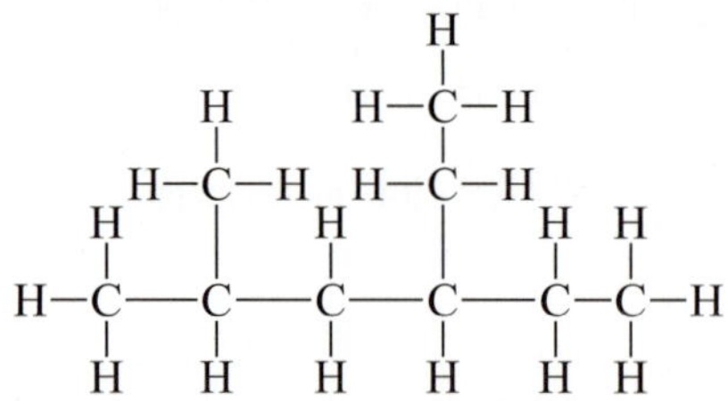

4–에틸–2–메틸헥세인
4–ethyl–2–methylhexane

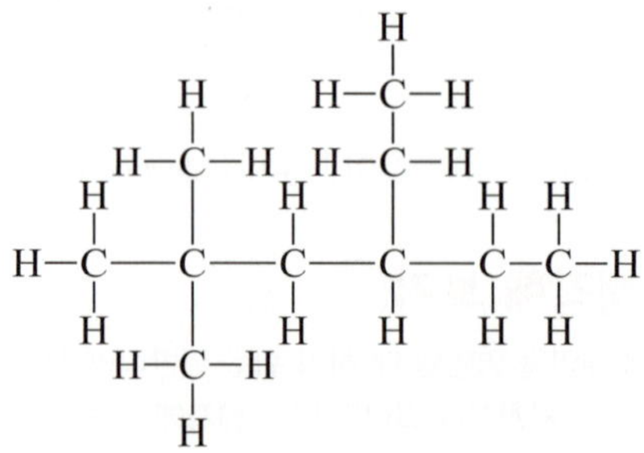

4–에틸–2,2–다이메틸헥세인
4–ethyl–2,2–dimethylhexane

## 특정 작용기를 갖는 분자

### 알코올

−OH기가 결합된 탄소를 포함하는 가장 긴 연속된 탄소 사슬을 찾는다. 이것이 모체 알킬기이다. 알킬기가 포함하고 있는 탄소의 수에 따라 이름을 정하고 −e로 끝나는 것을 −ol로 바꾼다. (국문 명칭은 알케인의 "−에인"을 "−안"으로 바꾼 다음 "−올"을 붙인다.) −OH기가 가능한 가장 낮은 숫자를 갖도록 탄소 원자에 번호를 매기고, 필요에 따라 −OH기의 위치를 나타내는 숫자를 사용한다.

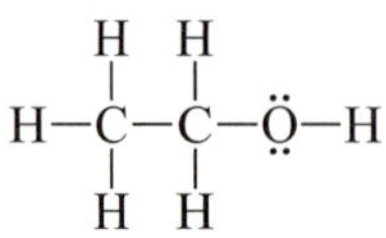

에탄올
ethanol

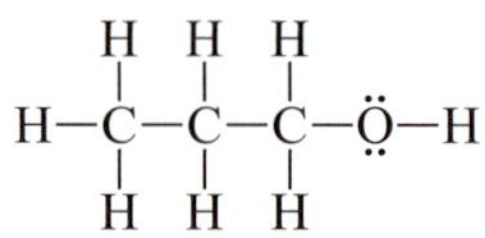

1–프로판올
1–propanol

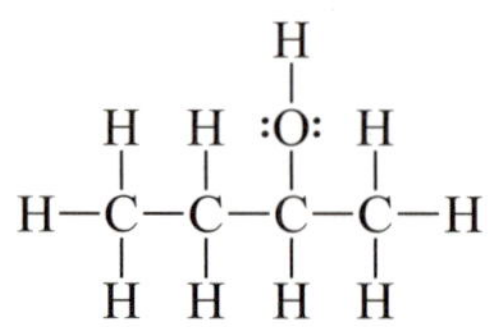

2–뷰탄올
2–butanol

또한 −OH기가 포함된 사슬이 알킬 치환기를 가질 때에도 −OH가 결합한 탄소에 가능한 가장 작은 숫자가 되도록 번호를 매긴다.

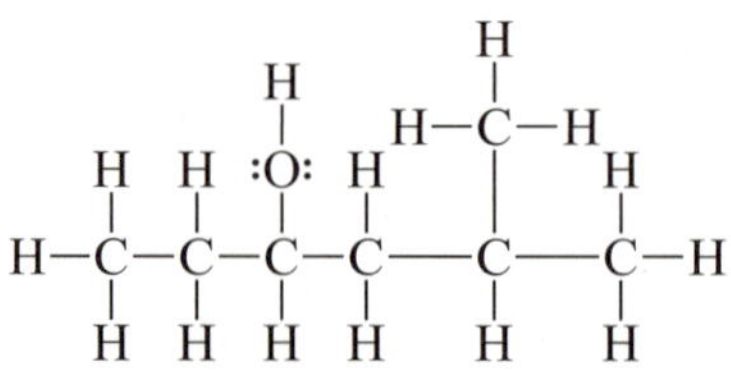

5–메틸–3–헥산올
5–methyl–3–hexanol

### 카복실산

카복시기를 포함하는 가장 긴 연속된 탄소 사슬을 확인한다. 탄소 사슬의 탄소수에 따라 이름을 정하고 −e로 끝나는 것을 −oic acid로 바꾼다. (국문 명칭은 해당하는 탄화수소의 이름에 "−산"을 붙여 쓰면 된다. 단, 알케인의 "−에인"은 "−안"으로 바꾼다.) **카보닐 탄소(carbonyl carbon)**부터 시작하여 번호를 매기고, 숫자와 접두사를 사용하여 다른 치환기의 위치와 종류를 나타낸다.

> **참조**
> 카보닐 탄소는 산소와 이중 결합으로 연결된 탄소이다.

많은 유기 화합물은 그들의 체계적인 이름 외에 관용명(common name)을 가지고 있다. 아래에 나타낸 일부 카복실산의 관용명을 괄호 안에 표시하였다.

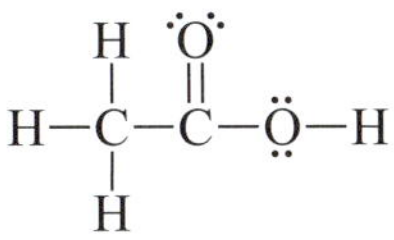

에탄산, ethanoic acid
(아세트산)

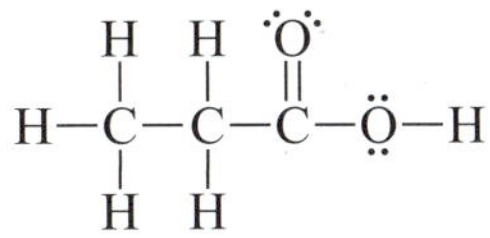

프로판산, propanoic acid
(프로피온산)

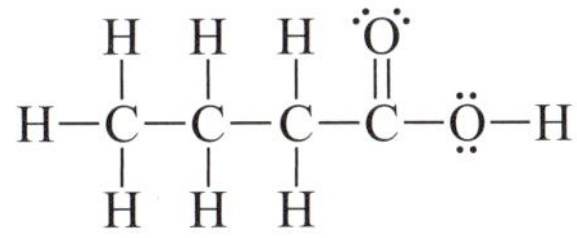

뷰탄산, butanoic acid
(뷰티르산)

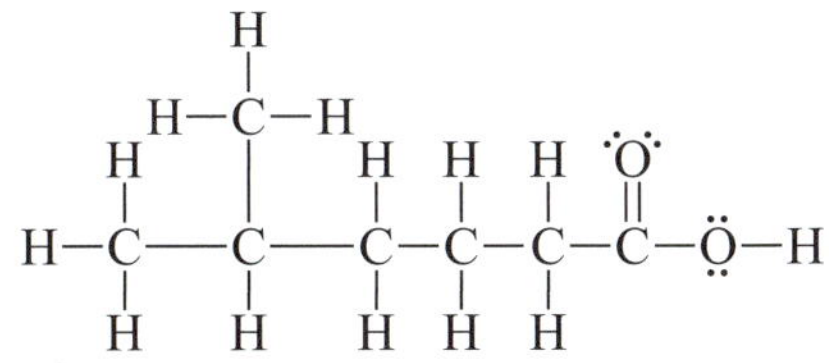

5−메틸헥산산, 5−methylhexanoic acid

### 에스터

카복실산의 유도체인 에스터는 −ic acid를 −ate로 치환하여 명명한다.

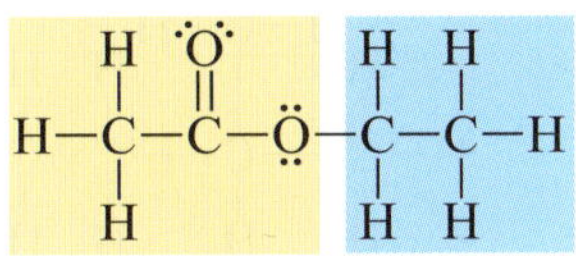

에탄산 에틸, ethyl ethanoate
(에탄산 유도체)

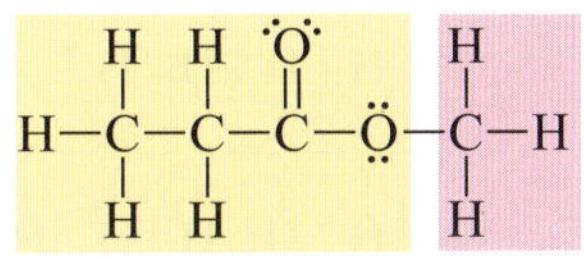

프로판산 메틸, methyl ethanoate
(프로판산 유도체)

(에스터의 영문 명칭에서 해당 카복실산의 이온화 가능한 수소를 대체한 치환기의 명칭을 첫 번째 부분에 적는다. 국문 명칭은 산의 이름을 그대로 쓴 다음 치환기의 명칭을 적는다.)

### 알데하이드

카보닐기를 포함하는 가장 긴 연속된 탄소 사슬을 확인한다. 포함된 탄소의 수에 따라 이름을 정하고 −e로 끝나는 것을 −al로 바꾼다. (국문 명칭은 알케인의 "−에인" 대신 "−안"으로 바꾼 다음 "−알"을 붙인다.) 카보닐 탄소부터 시작하여 번호를 매기고, 숫자와 접두사를 사용하여 다른 치환기의 위치와 종류를 나타낸다.

> **참조**
> 카복실산과 알데하이드의 경우, 카보닐부터 탄소의 번호를 매기기 때문에, 카보닐 탄소의 위치를 나타내는 숫자(1)를 반드시 이름에 포함할 필요는 없다.

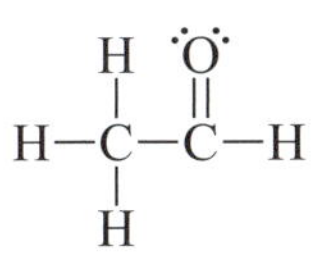

에탄알, ethanal
(아세트알데하이드)

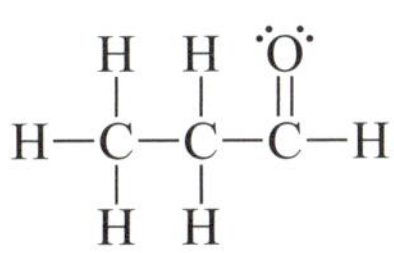

프로판알, propanal
(프로피온알데하이드)

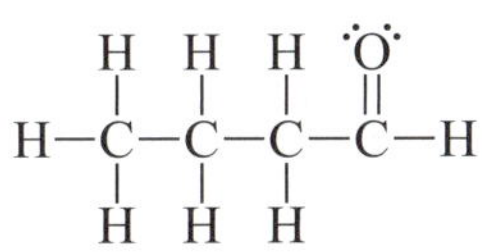

뷰탄알, butanal

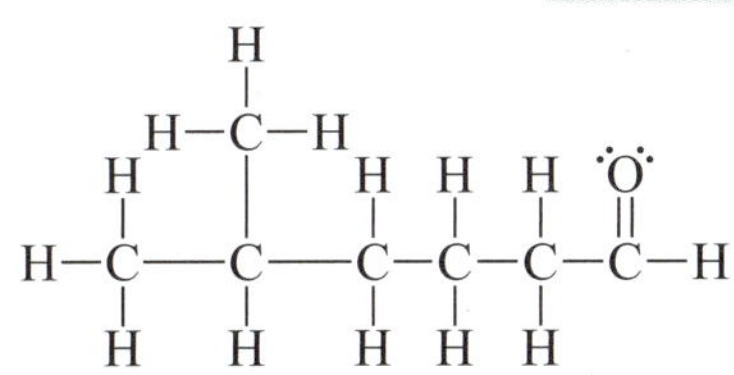

5−메틸헥산알, 5−methylhexanal

### 케톤

카보닐기를 포함하는 가장 긴 연속된 탄소 사슬을 확인한다. 포함된 탄소의 수에 따라 이름을 정하고 −e로 끝나는 것을 −one으로 바꾼다. (국문 명칭은 알케인의 "−에인" 대신 "−안"으로 바꾼 다음 "−온"을 붙인다.) 번호가 필요한 경우 카보닐 탄소에 가장 낮은 숫자가 오도록 번호를 매기고, 숫자와 접두사를 사용하여 다른 치환기의 위치와 종류를 나타낸다.

> **참조**
> 프로판온의 카보닐 탄소는 한 위치(중간 탄소)에만 존재하므로 명칭에 숫자를 붙일 필요가 없다. 만약 카보닐이 중간 탄소가 아닌 다른 탄소 중 하나에서 발견된다면, 이 화합물은 케톤이 아닌 알데하이드일 것이다.

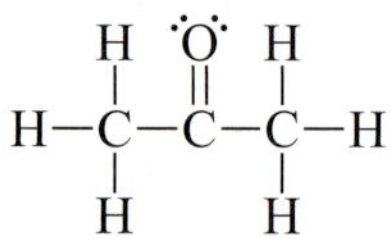

프로판온, propanone
(아세톤)

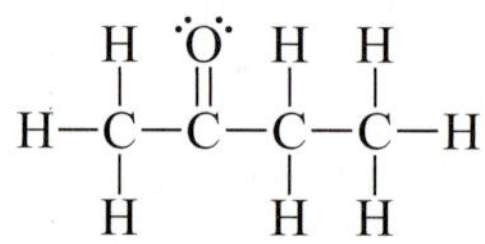

2-뷰탄온, 2-butanone
(에틸 메틸 케톤)

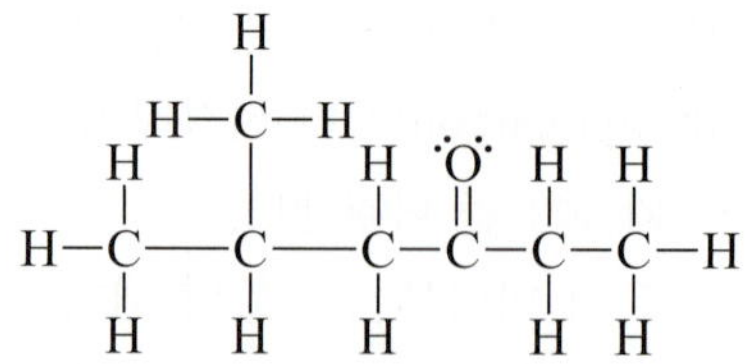

5-메틸-3-헥산온, 5-methyl-3-hexanone

### 1차 아민

—$NH_2$기가 결합한 탄소를 포함하는 가장 긴 연속된 탄소 사슬을 확인한다. 포함된 탄소의 수에 따라 이름을 정하고 —e로 끝나는 것을 —amine으로 바꾼다. (국문 명칭은 알케인의 "—에인" 대신 "—안"으로 바꾼 다음 "—아민"을 붙인다.) —$NH_2$기가 결합한 탄소부터 시작하여 번호를 매기고, 숫자와 접두사를 사용하여 다른 치환기의 위치와 종류를 나타낸다.

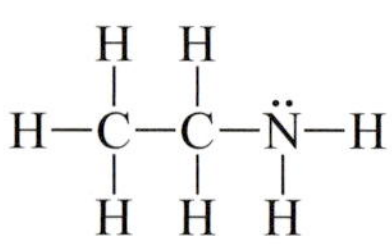

에탄아민, ethanamine
(에틸 아민)

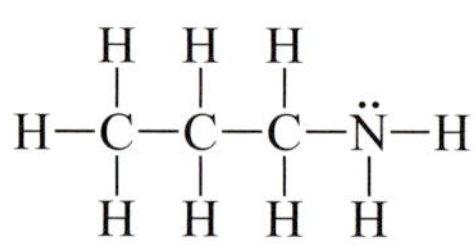

1-프로판아민, 1-propanamine
(프로필 아민)

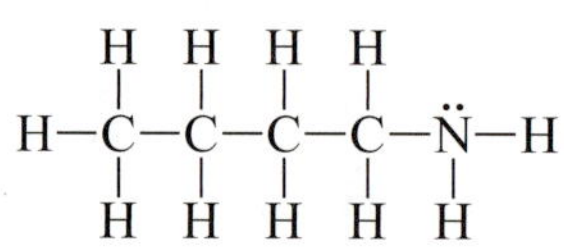

1-뷰탄아민, 1-butanamine
(뷰틸 아민)

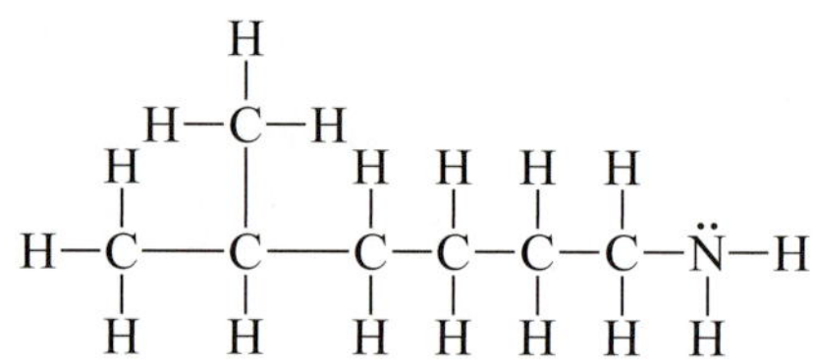

5-메틸-1-헥산아민, 5-methyl-1-hexanamine
(5-메틸 헥실아민)

### 1차 아마이드

1차 아마이드는 카복실산의 유도체로 대응하는 산의 —ic acid 또는 —oic acid를 —amide로 바꾸어서 명명한다. (국문 명칭은 대응하는 산의 명칭에서 "산" 대신 "아마이드"를 붙인다.)

**참조**

이 책에서는 2차 및 3차 아민과 아마이드에 대한 명명법은 소개하지 않을 것이다.

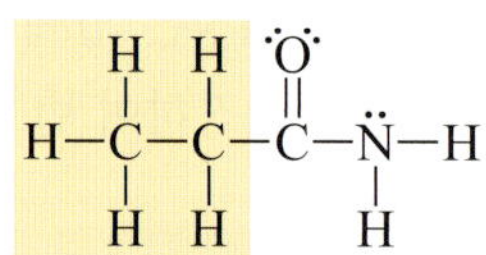

프로판아마이드, propanamide
(프로피온아마이드)

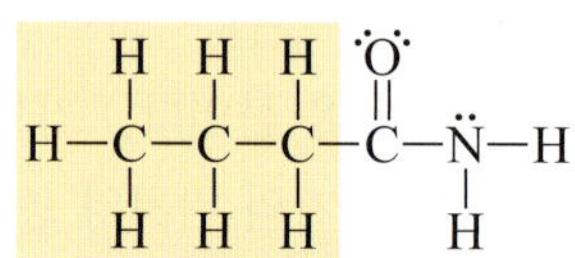

뷰탄아마이드, butanamide
(뷰틸아마이드)

## 20.2절 복습

### 유기 화합물의 종류

**20.2.1** 다음 화합물을 명명하시오.

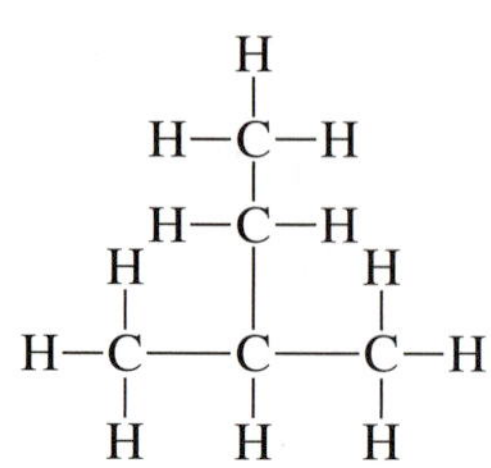

(a) 2−에틸프로페인(2−ethylpropane) (b) 2−에틸뷰테인(2−ethylbutane)
(c) 2−메틸뷰테인(2−methylbutane) (d) 2−메틸펜테인(2−methylpentane)
(e) 3−메틸뷰테인(3−methylbutane)

**20.2.2** 다음 화합물을 명명하시오.

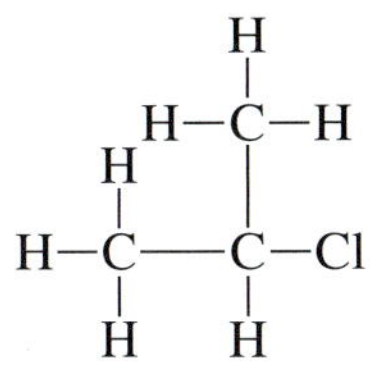


(a) 1−클로로에테인(1−chloroethane)
(b) 2−클로로프로페인(2−chloropropane)
(c) 2−클로로메테인(2−chloromethane)
(d) 1−클로로프로페인(1−chloropropane)
(e) 3−클로로에테인(3−chloroethane)

**20.2.3** 다음 화합물을 명명하시오.

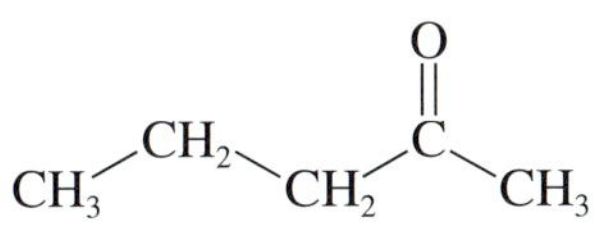


(a) 4−펜탄온(4−pentanone) (b) 2−펜탄온(2−pentanone)
(c) 에틸펜탄알(ethylpentanal) (d) 프로필펜탄알(propylpentanal)
(e) 프로필에탄알(propylethanal)

**20.2.4** 다음 화합물을 명명하시오.

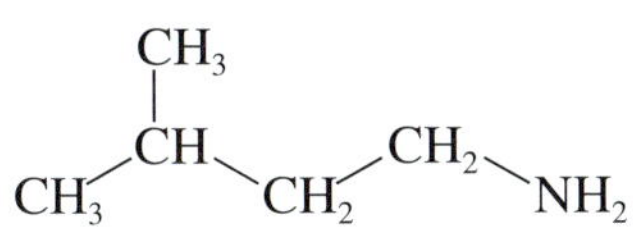


(a) 3−메틸−1−에탄아민(3−methyl−1−ethanamine)
(b) 2−메틸−1−에탄아민(2−methyl−1−ethanamine)
(c) 1−펜탄아민(1−pentanamine)
(d) 2−메틸−1−뷰탄아민(2−methyl−1−butanamine)
(e) 3−메틸−1−뷰탄아민(3−methyl−1−butanamine)

**20.2.5** 다음 분자의 작용기를 표시하시오. (해당하는 것을 모두 고르시오.)

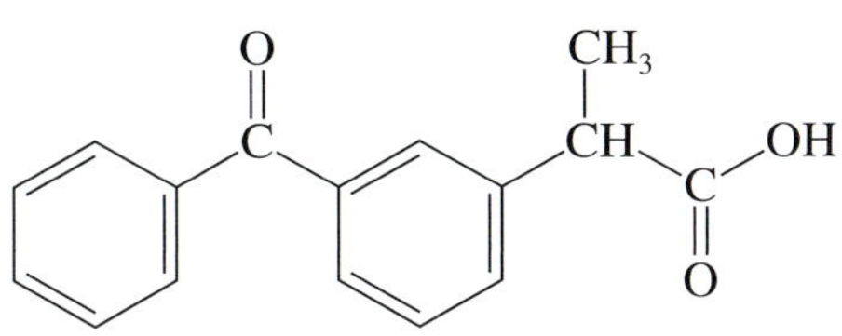

(a) 하이드록시 (b) 카복시
(c) 카보닐 (d) 아미노
(e) 아마이드

**20.2.6** 다음 분자의 작용기를 표시하시오. (해당하는 것을 모두 고르시오.)

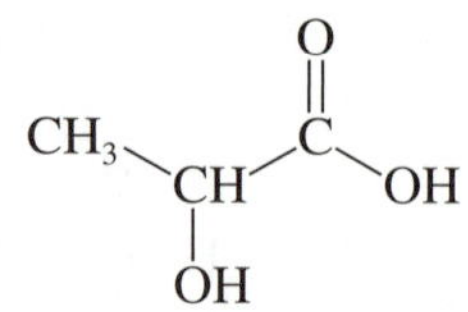

(a) 하이드록시 (b) 카복시
(c) 카보닐 (d) 아미노
(e) 아마이드

## 20.3 유기 분자의 표현

앞 장에서 **분자식** 및 **구조식**[|◀◀ 5.5절]뿐만 아니라 루이스 구조[|◀◀ 6.3절]를 사용하여 분자를 표현하는 방법을 배웠다. 이 절에서는 유기 화학 연구에서 유용한 분자 표현 방법에 대해 추가적으로 학습하고자 한다.

무기 화합물에 포함된 원자와는 다르게 유기 분자에 포함된 원자는 수없이 많은 다양한 방식으로 배열을 할 수 있으므로 유기 화합물을 나타내는 표현 방법은 매우 중요하다. 예를 들어, 5개의 탄소 원자, 하나의 산소 원자 그리고 필요한 수의 수소 원자를 포함하는 화합물이 배열될 수 있는 경우의 수는 수십 가지에 달하며, 각각의 배열은 서로 다른 유기 화합물이 된다. 아래에 10가지 정도의 화합물을 나타내었다.

> **참조**
> "필요한" 수의 H 원자는 각각 C와 O 원자의 팔전자를 완성하기 위해 필요한 것이다[|◀◀ 6.3절].

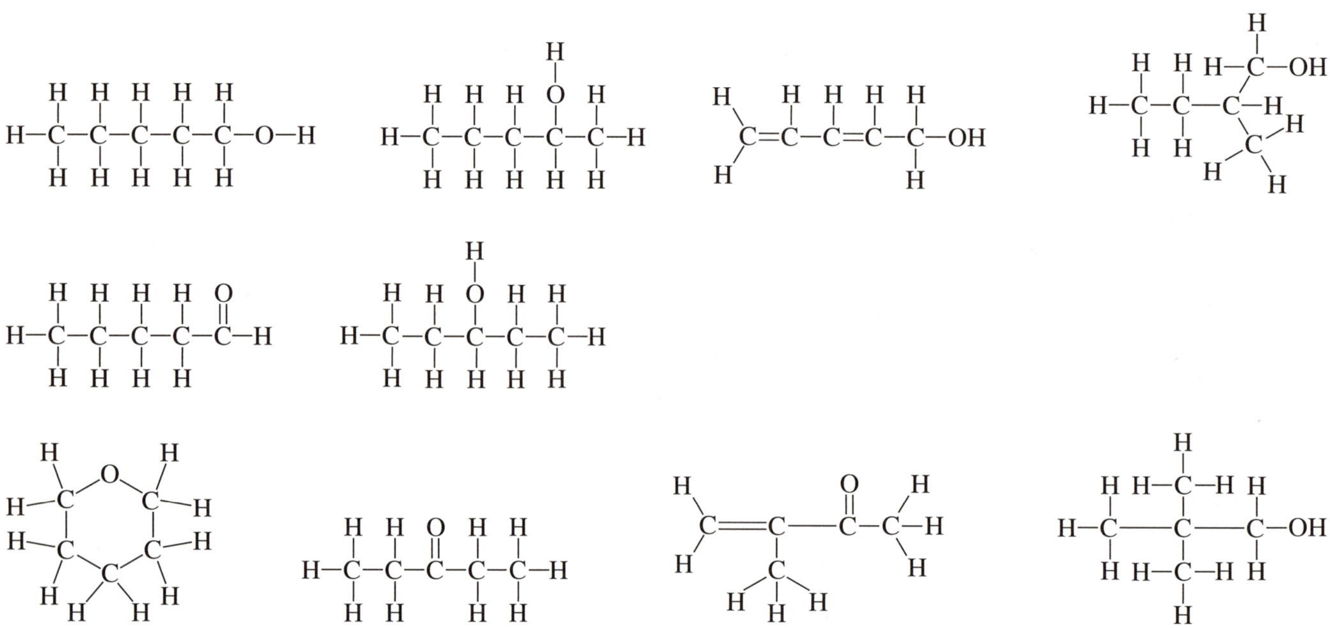

## 축약 구조식

**축약 구조식**(condensed structural formula) 또는 **축약 구조**(condensed structure)는 **구조식**과 같은 정보를 나타내지만 보다 간단한 형태로 나타낼 수 있다. 예를 들어, 옥테인의 분자식, 구조식 그리고 축약 구조식은 다음과 같다.

| $C_8H_{18}$ | $CH_3CH_2CH_2CH_2CH_2CH_2CH_2CH_3$ | $CH_3(CH_2)_6CH_3$ |
|---|---|---|
| 분자식 | 구조식 | 축약 구조식 |

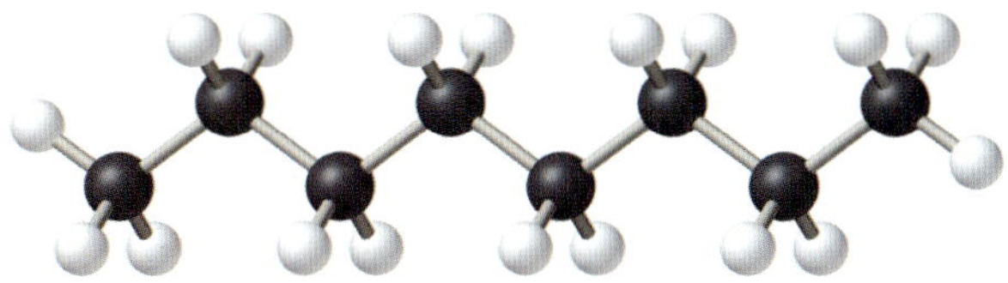

옥테인

축약 구조식에서 인접한 동일 원자 그룹(이 경우, $-CH_2-$ )은 괄호를 사용하여 축합할 수 있으며, 포함하고 있는 그룹의 개수는 아래 첨자로 표시한다.

탄소 원자가 단일 사슬로 이루어지지 않은 분자(가지 달린 형태)의 경우, 가지는 축약 구조식에서 추가의 괄호를 사용하여 나타낸다. 예를 들어, 2-메틸헵테인은 옥테인과 같은 분자식($C_8H_{18}$)을 갖는다. 그러나 탄소 사슬은 옥테인보다 탄소 1개가 적고, 두 번째 탄소 원자의 수소 원자 중 하나가 메틸기로 치환된 형태이다. 2-메틸헵테인의 분자식, 구조식 그리고 축약 구조식은 다음과 같다.

| $C_8H_{18}$ | $CH_3CH(-CH_3)CH_2CH_2CH_2CH_2CH_3$ (CH₃ 가지가 두 번째 탄소 위에 표시됨) | $CH_3CH(CH_3)(CH_2)_4CH_3$ |
|---|---|---|
| 분자식 | 구조식 | 축약 구조식 |

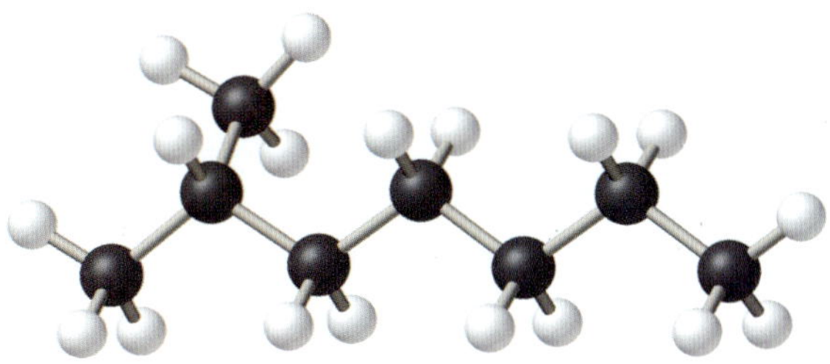

2-메틸헵테인

## 케큘레 구조

**케큘레 구조**(Kekulé structure)는 루이스 구조와 유사하지만, 고립 전자쌍을 나타내지 않는다. 옥테인과 같이 고립 전자쌍을 포함하지 않는 분자의 경우, 루이스 구조와 케큘레 구조는 같다.

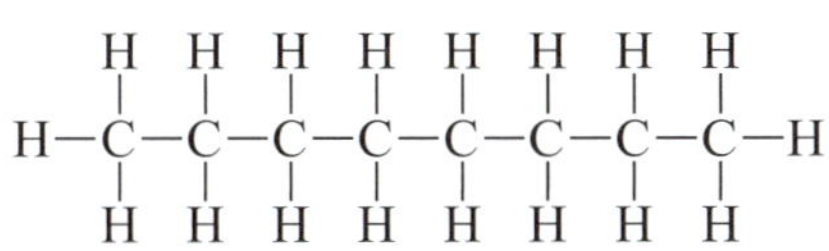

옥테인

(이 장의 앞부분에 나타낸 구조의 대부분은 케큘레 구조이다.) 익숙한 유기 분자의 케큘

레 구조는 다음과 같다.

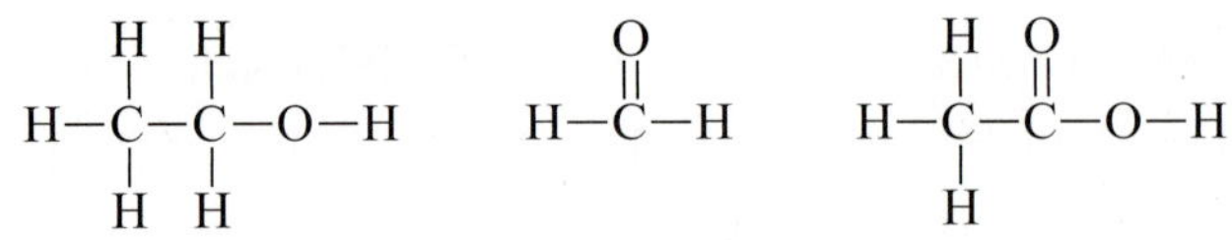

에탄올 폼알데하이드 아세트산

## 결합–선 구조

결합–선 구조는 복잡한 유기 분자를 나타내는 데 특히 유용하다. **결합–선 구조**(bond-line structure)는 탄소–탄소 결합을 직선으로 표시하며, 탄소 원자 및 결합되어 있는 수소 원자를 표시하지 않는다. 하지만 탄소와 수소가 존재한다는 것을 알아야 한다. 몇 가지 탄화수소[|◀◀ 5.6절]에 대한 구조식과 결합–선 구조를 아래에 나타내었다.

| 이름 | 구조식 | 결합–선 구조 |
|---|---|---|
| 펜테인 | $CH_3CH_2CH_2CH_2CH_3$ |  |
| 아이소펜테인 | 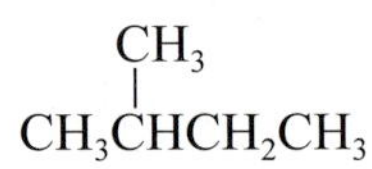 | 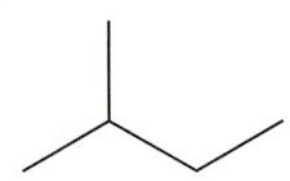 |
| 네오펜테인 | 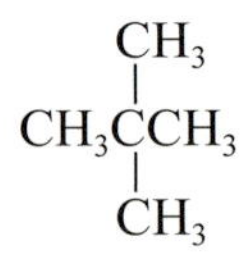 | 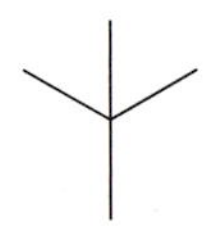 |

결합–선 구조의 각 직선의 끝은 탄소 원자에 해당한다(다른 원자가 선의 끝부분에 명시적으로 표시되지 않는 한). 또한, 각 탄소 원자에 총 4개의 결합을 형성하는 데 필요한 만큼의 수소 원자가 각 탄소 원자에 결합하고 있다.

분자가 탄소 또는 수소 이외의 원소[**헤테로 원자**(heteroatom)라고 불리는 원자]를 포함할 때, 결합–선 구조에 명시적으로 표시된다. 또한 탄소 원자와 결합한 수소는 일반적으로 나타내지 않지만, 아래에 나타낸 에틸아민의 예에서와 같이 헤테로 원자와 결합한 수소는 표시한다.

**참조**

이러한 구조식과 결합–선 구조에 대해 공부하고 앞에서 설명한 결합–선 구조에 대한 해석 방법을 이해했는지 확인한다.

| 이름 | 구조식 | 결합–선 구조 |
|---|---|---|
| 프로판온<br>(아세톤) | 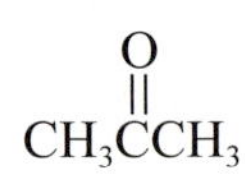 | 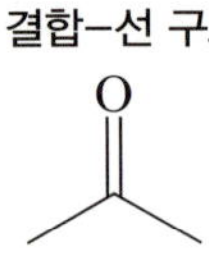 |
| 에틸아민 | $CH_3CH_2NH_2$ | 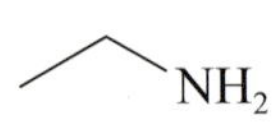 |
| 테트라하이드로퓨란 | 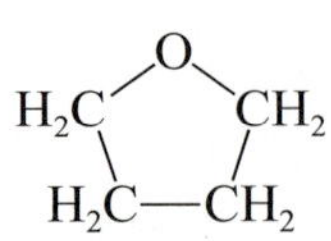 | 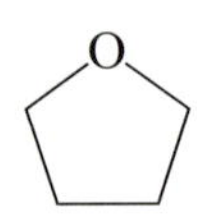 |

탄소 및 수소 원자가 결합–선 구조에서 나타낼 필요는 없지만, 탄소 및 수소 원자의 일부는 분자의 특정 부분을 강조하기 위해 표시될 수 있다. 분자를 표현할 때, 화합물의 성질과 반응성에 큰 역할을 하는 **작용기**(functional group)를 강조할 수 있다[|◀◀ 5.6절].

예제 20.3은 결합–선 구조의 해석 방법을 보여 주고 있다.

## 예제 20.3

다음의 유기 분자에 대한 분자식과 구조식(또는 축약 구조식)을 쓰시오.

(a) 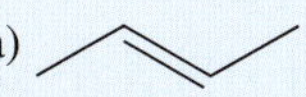

(b) 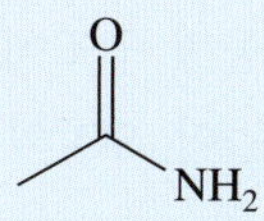


**전략** 탄소 원자와 헤테로 원자의 수를 확인하고, 팔전자 규칙을 사용하여 몇 개의 수소 원자가 존재하는지 확인한다.

**계획** 각 선은 결합을 나타낸다. (이중선은 이중 결합을 나타낸다.) 각 선의 끝에 다른 원자가 보이지 않으면 탄소 원자 하나를 센다. 각 탄소 원자의 팔전자를 완성하는 데 필요한 수소 원자의 수를 센다.

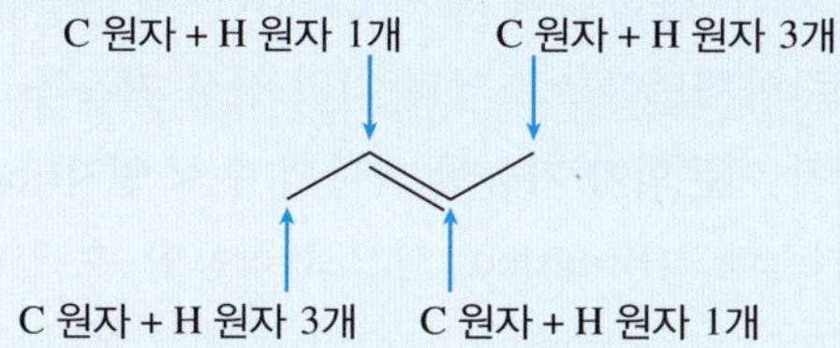


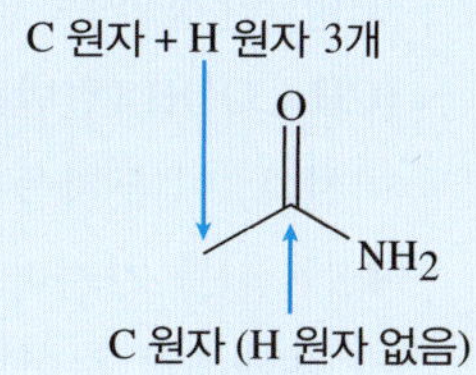


**풀이** (a) 분자식: $C_4H_8$; 구조식: $CH_3(CH)_2CH_3$
(b) 분자식: $C_2H_5NO$; 구조식: $CH_3CONH_2$

### 생각해 보기

각각의 탄소 원자가 4개의 전자쌍(4개의 단일 결합, 2개의 단일 결합 및 1개의 이중 결합 또는 2개의 이중 결합)으로 둘러싸여 있는지 확인한다. 수소의 단일 결합은 일반적으로 결합–선 구조에 표시하지 않는다. 따라서 결합–선 구조로부터 분자식 또는 구조식을 추정할 때, 수소 원자가 존재한다는 것을 기억해야 한다.

**유제 1** $(CH_3)_2C{=}CHNH_2$의 결합–선 구조를 그리시오.

**유제 2** 여기에 나타낸 분자에 포함된 수소 원자는 몇 개인가?

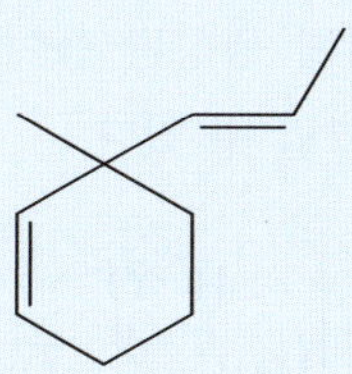

## 공명

우리는 6장에서 많은 분자와 이온이 하나보다 더 많은 루이스 구조로 표현될 수 있음을 언급하였으며, 전자의 위치에서만 다른 두 개 이상의 유효한 루이스 구조를 **공명 구조**

(resonance structure)라고 하였다[|◀◀ 6.5절]. 예를 들어, $SO_3$는 3개의 서로 다른 루이스 구조로 나타낼 수 있다[|◀◀ 예제 6.7].

이 루이스 구조 중 어느 것도 실제 $SO_3$ 분자를 정확하게 표현하지 못한다. $SO_3$에서 황과 산소의 모든 결합은 길이와 세기가 같으며, 이는 두 개의 결합이 단일 결합이고 하나가 이중 결합이면 예상할 수 없는 특징이다. 각 개별 공명 구조는 전자쌍이 특정 결합이나 특정 원자에 **편재되어 있는**(localized) 것을 의미하지만, 공명의 개념은 몇몇 원자들에 대해 **비편재화**(delocalized)된 특정 전자쌍을 가지도록 허용한다[|◀◀ 7.8절]. 전자쌍의 비편재화는 분자(또는 다원자 이온)에 추가적인 안정성을 부여하고, 두 개 이상의 공명 구조로 나타낼 수 있는 화학종은 **공명 안정화**(resonance stabilized)되었다고 한다.

**참조**

분자의 실제 구조는 첫 번째 구조뿐만 아니라 두 번째 또는 세 번째 구조도 아니다. 즉, 실제 구조는 공명 구조들 사이의 중간 상태에 있는 형태로 볼 수 있으며, 공명 구조 중 하나로 표현할 수는 없다[|◀◀ 6.5절].

화학자들은 공명 구조에서 전자의 위치 변화를 나타내기 위해 **굽은 화살표**를 사용하기도 한다. 예를 들어, $SO_3$의 공명 구조에서 전자의 "재배치"는 다음과 같이 나타낼 수 있다.

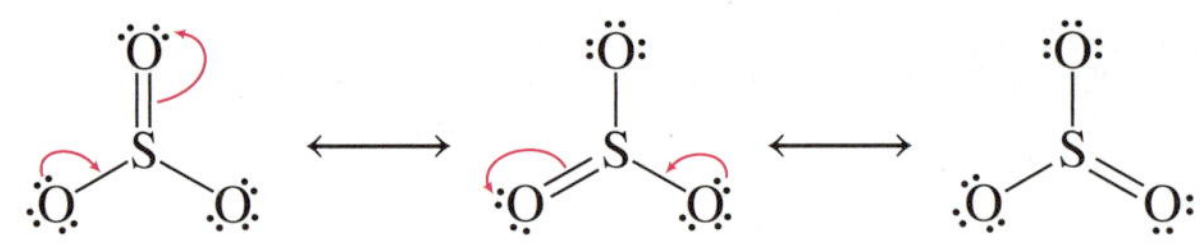

공명 안정화는 많은 유기 화합물에서 발견되며, 에탄올($CH_3CH_2OH$) 및 에탄산($CH_3COOH$)(일반적으로 **아세트산**으로 알려짐)의 산성 거동과 같은 화학적 성질에 영향을 미친다. 이 분자들은 각각 **이온화가 가능한 하나의 수소 원자**(ionizable hydrogen atom)[|◀◀ 5.6절]를 가지며, 브뢴스테드(Brønsted) 산으로 작용할 수 있다[|◀◀ 9.3절]. 그러나 에탄산 용액에서 하이드로늄 이온(hydronium ion)의 농도는 에탄올의 용액보다 수십만 배 더 높다. 이러한 큰 불일치의 이유는 에탄산의 수소 원자가 에탄올의 수소 원자보다 훨씬 쉽게 이온화된다는 것을 의미한다. **공명**(resonance)은 에탄산의 수소 원자가 훨씬 더 이온화가 잘되는 이유를 설명하는 데 도움을 준다.

어떤 화학종이 이온화 가능한 수소 원자를 잃으면 남은 것은 음이온이다. 에탄산 및 에탄올의 경우, 음이온은 다음과 같다.

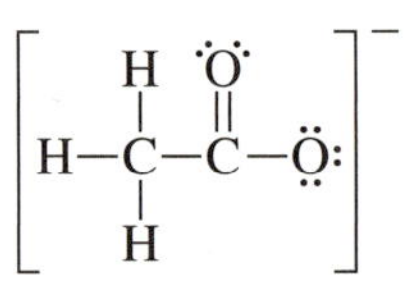

그리고

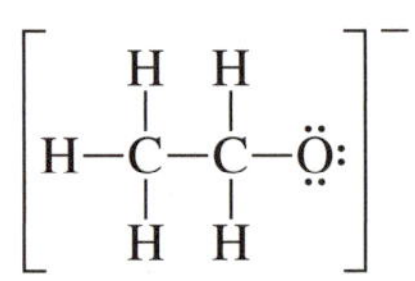

에탄산의 이온화에 의해 생성된 음이온에 대해 다음과 같이 전자쌍을 재배치시킴으로써 두 번째 공명 구조를 그릴 수 있다.

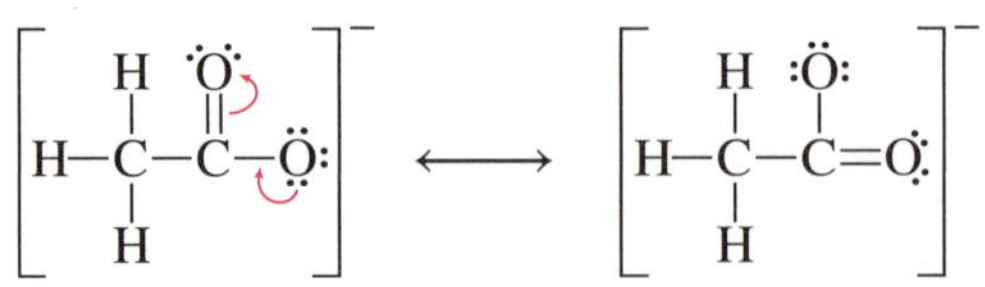

**참조**

다원자 음이온에서 각 원자에 대한 형식 전하를 계산하여 전하가 어디에 위치하는지를 결정한다[|◀◀ 6.4절].

음이온의 음전하는 산소 원자에 위치하며, 어느 산소 원자가 전하를 가지는지는 공명 구조로 확인할 수 있다. 근본적으로 음전하를 띠는 위치의 수가 많을수록 음이온이 안정화된다. 그리고 음이온이 안정할수록 쉽게 이온화할 수 있는 수소 원자가 많이 방출되어 용액에 더 많은 하이드로늄 이온($H_3O^+$)을 생성한다.

에탄올의 이온화에 의해 만들어진 음이온에 대해 추가적인 공명 구조를 그릴 수는 없다. 왜냐하면 산소 원자에 존재하는 고립 전자쌍(음이온)을 이동시킬 곳이 없기 때문이다. 탄소 원자는 주위에 4개의 전자쌍을 가지기 때문에 산소와 탄소 원자 사이에서 전자가 이동할 수 없다. ($CH_3COO^-$ 이온에서는 이 작업을 수행할 수 있었다. 왜냐하면 탄소 원자 주위의 전자쌍 중 하나를 다른 산소 원자로 이동할 수 있기 때문이다. 앞의 공명 구조에서 굽은 화살표를 확인하자.)

예제 20.4는 굽은 화살표의 사용과 공명 구조의 결정 방법을 보여 주고 있다.

## 예제 20.4

아데노신 삼인산(adenosine triphosphate, ATP)은 종종 "일반적인 에너지 운반체" 또는 "분자 에너지 공급 물질"이라고 불린다. 이 물질은 가수 분해(물 첨가에 의한 분해)되면서 세포 작용에 필요한 에너지를 공급해 줄 수 있는 두 개의 고에너지 결합이 포함되어 있다. 인산 수소 이온(hydrogen phosphate ion)의 공명 안정화는 ATP의 분해로 에너지를 방출하는 원인 중의 하나이다.

**참조**

ATP의 분해의 결과물인 인산 수소 이온은 일반적으로 생물학 교과서에서 인산염(phosphate) 또는 무기 인산염(inorganic phosphate)이라고 한다.

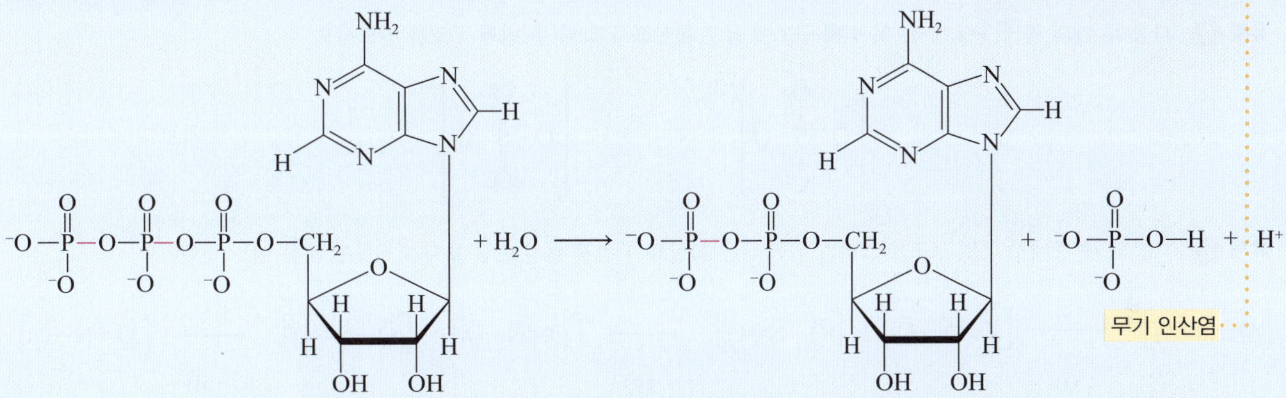


아데노신 삼인산 아데노신 이인산

인산 수소 이온($HPO_4^{2-}$)에 대한 가능한 공명 구조를 모두 그리시오. 굽은 화살표를 사용하여 전자의 재배치를 표시하고 음전하의 위치를 결정하시오.

**전략** $HPO_4^{2-}$에 대한 유효한 루이스 구조를 그리고, 하나 이상의 추가적인 구조를 형성하기 위해 전자의 위치를 변경할 수 있는지를 확인하고 전자의 위치를 결정한다. 굽은 화살표로 전자의 움직임을 표시하고 가능한 공명 구조를 모두 그린다. 각 원자의 형식 전하를 계산하여 전하의 위치를 결정한다.

**계획** 인산 수소 이온에 대한 유효한 루이스 구조는 다음과 같다.

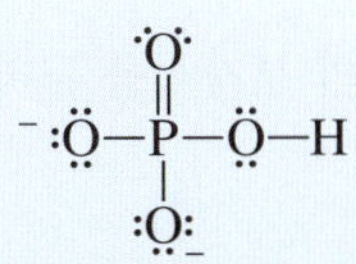

형식 전하를 결정하기 위해 인과 산소 원자는 각각 5개와 6개의 원자가 전자를 가지고 있다는 것을 고려한다.

**풀이** 단일 결합하는 산소 원자(음의 형식 전하를 가지는 산소 원자) 중 하나에서 고립 전자쌍을 이동하여 인과 이중 결합을 만들고,

산소−인 이중 결합 전자쌍을 그 산소 원자로 이동시킨다. 결과적으로 두 개의 전자쌍을 움직여 이중 결합의 위치를 단순히 변경하는 것이다. 이와 같은 과정을 한 번 더 수행하여 $HPO_4^{2-}$에 대해 총 3개의 공명 구조를 그릴 수 있다. 각 공명 구조에서 인에 대한 형식 전하는 [5−(5)]=0이다. 각각의 단일 결합 산소에 대한 형식 전하는 [6−(1+6)]=−1이고 이중 결합 산소의 형식 전하는 [6−(2+4)]=0이다.

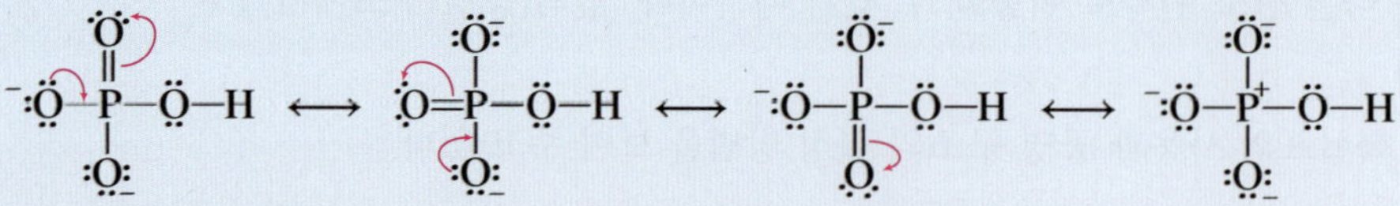

### 생각해 보기

또한, ATP는 가수 분해되어 AMP(adenosine monophosphate, 아데노신 일인산)와 파이로인산(pyrophosphate, $P_2O_7^{4-}$)을 생성할 수 있다. 파이로인산은 두 개의 인산 수소 이온으로 가수 분해된다. 음전하가 집중화되는 것을 방지하는 데 도움을 줄 수 있는 산소 원자를 강조 표시했다.

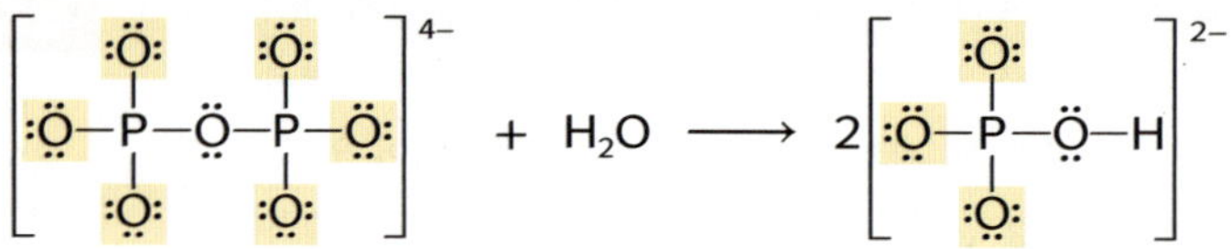

또한 이 구조는 형식 전하를 최소화하기 위해 각 인 원자당 하나의 이중 결합을 그릴 수 있다[◀◀ 6.4절].

**유제 1** 다음 두 개의 공명 구조에서, 첫 번째 구조에 굽은 화살표를 그려 두 번째 구조를 만드시오.

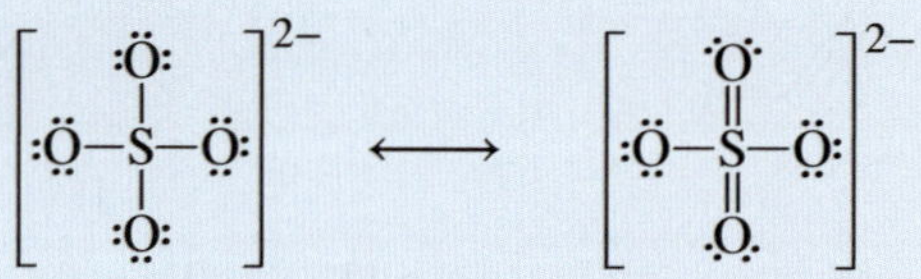

**유제 2** 다음의 예 중에서 공명 구조를 그리기 위한 굽은 화살표의 전자 위치 변경 표시가 잘못된 것은 어느 것인가?

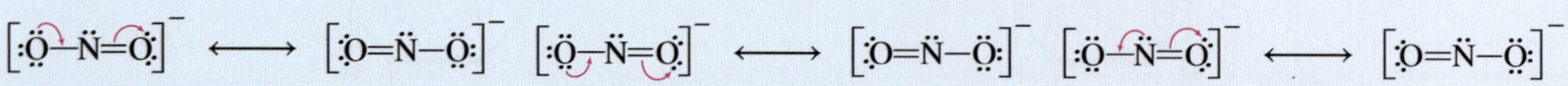

(i) (ii) (iii)

## 20.3절 복습

### 유기 분자의 표현

**20.3.1** 다음 화합물의 분자식을 구하시오.

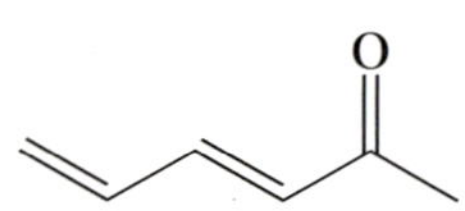

(a) $C_5H_{12}O$
(b) $C_6H_8O$
(c) $C_6H_{12}O$
(d) $C_5H_6O$
(e) $C_6H_{13}O$

**20.3.2** 다음 화합물의 분자식을 구하시오.

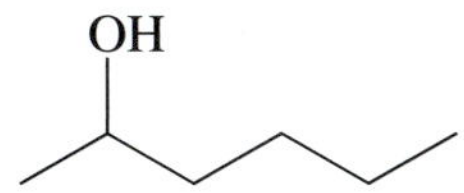


(a) $C_5H_{12}O$　　(b) $C_6H_{13}O$　　(c) $C_6H_{12}O$

(d) $C_6H_{14}O$　　(e) $C_4H_{13}O$

**20.3.3** 다음 구조들의 관계에서 공명 구조에 해당하는 것은?

(a) 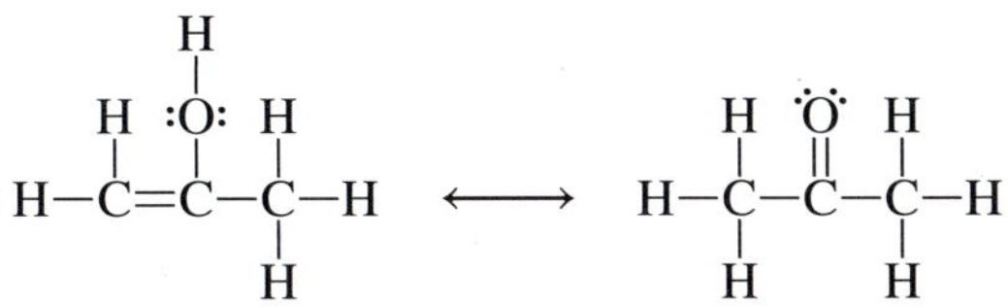

(b) 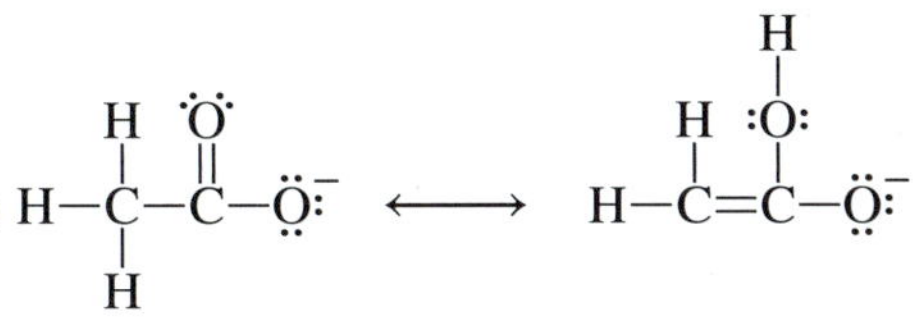

(c) 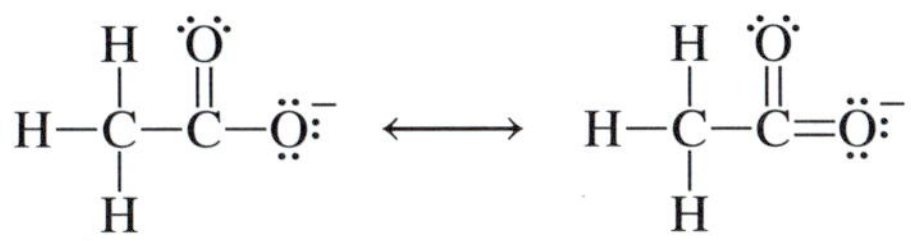

(d) 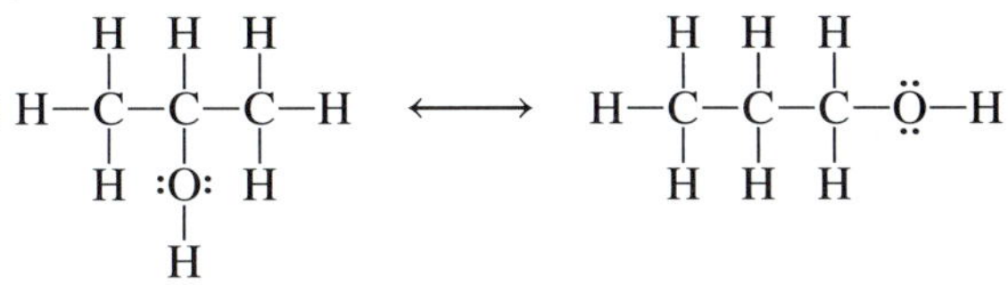

(e) 

**20.3.4** 다음 구조식에서 두 개 이상의 공명 구조를 가지는 화학종은 어느 것인가? (해당하는 것을 모두 고르시오.)

(a) HCOOH　　(b) $HCCO^-$　　(c) $CH_2CH_2$

(d) $O_3$　　(e) $CO_2$

## 20.4 이성질체

앞 장에서 분자 기하학과 분자 극성을 언급하면서 **이성질체**(isomer)라는 용어를 소개하였다[◀◀ 7.2절]. 이성질체는 같은 화학식을 가지지만 서로 다른 화합물이다. 이 절에서는 여러 유형의 이성질체(구조 이성질체 및 입체 이성질체)와 유기 화학에서의 중요성에 대해 설명할 것이다.

**표 20.3** $C_5H_{12}$의 구조 이성질체

| 이름 | 구조식 | 결합-선 구조 | 공-막대 모형 | 끓는점(°C) |
|---|---|---|---|---|
| 펜테인(*n*-펜테인) | 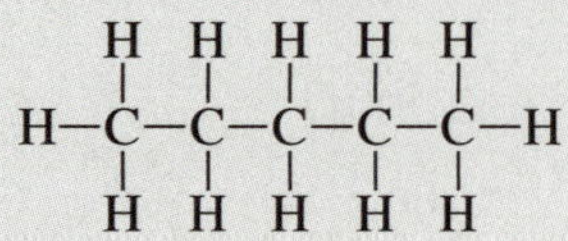 |  | 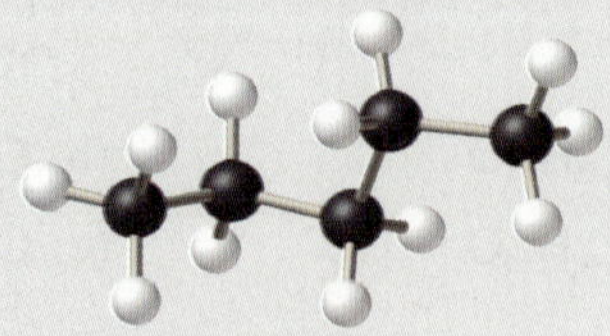 | 36.1 |
| 메틸뷰테인(아이소펜테인) | 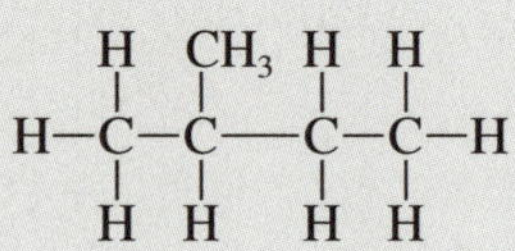 | 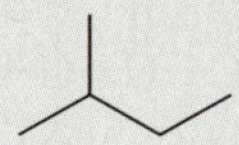 |  | 27.8 |
| 2,2-다이메틸프로페인(네오펜테인) | 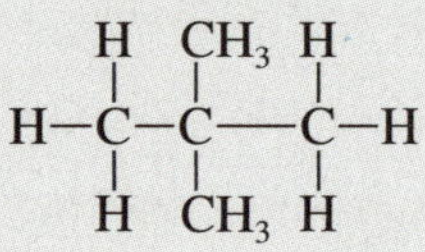 |  | 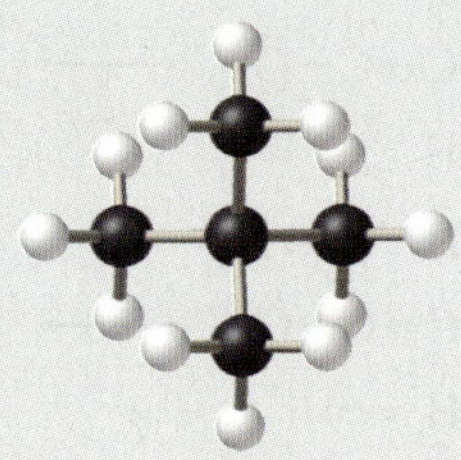 | 9.5 |

## 구조 이성질체

**구조 이성질체**(constitutional isomer)는 같은 원자들이 두 가지 이상의 다른 방식으로 연결될 수 있을 때 나타난다. 예를 들어, 화학식 $C_5H_{12}$를 가지는 화합물에서 원자를 배열하는 방법은 3가지가 있다. 구조 이성질체는 별개의 이름을 가지며 일반적으로 물리적 및 화학적 성질이 다르다. 표 20.3은 $C_5H_{12}$의 3가지 구조 이성질체와 특성 비교를 위해 끓는점을 함께 나타내었다.

## 입체 이성질체

**입체 이성질체**(stereoisomer)는 원자들이 동일한 결합을 하지만 공간에서의 배향이 다른 이성질체를 의미하며, 기하 이성질체와 광학 이성질체(optical isomer)가 있다. **기하 이성질체**(geometrical isomer)는 결합을 중심으로 회전이 제한된 화합물에서 주로 나타난다. 예를 들어, 탄소-탄소 이중 결합을 포함하는 화합물은 기하 이성질체를 형성할 수 있다. 각각의 기하 이성질체는 같은 명칭을 가지지만 **시스**-(cis-) 또는 **트랜스**-(trans-)와 같은 접두사로 구별한다. 에틸렌의 수소 원자 두 개(각 탄소 원자에서 하나씩)가 염소(Cl) 원자로 치환된 1,2-다이클로로에틸렌(1,2-dichloroethylene)은 2개의 기하 이성질체가 존재한다. Cl 원자가 모두 이중 결합의 같은 면(위 또는 아래)에 있는 분자는 **시스**(cis) 이성질체라 하며, Cl 원자가 이중 결합을 기준으로 서로 반대쪽에 있는 것을 **트랜스**(trans) 이성질체라고 한다. [두 개의 Cl 원자가 같은 탄소 원자와 결합하고 있는 화합물(1,1-다이클로로에틸렌,

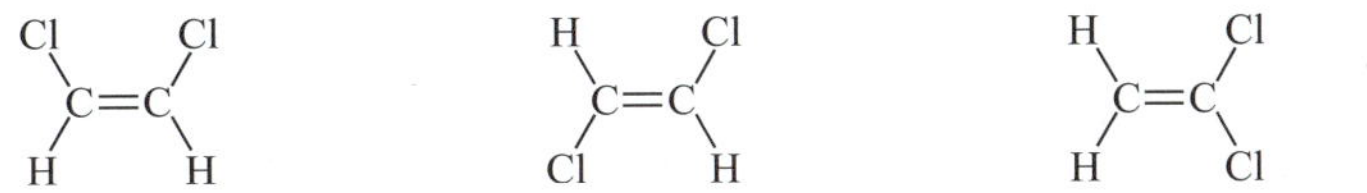

시스-다이클로로에틸렌 *cis*-dichloroethylene　　트랜스-다이클로로에틸렌 *trans*-dichloroethylene　　1,1-다이클로로에틸렌 1,1-dichloroethylene

**그림 20.2** 다이클로로에틸렌의 3가지 이성질체

1,1-dichloroethylene)은 1,2-다이클로로에틸렌의 입체 이성질체가 아니라 **구조**(constitutional) 이성질체이다.] 그림 20.2는 $C_2H_2Cl_2$의 이성질체를 나타내었다.

기하 이성질체는 대개 물리적 및 화학적 특성이 다르다. 트랜스 이성질체는 시스 이성질체보다 더 안정하며 합성하기 쉽다. 또한 생명체에서 시스 이성질체가 존재한다는 것은 자연이 얼마나 화학 합성에 뛰어난지를 보여 주는 증거이다. 기하 이성질체는 때때로 생물학적으로 매우 큰 중요성을 지니고 있다.

서로 거울상이면서 겹칠 수 없는 입체 이성질체를 **광학 이성질체**(optical isomer)라고 한다. 그림 20.3에 나타낸 가상의 유기 분자를 고려해 보자. 이 분자는 $sp^3$ 혼성화된 탄소 원자에 4개의 서로 다른 기가 결합되어 있다. 이 분자의 거울상은 오른손과 왼손의 관계와 같다. 왼손에 오른손 쪽 장갑을 착용하려 하거나 그 반대의 경우에 손이 똑같지 않다는 것을 알 수 있다. 그림 20.3에서 초록색 구와 빨간색 구가 왼쪽에 있는 분자와 일치하도록 오른쪽에 있는 분자를 회전시키는 것을 상상해 보자. 그렇게 하면 한 분자의 노란색 영역이 다른 영역의 파란색 영역과 겹친다. 따라서 이 두 분자는 서로 거울상이지만 같지는 않다.

겹쳐지지 않는 거울상이 있는 분자를 **카이랄**(chiral)이라고 하며, 이러한 거울상의 분자를 **거울상 이성질체**(enantiomer) 또는 광학 이성질체라고 한다. 거울상 이성질체의 모든 화학적 성질 및 물리적 성질(평면 편광의 회전 방향을 제외하고)의 대부분은 같다. 이들의 화학적 성질은 카이랄 분자 또는 하나의 거울상 이성질체에만 적합하도록 만들어진 수용체 자리와의 반응(주로 생화학적 반응)에서만 다르다. 대부분의 생화학적 과정은 화학적 특이 반응이며, 반응을 촉진하기 위해 특정 반응물만 결합할 수 있는 카이랄 수용체를 사용한다.

**참조**

카이랄(*chiral*)이라는 단어는 "손(hand)"의 그리스어에서 유래한다. 카이랄 분자는 오른손 또는 왼손과 같은 형태일 수 있다.

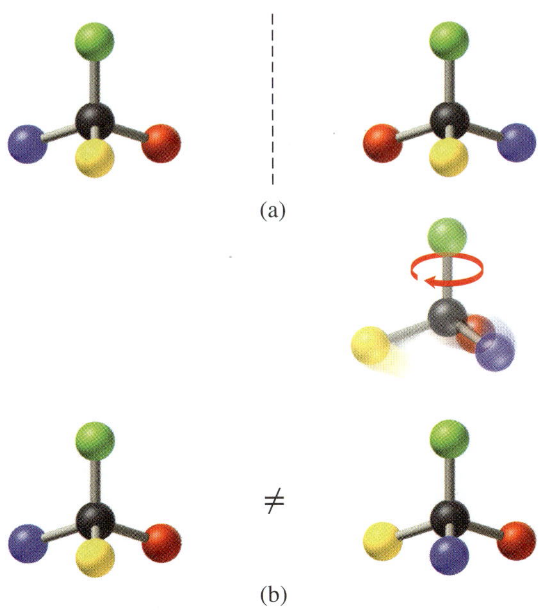

**그림 20.3** (a) 겹쳐지지 않는 거울상 (b) 서로 거울상 관계임에도 불구하고 거울상 이성질체는 다른 화합물이다.

유기 화학에서는 종종 지면(2차원 표면)에 사면체 분자(3차원 물체)를 나타내는 것이 필요하다. 관례에 따라 지면에 놓인 결합은 실선, 지면의 뒤쪽을 가리키는 결합은 점선으로 그리고, 지면의 앞을 가리키는 결합은 쐐기를 사용하여 나타낸다.

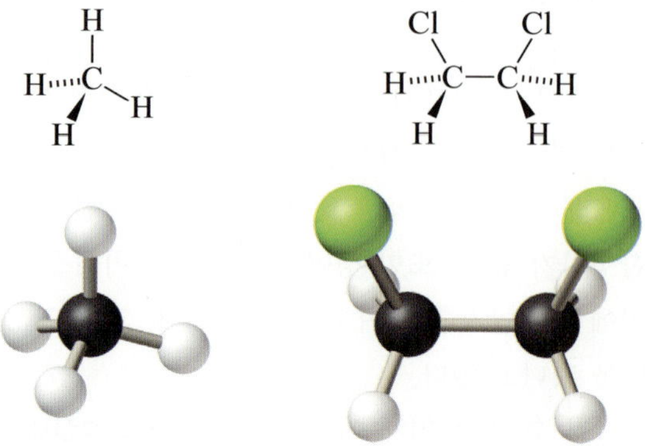

메테인　　　　1,2-다이클로로에테인

카이랄 분자의 한 가지 특징은 두 거울상 이성질체가 평면 편광의 편광면을 서로 반대 방향으로 회전시킨다는 것이며, 이러한 현상을 **광학 활성**(optically active)이라 한다. 모든 방향으로 진동하는 일반적인 빛과 달리 평면 편광은 단일 평면에서만 진동한다. 그림 20.4에 개략적으로 나타낸 편광기를 사용하여 광학 이성질체에 의한 편광의 회전을 측정할 수 있다. 편광되지 않은 빛은 먼저 **편광판**(polarizer)이라고 불리는 폴라로이드 필름을 통과한 다음 광학 활성인 시료관(카이랄 물질을 녹인 용액)을 통과한다. 편광된 빛이 시료관을 통과함에 따라 편광면은 오른쪽 또는 왼쪽으로 회전한다. 광 투과가 최소가 될 때까지 분석기를 적절한 방향으로 돌리면 회전량을 측정할 수 있다.

최소의 투과율은 빛의 편광면이 관찰되는 분석기의 편광면과 수직일 때 일어난다. 이 효과는 그림 20.5와 같이 2개의 편광 선글라스를 사용하여 확인할 수 있다. 평면 편광이 오른

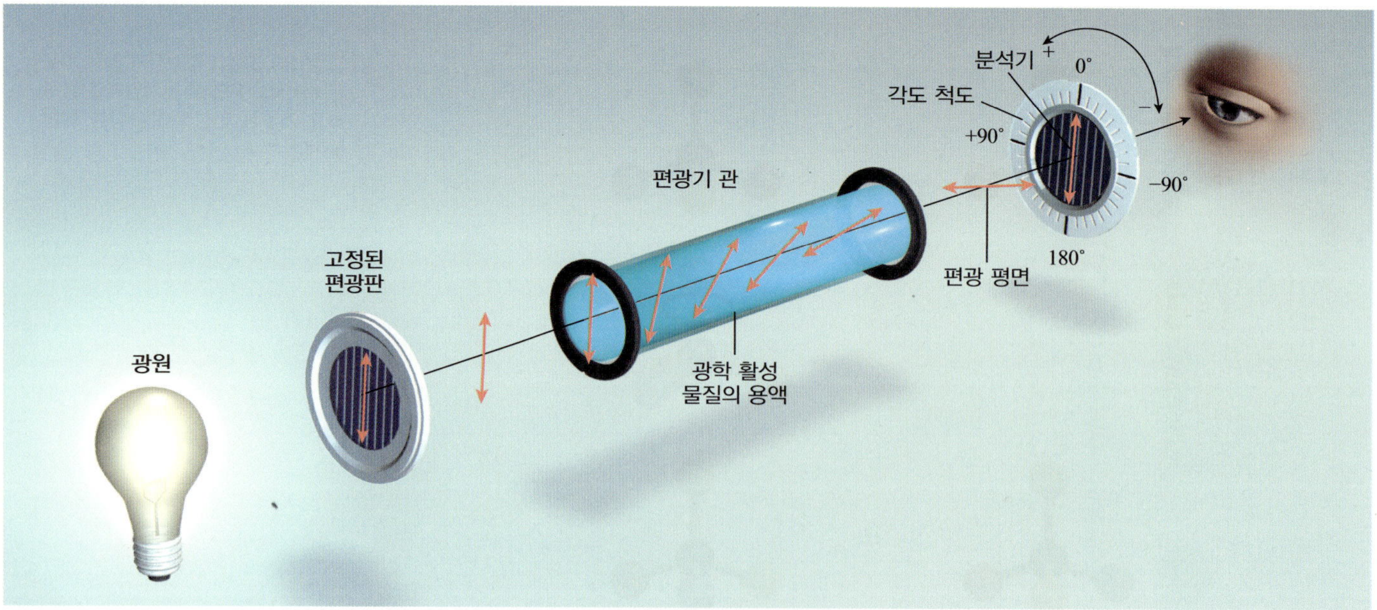


그림 20.4 편광기의 개략도

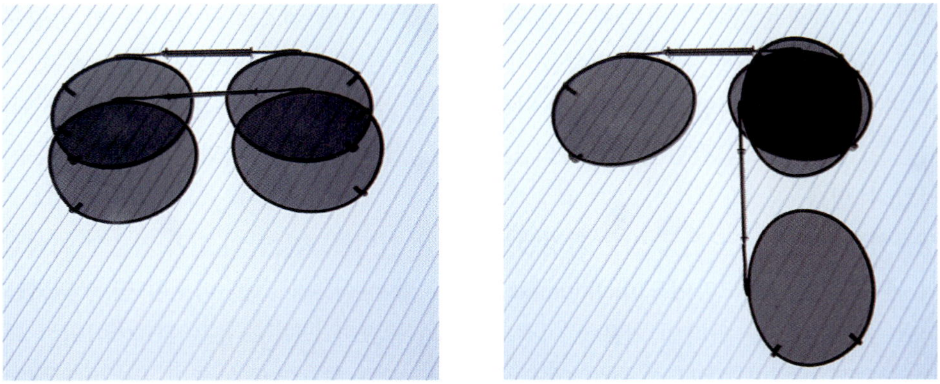

(a) (b)

**그림 20.5** 2개의 편광 선글라스 (a) 두 편광 렌즈가 편광면과 서로 평행이 되도록 겹쳐질 때는 빛이 투과된다. (b) 편광면이 서로 수직이 되도록 하나를 회전시키면 중첩된 렌즈를 통해 빛이 투과하지 않는다.

쪽으로 회전하는 이성질체는 **우회전성**(dextrorotatory)이라고 하며 *d*로 표시한다. 그리고 왼쪽으로 회전하면 **좌회전성**(levorotatory)이라고 하며 *l*로 표시한다. 거울상 이성질체 관계에 있는 물질들은 항상 반대 방향으로 같은 양의 빛을 회전시킨다. 따라서 두 거울상 이성질체가 같은 몰수로 섞인 혼합물[**라세믹 혼합물**(racemic mixture)]에서의 순 회전량은 0이 된다.

평면 편광의 흥미로운 예는 3D 영화에서의 사용이다. 인간의 눈은 피사체를 약간 다른 위치에서 바라보기 때문에 3차원으로 보인다. 인간의 두뇌는 눈에서 전송된 두 개의 서로 다른 형상을 기반으로 3차원 형상을 만든다. 3D 영화는 이 현상을 이용하여 관람자가 화면의 피사체를 3차원 형상처럼 보이게 한다.

3D 영화는 두 개의 다른 카메라를 사용하여 약간 다른 각도로 동작을 촬영한다. 따라서 관람자에게는 실질적으로 두 개의 영화가 동시에 보이게 된다. 사람의 두 눈에 대해 서로 다른 두 가지 시각을 가지게 하기 위하여 각각의 영상 신호는 편광판을 통해 투영되며, 편광판은 두 개의 영상을 서로 수직인 방향으로 나눈다(그림 23.5).

영화관에서 제공하는 특수 안경 없이 영화를 보게 된다면 두 영상의 희미한 조합이 보일

**참조**

특정 거울상 이성질체 구분에 사용되는 몇 가지 방법이 있다. 덱스트로−(dextro−)와 레보−(levo−) 접두사는 편광의 회전 방향을 나타내는 방법이다. 가장 일반적으로 사용되는 명칭인 *R*과 *S*는 카이랄 탄소에 붙어 있는 4개의 그룹 각각에 할당된 "우선순위"에 기초하여 지정된다. *R*과 *S* 체계는 이 책의 범위를 넘어서므로 여기서는 자세히 다루지 않는다.

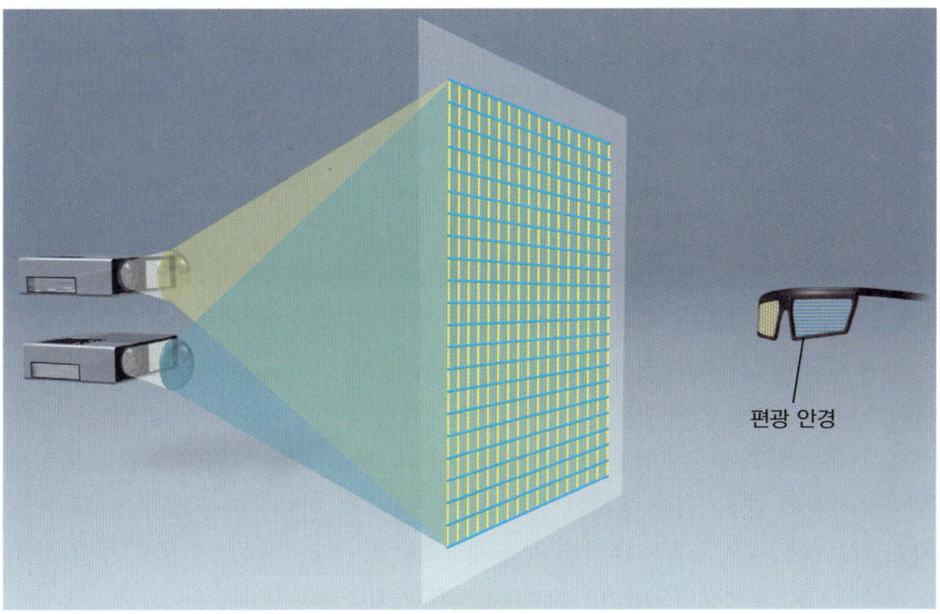


**그림 20.6** 한 영화의 두 가지 영상이 화면에 투사된다. 편광 렌즈는 각각의 눈이 하나의 영상만 볼 수 있도록 한다. 그 결과 3차원 동작이 인식된다.

것이다. 3D 안경은 양쪽이 서로 수직인 편광면을 갖는 편광 렌즈로 구성된다. 한 방향으로 편광된 렌즈는 수직으로 편광된 영상을 차단하고, 다른 방향으로 편광된 렌즈는 수평 방향으로 편광된 영상을 차단한다. 이로써 사람의 눈은 두 개의 서로 다른 영상을 보게 되며, 두뇌는 이 영상 신호를 결합하여 하나의 3차원 영상을 형성한다. 이 과정의 결과는 아주 인상적일 수 있다.

**참조**

어떤 경우에, 다른 거울상이성질체는 생물학적 활성을 갖지 않는다. 그러나 탈리도마이드의 경우와 같이 다른 거울상 이성질체가 치료 작용이 아닌 다른 형태의 생물학적 활성을 가질 수 있으며, 이와 같은 활성은 유해하거나 때로는 매우 치명적일 수 있다.

생물학적 기능에 중요한 수많은 과정에서 반응은 카이랄 화합물의 한쪽 거울상 이성질체만이 관여한다. 탈리도마이드(thalidomide, "생각 밖 상식" 참조)를 비롯한 많은 의약품은 카이랄 물질이며, 단 하나의 거울상 이성질체만이 필요한 약리 작용을 한다. 이러한 의약품 중 일부는 라세믹 혼합물로 제조되어 판매된다. 제약 회사들은 기존의 치료법을 개선하고 복제약으로 인한 수입 손실을 막기 위한 노력의 일환으로 **카이랄 전환**(chiral switching, 원래 라세믹 혼합물로 시판된 약을 단일 이성질체로 전환) 개발에 투자하는 것이 일반적이다. 이것에 대한 가장 유명한 예는 단일 거울상 이성질체 의약품인 넥시움(Nexium)이다. 넥시움의 제조사인 아스트라제네카(AstraZeneca)는 역류성 식도염 등에 의한 속쓰림 치료제인 프릴로섹(Prilosec)에 대한 특허를 보유하고 있었다. 프릴로섹은 카이랄 화합물인 오메프라졸(omeprazole)의 라세믹 혼합물이다. 아스트라제네카는 프릴로섹에 대한 특허가 만료(2002년)되기 전에 넥시움을 제조하여 판매하기 시작했다. 넥시움은 치료 효과가 있는 거울상 이성질체인(*S*)−오메프라졸 또는 **에소메프라졸**(esomeprazole)만을 포함하고 있다.

## 생각 밖 상식

### 탈리도마이드 유도체(thalidomide analogues)

1957년부터 탈리도마이드는 전 세계 48개국에서 수면제 및 입덧에 시달리는 임신 여성을 위한 치료제로 판매되었다. 1962년에 이 약은 끔찍한 선천적 결함과 막대한 태아 사망을 일으키는 것으로 확인되었다. 탈리도마이드는 척추와 사지 발달을 방해하여 10,000명 이상의 아기가 심한 척추 이상과 기형 또는 팔다리가 없이 태어났다. 많은 피해자가 임신 초기에 탈리도마이드를 단 한 정만 복용한 것으로 알려진 산모들에게서 태어났다. 당시 탈리도마이드는 미국에서 사용 승인을 받지 못했지만, 세계적으로 비극적인 이 사건으로 인해 미국 의회는 FDA가 신약의 검사 및 승인을 보다 효과적으로 통제할 수 있도록 새로운 법안 제정을 촉구했다.

**참조**

탈리도마이드는 미국에서 한 의사의 문제 제기로 FDA에서 사용 승인을 받지 못했다. 그녀는 이 약의 안전에 대한 부적합한 연구로 인해 곤란해 했고, 제약 회사의 승인 신청을 지속적으로 거부했다.

1998년 8월, FDA는 한센병과 관련된 염증성 피부 질환인 한센병 결절 홍반(erythema nodosum leprosum, ENL) 치료를 위해 탈리도마이드를 승인했다. 탈리도마이드의 악명 높은 과거 때문에 승인 과정에서 논란이 있었지만, 탈리도마이드는 특정 암, 에이즈, 그리고 루푸스나 류마티스성 관절염 같은 자가면역질환의 합병증으로 인한 다양한 통증과 병의 악화에 대한 치료에서는 엄청난 가능성을 보였다. 탈리도마이드와 관련된 것으로 알려진 위험성 때문에 연구자들은 유사한 치료 효과를 가지며, 바람직하지 않거나 위험한 특성을 갖지 않는 화학적으로 유사한 다른 약을 개발하는 중이다. 현재 연구 중인 두 가지 유도체는 다음에 나타낸 레날리도마이드(lenalidomide)와 CC−4047이다.

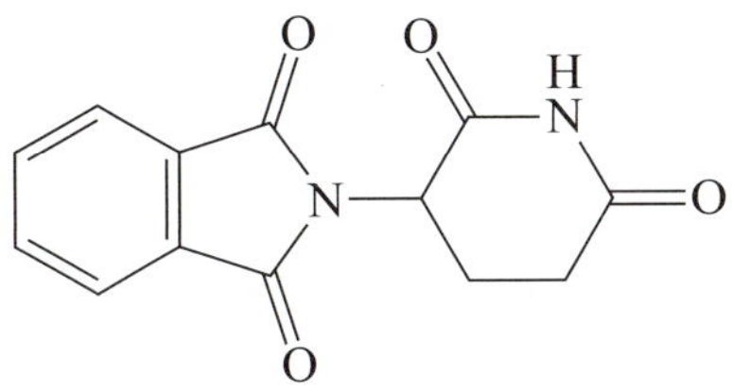

탈리도마이드

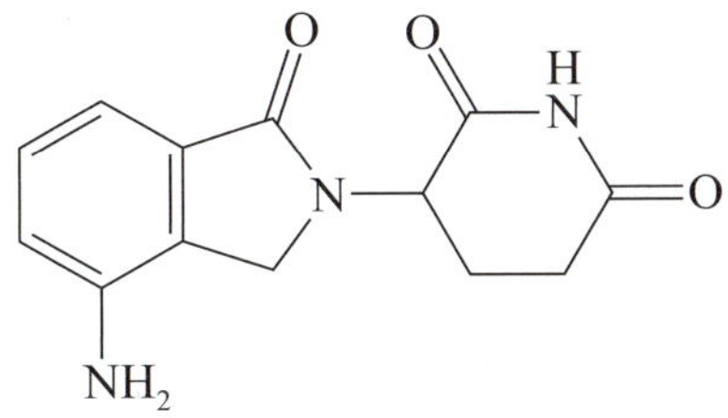

레날리도마이드

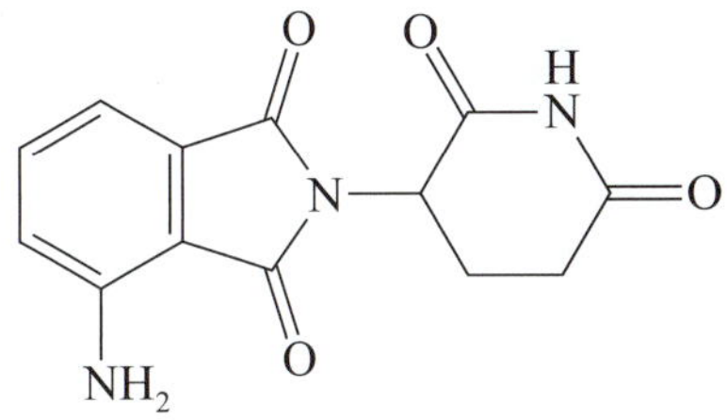

CC-4047

탈리도마이드는 1998년 FDA에 의해 승인되었지만, 태아의 발달에 심각한 영향을 주는 것으로 알려져 있으므로 역사상 가장 규제가 심한 처방약이다. 제약업체인 셀진(Celgene)은 탈리도마이드 교육 및 처방 안전(the System for Thalidomide Education and Prescribing Safety, STEPS) 프로그램을 개발했다. 의사가 환자에게 탈리도마이드를 처방하기 위해서는 STEPS 프로그램에 등록해야 한다. 여성 환자는 치료 시작 24시간 이내에 임신 검사를 받아야 하며 치료 기간 동안 주기적으로 임신 검사를 받아야 한다. 여성 환자와 남성 환자 모두 의무적인 피임, 환자 등록 및 환자 설문 조사를 준수해야 하며, 새로운 환자는 탈리도마이드 피해자가 약물의 잠재적인 위험성을 설명하는 동영상을 시청해야 한다.

카이랄 전환의 또 다른 예는 선택적세로토닌재흡수억제제(the selective serotonin reuptake inhibitor, SSRI)인 항우울제 셀렉사(Celexa)로, 이 의약품은 1998년 포레스트 래버러토리스(Forest Laboratories)에서 시판되었다. 셀렉사는 (*R*)—사이탈로프람 옥살산염[(*R*)—citalopram oxalate]과 (*S*)—사이탈로프람 옥살산염[(*S*)—citalopram oxalate]의 라세믹 혼합물이다. (*S*)—거울상 이성질체만이 우울증 치료 효과가 있으며, 두 거울상 이성질체 모두 약효의 제한과 환자가 내성을 가지는 부작용에 관련된다. 2002년에 FDA는 셀렉사에서 치료 효과가 없는 (*R*)—거울상 이성질체가 제거된 새로운 항우울제인 렉사프로(Lexapro)를 승인했다. 활성 이성질체만을 분리하는 것의 장점은 최소 투여량을 낮추고, 부작용을 줄이며, 약물에 대한 환자의 반응이 더 빠르고 잘 작용하도록 하는 것이다.

단일 이성질체 의약품 특허에 관한 지적 재산권법이 다소 모호하여, 일부 제약 회사는 카이랄 전환을 통해 인기 처방약을 독점적으로 판매할 수 있는 기간을 연장하였다. 그러나 현재 FDA는 이미 승인된 카이랄 의약품의 단일 거울상 이성질체 화합물을 특허 취득 요건인 "새로운 화학 물질"로 간주하지 않는다. 카이랄 전환의 초기에는 특히 심사관들 사이에서 새로운 화학 물질을 정의하는 기준에 관한 의견 차이가 있었으며, 현재는 특허가 될 수 없는 단일 이성질체 약물에 대해 특허를 인정하였다.

## 20.5 유기 반응

4.4절에서 최초로 언급한 쿨롱의 법칙은 반대되는 전하 사이의 인력을 측정한다. 이웃하는 화학종의 반대 전하 영역 사이에서 인력에 의한 전자의 이동은 유기 반응을 이해하는

**그림 20.7** HCl에서 H의 부분 양전하는 에틸렌($C_2H_4$)에 포함된 이중 결합의 비교적 높은 전자 밀도 영역에 끌린다.

기초가 된다. 유기 화학에서 자주 사용하는 두 용어인 **친전자체**와 **친핵체**를 정의하는 것이 유기 반응을 이해하는 출발점이 된다.

**친전자체**(electrophile)는 양전하 또는 부분 양전하를 갖는 화학종이다. 말 그대로 친전자체는 "전자를 좋아한다"라는 의미하며, 음전하 또는 부분 음전하의 영역에 끌린다. 친전자체는 $H^+$와 같은 양이온이거나 HCl 중의 H 원자와 같이 극성 분자의 양의 부분일 수 있다. 결론적으로 친전자체는 전자가 부족한 화학종이다.

**친핵체**(nucleophile)는 음전하 또는 부분 음전하를 갖는 화학종이다. 말 그대로 친핵체는 "핵을 좋아한다"라는 의미이며, 양전하 또는 부분 양전하의 영역(즉, 친전자체)에 끌린다. 친핵체는 $Cl^-$와 같은 음이온이거나 HCl 중의 Cl 원자와 같이 극성 분자의 음의 부분일 수 있다. 친핵체는 **전자가 풍부**(electron rich)하다. 전자가 풍부한 부분과 전자가 부족한 부분은 서로 끌어당긴다.

## 첨가 반응

그림 20.7에 나타낸 HCl과 $C_2H_4$의 정전기 퍼텐셜 지도는 두 분자가 부분 양전하와 부분 음전하의 영역이 있음을 보여 준다. HCl은 수소 분자와 염소 사이의 전기 음성도 차이가 큰 극성 분자로 수소가 부분 양**전하**(charge)를 띤다. 또한 $C_2H_4$의 탄소–탄소 이중 결합은 두 쌍의 공유 전자(한 쌍의 시그마 결합과 한 쌍의 파이 결합)로 구성되며[◀◀ 7.6절], 이중 결합이 부분 음전하 영역이 된다. HCl 분자에서 H의 부분 양전하는 친전자체이고, 비교적 높은 전자 밀도 영역인 에틸렌의 이중 결합은 친핵체이다.

**참조**

HCl은 수용액에서 완전히 이온화되지만[◀◀ 9.1절], 기체 상태에서는 분자로 존재한다.

반응은 HCl 분자의 부분 양전하 끝에 에틸렌의 이중 결합이 접근할 때 일어난다. 파이 결합(pi bond)은 **끊어지고**, 전자는 다음 반응식의 **굽은 화살표**(curved arrow)로 표시한 것처럼 움직여서 HCl 분자의 수소 원자와 탄소 원자 중 하나와 시그마 결합을 생성한다. 이 새로운 결합이 형성됨에 따라 두 가지 현상이 일어난다.

**참조**

친전자체가 다른 화학종에 접근하여 전자를 받아 결합을 생성할 때 이것을 친전자성 공격(electrophilic attack)이라고 한다.

**참조**

굽은 화살표는 유기 반응이 일어나는 메커니즘을 설명하기 위해 사용한다. 공명 구조에서 사용했던 것과 달리, 반응 메커니즘의 굽은 화살표는 전자의 실제 이동과 일치한다.

1. 수소 원자에는 하나 이상의 결합이 있을 수 없으므로 H와 Cl 사이의 원래 결합이 끊어진다. 원래 H와 Cl에 의해 공유된 전자는 모두 Cl 원자에 배속된다. 생성된 중간체는 다음 반응식에 대괄호로 표시하였다. (점선은 생성되는 결합을 나타낸다.)

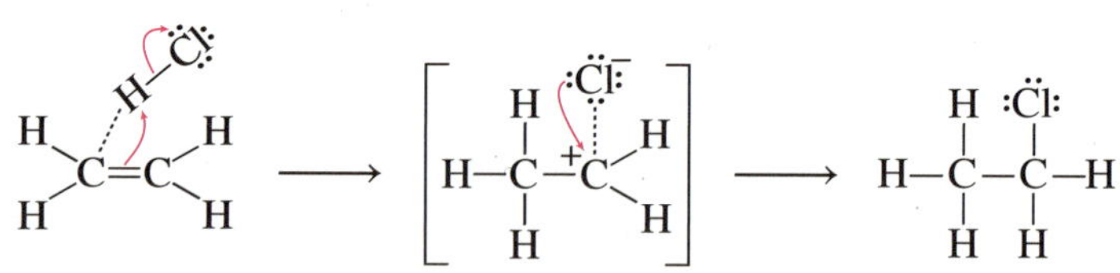

   오른쪽의 탄소 원자는 원래의 공유 전자(다른 탄소 원자와의 파이 결합)가 완전히 제거되어 양전하를 띤다. 양전하를 띤 탄소 원자는 6개의 전자에 의해 둘러싸여 있으며, 이와 같은 화학종을 **탄소 양이온**(carbocation)이라고 한다. 탄소는 안정한 화합물에서 팔전자 규칙을 따라야 하지만, 일부 반응에서는 탄소 원자가 전자가 부족한 **중간체**(intermediate)를 일시적으로 형성한다.

2. 수소 원자와 새로운 시그마 결합을 형성하는 탄소 원자는 $sp^2$ 혼성에서 $sp^3$ 혼성으로 바뀐다.

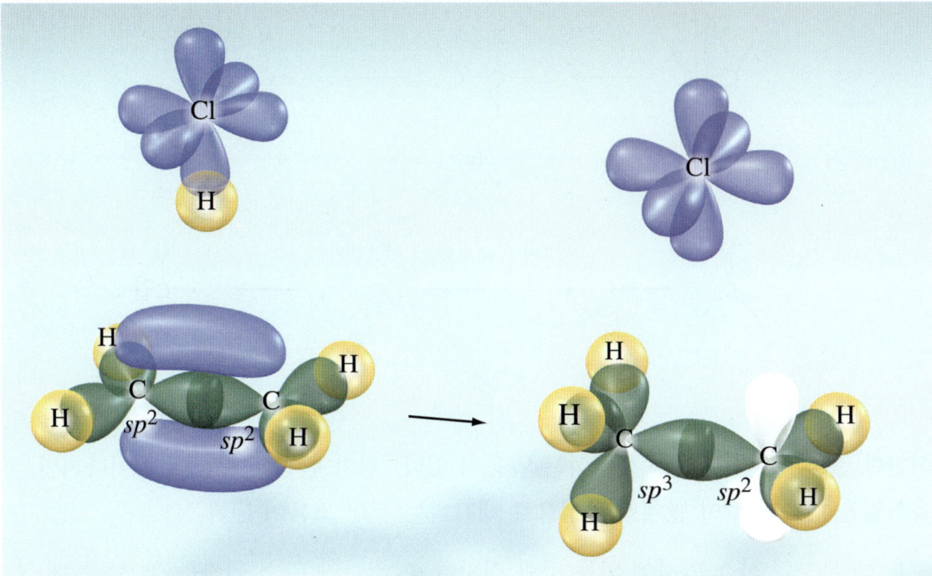


이 시점에서 양전하를 띠는 탄소 원자는 여전히 $sp^2$ 혼성화 상태이다.

원래 H와 Cl에 의해 공유된 전자 모두가 Cl에 배속되어 생성된 염화 이온은 친핵체이다. 염화 이온은 새로 형성된 양전하(탄소 양이온)에 끌리고 두 개의 전자는 굽은 화살표로 나타낸 바와 같이 양전하를 띤 탄소 원자와 결합을 생성한다. Cl과 탄소 원자 사이에 새로운 시그마 결합이 형성되면 두 번째 탄소의 혼성화는 $sp^2$에서 $sp^3$로 변경된다.

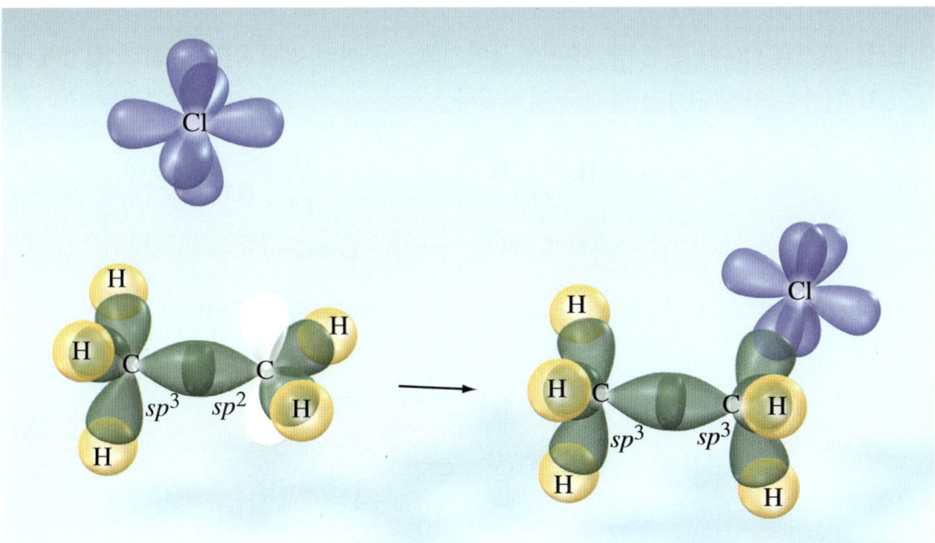


전체적으로 이와 같은 반응을 **첨가 반응**(addition reaction)이라고 한다. 특히 이중 결합의 전자 밀도 영역이 HCl에 대한 공격으로 반응이 시작되기 때문에 **친전자성 첨가**(electrophilic addition) 반응이라고 한다.

첨가 반응은 친핵성 공격(nucleophilic attack)으로 시작될 수도 있는데 이러한 반응은 **친핵성 첨가**(nucleophilic addition) 반응이라고 한다. 친핵성 첨가 반응에서 친핵체가 전자가 부족한 원자에 전자쌍을 제공하면서 결합이 형성된다. 친핵성 첨가 반응의 예로써, 물과

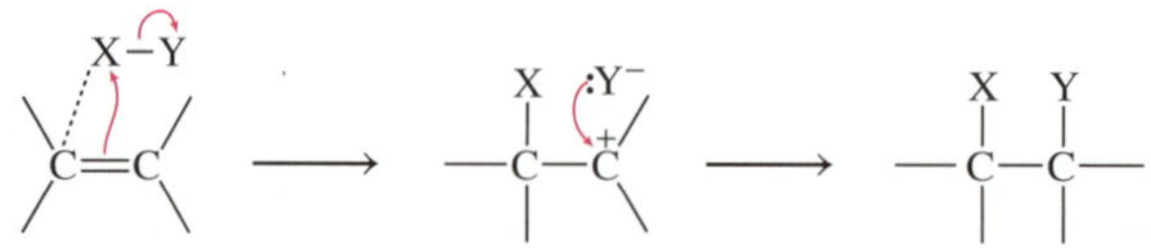

(a)

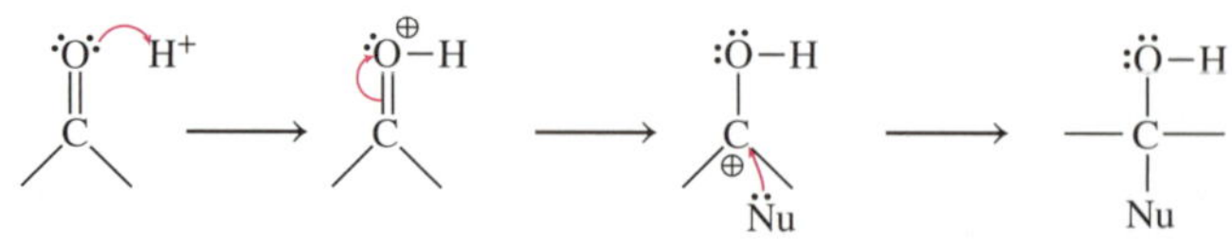

(b)

**그림 20.8** (a) 친전자성 첨가 반응 (b) 친핵성 첨가 반응. 굽은 화살표는 전자의 움직임을 나타낸다. (Nu는 친핵체를 나타낸다.)

이산화 탄소로부터 탄산을 생성하는 반응이 있다. 첨가 반응은 동시에 일어나지만, 전자의 움직임을 다음과 같이 단계적 과정으로 생각하는 것이 도움이 된다.

1. 물 분자의 산소 원자에 있는 고립 전자쌍 중 하나가 탄소 원자를 공격하는데, 이는 탄소 원자가 전기 음성도가 높은 두 개의 산소 원자와 결합하고 있어 전자가 부족하기 때문이다. 새로운 결합이 형성됨에 따라 원래의 결합 중 하나가 끊어진다. 끊어진 파이 결합으로부터 유래된 전자쌍은 해당 산소 원자로 이동하고, 결과적으로 산소 원자는 음전하를 띠게 된다.

**참조**

공격하는 화학종이 하나의 전자만을 제공하는 친핵성 공격이 일어날 수도 있다. 이것을 라디칼 반응이라고 한다.

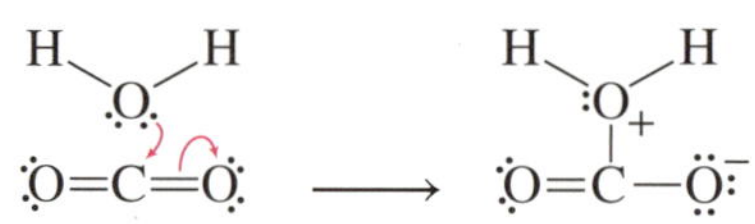

2. 물 분자의 O−H 결합 중 하나가 끊어지고, 두 개의 결합 전자는 산소 원자에 남는다. H 원자는 양성자($H^+$) 형태로 분리된다.

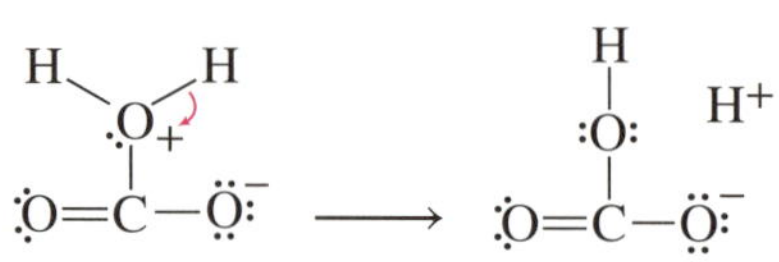

3. 마지막으로 음전하를 띤 산소 원자는 분리된 양성자를 획득한다.

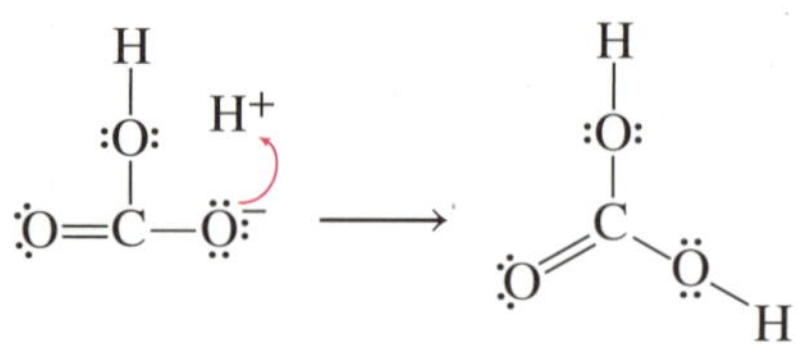

친전자성 및 친핵성 첨가 반응의 메커니즘에 대한 요약은 그림 20.8에 제시하였다.

## 치환 반응

친전자성 및 친핵성 공격은 또한 한 작용기가 다른 작용기로 대체되는 **치환 반응**(substitution reaction)을 유도할 수 있다. 친전자성 치환은 친전자체가 방향족 분자를 공격하여 수소 원자를 치환할 때 일어난다. 친핵성 치환은 친핵체가 탄소 원자상의 다른 기를 치환

**참조**

더 구체적으로는 이러한 유형의 반응을 친전자성 방향족 치환(electrophilic aromatic substitution) 반응이라고 한다.

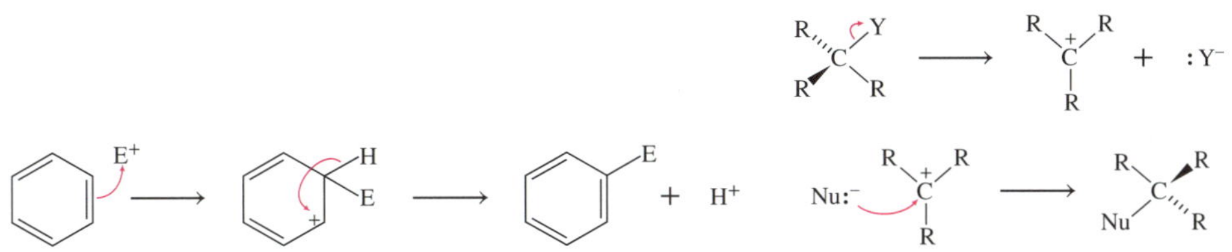

(a) (b)

**그림 20.9** (a) 친전자성 치환 반응. 벤젠은 친전자체($E^+$)를 공격한다. (b) 친핵성 치환 반응

할 때 일어난다. 그림 20.9는 일반적인 치환 반응의 메커니즘을 보여 주고 있다.

벤젠의 나이트로화는 친전자성 치환 반응의 한 예이다.

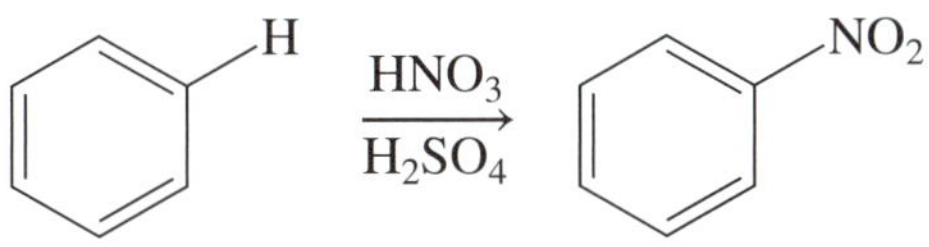

질산 및 황산이 반응하여 친전자체인 나이트로늄 이온($^+NO_2$)을 생성한다.

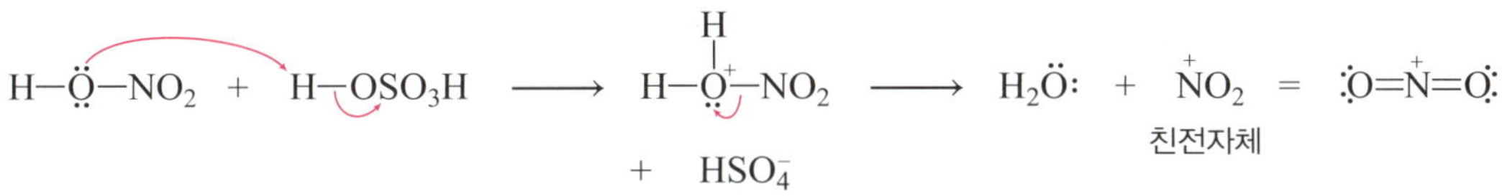


양으로 하전된 나이트로늄 이온은 전자가 풍부한 벤젠 고리의 파이 결합에 끌린다. 이때 벤젠의 파이 결합 중 하나를 끊고 탄소 원자 중 하나와 나이트로늄 이온 사이에 결합이 생성된다.

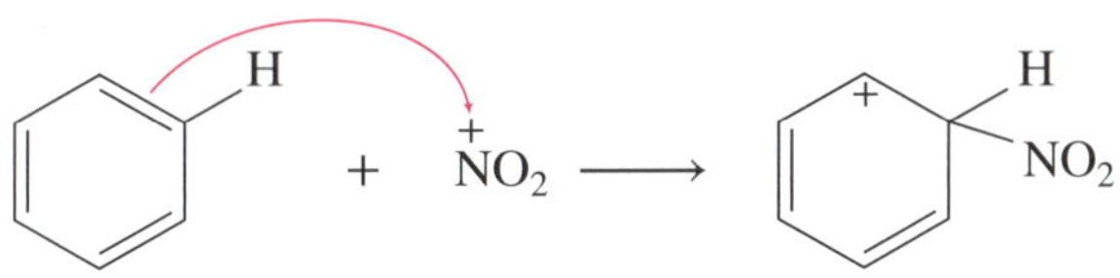

생성된 탄소 양이온(carbocation)은 공명으로 안정화된다.

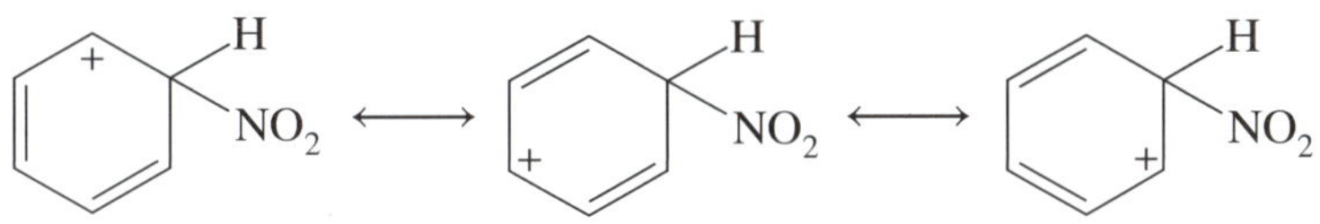

마지막으로 C—H 결합의 전자는 고리로 이동하여 원래의 파이 결합을 복원하고, 수소 원자는 양성자($H^+$)로 떨어져 나간다.

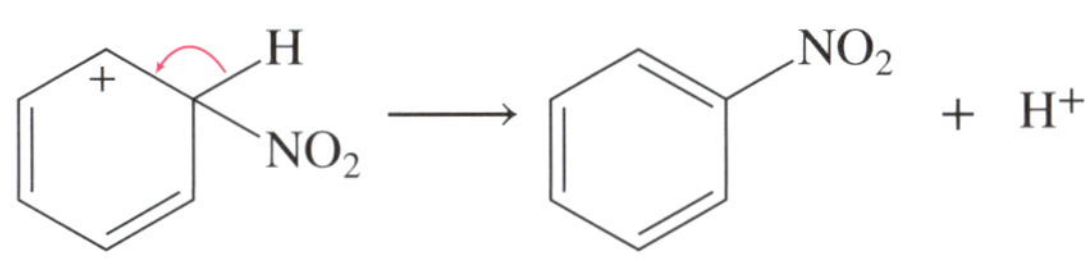

필요한 경우 한 번의 추가적인 단계로 $-NO_2$기를 $-NH_2$기로 전환할 수 있다.

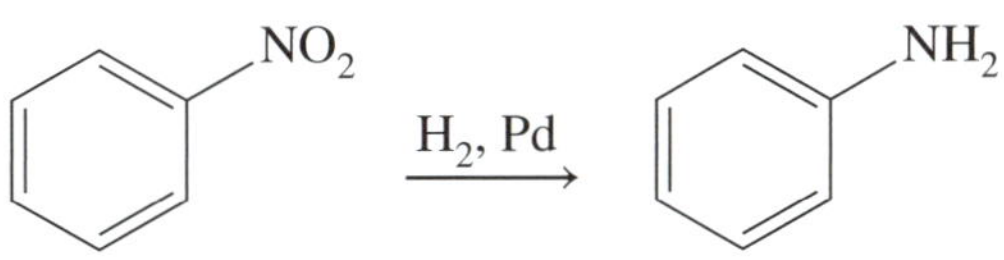

친핵성 치환의 간단한 예는 브로민화 메틸(methyl bromide)과 같은 알킬 할라이드(alkyl halide)와 $Cl^-$(염화 이온)와 같은 친핵체 사이의 반응이다. 염화 이온은 브로민화 메틸의

**참조**

브로민화 메틸의 탄소 원자는 부분적으로 양전하를 띠고 있는데, 이는 전기 음성도가 탄소보다 약간 더 큰 브로민 원자에 결합하고 있기 때문이다[◀◀ 6.2절].

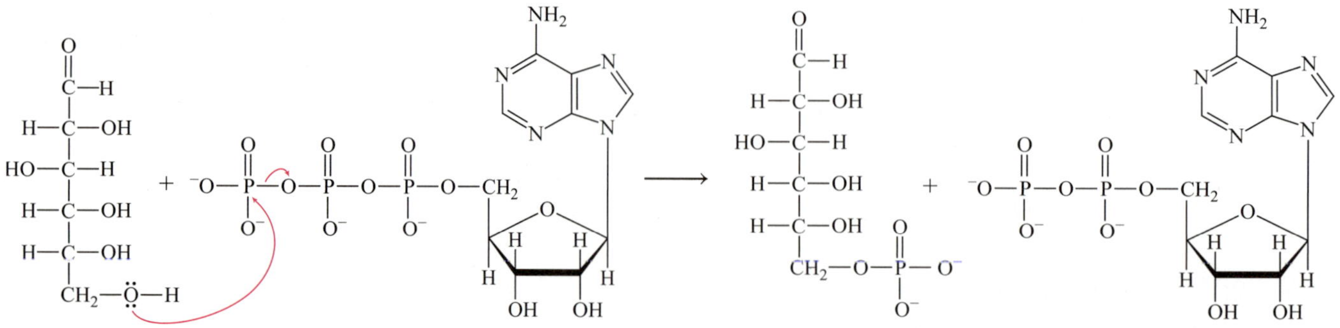


**그림 20.10** 글루코스와 ATP가 글루코스-6-인산과 ADP를 생성하는 반응

탄소 원자에 형성된 부분적인 양전하에 끌린다. 염화 이온의 고립 전자쌍은 염소 원자와 탄소 원자 사이에 시그마 결합을 형성하기 위해 이동하고, 탄소 원자 주위에는 4개를 초과하는 전자쌍이 존재할 수 없으므로 원래의 C−Br 결합은 끊어진다. 탄소와 브로민 사이에 공유된 두 개의 전자는 모두 브로민 원자로 이동한다. 그 결과 메틸 클로라이드(methyl chloride) 분자와 브로민화 이온이 생성된다.

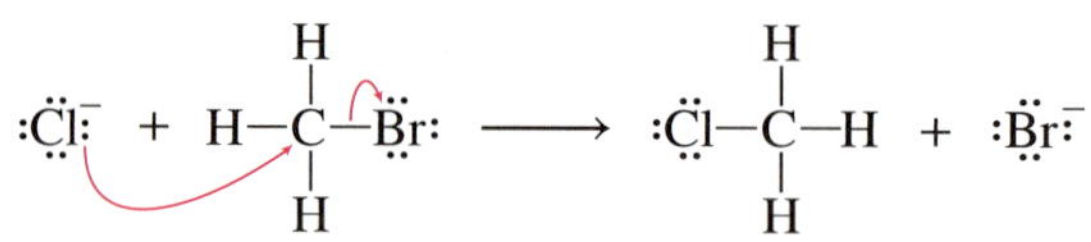

친핵성 치환은 생체 시스템에서 특히 중요하다. 20.3절에 기술된 ATP(adenosine triphosphate)의 가수 분해는 친핵성 치환 반응의 한 예이다. 이와 같은 가수 분해에서 물 분자에 포함된 산소 원자는 전자가 부족한 인 원자를 공격하는 친핵체로 작용한다. 그림 20.10과 같이 글루코스와 ATP 사이에서도 비슷한 반응이 일어난다. 공격받는 인 원자는 전자 음성도가 큰 네 개의 산소 원자와 결합하고 있으므로 전자가 부족하다. 공격하는 산소와 인 원자 사이에 결합이 형성됨에 따라 원래 P−O 결합 중 하나가 끊어진다. 최종적으로 글루코스의 −H가 $-PO_4^{3-}$기로 치환되어 글루코스-6-인산과 ADP(adenosine diphosphate, 아데노신 다이포스페이트)를 얻는다.

**참조**

단백질의 소화도 역시 친핵성 치환 반응으로 시작된다.

친핵성 치환 반응은 $S_N1$ 반응과 $S_N2$ 반응이라는 두 가지 범주로 나뉜다. (숫자 1과 2는 각 반응에서 반응 차수를 의미한다[|◀◀ 19장]. 하나의 거울상 이성질체를 두 개의 거울상 이성질체의 혼합물로 전환하는 친핵성 치환은 $S_N1$ 반응이다. $S_N1$ 반응은 탄소와 결합한 작용기 중 하나가 "이탈"되어 탄소 양이온을 형성하면서 시작된다[그림 20.9(b)]. 탄소 양이온이 생성될 때 탄소 원자의 혼성화는 $sp^3$에서 $sp^2$로 변한다.

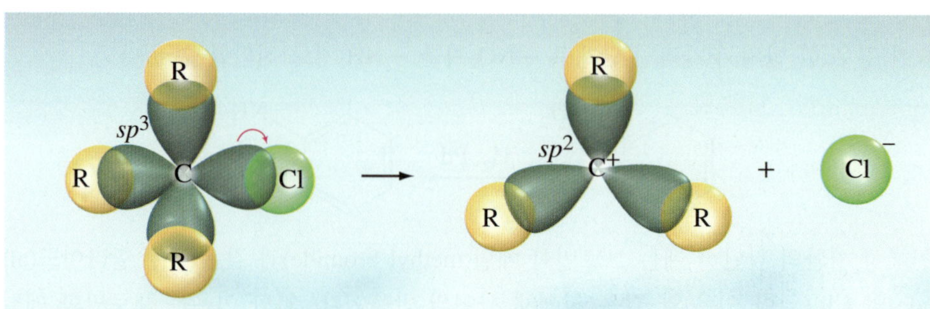

일반적인 “이탈기(leaving groups)”에는 $Cl^-$, $Br^-$ 및 $I^-$가 있다. 양전하를 띠는 탄소 양이온은 불안정한 화학종으로 친핵성 공격을 받기 쉽다. 또한 양전하를 띠는 탄소가 평면(planar)이기 때문에, 확률적으로 친핵체가 공격할 가능성은 양쪽 모두 같다.

**참조**

$sp^2$ 혼성 오비탈이 삼각 평면으로 존재한다는 것을 기억하자 [◀◀ 표 7.2].

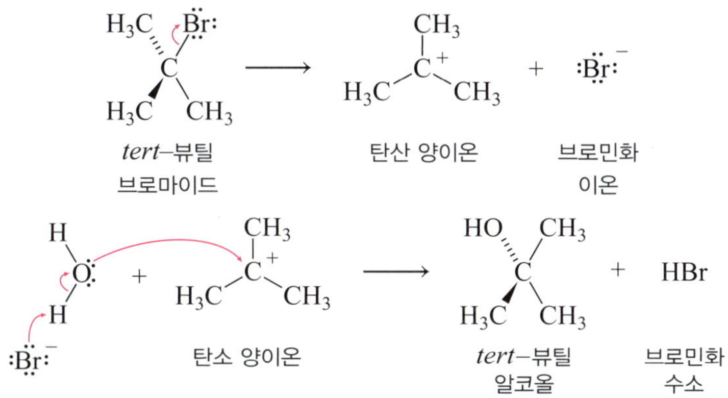


$(CH_3)_3CBr$과 $H_2O$의 반응에서 생성물은 친핵체(물)가 정면에서 공격하는지, 후면에서 공격하는지에 관계없이 같은 생성물이 얻어진다. 그러나 분자가 카이랄 탄소(chiral carbon, 탈리도마이드 분자의 경우와 같이)로부터 이탈기를 잃는 경우, 탄소 양이온의 어느 한쪽으로 공격은 하나의 거울상 이성질체를 생성하는 반면, 다른 쪽에서의 공격은 다른 거울상 이성질체를 생성할 것이다. 결과적으로 라세믹 혼합물(racemic mixture)을 생성하며, 단일 거울상 이성질체를 두 거울상 이성질체의 라세믹 혼합물로 전환하는 것을 **라세미화**(racemization)라 한다.

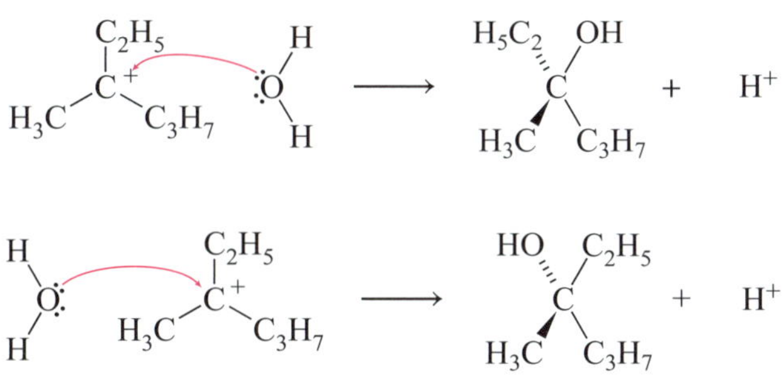

탄소 양이온에 대한 친핵성 공격으로 서로 거울상인 두 개의 생성물이 만들어진다.

예제 20.5는 첨가 및 치환 반응을 위한 메커니즘 작성 방법을 보여 주고 있다.

## 예제 20.5

전자의 움직임을 나타내는 굽은 화살표를 사용하여 다음 반응에 대한 메커니즘을 그리시오. (탄소 양이온 중간체에 대해 가능한 공명 구조를 모두 그리시오.)

(a) $CH_3CHO$에 대한 $CN^-$의 친핵성 첨가

(b) $^+SO_3H$에 의한 벤젠의 친전자성 치환

**전략** 친핵성 첨가를 위해, 공격이 일어날 가까운 곳에 전자가 부족한 원자(이 경우, 카보닐 탄소)와 친핵체를 함께 배치한 루이스 구조를 그린다. 친전자성 치환을 위해, 벤젠 고리의 근접한 자리에 친전자체를 배치한 루이스 구조를 그린다. 친핵체는 전자가 부족한

원자에 끌리고 반응하지만, 친전자체는 전자가 풍부한 영역에 끌려 반응한다는 것을 기억한다. 이러한 정보와 팔전자 규칙을 이용하여 어떤 전자가 반응에 관여하는지를 결정하고 굽은 화살표로 전자의 재배치를 표시한다.

**계획** (a) 친핵체는 $CN^-$이다. 공격 부위는 $CH_3CHO$의 카보닐 탄소로 더 전기 음성적인 O 원자와 결합하고 있어 전자가 상대적으로 부족하다.

(b) 친전자체는 $^+SO_3H$이다. 벤젠 고리의 전자가 풍부한 영역, 즉 비편재화된 파이 결합이 공격 지점이 된다.

**풀이**

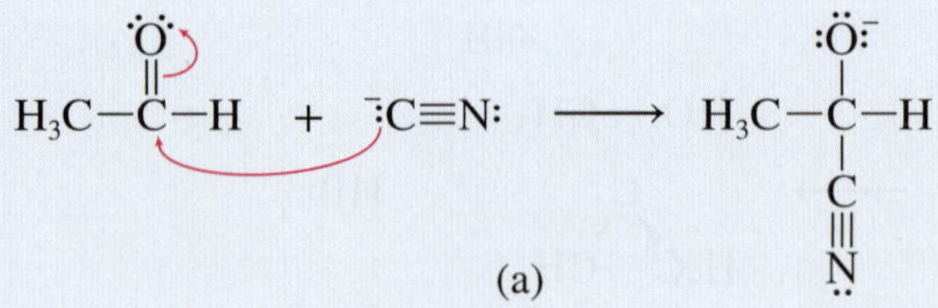

(a)

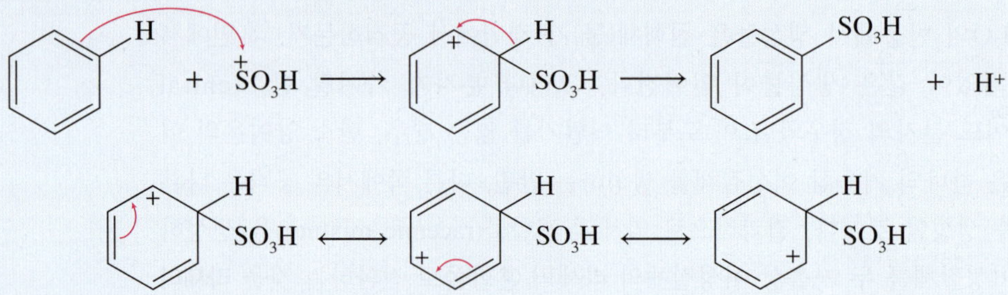

(b)

## 생각해 보기

벤젠의 탄소 원자는 모두 동등하므로 (b)에서 치환기가 도입될 탄소는 임의로 결정한다. 어떠한 탄소를 선택하든 반응 결과는 모두 같은 생성물이 얻어진다.

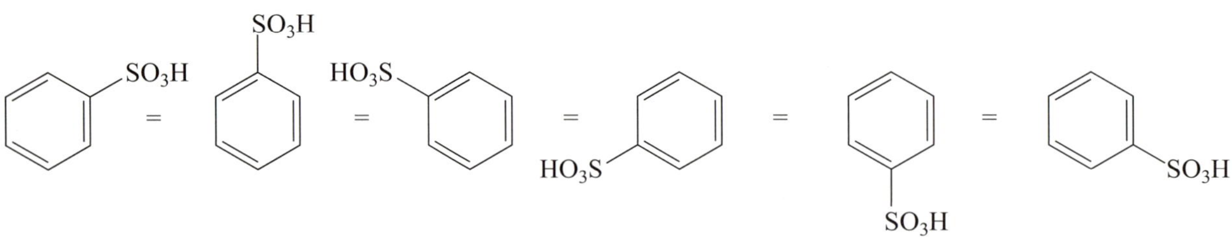

**유제 1** 다음과 같은 친전자성 치환 반응으로 생길 수 있는 생성물을 모두 그리시오.

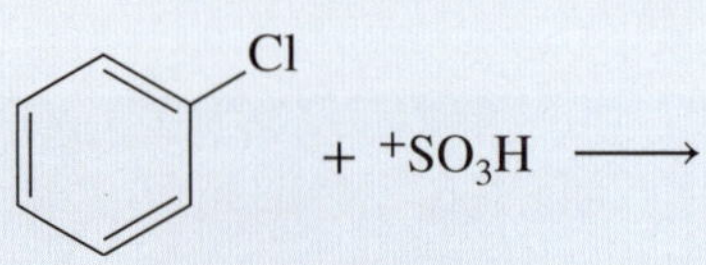

**유제 2** 다음의 친전자성 첨가 반응에 대한 메커니즘 중에서 굽은 화살표의 전자 움직임이 정확하게 표시된 것은 어느 것인가?

(i)

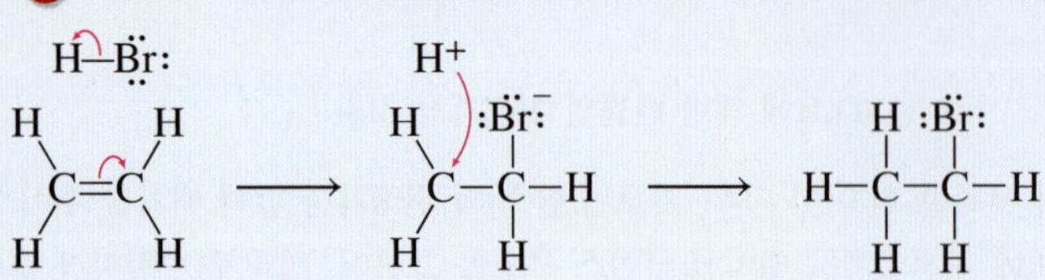

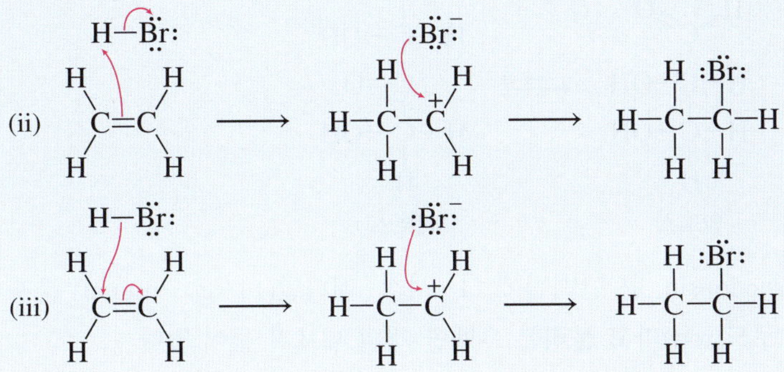

## 다른 유형의 유기 반응들

다른 중요한 유기 반응의 유형으로 제거, 산화–환원 및 이성질화 반응이 있다. **제거 반응**(elimination reaction)은 이중 결합이 생성되고 물과 같은 분자가 제거되는 반응이다. 탄수화물 대사 단계 중 하나인 포스포에놀피루브산(phosphoenolpyruvate, 그림 20.11)을 형성하기 위한 2–포스포글리세린산(2–phosphoglycerate)의 탈수 반응은 제거 반응의 한 예이다.

이전에 배운 **산화–환원 반응**(oxidation–reduction reaction)[◀◀ 9.4절]은 각각 전자의 손실과 증가를 수반한다. 전자를 잃어버리거나 얻은 화학종을 결정하는 것은 무기 반응보다 유기 반응이 더 복잡해 보일 수 있지만, 다음 지침에 따라 유기 분자가 언제 산화되거나 환원되는지를 결정할 수 있다.

1. 분자가 O를 얻거나 H를 잃으면 **산화된다.**
2. 분자가 O를 잃거나 H를 얻으면 **환원된다.**

산화에 대한 중요한 생물학적 예는 에탄올이 간에서 아세트알데하이드(acetaldehyde)로 전환되는 효소–촉매 반응이다.

$$CH_3CH_2OH \longrightarrow CH_3CHO$$

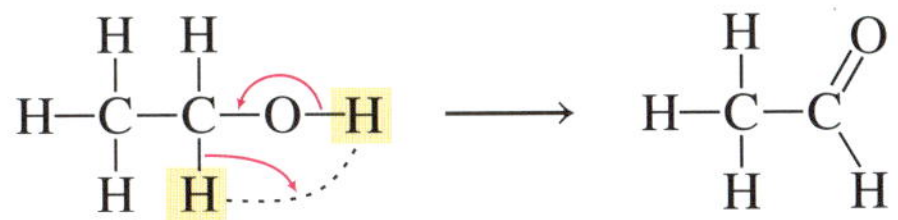

에탄올 분자는 이 반응에서 2개의 H 원자를 잃어서 **산화된다.**

**이성질화 반응**(isomerization reaction)은 하나의 이성질체가 다른 이성질체로 전환되는 반응이다. 예로써, 당의 일종인 알도스(aldose)와 케토스(ketose)의 상호 전환이 있다.

**참조**

생명체에서 유기 반응의 대부분은 유용하게 사용될 수 있을 정도로 충분히 빠르게 진행되어야 하며, 이를 위해 효소나 천연 촉매의 사용이 필요하다[◀◀ 19장].

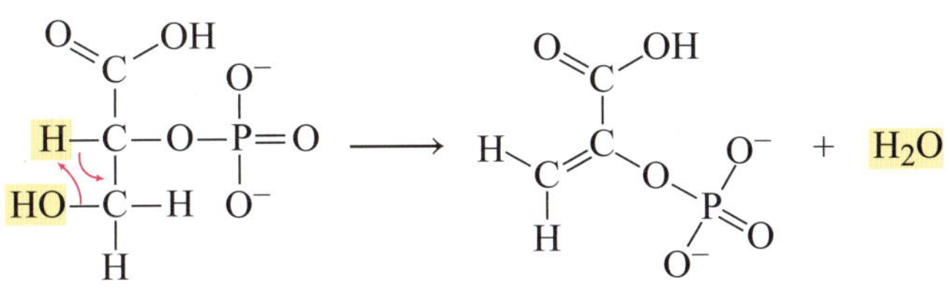

**그림 20.11** 강조 표시된 원자는 제거되는 물 분자를 구성하는 원자이다.

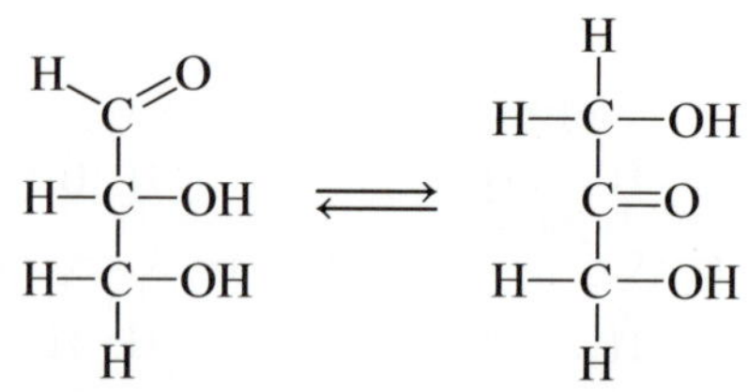

알도스 케토스

인간의 눈에는 **로돕신**[rhodopsin, 큰 단백질에 11−시스−레티날(11−*cis*−retinal) 분자가 결합한 형태]으로 채워진 로드(rod)라고 불리는 수백만 개의 세포가 들어 있다.

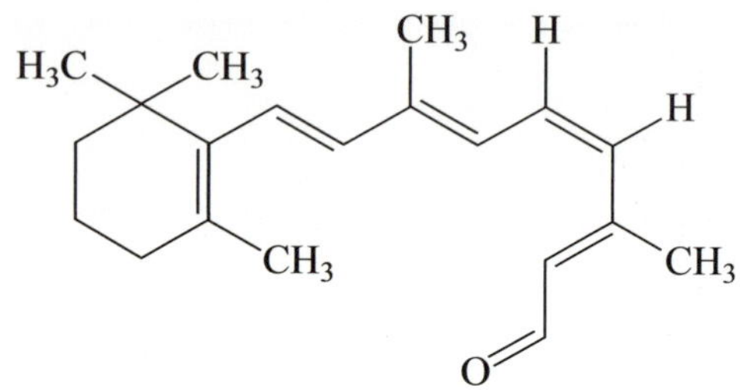

11−시스−레티날

가시광선이 로돕신을 공격하면 레티날 분자가 모두 트랜스 이성질체로 이성질화한다.

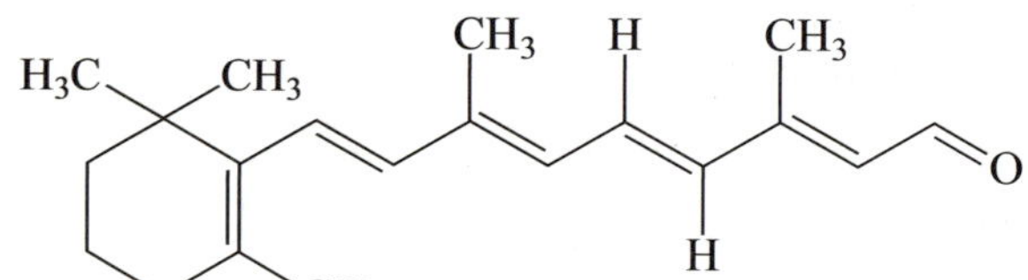

모든−트랜스−레티날

이 이성질화는 망막의 구조에서 단백질과 분리되는 중요한 변화를 일으킨다. 이러한 사건은 시신경을 자극하는 전기적 신호를 유발하며, 결과적으로 인간이 보는 것으로 느끼는 신호를 뇌가 받게 된다. 모든−트랜스−레티날(all−*trans*−retinal)은 단백질에서 떨어져 나간 후 다시 11−시스−레티날로 전환되고, 재생된 11−시스−레티날은 단백질과 다시 결합한다. 흥미롭게도 모든−트랜스 이성질체를 인간이 빛을 감지하는 데 필요한 11−시스 이성질체로 전환하는 것은 빛에 의해 시스에서 트랜스로 변환하는 것보다 훨씬 느리다. 이것이 밝은 빛을 본 후에 일정 시간 동안 "맹점(blind spot)"을 갖게 되는 이유이다.

## 20.5절 복습

### 유기 반응

**20.5.1** 다음 각 화학종을 친핵체 또는 친전자체로 구분하시오.

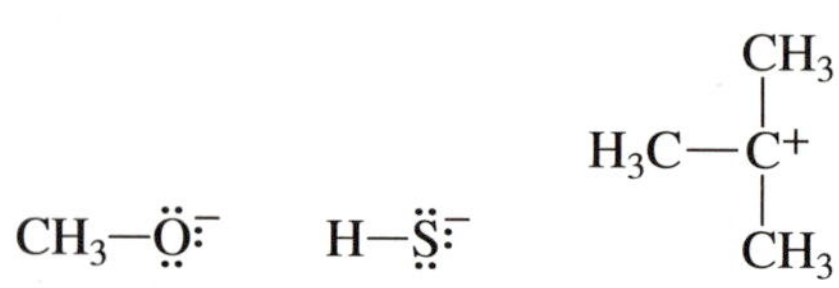

(i) (ii) (iii)

(a) 친핵체, 친전자체, 친핵체　　(b) 친핵체, 친핵체, 친핵체
(c) 친전자체, 친핵체, 친전자체　　(d) 친핵체, 친핵체, 친전자체
(e) 친전자체, 친전자체, 친전자체

**20.5.2** 각 반응을 첨가, 치환, 제거 또는 이성질화로 구분하시오.

(i) $H_2C{=}CHCH_2CH_2CH_3 + Br_2 \longrightarrow BrCH_2{-}CH(Br)CH_2CH_2CH_3$

(ii) $CH_3Br + OH^- \longrightarrow CH_3OH + Br^-$

(iii) 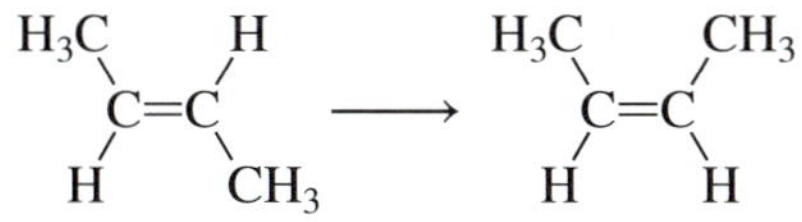

(a) 첨가, 치환, 이성질화　　(b) 이성질화, 치환, 첨가
(c) 치환, 첨가, 이성질화　　(d) 첨가, 첨가, 이성질화
(e) 치환, 치환, 첨가

## 20.6 유기 고분자

**고분자**(또는 중합체, polymer)는 **단위체**(monomer)라 불리는 **반복 단위**로 구성된 천연 또는 거대 합성 분자이다. 이러한 거대 분자의 물리적 특성은 일반적으로 작은 분자의 물리적 특성과 크게 다르다.

> **참조**
> 고분자는 전형적으로 매우 높은 몰질량을 가지며, 때로는 몰당 수천 또는 수백만 그램이다.

고분자 화학의 발전은 1920년대에 목재, 젤라틴, 면 및 고무와 같은 일부 재료의 수수께끼 같은 거동에 대한 조사와 함께 시작되었다. 예를 들어, 실험식이 $C_5H_8$인 고무가 유기 용매에 용해되었을 때, 용액은 예상되는 점도보다 높은 것을 포함한 몇 가지 특성을 나타내어 용해된 화합물이 매우 큰 **몰질량**을 가질 것으로 예상되었다. 이러한 실험적 증거에도 불구하고 당시의 과학자들은 그러한 거대 분자가 존재할 수 있다는 개념을 받아들일 준비가 되어 있지 않았다. 대신 과학자들은 고무와 같은 물질이 분자간 힘에 의해 결합한 $C_5H_8$ 또는 $C_{10}H_{16}$과 같은 작은 분자 단위의 응집체로 이루어져 있다고 생각했다. 헤르만 슈타우딩거(Hermann Staudinger)[1]에 의해 소위 응집체가 사실상 공유 결합으로 수천 개의 원자를 포함하고 있는 매우 큰 분자라는 것을 명확하게 증명할 때까지 이러한 오해는 오랫동안 계속되었다.

> **참조**
> 높은 몰질량의 용질을 예상하게 한 다른 특성 중에는 낮은 삼투압과 무시할 만한 어는점 내림 등이 있다. 이러한 특성은 총괄성(colligative)으로 알려져 있다[◀◀ 13장].

이러한 거대 분자의 **구조**(structure)가 이해되면서, 일상생활의 거의 모든 분야에 널리 퍼진 고분자 합성에 대한 길이 열렸다. 생화학자를 포함한 오늘날의 화학자 중 약 90%는 고분자 물질을 직간접적으로 다루고 있다. 이 절에서는 고분자 생성을 위한 반응과 생물학적으로 중요한 일부 천연 고분자에 대해 논의할 것이다.

1. 헤르만 슈타우딩거(Hermann Staudinger, 1881～1963): 독일 화학자. 고분자 화학의 선구자 중 한 명으로 1953년 노벨 화학상을 수상했다.

## 첨가 고분자

**첨가 고분자**(addition polymer)는 폴리에틸렌(polyethylene)을 제조하기 위해 에틸렌(ethylene)과 같은 단위체들이 끝과 끝에서 결합할 때 생성된다. 이러한 유형의 반응은 홀전자를 포함하는 **라디칼**(radical) 화학종에 의해 시작될 수 있다[|◀◀ 6.6절]. 첨가 고분자의 중합 메커니즘은 다음과 같다.

1. 불안정한 홀전자 라디칼은 에틸렌 분자의 탄소 원자를 공격한다. 이것은 반응의 **개시**(initiation) 단계이다.
2. 이러한 공격은 탄소 주위에 8개보다 많은 전자를 가지는 문제를 초래할 것이다. 따라서 탄소 원자가 주위에 너무 많은 전자를 갖지 못하도록 이중 결합이 끊어진다.
3. 이중 결합에 있는 전자 중 하나와 라디칼의 전자는 에틸렌과 라디칼 화학종 사이에 새로운 결합을 형성한다.
4. 끊어진 이중 결합의 전자 하나는 다른 탄소 원자에 남아 있어 새로운 라디칼이 형성된다.
5. 불안정한 새로운 라디칼은 또 다른 에틸렌 분자를 공격하여 같은 상황이 일어난다. 각 단계에서 반응성이 매우 큰 새로운 라디칼의 생성은 반응의 **성장**(propagation) 단계라고 한다.
6. 각 단계에서 탄소 원자의 사슬을 길게 하면서 새로운 라디칼을 생성하는 반응의 성장이 계속된다. 이를 **연쇄**(chain) 반응이라고 한다. 연쇄 반응은 에틸렌 분자가 없어지거나 라디칼이 또 다른 라디칼을 만나 반응이 **종결**(termination)될 때까지 계속된다.

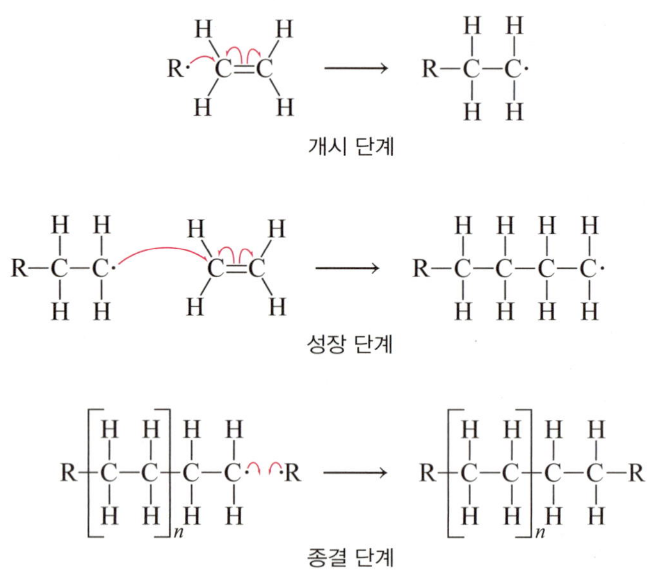


일부 익숙하고 중요한 첨가 고분자를 표 20.4에 나타내었다.

**표 20.4 첨가 고분자**

| 이름 | 단량체 단위 | 구조 | 용도 |
|---|---|---|---|
| 폴리테트라플루오로 에틸렌<br>(테플론) | 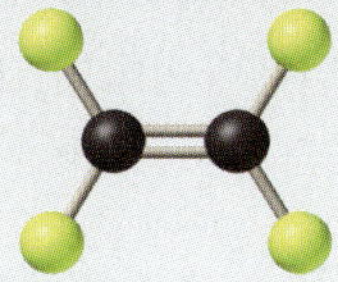 | 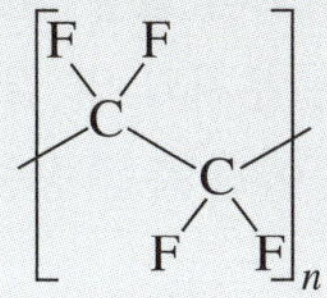 | 이형(달라붙지 않는) 코팅 |
| 폴리에틸렌 | 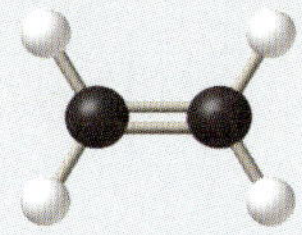 | 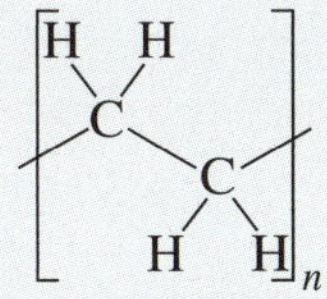 | 비닐봉지, 병, 장난감 |
| 폴리프로필렌 | 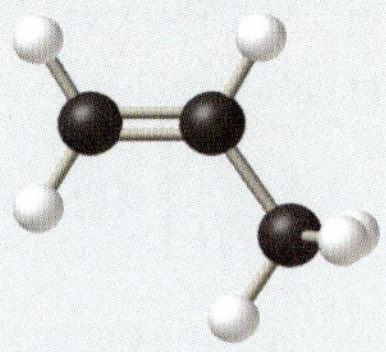 | 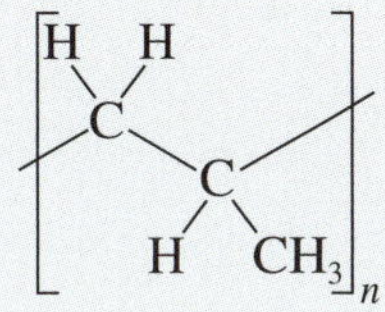 | 카펫 재료, 병 |
| 폴리염화비닐<br>(PVC) | 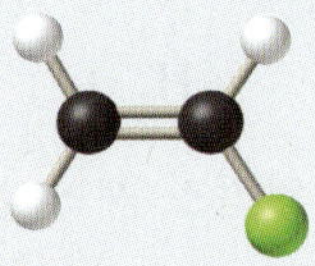 | 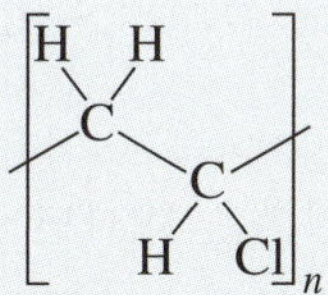 | 물 파이프, 정원 호스,<br>랩(wrap) |
| 폴리스타이렌 | 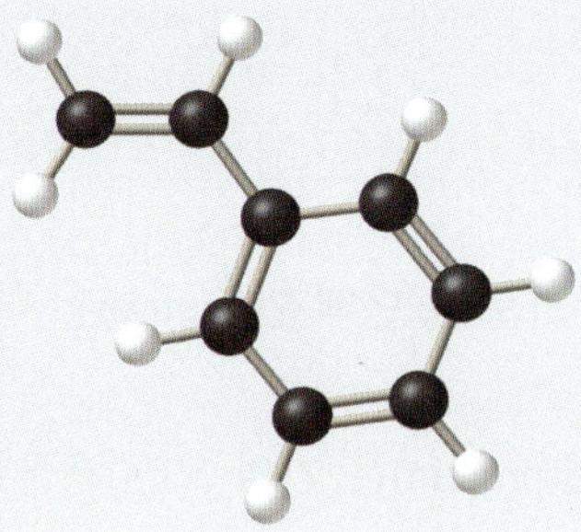 | 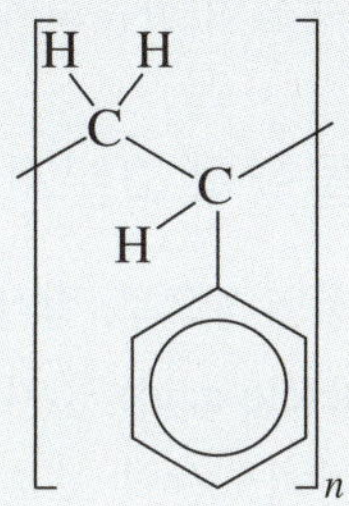 | 포장재, 단열재, 가구 |

## 축합 고분자

2개 이상의 분자가 작은 분자, 종종 물의 제거 등을 수반하는 반응을 **축합 반응**(condensation reaction)이라고 한다(그림 20.12). **축합 고분자**(condensation polymer)는 두 개의 서로 다른 작용기를 가지는 분자가 반응하여 작은 분자(물 분자 등)가 제거되면서 만들어지

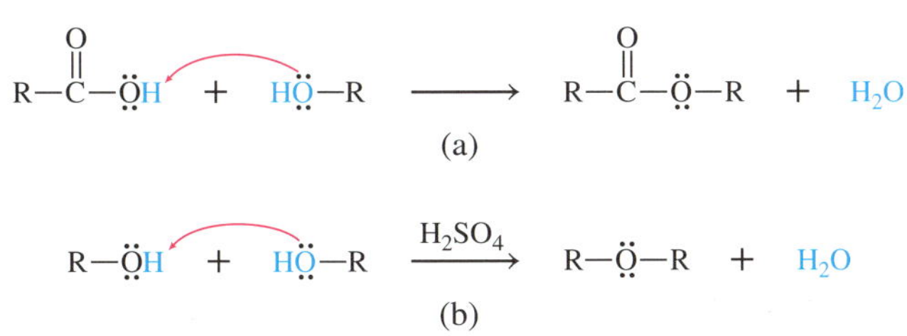

**그림 20.12** (a) 에스터를 만들기 위한 알코올과 카복실산 사이의 축합 반응 (b) 황산의 존재하에서 두 알코올 분자가 축합되어 에터를 생성한다.

며, 많은 축합 고분자는 **공중합체**(copolymer, 두 개 이상의 서로 다른 단위체로 이루어져 있음을 의미)이다.

최초의 합성 섬유인 나일론 66(nylon 66)은 양 끝에 카복시기(아디프산, adipic acid)가 있는 분자와 양 끝에 아민기(헥사메틸렌다이아민, hexamethylenediamine)가 있는 분자로 만들어진 축합 공중합체이다.

> **참조**
>
> 번호 66은 각 단위체에 6개의 탄소 원자가 있음을 나타낸다. 나일론 610과 같은 다른 나일론은 아디프산 및 헥사메틸렌다이아민과 유사한 분자들의 다양한 조합으로 만들어진다.

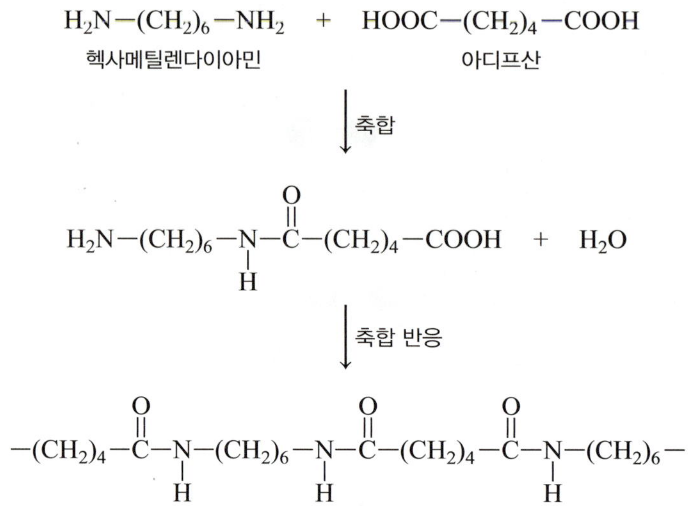


나일론은 1931년 듀폰(DuPont)에서 월리스 캐러더스(Wallace Carothers)[2]에 의해 처음 제조되었다. 나일론은 활용성이 우수하여 현재 나일론 및 이와 관련된 고분자의 연간 생산량은 수십억 파운드에 달한다.

## 생물학적 고분자

천연적으로 발생되는 고분자로는 **단백질**(protein), **다당류**(polysaccharide) 및 **핵산**(nucleic acid) 등이 있다.

아미노산의 고분자인 **단백질**(protein)은 거의 모든 생물학적 과정에서 중요한 역할을 한다. 인체에는 대략 10만 가지의 서로 다른 단백질이 포함되어 있으며 각각의 단백질은 특정한 생리적 기능을 가지고 있다. 아미노산은 카복실산 및 아미노기를 모두 갖는다. 아미노산 분자의 카복시기와 다른 분자의 아미노기 사이에 축합 반응이 일어나면서 서로 연결되며, 아미노산 사이에 생성되는 결합을 **펩타이드 결합**(peptide bond)이라고 한다(그림 20.13).

> **참조**
>
> 펩타이드 결합은 아마이드 작용기를 포함하기 때문에 아마이드 결합(amide bond 또는 amide linkage)이라고도 한다.

이렇게 연결된 아미노산 사슬이 매우 길면 **단백질**이라고 부르고, 짧은 사슬은 **폴리펩타이드**(polypeptide)라고 한다.

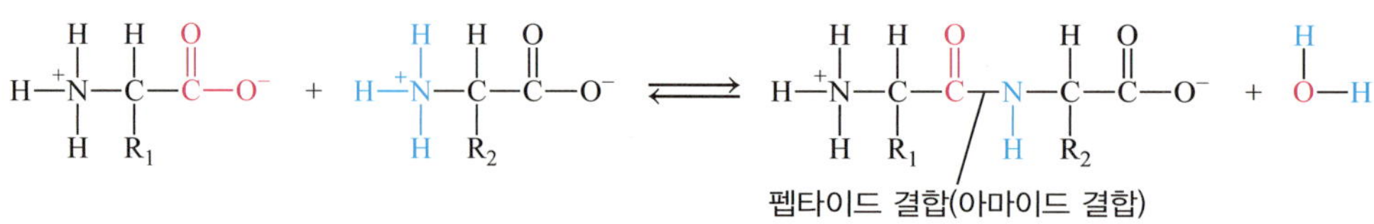


**그림 20.13** 물 분자 제거에 의한 펩타이드 결합의 생성

2. 월리스 캐러더스(Wallace H. Carothers, 1896~1937): 미국의 화학자. 엄청난 상업적 성공 외에도 그의 나일론에 관한 연구는 슈타우딩거의 연구와 더불어 거대 분자 구조와 특성을 명확히 규명하였다.

아미노산은 네 가지 서로 다른 기[아미노기, 카복시기, 수소 원자 그리고 탄소, 수소 및 질소 또는 황과 같은 원소로 구성된 추가 작용기(그림 20.14에 강조 표시)]가 중심 탄소에 연결된 형태로 구성된다. 단백질은 그림 20.14에서 보이는 20개의 서로 다른 아미노산으로 만들어진다. 단백질의 종류는 20개의 아미노산 중 어느 것을 포함하고 있는가와 아미노산이 결합하고 있는 순서에 의해 결정된다.

**다당류**(polysaccharides)는 글루코스 및 과당과 같은 당의 고분자이다. 전분과 셀룰로오스는 약간 다른 결합을 가지는 글루코스의 고분자이지만 매우 다른 성질을 가진다. 전분에서 글루코스 분자는 생화학자들이 $\alpha$ 결합이라고 부르는 형태로 결합하며, 이것은 사람을 포함한 동물들이 옥수수, 밀, 감자, 쌀과 같은 음식에서 전분을 소화할 수 있게 한다.

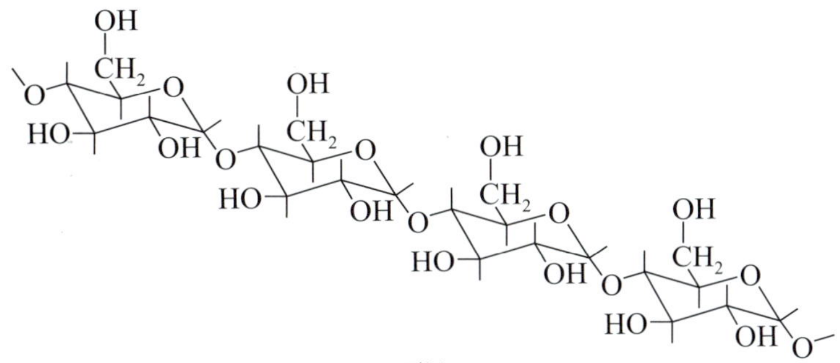

전분

셀룰로오스에서 글루코스 분자는 $\beta$ 결합으로 연결되며, 셀룰로오스의 소화에는 동물 대부분에는 없는 효소가 필요하다. 흰개미와 반추 동물(소, 양, 라마 등)과 같은 동물들은 장내의 셀룰로오스 소화 효소를 생산하는 공생 세균의 도움으로 셀룰로오스 소화가 가능하다.

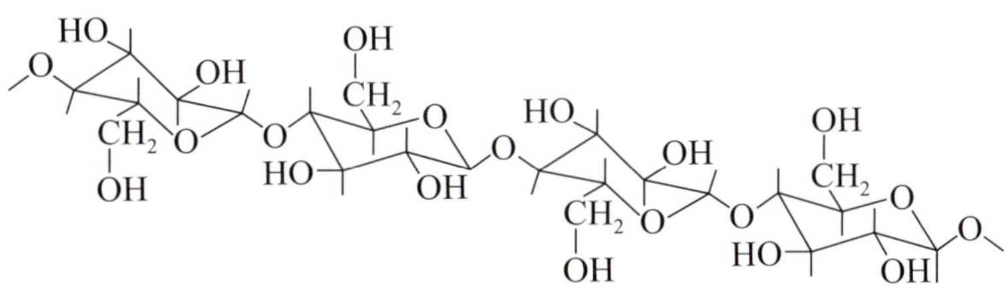

셀룰로오스

**뉴클레오타이드**(nucleotide)의 고분자인 **핵산**(nucleic acid)은 단백질 합성에서 중요한 역할을 한다. 핵산에는 **데옥시리보 핵산**(deoxyribonucleic acid, DNA)과 **리보핵산**(ribonucleic acid, RNA) 등 두 종류가 있다. 핵산의 각 **뉴클레오타이드**(nucleotide)는 퓨린 또는 피리미딘 **염기**, 퓨라노스 당(DNA의 경우 **데옥시리보스**, RNA의 경우 **리보스**) 그리고 인산염 기로 구성된다. 그림 20.15는 DNA와 RNA의 빌딩 블록을 보여 주고 있으며, 뉴클레오타이드의 각 성분은 그림 20.16과 같이 결합한다. 이 분자들은 매우 큰 것으로 알려져 있으며, 수십억 그램의 몰질량을 가질 수 있다. RNA 분자의 경우 일반적으로 수만 그램 정도의 몰질량을 갖는다. 이들의 크기에도 불구하고, 핵산의 조성은 단백질과 비교하면 상대적으로 간단하다. 단백질은 최대 20개의 다른 아미노산으로 구성되는 반면 DNA와 RNA는 각각 4개의 다른 뉴클레오타이드로 구성되기 때문이다.

| 이름 | 약어 | 구조 |
|---|---|---|
| 알라닌<br>(alanine) | Ala | 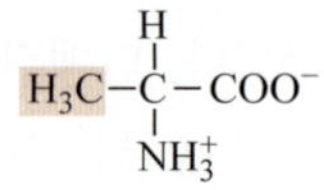 |
| 알기닌<br>(arginine) | Arg | 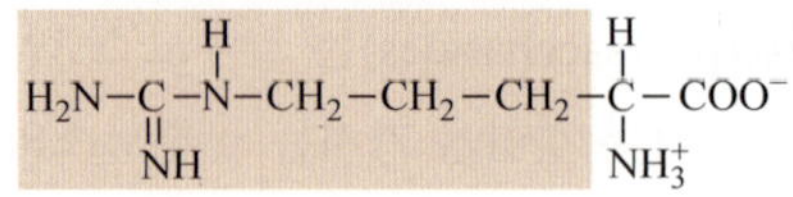 |
| 아스파라긴<br>(asparagine) | Asn | 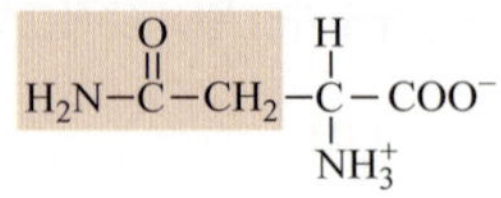 |
| 아스파트산<br>(aspartic acid) | Asp | 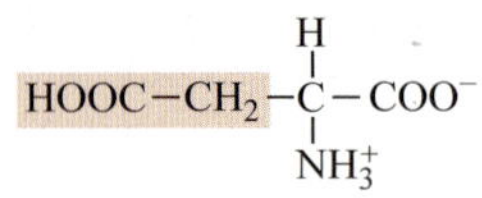 |
| 시스테인<br>(cysteine) | Cys | 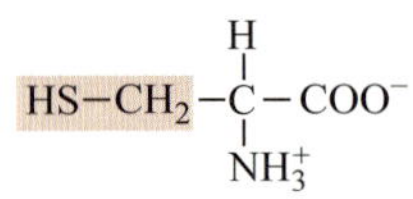 |
| 글루탐산<br>(glutamic acid) | Glu | 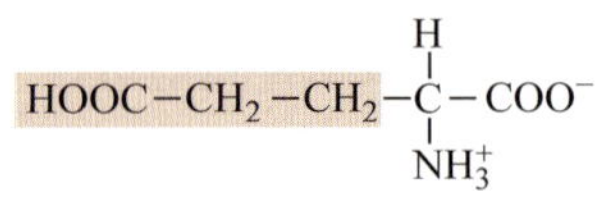 |
| 글루타민<br>(glutamine) | Gln | 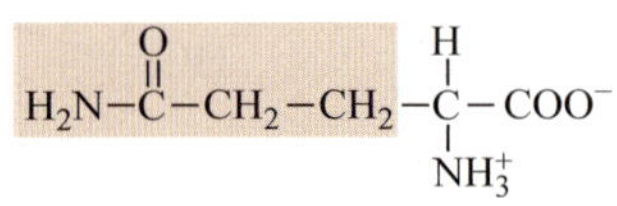 |
| 글라이신<br>(glycine) | Gly | 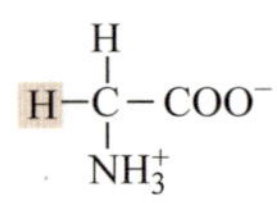 |
| 히스티딘<br>(histidine) | His | 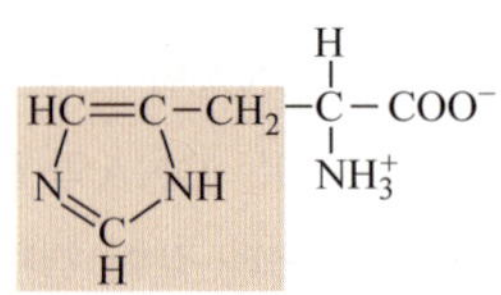 |
| 아이소류신<br>(isoleucine) | Ile | 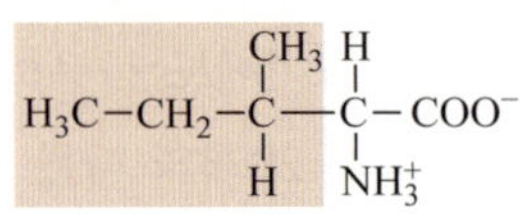 |

**그림 20.14** 생물체에 필수적인 20가지 아미노산. 강조 표시된 부분은 R 그룹을 나타낸다.

| 이름 | 약어 | 구조 |
|---|---|---|
| 류신 (leucine) | Leu | 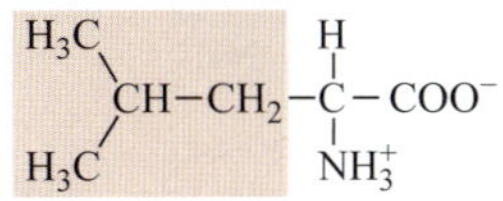 |
| 라이신 (lysine) | Lys | 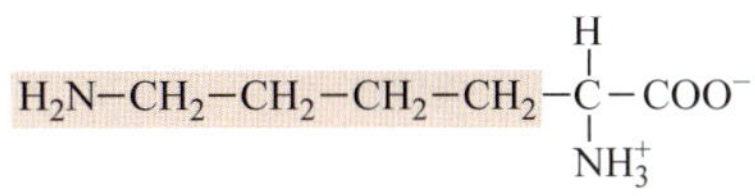 |
| 메티오닌 (methionine) | Met | 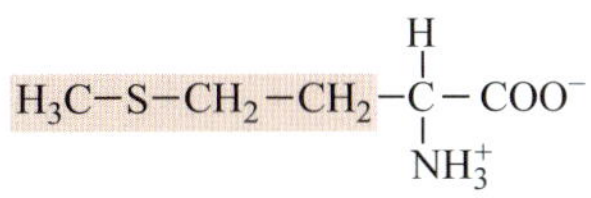 |
| 페닐알라닌 (phenylalanine) | Phe | 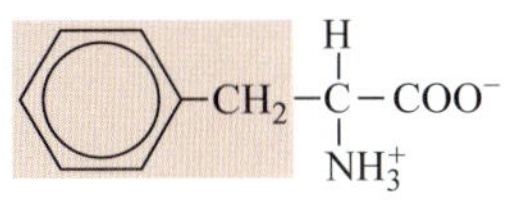 |
| 프롤린 (proline) | Pro | 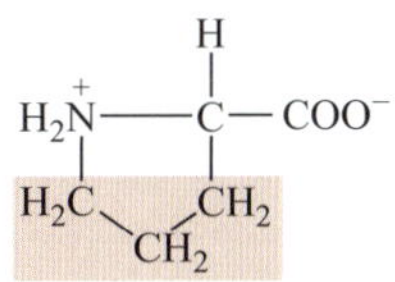 |
| 세린 (serine) | Ser | 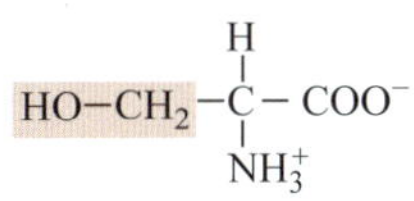 |
| 트레오닌 (threonine) | Thr | 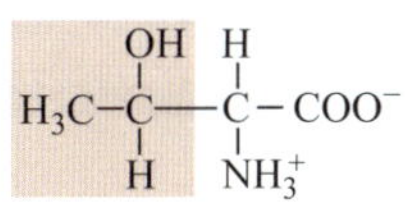 |
| 트립토판 (tryptophan) | Trp | 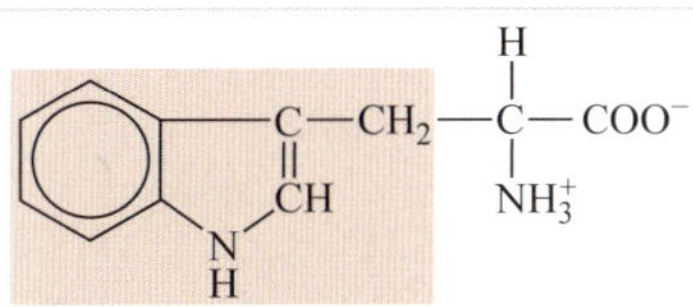 |
| 타이로신 (tyrosine) | Tyr | 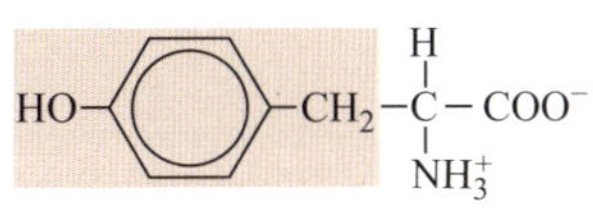 |
| 발린 (valine) | Val | 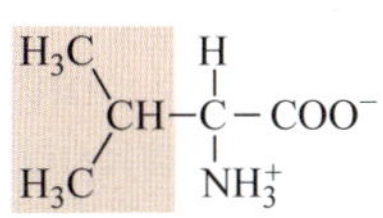 |

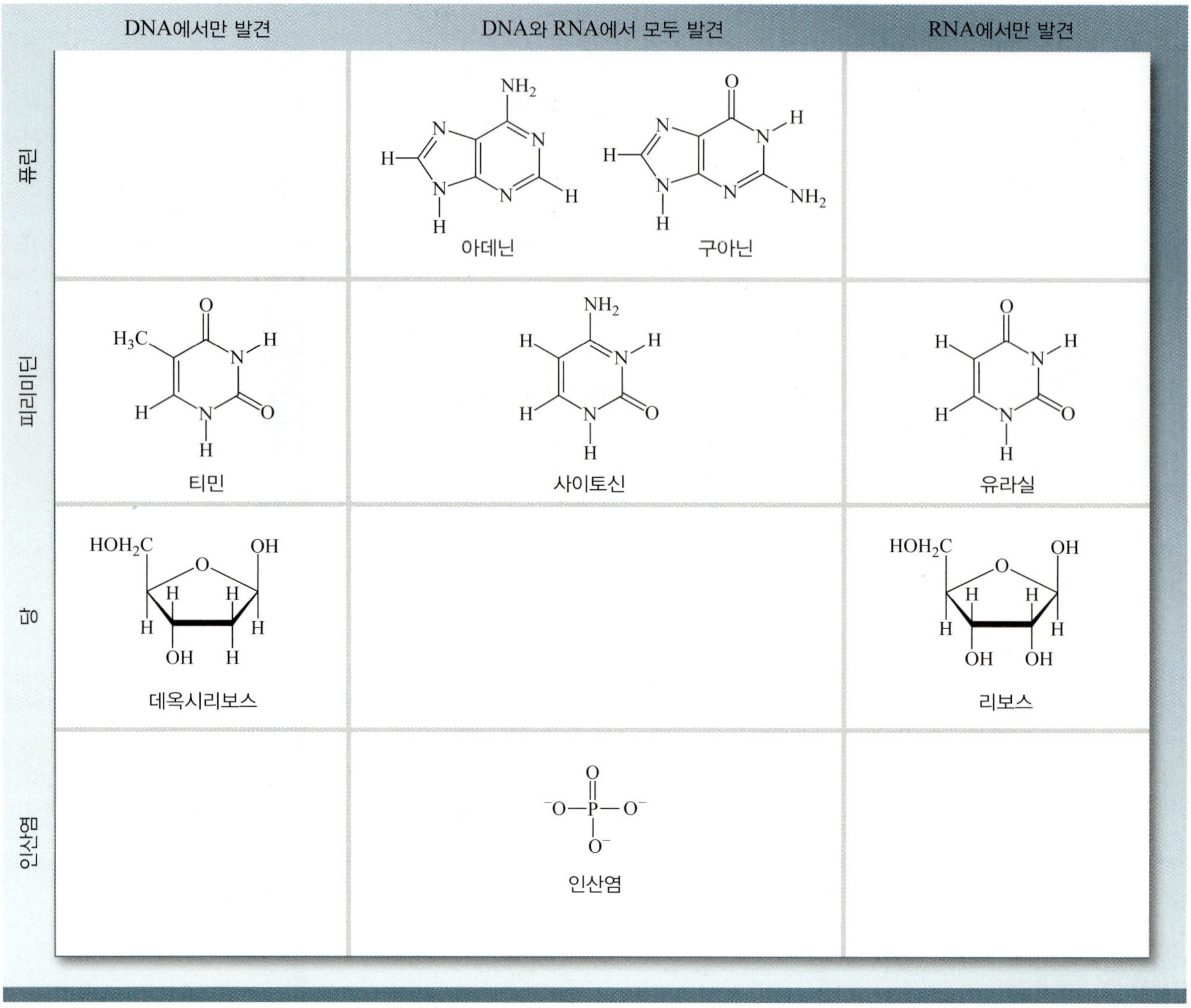


그림 20.15 핵산인 DNA와 RNA의 성분

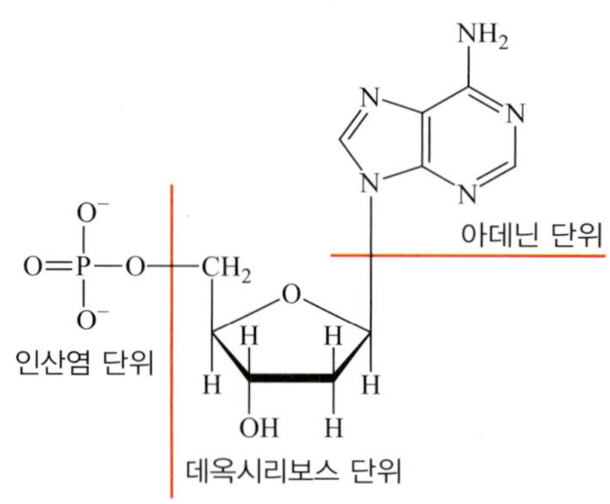


그림 20.16 DNA의 반복 단위 중 하나인 뉴클레오타이드의 구조

# 단원 정리

## 20.1절

- 유기 화학은 탄소 기반 물질에 관한 학문이다. 한때 유기 화합물은 생명체에 의해서만 만들어질 수 있다고 생각되었지만, 현재는 화학자들에 의해 매년 수천 개의 새로운 유기 화합물이 합성된다.
- 주기율표에서 탄소의 위치는 길고 안정적인 사슬을 형성할 수 있게 해준다. 이러한 과정을 **카테네이션**(catenation)이라고 부른다.
- **방향족**(aromatic) 화합물은 하나 이상의 벤젠 고리를 포함하며, **지방족**(aliphatic) 화합물은 벤젠 고리를 포함하지 않는 유기 화합물이다.

## 20.2절

- **알킬기**(alkyl group)는 탄소와 수소만으로 구성된다. 이들은 상응하는 알케인으로부터 하나의 수소 원자를 제거함으로써 유도되며, 일반적으로 유기 화합물의 화학식에서 문자 R로 나타낸다.
- 작용기는 유기 화합물의 특성과 반응성에 관련되는 원자의 특정 배열이다. 일반적인 작용기의 명칭과 화학식을 다음에 나타내었다.

| | |
|---|---|
| 알코올 | ROH |
| 카복실산 | RCOOH |
| 알데하이드 | RCHO |
| 케톤 | RCOR′ |
| 에스터 | RCOOR′ |
| 아민 | $RNH_2$, RNHR′ 또는 RNR′R″ |
| 아마이드 | $RCONH_2$, RCONHR′<br>또는 RCONR′R″ |

- 많은 유기 화합물은 하나 이상의 작용기를 포함한다. 알케인의 **치환기**(substituent)는 탄소 사슬에 결합된 수소 이외의 그룹이다.
- **아미노산**(amino acid)은 카복시기와 아미노기를 모두 포함하고 있다.

## 20.3절

- **축약 구조식**(condensed structural formula) 또는 **축약 구조**(condensed structure)는 $-CH_2CH_2CH_2CH_2-$와 같은 일련의 반복 단위를 $-(CH_2)_4-$와 같이 더욱 간단한 형태로 줄인 것이다. **케쿨레 구조**(Kekulé structure)는 루이스 구조와 유사하지만, 분자에 고립 전자쌍을 나타내지 않는다. **결합-선 구조**(bond-line structure)는 직선을 사용하여 C−C 결합을 나타내며, 일반적으로 특정 작용기를 강조하는 목적 이외에 탄소 원자의 원소 기호를 표시하지 않는다. 또한 결합-선 구조에서는 작용기를 강조할 때 외에는 탄소와 결합한 수소 원자를 나타내지 않는다. 탄소 원자에 결합한 수소 원자의 수는 구조 내의 C−C 결합의 수와 관계가 있다. 결합-선 구조식에서 탄소와 수소 원자 이외의 **헤테로 원자**(heteroatom)는 항상 원소 기호를 표시한다.

## 20.4절

- **구조 이성질체**(constitutional isomer)는 같은 분자식을 가지면서 다르게 연결된 것이며, **입체 이성질체**(stereoisomer)는 같은 분자식을 가지는 분자가 동일한 결합으로 연결되어 있지만 결합의 배향이 다른 분자이다. **기하 이성질체**(geometrical isomer)는 탄소-탄소 이중 결합에서처럼 분자의 회전이 제한될 때 발생하며, **시스**(cis) 및 **트랜스**(trans) 이성질체는 기하 이성질체이다.
- 서로 겹치지 않는 분자는 **광학 이성질체**(optical isomer)이다. 광학 이성질체는 **카이랄**(chiral)이라고도 불리며, 각각의 거울상 이미지는 **거울상 이성질체**(enantiomer)라고 불린다. 평면 편광면을 회전시키기 때문에 광학 이성질체라고 불리며, 회전 정도는 두 거울상 이성질체 모두 같지만, 회전 방향은 서로 반대이다. 두 거울상 이성질체의 동등한 비율의 혼합물을 **라세믹 혼합물**(racemic mixture)이라 부르며, 라세믹 혼합물은 평면 편광면을 회전시키지 않는다.

## 20.5절

- 일반적으로 **친전자체**(electrophile)는 양으로 하전되어 전자에 끌리는 이온이다. **친핵체**(nucleophile)는 극성 분자에서 음으로 하전된 이온 또는 부분적인 음전하로 하전된 원자이다. 친핵체와 친전자체는 서로 끌어당긴다.
- **탄소 양이온**(carbocation)은 탄소 원자가 6개의 전자로 둘러싸여 있고, 양전하를 띤 중간체이다.
- **친전자성 첨가**(electrophilic addition) 반응 및 **친핵성 첨가**(nucleophilic addition) 반응은 분자 또는 이온을 다른 분자에 첨가하는 반응이다.
- **치환 반응**(substitution reaction)은 친전자체가 방향족 고리의 수소를 치환하거나 친핵체가 탄소 원자상의 이탈기를 대체할 때 일어난다.
- 탄소 양이온은 하나의 거울상 이성질체가 **라세미화**(racemization)되는 친핵성 치환 반응의 중간체이다.
- **제거 반응**(elimination reaction)은 이중 결합이 생성되고

물과 같은 작은 분자가 제거되는 반응이다.

- **이성질화 반응**(isomerization reaction)은 한 이성질체를 다른 이성질체로 전환시킨다.

### 20.6절

- **고분자**(polymer)는 **단위체**(monomer)라고 불리는 반복 단위의 긴 사슬이다. **다당류**(polysaccharides)는 당의 중합체이다. **첨가 고분자**(addition polymer)는 라디칼 화학종이 이중 결합을 공격하고, 새롭게 생성된 더 긴 라디칼 화학종이 다른 이중 결합을 공격하면서 형성된다.
- 두 분자를 결합에 의한 제거 반응은 **축합 반응**(condensation reaction)이다. **축합 고분자**(condensation polymer)는 두 개의 다른 작용기를 가지는 분자에서 축합 반응이 일어날 때 생성된다.
- **공중합체**(copolymer)는 하나의 유형보다 많은 유형의 단위체를 포함하는 고분자이다.
- **단백질**(protein)과 **폴리펩타이드**(polypeptide)는 단위체가 아미노산인 생물학적 고분자이다. 아미노산은 **펩타이드 결합**(peptide bond)으로 연결되며, 이는 한 아미노산의 아미노기와 다른 아미노산의 카복실기 사이의 축합 반응으로 생성된다.
- **핵산**(nucleic acid)은 **뉴클레오타이드**(nucleotide)의 고분자이다. 핵산의 두 가지 유형은 **데옥시리보 핵산**(deoxyribonucleic acid, DNA)과 **리보 핵산**(ribonucleic acid, RNA)이다. 핵산의 각 뉴클레오타이드는 퓨린 또는 피리미딘 염기, 퓨라노스 당(DNA의 경우 데옥시리보스, RNA의 경우 리보스) 및 인산기가 서로 연결된 형태로 구성된다.

## 주요 용어

거울상 이성질체(enantiomer)
결합-선 구조(bond-line structure)
고분자(polymer)
공중합체(copolymer)
광학 이성질체(optical isomer)
구조 이성질체(stereoisomer)
기하 이성질체(geometrical isomer)
뉴클레오타이드(nucleotide)
다당류(polysaccharides)
단백질(protein)
단위체(monomer)
데옥시리보 핵산 (deoxyribonucleic acid, DNA)
라세미화(racemization)
라세믹 혼합물(racemic mixture)
리보핵산(ribonucleic acid, RNA)
방향족(aromatic)
시스(cis)
아마이드(amide)
아미노산(amino acid)
아민(amine)
알데하이드(aldehyde)
알코올(alcohol)
알킬기(alkyl group)
에스터(ester)
이성질화 반응(isomerization reaction)
입체 이성질체(constitutional isomers)
지방족(aliphatic)
제거 반응(elimination reaction)
첨가 고분자(addition polymer)
축약 구조(condensed structure)
축약 구조식(condensed structural formula)
축합 고분자(condensation polymer)
축합 반응(condensation reaction)
치환기(substituent)
치환 반응(substitution reaction)
친전자체(electrophile)
친전자성 첨가(electrophilic addition)
친핵성 첨가(nucleophilic addition)
친핵체(nucleophile)
카복실산(carboxylic acid)
카이랄(chiral)
카테네이션(catenation)
케큘레 구조(Kekulé structure)
케톤(ketone)
펩타이드 결합(peptide bond)
폴리펩타이드(polypeptide)
탄소 양이온(carbocation)
트랜스(trans)
핵산(nucleic acid)
헤테로 원자(heteroatom)

# 종합문제

## 20.2절: 유기 화합물의 분류

### 개념 문제

20.7 다음의 각 분자를 알코올, 알데하이드, 케톤, 카복실산 또는 아민으로 분류하시오.

(a) $CH_3-CH_2-NH_2$

(b) $CH_3-CH_2-C(=O)H$

(c) $CH_3-C(=O)-CH_2-CH_3$

(d) $H-C(=O)-OH$

(e) $CH_3-CH_2CH_2-OH$

20.9 다음에 나타낸 화합물을 각각 명명하시오.

(a) 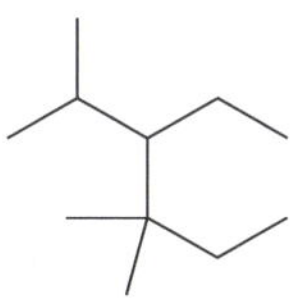

(b)
$$\begin{array}{c} \quad CH_3 \qquad\qquad\qquad\quad OH \\ CH_3\overset{|}{\underset{|}{C}}CH_2CH_2CH_2\overset{|}{C}HCH_3 \\ \quad CH_3 \end{array}$$

(c)
$$\begin{array}{l} \qquad\qquad\qquad\qquad O \\ \qquad\qquad\qquad\qquad \| \\ ClCHCH_2CH_2CH \\ \quad | \\ \quad CH_2CH_3 \end{array}$$

20.11 다음의 모형으로 표시되는 알케인을 명명하시오.

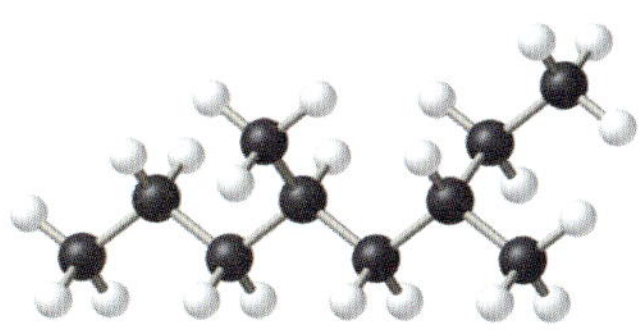

20.13 다음의 체계적인 이름에 기초하여 각 화합물의 구조식을 쓰시오. (대괄호 안의 명칭은 관용명이다. 관용명은 체계적이지 않으며 구조식을 그리기가 더 어렵거나 때로는 불가능하다.)

(a) 2,2,4-trimethylpentane(2,2,4-트라이메틸 펜테인) [isooctane, 아이소옥테인]

(b) 3-methyl-1-butanol(3-메틸-1-뷰탄올) [isoamyl alcohol, 아이소아밀 알코올]

(c) hexanamide(헥산 아마이드) [caproamide, 카프로 아마이드]

(d) 2,2,2-trichloroethanal(2,2,2-트라이클로로에탄알) [chloral, 클로랄]

20.15 식물성 호르몬인 **앱시스산**(abscisic acid)에서 산소가 포함된 작용기를 분류하시오.

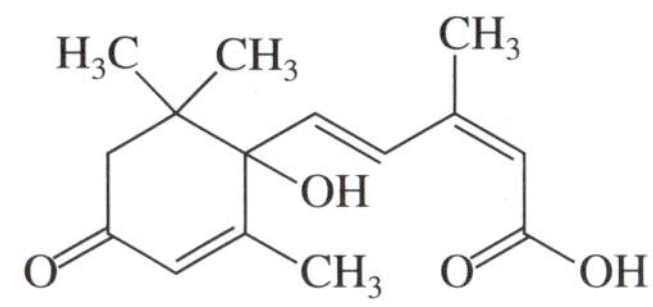


20.17 PABA는 선크림의 초기 제품에서 자외선 흡수 활성 물질이었다. PABA에는 어떤 작용기가 있는가?

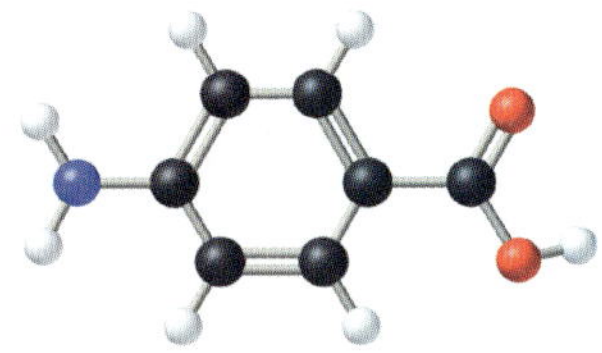

## 20.3절: 유기 분자의 표현

### 개념 문제

20.19 다음 유기 화합물의 구조식을 쓰시오.

(a) 3-메틸 헥세인, 3-methylhexane

(b) 2,3-다이메틸 펜테인, 2,3-dimethylpentane

(c) 2-브로모-4-페닐펜테인, 2-bromo-4-phenylpentane

(d) 3,4,5-트라이메틸옥테인, 3,4,5-trimethyloctane

20.21 (a) $CH_3(CH_2)_4C(O)CH_2CO_2H$를 케큘레 구조와 결합-선 구조로 변환하시오.

(b) 다음을 축약 구조와 결합-선 구조로 변환하시오.

$$\begin{array}{l} \qquad\qquad\qquad\quad O \quad\;\; CH_3 \\ \qquad\qquad\qquad\quad \| \qquad\; | \\ CH_3CH_2CHCH_2COCCH_3 \\ \qquad\qquad | \qquad\qquad | \\ \qquad\; CH_3CH_2 \qquad CH_3 \end{array}$$

(c) 다음을 축약 구조와 케큘레 구조로 변환하시오.

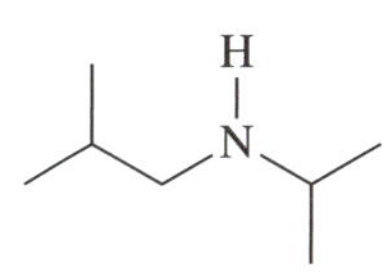


20.23 각 분자 모형을 축약 구조식, 케큘레 구조, 결합-선 구조로 변환하시오.

(a) 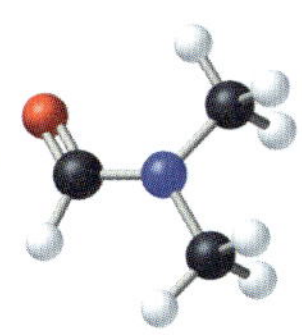 $C_3H_7NO$: 널리 사용되는 유기 용매인 DMF

(b) 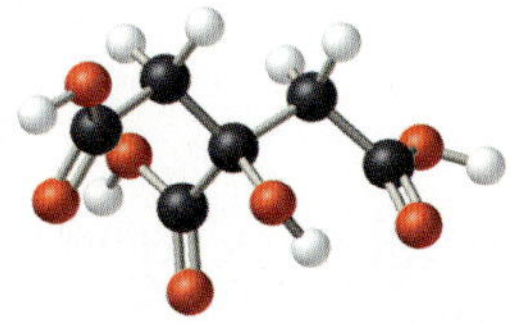 $C_6H_8O_7$: 감귤류의 신맛에 관여하는 구연산

(c) 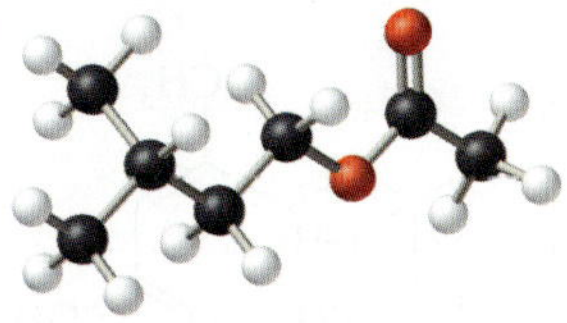 $C_7H_{14}O_2$: 일반적으로 "아세트산 아이소아밀, isoamyl acetate"로 알려져 있으며, 이 에스터는 바나나의 특징적인 냄새의 주된 원인 물질이다.

20.25 주어진 구조식 또는 결합-선 구조를 결합-선 구조 또는 구조식으로 변환하시오.

(a) 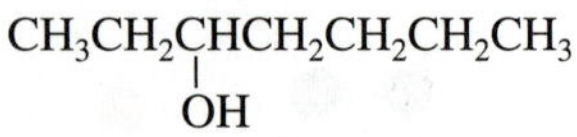

(b) 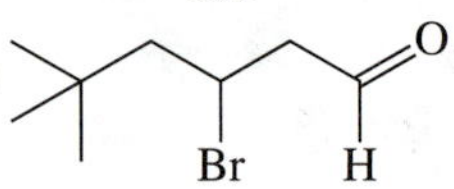

(c) 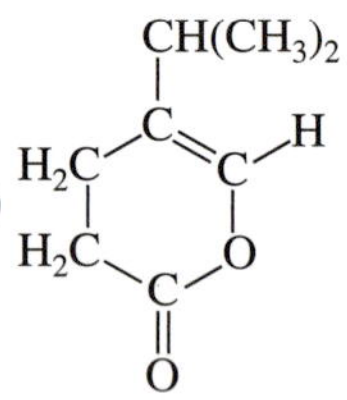

20.27 굽은 화살표를 전자 이동에 대한 지침으로 활용하여 다음에 나타낸 각 화합물의 공명 구조를 그리시오. 공명 구조에는 적절한 형식 전하가 포함되어야 한다.

(a) 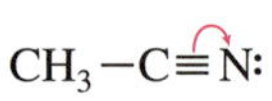

(b) 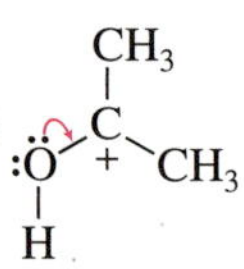

(c) 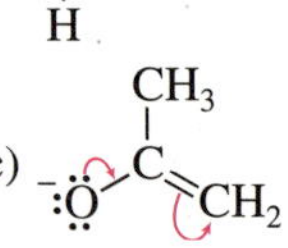

20.29 굽은 화살표를 사용하여 왼쪽의 공명 구조가 오른쪽의 공명 구조로 변환되는 방법을 나타내시오.

(a) 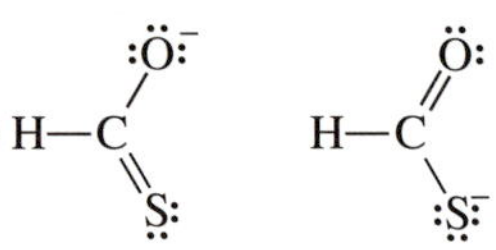

(b) 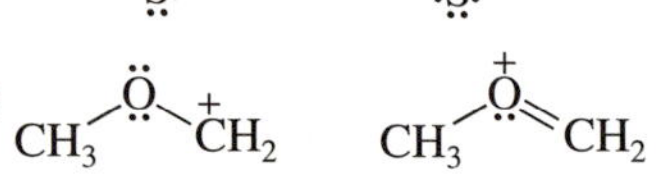

(c) 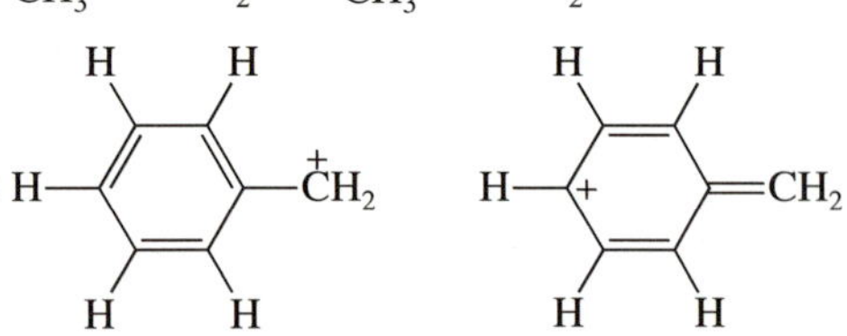

## 20.4절: 이성질체

### 개념 문제

20.37 알케인($C_7H_{16}$)의 가능한 구조 이성질체를 모두 그리시오.

20.39 $C_3H_5Br$ 분자의 가능한 이성질체를 모두 그리시오.

20.41 화학식 $C_7H_7Cl$을 가지는 분자에 대해 가능한 구조 이성질체를 모두 그리시오. 모든 이성체에는 하나의 벤젠 고리를 포함한다.

20.43 다음 화합물에서 비대칭 탄소 원자를 표시하시오.

(a) 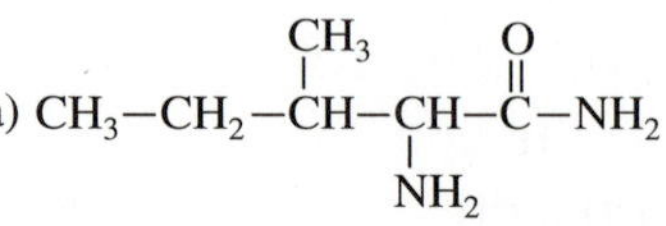

(b) 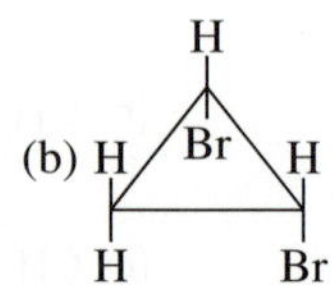

20.45 아세톤의 구조 이성질체인 알데하이드의 구조식을 쓰시오.

20.47 입체 화학을 나타내기 위해 쐐기와 점선을 사용하여 다음의 각 화합물에 대한 구조를 그리시오.

(a) 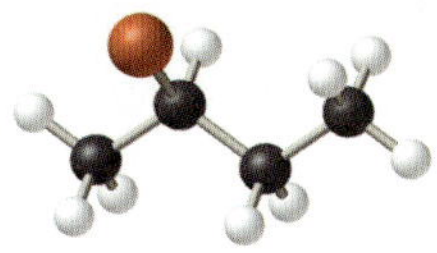 ($C_4H_9Br$)

(b) 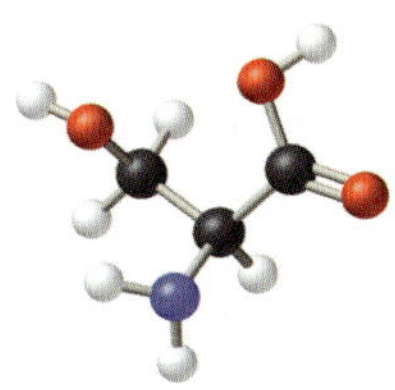 ($C_3H_7NO_3$)

(c) 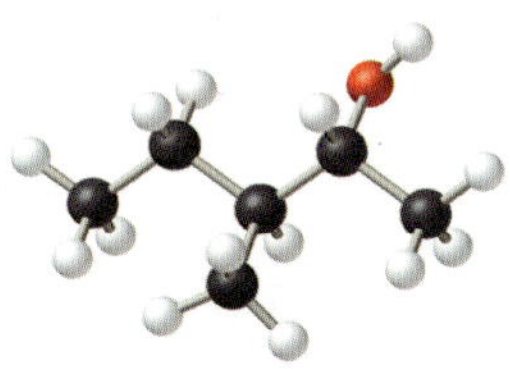 ($C_6H_{14}O$)

(d) 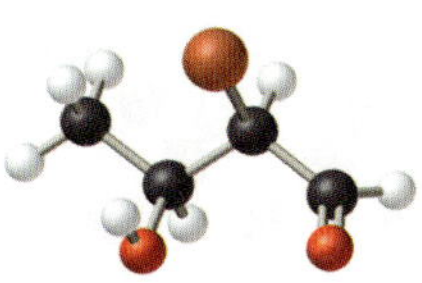 ($C_4H_7BrO_2$)

## 20.5절: 유기 반응

### 개념 문제

20.55 탄수화물과 관련된 생화학 반응에서 공통적인 것은 알도스(aldose)를 케토스(ketose)로 전환하는 것이다. 예로써, 글루코스(glucose)에서 과당(fructose)으로의 이성질화가 있다. 다음 화학식은 일반적인 예를 보여 주고 있다.

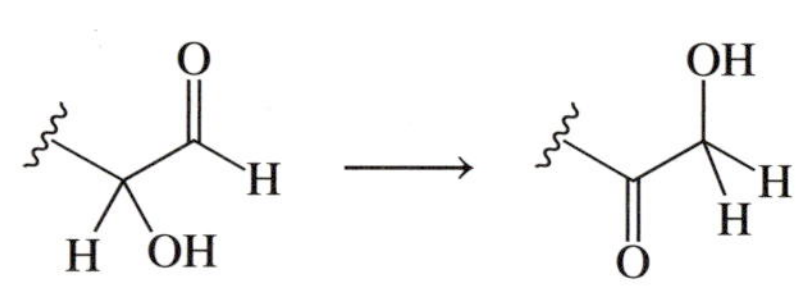

반응의 첫 번째 단계는 다음 화학식과 같다. 효소가 관여하여 반응을 촉진하지만, 단순화를 위해 전체적인 변화를 물 분자로 표시하였다. 굽은 화살표를 사용하여 반응식에서 전자의 흐름을 표시하시오.

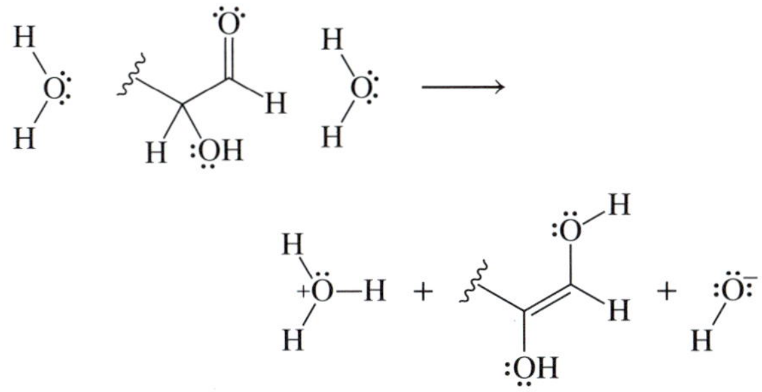

20.57 (a) 아세틸 음이온(acetylide ion)은 알데하이드와 케톤에 친핵성 첨가되어 아래에 나타낸 것과 같은 화학종을 만든다. 이어서 물을 가하면 아세틸렌 알코올이 생성된다. 반응식에 굽은 화살표를 추가하여 반응이 어떻게 진행되는지 나타내시오.

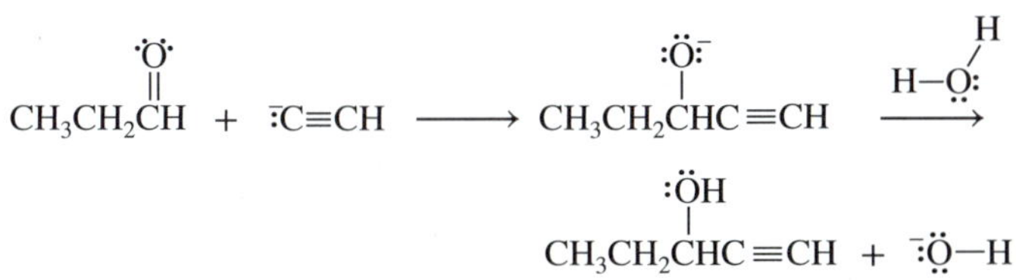

(b) 분자의 친핵성 부분은 같은 분자 내의 다른 곳에 있는 할로젠과의 치환 반응을 통해 고리를 생성할 수 있다. 굽은 화살표를 사용하여 다음과 같은 고리화 반응(cyclization)이 일반적인 친핵성 치환 반응과 관련이 있음을 보이시오.

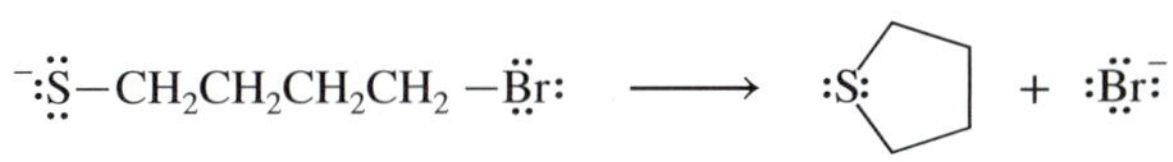

20.59 클로로벤젠과 $NaNH_2$의 반응 생성물은 벤자인(benzyne)이라고 불리는 반응성이 매우 큰 화학종이다. 필요한 전자 쌍과 형식 전하를 알짜 이온 반응식에 추가하고 굽은 화살표를 사용하여 어떻게 벤자인이 생성되는지를 보이시오. 이 반응의 일반적인 유형은 무엇인가?

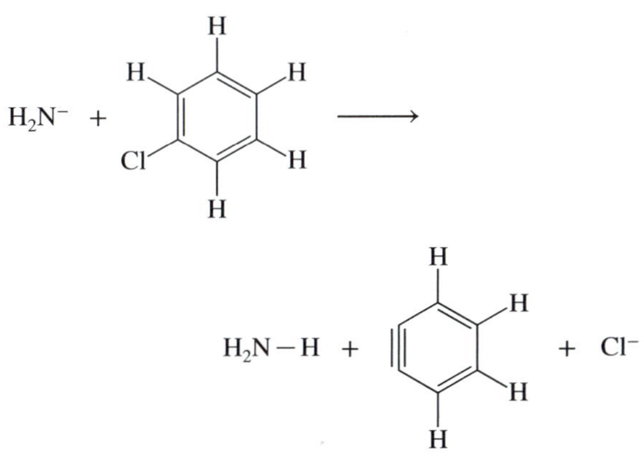

20.61 에스터는 카복실산과 알코올의 산-촉매 축합 반응으로 제조될 수 있다.

이것은 산화-환원 반응인가? 그렇다면 산화되는 화학종과 환원되는 화학종은 무엇인가?

20.63 아이소프로판올은 프로필렌($CH_3CHCH_2$)을 황산과 반응시킨 후 물로 처리하여 제조한다.

(a) 생성물에 이르는 일련의 단계를 나타내시오. 황산의 역할은 무엇인가?

(b) 아이소프로판올의 이성질체인 알코올의 구조를 그리시오.

(c) 아이소프로판올은 카이랄 분자인가?

20.65 탈리도마이드, 레날리도마이드(lenalidomide) 그리고 CC-4047에 대한 분자식을 쓰시오.

## 20.6절: 유기 고분자

### 개념 문제

20.73 염화바이닐($H_2C=CHCl$)은 1,1-다이클로로에틸렌($H_2C=CCl_2$)과 공중합하여 사란(Saran)으로 알려진 고분자를 만든다. 반복되는 단위체 단위를 보여 주는 고분자의 구조를 그리시오.

20.75 다음과 같은 반복 단위를 가지는 고분자에 대한 단위체를 추정하시오.

(a) $\lbrace CH_2-CH=CH-CH_2 \rbrace_n$

(b) $\lbrace CO \lbrace CH_2 \rbrace_6 NH \rbrace_n$

20.77 아미노산인 글라이신과 라이신 사이의 반응으로 형성될 수 있는 다이펩타이드의 구조를 그리시오.

## 추가 문제

20.79 구조적으로 이성질체인 $C_4H_9$ 알킬기의 구조식을 모두 쓰시오. 표 20.1의 답을 확인하고 알킬기의 이름을 적으시오.

20.81 단백질에서 발견되는 α-아미노산은 아래 구조식에 기초한다.

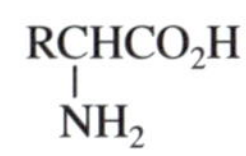

문제 20.79의 $C_4H_9$ 알킬기에서 그림 20.14에 열거된 아미노산 중 "R"에 해당하는 것을 찾으시오. 아미노산의 이름과 기의 이름을 맞추시오.

20.83 $C_6H_{12}$ 분자식을 가지는 많은 알켄 중에서 하나만 카이랄이다.

(a) 이 알켄의 구조식을 쓰시오.

(b) 이 알켄에 대한 2개의 거울상 이성질체를 나타낼 수 있도록 사면체 중심의 탄소에 치환기를 위치시키시오.

20.85 다음에 나타낸 두 개의 구조식 관계가 구조 이성질체, 시스/트랜스 입체 이성질체, 거울상 이성질체, 공명 구조를 나타내는지 또는 단순히 동일한 구조에 대한 다른 표현인지 여부를 결정하시오.

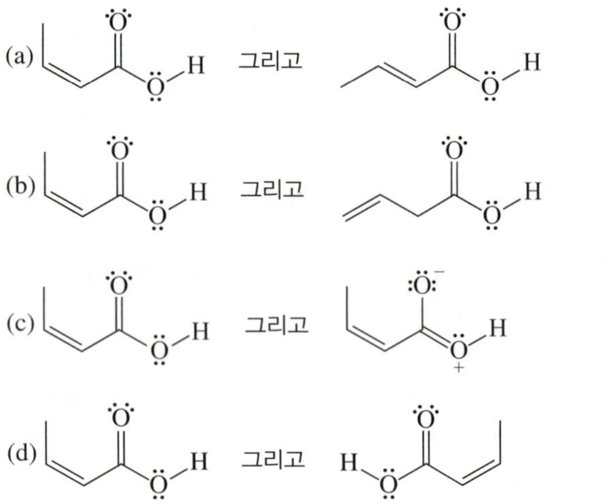


20.87 다음의 방향족 치환 반응에서 친전자체는 $(CH_3)_2CH^+$이고, 반응 메커니즘상의 중간체를 아래에 나타내었다. 이 중간체에 대한 두 개의 다른 공명 구조를 쓰시오.

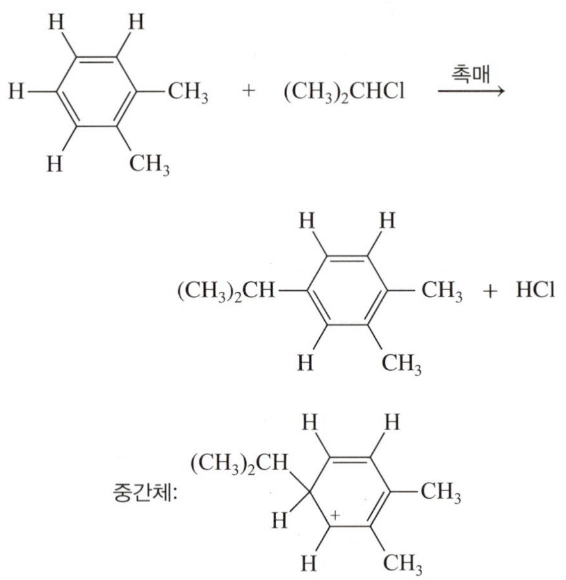


20.89 시스-2-뷰텐에 HCl을 친전자적으로 첨가하여 2-클로로뷰테인을 수득하였으며, 얻어진 물질을 편광기로 시험했을 때 광학 활성이 아닌 것으로 확인되었다.

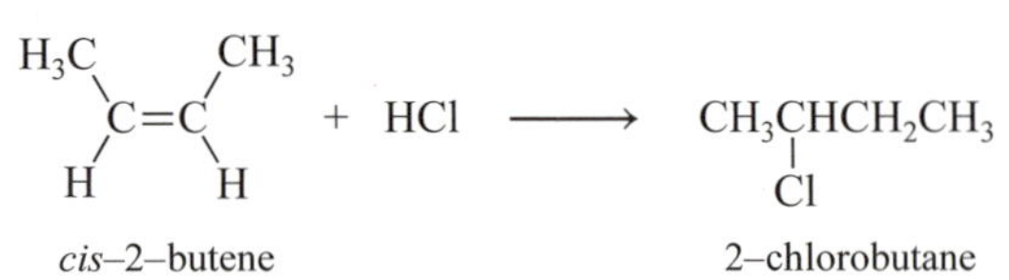


다음 중 위의 반응에서 생성된 2-클로로뷰테인의 광학 활성이 없는 이유에 대한 설명이 올바른 것은 어느 것인가?

(a) 2-클로로뷰테인은 카이랄이 아니다.

(b) 2-클로로뷰테인의 거울상 이성질체 2개가 동일한 양으로 생성되었다.

20.91 고리 화합물을 제외하고 $C_4H_6$ 분자식을 가지는 3개의 탄화수소가 있다. 구조식을 쓰고, 이 이성질체에 포함된 모든 탄소에 대한 혼성화를 결정하시오.

20.93 에스터 또는 아마이드 중에서 카보닐기로의 전자 기여가 더 뚜렷하다고 생각하는 것은 어떤 화합물인가? 설명하시오.

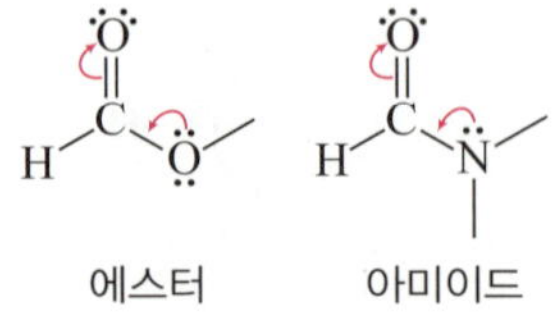


20.95 모든 알케인은 공기 중에서 연소할 때 열을 방출한다. 이러한 알케인의 연소는 발열 반응이며, $\Delta H°$의 부호는 음이다. 분자식이 $C_5H_{12}$인 알케인의 연소에 대한 일반적인 반응식은 다음과 같다.

$$C_5H_{12} + 8O_2 \longrightarrow 5CO_2 + 6H_2O$$

3개의 펜테인 이성질체의 연소에 대한 $\Delta H°$의 값은 다음과 같다.

$CH_3CH_2CH_2CH_2CH_3 = -3536$ kJ/mol
$(CH_3)_2CHCH_2CH_3 = -3529$ kJ/mol
$(CH_3)_4C = -3515$ kJ/mol

(a) 이 이성질체의 상대적인 퍼텐셜 에너지와 안정성에 대해 사슬의 가지가 미치는 영향은 무엇인가?

(b) 이러한 영향을 18개의 $C_8H_{18}$ 이성질체 중 가장 안정한 화합물을 예측하는 방법으로 일반화할 수 있는가?

20.97 C, H 및 O만을 포함하는 20.63 mg의 화합물 Y를 과량의 산소로 연소시키면 57.94 mg의 이산화 탄소와 11.85 mg의 물이 생성된다.

(a) Y의 원래 시료에 C, H 및 O가 각각 몇 mg 있는지 계산하시오.

(b) Y의 실험식을 유도하시오.

(c) 실험식이 분자식과 같다면 Y에 대한 타당한 구조를 제안하시오.

20.99 케블라(Kevlar)는 방탄 조끼에 사용되는 공중합체이다. 이 물질은 다음 두 단위체의 축합 반응에서 생성된다.

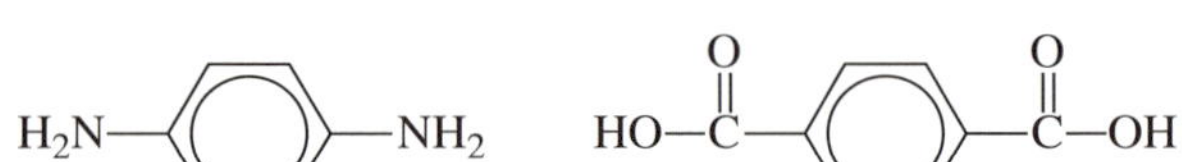

몇 개의 단위체를 사용하여 보여 주는 고분자 사슬의 일부를 그리시오. 또한 축합 반응에 대한 전체 반응식을 작성하시오.

20.101 아미노산인 글라이신은 축합되어 폴리 글라이신이라는 고분자를 생성할 수 있다. 반복되는 단위체 단위를 그리시오.

20.103 라이신과 알라닌으로 서로 다른 트라이펩타이드를 얼마나

생성할 수 있는가?

**20.105** 탈리도마이드는 분자의 방향족 부분에 있는 수소 원자 중 하나를 아미노기로 치환함으로써 CC−4047 의약품으로 전환된다. 굽은 화살표를 사용하여 이 반응에 대한 메커니즘을 그리고, 탄소 양이온 중간체의 공명 구조를 모두 그리시오.

## 유제 해답

**20.1** ❶ (a) 케톤 (b) 3° 아마이드 (c) 에스터

**20.2** ❶ (a) $CH_3CH_2CH_2CHCH_2CH_2CH_2CH_3$
|
$CH_2$
|
$CH_3$

(b) $CH_3CHCH_2CH_2CH_3$
|
F

(c) $CH_3CH_2CHCH_2CH_2CH_2CH_2CH_2CH_2CH_3$
|
$CH_3$

**20.3** ❶ 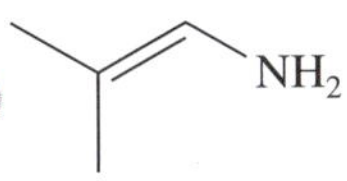


**20.4** ❶ 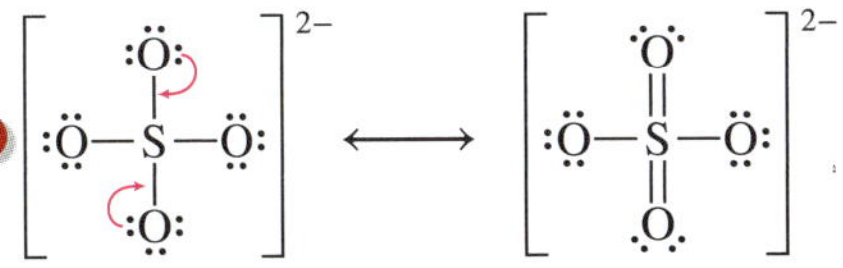

**20.5** ❶ 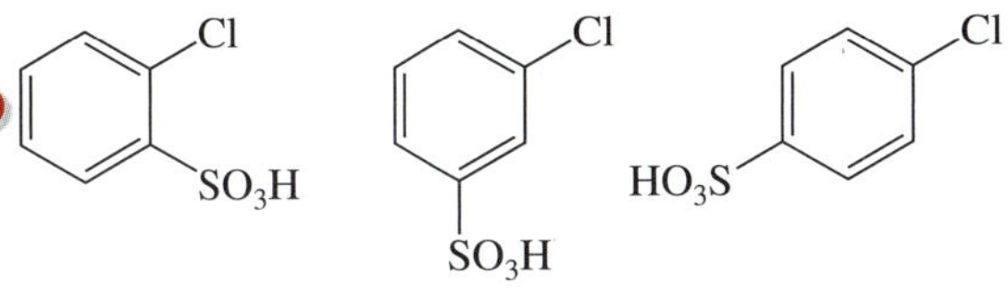


## 절 복습

**20.2.1** c **20.2.2** b **20.2.3** b **20.2.4** e **20.2.5** b, c **20.2.6** a, b
**20.3.1** b **20.3.2** d **20.3.3** e **20.3.4** b, d **20.5.1** d **20.5.2** a

# 부록 1

## 수학적 연산자

### 과학적 표기법

화학자들은 종종 대단히 큰 수 또는 대단히 작은 수를 다루게 된다. 예를 들어, 수소 원소 1 g에는 대략 602,200,000,000,000,000,000,000개의 수소 원자가 있다.
각 수소 원자는 단지 0.00000000000000000000000166 g의 질량을 가진다.

이들 수는 다루기가 번거롭고 산술 계산에서 사용할 때 실수하기 쉽다. 다음의 곱셈을 고려해 보자.

$$0.0000000056 \times 0.00000000048 = 0.000000000000000002688$$

소수점 뒤에 0을 하나 더 추가하거나 또는 0을 하나 빼는 것은 쉽게 일어난다. 따라서 매우 크거나 매우 작은 수로 작업을 할 때는 과학적 표기법이라고 불리는 방법을 사용한다. 크기와 상관없이 모든 수는 다음과 같이 표현될 수 있다.

$$N \times 10^n$$

여기서 $N$은 1과 10 사이의 수이고, 지수인 $n$은 양의 정수 또는 음의 정수이다. 이런 식으로 표현된 수는 과학적 표기법으로 쓰여졌다고 말할 수 있다.

어떤 수를 과학적 표기법으로 표현해 달라는 부탁을 받았다고 가정하자. 기본적으로 이것은 $n$을 찾으라고 요구하는 것과 같다. $N$이 1과 10 사이의 값이 될 수 있도록 소수점이 옮겨져야 하는 자리를 세어야 한다. 소수점이 왼쪽으로 옮겨져야 한다면 $n$은 양수가 될 것이고, 소수점이 오른쪽으로 옮겨져야 한다면 $n$은 음수가 될 것이다. 다음의 예가 과학적 표기법의 사용법을 보여 준다.

1. 568.762를 과학적 표기법으로 표현하자.

$$568.762 = 5.68762 \times 10^2$$

   소수점은 왼쪽으로 두 자리만큼 이동되고 $n=2$임을 확인한다.

2. 0.00000772를 과학적 표기법으로 나타내 보자.

$$0.00000772 = 7.72 \times 10^{-6}$$

   여기서 소수점은 오른쪽으로 여섯 자리만큼 이동되고 $n=-6$이다.

다음 두 가지를 명심하자. 첫째, 과학적 표기법으로 나타낼 수 없는 수에 대해서는 $n=0$을 쓴다. 예를 들어, $74.6 \times 10^0 (n=0)$은 74.6과 같다. 둘째, $n=1$일 때 위 첨자는 생략한다. 따라서 74.6의 과학적 표기법은 $7.46 \times 10^1$이 아니라 $7.46 \times 10$이다.

다음으로 연산에서는 과학적 표기법을 어떻게 다루는지 살펴본다.

### 덧셈과 뺄셈

과학적 표기법을 사용하여 더하거나 뺄 때, 먼저 지수 $n$을 갖는 $N_1$과 $N_2$를 쓴다. 그 다음 $N_1$과 $N_2$를 합하는데, 지수는 동일하게 유지된다. 다음의 예를 고려해 보자.

$$(7.4 \times 10^3) + (2.1 \times 10^3) = 9.5 \times 10^3$$

$$\begin{aligned}(4.31 \times 10^4) + (3.9 \times 10^3) &= (4.31 \times 10^4) + (0.39 \times 10^4)\\ &= 4.70 \times 10^4\end{aligned}$$

$$\begin{aligned}(2.22 \times 10^{-2}) - (4.10 \times 10^{-3}) &= (2.22 \times 10^{-2}) - (0.41 \times 10^{-2})\\ &= 1.81 \times 10^{-2}\end{aligned}$$

### 곱셈과 나눗셈

과학적 표기법으로 표현된 숫자를 곱하기 위해서는 일반적인 방법으로 $N_1$과 $N_2$를 곱하지만 지수는 더한다. 과학적 표기법을 사용하여 나누기 위해서는 $N_1$과 $N_2$를 평소와 같이 나누고 지수는 뺀다. 다음 예제는 이러한 작업이 수행되는 방법을 보여 준다.

$$\begin{aligned}(8.0 \times 10^4) \times (5.0 \times 10^2) &= (8.0 \times 5.0)(10^{4+2})\\ &= 40 \times 10^6\\ &= 4.0 \times 10^7\end{aligned}$$

$$\begin{aligned}(4.0 \times 10^{-5}) \times (7.0 \times 10^3) &= (4.0 \times 7.0)(10^{-5+3})\\ &= 28 \times 10^{-2}\\ &= 2.8 \times 10^{-1}\end{aligned}$$

$$\begin{aligned}\frac{6.9 \times 10^7}{3.0 \times 10^{-5}} &= \frac{6.9}{3.0} \times 10^{7-(-5)}\\ &= 2.3 \times 10^{12}\end{aligned}$$

$$\begin{aligned}\frac{8.5 \times 10^4}{5.0 \times 10^9} &= \frac{8.5}{5.0} \times 10^{4-9}\\ &= 1.7 \times 10^{-5}\end{aligned}$$

## 기본 삼각함수

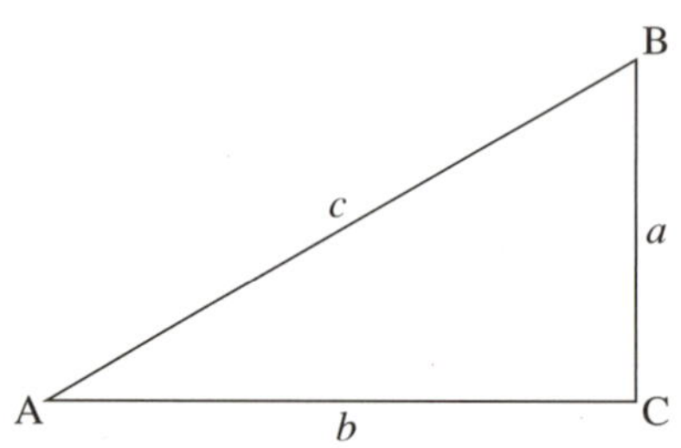


여기 삼각형에서 A, B, C(C=90°)는 각이고, $a$, $b$ 및 $c$는 변이다. 알려져 있지 않은 각 또는 변의 길이를 계산하기 위해서 우리는 다음의 관계식을 사용한다.

$$a^2 + b^2 = c^2$$

$$\sin \mathrm{A} = \frac{a}{c}$$

$$\cos A = \frac{b}{c}$$

$$\tan A = \frac{a}{b}$$

## 로그

### 상용로그

로그의 개념은 앞에서 논의되었던 지수 개념의 확장이다. 어떤 수의 상용로그(밑수가 10인)는 그 수가 되도록 만드는 10의 지수값이다. 다음 예가 그러한 관계를 설명하고 있다.

| 로그 함수 | 지수 |
|---|---|
| $\log 1 = 0$ | $10^0 = 1$ |
| $\log 10 = 1$ | $10^1 = 10$ |
| $\log 100 = 2$ | $10^2 = 100$ |
| $\log 10^{-1} = -1$ | $10^{-1} = 0.1$ |
| $\log 10^{-2} = -2$ | $10^{-2} = 0.01$ |

각각의 경우에, 그 수의 로그값은 조사하여 구할 수 있다.

수의 로그는 지수 값이기 때문에 지수와 같은 성질을 가진다.

| 로그 함수 | 지수 |
|---|---|
| $\log AB = \log A + \log B$ | $10^A \times 10^B = 10^{A+B}$ |
| $\log \frac{A}{B} = \log A - \log B$ | $\frac{10^A}{10^B} = 10^{A-B}$ |

그리고 $\log A^n = n \log A$이다.

$6.7 \times 10^{-4}$의 상용로그를 구한다고 가정하자. 대부분의 전자 계산기에서 먼저 그 수를 넣고 로그(log) 키를 누르게 된다. 이것은 다음과 같은 계산을 준다.

$$\log 6.7 \times 10^{-4} = -3.17$$

소수점 다음에 원래 수만큼의 유효 숫자가 있다는 것을 확인한다. 원래 수는 2자리 유효 숫자를 갖고 −3.17에서 "17"이 로그 값이 2자리의 유효 숫자를 가진다는 것을 보여 준다. −3.17에서 "3"은 $6.7 \times 10^{-4}$에서 소수점의 위치를 잡는 역할만 할 뿐이다. 다음에서 다른 예들을 볼 수 있다.

| 수 | 상용로그 |
|---|---|
| 62 | 1.79 |
| 0.872 | −0.0595 |
| $1.0 \times 10^{-7}$ | −7.00 |

때때로(pH 계산처럼) 로그 값이 알려져 있는 수를 구할 때가 있다. 이런 경우는 역대수(antilogarithm)를 취하는 것으로 알려져 있다. 즉, 수의 로그의 역을 취하는 것이다. 어떤 계산에서 pH=1.46이고 $[H^+]$를 구하라고 한다고 하자. pH($pH = -\log [H^+]$)의 정의로부터 우리는 다음과 같이 쓸 수 있다.

$$[H^+] = 10^{-1.46}$$

많은 계산기에는 역대수를 구하기 위한 $\log^{-1}$ 또는 INV log라고 적혀 있는 키가 있다. 다른 계산기에는 $10^x$ 또는 $y^x$ 키가 있다. 여기에서 $x$는 우리의 경우에 1.46에 해당하고 $y$는 로그의 밑수인 10에 해당한다. 따라서 $[H^+]=0.035\ M$임을 알게 된다.

### 자연 로그

밑수로 10 대신에 $e$를 취하는 로그가 자연로그로 알려져 있다.(ln 또는 $\log_e$로 쓰여진다.) $e$는 2.7183과 같다. 상용로그 함수와 자연로그 함수의 관계는 다음과 같다.

$$\log 10=1 \qquad 10^1=10$$
$$\ln 10=2.303 \qquad e^{2.303}=10$$

따라서 $\ln x=2.303 \log x$이다.

2.27의 자연로그 값을 구하기 위해서 먼저 전자 계산기에 숫자를 넣고 ln 키를 누르면 다음과 같은 계산을 얻는다.

$$\ln 2.27=0.820$$

만약에 ln 키가 없다면, 다음과 같이 할 수 있다.

$$\begin{aligned}2.303 \log 2.27 &= 2.303\times 0.356\\ &= 0.820\end{aligned}$$

종종 자연로그 값이 주어지고 그것이 나타내는 수를 찾아내는 질문을 받을 수도 있다. 예를 들어,

$$\ln x=59.7$$

많은 계산기에서는 단순히 숫자를 넣고 $e$ 키를 누르면 된다.

$$e^{59.7}=8\times 10^{25}$$

## 2차 방정식

2차 방정식은 다음과 같은 형태를 취한다.

$$ax^2+bx+c=0$$

계수 $a$, $b$, $c$가 알고 있는 값이면, $x$는 다음과 같이 구할 수 있다.

$$x=\frac{-b\pm\sqrt{b^2-4ac}}{2a}$$

다음과 같은 이차 방정식이 있다고 하자.

$$2x^2+5x-12=0$$

$x$에 대해 풀면 다음과 같이 쓸 수 있다.

$$\begin{aligned}x&=\frac{-5\pm\sqrt{(5)^2-4(2)(-12)}}{2(2)}\\ &=\frac{-5\pm\sqrt{25+96}}{4}\end{aligned}$$

그러므로

$$x=\frac{-5+11}{4}=\frac{3}{2}$$

그리고 다음과 같다.

$$x=\frac{-5-11}{4}=-4$$

## 연속 근사법

약산에서 수소 이온의 농도를 결정할 때, 이차 방정식을 사용하지 않고 연속 근사법(successive approximation)을 이용해서 풀 수도 있다. 0.0150 $M$의 플루오린화 수소산(HF) 용액을 예로 들어 보자. HF의 $K_a$는 $7.10\times10^{-4}$이다. 이 용액에서 수소 이온의 농도를 구하기 위해서 평형표를 만들고 모든 화학종의 초기 농도 값, 예상되는 농도 변화량, 그리고 평형 농도를 적는다.

| | $HF(aq)$ ⇌ | $H^+(aq)$ + | $F^-(aq)$ |
|---|---|---|---|
| 초기 농도(Initial concentration, $M$): | 0.0150 | 0 | 0 |
| 농도 변화량(Change in concentration, $M$): | $-x$ | $+x$ | $+x$ |
| 평형 농도(Equilibrium concentration, $M$): | $0.0150-x$ | $x$ | $x$ |

$K_a$로 나눈 초기 농도가 100보다 크면 $x$는 무시될 수 있다는 규칙을 적용했을 때, 이 경우 $x$는 무시될 수 없다($0.0150/7.1\times10^{-4}\approx21$). 연속 근사법은 산의 초기 농도에 대해서 $x$를 무시한다.

$$\frac{x^2}{0.0150-x}\approx\frac{x^2}{0.0150}=7.10\times10^{-4}$$

그리고 나서 다음과 같은 $x$를 푼다.

$$x^2=(0.0150)(7.10\times10^{-4})=1.07\times10^{-5}$$
$$x=\sqrt{1.07\times10^{-5}}=0.00326\ M$$

그런 다음, 분수의 분모에 계산된 $x$를 이용하여 다시 한번 $x$를 푼다.

$$\frac{x^2}{0.0150-x}=\frac{x^2}{0.0150-0.00326}=7.10\times10^{-4}$$
$$x^2=(0.0150-0.00326)(7.10\times10^{-4})=8.33\times10^{-6}$$
$$x=\sqrt{8.33\times10^{-6}}=0.00289\ M$$

이번에는 $x$값이 살짝 증가되었다. 새로이 계산된 값을 이용하여 다시 $x$에 대해서 푼다.

$$\frac{x^2}{0.0150-x}=\frac{x^2}{0.0150-0.00289}=7.10\times10^{-4}$$
$$x^2=(0.0150-0.00289)(7.10\times10^{-4})=8.60\times10^{-6}$$
$$x=\sqrt{8.60\times10^{-6}}=0.00293\ M$$

이번에는 $x$의 값이 약간 증가했다. 새로운 계산된 값을 사용하고 $x$에 대해 다시 계산한다.

$$\frac{x^2}{0.0150-x}=\frac{x^2}{0.0150-0.00293}=7.10\times10^{-4}$$
$$x^2=(0.0150-0.00293)(7.10\times10^{-4})=8.57\times10^{-6}$$
$$x=\sqrt{8.57\times10^{-6}}=0.00293\ M$$

이번에는 답이 여전히 0.00293 $M$이므로 더 이상 반복할 필요가 없다는 것을 알 수 있다. 일반적으로, 얻어진 $x$ 값이 그 전 단계에서 얻어진 값과 다르지 않을 때까지 연속 근사법을 적용시킨다. 연속 근사법을 이용하여 결정된 $x$ 값은 이차 방정식을 사용해서 얻게 되는 값과 같다.

# 부록 2

## 1 atm 및 25°C에서의 열역학적 자료*

| 무기 물질 | | | |
|---|---|---|---|
| 물질 | $\Delta H_f^\circ$(kJ/mol) | $\Delta G_f^\circ$(kJ/mol) | $S^\circ$(J/K · mol) |
| $Ag(s)$ | 0 | 0 | 42.7 |
| $Ag^+(aq)$ | 105.9 | 77.1 | 73.9 |
| $AgCl(s)$ | −127.0 | −109.7 | 96.1 |
| $AgBr(s)$ | −99.5 | −95.9 | 107.1 |
| $AgI(s)$ | −62.4 | −66.3 | 114.2 |
| $AgNO_3(s)$ | −123.1 | −32.2 | 140.9 |
| $Al(s)$ | 0 | 0 | 28.3 |
| $Al^{3+}(aq)$ | −524.7 | −481.2 | −313.38 |
| $Al_2O_3(s)$ | −1669.8 | −1576.4 | 50.99 |
| $As(s)$ | 0 | 0 | 35.15 |
| $AsO_4^{3-}(aq)$ | −870.3 | −635.97 | −144.77 |
| $AsH_3(g)$ | 171.5 | | |
| $H_3AsO_4(s)$ | −900.4 | | |
| $Au(s)$ | 0 | 0 | 47.7 |
| $Au_2O_3(s)$ | 80.8 | 163.2 | 125.5 |
| $AuCl(s)$ | −35.2 | | |
| $AuCl_3(s)$ | −118.4 | | |
| $B(s)$ | 0 | 0 | 6.5 |
| $B_2O_3(s)$ | −1263.6 | −1184.1 | 54.0 |
| $H_3BO_3(s)$ | −1087.9 | −963.16 | 89.58 |
| $H_3BO_3(aq)$ | −1067.8 | −963.3 | 159.8 |
| $Ba(s)$ | 0 | 0 | 66.9 |
| $Ba^{2+}(aq)$ | −538.4 | −560.66 | 12.55 |
| $BaO(s)$ | −558.2 | −528.4 | 70.3 |
| $BaCl_2(s)$ | −860.1 | −810.66 | 125.5 |
| $BaSO_4(s)$ | −1464.4 | −1353.1 | 132.2 |
| $BaCO_3(s)$ | −1218.8 | −1138.9 | 112.1 |
| $Be(s)$ | 0 | 0 | 9.5 |
| $BeO(s)$ | −610.9 | −581.58 | 14.1 |
| $Br_2(l)$ | 0 | 0 | 152.3 |
| $Br_2(g)$ | 30.7 | 3.14 | 245.13 |
| $Br^-(aq)$ | −120.9 | −102.8 | 80.7 |

*이온의 열역학량은 $\Delta H_f^\circ[H^+(aq)]=0$, $\Delta G_f^\circ[H^+(aq)]=0$ 및 $S^\circ[H^+(aq)]=0$의 기준 상태를 기초로 한다.

(계속)

| 물질 | $\Delta H_f^\circ$(kJ/mol) | $\Delta G_f^\circ$(kJ/mol) | $S^\circ$(J/K · mol) |
|---|---|---|---|
| $HBr(g)$ | −36.2 | −53.2 | 198.48 |
| C(흑연) | 0 | 0 | 5.69 |
| C(다이아몬드) | 1.90 | 2.87 | 2.4 |
| $CCl_4(g)$ | −95.7 | −62.3 | 309.7 |
| $CCl_4(l)$ | −128.2 | −66.4 | 216.4 |
| $CO(g)$ | −110.5 | −137.3 | 197.9 |
| $CO_2(g)$ | −393.5 | −394.4 | 213.6 |
| $CO_2(aq)$ | −412.9 | −386.2 | 121.3 |
| $CO_3^{2-}(aq)$ | −676.3 | −528.1 | −53.1 |
| $HCO_3^-(aq)$ | −691.1 | −587.1 | 94.98 |
| $H_2CO_3(aq)$ | −699.7 | −623.2 | 187.4 |
| $CS_2(g)$ | 115.3 | 65.1 | 237.8 |
| $CS_2(l)$ | 87.3 | 63.6 | 151.0 |
| $HCN(aq)$ | 105.4 | 112.1 | 128.9 |
| $CN^-(aq)$ | 151.0 | 165.69 | 117.99 |
| $(NH_2)_2CO(s)$ | −333.19 | −197.15 | 104.6 |
| $(NH_2)_2CO(aq)$ | −319.2 | −203.84 | 173.85 |
| $Ca(s)$ | 0 | 0 | 41.6 |
| $Ca(g)$ | 179.3 | 145.5 | 154.8 |
| $Ca^{2+}(aq)$ | −542.96 | −553.0 | −55.2 |
| $CaO(s)$ | −635.6 | −604.2 | 39.8 |
| $Ca(OH)_2(s)$ | −986.6 | −896.8 | 83.4 |
| $CaF_2(s)$ | −1214.6 | −1161.9 | 68.87 |
| $CaCl_2(s)$ | −794.96 | −750.19 | 113.8 |
| $CaSO_4(s)$ | −1432.69 | −1320.3 | 106.69 |
| $CaCO_3(s)$ | −1206.9 | −1128.8 | 92.9 |
| $Cd(s)$ | 0 | 0 | 51.46 |
| $Cd^{2+}(aq)$ | −72.38 | −77.7 | −61.09 |
| $CdO(s)$ | −254.6 | −225.06 | 54.8 |
| $CdCl_2(s)$ | −389.1 | −342.59 | 118.4 |
| $CdSO_4(s)$ | −926.17 | −820.2 | 137.2 |
| $Cl_2(g)$ | 0 | 0 | 223.0 |
| $Cl(g)$ | 121.7 | 105.7 | 165.2 |
| $Cl^-(aq)$ | −167.2 | −131.2 | 56.5 |
| $HCl(g)$ | −92.3 | −95.27 | 187.0 |
| $Co(s)$ | 0 | 0 | 28.45 |
| $Co^{2+}(aq)$ | −67.36 | −51.46 | 155.2 |
| $CoO(s)$ | −239.3 | −213.38 | 43.9 |
| $Cr(s)$ | 0 | 0 | 23.77 |
| $Cr^{2+}(aq)$ | −138.9 |  |  |
| $Cr_2O_3(s)$ | −1128.4 | −1046.8 | 81.17 |
| $CrO_4^{2-}(aq)$ | −863.16 | −706.26 | 38.49 |
| $Cr_2O_7^{2-}(aq)$ | −1460.6 | −1257.29 | 213.8 |

| 물질 | $\Delta H_f^\circ$(kJ/mol) | $\Delta G_f^\circ$(kJ/mol) | $S^\circ$(J/K · mol) |
|---|---|---|---|
| $Cs(s)$ | 0 | 0 | 82.8 |
| $Cs(g)$ | 76.50 | 49.53 | 175.6 |
| $Cs^+(aq)$ | −247.69 | −282.0 | 133.05 |
| $CsCl(s)$ | −442.8 | −414.4 | 101.2 |
| $Cu(s)$ | 0 | 0 | 33.3 |
| $Cu^+(aq)$ | 51.88 | 50.2 | −26.4 |
| $Cu^{2+}(aq)$ | 64.39 | 64.98 | −99.6 |
| $CuO(s)$ | −155.2 | −127.2 | 43.5 |
| $Cu_2O(s)$ | −166.69 | −146.36 | 100.8 |
| $CuCl(s)$ | −134.7 | −118.8 | 91.6 |
| $CuCl_2(s)$ | −205.85 | | |
| $CuS(s)$ | −48.5 | −49.0 | 66.5 |
| $CuSO_4(s)$ | −769.86 | −661.9 | 113.39 |
| $F_2(g)$ | 0 | 0 | 203.34 |
| $F(g)$ | 80.0 | 61.9 | 158.7 |
| $F^-(aq)$ | −329.1 | −276.48 | −9.6 |
| $HF(g)$ | −271.6 | −270.7 | 173.5 |
| $Fe(s)$ | 0 | 0 | 27.2 |
| $Fe^{2+}(aq)$ | −87.86 | −84.9 | −113.39 |
| $Fe^{3+}(aq)$ | −47.7 | −10.5 | −293.3 |
| $FeO(s)$ | −272.0 | −255.2 | 60.8 |
| $Fe_2O_3(s)$ | −822.2 | −741.0 | 90.0 |
| $Fe(OH)_2(s)$ | −568.19 | −483.55 | 79.5 |
| $Fe(OH)_3(s)$ | −824.25 | ? | ? |
| $H(g)$ | 218.2 | 203.2 | 114.6 |
| $H_2(g)$ | 0 | 0 | 131.0 |
| $H^+(aq)$ | 0 | 0 | 0 |
| $OH^-(aq)$ | −229.94 | −157.30 | −10.5 |
| $H_2O(g)$ | −241.8 | −228.6 | 188.7 |
| $H_2O(l)$ | −285.8 | −237.2 | 69.9 |
| $H_2O_2(g)$ | −136.1 | −105.5 | 232.9 |
| $H_2O_2(l)$ | −187.6 | −118.1 | 109.6 |
| $Hg(l)$ | 0 | 0 | 77.4 |
| $Hg^{2+}(aq)$ | | −164.38 | |
| $HgO(s)$ | −90.7 | −58.5 | 72.0 |
| $HgCl_2(s)$ | −230.1 | | |
| $Hg_2Cl_2(s)$ | −264.9 | −210.66 | 196.2 |
| $HgS(s)$ | −58.16 | −48.8 | 77.8 |
| $HgSO_4(s)$ | −704.17 | | |
| $Hg_2SO_4(s)$ | −741.99 | −623.92 | 200.75 |
| $I_2(g)$ | 62.25 | 19.37 | 260.57 |
| $I_2(s)$ | 0 | 0 | 116.7 |
| $I(g)$ | 106.8 | 70.21 | 180.67 |
| $I^-(aq)$ | −55.9 | −51.67 | 109.37 |

(계속)

| 물질 | $\Delta H_f^\circ$(kJ/mol) | $\Delta G_f^\circ$(kJ/mol) | $S^\circ$(J/K · mol) |
|---|---|---|---|
| $HI(g)$ | 25.9 | 1.30 | 206.3 |
| $K(s)$ | 0 | 0 | 63.6 |
| $K^+(s)$ | −251.2 | −282.28 | 102.5 |
| $KOH(s)$ | −425.85 | | |
| $KCl(s)$ | −435.87 | −408.3 | 82.68 |
| $KClO_3(s)$ | −391.20 | −289.9 | 142.97 |
| $KClO_4(s)$ | −433.46 | −304.18 | 151.0 |
| $KBr(s)$ | −392.17 | −379.2 | 96.4 |
| $KI(s)$ | −327.65 | −322.29 | 104.35 |
| $KNO_3(s)$ | −492.7 | −393.1 | 132.9 |
| $Li(s)$ | 0 | 0 | 28.0 |
| $Li(g)$ | 159.3 | 126.6 | 138.8 |
| $Li^+(aq)$ | −278.46 | −293.8 | 14.2 |
| $LiCl(s)$ | −408.3 | −384.0 | 59.30 |
| $Li_2O(s)$ | −595.8 | ? | ? |
| $LiOH(s)$ | −487.2 | −443.9 | 50.2 |
| $Mg(s)$ | 0 | 0 | 32.5 |
| $Mg(g)$ | 150 | 115 | 148.55 |
| $Mg^{2+}(aq)$ | −461.96 | −456.0 | −117.99 |
| $MgO(s)$ | −601.8 | −569.6 | 26.78 |
| $Mg(OH)_2(s)$ | −924.66 | −833.75 | 63.1 |
| $MgCl_2(s)$ | −641.8 | −592.3 | 89.5 |
| $MgSO_4(s)$ | −1278.2 | −1173.6 | 91.6 |
| $MgCO_3(s)$ | −1112.9 | −1029.3 | 65.69 |
| $Mn(s)$ | 0 | 0 | 31.76 |
| $Mn^{2+}(aq)$ | −218.8 | −223.4 | −83.68 |
| $MnO_2(s)$ | −520.9 | −466.1 | 53.1 |
| $N(g)$ | 470.4 | 455.5 | 153.3 |
| $N_2(g)$ | 0 | 0 | 191.5 |
| $N_3^-(aq)$ | 245.18 | ? | ? |
| $NH_3(g)$ | −46.3 | −16.6 | 193.0 |
| $NH_4^+(aq)$ | −132.80 | −79.5 | 112.8 |
| $NH_4Cl(s)$ | −315.39 | −203.89 | 94.56 |
| $NH_3(aq)$ | −80.3 | −26.5 | 111.3 |
| $N_2H_4(l)$ | 50.4 | | |
| $NO(g)$ | 90.4 | 86.7 | 210.6 |
| $NO_2(g)$ | 33.85 | 51.8 | 240.46 |
| $N_2O_4(g)$ | 9.66 | 98.29 | 304.3 |
| $N_2O(g)$ | 81.56 | 103.6 | 219.99 |
| $HNO_2(aq)$ | −118.8 | −53.6 | |
| $HNO_3(l)$ | −173.2 | −79.9 | 155.6 |
| $NO_3^-(aq)$ | −206.57 | −110.5 | 146.4 |
| $Na(s)$ | 0 | 0 | 51.05 |
| $Na(l)$ | 2.41 | 0.50 | 57.56 |

| 물질 | $\Delta H_f^\circ$(kJ/mol) | $\Delta G_f^\circ$(kJ/mol) | $S^\circ$(J/K · mol) |
|---|---|---|---|
| $Na(g)$ | 107.7 | 77.3 | 153.7 |
| $Na^+(aq)$ | −239.66 | −261.87 | 60.25 |
| $NaOH(aq)$ | −469.6 | −419.2 | 49.8 |
| $Na_2O(s)$ | −415.9 | −376.56 | 72.8 |
| $NaCl(s)$ | −410.9 | −384.0 | 72.38 |
| $NaI(s)$ | −288.0 | | |
| $Na_2SO_4(s)$ | −1384.49 | −1266.8 | 149.49 |
| $NaNO_3(s)$ | −466.68 | −365.89 | 116.3 |
| $Na_2CO_3(s)$ | −1130.9 | −1047.67 | 135.98 |
| $NaHCO_3(s)$ | −947.68 | −851.86 | 102.09 |
| $Ni(s)$ | 0 | 0 | 30.1 |
| $Ni^{2+}(aq)$ | −64.0 | −46.4 | −159.4 |
| $NiO(s)$ | −244.35 | −216.3 | 38.58 |
| $Ni(OH)_2(s)$ | −538.06 | −453.1 | 79.5 |
| $O(g)$ | 249.4 | 230.1 | 160.95 |
| $O_2(g)$ | 0 | 0 | 205.0 |
| $O_3(aq)$ | −12.09 | 16.3 | 110.88 |
| $O_3(g)$ | 142.2 | 163.4 | 237.6 |
| P(white) | 0 | 0 | 44.0 |
| P(red) | −18.4 | 13.8 | 29.3 |
| $PCl_3(l)$ | −319.7 | −272.3 | 217.1 |
| $PCl_3(g)$ | −288.07 | −269.6 | 311.7 |
| $PCl_5(g)$ | −374.9 | −305.0 | 364.5 |
| $PO_4^{3-}(aq)$ | −1284.07 | −1025.59 | −217.57 |
| $P_4O_{10}(s)$ | −3012.48 | | |
| $PH_3(g)$ | 9.25 | 18.2 | 210.0 |
| $HPO_4^{2-}(aq)$ | −1298.7 | −1094.1 | −35.98 |
| $H_2PO_4^-(aq)$ | −1302.48 | −1135.1 | 89.1 |
| $Pb(s)$ | 0 | 0 | 64.89 |
| $Pb^{2+}(aq)$ | 1.6 | −24.3 | 21.3 |
| $PbO(s)$ | −217.86 | −188.49 | 69.45 |
| $PbO_2(s)$ | −276.65 | −218.99 | 76.57 |
| $PbCl_2(s)$ | −359.2 | −313.97 | 136.4 |
| $PbS(s)$ | −94.3 | −92.68 | 91.2 |
| $PbSO_4(s)$ | −918.4 | −811.2 | 147.28 |
| $Pt(s)$ | 0 | 0 | 41.84 |
| $PtCl_4^{2-}(aq)$ | −516.3 | −384.5 | 175.7 |
| $Rb(s)$ | 0 | 0 | 69.45 |
| $Rb(g)$ | 85.8 | 55.8 | 170.0 |
| $Rb^+(aq)$ | −246.4 | −282.2 | 124.27 |
| $RbBr(s)$ | −389.2 | −378.1 | 108.3 |
| $RbCl(s)$ | −435.35 | −407.8 | 95.90 |
| $RbI(s)$ | −328 | −326 | 118.0 |
| S(사방정계) | 0 | 0 | 31.88 |

(계속)

| 물질 | $\Delta H_f^\circ$(kJ/mol) | $\Delta G_f^\circ$(kJ/mol) | $S^\circ$(J/K · mol) |
|---|---|---|---|
| S(단사정계) | 0.30 | 0.10 | 32.55 |
| SO(*g*) | 5.01 | −19.9 | 221.8 |
| $SO_2$(*g*) | −296.4 | −300.4 | 248.5 |
| $SO_3$(*g*) | −395.2 | −370.4 | 256.2 |
| $SO_3^{2-}$(*aq*) | −624.25 | −497.06 | 43.5 |
| $SO_4^{2-}$(*aq*) | −907.5 | −741.99 | 17.15 |
| $H_2S$(*g*) | −20.15 | −33.0 | 205.64 |
| $HSO_3^-$(*aq*) | −627.98 | −527.3 | 132.38 |
| $HSO_4^-$(*aq*) | −885.75 | −752.87 | 126.86 |
| $H_2SO_4$(*l*) | −811.3 | ? | ? |
| $SF_6$(*g*) | −1096.2 | ? | ? |
| Si(*s*) | 0 | 0 | 18.70 |
| $SiO_2$(*s*) | −859.3 | −805.0 | 41.84 |
| Sr(*s*) | 0 | 0 | 54.39 |
| $Sr^{2+}$(*aq*) | −545.5 | −557.3 | −39.33 |
| $SrCl_2$(*s*) | −828.4 | −781.15 | 117.15 |
| $SrSO_4$(*s*) | −1444.74 | −1334.28 | 121.75 |
| $SrCO_3$(*s*) | −1218.38 | −1137.6 | 97.07 |
| U(*s*) | 0 | 0 | 50.21 |
| $UF_6$(*g*) | −2147 | −2064 | 378 |
| Zn(*s*) | 0 | 0 | 41.6 |
| $Zn^{2+}$(*aq*) | −152.4 | −147.2 | −106.48 |
| ZnO(*s*) | −348.0 | −318.2 | 43.9 |
| $ZnCl_2$(*s*) | −415.89 | −369.26 | 108.37 |
| ZnS(*s*) | −202.9 | −198.3 | 57.7 |
| $ZnSO_4$(*s*) | −978.6 | −871.6 | 124.7 |

## 유기 물질

| 물질 | 분자식 | $\Delta H_f^\circ$(kJ/mol) | $\Delta G_f^\circ$(kJ/mol) | $S^\circ$(J/K · mol) |
|---|---|---|---|---|
| 아세트산(*l*) | $CH_3COOH$ | −484.2 | −389.45 | 159.8 |
| 아세트알데하이드(*g*) | $CH_3CHO$ | −166.35 | −139.08 | 264.2 |
| 아세톤(*l*) | $CH_3COCH_3$ | −246.8 | −153.55 | 198.7 |
| 아세틸렌(*g*) | $C_2H_2$ | 226.6 | 209.2 | 200.8 |
| 벤젠(*l*) | $C_6H_6$ | 49.04 | 124.5 | 172.8 |
| 뷰테인(*g*) | $C_4H_{10}$ | −124.7 | −15.7 | 310.0 |
| 에탄올(*l*) | $C_2H_5OH$ | −276.98 | −174.18 | 161.0 |
| 에테인(*g*) | $C_2H_6$ | −84.7 | −32.89 | 229.5 |
| 에틸렌(*g*) | $C_2H_4$ | 52.3 | 68.1 | 219.5 |
| 폼산(*l*) | HCOOH | −409.2 | −346.0 | 129.0 |
| 글루코스(*s*) | $C_6H_{12}O_6$ | −1274.5 | −910.56 | 212.1 |
| 메테인(*g*) | $CH_4$ | −74.85 | −50.8 | 186.2 |
| 메탄올(*l*) | $CH_3OH$ | −238.7 | −166.3 | 126.8 |
| 프로페인(*g*) | $C_3H_8$ | −103.9 | −23.5 | 269.9 |
| 설탕(*s*) | $C_{12}H_{22}O_{11}$ | −2221.7 | −1544.3 | 360.2 |

# 부록 3

## 25°C에서의 용해도곱 상수

| 화합물 | 용해 평형 | $K_{sp}$ |
|---|---|---|
| **브로민화염** | | |
| 브로민화 구리(I) | $CuBr(s) \rightleftharpoons Cu^+(aq) + Br^-(aq)$ | $4.2 \times 10^{-8}$ |
| 브로민화 납(II) | $PbBr_2(s) \rightleftharpoons Pb^{2+}(aq) + 2Br^-(aq)$ | $6.6 \times 10^{-6}$ |
| 브로민화 수은(I) | $Hg_2Br_2(s) \rightleftharpoons Hg_2^{2+}(aq) + 2Br^-(aq)$ | $6.4 \times 10^{-23}$ |
| 브로민화 은 | $AgBr(s) \rightleftharpoons Ag^+(aq) + Br^-(aq)$ | $7.7 \times 10^{-13}$ |
| **탄산염** | | |
| 탄산 바륨 | $BaCO_3(s) \rightleftharpoons Ba^{2+}(aq) + CO_3^{2}(aq)$ | $8.1 \times 10^{-9}$ |
| 탄산 칼슘 | $CaCO_3(s) \rightleftharpoons Ca^{2+}(aq) + CO_3^{2-}(aq)$ | $8.7 \times 10^{-9}$ |
| 탄산 납(II) | $PbCO_3(s) \rightleftharpoons Pb^{2+}(aq) + CO_3^{2-}(aq)$ | $3.3 \times 10^{-14}$ |
| 탄산 마그네슘 | $MgCO_3(s) \rightleftharpoons Mg^{2+}(aq) + CO_3^{2-}(aq)$ | $4.0 \times 10^{-5}$ |
| 탄산 은 | $Ag_2CO_3(s) \rightleftharpoons 2Ag^+(aq) + CO_3^{2-}(aq)$ | $8.1 \times 10^{-12}$ |
| 탄산 스트론튬 | $SrCO_3(s) \rightleftharpoons Sr^{2+}(aq) + CO_3^{2-}(aq)$ | $1.6 \times 10^{-9}$ |
| **염화염** | | |
| 염화 납(II) | $PbCl_2(s) \rightleftharpoons Pb^{2+}(aq) + 2Cl^-(aq)$ | $2.4 \times 10^{-4}$ |
| 염화 수은(I) | $Hg_2Cl_2(s) \rightleftharpoons Hg_2^{2+}(aq) + 2Cl^-(aq)$ | $3.5 \times 10^{-18}$ |
| 염화 은 | $AgCl(s) \rightleftharpoons Ag^+(aq) + Cl^-(aq)$ | $1.6 \times 10^{-10}$ |
| **크로뮴산염** | | |
| 크로뮴산 납(II) | $PbCrO_4(s) \rightleftharpoons Pb^{2+}(aq) + CrO_4^{2-}(aq)$ | $2.0 \times 10^{-14}$ |
| 크로뮴산 은(I) | $Ag_2CrO_4(s) \rightleftharpoons 2Ag^+(aq) + CrO_4^{2-}(aq)$ | $1.2 \times 10^{-12}$ |
| **플루오린화염** | | |
| 플루오린화 바륨 | $BaF_2(s) \rightleftharpoons Ba^{2+}(aq) + 2F^-(aq)$ | $1.7 \times 10^{-6}$ |
| 플루오린화 칼슘 | $CaF_2(s) \rightleftharpoons Ca^{2+}(aq) + 2F^-(aq)$ | $4.0 \times 10^{-11}$ |
| 플루오린화 납(II) | $PbF_2(s) \rightleftharpoons Pb^{2+}(aq) + 2F^-(aq)$ | $4.0 \times 10^{-8}$ |

| 화합물 | 용해 평형 | $K_{sp}$ |
|---|---|---|
| **수산화염** | | |
| 수산화 알루미늄 | $Al(OH)_3(s) \rightleftharpoons Al^{3+}(aq) + 3OH^-(aq)$ | $1.8 \times 10^{-33}$ |
| 수산화 칼슘 | $Ca(OH)_2(s) \rightleftharpoons Ca^{2+}(aq) + 2OH^-(aq)$ | $8.0 \times 10^{-6}$ |
| 수산화 크로뮴(III) | $Cr(OH)_3(s) \rightleftharpoons Cr^{3+}(aq) + 3OH^-(aq)$ | $3.0 \times 10^{-29}$ |
| 수산화 구리(II) | $Cu(OH)_2(s) \rightleftharpoons Cu^{2+}(aq) + 2OH^-(aq)$ | $2.2 \times 10^{-20}$ |
| 수산화 철(II) | $Fe(OH)_2(s) \rightleftharpoons Fe^{2+}(aq) + 2OH^-(aq)$ | $1.6 \times 10^{-14}$ |
| 수산화 철(III) | $Fe(OH)_3(s) \rightleftharpoons Fe^{3+}(aq) + 3OH^-(aq)$ | $1.1 \times 10^{-36}$ |
| 수산화 마그네슘 | $Mg(OH)_2(s) \rightleftharpoons Mg^{2+}(aq) + 2OH^-(aq)$ | $1.2 \times 10^{-11}$ |
| 수산화 스트론튬 | $Sr(OH)_2(s) \rightleftharpoons Sr^{2+}(aq) + 2OH^-(aq)$ | $3.2 \times 10^{-4}$ |
| 수산화 아연 | $Zn(OH)_2(s) \rightleftharpoons Zn^{2+}(aq) + 2OH^-(aq)$ | $1.8 \times 10^{-14}$ |
| **아이오딘화염** | | |
| 아이오딘화 구리(I) | $CuI(s) \rightleftharpoons Cu^+(aq) + I^-(aq)$ | $5.1 \times 10^{-12}$ |
| 아이오딘화 납(II) | $PbI_2(s) \rightleftharpoons Pb^{2+}(aq) + 2I^-(aq)$ | $1.4 \times 10^{-8}$ |
| 아이오딘화 은 | $AgI(s) \rightleftharpoons Ag^+(aq) + I^-(aq)$ | $8.3 \times 10^{-17}$ |
| **인산염** | | |
| 인산 칼슘 | $Ca_3(PO_4)_2(s) \rightleftharpoons 3Ca^{2+}(aq) + 2PO_4^{3-}(aq)$ | $1.2 \times 10^{-26}$ |
| 인산 철(III) | $FePO_4(s) \rightleftharpoons Fe^{3+}(aq) + PO_4^{3-}(aq)$ | $1.3 \times 10^{-22}$ |
| **황산염** | | |
| 황산 바륨 | $BaSO_4(s) \rightleftharpoons Ba^{2+}(aq) + SO_4^{2-}(aq)$ | $1.1 \times 10^{-10}$ |
| 황산 칼슘 | $CaSO_4(s) \rightleftharpoons Ca^{2+}(aq) + SO_4^{2-}(aq)$ | $2.4 \times 10^{-5}$ |
| 황산 납(II) | $PbSO_4(s) \rightleftharpoons Pb^{2+}(aq) + SO_4^{2-}(aq)$ | $1.8 \times 10^{-8}$ |
| 황산 수은(I) | $Hg_2SO_4(s) \rightleftharpoons Hg_2^{2+}(aq) + SO_4^{2-}(aq)$ | $6.5 \times 10^{-7}$ |
| 황산 은 | $Ag_2SO_4(s) \rightleftharpoons 2Ag^+(aq) + SO_4^{2-}(aq)$ | $1.5 \times 10^{-5}$ |
| 황산 스트론튬 | $SrSO_4(s) \rightleftharpoons Sr^{2+}(aq) + SO_4^{2-}(aq)$ | $3.8 \times 10^{-7}$ |
| **아황산염** | | |
| 아황산 비스무트 | $Bi_2S_3(s) \rightleftharpoons 2Bi^{3+}(aq) + 3S^{2-}(aq)$ | $1.6 \times 10^{-72}$ |
| 아황산 카드뮴 | $CdS(s) \rightleftharpoons Cd^{2+}(aq) + S^{2-}(aq)$ | $8.0 \times 10^{-28}$ |
| 아황산 코발트(II) | $CoS(s) \rightleftharpoons Co^{2+}(aq) + S^{2-}(aq)$ | $4.0 \times 10^{-21}$ |
| 아황산 구리(II) | $CuS(s) \rightleftharpoons Cu^{2+}(aq) + S^{2-}(aq)$ | $6.0 \times 10^{-37}$ |
| 아황산 철(II) | $FeS(s) \rightleftharpoons Fe^{2+}(aq) + S^{2-}(aq)$ | $6.0 \times 10^{-19}$ |
| 아황산 납(II) | $PbS(s) \rightleftharpoons Pb^{2+}(aq) + S^{2-}(aq)$ | $3.4 \times 10^{-28}$ |
| 아황산 망가니즈(II) | $MnS(s) \rightleftharpoons Mn^{2+}(aq) + S^{2-}(aq)$ | $3.0 \times 10^{-14}$ |
| 아황산 수은(II) | $HgS(s) \rightleftharpoons Hg^{2+}(aq) + S^{2-}(aq)$ | $4.0 \times 10^{-54}$ |
| 아황산 니켈(II) | $NiS(s) \rightleftharpoons Ni^{2+}(aq) + S^{2-}(aq)$ | $1.4 \times 10^{-24}$ |
| 아황산 은 | $Ag_2S(s) \rightleftharpoons 2Ag^+(aq) + S^{2-}(aq)$ | $6.0 \times 10^{-51}$ |
| 아황산 주석(II) | $SnS(s) \rightleftharpoons Sn^{2+}(aq) + S^{2-}(aq)$ | $1.0 \times 10^{-26}$ |
| 아황산 아연 | $ZnS(s) \rightleftharpoons Zn^{2+}(aq) + S^{2-}(aq)$ | $3.0 \times 10^{-23}$ |

# 부록 4

## 25°C에서의 약산 및 약염기에 대한 이온화(해리) 상수

**약산**

| 화학식명 | 화학식 | $K_{a_1}$ | $K_{a_2}$ | $K_{a_3}$ |
|---|---|---|---|---|
| 아세트산 | $HC_2H_3O_2$ ($CH_3COOH$) | $1.8 \times 10^{-5}$ | | |
| 아세틸살리실산 (아스피린) | $HC_9H_7O_4$ | $3.0 \times 10^{-4}$ | | |
| 아스코브르산 (비타민 C) | $H_2C_6H_6O_6$ | $8.0 \times 10^{-5}$ | $1.6 \times 10^{-12}$ | |
| 벤조산 | $HC_7H_5O_2$ ($C_6H_5COOH$) | $6.5 \times 10^{-5}$ | | |
| 탄산 | $H_2CO_3$ | $4.2 \times 10^{-7}$ | $4.8 \times 10^{-11}$ | |
| 클로로아세트산 | $HC_2H_2O_2Cl$ ($CH_2ClCOOH$) | $1.4 \times 10^{-3}$ | | |
| 아염소산 | $HClO_2$ | $1.1 \times 10^{-2}$ | | |
| 시트르산 | $H_3C_6H_5O_7$ | $7.4 \times 10^{-4}$ | $1.7 \times 10^{-5}$ | $4.0 \times 10^{-7}$ |
| 다이클로로아세트산 | $HC_2HO_2Cl_2$ ($CHCl_2COOH$) | $5.5 \times 10^{-2}$ | | |
| 폼산 | $HCHO_2$($HCOOH$) | $1.7 \times 10^{-4}$ | | |
| 사이안화산 | $HCN$ | $4.9 \times 10^{-10}$ | | |
| 플루오린화산 | $HF$ | $7.1 \times 10^{-4}$ | | |
| 황화수소산 | $H_2S$ | $9.5 \times 10^{-8}$ | $\sim 1 \times 10^{-19}$ | |
| 아질산 | $HNO_2$ | $4.5 \times 10^{-4}$ | | |
| 옥살산 | $H_2C_2O_4$ | $6.5 \times 10^{-2}$ | $6.1 \times 10^{-5}$ | |
| 페놀 | $C_6H_5OH$ | $1.3 \times 10^{-10}$ | | |
| 인산 | $H_3PO_4$ | $7.5 \times 10^{-3}$ | $6.2 \times 10^{-8}$ | $4.8 \times 10^{-13}$ |
| 아인산 | $H_3PO_3$ | $5 \times 10^{-2}$ | $2 \times 10^{-7}$ | |
| 황산 | $H_2SO_4$ | 매우 큼 | $1.3 \times 10^{-2}$ | |
| 아황산 | $H_2SO_3$ | $1.3 \times 10^{-2}$ | $6.3 \times 10^{-8}$ | |
| 트리클로로아세트산 | $HC_2O_2Cl_3$ ($CCl_3COOH$) | $2.2 \times 10^{-1}$ | | |
| 트리플루오로아세트산 | $HC_2O_2F_3$ ($CF_3COOH$) | $3.0 \times 10^{-1}$ | | |

**약염기**

| 화학식명 | 화학식 | $K_b$ |
|---|---|---|
| 암모니아 | $NH_3$ | $1.8 \times 10^{-5}$ |
| 아닐린 | $C_6H_5NH_2$ | $3.8 \times 10^{-10}$ |
| 에틸아민 | $C_2H_5NH_2$ | $5.6 \times 10^{-4}$ |
| 메틸아민 | $CH_3NH_2$ | $4.4 \times 10^{-4}$ |
| 피리딘 | $C_5H_5N$ | $1.7 \times 10^{-9}$ |
| 요소(urea) | $H_2NCONH_2$ | $1.5 \times 10^{-14}$ |

# 해답

## Chapter 1

**1.5** (a) law (b) theory (c) hypothesis **1.11** 3.12 g/mL **1.13** (a) 35°C (b) −11°C (c) 39°C (d) 1011°C (e) −459.67°F **1.15** 2.52 mL **1.17** (a) 386 K (b) 310 K (c) 630 K **1.19** 64.3 g; 20°C; 11.35 g/cm$^3$ **1.25** (a) 0.0152 (b) 0.0000000778 (c) 0.00000329 (d) 0.841 **1.27** (a) $1.8 \times 10^{-2}$ (b) $1.14 \times 10^{10}$ (c) $-5 \times 10^4$ (d) $1.3 \times 10^3$ **1.29** (a) one (b) three (c) three (d) four (e) three (f) one (g) one or two (h) three **1.31** (a) 1.28 (b) $3.18 \times 10^{-3}$ mg (c) $8.14 \times 10^7$ dm **1.33** Carpenter Z: most accurate measurement; Carpenter Y: least accurate measurement; Carpenter X: most precise measurement; Carpenter Y: least precise measurement **1.35** upper thermometer: 41.85°; lower thermometer: 41.85° **1.37** 1.1 g/L **1.39** (a) $1.10 \times 10^8$ mg (b) $6.83 \times 10^{-5}$ m$^3$ (c) $7.2 \times 10^3$ L (d) $6.24 \times 10^{-8}$ lb **1.41** (a) 66 amu (b) $6.50 \times 10^{-3}$ amu (c) 83 Å (d) 1.32 Å **1.43** $3.1557 \times 10^7$ s **1.45** (a) 81 in/s (b) $1.2 \times 10^2$ m/min (c) 7.4 km/h **1.47** 32 km/h **1.49** $3.7 \times 10^{-3}$ g Pb **1.51** (a) $1.85 \times 10^{-7}$ m (b) $1.4 \times 10^{17}$ s (c) $7.12 \times 10^{-5}$ m$^3$ (d) $8.86 \times 10^4$ L **1.53** $6.25 \times 10^{-4}$ g/cm$^3$ **1.57** (a) homogeneous mixture (b) pure substance (c) pure substance (d) homogeneous mixture (e) homogeneous mixture (f) pure substance (g) heterogeneous mixture (h) pure substance (i) pure substance **1.63** (a) Quantitative (b) Qualitative (c) Quantitative (d) Qualitative (e) Qualitative **1.65** (a) physical change (b) chemical change (c) physical change (d) chemical change (e) physical change **1.67** (a) upper ruler: 2.5 cm (b) lower ruler: 2.55 cm **1.69** (a) chemical (b) chemical (c) physical (d) physical (e) chemical **1.71** $4.75 \times 10^7$ tons of sulfuric acid **1.73** (a) $8.08 \times 10^4$ g (b) $1.4 \times 10^{-6}$ g (c) 39.9 g **1.75** 31.35 cm$^3$ **1.77** 21.5 g/cm$^3$ **1.79** 8.96 g/cm$^3$ **1.81** Fahrenheit thermometer: 0.1%; Celsius thermometer: 0.3% **1.83** 72.8°S **1.85** $5 \times 10^2$ mL/breath **1.87** $4.8 \times 10^{19}$ kg NaCl; $5.3 \times 10^{16}$ tons NaCl **1.89** (a) 75.0 g Au (b) A troy ounce is heavier than an ounce. **1.91** (a) 0.5% (b) 3.1% **1.93** $1.77 \times 10^6$ g Cu **1.95** $9.5 \times 10^{10}$ kg $CO_2$ **1.97** $1.1 \times 10^2$ yr **1.99** $4 \times 10^{-19}$ g/L **1.101** density: 7.20 g/cm$^3$; radius: 0.853 cm **1.103** It would be more difficult to prove that the unknown substance is a pure substance. Most mixtures can be separated into two or more different substances. **1.105** Gently heat the liquid to see if any solid remains after the liquid evaporates. Also, collect the vapor and then compare the densities of the condensed liquid with the original liquid. The composition of a mixed liquid frequently changes with evaporation along with its density. **1.107** The volume occupied by the ice is larger than the volume of the glass bottle. The glass bottle would break. **1.109** (a) yes (b) no (c) no **1.111** (a) in °C: 527°C and 1227°C; in kelvins: 800 K and 1500 K; range span: 700°C and 700 K (b) $5.833 \times 10^{-2}$°F/s; $3.241 \times 10^{-2}$°C/s; $3.241 \times 10^{-2}$°K/s **1.113** (a) − 40°C (b) 574.59 K or 574.59°F (c) No. Since the value of Kelvin is always equal to a value that is 273.15 greater than the Celsius value, there is no temperature at which the values can be numerically equal. **1.115** (a) 20°C to 25°C (b) 1.18 g/mL (c) 1180 g/L; 1180 kg/m$^3$ (d) 420 mg

### *Key Skills*

**1.1** (d) **1.2** (e) **1.3** (a) **1.4** (b)

## Chapter 2

**2.9** 0.16 mi; $2.5 \times 10^2$ m **2.15** 149 **2.17** $^{15}_{7}N$: protons = 7, neutrons = 8, electrons = 7; $^{55}_{25}Mn$: protons = 25, neutrons = 30, electrons = 25; $^{81}_{35}Br$: protons = 35, neutrons = 46, electrons = 35; $^{207}_{82}Pb$: protons = 82, neutrons = 125, electrons = 82; $^{115}_{49}In$: protons = 49, neutrons = 66, electrons = 49; $^{94}_{40}Zr$: protons = 40; neutrons = 54, electrons = 40. **2.19** (a) $^{187}_{75}Re$ (b) $^{209}_{83}Bi$ (c) $^{75}_{33}As$ (d) $^{236}_{93}Np$ **2.21** (a) 35 (b) 32 (c) 121 (d) 105 **2.27** (a) lithium-9 (b) sodium-25 (c) scandium-48 **2.29** (a) neon-17 (b) calcium-45 (c) technetium-92 (All technetium isotopes are radioactive.) **2.35** 20.18 amu **2.37** $^6Li$: 7.5%; $^7Li$: 92.5% **2.39** 23.98 amu **2.45** (a) Metallic character increases down a group. (b) Metallic character decreases from left to right. **2.47** Na and K; N and P; F and Cl **2.49** iron: Fe, Period 4, upper-left square of Group 8B; iodine: I, Period 5, Group 7A; sodium: Na, Period 3, Group 1A; phosphorus: P, Period 3, Group 5A; sulfur: S, Period 3, Group 6A; magnesium: Mg, Period 3, Group 2A

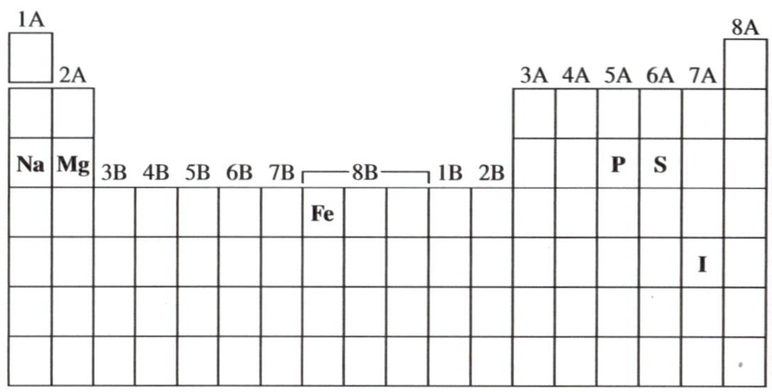


Atomic number 26, iron, Fe, (present in hemoglobin for transporting oxygen)
Atomic number 53, iodine, I, (present in the thyroid gland)
Atomic number 11, sodium, Na, (present in intra- and extracellular fluids)
Atomic number 15, phosphorus, P, (present in bones and teeth)
Atomic number 16, sulfur, S, (present in proteins)
Atomic number 12, magnesium, Mg, (present in chlorophyll molecules)

**2.53** $2.10 \times 10^5$ atoms **2.55** $1.49 \times 10^{-14}$ mol Ni **2.57** $5.15 \times 10^3$ g Pt **2.59** (a) $2.023 \times 10^{-22}$ g/Sb atom (b) $1.767 \times 10^{-22}$ g/Pd atom **2.61** $5.48 \times 10^{22}$ Sc atoms **2.63** $7.5 \times 10^{-22}$ mole of silver **2.65** $8.1 \times 10^{22}$ Fr atoms **2.67** $^{131}_{54}Xe$ **2.69** A: $^{22}_{10}Ne$; B: $^{185}_{75}Re$; C: $^{42}_{21}Sc$; To write a correct symbol for atom D, the number of neutrons would need to be known. **2.71** It establishes a standard mass unit that permits the measurement of masses of all other isotopes relative to carbon-12. **2.73** (a) $^{4}_{2}He$: protons = 2, neutrons = 2; $^{20}_{10}Ne$: protons = 10, neutrons = 10; $^{40}_{18}Ar$: protons = 18, neutrons = 22; $^{84}_{36}Kr$: protons = 36, neutrons = 48; $^{132}_{54}Xe$: protons = 54, neutrons = 78 (b) The neutron/proton ratio increases with increasing atomic number. **2.75** 192 amu; this is the atomic mass that appears in the periodic table. **2.77** (a) iodine (b) radon (c) selenium (d) sodium (e) lead **2.79** (a) $^{40}Mg$: 28 neutrons (b) $^{44}Si$: 30 neutrons (c) $^{48}Ca$: 28 neutrons (d) $^{43}Al$: 30 neutrons **2.81** Symbol: $^{101}Ru$, $^{181}Ta$, $^{150}Sm$; Protons: 44, 73, 62; Neutrons: 57, 108, 88; Electrons: 44, 73, 62 **2.83** (a) $6.6 \times 10^{22}$ Pt atoms (b) $1.4 \times 10^2$ pm

### *Key Skills*

**2.1** (e) **2.2** (c) **2.3** (a) **2.4** (c)

## Chapter 3

**3.5** (a) 20.7 J (b) $1.8 \times 10^5$ J (c) $1.03 \times 10^{-25}$ J (d) $1.75 \times 10^{-21}$ J **3.7** (a) $1.05 \times 10^3$ m/s (b) 328 m/s (c) 39.1 amu; potassium **3.9** (a) 1.5 times as large (b) $\frac{2}{3}d$ **3.15** (a) $1.58 \times 10^4$ nm (b) $1.28 \times 10^{15}$ Hz **3.17** $3.26 \times 10^7$ nm; microwave region **3.19** 2.5 min **3.25** $2.82 \times 10^{-19}$ J **3.27** (a) $4.6 \times 10^7$ nm; no (b) $4.3 \times 10^{-24}$ J/photon (c) 2.6 J/mol **3.29** $3.56 \times 10^{-20}$ J **3.31** $1.29 \times 10^{-15}$ J **3.33** Infrared photons have insufficient energy to cause the chemical changes. **3.35** $9.29 \times 10^{-13}$ m; $3.23 \times 10^{20}$ s$^{-1}$ **3.37** $7.40 \times 10^{-19}$ J **3.39** Yellow light would eject more electrons. Blue light will eject electrons with greater kinetic energy.

**3.45** $3.027 \times 10^{-19}$ J **3.47** $1.60 \times 10^{14}$ Hz; $1.88 \times 10^3$ nm **3.49** 5 **3.51** Analyze the emitted light by passing it through a prism. **3.53** Excited atoms of the chemical elements emit the same characteristic frequencies or lines in a terrestrial laboratory, in the sun, or in a star many light-years distant from earth. **3.57** 0.565 nm **3.59** $4.14 \times 10^{-30}$ cm **3.61** 377 m/s **3.69** $\Delta u \geq 2.0 \times 10^{-5}$ m/s **3.71** $\Delta u \geq 4.38 \times 10^{-26}$ m/s; This uncertainty is far smaller than what can be measured. **3.75** $\ell = 0$ or 1; $m_\ell = -1, 0$, or 1 **3.77** (b) is wrong: $\ell$ cannot be equal to $n$; and (d) is wrong: When $\ell$ is 1, $m_\ell$ can only be equal to $-1, 0$, or $+1$. **3.83** (a) $2p$: $n = 2, \ell = 1, m_\ell = 1, 0$, or $-1$ (b) $3s$: $n = 3, \ell = 0, m_\ell = 0$ (c) $5d$: $n = 5, \ell = 2, m_\ell = 2, 1, 0, -1$, or $-2$ **3.85** A $2s$ orbital is larger than a $1s$ orbital and exhibits a node. Both have the same spherical shape. The $1s$ orbital is lower in energy than the $2s$. **3.87** In H, energy depends only on $n$, but for all other atoms, energy depends on $n$ and $\ell$. **3.89** (a) $2s$ (b) $3p$ (c) equal (d) equal (e) $5s$ **3.91** (a) orbital (b); (b) orbitals (a) and (d); (c) none **3.95** (a) three (b) six (c) none **3.97** (a) 2 (b) 8 (c) 18 (d) 32 **3.99** Al: two $2p$ electrons missing, $1s^22s^22p^63s^23p^1$; B: too many $2p$ electrons, $1s^22s^22p^1$; F: too many $2p$ electrons, $1s^22s^22p^5$ **3.101** B = F < C = O < N **3.103** (a) 1; paramagnetic (b) 3; paramagnetic (c) 1; paramagnetic (d) 6; paramagnetic (e) zero; diamagnetic **3.105** (a) Wrong, because $m_\ell$ can have only whole number values. (b) Wrong, because $m_\ell$ can have only the value 0 when $\ell$ is 0. (c) Wrong, because $m_\ell$ can have only the value 0 when $\ell$ is 0. (d) acceptable (e) Wrong, because $m_s$ can have only half-integral values. **3.115** $[Xe]6s^24f^{14}5d^7$ **3.117** Ge: $[Ar]4s^23d^{10}4p^2$; Fe: $[Ar]4s^23d^6$; Zn: $[Ar]4s^23d^{10}$; Ni: $[Ar]4s^23d^8$; W: $[Xe]6s^24f^{14}5d^4$; Tl: $[Xe]6s^24f^{14}5d^{10}6p^1$ **3.119** (a) Ga (b) Y (c) Cr (d) Ac **3.121** Part (b) is correct in the view of contemporary quantum theory. Bohr's explanation of emission and absorption line spectra appears to have universal validity. Parts (a) and (c) are artifacts of Bohr's early planetary model of the hydrogen atom and are *not* considered to be valid today. **3.123** (a) 4; $2s$ and $2p$. (b) 6; $4p$, $4d$, and $4f$. (c) 10; $3d$. (d) 1; $2s$. (e) 2; $4f$. **3.125** 0.381 pm; $7.86 \times 10^{20}$ s$^{-1}$ **3.127** (a) $1.20 \times 10^{18}$ photons (b) $3.76 \times 10^8$ W **3.129** krypton **3.131** $3.0 \times 10^{19}$ photons/s **3.133** $He^+$: $n = 3 \longrightarrow 2$: $\lambda = 164$ nm; $n = 4 \longrightarrow 2$: $\lambda = 121$ nm; $n = 5 \longrightarrow 2$: $\lambda = 108$ nm; $n = 6 \longrightarrow 2$: $\lambda = 103$ nm. H: $n = 3 \longrightarrow 2$: $\lambda = 656$ nm; $n = 4 \longrightarrow 2$: $\lambda = 486$ nm; $n = 5 \longrightarrow 2$: $\lambda = 434$ nm; $n = 6 \longrightarrow 2$: $\lambda = 410$ nm. All the Balmer transitions for $He^+$ are in the ultraviolet region, whereas the transitions for H are all in the visible region. **3.135** $\frac{1}{\lambda_1} = \frac{1}{\lambda_2} + \frac{1}{\lambda_3}$ **3.137** (a) He, $1s^2$ (b) N, $1s^22s^22p^3$ (c) Na, $1s^22s^22p^63s^1$ (d) As, $[Ar]4s^23d^{10}4p^3$ (e) Cl, $[Ne]3s^23p^5$

**3.139** (a) ↑↓ ($1s^2$) ↑↓ ($2s^2$) ↑↓ ↑↓ ↑ ($2p^5$) (b) [Ne] ↑↓ ($3s^2$) ↑ ↑ ↑ ($3p^3$)

(c) [Ar] ↑↓ ($4s^2$) ↑↓ ↑↓ ↑ ↑ ↑ ($3d^7$)

**3.141** 0.596 m; microwave/radio **3.143** (a) false (b) false (c) true (d) false (e) true **3.145** blue light: 42 photons; green light: 53 photons; red light: 56 photons **3.147** $2.2 \times 10^5$ J **3.149** Only (b) and (d) are allowed transitions. Any of the transitions in Figure 3.11 is possible as long as $\ell$ for the final state differs from $\ell$ of the initial state by 1. **3.151** $\Delta u \geq 2.79 \times 10^{-26}$ m/s; This uncertainty is far smaller than can be measured. **3.153** (a) $2.29 \times 10^{-6}$ nm (b) $6.0 \times 10^{-2}$ kg; the equation is important only for speeds close to that of light.

***Key Skills***

**3.1** (e) **3.2** (d) **3.3** (b) **3.4** (d)

## Chapter 4

**4.15** sulfur (S); The electron configuration is $1s^22s^22p^63s^23p^4$ or $[Ne]3s^23p^4$. **4.17** (a) and (d); (b) and (e); (c) and (f) **4.19** (a) Group 1A or 1 (b) Group 5A or 15 (c) Group 5A or 15 (d) Group 8B or 8 **4.21** (a) Sn (b) V (c) Cl (d) Ba **4.25** (a) $\sigma = 2$ and $Z_{eff} = +4$ (b) for $2s$ electrons: $Z_{eff} = +3.22$, for $2p$ electrons: $Z_{eff} = +3.14$; These values are lower than those in part (a) because the $2s$ and $2p$ electrons actually do shield one another to some extent. **4.39** $8.40 \times 10^6$ kJ/mol **4.41** (a) four times greater (b) six times greater (c) reduce the force by one-half (d) eight times greater (e) no change **4.43** ii < iii < iv < i **4.45** Cl < P < Si < Al < Mg **4.47** oxygen **4.49** left to right: S, Se, Ca, and K **4.51** K < Ca < P < F < Ne **4.53** The Group 3A elements (such as Al) all have a single electron in the outermost $p$ subshell, which is well shielded from the nuclear charge by the inner electrons and the $ns^2$ electrons. Therefore, less energy is needed to remove a single $p$ electron than to remove a paired $s$ electron from the same principal energy level (such as for Mg). **4.55** 496 kJ/mol is paired with $1s^22s^22p^63s^1$. 2080 kJ/mol is paired with $1s^22s^22p^6$, a very stable noble gas configuration. **4.57** A: Group 3A or 3; B: Group 2A or 2; C: Group 1A or 1 **4.59** Cl **4.61** Alkali metals have a valence electron configuration of $ns^1$, so they can accept another electron in the $ns$ orbital. On the other hand, alkaline earth metals have a valence electron configuration of $ns^2$, so they have little tendency to accept another electron unless it goes into a higher energy $p$ orbital. **4.63** The calculated number for magnesium is about 78 percent larger than that for sodium. **4.69** (a) [Kr] (b) [Kr] (c) $[Kr]5s^24d^{10}$ (d) $[Kr]5s^24d^{10}5p^6$ (e) [Xe] (f) $[Kr]4d^{10}$ (g) $[Xe]6s^24f^{14}5d^{10}$ (h) $[Xe]4f^{14}5d^{10}$ **4.71** (a) $[Ar]3d^6$ (b) $[Ar]3d^9$ (c) $[Ar]3d^7$ (d) $[Ar]3d^5$ **4.73** (a) $[Ar]3d^8$ (b) $[Ar]3d^{10}$ (c) $[Kr]4d^{10}$ (d) $[Xe]4f^{14}5d^{10}$ (e) $[Xe]4f^{14}5d^8$ **4.75** (a) $Cr^{3+}$ (b) $Sc^{3+}$ (c) $Rh^{3+}$ (d) $Ir^{3+}$ **4.77** $Be^{2+}$ and He ($2\ e^-$); $N^{3-}$ and $F^-$ ($10\ e^-$); $Fe^{2+}$ and $Co^{3+}$ ($24\ e^-$); $S^{2-}$ and Ar ($18\ e^-$) **4.79** $Cu^+ < Ti^{3+} < V^{3+} < Mn^{4+} < Fe^{2+}$ **4.81** selenium, Se **4.83** iron, Fe **4.85** (a) $Fe^{2+}$ or $Co^{3+}$ (b) $Ag^+$ or $Cd^{2+}$ (c) $Cu^{2+}$ (d) $Cu^+$ or $Zn^{2+}$ (e) $V^{2+}$ or $Cr^{3+}$ (f) $Co^{2+}$ or $Ni^{3+}$ **4.89** (a) Cl (b) $Na^+$ (c) $O^{2-}$ (d) $Al^{3+}$ (e) $Au^{3+}$ **4.91** The $Cu^+$ ion is larger than the $Cu^{2+}$ ion because it has one more electron. **4.93** (d) **4.95** $In^{3+}$ **4.97** (a) bromine, Br (b) nitrogen, N (c) rubidium, Rb (d) magnesium, Mg **4.99** $O^{2-} < F^- < Na^+ < Mg^{2+}$ **4.101** $O^+$ and N; $S^{2-}$ and Ar; $N^{3-}$ and Ne; $As^{3+}$ and Zn; $Cs^+$ and Xe **4.103** (a) and (d) **4.105** The binding of a cation to an anion results from electrostatic attraction. As the +2 cation gets smaller (from $Ba^{2+}$ to $Mg^{2+}$), the distance between the opposite charges decreases and the electrostatic attraction increases. **4.107** (a) B < D < A < C (b) C < A < D < B **4.109** This anomaly is a result of the lanthanide contraction. The lanthanide contraction is a term used to describe a decrease in atomic radius of the lanthanide elements. The lanthanide contraction also decreases the radius of the elements following the lanthanides in the periodic table, including Hf. The lanthanide contraction is caused by poor shielding of the nuclear charge from the partially filled $4f$ electron orbitals.

**4.111** $H^-$; Since $H^-$ has only one proton compared to two protons for He, the nucleus of $H^-$ will attract the two electrons less strongly compared to He. Therefore, $H^-$ is larger. **4.113** 0.66 **4.115** The effective nuclear charge changes less than the nuclear charge as we move down a column of the periodic table. Gallium has an additional ten *core* electrons in its $3d$ shell to shield valence electrons. Therefore, the effective nuclear charge is not as large as might be expected. **4.117** 77.5% **4.119** $6.94 \times 10^{-19}$ J/electron; If there are no other electrons with lower kinetic energy, then this is the electron from the valence shell. To ensure that the ejected electron is the valence electron, UV light of the *longest* wavelength (lowest energy) that can still eject electrons should be used. **4.121** A: Rb; B: F; C: Mg; D: $Rb^+$; E: $F^-$ **4.123** (a) $IE_1 = 3s^1$ electron; $IE_2 = 2p^6$ electron; $IE_3 = 2p^5$ electron; $IE_4 = 2p^4$ electron; $IE_5 = 2p^3$ electron; $IE_6 = 2p^2$ electron; $IE_7 = 2p^1$ electron; $IE_8 = 2s^2$ electron; $IE_9 = 2s^1$ electron; $IE_{10} = 1s^2$ electron; $IE_{11} = 1s^1$ electron. (b) Each break ($IE_1 \longrightarrow IE_2$ and $IE_9 \longrightarrow IE_{10}$) represents the transition to another shell ($n = 3 \longrightarrow 2$ and $n = 2 \longrightarrow 1$). **4.125** Considering electron configurations, $Fe^{2+}[Ar]3d^6 \longrightarrow Fe^{3+}[Ar]3d^5$, $Mn^{2+}[Ar]3d^5 \longrightarrow Mn^{3+}[Ar]3d^4$, a half-filled shell has extra stability. In oxidizing $Fe^{2+}$, the product is a half-filled $d^5$ shell. In oxidizing $Mn^{2+}$, a half-filled $d^5$shell electron is being lost, which requires more energy. **4.127** $Z_{eff}$ increases from left to right across the table, so electrons are held more tightly. (This explains the electron affinity values of C and O.) Nitrogen has a zero value of electron affinity because of the stability of the half-filled $2p$ subshell (that is, N has little tendency to accept another electron). **4.129** Once an atom gains an electron forming a negative ion, adding additional electrons is typically an unfavorable process due to electron-electron repulsions. Second and third electron affinities do not occur spontaneously and are therefore difficult to measure. **4.131** (a) It was determined that the periodic table was based on atomic number, not atomic mass. (b) argon: 39.95 amu, potassium: 39.10 amu **4.133** element 119; electron configuration: $[Rn]7s^25f^{14}6d^{10}7p^68s^1$. **4.135** Group 2A; There is a large jump from the second to the third ionization energy, indicating a change in the principal quantum number, $n$. **4.137** Group 2A or 2 **4.139** $Sn^{4+}$

***Key Skills***

**4.1** (e) **4.2** (d) **4.3** (b) **4.4** (a)

## Chapter 5

**5.7** (a) :B̤r̈· (b) ·N̈· (c) :Ï· (d) ·Äs· (e) :F̤̈· (f) $[$:P̤̈:$]^{3-}$ (g) $Na^+$ (h) $Mg^{2+}$ (i) $[$·As·$]^{3+}$ (j) $[$·Pb·$]^{2+}$ **5.9** (a) Group 4A or 14 (b) Group 6A or 16 (c) Group 7A or 17 **5.15** (a) decreases the ionic bond energy (b) triples the ionic bond energy (c) increases the bond energy by a factor of 4 (d) increases the bond energy by a factor of 2

**5.17** (a) Ḅa + ·Ö· $\longrightarrow$ $Ba^{2+}[$:Ö:$]^{2-}$

(b) Ȧl· + ·N̈· $\longrightarrow$ $Al^{3+}[$:N̤̈:$]^{3-}$

**5.23** (a) $K_3P$, potassium phosphide (b) $Fe_2Se_3$, iron(III) selenide (c) $Ba_3N_2$, barium nitride (d) $Ga_2S_3$, gallium sulfide **5.25** (a) $Na_2O$ (b) FeS (c) $Co_2Te_3$ (d) $BaF_2$ **5.27** (a) barium hydride (b) potassium nitride (c) zinc oxide (d) barium peroxide

**5.28** (a) $MgCl_2$ (b) $Al_2O_3$ (c) LiH (d) $Na_2S$

**5.29** 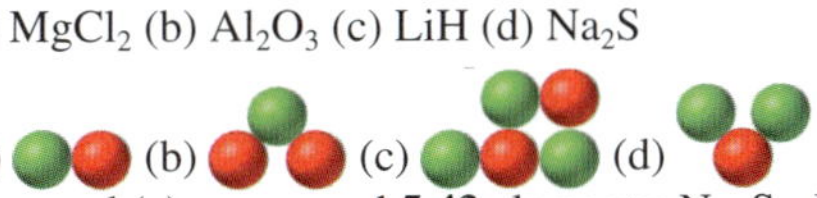 **5.41** (a) element (b) compound (c) compound **5.43** elements: $N_2$, $S_8$, $H_2$; compounds: $NH_3$, NO, CO, $CO_2$, and $SO_2$ **5.45** 2:3 **5.47** (a) $CH_3$ (b) $CH_2$ (c) $CH_2$ (d) $P_2S_3$ (e) $C_2H_6O$ **5.49** $C_3H_7NO_2$ **5.55** (a) disulfur dibromide (b) iodine pentafluoride (c) tetraphosphorus heptoxide (d) dibromine trioxide **5.57** (a) $NF_3$: nitrogen trifluoride (b) $PBr_5$: phosphorus pentabromide (c) $SCl_2$: sulfur dichloride **5.59** alcohol and aldehyde functional groups **5.61** (a) potassium hypochlorite (b) silver carbonate (c) hydrogen nitrite (d) potassium permanganate (e) cesium chlorate (f) potassium ammonium sulfate (g) iron(II) perbromate (h) potassium hydrogen phosphate **5.63** (a) CuCN (b) $Sr(ClO_2)_2$ (c) $HBrO_4$ (d) HI (e) $Na_2NH_4PO_4$ (f) $PbCO_3$ (g) $SnSO_3$ (h) $Cd(SCN)_2$ **5.67** (a) 50.48 amu (b) 92.02 amu (c) 64.07 amu (d) 84.16 amu (e) 34.02 amu (f) 342.3 amu (g) 17.03 amu **5.69** (a) 50.48 amu (b) 44.02 amu (c) 64.07 amu (d) 84.16 amu (e) 102.89 amu (f) 361.87 amu (g) 601.8 amu **5.71** (a) 120.92 amu (b) 216.3 amu (c) 128.4 amu **5.75** %Sn = 78.77%; %O = 21.23% **5.77** %Ca = 39.89%; %P = 18.50%; %O = 41.41%; %H = 0.2007% **5.79** ammonia, $NH_3$ **5.83** 409 g/mol **5.85** $3.01 \times 10^{22}$ C atoms; $6.02 \times 10^{22}$ H atoms; $3.01 \times 10^{22}$ O atoms **5.87** $4.0 \times 10^9$ molecules **5.89** (a) %C = 80.56%; %H = 7.51%; %O = 11.93% (b) $4.614 \times 10^{21}$ molecules **5.91** 1.72 g F **5.93** $5.28 \times 10^{21}$ molecules **5.95** $C_{18}H_{20}O_2$ **5.97** 981 g **5.99** $Na_2O$ and SrO **5.101** NaCl is an ionic compound; it does not consist of molecules. **5.103** (a) molecule and compound (b) element and molecule (c) element (d) molecule and compound (e) element (f) element and molecule (g) element and molecule (h) molecule and compound (i) compound, not molecule (j) element (k) element and molecule (l) compound, not molecule **5.105** (a) Yes; This is consistent with the Law of Multiple Proportions which states that if two elements combine to form more than one compound, the masses of one element that combine with a fixed mass of the other element are in ratios of small whole numbers. In this case, the ratio of the masses of hydrogen in the two compounds is 3:1. (b) ethane: any formula with C:H = 1:3 ($CH_3$, $C_2H_6$, etc.); acetylene: any formula with C:H = 1:1 (CH, $C_2H_2$, etc.) **5.107** ionic: LiF, $BaCl_2$, and KCl; molecular: $SiCl_4$, $B_2H_6$, and $C_2H_4$ **5.109** ionic: NaF, $MgF_2$, and $AlF_3$; covalent: $SiF_4$, $PF_5$, $SF_6$, and $ClF_3$ **5.111** cation: $Mg^{2+}$, $Sr^{2+}$, $Fe^{3+}$, $Mn^{2+}$, $Sn^{4+}$; anion: $HCO_3^-$, $Cl^-$, $NO_2^-$, $ClO_3^-$, $Br^-$; formula: $Mg(HCO_3)_2$, $SrCl_2$, $Fe(NO_2)_3$, $Mn(ClO_3)_2$, $SnBr_4$; name: magnesium bicarbonate, strontium chloride, iron(III) nitrite, manganese(II) chlorate, tin(IV) bromide **5.112** (a) empirical formula: CH/molecular formula: $C_2H_2$, (b) empirical formula: CH/molecular formula: $C_6H_6$, (c) empirical formula: $CH_3$/molecular formula: $C_2H_6$, (d) empirical formula: $C_3H_8$/molecular formula: $C_3H_8$

**5.113** $C_2H_6 < C_3H_8 < C_2H_2 = C_6H_6$ **5.115** (a) covalent; $BF_3$; boron trifluoride (b) ionic; KBr; potassium bromide

**5.117** $C_3H_2OF_5Cl$; 184.50 g/mol; 0.0207 mol

**5.119** (a) 0.212 mol O (b) 0.424 mol O **5.121** ionic: RbCl and $KO_2$; covalent: $PF_5$, $BrF_3$, and $CI_4$ **5.123** $MgMoO_4$ **5.125** 0.0011 mol chlorophyll **5.127** $HClO_4$ **5.129** %C = 30.20%; %H = 5.069%; %Cl = 44.57%; %S = 20.16% **5.131** (a) $6.532 \times 10^4$ g (b) $7.6 \times 10^{-2}$ g HG **5.133** (a) $4.24 \times 10^{22}$ $K^+$ ions; $4.24 \times 10^{22}$ $Br^-$ ions (b) $4.58 \times 10^{22}$ $Na^+$ ions; $2.29 \times 10^{22}$ $SO_4^{2-}$ ions (c) $4.34 \times 10^{22}$ $Ca^{2+}$ ions; $2.89 \times 10^{22}$ $PO_4^{3-}$ ions **5.135** (e) 0.50 mol $Cl_2$ **5.137** 28.97 g/mol

***Key Skills***

**5.1** (d) **5.2** (c) **5.3** (a) **5.4** (c)

## Chapter 6

**6.9** (a) ionic; $BaF_2$; barium fluoride (b) covalent; $CBr_4$; carbon tetrabromide **6.13** 0.151 D **6.15** 15.9 D **6.17** C—H ($\Delta$EN = 0.4) < Br—H ($\Delta$EN = 0.7) < F—H ($\Delta$EN = 1.9) < Li—Cl ($\Delta$EN = 2.0) < Na—Cl ($\Delta$EN = 2.1) < K—F ($\Delta$EN = 3.2) **6.19** (a) polar covalent; The electronegativity difference is 0.9. (b) nonpolar covalent; The electronegativities of C and S are identical. (c) nonpolar covalent; The electronegativity difference is 0.4. (d) ionic; The electronegativity difference is 2.5. **6.21** C—O < K—I < B—F < Li—F

**6.23**

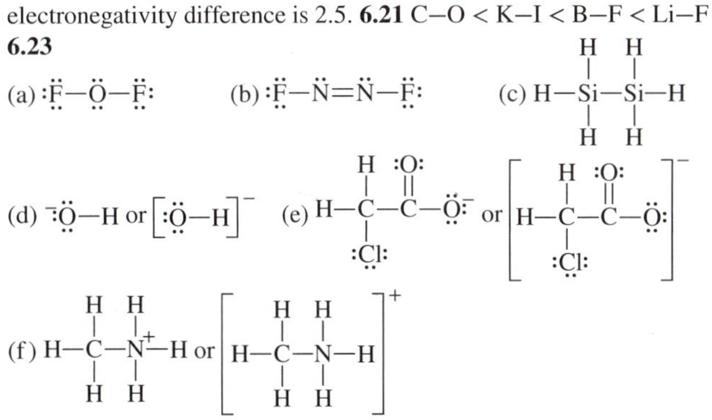

**6.25**

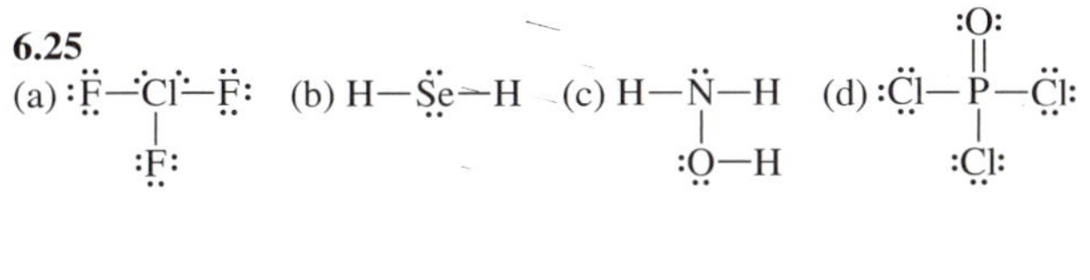

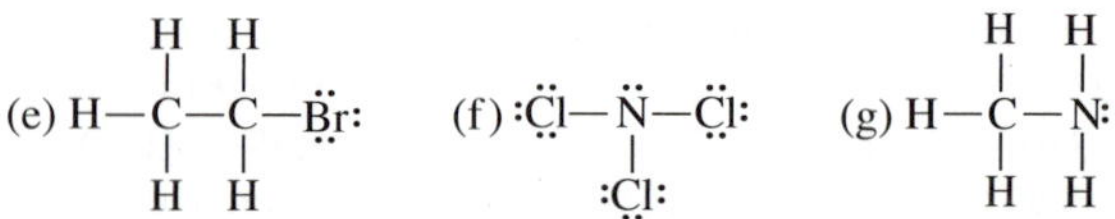

**6.29**

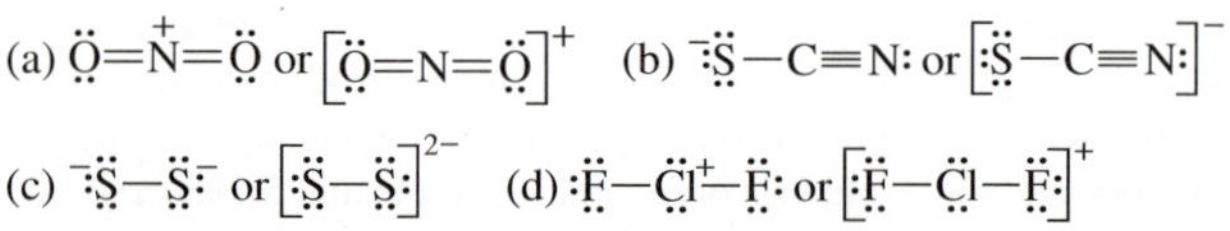

**6.31** (a) Neither oxygen atom has a complete octet, and the leftmost hydrogen atom shows two bonds (4 electrons). Hydrogen can hold only two electrons in its valence shell.

(b) 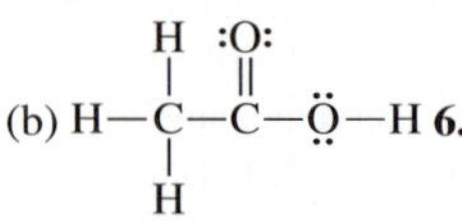 **6.35** (a) 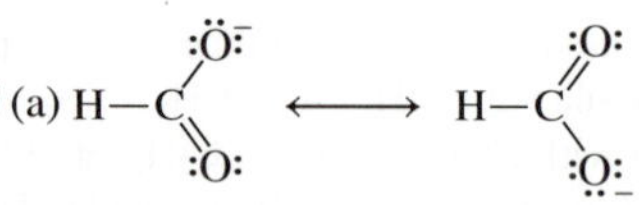

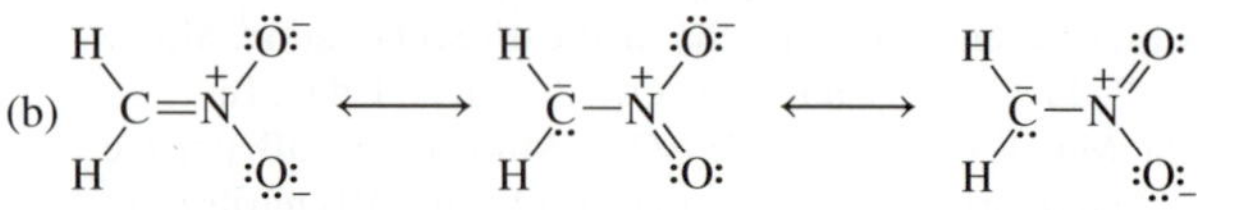

**6.37** 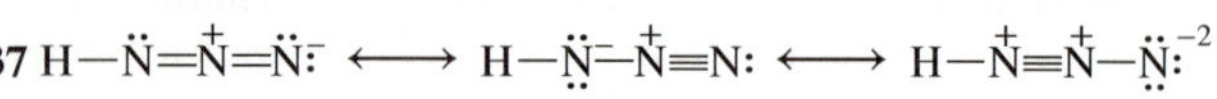

**6.39** 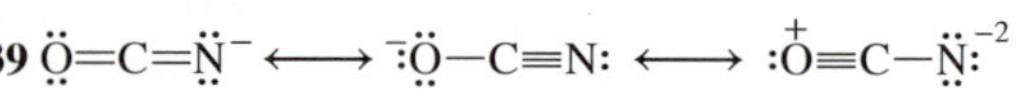

**6.41** (b) and (e)

**6.43** 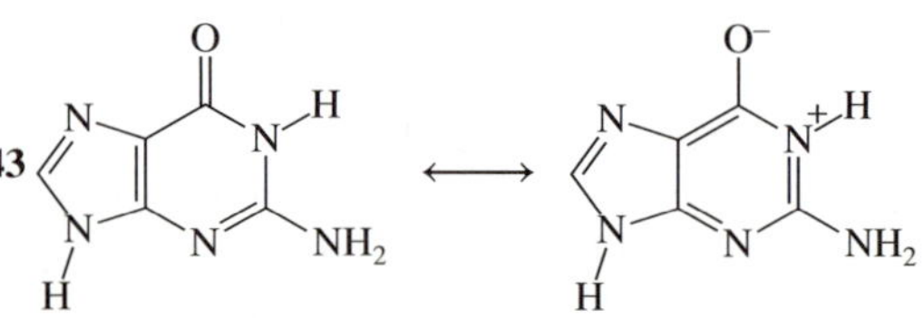

**6.49** No. An octet of electrons on Be can only be formed by making two double bonds as shown: 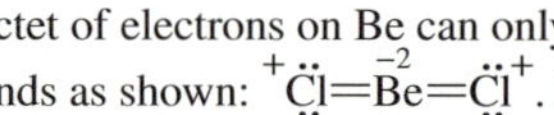. It is not a plausible Lewis structure because this places a high negative formal charge on Be and positive formal charges on the Cl atoms. This structure distributes the formal charges counter to the electronegativities of the elements.

**6.51** 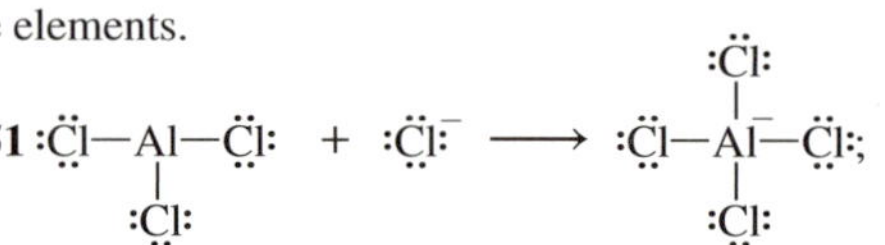

coordinate covalent bond.

**6.53** 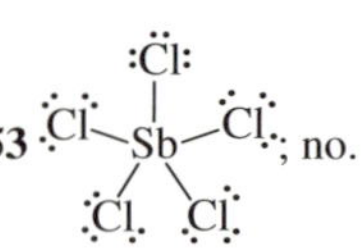; no.

**6.55** 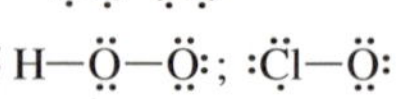

**6.57** completed octet on S: 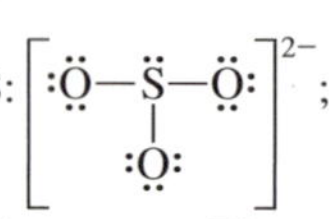;

zero formal charge on S: 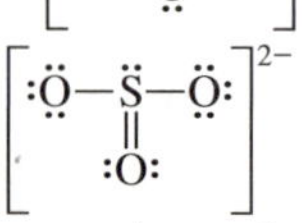

**6.59** 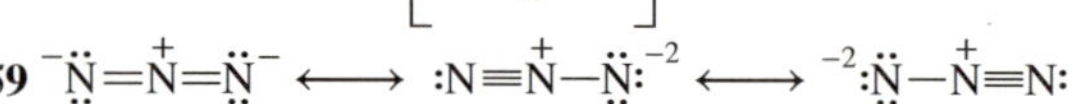

**6.61** (a) $AlCl_4^-$ (b) $AlF_6^{3-}$ (c) $AlCl_3$ **6.63** $CF_2$ would be very unstable because carbon does not have an octet; $LiO_2$ would not be stable because the lattice energy between $Li^+$ and superoxide $O_2^-$ would be too low to stabilize the solid; $CsCl_2$ requires a $Cs^{2+}$ cation. The second ionization energy is too large to be compensated by the increase in lattice energy. $PI_5$ appears to be a reasonable species. However, the iodine atoms are too large to have five of them "fit" around a single P atom. **6.65** (a) False (b) False (c) False **6.67** Only $N_2O_4$ has a nitrogen-nitrogen single bond. Therefore, it has the longest bond length. **6.69** $CH_4$ and $NH_4^+$; $N_2$ and CO; $C_6H_6$ and $B_3N_3H_6$

**6.71** 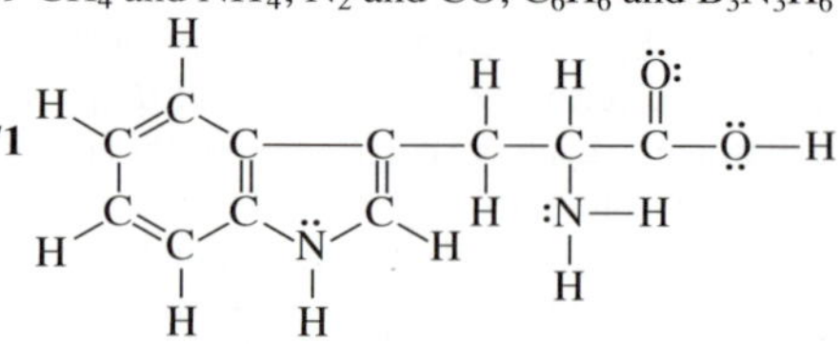

**6.73** 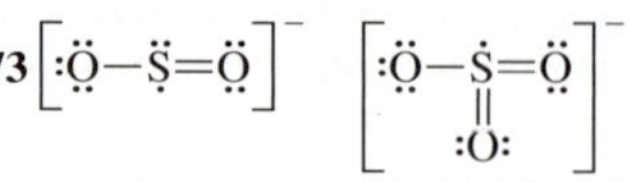

**6.75** The central iodine atom in $I_3^-$ has *ten* electrons surrounding it: two bonding pairs and three lone pairs. The central iodine has an expanded octet. Elements in the second period such as fluorine cannot have an expanded octet as would be required for $F_3^-$.

**6.77** 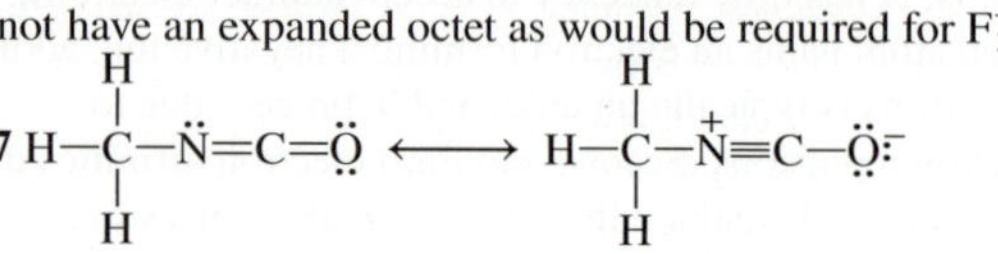

**6.79** Form (a) is the most important resonance structure with no formal charges and all satisfied octets. Form (b) is likely not as important as (a) because of the positive formal charge on O. Forms (c) and (d) do not satisfy the octet rule for all atoms and are likely not important.

**6.81** 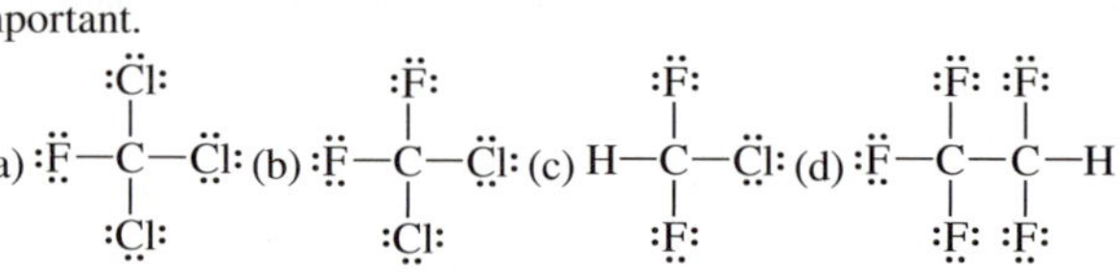

**6.83** (a) $^{-}$:C≡O:$^{+}$ (b) :N≡O:$^{+}$ (c) $^{-}$:C≡N: (d) :N≡N:

**6.85** The noble gases violate the octet rule. This is because each noble gas atom already has completely filled *ns* and *np* subshells.

**6.87** (a) 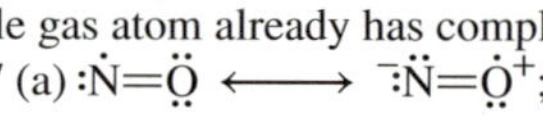; The first structure is the most important. (b) No. **6.89** 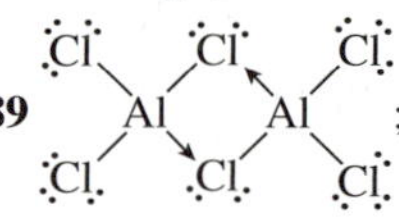; The arrows indicate coordinate covalent bonds. This dimer does not possess a dipole moment. **6.91** RbF: 62.5%; RbI: 64.25%; We would expect the percent ionic character to be higher for RbF than it is for RbI, given that fluorine is more electronegative. **6.93** compound: B, C, A; dipole moment: 1.94 D, 0.524 D, 10.3 D.

**6.95** 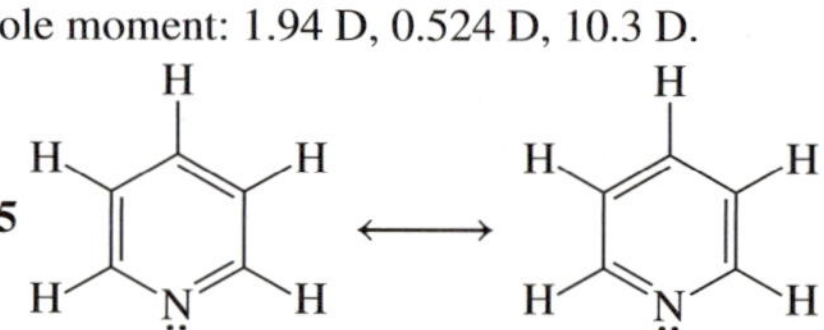

The C—N bond length will be shorter than that of a single bond (143 pm) and longer than that of a double bond (138 pm), approximately 141 pm.

**6.97**

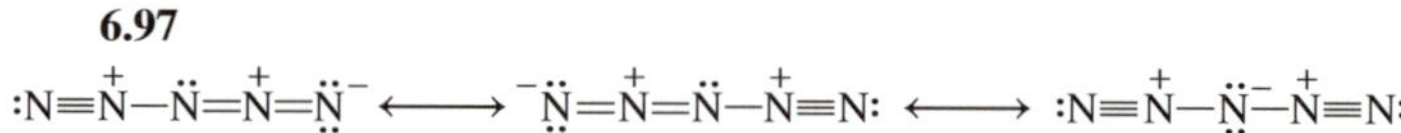

**6.99** Using Mulliken's definition, EN(O) = 727.5, EN(F) = 1004.5, and EN(Cl) = 802.5. When converted to the Pauling scale, EN(O) = 3.16 or 3.2, EN(F) = 4.37 or 4.4, and EN(Cl) = 3.49 or 3.5. These values compare to the Pauling values for oxygen of 3.5, fluorine of 4.0, and chlorine of 3.0.

***Key Skills***

**6.1** (a, c) **6.2** (b, e) **6.3** (c) **6.4** (a)

## Chapter 7

**7.7** (a) tetrahedral (b) trigonal planar (c) trigonal pyramidal (d) bent (e) bent **7.9** (a) trigonal pyramidal (b) tetrahedral (c) tetrahedral (d) seesaw **7.11** (a) linear (b) linear (c) linear **7.13** carbon at the center of $H_3C$: electron-domain geometry = tetrahedral, molecular geometry = tetrahedral; carbon at center of COOH: electron-domain geometry = trigonal planar, molecular geometry = trigonal planar; oxygen in OH: electron-domain geometry = tetrahedral, molecular geometry = bent **7.15** (a) T-shaped: Angles of <90° are possible. (b) Seesaw-shaped: It is not possible for this angle to be >120°. (c) Trigonal pyramidal: Angles of <109.5° are possible. (d) Square pyramidal: It is not possible for this angle to be >90°. **7.19** (a) polar (b) polar (c) nonpolar **7.21** Only (c) is polar. **7.29** Butane would be a liquid in winter (boiling point −44.5°C), and on the coldest days even propane would become a liquid (boiling point −0.5°C). Only methane would remain gaseous (boiling point −161.6°C). **7.31** (a) dispersion (b) dispersion and dipole-dipole (c) dispersion and dipole-dipole (d) dispersion and ionic (e) dispersion **7.33** (e) $CH_3COOH$ (acetic acid) **7.35** 1-Butanol has greater intermolecular forces because it can form hydrogen bonds. Therefore, it has a higher boiling point. **7.37** (a) Xe: it is larger and therefore has stronger dispersion forces. (b) $CS_2$: it is larger (both molecules are nonpolar) and therefore has stronger dispersion forces. (c) $Cl_2$: it is larger (both the molecules are nonpolar) and therefore has stronger dispersion forces. (d) LiF: it is an ionic compound, and the ion-ion attractions are much stronger than the dispersion forces between $F_2$ molecules. (e) $NH_3$: it can form hydrogen bonds and $PH_3$ cannot. **7.39** (a) dispersion and dipole-dipole, including hydrogen bonding (b) dispersion only (c) dispersion only (d) covalent bonds **7.41** $PH_3$ will condense to a liquid at a higher temperature because it is polar and has stronger intermolecular forces. **7.43** The compound with $-NO_2$ and $-OH$ groups on adjacent carbons can form hydrogen bonds with itself (*intra*molecular hydrogen bonds). Such bonds do not contribute to *inter*molecular attraction and do not help raise the melting point of the compound. The other compound, with the $-NO_2$ and $-OH$ groups on the opposite sides of the ring, can form only *inter*molecular hydrogen bonds; therefore, it will take a higher temperature to escape into the gas phase. **7.49** $BF_3$; Valence bond theory fails to explain the bonding in molecules in which the central atom in its ground state does not have enough unpaired electrons to form the observed number of bonds. **7.55** $SiH_4$: $sp^3$; $H_3Si-SiH_3$: $sp^3$ **7.57** Since there are five electron domains around P, the electron-domain geometry is trigonal bipyramidal ($AB_5$ with no lone pairs) and we conclude that P is $sp^3d$ hybridized. **7.59** Boron is $sp^2$ hybridized in $BF_3$ and nitrogen is $sp^3$ hybridized in $NH_3$. After the reaction, boron and nitrogen are both $sp^3$ hybridized.

**7.63** (a) *sp* (b) *sp* (c) *sp* **7.65** *sp* **7.67** nine $\sigma$ bonds and nine $\pi$ bonds **7.69** 36 $\sigma$ bonds and 10 $\pi$ bonds **7.75** In order for the two hydrogen atoms to combine to form an $H_2$ molecule, the electrons must have opposite spins. If two H atoms collide and their electron spins are parallel, no bond will form. **7.77** order of increasing stability: $Li_2^- = Li_2^+ < Li_2$; $Li_2$: $(\sigma_{1s})^2(\sigma_{1s}^*)^2(\sigma_{2s})^2$: bond order = 1; $Li_2^+$: $(\sigma_{1s})^2(\sigma_{1s}^*)^2(\sigma_{2s})^1$: bond order = $\frac{1}{2}$; $Li_2^-$: $(\sigma_{1s})^2(\sigma_{1s}^*)^2(\sigma_{2s})^2(\sigma_{2s}^*)^1$: bond order = $\frac{1}{2}$ **7.79** $B_2^+$, with a bond order of $\frac{1}{2}$. ($B_2$ has a bond order of 1.) **7.81** The Lewis diagram has all electrons paired (incorrect) and a double bond (correct). The MO diagram has two unpaired electrons (correct), and a bond order of 2 (correct). **7.83** $O_2$: bond order = 2, paramagnetic; $O_2^+$: bond order = 2.5, paramagnetic; $O_2^-$: bond order = 1.5, paramagnetic; $O_2^{2-}$: bond order = 1, diamagnetic **7.85** The two shared electrons that make up the single bond in $B_2$ both lie in pi molecular orbitals and constitute a pi bond. The four shared electrons that make up the double bond in $C_2$ all lie in pi molecular orbitals and constitute two pi bonds. **7.87** $Be_2$ **7.91** The left symbol shows three delocalized double bonds (correct). The right symbol shows three localized double bonds and three single bonds (incorrect).

**7.93** (a) 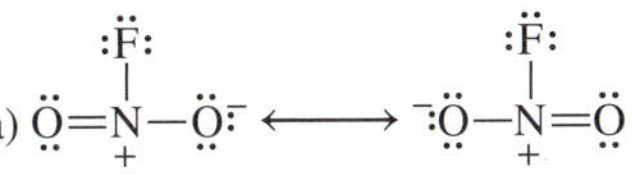

(b) $sp^2$ (c) Sigma bonds join the nitrogen atom to the fluorine and oxygen atoms. There is a pi molecular orbital delocalized over the N and O atoms. **7.95** The central oxygen atom is $sp^2$ hybridized. The unhybridized $2p_z$ orbital on the central oxygen overlaps with the $2p_z$ orbitals on the two terminal atoms. **7.97** :B̤r̈—Hg—B̤r̈:; You could establish the geometry of $HgBr_2$ by measuring its dipole moment. **7.99** bent; $sp^3$ **7.101** (a) $C_6H_8O_6$ (b) Five central O atoms $sp^3$; hybridization of the sixth (double bonded) peripheral O atom is $sp^2$. Three C atoms $sp^2$; three C atoms $sp^3$. (c) Five central O atoms bent; three $sp^2$ C atoms are trigonal planar; and the three $sp^3$ C atoms are tetrahedral. **7.103** (a) 180° (b) 120° (c) 109.5° (d) 109.5° (e) 180° (f) 120° (g) 109.5° (h) 109.5°

**7.105** (a) 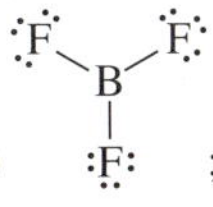 ; planar (b) 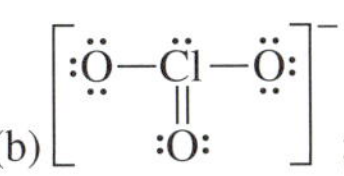 ; nonplanar

(c) H—C≡N:; polar (d) 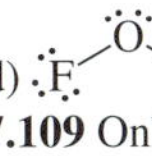; polar (e) 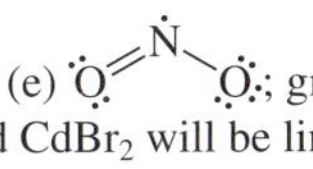; greater than 120° **7.107** $CCl_4$ **7.109** Only $ICl_2^-$ and $CdBr_2$ will be linear. **7.111** (a) $sp^2$ (b) The structure on the right is polar. Molecule on the left will be nonpolar. **7.113** In 1,2-dichloroethane, the two C atoms are joined by a sigma bond. Rotation about a sigma bond does not destroy the bond, and the bond is therefore free (or relatively free) to rotate. Thus, all angles are permitted and the molecule is nonpolar because the C—Cl bond moments cancel each other because of the averaging effect brought about by rotation. In *cis*-dichloroethylene, the two C—Cl bonds are locked in position. The $\pi$ bond between the C atoms prevents rotation (in order to rotate, the $\pi$ bond must be broken, using an energy source such as light or heat). Therefore, there is no rotation about the C=C in *cis*-dichloroethylene, and the molecule is polar. **7.115** (a) $K_2S$: Ionic forces are much stronger than the dipole-dipole forces in $(CH_3)_3N$. (b) $Br_2$: Both the molecules are nonpolar; but $Br_2$ has a larger mass.

**7.117**

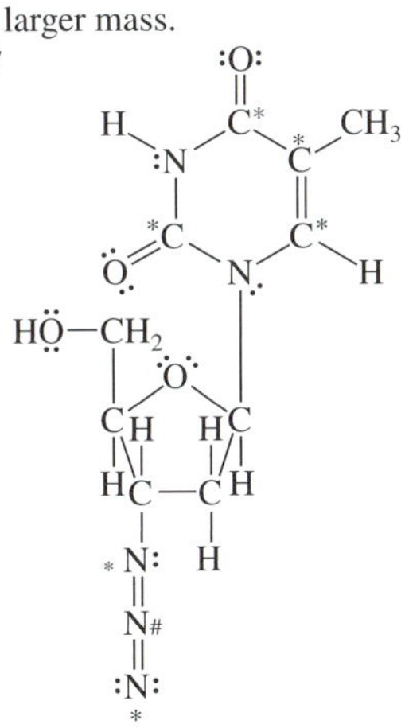

The carbon atoms and nitrogen atoms marked with an asterisk (C* and N*) are $sp^2$ hybridized; unmarked carbon atoms and nitrogen atoms are $sp^3$ hybridized; and the nitrogen atom marked with (#) is *sp* hybridized. **7.119** (a) no *sp* hybrid orbitals; (b) two $sp^2$ hybrid orbitals; (c) five $sp^3$ orbitals; (d) no $sp^3d$ orbitals **7.121** The carbons are all $sp^2$ hybridized. The nitrogen double bonded to the carbon in the ring is $sp^2$ hybridized. The other nitrogens are $sp^3$ hybridized. **7.123** The molecules are all polar. The F atoms can form H-bonds with water and other —OH and —NH groups in the membrane, so water solubility plus easy attachment to the membrane would allow these molecules to pass the blood-brain barrier. **7.125** All except homonuclear diatomic molecules $N_2$ and $O_2$. **7.127** The S—S bond is a normal two-electron shared pair covalent bond. Each S is $sp^3$ hybridized, so the X—S—S angle is about 109°. **7.129** (a) $O_2$ (b) 2

(c) two **7.131** figure (c) **7.133** The second ("asymmetric stretching mode") and third ("bending mode").
**7.135**

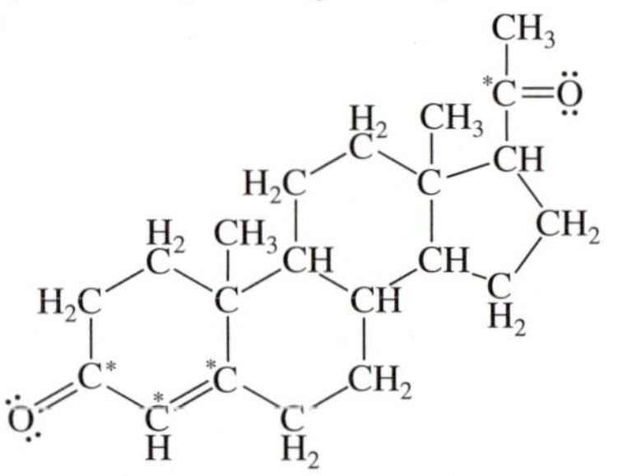

The four carbons marked with an asterisk are $sp^2$ hybridized. The remaining carbons are $sp^3$ hybridized. **7.137** (a) $[Ne_2](\sigma_{3s})^2(\sigma^*_{3s})^2(\pi_{3p_y})^2(\pi_{3p_z})^2(\sigma_{3p_x})^2$ (b) 3 (c) diamagnetic **7.139** The Lewis structure of $O_2$ shows four pairs of electrons on the two oxygen atoms. From Figure 7.23 of the text, we see that these eight valence electrons are placed in the $\sigma_{2p_x}$, $\pi_{2p_y}$, $\pi_{2p_z}$, $\pi^*_{2p_y}$, and $\pi^*_{2p_z}$ orbitals. For all the electrons to be paired, energy is needed to flip the spin in one of the antibonding molecular orbitals ($\pi^*_{2p_y}$ or $\pi^*_{2p_z}$). According to Hund's rule, this arrangement is less stable than the ground-state configuration shown in Figure 7.23, and hence the Lewis structure shown actually corresponds to an excited state of the oxygen molecule. **7.141** (a) Although the O atoms are $sp^3$ hybridized, they are locked in a planar structure by the benzene rings. The molecule is symmetrical and therefore is not polar. (b) 20 σ bonds and 6 π bonds. **7.143** (a) $:\overset{-}{C}\equiv\overset{+}{O}:$ The electronegativity difference between O and C suggests that electron density should concentrate on the O atom, but assigning formal charges places a negative charge on the C atom. Therefore, we expect CO to have a small dipole moment. (b) CO is isoelectronic with $N_2$ and has a bond order of 3. This agrees with the triple bond in the Lewis structure. (c) Since C has a negative formal charge, it is more likely to form bonds with $Fe^{2+}$ ($OC{-}Fe^{2+}$ rather than $CO{-}Fe^{2+}$). **7.145** tetrahedral **7.147** We can assume that the electron is removed from an antibonding orbital. This will increase the ratio of bonding to antibonding electrons, increase the bond order, and shorten the bond length.

### *Key Skills*

**7.1** (c) **7.2** (d) **7.3** (b) **7.4** (e)

## Chapter 8

**8.5** (a) $KOH + H_3PO_4 \longrightarrow K_3PO_4 + H_2O$ (b) $Zn + AgCl \longrightarrow ZnCl_2 + Ag$ (c) $NaHCO_3 \longrightarrow Na_2CO_3 + H_2O + CO_2$ (d) $NH_4NO_2 \longrightarrow N_2 + H_2O$ (e) $CO_2 + KOH \longrightarrow K_2CO_3 + H_2O$
**8.7** (a) Potassium and water react to form potassium hydroxide and hydrogen. (b) Barium hydroxide and hydrochloric acid react to form barium chloride and water. (c) Copper and nitric acid react to form copper nitrate, nitrogen monoxide, and water. (d) Aluminum and sulfuric acid react to form aluminum sulfate and hydrogen. (e) Hydrogen iodide reacts to form hydrogen and iodine.
**8.9** (a) $2N_2O_5 \longrightarrow 2N_2O_4 + O_2$ (b) $2KNO_3 \longrightarrow 2KNO_2 + O_2$ (c) $NH_4NO_3 \longrightarrow N_2O + 2H_2O$ (d) $NH_4NO_2 \longrightarrow N_2 + 2H_2O$ (e) $2NaHCO_3 \longrightarrow Na_2CO_3 + H_2O + CO_2$ (f) $P_4O_{10} + 6H_2O \longrightarrow 4H_3PO_4$ (g) $2HCl + CaCO_3 \longrightarrow CaCl_2 + H_2O + CO_2$ (h) $2Al + 3H_2SO_4 \longrightarrow Al_2(SO_4)_3 + 3H_2$ (i) $CO_2 + 2KOH \longrightarrow K_2CO_3 + H_2O$ (j) $CH_4 + 2O_2 \longrightarrow CO_2 + 2H_2O$ (k) $Be_2C + 4H_2O \longrightarrow 2Be(OH)_2 + CH_4$ (l) $3Cu + 8HNO_3 \longrightarrow 3Cu(NO_3)_2 + 2NO + 4H_2O$ (m) $S + 6HNO_3 \longrightarrow H_2SO_4 + 6NO_2 + 2H_2O$ (n) $2NH_3 + 3CuO \longrightarrow 3Cu + N_2 + 3H_2O$ **8.11** (d)
**8.13** (a) combustion (b) combination (c) decomposition
**8.17** (a) diagram (b); (b) diagram (a) **8.19** $C_{10}H_{20}O$ **8.21** $CH_2Cl$
**8.23** empirical formula: $C_2H_3O_2$; molecular formula: $C_4H_6O_4$
**8.27** 1.01 mol $Cl_2$ **8.29** $2.0 \times 10^1$ mol $CO_2$ **8.31** (a) $2NaHCO_3 \longrightarrow Na_2CO_3 + CO_2 + H_2O$ (b) 78.3 g $NaHCO_3$ **8.33** 255.9 g $C_2H_5OH$; 0.324 L **8.35** 19.1 g KCN **8.37** (a) $NH_4NO_3(s) \longrightarrow N_2O(g) + 2H_2O(g)$ (b) $2.0 \times 10^1$ g $N_2O$ **8.39** 18.0 g $O_2$
**8.45** 6 mol $NH_3$ produced and 1 mol $H_2$ left **8.47** $4NO_2 + O_2 \longrightarrow 2N_2O_5$; The limiting reactant is $NO_2$. **8.49** 0.709 g $NO_2$ produced; $O_3$ is the limiting reactant; 0.0069 mol NO remaining. **8.51** HCl is the limiting reactant; 23.4 g $Cl_2$ **8.53** (a) 7.05 g $O_2$ (b) 92.9% **8.55** $3.48 \times 10^3$ g $C_6H_{14}$ **8.57** 8.55 g $S_2Cl_2$; 76.6% **8.59** 100% **8.63** The electron configuration of helium is $1s^2$ and that of the other noble gases is $ns^2np^6$. The completely filled subshell of noble gases represents great stability. Consequently, these elements are chemically unreactive.
**8.65** diagram (b) **8.67** $Cl_2O_7$ **8.69** (a) 0.212 mol O (b) 0.424 mol O
**8.71** 39.64% NO **8.73** 700 g **8.75** (a) $Zn(s) + H_2SO_4(aq) \longrightarrow ZnSO_4(aq) + H_2(g)$ (b) 64.2% (c) We assume that the impurities are inert and do not react with the sulfuric acid to produce hydrogen.
**8.77** (a) 0.307 g salicylic acid (b) 0.410 g salicylic acid (c) 12.08 g aspirin; 90.2% **8.79** 65.4 amu; Zn **8.81** $Mg_3N_2$; magnesium nitride
**8.83** $PbC_8H_{20}$ **8.85** (a) $C_3H_8(g) + 3H_2O(g) \longrightarrow 3CO(g) + 7H_2(g)$ (b) 909 kg $H_2$ **8.87** (a) $0.47/kg (b) 0.631 kg $K_2O$ **8.89** (a) $NH_4NO_2$ is the *only* reactant. When a reaction involves only a single reactant, we usually do not describe that reactant as the "limiting reactant" because it is understood that this is the case. (b) In principle, two or more reactants can be limiting reactants if they are exhausted simultaneously. In practice, it is virtually impossible to measure the reactants so precisely that two or more run out at the same time.
**8.91** 2.60 g $H_2O$ **8.93** $2NO(g) + SO_2(g) \longrightarrow SO_3(g) + N_2O(g)$.
**8.95** 0.56 mol $NH_4V_3O_8$ **8.97** The atom economy for the recent synthesis, 100%, is nearly three times higher than it is for the traditional preparation, 25.46%. **8.99** (a) compound X: $MnO_2$; compound Y: $Mn_3O_4$ (b) $3MnO_2(s) \longrightarrow Mn_3O_4(s) + O_2(g)$

### *Key Skills*

**8.1** b **8.2** c **8.3** e **8.4** a

## Chapter 9

**9.9** $A_2F < A_2G < A_2E$ **9.11** diagram (c) **9.13** (a) strong electrolyte (b) nonelectrolyte (c) weak electrolyte (d) strong electrolyte (e) weak electrolyte **9.17** diagram (c) **9.19** reaction (d) **9.21** (a) insoluble (b) insoluble (c) soluble (d) soluble (e) insoluble **9.23** (a) ionic: $2Ag^+(aq) + 2NO_3^-(aq) + 2Na^+(aq) + SO_4^{2-}(aq) \longrightarrow Ag_2SO_4(s) + 2Na^+(aq) + 2NO_3^-(aq)$; net ionic: $2Ag^+(aq) + SO_4^{2-}(aq) \longrightarrow Ag_2SO_4(s)$ (b) ionic: $Ba^{2+}(aq) + 2Cl^-(aq) + Zn^{2+}(aq) + SO_4^{2-}(aq) \longrightarrow BaSO_4(s) + Zn^{2+}(aq) + 2Cl^-(aq)$; net ionic: $Ba^{2+}(aq) + SO_4^{2-}(aq) \longrightarrow BaSO_4(s)$ (c) ionic: $2NH_4^+(aq) + CO_3^{2-}(aq) + Ca^{2+}(aq) + 2Cl^-(aq) \longrightarrow CaCO_3(s) + 2NH_4^+(aq) + 2Cl^-(aq)$; net ionic: $Ca^{2+}(aq) + CO_3^{2-}(aq) \longrightarrow CaCO_3(s)$ **9.25** A precipitation reaction will likely result from (b) mixing a $BaCl_2$ solution with a $K_2SO_4$ solution; (a) no net ionic equation (b) $Ba^{2+}(aq) + SO_4^{2-}(aq) \longrightarrow BaSO_4(s)$ (c) no net ionic equation **9.33** (a) Brønsted base (b) Brønsted base (c) Brønsted acid (d) either Brønsted acid or Brønsted base **9.35** (a) balanced: $HC_2H_3O_2(aq) + KOH(aq) \longrightarrow KC_2H_3O_2(aq) + H_2O(l)$; ionic: $HC_2H_3O_2(aq) + K^+(aq) + OH^-(aq) \longrightarrow C_2H_3O_2^-(aq) + K^+(aq) + H_2O(l)$; net ionic: $HC_2H_3O_2(aq) + OH^-(aq) \longrightarrow C_2H_3O_2^-(aq) + H_2O(l)$ (b) balanced: $H_2CO_3(aq) + 2NaOH(aq) \longrightarrow Na_2CO_3(aq) + 2H_2O(l)$; ionic: $H_2CO_3(aq) + 2Na^+(aq) + 2OH^-(aq) \longrightarrow 2Na^+(aq) + CO_3^{2-}(aq) + 2H_2O(l)$; net ionic: $H_2CO_3(aq) + 2OH^-(aq) \longrightarrow CO_3^{2-}(aq) + 2H_2O(l)$ (c) balanced: $2HNO_3(aq) + Ba(OH)_2(aq) \longrightarrow Ba(NO_3)_2(aq) + 2H_2O(l)$; ionic: $2H^+(aq) + 2NO_3^-(aq) + Ba^{2+}(aq) + 2OH^-(aq) \longrightarrow Ba^{2+}(aq) + 2NO_3^-(aq) + 2H_2O(l)$; net ionic: $2H^+(aq) + 2OH^-(aq) \longrightarrow 2H_2O(l)$ or $H^+(aq) + OH^-(aq) \longrightarrow H_2O(l)$
**9.43** (a) half-reactions: $2Sr \longrightarrow 2Sr^{2+} + 4e^-$ and $O_2 + 4e^- \longrightarrow 2O^{2-}$; oxidizing agent: $O_2$; reducing agent: Sr (b) half-reactions: $2Li \longrightarrow 2Li^+ + 2e^-$ and $H_2 + 2e^- \longrightarrow 2H^-$; oxidizing agent: $H_2$; reducing agent: Li (c) half-reactions: $2Cs \longrightarrow 2Cs^+ + 2e^-$ and

$Br_2 + 2e^- \longrightarrow 2Br^-$; oxidizing agent: $Br_2$; reducing agent: Cs (d) half-reactions: $3Mg \longrightarrow 3Mg^{2+} + 6e^-$ and $N_2 + 6e^- \longrightarrow 2N^{3-}$; oxidizing agent: $N_2$; reducing agent: Mg **9.45** $H_2S$ (−2), $S^{2-}$(−2), $HS^-$(−2) < $S_8$(0) < $SO_2$(+4) < $SO_3$(+6), $H_2SO_4$(+6); The number in parentheses denotes the oxidation number of sulfur. **9.47** (a) +1 (b) +7 (c) −4 (d) −1 (e) −2 (f) +6 (g) +6 (h) +7 (i) +4 (j) 0 (k) +5 (l) −1/2 (m) +5 (n) +3 **9.49** (a) +1 (b) −1 (c) +3 (d) +3 (e) +4 (f) +6 (g) +2 (h) +4 (i) +2 (j) +3 (k) +5 **9.51** If nitric acid is a strong oxidizing agent and zinc is a strong reducing agent, then zinc metal will probably reduce nitric acid when the two react; that is, N will gain electrons and the oxidation number of N must decrease. Since the oxidation number of nitrogen in nitric acid is +5, then the nitrogen-containing product must have a smaller oxidation number for nitrogen. The only compound in the list that doesn't have a nitrogen oxidation number less than +5 is $N_2O_5$ (what is the oxidation number of N in $N_2O_5$?) This is never a product of the reduction of nitric acid. **9.53** Molecular oxygen is a powerful oxidizing agent. In $SO_3$, the oxidation number of the element bound to oxygen (S) is at its maximum value (+6); the sulfur cannot be oxidized further. The other elements bound to oxygen in this problem have less than their maximum oxidation number and can undergo further oxidation. Only $SO_3$ does not react with molecular oxygen. **9.55** (a) decomposition/disproportionation (b) displacement (c) decomposition (d) combination

**9.63** 411 g $CaI_2$ **9.65** 0.571 g $MgCl_2$ **9.67** (a) 1.16 *M* (b) 0.608 *M* (c) 1.78 *M* **9.69** (a) 136 mL soln (b) 62.2 mL soln (c) 47 mL soln **9.71** Dilute 323 mL of the 2.00 *M* HCl solution to a final volume of 1.00 L. **9.73** Dilute 3.00 mL of the 4.00 *M* $HNO_3$ solution to a final volume of 60.0 mL. **9.75** 1.41 *M* $KMnO_4$ **9.77** 0.00699 *M* $C_6H_{12}O_6$ **9.79** (a) 2.57 (b) 8.72 (c) 1.25 **9.81** (a) $3.8 \times 10^{-3}$ *M* (b) $6.2 \times 10^{-12}$ *M* (c) $1.1 \times 10^{-7}$ *M* (d) $1 \times 10^{-15}$ *M* **9.83** A solution of pH < 7 and $[H^+] > 1.0 \times 10^{-7}$ *M* will be acidic at 25°C. A solution of pH > 7 and $[H^+] < 1.0 \times 10^{-7}$ *M* will be basic at 25°C. A solution of pH = 7 and $[H^+] = 1.0 \times 10^{-7}$ *M* will be neutral at 25°C. **9.85** (a) $BaCl_2$: 0.300 *M* $Cl^-$; NaCl: 0.566 *M* $Cl^-$; $AlCl_3$: 3.606 *M* $Cl^-$ (b) 1.28 *M* $Sr(NO_3)_2$ **9.87** 2.325 *M* **9.88** Linear regression should be done using the data in the table to determine ε in the Beer-Lambert Law A=εbc. The resulting ε is 1.488 $cm^{-1}M^{-1}$. The concentration of the unknown solution with its absorbance of 0.400 is calculated as follows:
$c = A/\varepsilon b = 0.400/(1.488\ cm^{-1}M^{-1})(1.00\ cm) = 0.269\ M$.
**9.89** (a) 0.26; 0.40; 0.53; 0.73 (b) 0.659 L/mol · cm
**9.91** diagram (e) **9.99** 3.58 g AgCl **9.101** 0.165 g NaCl; $Ag^+(aq) + Cl^-(aq) \longrightarrow AgCl(s)$ **9.103** 0.1106 *M* **9.105** (a) 59.85 mL (b) 221.7 mL (c) 110.8 mL **9.107** diagram (c) **9.109** Diagram (d) corresponds to the neutralization of NaOH. Diagram (c) corresponds to the neutralization of $Ba(OH)_2$. **9.111** Choice (d), 0.20 *M* $Mg(NO_3)_2$, has the greatest concentration of ions. **9.113** 773 mL **9.115** (a) weak electrolyte (b) strong electrolyte (c) strong electrolyte (d) nonelectrolyte **9.117** (a) $C_2H_5ONH_2$ molecules (b) $K^+$ and $F^-$ ions (c) $NH_4^+$ and $NO_3^-$ ions (d) $C_3H_7OH$ molecules **9.119** 1146 g/mol **9.121** 1.28 *M* **9.123** 43.4 g $BaSO_4$ **9.125** (a) redox (b) precipitation (c) acid-base (d) combination (e) redox (f) redox (g) precipitation (h) redox (i) redox (j) redox **9.127** (a) Magnesium hydroxide is insoluble in water. It can be prepared by mixing a solution containing $Mg^{2+}$ ions such as $MgCl_2(aq)$ or $Mg(NO_3)_2(aq)$ with a solution containing hydroxide ions such as NaOH(*aq*). $Mg(OH)_2$ will precipitate and can be collected by filtration. (b) 0.78 L **9.129** 1.72 *M* **9.131** Electrolysis to ascertain if hydrogen and oxygen were produced; the reaction with an alkali metal to see if a base and hydrogen gas were produced; the dissolution of a metal oxide to see if a base was produced (or a nonmetal oxide to see if an acid was produced). **9.133** diagram (a); $AgOH(aq) + HNO_3(aq) \longrightarrow H_2O(l) + AgNO_3(aq)$ **9.135** (a) Check with litmus paper; combine with carbonate or bicarbonate to see if $CO_2$ gas is produced; combine with a base and check for neutralization with an indicator. (b) Titrate a known quantity of acid with a standard NaOH solution. (c) Visually compare the conductivity of the acid with a standard NaCl solution of the same molar concentration. **9.137** (a) $Pb(NO_3)_2(aq) + Na_2SO_4(aq) \longrightarrow PbSO_4(s) + 2NaNO_3(aq)$; $Pb^{2+}(aq) + SO_4^{2-}(aq) \longrightarrow PbSO_4(s)$ (b) $6.34 \times 10^{-5}$ *M* **9.139** (a) $HI(aq) + KOH(aq) \longrightarrow KI(aq) + H_2O(l)$; The resulting solution could be evaporated to dryness to isolate the KI. (b) $2HI(aq) + K_2CO_3(aq) \longrightarrow 2KI(aq) + CO_2(g) + H_2O(l)$; The resulting solution could be evaporated to dryness to isolate the KI. **9.141** (a) Combine any soluble magnesium salt with a soluble hydroxide; filter the precipitate. (b) Combine any soluble silver salt with any soluble iodide salt; filter the precipitate. (c) Combine any soluble barium salt with any soluble phosphate salt; filter the precipitate. **9.143** (a) Add $Na_2SO_4$. (b) Add KOH. (c) Add $AgNO_3$. (d) Add $Ca(NO_3)_2$. (e) Add $Mg(NO_3)_2$. **9.145** reaction 1: $SO_3^{2-}(aq) + H_2O_2(aq) \longrightarrow SO_4^{2-}(aq) + H_2O(l)$; reaction 2: $SO_4^{2-}(aq) + Ba^{2+}(aq) \longrightarrow BaSO_4(s)$ **9.147** $Cl_2O$ (+1), $Cl_2O_3$ (+3), $ClO_2$ (+4), $Cl_2O_6$ (+6), $Cl_2O_7$ (+7) **9.149** 4.99 grains of aspirin in one tablet **9.151** (a) $CaF_2(s) + H_2SO_4(aq) \longrightarrow CaSO_4(s) + 2HF(g)$; $2NaCl(s) + H_2SO_4(aq) \longrightarrow Na_2SO_4(aq) + 2HCl(g)$ (b) The sulfuric acid would oxidize $Br^-$ and $I^-$ ions to $Br_2$ and $I_2$. (c) $PBr_3(l) + 3H_2O(l) \longrightarrow 3HBr(g) + H_3PO_3(aq)$ **9.153** electric furnace method: $P_4(s) + 5O_2(g) \longrightarrow P_4O_{10}(s)$ (redox); $P_4O_{10}(s) + 6H_2O(l) \longrightarrow 4H_3PO_4(aq)$ (acid-base); wet process: $Ca_5(PO_4)_3F(s) + 5H_2SO_4(aq) \longrightarrow 3H_3PO_4(aq) + HF(aq) + 5CaSO_4(s)$ (acid-base and precipitation) **9.155** (a) $4KO_2(s) + 2CO_2(g) \longrightarrow 2K_2CO_3(s) + 3O_2(g)$ (b) −1/2 (c) 34 L air **9.157** No. In both $O_2$ (molecular oxygen) and $O_3$ (ozone), the oxidation number of oxygen is zero. **9.159** (a) acid: $H_3O^+$; base: $OH^-$

$OH^-$ $H_3O^+$ $H_2O$ $H_2O$

(b) acid: $NH_4^+$; base: $NH_2^-$

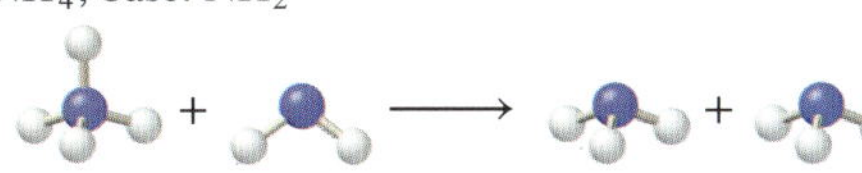

$NH_4^+$ $NH_2^-$ $NH_3$ $NH_3$

**9.161** When a solid dissolves in solution, the volume of the solution usually changes. **9.163** (a) The precipitate $CaSO_4$ formed over Ca preventing the Ca from reacting with the sulfuric acid. (b) Aluminum is protected by a tenacious oxide layer with the composition $Al_2O_3$. (c) These metals react more readily with water: $2Na(s) + 2H_2O(l) \longrightarrow 2NaOH(aq) + H_2(g)$ (d) The metal should be placed below Fe and above H. (e) Any metal above Al in the activity series will react with $Al^{3+}$. Metals from Mg to Li will work. **9.165** (a) (1) $Cu(s) + 4HNO_3(aq) \longrightarrow Cu(NO_3)_2(aq) + 2NO_2(g) + 2H_2O(l)$ (redox) (2) $Cu(NO_3)_2(aq) + 2NaOH(aq) \longrightarrow Cu(OH)_2(s) + 2NaNO_3(aq)$ (precipitation) (3) $Cu(OH)_2(s) \longrightarrow CuO(s) + H_2O(g)$ (decomposition) (4) $CuO(s) + H_2SO_4(aq) \longrightarrow CuSO_4(aq) + H_2O(l)$ (acid-base) (5) $CuSO_4(aq) + Zn(s) \longrightarrow Cu(s) + ZnSO_4(aq)$ (redox) (6) $Zn(s) + 2HCl(aq) \longrightarrow ZnCl_2(aq) + H_2(g)$ (redox) (b) (1) 194 g $Cu(NO_3)_2$, (2) 101 g $Cu(OH)_2$, (3) 82.1 g CuO, (4) 165 g $CuSO_4$, (5) 65.6 g Cu (6) The amount of copper recovered in Step 6 will vary with the washing technique used. (c) All the reaction steps are clean and almost quantitative; therefore, the recovery yield should be high. **9.167** $[Na^+]$: 0.5295 *M*; $[NO_3^-]$: 0.4298 *M*; $[OH^-]$: 0.09968 *M*; $[Mg^{2+}]$: 0 *M*

***Key Skills***
**9.1** b **9.2** c **9.3** c **9.4** d

## Chapter 10

**10.5** law of conservation of energy **10.7** Energy is needed to break chemical bonds, whereas energy is released when bonds are formed. **10.11** 61 J **10.13** −177 J (work done *by* the system)

**10.15** (a) diagram (iii) (b) diagram (iii) (c) diagrams (i), (ii), and (iii) **10.21** (a) 0 J (b) −33 J (c) −94.7 J **10.23** 4.51 kJ/g **10.25** $4.80 \times 10^2$ kJ **10.27** 595.8 kJ/mol

**10.31** 90.1 kJ **10.33** 50.7°C **10.35** 26.3°C **10.37** 48 °C/day; 4.1 kg water/day; A person would have to drink approximately this much water each day to maintain normal body temperature, so the human body is not an isolated system. Other external factors, such as the choice of clothing that allows evaporation, must also play a role in maintaining proper body temperature. **10.39** 2.36 J/g · °C

**10.41** choice (d) **10.45** −238.7 kJ/mol **10.47** 0.30 kJ/mol

**10.49** −180 kJ/mol **10.55** $O_2$ **10.57** 177.8 kJ/mol **10.59** (a) −571.6 kJ/mol (b) −2599 kJ/mol **10.61** (a) −724 kJ/mol (b) $-1.37 \times 10^3$ kJ/mol (c) $-2.01 \times 10^3$ kJ/mol **10.63** −3924 kJ/mol **10.65** $-3.43 \times 10^4$ kJ **10.67** $\Delta H_f^\circ[H_2O(l)]$ **10.69** $\Delta H_f^\circ[H_2O(l)]$ is even more negative, meaning that $2H_2O(l) + O_2(g)$ is more stable than $H_2O_2(l)$.

**10.71** −746.8 kJ/mol **10.75** 303.0 kJ/mol **10.77** (a) −2759 kJ/mol (b) −2855.4 kJ/mol **10.79** −651 kJ/mol

**10.83** 2255 kJ/mol **10.85** −112.7 kJ/mol **10.87** −44.35 kJ/mol **10.89** −175.3 kJ **10.91** −67 kJ/mol **10.93** (a) −10.5 kJ/mol (b) −9.2 kJ/mol **10.95** −350.7 kJ/mol **10.97** 0.492 J/g · °C **10.99** The first reaction is exothermic and produces the energy required by the second reaction, which is endothermic. **10.101** 446 mol $H_2$ **10.103** 0.167 mol ethane **10.105** 5.60 kJ/mol **10.107** reaction (a) **10.109** (a) No work is done by a gas expanding in a vacuum. (b) −9.1 J **10.111** $-8.68 \times 10^4$ kJ **10.113** $-1.84 \times 10^3$ kJ **10.115** 3.0 billion atomic bombs **10.117** (a) $2LiOH(aq) + CO_2(g) \longrightarrow Li_2CO_3(aq) + H_2O(l)$ (b) 1.1 kg $CO_2$, 1.2 kg LiOH **10.119** $-5.2 \times 10^6$ kJ **10.121** $-3.60 \times 10^2$ kJ/mol Zn (or $-3.60 \times 10^2$ kJ/2 mol $Ag^+$) **10.123** (a) and (b) The $\Delta H_{rxn}^\circ$ is not the $\Delta H_f^\circ$ value because more than 1 mole of a substance is formed. (c) The $\Delta H_{rxn}^\circ$ is the $\Delta H_f^\circ$ value because 1 mole of a substance is formed from its constituent elements in their standard states. (d) The $\Delta H_{rxn}^\circ$ is not the $\Delta H_f^\circ$ value because $Cu^{2+}(aq)$ is not copper's standard state and $CO_3^{2-}$ is not an element. (e) The $\Delta H_{rxn}^\circ$ is the $\Delta H_f^\circ$ value because 1 mole of a substance is formed from its constituent elements in their standard states. **10.125** Water has a larger specific heat than air. Thus cold, damp air can extract more heat from the body than cold, dry air. By the same token, hot, humid air can deliver more heat to the body. **10.127** $5.8 \times 10^2$ m **10.129** This law does not hold for Hg because it is a liquid. **10.131** $\Delta H_f^\circ(C_2H_2) = 226.6$ kJ/mol; $\Delta H_f^\circ(C_6H_6) = 49.0$ kJ/mol; $\Delta H_{rxn} = -630.8$ kJ/mol. **10.133** (a) −46 kJ/mol (b) 260 nm **10.135** (a) 114 kJ/mol (b) The bond in $F_2^-$ is weaker. **10.137** (a) glucose: 31 kJ; sucrose: 33 kJ (b) glucose: 15 m; sucrose: 16 m **10.139** 347 kJ/mol **10.141** −564.2 kJ/mol **10.143** 96.21% **10.145** (a) We could easily measure $\Delta H_{rxn}^\circ$ for this combustion by burning a mole of glucose in a bomb calorimeter. (b) $1.1 \times 10^{19}$ kJ **10.147** (a) $CaC_2(s) + 2H_2O(l) \longrightarrow Ca(OH)_2(s) + C_2H_2(g)$ (b) $1.51 \times 10^6$ J **10.149** $q = \frac{1}{2}mu^2$; The amount of heat generated must be proportional to the braking distance, $d$: $d \propto q$, $d \propto u^2$; Therefore, as $u$ increases to $2u$, $d$ increases to $(2u)^2 = 4u^2$ which is proportional to $4d$. **10.151** −413 kJ/mol **10.153** −5153 kJ/mol; 0 **10.155** 4.1 cents **10.157** C—C: 347 kJ/mol; N—N: 193 kJ/mol; O—O: 142 kJ/mol; Lone pairs appear to weaken the bond.

***Key Skills***

**10.1** e **10.2** a **10.3** c **10.4** b

## Chapter 11

**11.9** $u_{rms}$ ($N_2$) = 490 m/s; $u_{rms}$ ($O_2$) = 459 m/s; $u_{rms}$ ($O_3$) = 375 m/s **11.11** RMS speed = 2.8 m/s; average speed = 2.7 m/s; The root-mean-square value is always greater than the average value, because squaring favors the larger values compared to just taking the average value. **11.13** 43.8 g/mol; $CO_2$ **11.15** (a) Since more of the yellow gas was able to escape the container in the same amount of time, the rate of effusion for the yellow gas is greater. Therefore, the molar mass of the yellow gas is lower. (b) More of the red gas escaped; hence, the molar mass of the blue gas is greater.

**11.23** 0.493 atm; 0.500 bar; 375 torr; $5.00 \times 10^4$ Pa **11.25** 11.9 m **11.27** 5.7 atm; 5.8 bar **11.31** 6.10 L **11.33** 587 mmHg **11.35** 31.8 L **11.37** one volume **11.39** (a) diagram (d); (b) diagram (b) **11.43** 6.6 atm **11.45** 1.8 atm **11.47** 0.70 L **11.49** 63.31 L **11.51** $6.1 \times 10^{-3}$ atm **11.53** 35.1 g/mol **11.55** $2.1 \times 10^{22}$ $N_2$ molecules; $5.6 \times 10^{22}$ $O_2$ molecules; $2.7 \times 10^{20}$ Ar atoms **11.57** 2.98 g/L **11.59** $SF_4$ **11.61** 1590°C **11.67** 18.0 atm **11.71** (a) 0.89 atm (b) 1.4 L at STP **11.73** $P_{Ne} = 349$ mmHg **11.75** $P_{N_2} = 217$ mmHg; $P_{H_2} = 650$ mmHg **11.77** 13 atm **11.79** (a) box on the right (b) box on the right

**11.81** $3.70 \times 10^2$ L **11.83** 88.9% **11.85** $M(s) + 3HCl(aq) \longrightarrow 1.5H_2(g) + MCl_3(aq)$; $M_2O_3$; $M_2(SO_4)_3$ **11.87** 94.7%; The impurity (or impurities) must not react with HCl to produce $CO_2$ gas. **11.89** $C_2H_5OH(l) + 3O_2(g) \longrightarrow 2CO_2(g) + 3H_2O(l)$; $1.44 \times 10^3$ L air **11.91** 19.8 g Zn **11.93** $1.7 \times 10^2$ L; $P_{CO_2} = 0.49$ atm, $P_{H_2O} = 0.41$ atm, $P_{N_2} = 0.25$ atm, and $P_{O_2} = 0.041$ atm **11.95** (a) $NH_4NO_2(s) \longrightarrow N_2(g) + 2H_2O(l)$ (b) 0.273 g **11.97** (a) $P_{ii} = 4.0$ atm; $P_{iii} = 2.7$ atm (b) total pressure: 2.7 atm; $P_A = 1.3$ atm, $P_B = 1.3$ atm **11.99** (a) 9.54 atm (b) If the tetracarbonylnickel gas starts to decompose significantly above 43°C, then for every mole of tetracarbonylnickel gas decomposed, four moles of carbon monoxide would be produced. **11.101** $1.3 \times 10^{22}$ molecules; $CO_2$, $O_2$, $N_2$, and $H_2O$ **11.103** (a) $2KClO_3(s) \longrightarrow 2KCl(s) + 3O_2(g)$ (b) 6.21 L **11.105** 0.0701 *M* **11.107** $P_{He} = 0.16$ atm, $P_{Ne} = 2.0$ atm **11.109** When the water enters the flask from the dropper, some hydrogen chloride dissolves, creating a partial vacuum. Pressure from the atmosphere forces more water up the vertical tube. **11.111** 7 **11.113** (a) 61.2 m/s (b) $4.58 \times 10^{-4}$ s (c) 328 m/s, $u_{rms} = 366$ m/s; The magnitudes of the speeds are comparable, but not identical. The rms speed is derived for three-dimensional motion and is not applicable to the speed distributions in directed molecular beams. Also, the experiment is measuring a most-probable speed, not an rms speed. **11.115** $2.09 \times 10^4$ g $O_2$; $1.58 \times 10^4$ L $O_2$ **11.117** The fruit ripens more rapidly because the quantity (partial pressure) of ethylene gas inside the bag increases. **11.119** As the pen is used the amount of ink decreases, increasing the volume inside the pen. As the volume increases, the pressure inside the pen decreases. The hole is needed to equalize the pressure as the volume inside the pen increases. **11.121** (a) $NH_4NO_3(s) \longrightarrow N_2O(g) + 2H_2O(l)$ (b) 0.0821 L · atm/K · mol **11.123** $C_6H_6$ **11.125** The gases inside the mine were a mixture of carbon dioxide, carbon monoxide, methane, and other harmful compounds. The low atmospheric pressure caused the gases to flow out of the mine (the gases in the mine were at a higher pressure), and the man suffocated. **11.127** (a) 4.90 L (b) 6.0 atm (c) 1 atm **11.129** (a) $4 \times 10^{-22}$ atm (b) $6 \times 10^{20}$ L/g of H **11.131** 91% **11.133** $1.7 \times 10^{12}$ $O_2$ molecules **11.135** $NO_2$ **11.137** 1.4 g LiH **11.139** $P_{CO_2}$: $8.7 \times 10^6$ Pa; $P_{N_2}$: $3.2 \times 10^5$ Pa; $P_{SO_2}$: $1.4 \times 10^3$ Pa **11.141** (a) (i) He atoms in both flasks have the same rms speed and average kinetic energy. (ii) The atoms in the larger volume strike the walls of their container with the same average force as those in the smaller volume, but pressure and frequency of collisions in the larger volume will be less. (b) (i) $u_2$ is greater than $u_1$ by a factor of $\sqrt{T_2/T_1}$. (ii) Both the frequency of collision and the average force of collision of the atoms at $T_2$ will be greater than those at $T_1$. (c) (i) False. The rms speed of He is greater than that of Ne because He is less massive. (ii) True. The average kinetic energies of the two gases are equal. (iii) The rms speed of the whole collection of atoms is $1.47 \times 10^3$ m/s, but the speeds of the individual atoms are random and constantly changing. **11.143** vapor = 3.7 nm; liquid = 0.31 nm; Water molecules are packed very closely together in the liquid, but much farther apart in the steam.

**11.145** 9.98 atm **11.147** 1.41 atm **11.149** methane = 0.789; ethane = 0.211 **11.151** (a) $8(\frac{4}{3}\pi r^3)$. (b) $4N_A(\frac{4}{3}\pi r^3)/1$ mole; The excluded volume per mole is four times the volume actually occupied by a mole of molecules. **11.153** NO **11.155** Reaction (b) **11.157** 1.80 ×

$10^{-4}$ g/mL **11.159** The kinetic energy of a particle depends on its mass and its speed ($E_k = \frac{1}{2}mv^2$). At a given temperature, the more massive $SF_6$ molecules move more slowly than do the Ne molecules. **11.161** Intermolecular attractions tend to lower $Z$ at low pressures and excluded volume tends to increase $Z$ at high pressures.

***Key Skills***

**11.1** d **11.2** c **11.3** b **11.4** e

## Chapter 12

**12.13** 29.9 kJ/mol **12.15** Ethylene glycol has two —OH groups, allowing it to exert strong intermolecular forces through hydrogen bonding. Its viscosity should fall between ethanol (one —OH group) and glycerol (three —OH groups). **12.17** Liquid X has a larger $\Delta H_{vap}$ than does liquid Y. **12.27** Simple cubic cell: one sphere; body-centered cubic cell: two spheres; face-centered cubic cell: four spheres **12.29** $6.20 \times 10^{23}$ atoms/mol **12.31** 458 pm **12.33:** $XY_3$ **12.35** 0.220 nm **12.37** ZnO **12.41** molecular solid **12.43** molecular: $Se_8$, HBr, $CO_2$, $P_4O_6$, and $SiH_4$; covalent: Si and C **12.45** Diamond: Each carbon atom is covalently bonded to four other carbon atoms. Because these bonds are strong and uniform, diamond is a very hard substance. Graphite: The carbon atoms in each layer are linked by strong bonds, but the layers are bound by weak dispersion forces. As a result, graphite may be cleaved easily between layers and is not hard. In graphite, all the atoms are $sp^2$ hybridized; each atom is covalently bonded to three other atoms. The remaining unhybridized $2p$ orbital is used in pi bonding forming a delocalized molecular orbital. The electrons are free to move around in this extensively delocalized molecular orbital, making graphite a good conductor of electricity in directions along the planes of carbon atoms. **12.65** 664 kJ **12.67** Two phase changes occur in this process. First, the liquid is turned to solid (freezing), then the solid ice is turned to gas (sublimation). **12.69** When steam condenses to liquid water at 100°C, it releases a large amount of heat equal to the enthalpy of vaporization. Thus steam at 100°C exposes one to more heat than an equal amount of water at 100°C. **12.71** The solid ice turns to vapor (sublimation). The temperature is too low for melting to occur. **12.75** Initially, the ice melts because of the increase in pressure. As the wire sinks into the ice, the water above the wire refreezes. Eventually the wire moves completely through the ice block without cutting it in half. **12.77** (a) Ice would melt. (If heating continues, the liquid water would eventually boil and become a vapor.) (b) Liquid water would vaporize.(c) Water vapor would solidify without becoming a liquid. **12.79** covalent **12.81** (d) very low vapor pressure **12.83** 0.26 cm; $7.69 \times 10^6$ base pairs **12.85** 760 mmHg **12.87** It has reached the critical point; the point of critical temperature ($T_c$) and critical pressure ($P_c$). **12.89** crystalline $SiO_2$; Its regular structure results in a more efficient packing. **12.91** (a) and (b) **12.93** $8.3 \times 10^{-3}$ atm **12.95** 62.4 kJ/mol **12.97** $SO_2$ will behave less ideally because it is polar and has greater intermolecular forces. **12.99** Smaller ions can approach water molecules more closely, resulting in larger ion-dipole interactions. The greater the ion-dipole interaction, the larger is the heat of hydration. **12.101** (a) 30.7 kJ/mol (b) 192.5 kJ/mol; It requires more energy to break the bond than to vaporize the molecule. **12.103** (a) decreases (b) no change (c) no change **12.105** $CaCO_3(s) \longrightarrow CaO(s) + CO_2(g)$; initial state: one solid phase; final state: two solid phase components and one gas phase component. **12.107** The time required to cook food depends on the boiling point of the water in which it is cooked. The boiling point of water increases when the pressure inside the cooker increases. **12.109** Extra heat is produced when steam condenses at 100°C. Steaming avoids the extraction of ingredients caused by boiling in water. **12.111** (a) ~2.3 K (b) ~10 atm (c) ~5 K (d) no **12.113** (a) Pumping allows Ar atoms to escape, thus removing heat from the liquid phase. Eventually the liquid freezes. (b) The slope of the solid-liquid line of cyclohexane is positive. Therefore, its melting point increases with pressure. (c) These droplets are supercooled liquids. (d) When the dry ice is added to water, it sublimes. The cold $CO_2$ gas generated causes nearby water vapor to condense, hence the appearance of fog. **12.115** (a) two triple points: diamond/graphite/liquid and graphite/liquid/vapor. (b) diamond (c) Apply high pressure at high temperature. **12.117** Ethanol mixes well with water. The mixture has a lower surface tension and readily flows out of the ear channel. **12.119** When water freezes it releases heat, helping keep the fruit warm enough not to freeze. Also, a layer of ice is a thermal insulator. **12.121** The fuel source for the Bunsen burner is most likely methane gas. When methane burns in air, carbon dioxide and water are produced. The water vapor produced during the combustion condenses to liquid water when it comes in contact with the outside of the cold beaker. **12.123** $6.019 \times 10^{23}$ Fe atoms/mol **12.125** 127 mmHg **12.127** 55°C **12.129** 0.833 g/L; The hydrogen-bonding interactions in HF are relatively strong, and since the ideal gas equation ignores intermolecular forces, it underestimates significantly the density of HF gas near its boiling point. **12.131** 14.3° **12.133** $3.2 \times 10^2$ kJ; $1.1 \times 10^3$ kJ

***Key Skills***

**12.1** (a, d, e) **12.2** (a, d) **12.3** (b) **12.4** (d)

## Chapter 13

**13.9** "Like dissolves like." Naphthalene and benzene are nonpolar, whereas CsF is ionic. **13.11** $O_2 < Br_2 < LiCl < CH_3OH$ **13.17** (a) 0.310 $m$ (b) 4.38 $m$ **13.19** (a) 1.31 $m$ (b) 1.08 $m$ (c) 3.60 $m$ **13.21** 14 g **13.23** $1.1 \times 10^{-3}$ $M$ **13.31** 45.9 g $KNO_3$ **13.33** $1.0 \times 10^{-5}$ mol/L **13.35** $\chi(O_2)$: 0.32; $\chi(N_2)$: 0.68 Because of the greater solubility of oxygen, it has a larger mole fraction in solution than it does in the air. **13.37** Vitamin C: water soluble; Vitamin E: fat soluble **13.39** $P = 3.3$ atm; This pressure is only an estimate since we ignored the amount of $CO_2$ that was present in the unopened container in the gas phase. **13.41** red solute: exothermic; green solute: endothermic; $\Delta H_{soln}$ is greater for the red solute, since changing the temperature produces a greater difference in solubility. The formation of chemical bonds of the precipitate in the red solute releases energy, whereas the breaking of chemical bonds in the dissolution in the green solute absorbs energy. **13.57** $1.3 \times 10^3$ g sucrose **13.59** $P_{ethanol}$: 30.0 mmHg; $P_{1\text{-propanol}}$: 26.3 mmHg **13.61** 187 g urea **13.63** 0.59 $m$ **13.65** −5.4°C **13.67** (a) freezing point: −10.0°C; boiling point: 102.8°C (b) freezing point: −7.14°C; boiling point: 102.0°C **13.69** Both NaCl and $CaCl_2$ are strong electrolytes. Urea and sucrose are nonelectrolytes. NaCl or $CaCl_2$ will yield more particles per mole of the solid dissolved, resulting in greater freezing point depression. Also, sucrose and urea would make a mess when the ice melts. **13.71** 2.47 **13.73** 9.16 atm **13.75** (a) $CaCl_2$ (b) urea (c) $CaCl_2$; $CaCl_2$ is an ionic compound and is therefore an electrolyte in water. Assuming that $CaCl_2$ is a strong electrolyte and completely dissociates (no ion pairs, van't Hoff factor $i = 3$), the total ion concentration will be $3 \times 0.35 = 1.05$ $m$, which is larger than the urea (nonelectrolyte) concentration of 0.90 $m$. **13.77** 0.15 $m$ $C_6H_{12}O_6$ > 0.15 $m$ $CH_3COOH$ > 0.10 $m$ $Na_3PO_4$ > 0.20 $m$ $MgCl_2$ > 0.35 $m$ NaCl **13.79** (a) NaCl (b) $MgCl_2$ (c) KBr **13.83** $4.3 \times 10^2$ g/mol; $C_{24}H_{20}P_4$ **13.85** $1.75 \times 10^4$ g/mol **13.87** 342 g/mol **13.89** 15.7% **13.95** levels before: $7.77 \times 10^{-6}$ mol glucose/mL blood, $3.9 \times 10^{-2}$ mol glucose, 7.0 g glucose; levels after: $1.33 \times 10^{-5}$ mol glucose/mL blood, $6.7 \times 10^{-2}$ mol glucose, 12 g glucose **13.97** Water migrates through the semipermeable cell walls of the cucumber into the concentrated salt solution. **13.99** 3.5 **13.101** X: water; Y: NaCl; Z: urea **13.103** The pill is in a hypotonic solution. Consequently, by osmosis, water moves across the semipermeable membrane into the pill. The increase in pressure pushes the elastic membrane to the right, causing the drug to exit through the small holes at a constant rate. **13.105** Reverse osmosis involves no phase changes and is usually cheaper than distillation or freezing; 34 atm. **13.107** 0.295 *M*; −0.55°C **13.109** (a) $2.14 \times 10^3$ g/mol (b) $4.50 \times 10^4$ g/mol **13.111** (a) 0.099 L (b) 9.9 **13.113** (a) At reduced pressure, the solution is supersaturated with $CO_2$. (b) As the escaping $CO_2$ expands, it cools, condensing water vapor in the air to form fog. **13.115** (a) Runoff of the salt solution into the soil increases the salinity of the soil. If the soil becomes hypertonic relative to the tree cells, osmosis would reverse, and the tree would lose water to the soil and eventually die of dehydration. (b) Assuming the collecting duct acts as a semipermeable membrane, water would flow from the urine into the hypertonic fluid, thus returning water to the body. **13.117** 33 mL and 67 mL **13.119** 12.3 *M* **13.121** 14.2% **13.123** (a) Solubility decreases with increasing lattice energy. (b) Ionic compounds are more soluble in a polar solvent. (c) Solubility increases with enthalpy of hydration of the cation and anion. **13.125** 1.43 g/mL; 37.0 *m* **13.127** $NH_3$ can form hydrogen bonds with water; $NCl_3$ cannot. (Like dissolves like.) **13.129** 3% **13.131** NaBr: 8.47%; KCl: 17.7%; toluene: 11% **13.133** Yes **13.135** As the water freezes, dissolved minerals in the water precipitate from the solution. The minerals refract light and create an opaque appearance. **13.137** $1.8 \times 10^2$ g/mol **13.139** 1.9 *m* **13.141** $P_A^\circ$: $1.9 \times 10^2$ mmHg; $P_B^\circ$: $4.0 \times 10^2$ mmHg **13.143** −0.737°C **13.145** about 0.4 molal **13.147** $1.0 \times 10^{-4}$ % $F^-$; $5.3 \times 10^{-5}$ *m* NaF **13.149** (a) $\chi_A$: 0.52; $\chi_B$: 0.48 (b) $P_A$: 51 mmHg; $P_B$: 20 mmHg (c) $\chi_A$: 0.72; $\chi_B$: 0.28 (d) $P_A$: 71 mmHg; $P_B$: 12 mmHg

***Key Skills***

**13.1** (a, c) **13.2** (d) **13.3** (e) **13.4** (a)

## Chapter 14

**14.7** (a) with barrier: 16; without barrier: 64 (b) 16; 16; 32; both particles on one side: $S = 3.83 \times 10^{-23}$ J/K; particles on opposite sides: $S = 4.78 \times 10^{-23}$ J/K; The most probable state is the one with the larger entropy (particles on opposite sides).

**14.13** (a) −0.048 J/K (b) −0.86 J/K (c) 12.6 J/K **14.15** (a) 47.5 J/K · mol (b) −12.5 J/K · mol (c) −242.8 J/K · mol **14.17** (c) < (d) < (e) < (a) < (b) (a) Ne(*g*): a monatomic gas of higher molar mass than $H_2$. (For gas phase molecules, increasing molar mass tends to increase the molar entropy. While Ne(*g*) is structurally less complex than $H_2(g)$, its much larger molar mass more than offsets the complexity difference.) (b) $SO_2(g)$: a polyatomic gas of higher complexity and higher molar mass than Ne(*g*) (c) Na(*s*): highly ordered, crystalline material (d) NaCl(*s*): highly ordered crystalline material, but with more particles per mole than Na(*s*) (e) $H_2$: a diatomic gas, hence of higher entropy than a solid **14.21** (a) 291 J/K · mol; spontaneous (b) $2.10 \times 10^3$ J/K · mol; spontaneous (c) $2.99 \times 10^3$ J/K · mol; spontaneous **14.23** (a) $\Delta S_{rxn} = -75.6$ J/K · mol; $\Delta S_{surr} = 185$ J/K · mol; spontaneous (b) $\Delta S_{rxn} = 215.8$ J/K · mol; $\Delta S_{surr} = -609$ J/K · mol; not spontaneous (c) $\Delta S_{rxn} = 98.2$ J/K · mol; $\Delta S_{surr} = -1.46 \times 10^3$ J/K · mol; not spontaneous (d) $\Delta S_{rxn} = -282$ J/K · mol; $\Delta S_{surr} = 7.20 \times 10^3$ J/K · mol; spontaneous **14.29** 64 kJ/mol **14.31** (a) −1139 kJ/mol (b) −140.0 kJ/mol (c) −2935 kJ/mol **14.33** (a) all temperatures (b) below 111 K **14.35** $\Delta S_{fus} = 99.9$ J/K · mol; $\Delta S_{vap} = 93.7$ J/K · mol **14.37** 75.9 kJ **14.41** $\Delta H_{fus} > 0$; $\Delta S_{fus} > 0$; (a) $\Delta G_{fus} < 0$ (b) $\Delta G_{fus} = 0$ (c) $\Delta G_{fus} > 0$ **14.43** 42°C **14.45** $\Delta S$ must be positive ($\Delta S > 0$). **14.47** (a) benzene: $\Delta S_{vap} = 87.8$ J/K · mol; hexane: $\Delta S_{vap} = 90.1$ J/K · mol; mercury: $\Delta S_{vap} = 93.7$ J/K · mol; toluene: $\Delta S_{vap} = 91.8$ J/K · mol; Trouton's rule is a statement about $\Delta S^\circ_{vap}$. In most substances, the molecules are in constant and random motion in both the liquid and gas phases, so $\Delta S^\circ_{vap} = 90$ J/K · mol. (b) ethanol: $\Delta S_{vap} = 112$ J/K · mol; water: $\Delta S_{vap} = 109$ J/K · mol; In ethanol and water, there are fewer possible arrangements of the molecules due to the network of H-bonds, so $\Delta S^\circ_{vap}$ is greater. **14.49** (a) positive (b) negative (c) positive (d) positive **14.51** 625 K; $\Delta H^\circ$ and $\Delta S^\circ$ do not depend on temperature. **14.53** No. A negative $\Delta G^\circ$ tells us that a reaction has the potential to happen but gives no indication of the rate. **14.55** $\Delta H$ and $\Delta S$ are both positive, indicating this is an endothermic process with high entropy; 320 K = 47°C **14.57** $\Delta S_{sys} = 91.1$ J/K; $\Delta S_{surr} = -91.1$ J/K; $\Delta S_{univ} = 0$; The system is at equilibrium. **14.59** 249 J/K **14.61** $\Delta S_{sys} = -327.2$ J/K · mol; $\Delta S_{surr} = 1918$ J/K · mol; $\Delta S_{univ} = 1591$ J/K · mol **14.63** *q* and *w* are not state functions. **14.65** $\Delta G$ must be negative; $\Delta S$ must be negative; $\Delta H$ must be negative. **14.67** *U* and *H*

***Key Skills***

**14.1** (e) **14.2** (c) **14.3** (b) **14.4** (b)

## Chapter 15

**15.9** (a) $\dfrac{[N_2][H_2O]^2}{[NO]^2[H_2]^2}$ (b) 32 **15.11** $1.08 \times 10^7$ **15.13** six

**15.23** $2.40 \times 10^{33}$ **15.25** $3.5 \times 10^{-7}$ **15.27** (a) 0.082 (b) 0.29 **15.29** $K_P = 0.105$; $K_c = 2.05 \times 10^{-3}$ **15.31** $7.09 \times 10^{-3}$ **15.33** $K_P = 9.6 \times 10^{-3}$; $K_c = 3.9 \times 10^{-4}$ **15.35** $4.0 \times 10^{-6}$ **15.37** $5.6 \times 10^{23}$ **15.39** (1) diagram (a); (2) diagram (d); Volume will cancel from the $K_c$ expression. **15.43** The forward reaction will not occur. **15.45** 79 kJ/mol **15.47** (a) $\Delta G^\circ_{rxn} = 35.4$ kJ/mol; $K_P = 6.2 \times 10^{-7}$ (b) $\Delta G^\circ = 44.6$ kJ/mol **15.49** (a) $1.6 \times 10^{-23}$ atm (b) 0.535 atm **15.51** $3.1 \times 10^{-2}$ atm or 23.6 mmHg **15.53** 0.35 **15.55** diagrams (a), (b), and (c)

**15.57** 0.173 mol $H_2$ **15.59** $[H_2] = [Br_2] = 1.80 \times 10^{-4}$ *M*; [HBr] = 0.267 *M* **15.61** $P_{COCl_2} = 0.408$ atm; $P_{CO} = P_{Cl_2} = 0.352$ atm **15.63** $P_{CO_2} = 2.54$ atm; $P_{CO} = 1.96$ atm

**15.69** reaction (b) **15.71** (b), (d), and (e) **15.73** (a) The equilibrium would shift to the right. (b) The equilibrium would be unaffected. (c) The equilibrium would be unaffected. **15.75** (a) no effect (b) no effect (c) shift to the left (d) no effect (e) shift to the left **15.77** (a) shifts to the right (b) shifts to the left (c) shifts to the right (d) shifts to the left (e) A catalyst has no effect on equilibrium position. **15.79** (a) shifts to the right (b) no effect (c) no effect (d) shifts to the left (e) shifts to the right (f) shifts to the left (g) shifts to the right **15.81** (a) $2O_3(g) \rightleftharpoons 3O_2(g)$; $\Delta H^\circ_{rxn} = -284.4$ kJ/mol (b) The number of $O_3$ molecules would increase and the number of $O_2$ molecules would decrease. **15.83** The concentration of oxyhemoglobin will decrease as acidosis occurs. **15.85** diagrams (b) and (d) **15.87** (a) $8 \times 10^{-44}$ (b) A mixture of $H_2$ and $O_2$ can be kept at room temperature because of the large amount of energy necessary to get the reaction started. This quantity of energy, known as the *activation energy*, is discussed in detail in Chapter 19. **15.89** (a) $2CO + 2NO \longrightarrow 2CO_2 + N_2$ (b) The oxidizing agent is NO; the reducing agent is CO. (c) $3.29 \times 10^{120}$ (d) $1.2 \times 10^{14}$; to the right (e) no **15.91** (a) 1.7 (b) $P_A = 0.69$ atm; $P_B = 0.81$ atm **15.93** $1.5 \times 10^5$ **15.95** (a) 86.7 kJ/mol (b) $4.0 \times 10^{-31}$ (c) $2.62 \times 10^{-6}$ (d) Lightning supplies the energy necessary to drive this reaction, converting the two most abundant gases in the atmosphere into NO(*g*). The NO gas dissolves in the rain, which carries it into the soil where it is converted into nitrate and nitrite by bacterial action. This "fixed" nitrogen is a necessary nutrient for plants. **15.97** $P_{H_2} = 0.28$ atm; $P_{Cl_2} = 0.0507$ atm; $P_{HCl} = 1.67$ atm **15.99** $1.78 \times 10^{70}$; Because of the large magnitude of *K*, you would expect this equilibrium to lie very far to the right. However, some reactions do not occur spontaneously despite large *K* values because of the large amount of energy required to get them started. This quantity of energy, referred to as the *activation energy*, is discussed in detail in Chapter 19. **15.101** 0.0384 **15.103** $5.0 \times 10^1$ atm **15.105** $6.28 \times 10^{-4}$ **15.107** $3.3 \times 10^2$ atm **15.109** (a) disproportionation redox reaction (b) $8.25 \times 10^{15}$; This method is feasible for removing $SO_2$. (c) less effective **15.111** (a) $\Delta G^\circ = -106.4$ kJ/mol; $K_P = 3.87 \times 10^{18}$

(b) $\Delta G° = -53.2$ kJ/mol; $K_P = 2.17 \times 10^9$; The $K_P$ in (a) is the square of the $K_P$ in (b). Both $\Delta G°$ and $K_P$ depend on the number of moles of reactants and products specified in the balanced equation. **15.113** $P_{N_2} = 0.860$ atm; $P_{H_2} = 0.366$ atm; $P_{NH_3} = 4.40 \times 10^{-3}$ atm **15.115** (a) 1.16 (b) 53.7% **15.117** 0.97 **15.119** (a) 0.49 atm (b) 0.23 (c) 0.037 (d) The smallest number of moles of CuO needed to establish equilibrium must be slightly greater than 0.037 mol. **15.121** $[H_2] = 0.070\ M$; $[I_2] = 0.182\ M$; $[HI] = 0.825\ M$ **15.123** gas (c); $N_2O_4$(colorless) $\longrightarrow$ $2NO_2$(brown) is consistent with the observations. The reaction is endothermic, so heating darkens the color. Above 150°C, the $NO_2$ breaks up into colorless NO and $2NO_2(g) \longrightarrow 2NO(g) + O_2(g)$. An increase in pressure shifts the equilibrium back to the left, restoring the color by producing $NO_2$. **15.125** (a) $4.2 \times 10^{-4}$ (b) 0.83 (c) 1.1 (d) $K_P$ in part (b): $2.3 \times 10^3$; $K_P$ in part (c): $2.1 \times 10^{-2}$ **15.127** (a) color deepens (b) increases (c) decreases (d) increases (e) unchanged **15.129** Potassium is more volatile than sodium. Therefore, its removal shifts the equilibrium from left to right. **15.131** $3.5 \times 10^{-2}$ **15.133** (a) shifts to right (b) shifts to right (c) no change (d) no change (e) no change (f) shifts to left **15.135** $P_{N_2O_4} = 0.09$ atm; $P_{NO_2} = \approx 0.10$ atm **15.137** (a) 1.03 atm (b) 0.39 atm (c) 1.67 atm (d) 0.620 **15.139** (a) $K_c = 1.1 \times 10^{-7}$; $K_P = 2.6 \times 10^{-6}$ (b) 2.2 g; 22 mg/m$^3$; yes **15.141** (a) $7.62 \times 10^{14}$ (b) $4.07 \times 10^{-12}$; The activity series is correct. The very large value of $K$ for reaction (a) indicates that *products* are highly favored, whereas the very small value of $K$ for reaction (b) indicates that *reactants* are highly favored. **15.143** There is a temporary dynamic equilibrium between the melting ice cubes and the freezing of water between the ice cubes. **15.145** $[NH_3] = 0.042\ M$; $[N_2] = 0.086\ M$; $[H_2] = 0.26\ M$

**15.147** (a) $K_P = \dfrac{\left(\dfrac{4x^2}{1+x}\right)P}{1-x} = \dfrac{4x^2}{1-x^2}P$ (b) $K_P$ is a constant (at constant temperature). If $P$ increases, the fraction $\dfrac{4x^2}{1-x^2}$ (and therefore $x$) must decrease. Equilibrium shifts to the left to produce less $NO_2$ and more $N_2O_4$ as predicted. **15.149** $P_{SO_2Cl_2} = 3.58$ atm; $P_{SO_2} = P_{Cl_2} = 2.71$ atm **15.151** 4.0 **15.153** –3 **15.155** reactions (d) and (g); reactions (c) and (f) **15.157** (a) Assume an endothermic reaction, $\Delta H° > 0$ and $T_2 > T_1$. Then, $\dfrac{\Delta H°}{R}\left(\dfrac{1}{T_2} - \dfrac{1}{T_1}\right) < 0$, meaning that $\ln \dfrac{K_1}{K_2} < 0$ or $K_1 < K_2$. A larger $K_2$ indicates that there are more products at equilibrium as the temperature is raised. This agrees with Le Châtelier's principle that an increase in temperature favors the forward endothermic reaction. The opposite of the above discussion holds for an exothermic reaction. (b) 434 kJ/mol

***Key Skills***

**15.1** (e) **15.2** (a) **15.3** (b) **15.4** (d)

## Chapter 16

**16.3** (a) both (b) base (c) acid (d) base (e) acid (f) base (g) base (h) base (i) acid (j) acid **16.5** (a) $NO_2^-$ (b) $HSO_4^-$ (c) $HS^-$ (d) $CN^-$ (e) $HCOO^-$ **16.7** (a) $CH_2ClCOO^-$ (b) $IO_4^-$ (c) $H_2PO_4^-$ (d) $HPO_4^{2-}$ (e) $PO_4^{3-}$ (f) $HSO_4^-$ (g) $SO_4^{2-}$ (h) $IO_3^-$ (i) $SO_3^{2-}$ (j) $NH_3$ (k) $HS^-$ (l) $S^{2-}$ (m) $OCl^-$ **16.11** (a) $H_2SO_4 > H_2SeO_4$ (b) $H_3PO_4 > H_3AsO_4$ **16.13** The conjugate bases are $C_6H_5O^-$ from phenol and $CH_3O^-$ from methanol. The $C_6H_5O^-$ is stabilized by resonance:

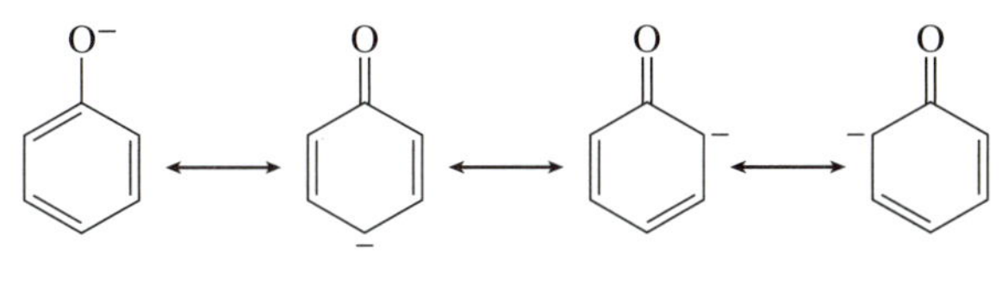

The $CH_3O^-$ ion has no such resonance stabilization. A more stable conjugate base means an increase in the strength of the acid. **16.19** (a) $4.0 \times 10^{-13}\ M$ (b) $6.0 \times 10^{-10}\ M$ (c) $1.2 \times 10^{-12}\ M$ (d) $5.7 \times 10^{-3}\ M$ **16.21** (a) $2.05 \times 10^{-11}\ M$ (b) $3.07 \times 10^{-8}\ M$ (c) $5.95 \times 10^{-11}\ M$ (d) $2.93 \times 10^{-1}\ M$ **16.25** $7.1 \times 10^{-12}\ M$ **16.27** (a) 3.00 (b) 13.89 **16.29** $2.5 \times 10^{-5}\ M$ **16.31** $2.2 \times 10^{-3}$ g **16.35** (a) 1.12 (b) 5.19 (c) 3.82 **16.37** (a) $1.2 \times 10^{-3}\ M$ (b) $4.7 \times 10^{-6}\ M$ (c) 1.5 $M$ **16.39** (a) pOH = 1.146; pH = 12.854 (b) pOH = 1.356; pH = 12.644 (c) pOH = 0.77; pH = 13.23 **16.41** (a) $8.5 \times 10^{-6}\ M$ (b) $4.3 \times 10^{-6}\ M$ **16.43** $2.24 \times 10^{-5}\ M$

**16.51** 2.59 **16.53** 5.17 **16.55** (a) 10% (b) 42% (c) 0.97% **16.57** $1.3 \times 10^{-6}$ **16.59** $4.8 \times 10^{-9}$ **16.61** $2.3 \times 10^{-3}\ M$ **16.63** 6.80 **16.65** (a) strong base (b) weak base (c) weak base (d) weak base (e) strong base **16.69** $1.3 \times 10^{-7}$ **16.71** 11.98 **16.73** 8.64 **16.77** $K_b(CN^-) = 2.0 \times 10^{-5}$; $K_b(F^-) = 1.4 \times 10^{-11}$; $K_b(CH_3COO^-) = 5.6 \times 10^{-10}$; $K_b(HCO_3^-) = 2.4 \times 10^{-8}$ **16.79** (a) $A^-$ (b) $B^-$ **16.83** pH (0.040 $M$ HCl) = 1.40; pH (0.040 $M$ $H_2SO_4$) = 1.31 **16.85** $[H^+] = [HCO_3^-] = 1.0 \times 10^{-4}\ M$; $[CO_3^{2-}] = 4.8 \times 10^{-11}\ M$ **16.87** 1.00 **16.89** (1) diagram (c); (2) diagrams (b) and (d) **16.95** 4.82 **16.97** 5.39 **16.99** (a) neutral (b) basic (c) acidic (d) acidic **16.101** HZ < HY < HX **16.103** pH > 7 **16.107** (a) $Al_2O_3$ < BaO < $K_2O$ (b) $CrO_3 < Cr_2O_3 < CrO$ **16.109** $Al(OH)_3(s) + OH^-(aq) \longrightarrow Al(OH)_4^-(aq)$; This is a Lewis acid-base reaction. **16.111** (a) $Li_2O(s) + H_2O(l) \longrightarrow 2LiOH(aq)$ (b) $CaO(s) + H_2O(l) \longrightarrow Ca(OH)_2(aq)$ (c) $SO_3(g) + H_2O(l) \longrightarrow H_2SO_4(aq)$ **16.115** $AlCl_3$ is a Lewis acid with an incomplete octet of electrons and $Cl^-$ is the Lewis base donating a pair of electrons. **16.117** $CO_2$, $SO_2$, and $BCl_3$ **16.119** (a) $AlBr_3$ is the Lewis acid; $Br^-$ is the Lewis base. (b) Cr is the Lewis acid; CO is the Lewis base. (c) $Cu^{2+}$ is the Lewis acid; $CN^-$ is the Lewis base. **16.121** strong acid: diagram (b); weak acid: diagram (c); very weak acid: diagram (d) **16.123** The products will be $CH_3COO^-(aq)$ and HCl($aq$), but this reaction will *not* occur to any measurable extent. **16.125** 1.70; 2.3% **16.127** choice (c) **16.129** (a) For the forward reaction $NH_4^+$ and $NH_3$ are the conjugate acid and base pair, respectively. For the reverse reaction $NH_3$ and $NH_2^-$ are the conjugate acid and base pair, respectively. (b) $H^+$ corresponds to $NH_4^+$; $OH^-$ corresponds to $NH_2^-$. For the neutral solution, $[NH_4^+] = [NH_2^-]$. **16.131** $K_a = \dfrac{[H^+][A^-]}{[HA]}$; $[HA] \approx 0.1\ M$, $[A^-] \approx 0.1\ M$; therefore, $K_a = [H^+] = \dfrac{K_w}{[OH^-]}$ and $[OH^-] = \dfrac{K_w}{K_a}$ **16.133** $1.7 \times 10^{10}$ **16.135** (a) $H^-(\text{base}_1) + H_2O(\text{acid}_2) \longrightarrow OH^-(\text{base}_2) + H_2(\text{acid}_1)$ (b) $H^-$ is the reducing agent, and $H_2O$ is the oxidizing agent. **16.137** $2.8 \times 10^{-2}$ **16.139** $PH_3$ is a weaker base than $NH_3$. **16.141** (a) $HNO_2$ (b) HF (c) $BF_3$ (d) $NH_3$ (e) $H_2SO_3$ (f) $HCO_3^-$ and $CO_3^{2-}$ **16.143** (a) trigonal pyramidal (b) $H_4O^{2+}$ does *not* exist because the positively charged $H_3O^+$ has no affinity to accept the positive $H^+$ ion. If $H_4O^{2+}$ existed, it would have a tetrahedral geometry. **16.145** $Cl_2(g) + H_2O(l) \rightleftharpoons HCl(aq) + HClO(aq)$; $HCl(aq) + AgNO_3(aq) \rightleftharpoons AgCl(s) + HNO_3(aq)$; In the presence of $OH^-$ ions, the first equation is shifted to the right: $H^+$ (from HCl) + $OH^- \longrightarrow H_2O$. Therefore, the concentration of HClO increases. (The "bleaching action" is due to $ClO^-$ ions.) **16.147** 11.80 **16.149** (a) 18.1% (b) $4.63 \times 10^{-3}$ **16.151** 4.26 **16.153** $7.2 \times 10^{-3}$ g NaCN **16.155** 1.000 **16.157** (a) The pH of the solution of HA would be lower. (b) The electrical conductance of the HA solution would be greater. (c) The rate of hydrogen evolution from the HA solution would be greater. **16.159** $1.4 \times 10^{-4}$ **16.161** $2.7 \times 10^{-3}$ g **16.163** (a) $NH_2^-$ (base) + $H_2O$ (acid) $\longrightarrow NH_3 + OH^-$; $N^{3-}$ (base) + $3H_2O$ (acid) $\longrightarrow NH_3 + 3OH^-$ (b) $N^{3-}$ **16.165** When smelling salt is inhaled, some of the powder dissolves in the basic solution. The ammonium ions react with the base as follows: $NH_4^+(aq) + OH^-(aq) \longrightarrow NH_3(aq) + H_2O(l)$; It is the pungent odor of ammonia that prevents a person from fainting. **16.167** reaction (c) **16.169** 21 mL **16.171** magnesium **16.173** Both NaF and $SnF_2$ provide $F^-$ ions in solution. The $F^-$ ions replace $OH^-$ ions during the remineralization process. $5Ca^{2+} + 3PO_4^{3-} + F^- \longrightarrow Ca_5(PO_4)_3F$ (fluorapatite). Because $F^-$ is a weaker base than $OH^-$, fluorapatite is more resistant to attacks by acids compared to hydroxyapatite. **16.175** $Li_2O$, lithium oxide, basic; BeO, beryllium oxide, amphoteric; $B_2O_3$, diboron trioxide, acidic; $CO_2$, carbon dioxide, acidic; $N_2O_5$, dinitrogen pentoxide, acidic **16.177** $[SO_4^{2-}] = 4.0 \times 10^{-5}\ M$; $[H^+] = 8.0 \times 10^{-5}\ M$; $[HSO_4^-] = 0\ M$; $[H_2SO_4] = 0\ M$

***Key Skills***

**16.1** (b) **16.2** (d) **16.3** (d) **16.4** (b)

## Chapter 17

**17.5** (a) 2.57 (b) 4.44
**17.9** 8.89 **17.11** 0.024 **17.13** 0.58 **17.15** 9.25; 9.18 **17.17** solutions (c) and (d) **17.19** NaHA/$H_2A$ **17.21** (1) solutions (a), (b), and (c); (2) solution (a) **17.27** 177 g/mol **17.29** 0.550 *M* **17.31** (a) $1.10 \times 10^2$ g/mol (b) $1.6 \times 10^{-6}$ **17.33** 5.82 **17.35** (a) 2.87 (b) 4.56 (c) 5.34 (d) 8.78 (e) 12.10 **17.37** (a) cresol red and phenolphthalein (b) most of the indicators in Table 17.3, except thymol blue and, to a lesser extent, bromophenol blue and methyl orange (c) bromophenol blue, methyl orange, methyl red, and chlorophenol blue **17.39** red
**17.41** (1) diagram (c); (2) diagram (b); (3) diagram (d); (4) diagram (a); The pH at the equivalence point is below 7 (acidic). **17.49** (a) $[I^-] = 1.9 \times 10^{-10}\ M$ (b) $[Al^{3+}] = 2.1 \times 10^{-12}\ M$ **17.51** $1.8 \times 10^{-11}$
**17.53** $2.8 \times 10^{-92}$ **17.55** 12.94 **17.57** yes **17.59** (c) $AlA_3$
**17.65** (a) 0.013 *M* or $1.3 \times 10^{-2}\ M$ (b) $2.2 \times 10^{-4}\ M$ (c) $3.3 \times 10^{-3}\ M$
**17.67** (a) $1.0 \times 10^{-5}\ M$ (b) $1.1 \times 10^{-10}\ M$ **17.69** (a) 0.016 *M* or $1.6 \times 10^{-2}\ M$ (b) $1.6 \times 10^{-6}\ M$ **17.71** A precipitate of $Fe(OH)_2$ will form.
**17.73** $[Cd^{2+}] = 1.1 \times 10^{-18}\ M$; $[Cd(CN)_4^{2-}] = 4.2 \times 10^{-3}\ M$; $[CN^-] = 0.48\ M$ **17.75** $3.5 \times 10^{-5}\ M$ **17.77** (a) $3 \times 10^{-60}$ (b) $1.2 \times 10^{-8}\ M$
**17.79** (b), (c), (d), and (e) **17.83** The pH must be *greater than* 2.68 but *less than* 8.11. **17.85** 0.011 *M* **17.87** Chloride ion will precipitate $Ag^+$ but not $Cu^{2+}$. Hence, dissolve some solid in $H_2O$ and add HCl. If a precipitate forms, the salt is $AgNO_3$. A flame test will also work. $Cu^{2+}$ gives a green flame test. **17.89** 1.3 *M* **17.91** $[H^+] = 3.0 \times 10^{-13}\ M$; $[HCOOH] = 8.8 \times 10^{-11}\ M$; $[HCOO^-] = 0.0500\ M$; $[OH^-] = 0.0335\ M$; $[Na^+] = 0.0835\ M$ **17.93** $Cd(OH)_2(s) + 2OH^-(aq) \rightleftharpoons Cd(OH)_4^{2-}(aq)$; This is a Lewis acid-base reaction. **17.95** reaction (d)
**17.97** $[Ag^+] = 2.0 \times 10^{-9}\ M$; $[Cl^-] = 0.080\ M$; $[Zn^{2+}] = 0.070\ M$; $[NO_3^-] = 0.060\ M$ **17.99** 0.035 g/L **17.101** $2.4 \times 10^{-13}$ **17.103** $[Ba^{2+}] = 1.0 \times 10^{-5}\ M$; $Ba(NO_3)_2$ is too soluble to be used for this purpose.
**17.105** (a) AgBr (b) $1.8 \times 10^{-7}\ M$ (c) 0.0018% or $1.8 \times 10^{-3}$%
**17.107** $3.0 \times 10^{-8}$ **17.109** (a) $1.0 \times 10^{14}$ (b) $1.8 \times 10^9$ (c) $1.8 \times 10^9$ (d) $3.2 \times 10^4$ **17.111** (a) Mix 500 mL of 0.40 *M* $CH_3COOH$ with 500 mL of 0.40 *M* $CH_3COONa$. (b) Mix 500 mL of 0.80 *M* $CH_3COOH$ with 500 mL of 0.40 *M* NaOH. (c) Mix 500 mL of 0.80 *M* $CH_3COONa$ with 500 mL of 0.40 *M* HCl. **17.113** (a) figure (i); (b) figure (ii) **17.115** (a) Add $Na_2CO_3$. (b) Add HCl. (c) Add $H_2S$.
**17.117** They are insoluble in water. **17.119** The ionized polyphenols have a dark color. In the presence of citric acid from lemon juice, the anions are converted to the lighter-colored acids. **17.121** yes
**17.123** (c) **17.125** Decreasing the pH would increase the solubility of calcium oxalate and should help minimize the formation of calcium oxalate kidney stones. **17.127** At pH = 1.0: $^+NH_3—CH_2—COOH$; at pH = 7.0: $^+NH_3—CH_2—COO^-$; at pH = 12.0: $NH_2—CH_2—COO^-$
**17.129** (a) before dilution: pH = 4.74; after a 10-fold dilution: pH = 4.74 (b) before dilution: pH = 2.52; after dilution, pH = 3.02
**17.131** AgBr(*s*) will precipitate first. $Ag_2SO_4(s)$ will precipitate last. **17.133** compound (c) **17.135** $8.8 \times 10^{-12}$ **17.137** 4.75
**17.139** (a) diagram (ii); (b) diagram (v); (c) diagram (iv); (d) diagram (i) **17.141** 2.51 to 4.41

***Key Skills***

**17.1** (e) **17.2** (d) **17.3** (e) **17.4** (a)

## Chapter 18

**18.1** (a) $2H^+ + H_2O_2 + 2Fe^{2+} \longrightarrow 2Fe^{3+} + 2H_2O$ (b) $6H^+ + 2HNO_3 + 3Cu \longrightarrow 3Cu^{2+} + 2NO + 4H_2O$ (c) $3CN^- + 2MnO_4^- + H_2O \longrightarrow 3CNO^- + 2MnO_2 + 2OH^-$ (d) $6OH^- + 3Br_2 \longrightarrow BrO_3^- + 3H_2O + 5Br^-$ (e) $2S_2O_3^{2-} + I_2 \longrightarrow S_4O_6^{2-} + 2I^-$
**18.11** $Al(s) + 3Ag^+(1.0\ M) \longrightarrow Al^{3+}(1.0\ M) + 3Ag(s)$; $E^\circ_{cell} = 2.46$ V
**18.13** $Cl_2(g)$ and $MnO_4^-(aq)$ **18.15** (a) spontaneous (b) not spontaneous (c) not spontaneous (d) spontaneous **18.17** (a) Li (b) $H_2$ (c) $Fe^{2+}$ (d) $Br^-$ **18.21** $3 \times 10^{54}$ **18.23** (a) $2 \times 10^{18}$ (b) $3 \times 10^8$ (c) $3 \times 10^{62}$ **18.25** $Ce^{4+}(aq) + Fe^{2+}(aq) \longrightarrow Ce^{3+}(aq) + Fe^{3+}(aq)$; $\Delta G^\circ = -81$ kJ/mol; $K = 2 \times 10^{14}$ **18.27** $2Sn + 4H^+ + O_2 \longrightarrow 2Sn^{2+} + 2H_2O$; 1.37 V **18.31** 1.09 V **18.33** $E^\circ_{cell} = 0.76$ V; $E = 0.78$ V
**18.35** $6 \times 10^{-38}$ **18.41** 1.09 V **18.45** 12.2 g Mg **18.47** It is cheaper to prepare 1 ton of sodium by electrolysis. **18.49** 0.012 *F* **18.51** 5.33 g Cu; 13.4 g $Br_2$ **18.53** $7.70 \times 10^3$ C **18.55** 1.84 kg $Cl_2$/h **18.57** 63.3 g/mol
**18.59** 27.0 g/mol **18.65** (a) half-reactions: $H_2(g) \longrightarrow 2H^+(aq) + 2e^-$, $Ni^{2+}(aq) + 2e^- \longrightarrow Ni(s)$; balanced equation: $H_2(g) + Ni^{2+}(aq) \longrightarrow 2H^+(aq) + Ni(s)$; The reaction will proceed to the left. (b) half-reactions: $5e^- + 8H^+(aq) + MnO_4^-(aq) \longrightarrow Mn^{2+}(aq) + 4H_2O(l)$, $2Cl^-(aq) \longrightarrow Cl_2(g) + 2e^-$; balanced equation: $16H^+(aq) + 2MnO_4^-(aq) + 10Cl^-(aq) \longrightarrow 2Mn^{2+}(aq) + 8H_2O(l) + 5Cl_2(g)$; The reaction will proceed to the right. (c) half-reactions: $Cr(s) \longrightarrow Cr^{3+}(aq) + 3e^-$, $Zn^{2+}(aq) + 2e^- \longrightarrow Zn(s)$; balanced equation: $2Cr(s) + 3Zn^{2+}(aq) \longrightarrow 2Cr^{3+}(aq) + 3Zn(s)$; The reaction will proceed to the left. **18.67** 0.00944 g $SO_2$
**18.69** (a) $2MnO_4^- + 6H^+ + 5H_2O_2 \longrightarrow 2Mn^{2+} + 8H_2O + 5O_2$ (b) 0.06020 *M* **18.71** 0.232 mg $Ca^{2+}$/mL blood **18.73** $5 \times 10^{-13}$
**18.75** (a) 3.14 V (b) 3.13 V **18.77** 0.035 V **18.79** Mercury(I) is $Hg_2^{2+}$.
**18.81** 1.44 g Mg; $[Ag^+] = 7 \times 10^{-55}\ M$; $[Mg^{2+}] = 0.0500\ M$
**18.83** (a) $H_2$; 0.206 L (b) $6.09 \times 10^{23}\ e^-$/mol $e^-$ **18.85** (a) −1356.8 kJ/mol (b) 1.17 V **18.87** +3 **18.89** $\Delta G^\circ = 6.8$ kJ/mol; $K = 0.064$ **18.91** 1.4 A
**18.93** +4 **18.95** $1.60 \times 10^{-19}$ C/$e^-$ **18.97** Cells of higher voltage require very reactive oxidizing and reducing agents, which are difficult to handle. (From Table 18.1 of the text, we see that 5.92 V is the theoretical limit of a cell made up of $Li^+$/Li and $F_2/F^-$ electrodes under standard-state conditions.) Batteries made up of several cells in series are easier to use. **18.99** $2 \times 10^{20}$
**18.101** (a) $E^\circ_{red}$ for X is negative. Thus $E^\circ_{red}$ for Y is positive. (b) 0.59 V
**18.103** (a) Gold does not tarnish in air because the reduction potential for oxygen is not sufficiently positive to result in the oxidation of gold. (b) yes (c) $2Au + 3F_2 \longrightarrow 2AuF_3$ **18.105** $[Fe^{2+}] = 0.0920\ M$; $[Fe^{3+}] = 0.0680\ M$ **18.107** $H_2O_2(aq) + 2H^+(aq) + 2e^- \longrightarrow 2H_2O(l)$, $E^\circ_{cathode} = 1.77$ V; $H_2O_2(aq) \longrightarrow O_2(g) + 2H^+(aq) + 2e^-$, $E^\circ_{anode} = 0.68$ V; $E^\circ_{cell} = E^\circ_{cathode} - E^\circ_{anode} = 1.09$ V; Because $E^\circ$ is positive, the decomposition is spontaneous. **18.109** (a) unchanged (b) unchanged (c) squared (d) doubled (e) doubled **18.111** As $[H^+]$ increases, $F_2$ does become a stronger oxidizing agent. **18.113** $4.4 \times 10^2$ atm **18.115** (a) 1.65 V (b) 1.63 V (c) $4.86 \times 10^3$ kJ/kg Zn (d) 64 L air **18.117** −3.05 V **18.119** $1 \times 10^{-14}$ **18.121** (a) 1 A · h = 1 A × 3600 s = 3600 C (b) 105 A · h; This ampere · hour cannot be fully realized because the concentration of $H_2SO_4$ keeps decreasing. (c) $E^\circ_{cell} = 2.01$ V; $\Delta G^\circ = -388$ kJ/mol **18.123** \$220 **18.125** −0.037 V
**18.127** $2 \times 10^{37}$ **18.129** 5.0 mol ATP/mol $NO_2^-$ **18.131** A small non-zero emf will appear if the temperatures of the two half-cells are different.

***Key Skills***

**18.1** (b) **18.2** (a) **18.3** (d) **18.4** (d)

## Chapter 19

**19.9** (a) 0.066 *M*/s (b) 0.033 *M*/s

**19.11** (a) $\text{rate} = -\dfrac{\Delta[H_2]}{\Delta t} = -\dfrac{\Delta[I_2]}{\Delta t} = \dfrac{1}{2}\dfrac{\Delta[HI]}{\Delta t}$

(b) rate $= -\frac{1}{5}\frac{\Delta[Br^-]}{\Delta t} = -\frac{\Delta[BrO_3^-]}{\Delta t} = -\frac{1}{6}\frac{\Delta[H^+]}{\Delta t} = \frac{1}{3}\frac{\Delta[Br_2]}{\Delta t}$

**19.19** $7.0 \times 10^{-7}$ $M$/s **19.21** The reaction is first-order in A and first-order overall; $k = 0.213$ s$^{-1}$ **19.23** (a) 2 (b) 0 (c) 2.5 (d) 3 **19.25** first-order; $k = 1.19 \times 10^{-4}$ s$^{-1}$ **19.31** 76 min **19.33** (a) 0.034 $M$ (b) 17 s; 23 s **19.35** (a) 4:3:6 (b) The relative rates would be unaffected; each absolute rate would decrease by 50%. (c) 1:1:1 **19.37** (a) first-order (b) second-order (c) zeroth-order **19.43** $1.3 \times 10^2$ kJ/mol; For maximum freshness, fish should be frozen immediately after capture and kept frozen until cooked. **19.45** $3.0 \times 10^3$ s$^{-1}$ **19.47** 51.8 kJ/mol **19.49** 103 kJ/mol **19.51** in order of increasing time required for the effervescence to stop: e < d < b < a < c **19.61** (a) second-order (b) The first step is the slower (rate-determining) step. **19.63** Mechanism I can be discarded. Mechanisms II and III are possible. **19.71** At higher temperatures, the enzyme becomes denatured; that is, it loses its activity due to a change in the overall structure. **19.73** (a) termolecular (b) unimolecular (c) bimolecular **19.75** The temperature must be specified. **19.77** 0.035 s$^{-1}$ **19.79** Most transition metals have several stable oxidation states. This allows the metal atoms to act as either a source or a receptor of electrons in a broad range of reactions. **19.81** Since the methanol contains no oxygen-18, the oxygen atom must come from the phosphate group and not the water. The mechanism must involve a bond-breaking process like:

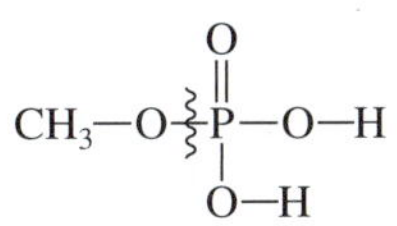

**19.83** temperature, energy of activation, concentration of reactants, and a catalyst **19.85** (a) rate $= k[CH_3COCH_3][H^+]$ (b) $3.8 \times 10^{-3}/M$s (c) $k = k_1k_2/k_{-1}$ **19.87** (I) $Fe^{3+}$ oxidizes $I^-$: $2Fe^{3+} + 2I^- \longrightarrow 2Fe^{2+} + I_2$; (II) $Fe^{2+}$ reduces $S_2O_8^{2-}$: $2Fe^{2+} + S_2O_8^{2-} \longrightarrow 2Fe^{3+} + 2SO_4^{2-}$; The uncatalyzed reaction is slow because both $I^-$ and $S_2O_8^{2-}$ are negatively charged, which makes their mutual approach unfavorable. **19.89** (a) (i) rate $= k[A]^0 = k$,

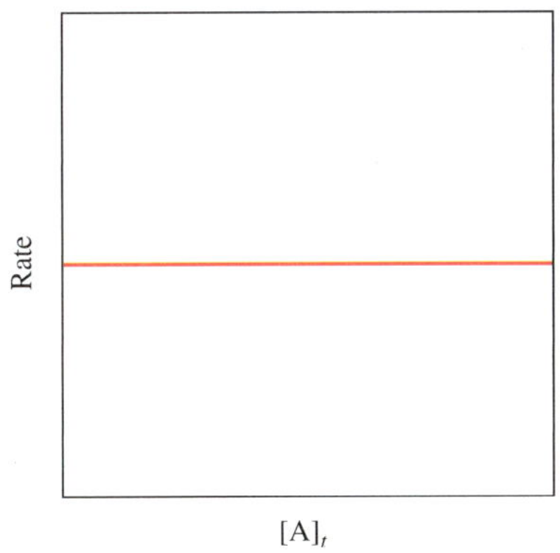


(ii) $[A] = -kt + [A]_0$,

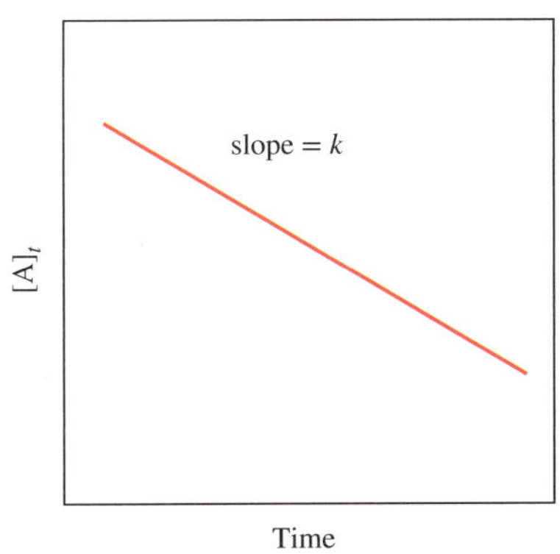


(b) $t_{1/2} = \frac{[A]_0}{2k}$ (c) $t = 2t_{1/2}$ **19.91** There are three gases present and we can measure only the total pressure of the gases. To measure the partial pressure of azomethane at a particular time, we must withdraw a sample of the mixture, analyze and determine the mole fractions. Then, $P_{azomethane} = P_T X_{azomethane}$

**19.93**

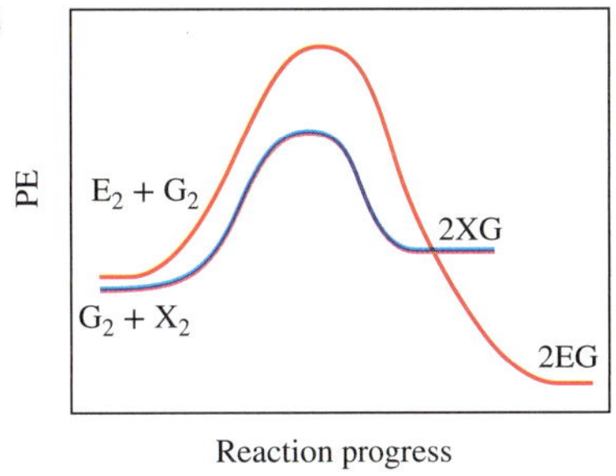


**19.95** (a) A catalyst works by changing the reaction mechanism, thus lowering the activation energy. (b) A catalyst changes the reaction mechanism. (c) A catalyst does not change the enthalpy of reaction. (d) A catalyst increases the forward rate of reaction. (e) A catalyst increases the reverse rate of reaction. **19.99** rate $= k[N_2O_5]$; $k = 1.0 \times 10^{-5}$ s$^{-1}$ **19.101** The red for low $[H_2]$. **19.99** rate $= k[N_2O_5]$; $k = 1.0 \times 10^{-5}$ s$^{-1}$ **19.101** The red bromine vapor absorbs photons of blue light and dissociates to form bromine atoms: $Br_2 \longrightarrow 2Br\cdot$. The bromine atoms collide with methane molecules and abstract hydrogen atoms: $Br\cdot + CH_4 \longrightarrow HBr + \cdot CH_3$. The methyl radical then reacts with $Br_2$, giving the observed product and regenerating a bromine atom to start the process over again: $\cdot CH_3 + Br_2 \longrightarrow CH_3Br + Br\cdot$, $Br\cdot + CH_4 \longrightarrow HBr + \cdot CH_3$ and so on. **19.103** Lowering the body temperature would slow down all chemical reactions, which would be especially important for those that might damage the brain. **19.105** (a) rate $=k[X][Y]^2$ (b) 0.019 $M^{-2}s^{-1}$ **19.107** second-order; $k = 2.4 \times 10^7$ $M^{-1}s^{-1}$ **19.109** During the first five minutes or so the engine is relatively cold, so the exhaust gases will not fully react with the components of the catalytic converter. Remember, for almost all reactions, the rate of reaction increases with temperature. **19.111** (a) The activation energy must be high. (b) The molecules must have the appropriate orientation, and the energy that the colliding particles possess must be greater than the activation energy. **19.113** $5.7 \times 10^5$ yr **19.115** (a) catalyst: $Mn^{2+}$; intermediates: $Mn^{3+}$, $Mn^{4+}$; First step is rate-determining. (b) Without the catalyst, the reaction would be a termolecular one involving three cations! (one $Tl^+$ and two $Ce^{4+}$). The reaction would be slow. (c) The catalysis is homogeneous because the product has the same phase (aqueous) as the reactants. **19.117** 0.45 atm **19.119** (a) $\frac{\Delta[B]}{\Delta t} = k_1[A] - k_2[B]$ (b) $[B] = \frac{k_1}{k_2}[A]$ **19.121** (a) $k = 0.0247$ yr$^{-1}$ (b) $9.8 \times 10^{-4}$ (c) 187 yr **19.123** (a) three (b) two (c) the third step (d) exothermic **19.125** $1.8 \times 10^3$ K **19.127** (a) $2.5 \times 10^{-5}$ $M$/s (b) $2.5 \times 10^{-5}$ $M$/s (c) $8.3 \times 10^{-6}$ $M$ **19.129** $n = 0$, $t_{1/2} = C\frac{1}{[A]_0^{-1}} = C[A]_0$; $n = 1$, $t_{1/2} = C\frac{1}{[A]_0^0} = C$; $n = 2$, $t_{1/2} = C\frac{1}{[A]_0}$ **19.131** (a) $1.13 \times 10^{-3}$ $M$/min (b) $6.83 \times 10^{-4}$ $M$/min; $8.80 \times 10^{-3}$ $M$ **19.133** second-order; $k = 0.42/M$ min **19.135** 60% increase; The result shows the profound effect of an exponential dependence. **19.137** form (b)

***Key Skills***

**19.1** (d) **19.2** (e) **19.3** (b) **19.4** (a)

## Chapter 20

**20.7** (a) amine (b) aldehyde (c) ketone (d) carboxylic acid (e) alcohol **20.9** (a) 3-ethyl-2,4,4-trimethylhexane (b) 6,6-dimethyl-2-heptanol (c) 4-chlorohexanal **20.11** 3,5-dimethyloctane **20.13** (a) $(CH_3)_3CCH_2CH(CH_3)_2$ (b) $HO(CH_2)_2CH(CH_3)_2$ (c) $CH_3(CH_2)_4C(O)NH_2$ (d) $Cl_3CCHO$

**20.15** 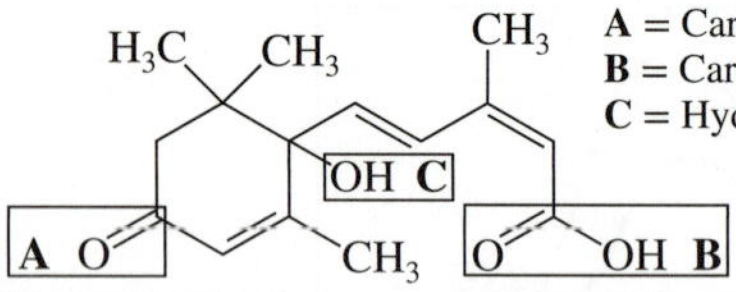

**A** = Carbonyl (Ketone)
**B** = Carboxy (Carboxylic acid)
**C** = Hydroxy (Alcohol)

**20.17** 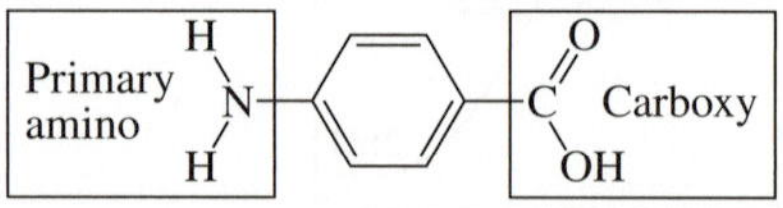

**20.19** (a) 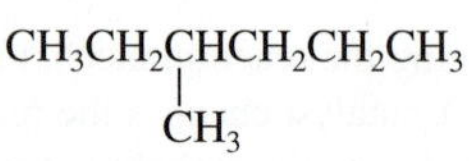 (b) 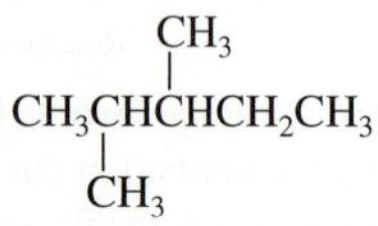

(c) 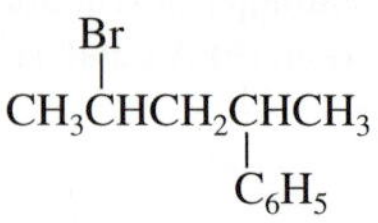 (d) 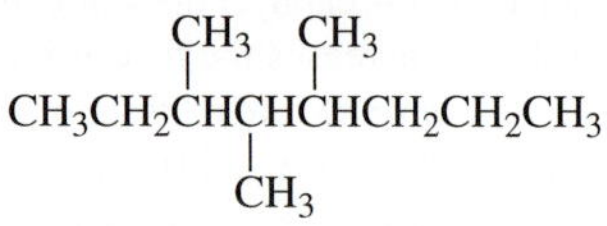

**20.21** (a) Kekulé: 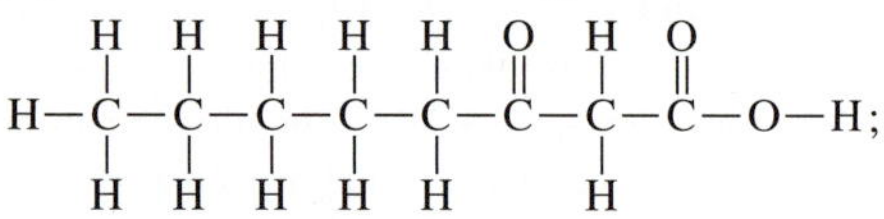

bond-line: 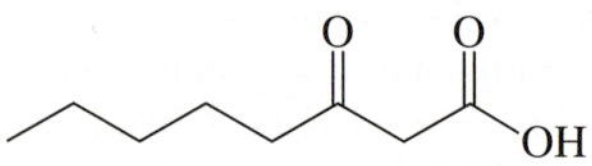

(b) condensed: $(C_2H_5)_2CHCH_2CO_2C(CH_3)_3$;

bond-line: 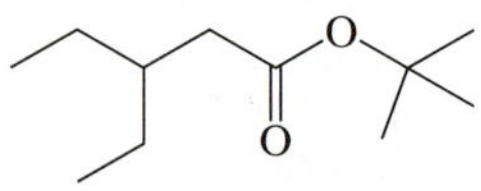

(c) condensed: $(CH_3)_2CHCH_2NHCH(CH_3)_2$;

Kekulé: 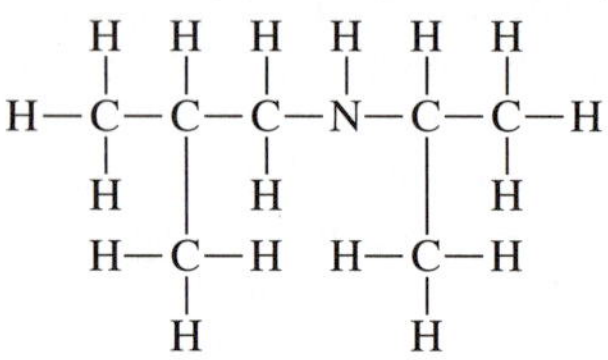

**20.23** (a) condensed structural: $(CH_3)_2NCHO$

Kekulé: 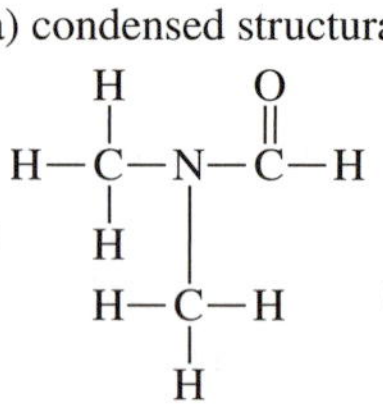 ; bond-line: 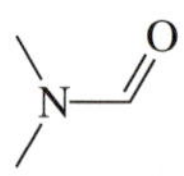

(b) condensed structural: $(CH_2COOH)_2C(OH)COOH$;

Kekulé: 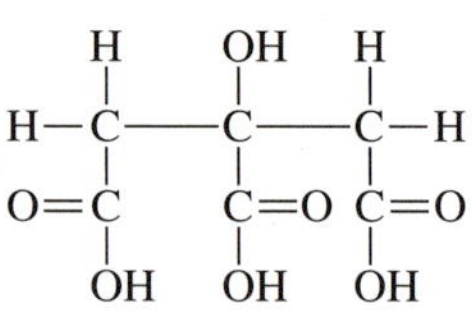 bond-line: 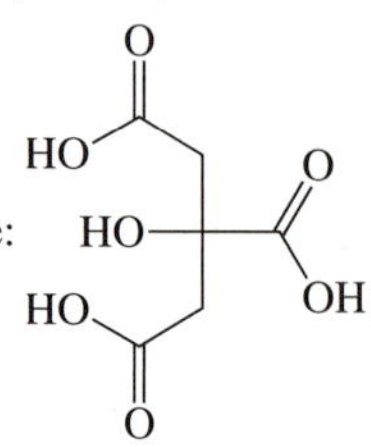

(c) condensed structural: $(CH_3)_2CH(CH_2)_2OC(O)CH_3$

Kekulé: 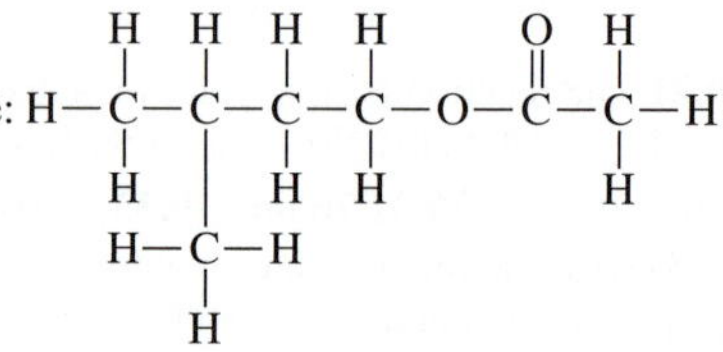

bond-line: 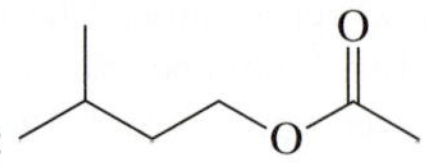

**20.25** (a) 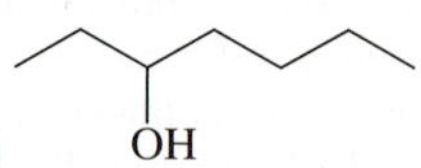 (b) 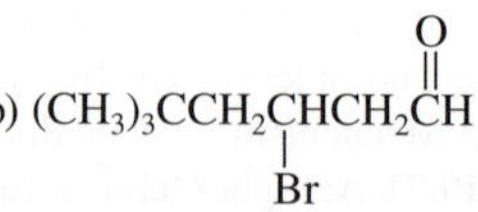

(c) 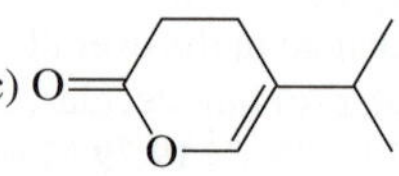

**20.27** (a) 

(b) 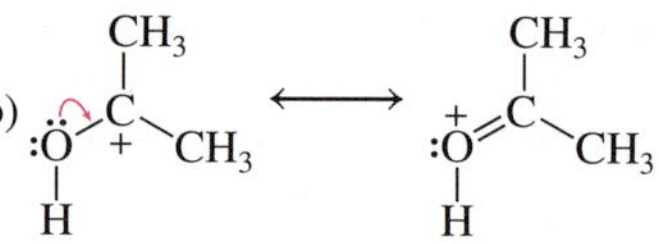

(c) 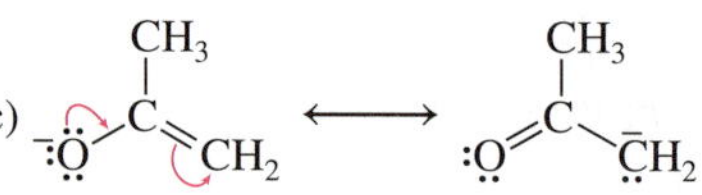

**20.29** (a) 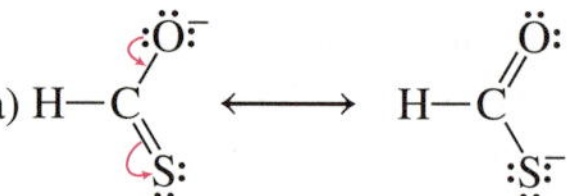

(b) 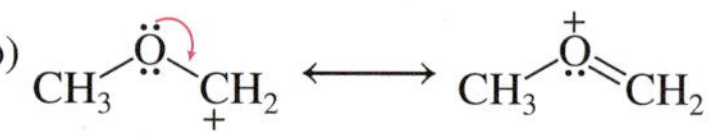

(c) 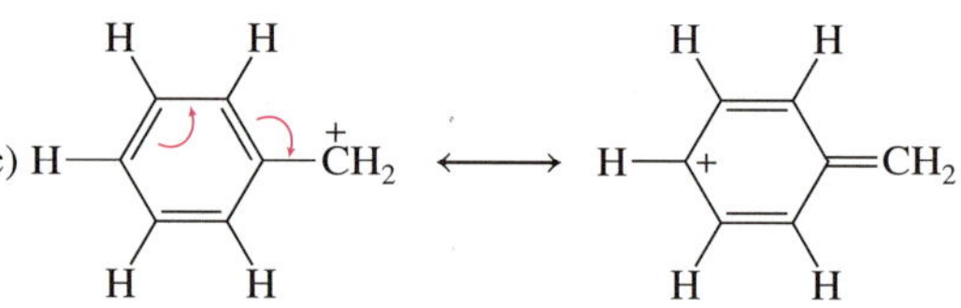

**20.37** 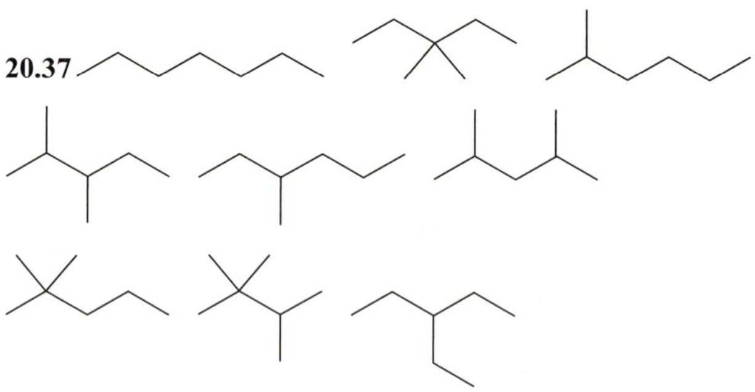

**20.39** 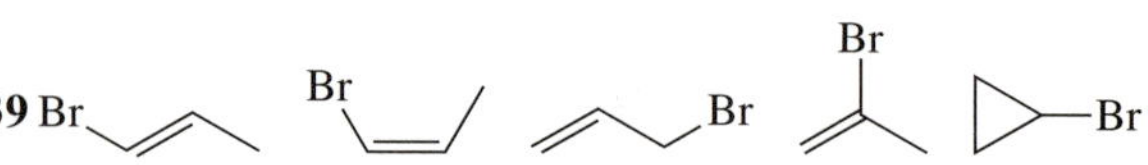

**20.41** 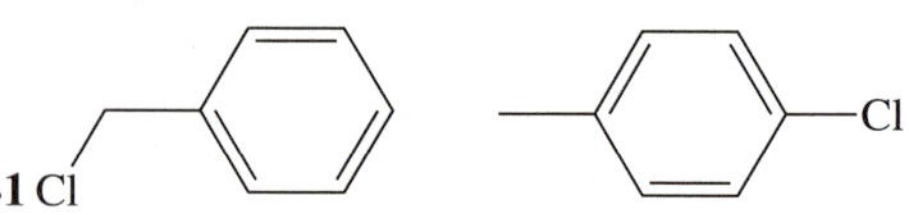

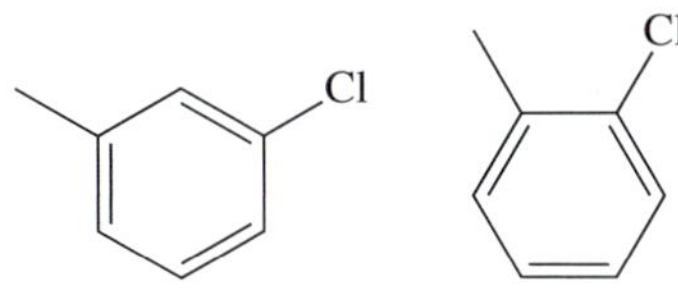

**20.43** (a) 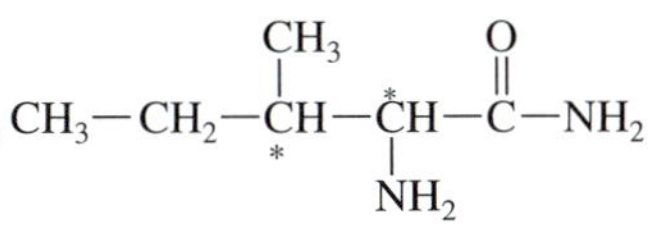 (b) 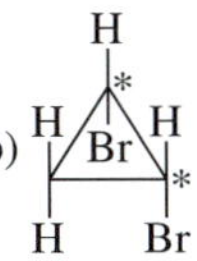

**20.45** 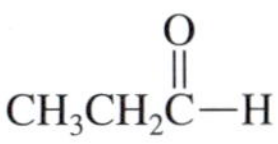

**20.47** (a) 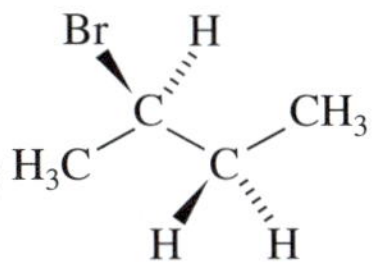 (b) 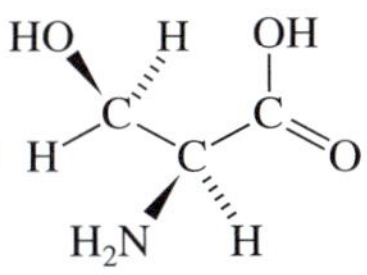

(c) 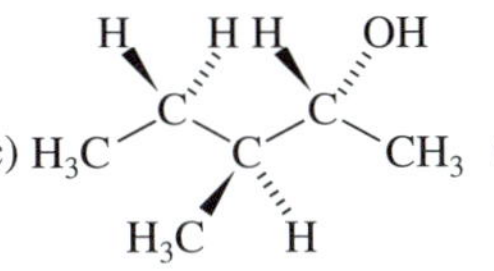 (d) 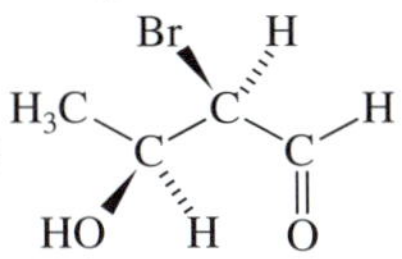

**20.55**

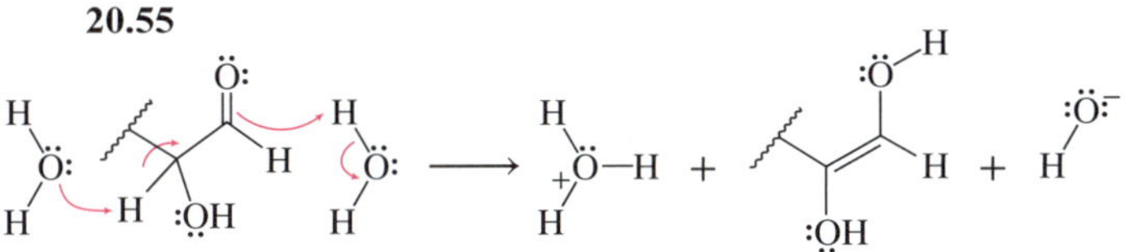

**20.57** (a)

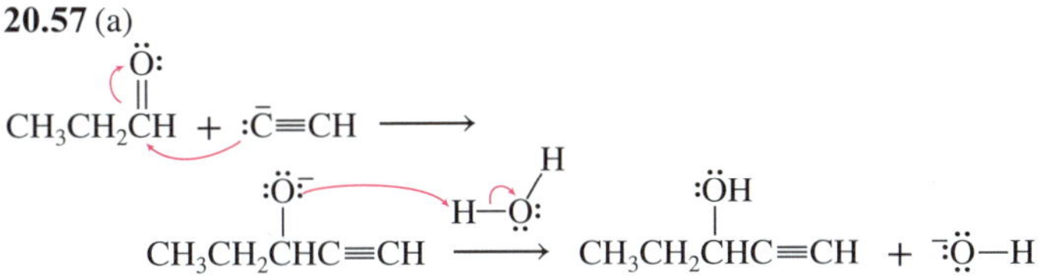

(b) 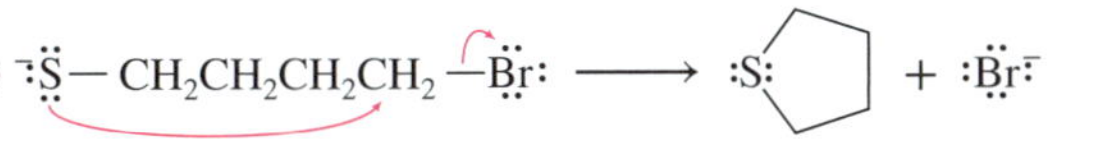

**20.59**

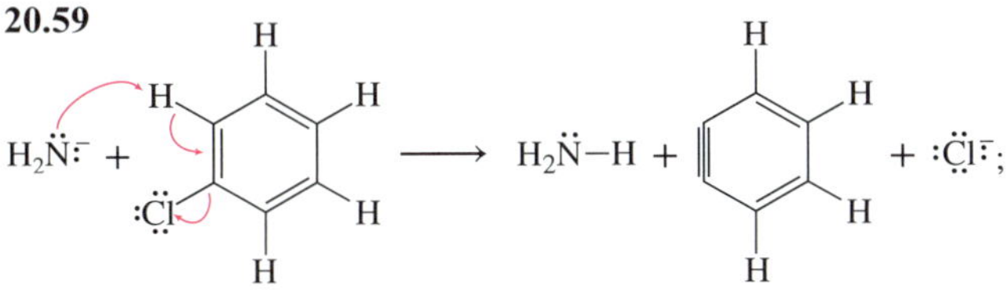

elimination reaction

**20.61** No. This is not an oxidation-reduction reaction. There are no changes in oxidation states for any of the atoms. **20.63** (a) The sulfuric acid releases protons, which then protonate the terminal $CH_2$ group. This creates a cation; nucleophilic attack by water produces the alcohol with release of another proton. Sulfuric acid is thus a catalyst;

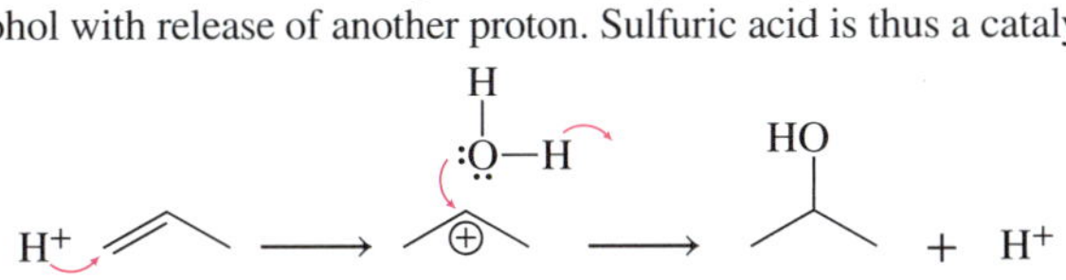

(b) *n*-propanol:  (c) no **20.65** thalidomide: $C_{13}H_{10}N_2O_4$; lenalidomide: $C_{13}H_{13}N_3O_3$; CC-4047: $C_{13}H_{11}N_3O_4$

**20.73** 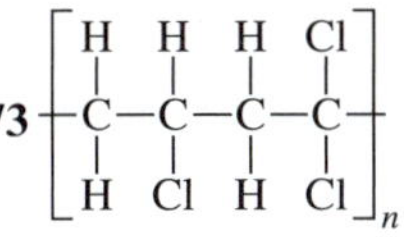

**20.75** (a) $CH_2{=}CHCH{=}CH_2$

(b) 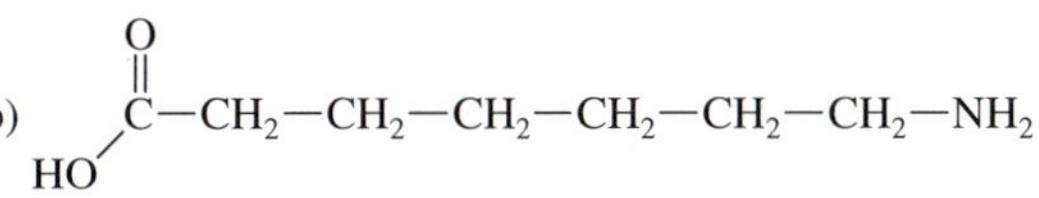

**20.77**

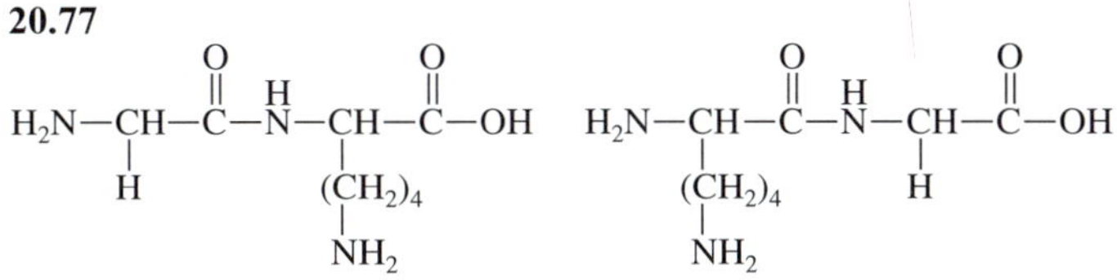

GlyLys LysGly

**20.79**

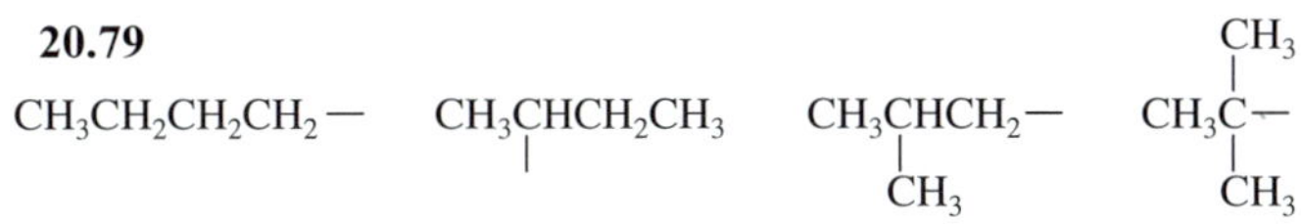

Butyl *sec*-Butyl Isobutyl *tert*-Butyl

**20.81** 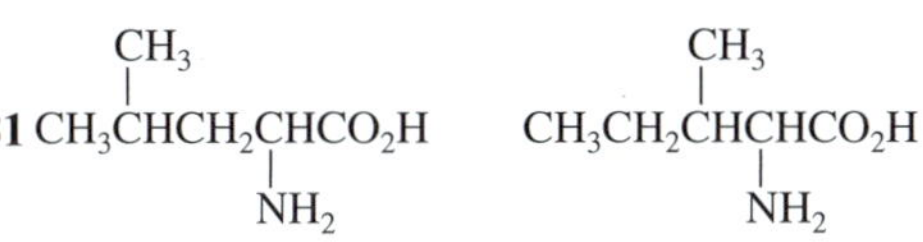

Leucine Isoleucine

**20.83** (a) 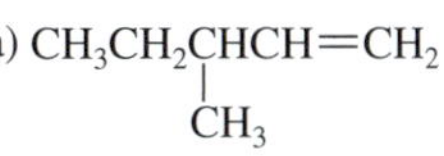

(b) 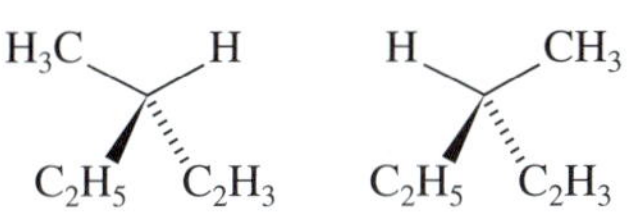

**20.85** (a) *cis/trans* stereoisomers (b) constitutional isomers (c) resonance structures (d) different representations of the same structure

**20.87** 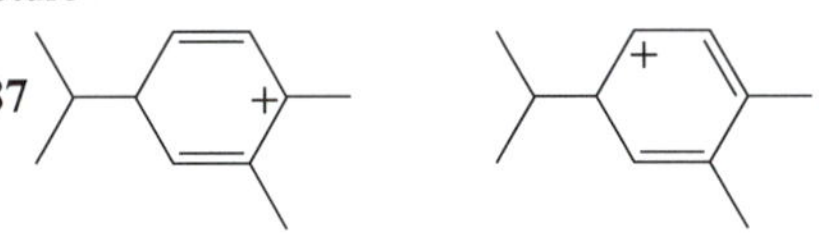 **20.89** (b)

**20.91** $CH_3CH_2C{\equiv}CH$ ($sp^3$ $sp^3$; $sp$ $sp$) $CH_3C{\equiv}CCH_3$ ($sp^3$ $sp^3$; $sp$ $sp$) $H_2C{=}CHCH{=}CH_2$ all $sp^2$

**20.93** Since N is less electronegative than O, electron donation in the amide would be more pronounced. **20.95** (a) The more negative $\Delta H°$ implies stronger alkane bonds; branching decreases the total bond enthalpy (and overall stability) of the alkane. (b) the least highly branched isomer (*n*-octane) **20.97** (a) 15.81 mg C; 1.32 mg H; 3.49 mg O (b) $C_6H_6O$

(c) 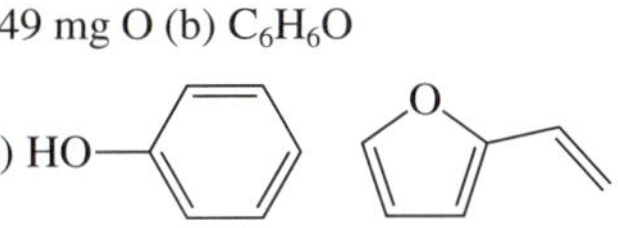

**20.99**

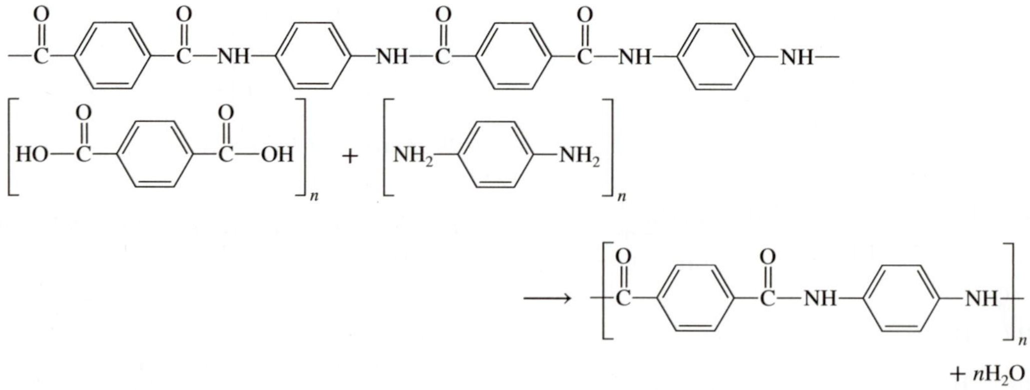

**20.101**

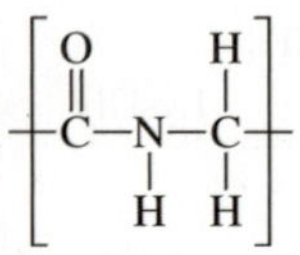

**20.103** eight different tripeptides: Lys—Lys—Lys, Lys—Lys—Ala, Lys—Ala—Lys, Ala—Lys—Lys, Lys—Ala—Ala, Ala—Lys—Ala, Ala—Ala—Lys, Ala—Ala—Ala

**20.105**

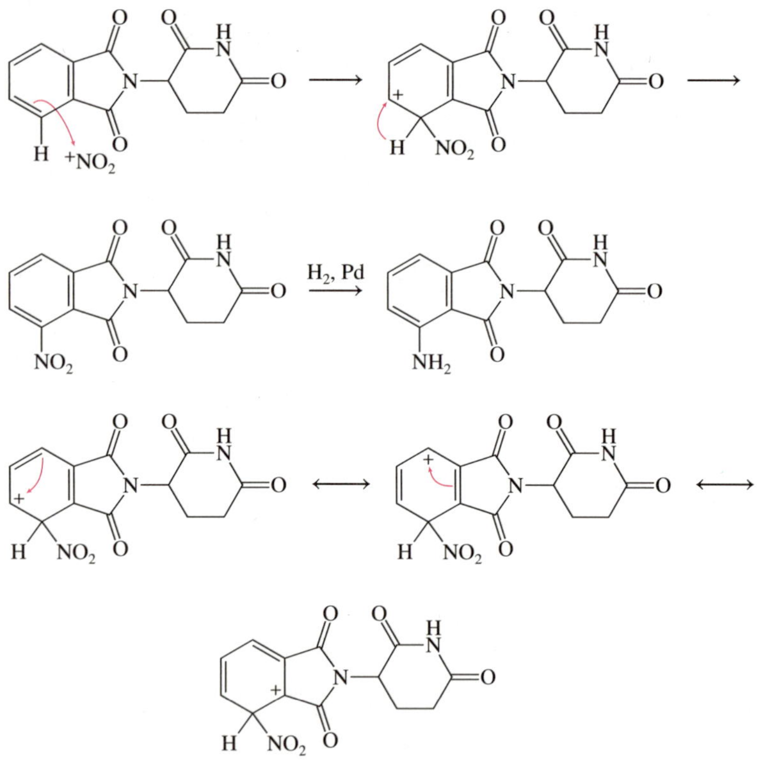

# Index

## ㄱ



## ㄴ



## ㄷ



## ㄹ

## ㅊ



## ㅋ



## ㅌ



## ㅍ

## ㅎ



## A to Z

**번역**

김민경 · 박경호 · 설지웅
이경림 · 이칠원
(가나다 순)

**감수**

이경림

3판

# 일반화학 원자부터 시작하기

Chemistry: Atoms First, 3rd Edition

2018년 12월 31일 3판 1쇄 펴냄
지은이 Julia Burdge · Jason Overby | 옮긴이 이경림 외
펴낸이 류원식 | 펴낸곳 (주)교문사(청문각)

편집부장 김경수 | 책임진행 김보마 | 본문편집 다함 | 표지디자인 유선영
제작 김선형 | 홍보 김은주 | 영업 함승형 · 박현수 · 이훈섭
주소 (10881) 경기도 파주시 문발로 116(문발동 536-2) | 전화 1644-0965(대표)
팩스 070-8650-0965 | 등록 1968. 10. 28. 제406-2006-000035호
홈페이지 www.cheongmoon.com | E-mail genie@cheongmoon.com
ISBN 978-89-363-1808-6 (93430) | 값 47,500원

* 잘못된 책은 바꿔 드립니다. * 역자와의 협의하에 인지를 생략합니다.

청문각은 ㈜교문사의 출판 브랜드입니다.

## Fundamental Constants

| | |
|---|---|
| Avogadro's number ($N_A$) | $6.0221418 \times 10^{23}$ |
| Electron charge ($e$) | $1.6022 \times 10^{-19}$ C |
| Electron mass | $9.109387 \times 10^{-28}$ g |
| Faraday constant ($F$) | 96,485.3 C/mol $e^-$ |
| Gas constant ($R$) | 0.08206 L · atm/K · mol |
| | 8.314 J/K · mol |
| | 62.36 L · torr/K · mol |
| | 1.987 cal/K · mol |
| Planck's constant ($h$) | $6.6256 \times 10^{-34}$ J · s |
| Proton mass | $1.672623 \times 10^{-24}$ g |
| Neutron mass | $1.674928 \times 10^{-24}$ g |
| Speed of light in a vacuum | $2.99792458 \times 10^{8}$ m/s |

## Some Prefixes Used with SI Units

| | | | |
|---|---|---|---|
| tera (T) | $10^{12}$ | centi (c) | $10^{-2}$ |
| giga (G) | $10^{9}$ | milli (m) | $10^{-3}$ |
| mega (M) | $10^{6}$ | micro (μ) | $10^{-6}$ |
| kilo (k) | $10^{3}$ | nano (n) | $10^{-9}$ |
| deci (d) | $10^{-1}$ | pico (p) | $10^{-12}$ |

## Useful Conversion Factors and Relationships

1 lb = 453.6 g

1 in = 2.54 cm (exactly)

1 mi = 1.609 km

1 km = 0.6215 mi

1 pm = $1 \times 10^{-12}$ m = $1 \times 10^{-10}$ cm

1 atm = 760 mmHg = 760 torr = 101,325 N/m$^2$ = 101,325 Pa

1 cal = 4.184 J (exactly)

1 L · atm = 101.325 J

1 J = 1 C × 1 V

$$?°C = (°F - 32°F) \times \frac{5°C}{9°F}$$

$$?°F = \frac{9°F}{5°C} \times (°C) + 32°F$$

$$?K = (°C + 273.15°C)\left(\frac{1K}{1°C}\right)$$